Springer Lehrbuch

Springer
Berlin
Heidelberg
New York
Barcelona
Hongkong
London
Mailand
Paris
Singapur
Tokio

Robert F. Schmidt · Gerhard Thews · Florian Lang (Hrsg.)

Physiologie des Menschen

Achtundzwanzigste,
korrigierte und
aktualisierte Auflage

Mit 616 vierfarbigen
Abbildungen
in 1052 Einzeldarstellungen
und 96 Tabellen

Springer

PROFESSOR
DR. DR. h. c. ROBERT F. SCHMIDT
Physiologisches Institut
der Universität Würzburg
Röntgenring 9
D-97070 Würzburg

PROFESSOR
DR. DR. GERHARD THEWS
Institut für Physiologie
und Pathophysiologie
der Universität Mainz
Duesbergweg 6
D-55099 Mainz

PROFESSOR
DR. FLORIAN LANG
Physiologisches Institut
der Universität Tübingen
Gmelinstraße 5
D-72076 Tübingen

1.–10. Auflage bearbeitet von H. Rein
11.–16. Auflage bearbeitet von M. Schneider

ERSCHEINUNGSTERMINE

1. Aufl. 1936	2. Aufl. 1938
3. Aufl. 1940	4., 5. und 6. Aufl. 1941
7. Aufl. 1943	8. Aufl. 1947
9. + 10. Aufl. 1948	11. Aufl. 1955
12. Aufl. 1956	13. und 14. Aufl. 1960
15. Aufl. 1964	16. Aufl. 1971
17. Aufl. 1976	18. Aufl. 1976
19. Aufl. 1977	20. Aufl. 1980
21. Aufl. 1983	22. Aufl. 1985
23. Aufl. 1987	24. Aufl. 1990
25. Aufl. 1993	26. Aufl. 1995
27. Aufl. 1997	28. Aufl. 2000

TITEL DER ENGLISCHEN AUSGABE
Human Physiology
Second, Completely Revised Edition
Springer-Verlag Berlin Heidelberg
New York 1989

3. ITALIENISCHE AUSGABE
Fisiologia Umana
© 1992 Idelson Liviana, Napoli

SPANISCHE AUSGABE
Fisiologia Humana
© 1993 McGraw-Hill Interamericana de España, Madrid

JAPANISCHE AUSGABE
© 1994 Springer-Verlag,
Tokyo

2. RUSSISCHE AUSGABE IN 4 BÄNDEN
© 1996 Mir Publishers, Moskau

ESTNISCHE AUSGABE
Inimese füsioloogia
© 1997 Valgus Publishers,
Tallinn, Estonia

Die Abbildung für den Umschlag stammt aus dem Laboratorium von Dr. Felix Viana, Institut für Neurowissenschaften (Direktor: Prof. Dr. Carlos Belmonte), Univ. Miguel Hernández, Alicante, Spanien.

ISBN 3-540-66733-4
28. Auflage
Springer-Verlag Berlin Heidelberg
New York

ISBN 3-540-63030-9
27. Auflage
Springer-Verlag Berlin Heidelberg
New York

Die Deutsche Bibliothek – CIP-Einheitsaufnahme
Physiologie des Menschen : 96 Tabellen / Hrsg.: Robert F. Schmidt ... – 28., korrigierte und aktualisierte Aufl. – Berlin ; Heidelberg ; New York ; Barcelona ; Hongkong ; London ; Mailand ; Paris ; Singapur ; Tokio : Springer, 2000
(Springer-Lehrbuch)
ISBN 3-540-66733-4

Umschlaggestaltung und Layout:
Max W. Mönnich, Berlin
Zeichnungen: Otto Nehren, Ladenburg
Satz und Druck: Appl, Wemding
Bindearbeiten: Lüderitz & Bauer, Berlin
SPIN 10693928 15/3133 SY – 5 4 3 2 1 0 –
Gedruckt auf chlorfreiem Papier

Vorwort zur achtundzwanzigsten Auflage

Eine wesentliche Voraussetzung für den Fortbestand eines lebenden Organismus ist die ständige Erneuerung seiner Strukturen und die funktionelle Anpassung an neue Situationen. In ähnlicher Weise läßt sich auch die Vitalität eines Lehrbuches nur dadurch aufrechterhalten, daß es ständig den aktuellen Erfordernissen angepaßt wird. Mit Vorlage der 28. Auflage, der ersten im neuen Jahrhundert, haben wir diesen Weg konsequent weiter verfolgt. Unter Beibehaltung der inhaltlichen Ziele, wie sie im Vorwort zur 17. Auflage niedergelegt sind, wurden erneut zahlreiche Korrekturen und sachliche Änderungen vorgenommen, um dem wissenschaftlichen Fortschritt Rechnung zu tragen. Die bereits mit der 26. Auflage eingeführten didaktischen Hilfen haben bei den Lesern ein sehr positives Echo gefunden und wurden daher auch in diese Auflage übernommen. Dazu gehören farbig hervorgehobene Merksätze, Zusammenfassungen, die in kurzen Abständen die Quintessenz der vorstehenden Texte wiedergeben, und vor allem eine Vielzahl mehrfarbiger Abbildungen, die das Verständnis der dargestellten Sachverhalte erleichtern und Zusatzinformationen enthalten.

Im Laufe vieler Jahre hat sich der „Schmidt-Thews" den Ruf eines Standardwerks erworben. Um diesem hohen Anspruch auch in Zukunft gerecht werden zu können und die Kontinuität zu sichern, haben wir uns gemeinsam mit dem Verlag entschlossen, Herrn Kollegen F. Lang, Tübingen, in das Herausgeber-Team aufzunehmen. In mehreren Buchveröffentlichungen hat er seine Kompetenz unter Beweis gestellt, so daß wir uns von ihm einen Zuwachs an Ideen für die zukünftige Gestaltung unseres Lehrbuches erhoffen dürfen. In dieser Auflage hat Herr Lang bereits die Neufassung der Kapitel „Niere" (gemeinsam mit Herrn M. Fromm) sowie „Wasser- und Elektrolythaushalt" übernommen. Herr K. Hierholzer, der bisher als Mitautor für diese beiden Kapitel verantwortlich zeichnete, hat sich in kollegialer Weise bereit erklärt, deren Betreuung abzugeben. Wir möchten ihm an dieser Stelle für seine kompetente und stets konstruktive Mitarbeit danken. Unser Dank gilt auch Herrn Kollegen R. K. Zahn, der auf eigenen Wunsch als Mitautor des Kapitels „Alter und Altern" ausgeschieden ist.

Im Namen aller Autoren ist es uns wieder eine Freude, allen, die zum Gelingen dieser Neuauflage beigetragen haben, herzlich zu danken. In erster Linie haben wir dem Verlag, insbesondere Frau A. C. Repnow und ihren Mitarbeiterinnen, für die großzügige Unterstützung bei der Planung und Organisation zu danken. Dank schulden wir auch Herrn O. Nehren, Ladenburg, für die Korrekturen der von ihm hervorragend gestalteten Abbildungen sowie Herrn J. Sydor für die zügige und sorgfältige Herstellung dieser Auflage.

Im Januar 2000

R. F. Schmidt
G. Thews

Vorwort zur siebzehnten Auflage

Mit der 17. Auflage des von Hermann Rein begründeten und von Max Schneider weiter betreuten Lehrbuches hat uns der Verlag die Herausgabe der „Einführung in die Physiologie des Menschen" übertragen. Wir waren dabei vor die Alternative gestellt, entweder die in 40 Jahren bewährte Form der Darstellung zu übernehmen und der wissenschaftlichen Entwicklung entsprechend fortzuschreiben oder ein vollkommen neues Lehrbuch unter dem geistigen Patronat von Rein und Schneider zu konzipieren. Nach Prüfung aller Gesichtspunkte haben wir uns für den zweiten Weg entschieden. Dieser Schritt verlangt eine besondere Begründung.

Der erste Grund ist der gleiche, der auch Hermann Rein 1932 veranlaßte, nicht das Buch seines Lehrers v. Frey weiterzuführen, sondern ein neues Konzept vorzulegen. Er begründete dies so: „Grundauffassung, Form und Umriß des Buches waren so sehr durch die Persönlichkeit von Frey's bestimmt, daß eine Neubearbeitung selbst durch einen seiner Schüler unmöglich erschien." Wir befanden uns in einer ähnlichen Lage. Das zuletzt durch die Persönlichkeit von Max Schneider geprägte Lehrbuch hätte nur unter Substanzverlust weitergeführt werden können.

Der zweite Grund betrifft die veränderte Situation, die durch die neue Approbationsordnung für Ärzte entstanden ist: Wie bei den vorhergehenden Auflagen soll der Inhalt des Lehrbuches auf die Bedürfnisse des zukünftigen Arztes zugeschnitten sein. Allerdings ist heute die Entscheidung darüber, welches diese Bedürfnisse sind, nicht mehr allein dem einzelnen Autor oder Herausgeber eines Lehrbuches überlassen, sondern wird durch den von einem Expertengremium festgelegten Gegenstandskatalog des Zentralen Prüfungsinstitutes mitbestimmt. Die Forderungen dieses Gegenstandskataloges ließen sich in die bisherige Form des Lehrbuches nicht ohne Zwang integrieren.

Wir mußten daher die Neufassung so gestalten, daß die vorgegebenen Lernziele aus dem Gebiet der Physiologie in vollem Umfang durch das Lehrbuch abgedeckt sind. Dabei waren selbstverständlich die Lernziele nach didaktischen Gesichtspunkten zu ordnen. Der Leser wird also Abweichungen in den Schwerpunkten und in der Reihenfolge der behandelten Gegenstände im Vergleich zu den Forderungen des Katalogs feststellen. Wir sind aber der Meinung, daß auch diese Forderungen einer ständigen Überprüfung bedürfen, und würden es begrüßen, wenn das vorliegende Lehrbuch hierzu einen Beitrag leisten könnte.

Die bei der Planung eines Lehrbuches stets gestellte Frage, ob es zweckmäßiger sei, die Darstellung des Gesamtgebietes einem oder mehreren Autoren zu übertragen, läßt sich nur von der Zielsetzung her beantworten. Der Vorteil einer einheitlichen und geschlossenen Darstellung durch einen einzigen Autor wird oft durch den Nachteil erkauft, daß viele Teilgebiete ohne Kenntnis der auf eigener wissenschaftlichen Erfahrung beruhenden Grundlagen abgehandelt werden. Andererseits besteht bei Beteiligung mehrerer Autoren stets die Gefahr, daß die einzelnen Kapitel in Duktus und Inhalt nicht genügend aufeinander abgestimmt sind.

Wir sind der Meinung, daß der Leser ein Anrecht auf eine gleichermaßen fundierte wie auch koordinierte Darstellung hat. Daher haben wir eine Reihe von Kollegen um Mitarbeit bei der Gestaltung des Buches gebeten, die nicht nur als Hochschullehrer und als Fachleute für bestimmte Gebiete besonders kompetent sind, sondern auch in hohem Maße bereit waren, ihre Vorstellungen mit den Wünschen der Herausgeber abzustimmen. Durch eine straffe Koordinierung und eine begleitende Mitwirkung bei der Abfassung der Manuskripte haben wir versucht, dem Buch eine klare Gliederung, einen einheitlichen Duktus und eine Ausgewogenheit im Detail zu geben. Ob uns dieser Versuch gelungen ist, möge der Leser beurteilen. Unseren Mitautoren möchten wir an dieser Stelle unseren Dank dafür sagen, daß sie die mit der wechselseitigen Abstimmung verbundene zusätzliche Mühe in äußerst kollegialer Weise auf sich genommen haben.

Die Anordnung des Stoffes weicht im neuen Lehrbuch von der Reihenfolge in den vorhergehenden Auflagen ab. Die Darstellung der elementaren Erregungsprozesse ist an den Anfang gestellt und damit die Physiologie des Nervensystems und der Sinnesorgane vor der Physiologie der sogenannten „vegetativen" Organfunktionen abgehandelt. Diese neue Anordnung, die der in vielen angelsächsischen Lehrbüchern der Physiologie entspricht, hat ausschließlich didaktische Gründe. Für das Verständnis verschiedener Organfunktionen ist die Kenntnis des elementaren Erregungsprozesses eine wichtige Voraussetzung, wie etwa bei der Deutung des Elektrokardiogramms. Ebenso benötigt man einen Überblick über die Leistungen des Zentralnervensystems, wenn die Regulationen von Kreislauf, Atmung und Wärmehaushalt verständlich werden sollen. Die neue Anordnung ergibt sich also einfach aus Zweckmäßigkeitsgründen und soll keine neue Gewichtung der einzelnen Teilgebiete ausdrücken.

Das vorliegende Lehrbuch wendet sich zunächst an den Medizin-Studenten. Es soll ihn einerseits in die Lage versetzen, die Lebensvorgänge im menschlichen Organismus zu verstehen und damit die Basis für die naturwissenschaftliche Interpretation pathologischer Funktionsabläufe zu gewinnen. Andererseits sollen im Zusammenhang damit die Kenntnisse vermittelt werden, die für die Ärztliche Vorprüfung gefordert werden und im Idealfall während der weiteren klinischen Ausbildung sowie in der späteren Berufspraxis auch verwertet werden können. Beide Ziele, Verdeutlichung der Zusammenhänge und Vermittlung von Faktenwissen haben wir versucht, in ein ausgewogenes Verhältnis zueinander zu setzen.

Um dem Leser die Übersicht zu erleichtern, haben wir uns um eine klare Gliederung, um eine präzise Sprache, um eine drucktechnische Hervorhebung wichtiger Begriffe und um einprägsame Abbildungen bemüht. Aus Gründen der Platzersparnis wurde auf historische Einführungen, auf die Darstellung noch ungesicherter Hypothesen und auf die Beschreibung sehr spezieller Meßverfahren verzichtet. So reizvoll diese Aspekte für den Fachmann auch sein mögen, im Hinblick auf die didaktischen Hauptziele konnten wir sie nicht in das Buch aufnehmen.

Die Literaturzitate wurden unter zwei Gesichtspunkten ausgewählt. Die zitierten Monographien und zusammenfassenden Darstellungen sollen dem interessierten Leser Hinweise für weiterführende Studien geben. Daneben sind einige Originalarbeiten zitiert mit dem Ziel, neuere noch nicht allgemein bekannte oder anerkannte Fakten und Zusammenhänge zu belegen. Im Rahmen eines Lehrbuches mußte dabei naturgemäß eine eng begrenzte Auswahl getroffen werden. Für die freundliche Überlassung von zahlreichen Abbildungen aus anderen Publikationen sind wir vielen Kollegen und Verlagen zu Dank verpflichtet.

Wir hoffen, daß das Buch über den Kreis der Medizin-Studenten hinaus auch für die in der Klinik und der Praxis tätigen Ärzte eine nützliche Orientierungshilfe über den gegenwärtigen Stand der Physiologie bietet. Dies gilt um so mehr, als die pathophysiologischen Grundlagen jeweils bei der Darstellung der normalen Funktionen mit erwähnt sind. Auch für den Biologen, Biochemiker, Pharmakologen, Pharmazeuten und Psychologen könnte das Buch als zusätzliche Information über die humanphysiologischen Grundlagen seines Faches hilfreich sein.

Allen, die bei der Vorbereitung und Herstellung des Lehrbuches mitgewirkt haben, möchten wir hiermit unseren Dank sagen. Neben vielen ungenannten Helfern, Kollegen und Sekretärinnen, danken wir Herrn BIRKER für die Ausführung der Abbildungen und Herrn Dr. K. BRODDA für die Aufstellung eines Computer-Programms zum Sachverzeichnis. Mit besonderem Dank an den Verlag für seine stets verständnisvolle Unterstützung übergeben wir die neu verfaßte Einführung in die Physiologie des Menschen dem Kreis unserer – wie wir hoffen – kritischen Leser.

Im Januar 1976

R. F. SCHMIDT
G. THEWS

I Allgemeine Physiologie der Zelle und der interzellulären Kommunikation; Muskelphysiologie

II Integrative Leistungen des Nervensystems

VI Atmung

VII Energiewechsel; Arbeit und Umwelt; Altern

X Sachverzeichnis

Prof. Dr. H. Antoni
Physiologisches Institut
der Universität
Hermann-Herder-Str. 7
79104 Freiburg i. Br.

Prof. Dr. N. Birbaumer
Institut für Medizinische
Psychologie und Verhaltensneuro-
biologie der Universität
Gartenstr. 29
72074 Tübingen

Prof. Dr. R. Busse
Zentrum der Physiologie
der Universität
Theodor-Stern-Kai 7
60596 Frankfurt

Prof. Dr. J. Dudel
Physiologisches Institut der
Technischen Universität
Biedersteiner Str. 29
80802 München

Prof. Dr. M. Fromm
Institut für Klinische Physiologie
Klinikum Steglitz
der Freien Universität
Hindenburgdamm 30
12203 Berlin

Prof. Dr. Dr. J. Grote
Physiologisches Institut I
der Universität
Nußallee 11
53115 Bonn

Prof. Dr. O.-J. Grüsser †
Prof. Dr. U. Grüsser-Cornehls
Physiologisches Institut der
Freien Universität
Arnimallee 22
14195 Berlin

Prof. Dr. Dr. h. c. H. O. Hand-
werker
I. Physiologisches Institut
der Universität
Universitätsstr. 17
91054 Erlangen

Prof. Dr. H. Hatt
Lehrstuhl für Zellphysiologie
der Ruhr Universität Bochum
Gebäude ND04
44780 Bochum

Prof. Dr. K. Hierholzer
Institut für Klinische Physiologie
Klinikum Steglitz
der Freien Universität
Hindenburgdamm 30
12203 Berlin

Prof. Dr. W. Jänig
Physiologisches Institut
der Universität
Olshausenstr. 40–60
24011 Kiel

Prof. Dr. W. Jelkmann
Physiologisches Institut
Medizinische Universität zu Lübeck
Ratzeburger Allee 160
23562 Lübeck

Prof. Dr. F. Lang
Physiologisches Institut
der Universität Tübingen
Gmelinstr. 5
72076 Tübingen

Prof. Dr. Th. Nikolaus
Bethesda Geriatrische Klinik
Eberhardtstr. 91
89073 Ulm/Donau

Prof. Dr. D.W. Richter
Physiologisches Institut
der Universität
Humboldtallee 23
37073 Göttingen

Prof. Dr. J. C. Rüegg
II. Physiologisches Institut
der Universität
Im Neuenheimer Feld 326
69120 Heidelberg

Prof. Dr. H.-G. Schaible
Klinikum der
Friedrich-Schiller-Universität Jena
Institut für Physiologie
Postfach
07740 Jena

Prof. Dr. Dr. h. c. R. F. Schmidt Ph. D.
Physiologisches Institut
der Universität
Röntgenring 9
97070 Würzburg

Prof. Dr. E. Simon
W. G. Kerckhoff-Institut der
Max-Planck-Gesellschaft
Parkstr. 1
61231 Bad Nauheim

Prof. Dr. Dr. G. Thews
Institut für Physiologie
und Pathophysiologie
der Universität Mainz
Duesbergweg 6
55099 Mainz

Prof. Dr. H.-V. Ulmer
Sportphysiologische Abteilung
am Fachbereich 26 der Universität
Saarstr. 21
55122 Mainz

Prof. Dr. P. Vaupel
Institut für Physiologie
und Pathophysiologie
der Universität
Duesbergweg 6
55099 Mainz

Prof. Dr. Ch. Weiss
Physiologisches Institut
Medizinische Universität zu Lübeck
Ratzeburger Allee 160
23562 Lübeck

Prof. Dr. M. Wiesendanger
Motorik-Labor II
Neurol. Univ. Klinik
Inselspital
CH-3010 Bern

Prof. Dr. W. Wuttke
Zentrum für Frauenheilkunde
der Universität
Abteilung für Klinische und
Experimentelle Endokrinologie
Robert-Koch-Str. 40
37075 Göttingen

Prof. Dr. H. P. Zenner
Universitäts-HNO-Klinik
Silcherstr. 5
72076 Tübingen

Prof. Dr. Dr. h. c. M. Zimmermann
II. Physiologisches Institut
der Universität
Im Neuenheimer Feld 326
69120 Heidelberg

Allgemeine Physiologie der Zelle und der interzellulären Kommunikation: Muskelphysiologie

1 Grundlagen der Zellphysiologie

J. Dudel

••• **EINLEITUNG** „Physiologie ist der Gipfel der gesamten Naturwissenschaft und ihr dunkelstes Gebiet" schrieb Arthur Schopenhauer 1852 an Julius Frauenstädt. Heute kann die Physiologie, also die Lehre von der Funktionsweise der lebenden Organismen, immer noch als „Gipfel der Naturwissenschaft" angesehen werden, aber wie dieses Buch hoffentlich ausweist, ein ganz so „dunkles Gebiet" ist sie nicht mehr. Sie gründet sich, auch historisch, auf die Anatomie, die Lehre vom Grob- und Feinbau der Lebewesen. Erst in diesem Jahrhundert hat sich von der Physiologie die Biochemie („Physiologische Chemie") als neues Fach abgespalten, und die Physiologie hat ihren Gegenstand auf physikalische Reaktionen auf subzellulärem bis gesamtorganismischem Niveau (Biophysik) und die Funktion des Gesamtsystems eingeengt. Die Physiologie untersucht etwa die Prozesse, die den lebenden Körper im Austausch mit der Umgebung in seiner Identität erhalten und seine Reproduktion für folgende Generationen sichern, oder sie beschreibt die Aufnahme von Informationen aus der Umwelt und deren Umsetzung in geeignete Reaktionen, mit denen das Lebewesen auf die Umwelt zurückwirkt.

Die Kenntnis der Strukturen, von deren Funktion die Physiologie handelt, muß in einem Lehrbuch der Physiologie weitgehend vorausgesetzt werden; die strukturellen Vorbedingungen für die jeweilige Funktion werden deshalb hier nur angedeutet, um den Text im Zusammenhang lesbarer zu halten. Ähnlich müssen Details chemischer Vorgänge, die mit den „physiologischen" vielfältig verknüpft sind, den Lehrbüchern der Biochemie überlassen werden. Es gelingt allerdings zunehmend, makroskopisch sichtbare Funktionsabläufe bis auf die molekulare Ebene zu verfolgen. Damit wird die Unterscheidung von Physiologie und Biochemie nur noch eine Frage des Aspektes – die Physiologie interessiert sich vornehmlich für den funktionellen Zusammenhang mit den Leistungen des Organismus.

Die „Physiologie des Menschen" beginnt mit der Besprechung von Funktionen von Zellen. Diese Bausteine der Lebewesen sind bei den verschiedenen Tieren sehr ähnlich. Hauptthema werden die Mechanismen und die Steuerung der Stoffaustauschvorgänge innerhalb von Zellen und zwischen Zellen und deren Umgebung sein.

1.1 Die Zelle als Raum für physiologische Austauschprozesse

Die Zelle ist von einer Membran umschlossen und enthält membranumgrenzte Organellen; die Membranen bestehen aus einer Lipiddoppelschicht und eingelagerten Proteinen

Plasmamembran. Tierische Zellen sind von einer Plasmamembran umschlossen (Abb. 1–1). Ihr Aufbau ist sehr ähnlich dem der vielen intrazellulären Membranen. Die Grundsubstanz der Membranen bilden ***Lipide***, unter denen *Phosphatidylcholin* am häufigsten vorkommt. Diese Lipide bestehen aus einer hydrophilen Kopfgruppe, an der sich 2 lange, hydrophobe Kohlenwasserstoffketten anschließen. Solche Lipide bilden im Wasser spontan 4–5 nm dicke Doppelschichten, in denen sich die hydrophilen Kopfgruppen außen, dem Wasser zugewandt, anordnen, während sich die hydrophoben Kohlenwasserstoffketten aneinander lagern und eine nicht-wäßrige „Ölphase" bilden. Auch die Zellmembranen sind solche Lipiddoppelschichten (Abb. 1–2).

Neben den Phospholipiden liegen in der Lipiddoppelschicht auch *Glykolipide* und *Cholesterin* (Abb. 1–2). Die ***Glykolipide*** enthalten in der hydrophilen Kopfgruppe einen Zucker, ein Oligosaccharid. Sie liegen immer an der Außenseite der Plasmamembran, und der Zucker erstreckt sich haarförmig in die Umgebung der Zelle. Zwischen den Phospholipiden liegen in etwa gleicher Zahl ***Cholesterinmoleküle,*** die die Lipidmembran stabilisieren. Die verschiedenen Lipide finden sich nicht gleichmäßig über die Membran verstreut, sondern ihre Verteilung ist in der äußeren

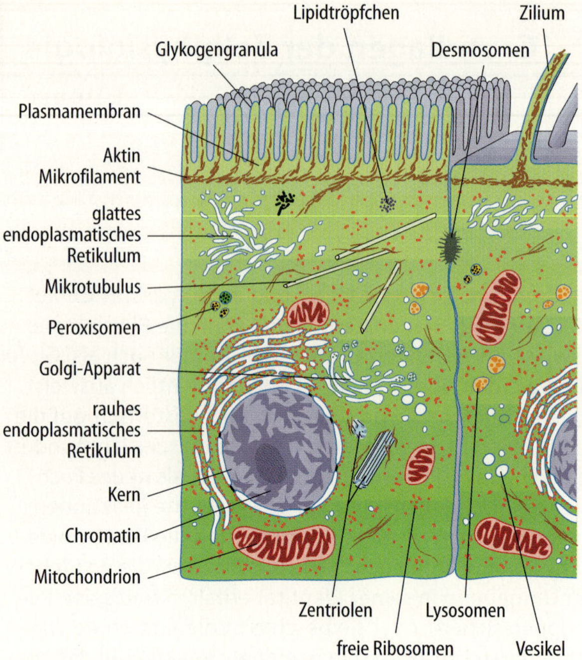

Abb. 1–1. Schematisches Bild einer Zelle mit den wichtigeren Organellen

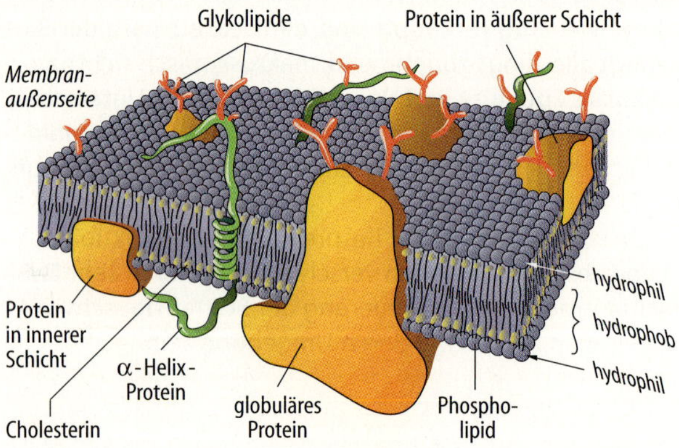

Abb. 1–2. Schema der Plasmamembran. In eine Phospholipiddoppelschicht sind Proteine eingelagert, die teils die Lipiddoppelschicht ganz durchqueren, teils nur in der Außen- oder Innenschicht verankert sind

und der inneren Schicht verschieden, und auch innerhalb der Schichten gibt es Anhäufungen bestimmter Lipide. Diese Ungleichverteilung hat wohl eine funktionelle Bedeutung, die jedoch noch unbekannt ist.

Eingebettet in die relativ inerte Lipidgrundsubstanz der Membran liegen als Hauptfunktionsträger ***Proteine*** (Abb. 1–2). In verschiedenen Membranen haben Proteine Gewichtsanteile von 25–75%; da die jedoch viel größer sind als die Lipide, kommt bei 50% Gewichtsanteil ein Proteinmolekül auf 50 Lipidmoleküle. Manche Proteine erstrecken sich von der Außen- zur Innenseite durch die ganze Membran, andere sind nur in der äußeren oder der inneren Schicht verankert. Dabei sind die Anteile der *Proteine innerhalb der Lipidmembran* regelmäßig *hydrophob*, während sich polare, hydrophile Gruppen an den Außenseiten der Proteine der wäßrigen Phase zuwenden. Viele Proteine der Außenseite der Plasmamembran sind Glykoproteine; sie tragen hydrophile Zuckergruppen, die in die Umgebung der Zelle hinausragen.

Membransysteme intrazellulärer Organellen. Etwa die Hälfte des Zellvolumens wird von Organellen eingenommen, die von Membranen umschlossen sind. Die Fläche der Membranen der intrazellulären Organellen ist wenigstens 10mal größer als die Fläche der Plasmamembran.

Das ausgedehnteste Membransystem ist das ***endoplasmatische Retikulum***, ein vielgelappter Raum, der in großen Bereichen mit Ribosomen besetzt ist und dann als rauhes endoplasmatisches Retikulum erscheint (Abb. 1–1). Auch der Golgi-Apparat besteht aus membranbegrenzten Lamellen, von denen sich Vesikel abspalten (Abb. 1–1). Kleinere spezialisierte Vesikel sind die ***Lysosomen*** und die ***Peroxisomen***. Bei diesen verschiedenen Zellorganellen hat die Membran und der eingeschlossene Raum eine spezifische Ausstattung von Enzymen, und im Innenraum reichern sich bestimmte Stoffwechselprodukte an, die für die jeweilige Funktion bereitgestellt werden [1,5]. Der ***Zellkern*** und die ***Mitochondrien*** sind dadurch ausgezeichnet, daß sie beide *von 2 Membranen umschlossen* sind. Während dem Kern die kinetische Kontrolle des Stoffwechsels obliegt, läuft an den stark gefalteten inneren Membranen der Mitochondrien der oxydative Stoffwechsel ab, nämlich die Erzeugung von energiereichem Adenosintriphosphat (ATP) aus der Oxydation von Brenztraubensäure oder Fettsäuren.

Mikrotubuli, Aktinfilamente und intermediäre Filamente bilden das Zytoskelett

Das Zytoplasma zwischen den Organellen ist keineswegs amorph. Es wird durchzogen vom Maschenwerk des Zytoskeletts. Das Zytoskelett besteht aus Mikrotubuli, Aktinfilamenten und den intermediären Filamenten (Abb. 1–1). Die ***Mikrotubuli*** sind Röhrchen mit etwa 25 nm Außendurchmesser, die als wohlgeordnetes Polymerisat aus Molekülen des Eiweißes *Tubulin* aggregieren. Die ***Aktinfilamente*** liegen als Zugfasern unter der Membran und im Zellinnern. Sind häufig an Bewegungsvorgängen beteiligt. Die ***intermediären Filamente*** haben in verschiedenen Zelltypen verschiedene chemische Bausteine, sie verbinden vielfältig die beiden anderen Elemente des Zytoskeletts. Die Zellorganellen und die Plasmamembran sind ebenfalls mit dem Zytoskelett verbunden. Dieses fixiert nicht nur die Form der Zelle und die Lage der Organellen, sondern ist auch Grundlage für Formänderungen und Bewegung.

Das Zytosol in der Zelle enthält vom Extrazellulärraum abweichende Ionenkonzentrationen sowie Eiweiße

Etwa die Hälfte des Zellvolumens nimmt das Zytosol ein. Es besteht zu etwa 20 Gewichtsprozent aus Eiweiß, stellt also eher eine Gelatine als eine wäßrige Lösung dar. In der wäßrigen Phase sind kleine Moleküle gelöst, darunter anorganische und organische ***Ionen.*** Diese Ionen stehen im Austausch mit der die Zelle umgebenden Phase, dem *Extrazellulärraum*; diese Austauschprozesse werden uns im nächsten Abschnitt beschäftigen. Im Extrazellulärraum haben die Ionen recht präzis konstant gehaltene Konzentrationen, und auch die intrazellulären Konzentrationen haben jeweils spezifische, aber von den Außenkonzentrationen verschiedene Werte (Tabelle 1–1).

Das häufigste *Kation* in der Außenlösung ist Na^+; in der Zelle ist seine Konzentration mehr als 10mal geringer. Das Umgekehrte gilt für die K^+-Ionen, sie sind intrazellulär das verbreiteste Kation, haben aber außen eine mehr als 10mal geringere Konzentration. Den größten extra-/intrazellulären Gradienten finden wir für die ***Ca^{2+}-Ionen,*** deren freie Konzentration in der Zelle wenigstens 10000mal kleiner ist als extrazellulär. Neben den im Zytosol gelösten Ionen sind solche auch an Eiweiße adsorbiert oder in Organellen eingeschlossen. Diese gebundenen Ionen überwiegen z.B. im Fall der Ca^{2+}-Ionen die freien bei weitem. Die meisten ***Eiweiße*** im Zytosol sind Enzyme, und mit ihrer Hilfe läuft dort der größte Teil des Intermediärstoffwechsels ab: Glykolyse und Glukoneogenese oder Auf- und Abbau von Aminosäuren oder Synthese von Proteinen an Ribosomen (Abb. 1–1). Als Speicherform wichtiger Moleküle enthält das Zytosol auch Lipidtröpfchen oder Glykogengranula.

Tabelle 1–1. Intra- und extrazelluläre Ionenkonzentrationen bei einer Warmblütermuskelzelle. A^- bezeichnet „große Anionen" beim Menschen

Ion	Intrazellulär	Extrazellulär
Na^+	12 mmol/l	145 mmol/l
K^+	155 mmol/l	4 mmol/l
Ca^{2+}	10^{-8}–10^{-7} mol/l	2 mmol/l
Cl^-	4 mmol/l	120 mmol/l
HCO_3^-	8 mmol/l	27 mmol/l
A^-	155 mmol/l	5 mmol/l
Ruhepotential	–90 mV	0 mV

!

Jede Zelle ist von einer Membran umschlossen, die aus Lipiddoppelschichten aufgebaut ist. Diese werden von Phosphatidylcholinmolekülen gebildet. In die Doppelschicht sind weitere Lipide, nämlich Glykolipide (an der Außenseite) und Cholesterin (zur Membranstabilisierung) eingelagert und v. a. Proteine, die entweder nur an der äußeren oder nur an der inneren Schicht verankert sind oder sich durch beide Schichten erstrecken. Die in der Membran liegenden Teile der Proteine sind hydrophob, die äußeren hydrophil. In der Zelle befinden sich zu gleichen Volumenteilen membranumschlossene Organellen (v.a. endoplasmatisches Retikulum, Zellkern, Mitochondrien) und das Zytosol, das v.a gelöste Eiweiße und kleine Ionen enthält. Das Zytosol wird vom Zytoskelett durchzogen, das aus Mikrotubuli, Aktinfilamenten und intermediären Filamenten aufgebaut ist. In der Zelle ist die Na^+-Konzentration mehr als 10mal geringer als in der Außenlösung; die K^+-Konzentrationen verhalten sich umgekehrt. Die intrazelluläre Ca^{2+}-Konzentration beträgt etwa 0,1 µmol/l.

1.2 Stoffaustausch der Zelle mit ihrer Umgebung

Die Zelle ist kein statisches Gebilde, vielmehr stehen die verschiedenen Räume in der Zelle und die Zelle mit ihrer Umgebung in ständigem Stoffaustausch. Die Strukturen der Zelle befinden sich in einem dynamischen Gleichgewicht, und erst die Interaktionen der Zellen mit der Umgebung und untereinander stellen Leben, einen funktionierenden Organismus, dar. Die Mechanismen des Austausches sollen hier grundsätzlich beschrieben werden. Sie werden in den folgenden Kapiteln unmittelbar auf die Nervenzelle und ihre Leistungen angewandt, sind aber auch Grundlage der Funktion aller anderen Organe.

In Lösungen gleichen sich Konzentrationsunterschiede gelöster Teilchen durch Diffusion aus; Diffusion durch Membranen wird mit Permeabilitäten beschrieben

Fick Diffusionsgesetz. Der einfachste Stoffaustauschprozeß ist die Diffusion. In Lösungen (oder Gasen) sind Atome und Moleküle frei beweglich und Konzentrationsunterschiede gleichen sich durch Diffusion aus. Betrachtet man 2 flüssigkeits- oder gasgefüllte Räume (Abb. 1–3), in denen ein Stoff die Konzentrationen c_1 und c_2 hat, und die durch eine Schicht mit der Fläche *A*

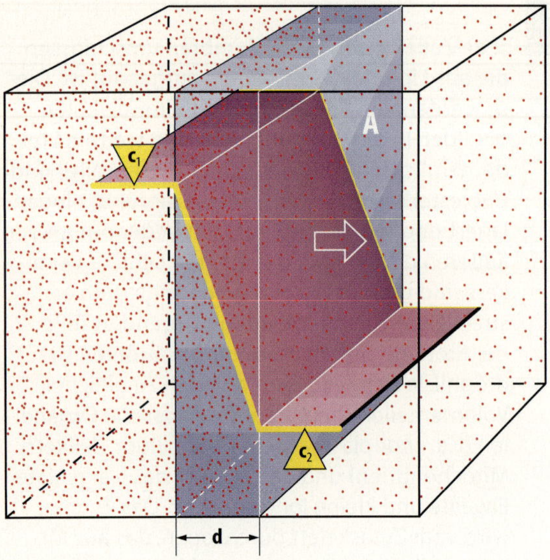

Abb. 1–3. Schema der die Diffusion bestimmenden Größen. Zwei Räume sind durch eine Schicht der Dicke *d* und der Fläche *A* voneinander getrennt. c_1 hohe Teilchenkonzentration im linken, c_2 niedrige Teilchenkonzentration im rechten Raum; *rote Fläche* Konzentrationsabfall in der Diffusionsschicht. Diffusionsstrom dm/dt s. Gl. (1)

und der Dicke *d* getrennt sind, so ist der Fluß des Stoffes *m* in der Zeit *t* nach dem *ersten Fick Diffusionsgesetz:*

$$dm/dt = -D\frac{A}{d}(c_1 - c_2) = -D\frac{A}{d}\Delta c, \qquad (1)$$

wobei *D* der Diffusionskoeffizient ist, der für den jeweiligen Stoff, das Lösungsmittel und eine bestimmte Temperatur einen konstanten Wert hat. Allgemeiner gilt für einen Konzentrationsunterschied dc über die Strecke dx:

$$dm/dt = -D \cdot A \cdot dc/dx, \qquad (2)$$

d.h. der Fluß über den Querschnitt *A* ist proportional dem Konzentrationsgradienten dc/dx. Das Vorzeichen ist negativ, weil die Konzentrationsänderung in der x-Richtung negativ ist.

Permeabilität von Nichtelektrolyten. Die Diffusion ist für die meisten Moleküle in wäßrigen Lösungen der wichtigste Austauschprozeß über kleine Entfernungen. Dies gilt auch für die Zelle, soweit die Diffusion nicht durch Membranen behindert wird. Viele Stoffe können allerdings *frei durch die Lipidmembran diffundieren,* vor allem *Wasser* und gelöste *Gase* wie O_2 und CO_2. Ebenfalls gut diffundieren durch die Membran lipidlösliche Stoffe, aber auch kleine polare Moleküle wie Ethanol und Harnstoff, während schon Zucker kaum die Lipidschichten passieren können. Für *geladene Moleküle,* selbst für kleine anorganische Ionen, sind dagegen die *Lipidschichten praktisch impermeabel.* Für Nichtelektrolyte ist es üblich, in der Diffusionsgleichung (1) die Charakteristika der Membran und des diffundierenden Stoffes durch die *Permeabilität P* zusammenzufassen und zu schreiben:

$$dm/dt = -P \cdot A \cdot \Delta c. \qquad (3)$$

Die *Permeabilitäten P* verschiedener Moleküle durch eine Lipidmembran werden in Abb. 1–4 verglichen.

Ionen und andere nicht lipidlösliche Stoffe passieren die Membran durch Kanäle in Proteinmolekülen

Transportproteine. Die Plasmamembran (und andere Zellmembranen) sind nicht nur durchlässig für Stoffe, die durch die Lipidmembran diffundieren, sondern auch für viele Ionen, Zucker, Aminosäuren und Nukleotide. Diese Stoffe kreuzen die Membran durch *Kanäle* oder *Poren,* die von in die Membran eingelagerten *Transportproteinen* gebildet werden. Ein solches Membranprotein wird durchzogen von einem ***wassergefüllten Kanal*** mit weniger als 1 nm Durchmesser, durch den kleine Moleküle diffundieren können. Die diffundierenden Substanzen bewegen sich durch den Kanal entsprechend ihrem Konzentrationsgradienten, und, falls sie geladen sind, auch unter dem Einfluß des Membranpotentials (s. unten). Die *Membrankanäle* sind dabei relativ *selektiv* hinsichtlich der durchfließenden Molekülspezies. Es gibt z. B. ***Kalium-, Natrium- und Kalziumkanäle,*** die weitgehend jeweils nur diese spezifischen Ionen durchtreten lassen. Um diese Selektivität zu erreichen, sind die Wände der Kanäle mit Ladungen oder Bindungsstellen besetzt, die den Durchtritt für die per-

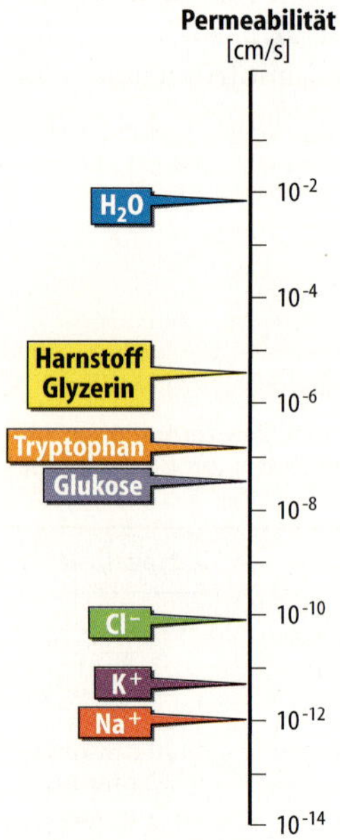

Abb. 1–4. Permeabilitäten verschiedener Substanzen durch künstliche Lipiddoppelschichten

meierenden Moleküle erleichtern und andere Stoffe von der Permeation ausschließen (Abb. 1–5) [1,2].

Membrankanäle für Ionen. Sie lassen sich besonders gut studieren, da bei der Permeation von Ionen Ströme fließen, die für einzelne Kanäle gemessen werden können. Es zeigt sich, daß diese Kanäle *spontan und hochfrequent zwischen offenen und geschlossenen Zuständen hin- und herschalten*, so daß z. B. durch einen K^+-Kanal Stromstöße von etwa 2 pA (10^{-12} A) Amplitude und einer mittleren Dauer von einigen Millisekunden gemessen werden (s. Abb. 2–12, S. 33) [2]. Während einer solchen „Kanalöffnung“ fließen damit einige 10000 Ionen. Rasche Formänderungen von Proteinen, die dabei verschiedene Unterzustände ihrer Konformation einnehmen, werden auch mit Röntgen- und Mössbauer-Strahlungsmessungen sowie mit Kernspinresonanzmessungen (NMR) gefunden.

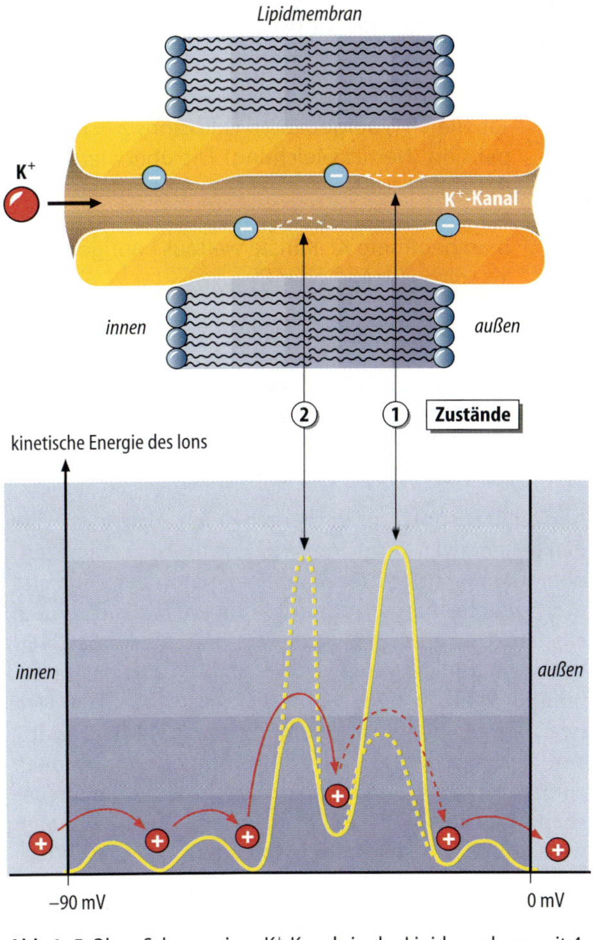

Abb. 1–5. Oben Schema eines K^+-Kanals in der Lipidmembran, mit 4 negativen Festladungen (*blau*) in der Kanalwand und einem K^+-Ion (*rot*) am inneren Kanaleingang. Darunter Energieprofil des Kanals. Die *Ordinate* gibt die für eine Passage notwendige kinetische Energie eines Ions an, die Abszisse den Weg von der Innenseite zur Außenseite der Membran. Energieminima entsprechen Bindungsstellen des positiven Ions an die negativen „Festladungen“ der Kanalwand. Die Energiemaxima entsprechen Diffusionshindernissen innerhalb des Kanals. Es wird angenommen, daß die Konformation des Kanalproteins spontan oszilliert und das Energieprofil abwechselnd die *ausgezogenen* und die *gestrichelten Profile* einnehmen kann, was die Überwindung der Energiebarriere für vor der Barriere gebundene Ionen sehr erleichtert. Nach [13]

Kanalselektivität. Proteine sind demnach hochdynamische, pulsierende Gebilde, und ein Kanal durch das Protein ist keine starre wassergefüllte Röhre (Abb. 1–5), sondern ein wassergefülltes Labyrinth von sich schnell bewegenden Molekülgruppen und Ladungen. Diesem dynamischen Charakter des Kanals nähert sich das Bild des ***Energieprofils eines Kanals*** in Abb. 1–5B.

Die Abszisse dieses Diagramms ist ein Schnitt durch den Kanal von einer Außenlösung mit der Ionenkonzentration c_a und dem Potential 0 zu der Innenlösung mit der Konzentration c_i und dem Potential E. Die Ordinate gibt das Energieniveau des Ions an der betreffenden Stelle des Kanals an, ein Gipfel bedeutet eine Permeationsschranke, die ein Ion nur mit viel Energie überwinden kann, und eine Senke einen relativ stabilen Zustand, eine Bindung. Trotz der hindernden Energiegipfel kann ein Ion passieren, wenn sich das Energieprofil innerhalb des Kanals spontan und zyklisch verschiebt; das Ion kann dann plötzlich auf der anderen Seite des Gipfels liegen und permeieren. Je nach Ladung, Größe und Wasserhülle des Ions und möglichen Bindungen an Wandstrukturen wird das Energieprofil durch den Kanal für verschiedene Ionen unterschiedlich sein, wodurch die Selektivität der einzelnen Kanaltypen erklärt werden könnte.

Das Ruhepotential der Zellen ist in erster Näherung ein K^+-Gleichgewichtspotential, enthält aber auch Beiträge aus den Na^+- und Cl^--Permeabilitäten der Membran

Diffusionsgleichgewicht für Ionen. Es können also verschiedene Ionen durch Membrankanäle diffundieren, was zum Ausgleich der Konzentrationsdifferenz zwischen innen und außen führen sollte. Wie Tabelle 1–1 ausweist, bleiben jedoch die Konzentrationen innen und außen bestehen, es muß also ein ***Gleichgewicht*** zwischen Diffusions- und anderen Transportprozessen über die Membran bestehen. Die Einstellung dieses Gleichgewichts wird in den nächsten beiden Abschnitten besprochen.

Zunächst das *Diffusionsgleichgewicht für Ionen:* Bei ungeladenen Molekülen wird die Diffusion durch die Konzentrationsdifferenz Δc angetrieben, und ohne Konzentrationsdifferenz erfolgt kein Nettotransport. Auf geladene Teilchen wirkt zusätzlich ein elektrisches Feld. Fließt z. B. ein K^+-Ion entlang seines Konzentrationsgefälles aus der Zelle aus, so nimmt es eine positive Elementarladung mit. Das Zellinnere wird dadurch um eine Ladung negativer, und es entsteht eine elektrische Spannung über der Membran. Diese innen negative Spannung bremst den Ausstrom weiterer K^+-Ionen, die ihrerseits, wenn ihnen der Ausstrom gelingt, die Aufladung der Membran vergrößern. Der Nettostrom von K^+ kommt zum Stillstand, sobald die Wirkung des aufgebauten elektrischen Feldes den von der Konzentrationsdifferenz erzeugten Diffusionsdruck kompensiert. Dabei bewegen sich freilich immer noch Ionen durch den Kanal, jedoch in beiden Richtungen in gleicher Anzahl. Es entspricht also einer Konzentrationsdifferenz für ein Ion über die Zellmembran ein ***Gleichgewichtspotential*** E_{ion}, bei dem der Nettostrom über die Membran für dieses Ion verschwindet. Dieses Gleichgewichtspotential läßt sich relativ leicht berechnen und wird durch die ***Nernst-Gleichung*** angegeben:

$$E_{ion} = \frac{R \cdot T}{z \cdot F} \ln \frac{[Ion]_a}{[Ion]_i} \quad (4)$$

Dabei ist *R* die Gaskonstante, *T* die absolute Temperatur, *z* die Wertigkeit des Ions (negativ für Anion) und *F* die Faraday-Konstante; $[Ion]_a$ die extrazelluläre und $[Ion]_i$ die intrazelluläre Konzentration des Ions.

Unter Zusammenfassung der Konstanten und bei Körpertemperatur (T = 310 K) wird daraus für E_K:

$$E_K = -61\,mV \cdot \log \frac{[K^+]_i}{[K^+]_a}. \quad (5)$$

Ruhepotential. Tatsächlich wird an allen Zellen ein Membranpotential gefunden, das bei einer Warmblütermuskelzelle einen Wert von etwa −90 mV hat. Je nach den Bedingungen und Ionenkonzentrationsverhältnissen kommen an Zellen Membranpotentiale von −120 bis −40 mV vor. Für die Zelle des obigen Beispiels (Tabelle 1–1) bedeutet das ***Ruhepotential*** von −90 mV, daß für K^+-Ionen der Fluß durch die Membrankanäle annähernd im Gleichgewicht ist. Dies ist nicht erstaunlich, da in der ruhenden Membran geöffnete K^+-Kanäle weitaus am häufigsten sind, d.h. sie ist für K^+ am durchlässigsten. Das Membranpotential wird jedoch auch von den Flüssen anderer Ionen mitbestimmt.

Quantitativ wurde die Leichtigkeit, mit der die Teilchen durch die Membran diffundieren können, in Gl. (3) für *ungeladene* Teilchen als Permeabilität P definiert. Diese ***Permeabilität*** muß bei *geladenen* Teilchen etwas komplizierter bestimmt werden:

$$P = \frac{\mu \cdot R \cdot T}{d \cdot F}, \quad (6)$$

wobei μ die Membranbeweglichkeit des Ions ist, *d* die Dicke der Membran sowie *R*, *T* und *F* die bekannten thermodynamischen Konstanten sind. Mit Hilfe der so definierten Permeabilitäten kann das Membranpotential E_m berechnet werden, wenn gleichzeitig K^+, Na^+ und Cl^--Ionen fließen, wobei die Membran für diese die Durchlässigkeit P_k, P_{Na} und P_{Cl} hat. Es muß dazu freilich die Annahme gemacht werden, daß innerhalb der Membran das Potential gleichmäßig abfällt, d.h. eine konstante Feldstärke herrscht. Es gilt dann die ***„constant-field“*** oder ***Goldmann-Gleichung*** [4, 11]:

$$E_m = \frac{RT}{F} \cdot \ln \frac{P_K[K^+]_a + P_{Na}[Na^+]_a + P_{Cl}[Cl^-]_i}{P_K[K^+]_i + P_{Na}[Na^+]_i + P_{Cl}[Cl^-]_a}. \quad (7)$$

An den meisten Zellmembranen ist P_k etwa 30mal höher als P_{Na} (s. auch 1.3). Die relative Größe von P_{Cl} ist recht unterschiedlich, an vielen Membranen ist P_{Cl} klein gegenüber P_K, an anderen, z.B. des Skelettmuskels, ist P_{Cl} sogar größer als P_K.

Die „constant field“-Theorie legt auch die Abhängigkeit der einzelnen Permeabilitäten vom Membranpotential und von den intra- und extrazellulären Konzentrationen des betreffenden Ions fest [2, 4, 11].

Man kann die ***Membran*** mit ihren Ionenpermeabilitäten bzw. Kanälen auch als einen ***elektrischen Schaltkreis*** mit parallelgeschaltenen, dem jeweiligen Gleichgewichtspotential entsprechenden Batterien (E_{ion}) und dazu in Serie liegenden Widerständen, $r_{ion} = 1/g_{ion}$ (g ist der Leitwert) auffassen. Der Ionenstrom durch einen solchen „Kanal“ ist dann

$$i_{ion} = g_{ion}\,(E - E_{ion}), \quad (8)$$

und bei parallelgeschaltenen solchen Kanälen für z.B. K^+, Na^+ und Cl^- stellt sich dann das Membranpotential E_m ein [6]:

$$E_m = \frac{g_K \cdot E_K + g_{Na}E_{Na} + g_{Cl}E_{Cl}}{g_K + g_{Na} + g_{Cl}} \quad (9)$$

! In Flüssigkeiten wie dem Extrazellulärraum und dem Zytosol gleichen sich Konzentrationsunterschiede von gelösten Stoffen durch Diffusion aus (1. Fick Diffusionsgesetz). Auch die Lipidmembran kann von einer Reihe von Molekülen permeiert werden, v.a. von Wasser, O_2, CO_2 und lipidlöslichen Stoffen. Für die meisten Moleküle, insbesondere alle geladenen, ist die Lipidmembran aber impermeabel. Die K^+-, Na^+-, Cl^-- und Ca^{2+}-Ionen diffundieren daher durch wassergefüllte Poren in Kanalproteinen der Membran, getrieben durch ihren Konzentrationsgradienten und die Differenz zwischen dem Membranpotential (Ruhepotential) und ihrem spezifischen Gleichgewichtspotential. Beim Ruhepotential liegt das Potential nahe dem K^+-Gleichgewichtspotential, also demjenigen Potential, bei dem die Wirkung des durch die Auswärtsdiffusion von K^+-Ionen aufgebauten elektrischen Feldes den von der Konzentrationsdifferenz (s. Tabelle 1–1) aufgebauten Diffusionsdruck kompensiert (Nernst Gleichung). Die überwiegende Rolle der K^+-Ionen für das Ruhepotential ist darauf zurückzuführen, daß in der ruhenden Membran geöffnete K^+-Kanäle weitaus häufiger sind als solche für Na^+ oder Cl^-.

Das Gleichgewicht der Ionenströme durch die Zellmembran wird durch aktiven Transport, hauptsächlich durch die Na^+- K^+-Pumpe, hergestellt

Aktiver Transport. Im vorhergehenden Abschnitt wurden die passiven Diffusionsprozesse und das Membranpotential beschrieben, das sich bei den in der Zelle und der Außenlösung herrschenden Ionenkonzentrationen einstellt. Die intrazellulären Ionenkonzentrationen bleiben jedoch nicht ohne weiteres stabil, denn das Membranpotential ist etwas weniger negativ als E_K und weit negativer als E_{Na} (etwa +60mV). Durch Diffusion würden sich letztlich die intrazellulären Konzentrationen zumindest für K^+ und Na^+ den extrazellulären angleichen. Die Stabilität der natürlichen Ionengradienten wird durch aktive Transportprozesse erreicht: Membranproteine transportieren Ionen über die Membran entgegen dem Konzentrations- und/oder dem elektrischen Gradienten, wobei sie Stoffwechselenergie verbrauchen.

Der wichtigste aktive Transportprozeß ist die ***Na-K-Pumpe***, die praktisch an allen Plasmamembranen der Zellen Na^+ aus der Zelle und K^+ in die Zelle schafft. Sie stellt damit intrazellulär die niedrige Na^+- und die hohe K^+-Konzentration sicher (Tabelle 1–1). Der so erzielte Na-Konzentrationsgradient an der Membran wird funktionell für die elektrische Informationsfortleitung (s. Abschnitt 2.2), aber auch zum Antrieb anderer aktiver Transportmechanismen und für die Einstellung des Zellvolumens eingesetzt (s. unten). Es überrascht deshalb nicht, daß *mehr als 1/3 des Energieverbrauchs der Zellen für die Na-K-Pumpe aufgewendet wird*, und bei manchen sehr aktiven Zellen erreicht der Energieanteil dieser Pumpe 70 % [1,11].

Das ***Na-K-Transportprotein ist eine ATPase,*** die an der Innenseite der Zellmembran ATP in ADP und Phosphat spaltet (Abb. 1–6). Mit Hilfe der von einem ATP übernommenen Energie transportiert es netto 3 Na^+ aus der Zelle und gleichzeitig 2 K^+ in die Zelle, entfernt also in jedem Pumpzyklus eine Ladung aus der Zelle. Die Na-K-Pumpe ist damit ***elektrogen***, sie treibt einen elektrischen Strom über die Membran aus der Zelle, der das Membranpotential um etwa 10 mV negativer macht. Das Protein leistet den Transport mit hoher Geschwindigkeit: 150 bis 600 Na^+ werden pro Sekunde umgesetzt.

Obwohl die Aminosäuresequenz des Transportproteins bekannt ist, kann heute noch nicht deutlich gemacht werden, wie es den komplizierten Austauschtransport bewerkstelligt. Am ehesten kann man den Prozeß mit zyklisch sich ändernden, von der Besetzung mit Na^+ und K^+ abhängigen Energieprofilen durch das ständig seine Konformation ändernde Transportprotein (Abb. 1–5B) beschreiben, wobei ein stöchiometrischer 2 K^+- zu 3 Na^+-Austausch resultiert und Energie eingekoppelt wird.

Die Na-K-Pumpe, wie auch die isolierte Na^+- und K^+-abhängige Membran-ATPase, lassen sich durch das *Herzglykosid* Ouabain (Strophantin) *spezifisch hemmen*. Als mehrstufige chemische Reaktion ist die *Na-K-Pumpe stark temperaturabhängig*. Dies zeigt das Experiment der Abb. 1–7A: Es wird der Na^+-Ausstrom aus Muskelzellen gemessen, der praktisch dem durch die Na-K-Pumpe vermittelten Na^+-Ausstrom entspricht, denn die Chance, daß ein Na^+-Ion passiv gegen einen hohen Konzentrations- und Potentialgradienten aus der Zelle fließt, ist äußerst gering. Wird das Präparat um etwa 18° C abgekühlt, so nimmt der Na-Ausstrom schnell um einen Faktor 15 ab und kehrt nach Wiedererwärmen sofort auf den Ausgangswert zurück. Diese Abnahme des Na^+-Ausstroms ist ein Vielfaches dessen, was für einen Diffusionsprozeß oder eine einfache chemische Reaktion als Temperaturabhängigkeit erwartet wird. Einen *ähnlichen Effekt* hat die *Unterbrechung der Nachlieferung von Stoffwechselenergie* durch Vergiftung mit Dinitrophenol (DNP) (Abb. 1–7B). Dies zeigt, daß der ***Na-Ausstrom durch energieabhängige Reaktionen,*** eine *aktive Pumpe*, getrieben wird.

Neben der starken Temperatur- und Energieabhängigkeit ist für Pumpen charakteristisch, daß sie, wie jede chemische Reaktion, mit steigender Konzentration der zu transportierenden Moleküle die ***Pumprate*** nicht beliebig erhöhen können, sondern daß diese einen ***Sättigungswert*** erreicht (Abb. 1–8). Im Gegensatz zu chemischen Reaktionen beim Transport durch Pumpen, wie der Na-K-Pumpe, steigt der Fluß der passiv diffundie-

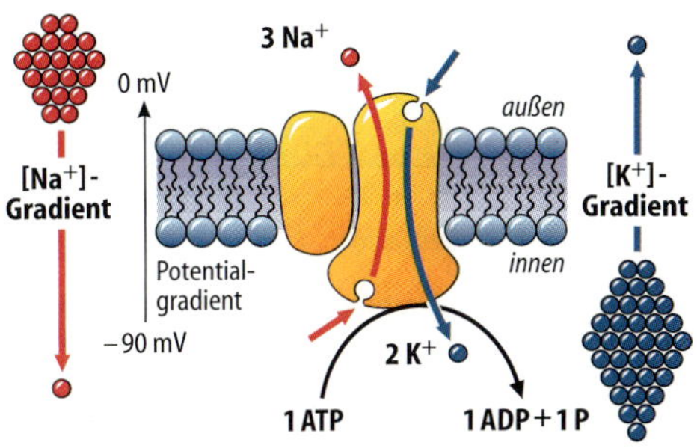

Abb. 1–6. Schema der Na-K-Pumpe, einer ATPase in der Lipiddoppelschicht der Plasmamembran, die in einem Pumpzyklus 3 Na^+ gegen den Konzentrationsgradienten und Potentialgradienten aus der Zelle entfernt und 2 K^+ aufnimmt. Dabei wird ein ATP in ADP und Phosphat, P, gespalten. Die ATPase ist als Dimer aus einer großen (Funktions)einheit und einer kleinen Einheit gezeichnet, sie liegt in der Membran als Tetramer aus 2 großen und 2 kleinen Einheiten vor

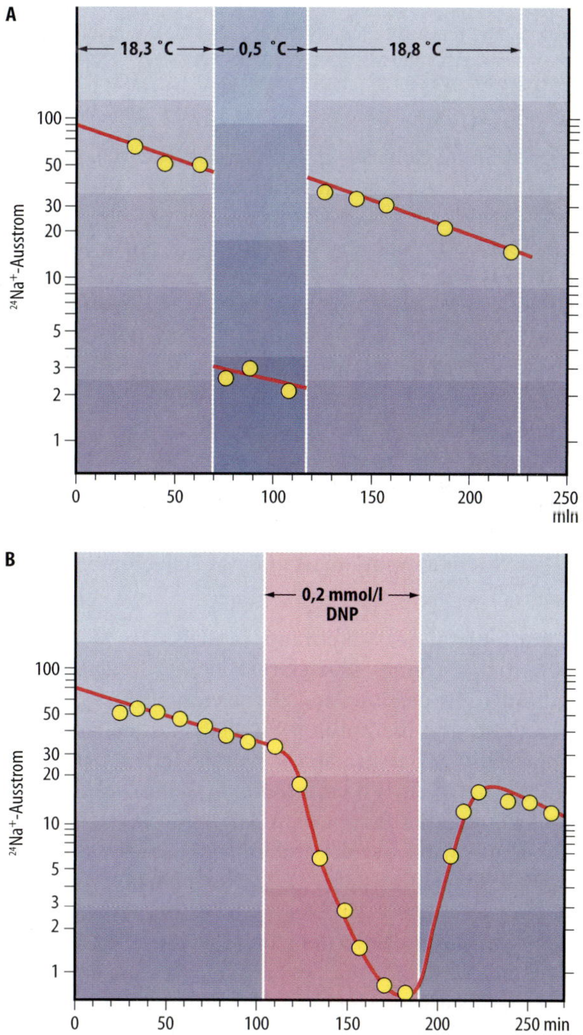

Abb. 1–7. Nachweis des aktiven Na^+-Transports. *Ordinaten*: Ausstrom von aktiven $^{24}Na^+$ aus der Zelle. *Abszisse*: Zeit nach Beginn des Experiments. **A** Die Zelle wird von 18,3 °C auf 0,5 °C abgekühlt, während der Kälteperiode ist der Na^+-Ausstrom gehemmt. **B** Hemmung des Na^+-Ausstroms durch 0,2 mmol/l Dinitrophenol (DNP). Nach [12]

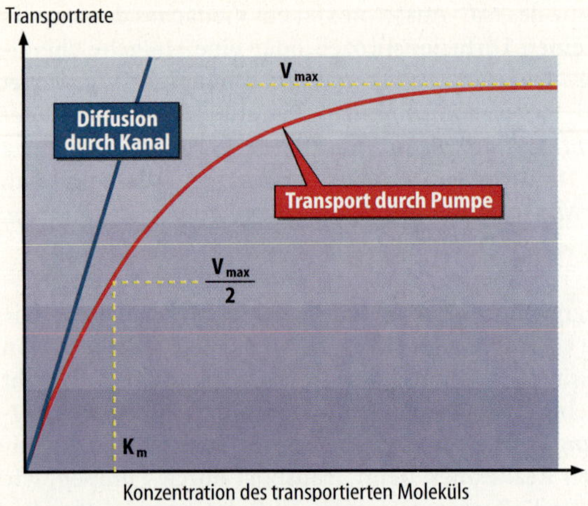

Abb. 1–8. Abhängigkeit der Transportrate von Molekülen von deren Konzentration (am Kanaleingang bzw. an der Bindungsstelle der Pumpe) bei Diffusion durch einen Membrankanal und bei Transport durch eine Pumpe. Letztere erreicht bei hohen Konzentrationen Sättigung, eine maximale Pumprate V_{max}, und für die halbmaximale Pumprate $V_{max}/2$ kann eine scheinbare Gleichgewichtskonzentration K_m abgelesen werden

renden Stoffe gemäß dem Diffusionsgesetz (Gl. 1 und 2) proportional zur Konzentrationsdifferenz.

Neben der Na-K-Pumpe kommt in der Plasmamembran zumindest (s. Tabelle 34–2) noch eine ***Ca-Pumpe*** vor, die Ca^{2+} aus der Zelle pumpt und daran beteiligt ist, die extrem niedrige Ca^{2+}-Konzentrationen in der Zelle herzustellen (Tabelle 1–1). Diese Pumpe ist besonders dicht auch im sarkoplasmatischen Retikulum der Muskelzelle vorhanden, das mit Hilfe der Spaltung von ATP Ca^{2+}konzentriert (s. Kap. 4).

Die Aktivität der Na-K-Pumpe ist die Hauptursache für die Stabilität des Membranpotentials und des Zellvolumens

Metastabilität des Membranpotentials. Das Membranpotential, die intra- und extrazellulären Ionenkonzentrationen, die passiven und aktiven Ionenflüsse über die Membran und die Zufuhr von ATP sind vielfältig und quantitativ beschreibbar miteinander vernetzt (Abb. 1–9 A). Das *System enthält vielfache Rückkopplungen*; so steigt der Pumpstrom (i_p), wenn Na^+_i steigt – die Erhöhung von i_p senkt andererseits Na^+_i. Das System wird deshalb metastabil [10]. Dies bedeutet, daß alle Größen im Schema der Abb. 1–9 A bestimmte Werte einnehmen, wenn das System im Gleichgewicht ist, und daß auch nach Störung des Gleichgewichtes sich dieser Normalzustand wieder einstellt. Die Stabilität des Ruhepotentials zeigt die Computersimulation in Abb. 1–9 B. Es wurde das Netzwerk der Abb. 1–9 A quantitativ simuliert, indem z. B. die Abhängigkeit des Pumpstromes von Na^+_i (Abb. 1–8) eingesetzt wurde. Während der ersten 5 Minuten herrschen „Ruhebedingungen". Dann wurde als „Störung" für 30 Minuten die ATP-Synthese

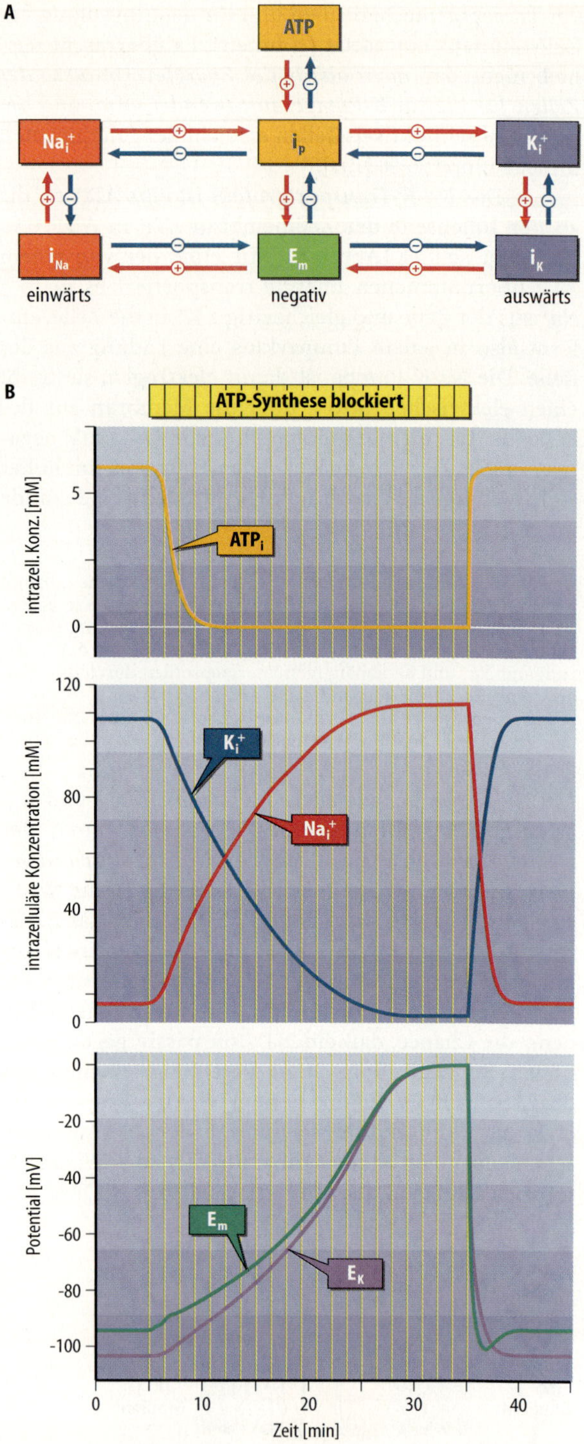

Abb. 1–9. A Netzwerk der das Membranruhepotential bestimmenden Größen. ATP_i, Konzentration von Adenosintriphosphat in der Zelle; Na^+_i, Na^+-Konzentration, und K^+_i, K^+-Konzentration in der Zelle; i_p, Strom der Na^+-K^+-Pumpe; i_{Na}, Na^+-Einstrom in die Zelle; i_K, K^+-Ausstrom aus der Zelle; E_m, das Membranpotential. *Rote Pfeile* bedeuten einen positiven Einfluß der Ausgangsgröße auf die Zielgröße, *blaue Pfeile* einen negativen solchen Einfluß. **B** Berechnete Zeitverläufe von ATP_i, von K^+_i und Na^+_i, E_m und des Kaliumgleichgewichtspotentials E_K für 5 min bei Ruhebedingungen, dann für 30 min bei blockierter ATP-Synthese (*gelber Block*), und schließlich wieder bei Ruhebedingungen. Nach [10]

blockiert. Mit der schnell abnehmenden ATP-Konzentration steigen Na_i^+ und fällt K_i^+, und entsprechend erreicht das Membranpotential nach 20 Minuten den Nullwert. Wird nun die ATP-Synthese deblockiert, so normalisieren sich innerhalb von 5 Minuten alle Parameter – nur das Potential wird für kurze Zeit negativer als der Ruhewert (wegen der gleichzeitig erhöhten Aktivität der Na^+-K^+-Pumpe).

Das Computerexperiment der Abb. 1–9 B entspricht dem realen *Zellverhalten während und nach einer Periode extremen Sauerstoffmangels* – bis hin zur transienten Hyperpolarisation nach dem Wiedereinschalten des Sauerstoffes. Viele Zelltypen würden allerdings durch 30 Minuten Anoxie irreversibel geschädigt. Es würden sich vor allem bei Wiedereinschalten der Sauerstoffversorgung innerhalb der Zelle Radikale bilden, die proteolytische Enzyme aktivieren oder die intrazelluläre Ca^{2+}-Konzentration stark erhöhen.

Die Metastabilität des Ruhepotentials wurde hier eingehend dargestellt, weil sie ein Beispiel für die ***Entstehung funktioneller „Normalwerte"*** ist. Über den genetischen Code wird nicht der Wert des Ruhepotentials der Zellen vererbt, sondern z. B. die Konzentration von Na^+-K^+-Pumpmolekülen in der Zellmembran. Aus dieser, einigen anderen Bausteineigenschaften und einer Reihe von physikalischen Gesetzen folgt, daß das Ruhepotential eines bestimmten Zelltyps unter Normalbedingungen einen in sehr engem Rahmen definierten Wert hat.

Konstanz des Zellvolumens. Die Kompensation des Na^+-Einstroms und des K^+-Ausstroms durch die Pumpe hat auch zur Folge, daß der osmotische Druck in der Zelle stabil und das Zellvolumen konstant bleiben. In der Zelle befinden sich in hoher Konzentration *große Anionen*, meist Proteine (in Tabelle 1–1 als A^- bezeichnet). Diese können die Membran nicht (oder nur sehr langsam) passieren, stellen also einen festen Bestand des Zellinneren dar. Diesen Anionen müssen zum Ladungsausgleich in gleicher Anzahl Kationen gegenüberstehen, die aufgrund der Leistung der Na-K-Pumpe im wesentlichen durch K^+ repräsentiert sind. Die Gesamtionenkonzentration in der Zelle könnte nur dann beträchtlich ansteigen, wenn die Anionenkonzentration vergrößert würde. Dies könnte durch Einstrom von Cl^- entlang dessen Konzentrationsgradienten geschehen (s. Tabelle 1–1). Das Membranpotential wirkt jedoch dem Cl^--Einstrom entgegen; der Cl^--Nettoeinstrom läuft nur so lange, bis das Cl^--Gleichgewichtspotential erreicht wird, und dies ist bei etwa dem reziproken K^+-Gradienten der Fall, da Cl negativ geladen ist (s. Gl. 4). *Es stellt sich also entsprechend der niedrigen K^+-Außenkonzentration eine niedrige Cl^-*-Innenkonzentration ein. Damit ist die ***Gesamtionenmenge in der Zelle beschränkt***.

Fällt das Membranpotential nach Blockade der Na-K-Pumpe, z. B. bei Sauerstoffmangel, so erhöht sich, entsprechend zum so erniedrigten Cl^--Gleichgewichtspotential, die intrazelluläre Cl^--Konzentration, zum Ladungsausgleich strömen auch Na^+ ein, die Gesamtionenkonzentration in der Zelle steigt an und folglich auch der osmotische Druck, und es muß Wasser einströmen. Die *Zelle schwillt* folglich an, wie dies auch in vivo *bei Energiemangelzuständen* beobachtet wird.

Die potentielle Energie des durch die Na-K-Pumpe aufrecht erhaltenen Na^+-Konzentrationsgradienten treibt Ionen- und andere Stofftransporte durch Kanalmoleküle

Die Bedeutung der Na-K-Pumpe für die Zelle erschöpft sich nicht in der Stabilisierung der normalen Na- und K-Gradienten über die Membran. Die im Membrangradienten für Na^+ gespeicherte Energie wird vielfach auch zum Antrieb von Membrantransporten von anderen Stoffen verwendet.

Symport. Die Abb. 1–10 zeigt als Beispiel einen *Symport* von Na^+ und einem Zuckermolekül in die Zelle. Das Transportprotein der Membran schafft ein Zuckermolekül, selbst gegen einen Konzentrationsgradienten, in die Zelle, wobei gleichzeitig ein Na^+ entlang seines Konzentrations- und Potentialgradienten einströmt und die *Energie für den Zuckertransport* liefert. Dieser Zuckertransport hängt unbedingt vom Bestehen des hohen Na^+-Gradienten ab; steigt die Na^+-Innenkonzentration beträchtlich, so kommt der Zuckertransport zum Erliegen. Für verschiedene Zucker gibt es mehrere solche Symportsysteme. Ähnlich wie der Zuckertransport in Abb. 1–10 wird auch der ***Transport von Aminosäuren*** in die Zelle von Na^+-Gradienten angetrieben. Es gibt dafür wenigstens 5 verschiedene Symportsysteme, die auf verwandte Gruppen von Aminosäuren spezialisiert sind.

Antiporte. Neben den Symportsystemen gibt es auch *Antiporte.* Ein wichtiges Transportsystem der Zellmembran befördert z. B. in einem Zyklus jeweils 1 Ca^{2+} aus der Zelle und läßt 3 Na^+ einfließen (Abb. 1–10). Die Energie für diesen ***Ca^{2+}-Transport*** stammt aus dem Einstrom der 3 Na^+ entlang ihres Konzentrations- und Potentialgradienten. Diese Energie reicht gerade aus, beim Membranruhepotential den hohen Kalziumkonzentrationsgradienten von $<10^{-7}$ mol/l *intrazellulär* zu etwa 2 mmol/l *extrazellulär* zu erhalten.

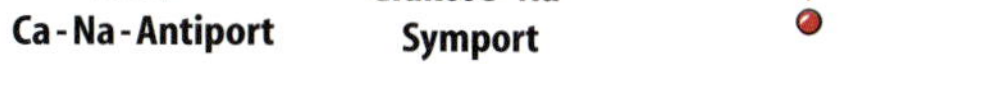

Abb. 1–10. Membranproteine, eingelagert in die Lipiddoppelschicht der Membran, die, angetrieben durch den extra-/intrazellulären Na^+-Gradienten, einen Glukose-Na-Symport in die Zelle sowie einen Ca-Na-Antiport vermitteln

Durch Endo- oder Exozytose können Stoffe die Membran kreuzen, die nicht durch die Lipidphase diffundieren können und für die es keine Transportkanäle gibt

Proteine oder Cholesterin können die Plasmamembran als Inhalt von Vesikeln durch ***Endo-*** oder ***Exozytose*** kreuzen. Die Abb. 1–11 zeigt die prinzipiellen Mechanismen. Bei der Exozytose werden an Zellorganellen *Vesikel* gebildet (s. unten), *die mit dem auszuscheidenden Stoff,* z.B. einem Hormon oder einem extrazellulär wirkenden Enzym, *beladen sind.* Wenn solche Vesikel die Plasmamembran erreichen, kann ihre Lipidmembran mit der der Plasmamembran verschmelzen, und der *Inhalt des Vesikels entleert sich in das Außenmedium.*

Beim umgekehrten Vorgang, der ***Endozytose***, stülpt sich die Plasmamembran ein und bildet eine Grube. Diese vertieft sich, schnürt sich ab und es entsteht ein intrazelluläres Vesikel, das extrazelluläre Flüssigkeit und etwa Makromoleküle enthält.

Bei diesen Membranverschmelzungen und -abschnürungen müssen neben den Membranen auch *kontraktile Anteile des Zytoskeletts* mitwirken (s. unten). Bei Endozytose wird auch nicht einfach Außenmedium aufgenommen. In der Membran liegen, oft in spezialisierten Gruppen angeordnet, spezifische Rezeptoren, z.B. für Makromoleküle wie Insulin oder für Antigene. Nach Bindungen solcher Moleküle an ihre Rezeptoren wird im betreffenden Membranbezirk Endozytose ausgelöst und somit selektiv die betreffenden Makromoleküle transportiert (Abb. 1–12B).

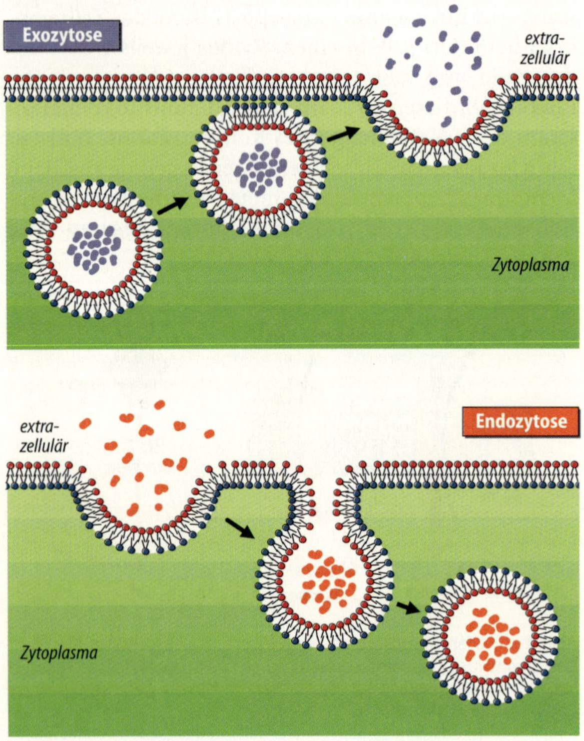

Abb. 1–11. Exozytose und Endozytose. *Oben:* Ein intrazelluläres Vesikel verschmilzt mit der Lipiddoppelschicht der Plasmamembran und entleert sich zum Extrazellulärraum: Exozytose. *Unten:* Die Plasmamembran stülpt sich lokal ein, und ein Vesikel, gefüllt mit extrazellulärer Materie, schnürt sich ab: Endozytose

! Das Ungleichgewicht der Ionenflüsse wird durch aktiven Transport kompensiert. Der wichtigste ist die Na^+-K^+-Pumpe , eine ATPase an der Innenseite der Membran, die für den Verbrauch von 1 Molekül ATP (Spaltung in ADP und Phosphat) 3 Na^+ aus der Zelle und 2 K^+ in die Zelle schafft. Für diese elektrogene Pumpe wird 1/3 des Zellenergieverbrauchs aufgewendet. Die Membranpumpen sorgen für die Metastabilität des Ruhepotentials und die Konstanz des Zellvolumens. Der durch die Pumpaktivität aufgebaute Na^+-Konzentrationsgradient über der Zellmembran treibt sekundär aktive Transporte, z. B. von Ca^{2+}, Zuckern und Aminosäuren, in die (Symporte) und aus den Zellen (Antiporte). Makromoleküle, die über keine Kanaltransportsysteme verfügen, aber z. B. auch Cholesterin, können die Zellmembran durch Endo- oder Exozytose kreuzen.

An allen Zellen laufen dauernd Endo- und Exozytosen ab. Dabei wird im beträchtlichen Umfang Zellmembran umgesetzt: Ein Makrophage nimmt in einer Stunde zweimal seine ganze Plasmamembranoberfläche als Vesikel auf. Bei den meisten Zellen ist der Umsatz geringer, es muß jedoch ein beträchtliches „*Recycling*“ der Membranen stattfinden.

1.3 Stoffaustausch innerhalb der Zelle

Austauschprozesse wie die über die Zellmembran finden auch im Zytosol und an seinen Organellen statt

Diffusion. Innerhalb des Zytosols werden *Konzentrationsdifferenzen durch Diffusion ausgeglichen,* und das gleiche gilt für die in Organellen eingeschlossenen Flüssigkeitsräume. Wegen der hohen Konzentration an gelöstem Eiweiß verläuft freilich die Diffusion viel langsamer als im Wasser. Auch die Lipidmembranen um die Zelle und in deren Organellen sind zweidimensionale Flüssigkeiten, in denen Diffusion stattfindet. Die *Membranlipide* selber diffundieren innerhalb ihrer Schicht, aber selten zwischen den beiden Seiten der Doppelschicht.

Auch die *in die Membran eingelagerten Proteine* sind durchaus *beweglich.* Sie rotieren um eine Achse vertikal zur Membran, und sie diffundieren lateral mit sehr verschiedenen Diffusionskonstanten 2 bis 10000mal langsamer als die Phospholipide. Während also einige Proteine ziemlich frei in der Lipidschicht schwimmen und sich fast so schnell bewegen wie die Lipidmoleküle selbst, sind andere fester verankert, wahrscheinlich durch Bindungen an das Zytoskelett. Es gibt „dauerhafte“ Anhäufungen von speziellen Proteinen in den Membranen, z. B. an den prä- und postsynaptischen Strukturen der Nervenzellen (s. S. 54). Die freie Beweglichkeit anderer Proteine kann man verdeutlichen, indem man sie mit einem fluoreszierenden Farbstoff koppelt und in einem kleinen Membranbezirk durch einen Lichtblitz zur Fluoreszenz anregt. Diese fluoreszierenden Proteine verteilen sich innerhalb von weniger als 1 min gleichmäßig über einen etwa 10 μm ausgedehnten Membranbereich.

Aktiver Transport an Membranen von Organellen. Aktive Transporte finden auch in den Membranen der Zellorganellen statt. Deren spezifische Inhalte entstehen z. T. durch Synthese von Stoffen im Innenraum, z. T. durch aktiven Transport aus dem Zytosol. Das Beispiel der *Ca^{2+}-Pumpe in das sarkoplasmatische Retikulum der Muskelzellen* wurde schon erwähnt. Besonders interessant ist die Umkehrung des Prinzips der ATP-getriebenen Pumpen der Plasmamembran (s. Abb. 1–6) im Falle der *ATP-Synthese in den Mitochondrien.* In diesen entsteht als Resultat des oxydativen Stoffwechsels ein hoher H^+-Gradient an den inneren Membranen. Dieser H^+-Gradient treibt den Pumpzyklus eines aktiven Transportmoleküls rückwärts: H^+ fließt entlang des Gradienten durch die Membran, und mit der dabei freigesetzten Energie wird aus ADP und Phosphat ATP aufgebaut. Dieses ATP liefert dann seinerseits an vielen Stellen der Zelle Energie, z. B. für aktive Transporte.

Transport in Vesikeln. Abb. 1–1 zeigt eine große Zahl intrazellulärer Organellen und ihnen assoziierte Vesikel. Diese Organellen und besonders die Vesikel bewegen sich ständig und transportieren ihren Inhalt zu anderen Organellen oder zur Plasmamembran, oder Vesikel wandern von der Plasmamembran zu den Organellen, wie schon bei Endo- und Exozytose besprochen. Abb. 1–12A beschreibt den Ablauf der ***Sekretion eines Proteins***. Es wird in der Nähe des Zellkerns an Ribosomen synthetisiert, die dem rauhen endoplasmatischen Retikulum angelagert sind, und gelangt in dessen Innenraum. Vom endoplasmatischen Retikulum trennen sich Transportvesikel ab, die zum Golgi-Komplex wandern. Sie verschmelzen mit den Zisternen des Golgi-Apparates, und das Eiweiß wird dort modifiziert, z. B. glykosuriert. An den Rändern der Zisternen des Golgi-Apparates spalten sich wiederum Transportvesikel ab, die das nun modifizierte Protein enthalten. Sie bewegen sich als sekretorische Vesikel zur Plasmamembran und ihr Inhalt wird durch Exozytose freigesetzt.

Ein weiteres Beispiel für einen Transportweg innerhalb der Zelle gibt Abb. 1–12B. Es handelt sich um die ***Aufnahme von Cholesterin*** in die Zelle. Cholesterin wird im Blut zum größten Teil an Protein gebunden transportiert, u. a. als ***LDL-Lipoprotein-Partikel.*** Solche Partikel binden an spezifische Membranbezirke, die Rezeptoren für LDL enthalten. Nach der Bindung tritt Endozytose ein, und die LDL werden in *„Coated"-Vesikeln* ins Zellinnere befördert. Diese Vesikel verschmelzen miteinander zu Endosomen, wobei sie ihren *„Coat"* verlieren. Die Endosomen vereinigen sich ihrerseits mit primären Lysosomen, die vor allem hydrolytische Enzyme enthalten, und bilden sekundäre, größere Lyosome. In diesen wird das Cholesterin aus den LDL-Partikeln freigesetzt, es diffundiert in das Zytosol und steht dort u. a. für die Synthese von Lipidmembranen zur Verfügung. Von den Endosomen spalten sich auf einem Nebenweg auch LDL-freie Vesikel ab, die zur Plasmamembran zurückkehren, mit ihr verschmelzen und damit Membranmaterial und wahrscheinlich auch LDL-Rezeptoren zurückführen. Der Weg von der Bindung des LDL-Partikels bis zur Cholesterinfreisetzung aus dem sekundären Lysosomen benötigt 10–15 min. Störungen in der Bindung und Aufnahme von LDL-Lipoprotein, d. h. im Zellhaushalt für Cholesterin, sind ein wichtiger Faktor in der Pathogenese der klinisch ungemein bedeutsamen Atherosklerose („Arterienverkalkung").

A Exozytose eines Proteins

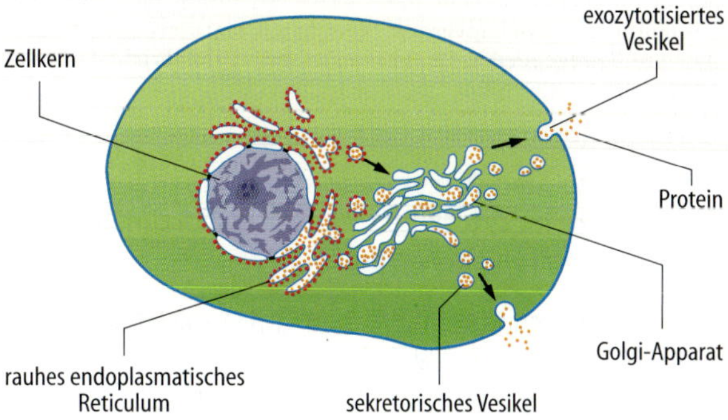

B Transzellulärer Transport durch Endo-Exozytose

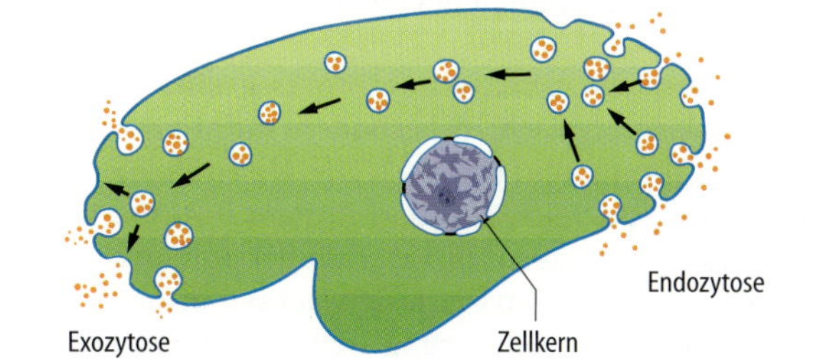

Abb. 1–12. Schemata von Exo- und Endozytoseprozessen. **A** Ein Protein wird am rauhen endoplasmatischen Retikulum synthetisiert und in Vesikeln über den Golgi-Apparat zur Plasmamembran transportiert, wo es durch Exozytose sezerniert wird. **B** Am rechten Zellpol wird extrazelluläres Material durch Endozytose aufgenommen, wird in Vesikeln durch die Zelle transportiert und am linken Zellpol durch Exozytose wieder ausgeschieden

Ähnlich wie die in Abb. 1–11 und 1–12 beschriebenen Transportwege laufen viele andere Bahnen von spezifischen Vesikeln durch die Zelle. Es ist unbekannt, wie die Vesikel bewegt werden, wahrscheinlich sind Elemente des Zytoskeletts beteiligt. Die Vesikel könnten an Mikrotubuli entlanggleiten, wobei ein assoziiertes Protein, eine ATPase, die Bewegungsenergie vermitteln müßte (s. unten). Ganz unklar ist, wie wunderbarerweise die vielen verschiedenen durcheinanderlaufenden Vesikel zu ihrem jeweiligen Bestimmungsort geleitet werden. Sie müssen Markierungen tragen, die vom bewegenden System erkannt und in zielgerichtete Bewegung umgesetzt werden.

Endo- und Exozytose sowie Umlagerungsprozesse im Zytoskelett sind am Wachstum und am Umbau von Zellen beteiligt

Transport durch Auf- und Abbau von Organellen. Endo- und Exozytose von Vesikeln wurden bisher vom Gesichtspunkt des Transports des Vesikelinhalts betrachtet. Mit Hilfe eines geordneten Abbaus von Plasmamembran an einem Zellende durch Endozytose und durch das Zufügen von Membranen an einem anderen Zellende durch Exozytose kann jedoch auch die Plasmamembran in größeren Bereichen verlagert werden und die Zelle z. B. einen neuen Fortsatz bilden, sich bewegen.

Ähnliche Umlagerungsprozesse sind auch für das Zellskelett typisch, insbesondere für Mikrofilamente und Mikrotubuli (Abb. 1–1). Die ***Mikrofilamente*** bestehen hauptsächlich aus dem ***Protein F-Aktin.*** Dieses kann aus dem Zytosol in Faserbündel polymerisieren. Die Bündel sind polarisiert, sie wachsen oft nur an einem Ende durch Anlagerung weiterer Aktinmoleküle, während das andere Ende inert bleibt oder abgebaut wird. Durch derartige Verlagerungen können sich Mikrofilamente verschieben und Formänderungen des Maschenwerkes von Mikrofilamenten stattfinden. Der Übergang vom ungeordneten Zustand, dem *Sol,* in den geordneten *Gelzustand* der Aktinbündel kann sehr schnell erfolgen, er wird dann gesteuert von Begleitproteinen oder von Ionenkonzentrationsänderungen (s. nächster Abschnitt). Es gibt auch Proteine, die Aktinfilamente in kurze Fragmente zerlegen. Die feinen Fortsätze vieler Zellen, die ***Filopodien***, enthalten ein zentrales Aktinbündel (s. Abb. 1–1), und die vielfältigen Bewegungen dieser Filopodien kommen wahrscheinlich durch *Gel-Sol-Transformationen am Aktinbündel* zustande.

Ähnliche Umlagerungen sind für die ***Mikrotubuli*** typisch. Diese Tubuli entstehen ebenfalls durch *Polymerisation von Tubulin aus dem Zytosol*, wobei ein Ende wächst und das andere sich nicht ändert oder abgebaut wird. Ein solcher Mikrotubulus kann sich also durch gerichteten An- und Abbau durch das Zytosol bewegen.

Neben den Umlagerungen ist das Zytoskelett auch an aktiven Bewegungen beteiligt; diese führen zu Formänderungen der Zelle oder zum Transport von Organellen

Bei vielen Bewegungsvorgängen an Mikrotubuli und Aktinfilamenten wirken Proteine mit, die solche Filamente oder Tubuli miteinander vernetzen und sie gegeneinander verschieben können. Im Zytosol aller Zellen kommen in relativ hoher Konzentration die Eiweiße ***Myosin*** und ***Dynein*** vor, die in speziellen Zellen und Organellen, den Muskeln bzw. Zilien, die energiewandelnden Elemente für Bewegungen sind.

Myosin bildet in Muskelzellen dicke Filamente, die geordnet neben Aktinfilamenten liegen. Myosin bindet sich mit Kopfteilen des Moleküls an die Aktinfilamente, spaltet ATP und setzt die freiwerdende Energie in eine ***Verschiebung von Myosin gegen Aktin*** um. Danach löst sich die Bindung wieder. Aus einer Vielzahl solcher Bindungs-Verschiebungs-Lösungszyklen zwischen Myosin und Aktin wird die makroskopische ***Verkürzung der Muskelfibrillen*** erzeugt (s. Kap. 4).

Eine ganz entsprechende Rolle spielt ***Dynein*** für die Verschiebung von Mikrotubuli bei der Bewegung von Zilien (Abb. 1–1). Myosin und Dynein liegen im Plasma der nichtspezialisierten Zellen nicht als geordnete Fasern, sondern höchstens in kleinen Molekülgruppen. Sie können jedoch auch als solche kleinen Aggregate Aktinfilamente oder Tubuli gegeneinander verschieben. Die Abb. 1–13 macht dies für die Anordnung von zwei in verschiedener Richtung polarisierten Aktinfilamenten deutlich, an denen sich zwei verknüpfte, gegenläufig polarisierte Myosinmoleküle binden. Die Kopfgruppen der Myosine knicken dann unter ATP-Spaltung zum Myosinschwanz hin ab, verschieben dabei Aktinfilamente gegeneinander, und die Bindung löst sich wieder. Derartige Verschiebungen, in denen der Energieinhalt von ATP in mechanische Arbeit umgesetzt wird, können Formänderungen des Zytoskeletts und damit auch der Zelle, ferner den Transport von assoziierten Organellen bewirken.

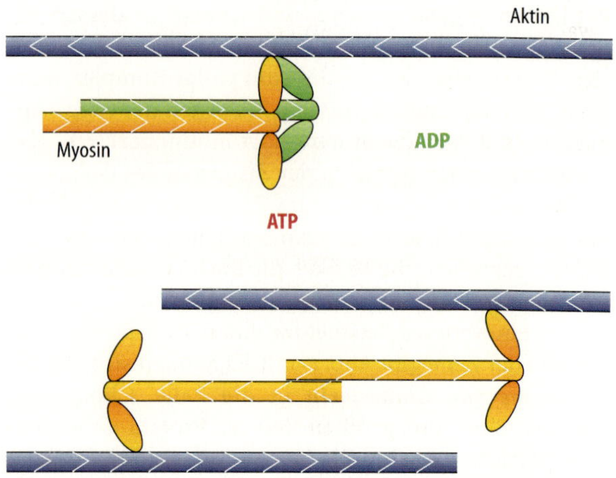

Abb. 1–13. Nichtmuskuläre Myosinmolekülaggregate können sich bei geeigneter Ausrichtung mit verschieden polarisierten Aktinfilamenten (*blau*) verbinden und unter Spaltung von ATP die Aktinfilamente gegeneinander verschieben

!

Im Zytosol und in den von den Organellen eingeschlossenen Flüssigkeitsräumen werden Konzentrationsgradienten durch Diffusion ausgeglichen. Die Organellenmembranen verfügen darüberhinaus über die gleichen aktiven Transportmechanismen wie die Zellmembran. Verschiedenste Stoffe, z. B. neu synthetisierte Proteine oder Cholesterin, werden intrazellulär in Vesikeln kompartimentiert, transportiert und über die Zell- und Organellenmembranen geschleust. Gerichtete Transporte durch Auf- und Abbau von Organellen und durch Umlagerungsprozesse verändern die Zellform, nehmen am Wachstum teil und bewegen Vesikel und Organellen entlang von Mikrotubuli und Filamenten.

In Axonen werden Organellen und Substanzen mit verschiedenen, definierten Geschwindigkeiten und Mechanismen anterograd und retrograd transportiert

Schneller axonaler Tranport. Intrazelluläre Transportvorgänge lassen sich am eindrucksvollsten in den Axonen von Nervenzellen zeigen. Die Axone können bei wenigen Mikrometer Durchmesser meterlang sein, und die Diffusion eines Proteins vom Zellkern bis zum Ende des Axons würde Jahre dauern. Seit langem ist bekannt, daß, wenn man ein solches Axon an einer Stelle stark einengt, das Axon sich nach einigen Stunden auf der zentralen Seite vor der Einengung aufweitet; es sieht so aus, als ob ein zentrifugaler Fluß im Axon aufgestaut wird. Diesen Fluß kann man als ***schnellen axonalen Transport*** durch die Bewegung von radioaktiven Markierungen nachweisen, wie das in Abb. 1–14 dargestellte Experiment zeigt. Radioaktiv markiertes Leuzin wurde in ein Hinterwurzelganglion gespritzt. Danach rückt im Axon peripherwärts eine Welle von Aktivität vor, und zwar mit einer gleichmäßigen Geschwindigkeit von etwa 34 mm in 2 h oder 410 mm/d.

Diese ***Geschwindigkeit des schnellen axonalen Transports*** wurde an allen Warmblüterneuronen gefunden. Zwischen dünnen, marklosen Nervenfasern und den dicksten Axonen sowie zwischen motorischen und sensorischen Fasern gibt es keine meßbaren Unterschiede.

Auch die Träger der injizierten Radioaktivität beeinflussen die Transportgeschwindigkeit nicht wesentlich. Verschiedene radioaktive Moleküle, z. B. verschiedene Aminosäuren, die im Zellsoma in Eiweiße eingebaut werden, können den Transport anzeigen. Wird die tranportierte Radioaktivität peripher auf ihre Träger analysiert, so findet sie sich hauptsächlich in Eiweißfraktionen, aber auch in Überträgerstoffen und in freien Aminosäuren. Bei den verschiedenen Eigenschaften dieser Stoffe und vor allem bei den großen Unterschieden in der Molekülgröße kann die konstante gemeinsame Transportgeschwindigkeit nur durch einen gemeinsamen Trägermechanismus erklärt werden.

Retrograder Transport. Der beschriebene schnelle axonale Transport ist ***anterograd***, vom Zellkörper weg, gerichtet. Für einige Stoffe wurde auch ein ***retrograder Transport,*** von der Peripherie zum Zellkörper, gefunden. So wird z. B. *Azetylcholin* mit etwa der halben Geschwindigkeit des schnellen axonalen Transports retrograd transportiert. Ebenso wird eine in der Neuroanatomie häufig benutzte Markierungssubstanz, die *Meerrettichperoxydase,* retrograd transportiert.

Der retrograde Transport scheint für die *Regulation der Eiweißsynthese im Zellkörper* eine wichtige Rolle zu spielen. Nach Durchtrennung des Axons tritt im Zellkörper nach einigen Tagen ***Chromatolyse*** ein, dies zeigt eine *Störung der Eiweißsynthese* an. Die Zeit bis zum Auftreten der Chromatolyse korreliert mit der Dauer des retrograden Transports zurück von der Schnittstelle zum Zellkörper. Die Störung der Eiweißsynthese kann somit als *Folge des Ausbleibens einer „Signalsubstanz"* aus der Peripherie erklärt werden, die die Geschwindigkeit der Eiweißsynthese reguliert.

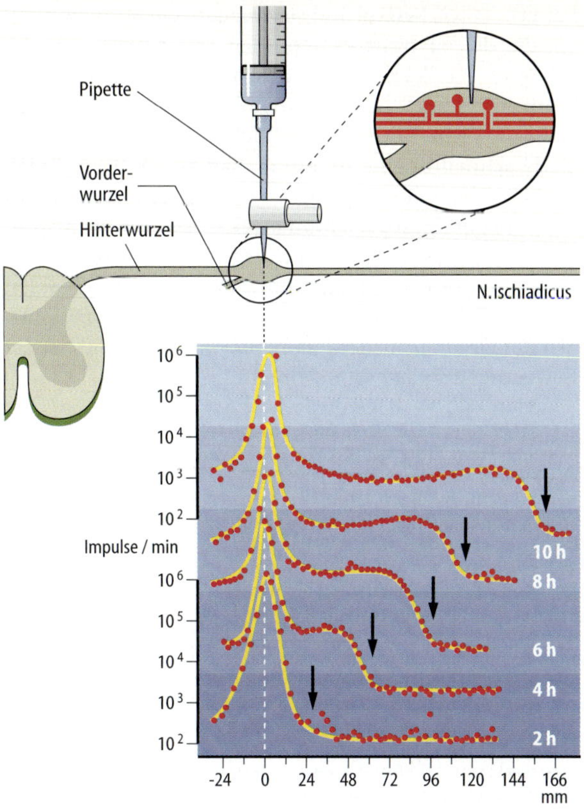

Abb. 1–14. Nachweis schnellen axonalen Transports in sensorischen Fasern des N. ischiadicus der Katze. Tritiummarkiertes Leucin wurde in ein Hinterwurzelganglion injiziert und die Radioaktivität im Ganglion und den sensorischen Fasern 2, 4, 6, 8 und 10 h später gemessen *(unten)*. Die Abszisse gibt den Abstand der Meßpunkte vom Hinterwurzelganglion entlang des N. ischiadicus wieder. Die Radioaktivität ist im logarithmischen Maßstab in Impulsen pro Minute aufgetragen, wobei nur für die oberste und die unterste Kurve die Maßstäbe angegeben wurden. Die „Welle" erhöhter Radioaktivität *(Pfeile)* bewegt sich mit einer Geschwindigkeit von 410 mm/d vor. [14]

Mechanismus des schnellen Transportes. Der schnelle axonale Transport benutzt als „Träger" offenbar hauptsächlich ***Vesikel*** und ***Organellen*** wie Mitochondrien, die die zu transportierenden Stoffe enthalten. An größeren Vesikeln oder Mitochondrien kann dieser Transport gerade noch intravital mikroskopisch beobachtet werden. Ein solches Teilchen bewegt sich kurzzeitig schnell in eine Richtung, hält an, läuft ein Stück zurück oder seitwärts, hält wieder an und schießt ein Stück in der Vorzugsrichtung weiter. *410 mm/d* entsprechen etwa *5 μm/s* Durchschnittsgeschwindigkeit in anterograder Richtung; die Einzelbewegungen müssen dann noch schneller sein, und relativ zu den Abmessungen der Organellen, der Filamente und der Tubuli ist die Bewegung wirklich sehr schnell.

Der schnelle axonale Transport braucht eine ausreichende ATP-Konzentration. Gifte wie *Kolchizin*, die den Aufbau der Mikrotubuli stören, blockieren auch den schnellen axonalen Transport. Es werden demnach beim schnellen axonalen Transport Vesikel und andere Organellen entlang von Mikrotubuli und Aktinfilamenten transportiert, wobei wahrscheinlich kleine *Dynein-* und *Myosinaggregate* etwa mit dem Mechanismus der Abb. 1–13 unter Spaltung von ATP die Verschiebung bewirken.

Der schnelle axonale Transport kann sich auch an pathologischen Prozessen beteiligen. Einige neurotrope Viren, z. B. die ***Herpes-*** und die ***Poliomyelitisviren,*** dringen peripher in Axone ein und werden retrograd zum Zellkörper tranportiert, wo sie sich vermehren und ihre toxischen Wirkungen entwickeln können. Auch z. B. das ***Tetanustoxin***, ein Eiweiß, das von Bakterien in Hautwunden gebildet werden kann, wird von Nervenenden aufgenommen und zum Zellkörper transportiert, wo es die Erscheinungen des *Wundstarrkrampfes* auslöst.

Toxische Einwirkungen auf den axonalen Transport selbst sind ebenfalls bekannt geworden, z. B. Vergiftungen durch das industrielle Lösungsmittel ***Acrylamid***. Auch für die Pathogenese der *Vitaminmangelkrankheit Beriberi* und der *Alkoholpolyneuropathie* werden Einwirkungen auf den schnellen axonalen Transport diskutiert.

Langsame axonale Transporte. Neben dem schnellen axonalen Transport laufen noch wesentlich langsamere Transportprozesse ab. ***Tubulin*** bewegt sich im Axon mit einer Geschwindigkeit von etwa 1 mm/d, ***Aktin*** etwas schneller mit bis zu 5 mm/d. Mit diesen Komponenten des Zellskeletts wandern auch andere Proteine, z. B. Enzyme, die offenbar an Aktin oder Tubulin assoziiert sind. Die Verschiebungsgeschwindigkeit von Tubulin und Aktin stimmt etwa mit der überein, die sich durch den oben beschriebenen Mechanismus des Anbaus von Molekülen am aktiven Ende des Mikrotubulus bzw. des Mikrofilaments ergibt. Dieser Mechanismus könnte somit dem langsamen axonalen Transport zugrunde liegen. Die Geschwindigkeit des langsamen axonalen Transports stimmt auch etwa mit der des *Wachstums von Axonen* überein. Dies mag darauf hinweisen, daß der Aufbau des Zellskeletts die Geschwindigkeit des Wachsens begrenzt.

!

Der axonale Transport hat verschiedene Komponenten, unter ihnen den schnellen anterograden Transport vom Zellkörper zu den Nervenendigungen mit einer Geschwindigkeit von 410 mm/Tag, wie auch langsamere anterograde und retrograde Transportmechanismen. Zellen sind keineswegs die statischen Gebilde, als die sie notwendig z. B. im elektronenmikroskopischen Schnitt erscheinen. Die Plasmamembran und erst recht die Organellen sind ständig in rascher Bewegung und Umbau und erfüllen erst so ihre Funktionen. Sie sind auch nicht schlichte Reagenzgefäße für chemische Reaktionen, sondern hochorganisierte Konglomerate von Membranen und Fibrillen, an denen Reaktionen in optimal geordneter Form ablaufen können.

1.4 Steuerung von Zellfunktionen

Die Erhaltung der einzelnen Zelle als Funktionseinheit wird weitgehend durch den Zellkern reguliert; dies ist ein spezifischer Gegenstand der Zellbiologie und der Biochemie. Zellen müssen jedoch ihre Funktionen auf Umweltbedingungen und auf die Bedürfnisse anderer Zellen des Organismus ausrichten, sie müssen funktionell gesteuert werden. Es soll hier kurz besprochen werden, wie solche steuernden Einflüsse auf die Plasmamembran einwirken und wie sie intrazellulären Organellen vermittelt werden können.

Änderungen des Membranpotentials sowie Reaktionen von Rezeptoren der Zellmembran mit extrazellulären Wirkstoffen können Zellaktivitäten steuern

Membranpotential. Vielfach werden Änderungen des Membranpotentials zur Steuerung von Zellfunktionen eingesetzt. Das Potential kann sich lokal ändern, wenn Strom aus benachbarten Zellbezirken oder von einer anderen Zelle erzeugt durch die Membran fließt, wenn sich extrazelluläre Ionenkonzentrationen (nicht selten $[K^+]_a$) ändern, oder wenn Ionenkanäle durch die Membran geöffnet werden. Verschiebungen des Membranpotentials können die Konformation von Membranproteinen beeinflussen, und sie können insbesondere das Öffnen oder Schließen von Kanälen erreichen. Wie oben erwähnt, hängen auch manche Membranpumpen vom Membranpotential ab. Nervenzellen sind darauf spezialisiert, Änderungen des Membranpotentials als Information zu verarbeiten und weiterzugeben (s. Kap. 2).

Extrazelluläre Steuerstoffe. Die wichtigsten Steuermechanismen, die von außen Zellen beeinflussen, sind Reaktionen von extrazellulären Substanzen mit spezifischen *Rezeptoren* der Plasmamembran oder innerhalb der Zelle. Dazu zählen synaptische Überträgerstoffe zur Vermittlung von Information zwischen Nervenzellen, lokale Wirkstoffe sowie Hormone und Antigene in Immunreaktionen, die im Blutstrom zirkulieren und alle Körperzellen erreichen. ***Synaptische Überträgerstoffe*** *(Transmitter)* sind kleine Moleküle, die von Nervenendigungen an Synapsen freigesetzt werden und in der Plasmamembran der unmittelbar benachbarten postsynaptischen Zelle elektrische Signale oder andere Steuermechanismen auslösen. Über diese wird in Kap. 3 eingehend berichtet werden.

Lokale chemische Wirkstoffe werden oft durch spezialisierte Zellen freigesetzt. Sie diffundieren frei im Extrazellulärraum, ihre Wirkung ist jedoch auf kleine Zellgruppen beschränkt, da sie spontan oder durch Enzymwirkung schnell zerfallen. Ein Beispiel ist die *Ausschüttung von Histamin durch Mastzellen,* wenn diese durch Verletzung oder Immunreaktionen gereizt werden. Das ***Histamin*** bringt glatte Muskelzellen der Gefäße zur Erschlaffung, macht das Endothel der Gefäße durchlässiger und reizt sensorische Nervenendigungen, die die Empfindung *Jucken* vermitteln. Andere lokale chemische Wirkstoffe werden an vielen Zellen freigesetzt.

Typische lokale Wirkstoffe sind die ***Prostaglandine***, eine Gruppe von etwa 20 Fettsäurederivaten. Diese werden kontinuierlich von vielen Zellen freigesetzt, wirken jedoch nur lokal, weil sie von Phospholipasen der Membran schnell gespalten werden. Die verschiedenen Prostaglandine haben ein breites Wirkungsspektrum: sie können Kontraktionen glatter Muskelzellen auslösen, Blutplättchen (Thrombozyten) zur Aggregation bringen oder den Gelbkörper des Ovars hemmen.

Andere lokale Wirkstoffe dienen als ***Wachstumsfaktoren.*** Der bekannteste, der Wachstumsfaktor sympathischer Neuronen, ***NGF*** *(nerve growth factor),* ist für das Wachstum und das Überleben solcher Neurone während der Entwicklung, aber auch z. B. in Zellkultur, notwendig. Offenbar schütten die Zielzellen dieser Neuronenklasse NGF aus und sichern damit ihre Innervation durch den richtigen Neuronentyp. Bei der Entstehung der Körperorgane müssen häufig über beträchtliche Entfernungen die richtigen Zelltypen zueinander finden. Dementsprechend muß es eine große Zahl von spezialisierten Wachstumsfaktoren wie NGF geben.

Hormone und ***Antigene*** kreisen im Blut und erreichen alle Zellen. Die Antigene lösen in den Zellen, die den spezifischen Antikörper tragen, Immunreaktionen aus. Die Antigene sind jedoch in der Regel Fremdstoffe, stammen nicht aus dem eigenen Körper und sollen hier nicht weiter behandelt werden (s. Kap. 18). Manche Hormone, wie Insulin oder Thyroxin, wirken auf die meisten Zellen, andere, wie z. B. Sexualhormone, nur auf bestimmte Zelltypen.

Die Hormone sind entweder ***Peptide***, die an Rezeptoren der Zellmembran binden und so ihre Wirkung einleiten, oder ***Steroide*** und ***Thyroxin***, die durch die Lipidmembran diffundieren und an intrazelluläre Rezeptoren binden. Steroidhormone binden an Chromatin des Zellkerns und lösen dort die Transkription einiger Gene aus. Die dadurch erzeugten Proteine verursachen Änderungen der Zellfunktion, die den spezifischen Hormoneffekt darstellen. Die Freisetzung und Wirkung der Hormone wird im einzelnen in Kap. 17 behandelt.

Steuernde Informationen werden innerhalb der Zelle durch sekundäre Botenstoffe (second messengers), wie Erhöhung der Ca^{2+}-Konzentration, zyklisches Adenosinmonophosphat (cAMP), Inositoltriphosphat (IP_3), Diacylglycerin (DG) und ähnliche Stoffe weitergeleitet

Die eben besprochenen Steuerfunktionen wirken auf die Zellmembran. Die dort eintreffenden Informationen müssen meist in Reaktionen von Zellorganellen umgesetzt werden. Dazu bedient sich die Zelle verschiedener Botenstoffe, ***„second messengers“*** genannt (im Vergleich zu den von außen an die Zelle kommenden *„ersten“* Botschaften).

Kalzium. Der einfachste intrazelluläre Botenstoff ist das Ca^{2+}-Ion. Es hat in der ruhenden Zelle die sehr niedrige freie Konzentration von 10^{-8}bis 10^{-7} mol/l. Wenn es z. B. nach Membranpotentialänderungen durch Öffnen spezifischer Membrankanäle in die Zelle eindringt (s. Kap. 2), erhöht sich die Ca^{2+}-Konzentration. Die so erhöhte Ca^{2+}-Konzentration ermöglicht wichtige Reaktionen in der Zelle, wie die Kontraktion der Myofibrillen, die der Muskelkontraktion zugrundeliegt (s. Kap. 4), oder die Freisetzung von Überträgerstoffvesikeln aus Nervenendigungen (s. Kap. 3). Beide erfordern eine Ca^{2+}-Konzentration von etwa 10^{-5} mol/l. Ca^{2+}-Ionen können jedoch auch aus intrazellulären Speichern wie dem endoplasmatischen Retikulum freigesetzt werden und danach ihre Steuerfunktion ausüben. Die Ca^{2+}-Freisetzung aus Speichern benötigt dann allerdings einen weiteren Botenstoff (z. B. s. Abb. 1–16).

Zyklisches Adenosinmonophosphat, cAMP. Dieses Derivat des allgemeinen Energielieferanten ATP ist ein wichtiger intrazellulärer Botenstoff. Am Anfang der komplizierten Reaktionskette in Abb. 1–15 liegt ein *Rezeptor* R_s an der Außenseite der Plasmamembran, der für verschiedene Überträgerstoffe und Hormone eine spezifische Bindungsstelle sein kann. R_s ändert nach Bindung des „Reiz“-Moleküls seine Konformation und gibt dies an ein an der Innenseite der Membran liegendes *Protein* G_s weiter, das daraufhin durch intrazelluläres *Guanosintriphosphat (GTP)* aktiviert werden kann. Das aktivierte Protein G_s stimuliert seinerseits die ebenfalls an der Innenseite der Membran liegende ***Adenylatzyklase*** *(AC),* die die Umwandlung von intrazellulärem ATP in ***cAMP*** katalysiert. Das wasserlösliche cAMP ist der eigentliche Botenstoff, der den Effekt der Stimulation des extrazellulären Rezeptors R_s an das Zellinnere weiterleitet.

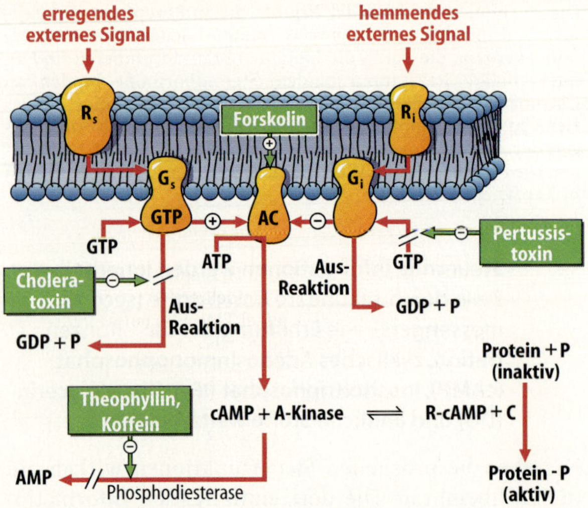

Abb. 1–15. Reaktionskette des intrazellulären Botenstoffes cAMP (zyklisches Adenosinmonophosphat). Erregende oder hemmende externe Signale aktivieren Membranrezeptoren R_s bzw. R_i. Diese steuern G-Proteine, die mit intrazellulärem GTP (Guanosintriphosphat) reagieren können und intrazelluläre Adenylatzyklase (AC) stimulieren oder hemmen. Das Verstärkerenzym AC konvertiert Adenosinintriphosphat (ATP) in cAMP. cAMP wird durch Phosphodiesterase zu AMP abgebaut. Freies cAMP diffundiert in der Zelle und aktiviert Adenylatkinase (A-Kinase) und setzt daraus die katalytische Untereinheit C frei, die die Phosphorylierung von intrazellulären Proteinen katalysiert und damit die „Wirkung" der extrazellulären Reize auslöst. An den verschiedenen Reaktionen sind Pharmaka bzw. Toxine vermerkt, die diese fördern (+) oder hemmen (-)

Parallel zu diesem Stimulationsweg über R_s kann über einen hemmenden extrazellulären Überträgerstoff oder ein solches Hormon ein hemmender *Rezeptor R_i* stimuliert werden, der analog über ein GTP aktiviertes Protein G_i die Adenylatzyklase AC hemmt und damit die Entstehung von cAMP hindert.

Der in der Zelle diffundierende Botenstoff ***cAMP*** reagiert dort mit einer ***Adenylatkinase*** *(A-Kinase)*, wobei daraus eine katalytische Untereinheit C frei wird, und diese *katalysiert die Phosphorylierung von Proteinen P*. Diese Phosphorylierung macht das Protein funktionsfähig, und dieses kann dann den spezifischen Effekt der Steuerung, z. B. Glykogenzerfall, auslösen. Dieses komplizierte Übermittlungssystem ist außerordentlich wirkungsvoll, da letztlich ein Enzym aktiviert wird, das eine große Zahl von Proteinen phosphorylieren kann. Die *Regulation* wird also *mit einem hohen Verstärkungsfaktor* weitergegeben.

Die externen Überträgerstoffe, die an die Rezeptoren R_s bzw. R_i binden können, sind für den jeweiligen Rezeptor spezifisch, aber sehr vielfältig. ***Adrenalin*** löst an R_s- oder R_i-Rezeptoren eine Vielzahl von Steuerungen des Glykogen- und Lipidstoffwechsels, aber auch verstärkte Kontraktion des Herzmuskels und anderes mehr aus (s. Kap. 19). Über die Aktivierung von R_s stimuliert Thyreotropin in der Schilddrüse die Freisetzung des Hormons ***Thyroxin***, und ***Prostaglandin I*** hemmt die Aggregation von Blutplättchen. Hemmende Effekte an R_i werden z. B. auch durch ***Adrenalin*** ausgelöst, worauf der Abbau von Lipiden vermindert wird. Das cAMP-System ist somit ein ***multifunktionales intrazelluläres Steuersystem***, das über verstärkende und hemmende extrazelluläre Signalstoffe fein reguliert werden kann.

Phosphoinositol, IP3. Ein ähnliches intrazelluläres sekundäres Botenstoff-System wie das cAMP-System ist das Phosphoinositolsystem (Abb. 1–16). Es fehlt hier das Hemmsystem, doch ebenso wie im cAMP-System wird der Effekt der Reizung des Rezeptors R auf ein GTP-aktiviertes Protein G übertragen, das an der Innenseite der Membran liegt. Im nächsten Schritt wird nun ein gewöhnliches Lipid der Membran, ***Phosphatidylinositol (PI)***, das zuvor 2 zusätzliche Phosphatgruppen erhalten hatte und so zu PIP_2 wurde, von der aktivierten Phosphodiesterase ***Phospholipase C, PLC***, in ***Inositoltriphosphat (IP3)*** und das Lipid ***Diacylglyzerin (DG)*** gespalten. Inositoltriphosphat ist der wasserlösliche Botenstoff, der in das Zytosol diffundiert. Er wirkt hauptsächlich, indem er *aus dem endoplasmatischen Retikulum Ca^{2+} freisetzt*. Dieses spielt seine oben beschriebene Rolle als weiterer Botenstoff, der z. B. eine Ca^{++}-abhängige Phosphokinase aktiviert, die wiederum Funktionsproteine phosphoryliert. Auch das Lipidspaltprodukt ***DG*** (Abb. 1–16) dient weiter als Signalträger. Es diffundiert innerhalb der Lipidphase der Plasmamembran zu einer membranständigen ***C-Kinase***, die es mit dem Kofaktor Phosphatidylserin aktiviert. Die C-Kinase fördert wiederum die Phosphorylierung von Proteinen, die damit in eine aktive Form übergehen.

Auch dieses Second-messenger-System IP3 kann von einer Vielzahl von externen Überträgerstoffen und Hormonen angesteuert werden, u. a. von Azetylcholin, Serotonin, Vasopressin und Thyreotropin, und hat intrazellulär ähnlich vielfältige Wirkungen wie

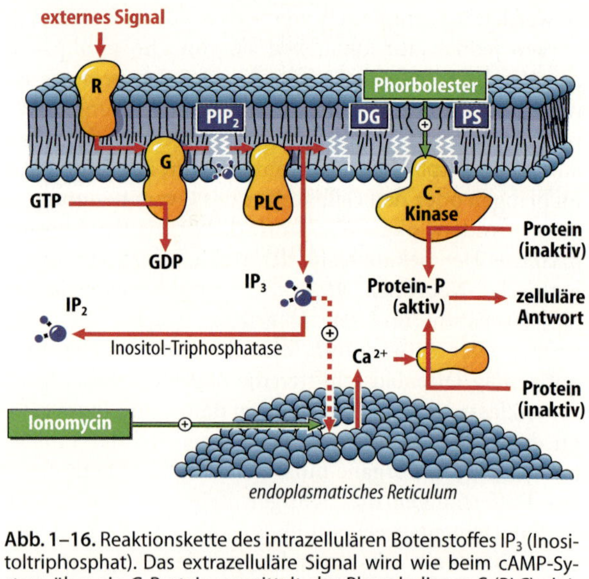

Abb. 1–16. Reaktionskette des intrazellulären Botenstoffes IP_3 (Inositoltriphosphat). Das extrazelluläre Signal wird wie beim cAMP-System über ein G-Protein vermittelt, das Phospholipase C (PLC) aktiviert. Diese spaltet Phosphatidylinosindiphosphat (PIP_2) der Plasmamembran in IP_3 und Diacygylzerin (DG), wobei IP_3 ins Zytoplasma difffundiert. Dort setzt es Ca^{2+} aus dem endoplasmatischen Retikulum frei, und die Erhöhung von $[Ca^{2+}]_i$ aktiviert eine Proteinkinase, die ein Funktionsprotein phosphoryliert und damit aktiviert. Das Spaltprodukt DG bleibt in der Membran und aktiviert eine C-Kinase (Kofaktor Phosphatidyl-Serin, PS). Auch diese C-Kinase phosphoryliert Funktionsproteine und vermittelt ebenfalls die spezifische Wirkung der Stimulation des externen Rezeptors R. Die Reaktionszweige über IP_3 und DG können getrennt durch Ionomycin bzw. Phorbolester aktiviert werden. Mod. nach [7]

das cAMP. Es scheint auch durch Licht in Sehrezeptoren des Auges aktiviert werden zu können und eine wesentliche Rolle bei der Fototransduktion zu spielen (s. Kap. 11). Die erste Aktivierung des Rezeptors in diesem System in einem Lebewesen ist die durch Spermatozoen bei der Befruchtung des Eies, wobei IP_3 an der Kontrolle der Begleitreaktionen mitwirkt.

Ein ähnliches System ist das der ***Arachidonsäure***, die als Botenstoff über PLC und Phospholipase A aus Phosphoinositol der Membran gebildet wird.

Verstärkerfunktion der sekundären Botenstoffe. Beide sekundäre Botenstoff-Systeme, cAMP und IP_3-DG, sind höchst wirkungsvolle ***biologische Verstärker.*** Sie wandeln die Reaktion eines Überträgerstoffs mit dem externen Membranrezeptor in die Phosphorylierung vieler intrazellulärer Proteine, die dann die Änderung der Zellfunktion bewirken. Bemerkenswert ist einerseits, daß nach heutiger Kenntnis nur wenige Kontrollsysteme dieser Art existieren, die von vielen verschiedenen externen Steuerstoffen für die Kontrolle ganz unterschiedlicher intrazellulärer Prozesse benutzt werden. Andererseits sind die verschiedenen Steuersysteme, eingeschlossen das Ca^{2+}, eng miteinander vermascht, was eine fein graduierte Kontrolle der Zellfunktion erlaubt.

!

Die Zellaktivitäten können global über Veränderungen des Zellpotentials oder über Reaktionen von Rezeptormolekülen der Zellmembran mit synaptischen Überträgerstoffen, Hormonen und Lokalhormonen, Wachstums- oder Immun-Faktoren gesteuert werden. In der Zelle werden steuernde Informationen über „second messengers" weitergegeben. Neben Ca^{2+}-Einstrom oder Ca^{2+}-Freisetzung aus intrazellulären Speichern werden second messengers wie cAMP, IP_3, DG oder Arachidonsäure durch aktivierte G-Proteine der Innenseite der Zellmembran und angeschlossene Enzymreaktionen gebildet. Der steuernde Effekt wird häufig durch Phosphorylierung von Funktionsproteinen vermittelt.

1.5 Literatur

Weiterführende Lehr- und Handbücher

1. Alberts B, Bray D, Lewis J, Raff M, Roberts K, Watson JD (1990) Molekularbiologie der Zelle, 2. Aufl. VCH, Weinheim
2. Hille B (1992) Ionic channels of excitable membranes, 2nd edn. Sinauer, Sunderland
3. Hoppe W, Lohmann W, Markl H, Ziegler H (Hrsg) (1984) Biophysik. Springer, Berlin Heidelberg New York
4. Kandel ER, Schwartz JH, Jessel TM (eds) (1991) Principles of neural science, 3rd edn. Elsevier, New York
5. Löffler G, Petrides PE (1990) Physiologische Chemie, 4. Aufl. Springer, Berlin Heidelberg New York
6. Schiebler TH, Schmidt W (1991) Anatomie des Menschen, 5. Aufl. Springer, Berlin Heidelberg New York

Einzel- und Übersichtsarbeiten

7. Berridge MJ (1985) The molecular basis of communication within the cell. Sci Am 253:124–134
8. Berridge MJ, Irvine RF (1984) Inositol triphosphate, a novel second messenger incellular signal transduction. Nature 312:315–321
9. Bretscher MS (1985) The molecules of the cell membrane. Sci Am 253:124 134
10. Daut J (1987) The living cell as an energytransducing machine. A minimal model of myocardial metabolism. Biochim Biophys Acta 895:41–62
11. Hodgkin AL, Katz B (1949) The effect of sodium ions on the electrical activity of the giant axon of the squid. J Physiol (Lond) 108:37–77
12. Hodgkin AL, Keynes RD (1955) Active transport of cations in giant axons from Sepia and Lolgo. J Physiol (Lond) 128:28–42
13. Läuger P (1985) Ionic channels with conformational substates. Biophys J 47:581–590
14. Ochs S, Worth RM (1978) Axoplasmic transport in normal and pathologic systems. In: Waxmann SG (ed) Physiology and pathology of axons. Raven, New York

2 Informationsvermittlung durch elektrische Erregung

J. Dudel

EINLEITUNG Die „Information" als eine quantifizierbare Größe wurde erst in den vierziger Jahren durch N. Wiener formuliert. Sie prägt nach der industriellen Revolution die „Informationsgesellschaft". Die Entwicklung der Gesellschaft bildet insofern unsere Evolution nach: Der Mensch ist mit seinem hochdifferenzierten Nervensystem und dem Sprachvermögen das auf Informationsverarbeitung spezialisierte Wesen schlechthin. Die Funktionen der Nervenzellen in der Aufnahme und Weitergabe von Informationen werden daher in den folgenden Kapiteln detalliert behandelt.

Kennzeichen der Nervenzellen und ihrer Ausläufer, der Nerven ist, daß sie Informationen kodiert als Änderungen des Membranpotentials weitergeben. Die Entstehung der Zellpotentiale und ihrer Änderungen müssen deshalb ausführlich besprochen werden.

2.1 Ruhepotential

Nervenzellen haben Membranruhepotentiale um –70 mV, die mit Hilfe von intrazellulären Elektroden gemessen werden können

Eine Meßanordnung für das Potential zeigt Abb. 2–1. In A wird eine mit KCl-Lösung gefüllte Glaskapillare, deren Spitze auf < 1 μm Durchmesser ausgezogen ist, durch die Zellmembran gestochen und das Potential zwischen dem Intrazellulärraum, in dem die Spitze liegt, und der Lösung außerhalb der Zelle gemessen. In B wird eine Glaskapillare mit einer stumpfen, an den Rändern verschmolzenen Spitze (*patch-clamp-Elektrode*, s. Abb. 2–9) von 1–2 μm Innendurchmesser auf die Zellmembran gedrückt, wobei sich eine gute Dichtung *(Seal)* zwischen Glasrand und Membran ergibt. Dann wird die innerhalb der Kapillare liegende Membran durch einen Strom- oder Druckstoß zerstört und damit eine gute Verbindung zwischen dem Inneren der Kapillare und dem Intrazellulärraum hergestellt. Die Membranspannung wird wieder zwischen Kapillare und Außenlösung gemessen. Als ***Membranpotentiale*** ergeben sich an großen Nervenzellen Werte zwischen –100 und –70 mV (innen negativ relativ zur Außenlösung).

Das Membranpotential bleibt an Nerven- und Muskelzellen über längere Zeit auf einem konstanten Wert stehen, falls die Zellen nicht aktiv werden. Das Membranpotential solcher ruhender Zellen wird deshalb ***Ruhepotential*** genannt. Bei Nerven- und Muskelzellen ist das Ruhepotential immer negativ und hat bei den einzelnen Zelltypen eine charakteristische Größe. Die Werte liegen bei Warmblütern zwischen –55 und –100 mV, nur bei glatten Muskelzellen kommen kleinere Ruhepotentiale bis –30 mV vor.

Das Ruhepotential ist weitgehend ein K^+-Diffusionspotential und folgt dem Logarithmus der K^+-Außenkonzentration

Diffusionspotential. Das Ruhepotential ist, wie auf S. 8 besprochen, ein Diffusionspotential für die durch Membrankanäle permeablen Ionen (Kap. 1, Gl. 7 u. 9). Da in Ruhe vorwiegend die Membrankanäle für K^+ offen sind, ist das Ruhepotential in erster Näherung *von dem Konzentrationsgradienten für K^+ über die Membran be-*

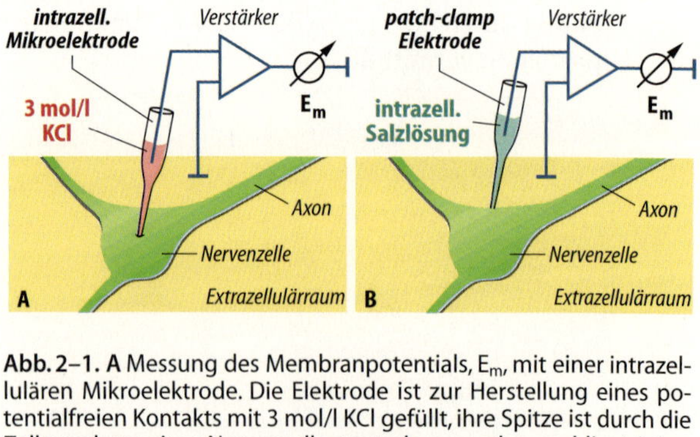

Abb. 2–1. A Messung des Membranpotentials, E_m, mit einer intrazellulären Mikroelektrode. Die Elektrode ist zur Herstellung eines potentialfreien Kontakts mit 3 mol/l KCl gefüllt, ihre Spitze ist durch die Zellmembran einer Nervenzelle gestochen worden und liegt intrazellulär. Das Membranpotential wird zwischen der Elektrode und dem Extrazellulärraum gemessen. **B** Messung des Membranpotentials mit einer patch-clamp-Elektrode. Die Spitze der Elektrode mit etwa 1 μm Innendurchmesser wird auf die Zellmembran aufgesetzt; es bildet sich eine Dichtung (seal) aus. Dann wird die Membran innerhalb der Elektrode zerstört und damit eine elektrische Verbindung zum Zellinneren hergestellt

stimmt. Abb. 2–2 zeigt die Abhängigkeit des gemessenen Potentials von der K^+-Außenkonzentration $[K^+]_a$. Für kurze Zeit nach der willkürlichen Änderung der Außenkonzentration bleibt die Ionenkonzentration unverändert, und das K^+-Potential müßte sich nach der Nernst-Gleichung (S. 8) proportional zum Logarithmus von $[K^+]_a$ ändern. Dieses K^+-Potential, E_K, ist blau in Abb. 2–2 eingetragen. Die gemessenen Ruhepotentiale (gelb) stimmen im oberen Bereich gut mit E_K überein. Bei niedriger $[K^+]_a$ weichen sie jedoch bei Nervenzellen zunehmend nach oben von E_K ab, was auf die bei niedriger $[K^+]_a$ relativ wichtiger werdende Natriumpermeabilität P_{Na} zurückzuführen ist (Kap. 1, Gl. 7, S. 8). Die Abweichung der gemessenen Ruhepotentiale von $[K^+]_a$ verschwindet entsprechend, wenn das Fließen von Na^+ verhindert wird, z. B. bei Ersatz der extrazellulären Na^+ durch ein impermeables Kation wie Cholin. Das normale Ruhepotential ist demnach etwa 10 mV positiver als E_K.

Änderungen der extrazellulären K^+-Konzentration. Die K^+-Konzentration wird zwar im Blutplasma normalerweise gut auf ihrem normalen Wert von 4 mmol/l (s. Tabelle 1–1, S. 5) konstant gehalten. Die meisten Nervenzellen stehen jedoch nicht in schnellem Austausch mit dem Plasma, und $[K^+]_a$ kann beträchtlich vom Normwert abweichen. Die Abb. 2–3 zeigt schematisch ein Neuron im ZNS, das durch zwischengeschaltete Gliazellen von der nächsten Blutkapillare getrennt ist. Der Extrazellulärraum ist auf etwa 15 nm breite Spalten beschränkt. Ähnlich ist die Situation für die peripheren Axone, die eng von *Schwann-Zellen* umhüllt werden. Die interzellulären Spalträume reichen langfristig zwar für die Versorgung der Zellen durch Diffusion völlig aus, bei starker Aktivität der Nervenzellen können sich die Ionenkonzentrationen im Extrazellulärraum für kurze Zeit jedoch beträchtlich ändern.

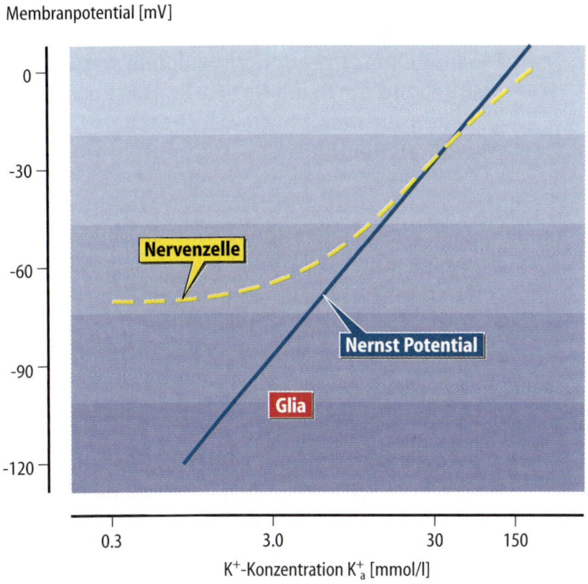

Abb. 2–2. Abhängigkeit des Ruhepotentials von der extrazellulären K^+-Konzentration, $[K]^+{}_a$, für eine Gliazelle (*blau*) und eine Nervenzelle (*gelb*). Nach [6]

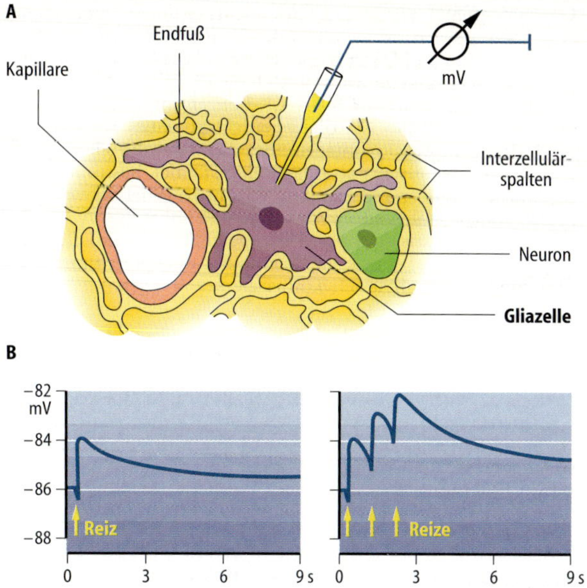

Abb. 2–3. Eigenschaften der Gliazellen. **A** Schematische Darstellung der Neuron-Glia-Kapillar-Beziehungen auf elektronenmikroskopischer Ebene. Ein Astrozyt *(rot aufgerastert)* liegt zwischen Kapillare und Neuron. Eine Mikroelektrode ist zur Messung des Membranpotentials in ihn eingestochen. Alle Zellelemente sind durch etwa 15 nm breite Interzellulärspalten voneinander getrennt, die in der Abb. übertrieben *breit gezeichnet* sind. **B** Depolarisation von Gliazellen durch benachbarte neuronale Aktivität im N. opticus eines Molches (Necturus). Es wurden 1 bzw. 3 Reize (↑) im Abstand von 1 s gegeben. Nach [6]

Während starker elektrischer Aktivität fließen Na^+ in die Zelle und K^+ aus der Zelle aus (Aktionspotential, S. 23, erregende postsynaptische Potentiale, S. 45). Die hohe extrazelluläre Na^+-Konzentration wird durch diese Ionenbewegungen nur unwesentlich verändert, die *K^+*-Konzentration kann jedoch beträchtlich ansteigen. Die extrazellulären K^+-Konzentrationen können mit Hilfe von Mikroelektroden, die mit selektiven Ionenaustauschern für K^+gefüllt sind, gemessen werden. Es werden bei starker Aktivität der Nervenzellen Erhöhungen der extrazellulären K^+-Konzentration von normal 3–4 mmol/l auf bis zu 10 mmol/l festgestellt [13].

Die erhöhten extrazellulären K^+-Konzentrationen führen entsprechend der Nernst-Gleichung (s. Abb. 2–2) zu beträchtlichen Depolarisationen der Nervenzellen. Möglicherweise sind derartige Depolarisationen aufgrund von extrazellulären K^+-Konzentrationserhöhungen ursächlich an der Auslösung von krampfartigen Entladungen im Gehirn, z. B. bei epileptischen Anfällen, beteiligt [13]. Nach starker Aktivität kann durch aktiven Transport auch die extrazelluläre K^+-Konzentration unter den Normalwert fallen, was zu Hyperpolarisationen der Nervenzellen führt.

Cl^--Permeabilität. Wie in Kap. 1 besprochen, ist beim Ruhepotential bei den meisten Nervenzellen die Cl^--Permeabilität der Membran sehr klein und *leistet keinen wesentlichen Beitrag zum Ruhepotential.* Bei Muskelzellen ist jedoch die Cl^--Permeabilität höher als die für K^+, die intrazelluläre Cl^--Konzentration stellt sich jedoch so ein, daß das Cl^--Gleichgewichtspotential E_{Cl} gleich E_K wird. Der in beiden Richtungen über die Membran gleich große Fluß von Cl^- stabilisiert also das Ruhepotential, bestimmt es jedoch nicht. Wenn an Muskelzellen, z. B. durch genetische Defekte, die Cl^--Kanäle fehlen oder vermindert sind, führt dies zu Instabilitäten der Repolarisation des Aktionspotentials (s. S. 26). Diese Instabilitäten bei der Wiederherstellung des Ruhepotentials bilden die Grundlage von ***Myotonien*** (Muskelerkrankungen mit erhöhter Muskelsteifigkeit).

Wenn E_{Cl} beim Ruhepotential liegt, dann führen *inhibitorische synaptische Potentiale* (s. S. 45), bei denen die Cl^--Leitfähigkeit der Membran steigen kann, zu *keinen extrazellulären Cl^--Konzentrationsänderungen*. Aber auch wenn die inhibitorischen synaptischen Potentiale an Nervenzellen E_{Cl} vom Ruhepotential abweichen und Nettoverschiebungen von Cl^- im Intrazellulärraum eintreten, so sind diese wegen der hohen extrazellulären Cl^--Konzentration funktionell ohne Bedeutung, genau wie bei Na^+.

Extrazelluläre Ca^{2+} Konzentrationen. Neben der K^+-Konzentration kann sich extrazellulär im ZNS bei Aktivität auch die Ca^{2+}-Konzentration ändern. Ähnlich wie die K^+-Konzentration kann die für Ca^{2+} mit Mikroelektroden gemessen werden, die mit einem Ca^{2+}-selektiven Ionenaustauscher gefüllt sind. Bei Aktivierung von synaptischen Nervenendigungen strömt Ca^{2+} in diese ein (s. Abb. 3–14, S. 56) und entsprechend wird bei hochfrequenter Erregung solcher Nervenendigungen ein Absinken der extrazellulären Ca^{2+}-Konzentration gefunden. Bei niedriger Ca^{2+}-Konzentration steigt die Erregbarkeit der Neurone (s. unten, Abb. 2–8), was Anlaß zu pathologischem Verhalten der betroffenen Neurone sein kann [13].

!

Membranpotentiale können über intrazelluläre Glaskapillarelektroden oder Patch-clamp-Elektroden mit zerstörter Innenmembran gemessen werden. Die Membranpotentiale sind in Ruhe innen negativ gegenüber dem Extrazellulärraum. Solche Ruhepotentiale liegen bei Nerven- und Muskelzellen von Warmblütern zwischen −55 und −100 mV. Das Ruhepotential ist in erster Näherung ein K^+-Diffusionspotential, da in Ruhe vorwiegend die Membrankanäle für K^+ offen sind (bei Muskelzellen auch die Cl^--Kanäle). Während Zellaktivität kann durch Austritt von K^+ aus der Zelle in den schmalen Extrazellulärraum die extrazelluläre K^+-Konzentration von normal 3–4 mmol/l auf bis zu 10 mmol/l ansteigen. Dies führt entsprechend der Nernst-Gleichung zur Abnahme des Ruhepotentials (Depolarisation). Starke synaptische Aktivität kann im ZNS die Konzentration an Ca^{2+} im Extrazellulärraum vermindern und zur Übererregbarkeit führen.

Gliazellen können K^+-Konzentrationen im Interzellulärspalt durch Aufnahme von K^+ puffern

Das Potential der Gliazelle folgt sehr genau der K^+_a-Konzentration (Abb. 2–2). Wenn in Abb. 2–3 B die Gliazelle nach Erregung benachbarter Axone depolarisiert wird, zeigt dies Erhöhungen der K^+_a-Konzentration um die Gliazelle an, die durch K^+-Ausstrom aus depolarisierten Axonen erzeugt wird. Die langsame Rückbildung der Depolarisation der Glia entspricht einer Normalisierung von K^+_a. An dieser Wiederherstellung der extrazellulären K^+-Konzentration sind die Gliazellen ursächlich beteiligt. Die Gliazellen sind nämlich untereinander über ***Kontaktverbindungen (gap junctions)*** (S. 65) elektrisch verbunden, ebenso wie z. B. Epithelien oder glatte Muskelzellen. Werden lokal durch Erhöhung der extrazellulären K^+-Konzentration Gliazellen depolarisiert, so fließt Strom zwischen den depolarisierten und den nichtdepolarisierten Zellen. Dieser elektrische Strom führt zu einem K^+-Einstrom in die depolarisierten Gliazellen, wodurch die extrazelluläre K^+-Konzentration wieder abnimmt. Aufgrund ihrer guten K^+-Membranleitfähigkeit und ihrer elektrischen Verbindungen *wirken somit die Gliazellen als Puffer* gegenüber erhöhten extrazellulären K^+-Konzentrationen. Für eine aktive Aufnahme von K^+ in die Gliazellen mit Hilfe einer Ionenpumpe gibt es keine Hinweise. Wahrscheinlich nehmen jedoch Gliazellen bei manchen Synapsen aktiv Überträgerstoff auf und begrenzen somit seine Wirkungsdauer [6].

Im Unterschied zu Nervenzellen sind *Gliazellen nicht erregbar*. Sie besitzen zwar potentialabhängige Na- und Ca-Kanäle, jedoch nicht in ausreichender Dichte, um Erregungen (s. S. 24) zu ermöglichen. Manche Gliazellen haben auch durch synaptische Überträgerstoffe gesteuerte Ionenkanäle (s. S. 58), ihre mögliche Funktion ist jedoch unklar.

Die Innenkonzentrationen der Ionen werden weitgehend durch die Na^+-K^+-Pumpe konstant gehalten, die damit mittelbar Ursache des Ruhepotentials ist

Wie in Kap. 1.2 (S. 10) ausführlich besprochen, sind die Innenkonzentrationen der Ionen nur stabil, weil die Na^+-Ka^+-Pumpe unter Energieaufwand den Na^+-Einstrom und den K^+-Ausstrom beim Ruhepotential kompensiert. Dort ist auch die ***Metastabilität des Ruhepotentials*** und die tragende Rolle der Na^+-K^+-Pumpe dargestellt (Abb. 1–9).

Die Austauschvorgänge zwischen Gliazellen und Interzellulärspalten schützen Gehirnzellen vor möglicherweise toxischen Substanzen im Blutplasma und bilden damit einen wesentlichen Teil der Blut-Hirn-Schranke

Die Gliazellen liegen auf dem Weg zwischen Kapillaren und Nervenzellen (Abb. 2–3), und es wurde angenommen, daß sie für die Nervenzellen ernährende, trophische Funktionen haben. Transport von Nährstoffen durch die Glia scheint jedoch für die Nervenzelle nicht notwendig. Die Diffusion solcher Stoffe durch die Interzellulärspalten reicht völlig aus. Die meisten Neurone sind weniger als 50 μm von der nächsten Kapillare entfernt. Trotzdem werden die Interzellulärspalten und damit die Neurone von vielen Stoffen im Blutplasma nicht erreicht: Es besteht eine ***Blut-Hirn-Schranke.*** Dies liegt einerseits daran, daß den Blutkapillaren des Gehirns die Fenster im Endothel, die in anderen Kapillargebieten den Durchtritt größerer Moleküle erlauben, weitgehend fehlen. Die aus der Kapillare austretenden Stoffe müssen folglich durch die Endothelzellen diffundieren oder transportiert werden. Weiterhin müssen die Stoffe nach Überwindung des Endothels auf einer relativ langen Strecke an den Ausläufern der Glia entlang diffundieren. Die Glia kann dabei auszuschließende Stoffe aufnehmen und unschädlich machen. Die Glia scheint für die Nervenzellen damit *weniger eine Versorgungs- als eine Schutz- und Stützfunktion zu haben.*

Die Blut-Hirn-Schranke hat positive und negative medizinische Bedeutung. Einerseits *erreichen* viele toxische Substanzen, aber auch Bakterien und Viren, die Gehirnzellen nicht. Andererseits *erreichen* auch viele *Medikamente,* die per os oder intramuskulär oder intravenös injiziert verabreicht werden, *die Gehirnzellen nicht,* so z. B. manche Antibiotika oder Tuberkulostatika. Manche Pharmaka können so modifiziert werden, daß sie die Blut-Hirn-Schranke passieren, andere müssen in die Ventrikel des Gehirns oder den Rückenmarkkanal injiziert werden.

!

Gliazellen sind durch gap junctions miteinander verbunden, so daß Ausgleichströme zwischen depolarisierten und nichtdepolarisierten Gliazellen fließen können. Lokale extrazelluläre Zunahmen der K^+-Konzentration (durch erhöhte Neuronenaktivität) werden durch diese Ströme abgepuffert. Die Gliazellen können auch durch Diffusion und Transport Substanzen aus dem Interzellulärspalt aufnehmen. Zusammen mit dem fensterlosen Endothel der Hirnkapillaren bilden sie daher einen wichtigen Bestandteil der Blut-Hirn-Schranke. Die intrazellulären Ionenkonzentrationen werden im wesentlichen von der Na^+-K^+-Pumpe konstant gehalten, die auch die Metastabilität des Ruhepotentials bedingt.

2.2 Aktionspotentiale

Nervenzellen haben im Organismus die Funktion, Informationen aufzunehmen, sie innerhalb des Systems weiterzuleiten, mit anderen Informationen zu vergleichen und schließlich die Funktionen anderer Zellen zu steuern. Muskelzellen sollen sich, gesteuert von Nerven, kontrahieren. Wenn diese Zellen derart *„aktiv"* sind, so laufen in ihnen Aktionspotentiale ab.

Aktionspotentiale sind schnelle Depolarisationen vom Ruhepotential zu positiven Potentialen, die selbsttätig mit für den Zelltyp typischem Zeitverlauf zum Ruhepotential repolarisieren

Dauer von Aktionspotentialen. Aktionspotentiale können an Nerven- und Muskelzellen mit Hilfe von intrazellulären Elektroden gemessen werden (s. Abb. 2–1). Typische Beispiele von Aktionspotentialen von verschiedenen Warmblütergeweben zeigt Abb. 2–4; sie sind auch für die entsprechenden Organe des Menschen repräsentativ. Bei all diesen Aktionspotentialen springt das Potential, ausgehend vom negativen Ruhepotential, sehr schnell auf einen positiven Spitzenwert nahe +30 mV. Danach kehrt es mit verschiedener Geschwindigkeit zum Ruhewert zurück: Das Aktionspotential dauert am *Nerv etwa 1 ms,* am *Muskel etwa 10 ms* und am *Herzmuskel mehr als 200 ms.*

Phasen des Aktionspotentials. Das Aktionspotential beginnt mit einer sehr schnellen positiven Potentialänderung, dem ***Aufstrich.*** Er dauert nur 0,2–0,5 ms. Während des Aufstrichs verliert die Zellmembran ihre normale

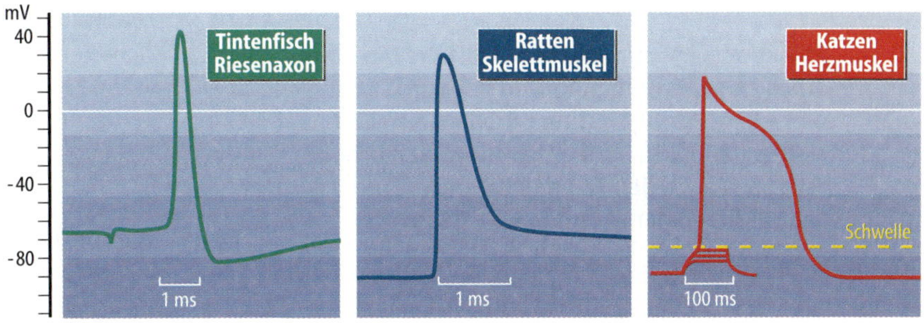

Abb. 2–4. Mit intrazellulären Elektroden gemessene Aktionspotentiale eines Axons, einer Muskel- und einer Herzmuskelzelle. Beachte die verschiedenen Zeiteichungen. Die Formen der Aktionspotentiale sind gleich wie die der entsprechenden Organe des Menschen

Aufladung oder „Polarisation", der Aufstrich wird deshalb auch ***Depolarisationsphase*** genannt. Die Depolarisation überschreitet in der Regel die Nullinie, und das Membranpotential wird positiv. Nach der *Spitze* stellt sich wieder die alte Membranruheladung her, diese Phase des Aktionspotentials heißt deshalb ***Repolarisation***.

Nachpotentiale. In ihrem letzten Abschnitt verlangsamt sich bei manchen Aktionspotentialtypen die Repolarisation. Ein Beispiel ist das Muskelaktionspotential in Abb. 2-4. Etwa 1 ms nach Beginn des Aktionspotentials hat hier die Repolariation einen deutlichen Knick, der folgende langsame Potentialverlauf wird ***depolarisierendes Nachpotential*** genannt. Bei anderen Geweben, z. B. Nervenzellen des Rückenmarkes, überschreitet die Repolarisation relativ schnell das Ruhepotential, und das Potential ist für gewisse Zeiten negativer als das Ruhepotential; es wird dann ***hyperpolarisierendes Nachpotential*** genannt.

Wenn vom Ruhepotential ausgehend die Membran schnell um etwa 20 mV depolarisiert wird, so wird ein Schwellenpotential überschritten, Erregung setzt ein und ein Aktionspotential läuft ab

Aktionspotentiale werden immer dann ausgelöst, wenn die Membran, vom Ruhepotential ausgehend, auf etwa –50 mV *depolarisiert* wird. Die Mechanismen, die diese anfängliche Depolarisation bewirken, sollen später besprochen werden (s. S. 34). Das Potential, an dem Depolarisation ein Aktionspotential auslöst, wird ***Schwelle*** genannt (s. Abb. 2-5).

An diesem Schwellenpotential wird die Membranladung instabil, sie baut sich selbsttätig schnell ab und kehrt ihre Polarität um: Es erfolgt der schnelle Aufstrich des Aktionspotentials zur Spitze. Dieser an der Schwelle erzeugte Zustand des selbsttätigen, fortschreitenden Ladungsabbaus wird auch ***Erregung*** genannt. Die Erregung dauert meist nur weniger als 1 ms an. Sie ist damit einer Explosion vergleichbar, die schnell verpufft. Die Depolarisationsphase des Aktionspotentials setzt weiterhin selbst Prozesse in Gang, die die Ruhemembranladung wiederherstellen.

Zellen, an denen Aktionspotentiale ausgelöst werden können, nennt man *erregbar*. Erregbarkeit ist eine typische Eigenschaft von Nerven- und Muskelzellen. Aktionspotentiale an einer bestimmten Zelle haben einen konstanten Ablauf. Die Art oder Häufigkeit der Auslösung der Erregung hat geringen Einfluß auf diesen Ablauf. Diese Tatsache der Konstanz des Aktionspotentials wird auch als ***Alles-oder-Nichts-Gesetz der Erregung*** bezeichnet.

Im Aktionspotential wird zunächst die Membran durch Na^+-Einstrom aufgrund des durch überschwellige Depolarisation erhöhten Na^+-Leitwertes depolarisiert; die Depolarisation erhöht verzögert auch den K^+-Leitwert, und die Membran repolarisiert durch K^+-Ausstrom

Das Ruhepotential ist, wie im Abschnitt 2.1 besprochen, weitgehend das Gleichgewichtspotential der K^+-Ionen, für die in Ruhe die Membran am besten leitfähig ist. Wenn während des Aktionspotentials das Zellinnere positiver wird als der Extrazellulärraum, so kann dies nur auf einen erhöhten Leitwert der Membran für Na^+ (g_{Na}) beruhen, denn nur für Na^+ ergibt sich ein positives Gleichgewichtspotential, das mit mehr als +60 mV positiver ist als die Spitze des Aktionspotentials. Diese Überlegung wird bestätigt durch den experimentellen Befund, daß Aktionspotentiale nur ausgelöst werden können, wenn die extrazelluläre Na^+-Konzentration hoch ist. Fehlen die extrazellulären Na^+, so können sie auch bei erhöhter g_{Na} nicht in die Zelle einströmen und so die Depolarisationsphase des Aktionspotentials erzeugen. ***Basis der Erregung*** ist also eine ***Erhöhung des Membranleitwertes für Na^+***, die durch die Depolarisation zur Schwelle ausgelöst wird.

Aber auch der K^+-Leitwert der Membran ist am Aktionspotential beteiligt. Verhindert man nämlich durch bestimmte Pharmaka, z. B. Tetraäthylammonium, eine ***Erhöhung des K^+-Leitwertes***, so wird die Repolarisation des Aktionspotentials stark verlangsamt, das Aktionspotential also verlängert. Dies weist darauf hin, daß eine Erhöhung des K^+-Leitwertes der Membran ***für die Repolarisation wichtig*** ist. Dem Aktionspotential liegt also ein Zyklus von Na^+-Einstrom in die Zelle und darauf folgendem K^+-Ausstrom zugrunde.

Das Aktionspotential ist ein stabiles, sicheres Signal. Die Ionenverschiebungen während dieser Potentialänderungen sind im Verhältnis zu den Ionenkonzentrationen auf beiden Seiten der Zellmembran außerordentlich klein. Tausende von Aktionspotentialen können ablaufen, ehe sich die Ionenkonzentrationen wesentlich ändern. Sie werden auf längere Sicht durch Ionenpumpen und Transporte voll wiederhergestellt, für das einzelne Aktionspotential spielen diese Prozesse jedoch keine Rolle.

!

Ein Aktionspotential dauert an Nerven- und Skelettmuskelzellen etwa 1 ms bzw. 10 ms, am Herzmuskel mehr als 200 ms. Es wird ausgelöst, sobald das Ruhepotential zum Schwellenpotential von etwa –50 mV depolarisiert wird und läuft dann stereotyp ab (Alles-oder-Nichts-Gesetz). Der Aufstrich (Depolarisationsphase) dauert dabei nur 0,2–0,5 ms. Die Depolarisation wird durch Na^+-Einstrom (als Folge eines vorübergehend erhöhten Na-Leitwertes) verursacht, die Repolarisation durch K^+-Ausstrom beschleunigt (durch eine ebenfalls, wenn auch leicht verzögerte Erhöhung des K-Leitwertes).

Die bei Erregung fließenden Ionenströme können in einer Spannungsklemme gemessen werden, die soviel Strom in die Zelle einspeist, daß das Membranpotential um einen vorbestimmten Wert depolarisiert wird

Membranstrommessung. Während einer Erregung bewirkt die Depolarisation Änderungen der Membranleitfähigkeiten für verschiedene Ionen, und diese Leitfähigkeitsänderungen haben wiederum Potentialänderungen zur Folge. Dieser komplexe Vorgang wird analysiert, indem die Abhängigkeit der verschiedenen Membranleitfähigkeiten vom Membranpotential gemessen wird. Dazu wird das Membranpotential sprunghaft vom Ausgangswert zu einem Testpotential geändert, das durch Stromeinspeisung in die Zelle mit einem Regelverstärker eingestellt wird. Der zur Potentialeinstellung benötigte Strom wird in dieser ***Spannungsklemme (voltage clamp)*** gemessen; er entspricht spiegelbildlich dem Strom, der von der Zellmembran nach dem Spannungssprung erzeugt wird [17, 22].

Membranstromverläufe nach Spannungssprüngen sind für 2 Ranvier-Knoten (s. S. 39) vom Froschnerven in Abb. 2–5 dargestellt. Spannungssprünge vom Ausgangspotential auf –60, –30, 0, +30 und +60 mV lösen komplexe Stromverläufe aus, die die Summe aus Na- und K-Stromkomponenten darstellen. Man kann die Komponenten trennen, wenn man jeweils eine davon durch einen spezifischen Hemmstoff ausschaltet.

Na-Ströme. In Abb. 2–5 B sind durch Tetraäthylammonium (TEA) die Kaliumströme blockiert worden [32], die gemessenen Stromverläufe sind folglich die ***Na-Ströme.*** Diese Na-Ströme sind bei Testpotentialen unter +40 mV negativ, die Na^+ strömen in den Nerven. Bei +30 mV ist der Na-Strom noch negativ und klein, und bei +60 mV, jenseits des Na-Gleichgewichtspotentials, hat er seine Richtung umgekehrt. Die Na-Ströme erreichen nach den Depolarisationssprüngen jeweils sehr schnell ihren Maximalwert, gehen aber dann, bei beste-

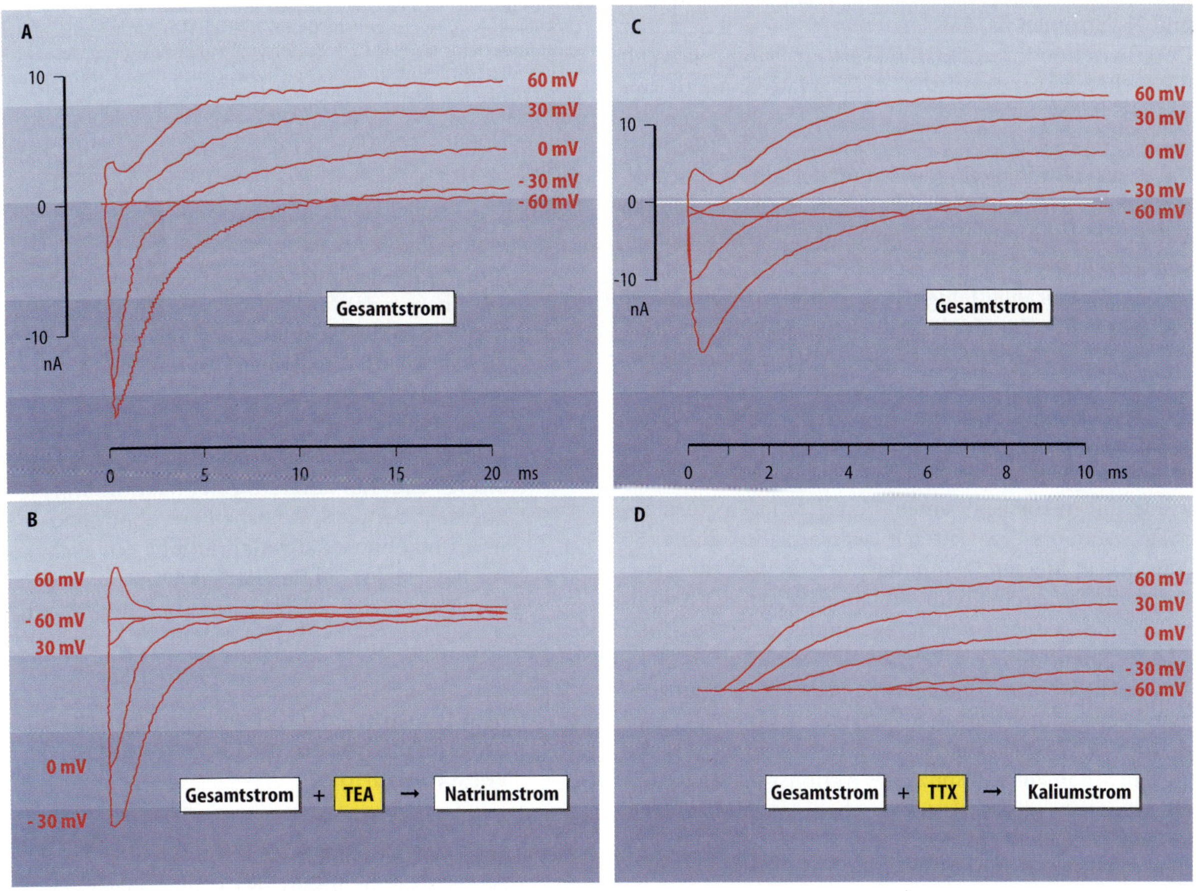

Abb. 2–5. Membranströme an markhaltigen Axonen (Ranvier-Knoten des Frosches, 11–13° C) nach sprunghafter Änderung des Membranpotentials. Das Membranpotential wurde in der Spannungsklemme als „Ruhepotential" bei –95 mV gehalten und zum Zeitpunkt 0 ms auf die rechts neben den Membranstromregistrierungen angegebenen Werte –60 bis +60 mV verschoben. Die beim Spannungssprung auftretenden kurzen kapazitiven Ströme wurden abgezogen; die gemessenen Ströme sind also Ionenströme. Bei –60 mV ist der Spannungssprung unterschwellig, und es werden keine wesentlichen Ionenstromänderungen ausgelöst. Bei größeren Spannungssprüngen treten zuerst negative Ströme auf, die in positive umschlagen. In **B** wurden für das in **A** gezeigte Präparat (bei gleichen Spannungssprüngen) die Kaliumströme durch 6 mmol/l Tetraäthylammonium (TEA) blockiert, es verbleibt folglich im wesentlichen der Natriumstrom, der zwischen +30 und +60 mV seine Polarität von Negativ nach Positiv wechselt und mit zunehmender Depolarisation immer kürzer fließt. In **D** wurde für das in **C** gezeigte Präparat der Natriumstrom durch 0,3 μmol/l Tetrodotoxin (TTX) blockiert, und es verbleiben die Kaliumströme. Diese steigen nach der Depolarisation weit langsamer als die Natriumströme und halten während der ganzen Depolarisation an. Nach [3]

hender Depolarisation, wieder auf Null zurück. Diese ***Inaktivation der Na-Ströme*** ist bei kleinen Depolarisationen langsam und beschleunigt sich mit zunehmender Depolarisationsamplitude: bei +30 mV fließt der Na-Strom praktisch nur für 1 ms.

K-Ströme. Komplementär zur Abb. 2–5 B sind in D die Na-Ströme durch Tetrodotoxin (TTX) [35] blockiert worden, und die Zeitverläufe der ***K-Ströme*** werden damit deutlich. Diese K-Ströme sind im ganzen Testpotentialbereich positiv: Das Kaliumgleichgewichtspotential liegt bei etwa –100 mV, und bei –60 mV bis +60 mV fließen folglich K^+-Ionen aus dem Nerv. Die K^+-Ströme wachsen etwa proportional zur Größe der Depolarisation. Auch bei der größten Depolarisation beginnen sie mit etwa 0,5 ms Verzögerung und steigen innerhalb von etwa 5 ms auf einen Endwert, den sie halten, solange die Depolarisation bestehen bleibt. Im Gegensatz zum Na-Strom zeigen also die ***K-Ströme*** am Nerven ***keine Inaktivation.*** Der andere wichtige Unterschied zwischen K- und Na-Strömen ist, daß letztere sehr schnell nach der Depolarisation ihren Maximalwert erreichen, während die K-Ströme verzögert und dann relativ langsam ansteigen.

Na- und K-Leitfähigkeiten während des Aktionspotentials. Aus den Na- und K-Strömen der Abb. 2–5 kann man mittels Division durch den Abstand des Testpotentials vom jeweiligen Gleichgewichtspotential die Zeitverläufe der Membranleitfähigkeit bestimmen. Sind diese auch für kleine Potentialschritte bekannt, so kennt man z. B. für einen kleinen Spannungsschritt in der Nähe der Schwelle den hervorgerufenen Strom. Dieser fließt in die Membrankapazität und über den Membranwiderstand, deren Werte bekannt sind (s. Abb. 2–5 und 2–6), und erzeugt damit eine kleine Depolarisation. Diese wiederum verursacht einen berechenbaren zusätzlichen Strom, der zu weiterer Depolarisation führt. So läßt sich in kleinen Spannungs- und Zeitschritten aus den gemessenen Spannungsabhängigkeiten der Amplituden und Zeitverläufe von g_{Na} und g_K der *Ablauf des Aktionspotentials resynthetisieren.*

Die Abb. 2–6 zeigt das so erhaltene Aktionspotential zusammen mit den Zeitverläufen von g_{Na} und g_K. An der Schwelle steigt g_{Na} steil an, erreicht ihr Maximum schon vor der Spitze des Aktionspotentials, weil die Inaktivation des Na-Stroms beginnt, und fällt innerhalb von 1 ms auf den Ruhewert zurück. Dagegen steigt g_K nach der Depolarisation verzögert und langsam an. Sie erreicht ihr Maximum erst in der Mitte der Repolarisation und fällt dann wieder, weil die Depolarisation geringer wird. Der Anstieg von g_K beschleunigt also die 2. Phase der Repolarisation und erzeugt beim Aktionspotential der Abb. 2–6 ein hyperpolarisierendes Nachpotential: Bei gegenüber dem Ruhewert noch erhöhter g_K nähert sich das Potential mehr als beim Ruhepotential dem negativen Kaliumgleichgewichtspotential E_K an.

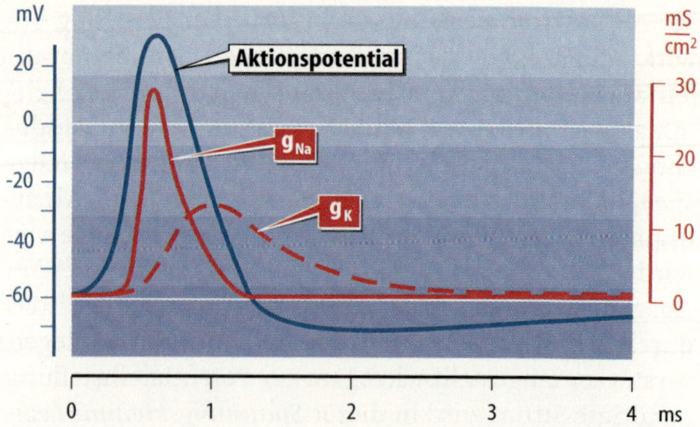

Abb. 2–6. Membranleitwerte während des Aktionspotentials am Tintenfischriesenaxon. g_{Na} und g_K sind aus Serien von Depolarisationsschritten, wie in Abb. 2–6 gezeigt, berechnet. Nach [14]

Genau wie die Na^+-Leitfähigkeit steigt bei Depolarisation auch die Ca^{2+}-Leitfähigkeit, und Ca^{2+}-Einstrom trägt bei den meisten Zellen geringfügig zum Aufstrich des Aktionspotentials bei. Z. B. in den Dendriten von Nervenzellen können jedoch die Ca^{2+} die wesentlichen Ladungsträger für den Aufstrich des Aktionspotentials sein. Andere Ionen, z. B. Cl^-, reagieren nur passiv auf die Depolarisation: die Leitfähigkeit ändert sich nicht, und der Cl^--Strom vergrößert sich proportional zum Abstand von E_{Cl}.

!

Die Analyse der Leitfähigkeitsänderungen während des Aktionspotentials ist mit Hilfe der Spannungsklemme (voltage clamp) möglich. Zur Analyse der Na^+-Ströme werden die K-Kanäle mit TEA blockiert, zur Analyse der K^+-Ströme die Na-Kanäle mit TTX. Aus den Meßergebnissen können die Zeitverläufe der Membranleitfähigkeiten g bestimmt werden. Nach Depolarisation zur Schwelle steigt g_{Na} sofort und schnell aber nur kurzzeitig an (Inaktivation). Ebenfalls depolarisationsbedingt, aber verzögert, und ohne Inaktivation, erhöht sich auch g_K. Auch g_{Ca} steigt bei Depolarisation.

2.3 Inaktivation und Refraktärität nach einem Aktionspotential, Schwellenverschiebungen

Innerhalb einer Millisekunde wird die durch Depolarisation erhöhte Na^+-Leitfähigkeit inaktiviert, was zu kurzer Unerregbarkeit (Refraktärität) der Membran nach dem Aktionspotential führt

Inaktivation. Abbildung 2–5 B zeigte, daß der Na-Strom der Froschnervenfaser trotz anhaltender Depolarisation nach etwa 0,5 ms abfällt. Diese Zeit ist bei höherer Temperatur beim Warmblüter noch kürzer. Die für den Na-Strom typische ***Inaktivation*** wird mit steigender

Depolarisation schneller, der Strom fällt immer steiler auf den Wert Null zurück. Damit ist aber keineswegs der Ruhezustand wieder hergestellt: Wird nach einer solchen vollständigen Inaktivation die Membran kurz repolarisiert und wieder depolarisiert, so läßt sich kaum neuer Na-Strom auslösen, in diesem Zustand der Membran ist das ***Na-System nicht aktivierbar.***

Selbst bei ungestörtem Ruhepotential ist der Na-Strom nur teilweise aktivierbar, die Axonmembran muß 20–40 mV hyperpolarisiert werden, damit durch Depolarisation von diesem Ausgangspotential der maximale Na-Strom ausgelöst werden kann. Wird für 10 ms oder länger das Potential 20 mV positiver gemacht als das Ruhepotential, so läßt sich von diesem Ausgangspotential nur noch minimaler Na-Strom auslösen. *Durch langdauernde Depolarisation kann* also *Erregung verhindert werden*; Zellen, deren Potential positiver wird als -60 bis -50 mV, werden unerregbar [3, 20]. Solche Dauerpolarisationen kommen durch Stoffwechselstörungen, z. B. Sauerstoffmangel, oder durch pharmakologische Einflüsse zustande und können die Ausbildung von Erregung blockieren.

Refraktärität. Eine weitere wichtige Folge der Inaktivierung des Na^+-Systems ist die ***Refraktärität.*** Die Abb. 2–7 erläutert dieses Phänomen: Depolarisiert man unmittelbar nach einem Aktionspotential die Membran bis zur Schwelle für das vorhergehende Aktionspotential, so tritt keine Erregung auf, und auch durch beliebig hohe Depolarisationen ist die Zelle nicht erregbar. Dieser Zustand, der bei Nervenzellen etwa 2 ms andauert, wird ***absolute Refraktärphase*** genannt. Nach der absoluten Refraktärphase können in einer ***relativen Refraktärphase*** durch große Depolarisationen Aktionspotentiale ausgelöst werden, diese Aktionspotentiale haben allerdings gegenüber dem normalen Aktionspotential eine verkleinerte Amplitude. Erst mehrere ms nach einem Aktionspotential kann mit normaler Schwellendepolarisation ein Aktionspotential mit normaler Amplitude ausgelöst werden, und es endet damit die *relative Refraktärphase.* Wie schon bemerkt, ist die Refraktärität Folge der Inaktivation des Na^+-Systems während des vorhergehenden Aktionspotentials. Die Inaktivation wird durch die Repolarisation wieder aufgehoben, dieser Vorgang benötigt jedoch einige ms, und während dieses Zeitraums ist das Natriumsystem noch nicht oder nur beschränkt wieder aktivierbar.

Die ***absolute Refraktärphase begrenzt die maximale Frequenz*** mit der in der Zelle Aktionspotentiale ausgelöst werden können. Ist, wie in Abb. 2–7, die absolute Refraktärphase 2 ms nach dem Beginn des Aktionspotentials beendet, so kann die Zelle maximal mit einer Frequenz von 500/s erregt werden. Es gibt Zellen mit noch kürzeren Refraktärzeiten, so daß im Extremfall Aktionspotentialfrequenzen bis 1000/s vorkommen. Bei den meisten Zellen werden jedoch maximale Aktionspotentialfrequenzen unter 500/s gemessen.

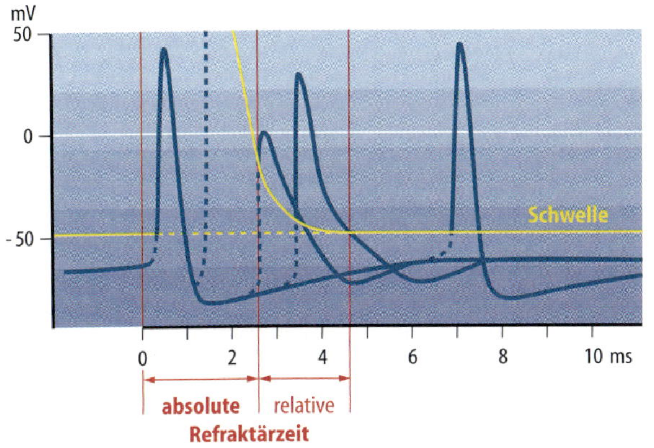

Abb. 2–7. Nach einem Aktionspotential können Depolarisationen zur Schwelle (*gelb*) keine Erregungen auslösen – absolute Refraktärzeit. Etwa nach 2 ms können weit überschwellige Depolarisationen verkleinerte Aktionspotentiale auslösen – relative Refraktärzeit. Die Zeitverläufe der Depolarisation zur Schwelle hin sind gestrichelt

Ionenströme während der Nachpotentiale. Bei vielen Zellen schließen sich an die schnelle Repolarisation des Aktionspotentials depolarisierende oder hyperpolarisierende Nachpotentiale an (Abb. 2–4 und 2–6). Die Ursachen für die Nachpotentiale sind verschiedenartig, 2 wichtigere Typen sollen hier kurz besprochen werden.

Ein ***kurzes hyperpolarisierendes Nachpotential***, das sich unmittelbar an die Repolarisation anschließt, zeigen viele Nervenzellen und ein Teil der Herzmuskelzellen. Ein Beispiel gibt Abb. 2–6. Dieses Nachpotential stellt eine überschießende Repolarisation dar: g_K ist, wenn die Repolarisationsphase das Ruhepotential erreicht, noch nicht ganz auf den Ruhewert zurückgegangen (Abb. 2–6); g_K ist also zu diesem Zeitpunkt relativ zu g_{Na} höher als in Ruhe, und damit muß sich das Membranpotential näher an E_K einstellen, als dies in Ruhe der Fall ist. Die Folge ist eine Hyperpolarisation, die mit der erhöhten g_K abklingt. Dieser Mechanismus des kurzen hyperpolarisierenden Nachpotentials ist wichtig für die Ausbildung von repetitiven Erregungen und wird bei diesem Thema noch einmal aufgenommen (s. S. 41).

Lang dauernde ***hyperpolarisierende Nachpotentiale***, die sich bei hoher Frequenz der Erregungen auch summieren, treten besonders deutlich an sehr dünnen, marklosen Nervenfasern von Wirbeltieren, den Gruppe-IV-Fasern, auf. Diese lang dauernden hyperpolarisierenden Nachpotentiale werden erzeugt durch eine elektrogene Na^+-Pumpe (s. S. 9), die während der Erregung in die Zelle eingeströmte Na^+ wieder aus der Zelle entfernt [27]. Diese Nachpotentiale verschwinden, wenn die Pumpaktivität durch Stoffwechselblocker wie DNP (s. Abb. 1–7) verhindert wird.

Das Ruhepotential wird durch Erhöhung der Ca^{2+}-Außenkonzentration „stabilisiert“

Die in Abb. 2–5 gezeigte Abhängigkeit der Na-Ströme vom Testpotential kann in vielfacher Weise beeinflußt werden. Blockade eines Teils der Na-Kanäle durch *Tetrodotoxin* oder ähnliche Stoffe, oder verschiedene Dichten von Na-Kanälen in den Membranen ändern nur die Amplitude, nicht aber die Potentialabhängigkeit und den Zeitverlauf der Na-Ströme.

Die *Potentialabhängigkeit der Membranströme* wird in charakteristischer Weise durch Konzentrationsänderungen von extrazellulärem Ca^{2+}, $[Ca^{2+}]_a$, verschoben. In Abb. 2–8 ist die bei einem Testpotential (Abszisse) jeweils erzielte maximale Na-Permeabilität, P_{Na}, für

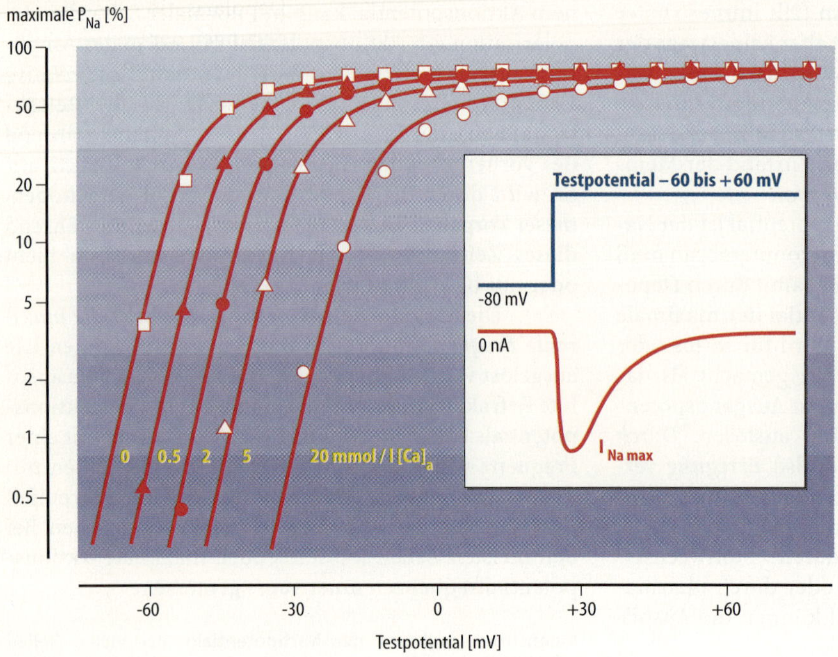

Abb. 2–8. Abhängigkeit der maximalen Na^+-Permeabilität, P_{Na}, die sich nach einer sprunghaften Depolarisation von einem Ausgangswert von –80 mV einstellt, vom Testpotential *(Abszisse)*, auf das der Ranvier-Knoten depolarisiert wurde. Die *Einsatzfigur* deutet die Depolarisation auf das Testpotential sowie den ausgelösten Natriumstrom I_{Na} an. Sein Maximum, $I_{Na\ max}$, bestimmt (neben den intra- und extrazellulären Na-Konzentrationen und den Membranpotentialen) gemäß Gl. (7) (Kap. 1) die maximale P_{Na}. Die Potentialabhängigkeit von P_{Na} wird bei Ca-Außenkonzentrationen $[Ca^{2+}]_a$ zwischen 0 und 20 mmol/l parallel zur Spannungsachse verschoben. Mit abnehmender $[Ca]_a$ nimmt die Schwellendepolarisation zur Auslösung einer Steigerung von P_{Na} ab, bzw. die Erregbarkeit des Ranvier-Knotens steigt. Nach [3]

verschiedene $[Ca^{2+}]_a$ aufgetragen. P_{Na} hat hier einen logarithmischen Maßstab, und in diesem Maßstab steigen die P_{Na} mit dem Potential in einem weiten Bereich linear an, bis sie in einen Sättigungswert einmünden. In dieser Darstellung wird deutlich, daß die Potentialabhängigkeit von P_{Na} durch $[Ca^{2+}]_a$-Änderungen parallel verschoben wird: Bei $[Ca^{2+}]_a = 0$ werden große Erhöhungen von P_{Na} schon bei geringen Depolarisationen erzielt, während bei hohen $[Ca^{2+}]_a$ um 35 mV mehr depolarisiert werden muß, um die gleichen Na-Ströme auszulösen. *Erniedrigung der $[Ca^{2+}]_a$* fördert also die Auslösung von Aktionspotentialen durch Depolarisation, bewirkt eine Steigerung der Erregbarkeit, während *Erhöhung von $[Ca^{2+}]_a$* das Membranpotential „stabilisiert".

Deutliche lokale Änderungen von $[Ca^{2+}]_a$ kommen im Organismus durchaus vor; z. B. sinkt im ZNS bei steigender Aktivität besonders der Synapsen (s. S. 56) durch Ca-Einstrom in die Zellen die $[Ca^{2+}]_a$ in den engen Interzellulärspalten (Abb. 2–3); damit erhöht sich die Erregbarkeit der Zellen, was bis zur Auslösung von *krampfartigen Entladungen* führen kann [13]. Generelle Senkungen von $[Ca^{2+}]_a$ im Blutplasma sind Grundlage des Krankheitsbildes der *Tetanie,* dabei treten unkontrollierbare Muskelerregungen und Krämpfe auf.

Die auffallenden Parallelverschiebungen der Potentialabhängigkeit der Na-Ströme (und auch anderer Membranströme) durch $[Ca^{2+}]_a$ haben eine interessante physikalische Grundlage. An der Außenseite der Membran liegen fixierte, vorwiegend negative Ladungen. Sie sind Teile der Phospho- und Glykolipide, aber auch der Fortsätze der Glykoproteine (Abb. 1–2, S. 4). Diese bilden eine Ionenladungswolke um die Zellmembran, in der größenordnungsmäßig die Hälfte des Membranpotentials abfällt, und die Kanalproteine „fühlen" damit nur etwa die Hälfte des zwischen innen und außen gemessenen Membranpotentials [3, 24].

Ca^{2+}-Ionen reagieren nun mit den fixierten Ladungen der Plasmembranoberfläche und neutralisieren sie. Bei hohem $[Ca^{2+}]_a$ wird damit die externe negative Aufladung vermindert, und die Negativität des an den Ionenkanälen wirksamen Potentials nimmt zu. Es muß deshalb z. B. in Abb. 2–8 bei 20 mmol/l $[Ca^{2+}]_a$ um 20 mV mehr depolarisiert werden als bei 2 mmol/l $[Ca^{2+}]_a$, um die gleiche Zunahme von P_{Na} zu erzielen. Umgekehrt verstärkt Abnahme von $[Ca^{2+}]_a$ die negative Oberflächenaufladung und verschiebt die Potentialabhängigkeiten in Richtung auf verminderte Depolarisation.

Die Effekte auf die oberflächliche negative Raumladung wurden hier nicht nur zur Erklärung von Änderungen von $[Ca^{2+}]_a$ angesprochen. Ganz ähnliche Verschiebungen der Potentialabhängigkeit wie in Abb. 2–10 werden auch durch Änderungen des ***extrazellulären pH*** erzeugt. Erniedrigung des pH bedeutet Erhöhung von $[H^+]_a$ und vermindert die negative Ladung der Membranoberfläche, wirkt also analog zur Erhöhung von $[Ca^{2+}]_a$. So kann man durch Absenken des pH auf 4,5 ebenso wie durch Erhöhung von $[Ca^{2+}]_a$ in Abb. 2–8 die Aktivierung von P_{Na} um 25 mV verschieben. pH-Änderungen kommen in den Geweben des Körpers abhängig von der Stoffwechselsituation durchaus vor. Die Verhältnisse in den Oberflächenladungen der Membran beeinflussen im übrigen auch Bindung und Wirkung von ionisierten Pharmaka, die entsprechend vom pH und von $[Ca^{2+}]_a$ betroffen werden [3, 24, 32].

!

Nach dem Aufstrich des Aktionspotentials inaktiviert der Na-Strom. Für etwa eine Millisekunde nach dem Aktionspotential ist die Membran deshalb auch durch große Depolarisationen nicht erregbar, sie ist absolut refraktär. Anschließend, mit zurückgehender Inaktivierung, ist die Membran einige Millisekunden vermindert erregbar, also nur noch relativ refraktär. Durch die Refraktärität ist die maximale Entladungsfrequenz von Neuronen auf 500 bis 1000 Aktionspotentiale pro Sekunde begrenzt. Aktionspotentiale sind häufig von Nachpotentialen gefolgt. Hyperpolarisierende Nachpotentiale sind teils durch eine etwas überdauernde g_K, teils durch vermehrtes Auspumpen von Na^+ verursacht. Bei Erhöhung der Ca^{2+}-Außenkonzentration verschiebt sich das Schwellenpotential zu positiveren Werten, die Zelle wird weniger leicht erregbar. Erniedrigung der Ca^{2+}-Außenkonzentration hat die umgekehrten Effekte (Gefahr von epileptiformen Neuronenentladungen und Muskelkrämpfen).

2.4 Ströme durch potentialabhängige Membrankanäle

Mit Hilfe einer Membranfleckklemme („patch clamp") können Membranbezirke im 1 μm² Bereich elektrisch isoliert und in ihnen Ströme durch einzelne Kanalmoleküle gemessen werden

Wir haben bisher die durch Depolarisation ausgelösten Ströme und Leitfähigkeitsänderungen der Gesamtmembran betrachtet. Seit es gelungen ist, Membranströme von etwa 1 μm² großen Membranflecken zu messen, kann man ***die molekularen Reaktionen der Einzelkanäle** als Grundlage für die Potential- und Zeitabhängigkeit der Ionenströme erkennen*. Die Abb. 2–9 A zeigt das Prinzip einer *Membranfleckklemme* oder *„patch-clamp"* [12, 22]. Die Spitze einer Glaspipette wird wie in Abb. 2–1 auf die Zellmembran gedrückt und eine Dichtung *(Seal)* hergestellt, die einen Widerstand > 1 GΩ (10^9 Ω) hat. Damit wird elektrisch der Membranfleck von seiner Umgebung isoliert. An das Innere der Pipette wird ein Klemmverstärker angeschlossen, der mit einer Regelschaltung die elektrische Spannung in der Pipette auf der gewählten „Sollspannung" hält. Die zur Regelung benötigten Ströme, der *„Klemmstrom"*, entsprechen genau den durch den Membranfleck fließenden Strömen, ebenso wie bei der Spannungsklemme von Zellen (Abb. 2–5).

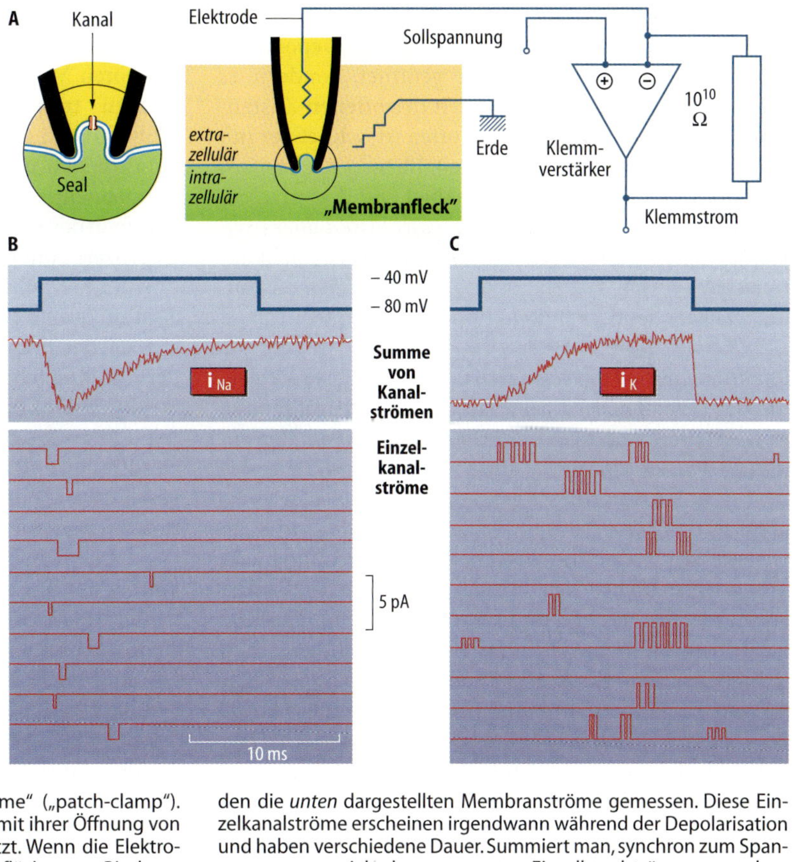

Abb. 2–9. A Schema der „Membranfleckklemme" („patch-clamp"). *Schwarz* ein Schnitt durch die Meßpipette, die mit ihrer Öffnung von etwa 1 μm Durchmesser auf der Membran sitzt. Wenn die Elektrodenspitze absolut staubfrei und die Zelloberfläche von Bindegewebsfibrillen und ähnlichem frei ist, kann sich beim Anlegen von Unterdruck eine Dichtung („seal") bilden, die auf dem Membranfleck in der Elektrodenspitze liegende Kanäle elektrisch vom Rest der Zellmembran isoliert (Einsatzfigur). Die Kanalströme können dann mit einem „Klemmverstärker" gemessen werden, der an die Salzlösung in der Pipette angeschlossen wird. Ströme durch Natrium- (**B**) und Kaliumkanäle (**C**), schematisiert. Das Membranpotential wird in einer Membranfleckklemme für 14 ms von –80 mV auf –40 mV verstellt *(oben)*; dieser Spannungssprung wird häufig wiederholt. Dabei werden die *unten* dargestellten Membranströme gemessen. Diese Einzelkanalströme erscheinen irgendwann während der Depolarisation und haben verschiedene Dauer. Summiert man, synchron zum Spannungssprung, viele der gemessenen Einzelkanalströme, so ergeben sich die *oben* gezeichneten Summenströme i_{Na} bzw. i_K. Ihr Zeitverlauf zeigt, daß bei den Na-Kanälen die Öffnung kurz nach dem Spannungssprung am wahrscheinlichsten ist und daß nach etwa 1 ms die Öffnungen seltener werden und schließlich ganz ausbleiben (Inaktivation). Die Kaliumkanäle öffnen sich dagegen im Mittel mit Verzögerung nach dem Spannungssprung, dann stellt sich jedoch eine mittlere Häufigkeit von Öffnungen ein, die konstant bleibt, solange die Depolarisation anhält

Depolarisation löst meist nur einmalige Öffnung eines Na^+-Kanals für durchschnittlich weniger als eine Millisekunde aus

Messungen von Strömen an einem Membranfleck zeigt schematisiert Abb. 2–9. Die Membran wurde jeweils für 14 ms depolarisiert. In B sind 10 Wiederholungen derselben Messung der Na-Ströme aufgezeichnet, in diesen sieht man jeweils höchstens einen ***-1,6 pA großen, kurzen Stromstoß.*** Dieser fließt durch ein ***einzelnes Na-Kanalprotein.*** Die Dauer der Stromstöße, der Kanalöffnungen, schwankt beträchtlich, gemäß einer Wahrscheinlichkeitsverteilung, um einen Mittelwert von 0,7 ms. Auch der Zeitpunkt der Kanalöffnungen schwankt; summiert man jedoch viele Einzelregistrierungen, so entsteht der unter dem Spannungssprung eingezeichnete Stromverlauf. Er zeigt, daß die ***Wahrscheinlichkeit zur Öffnung von Kanälen*** nach der Depolarisation steil ansteigt, nach 1,5 ms maximal ist und dann wieder abfällt. 10 ms nach dem Depolarisationssprung ist die Wahrscheinlichkeit der Kanalöffnung minimal. Diese Abnahme der Wahrscheinlichkeit der Kanalöffnung nach der Depolarisation entspricht der ***Inaktivation*** des Na-Stroms [9, 29].

Der Na-Kanal wird somit durch die Depolarisation nicht streng determiniert geöffnet, sondern es wächst nur die Wahrscheinlichkeit des offenen Zustandes, und wenn ein Kanal einmal offen ist, schließt er mit einer gewissen Wahrscheinlichkeit. Ebenso *stochastisch* verhalten sich reagierende Moleküle, und die verschiedenen ***Kanalzustände,*** nämlich 1. *geschlossen aber aktivierbar,* 2. *offen* und 3. *geschlossen-inaktiviert* (nicht aktivierbar), lassen sich durch Geschwindigkeitskonstanten wie bei chemischen Reaktionen verknüpfen.

Reaktionsmodell des Na-Kanals. Das einfachste Modell, das das Verhalten des Na-Kanals beschreibt, umfaßt diese 3 Zustände (Abb. 2–10). Der Übergang von *geschlossen-aktivierbar* zu *offen* wird durch *Depolarisation* gefördert. Depolarisation beschleunigt jedoch auch den Übergang in den *inaktivierten Zustand,* deshalb wird nach Öffnung des Kanals dieser schnell inaktiviert und bleibt dies, wenn er nicht durch Re- oder Hyperpolarisation der Membran in den *geschlossen-aktivierbaren* Zustand zurückkehren kann. Auch das Gleichgewicht zwischen den geschlossen-aktivierbaren und geschlossen-inaktivierten Zuständen wird durch das Membranpotential eingestellt, was sich als Abhängigkeit der Aktivierbarkeit des Na-Stroms vom Ausgangspotential manifestiert [14].

Die *Summe* der wahrscheinlichen Reaktionen der *Na-Kanäle* auf einen Spannungssprung ergibt die ***makroskopischen Na-Ströme*** der Abb. 2–5.

Depolarisation löst mehrfache Öffnungen eines K^+-Kanals im „burst"-Muster aus

In Abb. 2–9C wurde analog zum Na das Verhalten der ***K-Einzelkanalströme*** aufgezeichnet. Es gibt wiederum während der Depolarisation nur eine Kanalstromamplitude von +2 pA, und die Kanalöffnungsdauer schwankt um einen Mittelwert von 5 ms. Während der Kanalöffnungen treten allerdings häufig kurze Zwischenschließungen auf, der Kanal oszilliert schnell zwischen dem offenen und einem geschlossenen Zustand. Diese Gruppenentladungen *(bursts)* von Kanalöffnungen kommen bei vielen Kanaltypen vor (s. S. 59, Schema 2). Im Gegensatz zum Na-Kanal wird während der Depolarisation der ***K-Kanal nicht inaktiviert***: während der Depolarisation öffnen sich die ganze Zeit Kanäle und schließen sich wieder. Entsprechend zeigt die Summenkurve nach dem anfänglichen Stromanstieg einen konstanten K-Strom (vgl. Abb. 2–5). Die Beschreibung des Verhaltens der K-Kanalströme nach dem Schema der Abb. 2–10 benötigt also den inaktivierten Zustand nicht, jedoch 2 geschlossene Zustände in Serie, die die Unterbrechungen in den Gruppenentladungen bewirken [14] (s. Ca-Kanal).

Vielfalt der K^+-Kanaltypen. In Abb. 2–9C wurde das Verhalten des für Nervenfasern typischen K-Kanals dargestellt, der durch verzögerten Stromanstieg nach Depolarisation, eine starke Zunahme der Offenwahrscheinlichkeit bei Depolarisation vom Ruhepotential aus und fehlende Inaktivation gekennzeichnet ist (vgl. Abb. 2–5). Es wurden daneben ***viele andere Typen von K-Kanälen gefunden,*** deren Öffnung z. B. eine *andere Potentialabhängigkeit* hat, oder die *inaktiviert* werden (s. Abb. 2–20, S. 41), oder die neben der Depolarisation durch die *intrazelluläre Ca-Konzentration* gesteuert werden. Diese K-Kanaltypen kommen in verschiedenen Zelltypen oder Zellabschnitten allein oder in charakteristischer Mischung vor. Sie bedingen weitgehend die verschiedenen Formen der Aktionspotentiale in Repolarisationsgeschwindigkeit und Nachpotentialen (s. Abb. 2–4). So wirken an der Bildung von Impulsserien, die durch andau-

Kanalzustände

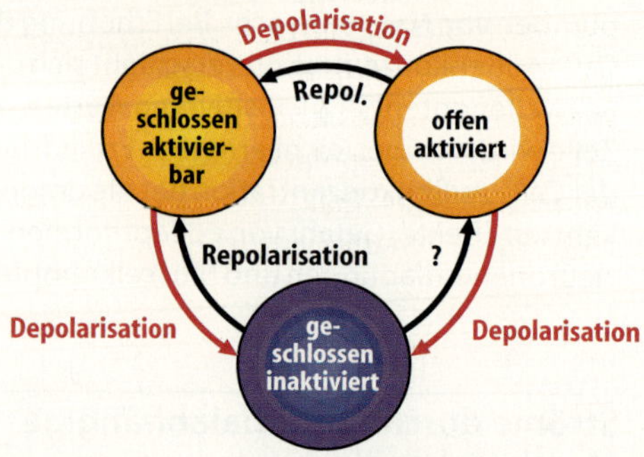

Abb. 2–10. Schema der Zustände der Na-Kanäle. Der Zustand „geschlossen aktivierbar" kann bei Depolarisation in die Zustände „offen aktiviert" oder „geschlossen inaktiviert" übergehen. Auch aus dem „offen aktivierten" Zustand fördert anhaltende Depolarisation den Übergang in den „geschlossen inaktivierten" Zustand. Nur durch Repolarisation kann der Kanal schließlich in den „geschlossen aktivierbaren" Zustand zurückkehren. (Realistischere Modelle enthalten 3 „geschlossen aktivierbare" und 4 „geschlossen inaktivierte" Zustände in Serie)

ernde depolarisierende Ströme ausgelöst werden, neben dem im vorigen Absatz beschriebenen, ein inaktivierender K-Kanaltyp sowie ein durch Erhöhung der intrazellulären Ca^{2+}-Konzentration aktivierter K-Kanaltyp mit (Abschnitt 2.7). Im Gegensatz zur Vielfalt der K-Kanäle sind sich die durch Depolarisation schnell aktivierbaren, dann aber schnell inaktivierenden Na-Kanäle bei allen erregbaren Zellen im Tierreich sehr ähnlich.

Depolarisation löst mehrfache Öffnungen eines Ca^{2+}-Kanals aus, deren Häufigkeit durch cAMP moduliert wird

Bei Depolarisation öffnen sich neben Na-Kanälen auch solche für Ca. Der resultierende ***Ca-Einwärtsstrom*** depolarisiert ebenso wie Na-Strom die Zellmembran. Die Konzentration von freien Ca^{2+} in der Zelle ist sehr niedrig (Tabelle 1–1), und das Ca-Gleichgewichtspotential ist folglich positiver als E_{Na} (Kap. 1, Gl. 4, S. 8). In der Membran des Axons der Nervenfasern ist g_{Ca} klein relativ zu g_{Na} und konnte deshalb z. B. bei der Analyse des *Aktionspotentials* (Abb. 2–6) vernachlässigt werden. Dagegen kann in Dendriten von Neuronen oder in den Endigungen von Axonen (s. S. 56) die Erhöhung von g_{Ca} bei Depolarisation die von g_{Na} übertreffen. Beim Herzmuskel und noch mehr bei der glatten Muskulatur sind Steigerungen von g_{Ca} ähnlich groß oder größer als die von g_{Na}.

Die durch Depolarisation ausgelösten Ca-Einströme sind nicht nur als Ladungsträger wichtig. Die resultierende Erhöhung der Ca-Innenkonzentration, $[Ca^{2+}]_i$, kann z. B. von 10^{-7} mol/l auf 10^{-6} mol/l gehen, und diese ***Erhöhung von*** $[Ca^{2+}]_i$ hat oft ***intrazelluläre Steuerfunktion*** (s. S. 17 und Abb. 1–16). Die Öffnung von Ca-Kanälen auf Depolarisation und die intrazellulären Folgereaktionen sind entwicklungsgeschichtlich sehr alt; sie kommen schon bei Einzellern vor.

Ca-Einzelkanalströme von Herzmuskelzellen. Ihre Kinetik ist noch etwas komplizierter als die der Na- und K-Kanalströme von Abb. 2–9 (Abb. 2–11). Nach etwa 70 % der

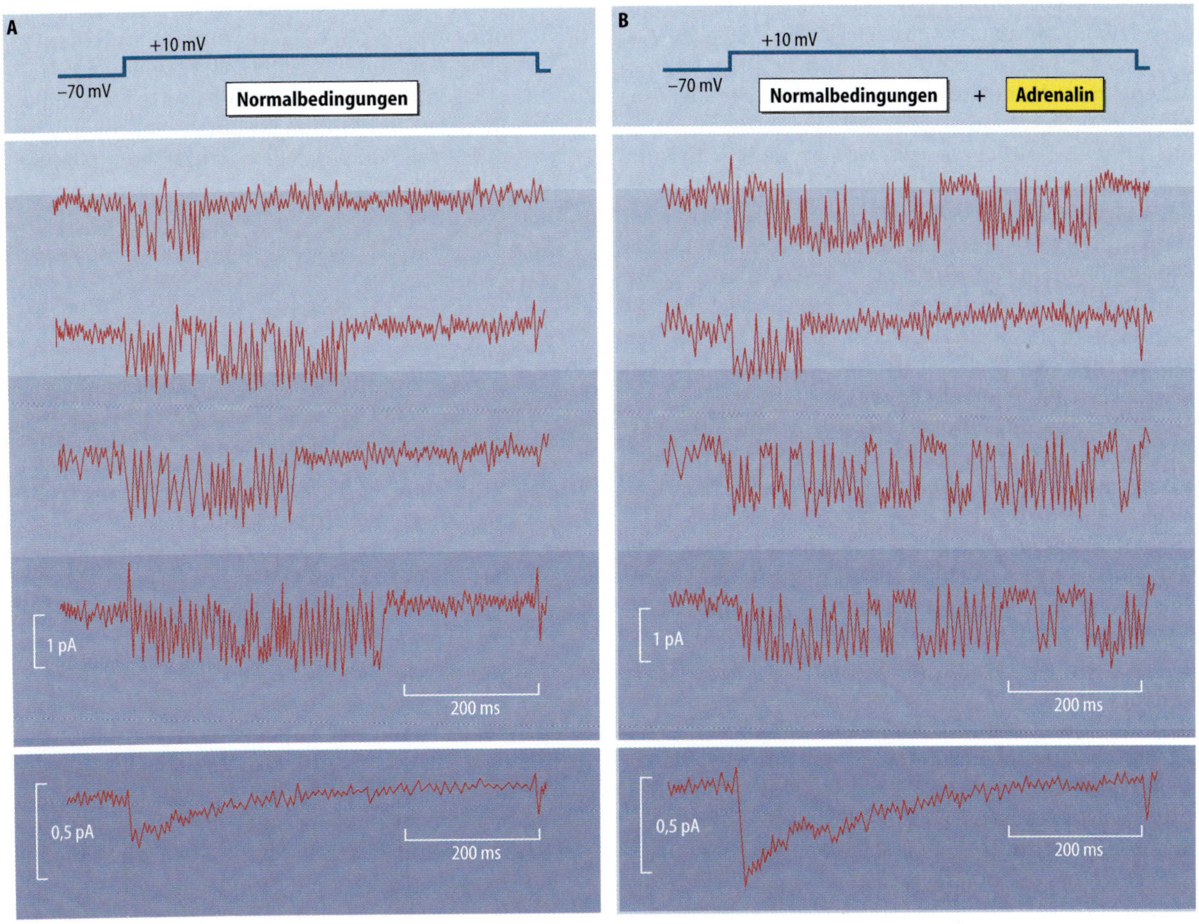

Abb. 2–11. Kalziumeinzelkanalströme an Herzmuskelzellen. Oben die von der Membranfleckklemme erzeugte, 600 ms lange Depolarisation von –70 auf +10 mV. Darunter 4 Einzelregistrierungen von Kanalströmen. Unter Normalbedingungen (**A**) treten bei 30 % der Depolarisationen keine Kanalströme auf (hier nicht gezeigt). Unter den Einzelkanalströmen der aus vielen solchen Registrierungen gemittelte Summenstrom, der die Inaktivation des Ca-Stroms nach Depolarisation anzeigt. **B** Wirkung von 1 μmol/l Adrenalin: Die Gruppen von Einzelkanalöffnungen dauern länger an, und die Depolarisationen ohne Kanalöffnungen gehen auf 20 % zurück. Die Amplitude der Einzelkanalströme bleibt dabei unverändert. Der Summenstrom (*unten*) steigt unter Adrenalin kräftig an. Nach [17]

Depolarisationen werden relativ langdauernde Gruppen („bursts") von Stromstößen mit jeweils etwa 1 pA Amplitude ausgelöst, während bei 30 % der Depolarisationen der Kanal geschlossen bleibt. Die Einzelöffnungen innerhalb der Gruppenentladungen dauern im Mittel etwa 1 ms, die Schließungen dazwischen nur 0,2 ms. Der mittlere Ca-Strom nach Depolarisation (Abb. 2–11 unten) steigt schnell an und wird mit einer Zeitkonstante von etwa 130 ms inaktiviert. Das Zeitverhalten des Gesamtstroms wird somit von der Dauer und Häufigkeit der Gruppenentladungen bestimmt. Die Kinetik des Kanals kann am einfachsten beschrieben werden (entsprechend Abb. 2–10) mit dem ***Reaktionsschema:***

$$\text{geschlossen 1} \overset{\text{depol.}}{\leftrightarrow} \text{geschlossen 2} \overset{\text{depol.}}{\leftrightarrow} \text{offen} \qquad (1)$$

Dabei bestimmen die Übergänge zwischen *geschlossen 2* und *offen* die Dauer und Häufigkeit der Einzelöffnungen, während die Übergänge zwischen *geschlossen 1* und *geschlossen 2* für die Häufigkeit und Dauer der Gruppenentladungen verantwortlich sind. Das Reaktionsschema (Gl. 1) sollte noch um einen Inaktiviertzustand entsprechend Abb. 2–10 ergänzt werden [31].

Adrenalin als Modulator von Ca-Kanälen. Die Messungen der Aktivität eines Ca-Kanals in Abb. 2–11 wurde hier auch deshalb vorgestellt, weil an diesem Beispiel die ***Modulation der Kanalaktivität*** durch ein Hormon oder einen Überträgerstoff (s. S. 17) gezeigt werden kann. ***Adrenalin*** wird als *ergotropes Hormon* von dem Nebennierenmark ausgeschieden, erreicht das Herz auf dem Blutwege und steigert u. a. seine Kontraktion. Es wird ebenfalls (mit Noradrenalin) von sympathischen Herznerven als Überträgerstoff ausgeschüttet und hat die gleichen Wirkungen (s. S. 344).

Im Experiment der Abb. 2–11B wurde die Herzmuskelzelle mit 10^{-6} mol/l Adrenalin überspült. Daraufhin trat nach etwa 80 % der Depolarisationen Einzelkanalaktivität auf, und die Häufigkeit von Gruppenentladungen stieg an. Die kurzen Einzelöffnungen und Schließungen der Kanäle blieben unverändert. In der Summenaktivität (Abb. 2–11B, unten) ist die ***durch Adrenalin erzielte Steigerung des Ca-Einstroms*** deutlich. Die gleichen Effekte auf den Ca-Kanal wie durch Adrenalin können auch durch Perfusion der Herzmuskelzelle mit ***zyklischem Adenosinmonophosphat*** (cAMP) oder mit katalytischer Untereinheit C der Adenylatkinase erzielt werden.

Dies demonstriert, daß Adrenalin hier über den Botenstoff *(„second messenger")* cAMP wirkt und über die katalytische Untereinheit C Funktionsproteine phosphoryliert, wie dies in Zusammenhang mit Abb. 1–15 (S. 18) ausführlich besprochen wurde [17]. Der Vergrößerung des Ca-Stroms durch Adrenalin liegt also wohl eine Phosphorylierung des Ca-Kanals zugrunde, die die Übergänge vom Zustand *geschlossen 1* zu *geschlossen 2* begünstigt. Der in Abb. 2–11 gezeigte Adrenalineffekt ist damit ein Prototyp für die Modulation von Zellaktivität durch Hormone oder Überträgerstoffe. Die durch Adrenalin bewirkte Erhöhung der intrazellulären Ca^{2+}-Konzentration wirkt auch an der durch Adrenalin ausgelösten Inotropie, der Verstärkung der Kontraktionen, mit.

!

Die „patch clamp" ermöglicht die Messung von Kanalströmen durch einzelne Kanalmoleküle. Die Stromamplitude liegt im pA-Bereich, die -dauer um 1 ms. Nach Depolarisation öffnen Na^+-Kanäle einmal, und zwar in der ersten Millisekunde. Die Öffnung erfolgt nicht streng determiniert, sondern stochastisch. Nach der Öffnung geht der Kanal in einen geschlossen-inaktivierbaren Zustand über, bevor er wieder in den geschlossen-aktivierbaren Zustand zurückkehrt (entspricht der Inaktivation des Na-Stroms bzw. der Refraktärität). Die die Repolarisation des Aktionspotentials bewirkenden K^+-Kanäle öffnen wiederholt während der ganzen Depolarisationsdauer. Es gibt auch andere, z. B. inaktivierende K^+-Kanaltypen. Ca^{2+}-Kanäle öffnen nach Depolarisation in kurzen Salven (bursts), aber relativ selten. Ihre Öffnungswahrscheinlichkeit wird durch cAMP in der Zelle heraufgesetzt (Modulation, z. B. an Herzmuskelzellen bewirkt durch Adrenalin).

Der Na-Kanal ist ein großes Glykoprotein, dessen Aminosäuresequenz und Verteilung in der Membran bekannt sind

Die Struktur und die Funktionsweise der verschiedenen Kanalproteine sind recht ähnlich; es wird spekuliert, daß sie alle vom Ca-Kanal abstammen. Unter ihnen ist das Na-Kanalmolekül am eingehendsten erforscht worden, und dieses soll hier noch etwas erörtert werden. Das Na-Kanalmolekül ist ein *Glykoprotein mit einem Molekulargewicht von etwa 300000.* Seine Aminosäuresequenz ist bekannt. Isolierte Moleküle können in künstlichen Lipidmembranen eingebaut werden und sind dort funktionsfähig [8]. Die Zahl der Na-Kanäle kann durch „Titrierung" mit *Tetrodotoxin,* das sich an die Na-Kanäle bindet, oder durch Division des Na-Stroms/μm^2 der Membran durch die Amplitude der Einzelkanalströme bestimmt werden. Es ergeben sich an verschiedenen Membranen ***1–50 Na-Kanäle/***μm^2. Bei 50 Kanälen/μm^2 ist der mittlere Kanalabstand etwa 140 nm. Das ist angesichts eines Durchmessers des Kanalmoleküls von etwa 8 nm und einer Kanalöffnung von etwa 0,5 nm ein recht großer Abstand.

Durch einen solchen Kanal fließt etwa 1 pA Strom während einer 1 ms langen Öffnung, d. h. eine Ladung von 10^{-15} As. Die Membrankapazität liegt allgemein bei 1 μF/cm², das sind 10^{-14}F/μm². Da 1 F = 1 As/V, kann die bei ***einer*** Kanalöffnung pro μm² einfließende Ladung von 10^{-15} As das Membranpotential gerade um 100 mV verschieben, d. h. schon den Aufstrich eines Aktionspotentials erzeugen. Die Ladung von 10^{-15} As wird von 6000 Na^+ getragen. 6000 Na^+ erhöhen die intrazelluläre Konzentration im anliegenden 1 μm³ um 10^{-15}mol/l, also unmerklich. Die Kanalströme sind somit groß genug, um Aktionspotentiale zu ermöglichen, ändern jedoch die Ionenkonzentration nur unwesentlich (Ausnahme: $[Ca^{2+}]_i$).

Selektivität, Potentialabhängigkeit der Öffnung und Aktivation des Na^+-Kanals können aus dem Aufbau des Moleküls erklärt werden

Das Na-Kanalprotein muß schnell einen hohen Na-Ionenfluß einschalten können, muß aber den Fluß anderer Ionen, v. a. des fast gleich großen K^+, verhindern. Die ***Na-Kanäle*** müssen also ***selektiv*** sein. Anionen werden durch negative Ladungen am Kanaleingang ausgeschlossen [3, 9]. An kleinen Kationen geht Li^+ recht gut durch den Na-Kanal, aber die K^+ werden fast vollkommen ausgeschlossen. Die Selektivität kann nur durch *spezifische Bindungen während des Durchtritts durch den Kanal* erklärt werden, wie dies anhand der Energieniveaus der Bindung entlang eines Kanals in Abb. 1–5 (s. S. 7) diskutiert wurde [3, 19].

Um die ***Spannungsabhängigkeit der Kanalöffnungen*** und die ***Inaktivierung*** zu verstehen, muß kurz auf den Aufbau des Na^+-Kanalmoleküls eingegangen werden. Ebenso wie bei den spannungsabhängigen K^+- und Ca^{2+}-Kanälen besteht eine Untereinheit (Domäne) des eigentlichen Kanalmoleküls aus 6 die Membran querenden α-Helices, Segmente genannt, die durch extra- und intrazelluläre Aminosäureketten verbunden sind. Bei *Na^+*- und *Ca^{2+}*-Kanälen lagern sich 4 Domänen zusammen und *umschließen den Kanal* (Abb. 2–12). In jeder Domäne enthält Segment 4 eine α-Helix, in der sich wiederholt eine positiv geladene und zwei hydrophile Aminosäuren abwechseln. *Änderungen der Membranspannung üben auf diese geordnete, geladene Struktur Kräfte aus*, die offenbar den räumlichen Aufbau des Moleküls so ändern, daß sich der *Kanal öffnet* oder *schließt*. Man kann jedenfalls beim Öffnen der Kanäle einen ***Torstrom*** messen, der der Ladungsverschiebung im Molekül entspricht. Werden die geladenen α-Helices in Segment 4 durch Mutagenese verändert, so beeinflußt dies stark die Spannungsabhängigkeit des Kanals.

Die ***Inaktivierung*** des offenen Kanals geschieht ***durch eine intrazelluläre Kette von Aminosäuren*** zwischen Domäne III und IV (Abb. 2–12). Diese Kette verschließt mit einer gewissen Wahrscheinlichkeit die Innenseite des geöffneten Kanals. Die Inaktivierung kann durch intrazelluläre proteolytische Enzyme aufgehoben werden, und ganz spezifisch kann sie durch Antikörper, die an das MFI-Motiv (Methionin, Phenylalanin, Isoleuzin) der Kette binden (Abb. 2–12), blockiert werden. Die Spannungsabhängigkeit wie die Inaktivierung der Na^+-Kanäle und ihrer Verwandten können somit genau definierten Molekülanteilen zugeordnet werden.

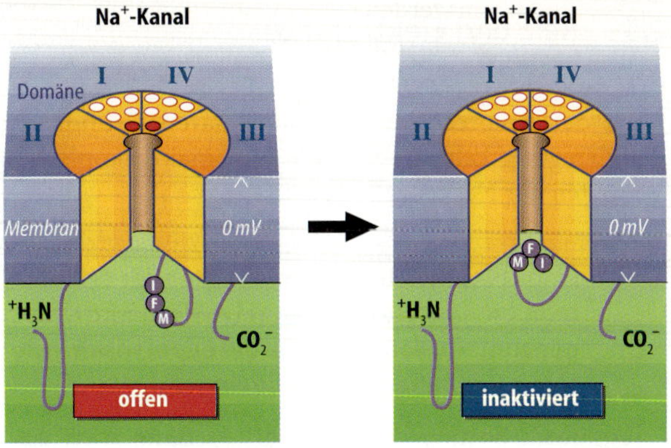

Abb. 2–12. Modellschemata des aus 4 Domänen (*gelb*) bestehenden Na^+-Kanals, der Kanal ist zwischen Domäne II und III aufgeklappt gezeichnet. In jeder Domäne liegen 6 die Membran durchquerende α-Helices, von denen jeweils eine (*voll rot*) durch Verschiebung von Ladungen auf Membranspannungsänderungen reagiert. Zwischen Domäne IV und III liegt an der Membraninnenseite eine Peptidkette, die die Aminosäurenfolge IFM (Isoleuzin, Phenylalanin, Methionin) enthält. Links der bei Depolarisation (0 mV, Membranpotential) geöffnete Kanal, rechts der nach Depolarisation (0 mV) inaktivierte Kanal, bei dem die IFM-Kette den Kanal an der Innenseite verschließt. Nach [9]

Lokalanästhetika. Eine andere Form von Blockade des Na-Kanals ist von medizinischem Interesse. Lokalanästhetika werden dazu benutzt, die Erregung und ihre Fortleitung in Nerven für einige Zeit zu unterbrechen. Sie werden meist in die Umgebung des zu blockierenden Nervs injiziert. Bezweckt wird meist die Blockade von Signalen, die Schmerzempfindungen auslösen – z. B. bei Zahnbehandlungen.

Die Moleküle der Lokalanästhetika binden nur an den offenen Kanal, und zwar an eine Bindungsstelle zwischen dem selektiven Poreneingang und dem „Tor" [23, 28]. Die Moleküle der Lokalanästhetika sind zu groß, um den Kanaleingang an der Außenseite der Membran zu passieren. Sie können nur in den offenen Kanal von innen oder, wenn lipidlöslich, durch die Lipidmembran eindringen. Die verursachten Kanalschließungen sind oft nur wenige ms lang, aber hochfrequent, sie zerhacken damit den Einzelkanalstrom in viele sehr kurze Abschnitte und machen den Na-Durchstrom ineffektiv.

!

Mit molekularbiologischen Methoden können Kanalcharakteristika, wie Ionenselektivität, potentialabhängige Öffnung und Inaktivation, bestimmten Molekülanteilen zugeordnet werden. Dies geschieht z. B. durch den Austausch von Aminosäuren durch gezielte Mutationen oder Blockade von Aminosäuresequenzen durch Antikörper. Alle Kanalproteine stammen möglicherweise vom Ca-Kanalmolekül ab. Am besten bekannt ist der Na-Kanal, ein großes Glykoprotein mit einem Durchmesser von 8 nm und einer Kanalöffnung von etwa 0,5 nm. Seine Blockade durch Lokalanästhetika unterbricht die Fortleitung von Aktionspotentialen (z. B. lokaler Nervenblock zur Schmerzausschaltung bei zahnärztlichen und chirurgischen Eingriffen).

2.5 Reiz und Elektrotonus

Nach der Besprechung der molekularen Grundlagen der Erregung kehren wir jetzt zum makroskopischen Verhalten der Nervenzellen zurück.

Eine überschwellige Depolarisation der Zellmembran, die ein Aktionspotential auslöst, wird Reiz genannt – besonders wenn der depolarisierende Strom von außen in die Zelle eingeführt wird

Erregungsauslösung durch Reize. Erregung wird ausgelöst, wenn die Membran zur Schwelle depolarisiert wird. Eine Depolarisation zu der oder über die Schwelle wird ***Reiz*** genannt, besonders wenn sie von ***außen***, z. B. durch den Experimentator, verursacht wird. Der Reiz wird in der Regel erzeugt durch einen elektrischen Strom, der durch die Membran fließt und diese zur Schwelle (s. S. 24) depolarisiert. Es soll deshalb auf die Zelldepolarisation durch in sie eingespeisten elektrischen Strom eingegangen werden. Dabei sollen vorerst nur kleine Spannungsänderungen behandelt werden, bei denen sich die Membranleitfähigkeit nicht ändert.

Ein Stromstoß in eine kugelige Zelle erzeugt ein elektrotonisches Potential mit negativ exponentiellem Anstieg

Die klarsten Bedingungen für das Studium der Reaktionen der Membran auf einen Stromfluß herrschen, wenn, wie in Abb. 2–13A dargestellt, Strom durch eine intrazelluläre Elektrode in die Mitte einer kugelförmigen Zelle appliziert wird. Wird ein konstanter positiver Strom eingeschaltet (Abb. 2–13B), so werden die einströmenden positiven Ladungen den Membrankondensator, C_m (s. Membranersatzschaltbild in Abb. 2–13A), mehr und mehr entladen und die Membran depolarisieren. Entsprechend mißt die Potentialelektrode zu Beginn des Stromstoßes eine schnelle Depolarisation. Diese Depolarisation verlangsamt sich jedoch sehr bald, denn wenn das Membranpotential vom Ruhepotential entfernt wird, so wird das Gleichgewicht der Ionenströme gestört, und bei Depolarisation fließen vermehrt K^+-Ionen aus der Zelle aus (im Ersatzschaltbild über den Widerstand R_m). Dieser Gegenstrom von positiven Ionen durch die Membran kompensiert einen Teil der durch den elektrischen Strom zugeführten Ladungen, und die Entladung des Membrankondensators muß sich verlangsamen. So erreicht die Depolarisation, ständig langsamer werdend, schließlich einen Endwert, bei dem der Ionenstrom durch die Membran gleich groß ist wie der durch die Elektrode applizierte elektrische Strom, der Membrankondensator also nicht mehr weiter entladen wird (Abb. 2–13B).

Der durch den Stromstoß ausgelöste Potentialverlauf wird ***elektrotonisches Potential*** oder ***Elektrotonus*** genannt. Der Endwert oder die Amplitude des elektrotonischen Potentials ist proportional dem *Membranwiderstand*, R_m, für die Ionenströme. Die Steilheit des Ansteigens des elektrotonischen Potentials wird ganz zu Anfang nur bestimmt durch die Membrankapazität, C_m, es fließt nur *kapazitiver Strom.* Wenn dann der Gegenstrom der Ionen durch die Membran einsetzt, wird der Potentialverlauf exponentiell mit dem Exponenten $-t/\tau$. Die ***Membranzeitkonstante*** τ ist das Produkt von Membranwiderstand und Membrankapazität. τ hat an verschiedenen Zellen Werte von 5–50 ms.

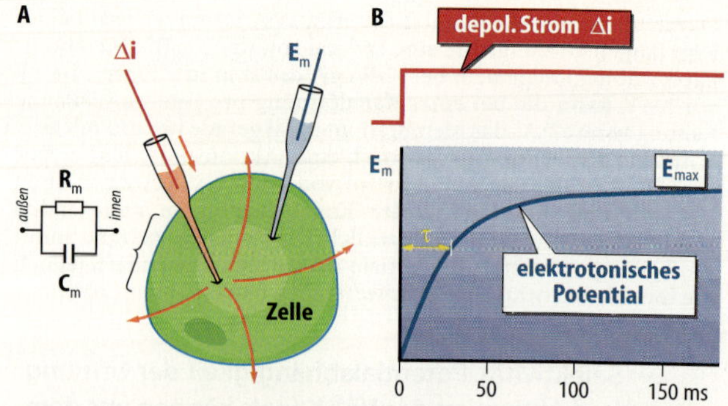

Abb. 2–13. Elektrotonus an einer kugeligen Zelle. **A** Schema der Zelle (*grün*) mit einer intrazellulären Meßelektrode für das Potential (E_m) (*blau*) und einer intrazellulären Stromelektrode (*rot*) durch die der Stromstoß Δi appliziert wird. Links Ersatzschaltbild eines Membranbezirkes mit dem parallelen Membranwiderstand R_m und Membrankapazität C_m. **B** Zeitverlauf des depolarisierenden Stromstoßes Δi und des elektrotonischen Potentials. Bei Annäherung des elektrotonischen Potentials bis um 37 % an E_{max} wird die Membranzeitkonstante τ abgelesen. $E_{max} - E_m = E_{max} \cdot e^{-t/\tau}$

Ein negativ exponentieller Zeitverlauf, wie der des Elektrotonus (oder z. B. der Abnahme der Aktivität eines radioaktiven Stoffes), folgt der Funktion $e^{-t/\tau}$. τ heißt Zeitkonstante, weil für die Zeit $t = \tau$ der Exponent -1 wird. τ läßt sich also an einer solchen Kurve als der Zeitpunkt ablesen, an dem die Amplitude auf $e^{-1} = 1/e = 37\,\%$ des Ausgangswertes abgefallen ist.

Ein Stromstoß in eine langgestreckte Zelle erzeugt ein elektrotonisches Potential, dessen Amplitude und Anstiegssteilheit mit der Entfernung vom Stromapplikationsort abnehmen

Zeitverlauf des Elektrotonus an Fasern. Fast alle Nerven- und Muskelzellen sind sehr lang relativ zu ihrem Durchmesser; ein Axon kann z. B. bei einem Durchmesser von nur 1 μm über 1 m lang sein. In solchen Zellen wird applizierter Strom sehr inhomogen durch die Membran abfließen, wodurch die in Abb. 2–13 dargestellten Verhältnisse stark modifiziert werden. *Elektrotonische Potentiale an einer langgestreckten Muskelfaser* zeigt Abb. 2–14; es wurde der Potentialverlauf am Orte der Stromapplikation (E_o) sowie in 2,5 mm und 5 mm Entfernung ($E_{2,5}$ bzw. E_5) ausgewählt. Die Form der elektrotonischen Potentiale ist gegenüber Abb. 2–13 verändert, sie ist nicht mehr einfach exponentiell und hängt von der Entfernung ab. Am Orte der Stromapplikation

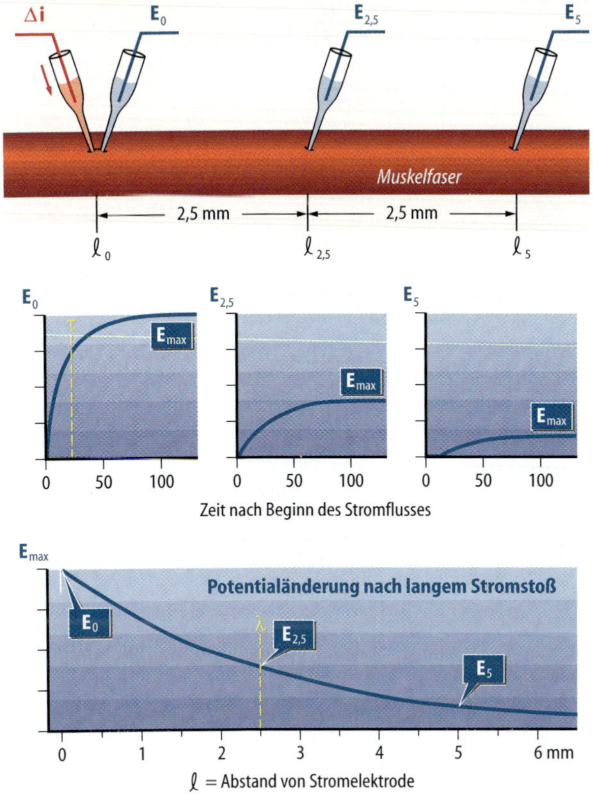

Abb. 2-14. Elektrotonische Potentiale in einer langgestreckten Zelle. *Oben:* Applikation des Stromes I in einer Muskelzelle und Messung der elektrotonischen Potentiale im Abstand 0 mm (E_0), 2,5 mm und 5 mm ($E_{2,5}$ und E_5). *Darunter:* Zeitverlauf der elektronischen Potentiale E_0, $E_{2,5}$ und E_5, die jeweils einen Endwert E_{max} erreichen. *Unten:* Abhängigkeit der E_{max} von der Entfernung vom Ort der Stromzuführung. Die Membranlängskonstante λ bezeichnet die Entfernung, in der E_{max} bis auf 37% (l/e) der Amplitude am Ort der Stromzuführung abgefallen ist

steigt E_0 sehr schnell an, sichtbar daran, daß es zum Zeitpunkt der Membranzeitkonstante τ schon bis auf 16% (statt 37% in Abb. 2-13) an den Endwert angenähert ist. Dieser steilere Anstieg wird durch die ***inhomogene Stromverteilung*** verursacht: Zuerst wird der Membrankondensator in einem kleinen Bezirk nahe der Stromzufuhr entladen, und erst dann fließt Strom über das Zellinnere, das einen beträchtlichen Längswiderstand hat, zu entfernteren Membranbezirken. Dort wieder muß zuerst der Membrankondensator entladen werden, und mit wachsender Entfernung vom Orte der Stromzufuhr wird also der Zeitverlauf des elektrotonischen Potentials zunehmend langsamer. In Abb. 2-14 beginnt deshalb das elektrotonische Potential in 5 mm Entfernung von der Stromelektrode (E_5) mit deutlicher Verzögerung und hat nach 120 ms seinen Endwert E_{max} noch nicht erreicht [15].

Ausbreitung des Elektrotonus entlang Fasern. Auch wenn der zugeführte Strom längere Zeit geflossen ist und eine neue Ladungsverteilung sich eingestellt hat, fließt immer noch mehr Strom durch die Membran nahe der Stromzuführung als durch entferntere Membranbezirke, denn bei entfernteren Membranbezirken muß der Strom ja zusätzlich zum Membranwiderstand auch noch den Längswiderstand in der Zelle überwinden. Die Endwerte E_{max} der elektrotonischen Potentiale sind in Abb. 2-14 unten gegen den Abstand von der Stromelektrode aufgetragen. E_{max} fällt exponentiell mit dem Abstand x, der Exponent ist $-x/\lambda$. Die Größe λ wird ***Membranlängskonstante*** genannt; in Abb. 2-14 ist ihr Wert 2,5 mm, und an verschiedenen Zellen hat λ Werte zwischen 0,1 und 5 mm. Die Längskonstante λ gibt an, über wie große Entfernungen sich elektrotonische Potentiale an langgestreckten Zellen ausbreiten. In der Entfernung 4 λ ist beispielsweise die Amplitude des elektrotonischen Potentials nur noch 2% der nahe der Stromzuführung; elektrotonische Potentiale sind also im Nerv bestenfalls Zentimeter von ihrem Ursprung entfernt meßbar.

Es soll noch einmal betont werden, daß diese Besprechung der Wirkungen von appliziertem Strom nur für kleine Potentialänderungen gilt, bei denen sich die Membranleitfähigkeit für Ionen nicht ändert. Elektrotonische Potentiale setzen also ein *passives* Verhalten der Membran voraus. Wenn man die Polarität des applizierten Stromes umkehrt, so ergeben sich deshalb auch spiegelbildliche elektrotonische Potentiale.

Über extrazelluläre Elektroden applizierte Stromstöße lösen nahe der Kathode Depolarisation, nahe der Anode Hyperpolarisation der Zellmembranen aus

Die in Abb. 2-13 und 2-14 illustrierte Zuführung von Strom mit Hilfe einer intrazellulären Elektrode schafft zwar die übersichtlichsten Verhältnisse für das Verständnis des Elektrotonus, in der medizinischen Forschung und in der Neurologie wird jedoch die Zellpolarisation meistens mit Hilfe von Strom durch *extrazelluläre Elektroden* erreicht. Ströme zwischen Elektroden, die z. B. auf der Haut aufgelegt werden, durchqueren dazwischen liegende Zellen. Sie rufen dabei an den Membranen Potentialänderungen hervor. Eine Stromlinie von einer positiven Elektrode *(Anode)* zu einer negativen Elektrode *(Kathode)* hyperpolarisiert die Zellmembran an der der Anode zugerichteten Seite der Zelle und depolarisiert sie an der der Kathode zugerichteten Seite. Überschwellige Strompulse zwischen Elektroden lösen deshalb nahe der Kathode Erregungen aus.

Elektrische Spannungen werden, außer zur Reizung von Nerven, in der Neurologie auch zu ***therapeutischen Zwecken*** an die Haut gelegt oder wirken bei ***Unfällen*** ein. *Gleichspannungen* haben hauptsächlich beim Ein- und Ausschalten Reizwirkung, im übrigen bilden sich bei zu hohen Gleichspannungen relativ starke Funken aus, die tiefe Hautverletzungen verursachen, und stärkere Gleichströme verursachen im Gewebe Erwärmungen, die zu Schäden führen.

Niederfrequente Wechselströme (z. B. 50 Hz) haben die gleichen Effekte bei etwas geringerer Funkenbildung. Dazu kommen Reizungen mit der Frequenz des Wechselstroms, die vor allem, wenn sie in die relative Refraktärphase (vulnerable Phase) des Herzmuskelaktionspotentials treffen, leicht das tödliche Herzflimmern auslösen können (s. S. 495). ***Niederfrequenter Wechselstrom ist also besonders gefährlich.***

Höherfrequente Wechselströme (mehr als 10 kHz) können während einer Halbwelle die Membran nicht bis zur Schwelle depolarisieren, und die nächste Halbwelle hebt die Depolarisation auf. Sie haben folglich keine Reizwirkung und *erwärmen* lediglich *das Gewebe*. Frequenzen von 0,5 bis 1 MHz können deshalb therapeutisch bei der ***Diathermie*** zur kontrollierten und lokalisierten Erwärmung des Gewebes eingesetzt werden.

!

Werden in Zellen an einer Stelle Stromstöße appliziert, so lösen diese elektrotonische Potentiale aus. Bei homogener Stromverteilung in kugeligen Zellen steigen die elektrotonischen Potentiale negativ-exponentiell mit der Membranzeitkonstante τ an. Bei langgestreckten Zellen nimmt die Amplitude des elektrotonischen Potentials negativ-exponentiell mit der Entfernung mit der Membranlängskonstante λ ab. Extrazelluläre, z. B. auf die Haut über einem Nerven applizierte Stromstöße depolarisieren die Axone nahe der Kathode und hyperpolarisieren nahe der Anode. Wenn die Depolarisationen überschwellig werden, lösen sie an der Kathode Aktionspotentiale aus. Von außerhalb der Zelle eingespeiste, überschwellige depolarisierende Ströme werden Reize genannt. Hochfrequente Ströme fließen nicht lange genug in eine Richtung, um überschwellig zu depolarisieren; sie erwärmen lediglich das Gewebe (wird bei der Diathermie ausgenutzt).

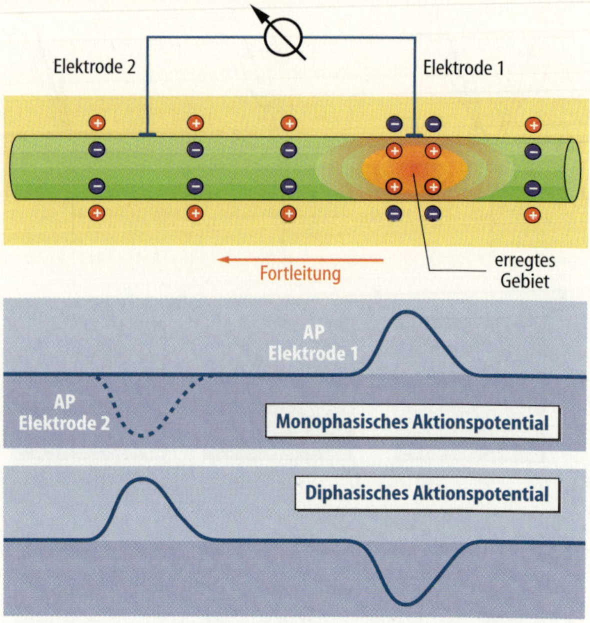

Abb. 2–15. Ableitung von einer Nervenfaser mit 2 extrazellulären Elektroden. Ein Aktionspotential läuft von rechts nach links über die Nervenfaser (*oben*), das erregte Gebiet hat soeben Elektrode 1 erreicht. An Elektrode 1 wird der *blau* ausgezogene Potentialverlauf gemessen (*mittlere Zeile*). Wenn das Aktionspotential schließlich Elektrode 2 erreicht, so wird dort der *blau gestrichelte* Potentialverlauf gemessen. Die einzelnen Potentialverläufe der mittleren Zeile sind jeweils monophasische Aktionspotentiale. Als Gesamtpotentialverlauf wird zwischen den Elektroden 1 und 2 das diphasische Aktionspotential (*unten*) gemessen

2.6 Fortleitung des Aktionspotentials

Aufgabe der Nervenfaser und der Membran der Muskelfaser ist es, Informationen oder Steuerimpulse zu verbreiten, d. h. Erregungen fortzuleiten. Um den Mechanismus der Fortleitung der Erregung zu verstehen, muß die in 2.2 besprochene Erregungsphysiologie mit den Gesetzen der Längsausbreitung von Strömen und Potentialen (2.5) kombiniert werden. Ausgehen soll unsere Darstellung von dem Befund der Fortleitung der Erregung in einem Nerven.

An Axonen werden Leitungsgeschwindigkeiten des Aktionspotentials von 1–120 m/s gemessen

Leitungsweg und Latenz der an zwei Stellen eines Axons gemessenen Aktionspotentiale. Wird ein Nerv, z. B. durch einen elektrischen Stromstoß, erregt, so können von ihm mit extrazellulären Elektroden (s. Abb. 2–15) Aktionspotentiale abgeleitet werden. Diese Aktionspotentiale treten nicht nur am Reizort auf, sondern auch in beträchtlicher Entfernung. Die Amplitude des Aktionspotentials ist dabei an allen Stellen *gleich groß*, das Aktionspotential erscheint jedoch gegenüber dem Reiz mit *Verzögerung*, die proportional zum Abstand wächst. An einem motorischen Nerven trifft z. B. ein Aktionspotential in 1 m Entfernung vom Reizort in 10 ms ein, daraus muß gefolgert werden, daß das Aktionspotential mit einer Geschwindigkeit von 100 m/s entlang dem Nerven *fortgeleitet* wurde.

Die Abb. 2–15 zeigt das ***Meßverfahren mit extrazellulären Elektroden*** im einzelnen. Der Nervenfaser sind 2 Elektroden aufgesetzt. Die Faser ist zumindest teilweise freipräpariert, d. h. sie liegt in der abgeleiteten Strecke in einem elektrisch isolierenden Medium wie Paraffinöl oder Luft. Läuft nun eine Erregung von rechts nach links über die Faser und erreicht Elektrode 1, so verliert unter dieser Elektrode die Oberfläche der Nervenfaser ihre positive Ladung, diese Stelle wird relativ zu der Membran unter Elektrode 2 negativ, und das Instrument zeigt eine positive Spannungsänderung an, die etwa dem Zeitverlauf des intrazellulären Aktionspotentials entspricht. Erreicht dann die Erregung Elektrode 2, so ist für das Meßinstrument die Polarität der Spannungsänderung umgekehrt, und es wird ein negatives Aktionspotential gemessen.

Den ***Gesamtpotentialverlauf*** eines solchen, zwischen 2 Elektroden gemessenen, Aktionspotentials nennt man ***diphasisch***. Aus der Latenz zwischen der positiven und der negativen Spitze sowie dem Abstand der Ableiteelektroden kann die Fortleitungsgeschwindigkeit berechnet werden. Meist sind die beiden Phasen des Aktionspotentials nicht so gut getrennt wie in Abb. 2–15. Bei einer Leitungsgeschwindigkeit von 100 m/s und 1 ms Aktionspotentialdauer nimmt z. B. das Aktionspotential eine 100 m/s · 1 ms = 100 mm lange Nervenstrecke ein, und für eine volle Trennung der Phasen des diphasischen Aktionspotentials wäre folglich ein isolierter Nerv von 20 cm Länge notwendig. Dies ist meist nicht realisierbar, und deshalb verschmelzen bei diphasischen Aktionspotentialen gewöhnlich Abstrich und Aufstrich der aufeinanderfolgenden Phasen.

Monophasische und unipolare Ableitungen mit extrazellulären Elektroden. Mit extrazellulären Elektroden sind jedoch auch ***monophasische Ableitungen*** möglich. Wird durch Schädigung des Nervs oder durch Depolarisation mit Hilfe einer erhöhten K^+-Konzentration verhindert, daß das Aktionspotential in Abb. 2–15 von Elektrode 1 zu Elektrode 2 weitergeleitet wird, so wird nur der blau ausgezogene Potentialverlauf, ein monophasisches Aktionspotential, abgeleitet.

Mittels nur einer dem erregten Nerven oder einer Nervenzelle anliegenden Mikroelektrode lassen sich ebenfalls gut definierte, kurz dauernde, aber sehr kleine Potentialverläufe ableiten; die Gegenelektrode muß dann fern vom erregten Gebiet in der Badelösung oder im Tier liegen. Diese ***unipolaren Ableitungen*** messen den Spannungsabfall in der extrazellulären Lösung relativ zur „fernen Erde", der durch die lokalen Ströme in die Nervenfaser hervorgerufen wird. Die gemessenen Potentialverläufe entsprechen deshalb dem Zeitverlauf des Membranstroms während der Erregung (Abb. 2–17). Für diese unipolaren extrazellulären Ableitungen ist es nicht notwendig, daß die erregte Struktur isoliert wird, sie werden deshalb besonders in der Physiologie des ZNS verwendet.

Summenaktionspotential des gemischten Nerven. Ein Extremitätennerv enthält Nervenfasern sehr verschiedener Funktion und Dicke, und diese haben auch verschiedene Leitungsgeschwindigkeiten. Bei einer Registrierung vom gesamten Nerven erscheinen deshalb nach einer gewissen Leitungsstrecke zuerst Aktionspotentiale der schnellstleitenden Fasern und danach verschiedene Gruppen von Aktionspotentialen anderer, langsamer leitender Fasern. Das Summenaktionspotential an einem solchen Nerven weist also ein *Spektrum von Fasergruppen und Leitungsgeschwindigkeiten* auf (Abb. 2–16). Die verschiedenen Zacken dieses Summenaktionspotentials können verschiedenen Fasergruppen zugeordnet werden, die in Tabelle 2–1 a mit den betreffenden Funktionen aufgeführt sind. Außer dieser Klassifikation von ERLANGER und GASSER [11] ist für sensorische Nerven auch noch die nach LLOYD-HUNT [20] gebräuchlich, die in Tabelle 2–1 b enthalten ist.

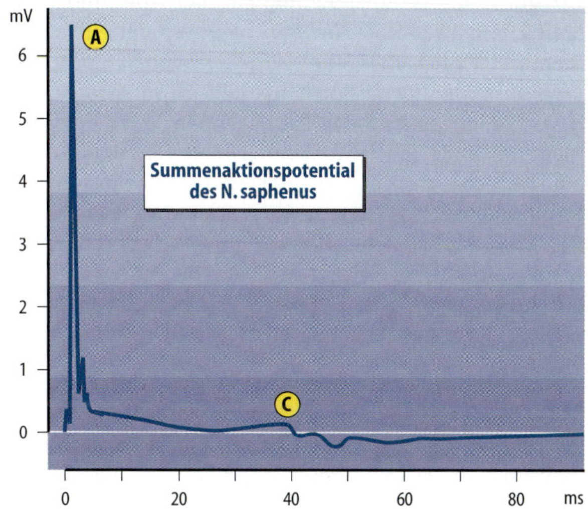

Abb. 2–16. Summenaktionspotential eines Warmblüternervs, gemessen mit einer extrazellulären Elektrode. Alle Fasern des Nervs wurden in einiger Entfernung vom Ableitort gereizt. Zuerst erscheinen die Aktionspotentiale der am schnellsten leitenden A-Fasern, etwa 38 ms später die der langsamen C-Fasern. Nach dem C-Faseraktionspotential ist ein langdauerndes Nachpotential sichtbar. Innerhalb der A-Faser-Gruppe sind verschiedene „Zacken" deutlich, die den α-, β-, γ und δ-Untergruppen entsprechen. Nach [2]

Tabelle 2–1 a. Klassifikation der Nervenfasern nach Erlanger/Gasser

Fasertyp	Funktion, z. B.	Mittlerer Faserdurchmesser	Mittlere Leitungsgeschwindigkeit
$A\alpha$	Primäre Muskelspindelafferenzen, motorisch zu Skelettmuskeln	15 μm	100 m/s (70–120 m/s)
$A\beta$	Hautafferenzen für Berührung und Druck	8 μm	50 m/s (30–70 m/s)
$A\gamma$	Motorisch zu Muskelspindeln	5 μm	20 m/s (15–30 m/s)
$A\delta$	Hautafferenzen für Temperatur und Nozizeption	<3 μm	15 m/s (12–30 m/s)
B	Sympathisch präganglionär	3 μm	7 m/s (3–15 m/s)
C	Hautafferenzen für Noziception, sympathische postganglionäre Efferenzen	1 μm marklos!	1 m/s (0,5–2 m/s)

Tabelle 2–1 b. Klassifikation der Nervenfasern nach Lloyd/Hunt

Gruppen	Funktion, z. B.	Mittlerer Faserdurchmesser	Mittlere Leitungsgeschwindigkeit
I	Primäre Muskelspindelafferenzen und Sehnenorganafferenzen	13 μm	75 m/s (70–120 m/s)
II	Mechanorezeptoren der Haut	9 μm	55 m/s (25–70 m/s)
III	Tiefe Drucksensibilität des Muskels	3 μm	11 m/s (10–25 m/s)
IV	Marklose nozizeptive Fasern	1 μm	1 m/s

Ein Aktionspotential wird fortgeleitet, indem von der durch Na^+-Einstrom depolarisierten Membran eine davor liegende „ruhende" Membranstelle elektrotonisch depolarisiert und, nach Erreichen der Schwelle, dort ein neues Aktionspotential ausgelöst wird

Kennzeichnend für das fortgeleitete Aktionspotential ist, daß an jeder Stelle der Nervenfaser eine vollständige Erregung, ein Aktionspotential gleicher Amplitude, abläuft. Diese ***Alles-oder-Nichts-Erregungen*** der einzelnen Membranstellen sind aneinander *gekoppelt über den Mechanismus der elektrotonischen Ausbreitung* von Reizströmen entlang der Faser. Die an einer erregten Membranstelle einströmenden Na^+-Ionen wirken für eine benachbarte, noch nicht erregte Membranstelle als Stromquelle für ein depolarisierendes elektrotonisches Potential, das überschwellig wird und auch dort eine *Erregung* auslöst. So pflanzt sich der Erregungszustand durch elektrotonische Kopplung von erregter zu noch nicht erregter benachbarter Membran fort.

Impulsfortleitung im Nerv ist anders als in einem Telegrafenkabel. Es sei auf den grundsätzlichen Unterschied zwischen der Fortleitung des Aktionspotentials und der Leitung von Spannungsimpulsen in einem Telegrafenkabel hingewiesen. Im Telegrafenkabel fließt Strom von dem einen Pol einer Spannungsquelle an dem einen Kabelende entlang des Kabels zum anderen Pol der Spannungsquelle am anderen Kabelende. Die Amplitude des Spannungsimpulses fällt deshalb auch mit der Entfernung. Elektrophysiologisch ausgedrückt ist die *Leitung im Telegrafenkabel rein elektrotonisch.* Beim fortgeleiteten Aktionspotential liegen die Pole der Spannungsquellen in jedem Membranbezirk zwischen der Innen- und der Außenseite der Faser, und der Strom fließt als Membranstrom im wesentlichen quer zur Fortleitungsrichtung.

Membranströme während des fortgeleiteten Aktionspotentials. Die Abb. 2–17 zeigt eine Momentaufnahme des Spannungs- und Stromverlaufs entlang einer Nervenfaser bei einem von rechts nach links fortgeleiteten Aktionspotential. In den Tintenfisch-Riesenaxonen der Abb. 2–17 ist bei knapp 20 m/s Leitungsgeschwindigkeit die Abszisse 75 mm lang. Die volle Erregung und das Maximum der Öffnung der Na^+-Kanäle liegt während des Aufstrichs des Aktionspotentials. In diesem depolarisierten Bereich laufen extrazellulär die Stromlinien hinein. Die Stromschleifen kreuzen vor und hinter dem depolarisierten Bereich die Zellmembran und depolarisieren sie elektrotonisch. Diese Depolarisation ist vor dem (links von dem) depolarisierten Bereich besonders effektiv, weil dort der Widerstand der ruhenden Membran hoch ist, und die Membran wird vor dem Aktionspotential zur Schwelle depolarisiert. Es entsteht dort ein neues Aktionspotential, und der Erregungsprozeß setzt sich nach links fort, das Aktionspotential wird fortgeleitet.

Die verschiedenen Phasen des Ablaufs der Fortleitung des Aktionspotentials spiegeln sich im Zeit- und Ortsverlauf des Membranstroms, i_m, wider (Abb. 2–17). Er ist in der Phase der elektrotonischen Depolarisation, der Einleitung des Aktionspotentials, positiv, negativ während der Phase des starken Na^+-Einstroms, und wieder positiv, wenn während der Repolarisation K^+ ausströmen (s. auch Abb. 2–6).

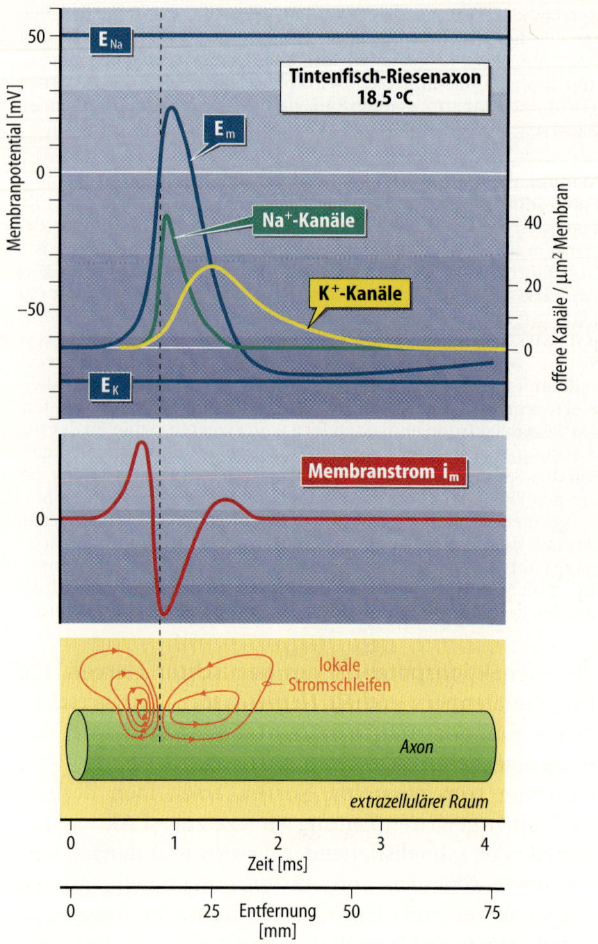

Abb. 2–17. Fortleitung des Aktionspotentials am Tintenfisch-Riesenaxon. *Oben*: Zeitverläufe des Membranpotentials E_m (*blau*), der Offenwahrscheinlichkeit/µm² der Na^+-Kanäle (*grün*) und der K^+-Kanäle (*gelb*) sowie des Membranstroms i_m (*rot*). *Unten*: Die lokalen Stromschleifen an einer Seite eines Axons, die Dichte dieser Stromschleifen an der Membran entspricht i_m. Das Aktionspotential wird von rechts nach links fortgeleitet; die Stromschleifen links von der maximal erregten Stelle depolarisieren die Membran zur Schwelle und lösen neue, fortgepflanzte Erregung aus. Die ungewohnte Fortleitungsrichtung von rechts nach links ermöglicht die gewohnte Zeitachse von links nach rechts. Nach [3, 25]

Der Membranstrom i_m als Grundlage der Messung von „Aktionspotentialen" mit extrazellulären Elektroden. Extrazelluläre Elektroden messen die Stromdichte in der extrazellulären Lösung nahe der Axonmembran. Bei extrazellulären Mikroelektrodenableitungen aus dem ZNS werden deshalb von Nervenzellen und -fasern dem Membranstrom i_m in Abb. 2–17 proportionale triphasische „Spikes" gemessen. Im übrigen ist i_m beim fortgeleiteten Aktionspotential proportional der zweiten Ableitung des intrazellulären Potentialverlaufs nach der Zeit [14].

Die Leitungsgeschwindigkeit steigt mit der Stärke des Na^+-Einstroms und dem Durchmesser des Axons

Höhe der Leitungsgeschwindigkeit. Die Leitungsgeschwindigkeit einer Nervenfaser läßt sich mit großem Aufwand aus den Potential- und Zeitabhängigkeiten der Ionenströme sowie aus den die elektrotonische Ausbreitung bestimmenden Bedingungen, nämlich *Faserdurchmesser, Membranwiderstand* und *Membrankapazität,* berechnen. Das Ergebnis dieser Rechnung stimmt gut mit den Meßwerten überein [14], was die Anwendbarkeit der Ionentheorie der Erregung und des Elektrotonus bestätigt. Hier sollen nur qualitativ Faktoren diskutiert werden, die die Leitungsgeschwindigkeit beeinflussen.

Amplitude des Na^+-Einstroms. Je mehr Strom nach der Umladung der Membran in der Erregung noch zur Verfügung steht, desto mehr Strom kann in anliegende, noch nicht erregte Bezirke fließen und ihre Depolarisation und damit die Fortleitung beschleunigen. Der Na^+-Einstrom kann erniedrigt werden durch Reduktion der Na^+-Konzentration oder durch verstärkte Inaktivation des Na^+-Systems bei herabgesetztem Ruhepotential oder unter dem Einfluß von Lokalanaesthetika (s. S. 33). Unter allen diesen Bedingungen ist die Leitungsgeschwindigkeit des Aktionspotentials erniedrigt, im Extremfall tritt *Block der Fortleitung* ein.

Faserdurchmesser. Wesentlichen Einfluß auf die Fortleitungsgeschwindigkeit hat außerdem die *elektrotonische Ausbreitung der Membranströme.* Da der Widerstand und die Kapazität von 1 cm^2 Membran bei den meisten erregbaren Zellen sehr ähnlich sind, wird die elektrotonische Ausbreitung hauptsächlich vom Faserdurchmesser bestimmt. Die Membranfläche des Nervs ist dem Durchmesser proportional, während der Querschnitt mit dem Quadrat des Durchmessers zunimmt. Bei einer Vergrößerung des *Faserdurchmessers* nimmt also relativ zum Membranwiderstand der durch den Faserquerschnitt bestimmte Längswiderstand des Faserinneren ab. Daraus folgt ein weiteres Ausgreifen der elektrotonischen Ströme (eine Verlängerung der Faserlängskonstante λ, s. Kap. 2–5) und eine Beschleunigung der Fortleitung. Mit der Vergrößerung des Faserdurchmessers und proportional der Membranfläche steigt zwar auch die Membrankapazität, was die Fortleitung verlangsamt, der Effekt des verkleinerten Längswiderstandes überwiegt jedoch, und die Leitungsgeschwindigkeit steigt insgesamt etwa mit der Quadratwurzel des Faserdurchmessers an (Abb. 2–18 B, marklose Faser).

In markhaltigen Nervenfasern springt die Erregung elektrotonisch von Schnürring zu Schnürring, was die Fortleitung sehr beschleunigt

Aufgrund seines speziellen anatomischen Baues ist die Fortleitung im markhaltigen Nerven besonders schnell. Diese Nervenfasern exponieren nur für sehr kurze Abschnitte, die *Ranvier-Schnürringe,* eine normale Zellmembran. In den dazwischen liegenden *Internodien* sind Membranen in vielen Schichten um die Zelle „gewickelt", was den Membranwiderstand kräftig erhöht (Abb. 2–18A). In den Internodien fließt folglich bei einer Potentialänderung praktisch kein Strom durch die

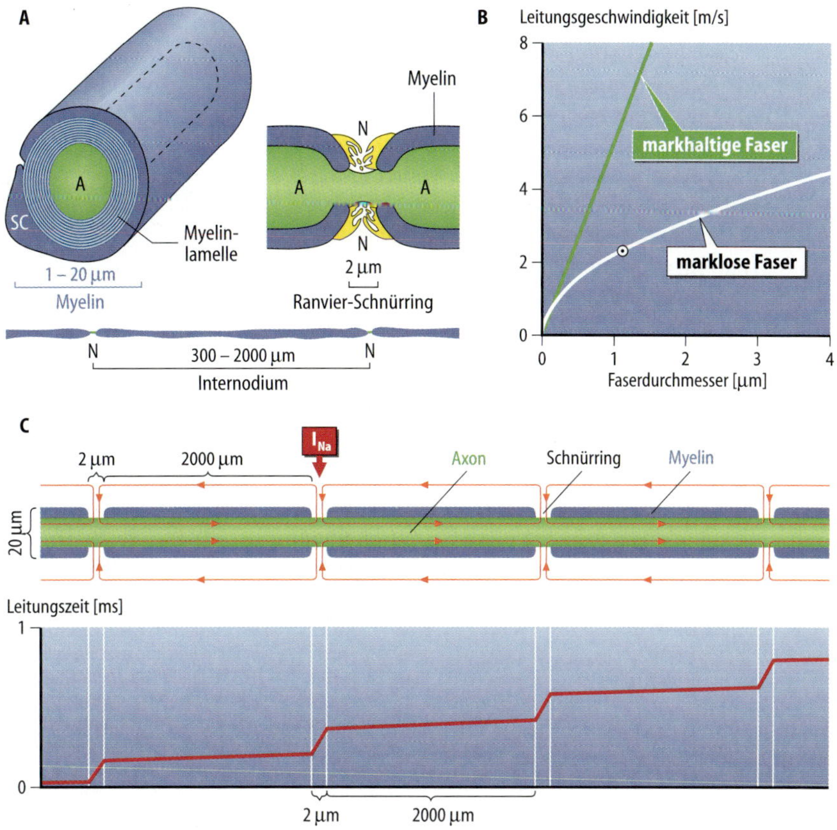

Abb. 2–18. A Schema eines markhaltigen Axons (*grün*), das von durch die Schwannzellen (SC) gebildeten Myelinlamellen (*blau*) umhüllt wird. Die Myelinscheide wird durch Ranvier-Schnürringe (*gelb, N*) unterbrochen. **B** Leitungsgeschwindigkeit von Axonen in Abhängigkeit vom Faserdurchmesser, für markhaltige sowie für marklose Nervenfasern. **C** Schematischer Längsschnitt durch eine markhaltige Nervenfaser, mit übertrieben großer Faserdicke (s. Maßangaben). Die Stromlinien (rot) zeigen die wesentlichen Na^+-Stromverläufe zu Beginn eines Aktionspotentials an (die Stromdichte quer durch die Myelinschichten ist unverhältnismäßig geringer). Unten die Leitungszeit eines von links nach rechts über das schematische Axon fortgeleiteten Aktionspotentials. B nach [34]

Membran, und ein Aktionspotential an einem Ranvier-Schnürring breitet sich fast verlustlos elektrotonisch über das Internodium auf benachbarte Schnürringe aus. So wird die Leitungszeit über die Internodien eingespart, die ***Erregung springt von Schnürring zu Schnürring*** (Abb. 2–18C). Die Fortleitung im markhaltigen Axon wird deshalb ***saltatorisch*** *(sprunghaft)* genannt [16]. Verzögerungen entstehen also nur an den Schnürringen, an denen das elektrotonische Potential die Schwelle erreichen und eine Erregung einleiten muß.

Die Membran des Schnürrings ist auf Erregung besonders spezialisiert; die Dichte der Na^+-Kanäle ist hier etwa 100mal größer als bei marklosen Nervenfasern. Die Beschleunigung der Fortleitung durch die markhaltigen Faserstrecken ist beträchtlich und die Voraussetzung für die vielen parallelen schnelleitenden Nervenbahnen der Wirbeltiere. Bei diesen sind alle Fasern, die schneller als 3 m/s leiten, markhaltig, nur die sehr langsamen C-Fasern (Gruppe-IV Fasern) sind marklos (Tabelle 2–1). Invertebraten können hohe Leitungsgeschwindigkeiten von 20 m/s nur mit wenigen marklosen *Riesenaxonen* von fast 1 mm Durchmesser erreichen (Abb. 2–18B).

!

Aktionspotentiale werden mit unverminderter Amplitude in Nervenfasern fortgeleitet (Prinzip der Alles-oder-Nichts-Erregung). Die Leitungsgeschwindigkeit ist bis zu 100 m/s in dicken markhaltigen Axonen, und kleiner 1 m/s in dünnen marklosen Fasern. Das Aktionspotential, das eine Stelle des Axons erreicht hat, depolarisiert elektrotonisch den vor ihm liegenden Axonabschnitt. Wenn diese Depolarisation die Schwelle erreicht, wird wiederum ein Aktionspotential ausgelöst, und der Erregungsvorgang hat sich damit vorwärts bewegt. Markhaltige Fasern sind praktisch nur an den Schnürringen erregbar; über die Internodien breitet sich die Depolarisation elektrotonisch und fast ohne Zeitverlust aus, weil die Myelinscheide den effektiven Membranwiderstand erhöht und die Kapazität herabsetzt (saltatorische Erregungsleitung). Damit wird die Fortleitung in markhaltigen Fasern relativ zu den marklosen beschleunigt. Bei markhaltigen wie marklosen Fasern steigt die Leitungsgeschwindigkeit mit der Zunahme des Faserdurchmessers.

2.7 Auslösung von Impulsserien durch langdauernde Depolarisation

In den Nervenfasern werden nur Aktionspotentiale fortgeleitet: alle Information, die in Nerven über größere Entfernung vermittelt werden soll, muß also als Frequenz von Aktionspotentialen „kodiert" werden. An Rezeptoren, die Sinnesreize aufnehmen, kommt es zu langsamen, anhaltenden Potentialänderungen (Sensorpotentiale: s. S. 200), und auch an Nervenzellen summieren sich synaptische Potentiale (s. S. 51) zu langsamen Änderungen des Membranpotentials auf. Solche langsame Potentialänderungen müssen zur Informationsvermittlung in Nerven in Aktionspotentialfrequenzen umgesetzt, *kodiert* werden.

In Nervenzellen können langdauernde Depolarisationen Serien von Aktionspotentialen auslösen, in denen die Frequenz der Impulse mit der Größe der Depolarisation ansteigt

Die Abb. 2–19 zeigt, wie eine Nervenzelle auf das Einschalten eines Reizstromes von 1 nA oder von 4 nA antwortet. Der kleine Strom von 1 nA führt zu einer langsam ansteigenden, elektrotonischen Depolarisation, die in Fortsetzung der gestrichelten Kurve ihren Endwert finden würde. Vor dem Einstellen des Endwertes erreicht jedoch die Depolarisation die Schwelle und löst

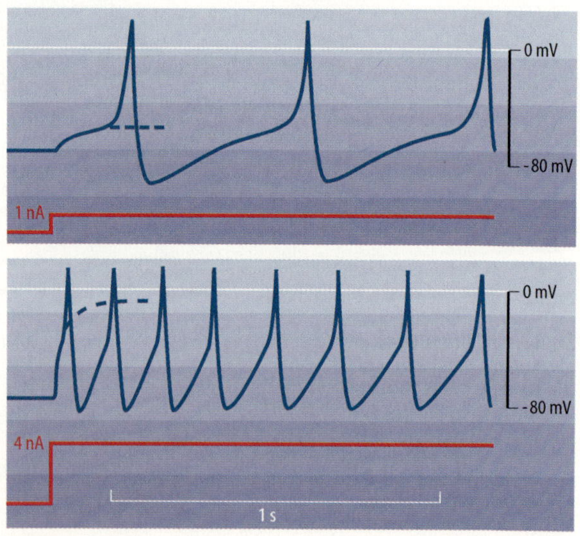

Abb. 2–19. Rhythmische Impulsbildung, ausgelöst durch einen andauernden Reizstrom. *Oben*: Ein depolarisierender Strom von 1 nA in ein Neuron erzeugt ein elektrotonisches Potential, das in eine Dauerdepolarisation von etwa 20 mV ausmünden würde (*gestrichelt*), wenn nicht die Schwelle zur Auslösung eines Aktionspotentials überschritten würde. Die Aktionspotentiale wiederholen sich rhythmisch, solange der Stromfluß anhält. *Unten*: Ein größerer Strom erzeugt ein elektrotonisches Potential, das fast 0 mV erreichen würde (*gestrichelt*). Es wird jedoch eine hochfrequente Serie von Aktionspotentialen ausgelöst

ein Aktionspotential aus. Dieses hyperpolarisiert nach der Repolarisation über das Ruhepotential hinaus, dann folgt eine langsame Depolarisation, nach etwa 0,5 s wird die Schwelle erreicht und ein weiteres Aktionspotential ausgelöst. Dieser Zyklus kann sich wiederholen, solange der depolarisierende Strom fließt: Die ***Dauerdepolarisation*** wird somit in eine ***rhythmische Aktionspotentialauslösung*** mit etwa 2 Hz umgesetzt.

Beim größeren Stromstoß von etwa 4 nA erfolgt grundsätzlich das gleiche wie bei 1 nA, nur die Steilheit und die Amplitude der (gestrichelten) Dauerdepolarisation sind größer und entsprechend die Frequenz der erzeugten Aktionspotentiale höher: sie liegt anfänglich bei 7 Hz und nimmt auf 4 Hz ab. Diese langsame Abnahme einer Frequenz bei gleichbleibendem Reizstrom ist typisch und wird „Adaptation" (s. S. 203) genannt. Insgesamt ist also die Amplitude des Reizstroms bzw. der Dauerdepolarisation in entsprechende Aktionspotentialfrequenzen umkodiert worden.

Mechanismus der Auslösung von Aktionspotentialserien. Fast alle erregbaren Zellen antworten auf Dauerdepolarisation in einem gewissen Bereich mit Aktionspotentialserien. Die Frequenz wird bestimmt durch die *Steilheit der Depolarisation*, die sich an den tiefsten Punkt der Repolarisation des Aktionspotentials anschließt. Die steile Repolarisation wird durch den verzögert bei Depolarisation ansteigenden K-Strom (s. Abb. 2–5 u. 2–6) bewirkt: Das verzögerte Abschalten dieses Stroms nach der Repolarisation des Aktionspotentials verursacht einen Potentialanstieg zum Endwert der Repolarisation (gestricheltes Niveau in Abb. 2–19) hin. Mit Hilfe dieses verzögerten K-Stroms, I_{KD}, können jedoch nur in einem relativ kleinen Depolarisationsbereich rhythmisch Aktionspotentiale gebildet werden, und die Frequenz dieser Aktionspotentiale kann sich nur in einem geringen Umfang ändern.

Umsetzung von Amplituden von Dauerdepolarisationen in Impulsserien mit weitem Frequenzbereich erfordert die Mitwirkung verschiedener K-Kanaltypen

An den Zellanteilen, an denen eine effektive Umkodierung von Depolarisation in Aktionspotentialfrequenz geleistet werden muß, ist gewöhnlich noch ein anderer K-Kanaltyp eingebaut, der den ***I_{KA}-Strom*** leitet. In Abb. 2–20 sind die Zeitverläufe beider K-Stromkomponenten eingezeichnet. I_{KD} folgt verzögert der De- und Repolarisation im Aktionspotential. I_{KA} hat die besondere Eigenschaft, daß er nach Repolarisation ausgelöst wird, aber ähnlich wie Na-Strom schnell inaktiviert. I_{KA} kann erst wieder aktiviert werden, wenn die Membran kurz hyperpolarisiert wurde. I_{KA} wird somit eingeschaltet, wenn nach der maximalen Repolarisation I_{KD} schnell zurückgeht, und I_{KA} verzögert dann eine zu schnelle Depolarisation, erniedrigt also die Frequenz der Impulsserien [10]. Damit kann die Frequenz der Aktionspotentiale durch verschiedene Dauerdepolarisationen über einen weiten Bereich eingestellt werden.

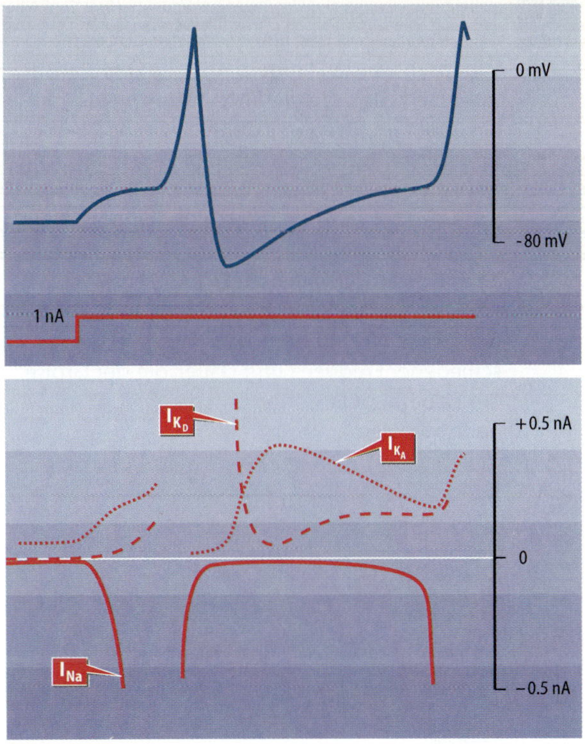

Abb. 2–20. Kaliumstromkomponenten als Ursache der rhythmischen Impulsbildung. *Oben*: Durch einen Strom von 1 nA wie in Abb. 2–19 ausgelöste Aktionspotentiale. Darunter die fließenden Stromkomponenten: Der durch die Depolarisation ausgelöste Natriumeinwärtsstrom I_{Na}, (. . .), der verzögerte, nicht inaktivierende Kaliumauswärtsstrom I_{KD} sowie der schnell inaktivierende Kaliumstrom I_{KA}. Nach [10]

Gruppenentladungen von Aktionspotentialen. Häufig wird auch beobachtet, daß Aktionspotentialserien hoher Frequenz unter Frequenzminderung bei anhaltendem Reiz abbrechen und nach gewisser Zeit wieder einsetzen; es kommt zu Gruppenentladungen (Bursts von Aktionspotentialen). Bei der Erzeugung solcher Gruppenentladungen wirkt ein weiterer K-Kanaltyp mit. Während des Aktionspotentials fließt Ca^{2+} in die Zelle ein (s. S. 56) und erhöht etwas die Ca^{2+}-Innenkonzentration, $[Ca^{2+}]_i$. Dieser *Anstieg von* $[Ca^{2+}]_i$ aktiviert einen Typ von K-Kanälen, es fließt ein zunehmender, dauernder K-Strom und verstärkt die Repolarisation, so daß die Aktionspotentialserie schließlich abbricht. Dann normalisiert sich $[Ca^{2+}]_i$ mit Hilfe der verschiedenen Transportprozesse (s. S. 10), und die Impulsserie startet wiederum.

Die Mitwirkung verschiedener K-Kanaltypen in dem angeführten Beispiel zeigt, wie die speziellen Leistungen gewisser Zellen und Zellanteile durch *Verschiedenheit der K-Kanäle* ermöglicht werden. Ähnlich wie diese tragen auch *unterschiedliche Ca-Kanäle* zur Vielfalt der Erregungsformen bei.

!

An Sensorzellen der Sinnesorgane oder an Synapsen werden längerdauernde Depolarisationen erzeugt, die die Amplitude von Signalen abbilden. Erregbare Zellmembranen können solche Depolarisationen in Serien von Aktionspotentialen umsetzen, die in Axonen zur nächsten Synapse weitergeleitet werden. Auf diese Umsetzung spezialisierte Membranbezirke enthalten verschiedene Typen von K-Kanälen, die die Repolarisation der Aktionspotentiale so modifizieren, daß Impulsserien verschiedener Frequenz und Dauer, die der Größe der Dauerdepolarisation entsprechen, ausgelöst werden.

2.8 Literatur

Weiterführende Lehr- und Handbücher

1. Alberts B, Bray D, Lewis J, Raff M, Roberts K, Watson JD (1990) Molekularbiologie der Zelle, 2. Aufl. VCH, Weinheim
2. Cooke I, Lipkin M (1972) Cellular neurophysiology, a source book. Rinehart and Winston, New York
3. Hille B (1992) Ionic channels of exctable membranes, 2nd edn. Sinauer, Sunderland
4. Hoppe W, Lohmann W, Markl H, Ziegler H (Hrsg) (1984) Biophysik. Springer, Berlin Heidelberg New York
5. Kandel ER, Schwartz JH, Jessel TM (eds) (1991) Principles of neural science, 3rd edn. Elsevier, New York
6. Nicholls JG, Martin AR, Wallace BG (1992) From neuron to brain, 3rd edn. Sinauer, Sunderland

Einzel- und Übersichtsarbeiten

7. Adrian RH (1956) The effect of internal and external potassium concentration on the membrane potential of frog muscle. J Physiol (Lond) 133:631
8. Armstrong CM (1981) Sodium channels and gating currents. Physiol Rev 61:644–683
9. Catterall WA (1993) Structure and function of voltage-gated ion channels. Trends Neurosci 16:500–510
10. Connor JA, Stevens CF (1971) Inward and delayed outward membrane currents in isolated neural somata under voltage clamp. J Physiol (Lond) 213:1–19
11. Gasser HS, Grundfest H (1939) Axon diameters in relation to the spike dimension and the conduction velocity in mammalian A-fibers. Am J Physiol 127:393
12. Hamill OP, Marty A, Neher E, Sakmann B, Sigworth FJ (1981) Improved patch clamp techniques for high resolution current recording from cells and cell-free membrane patches. Pflügers Arch 391:85–100
13. Heinemann U, Lux D (1983) Ionic changes during experimentally induced epilepsies. In: Rose RC (ed) Progress in epilepsy. Pitman Medical, London, pp 87–102
14. Hodgkin AL, Huxley AF (1952) Quantitative description of membrane current and its application to conduction and excitation in nerve. J Physiol (Lond) 117:500
15. Hodgkin AL, Rushton WAH (1946) The electrical constants of crustacean nerve fibre. Proc R Soc B 133:444
16. Huxley AF, Stämpfli R (1949) Evidence for saltatory conduction in peripheal myelinated nerve fibres. J Physiol (Lond) 108:315
17. Kameyama M, Hofmann F, Trautwein (1985) On the mechanism of ß-adrenergic regulation of the Ca channel in the guineapig heart. Pflügers Arch 405:285–293
18. Katz B (1948) Electrical properties of the muscle fibre membrane. Proc R Soc B 135:506
19. Läuger P (1985) Ionic channels with conformational substates. Biophys J 47:581–590
20. Lloyd DPC, Chang HT (1948) Afferent fibres in muscle nerves. J Neurophysiol 11:199
21. Meves H (1978) Inactivation of the sodium permeability in squid giant nerve fibres. Prog Biophys Mol Biol 33:207–230
22. Neher E, Sakmann B, Steinbach JH (1978) The extracellular patch clamp: A method for resolving currents through individual open channels in biological membranes. Pflügers Arch 375:219–228
23. Neumcke B, Schwarz W, Stämpfli R (1981) Block of Na channels in the membrane of myelinated nerve by benzocaine. Pflugers Arch 390:230–236
24. Neumcke B, Stämpfli R (1984) Heterogeneity of external surface charges near sodium channels in the nodal membrane of frog nerve. Pflügers Arch 401:125–131
25. Noble D (1966) Applications of Hodgkin-Huxley equations to excitable tissues. Physiol Rev 46:1–50
26. Patlak J (1991) Molecular kinetics of voltage dependent Na^+ channels. Physiol Rev 71:1047–1080
27. Rang HP, Ritchie JM (1968) Electrogenic sodium pump in mammalian non-myelinated nerve fibres and its activation by various external cations. J Physiol (Lond) 196:183
28. Rüdel R, Ricker K, Lehmann-Horn F (1988) Transient weakness and altered membrane characteristic in recessive generalized myotonia (Becker). Muscle Nerve 2:202–211
29. Schwarz W, Pallade PT, Hille B (1977) Local anesthetics: Effect of pH on use-dependent block of sodium channels in frog muscle. Biophys J 20:343–368
30. Sigworth FJ, Neher E (1980) Single Na^+ channel currents observed in cultured red muscle cells. Nature 287:447–449
31. Stühmer W, Ruppersberg IP, Pongs O (1989) Molecular basis of voltage gated potassium channels in mammalian brain. EMBO J 11:3235–3244
32. Trautwein W, Pelzer D (1986) Voltage dependent gating of single calcium channels in cardiac cell membranes and its modulation by drugs. In: Marmé D (ed) Calcium physiology. Springer, Berlin Heidelberg New York
33. Ulbricht W (1981) Kinetics of drug action and equilibrium results at the node of Ranvier. Physiol Rev 61:785–828
34. Waxman SG (1980) Determinants of conduction velocity in nerve fibres. Muscle Nerve 3:141–150
35. White MW, Bezanilla B (1985) Activation of squid axon K^+ channel. Ionic and gating current studies. J Gen Physiol 85:539–554
36. Quandt FN, Yeh JZ, Narahashi T (1985) All or none block of single Na^+ channels by tetrodotoxin. Neurosci Lett 54:77–83

3 Erregungsübertragung von Zelle zu Zelle

J. Dudel

EINLEITUNG Der in Frankfurt geborene Pharmakologe Otto Loewi (1873–1961), Nobelpreisträger für Medizin 1936 (desungeachtet 1938 von den Nazis als Jude aus Graz vertrieben), berichtet in seiner Autobiographie (Perspectives in Biol. Med. 4, 3–25, 1960), er habe schon 1903 diskutiert, Nervenendigungen könnten Substanzen enthalten, die bei Erregung freigesetzt werden und den Nervenimpuls auf Effektororgane übertragen. Er sah jedoch keinen Weg, dies zu beweisen. In der Osternacht 1920 hatte er dann einen Traum, über den er Notizen niederschrieb, die er am Morgen aber nicht entziffern konnte. In der nächsten Nacht um 3 Uhr morgens wiederholte sich dieser Traum. Es war die Idee zu einem Experiment, das chemische Erregungsübertragung nachweisen könnte. „Ich stand sofort auf, ging ins Labor und machte ein einfaches Experiment an einem Froschherzen".

Stimulation des Nervus vagus zum Froschherzen verlangsamt den Herzschlag. O. Loewi reizte an einem isolierten Froschherzen für einige Minuten den Vagusnerv und entnahm dann die Blutersatzlösung aus der Herzkammer. Diese tauschte er mit der Lösung in einem zweiten isolierten Froschherzen aus, das daraufhin langsamer schlug, genau so, als ob sein Vagusnerv gereizt worden wäre. Damit hatte Loewi gezeigt, daß der Effekt der Vagusreizung über einen Stoff im Extrazellulärraum vermittelt wird. Dies ist das Prinzip der chemischen synaptischen Übertragung. Der Überträgerstoff ist Azetylcholin (Abb. 3–19). – Über die Gültigkeit von Loewis experimentellem Befund wurde übrigens mehr als ein Jahrzehnt erbittert gestritten.

3.1 Chemische synaptische Übertragung, erregend und hemmend

Innerhalb der Nervenzellen wird Information durch Aktionspotentiale fortgeleitet. Ihre Weitergabe von einer Zelle zur nächsten geschieht an morphologisch speziell ausgestalteten Kontaktstellen, den ***Synapsen***. Da, außer bei vielen Synzytien, die Plasmamembranen und v.a. auch die Innenräume der aneinanderstoßenden Zellen nicht unmittelbar ineinander übergehen, wird ein Aktionspotential nicht ohne weiteres über eine Synapse geleitet. Es werden vielmehr spezielle Mechanismen der synaptischen Übertragung zwischengeschaltet, die an *chemischen* Synapsen einen Überträgerstoff (s. Einleitung), bei *elektrischen* Synapsen eine besondere Stromverteilung ausnutzen. Die chemischen Synapsen sind, auch medizinisch, von besonderem Interesse, weil sie sehr komplexe Interaktionen zwischen den Zellen ermöglichen, und weil einerseits an ihnen spezifische pathologische Prozesse ablaufen können und andererseits Pharmaka bevorzugt an ihnen angreifen. Die chemischen Synapsen sollen deshalb relativ ausführlich besprochen werden.

Bei der chemischen synaptischen Übertragung wird nach Depolarisation der Nervenendigung von ihr ein Überträgerstoff freigesetzt, der an Rezeptoren der Membran der postsynaptischen Zelle bindet, worauf sich Ionenkanäle öffnen

Ein Schema der chemischen Synapse zeigt Abb. 3–1. Ein Aktionspotential depolarisiert die *präsynaptische* Endigung einer Nervenzelle. Daraufhin schüttet die Endigung lokalisiert einen ***Überträgerstoff*** in den ***synaptischen Spalt*** zwischen der präsynaptischen und der postsynaptischen Zelle aus. Der Überträgerstoff diffundiert zur postsynaptischen Zellmembran und findet dort spezifische Rezeptoren, an die er sich binden kann, worauf sich Membrankanäle öffnen. Durch diese fließen dann Ionenströme, die das *Membranpotential* der postsynaptischen Zelle beeinflussen, z. B. sie zur Schwelle depolarisieren und damit ein Aktionspotential auslösen.

An der neuromuskulären Endplatte setzt das erregte Motoneuron Azetylcholin frei, das in der Muskelmembran Kationenkanäle öffnet und ein Endplattenpotential hervorruft

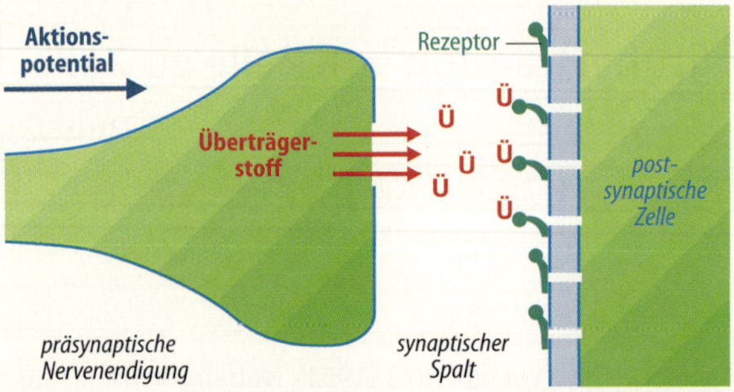

Abb. 3–1. Schema der chemischen synaptischen Übertragung. Das Aktionspotential in der Nervenfaser depolarisiert die präsynaptischen Nervenendigungen. Dadurch wird die Freisetzung eines Überträgerstoffes, *Ü*, ausgelöst, der durch den synaptischen Spalt diffundiert und sich an Rezeptoren in der Membran der postsynaptischen Zelle binden kann. Die Bindung veranlaßt die Öffnung von Membrankanälen, durch die spezifisch Ionen fließen können und die eine postsynaptische Potentialänderung veranlassen

Endplattenpotential. Die Endigungsbereiche der motorischen Nervenfasern auf den Muskelfasern sind mit Lupenvergrößerung sichtbar und werden ***Endplatten*** genannt. Auf Details der Morphologie der Nervenendigung und des postsynaptischen Bezirks der Muskelfaser soll hier noch nicht eingegangen werden (s. Abb. 3–13). Wird in der Abb. 3–2 der motorische Nerv gereizt, so mißt man mit einer in „0 mm Entfernung" von der Endplatte in die Muskelfaser eingestochenen Mikroelektrode ein ***Endplattenpotential***, eine schnell ansteigende Depolarisation, die mit einer Zeitkonstante von etwa 5 ms zum Ruhepotential zurückkehrt. Diese Zeitkonstante entspricht etwa der der Entladung der Membrankapazität (s. Abb. 2–14, S. 35).

Sticht man die Mikroelektrode in 1, 2 oder 4 mm Entfernung von der Endplatte ein (Abb. 3–2), so wird ein zunehmend kleineres Endplattenpotential gemessen, dessen Zeitverlauf sich mehr und mehr verlangsamt. Das Endplattenpotential verhält sich damit wie ein *elektrotonisches Potential*, das durch einen Strompuls an der Endplatte erzeugt wird (s. Abb. 2–14).

Die Endplattenpotentiale sind in Abb. 3–2 aufgrund einer erniedrigten extrazellulären Ca-Konzentration (s. S. 56) verkleinert, damit sie unterschwellig bleiben. Normalerweise depolarisiert das einzelne Endplattenpotential um 30 mV und mehr und ist sicher überschwellig, d. h. es löst ein Aktionspotential aus, das über die Muskelfaser geleitet wird und die Kontraktion der Muskelfibrillen veranlaßt (s. S. 73). Mit der Auslösung des Aktionspotentials ist an dieser Synapse *Erregung vom motorischen Axon auf die Muskelfaser übertragen worden.*

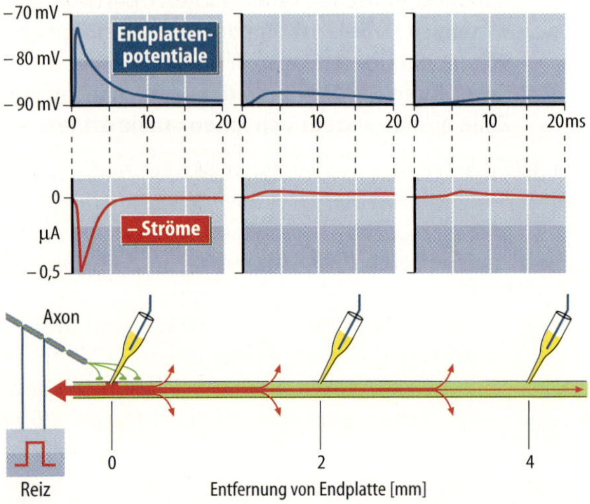

Abb. 3–2. Endplattenpotentiale und -ströme in verschiedener Entfernung von der Endplatte. Im Bereich der Endplatte wird nach Nervenreiz ein schnell ansteigendes Endplattenpotential und ein noch kürzerer, negativer (Einstrom positiver Ionen in die Faser) Endplattenstrom registriert; in 2 bzw. 4 mm Entfernung von der Endplatte sind die Endplattenpotentiale zunehmend verkleinert und verzögert, und die Ströme sind positiv. Dies zeigt, daß der Endplattenstrom nur im Endplattenbereich in die Faser fließt, und daß sich die Potentialänderung elektrotonisch über einige Millimeter um die Endplatte ausbreitet

Endplattenstrom. Der während des Endplattenpotentials in die Muskelfaser fließende Strompuls ist mit einer Spannungsklemme (s. S. 25) meßbar. In Abb. 3–2 fließt dieser ***Endplattenstrom*** nur im Endplattenbereich in die Faser ein. Der Strom fließt dann längs der Faser in ihrem Inneren weiter und außerhalb der Endplatte wieder aus der Faser heraus. Ebenso wie bei dem Na-Strom in Abb. 2–5 gibt das Umkehrpotential für den Endplattenstrom Auskunft über die fließenden Ionenart. Um die Spannungsabhängigkeit des Endplattenstroms zu bestimmen, wurde im Experiment der Abb. 3–3 mit einer Spannungsklemme das Membranpotential auf Werte zwischen –120 mV und +38 mV eingestellt. Der Endplattenstrom kehrt bei etwa –10 mV seine Richtung um. Durch Variation der Ionenkonzentrationen kann gezeigt werden, daß dieser Strom durch eine relativ unspezifische *Erhöhung der Membranleitfähigkeit für* Na^+, Ca^{2+} und K^+ entsteht, so daß sich ein Gleichgewichtspotential von etwa –10 mV einstellt (Kap. 1, Gl. 9, S. 8).

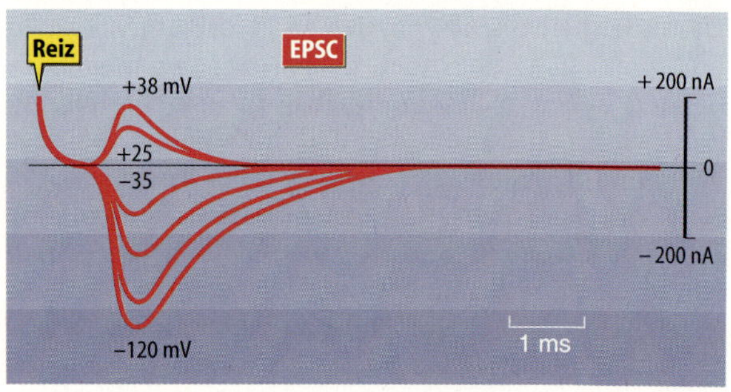

Abb. 3–3. Abhängigkeit des Endplattenstroms, oder des „erregenden postsynaptischen Stroms", EPSC, vom Membranpotential. Das Membranpotential wurde mit einer Spannungsklemme, durch Regelung des über eine Mikroelektrode in die Zelle injizierten elektrischen Stroms, auf jeweils ein konstantes Potential eingestellt. Das EPSC ist bei –120 mV Klemmspannung stark negativ, verkleinert sich bei Klemmspannungen von –90, –65 und –35 mV, und wird bei +25 bzw. +38 mV zunehmend positiver. [4]

Der Endplattenstrom ist viel kürzer als das Endplattenpotential (Abb. 3–2): Er klingt innerhalb von wenigen Millisekunden ab, wobei die Endplattenströme mit wachsender Depolarisation kürzer werden (Abb. 3–3).

Synaptischer Überträgerstoff Azetylcholin. Nach dem Schema der Abb. 3–1 erfolgt die Erregungsübertragung an den chemischen Synapsen durch einen Überträgerstoff. Dieser ist an der Endplatte Azetylcholin, das hier und als „Vagusstoff" am Herzen als einer der ersten Überträgerstoffe bekannt wurde. Azetylcholin, lokal an der Endplatte appliziert, verursacht dort eine Depolarisation; die Empfindlichkeit für Azetylcholin beschränkt sich jedoch auf die unmittelbare Umgebung der Nervenendigungen [38].

Erregendes postsynaptisches Potential. Die motorische Endplatte ist der Prototyp einer Synapse mit Übertragung von Erregung. An anderen erregenden Synapsen wird das Korrelat des Endplattenpotentials „erregendes postsynaptisches Potential, EPSP", genannt. ***EPSP depolarisieren*** die Membran und steuern damit Zellfunktionen, werden sie überschwellig, so lösen sie *Aktionspotentiale* aus.

> **!**
> Nach Depolarisation einer präsynaptischen Nervenendigung durch ein Aktionspotential werden dort Überträgerstoffe ausgeschüttet, die mit Rezeptoren der postsynaptischen Membran reagieren. Diese Reaktion öffnet im Falle der erregenden Übertragung unspezifische Kationenkanäle, was zur Depolarisation führt. An der neuromuskulären Endplatte wird z. B. Azetylcholin in den synaptischen Spalt freigesetzt, das über einen postsynaptischen Endplattenstrom ein Endplattenpotential auslöst. Dieses ist normalerweise immer überschwellig, einzelne EPSP an Neuronen sind es meistens nicht.

Aktivierung hemmender Synapsen mindert oder blockiert Erregung in der postsynaptischen Zelle

Im Organismus gibt es im Vergleich zu den erregenden Synapsen zumindest ebenso häufig Synapsen, an denen Hemmung übertragen wird. Das Prinzip zeigt Abb. 3–4. Links wird ein erregendes synaptisches Potential (EPSP) und der entsprechende Strom („excitatory postsynaptic current": EPSC) gezeigt (vgl. Abb. 3–2). Wird eine hemmende Nervenfaser erregt, die an der gleichen postsynaptischen Zelle angreift wie die erregende, so ergibt sich ein ***hemmendes postsynaptisches Potential,*** meist eine kleine Hyperpolarisation (IPSP; I: *inhibitorisch*), und ein entsprechender Auswärtsstrom (IPSC). Werden nun Erregung und Hemmung annähernd gleichzeitig aktiviert, so summieren sich die Ströme EPSC und IPSC, die resultierende Spannungsänderung ist jedoch viel kleiner als die Summe EPSP + IPSP. Die Hemmung hat jedenfalls die Depolarisation im EPSP kräftig verkleinert und dadurch die Übertragung der Erregung an der Synapse vermindert oder verhindert.

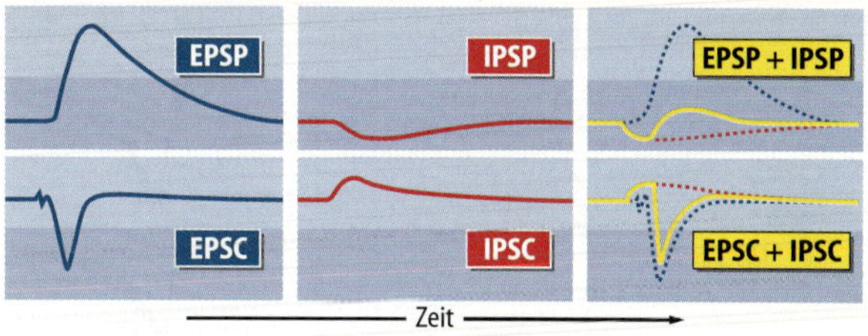

Abb. 3–4. Erregende und hemmende postsynaptische Potentiale (*EPSP* bzw. *IPSP*) und Ströme (*EPSC* und *IPSC*) sowie deren Überlagerung, bei der sich EPSC und IPSC summieren, EPSP und IPSP zusammen jedoch eine kleinere Depolarisation, als ihrer Summe entspräche, erzeugen (Mod. nach Dudel in [5])

An hemmenden Synapsen öffnet der Überträgerstoff K^+- oder Cl^--Kanäle, was den Membranwiderstand ohne größere Potentialänderung herabsetzt und depolarisierende Erregungsprozesse behindert

Gleichgewichtspotential für die Hemmung. Die Ionenströme, die während der Hemmung fließen, lassen sich identifizieren, indem wie in Abb. 3–3 durch injizierten Strom das Membranpotential verschoben wird. Abbildung 3–5 zeigt dies für ein Motoneuron des Rückenmarks. Beim Ruhepotential von –74 mV hat das hemmende Potential, das IPSP, hyperpolarisierende Richtung. Wird jedoch die Membran durch Stromfluß hyperpolarisiert, kehrt sich die Polarität des IPSP bei etwa –82 mV um. Dieses Umkehrpotential wird von den Konzentrationsgradienten von K^+ und Cl^- beeinflußt (Abb. 3–6B), und das *IPSC* entsteht folglich *durch **Erhöhung der Membranleitfähigkeit für*** K^+ und Cl^-.

Abnahme des Membranwiderstandes bei Hemmung. Wie diese Erhöhung der Leitfähigkeit der Membran die Hemmung von Erregung bewerkstelligt, kann man am einfachsten an *elektrotonischen Potentialen* darlegen. Im Experiment der Abb. 3–6A wird ein Strompuls in die Zelle gegeben und damit ein elektrotonisches Potential erzeugt (s. S. 35). Seine Amplitude ist proportional dem Membranwiderstand. Wird nun an dieser Zelle eine hemmende Synapse aktiviert, so erscheint ein wenige mV hyperpolarisierendes IPSP. Trifft das IPSP mit dem elektrotonischen Potential zusammen, so wird dieses kräftig verkleinert, weil der *Membranwiderstand abgenommen* hat. Die Hemmung hat damit aber auch das depolarisierende elektrotonische Potential praktisch ausgelöscht.

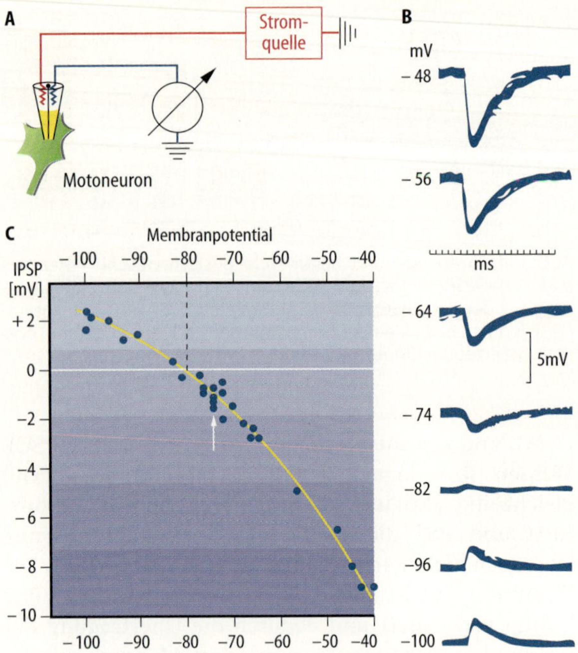

Abb. 3–5. Bestimmung des Gleichgewichtspotentials der hemmenden postsynaptischen Potentiale. **A** Über den einen Lauf einer doppelläufigen intrazellulären Mikroelektrode kann das Membranpotential des Motoneurons mit Hilfe einer regelbaren Stromquelle variiert werden. **B** Hemmende postsynaptische Potentiale eines Motoneurons des M. semitendinosus nach Reizung des N. quadriceps mit konstanter Reizstärke. Amplitude und Polarität der resultierenden IPSP hängen vom Membranpotential ab. **C** Graphische Auswertung der kompletten Meßserie, die in **B** teilweise abgebildet wurde. *Abszisse*: Membranpotential; *Ordinate:* Maximale Amplitude des IPSP. Hyperpolarisierende IPSP sind nach unten, depolarisierende nach oben aufgetragen. Das Gleichgewichtspotential liegt bei etwa –80 mV. Das Ruhepotential der Zelle betrug –74 mV (*Pfeil* in **C**). Aus [2]

Für einen weiteren Potentialbereich zeigt Abb. 3–6B den Effekt der Hemmung an Stromspannungskurven einer Zelle. Das Membranpotential wurde in Abhängigkeit vom injizierten Strom aufgezeichnet. Die Kontrollkurve kreuzt die Abszisse bei –70 mV, dem Ruhepotential, und positive Ströme machen eine zunehmende Depolarisation. Wird nun die hemmende Synapse mit hoher Frequenz aktiviert, so verschiebt sich die Stromspannungskurve beim Ruhepotential etwas in Richtung Hyperpolarisation, und sie wird steiler und zeigt damit eine *Abnahme des Membranwiderstandes* (Spannungsänderung / Stromänderung) an. Diese Änderung des Membranwiderstandes ist der wichtigste Effekt der Hemmung. Würde, z. B. bei Kontrollbedingungen, ein EPSP oder ein Aktionspotential 0,1 μA in die Zelle einspeisen, so wird dies die Membran auf –25 mV depolarisieren. Der gleiche erregende Strom von 0,1 μA würde dagegen während der Hemmung nur auf –60 mV depolarisieren und damit keine Erregung auslösen können, wie dies in Abb. 3–4 an der Interaktion von einzelnen EPSP und IPSP gezeigt wurde. Die ***Widerstandsabnahme schließt*** damit *erregende Ströme* ***kurz*** und verhindert dadurch Erregung. Dazu kommt der Effekt der ***Hyperpolarisation***.

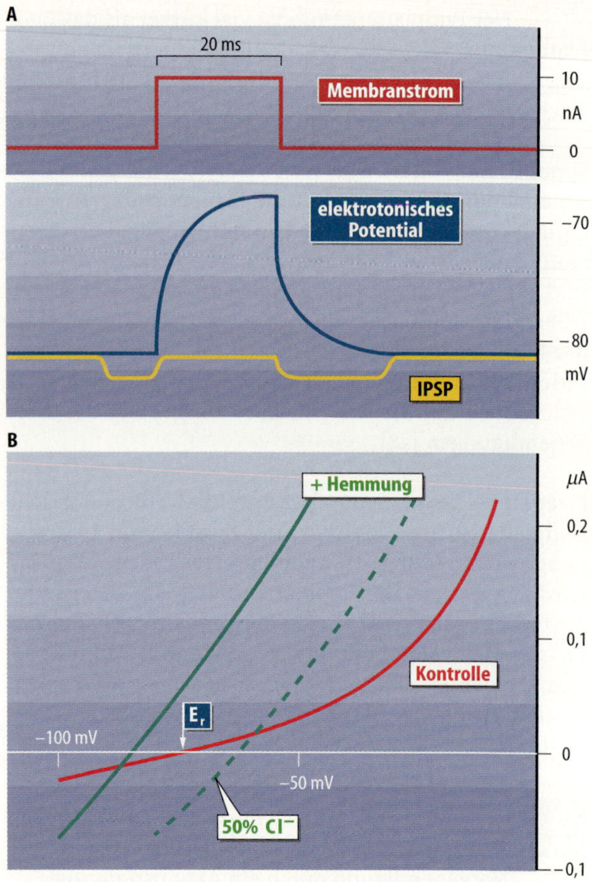

Abb. 3–6. Wirkung von Hemmung auf Membranströme. **A** Ein Strompuls, in eine Zelle injiziert, erzeugt ein elektrotonisches Potential. Wird der hemmende Nerv in einer Reizserie von 40 ms Dauer aktiviert, so zeigt sich ein hyperpolarisierendes IPSP. Das darauf gesetzte elektrotonische Potential ist während der Hemmung stark verkleinert. **B** Die Abhängigkeit des Membranstroms (*Ordinate*) von der Membranspannung (*Abszisse*) in Ruhe (*Kontrolle*); der Schnittpunkt mit der Abszisse ist das Ruhepotential E_r. Während Hemmung (*grün*, durch Superfusion von GABA in der Badelösung) hyperpolarisiert die Membran, und die Stromspannungskennlinie (*ausgezogene Kurve*) wird steiler (Widerstandsabnahme). Vermindert man die Chloridkonzentration in der Badelösung auf die Hälfte, so ändert das die Kontrolle unmerklich; Hemmung jedoch depolarisiert (*gestrichelte Kurve*). Messungen am Krebsmuskel, der hemmende GABAerge Synapsen besitzt. Aus [5,18]

Die Abb. 3–6B demonstriert ferner den Effekt einer Herabsetzung der extrazellulären Cl-Konzentration. Die Kontrollkurve wird kaum betroffen. Dagegen ist die Stromspannungskurve während Hemmung um fast 20 mV nach rechts verschoben. Eine solche Verschiebung von 18 mV läßt sich aufgrund der Nernst-Gleichung (s. S. 8) erwarten, wenn die Hemmung nur die Cl^--Leitfähigkeit der Membran erhöht.

Während der *Hemmung* erhöhen sich an verschiedenen Synapsen die *Membranleitfähigkeiten von* Cl^- (z. B. am Krebsmuskel, Abb. 3–6), K^+ (z. B. Vagushemmung des Herzens) oder von beiden (z. B. an Motoneuronen, Abb. 3–5). Diese Ionen haben ihr Gleichgewichtspotential in der Nähe des Ruhepotentials: Erhöhung der Leitfähigkeiten für diese Ionen stabilisiert das Ruhepotential und vermindert erregende Depolarisation.

> **!** An hemmenden Synapsen führt die Reaktion des präsynaptisch freigesetzten Transmitters mit den postsynaptischen Rezeptoren zum Öffnen von K^+- und/oder Cl^--Kanälen. Die Öffnung dieser Ionenkanäle setzt den Membranwiderstand herab,und der aus den Kanalöffnungen resultierende Ionenstrom bewirkt meist eine leichte Hyperpolarisation, genannt IPSP. Beide Mechanismen vermindern die Erregbarkeit der Zelle: das IPSP, indem es das Membranpotential von der Schwelle entfernt; die Widerstandsabnahme, indem sie erregende Depolarisationen „kurzschließt" und damit das Membranpotential auf seinem Ruhewert stabilisiert. Letzterer Mechanismus ist für die Hemmung der wichtigere.

3.2 Synaptische Überträgerstoffe

Synaptische Überträgerstoffe sind kleine Moleküle, wie Azetylcholin oder Glutamat, oder größere Peptide mit relativ langsamen Wirkungen

Kleinmolekulare Überträgerstoffe. Als Überträgerstoff haben wir bisher das Azetylcholin kennengelernt. Es gibt jedoch eine ganze Reihe solcher Stoffe. Die wichtigsten und bestbekannten sind in Abb. 3–7 oben zusammengestellt. Die Aminosäure γ-amino-Buttersäure (***GABA***, γ-amino-butyric acid) ist der verbreitetste hemmende Überträgerstoff im ZNS, während die noch einfachere Aminosäure ***Glyzin*** z. B. die Hemmung des Motoneurons (Abb. 3–5) vermittelt. Die saure Aminosäure ***Glutamat*** ist wohl der verbreitetste erregende Überträgerstoff im ZNS.

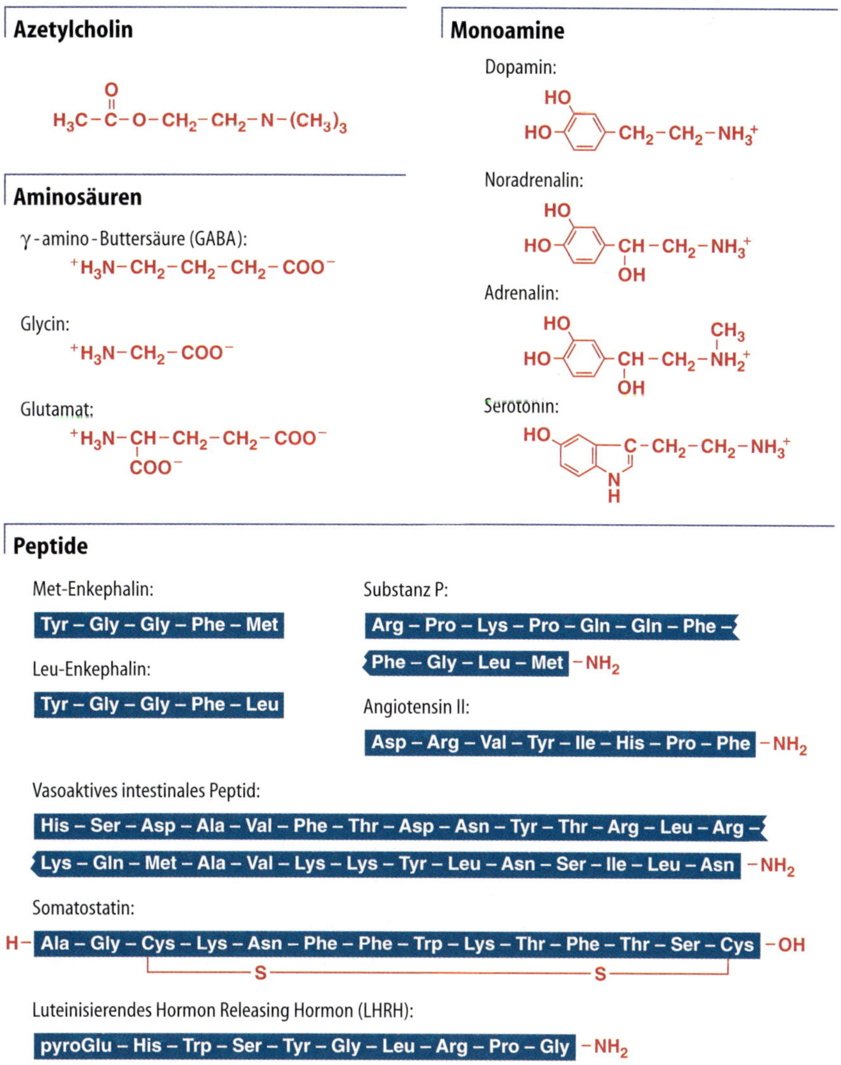

Abb. 3–7. Die wichtigeren synaptischen Überträgerstoffe. *Oben*: „Klassische" Überträgerstoffe, Azetylcholin, Aminosäuren und Monoamine. *Unten*: Peptide

Adrenalin, Noradrenalin und **Dopamin** bilden eine Familie von Überträgerstoffen, die zentral und peripher Erregung oder Hemmung vermitteln; man faßt sie unter der Bezeichnung *Katecholamine* zusammen. Ähnliche Wirkungen hat auch ***Serotonin*** (5-Hydroxytryptamin, ***5-HT***), das zusammen mit den Katecholaminen die Gruppe der *Monoamine* bildet. Zu dieser Gruppe gehört auch ***Histamin***, das ein Überträgerstoff an Gehirnzellen, aber auch im Magendarmkanal ist, hauptsächlich aber als *Gewebshormon* Entzündungsreaktionen vermittelt.

Alle diese „klassischen" Überträgerstoffe sind kleine Moleküle, die im Intermediärstoffwechsel häufig vorkommen. Sie binden jeweils an einen spezifischen Rezeptor in der postsynaptischen Membran, woraufhin sich die Leitfähigkeit für Na^+ (mit K^+) erhöht und Erregung übertragen wird oder die Leitfähigkeit für K^+ oder Cl^- ansteigt und Hemmung erfolgt. *Spezifisch* ist dabei nur die *Reaktion des Überträgerstoffs mit dem Rezeptor;* ob danach Erregung oder Hemmung eintritt, wird nur von den Eigenschaften des dem Rezeptor zugeordneten Ionenkanals (s. Abb. 1–5) bestimmt und nicht vom Überträgerstoff selbst.

Peptidüberträgerstoffe. Neben den klassischen Überträgerstoffen sind in der Abb. 3–7 unten auch eine Reihe von Peptidüberträgerstoffen aufgeführt. Diese Stoffe wirken im ZNS oder im vegetativen Nervensystem, wobei der Wirkungsmechanismus nicht immer klar ist. Häufig sind sie synaptische ***Modulatoren***: sie bewirken unmittelbar keine Leitfähigkeitsänderungen in den synaptischen Membranen, sondern beeinflussen Intensität und Dauer der Wirkung der klassischen Überträgerstoffe, und sie scheinen manchmal auch zusammen mit anderen Überträgerstoffen freigesetzt zu werden.

In Abb. 3–7 sind aus einer größeren Zahl von in Frage kommenden Peptiden charakteristische Vertreter ausgewählt. Die ***Enkephaline*** binden an *Morphinrezeptoren* und spielen u.a eine Rolle bei der Vermittlung der Schmerzempfindung; auch die ***Substanz P*** ist ein Überträger in diesem Bereich, sie bringt jedoch auch glatte Muskulatur zur Kontraktion. ***Angiotensin II*** ist ein Lokalhormon, das stark auf Blutgefäße, aber auch im ZNS wirkt, ähnlich auch ***vasoaktives intestinales Peptid, VIP***. ***Somatostatin*** und ***LHRH*** (Luteotropes-Hormon-Releasing-Hormon) sind an der Regulation der Hormonfreisetzung in der Hypophyse (s. Kap. 17) beteiligt, wirken aber auch an Synapsen [44].

Kotransmitter. Lange Zeit hat man geglaubt, daß eine Nervenzelle an ihren Endigungen nur jeweils einen Überträgerstoff ausschüttet (Dale-Prinzip). Es gibt jedoch im vegetativen Nervensystem zumindest bei embryonalen Zellen Freisetzung von sowohl Azetylcholin wie auch Adrenalin aus derselben Zelle. An der motorischen Endplatte wird zusammen mit Azetylcholin auch Adenosintriphosphat freigesetzt, das ebenfalls ein Überträgerstoff ist. Häufig wird auch an synaptischen Nervenendigungen neben einem klassischen Überträgerstoff wie Noradrenalin ein Peptid ausgeschüttet, das an der Übertragung mitwirkt. Die Einzelheiten des Zusammenwirkens von Überträgerstoffen, von ***Kotransmittern***, sind noch weitgehend unklar, sie lassen sich wohl meist als ***Modulation*** auffassen.

Langsame vegetative Synapse. Ein synaptisches Potential an einer ***peptidergen Synapse*** in einem Sympathikusganglion zeigt Abb. 3–8. In diesen Ganglien gibt es schnelle erregende Synapsen, die Azetylcholin als Überträgerstoff haben. Dazu erzeugen wiederholte Reizungen von Fasern aus Spinalnerven, z. B. im Experiment der Abb. 3–8 100 Reize in 5 s, minutenlange erregende postsynaptische Potentiale, die von keinem der klassischen Überträgerstoffe in Abb. 3–7 oben vermittelt werden. Dagegen verursacht ganz spezifisch eines der Peptide, ***LHRH***, ein praktisch identisches postsynaptisches Potential. Verschiedene Tests zeigen, daß wirklich dieses Peptid oder ein naher Verwandter hier der Überträgerstoff ist. Die langdauernden Depolarisationen sind gut geeignet, die Erregungsübertragung durch schnelle Synapsen zu verstärken und damit ihre Effektivität längerfristig zu erhöhen. Als Beispiel einer ***Modulation*** zeigte die Abb. 2–11 auf S. 31 eine über Adrenalin vermittelte verlängerte und häufigere Öffnung eines potentialabhängigen Ca-Kanals.

Agonisten sind Stoffe, die an den synaptischen Rezeptoren die gleichen Wirkungen erzielen wie die Überträgerstoffe, während Antagonisten die Überträgerstoffwirkungen behindern

Die Rezeptoren in der postsynaptischen Membran reagieren mit dem für sie spezifischen Überträgerstoff und erhöhen daraufhin die entsprechende Ionenleitfähigkeit. Die Spezifität für den Überträgerstoff ist jedoch nicht absolut, es gibt für praktisch alle Rezeptoren auch noch weitere Substanzen, die an sie binden. Folgt auf die Bindung auch die entsprechende Leitfähigkeitsänderung, so ersetzt die Substanz den Überträgerstoff völlig, solche Substanzen nennt man ***Agonisten***. Agonisten für

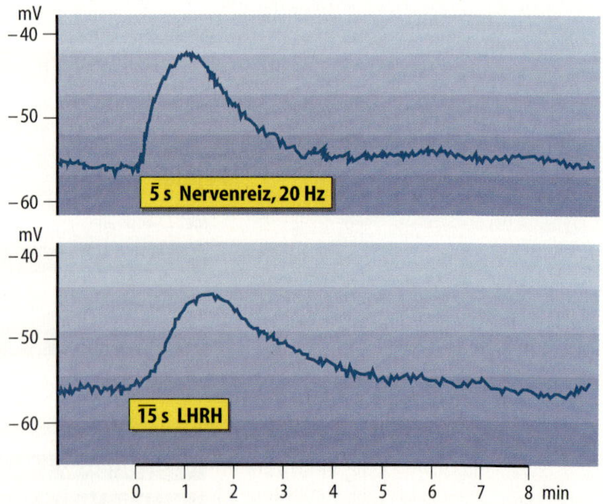

Abb. 3–8. *Oben:* Langsames erregendes postsynaptisches Potential (ssEPSP) an einer sympathischen Ganglienzelle des Frosches. Das ssEPSP wurde durch eine 5 s lange Reizserie mit 20 Reizen/s ausgelöst und dauerte mehr als 8 min. *Unten:* Eine ganz ähnliche Depolarisation wird durch Applikation eines Peptids für 15 s ausgelöst. Das Peptid ist LHRH, und es wurde ursprünglich im Hypothalamus als Steuerhormon entdeckt. Es scheint in der Ganglienzelle als Überträgerstoff zu fungieren. Nach [7, 23]

Azetylcholin an der Endplatte sind z. B. *Carbamylcholin* oder *Suberyldicholin* [38]. Andere Stoffe binden, aber sind nicht so effektiv im Herbeiführen der Leitfähigkeitsänderung, dies sind dann ***partielle Agonisten*** [13].

Es gibt schließlich Substanzen, die an den synaptischen Rezeptor binden, aber keine Leitfähigkeitsänderung verursachen. Diese besetzen den Rezeptor und verhindern, daß Agonisten wirken können. Solche Stoffe heißen synaptische ***Antagonisten.*** Die Bindung des Antagonisten kann reversibel sein, d.h. sie kann sich nach einer mittleren Bindungszeit wieder lösen. Dann findet ein Wettbewerb um die Bindungsstelle zwischen Agonisten und Antagonisten statt, und man nennt letztere dann ***kompetitive Antagonisten*** (Abb. 3–9A).

Ein gut bekannter kompetitiver Antagonist des Azetylcholins an der Endplatte ist ***Kurare*** *(d-tubo-Curarin)*, das indianische Pfeilgift. Kurare blockiert mit steigender Konzentration einen immer größeren Anteil der Rezeptoren, so daß durch Bindung an die verbleibenden Rezeptoren Azetylcholin nur noch eine abgeschwächte Wirkung hat [12]. Unter Kurare wird damit das Endplattenpotential verkleinert (Abb. 3–9B) und erreicht bei genügend hoher Dosis die Schwelle zur Auslösung von Aktionspotentialen nicht mehr: der Muskel wird gelähmt. Kurare und analoge Stoffe werden häufig in der Anästhesie zur ***Muskelrelaxation*** eingesetzt. Bei voller Relaxation muß der Patient allerdings beatmet werden. Eine andere Form von Muskelrelaxation benutzt einen Azetylcholinagonisten, der langdauernd wirkt und an der Endplatte eine Dauerdepolarisation hervorruft. Dieses depolarisierende Muskelrelaxans inaktiviert die Na-Kanäle der Muskelmembran (s. S. 30) und verhindert damit die Erregung des Muskels.

Neben den kompetitiven gibt es auch ***nicht kompetitive Antagonisten.*** Sie binden *irreversibel* an den Rezeptor, mindern also die Zahl der für den Überträgerstoff zur Verfügung stehenden Rezeptoren auch bei hohen Überträgerstoffkonzentrationen (Abb. 3-9 A). Ein solcher irreversibler Blocker an zentralnervösen cholinergen Synapsen, aber auch an der Endplatte, ist ***Bungarotoxin,*** ein gefährliches Schlangengift.

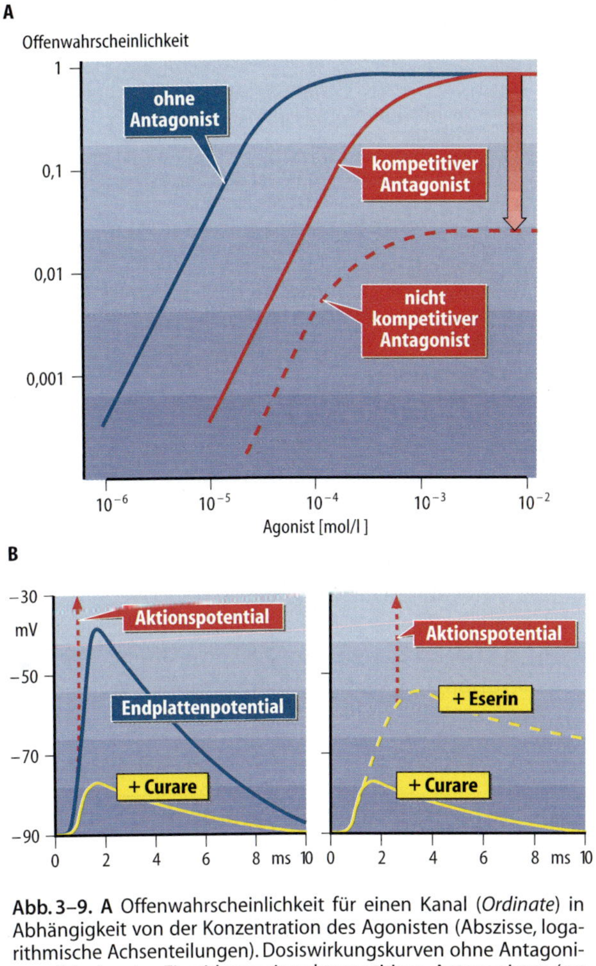

Abb. 3–9. A Offenwahrscheinlichkeit für einen Kanal (*Ordinate*) in Abhängigkeit von der Konzentration des Agonisten (Abszisse, logarithmische Achsenteilungen). Dosiswirkungskurven ohne Antagonisten (*blau*), unter Einwirkung eines kompetitiven Antagonisten (*rot ausgezogen*) und eines nicht-kompetitiven Antagonisten (*rot gestrichelt*). **B** Wirkung von Kurare und Eserin auf das Endplattenpotential, Schema. Das Endplattenpotential löst bei Depolarisation auf –60 mV ein Aktionspotential (*gestrichelt*) aus. In Gegenwart von Kurare wird das Endplattenpotential verkleinert und erreicht die Schwelle für die Auslösung von Aktionspotentialen nicht mehr; der Muskel ist gelähmt. Wird zusätzlich zum Kurare der Cholinesterasehemmer Eserin gegeben, so wird das Endplattenpotential vergrößert und verlängert und erreicht wieder die Schwelle zur Auslösung von Aktionspotentialen

Synaptische Agonisten und Antagonisten werden in der Physiologie vielfach gebraucht, um die Übertragungsmechanismen zu studieren. Sie sind jedoch eigentlich Thema der ***Pharmakologie***; die Interaktionen der verschiedenen Agonisten und Antagonisten werden dort ausführlich behandelt. Viele wichtige Pharmaka sind Agonisten oder Antagonisten für synaptische Rezeptoren, und die physiologische Aufklärung der Überträgerstoffmechanismen für bestimmte Funktionen war häufig Grundlage für die Entwicklung neuer Pharmaka.

Agonisten und Antagonisten werden auch zur Charakterisierung der Bindungsstellen an den Rezeptoren herangezogen: Aus der Effektivität gezielt veränderter Analoge zu den Überträgerstoffen kann man auf Strukturmerkmale der Bindungsstellen schließen. Durch Bestimmung der Effektivität verschiedener Agonisten und Antagonisten kann man auch unterschiedliche Typen von z. B. Azetylcholin- oder Adrenalinrezeptoren klassifizieren (s. Kap. 19).

!

Klassische Überträgerstoffe sind Azetylcholin, γ-Aminobuttersäure, Glycin, Glutamat, Dopamin, Noradrenalin, Adrenalin, Serotonin und andere. Daneben gibt es Peptidüberträgerstoffe, die relativ langsame synaptische Effekte bewirken. Die Peptide sind meistens mit klassischen Transmittern in den präsynaptischen Endigungen kolokalisiert. Stoffe, die postsynaptisch die gleiche Wirkung wie die Überträgerstoffe haben, nennt man Agonisten; Antagonisten behindern die Wirkung der betreffenden Überträgerstoffe (bei reversibler Bindung kompetitiv, bei irreversibler Bindung nichtkompetitiv). Viele Medikamente sind Agonisten bzw. Antagonisten synaptischer Transmitter.

Die Wirkungsdauer der Überträgerstoffe wird durch spaltende Enzyme (z. B. Cholinesterase), durch aktiven Transport in umliegende Zellen und durch Wegdiffusion begrenzt

Wenn der Überträgerstoff über den synaptischen Spalt diffundiert ist (s. Abb. 3–1), würde seine Konzentration durch Diffusion aus dem engen Spalt relativ langsam abfallen. Die meisten Überträgerstoffe wirken jedoch sehr kurz, höchstens so lange, wie die synaptischen Ströme andauern. Die Wirkungsdauer des Überträgerstoffs muß also beschränkt werden. Dies geschieht im wesentlichen mit 2 Mechanismen: *Abbau und Abtransport des Überträgerstoffs.*

Überträgerstoffabbau durch Enzyme. An der Endplatte ist ein sehr effektives Abbausystem für Azetylcholin eingebaut; an die postsynaptische Membran assoziiert findet sich in hoher Konzentration ***Cholinesterase***, ein Enzym, das Azetylcholin in *Azetat* und *Cholin* spaltet (s. auch Abb. 3–13A). Ein beträchtlicher Teil des nach der Freisetzung über den synaptischen Spalt diffundierenden Azetylcholins wird schon gespalten, bevor es die Rezeptoren erreicht, und innerhalb von weniger als 0,1 ms wird praktisch alles ACh von der Cholinesterase zerlegt. Damit wird die Synapse schnell wieder für eine neue Übertragung einsetzbar.

Die Bedeutung der Cholinesterase für die Übertragung an der Endplatte wird sichtbar, wenn man diese durch einen ***Cholinesterasehemmer*** ausschaltet. Abbildung 3–9B zeigt die Wirkung eines solchen, des ***Eserins***: Das Endplattenpotential steigt länger an als normal und wird vergrößert, weil Azetylcholin in höherer Konzentration und für längere Zeit mit den Rezeptoren reagieren kann [7]. Im Falle der Abb. 3–9B ist dies ein „therapeutischer Effekt", denn das Eserin wurde auf den curaregelähmten Muskel appliziert. Die resultierende Vergrößerung des Endplattenpotentials ließ dieses die Erregungsschwelle wieder erreichen und hob damit die Lähmung auf. Entsprechend werden Cholinesterasehemmer zur Aufhebung der Muskelrelaxation in der Anaesthesie eingesetzt, aber auch bei Krankheitsbildern wie *Myasthenie* (s. unten). Cholinesterasehemmer werden jedoch auch vielfach als *Insektizide* verwendet und geben Anlaß zur Vergiftungen; auch einige für militärische Zwecke entwickelte *Kampfstoffe* sind Cholinesterasehemmer. Die Vergiftung mit diesen führt zu krampfartig verlängerten cholinergen synaptischen Übertragungen, v. a. im vegetativen Bereich.

Abtransport des Überträgerstoffes. An vielen Synapsen wird der Überträgerstoff durch ***Transportmechanismen*** in den Membranen der umliegenden Zellen aus dem synaptischen Spalt entfernt. Transportmechanismen sind besonders wichtig bei Adrenalin, Noradrenalin, GABA und Glutamat. An azetylcholinergen Synapsen wird zwar nicht das Azetylcholin transportiert, aber das Abbauprodukt Cholin. Diese Transportprozesse gehen z. T. zurück in die Nervenendigung und verringern den Bedarf an Resynthese des Überträgerstoffs. Wie das abbauende Enzym Cholinesterase sind die *Aufnahmemechanismen* für Überträgerstoffe in die Zellen *Angriffspunkte für wichtige pharmakologische Beeinflussungen* der synaptischen Übertragung.

Wegdiffusion des Überträgerstoffes. Rechnungen zeigen, daß freigesetzter Überträgerstoff mit Zeitkonstanten im Bereich von 100 μs aus dem synaptischen Bereich diffundiert. Auch die Diffusion beendet also die synaptische Übertragung relativ schnell. Der Aufwand für zusätzliche Abbau- und Transportmechanismen deutet die Wichtigkeit der Kontrolle der Überträgerstoffkonzentration an.

Myasthenia gravis. Eine relativ gut verstandene globale Störung der Funktion der neuromuskulären Endplatten ist die Myasthenia gravis [3, 22]. Tonus und Kontraktionen der Skelettmuskulatur sind schwach: Den Patienten sinken z. B. die Augenlider herab oder sie können kaum gehen. Zugrunde liegt eine Abnahme der Dichte der subsynaptischen Azetylcholinrezeptoren. Der in normaler Menge freigesetzte Überträgerstoff Azetylcholin kann sich nur an wenige Rezeptoren binden und das Endplattenpotential folglich so verkleinert sein, daß es die Schwelle nicht erreicht.

Die Verminderung der Zahl der funktionsfähigen Rezeptoren wird durch eine Autoimmunreaktion verursacht: Die Patienten entwickeln Antikörper gegen die eigenen Azetylcholinrezeptoren, die diese zerstören oder ihre Lebensdauer vermindern. Diesen Patienten helfen sehr wirkungsvoll *Cholinesterasehemmer (Ambenonium, Neostigmin, Pyridostigmin)*, die die Wirkungsdauer des synaptisch freigesetzten Azetylcholins verlängern (Abb. 3–9B, *Eserin*) und damit eine ausreichende Depolarisation während des Endplattenpotentials ermöglichen können.

! Die Wirkung der Überträgerstoffe an den postsynaptischen Rezeptoren wird zeitlich begrenzt durch spaltende Enzyme (wie z. B. Cholinesterase an der Endplatte), durch aktiven Transport entweder in die präsynaptische Nervenendigung (Wiederaufnahme des Transmitters) oder in benachbarte Gliazellen sowie durch Wegdiffusion in das Interstitium.

3.3 Interaktionen von Synapsen

Die motorische Endplatte ist ein extremer Synapsentyp: Die Muskelfaser hat in der Regel nur eine Endplatte, und die Erregung des motorischen Axons erzeugt jeweils ein überschwelliges Endplattenpotential, so daß auf jedes Aktionspotential im motorischen Axon eine Muskelzuckung folgt. An den meisten Synapsen, v. a. des ZNS, sind dagegen die einzelnen synaptischen Potentiale weit unterschwellig, oft kleiner als 1 mV. Dafür haben die postsynaptischen Zellen viele Synapsen, deren Effekte sich summieren, und auch hemmende Synapsen, die der Erregung entgegenwirken. Diese Synapsen stammen meist von einer Vielzahl von anderen Zellen, deren Axone auf die betrachtete Zelle konvergieren. Die Prinzipien dieser Interaktion zwischen den Synapsen einer Zelle sollen hier kurz besprochen werden.

Synaptische Ströme und Potentiale mehrerer Synapsen an einer Nervenzelle summieren sich, wenn sie gleichzeitig an verschiedenen Synapsen oder wenn sie nacheinander während der Dauer eines synaptischen Potentials entstehen

Räumliche Summation. In der Abb. 3–10 (oben) sind aus Tausenden von erregenden Synapsen auf einer Nervenzelle zwei herausgezeichnet worden, um ihr Zusammenwirken zu demonstrieren. An den beiden Synapsen fließt kurz Strom in die Zelle ein, das EPSC, was eine lokale Potentialänderung, das EPSP, erzeugt (s. Abb. 3–2 u. 3–4). Ein Teil des einfließenden Stroms fließt erst in einiger Entfernung von den Synapsen aus, z. B. am Übergang des Zellkörpers zum Axon, am Axonhügel, wie in Abb. 3–10 dargestellt. Das einzelne EPSP ist als elektrotonisches Potential vielleicht 0,1 mm von der Synapse entfernt etwas kleiner (Abb. 3–2), die von den beiden gleichzeitig aktivierten Synapsen ausgehenden ***Ströme summieren*** sich jedoch und erzeugen zusammen ein vergrößertes EPSP. Weil sich hier die gleichzeitige Aktivierung von räumlich getrennten Synapsen addiert, wird der Vorgang auch als *räumliche Summation* bezeichnet.

Axonhügel als Summationsort. Die Summation von EPSP findet natürlich an jeder Stelle der Zelle nach den Gesetzen der elektrotonischen Ausbreitung von Potentialänderungen statt. Der Beginn des efferenten Axons wurde in Abb. 3–10 (oben) als Summationsort jedoch nicht willkürlich ausgewählt. Bei den meisten Nervenzellen sind nämlich Zellkörper und Dendriten unerregbar, oder sie haben eine hohe Erregungsschwelle, z. B. für Ca-Ströme (s. Abb. 2–11). Das Axon ist dagegen gut erregbar, so daß am Eingang des Axons (*Axonhügel* genannt) in der Regel zuerst Aktionspotentiale ausgelöst werden. Es entscheidet also die Summation von Potentialänderungen an dieser Stelle, ob aus den lokalen synaptischen Potentialen eine fortgeleitete Erregung wird.

Zeitliche Summation. Eine weitere Form der synaptischen Summation ist in Abb. 3–10 (unten) verdeutlicht. Hier handelt es sich um Aktivität von räumlich beieinander liegenden Synapsen oder auch der gleichen Synapse, wenn diese mit einem geringen zeitlichen Abstand, bis zu einigen ms, erregt werden. In diesem Fall sind die synaptischen Ströme praktisch abgelaufen, bis die 2. Erregung beginnt. Die synaptischen Potentiale haben jedoch einen langsameren Verlauf, nach der Aufladung durch den synaptischen Strom wird die Membrankapazität mit der Zeitkonstante des Elektrotonus (s. S. 34, Abb. 2–13 u. 2–14) entladen. Beginnt vor voller Entladung ein neuer synaptischer Strom, *so addiert sich die durch ihn verursachte Depolarisation auf die noch bestehende auf.* Dies wird ***zeitliche Summation*** genannt. An einer realen Nervenzelle mit vielen Synapsen und hochfre-

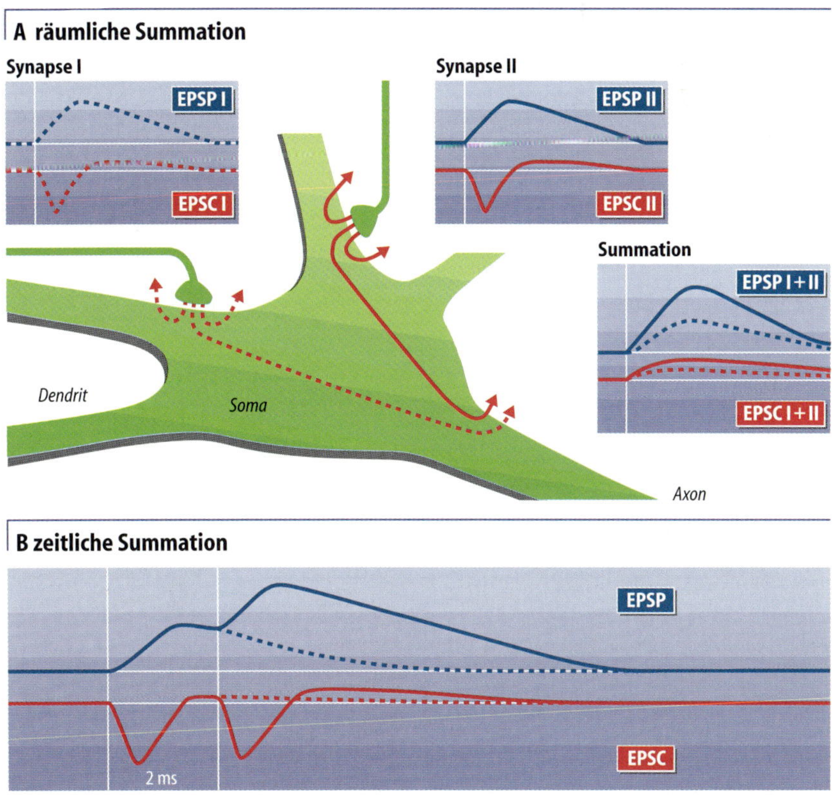

Abb. 3–10. Räumliche und zeitliche Summation von synaptischen Potentialen. **A** Räumliche Summation: An 2 Dendriten einer Nervenzelle werden durch gleichzeitige Aktivierung von Nervenendigungen an Synapse I und II erregende synaptische Ströme bzw. Potentiale, EPSC bzw. EPSP ausgelöst. Die Ströme breiten sich elektrotonisch aus, sie treten u. a. am Axonhügel aus und summieren sich und bilden ein Summen-EPSP. **B** Zeitliche Summation: An einer Synapse folgen EPSC mit kurzem, 2 ms, Abstand. Die ausgelösten EPSP summieren sich teilweise

quenter Aktivierung werden selbstverständlich beide Prozesse, räumliche und zeitliche Summation, gleichzeitig ablaufen und ein schwankendes Depolarisationsniveau aufbauen, das die Frequenz der Bildung von Aktionspotentialen im Axon bestimmt (s. Abb. 2–19).

Räumliche und zeitliche Bahnung bei Summation. Summierte synaptische Potentiale können am Axonhügel überschwellig werden und Aktionspotentiale auslösen. Oft ist Aktivierung eines „synaptischen Eingangs“, d. h. einer Gruppe von funktionell gleichartigen Synapsen, allein nicht imstande, ein Aktionspotential auszulösen. Tritt jedoch in räumlicher oder zeitlicher Summation eine weitere synaptische Aktivierung hinzu, so werden die summierten EPSP überschwellig. Man sagt dann, der eine synaptische Eingang habe den anderen gebahnt. Bei *räumlicher oder zeitlicher Bahnung* wird also mehr als die Summe der Aktivierungen ausgelöst. Von dieser Bahnung als Spezialfall der Summation muß die echte synaptische Bahnung unterschieden werden, die ein präsynaptischer Vorgang ist und die weiter unten (Abb. 3–15) dargestellt werden soll.

Post- und präsynaptische Hemmung behindern postsynaptisch überschwellige Erregungen, letztere auch die Überträgerstoffausschüttung

Postsynaptische Hemmung. Zu den Interaktionen von Synapsen an einer Zelle gehört auch die synaptische Hemmung. Die Abb. 3–4 und 3–6 zeigten, daß während der Hemmung erregende *synaptische Potentiale kurzgeschlossen* werden. Die hemmenden synaptischen Poten-

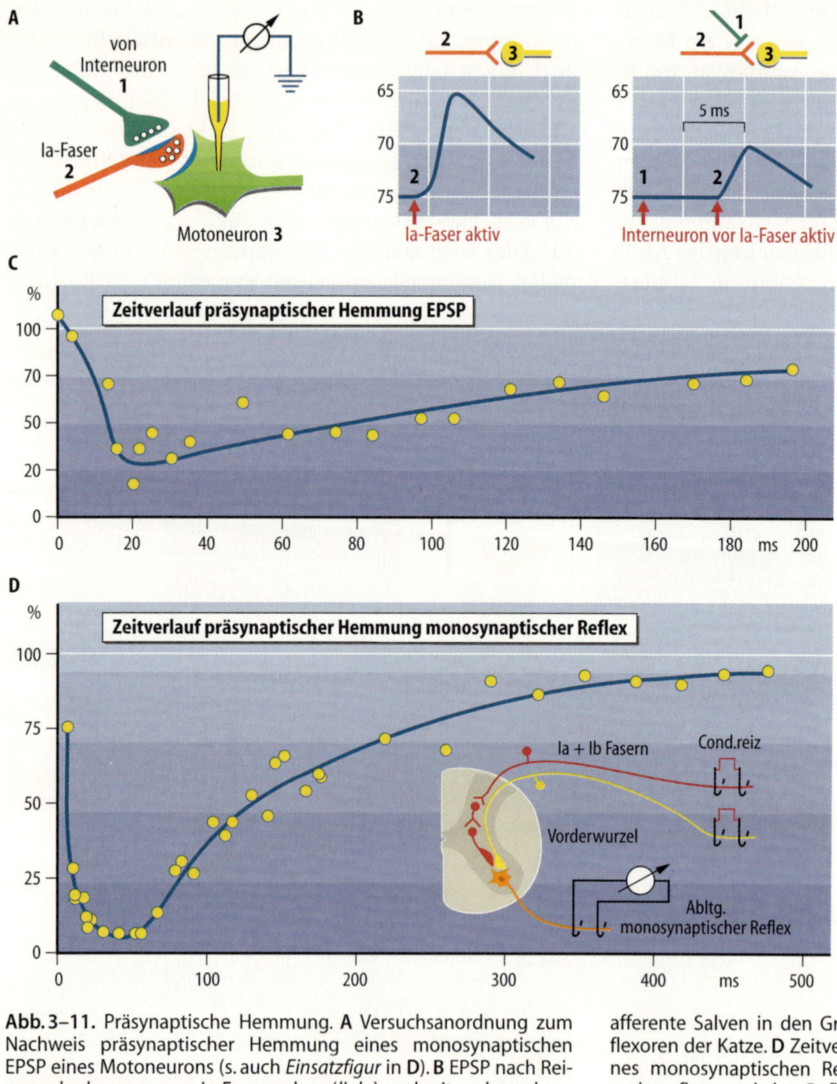

Abb. 3–11. Präsynaptische Hemmung. **A** Versuchsanordnung zum Nachweis präsynaptischer Hemmung eines monosynaptischen EPSP eines Motoneurons (s. auch *Einsatzfigur* in **D**). **B** EPSP nach Reizung der homonymen Ia-Fasern ohne (*links*) und mit vorhergehender Aktivierung präsynaptisch hemmender Interneurone. **C** Zeitverlauf der präsynaptischen Hemmung des monosynaptischen EPSP eines Plantarismotoneurons durch vorhergehende (konditionierende) afferente Salven in den Gruppe-I-Fasern der Nerven zu den Knieflexoren der Katze. **D** Zeitverlauf der präsynaptischen Hemmung eines monosynaptischen Reflexes. Die *Einsatzfigur* zeigt den Versuchsaufbau und den Reflexweg der präsynaptischen Hemmung, der mindestens 2 Interneurone besitzt. (Versuche von ECCLES et al. zitiert nach [2] und [42])

tiale *(IPSP) hyperpolarisieren* häufig zusätzlich die Membran und *behindern damit eine Depolarisation zur Erregungsschwelle.*

Auch die IPSP und die IPSC an einer Nervenzelle summieren sich untereinander und mit den EPSP räumlich und zeitlich, und die komplexe Summe aus vielen EPSP und IPSP bestimmt schließlich die Frequenz der Aktionspotentiale im Axon. Dabei kann auch die räumliche Verteilung der erregenden und hemmenden Synapsen wichtig sein. Häufig liegen in hoher Dichte hemmende Synapsen am Zellkörper, nahe dem Ausgang des Axons und können dort kontrollieren, in welchem Ausmaß die hauptsächlich an den Dendriten lokalisierten EPSP depolarisierend auf das Axon einwirken.

Präsynaptische Hemmung. Bei dieser komplexeren Form der Hemmung tritt zur erregenden Synapse eine ***hemmende axoaxonale Synapse*** hinzu. Die Abb. 3–11 zeigt eine solche Hemmung am Motoneuron. Das *Motoneuron* bekommt einen wichtigen synaptischen erregenden Zufluß von den Muskelspindeln über *Ia-Fasern* (s. Tabelle 2–1, S. 37, und Kap. 5). An den Endigungen der Ia-Fasern liegen *axoaxonale Synapsen* mit den Endigungen von *Interneuronen.* Werden diese Interneurone einige ms vor den Ia-Fasern erregt, so wird das von den Ia-Fasern im Motoneuron ausgelöste EPSP gehemmt (Abb. 3–11A u. B). Wie man durch Auslösung von Ia-Faser-EPSP mit wachsendem zeitlichen Abstand von der Erregung der hemmenden Interneurone erfährt, dauert diese präsynaptische Hemmung einige 100 ms. Der Hemmeffekt und sein zeitlicher Verlauf wird noch deutlicher, wenn statt der EPSP die durch sie in den motorischen Axonen ausgelösten Summenaktionspotentiale als Indikatoren für die Hemmung gemessen werden (Abb. 3–11D).

Die präsynaptische Hemmung ist für die Motorik des Rückenmarks ein wirkungsvoller Kontrollmechanismus. Sie hat den besonderen Vorteil, daß *gezielt einzelne synaptische Eingänge gehemmt* werden können, ohne daß die Gesamterregbarkeit der Zelle beeinflußt wird. Damit können „unerwünschte" Informationen schon vor Erreichen des Integrationsortes „Nervenzellkörper" unterdrückt werden. Die funktionelle Bedeutung der präsynaptischen Hemmung im Rückenmark wird deutlich, wenn man die GABAergen Synapsen durch den GABA-Antagonisten *Bicucullin* hemmt: In der Muskulatur treten Krämpfe auf.

Als *Ursache* für die Hemmung der Endigungen der Ia-Fasern hat man in ihnen beträchtliche *Depolarisationen* gemessen, die durch eine chemische GABAerge Synapse mit der Endigung der Interneuronen erzeugt werden. Die ***primäre afferente Depolarisation*** (PAD) ***inaktiviert*** die erregenden Na-Kanäle in den Endigungen der Ia-Fasern (S. 27) und blockiert damit dort die Fortleitung der Aktionspotentiale.

Die *präsynaptische Hemmung an einem einfachen System,* bei der nur eine erregende und eine hemmende Nervenfaser Synapsen an der postsynaptischen Zelle bilden, ist in Abb. 3–12 dargestellt. Abbildung 3–12A zeigt oben das EPSP, unten den Strom, das EPSC. Dabei wird dieser Strom von einem kleinen synaptischen Bereich abgeleitet, seine Schwankungen sollen noch erklärt werden (S. 55). Wird in Abb. 3–12B die hemmende Nervenfaser 2 ms vor der erregenden gereizt, so sind EPSP und EPSC verkleinert. In Abb. 3–12C und D werden mit hoher Meßempfindlichkeit auch die Potentialschwankungen der Nervenendigungen (extrazellulär) gemessen. Bei Reizung des erregenden Nervs allein in Abb. 3–12C wird das triphasische Nervenpotential (ENTP) vom viel größeren EPSC gefolgt. Wird zuvor der hemmende Nerv gereizt, so erscheint von der Endigung der hemmenden Faser ein INTP, das ENTP ist danach jedoch stark verkleinert und das EPSC fast völlig unterdrückt. Die *Hemmung des präsynaptischen ENTP* erfolgt durch Ausschüttung von *GABA* (s. Abb. 3–7), welches mit Rezeptoren in der erregenden Nervenendigung reagiert und dort die ***Chloridleitfähigkeit erhöht.*** Diese präsynaptische Hemmung benutzt also an der axoaxonalen Synapse den klassischen postsynaptischen Hemmechanismus, der in Abb. 3–4 bis 3–6 dargelegt wurde.

Bei heterosynaptischer Bahnung verstärken sich zwei synaptische Eingänge an einer Zelle gegenseitig

Ähnlich wie bei der präsynaptischen Hemmung können auch Interaktionen von zwei synaptischen Eingängen an einer Gesamtsynapse eine Bahnung, eine Verstärkung der Erregung hervorrufen, die *heterosynaptische Bahnung* genannt wird. Sie soll in zwei Beispielen vorgestellt werden.

Postsynaptische heterosynaptische Bahnung. Der erste Typ ist eine *postsynaptischen Bahnung* an Neuronen aus sympathischen Ganglien. Es gibt dort neben anderen synaptischen Potentialen langsame EPSP, die durch Azetylcholin vermittelt werden. Diese s-EPSP (s: slow) können selbst 5–100 ms lang sein. (Die peptidergen ss-EPSP der Abb. 3–8 am gleichen Neuronentyp sind noch länger, sie dauern mehrere Minuten.) Die Ganglienzelle empfängt nun weiter Synapsen von einem dopaminergen Neuron. Das *freigesetzte **Dopamin*** hat selbst keinen Effekt auf Ionenleitfähigkeiten der postsynaptischen Membran. Es verursacht jedoch *für mehrere Stunden als **Modulator** eine vergrößerte Amplitude der s-EPSP.* Dabei wird postsynaptisch die Reaktion auf Azetylcholin verstärkt [27].

Präsynaptische heterosynaptische Bahnung. Ein anderer Typ der heterosynaptischen Bahnung ist an Mollusken und Insekten aufgefunden worden. Dabei wirkt Aktivierung von serotoninausschüttenden Nervenfasern auf präsynaptische Nervenendigungen, indem dort ein K^+-Kanal der Membran blockiert wird. Die Ausschaltung der K^+-Kanäle verzögert die Repolarisation der Aktionspotentiale (s. Kap. 2) und verlängert sie damit. Die so *verlängerten Depolarisationen der Nervenendigun-*

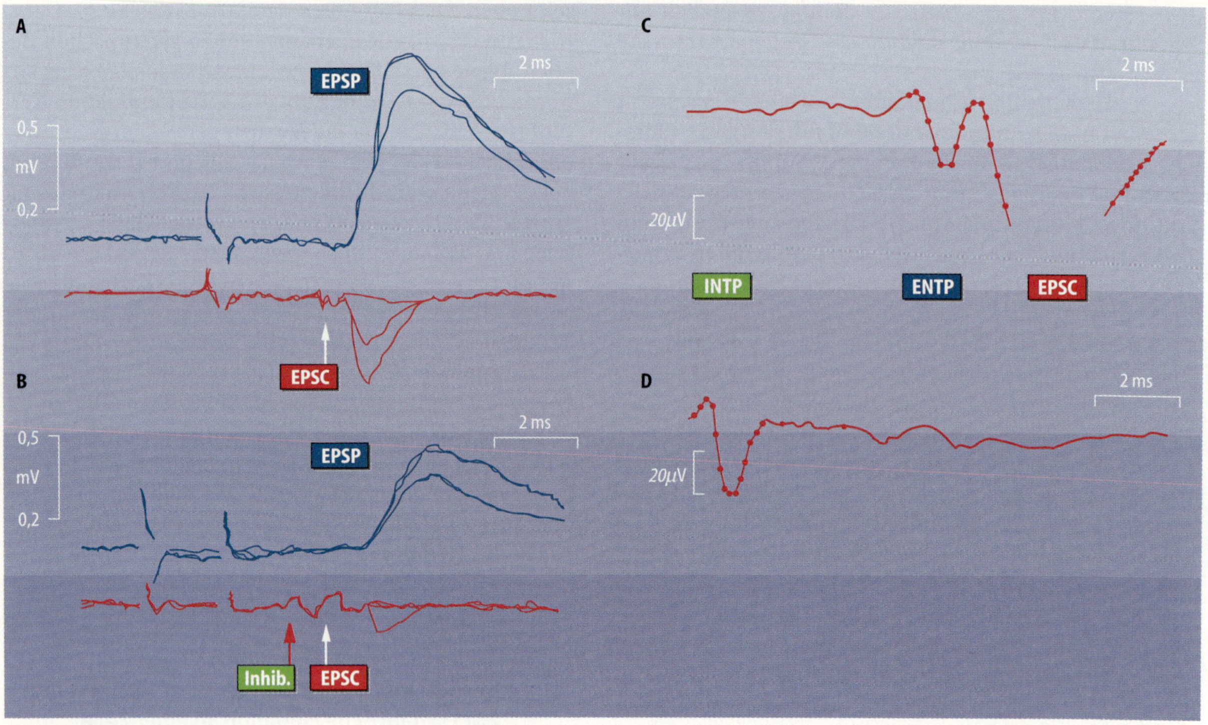

Abb. 3–12. Präsynaptische Hemmung am Krebsmuskel, der nur von einer erregenden und einer hemmenden Nervenfaser innerviert wird, analog zu Abb. 3–11 A. **A** Überlagert und durch den Reiz synchronisiert 3 intrazellulär abgeleitete EPSP und darunter die an einer synaptischen Endigung gemessenen lokalen Ströme, EPSC. Diese sind aus Quanten (s. unten) zusammengesetzt und zeigen die Werte 0,1 und 2 Quanten. **B** Registrierung an der gleichen Synapse wie in A, jedoch wird 2 ms vor dem erregenden Axon das hemmende gereizt und dadurch die EPSP und EPSC gehemmt. *Weiße Pfeile:* Extrazelluläre Ableitungen des Aktionspotentials der erregenden Nervenendigung (ENTP), *roter Pfeil:* Extrazelluläre Ableitungen des Aktionspotentials in der hemmenden Nervenendigung (INTP). **C** An einem anderen Präparat das Aktionspotential in der erregenden Nervenendigung, ENTP, gefolgt vom EPSC (unten abgeschnitten), mit hoher Meßauflösung (digitalisiert). **D** Wird das hemmende Axon vor dem erregenden gereizt, so erscheint ein INTP, und die Amplitude des folgenden ENTP ist stark reduziert. Das EPSC wird durch diese präsynaptische Hemmung fast vollständig blockiert. Nach [15,16]

gen führen zu vermehrter Überträgerstoffausschüttung und damit zu einer präsynaptischen Bahnung. Auch hier wird also durch Koaktivierung zweier Synapsen die Effektivität eines synaptischen Übertragungsweges erhöht [6] (s. auch Abb. 3–21, Langzeitpotenzierung).

!

Die meisten Nervenzellen haben eine Vielzahl von Synapsen. An den Nervenzellen können sich synaptische Potentiale und Ströme summieren, wenn sie im gleichen Zeitraum selbst an verschiedenen Stellen der Zelle auftreten (räumliche und zeitliche Summation). Hemmende Synapsen behindern die Effekte der erregenden an der gleichen Zelle. Bei präsynaptischer Hemmung wirkt eine axoaxonale Synapse hemmend auf die Überträgerstofffreisetzung der erregenden Nervenendigung. Bei heterosynaptischer Bahnung steigert eine axoaxonale Synapse die Freisetzung erregenden Überträgerstoffes, oder die Effektivität der postsynaptischen Wirkung einer Synapse wird durch eine andere Synapse verstärkt.

3.4 Mechanismus der Freisetzung der Überträgerstoffe

Überträgerstoffe werden in „Quanten" freigesetzt, die dem Inhalt von präsynaptischen Vesikeln entsprechen

Mikromorphologie der Endplatte. Die Abb. 3–13A gibt in zunehmender Vergrößerung die bekannten Details der Morphologie der Endplatte wieder. Auf der *präsynaptischen* Seite imponieren Anhäufungen von ***synaptischen Vesikeln*** in der Endigung. Diesen liegen Spezialisierungen der *postsynaptischen* Membranen, tiefe Falten, gegenüber. Den Falten entsprechen in der präsynaptischen Membran aktive Zonen: leistenförmige Eindellungen, an die in Doppelreihe Vesikel assoziiert sind. Manche dieser Vesikel werden nach außen, zum synaptischen Spalt hin, geöffnet vorgefunden. Es muß sich danach bei den aktiven Zonen und den assoziierten Vesikeln um einen für Exozytose (s. S. 12) spezialisierten Apparat handeln, der den Inhalt der Vesikel in den synaptischen Spalt entleert. Mit biochemischen Methoden wurde gezeigt, daß die Vesikel, neben Eiweißen und Nukleotiden, in hoher Konzentration Azetylcholin und

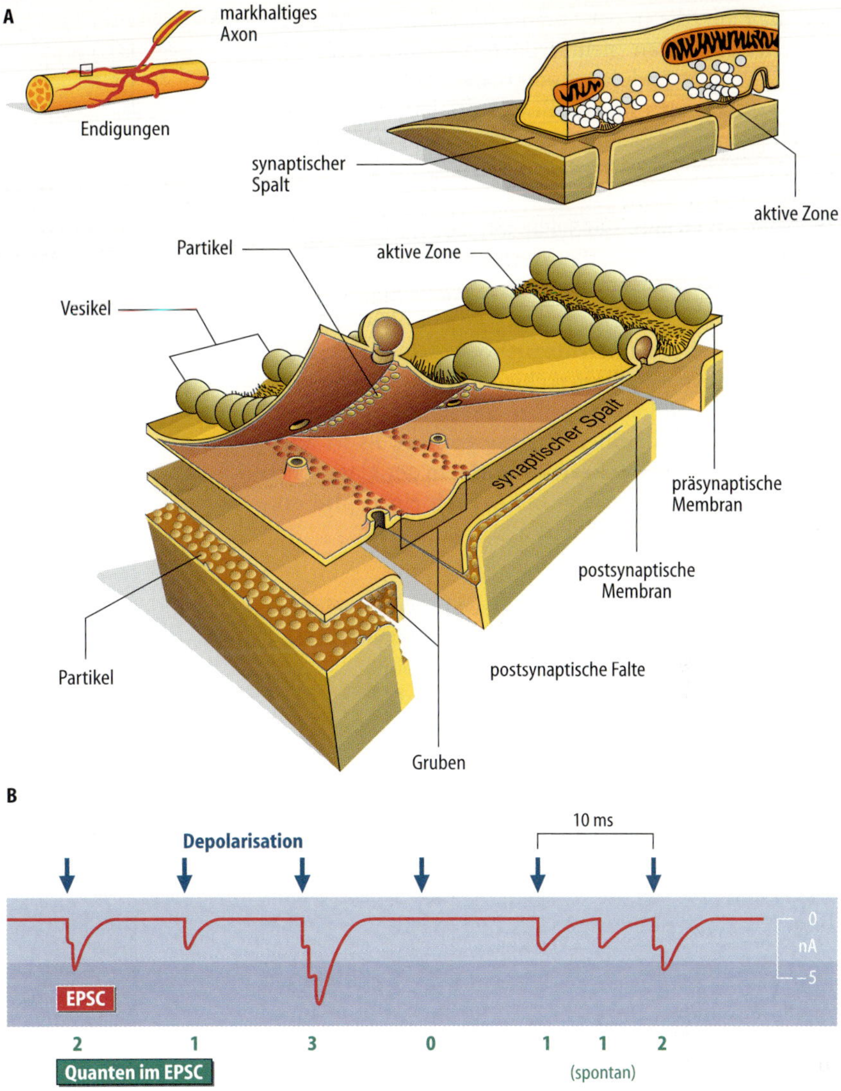

Abb. 3–13. A Feinstruktur der neuromuskulären Synapse. *Oben links*: Endigungen auf einer Muskelfaser, *daneben* vergrößert der Bereich des Nervenendes mit der darunterliegenden gefalteten Muskelfasermembran. *Darunter*: Weiter vergrößert, die präsynaptische Nervenmembran mit den auseinandergefalteten inneren und äußeren Membranschichten (*innen rot*) und *darunter* die entsprechenden Schichten der darunterliegenden, synaptischen Muskelmembran. Die Partikel in der Membran entsprechen Azetylcholinrezeptoren und Cholinesterasemolekülen. (Nach [7]). **B** Freisetzung von Quanten von Überträgerstoff, sichtbar als „Quantelung" der EPSC. Bei den *Pfeilen* wurde jeweils kurz die Nervenendigung depolarisiert. Postsynaptisch werden daraufhin EPSC gemessen, die aus 2, 1, 3... Quanten, wie unter dem EPSC angegeben, bestehen. Zwischen den durch Depolarisation „evozierten" EPSC erscheint ein spontanes, das die gleiche Quantengröße hat

ATP enthalten. Das Azetylcholin kann demnach an den aktiven Zonen in Vesikelportionen von der motorischen Nervenendigung freigesetzt werden.

Quantelung des Endplattenpotentials. Der Ausschüttung von Azetylcholin in Vesikelportionen etwa gleichen Volumens entspricht eine Zusammensetzung des postsynaptischen Stroms, des EPSC, aus kleinen Untereinheiten. Mißt man mit einer Fleckklemmethode (s. Abb. 2–9A) die synaptischen Ströme von einigen µm Länge der Nervenendigung der Endplatte, so erscheinen auf Nervenreiz in Abb. 3–13B die EPSC deutlich als *Vielfache einer Untereinheit*, nacheinander als 2, 1, 3, 0... „*Quant*". Auch ohne Nervenreiz treten *spontan* solche Quanten auf. Die Zahl der Quanten pro Reiz schwankt nach einem statistischen Verteilungsgesetz (Binomialverteilung) um einen Mittelwert. Es ist praktisch sicher, daß ***ein*** solches ***Stromquant*** dem ***Azetylcholininhalt eines Vesikels*** entspricht, der die postsynaptischen Rezeptoren durch Diffusion erreicht und in der Folge Ionenkanäle öffnet. Ein Vesikel enthält dabei einige 10000 Azetylcholinmoleküle.

Die Nervenendigungen der Endplatte sind mehr als 1 mm lang, und die gesamte Endplatte schüttet auf *ein Aktionspotential* im motorischen Axon *einige 100*

Quanten aus, die in der Summe als solche nicht zu erkennen sind. Man sieht jedoch zwischen den etwa 40 mV großen Endplattenpotentialen (Abb. 3–2) spontane, weniger als 1 mV große Potentialänderungen, die durch spontane Quantenfreisetzung, durch Öffnung eines Vesikels, erzeugt werden.

Quantelung an anderen Synapsen. Die für die Endplatte dargestellte Bereitstellung und Freisetzung von Überträgerstoff in Vesikeln gilt für *alle bekannten chemischen Synapsen.* Die Quantenströme in Abb. 3–12A werden z. B. durch glutamatenthaltende Vesikel erzeugt. Die Vesikel können also die verschiedenen Überträgerstoffe der Abb. 3–7 enthalten, wobei meist nur jeweils ein Überträgerstoff an einer Synapse vorliegt. Es ist allerdings möglich, daß Vesikel neben einem der klassischen Überträgerstoffe, wie z. B. GABA, auch ein Peptid enthalten, das modulierend wirkt (s. S. 48).

Präsynaptische Vesikel setzen innerhalb einer Millisekunde ihren Inhalt durch Exozytose frei, wenn die Nervenendigung durch ein Aktionspotential depolarisiert wird, und sich durch Einstrom die intrazelluläre Ca^{2+}-Konzentration erhöht

Ein Aktionspotential in der präsynaptischen Nervenendigung verursacht, mit einer kleinen synaptischen Verzögerung, die fast synchrone Ausschüttung von Überträgerstoffquanten, die in der postsynaptischen Membran z. B. ein EPSP erzeugen. Die Zeitverhältnisse sind in Abb. 3–14 dargestellt, und zwar für eine Tintenfischriesensynapse, an der man sowohl prä- wie postsynaptisch die Potentialänderungen und die Ströme messen kann. Die Mechanismen der Überträgerstofffreisetzung sind jedoch an allen chemischen Synapsen weitgehend identisch. In Abb. 3–14 ist neben den Aktionspotentialen und den synaptischen Strömen und Potentialen auch der Ca-Einstrom in die präsynaptische Nervenendigung eingetragen (Abb. 3–14A), der bei Depolarisation neben Na- und K-Strömen fließt (s. S. 31). Dieser ***Ca-Einstrom*** spielt eine *Schlüsselrolle bei der Quantenfreisetzung.*

Es ist schon lange bekannt, daß *bei starker Erniedrigung der extrazellulären Ca-Konzentration,* $[Ca^{2+}]_a$, *die chemische synaptische Übertragung unterbrochen wird,* und sie hängt bei der Endplatte etwa von der 4. Potenz von $[Ca^{2+}]_a$ ab [14]. Diese Abhängigkeit wird mit einer Reaktionskinetik beschrieben, bei der die Kombination von 4 Ca^{2+} mit einem Aktivator an der Innenseite der Membran die Quantenfreisetzung auslöst. Der *Aktivator* scheint allerdings auch noch *potentialabhängig* zu sein, d. h. auch bei ausreichend hoher intrazellulärer Ca-Konzentration muß zur synchronen Überträgerstoffausschüttung die Membran depolarisiert werden [17, 36]. Die Wirkung der Depolarisation auf den Aktivator könnte man sich ähnlich wie die auf ein Kanalmolekül (Abb. 2–9 bis 2–12) vorstellen.

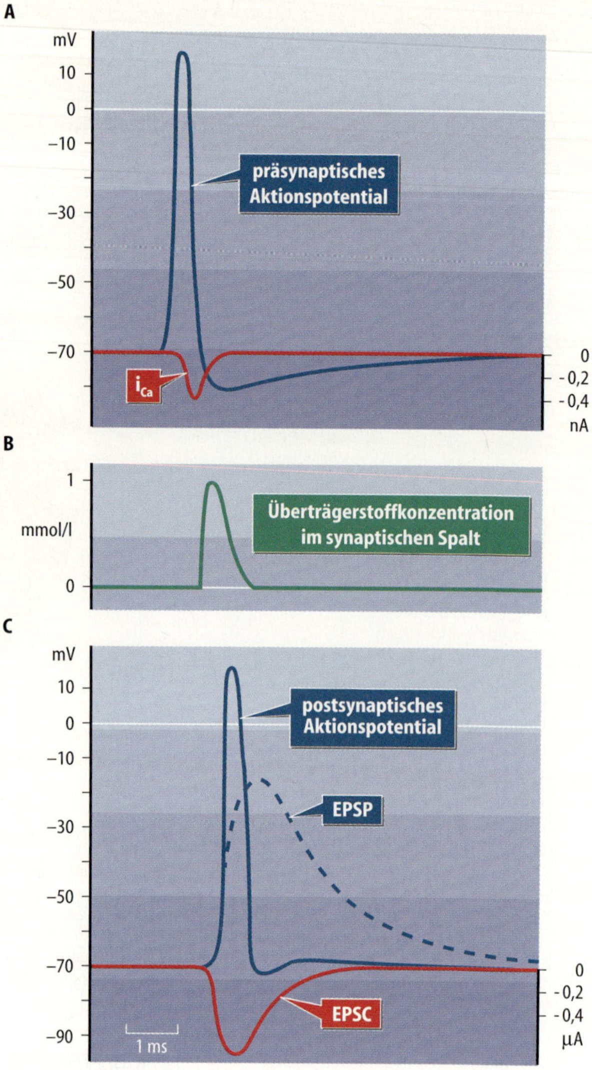

Abb. 3–14. Zeitverlauf des (**A**) präsynaptischen Aktionspotentials (*blau*) und des präsynaptischen Ca^{2+}-Einstroms, i_{Ca} (*rot*), (**B**) der Überträgerstoffkonzentration im synaptischen Spalt (grün), und (**C**) des postsynaptischen Stroms, EPSC (*rot*) des postsynaptischen Potentials, EPSP (*blau, gestrichelt*) und des von ihm ausgelösten postsynaptischen Aktionspotentials (*blau*)

Die präsynaptischen aktiven Zonen mit ihren Vesikelbindungsstellen und Membranproteinen („Partikeln") (Abb. 3–13) wären damit ein Apparat zur schnellen Steuerung von ***Exozytose durch Depolarisation und Erhöhung von*** $[Ca^{2+}]_i$. Die Erhöhung von $[Ca^{2+}]_i$ könnte dabei kontraktile Elemente des Zytoskeletts (s. S. 14, Abb. 1–13) steuern oder Phosphorylierung von Funktionsproteinen auslösen (Abb. 1–15 u. 16).

Wird eine synaptische Nervenendigung kurz nacheinander mehrfach depolarisiert, so tritt Bahnung ein: Die Wahrscheinlichkeit zur Freisetzung von Überträgerstoffquanten erhöht sich bei den späteren Depolarisationen

Im Zusammenhang mit der Quantenausschüttung können wir jetzt einen ähnlich wichtigen synaptischen Mechanismus wie *Summation und Hemmung* besprechen: die ***synaptische Bahnung.*** Dieser Vorgang wird in Abb. 3–15A, oben, dargestellt. Beginnt man eine Nervenendigung mit einer Frequenz von 20/s zu reizen, so ist an der betreffenden Synapse auf den ersten Reiz fast kein EPSP sichtbar, im Fortgang der Reizserie werden jedoch die EPSP immer größer. Wiederholte Aktivierung erhöht also die Effektivität der synaptischen Übertragung. Wird die Reizfrequenz erhöht, so ist der Bahnungseffekt noch stärker.

Mißt man die synaptischen Ströme, so sind diese bei den gebahnten EPSC größer als bei den ungebahnten. Wie das Schema der Abb. 3–15B zeigt, *steigt bei der* **Bahnung** die durchschnittliche Zahl der Quanten, die je Reiz freigesetzt werden. Dabei ist der Bahnungseffekt am größten, wenn der zweite Reiz wenige ms auf den ersten folgt, und schwächt sich mit Zeitkonstanten in der Größenordnung 50 ms ab.

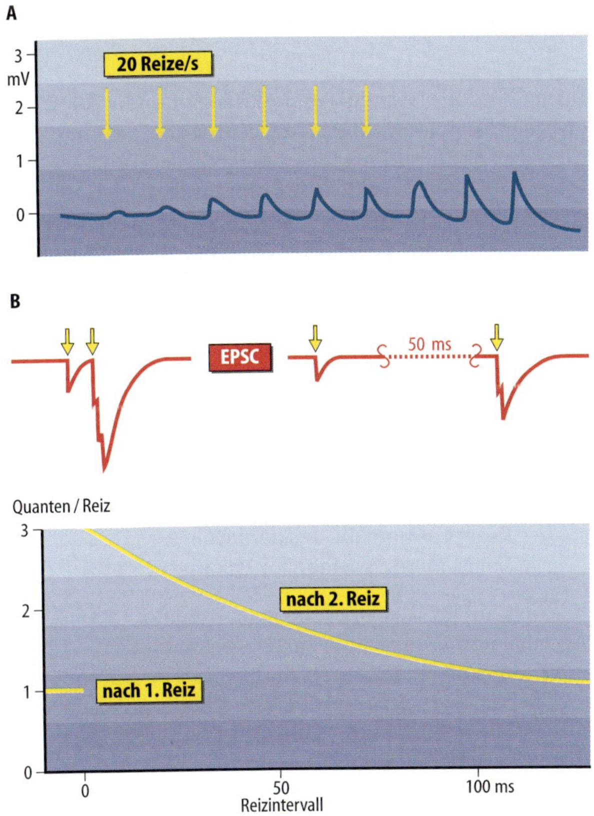

Abb. 3–15. Synaptische Bahnung. **A** Aktivierung einer präsynaptischen Nervenfaser mit 20 Reizen/s führt zu zunehmend vergrößerten EPSP. Die Bahnung innerhalb von Reizserien wird auch „tetanische Potenzierung" genannt. **B** Doppelreize mit verschiedenen Intervallen (*Abszisse*) führen zur Bahnung des zweiten EPSC. Während das erste EPSC im Durchschnitt ein Quant enthält, enthält das zweite bei kurzem Abstand 3 Quanten (s. auch *oben links, rot*), und bei längerem Abstand weniger Quanten (z. B. *oben rechts, rot*, 50 ms Reizintervall)

Da die *Bahnung* die Wahrscheinlichkeit der Ausschüttung von Überträgerstoffquanten erhöht, ist sie ein *präsynaptischer Prozeß.* Nach fast allgemeiner Ansicht wird sie durch ***„Restkalzium"*** erzeugt: Während einer Depolarisation der Endigung strömt Ca^{2+} ein und erhöht die Innenkonzentration $[Ca^{2+}]_i$ (Abb. 3–14). Das erhöhte $[Ca^{2+}]_i$ bildet sich danach durch Transport und Austauschprozesse zum Ruhewert zurück. Solange $[Ca^{2+}]_i$ jedoch noch über dem Ruhewert liegt, startet bei einer neuen Depolarisation die Zunahme der $[Ca^{2+}]_i$ von einem erhöhten Ausgangswert und wird damit größer als nach der ersten Depolarisation. Wegen der Abhängigkeit der Überträgerstoffausschüttung von z. B. der 4. Potenz von $[Ca^{2+}]_i$ erbringen schon sehr kleine relative Erhöhungen von $[Ca^{2+}]_i$ eine beträchtliche Bahnung [15, 24, 36].

Bahnung ein möglicher Mechanismus von Kurzzeitgedächtnis. Verschiedene Synapsen zeigen unterschiedlich stark ausgeprägte Bahnungen. Kräftige Bahnungen, wie in Abb. 3–15, kommen gerade an zentralen Synapsen häufig vor; bei diesen löst ein einzelnes Aktionspotential in der präsynaptischen Endigung kaum eine Quantenausschüttung aus, während mehrere kurz aufeinander folgende Impulse sehr viel effektiver sind. Bei der Bahnung hat die Nervenendigung eine Form von *Gedächtnis*: Für einige 100 ms wird sie vom vorhergehenden Ereignis beeinflußt. Es gibt auch Synapsen, bei denen die Bahnung Minuten fortdauert. Es ist sehr wahrscheinlich, daß die synaptische Bahnung der Mechanismus für eine erste Stufe des Kurzzeitgedächtnisses ist, aus der dann langfristigere Gedächtnisprozesse entstehen können (s. Kap. 6).

Bahnungen, die durch längere Serien von Aktionspotentialen zustande kommen, werden auch synaptische Potenzierungen genannt. Das Anwachsen der EPSP in den Reizserien der Abb. 3–15 wird als ***tetanische Potenzierung*** bezeichnet, und der kräftige Bahnungszustand danach, der bei langen Reizserien mehrere Stunden anhalten kann, wird ***posttetanische Potenzierung*** genannt. Wahrscheinlich erhöht sich bei solchen langen Reizserien in den Nervenendigungen nicht nur $[Ca^{2+}]_i$, sondern auch andere Ionenkonzentrationen, z. B. die von Na^+. Es kann auch die Bereitstellung von Vesikeln für die Freisetzung über einen intrazellulären Botenstoff angeregt werden, d. h. die *Vesikel können mobilisiert* werden [32].

Synaptische Depression. Lange Serien hochfrequenter Erregungen der Nervenendigungen können schließlich das Gegenteil von Bahnung, eine Depression, hervorrufen. Bei einer solchen Depression ist die *Zahl der pro Aktionspotential ausgeschütteten Überträgerstoffquanten vermindert.* Die Ursachen sind im einzelnen unklar. Erschöpfung des Vorrats an Überträgerstoffvesikeln ist eine Möglichkeit. Die Verzweigungen der Nervenendigungen, die meist vor den Synapsen liegen, sind im übrigen Schwachstellen für die Fortleitung des Aktions-

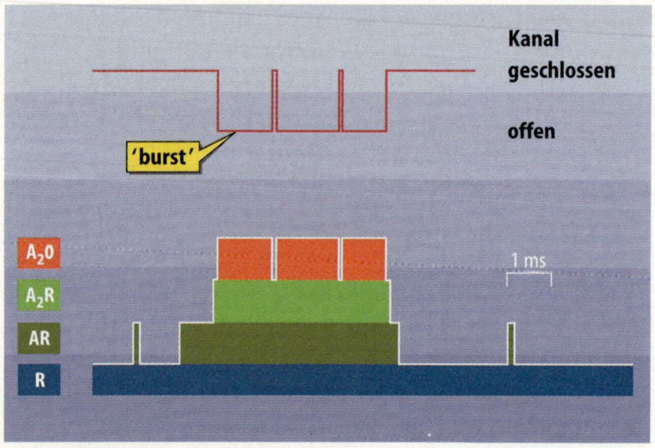

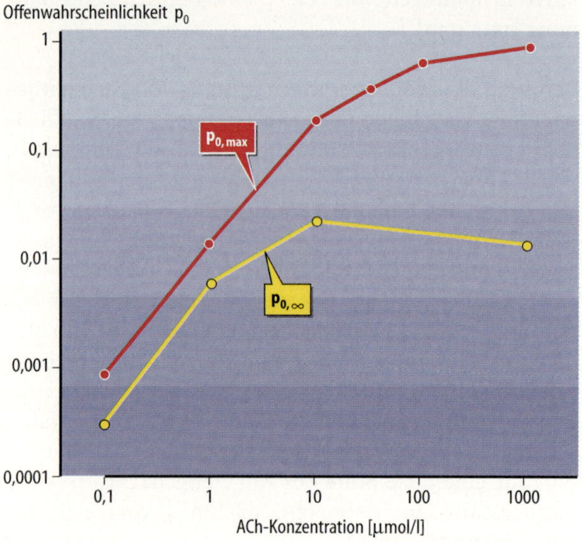

Abb. 3–16. Oben schematisch Öffnungszustände eines nikotinischen ACh-ergen Kanals entsprechend Reaktionsschema (2). Vom Ruhepotential R ausgehend bindet der Kanal A (ACh), und er erreicht manchmal von A_2R den Offenzustand A_2O (*rot*), wonach er zwischen A_2R und A_2O oszilliert. Nur während A_2O werden oben Kanalöffnungen gesehen, die als burst erscheinen. Unten Dosiswirkungskurven für diesen Kanal: Ordinate Öffnungswahrscheinlichkeit des Kanals für das Maximum der Öffnungen nach Applikation von ACh, $p_{o,max}$ (*rot*), und für den Gleichgewichtszustand nach längerer Applikation, $p_{o,\infty}$(*gelb*). Abszisse ACh-Konzentration. Nach [19]

potentials: Der vor der Verzweigung während der Erregung in die Faser einströmende Strom muß nach der Verzweigung 2 Fasern depolarisieren. *Bei hoher Frequenz* der Aktionspotentiale wird häufig an den *Verzweigungen* deshalb die *Erregungsfortleitung blockiert.* Diese Leitungsblocks erscheinen ebenfalls als Depression der synaptischen Übertragung. Auch die durch wiederholte Aktivierungen eines synaptischen Übertragungsweges ausgelöste Depression könnte als ***„Habituation“*** (Gewöhnung, ein aus der Verhaltensforschung entlehnter Begriff) Grundlage für Lern- und Gedächtnisprozesse sein.

! Überträgerstoffe werden in der Nervenendigung in Vesikeln gespeichert, die durch Exozytose den Überträgerstoff freisetzen, worauf postsynaptisch ein „Quantenpotential“ erscheint. Die Freisetzung erfolgt innerhalb einer Millisekunde nach Depolarisation der Nervenendigung, die auch die intrazelluläre Ca^{2+}-Konzentration erhöht, indem während der Depolarisation Ca^{2+} einströmt. Bei kurz aufeinander folgenden Depolarisationen tritt Bahnung ein: Die erste Depolarisation hinterläßt eine noch erhöhte Ca^{2+}-Konzentration, worauf bei der nächsten Depolarisation die intrazelluläre Ca^{2+}-Konzentration erhöhte Werte erreicht und die Überträgerstofffreisetzung verbessert wird. Längere hochfrequente Serien von Depolarisationen können auch das Gegenteil von Bahnung, nämlich synaptische Depression auslösen.

3.5 Ligandengesteuerte Membrankanäle

Bisher sind die wichtigsten makroskopischen Vorgänge an chemischen Synapsen angesprochen worden, die man jeweils als Summe vieler molekularer Prozesse ansehen muß. Ebenso wie in dem vorausgehenden Kapitel sind viele Details der chemischen synaptischen Übertragung bis in das Molekularniveau bekannt. Wir wollen dieses molekulare Niveau eingehender für die durch synaptische Überträgerstoffe gesteuerten Membrankanäle (Abb. 3–1) darstellen. Es gibt ***direkt*** und ***indirekt ligandengesteuerte Kanäle*** oder andere postsynaptische Wirkungen.

Bei direkt ligandengekoppelten Kanälen binden einige Überträgerstoffmoleküle an das Rezeptormolekül, das daraufhin für Millisekunden seinen Ionenkanal öffnet

Bei diesem Typ der synaptischen Rezeptoren sind die Agonistenbindungs- und die Ionenkanalfunktion in einem Molekül vereinigt. Zu dieser Gruppe gehören die „schnellen“ synaptischen Rezeptoren, darunter die der motorischen Endplatte (Abb. 3–2, 3–3, 3–9B, 3–13), die neuromuskulären glutamatergen Synapsen der Arthropoden (Abb. 3–12) und die meisten glutamatergen Synapsen des Wirbeltierzentralnervensystems sowie die hemmenden Synapsen mit Glyzin (Abb. 3–5) oder GABA (Abb. 3–6) als Überträgerstoff. Die Reaktion des Rezeptors R mit einer Anzahl n von Agonistenmolekülen (A) führt direkt zur Kanalöffnung, zur spontanen Umwandlung des Komplexes A_nR zum offenen Kanal A_nO:

$$nA + R \rightleftharpoons A_nR \rightleftharpoons A_nO \qquad (1)$$

Nikotinische cholinerge Rezeptoren/Kanäle der Endplatte. Am genauesten ist diese Reaktion wiederum an den Azetylcholin (ACh)-gesteuerten Kanälen der neuromuskulären Endplatte bekannt, die 2 (oder 3, je nach Kanaltyp) ACh binden, und dann den Kanal langzeitig öffnen. Für diesen Kanal wurde ein zyklisches Reaktionsschema abgeleitet [19]:

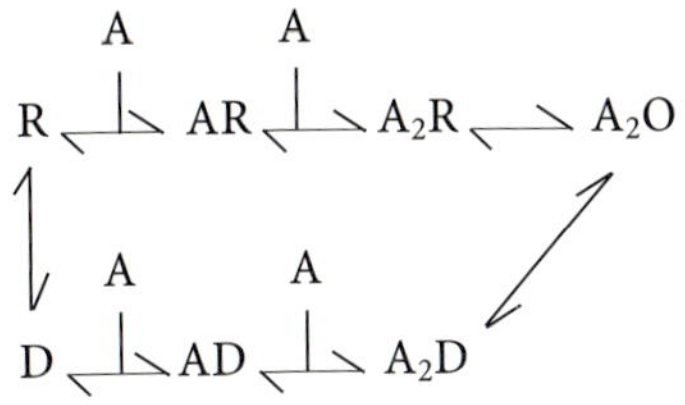

(2)

Die obere Zeile dieses Schemas beschreibt die Kanalöffnung, A_2O, aufgrund der Bindung von 2 A. Dieses Reaktionsschema ergibt eine eigenartige Gruppierung der Kanalöffnungen: Sie treten in *Gruppen (bursts)* von im Durchschnitt 3 Öffnungen auf, die durch sehr kurze Intervalle getrennt sind (Abb. 3–16, oben) Diese „bursts" entsprechen *schnellen Konformationsänderungen des Moleküls* (mit einer Rate von 50000 s^{-1}) vom offenen Zustand A_2O zum geschlossenen Zustand A_2R und zurück (Abb. 3–16, unten). Derartige schnelle Gruppen von Konformationsänderungen sind typisch für alle direkt ligandengesteuerten Kanäle, aber z. B. auch für die K^+-Kanäle in Abb. 2–9C (S. 29).

Bei hohen ACh-Konzentrationen (1 mmol/l) erreicht insgesamt die *Öffnungswahrscheinlichkeit des Kanals (p_o)* fast den *Wert 1*, der Kanal ist also fast immer offen (Abb. 3–16). Für kleinere ACh-Konzentrationen fällt die Häufigkeit der Kanalöffnungen, p_o, steil ab (Abb. 3–16). Für kleine ACh-Konzentrationen ist dieser Abfall mehr als proportional zur ACh-Konzentration, was durch Bindung von 2 ACh vor der Kanalöffnung erklärt wird. Alle bekannten direkt ligandengesteuerten Ionenkanäle binden mindestens 2 Agonistenmoleküle vor der Öffnung, im Falle von glutamatgesteuerten Kanälen (Abb. 3–12A u. B) sogar 4 bis 5. Die resultierende *steile Dosis-Wirkungskurve für den Überträgerstoff macht die Synapse unempfindlich für geringe Überträgerstoffkonzentrationen*, die im Extrazellulärraum vorkommen können.

Ligandengekoppelte Rezeptorkanäle desensitisieren in Anwesenheit des Liganden

Desensitisierung des ACh-Rezeptors. Wird das ACh in Pulsen an die Rezeptoren appliziert (Abb. 3–17), so ist die Öffnungswahrscheinlichkeit nur bis zu Konzentrationen von 2 µmol/l zeitlich konstant; bei hohen ACh-Konzentrationen werden die Öffnungen nach einem anfänglichen Maximum schnell seltener, es tritt ***Desensitisierung*** ein. Diese hat bei 1 mmol/l ACh eine Zeitkonstante von 20–50 ms. Diese Desensitisierung ist in Schema (2) der Übergang vom Offenzustand A_2O in den Zustand A_2D, eine Schließung des Kanals. Auch der desensitisierte Kanal kann ACh binden.

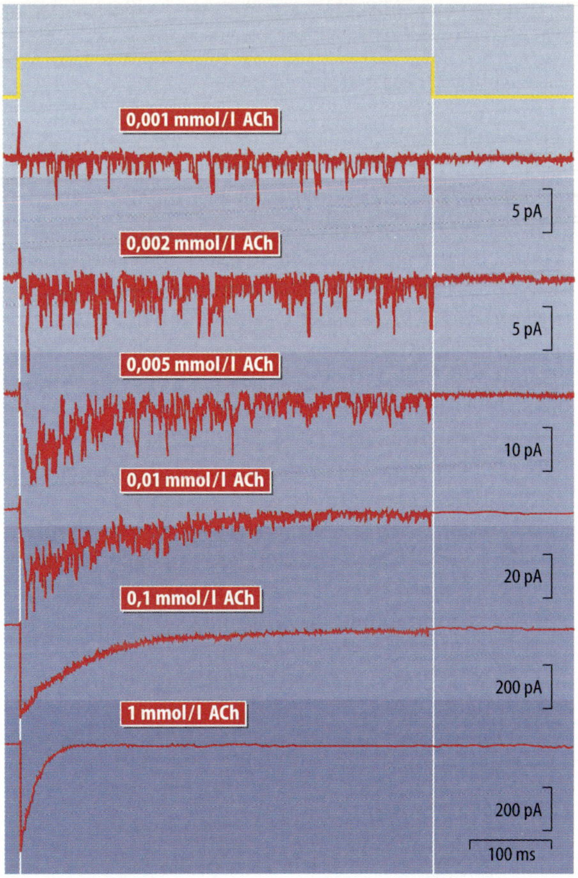

Abb. 3–17. Aktivierung nikotinischer ACh-erger Rezeptoren/Kanäle auf einem Membranfleck („outside-out patch") aus Mausmuskel. Die Membran wurde durch 0,5 s Pulse mit ACh-Konzentrationen von 0,001 bis 1 mmol/l überspült. Bei 0,001 mmol/l ACh öffnet meist nur ein (bis zu 3) Kanal gleichzeitig; bei 1 mmol/l ACh öffnen alle der etwa 250 Kanäle des Membranflecks innerhalb von 1 ms. (Mod. nach [19])

Desensitisierung an anderen Kanälen. Desensitisierung ist ein Charakteristikum aller ligandengesteuerten Kanäle; sie kann bei verschiedenen Kanaltypen mit sehr verschiedenen Geschwindigkeiten ablaufen. Desensitisierung scheint ein *Sicherheitsmechanismus der Synapsen* zu sein, der zu große und langdauernde Aktivierungen verhindert. Die Desensitisierung ist ein Analog der *Inaktivation* der Na^+-Kanäle (Abb. 2–9B und 2–10).

Die ***Aminosäuresequenz des ACh gesteuerten Kanals*** der Endplatte, der nach einem spezifischen Agonisten auch *nikotinischer Rezeptor* genannt wird, ist bekannt. Er hat ein Molekulargewicht von 268000 und besteht aus 5 etwa gleich großen und weitgehend analogen Untereinheiten, die sich um den zentralen Kanal lagern [34, 39]. Bei diesem Kanal sind schon detaillierte Diskussionen der Struktur der „Kanalwand" und der Agonistenbindungsstelle(n) an den Untereinheiten möglich [40].

Auch die Strukturen einiger anderer direkt ligandengesteuerter Kanäle ähneln denen des nikotinischen Rezeptors, und es ist wahrscheinlich, daß diese Moleküle miteinander verwandt sind. Von den verschiedenen Kanaltypen gibt es jeweils eine große Zahl von Strukturvarianten, die unterschiedliche Kanaleigenschaften, besonders aber auch unterschiedliche Spektren von Agonisten und Überträgerstoffen, bedingen.

Zeitverlauf einer schnellen synaptischen Übertragung. Das Schema der Abb. 3–18 faßt zusammen, wie der Zeitverlauf einer synaptischen Übertragung auf Einzelkanalniveau vorzustellen ist. Ein Quantum Überträgerstoff (bestehend aus einigen 10000 Molekülen) erzeugt an den Rezeptoren für 10 μs bis einige ms eine *hohe Überträgerstoffkonzentration,* die schnell abfällt. Mit der ansteigenden Überträgerstoffkonzentration erhöht sich die Wahrscheinlichkeit, daß sich Kanäle öffnen, wobei die Öffnungen sich in Gruppen, „bursts" (Abb. 3–16), ordnen. Wenn sich nach einem burst der Kanal schließt, kommt es meist nicht mehr zu einer weiteren Öffnung, weil nach der mittleren Schließdauer die Überträgerstoffkonzentration schon wieder zu weit abgefallen ist. Die „bursts" summieren sich zu einem ***Stromquant,*** das einige 100 Einzelkanalströme enthält. Weil an einem Kanal fast immer nur *eine* Gruppe, ein „burst" von Öffnungen pro Überträgerstoffpuls ausgelöst wird, entspricht die *Zeitkonstante des Abfalls des synaptischen Stroms auch fast der mittleren Dauer einer Gruppe von Kanalöffnungen.*

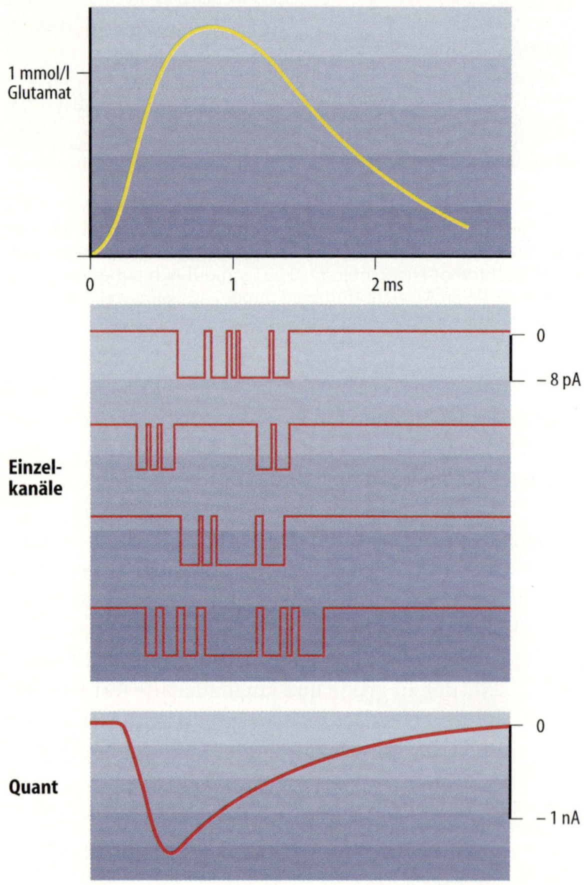

Abb. 3–18. Schema der Übertragung an einer glutamatergen Synapse. *Oben*: Zeitverlauf der Glutamatkonzentration nach Ausschüttung eines „Quants" Glutamat aus der Nervenendigung (hypothetisch). *Darunter*: Beispiele von nach einem solchen Glutamatpuls gemessenen Einzelkanalströmen. *Unten*: Summe der Einzelkanalströme: EPSC (ein Quant)

Bei indirekt ligandengekoppelten Kanälen führt die Bindung von Überträgerstoffmolekülen an das Rezeptormolekül zur Aktivierung eines G-Proteins der Membraninnenseite, das entweder direkt Kanäle öffnet, oder über second messengers auf Membrankanäle wirkt

Muskarinischer ACh-Rezeptor, direkt G-Protein gesteuerter K^+-Kanal. Ein Beispiel dieses Kanaltyps ist der *muskarinische ACh-Rezeptor* der Membran des Vorhofs des Herzens. Dieser Rezeptor reagiert auf vom Herzvagus freigesetztes ACh, worauf sich K^+-Kanäle öffnen und vor allem spontane Erregungsbildung im Sinusknoten hemmen (s. S. 483). Der Rezeptor heißt muskarinisch, weil hier, wie in vielen cholinergen Synapsen des vegetativen Nervensystems, Muskarin ein spezifischer Agonist des ACh ist (zum Unterschied zu den nikotinischen Rezeptoren der Endplatte). Mißt man Membranströme an „patches" von isolierten Herzmuskelzellen, so werden K^+-Ströme in der patch ausgelöst, selbst wenn ACh nur an die Membran außerhalb der „patch" appliziert wird (Abb. 3–19A). Die Wirkung des ACh auf Rezeptoren außerhalb der „patch" muß folglich durch einen intrazellulär diffundierenden Faktor vermittelt werden.

Diese Koppelung ist im Schema der Abb. 3–19B dargestellt. ACh bindet an den ***muskarinischen Rezeptor*** und aktiviert diesen. Der aktivierte Rezeptor kann ein ***G_i***-Protein (s. Abb. 1–15, S. 18) aktivieren, das an der Innenseite der Membran liegt. Bei der Aktivierung von G_i wird intrazelluläres GTP in GDP und Phosphat gespalten. Das G_i-Protein besteht aus einer α-, einer β- und einer γ-Untereinheit. Nach Aktivierung von G_i zerfällt dieses in einen β/γ- und einen α-Anteil, und die α-Untereinheit diffundiert in der intrazellulären Schicht der Zellmembran fort. Es ***bindet*** schließlich ***an einen K^+***-Kanal der Membran, der sich daraufhin ***öffnet.*** Die K^+-Kanäle öffnen sich 30–100 ms nach der Bindung von ACh an den Rezeptor; die Verzögerung wurde durch die Diffusion von $G_{i,}$ α zum Kanal verursacht.

Rezeptor-Kanal-Kopplung über sekundären Botenstoff. Bei dem muskarinischen Rezeptor in Abb. 3–19 wurde die Öffnung des K^+-Kanals direkt durch ein $G_{i,\alpha}$ vermittelt. G-Protein-gekoppelte synaptische Rezeptoren können ihre Wirkungen auch über die Einschaltung von sekundären Botenstoffen *(second messengers),* wie ***cAMP*** oder ***IP_3***, vermitteln, wie dies allgemein in Abb. 1–15 und 1–16 (S. 18) beschrieben wurde.

Als spezifisches Beispiel sei die ***β-adrenerge synaptische Übertragung*** durch Noradrenalin, z. B. am Sympathikus des Herzmuskels genannt. Nach Bindung des Noradrenalin an den β-Rezeptor wird die ***cAMP-Kaskade*** der Abb. 1–15 ausgelöst. Die cAMP-aktivierte *Proteinkinase A phosphoryliert Ca^{2+}*-Kanäle der Mem-

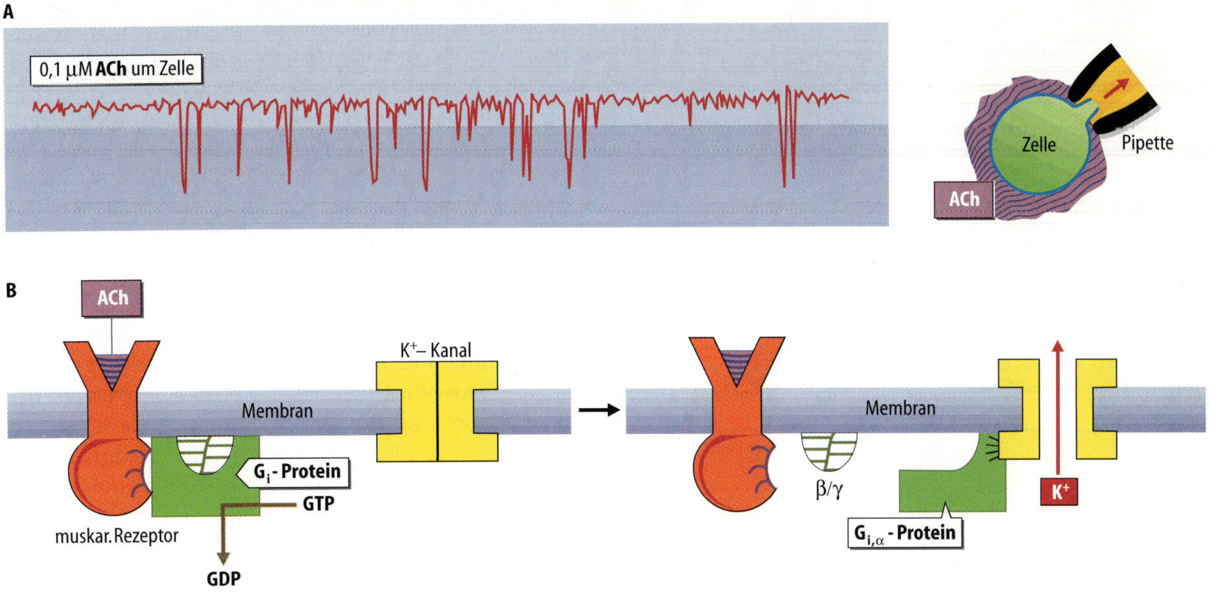

Abb. 3–19. Wirkung von Azetylcholin (ACh) an einem muskarinischen Rezeptor. **A** Von einem Membranfleck (*übertrieben groß gezeichnet*) einer postsynaptische Zelle wird mit einer patch-clamp Elektrode (Pipette) Kanalstrom abgeleitet. In diesem Fall wird nur von der Membran innerhalb der Pipette Strom gemessen. 0,1 µmol/l ACh wird um die Zelle appliziert (*violett*). Gemessen werden K^+-Kanalströme (*rot*). **B** Schema der Reaktion des muskarinischen Rezeptors mit ACh. Der aktivierte Rezeptor aktiviert ein G_i-Protein der Innenseite der Membran (*grün*). Das G_i-Protein zerfällt (*rechts*) in die β/γ-Untereinheit und in $G_{i,\alpha}$, letzteres diffundiert an der Membraninnenseite zu einem K^+-Kanal (*gelb*) und löst dessen Öffnung aus. Nach [4]

bran und erhöht damit die Wahrscheinlichkeit der Kanalöffnung (Abb. 2–11, S. 31). Der so erhöhte Ca^{2+}-Einstrom läßt die Schrittmacherpotentiale des Herzmuskelaktionspotentials (s.S. 477) schneller ansteigen, und dadurch nimmt die Herzfrequenz zu.

Ionotrope und metabotrope Ligandenwirkungen. Die durch Ca^{2+}-Einstrom und -Ausschüttung aus dem sarkoplasmatischen Retikulum erhöhte intrazelluläre Ca^{2+}-Konzentration steigert die Kontraktionskraft der Myofibrillen (s.S. 74). Eine durch G-Proteine vermittelte postsynaptische Wirkung kann so multiple Angriffspunkte haben: Membrankanäle werden geöffnet und die Kraftentwicklung von Myofibrillen wird gesteigert. Man nennt Wirkungen durch Kanalöffnung ***ionotrop***, solche auf intrazelluläre Funktionen ***metabotrop***.

Als Mittler zwischen synaptischen Rezeptoren und Kanälen oder anderen Funktionsträgern wirkt auch Stickoxyd, NO

An den glatten Muskeln der Gefäße wird die *Relaxation der Gefäße durch gelöstes Stickoxyd* vermittelt (s. S. 530 f). NO tritt auch an neuralen Synapsen als neuartiger Mittlerstoff auf. Ausgelöst wird die ***NO-Bildung durch Ca^{2+}-Einstrom***, z.B. durch glutamatgesteuerte erregende synaptische Kanäle an Zellen des Zentralnervensystems (Abb. 3–20) oder durch IP_3 vermittelte Ca^{2+}-Ausschüttung aus intrazellulären Speichern (Abb. 1–16; S. 18). Die dadurch erhöhte intrazelluläre Ca^{2+}-Konzentration aktiviert *NO-Synthase*, ein Ca^{2+}-Calmodulin-reguliertes Enzym, das aus Arginin NO abspaltet. NO kann nun sehr schnell innerhalb der Zellen, aber auch über die Zellmembran und im Extrazellulärraum ***diffundieren.*** Es aktiviert in benachbarten Zellen *Guanylat-Zyklase,* die aus GTP den Botenstoff cGMP synthetisiert (Abb. 3–20). ***cGMP*** kann die Öffnung oder Schließung von Membrankanälen veranlassen, kann aber auch cGMP-abhängige Proteinkinasen aktivieren (analog zur cAMP-Wirkung in Abb. 1–15, S. 18). In Nervenendigungen kann cGMP die Ausschüttung von Überträgerstoffquanten erleichtern (Abb. 3–20).

!

Die Bindung des Überträgerstoffes an den postsynaptischen Rezeptor führt bei direkt ligandengekoppelten Kanälen zu kurzen Öffnungen des Ionenkanals des Rezeptormoleküls (Beispiel: nikotinischer ACh-Rezeptor). Bei indirekt ligandengekoppelten Kanälen erzielt die Bindung von Überträgerstoff an den Rezeptor die Aktivierung eines G-Proteins der inneren Schicht der Membran. Das G-Protein bindet entweder an ein Kanalmolekül, das sich öffnet (Beispiel: muskarinischer ACh-Rezeptor), oder das G-Protein wirkt über Enzymketten und sekundäre Botenstoffe wie cAMP oder Stickoxyd auf Ionenkanalmoleküle (Beispiel: adrenerge Übertragung). Neben diesen ionotropen Wirkungen können über sekundäre Botenstoffe auch intrazelluläre Funktionen metabotrop gesteuert werden.

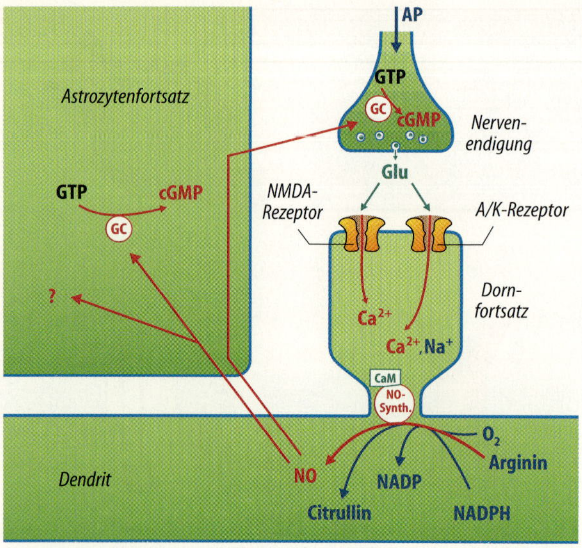

Abb. 3–20. Stickoxyd (NO) als sekundärer Botenstoff an Synapsen. Eine Nervenendigung setzt nach einem Aktionspotential (AP) Glutamat (Glu) frei, das mit NMDA- (*gelb*) und A/K-Rezeptoren der postsynaptischen Membran, von einem Dornfortsatz eines Dendriten, reagiert. Durch die geöffneten Kanäle strömt, neben Na^+, Ca^{2+} ein und erhöht die Ca^{2+}-Konzentration im Dornfortsatz. Dadurch wird die NO-Synthase aktiviert, die die Bildung von NO aus Arginin katalysiert. NO diffundiert über die Zellgrenzen und aktiviert in einem benachbarten Astrozytenfortsatz oder einer Nervenendigung Gunanylatzyklase (GC), was zur Bildung von zyklischem Guaniosinmonophosphat, cGMP, führt. cGMP wirkt als weiterer Botenstoff, es kann z.B. in der Membranendigung K^+-Kanäle schließen und damit das Aktionspotential verlängern (nicht illustriert)

Bei Langzeitpotenzierung oder -depression bewirkt verstärkte Aktivierung eines Typs von Nervenendigungen eine bis zu Tagen andauernde Verstärkung oder Depression der Effizienz der synaptischen Übertragung

Mögliche molekulare synaptische Mechanismen des Lernens. Eine grundlegende Fähigkeit selbst schon primitiver Nervensysteme ist das Lernen, d.h. die sinnvolle Änderung der Reaktionsweise des Systems aufgrund von Erfahrungen. Lernen wird in Kap. 8 eingehender besprochen. Hier sollen 2 zelluläre synaptische Reaktionsweisen vorgestellt werden, die *Langzeitpotenzierung (LTP)* und die *Langzeitdepression (LTD)*, die zelluläre Substrate von Lernvorgängen sein können. LTP wird vor allem an Pyramidenzellen des Hippokampus beobachtet. LTP wird ausgelöst, wenn ein synaptischer Eingang in diese Zellen durch eine hochfrequente Serie von Aktionspotentialen stark aktiviert wird. Danach wird die synaptische Übertragung an diesen Zellen eventuell tagelang beträchtlich gebahnt gefunden.

Langzeitpotenzierungen, LTP. Die LTP findet an glutamatergen Synapsen, z.B. an Dornfortsätzen der Dendriten von Pyramidenzellen, statt. An diesen Dornfortsätzen gibt es zwei Typen von Glutamatrezeptoren, die nach spezifischen Agonisten als *N-Methyl-D-Aspartat-Rezeptor* ***(NMDA-Typ)*** und *AMPA/Kainat-Rezeptor* ***(A/K-*** bzw. ***non-NMDA-Typ)*** genannt werden. Ein einzelnes Aktionspotential im afferenten Nerven verursacht die Ausschüttung einer Glutamatmenge, die zur Öffnung einiger Kanäle vom A/K-Typ ausreicht (Abb. 3–21, links). Die NMDA-Kanäle öffnen nicht, weil sie durch Mg^{2+}-Ionen im Kanal blockiert sind. Es ergibt sich ein relativ kleines EPSP von etwa 20 mV Amplitude. Wird nun in den afferenten Axonen eine längere Impulsserie ausgelöst (Abb. 3–21, rechts), so steigt die Glutamatkonzentration am Dornfortsatz stark an, und die A/K-Kanäle öffnen fast vollständig. Dadurch wird die Membran bis nahe zum Nullpotential depolarisiert. Diese Potentialverschiebung *treibt die* Mg^{2+} aus den NMDA-Rezeptorkanälen, und letztere können aufgrund der Bindung von Glutamat und der Depolarisation *öffnen*. Der einfließende Strom depolarisiert die Membran noch mehr, und es wird ein EPSP von z.B. 100 mV Amplitude erzeugt.

Wichtig ist nun, daß bei ***Öffnung der NMDA-Rezeptor-gekoppelten Kanäle*** relativ ***viel*** Ca^{2+} in die Zelle einfließen. Dadurch wird die Ca^{2+}-Konzentration im Dornfortsatz erhöht, und dies aktiviert wiederum verschiedene Enzymsysteme. Auf noch unklare Weise *bewirken die Enzymprodukte eine für längere Zeit erhöhte Empfindlichkeit der Synapsen* am Dornfortsatz, es könnte z.B. der Einbau von Rezeptormolekülen in die Zellmembran gesteigert sein. Die erhöhte Ca^{2+}-Konzentration aktiviert auch *NO-Synthase*, und das im Dornfortsatz gebildete ***NO*** kann zu den präsynaptischen Nervenendigungen diffundieren und mit dem in Abb. 3–20 dargestellten Mechanismus die Überträgerstoffausschüttung verbessern. Man findet jedenfalls neben einem *postsynaptischen* auch einen *präsynaptischen Mechanismus* der LTP.

Langzeitdepression, LTD. Der entgegengesetzte Vorgang, die Langzeitdepression, LTD, wurde an Purkinjezellen des Kleinhirns entdeckt. Diese Zellen, von denen die Efferenzen des Kleinhirns ausgehen, werden durch 3 definierte Eingänge angesteuert (s. Abb. 5–23, S. 116). Wenn zwei dieser Eingänge, die *Kletterfasern* und die *Parallelfasern*, ***gleichzeitig*** erregt werden, so wird danach die Übertragung zwischen den Parallelfasern und Purkinjezellen für Stunden gehemmt, es tritt ***LTD*** ein [9].

Alle bekannten Befunde zu der LTD an Purkinjezellen werden durch das Schema der Abb. 3–22 abgedeckt. LTD wird ausgelöst durch gleichzeitige Aktivierung von 2 glutamatgesteuerten Rezeptor-Kanaltypen. Der erste ist vom klassischen *A/K Typ*, er wird von den Parallelfasern angesteuert. Er erzeugt schnell desensitisierende EPSP wie in Abb. 3–18. Werden auch die Kletterfasereingänge stimuliert, so aktivieren die ausgeschütteten hohen Glutamatkon-

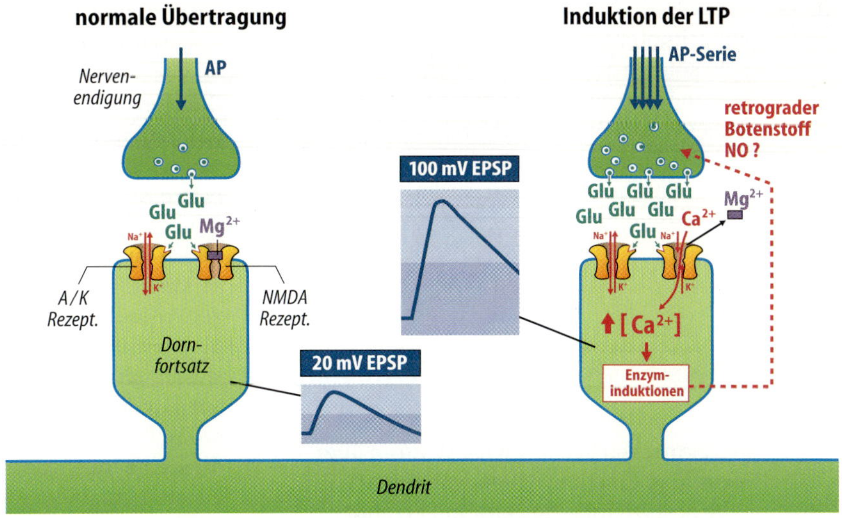

Abb. 3–21. Langzeitpotenzierung, LTP. *Links* „normale" synaptische Übertragung an einem Dornfortsatz eines Neurons im Hippokampus. Ein Aktionspotential (AP) in der Nervenendigung löst mäßige Freisetzung von Glutamat (Glu) aus. Glu bindet an A/K- und an NMDA-Rezeptoren. Kanalöffnung der A/K-Rezeptoren verursacht einen synaptischen Strom, der ein EPSP von 20 mV Amplitude erzeugt. Bei den stark negativen Membranpotentialen ist der NMDA-Rezeptor durch ein Mg^{2+}-Ion im Kanal blockiert. *Rechts:* Eine Serie von AP an derselben Synapse erzeugt erhöhte Glu-Freisetzung und in der Folge größere synaptische Ströme durch den A/K-Rezeptor. Das vergrößerte EPSP baut die negative Membranspannung ab, und das Mg^{2+} wird aus dem NMDA-Kanal ausgetrieben. Dadurch wird der NMDA-Kanal deblockiert, und vor allem Ca^{2+} strömen in den Dornfortsatz. Dort löst die Erhöhung der $[Ca]_i$ Enzyminduktionen aus, die die postsynaptische Empfindlichkeit für Glu heraufsetzen oder auf demselben Weg wie in Abb. 3–20 über NO die präsynaptische Überträgerstofffreisetzung langfristig erhöhen

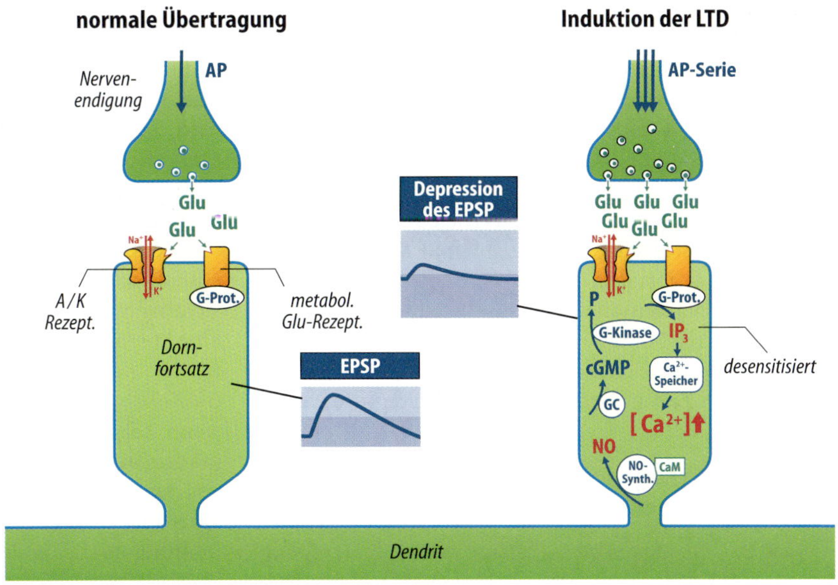

Abb. 3–22. Langzeitdepression, LTD. *Links* „normale" synaptische Übertragung nach einem Aktionspotential in der Nervenendigung, wie in Abb. 3–21. Bei diesem Dornfortsatz sind hier allerdings neben den A/K-Rezeptoren metabolische Glu-Rezeptoren vorhanden, die auf niedrige Glu-Konzentrationen nicht reagieren. *Rechts* erhöhte Glu-Freisetzung aus der Nervenendigung nach einer Serie von AP: Die erhöhte Glu-Konzentration aktiviert auch den metabolischen Glu-Rezeptor, der über ein G-Protein und IP_3 intrazelluläre Ca^{2+}-Speicher entleert, die erhöhte $[Ca^{2+}]_i$ induziert die NO-cGMP Kaskade der Abb. 3–20, und die aktivierte G-Kinase phosphoryliert den A/K-Rezeptor, der daraufhin langfristig desensitisiert wird

zentrationen auch einen *metabotropen Glutamatrezeptor*. Dies ist ein G-Protein-gekoppelter Rezeptor, der die IP_3-Kaskade aktiviert (Abb. 1–16, S. 18). IP_3 löst Ca^{2+}-Freisetzung aus intrazellulären Speichern aus, und die folgliche Erhöhung der intrazellulären Ca^{2+}-Konzentration führt ebenso wie bei der LTP zur Produktion von NO. Die durch ***NO*** induzierte ***cGMP-*** Bildung (Abb. 3–20) führt zur langfristigen ***Desensitisierung der A/K-Rezeptoren***, was die LTD verursacht.

> **!** Langzeitpotenzierung (LTP) und -depression (LDP) können zentralnervöse Synapsen für Tage im Sinne eines Lerneffektes in ihrer Effektivität verstärken oder vermindern. Bei diesen Vorgängen wirken verschiedene glutamatbindende Synapsentypen und second messengers zusammen.

3.6 Elektrische synaptische Übertragung

An elektrischen Synapsen fließt Strom über Nexus (Gap junctions) direkt von der prä- in die postsynaptische Zelle und erzeugt dort ein postsynaptisches Potential, wenn die präsynaptische Zelle depolarisiert wird

Nachdem sich, etwa zwischen 1930 und 1950, das Konzept der chemischen synaptischen Übertragung durchgesetzt hatte, war es eine große Überraschung, daß es auch elektrische synaptische Übertragung gibt [10, 20]. Das Prinzip zeigt Abb. 3–23A. Wird über eine Pipette 1 der Zelle 1 eine Depolarisation ΔE aufgeprägt, so fließt über die Zell-Zell-Kontakte ein ***Koppelungsstrom*** i_{ko}, und auch die Zelle 2 wird depolarisiert, wenn auch im geringerem Ausmaß als Zelle 1. Die Kopplung kann linear sein, d.h. i_{ko} ist ΔE proportional (Abb. 3–23B) oder beinhaltet eine Gleichrichtung, es fließt z.B. viel Strom bei Depolarisation, aber wenig bei Hyperpolarisation (Abb. 3–23C).

Eine solche elektrisch übertragene Depolarisation kann überschwellig sein und auch in Zelle 2 ein Aktionspotential auslösen. Häufig ist die elektrisch übertragene Depolarisation unterschwellig, und Zelle 2 kann dann nur durch Summation von synaptischen Potentialen, die mit chemischer oder elektrischer Übertragung von weiteren Zellen vermittelt werden, erregt werden.

Unterscheidungsmerkmale chemischer und elektrischer synaptischer Übertragung

- Bei der *chemischen synaptischen Übertragung* wird der postsynaptische Strom durch das Öffnen von Kanälen in der *postsynaptischen* Membran erzeugt, und der Strom wird durch die Ionengradienten der *postsynaptischen Zelle angetrieben.*
- Dagegen liegt bei der *elektrischen synaptischen Übertragung* die *Stromquelle* für den postsynaptischen Strom in der Membran der *präsynaptischen Zelle*. Der elektrischen synaptischen Übertragung fehlt ein Überträgerstoff, und alle Maßnahmen, die die Ausschüttung und die Wirkung des chemischen Überträgerstoffs beeinflussen, z.B. Erniedrigung der extrazellulären Ca-Konzentration oder der abbauenden Enzyme, beeinflussen die elektrische Übertragung nicht.

Gap junctions. Elektrische Ionenströme fließen nicht durch Lipidmembranen (s.S. 4), und es muß deshalb an den „Membrankontakten" zwischen elektrisch gekoppelten Zellen Kanalproteine geben, durch die der Strom fließen kann. Diese engen Verbindungen zwischen den Zellen sind die ***Nexus*** oder ***gap junctions*** (Abb. 3–23A). In ihnen liegen mit geringem Abstand und regelmäßiger Anordnung ***Konnexone***, von denen jedes eine der Membranen durchsetzt; zwei solcher Konnexone liegen jeweils einander gegenüber, und ihre Lumina stoßen aneinander. Die Kanäle durch die Konnexone haben große Öffnungen, also hohe Einzelkanalleitfähigkeiten für kleine Ionen, und lassen auch relativ große Moleküle bis etwa zu einem Molekulargewicht von 1000 (Durchmesser etwa 1,5 nm) passieren. Jedes der Konnexone ist im übrigen aus 6 Untereinheiten mit jeweils einem Molekulargewicht von etwa 25000 aufgebaut. Gap junctions kommen im ZNS von Wirbeltieren häufig vor und verbinden meist funktionell zusammenarbeitende Gruppen von Zellen. Gap junctions sind auch bei den Invertebraten weit verbreitet.

Gap junctions verbinden auch außerhalb des Nervensystems funktionelle Synzytien

Außerhalb des Nervensystems sind Zellkopplungen über gap junctions im übrigen sehr häufig [30]. Im Rahmen der Erregungsübertragung ist hier v.a. der ***Herzmuskel*** und die ***glatte Muskulatur*** anzusprechen, die durch gap junctions zu funktionellen Synzytien verknüpft sind. In diesen Zellverbänden läuft die Erregung von Zelle zu Zelle, ohne daß an den Zellgrenzen ein Aufenthalt oder eine Verkleinerung des Aktionspotentials sichtbar wäre (s. Kap. 4 und 19). Für diese Organe ist eine Steuerungsmöglichkeit für die gap junctions wichtig: *Die Kanäle schließen, wenn der pH abfällt oder die Ca-Konzentration ansteigt.* Dies geschieht immer dann, wenn Zellen verletzt werden oder starke Stoffwechselmängel eintreten. An solchen Stellen kann sich folglich das funktionelle Synzytium vom beschädigten Bezirk abtrennen, wodurch z.B. bei einem Herzinfarkt die Ausbreitung des Schadens begrenzt wird.

Neben diesen erregbaren Zellen sind auch viele andere Zellverbände durch gap junctions verknüpft, so alle *Epithelien* oder z.B. die *Leberzellen*. Die Verknüpfung der Zellen ist eigentlich der originäre Zustand; in kleinen Embryonen sind alle Zellen durch gap junctions verbunden und erst, wenn sich Organverbände differenzieren, gehen die Verbindungen zwischen diesen verloren.

Es ist unklar, welche Rolle die gap junctions bei den nichterregbaren Zellen spielen. Sie erlauben den Austausch vieler kleiner Moleküle, und dies könnte für den Stoffwechsel von Bedeutung sein. Auch intrazelluläre Botenstoffe, second messengers (s. S. 18) könnten durch die gap junctions diffundieren und die Steuerung von Zellprozessen der Zellen des Verbandes verknüpfen.

A Messung der elektrotonischen Kopplung

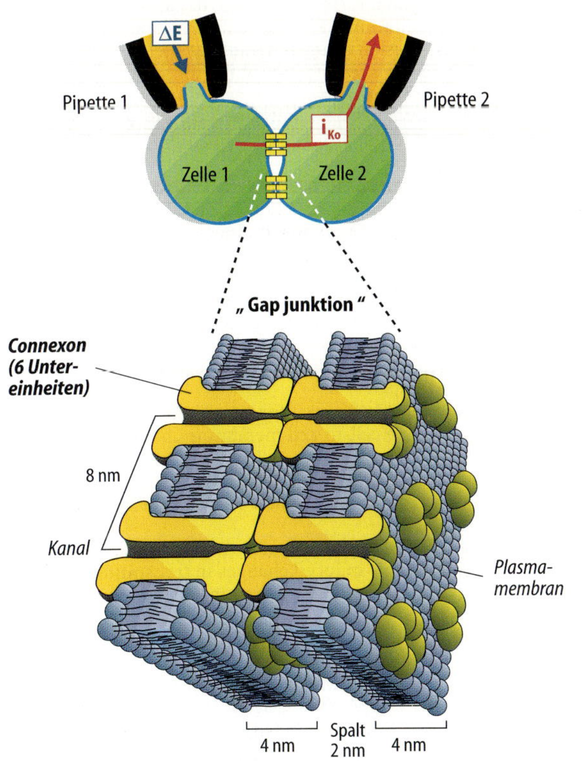

B nicht gleichrichtende Kopplung

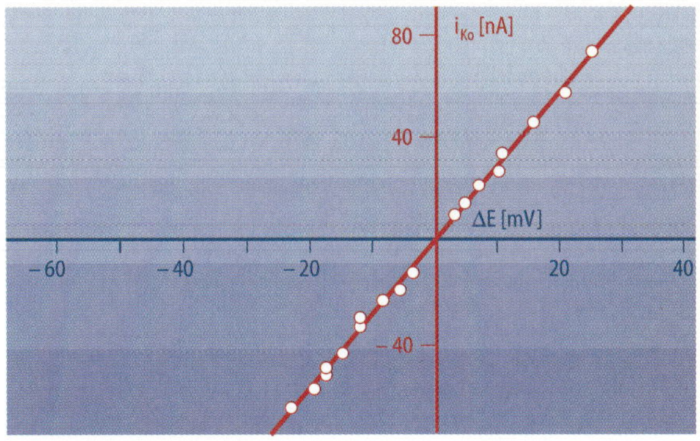

C gleichrichtende Kopplung

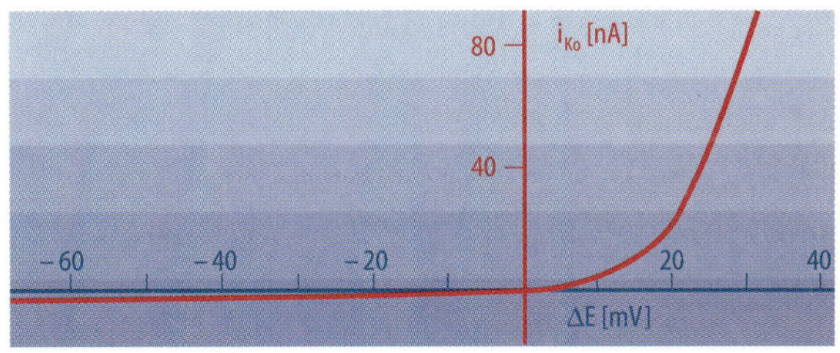

Abb. 3–23. A *oben:* Zwei Nervenzellen sind durch gap junctions gekoppelt, so daß eine Depolarisation ΔE von Zelle 1 über Pipette 1 Kopplungsstrom i_{Ko} in Zelle 2 treibt und diese ebenfalls depolarisiert. *Unten:* Detailzeichung von gap junctions. **B** Abhängigkeit des Kopplungsstrom i_{Ko} von ΔE bei linearer Kopplung, **C** bei gleichrichtender Kopplung. Nach [10,33]

Unter dem Gesichtspunkt der weiten Verbreitung der gap junctions ist es eigentlich eher verwunderlich, daß sie nicht auch im Nervensystem viel weitgehender für die synaptische Übertragung eingesetzt werden. Offenbar bringt der Aufwand für die chemischen Synapsen so viel spezifischere und besser regulierbare synaptische Verknüpfungen, daß die chemischen Synapsen die elektrischen weitgehend verdrängten.

In Axonbündeln, in denen die Myelinscheiden mangelhaft sind, kann Erregung von Axon zu Axon überspringen: ephaptische Übertragung

Axone können bei verschiedenen Krankheiten geschädigt sein [3]. Bei Durchtrennung von Axonen wird nicht nur das periphere Stück des Axons aufgelöst, sondern auch der proximale Axonstumpf bildet sich zurück, er *degeneriert*. Nach Wochen regeneriert dann im peripheren Nervensystem das Axon wieder, *es sproßt als zunächst markloses Axon aus*. Axone verlieren auch bei Neuropathien verschiedenen Ursprungs ihre Markscheide, sie *demyelinieren*. Außerdem gibt es *axonale Neuropathien*, bei denen wahrscheinlich hauptsächlich der axonale Transport (s. S. 15) geschädigt ist. Besonders bei demyelisierten Axonen kommen anormale Wechselwirkungen vor. Erregungen, die in Gruppen von Nervenfasern geleitet werden, induzieren Erregungen auch in parallel verlaufenden Axonen. Dieses *Übersprechen* zwischen benachbarten Axonen wird als ***ephaptische Übertragung*** bezeichnet [11]. Sie führt in sensorischen Nervenfasern zu anormalen Erregungen, die den Patienten als anormale Empfindungen bemerkbar werden. Solche ***Paraesthesien*** können sehr quälend sein, besonders wenn sie nozizeptive Fasern (s. S. 246) betreffen und Schmerzzustände (Neuralgie, Kausalgie, Neuromschmerz) hervorrufen. Das Überspringen zwischen den Axonen kann auf mangelnde Isolation, d. h. ***fehlende Myelinscheiden,*** zwischen den Axonen sowie auf eine Übererregbarkeit der Axone zurückgeführt werden.

!

Elektrische Synapsen leiten Strom durch Nexus (gap junctions), die die Membran beider Zellen überbrücken, und sie koppeln damit die Potentiale der prä- und postsynaptischen Zellen. Mit vielfachen elektrischen Synapsen zu benachbarten Zellen werden z. B. Herzmuskel und glatter Muskel zu funktionellen Synzytien. Unter pathologischen Bedingungen können auch ohne gap junctions Erregungen ephaptisch in Faserbündeln von einem Axon zum anderen überspringen.

3.7 Literatur

Weiterführende Lehr- und Handbücher

1. Alberts B, Bray D, Lewis J, Raff M, Roberts K, Watson ID (1990) Molekularbiologie der Zelle, 2. Aufl. VCH, Weinheim
2. Eccles JC (1964) The physiology of synapses. Springer, Berlin Heidelberg New York
3. Hierholzer K, Schmidt RF (Hrsg) (1991) Pathophysiologie des Menschen. VCH, Weinheim
4. Hille B (1992) Ionic channels of excitable membranes, 2nd edn. Sinauer, Sunderland
5. Hoppe W, Lohmann W, Markl H, Ziegler H (Hrsg) (1984) Biophysik. Springer, Berlin Heidelberg New York
6. Kandel ER, Schwartz JH, Jessel TM (eds) (1991) Principles of neural science, 3rd edn. Elsevier, New York
7. Nicholls JG, Martin AR, Wallace BG (1992) From neuron to brain, 3rd edn. Sinauer, Sunderland
8. Schiebler TH, Schmidt W (1983) Lehrbuch der gesamten Anatomie des Menschen, 3. Aufl. Springer, Berlin Heidelberg New York

Einzel- und Übersichtsarbeiten

9. Artola A, Singer W (1993) Long-term depression. Trends Neurosci 16:480–487
10. Bennett MLV (1977) Electrical transmission: a functional analysis and comparison with chemical transmission. In: Kandel ER (ed) Cellular biology of neurons, vol 1. Handbook of physiology, sect 1: the nervous system. Williams and Wilkins, Baltimore, pp 357–416:
11. Blumberg H, Jänig W (1982) Activation of fibers via experimentally produced stump neuromas of skin nerves: ephapic transmission or retrograde sprouting? Exp Neurol 76:468–482
12. Colquhoun D, Dreyer F, Sheridan RE (1979) The actions of tubo-curarine at the frog neuromuscular junction. J Physiol (Lond) 293:247–284
13. Colquhoun D, Sakmann B (1985) Fast events in single-channel currents activated by acetylcholine and its analogues at the frog muscle end-plate. J Physiol (Lond) 369:501–557
14. Dodge FA, Rahamimoff R (1967) Cooperative action of calcium ions in transmitter release at the neuromuscular junction. J Physiol (Lond) 193:419–432
15. Dudel J (1965) The mechanism of presynaptic inhibition at the crayfish neuromuscular junction. Pflügers Arch 248:66–80
16. Dudel J, Kufler SW (1961) Presynaptic inhibition at the crayfish neuromuscular junction. J Physiol (Lond) 155:543–562
17. Dudel J (1984) Control of quantal transmitter release at frogs motor nerve terminals. Pflügers Arch 402:225–234
18. Dudel J, Rüdel R (1969) Voltage controlled contractions and current-voltage relations of crayfish muscle fibers in chloride-free solutions. Pflugers Arch 308:291–314
19. Franke C, Parnas H, Hovav G, Dudel J (1993) A molecular scheme for the reaction between acetylcholine and nicotinic channels. Biophys J 64:339–356
20. Furshpan EJ, Potter D (1959) Transmission at the giant motor synapses of the crayfish. J Physiol (Lond) 145:289–325
21. Garthwaite J (1991) Glutamate, nitric oxide and cell-cell signaling in the nervous system. Trends Neurosci 14:60–71
22. Ito Y, Miledi R, Vincent A, Newsom-Davis J (1978) Acetylcholine receptors and end-plate electrophysiology in myasthenia gravis. Brain 101:345–368
23. Jan LY, Jan YN (1982) Peptidergic transmission in sympathetic ganglia of the frog. J Physiol (Lond) 327:219–246
24. Katz B, Miledi R (1968) The role of calcium in neuromuscular facilitation. J Physiol (Lond) 195:481–492
25. Katz B, Thesleff S (1957) A study of the „desensitization" produced by acetylcholine at the motor end-plate. J Physiol (Lond) 138:63–80
26. Kuffler SW (1980) Slow synaptic responses in autonomic ganglia and the pursuit of a peptidergic transmitter. J Exp Biol 89:257–286
27. Libet B (1984) Heterosynaptic interaction at a sympathetic neuron as a model for induction and storage of a postsynaptic memory trace. In: Lynch G, McGaugh JL, Weinberger NM (eds) Neurobiology of learning and memory. Guilford, New York, pp 405–430
28. Linden DJ, Connor JA (1991) Participation of synaptic PKC in cerebellar longterm depression in culture. Science 245:1556–1559
29. Llinás RR (1982) Calcium in synaptic transmission. Sci Am 10:38–48
30. Loewenstein WR (1981) Junctional intercellular communication: the cell-to-cell membrane channel. Physiol Rev 61:829–913
31. Magleby KL, Stevens CF (1972) The effect of voltage on the time course of end-plate currents. J Physiol (Lond) 223:151–171
32. Magleby KL, Zengel JE (1982) A quantitative description of stimulation-induced changes in transmitter release at the frog neuromuscular junction. J Gen Physiol 80:613–638
33. Makowski L, Caspar DLD, Phillips WC, Goodenough DA (1977) Gap junction structures. II. Analysis of the X-ray diffraction data. J Cell Biol 84:629–645
34. Numa S, Noda M, Takahashi H, Tanabe T, Toyosato M, Furutani Y, Kikyotoni S (1983) Molecular structure of the nicotinic acetylcholine receptor. Cold Spring Harb Symp Quant Biol 48:57–69
35. O'Dell T, Howkins RD, Kandel ER, Arancio O (1991) Tests of the roles of two diffusible substances in long-term potentiation: evidence for nitric oxide as a possible early retrograde messenger. Proc Natl Acad Sci USA 88:11285–11289
36. Parnas H, Dudel J, Parnas I (1986) Neurotransmitter release and its facilitation in crayfish. VII. Another voltage dependent process beside Ca entry controls the time course of phasic release. Pflügers Arch 406:121–130
37. Parnas H, Flashner M, Spira ME (1989) Sequential model to describe the nicotinic synaptic current. Biophys J 55:875–884
38. Peper K, Bradley RJ, Dreyer F (1982) The acetylcholine receptor at the neuromuscular junction. Physiol Rev 62:1271–1340
39. Popot JL, Changeux JP (1984) Nicotinic receptor of acetylcholine: structure of an oligomeric integral membrane protein. Physiol Rev 64:1162–1239
40. Sakmann B, Methfessel C, Mishina M, Takahashi T, Takai T, Kurasaki M, Fukuda K, Numa S (1985) Role of acetylcholine receptor subunits in gating of the channel. Nature 318:538–543
41. Sojima M, Noma A (1984) Mode of regulation of the ACh-sensitive K-channel by the muscarinic receptor in rabbit atrial cells. Pflügers Arch 400:424–431
42. Schmidt RF (1971) Presynaptic inhibition. Springer, Berlin Heidelberg New York (Ergebnisse der Physiologie, vol 63)
43. Trautwein W, Cavalié A (1985) Cardiac calcium channels and their control by neurotransmitters and drugs. J Am Coll Cardiol 6:1409–1416
44. White JD, Stewart KD, Krause JE, McKelvy JF (1985) Biochemistry of peptide-secreting neurons. Physiol Rev 65:553–606

4 Muskel

J.C. Rüegg

EINLEITUNG Bewegung ist eine elementare Manifestation des Lebens, und nur über Bewegung kann der Mensch auf seine Umwelt einwirken und sich mit ihr auseinandersetzen. Das gilt für die einfachsten Handbewegungen ebenso wie für die Übermittlung der subtilsten Gedanken und Gefühle durch Sprechen und Schreiben, durch Mimik und Gestik. Um uns zu bewegen, gebrauchen wir unsere Muskeln. Die Skelettmuskulatur ist das weitaus am stärksten ausgebildete Organ des Menschen mit einem Anteil am Gesamtkörpergewicht von über 40 %. Muskeln können sich nicht nur schnell bewegen, sondern auch eine beträchtliche Kraft entwickeln. Wenn von Muskelkraft die Rede ist, so denken wir meistens an die sportlichen Leistungen der Athleten und nicht so sehr an das Schlagen des eigenen Herzens oder die Anspannung der Wandmuskulatur der Blutgefäße, und doch liegt in allen diesen Fällen der gleiche molekulare Prozeß in der Muskelzelle zu Grunde, das Zusammenspiel von zweierlei Eiweißkörpern, Aktin und Myosin, die als Hauptbestandteil des Muskelfleisches kontraktil sind (Abschnitt 4.1). Der kontraktile Mechanismus wird durch intrazelluläre Kalziumionen aktiviert (Abschnitt 4.2), worauf er eine beträchtliche mechanische Leistung vollbringt (Abschnitt 4.3) und der Stoffwechsel drastisch gesteigert wird. Dabei transformiert die „Muskelmaschine" mit hohem Nutzeffekt chemische Energie in mechanische Arbeit (Abschnitt 4.4) oder sie vollbringt eine erstaunliche Halteleistung. Den Halterekord hält die glatte Muskulatur unserer inneren Organe, etwa die der Arterien, die unermüdlich ein Leben lang dem Blutdruck standhalten (Abschnitt 4.5).

4.1 Molekulare Mechanismen der Kontraktion

Die kontraktile Struktur der Myofibrillen besteht aus Aktin- und Myosinfilamenten; die Myofibrillen sind durch Z-Scheiben in Sarkomere unterteilt

Kontraktile Proteine. 1 Gramm Skelettmuskel enthält etwa 100 mg kontraktile Proteine, davon entfallen etwa 70 % auf ***Myosin*** und 30 % auf ***Aktin.*** Letzteres ist ein globuläres Protein mit einem Molekulargewicht von 42 000 Dalton [22]. Die Aktinmonomere *(G-Aktin)* polymerisieren zu fibrillären Aktinfäden *(F-Aktin)*. Myosin ist ein ATP-spaltendes Enzym, also eine ATPase. Es hat ein Molekulargewicht von 500 000 Dalton und besteht aus 2 umeinander verdrillten schweren Peptidketten, sowie 4 leichten Peptidketten *(light chains,* Molekulargewicht je etwa 20 000 Dalton). Die 2 miteinander verdrillten schweren Ketten bilden am einen Ende 2 globuläre Köpfchen, die als Subfragment-1 bezeichnet werden. Jedes Köpfchen hat eine Bindungsstelle für Aktin, für ATP und für jeweils 2 leichte Ketten. Wie Aktin und Myosin bei der Muskelkontraktion als Partner zusammenwirken, wird durch die Gleitfilamenttheorie beschrieben und ist heute weitgehend bis in das atomare Detail aufgeklärt [1,15,16,26].

Myofibrillen. Die kontraktilen Proteine Aktin und Myosin bilden die dünnen und dicken Filamente der Myofibrillen, den kontraktilen Organellen, deren achsenparallele Anordnung innerhalb der Muskelzelle in Abb. 4-1 dargestellt wird. Sie erkennen in diesem winzigen Ausschnitt aus einer menschlichen Muskelfaser zwischen den schlauchförmigen Myofibrillen Mitochondrien oder Sarkosomen sowie das Kanalsystem transversaler und longitudinaler Tubuli (dessen Funktion eingehender in Abschnitt 4.2 beschrieben wird). Myofibrillen sind kontraktile, etwa 1 µm dicke Schläuche, die durch Trennwände, die ***Z-Scheiben,*** in zahlreiche, etwa 2,5 µm lange Fächer, die ***Sarkomere,*** unterteilt sind.

Sarkomere. Ihre Struktur ist in der Abb. 4-1 stark schematisiert dargestellt. Der lichtmikroskopische Eindruck einer Hell-dunkel-Bänderung der Sarkomere und damit der ***Querstreifung*** der Myofibrillen entsteht nach HUXLEY [16] auf Grund einer besonders regelmäßigen Anordnung der ***Aktin- und Myosinfilamente.*** In der Mitte jedes Sarkomers liegen an die tausend

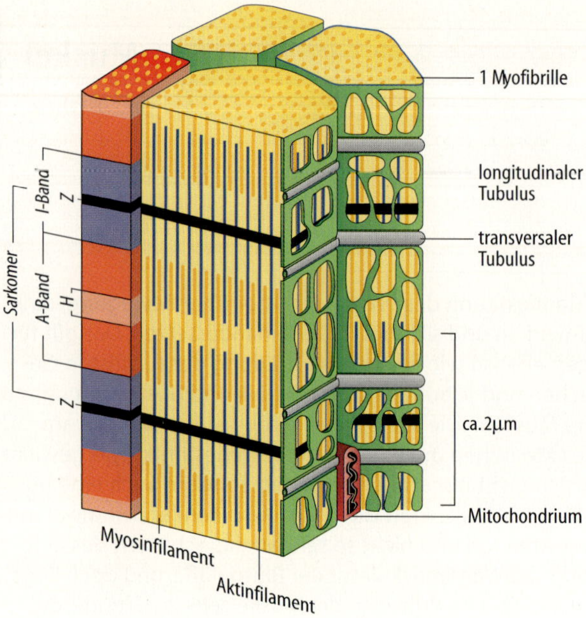

Abb. 4–1. Ausschnitt aus einer menschlichen Skelettmuskelfaser, schematisch nach Garamvölgyi

„dicke" Filamente aus Myosin mit einem Durchmesser von etwa 10 nm. Dem Bündel stehen zu beiden Seiten des Sarkomers je etwa 2000 *„dünne" (5 nm dicke) Filamente* aus Aktin gegenüber, die wie die Borsten einer Bürste an den *Z-Scheiben* befestigt sind. Die Bündel der regelmäßig ausgerichteten 1,6 µm langen Myosinfilamente in der Mitte des Sarkomers erscheinen im Lichtmikrokop als 1,6 µm breite, dunkle, im polarisierten Licht doppelbrechende, d. h. anisotrope ***A-Banden.*** Diese grenzen zu beiden Seiten an die nur dünne Filamente enthaltenden und deshalb hell erscheinenden isotropen ***I-Banden,*** die bis zu den Z-Scheiben reichen. Durch diese regelmäßige periodische Hell-dunkel-Bänderung ihrer Sarkomere erscheinen die Myofibrillen von Herz- und Skelettmuskelfasern quergestreift.

Im ruhenden Muskel überlappen die Enden der dicken und dünnen Filamente an der Grenze zwischen A-Band und I-Band meist nur wenig. Die Überlappungszone des A-Bandes erscheint dann im Lichtmikroskop deutlich dunkler als die von Aktinfilamenten freie Mittelzone des A-Bandes, die *H-Zone.* In vielen elektronenmikroskopischen Aufnahmen dieser Zone läßt sich in der Sarkomermitte manchmal die sehr schmale dunkle *M-Linie* erkennen, ein Maschenwerk von Gerüsteiweißen, die offenbar das Bündel der dicken Filamente im Zentrum zusammenhalten. Die dicken Filamente sind an beiden Enden durch ein elastisches Protein, das *Titin,* mit den Z-Scheiben verbunden. Dadurch werden die Myofibrillen elastisch dehnbar (vgl. [23]).

Ein Muskel verkürzt sich durch Übereinandergleiten der Aktin- und Myosinfilamente (Gleitfilamenttheorie); die Aktinfilamente werden dabei durch die Kippbewegungen der Myosinköpfe (Querbrücken) zur Sarkomermitte bewegt

Verkürzung der Sarkomere. Die Muskelverkürzung resultiert aus der Verkürzung unzähliger Sarkomere, die in den Myofibrillen *„in Serie"* hintereinandergeschaltet sind. Der Vergleich der schematischen Struktur eines Sarkomers in 2 verschiedenen Funktionszuständen (Abb. 4–2) zeigt, in welcher Weise sich die Querstreifung und die Anordnung der Myofilamente während einer Muskelkontraktion verändern. Bei der Verkürzung gleiten die dünnen Filamente aus Aktin über die dicken Filamente aus Myosin, und schieben sich in Richtung zur Sarkomermitte tief in das Bündel der dicken Myosinfilamente.

Die Abb. 4–2 macht auch deutlich, daß bei der Verkürzung eines Sarkomers Myosin- und Aktinfilamente übereinandergleiten, ohne sich selbst zu verkürzen (***Gleitfilamenttheorie***). So erklärt sich die lichtmikroskopische Beobachtung, daß die Breite der A-Banden (1,6 µm) bei der Kontraktion konstant bleibt, während I-Banden und H-Banden schmaler werden.

Auch bei Dehnung des Muskels ändert sich die Filamentlänge nicht. Vielmehr wird das Bündel der dünnen Filamente aus der Anordnung der dicken Fila-

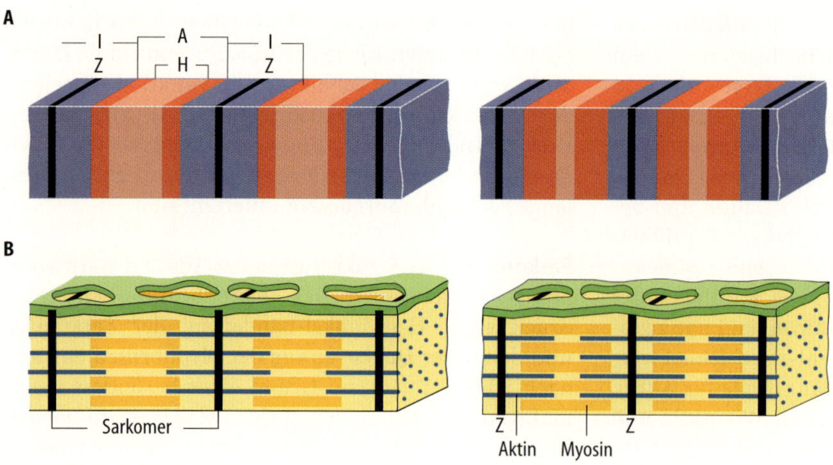

Abb. 4–2. A Bandstruktur der Myofibrillen. *Links* im erschlafften, *rechts* im kontrahierten Zustand. **B** Anordnung der Myosin- und Aktinfilamente im erschlafften und kontrahierten Sarkomer. Beachte die additive Verkürzungswirkung der hintereinander geschalteten Sarkomere. Nach [16]. Das klassische Modell berücksichtigt noch nicht das „dritte Filamentsystem" (Titin), welches die Myosinfilamente mit den Z-Scheiben elastisch verbindet (vgl. [23])

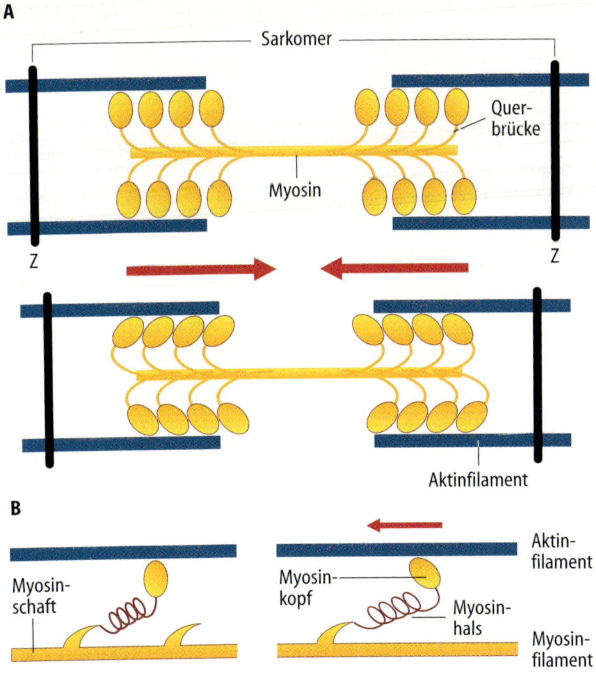

Abb. 4–3. Funktionsweise der Querbrücken. **A** Modellvorstellung zur Entstehung der Bewegung: Myosinfilament mit Querbrücken an benachbarten Aktinfilamenten; *oben* vor, *unten* nach den (in Wirklichkeit asynchronen) „Ruderschlägen" der Brücken [2]. **B** Modell [15] für Kraftentstehung in einer Querbrücke; *links* vor, *rechts* nach „Ruderschlag" einer Brücke

mente mehr oder weniger herausgezogen, wodurch das Ausmaß der Filamentüberlappung abnimmt.

Funktionsweise der Querbrücken. Die Querfortsätze eines Myosinfilaments werden aus den etwa 20 nm langen Köpfen von etwa 150 Myosinmolekülen gebildet, die in einer bipolaren Anordnung so zum Filament zusammengelagert sind, wie Abb. 4–3 A zeigt. Ein jeder Myosinkopf oder Querfortsatz kann als ***Querbrücke*** (*cross bridge*) im Kontraktionsprozess ein Myosinfilament mit einem benachbarten Aktinfilament verbinden (vgl. Abb. 4–3 A). Durch Kippbewegungen der Köpfe „rudern" diese mit vereinten Kräften die Aktinfilamente in Richtung zur Sarkomermitte. Allein die bipolare Anordnung der Myosinmoleküle in den beiden Hälften eines Sarkomers ermöglicht das gegensinnige Gleiten (in Pfeilrichtung) der Aktinfilamente der linken und rechten Sarkomerhälfte [16]. Die Abb. 4–3 B veranschaulicht, wie Querbrücken durch eine Bewegung der Myosinköpfchen eine Zugkraft auf die Aktinfilamente ausüben. Solche Querbrückenbewegungen konnten während einer Muskelkontraktion durch Röntgenkleinwinkel-Diffraktionsmessungen nachgewiesen werden [18,20]. Die Natur der molekularen Konformationsänderung im Myosinmotor ist jetzt weitgehend aufgeklärt ([14], Abb. 4–4).

Umsetzung einzelner und repetitiver Querbrückenaktivierungen in eine makroskopische Bewegung. Durch eine einmalige Ruderbewegung der Querbrücken an den Aktinfäden würde sich ein einzelnes Sarkomer nur um den Betrag von 2 · 10 nm verkürzen, also um rund 1% seiner Länge. Indessen können sich die Sarkomere von Froschmuskelfibrillen in 1/10 s um bis zu 0,4 µm oder um 20 % ihrer Länge verkürzen. Dann aber müßten die Querbrücken die eben beschriebene Ruderbewegung in der gegebenen Zeitspanne nicht einmal, sondern 20mal ausführen. Erst durch das wiederholte Loslassen und Anfassen der Myosinköpfe würden damit die Aktinfilamente schließlich zur Sarkomermitte hingerudert oder hingezogen werden, etwa so, wie ein langes Stück Seil erst durch das wiederholte Nachgreifen von einer Seilmannschaft zu sich herangezogen werden kann.

Da sich die minimalen Verkürzungen der einzelnen hintereinander geschalteten Sarkomere einer Myofibrille addieren, so würde im schon erwähnten Beispiel ein 2 cm langer Froschmuskel in 1/10 s ein sehr leichtes Gewicht gerade 0,4 cm hochheben kön-

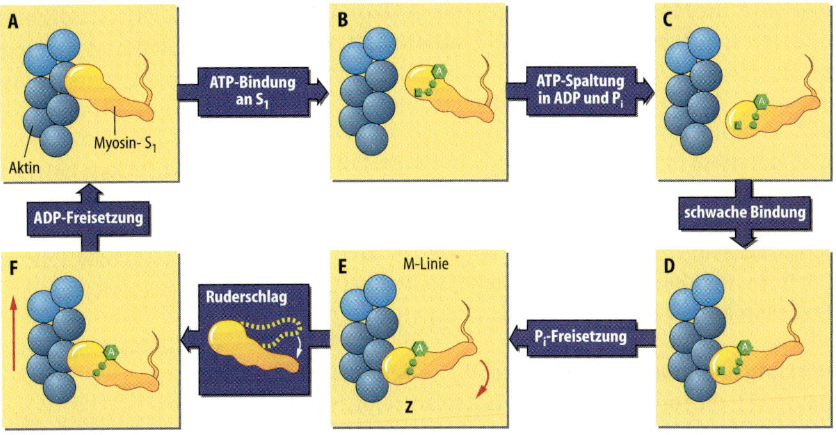

Abb. 4–4. ATP-getriebener Querbrückenzyklus: Hypothese von Rayment et al. [26] zur Erklärung der in Abb. 4–3 dargestellten Ruderbewegung der Myosinköpfchen (Myosin S_1). Erklärung im Text. Das Myosinköpfchen besteht aus einer Motordomäne, die an Aktin andockt und einem molekularen Ruder, das von einer 90°-Stellung in die 45°-Position rudert, wenn die Motordomäne bei der ATP-Spaltung ihre Konformation ändert [14]. **A** Myosinköpfchen ohne ATP; die Querbrücke ist im Rigor oder Starrezustand. **B** Nach Bindung von ATP hat sich die Querbrücke gelöst. **C** Nach ATP-Hydrolyse bleiben die Spaltprodukte ADP und Phosphat (Pi) am Myosinköpchen gebunden, welches sich schwach an das Aktin anheftet (**D**). **E** Nach Freisetzung von Phosphat ist S_1 stark an das Aktin gebunden; es erfolgt ein Ruderschlag, eine Verbiegung des Köpfchens, welche das Aktinfilament um etwa 6 nm in Pfeilrichtung zur Sarkomermitte (M-Linie) transportiert (**F**). Nach Freisetzung von ADP kehrt die Querbrücke in den Anfangszustand zurück (**A**), bereit für einen neuen Zyklus. In **B** bis **D** sind die Myosinköpfchen abgelöst oder (schwach) gebunden; in **E**, **F** und **A** sind sie fest ans Aktin gebunden. Nach Reedy [27] modifiziert

nen. Wir erkennen, wie durch die Verwirklichung des Tauziehprinzips in unzähligen in Serie geschalteten Sarkomeren die wiederholten molekularen Bewegungen der Querbrücken in eine makroskopische Bewegung umgesetzt werden.

Bei der Muskelerschlaffung lösen sich die Myosinköpfchen vom Aktinfaden. Weil die Aktin- und Myosinfilamente dann leicht gegeneinander verschiebbar sind, ist der *Dehnungswiderstand erschlaffter Muskeln sehr gering.* Der verkürzte Muskel wird schon durch ein leichtes Gewicht wieder auf seine Ruhelänge gedehnt.

! Die quergestreiften Myofibrillen der Muskelfasern bestehen aus unzähligen hintereinander geschalteten Sarkomeren, die ihrerseits aus anisotropen, dunklen A-Banden und hellen isotropen I-Banden bestehen. Letztere enthalten die sehr dünnen Aktinfilamente, die in den A-Banden mit den etwas dickeren Myosinfilamenten überlappen. Bei der Muskelverkürzung gleiten die dünnen Filamente an den dicken Filamenten vorbei. Sie werden von den Myosinquerbrücken zur Sarkomermitte gerudert. Bei der Verlängerung des Muskels werden die dicken und dünnen Filamente wieder auseinandergezogen (ohne Änderung der Filamentlänge) wie die Hülsen eines Teleskops.

Die zyklische „Rudertätigkeit" der Myosinquerbrücken benutzt ATP als unmittelbare Energiequelle (Energiedonator); rote Muskeln sind myoglobinreich und langsam, weiße sind myoglobinarm und schnell

ATP wird im Muskel durch die *Myosin-ATPase* in ***ADP*** und ***Phosphat*** gespalten [19]. Alle anderen energieliefernden Reaktionen im Muskel, z.B. der aerobe und anaerobe Abbau von Kohlenhydraten und der Zerfall von Kreatinphosphat, kommen nicht als direkte Energielieferanten der Muskelmaschine in Frage. Sie dienen offenbar nur dazu, den eigentlichen Kraftstoff der Maschine – das ATP – immer wieder neu zu bilden. Diese Stoffwechselprozesse sind ausführlich in den Lehrbüchern der Biochemie dargestellt, so daß an dieser Stelle ein kurzer Hinweis (Tabelle 4–1) genügen mag.

Wirkungsweise von ATP. In welcher Weise der Energiedonator ATP die rudernden Querbrücken antreibt, ist schematisch in Abb. 4–4 dargestellt. Wahrscheinlich wird nach erfolgtem Ruderschlag ein Molekül ATP (als Mg-ATP-Komplex) an die Querbrücken (Myosinköpfchen) gebunden und liefert so die Energie für die Trennung der Reaktionspartner Aktin und Myosin (Abb. 4–4 A, B). Fast unmittelbar danach lösen sich die Myosinköpfchen vom Aktin und das ATP wird daraufhin in ADP und Phosphat gespalten (Abb. 4–4 B, C). Diese Enzymprodukte bleiben nach der Hydrolyse jedoch noch für kurze Zeit an das katalytische Zentrum gebunden. Dies ist die Voraussetzung für das erneute Wiederanfassen der Querbrücke am Aktin und den Querbrückenruderschlag, bei dem zunächst Phosphat und dann auch ADP freigesetzt werden (Abb. 4–4 D, E, F). Beim Ruderschlag verbiegt sich das Myosinköpfchen. Dadurch wird das Aktinfilament um etwa 6 nm in Richtung zur Sarkomermitte gerudert. Nach der Abspaltung von ADP kehrt die Querbrücke in ihren Ausgangszustand zurück. Erst wenn erneut ein ATP-Molekül von der Querbrücke gebunden wird, beginnt mit der Ablösung der Brücke und der erneuten ATP-Hydrolyse ein neuer ***Querbrückenzyklus.***

Tabelle 4–1. Die unmittelbaren und die mittelbaren Energiequellen im Skelettmuskel (Mensch). [2]

Energiequelle	Gehalt (μMol/g Muskel)	Energieliefernde Reaktion
Adenosintriphosphat (ATP)	5	$ATP \rightarrow ADP + P_i$
Kreatinphosphat (PC)	11	$PC + ADP \leftrightharpoons ATP + C$
Glukose-Einheiten im Glykogen	84	Anaerob: Abbau über Pyruvat zu Lactat (Glykolyse) aerob: Abbau über Pyruvat zu CO_2 und H_2O
Triglyceride	10	Oxidation zu CO_2 und H_2O

ADP=Adenosindiphosphat, C=Kreatin, P_i=anorganisches Phosphat

Querbrückenzyklus. Der in Abb. 4–4 dargestellte Querbrückenzyklus wiederholt sich etwa 10–100 x pro Sekunde. Nur mit ATP ist die zyklische Querbrückentätigkeit, das wiederholte Anfassen und Loslassen der Brücken und damit die Muskelkontraktion, möglich. In jedem Arbeitszyklus einer Querbrücke wird einmal, und nur einmal, ATP gespalten (wahrscheinlich 1 Molekül ATP pro Querbrücke). Das bedeutet: je mehr Querbrücken aktiviert und tätig sind, um so größer ist die ATP-Spaltung pro Zeiteinheit (ATPase-Aktivität) und damit die Muskelkraft. Deshalb sind ATP-Spaltungsrate bzw. Energieumsatzrate und Kraft eines Muskels gekoppelt.

Muskelfaser-Typen. Die Farbe eines Muskels ist weitgehend durch seinen Gehalt an ***Myoglobin*** bedingt, einem dem Hämoglobin verwandten Protein, das der O_2-Aufnahme in die Muskelzellen dient. Wir unterscheiden ***weiße*** *(Myoglobin-arme)* und ***rote Muskeln*** *(Myoglobin-reiche)*, deren Fasern funktionell und strukturell, aber auch in biochemischer Hinsicht verschieden sind (Tabelle 4–2). Unterschiedlich ist vor allem der Gehalt an Enzymen des oxidativen, bzw. glykolytischen Energiestoffwechsels und die Aktivität der Myosin-ATPase.

Rote Muskeln, wie z.B. die Rumpfmuskulatur oder der *M. soleus* der Waden, sind ***langsam*** und sie enthalten hauptsächlich Typ I-Muskelfasern mit einer niedrigen Myosin-ATPase-Aktivität. Sie sind aus diesem Grund besonders geeignet für energiesparende unermüdliche Halteleistungen.

Tabelle 4–2. Einteilung der Skelettmuskelfasertypen [4]

Fasertyp	Zuckungsfasern		
	IIB	IIA	I
Farbe	weiß	rosa	rot
Kontraktions-form	schnelle Zuckung	schnelle Zuckung	langsame Zuckung
Ermüdbarkeit	rasch	mittel	gering
Stoffwechsel	glykolytisch	glykolytisch und oxidativ	oxidativ
Myosin-ATPase-Aktivität	hoch	hoch	niedrig
Laktatdehydro-genaseaktivität	hoch	mittel oder hoch	niedrig

Die ***schnellen, weißen Muskeln,*** die die ballistischen Bewegungen unserer Gliedmaßen bewerkstelligen, bestehen zur Hauptsache aus Typ IIA- und Typ IIB-Fasern, deren Myosin eine hohe ATPase-Aktivität aufweist. Da sie bei der Kontraktion sehr viel ATP spalten und damit viel Energie umsetzen, ermüden sie schneller als die Typ I-Fasern. Insbesondere die glykolytischen, weißen Muskelfasern (Typ IIB) sind deshalb für andauernde Halteleistungen oder kontinuierliche Muskelarbeit ungeeignet, zumal sie das ATP hauptsächlich auf anaerobem Weg gewinnen und dabei Lactat akkumulieren.

Muskeln können um so schneller kontrahieren, je schneller sich ihre Querbrücken bewegen, d. h. je öfter sie pro Zeiteinheit rudern. Infolgedessen verbrauchen schnelle Muskelfasern pro Zeiteinheit mehr ATP bzw. mehr Energie als langsame Muskelfasern.

Totenstarre. Sinkt nach dem Eintritt des Todes der ATP-Spiegel der Muskelzelle auf Null, so können die geschlagenen Querbrücken nicht mehr abgelöst werden. Sie verharren im angehefteten Zustand (Abb. 4–4 A) permanent (bis zur Autolyse). Durch diese Verankerung der Querbrücken bleiben Aktin- und Myosinfilamente unverschiebbar und starr miteinander verbunden. Der Muskel verfällt in Totenstarre. ATP verhindert oder löst die Starre (sogenannte Weichmacherwirkung des ATP). Wird bei ausreichendem Vorkommen von ATP die ATP-Spaltung gehemmt, so können die Querbrücken zwar durch ATP abgelöst, jedoch nicht neu geschlagen werden. Unter diesen Bedingungen, zum Beispiel nach Entzug der Ca^{2+}-Ionen, erschlafft der Muskel.

Troponin und Tropomyosin regulieren die Querbrücken Ca^{2+}-abhängig: bei sehr niedriger Ca^{2+}-Konzentration hemmen sie die Querbrückentätigkeit und vice versa

Wirkung von Ca^{2+}. Die zyklische Aktivität der Myosinquerbrücken wird im Muskel durch die intrazelluläre Ca^{2+}-Konzentration reguliert. Bei sehr niedriger Ca^{2+}-Konzentration (unter 10^{-7} mol/l), hemmen sogenannte Regulatorproteine, Troponin und Tropomyosin, den Querbrückenruderschlag, indem sie eine feste Anheftung der zunächst nur lose gebundenen Querbrücken (Abb. 4–4 C, D) an das Aktin verhindern. Da nun alle Querbrücken nur lose oder überhaupt nicht gebunden sind, ist der Muskel relaxiert, er ist kraftlos und sein Dehnungswiderstand ist nahezu null. Wird jedoch die Ca^{2+}-Konzentration auf 1–10 μM erhöht, so können sich die nur lose gebundenen Myosinquerbrücken fest an das Aktin anheften und rudern.

Ca^{2+}-Schalter. Zum besseren Verständnis des ***Aktivierungsmechanismus*** der Kalziumionen sollten wir uns die Struktur der Aktinfilamente vor Augen halten (Abb. 4–5). Das etwa 1 μm lange und 5–7 nm dicke Aktinfilament besteht aus 2 umeinander gewundenen Ketten von perlförmigen, 5 nm dicken Aktinmonomeren. Sie können eine anschauliche Vorstellung dieser Struktur erhalten, wenn Sie 2 Perlenketten nebeneinander legen und dann „spiralig" so umeinander winden, daß auf jede Windung der Spirale 14 Perlen zu liegen kommen (Abb. 4–5 A). In regelmäßigen Abständen von etwa 40 nm sind die Aktinketten mit kugeligen *Troponinmolekülen* besetzt, während in den Längsrinnen zwischen den Ketten Fäden aus *Tropomyosin* laufen. Letztere sind bei Abwesenheit von Kalziumionen, d. h. im erschlafften Zustand der Myofibrillen, so gelagert, daß die Myosinquerbrücken nur „schwach" an den Aktinfaden binden können [17, 25]. Erst die Bindung von Kalziumionen an Troponin begünstigt und beschleunigt die Bildung stark gebundener, kraftgenerierender Querbrücken, die dann unter fortwährender ATP-Spaltung repetitiv den Querbrückenzyklus durchlaufen [9].

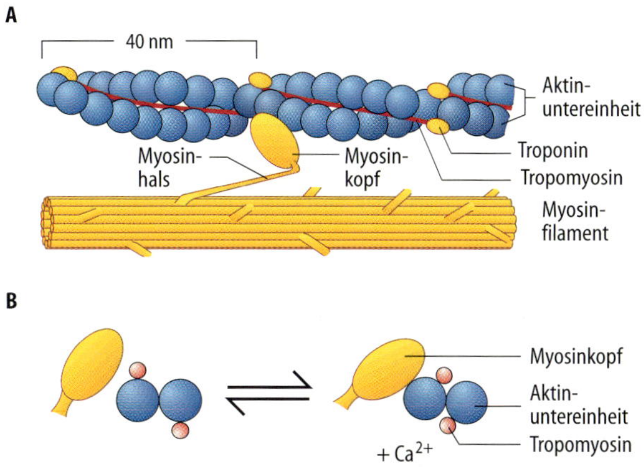

Abb. 4–5. Wirkungsweise der Kalziumionen bei der Aktivierung. **A** Aktinfilament und Myosinfilament im Längsschnitt, **B** im Querschnitt. Kalziumionen werden vom Troponin gebunden, worauf Tropomyosin in die Rinne zwischen den beiden Aktinsträngen des Filaments gleitet. Nach [17,25]. Troponin besteht aus 3 Untereinheiten: TnC (kalziumbindend), TnI (inhibitorisch) und TnT (an Tropomyosin bindend). Diese Untereinheiten interagieren miteinander kalziumabhängig [4,5]

Diese Aktivierungseffekte werden durch eine Kalziumwirkung auf die Konformation von Troponin ausgelöst, das gewissermaßen als ***Kalziumschalter*** der Myofibrille fungiert. Durch die Bindung von Kalziumionen wird nämlich die Wechselwirkung zwischen der Troponinuntereinheit verändert und das Troponinmolekül so deformiert, daß es seinerseits das Tropomyosin in die Längsrinne im Aktindoppelstrang, d.h. in die „aktivierte Position", drückt (vgl. Abb. 4–5B) [5,17,25].

!

Myosin ist ein molekularer Motor, mit ATP als Muskelkraftstoff, der die Ruderbewegung der Querbrücken antreibt. Myosinquerbrücken bestehen aus den Köpfchen der Myosinmoleküle, die am Aktinfilament in jedem Querbrückenzyklus anfassen, rudern, wieder loslassen und erneut am Aktinfaden anheften („nachgreifen"), wobei für jeden Ruderschlag ein Molekül ATP verbraucht wird. Myosin ist also eine ATPase, welche die bei der ATP-Hydrolyse freiwerdende chemische Energie in mechanische Arbeit (Ruderschlag!) und Wärme transformiert. Um die Querbrücken vom Myosin zu lösen ist die Bindung von ATP notwendig. Fehlt ATP, so verfällt der Muskel in Totenstarre. Bei sehr niedriger Ca^{2+}-Konzentration (etwa 10^{-7} mol/l), wie sie im ruhenden Muskel vorherrscht, hemmt das Troponin/Tropomyosin-System die Querbrückentätigkeit. Bindet jedoch Ca^{2+} (bei Erhöhung der Ca^{2+}-Konzentration) an die Troponin-C-Untereinheit, so erfolgt eine Konformationsänderung des Troponin/Tropomyosin-Komplexes, die eine feste Bindung der Querbrücken an Aktin, und damit das Rudern (erst) erlaubt.

4.2 Regulation der Muskelkontraktion

Elektromechanische Koppelung beinhaltet die Prozesse, die von der Erregung der Muskelzellmembran zur Freisetzung von Ca^{2+} führen

Die Erregung der Muskelfasern durch Aktionspotentiale. Muskeln werden gewöhnlich durch die Aktionspotentiale der innervierenden Motoneurone erregt, die – via neuromuskuläre Übertragung an den Endplatten (s. S. 44) – Muskelaktionspotentiale auslösen (indirekte Muskelreizung). Nur unter experimentellen Bedingungen können Muskelfasern auch *direkt stimuliert* werden: wenn beispielsweise ein isolierter Muskel durch einen etwa 0,5 ms dauernden elektrischen Einzelreiz stimuliert wird, so läuft nach etwa 1–2 ms ein (fortgeleitetes) *Aktionspotential* von der Reizstelle mit einer Geschwindigkeit von ca. 2 m/s über die Muskelfaser hinweg, die wenige Millisekunden später ***zuckt*** (Abb. 4–6). Das Aktionspotential bzw. die Erregung der Fasermembran löst diese Einzelzuckung aus.

Für Einzelfasern gilt die ***„Alles-oder-Nichts-Regel":*** Unterschwellige Reize lösen kein Aktionspotential aus. Sobald aber eine bestimmte Reizschwelle überschritten ist, entsteht ein Aktionspotential, das eine maximal starke ***Einzelzuckung*** auslöst, die durch Reizverstärkung nicht weiter gesteigert werden kann.

Ca^{2+} als intrazellulärer Botenstoff. Die Übermittlung des Kontraktionssignals von der erregten Zellmembran zu den in der Tiefe der Zelle liegenden Myofibrillen (elektromechanische Koppelung) erfolgt in mehreren Prozessen (Tabelle 4–3), wobei Kalziumionen eine Schlüsselrolle spielen (siehe Abschnitt 4.1). Die intrazelluläre Kalziumionenkonzentration wird durch das sar-

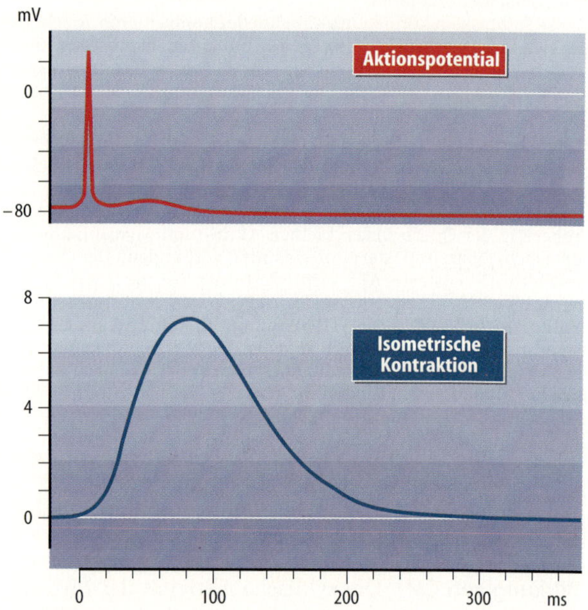

Abb. 4–6. Zeitverlauf von Aktionspotential und isometrischer Zuckung beim quergestreiften Muskel (*Adductor pollicis* des Menschen)

Tabelle 4–3. Sequenz der Vorgänge bei der Auslösung einer Muskelzuckung

1. Reizung der Muskelfaser
2. Aktionspotential (Membranerregung)
3. Elektromechanische Koppelung
   a) Erregungsleitung im T-System
   b) Kalziumfreisetzung aus dem Longitudinalsystem (Abb. 4–7)
   c) Kalziumwirkung auf Myofibrillen (Abb. 4–5)
4. Kontraktion der Myofibrillen: zyklische Querbrückentätigkeit

koplasmatische Retikulum eingestellt, welches im erschlafften Muskel das Kalzium speichert und bei Aktivierung des Muskels Ca^{2+} freisetzt.

Speicherung der Kalziumionen. Muskeln enthalten über 1 µMol Kalzium pro Gramm Frischgewicht. Könnten die Kalziumsalze nicht in besonderen intrazellulären Kalziumspeichern ***(sarkoplasmatisches Retikulum)*** unter Verschluß gehalten werden, so müßten die kalziumreichen Muskelfasern dauernd kontrahieren. Die Membranen des sarkoplasmatischen Retikulums enthalten eine ATP-getriebene ***Kalziumpumpe,*** welche Kalziumionen aus dem Myoplasma aktiv in das Innere des longitudinalen Systems transportiert und dadurch den myoplasmatischen Kalziumionenspiegel im ruhenden Muskel auf etwa 10^{-7} mol/l senkt [12,7].

Bau des Transversal- und des Longitudinalsystems. Die Struktur der kalziumspeichernden intrazellulären Systeme ist bei verschiedenen Muskeln etwas unterschiedlich (menschlicher Skelettmuskel, Abb. 4–1; Froschmuskel, Abb. 4–7). Indem sich die Außenmembran der Muskelzelle an unzähligen Punkten in das Faserinnere einstülpt, entsteht senkrecht zur Faserachse ein mit dem extrazellulären Raum kommunizierendes ***transversales Röhrensystem (T-System).*** Die Schläuche des T-Systems (Durchmesser 50 nm) umgeben die einzelnen Myofibrillen meist auf der Höhe der Z-Scheiben (Froschmuskel) oder im Bereich der I-Banden (Muskeln höherer Vertebraten).

Senkrecht zum Transversalsystem, also parallel zu den Myofibrillen, schließt sich ein ***longitudinales System*** von Schläuchen an (das eigentliche *sarkoplasmatische Retikulum).* Dieses liegt mit seinen terminalen Bläschen – den ***Terminalzisternen*** – den Membranen des Transversalsystems eng an und bildet so eine ***Triadenstruktur.*** Im Gegensatz zum Transversalsystem kommuniziert das Longitudinalsystem nicht mit dem Extrazellulärraum.

Elektromechanische Koppelung. Das Aktionspotential breitet sich entlang den Membranen des Transversalsystems in das Innere der Zellen aus. Dadurch dringt die Erregung rasch in die Tiefe der Muskelfaser, springt auf das Longitudinalsystem über und bewirkt schließlich die Freisetzung der in den Terminalzisternen gespeicherten Kalziumionen in die Zellflüssigkeit um die Myofibrillen und dadurch die zyklische Querbrückentätigkeit, die Kontraktion des Muskels (Abb. 4–7) (Abschnitt 4.1).

Wie wird das Kontraktionssignal von den T-Tubuli zum sarkoplasmatischen Retikulum geleitet? Die Depolarisation der Membran der Tubuli beeinflußt die Konformation eines modifizierten Kalziumkanals, des *Dihydropyridin-Rezeptors,* der als Sensor für die elektrische Spannung fungiert. Durch die Konformationsänderung wird – vielleicht mechanisch – ein anderer Kalziumkanal, der *Ryanodin-Rezeptor,* geöffnet, der in nächster Nachbarschaft in der Membran des sarkoplasmatischen Retikulums sitzt. Die Öffnung dieses Kanals bewirkt in 1–2 ms eine Freisetzung von über 250 nmol Kalzium je Gramm Muskel [4].

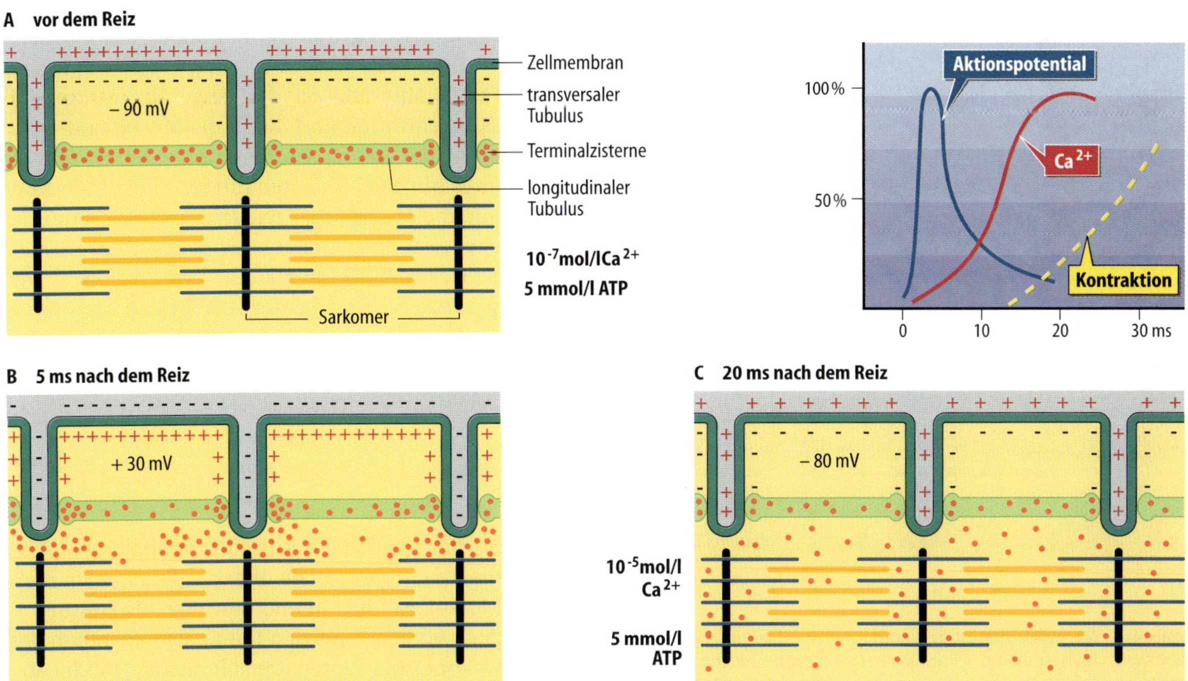

Abb. 4–7. Schema der elektromechanischen Koppelung. **A** Erschlaffte Muskelfaser mit polarisierter Zellmembran. Die Ca^{2+}-Ionenkonzentration liegt intrazellulär unter 10^{-7} mol/l. **B** Während des Aktionspotentials ist die Zellmembran und die Membran der Transversaltubuli umpolarisiert. Beginn der Ca^{2+}-Ionenausschüttung aus den Terminalzysternen. **C** Die intrazelluläre Ca^{2+}-Ionenkonzentration hat am Ende des Aktionspotentials etwa 10^{-5} mol/l erreicht; die Sarkomere der Myofibrillen kontrahieren sich. Einsatzbild: Die zeitliche Abfolge der Vorgänge bei der elektromechanischen Koppelung während der „Latenzzeit" und zu Beginn der Kontraktion, Frosch-Sartorius (0 °C)

Muskelrelaxation setzt ein, sobald die aktivierenden Kalziumionen durch die Kalziumpumpe wieder in das sarkoplasmatische Retikulum zurückgepumpt werden [12]. Wenn die intrazelluläre Kalziumionenkonzentration auf etwa 10^{-7} mol/l absinkt, wird die Aktin-Myosin-Interaktion und die Aktin-Myosin-ATPase gehemmt, so daß sich die Querbrücken vom Aktin ablösen, aber nicht mehr neu geschlagen werden. Die Querbrückentätigkeit hört auf.

Eine Erhöhung der zytoplasmatischen Ca^{2+}-Konzentration löst eine Kontraktion aus

Kalziumspiegel bei Einzelzuckung und niederfrequenter Summation. BLINKS und Mitarbeiter [8] isolierten aus gewissen Leuchtquallen das Protein *Aequorin*, welches bei Reaktion mit Kalziumionen Licht emittiert und injizierten es in eine isolierte Skelettmuskelfaser. Diese wurde dann in eine „isometrische“ Versuchsanordnung eingespannt und in Abständen von 100 bzw. 200 ms elektrisch gereizt. Mit Hilfe eines hochempfindlichen Photometers (Photomultiplier) konnte die Lumineszenz (Lichtemission) von Aequorin bei der intrazellulären Freisetzung von Kalziumionen direkt registriert werden (Abb. 4–8). Bei einer Reizfrequenz von 5 Hz sind die Lichtemissionen flüchtig, weil das freigesetzte Kalzium alsbald in das sarkoplasmatische Retikulum zurückgepumpt wird: der Muskel zuckt. Bei einer Reizfrequenz von 10 Hz erfolgt der zweite Reiz schon 100 ms nach dem ersten, d.h. bevor die Faser vollständig erschlafft. Auf den Kontraktionsrückstand nach der ersten Zuckung überlagert sich dann die zweite Zuckung, auf diese die dritte und so fort. Durch diese ***Summation der Einzelzuckungen*** nehmen sowohl die Spannungsmaxima der Kontraktionszyklen, als auch die Kontraktionsrückstände in den aufeinanderfolgenden Zuckungen zu; obgleich – wie die Lichtemission anzeigt – der intrazelluläre Kalziumspiegel nach jeder Zuckung fast wieder auf den Ruhewert abfällt.

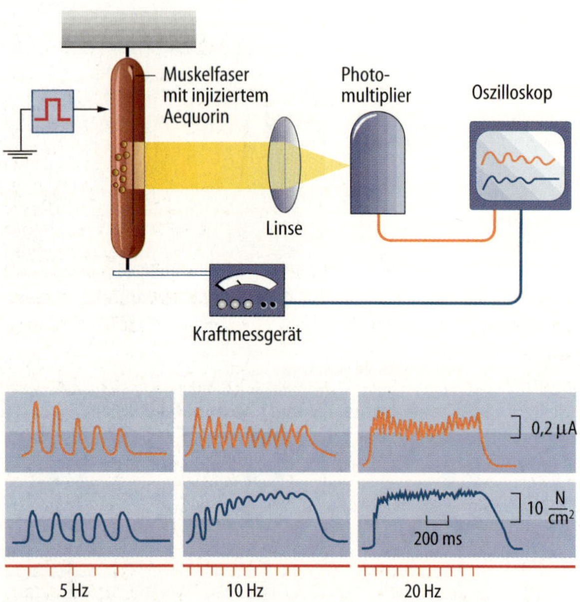

Abb. 4–8. Nachweis der intrazellulären Kalziumfreisetzung in Muskelfasern. Lichtemission (*rote Kurven*) und isometrische Kraftentwicklung (*blaue Kurven*) einer isolierten, mit Aequorin injizierten Muskelfaser des Krallenfrosches bei direkter Reizung mit 0,5 ms dauernden Stromimpulsen von 5, 10 und 20 Hz Reizfrequenz (Reizmarkierung unten). Eichung der isometrischen Kraftentwicklung in kp/cm² Muskelquerschnitt, Eichung der Lichtemission nach Kalziumeinwirkung in Stromstärkeeinheiten des Photomultiplier-Anodenstroms. Inset: Versuchsanordnung nach [8], modifiziert

Kalziumspiegel im Tetanus. Wird die Reizfolge sehr schnell, z. B. 20 Hz oder mehr, so bleibt der Kalziumionenspiegel auch zwischen den Reizen erhöht, weil die Kalziumpumpe in einem kurzen Reizintervall die Kalziumionen nicht vollständig in das Longitudinalsystem des sarkoplasmatischen Retikulums zurückpumpen kann. Dann aber verschmelzen – wie unser Beispiel zeigt (Abb. 4–8) – die Einzelzuckungen (fast) vollständig zum ***Tetanus,*** einer Dauerkontraktion, die durch eine Sequenz von relativ frequenten Reizen resp. Erregungen der Zellmembran (Aktionspotentiale!) aufrecht erhalten wird.

Tetanusverschmelzungsfrequenz. Einzelzuckungen verschmelzen immer dann zum vollständigen Tetanus, wenn das Reizintervall weniger als etwa 1/3 der für die Einzelzuckung benötigten Zeit beträgt. Also ist die Tetanusverschmelzungsfrequenz um so niedriger, je länger die Einzelzuckung dauert, und sie ist deshalb auch temperaturabhängig. Bei weiterer Erhöhung der Stimulationsrate über die Verschmelzungsfrequenz hinaus nimmt in den Muskelfasern der Säuger die intrazelluläre Ca^{2+}-Konzentration und damit die Muskelkraft noch weiter zu. Bei langandauerndem, zur *Ermüdung* führenden Tetanus hingegen nehmen intrazelluläre Ca^{2+}-Konzentration und Muskelkraft wieder ab [7]. Der minimale zeitliche Abstand zwischen aufeinanderfolgenden effektiven Reizen im Tetanus kann nicht kleiner als die ***Refraktärzeit*** sein, die etwa der Dauer eines Aktionspotentials entspricht. Wird eine Kontraktion ohne Aktionspotentiale ausgelöst (z. B. durch Koffein), so spricht man von ***Kontraktur.***

!

Bei der elektromechanischen Koppelung laufen die Aktionspotentiale über das T-System in die Muskelfaser hinein und bewirken die Freisetzung von Ca^{2+} aus den terminalen Zisternen des sarkoplasmatischen Retikulums. Ca^{2+} bindet an Troponin und löst – via Konformationsänderung – im Troponin/Tropomyosin-System eine Querbrückenrudertätigkeit sowie eine Aktivierung der Myosin-ATPase aus. Wird das Ca^{2+} wieder durch die Kalziumpumpe in das sarkoplasmatische Retikulum zurückgepumpt, so hört die Querbrückenrudertätigkeit auf, weil die abgelösten Querbrücken nicht mehr neu geschlagen werden können. Der Muskel erschlafft. Bei repetitiver Reizung kommt es zur Summation der Einzelzuckungen (unvollständiger Tetanus) und bei Erreichen der Tetanusverschmelzungsfrequenz (Reizintervall <1/3 der Einzelzuckungszeit) zum vollständigen Tetanus.

Die zentralnervöse Regulation der Muskelkraft erfolgt durch Rekrutierung motorischer Einheiten und durch eine Steigerung der Erregungsrate der Motoneurone

Die motorische Einheit: Definition, Größe. Sie wird gebildet aus einem motorischen Neuron ***und*** dem von ihm innervierten Kollektiv von Muskelfasern. Motorische Einheiten sind ganz verschieden groß. Bei den äußeren Augenmuskeln beispielsweise versorgt ein Motoneuron jeweils nur etwa ein Dutzend Muskelfasern; in anderen Muskeln ist die von einem Neuron versorgte Fasergruppe einer motorischen Einheit aber sehr viel größer; sie beträgt oft über 500 bis zu 1000 Fasern (Tabelle 4–4).

In Folge des für die Einzelfasern gültigen Alles-oder-Nichts-Gesetzes variiert die Kraft einer motorischen Einheit bei einer Einzelzuckung nur wenig, weil in der Einheit alle Fasern entweder gereizt und kontrahiert oder aber erschlafft sind. Die Änderung der *Stimulierungsfrequenz* beeinflußt jedoch die Kraft: wegen der schon erwähnten Überlagerung und des Summationseffektes der Einzelzuckung ist die Kraft im vollständigen Tetanus, d.h. bei hoher Impulsrate der α-Motoneurone, mindestens doppelt so groß wie in einem unvollständig verschmolzenen Tetanus bei niedriger Stimulierungsfrequenz. Auch bei ganz niedriger Impulsrate, z.B. bei 5–10 Impulsen/s, unduliert die niedrige Gesamtspannung (*Tonus*) des Muskels nicht, da die verschiedenen asynchron tätigen motorischen Einheiten die Maxima von Zuckungen oder unvollständigen Tetani asynchron, d.h. zu verschiedenen Zeiten, produzieren.

Korrelation von Kontraktionkraft und Frequenz der Aktionspotentiale. Durch Steigerung der Impulsrate der Motoneuronen von 5 auf 50 Impulse/s wird aus Zuckungen, bzw. einem unvollständig verschmolzenen Tetanus der motorischen Einheiten, ein verschmolzener glatter Tetanus, wodurch sich die Kontraktionskraft auf den 2 bis 10fachen Wert erhöht. Mit Hilfe von Nadelelektroden in den motorischen Einheiten [6] kann dabei die Frequenz der Muskelaktionspotentiale extrazellulär abgeleitet und registriert werden (Abb. 4–9). Solche ***elektromyographischen Untersuchungen*** zeigen die Korrelation der willkürlichen Muskelkraft mit der Frequenz der Aktionspotentiale in den motorischen Einheiten und beweisen, daß die Kontraktionskraft durch Erhöhung der Reizfrequenz gesteigert werden kann [6].

Tabelle 4–4. Große und kleine motorische Einheiten

Muskel	Rectus oc. lat.	Biceps brachii
Motorische Einheiten/Muskel	1740	774
Muskelfasern/Einheit	13	750
Maximalkraft/Einheit (N)	0,001	0,5

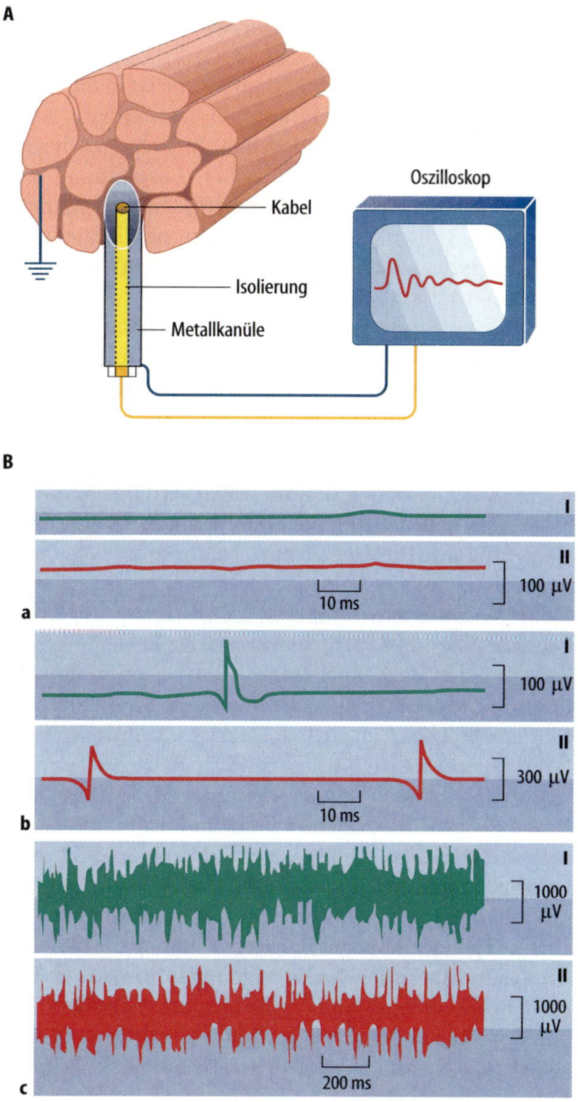

Abb. 4–9. Elektromyographie. **A** Extrazelluläre Ableittechnik mittels einer konzentrischen Nadelelektrode, die zwischen die Fasern einer motorischen Einheit des Muskels (extrazellulär) gestochen wird. **B** Extrazelluläre Aktionspotentiale werden mit 2 Elektroden gleichzeitig von 2 verschiedenen motorischen Einheiten (I und II) eines Muskels abgeleitet. **a** Erschlaffter Muskel, **b** Schwache willkürliche Kontraktion (beachte die asynchrone Aktivität der beiden motorischen Einheiten), **c** Maximale willkürliche Kontraktion. Nach [6]

Rekrutierung motorischer Einheiten. Die Muskelkraft und die Kontraktionsgeschwindigkeit (s.S. 80) können durch die Aktivierung von immer mehr motorischen Einheiten (Rekrutierung) gesteigert werden. Dabei ist die Feinregulierung der Kraft um so besser abstufbar, je geringer die Größe und damit die Kraft einer motorischen Einheit ist. Bei geringer Willküranspannung eines Muskels können elektromyographisch (extrazelluläre Ableitungen mit Nadelelektroden) nur von wenigen motorischen Einheiten Aktionspotentiale abgeleitet werden, bei starker willkürlicher Anspannung – nach der Rekrutierung – feuern dagegen sehr viele Einheiten. Infolgedessen nimmt auch die mittels Oberflächenelektroden von der Haut abgeleitete, integrierte elektrische Aktivität um so mehr zu, je kraftvoller die darunter liegenden Muskelpartien kontrahieren.

Reflextonus. Selbst bei scheinbarer Ruhe ist in manchen Muskeln die elektromyographisch feststellbare Aktivität nicht immer ganz erloschen. In Folge niederfrequenter, reflexogener, periodischer Anspannung nur weniger motorischer Einheiten befinden sich manche (nicht alle) Haltemuskeln oft in einem unwillkürlichen Spannungszustand, der bei asynchroner Arbeitsweise der Funktionseinheiten stetig ist. Dieser *neurogene*, über das γ-Fasersystem der Muskelspindeln (S. 99) beeinflußbare *„Tonus“* wird durch geistige Anspannung oder Erregung unwillkürlich oft noch verstärkt und erlischt nur bei tiefer Entspannung vollständig.

Das Elektromyogramm (EMG) wird bei Verdacht auf neuromuskuläre Erkrankungen als ein diagnostisches Hilfsmittel eingesetzt

Klinische Elektromyographie. Bei gewissen Störungen der Innervation (S. 122) bewirkt passive Bewegung bzw. Dehnung der Muskeln einen reflektorisch erhöhten Tonus und dadurch einen Widerstand gegen die Dehnung. Dementsprechend ist auch die elektromyographisch erfaßbare Muskelaktivität bei passiver Bewegung erhöht *(Spastizität* bzw. *Rigidität)*. Bei einer *Myotonieerkrankung* [3] sind die Zellmembranen der Muskulatur so erregbar, daß schon das für die Elektromyographie notwendige Einstechen der Nadelelektroden starke spontane Entladungssalven auslöst. Bei der willkürlichen Anspannung eines Muskels nach einer Ruhepause kommt es zu langdauernden Nachentladungen in den übererregbaren Zellmembranen (Aktionspotentialsalven), so daß der Muskel länger als gewollt kontrahiert und versteift. Im Gegensatz zu degenerativen Muskelerkrankungen *(Dystrophien)* sind die kontraktilen Strukturen bei der Myotonie nicht verändert.

Spontane Aktionspotentiale (Fibrillationspotentiale) finden sich auch im ersten Stadium nach der Denervierung noch vor der Inaktivitätsatrophie des denervierten Muskels. Nach langdauernder Denervierung, etwa bei *Poliomyelitis* oder bei *amyotroper Lateralsklerose*, werden atrophierte Muskelfasern durch Bindegewebe ersetzt, doch nach nur partiellen Nervenläsionen können intakte Motoneurone in die denervierten Muskelpartien einsprießen und deren Innervation mitübernehmen. Dadurch werden die motorischen Einheiten und die elektromyographisch abgeleiteten Aktionspotentiale größer.

! Die Muskelkraft wird durch das ZNS über 2 Mechanismen reguliert, nämlich (1) durch Rekrutierung motorischer Einheiten und (2) durch Steigerung der Erregungsrate der α-Motoneuronen. Dadurch erhöht sich die Muskelkraft, weil ein unvollständiger Tetanus in einen vollständigen übergeht, und weil (in den Muskelfasern von Säugern) bei Erhöhung der Stimulationsrate auch die intrazelluläre Ca^{2+}-Konzentration ansteigt.

4.3 Muskelmechanik

Die isometrische Kontraktion ist eine Kontraktionsform, bei welcher der Muskel Kraft entwickelt, ohne sich zu verkürzen

Muskelkraft. Sie entspricht der Summe der Zugkräfte aller Fasern. Je dicker ein Muskel und je größer sein („physiologischer“) Querschnitt (die Summe der Querschnitte der einzelnen Muskelfasern), um so stärker ist er; z. B. nimmt im Falle einer ***Muskelhypertrophie*** Muskelkraft und Dicke der Muskelfasern gleichermaßen zu. Bezogen auf die Einheit des Querschnitts (cm^2) entwickeln quergestreifte Säugermuskeln im Maximum meist über 4 kp (40 N), Kaltblütermuskeln dagegen nur etwa 30 N.

Die Kontraktionskraft hängt jedoch stark von der Stimulationsfrequenz ab. Bei der Einzelzuckung ist die Kontraktionsstärke sehr viel geringer als bei frequenter Reizung, wenn sich die ***Einzelzuckungen*** überlagern und zum Tetanus verschmelzen (s. S. 74).

Isometrische Kontraktion. Zur Erzeugung isometrischer Kontraktionen isolierter Muskelpräparate wird der erschlaffte, ruhende Muskel an seinen beiden Enden so festgeklemmt, daß er sich bei der Aktivierung zwar unter Kraftentwicklung anspannen, jedoch nicht verkürzen kann. Selbst dann jedoch können die kontraktilen Elemente der Muskelfasern (Myosinköpfchen) die von ihnen entwickelte Kraft nur über intramuskuläre elastische Strukturen auf Sehnen oder Meßvorrichtungen übertragen. Die elastischen Strukturen sind z. T. in den Querbrücken selbst lokalisiert [14] (vgl. auch Abb. 4–3), teilweise aber auch in den Aktinfilamenten, in den Z-Scheiben und in den Sehnenansätzen. Man denke sich also den Muskel modellmäßig vereinfacht als ein System kontraktionsfähiger Elemente (CE) und elastischer Elemente (SE), die in Serie zueinander geschaltet

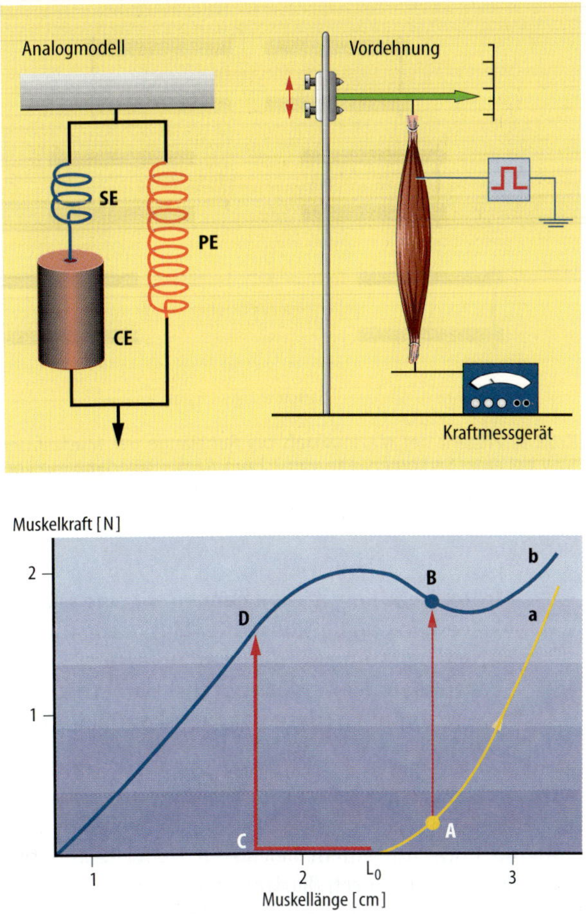

Abb. 4–10. Beziehung zwischen Kraft und Muskellänge. *a.* Ruhedehnungskurve; *b.* Kurve der isometrischen Maxima. Die totale Kraft bei einer bestimmten Vordehnung (z. B. bei *B*) setzt sich aus der passiven Spannung *A* und der aktiven Kontraktionskraft (*B-A*) zusammen. *Oben:* Isometrische Versuchsanordnung. Froschmuskel bei Ruhelänge (l_0 ~2,3 cm) eingespannt zwischen Kraftfühler (*unten*) und Fixpunkt, der zur Vordehnung des Muskels nach oben, zur Entdehnung (unter l_0) nach unten verstellt werden kann. In diesem Fall verkürzt sich ein Muskel auf eine vorbestimmte Länge, bevor er sich isometrisch anspannt (L_0-C-D, Anschlagkontraktion!). Inset: Analogmodell des Muskels. CE kontraktiles Element; SE serienelastische Elemente; PE parallel-elastische Elemente [6]

sind, wie ein *mechanisches Analogmodell* (Abb. 4–10) veranschaulicht. Indem bei der Aktivierung die kontraktilen Elemente um etwa 1 % kontrahieren, spannen sie die *serienelastischen Elemente,* und dadurch erst entsteht die meßbare Muskelkraft. Verkürzt sich hingegen der ganze Muskel bei der Anspannung, so handelt es sich um eine ***auxotonische Kontraktion.***

Die Muskelkraft hängt von der aktuellen Länge des Muskels ab

Ruhedehnungskurve. Im erschlafften Zustand übt der bei „Ruhelänge" an beiden Enden festgehaltene Muskel keine Zugkraft auf die Haltevorrichtung aus. Wenn man jedoch an einem Ende des Muskels zieht (Abb. 4–10) und dadurch die Faser dehnt, so wird der Muskel passiv angespannt. Der ruhende Muskel verhält sich also elastisch; doch anders als bei einer Feder nimmt die Spannung nicht linear mit der Dehnung zu: trägt man die gemessene Kraft gegen die jeweilige Muskellänge in ein rechtwinkliges Koordinatensystem auf, so erhält man ein Längenspannungsdiagramm des ruhenden Muskels, die ***Ruhedehnungskurve,*** deren gekrümmter Verlauf um so steiler ist, je stärker der Muskel gedehnt wird (Abb. 4–10, Kurve a). Der Elastizitätsmodul des ruhenden Muskels nimmt also mit der Dehnung zu. Diese Elastizität kommt größtenteils durch dehnbare Strukturen zustande, die zu den kontraktilen Strukturen parallel geschaltet sind (*parallelelastische Elemente*; Abb. 4–10), etwa das Sarkolemm um die Muskelfaser, oder bindegewebige Strukturen zwischen den Fasern und *Titin* (s. S. 68).

Isometrische Maxima. Die Vordehnung bestimmt nicht nur die Größe der passiv elastischen Anspannung des ruhenden Muskels, sondern auch das Ausmaß an Kraft, welches der Muskel bei der jeweiligen Länge zusätzlich entwickeln kann, wenn er aktiviert wird. Der isometrische Kraftzuwachs während der Kontraktion überlagert sich (additiv) der passiven Anspannung des ruhenden Muskels und erreicht schließlich auf dem Gipfel der Kontraktion das isometrische Kontraktionsmaximum. Die passiven elastischen Kräfte des Sarkolemms und die aktiv kontraktilen Kräfte in den Myofibrillen wirken additiv, weil diese Strukturen parallelgeschaltet sind, wie ein mechanisches Analogmodell (Abb. 4–10, Einsatzfigur) veranschaulicht.

Wenn wir die bei verschiedenen Muskel- bzw. Sarkomerlängen gemessenen ***isometrischen Kontraktionsmaxima*** gegen die jeweilige Muskellänge in ein Koordinatensystem eintragen, so erhalten wir ein Kraft-Längen-Diagramm, die ***Kurve der isometrischen Maxima*** (Abb. 4–10, Kurve b). Von dieser Kurve müssen wir die Ruhedehnungskurve wieder subtrahieren, um die Abhängigkeit der aktiven Kontraktionskraft von der jeweiligen Muskel- oder Sarkomerlänge zu erhalten (Abb. 4–11).

Die Längenabhängigkeit der Kraft läßt sich durch die Gleitfilamenttheorie erklären

Die Kurve der ***Sarkomerlängen-Kraft-Beziehung*** in Abb. 4–11 zeigt ein charakteristisches Optimum bei einer Sarkomerlänge zwischen 2,0 und 2,2 µm, die etwa der *Muskelruhelänge* entspricht. Bei kleineren Muskel- oder Sarkomerlängen ist die Kraft geringer, weil sich in diesem Längenbereich die Aktin- und Myosinfilamente gegenseitig behindern und weil in verkürzten Muskeln die elektromechanische Koppelung beeinträchtigt ist. Wegen dieser Störfaktoren können sich die meisten Muskeln nur auf etwa 50–70 % ihrer Ruhelänge verkürzen (vgl. Abszissenschnittpunkt der Kurve der isometrischen Maxima in Abb. 4–10). Werden Muskelfasern über

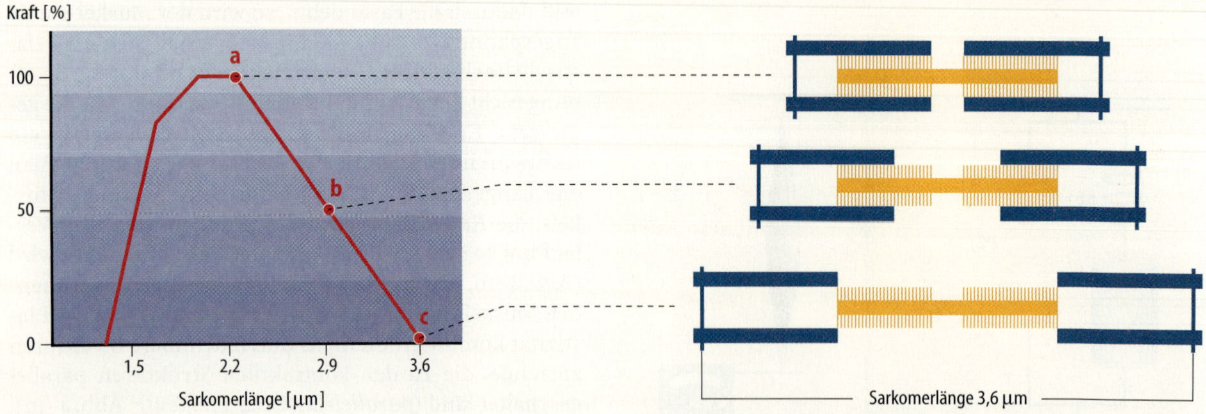

Abb. 4–11. Beziehung zwischen Kontraktionskraft, Sarkomerlänge und Filamentüberlappung. *Links:* Die im Tetanus entwickelte isometrische Maximalkraft bei verschiedener Länge einer einzelnen Muskelfaser und ihrer Sarkomere. *Abszisse:* Sarkomerlänge; *Ordinate:* Kraft in Prozent der Maximalkraft bei Ruhelänge der Muskelfaser bzw. bei einer Sarkomerweite von 2,2 μm. *Rechts:* Überlappung von Myosin- und Aktinfilamenten eines Sarkomers bei einer Sarkomerweite von 2,2, 2,9 und 3,6 μm. Nach [11]

ihre Ruhelänge hinaus gedehnt, so fällt die Kontraktionskraft ab, weil dann die Aktinfilamente aus der Anordnung der Myosinfilamente herausrutschen.

Bei einer Sarkomerlänge von 2,9 μm beispielsweise beträgt die Kraft der Myofibrillen nur noch etwa 50 % der Maximalkraft, weil dann jedes Myosinfilament nur noch zur Hälfte mit Aktinfilamenten überlappt und nur noch die Hälfte der Myosinköpfchen mit Aktin Querbrücken bilden können.

Auch der durch die Elastizität der Querbrücken bedingte ***dynamische Dehnungswiderstand*** (Huxley's „immediate stiffness" [14]) ist dann *zur Hälfte reduziert.* Bei Sarkomerlängen über 3,6 μm laufen Ruhedehnungskurve und Kurve der isometrischen Maxima zusammen (Abb. 4–10): die Myofibrillen können keine aktive Kraft mehr entwickeln, weil sich bei dieser Länge Aktin- und Myosinfilamente überhaupt nicht mehr berühren. Durch diese mechanischen Experimente wurde die zunächst rein theoretische Aussage verifiziert, daß nur durch Zusammenwirken von Aktin- und Myosinfilamenten (im Sinne der Querbrückenbildung) Muskelkraft entstehen kann [11].

!

Bei einer isometrischen Kontraktion entwickelt ein Muskel Kraft, ohne seine Länge zu ändern; verkürzt er sich bei der Kraftentwicklung, spricht man hingegen von auxotonischer Kontraktion. Die isometrische Kontraktionskraft hängt von der Vordehnung des Muskels bzw. von der aktuellen Sarkomerlänge ab. Sie ist bei einer Sarkomerlänge von ca. 2,2–2,0 μm größer als bei kürzeren oder längeren Sarkomerzuständen. Wird nämlich die Muskelfaser über die Optimallänge hinaus gedehnt, so nimmt die Filamentüberlappung und die Muskelkraft ab. Die aktive Muskelkraft überlagert sich der passiven Kraft, die durch Anspannen der ruhenden Muskelfaser bei der Dehnung entsteht. Die Beziehung zwischen Kraft und Muskellänge des ruhenden Muskels wird durch die Ruhe-Dehnungskurve beschrieben.

Isotonische Kontraktion nennen wir eine Muskelverkürzung bei konstanter Muskelspannung bzw. – belastung; wird die Last unterstützt, kontrahiert der Muskel zunächst isometrisch, dann isotonisch (Unterstützungskontraktion)

Isotonische Maxima. Zur Registrierung der Verkürzung wird ein isolierter, ruhender Muskel zunächst an einem Ende einer Halterung aufgehängt. Dann wird er an dem anderen Ende mit einem belasteten Hebel verbunden (Abb. 4–12, oben), durch dessen Ausschläge die Muskelbewegung gemessen werden kann. Durch das Gewicht des belasteten Hebels wird der ruhende Muskel passiv vorgedehnt (Abb. 4–12a). Wenn wir einen belasteten und vorgedehnten Muskel in der in Abb. 4–12 (Einsatzfigur) gezeigten Versuchsanordnung „tetanisch" stimulieren, kontrahiert er ***isotonisch***: er verkürzt sich unter konstanter Spannung, indem er die Last hebt und dabei mechanische Arbei leistet (Hubhöhe x Last). Die Muskelverkürzung (Hubhöhe) ist um so geringer, je größer die Last ist. Daraus resultiert eine charakteristische Abhängigkeit der im Kontraktionsmaximum erreichten Muskellänge von der Vorbelastung: die Kurve der isotonischen Maxima (Abb. 4–12, Kurve *e*). Um den Einfluß der Last auf die Hubhöhe, unabhängig von Veränderungen der Vordehnung zu untersuchen, verwenden wir eine andere Kontraktionsform:

Die Unterstützungskontraktion. Die Vordehnung des Muskels durch seine Belastung kann durch Unterstützung der Last bzw. durch einen geeigneten Anschlag (Abb. 4–12, Stellschraube) am Muskelhebel verhindert werden. Dann kontrahiert der tetanisch stimulierte Muskel bei Ausgangslänge zunächst isometrisch; er spannt sich an, bis die entwickelte Muskelkraft der Last ebenbürtig ist. Erst dann kann das unterstützte Gewicht durch eine isotonische Kontraktion in die Höhe gehoben werden, und zwar mit einer Kraft, die der Gegenkraft des belastenden Gewichts entspricht.

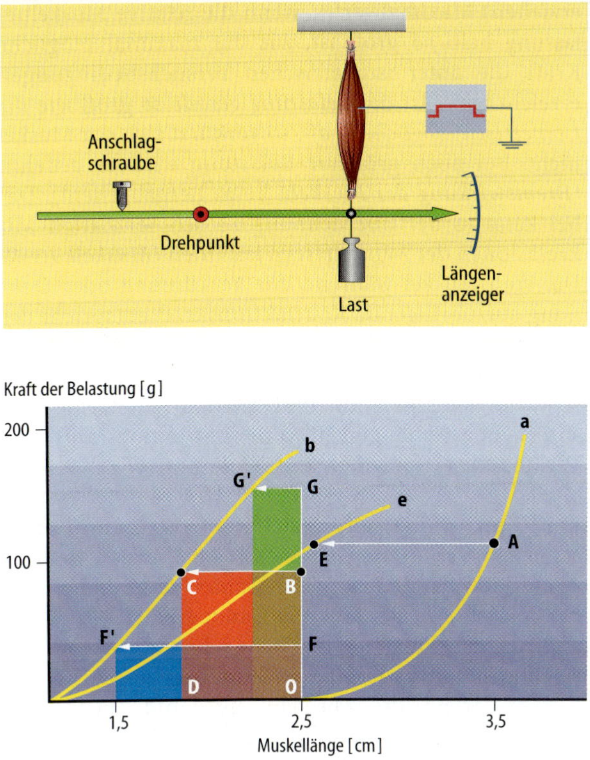

Abb. 4–12. Beziehung zwischen Belastung und Verkürzung. *Abszisse:* Muskellänge; *Ordinate:* Muskelkraft bzw. Muskelbelastung (100g Belastung entspricht einer Kraft von 1 N). Passive Verlängerung eines ruhenden Froschmuskels (Ausgangslänge l_0 = 2,5 cm) bei zunehmender Belastung (Ruhedehnungskurve a). *OA:* Dehnung bei 120g Belastung; *AE:* isotonische Kontraktion bei tetanischer Reizung des mit 120g belasteten Muskels bis zur Kurve der isotonischen Maxima (e). *OBC:* isotonische Unterstützungskontraktion im Tetanus bei 90g Belastung setzt sich zusammen aus isometrischer Anspannungsphase (*OB*) und der isotonischen Verkürzungsphase (Hubhöhe *BC* = 0,6 cm), bei der eine der Fläche OBCD entsprechende Arbeit vollbracht wird. Die Rechteckflächen entsprechen den Muskelarbeiten bei 160 bzw. 30g Belastung. Hubhöhen bei 30g Belastung (*F-F'*) und bei 160g Belastung (*G-G'*). *b* Kurve der isotonischen Unterstützungsmaxima. *Oben:* Vorrichtung für Unterstützungskontraktion oder (ohne Anschlagsschraube) für isotonische Kontraktion

Unterstützungsmaxima. Die Hubhöhe ist bei Unterstützungskontraktionen um so größer, je geringer die wirkende Kraft oder die Belastung ist. Infolgedessen erreicht ein wenig belasteter Muskel auf dem Höhepunkt der Kontraktion eine geringere Länge als bei größerer Belastung. Wenn wir diese Endlängen auf der Abszisse eines rechtwinkligen Koordinatensystems gegen die Last-Muskelspannung oder -kraft (auf der Ordinate) auftragen, so erhalten wir ein „Längenspannungsdiagramm", die Kurve der Unterstützungsmaxima (Abb. 4–12, Kurve b, die deutlich über der Kurve e der isotonischen Maxima liegt und sich mit der Kurve der isometrischen Maxima – Abb. 4–10b – beinahe deckt).

Die Muskelarbeit. Bei einer tetanischen Unterstützungskontraktion ist das Produkt von Hubhöhe (Muskelverkürzung) und Last die Muskelarbeit. Sie

Tabelle 4–5. Die Abhängigkeit der Hubhöhe und der Arbeit von der Belastung

Belastung (g)	3	5	9
Verkürzung (cm)	0,5	0,36	0,12
Arbeit (g cm)	1,5	1,8	1,1
Dauer der Zuckung (s)	0,55	0,48	0,4

Isotonische Unterstützungszuckungen eines 3 cm langen Frosch-Sartorius bei 0° C. Isometrische Zuckung: 0,12 N Kraft. (Vgl. [21])

entspricht deshalb im Längenspannungsdiagramm (Abb. 4–12) der Fläche eines Rechtecks, dessen Seiten aus der Kraftkomponente und dem Verkürzungsweg (Hubhöhe) gebildet werden. Die Abb. 4–12 macht deutlich, daß die Arbeit (Fläche OBCD) bei mittlerer Belastung größer ist, als bei sehr großer oder kleiner Belastung (Rechteckflächen); sie ist Null, wenn die Last gleich der isometrischen Maximalkraft ist, oder wenn sich der Muskel unbelastet verkürzt.

Ganz ähnlich ist der Zusammenhang von Belastung und Arbeit bei Einzelzuckungen (Tabelle 4–5). Bei Unterstützungseinzelzuckungen sind Hubhöhe und Hubarbeit jedoch geringer als bei Unterstützungstetani, da auf Grund der kurzen Aktivierungszeit im Verlauf einer Einzelzuckung ein Muskel sich nicht so stark verkürzen kann wie im Tetanus.

!

Bei einer isotonischen Kontraktion verkürzt sich der Muskel bei konstanter Muskelspannung bzw. -belastung. Wird die Last vor Beginn der Kontraktion unterstützt, so spannt sich der Muskel so lange isometrisch an, bis seine Kraft der Last ebenbürtig ist; dann kontrahiert er isotonisch (Unterstützungskontraktion!). Je größer die Muskelbelastung ist, um so geringer ist die Muskelverkürzung bzw. die Hubhöhe. Verkürzt sich ein Muskel unbelastet bis zu einem Anschlag und spannt sich dann isometrisch an – wie zum Beispiel beim „Zähnezusammenbeißen" –, so spricht man von Anschlagskontraktion.

Die Verkürzungsgeschwindigkeit ist unbelastet am größten und nimmt mit zunehmender Belastung ab

Die lastfreie Verkürzungsgeschwindigkeit. Bei tetanischer Aktivierung eines Muskels hängt die Geschwindigkeit einer isotonischen Kontraktion von der Belastung ab. Unbelastet verkürzt sich ein Muskel mit seiner maximalen Geschwindigkeit. Die ***maximale (lastfreie) Verkürzungsgeschwindigkeit*** eines jeden Sarkomers entspricht der maximalen Geschwindigkeit des Übereinandergleitens der Aktin- und Myosinfilamente. Je schneller die Myosinquerbrücken ATP spalten und mit

Aktin in Wechselwirkung treten, um so höher ist die Geschwindigkeit des elementaren Gleitprozesses. Die langsamen Fasern unserer „Haltemuskeln" (Typ I-Fasern) enthalten ein Myosin mit nur geringer ATPase-Aktivität, das sich in seiner Zusammensetzung vom Myosin mit hoher ATPase-Aktivität der raschen Muskelfasern unserer Bewegungsmuskeln (Typ IIA- und Typ IIB-Fasern) unterscheidet (Tabelle 4–2).

Da sich die Verkürzungen der in den Myofibrillen hintereinander geschalteten Sarkomere addieren, werden bei gleicher Verkürzungsgeschwindigkeit einzelner Sarkomere ***lange Muskeln schneller kontrahieren als kurze*** Muskeln. Beispielsweise verkürzt sich der Sartorius eines Frosches mit 0,2 m/s (etwa 10 Muskellängen pro Sekunde), indem sich jedes der etwa 2 μm langen Sarkomere in 20 ms auf eine Länge von 1,6 μm verkürzt. Die viel längeren menschlichen Armmuskeln hingegen verkürzen sich mit 8 m/s.

Die Last-Geschwindigkeits-Beziehung. Wie Abb. 4–13 zeigt, nimmt die Kontraktionsgeschwindigkeit mit zunehmender Belastung in hyperbolischer Weise ab [29], und sie erreicht etwa 1/5 des (bei lastfreier Verkürzung erzielten) Maximalwertes, wenn die relative Muskelbelastung halb so groß ist, wie die maximal mögliche Kraft, die unter isometrischen Versuchsbedingungen erreicht wird. Ist die *Belastung gerade so groß wie die isometrisch mögliche Kraft,* so verkürzt sich der Muskel nicht. Bei noch größerer Belastung wird er gedehnt (***Bremswirkung der Muskeln*** beim Bergabgehen!). Dabei kann es bei Überdehnung zu schmerzhaften Mikroläsionen der Muskelfasern kommen (***Muskelkater!***). Die vom Muskel während der Verkürzung oder Dehnung aufzubringende Kontraktionskraft entspricht der Belastung.

Aus der von HILL beschriebenen Last-Geschwindigkeits-Relation muß deshalb auch eine entsprechende Abhängigkeit von Kontraktionskraft und Verkürzungsgeschwindigkeit gefolgert werden:

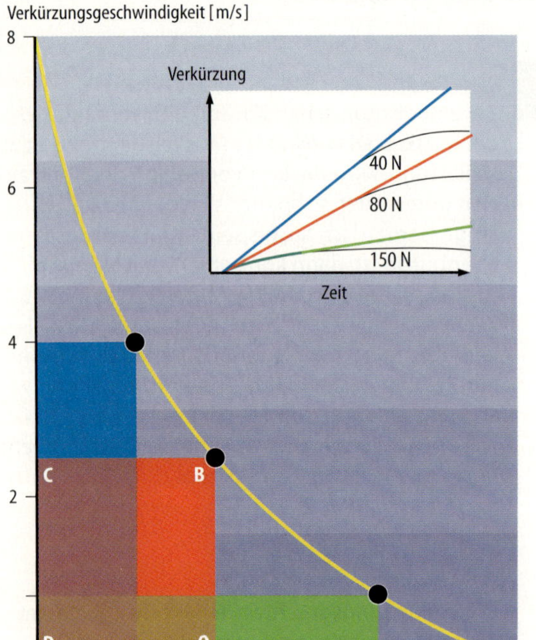

Abb. 4–13. Beziehung zwischen Kraft und Kontraktionsgeschwindigkeit. *Ordinate:* Verkürzungsgeschwindigkeit eines menschlichen Armmuskels in m/s. *Abszisse:* Muskelbelastung bzw. wirkende Gegenkraft des Muskels in *N*. Die Fläche *OBCD* bedeutet die optimale mechanische Muskelleistung bei einer Kontraktionsgeschwindigkeit von 2,5 m/s. *Rechteckflächen:* Muskelleistung bei 14 bzw. 4 kg Belastung. Nach [30], modifiziert. *Einsatzfigur:* Zeitlicher Verlauf der isotonischen Unterstützungskontraktion bei Belastung mit 4 oder 8 oder 15 kg. *Farbige Geraden:* Kurvensteigung = Verkürzungsgeschwindigkeit

Kraft-Geschwindigkeits-Beziehung. Während einer schnellen Verkürzung entwickelt ein Muskel weniger kontraktile Kräfte als bei langsamer Verkürzung oder gar bei Dehnung des Muskels. Damit erklärt sich die alltägliche Erfahrung, daß wir sehr schnelle, „leichte" Bewegungen nur bei geringer Kraftaufwendung ausführen können, wenn die Muskeln entspannt (nicht verkrampft) sind, und daß umgekehrt die größte Muskelkraft bei langsamen Bewegungen, etwa beim „Stemmen" erreicht wird. Schwere Gegenstände können deshalb – wenn überhaupt – nur sehr langsam gehoben oder fortbewegt werden. Damit steht nicht im Widerspruch, daß wir die Kontraktionsgeschwindigkeit unserer Muskeln auch willkürlich variieren können.

Die Kontraktionsgeschwindigkeit und damit die Muskelleistung kann durch Rekrutierung motorischer Einheiten erhöht werden und vice versa

Wenn ein Muskel mit *allen* Fasern eine gegebene Last hebt, ist die *relative* Belastung der *einzelnen* tätigen Muskelfasern kleiner und deshalb deren Kontraktionsgeschwindigkeit größer als dann, wenn nur ein *Teil* der Muskelfasern tätig ist. Infolgedessen können wir durch Rekrutierung zusätzlicher motorischer Einheiten bei gleichbleibender Muskelbelastung die Verkürzungsgeschwindigkeit des Muskels steigern.

Die ***Muskelleistung*** ist das *Produkt von Muskelkraft und Verkürzungsgeschwindigkeit;* im gezeigten Beispiel eines menschlichen Armmuskels (Abb. 4–13) beträgt sie maximal 200 W bei einer Kontraktionsgeschwindigkeit von 2,5 m/s. Im Diagramm der Abb. 4–13 entspricht die Leistung der Fläche eines Rechtecks, dessen Seiten aus der Kraft- und der Geschwindigkeitskomponente gebildet werden. Es ist dann „graphisch" leicht einzusehen, daß die Leistung bei einer mittleren Belastung (Fläche OBCD) bzw. bei einer mittleren Kontraktionsgeschwindigkeit größer ist, als unter extremen Verhältnissen (farbige Rechtecke). Fahrradübersetzung und Zick-Zack-Weg beim Bergsteigen sind Beispiele einer Nutzanwendung.

!

Die Verkürzungsgeschwindigkeit eines Muskels nimmt mit steigender Belastung ab (Hillsche Kraft-Geschwindigkeitsrelation). Der unbelastete Muskel verkürzt sich mit maximaler Geschwindigkeit, die bei den schnellen Muskelfasern (Typ IIA- und Typ IIB-Fasern) etwa 3 5 mal so hoch ist wie bei langsamen Fasern (Typ I-Fasern). Die Muskelleistung (Kraft x Geschwindigkeit) ist ebenso wie die Muskelarbeit (Kraft oder Last x Hubhöhe)bei mittlerer Belastung am größten.

4.4 Muskelenergetik

Die Muskelmaschine transformiert mit hohem Wirkungsgrad chemische Energie in mechanische Energie und Wärme

Muskelwärme und Energieumsatz. Bei der Aktivierung des Muskels führt die Erhöhung der intrazellulären freien Kalziumionenkonzentration zur Auslösung der Kontraktion und zur vermehrten ATP-Spaltung und dadurch zur 100- bis 1000fachen Erhöhung des Muskelenergieumsatzes. Nach dem 1. Hauptsatz der Thermodynamik (Energieerhaltungssatz) muß die im Muskel umgesetzte chemische Energie gleich der Summe von mechanischer Energie (Muskelarbeit) und Wärmeproduktion sein. Auch wenn keine physikalisch meßbare Muskelarbeit geleistet wird, etwa während der Aufrechterhaltung einer isometrischen tetanischen Kontraktion, wird im Muskel fortwährend chemische Energie in Wärme (***Erhaltungswärme***) transformiert; sie ist der „Haltezeit" und der aufrecht erhaltenden Muskelspannung proportional. Auch bei isometrischer Kontraktion sind nämlich die Myosinquerbrücken in dauernder zyklischer Rudertätigkeit, wobei sie unter ATP-Spaltung und Wärmeproduktion eine beträchtliche „innere" Haltearbeit verrichten. Halteleistungen (z. B. langes Stehen) sind deshalb ermüdend. Eine zusätzliche Menge ATP wird dann umgesetzt, wenn ein Muskel eine Last hebt, dabei arbeitet und Verkürzungswärme produziert. Der Extraenergieumsatz ist dann der Arbeit proportional (FENN-Effekt). Diese Muskelwärme dient auch der Temperaturregulation, etwa beim Kältezittern (Schüttelfrost!).

Wirkungsgrad. Ein Mol ATP liefert bei seiner Hydrolyse etwa 60 kJ Energie. Diese Energie wird jedoch nur zu etwa 40–50 % in mechanische Energie oder Arbeit umgewandelt; die restlichen 50–60 % verpuffen als Wärme (***initiale Wärme***) zu Beginn und während der Kontraktion eines Muskels, der sich dabei etwas erwärmt. Die elementare Energietransformation in den Myofibrillen erfolgt also mit einem Wirkungsgrad von über 40–50 %.

Bei der natürlichen Muskeltätigkeit liegt der mechanische Nutzeffekt jedoch meist nur bei 20–30 %, weil während und nach der Kontraktion außerhalb der Myofibrillen „energieverschleißende" Erholungsprozesse ablaufen, die – wie etwa die Tätigkeit von Ionenpumpen oder die oxidative Regeneration von ATP – mit beträchtlicher Wärmebildung (***Erholungswärme***) einhergehen. Je höher die Arbeitsleistung, um so höher ist die Wärmeproduktion und mithin auch der Verbrauch an Energiequellen (Kohlenhydrat und Fett) einerseits und Sauerstoff andererseits. Dies ist übrigens auch der Grund dafür, daß wir beim Bergaufgehen, nicht aber beim Bergabgehen, ins Schwitzen kommen und in Atemnot geraten [1,6].

!

Während eines Tetanus produziert ein Muskel Wärme, die der Kraft und der Dauer der Kontraktion proportional ist. Zusätzliche Wärme wird produziert, wenn sich ein Muskel verkürzt und dabei Arbeit leistet, wobei er chemische Energie (E) in Arbeit (A) und Wärme umsetzt. Der Wirkungsgrad (A/E · 100 %) beträgt 20–30 %. Beim Kältezittern dient die Wärmeproduktion des Muskels auch der Regulation der Körpertemperatur.

Der Muskel verbrennt zur Energiegewinnung Kohlenhydrate und Fett; der O_2-Verbrauch hängt von der Muskelleistung ab; bei hoher stationärer Dauerleistung ist er 50–100mal größer als in Ruhe; eine kurzfristige weitere Leistungssteigerung ist anaerob möglich

Aerober Energiestoffwechsel. Bei andauernder Muskeltätigkeit erfolgt die Regeneration des ATP ***aerob,*** v. a. auf dem Weg über die ***oxidative Phosphorylierung.*** Die zur Synthese notwendige Energie stammt aus der Oxidation von Kohlenhydraten oder Fett. Das System ist stationär, im Fließgleichgewicht, wenn die Geschwindigkeit der ATP-Neubildung gerade ebenso groß ist wie die Geschwindigkeit des ATP-Verbrauchs, so daß der Spiegel des intrazellulären ATP (etwa 5 mmol/l) und des Phosphokreatins (etwa 30 mmol/l) auf einem konstanten Niveau bleibt.

Während einer sportlichen Dauerleistung ist die Rate der ATP-Spaltung, die ja mit der Leistung gekoppelt ist, im arbeitenden Muskel oft bis zu 100mal größer als im ruhenden Muskel. Nach dem Gesagten ist ein stationärer Zustand und damit eine Dauerleistung jedoch nur dann möglich, wenn auch die Rate der ATP-Neubildung auf dem Wege über die oxidative Phosphorylierung entsprechend dem größeren ATP-Verbrauch gesteigert wird. Der O_2-Verbrauch des Muskelgewebes ist dann bis zu 50- bis 100mal so hoch wie in

Ruhe, weil für die Bildung von einem Mol ATP etwa 1/6 Mol O_2 benötigt wird. Entsprechend erhöht ist auch die Abbaurate von Fettsäuren oder Glykogen im Muskel.

Glykolyse. Die Dauerleistungsgrenze eines Läufers kann kurzfristig durchbrochen werden – z. B. im Endspurt –, wenn *zusätzlich* Glykogen durch Glykolyse abgebaut wird (Tabelle 4–1). Hier erfolgt die ATP-Bildung 2- bis 3mal so schnell wie durch oxidative Phosphorylierung. Dies ermöglicht eine 2- bis 3mal so hohe ATP-Spaltungsrate und damit auch eine 2- bis 3mal so hohe mechanische Leistung der Muskeln wie im Falle einer (nur aerob erbrachten) Dauerleistung. Deshalb erreicht der Sprinter im Kurzstreckenlauf eine beinahe doppelt so hohe Geschwindigkeit (etwa 10 m/s) wie der Langstreckenläufer. Allerdings kann diese hohe Rate der ATP-Bildung und damit die große mechanische Leistung nur für kurze Zeit (etwa 30 s) erbracht werden, weil die anaerob verfügbaren Energiereserven beschränkt sind und weil sich in Folge der Glykolyse in der Zellflüssigkeit und im Blut Milchsäure anhäuft, die schließlich zur metabolischen Azidose und damit zur Einschränkung der Leistungsfähigkeit, zur ***Ermüdung,*** führt.

Ermüdung. Ermüdungsbedingte, intrazelluläre pH-Änderung und Anhäufung von Metaboliten wie Phosphat und Adenosindiphosphat kann heute im Herz- und Skelettmuskel durch die Kernresonanztechnik (NMR-Spektroskopie) in situ nachgewiesen werden [1,6]. Ein ermüdeter Muskel entwickelt nur wenig Kraft, weil weniger Ca^{2+} als normal aus dem sarkoplasmatischen Retikulum freigesetzt wird und weil in Folge der intrazellulären Azidose und der Ansammlung von Phosphat die Kalziumansprechbarkeit der Myofibrillen reduziert ist [7].

Kreatinphosphat. Anaerob energieliefernde Prozesse sind nicht nur bei körperlichen Spitzenleistungen, sondern sie sind oft zu *Beginn* einer sogar unter der Dauerleistungsgrenze liegenden Muskeltätigkeit deshalb kurzfristig nötig, weil die Anpassung des oxidativen Stoffwechsels (und übrigens auch der Glykolyse) an den erhöhten Tätigkeitsstoffwechsel eine gewisse Anlaufzeit braucht. Bis dahin wird jedoch ATP aus ADP und Kreatinphosphat über die Lohmann-Reaktion (Tabelle 4–1) so schnell regeneriert, daß sein intrazellulärer Spiegel praktisch konstant bleibt, da ADP + Kreatinphosphat = ATP + Kreatin.

Auf Grund dieser Reaktion fällt der intrazelluläre Spiegel von *Kreatinphosphat* so lange, bis die aerobe ATP-Bildung schnell genug ist, *um den laufenden ATP-Verbrauch zu decken.* Der Pool von Kreatinphosphat wird meist erst nach Aufhören der Kontraktion durch Umkehr der Lohmann-Reaktion wieder aufgefüllt. Das hierfür benötigte ATP wird in den ersten Minuten der Erholung durch oxidative Phosphorylierung, also unter Verbrauch von Sauerstoff, gebildet. Der dafür nötige Sauerstoff ist nach HILL [vgl. 6] gewissermaßen eine zurückbezahlte ***Sauerstoffschuld.***

! Die Energie für die Muskelkontraktion stammt aus der Oxidation von Fettsäuren (die auf dem Blutweg herantransportiert werden) und Kohlenhydraten, aber auch aus der Glykolyse und dem Abbau von energiereichen Phosphatverbindungen (z. B. Kreatinphosphat). Diese Energiequellen dienen dazu, den verbrauchten Muskelkraftstoff ATP zu regenerieren, so daß sein Gehalt (etwa 5 µmol/g Muskel) während der Muskeltätigkeit weitgehend konstant bleibt.

4.5 Glatte Muskulatur

Glatte Muskeln werden strukturell und funktionell 2 Haupttypen zugeordnet, nämlich dem „single-unit-Typ" und dem „multi-unit-Typ"; es gibt aber viele Mischformen

Histologie. Die Muskulatur unserer inneren Organe wird als „glatt" bezeichnet, weil bei lichtmikroskopischer Betrachtung keine Querstreifung zu beobachten ist. Glatte Muskeln bestehen aus spindelförmigen, etwa 50–400 µm langen und etwa 2–10 µm dicken Zellen. Verknüpft durch besondere Zellkontakte *(Desmosomen)* bilden sie ein mit Kollagenfasern vermaschtes Netzwerk.

Single-unit-Typ. Beim „single-unit-Typ" sind die Muskelzellen durch niederohmige Kontaktstellen- man nennt sie ***Nexus*** oder *gap junctions* – miteinander elektrisch gekoppelt, so daß dadurch gleichsam eine funktionelle Einheit entsteht, durchaus vergleichbar einem funktionellen Synzytium, wie wir es im Herzmuskel antreffen. Zu dieser Art glatter Muskeln gehört u. a. die Darmmuskulatur, die Muskulatur von Uterus und Ureter und gewisse Gefäßmuskeln. Dank einer eigenen Automatie sind sie *spontan rhythmisch aktiv* (s. S. 86). Diese ***myogene rhythmische Aktivität*** wird durch vegetative Nervenfasern moduliert, die mit den Muskelzellen in nur losem Kontakt sind.

Multi-unit-Typ. Zum „multi-unit-Typ" zählen Irismuskeln, Ziliarmuskulatur, Samenleiter und Pilomotoren. Hier werden die Myozyten direkt von den vegetativen Nervenfasern innerviert, die an den Muskelzellen mehr oder weniger kontaktierend vorbeilaufen und aus sog. ***Varikositäten*** erregende oder hemmende Neurotransmitter abgeben, etwa *Noradrenalin* und bestimmte *Neuropeptide.* Eine Vielzahl von vegetativen Nervenfasern erreicht auf diese Weise fast jede Zelle bzw. kleinere Gruppen von Muskelzellen, die miteinander durch ***Nexus*** *(gap junctions,* s. o.) verbunden sind und deshalb als funktionelle Einheiten fungieren. Jede Einheit kann nämlich von vegetativen Nervenfaseren separat erregt werden, aber sie ist kaum oder nur wenig spontan aktiv: Der ***Muskeltonus*** ist also ***neurogen*** (vgl. auch Kap. 9).

Mischformen. Bei vielen glatten Muskeln – etwa den Gefäßmuskeln – läßt sich eine strenge Zuordnung zum „single-unit-" oder „multi-unit-Typ" nicht vornehmen, weil der neurogene, durch das vegetative Nervensystem hervorgerufene, Muskeltonus den spontanen myogenen Tonus (Basis-Tonus, s. S. 86) überlagern kann. Innervationsdichte und Verkabelung durch „gap junctions" sind recht unterschiedlich, und die Myozyten reagieren nicht nur auf Überträgerstoffe des vegetativen Nervensystems, sondern auch auf Hormone, die in der Blutbahn zirkulieren.

Struktur der Myozyten. Die Zellmembran der glatten Muskelzelle enthält kleine Einbuchtungen, die vielleicht den *T-Tubuli* analog sind, aber ein typisches T-System ist nicht zu erkennen. Hingegen ist das kalziumspeichernde ***sarkoplasmatische Retikulum*** oft spärlich, aber manchmal ebenso voluminös (Volumenanteil bis zu 5%) wie im Skelettmuskel. Es ist teils subsarkolemmal, teils in der Tiefe der Zellen lokalisiert. Innerhalb der glatten Muskelzelle befinden sich zahlreiche *„dense bodies"* (dichte Körperchen), die durch intermediäre Filamente miteinander zu einem elastischen Zytoskelettnetzwerk verbunden sind. An diesen „dense bodies" und an Anheftungsstellen der Zellmembran sind auch die Aktinfilamente befestigt, die mit Myosinfilamenten überlappen und auf diese Weise eine Art ***„Minisarkomer"*** bilden. Diese Strukturen inserieren an der Zellmembran und laufen diagonal quer durch eine Muskelzelle.

Die Kontraktion erfolgt durch den Gleitfilamentmechanismus; sie ist wesentlich langsamer und weniger energieaufwendig als im Skelettmuskel

Kontraktiler Mechanismus. Nicht anders als bei der Skelettmuskulatur verkürzt sich auch die glatte Muskelzelle durch teleskopartiges Übereinanderschieben der Aktin- und Myosinfilamente. Filamentverschiebung und ATP-Spaltung durch die Myosin-ATPase erfolgen jedoch *100–1000mal langsamer als bei der schnellen Skelettmuskulatur.* Der ATP-Umsatz und der Sauerstoffverbrauch sind dementsprechend kleiner. Glatte Muskeln können bezogen auf einen einheitlichen Muskelquerschnitt sogar mehr Kraft entwickeln und aufrecht erhalten als die Skelettmuskulatur, bei einem gleichzeitig *100–500mal kleinerem Energieaufwand.* Glatte Muskeln sind deshalb besonders geeignet für eine unermüdliche, energiesparende ***Haltefunktion.*** Man denke etwa an die Muskeln der großen Arterien, die jahrein, jahraus dem Blutdruck standhalten müssen! Solche langsamen glatten Muskeln, die zu einer langanhaltenden Dauerkontraktion befähigt sind, werden auch als ***tonisch*** bezeichnet, im Gegensatz zu ***phasischen*** glatten Muskeln, wie die Darmmuskulatur, die oft rhythmisch tätig sind.

Muskelproteine. Die Langsamkeit und Sparsamkeit im ATP-Verbrauch beruhen auf der *extrem niedrigen ATPase-Aktivität* und dem *geringen Gehalt an Myosin* in glatten Muskeln. Diese enthalten 5mal weniger Myosin, jedoch mehr Aktin als quergestreifte Muskeln, und bemerkenswerterweise überhaupt kein Troponin. Dieses Ca^{2+}-bindende Protein ist durch die Regulatorproteine ***Kalponin*** und ***Kaldesmon,*** sowie durch den Ca^{2+}-bindenden Eiweißkörper ***Kalmodulin*** ersetzt, der im glatten Muskel als Ca^{2+}-Schalter fungiert.

> **!** Der glatten Muskulatur fehlt die für Herz- und Skelettmuskulatur so typische Querstreifung, denn die Aktin- und die Myosinfilamente sind nicht regelmäßig angeordnet. Bei der Kontraktion verschieben sich diese übereinander und aneinander vorbei, jedoch erfolgt dieser Verschiebeprozeß und die ATP-Spaltung sehr viel langsamer als bei der Skelettmuskulatur. Tonische glatte Muskeln sind deshalb besonders geeignet für unermüdliche Halteleistungen. Funktionell lassen sich glatte Muskeln in den neurogen-aktivierten „multi-unit-Typ" und in den myogen-aktiven „single-unit-Typ" einteilen.

Der Kontraktionszustand glatter Muskeln wird durch die intrazelluläre Ca^{2+}-Konzentration und die Kalziumsensitivität der Myofilamente reguliert

Myosin-Leichte-Ketten Phosphorylierung. Wie bei der Erregung der Skelettmuskulatur, so wird auch bei der Aktivierung des glatten Muskels *aus dem sarkoplamatischen Retikulum Kalzium freigesetzt.* Zusätzlich strömen Ca^{2+}-Ionen durch Ca^{2+}-Kanäle aus dem Extrazellulärraum in das Myoplasma (Abb. 4–14). Die Ca^{2+}-Ionen reagieren mit *Kalmodulin,* und der Kalzium-Kalmodulin-Komplex aktiviert das Enzym *Myosinkinase* (Myosin-Light-Chain-Kinase). Dieses überträgt eine Phosphatgruppe von ATP auf die regulatorische leichte Kette des Myosins. Das phosphorylierte Myosin interagiert dann mit Aktin, wobei die so gebildeten Myosinquerbrücken unter ATP-Spaltung zyklisch tätig sind, genau wie beim Skelettmuskel, nur viel langsamer.

Bei sehr lang dauernden Kontraktionen reduziert sich die Zyklusfrequenz drastisch, wodurch ein dramatischer Energiespareffekt erzielt wird. Dieser halteökonomische Zustand wird als ***Latch*** bezeichnet. Wie es zur protrahierten Verankerung der Querbrücken kommt, und ob dabei die Proteine *Kaldesmon* oder *Kalponin* eine Rolle spielen, ist noch nicht geklärt.

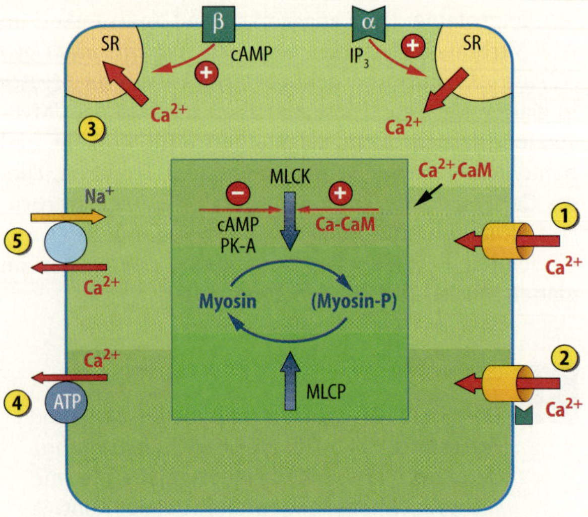

Abb. 4–14. Kalziumregulation der glatten Muskelzelle. Bei der Muskelaktivierung strömen Ca^{2+}-Ionen durch spannungsabhängige Kalziumkanäle (1) oder rezeptorgesteuerte Kalziumkanäle (2) in das Zellinnere. Alternativ wird durch den „second messenger" IP_3 die Freisetzung von Kalziumionen aus dem sarkoplasmatischen Retikulum veranlaßt [3]. Kalmodulin (CAM) bindet Ca^{2+} und kann nun die Myosin-Leichte-Ketten-Kinase (MLCK) aktivieren, die ihrerseits durch Phosphorylieren der leichten Ketten die Myosin-ATPase aktiviert. Die leichten Ketten wurden durch die Myosinphosphatase (MLCP) dephosphoryliert. Bei der Muskelrelaxation wird Ca^{2+} in das sarkoplasmatische Retikulum (SR) zurückgepumpt oder durch ATP-getriebene Kalziumpumpen der Zellmembran (4) oder den Natrium-Kalzium-Austauscher (5) in den Extrazellulärraum befördert. Dadurch wird die Ca^{2+}-Konzentration im Myoplasma und damit die MLCK-Aktivität wieder gesenkt. Der second messenger cAMP hemmt die MLCK-Aktivität ebenfalls, aktiviert jedoch das SR, während cGMP die ATP-getriebenen Kalziumpumpen (3, 4) stimuliert. Nach [24], modifiziert

Relaxation. Die glatte Muskulatur relaxiert, sobald die aktivierenden Kalziumionen ins sarkoplasmatische Retikulum und/oder in den Extrazellulärraum zurückgepumpt werden, weil dann die Myosinkinase gehemmt und die an das Myosin angehängten Phosphatgruppen durch eine *Myosinphosphatase* wieder abgekoppelt werden.

Ca^{2+}-Sensitivierung und -desensitivierung. Die Anspannung der glatten Muskulatur (Tonus) hängt weitgehend vom Ausmaß der *Myosinphosphorylierung* ab. Dabei verharrt der glatte Muskel meist in einem intermediären Spannungs- und Phosphorylierungszustand des Myosins, denn phosphorylierende und dephosphorylierende Prozesse sind in einem dynamischen Gleichgewicht ausbalanciert (Abb. 4–14).

Beide Prozesse können auch ohne Änderungen der intrazellulären Ca^{2+}-Konzentration reguliert werden. Wenn die Phosphatase gehemmt wird, reichert sich nämlich phosphoryliertes Myosin an: die kontraktilen Proteine kontrahieren deshalb schon bei einer viel geringeren intrazellulären Ca^{2+}-Konzentration als dies bei ungehemmter Phosphatase der Fall wäre ***(Kalziumsensitivierung)*** [29]. Durch Hemmung der Myosinkinase hingegen wird die Myosinphosphorylierung verringert und damit auch die Kontraktion, auch wenn die Ca^{2+}-Konzentration konstant gehalten wird ***(Kalziumdesensitivierung)***. Auf diese Weise, also durch Kalziumsensitivierung oder -desensitivierung, kann der Tonus glatter Muskulatur moduliert werden. Infolgedessen hängt der Tonus glatter Muskulatur nicht *nur* von der intrazellulären Ca^{2+}-Konzentration ab, sondern auch von der Ca^{2+}-Ansprechbarkeit der kontraktilen Proteine [24, 29].

Die intrazelluläre Ca^{2+}-Konzentration wird durch das sarkoplasmatische Retikulum und die Zellmembran reguliert

Ca^{2+}-Transportmechanismen. An der Einstellung des intrazellulären Ca^{2+}-Spiegels sind verschiedene Strukturen beteiligt. Die Abbildung 4–14 illustriert die Kalziumtransportmechanismen, welche die myoplasmatische Ca^{2+}-Konzentration erhöhen oder absenken. Entscheidend sind die Kalziumkanäle der Zellmembran und des sarkoplasmatischen Retikulums, der Natrium-Kalzium-Austauscher, sowie die ATP-getriebenen Kalziumpumpen der Zellmembran und des sarkoplasmatischen Retikulums.

Elektromechanische Koppelung. In der ruhenden, relaxierten Muskelzelle liegt die Ca^{2+}-Konzentration bei etwa 10^{-7} mol/l. Bei Auslösung der Muskelkontraktion wird die Ca^{2+}-Konzentration durch 2 verschiedene Mechanismen auf 0,5–1 µmol/l erhöht:

- Durch *elektromechanische Koppelung* während der Aktionpotentiale oder durch lange andauernde Depolarisation der Zellmembran (Abb. 4–15) werden spannungsabhängige Kalziumkanäle geöffnet, so daß Ca^{2+}-Ionen vom Extrazellulärraum in das Myoplasma strömen (Abb. 4–16). Die Potentialänderungen können myogen (s. S. 85) oder neurogen ausgelöst wer-

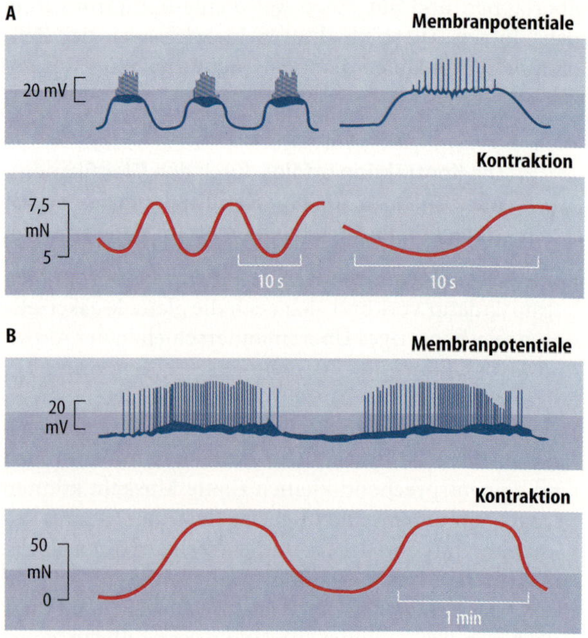

Abb. 4–15. Basale, organeigene Rhythmen der glatten Muskulatur im Minuten- und Sekundenbereich. **A** Magenantrummuskulatur. *Obere Spur:* Elektrische Aktivität, abgeleitet mit intrazellulären Elektroden; *untere Spur:* mechanische Aktivität unter isometrischen Kontraktionsbedingungen. Aktionspotentiale (Spikes) sind den langsamen rhythmischen Depolarisationen (slow waves) überlagert und lösen, zeitlich verzögert, rhythmische Tonusschwankungen aus. **B** *Taenia coli* (Dickdarmmuskulatur). Elektrische Aktivität *(oben)* und mechanische Aktivität (Minutenrhythmen; *unten)*. Nach [10], modifiziert

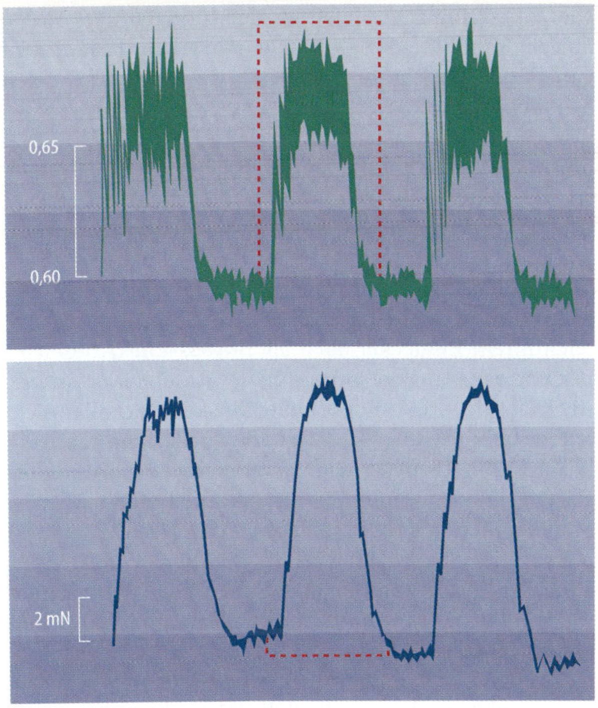

Abb. 4–16. Intrazelluläre Ca^{2+}-Konzentration und Kontraktion. Spontane rhythmische Kontraktionen der Dünndarmmuskulatur *(untere Spur)* werden durch Kalziumtransienten *(obere Spur)* ausgelöst. Beachten Sie die langsamen Kalziumwellen, die durch Ca^{2+}-Spikes überlagert werden. Die Kalziumspikes korrespondieren offenbar mit den elektrischen Spikes (Kalziumaktionspotentiale, vgl. Abb. 4–15), die sich den langsamen, spontanen Depolarisationswellen *(slow waves)* überlagern. Zur Bestimmung der Ca^{2+}-Konzentration wurde die Muskelzelle mit dem fluoreszierenden Ca^{2+}-Indikator FURA-2 beladen. Das Verhältnis der Fluoreszenz, die bei 2 verschiedenen Wellenlängen (340 und 380 nm) angeregt wird, ist ein Maß für die intrazelluläre Ca^{2+}-Konzentration. Zeitmarkierung (roter Balken): 50 s. Nach [13], modifiziert

den, und sie können durch Ca^{2+}-Kanalblocker (Ca^{2+}-Antagonisten) und durch Kalium-Kanalöffner (K^{+}-Agonisten) gehemmt werden.

- Durch die *pharmako-mechanische Koppelung* (s. u.).

Pharmakomechanische Koppelung. Sie wird bewirkt durch Pharmaka, Neurotransmitter oder Hormone, die *keine* Veränderung des Membranpotentials auslösen [29]. Die Reaktion des Agonisten mit dem Membranrezeptor führt jedoch zur Öffnung rezeptorgesteuerter Kalziumkanäle oder zur Bildung des intrazellulären Botenstoffes *Inositoltrisphosphat* (IP_3). IP_3 entsteht zusammen mit *Diacylglycerol* (DAG) aus Phospholipiden der Zellmembran unter der Einwirkung des Enzyms Phospholipase C (Abb. 4–14, vgl. auch S. 18). IP_3 setzt aus dem sarkoplasmatischen Retikulum Ca^{2+} frei, während DAG die Proteinkinase C aktiviert, welche – ohne Ca^{2+}-Freisetzung – eine langanhaltende tonische Kontraktion auslöst.

Offenbar werden durch DAG die kontraktilen Proteine gegenüber Kalzium reaktionsfähiger ***(Kalziumsensitivierung)***, wobei außer Proteinkinase C zytosolische G-Proteine und Tyrosinkinasen eine Rolle spielen dürften. Diese neurohumoral ausgelösten tonischen Kontraktionen sind meist träge, aber sie benötigen nur wenig Energie, weil die Querbrücken viel langsamer „rudern" als bei phasischen Kontraktionen [24].

Glatte Muskeln erschlaffen, wenn die erregende elektrische Aktivität aufhört und die Zellmembran repolarisiert oder hyperpolarisiert

Dies ist die normale Form der Relaxation (Abb. 4–15). Manche Pharmaka, Hormone und Neurotransmitter bewirken eine Relaxation, indem sie die glatten Muskelzellen durch Öffnen von Kaliumkanälen hyperpolarisieren, oder aber (selbst ohne Änderung des Membranpotentials) eine Erhöhung der Konzentration zyklischer Nukleotide, cAMP und cGMP, im Zytoplasma auslösen; cAMP ist ein „second messenger", der sich z. B. dann bildet, wenn adrenerge Überträgersubstanzen an β-Adrenorezeptoren binden, wobei – G-Protein-vermittelt – das Enzym Adenylatzyklase aktiviert und ATP in cAMP umgewandelt wird. Der second messenger *cGMP* bildet sich hingegen z. B. unter der Einwirkung von *Stickoxid (NO)*, das von den Nervenendigungen autonomer Nervenfasern oder aus dem Endothel freigesetzt wird (Endothel-vermittelte Relaxation der Gefäßmuskeln, s. S. 345, 530 f). Die beiden zyklischen Nukleotide cAMP und cGMP bewirken deshalb eine Relaxation des Muskels, weil sie die Kalziumrückresorption in das sarkoplasmatische Retikulum fördern, aber auch, indem sie die Myosinkinaseaktivität hemmen, indem sie die Kalziumsensitivität der Myofilamente verringern [24,30].

! Bei der kontraktilen Aktivierung des glatten Muskels strömen Ca^{2+}-Ionen durch spannungsgesteuerte Ca^{2+}-Kanäle der Zellmembran sowie, IP_3-vermittelt, durch Ca^{2+}-Kanäle aus dem sarkoplasmatischen Retikulum in das Myoplasma. Die freie Ca^{+}-Konzentration und die Reaktionsfähigkeit der Myofilamente gegenüber Ca^{2+} ist für den Kontraktionszustand (Tonus) entscheidend. Ca^{2+} bindet an Kalmodulin; der Ca^{2+}-Kalmodulin-Komplex aktiviert die Myosin-Leichte-Ketten-Kinase, die ihrerseits die leichten Ketten des Myosin phosphoryliert, so daß der glatte Muskel kontrahiert. Bei der Muskelrelaxation werden die leichten Ketten dephosphoryliert und die Kalziumionen durch Natrium-Kalzium-Austauscher sowie durch Kalziumpumpen der Zellmembran und des sarkoplasmatischen Retikulums aus dem Myoplasma entfernt.

Viele glatte Muskelzellen sind spontan aktiv; die von diesen Schrittmacherzellen ausgehende myogene Erregung wird über Nexus auch auf andere glatte Muskelzellen übertragen

Myogene Erregung. *Die Aktionspotentiale* der glatten Muskeln vom „single-unit-Typ" (s. S. 82) werden nicht durch Nervenimpulse ausgelöst. Sie entstehen mit anderen Worten nicht neurogen, sondern – ähnlich wie im Herzen – myogen, spontan in *Schrittmacherzellen,* die sich von anderen Muskelzellen nicht strukturell, aber durch elektrophysiologisch erkennbare Merkmale, unterscheiden: Präpotentiale oder *Schrittmacherpotentiale* depolarisieren die Membran bis zum Schwellenpotential und lösen damit Kalziumaktionspotentiale aus. Durch den Einstrom von Ca^{2+} wird die Membran erst depolarisiert und dann für wenige Millisekunden bis zu 20 mV umpolarisiert. Auf die Repolarisation folgt wiederum ein Präpotential, das erneut ein Aktionspotential („Spike") auslöst. So entstehen Spikesalven (Abb. 4-15).

Durch Zugabe von *Azetylcholin* zu einem Präparat der *Taenia coli* (Dickdarmmuskulatur, s. auch S. 359) werden die Schrittmacherzellen bis nahe zum Schwellenpotential vordepolarisiert und dadurch die Frequenz der Aktionspotentiale erhöht. Dieser Azetylcholineffekt kann durch Atropin gehemmt werden, welches die „muskarinischen" Azetylcholinrezeptoren an glatten Muskelzellen blockiert. Umgekehrt bewirkt die Applikation von Adrenalin oder *Noradrenalin* an der Taenia coli eine Hyperpolarisation der Membran, wodurch die Frequenz der Aktionspotentiale gesenkt wird.

Über die ***gap junctions*** *(Nexus)* genannten niederohmigen Zellkontakte kann sich die Depolarisation einer bereits erregten Zelle elektrotonisch auf benachbarte Zellen übertragen. Sobald deren Membran durch den lokal über die gap junctions fließenden Strom bis zur Schwelle depolarisiert ist, erfolgt ein Aktionspotential, das daraufhin weitere elektrotonisch gekoppelte Muskelzellen erregt.

Myogener Tonus. Durch die Aktionspotentialsalven wird eine Kontraktion ausgelöst (*myogener Tonus*), die einem Tetanus vergleichbar ist. Die Stärke dieser Kontraktion ist mit der Aktionspotentialfrequenz korreliert. Über eine Beeinflussung der Aktionspotentialfrequenz in den Schrittmacherzellen können deshalb die Neurotransmitter Azetylcholin und Noradrenalin den myogenen Tonus der Darmmuskulatur modulieren.

Der myogene Muskeltonus fluktuiert rhythmisch und wird durch Dehnung verstärkt

Myogene Rhythmen. Periodische rhythmische Schwankungen des myogenen Tonus sind durch spontane Aktivitätsänderungen der Schrittmacherzellen bedingt. Eine viele Sekunden oder Minuten dauernde Membrandepolarisierung der Schrittmacherzellen, „slow wave", löst nämlich eine Salve von Aktionspotentialen *(Ca^{2+}-*Spikes) aus, die zur Kontraktion führen. Es folgt eine Pause, bis schließlich die nächste Salve eine weitere Kontraktion auslöst (Abb. 4-15). Bei jedem Aktionspotential fließen Ca^{2+}-Ionen durch die potentialabhängigen Ca^{2+}-Kanäle, so daß sich der intrazelluläre Ca^{2+}-Spiegel erhöht (Abb. 4-16). So entstehen basale, organspezifische Rhythmen (BOR) im Sekunden- oder Minutenbereich.

Mechanische Dehnung. Durch zunehmende Dehnung spontan aktiver Muskeln werden die Schrittmacherzellen stärker depolarisiert, wodurch sich die Frequenz der Aktionspotentiale erhöht. Wie oben schon dargelegt, bedingt eine erhöhte Erregungsfrequenz eine stärkere Kontraktion. Die dehnungsreaktive Kontraktion wird nach ihrem Entdecker auch als ***Bayliss-Effekt*** bezeichnet und ist von Bedeutung für die *Autoregulation der Arteriolen* (S. 526). Andere glatte Muskeln verhalten sich jedoch bei Dehnung, wie ausgeprägt plastische oder viskoelastische Körper, völlig passiv; nach einem initialen elastischen Spannungsanstieg gibt der glatte Muskel nämlich plastisch nach, so daß in einer Nachdehnungsphase die Spannung wieder abnimmt, und zwar zunächst rasch und dann zunehmend langsamer (***Streßrelaxation***). Wegen seiner *Plastizität* kann der glatte Muskel sowohl im verkürzten als auch im gedehnten Zustand vollkommen entspannt sein. Denken Sie an die Harnblase, deren plastische Nachgiebigkeit beim Füllen einen übermäßigen Anstieg des Binnendruckes verhindert.

!

Spontan aktive glatte Muskeln vom „single-unit-Typ" werden durch Schrittmacherzellen erregt, deren elektrische Aktivität durch langsame rhythmische Schwankungen („slow waves") des Membranpotentials und überlagernde schnelle Aktionspotentialfolgen („spikes") gekennzeichnet ist. Da sich die periodische elektrische Aktivität über gap junctions über den glatten Muskel ausbreitet, entsteht myogen eine basale organeigene Rhythmik (*BOR*) im Sekunden- oder Minutenbereich. Die myogene Aktivität kann durch das vegetative Nervensystem moduliert werden; ihre Verstärkung durch passive Dehnung (Bayliss-Effekt) ist von Bedeutung für die Autoregulation der glatten Muskulatur. Im ruhenden Zustand jedoch gibt die glatte Muskulatur einer Dehnung plastisch nach.

4.6 Literatur

Weiterführende Lehr- und Handbücher

1. Bagshaw CR (1992) Muscle contraction, 2nd edn. Chapman and Hall, London
2. Peachey LD, Adrien RH, Geiger SR (eds) (1983) Handbook of physiology, section 10. Skeletal muscle. American Physiological Society, Bethesda

3. Rüdel R, Jerusalem F (1991) Skelettmuskel. In: Hierholzer K, Schmidt RF (eds) Pathophysiologie des Menschen. VCH, Weinheim
4. Rüegg JC (1992) Calcium in muscle contraction, 2nd edn. Springer, Berlin Heidelberg New York
5. Sugi H (ed) (1992) Muscle contraction and cell motility. Springer, Berlin Heidelberg New York (Advances in comparative and environmental physiology, vol 12)
6. Wilkie DR (1983) Muskel. Struktur und Funktion. Teubner, Stuttgart

Einzel- und Übersichtsarbeiten

7. Allen DG, Westerblad H, Lee JA, Lännergren J (1992) Role of excitation contraction coupling in muscle fatigue. Sports Med 13:116–126
8. Blinks JR, Rüdel R, Taylor SR (1978) Calcium transients in isolated amphibian skeletal muscle fibres: detection with aequorin. J Physiol (Lond) 277:291–323
9. Brenner B (1988) Effect of Ca^{2+} on cross-bridge turnover kinetics in skinned single rabbit psoas fibers. Proc Natl Acad Sci U S A 85:3265–3269
10. Golenhofen K (1978) Die myogene Basis der glattmuskulären Motorik. Klin Wochenschr 56:211–244
11. Gordon AM, Huxley AF, Julian FJ (1966) The variation in isometric tension with sarcomere length in vertebrate muscle fibres. J Physiol (Lond) 184:170
12. Hasselbach W, Makinose J (1963) Über den Mechanismus des Calciumtransports durch die Membranen des sarkoplasmatischen Reticulums. Biochem Z 339:94
13. Himpens B, Somlyo AP (1988) Free-calcium and force transients during depolarization and pharmacomechanical coupling in guinea-pig smooth muscle. J Physiol (Lond) 395:507–530
14. Holmes KC (1997) The swinging lever-arm hypothesis of muscle contraction. Curr Biol 7: R112-R118
15. Huxley AF (1974) Muscular contraction. J Physiol (Lond) 243:1-43
16. Huxley HE (1969) The mechanism of muscular contraction. Science 164:1356
17. Huxley HE (1973) Structural changes in the actin and myosin containing filaments during contraction. Cold Spring Harb Symp Quant Biol 37:361
18. Huxley HE, Simmons RM, Faruki AR, Kress M, Bordas J, Koch MHJ (1981) Msec time resolved change in X-ray reflections from contracting muscle during rapid mechanical transients, recorded using synchrotron radiation. Proc Natl Acad Sci U S A 78:2297
19. Infante AA, Davies RE (1962) Adenosintriphosphate breakdown during a single isotonic twitch of frog sartorious muscle. Biochem Biophys Res Commun 9:410
20. Irving M, Lombardi V, Piazzesi G, Ferenczi MA (1992) Myosin head movements are synchronous with the elementary force generating process in muscle. Nature (Lond) 357:156–158
21. Jewell BR, Wilkie DR (1960) The mechanical properties of relaxing muscle. J Physiol (Lond) 152:30–47
22. Kabsch W, Mannherz HG, Suck D, Pai EF, Holmes KC (1990) Atomic structure of actin DNAse 1 complex. Nature 347:37–44
23. Labeit S, Kolmerer B, Linke W (1997) The giant protein titin: Emerging roles in physiology and pathophysiology. Circ Res 80:290–294
24. Pfitzer G, Rüegg JC (1992) Smooth muscle activation. In: Sugi H (ed) Muscle contraction and cell motility - molecular and cellular aspects. Springer, Berlin Heidelberg New York, pp 63–86 (Advances in comparative and environmental physiology, vol 12)
25. Phillips GN, Fillers JP, Cohen C (1986) Tropomyosin crystal structure and muscle regulation. J Mol Biol 192:111–131
26. Rayment I, Holden HM, Whittaker M, Yohn CB, Lorenz M, Holmes KC, Milligan RA (1993) Structure of actin-myosin complex and its implications for muscle contraction. Science, 261:58–65
27. Reedy MK (1993) Myosin-actin motors. The partnership goes atomic. Structure 1:1–15
28. Small JV, Squire JM (1972) Structural basis of contraction in vertebrate smooth muscle. J Mol Biol 67:117–149
29. Somlyo AP, Somlyo AV (1994) Signal transduction and regulation in smooth muscle. Nature 372:231–236
30. Wilkie DR (1950) The relation between force and velocity in human muscle. J Physiol (Lond) 110:249–280

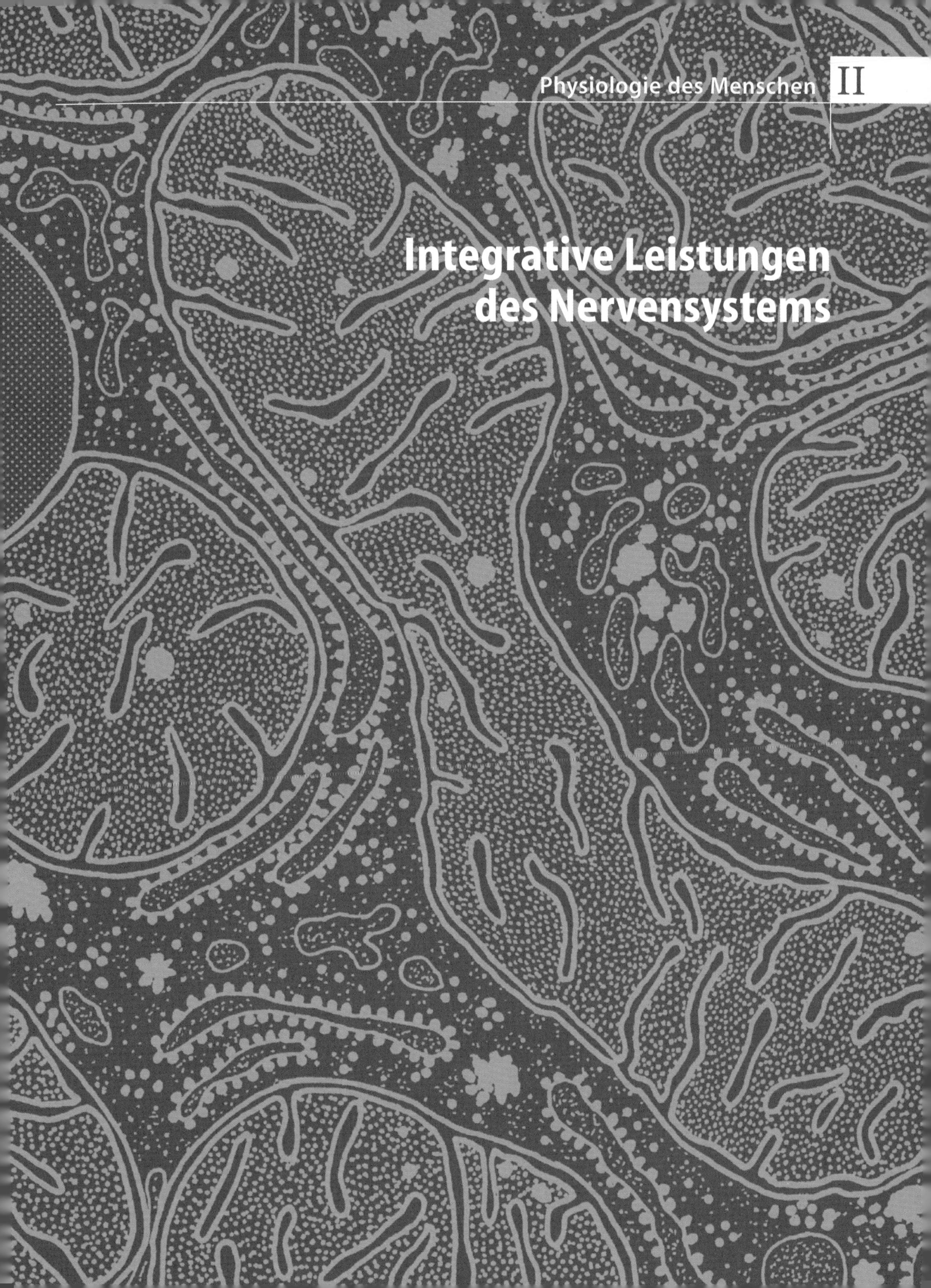

Integrative Leistungen des Nervensystems

Motorische Systeme

5

M. Wiesendanger

EINLEITUNG Das motorische Verhalten ist lebensnotwendig; ein Mensch, der nicht stehen, sich nicht fortbewegen, nicht greifen, keinen Laut äußern und keine Nahrung zu sich nehmen kann, ist unvorstellbar. Bewegungen von Tier und Mensch erfolgen meist in einer bestimmten Absicht und sind zielgerichtet, entweder aus innerem Antrieb oder bei Erkennung eines interessanten Objektes, das Auslöser für eine motorische Handlung wird. Beide auslösenden Faktoren, innerer Antrieb und kognitive Prozesse, gehen der Bewegung voraus. Zielsetzung, Planung und Durchführung sind essentielle Phasen der menschlichen Motorik. Die erstaunliche Leichtigkeit, mit der wir uns trotz der stets wechselnden Umweltbedingungen bewegen, beruht auf adaptiven und korrigierenden Mechanismen, die während der Ausführungsphase automatisch ins Spiel kommen. Es ist ein Hauptanliegen dieses Kapitels, die Besonderheiten der menschlichen Motorik hervorzuheben, nämlich den aufrechten Gang, die phänomenale Handgeschicklichkeit sowie auch den inneren Antrieb zum Handeln und die Bewegungsplanung.

5.1 Überblick über die funktionelle und strukturelle Organisation der Motorik

Die Motorik des Menschen umfaßt sowohl geplantes als auch instinktives Verhalten und bedeutet Interaktion mit der Umwelt

Tiere haben ihr charakteristisches Verhaltensrepertoire, das z. T. angeboren ist und auch als ***instinktives Verhalten*** bezeichnet wird. Typische Verhaltensmuster werden häufig durch Schlüsselreize ausgelöst. Instinktives motorisches Verhalten kann auch beim Menschen, z. B. in seiner Mimik, beobachtet werden. Mit seiner Handgeschicklichkeit und sprachlichen Kommunikationsfähigkeit hat der Mensch jedoch sein motorisches Verhalten im handwerklichen und künstlerischen Bereich enorm erweitert und bereichert. Der Mensch hat auch die Fähigkeit, seine Handlungen zu planen: seine Motorik ist zukunftsorientiert. *Bewegungsentwurf, Planung, Vorbereitung, Programmierung der Bewegungen* sind häufig gebrauchte Begriffe, die nicht scharf definiert sind und nicht direkt untersucht werden können. Sie können sich aber indirekt bei der folgenden Bewegungsausführung manifestieren. Epiphänomene dieser geistigen Prozesse, die der Bewegung vorausgehen, können durch bildgebende Verfahren im Gehirn lokalisiert werden.

Wenn nach der Zielvorgabe durch das Gehirn die Bewegung in Gang kommt, stellt sich die schwierige Frage, wie das motorische Kontrollsystem mit den rückwirkenden Umwelteinflüßen (Schwerkraft, Trägheitskräfte) und unerwarteten äußeren Störungen zu Rande kommt. Dieser Aspekt der motorischen Kontrolle ist eng verknüpft mit der ***sensomotorischen Regulation.***

Bewegung, motorischer Apparat und neuronale Kontrolle. In der physiologischen Darstellung der Motorik in einem Lehrbuch werden klassischerweise, aufsteigend vom Rückenmark bis zur Hirnrinde, die anatomischen Strukturen als Leitlinien benützt, um deren Beiträge bei der neuronalen Kontrolle zu erklären. In einem medizinischen Lehrbuch ist dieser Ansatz deshalb sinnvoll, weil er eine Grundlage für die Pathophysiologie bei Ausfällen spezifischer Strukturen liefert und damit auch die Grundlage für die neurologische Lokalisation (Herddiagnostik). Zum Beispiel muß ein Arzt wissen, welche motorischen Störungen beim Vorliegen eines Hirntumors im Zerebellum zu erwarten sind. Anderseits ist es ebenso wichtig, die Prinzipien und Regeln zu verstehen, die den Handlungsablauf charakterisieren, da diese Regeln etwas über die vom Zentralnervensystem kontrollierten Variablen aussagen.

Motorik des Menschen. Viel neues Wissen hat sich angesammelt, das für das klinische Verständnis motorischer Störungen direkt relevant ist [5,17]. Es ist deshalb das Ziel dieses Kapitels, die Motorik und ihre Kontrolle auch aus der Analyse der zweckgerichteten Aktion heraus zu verstehen; es betrifft v. a. das bipedale Stehen und Gehen und die Greiffunktion, d. h. zwei für den Menschen fundamentale Funktionen. Bei diesem Vorgehen realisiert man, daß für zielgerichtete Bewegungen – auch für das Stehen und Gehen – alle motorischen Kontrollstrukturen involviert sein können.

Ein kurzer Abriß der wichtigsten motorischen Strukturen soll einleitend ihre Stellung in der Motorik erläutern

Kortexareale [1,4]. Die Abb. 5–1A zeigt die wichtigsten Rindenareale, die an der motorischen Kontrolle beteiligt sind; sie entsprechen den Feldern, von denen bei elektrischer Reizung motorische Effekte ausgelöst werden können. Das bedeutet, daß sie direkt oder indirekt mit den motorischen Einheiten des motorischen Apparates verbunden sind. Der ***primär-motorische Kortex MI*** (Area 4 von Brodmann) hat die engste Beziehung zum motorischen Apparat; er liegt rostral der Zentralfurche und ist beim Menschen zum größten Teil in der Vorderwand der Furche versteckt. Je nach Ort der Stimulation beobachtet man Zuckungen der verschiedenen Körperabschnitte auf der Gegenseite. Wenn man die aktivierten Körperteile aufzeichnet, ergibt sich eine Repräsentation des ganzen Körpers. Der entsprechende *„Homunculus"* steht auf dem Kopf und zeigt eine übermäßige Repräsentation seiner Hände und der Sprachmuskeln (Abb. 5–1B). Das Prinzip der körperlichen „Abbildung" bezeichnet man als ***Somatotopie.***

Rostral anschließend liegen sekundär-motorische Areale, deren Reizschwelle etwas höher und deren somatotopische Organisation weniger deutlich oder weniger vollständig ist. Dazu gehören im mesialen Anteil der Area 6 die *supplementär-motorische Area (SMA)* und im lateralen Anteil der *prämotorische Kortex (PM).* Rostral und ventral von der SMA liegt im rostralen Zingulum die *Area 24,* ebenfalls ein sekundär-motorisches Feld. Postzentral kann man Reizeffekte ebenfalls im somatosensorischen Kortex *SI* und in den *parietalen Assoziationsarealen 5 und 7* auslösen. Augenbewegungen können vom *frontalen Augenfeld (FA)* durch elektrische Reizung erzeugt werden. Eingezeichnet ist schließlich das auf der dominanten Hirnhälfte lokalisierte *motorische Sprachzentrum von Broca* (Area 44). Die erwähnten Areale (mit Ausnahme des Sprachzentrums und der „Augenfelder") liegen im Ursprungsgebiet der Pyramidenbahn. Sie sind kooperativ, aber mit z. T. unterschiedlichen Funktionen, sowohl an der Kontrolle der Bewegungen als auch an deren Vorbereitung beteiligt. Wenn diese Areale durch diffuse und bilaterale Schädigungen (z. B. infolge Anoxie) ausfallen, ist der Mensch nicht mehr fähig, sich zweckgerichtet zu bewegen.

Absteigende motorische Bahnen (Abb. 5–2, [2,16,18]). Die Pyramidenbahn, die beim Menschen besonders mächtig entwickelt ist, stellt die direkte Verbindung der sensomotorischen Kortexareale mit dem Rückenmark her. Weitere indirekte Verbindungen erfolgen über die motorischen Zentren im Hirnstamm, die ihrerseits über eine Reihe von Bahnen zum Rückenmark projizieren. Diese Hirnstammzentren sind besonders an der Kontrolle der Stützmotorik beteiligt. Ihre Abhängigkeit vom Kortex zeigt, daß die Stützmotorik im Dienste der Intentionsmotorik steht.

Interne Schleifen über das Zerebellum und die Basalganglien (Abb. 5–3 und 5–4 [2,18]). Die zwei beim Menschen sehr großen Schleifen nehmen ihren Ursprung im Kortex, und sie führen über verschiedene Stationen zurück zum Kortex. Das Zerebellum erhält die kortikale Information im wesentlichen aus den farbig eingezeichneten Arealen der Abb. 5–1, und zwar über die Ponskerne im Hirnstamm. Außerdem erhält das Zerebellum Eingänge von sämtlichen sensorischen Modalitäten.

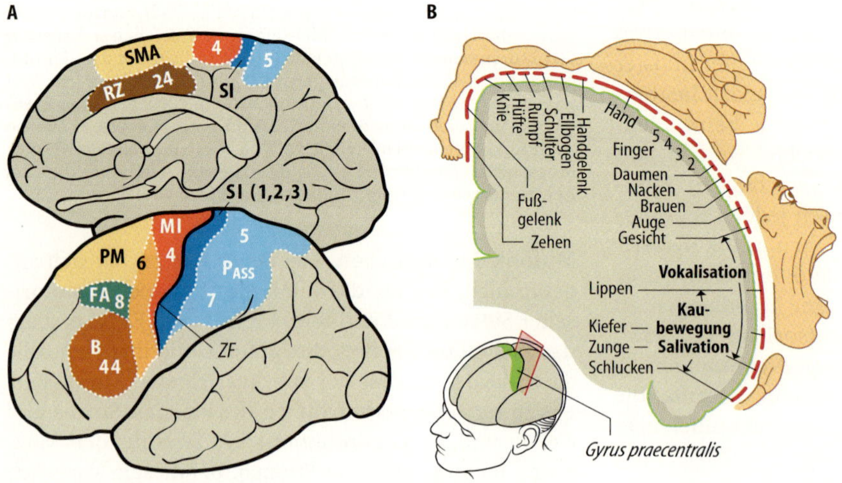

Abb. 5–1. Sensomotorische Repräsentationsfelder der menschlichen Hirnrinde. **A** Lage des primär-motorischen Kortex (MI, Area 4) und sekundär-motorischer Felder: rostral von MI auf der lateralen Oberfläche der prämotorische Kortex (*PM; laterale Area 6*), auf der mesialen Oberfläche die supplementär-motorische Area (*SMA, mediale Area 6*). Ventral und rostral der SMA ist das motorische Feld im rostralen Zingulum (*RZ, Area 24*). Das frontale Augenfeld (*FA, Area 8*) ist ein okulomotorisches kortikales Zentrum, von dem auch Kopfbewegungen gesteuert werden. Ventral anschließend befindet sich auf der dominanten Hemisphäre das expressive Sprachzentrum von Broca (*B, Area 44*). Kaudal der Zentralfurche (*ZF*) liegt das primär-sensorische Areal (*SI*) und der parietale Assoziationskortex (*Area 5 und Area 7*). Von diesen somatosensorischen Arealen können auch motorische Effekte ausgelöst werden. **B** Motorischer Homunculus mit verzerrter Darstellung entsprechend der ungleichen somatotopischen Repräsentation im primär-motorischen Kortex (MI). **B** nach Penfield und Rasmussen, in [4]

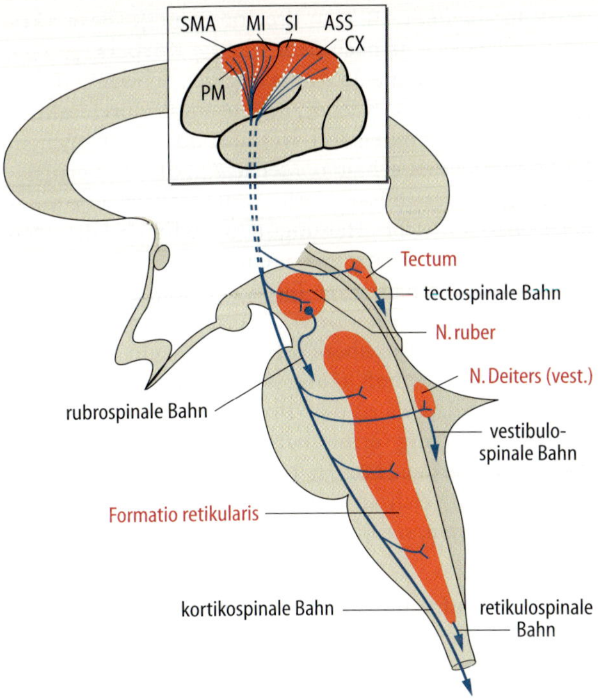

Abb. 5–2. Kortikales Ursprungsgebiet der absteigenden motorischen Bahnen. Neben der beim Menschen mächtig entwickelten Pyramidenbahn (*kortikospinale Bahn*) werden Kontingente von kortikofugalen Fasern in motorischen Hirnstammzentren auf subkorticospinale Bahnsysteme umgeschaltet. *PM* = Prämotorischer Kortex, *SMA* = Supplementär-motorische Area, *MI* = primär-motorischer Kortex, *SI* = primäres senso(-motorisches) Areal, *ASS CX* = parietaler Assoziationskortex

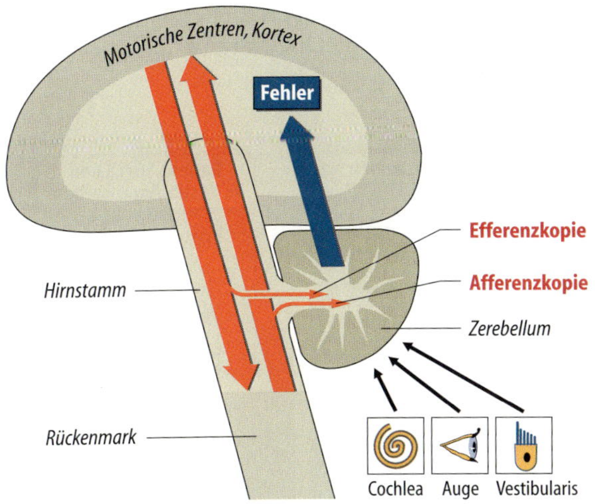

Abb. 5–3. Vereinfachtes Funktionsschema des Kleinhirns. Dieses erhält über kollaterale Verschaltungen eine Efferenzkopie von Kommandosignalen, die von den motorischen Zentren über absteigende motorische Bahnen zum Rückenmark übermittelt werden. Andererseits erhält das Zerebellum auch eine sensorische Afferenzkopie über Kollateralen von spinalen, vestibulären, visuellen und auditiven Afferenzen. Das Modell besagt, daß das Kleinhirn aus dem Vergleich der 2 Eingänge Abweichungen vom Sollwert (Fehler) berechnen kann. Über rückläufige Verbindungen zu den motorischen Zentren des Hirnstammes und der Hirnrinde können somit laufend Korrekturen am motorischen Programm vorgenommen werden, wenn eine Bewegung einmal in Gang gesetzt wird

A Zuflüsse der Basalganglien

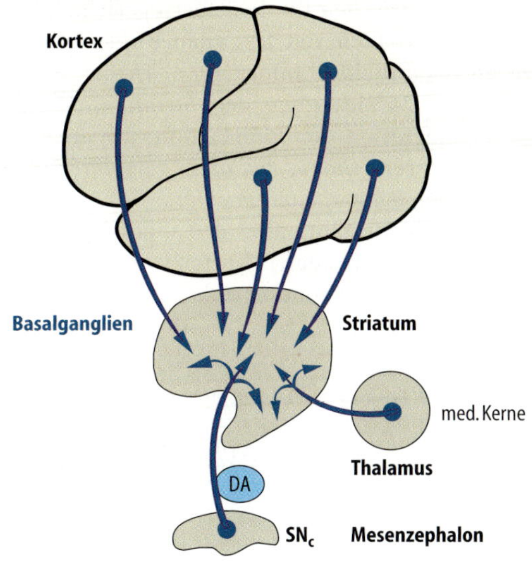

B Ausgänge der Basalganglien

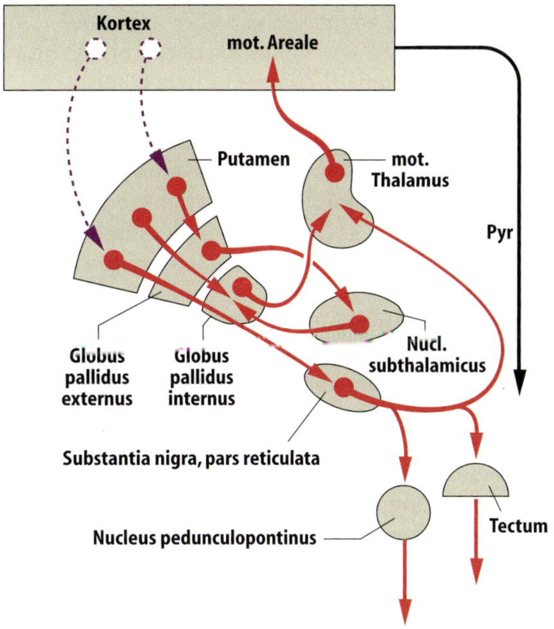

Abb. 5–4. Zuflüsse und Ausgänge der Basalganglien. Die Zuflüsse zu den Basalganglien werden von der Großhirnrinde dominiert. Im weiteren wird das Striatum auch von der Substantia nigra, pars compacta (*SNc*) und vom Thalamus beeinflußt. Der Hauptausgang ist über den motorischen Thalamuskern zu den motorischen Rindenfeldern gerichtet. Nur eine kleine Fraktion der Ausgangsneurone hat über den Nucl. pedunculopontinus und Kerngebiete im Tectum einen direkteren Zugang zum Rückenmark. *Pyr* = Pyramidenbahn

Der Ausgang ist aufsteigend zu den motorischen Zentren des Hirnstammes und – via motorischen Thalamus – zu den motorischen Rindenfeldern gerichtet. Die *Basalganglien* erhalten von fast allen Rindenfeldern bereits hochverarbeitete Information. In der Eingangsstruktur der Basalganglien, dem *Striatum*, erfolgt eine weitere Integration der Information, die an die Ausgangsstrukturen, *Globus pallidus, pars interna (GPi) und Substantia nigra, pars reticulata (SNr)*, übermittelt wird. Die Schleife führt über den motorischen Thalamus zurück zum frontalen Kortex (mit Einschluß des präfrontalen Assoziationskortex).

Die zwei Systeme haben manigfache integrative Aufgaben; sie sind sowohl bei der Vorbereitung als auch bei der Kontrolle der Bewegung impliziert. Für das Zerebellum steht der Vergleich des motorischen Befehls (*Efferenzkopie*) mit dem aktuellen Kontext (*Afferenzkopie*) im Vordergrund; das sehr allgemeine Modell besagt, daß der motorische Befehl je nach Änderung einer neuen Situation wieder angepaßt wird, damit das erwünschte Ziel erreicht wird. Die Basalganglien spielen eine besonders wichtige Rolle für Handlungen, die aus eigenem Antrieb erfolgen (Details in den Abschnitten 5.7 und 5.8).

!

Die motorischen Zentren des zentralen Nervensystems erstrecken sich über seine verschiedensten Abschnitte von der Hirnrinde bis zum Rückenmark. Zum motorischen Kortex im weiteren Sinn gehören 1. der primär-motorische Kortex (MI, Area 4) und 2. benachbarte sekundär-motorische Areale (v. a. Area 6 mit supplementär-motorischem Areal, SMA, und prämotorischem Kortex, PM). Der motorische Kortex ist somatotopisch organisiert (motorischer Homunculus), und er ist Ausgangspunkt der Pyramidenbahn und absteigender Bahnen zu den motorischen Zentren des Hirnstamms. Das Zerebellum und die Basalganglien sind über Schleifenverbindungen, die aus dem Kortex über den motorischen Thalamus zurück zum motorischen Kortex führen, an der Planung, Ausführung, Kontrolle (über sensorische Rückmeldungen) und Korrektur von Haltung und Bewegung beteiligt.

5.2 Stehen und Gehen

Der Muskeltonus ist eine biomechanische Notwendigkeit für das aufrechte Stehen und die Grundlage der Halte- und Stützmotorik

Ohne eine gewisse aktive Anspannung von Rumpf- und Beinmuskeln würde der Mensch zusammensinken. Man kann sich leicht davon überzeugen, daß die ***aufrechte Haltung ein aktiver Prozeß*** ist, wenn man die *elektromyographische* Aktivität in den Rumpf- und Beinmuskeln ableitet (z. B. vom Erector trunci). Diese Aktivität ändert sich, je nach dem wie die Körpersegmente zueinander stehen; jede Änderung der Schwerkraft auf die verschiedenen Körperpartien muß durch aktive Muskelkräfte kompensiert werden, um das Gleichgewicht aufrecht zu erhalten. Menschen, die im Berufsleben lange stehen müssen, lernen automatisch eine möglichst ökonomische Haltung einzunehmen, um den Energieaufwand gering zu halten.

Man versteht unter ***Tonus eine anhaltende Aktivität der Muskulatur,*** welche die Versteifung, respektive die Komplianz (Dehnbarkeit) der Muskeln bestimmt. Der Muskeltonus muß häufig über längere Zeit aufrecht erhalten werden. Es ist deshalb sinnvoll, daß für Haltefunktionen wenig ermüdbare motorische Einheiten eingesetzt werden. Für Haltefunktionen spezialisierte Muskeln sind reich an solchen motorischen Einheiten („rote" Muskeln, s. a. Kap. 4).

Der aufrechte Stand ist ein dynamisches Geschehen, dem eine präzise, automatische Regulation und eine Zielvorgabe zugrunde liegen

Daß der Mensch auf der so kleinen Standfläche seiner zwei Fußsohlen ruhig stehen kann, ist eine bemerkenswerte motorische Leistung. Wenn man die Projektion des Körperschwerpunktes auf die Standfläche registriert, beobachtet man allerdings auch beim gesunden Menschen ***kleine Fluktuationen der Position des Körperschwerpunktes*** (Abb. 5-5). Die rhythmischen Erweiterungen des Thorax bei der Atmung tragen dazu bei, und die Fluktuationen verstärken sich natürlich bei jeder Lageänderung von Körperteilen, z. B. beim Neigen des Kopfes. Die beobachteten Schwankungen der Positi-

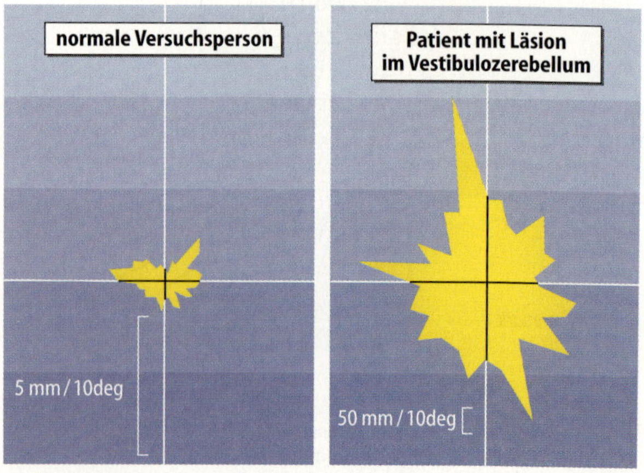

Abb. 5-5. Messung der Stabilität beim aufrechten Stehen (Stabilogramm). Die Projektion des Körperschwerpunktes auf die Standfläche wird über eine gewisse Zeit registriert. Die Kontur begrenzt die Fläche der maximalen Schwankungen in den verschiedenen Richtungen. Während die Schwankungen bei der normalen Versuchsperson klein, aber deutlich meßbar sind, verstärken sich die Schwankungen um etwa das Hundertfache (beachte die verschiedene Skalierung) bei einem Patienten mit einer zerebellären Läsion. Nach Dichgans und Mauritz, in [5]

on des Körperschwerpunktes (Abb. 5–5) und der posturalen Aktivität im Elektromyogramm *verstärken sich erheblich bei fehlerhafter Regulation,* z. B. als Folge von zerebellären Schädigungen. Die Regulation erfolgt automatisch und unbewußt.

Die Leichtigkeit und Selbstverständlichkeit, mit welcher der gesunde Mensch aufrecht stehen kann, steht im krassen Gegensatz zur Komplexität des Regelvorganges, dessen Mechanismen sich erst in neuerer Zeit zu klären beginnen. Wie bei jedem Regelmechanismus sind die Effektoren, also die tonusgenerierenden motorischen Einheiten, auf Meldungen von Sensoren angewiesen. Notwendig ist ebenso die ***Zielvorgabe.*** Man kann sich darunter vereinfachend ein *im ZNS gespeichertes Körperschema mit dem Schwerelot als Referenzsignal* vorstellen.

Klinische Regulationsstörungen. 1. Patienten mit Erkrankung der peripheren Nervenfasern (Neuropathien), werden sehr instabil beim Stehen, besonders wenn die dicken bemarkten Fasern im Nerven oder im Hinterstrang betroffen sind. Als die Syphilis noch weit verbreitet war, entwickelten diese Patienten häufig eine solche sensorische Neuropathie mit charakteristischen Gleichgewichtsstörungen. Die Instabilität nimmt zu, wenn der Patient aufgefordert wird, die Füße beisammen zu halten und die Augen zu schließen.

2. Ähnliche Gleichgewichtsstörungen werden bei Affektionen im peripheren und zentralen Vestibularissystem (s. Abb. 5–5 und Kap. 14) beobachtet.

3. Gleichgewichtsstörungen sind schließlich auch typisch für Läsionen im Hirnstamm und im Zerebellum (s. auch Abschnitt 5.7).

Somit stützen diese klinischen Befunde die *Hypothese einer automatischen Regulation des Stehens* mit Hilfe einer Vielfalt von Sinnesorganen der Körpersensibilität sowie des vestibulären und visuellen Systems. Gleichzeitig zeigen sie auch, daß *zentrale motorische Strukturen im Hirnstamm und im Zerebellum beteiligt* sind.

Die Stützmotorik gewährleistet die für das aufrechte Stehen kritische Körperstabilität

Dieser Leistung liegt eine kooperative zentrale und multisensorische Tonusregulation zugrunde. Im Hirnstamm sorgen „tonogene Zentren" für eine Grobeinstellung des Muskeltonus über die absteigenden Fasersysteme zum Rückenmark. Durch sensorische Signale wird der Tonus auch über spinale Reflexe und komplexe Regelkreise, die supraspinale Zentren einschließen modifiziert. Diese sensomotorische Regulation kommt dann zum Zuge, wenn infolge von ***externen Störungen*** des Gleichgewichtes die Stabilität ***reaktiv*** und dynamisch angepaßt werden muß. Bei aktiver Bewegung, z. B. wenn man beim Stehen den Arm erhebt, kommt es ebenfalls durch die Verlagerung des Schwerpunktes zu einer Destabilisierung, die kompensiert werden muß. In diesem Fall geschieht dies jedoch ***proaktiv,*** wobei die stabilisierende Tonusadaptation, die man leicht in den Bein- und Rumpfmuskeln nachweisen kann, sich gleichzeitig oder sogar etwas vor der Armbewegung manifestiert. Die Stützmotorik ist also mit dem Bewegungsprogramm gekoppelt.

Für eine quantitative Prüfung der Stabilität beim Stehen benützt man in der Klinik die ***Posturographie.*** Zu diesem Zweck stehen gesunde Versuchspersonen oder Patienten auf einer Plattform, der plötzlich eine Kippung nach vorn oder hinten oder eine Translation aufgezwungen wird. Solche externen Störgrößen rufen reflektorische Reaktionen hervor, die man durch mechanische oder elektromyographische Meßdaten objektivieren kann. Auf einfachere Weise kann man sich auch ein qualitatives Urteil bilden, wenn man den Patienten bei aufrechter Stellung und geschlossenen Augen einen sanften Stoß versetzt, um seine Standfestigkeit zu prüfen.

! Die dauernde, aktive Anspannung der Haltemuskulatur, Tonus genannt, wirkt beim aufrechten Stehen der Schwerkraft entgegen. Dieser Tonus wird auf Grund von Rückmeldungen aus der Somatosensorik, dem Gleichgewichtsorgan und dem visuellen System kontinuierlich und automatisch so abgestimmt, daß die Zielvorgabe des aufrechten Stehens möglichst störungsfrei erhalten bleibt. Diese zentralnervöse, insbesondere vom Hirnstamm ausgehende Regelung des aufrechten Stehens wird Stützmotorik genannt. Externe Störungen der Stützmotorik werden von reaktiven Tonusadaptationen gefolgt, aktive Bewegungen von proaktiven Tonusadaptationen begleitet.

Die Lokomotionsrhythmen sind im Rückenmark organisiert; sie werden durch ein longitudinales neuronales Netzwerk im Hirnstamm gesteuert

Spinaler Rhythmusgenerator. Die Lokomotion des Menschen ist charakterisiert durch alternierende Rhythmen der Beinextensoren und -flexoren. Die Extensoren sind während der ***Standphase,*** die Flexoren während der ***Schwingphase*** aktiv (Abb. 5–6). Auch das rhythmische Armschwingen ist aktiv, mit Beteiligung vieler proximaler Muskeln. Es ist allgemein bekannt, daß Patienten mit einer totalen Querschnittsverletzung des Rückenmarks ohne passive Stütze weder stehen noch gehen können. Man weiß allerdings, daß querschnittsgelähmte Tiere nach einer gewissen Zeit und mit unterstützenden rhythmisch-sensorischen Reizen wieder Laufbewegungen durchführen können. Am isolierten Rückenmark ist es sogar gelungen, mit erregenden neuropharmakologischen Substanzen (Katecholaminen) rhythmische und reziproke Entladungen in den Flexor- und Extensormotoneuronen zu erzeugen, und dies ohne Unterstützung durch rhythmisch-sensorische Einflüße. Da diese Entladungsmuster, *fiktive Lokomotion* genannt, ähnlich sind wie bei der natürlichen Lokomotion, besteht heute die Auffassung, daß der ***Rhythmusgenerator für die Fortbewegung im Rückenmark lokalisiert*** ist. Spinale Rhythmusgeber existieren wahrscheinlich auch beim Menschen, da beim Neugeborenen mit noch unreifen absteigenden Bahnen und auch bei Kindern mit schwerer Mißbildung des Gehirns (Anenzephalie) Schreitrhythmen zu beobachten sind. Allerdings ist die Expression der Rhythmen

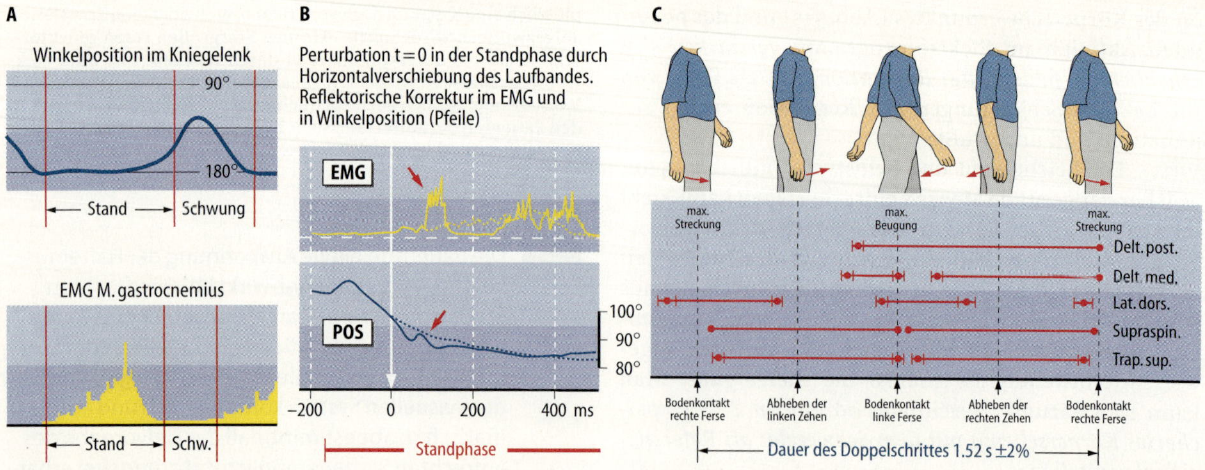

Abb. 5-6. A Ganganalyse beim Menschen auf einer Tretmühle: Messung der Winkelposition im Kniegelenk mittels eines Goniometers sowie der gemittelten und rektifizierten elektromyographischen Aktivität des M. gastrocnemius (EMG gastro). Die vertikalen Linien begrenzen die längere Standphase und die kürzere Schwingphase. Der Gastrocnemius wird rhythmisch während der Standphase aktiviert. Nach Conrad und Mitarbeiter, in [5]. **B** Reflektorische Stolperreaktion im gemittelten und rektifizierten EMG des Gastrocnemius und in der Winkelpositionskurve (Goniometer im Sprunggelenk). Die externe Störung wurde durch eine kurzdauernde Beschleunigung des Laufbandes ausgelöst. Je nach der Größe der Beschleunigung betrug die Reflex-Latenzzeit 65–85 ms. Die Charakteristik der Antwort und die relativ lange Latenzzeit ist typisch für polysynaptische automatische Reaktionen beim Menschen, die durch multisensorielle Afferenzen ausgelöst werden. Nach V. Dietz und Mitarbeiter: J. Physiol. (Lond.) *386*, 149 (1987). **C** Rhythmisches Armschwingen ist ein aktiver Prozeß mit rhythmischer Aktivierung von Schultermuskeln. Die Dauer der elektromyographischen Aktivität von 5 Schultermuskeln ist für einen Schreitzyklus mit der horizontalen Strichlänge (und mittlerem Fehler) angegeben. Nach M. L. Fernandez Ballesteros, F. Buchthal und P. Rosenfalck: Acta physiol. scand. *63*, 296 (1965)

beim Menschen in viel stärkerem Maße vom supraspinalen Antrieb abhängig als bei den niedrigeren Vertebraten.

Hirnstammkontrolle der Lokomotion. Dem isolierten Rückenmark fehlt der absteigende „tonogene" Zustrom von den Hirnstammzentren; dies verhindert nicht nur das Stehen, sondern auch das Gehen. In Tierversuchen konnten nach Ausschaltung des Großhirns in einem abgrenzbaren Abschnitt des Hirnstammes *(„locomotor strip")* mittels schwacher elektrischer Reizung Gehrhythmen angeregt werden. In ähnlicher Weise werden Gehbewegungen auch dann ausgelöst, wenn das Tier mit den Pfoten ein Laufband berührt und dieses in Betrieb gesetzt wird. Wenn die Geschwindigkeit des Laufbandes ansteigt, erhöht sich auch der Rhythmus der Lokomotion und bei höherer Bandgeschwindigkeit wechselt der Schreitrhythmus in einen Trott und schließlich in einen Galopp. Die Erhöhung der Reizintensität im „locomotor strip" beschleunigt ebenfalls den Rhythmus der Laufbewegungen.

Die Frequenz und das Muster der Lokomotionsrhythmen können also von den segmentalen Afferenzen und von den Hirnstammzentren aus moduliert werden. Trotzdem erscheint die Lokomotion bei diesen Tieren ohne Großhirn stereotyp (der Physiologe Sherrington sagte „machine-like"), sie ist in diesem Fall nicht in ein zielgerichtetes natürliches Verhalten eingebunden (s. u.).

Die natürliche, zielgerichtete Lokomotion impliziert auch Kleinhirn, Basalganglien und sensomotorische Kortexareale

Beim intakten Tier ist die natürliche Lokomotion meist auf ein wahrnehmbares Ziel gerichtet, oder die Lokomotion erfolgt suchend aus innerer Motivation. Die Eleganz und Adaptationsfähigkeit an die Umwelt – z. B. bald ein zögerndes, dann wieder ein beschleunigtes, lautloses Anschleichen mit geducktem Körper, der plötzliche Übergang in einen blitzschnellen Angriff mit allen dazugehörenden Lautäußerungen und vegetativen Nebenerscheinungen – haben kaum mehr Ähnlichkeit mit der stereotypen Gehbewegung des Tieres ohne Großhirn. Die Rhythmengeneratoren sind in der natürlichen Situation als Bausteine in ein viel umfassenderes Verhaltensmuster oder „Programm" eingebaut. Über spinale Afferenzen und absteigende motorische Bahnen werden Störungen durch Hindernisse ausgeglichen (Abb. 5-6B). Es ist tierexperimentell erwiesen, daß die Aktivität vieler Neurone des ***sensomotorischen Kortex*** mit der Lokomotion korreliert. Das heißt nicht, daß es im Kortex ein „Lokomotionszentrum" gibt; es zeigt jedoch, daß der Kortex über die Lokomotion in der Peripherie „informiert" ist, und dies kann als Zeichen dafür gewertet werden, daß die Lokomotion in ein zielgerichtetes übergeordnetes Verhalten integriert wird.

Das ***Kleinhirn*** und die ***Basalganglien*** sind an der präzisen zeitlichen und räumlichen Koordination der Lokomotion beteiligt. Der Gang des Kleinhirnkranken ist unstabil, unkoordiniert und gleicht manchmal stark dem torkelnden Gang eines Betrunkenen. Die Unterfunktion der Basalganglien beim Parkinsonpatienten äußert sich im gebückten Gang, dem fehlenden Schwingen der Arme und den kleinen schleifenden Schritten.

! Die Lokomotion des Menschen erfolgt rhythmisch. Rhythmen sind aber auch in vielen anderen Verhaltensäußerungen anzutreffen: bei der Atmung, dem Kauen, Kältezittern, Schwimmen, Armschwingen beim Gehen, Tanzen, Singen und Musizieren; in unregelmäßigerer Form auch beim Sprechen und Schreiben. Es ist anzunehmen, daß die neuronale Organisation der Gangrhythmen beispielhaft ist für die Organisation des rhythmischen motorischen Verhaltens überhaupt. Allen Rhythmen gemeinsam ist die große Flexibilität, ihre Unterordnung und ihr Einbau in ein intentionelles und zweckmäßiges „Programm". Rhythmenbildung in neuronalen Populationen ist eine fundamentale Erscheinung in der Neurobiologie. Rhythmusstörungen sind auch klinisch relevant, weil krankhafte „unwillkürliche" Bewegungen, wie z. B. die verschiedenen Zitterformen, rhythmischer Natur sind.

5.3 Reflexe und propriospinaler Apparat des Rückenmarks

Das Netzwerk der Interneurone im Rückenmark bildet die strukturelle Grundlage für seine Eigenfunktion; die Klassifikation der Interneurone erfolgt nach ihrer Verschaltung und ihren Aufgaben

Segmentale Organisation. Ein Rückenmarksegment verfügt via Hinter- und Vorderwurzel über je zwei *symmetrische Eingänge und Ausgänge.* Dazwischen geschaltet sind *Interneurone* im weiteren Sinn (vgl. Abb. 5–10 A). Im Unterschied zum Rückenmark primitiver Wirbeltiere ist dasjenige des Menschen unter sehr starker Kontrolle von supraspinalen motorischen Zentren. Diese absteigende wie auch die segmental-sensorische Beeinflußung erfolgt zum größten Teil über das komplexe Interneuronennetzwerk.

Propriospinaler Apparat (Eigenapparat). Darunter versteht man die neuralen Netze, die sich auf das Rückenmark beschränken und gewissen Eigenfunktionen des Rückenmarkes zugrunde liegen. Dazu gehören z. B. die bereits erwähnten Rhythmusgeneratoren für die Lokomotion sowie vegetative und somatische Reflexbahnen, die in diesem Abschnitt besprochen werden.

Typen von Interneuronen. Interneurone bilden die große Mehrzahl der Neuronen der grauen Substanz (auf 1 Motoneuron kommen etwa 30 Interneurone). Je nach Verschaltung unterscheidet man verschiedene Typen: 1. ***Schaltneurone*** mit räumlich begrenzter Wirkung, 2. ***Propriospinale Neurone*** mit großem Wirkungsfeld über mehrere Segmente, 3. ***Kommissurale Neurone,*** welche die reziproke Verbindung zwischen linker und rechter Seite gewährleisten, 4. ***Bahnneurone,*** die über lange, aufsteigende Axone Meldungen zu supraspinalen Strukturen übermitteln (z. B. Ursprungsneurone der spinozerebellären Bahnen).

Interneurone von Reflexbögen. Diese Interneurone bilden das Reflexzentrum, auf welches verschiedene Afferenzen von den Hinterwurzeln als auch von verschiedenen absteigenden Bahnsystemen konvergieren. Damit erlangen die Interneurone integrative Eigenschaften (s. auch Abb. 5–10).

Propriospinale Neurone. Diese spinalen Neurone dienen insbesondere der Koordination der verschiedenen Rückenmarkssegmente. Sie sind ebenfalls gekennzeichnet durch konvergierende Fasern verschiedender absteigender Bahnen und verschiedener segmentaler Afferenzen. Ihrerseits steuern diese propriospinalen Neurone Motoneuronenverbände an, im Sinne von einzelnen Programmschritten.

Die Motoneurone bilden die gemeinsame Endstrecke in der Befehlsübertragung

Die Motoneurone der einzelnen Muskeln sind in überlappenden, longitudinalen Zellsäulen angeordnet, die sich über mehrere Segmente ausdehnen. Die synaptische Übertragung erfolgt am weit ausladenden Dendritenbaum des Motoneurons, der voll mit synaptischen Eingängen besetzt ist. Durch ausgeprägte Konvergenz ergibt sich eine Aufsummierung der erregenden und hemmenden Einflüße aus den Afferenzen und v. a. aus dem Interneuronennetzwerk. Eine überschwellig erregte Motoneuronenpopulation beinhaltet ein mechanisches Bewegungs- oder Tonusmuster, da jedes Aktionspotential im motorischen Axon zu einer Kontraktion aller Muskelfasern der motorischen Einheit führt.

Querschnittslähmung. Die Eigenfunktionen des Rückenmarkes manifestieren sich in pathologischer Weise bei Querschnittsverletzungen des Rückenmarkes. Nach akuter Verletzung sind kaudal von der Läsion die Körperteile völlig gelähmt und schlaff; es können auch keine somatischen und vegetativen Reflexe ausgelöst werden. Nach dieser sogenannten ***spinalen Schockphase,*** die mehrere Wochen andauert, erholen sich allmählich die Reflexe und der Muskeltonus wieder, es bleibt aber das Unvermögen der willentlichen Kontrolle der Bewegungen. Die Langzeitveränderungen können über Monate anhalten und führen zu einer ausgeprägten Erregbarkeitssteigerung, wobei auch die reflektorische Kontrolle der Sphinkteren und der Gewebsdurchblutung gestört sein können.

! Über die integrativen interneuronalen Netzwerke des Rückenmarkes können durch Zuflüsse aus den Hinterwurzeln und den absteigenden Bahnen Populationen von Motoneuronen zu Erregungsmustern zusammengefaßt werden, die als Teilschritte eines Haltungs- oder Bewegungsprogramms aufgefaßt werden können. Die Motoneurone, die über die Vorderwurzeln die Skelettmuskeln versorgen, bilden die gemeinsame Endstrecke jeglicher motorischer Aktivität [2,11].

Abb. 5–7. A Schematischer Überblick über den Aufbau einer Muskelspindel. Die 2 Typen von intrafusalen Muskelfasern, die Kernketten- und Kernsackfasern, bedingen die dynamische und statische Dehnungsempfindlichkeit der Muskelspindel. Die Kernkettenfasern generieren eine statische Antwort, u. z. sowohl in dicken Muskelspindelafferenzen (Ia Fasern), als auch in den dünneren sekundären Muskelspindelafferenzen (II-Fasern). Die Kernsackfasern sind v. a. (aber nicht ausschließlich) für die dynamische Antwort bei Dehnungsreiz verantwortlich. Diese Situation erklärt, daß die Ia-Spindelafferenzen sowohl eine dynamische als auch eine statische Empfindlichkeit aufweisen, während die II-Spindelafferenzen eine vorwiegend statische Dehnungsempfindlichkeit haben. Die efferente γ-Innervation an den quergestreiften Polregionen der Muskelspindel läßt sich ebenfalls in 2 Typen unterscheiden: die „statischen γ-Motoneurone" erhöhen die statische Empfindlichkeit, die „dynamischen γ-Motoneurone" die dynamische Empfindlichkeit der Muskelspindel. B Der von den Muskelspindeln ausgehende Reflexbogen wird zentral mit α-Motoneuronen verschaltet, im Falle der Ia-Fasern ist die Verknüpfung monosynaptisch, im Falle der II-Fasern polysynaptisch über Interneurone. Die höheren motorischen Zentren übermitteln die „Befehle" gleichzeitig an die α- und γ- Motoneurone (α-γ Kopplung). Dies garantiert, daß der sensorische Mittelteil der intrafusalen Muskelfasern bei einer aktiven Verkürzung des Muskels nicht gestaucht (entdehnt) wird, sondern stets in Bereitschaft bleibt, äußere Störgrößen zu registrieren. A nach Daten von Barker, Boyd, Matthews und Mitarbeitern [14]; B nach Boyd, in [22]

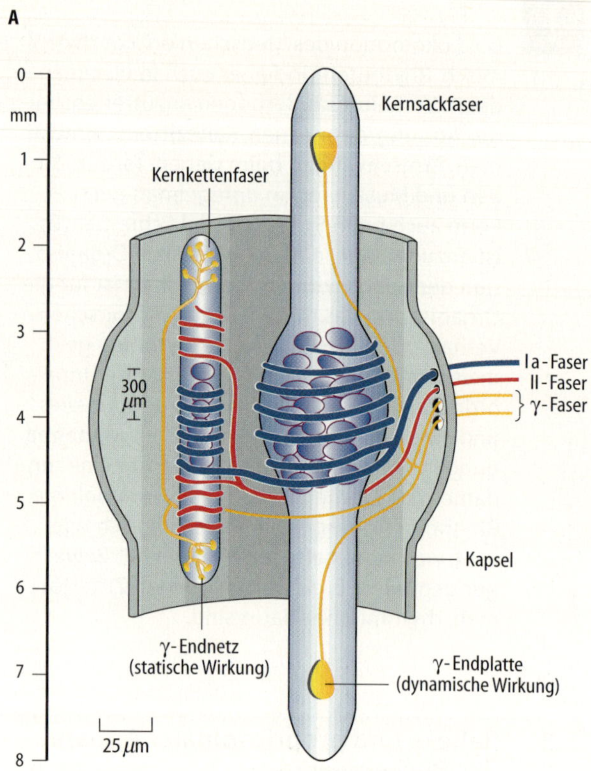

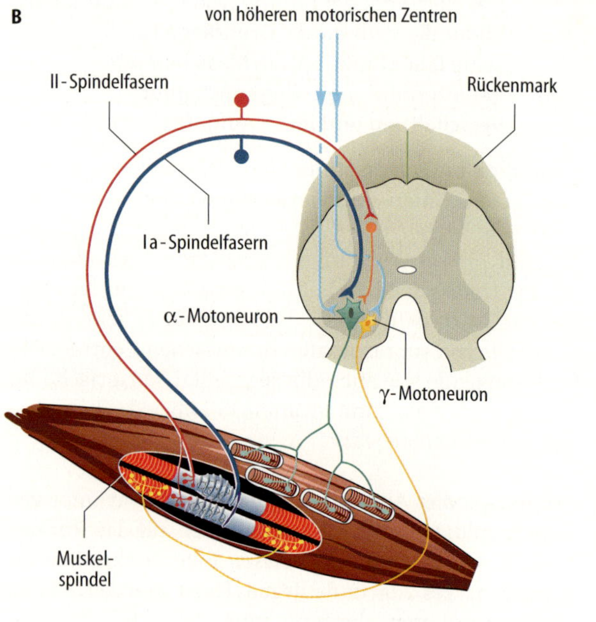

Reflexe sind automatische motorische Reaktionen auf äußere Störimpulse

Zum Reflexbegriff gilt die Regel, daß bei zunehmender Stärke des äußeren Reizes die ausgelöste Reflexantwort über dem Schwellenwert stetig zunimmt bis der Maximalwert (Sättigung) erreicht ist. Der Reflex ist willentlich nicht unterdrückbar und kann auch bei isoliertem Rückenmark (außer während der akuten spinalen Schockphase) ausgelöst werden. Ein ***Reflexbogen*** setzt sich zusammen aus einem oder mehreren ***Rezeptortypen*** (*Sensoren*), einem ***afferenten Schenkel*** (zuführende *sensible Fasern* zum ZNS), einem ***Reflexzentrum*** (*Interneurone* im ZNS) und einem ***efferenten Schenkel*** (*motorische Einheiten*). Die Zahl der Interneurone ist sehr unterschiedlich; beim monosynaptischen Dehnungsreflex (s. u.) ist als einzige Ausnahme der afferente Schenkel direkt mit dem efferenten Schenkel gekoppelt. Die ***Latenzzeit*** des Reflexes hängt einerseits von der Leitungsstrecke im afferenten und efferenten Schenkel ab, anderseits auch von der Zahl der Interneurone im Reflexzentrum.

Der monosynaptische Dehnungsreflex dient der Lagestabilisierung

Reflexbogen des monosynaptischen Dehnungsreflexes. Der *Sensor* des monosynaptischen Dehnungsreflexes ist die ***Muskelspindel*** [10,14]. Sie besteht aus einem muskulären Teil – den sehr feinen ***intrafusalen Muskelfasern*** – und einem nervösen Teil, den Endigungen der großkalibrigen ***Ia-Muskelspindelafferenzen.*** Die letzteren winden sich wie eine Spirale um den nichtkontraktilen Mittelteil der intrafusalen Fasern. Die Stammfasern, also der afferente Schenkel, haben eine hohe Leitungsgeschwindigkeit (beim Menschen etwa 80 m/s). Den efferenten Schenkel bilden die Motoneurone des sensortragenden Muskels *(homonyme Verschaltung)*, den Effektor der Muskel selbst (weitere Details in Bau und Funktion der Muskelspindel finden sich in der Abb. 5–7 und in der Legende).

Aktivierung des monosynaptischen Dehnungreflexes. Der *adäquate Reiz* für die Erregung der Spindelsensoren ist die *Dehnung des Muskels.* Die Muskelspindeln sind also Meßfühler für Länge (Position) und für Längenänderungen (Geschwindigkeit) des Muskels. Eine dynamische Dehnung des Muskels wird zu einer Entladungssalve in den Ia-Afferenzen führen, die ihrerseits zur Aktivierung des Motoneuronenpools und einer Spannungszunahme im Muskel führt (Abb. 5–7B). Da die Reizung und der Reizerfolg sich am gleichen Muskel abspielt, bezeichnet man den Dehnungsreflex auch als einen ***Eigenreflex.*** Gleichzeitig nimmt die Spannung von Antagonisten des gedehnten Muskels ab; dies erfolgt über eine disynaptische Hemmung der Motoneurone über hemmende „Ia-Interneurone" (s. auch Tabelle 5–1).

Funktion des monosynaptischen Dehnungsreflexes. Bei einer von außen aufgezwungenen Längenänderung hat der Muskel die Tendenz, sich durch die reflektorisch erzeugte zusätzliche Spannung wieder auf die urspüngliche Länge einzustellen. Der Dehnungsreflex mit seinen Längensensoren entspricht also dem Prinzip eines Regelkreises oder ***„Längenservo"*** mit negativem Feedback.

!

Jeder Reflexbogen besteht aus den gleichen 5 Anteilen, nämlich Sensor, Afferenz, Reflexzentrum, Efferenz und Effektor. Der monosynaptische Dehnungsreflex (Eigenreflex, weiteres Synonym „myotatischer Reflex") ist das einfachste Beispiel eines kompletten motorischen Reflexbogens. Er hat nur eine synaptische Verschaltung der Ia-Afferenz auf das Motoneuron. Seine Hauptfunktion ist die reflektorische Konstanthaltung der Muskellänge (Längenservo) [2,11].

Die Empfindlichkeit der Muskelspindel wird durch die γ-Motoneurone von zentral gesteuert

Aktivierung der Spindelafferenzen durch intrafusale Kontraktion. Da die Muskelspindeln parallel zu den Fasern der Arbeitsmuskulatur angeordnet sind, werden die intrafusalen Muskelfasern bei Muskeldehnung ebenfalls gedehnt. Die mechanische Änderung an der Schnittstelle zwischen der Ia-Endigung und dem nichtkontraktilen Teil der intrafusalen Faser verursacht die Depolarisation der Ia-Faserendigung. Die Bedeutung der polaren Anteile der intrafusalen Muskelfasern und deren Kontraktilität ergibt sich aus der efferenten Versorgung durch die kleinkalibrigen γ-(gamma- oder Fusi-) Motoneurone. Bei Aktivierung dieser γ-Motoneurone kommt es an beiden Polen zu winzigen Kontraktionen, die ihrerseits zu einer Dehnung des mittleren, nichtkontraktilen Teils der intrafusalen Muskelfasern führen (Abb. 5–7A, B). Auf diese Weise kann der Sensor auch durch einen aktiven Mechanismus angeregt werden. Bei gleichzeitiger passiver Dehnung des Muskels und Aktivierung der γ-Motoneurone verstärkt sich die Dehnungsantwort der Muskelspindel.

Funktion des γ-Antriebs. Normalerweise kann man davon ausgehen, daß die γ-Motoneurone eine geringe Grundaktivität („γ-bias") aufweisen. Bei aktiven Bewegungen, die mit Längenänderungen des Arbeitsmuskels verbunden sind, kann durch eine adäquate Einstellung der „γ-bias" die Empfindlichkeit vom ZNS gesteuert und optimal eingestellt werden; insbesondere wird durch einen parallelen Antrieb der α- und γ- Motoneurone gewährleistet, daß der Sensor unabhängig von der jeweiligen Muskellänge stets auf äußere Störungen reagieren kann.

!

Die Funktion des Spindelantriebes durch die γ-Motoneurone liegt in ihrer optimalen Bereitschaftstellung der Muskelspindeln. Dadurch ist dieser Meßfühler ungeachtet der Längenänderungen des Muskels bei intentionellen Bewegungen stets in der Lage, auf externe Störungen (plötzliche Belastungen) zu reagieren und dazu beizutragen, die Gliedposition zu stabilisieren (s. auch die Ausführungen über „fusimotor set" im Abschnitt 5.9).

Die Auslösung des monosynaptischen Eigenreflexes mit dem Reflexhammer dient der Exploration der Erregbarkeit des Reflexbogens; zur quantitativen Prüfung dient die elektrische Reizung des peripheren Nerven (Messung des H-Reflexes)

Klinische Prüfung mit dem Reflexhammer. Durch einen mittelstarken Schlag auf eine Sehne, z. B. unterhalb der Kniescheibe auf die Patellarsehne des M. quadriceps femoris, wird diese etwas eingedrückt und damit der Muskel phasisch gedehnt; als Reaktion beobachtet man eine reflektorische Zuckung des gedehnten Muskels. In der Klinik nennt man diesen Reflex wegen der Art der Auslösung auch ***Sehnenreflex*** (engl. *Tendon Jerk, T-Reflex).*

Zu den bekanntesten Sehnenreflexen des Beines gehört der eben schon erwähnte *Patellarsehnenreflex (PSR)* und *der Achillessehnenreflex (ASR);* am Arm prüft man v. a. den *Bizeps-* und *Trizepssehnenreflex.* Den Arzt interessieren allfällige Seitenunterschiede in der Intensität der Reflexantwort. Bei einer Halbseitenlähmung mit pathologischer Erhöhung des Muskeltonus („Spastizität) wird man z. B. auf der kranken Seite einen viel „lebhafteren" PSR auslösen können. Das Fehlen der Reflexe kann diagnostisch auf eine Unterbrechung im afferenten oder efferenten Schenkel hinweisen. Allerdings sind auch beim gesunden Menschen die „Sehnenreflexe" häufig nur schwach und schwer auslösbar. In diesem Fall kann eine *leichte* willkürliche Vorinnervation oder (beim Prüfen der Reflexe am Bein) ein kraftvolles Verhaken und Auseinanderziehen der Hände *(Jendrassik Handgriff)* nützlich sein, weil dies zu einer Bahnung der Reflexantwort führt. In beiden Fällen rückt die Erregbarkeit der motorischen Einheiten näher zum Schwellenwert.

Auslösen und Registrieren von H-Reflexen. Nachteile der klinischen Reflexprüfung sind die subjektive, qualitative Beurteilung sowie die nicht standardisierte Intensität der Reizapplikation mit dem Reflexhammer. Für *klinisch-neurophysiologische Zwecke* sind quantitative Untersuchungsmöglichkeiten erwünscht. Dazu leistet die Methode der elektrischen Nervenreizung und der elektromyographischen Registrierung der ***H-Reflexe*** hervorragende Dienste (Abb. 5–8).

Der Physiologe ***Paul Hoffmann,*** entwickelte bereits 1918 die Methode der elektrischen Reflexauslösung im Soleusmuskel mittels elektrischer Reizung des Nervus tibialis in der Kniekehle. Da die *Ia-Spindelafferenzen* eine etwas tiefere Schwelle haben als die *Fasern der* α-Motoneurone, gelingt es bei geringer Reizstärke die Ia-Afferenzen selektiv zu erregen. Die elektrische Reizstärke kann fein dosiert und konstant gehalten werden, und die Größe der Reflexantwort kann anhand des elektromyographisch registrierten Summenpotentials genau gemessen werden. Heute hat die Methode in der klinischen Neurophysiologie und in der Grundlagenforschung beim Menschen eine weite Verbreitung gefunden. Die Bezeichnung ***H-Reflex*** (im Unterschied zu ***T-Reflex***) erfolgte zu Ehren Paul Hoffmanns; sie hat sich allgemein eingebürgert.

Grundlegend für die Anwendung des H-Reflexes ist die Erstellung der ***Rekrutierungskurve in Funktion der Reizstärke*** (Abb. 5–8). Wie in B gezeigt, erscheint bei zunehmender Reizstärke zuerst die reflektorische ***H-Welle*** mit einer Latenzzeit von 30–35 ms; bei höherer Reizintensität nimmt die Amplitude der H-Welle zu, jedoch erscheint schon bald mit einer kurzen Latenz von 5–10 ms die sog. ***M-Welle.*** Während die letztere stark zunimmt, vermindert sich die Amplitude der H-Welle wieder. Die *M-Welle* ist Ausdruck der direkten Erregung der etwas höherschwelligen motorischen Axone unter der Reizelektrode. Die erzeugten Aktionspotentiale in den Motoaxonen werden bei der künstlichen Reizung sowohl in die Peripherie als auch nach zentral geleitet. Im Motoneuron kommt es dadurch zu einer „Kollision" der *„antidromen"* (zentralwärts geleiteten) Impulse und der reflektorisch erzeugten Impulse, die sich gegenseitig auslöschen. Dadurch erklärt sich das Phänomen, daß mit zunehmender überschwelliger Erregung motorischer Axone im gemischten Nerven die Amplitude des H-Reflexes wieder abnimmt.

Nutzen der Prüfung von H-Reflexen in der Forschung. Für die Exploration der Erregbarkeit im Soleus-Moto-

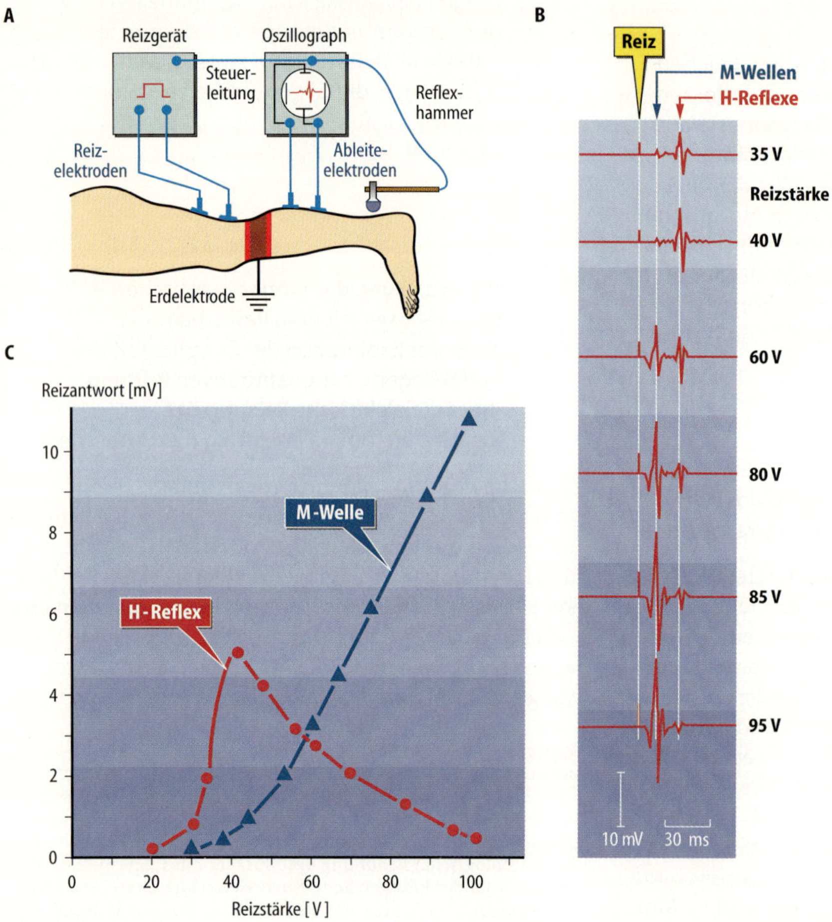

Abb. 5–8. Auslösung und Registrierung von H- und T-Reflexen am Menschen. **A** Versuchsanordnung. Zum Auslösen eines T-Reflexes des M. triceps surae wird ein Reflexhammer mit Kontaktschalter benutzt. Durch diesen Schalter wird bei Beklopfen der Sehne die Ablenkung des Elektronenstrahls des Oszillographen ausgelöst. Die Reflexantwort kann auf diese Weise elektromyographisch sichtbar gemacht werden. Für die Auslösung der H-Reflexe wird der N. tibialis mit 1 ms langen Rechteckimpulsen durch die Haut gereizt. Reiz und Ablenkung des Oszillographenstrahls sind miteinander synchronisiert. **B** H und M-Antworten bei zunehmender Reizstärke. **C** Amplituden der H- und M-Antworten (*Ordinate*) in Abhängigkeit von der Reizstärke (*Abszisse*). Gesunde Versuchsperson. (**B, C** aus Hopf und Struppler: Elektromyographie, Stuttgart: Thieme 1974)

neuronenverband benützt man die möglichst „reine" H-Reflexantwort (im Beispiel der Abb. 5-8 eine Reizintensität von 40 V). Der H-Reflex wird häufig als Testsignal benützt, um beim Menschen den *Effekt von vorausgehenden, sog. „konditionierenden" Reizen auf die Erregbarkeit der Motoneuronenpopulation* zu messen. Man kann zum Beispiel beobachten, daß bei schwacher konditionierender Reizung des Nervus fibularis, die dem Testreiz unmittelbar vorausgeht, die Amplitude des H-Reflexes kleiner wird. Daraus kann man schließen, daß eine Aktivierung der Ia-Afferenzen aus dem antagonistischen Muskel die Soleus-Motoneurone mit sehr kurzer Latenzzeit hemmen, d. h. es gelingt auf diese Weise, etwas über die *synaptischen Verknüpfungen im Rückenmark des Menschen* auszusagen (die beschriebene Hemmung entspricht der im Tierversuch direkt nachgewiesenen disynaptischen Hemmung über das Ia-Interneuron).

Die Erregbarkeit des Motoneuronenpools ändert sich auch, wenn natürliche Bewegungen ausgeführt werden. Zum Beispiel hat man gefunden, daß die *Amplitude des H-Reflexes synchron mit dem Lokomotionsrhythmus des Menschen moduliert* wird. Dieses Beispiel zeigt, wie auch komplexere Probleme der Interaktion von Intentionsbewegungen und Reflexen beim Menschen mit Hilfe des H-Reflex erforscht werden können.

!

Reflexprüfungen sind ein unentbehrlicher Bestandteil der klinisch-neurologischen Prüfung des motorischen Systems. Mit Hilfe von Sehnenreflexen (monosynaptischer phasischer Dehnungsreflex, T-Reflex) und der Messung und Auswertung von H-Reflexen lassen sich Störungen der Erregbarkeit von Rückenmarksegmenten feststellen bzw. quantitiativ dokumentieren. Bei erhöhtem Muskeltonus sind die Sehnenreflexe oft gesteigert.

Polysynaptische Reflexe (Fremdreflexe) sind über spinale Interneuronenketten mit den motorischen Einheiten verknüpft; funktionell gesehen sind sie Bausteine protektiver Reaktionen

Reizart und Habituation. Polysynaptische Reflexe (Abb. 5-9) werden in der Regel durch leicht schmerzhafte Reizung eines Hautbezirkes ausgelöst, sie können sich aber auch durch Reizung anderer Gewebe wie Periost, Gelenke und Muskeln manifestieren. Bei einem schmerzhaften Reiz an einer Extremität, wird diese reflektorisch angezogen. Ein typisches Beispiel ist das *Wegziehen der Hand,* wenn diese eine heiße Herdplatte berührt. Reizungen im Gesichtsbereich führen zu einem beidseitigen *Lidschluß,* im Bauchbereich zu einer *Anspannung der Bauchdecke.* Offensichtlich sind dies erste automatische Schritte einer Schutz- oder Fluchthandlung, um einer fortgesetzten schmerzhaften Einwirkung auszuweichen. Da der Großteil der beteiligten Afferenzen aus der Körperoberfläche stammt, spricht man von ***Fremdreflexen*** (im Gegensatz zu den *Eigenreflexen,* die ihren Ursprung im Muskel haben).

Nichtschmerzhafte Reize können, falls sie unerwartet sind, ebenfalls zu kleinen Reflexantworten führen. So kann man sich z. B. leicht davon überzeugen, daß bei sanfter und kurzer Berührung der Pfote einer Katze, diese reflektorisch zurückgezogen wird; d. h. potentiell schmerzhafte und unerwartete Reize bewirken ebenfalls einen Fremdreflex, allerdings mit sukzessiver Abnahme der Reflexantwort bei regelmäßiger Reizwiederholung. Dieses für Fremdreflexe typische Phänomen nennt man ***Habituation.***

Variabilität polysynaptischer Reflexe. Die Fremdreflexe sind in der Latenzzeit, Dauer, Amplitude und Ausbreitung der Antwort ziemlich variabel, auch bei gleichbleibender Reizung. Verschiedene Einflüße, wie Vorinnervation, Erwartung, vorbestehende Entzündungen etc., haben einen stark modulierenden Effekt. Dies ist der polysynaptischen Übertragung (s. Abb. 5-9C) zuzuschreiben, denn mit jeder zusätzlichen Synapse im Reflexbogen steigt die Variabilität und die Unsicherheit in der Übertragung. Bei elektromyographischer Registrierung sieht man (im Unterschied zum monosynaptischen Dehnungsreflex) auch die stärkere Variabilität der Reflexlatenzzeit.

Flexorreflex. Dies ist ist der wichtigste und bekannteste Fremdreflex (Abb. 5-9). Zur klinischen Reflexprüfung gehört immer der *Fußsohlenreflex (FSR),* der durch mittelstarkes Bestreichen der Fußsohle mit einem spitzen Gegenstand ausgelöst wird. Die Reaktion besteht aus einer Plantarflexion aller Zehen, einer Dorsalflexion des Fußes und, bei starker Reizung, einer Flexion im Knie- und Hüftgelenk. Bei elektromyographischer Registrierung sieht man, daß gleichzeitig zur Aktivierung der Flexormuskeln auch eine reflektorische Hemmung der Extensoren erfolgt, falls ein vorbestehender Extensorentonus vorhanden ist. Dies ist also ein typisches reziprokes Innervationsmuster (Abb. 5-9C), wie man es auch zwischen gedehntem Agonisten und Antagonisten beobachten kann. Die Flexor-Reflex-Afferenzen (FRA) bilden keine homogene Fasergruppe; neben den kutanen Nozizeptoren der Körperoberfläche sind auch die hochschwelligen Afferenzen der Tiefensensibilität beteiligt sowie die sekundären Muskelspindelafferenzen (Gruppe II, s. auch Abb. 5-7A und Tabelle 5-1).

Bei chronischen Läsionen im Rückenmark ist der Flexorreflex typischerweise gesteigert. So kann z. B. bei einem Patienten mit *multipler Sklerose* schon eine schwache Berührung eine ***heftige Beugesynergie des ganzen Beines*** auslösen, gelegentlich mit gleichzeitiger Streckung des anderen Beines (Abb. 5-9B). Dieser ***gekreuzte Streckreflex*** ist beim gesunden Menschen Teil einer sinnvollen Automatik zur Erhaltung des Gleichgewichtes, wenn ein Flexorreflex beim Stehen oder Gehen ausgelöst wird. Die entsprechende zentrale Verschaltung ist in Abb. 5-9C schematisch dargestellt.

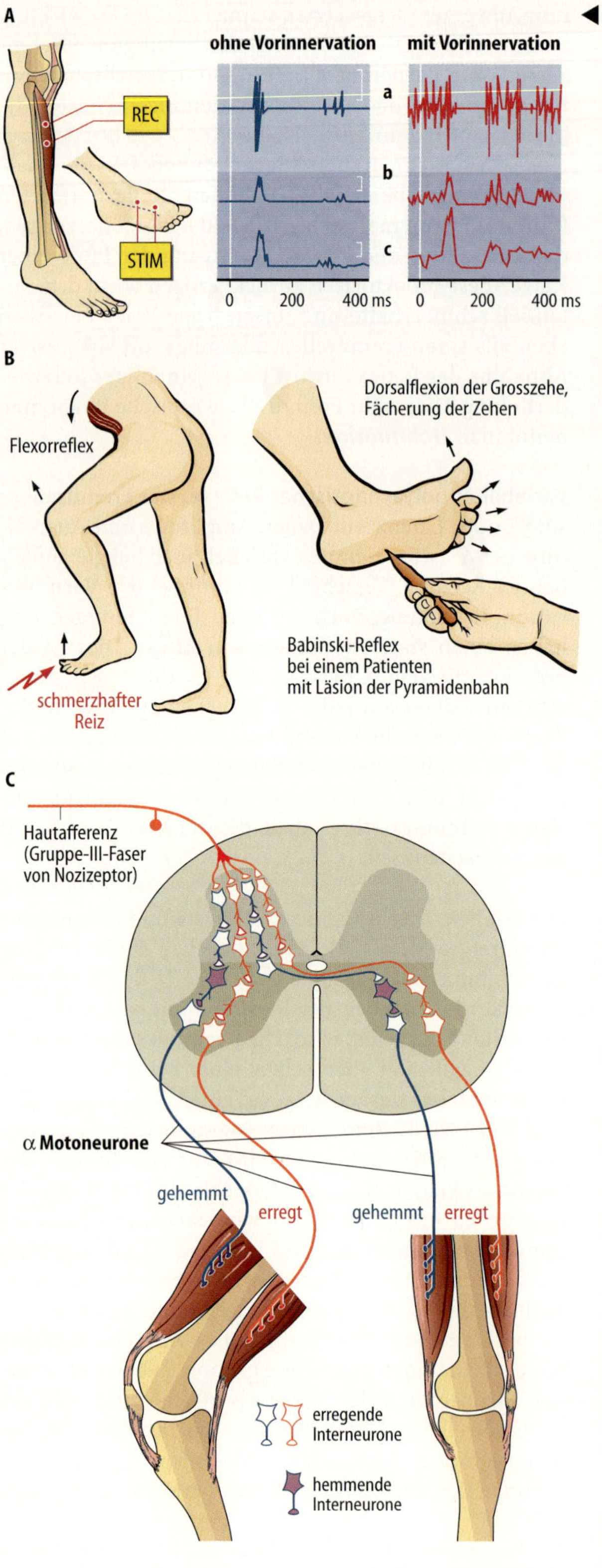

Abb. 5–9. A Elektromyographische Analyse des Flexorreflexes, der durch elektrische Reizung von plantaren Hautnerven ausgelöst wird (*links*). Die von den Fußhebern (M. tibialis ant.) ausgelöste Aktivität besteht aus einer ersten polyphasischen Antwort und einer kleinen späten Antwort. Bei einer Vorinnervation erfolgt eine starke Bahnung beider Komponenten (*a*). In *b* wird das rektifizierte EMG gezeigt, in *c* die über 32 Reizfolgen gemittelte Antwort. **B** Beugesynergie des linken Beines bei einem schmerzhaften Reiz der Fußsohle mit Dorsalflexion der Großzehe; das rechte Bein wird kompensatorisch versteift. *Rechts* Auslösung des Babinskireflexes durch Bestreichen der Plantarfläche bei einem Patienten mit Läsion der Pyramidenbahn: Dorsalflexion der Großzehe und Fächerung der Zehen. **C** Intrasegmentale Verschaltung einer afferenten Faser von einem Nozizeptor der Haut des Fußes. Die Gruppe-III-Afferenz und die Reflexwege des ipsilateralen Beuge-(Flexor-)Reflexes und des kontralateralen Streck-(Extensor-)Reflexes sind *rot* eingetragen. **A** nach Meinck und Mitarbeiter, in P. J. Delwaide und R. R. Young: Clinical Neurophysiology in Spasticity, Elsevier (1985)

Eine besondere Komponente des Flexorreflexes ist der ***Babinski-Reflex*** (nach dem Pariser Neurologen, der diesen Reflex beschrieben hat). Er wird nur dann beobachtet, wenn die Pyramidenbahn noch nicht voll entwickelt ist (in den ersten Lebensmonaten), oder wenn diese Bahn geschädigt ist. Dieser Reflex hat deshalb eine beträchtliche diagnostische Bedeutung. Ausgelöst wird der Babinski-Reflex ebenfalls durch einen Fußsohlen-Reiz, wobei aber die *Zehen fächerartig gespreizt* werden und *die Großzehe in Dorsalflexion* geht (Abb. 5–9B). Diese ***Reflexumkehr*** beruht wahrscheinlich auf einer Erregbarkeitsänderung der implizierten Interneurone.

Auf Grund von Sektionsbefunden konnte bestätigt werden, daß bei Schädigungen der Pyramidenbahn häufig, aber nicht immer ein positiver Babinskireflex vorgelegen hatte. (Nathan, Brain *117:* 337, 1994).

Lidschlußreflex. Dieser Reflex wird durch einen mittelstarken Schlag mit dem Reflexhammer auf die Stirn-Nasenwurzel ausgelöst oder elektrisch durch Reizung des Nervus supraorbitalis. Die Reflexantwort kann elektromyographisch vom *M. orbicularis oculi* abgeleitet werden, wobei der Lidschluß, auch bei einseitiger elektrischer Reizung, immer beidseitig erfolgt.

Der Lidschlußreflex hat sein Zentrum im Hirnstamm, was ihm seine besondere klinische Bedeutung gibt. Der Reflexbogen umfaßt die sensorischen Trigeminusafferenzen und -kerne sowie die Fazialismotoneurone. Ein abnormer Reflex kann auf Schädigungen im Bereich der Reflexzentren, die in Nachbarschaft zu lebenswichtigen Hirnstammzentren liegen, hindeuten. Auch Schädigungen im Bereich der Trigeminus- und Fazialisnerven beeinträchtigen die Reflexauslösung.

Bauchdecken- und Kremasterreflex. Diese Reflexe werden durch Bestreichen der Bauchhaut, respektive der Haut an der Oberschenkelinnenseite, ausgelöst. Dabei wird die Bauchdecke angespannt, respektive der Hoden hochgezogen. Sie werden ebenfalls bei der Reflexprüfung untersucht. Ihre Bedeutung liegt v. a. darin, daß sie *bei Schädigungen von absteigenden motorischen Bahnsystemen abgeschwächt* sind oder verschwinden.

Vegetative Reflexe sind für die klinische Diagnostik ebenfalls wichtig. Im Bereich des Rückenmarkes ist die ***reflektorische Entleerung der Harnblase*** (Detrusoraktivierung bei bestimmter Blasenfüllung) und die ***reflektorische Kotentleerung (Defäkation)*** zu nennen. Bei chronisch-isoliertem Rückenmark erfolgen diese Funktionen rein reflektorisch, d. h. ohne willentliche Kontrolle der Sphinkteren. Die Patienten können lernen, durch rhythmische Druckausübung auf die Bauchdecke die Reflexe anzuregen (s. Kap. 19).

> **!** Polysynaptische Reflexe (Fremdreflexe) sind automatische Schutzreaktionen, die meist durch schmerzhafte Reize ausgelöst werden. Ein typischer Vertreter des Flexorreflexes ist der Fußsohlenreflex. Die Flexorreflexafferenzen bilden keine homogene Fasergruppe, der Reflexweg ist polysynaptisch. Die Reflexantwort ist variabel, die Antwort nimmt bei wiederholter Reizung häufig ab (Habituation). Bei Schädigung des Rückenmarkes oder der absteigenden Bahnen sind die Fremdreflexe entweder unterdrückt oder gesteigert. Der Babinski-Reflex ist ein pathologischer Fußsohlenreflex, der typischerweise bei Schädigung der Pyramidenbahn auftritt [2,11]. Von den vegetativen Reflexen sind v. a. die Blasen- und Darmentleerung von großer klinischer Bedeutung. Nach Durchtrennung des Rückenmarks (Querschnittslähmung) sind diese Reflexe nicht mehr unter willentlicher Kontrolle.

5.4 Sensomotorische spinale Integration und Hemm-Mechanismen

Die motorische Regulation erfolgt über ein kooperatives Zusammenspiel der verschiedenen Sinnesrezeptoren

Bewußte Wahrnehmung, Körperschema und automatische Korrekturen. Die Sensoren in Muskeln, Sehnen, Periost, Aponeurosen, Membranen sowie in der Haut und im subkutanen Fettgewebe dienen einerseits der bewußten Wahrnehmung der Gliedstellung, der Bewegung und der Kraftausübung (s. Kap. 9). Durch zentrale Verarbeitung der somatosensorischen Signale wird ein ***Körperschema vermittelt,*** das für die Bewegungsplanung notwendig ist. Der ständige sensorische Informationsfluß dient jedoch nur zu einem geringen Teil der bewußten Wahrnehmung. Sowohl die Tiefen- wie auch die Oberflächensensibilität sind stark an der ***unbewußten Kontrolle der Motorik*** beteiligt, damit sie sich den mechanischen Bedingungen der Umwelt anpaßt. Auch für diese Automatik gilt die *Regel der multisensoriellen Kooperation.* In Tabelle 5-1 sind die wichtigsten propriozeptiven und kutanen Sensoren im Zusammenhang mit ihrer zentralen Wirkung zusammengestellt.

Spinale Hemm-Mechanismen unterstehen als Regelkreise einer zentralen Kontrolle: Regulation der Spannung durch die Golgi-Sehnenorgane, „Motorservo" und Renshaw-Hemmung

Tabelle 5-1. Sensoren der Skelettmuskulatur und ihrer Sehnen

Rezeptortyp	Fasertyp	Vorkommen	Adaequater Reiz	Reizantwort	Zentrale Effekte	Funktion
Primäre MS-Endigung	Ia	Muskel (Parallelschaltung zum Muskel)	Muskeldehnung (dL/dt, L)	phasisch+ statisch	monosynaptisch exzitatorisch zu MN des gedehnten Muskels, disynaptisch hemmend zu MN der Antagonisten	Dehnungsreflex, Längenservo, Kompensation von externen Störimpulsen (Belastungen), Tonusregulation, zsm. mit Golgi-Rezeptoren („Motor Servo")
Sekundäre MS-Endigung	II	Muskel (Parallelschaltung zum Muskel)	Muskeldehnung (L)	statisch	polysynaptisch exzitatorisch und auch inhibitorisch zu MN des gedehnten Muskels	Flexorreflex (Schutzreaktion), event. auch Beitrag für tonischen Dehnungsreflex; beteiligt am Positionssinn
Golgi-Sehnenorgan	Ib	Übergang Muskel-Sehne (Serieschaltung zum Muskel)	Änderung der Muskelspannung (v.a. aktive)	phasisch+ statisch	disynaptisch inhibitorisch auf MN des Agonisten und disynaptisch exzitatorisch auf MN des Antagonisten	Spannungsservo, zsm. mit Ia-Afferenzen Tonusregulation („Motor Servo")
v.a. freie Endigungen	II, III, IV „Flexorreflex-Afferenzen"	Haut, Muskel, Periost, Ligament, Gelenkkapsel	nozizeptive mechanische Einwirkungen, relative Muskelischämie, auch unerwartete nicht-nozizeptive Stimulationen	phasisch+ statisch	exzitatorisch auf Flexor-MN und inhibitorisch auf Extensor-MN, beides polysynaptisch	Flexorreflex und andere Schutzreflexe

Wie schon erwähnt, dient der Dehnungsreflex als Regler für die Muskellänge. Die ***Golgi-Sehnenorgane*** sind ausgezeichnete Sensoren für die Messung der aktiv entwickelten Muskelspannung. Es wird deshalb angenommen, daß die *Ib-Afferenzen* aus den Golgi-Sensoren die afferenten Elemente eines ***Spannungsregelkreises*** sind. Der Reflexweg ist disynaptisch und schließt ein *Ib-Interneuron* ein, das hemmend auf die Motoneurone zurückwirkt. Über diesen Regelkreis, kann z. B. bei Ermüdung des Muskels und drohendem Spannungsabfall, die Kraft durch Abnahme der Golgihemmung (Disinhibition) konstant gehalten werden. Das experimentell belegte Beispiel der Abb. 5–10 zeigt jedoch eine ausgeprägte Konvergenz von 4 absteigenden Bahnen und zusätzlich von 4 verschiedenen Rezeptortypen, die alle auf das gleiche Ib-Interneuron Einfluß nehmen. Damit wird klar, daß die postulierten Regelkreise, und insbesondere der Längen- und Spannungsservo, nicht völlig getrennt von einander ablaufen, sondern zu einem gemeinsamen ***„Motorservo“*** integriert werden, um für eine bestimmte Gliedposition den notwendigen Muskeltonus zu generieren (Abb. 5–10B).

Die α-Motoneurone besitzen rückläufige Kollateralen, die über ein hemmendes Interneuron auf die Motoneurone zurückwirken. Diese einfache negative Rückkopplung wird nach ihrem Entdecker als ***Renshaw-Hemmung*** bezeichnet, das betreffende Interneuron als ***Renshaw-Interneuron*** (Abb. 5–10A).

Die synaptische Einwirkung von der Kollaterale auf das Interneuron erfolgt wie an der Endplatte mit Azetylcholin. Der hemmende Transmitter der Renshawzelle ist Glyzin; das Krampfgift Strychnin ist ein Anatagonist von Glyzin. Renshaw-Interneurone werden von einer Reihe von Afferenzen und absteigenden Fasersystemen beeinflußt. Neben ihrer hemmenden Wirkung auf die Motoneurone hemmen sie ebenfalls die Ia-Interneurone, die bei Dehnung eines Muskels den Antagonisten hemmen und somit für ein reziprokes Innervationsmuster sorgen. Die Verschaltung der hemmenden Renshaw-Interneuronen mit den hemmenden Ia-Interneuronen (Disinhibition) kann von einem zentralen Programm eingesetzt werden, wenn von einem reziproken Innervationsmuster eines Antagonistenpaares auf eine Kokontraktion der 2 Muskeln gewechselt wird.

Durch bahnende oder hemmende Effekte der absteigenden Fasern können je nach Bedarf durch das Programm Schaltkreise *„geöffnet“* oder *„geschlossen“* werden ***(„Gating“-Phänomen).*** Ferner können durch den Mechanismus der ***präsynaptischen Hemmung*** (s. Kap. 3) Effekte von primären Afferenzen unterdrückt werden.

Ein Verlust der somatischen Sensibilität hat katastrophale Folgen für motorische Leistungen

Die Frage, inwieweit der Mensch von der segmentalen sensorischen Regulation und Führung der Bewegungen abhängig ist, kann auf Grund von neurologischen Beschreibungen von Patienten mit vollständigem Verlust der taktilen und propriozeptiven Sensibilität beantwortet werden. Solche Patienten können in der Regel *kaum mehr stehen und gehen.* Wenn sie es durch intensives Training wieder lernen, erfordert jeder Schritt, jede Bewegung eine volle Konzentration und eine große mentale Anstrengung. Das Körpergleichgewicht zu bewahren ist eines der großen Probleme für den Patienten und

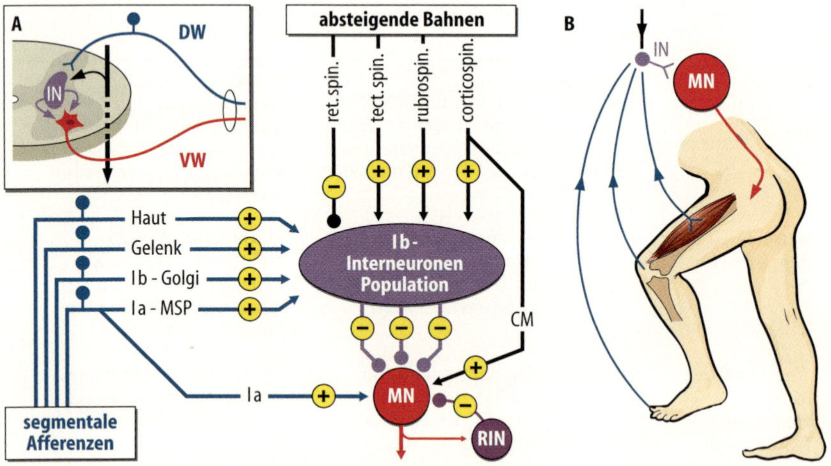

Abb. 5–10. A *Links oben* (Einsatzbild): Rückenmarkssegment mit Reflexbogen, bestehend aus sensibler Dorsalwurzel (*DW*), Interneuronenverband (*IN*) und Motoneuron mit Vorderwurzel (*VW*). Das Schema rechts zeigt die durch Konvergenz charakterisierten „Ib-Interneurone“. Diese werden neben den Ib-Afferenzen der Golgi-Sehnenorgane auch von Muskelspindel-, Gelenk- und Hautafferenzen erregt. Zudem konvergieren auch verschiedene absteigende motorische Bahnen auf diese Interneurone. Im Interneuronenverband erfolgt eine multimodale Integration von den verschiedenen Afferenzen; die absteigenden Fasersysteme haben die Aufgabe, durch Bahnung und Hemmung die für ein Programm erforderlichen Interneurone zu selektionieren. Das Ergebnis dieser komplexen Verarbeitung wird schließlich auf die „gemeinsame Endstrecke“ der Motoneurone (*MN*) übertragen. Lediglich die Ia-Fasern und die kortikomotoneuronalen (*CM*) Fasern der Pyramidenbahn haben direkte (monosynaptische) Verbindung mit den Motoneuronen; *RIN* = Renshaw-Interneuron als Element einer negativen Rückkopplung der Motoneurone. **B** Multimodaler Regelkreis, der bei einer Intentionsbewegung aktiviert wird („Motor Servo“) Zusammengestellt nach zahlreichen Daten von Lundberg, Jankowska und Mitarbeiter [24]

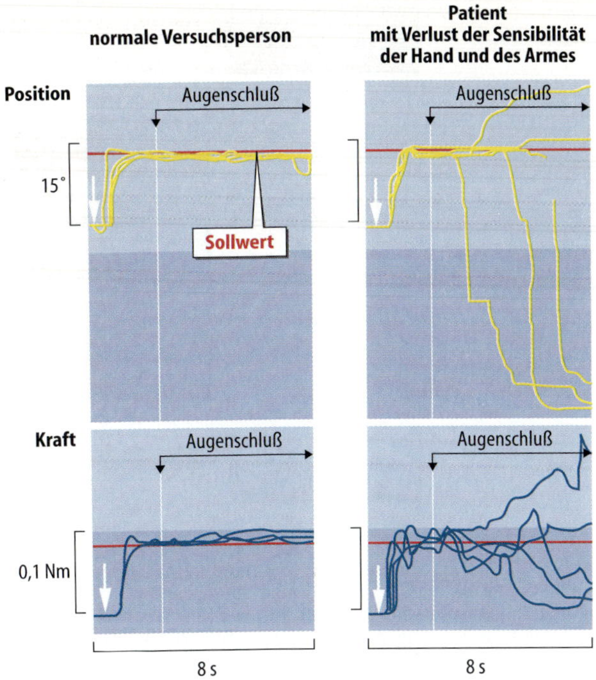

Abb. 5–11. Unstabilität der Fingerposition bei Verlust der Sensibilität und gleichzeitigem Ausschluß der visuellen Kontrolle. Eine normale Versuchsperson kann nach kurzem Üben den Daumen in 2 fixen Positionen und mit konstanter Kraft halten, auch wenn die visuelle Kontrolle fehlt. Bei einem Patienten mit fehlender sensorischer Rückmeldung aus der Hand und dem Arm beginnt kurze Zeit nach Augenschluß die Position des Daumens in beiden Richtungen unstabil zu werden; auch der Kraftaufwand kann nicht mehr konstant gehalten werden. Nach MARSDEN und Mitarbeitern [22]

ist ohne visuelle Führung kaum möglich. Die Kontrolle der Kraftdosierung und der Gliederstellung ist mangelhaft und kann nur durch den sichtbaren Effekt korrigiert werden (Abb. 5–11).

Es handelt sich um seltene Fälle von Neuropathien mit Verlust der dickeren bemarkten sensorischen Nervenfasern mit Erhaltung der Schmerz- und Temperaturempfindlichkeit und völlig intakten motorischen Fasern. Eine eindrückliche Schilderung der Lebensgeschichte eines solchen Patienten durch einen Neurologen ist in Buchform erschienen [3].

!

Äußere Störgrößen werden über eine multisensorische Rückmeldung automatisch korrigiert und soweit möglich ausgeglichen. Die Reaktionen erfolgen über spinale Reflexwege, z. T. auch über supraspinale Schleifen („long-loops"), die den Hirnstamm, das Zerebellum oder den sensomotorischen Kortex einschließen. Auf spinalem Niveau kommt hemmenden Interneuronen mit rückläufigen (oder „Feedback") Verschaltungen zu Motoneuronen (Renshaw-Hemmung) sowie Ia- und Ib-Interneuronen mit „Feedforward" Verschaltungen eine Schlüsselstellung zu bei der Regulation von Position, Kraft und dem Ausmaß der Kokontraktion antagonistischer Muskeln. Da die Interneurone unter starker supraspinaler Kontrolle stehen, kann ihre Erregbarkeit hinauf oder hinunter reguliert werden. Über den präsynaptischen Hemm-Mechanismus können zudem die einzelnen sensorischen Eingänge zu Gunsten von anderen Eingängen unterdrückt werden. Der Einsatz der Interneurone geschieht in Abhängigkeit des momentanen motorischen Programmes.

Pathologische Fälle von somatosensorischer Deafferenzierung unterstreichen die immense Bedeutung der somatosensorischen Führung und Kontrolle für die Stütz- und Zielmotorik, die normalerweise spielend und ohne große mentale Anstrengung „von selbst", auch in der Dunkelheit, ablaufen. Für die Automatik eingeschliffener Motorik scheint die Körpersensibilität noch wichtiger zu sein als der Gesichtssinn.

5.5 Zielbewegungen des Armes und Greifen

Zielgerichtetes Greifen ist ein visuomotorischer Akt mit kognitiver Komponente

Der Arm hat eine außerordentliche Beweglichkeit mit vielen Freiheitsgraden, wobei die Hand auch die Funktion eines eigentlichen Sinnesorganes übernimmt. Das Wort *„Begreifen"* sagt uns, daß der motorische Akt eng mit dem Erwerb von Kenntnis über die Beschaffenheit der Dinge gekoppelt ist, die wir in die Hand nehmen und betasten. Die Handfertigkeit ist eine sensomotorische und eine kognitive Leistung. Dem Greifakt geht häufig die visuelle Erfassung des Objektes voraus, wobei durch Augen-, Kopf- und Rumpfbewegungen eine visuelle Fixierung des Gegenstandes auf den fovealen Anteil der Retina zustande kommt (s. Kap. 11); die Foveisierung ihrerseits löst die gezielte Arm- und Handbewegung zum Objekt aus. Schon vor der Berührung beginnen die Hand- und Fingerstellung sich optimal auf den zu greifenden Gegenstand anzupassen. Diese ***Vororientierung*** der Hand mit Öffnung der Finger *(„Shaping")* richtet sich nach der Lage, Größe und Form des Objektes.

Man unterscheidet eine ganze Reihe von typischen Griffarten mit zwei grundsätzlich verschiedenen Grundformen, dem ***Kraftgriff*** und dem ***Präzisionsgriff*** (Abb. 5–12). Durch Opposition von Daumen und Zeigefinger wird der Präzisionsgriff für delikate Arbeiten mit kleinen Objekten und feinen Instrumenten eingesetzt.

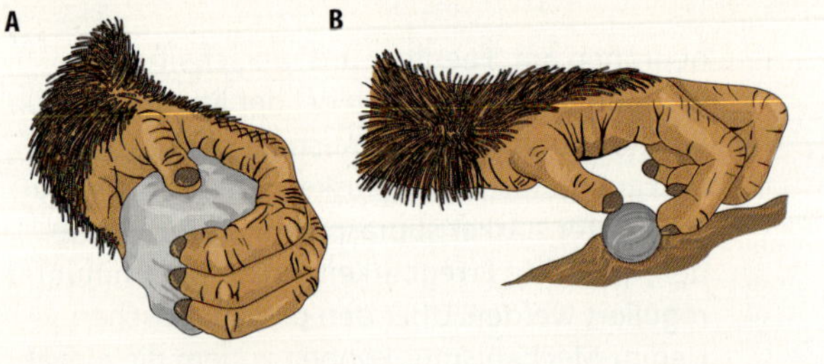

Abb. 5–12. A Kraftgriff mit globalem Fingerschluß, **B** Präzisionsgriff mit Opposition von Daumen und Zeigefinger. Der Präzisionsgriff entwickelt sich bei Affen parallel mit dem monosynaptischen kortikomotoneuronalen System der Pyramidenbahn. Zeichnungen von Boesch und Boesch nach Filmaufnahmen von frei lebenden Schimpansen (in: H. Preuschoft und D. J. Chivers (Hrs.): Hands of Primates, Springer (Wien), 1993)

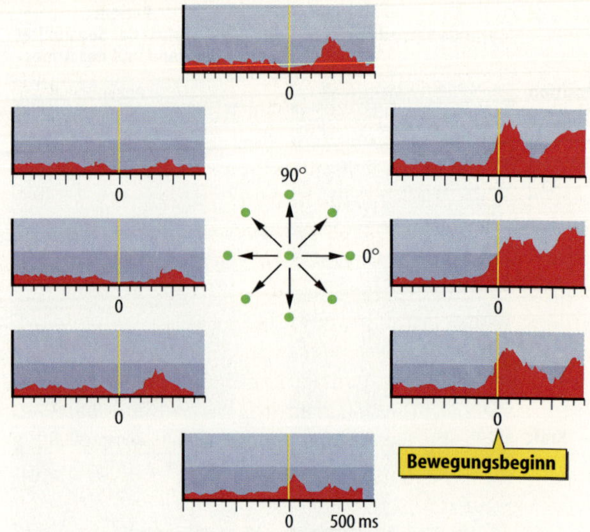

Abb. 5–13. Aktivitätsmuster des M. deltoides (rektifiziertes und gemitteltes Elektromyogramm) von einem Affen, der mit Futterbelohnung trainiert wurde, die Hand von einer zentralen Startposition in 8 verschiedene Richtungen (*Pfeile*) durchzuführen. Eine Modulation des EMG dieses Schultermuskels ist für jede Bewegungsrichtung der Armsynergie zu beobachten, wobei das Ausmaß und das Muster sich ändern. Nach Georgopoulos und Mitarbeitern (in: G. M. Edelman, W. E. Gall, W. M. Cowan (Hrs.): Dynamic Aspects of Neocortical Function, Wiley, 1984)

Entstehen des Bewegungsprogramms beim Greifen. Die Objekterfassung geschieht zunächst im visuellen Bezugssystem. Für die Umsetzung des visuell identifizierten Objektes in das motorische Programm muß deshalb eine *„Übersetzung" vom retinalen in das körperbezogene oder „egozentrische" Koordinatensystem* erfolgen. Bei nichtstationären Objekten muß in der Bewegungsplanung noch die Objektverschiebung bis zum Handkontakt vom Gehirn erfaßt und miteinbezogen werden: eine fast unvorstellbare Leistung des relativ langsam arbeitenden ZNS, die wir erstaunlicherweise meist problemlos meistern! Die Vororientierung der Hand- und Fingerstellung muß ebenfalls von der visuellen „Sprache" in das motorische Programm eingebaut werden. Schließlich muß beim Ergreifen des Gegenstandes die Kraftdosierung genau dem Gewicht und der Oberflächenbeschaffenheit angepaßt sein.

Trotz der evidenten Komplexität und Variabilität der Ziel- und Greifbewegungen läßt sich eine Reihe von Gesetzmäßigkeiten der Durchführung erkennen. *Diese Regeln können bei bestimmten Schädigungen spezifischer Strukturen im Gehirn zusammenbrechen.* Anderseits sieht man, daß sich die Gesetzmäßigkeiten in der frühkindlichen Entwicklung parallel mit der Gehirnreife ausbilden [9,13].

Kenntnisse über die Regeln der Bewegungsmechanik vermitteln Einblicke in neuronale Kontrollmechanismen

Handtrajektoren im Fühlraum. Bei Bewegungen im Schultergelenk mit gestrecktem Arm können wir in Armlänge einen etwa hemisphärischen Raum vor uns erfaßen (Ende des 19. Jhdt. von LOEB als ***„Fühlraum"*** bezeichnet). Zielbewegungen der Hand von einer Position zur anderen verändern meistens den Winkel des Ellenbogens und des Handgelenkes, und zwar so, daß die Bewegungsspur *geradlinig oder nur leicht geschwungen* verläuft.

Der Synergiebegriff. Bei solchen „einfachen" Armbewegungen werden nur selten einzelne Muskeln aktiviert; vielmehr wird eine ganze Reihe von Muskeln zu einer funktionellen Synergie orchestriert, wobei die einzelnen Muskeln in wechselnder Konstellation und zeitlicher Folge in ihrer Aktivität moduliert werden. Anderseits wird ein einzelner Muskel für viele Bewegungsrichtungen eingesetzt, wobei die Amplitude und das Profil der Aktivität je nach der Bewegungsrichtung modifiziert wird (Abb. 5–13).

!

Zielgerichtetes Greifen schließt eine kognitive Leistung ein: erst nach Lokalisation und Erkennen des Objektes kann die zielgerichtete Bewegung und der Greifakt eingeleitet werden. Der adäquate Griff richtet sich nach Größe, Gewicht und Form des Objektes: Kraftgriff für schwere und größere Objekte, Präzisionsgriff für delikate, kleine Gegenstände und Instrumente.

Das Ensemble der aktivierten Muskeln, d. h. eine Synergie, erzeugt die Kraft, welche die Hand gegen die Schwer- und Trägheitskräfte mit der gewünschten Geschwindigkeit, Richtung und Distanz in die neue Position bringt. Die höheren motorischen Zentren liefern nur die Zielvorgabe. Durch die automatischen sensomotorischen Regulationsmechanismen wird die Hand durch Approximation und Vergleich zum Ziel geführt. Tatsächlich verbessert sich während vieler Wiederholungen eine Zielbewegung progressiv. Das motorische Lernen durch Iteration der Bewegung ist in der kindlichen Entwicklung besonders eindrucksvoll.

Eine gezielte Handbewegung erfolgt mit variablen Bewegungsspuren, wobei die Zielgenauigkeit negativ mit der Geschwindigkeit korreliert

Zielinvarianz und motorische Äquivalenz. Ein weiteres Argument für die Zielvorgabe durch das ZNS (ohne detaillierte Vorschrift für die beteiligten Elemente) ist die Tatsache, daß die Variabilität im Erreichen des Zieles geringer ist als die Variabilität der einzelnen Trajektoren. Es ist auch bekannt, daß die Individualität der Schriftzüge sich nur unwesentlich verändert, wenn wir mit Fingerbewegungen oder mehr mit der ganzen Hand oder sogar mit dem ganzen Arm schreiben. In jedem Fall sind die beteiligten Effektoren verschieden, das Ziel – die Schrift des Wortes oder Satzes mit seinem semantischen Inhalt – bleibt gleich. Dieses Phänomen wird als „Prinzip der motorischen Äquivalenz" bezeichnet. Das Prinzip offenbart sich auch in der motorischen Restitution nach Schädigung von motorischen Zentren: Fallen infolge Lähmung einzelne Effektoren aus, kann durch Üben eine motorische Aufgabe (das Ziel) wieder gelernt werden, indem von den noch intakten Zentren andere Effektoren eingesetzt werden. Wenn z.B die Handmotilität nach einem Schlaganfall gestört ist, kann das Schreiben wieder gelernt werden, indem mehr proximale Muskeln eingesetzt werden.

Geschwindigkeit und Präzision der Zielbewegung. Die relativ schnellen, durch einen „Kraftpuls" generierten Armbewegungen haben typischerweise ein *glockenförmiges Geschwindigkeitsprofil.* Je schneller die Armbewegung erfolgt, desto ungenauer ist die Treffsicherheit. Diese einleuchtende Regel einer Abhängigkeit der Zielgenauigkeit von der Geschwindigkeit wurde von Fitts formal analysiert und wurde als allgemeines Prinzip für viele Bewegungsarten bestätigt. Wenn eine präzise Handbewegung zu einem Objekt erfolgt mit der Absicht, dieses zu ergreifen, weicht das Geschwindigkeitsprofil im Endteil von der symmetrischen Glockenform ab. Die Bewegung wird gegen das Ziel hin mehr abgebremst als bei einer Armbewegung, die unpräzise und ohne Ergreifen eines Objektes erfolgt. In dieser „langsamen Phase" nahe beim Ziel erfolgt auch die Vororientierung und präzise Handöffnung (Abb. 5–14). Offensichtlich ist die visuelle und/oder propriozeptive Führung für das präzise Zielen wichtig. Die unterschiedliche Kontrolle der schnellen Phase und der langsamen Zielphase zeigt sich bei Patienten mit zerebellären Läsionen, bei denen vorwiegend die Zielphase gestört ist.

Die hohe Sensibilität der Hand ist für die Greiffunktion unentbehrlich

Aktives Tasten. Bei jeder Einwirkung auf die unmittelbare Umgebung mit der Hand wird unweigerlich eine Mannigfaltigkeit von Mechano- und Temperaturrezeptoren erregt. Die Rezeptorendichte der Hand ist sehr hoch; für die kutane Sensibilität ist das „Fingerspitzengefühl" sprichwörtlich; die kleinen Handmuskeln sind besonders reichlich mit Muskelspindeln versorgt. Die reiche Versorgung der Hand mit Sensoren macht die Hand zu einem Sinnesorgan, das der bewußten, aktiven Exploration von Form, Gewicht, Oberfläche und Temperatur eines Objektes dient.

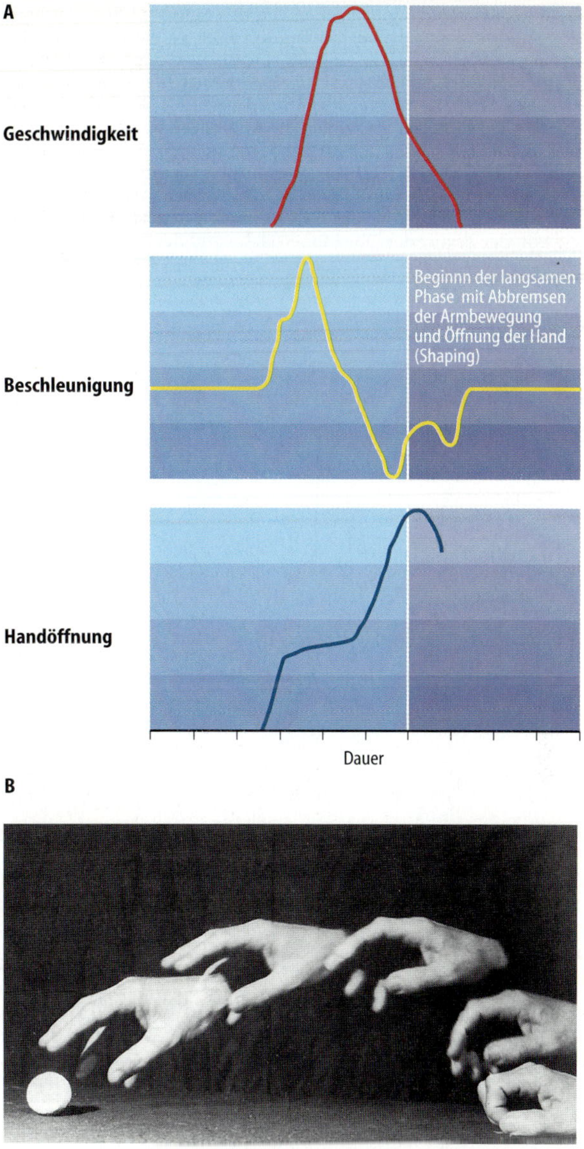

Abb. 5–14. Transportphase und Formierung des Griffes bei einer gezielten Greifbewegung der Hand. **A** Die 2 Phasen der Bewegung sind im Geschwindigkeitsprofil und besonders gut im Beschleunigungsprofil zu erkennen; der Übergang ist mit der *weißen Vertikalen* markiert. Die langsame Phase kurz vor dem Ziel ist durch einen kleinen negativen Beschleunigungsgipfel gekennzeichnet. **B** Die Handöffnung erfährt eine dem Objekt angepaßte Feineinstellung. Nach Jeannerod, in [13, 15]

Unbewußte Griffkorrekturen. Bei plötzlichen Änderungen der Last oder der Haftung zwischen der Haut und der Objektoberfläche sind schnelle Korrekturen in der Greifkraft erforderlich. Die dazu notwendigen Signale gehen von den Sensoren der Haut und der Handmuskeln aus. Mit feinen Mikroelektroden, die vorsichtig in einen peripheren Nerv eingeführt werden, gelingt es auch beim Menschen, diese Signale von Afferenzen einzelner Sinnesrezeptoren abzuleiten (Methode der *Mikroneurografie*, s. auch Kap. 11 und 12). Mit dieser Methode konnten die Afferenzen von langsam, mittelschnell und schnell adaptierenden Sensoren der Haut sowie Spindel- und Golgiafferenzen des Muskels identifiziert und ihre Rolle bei motorischen Aufgaben geprüft werden. Als unabhängige Variable wurde die Rolle des Gewichtes und der Reibung (abhängig von der Textur der Objektoberfläche und der Feuchtigkeit der Haut) geprüft. Als abhängige Variable wurde die Kraft gemessen, die zwischen Zeigefinger und Daumen beim Präzisionsgriff entwickelt wird [11].

Dynamische, ultrarasch adaptierende Pacini-Sensoren reagieren auf winzige Rutschbewegungen („*microslips*") des Objektes gegenüber der Hand. Solche *microslips* treten häufig unbemerkt auf, wenn z. B. die Handfeuchtigkeit zunimmt oder wenn das Gewicht sich ändert, wie z. B. beim Füllen eines in der Hand gehaltenen Glases. Als Folge der Entladungssalve dieser Sensoren verstärkt

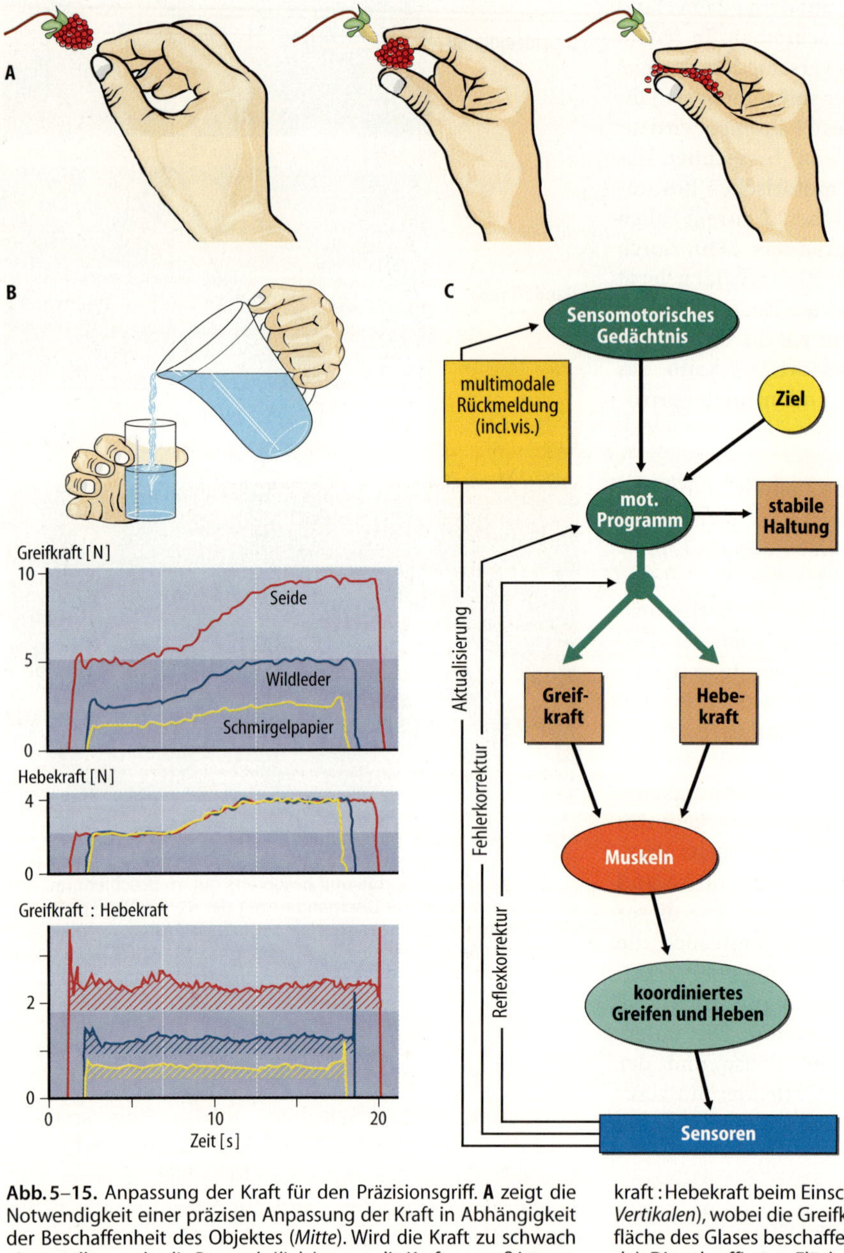

Abb. 5–15. Anpassung der Kraft für den Präzisionsgriff. **A** zeigt die Notwendigkeit einer präzisen Anpassung der Kraft in Abhängigkeit der Beschaffenheit des Objektes (*Mitte*). Wird die Kraft zu schwach eingestellt, rutscht die Beere ab (*links*); wenn die Kraft zu groß ist, zerdrückt man die Beere (*rechts*). **B** Die Griffkraft für das Halten des Glases muß fortlaufend dem Füllungsgrad des Glases angepaßt werden. Die quantitative Untersuchung dieser natürlichen bimanuellen Aufgabe bestätigt die präzise Koordination der Griffkraft, die parallel mit der Belastung ansteigt (und damit entsprechend der Hebekraft der Armbeuger). Wie die *unteren Kurven* zeigen, bleibt das Verhältnis Greifkraft : Hebekraft beim Einschenken stabil (markiert durch die beiden *Vertikalen*), wobei die Greifkraft um so größer ist, je glätter die Oberfläche des Glases beschaffen ist (Schmirgelpapier < Wildleder < Seide). Die schraffierten Flächen entsprechen der *Sicherheitsmarge*, die für eine bestimmte Reibung zwischen Hand und Glas notwendig ist, damit das Glas nicht abrutscht. **C** Schema der sensomotorischen Regulation und Koordination der Greifkraft und Hebekraft. Diese Kontrolle hängt stark von der Handsensibilität ab. Untersuchungen von Westling, Johansson und Gordon, in [11]

sich der Griff reflektorisch. Phasische Anpassungen des Griffes, z.B. bei plötzlicher Belastung, haben eine typische Latenzzeit von etwa 60 ms oder mehr. Bei diesen relativ spät auftretenden Reaktionen handelt es sich nicht um spinale Dehnungsreflexe, sondern um komplexere, polysynaptische Reaktionen, die möglicherweise auch supraspinale Strukturen einschließen.

Langsam adaptierende Sensoren geben eine tonische Rückmeldung und tragen zur tonischen Einstellung der Greifkraft bei. Daß die präzise Dosierung der Greifkraft in Funktion der Oberflächenbeschaffenheit und des Gewichtes des Objektes entscheidend von der Handsensibilität abhängig ist, zeigt die reversible Ausschaltung der Hautsensibilität des Daumens und Zeigefingers: Die Kraft beim Präzisionsgriff wird zu hoch eingestellt, eine wechselnde Last oder eine sich ändernde Friktion kann nicht mehr automatisch durch Erhöhung der Greifkraft kompensiert werden. Auch beim Anheben und Abstellen eines Gegenstandes werden die durch die Beschleunigung und die Schwerkraft verursachten Kräfte nicht mehr durch Kraftänderungen des Griffes kompensiert, so daß der Gegenstand abrutschen kann.

Einstellen der Greifkraft. Die experimentellen Daten sind relevant für zahlreiche Handlungen des Alltags. Die Abb. 5–15 demonstriert an zwei Beispielen die Notwendigkeit einer präzisen Einstellung der Greifkraft: Wenn beim Beerenpflücken (*A*) die Greifkraft zu hoch dosiert wird, zerdrückt man die Beere, wenn sie zu niedrig ist, entgleitet die Beere. Das Beispiel ***B*** illustriert, wie die Greifkraft (welche die Handmuskeln beansprucht) und die Haltekraft (die durch die Armbeuger ausgeübt wird) bei zunehmendem Gewicht durch das Füllen des Glases parallel ansteigen. In diesem Versuch wird zudem die adäquate Adaptation der Greifkraft an die wechselnden Reibungsverhältnisse illustriert. Der von Cole [3] beschriebene Patient mit völligem Verlust der taktilen und propriozeptiven Sensibilität kann unmöglich Kaffee aus einem Plastikbecher trinken, weil er die Greifkraft nicht an die Weichheit des Gegenstandes anpassen kann.

Das Ergreifen und Anheben einer Last erfolgt als einheitliche, koordinierte Synergie

Wenn das Objekt mit dem Präzisionsgriff von seiner Unterlage leicht angehoben wird, erhöht sich die Kraft des Präzisionsgriffes antizipatorisch und gleichzeitig mit der Hebekraft, die der Arm entwickelt, um die Schwerkraft zu überwinden (Abb. 5–15C). In einer dynamischen Situation, d.h. wenn der Gegenstand über eine gewisse Distanz verschoben wird, müssen auch die Trägheitskräfte überwunden werden. Beim abrupten Abbremsen muß der Griff ebenfalls erhöht werden, wenn man verhindern will, daß der Gegenstand aus der Hand rutscht und weiterfliegt.

Die antizipatorische und präzise Einstellung der Greifkraft beruht auf Erfahrung des gesehenen Gegenstandes, d.h. wir erwerben ein ***sensomotorisches Gedächtnis.*** Erst wenn durch zusätzliche Belastung oder durch Änderung der Friktion (z.B. durch Schwitzen) die Greifkraft ungenügend wird, muß diese den neuen Verhältnissen angepaßt werden. Dies geschieht nicht bewußt, sondern reflektorisch über die sensorischen Meldungen.

!

Invariantes Erreichen des Zieles mit variablen Trajektoren ist typisch für die Zielmotorik; man nennt dies auch das Prinzip der motorischen Äquivalenz. Es besagt, daß das gleiche Ziel mit verschiedenen Effektoren erreicht werden kann. Schnelle Armbewegungen haben ein glockenförmiges Geschwindigkeitsprofil. Wenn die Bewegung mit der Absicht erfolgt, ein kleines Objekt mit Präzision zu ergreifen, wird das Geschwindigkeitsprofil asymmetrisch mit einer stärkeren Abbremsung in der Endphase und einer Vororientierung der Hand. Die Treffgenauigkeit geht auf Kosten der Geschwindigkeit (Prinzip von Fitts); d.h. man muß eine Priorität festlegen: Geschwindigkeit oder Präzision! Die Anpassung der Greifkraft an die Last und die Haftung erfolgt zu einem großen Teil *proaktiv* und auf Grund des sensomotorischen Gedächtnisses. Unterstützt wird diese Anpassung durch sensorische Rückmeldung bei Änderungen der Reibung oder der Last; *reaktive Korrekturen* erfolgen über polysynaptische Funktionskreise.

Die Bewegungsrichtung einer Armbewegung wird durch eine Population von Neuronen des motorischen Kortex kodiert

Bei gezielten Armbewegungen verändert sich die Aktivität einer größeren Population von Neuronen im *„Armareal"* der motorischen Hirnrinde; diese beginnt etwa 100–200 ms vor Bewegungsbeginn und klingt während der Bewegung wieder ab.

Konzept eines Populationsvektors. In der Abb. 5–16 ist für jede der 8 Bewegungsrichtungen die Aktivität der Gesamtpopulation berücksichtigt. Jedes Neuron, dessen Aktivität registriert wurde, ist mit einem Vektor repräsentiert, dessen *Richtung der Vorzugsrichtung der Einzelzelle und die Länge des Vektors der Gewichtung der Entladungsintensität bei der betreffenden Bewegungsrichtung entspricht.* Die Resultante aller Einzelzellvektoren ergibt den ***Populationsvektor*** für jede der 8 geprüften Richtungen. Wie aus der Abbildung ersichtlich, stimmt der Populationsvektor recht gut mit der tatsächlich erfolgten Bewegungsrichtung überein. Da die kortikale Aktivität der Bewegung vorausgeht, kann man ebenfalls schließen, daß der Populationsvektor prädiktive Bedeutung für die Richtung der folgenden Bewegungsausführung hat.

Lokalisation. Die „Armneurone" sind in einem relativ großen Gebiet des kortikalen Armareales verteilt. Dies ist von neurologischem Interesse, denn das bedeutet, daß Schädigungen von einzelnen Zellen keine bemerkbaren Folgen nach sich ziehen, und daß erst massive Schädigung mit Untergang von sehr vielen Neuronen die Funktion beeinträchtigt.

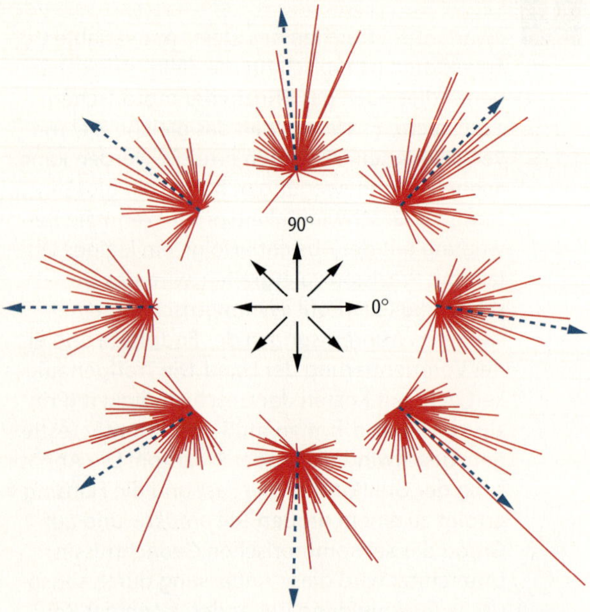

Abb. 5–16. Die Entladungsrate von über 200 Neuronen des Armareals im primären motorischen Kortex MI wurde registriert, während der trainierte Affe sukzessive mit der Hand die 8 im Zentrum gezeigten Bewegungen ausführte, wobei 2 Parameter für jedes Neuron bestimmt wurden: 1. Vorzugsrichtung (höchste Entladungsrate) und 2. Entladungsrate bei jeder der 8 getesteten Bewegungsrichtungen. Mit diesen Größen wurden Vektoren für jedes Neuron und für jede Bewegungsrichtung eingetragen (Länge proportionel zur Entladungsfrequenz, Winkel = Vorzugsrichtung). Die lineare Vektorsumme ergibt den Populationsvektor (*gestrichelter dicker Pfeil*). Diese Populationsvektoren stimmen ziemlich gut mit den durchgeführten Bewegungsrichtungen überein. Aus Georgopoulos und Mitarbeitern, in [27]

Die Hand ist in den sensomotorischen Kortexarealen sehr stark repräsentiert und die Kontrolle erfolgt über die Pyramidenbahn

Die menschliche Hand besteht aus 24 Knochen, 18 kleinen und 15 langen Handmuskeln (mit Einschluß der Supinatoren und Pronatoren). Entsprechend den sehr vielen Freiheitsgraden, die aus den 16 Gelenken entstehen, gibt es auch eine mächtige, im Vergleich zu den anderen Abschnitten der Extremitäten und des Rumpfes überproportionale Repräsentation der Hand im primär-motorischen Kortex MI (s. „Homunculus" der Abb. 5–1) [15,18]. Daneben hat man bis heute 4 weitere motorische Areale entdeckt, deren Neuronenaktivität mit Handbewegungen korreliert. Die Situation ist vergleichbar mit der sehr starken Repäsentation der fovealen Anteile der Retina im visuellen Kortex.

Das kortikomotoneuronale System (CM-System). Ein Teil der Pyramidenbahnfasern aus dem Areal MI ist mit den Motoneuronen direkt, d. h. monosynaptisch verbunden. Das CM-System entwickelt sich bei den Primaten und findet die höchste Entfaltung beim Menschen. Relativ niedrige Affen, wie die südamerikanischen Krallenäffchen haben kein CM-System, und diese Verbindungen etablieren sich auch relativ spät in der Ontogenese des Menschen. Da weder neugeborene Menschen noch adulte Krallenäffchen, über einen Präzisionsgriff verfügen, nimmt man an, daß das CM-System eine Voraussetzung für den Präzisionsgriff und für die Handgeschicklichkeit überhaupt ist. Dafür spricht auch die Tatsache, daß die Motoneurone der Handmuskeln besonders viele monosynaptische Verbindungen von CM-Fasern als auch von Ia-Spindelafferenzen erhalten (Abb. 5–17C).

Läsionsfolgen für die Greiffunktion. Bei experimenteller Durchtrennung der Pyramidenbahn des Affen manifestiert sich die motorische Störung vorwiegend am *Verlust der Handgeschicklichkeit.* Die Abb. 5–17A,B zeigt den ***Verlust des Präzisionsgriffes:*** Futterstücke können nur noch mit dem ***Massengriff*** (gemeinsamer Fingerschluß) aus den größeren Vertiefungen des Futterbrettes entnommen werden. Der Verlust der Feinmotorik zeigt sich also im Unvermögen, relativ unabhängige Fingerbewegungen durchzuführen. Die Bewegungen sind allgemein verlangsamt, und die Mobilisierung der Kraft beim Greifen ist verzögert.

Fälle mit *isolierter* Schädigung der Pyramidenbahn beim Menschen sind außerordentlich selten, und bei einem Hirnschlag be-

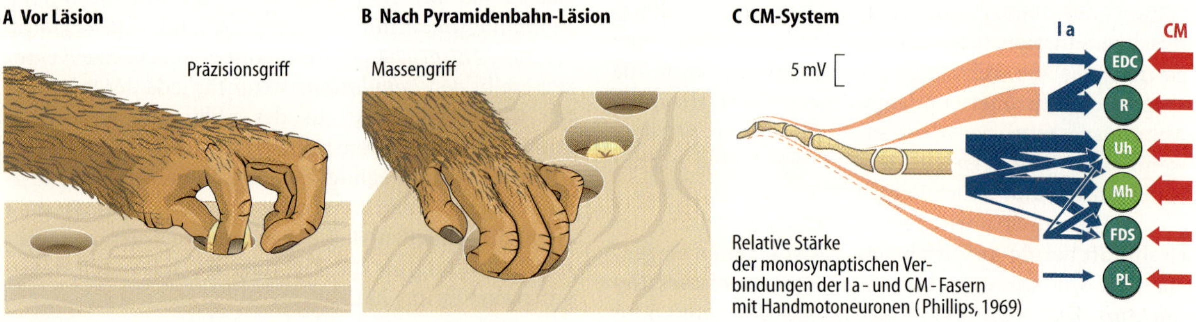

Abb. 5–17. A Kleine Futterstücke werden beim Affen mit intakter Pyramidenbahn mit dem Präzisionsgriff aus kleinen Vertiefungen herausgeholt. **B** Nach Pyramidotomie kann der Affe Futterstücke nur aus größeren Vertiefungen und mit einem globalen Fingerschluß ergreifen. **C** Die Motoneurone der distalen Muskeln des Primaten sind besonders reich mit monosynaptischen Verbindungen von Ia-Muskelspindelafferenzen (*blaue Pfeile von links nach rechts*) und Pyramidenbahnfasern (*rote Pfeile von rechts nach links*) versorgt. Die relative Stärke der Verbindungen ist anhand der Pfeildicke angegeben. *EDC, R, FDS, PL* = Motoneurone von langen Finger- und Handgelenksmuskeln; *Uh, Mh* = Motoneurone der vom N. ulnaris und N. medianus versorgten kleinen Handmuskeln. Nach [15]

steht häufig eine Ungewißheit über die geschädigten Bahnen beim Vorliegen einer Motilitätsstörung der Hand. Die Handgeschicklichkeit kann auch bei Läsionen im parietalen Assoziationskortex stark gestört sein.

Die neurale Kontrolle für gezielte Arm- und Greifbewegungen ist ein distributives System

Handkorrelierte Neurone. Rückschlüsse über die Funktion können nicht nur aus den Läsionsfolgen gemacht werden. Populationen von Neuronen im Handareal der motorischen Hirnrinde ändern ihre Aktivität mit Handbewegungen. Dabei sind viele dieser Neurone an der Graduierung der Greifkraft beteiligt. Bezeichnenderweise ist die ***Aktivität von CM-Neuronen*** viel stärker mit dem ***Präzisionsgriff*** als mit dem Massengriff korreliert (Abb. 5–18). Aktivität, die mit Handbewegungen korreliert, wurde in *multiplen Arealen des frontalen und parietalen Kortex* beobachtet. Zusätzlich sind noch subkortikale Strukturen an der Kontrolle der Handfunktion beteiligt: die *Basalganglien*, das *Zerebellum* und weitere *subkortikale motorische Kerne*.

Neuronale Aktivität der Kleinhirnrinde und der Kleinhirnkerne kann einerseits mit der Greifkraft, häufig auch mit Änderungen der Oberflächenbeschaffenheit des Objektes korreliert sein. Das Zerebellum scheint somit eine wichtige Rolle zu spielen bei der Anpassung der Greifkraft an die momentanen Bedürfnisse, z. B. wenn ein Hund plötzlich an der Leine zu ziehen beginnt. Aktivität in den Basalganglien kann ebenfalls mit der Hand-Motilität gekoppelt sein. Über die funktionelle Implikation ist jedoch nichts sicheres bekannt.

Funktionsausfälle bei Läsionen im Zerebellum und den Basalganglien. Solche Läsionen können Arm- und Handbewegungen beeinträchtigen. Zerebelläre Läsionen führen zu einer *Fehlleistung in der „Parametrisierung“* von Zielbewegungen, v. a. ist die Zielgenauigkeit schlechter, indem Patienten am Objekt vorbeigreifen und häufig auch über das Ziel schießen; man bezeichnet dies als ***Dysmetrie*** und ***Hypermetrie.*** Wenn man einen solchen Patienten auffordert, mit geschloßenen Augen auf die Nase zu zeigen, wird diese typischerweise nicht getroffen. Wenn sich der Zeigefinger dem Ziel nähert, beginnt der ganze Arm zu oszillieren (sog. *Intentionstremor*). Armbewegungen können auch nicht rasch und präzise abgebremst werden. Rasche Richtungswechsel der Bewegungen sind für den Patienten schwierig und es treten Unregelmäßigkeiten in der Bewegungsspur auf, wenn er aufgefordert wird, den Arm schnell und rhythmisch zu pronieren und zu supinieren. Das klinische Zeichen nennt man ***Adiadochokinese.***

Bei der häufigsten ***Erkrankung der Basalganglien,*** dem Morbus Parkinson, sind die Handbewegungen verlangsamt, die Distanz wird zu kurz programmiert *(Hypometrie)* und die Handgeschicklichkeit ist als ganzes beeinträchtigt. Feine Bewegungen mit dem *Präzisionsgriff* sind häufig nicht mehr möglich und die *Greifkraft* wird zu niedrig eingestellt und ist kaum mehr modulierbar.

> **!** Korrektes Greifen und Manipulieren von Gegenständen beansprucht eine zentralnervöse Kontrolle, die sich auf multiple Areale der sensomotorischen Hirnrinde sowie auch auf die Basalganglien und das Zerebellum erstreckt. Gezielte Bewegungen des Armes beruhen auf einer richtungsspezifischen Kodierung durch eine verteilte Neuronenpopulation der motorischen Hirnrinde. Der Greifakt und die Manipulation von Objekten erfordert eine besonders mächtige Kontrolle durch den primär-motorischen Kortex und den parietalen Assoziationskortex. Für den Präzisionsgriff ist eine intakte Pyramidenbahn mit ihren CM-Verbindungen erforderlich.

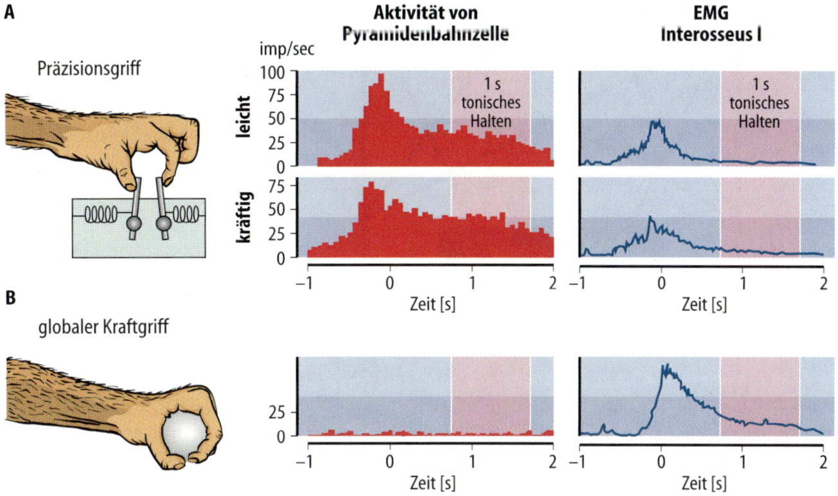

Abb. 5–18. Unterschiedliche Implikation einer Pyramidenbahnzelle bei der Ausführung eines Präzisionsgriffes (**A**) und eines Kraftgriffes mit globalem Fingerschluß (**B**). Die 2 Histogramme links (rot, **A**) zeigen die intensive Aktivierung der Zelle bei einer schwachen (oben) und einer starken (unten) Präzisionsbewegung. Rechts sind die entsprechenden Aktivitätsmuster im EMG des Interosseusmuskel aufgezeichnet (*blaue Kurven*). In **B** fehlt die Aktivierung der Pyramidenbahnzelle, obwohl der kräftige Massengriff den Interosseusmuskel noch mehr aktiviert als beim Präzisionsgriff. Nach Lemon und Mitarbeiter, in [16].

5.6 Funktionelle Organisation der motorischen Rindenfelder

Die absteigenden Befehlssignale aus dem primär- motorischen Kortex (MI) werden durch Zuflüße von 3 Neuronenkategorien bestimmt

Die Abb. 5–19 zeigt schematisch die 3 Haupteingänge [2,16,18]:

1) **Thalamokortikaler Eingang.** *Der motorische Thalamus* im ventrolateralen Kernkomplex hat eine erregende Wirkung auf den motorischen Kortex. Einzelne thalamokortikale Neurone nehmen divergierende Verbindungen auf mit einer Population von kortikalen Neuronen, die in einem rostrokaudalen Streifen angeordnet sind. Sie übermitteln bereits integrierte Information aus dem *Zerebellum* und den *Basalganglien.* In geringerem Ausmaß haben auch *somatosensorische Signale* aus dem Rückenmark einen transthalamischen Zugang zum motorischen Kortex.

2) **Kortikokortikale Eingänge.** Dies ist der zahlenmäßig größte Anteil an Afferenzen zum motorischen Kortex; sie endigen in scharf abgegrenzten Säulen von ca. 1 mm Durchmesser, die in *funktionell einheitliche Module* organisiert sind. Diese Module sind gekoppelt mit Modulen von somatosensorischen und sekundär-motorischen Kortexarealen.

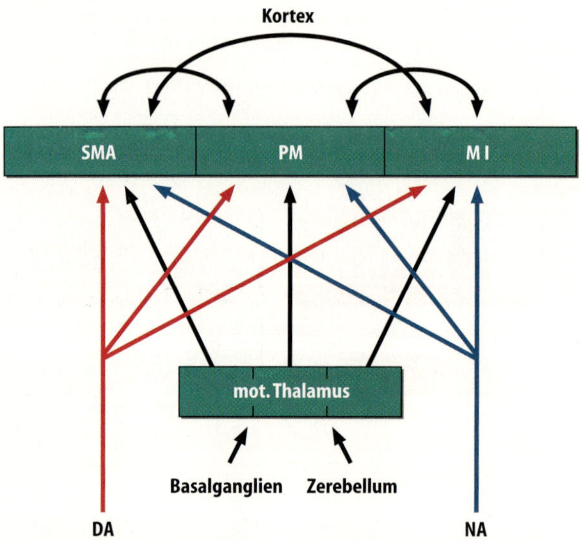

Abb. 5–19. Schema der Zuflüsse zum primären motorischen Kortex (*MI*), zum prämotorischen Kortex (*PM*) und zum supplementär-motorischen Areal (*SMA*). Aufsteigende Afferenzen entspringen den motorischen Kernen des Thalamus, die ihrerseits von den Basalganglien (*BG*) und dem Zerebellum gespeist werden. Aufsteigende extrathalamische Fasersysteme, die sich im Kortex stark aufzweigen betreffen v. a. noradrenerge (*NA*) und dopaminerge (*DA*) Modulatoren. Die motorischen Kortexareale sind reziprok untereinander verbunden

3) **Aufsteigende, extrathalamische Fasersysteme.** Sie sind durch eine massive kollaterale Divergenz im kortikalen Endigungsgebiet charakterisiert. Dies ist im frappanten Gegensatz zur streng topologischen Relation der obigen zwei Faserysteme. Das motorische Kortexareral ist besonders dicht mit *noradrenergen Fasern* aus dem *Locus coeruleus* und *dopaminergen Fasern* aus der *Substantia nigra* und anderen *dopaminergen Kernen des Hirnstammes* versorgt. Diese aminergen Neurone üben eine modulierende Wirkung auf die synaptische Übertragung aus.

Wie diese Zuflüße konkret das *„Befehlsmuster"* generieren, ist nicht bekannt. Man muß sich jedoch vorstellen, daß bei jeder Bewegungsinitiierung eine Vielfalt von diskreten thalamisch und kortikal induzierten Erregungen, in stets wechselnder Konstellation, der Bewegung um etwa 100 ms vorausgeht.

Die Ausgänge des motorischen Kortex aktivieren über divergente Verschaltungen zahlreiche kortikale und subkortikale Strukturen

Feinorganisation von MI. Der „Output" aus dem motorischen Kortex bietet beim Primaten ein komplexes Bild: Nur ein relativ kleiner Bruchteil der Ausgangsneurone ist nämlich direkt oder indirekt (via motorische Zentren im Hirnstamm) mit dem Rückenmark verbunden; der größte Teil projiziert zu anderen kortikalen Arealen (somatosensorische und sekundär-motorische) sowie zum Thalamus, zum Corpus striatum und zu den Ponskernen (um nur die wichtigsten Zielstrukturen zu nennen).

Die Signale beinhalten eine Kopie des motorischen Befehls, d. h. eine *„Efferenzkopie".* Ihre Bedeutung liegt wahrscheinlich in der Optimierung der motorischen Ausführung, und zwar in Anpassung an das motorische Gedächtnis und an die momentane äußere Konstellation. Interessanterweise haben sich die anatomischen Verbindungen zu den oben genannten supraspinalen Strukturen beim Menschen besonders stark entwickelt. Bildlich gesprochen werden bei jeder „Befehlsausgabe" eine Vielfalt von diskreten Erregungsherden in den kortikalen und subkortikalen Strukturen „aufleuchten".

Intrakortikale Mikrostimulation. Mit einer Stromstärke von nur 10 µA kann man in einem Kortexvolumen von 90 µm Radius etwa 30 Neurone künstlich erregen. Solche minimalen Erregungszonen, die sogenannten ***efferenten Mikrozonen,*** können wenige motorische Einheiten eines Muskels oder eng benachbarter Muskeln aktivieren. Praktisch identische Antworten können von mehreren, z. T. weit auseinander liegenden, efferenten Mikrozonen ausgelöst werden. Dazwischen liegen wiederum andere efferente Mikrozonen mit anderen Zielmuskeln. Das heißt, daß in einem relativ größeren Territorium des motorischen Kortex verteilte Mikrozonen auf eine einzelne motorische Einheit konvergieren und vermischt sind mit anderen Mikrozonen, die andere motorische Einheiten aktivieren. Die Feinorganisation von MI ist also sowohl durch eine Divergenz als auch eine Konvergenz in der kortikospinalen Projektion charakterisiert.

Kollateralenbildung kortikospinaler Fasern. Die Divergenz der kortikospinalen Verbindungen zu den Motoneuronen ergibt sich aus den zahlreichen Kollateralen der Pyramidenbahnfasern. Die Abb. 5–20 zeigt eine einzeln angefärbte Faser mit zahlreichen segmental geordneten Kollateralen. Innerhalb eines einzelnen Segmentes kann sich eine Kollaterale weiter auf verschiedene Gruppen von Motoneuronen verteilen, die verschiedenen peripheren Nerven angehören. Auch im Bereich der Interneurone ist die Verästelung der Terminalen von absteigenden Bahnen sehr markant. Wenn es dem Menschen trotzdem gelingt, willentlich nur ganz wenige motorische Einheiten zu aktivieren, so heißt das, daß die (Vor-)Selektion mittels modulierender Interneurone erfolgt. Anders ausgedrückt: Der anatomisch vorgegebene Schaltplan ist funktionell flexibel, da durch Bahnung die synaptischen Verbindungen „geöffnet" oder durch Hemmung „geschloßen" werden können (s. auch diesbezügliche Ausführungen in Abschnitt 5.4).

MI kann beim wachen Menschen nichtinvasiv und schmerzlos mit der ***transkraniellen Magnetstimulation*** untersucht werden. Etwas weniger exakt als mit direkter Kortexstimulation kann damit die somatotopische Gliederung nachgewiesen werden. Die Methode wird bereits auch für diagnostische Zwecke eingesetzt. Die ***somatotopische Repräsentation*** ist für den Arzt bedeutsam, da umschriebene krankhafte Prozesse (z. B. ein Hirntumor in der Präzentralwindung) sich auch in isolierten Bewegungsstörungen manifestieren können. Aus dem Symptom kann die Herddiagnose gestellt werden.

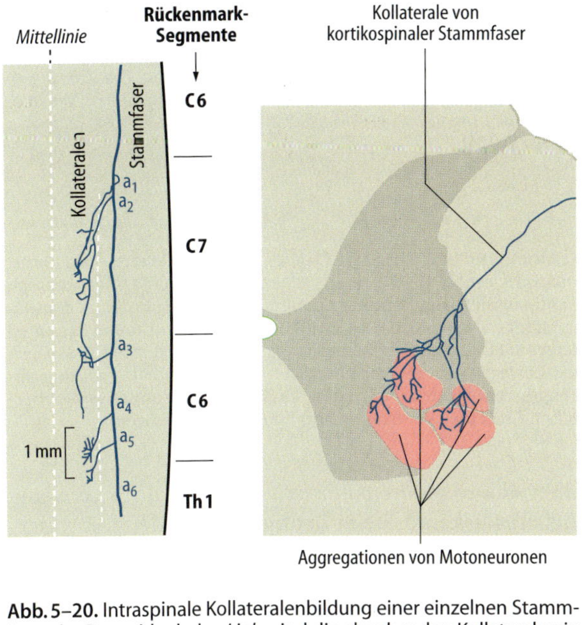

Abb. 5–20. Intraspinale Kollateralenbildung einer einzelnen Stammfaser der Pyramidenbahn. *Links* sind die abgehenden Kollateralen in den unteren Zervikalsegmenten eingezeichnet (longitudinale Rekonstruktion); *rechts* die intrasegmentale Verzweigung mit Terminalen in 4 verschiedenen Motoneuronenverbänden des Vorderhornes. Durch diese divergente Verschaltung können durch wenige Pyramidenbahnneurone spinale Neuronenverbände angeregt werden. Resultate von Shinoda und Mitarbeiter, in [23]

!

Der primär-motorische Kortex MI wird via motorischem Thalamus vom Zerebellum und von den Basalganglien beeinflußt. Eine große Zahl von kortikalen Afferenzen aus sekundär-motorischen und sensorischen Rindenarealen beeinflussen ebenfalls das Areal MI. Schließlich üben aufsteigende, extrathalamische Fasersysteme eine modulierende Wirkung aus; Noradrenalin und Dopamin sind die wichtigsten Modulatoren. Die Ausgangssignale haben massiv divergente Projektionen zu kortikalen und subkortikalen Strukturen. Diese weit verteilten, kleinen Projektionsherde können als strukturelle Basis für Efferenzkopien der Befehlssignale aufgefaßt werden. Nur ein relativ kleiner Anteil des gesamten Outputs von MI wird über die kortikospinale Bahn und die indirekten Verbindungen via motorische Zentren im Hirnstamm zum Rückenmark übermittelt. Die Funktionsprüfung dieses somatotopisch organisierten, absteigenden Systems zum Rückenmark läßt sich beim Menschen mit der transkraniellen Magnetstimulation untersuchen. Tierexperimentell kann man durch Mikrostimulation eine kortikale Feinorganisation in efferenten Mikrozonen nachweisen, die nur wenige motorische Einheiten beeinflußen. Das kortikospinale System ist sowohl durch Konvergenz als auch durch Divergenz gekennzeichnet [2,16,18].

Der primär-motorische Kortex beteiligt sich über eine transkortikale Schleife an Korrekturen von gestörten Bewegungsabläufen

Der präzentrale Kortex MI ist eng mit dem postzentralen somatosensorischen Kortex SI verbunden. Dieser übermittelt eintreffende Signale aus der Körperoberfläche und dem Bewegungsapparat an MI. Zusätzlich erreichen somatosensorische Signale MI auch über den thalamokortikalen Eingang. MI-Neurone reagieren auf kutane und propriozeptive Reize mit einer kurzen Latenzzeit; deshalb spricht man häufig auch vom ***sensomotorischen Kortex.*** Diese enge sensomotorische Kopplung im motorischen Kortex ergibt die Grundlage für den relativ raschen Mechanismus transkortikaler Korrekturen von Intentionsbewegungen, wenn diese durch äußere Einwirkungen gestört werden. Wenn z. B. eine gezielte Armbewegung durch einen kurzen Belastungsimpuls gestört wird, folgt im EMG nach der ersten segmentalen Reflexantwort eine zweite reflexähnliche Antwort auf, die häufig als ***„Long-Loop Reflex"*** bezeichnet wird. Experimentelle Befunde an trainierten Affen stützen die Interpretation einer transkortikalen Funktionsschleife, die zusammen mit dem klassischen Dehnungsreflex an der Korrektur gestörter Bewegungen beteiligt ist.

Wenn diese Tiere ein Manipulandum von einer Position in eine andere bewegen, und die Bewegung gelegentlich mit einem kurzen Belastungsimpuls behindert wird, kann man in MI-Neuronen eine reflexartige Entladungs-Salve registrieren; diese peripher induzierte Aktivierung addiert sich auf die zentral ausgelöste Aktivierung der Neurone für die Bewegungsausführung. Wie in Abb. 5–21 gezeigt, erfolgt die störungsbedingte Aktivierung von MI-Neuronen über schnelleitende aufsteigende somatosensorische Bahnen nach einer Latenzzeit von nur etwa 20 ms. Pyramidenbahnneurone bilden den absteigenden Schenkel des ***transkortikalen Funktionskreises*** und aktivieren die Motoneurone, die für die späte Antwort im Elektromyogramm verantwortlich sind. Bei Schädigungen im aufsteigenden oder absteigenden Schenkel des transkortikalen Funktionskreises ist die späte Antwort vermindert oder fehlt ganz.

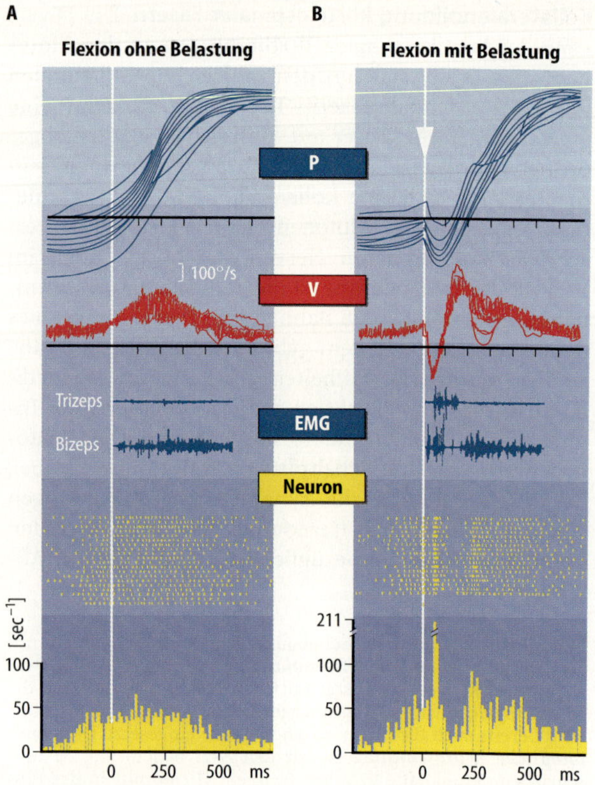

Abb. 5–21. Aktivitätsmuster einer motorischen Kortexzelle eines Affen, der für Futterbelohnung ein Manipulandum durch Flexions- und Extensionsbewegungen im Ellenbogen hin und her bewegt. Gelegentlich werden über einen Torque-Motor die gelernten Bewegungen bei Bewegungsbeginn mit einem kurzen Belastungsimpuls gestört. Die Computerauswertung erfolgt gesondert für ungestörte Flexionsbewegungen (**A**) und für gestörte Flexionsbewegungen (**B**). Von oben nach unten sind dargestellt: Position (*P*), Geschwindigkeitsverlauf (*V*), Elektromyogramm (*EMG*), Punkteraster (in dem für jede Bewegung die Entladungsfolge mit Punkten markiert ist), Zeithistogramm mit Aufsummierung der Entladungen. Die Zeit 0 entspricht dem Beginn der selbstinitiierten Bewegung. Aus B. Conrad, K. Matsunami, J. Meyer-Lohmann, M. Wiesendanger und V. B. Brooks, Brain Res. *71*, 507 (1974)

!

Entladungssalven von MI-Neuronen gehen als Befehlssignal der Bewegung um etwa 100 ms voraus. Wird der Bewegungsablauf durch externe Störgrößen behindert, wird diese Störung über schnelle aufsteigende sensorische Bahnen dem motorischen Kortex signalisiert. Dies führt zu einer Entladungssalve, die sich auf das Kommandosignal aufsummiert. Über diese transkortikale Schleife kommt es dadurch zu einer reflexartigen Muskelreaktion, die dem segmentalen Reflex nachfolgt. Das bedeutet, daß sich der ausgegebene motorische Befehl an die äußere Situation anpaßt [2,16,18].

Sekundär-motorische Areale sind ebenfalls an der Ausführungsphase der Bewegungen beteiligt

Der prämotorische Kortex (PM), die supplementärmotorische Area (SMA) und der rostrale zinguläre Kortex (RZ) werden kollektiv als sekundär-motorische Areale bezeichnet. Elektrische Reizeffekte sind komplexer und meist nur mit höherer Reizintensität zu erhalten. Diese Areale sind auch im Ursprungsgebiet der Pyramidenbahn. Ferner sind MI und die sekundär-motorischen Areale durch kortiko-kortikale Verbindungen reziprok untereinander verbunden. Besonders in der SMA ist die Population von kortikospinalen Neuronen ziemlich groß und die Schwellenintensität für elektrische Reizung ist nur wenig höher als in MI. Die funktionellen Eigenschaften der Neurone sind z. T. ähnlich, jedoch variiert ihre Gewichtung von Areal zu Areal. Ein klarer Unterschied ergibt sich aus den sensorischen Eigenschaften von Neuronen in der SMA und des PM: Neurone der SMA sind besonders auf propriozeptive Reize empfindlich, während Neurone des PM eher auf visuelle Reize reagieren. Daher vermutet man, daß der PM v. a. bei visuell geführten Bewegungen eingesetzt wird, die SMA bei selbst-initiierten Bewegungen, die vermehrt von Rückmeldungen von tiefen Sensoren abhängig sind.

Anatomische und klinische Daten stützen die letztere Annahme: Die SMA erhält via Thalamus einen gewichtigen Zufluß aus den Basalganglien. Bei Parkinsonpatienten ist der Zufluß aus den Basalganglien zur SMA empfindlich reduziert und diese Patienten zeigen tatsächlich eine Behinderung, besonders der selbst-initiierten Bewegungen, die vermehrt von propriozeptiver Führung abhängig sind. Auch bei Läsionen der SMA selbst kommt es vorübergehend zu einer Verarmung von Spontanbewegungen.

Über das *zinguläre motorische Areal* ist noch zu wenig Sicheres bekannt. Beim heutigen Stand der z. T. widersprüchlichen Funktionsbeschreibungen muß man sich auf die Aussage beschränken, daß vermutlich alle diese Areale durch ihre engen Verbindungen mit dem Rückenmark auch an der motorischen Ausführung beteiligt sind. Alle sekundär-motorischen Areale spielen zudem eine Rolle beim Prozeß der Vorbereitung zum Handeln. Dies wird gesondert im Abschnitt 5.9 besprochen.

> **!** Anatomische und physiologische Argumente sprechen dafür, daß die sekundär-motorischen Areale – mit einer gewissen Arbeitsteilung – sowohl an der Vorbereitung als auch an der Kontrolle der ausgeführten Bewegung beteiligt sind. Präzise funktionelle Zuordnungen sind z. Zt. noch nicht möglich.

5.7 Funktionelle Organisation des Zerebellums

Strukturelle und funktionelle Übersicht. Die Abb. 5–22 zeigt in schematisierter Form die wichtigsten makroskopischen Strukturen des Kleinhirns. Die Kleinhirnrinde erhält durch die auffallende Bildung von zahlreichen Falten, den sogenannten ***Folien,*** eine sehr große Oberfläche, die auseinandergefaltet 17 cm x 120 cm betragen würde. Die Integrationsfunktion des Zerebellum ist bereits im Kontext der Halte- und Stützmotorik sowie der Zielmotorik kurz besprochen worden. Im Folgenden wird gezeigt, daß diesen zwei Kategorien der motorischen Steuerung auch *eine Duplizität der strukturellen Kompartimente im Zerebellum und ihrer Phylogenese* entspricht.

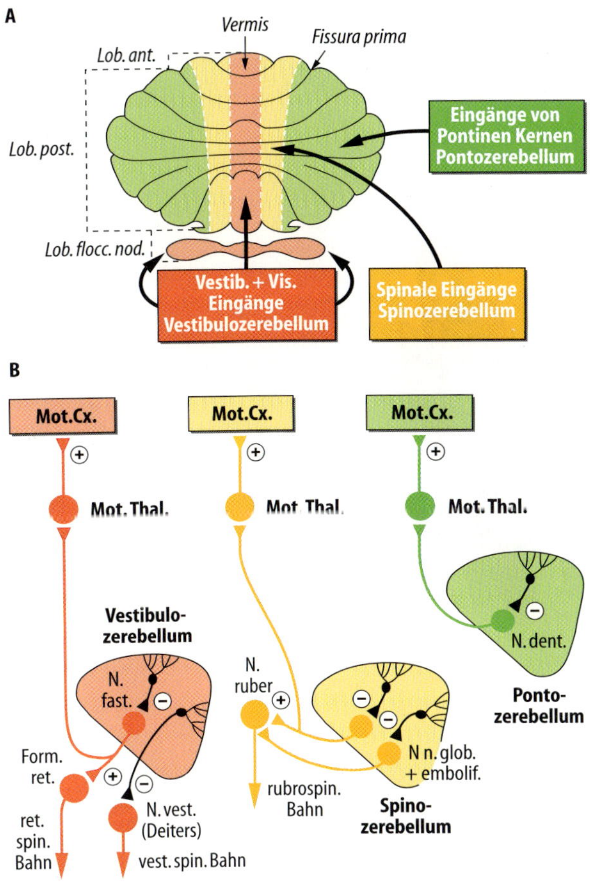

Abb. 5–22. Zuflüsse und Ausgänge des Zerebellums. Die lateralen Anteile werden vom Cortex cerebri via Ponskerne dominiert (Pontozerebellum), die mittelständigen Anteile von aufsteigenden spinozerebellären Fasersystemen, der Vermis und der Lobulus flocculonodularis von vestibulären und visuellen Eingängen. Ebenfalls medio-lateral organisiert sind die intrazerebellären Kerne mit ihren Ausgängen zum motorischen Kortex (via Thalamus) und zu motorischen Zentren des Hirnstammes (Formatio reticularis, Nucl. ruber, Nucl. Deiters)

Die medianen Abschnitte des Kleinhirns koordinieren die Halte-und Stützmotorik sowie die Okulomotorik

Strukturen. Der phylogenetisch älteste Teil (*Archizerebellum*) setzt sich aus *Flocculus* und *Nodulus* zusammen; dieser und auch der Vermis werden von *vestibulären Zuflüßen* dominiert ***(Vestibulozerebellum).*** Als Output-Neurone projizieren die *Purkinjezellen* dieser Abschnitte z. T. direkt, z. T. indirekt via *Nucl. fastigii,* zu den ***Vestibulariskernen.*** Dieses motorische Zentrum beeinflußt einerseits die *Okulomotorik,* anderseits über die vestibulospinale Bahn die spinale *Stützmotorik* und den *Gang.* Die Okulomotorik und die spinale Motorik wird zusätzlich über den Ausgang der ***Formatio reticularis*** beeinflußt.

Die phylogenetisch ebenfalls älteren paramedianen Anteile des Zerebellums *(Palaeozerebellum)* werden am stärksten von den aufsteigenden Rückenmarksbahnen beeinflußt; deshalb auch der Name ***Spinozerebellum.*** Die Koordination von Haltung und Lokomotion erfolgt, via *Nucl. fastigii* sowie über die mittelständigen *Nucl. emboliformis und globosus,* im motorischen Zentrum des ***Nucl. ruber.***

Läsionsfolgen. Im Vordergrund stehen *Störungen des Gleichgewichts*; die Patienten leiden auch an *Übelkeit* mit *Erbrechen* und *Schwindel.* Im Bereich der Okulomotorik beobachtet man spontane Pendelbewegungen der Bulbi *(Pendelnystagmus)* und es können auch *Störungen der glatten Folgebewegungen der Augen* auftreten (s. Kap. 11). Im Bereich der Spinalmotorik macht sich eine *Rumpf- und Gangataxie* bemerkbar.

Die lateralen Abschnitte des Zerebellums koordinieren die Zielmotorik

Strukturen. Für die Kleinhirnhemisphären gebraucht man wegen der dominierenden Zuflüße aus den *Ponskernen* auch die Bezeichnung ***Pontozerebellum.*** Die Ponskerne sind wiederum Empfangsstation von Meldungen aus den *sensomotorischen Rindenfeldern,* dem *präfrontalen* und dem *parietalen Assoziationskortex* und schließlich aus dem *visuellen Kortex.* Mit der starken Größenzunahme der Hirnrinde in der Evolution zum Menschen ergibt sich auch eine starke Zunahme der pontinen Kerne, der Hemisphären und dem lateral im Kleinhirn gelegenen Nucl. dentatus (*Neozerebellum).* Allein die Ponskerne stellen eine Masse von 23 Millionen Neuronen dar. Der Nucl. dentatus übermittelt seine

Aktivität zum ***motorischen Thalamuskern*** und von dort weiter zu ***motorischen Rindenarealen.***

Läsionsfolgen. Diese sind charakterisiert durch eine Behinderung der *Initialisierung von Bewegungen* und einer *Koordinationsstörung* beim zeitlichen Ablauf von Zielbewegungen, wobei dies besonders für Synergien, d. h. zusammengesetzte Bewegungsabläufe gilt. Neben den bereits erwähnten *Störungen beim Greifen* ist auch die *Sprachartikulation* gestört (*Dysarthrie*).

Feinbau und Schaltplan sind für das gesamte Kleinhirn einheitlich organisiert

Die Abb. 5–23A zeigt den 3-schichtigen Bau des Foliums, bestehend aus ***Körnerschicht*** mit sehr dicht gepackten kleinen Körnerzellen, ***Purkinje-Zellschicht*** und ***Molekularschicht,*** ein dichtes Geflecht von Dendriten der Purkinje- und Golgizellen sowie der Parallelfasern. Die regelmäßige, fast kristallartige Anordnung ist im ZNS einmalig. Die Abstände der Purkinjezellen (P-Zellen) ist sowohl im Querschnitt als auch in der Längsrichtung des Foliums regelmäßig. Der imposante Dendritenbaum der *P-Zelle* ist im wesentlichen zweidimensional im Foliumquerschnitt angeordnet, während die aufstei-

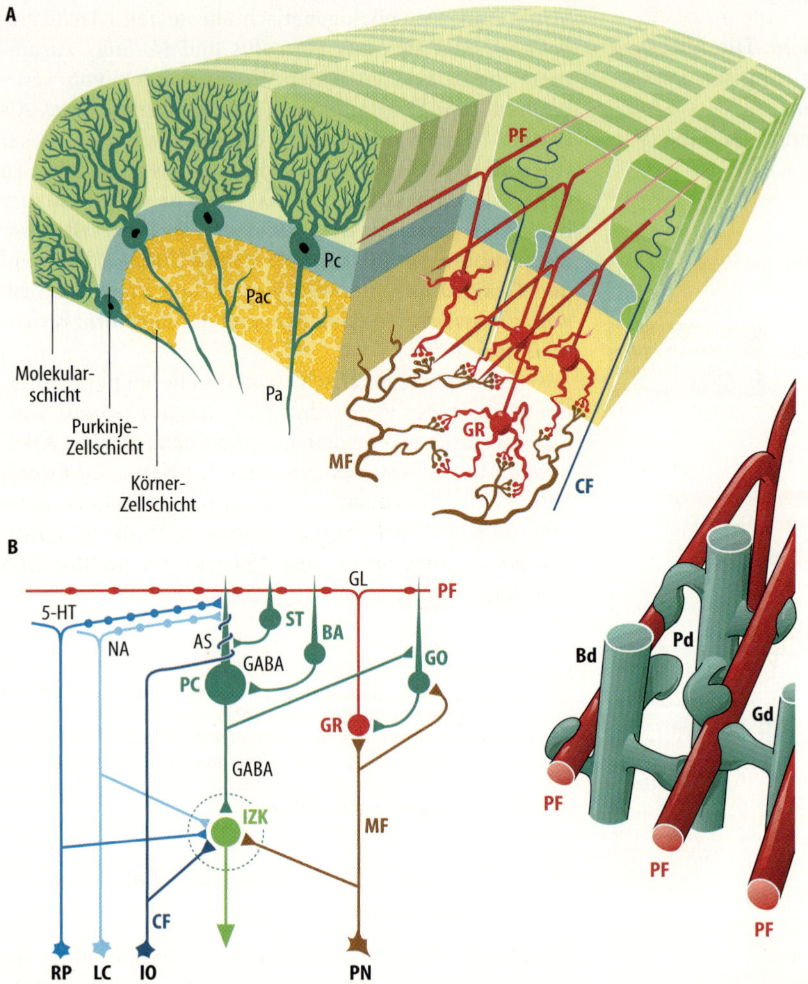

Abb. 5–23. A Neuronale Organisation der Kleinhirnrinde. *Oben links*: Folium mit der Molekularschicht, der Purkinje-Zellschicht und der Körnerzellschicht. Die Flächen der sehr markanten Purkinje-Dendriten sind quer zum Folium angeordnet. Die Purkinje-Zelle (*Pc*) sendet ihr Axon (*Pa*) in die weiße Substanz des Kleinhirns und bildet rückläufige Kollateralen (*Pac*). Die Purkinje-Zellen sind sowohl quer zum Folium als auch in seiner Längsrichtung in regelmäßigem Abstand angeordnet. Die Körnerzellen (*GR*) erhalten synaptischen Kontakt von den Moosfasern (*MF*) und bilden ihrerseits Axone, die sich T-förmig aufteilen und als Parallelfasern (*PF*) längs des Foliums verlaufen. Sie bilden zahlreiche synaptische Kontakte mit den Dendriten der Golgi-Zellen (*Gd*), der Korbzellen (Bd) und der Purkinje-Zellen (*Pd*). Diese Kontakte mit den Dendritendörnchen sind rechts vergrößert dargestellt. **B** Hauptverschaltungen im Folium mit den Eingängen über die Moosfasern (*MF*) (deren Axone z. B. aus pontinen Neuronen (*PN*) stammen) und die Parallelfasern (*PF*), über die Kletterfasern (*CF*) aus der unteren Olive (*IO*), über die serotonergen Fasern aus den Raphekernen (*RP*) sowie über die noradrenergen Fasern aus dem Locus coeruleus (*LC*). Die Purkinje-Zellen (*PC*) bilden die einzigen Ausgangselemente der Kleinhirnrinde. Die Sternzellen (*ST*), Korbzellen (*BA*) und Golgi-Zellen (*GO*) sind lokale Interneurone. Alle *dunkelgrün* eingezeichneten Zellen sind GABAerg und üben eine inhibitorische Wirkung aus. Exzitatoriche Transmitter sind Aspartat (*AS*) und wahrscheinlich auch Glutamat (*GL*). In der Kleinhirnrinde findet sich auch reichlich Serotonin (*5-HT*) und Noradrenalin (*NA*). Zielneurone der Purkinje-Zellen sind die intrazerebellären Kerne (*IZK*) und der Vestibulariskernkomplex. Modifiziert aus [6, 12]

genden Axone der Körnerzellen sich T-förmig in 2 Äste teilen, die parallel zum Folium verlaufen. Diese ***Parallelfasern*** durchstoßen orthogonal die vielen Pallisaden der *P-Zelldendriten.*

Die Grundverschaltung des Foliums mit den 2 Hauptzuflüssen über die ***Moos-*** und die ***Kletterfasern,*** sowie die implizierten Transmittoren, sind in Abb. 5–23B dargestellt. Jede Kletterfaser bildet *10–15 Kollateralen,* wovon jede 1 P-Zelle versorgt. Die Faserendigungen klettern spiralenförmig um die Dendriten und bilden unzählige synaptische Kontakte. Als physiologische Konsequenz ergibt sich – ähnlich wie an der motorischen Endplatte – eine Erregung der P-Zelle mit sehr sicherer synaptischer Transmission. Da jede Moosfaser sich stark aufzweigt und viele Körnerzellen versorgt, und da eine Parallelfaser wiederum mit vielen P-Zellen Kontakte eingeht, ergibt sich in diesem System eine starke Divergenz. Anderseits „sammelt" eine P-Zelle über ihre Dendriten die erregenden synaptischen Einflüße von vielen (ca. 200 000) Parallelfasern. Dieses System ist also sowohl durch Divergenz als auch durch Konvergenz charakterisiert. Der Schaltplan wird ergänzt durch ***hemmende Interneurone*** *(Golgi-, Korb- und Sternzellen),* die durch rückläufige und laterale Hemmung *eine kontrastverschärfende Wirkung* auf das Muster der erregten P-Zellpopulation haben (Abb. 5–23B).

Die P-Zellen sind Empfänger der ins Zerebellum eintreffenden Meldungen und sind gleichzeitig *Ausgangsneurone der Kleinhirnrinde.* Ihre Wirkung auf die vestibulären Zielneurone und die Neurone der Kleinhirnkerne, ist inhibitorisch. Die *Überträgersubstanz* aller inhibitorischer Neuronen im Kleinhirn ist ***GABA.***

Dieser Befund war zunächst überraschend, wenn man bedenkt, daß die durch die P-Zellen gehemmten Neurone der Kleinhirnkerne Meldungen weiter an die motorischen Zentren übermitteln müßen. Die Lösung des Rätsels ergab sich durch die Beobachtung, daß die Zielneurone der P-Zellen eine *ständige Basisaktivität* aufweisen mit hoher Entladungsraten von etwa 100 Hz. Durch Inhibition und Disinhibition (Hemmung der Hemmung) kann die Frequenz der Basisaktivität sehr fein in beide Richtungen verändert werden. Diese Mechanismen sind im ZNS weit verbreitet.

Schließlich zeigt der Schaltplan noch die Eingänge von ***noradrenergen Fasern*** aus dem *Locus coeruleus* und ***serotoninergen Fasern*** aus den *Raphekernen.* Dies sind neuromodulatorische Systeme, die im Gehirn weit verbreitet sind, deren funktionelle Bedeutung in diesem Fall jedoch noch unsicher ist.

!

Die mittleren Abschnitte des Zerebellums mit Vermis, Flocculus, Nodulus sowie der Pars intermedia sind Kontrollinstanzen für die Stützmotorik und die Okulomotorik. Die lateralen Anteile mit den beim Menschen mächtig entwickelten Hemisphären haben eine koordinierende Wirkung auf Bewegungssequenzen und sorgen für eine korrekte Parametrisierung der kinematischen Abfolge der Bewegungen. Der Schaltplan imponiert durch seine außerordentliche Regelmäßigkeit. Die zwei Haupteingänge zur Kleinhirnrinde werden vom Moosfaser-Parallelfasersystem sowie vom Kletterfasersystem gebildet. Die Neurone des ersten Systems zeigen eine starke Divergenz, während eine Erregung in einer Kletterfaser mit großer Sicherheit auf etwa 10 Purkinjezellen übertragen wird. GABAerge hemmende Interneurone der Kleinhirnrinde sind wesentliche Elemente für die zeitliche und räumliche Strukturierung der Erregungsherde von Purkinjezellen.

Die Moosfasern erzeugen längs zum Folium angeordnete Erregungsherde

Das Modell der Abb. 5–24 veranschaulicht eine natürliche Aktivierung von Neuronenpopulationen im zerebellären Kortex. Sensorische Ereignisse, z. B. Berührungsreize, erzeugen über die afferenten Bahnen zum Zerebellum *diskrete Erregungsherde* in ipsilateralen Populationen der P-Zellen. Diese sind streifenförmig, *längs zum Folium orientiert* und haben eine Länge von ca. 3 mm. Die Ausdehnung entspricht einem Bündel erregter Parallelfasern. Durch laterale Hemmung der nur schwach erregten P-Zellen kommt es zu einem kontrastreichen Erregungsstreifen. Ähnlich verteilte multiple Erregungsmuster können auch durch die Aktivierung der Moosfasern aus den pontinen Kernen entstehen. Man muß sich somit vorstellen, daß eine ***„Efferenzkopie"*** (d.h. eine Kopie des Kommandosignales) und eine ***„Afferenzkopie"*** (d.h. sensorische Signale, die durch externe Störungen ausgelöst werden) *sich in einer Vielfalt von solchen kleinen Erregungsstreifen manifestieren,* wobei diese in der räumlichen und zeitlichen Dimension fluktuieren.

Kletterfasern erzeugen sagittal orientierte Erregungsmuster

Die Abb. 5–24 zeigt ebenfalls Erregungsherde, die durch das Kletterfasersystem erzeugt werden. Die Neurone der Kletterfasern stehen ebenfalls unter dem Einfluß peripherer Ereignisse und werden zudem durch motorische „Befehlsausgaben" aktiviert. Demnach entsprechen die erzeugten Erregungsherde der P-Zellen ebenfalls einer Afferenzkopie und einer Efferenzkopie. Diese sind aber sagittal orientierte Längsstreifen von erregten Purkinjezellen. Die in der Abb. 5–24 schematisch dargestellten, scharf begrenzten Erregungsstreifen überschneiden sich orthogonal.

Der zerebelläre Schaltplan mit den doppelten Zuflüssen aus dem Moosfaser- und dem Kletterfasersystem hat zu zahlreichen Hypothesen geführt. Ihnen gemeinsam ist, daß das Kletterfasersystem das Moosfasersystem bei gleichzeitigem Eintreffen die schwächeren

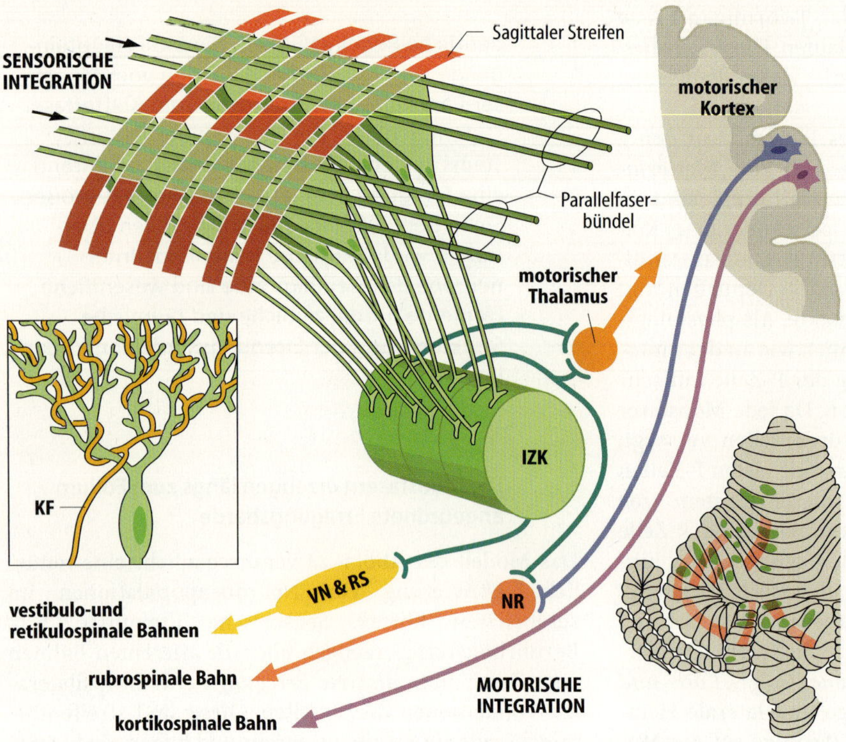

Abb. 5–24. Zerebelläre Verschaltung, die der *„dynamischen Selektionshypothese"* zugrunde liegt. *Sensorische Integration*: über aktivierte Parallelfaserbündel werden in der Längsrichtung des Foliums Populationen von Purkinje-Zellen gebahnt (*grüne Streifen im Einsatzbild rechts*). Sagittale Streifen (*rot*) von Purkinje-Zellen werden über Kletterfasern (*KF im Einsatzbild links*) aktiviert. Bei den Überschneidungen kommt es zu einer Potenzierung der Erregung der Purkinje-Zellen. Die Hypothese besagt, daß an den Purkinje-Zellen durch eine kurzdauernde Kletterfaseraktivierung die Übertragung von den Parallelfasern zu den Purkinje-Zellen längerfristig (für eine Bewegungssequenz) gebahnt wird. Durch die somatotopisch organisierten Projektionen der Purkinje-Zellen werden spezifische Regionen der intrazerebellären Kerne selektioniert, d. h. es kommt auch zu einer *motorischen Integration (IZK)*. Nach Bloedel: Behav. Brain Sci. *15*, 666 (1992)

synaptischen Zuflüsse aus dem Moosfasersystem zu den P-Zellen verstärkt und stabilisiert. Als Beispiel ist in der Abb. 5–24 die „dynamische Selektionshypothese" näher erläutert.

Das Zerebellum ist auch an langfristigen motorischen Adaptationen und am motorischen Lernen beteiligt

Die folgenden zwei Beobachtungen belegen dieses Konzept:

1. Motorische Adaptation beim Tragen von Prismengläsern. Wenn der Sehvorgang durch Vorsetzen von Prismengläsern gestört wird, werden visuell geführte Bewegungen nicht korrekt durchgeführt. Die visuelle Information stimmt nicht mehr mit den somatosensorischen und vestibulären Rückmeldungen überein. Erstaunlicherweise kann aber eine Versuchsperson lernen, sich an die neue Situation anzupaßen; nach wenigen Tagen werden die Bewegungen wieder korrekt durchgeführt. Dies geschieht offenbar durch *eine neue „Kalibrierung" der afferenten Signale.* Insbesondere konnte man nachweisen, daß sich die Übertragung im Vestibulo-okulären Reflex drastisch änderte. Diese langfristige Adaptation im vestibulo-okulären Reflex erfolgt jedoch nur bei intaktem Zerebellum.

2. Klassische Konditionierung des Lidschluß-Reflexes als einfacher motorischer Lernprozeß. Der Lidschluß-Reflex wird durch eine Berührung der Kornea ausgelöst. Beim Kaninchen kann dieser Reflex durch Paarung des Berührungsreizes mit einem akustischen Signal konditioniert werden. Nach relativ kurzer Zeit wird ein Lidschluß auch durch den akustischen Reiz allein ausgelöst (Paradigma der *klassischen Konditionierung nach Pavlov*, s. Kap. 8). Es wurde gezeigt, daß sowohl für die Erwerbung als auch für die Retention des bedingten Reflexes umschriebene Teile des Zerebellum und der Ursprungskern der Kletterfasern (Nucl. olivaris inf.) notwendig sind.

!

Der Schaltplan des Foliums läßt eine präzise Anordnung der Purkinje-Zellschicht zu den zweiHaupteingängen (Moosfaser-Parallelfaser-System und Kletterfasersystem) erkennen. Hemmende Interneurone erzeugen durch ihre Kontrastwirkung scharf begrenzte Erregungsherde in der Purkinje-Zellschicht. Durch Kletterfasern erzeugte Erregungsherde sind sagittal orientiert, während Aktivierung eines Bündels von Parallelfasern durch die Moosfasern kleine Erregungs-Streifen erzeugen, die längs zum Folium angeordnet sind.
Neben seiner unmittelbaren sensomotorischen Koordinationsfunktion spielt das Zerebellum auch bei langfristigen motorischen Adaptationen und beim motorischen Lernen eine Rolle.

5.8 Funktionelle Organisation der Basalganglien

Die Basalganglien sind Komponenten von parallel angeordneten Funktionsschleifen, die den Thalamus und die Hirnrinde einschließen

Die Masse der Basalganglien kann durch unterschiedliche Verbindungen ihrer Ein- und Ausgänge in funktionelle Kompartimente unterteilt werden. Der Informationsfluß in diesen multiplen Kompartimenten ist getrennt und läuft parallel ab. Er betrifft einerseits die Organisation der motorischen Vorbereitung und Ausführung, anderseits aber auch kognitive Aspekte des Verhaltens und der Motivation [2,8,18].

Skeletomotorische Schleife. Sie ist die am besten untersuchte Komponente der Basalganglien und spielt eine bedeutende Rolle in der Pathophysiologie der Motorik. Sie nimmt ihren Ursprung in den *prämotorischen, motorischen und somatosensorischen Rindenarealen;* die erste Station in den Basalganglien ist das *Putamen.* Diese Übertragung ist somatotopisch geordnet; zugleich erfolgt jedoch eine Integration der Information von den verschiedenenen Kortexarealen. Zum Beispiel konvergieren Signale von den multiplen kortikalen Armrepräsentationen auf eine Neuronenpopulation, die eine *rostro-kaudal orientierte Säule im Putamen* bildet. Die Aktivität von Neuronen einer solchen „Armsäule" ist ausschließlich mit Armbewegungen korreliert, wobei die Intensität dieser Aktivierung von der Bewegungsrichtung, der Kraft und der Amplitude abhängt (Abb. 5–25A). Die neurale Aktivität von anderen säulenförmigen Kompartimenten im Striatum ist mit Kopfbewegungen oder Beinbewegungen korrreliert. Die Aktivität wird weiter zum *inneren Pallidumglied (GPi)* und von dort zum *motorischen Thalamus* übermittelt; der Kreis schließt sich in den *motorischen Rindenarealen* (s. auch Abb. 5–4). Die Somatotopie bleibt in der aufsteigenden Schleife erhalten.

Okulomotorische Schleife. Die Schleife beginnt in den *frontalen und parietalen Augenfeldern des Kortex,* zieht zu einem okulomotorischen Abschnitt des *Nucl. caudatus* und benützt als Ausgangs-Struktur vorwiegend die *Substantia nigra, pars reticulata (SNr).* Diese Neurone haben aufsteigende Verbindungen zu *Thalamuskernen,* die zurück zum *frontalen Augenfeld* des Kortex projizieren. Von der SNr ziehen auch Fasern zum *Colliculus superior* des Mittelhirns. In all diesen Strukturen sind die Neurone an der Steuerung der Blickmotorik beteiligt (Abb. 5–25B).

Komplexe (assoziative) Schleifen. Es können 3 Schleifen unterschieden werden, die ihren Ursprung im *dorso-lateralen Präfrontalkortex,* im *orbito-frontalen Kortex* und im *limbischen Kortex* haben. Alle diese Areale sind beim Menschen mächtig entwickelt und spielen eine Rolle für *langfristige Aktionsplanung, Motivation* und *Bewegungsantrieb,* sowie für *kognitive Leistungen.* Daraus (und auch auf Grund der Neuropathologie der Basalganglien) kann man annehmen, daß diese „höheren" und komplexen kortikalen Leistungen ebenfalls die Basalganglien beanspruchen.

> **!** Die Funktion der Basalganglien kann man nur im Zusammenhang mit ihren Zuflüssen aus großen Teilen der Hirnrinde und ihren rückläufigen, transthalamischen Verbindungen zur Rinde des Frontallappens verstehen. Eine Reihe von Kom-

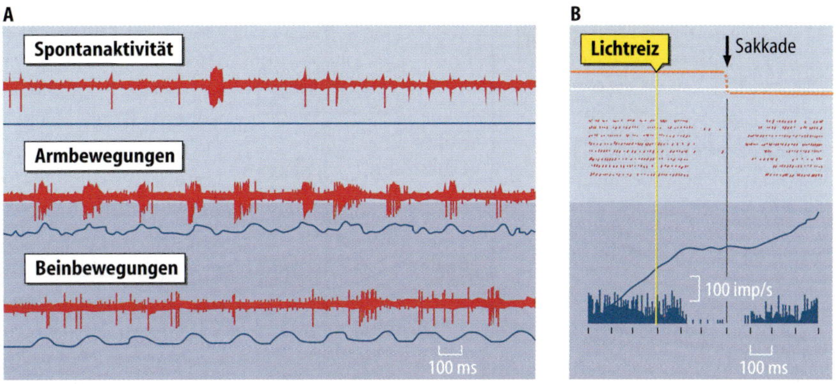

Abb. 5–25. A Somatotopie in den Basalganglien: Aktivität einer Zelle im inneren Glied des Globus pallidus, die bei einem Affen im motorischen Verhaltenstest registriert wurde. Es ist deutlich zu sehen, daß die Aktivität mit Armbewegungen und nicht mit Beinbewegungen korreliert. Die Spontanaktivität im Pallidum ist auch ohne Bewegungen relativ hoch. Nach DeLong und Georgopoulos, in [2]. **B** Aktivität einer Zelle der Substantia nigra, pars reticulata (Affe), deren Aktivität mit Augensakkaden korreliert. Beim *vertikalen gelben Strich* leuchtet ein Lichtpunkt auf. Der Affe ist trainiert, eine Sakkade zu diesem neuen Fixierpunkt durchzuführen. Etwa 100 ms nach Erscheinen des Lichtreizes und knapp 200 ms vor Sakkadenbeginn wird die Zellaktivität fast vollständig unterdrückt (zu sehen, von oben nach unten, im Punkteraster, in der kumulativen Verteilungskurve und im Zeithistogramm). Diese Unterdrückung der Zellaktivität wird in den Zielneuronen im Thalamus und Tectum eine Enthemmung (Aktivierung) bewirken. Nach Hikosaka und Wurtz: J. Neurophysiol. *49* (1983)

ponenten mit funktioneller Eigenständigkeit ergeben sich aus den separaten Verknüpfungen mit bestimmten Kortexarealen. Bei Bewegungsstörungen sind hauptsächlich die skeletomotorische und die okulomotorische Schleife betroffen. Die Informationsübertragung in den motorischen Schleifen ist somatotopisch geordnet. Aufgrund klinischer und neuropathologischer Beobachtungen kann man schließen, daß beim Menschen die Basalganglien auch für komplexe mentale Prozesse, wie kognitive Wahrnehmung, Langzeitplanung, Motivation und Denken eine Rolle spielen.

Synaptische Übertragung und Transmittersubstanzen in den Basalganglien

Hemmung und Enthemmung. Beispielhaft sollen anhand der motorischen Schleife die Mechanismen der synaptischen Transmission besprochen werden (Abb. 5-26). Die kortikostriatale Übertragung ist – wie wahrscheinlich bei allen kortikofugalen Neuronen – ***glutamaterg*** und ***erregend.*** Die weitere Übertragung vom Putamen zum GPi erfolgt hingegen mit ***inhibitorischen GABAergen Projektionsneuronen.*** Ähnlich wie im Zerebellum ist diese inhibitorische Übertragung an eine hohe Spontanaktivität der Zielneurone im GPi gebunden. Die Neurone dieser Ausgangsstruktur der Basalganglien üben ebenfalls eine *inhibitorische GABAerge Wirkung im motorischen Thalamus* aus. Man beachte, daß eine zweifach inhibitorische Serienschaltung (Hemmung der Hemmung = Disinhibition) gleichbedeutend ist mit einer Exzitation der thalamischen Neurone, die ebenfalls eine hohe Spontanaktivität aufweisen. Schließlich werden durch die thalamokortikalen Neurone die Befehlssignale in den motorischen Rindenarealen generiert.

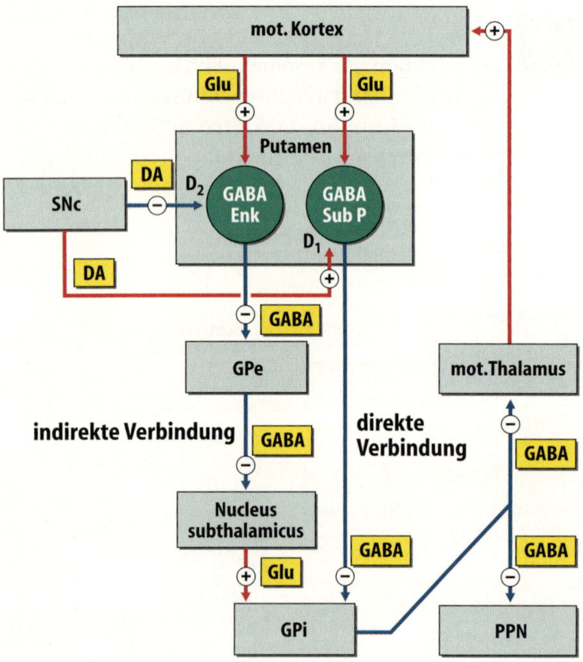

Abb. 5-26. Neuronale Verschaltung und Transmittoren der Basalganglien. Zu beachten sind die zwei Übertragungswege vom Putamen zum Globus pallidus (*GPi*); der indirekte Weg über den Nucl. subthalamicus wird durch die dopaminerge Bindung an D_2-Rezeptoren gehemmt, während der direkte Weg über die dopaminerge Bindung an D_1-Rezeptoren aktiviert wird. *Rote Pfeile* = exzitatorische Übertragung, *blaue Pfeile* = inhibitorische Übertragung. Modifiziert nach Alexander und Crutcher [19]

Kolokalisation und Spezifizität. In den inhibitorischen Neuronen sind meist neben GABA auch ***peptiderge Überträgerstoffe kolokalisiert.*** Man hat schon eine größere Zahl solcher Neuropeptide in den Basalganglien identifiziert, u.a. die *Substanz P* und *Enkephalin.* Ihre Wirkung tritt langsamer ein und ist abhängig von der Frequenz der eintreffenden Aktionspotentiale. Es scheint sich herauszukristallisieren, daß d*ie Kombination von GABA mit einem bestimmten Neuropeptid zu einer gewissen Spezifizierung in Subsystemen der Basalganglien führt.* Zum Beispiel sind Neurone im Putamen, die zum GPe projizieren, durch die Kombination GABA und Enkephalin charakterisiert, diejenigen welche zum GPi projizieren, durch die Kombination GABA und Substanz P. Der Ausgang des Nucl. subthalamicus zum GPi und zur SNr ist exzitatorisch und glutamaterg. Schließlich ist das Striatum auch reich an ***exzitatorischen cholinergen Interneuronen*** mit muskarinischer Wirkung.

Dopaminerge Neurone der Substantia nigra, pars compacta (SNc) sind für die normale Funktion der Basalganglien unentbehrlich

Der normalerweise *hohe Dopamingehalt des Striatums ist bei Parkinsonpatienten stark erniedrigt.* Dafür verantwortlich ist das dopaminerge nigro-striatale Fasersystem. Beim Parkinson-Patienten ist der Verlust der DA-Konzentration im Striatum durch einen massiven Untergang der DA-Neurone in der SNc bedingt. Diese Einsicht führte zu den spektakulären Therapieerfolgen mit der L-DOPA Substitutionstherapie. Die Abb. 5-27 zeigt die stark verminderte Aufnahme von L-DOPA in die Terminalen der dopaminergen Fasern bei einem Parkinson Patienten im Vergleich zu einem gesunden Probanden (Positronen-Emissions-Tomographie; s. auch Kap. 6).

Der Name der Substantia nigra im Mesenzephalon rührt von seiner leicht schwärzlichen Anfärbung im frischen Schnitt durch den Hirnstamm; diese wird durch die Speicherung von Melaninpigment in den Zellen der SNc verursacht. Melanin ist ein Nebenprodukt im Syntheseweg zum Dopamin (DA) in den DA-Neuronen. Neuropathologen haben schon früh erkannt, daß im Gehirn von

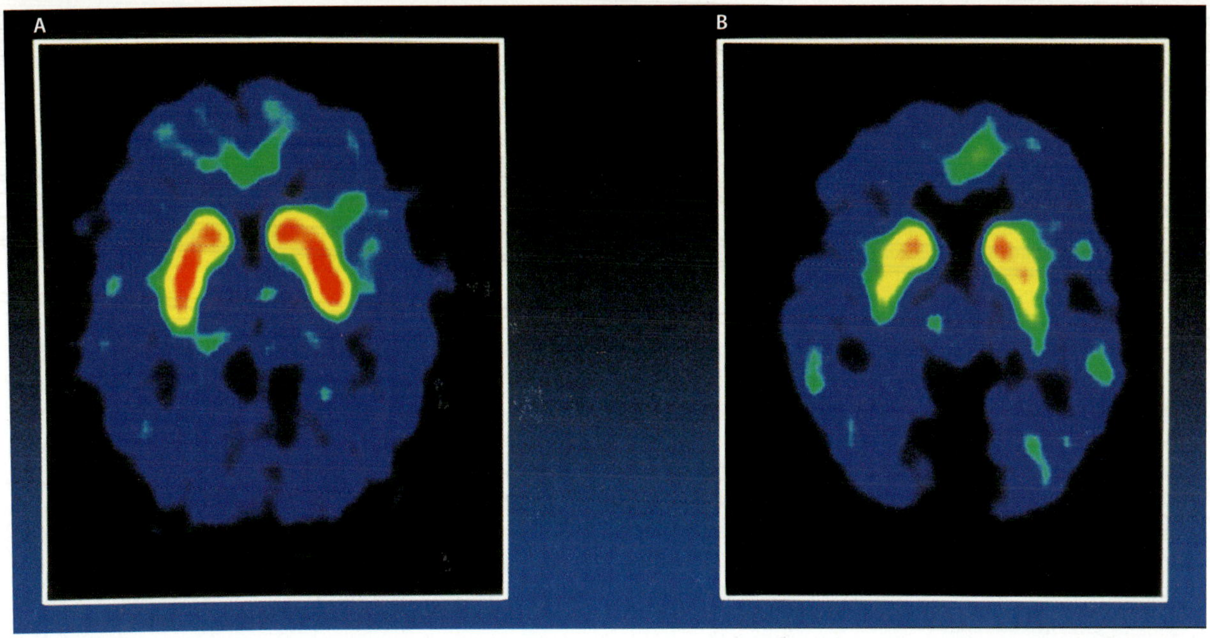

Abb. 5–27. Positronemissionstomographie (PET) von Gehirn eines gesunden Menschen (**A**) und eines Parkinsonpatienten (**B**). Die horizontalen Schnittbilder treffen die Basalganglien. Nach Injektion von L-DOPA, das mit dem Radionucleid ^{18}F markiert wurde ([^{18}F]-Fluorodopa), findet man eine Markierung im Corpus striatum, besonders im Bereich des Putamen. Die Intensität ist mit Farben kodiert, wobei *rot* die höchste Intensität, *blau-violett* die niedrigste Intensität bedeutet. Die Aktivierung ist beim Parkinsonpatienten deutlich vermindert (40%) gegenüber der Aktivierung im normalen Hirn. Die Intensität der Aktivierung ist ein Mass für die Aufnahme und Speicherung von L-DOPA (der Vorstufe von Dopamin) in den Terminalen der nigrostriatalen Fasern. Die Verminderung der L-DOPA Aufnahme im Putamen ist dem progressiven Untergang von Neuronen in der SNc zuzuschreiben. Der Mechanismus der Aufnahme der DA-Vorstufe durch die dopaminergen Faserendigungen kann somit als Funktionstest für das nigrostriatale System und damit indirekt auch für die Basalganglienfunktion gewertet werden. Originalaufnahmen von Prof. K. L. Leenders aus dem Paul Scherrer Institut, Villigen, Schweiz

verstorbenen Parkinsonpatienten diese schwärzliche Anfärbung fehlt.

Die DA-Neurone der SNc haben sehr feine Axone, die durch ihre vielfachen Verzweigungen ein weites Netz im Striatum bilden. Entlang des Axons sind lichtoptisch perlschnurartige Schwellungen zu sehen, sogenannte ***Varikositäten,*** die im elektronenmikroskopischen Bild als ***präsynaptische Formationen*** erkannt wurden. DA-Neurone haben einen charakteristischen, langsamen Entladungsrhythmus von 1–2 Hz, der sich nur wenig ändert. Phasische Entladungs-Salven werden hauptsächlich bei motivierenden Ereignissen ausgelöst, z. B. wenn ein Stimulus mit einer Belohnung assoziiert ist, oder auch bei plötzlichen, unerwarteten Reizen wie z. B. bei einem nozizeptiven Reiz.

Tonische „Berieselung" der Basalganglien durch Dopamin. Jedes tonisch aktive DA-Neuron wird etwa alle Sekunden an den 100 000 Varikositäten im ausgedehnten Ausbreitungsgebiet des Axons etwas DA freisetzen. Das nigrostriatale Fasersystem zeigt eine starke Divergenz und versorgt das gesamte Corpus striatum. Die DA-Neurone modulieren die kortikostriatale synaptische Übertragung. Die Pathologie zeigt, daß die normale Funktion der Basalganglien von dieser Modulation kritisch abhängig ist.

!

Hemmung und Enthemmung sind prominente Mechanismen in der synaptischen Übertragung in den neuronalen Schleifen, wobei peptiderge Transmittoren, die mit dem hemmenden Transmittor GABA kolokalisiert sind, sowie die exzitatorischen glutamatergen und cholinergen Transmittoren an der Bildung der phasischen Erregungsmuster am Ausgang der Basalganglien beteiligt sind. Der Neuromodulator Dopamin (DA) hat eine Schlüsselposition für die normale Funktion der Basalganglien. Die Hauptfunktion von DA besteht in der Feinkontrolle über die glutamaterge Transmission der kortikalen Zuflüße zum Striatum.

Die bei Erkrankungen der Basalganglien auftretenden motorischen Störungen zeigen, daß dieses System für Bewegungen aus eigenem Antrieb und für komplexe Bewegungsabläufe zuständig ist

Der ***Morbus Parkinson*** ist ein Prototyp einer Erkrankung der Basalganglien und wird durch einen Untergang von DA Neuronen in der SNc verursacht. Durch die mangelnde „Berieselung" des Corpus striatum durch DA kommt es zu schwerwiegenden motorischen Funktionsstörungen, die auf einen bevorzugten Befall der skeleto- und okulomotorischen Schleifen hinweisen.

Die komplexen Funktionsschleifen der Basalganglien sind im allgemeinen wenig betroffen; erst in späteren, fortgeschrittenen Stadien kann es zu Defekten von kognitiven Funktionen und einer Verlangsamung des Denkens *(Bradyphrenie)* kommen. Die außerhalb der SNc liegenden DA-Neurone im ventralen Tegmentum und in der Retina sind meist nicht betroffen.

Minussymptome. Auffallend ist die Bewegungsarmut oder ***Akinese;*** dies gilt besonders für selbstinitiierte Bewegungen, während sensorisch geführte motorische Akte erstaunlich gut erhalten bleiben. Begonnene Bewegungen werden manchmal nicht zu Ende geführt *(„Freezing")*, und es fällt den Patienten schwer, ein Bewegungsprogramm zu ändern oder komplexe, zusammengesetzte Bewegungssequenzen durchzuführen. Die Mimik ist reduziert *(Maskengesicht)*. Bewegungsparameter (Kraft, Amplitude, Geschwindigkeit) sind ebenfalls reduziert, was sich in kleinen Schritten und einer kleinen Schrift *(Mikrographie)* äußert. Die verlangsamten Bewegungen werden als *Bradykinese* bezeichnet. Es fehlt die antizipatorische Anpassung der Haltung an die Intentionsbewegung. Die *Blickmotorik* kann eingeschränkt sein.

Plussymptome. Intentionsbewegungen sind bei Parkinsonpatienten ebenfalls gestört durch überschießende und willentlich nicht unterdrückbare Aktivität. Diese äußert sich in groben Zitterbewegungen *(Tremor)*. *Die Stützmotorik* ist durch erhöhten Muskeltonus *(Rigor)* und eine *gebückte Körperstellung* charakterisiert.

Dopamin steht mit anderen Transmittoren in einem subtilen Gleichgewicht und erzeugt über verschiedene Rezeptoren unterschiedliche Wirkungen

Zwei Übertragungswege in den Basalganglien. Wie für die meisten aminergen Transmitter gibt es auch für das DA eine ganze Familie von Rezeptoren. Physiologisch und pathophysiologisch bedeutsam ist die unterschiedliche DA-Wirkung bei einer Aktivierung der D_1- oder der D_2-Rezeptoren: eine Aktivierung der D_2-Rezeptoren im Putamen vermindert die indirekte Übertragung via Nucl. subthalamicus zum GPi, während eine D_1-Aktivierung die direkte Übertragung vom Putamen zum GPi fördert (Abb. 5–26). Das bedeutet, daß bei DA-Mangel der GPi (als Ausgangsstruktur der Basalganglien) sowohl überaktiv als auch vermindert aktiv sein kann, je nachdem ob der direkte oder der indirekte Weg mehr betroffen ist. Der Ausgang der Basalganglien *hemmt* seinerseits die thalamokortikale Neuronenkette (Abb. 5–26). *Somit wird eine verminderte Aktivität am Ausgang der Basalganglien zu einer überschießenden Aktivität im motorischen Kortex führen* (Wegfall der Hemmung im motorischen Thalamus), während *ein überschießender Output zu einer Unterfunktion des motorischen Kortex führt* (übermäßige Hemmung im motorischen Thalamus). Die zwei Übertragungswege in den Basalganglien erhellen einerseits das gleichzeitige Vorkommen von Plus- und Minussymptomen bei DA-Mangel und eröffnen anderseits auch neue und spezifischere therapeutische Möglichkeiten, z. B. mit der Entwicklung spezifischer Agonisten und Antagonisten der D_1- und D_2-Rezeptoren.

Gleichgewicht zwischen Überträgersubstanzen. Neben einem DA-Mangel findet man beim Morbus Parkinson und anderen Erkrankungen der Basalganglien auch häufig abnorme Werte für Azetylcholin, Noradrenalin, GABA und eine Reihe von Peptidtransmittoren. Aus der Tatsache, daß Hemmer der cholinergen Übertragung, d. h. Atropinderivate, günstig auf Plussymptome wirken, hat man geschlossen, daß normalerweise die 2 Transmittoren-Systeme in einem präzisen Gleichgewicht stehen und daß bei DA-Mangel die cholinergen Neurone ein relatives Übergewicht erlangen. Es ist wahrscheinlich, daß solche wechselseitigen Gleichgewichtszustände auch für die anderen Transmittersubstanzen gelten.

!

Aus der Pathophysiologie der Basalganglien kann man in Bezug auf die Physiologie der Basalganglien folgendes schließen:

- Voraussetzung für eine normale synaptische Übertragung ist die genügende Versorgung der Basalganglien mit dem Neuromodulator Dopamin, der über das nigrostriatale System im ganzen Corpus striatum freigesetzt wird.
- Die Dopaminwirkung kann, je nach Aktivierung der verschiedenen DA-Rezeptoren, bahnend oder hemmend sein. Die D_1-Rezeptoren sind mit dem direkten Übertragungsweg vom Putamen zum GPi, die D_2-Rezeptoren mit dem indirekten Übertragungsweg, via Nucl. subthalamicus, assoziert.
- Je nach Gewichtung der Übertragung im direkten oder indirekten Weg ist die Aktivität am Ausgang der Basalganglien vermindert oder verstärkt.
- Wegen des hemmenden Einflusses der Basalganglien auf den motorischen Thalamus ist die Aktivität am Ausgang der Basalganglien *negativ* korreliert mit der Aktivität des thalamischen Zuflusses zum motorischen Kortex.
- Die normale Funktion der Basalganglien beruht ebenfalls auf einem Zusammenspiel der übrigen Transmitter (GABA, Azetylcholin, Peptide), die, zusammen mit Dopamin, in einem subtilen gegenseitigen Gleichgewicht stehen.

5.9 Bereitschaft und Einstellung zum Handeln

Ein mentaler Vorbereitungsprozeß geht der Ausführung einer Handlung voraus

Motorische Einstellung („Preparatory set"). Je besser man sich auf eine Handlung vorbereitet, desto besser gelingt deren Durchführung. Jeder Sportler kennt diesen Effekt der mentalen Einstellung zur motorischen Leistung. Von psychologischer Seite wurde entsprechend schon zu Beginn des 20. Jahrhunderts begonnen, diese *mentale Vorphase der Einstellung* auf Grund der nachfolgenden Leistung zu untersuchen. In der deutschen Literatur findet man auch die Begriffe ***Bewegungsentwurf*** oder – ***bereitschaft.*** Konzeptionell ist die motorische Vorbereitungsphase eng verknüpft mit dem Begriff der *Bewegungsplanung* und der *Programmierung. Aufmerksamkeit* und *Motivation* sind ebenfalls signifikante Faktoren für die Reaktionsfähigkeit und motorische Leistung [7,13,17].

Quantitative Analysen des postulierten mentalen Prozesses können indirekt im Paradigma der Reaktionszeit (RZ) durchgeführt werden. Ein kurz vor dem Startsignal gegebenes Warnsignal verkürzt die RZ signifikant. Tatsächlich wird man beim Kommando „Achtung-Bereit-Los!" das „Los" bereits antizipieren. Bei einer Wahlreaktion ist die RZ gegenüber einer einfachen RZ verlängert. Wenn hingegen *vor* dem Startsignal eine Vorinformation über die durchzuführende Bewegung geliefert wird, gleicht sich die komplexe (Wahl-) RZ der einfachen RZ an, da die Versuchsperson sich bereits vor dem Startsignal auf die zu wählende Bewegung eingestellt hat.

Innerer Bewegungsantrieb. Für das menschliche Handeln ist die Selbstinitiierung mindestens so wichtig wie reaktives Verhalten auf äußere Reize. Diesbezüglich ist man aber fast ausschließlich auf subjektive Einsichten angewiesen. Die klinische Neuropathologie läßt uns jedoch erahnen, wie wichtig die neuralen Prozesse für die Vorbereitung selbstinitiierter Bewegungen sind; zudem scheinen sie an andere Strukturen gebunden zu sein als reaktive Bewegungen. Wie bereits erwähnt, sind bei Parkinsonpatienten die Bewegungen aus eigenem Antrieb ernsthaft gestört, während die sensorisch ausgelösten oder geführten Bewegungen viel besser gelingen.

Schädigungen des frontalen und parietalen Assoziationskortex sowie limbischer Rindenareale beeinträchtigen den Bewegungsentwurf

Um eine Aktion in Gang zu bringen braucht es *Motivation* und eine *Zielvorstellung.* Ferner muß die Handlung *in Relation zur momentanen Körperposition* und *zum äußeren Handlungsraum* geplant sein. Schädigungen des ***Präfrontalkortex*** können zu schweren Störungen der motorischen Willkürhandlung führen. Sie können zwar im Ablauf korrekt, aber den äußeren Umständen völlig unangepaßt sein. Handlungen des Alltags, wie z. B. Händewaschen, erfolgen sinnlos, in ungeeigneter Situation und ohne jeden Zusammenhang; sie erscheinen als *zwangshafte motorische Perseverationen.* Umgekehrt kommt es bei Schädigungen des ***mediofrontalen Kortex*** zur globalen *Einschränkung des Bewegungsantriebes.*

Schädigungen des ***parietalen Assoziationskortex,*** insbesondere der dominanten Hemisphäre, sind ebenfalls durch komplexe motorische Störungen charakterisiert, die man als *Apraxien* bezeichnet. Unter den verschiedenen apraktischen Manifestationen ist der gemeinsame Nenner der mangelnde Einbau der Motorik in den Rahmen der *äußeren* Gegebenheiten. Obwohl es nicht an der Kraft und Beweglichkeit der Gliedmaßen fehlt, können die Patienten mit Gegenständen und Werkzeugen nicht richtig umgehen, d. h. es fehlt der Bewegungsplan für die gegebene Handlung mit den vorliegenden Objekten.

Läsionen im ***limbischen Assoziationskortex*** führen zu motivationsbedingten Störungen der Motorik.

Diese Störungen werfen ein Licht auf die „höheren" motorischen Leistungen und zeigen mit aller Deutlichkeit, wie wichtig die richtige Einordnung der Handlung in die Zielvorstellung und in den aktuellen Kontext der Körperstellung und des Handlungsraumes ist. Dazu werden die beim Menschen so mächtigen frontalen und parietalen Assoziationsareale benötigt.

!

Mentales Training steigert die motorische Leistung. Im Reaktionszeitparadigma verkürzt sich die Latenzzeit bei einer Vorwarnung oder wenn eine Information über die zu wählende Reaktion vorgegeben wird; das motorische Programm kann dann schon bereitgestellt werden, bevor der Befehl zur Ausführung kommt. Aufmerksamkeit und Motivation sind ebenfalls Faktoren, die den motorischen Akt beeeinflussen. Die Bereitschaft zum Handeln ist an bestimmte neurale Substrate gebunden: Bei Läsionen im Präfrontalkortex werden Handlungen in nichtadäquatem Kontext ausgeführt; bei mediofrontalen Läsionen ist der generelle Bewegungsantrieb reduziert; bei Läsionen im parietalen Assoziationskortex ist der Bewegungsplan gestört; schließlich verursachen Läsionen des limbischen Systems motivationsbedingte Defizite.

Neuronale Prozesse, die der Intentionsbewegung vorausgehen, ergeben Einblicke in die Physiologie und Pathophysiologie der motorischen Bereitschaft

Neuronale Prozesse im Rückenmark. Eine ganze Reihe von Beispielen belegen die Annahme, daß sich vor Bewegungsbeginn Änderungen der Erregbarkeit im ZNS abspielen. Beispielsweise wird der monosynaptische ***H-Reflex*** mehrere hundert Millisekunden vor der Bewegung gebahnt. Das bedeutet, daß der motorische Kortex die motorischen Einheiten bereits vor Bewegungsbeginn in eine erhöhte Bereitschaft versetzt. Auch die Selektion der Motoneurone ist bereits im Voraus bestimmt. Ein anderes Beispiel, das sich auf spinaler Stufe abspielt, ist die ***Bereitstellung der Muskelspindeln*** durch die γ-Motoneurone. So hat man nachgewiesen, daß die Erregbarkeit der Muskelspindel auf Muskeldehnung in Ruhe sehr gering und auch bei stereotypen Bewegungen relativ niedrig ist. Erst wenn neuartige und schwierige Bewegungen durchgeführt werden, ist über einen erhöhten Fusimotorentonus die dynamische Dehnungsempfindlichkeit der Muskelspindel enorm gesteigert. Dieser Mechanismus wird als „fusimotor-set" bezeichnet und bedeutet optimale Einstellung der Muskelspindel für schnelle Bewegungskorrekturen. In die gleiche Richtung geht der Mechanismus der variablen Reflexübertragung, die sich der momentanen motorischen Aufgabe anpaßt. Wie schon beschrieben, erfolgt dies dadurch, daß Reflexwege „geöffnet" und „geschlossen" werden, was auch als Gating-Phänomen bezeichnet wird. Ebenso sei an die proaktive posturale Anpassung an die Eigenbewegung erinnert.

Kortikale Bereitschaft. Die obigen Prozesse, die sich auf „niedriger" Stufe manifestieren, sind wiederum unter Kontrolle der „höheren" Zentren des Gehirns. Die Planung und Programmierung einer Intentionsbewegung entsteht auf dem Niveau der Hirnrinde in Kooperation mit den transstriatalen und transzerebellären Schleifen. Schon in der Pionierzeit der Elektroenzephalographie (EEG, s. auch Kap. 7) beobachtete Hans Berger, daß bei Bewegungsbeginn der α-Rhythmus in den schnelleren β-Rhythmus übergeht; die genaue Messung der zeitlichen Relation der ***EEG-Desynchronisation*** mit der Fingerbewegung ergab einen Vorlauf von 1–1,5 Sekunden vor Bewegungsbeginn (Abb. 5–28A). Am bekanntesten sind die ebenfalls mit der EEG-Methode registrierbaren ***Bereitschaftspotentiale*** (BP). Diese gehen der selbstinitiierten Bewegung ebenfalls um etwa 1 Sekunde voraus. Das BP manifestiert sich als langsam ansteigende Negativierung, die kurz vor Bewegungsbeginn in ein steileres motorisches Potential übergeht (Abb. 5–28B). Das ***Erwartungspotential*** (expectancy wave oder contingent negative variation, CNV) ist ein ähnliches Phänomen, das kurz nach einem Warnsignal beginnt und dann langsam bis zum Startsignal für eine Reaktionsbewegung ansteigt (Abb. 5–28C). Diese Massenpotentiale sind Epiphänomene der komplexen mentalen Prozesse, die der Willkürbewegung vorausgehen. Obwohl sie in ihrer Genese nicht völlig geklärt sind, stoßen sie auf großes theoretisches wie auch klinisches Interesse. Zum Beispiel sind die BP bei Parkinsonpatienten, die Mühe haben, sich aus eigenem Antrieb zu bewegen, schwach ausgebildet oder fehlen ganz.

Aktivität von Einzelneuronen. Nähere Aufschlüsse über neurale Prozeße in der Vorbereitungsphase liefern Registrierungen der Entladungsmuster von Einzelneuronen in verschiedenen kortikalen Arealen bei trainierten Affen, die gelernt haben, ihre Bewegungen erst nach einer gewissen Wartezeit auf Grund vorgegebener Instruktionen auszuführen. Diese Neurone sind dann in der Warteperiode, d. h. vor Bewegungsbeginn, am meisten aktiv, und ihre Aktivität korreliert z. B. mit Vorgaben über die später durchzuführende Bewegung. Unmittelbar vor Bewegungsbeginn und während der Bewegung nimmt die Aktivität wieder ab.

Neurone mit Aktivitätsmuster, die einen „preparatory set"-Charakter erkennen lassen, sind sehr häufig im präfrontalen Kortex anzutreffen. In kaudaler Richtung nimmt die Proportion ab; sie sind aber noch stark in den sekundär-motorischen Arealen und sogar im postzentralen sensorischen Kortex zu sehen. Die verschiedenen motorischen Felder zeigen dabei eine gewisse Spezialisierung, wobei die Unterschiede allerdings mehr in der Gewichtung der verschiedenen Neuronenklassen liegen. Zum Beispiel sieht man neuronale Aktivität mit langsam zunehmender Frequenz vor selbstinitiierten Bewegungen häufiger in der medialen Area 6 (SMA) und im vorderen Zingulum, während die Aktivität, die durch sensorische Vorinformation ausgelöst wird, in der lateralen Area 6 (PM) häufiger ist. Anderseits ist jedoch auch klar, daß Neuronenpopulationen mit ähnlichen funktionellen Eigenschaften in mehreren sensomotorischen Arealen verteilt sind. Erwartungsgemäß sind neuronale Aktivitätsmuster, die mit der Bereitstellung der Bewegung gekoppelt sind, auch in den Basalganglien anzutreffen.

Die funktionelle Implikation motorischer Zentren des menschlichen Gehirns kann mittels bildgebender Verfahren untersucht werden

Hirnaktivität und Hirnmetabolismus. Zusammen mit den bereits erwähnten elektroenzephalographischen Methoden können mit den zu besprechenden ***bildgebenden Verfahren*** erstmals beim gesunden und hirnkranken Menschen neurophysiologische Probleme der höheren Motorik untersucht werden. Die zwei Ansätze ergänzen sich, da mit elektrophysiologischen Methoden die zeitliche Auflösung sehr präzis, die räumliche jedoch ungenau ist; andererseits wurde mit den bildgebenden Verfahren die räumliche Auflösung ständig verbessert, während die zeitliche schlecht ist. Inwieweit geben diese Verfahren Aufschlüsse über die Rolle der verschiedenen motorischen Areale in der Bereitstellung und Planung der Bewegungen [7,13,17]?

Bei erhöhter Aktivität einer Neuronenpopulation steigt der metabolische Bedarf, und dieser wird durch eine Erhöhung der örtlichen Durchblutung des Hirngewebes befriedigt. Diese Tatsache benützt man, um mit Hilfe des metabolischen Verbrauchs der Glukose oder der örtlichen zerebralen Durchblutung indirekt neuronale Aktivitätsänderungen zu erfaßen. Mit der Technik der ***Positron-Emissions-Tomographie (PET)*** und der ***funktionellen Kern-***

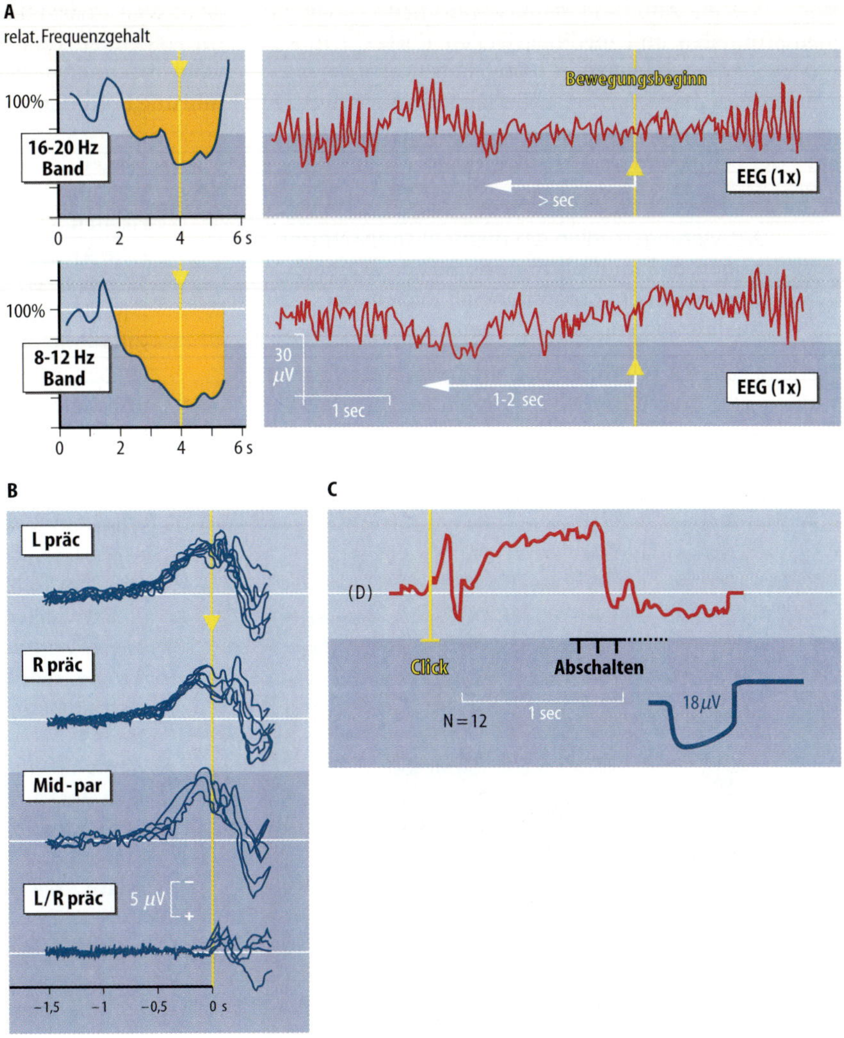

Abb. 5–28. Elektrophysiologische Phänomene im Elektroenzephalogramm des Menschen, die der Bewegung vorausgehen. **A** *Desynchronisation im Elektroenzephalogramm (EEG). Rechts*: 2 EEG-Originalaufnahmen. Schon aus diesen Rohdaten ist ersichtlich, daß 1–2 Sekunden vor Bewegungsbeginn eine Änderung im Wellenmuster zugunsten von Ausschlägen höherer Frequenz und niedrigerer Amplitude auftritt. Die Veränderung im Frequenzgehalt in Funktion der Zeit ist für das Frequenzband 16–20 Hz, respektive 8–12 Hz, in 2 Graphiken dargestellt (Bewegungsbeginn beim *gelben Pfeil*, Mittelung von etwa 50 Einzelbewegungen eines Fingers). Nach Pfurtscheller und Berghold: EEG Clin. Neurophysiol. *72,* 250 (1989). **B** *Bereitschaftspotentiale* des Menschen bei Willkürbewegungen des Zeigefingers. Jede Einzelkurve stellt eine Mittelwertkurve dar, die bei derselben Person an verschiedenen Tagen aufgenommen wurde (je 1000 Bewegungen). Die Zeit 0 (*gelber Pfeil*) entspricht dem ersten erfaßbaren Bewegungsbeginn. Das Bereitschaftspotential beginnt in diesem Fall etwa 800 ms vor der Bewegung. Es ist bilateral und weit ausgedehnt über präzentralen und parietalen Regionen zu registrieren. Ca. 90 ms vor der Bewegung beginnt die sogenannte prämotorische Positivierung und gleich daran anschließend das „Motorpotential", das nur deutlich in der untersten bipolaren Ableitung erscheint. Dieses Motorpotential ist beschränkt auf die der Bewegung entgegengesetzten Präzentralwindung und beginnt 50–100 ms vor der Bewegung. Die Potentiale, die während der Bewegung auftreten, sind sensorisch hervorgerufene (reafferente) Potentiale. Nach Deecke und Mitarbeiter: Biol. Cybernetics, 23, 99 (1976). **C** Ein *Erwartungspotential* tritt auf, wenn die Versuchsperson etwa 1 Sekunde nach einem akustischen Signal einen optischen Flickerreiz abstellen muß. Es äußert sich als eine langsam ansteigende negative Schwankung im EEG. Die phasischen Potentiale sind evozierte Potentiale, die nach dem Klick und nach dem optischen Reiz auftreten. Monopolare Ableitung vom Vertex. Es wird häufig der englische Terminus *„Contingent Negative Variation"* oder *CNV* verwendet. In Creutzfeldt [4]

spin-Resonanz-Methode (functional magnetic resonance imaging, functional MRI) erfaßt man die örtlichen Veränderungen der Durchblutung sowohl der Hirnrinde als auch tiefer Strukturen (s. auch die Kapitel 6 und 28). Die Intensität der Signale wird automatisch in einen Farbkode umgewandelt, woraus schließlich funktionelle „Hirnkarten" berechnet und dargestellt werden können. Man muß sich im Klaren darüber sein, daß eine „Aktivierung" im PET-Bild auch inhibitorische Prozesse und die Aktivierung der Glia mit einschließt. Leider sind diese Verfahren noch außerordentlich kostspielig.

Demonstration lokalisierter mentaler Vorgänge. Ein früher Befund, den man noch mit der jetzt kaum mehr gebrauchten Auswaschmethode des Radio-Isotopes Xenon für die Messung des regionalen Blutflußes erhoben hat, war aufsehenerregend: Es stellte sich heraus, daß allein die Vorstellung der Bewegung, ohne daß man sie durchführt (also ein rein mentaler Prozeß), bereits zu örtlich begrenzten Änderungen der kortikalen Aktivität führt. Wie die Abb. 5–29 zeigt, waren diese Zonen im mediofrontalen und medioparietalen Kortex. Die Zunahme war am stärksten im Bereich der *supplementär-motorischen Area.* Nur wenn die Sequenz der Fingerbewegungen physisch durchgeführt wurde, „leuchtete" auch der primäre motorische Kortex auf.

Aktivierungsstudien des menschlichen Gehirns zeigen, daß multiple motorische Kortexareale sowohl an der Vorbereitung als auch in der Ausführung von Bewegungen beteiligt sind

Metabolische Aktivierungsstudien, die mit zunehmend verbesserter Technik erhoben werden, zeigen, daß die Prozesse der motorischen Bereitstellung und der Bewegungsausführung lokalisatorisch nicht streng getrennt werden können. Regionale Unterschiede sind vorwiegend vom Charakter des motorischen Aktes abhängig. Im Folgenden sind die wichtigsten Ergebnisse, die sowohl die motorische Vorbereitung als auch die Ausführung betreffen zusammengefaßt:

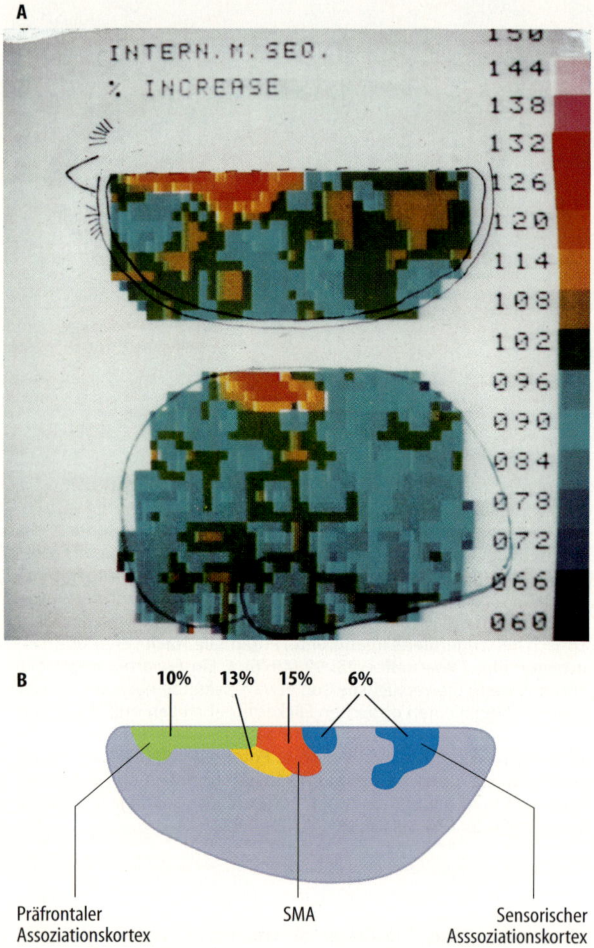

Abb. 5–29. A Relative Zunahme der lokalen Hirndurchblutung im mediofrontalen Kortex mit Einschluß der SMA. Die prozentualen Änderungen der Durchblutung vom Ruhemuster werden mit dem Farbkode (*rechts*) angegeben. Die Versuchsperson wurde aufgefordet, eine ihm vertraute Sequenz von Fingerbewegungen sich lediglich vorzustellen, aber nicht durchzuführen. In **B** Angabe der prozentualen Änderungen des Blutflusses. Nach Roland und Mitarbeiter: J. Neurophysiol. *43,* 119 (1980)

- Willkürbewegungen aktivieren multiple kortikale und subkortikale Areale: den primär-motorischen Kortex (MI), das supplementär-motorische Areal (SMA), den lateralen prämotorischen Kortex (PM) und – je nach motorischer Aufgabe – noch zusätzliche kortikale Areale im vorderen Zingulum, im präfrontalen und im parietalen Assoziationskortex. Subkortikal können Aktivationsherde im Putamen und im Zerebellum sichtbar werden.
- Sowohl in MI als auch im kaudalen Teil der SMA kann man eine Somatotopie nachweisen.
- Während in MI die Gehirnaktivität vorwiegend kontralateral zur Bewegung erhöht ist, wird die SMA bei unilateraler Bewegung häufig beidseitig aktiviert.
- Intern generierte Bewegungssequenzen aktivieren v. a. den rostralen Teil der SMA sowie den rostralen zingulären Kortex (Area 24 von Brodmann).
- Wenn in einem motorischen Verhaltenstest je nach Instruktions-Signal entweder eine Bewegung ausgeführt oder unterdrückt werden muß („go-no go"-Paradigma), ist besonders die zinguläre Area 24 impliziert.

Diese Befunde zeigen klar, daß die Intentionsmotorik des Menschen eine Reihe von sensomotorischen Rindenarealen impliziert, die, je nach Aufgabe, in verschiedenen Konstellationen und mit verschiedener Gewichtung aufgerufen werden. Das Konzept einer streng hierarchischen Organisation in sekundär-motorischen Arealen, die nur für die Bewegungsplanung zuständig sind, während der primär-motorische Kortex MI nur die Ausführung der Bewegung kontrolliert, ist aus heutiger Sicht nicht mehr haltbar. Bei vielen, auch einfachen und stereotyp wiederholten Bewegungen sind z. B. MI und die SMA koaktiviert, was im Sinne einer ***parallelen Verarbeitung*** und Beteiligung an der ***Ausführungsphase*** interpretiert werden kann. Beide Areale sind zudem im Ursprungsgebiet der Pyramidenbahn. Andere Aufgaben scheinen aber die SMA verstärkt zu aktivieren, wie selbstinitiierte Bewegungen, insbesondere selbstgewählte Bewegungssequenzen. Anderseits sind über dem primär-motorischen Kortex wie über der SMA Bereitschaftspotentiale registrierbar. Diese Befunde sprechen somit für eine Beteiligung beider Areale an der ***Bewegungsplanung.***

> **!**
>
> Die Bereitschaft zum Handeln, ein mentaler Prozeß, der dem Bewegungsakt vorausgeht, manifestiert sich in einer Aktivierung neuraler Prozesse in weit verteilten Gebieten des Gehirns.
>
> Diese können beim Menschen als langsam ansteigende Summenpotentiale mittels elektroenzephalographischer Methoden registriert werden. Desynchronisation im EEG und „Bereitschaftspotentiale" gehen den Bewegungen, die aus eigenem Antrieb erfolgen, um 1–1,5 Sekunden voraus; „Erwartungspotentiale" *(expectancy waves, contingent negative variation, CNV)* treten in der Warteperiode vor Reaktionsbewegungen auf. In den Entladungsmustern von Einzelneuronen läßt sich die Kodierung für verschiedene Aspekte der motorischen Vorbereitung erkennen. Lokalisierte Aktivitätsänderungen des menschlichen Hirns lassen sich indirekt, auf der Basis der induzierten metabolischen Änderungen, mit Hilfe der Positronemissionstomographie bildlich darstellen. Die elektrophysiologischen und metabolischen Methoden ergänzen sich gegenseitig, und die dabei gewonnenen Ergebnisse sind mit dem Konzept einer massiv parallelen Verarbeitungsweise der sensomotorischen Kortexareale vereinbar. Das Konzept schließt aber auch eine gewisse Arbeitsteilung zwischen den verschiedenen Kortexarealen nicht aus. Schließlich sind die sensomotorischen Kortexareale häufig am Entwurf wie auch an der Ausführung der Bewegungen beteiligt [7,13,17].

5.10 Literatur

Weiterführende Lehr- und Handbücher

1. Bock G, O'Connor M, Marsh J (eds)(1987) Motor areas of the cerebral cortex. Wiley, Chichester (Ciba Foundation Symposium 132)
2. Brooks VB (ed) (1981) Handbook of physiology, section I: the nervous system, vol 2, parts 1 and 2: motor control. American Physiological Society, Bethesda
3. Cole J (1991) Pride and a daily marathon. Duckworth, London
4. Creutzfeldt O (1983) Cortex cerebri, Leistung, strukturelle und funktionelle Organisation der Hirnrinde. Springer, Berlin Heidelberg New York
5. Desmedt JE (ed) (1983) Motor control mechanisms in health and disease. Raven, New York (Advances in neurology, vol 39)
6. Eccles JC, Ito M, Szentagothai J (1967) The cerebellum as a neuronal machine. Springer, Berlin Heidelberg New York
7. Evarts EV, Shinoda U, Wise SP (1984) Neurophysiological approaches to higher brain functions. Wiley, New York
8. Evered D, O,Connor M (eds) (1984) Functions of the basal ganglia. Pitman, London (Ciba Foundation Symposium 107)
9. Goodale M A (eds) (1990) Vision and action: the control of grasping. Ablex Publishing Corporation, Norwood
10. Granit R (1970) The basis of motor control. Academic, New York
11. Humphrey DR, Freund H-J (eds) (1991) Motor control: concepts and issues. (Dahlem Workshop Reports Berlin 1989). Wiley-Interscience, Chichester
12. Ito M (1984) The cerebellum and neural control. Raven, New York
13. Jeannerod M (1988) The neural and behavioural organization of goal-directed movements. Clarendon, Oxford (Oxford psychology series no 15)
14. Matthews PBC (1972) Mammalian muscle receptors and their central actions. Arnold, London
15. Phillips CG (1986) Movements of the hand. Liverpool University Press, Liverpool
16. Porter R, Lemon R (1993) Corticospinal function and voluntary movement. Clarendon, Oxford (Monographs of the Physiological Society no 45)
17. Rosenbaum DA (1991) Human motor control. Academic, San Diego
18. Towe AL, Luschei E (eds) (1981) Handbook of behavioral neurobiology, vol 5: motor coordination. Plenum, New York

Einzel- und Übersichtsarbeiten

19. Alexander GE, Crutcher MD (1990) Functional architecture of basal ganglia circuits: neural substrates of parallel processing. Trends Neurosci 13:266–271
20. Alexander GE, DeLong MR, Strick PL (1986) Parallel organization of functionally segregated circuits linking basal ganglia and cortex. Annu Rev Neurosci 9:357
21. Dum RP, Strick PL (1992) Medial wall motor areas and skeletomotor control. Curr Opin Neurobiol 2:836–839
22. Evarts EV, Wise SP, Bousfield D (eds) (1985) The motor system in neurobiology. Elsevier, Amsterdam
23. Hepp-Reymond M-C (1988) Functional organisation of motor cortex and its participation in voluntary movements. In: Steklis HD, Erwin J (eds) Comparative primate biology, vol 4: neurosciences. Liss, New York
24. Jankowska E, Lundberg A (1981) Interneurones in the spinal cord. Trends Neurosci 4:230–233
25. Jeannerod M (1994) Reichen und Greifen – die parallele Spezifikation visuomotorischer Kanäle. In: Heuer H (Hrsg) Psychomotorik (Kognition). Enzyklopädie der Psychologie, Bd 3. Hofgrefe, Göttingen
26. Kurata K (1994) Information processing for motor control in primate premotor cortex. Behav Brain Res 61:135–142
27. Massion J, Paillard J, Schultz W, Wiesendanger M (eds) (1983) Neural coding of motor performance. Springer, Berlin Heidelberg New York
28. Tanji J (1994) The supplementary motor area. Neurosci Res 19:251–268
29. Wiesendanger M, Miles TS (1982) Ascending Pathways of low-threshold muscle afferents to the cerebral cortex and its possible role in motor control. Physiol Rev 62:1234

6 Allgemeine Physiologie der Großhirnrinde

N. Birbaumer, R. F. Schmidt

EINLEITUNG Die Geburtsstunde des Elektroenzephalogramms am Menschen schlug 1929 mit der ersten Mitteilung des Jenaer Psychiaters Hans Berger über dessen Registrierung, in der er am Schluß schrieb: „Ich glaube in der Tat, daß die von mir hier ausführlich geschilderte cerebrale Kurve im Gehirn entsteht und dem Elektrocerebrogramm der Säugetiere von Neminski entspricht. Da ich aus sprachlichen Gründen das Wort ‚Elektrocerebrogramm' das sich aus griechischen und lateinischen Bestandteilen zusammensetzt, für barbarisch halte, möchte ich für diese von mir hier zum erstenmal *beim Menschen* nachgewiesene Kurve in Anlehnung an den Namen ‚Elektrokardiogramm' den Namen ‚Elektrenkephalogramm' vorschlagen" (Lit. in [3]).

Heute wird der Kortex als ein assoziativer Speicher aufgefaßt. Elektrische Spannungs- und magnetische Feldänderungen sind Ausdruck des Aktivitätszustandes der Nervennetze. Ihre Aufzeichnung als Elektro- bzw. Magnetoenzephalogramm stellt einen wichtigen Zugang zur Klärung der Beziehungen zwischen sensorischen, motorischen und kognitiven Prozessen und deren neuronalen Grundlagen dar. Zusammen mit der Erfassung der regionalen Hirndurchblutung konnten enge Zusammenhänge zwischen gesunden und krankhaften Veränderungen der Hirnaktivität und Verhalten hergestellt werden.

6.1 Aufbau der Großhirnrinde

Die Feinstruktur der Großhirnrinde ist trotz gewisser regionaler Eigenheiten überall gleich; es überwiegen die Pyramidenzellen, die zum Großteil zu anderen kortikalen Pyramidenzellen projizieren

Der Kortex ist ein vielfach gefaltetes neuronales Gewebe mit Windungen *(Gyri)* und Furchen *(Sulci)* (Abb. 6–1). Seine Gesamtoberfläche (beide Hemisphären) beträgt etwa 2200 cm^2, seine Dicke schwankt in den verschiedenen Hirnabschnitten zwischen 1,3 und 4,5 mm und sein Volumen liegt bei 600 cm^3. Er enthält ***10^9 bis 10^{10} Neurone*** und eine große, aber unbekannte Zahl von Gliazellen. In der Rinde wechseln sich Schichten, die vorwiegend Zellkörper enthalten, mit solchen ab, in denen vorwiegend Axone verlaufen, so daß die frisch angeschnittene Rinde eine streifige, sechsschichtige Anordnung zeigt (s. unten).

Bauprinzip des Kortex (Abb. 6–2 oben). Der Kortex enthält eine große Anzahl unterschiedlichster Neurone, die sich aber 2 Haupttypen zuordnen lassen, nämlich den ***Pyramiden-*** und den ***Sternzellen.*** Es überwiegen die Pyramidenzellen, die 80 % aller Neurone ausmachen. Sie sind *lokal durch Axonkollaterale* (in Abb. 6–2 durch kurze Striche angedeutet) miteinander verbunden. Ihre Axone laufen zum größten Teil (bis zu 90 %) zu anderen kortikalen Regionen, und zwar teils als ***Assoziationsfasern*** ipsilateral und teils als ***Kommissurenfasern*** über den Balken zur gegenüberliegenden Hemisphäre. Der kleinere Teil läuft als ***Projektionsfasern*** zu anderen Teilen des Nervensystem (z. B. zu den motorischen Zentren des Hirnstamms). Die in den Kortex eintretenden ***Afferenzen*** (rot) machen ebenfalls nur einen kleinen Prozentsatz der kortikalen Verbindungen aus.

Schichtenstruktur des Kortex. Den Aufbau des Kortex in 6 Schichten, deren Anordnung und Verknüpfung von größter Bedeutung für das Verständnis ihrer Funktion ist, zeigt die Abb. 6–2 in ihrem *unteren* Teil. Die *spezifischen thalamischen Fasern* aus den Sinnessystemen gelangen in Schichten III, IV und V, wo die Zellkörper der Pyramidenzellen liegen, während die ***Assoziationsfasern*** (aus anderen kortikalen Regionen. s. o.), die ***Kommissurenfasern*** (aus der gegenüberliegenden Hemisphäre) und die *unspezifischen thalamischen Fasern* (das sind jene, deren Ursprungskerne nicht mit spezifischen sensorischen und motorischen Aufgaben betraut sind, s. Kap. 12) an die Dendriten von Schichten I und II führen.

Hirnkarten. Trotz seines einheitlichen Grundmusters ist die Struktur des Kortex örtlichen Variationen unter-

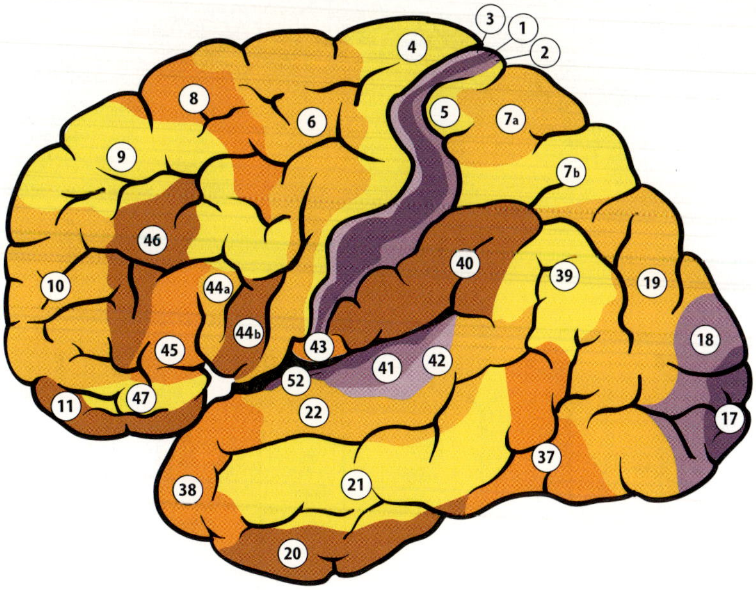

Abb. 6–1. Karte der zytoarchitektonischen Felder nach Brodmann (1909). Seitenansicht der linken Hemisphäre. Die verschiedenen Felder (*Areale* oder *Areas*) sind durch unterschiedliche Farben gekennzeichnet. Die Numerierung von Brodmann ist angegeben. Area 17, der Hinterhauptspol, ist die primäre Sehrinde. Der Sulcus centralis trennt den primär motorischen Gyrus präcentralis (Area 4) vom primär somatosensorischen Gyrus postcentralis (Areae 3, 1, 2). Area 41 am oberen Rand des Temporallappens ist die primäre Hörrinde (Heschl Windung). Aus SCHMIDT, R. F. (Hrsg.) Neuro- und Sinnesphysiologie, Heidelberg: Springer 1993

worfen. Schon aufgrund der Dichte, der Anordnung und der Form der Neurone, der ***Zytoarchitektonik*** also, hat Brodmann den Kortex, wie in Abb. 6–1 zu sehen, in etwa 50 Felder (Areae) eingeteilt. Andere Karten sind noch detaillierter. Die Sechsschichtigkeit ist in den Assoziationsarealen besonders deutlich. In den primären sensorischen Projektionsarealen sind die Pyramidenschichten III und IV schwächer ausgeprägt. Wichtig ist, daß die Schichten I-IV primär Afferenzen empfangen und V und VI als Ausgangsschichten anzusehen sind.

Module und Kolumnen. Histologisch lassen sich kaum Anzeichen für eine Aufteilung der Areae in funktionelle Untereinheiten erkennen. Physiologisch ist aber deren Existenz in verschiedenen, v. a. primären sensorischen Arealen wahrscheinlich gemacht worden. So erreichen die Eingänge vom rechten und vom linken Auge abwechselnd die primäre Sehrinde in Streifen von einem halben Millimeter Breite. Auch gruppieren sich die Neurone, die auf Kanten verschiedener Orientierung im Sehfeld antworten, so, daß innerhalb von einem halben Quadratmillimeter Kortexfläche sämtliche Orientierungen repräsentiert sind. Derartige Bereiche bezeichnet man als ***Module*** oder ***Kolumnen.*** Manchmal werden auch noch kleinere Gebiete, die aus einer Säule von übereinanderliegenden Nervenzellen mit ähnlichen physiologischen Charakteristika bestehen, *Kolumnen* genannt.

Der Assoziationskortex bildet die Grundlage der polysensorischen Informationsverarbeitung

Der phylogenetische und ontogenetische Zuwachs an Hirnrinde beim Menschen ist primär auf die enorme Ausdehnung der *polymodalen* **Assoziationsfelder** zurückzuführen, die im phylo- und ontogenetischen Reifungsprozeß von den primären sensorischen und motorischen Regionen aus gebildet werden und auch keine wesentlich andere Feinstruktur als diese aufweisen. Abb. 10–4 (s. S. 189) illustriert die Anordnung von primären sensorischen und motorischen Arealen. Alle übrigen Regionen werden als Assoziationsareale bezeichnet.

Abgesehen von den sensorischen und motorischen Funktionen des Neokortex (s. Abschnitt 12.8 und Kap. 5) fassen wir die Großhirnrinde heute als großen ***assoziativen Speicher*** auf, in dem all unser sprachliches und nichtsprachliches Wissen und viele unserer Fertigkeiten niedergelegt sind. *„Denken"* besteht aus der interaktiven Aktivität von Erregungsmustern zwischen den Pyramidenzellen und ihren Dendriten.

Der ***„Ort" des Lernens und Denkens*** sind die Dornfortsätze *(Spines)* der apikalen Dendriten der Pyramidenzellen, die zum Großteil *plastisch,* d. h. modifizierbar sind (s. Kap. 8). Jede Pyramidenzelle ist mit Tausenden, oft weit entfernt liegenden anderen Pyramidenzellen verbunden, deren Axone meist an den apikalen Dendriten der Schicht I und II enden, während die Eingänge aus dem Thalamus (sensorische Informationen) in Schicht IV münden (s. Abb. 6–2 *unten*).

Kortikale Neurone haben dieselben biophysikalischen Eigenschaften wie spinale Neurone

Ruhe- und Aktionspotentiale. Pyramidenzellen haben *Ruhepotentiale von –50 bis –80 mV,* und die *Amplitude der Aktionspotentiale* beträgt, bei einer Dauer von 0,5 bis 2 ms, *60–100 mV.* Die Aktionspotentiale starten am Axonhügel der Zellen und breiten sich von dort sowohl nach peripher als auch über das Soma und zumindest die proximalen Dendriten aus. Es fehlen beim Aktionspotential ausgeprägte Nachpotentiale, so daß die Pyramidenzellen mit Frequenzen bis zu 100 Hz entladen können. Pyramidenzellen sind exzitatorisch, während die meisten Sternzellen inhibitorisch wirken (ansonsten sind ihre biophysikalischen Eigenschaften mit denen der Pyramidenzellen anscheinend weitgehend identisch).

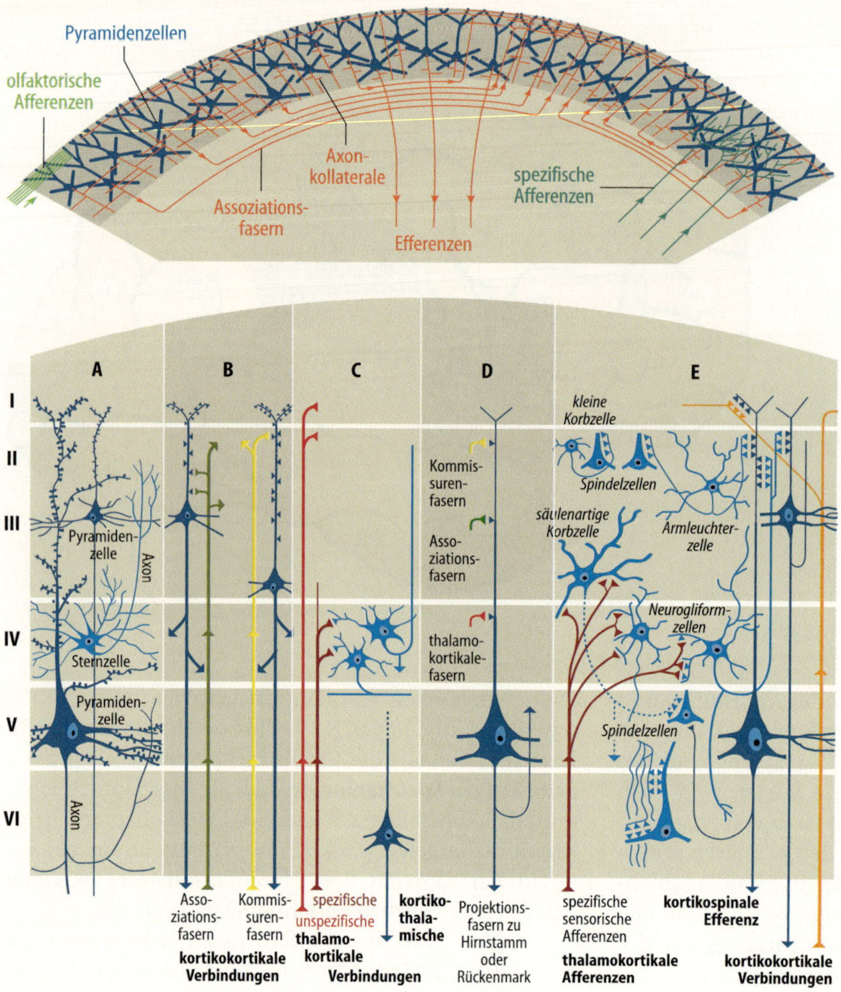

Abb. 6–2. *Oben.* Bauprinzip der Großhirnrinde, schematisiert. In allen Schichten überwiegen die hier dargestellten Pyramidenzellen. Sie sind miteinander überall durch Axonkollateralen (hier nur durch *kurze Striche* angedeutet) oder – über größere Entfernungen – über Assoziationsfasern durch die weiße Substanz (unten) verbunden. Efferenzen zu anderen Teilen des Zentralnervensystems und spezifische Afferenzen *(grün)* machen nur einen geringen Prozentsatz der Verbindungen aus. Die letzteren strahlen in die mittlere (4. Schicht) des Kortex ein, mit Ausnahme der olfaktorischen Afferenzen *(linker oberer Bildrand, grün)*, die in die äußerste Schicht (Schicht I) eintreten (nach [2] mit freundlicher Genehmigung) *Unten.* Kortikale Neurone, ihre Schaltkreise und ihre afferenten und efferenten Verbindungen. Stark vereinfachte und schematisierte Darstellung auf dem Hintergrund der Schichtenstruktur der Hirnrinde. **A** Lage und Aussehen der 2 Haupttypen kortikaler Neurone. **B** Eingangs-Ausgangs-Beziehungen kortikokortikaler Verbindungen (Assoziations- und Kommissurenfasern). **C** Charakteristika thalamokortikaler (unspezifischer und spezifischer) und kortikothalamischer Verbindungen. **D** Synaptische Eingangszonen einer Pyramidenzelle, deren Axon zu subthalamischen Hirnregionen projiziert (Hirnstamm, Rückenmark). **E** Zusammenschau der Verknüpfung kortikaler Neurone (J. Szentágothai, umgezeichnet und stark vereinfacht nach mehreren seiner Veröffentlichungen); B-D nach den Untersuchungsergebnissen zahlreicher Autoren

Synaptische Potentiale. Verglichen mit den motoneuronalen postsynaptischen Potentialen (Abb. 3-5, s. S. 46) sind die kortikalen Potentiale durchwegs länger. *Erregende* postsynaptische Potentiale haben oft eine Anstiegszeit von mehreren Millisekunden und eine Abfallzeit von 10–30 ms, während *hemmende* postsynaptische Potentiale meist noch länger, nämlich 70–150 ms dauern. An apikalen Dendriten wurden EPSP registriert, die mehrere Sekunden andauerten. Wenn diese synchron an vielen apikalen Dendriten auftreten, so kann man sie an der Schädeloberfläche als ***Gleichspannungspotentiale** (dc potentials)* oder ***langsame Hirnpotentiale** (slow brain potentials,* s. Kap. 7) registrieren.

Hemmende postsynaptische Potentiale sind im spontan aktiven Kortex ***seltener als erregende*** und dann von kleinerer Amplitude. Dagegen können nach Aktivierung sensorischer Bahnen häufig große und langdauernde hemmende postsynaptische Potentiale entweder isoliert oder im Anschluß an erregende synaptische Potentiale registriert werden. Die Frequenz der durch postsynaptische Potentiale ausgelösten kortikalen Impulsaktivität ist niedrig, auch an wachen Tieren. Sie liegt meist unter 10 Hz und nicht selten unter 1 Hz.

Überträgersubstanzen. Die *Pyramidenzellen* benutzen als Transmitter meist eine erregende Aminosäure, vor allem ***Glutamat.*** Einige der *erregenden* Sternzellen enthalten ***Neuropeptide*** (CCK, VIP s. S. 48), die *hemmenden* Sternzellen machen möglicherweise von ***GABA*** als

Transmitter Gebrauch. Viele der *afferenten Fasern* benutzen die Monoamine Noradrenalin und Dopamin, andere Azetylcholin, Serotonin und Histamin. NO (Stickoxid) spielt eine Rolle bei der anhaltenden Aktivierung von Zellensembles (s. Kap. 8).

Synchronisation und Oszillation der elektrischen Aktivität von kortikalen Zellen und Zellverbänden verschlüsseln die Bedeutung und Gestalt von Wahrnehmungsinhalten und Verhaltensweisen

Die Aktivität *einzelner* Nervenzellen kann den Reichtum unseres Erlebens und Gedächtnisses nicht erklären. Zwar sind einzelne Neurone auf allen Ebenen des Zentralnervensystems auf bestimmte Reizkonfigurationen spezialisiert (z. B. „Eckendetektoren", s. Kap. 16), die Wahrnehmung eines Gesichtes oder einer Vase in der Abb. 6–3 kann aber nicht auf die abwechselnde Aktivierung einer *„Gesichtszelle"* und einer *„Vasenzelle"* zurückgeführt werden. Die Anzahl der Zellen im visuellen Kortex reicht nicht aus, um die unzählbaren Objekte und deren verschiedene Ansichten und Bedeutungen zu repräsentieren. Dasselbe gilt für alle anderen Sinnessysteme und die Motorik. Darüber hinaus ist jede Pyramidenzelle nur mit einer Synapse mit einer anderen Zelle verbunden und erhält nur wenige tausend synaptische Eingänge von anderen Zellen [2]. Da die synaptische Effizienz einzelner Synapsen nicht ausreicht, um eine Zelle zu erregen, sind diese auf synchron-simultanen Einstrom vieler Synapsen angewiesen, um eine verläßliche Impulsübertragung zu gewährleisten.

Zellensembles. Die Großhirnrinde hat das Problem der ***Repräsentation von bedeutungsvollen Inhalten*** (im Gegensatz zu isolierten Ecken, Kontrasten etc.) über das Prinzip der *„Verbindung durch Konvergenz" (binding by convergence,* [10]) und der *lokalen Schwellenregulation* (s. Kap. 8) gelöst: Einem bestimmten Erlebnisinhalt liegt die Aktivität einer Gruppe exzitatorisch verbundener Nervenzellen zugrunde, deren synaptische Stärke größer als die der umgebenden Zellverbindungen ist. Man nennt eine solche Repräsentation ein *Zellensemble (cell assembly,* s. Kap. 8). Die synaptische Stärke entwickelt sich nach der Hebb-Regel durch *simultane Aktivierung („Assoziation")* von zwei bisher nicht gleichzeitig aktivierten Zellen oder Zellensembles. Die Erregung auch nur eines Teilelementes eines Zellensembles reicht danach aus, um das gesamte Ensemble zu zünden *(„Ignition")*.

Eine individuelle Nervenzelle kann zu verschiedenen Zeiten an der Repräsentation verschiedener Inhalte mitwirken. Die Individualität eines Objektes ist durch das Muster gleichzeitiger oder *eng korrelierter* Aktivität von Einzelneuronen in Zellensembles repräsentiert, wenn die Zellen eine minimale Erregungsschwelle überschritten haben (s. Kap. 8). Untersuchungen von W. Singer [10] konnten zeigen, daß die Aktionspotentialsequenzen von zwei z. T. weit auseinander liegenden Neuronen im visuellen Kortex bei der Bewegung von zwei Balken in dieselbe Richtung hoch korrelieren. Wenn ein Balken in die Gegenrichtung bewegt wird, also die Einheit der Bewegungsgestalt zerstört ist, entladen die Zellen nicht korreliert. In den Zellen, die an der Wahrnehmung der einheitlichen Bewegungsgestalt beteiligt sind, entwickelt sich eine 40 Hz-Oszillation (s. Abb. 6–7). Die Bildung kohärent aktiver Zellensembles erhöht deren Effizienz auf postsynaptische Zellen und gibt so der zellulären Reaktion (und dem Erlebnisinhalt) bevorzugte Bedeutung (s. „Aufmerksamkeit" in Kap. 7).

Abb. 6–3. Umspringbild, es werden abwechselnd zwei Gesichter oder eine Vase gesehen. Die Vorlage wurde freundlicherweise von Prof. O.-J. Grüsser zur Verfügung gestellt

!

Die große Mehrheit der kortikalen Neurone ist vom Typ der Pyramidenzellen, die anderen werden als Sternzellen zusammengefaßt. Pyramidenzellen sind exzitatorisch, die meisten Sternzellen inhibitorisch, ansonsten entsprechen die biophysikalischen Eigenschaften dieser Neurone und ihre Transmitter denen subkortikaler Neurone. Alle Axone, die die Gehirnrinde als Projektions-, Assoziations- und Kommissurenfasern verlassen, stammen von Pyramidenzellen. Jede Pyramidenzelle ist mit Tausenden von anderen Pyramidenzellen synaptisch verbunden. Ihre Synapsen sind aktivitätsabhängig modifizierbar (plastisch). Dies führt zur Deutung des Kortex als einem großen assoziativen Speicher, d. h. dort ist das Wissen niedergelegt, das im Laufe eines Lebens erworben und z. B. beim Denken genutzt wird. Was die Kartierung des sechsschichtigen Kortex angeht, so hat sich in der Humananatomie die auf zytoarchitektonischen Kriterien beruhende Brodmann-Karte durchgesetzt. Der weitgehend exzitatorische Aufbau der Hirnrinde bedingt synchrone elektrische Entladungen und Oszillationen einzelner Hirnareale, die Bedeutung und Gestalt von kognitiven Repräsentationen abbilden könnten. Die synchronen Oszillationen sind das Resultat langsamer summierter exzitatorischer Potentiale (EPSPs) in den oberen Rindenschichten.

6.2 Analyse der Großhirntätigkeit mit dem Elektroenzephalogramm, EEG

Die kollektive elektrische Tätigkeit der Kortexneurone kann mit Hilfe von Elektroden auf der Kopfhaut registriert werden

Ableitung des EEG und des ECoG. Legt man auf die Kopfhaut der Schädeldecke knopfförmige Elektroden aus einer Silberlegierung auf, so lassen sich zwischen diesen Elektroden beim Menschen und anderen Wirbeltieren kontinuierliche elektrische Potentialschwankungen ableiten, die als ***Elektroenzephalogramm, EEG,*** bezeichnet werden (Abb. 6–4). Ihre Frequenzen liegen zwischen 0–80 Hz und ihre Amplituden in der Größenordnung von 1–100 μV.

Erfolgt die Ableitung direkt von der Hirnoberfläche (im Tierexperiment oder bei einem neurochirurgischen Eingriff), so erhält man das ***Elektrokortikogramm, ECoG,*** dessen Potentialschwankungen sich durch etwas größere Amplituden und bessere Frequenzwiedergabe auszeichnen. Auch von tieferen Hirnstrukturen können über operativ eingeführte Elektroden analoge Potentialschwankungen abgeleitet werden.

Auswertung des EEG. Um in Diagnostik und Forschung Vergleiche zu erleichtern, sind die Lage der Ableitelektroden (Abb. 6–4, links) und die Ableitbedingungen (Schreibgeschwindigkeiten, Zeitkonstanten und Filter des Verstärkersystems) international weitgehend standardisiert worden. Das EEG wird dabei entweder wie in Abb. 6–4 ***unipolar*** (eine Schädelelektrode gegen eine indifferente Elektrode, beispielsweise an einem Ohrläppchen) oder zwischen zwei auf dem Schädeldach aufgebrachten Elektroden ***bipolar*** abgeleitet. Die Auswertung konzentriert sich vor allem auf Frequenz, Amplitude, Form, Verteilung, Häufigkeit und Ordnungsgrad („Komplexität") der im EEG enthaltenen Wellen.

Mit der Magnetoenzephalographie, MEG, können die durch die elektrische Hirnaktivität hervorgerufenen magnetischen Felder erfaßt werden

Jede Bewegung elektrischer Ladungen ruft ein Magnetfeld hervor. Das Gehirn generiert daher auch schwache magnetische Felder (Flußdichte weniger als der 100millionste Teil des Erdmagnetfeldes), die mit hochempfindlichen Detektoren (heliumgekühlten *SQUIDs: superconducting quantum interference devices)* nachgewiesen werden können (Abb. 6–5). Der Vorteil dieses zur Zeit noch aufwendigen Verfahrens gegenüber dem EEG liegt in seiner wesentlich besseren räumlichen Auflösung der Entstehungsorte kortikaler Aktivität, da Magnetfelder nicht durch Gewebewiderstände (z. B. Schädeldecke) abgeschwächt und zerstreut werden.

Auflösungsvermögen des MEG. Da mit SQUIDs aus biophysikalischen Gründen hauptsächlich *horizontal* und *radial* zur Schädeldecke gelegene elektrische Ströme erfaßt werden können und das EEG meist aus den *vertikalen* kortikalen Säulen entspringt, lassen sich durch die Kombination beider Meßverfahren die Aktivitätsquellen im Kortex mit hoher Genauigkeit (bis zu 2 mm) lokalisieren. Kein anderes nichtinvasives Verfahren der Registrierung neuronaler Aktivität erreicht eine vergleichbar gute örtliche und zeitliche Auflösung.

Das EEG spiegelt in den Frequenzen und Amplituden seiner Wellen den Aktivitätszustand der Hirnrinde wider

EEG im wachen Ruhezustand. Der Rhythmus, der bei gesunden, menschlichen Erwachsenen im wachen, aber unaufmerksamen Zustand (geschlossene Augen) vorherrscht und besonders über dem Okzipitalhirn deutlich ausgeprägt ist, hat eine Frequenz von 8–13 Hz

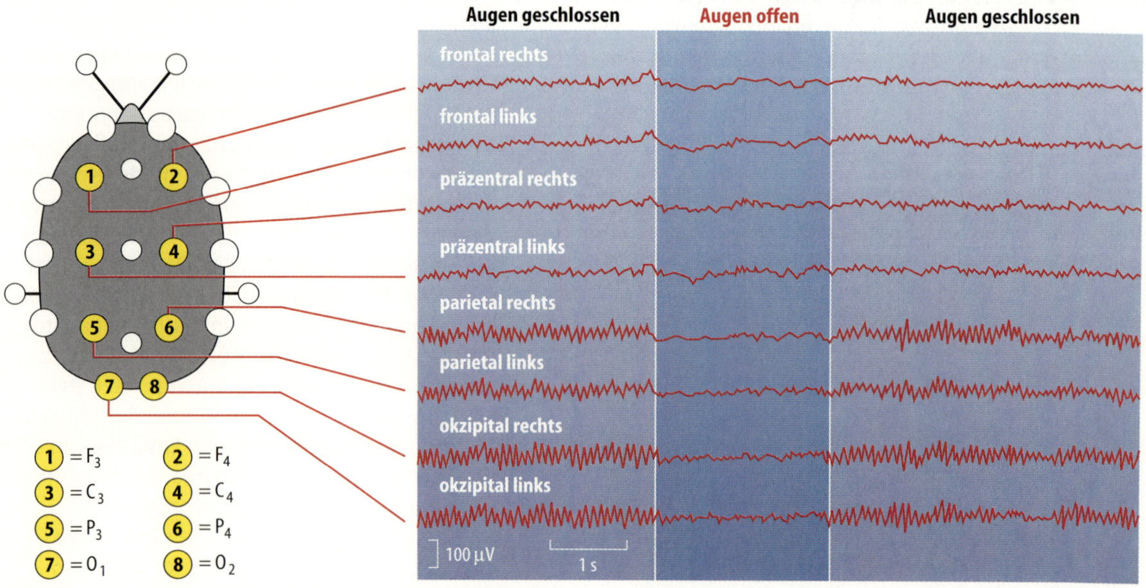

Abb. 6–4. Normales Elektroenzephalogramm (EEG) des ruhenden, wachen Menschen. Gleichzeitige, achtkanalige, unipolare Ableitung von den *links* in der Skizze angegebenen Orten auf der Schädeldecke (Kopfhaut). An jedem Ohrläppchen war eine weitere Elektrode angebracht, die zusammengeschaltet als indifferente Elektrode dienten. Öffnen der Augen blockierte den α-Rhythmus. (Mod. nach R. Jung)

Abb. 6–5. Magnetoenzephalographische Ableitung mit Hilfe von 37 Sensoren (SQUIDs) einer epileptischen Entladung („spike") des rechten Temporalkortex. Aus der Verteilung der einzelnen magnetischen Felder an den Sensoren oben läßt sich die Quelle der Entladung exakt bestimmen. Die errechnete Quelle wird auf das individuelle Magnetresonanztomogramm des Patienten projiziert (unten, rote Kreuze). Die Eichung links gibt die Stärke des magnetischen Feldes in Femtotesla: 1fT ist 10^{-15} Tesla. Die Abbildung wurde freundlicherweise von Prof. T. Elbert, Institut für Experimentelle Audiologie der Universität Münster, zur Verfügung gestellt

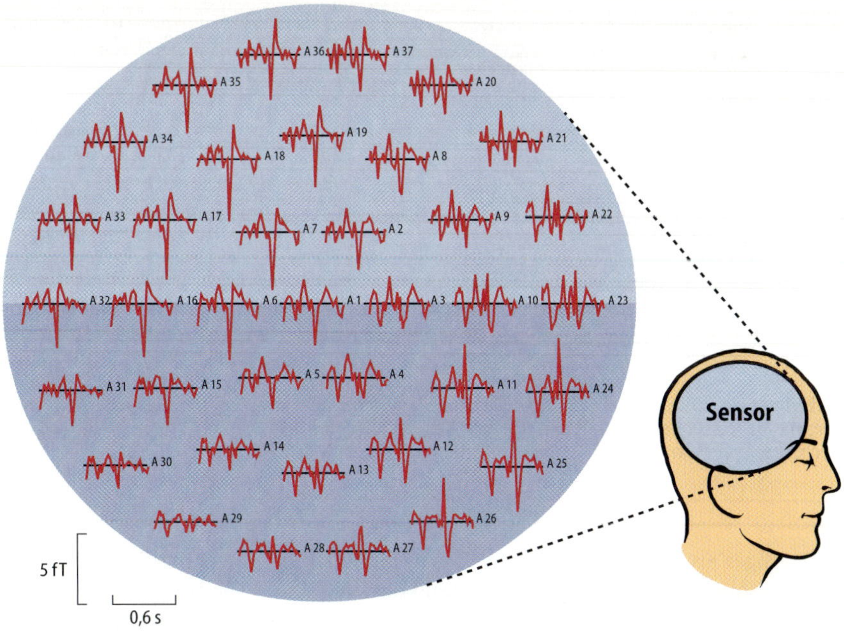

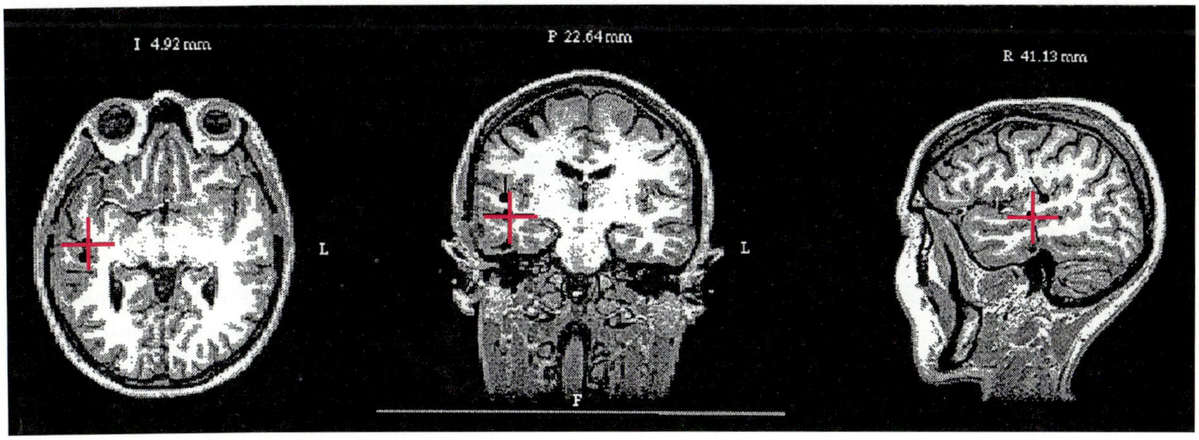

(durchschnittlich 10 Hz). Diese Wellen werden ***α-Wellen** (Alpha-Wellen)* genannt. Wenn an einem Ableitpunkt EEG-Wellen in etwa gleicher Frequenz und Amplitude auftreten, bezeichnen wir dies als ***synchronisiertes EEG;*** α-Aktivität tritt typischerweise synchronisiert auf (Abb. 6–4, Augen geschlossen, Abb. 6–6).

EEG bei Aufmerksamkeit und Lernen. Das Verschwinden der α-Wellen beim Öffnen der Augen (Abb. 6–4) oder auch bei anderen Sinnesreizen und bei geistiger Tätigkeit nennt man ***α-Blockade.*** An ihre Stelle treten hochfrequente ***β-Wellen*** (*Beta-Wellen*, 15–30 Hz, durchschnittlich 20 Hz, Abb. 6–6) mit kleinerer Amplitude. Das EEG wird auch meist unregelmäßiger und die Messungen von den einzelnen Ableitorten weisen große Unterschiede in Amplitude, Frequenz und Phasenlage auf: das EEG ist ***desynchronisiert.***

Wellen über 30 Hz bezeichnet man als ***γ-Wellen** (Gamma-Wellen)*, die bei *Lern-* und *Aufmerksamkeitsprozessen* auftreten können. Synchronisierte 40 Hz-Aktivität wird als eine mögliche neuronale Grundlage der Bildung assoziativer Verbindungen zwischen verschiedenen Zellpopulationen diskutiert (binding, s. S. 131).

EEG im Schlaf. Wie links in Abb. 6–6 zu sehen, haben die beiden neben den α-Wellen und β-Wellen wichtigen Grundformen des EEG langsame Wellen großer Amplitude, nämlich die ***ϑ-Wellen*** (*Theta-Wellen*, 4–7 Hz) und die ***δ-Wellen*** (*Delta-Wellen*, 0,1–4 Hz). Sie kommen beim Erwachsenen im Wachzustand normalerweise nicht vor. Sie werden aber, wie im Kap. 7 beschrieben, im Schlaf (vgl. Abb. 7–5) und bei pathologischen Zuständen beobachtet.

EEG und Alter. Außer vom Aktivitätszustand (Wachheitsgrad) und Ableitort hängen Frequenz und Amplitude des EEG stark vom Lebensalter ab: Im Kindes- und Jugendalter ist das EEG deutlich langsamer und unre-

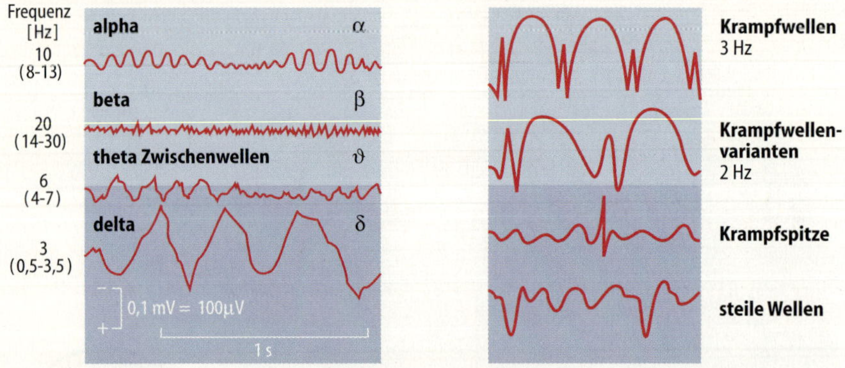

Abb. 6–6. Hauptformen des EEG. *Links* die verschiedenen Wellenarten, die bei Gesunden vorkommen können. Besprechung im Text. *Rechts* Beispiele von Krampfpotentialen, wie sie v. a. bei Epilepsie abgeleitet werden. Die charakteristische Abfolge spitzer und langsamer Krampfwellen wird als „Spike-and-wave"-Komplex bezeichnet. Nach R. Jung

gelmäßiger als beim Erwachsenen, so daß hier auch im Wachzustand ϑ- und δ-Wellen auftreten können.

Das EEG ist in der klinischen Diagnose, v. a. von Anfallsleiden, ebenso unentbehrlich wie beim Studium der Zusammenhänge zwischen Hirnaktivität und Verhalten

Klinische Anwendungen. Die Aufzeichnung der elektrischen Aktivität des Gehirns wird im klinisch-diagnostischen Bereich vor allem zur Lokalisation und Diagnose von Anfallsleiden, zur Bestimmung des zerebralen Todes, zur Abschätzung von Vergiftungen auf die Hirntätigkeit, in der Anästhesie zur Abschätzung der Narkosetiefe, in der Pharmakologie zur Untersuchung von Pharmakawirkungen und in der Neurologie zur Abschätzung von zerebralen Störungen nach Durchblutungsproblemen verwendet.

Als Beispiele für pathologisch veränderte EEG-Wellen sind rechts in Abb. 6–6 ***Krampfpotentiale*** abgebildet, wie sie v. a. bei *epileptischen Anfällen* vorkommen. Bei einem solchen epileptischen Anfall gehen die typischen klinische Phänomene (Krämpfe, Bewußtseinsstörungen etc.) mit charakteristischen steilen Potentialschwankungen hoher Amplitude im EEG einher. Dies zeigt, daß die kortikalen Neurone zu dieser Zeit eine hochsynchrone Aktivität aufweisen, die unter physiologischen Bedingungen nicht vorkommt.

Psychophysiologie. In der psychophysiologischen Forschung ist die Registrierung der elektrischen und magnetischen Aktivität des Gehirns der wichtigste methodische Zugang zur Erforschung der ***Zusammenhänge zwischen Hirn und Verhalten*** beim Menschen. Da die informationsverarbeitenden Prozesse im Gehirn z. T. sehr rasch ablaufen (in Millisekundenintervallen), erfordert ihre Messung eine Zeitauflösung, die bildgebende Verfahren (Abschnitt 6.4) noch nicht aufweisen. Der Nachteil elektroenzephalographischer Methoden besteht darin, daß sie ihre präzise Zeitstruktur mit relativer örtlicher Ungenauigkeit über den anatomischen Ursprung einer bestimmten Spannungsschwankung erkaufen müssen. Unentbehrlich ist das EEG bei der ***Bestimmung der verschiedenen Schlafstadien*** geworden (s. Kap. 7). Es ist damit das wichtigste methodische Instrument der Schlafforschung.

!

Die von der Kopfhaut abzuleitenden elektrischen Potentialschwankungen werden Elektroenzephalogramm, EEG, genannt. Erfolgt die Ableitung direkt von der Hirnoberfläche, führt dies zum Elektrokortikogramm, ECoG. Die zugehörigen Schwankungen der magnetischen Felder lassen sich als Magnetoenzephalogramm, MEG, registrieren. Das EEG ist in Ruhe (α-Wellen) und besonderes im Schlaf (ϑ- und δ-Wellen) niederfrequent und synchronisiert, bei Sinnesreizen und geistiger Tätigkeit (β-Wellen) und bei Lernprozessen (γ-Wellen) hochfrequent und desynchronisiert. Bei epileptischen Anfällen treten im EEG Krampfpotentiale auf. Neben ihrem Einsatz in der Klinik sind EEG und MEG wichtige Methoden der psychophysiologischen Verhaltensforschung.

Das EEG entsteht in der Hirnrinde überwiegend durch extrazelluläre erregende synaptische Ströme vor allem der apikalen Dendriten der Pyramidenzellen, das MEG resultiert aus intrazellulären Strömen

Quelle der EEG- und MEG-Wellen. Im EEG spiegeln sich im wesentlichen *erregende synaptische Potentiale (EPSP) der Pyramidenzellen* wider. Eine geringere Rolle spielen hemmende synaptische Potentiale (IPSP) der

Pyramidenzellen, da bei ihnen die extrazellulären Ströme wesentlich kleiner als bei den EPSP sind. Keine oder nur sehr geringe Beiträge zum EEG (und damit auch zum MEG) liefern unter normalen Umständen die fortgeleitete Impulsaktivität der Neurone und die Gliazellen.

Lokalisation der Synapsen und Polarität der EEG-Wellen. Vereinfachend kann gesagt werden, daß eine *positive* Potentialschwankung im EEG (vereinbarungsgemäß *Ausschlag nach unten)* durch erregende synaptische Potentiale in den tieferen Schichten (besonders 4. Schicht mit Zustrom der spezifischen thalamischen Afferenzen) oder hemmende Potentiale bzw. Nachlassen der Erregung in den oberen Schichten verursacht werden kann, während Erregung der Dendriten in den oberflächlichen Schichten (durch unspezifische thalamische Afferenzen, Kommissuren- und Assoziationsfasern) zu einer negativen, d.h. aufwärts gerichteten Potentialschwankung im EEG führt. Für die hemmenden synaptischen Potentiale treffen die umgekehrten Verhältnisse zu (Tabelle 6–1).

Einzugsbereich von EEG und ECoG. Die Ableitelektroden des EEG sind von den Quellen der EEG-Ströme im Kortex relativ weit entfernt. Dementsprechend ist die ***Amplitude der im EEG registrierten Potentiale*** rund hundert- bis tausendmal kleiner als die der an den Zellen selbst auftretenden Potentiale. Beim ***Elektrokortikogramm***, also bei direkter Ableitung von der Kortexoberfläche, ist es etwa um den ***Faktor 10 größer*** als bei Messungen am intakten Schädel. In beiden Fällen leiten die Elektroden von einer großen Population von Nervenzellen gleichzeitig ab. So ist geschätzt worden, daß eine 1 mm^2 große Elektrodenfläche direkt auf der Kortexoberfläche von rund *100000 Neuronen* bis zu einer Tiefe von 0,5 mm ableitet. Bei Ableitung vom intakten Schädel ist der Einzugsbereich rund zehnfach größer. Schon von daher ist es verständlich, daß im EEG nur dann Wellen großer Amplitude auftreten können, wenn ein wesentlicher Prozentsatz der Neurone unter der Elektrode mehr oder weniger gleichzeitig *(synchron)* aktiviert oder gehemmt wird.

Rhythmische Aktivitäten des Kortex können durch lokale kortikale oder subkortikale Oszillatoren entstehen

Die verschiedenen rhythmischen Wellenformen des EEGs haben vermutlich unterschiedliche Generatoren. Zwar entstehen die EEG-Wellen und ereigniskorrelierten Potentiale alle im Kortex, ihre ***Rhythmik*** und ihre ***Synchronisation*** kann den kortikalen Zellen aber von weit entfernten subkortikalen Kernen *„aufgezwungen"* werden *(„entrainment")*. So wird der α-Rhythmus vermutlich durch rhythmisch entladende Schrittmacherzellen des Thalamus in den Kortex übertragen. ϑ-Wellen, die nicht wie üblich im Schlaf, sondern manchmal auch bei gespannter Aufmerksamkeit auftreten, dürften vom Hippokampus generiert werden. Die raschen 30–50 Hz-Wellenzüge, die bei bedeutungshaltigen Reizen oder Wörtern auftreten, entstehen direkt in den kortikalen Zellen.

Hochfrequente 40 Hz-Oszillationen des EEGs und MEGs treten im aufmerksamen Wachzustand und im Traumschlaf auf und werden als eine neurophysiologische Grundlage der subjektiven Bedeutung eines Erlebnisinhaltes angesehen

Wir haben bereits auf S.131 auf die Rolle kohärenter kortikaler Oszillationen für die assoziative Verbindung von Einzelobjekten zu Gestalten von subjektiver Bedeutung hingewiesen. Abb.6–7 zeigt die 40 Hz-Oszillationen des Magnetoenzephalogramms von einer Versuchsperson im Wachzustand *(oben)*, Langsamen-Wellen-Schlaf (SWS-Tiefschlaf, s. Kap. 7) und Traumschlaf (REM-Schlaf, s. Kap. 7). Man erkennt die regelmäßigen Oszillationen, die leicht zeitverschoben an allen Ableitungspunkten auftreten, allerdings *nur im Wach- und Traumzustand,* in denen bewußtes subjektives Erleben auftritt. Im Tiefschlaf ohne subjektives Erleben fehlen diese kohärenten Schwingungen, die sich von vorne (frontal) nach hinten (okzipital) mit wenigen Millisekunden Verzögerung ausbreiten.

Bietet man nun einen bedeutungsvollen Reiz dar, so synchronisieren sich die 40 Hz-Oszillationen mit dem Reizauftritt, d.h. sie treten unmittelbar nach dem Reiz in steigender Amplitude und Synchronisation auf, sofern sich die Person mit dem Reiz „beschäftigt", d.h. ihn beachtet. Im Traumschlaf, wo die externen Reize nicht zu bewußten Verarbeitungen führen, sind die 40 Hz-Oszillationen nicht mehr an den Reizzeitpunkt gebunden, sondern treten in Abhängigkeit von den spontanen, inneren Erlebnisinhalten auf [7]. Auch bei Darbietung sinnvoller und sinnloser Worte

Tabelle 6–1. Richtung der Potentialschwankung erregender und hemmender Potentiale

			Extrazelluläre Oberflächenableitung (EEG, Negativität aufwärts)	
Postsynaptisches Potential	Zelluläre Antwort	Intrazelluläre Ableitung	Synapse in oberflächlicher Schicht	Synapse in tiefer Schicht
Erregend	Depolarisation	Aufwärts	Aufwärts	Abwärts
Hemmend	Hyperpolarisation	Abwärts	Abwärts	Aufwärts

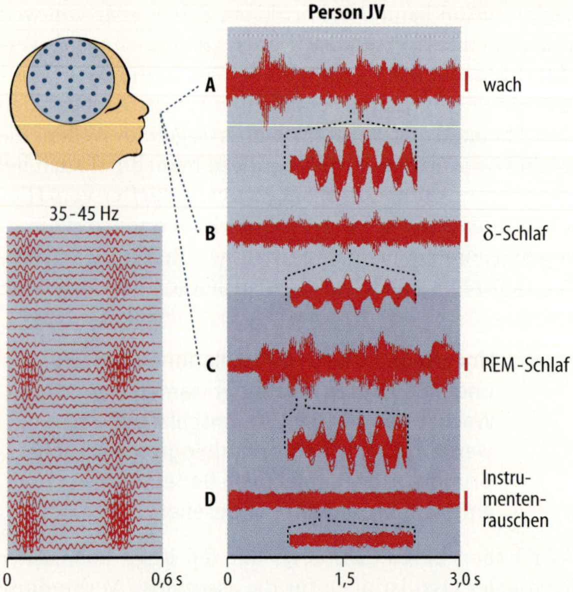

Abb. 6–7. 40 Hz-Oszillationen im Wachzustand (**A**), Tiefschlaf (**B**), REM-Traumschlaf (**C**) und Hintergrundsrauschen des Gerätes (**D**). Originalregistrierung der Oszillationen kortikaler Magnetfelder, aufgezeichnet mit einem Magnetoenzephalographen (MEG) von 37 Sensoren über der rechten Hirnhemisphäre einer Versuchsperson (s. Einsatzfigur *links oben). Links* Originalregistrierung von jedem Sensor, *rechts* die summierten Oszillationen über alle 37 Sensoren. Darunter jeweils vergrößerte summierte MEGs über einen kurzen Ausschnitt mit einer Zeitachse von 3 s. Die Oszillationen sind deutlich im Wach- und Traumzustand und kaum während des Tiefschlafs vorhanden. Aus [7]

fehlen die 40 Hz-Oszillationen bei vergleichbaren, aber bedeutungslosen Worten, während sie bei bedeutungshaltigen Worten in beiden Hirnhemisphären auftreten [9].

!

Die erregenden synaptischen Potentiale der apikalen Dendriten der Pyramidenzellen sind die Hauptquelle der Potentialschwankungen des EEG und des begleitenden MEG. Die Richtung (Polarität) der Potentialschwankungen hängt davon ab, wieweit die aktivierten Synapsen von der Oberfläche der Hirnrinde entfernt liegen. Die Elektroden erfassen jeweils die Gesamtaktivität von vielen Hunderttausenden aktiver Synapsen gleichzeitig. Die rhythmische Tätigkeit der Kortexneurone ist z. T. Folge rhythmischer Zuflüsse aus anderen Hirnstrukturen, v. a. dem Thalamus (α-Wellen) und dem Hippokampus (ϑ-Wellen bei gespannter Aufmerksamkeit), z. T. entsteht der Rhythmus in den Kortexzellen selbst. Hochfrequente 40 Hz-Oszillationen treten bei bewußtem Erleben, nicht aber im Tiefschlaf auf.

6.3 Analyse der Großhirntätigkeit mit ereigniskorrelierten Hirnpotentialen, EKP

Als ereigniskorrelierte Hirnpotentiale, EKP, werden alle elektrokortikalen Potentiale bezeichnet, die vor, während und nach einem sensorischen, motorischen oder psychischen Ereignis im Elektroenzephalogramm meßbar sind

Ereigniskorrelierte Potentiale sind von sehr viel kleinerer Amplitude als das Spontan-EEG, das diese Potentiale als „Rauschen“ so stark überlagert, daß sie mit freiem Auge meist nicht sichtbar sind. Sie müssen deswegen mit ***Summationstechniken*** *(Mittelungstechniken)* sichtbar gemacht werden. Von solchen ereigniskorrelierten Hirnpotentialen haben wir bereits in Kap. 5 das Erwartungspotential, das Bereitschaftspotential und die prämotorische Positivierung als Beispiele von EKP bei Vorbereitungssituationen und Zielmotorik kennengelernt (Abb. 5-28).

Evozierte Potentiale, EP. Diejenigen ereigniskorrelierten Potentiale, die sich im ZNS als Antwort auf eine Reizung von Sensoren, von peripheren Nerven, von sensorischen Bahnen oder Kernen registrieren lassen, werden als *evozierte Potentiale, EP,* bezeichnet. Nach Reizung peripherer somatischer Nerven oder Sensoren können von den somatosensorischen Rindenarealen (SI, SII) nach kurzer Verzögerung (etwa 10 ms) ***somatisch evozierte Potentiale, SEP,*** abgeleitet werden (Abb. 6–8). Die erste Potentialänderung wird *primär evoziertes Potential* (Abb. 6–8B) genannt. Dieses ist nur in einem streng

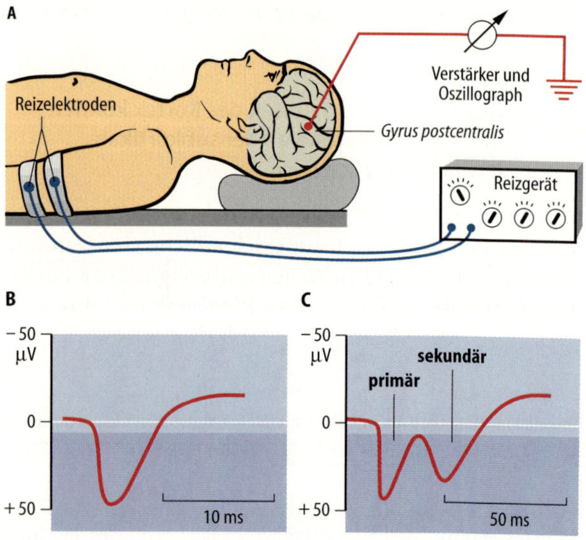

Abb. 6–8. Auslösung und Ableitung evozierter Potentiale am Menschen. **A** Versuchsanordnung. Statt der hier gewählten elektrischen Hautreizung können auch andere Reize (mechanische, thermische) gegeben werden. Die Ableitung erfolgt durch eine EEG-Elektrode auf der Haut der Schädeldecke. **B** Primär evoziertes Potential vom zugehörigen Projektionsfeld im Gyrus postcentralis. **C** Primär evoziertes und sekundäres evoziertes Potential. Unterschiedliche Zeitschreibung in **B** und **C**

umschriebenen Kortexbereich zu finden, nämlich dem kortikalen Projektionsfeld des peripheren Reizpunktes (bei Reizung eines Hautnerven also das somatotopisch zugehörige Areal des Gyrus postcentralis). Die anschließende, deutlich längere Antwort wird *sekundär evoziertes Potential* genannt (Abb. 6–8C). Dieses Potential wird in einem ausgedehnten Kortexgebiet um das primäre Projektionsareal gefunden.

Entstehungsmechanismus ereigniskorrelierter Potentiale *(einschließlich evozierter Potentiale).* In bezug auf den Entstehungsmechanismus der ereigniskorrelierten Potentiale herrscht weitgehend Einigkeit, daß sie, ähnlich wie die Wellen des EEG, im wesentlichen die *langsame synaptische Aktivität der Pyramidenzellen und deren Dendriten,* nicht die Impulsaktivität (Aktionspotentiale) der Neurone widerspiegeln. Auch hier handelt es sich um Massenpotentiale, zu denen die extrazellulären synaptischen Ströme vieler Neurone in der Umgebung der Elektrode beitragen.

Klinische Anwendung der evozierten Potentiale. Zu diagnostischen Zwecken werden evozierte Potentiale vor allem auch durch Schall- und Lichtreize ausgelöst. Jedes dieser ***akustisch evozierten Potentiale, AEP,*** bzw. ***visuell evozierte Potentiale, VEP,*** besteht aus einer Serie von Wellen, die in den verschiedenen Umschaltstellen der Hör- bzw. Sehbahn generiert werden. Sie können daher zur Überprüfung der Funktion dieser Bahnen eingesetzt werden, z. B. die akustisch evozierten Potentiale bei Kindern zur Objektivierung und Verlaufskontrolle bestimmter Formen von Schwerhörigkeit. Auch bei demyelinisierenden Erkrankungen, wie beispielsweise bei der *multiplen Sklerose,* werden evozierte Potentiale, vor allem visuelle, zur Verlaufskontrolle eingesetzt. Der Abbau der Myelinscheide der Axone führt zu einer Verlangsamung der Erregungsleitung, wodurch sich die Latenzen der verschiedenen Komponenten der visuell evozierte Potentiale verlängern.

Späte Komponenten ereigniskorrelierter Potentiale. Komplexe Prozesse der Verarbeitung von Information und die *Planung von Verhalten* bilden sich in sehr viel späteren Komponenten der ereigniskorrelierten Potentiale ab (Latenzen > 60 ms). Jene Potentialanteile, die nicht mehr überwiegend von den physikalischen Reizeigenheiten, sondern vor allem von den psychologisch subjektiven Vorgängen abhängen, bezeichnen wir als ***endogene ereigniskorrelierte Potentiale*** (im Gegensatz zu den frühen *exogenen* Komponenten). In den Abb. 6–8C und 7–1 (s. S. 142) sind typische endogene ereigniskorrelierte Potentiale zu sehen.

Kortikale Gleichspannungspotentiale und langsame Hirnpotentiale, LP, verändern sich mit dem lokalen Aktivitätszustand der Hirnrinde: Negativierung bedeutet Mobilisierung

Registriert man das EEG mit Gleichspannungsverstärkern, so kann normalerweise zwischen der kortikalen Oberfläche und der darunterliegenden weißen Substanz eine Gleichspannungsdifferenz von mehreren Millivolt (Oberfläche negativ) abgeleitet werden. Dieses ***kortikale Gleichspannungs-*** oder ***Bestandspotential*** wird beim Übergang in den Schlaf positiver, während umgekehrt *Weckreaktionen mit einer Negativierung* der Oberfläche einhergehen.

Vom Bestandspotential muß man die ***langsamen Hirnpotentiale, LP,*** unterscheiden, die als lokale, langsame Potentialverschiebungen von der Schädeloberfläche registriert werden können und die aus den apikalen Dendriten stammen. Negativierung tritt hier besonders auf, wenn durch neue komplexe Situationen oder psychische Bedingungen zusätzliche Anforderungen an das Gehirn gestellt werden. Die Negativierung spiegelt die vermehrte synaptische Erregung der oberflächlichen Dendriten der Pyramidenzellen durch unspezifische thalamische und retikuläre Afferenzen (Arousal-System) sowie durch andere kortikale Regionen wider (vgl. Tabelle 6–1). Damit wird die Auslösung von Aktionspotentialen in den Pyramidenzellen erleichtert. ***Negativierung der oberen Kortexschicht*** ist somit der elektrophysiologische ***Ausdruck eines Mobilisierungszustandes*** des betreffenden Areals.

!

Sensorische, motorische und psychische Ereignisse führen zu Veränderungen des Elektroenzephalogramms, die wegen ihrer kleinen Amplitude nur nach Aufsummation vieler EEG-Abschnitte als ereigniskorrelierte Potentiale, EKP, sichtbar werden. Eine Form dieser Potentiale sind die nach somatosensorischer, akustischer oder visueller Reizung ableitbaren evozierten Potentiale, EP, die in der klinischen Neurophysiologie vielfache diagnostische Anwendung finden. Die späten Komponenten ereigniskorrelierter Potentiale werden als endogen bezeichnet, da sie im wesentlichen von psychischen Prozessen abhängen. Langsame negative Potentialänderungen (länger als 200 ms) spiegeln Depolarisation und Mobilisation des unter der Elektrode liegenden Rindenfeldes wider, Positivierungen hängen mit Nachlassen des Erregungszustandes des neuronalen Gewebes zusammen.

6.4 Analyse der Großhirntätigkeit mit bildgebenden Verfahren

Das ruhende Gehirn hat einen hohen Stoffwechsel, der sich bei Zunahme der Neuronenaktivität weiter steigert; die vermehrt anfallenden Metabolite erweitern die lokalen Arteriolen und bewirken dadurch eine erhöhte Durchblutung

O_2-Verbrauch in Ruhe. Von den rund 250 ml Sauerstoff, die ein ruhender Mensch pro Minute verbraucht, nimmt das Gehirn einen, gemessen an seinem Gewicht, unverhältnismäßig hohen Anteil von ***20 %, also 50 ml/min,*** für den Stoffwechsel seiner Neurone und Gliazellen in Anspruch. Den höchsten Bedarf hat dabei die Großhirnrinde, die etwa 8 ml Sauerstoff pro 100 g Gewebe pro Minute verbraucht, während in der darunterliegenden weißen Substanz nur ein Verbrauch von etwa 1 ml O_2/100g/min gemessen wurde. Der hohe Sauerstoffbedarf der Großhirnrinde spiegelt sich auch darin wider, daß eine Unterbrechung des Sauerstofftransportes, also der Blutzirkulation (z. B. durch Herzstillstand oder eine starke Strangulation des Halses), bereits nach 8–12 s eine Bewußtlosigkeit auslöst. Nach weiteren 8–12 min ist das Gehirn bereits irreversibel geschädigt (vgl. zu den unterschiedlichen Bedingungen bei Ischämie und Anoxie Kap. 28).

O_2-Verbrauch und Durchblutung bei vermehrter neuronaler Aktivität. Die Hirnrinde hat aber nicht nur eine ständigen hohen Grundbedarf an Sauerstoff (und Glukose!), sondern jede zusätzliche Aktivität in einer bestimmten Hirnregion führt dort innerhalb von Sekunden zu einem erhöhten Sauerstoffverbrauch und einem entsprechend vermehrten Anfall von Metaboliten. Diese sauren Stoffwechselprodukte wiederum *erweitern die lokalen Arteriolen*, was eine *Erhöhung der lokalen Durchblutung* zur Folge hat.

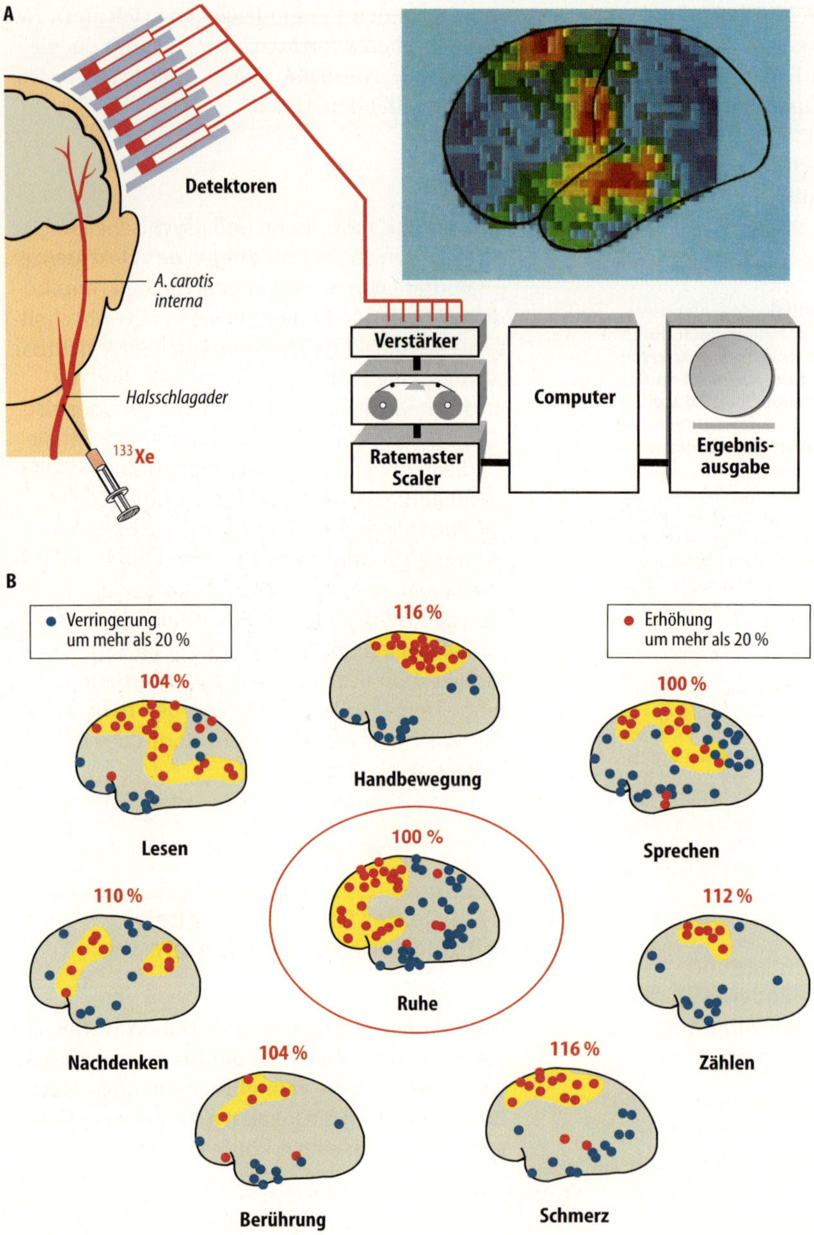

Abb. 6–9. Messung der regionalen Hirndurchblutung mittels intraarterieller Injektion von radioaktivem Xenon (^{133}Xe). **A** Überblick über die Methodik. **B** Maxima und Minima der regionalen Hirndurchblutung auf der sprachdominanten (linken) Seite in Ruhe und bei sieben verschiedenen Hirnaktivitäten. Die Gesamtdurchblutung des ruhenden Gehirns wurde als 100 % bezeichnet. Nur Regionen, die in ihrer Durchblutung um mehr als 20 % nach oben (gefüllte rote Kreise mit gelber Unterlegung) und nach unten (blaue Kreise) abweichen, sind eingetragen. Die Einsatzfigur rechts oben in A zeigt die Durchblutungsveränderungen beim lauten Zählen in vom Computer errechneten Pseudofarben (verstärkte Aktivität zunehmend rot). Messungen von D. H. Ingvar, N. Lassen und Mitarbeitern

Die Durchblutungszunahme kann u. a. durch die in Abb. 6–9A skizzierte Methode der ***Messung der regionalen Hirndurchblutung*** mit Hilfe eines in die Blutbahn verbrachten schwach und kurz radioaktiven Edelgases erfaßt werden. Sein Auftauchen in den verschiedenen Hirnregionen wird mit seitlich am Kopf angebrachten Geigerzählern gemessen. Die Strahlungsintensität hängt dabei direkt von der lokalen Hirndurchblutung ab, die aus dem Gesamtsauerstoffverbrauch des Gehirns und der Strahlungsverteilung errechnet werden kann. Eine analoge Methode, bei der aus Radioisotopen freigesetzte Positronen erfaßt werden (s. unten), nennt man ***Positron-Emissions-Tomographie (PET).*** Durch die radioaktive Markierung von Glukose, Sauerstoff und anderen im Blut transportierten Stoffen können verschiedene Aspekte des Hirnstoffwechsels sichtbar gemacht werden, die aber alle eng mit der lokalen Durchblutung oder dem Durchblutungsvolumen korreliert sind (siehe auch die Abb. 6–10).

Ergebnisse von Messungen der Hirndurchblutung an gesunden Versuchspersonen zeigt für die *linke* Hemisphäre Abb. 6–9. In Ruhe, also bei einem typischen α-Wellen-EEG, sind die Stirnhirnregionen deutlich stärker durchblutet als die übrigen Hirnareale. Nichtschmerzhafte Hautreizung an der *rechten* Hand *(Berührung)* verändert das Durchblutungsbild nur unwesentlich. Bei leicht schmerzhaften Reizen *(Schmerz)* steigt die Gesamtdurchblutung (Prozentzahlen über jeder Hirnskizze) deutlich an, vor allem über den postzentralen Hirnregionen, wo der Schmerzreiz verarbeitet wird. Auch bei willkürlichem, rhythmischem Öffnen und Schließen der rechten Hand *(Handbewegung)* steigt die Gesamtdurchblutung an: gleichzeitig erhöht sich die lokale Durchblutung im linken somatosensorischen Gyrus postzentralis und den benachbarten Anteilen des Scheitelhirns. Sprechen und Lesen führen *links* zu einer Z-förmigen Verteilung der Durchblutungsmaxima, die beim Lesen bis in die visuellen Areale des Hinterhauptslappens reichen. Bei Denk- und Rechentests (Nachdenken und Zählen) erhöht sich die Gesamtdurchblutung, und es treten Maxima vor und hinter der Zentralfurche auf.

PET. Zur PET werden Radioisotope biologisch wichtiger Atome (^{18}F, ^{15}O, ^{13}N, ^{11}C) verwendet, die Positrone freisetzen. Die Positrone kollidieren nach kurzer Wegstrecke (2–8 mm) mit einem Elektron. Diese Reaktion führt zum Untergang der beiden Teilchen unter Aussendung von 2 γ-Strahlen unter einem Winkel von genau 180°. Die γ-Strahlen werden von rund um den Kopf angeordneten Photodetektoren aufgefangen, wobei nur dann ein Meßpunkt registriert wird, wenn 2 genau gegenüber liegende Detektoren gleichzeitig getroffen werden. Aus diesen Daten wird ein Schnittbild mit der Zerfallsdichte des jeweiligen Isotops errechnet. Baut man die oben genannten Isotope in Substanzen wie Wasser, Glukose oder Aminosäuren ein, so kann man damit die ***Verteilung der jeweiligen Substanzen im Gehirn*** messen. Das *Auflösungsvermögen* der PET liegt bei 4–8 mm, die Zeitauflösung bei 1 s. Da die benötigten Isotope eine kurze Halbwertszeit haben, muß das zur Herstellung der Isotope benötigte Zyklotron in unmittelbarer Nähe liegen. Das Verfahren ist aus dem gleichen Grund sehr teuer.

Die funktionelle Magnetresonanztomographie (Kernspintomographie) stellt ein örtlich besonders gut auflösendes bildgebendes Verfahren dar

Die Kernspinresonanz- oder auch Magnetresonanztomographie (engl: *magnetic resonance imaging, MRI)* ist ein Standardverfahren der Physik und Chemie. Sie wird zur Aufklärung der chemischen Struktur biologisch interessanter Moleküle verwendet. Ihre Anwendung in der Neurobiologie des Menschen ist dagegen relativ neu.

Die ***Magnetresonanztomograhie (MRT)*** benutzt die seit 1946 bekannte Erscheinung der kernmagnetischen Resonanz *(nuclear magnetic resonance, NMR),* um Dichte und Relaxationszeiten magnetisch erregter Wasserstoffkerne (Protonen) im menschlichen Körper zu erfassen. Beide Parameter – Dichte und Relaxationszeiten – können als Funktion des Ortes mittels bildgebender Systeme dargestellt werden.

NMR basiert auf dem Grundprinzip des Drehimpulses *(Spin)* geladener Teilchen, wobei Wasserstoff (H^+) das größte magnetische Moment aufweist. Legt man nun ein externes Feld an, so führt die Abweichung von der bevorzugten Ausrichtung der Felder zur Präzession (Auslenkung) um die Feldachse. (Die Winkelgeschwindigkeit der Kernpräzession ist dabei proportional zur Feldstärke.)

Bei der ***gepulsten Kernresonanz*** stört man die Ausrichtung der Protonen durch einen Hochfrequenzimpuls, dessen Frequenz mit derjenigen der Kernpräzession übereinstimmt. Das Abklingen des Prozesses, also die Relaxationszeiten, hängen auch von der Moleküldichte ab (so dreht sich ja auch ein Kreisel im Wasser anders als in der Luft). Sorgt man dafür, daß das Grundfeld über das Meßvolumen stark variiert, in einem Punkt jedoch ein Extrem annimmt, so kann man den Kernresonanzempfänger auf die Präzessionsfrequenz des Extrems abstimmen und erhält nur Kernresonanzsignale, die von der Umgebung des *„empfindlichen Punktes“* herrühren. In der Praxis wird ein Bild dann aus 6000 räumlichen Punkten aufgebaut. Die Auflösung des Bildes ist begrenzt durch thermisches Rauschen und die Dämpfung durch die Leitfähigkeit des menschlichen Körpers. Da die Zeit für einzelne Projektionen wenige Sekunden oder nur Sekundenbruchteile betragen, können – in Abhängigkeit der Relaxationszeiten – auch mögliche schnelle Veränderungen in der Gehirnaktivität sichtbar gemacht werden ***(functional MRT – fMRT).*** Medizinische Risiken der MRT sind nicht bekannt. Allerdings könnten solche aus der Induktion – vor allem schnell veränderlicher – Ströme durch die angelegten Felder erwachsen [8].

Eine Weiterentwicklung der NMR stellt die ***Magnetresonanz-Spektroskopie (MRS,*** *magnetic resonance spectroscopy)* dar. Gegenüber PET und MRT hat MRS den Vorteil, auch die chemische Zusammensetzung von Gewebe zu berücksichtigen und damit metabolische Charakteristika bzw. Veränderungen aufdecken zu können. Wie bei der MRT basiert auch die MRS auf den magnetischen Eigenschaften von Atomkernen mit ungepaarten Protonen und Neutronen und der Möglichkeit, durch ein starkes magnetisches Feld eine Auslenkung der dominanten Kreiselfrequenz herbeizuführen. Die Präzessionsfrequenz ist jedoch nicht nur durch die Stärke des externen Magnetfeldes determiniert, sondern auch durch die das Proton umgebenden Elektronenwolken. Das Ausmaß der Veränderung in der Resonanzfrequenz für einen gegebenen Molekülkern variiert mit der umgebenden Wolke, so daß man von einem *„chemischen shift“* spricht. Auf diese Weise kann man für verschiedene neurochemische Elemente Dichtespektren bestimmen und damit ihre mögliche Beteiligung an normalen oder auch pathologischen Hirnfunktionen untersuchen.

MRS wurde bereits bei der Untersuchung neuropsychiatrischer Störungen eingesetzt, etwa zur Aufklärung atypischer Hirnmechanismen bei Demenz, Schizophrenien, affektiven Störungen, Laktatsensitivität beim Paniksyndrom und Alkoholabhängigkeit.

Anwendung der NMR-Tomographie beim Menschen. Veränderungen des zerebralen Blutflusses, ablesbar an der lokalen Sauerstoffanreicherung, können mit hoher

Zeit- und Ortsauflösung gemessen werden. Wenn Hämoglobin im venösen Blut mit Sauerstoff angereichert wird, ist es weniger paramagnetisch, und diese Änderung ergibt bei Anlegen hoher Magnetfelder von 1,5 bis 4 Tesla in der Umgebung der Gefäße deutliche Differenzen der Feldstärken im Vergleich zur Umgebung. Durch systematische und rasche Variation der Schnittebenen der angelegten Magnetfelder kann innerhalb von Sekunden aus den registrierten magnetischen Resonanz-Signalen (*„Echo“*) ein Bild der Durchblutungsmaxima ermittelt werden [6]. Abb. 6–10 zeigt die vom Computer rekonstruierten Maxima im visuellen Kortex einer Versuchsperson nach Reizung des rechten visuellen Feldes mit einfachen Lichtblitzen. Die lokale Aktivierung im kontralateralen primären Feld ist gut sichtbar.

Bei der Messung der Arbeitsweise des menschlichen Gehirns während Denken, Fühlen und Handeln mit bildgebenden Verfahren und elektrokortikalen Potentialen zeigt sich eine enge Verknüpfung zwischen psychischer und neuronaler Tätigkeit

Die berichteten Ergebnisse bestätigen, daß jede spezielle Hirntätigkeit, sei sie rezeptiv (sensorisch), sei sie motorisch oder bestehe sie aus bestimmten Formen des Denkens, in Folge der erhöhten Neuronenaktivität und des damit verstärkten Stoffwechsels der Neurone zu lokalen Gefäßerweiterungen und damit zur verstärkten Durchblutung führt.

Auch das Umgekehrte scheint zu gelten: Ohne ständige, bei erhöhter Aktivität sofort verstärkte Energiezufuhr, können Neurone nicht tätig sein. Dies gilt für alle Neurone, also auch für solche, deren Tätigkeit unlösbar mit dem Er- und Durchleben psychischer (geistiger, seelischer) Prozesse verknüpft ist. Gestützt wird diese Feststellung durch Befunde an bewußtlosen, komatösen oder hochgradig dementen Patienten, bei denen der Ausfall sensorischer, motorischer und geistiger Leistungen immer von entsprechenden Abnahmen der Gesamt- und der jeweiligen Regionaldurchblutung eindrucksvoll begleitet war.

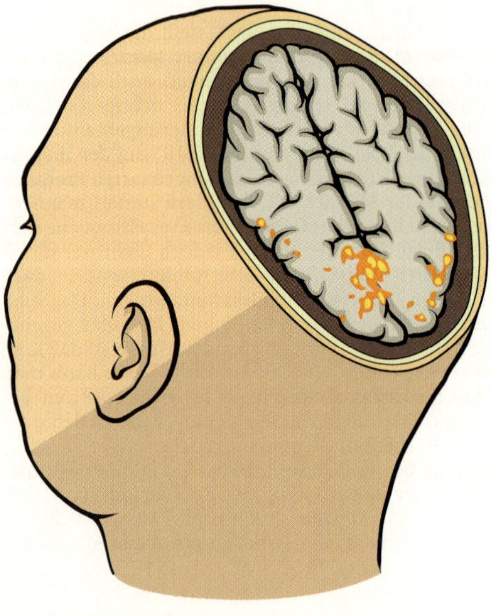

Abb. 6–10. Funktionelle Magnet-Resonanz-Tomographie des lokalen zerebralen Blutflusses im visuellen Kortex des Menschen. Erhöhung des Blutflusses im linken primären visuellen Areal nach Reizung des kontralateralen Feldes in gelber Farbe. Modifiziert aus [6]

!

Alle geistigen Leistungen unseres Gehirns können nur erbracht werden, wenn die für diese Leistungen zuständigen Neuronennetzwerke betriebsbereit sind. Diese Feststellung läßt zunächst die Frage völlig offen, ob und in welcher Form „Geist“ und Neuronenaktivität miteinander verknüpft sind. Soviel muß man aber aus den eben geschilderten Versuchen zur Kenntnis nehmen: Meßbare, das heißt durch Handlungen oder Mitteilungen der Versuchsperson erfahrbare psychische Leistungen eines Menschen sind immer von bestimmten, sehr spezifischen neuronalen Aktivitäten begleitet und treten ohne diese nicht auf.

6.5 Literatur

Weiterführende Lehr- und Handbücher

1. Birbaumer N, Schmidt RF (1996) Biologische Psychologie. 3. Aufl. Springer, Berlin Heidelberg New York
2. Braitenberg V, Schüz A (1993) Allgemeine Neuroanatomie. In: Schmidt RF (Hrsg) Neuro- und Sinnesphysiologie. Springer, Berlin Heidelberg New York
3. Lutzenberger W, Elbert T, Rockstroh B, Birbaumer N (1985) Das EEG. Springer, Berlin Heidelberg New York
4. Rockstroh B, Elbert T, Birbaumer N, Lutzenberger W (1989) Slow brain potentials and behavior. 2nd edn. Urban and Schwarzenberg, Baltimore
5. Roland P (1993) Brain activation. Wiley, New York

Einzel- und Übersichtsarbeiten

6. Belliveau JW, Kennedy DN, McKinstry RC, Buchbinder BR, Weisskopf RM, Cohen MS, Vevea JM, Brady TJ, Rosen BR (1991) Functional mapping of the human visual cortex by magnetic resonance imaging. Science 254:716–719
7. Llinás R, Ribary U (1993) Coherent 40-Hz oscillation characterizes dream state in humans. Proc Natl Acad Sci U S A 90:2078–2081
8. Ogawa S, Tank DW, Menon R, Ellermann JM, Kim S, Merkle H, Ugurbil K (1992) Intrinsic signal changes accompanying sensory stimulation: functional brain mapping with magnetic resonance imaging. Proc Natl Acad Sci U S A 89:5951–5955
9. Lutzenberger W, Pulvermüller F, Birbaumer N (1994) Words and pseudowords elicit distinct patterns of 30 Hz-EEG responses in humans. Neuroscience Letters 176: 115–118
10. Singer W (1994) Putative functions of temporal correlations in neocortical processing. In: Koch L, Davis J (eds) Large scale neuronal theories of the brain. MIT Press, Boston

Wachen, Aufmerksamkeit und Schlafen

7

N. Birbaumer, R. F. Schmidt

EINLEITUNG Werden Personen völlig von der Außenwelt isoliert, so bilden sie einen Schlaf-Wach-Zyklus aus, der bei den meisten etwa 25 h dauert. Diese Tagesperiodik entspricht ungefähr (zirka) der natürlichen Dauer eines Tages (lat.: dies). Eine solche freilaufende zirkadiane Periodik bleibt bei Isolation von der Außenwelt über Monate erhalten. Meist ist sie länger, bei manchen Menschen auch kürzer als 24 h, d. h. die sich selbst überlassene innere Tagesuhr läuft zu langsam oder zu schnell. Im Alltag wird sie durch äußere Zeitgeber korrigiert, v. a. durch den Hell-Dunkel-Wechsel von Tag und Nacht und die soziale Umgebung. Innere Uhren gibt es aber nicht nur für Wachen und Schlafen, sondern auch für viele andere Körperfunktionen. Diese Uhren sind meist untereinander synchronisiert. Ohne äußere Zeitgeber kann es aber auch zur Entkoppelung kommen. So sind in Isolation auch bizirkadiane Rhythmen, bestehend aus 14 h Schlaf und 34 h Aktivität aufgetreten, die von den Versuchspersonen als völlig normale, also 24 h lange Tage erlebt wurden. Dabei waren die vegetativen Funktionen, wie die Körpertemperatur, völlig abgekoppelt und liefen mit der ursprünglichen Periodendauer von 25 h weiter.

7.1 Neurobiologie der Aufmerksamkeit

Wir unterscheiden automatisierte (nichtbewußte) und kontrollierte Aufmerksamkeit; bewußtes Erleben tritt nur bei kontrollierter Aufmerksamkeit auf, bei der das limitierte Kapazitätskontrollsystem aktiv ist

Automatisierte Aufmerksamkeit. Die von einem Sinnesorgan aufgenommene Information wird beim wachen Menschen zuerst für einige Millisekunden in einem sensorischen Speicher gehalten (sensorisches Gedächtnis). Dort wird eine *Mustererkennung* (Erkennen der wesentlichen Merkmale) und ein *Vergleichs-* und *Bewertungsprozeß* durchgeführt, bei dem geprüft wird, ob das ankommende Reizmuster mit den im *Langzeitgedächtnis* gespeicherten Informationen desselben Sinneskanals übereinstimmt. Paßt der ankommende Reiz in ein gespeichertes Reiz-Reaktions-Muster, z. B. bei geübten *(überlernten)* Aufgaben wie Autofahren, erfolgt die Reaktion auf den Reiz „automatisch", d. h. ohne Bewußtsein, und andere Reaktionssysteme können gleichzeitig ohne gegenseitige Behinderung *(Interferenz)* funktionieren (geteilte Aufmerksamkeit). Diese vorbewußte Informationsverarbeitung ist im Alltag die weitaus überwiegende Form der Reaktion mit der Umwelt.

Kontrollierte Aufmerksamkeit. Treten statt vertrauter *neue, komplexe* und *nicht eindeutige Reizsituationen* auf, kommt es zu einer gezielten (kontrollierten, selektiven) Zuwendung der Aufmerksamkeit auf die neue Reizsituation. Diese Aufmerksamkeitszuwendung wird gleichzeitig oder mit geringer Verzögerung bewußt. Die spezifische Erregungsform, die bewußtem Erleben und Aufmerksamkeit zugrunde liegt, spielt sich in einem ausgedehnten kortikosubkortikalen System ab, das unter dem Namen ***limitiertes Kapazitätskontrollsystem*** *(limited capacity control system, LCCS)* zusammengefaßt wird. Es hat seinen Namen von der Beobachtung, daß seine *Verarbeitungskapazität begrenzt ist*, d. h. unsere bewußte Aufmerksamkeit immer nur einer oder sehr wenigen Reizsituationen zugewandt sein kann, und es besteht aus den in der linken Spalte der Tabelle 7–1 aufgelisteten Strukturen.

Die ***Aufgaben der kontrollierten Aufmerksamkeit*** bestehen 1. im Setzen von Prioritäten zwischen konkurrierenden und kooperierenden Zielen in einer Zielhierarchie zur Kontrolle von Handlung, 2. im Aufgeben

Tabelle 7–1. Die Anteile des limitierten Kapazitätskontrollsystems, LCCS, und ihre Aufgaben

Anteile des LCCS	Aufgaben des LCCS
Präfrontaler Kortex	Zielsetzung, Aufbau einer Zielhierarchie
Parietaler Kortex	Aufgeben irrelevanter Ziele
Basalganglien, insb. Striatum	Hemmung irrelevanter Ziele
Retikulärer Thalamus	Selektion der sensorischen Kanäle und motorischen Effektoren
Basales Vorderhirn	„Energielieferant" (Weckfunktion)
Mesenzephale Retikulärformation	„Energielieferant" (Weckfunktion)

(disengagement) alter oder irrelevanter Ziele, 3. in der Selektion von sensorischen Informationsquellen zur Kontrolle der Handlungsparameter (sensorische und motorische Selektion) und 4. in der selektiven Präparation und Mobilisierung von Effektoren (tuning) (Details in [1]). Tabelle 7–1 zeigt in der rechten Spalte die Verteilung dieser Aufgaben auf die einzelnen Anteile des LCCS.

Kontrollierte Aufmerksamkeit geht mit Änderungen langsamer Hirnpotentiale und mit erhöhtem Energieverbrauch einher

Bewußtseinssysteme. Die spezifische Erregungsform, die bewußtem Erleben und Aufmerksamkeit zugrunde liegt, besteht in der ***synchronen Depolarisation der apikalen*** Dendriten des Neokortex (s. Kap. 10). Die Verteilung der Erregbarkeit *(Aufmerksamkeitsressourcen)* wird dabei von dem *limitierten Kapazitätskontrollsystem* realisiert. Während die verschiedenen Teile des LCCS selbst keine qualitativ unterschiedliche Bewußtseinsakte hervorbringen, führt die Aktivierung hinreichend großer kortikaler Areale über die notwendige Schwelle zu psychisch unterschiedlich erlebten Bewußtseins- und Aufmerksamkeitsphänomenen. Die am weitesten ausgedehnten *„Bewußtseinssysteme"* sind die rechte und linke Hirnhälfte (s. Kap. 10), die unter anderem syntaktisch-verbales *(links)* und räumlich-gestalthaftes Erleben *(rechts)* erzeugen. Die posterioren primären und sekundären Projektionsareale und ihre Ausläufer (s. Kap. 6) sind für die Wahrnehmung, die motorischen und prämotorischen frontalen Anteile für Planung und Ausführung von Willenshandlungen (s. Kap. 5) und die Assoziationsareale für die verschiedenen kognitiven Leistungen (s. Kap. 10) und deren Verbindungen mit dem limbischen System und dem Hypothalamus (für Gefühle und Triebe, Kap. 9) verantwortlich. Die *Zuordnung kontrollierter Aufmerksamkeit* zu einem oder mehreren kortikalen Arealen läßt sich an der *Verteilung langsamer Hirnpotentiale und ereigniskorrelierter Hirnpotentiale* (EKP, s. Kap. 6) und *magnetisch evozierter Felder* beobachten.

Langsame Hirnpotentiale sind Gleichspannungsverschiebungen des EEG (s. Kap. 6, S. 137) in elektrisch negative oder elektrisch positive Richtung. Im Magnetoenzephalogramm (MEG) werden sie als im rechten Winkel zu den elektrischen Spannungsgradienten stehende Magnetfelder registriert. Sie entstehen in den apikalen Dendriten von Schicht I als Antwort auf unspezifische thalamokortikale und kortikokortikale Afferenzen. Neurophysiologisch handelt es sich dabei im wesentlichen um synchronisierte ***Depolarisationen*** ultralanger erregender postsynaptischer Potentiale (EPSP), die zu ***Negativierungen des EEG*** führen. Ein Rückgang des Depolarisationsniveaus geht dagegen mit Positivierung der langsamen Hirnpotentiale einher. *Negativierung bedeutet somit Mobilisierung* des entsprechenden kortikalen Ensembles, während Positivierung aus biophysikalischen Gründen eher eine Hemmung des Zellensembles repräsentiert (s. Kap. 6).

Abbildung 7–1 zeigt die Verteilung langsamer Hirnpotentiale bei zwei unterschiedlichen Aufmerksamkeitsaufgaben. Rechenaufgaben führen zu einem Anstieg der Aufmerksamkeitsmobilisierung (Negativierung) links-temporal, visuell-räumliche Aufgaben zu einer Negativierung rechts-temporal. Die allgemeine Mo-

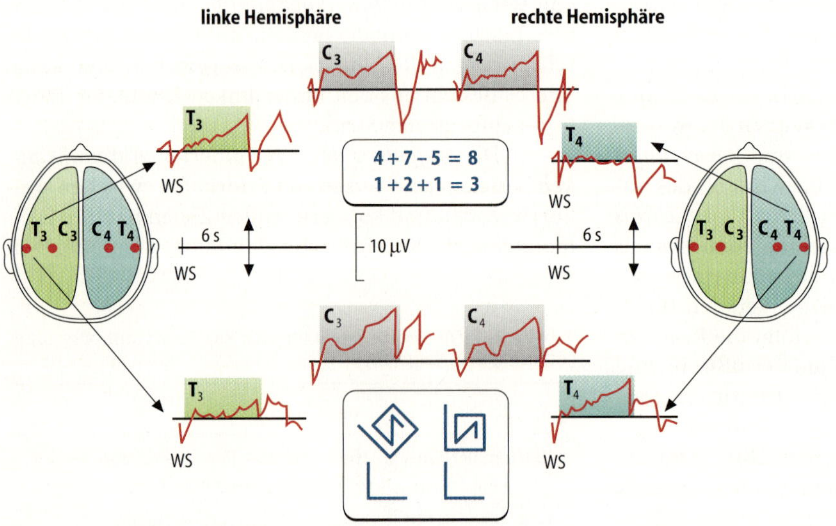

Abb. 7–1. Langsame Potentiale (LP) gemittelt über verschiedenen Hirnregionen (T_3 temporal links, T_4 temporal rechts, C_3 zentral links, C_4 zentral rechts). *Oben* arithmetische Aufgaben, *unten* Erkennen von verdrehten Figuren. Die Aufgaben wurden nach einem 6 s dauernden Vorintervall dargeboten (*WS*). Vor der Darbietung der Aufgaben bildet sich eine antizipatorische Negativierung aus, bei Darbietung der Aufgaben kommt es zu einer Positivierung. Signifikante Unterschiede treten nur in den temporalen Ableitungen auf: bei Rechenaufgaben negativiert die linke Hemisphäre stärker als die rechte (T_3 versus T_4 *oben*), bei Gestaltaufgaben negativiert die rechte Hemisphäre stärker als die linke (T_4 gegen T_3 *unten*). Nach Birbaumer et al. 1991 [1]

bilisierung des Gesamtsystems ***vor*** Darbietung der Aufgabe läßt sich an den zentralen Ableitungen ablesen. Während in Erwartung der Aufgabe das beteiligte Hirnareal mobilisiert (negativiert) wird, führt die aktuelle Informationsverarbeitung und Speicherung der Aufgabe häufig zu kortikaler Positivierung.

Nachweis erhöhter Durchblutung mit bildgebenden Verfahren. Eine Erhöhung der synaptischen Aktivität, wie sie bei Negativierungen auftritt, führt zu vermehrtem O_2-Verbrauch und damit zu einer Erhöhung des zerebralen Blutflusses, der mit PET (s. Kap. 6) oder funktionellem MRI (Funktions-MRT, s. Kap. 6) meßbar ist. Abb. 7–2 zeigt eine typische Aufmerksamkeitsaufgabe und die damit einhergehende Erhöhung des zerebralen Blutflusses. Die Ergebnisse stimmen gut mit den elektrischen und magnetischen Messungen überein, im PET findet man aber auch eine Erhöhung der Aktivierung im vorderen Gyrus cinguli und den Basalganglien, die man in den elektrischen Ableitungen durch die große Distanz dieser Areale von den Elektroden nicht sehen kann [1].

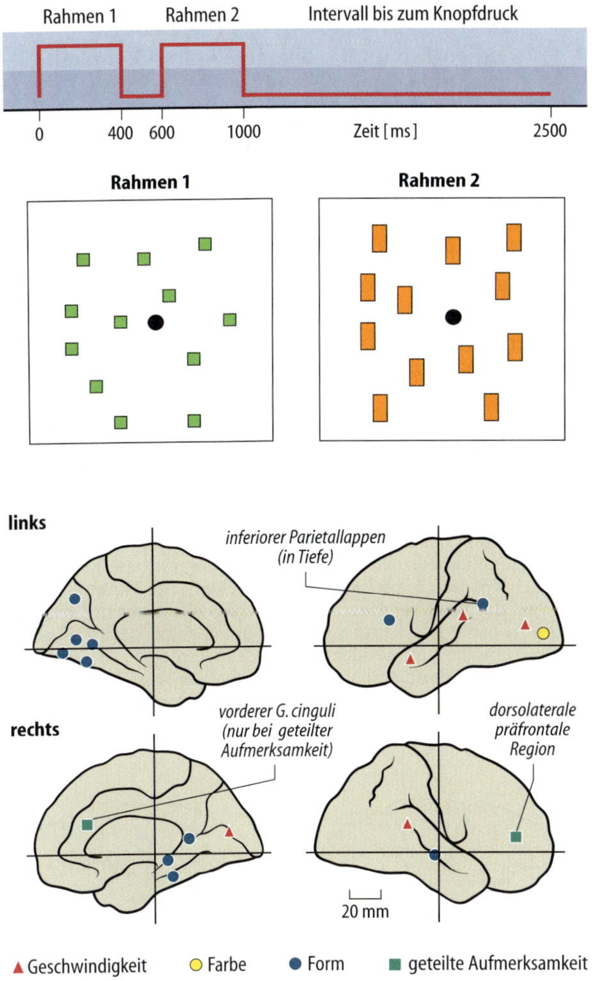

Abb. 7–2. Die Änderungen der zerebralen Durchblutung (PET) bei einer typischen Aufmerksamkeitsaufgabe. Die Versuchspersonen mußten durch Knopfdruck nach 1,5 s anzeigen, ob sich das zweite Bild gegenüber dem ersten in Farbe, Form oder Geschwindigkeit der bewegten Rechtecke unterscheidet. Blutflußänderungen zeigen sich in den primären und sekundären Arealen des Parietal- und Temporallappens, dem dorsolateralen Frontallappen, dem vorderen Gyrus cinguli und den Basalganglien. Vereinfacht nach [10], mit freundlicher Genehmigung

Ereigniskorrelierte Potentiale (EKP) geben den Ablauf der Verarbeitung von Information zeitgetreu wieder

Zwischen aufmerksamer und unaufmerksamer Wahrnehmung ergeben sich deutliche Unterschiede in den damit korrelierten hirnelektrischen Potentialen und magnetischen Feldern. Die Unterschiede sind aber beim Menschen nur auf kortikalem Niveau registrierbar, in subkortikalen Hirnregionen finden sich bei Aufmerksamkeitszuwendung zumindest für akustische, visuelle und taktile Reize *keine Erhöhungen* der Amplituden von EKP. Im Tierversuch zeigen sich Modulationen der EKP durch Aufmerksamkeit allerdings häufig auch auf thalamischem Niveau. Dies bedeutet, daß die oben beschriebenen (s. S. 141) Teile des Limitierten-Kapazitäts-Kontroll-Systems (LCCS) zwar subkortikale Steuermechanismen benötigen, damit aber nur *kortikale* (bzw. *thalamokortikale*) Erregungsschwellen modulieren.

Die kortikale Regelung von Aufmerksamkeit garantiert, daß *jeder* Reiz, auch wenn er nicht bewußt wahrgenommen wird, *vor* der Zuteilung von Aufmerksamkeitsressourcen vom Neokortex analysiert wird und die Erregungskonstellationen bekannter, unwichtiger Reize auf kortikaler Ebene in ihrer Weiterverarbeitung gehemmt werden. Offensichtlich findet eine Hemmung unbedeutsamer Afferenzen auf peripherem Niveau, z. B. auf Ebene der ersten Umschaltstationen entweder nicht oder nur nach weitgehender kortikaler Verarbeitung statt.

!

Automatische (nichtbewußte) Aufmerksamkeit und kontrollierte (bewußte) Aufmerksamkeit beanspruchen unterschiedliche Hirnstrukturen. Erstere findet im sensorischen Gedächtnis und im Langzeitgedächtnis statt, letztere im limitierten Kapazitätskontrollsystem. Kontrollierte Aufmerksamkeit, die Ziele setzt und Handlungen auswählt, tritt nur nach neuen, nicht eindeutigen oder biologisch bedeutsamen Reizen in Aktion und führt zu einer Begrenzung der Reizverarbeitung und Reaktionsausführung. Der bewußten Aufmerksamkeit liegt die synchrone Depolarisation der apikalen Dendriten des Neokortex zugrunde. Die Aufzeichnung langsamer Hirnpotentiale (Negativierung bei Aufmerksamkeitsmobilisierung), ereigniskorrelierter Potentiale (zum Erfassen des Zeitablaufs) und der lokalen Hirndurchblutung (Zunahme bei erhöhter Aufmerksamkeit) erlauben die Registrierung dieser Vorgänge am Menschen.

7.2 Subkortikale Aktivierungssysteme

Aufsteigende retikuläre Aktivierungssysteme (ARAS) stellen die anatomische und physiologische Basis des Wachbewußtseins dar

Formatio reticularis. Nach Abtrennung des Hirnstamms vom Zwischenhirn (*cerveau isolé*, isoliertes Vorderhirn) verfällt ein Säugetier trotz intakter sensorischer Afferenzen in einen komaähnlichen Tiefschlaf, aus dem es nicht mehr zu wecken ist (s. Abb. 7–3). Eine Durchtrennung der Medulla oblongata (*encephale isolé*, isoliertes Hirn), bei der ein Großteil der sensorischen Afferenzen ebenfalls mit zerstört wurde, hat keinen Effekt auf den Schlaf-Wach-Rhythmus des Tieres. Dies bedeutet, daß ein von den spezifischen sensorischen Afferenzen unabhängiges, zwischen den beiden Schnittebenen medial im Hirnstamm liegendes System oder Systeme für den Weckeffekt verantwortlich sein müssen.

Dieses System, die Retikulärformation des Mittelhirns, ist entscheidend am Zustandekommen der Wachzustände beteiligt, während die spezifischen sensorischen Afferenzen und motorischen Efferenzen nur *Kollateralen* (Seitenäste) an die Retikulärformation abgeben, selbst aber für das Zustandekommen des Schlaf-Wach-Rhythmus nicht notwendig sind.

Cholinerge und adrenerge Neurone. Abb. 7–4 zeigt schematisch die Lage der mesenzephalen Retikulärformation in Beziehung zu den spezifischen aufsteigenden Bahnen. Die *cholinergen* und *adrenergen* Zellen der *Formatio reticularis (RF)* haben *aufsteigende* Verbindungen zu fast allen subkortikalen Hirnbereichen, vor allem zum retikulären Thalamus. Die *efferenten* Verbindungen enden an den spinalen Motoneuronen und halten dort deren tonische Aktivierung im Wachzustand aufrecht. Direkte Verbindungen zum Neokortex scheinen nicht zu bestehen, die Aktivierung des Neokortex muß daher über den Thalamus erfolgen. Als dienzephale Fortsetzung des retikulären Aktivierungssystems kann der ***Nucleus reticularis*** des Thalamus betrachtet werden, der Verbindungen zu fast allen Regionen des Thalamus aufweist und somit sowohl auf einzelne lokale Kerne des Thalamus wie auch auf das Gesamtsystem des Aktivierungszustandes des Thalamus und damit des Kortex Einfluß nehmen kann.

Der Nucleus reticularis des Thalamus ist wesentlich für die selektive Aufmerksamkeit verantwortlich

Die Eigenheit des Nucleus reticularis thalami, lokale Aktivierungen bzw. Hemmungen einzelner thalamischer Kerne zu erzielen, wird mit der *selektiven* Aufmerksamkeitsfunktion *(„gating")* in Zusammenhang gebracht, während seine Fähigkeit, tonisch-unspezifisch die thalamischen Kerne zu *„wecken"* seiner *allgemeinen* Aktivierungsfunktion zugeschrieben wird. Der Aktivitätszustand des Nucleus reticularis thalami und damit auch der übrigen Kerne des Thalamus, die von diesem beeinflußt werden, hängt nicht nur vom Aktivitätszustand der *spezifischen* Afferenzen und Efferenzen ab, so daß sich die „Unspezifität" der mesenzephalen Retikulärformation auch im Thalamus fortsetzt.

Heterogenität der Retikulärformation. Innerhalb der mesenzephalen Retikulärformation liegen lokale, abgrenzbare Kerngruppen (z. B. *Nucleus coeruleus*), die unterschiedliche Funktionen im Rahmen der Wachheits- und Aufmerksamkeitssteuerung erfüllen (s. u.). Insofern handelt es sich um kein einzelnes unspezifisches Aktivierungssystem, sondern um eine heterogene Gruppe von Kerngebieten mit unterschiedlichen Aufgaben. Trotzdem führt die Zerstörung der mesenzephalen Retikulärformation zum Koma,

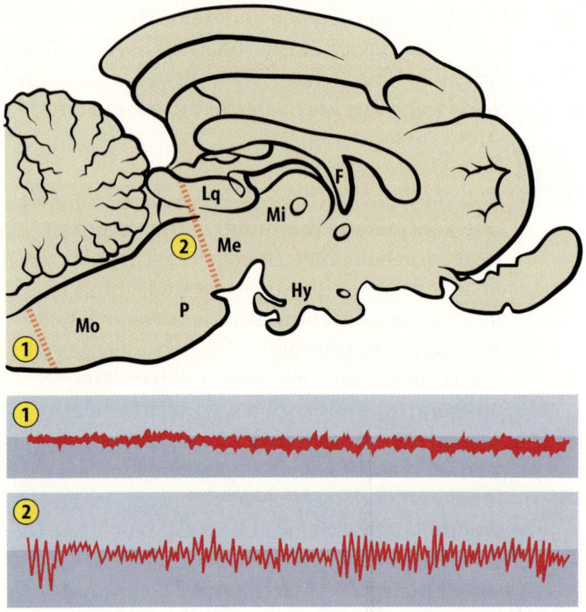

Abb. 7–3. Sagittaler Schnitt durch das Katzenhirn mit den kritischen Transsektionen (in Farbe), darunter die dazugehörigen EEG-Bilder. 1: encephale isolé, Sektion zwischen Medulla und Rückenmark, normales Wach-EEG. 2: cerveau isolé, Schnitt zwischen dem oberen und unteren Vierhügel durch das Mittelhirn; Schlaf-EEG. *F* Fornix, *Hy* Hypothalamus, *Lq* Vierhügelplatte (Lamina quadrigemina). *Me* Mittelhirn. *Mi* Massa intermedia, *Mo* Medulla oblongata, *P* Pons. Nach Pilleri 1966, aus [1]

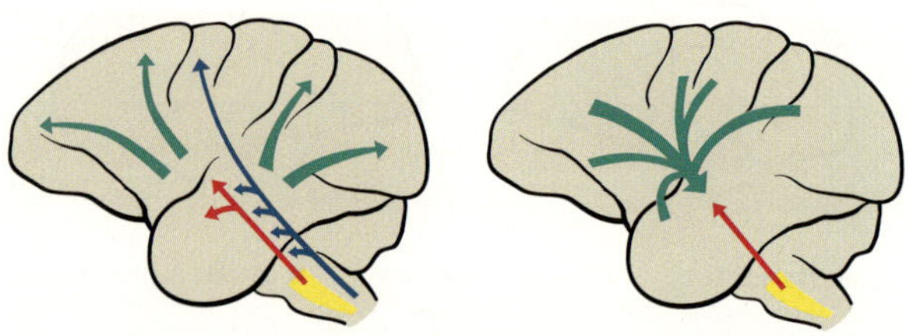

Abb. 7–4. *Links:* Stark schematisierte Darstellung des aufsteigenden retikulären Aktivierungssystems im Affengehirn, ohne Berücksichtigung der genauen Verbindungen zwischen Hypothalamus, Thalamus und limbischem Kortex. Angedeutet die multisynaptischen retikulären Neurone *(gelb)* und Kollateralen aus den spezifischen Bahnen. *Rechts:* Stimulation vieler kortikaler Areale führt zu Potentialen in der Formatio, was eine kortikoretikuläre Verbindung und eine funktionelle Kontrolle der Aufmerksamkeitssteuerung nahelegt

das aber von „normalem“ Schlaf unterschieden werden muß. Wachzustände sind daher nicht als unspezifische Erregungserhöhungen des gesamten Hirns, vor allem des zerebralen Kortex aufzufassen, sondern als relativ weit gestreute, aber doch die Selektivität von Verhalten und Denken erhaltende, spezifische Schwellensenkungen neuronalen Gewebes.

Weckreaktion des Kortex. Elektrische Reizung (über implantierte Elektroden) von Teilen der mesenzephalen Retikulärformation und der unspezifischen thalamokortikalen Verbindungen führt zu *Desynchronisation des langsamen EEGs,* wobei die rhythmusgebenden Neurone des Thalamus erregt werden und ihre Entladungsrate erhöhen. Gleichzeitig aber bewirkt ein tonischer „Weckreiz“ in der Retikulärformation und dem retikulären Thalamus, daß über die unspezifischen thalamokortikalen Afferenzen die apikalen Dendriten der kortikalen Pyramidenzellen (Schicht I und II) anhaltend depolarisiert werden. Diese, den eigentlichen Stimulationszeitpunkt überdauernden Anstiege des kortikalen Depolarisationsniveaus, können als Folge der neurochemischen Wirkung sowohl cholinerger wie auch aspartaterger Synapsen an den apikalen Dendriten verstanden werden. Im kortikalen EEG werden dann anhaltende Negativierungen (langsame Hirnpotentiale) registriert, die das Depolarisationsniveau und damit die Schwellensenkung der kortikalen Zellensembles widerspiegeln.

Ein kortikothalamisches System und die Basalganglien bilden ein weit verteiltes Netzwerk zur Steuerung von Aufmerksamkeit; es ist Teil des limitierten Kapazitätskontrollsystems

Modulation kortikaler Erregung. Da ein Großteil der kortikalen Zellen erregend ist, würde das kortikale Gewebe nach Aktivierung in Übererregung verfallen, ein „Einfall würde leicht in einen Anfall übergehen“ (Braitenberg [3]). Deshalb wird bei Ansteigen des Erregungsniveaus in kortikalen Modulen über Vermittlung des Striatums in den Basalganglien der Thalamus rückwirkend gehemmt: Aus allen Regionen des Neokortex gelangen erregende glutamaterge Fasern ins Striatum, die dann über Pallidum und Substantia nigra über GABAerge Verbindungen den ventrolateralen und retikulären Thalamus hemmen; von dort wird die Erregungsweitergabe an den Kortex blockiert. Damit wird das Erregungsniveau kortikaler Module innerhalb eines mittleren Niveaus gehalten. Es besteht für die meisten kognitiven Leistungen daher eine ***umgekehrte U-Funktion zwischen Aktivierung und Leistung.*** Optimale Leistung wird bei *mittlerer Aktivierung* erzielt.

Wer bestimmt nun, was ausgewählt wird? *Thalamus* und *Striatum* verfügen selbst nicht über die Information, was für den Organismus wichtig, d.h. *verstärkend* oder *bestrafend* ist. Diese Information erhalten sie primär über den *präfrontalen Kortex,* der selbst wieder von allen posterioren kortikalen Arealen über die gespeicherten und aktuellen Umweltsituationen und aus dem limbischen System (s. Kap. 9) über den Verstärkerwert („Unlust-Lust“) des signalisierten Ereignisses informiert wird. Fasern aus dem präfrontalen Kortex modulieren somit die striatalen und thalamischen Selektionsmechanismen.

Übererregung des Striatums durch gestörte Glutamat-Transmission wird mit den Aufmerksamkeitsstörungen in der ***Schizophrenie*** und anderen Defiziten von Verhaltensselektion in Zusammenhang gebracht.

Monoaminerge und cholinerge Systeme des Hirnstamms modulieren die Tätigkeit vieler Hirnregionen und des Rückenmarks

Abb. 7–5 gibt drei wichtige monaminerge Systeme des Hirnstamms wieder, die unspezifisch in den Neokortex, aber spezifisch zu anderen subkortikalen Regionen und ins Rückenmark projizieren. Cholinerge Kerngruppen befinden sich in mehreren Regionen des Hirnstamms, wir besprechen einige im Rahmen der Schlafsteuerung (s. 7.3) Alle drei, das *mesolimbische* ***dopaminerge,*** das

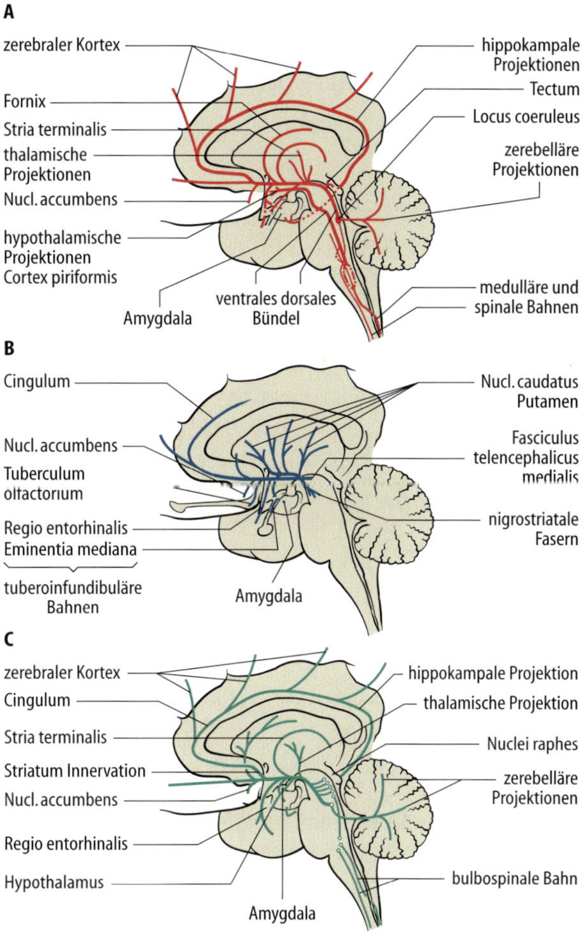

Abb. 7–5. Monoaminerge Neuronenverbände im Gehirn: **A** noradrenerge, **B** dopaminerge, **C** serotonerge. Man beachte die diffuse Verteilung von noradrenergen und serotonergen Neuronenverbänden im Vergleich zu den mehr lokalisierten Projektionen des dopaminergen Systems. Die Diagramme basieren auf Befunden aus Tierversuchen zahlreicher Autoren

aus dem *Nucleus coeruleus* stammende ***noradrenerge*** und das im *Nucleus raphé* entspringende ***serotonerge*** System scheinen an der Steuerung und Modulation einer Vielzahl von unterschiedlichen Verhaltensweisen beteiligt zu sein, ihre exakte Rolle im Rahmen von Aufmerksamkeit und Wachheit ist aber noch unklar. Auch ***opioide und histaminerge*** Zell- und Fasersysteme greifen in die subkortikale Erregungssteuerung, vor allem bei schmerz- und stresshafter Reizung ein (s. Kap. 13).

Noradrenerge Neurone des Nucleus coeruleus feuern nur im Wachzustand, nach Reizung der aufsteigenden Fasern erhöht sich im Wachzustand das „Signal-Rausch-Verhältnis" kortikaler Zellen: Aktive Zellen erhöhen ihre Feuerrate oder behalten sie bei, benachbarte Zellen werden gehemmt. Dies könnte eine *„Hervorhebung wichtiger Information"* erleichtern.

Die Wirkung serotonerger Afferenzen auf den Kortex ist unklar. Nur die aktivierende Wirkung cholinerger Fasern, vor allem aus Hirnstamm und dem Nucleus basalis des basalen Vorderhirns scheint gesichert zu sein. Dopaminerge Afferenzen sind mehr mit motivationalen Effekten verbunden: Verlust oder Störung des mesolimbischen Dopaminsystems führt zu ***Anhedonie*** (Lustverlust und Antriebslosigkeit) (s. Kap. 9).

Auf die Rolle der in Abb. 7–5 dargestellten monoaminergen Systeme für Motivation, Emotion und Denken gehen wir in den Kapiteln 8 und 9 ein.

!

Ein anatomisch und neurochemisch heterogenes System des medialen Hirnstamms ist für die Steuerung tonischer (länger anhaltender) Wachheit verantwortlich. Dieses System wird aufsteigendes retikuläres Aktivierungssystem, ARAS, genannt. Die dienzephalen Ausläufer dieses Systems, vor allem der Nucleus reticularis thalami, und Teile der Basalganglien sind mit selektiven Aufmerksamkeitsprozessen befaßt. Präfrontaler und parietaler Kortex sind die obersten Entscheidungsinstanzen für die Auswahl biologisch bedeutsamer und die Hemmung irrelevanter Information. Die Gesamtheit aller an der Steuerung kontrollierter (bewußter) Aufmerksamkeit beteiligten Hirnstrukturen wird als limitiertes Kapazitätskontrollsystem, LCCS, bezeichnet. Wesentliche Anteile sind der retikuläre Thalamus, Teile der Basalganglien und der präfrontale und parietale Neokortex.

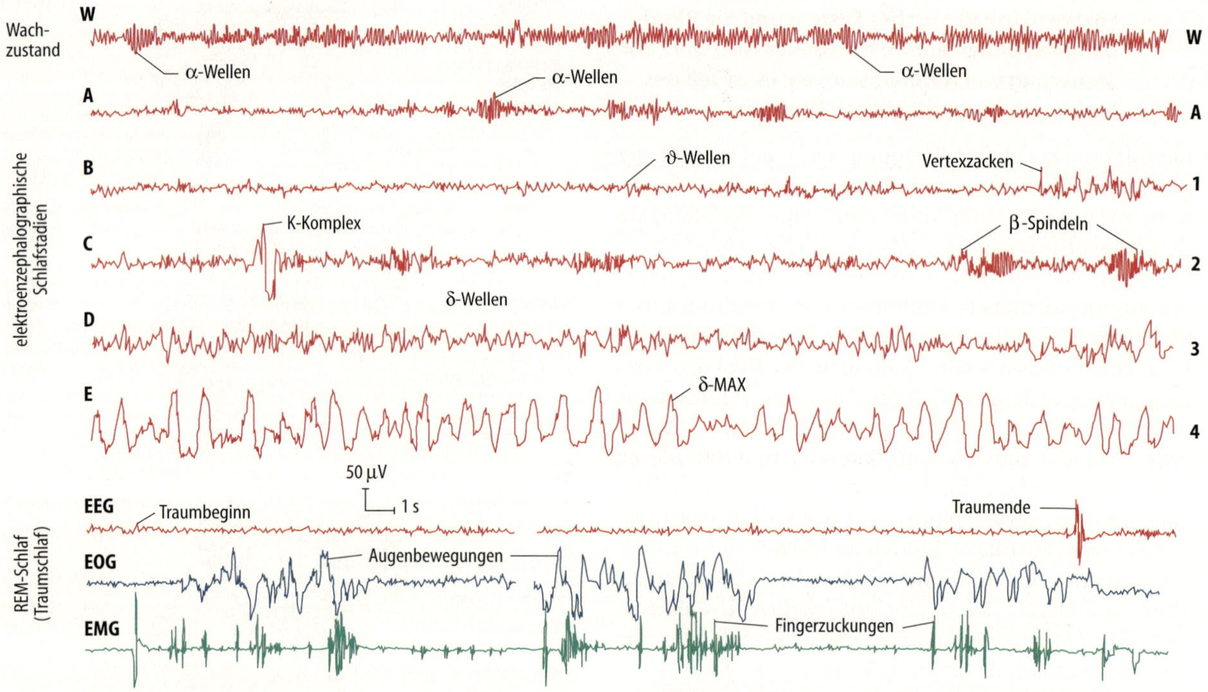

Abb. 7–6. Einteilung der Schlafstadien beim Menschen aufgrund des EEGs. In den ersten 6 Ableitungen sind *links* die Schlafstadien nach Loomis et al., *rechts* die nach Kleitman et al. angegeben. Stadium *W:* Entspanntes Wachsein. Stadium *A:* Übergang vom Wachsein zum Einschlafen. Dieses Stadium wird von vielen Autoren dem Stadium *W* zugerechnet. Stadium *B* bzw. 1: Einschlafstadium und leichtester Schlaf. Die am Ende der Ableitung auftretenden Vertexzacken werden auch als „physiologisches Einschlafmoment" bezeichnet. Stadium *C* bzw. 2: Leichter Schlaf. Stadium *D* bzw. 3: Mittlerer Schlaf. Stadium *E* bzw. 4: Tiefschlaf. In den nächsten 3 Ableitungen sind das EEG, das Elektrooculogramm (EOG) und das Elektromyogramm eines Zeigefingers (EMG) während des REM-Schlafes (Traumschlafes) aufgezeichnet. Die REM-Phasen stehen typischerweise am Ende jeder Schlafperiode. Sie können keinem der „klassischen" Schlafstadien zugeordnet werden, sondern stellen ein eigenständiges Stadium dar. Erläuterungen siehe Text. (Aus: U. J. Jovanovic: Methodik und Theorie der Hypnose. Stuttgart: Fischer 1986)

7.3 Wach-Schlaf-Verhalten des Menschen

Mit dem Elektroenzephalogramm (EEG) lassen sich die verschiedenen Grade des Wachseins (von angespannt bis entspannt) und die verschiedenen Arten des Schlafes (REM-, NREM-Schlaf) unterscheiden

Mit der Elektroenzephalographie steht eine Methode zur Verfügung, die es erlaubt, den *Schlafverlauf fortlaufend aufzuzeichnen, ohne ihn zu stören* (Details der Methodik im Kap. 6). Der Nachteil aller älteren Methoden zur Messung des Schlafes bestand nämlich darin, daß der Schlaf durch die Messung selbst erheblich gestört oder gar unterbrochen wurde. Abb. 7–6 zeigt den Spannungsverlauf des menschlichen EEG vom Wachen bis zum ***Tiefschlaf*** (Stadium 3 und 4) und zum ***REM-Schlaf*** (**R**apid **E**ye **M**ovement-Schlaf). Den Tiefschlaf bezeichnet man auch als ***Langsamen-Wellen-Schlaf*** *(Slow-Wave Sleep, SWS),* da er von hochamplitudigen (>100μV) ϑ- (4–7 Hz) und δ-Wellen (0,5–3 Hz) dominiert wird. Dem REM-Schlaf werden alle übrigen Schlafstadien als NREM-Schlaf (Nicht-REM-Schlaf) gegenübergestellt.

Der ***REM-Schlaf*** wird auch als ***Traumschlaf*** oder ***paradoxer Schlaf*** bezeichnet. Es treten dabei sekundenlange Gruppen von 1–4 Hz schnellen Augenbewegungen auf. In dieser Zeit wird aktiv-handelnd und emotional geträumt, während in den übrigen Schlafphasen eher abstrakt-gedanklich geträumt wird.

Während des Schlafens treten im EEG auch bestimmte, für den Schlaf typische Muster auf. Dazu gehören die in Abb. 7–6 ebenfalls zu sehenden ***Schlafspindeln*** und ***K-Komplexe.*** Letztere geben einen Hinweis darauf, daß das schlafende Gehirn Reize aus der Umwelt wahrnimmt und darauf reagiert. Dieses Wellenmuster tritt nämlich regelmäßig dann auf, wenn dem Schläfer ein Reiz präsentiert wird, z. B. ein Tonsignal. Die Reizverarbeitung im Schlaf funktioniert sogar so gut, daß ein Schläfer, dem Namen leise auf einem Tonband vorgespielt werden, auf seinen eigenen Namen mit einem besonders ausgeprägten K-Komplex reagiert: Er hat seinen Namen offensichtlich erkannt. *Schlafspindeln* sind ebenfalls kurzdauernde Wellenmuster, die nur im Schlaf-EEG vorkommen. Es gibt Hinweise darauf, daß Schlafspindeln den Schlaf schützen, indem sie das Gehirn gegen Außenreize abschirmen.

Die Schlafphasen werden unter physiologischen Bedingungen immer in derselben Abfolge von Langsamen-Wellen-Schlaf (SWS) zum REM-Schlaf durchschritten

Beim Übergang vom *entspannten Wachsein* (mit geschlossenen Augen) in das ***Schlafstadium 1 (S1)*** verschwinden die α-Wellen. Die Klarheit des Bewußtseins wird zunehmend eingeschränkt. Viele Menschen erleben in diesem dösenden Übergangszustand zwischen Wachen und Schlafen optische, traumartige Eindrücke. Gleichzeitig beginnen die Augäpfel sich ganz langsam hin- und herzubewegen. Bei manchen Schläfern zeigen sich beim Einschlafen auch feine Zuckungen der Augenlider. Es können aber auch heftige Zuckungen einzelner Gliedmaßen oder des ganzen Körpers auftreten, die wahrscheinlich durch eine *Umstellung der motorischen Kontrollsysteme beim Einschlafen* bedingt sind.

Das *Schlafstadium 1* ist noch ein instabiler Zustand, der leicht durch kurze Wachepisoden unterbrochen werden kann. Der Beginn des nachfolgenden ***Schlafstadiums 2 (S2)*** ist daher als der eigentliche Zeitpunkt für den Schlafbeginn anzusehen, zumal hier zum erstenmal *Schlafspindeln* und *K-Komplexe* auftauchen. Die Zeitdauer zwischen dem Zubettgehen und dem ersten S2-Schlaf, also die ***Schlaflatenz,*** beträgt bei gesunden Erwachsenen etwa 10 bis 15 min.

Normalerweise, wie in Abb. 7–7 dargestellt, vertieft sich der Schlaf sukzessive aus den Stadien S1 und S2 in die ***Tiefschlafstadien S3*** und ***S4.*** Die Weckschwelle für Reize erhöht sich entsprechend und erreicht ihren höchsten Wert nach etwa einer Stunde. Anschließend nimmt die Weckschwelle wieder ab. Schließlich geht der Tiefschlaf in den ersten ***REM-Schlaf*** über, mit dem der komplette erste Schlafzyklus abgeschlossen wird.

Im Verlaufe einer Nacht werden die einzelnen Schlafstadien mehrfach durchlaufen; das Maximum des Tiefschlafs liegt dabei im ersten Schlafzyklus; die REM-Episoden nehmen im Verlauf der Nacht an Dauer zu

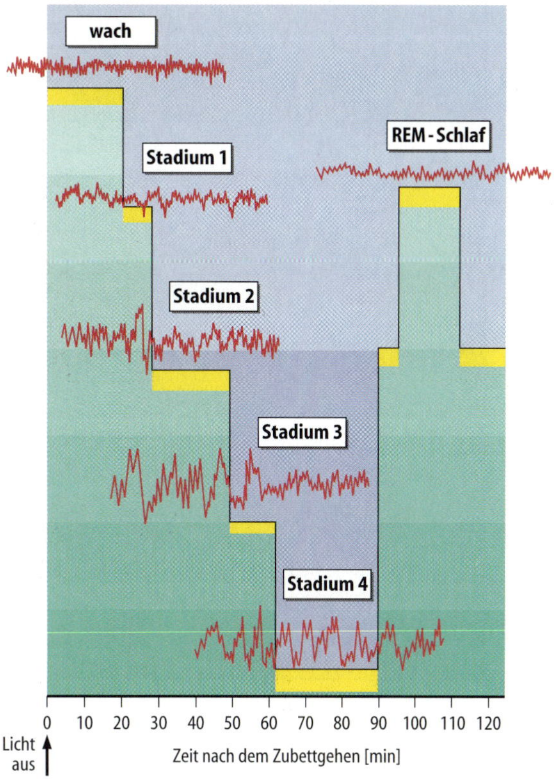

Abb. 7–7. Schema des Verlaufs der Schlaftiefe und der zugehörigen EEGs beim Einschlafen und während des ersten Schlafzyklus bis nach dem Auftreten der ersten REM-Phase. Ausführliche Registrierungen des EEG in den verschiedenen Schlafstadien sind in Abb. 7–6 aufgezeichnet; der weitere Verlauf des Schlafes ist in Abb. 7–8 zu sehen

Abb. 7–8 zeigt die zyklische Natur des Schlafes. Eine Nacht besteht aus etwa ***4–5 Schlafzyklen,*** die jeweils eine Dauer von etwa *1,5 Stunden* haben. Ein kompletter NREM-REM-Zyklus wird als ***Basic-Rest-Activity-Cycle (BRAC)*** bezeichnet, da er sich in den wachen Teil des Tages hinein fortzusetzen scheint. Das Maximum des langsamwelligen Schlafs mit den Stadien 3 und 4 liegt im ersten Schlafzyklus, danach nimmt der langsamwellige Schlaf stetig über die Nacht ab.

Die ***Dauer der REM-Phasen*** nimmt im Laufe der Nacht von ca. 5–10 min bis auf 20–30 min zu (Abb. 7–8). Auch die Augenbewegungsdichte im REM-Schlaf nimmt im Laufe der Nacht zu. Diese Intensivierung des REM-Schlafes gilt auch für viele andere physiologische Prozesse, von denen einige in Abb. 7–8E eingetragen sind. Mit der Intensivierung des REM-Schlafes geht auch verlängertes und intensiveres Träumen einher.

Unterschiede zwischen REM-Schlaf und Wachzustand. Physiologisch und psychologisch weisen die REM-Phasen Ähnlichkeit zum Wachzustand auf, trotzdem bestehen Unterschiede, die auch das psychologisch kaum mit Wachen vergleichbare Träumen erklären. Der zentrale Unterschied besteht in der ***tonischen Hemmung der spinalen Motoneurone*** während der REM-Phasen, was zu *vollständiger Paralyse der quergestreiften Muskulatur* führt. Die spinale Hemmung geht von Kernen in der medialen Medulla oblongata aus und scheint Azetylcholin als Transmitter zu benützen (in Abb. 7–6 und 7–8 ist die tonische Muskelatonie von phasischen Muskelzuckungen überlagert). Nach Läsion dieser medullären Kerne tritt bei Säugetieren und Menschen ***REM-Schlaf ohne Atonie*** auf, die Tiere bzw. Menschen agieren motorisch entsprechend dem Trauminhalt (z. B. „fängt" die Katze eine nicht existierende Maus).

Die Gesamtschlafzeit sinkt im Verlauf des Lebens ab, der relative Anteil des SWS-Schlafs („Tiefschlaf") wird außerdem erheblich kürzer

Die relativen Anteile von Wachen und Schlafen, ebenso wie die Anteile von REM- und NREM-Schlaf an der Gesamtschlafzeit machen eine charakteristische ***Altersentwicklung*** durch. Insgesamt sinkt im Laufe des Lebens nicht nur die Gesamtschlafzeit ab, sondern es wird auch der relative Anteil des SWS-Schlafs (slow wave sleep, Stadium 3 und 4) erheblich kürzer. Die Werte können aus Abb. 7–9 entnommen werden. Das Neugeborene verbringt einen erheblichen Teil des Tages im REM-Schlaf, der dann rasch mit der Hirnentwicklung bis um

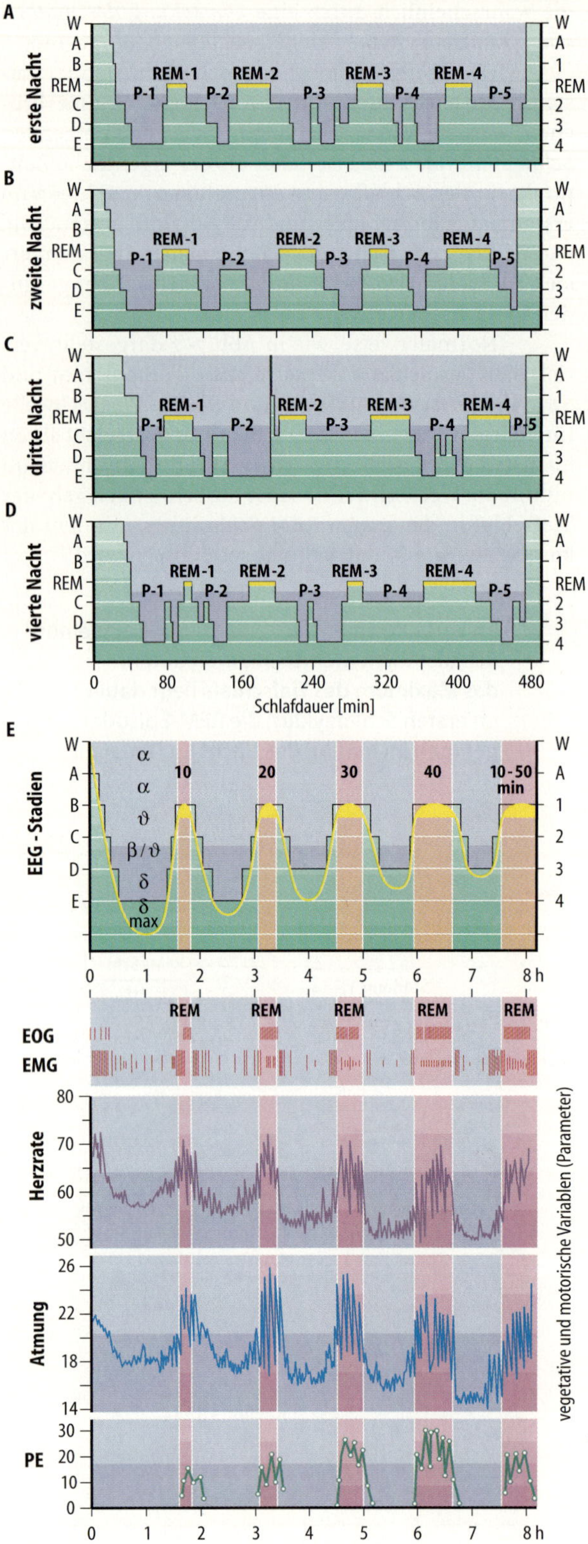

Abb. 7–8. Verlauf der Schlafstadien und Verhalten einiger vegetativer Variablen während einer Nacht beim Menschen. **A–D** Schlafperiodik bei einem gesunden Mann von 28 Jahren in 4 aufeinanderfolgenden Nächten, analysiert aufgrund kontinuierlicher EEG-Abteilungen. Einteilung der Schlafstadien wie in Abb. 7–6. Im Verlauf jeder Nacht werden 4–5 Schlafperioden (P-1 bis P-5) durchlaufen (normal sind 3–5 Perioden). Jede Schlafperiode beginnt mit dem Ende der vorausgehenden REM-Phase und endet mit dem Ende der darauffolgenden, mit Ausnahme von P-1, die mit dem Einschlafen beginnt und P-5, die mit dem Aufwachen endet. (Aus: U. J. Jovanovic: Methodik und Theorie der Hypnose. Stuttgart: Fischer 1986). **E** Schematisierte Durchschnittswerte einiger psychovegetativer und psychomotorischer Variablen (Parameter) bei der Schlafperiodik. Einteilung der Schlafstadien wie in **A–D** und Abb. 7–6. Die REM-Stadien sind aus technischen Gründen in der Höhe des Stadiums B bzw. 1 eingezeichnet, stellen jedoch ein Stadium für sich dar (s. Text). *EOG:* Elektrooculogramm. *REM:* Beim Einschlafen einige langsame Bewegungen. *EMG:* Elektromyogramm der Nackenmuskeln. Aktivitätdurch senkrechte Striche angezeigt. Herzrate: Pulsschläge pro min. Atmung: Atemzüge pro min. *PE:* Peniserektionen (relative Stärke). Aus U. J. Jovanovic (1971) Normal Sleep in Man. Stuttgart: Hippokrates

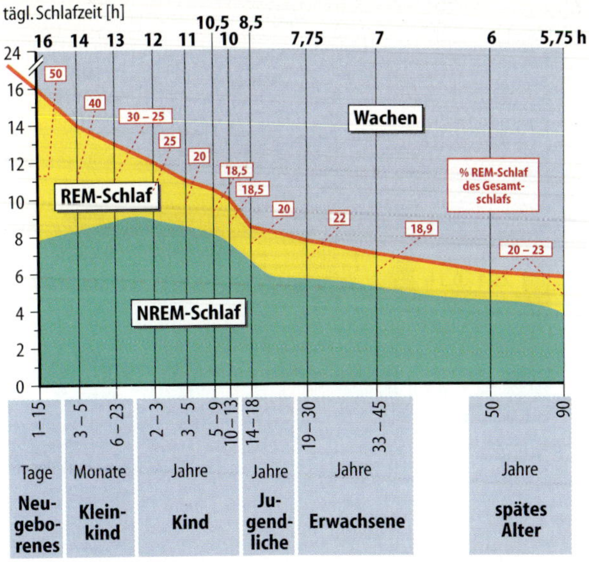

Abb. 7–9. Wach- und Schlafzeiten und der Anteil von NREM- und REM-Schlaf im Verlauf des menschlichen Lebens. Neben dem Rückgang der Gesamtschlafzeit ist v. a. die starke Abnahme der REM-Schlafdauer nach den frühen Lebensjahren bemerkenswert. Modifiziert nach Roffwarg et al. (1966) aus [1]

das 14. Lebensjahr von 50 % auf ca. 20 % absinkt und danach konstant bleibt. Stadium 1 und 2 nehmen dagegen ab dem 14. Lebensjahr zu, während Stadium 3 und 4 im Erwachsenenalter kontinuierlich abnehmen. Auch die Abfolge und Länge der einzelnen Schlafstadien (nicht ersichtlich aus Abb. 7–9) ist bei Säugling und Kleinkind deutlich anders als beim Erwachsenen. Der hohe Anteil des REM-Schlafs bei Säugling und Kleinkind hat zu der Vermutung geführt, daß diese Perioden erhöhter neuronaler Aktivität (desynchronisiertes EEG ähnlich dem bei Aufmerksamkeit) für die ontogenetische Entwicklung des ZNS wichtig sind, da bei diesen Individuen äußere Reize noch weitgehend fehlen: das „Träumen" ersetzt als innere Reizung den mangelnden externen Einstrom.

Schlafrhythmus von Neugeborenen und Säuglingen. Neugeborene und Säuglinge in den ersten Lebensmonaten schlafen zwar sehr viel (Abb. 7–9), sie besitzen aber zunächst noch keinen zirkadianen Schlafrhythmus, sondern sie wachen im Rhythmus von wenigen Stunden immer wieder auf. Im Laufe des ersten halben Lebensjahres verlängern sich die Schlaf- und Wachphasen und das Schlaf-Wach-Verhalten geht im zweiten Lebenshalbjahr zunehmend in den Tag-Nacht-Rhythmus der Umgebung über.

Primäre Schlafstörungen können als Ein- und Durchschlafstörungen, als Hypersomnien und als schlafstadiengebunden Störungen auftreten

Schlafstörungen, die nicht als Folge von organischen Erkrankungen auftreten, werden als *primäre* bezeichnet. Von diesen Schlafstörungen werden einige häufig vorkommende nachfolgend skizziert. Für Einzelheiten und für die Diskussion von Schlafstörungen bei internistischen, neurologischen und psychiatrischen Erkrankungen wird auf die Literatur verwiesen [1,6].

Ein- und Durchschlafstörungen (Insomnia). Hier ist zwischen *Pseudoinsomnia* und *idiopathischer Insomnia* zu unterscheiden. Im letzteren Fall handelt es sich um subjektiv erlebte *und* objektiv, d. h. mit polygrafischen Aufzeichnungen im Schlaflabor verifizierbaren Störungen im Schlafprofil. Diese können zahlreiche Ursachen haben, z. B. zuviel oder zuwenig körperliche Aktivität, chronischer Streß, Reisen und extreme Diäten. Bei der *Pseudoinsomnia* werden subjektiv Störungen des Ein- und Durchschlafens berichtet, das Schlafprofil ist aber altersgerecht. Pseudoinsomnia liegt vor, wenn die subjektiven *Erwartungen* an die Schlafgüte nicht mit dem objektiv vorhandenen Schlafprofil übereinstimmen. Dies ist häufig bei alten Menschen der Fall, die sich nicht an die zunehmende „Leichtigkeit" des Schlafes gewöhnen können.

Eine der häufigsten Ursachen für Schlafstörungen ist der chronische Mißbrauch von Schlafmitteln. Alle bekannten Schlafmittel führen bei längerer Einnahme zu einer Veränderung des natürlichen Schlafprofils und bei Absetzen der Einnahme zu erheblichen Schlafstörungen.

Hypersomnia. Der Prototyp einer hypersomnischen Erkrankung ist die ***Narkolepsie.*** Ihr Leitsymptom ist die *gesteigerte Tagesmüdigkeit* mit unkontrollierbaren Schlafattacken (Dauer von wenigen Sekunden bis 30 min). Zur Narkolepsie gehören auch *Kataplexien,* d.h. meist durch affektive Reize ausgelöster Tonusverlust, Schlaflähmungen und hypnagoge Halluzinationen. Diese Symptome können als das „Eindringen" von REM-Episoden in den Wachzustand aufgefaßt werden, denn Kataplexie und Schlaflähmung sind mit der Atonie des REM-Schlafes eng verwandt, hypnagoge Halluzinationen mit den traumgenerierenden Prozessen dieses Schlafzustandes.

Schlafstadiengebundene Störungen. Hierzu zählen zahlreiche Schlafstörungen, z. B. der ***Somnambulismus*** *(Schlafwandeln).* Es handelt sich um einen motorischen Automatismus, der beim Übergang vom Tiefschlafstadium 4 in das Stadium 2 auftritt, und zwar besonders bei Kindern und Jugendlichen, sowie bei Erwachsenen unter Streßbelastung. Die Augen des Schlafwandlers sind weit geöffnet, er ist nicht ansprechbar, nach dem Aufwecken desorientiert und kann sich nicht an Träume erinnern.

Bettnässen (Enuresis nocturna) kommt bei rund 10 % aller Kinder nach dem 2. Lebensjahr vor. Es tritt praktisch immer aus dem NREM-Schlaf auf. Entsprechend sind die Kinder, wenn sie unmittelbar im Anschluß an das Bettnässen geweckt werden, verwirrt, desorientiert und können nichts über Träume berichten. Als Ursachen des Bettnässens werden sowohl physiologische als auch psychologische Ursachen diskutiert.

Vergleichbares gilt für den kindlichen ***Pavor nocturnus,*** der zwischen dem 3. und 8. Lebensjahr, selten später vorkommt. Plötzlich, während des Schlafes, setzt sich das Kind auf und fängt an zu schreien. Das Gesicht ist bleich und schweißbedeckt, der Atem geht schwer. Nach kurzer Zeit wacht das Kind auf, erkennt seine Umwelt und schläft oft wieder ein. Ähnliches gibt es auch in Form von ***Alpträumen*** beim Erwachsenen. Eine Spielart davon ist die beim Aufwachen oder Einschlafen gelegentlich erlebte ***Schlaflähmung,*** bei der es einem für kurze Zeit unmöglich ist, eine Bewegung auszuführen.

!

Die verschiedenen Schlafstadien lassen sich durch die Registrierung des Elektroenzephalogramms (EEG) und des Elektrookulogramms (EOG) erfassen. Wir unterscheiden vier Stadien zunehmender Schlaftiefe mit zunehmend langsamen Wellen im EEG. Der Langsame-Wellen-Schlaf (SWS „Tiefschlaf") geht in ein dem Wachzustand vergleichbares Stadium mit schnellen Augenbewegungen (REM) und „Wach-EEG" über; diese REM-Perioden werden im Laufe der Nacht länger. Eine Abfolge von Nicht-REM-Schlaf (NREM) und REM-Schlaf wird als Basic-Rest-Activity-Cycle, BRAC, bezeichnet. Die Dauer der einzelnen Schlafstadien ändert sich im Laufe des Lebens: Während Neugeborene und Kleinstkinder erhebliche Teile des Tages und der Nacht im REM-Schlaf verbringen, bleibt der REM-Anteil nach der Pubertät konstant. Im späten Erwachsenenalter und im hohen Alter nimmt auch der Anteil des tiefsten SWS kontinuierlich ab, das Schlafstadium 2 nimmt dann den größten Anteil der Schlafzeit ein.

7.4 Zirkadiane Periodik als Grundlage des Wach-Schlaf-Rhythmus

Die Abfolge der verschiedenen Schlafstadien und des Wachens wird von inneren Uhren gesteuert, die eine zirkadiane Periodik besitzen und durch Zeitgeber auf den 24-h-Rhythmus der Außenwelt synchronisiert werden

Der zirkadiane Rhythmus (*circa* = ungefähr und *dies* = Tag) von Schlafen und Wachen und viele damit einhergehende Rhythmen physiologischer und psychologischer Funktionen werden von *endogenen Oszillatoren* (*inneren Uhren*) im Zentralnervensystem (ZNS) gesteuert. Diese inneren Uhren bestehen aus Neuronen, deren Membranstruktur auf noch unbekannte Art und Weise die Membranleitfähigkeit rhythmisch verändert und damit ihre Entladungsraten rhythmisch anordnet. Der Grundrhythmus der endogenen Oszillatoren (beim Menschen meist ca. 25 h) wird von externen und internen Reizen, die ***Zeitgeber*** genannt werden, *mitgenommen*, d.h. auf die 24h-Periodik der Außenwelt synchronisiert. So führt die 24h-Hell-Dunkel-Periodik von Tag und Nacht dazu, daß der endogene Oszillator für Wachen und Schlafen von etwa 25 Stunden auf 24 Stunden synchronisiert wird. Beim Menschen wirkt helles Licht (7000–12000 Lux) als stärkster Zeitgeber, aber auch soziale Interaktion hat einen gewissen Einfluß auf die Tag-Nacht-Rhythmik [7,11].

Unter Abschluß von der Umwelt (in unterirdischen Bunkern oder in Höhlen) stellt sich beim Menschen eine ***zirkadiane Periodik*** ein, deren Dauer, wie eben schon gesagt, bei der Mehrzahl der Versuchspersonen etwas über 24h liegt (Abb. 7–10A). Nicht alle inneren Uhren haben jedoch die gleiche Periodendauer. So verschieben sich in Abb. 7–10A die Maxima der Körpertemperatur (Dreiecke nach oben) in der ersten Tagen der freilaufenden zirkadianen Periodik deutlich ge-

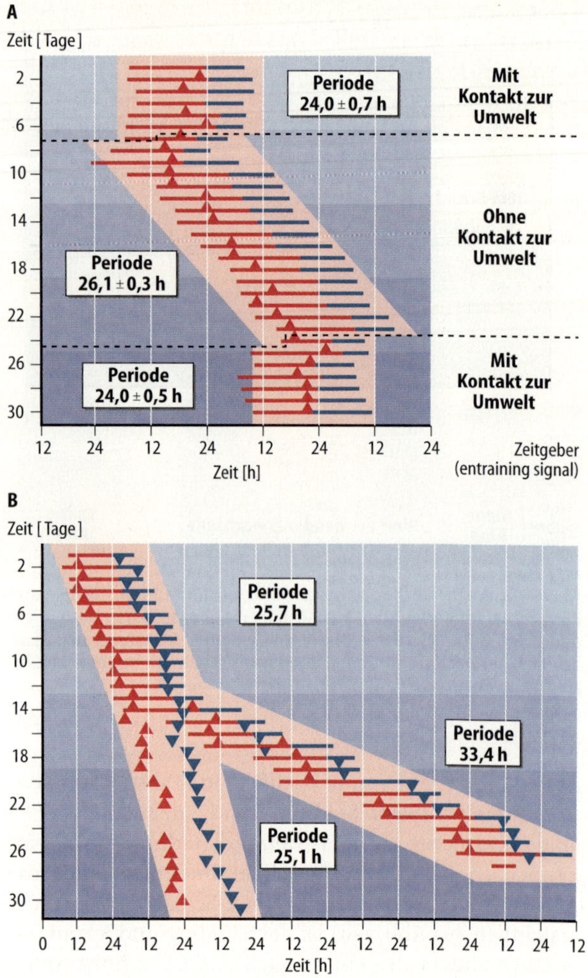

Abb. 7–10. Zirkadiane Periodik des Menschen. **A** Rhythmus des Wachens und Schlafens (*blaue Balkenabschnitte*) einer Versuchsperson in der Isolierkammer bei offener Tür (also mit sozialem Zeitgeber) und in Isolation (ohne Zeitgeber). Die *Dreiecke* geben den Zeitpunkt der höchsten Körpertemperatur an. Bei offener Tür betrug die Periodendauer jeweils genau 24h (mittlere tägliche Abweichungen ± 0,7 bzw. ± 0,5 h), in der Isolation aber 26,1 ± 0,3h. **B** Aktivitätsrhythmus einer im Bunker isolierten Versuchsperson, bei der sich am 15. Tag der Temperaturrhythmus (Maxima = *rote Dreiecke nach oben*. Minima = *blaue Dreiecke nach unten)* vom Wach-Schlaf-Rhytmus abgekoppelt und mit einer Periode von 25,1 h weiterläuft. Der Wach-Schlaf-Rhythmus (Aktivitätsrhythmus) sprang zu dieser Zeit aus unbekannten Gründen auf eine Periode von 33,4h. Messungen von Prof. J. Aschoff, Seewiesen, u. Mitarb.

genüber ihren Positionen im synchronisierten Wach-Schlaf-Rhythmus, die noch in den beiden ersten Tagen zu sehen sind. Dies spricht dafür, daß die beiden Oszillatoren miteinander gekoppelt sind, wobei ihre Phasenverschiebungen von den jeweiligen Umständen, besonders der Periodenlänge des ganzen Systems, abhängen. Wenn im Extremfall der Wach-Schlaf-Rhythmus in der Isolation besonders lange Werte annimmt (Abb. 7–10B), in einzelnen Fällen sind 48-h-Perioden, also *bizirkadiane Rhythmen* beobachtet worden [7]), werden die vegetativen Funktionen völlig abgekoppelt ***(interne Desynchronisation)*** und laufen mit der ursprünglichen Periodendauer von etwa 25 h weiter. Mit anderen Worten, die offenbar weniger flexible „Temperaturuhr“ kann der neuen, extrem langen Periode der „Aktivitätsuhr“ nicht mehr folgen und löst sich daher vom Wach-Schlaf-Rhythmus.

Das ***Verhältnis der Aktivitäts- zu den Ruhezeiten*** innerhalb einer zirkadianen Periodik ist nicht konstant. Auffällig ist, daß Verlängerung der Aktivitätsphase zu einer Verkürzung der anschließenden Ruhephase führt, d.h. die mittlere zirkadiane Periodendauer nach Möglichkeit konstant gehalten wird (s.a. Abb. 7–10). Dieser Befund steht im Gegensatz zu den Erwartungen, die man aufgrund einer Ermüdungshypothese (Schlaf als Erholung) hegen könnte und ist ein Anzeichen dafür, daß die ***zirkadiane Periodik der Primärprozeß*** ist, dem Wachen und Schlafen untergeordnet sind [6].

Jet-lag. Wird die zirkadiane Periodik ***einmalig in ihrem Rhythmus verschoben,*** z.B. verkürzt durch Flug nach Osten oder verlängert durch Flug nach Westen, so brauchen die zirkadianen Systeme etwa 1 Tag pro 1-h-Zeitzone, um ihre normale Phasenlage zu den äußeren Zeitgebern zurückzugewinnen. Die Resynchronisation erfolgt bei Flügen nach Westen deutlich schneller als bei Flügen nach Osten (Phasenverlängerungen resynchronisieren leichter als Phasenverkürzungen). Auch die einzelnen Systeme unterscheiden sich in den zur Resynchronisation notwendigen Zeiten: Die soziale und berufliche Aktivität läßt sich dem verschobenen Zeitgeber schnell anpassen, Körpertemperatur und andere vegetative Funktionen folgen langsamer. Diese Dissoziation trägt zur vorübergehenden Leistungsminderung nach Langstreckenflügen bei.

Der zentrale, aber nicht der einzige Wach-Schlaf-Oszillator ist der Nucleus suprachiasmaticus; an der Ausbildung der Schlafstadien sind außerdem homöostatische Prozesse beteiligt

Der hypothalamische *Nucleus suprachiasmaticus* liegt direkt über dem *Chiasma opticum.* Er erhält über Kollateralen des *Tractus opticus* Licht-Dunkel-Information aus der Retina. Der Nucleus suprachiasmaticus steuert anscheinend keine physiologische Funktion *unmittelbar,* sondern „zwingt“ anderen Kernstrukturen seinen endogenen Rhythmus über die gepulste Freisetzung von Hormonen und über rhythmische Entladungen seiner Neurone und deren Axone auf. Die wichtigsten der dazu benutzten Verbindungen zeigt Abb. 7–11. Wird im Tierexperiment der Nucleus suprachiasmaticus zerstört, so schlafen, wachen und träumen die Tiere weiter, aber in chaotischer, nichtrhythmischer Abfolge.

Die ***molekulare Struktur der Synchronisation*** der Zellen des Nucleus suprachiasmaticus wird durch unmittelbare Expression *„früher Reaktionsgene“ (immediate early genes)* gesteuert. Die frühen Reaktionsgene werden durch Licht aktiviert; bereits nach wenigen Minuten läßt sich in den Zellen des Nucleus suprachiasmaticus die Aktivierung eines *c-fos Proto-Onkogens* feststellen. Das c-fos-Protein ist ein ***Transkriptionsfaktor*** in den frühen Reaktionssystemen, die rasch in die Regulation von Zellproliferation und Membrandifferenzierung eingreifen. Die schnelle Expression des Transkriptionsfaktors wird durch Anstieg der cAMP, oder der Ca^{2+}-Konzentration nach Eintreffen des Nervenimpulses ausgelöst, welche die aktivierende Phosphorylierung des Transkriptionsfaktors bewirken [12].

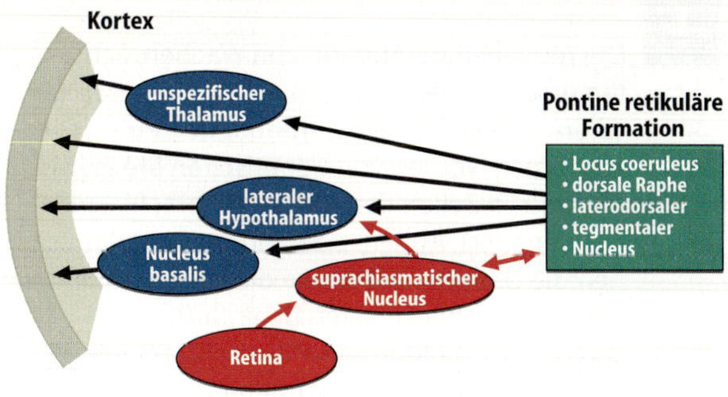

Abb. 7–11. Diagramm der anatomischen Beziehungen zwischen dem Nucleus suprachiasmaticus und anderen Hirnstrukturen, die an der Schlaf-Wachsteuerung beteiligt sind (Aus J. Montplaisier & R. Godbout: Sleep and Biological Rhythms, Oxford University Press, New York, Oxford, 1990)

Neben dem Nucleus suprachiasmaticus existieren noch einige andere Uhren (z. B. eine für die Körpertemperatur), die ein komplexes Netzwerk einander überlagernder Rhythmen bilden (z.B. der BRAC, s. S. 148). Generell gilt, daß für das Wachen und die verschiedenen Schlafstadien *mehrere* subkortikale Hirnstrukturen und deren Neuromodulatoren (Transmitter und Hormone) verantwortlich sind, die gleichzeitig auch an anderen Funktionen beteiligt sind. Es müssen viele solcher Strukturen und Substanzen zusammenarbeiten, damit Schlaf und Wachen entstehen und rhythmisch aufeinander folgen können.

Langsamer-Wellen-Schlaf (SWS) hat weniger rhythmischen, sondern eher homöostatischen Charakter: Er hängt stark von der vorausgegangenen Aktivität (Müdigkeit), Nahrungsaufnahme, Hirntemperatur und anderen Faktoren ab. Man nimmt deswegen die Akkumulation einer oder mehrerer ***„Schlafsubstanzen“*** während des Wachens als Ursache des Beginns von SWS an. Trotzdem scheint auch SWS von einem 12–13-Stunden-Oszillator moduliert zu werden, was z.B. bedeutet, daß wir nachmittags, also ca. 12–13 Stunden nach dem Einschlafen nochmals müde werden (*Siesta* in den südlichen Ländern).

REM-Schlaf kann bei Katzen durch Infusion kleiner Mengen von cholinergen Agonisten (z.B. Carbachol) in das pontine Tegmentum und andere cholinerg übertragende Zellanhäufungen im Stammhirn ausgelöst werden. Gleichzeitig mit Aktivierung der cholinergen REM-Zellen werden die im langsamen-Wellen-NREM-Schlaf aktiven aminergen Zellen in Nucleus raphé (Serotonin) und Locus coeruleus (Noradrenalin) blockiert und umgekehrt. Im REM-Schlaf wird also ein primär „cholinerges Klima“ erzeugt, was sich deutlich vom Wachzustand unterscheidet, in dem auch die Produktionsstätten der aminergen Transmitter aktiv sind. Die völlige Hinwendung auf interne, im ZNS erzeugte Reize im REM-Schlaf könnte damit zusammenhängen [9].

Das ***basale Vorderhirn*** mit dem *Nucleus praeopticus* des Hypothalamus ist eine Struktur, deren elektrische Reizung oder Erwärmung zu SWS führt. SWS wird aber offensichtlich auch durch periphere Peptide, wie z.B. Muramyl-Peptide, angestoßen, die in subkortikalen Gliazellen und den Gliazellen des basalen Vorderhirns die Produktion von *Interleukin-1* stimulieren, einem Peptid, das mit der *Immunabwehr* befaßt ist. Fieber nach Infektionen und der Anstieg der Körper- und Hirntemperatur sind daher potente Reize für SWS.

!

Die regelmäßige Abfolge von Wachen, Schlafen und Träumen wird von endogenen Oszillatoren (inneren Uhren) autonom gesteuert. Die Rhythmen werden von genetischen Mechanismen v. a. in Zellen des Nucleus suprachiasmaticus generiert. Äußere oder innere Reize können die Dauer und Abfolge dieser Rhythmen innerhalb enger Grenzen beeinflußen. Der subjektive Erholungswert des Schlafes hängt vom regelhaften Durchschreiten von vier Non-REM-Stadien und erst danach dem Auftreten des REM-Stadiums ab. Für die einzelnen Schlafstadien und ihre Rhythmisierung sind mehrere subkortikale Oszillatoren verantwortlich, die sowohl über sekretorische wie elektrische Impulse die Aktivität vieler kortikaler und subkortikaler „Erfolgsorgane" synchronisieren. Während die REM-Schlafperioden von einem Oszillator im 90-min-Abstand erzeugt werden, scheint der SWS eher homöostatisch, in Abhängigkeit zur Dauer und Intensität der vorausgegangenen körperlichen und geistigen Aktivität, organisiert zu sein.

7.5 Die Bedeutung von Schlaf und Traum

NREM-Schlaf und REM-Schlaf gehen mit charakteristischen psychischen Veränderungen einher

Neben dem Menschen weisen auch die anderen Säugetiere und die Vögel eine Schlafstruktur mit NREM- und REM-Phasen auf. Träumen ist also sehr wahrscheinlich keine spezifisch menschliche Eigenschaft, sondern ein universeller regulatorischer Prozeß. Kaltblütler weisen ebenfalls Phasen von Ruhe und Aktivität auf, zeigen aber nicht die charakteristischen Abfolgen von NREM- und REM-Schlaf. Dies legt die Vermutung nahe, daß die NREM-REM-Abfolge etwas mit ***Temperaturregulation*** und ***Stoffwechselrate*** zu tun hat.

Mentale Prozesse sind während der gesamten Schlafzeit vorhanden, in NREM-Phasen sind sie aber abstrakt, gedankenartig. Die aktiven, halluzinatorischen, geschichtenartigen Traumphänomene, die wir eigentlich meinen, wenn wir von Träumen reden, sind während der phasischen REM-Aktivitäten (z. B. Augenbewegungen) am stärksten. Sie sind während der ersten Nachthälfte eher Erinnerungen an Ereignisse des vergangenen Tages und werden gegen Morgen zunehmend emotionaler. Wunscherfüllungen, wie sie die psychoanalytische Traumtheorie als zentrale Funktion des Traumes behauptet, kommen selten vor. *Alpträume* treten fast nur im SWS auf. Wenn man, wie oben schon erwähnt, im Tierversuch diejenigen Kerne zerstört, die für die REM-Muskelatonie verantwortlich sind, „agieren" die Tiere ihre Träume aus. Dies zeigt, daß die aus der Retikulärformation entspringenden phasischen Entladungen in Thalamus und Großhirn die Wahrnehmungsphänomene des Träumens „produzieren".

Die eigenartige und oft Ich-fremde psychologische Qualität von Träumen hat die Menschen aller Kulturen und Epochen fasziniert und zu – meist religiösen – Spekulationen veranlaßt. Der letzte „Ausläufer" dieser religiös-spekulativ gefärbten Vorstellungen ist die psychoanalytische „Traumtheorie" S. Freuds. Erst durch die Entdeckungen der psychophysiologischen Traumforschung seit 1953 wurden viele der Träume vom Träumen ausgeträumt (Einzelheiten und Literatur in [1]).

Nur ein Teil des Schlafes ist wirklich notwendig: Kernschlaf; er umfaßt in etwa die ersten 3 Schlafzyklen einer Nacht

Folgen von Schlafentzug. Trotz allen Fortschritts blieb die *Bedeutung der Schlafphasen* bis heute offen. Klar ist nur, daß beide (REM und NREM) überlebenswichtig sind. Totale Schlafdeprivation über längere Zeit führt zum Tod bei Mensch und Tier. Beim Menschen sind die ersten 2–3 SWS-REM-Phasen offensichtlich essentiell, sie werden daher ***Kernschlaf*** genannt. Dagegen führt Deprivation der letzten 3 Schlafstunden kaum zu merkbaren Störungen ***(Optional-*** oder ***Füllschlaf).*** Die psychischen und gesundheitlichen Auswirkungen auch langer Schlaflosigkeit (z. B. 10 Tage und Nächte) beim erwachsenen Menschen sind relativ gering. Nach 3–4 Nächten treten bei einigen Personen Wahrnehmungsverzerrungen und ein leichtes Nachlassen von Vigilanz (Daueraufmerksamkeit) auf. Nach nur wenigen Stunden Erholungsschlaf, in dem *zuerst* SWS nachgeholt wird, tritt völlige Erholung ein.

Allerdings ist es im Laboratorium beim Menschen praktisch unmöglich, längere Phasen völliger Schlaflosigkeit zu erreichen. Bereits nach wenigen Nächten „holen" sich die Versuchspersonen durch extrem kurze, aber zunehmend häufiger werdende Mikroschlafepisoden „ihren" Schlaf. Das Schlafbedürfnis wird zunehmend übermächtig. Dies wird bewußt in der Folter ausgenützt, wo offensichtlich dieses Bedürfnis vor alle anderen Vorsätze und Triebregungen rücken kann.

Rolle des Slow-Wave-Schlafs. Während des SWS ist der Stoffwechsel des Gehirns und seine Durchlutung reduziert, dagegen liegt während des REM-Schlafs die Hirndurchblutung über der des Wachzustandes. Mentale und körperliche Aktivitäten, welche die *Hirntemperatur* erhöhen, steigern auch den nachfolgenden SWS. Die ***restaurative Funktion*** des SWS für das Gehirn scheint also mit der Regulation der Hirn- und/oder der Körpertemperatur zu tun haben.

Rolle des REM-Schlafs. Diese Schlafphase scheint für die ***Speicherung*** vor allem emotionaler Gedächtnisinhalte wichtig zu sein: Lernen erhöht die REM-Schlafdauer, und REM-Schlaf geht mit einem Anstieg der neuronalen RNS- und DNS-Synthese einher, die für das Langzeitgedächtnis essentiell ist (s. Kap. 8). Vor der Geburt und kurz danach, wo REM am häufigsten ist (Abb. 7–9), könnte „Träumen" bei noch nicht ausreichenden externen Sinneseindrücken diese durch interne ersetzen und damit das Auswachsen von Synapsen begünstigen.

> **!** Die spezifische physiologische Bedeutung der verschiedenen Schlafstadien ist noch nicht klar. Sowohl SWS (slow wave sleep) wie REM-Schlaf sind zum Überleben notwendig. Nach Schlafdeprivation wird als erstes SWS nachgeholt, der also für die körperinternen Homöostasen (Hirntemperatur?) Vorrang haben dürfte. REM-Schlaf hängt mit Gedächtnisspeicherung und damit Wachstum und Aktivitätsniveau plastischer Synapsen zusammen.

7.6 Literatur

Weiterführende Lehr- und Handbücher

1. Birbaumer N, Schmidt RF (1996) Biologische Psychologie, 3. Aufl. Springer, Berlin Heidelberg New York
2. Bootzin RR (ed) (1990) Sleep and cognition. American Psychological Association, Washington DC
3. Braitenberg V, Schüz A (1991) Anatomy of the cortex. Springer, Berlin Heidelberg New York
4. Ellman S, Antrobus J (eds) (1991) The mind in sleep, 2nd edn. Wiley, New York
5. Frazer A, Molinoff P, Winokur A (eds) (1994) Biological bases of brain function and disease. Raven, New York
6. Montplaisier J, Godbout R (eds) (1990) Sleep and biological rhythms. Oxford University Press, Oxford
7. Schulz H, Pollmächer T, Zulley J (1991) Schlaf und Traum. In:. Hierholzer K, Schmidt RF (eds) Pathophysiologie des Menschen. VCH, Weinheim
8. Siegel G, Agranoff B, Albers R, Molinoff P (eds) (1994) Basic neurochemistry, 5th edn. Raven, New York
9. Steriade M, McCarley RW (1990) Brainstem control of wakefulness and sleep. Plenum, New York

Einzel- und Übersichtsarbeiten

10. Corbetta M, Miezin FM, Dobmeyer S, Shulman GL, Petersen SE (1991) Selective attention modulates extrastriate visual regions in humans during visual feature discrimination and recognition. Exploring brain functional anatomy with positron tomography. Ciba Foundation Symposium. Wiley, New York
11. Czeisler C, Kronana R, Allan J, Duffy J, Jeweff M, Brown E Ronda J (1989) Bright light induction of strong (type O) resetting of the human circadian pacemaker. Science 244:1328–1333
12. Giuty D, Kornhauser J, Thompson M, Bading H, Mayo K, Takahashi J, Greenberg M (1993) Regulation of CREB phosphorylation in the suprachiasmatic nucleus by light and a circadian clock. Science 260:238–241
13. McCarley RW (1990) Brainstem cholinergic systems and models of REM sleep production. In: Montplaisier J, Godbout R (eds) Sleep and biological rhythms. Oxford University Press, Oxford
14. Moore RY (1990) The circadian system and sleep-wake behavior. In: Montplaisier J, Godbout R (eds) Sleep and biological rhythms. Oxford University Press, Oxford
15. Moruzzi G, Magoun HW (1949) Brainstem reticular formation and activation of the EEG. Electroencephalogr Clin Neurophysiol 1:455–473
16. Naitoh P (1975) Sleep deprivation in humans. In: Venables PH, Christie MJ (eds) Research in psychophysiology. Wiley, London
17. Posner MI, Petersen SE, Fox PT, Raichle ME (1988) Localization of cognitive operations in the human brain. Science 240:1627–1163

8 Lernen und Gedächtnis

N. Birbaumer, R. F. Schmidt

EINLEITUNG „Wer Wissen hat, verläuft sich nirgends", sagt ein jiddisches Sprichwort. Es drückt aus, daß wir ohne die Verfügbarkeit und Abrufbarkeit von erlerntem Verhalten und Wissen völlig hilflos wären. Menschen mit schweren Gedächtnisstörungen, z. B. Patienten, die an der Alzheimer Erkrankung leiden, verlieren im Spätstadium jede persönliche, zeitliche und örtliche Orientierung.

Lernen, Gedächtnis und Erinnerung, also die Aufnahme, Speicherung und Abgabe von Information durch neuronale Netzwerke ist die biologische Grundlage der Anpassung unseres individuellen Verhaltens an die Umwelt. Ohne diese Vorgänge wäre weder das Überleben des Einzelnen noch das seiner Art möglich, denn es könnten weder Erfolge planvoll wiederholt noch Mißerfolge gezielt vermieden werden.

Neuronaler Plastizität und Lernen liegen elektrochemische Vorgänge an den Spines der Dendriten zugrunde. Simultane Aktivierung prä- und postsynaptischer Elemente ist die Voraussetzung für assoziative Verbindungen (Hebb-Regel). Auf zellulärer Ebene kommt es zu verstärkter Ausschüttung der Transmitter in den am Lernen beteiligten Neuronen. Für Kurzzeitgedächtnis und Gedächtniskonsolidierung wird Langzeitpotenzierung am NMDA-Rezeptorkomplex, für die Langzeitspeicherung eine Anregung der Proteinbiosynthese verantwortlich gemacht. Beim Menschen wird bewußtes deklaratives von nichtbewußtem prozeduralem Gedächtnis (Lernen von Fertigkeiten) unterschieden. Diesen beiden Gedächtnisformen liegen unterscheidbare Hirnsysteme zugrunde, deren Zerstörung zum Verlust des jeweiligen Lernmechanismus führt.

8.1 Plastizität des Gehirns und Lernen

Frühe Erfahrungen und Interaktion mit der Umgebung steuern Wachstum und Verbindung von Nervenzellen

Lernen und Reifung. Alle Lernprozesse sind Ausdruck der Plastizität des Nervensystems, aber nicht jeder plastische Prozeß bedeutet Lernen. Unter ***Lernen*** verstehen wir den ***Erwerb eines neuen Verhaltens,*** das bisher im Verhaltensrepertoire des Organismus nicht vorkam. Damit wird Lernen von *Reifung* unterschieden, bei der genetisch programmierte Wachstumsprozesse zu Veränderungen des zentralen Nervensystems führen, die als unspezifische Voraussetzung für Lernen fungieren. Der Übergang zwischen plastischen Veränderungen, die der Reifung zugrundeliegen und plastischen Veränderungen, welche dem Lernen zugrunde liegen, ist allerdings fließend.

Wirkung früher Deprivation. Neben der genetisch gesteuerten Reifung synaptischer Verbindungen ist die *Ausbildung spezifischer synaptischer Verbindungen unter dem Einfluß früher Umweltauseinandersetzung* unabdingbare Voraussetzung für Lernvorgänge aller Art. Neuronale Wachstumsvorgänge stellen die Grobverbindungen im Nervensystem her (z. B. Verbindung von Retina und Corpus geniculatum laterale des Thalamus); die Entwicklung von geordneten Verhaltensweisen und Wahrnehmungen hängt aber von der ***adäquaten Stimulation*** des jeweiligen neuronalen Systems in einer ***frühen, kritischen Entwicklungsperiode*** ab. Dies zeigen Experimente, bei denen zu unterschiedlichen Zeitpunkten vor oder nach der Geburt sensorische Kanäle oder motorische Aktivitäten *selektiv depriviert,* d. h. von jedem äußeren Einfluß isoliert werden. Erfolgt die Deprivation in einer kritischen Periode, so bilden sich die synaptischen Verbindungen für eine bestimmte Funktion nicht aus, und das zugehörige Verhalten kann auch später nicht mehr erlernt werden. Isoliert man z. B. junge Affen vorübergehend von ihrer sozialen Umgebung, so kommt es zu dauerhafter und nicht wieder reparabler Störung des gesamten Sozialverhaltens. Die Tiere können auch einfache instinktive Reaktionen, wie Sexual- und Paarungsverhalten zu einem späteren Zeitpunkt nicht mehr erlernen. Auch beim Menschen wurden immer wieder anekdotisch Beispiele solcher dauerhafter Störungen nach Isolation *(Kaspar Hauser-Befunde)* berichtet.

Die Hebb-Regel stellt die neurophysiologische Grundlage der Bildung von Assoziationen dar

Definition der Hebb-Regel. Aus dem Studium der *selektiven Deprivation* einzelner Wahrnehmungsfunktionen, v. a. des visuellen Systems, konnte man die wesentlichen der *am Lernen beteiligten neuronalen Prozesse* isolieren. Beispielsweise führt die Schließung eines Auges unmittelbar nach der Geburt zu einer *Atrophie der okularen Dominanzsäulen* im visuellen Kortex des deprivierten Auges (s. Kap. 16). Dabei zeigt sich ein fundamentales Prinzip neuronaler Plastizität, das auch Lernen zugrundeliegt und das nach seinem Entdecker, dem kanadischen Psychologen Donald Hebb als ***Hebb-Regel*** bezeichnet wird:

„Wenn ein Axon des Neurons A nahe genug an einem Neuron B liegt, so daß Zelle B wiederholt oder anhaltend von Neuron A erregt wird, so wird die Effizienz von Neuron A für die Erregung von Neuron B durch einen *Wachstumsprozeß oder eine Stoffwechselanderung in beiden oder einem der beiden Neurone* erhöht" [3].

Während die meisten Neurone des Zentralnervensystems bei wiederholter Erregung durch ein anderes Neuron ihre Feuerrate reduzieren oder nicht verändern, haben Hebb-Synapsen eben diese Eigenheit, bei simultaner Erregung ihre Verbindung zu verstärken.

Arbeitsweise von Hebb-Synapsen. Wie wir in Abschnitt 8.4 noch sehen werden, sind an der Realisierung der Hebb-Regel im allgemeinen zwei präsynaptische Elemente (Synapse 1 und 2) und eine postsynaptische Zelle beteiligt: Nehmen wir an, Synapse 1 wird durch einen neutralen Ton erregt, der allein nicht ausreicht, die postsynaptische Zelle, an der sowohl Synapse 1 wie Synapse 2 konvergieren, zum Feuern zu bringen. Nun wird Synapse 2, die z. B. aus einer somatosensorischen Zelle im Auge erregt wird, kurz nach oder gleichzeitig mit Synapse 1 durch einen Luftstoß auf das Auge erregt, der in der postsynaptischen Zelle z. B. die Aktivierung eines Blinkreflexes auslöst. Dieser Akt des Feuerns der postsynaptischen Zelle, ausgelöst durch Synapse 2, *verstärkt* nun die Aktivität aller Synapsen, die an dieser postsynaptischen Zelle gerade *gleichzeitig* aktiv war, so auch die Erregbarkeit der „schwachen" Synapse 1. Nach mehreren zeitlichen Paarungen der beiden Reize, Ton und Luftstoß, wird die Synapse 2 zunehmend „stärker" und es genügt dann der Ton allein, um die postsynaptische Zelle zum Feuern zu bringen und damit einen Blinkreflex auszulösen: „Klassisches Konditionieren" (s. S. 158) des Blinkreflexes wurde somit aufgebaut.

Beispielsweise ist für die Ausbildung der okularen Dominanzsäulen (s. Kap. 16) die *simultane Aktivierung* prä- und postsynaptischer Elemente im visuellen Kortex aus *beiden* Augen notwendig. Zeitlich simultane Aktivierung von präsynaptischen und postsynaptischen Elementen führt also zu einer funktionellen und anatomischen Stärkung der Verbindung zwischen prä- und postsynaptischem Element in Hebb-Synapsen.

Anzahl und Lokalisation von Hebb-Synapsen. Wie viele der synaptischen Verbindungen unseres Gehirns plastische Hebb-Synapsen sind, ist nicht bekannt. Sicher ist nur, daß die meisten dieser Verbindungen im Neokortex und im limbischen System (s. Kap. 9) liegen und viele der subkortikalen neuronalen Verschaltungen ihre Entladungseigenschaften durch simultane Erregung zweier (oder mehrerer) Synapsen eben nicht ändern, also *keine* Hebb-Synapsen sind.

Inaktivierung und Absterben unbenützter Neurone. Durch simultanes Feuern wird nicht nur die Stärke der Verbindung der kooperierenden Synapsen erhöht, sondern gleichzeitig die der inaktiven benachbarten Synapsen geschwächt. Durch die simultan aktiven Synapsen wird aktivitätsabhängig der Nervenwachstumsfaktor *(nerve growth factor, NGF)* von den benachbarten Synapsen „abgezogen". Bei Nichtvorhandensein des Nervenwachstumsfaktors oder eines ähnlichen, auf den postsynaptischen Zellen aktivierten Wachstumsfaktors sterben die benachbarten nichtaktiven Zellen ab (*„pruning"*). Wenn die synchrone Aktivierung präsynaptischer und postsynaptischer Elemente eine gewisse Depolarisationsintensität überschritten hat, so wird eine Verstärkung des Ca^{++}-Einstroms in die Zelle ermöglicht, wodurch dann über eine Reihe von intrazellulären Zwischenprozessen, die unten beschrieben werden, eine Absenkung der Depolarisationsschwelle für die Aktivierung des Neurons erreicht wird. Der *Abbruch alter, störender Verbindungen durch Absterben oder Funktionslosigkeit nicht benützter Zellen* ist somit für die Entwicklung neuer Verhaltensweisen mindestens *genau so wichtig wie der Aufbau neuer* neuronaler Verbindungen [2,5].

Lernen und Erfahrung führen zu verschiedenen strukturellen Änderungen, vor allem an kortikalen Dendriten

Wirkung anregender und eintöniger Umgebung. Vergleichsuntersuchungen nach Art der Abb. 8–1, bei denen Tiere in unterschiedlichen Altersstufen einerseits angereicherten, stimulierenden Umgebungen und andererseits verarmten, eintönigen Umgebungen ausgesetzt wurden, zeigten, daß Lernen und Erfahrung zu einer Vielzahl spezifischer und unspezifischer histologischer und mikrobiologischer Änderungen führen.

Tiere, die in einer stimulierenden Umgebung aufwachsen, haben dickere und schwerere Kortizes, eine erhöhte Anzahl dendritischer Fortsätze und dendritischer Spines (s. Kap. 6), erhöhte Transmittersyntheseraten, v. a. des Azetylcholins, Verdickungen der postsynaptischen (subsynaptischen) Membranen, Vergrößerungen von Zellkörpern und Zellkernen sowie Zunahmen der Anzahl und der Aktivität von Gliazellen. Wenn man die Tiere zusätzlich zu ihrem normalen Verhalten noch in spezifischen Lernaufgaben

Abb. 8–1. Beispiele für stimulierende und weniger stimulierende Umgebung aus den Untersuchungen von Rosenzweig. **A** Standardkolonie mit drei Ratten pro Käfig. **B** Reizarme Umgebung (IC) mit einer isolierten Ratte. **C** Stimulierende Umgebung (EC) mit 10–12 Ratten pro Käfig und einer Reihe von Spielmöglichkeiten. (Nach [7] aus [1])

trainiert, so kommt es zu einem vermehrten Auswachsen von Verzweigungen der apikalen und basalen Dendriten der kortikalen und hippokampalen Pyramidenzellen. Dieses Wachstum geht mit einer Vergrößerung der dendritischen Spines einher.

Ort und Art des Lernens. Diese Befunde machen wahrscheinlich, daß die ***apikalen dendritischen Synapsen und Spines*** als ein *wesentlicher Ort des Lernens* betrachtet werden können, während es sich bei den übrigen Veränderungen um unspezifische Korrelate neuronaler Plastizität und verbesserter Stoffwechselbedingungen handelt. Dabei ist es so, daß die meisten Verbindungen zwischen präsynaptischem und postsynaptischem Neuron bereits vor der eigentlichen Lernbedingung bestehen, so daß durch Lernen vor allem „stumme" synaptische Verbindungen „geweckt" werden. Die Herstellung neuer Verbindungen scheint dagegen selten zu sein. Diese physiologischen und histologischen Änderungen sind ***ortsspezifisch,*** d.h. sie finden dort statt, wo der Lernprozeß vermutet werden kann, nämlich in der Umgebung der aktiven sensomotorischen Verbindungen (z.B. läßt sich das Erlernen visuellen Kontrastes oder von Bewegungssehen in den entsprechenden Veränderungen im striatalen Kortex ablesen).

Die Ausbreitung oder Reduktion somatotopischer Repräsentationen als Korrelat von Lernen

Auf anatomischer Ebene zeigen sich aktivitätsabhängige Änderungen auch an den ***Modifikationen somatotopischer Karten*** (s. Kap. 12) im Gehirn. Wenn z.B. ein Tier eine bestimmte Bewegung über einen längeren Zeitraum übt, so läßt sich eine Ausbreitung des „geübten" somatotopischen Areals (rezeptives Feld) auf benachbarte Areale nachweisen. Es lassen sich dann Zellantworten, z.B. von der postzentralen Handregion, über früher nicht aktiven Hirnarealen, ableiten. Diese topographischen Karten sind von Individuum zu Individuum verschieden, je nach der *bevorzugten* Aktivität des Sinnessystems oder des jeweiligen motorischen Outputs. Die ***erworbene Individualität*** eines Organismus (in Abgrenzung von der *genetischen*) könnte somit in unterschiedlichen topographischen (*ortssensitiven*) und *zeitsensitiven* Hirnkarten repräsentiert sein [2,5,9].

Abb. 8-2 zeigt ein Beispiel der Verschiebung somatotopischer Repräsentation am postzentralen Kortex des erwachsenen Menschen. Nach Amputation eines Glieds, Armes oder der Brust (bei Frauen) kommt es häufig zu sogenannten ***Phantomempfindungen*** und, wenn auch seltener, zu ***Phantomschmerzen*** (s. Kap. 13). Der(die) Patient(in) spürt dabei deutlich und oft quälend das nicht mehr vorhandene Glied oder Teile desselben. Dies auch dann, wenn er (sie) an einem Ort der Haut gereizt wird, dessen kortikale Repräsentation der ursprünglichen Repräsentation am somatosensorischen Kortex (Homunculus, s. S. 231) benachbart ist, beim Arm also z.B. aus dem Stumpf, aus der Schulter oder dem Gesicht. Dieses Phänomen wird als ***Neukartierung*** (*„remapping"*) bezeichnet.

In Abb. 8-2 sind die magnetisch *(oben)* und elektrisch evozierten Felder *(unten)* auf taktile Reize ipsi- und kontralateral der amputierten Hand am Gyrus postcentralis zu sehen. Links die Felder nach Reizung der „gesunden" Seite, rechts der amputierten. Dabei ist auffällig, daß nach Reizung von Arm und Schulter der amputierten Seite ein starkes magnetisches Feld über dem Fingerareal auftritt. Das aber nur, wenn es sich um einen Patienten mit Phantomschmerz handelt. Dies wird auch daran erkennbar, daß das kortikale Feld vom Finger des vorhandenen Arms an derselben Stelle und in derselben Form *gegenüber* auftritt, während eine Reizung der Schulter oder des Arms auf der gesunden Seite praktisch keine Reaktion auslöst [13]. Man muß also annehmen, daß die Empfindung eines Fingers z.B. durch „Einwachsen" der Fingerregion in die Schulterregion des Gyrus postcentralis (oder umgekehrt) entsteht. Je größer die Verschiebung der Repräsentation von Finger und Arm in die benachbarten Regionen, um so größer der Phantomschmerz [13].

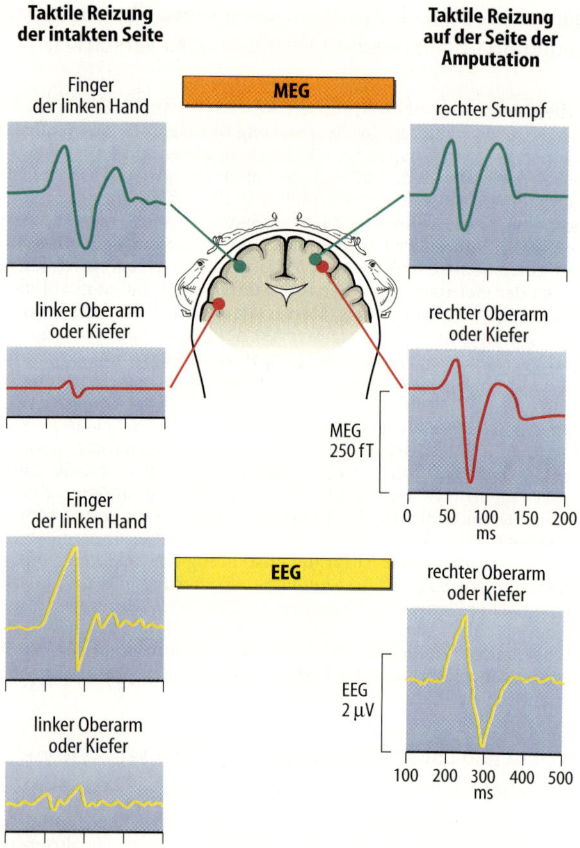

Abb. 8-2. Magnetoenzephalographisch (*MEG, oben*) und elektrisch evozierte (*unten*) Felder am postzentralen Kortex einer Person nach Amputation des rechten Armes. Verschiebung der somatotopischen neuronalen Repräsentation kontralateral zum amputierten Glied nach taktiler Reizung von Fingern der intakten Hand und Arm bzw. Stumpf. (Nach [13] mit freundlicher Genehmigung)

Bei der Modifikation solcher topographischer (ortssensitiven) oder zeitsensitiver Hirnkarten (z. B. im akustischen System) zeigt sich wieder, daß die Hebb-Regel Gültigkeit hat: die Ausweitung einer topographischen Repräsentation durch Lernen wird durch *gleichzeitige* Aktivierung einzelner Zellen von zwei benachbarten Fasern aus benachbarten Haut- oder Handregionen, z. B. bei sensomotorischen Aufgaben bewirkt. Es ist also nicht nur der rein quantitative Anstieg der Aktivität, der für die anatomischen Veränderungen verantwortlich ist, sondern die durch ***synchrone Aktivität*** ausgelösten Veränderungen.

!

Lernen ist der Erwerb neuer Verhaltensweisen. Neben der genetisch bestimmten Reifung ist dazu die Ausbildung spezifischer synaptischer Verbindungen unter dem Einfluß früher Umwelteinflüsse notwendig, die in anregender Umgebung besser als in verarmter gelingt. Die makroskopischen und mikroskopischen Veränderungen des Gehirns, vor allem des Kortex, durch Lernen folgen der Hebb-Regel: gleichzeitige Aktivierung einer Zelle oder eines Hirnareals durch zwei ankommende Erregungen verstärkt die Verbindung zwischen diesen Zellen bzw. Hirnregionen. Als Ort des Lernens konnten plastische Synapsen an den dendritischen Spines der Neurone identifiziert werden. Lernen führt unter Mitwirkung des Nervenwachstumsfaktors (NGF) zu strukturellen Änderungen dieser und zum „Verkümmern" unbenutzter Synapsen sowie zur Ausbreitung und Neuformierung kortikaler Repräsentationen.

8.2 Formen von Lernen und Gedächtnis

Habituation (Gewöhnung) und Sensitivierung sind die einfachsten Formen von (nichtassoziativem) Lernen

Bei Tier und Mensch führt ein neuer Reiz, z. B. ein lautes und unerwartetes Geräusch, zu einer Reihe von somatischen und vegetativen Reaktionen, wie z. B. Hinblicken zur Reizquelle, Erhöhung des Muskeltonus, Änderungen der Herzfrequenz und Desynchronisation des EEG, die als ***Orientierungsreaktion*** zusammengefaßt werden. Hat der Reiz keine Bedeutung für den Organismus, z. B. bei wiederholter Darbietung, so verschwindet die Orientierungsreaktion. Wer z. B. in einer lauten Großstadtstraße lebt, „gewöhnt" sich alsbald an den ständigen nächtlichen Verkehrslärm und wird durch ihn nicht mehr aufgeweckt. Diese Form der Anpassung an einen wiederholten, für den Organismus aber als unwichtig erkannten Reiz, wird ***Habituation*** genannt.

Bei der ***Habituation*** handelt es sich nicht nur um die einfachste, sondern wahrscheinlich auch um die bei Tier und Mensch ***verbreitetste Form des Lernens.*** Durch Habituation lernen wir, Reize zu ignorieren, die keinen Neuigkeitswert oder keine Bedeutung mehr haben, so daß wir unsere Aufmerksamkeit wichtigeren Ereignissen zuwenden können. Die Habituation ist jeweils reizspezifisch (ein ungewohnter Lärm oder auch eine ungewohnte Stille wecken auf), sie ist also keine Ermüdung, sondern ein eigenständiger Anpassungsprozeß des Nervensystems. Die Habituation darf auch nicht mit der *Adaptation* verwechselt werden, bei der es sich um eine Erhöhung der Reizschwelle eines Sinnesorgans bei kontinuierlicher Reizung handelt.

Auch der umgekehrte Lernvorgang, also eine ***Zunahme einer physiologischen Reaktion oder eines Verhaltens*** auf Reize nach Darbietung eines besonders intensiven oder noxischen Reizes, ist bei Tier und Mensch nachweisbar und wird als ***Sensitivierung*** bezeichnet. Tritt z. B. bei der oben erwähnten Verkehrslärmsituation ein ungewohntes Geräusch auf (Reifenquietschen bei Notbremsung mit anschließendem Krach beim Zusammenstoß zweier Fahrzeuge), so werden wir für einige Zeit auch den normalen Straßengeräuschen eine erhöhte Aufmerksamkeit widmen. Auch die Sensitivierung ist ein reiz- und situationsspezifischer, einfacher, aber eigenständiger Lernprozeß des Nervensystems, der in seinen Eigenschaften in vieler Hinsicht der Habituation spiegelbildlich ist (s. auch S. 163, weitere Einzelheiten u. Lit. in [1]).

Die Lerngesetze des Behaviorismus (Verhaltensgedächtnislehre) und der Wissenspsychologie sind vereinbar

Verhaltensgedächtnis und Wissensgedächtnis. Sieht man eimal von den einfachen Prozessen der Habituation und Sensitivierung ab, so wird in der Gedächnisforschung Lernen und Behalten mit zwei unterschiedlichen Ansätzen studiert, nämlich einmal als ***Konditionierung*** (klassisch und instrumentell) und zum anderen als kognitiver Prozeß. Ersteres führt zu einem ***Verhaltensgedächtnis,*** letzteres zu einem ***Wissensgedächtnis*** [1,3,7].

Die Unterscheidung zwischen Verhaltens- und Wissensgedächtnis ist zunächst einmal methodisch begründet: Während im Tierversuch Lernen und Behalten besser mit Konditionierungsprinzipien als mit kognitiven Ansätzen voraussagbar sind, wird im Humanversuch der Erwerb, das Behalten und das Wiedererkennen von Wissen und Fertigkeiten präziser nach kognitiven Prinzipien erklärt. Die unterschiedlichen methodischen Vorgehensweisen münden aber auch in divergente theoretische Positionen: während die behavioristisch orientierten Konditionierungsforscher auch komplexe Lernprozesse (z. B. Spracherwerb) auf der Grundlage von Konditionierungsregeln erklären wollen, glauben kognitive Gedächtnisforscher, daß zusätzliche Prinzipien zum Verständnis von Wissenserwerb notwendig sind (Lit. in [1]).

Gedächtnisformen. Auf Abb. 8–3 sind zwei Gedächtnissysteme unterschieden, die in der Psychologie traditionellerweise auf der einen Seite vom Behaviorismus studiert wurden (*prozedurales, implizites* oder *nichtdeklaratives Lernen* und *Gedächtnis*), auf der anderen Seite von der Denkpsychologie oder kognitiven Psychologie erforscht wurden (*deklaratives* oder *explizites Lernen* und *Gedächtnis*). Im menschlichen Gehirn sind offensichtlich *beide* Gedächtnisarten in verschiedenen Hirnregionen realisiert.

Unter ***deklarativem*** *(explizitem)* Gedächtnis verstehen wir die *bewußte* Wiedergabe von Fakten und Ereignissen. Unter ***prozeduralem*** *(implizitem, nichtdeklarativem)* Gedächtnis verstehen wir mehrere Lernmechanismen, wie wir sie zum Teil bereits besprochen haben, z. B. *nichtassoziatives Lernen* (Habituation und Sensibilisierung), *klassische Konditionierung* (Pawlowianisches Lernen), *Priming* (Effekte von Erwartungen) und das *Erlernen von Fertigkeiten und Gewohnheiten* (Skill- oder Habit-Lernen). Im Falle des prozeduralen (impliziten) Lernens kann die Erfahrung das Verhalten *ohne* Mitwirkung des Bewußtseins und *ohne* Zugriff auf einen bestimmten Gedächtnisinhalt verändern. Die Begriffe „implizites Gedächtnis" und „Verhaltensgedächtnis" sowie „explizites Gedächtnis" und „Wissensgedächtnis" werden oft synonym gebraucht.

Assoziatives und nichtassoziatives Lernen. Die eben erwähnten und unten näher charakterisierten Konditionierungsvorgänge werden häufig als ***assoziatives Lernen*** bezeichnet, da der zentrale Prozeß in der Herstellung einer Assoziation zwischen Reizen (S) und Reaktionen (R) besteht und damit vom (kognitiven) Wissenserwerb abgegrenzt wird. Diese Unterscheidung ist insoweit wahrscheinlich irreführend, als auch beim kognitiven Wissenserwerb Assoziationen eine große Rolle spielen. Dagegen sind Habituation und Sensitivierung eindeutig „nichtassoziativ", da sie lediglich eine Funktion der Reizstärke und der zeitlichen Darbietungsfolge, nicht der *engen zeitlichen Paarung* (= Assoziation) von Reizen sind.

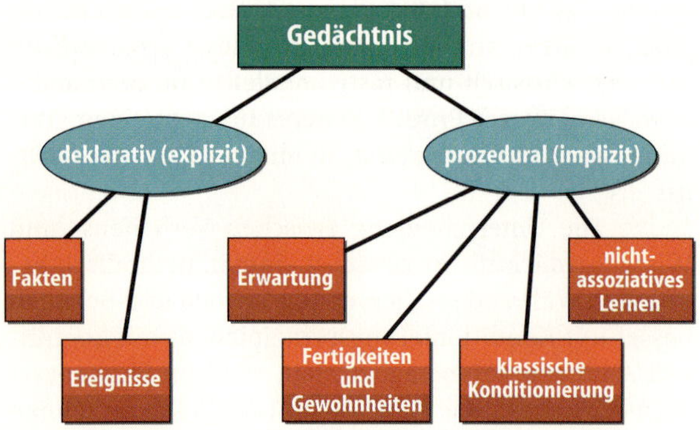

Abb. 8–3. Klassifikation des Gedächtnisses. Deklaratives (explizites) Gedächtnis ist für die bewußte Wiedergabe von Fakten und Ereignissen verantwortlich. Prozedurales (implizites oder nichtdeklaratives) Gedächtnis ist für die Wiedergabe von Fertigkeiten, Gewohnheiten, Bewegungsfolgen und Regeln sowie für die klassische Konditionierung verantwortlich. Prozedurales Lernen erfolgt im allgemeinen nicht bewußt, es besteht daher kein direkter Zugriff zum Gedächtnisinhalt. (Mod. nach [16] aus [8])

Verhaltensgedächtnis (Lernen durch Konditionierung) kommt durch Bildung von Assoziationen zustande

Klassische Konditionierung. Schmerzhafte Reizung des Fußes führt zu einem Anziehen des Beines durch Beugung in allen Gelenken. Dieser *Flexorreflex* ist angeboren und tritt bei allen Tieren unabhängig von ihrer Vorgeschichte auf. Solche *unbedingten Reflexe* beruhen auf starren neuronalen Verschaltungen zwischen den Sinnesrezeptoren (Sensoren) und dem Erfolgsorgan. Im täglichen Leben sind die *erworbenen* oder *bedingten Reflexe* jedoch von größerem Interesse. Bei diesen wird die funktionelle Verbindung zwischen erregten Sensoren und Aktivitäsabläufen in Erfolgsorganen erst durch Lernvorgänge erworben.

Der Erwerb bedingter Reflexe kann bei vielen Tierarten leicht im Labor kontrolliert werden: Das erste dieser Verfahren ist die von ***Pawlow*** entwickelte ***klassische Konditionierung:*** Es wird zuerst ein *unbedingter* Reflex (UR) ausgelöst, z. B. bei einem Hund der Speichelfluß nach Anbieten von Nahrung („unbedingter" Reiz bzw. Stimulus, US). Kurz vor dem Reiz für den unbedingten Reflex wird dann jeweils ein ursprünglich neutraler, weiterer Reiz gesetzt – es ertönt z. B. kurz vor dem Anbieten von Nahrung eine Glocke (CS). Wird diese Assoziation von unbedingtem (US) und bedingtem Reiz (CS) wiederholt, so löst bald auch der CS alleine den Reflexerfolg aus – der Hund wird auch ohne Anbieten von Nahrung nach Läuten der Glocke mit Speichelfluß reagieren (vgl. S. 163). Beim klassischen Konditionieren wird also durch Assoziation des biologisch bedeutsamen Reizes (US), der einen unbedingten Reflex (UR) auslöst, mit einem neutralen Testreiz (CS) der letztere zum Auslöser eines *bedingten Reflexes* (CR), oder in Kurzform geschrieben: aus der Sequenz ***CS → US → UR*** wird durch Wiederholung die Folge ***CS → CR*** (Einzelheiten in [1]).

Prägung ist eine spezielle Form von assoziativem Lernen auf der Grundlage einer angeborenen Sensibilität für bestimmte Reiz-Reaktions-Verkettungen an einem bestimmten Abschnitt der Entwicklung eines Lebewesens. Populärstes Beispiel sind ***Konrad LORENZ'*** junge Graugänse, die innerhalb eines eng umschriebenen Zeitabschnittes ihrer Entwicklung lernten, auch dem Menschen zu folgen, wenn der natürliche konditionierende Reiz, nämlich die Gänsemutter, nicht vorhanden war.

Instrumentelle Konditionierung. Bei der klassischen Konditionierung wird der bedingte Reflex passiv gelernt. Aktiv erwirbt das Tier neues Verhalten durch die ***instrumentelle*** oder ***operante Konditionierung.*** Beim operanten Konditionieren folgt unmittelbar auf die zu lernende *Reaktion* ein belohnender oder bestrafender Reiz (Abb. 8–4). Dies führt zu positiver oder negativer ***Verstärkung*** des Verhaltens. Das Verhalten selbst wirkt also *„operativ"* auf einen fördernden oder hemmenden Reiz, daher die Bezeichnung operantes oder instrumentelles Lernen (Lit. s. [1]).

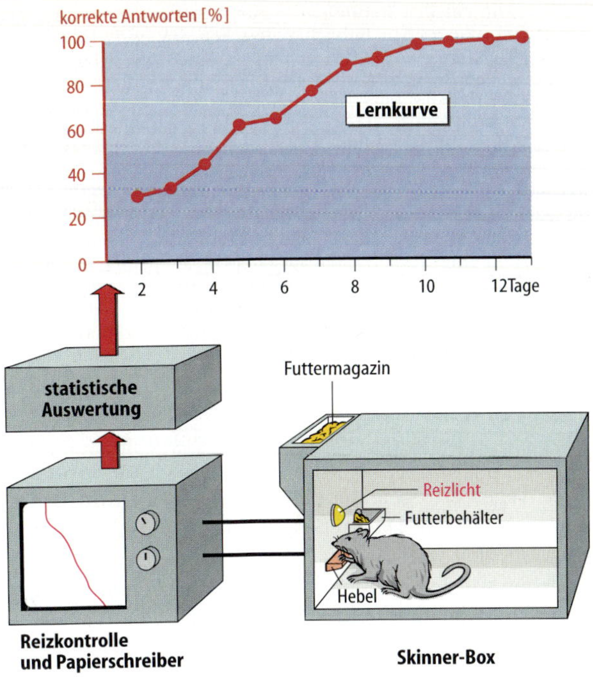

Abb. 8–4. Operante Konditionierung in der „Skinner-Box". Das Versuchstier kann auf einen durch die Reizkontrolle angebotenen Reiz, hier Licht, den Hebel drücken und wird dann automatisch durch Futter belohnt. Die Reaktionen werden durch den Schreiber als Lernkurve kumulativ aufgezeichnet. *Abszisse:* Versuchstage ab Lernbeginn. *Ordinate:* Prozentsatz der korrekten Antworten auf den Testreiz

Die Konditionierung erfolgt im Tierversuch häufig durch *Geräte,* die automatisch den Reiz setzen, das Verhalten registrieren und entsprechend den eingegebenen Kriterien die Belohnung anbieten. Nach ihrem Konstrukteur und dem Pionier der operanten Konditionierung werden diese Geräte als ***Skinner-Boxen*** bezeichnet (Abb. 8–4).

Viele menschliche und tierische Verhaltensweisen werden nach den Prinzipien des operanten Konditionierens erworben, aufrecht erhalten und gehemmt. Klassische Konditionierung spielt dagegen weniger eine Rolle beim Erwerb motorischer Reaktionen, sondern mehr bei der Ausbildung *vegetativer (autonomer)* bedingter Reaktionen.

Instrumentelles und klassisches Konditionieren weisen Ähnlichkeiten auf, wie z. B. die Zeitintervalle zwischen den kritischen Ereignissen (optimal 500 ms). Entscheidend für beide ist das Prinzip der zeitlichen Nachbarschaft zwischen CS und US im klassischen Konditionieren und zwischen Reaktion und Konsequenz im operanten Lernen (***Kontiguitätsprinzip***). Beim instrumentellen Lernen kommt aber noch das Element „örtliche" Nachbarschaft hinzu: eine Reaktion *bewirkt,* verursacht eine Konsequenz. Dieses Prinzip wird ***Kontingenzprinzip*** genannt. Die Verbindung aus einem auslösenden Reiz (S), einer Reaktion (R) und der davon ausgelösten Konsequenz (K), die *S-R-K-Verbindung* (Kontingenz) stellt eine Einheit dar und das Verstärkungssytem (s. Kap. 9) hält diese drei Elemente wie „Klebstoff" zusammen.

Operantes Lernen von physiologischen Reaktionen wurde zu einer wichtigen Behandlungsmethode

Lernen im autonomen Nervensystem. Seit *Pawlow* ist bekannt, daß über ***klassisches Konditionieren*** auch Verhaltensänderungen an den Effektoren des autonomen Nervensystems (Herz, glatte Muskulatur, Drüsen) auslösbar sind. Für lange Zeit wurde geglaubt, daß diese sehr eingeschränkte Form des Lernens die einzige sei, zu der das autonome Nervensystem fähig ist. Die Anwendung des ***instrumentellen Konditionierens*** hat aber gezeigt, daß auch im autonomen Nervensystem Lernen in einem weit größeren Umfang möglich ist. So gelang es z. B. im Tierversuch, die Herzfrequenz, den Tonus der Darmmuskulatur, die Urinsekretion und die Durchblutung der Magenwand dauerhaft zu verändern.

Die größte Schwierigkeit beim Studium der durch operantes Lernen im autonomen Nervensystem ausgelösten Verhaltensänderungen besteht darin, daß die am leichtesten meßbaren Antworten (z. B. Herzfrequenz) auch ***indirekt über die Skelettmuskulatur,*** also durch Änderungen der Muskelarbeit, des Muskeltonus oder durch Änderungen der Zwerchfellkontraktion beeinflußbar sind. Das gleiche gilt für noch subtilere indirekte Einflüsse, wie sie z. B. der allgemeine Wachheits- und Aufmerksamkeitsgrad der Versuchstiere darstellen. Der Ausschluß solcher indirekter Faktoren ist bisher nicht eindeutig geglückt: zwar sind zahlreiche Versuchsergebnisse bekannt, bei denen auch nach Lähmung der Skelettmuskulatur durch Curare Lernen im autonomen Nervensystem erfolgte, doch blieben die Ergebnisse nicht unwidersprochen [1].

Operantes Konditionieren mit Biofeedback. Unterdessen wird auch *am Menschen* versucht, über die Technik des operanten Konditionierens autonome Vorgänge zu beeinflussen. Wird beispielsweise einer Versuchsperson ihr Herzschlag bzw. ihre Herzfrequenz sicht- oder hörbar gemacht, so genügen im allgemeinen kleine Änderungen der Herzfrequenz in der gewünschten Richtung als Belohnung und als Antrieb, noch größere Änderungen zu erreichen. Solche ***Biofeedbackanordnungen*** werden als vielversprechender therapeutischer Ansatz angesehen, auf nichtmedikamentösem Wege krankhafte Prozesse im Organismus zu bessern. Beispiele, bei denen über Erfolge berichtet wird, sind Herzrhythmusstörungen, Schmerzen durch Muskelverspannungen, bestimmte Epilepsien, Migräne und Einschlafstörungen (über Kontrolle der EEG-Frequenz). Noch mehr als im Tierversuch ist aber hier daran zu denken, daß zahlreiche indirekte, v. a. muskuläre Einflüsse an der Veränderung der untersuchten autonomen Parameter beteiligt sein können. Dafür spricht auch die Tatsache, daß der therapeutische Einsatz von Biofeedback v. a. bei Erkrankungen und Lähmungen von Muskeln erfolgversprechend erscheint *(neuromuskuläre Reedukation)* [1].

Das Wissensgedächtnis (explizites Lernen) erlaubt Behalten und Wiedergabe v. a. sprachlich verschlüsselten Materials und des Umgebungskontextes, in dem dieses Material dargeboten wurde

Kurz- und Langzeitgedächtnis. Der deutsche Psychologe H. Ebbinghaus begründete 1885 die Gedächtnisforschung mit seinen Reproduktionsversuchen an sinnlosen Silben. Seine Ergebnisse blieben über 100 Jahre unangefochten, auch wenn die theoretische Intepretation sich verändert hat. Ebbinghaus unterschied bereits zwischen *Gedächtnisspanne* und *natürlichem Gedächtnis*, heute ***Kurzzeitgedächtnis*** und ***Langzeitgedächtnis*** genannt (Abb. 8–5). Information im Kurzzeitgedächtnis, z. B. eine Telefonnummer, die man gerade nachgesehen hat, wird schnell wieder vergessen, wenn sie nicht durch ***Üben*** in das Langzeitgedächnis übertragen wird. Dort steht sie auch nach längerer Zeit immer wieder zur Verfügung und die von ihr geformte Gedächtnisspur, das ***Engramm***, verstärkt sich mit jeder Benutzung. Diese Verfestigung des Engramms, die zu einem immer weniger störbaren Gedächtnisinhalt führt, wird ***Konsolidierung*** genannt.

Sensorisches Gedächtnis. Sensorische Reize werden für die Dauer von wenigen hundert Millisekunden zunächst automatisch in einem *sensorischen Gedächtnis* gespeichert, um dort für den oder die Kurzzeitspeicher kodiert zu werden und um die wichtigsten Merkmale zu extrahieren. Das Vergessen beginnt sofort nach der Aufnahme. Zusätzlich kann die gespeicherte Information auch aktiv ausgelöscht, bzw. durch kurz danach aufgenommene Information überschrieben werden (Abb. 8–5).

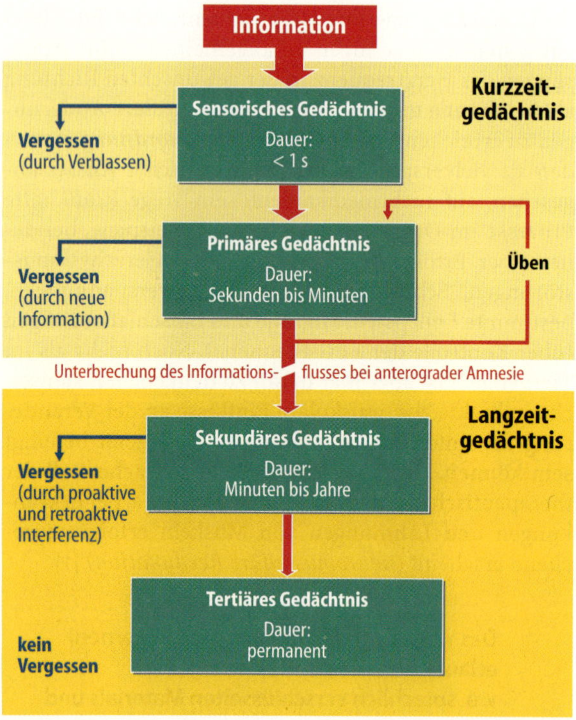

Abb. 8–5. Diagramm des Informationsflusses vom sensorischen über das primäre in das sekundäre Gedächtnis. Gedächtnismaterial wird in das primäre Gedächtnis überführt, wo es entweder wiederholt (geübt) oder vergessen wird. Ein Teil des geübten Materials gelangt in das sekundäre Gedächtnis. Üben ist aber weder eine unabdingbare Voraussetzung dazu, noch garantiert es die Überführung

Die experimentellen Befunde, die zur Annahme eines sensorischen (im akustischen Bereich *echoischen*, im optischen *ikonischen*) Gedächtnisses geführt haben, stammen überwiegend aus dem visuellen Bereich. Wenn eine große Zahl von Reizen (z. B. 12 Buchstaben) extrem kurz dargeboten werden (z. B. für 50 ms), so können 0,5–1s danach oft bis zu 80 % wiedergegeben werden, ähnlich wie optische Nachbilder. Nach wenigen Sekunden sinkt die Wiedergabe auf bis zu 20 % ab. Tests mit aufeinanderfolgenden Reizen ergaben, daß neben passivem „Verblassen" der Information auch ein aktives „Überschreiben" durch neue Information möglich ist. Aus solchen und anderen Tatsachen schließt man auf die Existenz eines sensorischen Speichers in den primären Sinnessystemen (einschließlich der primären kortikalen Projektionsareale) mit großer Speicherkapazität, der die sensorischen Reize für Sekunden stabil hält, um die Kodierung und Merkmalsextraktion sowie die Anregung von Aufmerksamkeitssystemen zu ermöglichen.

Die Übertragung der Information aus dem kurzlebigen sensorischen in ein dauerhafteres Gedächtnis kann auf zwei Wegen erfolgen: der eine ist die verbale Kodierung der sensorischen Daten. Der andere ist ein nichtverbaler Weg, der von kleinen Kindern und Tieren eingeschlagen werden muß und der auch zur Aufnahme verbal nicht oder nur schwer zu fassender Erinnerungen dient; dabei werden vor allem räumliche Beziehungen als Kontextreize gelernt.

Primäres Gedächtnis. Dieses dient zur vorübergehenden ***Aufnahme verbal kodierten Materials.*** Seine Kapazität ist viel kleiner als die des sensorischen Gedächtnisses. Die Information ist in zeitlicher Ordnung gespeichert. Vergessen erfolgt durch Ersetzen der eingespeicherten Information durch neue. Da der Organismus dauernd Informationen verarbeitet, ist die mittlere Verweildauer im primären Gedächtnis kurz. Sie beträgt einige Sekunden bis maximal Minuten; es können nicht mehr als 7 ± 2 Informationseinheiten („chunks", „Ketten" z. B. Satzteile oder Nummerngruppen) gleichzeitig dort behalten werden. Das *primäre Gedächtnis* entspricht in etwa dem oben angesprochenen ***Kurzzeitgedächtnis.*** Nichtverbal kodiertes Material wird vom primären Gedächtnis nicht gespeichert. Es wird entweder über einen eigenen Zwischenspeicher oder direkt vom sensorischen Gedächtnis in das sekundäre Gedächtnis übertragen (s. u.).

Übertragung aus dem primären Gedächtnis in das dauerhaftere sekundäre Gedächtnis wird durch ***Üben*** erleichtert, und zwar durch aufmerksames Wiederholen und damit korrespondierendes Zirkulieren der Information im primären Gedächtnis. (Abb. 8–5).

Sekundäres Gedächtnis (Langzeitgedächtnis). Dieses Gedächtnis ist ein großes und dauerhaftes Speichersystem. Nur dort gespeicherte Information steht auch nach längerer Zeit zur Erinnerung zur Verfügung. Bisher gibt es keine gut fundierten Abschätzung seiner Kapazität und der Verweildauer des gespeicherten Materials. Die Information ist nach ihrer „Bedeutung" gespeichert. Zur *Wiedergabe* muß das Gedächtnismaterial aus dem Langzeitspeicher wieder in das begrenzte Kurzzeitgedächtnis gebracht werden. Die beiden Speicher unterscheiden sich auch in der Geschwindigkeit des Zugriffs: sie ist schnell im primären, langsam im sekundären Gedächtnis (das Suchen in einem großen Speicher benötigt mehr Zeit).

Vergessen im sekundären Gedächtnis scheint weitgehend auf Störung (Interferenz) des zu lernenden Materials durch vorher oder anschließend Gelerntes zu beruhen. Im ersteren Fall spricht man von ***proaktiver,*** im letzteren von ***retroaktiver Hemmung.*** Proaktive Hemmung mag der wichtigere Faktor sein, da wir über einen großen Vorrat von bereits Gelerntem verfügen. So gesehen wäre an einem Großteil unseres Vergessens das bereits vorher Gelernte schuld [1].

Dem ***Ausmaß ihrer Flüchtigkeit*** entspricht bei diesen drei Gedächtnismechanismen das ***Ausmaß der Störbarkeit.*** Während Kurzzeitgedächtnis und Konsolidierung (Einprägungsphase) durch interferierende Reize sehr leicht störbar sind, ist das Langzeitgedächtnis auch nach massiven Eingriffen ins zentrale Nervensystem (z. B. elektrokonvulsiver Schock) weiterhin intakt. Die genetische Natur des Langzeitgedächtnis schützt es vor Alterungsprozessen eher als die sehr viel leichter störbaren dynamischen elektrochemischen Vorgänge des Kurzzeitgedächtnis.

!

Es werden heute grob zwei große Gruppen von Lern- und Gedächtnismechanismen unterschieden; die eine Gruppe wurde vor allem vom Behaviorismus studiert, die andere von der Wissens- oder Kognitionspsychologie. Sie werden traditionell als Verhaltens- und Wissensgedächtnis, in den letzten Jahren zunehmend als implizites und explizites Lernen bezeichnet. Während Verhaltensweisen implizit, d. h. auch ohne Beteiligung des Bewußtseins erworben und wiedergegeben werden können, braucht man zum Erwerb und zur Wiedergabe von Wissen und Ereignissen meist expliziten, bewußten Zugriff zum Gedächtnismaterial.

Der fundamentale Mechanismus, der allem Lernen zugrunde liegt, ist die Assoziation. Diese wird beim klassischen Konditionieren über zeitlich simultan auftretende Reize erworben (Kontiguität), beim instrumentellen Konditionieren über Kontiguität und die Verursachung einer Konsequenz nach einer Verhaltensweise (Kontingenz). Auf neuronaler Ebene wird Assoziation über die Hebb-Regel gebildet.

8.3 Neuropsychologie von Lernen und Gedächtnis

Die Neuropsychologie untersucht die Zusammenhänge zwischen Gehirn und Verhalten am kranken Menschen. Dabei werden Patienten untersucht, die umschriebene Zerstörungen der Hirnsubstanz aufweisen. Aus den gemessenen Ausfällen im Verhalten (z. B. Merkfähigkeitsstörungen) schließt man auf die Bedeutung der zerstörten Hirnregion.

Das Gedächtnissystem des medialen Temporallappens ist für die Herstellung von assoziativen Verbindungen bei deklarativem (explizitem) Lernen verantwortlich

Amnesieformen. Der Ausgangspunkt für die systematische Klassifikation des Gedächtnisses auf neurobiologischer Basis war ein Einzelfall, der Patient H. M., der nach einer beidseitigen Entfernung der Hippokampi und der darüberliegenden Kortexschichten eine schwere *anterograde Amnesie* erlitt, die auch 30 Jahre nach der Operation unverändert geblieben ist.

Unter ***anterograder Amnesie*** verstehen wir die Tatsache, daß eine Person nach einer Hirnschädigung (Unfall, Schlaganfall, Operation etc.) keine *neue* Information behalten (lernen) und wiedergeben kann.

Unter ***retrograder Amnesie*** verstehen wir die Tatsache, daß eine Person Ereignisse *vor* einer Hirnschädigung, z. B. vor einem Unfall, nicht erinnern kann.

Der Patient H. M. und viele der nach ihm untersuchten Patienten mit Amnesien schienen auf den ersten Blick keinerlei neue Informationen und Ereignisse nach der Zerstörung des Hippokampus aufnehmen zu können. Bei genauer testpsychologischer Untersuchung ergab sich aber, daß bei diesen Patienten das *prozedurale (implizite) Lernen erhalten* bleibt. Dagegen zeigten systematische Studien dieser Patienten und Läsionsstudien an Affen, daß *deklaratives Lernen* von der Intaktheit des Hippokampus, des entorhinalen Kortex und der darüberliegenden perirhinalen und parahippocampalen Kortizes abhängt.

Ähnliche Defizite treten beim ***Korsakow-Syndrom*** auf. Schwere Alkoholiker nehmen kein Thiamin (Vitamin B_1) mehr auf, wodurch vor allem Neurone im dorsomedialen Nukleus des Thalamus und in den Mammillarkörpern zugrunde gehen. Der dorsomediale Kern projiziert zum präfrontalen dorsolateralen Kortex, der zur kurzzeitigen Speicherung des „Wo“ und „Wann“ eines Gegenstands notwendig ist. Man nennt diese Funktion auch ***Arbeitsgedächtnis,*** in dem für kurze Zeit (Sekunden bis Minuten) die sensorische Information zur Planung von Handlungen präsent gehalten wird [4]. Korsakow-Patienten zeigen daher auch ein intaktes implizites bei teilweisem Verlust des expliziten Gedächtnisses. Das beschriebene dienzephal-frontale Gedächtnissystem ist anatomisch eng mit dem medialen Temporallappensystem verbunden, das zu ähnlichen Ausfällen bei Läsionen führt [6,14].

Rolle des medialen Temporallappensystems beim deklarativen Lernen. Abb. 8–6 gibt eine Übersicht über das mediale Temporallappensystem, das *deklarativem* Lernen zugrundeliegt. Der Hippokampus erhält über den entorhinalen Kortex Informationen aus allen Assoziati-

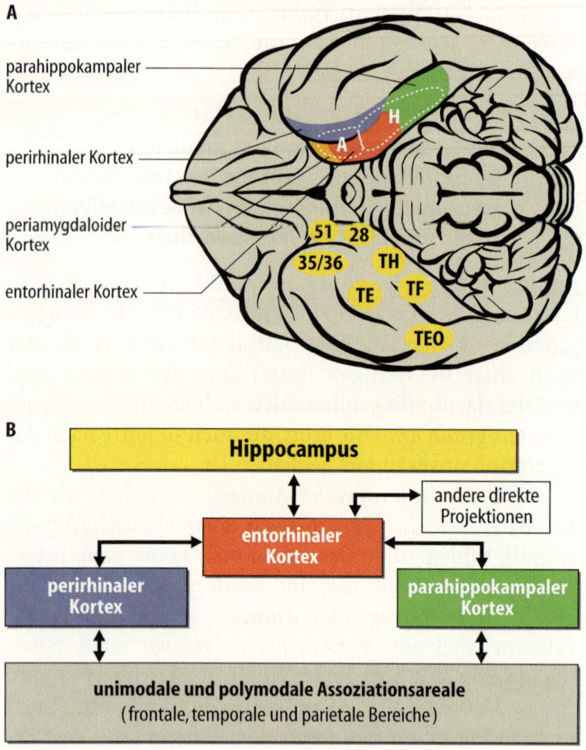

Abb. 8–6. A Ventrale Ansicht des Affengehirns mit den verschiedenen Läsionsorten, die im Tiermodell zur Amnesie führten. Amygdala (*A*) und Hippokampus (*H*) sind punktiert eingezeichnet und die benachbarten kortikalen Regionen in Farbe. *Blau* der perirhinale Kortex (Area 35 und 36); *orange* der periamygdaloide Kortex (Area 51); *rot* der entorhinale Kortex (Area 28) und *grün* der parahippokampale Kortex (Areale TH und TF). **B** Schematischer Aufbau des Gedächtnissystems des medialen Temporallappens. Der entorhinale Kortex projiziert in den Hippokampus, wobei zwei Drittel der kortikalen Afferenzen in den entorhinalen Kortex aus den benachbarten perirhinalen und parahippokampalen Kortizes entspringen. Diese wiederum erhalten Projektionen von unimodalen und polymodalen kortikalen Arealen im frontalen, temporalen und parietalen Bereich. Der entorhinale Kortex erhält darüber hinaus direkte Afferenzen vom orbitalen Frontalkortex, dem Gyrus cinguli, dem insulären Kortex und dem oberen Temporallappen. Alle diese Projektionen sind reziprok. (Mod. nach [16] aus [8])

onsfeldern des Neokortex sowie aus Teilen des limbischen Systems, vor allem dem Gyrus cinguli und dem orbitofrontalen Kortex sowie aus verschiedenen Regionen des Temporalkortex. Alle diese Verbindungen sind reziprok, d. h. daß der Hippokampus auch efferente Verbindungen zu den Assoziationskortizes hat, wo die eigentlichen Langzeitveränderungen im Rahmen der Gedächtnisspeicherung stattfinden.

Das mediale Temporallappensystem muß während der Darbietung oder Wiederholung des Gedächtnismaterials aktiv sein, damit sich *zwischen den verschiedenen Reizen*, die während der Einprägung präsent sind, *assoziative Verbindungen ausbilden* können. Der Hippokampus und der darüberliegende entorhinale Kortex müssen die verschiedenen Repräsentationen der gesamten Umgebung, die während des Lernens präsent sind, zeitlich wie örtlich miteinander verketten. Die ***Herstellung eines solchen Kontextes*** ist vor allem dann notwendig, wenn *neue* Situationen und *neues* Lernmaterial eingeprägt werden müssen, da in einer solchen Situation neue Wahrnehmungen und neue Gedanken, die bisher nicht assoziativ miteinander verbunden waren, miteinander verbunden werden müssen. *Sobald diese neuen Inhalte assoziativ verkettet sind, genügt zu einem späteren Zeitpunkt ein kleiner Ausschnitt oder ein Einzelaspekt dieser Situation, um die Gesamtsituation zu reproduzieren.* Das hippokampale System verbindet also die kortikalen Repräsentationen einer bestimmten Situation miteinander, so daß sie ein ***Gesamt des Gedächtnisinhaltes*** bilden („binding"). Fällt dieses System aus, so erscheint uns jede Situation neu, völlig unabhängig davon, wie oft wir sie schon gesehen oder erlebt haben, da sie zu keiner der gleichzeitig vorliegenden Aspekte dieser Situation irgendeine *Beziehung* hat.

Prozedurales (implizites) Lernen ist von der Funktionstüchtigkeit motorischer Systeme und der Basalganglien abhängig

Wie in Abb. 8–3 sichtbar, lassen sich verschiedene Arten impliziten Lernens unterscheiden. Für jeden dieser Lernvorgänge konnten unterschiedliche Hirnsysteme als strukturelle Voraussetzung identifiziert werden. Dabei existieren zwischen verschiedenen Arten von Lebewesen große Unterschiede in der neuroanatomischen Grundlage der aufgeführten Lernmechanismen. Im allgemeinen spielen kortikale Prozesse in der Steuerung prozeduralen Lernens eine geringere Rolle als beim deklarativen Lernen, wenngleich beim Menschen für den Erwerb und das Behalten von motorischen Fertigkeiten motorische und präfrontale kortikale Areale unerläßlich sind (s. S. 156). Die Tatsache aber, daß die meisten der prozeduralen Lernvorgänge der bewußten Erinnerung schwer zugänglich sind, im allgemeinen reflexiv ablaufen und keinen aktiven, bewußten Suchprozeß benötigen, zeigt bereits, daß primär subkortikale Regionen für die Steuerung prozeduralen Lernens verantwortlich sind.

Beim Menschen konnte gezeigt werden, daß einfache klassische ***Lidschlagkonditionierung*** und sogenanntes ***Priming*** nicht mehr möglich sind, wenn Läsionen im Vermis des Kleinhirns vorliegen. Bei der klassischen Konditionierung (s. S. 158) des Lidschlagreflexes wird ein neutraler Ton (CS) mit einem Luftstoß auf das Auge (US) gepaart, so daß nach wenigen Darbietungen der CS alleine die unkonditionierte Reaktion (UR) des Lidschlusses auslöst.

Bei Patienten mit Kleinhirnläsionen bleiben aber die *deklarativen* Gedächtnismechanismen unbeeinflußt, d. h. diese Personen können Fakten, Episoden und Daten („gewußt was") weiter erwerben. Was fehlt, ist das Speichern des *zeitlichen Ablaufs* von gezielten Bewegungsfolgen („Fertigkeiten") [12]. Der Erwerb und die Wiedergabe von komplizierten Verhaltensregeln und Fertigkeiten ist beim Menschen auch an die Funktionstüchtigkeit der Basalganglien, vor allem des Neostriatums, gebunden.

Für einzelne prozedurale Lernvorgänge konnten alle beteiligten Hirnstrukturen und die in ihnen ablaufenden Prozesse identifiziert werden [17]. Dazu gehört z. B. die *klassische Konditionierung des Nickhautrefle-*

xes des Auges beim Kaninchen oder die *konditionierte emotionale Reaktion* auf unangenehme Reize bei der Ratte.

Dabei zeigt sich allgemein, daß der Lernprozeß dort stattfindet, wo sich die beiden sensorischen Informationen, die assoziativ miteinander verknüpft werden, treffen. Wenn also z. B. der konditionale Reiz in einem Ton besteht und der unkonditionale Reiz in einem aversiven taktilen Reiz, so findet die assoziative Verkettung bei der Ratte im medialen Abschnitt des Nucleus geniculatum mediale statt, in dem die beiden Informationskanäle konvergieren.

> **!**
>
> Anterograde Amnesien treten nach beidseitiger Entfernung oder Zerstörung des medialen Temporallappens und der darunter liegenden Strukturen wie Hippokampus und Teilen des limbischen Systems auf. Die Patienten können keinerlei neue explizite Information nach dem Läsionszeitpunkt erwerben, lernen aber durchaus motorische und kognitive Fertigkeiten implizit neu.
>
> Die bewußte Speicherung und das Abrufen von Wissen benötigt das mediale Temporalsystem und den Hippokampus, während klassische Konditionierung und der Erwerb von Fertigkeiten die Intaktheit der beteiligten sensomotorischen Systeme und die Basalganglien benötigt.

8.4 Molekulare und zelluläre Mechanismen von Lernen und Gedächtnis

Assoziatives Lernen in einfachen Lebewesen läßt sich durch Änderungen der Membraneigenschaften postsynaptischer Spines erklären

Wie bereits auf S. 155 ausgeführt, wird als gemeinsame neurophysiologische Grundlage allen Lernens die Existenz von Hebb-Synapsen betrachtet [10,11].

Das Studium von nichtassoziativem und assoziativem Lernen in einfachen Lebewesen mit geringer neuronaler Komplexität erbrachte auch erstaunlich ähnliche makro- und mikromolekulare Änderungen durch Lernprozesse zwischen verschiedenen Arten. Dabei wurden vor allem die kalifornische Meerschnecke *Aplysia* mit etwa 20 000 Neuronen und eine andere Meerschnecke, *Hermissenda crassicornis,* und die gemeine Fruchtfliege *Drosophila melanogaster* bevorzugt untersucht. Diese Tiere zeigen sowohl nichtassoziatives Lernen wie Habituation und Sensibilisierung sowie instrumentelles und klassisches assoziatives Konditionieren (s. 8.2).

Intrazelluläre Phosphorylierung an Hebb-Synapsen. Die Untersuchungen an den drei genannten einfachen Lebewesen zeigten, daß *Kurzzeitgedächtnis* und *klassische Konditionierung* als gemeinsame Endstrecke eine ***verstärkte Ausschüttung des Transmitters*** aus den Synapsen der am Lernen beteiligten sensorischen Neurone aufweisen. Abb. 8–7A zeigt den Mechanismus der klassischen Konditionierung auf zellulärer Ebene, Abb. 8–7B auf molekularer Ebene. Daraus ist ersichtlich, daß die wiederholte Aktivierung der sensorischen Synapse, welche die Erregung des konditionalen Stimulus (CS) weiterleitet, simultan mit dem unkonditionalen Stimulus (z. B. einem elektrischen Schlag auf den Schwanz des Tieres, US), eine Verstärkung der Transmitterantwort des *sensorischen* Neurons bewirkt. Reize, die zeitlich nicht mit dem unkonditionalen Reiz gepaart sind, bewirken keine Verstärkung der Antwort der sensorischen Synapse. Als konditionaler („neutraler") Stimulus wird in der Regel ein taktiler Reiz auf das Mantelgerüst des Tieres verwendet.

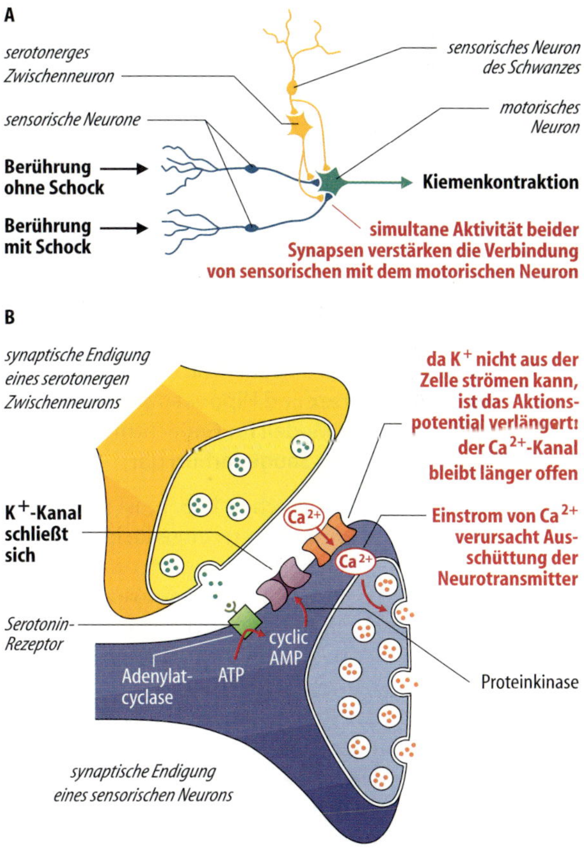

Abb. 8–7. A Diagramm der neuronalen Verbindungen, die für klassische Konditionierung einer Abwehrreaktion bei Aplysia verantwortlich sind. Weitere Erläuterung s. Text (nach Carlson 1991, mit freundlicher Genehmigung). **B** Molekulare Mechanismen, die für das Erlernen einfacher Verhaltensweisen bei Aplysia verantwortlich sein könnten. Ausschüttung von 5-HT durch ein Interneuron verursacht die Schließung von Kaliumkanälen in den Synapsen des sensorischen Neurons und bewirkt damit eine Verlängerung des Aktionspotentials, verstärkten Ca^{++}-Einstrom und verstärkte Ausschüttung des Neurotransmitters. (Mod. nach [3] aus [8])

Bedeutung der Ca^{2+}- Konzentration. Die Paarung von CS und US löst eine Kaskade von extra- und intrazellulären Prozessen an der prä- und postsynaptischen Membran aus, wie sie an der *axoaxonischen* Synapse in Abb. 8–7B dargestellt ist. Zunächst aktiviert der Neurotransmitter *Serotonin (5-Hydroxytryptamin, 5-HT)*, der von dem unkonditionalen Stimulus ausgelöst wird, einen Rezeptor in der postsynaptischen Membran, der *Adenylatzyklase* aktiviert und die Konzentration von zyklischem AMP an der postsynaptischen Membran erhöht. Das *zyklische AMP* aktiviert eine von der AMP-Aktivität abhängige Proteinkinase. Diese *Proteinkinase* löst nun die Phosphorylierung mehrerer Proteine aus, die alle zu einem entscheidenden Endresultat, nämlich dem *verstärkten Einstrom von Ca^{++}-Ionen,* führen. Die ***erhöhte Ca^{++}-Konzentration*** in den Endknöpfen bewirkt dann eine ***erhöhte Ausschüttung des Transmitters*** (an der *axosomatischen* Synapse).

Im einzelnen ist der Ablauf so, daß zunächst die Proteinkinase ein K^+-Kanalprotein phosphoryliert, was zur *Schließung des Kaliumkanals* führt, so daß die Repolarisation der depolarisierten Zelle für einige Zeit verhindert wird. Diese *Verbreiterung der Aktionspotentialdauer* führt dann zu *erhöhtem Einstrom von Ca^{++}-Ionen.* Das erhöhte intrazelluläre Kalzium scheint seinerseits die *Sensibilität der Adenylatzyklase für neuerliche Serotoninbindung* am Rezeptor zu erhöhen. Wenn nun nach der erstmaligen Paarung eine neuerliche Stimulation mit dem konditionalen Reiz erfolgt, so ist das sensorische Neuron vorerregt und antwortet in einer gegenüber der ersten Reizung verstärkten Art und Weise, auch wenn der unkonditionale Stimulus nicht mehr dargeboten wird. Eine Assoziation wurde somit auf zellulärer Ebene gebildet. Bei den genannten Tieren halten diese Effekte etwa 1–2 Stunden nach dem Training an, verschwinden allerdings danach. Für länger anhaltende Gedächtniskonsolidierung und Langzeitgedächtnis muß man daher andere oder zusätzliche Mechanismen heranziehen.

Langzeitpotenzierung am NMDA-Rezeptorkomplex im Kortex und Hippokampus stellt ein brauchbares Modell für Gedächtniskonsolidierung im Säugetierhirn dar

Wie wir im Abschnitt 8.3 gesehen haben, ist zur Überführung der Information vom Kurzzeitgedächtnis in das Langzeitgedächtnis, also für den Prozeß der ***Konsolidierung,*** die Intaktheit des Hippokampus notwendig. Seine beidseitige Zerstörung führt zu fast völliger ***anterograder Amnesie,*** d.h. der betroffene Patient kann neue Information nur über einen kurzen Zeitraum behalten. Er bleibt sozusagen in der Gegenwart des Läsionszeitpunktes stehen. Nun zeigt der Hippokampus und in gewissem Ausmaß auch der Neokortex bei den meisten Säugetieren eine elektrophysiologische Eigenschaft, die erklären könnte, wie Information in eine länger anhaltende Form übergeführt wird. Dieses Phänomen wird ***Langzeitpotenzierung*** *(long-term potentiation, LTP)* genannt. Die physiologischen Vorgänge während LTP wurden ausführlich in Kap. 3 (s. S. 62) behandelt.

Unter Langzeitpotenzierung versteht man die Tatsache, daß die *Amplitude und Dauer exzitatorischer postsynaptischer Potentiale (EPSP) über Stunden, Tage und Wochen erhöht* werden kann, wenn die afferenten Axone durch elektrische Reizung repetitiv (tetanisch) aktiviert werden. Die stärksten Effekte der Langzeitpotenzierung lassen sich durch Reizung im natürlichen Rhythmus der hippokampalen Afferenzen erzielen. Der natürliche Rhythmus des Hippokampus während des Explorationsverhalten des Tieres, wenn also zu lernende Information aufgenommen wird, ist der ***hippokampale Theta-Rhythmus*** (4–8 Hz). Mit Stimulierung in diesem Rhythmus läßt sich das Phänomen der ***assoziativen Langzeitpotenzierung*** vor allem in der CA1-Region des Hippokampus besonders gut zeigen [15]. Unter assoziativer Langzeitpotenzierung verstehen wir, daß bei simultaner Reizung des Neurons mit einem schwachen konditionalen Reiz (CS) und mit einer starken exzitatorischen Reizung auch das EPSP auf den schwachen Reiz erhöht und verlängert wird. Der starke unkonditionale Stimulus besteht dabei im allgemeinen aus 100 Hz tetanischer Reizung für etwa 1 Sekunde.

Die *biochemischen und molekularen Vorgänge während assoziativer Langzeitpotenzierung* entsprechen nun in ihrem Endresultat dem, was wir über die molekulare Basis des Kurzzeitgedächtnisses kennengelernt haben, nämlich einer ***Erhöhung des Ca^{++}-Einstroms,*** diesmal allerdings über einen längeren Zeitraum. Im Säugetiergehirn, vor allem im Hippokampus und im Kortex, ist daran nicht mehr das Serotonin beteiligt, sondern der Transmitter ***Glutamat,*** der an verschiedene *Glutamatrezeptoren* bindet, von denen allerdings nur einer eine kritische Rolle beim Lernen spielt, nämlich der ***NMDA-Rezeptor*** *(N-Methyl-D-Aspartat-Rezeptor)* (s. Kap. 3).

Der ***Glutamat-NMDA-Mechanismus*** in der CA1-Region des Hippokampus, im Kortex und in Teilen der Basalganglien scheint allerdings *nur für mittlere Erregungsstärken* zu funktionieren, da *extreme Ausschüttung* von Glutamat, z. B. bei epileptischen Anfällen, Anoxie, Hypoglykämie und anderen Traumen, innerhalb weniger Minuten zur Zerstörung der Neurone durch das Glutamat führt. Ein solches Überangebot an Glutamat wird auch bei der ***Huntington Chorea,*** einem vererbten neurologischen Leiden, das Degeneration der Basalganglien und des Frontalkortex bewirkt, diskutiert.

Ein erheblicher Teil der einlaufenden Fasern in den Hippokampus scheinen mit Noradrenalin zu übertragen. Durch die Gabe von ***Noradrenalin*** läßt sich Langzeitpotenzierung erheblich verbessern und verlängern; die Gabe von *Propranolol,* einem noradrenergen Betarezeptorenblocker verhindert die Entwicklung von Langzeitpotenzierung. Dies könnte auch erklären, warum Langzeitgabe von Betablockern zur Behandlung der essentiellen Hypertonie, sofern diese über die Blut-Hirn-Schranke ins ZNS gelangen, mit Gedächtnisausfällen einhergehen kann.

!

Langzeitpotenzierung erhöht die Erregbarkeit hippokampaler und kortikaler Zellen nach der Darbietung von Lernmaterial über Minuten bis Stunden. In dieser Phase erhöhter Erregbarkeit für eine spezifische Information, die in Form spezifischer afferenter Frequenzmuster oder Oszillationen verschlüsselt ist, könnte die Konsolidierung der Lerninhalte, also ihr Überführen vom Kurzzeitgedächtnis ins Langzeitgedächtnis, stattfinden.

Konsolidierung und Langzeitgedächtnis sind mit Änderungen der Genexpression und Proteinsynthese verbunden

Genauso wie für die Entwicklung des Kurzzeitgedächtnisses unterschiedliche makromolekulare und mikromolekulare Prozesse existieren, wird es auch für die Langzeitspeicherung *mehrere* Mechanismen und Substanzen geben, die zu einer dauerhaften und gegenüber neuen Einflüssen resistenten Änderung der Struktur prä- und postsynaptischer Elemente, vor allem der dendritischen Spines führen. Wie in den vorausgegangenen Abschnitten bereits besprochen, ändert sich durch Lernen im Gehirn die morphologische Struktur der exzitatorischen Synapsen, die mit dendritischen Spines Kontakt haben. Es wachsen nicht nur neue Spines aus, sondern auch die am Lernen beteiligten Spines reduzieren ihren elektrischen Widerstand durch Änderung ihrer Geometrie, z. B. wird der „Nacken" des Spines breiter und kürzer und gleichzeitig die Ausdehnung der postsynaptischen Membran und ihrer kontraktilen Elemente größer. Welche Prozesse sind nun für die dauerhafte Verbesserung der Erregbarkeit dieser Synapsen verantwortlich?

Proteinbiosynthese. Eine Unterbrechung der Proteinbiosynthese (z. B. durch ein Zellgift) *kurz nach oder während des Trainings* führt zu dauerhafter ***Störung der Konsolidierung*** und somit zur *Hemmung des Langzeitgedächtnisses.* Die kurzfristige Einprägung (das *Kurzzeitgedächtnis*) wird dagegen durch eine Hemmung der Proteinbiosynthese nach dem Lerntraining nicht beeinträchtigt. Dies bedeutet, daß zur Konsolidierung eine ungestörte Proteinbiosynthese in einer kritischen Zeitspanne während und nach dem Training notwendig ist. Dabei bleibt die Frage offen, ob bei der makromolekularen Synthese von Proteinen das Langzeitgedächtnis dadurch erzeugt wird, daß eine Stabilisierung der intra- und extrazellulären Mechanismen des Kurzzeitgedächtnis erreicht wird oder aber, ob *neue* Prozesse ins Spiel kommen, die dann zu einer dauerhaften Veränderung der synaptischen Effizienz führen.

In diesem Zusammenhang ist bereits früh klar geworden, daß Umgebungsveränderungen allgemein zu einer Veränderung der Genexpression, auch im Zentralnervensystem des erwachsenen Tieres, führen können. Bis heute ist aber die Frage nicht gelöst, welche Gene in der Konsolidierung aktiviert werden. Es ist kaum anzunehmen, daß sich durch Lernen und mit Langzeitspeicherung *alle* Synapsen oder Synapsenbestandteile eines Neurons verändern, sondern daß vielmehr eine selektive Ablagerung von Genprodukten in individuellen Synapsen stattfindet. Synapsen, die ***Azetylcholin (ACh)*** als Transmitter verwenden, gehören sicher zu den wichtigen Speicherelementen. Der Verlust von ACh bei der Alzheimer-Krankheit zerstört sowohl Kurz- wie Langzeitgedächtnis. Physostigmin, ein ACh-Esterasehemmer verbessert es, allerdings sind die Nebeneffekte intolerabel.

In einfachen Lebewesen, vor allem dem Mollusk *Hermissenda*, konnte gezeigt werden, daß dieselben Second messenger Systeme, die zur Regulation des Kurzzeitgedächtnis und der Sensibilisierung notwendig sind, sowohl die Genexpression wie auch die Übersetzung (Translation) an der tRNA beeinflussen. Wie wir auf Abb. 8–3 gesehen haben, spielt dabei das cAMP eine entscheidende Rolle, das Induktion und Repression von Genen auslösen kann. Es wird angenommen, daß durch die Beeinflussung der Translation und/oder Repression entweder neue Isoformen von Enzymen, Membranrezeptoren oder Ionenkanäle mit veränderter Affinität für ihre Transmitter erzeugt werden oder aber, daß die Zelle die Prozesse, die zur Kurzzeitspeicherung notwendig sind, einfach über längere Zeit fortsetzt; z. B. die Verbreiterung des Aktionspotentials durch Schließen der Kaliumkanäle, erhöhte Sensitivität der Kinasen gegenüber zyklischem AMP oder kontinuierliche Phosphorylierung der Substratproteine. Vermutlich spielen für unterschiedliche Gedächtnisformen auch verschiedene Prozesse eine Rolle.

Bei allen vorausgegangenen Überlegungen zu den zellulären Mechanismen des Gedächtnisses darf nicht vergessen werden, daß die Individualität und der Inhalt eines Gedächtnis *nicht in einer einzelnen Zelle oder Synapse niedergelegt* sein kann, sondern, wie im Abschnitt 8.3 beschrieben, daß ***Gedächtnisinhalte*** immer ***in neuronalen Netzen oder Assemblies*** ihre Entsprechung haben und nicht auf molekulare Kaskaden reduzierbar sind.

!

Die molekularen Mechanismen einfacher Assoziationsbildung bestehen in einer Verstärkung der synaptischen Verbindungen zwischen denjenigen sensorischen Neuronen, die konditionalen (CS) und unkonditionalen (US) Reiz an die efferenten Neurone leiten. Dabei löst die Gleichzeitigkeit der beiden ankommenden Erregungen eine Kaskade intrazellulärer Vorgänge aus, die zu verstärkter Ca^{++}-Konzentration und erhöhter Transmitterausschüttung führen. Für die Überführung der einmal gelernten Information ins Langzeitgedächtnis wird Langzeitpotenzierung im Hippokampus und Kortex verantwortlich gemacht. Dabei wird am NMDA-Rezeptor der postsynaptischen Membran der am Lernen beteiligten Neuronen die Leitfähigkeit zwischen prä- und postsynaptischer Membran erhöht. Die abschließende Fixierung der Information im Langzeitgedächtnis erfolgt schließlich durch Anregung oder Hemmung der vom genetischen Apparat gesteuerten Synthesen von Kanalproteinen der Zellmembran.

8.5 Literatur

Weiterführende Lehr- und Handbücher

1. Birbaumer N, Schmidt RF (1996) Biologische Psychologie, 3. Aufl. Springer, Berlin Heidelberg New York
2. Braitenberg V, Schüz A (1991) Anatomy of the cortex. Springer, Berlin Heidelberg New York
3. Carlson NR (1991) Physiology of behavior, 4th edn. Allyn and Bycon, Boston
4. Duday Y (1989) The neurobiology of memory. Oxford University Press, Oxford
5. Kandel ER, Schwartz JH, Jessell TM (eds) (1991) Principles of neural science, 3rd edn. Elsevier, New York
6. McGaugh JL, Weinberger NM, Lynch G (1990) Brain organization and memory. Oxford University Press, New York
7. Rosenzweig MR, Leiman AL (1982) Physiological psychology. Heath, Lexington
8. Schmidt RF (Hrsg) (1993) Neuro- und Sinnesphysiologie. Springer, Berlin Heidelberg New York

Einzel- und Übersichtsarbeiten

9. Abeles M (1991) Corticonics. Neural circuits of the cerebral cortex. Cambridge University Press, Cambridge
10. Akissar E, Vaadia E, Akissar M, Bergman H, Arieli A, Abeles M (1992) Dependence of cortical plasticity on correlated activity of single neurons and in behavioral context. Science 257:1412 1415
11. Black IB (1991) Information in the brain. A Bradford book. MIT Press, Cambridge, Massachussets
12. Daum I, Ackermann H, Schugens MM, Reimold C, Dichgans J, Birbaumer N (1993) The cerebellum and cognitive functions in humans. Behav Neurosci 107(3):411–419
13. Elbert T, Flor H, Birbaumer N, Knecht S, Hampson S, Larbig W, Taub E (1994) Extensive reorganization of the somatosensory cortex in adult humans after nervous system injury Neuroreport 5:2593–259
14. Goldman-Rakic P, Bates J, Chafee M (1992) The prefrontal cortex and internally generated motor acts. Curr Opin Neurobiol 2:830–835
15. Schuman EM, Madison DV (1994) Locally distributed synaptic potentiation in the hippocampus. Science 263:532–535
16. Squire LR, Zola-Morgan S (1991) The medial temporal lobe memory system. Science 253:1380–1384
17. Zola-Morgan S, Squire LR (1993) Neuroanatomy of memory. Annu Rev Neurosci 16:547–563

9 Motivation und Emotion

N. Birbaumer, W. Jänig

EINLEITUNG 1954 untersuchten James Olds und sein Student Peter Milner die aktivierende Wirkung von elektrischer Reizung der Formatio reticularis der Ratte. Eine der Reizelektroden verfehlte ihr Ziel und endete vermutlich im Hypothalamus. Olds beschrieb, welch seltsames Verhalten das Tier plötzlich bei Reizung zeigte: „Ich reizte mit einem kurzen 60 Hz Sinusimpulsstrom immer dann, wenn das Tier in eine Ecke des Käfigs lief (Olds wollte sicher sein, daß die Reizung für das Tier nicht unangenehm ist). Das Tier vermied die Ecke aber nicht, sondern kam nach einer kurzen Pause sofort in die Käfigecke zurück, nach der erneuten Reizung lief es sogar noch schneller dorthin. Nach der dritten elektrischen Reizung war klar, daß das Tier zweifellos mehr Reizung wollte" [19]. Diese Zufallsbeobachtung bedeutete die Entdeckung eines „positiven Verstärkungszentrums" oder, wie Olds es euphorisch nannte, des „Zentrums der Freude". Damit war die neurobiologische Grundlage eines zentralen Begriffs der Motivationspsychologie gefunden und ein wichtiger Schritt zum Verständnis der Triebkräfte menschlichen Verhaltens getan.

Motivation (Trieb und Verstärkung) und Emotion (Gefühl) sind psychische Kräfte, die das Auftreten und den Ablauf der psychischen Funktionen (Denken, Wahrnehmung, Lernen) mitbestimmen

Jedes Verhalten ist ***motiviert,*** d. h. es hängt *nicht* in allen Parametern von Reiz, Reizort oder genetischen Vorbedingungen ab, sondern variiert in Abhängigkeit von Zuständen *innerhalb* des Organismus. Motivation bedeutet also, daß als Ursache für das Auftreten eines bestimmten Verhaltens *auch* körperinterne Erregungsschwellen für das jeweilige Verhalten wirken. Beispielsweise beeinflußt der Blutzuckerspiegel die Wahrscheinlichkeit für das Auftreten von appetitivem Suchverhalten nach bestimmten Nahrungsmitteln.

Homöostatische und nichthomöostatische Triebe. Unter einem Trieb verstehen wir jene psychobiologischen Prozesse, die zur bevorzugten Auswahl einer Gruppe abgrenzbarer Verhaltensweisen (z. B. Nahrungsaufnahme) bei Ausgrenzung anderer Verhaltenskategorien (z. B. sexuelles Verhalten und Fortpflanzung) führen. Homöostatische Triebe weisen im Gegensatz zu nichthomöostatischen Trieben Sollwerte der körperinternen Homöostaten auf. Bei Abweichungen von diesen Sollwerten kommt es zu einer stereotypen Sequenz von Verhaltensweisen bis zur Wiederherstellung des Sollwertes. Die Triebstärke ist weniger abhängig von Lern- und Umgebungseinflüssen als bei nichthomöostatischen Trieben. Temperaturerhaltung, Hunger, Durst, Schlaf und möglicherweise einige Aufzuchtreaktionen sind homöostatisch. Sexualität, Explorations„trieb" und Bindungsbedürfnis sind nichthomöostatisch organisiert.

Verstärkung. Unter ***positiver Verstärkung*** verstehen wir die Tatsache, daß bestimmte Reize (z. B. Futter), wenn sie *unmittelbar nach einer Verhaltensweise* (z. B. Hebeldruck auf Lichtsignal) auftreten, das Wiederauftreten dieser Verhaltensweise begünstigen. Diese Reize werden *positive Verstärker* genannt. *Negative Verstärker* („Strafreize", z. B. schmerzhafte Elektrostimulation) sind dagegen Reize, die die Unterdrückung von Verhaltensweisen bewirken. Positive Verstärkung festigt die neuronalen Verbindungen zwischen jenen sensorischen neuronalen Strukturen, die einen bestimmten Reiz „erkennen" (z. B. das Lichtsignal einer *Skinner-Box*), und den motorischen neuronalen Strukturen, die ein bestimmtes Verhalten (z. B. Hebeldruck) kontrollieren. Verstärkersysteme verbessern somit die synaptische Verbindung zwischen einem auslösenden Reiz und der darauf folgenden Reaktion. Abb. 9-1 verdeutlicht diese Funktion am Beispiel von Hunger- und Durstbefriedigung.

Emotionen (Gefühle) sind, ebenso wie Triebe, Ursachen (psychische Kräfte) für das Auftreten eines bestimmten Verhaltens, sie weisen aber keine festen körperinternen Erregungsschwellen wie homöostatische Triebe auf. Gefühle sind Reaktionsmuster auf biologisch und sozial bedeutsame körperinterne und externe Reize, die beim Menschen ***auf drei Verhaltensebenen*** ablaufen: der physiologisch-humoralen Ebene, der motorisch-verhaltensmäßigen und der subjektiv-psychologischen Ebene. Gefühle werden stets auf der Dimension *angenehm* –

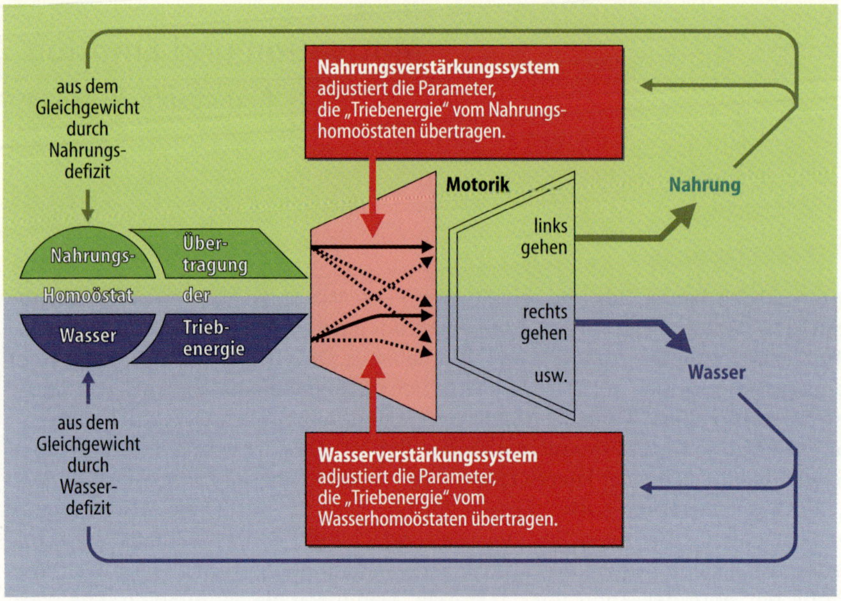

Abb. 9–1. Multiples Homöostasemodell der Verhaltenssteuerung durch mehrere Triebsysteme. Jeder Trieb-Homöostat (meist im Hypothalamus, *grün, blau*) regelt eine andere Körperfunktion (hier Wasserhaushalt und Glukoseniveau). Ein Mangel einer der beiden Grundbausteine des Organismus führt zu erhöhter Erregung der Homöostaten im Hypothalamus, die diese Erregung (Triebenergie) auf die dafür zuständigen motorischen Areale (z. B. für Beine oder Hände zur Nahrungssuche) übertragen müssen. Diese Triebenergie ist zunächst ungerichtet (z. B. Suchverhalten), wird aber durch die Tätigkeit der Verstärkersysteme „adjustiert", d. h. auf jene motorischen Regulationsstrukturen gelenkt, die in der Vergangenheit im Homöostaten wieder Gleichgewicht hergestellt haben. Wenn Verhalten eine Belohnung (*rot*) hervorruft, so wird dieses Verhalten mit eben demselben Homöostaten verbunden. Wird dieser Homöostat später wieder aus dem Gleichgewichtszustand gebracht, so wird er jene Verhaltensweisen aktivieren, die in der Vergangenheit mit dem Homöostaten verbunden worden sind. Siehe weitere Erläuterungen im Text. (Nach Gallistel 1973, aus [3])

unangenehm (Annäherung – Vermeidung) und der Dimension *erregend – desaktivierend* erlebt [3].

9.1 Homöostatische Triebe: Durst und Hunger

Unter Durst verstehen wir einen spezifischen zentralen Triebzustand, der die Bereitschaft erzeugt, trinkbare Flüssigkeit zu suchen und zu konsumieren; das Trinkverhalten wird über die intra- und extrazelluläre Osmolalität und das intravasale Volumen geregelt

Bedingungen für das Auftreten einer Durstempfindung. Der erwachsene menschliche Körper besteht zu etwa 70–75 % seines Gewichtes aus Wasser (Fettdepots unberücksichtigt). Dieser Wassergehalt wird mit großer Genauigkeit konstant gehalten: Er schwankt langfristig normalerweise nur um ± 0,22 %, also nur um rund ± 150 ml. Verliert der Körper mehr als 0,5 % seines Gewichtes an Wasser (also etwa 350 ml bei 70 kg Körpergewicht), entsteht Durst (meistens wird ohne Durst getrunken, s. S. 170).

Physiologische Wasserverluste des Körpers (Harn, Schweiß, Atemluftfeuchtigkeit) führen zur *Abnahme des Wassergehaltes und geringfügigen Zunahme des osmotischen Druckes im Extra- wie im Intrazellulärraum.* Ferner ensteht durch Verminderung der Speichelsekretion das für den Durst so charakteristische Trockenheitsgefühl des Mund-Rachen-Raumes. Der Wassermangel des Körpers könnte also gemessen werden a) über die Abnahme des Volumens und/oder Zunahme des *osmotischen Drucks* im Intrazellular- und Extrazellularraum, und b) indirekt über die Reduktion der *Speichelsekretion* und die daraus resultierende Trockenheit der Mund- und Rachenschleimhaut. Abb. 9–2 faßt die wesentlichen drei physiologischen Wege der Durstentstehung zusammen:

Osmosensoren im Hypothalamus und der Wand des dritten Ventrikels sind Neurone, die auf Erhöhung der *intrazellulären* Salzkonzentration bei Wasserverlust schrumpfen und dann vermehrt aktiviert werden. Osmorezeptoren liegen u. a. in der präoptischen Region des Hypothalamus. Ihre Axone aktivieren Neurone über verschiedene Zwischenstationen in Regionen, die mit der Steuerung von Bewegungen befaßt sind (Basalganglien, Stammhirn etc., s. Kap. 5). Intravasale Injektion hypoosmotischer Salzlösung an die *laterale präoptische Region* des Hypothalamus beendigt das Trinken, welches nach vorausgegangener Injektion von hypertoner Salzlösung erzeugt worden ist; Zerstörung der Region erzeugt ***Adipsie*** (Verlust von Trinkverhalten). Der von zentralen Osmosensoren ausgelöste Durst wird ***osmotischer Durst*** genannt (linke Seite von Abb. 9–2) [20].

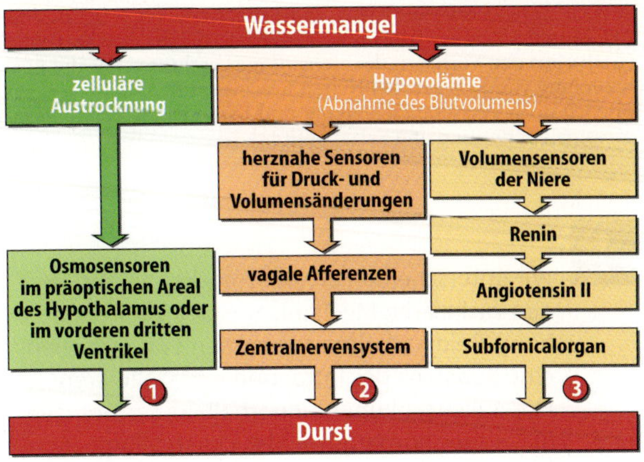

Abb. 9–2. Drei Möglichkeiten der Durstentstehung (siehe Text)

Hypovolämischer Durst wird durch zwei unterschiedliche Prozesse ausgelöst: Zum einen melden die ***Barosensoren*** der herznahen Gefäße bei Verlust extrazellulärer Flüssigkeit mit Abnahme des Blutvolumens (z. B. nach äußeren und inneren Blutungen) durch Abnahme ihrer Aktivität den *Abfall des venösen Gefäßdrucks* über den Nucleus tractus solitarii an den Hypothalamus, von wo aus die Freisetzung von ***antidiuretischem Hormon (ADH, Vasopressin)*** aus dem Hypophysenhinterlappen ausgelöst wird (s. Kap. 35, 36). Parallel dazu wird zentralnervös Durst ausgelöst (mittlerer Teil von Abb. 9–2) [10].

Zum anderen wird durch *Abfall des arteriellen Perfusionsdruckes in den Nieren* ***Renin*** aus den juxtaglomerulären Zellen in die Zirkulation ausgeschüttet. Über eine Reihe von Zwischenschritten ensteht ***Angiotensin II*** im Gefäßsystem (s. Kap. 35, 36). Angiotensin II erregt Neurone im *Subfornicalorgan* in der Wand des 3. Ventrikels, dieses wiederum stimuliert den *medialen Nucleus präopticus* des Hypothalamus, der Trinkverhalten einleitet (rechter Teil von Abb. 9–2) [5].

Wenn wir Wasser durch Verdampfung verlieren, so verlieren wir es aus allen Flüssigkeitsräumen: intrazellulär, intravaskulär und aus den interstitiellen Zwischenräumen. Verdampfung bewirkt daher beides, osmotischen und hypovolämischen Durst. Bei Blutverlust, Erbrechen oder Durchfall kommt es zu Hypovolämie ohne Verlust intrazellulärer Flüssigkeit und auch zu Durst. Da wir dabei auch Salz verlieren, führt hypovolämischer Durst auch zu ***Salzappetit.***

Beide Mechanismen, hypovolämischer und osmotischer Durst wirken zur Erhaltung der Flüssigkeitskonstanz der intra- und extrazellulären Flüssigkeitsräume zusammen (s. Kap. 36).

Wie alle homöostatischen Triebe besitzen die Durstsysteme einen antizipatorischen Sättigungsmechanismus, der das Trinken lange vor Erreichen des Sollwertes im Gewebe beendet

Präresorptive und resorptive Durststillung. Vom Beginn des Trinkens bis zur Beseitigung eines Wassermangels im Intrazellulärraum vergeht geraume Zeit, da das in Magen und Darm aufgenommene Wasser zunächst in den Blutkreislauf überführt (resorbiert) werden muß. Es ist aber eine alltägliche und im Tierexperiment vielfach bestätigte Beobachtung, daß das Durstgefühl erlischt, d. h. das Trinken aufhört, lange bevor der extra- und intrazelluläre Wassermangel beseitigt ist. Der ***resorptiven*** Durststillung geht also eine ***präresorptive*** voraus, die eine übermäßige Aufnahme von Wasser verhindert und die Zeit bis zur resorptiven Durststillung überbrückt (Abb. 9–3). In Tierversuchen hat sich gezeigt, daß die *präresorptive Durststillung mit großer Präzision* arbeitet: Die getrunkene Wassermenge entspricht in engsten Grenzen der benötigten.

Ein Hund mit einer Oesophagusfistel trinkt etwa doppelt so viel Wasser wie ein normaler Hund mit dem gleichen Wasserdefizit. Danach unterbricht er das Trinken für 20–60 min. Also bewirkt das Trinken selbst, bzw. die mit ihm verbundenen motorischen und sensiblen Vorgänge, eine gewisse, vorübergehende Durststillung. Auch Volumen- und Osmosensoren des Magens und des Duodenums scheinen eine Rolle in der präresorptiven Durststillung zu spielen: Wird bei Affen nach Beendigung des Trinkens die Flüssigkeit über einen vorher gelegten Magenschlauch abgesaugt, nehmen die Tiere das Trinken alsbald wieder auf. Umgekehrt hört das Trinken sofort auf, wenn über einen Katheter eine kleine Menge Wasser direkt in das Duodenum appliziert wird. Nimmt man statt Wasser Kochsalzlösung, geht das Trinken weiter. Das Duodenum scheint also Rezeptoren zu enthalten, die die Wasseraufnahme registrieren; es ist damit an der präresorptiven Durstentstehung beteiligt [8,10].

Sensoren im Zungen-Rachenraum sowie in Magen, Duodenum und Leber informieren das Hirn über vagale Afferenzen grob über die aufgenommene Wassermenge und hemmen den Trinkakt über Verbindungen zu motorischen Systemen.

Durstschwelle. Ist der Durst endgültig gestillt ***(resorptive Durststillung)*** und das relative (bei Aufnahme von zu viel Kochsalz) oder absolute Wasserdefizit beseitigt, so tritt bei langsamen physiologischen Wasserverlusten erneut Durst auf, wenn der Wasserverlust etwa 0,5 % des Körpergewichts erreicht. Diese ***Durstschwelle*** ver-

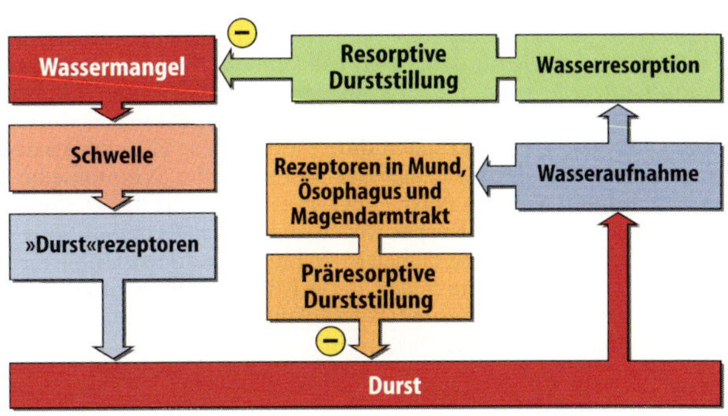

Abb. 9–3. Schema der präresorptiven und resorptiven Durststillung durch Wasseraufnahme

hindert, daß geringgradige Wasserverluste schon zum Auftreten von Durst führen. Physiologischerweise schwankt der Wassergehalt des menschlichen Körpers also zumindest zwischen einem Maximum nach resorptiver Durststillung und einem Minimum, das im Idealfall gerade etwas unterhalb der Durstschwelle liegt. Die normalen Schwankungen des Wassergehaltes des menschlichen Körpers sind jedoch oft größer, weil wir einerseits oft mehr Flüssigkeit als nötig aufnehmen und andererseits den Durst nicht immer unmittelbar bei seinem Auftreten löschen können.

Die jeweils getrunkene Flüssigkeitsmenge hängt auch ***von ihrem Geschmack*** ab. Zusatz von Zucker führt bei Menschen, Affen und Ratten, aber nicht bei Katzen, zu deutlich größerer Flüssigkeitsaufnahme. Auch eine Auswahl unterschiedlicher Getränke erhöht den Konsum im Vergleich zu einem gleichförmigen Angebot. Umgekehrt wird der Wohlgeschmack eines Getränkes, auch von Wasser, um so positiver beurteilt, je größer der Durst ist. Die niedrigsten Bewertungen finden sich nach Durststillung [20].

Primäres und sekundäres Trinken. Trinken und Durststillung sind extrem variable Verhaltensweisen, die aus angeborenen und erlernten Mechanismen zur Beseitigung des Wassermangels und zur Herstellung des positiven Befriedigungsgefühls bei Durststillung bestehen. Trinken als Folge eines absoluten oder relativen Wassermangels in einem der Flüssigkeitsräume des Körpers bezeichnen wir als ***primäres Trinken,*** Trinken ohne offensichtliche Notwendigkeit der Wasserzufuhr als ***sekundäres Trinken.*** *Primäres Trinken ist im Grunde eine Notfallreaktion,* die bei regelmäßiger Lebensweise und ausreichender Verfügbarkeit von Wasser nur selten auftritt. *Sekundäres Trinken* ist die übliche Form der Flüssigkeitszufuhr! Im allgemeinen nehmen wir (das gilt auch für andere Säuger) meist schon im voraus das physiologischerweise benötigte Wasser auf. Zum Beispiel wird mit und nach dem Essen Flüssigkeit aufgenommen, wobei wir anscheinend gelernt haben, die Flüssigkeitsmenge an die Speise anzupassen, bei salzhaltiger Kost also mehr zu trinken, selbst wenn noch kein Durstgefühl aufgetreten ist. Lernen spielt also eine große Rolle.

Klinischer Durst. Vermehrter Durst im Verlaufe von Erkrankungen kann einmal die Folge eines abnorm hohen Wasserverlustes bei ansonsten normal funktionierenden Durstmechanismen sein, zum anderen kann er Störungen der Durstmechanismen oder, allgemeiner, der Regelung des Salz-Wasser-Haushaltes anzeigen. Eklatante Beispiele für den ersten Fall sind die ***Wasserverluste bei anhaltendem Erbrechen oder schweren Durchfällen,*** wie z. B. bei der Cholera (der englische Arzt Thomas Latta stillte 1832 erstmals den Durst der Cholerakranken durch intravenöse Flüssigkeitszufuhr und konnte dabei schlagartige Besserung der Symptome beobachten). Ein weiteres Beispiel des ersten Falles ist der ***Diabetes insipidus,*** bei dem der Körper wegen eines Mangels an antidiuretischem Hormon (ADH) täglich viele Liter hypotonen Urins ausscheidet. Ohne Therapie leiden diese Patienten unter unersättlichem Durst, und ihr ganzer Tagesablauf ist durch die ständige Notwendigkeit zu trinken bestimmt.

Natriuretisches Peptid der Vorhöfe des Herzens. Wenn das Volumen des Blutplasmas stark ansteigt (z. B. bei bestimmten Formen des Bluthochdrucks, Wasserintoxikationen bei gestörter Natriumausscheidung, Herzinsuffizienz und Leberzirrhose), wird als eine Art *Notfallsystem* ein Hormon, das atriale natriuretische Peptid (ANP), aus den Vorhöfen des Herzens ausgeschüttet, das die Ausscheidung von Salz aus den Nieren beschleunigt. ANP fördert zusätzlich noch Wasserausscheidung und hemmt Renin- und Vasopressinausschüttung und Salzappetit [5].

!

Wir unterscheiden einen osmotischen und einen vaskulären Mechanismus der Durstentstehung. Beide arbeiten zusammen und erreichen eine Konstanz des intra- und extrazellulären Flüssigkeitsvolumens innerhalb enger Grenzen (0,5 % des Körpergewichts). Durststillung erfolgt in der Regel antizipatorisch, bevor der Wassermangel in den Körperzellen beseitigt ist (präresorptive und resorptive Durststillung). Dabei sind Lernprozesse und Sensoren im Rachenraum und Duodenum beteiligt, mit deren Hilfe präzise das Wasser"bedürfnis" des Körpers abgeschätzt wird.

Hunger und Nahrungsaufnahme werden primär durch abnehmende Verfügbarkeit von Glukose ausgelöst

Die glukostatische Theorie. Unter physiologischen Bedingungen ist das Signal für Hunger ein Abfall der Blutglukosekonzentration. Dies setzt die Existenz von Glukosensoren voraus, die aktiviert werden, wenn in den umgebenden Körperflüssigkeiten die Glukosekonzentration sinkt. Die Glukosensoren, deren Struktur und Arbeitsweise bis heute unbekannt sind, liegen im Hypothalamus, im Hirnstamm und in der Leber. Wenn durch die Nahrungsaufnahme die Blutglukose wieder auf das Sollniveau angestiegen ist, wird die Nahrungsaufnahme eingestellt (resorptive Sättigung), während der Hunger schon früher nachläßt (präresorptive Sättigung, s. u.).

Konditionierte Nahrungsaufnahme. In Kulturen, die über ein ausreichendes Nahrungsangebot verfügen, wird Essen in der Regel durch ***klassische Konditionierung*** (s. Kap. 8) ausgelöst. Soziale und Umgebungsreize, wie Essenszeit, Geschmack und Aussehen von Speisen und die beim Essen anwesenden Personen, bestimmen Zeitpunkt und Menge der Nahrung mehr als physiologische Faktoren. Geschmacksreize allein, vor allem süß schmeckende Speisen (z. B. das Sorbet als Zwischengang oder eine „schön" zubereitete Speise), erhöhen den Appetit, obwohl der Hunger schon längst „gestillt" ist. Hungerkontraktionen der Magenwand („Magenknurren") spielen eine geringe Rolle in der Kurzzeitregulation des Hungers, da nach Magenentfernung die Hungerentstehung kaum beeinflußt ist. Wesentlich für die Selektion bestimmter Nahrungsmittel sind jedoch gelernte *Geruchsaversionen* oder - *vorlieben* [8].

Es handelt sich hier also um eine ***vorausplanende Nahrungsaufnahme***, bei der nicht ein bereits entstandenes Defizit ausgeglichen, sondern der ***erwartete Energiebedarf vorwegnehmend abgedeckt*** wird. Dieses Verhalten entspricht dem sekundären Trinken, welches die normale Form der Flüssigkeitszufuhr für die vorausplanende Wasseraufnahme ist (s. oben).

Thermostatische Hypothese. Weniger gut gestützt als die glukostatische Hypothese der Hungerauslösung ist die ***thermostatische Hypothese.*** Sie geht von der Beobachtung aus, daß die Nahrungsaufnahme von Warmblütlern umgekehrt proportional der Umgebungstemperatur ist: Je kälter die Umgebungstemperatur, desto mehr Nahrung wird aufgenommen und umgekehrt. Die inneren (zentralen) Thermorezeptoren des Körpers (s. Kap. 30) könnten dabei als Fühler (Sensoren) für eine Integration der Gesamtenergiebilanz dienen. Ein ***Rückgang der Gesamtwärmeproduktion*** würde also über die ***inneren Thermorezeptoren*** Hungergefühle auslösen. Experimentell läßt sich zeigen, daß durch lokales Kühlen und Erwärmen im Zwischenhirn, dem Sitz zentraler Thermorezeptoren, Änderungen im Freßverhalten entsprechend dieser Hypothese bewirkt werden können; doch sind andere, mehr unspezifische Deutungsmöglichkeiten nicht ausgeschlossen [5].

Lipostatische Hypothese. Überschüssige Nahrungsaufnahme führt zur Anlage von Fettdepots im Organismus, Nahrungsmangel zu deren Auflösung. Entsprechende *Liporezeptoren* vorausgesetzt, könnten solche Abweichungen vom Sollgewicht des Körpers an Hand der jeweils auftretenden Zwischenprodukte des Fettstoffwechsels registriert und als Hunger- bzw. Sättigungssignale verwertet werden. Es gibt einige gute experimentelle Hinweise für diese ***lipostatische Hypothese,*** v.a. die bereits oben erwähnte Beobachtung, daß zwangsgemästete Tiere anschließend bis zum Abbau der Fettdepots weniger Nahrung als unter Kontrollbedingungen aufnehmen.

Präresorptive (Kurzzeit-) und resorptive Sättigung (Langzeitregulation) sorgen für eine zeitlich gut abgestimmte Nahrungsaufnahme

Faktoren der präresorptiven Sättigung. Tiere mit einer Fistel der Speiseröhre fressen zwar wesentlich länger als vor der Operation und wiederholen ihre Mahlzeiten in kurzen Abständen, aber es kommt auch bei ihnen regelmäßig zu einer Beendigung des Fressens. Da keine Nahrungsaufnahme in den Magen erfolgt, ist anzunehmen, daß die mit dem Fressen verbundene ***Reizung der Geruchs-, Geschmacks- und Mechanorezeptoren*** des Nasen-Mund-Rachen-Raumes und der Speiseröhre sowie möglicherweise der Kauakt selbst (links in Abb. 9–4) zur präresorptiven Sättigung beitragen, wenn auch nach den bisher vorliegenden Ergebnissen ihr Einfluß auf Einleitung und Aufrechterhaltung der Sättigung gering ist [22].

Ein weiterer Faktor scheint die ***Dehnung des Magens*** und vielleicht auch der anschließenden Darmabschnitte durch die Nahrung zu sein: Wird im Tierversuch der Magen vor der Mahlzeit über eine Fistel oder Sonde gefüllt, so wird die Füllung in gewissem Umfang durch eine verminderte Nahrungsaufnahme kompensiert. Das *Ausmaß der Kompensation* hängt dabei nicht vom Nährwert der Nahrung, sondern vom Volumen und vom Zeitpunkt der Zufuhr ab.

Ergänzt werden die bisher genannten Faktoren durch die *Effekte von chemorezeptiven vagalen Afferenzen* des Magens und der oberen Dünndarmabschnitte (rechts in Abb. 9–4), die anscheinend auf den ***Glukose- und Aminosäuregehalt des Darminhaltes*** empfindlich sind. So steigt z.B. schon während der Nahrungsaufnahme der Glukosespiegel des Blutes in Abhängigkeit vom Kohlenhydratgehalt der Nahrung.

Faktoren der resorptiven Sättigung. Bei der resorptiven Sättigung sind möglicherweise *Chemorezeptoren des Verdauungstraktes* ebenfalls beteiligt, da sie den Organismus über die noch im Darm vorhandene Konzentration an verwertbaren Nahrungsstoffen informieren können. Dazu treten aber alle enterozeptiven sensorischen Prozesse, die wir bei der Besprechung des Hungers kennengelernt haben. Die ***vermehrte Verfügbarkeit von Glukose,*** die ***erhöhte Wärmeproduktion*** durch die Aufbereitung der Nahrungsmittel und die ***Ände-***

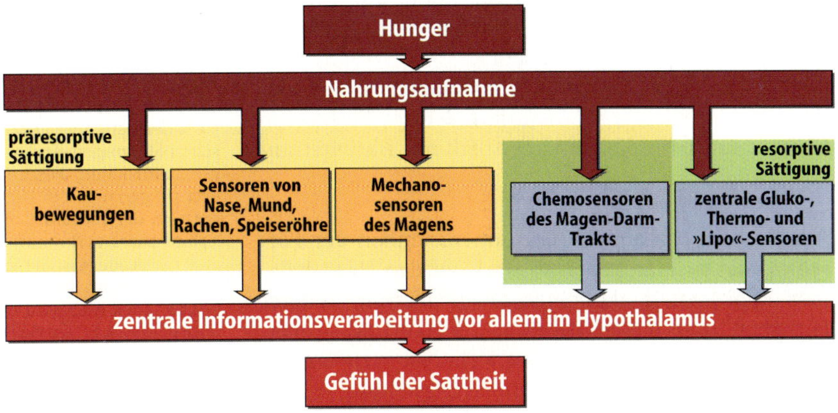

Abb. 9–4. Entstehung des Gefühls der Sattheit bei Nahrungsaufnahme. Die an der präresorptiven bzw. resorptiven Sättigung beteiligten Faktoren und Sensoren sind durch *gelbe* bzw. *hellgrüne Unterlegungen* zusammengefaßt. Die Kaubewegungen können *entweder* über eine direkte zentrale Efferenzkopie der Kaumotorik *oder* über die beim Kauen aktivierten Sensoren (z.B. Muskelspindeln, Sehnenorgane) *oder* über beides zur präresorptiven Sättigung beitragen

rungen im Fettstoffwechsel haben auf die entsprechenden zentralen Rezeptoren den umgekehrten Effekt wie die zugehörigen, in Abb. 9–4 grün unterlegten Vorgänge. Außerdem spielen gastrointestinale Hormone bei der Langzeitsättigung eine bedeutsame Rolle (s. Kap. 38).

Beispielsweise führt die Gabe von ***Cholezystokinin,*** einem Neuropeptid, sowohl beim Menschen wie bei anderen Säugern zu Sättigung. Die Sättigung wird vermutlich über die Stimulation von Cholezystokinin-Rezeptoren im ventromedialen Hypothalamus bewirkt. Unklar ist derzeit, ob Cholezystokinin Sättigung oder Aversion (Übelkeit) verursacht [23].

Hunger und Sattheit sind also in gewissem Umfang die beiden Seiten derselben Medaille: Das (Kurzzeit-)Hungergefühl regt die Nahrungsaufnahme an („go"-Signal), das Gefühl der (präresorptiven) Sattheit beendet sie („stop"-Signal). Das Ausmaß der Nahrungsaufnahme und die Länge der Pausen zwischen den Mahlzeiten sind dagegen durch die Vorgänge bestimmt, die wir *„Langzeitregulierung der Nahrungsaufnahme"* und *„resorptive Sättigung"* genannt haben und die sich (vgl. Abb. 9–4) weitgehend überlappen.

Der Hypothalamus ist die oberste Schalt- und Integrationsstruktur für Hunger und Sättigung

Die glukostatische Theorie von Hunger und Sättigung nimmt an, daß der ***laterale Hypothalamus (LH)*** ein *„Zentrum"* für Hunger und der ***ventromediale Hypothalamus (VMH)*** ein *„Zentrum"* für Sättigung darstellt, wobei die beiden Zentren sich gegenseitig hemmen. Bei Anstieg der Glukosekonzentration im Blut (unter der Voraussetzung ausreichender *Insulinsekretion*) wird die Aktivität des LH gehemmt und des VMH erhöht und es tritt Sättigung ein. Zerstörung des VMH verursacht Überessen und Fettsucht. Der VMH und seine Verbindungen zum *paraventrikulären Kern des Hypothalamus* und zu den efferenten *Vaguskernen* und zum *Nucleus tractus solitarius* scheinen für die Kodierung des Geschmacks in „gut" (nutritiv wertvoll) und „schlecht" (potentiell giftig) wichtig zu sein.

Der laterale Hypothalamus fungiert in der glukostatischen Theorie als ***Glukostat,*** der das Niveau von Glukose im Blut mißt und bei Abfall mit Aktivitätsanstieg reagiert.

Andere Hirnstrukturen. Die Aufmerksamkeit der Forschung hat sich lange Zeit so stark auf den Hypothalamus konzentriert, daß über die Bedeutung anderer Hirnstrukturen für die Regelung der Nahrungsaufnahme noch sehr wenig bekannt ist. Sicher ist es zu einfach, die gesamte zentrale Informationsverarbeitung in zwei hypothalamischen „Zentren" zu lokalisieren. So erfordert beispielsweise die oben angesprochene vorausplanende Nahrungs- und Flüssigkeitsaufnahme die Beteiligung höherer Hirnabschnitte, wie des ***limbischen Systems*** und der mit ihm assoziierten Hirnrinde (vgl. S. 176).

Schließlich sollte nicht übersehen werden, daß Essen und Trinken komplexe motorische Akte sind, die eine entsprechende Teilnahme des ***motorischen Systems*** erfordern. Den Anschluß an die motorischen Zentren erhalten die limbischen, insbesondere die hypothalamischen Motivationsareale wahrscheinlich über die zentralen ***katecholaminergen Systeme*** mit ihren vom Hirnstamm zu Kleinhirn, Basalkernen und Kortex ziehenden Bahnen (S. 145). Diese Bahnen bilden also möglicherweise ein wichtiges Bindeglied zwischen den Trieben und ihrer motorischen Verwirklichung. Die motorischen Systeme, in die Programme für die Verhaltensweisen der Nahrungsaufnahme gespeichert sind, werden durch die katecholaminerge Aktivität „energetisiert".

Neurone im lateralen Hypothalamus, die zu motorischen Hirnregionen (u. a. Basalganglien) projizieren und Dopamin als Transmitter benutzen, werden bei Abfall der Glukosekonzentration im Blut aktiviert. Dieses löst Nahrungssuche aus. Nach Durchtrennung dieser dopaminergen Fasern fällt das Nahrungssuchverhalten aus; die Tiere suchen keine Nahrung mehr, fressen aber normal bei Hunger, wenn Nahrung in den Mund gelegt wird.

Eßstörungen haben sowohl biologische wie psychologische Ursachen; beim Menschen sind Überessen mit Fettsucht (Obesitas), Essensverweigerung (Anorexia nervosa) und Eßattacken nach freiwilligen Perioden des Fastens (Bulimia nervosa) am häufigsten

Anorexie und **Bulimie** sind überdurchschnittlich häufig bei Mädchen oder jüngeren Frauen der Mittel- und Oberschicht der Industrienationen anzutreffen. Ihre Entstehung ist primär kulturell-psychologisch mit Angst vor Übergewicht und Verlust des Schlankheitsideals korreliert. Beide Störungen werden stets von einer *Diät* ausgelöst. Die biologischen *Folgen exzessiven Fastens* haben mit den psychologischen Ursachen der Störung wenig zu tun, stellen aber die eigentliche Gefährdung dar und halten den Teufelskreis aus Fasten und Erfolgserlebnis (schlank bleiben) aufrecht: ein Großteil der endokrinen Systeme, vor allem das Hypophysen-Nebennierenrinden-System und die Steuerung der Sexual- und Reproduktionsfunktionen, ist für die Dauer des Fastens gestört. Vereinzelt wurde auch eine reversible Reduktion von Hirnsubstanz beobachtet, was mit den negativen Langzeitfolgen (psychische Störungen, dauerhafte Gewichtsprobleme) bei etwa 30 % der Patienten in Zusammenhang steht. Diese organmedizinischen Störungen sind aber nicht spezifisch für Anorexie, sondern die „natürlichen" Folgen extremen Fastens und Hungerns. Wir finden sie genauso bei Hungernden, vor allem in Entwicklungsländern, in denen natürlich die Anorexie als Angst vor Gewichtszunahme nicht vorkommt.

Anders ist die Situation bei der ***Obesitas.*** Biologisch-hereditäre Faktoren der Stoffwechselrate spielen dabei eine große Rolle, aber auch hier wird durch häufige Diäten und Fasten der langfristige Gewichtsanstieg erhöht und damit das Problem verschlimmert. Untersuchungen sowohl an Ratten wie auch die Langzeitverläufe von Personen mit häufigen Diäten zeigten, daß nach einer erfolgreichen und stets kurzfristigen Gewichtsabnahme die Tiere bzw. Menschen wieder zunehmen, aber ihr Gewicht auf einem höheren Niveau einregeln. Man nennt dieses Phänomen *„Cycling" (Kreisen)* [36].

Natürlich überschreitet bei übergewichtigen Personen die Energieaufnahme die verbrauchte Energie, aber Übergewichtige nehmen im allgemeinen wenig mehr Kalorien als Normalgewichtige auf. Ratten mit Läsion im ventromedialen Hypothalamus regeln auf ein erhöhtes Körpergewicht ein, nehmen aber auch nicht mehr Nahrung auf als Kontrollen (nach anfänglicher Nahrungsmehraufnahme). Der Großteil unserer Stoffwechselenergie wird in Wärme abgegeben, Bewegung (Sport) spielt dabei eine geringe Rolle. Untersuchungen an getrennt aufgewachsenen eineiigen Zwillingen zeigen, daß die Stoffwechselrate und Wärmeabgabe in Ruhe wie auch die Energieabgabe bei Bewegung *und* die Vorlieben für die Zusammensetzung der Nahrung (Anteile an Kohlenhydraten, Proteinen und Fetten) einen genetischen Anteil von 50–80 % aufweisen. Dicke Personen sind daher häufig effizientere „Verbraucher", die ihre überschüssigen Kalorien im Langzeitfettreservoir ablegen und weniger in Wärme umwandeln. In der Regulation der ***Thermogenese*** ist (im Tierversuch) der paraventrikuläre Kern (s. S. 663) zentral beteiligt. Seine „Fähigkeit", die Temperatur des Fettgewebes und damit die Wärmeabgabe zu steuern, scheint stark von genetischen Faktoren abhängig zu sein. Somit könnte bei Personen mit erblicher Neigung zur Fettleibigkeit eine zentralnervöse Störung der Temperaturregulation vorliegen.

!

Hunger wird primär durch Abnahme der Glukosekonzentration im lateralen Hypothalamus, aber auch in der Leber und im gastrointestinalen Trakt ausgelöst. Wie bei der Durststillung wird die Nahrungsaufnahme zeitlich vor der Glukosekompensation (ca. 20–40 min) beendet. Dabei sind Geruch, Geschmack und Dehnung des oberen gastrointestinalen Traktes sowie Lernfaktoren beteiligt. An der Langzeitsättigung sind dieselben Vorgänge wie bei Hunger, nur mit umgekehrten Vorzeichen beteiligt, vor allem der ventromediale Hypothalamus (VMH), das Sättigungszentrum. Die motorischen Verhaltensweisen der Nahrungssuche, -aufnahme und Beendigung der Aufnahme werden über neuronale Verbindungen zu motorischen Hirnregionen auf allen Ebenen des motorischen Systems, bevorzugt über dopaminerge Fasern, geregelt.

Eßstörungen haben in der Regel psychologische Ursachen, führen aber zu pathophysiologischen Konsequenzen. Dickleibigkeit ist vor allem hereditär bedingt, aber psychologischen Einflüssen zu seiner Modifikation zugänglich.

9.2 Nichthomöostatische Triebe: Sexualverhalten

Die prä- und postnatale Differenzierung von Sexualorganen und Gehirn bestimmt gemeinsam mit Lernprozessen das Sexualverhalten des Menschen

Unabhängig von den Geschlechtschromosomen entwickelt sich der Fetus in den ersten Schwangerschaftswochen bisexuell, d.h. geschlechtsindifferent. Bei Vorhandensein eines XY-Chromosoms werden ab der 6.–7. Woche *Testeswachstum* und *Androgenproduktion* und somit Maskulinisierung von Körper und Gehirn eingeleitet. Ohne Androgene bleibt der sich entwickelnde Organismus weiblich (*Eva-Prinzip*). Androgene, vor allem *Testosteron,* haben in der Zeit vor und kurz nach der Geburt den entscheidenden ***organisierenden*** Effekt für die Hirnentwicklung, und in der Pubertät und danach einen primär ***aktivierenden*** Effekt auf das Sexualverhalten.

Unter dem organisierenden Einfluß von Hormonen verstehen wir die Tatsache, daß sie die Struktur des Zellstoffwechsels in einer bestimmten Körperregion reversibel oder irreversibel ändern, z. B. den Aufbau der für Sexualverhalten verantwortlichen hypothalamischen Kerne. Aktivierend wirken Hormone dann, wenn sie eine bestehende Struktur des Zellstoffwechsels, die bisher „still" oder inaktiv war, zu ihrer Funktion anregen, ohne sie qualitativ zu ändern.

Bei der Entwicklung des Fetus unterscheiden wir zwischen *Defeminisierung* und *Maskulinisierung* des Verhaltens. ***Defeminisierung*** ist die Folge der Hemmung der Entwicklung jener neuronalen Strukturen, die weibliches Sexualverhalten steuern, durch Androgene. ***Maskulinisierung*** des Verhaltens ist die Folge der Anregung der Entwicklung jener neuronalen Strukturen durch Androgene, die männliches Sexualverhalten steuern [2,3,10].

Beim Menschen wird der aktuelle *Ablauf* des Sexualverhaltens durch die unterschiedliche Entwicklung einzelner neuronaler Strukturen (s.u.) wenig beeinflußt; der weibliche und männliche sexuelle Reaktionszyklus ist ähnlich. Entscheidend ist der organisierende Einfluß der Androgene auf die *sexuelle Orientierung* des späteren Heranwachsenden und Erwachsenen.

Weibliche und männliche Homosexualität. *Androgenisierung* des sich entwickelnden *weiblichen* Gehirns führt zur Defeminisierung der weiblichen Partnerwahl, d.h. die Wahrscheinlichkeit für die Wahl eines männlichen Partners sinkt; gleichzeitig kann aber Maskulinisierung auftreten, d.h. die Wahrscheinlichkeit für die Wahl eines weiblichen Partners steigt (*Lesbismus*). Androgenisierung des weiblichen Fetus kann noch relativ spät in der Schwangerschaft erfolgen, z. B. durch pathologischen Anstieg der von der Nebenniere produzierten Androgene.

Homosexuelle Orientierung beim Mann ist nicht eindeutig auf reduzierte Androgeneinflüsse zurückzuführen. Wahrscheinlich ist reduzierte Defeminisierung *und* reduzierte Maskulinisierung als Ursache anzusehen. Reduzierte Maskulinisierung durch zu geringe Testosteronkonzentrationen im Fetus in den mittleren oder letzten Schwangerschaftsmonaten könnte z. B. durch starke psychische Belastung der Mutter während der Schwangerschaft bedingt sein, oder organisch erzeugt werden. Tatsächlich wurde im vorderen Hypothalamus bei homosexuellen Männern ein androgensensibler Kern gefunden, der dieselbe Größe wie bei heterosexuellen Frauen aufwies, aber etwa drei Mal kleiner war als bei heterosexuellen Männern. Das Testosteronniveau erwachsener männlicher Homosexueller und Bi- oder Heterosexueller ist gleich [30].

Erste Hinweise gibt es auch für eine ***genetische Komponente*** der primären Homosexualität. Unter primärer Homosexualität versteht man die *ausschließliche* sexuelle Anziehung durch das eigene Geschlecht, unter sekundärer Homosexualität sexuelle Anziehung auch durch das andere Geschlecht. Die Häufigkeit homosexueller Männer ist größer in der Verwandtschaft der Mütter homosexueller Männer als in der Verwandtschaft der Väter. Dies paßt gut zu der Tatsache, daß auf dem X-Chromosom homosexueller Männer und ihrer homosexuellen Brüder am Ort q28 (dem untersten, langen Ende des Chromosoms) genetische Marker gefunden wurden, die spezifisch für die Homosexuellen waren. Es ist daher anzunehmen, daß bei einigen Formen männlicher Homosexualität die veränderte DNA-Sequenz physiologisch zu Änderungen des Aufbaus von Strukturproteinen führt, die für die Anatomie und Physiologie der hypothalamischen Kerne verantwortlich sind. Welche Aufgaben dieses Gen oder diese Genkombinationen haben, ist noch unklar. Erfahrungsgemäß spielt für das Auftreten der ***primären Homosexualität*** bei Frau und Mann, die bereits vor der Pubertät ausschließlich auf das eigene (sichtbare) Geschlecht gerichtet ist, auch wenn die Möglichkeit andersgeschlechtliche Partner zu wählen vorhanden ist, die Erziehung nur eine geringe Rolle. [27]

Sexualverhalten ist an die Integration von neuronalen und hormonalen Mechanismen im Rückenmark und Hypothalamus gebunden

Die reflexhaften Anteile der männlichen und weiblichen sexuellen Reaktionen, wie *Erektion, Ejakulation* und *orgasmische Vaginalkontraktion* können vom sakralen Rückenmark allein ausgelöst werden. Neurone in diesen Spinalregionen sind reich an Rezeptoren, die Androgene und Östrogene binden. Diese ***autonomen spinalen Reflexe,*** die von darüber liegenden Strukturen des Zwischenhirns moduliert werden, stellen das periphere Ende der sexuellen Reflexhierarchie dar (s. Kap. 19).

Bei *männlichen* Säugetieren ist die *mediale präoptische Region (MPOR)* des Hypothalamus für ***koordiniertes Kopulationsverhalten*** verantwortlich. Innerhalb der medialen präoptischen Region (s. Abb. 9–5) ist vor allem der sogenannte *sexuell dimorphe Nukleus* (SDM) reich an Testosteron und Testeronrezeptoren. Über seine präzise Lage im menschlichen Gehirn besteht noch Unklarheit, er könnte aber mit dem oben erwähnten androgensensiblen Kern teilweise homolog sein [3,8].

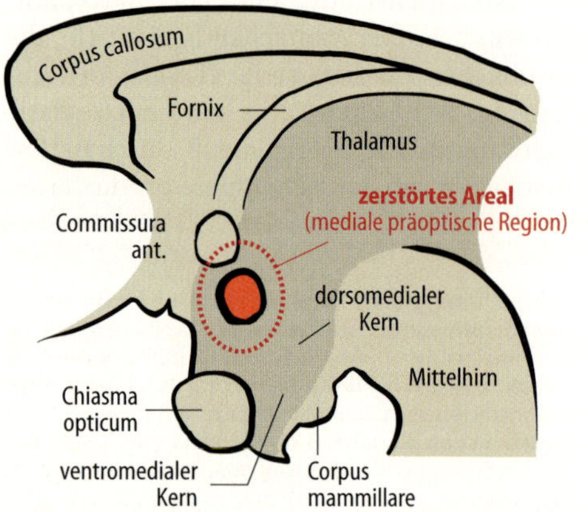

Abb. 9–5. Sagittale Ansicht der Region des Hypothalamus beim Rhesusaffen, deren Zerstörung zu Störung kopulatorischer Reaktionen führt. Dieser Kern ist auch für die Maskulinisierung verantwortlich und beim männlichen Geschlecht vergrößert (s. Text)

Diese Kerne sind allerdings nicht für die „Lust" auf sexuelles Verhalten oder die sexuelle Orientierung verantwortlich, denn Tiere mit Zerstörung des SDM masturbieren und nähern sich weiblichen Tieren „in sexueller Absicht" an, können aber die vorhandenen Umweltreize nicht mit ihren motorischen Programmen zu einem geordneten Reaktionszyklus koordinieren. Auch im weiblichen Menschengehirn ist die MPOR kleiner [3,30].

Das *weibliche* Pendant zur MPOR liegt im *ventromedialen Kern des Hypothalamus.* Teile dieser Kerne sind reich an Östradiol-Progesteron und ***steuern die Koordination der Körperposition*** (z. B. die *Lordose* bei der Ratte), die dem Männchen *Intromission* ermöglicht. Beim weiblichen Tier sind diese Regionen größer und mehr als doppelt so reich an weiblichen Sexualhormonen als beim Männchen.

Neben den Androgenen und den Östrogenen spielt an der Organisation sexuellen Verhaltens das Hormon *Oxytozin* des Hypophysenhinterlappens eine bedeutsame Rolle. Die Ausschüttung von Oxytozin ist eine wichtige Voraussetzung für das Zustandekommen von gegenseitiger sozialer Bindung, sowohl beim Kleinkind wie beim Erwachsenen (s. Kap. 20 und [10]).

!

Sexualverhalten und sexuelle Orientierung werden primär durch die pränatale Entwicklung von Teilen des Zwischenhirns unter dem Einfluß von peripheren Sexualhormonen bestimmt. Hetero- und homosexuelle Orientierung hängen von den organisierenden Effekten von Androgenen auf das ZNS ab. Weibliches und männliches Gehirn zeigen daher in Regionen, die eine hohe Dichte von Rezeptoren für Sexualhormone aufweisen, anatomische Unterschiede. Die präoptische Region des Hypothalamus scheint für die Organisation koordinierten Sexualverhaltens von Attraktion bis Kopulation wichtig zu sein, allerdings hängt sie, zumindest beim männlichen Organismus, in ihrer Funktionstüchtigkeit von der Produktion der Androgene in den Sexualorganen ab.

9.3 Emotionen als physiologische Anpassungsreaktionen

Emotionen sind Reaktionen, die sich primär im motorischen Verhalten, vegetativen Reaktionen und endokrinen Reaktionen äußern

Gefühle sind *angeborene Reaktionsmuster,* die in allen Kulturen ähnlich ablaufen. Sie äußern sich primär in somatomotorischen, vegetativen und endokrinen Reaktionen, sind aber eng mit den Prozessen in den kognitiv-kortikalen Systemen verbunden. Gefühle halten für Sekunden bis Minuten an; dieses sind die Zeiten, die maximal für die ununterbrochene Dauer eines Gefühls subjektiv angegeben und in denen *gleichzeitig* verstärkte physiologische Reaktionen (z. B. Anstieg der Herzrate) gemessen werden. Beim Menschen treten Gefühle meistens als Gefühlsgemische der primären Emotionen auf.

Stimmungen sind länger anhaltende (Stunden, Tage) *emotionale Reaktionstendenzen,* die das Auftreten einer bestimmten Emotion wahrscheinlicher machen („gereizte Stimmung" führt z. B. häufiger zu Ärger). Stimmungen sind keine Gefühle, da diese mit den entsprechenden motorischen Ausdrucksreaktionen nur kurzzeitig ununterbrochen bestehen können.

Emotionen sind am besten im ***Ausdruck des Gesichts,*** der durch die neuronale Aktivierung der Gesichtsmuskulatur erzeugt wird, beschreibbar. Mindestens ***sechs verschiedene Gruppen von Basisemotionen,*** nämlich (unbestimmte) *Angst,* (gerichtete) *Furcht, Traurigkeit, Abscheu, Freude, Überraschung,* können aufgrund des Gesichtsausdruckes unterschieden werden [3,4,24]. Obwohl Entstehung und Ausdruck der Emotionen beim Menschen eng mit den kognitiven Fähigkeiten (Wahrnehmung, Bewertung von sensorischen und inneren Reizen, Gedächtnis) verbunden sind, scheinen die Basisemotionen relativ unabhängig von Erziehung und Kulturraum zu sein, da sie in vielen Regionen der Erde gut und gleichartig erkannt werden.

Die Basisemotionen haben sich wahrscheinlich in der Evolution der höheren Primaten als Mechanismus zur Kommunikation entwickelt: Der motorische Anteil von Emotionen hat ***Signalcharakter gegenüber Artgenossen und Mitgliedern anderer Spezies.*** So bestehen folgende Beziehungen: *Furchtausdruck* und *Weglaufen* signalisieren (→) Gefahr; *Trauer* (nach Verlust) → Isolation, Hilfsbedürftigkeit; *Freude* und *Ekstase* → Besitz, Erwerb eines Gefährten; *Ekel* → Zurückweisung; *Überraschung* → Orientierung. Die empfundenen Emotionen haben auch ***Signalcharakter nach Innen.*** Sie verstärken oder hemmen Verhaltenweisen und veranlassen das Individuum, sich an Veränderungen in der Umwelt und im sozialen Feld durch Ausbildung neuer Verhaltensweisen anzupassen.

Emotionen äußern sich nicht nur in der Motorik, sondern auch in spezifischen vegetativen Reaktionen

Nicht nur die somatomotorischen Reaktionen (z. B. Gesichtsausdruck) sondern auch die *vegetativen Anpassungsreaktionen sind spezifisch für verschiedene Basisemotionen.* Diese vegetativen Anpassungsreaktionen wurden bei ganz unterschiedlichen Menschengruppen, unabhängig von kognitiven Prozessen, Lernen und kulturellen Hintergründen, gefunden [31–33].

Die vegetativen Reaktionen, die während der Emotionen ablaufen, sind keine allgemeinen Aktivierungsreaktionen, sondern der Ausdruck dafür, daß das Gehirn jene zentralen neuronalen Programme, die zu diesen spezifischen vegetativen Anpassungsprozessen führen, während der Emotionen selektiv aktiviert (Abb. 9–6). Somit sind nicht nur die Emotionen und ihre somatomotorischen Reaktionen zentral (vermutlich im limbischen System und Hypothalamus, s. 9.4) repräsentiert, sondern auch die spezifischen vegetativen Anpassungsreaktionen des Körpers [32, 33]. Die Art der empfundenen Emotionen, ihr motorischer (Gesichts-) Ausdruck und das Muster der Aktivierung vegetativer Systeme sind miteinander korreliert. Dies ließ sich, wie Abb. 9–7 zeigt, für die Herzfrequenz, den Hautleitwert (abhängig von der Aktivität in den Schweißdrüsenneuronen) und die Hautdurchblutung messen. Das bedeutet, daß empfundene Emotionen, somatomotorische Reaktionen und vegetative Reaktionen spezifische *parallele Reaktionen* der zentralen Strukturen sind (Abb. 9–6) und daß die empfundenen Emotionen prinzipiell *nicht die Folge* peripherer somatomotorischer, vegetativer und endokriner Reaktionen sind. Wir sind nicht traurig, weil wir weinen (und wir weinen nicht, weil wir traurig sind), sondern Traurigkeit und Weinen sind die Folge paralleler zentraler Integrationsprozesse.

Die erste auf physiologischen Argumenten fußende Emotionstheorie stammt von dem amerikanischen Psychologen James und dem dänischen Physiologen Lange. Diese Emotionstheorie besagt vereinfachend, daß die Perzeption eines äußeren Ereignisses durch das Gehirn zu somatomotorischen (z. B. Gesichtsausdruck) und vegetativen Reaktionen führt und daß die afferenten Rückmeldungen aus der Peripherie (z. B. von kardiovaskulären Organen und von der Skelettmuskulatur) zum Gehirn erst die Emotionen erzeugen. Nach dieser Theorie sind die empfundenen Emotionen die Folge der Aktivität in den afferenten Neuronen von den peripheren Organen. Es ist unwahrscheinlich, daß diese Theorie in dieser extremen Form richtig ist. So lassen sich z. B. die Basisemotionen im entsprechenden Umgebungskontext durch Hirnreizung auslösen. Es ist

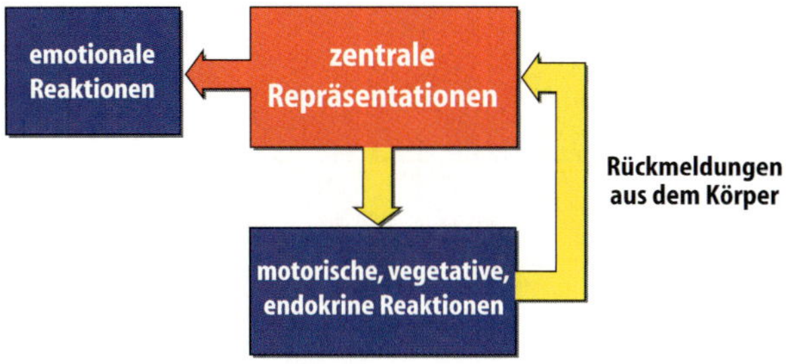

Abb. 9–6. Schema zu den zentralen Repräsentationen somatomotorischer, vegetativer und endokriner Reaktionen einerseits und der emotionalen Empfindungen andererseits. Diese zentralen Repräsentationen werden durch die afferenten Rückmeldungen aus dem Körperinneren, die neuronal (z. B. von den Eingeweiden und aus dem tiefen somatischen Bereich) oder endokrin (z. B. von den endokrinen Drüsen oder von den endokrinen Zellen im Gastrointestinaltrakt) sein können, modifiziert

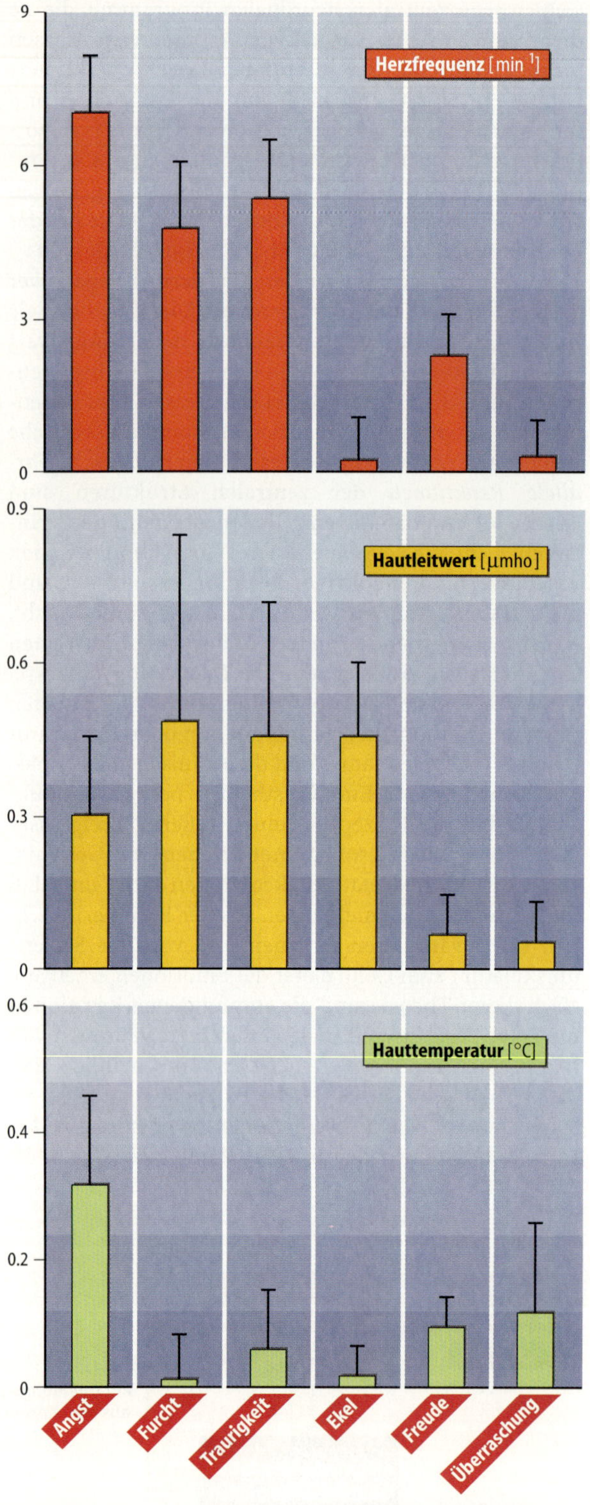

Abb. 9–7. Veränderungen vegetativer Parameter bei den 6 verschiedenen Basisemotionen. Der motorische Ausdruck der Basisemotionen im Gesicht wurde bei den Versuchspersonen unter visueller Kontrolle ausgelöst, ohne daß sie wußten, um welche Emotion es sich handelte. Gleichzeitig wurde die Veränderung der Herzfrequenz (in min^{-1}; abhängig von der Aktivität in den Kardiomotoneuronen), der Hauttemperatur eines Fingers (in °C; Hautdurchblutung, abhängig von der Aktivität in kutanen Vasokonstriktorneuronen) und des Hautleitwertes (in Ohm^{-1}; abhängig von der Aktivität in den Schweißdrüsenneuronen) gemessen. Die empfundenen Emotionen wurden danach durch Befragen der Versuchspersonen ermittelt. Die Muster der vegetativen Reaktionen und die Art der Basisemotion sind statistisch signifikant miteinander korreliert. Daten von 12 Versuchspersonen mit Angabe der Mittelwerte (farbige Säulen) und dem Standardfehler. Mod. aus [32]

eher wahrscheinlich, daß die zentral repräsentierten Emotionen durch die afferenten Rückmeldungen modifiziert und verstärkt werden; sie erhalten dadurch ihre „Farbe" und subjektive Eindrücklichkeit (Abb. 9–6).

!

Sechs verschiedene Gruppen von Basisemotionen können psychophysiologisch unterschieden werden. Solche Basisemotionen sind durch die parallel ablaufenden subjektiven Gefühle, motorischen Reaktionen und vegetativen Reaktionen charakterisiert. Ihre neuronalen Grundlagen (Repräsentationen) finden sich v. a. im limbischen System. Sowohl vegetative als auch motorische Begleiterscheinungen lassen sich zwischen verschiedenen Emotionen (z. B. Furcht und Freude) differenzieren und auf ein spezifisches zentrales Programm im limbischen System und Kortex zurückführen.

9.4 Die Rolle des limbischen Systems bei Motivation und Emotion

Das limbische System besteht aus kortikalen und subkortikalen Anteilen, die reziprok mit Neokortex, Hypothalamus und Hirnstamm verbunden sind

Anteile des limbischen Systems. Die kortikalen Anteile des limbischen Systems sind dreischichtig (*Allokortex*) und am Übergang zum sechsschichtigen Neokortex (Isokortex, s. S. 128) fünfschichtig (*Übergangskortex, Mesokortex*). Sie bestehen aus dem ***Hippokampus*** *(Ammonshorn, Gyrus dentatus und Subiculum)*, ***Gyrus parahippocampalis*** *(Area entorhinalis* und *Praesubiculum)*, ***Gyrus cinguli*** (mit *Cortex subcallosus)* und alten Anteilen des ***Riechhirns*** *(Bulbus olfactorius, Tuberculum olfactorium, Rindenanteile* über der *Amygdala)*. Viele Autoren rechnen auch den orbitofrontalen Kortex, den insulären Kortex und Teile des temporalen Kortex zum limbischen System. Zu den subkortikalen Anteilen gehören das ***Corpus amygdaloideum*** *(Amygdala, Mandelkern)*, die ***Septumkerne*** (mit Nucleus accumbens und Brocaschem Diagonalband) und der ***Nucleus thalami anterior.*** Viele Autoren rechnen auch Regio praeoptica, Hypothalamus und Corpora mamillaria zum limbischen System (Abb. 9–8A) [13].

Afferente und efferente Verbindungen des limbischen Systems (Abb. 9–8B). Auffällig sind die mächtigen reziproken Verbindungen mit ***Hypothalamus*** und ***Hirnstamm,*** über die das limbische System afferente Informationen aus dem Körperinneren erhält und Zugang zu den vegetativen und endokrinen Systemen hat. Der Hippokampus und das Septum kommunizieren über den Fornix, die Amygdala über die Stria terminalis und

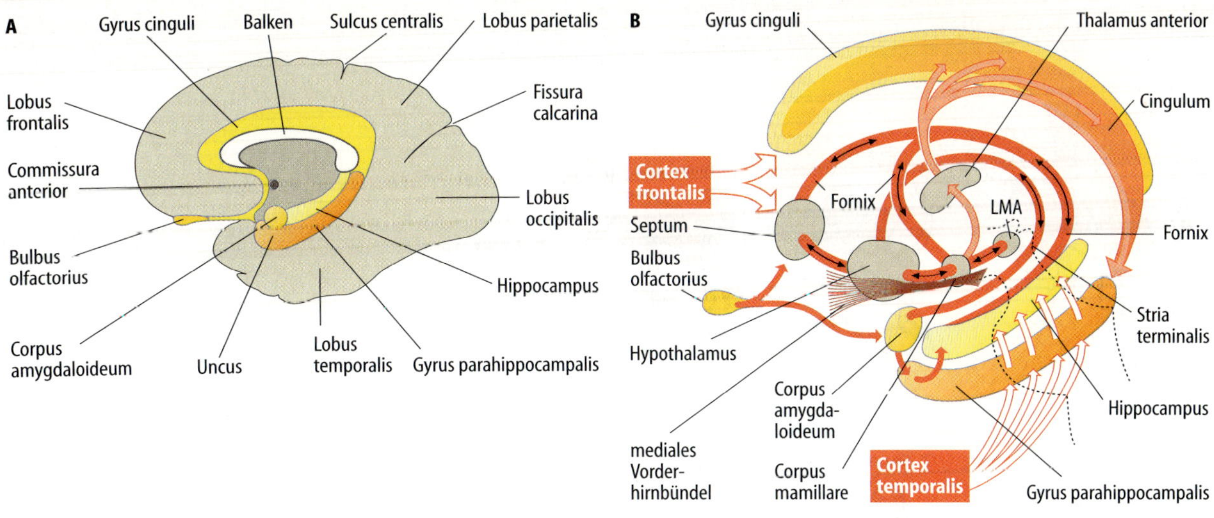

Abb. 9–8. Strukturen des limbischen Systems. **A** Saumförmige Anordnung des limbischen Systems zwischen Neokortex einerseits und Hirnstamm und Hypothalamus andererseits. **B** Afferente und efferente Verbindungen des limbischen Systems. *LMA,* limbisches Mittelhirnareal. Mod. nach [17]

das amygdalafugale Bündel (nicht in Abb. 9–8B) und die frontobasalen Riechhirnanteile über das mediale Vorderhirnbündel mit dem Hypothalamus und den Corpora mamillaria. Über Hypothalamus und Corpora mamillaria steht das limbische System mit Strukturen des Mesenzephalons (dem limbischen Mittelhirnareal, LMA in Abb. 9–8B) in Verbindung [17,18].

Das limbische System kommuniziert mit dem Neokortex über das ***Frontalhirn*** und das ***Temporalhirn*** (Abb. 9–8B). *Modalitätsspezifische* Informationen erhält das limbische System von den *visuellen, auditorischen* und *somatosensorischen und gustatorischen Assoziationskortizes* im Temporalhirn und im Inselkortex zur Amygdala und zum Hippokampus. Spezifische Information vom Riechsystem erreichen beide Strukturen über den Gyrus piriformis.

Das Frontalhirn ist wahrscheinlich die wichtigste neokortikale Kontrollinstanz des limbischen Systems. Es ist außerdem der einzige neokortikale Bereich, der direkte neuronale Verbindungen zum Hypothalamus hat (s. Kap. 8).

Die Zerstörung der Amygdala führt zu Störungen des sozialen und emotionalen Verhaltens

Experimentelle Eingriffe am limbischen System beim Tier und *krankhafte Veränderungen des limbischen Systems* beim Menschen (z. B. nach Hirntraumen, bei arteriosklerotischen und neurodegenerativen Veränderungen) führen zu *sozialen Anpassungsstörungen.* Dies äußert sich bei Tieren in Störungen des nutritiven Verhaltens, Störungen in Aggression und Fluchtverhalten und des reproduktiven Verhaltens im Kontext bestimmter sozialer Situationen.

Die ***Amygdala*** ist ein subkortikales Kerngebiet in der Tiefe des Temporallappens (Abb. 9–8A). Elektrische Reizung der verschiedenen Anteile der Amygdala führt bei Katzen und Affen im Prinzip zu denselben vegetativen Reaktionsmustern wie elektrische Reizung des Hypothalamus oder zur Hemmung dieser Muster. Das gilt sowohl für elementare, homöostatische Reaktionsmuster als auch für Verhaltensmuster mit vegetativen, endokrinen und somatischen Reaktionen [1,12,13].

Bilaterale Zerstörung der Amygdala beim Tier führt zu keinen ernsthaften Störungen der im Hypothalamus integrierten homöostatischen Funktionen. Ein solches Tier ist jedoch ***verhaltensgestört.*** Affen sind z. B. nicht mehr in der Lage, innerhalb ihrer Gruppe geordnete Verhaltensweisen zu zeigen (s. Abb 9–9). Sie sind unfähig, die soziale Bedeutung exterozeptiver (visueller, auditiver, somatosensorischer und olfaktorischer) Signale zu erkennen und zu den eigenen affektiven Zuständen (Stimmungen) in Beziehung zu setzen, die die Annäherung und Meidung anderer Mitglieder der Gruppe regulieren und damit die Bausteine sozialer Interaktion sind. Amygdalektomierte Affen meiden die Mitglieder der Gruppe und sind ängstlich und unsicher.

Bei Einzelhaltung im Käfig entwickeln Affen Symptome des ***Klüver-Bucy-Syndroms*** [28]. Affen, denen beide Schläfenlappen mit Uncus, Amygdala und Hippokampusanteilen (Abb. 9–8B) entfernt worden sind, zeigen schwere Störungen des affektiven Verhaltens, die aus folgenden Symptomen bestehen: „emotionale“ Blindheit (die Affen können Eßbares von Nichteßbarem nicht mehr unterscheiden); extreme orale Tendenzen (die Affen ergreifen alle Gegenstände mit den Lippen oder nehmen sie in den Mund) und abnorme Essverhaltensweisen und -präferenzen; Hypersexualität; Zuwendung auf alle in Sicht kommenden Gegenstände; Mangel an Angst und affektiven Reaktionen [1].

Die Gruppen- wie die Einzelbeobachtungen zeigen, daß Tiere ohne Amygdala Schwierigkeiten haben, die ***Bedeutung sensorischer Reize*** aus der Umwelt für ihr eigenes Verhalten zu erkennen und zu den eigenen affekti-

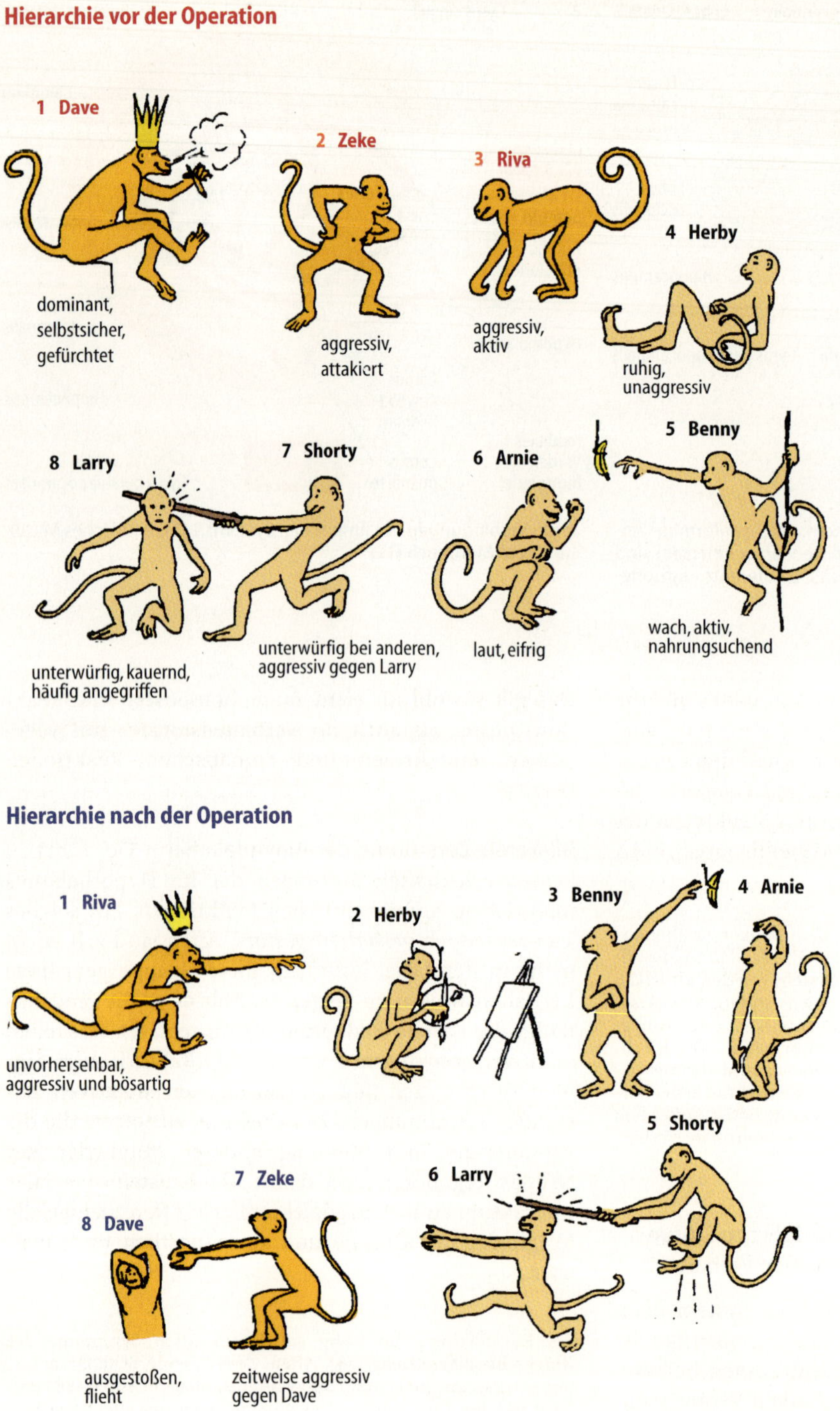

Abb. 9–9. Änderungen der Hierarchie einer Affenhorde vor *(oben)* und nach *(unten)* beidseitiger Läsion der Mandelkerne (Amygdala). Erläuterungen siehe Text. (Mod. nach ROSVOLD et al. 1954 aus [3])

ven Zuständen in Beziehung zu setzen. Damit ist die normale Interaktion im sozialen Kontext mit Mitgliedern der eigenen Gruppe und mit Fremden gestört. Diese Störung ist ***modalitätsspezifisch:*** Wenn z. B. nur die Verbindung vom visuellen System zum Amygdala unterbrochen ist (durch Läsion der entsprechenden Areale im Temporalkortex), zeigen die Affen die Störungen bei visuellen Reizen, *nicht* jedoch bei anderen sensorischen Reizen [1].

In der Amygdala werden neutrale sensorische Reize mit biologisch bedeutsamen Reizen, wie z. B. Geschmack, Geruch und viszeralen Reizen, assoziiert

Die Amygdala erhält von den *sensorischen Assoziationskortizes* afferente Eingänge, die in ihrer Aktivität Informationen über die Umwelt kodieren. Diese afferenten Eingänge sind nach Modalitäten getrennt und stammen aus dem *temporalen Kortex (visuell, auditorisch)* und aus dem *Inselkortex (somatosensorisch, gustatorisch,* z. T. auch *viszeral)*. Informationen vom Riechsystem erreichen den Mandelkern über den Kortex piriformis.

Die neutralen sensorischen Informationen werden in der Amygdala mit afferenten Eingängen assoziiert, die als ***positive*** oder ***negative primäre Verstärker*** dienen. Primäre Verstärker (s. Kap. 8) sind z. B. *Durst, Hunger, viszerale Empfindungen, sexuelle Empfindungen, Geschmacksempfindungen, Berührungsempfindungen, Schmerz* usw. Sie erreichen die Amygdala vom Hypothalamus, vom Inselkortex oder über andere Bahnen. Durch die Assoziation von primären Verstärkern mit neutralen Reizen bekommen die letzteren affektive Bedeutung. Das Produkt dieser Assoziation wird vermutlich im Neokortex gespeichert (z. B. in den Assoziationskortizes, im Frontalkortex) und kann dann auch im Kontext verschiedener affektiver Zustände des Körpers abgerufen werden (zustandsabhängiges Lernen, s. Kap. 8). Die vormals neutralen Reize werden zu ***sekundären Verstärkern*** und rufen nicht nur Empfindungen und Wahrnehmungen hervor, sondern auch die positiven und negativen affektiven Zustände, mit denen sie in der Lernphase assoziiert worden sind [11,12].

Dieser Sachverhalt ist in Abb. 9–10 beispielhaft erläutert: Erfahrungen mit oder auch angeborene („prepared") Aversionen gegen Schlangen, Spinnen, Hunden etc. in der Vergangenheit führen dazu, daß die bloße Ansicht dieser Tiere sowohl *Furcht* als auch *gezielte motorische, vegetative und endokrine Reaktionen* erzeugt. Diese Reaktionen entstehen vorerst schnell und stereotyp über die neuronalen Verbindungen vom visuellen Thalamus zur Amygdala und andererseits langsamer über den Neokortex. Die Assoziation zwischen der potentiellen Gefährlichkeit des Gegenstandes und den neutralen visuellen Reiz ist durch Konditionierung erzeugt worden (s. Kap. 8).

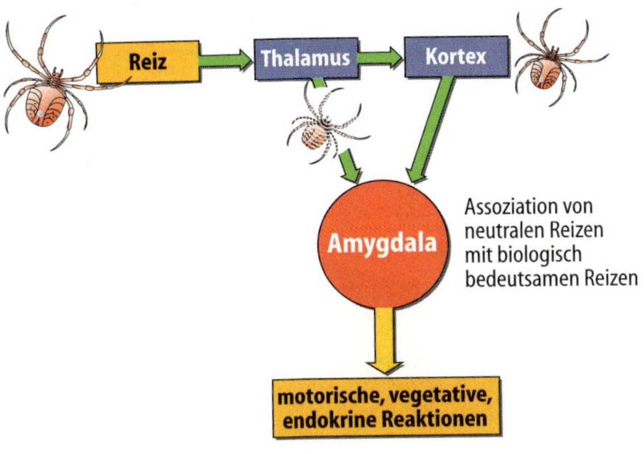

Abb. 9–10. Konditionierte emotionale Furchtreaktion mit motorischen, vegetativen und endokrinen Reaktionen. Die Reaktionen werden schnell und stereotyp über die thalamo-amygdalären Verbindungen und langsamer über die kortialen Verbindungen zur Amygdala erzeugt. Die sensorische Information vom Thalamus zur Amygdala ist schemenhaft und auf den biologischen Sachverhalt reduziert (z. B. grobe Konturen einer Spinne), die vom Kortex ist präzise. Nach [29]

Die neuronalen Substrate dieser Konditionierung befinden sich in der Amygdala und im Kortex und bestehen aus dauerhaften Veränderungen synaptischer Verbindungen zwischen den afferenten Eingängen und den efferenten Ausgängen in diesen Hirnstrukturen (s. Lernen, Kap. 8). Die schnelle Entwicklung der konditionierten Antwort über die thalamoamygdaläre Verbindung kann man bei allen Säugern nachweisen. Aus den thalamischen sensorischen Eingängen wird vor oder gleichzeitig mit der ersten kortikalen Analyse eine Grobkopie des Reizes an die Amygdala abgegeben (s. die Spinne in Abb. 9–10). Diese ersten Reizanalysen benötigen nur wenige 10 Millisekunden und laufen daher unbewußt oder vorbewußt ab, weil die multisynaptische, großflächige Aktivierung des Kortex – Voraussetzung zur Entstehung bewußten Erlebens – mindestens 150–300 ms benötigt (s. Kap. 7) [1,2,30].

In Analogie kann man auch annehmen, daß afferente Eingänge vom Kortex zur Amygdala, die ***Bedeutung*** kodieren (z. B. vom Frontalkortex), ebenso mit primären Verstärkern assoziiert werden (bezüglich der Entstehung von „Bedeutung" s. Kap. 7). Als Folge davon rufen kognitive Prozesse im Gehirn ebenso positive und negative affektive Zustände und Stimmungen hervor und das Abrufen dieser Gedächtnisinhalte geschieht am besten in den affektiven Kontexten, mit denen sie gespeichert worden sind (s. a. zustandsabhängiges Lernen, Kap. 8).

Die Amygdala hat eine Reihe efferenter Projektionen, die an der Koordinierung der somatomotorischen, vegetativen, endokrinen und affektiven Aspekte motivierter und emotionaler Verhaltensweisen beteiligt sind

Die Assoziation in der Amygdala zwischen neuronalen Ereignissen aus dem Kortex, die Informationen aus der Umwelt und dem Gedächtnis kodieren, und den neuronalen Ereignissen, die Zustände des Körpers kodieren („primäre Verstärker"), beeinflussen oder bestimmen die charakteristischen Aspekte motivierten und emotionalen Verhaltens. Die efferenten Ausgänge der Amygdala, über die dies geschieht, sind anatomisch gut beschrieben (Abb. 9–11) [1,21]:

- Projektionen zum ventralen Striatum und zentralen Höhlengrau beeinflussen das ***motorische Verhalten*** (Körperhaltung, Gestik, Gesichtsausdruck).
- Projektionen zum Hypothalamus und Hirnstamm rufen charakteristische ***vegetative*** und ***endokrine adaptive Veränderungen*** hervor (s. Kap. 9.4, Kap. 19.9; [12]).
- Die Amygdala projiziert zu den Assoziationskortizes und zum frontalen Kortex zurück. Hierüber werden die sensorischen und kognitiven Inhalte mit einem affektiven Kontext versehen. Diese Verbindungen sind vermutlich wichtig für die ***„affektive Färbung"*** perzipierter Ereignisse

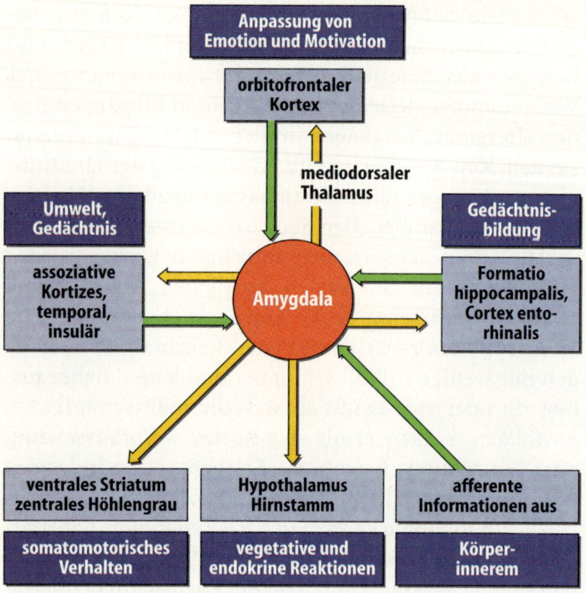

Abb. 9–11. Schema der Funktionen der Amygdala

[26]. Erregung der Amygdala (z. B. durch elektrische Reizung oder bei Temporallappenepilepsien) kann beim Menschen sensorische Halluzinationen, Körperempfindungen und somatomotorische, vegetative und endokrine Reaktionen hervorrufen.

- Der orbitofrontale Kortex ist in der Lage, die Aktivität der Amygdala zu beeinflussen. Affen ohne orbitofrontalen Kortex können z. B. auf einen furchtauslösenden Reiz nicht mehr habituieren und die Angstreaktion bleibt auch nach häufiger Wiederholung des Reizes bestehen. Wie schon in Kapitel 7 ausgeführt, ist dieser Kortex für das Erkennen der ***Neuheit afferenter Informationen aus der Umwelt*** wichtig. Nach seiner Zerstörung können Affen ihre Verhaltensstrategien nicht mehr an neue soziale Zustände anpassen (s. a. Kap. 10).

!

Das limbische System besteht aus phylogenetisch alten Teilen des Großhirns, die zwischen Neokortex und Zwischenhirn angeordnet sind. Es reguliert Verhalten im Kontext von Umwelt und Körperinnerem. In der Amygdala werden komplexe sensorische Informationen und Gedächtnisinhalte mit Informationen aus dem Körperinneren assoziiert. Die sensorischen Informationen bekommen motivationale Bedeutung und führen dann zur Aktivierung jener affektiven Verhaltensmuster, die sich in der Vergangenheit bei entsprechenden Umweltkonstellationen als zweckmäßig erwiesen haben, d. h. verstärkt wurden.

9.5 Positive Emotionen: Freude und Sucht

Es soll hier nur *beispielhaft* die neuronale Organisation *eines* Basisgefühls, nämlich das der ***Freude*** und der sie oft auslösenden *positiven Verstärkung*, besprochen werden. Zusätzlich werfen wir einen Blick auf die psychobiologischen Mechanismen süchtigen Verhaltens.

Belohnungssysteme im Hirnstamm und im limbischen System sind für Gefühle der Freude und für positive Verstärkung wichtig

Das Verstärkungssystem. Im Säugetiergehirn scheint *zusätzlich* zu den in Kap. 9.1 und 9.2 besprochenen Sättigungssystemen der einzelnen Triebe noch ein *universeller neuronaler Prozess* zu existieren, der *über die spezifische „Triebbefriedigung" hinaus* erst den entscheidenden Akt für das Lernen des Verhaltens vollbringt, eben die ***Befriedigung,*** also die ***positive Verstärkung selbst,*** die unabhängig vom jeweiligen Triebzustand erfolgen kann. Der in Abb. 9–1 rot unterlegte Ablauf kann zwar von den spezifischen Triebsystemen (hier Wasser oder Glukose) getrennt und unabhängig angeregt werden, ist aber für alle Triebe gleich und erzeugt eine Art „absoluter" Freude ohne eine spezifische Triebbefriedigung. Dieses subkortikale System, das erst in seinen Umrissen erkennbar ist, wurde von seinem Entdecker J. Olds ***positives Verstärkungssystem*** genannt [19]. Tiere und Menschen, denen man, wie in der Einleitung geschildert und auf Abb. 9–12 dargestellt, die Möglichkeit einräumt, Teile dieses Systems elektrisch oder chemisch (pharmakologisch) selbst zu reizen, tun dies bis zur völligen Erschöpfung. Eine solche ***intrakranielle Selbstrei-***

Abb. 9–12. Anordnung zur intrakraniellen Selbstreizung. Das Tier löst durch Drücken des Hebels einen kurzen Stromstoß in das eigene Gehirn aus. Nach Olds [19]

zung (ICSS, „intracranial selfstimulation") wird zwar durch vorhandene Triebzustände (z.B. Hunger) verstärkt, ist aber davon nicht abhängig [21].

Bei Ratten, aber vermutlich auch bei den meisten höheren Säugern, sind vor allem ***dopaminerge Fasern des medialen Vorderhirnbündels (MFB, „medial forebrain bundle")***, eines weit gestreuten subkortikalen Fasersystems (s. Abb. 9–13), das vom Tegmentum des Mittelhirns ins Vorderhirn zieht, ***für positive Verstärkung verantwortlich.*** Fasern, die positive Verstärkung bei elektrischer oder chemischer Reizung bewirken, sind schnell leitende myelinisierte Axone, dagegen jene, die Triebreize wie Hunger und Durst übermitteln, leiten langsam und sind unmyelinisiert. Als chemische Reize für dieses System sind *Dopaminagonisten* wie *Amphetamin* und *Kokain* (beides süchtig machende Substanzen) besonders wirksam.

Hauptbestandteile des positiven Verstärkersystems (Abb. 9–13): ein vom lateralen Hypothalamus durch das MFB in das ventrale Tegmentum ziehendes deszendierendes Faserbündel mit unbekannten Transmittern verbindet sich im Tegmentum mit dem ***aszendierenden Dopaminsystem,*** das im *Nucleus accumbens* endet. Der Nucleus accumbens ist Teil des mesolimbischen Systems und liegt in enger Nachbarschaft zu Hypothalamus und Septum. Auch beim Menschen sind diese Regionen zur Selbststimulation besonders wirksam. *Dopaminantagonisten,* wie z.B. Neuroleptika, hemmen die positive Verstärkung und führen zu ***Anhedonie*** *(„Lustlosigkeit").* Ihre therapeutische Wirkung bei Psychosen ist vermutlich auf diesen generell dämpfenden Effekt zurückzuführen. *Opiate* stimulieren indirekt ebenfalls das dopaminerge Tegmentum, worauf ihr süchtig machender Effekt beruhen könnte [21,22].

Negative Verstärkersysteme. Hirnregionen, deren Reizung zu Aversion und Vermeidung führen, werden als

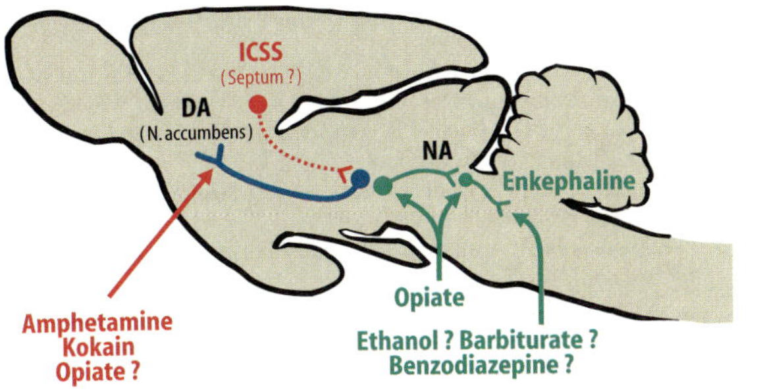

Abb. 9–13. Modell der Dopaminaktivierung durch Selbststimulation des lateralen Hypothalamus im Rattenhirn. Die Selbstreizung (ICSS) wirkt auf ein deszendierendes myelinisiertes System (punktiert). Reizung dieses Systems erregt die dopaminergen aszendierenden Systeme. Der dopaminerge Teil des Verstärkungssystems wird durch Amphetamine, Kokain und vermutlich Opiate erregt. Ethanol und Beruhigungsmittel (minor tranquillizers) üben einen indirekt verstärkenden Effekt über Reduktion der Aktivität des dorsalen noradrenergen Bündels (Noradrenalin als Transmitter, hier als NA beschriftet) aus. Opiate und andere Einflüsse auf das Belohnungsverhalten sind eingezeichnet (s. Text). (Mod. aus Stellar und Stellar, 1985, in [3])

negative Verstärkersysteme (Bestrafungssysteme) bezeichnet. Ihre neuronalen Strukturen sind weniger gut lokalisiert, da sie sich mit den zentralen Schmerzsystemen (opioid und nichtopioid, s. Kap. 13), den Furchtregionen (s. oben) und den Regionen, die Sättigung und Ekel auslösen, überlappen. Sie befinden sich wahrscheinlich periventrikulär im Mesenzephalon. Eine relativ einheitliche anatomische und neurochemische Struktur, wie wir sie für positive Verstärkung finden, scheint nicht zu existieren. Die negativen Verstärkersysteme hemmen die mesolimbischen positiven Verstärkersysteme, was man unschwer subjektiv nachvollziehen kann, wenn „Freud und Leid" aufeinandertreffen. Transmitter, die in dem (dem positiven System benachbart gelegenen) negativen periventrikulären System gefunden wurden, sind Serotonin, Cholezystokinin und andere an Sättigung beteiligte Neuromodulatoren; diese erfüllen aber eine Vielzahl anderer Funktionen und sind nicht spezifisch für Aversion und Bestrafung [1].

Süchtiges Verhalten ist eine extreme Form positiver Motivation; die Kenntnis der psychobiologischen Grundlagen von Süchten trägt zum Verständnis von motiviertem Verhalten bei

Sucht als gelerntes Verhalten. Sucht kann in ihren biologischen Grundlagen ohne Berücksichtigung der Umgebung, in der sie entsteht und aufrecht erhalten wird, nicht verstanden werden. Denn auch die biologischen Mechanismen, die einer Sucht zugrunde liegen, treten nur in ganz bestimmten Umgebungsbedingungen und nur bei umschriebenen Konsequenzen in dieser Umgebung (Lerngeschichte des Individuums) auf.

Erfolgt die Stimulation des Verstärkungssystems nicht mehr durch natürliche Reize und Kontingenzen, sondern werden die Synapsen und ihre Rezeptoren *direkt* (chemisch), z.B. durch Dopaminagonisten, gereizt (z.B. stimuliert Morphin indirekt auch das Dopaminsystem), so kann, wenn die zeitlichen Abstände zwischen den direkten Reizungen eng sind, Sucht entstehen. *Sucht ist daher biologisch nicht verschieden von anderem positiv motivierten Verhalten, wie Freude, Bindung, Appetit etc.* Alle süchtig machenden Substanzen wie Amphetamine, Kokain, Opiate (z.B. Heroin), Alkohol, Barbiturate und Nikotin scheinen das mesolimbische Verstärkungssystem anzuregen, wenngleich in jeweils unterschiedlicher Art und Weise (s. Abb. 9–13). Diese Gemeinsamkeit erklärt auch die ***Kreuztoleranz*** zwischen süchtig machenden Substanzen: die Einnahme einer Substanz kann die Sucht auf eine zweite und dritte auslösen [40].

Toleranz und Abhängigkeit. Süchte werden von natürlichen Motivationen vor allem dadurch unterschieden, daß bei Wegfall der Einnahme einer süchtig machenden Substanz starke psychische und/oder körperliche Aversion *(„Entzug")* entsteht und daß einige der Substanzen zu ***Toleranz*** führen, d.h. die zugeführte Menge gesteigert werden muß, um die positiven Effekte zu erzielen.

Entzugserscheinungen sind die Folgen der simultanen Reizung von *negativen* Verstärkersystemen durch die Einnahme süchtig machender Substanzen [14]. Letztere liegen zumindest für Opiate auch im *periventrikulären Grau* des Mittelhirns und lösen bei Reizung intensive negative Gefühle aus. Für die verschiedenen Substanzen existieren aber verschiedene Aversionsgefühle, d.h. sie besitzen z.T. getrennte Entzugssysteme. Ob nun die Entzugserscheinungen durch *Hypersensibilität der Synapsen* der postsynaptischen Zellen dieser Aversionssysteme oder einen anderen Vorgang der *Neuroadaptation* bewirkt werden, ist unklar.

Unter ***Neuroadaptation*** wird eine „Gewöhnung" der intrazellulären Signalübertragung nach länger anhaltender Stimulation der Rezeptoren an der Zellmembran verstanden. Z.B. nimmt bei externer Zufuhr von Opiaten die intrazelluläre cAMP-Aktivität kontinuierlich ab (s. Kap. 1). Nach abruptem Absetzen der Opiateinnahme tritt ein starker Anstieg der cAMP-Aktivität auf, der mit den Entzugserscheinungen in Zusammenhang gebracht wird. Eindeutig ist, daß Suchtverhalten unauflöslich mit den Situationen, in denen die Substanz eingenommen wird, durch *Konditionierung* verbunden ist (***Kontingenz***- oder ***Cue-Abhängigkeit*** genannt).

Rückfall in die Sucht. Für die gleich hohe Rückfallhäufigkeit bei allen Süchten sind weniger Toleranz und Abstinenzreduktion verantwortlich, sondern die eben erwähnten ***gelernten Anreizwerte*** aller Situationen und Gedanken, die in der Vergangenheit mit der Substanzeinnahme assoziiert waren. Im Laufe wiederholter Einnahme süchtig machender Substanzen wird die ***Sensibilität des dopaminergen Systems*** größer, was zum ***Anstieg des Verlangens*** bei Auftritt von Hinweisreizen für die Aufnahme der Substanz führt [35]. Die Freude oder Lust an der Substanz ist davon wenig berührt, ebensowenig sind Abstinenzerscheinungen für die meisten Rückfälle verantwortlich, die in der Regel lange nach Abklingen des Entzugs auftreten. Um Süchte wieder zum Verschwinden zu bringen (*Extinktion*), müssen dieselben Situationen wiederholt *ohne* Einnahme der Substanz dargeboten werden, damit die neuronalen Verbindungen zwischen den Verlangen oder Abstinenz auslösenden Reizen und den Konsequenzen (Aversionen) „gelockert" werden.

!

Die neurobiologischen Grundlagen von positiven Emotionen und Verstärkung wurden durch die Selbstreizversuche von Olds etabliert. Das dopaminerge mesolimbische positive Verstärkungssystem bildet einen wichtigen Teil eines ausgedehnten subkortikal-limbischen Systems, das die Wirkung von Belohnungsreizen in allen Arealen des Vorderhirns bestimmt. Intrakranielle Selbstreizung dieses und eines benachbarten Systems, führt zu suchtartigem Verhalten mit extrem hoher Stimulationsrate.

Ein negatives Verstärkungssystem, das teilweise benachbart zum positiven Verstärkungssystem läuft, könnte die neuronale Grundlage für Bestrafung und negative Emotionen sein.

Das mesolimbische positive Verstärkungssystem könnte auch die gemeinsame anatomische Endstrecke für die Entwicklung und Aufrechterhaltung süchtigen Verhaltens bilden. Blockade oder Zerstörung dieses Systems nimmt allen Situationen, in denen hohe positive Erregung („Lust"), z.B. durch Drogeneinnahme erzeugt wurde, ihren Anreizwert und führt zum Erliegen der Sucht.

9.6 Literatur

Weiterführende Lehr- und Handbücher

1. Aggleton JP (ed) (1992) The amygdala: neurobiological aspects of emotion, memory, and mental dysfunction. Wiley-Liss, New York
2. Becker SB, Breedlove SM, Crews D (eds) (1992) Behavioral endocrinology. MIT Press, Cambridge, Massachusetts
3. Birbaumer N, Schmidt RF (1996) Biologische Psychologie, 3. Aufl. Springer, Berlin Heidelberg New York
4. Birbaumer N, Öhman A (eds) (1993) The structure of emotions. Hogrefe, Huber, Toronto
5. Carlson NR (1991) Physiology of behavior, 4th edn. Allyn and Bycon, Boston
6. Cooper JR, Bloom FE, Roth RH (1982) The biochemical basis of neuropharmacology, 4th edn. Oxford University Press, New York
7. Darwin C (1872) The expression of the emotions in man and animals. Murray, London
8. Galluscio EH (1990) Biological psychology. Macmillan, New York
9. Hall RD, Bloom FE, Olds J (1977) Neuronal and neurochemical substrates of reinforcement. Neuroscience research program bulletin. MIT Press, Cambridge, Massachusetts
10. Kalat JW (1992) Biological psychology, 4th edn. Wadsworth, Belmont
11. LeDoux JE (1987) Emotion. In: Mountcastle VB, Plum F, Geiger SR (eds) Handbook of physiology, vol V: higher functions of the brain. American Physiological Society, Bethesda, pp 419–459
12. Loewy AD, Spyer KM (eds) (1990) Central regulation of autonomic functions. Oxford University Press, New York
13. MacLean PD (1990) The triune brain. Role in paleocerebral functions. Plenum, New York
14. Mason ST (1984) Catecholamines and behaviour. Cambridge University Press, Cambridge
15. Masters WH, Johnson E (1966) The human sexual response. Little Brown, Boston
16. Nicholi AM Jr (ed) (1978) The Harvard guide to modern psychiatry. Belknap Press of Harvard University Press, Cambridge, Massachusetts
17. Nieuwenhuys R (1985) Chemoarchitecture of the brain. Springer, Berlin Heidelberg New York
18. Nieuwenhuys R, Voogd J, Van Hujzen CHR (1988) The human central nervous system, 3rd edn. Springer, Berlin Heidelberg New York
19. Olds J (1977) Drives and reinforcements. Behavioral studies of hypothalamic functions. Raven, New York
20. Ramsay DJ, Booth DA (eds) (1991) Thirst. Springer, Berlin Heidelberg New York
21. Rolls ET (1975) The brain and reward. Pergamon, Oxford
22. Schmidt RF (Hrsg) (1993) Neuro- und Sinnesphysiologie. Springer, Berlin Heidelberg New York

Einzel- und Übersichtsarbeiten

23. Dourish CT, Rycroff W, Iversen SD (1989) Postponement of satiety by blockade of brain cholecystokinin (CCK-B) receptors. Science 245:1509–1511
24. Ekman P (1992) Are there basic emotions? Psychol Rev 99:550–553
25. Ekman P (1993) Facial expression and emotion. Am Psychol 48:384–392
26. Gloor P (1972) Temporal lobe epilepsy: its possible contribution to the understanding of the functional significance of the amygdala and of its interaction with neocortical-temporal mechanisms. In: Eleftheriou BE (ed) The neurobiology of the amygdala. Plenum, New York, pp 423–457
27. Hamer D, Hu S, Magnuson V, Nau H, Pattatucci A (1993) Linkage between DNA markers on the X-chromosome and male sexual orientation. Science 261:321–327
28. Klüver H, Bucy PC (1939) Preliminary analysis of function of the temporal lobe in monkeys. Arch Neurol Psychiatry 42:979–1000
29. LeDoux JE (1994) Emotion, memory and the brain. Sci Am 271:32–39
30. Levay S (1991) A difference in hypothalamic structure between heterosexual and homosexual men. Science 253:1034–1037
31. Levenson RW (1993) Autonomic nervous system differences among emotions. Psychol Sci 3:23–27
32. Levenson RW, Ekman P, Friesen WV (1990) Voluntary facial action generates emotion-specific autonomic nervous system activity. Psychophysiology 27:363–384
33. Levenson RW, Ekman P, Heider K, Friesen WV (1992) Emotion and autonomic nervous system activity in the Minangkabau of West Sumatra. J Pers Soc Psychol 62:972–988
34. MacLean PD (1949) Psychosomatic disease and the „visceral brain". Recent developments bearing on the Papez theory of emotion. Psychosom Med 11:338–353
35. Robinson T, Berridge K (1993) The neural basis of drug craving: an incentive-sensitization theory of addiction. Brain Res Rev 18:241–291
36. Rodin J, Schank D, Striegel-Moore R (1989) Psychological features of obesity. Med Clin North Am 73:47–66
37. Rolls ET (1992) Neurophysiology and functions of the primate amaygdala. In: Aggleton JP (ed) The amygdala: neurobiological aspects of emotion, memory, and mental dysfunction. Wiley-Liss, New York, pp 143–165
38. Smith OA, DeVito JL (1984) Central neural intergration for the control of autonomic responses associated with emotion. Annu Rev Neurosci 7:43–65
39. Solomon R (1980) The opponent-process theory of acquired motivation. Am Psychol 35:691–712
40. Wise R (1988) The neurobiology of craving. J Abnorm Psychol 97:118–132

10 Kognitive Funktionen und Denken

N. Birbaumer, R. F. Schmidt

... EINLEITUNG Der Sprengmeister Phineas Gage erledigte seine Arbeit gewissenhaft und war zu Hause ein „vorbildlicher" Familienvater. Bei einer frühzeitigen Detonation drang der Eisenstab, den er zum Feststampfen des Dynamits im Sprengloch nutzte, in sein Stirnhirn ein. Er überlebte und nach seiner Genesung zeigten sich in vieler Hinsicht keine besonderen Ausfälle. So war seine Intelligenz unverändert, sein Gedächtnis gut und seine Sinnesfunktion und die Bewegungsabläufe normal. Aber sein Verhalten war und blieb verändert: Arbeit und Familie interessierten ihn nicht mehr, er lebte in den Tag hinein, wurde unzuverlässig und vulgär. Mit der Zerstörung eines großen Teils seines präfrontalen Kortex war es zum Ausfall einer großen Gruppe spezifischer kognitiver Funktionen gekommen, die auch für unser Sozialverhalten von großer Bedeutung sind.

Unter kognitiven Funktionen verstehen wir alle bewußten und nicht bewußten Vorgänge, die bei der „Verarbeitung" von Organismus-externer oder -interner Information ablaufen, z. B. Verschlüsselung (Kodierung), Vergleich mit gespeicherter Information, Verteilung der Information, Entschlüsselung und sprachlich-begriffliche Äußerung. Als psychische Funktionen grenzen wir Denken, Gedächtnis und Wahrnehmung von den Trieben und Gefühlen als psychische Kräfte ab.

Unterschiedliche Regionen des Neokortex sind für die Durchführung verschiedener Denkprozesse spezialisiert. Die linke Hemisphäre für regelhafte zeitliche Abläufe, daher auch für die syntaktischen Anteile der Sprache. Für die Planungs- und Selbstkontrollfähigkeit des Menschen spielt der präfrontale Kortex eine bedeutsame Rolle, während die posterioren Anteile des Kortex mit den dort einlaufenden sensorischen Systemen verbunden sind.

10.1 Zerebrale Asymmetrie

Die beiden Hemisphären des Neokortex weisen zwar unterschiedliche Arten von Informationsverarbeitung auf, aber für Verhalten und Denken ist die Zusammenarbeit der rechten und linken Hemisphäre unerläßlich

Denken und Sprache sind weitgehend an die Intaktheit der beiden Großhirnhälften gebunden, wenngleich – wie wir in den vorausgegangenen drei Kapiteln dargestellt haben – subkortikale motivationale und emotionale Prozesse unauflösbar mit kortikalen verbunden sind. Obwohl der Neokortex die geringste Spezialisierung für psychische Funktionen und, abgesehen von den primär sensorischen und motorischen Rindenfeldern, keine „fest verdrahteten" Verbindungen zu Organsystemen außerhalb des Gehirns aufweist, ist doch eine gewisse ***Groblokalisation dynamischer Knotenpunkte*** für einzelne Funktionen erkennbar. Die Analyse dieser dynamischen Knotenpunkte ist nicht nur von theoretischem Interesse, sondern für die Diagnose und Rehabilitation von Hirnschäden und geistigen Störungen von praktisch-klinischer Bedeutung.

Aus Untersuchungen von Menschen mit *einseitigen Hirnläsionen*, von Patienten mit *durchtrenntem Corpus callosum (split brain)* und aus *psychophysiologischen Experimenten* ergibt sich als erste Groblokalisation, daß für eine Reihe von Verhaltensleistungen eine der beiden Hemisphären besonders wichtig ist. Tabelle 10–1 gibt eine Übersicht über die ***zerebrale Lateralisation*** bei rechtshändigen Menschen. Dieses Muster von lateralisierten Funktionen findet sich in dieser Form bei keinem Tier, wenngleich einzelne Funktionen auch bei Tieren lateralisiert sind (z. B. der Gesang männlicher Vögel aus der linken Hemisphäre oder Gesichtererkennen in der rechten Hemisphäre bei Mensch und Menschenaffe) [7].

Die auf Tabelle 10–1 angeführten Unterschiede sind, absolut gesehen, nicht groß, sondern nur ***relativ als „Übergewicht" einer Seite*** zu sehen; die inter- und intraindividuellen Variationen sind dagegen erheblich. Beispielsweise zeigen *passive Musikgenießer* beim Anhören von Musik einen lokalisierten Aktivitätsanstieg im rechten frontotemporalen Kortex, während *profes-*

Tabelle 10–1. Zusammenfassung der Daten zur zerebralen Lateralisation

Funktion	Linke Hemisphäre	Rechte Hemisphäre
Visuelles System	Buchstaben, Wörter	Komplexe geometrische Muster, Gesichter
Auditorisches System	Sprachbezogene Laute	Nichtsprachbezogene externe Geräusche, Musik
Somatosensorisches System	?	Taktiles Wiedererkennen von komplexen Mustern
Bewegung	Komplexe Willkürbewegung	Bewegungen in räumlichen Mustern
Gedächtnis	Verbales Gedächtnis	Nonverbales Gedächtnis
Sprache	Sprechen Lesen Schreiben Rechnen	Prosodie
Räumliche Prozesse		Geometrie Richtungssinn Mentale Rotation von Formen
Emotion	neutral-positiv	negativ-depressiv

Anmerkung: Funktionen der jeweiligen Hemisphären die überwiegend von der einen Hemisphäre bei Rechtshändern gesteuert werden

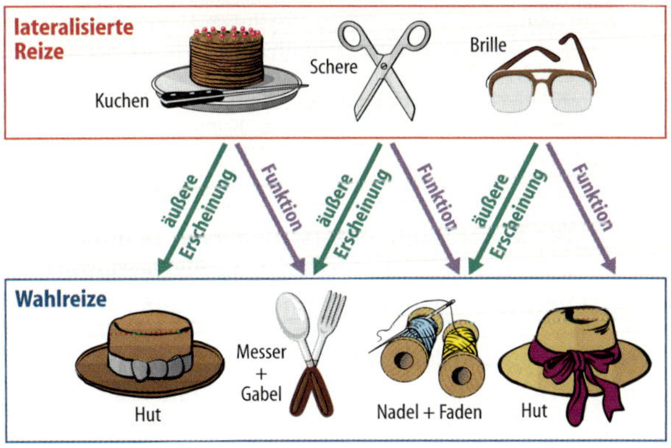

Abb. 10–1. Informationsverarbeitung der rechten und linken Hemisphäre bei Split-brain-Patienten. Die Figuren der *oberen Reihe* werden lateralisiert einer der beiden Hemisphären dargeboten, d. h. das Objekt wird entweder nur in das linke Gesichtsfeld (rechte Hemisphäre) oder das rechte Gesichtsfeld (linke Hemisphäre) projiziert. Der Patient wird instruiert, aus den Wahlreizen der unteren Zeile jene herauszusuchen, die am besten zu dem Reiz der oberen Objekte passen. Nach Levy u. Trevarthen 1976, aus [1]

sionelle Musiker oder *Komponisten* bilaterale, weitgestreute hirnelektrische Veränderungen mit geringerer Konzentration auf einzelnen Areale zeigen [16]. Im ***sprachlichen Bereich*** besteht die Dominanz der linken Hemisphäre auch primär für syntaktische Funktionswörter und Phrasen (z.B. der, jetzt, ist), während Inhaltswörter (Haus, Vater, schön) weniger stark lateralisiert sind [10].

Wie jede Person spezifische Begabungen aufweist, so scheinen auch die beiden Hemisphären ***bevorzugte „Begabungen" für bestimmte Denkstrategien*** *(preferred cognitive modes)* zu besitzen. Abb. 10–1 illustriert an einem einfachen Experiment, worin diese bevorzugten Denkstrategien bestehen: Während die rechte Hemisphäre in Analogien, also in *Ähnlichkeitsbeziehungen* denkt und *„gestalthaft"* das Ganze einer räumlichen oder visuellen Struktur zu erfassen sucht, ist die Informationsverarbeitung der linken auf die *kausalen Inferenzen, Ursache-Wirkungsbeziehungen* und das *Ausgleichen logischer Widersprüche* konzentriert. Man spricht auch von ***analoger** (rechts)* versus ***sequentieller** (links)* ***Informationsverarbeitung.***

Angesichts der Tatsache, daß praktisch alle auf Tabelle 10–1 gezeigten Funktionen von der jeweils gegenüberliegenden Hemisphäre übernommen werden können, wenn eine Hemisphäre *vor* dem 4. Lebensjahr geschädigt wird, erhebt sich die Frage, wie diese Lateralisierungen, einschließlich der von der Mehrheit bevorzugten rechten Hand für komplexe Bewegungen, phylogenetisch entstehen konnten und wie sie ontogenetisch im Laufe der intrauterinen Entwicklung und den ersten Lebensjahren erworben werden.

Die Ursprünge zerebraler Asymmetrie sind unbekannt, die Lateralität von Händigkeit, Sprache und visuell-räumlicher Funktionen könnten aber weitgehend unabhängig voneinander sein

Eine der populärsten Hypothesen über den *Ursprung der Hirnlateralisierung* ist, daß der bevorzugte Gebrauch der rechten Hand entweder Ursache oder Folge der Hirnlateralisierung ist. Allerdings ist es so, daß Lateralisierung von *Sprachdominanz in der linken Hemisphäre* meist, aber nicht immer, mit *Rechtshändigkeit* zusammen auftritt und daß *Sprachdominanz rechts* (kommt nur bei wenigen Personen vor) nicht mit *Linkshändigkeit* korreliert [4].

Es besteht aber Übereinstimmung darüber, daß die bei ca. 75 % der Erdbevölkerung anzutreffende ***Bevorzugung der rechten Hand mit dem aufrechten Gang des Menschen*** zu tun hat. Die Präferenz für die rechte Körperseite bei Bewegungen und des rechten Ohres (linke Hemisphäre) für Sprachlaute ist bei der Geburt bereits vorhanden. Dabei entwickelt sich eine stabile rechte Handpräferenz später als die überlegene Fähigkeit der rechten Hemisphäre für die Verarbeitung visuell-räumlichen Aufgaben. Die Lateralisierung der visuell-räumlichen Funktionen in der rechten Hemisphäre könnte durch die bevorzugte Aktivierung der fetalen *linken Vestibulärorgane* und damit der rechten Hemisphäre (s. Kap. 7) während der Schwangerschaft entstehen.

Biomechanische und bioakustische Überlegungen zeigen nämlich, daß durch die übliche Lage des Fetus mit der rechten Körper- und Gesichtsseite nach außen einerseits der *linke* Utrikulus (der bevorzugt in die rechte Hemisphäre projiziert, s. Kap. 7), andererseits das *rechte* Ohr (projiziert bevorzugt in die linke Hemisphäre) durch das Gehen bzw. Sprechen der Mutter bevorzugt gereizt werden. Unter dem Einfluß akustischer Reizung in der Sprachfrequenz entwickelt sich in den letzten Schwangerschaftsmonaten die dominante Verbindung rechtes Ohr – linke Hemisphäre mit verstärkter anatomischer Ausprägung der linken Hemisphäre für die Sprachregionen. (Gegen diese Hypothese spricht allerdings, daß auch Taubgeborene die auf Gesten basierende Zeichensprache links lateralisiert haben und daß bei Affen nach Läsion der linken Hemisphäre auch deren innerartliche Kommunikation beeinträchtigt ist [11,17].)

Die Ausprägung unterschiedlicher Talente könnte mit der Lateralisierung für bestimmte Verhaltensweisen zusammenhängen

Diese Hypothese der bevorzugten Reizung von linkem Vestibularorgan und rechtem Ohr während der Schwangerschaft versucht eine Reihe von Unterschieden in der Lateralisierung zu erklären, z.B. die Tatsache, daß das weibliche Geschlecht in ***verbaler Flüssigkeit*** (*linkshemisphärische* Funktion) leicht überlegen, andererseits die Sprachlateralisation weniger ausgeprägt ist, während Männer ***räumlich-geometrische*** Aufgaben besser lösen. Die verstärkte motorische Aktivität des männlichen Fetus könnte zu einer weniger ausgeprägten Handlateralisierung (es gibt mehr männliche Linkshänder) führen. Das mehr nach außen gerichtete Ohr des männlichen Fetus (verursacht durch eine größere linke Gesichtsseite) bewirkt eine verstärkte Linkslateralisierung der Sprache bei zwei Drittel der Männer. Die geringere Lateralisierung der Frauen für Sprache beruht wahrscheinlich auf starkem interhemisphärischen Informationsaustausch, der durch das bei Frauen oft dickere *posteriore Corpus callosum* ermöglicht wird. Die etwas bessere Sprachleistung der Frauen und die leicht erhöhte räumliche (vestibuläre) Fähigkeit der Männer könnte mit der geringeren Lateralisierung des jeweiligen Geschlechts für diese beiden Funktionen zusammenhängen. Die weniger ausgeprägte Lateralisierung ermöglicht verbesserten und rascheren Informationsaustausch durch *verringerte kontralaterale Hemmung* der jeweils gegenüberliegenden Hemisphäre [17].

Die Lateralisierung kognitiver Funktionen beruht möglicherweise auf anatomischen Unterschieden der beiden Hirnhälften. So wurden Links-Rechts-Unterschiede nicht nur in verschiedenen Teilen des Kortex – z.B. in der Broca-Region und in der Wernicke-Region (s. S. 187) – gefunden, sondern auch subkortikal, etwa im Thalamus. Diese Unterschiede sind nicht nur makroskopisch, d.h. sie betreffen die Größe einzelner Hirnareale, z.B. die des Planum temporale, das meist links größer ist, sie zeigen sich auch mikroskopisch in der Neuroanatomie einzelner Neuronen, etwa der Somagröße von Pyramidenzellen oder der Verzweigungsstruktur ihrer Dendritenbäume. Eine Theorie, die erklären könnte, warum solche neuroanatomischen Unterschiede Hemisphärendominanz für bestimmte kognitive Prozesse bewirkt, liegt zur Zeit nur in Ansätzen vor. Die Annahme erscheint aber plausibel, daß neuroanatomische Unterschiede funktionelle Unterschiede bedingen [14].

Alle angeführten Unterschiede zwischen den Leistungen der rechten und linken Hemisphäre könnten auf einen gemeinsamen anatomischen Unterschied zurückzuführen sein: die variablere intrakortikale Kommunikation der linken Hirnhemisphäre. Sprache und Syntax könnten auf die *raschere* Bildung von assoziativen Verkettungen in der linken Hirnhemisphäre (s. Kap. 8, S. 154) zurückzuführen und nicht sprachspezifisch sein.

!

Die rechte und die linke Hirnhemisphäre unterscheiden sich in ihrem makro- und mikroanatomischen Aufbau. Darauf könnte die Tatsache zurückzuführen sein, daß bestimmte Denkmuster und Bewegungsprogramme von einer Hemisphäre bevorzugt werden: von der rechten eine auf Ähnlichkeit und visuell-räumliche Gestalten ausgerichtete Informationsverarbeitung, von der linken syntaktisch-sprachliche und sequentiell-kausale Verarbeitung. Das Ausmaß der Hemisphärenasymmetrie für bestimmte mentale, motorische oder sensorische Tätigkeiten bestimmt teilweise die Ausprägung von Talenten mit. Die Ursachen der zerebralen Lateralisierung sind unbekannt, beim Menschen entsteht sie für einige Leistungen bereits im Mutterleib, ist aber bis zum 4. Lebensjahr veränderbar.

10.2 Neuronale Grundlagen von Kommunikation und Sprache

Alle komplexen Kommunikationsformen benutzen Verknüpfungsregeln (Syntax) von bedeutungstragenden Zeichen (Semantik)

Sprache bei Tieren. Bei sozial lebenden Tieren haben sich z.T. hochdifferenzierte Kommunikationsformen entwickelt, die bei Menschenaffen schließlich in ein Repertoire von 30–40 Lautäußerungen *(Vokalisationen)* münden, die eine Vielzahl von emotionalen und kognitiven Bedeutungen haben können (von Gefühlsäußerungen bis Richtungsanzeigen für Beute oder Feind). Obwohl der vokale Apparat bei Menschenaffen und Delphinen kein *Sprechen* zuläßt, sind diese Tierarten in der Lage, bis zu 200 Worte einer „künstlichen" (nichtverbalen) Sprache wie z.B. der Taubstummen-Zeichensprache (Abb. 10–2A) oder einer reinen Symbolsprache (Abb. 10–2B) zu erwerben und auch *spontan* zu nutzen. Ihr „Sprach"verständnis geht noch weit über die aktive expressive Sprachäußerungsfähigkeit hinaus. Allerdings bleiben auch Menschenaffen auf einer beschränkten Menge von benutzbaren Zeitworten, Hauptworten und Eigenschaftsworten stehen und lernen nur selten syntaktisch-grammatikalische Regeln spontan zu nutzen [4,7].

Sprachentwicklung beim Menschen. Wann in der evolutionären Entwicklung des Menschen und warum menschliche Sprache entstand, ist unklar. Die meisten Theorien favorisieren eine eher ***junge Entstehungsgeschichte:*** Der niedrig gelegene Kehlkopf und der relativ große Schlund als anatomische Voraussetzung für Sprechen scheinen frühestens vor 100 000 Jahren entstanden zu sein, ähnlich wie schriftliche Äußerungen späteren Ursprungs sind (frühestens 10 000 Jahre) und auch der moderne ***Homo sapiens*** erst um 50 000–100 000 Jahre vor unserer Zeitrechnung auftrat. Die neuronalen Voraussetzungen für Sprachentwicklung sind aber nicht für den Menschen spezifisch, wie die Sprachversuche an Tieren zeigen. Somit müßten die neuronalen Voraussetzungen für Sprache

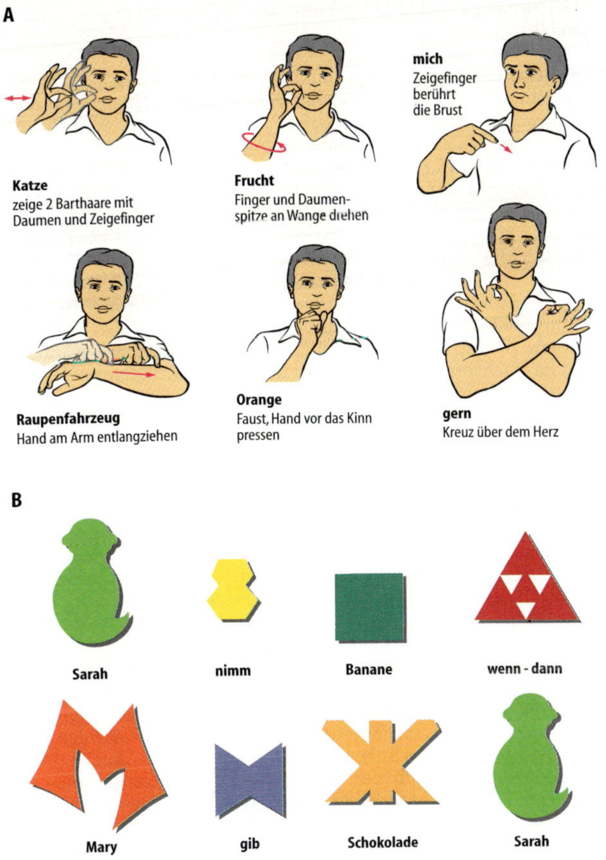

Abb. 10–2. A Beispiele der amerikanischen Zeichensprache, die auch Schimpansen erlernen können. **B** Beispiel einer „Konversation" von Sarah, einer Schimpansin D. Premacks. Das Tier mußte die Sprachsymbole (Worte) aus einer Vorratsbox mit anderen „Worten" auf einer Magnettafel von oben nach unten anordnen, um die gewünschten Reaktionen auszulösen. Von oben nach unten zu lesen. Nach Kolb u. Whishaw 1990, mit freundlicher Genehmigung, aus [9]

(z. B. die Broca-Hirnregion) früher als der Mensch in der Evolution entstanden sein.

In jedem Fall scheinen sich die Sprachen der Erde aus einer einzigen gemeinsamen Sprache entwickelt zu haben. Paläontologen und Linguisten führen die Sprachentstehung auf die Verselbständigung der Gestik zurück. Für effektives Jagen und Sammeln reichte die gestisch-mimische Kommunikation nicht mehr aus. Für eine ***Gestiktheorie der Sprache*** spricht u. a., daß die Steuerung der Zeichensprache-Gestik dieselben Hirnstrukturen benützt, und nach Läsion der linken Hemisphäre die Zeichensprache bei Taubstummen ausfällt. Andererseits können sich Taubstumme nach Läsion der linken Hemisphäre weiterhin durch Pantomime (nichtsprachliche Gestik) verständlich machen; dies spricht für getrennte Repräsentation von Gestik und Sprache [11]. Andere Theorien bringen die *Entstehung von Sprache in Phylogenese und Ontogenese mit dem Werkzeuggebrauch* in Verbindung. Dafür spricht die enge zeitliche Koppelung von Sprachentwicklung und Werkzeuggebrauch in der Entwicklung des Kindes. Im Alter von 2–4 Jahren kommt es zu einem Wachstumsschub der linken Hemisphäre, der eng mit dem Erwerb komplizierten Werkzeuggebrauchs und der Sprachentwicklung einhergeht. Das gleiche könnte in der Phylogenese geschehen sein: Das „Vokabular" eines Schimpansen bleibt auf dem Niveau eines 3 jährigen Kindes stehen, wie auch sein Werkzeuggebrauch.

Aus Sprachstörungen können wir auf die Organisation und Produktion von Sprache im Gehirn schließen

Aphasien und Lateralisation des Gehirns. Aphasien sind hirnorganische Sprachstörungen, die bei Menschen auftreten, die bereits eine Sprache beherrschen. Die Ursache ist meist ein ischämischer oder hämorrhagischer Insult, seltener ein Tumor, Enzephalitis oder ein Trauma. Beim Aphasiker (oder Aphatiker) sind in der Regel alle *sprachlichen Modalitäten* von der Störung betroffen (Sprachproduktion, Sprachverständnis, Nachsprechen, Schreiben, Lesen etc.). Selektive organische Sprachstörungen, die nur eine Modalität betreffen, sind selten.

Die Behauptung, daß die linke Hemisphäre beim Rechtshänder *sprachdominant* sei, beruht vor allem darauf, daß bei dieser Population *Schädigungen der linken Hemisphäre meist zu Aphasien führen.* Demgegenüber gibt es vielerlei Hinweise darauf, daß im intakten Gehirn auch rechtshemisphärische Prozesse an der Sprachverarbeitung beteiligt sind. So sind z. B. die durch Wörter evozierten Gehirnpotentiale im EEG meist über beiden Hemisphären sichtbar, wenn manche Komponenten auch über einer Hemisphäre stärker ausgeprägt sind [2,10]. Bereits in 10.1 wurde auf rechtshemisphärische sprachliche Leistungen hingewiesen. Sprachverstehen, Worterkennung (vor allem von Inhaltswörtern), das Generieren von Satzmelodie und Betonung (Prosodie), sowie die Klassifikation von Sprachakten (z. B. als Frage oder als Vorwurf) sind Leistungen, zu denen die rechte Hemisphäre nicht nur beiträgt, sondern zu denen sie sogar selbständig in der Lage ist. Dennoch tritt beim rechtshändigen Erwachsenen nach Schädigung im perisylvischen Bereich der linken Hemisphäre in der Regel eine Aphasie auf [5,9,15].

Broca- und Wernicke-Region. Aphasien treten auch bei subkortikalen Läsionen in der weißen Substanz, in den Basalganglien oder im Thalamus auf. Diese *subkortikalen Aphasien* mit einem anfänglichen Mutismus bilden sich in der Regel rasch zurück. Die kortikalen aphasieverursachenden Läsionen betreffen primär die Areale in der Nähe der sylvischen Furche. Hier läßt sich die *Broca-Region* (Brodmann Area 44 und 45) von der *Wernicke-Region* (Area 22) unterscheiden [14,19].

In der Nachbarschaft der Wernicke-Region befinden sich weitere Bereiche, deren Läsion regelmäßig zu Aphasien führt: der *Gyrus angularis* (Area 39), der *Gyrus supramarginalis* (Area 40) sowie die *mittlere Temporalwindung.* Broca- und Wernicke-Region sind in der Nähe der primären Kortizes lokalisiert, die bei der frühen Sprachentwicklung des Kindes aktiviert werden. Artikuliert das Kind einen Laut oder ein Wort, so tritt neuronale Aktivität sowohl im motorischen System auf, wo die artikulatorischen Befehle generiert werden, als auch im akustischen System, das durch die selbstproduzierten Lautäußerungen stimuliert wird. Die Nachbarschaft der Sprachzentren zu den sprachrelevanten primären Kortizes ist deshalb nicht erstaunlich.

Das präfrontale Sprachzentrum (Broca) wird auch die „motorische Sprachregion" genannt. Das posteriore Zentrum (Wernicke) wird auch als „sensorische Sprachregion" bezeichnet. Diese Etikettierungen beruhen allerdings auf einer sehr vereinfachten Sichtweise, nach der Sprachproduktion primär durch frontale und Sprachverständnis nur durch temporale Hirnstrukturen gesteuert wird. Dies postuliert das von Wernicke [18] und Lichtheim [15] Ende des 19. Jahrhunderts vorgeschlagene Sprachmodell, das von Geschwind später weiterentwickelt wurde (s. Abb. 10–3). Geschwind räumt zwar der Wernicke-Region eine Funktion bei der Sprachproduktion ein, er lokalisiert aber das Sprachverstehen alleine in posterioren Kortexgebieten. Diese Sicht ist nicht angemessen: Läsionen einer der beiden Regionen verursachen in der großen Mehrzahl der Fälle *multimodale Störungen*. Das „motorische Sprachzentrum" ist also keineswegs ausschließlich für motorische Sprachfunktionen notwendig, sondern auch für die Perzeption von Sprache, ebenso wie das „sensorische Sprachzentrum" für die Sprachproduktion notwendig ist. Neuere PET-Studien (s. Kap. 6) zeigen sogar, daß bei der Perzeption von Silben und Wörtern im intakten Gehirn in der Regel Broca- und Wernicke-Region gemeinsam aktiviert werden. Dies macht wahrscheinlich, daß die Sprachareale sowohl bei der Sprachproduktion als auch beim Sprachverständnis zusammenarbeiten, daß also sprachverarbeitende neuronale Einheiten über den perisylvischen Kortex verteilt sind [8].

Die verschiedenen Formen von Aphasien beruhen auf abgrenzbaren Unterschieden der Läsionsorte im Gehirn

Alle Aphasien beinhalten Störungen des Benennens von Objekten, der Produktion und des Verständisses von Sätzen, sowie des Lesens (*Alexie*) und Schreibens (*Agraphie*). Der z. Zt. am weitesten verbreitete Aphasietest, der sogenannte „Blättchentest" (Token-Test), überprüft, ob ein Patient in der Lage ist, manuelle Manipulatonen mit einer Anzahl farbiger Blättchen auszuführen (z. B.: „Berühren Sie den roten Kreis", „Legen Sie den blauen Kreis auf das rote Viereck" etc.). Nahezu alle Aphasiker zeigen Defizite in diesem Test. Folgende aphasischen Syndrome sind klinisch bedeutsam:

Broca-Aphasie: Sprachproduktionsprobleme stehen im Vordergrund. Artikulationen erfolgen meist sehr mühevoll und ohne Prosodie. Wörter sind phonematisch entstellt. In komplexen Sätzen fehlen häufig die grammatikalischen Funktionswörter. Das Verständnis vieler Satztypen (z. B. Passivsätze) ist oft nicht möglich. Probleme beim Nachsprechen von Sätzen treten auf. *Organische Grundlage:* Schädigung der Broca- Region und angrenzender Gebiete.

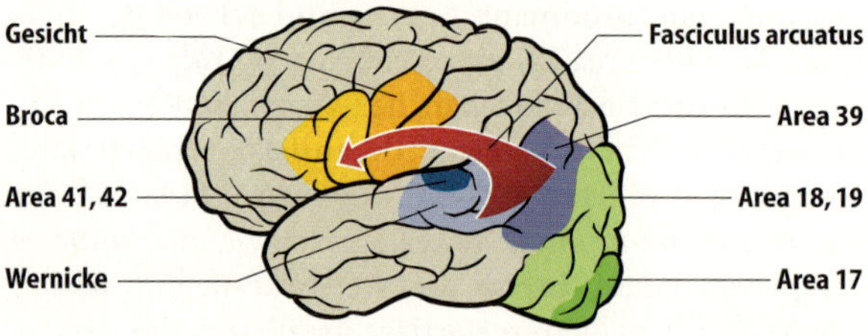

1	gesprochenes Wort	► Area 41,42 ► Wernicke (Area 22) ► **Hören und Wortverstehen**
2	Verstehen	► Wernicke ► Broca ► Gesicht ► Hirnnerven ► **Sprechen**
3	geschriebenes Wort	► Area 17 ► Area 18,19 ► Area 39 (Gyrus angularis) ► Wernicke ► **Lesen**

Abb. 10–3. Geschwinds Modell der an Sprachkonstruktion beteiligten Hirnregionen. Es fehlen die subkortikalen Verbindungen. Schematisch sind die Subprozesse dargestellt, die das Modell für Wortverstehen (1), Sprechen (2) und Lesen (3) postuliert. Neuere Forschungen machen es dagegen wahrscheinlich, daß die beiden Sprachzentren, Broca und Wernicke, sowohl bei der Produktion als auch bei der Perzeption von Sprache zusammenarbeiten. Nach Kolb & Whishaw 1990, aus [1]

Wernicke Aphasie: Sprachproduktion ist zwar „flüssig", jedoch oft unverständlich. Viele Wörter sind phonematisch entstellt, so daß noch verständliche *phonematische Paraphasien* (z. B. „Spille" statt „Spinne") oder ganz unverständliche *Neologismen* auftreten. Oft werden Wörter durch bedeutungsverwandte ersetzt (*semantische Paraphasien*). Das Sprachverständnisdefizit ist sehr ausgeprägt. Das Verständnis einzelner Wörter gelingt häufig nicht. Das Nachsprechen von Wörtern und Sätzen ist beeinträchtigt. *Organische Grundlage:* Schädigung der Wernicke-Region und angrenzender Gebiete.

Globale Aphasie: Schwerste Sprachproduktionsstörung, bei der oft nur noch stereotype Silben- oder Wortfolgen geäußert werden können. Ebenso stark ausgeprägtes Defizit im Sprachverständnis und im Nachsprechen. *Organische Grundlage:* Schädigung der gesamten perisylvischen Region.

Amnestische Aphasie: Leichte Sprachstörung, bei der semantische Paraphasien auffallen und Benennstörungen im Vordergrund stehen. Probleme treten vor allem mit bedeutungstragenden Inhaltswörtern auf. Das Sprachverständnisdefzit ist schwach ausgeprägt. *Organische Grundlage:* Schädigung des Gyrus angularis oder anderer Areale, die dem linken perisylvischen Kortex eng benachbart sind. Gelegentlich führt bei Rechtshändern Schädigung der rechten Hemisphäre zu amnestischer Aphasie (*„gekreuzte Aphasie"*).

Transkortikale Aphasien: Die Fähigkeit nachzusprechen ist verhältnismäßig gut erhalten, wogegen Defizite in der Sprachproduktion (*transkortikale motorische Aphasie*), im Sprachverständnis (*transkortikale sensorische Aphasie*) oder in beiden Leistungen (*gemischt transkortikale Aphasie*) hervortreten. *Organische Grundlage:* Läsionen in der Nähe des linken perisylvischen Bereichs. Auch größere Läsionen innerhalb des perisylvischen Bereichs können zu schweren Formen der transkortikalen Aphasie führen.

Leitungsaphasie: Die Fähigkeit zum Nachsprechen ist stark beeinträchtigt, wogegen andere sprachlichen Symptome im Hintergrund stehen. *Organische Grundlage:* Läsion des *Fasciculus arcuatus* (s. Abb. 10–3), der Broca- und Wernicke-Region verbindet, plus Läsion im oberen Temporallappen und/oder der Insula [5,7].

!

Die phylogenetische und ontogenetische Entstehung der neuronalen Grundlage von Syntax und anderen linguistischen Funktionen ist bisher unklar. Höhere Säuger können Sprache erwerben und auch spontan anwenden. Beim Menschen sind syntaktische Regeln und Funktionswörter primär links in der perisylvischen Region lokalisierbar (sprachdominante Hemisphäre). Sprachverständnis, vor allem von Inhaltswörtern findet sich aber auch rechts. Obwohl bei den verschiedenen Aphasieformen unterscheidbare Läsionsorte vorliegen können, ist bei der Mehrzahl der Fälle eine genaue Lokalisation der einzelnen Sprachfunktionen in bestimmte Kortexareale nicht möglich. Dennoch gilt: Schädigung der Broca-Region (Areae 44, 45) führt meist zu Sprachproduktionsproblemen (Broca-Aphasie), Schädigung der Wernicke-Region (Area 22) und angrenzender Gebiete zu Defiziten im Sprachverständnis (Wernicke-Aphasie); Schädigung der gesamten perisylvischen Region der sprachdominaten Hemisphäre resultiert in globaler Aphasie.

10.3 Die Assoziationsareale des Neokortex: Höhere geistige Funktionen

Abb. 10–4 gibt die wichtigsten Assoziationsareale des Neokortex wieder. Unter *Assoziationsarealen* verstehen wir Rindenfelder, die keine eindeutigen sensorischen, sensiblen oder motorischen Funktionen aufweisen, sondern das ***Zusammenwirken*** zwischen den einzelnen Sinnessystemen und den motorischen Arealen ***integrieren*** *(„assoziieren")*. Nachdem in Kap. 9 die limbischen Regionen und ihre Rolle bei der *Gefühlsproduktion* und in Kap. 8 die *Gedächtnisfunktion* des midtemporalen Kortex beschrieben wurden, werden hier beispielhaft die frontalen und parietalen Assoziationskortizes mit einigen wichtigen Funktionen dargestellt.

Die Präfrontalregionen sind für die zielorientierte Planung des Verhaltens und das Arbeitsgedächtnis wichtig

Der ***präfrontale Kortex*** ist beim Menschen ungleich größer als im Vergleich zur phylogenetischen Entwicklung anderer Hirnstrukturen zu erwarten wäre. Die Hirnevolution scheint also hier einen besonderen Sprung gemacht zu haben. Aus diesem Grund wurde der präfrontale Kortex, den man grob in einen superioren und inferioren ***dorsolateralen*** und ***orbitofrontalen*** Frontalkortex einteilen kann, schon im vorigen Jahrhundert mit „spezifisch menschlichen" Eigenschaften in Verbindung gebracht. Bei genauer Analyse lassen sich allerdings auch hier die Verhaltensfunktionen auf einige elementare Eigenheiten zurückführen. Tabelle 10–2 gibt dazu eine zusammenfassende Übersicht anhand von ***Funktionsausfällen nach Läsionen des Frontallappens,*** wobei die rein motorischen und sprachlichen Funktionen des prämotorischen und supplementären Rindenfeldes weggelassen sind.

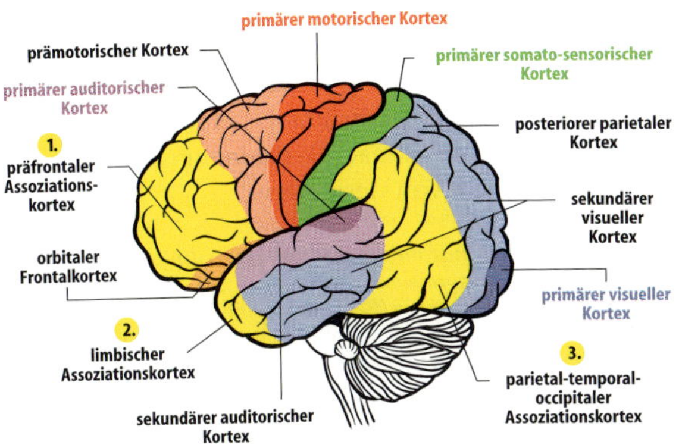

Abb. 10–4. Schematische Darstellung der lateralen Oberfläche des menschlichen Großhirns mit primären und sekundären sensorischen und motorischen Arealen sowie den drei Assoziationskortizes. Aus [9]

Tabelle 10–2. Funktionsausfälle bei Läsionen des Frontallappens

Symptom	Läsionsart
Denkstörung:	
Reduzierte Spontaneität	orbitofrontal
Störung von Denkstrategien	dorsolateral
Gelernte Reizkontrolle von Verhalten:	
Geringe Reaktionshemmung	Areale 8,9,13
Risikofreude und Regelverletzung	dorsolateral?
Gestörtes assoziatives Lernen	dorsolateral
Zeitgedächtnis:	
Störung des verzögerten Reaktionslernens („delayed response learning")	dorsolateral
Schlechte Zeit- und Reihenfolgeschätzung	dorsolateral
Gestörte Raumorientierung	dorsolateral
Gestörtes Sexualverhalten	orbitofrontal
Gestörtes Sozialverhalten	orbito-und dorsolateral
Gestörte Geruchsunterscheidung	orbitofrontal

Verbindungen des präfrontalen Kortex. Zum Verständnis der Ursachen dieser Ausfälle und der Funktionen des Frontallappens ist die genaue Kenntnis der *anatomischen Verbindungen* notwendig. Während der *orbitofrontale* Frontallappen primär von limbischen Afferenzen aus der Amygdala und dem Cingulum sowie den olfaktorischen Rindenregionen versorgt wird, erhält der *dorsolaterale* Teil Afferenzen vom parietalen und temporalen Kortex sowie vom medialen Thalamus und den motorischen und sensorischen Regionen. Die Tatsache, daß all diese Verbindungen reziprok sind, gibt einen ersten Eindruck von der z. Z. kaum zu verstehenden Komplexität der Aufgaben dieser Systeme. Bei höheren Säugern scheinen ein Teil der subkortikalen Afferenzen in den Frontalkortex *dopaminerg* zu übertragen und bilden somit die Endstrecke (oder Ursprungsstrecke) des dopaminergen Verstärkersystems (s. Kap. 9).

Verhaltenskontrolle durch den präfrontalen Kortex. Die multisensorische Konvergenz im dorsolateralen Frontalkortex hängt anscheinend mit einer seiner zentralen Funktionen, der Ausbildung von *konsistenten Erwartungen* durch ***Hinauszögern von Verstärkern*** (s. Kap. 9) zusammen. Bei bilateraler Läsion des Frontalkortex fällt vor allem die *Irregularität des Verhaltens* und das *Fehlen langfristiger Verhaltenspläne* sowie die Unfähigkeit auf, *Selbstkontrolle* durch Aufschieben unmittelbarer Verstärkungen zu erzielen. Diese Störung wird auch auf eine Störung einer Unterform des Kurzzeitgedächtnisses, des ***Arbeitsgedächtnisses*** *(working memory)* zurückgeführt [9,12].

Das Ausüben von Selbstkontrolle ist eine beim Menschen am weitesten fortgeschrittene Funktion, die an präfrontale Hirnregionen gebunden ist

Um Selbstkontrolle zu erzielen, muß

- die gegenwärtige oder vergangene (Langzeitgedächtnis) Information über den Reizkontext aus den Parietalregionen in den ventro- und dorsolateralen Kortex transportiert werden.

- Dort muß diese Information auch in Abwesenheit der Reize zumindest für Sekunden bis Minuten präsent gehalten werden (Arbeitsgedächtnis im ventromedialen präfrontalen Kortex).
- Es muß eine Entscheidung für einen bestimmten Handlungsplan auf der Grundlage der antizipierten positiven oder negativen Konsequenzen (Informationsfluß aus limbischen in orbitofrontale Regionen) und der gegenwärtig vorhandenen oder erinnerten (vorgestellten) Situationen (aus den Parietalregionen) erfolgen [8,12].
- Die Entscheidung muß von einem generellen Handlungsplan (präfrontal) in zunehmend spezifische Handlungsziele und -abfolgen bzw. deren Hemmung umgesetzt werden (über supplementär-motorisches Areal zu motorischem Kortex unter Einschluß der Basalganglien und des Thalamus).

Diese Integrationsleistung geht nach frontaler Läsion ohne Einschränkung der sonstigen intellektuellen Leistungsfähigkeit verloren, was oft zu einem *„pseudopsychopathischen"*; Zustandsbild führt; die Patienten beachten scheinbar die Regeln und Sitten sozialen Zusammenlebens nicht mehr konsistent. Da Erwartungen wesentlich an der Steuerung der *selektiven Aufmerksamkeit* beteiligt sind, ist auch diese nach Läsion oder Dysfunktion erheblich beeinträchtigt, wenn auch nicht völlig aufgehoben (s. Kap. 7). Einige Symptome der ***Schizophrenien*** werden aus einer präfrontal-temporalen Unterfunktion bei gleichzeitigem Anstieg der Variabilität frontaler Hirnaktivität erklärt [6].

Der parietale Assoziationskortex ist mit der Steuerung komplexer, sensorischer Reizverarbeitung, der visuellen Aufmerksamkeit und mit räumlichen Funktionen befaßt

In den parietalen Assoziationskortex konvergieren die benachbarten sensorischen Rindenareale sowie links die sensorischen Sprachregionen; die Resultate somatosensorischer (taktil, propriozeptiv, nozizeptiv), optischer und akustischer Analysen, sowie Zuflüße aus den vestibulären Afferenzen werden hier verarbeitet. Dementsprechend vielfältig sind die neuropsychologischen Ausfälle nach Läsionen der rechten oder linken parietalen Region.

Läsionen des rechten Parietallappens. Bei Läsionen im *rechten* Parietallappen stehen v. a. Störungen der *räumlichen Fähigkeiten* im Vordergrund.

Kontralateraler Neglekt z. B. bedeutet völliges Ignorieren des gegenüberliegenden (meist linken) Körper-

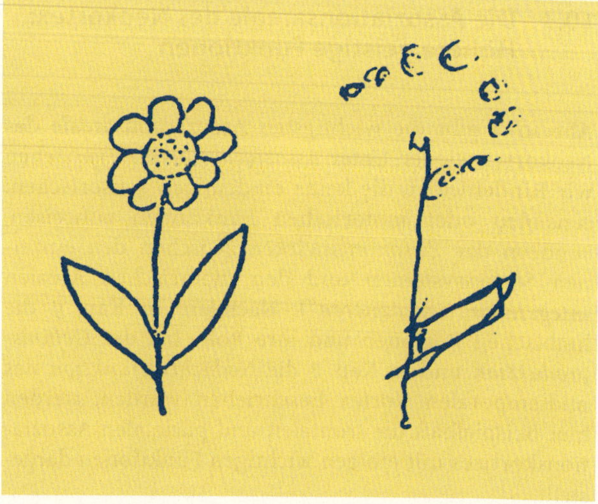

Abb. 10–5. Nachzeichnung einer Blume durch einen Patienten mit Hemineglekt. Aus [5], mit freundlicher Genehmigung

und Außenraumes trotz intakter sensorischer Verarbeitung. Abb. 10–5 gibt dafür ein typisches Beispiel wieder. Die Häufung von Neglekt nach Läsion der rechten Hemisphäre hängt damit zusammen, daß die Zellen des rechten Parietallappens sowohl von rechter wie linker Körperseite aktiviert werden und die Aufmerksamkeit auf beiden Hirn- und Körperseiten beeinflussen können (s. Kap. 7), während die linke Hemisphäre nur aufnahmebereit für die kontralaterale Seite ist. Wenn nun die linke Hemisphäre gestört ist, kann die rechte die Aufmerksamkeit für beide Seiten aufrecht erhalten, aber die linke Hemisphäre kann auf ipsilaterale Reize ohne die rechte nicht mehr reagieren; die linke Hemisphäre deckt nur mehr das rechte visuelle Feld ab, das linke visuelle und taktile wird nach Läsion der rechten Hemisphäre ***nicht beachtet.***

Agnosien treten auf, wenn die Regionen in der Umgebung der sensorischen Projektionsfelder ausfallen. ***Taktile*** oder ***visuelle Agnosie*** bedeutet das Nichterfassenkönnen der Bedeutung einer Wahrnehmung (z. B. wird die Funktion eines Schlüssels erst erkannt, wenn man damit Geräusche macht). ***Prosopagnosie*** bedeutet das Nichterkennen von Gesichtern.

Beim ***Gerstmann-Syndrom*** treten auf: *rechts-links Verwechslungen*, ferner *Fingeragnosien* (Nichterkennen, welcher Finger berührt wurde), *Dysgraphie* (Schreibstörung trotz intakter Sensorik und Motorik) und *Dyskalkulie* (Rechenstörung). Bei den letzten beiden Störungen ist meist der linke untere Parietallappen zerstört.

Weitere häufige Störungen. Da der Parietallappen vor allem in frontale und temporale Assoziationsareale projiziert und von dort reziprok versorgt wird, sind Störungen der *Aufmerksamkeit* (frontale Projektion), des *Kurzzeitgedächtnisses* und der *Einprägung* (temporale Verbindung) ebenfalls nach großen Läsionen häufig. (s. Kap. 8).

!

Die Assoziationsareale des menschlichen Kortex lassen sich als großes Gedächtnissystem auffassen, wobei die posterioren Regionen sensorische Inhalte, die präfrontalen Rindenfelder motorische Planung und Bewegungshemmung produzieren. Selbstkontrolle über das eigene Verhalten und normales Funktionieren des Arbeitsgedächtnisses benötigen den Aufschub unmittelbar von Trieben und Gefühlen motivierten Verhaltensweisen (Verzögerung von Verstärkung). Dafür sind die präfrontalen Hirnregionen verantwortlich, während parietale Felder Aufmerksamkeit und Erkennen der jeweiligen sensorischen Reizquellen ermöglichen.

10.4 Literatur

Weiterführende Lehr- und Handbücher

1. Birbaumer N, Schmidt RF (1996) Biologische Psychologie. 3. Aufl. Springer, Berlin Heidelberg New York
2. Boller F, Grafman J (eds) (1988–1992) Handbook of neuropsychology, vol 1–4. Elsevier, Amsterdam
3. Caplan D (1992) Language. Structure, processing and disorders. MIT Press, Cambridge, Massachusetts
4. Corballis MC (1991) The lopsided ape. Oxford University Press, Oxford
5. Heilman KM, Valenstein E (eds) (1993) Clinical neuropsychology, 3rd edn. Oxford University Press, Oxford
6. Hierholzer K, Schmidt RF (Hrsg) (1991) Pathophysiologie des Menschen. VCH, Weilheim
7. Kolb B, Whishaw IQ (1990) Human neuropsychology, 3rd edn. Freeman, New York
8. Luria AR (1970) Die höheren kortikalen Funktionen des Menschen und ihre Störungen bei örtlichen Hirnschädigungen. VEB Deutscher Verlag der Wissenschaften, Berlin
9. Schmidt RF (Hrsg) (1993) Neuro- und Sinnesphysiologie. Springer, Berlin Heidelberg New York

Einzel- und Übersichtsarbeiten

10. Braitenberg V, Pulvermüller F (1992) Entwurf einer neurobiologischen Theorie der Sprache. Naturwissenschaften 79:103–117
11. Corina D, Vaid J, Bellugi U (1992) The linguistic basis of left hemisphere specialization. Science 255:1258–1260
12. Fuster J (1993) Frontal lobes. Curr Opin Neurobiol 3:160–165
13. Geschwind N (1970) The organization of language and the brain. Science 170:940–944
14. Hayes TL, Lewis DA (1995) Hemispheric differences in layer III pyramidal neurons of the anterior language area. Arch Neurol 82:241–254
15. Lichtheim L (1885) Über Aphasie. Dtsch Arch Klin Med 36:204–268
16. Petsche H, Lindner K, Rappelsberger P, Gruber G (1988) The EEG: an adequate method to concretize brain processes elicited by music. Music Percept 6:133–160
17. Previc FH (1991) A general theory concerning the prenatal origins of cerebral lateralization. Psychol Rev 98:299–334
18. Wernicke C (1874) Der aphasische Symptomencomplex. Eine psychologische Studie auf anatomischer Basis. Kohn und Weigert, Breslau
19. Zatorre RJ, Evans AC, Meyer E, Gjedde A (1992) Lateralization of phonetic and pitch discrimination in speech processing. Science 256:846–848

Allgemeine und spezielle Sinnesphysiologie

Allgemeine Sinnesphysiologie

11

H. O. Handwerker

EINLEITUNG Eine Anekdote berichtet, der Physiologe Johannes Müller (1801–1858) sei einmal in folgendem Kriminalfall um ein Gutachten gebeten worden: In finsterer Nacht war ein Bürger niedergeschlagen und beraubt worden. Er zeigte seinen Nachbarn an, dieses Verbrechen begangen zu haben. Da die Geschichte vor Einführung der städtischen Straßenbeleuchtungen spielt, konnte er diesen aber wegen der stockdunklen Nacht gar nicht erkannt haben. Der Beraubte machte nun geltend, er habe vom Räuber einen Schlag auf den Kopf erhalten, der ihn „Sterne" sehen ließ. Im Lichte dieser „Sterne" habe er deutlich seinen Nachbarn erkannt. Müller soll beim Nachdenken über diese Geschichte auf sein „Gesetz der spezifischen Sinnesenergien" gekommen sein, das besagt, daß jedes Sinnesorgan ausschließlich Empfindungen seiner eigenen Sinnesmodalität vermittelt, unabhängig davon, ob es durch einen adäquaten Reiz erregt wird (das Auge durch Licht, also elektromagnetische Wellen), oder durch inadäquate (einen Schlag auf den Kopf). Das hängt damit zusammen, daß jedes Sinnessystem im Gehirn mit einem ihm eigenen neuralen Apparat verbunden ist, der der Vermittlung der entsprechenden Sinnesmodalität dient. Sinnesorgane und zugehörige zentralnervöse Systeme müssen als Einheit betrachtet werden. Aufgabe der allgemeinen Sinnesphysiologie ist es, die Beziehungen zu analysieren, die zwischen Erregungen von Sinnessystemen und Empfindungen bestehen, und die allgemeinen Gesetzmäßigkeiten zu beschreiben, die der Funktion von Sinnessystemen zugrunde liegen.

11.1 Sinnesphysiologie und Wahrnehmungspsychologie

Sinnesphysiologie hat eine objektive und eine subjektive Dimension

Objektive Sinnesphysiologie. Aus der Mannigfaltigkeit der Umwelteinflüsse, die unseren Organismus treffen, vermögen einige (bei weitem nicht alle) unsere Sinnesorgane zu beeinflussen. Sie werden unter diesem Aspekt als ***Sinnesreize*** bezeichnet. Diese Reize erzeugen an den Zellmembranen von Sensoren Potentialänderungen, die zur Erregung afferenter sensorischer Nervenfasern führen. Die Erregungen vieler solcher afferenter Nervenfasern gelangen in sensorische Gehirnzentren und werden dort verarbeitet. Bis dahin können wir die Kette physikochemischer Ereignisse beobachten und analysieren, so wie wir andere physiologische Vorgänge erforschen. Man hat dieses Forschungsgebiet als ***objektive Sinnesphysiologie*** bezeichnet.

Wahrnehmungspsychologie. Die Sinnesphysiologie hat aber noch mit einer weiteren Dimension zu tun, den *subjektiven Wahrnehmungen.* Diese erfahren wir an uns selbst, oder sie werden uns von anderen Menschen mitgeteilt. Bei Tieren können wir das Vorhandensein von Wahrnehmungen aus dem Verhalten erschließen. In der praktischen Medizin werden meist subjektive Empfindungen des Patienten zur Prüfung der Leistungen von Sinnesorganen herangezogen, etwa bei Hör- oder Sehtests. Früher bezeichnete man diesen Wissenschaftszweig als *subjektive Sinnesphysiologie,* heute gehört er zur Wahrnehmungspsychologie.

Sinneseindrücke werden als Wahrnehmungen erfahren, die durch aktive Leistungen des Gehirns zustande kommen

Sinnesreize induzieren subjektive Sinneseindrücke oder ***Empfindungen.*** Ein Beispiel soll die Beziehung von Empfindungen und Wahrnehmungen verdeutlichen: Elektromagnetische Schwingungen der Wellenlänge 400 nm lösen den Sinneseindruck „blau" aus. Die Aussage: „Ich sehe eine blaue Fläche, in die runde weiße Flächen verschiedener Größe eingelagert sind", beschreibt *Sehempfindungen.* Normalerweise nehmen wir aber unmittelbar eine Deutung dieser Sinnesempfindungen vor, wir ordnen sie in Erfahrenes und Erlerntes ein, aus der Empfindung wird eine ***Wahrnehmung.*** Der oben geschilderten Empfindung: „Ich sehe eine blaue Fläche ...", entspricht die Wahrnehmung „Am Himmel

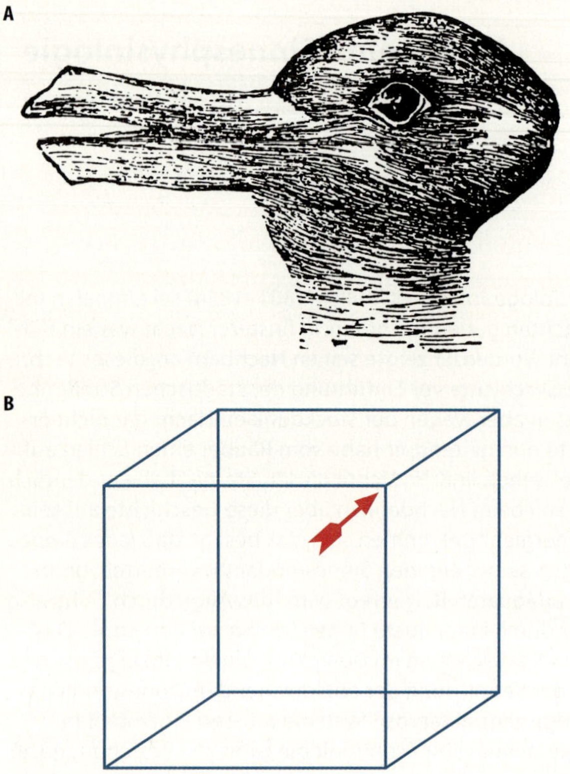

Abb. 11–1. A Die „Hasenente", ein Vexierbild von Jastrow, erstmals um 1900 veröffentlicht, (aus [7]). **B** Der Necker Würfel, ein geometrisch einfacheres Vexierbild, an dem sich besonders deutlich das Umkippen der Wahrnehmung demonstrieren lässt. Das rot markierte Eck des Würfels kann als vorderes vorstehendes Eck, oder als hinteres oberes Eck, in das man hineinsieht, aufgefaßt werden

stehen Wolken". *Wahrnehmungen sind immer erfahrungsgeprägt.* Ein Meteorologe sieht Stratocumuli, ein Kinderbuchillustrator Schäfchenwolken. Wahrnehmungen werden von vielen psychischen Faktoren beeinflußt, z. B. der Gemütslage. Wahrnehmungen sind somit kein passives Abbild dessen, was unsere Sinnesorgane aus der Umwelt registrieren. Sie kommen durch aktive Leistungen unseres Gehirns zustande.

Die Abb. 11–1 zeigt zwei *Vexierbilder.* Sie veranschaulichen, daß die visuelle Wahrnehmung nicht einfach fotografische Abbilder der Umwelt liefert. Man kann nämlich den Kopf in Abb. 11–1A entweder als Hasen- oder als Entenkopf sehen. Bei längerer Betrachtung kippt die Wahrnehmung bei vielen Menschen spontan von einer in die andere Anschauung, ohne daß sich die von den Augen vermittelte Information verändert hat. Es fällt ferner auf, daß wir den Hasen und die Ente nur schwer gleichzeitig sehen können, obwohl wir wissen, daß das Bild ambivalent ist. Noch deutlicher ist das Umschlagen von einer in die andere perspektivische Wahrnehmung bei dem in Abb. 11–1B dargestellten *Neckerwürfel.* Beide Abbildungen zeigen, daß Wahrnehmungen durch aktive, integrative Prozesse des Hirns strukturiert und eindeutig gemacht werden [6].

In welchem Zusammenhang stehen die beiden Dimensionen der Sinnesphysiologie, mit denen sich die *objektive Sinnesphysiologie* und die *Wahrnehmungspsychologie* befassen? Abb. 11–2 zeigt ein grobes Schema der aufeinanderfolgenden Ereignisse in Sinnessystemen. Die roten Pfeile haben darin die Bedeutung *induziert* oder *führt zu.* Der Pfeil am Übergang von der physischen zur psychischen Dimension ist gestrichelt.

!

Die Sinnesphysiologie befaßt sich mit den physikochemischen Vorgängen bei der Erregung von Sinnesorganen und deren Verarbeitung im Nervensystem. Sie hat sich aber auch mit den subjektiven Wahrnehmungen zu befassen, welche durch die Sinnesreize hervorgerufen werden.

Die Wahrnehmungen sind kein passives Abbild der Umwelt, sondern kommen durch aktive Leistungen des Gehirns zustande.

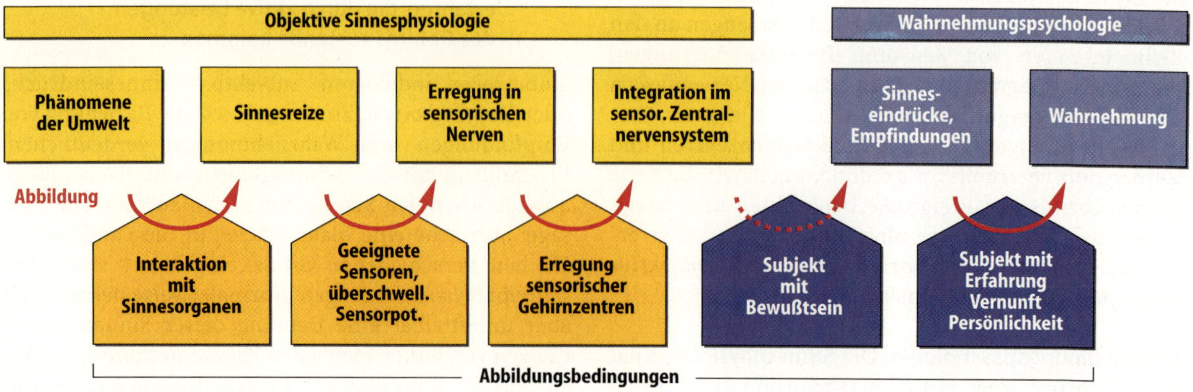

Abb. 11–2. Schema der Abbildungsverhältnisse in der Sinnesphysiologie. In den *Kästchen* Grundphänomene der Sinnesphysiologie, die *Pfeile* dazwischen bedeuten „führt zu" oder „induziert". *Gestrichelter Pfeil* am Übergang von physiologischen zu psychischen Prozessen

Der Zusammenhang von neuralen Prozessen und subjektiver Wahrnehmung wird je nach philosophischer Einstellung unterschiedlich gedeutet; monistische Deutungen gehen von einem einheitlichen System aus, dualistische von aufeinander einwirkenden physischen und psychischen Prozessen

Man hat das Problem des Zusammenhangs von physiologischen Vorgängen und Bewußtseinsinhalten als ***Hirn-Bewußtsein-Problem*** bezeichnet. Synonyme sind *Hirn-Geist-Problem* und allgemeiner *Leib-Seele-Problem.* Zu diesem Problem, das auch viele Sinnesphysiologen faszinierte, haben Philosophen im Laufe der Jahrhunderte verschiedene Theorien entwickelt.

Monistischer Ansatz. Nach dieser Anschauung sind die komplexen Hirnprozesse, die einem Sinnesreiz folgen, und die subjektiven Empfindungen identisch. Sie stellen nur verschiedene Dimensionen oder verschiedene Betrachtungsebenen eines Vorgangs dar, nämlich der Hirnfunktion. Folgt man dieser Auffassung, dann drückt der gestrichelte Pfeil in Abb. 11-2 keine kausale Verknüpfung aus, er sollte durch ein Gleichheitszeichen ersetzt werden. Monistische Theorien sind problematisch, weil wir aus den Gesetzmäßigkeiten der uns bekannten Hirnprozesse die subjektiven, geistigen Vorgänge nicht lückenlos ableiten können.

In der Medizin, die eine praktische Wissenschaft ist, führt eine strikt monistische Deutung des Hirn-Bewußtsein-Problems zu einer besonderen Schwierigkeit: wir beobachten z. B., daß ein Mensch etwas wahrnimmt und sich daraufhin ärgert. Das führt zum Erröten, also zur Vasodilatation der Gesichtshaut, zum Anstieg des Blutdrucks usw. Will man diese physiologischen Vorgänge erklären, dann kommt man nur schwer ohne die Deutung aus, daß subjektives Erleben nicht nur durch Hirnfunktionen bedingt ist, sondern auch seinerseits auf körperliche Prozesse einwirkt.

Dualistischer Ansatz und Emergenzhypothese. Diese Anschauungen gehen davon aus, daß seelische Prozesse mit physiologischen Hirnprozessen nicht identisch sind. Nach einer Anschauung, die auf eine lange Tradition zurückblicken kann, ist das Hirn Instrument einer unabhängigen Seele. Nach neueren Auffassungen, die ebenfalls die eigene Identität von geistigen Prozessen betonen, sich aber nicht unbedingt als „dualistisch" verstehen, geht Bewußtsein in unbekannter Weise aus Hirnprozessen hervor (Emergenz) [11,12]. Der gestrichelte Pfeil in Abb. 11-2 deutet nach diesen Auffassungen kausale Verknüpfungen an: Hirnprozesse wirken auf das Bewußtsein ein – und umgekehrt.

Das Hirn-Bewußtsein-Problem ist ein philosophisches, kein mit naturwissenschaftlichen Methoden lösbares Problem. Das läßt sich daraus ersehen, daß wir uns (bisher) keine Experimente ausdenken können, mit denen die monistische oder die dualistische Ansicht widerlegt (*falsifiziert,* nach K. Popper [22]) werden kann.

Außersinnliche Wahrnehmung. Nach Meinung ihrer Anhänger löst die ***Parapsychologie*** das Hirn-Bewußtsein-Problem. Parapsychologen beschäftigen sich mit dem empirischen Nachweis von Phänomenen wie *Gedankenlesen (Telepathie)* und *Hellsehen (Präkognition).* Diese Phänomene wurden unter dem Begriff ***ESP (extra sensory perception:*** *außersinnliche Wahrnehmung)* zusammengefaßt, und Versuchsanordnungen wurden erdacht, um sie nachzuweisen. Wenn es ESP gäbe, dann wäre das natürlich ein starkes Argument für eine Seele, die außersinnliche, also nicht vom Körper abhängige, Informationen erhält.

Allerdings haben parapsychologische Untersuchungen bisher nicht zu einem auch für Skeptiker überzeugenden Beleg der Existenz von ESP-Phänomenen geführt [14]. Vielfach glauben Anhänger der Parapsychologie, das käme daher, daß sie als Außenseiter vom „wissenschaftlichen Establishment" verfolgt würden. Wahrscheinlich ist es aber eher so, daß der vermeintliche Nachweis von ESP-Phänomenen wissenschaftlicher Kritik nicht standhält. Dafür lassen sich vor allem folgende Gründe anführen:

a) Sollte es ESP-Phänomene geben, treten sie offenbar nur selten, unter schlecht kontrollierten Bedingungen, auf und sind nicht reproduzierbar. Häufig werden hier Gedankenfehler mit der Statistik gemacht. Wenn es z. B. einem Würfelspieler gelingt, 3mal nacheinander „6" zu würfeln, dann hat er vermutlich Glück gehabt und keine telekinetischen Fähigkeiten bewiesen. Es hat wenig Sinn, nachträglich auszurechnen, daß dieses Ereignis nur eine Wahrscheinlichkeit von 1/6 * 1/6 * 1/6, also weniger als 0,5 %, hat, denn nach Eintritt eines Ereignisses kann man nicht mehr von seiner Wahrscheinlichkeit sprechen, es ist ja eingetreten. Ein Beweis für außerordentliche Fähigkeiten des Würfelspielers wäre dieses Ergebnis nur, wenn der Würfler reproduzierbar voraussagen könnte, daß er die „6er" Serie erzielen wird. Sollte er dazu in der Lage sein, muß man natürlich zunächst nach einem Trick suchen.

b) Hier liegt nun der wichtigste Grund für die Schwierigkeit der Parapsychologie, die eine faszinierende Geschichte der Täuschungen darbietet, denen auch scheinbar kritische Wissenschaftler zum Opfer gefallen sind [14, 21]. „ESP-Begabte" entziehen sich gern strengen experimentellen Kontrollen mit dem Hinweis, daß diese ihre „übersinnlichen" Kräfte mindern. Experimente auf diesem Gebiet erfordern daher sehr genaue Kontrollen, kriminalistischen Spürsinn und gute Kenntnisse der Techniken professioneller Zaubertrick-Künstler, die Wissenschaftlern meist fehlen.

Unabhängig davon, ob die Bewußtseinsvorgänge und die Hirnfunktionen identisch sind oder nicht, haben beide Dimensionen, die körperliche und die psychische, ihre eigenen Gesetzmäßigkeiten, und ihre Erforschung bedarf daher jeweils eigener Konzepte

Obgleich Computer nur vom Menschen abhängige Denkmaschinen sind, die kein Bewußtsein besitzen, kann man sich die Eigenständigkeit der Dimensionen *Hirnfunktion* und *Bewußtsein* an diesem Beispiel klarmachen: vollständige Kenntnis der Konstruktion, der Hardware, gibt keinen vollständigen Aufschluß über die Funktionsgesetze etwa einer „höheren" Computersprache, z. B. von BASIC, oder gar über die Funktionsgesetze und Inhalte einzelner Programme, die auf diesem Computer laufen. Ebensowenig würde vermutlich die vollständige Kenntnis der Anatomie und Physiologie des Gehirns das Verhalten eines Menschen erklären können.

Andererseits läuft natürlich kein Computerprogramm *von selbst,* ohne geeignete Hardware, und ebenso bedürfen nach aller Erfahrung Bewußtseinsabläufe geeigneter Hirnfunktionen. Daher liefert die objektive Sinnesphysiologie die Kenntnis der Randbedingungen der Wahrnehmung, wie die Kenntnis der Computerkonstruktion benötigt wird, um zu wissen, welche Programme auf diesem Computer laufen können, wie schnell sie laufen werden, auf welche Eingangsgrößen sie zurückgreifen und welche Peripheriegeräte sie ansteuern können.

!

Über den Zusammenhang von physiologischen Vorgängen im Gehirn mit dem Bewußtsein gibt es verschiedene philosophische Auffassungen, die sich grob in monistische, dualistische und Emergenz-Auffassungen einteilen lassen.

Hirnfunktionen und Bewußtseinsvorgänge folgen jeweils eigenen Gesetzmäßigkeiten.

11.2 Sinnesmodalitäten und Selektivität der Sinnesorgane für adäquate Reizformen

Die von einem Sinnesorgan vermittelten Empfindungen werden als Sinnesmodalität bezeichnet, sie können in verschiedenen Qualitäten auftreten

Das bereits erwähnte ***Gesetz der spezifischen Sinnesenergien*** von Johannes Müller besagt, daß eine Sinnesmodalität nicht durch den Reiz bestimmt wird, sondern durch das gereizte Sinnesorgan (s. S. 195). Empfindungskomplexe wie Sehen, Hören, Riechen und Schmecken werden als ***Sinnesmodalitäten*** bezeichnet. Innerhalb einer Sinnesmodalität gibt es wiederum verschiedene ***Qualitäten.*** So ist die *Farbe* Rot eine *Qualität* der *Modalität* Sehen. Das Gesetz der spezifischen Sinnesenergien wurde im vorigen Jahrhundert gelegentlich mit einem (undurchführbaren) Gedankenexperiment veranschaulicht: wenn wir den Sehnerven und den Hörnerven vertauschen könnten, dann würden wir Blitze hören und den Donner sehen.

Einteilung der Sinne. Wieviele Sinnesmodalitäten gibt es? In der klassischen Medizin des Altertums und der frühen Neuzeit wurden 5 Sinne unterschieden: Das *Sehen,* das *Gehör,* das *Gefühl* (oder Getast), der *Geschmack* und das *Riechen.* Wir kennen heute eine ganze Reihe weiterer Sinnesmodalitäten, z.B. den Temperatursinn und den Gleichgewichtssinn. Es wird immer eine Interpretationsfrage sein, über wieviele Sinne der menschliche Körper verfügt.

Sinnesorgane anderer Wirbeltiere. Man sollte sich auch vergegenwärtigen, daß andere Wirbeltierarten Sinnesorgane haben, die uns fehlen. So besitzen Schlangen im Grubenorgan empfindliche ***Infrarotsensoren,*** mit denen sie die Körperwärme von Beutetieren erfühlen. Manche Fische verfügen über ein ***Sinnesorgan für elektrische Felder,*** mit dem sie die Muskelaktionsströme von Beutetieren wahrnehmen können, die sich im Sand des Seebodens versteckt haben. Der Mensch baut sich mit seiner Technik vergleichbare *künstliche Sinnesorgane,* deren Signale aber in visuelle (oder seltener in akustische) Signale umgesetzt werden müssen.

Sonderstellung des Schmerzsinnes. *Schmerz* und andere *Dysaesthesien* (Mißempfindungen), wie das ***Jucken,*** sind schwierig einzuordnen. Der Schmerz ist eine Sinnesmodalität, der vielleicht das *Jucken* als Qualität zugeordnet werden kann, während der ***Kitzel*** eher in den Bereich der Mechanorezeption gehört. *Nozizeptoren,* die Sensoren des Schmerzsinnes, haben eine Sonderstellung unter den Hautsensoren, da sie nicht in erster Linie Information über die Außenwelt vermitteln, sondern Informationen über Verletzungen oder drohende Verletzungen unseres Körpers. Schmerz ist eine körperbezogene Sinnesmodalität. Eine eingehende Darstellung der Schmerzphysiologie findet sich im Kap. 13 ab S. 236.

Qualitätsschwellen. Sinnesmodalitäten lassen sich direkt messend nicht miteinander vergleichen. Anders ist es bei den Qualitäten: Verändert man die Frequenz eines Tones langsam, dann läßt sich eine ***Qualitätsschwelle*** angeben, von der ab wir einen höheren, also qualitativ anderen, Ton hören. In gleicher Weise kann man durch Veränderung der Frequenz elektromagnetischer Schwingungen die Farbe eines Lichts ändern. Wieder läßt sich eine Schwelle bestimmen, von der ab man eine andere Farbe sieht. Diese Schwellen beim Übergang von einer Sinnesqualität zu einer anderen dürfen nicht mit den ***Intensitätsschwellen*** verwechselt werden, die in Abschnitt 11.5 besprochen werden.

Sinnesorgane haben eine besondere Empfindlichkeit für spezifische Reize; diese nennt man adäquate Reize

Im Laufe der Evolution haben sich in allen tierischen Organismen spezialisierte Sinnesorgane herausgebildet, die daraufhin angelegt sind, auf bestimmte physikalische oder chemische Reize optimal zu reagieren. Meist ist das der Reiz, der die minimale Energie benötigt, um das betreffende Organ zu erregen. Wir nennen die Reizformen, auf die ein Sinnesorgan optimal reagiert, ***adäquate Reize.*** Ein Beispiel: Stäbchen und Zapfen der Retina lassen sich zwar auch erregen, wenn man den Bulbus kräftig mit dem Finger massiert. Dies führt nämlich zu „inadequaten“ visuellen Eindrücken. Optimale und damit adäquate Reize sind aber elektromagnetische Schwingungen mit Wellenlängen zwischen 400 und 800 nm. Bei dieser Reizart genügt die Energie weniger Photonen, um die Retinasensoren zu erregen. Ein Sinnesorgan ist um so spezifischer, je wahrscheinlicher es unter physiologischen Bedingungen nur von adäquaten Reizen erregt wird.

Ursachen der spezifischen Reizempfindlichkeit. Die spezifische Empfindlichkeit eines Sinnesorgans für adäquate Reize kann durch die Membraneigenschaften der Sensoren, aber auch durch den Bau des gesamten Sinnesorgans bedingt sein. So ist z. B. der adäquate Reiz für die Sinneszellen im Vestibularorgan und in der Kochlea des Innenohrs jeweils eine Endolymphströmung, welche die Haarzellen mechanisch erregt (s. Kap. 14, 15). Aber durch den Bau der Kochlea ist gewährleistet, daß solche Endolymphströmungen auftreten, wenn mechanische Schwingungen mit Frequenzen von 20–20 000 Hz die Kochlea erreichen, während im Vestibularorgan entsprechende Endolymphströmungen bei Lageänderungen des Kopfes auftreten.

Grenzen der spezifischen Reizempfindlichkeit. Sensorzellen sprechen meist nicht ausschließlich auf adäquate Reize an. Sie sind im biophysikalischen Sinn nicht absolut spezifisch. Aus diesem Grund ist es nicht immer einfach, aus einer rein formalen Betrachtung des Energiebedarfs den adäquaten Reiz für ein Sinnesorgan zu erschließen. So reagieren z. B. die *Kaltsensoren* (s. S. 222) in der Schleimhaut von Mund und Nase nicht nur auf Abkühlung, sondern auch recht empfindlich auf Kontakt mit einem chemischen Reiz, nämlich *Menthol.* Die Erregung der Kaltsensoren durch diese chemische Substanz (z. B. beim Rauchen einer Mentholzigarette) führt daher zur Kälteempfindung. Bringt man andererseits kaltes oder warmes Wasser in den Gehörgang, dann werden durch diesen thermischen Reiz nicht nur die lokalen Thermosensoren im Gehörgang erregt (was dort zu Warm- bzw. Kaltempfindungen führt), sondern auch die Haarzellen im lateralen Bogengang des *Vestibularorgans.* Die Folge sind abnorme, schwindelähnliche, kinästhethische Wahrnehmungen (s. Kap. 14).

Sinnesorgane als Sensoren in Regelkreisen. Manche Sensorsysteme induzieren keine bewußten Empfindungen. Solche Sensorsysteme, aber auch andere Sinesorgane, die bewußte Empfindungen vermitteln, haben vor allem die Aufgabe, an der Regelung physiologischer Prozesse mitzuwirken. Das gilt vor allem für die Sensorsysteme für Muskellänge, Sehnendehnung, Gelenkstellung und andere Parameter der Lage und Bewegung unseres Körpers ***(Propriozeptoren)*** und für Sensoren im Bereich der inneren Organe ***(Enterozeptoren*** oder ***Viszerozeptoren).*** Viel – vielleicht die meiste – Information, die dem ZNS von Enterozeptoren und Propriozeptoren zugeleitet wird, erreicht selten oder nie unser Bewußtsein. So sind uns z. B. die Informationen der *Barorezeptoren* aus dem Karotissinus, die kontinuierlich den arteriellen Blutdruck registrieren, nicht bewußt (s. auch S. 223).

Es war lange umstritten, ob die Impulse aus den Muskelspindeln unser Bewußtsein erreichen. Durch einen Selbstversuch von McCloskey [19], der sich eine Sehne chirurgisch freigelegen ließ, um den zugehörigen Muskel adäquat und selektiv für *primäre (Ia-) Muskelspindelafferenzen* zu reizen, konnte schlüssig nachgewiesen werden, daß eine isolierte Zunahme von Impulsen aus Muskelspindelafferenzen zu einer veränderten Lageempfindung der betreffenden Extremität führt.

!

Sinneswahrnehmungen werden in ihrer Modalität durch das aktivierte Sinnesorgan bestimmt (Gesetz der spezifischen Sinnesenergien); die Qualitäten der Wahrnehmung spiegeln dabei die Eigenschaften des Reizes wider. Sinnesorgane wurden in der Evolution entwickelt, um bestimmte, überlebenswichtige Reize aus unserer Umwelt oder in unserem Körper aufzunehmen; dies sind die adäquaten Reize (z. B. Licht beim Auge, Schall beim Ohr etc). Diese biophysikalische oder biochemische Selektivität ist aber nicht absolut, Erregung durch inadäquate Reize ist möglich.

Neben den klassischen 5 Sinnen (Gesicht, Gehör, Geschmack, Geruch, Gefühl) gibt es noch eine Vielzahl anderer Sinnesorgane (z. B. Gleichgewichtssinn, Temperatursinn, Tiefensensibilität, Schmerzsinn). Es besteht noch keine Einigung über ihre endgültige Anzahl.

Viele Sinnesorgane haben überwiegend oder ausschließlich die Aufgabe, als Meßfühler an der Regelung physiologischer Prozesse mitzuwirken. Manche von ihnen vermitteln keine bewußten Empfindungen.

11.3 Informationsübermittlung in Sensoren und afferenten Neuronen

Sensoren sind Zellen oder Zellmembranbereiche, die für die Aufnahme von Reizen und ihre „Übersetzung" in nervöse Erregung spezialisiert sind

In jedem Sinnesorgan gibt es *Rezeptoren,* deren Erregung den sensorischen Prozeß auslöst. Der Begriff ***Rezeptor*** ist heute aber leider nicht mehr eindeutig. Ursprünglich verstand man darunter eine Sinneszelle. Heute wird dieser Begriff von den Molekularbiologen in Anspruch genommen, die darunter Molekülkomplexe in Zellmembranen verstehen, die mit anderen Molekülen (z. B. Hormonen) spezifisch reagieren. Aber selbst im engeren Rahmen der Sinnesphysiologie wird der Rezeptorbegriff nicht eindeutig verwendet: Anatomen und Physiologen haben etwas unterschiedliche Rezeptorbegriffe. So verstehen Anatomen unter einem *Rezeptor* eine morphologisch charakterisierbare Sinneszelle, während Sinnesphysiologen als *Rezeptor* einen Membranabschnitt einer Sinneszelle oder einer rezeptiven Nervenendigung ansehen, der darauf spezialisiert ist, Reize aufzunehmen. Wir bezeichnen diesen „sinnesphysiologischen Rezeptor" als ***Sensor.***

Vor allem im Bereich der somatoviszeralen Sensibilität sind Sensoren in der Regel die peripheren Axon- oder Dendritenendigungen afferenter Nervenfasern. Solche Endigungen können als ***nackte Nervenendigungen*** frei im Gewebe liegen oder in spezialisierte Strukturen, z. B. in ***Korpuskeln*** oder in *Muskelspindeln*, eingebettet sein. In einigen Sinnesorganen sind die afferenten Nervenendigungen hingegen mit spezialisierten, nichtneuralen Sinneszellen verbunden, z. B. in der *Kochlea* mit den ***Haarzellen.*** In der *Retina* gibt es schließlich Sinneszellen neuralen Ursprungs, die ***Stäbchen*** und ***Zapfen,*** auf welche die hier verwendete Definition des Sensors ebenfalls zutrifft.

Reizung von Sensoren führt zu lokalen Änderungen des Membranpotentials, die man als Sensorpotentiale bezeichnet; diesen Vorgang der „Übersetzung" des Reizes in eine Membranpotentialänderung bezeichnet man als Transduktion

Früher nannte man diese Potentialänderungen *Rezeptorpotentiale.* Da ***Sensorpotentiale*** in den zugehörigen afferenten Nervenfasern Aktionspotentiale generieren, hat man sie auch als ***Generatorpotentiale*** bezeichnet. Man kann Sensoren auch definieren als Zellen, bzw. Membranabschnitte von Zellen, die Sensorpotentiale ausbilden, welche in zugehörigen Afferenzen in Aktionspotentialsequenzen umkodiert werden.

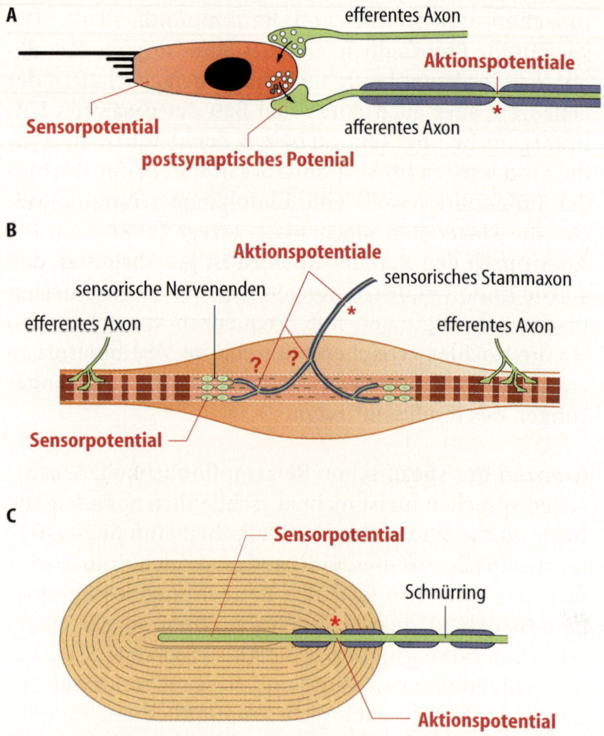

Abb. 11–3. Verschiedene Sensortypen. **A** Haarzelle aus der Cochlea oder dem Vestibularorgan. **B** Muskelspindel des Frosches. **C** VATER-PACINI-Körperchen. Die *Sterne* markieren die Stelle, an der vermutlich die Transformation von Generatorpotentialen zu Aktionspotentialen erfolgt. (A nach FLOCK in [2])

Nachweis von Sensorpotentialen. Bei einigen Sensoren kann man mit intrazellulären Mikroelektrodenableitungen die Potentialänderungen bei Reizung erfassen. Die Abb. 11–3 zeigt Beispiele von Sensoren, deren Generatorpotentiale gemessen werden konnten. Es geht aus dieser Abbildung hervor, daß der Sensor im Falle der Muskelspindel und des Vater-Pacini-Körperchens (PC-Sensor) jeweils das Axonterminale ist, während bei den Haarzellen eine Sinneszelle als Sensor fungiert. In diesem letzteren Fall wird das afferente Axon über einen synaptischen Mechanismus erregt (s. auch Kap. 14 und 15).

Ionenmechanismus der Transduktion. Die molekularen Mechanismen in der Membran der Sensoren, die bei der Transduktion ablaufen, sind in vielen Fällen noch nicht völlig aufgeklärt. Das hängt damit zusammen, daß die rezeptiven Membranabschnitte meist sehr klein und daher schlecht zugänglich sind. Im Prinzip läuft die Transduktion so ab, daß ***Membrankanäle sich öffnen*** und Ionenströme durch die Membran entstehen. Angetrieben werden diese *Ionenströme* durch extra-/intrazelluläre Konzentrationsdifferenzen (s. Kap. 2). Die Membrankanäle bestehen aus Molekülkomplexen und werden kontrolliert durch spezielle Rezeptormoleküle, die auf den Reiz ansprechen. Bei den *Chemosensoren* führt die Verbindung von Membranrezeptoren mit dem Reizstoff zur Beeinflussung eines Moleküls, das Ionenkanäle freigibt ***(Liganden-gekoppelte Kanäle).*** Bei Mechanosensoren beeinflußt mechanische Verformung der Membran die Kanalgröße und induziert so Ionenströme.

Die *Sensorpotentiale* sind ***bei den meisten Sensoren depolarisierend.*** Bei den Photosensoren in der Retina, den *Stäbchen* und *Zapfen,* findet ein Ionenstrom vorwiegend im Dunkeln statt. Dieser Ionenstrom wird blockiert, wenn Licht auf die Scheibenmembranen der Sensorendglieder einwirkt. Hier findet man also ein *hyperpolarisierendes* Sensorpotential (s. Kap. 16).

Der Transduktionsprozess des Vater-Pacini-Sensors. Ein gut erforschtes Beispiel eines Sensors ist das Vater-Pacini-Körperchen (PC-Sensor). Dieser Sensor besteht aus dem *marklosen* Ende einer *markhaltigen* Nervenfaser, das von einer zwiebelartigen Schale umgeben ist. Die sensorische Funktion dieser Sensoren wird im nächsten Kapitel beschrieben. Hier sei nur erwähnt, daß es sich um die *Sensoren des Vibrationssinnes* handelt. Die Sensorpotentiale werden bei diesem Sensor *in der Nervenendigung selbst* erzeugt, nicht in den Zellen, welche die Nervenendigung umgeben und die zum Aufbau des Sinnesorgans beitragen (Abb. 11–4 und 11–5). Das Axonterminale bleibt auch dann durch mechanische Reize erregbar, wenn man die umgebende Zwiebelstruktur abträgt. Weiter proximal, dort, wo die Aktionspotentiale entste-

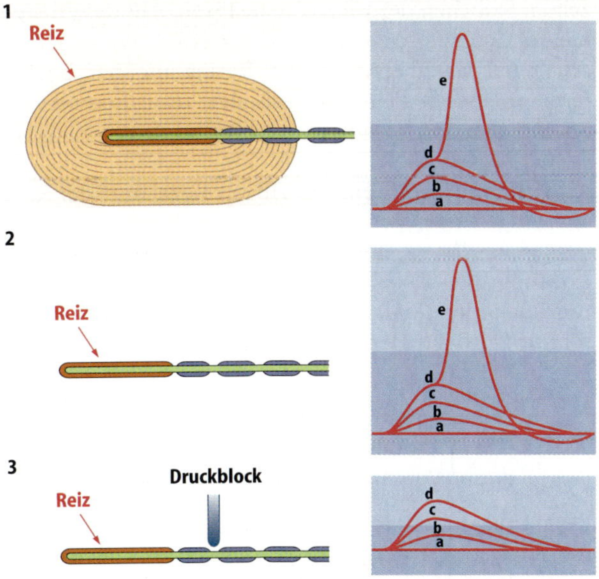

Abb. 11–4. Generatorpotentiale und Aktionspotentiale eines PC-Sensors (VATER-PACINI-Körperchen). **1** Reizung eines isolierten PC-Sensors an der mit einem *Pfeil* markierten Stelle führt bei schwachen Reizen zu Sensorpotentialen (Generatorpotentialen), deren Amplitude die Reizstärke codiert *(a–d)*. Überschwellige Sensorpotentiale lösen Aktionspotentiale *(e)* aus. **2** Auch nach Abtragen der umgebenden Hüllzelle lassen sich Sensorpotentiale durch mechanische Reizung erzeugen. **3** Ein Druckblock am 1. Schnürring des afferenten Axons blockiert die Aktionspotentialentstehung, beeinflußt aber das Sensorpotential nicht. Nach LOEWENSTEIN, Scientific American *203*, 98 (1960)

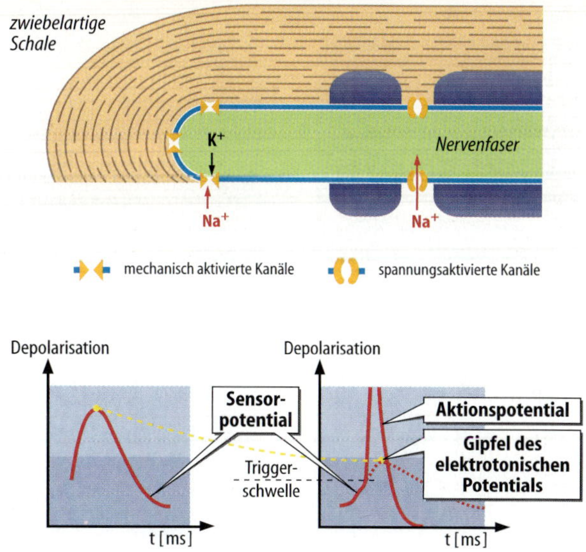

Abb. 11–5. Transduktion und Transformation am VATER-PACINI-Körperchen, das in der *oberen Hälfte* der Abbildung schematisch dargestellt ist. Die Kurven in der *unteren Hälfte* der Abbildung zeigen ein Sensorpotential und ein Aktionspotential, das durch dieses Sensorpotential ausgelöst wurde

hen und fortgeleitet werden (s. unten), ist die Axonmembran mechanisch hingegen viel unempfindlicher.

Die Membrankanäle, welche für Sensorpotentiale verantwortlich sind, sind nichtselektive Kationenkanäle; sie sind nicht identisch mit den spannungsabhängigen Membrankanälen, von denen die Aktionspotentialbildung abhängt

Das ***Umkehr***- oder ***Gleichgewichtspotential*** (s. Kap. 2) für das Sensorpotential eines PC-Sensors liegt nahe 0 mV. Das deutet darauf hin, daß die Permeabilitätsänderung, die durch einen mechanischen Reiz induziert wurde, nicht auf Na^+-Ionen beschränkt ist (Nernst-Gleichung). Untersucht man Vater-Pacini-Körperchen *in vitro* und entfernt alles Na^+ aus der Badlösung, dann wird das Sensorpotential auf etwa 1/3 reduziert, aber nicht ausgeschaltet. Die Kanäle, deren Permeabilitätsänderung das Sensorpotential dieses Sensors verursacht, sind ***nichtselektive Kationenkanäle.*** Diese Kanäle sind unempfindlich für *Tetrodotoxin (TTX)*, ganz im Gegensatz zu den Na^+-Kanälen an den Schnürringen des Stammaxons, die für die Aktionspotentialbildung verantwortlich sind. Man kann daher mit TTX bei einer afferenten Nervenfaser eines PC-Sensors die fortgeleiteten Aktionspotentiale ausschalten, während das Sensorpotential erhalten bleibt.

In Abb. 11–6 ist die selektive Unterdrückung der Aktionspotentialentstehung durch TTX an einem weiteren Beispiel demonstriert, den Sensoren der Froschmuskelspindel.

!

In den Sensoren der Sinnesorgane werden die unterschiedlichsten physikalischen und chemischen Reize in elektrische Potentiale, die Sensorpotentiale, umgewandelt, die auch Rezeptor- oder Generatorpotentiale genannt werden. Diesen Vorgang nennt man Transduktion. Die Sensorpotentiale sind depolarisierende Potentiale, da sie Folge der Öffnung nichtselektiver Kationenkanäle und der dadurch entstehenden Ionenströme sind. Eine Ausnahme bilden die Stäbchen und Zapfen der Retina, bei deren Reizung durch Licht sich solche Ionenkanäle schließen, wodurch die Membran hyperpolarisiert.

Sensorpotentiale sind lokale Membranpotentialänderungen, deren Größe innerhalb des Empfindlichkeitsbereichs des jeweiligen Sensors die Reizstärke kodiert

Kodierung der Reizintensität. Sensorpotentiale sind ***kontinuierlich abgestufte Antworten,*** d.h. sie *bilden mit ihrer Amplitude die Reizgröße ab.* Der Reiz ist jedoch nicht die unmittelbare Energiequelle dieser Potentialänderung. Er steuert nur – wie bereits dargestellt – Ionenströme durch die Membran. In einigen Fällen

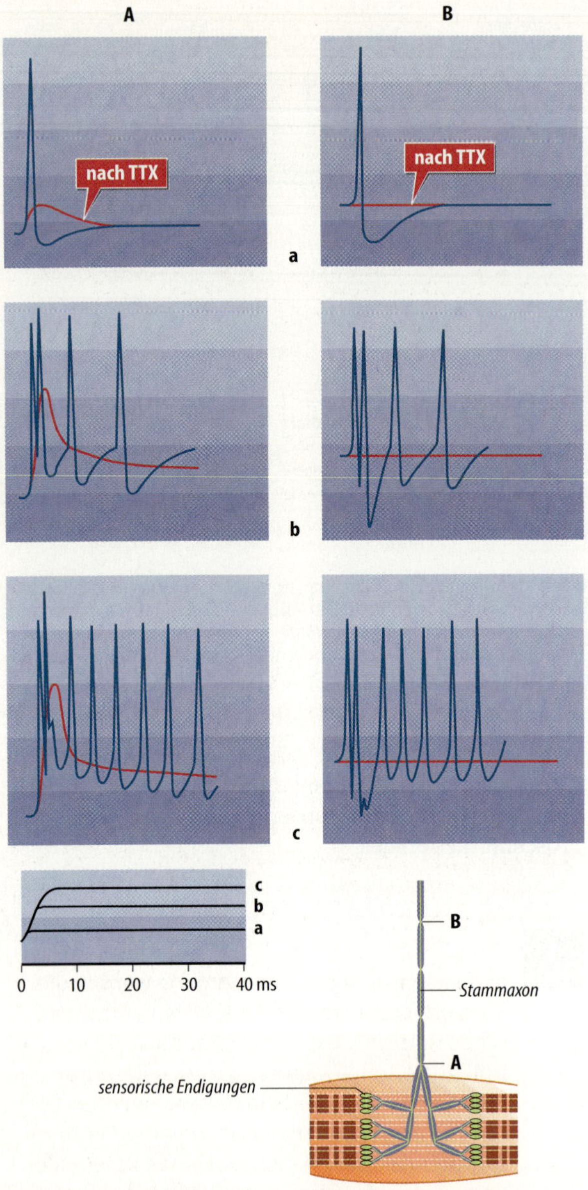

Abb. 11–6. Generatorpotentiale und Aktionspotentialsequenzen einer Froschmuskelspindel und ihre Beeinflussung durch Tetrodotoxin. Oben: Ableitungen aus dem afferenten Stammaxon nahe den sensorischen Nervenendigungen (*A*) und weiter proximal (*B*) bei verschieden starken Muskeldehnungen (*a, b, c,* Reizverlauf am Fuß der Abbildung). Die *blauen Kurven* zeigen in **A** Aktionspotentiale superponiert auf Sensorpotentiale, bei der von den Sensoren entfernteren Ableitung in **B** ist kein Sensorpotential mehr zu registrieren. *Blaue* Ableitungen unter Normalbedingungen, *rote* nach Block der Aktionspotentiale mit Tetrodotoxin (TTX). Die Depolarisationsgeschwindigkeit und die Aktionspotentialfrequenz sind eine Funktion der Amplitude der Depolarisation des Sensors. Unten: Skizze der Mittelregion einer Froschmuskelspindel mit den Ableitorten *A* und *B*. (Nach Ottoson und Shepherd in [2])

scheint der Transduktionsprozess so empfindlich zu sein, daß die theoretische Grenze erreicht wird. So können z. B. die Haarzellen der Kochlea bereits durch eine Bewegung erregt werden, die nicht größer ist als der Durchmesser eines Wasserstoffatoms. Schon ein einziges Lichtquant kann so große Membranströme an einzelnen Stäbchen der Netzhaut auslösen, daß das entstehende Generatorpotential die Aktivität der nachgeschalteten Ganglienzellen der Retina meßbar beeinflußt. In diesen Fällen ist mit der Transduktion ein beachtlicher *Verstärkungsprozeß* verbunden!

Arbeitsbereich von Sensoren. In der Regel muß der Reiz allerdings eine gewisse Größe erreichen, um eine ***Erregungsschwelle*** zu überschreiten. Andererseits führen extrem starke Reize häufig nicht mehr zu einem größeren Sensorpotential. Jeder Sensor hat somit einen *Empfindlichkeits-* oder *Arbeitsbereich.*

Sensorpotentiale werden in afferenten Neuronen in Aktionspotentialfolgen umkodiert; diesen Vorgang nennt man Transformation

Der nächste Schritt im sensorischen Erregungsprozeß ist die Auslösung einer Sequenz von Aktionspotentialen durch das Generator- oder Sensorpotential. Beim PC-Sensor findet diese ***Transformation*** am ersten Schnürring der afferenten Nervenfaser statt. Bei marklosen afferenten Nervenfasern (z. B. Nozizeptoren und Warmsensoren) ist der genaue Ort der Transformation nicht bekannt. Das Generatorpotential muß sich zu diesem Ort der Aktionspotentialauslösung hin elektrotonisch ausbreiten (s. Abb. 11–5), ganz ähnlich wie die synaptischen Potentiale am Motoneuron zum Axonhügel (s. S. 51). Bei einigen Sinneszellen, wie bei den Haarzellen des Innenohrs und bei den Photorezeptoren der Retina, sind synaptische Prozesse zwischen das Sensorpotential und die Aktionspotentiale geschaltet. Bei Stäbchen und Zapfen haben die postsynaptischen Potentiale in den Ganglienzellen der Retina die Funktion von *Generatorpotentialen.*

Abb. 11–6 zeigt Generatorpotentiale und die von ihnen ausgelösten Aktionspotentiale am Beispiel der Muskelspindel des Frosches. Während beim Generatorpotential die Größe der Depolarisation die Reizgröße abbildet, folgen die Amplituden der fortgeleiteten Aktionspotentiale dem Alles-oder-Nichts-Gesetz. Die *Abbildung der Reizgröße erfolgt durch Frequenzänderung.* Impulsfrequenzen der afferenten Nervenfasern folgen kontinuierlich der Amplitude der Generatorpotentiale. Eine ähnliche ***Umkodierung*** von einem lokalen Potential, dessen ***Amplitude*** variiert, zu einem fortgeleiteten Signal, dessen ***Frequenz*** sich ändert, findet wieder an zentralnervösen Synapsen statt (s. S. 40).

Sensoren und afferente Neurone lassen sich nach ihrem zeitabhängigen Antwortverhalten charakterisieren

Geschwindigkeitsabhängiges Antwortverhalten. Man kann an Abb. 11–6 sehen, daß die Antworten der Muskelspindelafferenz den Zeitverlauf des Reizes nicht exakt wiedergeben. Dieser Sensor und seine afferente Nervenfaser reagieren überproportional, wenn der Reiz rasch zunimmt, sie signalisieren die Geschwindigkeit der

Reizänderung. Man nennt diesen Aspekt der Reizantwort ***dynamische*** oder ***phasische*** oder ***differentiale*** Antwort (der Differentialquotient Längenänderung pro Zeit, dL/dt = v, entspricht der Geschwindigkeit).

Proportionales Antwortverhalten. Kodiert ein Sensor hingegen einen Reiz weitgehend unabhängig von der Geschwindigkeit, mit der er sich ändert, dann spricht man von einer ***tonischen*** oder ***statischen*** oder ***proportionalen*** Antwort. Bei den meisten Sensoren nimmt auch eine tonische Antwort bei längerdauernden gleichförmigen Reizen langsam ab. Die Abnahme der Erregung über die Zeit bei gleichbleibendem Reiz nennt man ***Adaptation.*** Von der Adaptation zu unterscheiden ist die ***Habituation,*** worunter man die verringerte Reaktion eines gesamten Organismus auf längerdauernde Reizeinwirkung versteht.

Proportional-Differential Antwortverhalten. In sensorischen Systemen kommen Afferenzen mit extrem rascher Adaptation vor, z. B. PC-Afferenzen und solche mit extrem langsamer Adaptation, z. B. sekundäre Muskelspindelafferenzen. Die meisten Afferenzen haben aber die in Abb. 11-6 gezeigte ***Proportional-Differential***- oder ***PD-Charakteristik.*** Sie übermitteln dem ZNS Informationen über die Reizgröße (*Proportionalantwort*), heben aber die für Regelvorgänge (Reflexe) besonders wichtigen raschen Reizänderungen durch höhere Impulsraten hervor (*Differentialantwort*). Diese bevorzugte Übermittlung der Information über rasche Reizänderungen wird in den vielen Sinneskanälen bei der Übertragung auf höhere Neuronen im ZNS noch verstärkt.

Die unterschiedlichen Adaptationsraten verschiedener Sensoren sind teils durch den Bau der Sensoren, teils durch die Charakteristika des Transformationsprozesses bestimmt

Bau des Sinnesorgans als Ursache des zeitabhängigen Antwortverhaltens. Beim PC-Sensor ist eine wichtige Ursache der extrem raschen Adaptation, die diesen Sensor zu einem Beschleunigungsdetektor macht, in der Zwiebelstruktur zu sehen, die den Sensor umgibt. Diese Struktur ist außerordentlich derb und wirkt als *mechanischer Hochpaß,* der die rezeptive Endigung, den Sensor, gegen kontinuierliche Drucke abschirmt und nur hochfrequente Erschütterungen überträgt.

Membranprozesse als Ursache des zeitabhängigen Antwortverhaltens. Die unterschiedlichen Adaptationsgeschwindigkeiten sind allerdings nicht nur im Bau der Sensoren begründet, sondern werden auch durch den Transformationsprozeß bestimmt. Depolarisiert man z. B. den ersten Schnürring einer PC-Afferenz mit einem langdauernden Strompuls, dann löst das nur eine kurze Antwort von 1–2 Aktionspotentialen aus. Führt man das gleiche Experiment am ersten Schnürring einer Muskelspindelafferenz des Frosches durch, dann induziert eine solche Dauerdepolarisation einen langdauernden Strom von Aktionspotentialen. Die endgültige Festlegung der Adaptationsrate einer afferenten Nervenfaser erfolgt also erst in der konduktilen Membran bei der Umkodierung in Aktionspotentialfolgen.

!

Die Sensorpotentiale sind abgestufte Antworten auf Reize verschiedener Intensität. Sensoren haben einen bestimmten Arbeitsbereich, d. h. die Reizintensität muß über einer Erregungsschwelle liegen, um ein Sensorpotential auszulösen; überschreitet die Reizintensität den Arbeitsbereich, wächst das Sensorpotential nicht weiter an.

In afferenten Neuronen wird die Größe der Potentialänderung des Sensorpotentials in Aktionspotentialfolgen unterschiedlicher Frequenz transformiert. Im Gegensatz zum lokalen Sensorpotential werden die Aktionspotentiale fortgeleitet.

Viele Sensoren zeigen neben einer tonischen Antwort, die der Reizgröße proportional ist, eine phasische Antwort, welche die Geschwindigkeit der Reizänderung kodiert.

11.4 Informationsverarbeitung im neuralen Netz

Afferente Nervenfasern verzweigen sich in ihrem Innervationsgebiet meist in mehrere Kollateralen, die jeweils in Sensoren enden; alle Sensoren einer Nervenfaser bilden ihr primäres rezeptives Feld

Ein Mechanosensor in der Haut wird v. a. durch Reize erregt, die auf die Haut unmittelbar über ihm einwirken. Die afferente Nervenfaser, die von diesem Sensor ausgeht, kann sich verzweigen, und die Kollateralen werden dann ebenfalls an den Axonterminalen Sensoren ausbilden. Das afferente Stammaxon kann in diesen Fällen von verschiedenen Hautstellen her erregt werden. Liegen die Sensoren eines afferenten Axons nahe beieinander, ergibt sich ein zusammenhängendes ***rezeptives Feld,*** liegen sie weiter voneinander entfernt eines, das aus mehreren unzusammenhängenden empfindlichen Hautstellen besteht. Zur Unterscheidung von den rezeptiven Feldern zentraler Neurone nennen wir die der primären Afferenzen ***primäre rezeptive Felder*** (s. Abb. 11-7). Unterschiedlich viele primär afferente Nervenfasern konvergieren und haben synaptische Kontakte mit einzelnen zentralen sensorischen Neuronen. Die rezeptiven Felder dieser zentralen Neurone können daher größer sein als die primären Felder afferenter Nervenfasern (s. z. B. das rechte Neuron der spezifisch sensorischen Bahn in Abb. 11-7).

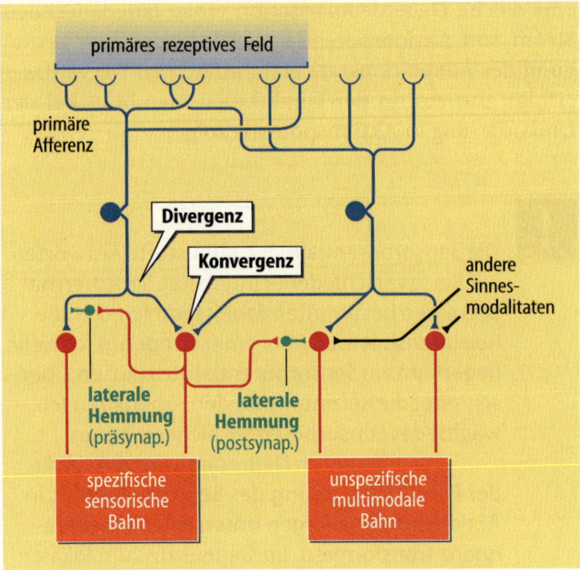

Abb. 11–7. Schematische Darstellung eines Sinnessystems

Eine hohe Innervationsdichte und kleine rezeptive Felder führen zu einer besseren Trennung verschiedener Reize und damit zu einem höheren Auflösungsvermögen

Funktionsangepaßte Organisation rezeptiver Felder. Charakteristischerweise sind die rezeptiven Felder von Mechanoafferenzen der Haut in der Fingerspitze, dem wichtigsten Tastorgan, kleiner als solche in der Haut des Unterarms oder gar des Rumpfes. Bei den sensorischen Neuronen höherer Ordnung vergrößert sich dieser Unterschied: Im somatosensorischen Projektionsfeld des Kortex haben die „Fingerspitzen"-Neurone viel kleinere rezeptive Felder als die „Rumpf"-Neurone (s. Kap. 12). Entsprechendes gilt von der Retina (s. Kap. 16). Rezeptive Felder von Ganglienzellen, die mit Sensoren der Fovea centralis des Auges verbunden sind, sind kleiner als solche, die von Sensoren der Retinaperipherie innerviert werden.

!

Die Anzahl der Kollateralen der primär afferenten Axone und ihre mehr oder weniger weite Ausbreitung im innervierten Gewebe bestimmen Form und Größe der peripheren rezeptiven Felder. Bei nachgeschalteten Neuronen im ZNS wird die Größe der rezeptiven Felder zudem bestimmt durch die Konvergenz verschiedener afferenter Neurone.

Die Größe peripherer und zentraler rezeptiver Felder ist funktionsangepaßt. Kleine Felder bedingen ein besseres sensorisches Auflösungsvermögen.

Die zentralnervösen Anteile von Sinnessystemen sind Ketten hintereinandergeschalteter, konvergent und divergent verknüpfter Neurone; sie sind als neuronale Netzwerke organisiert

Allgemeine Struktur sensorischer Bahnen. Die *primär* afferenten Nervenfasern enden nach ihrem Eintritt ins Rückenmark oder in den Hirnstamm an *sekundären* sensorischen Neuronen (vgl. Abb. 11–7, 11–8, s. a. Abb. 12–14, 12–15, S. 288). Deren Axone sammeln sich zu ***sensorischen Bahnen,*** die in höheren Kerngebieten enden. Charakteristischerweise sind mehrere solche sensorischen Zentren für ein Sinnessystem hintereinander geschaltet. Letzte Station bilden bei fast allen Sinnen die Neurone im ***Projektionsfeld der Hirnrinde.*** Diesen sind bei den meisten Sinnessystemen Neurone in einem ***thalamischen Projektionskern*** vorgeschaltet. Bei der Somatosensorik ist denen wiederum ein *sensorisches Kerngebiet* im Rückenmark oder Hirnstamm vorgeschaltet, an dessen Neuronen die afferenten Nervenfasern aus der Peripherie enden.

Eine sensorische Bahn besteht somit aus einer Kette von zentralen Neuronen, die durch Impulse der betreffenden Sensoren erregt werden und die durch Synapsen miteinander verbunden sind. Alle neuralen Verschaltungen innerhalb einer solchen sensorischen Bahn und die Hemmsysteme, die mit ihr verbunden sind, bilden gemeinsam ein Sinnessystem.

Sensorische Bahnen als neuronale Netzwerke. Die Abb. 11–7 zeigt schematisch einige charakteristische Züge eines solchen sensorischen Systems. Die primären Afferenzen verzweigen sich üblicherweise in ihren peripheren Ausläufern im Zielorgan zu verschiedenen Sensoren und bilden so ein primäres rezeptives Feld. Sie verzweigen sich aber auch an ihren zentralen Enden und bilden synaptische Kontakte an verschiedenen sekundären Neuronen. Man nennt diese Verzweigung ***Divergenz.*** An jedem sekundären sensorischen Neuron bilden andererseits mehrere primäre Afferenzen synaptische Kontakte. Das wird als ***Konvergenz*** bezeichnet. In den höheren sensorischen Zentren liegt die gleiche Vernetzung vor.

Eine Sinnesbahn kann somit einerseits als Kette hintereinander geschalteter (*in Serie* liegender) Neurone verstanden werden. Andererseits wird die Sinnesinformation aber durch Konvergenz und Divergenz gleichzeitig über viele parallele Kanäle übermittelt. Diese *parallele Übermittlung* in einem neuronalen Netzwerk führt zur ***Redundanz.*** Sie ist wahrscheinlich die wichtigste Ursache für die außerordentliche „Betriebssicherheit" sensorischer Systeme. Ausfall einzelner Neurone durch Erkrankung oder Altern beeinträchtigt die Funktion dieser Systeme erst, wenn sie eine große Zahl von Neuronen erfaßt hat.

Für die geordnete Informationsausbreitung im neuronalen Netzwerk von Sinnessystemen sind auch hemmende Synapsen wichtig

Die Vernetzung in Sinnesbahnen erstreckt sich nicht nur auf erregende synaptische Kontakte. Verschiedene Formen der ***Hemmung*** treten gesetzmäßig in sensorischen Systemen auf. Im nächsten Abschnitt wird die Funktion der *Hemmung zur Informations-Extraktion* beschrieben. Sie dient aber auch anderen Zwecken:

1. Erregungsbegrenzung im neuronalen Netz. Hemmung wird benötigt, um eine unkontrollierte Ausbreitung der Erregung im neuronalen Netzwerk zu verhindern: Die Blockierung der hemmenden glyzinergen Synapsen mit dem Glyzinantagonisten *Strychnin* führt zu einem Zusammenbruch jeder geordneten Informationsvermittlung im ZNS, zu Krämpfen und zum Tod.

2. Verstärkungsanpassung. Häufig geben höhere sensorische Neuronen Kollaterale ab, welche Interneurone innervieren, die rückläufig vorgeschaltete sensorische Neurone derselben Bahn hemmen. Diese ***Rückkopplungshemmung*** dient der Einstellung der Verstärkung in der betreffenden sensorischen Bahn. Diesem Zweck dient wahrscheinlich u.a. die *primär afferente Depolarisation (PAD)* im somatosensorischen System (s. S. 53)

3. Funktionsanpassung. Schließlich können höhere Hirnzentren durch absteigende Hemmbahnen (***deszendierende Hemmung***) die Übermittlung in Sinnessystemen beeinflussen (s. S. 233). Diese Hemmechanismen dienen u.a. der Ausblendung von Sinnesinformationen bei der Fokussierung der Aufmerksamkeit. Eine andere wichtige Funktion der deszendierenden Hemmung ist die Anpassung der Sensorik an die Motorik, z.B. beim Auge die Anpassung des Sehvorganges an die motorische Aktivität der Augenmuskel, die dazu führt, daß während Sakkaden der Sehvorgang ausgeblendet wird (s. Kap. 16).

Alle Sinnessysteme haben auch Verbindung zu unspezifischen Systemen, die u.a. der Steuerung der Aufmerksamkeit dienen

Solche unspezifischen Neuronengruppen erhalten Informationen von mehreren Sinnessystemen, sie sind ***multimodal.*** Ein wichtiges unspezifisches System erstreckt sich über das retikuläre Kerngebiet des Hirnstamms und des Thalamus. Wahrscheinlich übermitteln die spezifischen (unimodalen) Sinnesbahnen die präzise Information über Sinnesreize (*sie vermitteln, was geschieht*), während die unspezifischen, multimodalen zuständig sind für die sensorische Integration und für die Verhaltensanpassung, welche diese Reize erfordern (*sie vermitteln, wie wichtig das ist, was geschieht*). Häufig besteht diese Verhaltensanpassung in einer Verhaltensaktivierung und in einer Ausrichtung der Aufmerksamkeit. Dies scheint eine wichtige Aufgabe des *aufsteigenden retikulären Aktivierungssystems,* ***ARAS,*** zu sein (s. S. 144).

!

Sensorische Bahnen sind als Ketten hintereinandergeschalteter Neurone organisiert. Sie nehmen ihren Ausgang von den Sensoren der primär afferenten Fasern, die wiederum auf sekundäre, diese auf tertiäre etc. Neurone aufgeschaltet werden. Letzte Station ist meist die Hirnrinde.

Durch Konvergenz und Divergenz der synaptischen Verschaltungen zentraler Neurone werden sensorische Bahnen zu neuronalen Netzwerken. In diesen spielen hemmende Synapsen eine wichtige Rolle bei der Erregungsbegrenzung sowie der Verstärkungs- und Funktionsanpassung.

Alle sensorischen Systeme haben Verbindungen zu *unspezifischen, multimodalen* Neuronenpopulationen, die z.B der Steuerung der Aufmerksamkeit und des Wachheitsgrades dienen.

Rezeptive Felder zentraler sensorischer Neurone sind häufig komplex, d.h. diese Neurone werden durch die Erregung einer Gruppe von Sensoren erregt, durch die anderer Sensoren gehemmt

Viele Neurone im visuellen und im somatosensorischen System werden z.B. vom Zentrum ihres rezeptiven Feldes her erregt, von einem mehr oder minder großen und mehr oder minder regelmäßig geformten Umfeld hingegen gehemmt. Solche hemmenden rezeptiven Umfelder kommen dadurch zustande, daß die primären Afferenzen mit Interneuronen verbunden sind, die an den betreffenden zentralen sensorischen Neuronen hemmende Synapsen bilden. Da die Hemmung von sozusagen „seitwärts" liegenden Neuronen derselben Sinnesbahn ausgeht, sprechen wir von ***lateraler Hemmung.***

Die laterale Hemmung dient der Kontrastverschärfung

Die komplexen rezeptiven Felder zentraler sensorischer Neurone dienen dazu, bestimmte Züge der Sinnesinformation herauszuheben (*Eigenschaftsextraktion,* ***feature extraction***). Eine wichtige Aufgabe ist die Kontrastverschärfung. Letztlich führt diese Hervorhebung der Kontraste dazu, daß z.B. die Augen uns weniger Information über absolute Helligkeiten, dafür aber um so genauere über Helligkeitsunterschiede im Bild, also über Begrenzungen einzelner Bildelemente, liefern.

Verdeutlichung der Kontrastverschärfung durch laterale Hemmung in einem einfachen Modell. Die Abb. 11-8 zeigt ein stark vereinfachtes Sinnessystem ohne ausgeprägte Konvergenz und Divergenz.

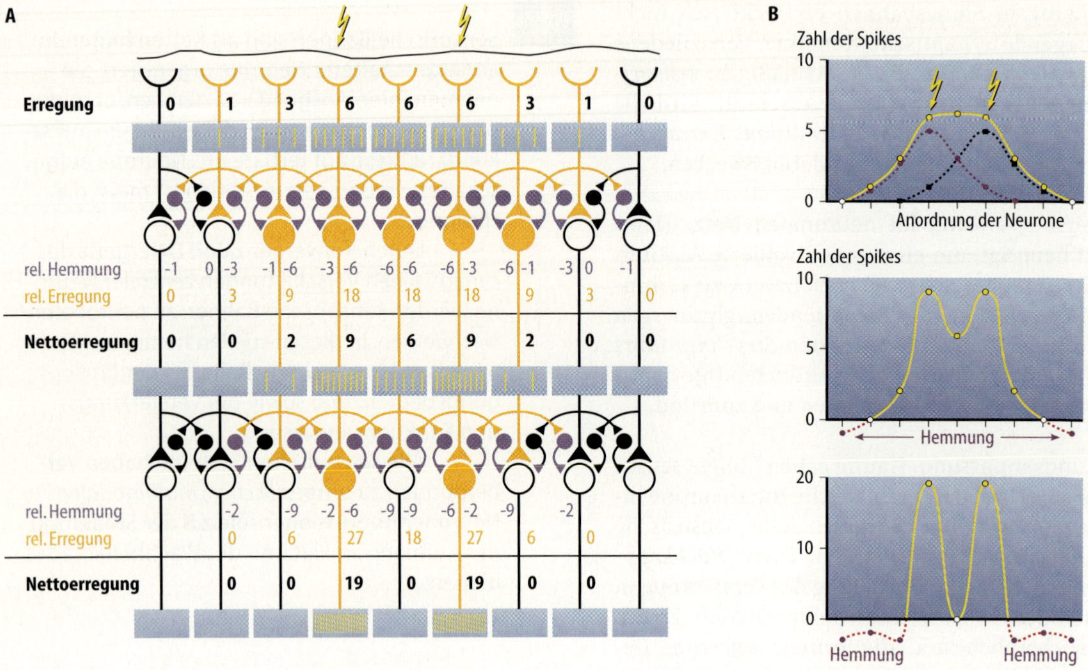

Abb. 11–8. Laterale Hemmung im Modell eines einfachen neuralen Netzwerkes. **A** Die beiden *Pfeile am oberen Rand* der Abbildung deuten zwei eng benachbarte Reize an, darunter ist die Matrix des Netzwerks angedeutet. Die Zahlenangaben und die *blauen* Kästchen mit den Aktionspotentialen in *Gelb* erläutern die Erregungsverhältnisse, wenn angenommen wird, daß auf jeder Stufe Erregungen dreifach verstärkt werden, während die Hemmungen mit einfacher Verstärkung wirken. Die resultierenden Nettoerregungen ergeben sich aus Subtraktion der Hemmwerte von den Erregungswerten. **B** Darstellung der Nettoerregung auf verschiedenen Ebenen des Netzwerks. (Mod. nach Handwerker 1990)

Aufgabe des Modells. Es wird angenommen, daß auf die Sensoren dieses Systems in enger Nachbarschaft gleichzeitig zwei punktförmige Reize treffen. Die resultierenden Erregungen der Sensoren überlagern sich, die beiden Reize können nicht getrennt rezipiert werden. Mit den im Modell angenommenen Parametern der lateralen Hemmung läßt sich in 2 Stufen synaptischer Übertragung eine vollständige Trennung der beiden simultan erfolgten Reize erzielen.

Modellbeschreibung. Um die laterale Hemmung zu simulieren, sind die Afferenzen in Abb. 11–8 so verschaltet, daß jede von ihnen durch Axonkollaterale Interneurone (schwarze bzw. blaue Zellkörper in Abb. 11–8) erregt, welche die jeweils benachbarten sekundären sensorischen Neurone (weiße bzw. gelbe Zellkörper in Abb. 11–8) hemmen. Die Größe der Hemmung hängt natürlich von der Stärke der Erregung der Interneurone durch die jeweiligen primären Afferenzen ab. Im Modell ist angenommen, daß bei jeder synaptischen Übertragung zwischen primären Afferenzen und ihren sekundären Neuronen eine synaptische Verstärkung mit dem Faktor 3 erfolgt, die Hemmung über die Interneurone (erregende und hemmende Synapse in Serie) soll eine synaptische Gesamtverstärkung mit dem Faktor –1 haben. Die hemmenden Einflüsse (IPSPs) werden von den erregenden (EPSPs) subtrahiert. Bei der nächsten Stufe der synaptischen Übertragung wiederholt sich dieser Prozeß mit den gleichen Übertragungsfaktoren.

In Abb. 11–8 sind die resultierenden Erregungen und Hemmungen im Modell als Zahlenwerte angegeben. die jeweils resultierenden Nettoerregungen können z. B. als „Zahl der Aktionspotentiale" interpretiert werden. In den blauen Kästchen sieht man die entsprechenden Ableitungen der einzelnen Axone. Die Änderungen, die in dieser Matrix von Stufe zu Stufe auftreten, lassen sich auf Grund der getroffenen Annahmen leicht nachrechnen.

Aufgaben der Eigenschaftsextraktion. Die hier dargestellte Kontrastverschärfung ist nicht die einzige Aufgabe der Informations-Extraktion bei höheren sensorischen Neuronen. In den Projektions- und Assoziationsfeldern des Kortex werden von einzelnen Neuronen erheblich kompliziertere Informationen aus der sensorischen Erregung extrahiert. So gibt es im somatosensorischen System Neurone, welche die Geschwindigkeit und Richtung kodieren, mit der ein Reiz sich über die Haut bewegt. Im visuellen Kortex findet man die Einfach- und Komplexzellen (s. S. 297), die bestimmte geometrische und Bewegungseigenschaften visueller Reize darstellen. Im einzelnen wird die Organisation der jeweiligen kortikalen sensorischen Projektionsfelder in den Kapiteln über die betreffenden Sinnessysteme besprochen. Allgemein gilt, daß unsere zentralen Sinnessysteme – v. a. die kortikalen – eine Analyse der einlaufenden Informationen vornehmen und für den bewußten Wahrnehmungsprozeß ***Extrakte*** oder ***Abstraktionen*** der Sinnesinformation liefern.

!

Die rezeptiven Felder zentraler sensorischer Neurone sind oft komplex. Sie können z. B. aus erregendem Zentrum und hemmendem Umfeld bestehen. Diese Organisation dient der Kontrastverstärkung in Form der *lateralen Hemmung*. Diese ist nur ein Sonderfall der Eigenschaftsextraktion in zentralen Neuronen.

11.5 Sensorische Schwellen

Im 19. Jahrhundert war über die Funktion der Sinnesorgane noch wenig bekannt. Sinnesphysiologen befaßten sich daher zunächst vorwiegend mit der Beziehung von Reizen und subjektiven Empfindungen, also mit einem Gebiet, das wir heute der Wahrnehmungspsychologie zurechnen. Dabei stand die ***Intensitätsdimension*** der Empfindungen im Vordergrund. Mit der Zuordnung von Empfindungsintensitäten zu physikalischen Reizparametern befaßt sich die ***Psychophysik.***

Ein zentrales Konzept der Psychophysik ist das der sensorischen (Intensitäts-) Schwelle

Die Reizschwelle. Die kleinste Reizintensität, die bei einer bestimmten Reizkonfiguration gerade noch eine Empfindung hervorruft, wurde als Reizschwelle (abgekürzt ***RL*** für „Reizlimen") oder *Absolutschwelle* bezeichnet. Von manchen Autoren wird nur der kleinstmögliche Wert der Reizschwelle bei optimaler Reizkonfiguration und Adaptation Absolutschwelle genannt. An anderen Stellen dieses Lehrbuchs sind die Reizschwellen für das Hören in Abhängigkeit von der Frequenz des Reizes (s. S. 259) und für das Sehen in Abhängigkeit von der Adaptationszeit (s. S. 294) dargestellt.

Die Unterschiedsschwelle. Untersucht man überschwellige Reize, dann läßt sich eine weitere Intensitätsschwelle definieren, die Unterschiedsschwelle (***DL:*** *Differenzlimen,* oder ***jnd:*** *just noticeable difference*). Wie die englische Abkürzung ausdrückt, versteht man darunter den Betrag, um den ein Reiz größer sein muß als ein Vergleichsreiz, damit er gerade eben merklich als stärker empfunden wird. Als erster hat E. H. Weber (1834) beim Vergleich von Gewichten (Kraftsinn) nachgewiesen, daß 2 schwere Gewichte sich um einen größeren Betrag unterscheiden müssen als 2 leichte, damit sie unterschieden werden können. Die Abb. 11–9 A zeigt die Beziehung zwischen den Ausgangsgewichten und dem zum Erreichen von DL benötigten Reizzuwachs. Diese Beziehung ist im Bereich mittlerer Reizstärken linear, d. h. es muß immer der gleiche Bruchteil des Ausgangsgewichtes dazugetan werden, damit DL überschritten wird.

Das Weber-Gesetz besagt, daß die Änderung der Reizintensität, die gerade eben wahrgenommen werden kann ($\Delta\varphi$), ein konstanter Bruchteil (c) der Ausgangsreizintensität (φ) ist. Dieses Gesetz gilt für die verschiedensten Sinnesmodalitäten

Als Formel lautet Webers Gesetz:

$$\Delta\varphi / \varphi = c; \text{ oder } \Delta\varphi = c * \varphi \qquad (1)$$

Nach diesem Gesetz ist der Quotient $\Delta\varphi/\varphi$ über verschiedene Reizstärken konstant. Man nennt diese wichtige Größe ***Weber-Quotient.***

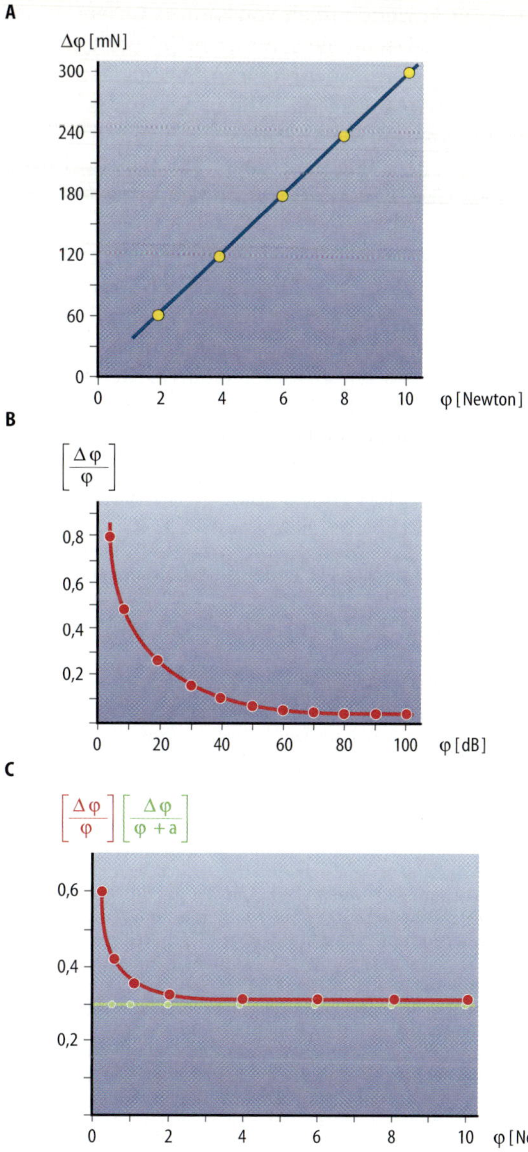

Abb. 11–9. Der Weber-Quotient und Webers Gesetz. **A** Beziehung zwischen Ausgangsreizgröße (φ) und Reizzuwachs, der zur Überschreitung der Unterschiedsschwelle beim Kraftsinn benötigt wird ($\Delta\varphi$). **B** Abhängigkeit des Weber-Quotienten ($\Delta\varphi/\varphi$) von der Reizstärke des Ausgangsreizes am Beispiel akustischer Reize. Nur bei Reizen, die mehr als 40 dB über der Absolutschwelle liegen, ist der Weber-Quotient eine Konstante. **C** Korrektur des Weber-Quotienten durch die Konstante „a". Das korrigierte Gesetz (Formel 2) gilt auch für schwellennahe Reize. (A und B nach [1])

Der Weber-Quotient ist eine nützliche Meßgröße, um die relative Empfindlichkeit von Sinnessystemen zu untersuchen. Es ist zwar nicht möglich, in physikalischen Dimensionen die Empfindlichkeit des Auges für Lichtintensitäten mit der des Ohres für Schallpegel zu vergleichen, man kann aber die Weber-Quotienten beider Sinnesmodalitäten miteinander vergleichen, die ja dimensionslos sind. Dabei findet man, daß die Unterscheidungsfähigkeit unseres Sehorgans für Lichtstärken etwas besser ist als die unseres Ohres für Schallintensitäten.

Grenzen der Anwendbarkeit von Webers Gesetz. Wenn man sich der Reizschwelle nähert, sind Weber-Quotienten in der Regel nicht mehr konstant, sondern nehmen zu. Die Abb. 11–9 B zeigt die Abhängigkeit des Weber-Quotienten von der Reizstärke am Beispiel der Lautstärke von Tönen. Wie man sieht, läßt sich in diesem Fall Webers Gesetz, wie es in Geichung 1 formuliert wurde, erst bei Reizen anwenden, die 40 dB über der Absolutschwelle liegen, da erst von dieser Reizstärke an der Weber-Quotient konstant bleibt. Ähnliche Kurven erhält man bei der Bestimmung der Weber-Quotienten in anderen Sinnesmodalitäten. Bei Reizen nahe der Reizschwelle muß also ein größerer relativer Reizzuwachs hinzukommen, um die Unterschiedsschwelle zu überschreiten. Das hängt möglicherweise damit zusammen, daß die Rezeption schwacher Reize von stochastischen Prozessen überlagert ist, die man in der Nachrichtentechnik als ***Rauschen*** bezeichnet.

Das Konzept des Rauschens in Sinneskanälen. Man kann Webers Gesetz (Gleichung 1) umformulieren, um bei schwachen Reizen eine bessere Anpassung an experimentell gewonnene Daten zu bekommen:

$$\Delta\varphi / (\varphi + a) = c; \text{ oder } \Delta\varphi = c * (\varphi + a) \qquad (2)$$

In dieser Formel ist a eine Konstante mit einem meist kleinen Zahlenwert. Bei größeren Reizstärken (φ) ist ihr Einfluß vernachlässigbar, Webers Gesetz in seiner ursprünglichen Form ist dann zureichend genau (s. Abb. 11–9 C). Der Korrekturfaktor ***a*** wurde auch als Ausdruck der Größe des (nachrichtentechnisch verstandenen) ***Rauschens*** im Sinneskanal interpretiert.

Neurophysiologisch kann man als „Rauschen" die *Spontanaktivität* auffassen, die v. a. in höheren sensorischen Neuronen auch dann vorhanden ist, wenn kein Reiz auf das Sinnesorgan einwirkt. Diese Spontanaktivität muß zur Reizantwort hinzuaddiert werden und bestimmt daher mit, wie groß der Reizzuwachs sein muß, der ein eben diskriminierbar größeres Signal im ZNS hervorruft. Die Spontanaktivität ist klein im Vergleich zur Reizantwort auf kräftige Reize, sie beeinflußt aber den Weber-Quotienten bei kleinen Reizstärken.

Folgt man dieser Interpretation, dann kann man auch die Absolutschwelle neurophysiologisch interpretieren, nämlich als den Reiz, der gerade stark genug ist, Erregung in einem Sinnessystem hervorzurufen, die unterscheidbar größer ist als die Spontanaktivität in diesem System. Diese Interpretation wird in bestimmten psychophysischen Theorien benutzt, z. B. in der später besprochenen *Sensorischen Entscheidungstheorie.* Im Abschnitt 11.7 „Integrierende Sinnesphysiologie" wird diskutiert, ob die Spontanaktivität die Schwelle tatsächlich entscheidend beeinflußt.

!

Unter Reiz- oder Absolutschwelle versteht man diejenige minimale Reizintensität, die gerade oder eben noch eine Empfindung in einem Sinnessystem hervorruft. Die Unterschiedsschwelle ist derjenige Reizzuwachs, der nötig ist, um eine eben merklich stärkere Empfindung auszulösen. Nach Webers Gesetz ist dieser Reizzuwachs ein konstanter Bruchteil des Ausgangsreizes, der Weber-Quotient. Bei kleinen Reizen, nahe der Reizschwelle ist dieser Quotient allerdings nicht mehr konstant, sondern nimmt zu, wenn man sich der Reizschwelle nähert.

Die Methoden der Schwellenbestimmung müssen die Variabilität der Antworten auf schwache Reize oder kleinen Reizzuwachs berücksichtigen

Da biologische Systeme in ihren Reaktionen variabel sind, wird ein Proband schwache Reize wahrscheinlich manchmal wahrnehmen und manchmal nicht. Die Schwelle kann daher nicht definiert werden als die Reizintensität, unterhalb derer ein Reiz nie wahrgenommen wird. Der Reiz muß vielmehr dem Probanden mehrmals dargeboten und die „wahre", mittlere Schwelle mit einem statistischen Verfahren abgeschätzt werden. Es gibt mehrere Techniken der Schwellenbestimmung, die teilweise bereits auf Fechner zurückgehen. Alle Methoden, die zur Bestimmung der Reizschwelle entwickelt wurden, lassen sich entsprechend auch für die Bestimmung von Unterschiedsschwellen einsetzen.

Grenzmethode. Bei dieser Methode (*method of limits*) werden abwechselnd auf- und absteigende Reizserien geboten, die z. B. mit einem intensiven Reiz beginnen, der vom Probanden leicht wahrgenommen wird, dann verringert man die Intensität so lange, bis der Reiz unterschwellig wird. Danach beginnt man mit einem sehr schwachen Reiz, der so lange gesteigert wird, bis die Schwelle erreicht ist. Entscheidend ist, daß mehrere Werte gewonnen werden, deren Mittelwert als Schätzung des Schwellenwertes genommen wird.

Tierverhaltensexperiment. Die Grenzmethode läßt sich auch einsetzen, um die sensorischen Schwellen von Versuchstieren zu bestimmen. Abb. 11–10 zeigt ein Beispiel. Hier wurde eine Taube konditioniert (s. auch Kap. 6), für eine Futterbelohnung bei sichtbarem Licht auf eine Taste A zu picken, wenn kein Licht sichtbar ist, auf Taste B. Taste A verringert die Reizintensität, Taste B erhöht sie. Auf diese Weise entstehen aufsteigende und absteigende Serien zur Bestimmung der visuellen Wahrnehmungsschwelle nach der Grenzmethode. Mißt man auf diese Weise die Schwelle fortlaufend nach Abdunklung des Testkäfigs, entsteht eine Dunkeladaptionskurve (s. S. 294), die der beim Menschen gemessenen ähnelt. Dieses Beispiel zeigt sehr anschaulich, daß die Methoden der Psychophysik auf das Tierverhaltensexperiment übertragen werden können.

Ein zuverlässiges Verfahren zur Schwellenbestimmung ist die Konstantreizmethode; als Schwelle wird derjenige Reiz definiert, der in der Hälfte der Fälle wahrgenommen wird

Bei der – zeitaufwendigen – Konstantreizmethode (*method of constant stimuli*) werden den Probanden verschiedene Reize in randomisierter Reihenfolge immer wieder dargeboten. Der Proband gibt an, ob er den Reiz wahrnimmt oder nicht. Dabei sollte der schwächste der ausgewählten Reize so klein sein, daß er fast nie wahr-

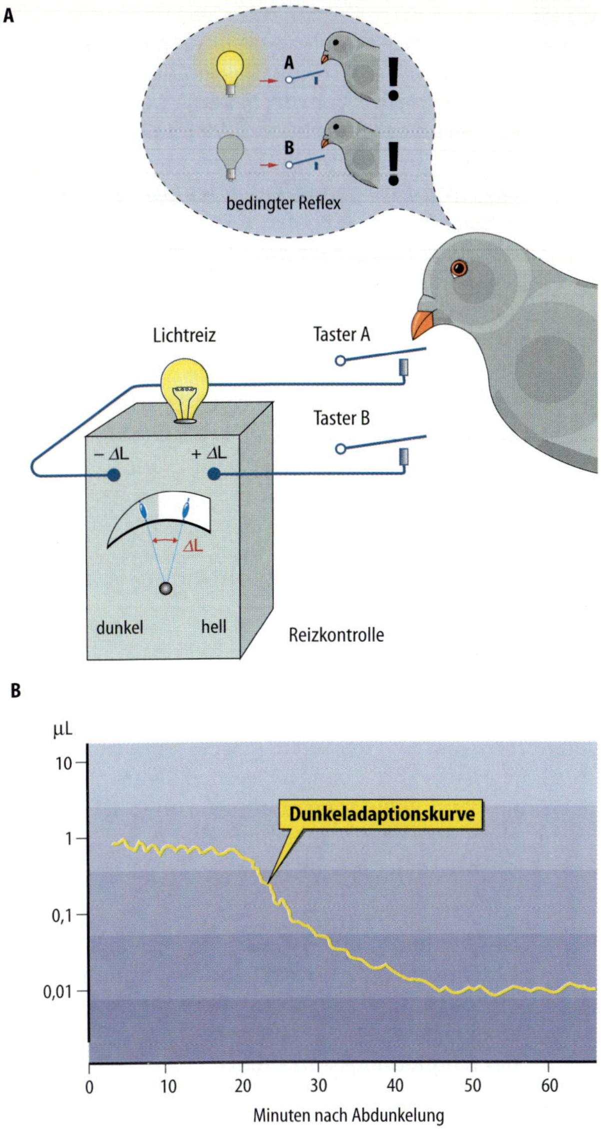

Abb. 11–10. A u. B. Schwellenbestimmung im Verhaltensversuch bei einer Taube. **A** Schema der Versuchsanordnung: Die Taube pickt Taste *A*, wenn sie Licht sieht, dadurch wird der nächste Lichtreiz verkleinert. Picken von Taste *B*, wenn kein Licht sichtbar ist, vergrößert den nächsten Lichtreiz. **B** Verlauf der von der Taube eingestellten Schwellenreizstärke nach Abschalten einer hellen Hintergrundbeleuchtung. Die *Kurve* zeigt die Dunkeladaptationskurve der Taube. (Nach [9])

genommen wird, der stärkste so groß, daß er fast immer wahrgenommen wird. Gemessen wird der Prozentsatz der wahrgenommenen Reize verschiedener Reizstärken. Die Abb. 11–11 zeigt ein Beispiel einer solchen Messung. Verbindet man die gemessenen relativen Wahrnehmungshäufigkeiten für Reize verschiedener Intensität untereinander, dann erhält man in den meisten Fällen eine S-förmige Kurve, die ***psychometrische Funktion*** genannt wird. Als Schwelle wird diejenige Reizgröße definiert, bei der 50 % der Reize erkannt werden. Im Beispiel von Abb. 11–11 ist das keiner der gewählten Reize, sondern ein auf der Kurve interpolierter Punkt.

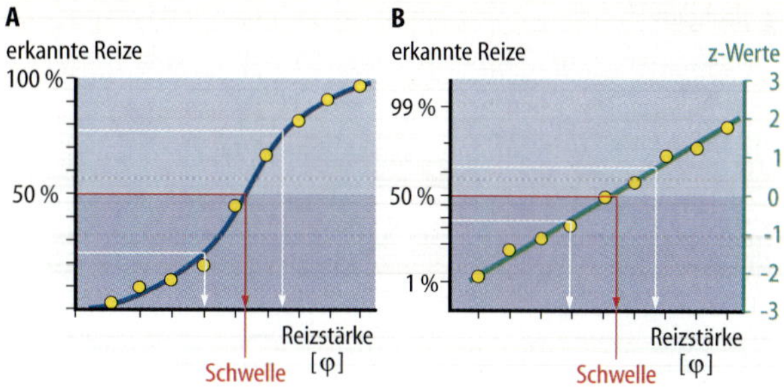

Abb. 11–11. Psychometrische Funktion, wie sie sich bei Bestimmung der Schwellenreizstärke mit dem Konstanzverfahren ergibt. Die Schwelle ist definiert als der *Punkt* auf der Kurve, der 50 % erkannten Reizen entspricht. **A** Darstellung der relativen Trefferhäufigkeit (*Ordinate*) in Abhängigkeit von der Reizstärke (*Abscisse*). **B** Häufig entsprechen die S-förmigen psychomotorischen Funktionen dem Integral einer Normalverteilungskurve (Ogive). Transformiert man die relativen Trefferhäufigkeiten in Z-Werte (z. B. auf Wahrscheinlichkeitspapier), wird die psychometrische Funktion zur Geraden. (Nach [1])

Häufig ist die S-förmige psychometrische Funktion gut an die kumulierte Form der Normalverteilung (das Integral der Gauss Verteilung) anzupassen. Man nennt diese Funktion ***Ogive.*** Trägt man die mit dem Konstantreizverfahren gewonnenen relativen Häufigkeiten in einem solchen Fall auf der Ordinate als Wahrscheinlichkeitswerte (Z-Werte) auf, dann ordnen sie sich zu einer Geraden an (Abb. 11–11 B). Die Tatsache, daß die psychometrische Funktion häufig einer Ogive folgt, ist auch von theoretischem Interesse. Sie belegt, daß ein statistischer Prozeß die Schwankungen der Wahrnehmung bedingt (s. auch nächsten Abschnitt).

Die Sensorische Entscheidungstheorie geht davon aus, daß Schwellenbestimmungen nicht nur durch die sensorische Trennschärfe, sondern auch durch Entscheidungsprozesse beeinflußt werden

Wahrnehmung schwacher Reize. In einem früheren Abschnitt haben wir hypothetisch die Reizschwelle als diejenige Reizintensität definiert, die eine neurale Erregung in einem Sinnessystem hervorruft, die gerade diskriminierbar größer ist als die Spontanaktivität in dem betreffenden Sinneskanal. Ein einfaches Modell der Verteilung von Spontanaktivität und neuralen Antworten auf einen schwachen Reiz ist in Abb. 11–12 dargestellt. Aus dieser Darstellung ist erkennbar, daß ein Beobachter, bei dem z. B. die mit „a“ markierte neurale Erregung auftritt, nicht eindeutig entscheiden kann, ob es sich um Spontanaktivität oder um den Effekt des hier angenommenen schwachen Reizes handelt. Bei starken Reizen tritt das Problem natürlich nicht auf, deren Antwortverteilung liegt weit getrennt von der Verteilung der Spontanaktivität.

Mit dem Problem der Schwellenerkennung im Rauschen befaßt sich die ***Sensorische Entscheidungstheorie*** oder *Signal-Entdeckungstheorie* (engl.: *sensory decision theory,* oder *signal detection theory;* ***SDT***) [15,20]. Nach dieser Theorie muß ein Beobachter, der ein schwaches Signal vom Rauschen trennen will, eine Entscheidung treffen.

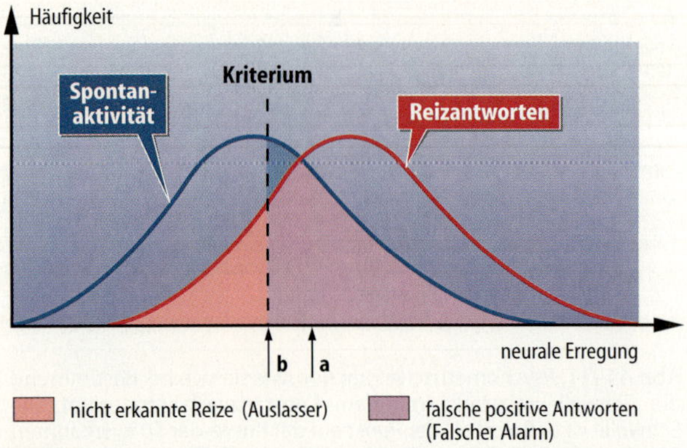

Abb. 11–12. Schematische Darstellung der Verteilung von Spontanaktivität (nachrichtentechnischem Rauschen) und der Antworten auf einen schwellennahen Sinnesreiz. Die Häufigkeitsverteilung der Spontanaktivität ist blau angegeben, die der Reizantwort rot. Im violetten Überschneidungsfeld liegen die Fälle, in denen bei gegebenen Entscheidungskriterium „b" Spontanaktivität fälschlich für Reizantwort gehalten werden kann („falscher Alarm"), im roten Überschneidungsfeld liegen die Fälle, in denen eine Reizantwort für Spontanaktivität gehalten wird („Auslasser"). Wie man aus der Abbildung sehen kann, ist die Zahl der Fälle von „Auslassern" und von „falschem Alarm" umgekehrt proportional, je nachdem, wie das Entscheidungskriterium gelegt wird

Diese *Entscheidung* könnte etwa darin bestehen, daß er alle neuralen Erregungszustände in Abb. 11–12, die größer als „b" sind, als reizbedingt ansieht, Erregungen, die kleiner sind, als Spontanaktivität. Man nennt eine solche durch Entscheidung festgelegte Trennlinie *„Kriterium"* (engl. criterion oder *bias*). Die Entscheidung wird in dem in Abb. 11–12 angenommenen Fall notwendigerweise fehlerbehaftet sein: In den Fällen, die der rot getönten Fläche im Diagramm entsprechen, bleiben Reize unerkannt, in den Fällen, die der violetten Fläche rechts des Kriteriums entsprechen, wird Spontanaktivität fälschlich für Reizeffekt gehalten.

Meßgrößen der SDT. Sinnesschwellen werden nach dieser Theorie durch zwei Faktoren bestimmt, die ***sensorische Trennschärfe*** und das durch einen Entscheidungsprozeß festgelegte ***Entscheidungskriterium.*** Über die Möglichkeiten, in der Sinnesphysiologie *Trennschärfe* eines Sinnessystems und *Entscheidungsprozesse* des Probanden oder Versuchstieres unabhängig voneinander zu bestimmen, informiert die weiterführende Literatur [15, 20].

Entscheidungsprozesse in der medizinischen Diagnostik. Die Erkenntnis, daß in unsicheren Reizsituationen Entscheidungskriterien Sinnesantworten bestimmen, hat eine Bedeutung, die weit über die Sinnesphysiologie hinausreicht. Das Rauschen wird bei solchen generellen Betrachtungen als die Summe der Unsicherheitsfaktoren definiert.

Ein Beispiel ist die ***medizinische Diagnostik:*** Der unsichere, visuelle Eindruck, daß die Hautfarbe eines Patienten einen gelblichen Ton hat, wird den Arzt zur Annahme eines „Ikterus" führen oder nicht, je nachdem, bei welchem Grad gelblicher Verfärbung er sein Entscheidungskriterium gesetzt hat. Das Kriterium ist natürlich von der Erfahrung des Arztes bestimmt, also von einer intuitiven Wahrscheinlichkeitsabschätzung. Es sollte aber auch, je nach den Konsequenzen, hoch oder niedrig gesetzt werden: Besteht der Verdacht auf eine gefährliche Erkrankung und sind die Folgeuntersuchungen für den Patienten wenig eingreifend, dann wird das Kriterium niedrig gesetzt. In die ärztliche Entscheidung gehen also nicht nur Wahrscheinlichkeitsüberlegungen, sondern auch Betrachtungen der *Konsequenzen für den Patienten* und somit *ethische Urteile* ein.

!

Bei allen Schwellenbestimmungen müssen Reize mehrfach und in abgestufter Intensität dargeboten werden, um die Variabilität der Sinnesschwellen berücksichtigen. Wichtige Verfahren sind die Grenzmethode, bei der abwechselnd auf- und absteigende Reizserien dargeboten werden, und die Konstantreizmethode, bei der derjenige Reiz als Schwelle gilt, der bei 50 % aller Reizversuche wahrgenommen wird. Die Sensorische Entscheidungstheorie (Signalentdeckungstheorie) geht davon aus, daß bei der Wahrnehmung schwacher Reize neben der sensorischen Trennschärfe auch Entscheidungsprozesse (z.B Festlegung einer „Kriterium" genannten Trennlinie) wichtig sind.

11.6 Psychophysische Beziehungen

Unter ***psychophysischen Gesetzen*** oder besser Beziehungen versteht man Theorien, die kontinuierliche Beziehungen zwischen ***Reizintensitäten*** und ***Wahrnehmungsintensitäten*** herstellen. Zwei konkurrierende psychophysische Beziehungen werden heute noch in der Sinnesphysiologie angewandt, die von G. T. Fechner im 19. Jahrhundert gefundene und die von S. S. Stevens etwa 100 Jahre später beschriebene.

Die psychophysische Beziehung Fechners beruht auf Webers Gesetz und besagt, daß eine logarithmische Zunahme der Reizstärke zu einer linearen Zunahme der Empfindungsstärke führt

G.T. Fechner benutzte Unterschiedsschwellen und Webers Gesetz zur Definition einer ***Skala der Empfindungsstärke*** (ψ). Der Nullpunkt dieser Empfindungsstärke-Skala ist die Reizschwelle, die nächst stärkere Empfindung ist gerade um eine Unterschiedsschwelle (DL) größer, die nächste wieder um eine DL usw. Eine DL ist nach Fechner der kleinste mögliche Empfindungszuwachs. Daher sind die DL die Grundeinheiten der Empfindungsstärke. Da das Kumulieren über die Weber-Quotienten ($\Delta\varphi/\varphi$) zu einer logarithmischen Reizzunahme führt (s. Abb. 11–13), besagt ***Fechners psychophysische Beziehung,*** daß einem linearen Zuwachs der Empfindungsstärke (ψ) ein logarithmischer Zuwachs der Reizstärke (φ) entspricht. Trägt man die in Abb. 11–13 gezeigte psychophysische Funktion in linear-logarithmische Koordinaten ein, dann erhält man eine lineare Beziehung. Als Formel lautet das Gesetz:

$$\psi = k \cdot \log(\varphi / \varphi_o) \qquad (3)$$

wobei ψ die Empfindungsstärke, k eine Konstante, φ die Reizstärke und φ_o die Reizstärke an der Absolutschwelle ist.

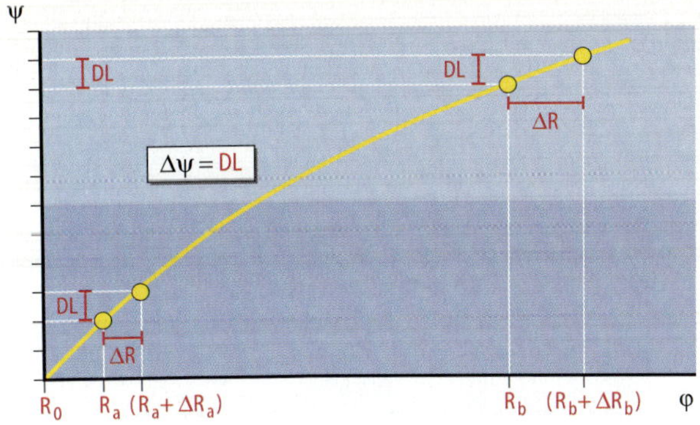

Abb. 11–13. Schematische Darstellung der Beziehung zwischen Reizstärke und Empfindungsgröße nach Fechners psychophysischer Beziehung. Die kleinstmögliche Zunahme der Empfindungsstärke ist durch die Unterschiedsschwelle (DL) definiert. Da aber die Unterschiedsschwelle nach Webers Gesetz jeweils der Zunahme der Reizgröße um die Konstante $\Delta\varphi/\varphi$ entspricht (s. S. 207), werden bei größeren Ausgangsreizen (R_b verglichen mit R_a) größere Reizzuwächse für einen eben merklichen Zuwachs der Empfindungsstärke benötigt. R_0 = Reizstärke zum Erreichen der Empfindungsschwelle; ΔR = Reizzuwachs zum Erreichen einer eben merklichen stärkeren Empfindung (Unterschiedsschwelle); *DL* = eben merklich stärkere Empfindung (Unterschiedsschwelle)

Voraussetzungen von Fechners psycho-physischer Beziehung. Diese Beziehung beruht auf verschiedenen Voraussetzungen, vor allem auf der, daß die Unterschiedsschwellen jeweils gleiche Grundeinheiten der Zunahme der *Empfindungsstärke* darstellen. Eine Unterschiedsschwelle bei schwachen Reizen bedeutet danach denselben Empfindungszuwachs wie eine entsprechende Unterschiedsschwelle bei starken Reizen. Wir werden in einem späteren Abschnitt sehen, daß diese Annahme nicht allgemein gültig ist. Die ψ-Ordinate in Fechners Gesetz ist eher eine ***Skala der Unterscheidbarkeit*** als der ***Empfindungsstärke.***

Sternenklassen. Daß die Skala der Empfindungstärke bei Fechner eine *Skala der Unterscheidbarkeit* ist, läßt sich an einem eindrucksvollen Beispiel zeigen: Seit mehr als 2000 Jahren haben Astronomen die Sterne betrachtet und klassifiziert. Etwa 150 v. Chr. führte der griechische Astronom Hipparchos eine quantitative Skala der Sternhelligkeit ein, die noch heute verwendet wird. Die hellsten Sterne gehören der ersten Klasse an, die nächst helleren der zweiten usw. bis zur sechsten Sternklasse, die man gerade noch mit bloßem Auge sehen kann.

Die Helligkeitsschätzung von Sternen auf dieser sechs-Punkte Skala wurde von Astronomen für viele Jahrhunderte verwendet, bis die photometrische Helligkeitsbestimmung möglich wurde. Die Sternklassifizierung ist somit ein riesiges psychophysisches Experiment, das über Jahrhunderte durchgeführt wurde. Als Wissenschaftler die alte Skala mit der gemessenen Leuchtdichte verglichen, fanden sie ungefähr eine logarithmische Beziehung, die man aus Fechners Gesetz voraussagen konnte.

Fechners Beziehung ist in diesem Fall anwendbar, da die Astronomen keine Schätzung ihrer ***Empfindungsstärken*** vornahmen, sondern mit ihrer Sechs-Punkte-Skala ausschließlich das Kriterium der ***Unterscheidbarkeit*** erfüllen wollten. Entscheidend ist, daß ein Stern erster Klasse unterscheidbar heller ist als ein Stern zweiter Klasse usw. Es ist dabei gleichgültig, um wieviel heller uns der Stern erscheint als einer aus einer niedrigeren Klasse.

Dezibel- und Phonskala. Aus Fechners Beziehung sind logarithmische Meßsysteme der Sinnesphysiologie abgeleitet, z. B. die *Dezibel- und Phonskala* (s. S. 260). Im mittleren Frequenz- und Lautstärkebereich entspricht ein Reizzuwachs von 1 dB etwa einer DL, also dem Weber-Quotienten.

Nach S. S. Stevens läßt sich die Beziehung zwischen Reiz- und Empfindungsstärke in verschiedenen Sinnessystemen mit Potenzfunktionen beschreiben

Skalen der Empfindungsstärke bei Fechner und Stevens. Da S. S. Stevens bei Überprüfungen von Fechners psychophysischer Beziehung z. B. zeigen konnte, daß ein Ton, der um 20 Unterschiedsschwellen über der Absolutschwelle liegt, mehr als doppelt so laut geschätzt wird wie ein entsprechender Ton, der um 10 Unterschiedsschwellen über dieser Schwelle liegt, schloß er, daß das Überschreiten einer Unterschiedsschwelle nicht bei allen Ausgangsreizstärken den gleichen Zuwachs an Empfindungsintensität bringt. Er verwandte bei der Suche nach einer psychophysischen Beziehung Methoden der ***direkten Skalierung*** der Empfindungsstärke. Im Gegensatz zu Fechners indirekter Skala aus Unterschiedsschwellen, die lediglich den Rang einer ***Ordinalskala*** besitzt, soll die Empfindungsstärke nach Stevens auf einer ***Rationalskala*** geschätzt werden, die auch Multiplikationen erlaubt (also Aussagen wie „doppelt so hell"). Tabelle 11–1 stellt die verschiedenen Skalenarten zusammen und ver-

Tabelle 11–1. Skalenarten und die mit ihnen erlaubten Operationen. (Modifiziert nach [24])

Skala	Operationen	Transformationen	Statistik	Beispiel
Nominal	Identifizieren, Klassifizieren	Ersetzen einer Klassenbezeichnung durch eine andere	Zahl der Fälle, Modalwert	Nummern einer Fußballmannschaft
Ordinal	Rangordnung	Manipulationen, welche die Rangordnung erhalten	Median, Percentil, Rangkorrelation	Schulnoten, Ranglisten im Sport
Intervall	Distanzen oder Differenzen messen	Multiplikation oder Addition von Konstanten	Arithmetisches Mittel, Standardabweichung	Temperatur °Celsius
Rational	Verhältnisse, Brüche, Vielfache	Multiplikation von Konstanten	Geometrisches Mittel	Temperatur °Kelvin

gleicht die in ihnen möglichen Rechenoperationen. Die Skalentypen sind in aufsteigender Reihenfolge geordnet. Die statistischen Operationen, die in den niedrigeren Skalenarten erlaubt sind, können auch in den höheren angewandt werden, aber nicht umgekehrt.

Stevens psychophysische Beziehung. Stevens hat verschiedene Methoden zur Bestimmung der Empfindungsstärke in Rationalskalen beschrieben. Wichtig ist, daß die Skala eine kontinuierliche, nicht eine in Stufen aufgeteilte Zuordnung ermöglicht. Der Proband soll Konzepte verwenden wie „halb" oder „doppelt so intensiv" usw. und entsprechende Zahlenwerte seinen Empfindungen zuordnen. Das Grundprinzip dieser Messung der Empfindungsstärke ist das der ***proportionalen Zuordnung.*** Messungen mit solchen Rationalskalen führten Stevens zu der Annahme, daß die Beziehung zwischen der Empfindungsstärke (ψ) und der Reizintensität (φ) die Form einer Potenzfunktion habe. Stevens Gesetz besagt somit:

$$\psi = k \cdot (\varphi - \varphi_o)^a \qquad (4)$$

Dabei ist ψ wieder die Empfindungsstärke, k eine Konstante, die von der Skalierung des Reizes abhängt, φ die Reizintensität und φ_o die Reizintensität an der Absolutschwelle. a schließlich ist der Exponent, der von der Sinnesmodalität und den Reizbedingungen abhängt.

Der Exponent bestimmt, welche Form die Kurve in einer graphischen Darstellung annimmt, bei der ψ als Funktion von φ aufgetragen wird. Ist z. B. der Exponent 1, dann ist die Beziehung eine Gerade. Ist der Exponent hingegen größer als 1, dann steigt die Empfindungsstärke schneller an als die Reizstärke, ist er kleiner als 1, verhält es sich umgekehrt.

Nachweis einer Potenzfunktionsbeziehung durch Achsentransformation. Potenzfunktionen werden zu linearen Beziehungen, wenn man sie in ein logarithmisches Koordinatensystem einträgt.

$$\log \psi = \log k + a * \log (\varphi - \varphi_o). \qquad (5)$$

An Gleichung (5) ist erkennbar, daß beim Vorliegen einer Potenzfunktion eine Gerade entstehen muß, wenn man die Daten in den Koordinaten log ($\varphi - \varphi_o$) und log ψ aufträgt. Die Steigung dieser Geraden (der Tangens des Steigungswinkels) entspricht dabei dem Exponenten „a".

Bedeutung der Exponenten in Stevens Beziehung. Die Abb. 11–14 zeigt Potenzfunktionen, die Stevens für verschiedene Sinnesmodalitäten und Qualitäten bestimmt hat. Zweifellos sind diese Koeffizienten von den Reizbedingungen abhängig. Sie streuen zudem beträchtlich zwischen verschiedenen Probanden. Trotz ihrer Abhängigkeit von Reizkonfiguration und Kontext des Reizes sind diese Exponenten aber bis zu einem gewissen Grad auch charakteristisch für den jeweiligen Sinneskanal. Ihre unterschiedliche Größe läßt sich damit erklären, daß sich Reizintensitäten in verschiedenen Sinnessyste-

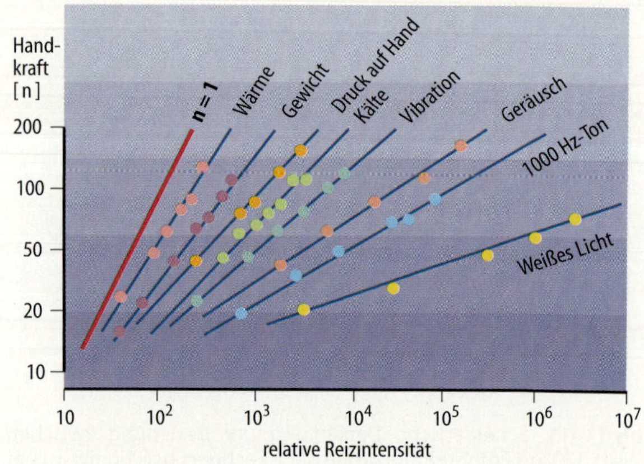

Abb. 11–14. Einschätzung der Empfindungsintensität auf einer Stevensschen Skala in Abhängigkeit von der Reizstärke. Die Empfindungsintensität wurde durch intermodalen Intensitätsvergleich über die auf ein Handdynamometer ausgeübte Kraft (*Ordinate*) gemessen. Die Exponenten der gefundenen Potenzfunktionen bestimmen die Steigungen der Geraden. (Nach [24])

men über verschieden große Bereiche erstrecken können - bei der Lichtintensität über 4 Dekaden, beim Warmsinn höchstens über eine.

Intermodaler Intensitätsvergleich. Eine wichtige Methode von Stevens Psychophysik beruht darin, die Intensität einer Wahrnehmung in einem Sinnessystem als Größe einer Wahrnehmung in einem anderen System auszudrücken. So läßt sich z. B. die Helligkeit eines Lichtes oder die Lautheit eines Tones als Kraft eines Handdruckes auf ein Dynamometer ausdrücken. Man nennt dieses Verfahren *intermodalen Intensitätsvergleich.* Dieser wird dadurch ermöglicht, daß unser Gehirn gut Proportionen abschätzen und *Proportionen* von Empfindungsgrößen miteinander vergleichen kann.

Visuelle Analogskala. Eine Art von intermodalem Intensitätsvergleich hat sich bei der Bestimmung von Stevens-Funktionen v. a. durchgesetzt: die Einschätzung von Reizintensitäten als Länge von Strecken. Aus diesem Vergleich hat sich die visuelle Analogskala entwickelt. Bei diesem Verfahren wird die Reizintensität als Strecke auf einer Linie angegeben. Da die Streckenschätzung selbst ungefähr den Exponenten 1 hat, ergeben Schätzungen auf visuellen Analogskalen etwa die gleichen Exponenten wie die direkte Schätzung als Zahlenangabe. Die visuelle Analogskala wird in der Medizin zur Abschätzung von Schmerzintensitäten angewandt.

!

Fechners psychophysische Beziehung besagt, daß einer logarithmischen Reizzunahme eine lineare Zunahme der Empfindungsintensität entspricht. Diese Beziehung beschreibt eher die Unterscheidbarkeit von Reizen, als die subjektive Empfindungsstärke.

Stevens psychophysische Beziehung besagt, daß Reizstärke und Empfindungsstärke über eine Potenzfunktion miteinander verbunden sind. Diese Beziehung ergibt sich, wenn die Empfindungsstärke nicht indirekt über Unterschiedsschwellen bestimmt, sondern direkt geschätzt wird.

11.7 Integrierende Sinnesphysiologie

Moderne sinnesphysiologische Forschung bearbeitet häufig integrierende Fragestellungen, d. h. sie sucht nach dem Zusammenhang von physiologischen und Wahrnehmungsprozessen

Eingangs dieses Kapitels wurde festgestellt, daß die Sinnesphysiologie mit zwei Bereichen zu tun habe, der „objektiven“ Sinnesphysiologie und der Wahrnehmungspsychologie. Beide Bereiche haben es mit unterschiedlichen Gegenständen zu tun, einerseits der *Funktion von Sinnessystemen*, andererseits den *subjektiven Wahrnehmungen*. Die Aufgabe der Sinnesphysiologie kann sich nicht innerhalb eines der beiden Bereiche erschöpfen, beide müssen aufeinander bezogen werden.

Integrierende Fragestellungen der Sinnesphysiologie können von verschiedenen Ausgangspunkten ausgehen, nämlich von:

a) ***Konzepten,*** die beiden Forschungsbereichen gemeinsam sind
b) ***Phänomenen der Wahrnehmung,*** für die neurophysiologische Korrelate gesucht werden
c) ***neurophysiologischen Funktionszusammenhängen,*** bei denen gefragt wird, wie sie sich auf die Wahrnehmung auswirken.

(a) In den letzten Jahren hat die Suche nach gemeinsamen Konzepten im Rahmen der Erforschung der ***künstlichen Intelligenz*** von Computeralgorithmen (***KI***) neue Impulse erhalten. (b) Manche Wahrnehmungsphänomene lassen sich in Computersimulationen neuronaler Netzwerke nachbilden. Ein einfaches Beispiel wäre die Erklärung des Mach-Band Phänomens in der Wahrnehmung mit der lateralen Hemmung in einem einfachen neuronalen Netzwerk, wie es in Abb. 11–8 vorgestellt wird.

Wahrnehmungsschwelle und neuronale Schwellen. Ein Beispiel dafür, wie sich neurophysiologische Funktionszusammenhänge auf die Wahrnehmung auswirken (c) läßt sich aus Schwellenbetrachtungen entwickeln. In einem vorhergehenden Abschnitt wurde eine Hypothese für die *Reizschwelle* (RL) eingeführt, die aus dem Bereich der Neurophysiologie, also der objektiven Sinnesphysiologie, stammt. Nach dieser Hypothese ist die Schwelle dann überschritten, wenn in einem Sinneskanal eine Erregung auftritt, die unterscheidbar größer ist als die Spontanaktivität in diesem Kanal (s. S. 208). Diese Hypothese läßt sich im Rahmen einer integrierenden Sinnesphysiologie experimentell prüfen. Die Ogivenform der psychometrischen Funktion (Abb. 11–11) zeigt, daß tatsächlich ein statistischer Prozeß bei der Wahrnehmung schwacher Reize im Spiel ist. Ist die Spontanaktivität von Neuronen im ZNS die Ursache, oder eher die Variabilität der Funktion der Sensoren in der

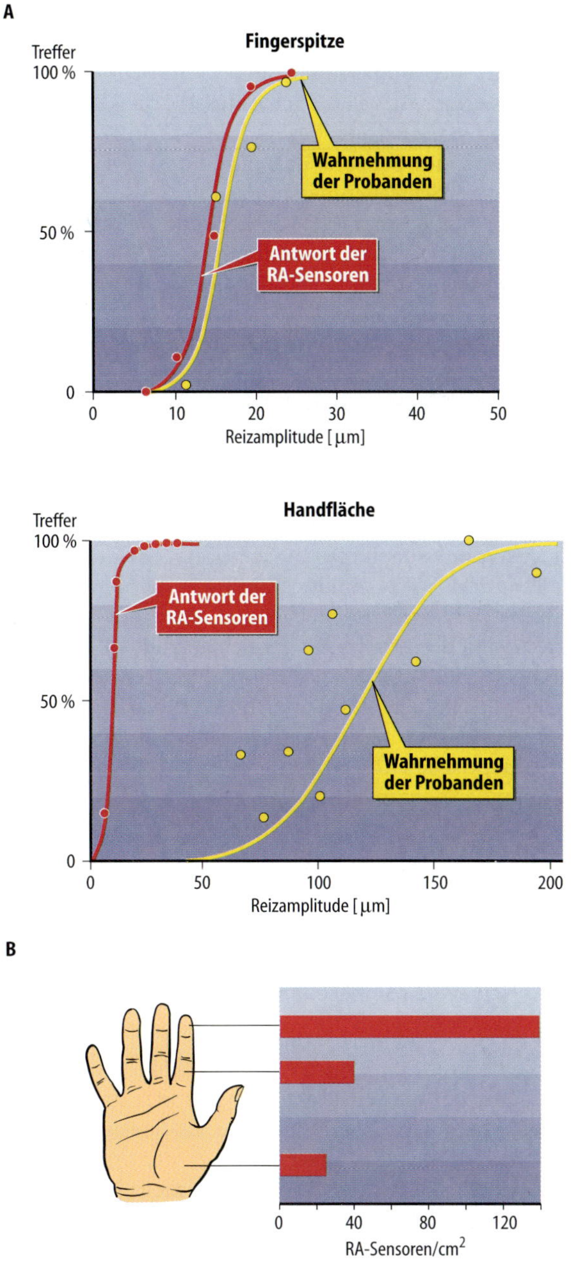

Abb. 11–15. Schwellenfunktionen rasch adaptierender Mechanoreceptoren in der Haut (RA-Sensoren) und psychometrische Funktionen. **A** Psychophysische Schwellenmessungen und Ableitungen der Hautafferenzen wurden gleichzeitig im mikroneurographischen Experiment vorgenommen. **B** Innervationsdichte der RA-Sensoren an verschiedenen Stellen der Handfläche. (Daten von Vallbo und Johansson. Nach [18])

Körperperipherie? Eine Möglichkeit, zwischen diesen beiden Hypothesen zu unterscheiden, bietet die Methode der ***Mikroneurographie*** (s. S. 218), d. h. die Ableitung von primären Afferenzen aus peripheren Nerven menschlicher Probanden [17, 18].

Zentralnervöse Spontanaktivität und Wahrnehmungsschwelle. Untersucht man z. B. die Antworten von rasch adaptierenden Mechanosensoren der Haut der Handfläche (RA-Sensoren, s. S. 217 f) auf einen schwachen kontrollierten Berührungsreiz, dann erhält man eine S-förmige Schwellenkurve, die der „psychometrischen Funktion" der Empfindung ähnelt (Abb. 11–15). Man kann aus dieser Ogive eine Schwelle (RL) dieses Sensortyps ableiten. Außerdem beweist die S-förmige Schwellenfunktion des Sensors, daß zumindest ein Teil der Streuung bei Schwellenmessungen den Sensoren selbst und ihrer Einbettung in das umgebende Gewebe zuzuschreiben ist. Da mikroneurographische Untersuchungen an wachen Probanden vorgenommen werden, kann man gleichzeitig deren subjektive *psychometrische Funktion* (s. S. 209) bestimmen. Führt man ein solches Experiment bei einem RA-Sensor an der Fingerspitze durch, dann decken sich die beiden Funktionen weitgehend. Zentralnervöse Spontanaktivität scheint also in diesem Fall nicht zur Variabilität der Empfindungsschwelle beizutragen.

Ganz anders ist das Ergebnis, wenn man die Schwellenfunktionen von RA-Sensoren der Handfläche, die etwa ebenso empfindlich sind wie die der Fingerspitzen, mit den entsprechenden psychometrischen Funktionen der Probanden vergleicht. Hier ist die psychometrische Funktion der Empfindungsschwelle nach rechts verschoben, was darauf hindeutet, daß im ZNS ein weiterer Informationsverlust eintritt, entweder bei der synaptischen Übertragung oder durch die hinzukommende Spontanaktivität.

Die Empfindungsschwelle in einem Sinnessystem hängt nicht nur von der Empfindlichkeit der Sensoren ab, sondern auch von der Übertragungssicherheit in der jeweiligen Sinnesbahn

Parallelübermittlung. Auch ein kleinflächiger mechanischer Reiz, der die Sensoren in Fingerspitze und Handfläche erregt, wird immer mehrere RA-Sensoren erregen. Nun gehören die Fingerspitzen zu den wichtigsten Tastorganen, die Handfläche hingegen nicht. Die Dichte dieser Sensoren ist entsprechend in der Fingerspitze größer als in der Handfläche (Abb. 11–15). Auch im somatosensorischen Projektionsfeld des Kortex sind die Fingerspitzen durch größere Neuronengruppen präsentiert. Folglich wird die Information aus dieser Körperregion durch mehr *parallele Kanäle* übermittelt, und das kann den Informationsverlust bei den zentralnervösen synaptischen Übertragungen kompensieren. Je höher die ***Redundanz*** in einem System um so höher die Übertragungssicherheit.

Parallelübertragung bei Nozizeptoren. Bei mikroneurographischen Untersuchungen von Nozizeptoren mit marklosen Afferenzen in der Haut des Menschen konnte gezeigt werden, daß bei großflächigen Reizen die Fähigkeit einzelner Nozizeptoren, Hitzereize zu diskriminieren, etwa so groß ist wie die Fähigkeit eines Probanden, diese Reize als unterschiedlich schmerzhaft zu empfinden [16], d. h. die Unterschiedsschwellen einzelner Nozizeptoren und der subjektiven Wahrnehmung des Menschen sind etwa gleich. Verwendet man aber sehr kleinflächige Hitzereize, z. B. von Laserbestrahlungen, dann diskriminiert die subjektive Wahrnehmung von Probanden deutlich schlechter als die unterschiedliche Erregung von Nozizeptoren [10]. Auch diese Befunde deuten auf eine Kompensation zentralnervöser Informationsverluste durch parallele Übertragung in Nozizeptoren hin (vergleiche S. 205).

Informationsübertragung im Zentralnervensystem. Ein Vergleich der Schwellen afferenter Nervenfasern mit Empfindungsschwellen zeigt, daß bei den sensorischen Systemen mit dem besten Diskriminationsvermögen praktisch kein Informationsverlust bei der Übermittlung im ZNS auftritt. Hingegen kann bei anderen Sinnessystemen der „Verlust" beträchtlich sein. Im nozizeptiven System z. B. kann dieser „Verlust" ein Vorteil sein. Die Erregung einer einzelnen nozizeptiven Afferenz wird noch nicht zu Schmerz führen (s. auch Kap. 10).

Wahrscheinlich dienen auch die neuralen Prozesse, die mit der *Fokussierung der Aufmerksamkeit* verbunden sind (s.S. 205) dazu, Informationsverluste in einzelnen Sinneskanälen zu verringern oder gegebenenfalls auch zu vergrößern, um unwichtige Informationen auszuschalten.

Integrierende Sinnesphysiologie sucht nach Konzepten, die der neurophysiologischen und der Wahrnehmungsdimension gemeinsam sind und nach neurophysiologischen Funktionen, die Wahrnehmungsphänomene erklären. Außerdem kann man durch die Analyse der Übermittlung im neuronalen Netzwerk Wahrnehmungsphänomene, wie z. B. sensorische Schwellen, erklären.

11.8 Literatur

Weiterführende Lehr- und Handbücher

1. Gescheider GA (1984) Psychophysics, 2nd edn. Erlbaum, Hillsdale / Wiley, New York
2. Loewenstein WR (ed) (1971) Principles of receptor physiology. Springer, Berlin Heidelberg New York (Handbook of sensory physiology, vol 1)
3. Hensel H (1966) Allgemeine Sinnesphysiologie, Hautsinne, Geschmack, Geruch. Springer, Berlin Heidelberg New York

4. Keidel WD (1989) Biokybernetik des Menschen. Wissenschaftliche Buchgesellschaft, Darmstadt
5. Nicholls JG, Martin AR, Wallace BG (1992) From neuron to brain: a cellular and molecular approach to the function of the nervous system, 3rd edn. Sinauer, Sunderland
6. Schmidt RF (Hrsg) (1993) Neuro- und Sinnesphysiologie. Springer, Berlin Heidelberg New York

Einzel- und Übersichtsarbeiten

7. Attneave F (1971) Multistability in perception, Sci Am Dec 63–71
8. Bekesy G v (1967) Mach band type lateral inhibition in different sense organs. J Gen Physiol 50:519
9. Blough DS, Yager D (1972) Visual psychophysics in animals. In: Jameson D, Hurvich LM (eds) Visual psychophysics. Springer, Berlin Heidelberg New York (Handbook of sensory physiology, vol VII/4)
10. Bromm B, Jahnke MT, Treede R-D (1984) Response of human cutaneous afferents to CO_2 laser stimuli causing pain. Exp Brain Res 55:158–167
11. Churchland PS (1986) Neurophilosophy. Toward unified science of the mind-brain. MIT Press, Cambridge
12. Eccles JC, Robinson DN. (1985) Das Wunder des Menschseins – Gehirn und Geist. Piper, München
13. Fiorentini A (1972) Mach-band phenomena. In: Jameson D, Hurchvich LM (eds) Visual psychophysics. Springer, Berlin Heidelberg New York (Handbook of sensory physiology, vol VII/4)
14. Gardner M (1983) Science good, bad and bogus. Oxford University Press, Oxford
15. Green DM, Swets JA (1966) Signal detection theory and psychophysics. Wiley, New York
16. Gybels J, Handwerker HO, van Hees J (1979) A comparison between the discharges of human nociceptive nerve fibres and the subject's ratings of his sensations. J Physiol (Lond) 292:193–206
17. Hagbarth KE, Vallbo AB (1967) Mechnoreceptor activity recorded percutaneously with semimicroelectrodes in human peripheral nerves. Acta Physiol Scand 69:121–122
18. Handwerker HO (ed) (1984) Nerve fiber discharges and sensations. Hum Neurobiol 3
19. McGloskey DI, Cross MJ, Honner R, Potter EK (1983) Sensory effects of pulling or vibrating exposed tendons in man. Brain 106:21–38
20. McNicol D (1972) A primer of signal detection theory. Allen & Unwin, London
21. Müller L (1980) Para, psi und pseudo. Ullstein
22. Popper KR (1973) Logik der Forschung, 5. Aufl. Mohr, Tübingen
23. Popper KR, Eccles JC (1980) Das Ich und sein Gehirn. Piper, München
24. Stevens SS (1975) Psychophysics. Wiley, New York

12 Das somatoviszerale sensorische System

M. Zimmermann

EINLEITUNG Die subjektive Wahrnehmung unseres Körpers, das Körperbild oder Körperschema, beruht zum großen Teil auf der Tätigkeit des somatoviszeralen sensorischen Systems. Dieses Sinnessystem umfaßt die Wahrnehmungsfunktionen der Haut, der inneren Organe und des Bewegungssystems. Störungen des Körperbildes bei Ausfällen des Nervensystems (z. B. Phantomgefühl nach Amputation, Lähmung nach Schlaganfall) sind oft auch mit Störungen des seelischen Selbstbildes verbunden.

Die Haut mit ihrer sensorischen Innervation erlangt bereits während der Embryonalzeit als unser erstes Sinnesorgan seine Funktionsfähigkeit. Das Sensorium der Mundregion läßt das Neugeborene die mütterliche Brust finden und löst den Saugreflex aus. Die postnatale Erkundung der Umwelt mit Hand und Mund erzeugt die ersten Eindrücke der begreifbaren Umwelt in unserem Gehirn.

Der Tastsinn der bewegten Hand kann kleinste Details auflösen. Blinde lesen mit bewegten Fingern die Blindenschrift mit Lesegeschwindigkeiten, die denen des visuellen Lesens kaum nachstehen. Der Arzt verschafft sich bei der Palpation mit dem Tastsinn ein Zustandsbild des Körperinneren und erkennt krankheitsbedingte Veränderungen.

Temperaturmeldungen aus der Haut dienen der unbewußten Temperaturregulation. Der Temperatursinn trägt ebenso zum subjektiven Befinden bei und ist damit eine Grundlage unserer emotionalen Situation.

Wahrnehmungen aus inneren Organen (Viszerozeption) haben wir meistens erst bei Mangelzuständen (z. B. Hunger) oder bei Erkrankungen. Die viszerale Sensibilität ist jedoch ständig unterhalb der Bewußtseinsebene in Aktion, um die Tätigkeit der inneren Organe dem Bedarf anzupassen.

12.1 Psychophysik des Tastsinns

Die psychophysische Analyse des Tastsinns charakterisiert die Qualitäten Druck, Berührung und Vibration, die Wahrnehmungsschwelle, Tastpunkte sowie die Abhängigkeit der subjektiven Empfindungsintensität von der Reizstärke

Schwellen und subjektive Intensität von Berührungsreizen. Die absolute Schwelle für Berührungsreize kann mit geeichten ***Tasthaaren nach von Frey*** (Abb. 12–1A) oder mit elektromagnetisch arbeitenden Reizgeräten (Abb. 12–1B) bestimmt werden. An der Hand werden bereits Tasthaarreize von wenigen mg (10^{-5} N) und Vibrationsreize (bei 200 Hz) mit Amplituden von 0,1 μm wahrgenommen.

Mit Tasthaaren konnte der Würzburger Physiologe von Frey vor ca. 100 Jahren feststellen, daß der Tastsinn auf der Haut diskontinuierlich verteilt ist: es gibt umschriebene ***Tastpunkte,*** an denen die Berührung mit einem Tasthaar wahrgenommen wird, während Anwendung des selben oder sogar eines stärkeren Tasthaares in der Umgebung des Punktes keine Wahrnehmung auslöst. An der Hand konnten z. B. etwa 20 Tastpunkte pro cm² ermittelt werden, am Rumpf dagegen war die Dichte der Tastpunkte wesentlich geringer. Die Tastpunkte fallen jedoch nicht mit einzelnen Mechanosensoren zusammen, denn sowohl histologische als auch neurophysiologische Untersuchungen zeigen wesentlich höhere Dichten der Sensoren in der Haut.

Mit Stachelborsten konnte von Frey auch ***Schmerzpunkte*** bestimmen, ihre Dichte war an der Hand etwa 10 fach höher als die der Tastpunkte. Tast- und Schmerzpunkte fielen in diesen Untersuchungen nicht zusammen, woraus von Frey folgerte, daß beide Qualitäten des Hautsinns durch getrennte nervöse Organe vermittelt werden müßten. Diese Interpretation wurde durch die spätere neurophysiologische Identifikation von niederschwelligen Mechanosensoren und Nozisensoren gestützt (s. auch S. 240).

Bei überschwelligen mechanischen Hautreizen läßt sich eigenmetrisch die Abhängigkeit der ***subjektiven Empfindungsintensität*** (s. Kap. 11) von der Reizstärke fest-

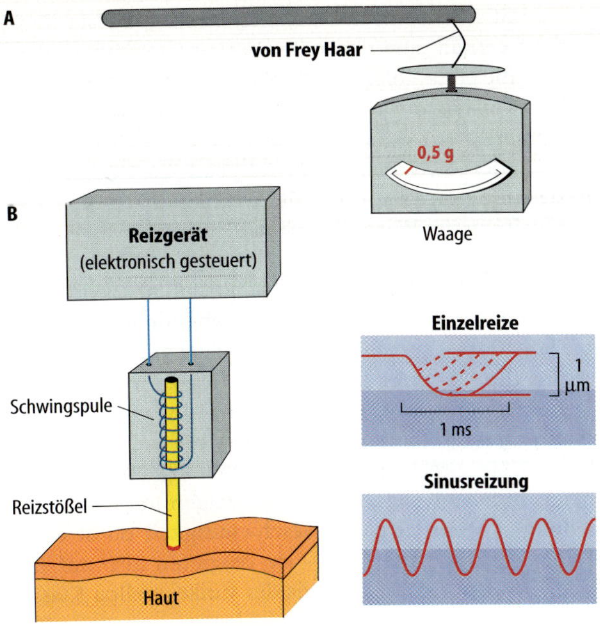

Abb. 12–1. Messung der Hautsensibilität mit abgestuften mechanischen Reizen. **A** Mit einem Satz von unterschiedlich starken Tasthaaren nach von Frey läßt sich die Berührungsschwelle der Haut bestimmen. Um quantitative Werte zu erhalten, wird die Kraft des von Frey-Haares mit einer empfindlichen Waage geeicht. **B** Elektromechanisches Gerät zur Erzeugung präziser mechanischer Hautreize. Eine stromdurchflossene Spule führt in einem Magnetfeld eine Bewegung aus, die dem Zeitverlauf der Stromstärke proportional ist. Beliebig vorgegebene elektrische Funktionsverläufe (z. B. Sinus) werden so in Bewegungen des Reizstößels umgesetzt

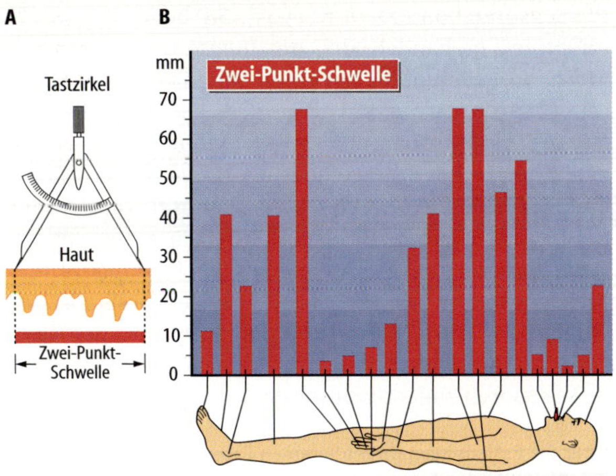

Abb. 12–2. Zweipunktschwelle der Haut. **A** Die Spitzen eines Tastzirkels werden mehrmals mit unterschiedlichem Abstand auf die Haut aufgesetzt. Die Zweipunktschwelle ist derjenige Abstand, bei dem von einer Versuchsperson gerade zwei Reizpunkte getrennt wahrgenommen werden. **B** Werte der Zweipunktschwelle der Haut an verschiedenen Körperstellen des Menschen. (Meßwerte von E. H. Weber, Archiv für Anatomie, Physiologie und wissenschaftliche Medizin, 1835, S. 152)

stellen. Die Meßwerte können mathematisch durch Potenzfunktionen angenähert werden, für die Exponenten n ergeben sich meistens Werte zwischen 0,5 und 1,0.

Die Messung des räumlichen Auflösungsvermögens des Tastsinnes mit Zweipunktreizen zeigt Hand und Mund als sensorisch spezialisierte Hautregionen auf

Die Fähigkeit, räumliche Details von Tastreizen zu erkennen, läßt sich durch die Zweipunktschwelle charakterisieren [12,16]. Dazu werden beide Spitzen eines Tastzirkels gleichzeitig auf die Haut aufgesetzt (Abb. 12–2A). Die Versuchsperson muß blind entscheiden, ob sie einen Punkt oder zwei Punkte wahrgenommen hat. Die Messung der Zweipunktschwelle ergibt Werte zwischen ca. 1 mm und 70 mm (Abb. 12–2B). Die niedrigsten Zweipunktschwellen, also die besten ***räumlichen Auflösungsvermögen,*** finden sich an den Fingerspitzen sowie an Zunge und Lippen. Die besondere Leistungsfähigkeit dieser Sinnesflächen entspricht ihrer praktischen Bedeutung bei der Erkennungsfunktion des Tastsinns. Die Gründe für die unterschiedliche Wahrnehmungsfähigkeit verschiedener Hautregionen liegen in der Art der Hautinnervation und der zugehörigen zentralnervösen Verschaltung der afferenten Nervenfasern (s. S. 220).

Neurologische Prüfung. Klinische Bedeutung hat die Analyse der Hautsensibilität zur Charakterisierung neurologischer Störungen [20]. Die Schwellen sind bei Erkrankungen der peripheren Nerven (z. B. *diabetische Polyneuropathie)* erhöht. Praktisch wird dabei das räumliche Auflösungsvermögen meistens über das Erkennen von Zahlen oder Buchstaben getestet, die mit einem Stäbchen unterschiedlich groß auf die Haut geschrieben werden. Dieser Schnelltest gibt Hinweise auf Art und Lokalisation einer Schädigung des Tastsinns.

! Mit subjektiv wahrgenommenen definierten Berührungsreizen wurde der Tastsinn quantitativ charakterisiert. Klinisch können mit diesem Ansatz der Psychophysik auch neurologische Störungen erfaßt werden. Die Erkennbarkeit räumlicher Details der Tastobjekte ist ungleichmäßig über den Körper verteilt, Finger und Mundregion sind dabei durch eine besonders hohe Leistungsfähigkeit ausgezeichnet.

12.2 Mechanosensoren der Haut

Der Tastsinn wird durch niederschwellige Mechanosensoren der Haut vermittelt, die nach ihrem Antwortverhalten auf Standardreize und ihrer Morphologie unterschieden werden können

Bei neurophysiologischen Experimenten wurden in der unbehaarten Haut bei Katze, Affe und Mensch vier Typen empfindlicher Mechanosensoren mit Gruppe II (Aβ)-Afferenzen gefunden, die SA-I-, SA-II-, RA- und

PC-Sensoren [9,16,22,28,32,43,45]. ***SA*** bedeutet *„slowly adapting"*, es handelt sich um ***langsam adaptierende*** Mechanosensoren, die bei einem langdauernden Hautreiz (z. B. durch das Körpergewicht auf die Fußsohle) ständig Aktionspotentiale in afferenten Fasern erzeugen. Entsprechend bezeichnet ***RA*** *(„rapidly adapting")* einen ***schnell adaptierenden*** Mechanosensor, der nur bei bewegten mechanischen Hautreizen antwortet. ***PC*** *(„Pacinian corpuscle")* ist ein ***sehr schnell adaptierender*** Mechanosensor. Die klassischen psychophysikalischen Qualitäten *Druck, Berührung* und *Vibration* des Tastsinns können diesen langsam bzw. schnell adaptierenden Sensoren zugeordnet werden.

Über die Entladungen ihrer afferenten Fasern konnten die Sensoren neurophysiologisch charakterisiert werden. Dazu teilt man beim narkotisierten Tier einen Hautnerven unter dem Präpariermikroskop in feine Filamente auf. Bei wachen Versuchspersonen sticht man eine Mikroelektrode aus Metall mit einem Spitzendurchmesser um 1 μm durch die Haut in einen Nerven ein, z. B. in den N. radialis (Mikroneurographie) [40,43]. In beiden Experimenten zeigt das Auftreten von Alles-oder-Nichts-Aktionspotentialen an, daß von einzelnen Fasern abgeleitet wird.

Außer den empfindlichen Mechanosensoren mit Afferenzen der Gruppe II gibt es besonders in der Haarhaut von Tieren auch *niederschwellige Mechanosensoren mit Afferenzen der Gruppen III und IV.* Sie werden hier nicht weiter erörtert.

Zur ***funktionellen Charakterisierung*** der aufgeführten Sensortypen eignen sich rampenförmige mechanische Reize mit einem Reizstempel (Abb. 12–3A). Dieser Reizverlauf enthält eine Phase konstanter Geschwindigkeit (dS/dt, die erste Ableitung des Weges S nach der Zeit t), gefolgt von einem Dauerreiz mit einer konstanten Hautdeformation (S). Bei Beginn und Ende der Stößelbewegung ändert sich die Geschwindigkeit, dort treten also Beschleunigungen auf (d^2S/dt^2, mathematisch die zweite Ableitung des Weges S nach der Zeit t).

Die ***SA-Sensoren*** sind die einzigen, die während des konstanten Reizplateaus antworten, sie zeigen die *Intensität des Hautreizes* bei stillstehendem Reizstempel an. Dabei sprechen die SA-I-Sensoren auf Reize senkrecht zur Hautoberfläche an, SA-II-Sensoren auf Dehnung der Haut. Die ***RA-Sensoren*** sowie die ***Haarfollikelrezeptoren*** feuern nur, wenn sich der Reizstempel bewegt, sie sprechen auf die *Geschwindigkeit der Hautdeformation* an. Die ***PC-Sensoren*** zeigen nur dann Entladungen, wenn sich die Geschwindigkeit dS/dt einer Hautdeformation ändert, – sie reagieren also auf *Beschleunigung*, d^2S/dt^2 (Details der funktionellen Klassifikation s. u.)

Histologie der kutanen Mechanosensoren (Abb. 12–3B,C). In der unbehaarten Haut der Primatenhand entsprechen SA-I-Sensoren den Merkel-Zellen, SA-II-Sensoren den Ruffini-Körperchen, RA-Sensoren den Meissner-Körperchen und PC-Sensoren den Vater-Pacini- Körperchen. In der behaarten Haut (Abb. 12–3C) fehlen die Meissner-Körperchen, stattdessen finden sich hier die sensorisch innervierten Haarwurzeln (Haarfollikelsensoren).

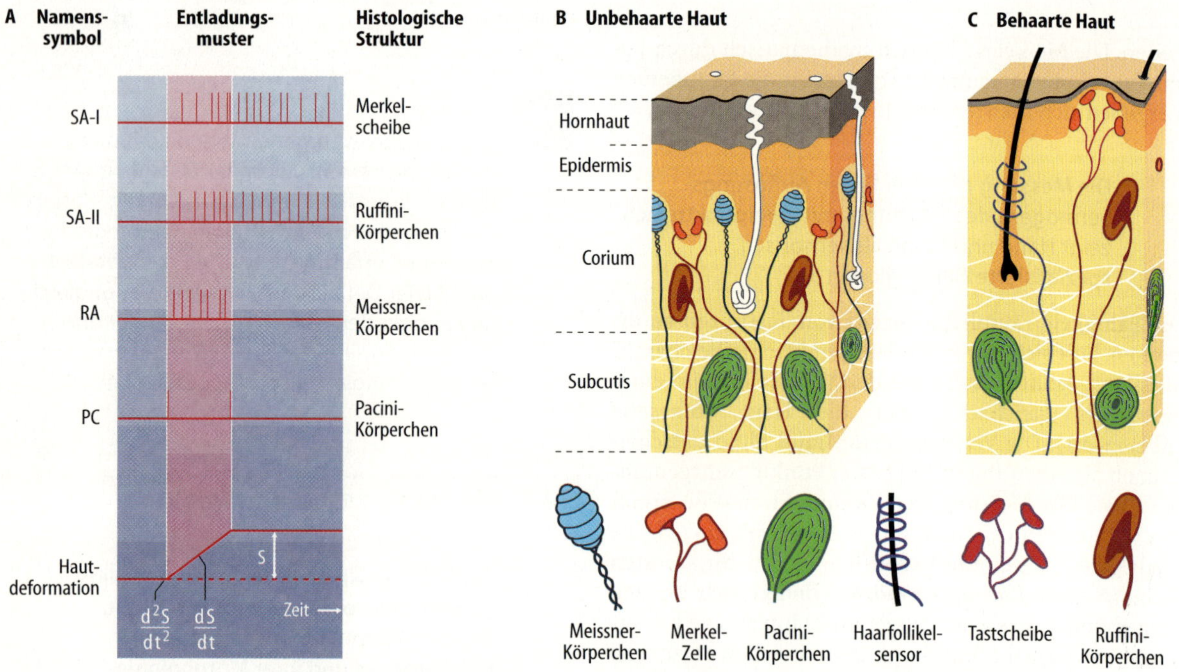

Abb. 12–3. Reiz-Antwort-Verhalten und Histologie von Mechanosensoren der Haut von Primaten. **A** Die charakteristischen Entladungsmuster (d.h. Folgen von Aktionspotentialen in den afferenten Fasern) der vier Typen empfindlicher Mechanosensoren in der unbehaarten Haut (z. B. der Hand) bei einer rampenförmigen Hautdeformation sind untereinander dargestellt. Der Zeitverlauf der mit einem elektromechanischen Hautreizgerät (s. Abb. 12–1B) erzeugten rampenförmigen Hautdeformation mit der Eindrucktiefe S ist in der untersten Registrierung gezeigt. Die funktionellen Namenssymbole und die Namen der histologischen Strukturen sind jeweils angegeben. **B, C** Histologie der Mechanosensoren der Haut. Lage und Struktur der verschiedenen Typen von Mechanosensoren der unbehaarten (B) und der behaarten (C) Haut sind schematisiert dargestellt. Ausführliche Erläuterung im Text

Funktionelle Restitution der Mechanosensoren der Haut nach Nervenregeneration. Nach Verletzungen peripherer Nerven regenerieren durchtrennte Axone mit ca. 1 mm/Tag. Ein Teil der aussprossenden Axone ist mechanosensitiv, durch das ***Klopfzeichen nach Hoffmann-Tinel*** kann der Regenerationsfortschritt beim Patienten getestet werden. Sobald die Axone die Haut erreicht haben, bilden sich die spezifischen Mechanosensoren wieder aus. Im Verlaufe von Monaten verbessern sich ihre Kodierungseigenschaften und nahern sich denen der normalen Sensoren [41]. Allerdings ist meistens die *Diskriminationsfähigkeit (Zweipunktschwelle) des Tastsinns bleibend herabgesetzt*, wahrscheinlich abhängig von der Genauigkeit, mit der die regenerierenden Axone wieder „ihr" altes Territorium wiederfinden.

! Die empfindlichen Mechanosensoren der haarlosen Haut werden funktionell als SA-, RA- und PC-Sensoren klassifiziert, die selektiv auf Intensität, Geschwindigkeit und Beschleunigung von Hautreizen ansprechen.

Die kutanen Mechanosensoren sind für unterschiedliche Eigenschaften der Reize (Intensität, Geschwindigkeit und Beschleunigung) spezialisiert

Kodierung der Reizamplitude. Mit zunehmender Intensität der Hautdeformation steigt die Entladungsfrequenz der SA-Sensoren an, diese sind also ***Intensitätssensoren.*** Die Beziehung zwischen Reizintensität I und Entladungsrate F läßt sich durch eine Potenzfunktion der Form $F = I^n$ darstellen. Die Entladungen der SA-Sensoren enthalten auch Information über die ***Dauer*** eines Reizes.

Kodierung der Reizgeschwindigkeit. Bei den RA- und Haarfollikel-Sensoren steigen die Entladungsfrequenzen mit der Geschwindigkeit (dS/dt) der Reizbewegung an (Abb. 12–4), sie werden deshalb als ***Geschwindigkeitssensoren*** bezeichnet. In einem doppelt-logarithmischen Koordinatensystem ist die Beziehung zwischen der Entladungsfrequenz und der Eindrucksgeschwindigkeit dS/dt meistens linear (Abb. 12–4C), der Zusammenhang kann also durch eine Potenzfunktion beschrieben werden. Bei unbewegten Dauerreizen adaptieren diese Sensoren innerhalb von 50–500 ms.

Kodierung der Reizbeschleunigung. Der PC-Sensor antwortet nur dann, wenn bei einem mechanischen Hautreiz Beschleunigungen (d^2S/dt^2) auftreten (Abb. 12–3A), deshalb wird er auch als ***Beschleunigungssensor*** bezeichnet. Bei sinusförmiger Reizung (Abb. 12–5B) werden synchron mit jeder Sinusperiode Aktionspotentiale ausgelöst, wobei die minimal notwendige Amplitude der Sinusschwingung für ein 1:1 Antwortverhalten beim Ansteigen der Reizfrequenz bis auf 200 Hz stark abnimmt (Abb. 12–5C); dies ist eine Folge der Beschleunigungsempfindlichkeit [45]. Der PC-Sensor kann auch als ***Vibrationssensor*** bezeichnet werden, er vermittelt die typische Vibrationswahrnehmung (z. B. mit einer Stimmgabel auf dem Handgelenk).

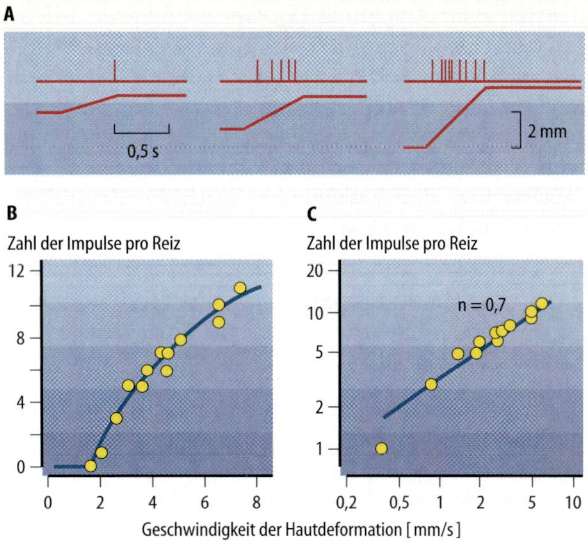

Abb. 12–4. Der RA-Sensor, ein Geschwindigkeitssensor. **A** Entladungsmuster eines RA-Sensors der Katzenhaut (obere Registrierungen) bei verschieden schnell ansteigenden Hautdeformationen (untere Registrierungen), die mit einem elektromechanischen Stimulator (s. Abb. 12–1B) erzeugt wurden. **B** Zahl der Aktionspotentiale in der afferenten Faser in Abhängigkeit von der Geschwindigkeit der Hautdeformation. **C** Wie B, jedoch doppelt-logarithmisches Koordinatensystem. Aus der Steigung der eingezeichneten Gerade wurde der angegebene Exponent n der Potenzfunktion bestimmt. (Aus [45])

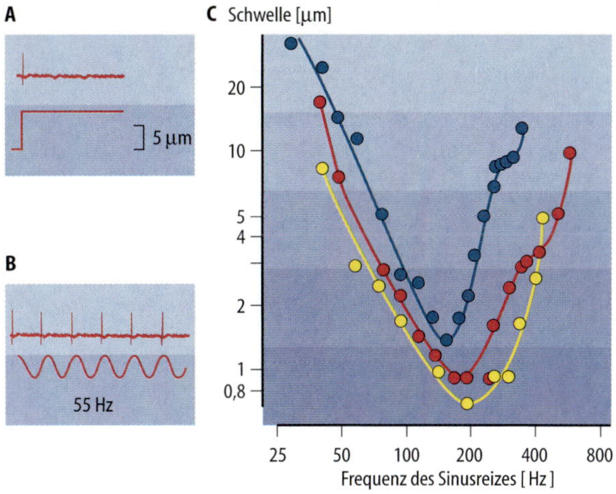

Abb. 12–5. Antwortverhalten von PC-Sensoren der Subkutis bei mechanischen Hautreizen. **A** Einzelimpuls (d.h. einzelnes Aktionspotential) als Antwort auf einen mechanischen Stufenreiz. **B** Repetitive Aktionspotentiale bei jeder Periode eines sinusförmigen mechanischen Hautreizes. **C** Schwellenreizstärken *(Ordinate)* von drei PC-Sensoren in Abhängigkeit von der Frequenz des sinusförmigen mechanischen Hautreizes (Abszisse). (Aus [32])

Auswertung der Reizinformation. Mit vier Grundtypen von Sensoren werden also unterschiedliche Aspekte eines Hautreizes kodiert und an das ZNS übertragen: Intensität oder Amplitude (S), Geschwindigkeit (dS/dt) und Beschleunigung (d^2S/dt^2) einer Hautdeformation. Bei komplexen Reizen, wie sie z. B. beim ***Tastvorgang*** mit aktiv bewegten Fingern entstehen, werden alle vier Arten von Mechanosensoren erregt, die Wahrnehmung von Tastereignissen beruht auf der ständigen schnellen Auswertung aller Entladungen durch das Zentralnervensystem [2,4,16,22,45].

Die Innervationsdichte von mechanosensitiven Afferenzen in der Haut ist für die räumliche Genauigkeit des Tastsinns verantwortlich

Das Hautareal, von dem eine mechanosensitive afferente Faser durch einen Reiz definierter Intensität erregt werden kann, ist ihr ***rezeptives Feld.*** Es entspricht etwa der anatomischen Ausdehnung aller Endigungen der Faser. So werden z. B. von einer afferenten Nervenfaser zwei bis zehn benachbarte Meissner-Körperchen eines Fingers versorgt. Eine stärkere Ausbreitung findet sich bei den Haarfollikelsensoren, wo eine afferente Faser z. B. 30 Haarfollikel innerviert. Beim Menschen sind die rezeptiven Felder der RA- und SA-I-Afferenzen in der Hand mit durchschnittlich 12 mm² am kleinsten, mit nur geringen Unterschieden zwischen Fingerspitzen und Handfläche [43]. Die rezeptiven Felder der SA- II- und PC-Afferenzen sind etwa um den Faktor 10 größer.

Für das ***räumliche Auflösungsvermögen*** des Tastsinns (gemessen z. B. als Zweipunktschwelle) ist weniger die Größe der rezeptiven Felder entscheidend, sondern die ***Innervationsdichte,*** also die Zahl der afferenten Fasern pro cm² der Hautfläche. Beim Menschen ist die Dichte der RA- und SA-I-Afferenzen an verschiedenen Stellen der Hand proportional zum räumlichen Auflösungsvermögen (Abb. 12–6), die Innervationsdichten der SA II- und PC-Sensoren zeigen dagegen keinen Zusammenhang mit dem Auflösungsvermögen des Tastsinns [43,45].

Die räumlichen Strukturen der Tastobjekte werden im Entladungsmuster von Kollektiven von Mechanosensoren der Haut abgebildet

Mit tangential über die Haut bewegten Reliefstrukturen (z. B. die Braille-Blindenschrift) wurde das räumlich-zeitliche Erregungsmuster in Populationen von mechanosensitiven Hautafferenzen untersucht mit dem Ziel, die ***Kodierung der räumlichen Reizparameter*** zu ermitteln [33, 35, 42]. Solche Versuche wurden für SA-, RA- und PC-Sensoren der Affenhand durchgeführt (Abb. 12–7). Punktförmige Relieferhebungen

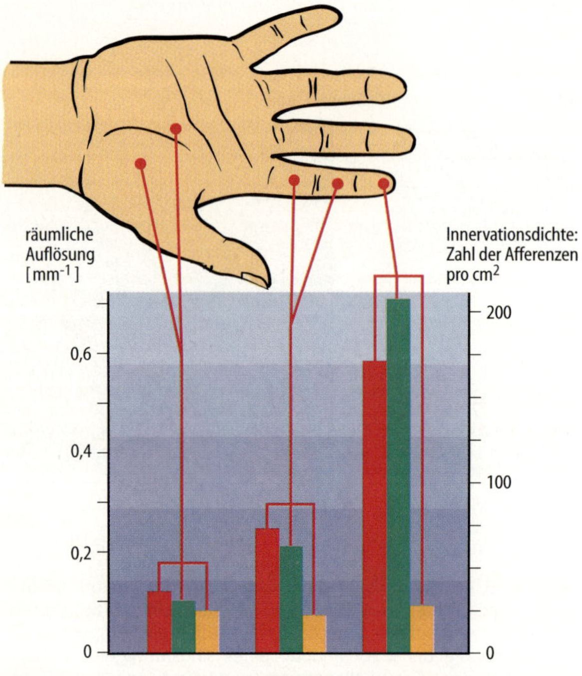

Abb. 12–6. Innervationsdichte der Mechanosensoren und räumliches Auflösungsvermögen des Tastsinns. Für verschiedene Bereiche der menschlichen Hand sind die Innervationsdichten *(rechte Ordinate)* der afferenten Fasern mit RA- und SA-I-Sensoren sowie der PC- und SA-II-Sensoren dem räumlichen Auflösungsvermögen *(linke Ordinate)* gegenübergestellt. Die Innervationsdichte wurde aus einer großen Zahl von mikroneurographischen Experimenten am Menschen bestimmt. Das räumliche Auflösungsvermögen wurde als reziproker Wert der Zweipunktschwelle (in mm, s. Abb. 12–2) errechnet. (Aus [43])

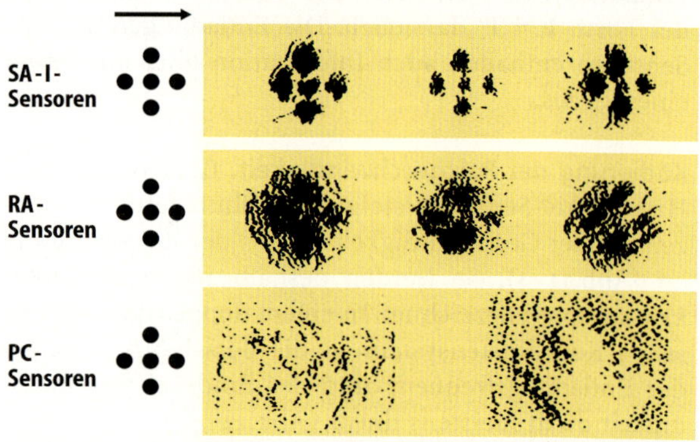

Abb. 12–7. Transformation von Braille-Mustern in das Entladungsmuster eines homogenen Kollektivs von Mechanosensoren der Affenhand. Das Reizmuster besteht aus 5 Relieferhebungen mit 1,2 mm Durchmesser und 0,8 mm Abstand (wie bei Blindenschrift), es wird mit 40 mm/s tangential über die Haut des rezeptiven Felds eines Mechanosensors bewegt. Von der afferenten Nervenfaser werden die Nervenimpulse abgeleitet und als Lichtpunkte auf dem Bildschirm über einer Zeitachse (horizontal im Bild) dargestellt. Das Reizmuster wird dann seitlich (senkrecht zu dem Pfeil) um 0,125 mm verschoben, entsprechend diesem Rasterprinzip wird auch auf dem Bildschirm die Zeilenablenkung versetzt, dann wird das Reizmuster erneut über das rezeptive Feld hinweg bewegt. So entsteht durch Überlagerung aller Messungen mit nacheinander seitlich verschobenem Reizmuster ein Raster-Abbild durch den Sensor, wie in den Beispielen gezeigt. Dieses Bild ist äquivalent der neuronalen Erregungsverteilung in einem Raster von gleichmäßig in der Haut verteilten Sensoren vom Typ des untersuchten Sensors. Die so gewonnenen Ergebnisse sind in der 1. Reihe an 3 verschiedenen SA-I-Sensoren, in der 2. Reihe an 3 RA-Sensoren und in der 3. Reihe an 2 PC-Sensoren dargestellt (nach Johnson und Lamb: J. Physiol. (Lond.) 310, 117, 1981. Aus [42])

müssen dabei mindestens 4–20 µm hoch sein, um bei tangentialer Bewegung durch das rezeptive Feld eines Sensors eine gerade überschwellige Entladung auszulösen. Die niedrigsten Werte (4 µm) ergaben sich für RA-Sensoren [42].

Die räumlich schärfste Wiedergabe des Braille-Musters in der ***Populationsentladung*** (Abb. 12–7) ergab sich mit SA-I-Sensoren, mit den RA-Sensoren konnte das Punktmuster noch erkannt werden, jedoch nicht mehr mit den PC-Sensoren. Für Oberflächenrauhigkeiten bestehen andere Möglichkeiten der neuronalen Kodierung, bei denen die RA-Sensoren einen entscheidenden Beitrag leisten.

Zusammengefaßt zeigen diese Ergebnisse, daß die SA-I- und RA-Sensoren, nicht jedoch die SA-II- und PC-Sensoren, bei der ***Kodierung räumlicher Information*** in den afferenten Faserpopulationen unmittelbar mitwirken. PC-Sensoren lösen u. a. zentralnervöse Hemmvorgänge aus [21]. Diese verändern die Übertragungsempfindlichkeit des Sinneskanals im Zentralnervensystem (vergleichbar mit dem Sachverhalt in Abb. 12–20D), was u. a. auch bei der Unterschiedsempfindlichkeit des Tastsinns mitwirken könnte.

!

Räumliche Muster von mechanischen Hautreizen werden durch die Entladungen vieler Mechanosensoren aus dem gereizten Hautareal an das Zentralnervensystem übermittelt. Die für das räumliche Auflösungsvermögen (Zweipunktschwelle) relevanten Informationen sind dabei in den Populationsentladungen der SA-I- und RA-Sensoren enthalten.

12.3 Thermorezeption

Die Thermorezeption der Haut zeigt zwei Qualitäten, den Kaltsinn und den Warmsinn

Mit einer Reizsonde aus Metall (Thermode), die auf unterschiedliche Temperaturen gebracht wird, lassen sich Wahrnehmungen thermischer Reize analysieren. Wird mit einer Thermode ein kleinflächiger (annähernd punktförmiger) Kontakt zur Haut hergestellt, dann beobachtet man eine diskontinuierliche punktförmige Verteilung der Thermosensibilität, ganz entsprechend zu den Tastpunkten (s. S. 216). Jedoch lassen sich von diesen Punkten jeweils nur Kalt- oder Warmempfindungen auslösen, auf der Haut gibt es somit ***spezifische Kalt- und Warmpunkte*** [7,12,27]. Zum Beispiel weisen die Handflächen pro cm² 1 bis 5 Kaltpunkte, aber nur 0,4 Warmpunkte auf. Die größten Dichten finden sich in der besonders temperaturempfindlichen Gesichtsregion.

Die Wahrnehmungen von thermischen Reizen und den begleitenden vegetativen Reaktionen haben ***affektive*** Wirkungen, sie können angenehm oder unlustbetont sein (z. B. wohlige Wärme, Frieren, Schwitzen, Schwüle). Zusätzlich zur bewußten Wahrnehmung ist die Temperaturempfindlichkeit der Haut auch bei der unbewußt ablaufenden ***Regulation der Körpertemperatur*** des Warmblüters beteiligt (s. Kap. 30).

Kalt- und Warmsinn haben unterschiedliche statische und dynamische Empfindlichkeiten

Statische Temperaturempfindungen. Den Temperaturbereich, in dem bei längerdauerndem, mittel- bis großflächigem Temperaturreiz die Warm- oder Kaltempfindungen nicht fortdauern, sondern eine Adaptation zu einer Neutralempfindung zeigen, bezeichnen wir als die ***Zone der Indifferenztemperatur.*** Diese liegt für eine Hautfläche von 15 cm² zwischen etwa 31 °C und 36 °C (Abb. 12–8). Außerhalb dieser Indifferenzzone kommt es zu dauernden Warm- bzw. Kaltempfindungen (Beispiel: stundenlange kalte Füße). Bei etwa 45 °C geht die Warmempfindung in eine schmerzhafte ***Hitzeempfindung*** über, Kälteschmerz setzt bei 17 °C ein.

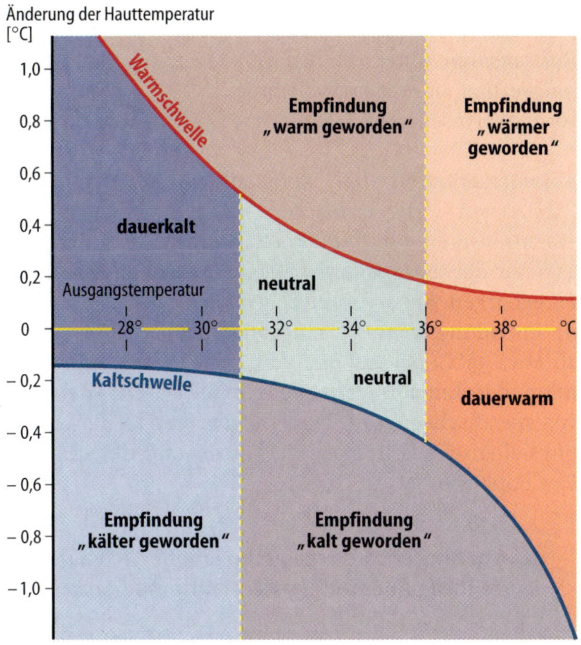

Abb. 12–8. Psychophysik des Temperatursinnes, Messungen mit einer Thermode von 15 cm² durchgeführt. Die beiden Kurven geben die Schwellen (Werte auf der Ordinatenskala) für Warm- bzw. Kaltempfindung an. Von einer (auf der Abszisse angegebenen) Ausgangstemperatur, auf die die Haut längere Zeit adaptiert wurde, muß die Hauttemperatur um unterschiedliche Beträge geändert werden (Ordinate), um eine Warm- bzw. Kaltempfindung auszulösen. Die Schwellenmessungen wurden mit Änderungsgeschwindigkeiten von mindestens 6 °C/min durchgeführt. In den verschiedenen abgegrenzten Feldern sind die Empfindungsqualitäten eingezeichnet. (Nach Kenshalo in [27])

Dynamische Temperaturempfindungen. Diese werden von der Ausgangstemperatur (Abb 12–8) und der Geschwindigkeit der Temperaturänderung bestimmt. Zur Messung benötigt man eine Thermode, mit der eine Temperaturänderung mit vorwählbarer Geschwindigkeit durchgeführt werden kann. Bei niedrigen Hauttemperaturen (z. B. bei 28 °C) ist die Schwelle der Temperaturänderung für eine Warmempfindung hoch, die für eine Kaltempfindung gering. Liegt die Ausgangstemperatur dagegen bei höheren Werten, nehmen die dynamischen Warmschwellen ab und die Kaltschwellen zu. Aus Abb. 12–8 läßt sich auch entnehmen, daß es beim Übergang zu einer bestimmten Hauttemperatur entweder zu einer *Warm-* oder zu einer *Kaltempfindung* kommen kann, je nachdem, ob wir von einer hohen oder niedrigen Ausgangstemperatur starten.

Ist die Geschwindigkeit einer *Temperaturänderung* größer als 5 °C/min, dann besteht nur ein geringer Einfluß auf die Größe der Warm- und Kaltschwellen. Bei langsameren Temperaturänderungen nehmen beide Schwellen zu. Zum Beispiel führt Abkühlen der Haut um 0.4 °C/min., ausgehend von 33 °C, erst nach 11 min zu einer Kaltempfindung, die Temperatur ist dann bereits um 4.4 °C gefallen. Bei langsamer Temperaturabnahme können also unbemerkt große Hautgebiete beträchtlich abkühlen. Es ist denkbar, daß dieser Faktor bei der *Erkältung* eine Rolle spielt.

Die Thermosensoren der Haut sind entweder spezifische Warm- oder Kaltsensoren

Aufgrund von neurophysiologischen Untersuchungen bei Mensch und Tier können wir spezifische *Warm- und Kaltsensoren* unterscheiden [2,7,9,12,27,31]. Kaltsensoren werden meistens von Gruppe III- (Aδ-) Fasern versorgt, Warmsensoren von Gruppe IV- (C-) Fasern.

Antwortverhalten bei konstanter Hauttemperatur (Abb. 12–9A). Die *statische Entladungsfrequenz der Warmsensoren* nimmt im Bereich von ca. 30 °C bis etwa 43 °C zu, darüber kommt es zu einem raschen Abfall der Erregbarkeit. *Kaltsensoren* zeigen dagegen eine steigende Entladungsfrequenz mit abnehmender Temperatur ab etwa 33 °C, bei weiterer Abkühlung wird ein Maximum der Entladungsfrequenz erreicht. Die Existenz von spezifischen Warm- und Kaltsensoren ist die neurophysiologische Grundlage für Warm- und Kaltsinn der Psychophysik.

Thermosensoren reagieren empfindlich auf zeitliche Änderungen der Hauttemperatur

Die *dynamischen Antworten* eines Kaltsensors zeigen bei Abkühlung und Wiedererwärmung überschießende Änderungen der Entladungsfrequenz (Abb. 12–9B), erst nach einer Adaptationszeit von ca. 30 s wird die statische Entladungsfrequenz (Abb. 12–9A) erreicht. Das Verhalten der *Warmrezeptoren* während Temperaturänderung ist spiegelbildlich zu dem der Kaltsensoren. Diese Charakteristik der Thermosensoren erklärt die große Änderungsempfindlichkeit des Temperatursinns bei psychophysischen Untersuchungen (Abb. 12–8).

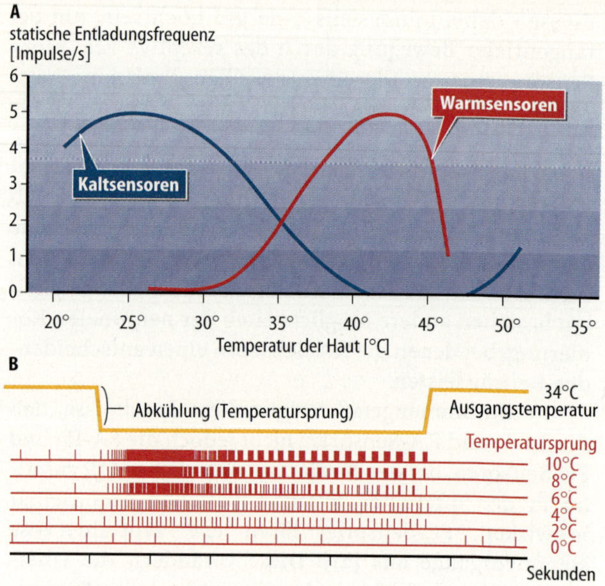

Abb. 12–9. Entladungen von Kalt- und Warmsensoren der Affenhand. **A** Statische Kennlinien von Warm- und Kaltsensoren. Die Kurven geben die gemittelten Entladungsfrequenzen von mehreren Afferenzen der beiden Populationen von Sensoren an, in Abhängigkeit von der konstant gehaltenen Hauttemperatur. Die Entladungen wurden an Einzelfasern abgeleitet (nach Kenshalo in [27]). **B** Antwortverhalten eines Kaltsensors bei vorübergehender Erniedrigung der Hauttemperatur. Die Entladungen (Aktionspotentiale) der afferenten Einzelfaser sind für verschieden große Temperatursprünge gezeigt, jeweils ausgehend von einer Hauttemperatur von 34 °C. (Aus Darian-Smith, Johnson and Dykes: J. Neurophysiol. 36, 325, 1973)

Der Temperaturbereich der *dynamischen Empfindlichkeit* der Thermosensoren unterscheidet sich von dem der statischen Empfindlichkeit. So zeigt ein Kaltsensor auch bei Abkühlung im Temperaturbereich unterhalb des Maximums der statischen Entladung (Abb. 12–9A) eine dynamische Frequenzerhöhung, obwohl die statische Entladung abnimmt.

Bei sehr starken Wärmereizen (z. B. zu heißes Badewasser) kommt es häufig zu einer *paradoxen Kaltempfindung.* Sie beruht wahrscheinlich darauf, daß die Kaltsensoren, die normalerweise oberhalb 40 °C stumm sind (Abb. 12–9A), bei rascher Erwärmung auf über 45 °C vorübergehend wieder entladen – sie verhalten sich dabei wie hitzeempfindliche Nozisensoren (s. Kap. 13).

!

Die Psychophysik der Thermorezeption zeigt separate Systeme für Warm- und Kaltrezeption auf. Die Empfindlichkeit der Wahrnehmung von Warm- und Kaltreizen steigt mit der Geschwindigkeit der Temperaturänderung; sie ist im Gesichtsbereich am höchsten. Die Thermosensoren der Haut werden aufgrund ihrer Antworten bei steigender bzw. fallender Temperatur als Warm- oder Kaltsensoren klassifiziert. Die Neurophysiologie der Thermosensoren und die Psychophysik des Temperatursinns zeigen gute Übereinstimmung.

12.4 Viszerozeption

Zur Wahrnehmung unseres Körpers tragen außer dem Hautsinn auch die sensorischen Innervationen der inneren Organe und der Bewegungsorgane bei; darüberhinaus sind diese Afferenzen bei vielfältigen unbewußten Regulationsaufgaben des Nervensystems beteiligt

Viszerosensoren. Innere Organe enthalten eine Vielfalt von Sensoren, die v. a. mechano- und chemosensitiv sind [3]. Die Aktivität der viszeralen Afferenzen wird bei den unbewußt ablaufenden ***Regelungsvorgängen*** z. B. des Kreislaufs, der Atmung und der Verdauung benötigt (s. entsprechende Kapitel). Nur in geringem Umfang führen sie auch zu ***bewußten Wahrnehmungen*** (Abb. 12–10A). Viszerale Afferenzen haben wahrscheinlich um so stärker Zugang zum Bewußtsein, je besser bewußte Verhaltensreaktionen zur Beseitigung von Störungen dieser Regulationssysteme beitragen können.

Potentiell schädigende Reize der inneren Organe werden als ***Schmerz*** wahrgenommen (Kap. 13), bei ungenügender Nahrungs- oder Wasseraufnahme führen die Aktivitäten in viszeralen Afferenzen (z. B. Glukose- und Osmosensoren) zu den Allgemeingefühlen ***Hunger*** und ***Durst*** (s. Kap. 9), zunehmende Füllung der Harnblase bewirkt das Gefühl des Harndrangs (Abb. 19–17, S. 358). Zwischen diesen konkreten Wahrnehmungen und den unbewußten Regulationswirkungen können Viszerosensoren auch ***unbestimmt bleibende*** angenehme oder unangenehme ***Gefühle*** auslösen, die zur emotionalen ***Befindlichkeit*** eines Menschen beitragen.

Kardiovaskuläres System. Die Fühler der Regelung von Blutdruck und Blutvolumen sind Mechanosensoren der Aorta und A. carotis, sowie der Vorhöfe des Herzens (s. Kap. 24). Die dauernde Tätigkeit dieser Sensoren wird uns nicht bewußt. Jedoch können wir in Ausnahmesituationen unsere Herztätigkeit wahrnehmen, z. B. bei starker körperlicher Anspannung. Die Wahrnehmung des schlagenden Herzens wird wahrscheinlich über die empfindlichen Mechanosensoren der Haut und Muskeln vermittelt. Dies ist ein Beispiel für die ***indirekte Wahrnehmung*** der Tätigkeit viszeraler Afferenzen über ihre reflektorischen Wirkungen.

Pulmonales System. Die Atmungstätigkeit wird durch Chemosensoren für pO_2 und pCO_2 kontrolliert. Die Tätigkeit dieser Sensoren wird normalerweise nicht wahrgenommen. Bei stärkeren Anstiegen des pCO_2 kommt es zum Gefühl der ***Atemnot,*** das wahrscheinlich nicht durch die Chemosensoren direkt, sondern indirekt durch die zunehmende Anstrengung bei der motorischen Atmungstätigkeit wahrgenommen wird. Die Abnahme des pO_2, die durch Sauerstoffmangel in der Einatmungsluft (z. B. in großen Höhen) ausgelöst werden kann, wird dagegen nicht wahrgenommen, selbst wenn sie zur Bewußtseinstrübung führt.

Gastrointestinales System. Der Magen-Darm-Kanal gehört embryologisch und funktionell zur Körperoberfläche. Dazu paßt die Beobachtung, daß wir Reize im gastrointestinalen System mehr als in anderen inneren Organen wahrnehmen [8]. Thermische und chemische Reize werden besonders im Bereich des Oesophagus und Rektums wahrgenommen. Die Wahrnehmung von Dehnungsreizen wurde experimentell durch Aufblasen eines Ballons über einen Katheter untersucht. Dehnung des Magens führt dabei zu ***Sättigungs-*** oder ***Völlegefühl,*** während Dehnung des Darms als Blähungsgefühl (wie durch Darmgase) wahrgenommen wird. Bei solchen Ballonexperimenten wurden auch Fehllokalisationen der Reize in die ***Headschen Zonen*** der Körperoberfläche beschrieben (S. 227 u. S. 354). Sehr starke Dehnung wird als Schmerz wahrgenommen, besonders wenn durch

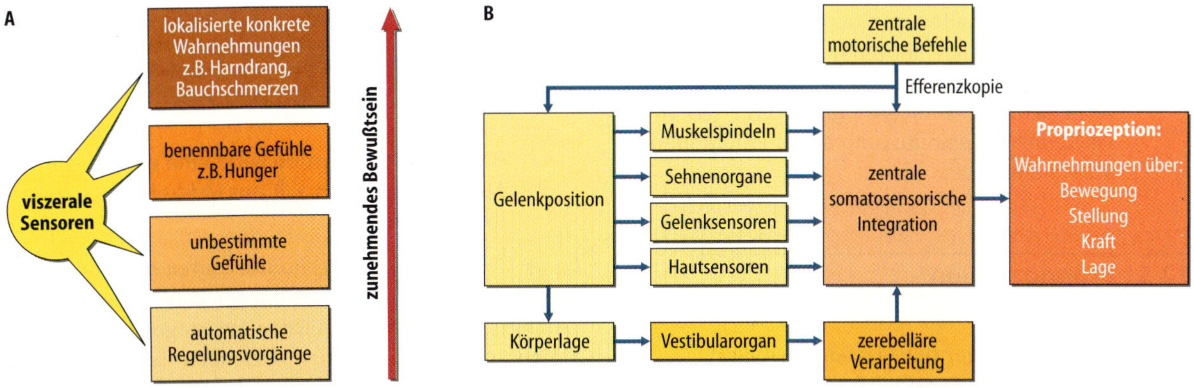

Abb. 12–10. Funktionelle Übersichten über Viszerozeption und Propriozeption. **A** Die Aktivität von Viszerosensoren, also Sensoren der inneren Organe, ist in verschiedene funktionelle Systeme eingebunden. Dabei werden unterschiedliche Ebenen der bewußten Wahrnehmung erreicht. **B** Übersicht über die afferenten und efferenten Systeme, die bei den bewußt werdenden Vorgängen der Propriozeption zusammenwirken. Falls bei experimenteller Ausschaltung eines Teilsystems die Wahrnehmung, z. B. einer Gelenkbewegung, bestehen bleibt, darf nicht geschlossen werden, daß dieses System an der bewußten Wahrnehmung nicht beteiligt ist

den Reiz Kontrakturen der glatten Muskulatur ausgelöst werden (Kolikschmerz, s. Kap. 13).

Biofeedback mit technischen Sensoren macht viszerale Zustandsgrößen wahrnehmbar; durch operante Konditionierung kann eine willkürliche Beeinflussung der Funktionen innerer Organe erlernt werden

Viszerale Funktionen, z. B. Blutdruck oder Durchblutung, können über technische Systeme wahrnehmbar gemacht werden, wir sprechen von Biofeedback [14]. Wird der arterielle Blutdruck z. B. in den Ausschlag eines Zeigerinstruments umgesetzt, dann gelingt es Versuchspersonen und Tieren durch ***operante Konditionierung*** (s. Kap. 8) im Verlaufe wiederholter Experimente, den Blutdruck wunschgemäß zu erhöhen oder zu senken. Die Versuchsperson kann meistens nicht beschreiben, wie sie diese Beeinflussung zuwege bringt. Nach längerem ***Lernen*** ist es möglich, daß die Versuchspersonen auch dann diese über das vegetative Nervensystem kontrollierten Parameter verändern können, wenn kein Biofeedback mehr verwendet wird. Daraus läßt sich schließen, daß die viszeralen Afferenzen im Zentralnervensystem auch ohne deutliches Bewußtseinsniveau differenziert und modifizierbar verarbeitet werden. Durch Biofeedback können Störungen vegetativer Funktionen, z. B. bei ***Migräne,*** therapeutisch beeinflußt werden. Die weitere Erforschung dieser Funktionsebene des Nervensystems kann zum Verständnis ***psychosomatischer*** Verbindungen beitragen.

!

Afferente Entladungen aus Viszerosensoren werden normalerweise nicht bewußt wahrgenommen, mit Ausnahme der des Magen-Darm-Traktes. Zu viszeralen Wahrnehmungen wie Durst oder Schmerz kommt es vor allem dann, wenn Mangel- oder Schadenssituationen im Bereich der inneren Organe auftreten, die durch Verhaltensreaktionen behoben werden können. Die Wahrnehmung vegetativ kontrollierter Funktionen (z. B. Blutdruck) über technische Sensoren ermöglicht das Erlernen willkürlicher Beeinflussung dieser Funktionen über Biofeedback.

12.5 Propriozeption

Unter Propriozeption (Tiefensensibilität, kinästhetische Sensibilität) verstehen wir die Wahrnehmung der Stellung und Bewegung unseres Körpers; die Propriozeption besitzt drei Qualitäten, nämlich Stellungs-, Bewegungs- und Kraftsinn

Die Positionen der Gelenke können passiv (durch Kräfte von außen), oder aktiv (durch Muskeltätigkeit) verändert werden. Die Sensoren der Propriozeption (Abb. 12–10B) liegen in den Muskeln, Gelenken, Sehnen, in der Haut und im Vestibularorgan [36,37]. Sie sind auch an den bewußten und unbewußten Aufgaben der Motorik beteiligt (s. Kap. 5).

Stellungssinn. Auch bei geschlossenen Augen sind wir über die ***Stellung der Gelenke*** genau orientiert. Diese Fähigkeit kann man durch einfache Versuche belegen: jede Position, z. B. des Ellenbogengelenks, die wir durch eine aktive oder passive Bewegung erreichen, können wir mit großer Genauigkeit durch das Ellenbogengelenk des anderen Arms nachstellen, und jede vorher bezeichnete Stelle unseres Körpers können wir blind mit unserem Zeigefinger zuverlässig anpeilen.

Bewegungssinn. Die Wahrnehmungsschwellen für ***Gelenkbewegungen*** hängen von der Winkelgeschwindigkeit ab, sie unterscheiden sich für aktive und passive Gelenkbewegungen praktisch nicht. Mit proximalen Gelenken können wir kleinere Winkeländerungen wahrnehmen als mit distalen Gelenken. So beträgt die Wahrnehmungsschwelle für eine Bewegung des Schultergelenks 0,2 bis 0,4 Grad (bei einer Geschwindigkeit von 0,3 Grad/s) während die Schwelle für eine Bewegung eines Fingergelenks 1,0 bis 1,3 Grad ist (Geschwindigkeit 12,5 Grad/s).

Kraftsinn. Über den Kraftsinn nehmen wir das Ausmaß an ***Muskelkraft*** wahr, das wir aufwenden müssen, um eine ***Bewegung*** durchzuführen oder eine ***Gelenkstellung*** einzuhalten, z. B. bei wechselnden Belastungen durch die Schwerkraft.

Unterschiedschwelle beim Kraftsinn. Mit dem Kraftsinn können wir die Schwere von Gewichten ziemlich gut schätzen, wenn wir diese mit der Hand hochheben. Vergleichen wir zwei Gewichte durch gleichzeitiges Hochheben mit den beiden Händen, so können wir Gewichtsunterschiede zwischen 3 % und 10 % feststellen. Legen wir dagegen die Gewichte auf die auf einer Unterlage ruhende Hand, dann sind die Gewichtsschätzungen ungenauer, offensichtlich wegen der Beschränkung auf die afferenten Informationen aus Hautsensoren.

Bei der Propriozeption wirkt eine Vielfalt von Mechanosensoren, z. B. aus Muskeln, Gelenken und Sehnen mit

Lange Zeit wurde den ***Mechanosensoren in den Gelenkkapseln*** die wichtigste Rolle bei der Wahrnehmung von Gelenkpositionen und -bewegungen zugeschrieben. Bei Patienten mit künstlichen Gelenken ist jedoch die Wahrnehmung der Gelenkposition trotz Fehlens der Innervation kaum gestört. Dagegen lassen sich mit vibratorischen Muskelreizen, durch die v. a. Muskelspindeln zusätzlich aktiviert werden, eindrucksvolle Illusionen von Gelenkbewegungen erzeugen [37,40]. Daraus wird geschlossen, daß vor allem die ***Muskelspindeln*** einen wichtigen Beitrag zur Wahrnehmung der Gelenkstellung liefern.

Aber auch die ***Mechanosensoren der Haut,*** z. B. durch die Wirkung der Schwerkraft oder der Deformation im Bereich eines Gelenks, wirken an der Propriozeption ebenso mit wie afferente Nachrichten aus Mechanosensoren der ***Sehnen,*** der ***Gelenke*** und aus dem ***Vestibularorgan.*** Ihre Meldungen werden im ZNS zu den komplexen Wahrnehmungen der Körperstellung und -bewegung integriert (Abb. 12–10). Unser Zentralnervensystem nutzt also bei den Leistungen der Propriozeption ***alle verfügbaren neuralen Informationen*** aus [36, 37, 38, 40].

!

Bei der Wahrnehmung der Körperlage und -stellung wirken afferente Meldungen aus Mechanosensoren aller der Organe mit, die direkt oder indirekt durch die Kräfte, Positionen und Positionsänderungen, sowie durch die Schwerkraft beeinflußt werden. Die Ausnutzung aller neuraler Informationen durch das Zentralnervensystem ist auch hier ein vorherrschendes Prinzip.

12.6 Funktionell-anatomische Übersicht des zentralen somatoviszeralen sensorischen Systems

Es gibt zwei dominierende aufsteigende Bahnsysteme für die Somatosensorik: das Hinterstrang- oder Lemniskus-System und das Vorderseitenstrang-System

Der zentralnervöse Anteil des somatoviszeralen Systems ist in Rückenmark, Hirnstamm, Thalamus und Kortex lokalisiert [1, 2, 5, 13, 18, 24, 29, 30]. Zur Orientierung ist in Abb. 12–11 eine schematische Darstellung gezeigt. Das ***Hinterstrangsystem*** ist funktionell mit der Mechanorezeption der Haut und der Propriozeption assoziiert, das ***Vorderseitenstrang-System*** vorwiegend mit Thermorezeption, Schmerz und wahrscheinlich auch Viszerozeption.

Bei einer halbseitigen Durchtrennung des Rückenmarks (z. B. bei einem Unfall) kommt es zu charakteristischen sensorischen und motorischen Ausfällen, dem ***Brown-Séquard-Syndrom*** (Abb. 12–12). Die Willkürmotorik ist auf der Seite der Läsion (ipsilateral) gelähmt. Die ***Sensibilitätsstörungen*** sind auf beiden Körperhälften ungleich: ipsilateral treten Störungen des Tastsinnes auf (Anstieg der Zweipunktschwelle), kontralateral sind Schmerz- und Temperatursinn gestört. Wir sprechen von einer ***dissoziierten Empfindungsstörung*** [20].

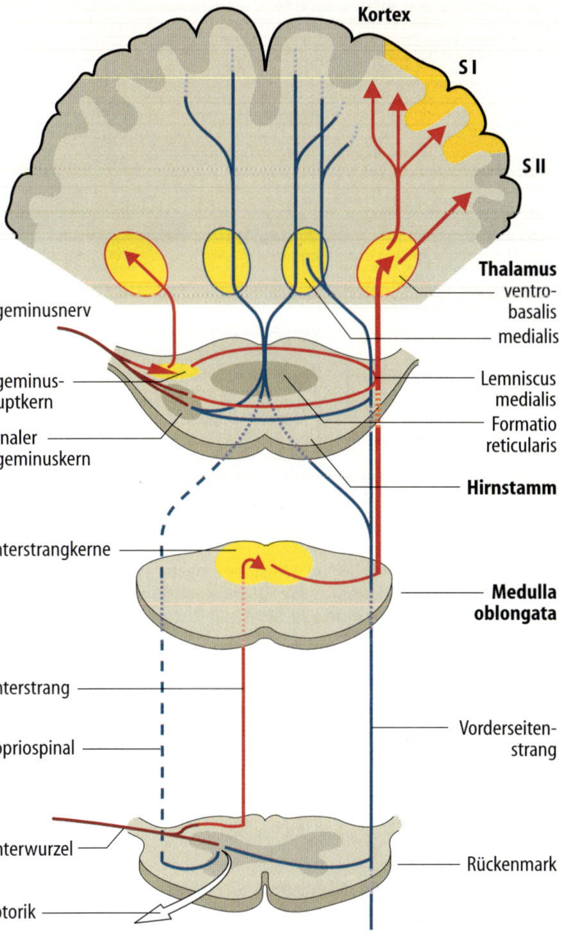

Abb. 12–11. Funktionell-anatomische Übersicht des somatosensorischen Systems (schematisiert und vereinfacht). *Rot:* Bahnen und Kerne des Hinterstrangsystems. *Blau:* Bahnen und Kerne des Vorderseitenstrangsystems. Die *roten Pfeile* symbolisieren Somatotopie, das ist die räumlich geordnete Beziehung zwischen peripherer Sinnesfläche und dem jeweiligen Gebiet im Zentralnervensystem. SI, SII: erstes bzw. zweites somatosensorisches Projektionsfeld des Kortex

Die Störungen beruhen auf der Durchtrennung von Rückenmarksbahnen: die Unterbrechung der absteigenden motorischen Bahnen (v. a. Pyramidenbahn) führt zu Lähmungen der Willkürmotorik (ipsilateral), die des Hinterstrangs zur Störung des Tastsinns (ipsilateral) und die des Vorderseitenstrangs zu Ausfällen von Schmerz- und Temperatursinn (kontralateral).

Das Hinterstrangsystem übermittelt Informationen aus Mechanosensoren der Haut und des Bewegungssystems zum somatosensorischen Kortex, die für diskriminative Wahrnehmungen benötigt werden

Das Hinterstrangsystem (in Abb. 12–11 rot) besteht aus einer anatomisch gut definierten Verbindung der Körperperipherie zu den zwei Arealen SI und SII des ***parietalen Kortex.*** Es erhält seinen afferenten Zustrom aus

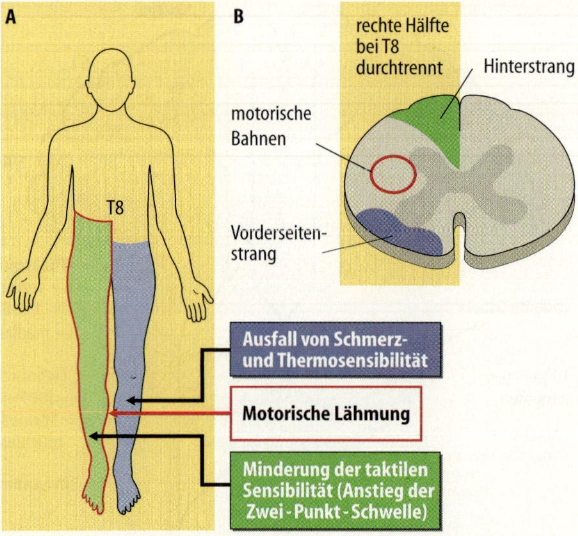

Abb. 12–12. Neurologische Ausfälle nach halbseitiger Durchtrennung des Rückenmarks (Syndrom nach Brown-Séquard). **A** Bei halbseitiger Durchtrennung des rechten Rückenmarks auf Höhe des Segments T8 kommt es ipsilateral zu einer motorischen Lähmung und zu einer Beeinträchtigung des Tastsinnes (starker Anstieg der Zweipunktschwelle); kontralateral kommt es zu einem Ausfall der Schmerz- und der Thermosensibilität. **B** Rückenmarkquerschnitt in Höhe der Halbseitendurchtrennung bei T8 mit Hervorhebung der drei spinalen Bahnen, deren Durchtrennung die in A angegebenen Ausfälle bewirkt

niederschwelligen Mechanosensoren der Haut, Muskeln, Sehnen und Gelenken. Der schnelle aufsteigende Weg enthält nur drei synaptische Umschaltungen. Er verläuft über die Hinterstränge des Rückenmarks – Hinterstrangkerne der Medulla oblongata (1. Synapse) – Tractus lemniscus medialis – Kreuzung zur Gegenseite – Ventrobasalkern des Thalamus (2. Synapse) – Areale S I und S II des Kortex (3. Synapse). Ein besonderes Charakteristikum ist die topographische Ordnung, die ***Somatotopie*** (s. S. 231).

Das Hinterstrangsystem ist bei Primaten besonders hoch entwickelt. Es ist die zentralnervöse Basis der ***taktilen Sensibilität*** (Tastsinn) und der ***Propriozeption,*** also aller (bewußten und unbewußten) Fähigkeiten, die eine Unterscheidung (Diskrimination) der räumlichen und zeitlichen Details eines mechanischen Reizes im Bereich des Körpers erfordern.

Das Vorderseitenstrang-System ist vor allem mit Thermorezeption und Nozizeption befaßt

Sein Name leitet sich vom Vorderseitenstrang im ventralen Rückenmark ab, der aufsteigende Axone von Neuronen des kontralateralen Hinterhorns enthält. Die afferenten Zuflüsse kommen aus Thermo- und Nozizeptoren der Haut, Muskeln, Gelenke und Viszeralorganen, jedoch auch aus niederschwelligen Mechanosensoren der Haut. Der Vorderseitenstrang verläuft kontralateral, vom Eintritt der Afferenzen ins Rückenmark gesehen (Abb. 12–11, 12–14). Seine Zielgebiete liegen vor allem im ***Hirnstamm*** und im ***Thalamus.*** Von dort aus erreichen die afferenten Informationen viele Hirngebiete. Dabei fehlt jedoch eine ausgeprägte Somatotopie, auch besteht keine deutliche Projektion zum Kortex, vergleichbar mit der des Hinterstrangsystems. Das Vorderseitenstrang-System gilt als die anatomische Basis von ***Thermo-*** und ***Schmerzsensibilität,*** weil beide Qualitäten bei der neurochirurgischen Durchtrennung des Vorderseitenstrangs (Chordotomie) ausfallen (s. auch Abb. 12–12). Darüber hinaus wird es auch als Teil des unspezifischen Systems angesehen (s. S. 229).

Andere spinale aufsteigende Bahnen. Im Rückenmark gibt es noch weitere Verbindungen zum Gehirn, die möglicherweise bei der Somatosensorik mitwirken. Die beiden *Tractus spinocerebellares* verbinden Mechanosensoren der Haut, Muskeln und Gelenke mit dem Zerebellum, sie gehören funktionell zum motorischen System (s. S. 115). Der *Tractus spinocervicalis* projiziert zum Thalamus und Kortex, er ist vor allem bei Katzen entwickelt. Der bisher am wenigsten untersuchte aufsteigende Weg ist die Leitung im Rückenmark über kurze, in Serie geschaltete intersegmentale (propriospinale) Verbindungen (blau unterbrochen in Abb. 12–11). Dieser Weg soll vor allem für die Schmerzwahrnehmung von Bedeutung sein (für eine weitere Diskussion der ***nozizeptiven Bahnen*** s. S. 243).

! Das zentrale somatoviszerale System ist anatomisch und funktionell vom Rückenmark bis zum Endhirn unterteilbar in das Hinterstrangsystem und das Vorderseitenstrangsystem. Das Hinterstrangsystem dient dem Tastsinn und der Propriozeption, es schließt eine Projektion zum kontralateralen Kortex ein. Das Vorderseitenstrangsystem dient der Thermozeption und der Nozizeption, es ist vor allem mit subkortikalen Arealen verbunden.

12.7 Verarbeitung somatoviszeraler Informationen im Rückenmark und Hirnstamm

Die afferente Innervation von Haut, Muskeln, Gelenken und Viszera zeigt eine räumliche (topographische) Ordnung entsprechend der segmentalen Gliederung des Rückenmarks. Die Hautafferenzen jeder Hinterwurzel innervieren jeweils ein umschriebenes Hautgebiet, das ***Dermatom*** (Abb. 12–13). Benachbarte Dermatome überlappen, weil sich die Axone der Spinalganglienneurone beim Wachstum in die Peripherie umbündeln (Abb. 12–13A), besonders in den Nervengeflechten (z. B. *Plexus lumbosacralis).* Durchtrennung eines peripheren Nerven bewirkt einen ***umschriebenen sensorischen Ausfall,*** Durchtrennung einer Hinterwurzel dagegen führt zu einer ***Verdünnung der Innervation,*** wodurch die Zweipunktschwelle ansteigt.

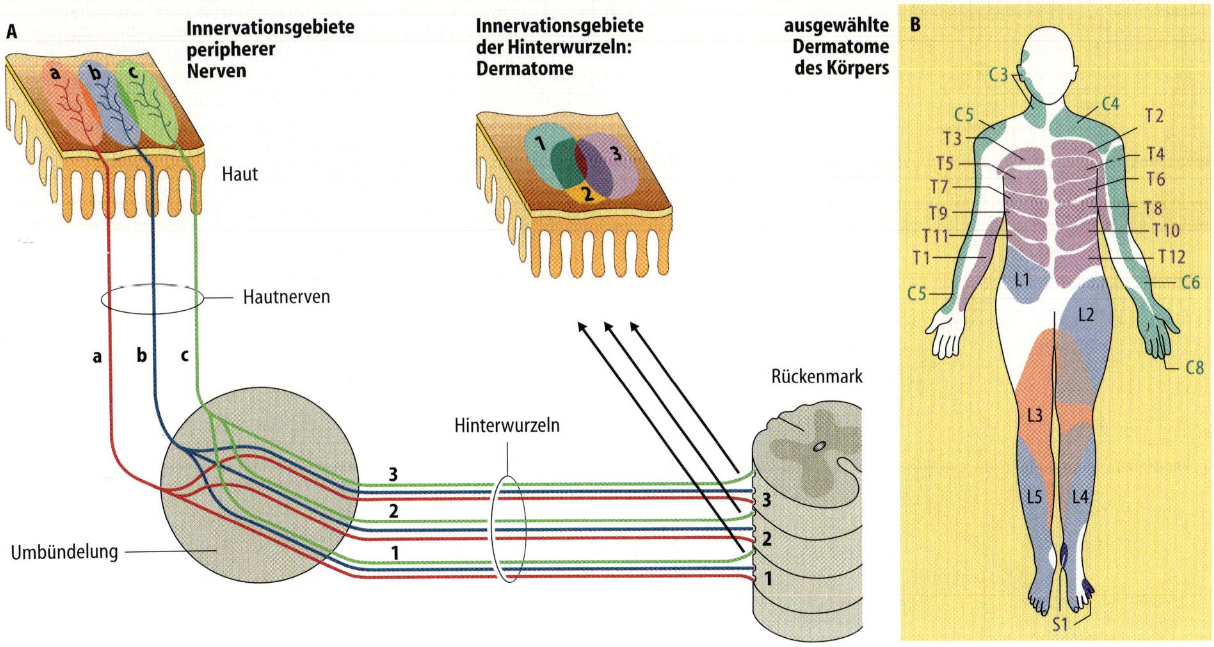

Abb. 12–13. Innervationsareale von Hautnerven und Hinterwurzeln. **A** Die Innervationsgebiete von Hautnerven (a, b, c) sind scharf begrenzt und zeigen wenig Überlappung. Infolge Umbündelung der peripheren Nerven zu Spinalnerven sind die Innervationsgebiete von Hinterwurzeln, also die Dermatome (1, 2, 3), weniger scharf begrenzt und überlappen. **B** Die kutanen Innervationsgebiete der Hinterwurzeln, also die Dermatome aufeinanderfolgender Rückenmarkssegmente, sind alternierend in jeweils einer Körperhälfte angegeben. Zur Verdeutlichung der Überlappung benachbarter Dermatome ist das Dermatom L3 auf beiden Beinen eingezeichnet. (Nach Foerster, O. [29] aus Lewis, T.: Pain. New York, The Macmillan Co., 1942)

Das spinale somatoviszerale System leistet eine differenzierte Vorverarbeitung sensorischer Informationen

Das Hinterhorn, der dorsale Teil der grauen Substanz des Rückenmarks, ist eine sensomotorische Verarbeitungsstation des Zentralnervensystems mit vier Ausgängen [9,25] (Abb. 12–14):

- lange aufsteigende Bahnen zum Gehirn, darunter vor allem der Vorderseitenstrang (s. S. 225),
- auf- und absteigende propriospinale Verbindungen zu den Nachbarsegmenten,
- Verschaltungen zu Motoneuronen und
- Verschaltungen zu sympathischen Neuronen.

Die über die Hinterwurzeln eintretenden somatoviszeralen Afferenzen bilden erregende synaptische Verbindungen mit Neuronen im Hinterhorn. Die Hinterhornneurone unterliegen jedoch auch hemmenden Einflüssen. Über ***hemmende Synapsen*** (rot in Abb. 12–14) kann die afferente Information modifiziert werden, z. B. im Sinne der lateralen Inhibition (s. Kap. 11) oder als Kontrolle des sensorischen Einstroms durch das Gehirn, über absteigende Bahnen (s. Abb. 12–20). Solche Hemmungsmechanismen sind u. a. für die Schmerztherapie bedeutsam.

Neurone des Vorderseitenstrangs. Angesichts der aus klinischen Befunden (s. Abb. 12–12) gefolgerten Bedeutung des Vorderseitenstrangs für die Schmerz- und Temperaturwahrnehmung ist es überraschend, daß er nur in geringer Zahl Axone von ***spezifisch nozi-*** bzw. ***thermosensitiven Neuronen*** enthält. Der überwiegende Teil der Neurone ist ***multirezeptiv,*** sie werden aus der Peripherie sowohl durch Thermo- und Nozisensoren als auch durch Mechanosensoren erregt. Es ist noch unklar, wie die für Schmerz- und Temperaturwahrnehmung notwendige Information im Gehirn aus den Erregungen der multirezeptiven Neuronen herausgefiltert wird [13,23].

Bei der neuronalen Verschaltung im Hinterhorn ist die ***Konvergenz*** von Afferenzen aus Haut und Viszera auf dieselben Neurone bedeutsam. Afferente Erregungen aus einem inneren Organ, z. B. bei Mangeldurchblutung des Herzens, werden wegen dieser Konvergenz vom Patienten falsch lokalisiert, und zwar in die Körperoberfläche (übertragener Schmerz, s. Kap. 13). Jedem inneren Organ ist dabei ein bestimmtes Hautareal zugeordnet, die ***Head Zone.***

Neurone der Hinterstrangkerne. Die Axone des Hinterstrangs enden ipsilateral in einem Kerngebiet des verlängerten Marks (der *Medulla oblongata),* den Hinterstrangkernen *(Nuclei cuneatus et gracilis).* Sie bilden Synapsen auf große Neurone, deren Axone als ***Tractus lemniscus medialis*** die Mittelebene des Hirnstamms kreuzen und zum kontralateralen Thalamus ziehen (Abb. 12–15). Die Verarbeitung der sensorischen Information bei der synaptischen Übertragung in den Hinterstrangkernen hat die folgenden Eigenschaften:

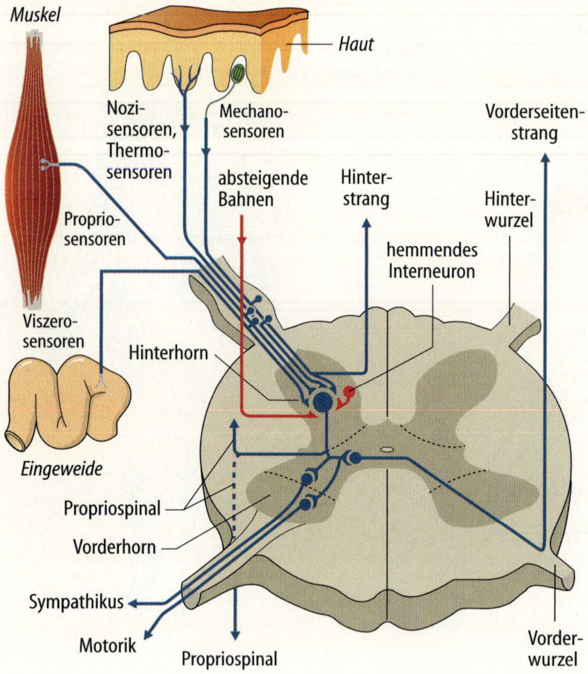

◀ **Abb. 12–14.** Verschaltung der somatoviszeralen Afferenzen im Rückenmark. Die über die Hinterwurzeln eintretenden Afferenzen sind synaptisch erregend auf Hinterhornneurone geschaltet, dabei konvergieren unterschiedliche Typen von Afferenzen auf dieselben Hinterhornneurone. Von diesen erfolgt die Weiterleitung auf die Efferenzen des Rückenmarks, nämlich zu benachbarten Segmenten (propriospinale Fasern), zu aufsteigenden Bahnen (z. B. Vorderseitenstrang) sowie zu efferenten Sympathikusneuronen und Motoneuronen. Kollaterale der Gruppen I- und II-Afferenzen steigen im Hinterstrang der weißen Substanz direkt zur Medulla oblongata (Hinterstrangkerne) auf. Zwei auf das Hinterhornneuron hemmend wirkende Einflüsse sind eingezeichnet *(rot)*, nämlich durch absteigende Bahnen vom Gehirn, sowie durch spinale hemmende Interneurone

- Bewahrung der Rezeptorspezifität, es konvergieren nur Afferenzen derselben Rezeptorart auf ein Neuron
- Hohe Sicherheit der synaptischen Übertragung; bereits einzelne afferente Impulse können zur postsynaptischen Impulsauslösung führen
- Kleine rezeptive Felder
- Somatotopische Ordnung, d. h. im Hinterstrangkern findet sich eine räumlich geordnete Abbildung der Haut
- Afferente prä- und postsynaptische Hemmung (laterale Inhibition, s. S. 206)
- Deszendierende hemmende Kontrolle, vor allem vom Kortex ausgehend (s. Abb. 12–20).

Diese Eigenschaften sind kennzeichnend auch für die nachfolgenden Umschaltungen im Hinterstrang- bzw. Lemniskus-System.

! Das Rückenmark stellt die erste Verschaltungsebene des Zentralnervensystems für afferente Zuflüsse aus dem Rumpf und den Extremitäten dar. Alle Arten somatoviszeraler Afferenzen

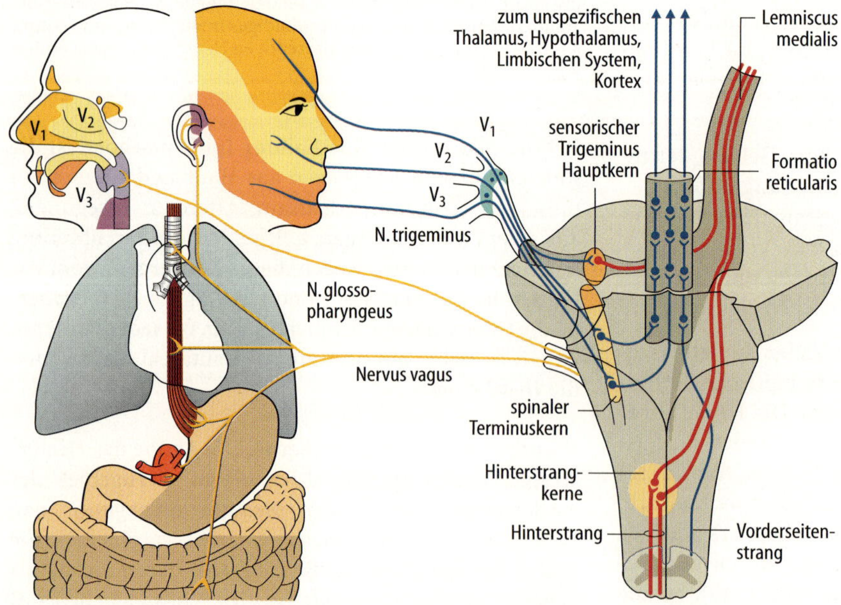

Abb. 12–15. Übersicht über Afferenzen und Strukturen des somatoviszeralen Systems im Hirnstamm. *Links* sind die Innervationsgebiete der drei wichtigen somatoviszeralen sensorischen Nerven gezeigt, *rechts* die somatoviszeralen sensorischen Strukturen des Hirnstamms (Sicht von dorsal). Diese bestehen aus den 2 Kernen des Trigeminusnerven und seiner aufsteigenden Bahnen, der Formatio reticularis *(grau)* und den Hinterstrangkernen *(gelb)*. Die vom Rückenmark kommenden Bahnen sind ebenfalls eingezeichnet, nämlich die Hinterstränge *(rot)* und der Vorderseitenstrang *(blau)*. Der zentrale Verlauf der Afferenzen des N. glossopharyngeus und N. vagus ist, aus Gründen der Übersichtlichkeit, nicht eingezeichnet

werden hier in die motorischen und sympathischen Reflexe einbezogen sowie in aufsteigende Bahnen geleitet, v. a. den Vorderseitenstrang. Die niederschwelligen Mechanorezeptoren der Haut und Muskeln werden in den Hinterstrangkernen des verlängerten Marks selektiv synaptisch auf Neurone geschaltet, die weiter zum Thalamus und Kortex führen. Dabei bleiben Orts- und Sensorspezifität der Afferenzen erhalten.

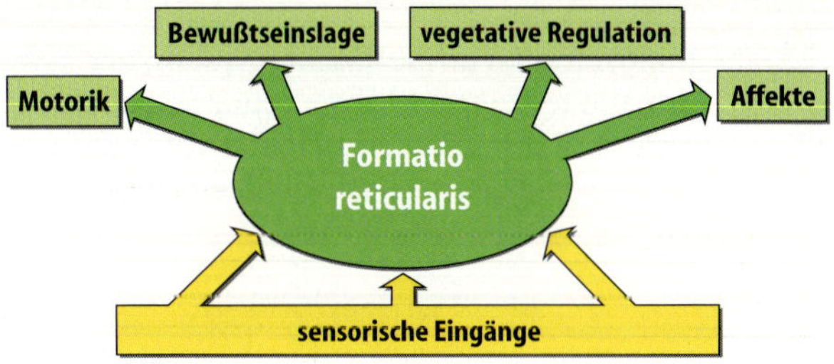

Abb. 12–16. Übersicht über die Beiträge der Formatio reticularis des Hirnstamms zu verschiedenen funktionellen Systemen des Zentralnervensystems

Über den Trigeminusnerven liefern die Sensoren der Gesichtsregion ihre Informationen an die sensorischen Verarbeitungszentren des Hirnstamms

Der *V. Hirnnerv*, der ***N. trigeminus,*** innerviert mit seinen drei Ästen (trigeminus) die Gesichts- und Mundregion (Abb. 12–15). Die Innervationsdichte ist sehr hoch, Haut, Zähne, Mundschleimhaut, Zunge und Kornea enthalten Sensoren aller Qualitäten.

Im Hirnstamm werden die Informationen der Trigeminusafferenzen in die motorischen Reflexe der Kopfmuskulatur sowie in zahlreiche vegetative Reflexe integriert. Das Trigeminussystem hat vor allem bei den Säugern ***lebenswichtige Funktionen:*** z. B. bei der taktilen Umwelterkennung, Nahrungsaufnahme, Lauterzeugung. Es ist bereits beim Neugeborenen weitgehend entwickelt, über seine Afferenzen wird u. a. das Nahrungsaufnahmeverhalten ausgelöst.

Die Afferenzen des N. trigeminus werden im Hirnstamm synaptisch umgeschaltet (Abb. 12–15). Der ***spinale Trigeminuskern*** entspricht funktionell dem Hinterhorn des Rückenmarks, hier werden mechano-, thermo- und nozisensorische Afferenzen auf Neurone übertragen, deren Axone zur Formatio reticularis und zum Thalamus ziehen, entsprechend den Neuronen des Vorderseitenstrangs aus dem Rückenmark. Im ***sensorischen Hauptkern des Trigeminus,*** der den Hinterstrangkernen entspricht, enden nur Afferenzen von niederschwelligen Mechanosensoren, die postsynaptischen Axone kreuzen zur Gegenseite und gliedern sich dem Tractus lemniscus medialis zum Thalamus an.

Somatosensorische Funktionen des Hirnstamms. Der Hirnstamm, der aus Medulla oblongata, Pons (Brückenhirn) und Mittelhirn besteht, ist nicht nur das Ursprungs- bzw. Endigungsgebiet des N. trigeminus, sondern der meisten Hirnnerven. Er enthält eine Fülle von abgrenzbaren Kernen mit überwiegend sensorischen, motorischen oder vegetativen Funktionen [18,24]. Außerdem zwängen sich hier alle auf- und absteigenden Bahnen durch, die Gehirn und Rückenmark sowie Großhirn und Kleinhirn miteinander verbinden.

Das unspezifische System und die Formatio reticularis des Hirnstamms sind Sammelbezeichnungen für eng verflochtene Verarbeitungs- und Integrationssysteme des vegetativen, motorischen und somatoviszeralen sensorischen Systems

Zur abgekürzten Kennzeichnung von Hirnfunktionen war es notwendig, den Begriff ***unspezifische System*** einzuführen [1,16,18,24]. Dieses wurde den spezifischen Systemen der Sensorik (bei der Somatosensorik das Hinterstrangsystem) gegenübergestellt, die anatomisch und physiologisch klar abgegrenzt werden konnten. Dem unspezifischen System ordnete man eine Reihe von ***generalisierten Funktionen*** zu, vor allem die folgenden:

- Weckreaktion (Arousal)
- Einflüsse auf das EEG
- Schlaf-Wach-Rhythmus
- Affektive Verhaltensreaktionen
- Vegetative Reaktionen.

Solche Reaktionen lassen sich sowohl durch Sinnesreize, besonders durch ***Schmerzreize,*** auslösen, jedoch auch durch elektrische Stimulation vor allem in der ***Formatio reticularis*** des Hirnstamms (Abb. 12–15) – hier wurde deshalb das unspezifische System auch lokalisiert, mit dem ***Vorderseitenstrang*** und den entsprechenden Bahnen aus dem spinalen Trigeminuskern als hauptsächlichen sensorischen Zubringern.

Die ***efferenten*** Verbindungen der Formatio reticularis sind vielfältig: absteigend zum Rückenmark, aufsteigend über die unspezifischen Thalamuskerne zum Kortex, zum Hypothalamus und zum limbischen System [1,9,16,18,24]. Der Formatio reticularis wird eine Mitwirkung an einer Reihe von Funktionen zugesprochen, die in Abb 12–16 zusammengefaßt sind.

Aus diesen funktionellen Eigenschaften wird deutlich, daß bei der *Formatio reticularis* eine sichere Abgrenzung im Sinne der Unterteilung in zentrale sensorische und integrative Systeme (s. S. 144) nicht möglich ist. In neuerer Zeit zeichnet sich ab, daß mehrere Regionen aufgrund von biochemischen Eigenschaften differenziert werden können, z. B. die serotonergen *Raphé-Kerne und* der noradrenerge *Locus coeruleus* [17]. Es ist zu erwarten, daß mit der Erweiterung unseres Wissens über die *Formatio reticularis* das Konzept des unspezifischen Systems revidiert werden kann.

!

In den Trigeminuskernen des Hirnstamms findet die Vorverarbeitung somatoviszeraler Informationen des Gesichtsbereichs statt, entsprechend zur Funktion des Rückenmarks und der Hinterstrangkerne. Im unspezifischen System der Formatio reticularis wird die somatoviszerale Sensorik in die Steuerung vegetativer Funktionen und der kortikalen Erregbarkeit einbezogen.

12.8 Das thalamokortikale somatosensorische System

Die entwicklungsgeschichtlich jungen Anteile des somatosensorischen Systems in Thalamus und Kortex bedingen die hohe Leistungsfähigkeit des Tastsinns

Anatomische und funktionelle Übersicht des Thalamus. Der Thalamus besteht aus mehreren funktionell abgrenzbaren Kernen, die mit dem Kortex in Verbindung stehen (Abb. 12–17A). Zur Orientierung können sie folgendermaßen eingeteilt werden [1,24]:

- Schalt- und Verarbeitungskerne der Sinnesorgane Haut, Auge, Ohr (rot, ocker)
- Kerne mit überwiegend motorischen Funktionen (gelb)
- Kerne mit Assoziationsfunktionen (verschiedene Grünstufen)
- Unspezifische Kerne (grau), ohne definierte Kortexzuordnung.

Der Ventrobasalkern des Thalamus erhält seine erregenden Zuflüsse über die Hinterstrangkerne aus den niederschwelligen Mechanosensoren der Haut und Muskeln

Wegen seiner anatomischen Lage (s. Abb. 12–17A) wird diese zweite Station des Lemniskus-Systems als ***Ventrobasalkern (VB)*** bezeichnet [1,2,44]. Er wird unterteilt in *VPL (Nucleus ventralis posterolateralis)* und *VPM (Nucleus ventralis posteromedialis)*. Der Körper ist im VPL, das Gesicht im VPM repräsentiert. Die zuführende Leitungsbahn zum VPL ist vor allem der ***Tractus lemniscus medialis*** aus den Hinterstrangkernen, zum VPM der *Tractus trigeminothalamicus* aus dem sensorischen Hauptkern des Trigeminus.

Die Charakteristika von VB-Neuronen entsprechen etwa den bereits ausführlich erörterten Neuronen der Hinterstrangkerne (s. S. 227): die Neurone reagieren v. a. auf Erregung niederschwelliger Mechanosensoren, haben umschriebene kutane rezeptive Felder und sind in einer somatotopen Ordnung der peripheren Sinnesfläche zugeordnet (Abb. 12–17B) [2,16].

Bei ***Wachtierableitungen*** an Affen [39] zeigen die Antworten der VB-Neurone mehr Variabilität als bei Ableitungen unter Narkose. Vor allem werden modulierende Einflüsse sichtbar, die mit dem Verhalten des Tieres korreliert sind, darunter z. B. auch „Arousal"-Reaktionen, die mit den Funktionen der Formatio reticularis zusammenhängen (s. S. 229). Offensichtlich werden unter Narkose die starken Erregungszuflüsse der VB-Neurone aus der peripheren Sinnesfläche deshalb so ausgeprägt dominant, weil andere, modulierende, synaptischen Erregungen durch die Narkose unterdrückt werden.

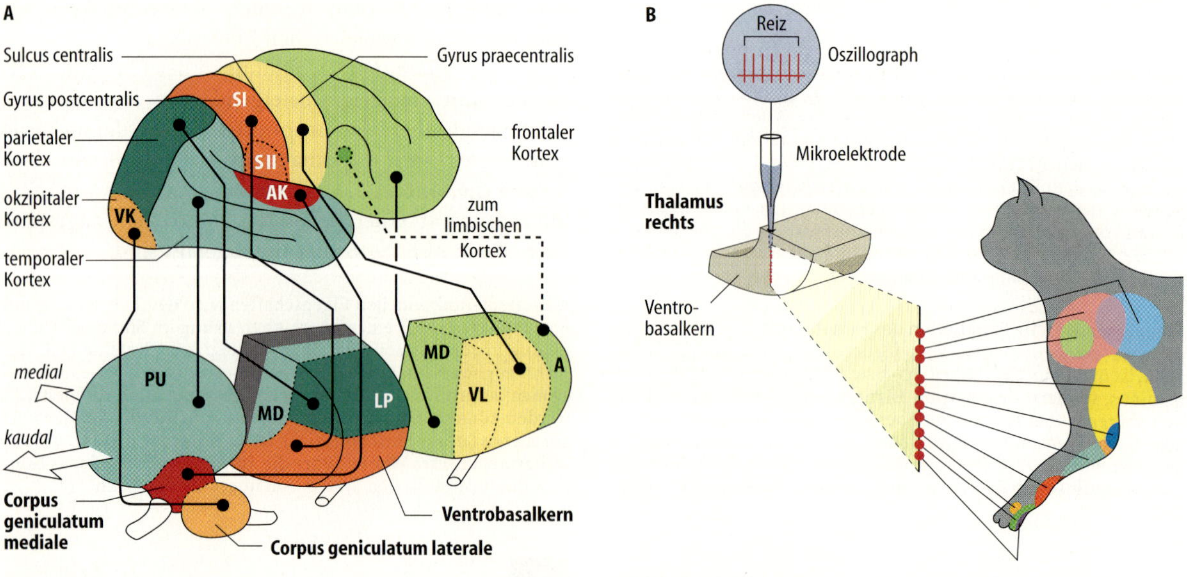

Abb. 12–17. Anatomie und Funktion des Thalamus. **A** Der Thalamus der rechten Gehirnhälfte ist mit seinen wichtigsten Anteilen und Kortexverbindungen dargestellt. Die funktionelle Einteilung der Thalamuskerne unterscheidet: spezifische sensorische Kerne *(rot, ocker)*; motorische Kerne *(gelb)*; Assoziationskerne *(verschiedene Grünschattierungen)*; unspezifische Kerne *(grau)*. PU: Nucl. pulvinaris; LP: Nucl. lateralis posterior; MD: Nucl. medialis dorsalis; VL: Nucl. ventralis lateralis; A: Nucl. anterior. **B** Rezeptive Felder von Neuronen des Ventrobasalkerns im rechten Thalamus. Im gezeigten Beispiel wurde bei einer narkotisierten Katze der Thalamus mit einer Mikroelektrode durchmessen. Es konnten zehn Neurone durch mechanische Hautreize charakterisiert werden. Die rezeptiven Felder der Neurone auf der Haut des linken Vorderbeins sind angegeben. (Nach Mountcastle and Poggio, Bull. Johns Hopkins Hosp. 106, 266, 1960)

Der Ventrobasalkomplex des Thalamus projiziert zu den somatosensorischen Kortexarealen SI und SII (Abb. 12–17A). ***SI*** liegt auf dem *Gyrus postcentralis*, ***SII*** in der Oberwand des *Sulcus lateralis*, der Parietal- und Temporallappen trennt.

Der somatosensorische Kortex enthält eine topographisch geordnete Abbildung der kontralateralen Haut als periphere Sinnesfläche; diese Zuordnung wird als Somatotopie bezeichnet

Die sensorische Innervation der gesamten Körperoberfläche projiziert auf das *kontralaterale* Kortexareal SI. Für die Hand des Primaten gibt es ***mehrfache Projektionen in SI*** [2,10,16,28], die wahrscheinlich unterschiedlichen Aufgaben dienen (z. B. verschiedene Sensorsysteme). ***SII*** enthält eine weniger ausgeprägte somatotopische Gliederung, die z. T. bilateral ist. Wenn wir eine Hautstelle reizen, wird also in einer umschriebenen Region jeweils von SI und SII die neuronale Aktivität verstärkt. Die Somatotopie kann mit mehreren Methoden untersucht werden: fokale elektrische Kortexreizung beim Menschen [19], Messung der lokalen Kortexdurchblutung (s. Kap. 6), Messung evozierter Potentiale und Registrierung von Einzelneuronen.

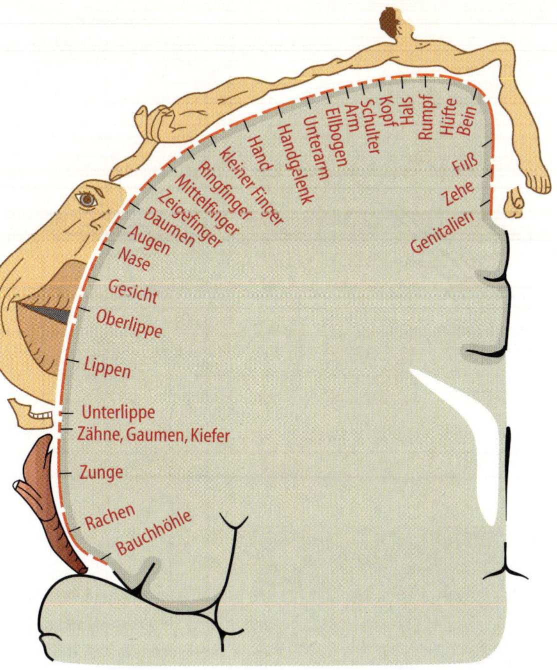

Abb. 12–18. Somatotopie im somatosensorischen Kortex SI des Menschen. Die über dem Gehirnquerschnitt (in Höhe des Gyrus postcentralis) eingezeichneten Symbole und die Beschriftung sollen die räumliche Zuordnung zwischen Körperoberfläche und Kortex verdeutlichen, wie sie mit lokaler elektrischer Kortexreizung bei wachen Patienten ermittelt wurde. (Aus [19])

Elektrische Kortexreizung beim wachen Menschen führt zu peripher lokalisierten umschriebenen Wahrnehmungen: Nachweis der kortikalen Somatotopie

Bei manchen neurochirurgischen Operationen war es notwendig, den Kortex bei wachen Patienten fokal elektrisch zu reizen [30]. Die Patienten lokalisierten dabei ihre Reizwahrnehmungen in umschriebenen Stellen des Körpers. Systematische Kartographierung des ***Gyrus postcentralis*** (Kortex SI) hat die in Abb. 12–18 gezeigte symbolische Darstellung der zugeordneten Körperlokalisation ergeben [19], sie entspricht der auch mit anderen Methoden ermittelten ***Somatotopie.*** Bei diesem geometrisch verzerrten *somatosensorischen Homunculus* sind besonders Finger- und Mundregion überproportional vertreten, also Regionen mit einer hohen peripheren ***Innervationsdichte.*** Diese Hautregionen haben niedrige Zweipunktschwellen (s. Abb. 12–2). Hier besteht ein kausaler Zusammenhang, der auch für andere Sinnessysteme gilt: je größer sowohl die periphere Innervationsdichte als auch die Anzahl zentraler Neurone pro mm^2 der Sinnesoberfläche sind, desto besser ist das ***räumliche Unterscheidungsvermögen*** des Sinnesorgans.

Spezialisierte Sinnesflächen mit hohem Diskriminationsvermögen haben immer eine ***große Kortexprojektion:*** Bei der Ratte z. B. besteht der größte Teil von SI aus der Projektion der Vibrissen (Tasthaare am Maul). Dieses Tastorgan ist bei der Ratte für die Umwelterkennung wichtiger als das visuelle System.

> **!** Der Thalamuskern und der Kortex des somatosensorischen Systems enthalten zusammen eine neuronale Abbildung der kontralateralen Körperoberfläche, wobei Zuflüsse aus niederschwelligen Mechanosensoren dominieren. Erregungen dieses thalamokortikalen Systems führen zu bewußten Tastwahrnehmungen.

Der somatosensorische Kortex ist in Einheiten von vertikal zur Oberfläche angeordneten Neuronensäulen oder Neuronenkolumnen gegliedert

Die anatomische Basis dieser Kolumnen mit 0,2–0,5 mm Durchmesser (Abb. 12–19) ist die begrenzte horizontale Ausbreitung der Endigungsgebiete der Afferenzen aus dem VB-Kern des Thalamus sowie die vertikale Vorzugsrichtung des Dendritenbaums der Pyramidenzellen (Abb. 12–19C). Bei Mäusen sind die zu den Tasthaaren am Maul gehörenden Kolumnenaggregate besonders ausgeprägt, sie konnten direkt mit histochemischen Methoden als „*Barrels*" sichtbar gemacht werden (Abb. 12–19B).

Die Kolumnen von Kortexneuronen sind in Bezug auf ihre afferente Erregung orts- und sensorspezifisch

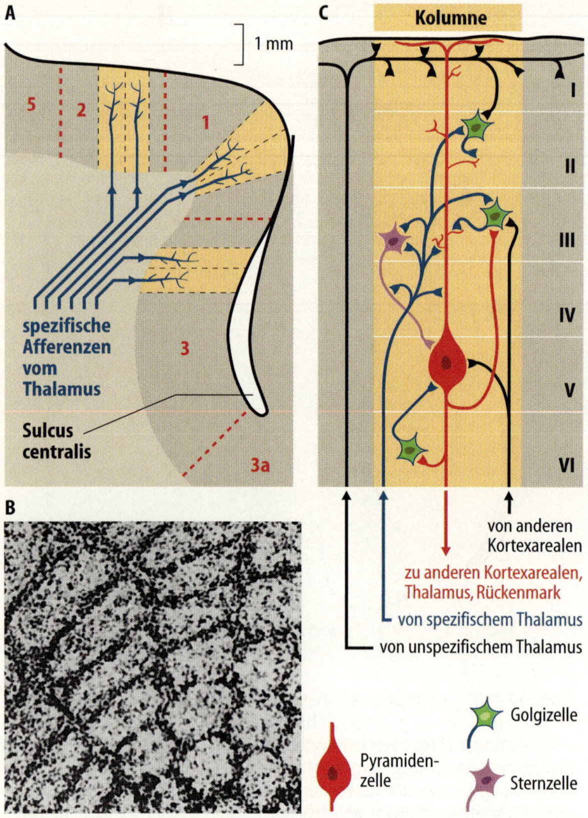

Abb. 12–19. Kolumnenanordnung von Kortexneuronen. **A** Vertikaler Längsschnitt durch den Gyrus postcentralis. In den zytoarchitektonischen Arealen 1, 2 und 3 (nach Brodman, s. S. 29) sind jeweils zwei benachbarte Neuronenkolumnen mit ihren Afferenzen angedeutet. **B** Histochemische Visualisierung von Kolumnen im somatosensorischen Kortex der Maus („Barrels"), die den Vibrissen (Tasthaare am Maul) zugeordnet sind. **C** Die Kolumne, ein Funktionselement des Kortex (schematisiert, um das Konzept zu verdeutlichen). Die funktionelle Zusammengehörigkeit von Neuronen einer Kolumne läßt sich anatomisch durch die begrenzte Ausbreitung der Dendriten der Pyramidenzellen und der Endigungsgebiete spezifischer thalamocorticaler Afferenzen erklären. (B nach H. van der Loos und J. Dörfl, Neurosci. Lett. 7, 23, 1978)

Durch selektive adäquate Reizung z. B. von drei verschiedenen Typen der Hautsensoren (SA-, RA-, PC-Sensoren, s. Abschnitt 12.2) konnte nachgewiesen werden, daß die Neurone einer Kolumne hauptsächlich durch ***Sensoren eines Typs*** erregt werden können. Die Kolumnen sind offenbar funktionelle Einheiten für Lokalisation und Art der peripheren sensorischen Nervenendigungen. Es wird angenommen, daß solche mosaikartig angeordneten Module ein neuronales Echtzeitbild der peripheren Reizdynamik wiedergeben, aus dem die bewußte Wahrnehmung entsteht und auch unbewußte sensorisch ausgelöste Hirnvorgänge gespeist werden.

Auch ***thermosensitive*** Neurone und ***nozisensitive*** Neurone wurden in SI und SII gefunden, allerdings um 1 bis 2 Größenordnungen seltener als mechanosensitive Neurone. Eine Kolumnenanordnung für diese Neurone wurde bisher nicht gefunden.

Einfache und komplexe Kortexneurone zeigen eine Hierarchie der sensorischen Informationsverarbeitung bei der Eigenschaftsextraktion in den Kolumnen an; aus den Kolumnen wird die verarbeitete Information an andere Kortexareale weitergegeben

Einfache Neurone („unten in der Hierarchie") sind solche, deren Entladungen die der entsprechenden peripheren Sensortypen widerspiegeln. So wurden z. B. in SI einfache Neurone identifiziert, die sich etwa wie RA-Sensoren verhalten.

Bei ***komplexen Neuronen*** („oben in der Hierarchie") sind die Entladungen nicht unmittelbar denjenigen der dazugehörigen Sensoren ähnlich. Dazu gehören z. B. Neurone, die durch einen ***bewegten Reiz*** mit einer bestimmten Richtung auf der Hautoberfläche aktiviert werden [15]. Solche Neurone wurden in SI und SII sowie in den benachbarten Assoziationsfeldern gefunden.

Auch die bisher im Kortex gefundenen ***thermosensitiven Kortexneurone*** sind *komplexe Neurone.* Sie sind z. B. bei Affen spezialisiert (anders als periphere Thermosensoren, s. Abschnitt 12.4), entweder nur auf Änderungen der Hauttemperatur anzusprechen oder nur den stationären Temperaturwert anzuzeigen. Bei komplexen thermosensitiven Neuronen im Rattenkortex [9] ändert sich die Entladungsfrequenz sprunghaft zwischen einem maximalen und einem minimalen Wert, wenn die Temperatur der Haut einen bestimmten Wert über- bzw. unterschreitet (Schwellendetektoren).

Die Beispiele zeigen, daß im Kortex Information über verschiedene Parameter sensorischer Reize herausgefiltert wird: man spricht von der ***Eigenschaftsextraktion*** [2,15,23]. Im visuellen Kortex ist diese Abstraktionsleistung besonders gut untersucht (s. Kap. 16), sie ist wahrscheinlich eine Grundlage der Gestalterkennung.

Efferente Verbindungen von SI. Von SI gehen zahlreiche efferente Axone aus (Abb. 12–19C), die sensorische Informationen in verarbeiteter Form zu anderen Teilen des Nervensystems übermitteln. Verbindungen von SI bestehen zu folgenden Gebieten – die hauptsächliche Funktion der Verbindung ist jeweils angegeben:

- *Motorischer Kortex:* Rückkopplungskontrolle von Bewegungen
- *Parietaler Assoziationskortex:* Integration von visueller und taktiler Information, intermodaler Transfer von Wahrnehmungen
- *Kontralaterale SI und SII:* Integration von bilateralen Tastinformationen
- *Thalamus, Hinterstrangkerne, Rückenmark:* efferente Steuerung des sensorischen Informationsflusses (s. Abschn. 12.9).

Im Kortexareal SII (Abb. 12–17A) ist die Körperoberfläche ***bilateral somatotopisch*** abgebildet. Die Neuronenkolumnen werden überwiegend von Sensoren der Haut erregt, während in SI auch Kolumnen der Tiefensensibilität vertreten sind. Es wird vermutet, daß SII bei der sensorischen und motorischen Koordination der beiden Körperseiten (z.B. beidhändiges Greifen oder Tasten) sowie bei der Nozizeption mitwirkt [2].

> **!** Der somatosensorische Kortex mit den zwei Arealen SI und SII weist eine Somatotopie mit der Peripherie auf. Verbände von Neuronen, im Kortex zu Kolumnen zusammengefaßt, sind als Funktionsmodule für umschriebene Bereiche der Sinnesoberfläche anzusehen. Hier werden u.a. Eigenschaften somatosensorischer Reize herausgefiltert, die für die Erkennungsleistungen der Wahrnehmung relevant sind.

Das Kortexareal SI wird für die bewußte Wahrnehmung somatosensorischer Reize benötigt; die Eigenschaften und Verknüpfungen seiner Neurone ändern sich bei langdauernden Änderungen des afferenten Zustroms

Lokale elektrische Reize in SI bei wachen Patienten (s.o. und Abb. 12–18) werden als umschriebene Reize in der Peripherie erlebt [9,13,19]. Solche ***projizierten Empfindungen*** schwellennaher Punktreize auf SI wurden als *ähnlich wie bei natürlicher Reizung* beschrieben, sie beruhen wahrscheinlich auf der Reizung einzelner Neuronenkolumnen. Es kamen sowohl einfache sensorspezifische Empfindungen vor (Vibration, Wärme, Kälte), jedoch auch solche von bewegten Reizen oder von Gelenkbewegungen. Schmerzempfindungen wurden nur selten berichtet [9].

Hirnverletzungen und Schlaganfälle, die auch SI betreffen, führen zu Wahrnehmungsdefiziten. Hautreize können dann noch wahrgenommen werden, jedoch ist die Erkennbarkeit von ***räumlichen Feinheiten*** reduziert. Die Schwere der Defizite hängt vom Ausmaß der Kortexläsion ab, sie bilden sich nach längerer Zeit oft wieder zurück.

Aus vielen Beobachtungen von Reizeffekten und Ausfällen läßt sich folgern, daß die Funktion von SI eine notwendige Voraussetzung für die bewußte Wahrnehmung des räumlich-zeitlichen Geschehens auf der Hautoberfläche ist (s. dazu auch Kap. 6, 8 und 10).

Plastizität des zentralen somatosensorischen Systems. Nach Durchtrennung eines peripheren Nervs verändern sich im Laufe von Monaten die Eigenschaften von Neuronen des zentralen somatosensorischen Systems. Von diesen Erscheinungen der ***Plastizität als Reaktion auf eine Deafferentierung*** ist die Veränderung der Somatotopie in SI besonders gut untersucht worden: SI-Neurone im Feld des unterbrochenen Nerven erhalten zunehmend Erregungszuflüsse aus benachbarten Hautregionen [34]. Viele Befunde zeigen, daß sich als Reaktion sowohl auf eine periphere als auch eine zentrale Läsion ***neue funktionelle synaptische Verbindungen*** bilden. Abhängig vom Ausmaß der Regeneration des peripheren Nervs (s. S. 219) bilden sich die Veränderungen im Zentralnervensystem wieder zurück. Diese Vorgänge zeigen, daß das somatosensorische Nervensystem ein Potential zur funktionellen Restitution hat, durch Reparatur oder Kompensation. Die Forschung zielt darauf ab, Mechanismen der Plastizität neuraler Verbindungen auch bei der Rehabilitation von Patienten mit Hirnverletzungen und -krankheiten zu nutzen.

> **!** Direkte elektrische Reizung des Kortex SI und Ausfälle bei Hirnverletzungen zeigen, daß die Erregung von SI eine notwendige Voraussetzung für die bewußte Wahrnehmung von somatosensorischen Hautreizen ist. Sowohl nach peripheren als auch nach zentralen Verletzungen reagiert das somatosensorische System mit Plastizität als Reparationsmechanismus.

12.9 Kontrolle des afferenten Zustroms durch zentrifugale Hemmsysteme

Das Gehirn steuert durch absteigende Hemmung die Empfindlichkeit der aufsteigenden sensorischen Informationsübertragung

Sensorische Systeme sind keine Einbahnstraßen für Informationsübertragung von der Peripherie zum Kortex, vielmehr wirken zentrifugale (erregende oder hemmende) Wirkungen in umgekehrter Richtung an der Verarbeitung von Information mit. Die Übersicht in Abb. 12–20A zeigt ***absteigende oder deszendierende Hemmungssysteme*** des somatosensorischen Systems (rot gekennzeichnet), die von Kortex und Hirnstamm ausgehen und wahrscheinlich folgende Funktionen haben [9,23]:

- Die Schwelle der synaptischen Übertragung wird durch die absteigende Hemmung angehoben. Dies bewirkt z.B. die Unterdrückung trivialer Information (wie etwa Dauerreiz durch Kleidung).
- Die Größe des rezeptiven Feldes eines zentralen Neurons wird durch zunehmende absteigende Hemmung verkleinert (Abb. 12–20B).
- Die Modalität eines Neurons, auf das verschiedene Arten von Sensoren konvergieren (a und b in Abb. 12–20B), wird umgestellt.
- Die Empfindlichkeit oder der Arbeitsbereich der sensorischen Informationsübertragung wird an wechselnden Aufgaben angepaßt (Abb. 12–20C).

Sensorische Information aus der Haut wird z.B. bei der Umschaltung im Rückenmark durch elektrische Reizung im Mittelhirn gehemmt (Abb. 12–20C). Diese Hemmung wird über eine absteigende Bahn vermittelt.

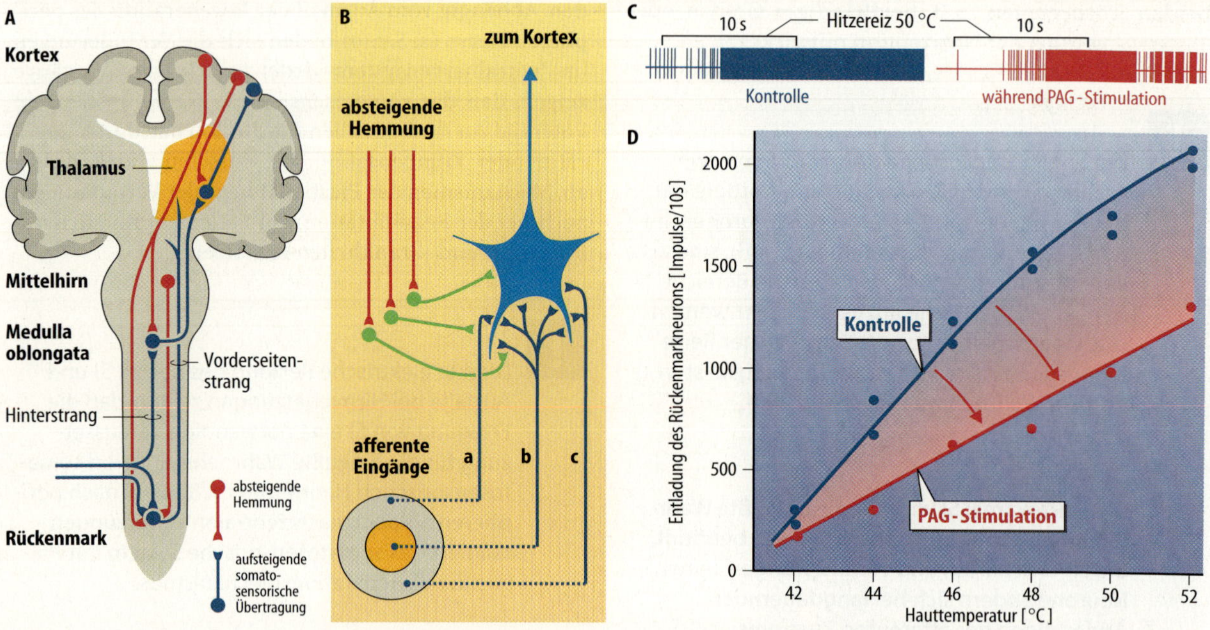

Abb. 12–20. Zentrifugale Kontrollen im somatoviszeralen sensorischen System. **A** Die in das Rückenmark hereinkommende und zum Gehirn aufsteigende sensorische Information kann bei der synaptischen Umschaltung durch absteigende Hemmung (hemmende Bahnen und Synapsen rot gekennzeichnet) moduliert werden. **B** Beispiele für Funktionen der absteigenden Hemmung. Bei der synaptischen Erregungsübertragung aus Afferenzen (a, b, c) auf ein zentrales somatosensorisches Neuron kann durch absteigende Hemmung die Größe des rezeptiven Feldes des Neurons verändert werden, z. B. durch eine stärkere Hemmwirkung auf die Afferenzen aus dem Randgebiet des rezeptiven Felds (a, c). **C** Entladung eines Hinterhornneurons der narkotisierten Katze bei Reizung des rezeptiven Feldes in der Haut mit Hitzereizen (50 °C, 10 s Dauer), ohne *(links)* und mit *(rechts)* gleichzeitiger elektrischer Stimulation im Mittelhirn zur Aktivierung der absteigenden Hemmung zum Rückenmark. **D** Intensitätskennlinie des Hinterhornneurons von C, also Zahl der Nervenimpulse pro Hitzereiz *(Ordinate)* gegen Hauttemperatur *(Abszisse)* aufgetragen. Die Kennlinie der Intensitätskodierung des Neurons bei Hitzereizung der Haut ist vor *(blaue Kurve)* und während *(rote Kurve)* Stimulation im Mittelhirn gezeigt. *PAG* periäquaduktales Grau (zentrales Höhlengrau). (Nach Carstens, Yokota und Zimmermann: J. Neurophysiol. 42, 558, 1979)

Die Intensität der Hautreize (hier die Hauttemperatur) wird annähernd linear in die Entladungsfrequenz der spinalen Neurone kodiert. Bei Mittelhirnstimulation wird das spinale Neuron gehemmt, die Kennlinie der ***Intensitätskodierung*** hat dabei eine verringerte Steigung. Wir können deshalb die absteigende Hemmung als Mechanismus zur ***Empfindlichkeitskontrolle*** der sensorischen Übertragung ansehen.

Zentrifugale Hemmungssysteme spielen z. B. bei Aufmerksamkeitsreaktionen eine Rolle. Wenn die im Rückenmark aufsteigende sensorische Information selbst das absteigende Hemmungssystem aktiviert, besteht eine rekurrente Hemmung (Feedback-Hemmung). Diese Feedback-Hemmung bedeutet eine ***automatische Bereichseinstellung:*** Die Steigung der Kennlinie (Abb. 12–20D) wird von der Intensität der sensorischen neuronalen Information selbst bestimmt. Dieser Mechanismus ist vergleichbar mit der automatischen Aussteuerungskontrolle am Aufnahme-Verstärker eines Kassettenrekorders.

Auch über die efferente Kontrolle der Motorik kann das Zentralnervensystem die Funktion sensorischer Systeme steuern

Das motorische System wirkt bei vielen sinnesphysiologischen Funktionen mit. So werden über die γ-Motoneurone der Arbeitsbereich und die ***Empfindlichkeit der Muskelspindeln*** bestimmt. Über Tonusänderungen der Muskeln des Mittelohrapparates wird der Verstärkungsgrad der Schallübertragung eingestellt, die in das Auge gelangende Lichtmenge wird durch die Pupillenmotorik geregelt. Eine komplexe zentrifugale Wirkung auf die Meldungen aus den Sensoren besteht schließlich bei den motorischen Steuerungen der ***Tastbewegungen*** und Blickbewegungen. Diese und andere Leistungen der Motorik sind zu den Mechanismen zentrifugaler Modifikationen im Sinneskanal zu rechnen. Die Verzahnung von Sensorik und Motorik hat zu dem Konzept der ***Sensomotorik*** geführt. Alle diese Beispiele sollen verdeutlichen, daß das Zentralnervensystem bei der Wahrnehmung die sensorische Information nicht nur aufnimmt, sondern aktiv mitgestaltet [4,15,33].

> **!** Das somatoviszerale sensorische System enthält auf allen Verarbeitungsebenen zentrifugale hemmende Kontrollen. Auch die motorische Steuerung reguliert die Funktion der Sensoren. Dadurch wird das Ausmaß der übertragenen afferenten Informationen gesteuert. Diese aktive Empfindlichkeitseinstellung bedeutet eine Funktionserweiterung der Sinnesorgane.

12.10 Literatur

Weiterführende Lehr- und Handbücher

1. Brodal A (1981) Neurological anatomy in relation to clinical medicine, 3rd edn. Oxford University Press, New York
2. Brookhart JD, Mountcastle VB (eds) (1984) The nervous system. Handbook of physiology, section 1. Williams & Wilkins, Baltimore
3. Cervero F, Morrison FB (eds) (1986) Visceral sensation. Elsevier, Amsterdam (Progress in brain research, vol 67)
4. Franzen O, Westman J (eds) (1991) Information processing in the somatosensory system. McMillan, London
5. Fulton JF (1943) Physiology of the nervous system. Oxford University Press, London
6. Gauer OH, Kramer K, Jung R (Hrsg) (1972) Somatische Sensibilität, Geruch und Geschmack. Urban & Schwarzenberg, München (Physiologie des Menschen, Bd 11)
7. Hensel H (1966) Allgemeine Sinnesphysiologie. Hautsinne, Geschmack, Geruch. Springer, Berlin Heidelberg New York
8. Holzel R, Whitehead WE (eds) (1983) Psychophysiology of the gastrointestinal tract. Plenum, New York
9. Iggo A (ed) (1973) Somatosensory system. Springer, Berlin Heidelberg New York (Handbook of sensory physiology, vol 2)
10. Kandel ER, Schwartz JH, Jessell TM (eds) (1991) Principles of neural science, 3nd edn. Elsevier, New York
11. Katz D (1925) Der Aufbau der Tastwelt. Barth, Leipzig (Reprographischer Nachdruck: Wissenschaftliche Buchgesellschaft, Darmstadt, 1969)
12. Kenshalo DR (ed) (1979) Sensory functions of the skin of humans. Plenum, New York
13. Kornhuber HH (ed) (1975) The somatosensory system. Thieme, Stuttgart
14. Kröner-Herwig B, Sachse R (1988) Biofeedbacktherapie. Klinische Studien – Anwendungen in der Praxis, 2. Aufl. Kohlhammer, Stuttgart
15. Lund JS (ed) (1989) Sensory processing in the mammalian brain. Neuronal substrates and experimental strategies. Oxford University Press, New York
16. Mountcastle VB (ed) (1980) Medical physiology, vol 1, 14th edn. Mosby, St Louis
17. Nieuwenhuys R (1985) Chemoarchitecture of the brain. Springer, Berlin Heidelberg New York
18. Nieuwenhuys R, Voogd J, van Huijzen C (1978) The human central nervous system. Springer, Berlin Heidelberg New York
19. Penfield W, Rassmussen T (1950) The cerebral cortex of man. Macmillan, New York
20. Poeck K (1992) Neurologie, 8. Aufl. Springer, Berlin Heidelberg New York
21. Pubols LM, Sessle BJ (eds) (1987) Effects of injury on trigeminal and spinal somatosensory systems. Liss, New York (Neurology and neurobiology, vol 30)
22. Rowe M, Willis WD Jr (eds) (1985) Development, organization, and processing in somatosensory pathways. Liss, New York
23. Von Euler C, Franzen O, Lindblom U, Ottoson D (eds) (1984) Somatosensory mechanisms. Macmillan, London
24. Williams PL, Warwick R (eds) (1975) Functional neuroanatomy of man. Churchill Livingstone, Edinburgh
25. Willis WD, Coggeshall RE (1991) Sensory mechanisms of the spinal cord, 2nd edn. Plenum, New York
26. Zimbardo PG (1992) Psychologie, 5. Aufl. Springer, Berlin Heidelberg New York
27. Zotterman Y (ed) (1976) Sensory functions of the skin in primates. Pergamon, Oxford

Einzel- und Übersichtsarbeiten

28. Darian-Smith I (1982) Touch in primates. Annu Rev Psychol 33:155
29. Foerster O (1936) Symptomatologie der Erkrankungen des Rückenmarks und seiner Wurzeln. In: Bumke O, Foerster O (eds) Handbuch der Neurologie, Bd 5. Springer, Berlin Heidelberg New York, S 1
30. Foerster O (1936) Sensible corticale Felder. In: Bumke O, Foerster O (eds) Handbuch der Neurologie, Bd 6. Springer, Berlin Heidelberg New York, S 358
31. Hensel H (1974) Thermoreceptors. Annu Rev Physiol 36:233
32. Jänig W, Schmidt RF, Zimmermann M (1968) Single unit responses and the total afferent outflow from the cat's footpad upon mechanical stimulation. Exp Brain Res 6:100
33. Johnson KO, Hsioa SS (1992) Neural mechanisms of tactual form and texture perception. Annu Rev Neurosci 15:227–250
34. Kaas JH (1991) Plasticity of sensory and motor maps in adult mammals. Annu Rev Neurosci 14:137
35. Loomis JM (1990) A model of character recognition and legibility. J Exp Psychol Hum Percept 16:106
36. Matthews PBC (1983) Where does Sherrington's „muscular sense" originate? Muscles, joints, corollary discharges? Annu Rev Physiol 5:189
37. McCloskey DI (1978) Kinesthetic sensibility. Physiol Rev 58:763
38. Moberg E (1983) The role of cutaneous afferents in position sense, kinaesthesia and motor function of the hand. Brain 106:1
39. Morrow TJ, Casey KL (1992) State-related modulation of thalamic somatosensory responses in the awake monkey. J Neurophysiol 67:305
40. Roll JP, Vedel JP (1982) Kinaesthetic role of muscle afferents in man, studied by tendon vibration and microneurography. Exp Brain Res 47:177
41. Sanders KH, Zimmermann M (1986) Mechanoreceptors in rat glabrous skin: redevelopment of function after nerve crush. J Neurophysiol 55:644–659
42. Sathian K (1989) Tactile sensing of surface features. Trends Neurosci 12:513
43. Vallbo AB, Johansson RS (1984) Properties of cutaneous mechanoreceptors in the human hand related to touch sensation. Hum Neurobiol 3:3
44. Welker WI (1973) Principles of organization of the ventrobasal complex in mammals. Brain Behav Evol 7:253
45. Zimmermann M (1978) Mechanoreceptors of the glabrous skin and tactile acuity. In: Porter R (ed) Studies in neurophysiology presented to A. K. McIntyre. Cambridge University Press, Cambridge, p 267

13 Nozizeption und Schmerz

H.-G. Schaible, R. F. Schmidt

EINLEITUNG **Fall 1:** Als Säugling erschien Christiane D. ihrer Umgebung völlig normal. Sie entwickelte sich aber zu einem äußerst reizbaren Mädchen, das bei seinen Wutausbrüchen rücksichtslos seinen Kopf auf den Fußboden hämmerte, so daß sich häufig große Blutergüsse bildeten. Beim Kauen biß sie sich oft die Zunge blutig. Die Zungenspitze fehlte schließlich völlig. Schon mit 3 Jahren erlitt sie schwere Verbrennungen, als sie sich längere Zeit auf einen eingeschalteten Heizstrahler kniete. Von ihrer frühesten Kindheit an traten immer wieder schwere Gelenk- und Knochenentzündungen auf. C. D. starb mit nur 29 Jahren an den schweren, von den Gelenken und Knochen auf den gesamten Körper übergreifenden Infektionen. Sie litt an einer angeborenen, völligen Schmerzunempfindlichkeit [24].

Fall 2: Bei dem jetzt 55jährigen Patienten K. L. traten vor etwa 5 Jahren erstmals in der linken Wange und dem linken Mundwinkel kurze Schmerzepisoden auf, die im weiteren Verlauf immer häufiger und quälender wurden. K. L. hat bei jedem Schmerzanfall den Eindruck, sein Gesicht werde von einem glühenden Eisen durchbohrt. Jede Schmerzattacke dauert zwar nur wenige Sekunden, aber manchmal treten ganze Salven davon auf. Da die Anfälle durch Berühren oder Bewegen des linken Mundwinkels, z. B. beim Waschen, Rasieren, Essen oder Sprechen ausgelöst werden können, ißt, trinkt und spricht der Patient so wenig wie möglich. Er empfindet sein Leben als Folter und denkt daran, ihm ein Ende zu setzen. Herr K. L. leidet an einer idiopathischen Trigeminusneuralgie, einer seltenen, aber besonders schweren und therapieresistenten Form chronischer Schmerzen.

Der Schmerz ist also einerseits für ein normales Leben als Warner unentbehrlich. Andererseits können chronische Schmerzen das Leben so zur Hölle machen, daß es den Betroffenen als nicht mehr lebenswert erscheint. Und noch eins: Die meisten Patienten kommen wegen ihrer Schmerzen zum Arzt.

13.1 Schmerzcharakterisierung

„Schmerz ist ein unangenehmes Sinnes- und Gefühlserlebnis, das mit aktueller oder potentieller Gewebsschädigung verknüpft ist oder mit Begriffen einer solchen Schädigung beschrieben wird"

Von den zahlreichen Versuchen, Schmerz mit wenigen Worten zu charakterisieren (Übersicht bei [10]), ist hier die Auffassung einer internationalen Expertenkommission wiedergegeben (übersetzt aus PAIN 6, 248–252, 1979). Die Definition hält fest, daß Schmerz in aller Regel *mehr als eine reine Sinnesempfindung* ist, nämlich ein Sinnes- und gleichzeitig ein meist *unlustbetontes Gefühlserlebnis* (s. u. Schmerzkomponenten und Abb. 13–2). Weiter wird festgehalten, daß Schmerzen dann auftreten, wenn Körpergewebe so stark gereizt wird, daß eine Schädigung droht oder auftritt. Außerdem sagt der letzte Teil der Definition aus, daß zwar alle Schmerzen so erlebt werden, als ob Gewebe geschädigt wird oder geschädigt zu werden droht, daß ein *Schmerzerlebnis unter Umständen* aber auch dann auftreten kann, wenn eine solche Gewebeschädigung überhaupt nicht stattfindet. Damit sind in dieser Kurzdefinition einige wichtige, wenn auch längst nicht alle Besonderheiten des Schmerzes angesprochen.

Obwohl Schmerz in den meisten Fällen eine Organschädigung anzeigt, sind nicht alle Gewebe- oder Organschäden mit Schmerzen verbunden. So sind bösartige Geschwülste häufig lange Zeit nicht schmerzhaft, und gerade dieser Umstand trägt dazu bei, daß sie oft lange Zeit unentdeckt bleiben.

Die Modalität Schmerz umfaßt die beiden Qualitäten somatischer und viszeraler Schmerz

Somatischer Schmerz (Abb. 13–1). Kommt der somatische Schmerz von der *Haut, so* wird er als ***Oberflächen-***

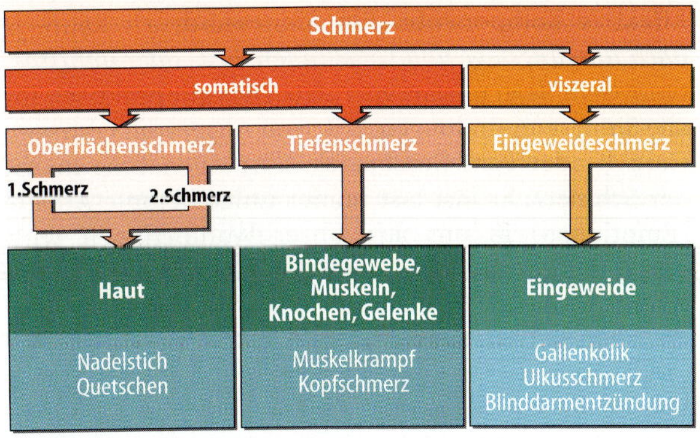

Abb. 13–1. Qualitäten des Schmerzes *(rot unterlegt)* nach ihrem Entstehungsort *(grün unterlegt)*. Schmerzbeispiele sind auf hellblauem Grund angegeben. Besprechung im Text

schmerz bezeichnet; kommt er aus den Muskeln, Knochen, Gelenken und Bindegeweben, so bezeichnet man ihn als ***Tiefenschmerz.*** Oberflächen- und Tiefenschmerz sind also Subqualitäten des somatischen Schmerzes.

Sticht man zur Auslösung eines ***Oberflächenschmerzes*** die Haut mit einer Nadel, so empfindet man einen Schmerz von „hellem" Charakter, der gut lokalisierbar ist und der nach Aufhören des Reizes schnell abklingt. Diesem ***ersten Schmerz*** des Nadelstiches folgt oft mit einer Latenz von 0,5-1,0 s ein ***zweiter Schmerz*** von dumpfem (brennendem) Charakter, der schwerer zu lokalisieren ist und nur langsam abklingt. Diesen Schmerz kann man auch gut durch Quetschen einer Interdigitalfalte auslösen. Der ***Tiefenschmerz*** ist von dumpfem Schmerzcharakter, er ist in der Regel schlecht lokalisierbar und er neigt dazu, in die Umgebung auszustrahlen [8].

Viszeraler Schmerz. Neben dem somatischen Schmerz und seinen Subqualitäten zeigt Abb. 13–1 als weitere wichtige Schmerzqualität den ***viszeralen oder Eingeweideschmerz.*** Solche Schmerzen treten beispielsweise bei rascher und starker Dehnung der Hohlorgane der Eingeweide (z. B. der Gallenblase oder des Nierenbeckens) auf. Ferner sind Spasmen oder starke Kontraktionen schmerzhaft, besonders wenn sie mit fehlender Durchblutung *(Ischämie)* verbunden sind.

Nach der Dauer des Schmerzes unterscheidet man akute und chronische Schmerzen; sie weisen auch Unterschiede in ihrer Bedeutung auf

Akute Schmerzen weisen auf eine drohende oder eingetretene Gewebsschädigung, z. B. durch einen Hitzereiz hin. Sie haben also ***Signal- und Warnfunktion.*** Hierbei ist der Schmerz in der Regel auf den Ort der Schädigung begrenzt; dieser Ort ist eindeutig lokalisierbar und das Ausmaß des Schmerzes hängt direkt von der Intensität des Reizes ab. Nach Beseitigung der Schädigung klingen sie rasch wieder ab.

Lang anhaltende oder intermittierend wiederkehrende Schmerzen, also z. B. tumorbedingte Dauerschmerzen oder die immer wiederkehrenden Schmerzen einer Migräne, bezeichnen wir als ***chronischen Schmerz.*** Im allgemeinen wird ein Schmerz erst dann als „chronisch" angesehen, wenn die Beschwerden länger als ein halbes Jahr bestehen. Es gibt darüber allerdings keine verbindliche und begründete Übereinkunft [32].

Chronische Schmerzen können die dauerhafte Schädigung eines Organs widerspiegeln (z. B. die Arthrose eines Gelenks). In anderen Fällen, z. B. bei der Migräne, ist die auslösende Ursache unbekannt [12, 13, 14]. Des weiteren kann es beim chronischen Schmerz im Verlauf der Zeit zu einer deutlichen Lösung des Schmerzerlebnisses von der ursprünglich zugrundeliegenden Störung kommen. Diese *„Verselbständigung"* läßt den ***chronischen Schmerz*** dann als ein ***eigenständiges Krankheitssyndrom*** erscheinen, das sich deutlich vom akuten Schmerz abhebt [11, 15, 17]. Insbesondere in diesem Fall kann dem chronischen Schmerz keine physiologische Aufgabe (Warnfunktion) zugeschrieben werden. Man darf aber nicht übersehen, daß chronische Schmerzen eine klare ***soziale Funktion*** haben können, die mindestens in einigen Fällen einer Schmerzbeseitigung entgegensteht, z. B. wenn dadurch das soziale Gefüge, in dem der Schmerzkranke lebt, ernsthaft bedroht würde [15, 17, 21].

In manchen Fällen läßt sich für einen chronischen Schmerz zu keinem Zeitpunkt eine periphere organische Ursache nachweisen. Bei positiven psychiatrischen Kriterien spricht man von einem ***psychogenen Schmerz.*** In seltenen Fällen handelt es sich beim psychogenen Schmerz um eine ***Halluzination,*** wie wir sie auch von anderen Sinnen kennen. Häufiger liegt aber eine ***Konversionsneurose*** vor. Auffällig und typisch für den konversionsneurotischen Schmerz ist es, daß es bei ihm zu keinerlei Funktionsstörungen des betroffenen Organs kommt, auch dann nicht, wenn der Patient über heftigste Schmerzen klagt. Der Patient durchschaut dabei nicht, daß er einen psychischen Konflikt, den er auf andere Weise nicht verarbeiten oder lösen kann, in einer Körpererscheinung, hier dem Schmerz, zum Ausdruck bringt.

Ein weiteres, unangenehmes Sinnes- und Gefühlserlebnis ist das Jucken; seine Beziehung zum Schmerz ist ambivalent

Die Juckempfindung ist nur von den *äußersten Schichten der Epidermis der Haut und der Übergangsschleimhäute* auslösbar. Mit entsprechender Technik ist es möglich, alle Grade von Juckreiz ohne Schmerz und umgekehrt zu erzeugen. Das ***Jucken*** ist nach diesen Befunden möglicherweise eine ***vom Schmerz unabhängige Empfindung.*** Vielleicht ist es aber lediglich eine *besondere Form der Schmerzempfindung, die bei bestimmten Reizzuständen auftritt.* Dafür spricht, daß eine Reihe von Juckreizen bei stärkerer Reizintensität zu Schmerzempfindungen führen und daß eine Unterbrechung der nozizeptiven Vorderseitenstrangbahnen des Rückenmarks von einem Ausfall der Juckempfindung begleitet ist, während eine Störung des Druck- und Berührungssinnes (Hinterstrang) die Juckempfindung unbeeinflußt läßt. Auch ließ sich nachweisen, daß die Haut nur an bestimmten Punkten juckempfindlich ist und daß diese ***Juckpunkte*** mit den ***Schmerzpunkten*** korrespondieren (vgl. Abb. 13–4).

Das ***Jucken*** wird über *polymodale,* d. h. durch diverse physikalische und chemische Reize erregbare Sensoren vermittelt, deren Afferenzen dünn und überwiegend marklos sind. Für das Auftreten der Juckempfindung scheint die Freisetzung einer chemischen Substanz, wahrscheinlich des ***Histamins,*** notwendig zu sein. Eine intradermale Histamininjektion löst starkes Jucken aus, und bei Hautschäden, die zum Jucken führen, wird in der Haut aus *Mastzellen* Histamin freigesetzt.

!

Der Schmerz ist ein Sinnes- und ein meist unlustbetontes Gefühlserlebnis mit Signal- und Warnfunktion. Je nach seiner Lokalisation wird der Schmerz somatisch (Oberflächen- und Tiefenschmerz) oder viszeral genannt; je nach seiner Dauer wird er als akut oder chronisch bezeichnet. Chronische Schmerzen können auch psychologische Ursachen haben und zu einem eigenständigen Krankheitsbild werden. Das Jucken ist mit dem Schmerz eng verwandt; es kommt nur in der Haut und den Übergangsschleimhäuten vor.

Zur Schmerzempfindung tragen sensorische, affektive, vegetative und motorische Komponenten bei; diese Komponenten stehen nur in loser Beziehung zueinander

Sensorische Komponente. Sie beschreibt, inwiefern die Sinnesempfindung Schmerz einen noxischen Reiz erfaßt bzw. abbildet. Beim Eintauchen einer Hand in Wasser über 45 °C wird uns z. B. die *Lokalisation* des Hitzereizes, sein *Beginn,* seine *Intensität* (die von der Wassertemperatur abhängt) und sein *Ende,* sobald die Hand aus dem Wasser gezogen wird, bewußt. Der Sinneseindruck Schmerz diskriminiert den noxischen Reiz von nichtnoxischen Reizen. Wenn wir die Hand in lauwarmes oder kühles Wasser tauchen, wird eine Warm- bzw. Kaltempfindung ausgelöst. Wir nennen die Meßfunktion des Schmerzes seine ***sensorische oder sensorisch-diskriminative Komponente*** (Abb. 13–2).

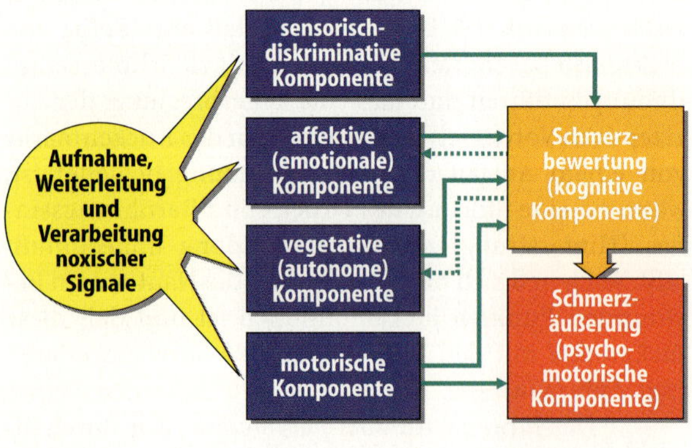

Abb. 13–2. Schematische Darstellung der durch noxische Signale aktivierten Komponenten des Schmerzes. In die resultierende Schmerzbewertung (kognitive Komponente) und Schmerzäußerung (psychomotorische Komponente) gehen die sensorischen, affektiven und vegetativen Komponenten, je nach Art des Schmerzes, in unterschiedlichem Ausmaß ein. Umgekehrt beeinflußt die Schmerzbewertung ihrerseits die Ausprägung der affektiven und vegetativen Schmerzkomponenten *(gestrichelte Pfeile).* Das Schema gilt auch für Schmerzen, die nicht durch Nozizeptoren oder neuralgische Erregungen bedingt sind

Affektive Komponente. Ein Sinneseindruck kann, *je nach Ausgangslage und Umständen, lust- oder unlustbetonte Gefühle* in uns hervorrufen. Dies gilt praktisch für alle Sinnesempfindungen, z. B. vom Auge, vom Ohr, vom Geruch oder vom Geschmack. Eine Ausnahme macht der Schmerz. Er löst fast immer unlustbetonte Affekte (Emotionen) in uns aus, unser Wohlbefinden wird durch ihn gestört, kurz, der Schmerz tut weh. Wir bezeichnen diesen Schmerzaspekt als die ***affektive*** oder ***emotionale Komponente.***

Vegetative Komponente. Eintauchen der Hand in heißes Wasser löst nicht nur Schmerzen aus, sondern führt auch zur Erweiterung der Hautgefäße und damit zu erhöhter Durchblutung, sichtbar an der Rötung der Haut. Umgekehrt verengt Eintauchen in Eiswasser die Hautgefäße, und die Durchblutung nimmt entsprechend ab. In beiden Fällen steigt in der Regel auch der Blutdruck an, die Herzfrequenz nimmt zu, die Pupillen erweitern und die Atmung verändert sich. Diese Reaktionen auf die schmerzhafte Reizung werden *reflektorisch über das autonome oder vegetative Nervensystem abgewickelt,* wir sprechen daher von der ***vegetativen oder autonomen Komponente*** des Schmerzgeschehens. Die vegetative Komponente kann besonders bei ***viszeralen Schmerzen*** stark ausgeprägt sein und sich z. B. bei einer Gallenkolik als Übelkeit mit Erbrechen, Schweißausbruch und Blutdruckabfall äußern.

Motorische Komponente. Schließlich ist uns gut vertraut, daß wir beim Eintauchen einer Hand in heißes Wasser die Hand schnell zurückziehen. Diese Reaktion verläuft automatisch, bevor der Hitzeschmerz bewußt wird. Diese ***motorische Komponente*** des Schmerzes ist uns als *Flucht- oder Schutzreflex* in einer Vielzahl von Beispielen bekannt. Sie spielen v. a. bei von außen kommenden noxischen Reizen eine wichtige Rolle. Aber auch bei Tiefenschmerzen und viszeralen Schmerzen können motorische Komponenten, z. B. in Form von *Muskelverspannungen,* beobachtet werden. Im weiteren Sinne sind auch andere Verhaltensäußerungen auf den Schmerz, die aus der Schmerzbewertung (s. u.) resultieren, als motorische oder besser ***psychomotorische Komponenten*** des Schmerzes anzusehen (Abb. 13–2, untere rechte Bildhälfte).

Gewöhnlich treten ***alle Schmerzkomponenten*** gemeinsam auf, wenn auch in jeweils unterschiedlicher Ausprägung. Sie verfügen aber über z. T. sehr unterschiedliche zentrale Bahnen und an ihrer Entstehung sind die verschiedensten Anteile des Nervensystems beteiligt. So sind für die sensorische Komponente thalamokortikale, für die affektive Komponente überwiegend limbische Strukturen zuständig, dazu kommt die Beteiligung des vegetativen und des motorischen Systems. Deswegen stehen die Schmerzkomponenten im Grunde ***nur in loser Beziehung zueinander*** und können durchaus ***völlig getrennt voneinander*** ablaufen. Zum Beispiel ziehen wir auch im Schlaf unsere Hand von einem Schmerzreiz zurück, obwohl keine bewußte Schmerzempfindung auftritt, und an chronisch dezerebrierten Tieren können motorische und vegetative Schmerzreaktionen (pseudoaffektive Reaktionen [39]) genau wie an intakten Tieren beobachtet werden, obwohl kein Großhirn mehr vorhanden ist.

Entscheidend für die Schmerzbewertung ist der Vergleich der aktuellen Schmerzen mit den Schmerzen der Vergangenheit und ihren damaligen Folgen

Der aktuelle Schmerz wird an den im Kurz- und Langzeitgedächtnis gespeicherten Schmerzerfahrungen gemessen und entsprechend diesen Erfahrungen bewertet. Die Schmerzbewertung kann daher als die *erkennende* oder ***kognitive Komponente*** des Schmerzes bezeichnet werden. Das Ergebnis dieses kognitiven Prozesses beeinflußt die *Schmerzäußerungen* ***(psychomotorische Komponente,*** *z. B.* Mimik, Wehklagen, Verlangen nach schmerzstillenden Medikamenten). Es fließt aber wahrscheinlich auch in die Ausprägung der affektiven und vegetativen Komponenten ein (gestrichelte Pfeile von rechts nach links in Abb. 13–2), d. h. diese Komponenten sind nicht nur für die Bewertung des Schmerzes bedeutsam, sondern ihr Ausmaß hängt auch von der Gesamteinschätzung des aktuellen Schmerzes ab: Wir leiden mehr an einem Schmerz, den wir im Hinblick auf unser Wohlergehen als „wichtig" einschätzen als an einem, der uns (bei gleicher Intensität) banal erscheint.

In die ***Schmerzbewertung*** und die resultierenden ***Schmerzäußerungen*** gehen noch eine Reihe anderer Faktoren ein. So hängt das Ausmaß der Schmerzklagen z. B. sehr von der *aktuellen sozialen Situation, vom familiären Herkommen,* von der *Erziehung* und auch von der *ethnischen Herkunft* ab, also davon, ob man den Schmerz eher zeigt oder verbirgt. Außerdem ist für die Schmerzbewertung oft entscheidend, *unter welchen Umständen ein Schmerzereignis auftritt.* So ist gut bekannt, daß bei Kriegsverwundungen der Bedarf an schmerzstillenden Mitteln weitaus geringer ist als bei vergleichbaren Verletzungen im Zivilleben. Anscheinend vermindert die Aussicht auf die Heimreise und das Glücksgefühl, überlebt zu haben, die Schmerzwahrnehmung und -bewertung in einem erheblichen Ausmaß.

Zweckmäßiges Verhalten und gefühlsmäßig ***normale Reaktionen auf schmerzhafte Reize*** sind anscheinend zum großen Teil nicht angeboren, sondern müssen vom jugendlichen Organismus in einer frühen Phase seiner Entwicklung ***erlernt werden.*** Bleiben diese frühkindlichen Erfahrungen aus, so lassen sie sich später nur sehr schwer erlernen: Junge Hunde, die in den ersten 8 Lebensmonaten vor allen schädigenden Reizen bewahrt wurden, waren unfähig, auf Schmerzen angemessen zu reagieren, und lernten dies nur langsam und unvollkommen. Sie schnupperten immer wieder an offenen Flammen und ließen sich Nadeln tief in die Haut stechen, ohne mehr als lokale reflektorische Zuckungen zu zeigen. Vergleichbare Beobachtungen wurden auch an jungen Rhesusaffen erhoben (Lit. in [10]).

Schmerzschwelle, Schmerzintensität, Schmerztoleranzschwelle und der Verlauf der Schmerzadaptation lassen sich beim Menschen messen

Subjektive Algesimetrie. Die Methoden der Psychophysik lassen sich auch auf das *experimentelle Studium der Zusammenhänge zwischen noxischem Reiz und Schmerz* anwenden. Bei dieser ***experimentellen Algesimetrie*** werden sowohl subjektive wie objektive Methoden angewandt werden [4, 26, 29]. Gemessen wird in der *subjektiven* Algesimetrie die ***Schmerzschwelle,*** also diejenige Reizstärke, bei der eben eine Schmerzempfindung auftritt, weiterhin die ***Schmerzintensität*** (die verbal oder über eine andere Anzeigemethode ausgedrückt wird) und schließlich die ***Schmerztoleranzschwelle,*** also diejenige Reizintensität, bei der die Versuchsperson den Abbruch des Reizes verlangt.

Klinische Algesimetrie. Diese benutzt auf der subjektiven Ebene einerseits ***Verhältnisschätzmethoden,*** wie beispielsweise eine einfache visuelle Analogskala (VAS), bei der der Patient das Ausmaß seines Schmerzes zwischen zwei Endpunkten (kein Schmerz/unerträglicher Schmerz) einträgt. Andererseits werden ***Fragebögen*** eingesetzt, wie der vielfach benutzte McGill-Pain-Questionnaire des kanadischen Psychologen RONALD MELZACK (s. [10]). Schließlich kann die klinische Schmerzstärke auch zu einem experimentellen Schmerz in Bezug gesetzt werden, wie bei der Bestimmung des ***Tourniquetschmerzquotienten,*** bei dem der Patient die Intensität eines experimentellen ischämischen Muskelschmerzes zu seinem klinischen Schmerz abschätzt [15].

Schmerzadaptation. Die subjektive Erfahrung weist auf ***fehlende Adaptation*** hin (z. B. stundenlange Kopf- oder Zahnschmerzen). Auch bei der experimentellen ***Messung der Schmerzadaptation*** beim Hitzeschmerz (Abb. 13–3) finden sich keine Anhaltspunkte für eine Schmerzadaptation. Die Abnahme der Schmerzschwellentemperatur im Verlauf der Messung weist eher auf eine ***Sensibilisierung*** der Nozizeptoren im bestrahlten Hautareal durch den andauernden Hitzereiz hin. (Bei wiederholten, alltäglichen nozizeptiven Reizen ist allerdings in der Regel eine *Habituation zu* beobachten.)

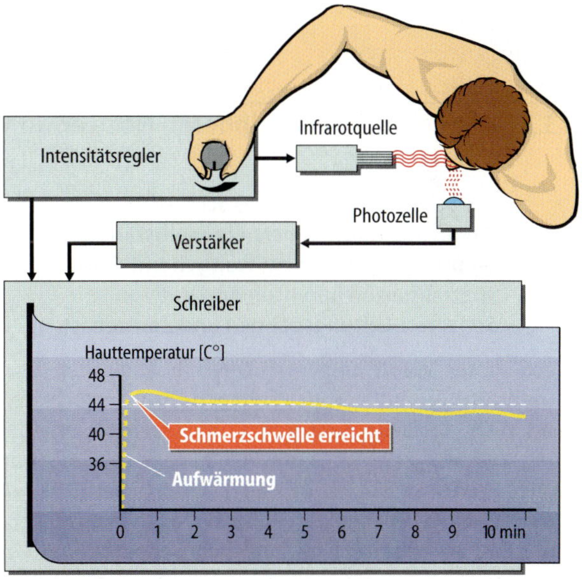

Abb. 13–3. Schmerzmessung beim Menschen durch experimentelle thermische Schmerzreizung. Infrarotstrahlung erwärmen ein geschwärztes Hautfeld auf der Stirn der Versuchsperson. Die Hauttemperatur wird über einen Temperaturfühler (Photozelle) aufgenommen und auf einem Schreiber registriert. [Nach HARDY: J. Appl. Physiol. 5, 725 (1953)]. Die *gelbe Kurve* zeigt die Abhängigkeit der Schmerzschwelle (Mittelwerte) von der Dauer des Hitzereizes. Die Versuchspersonen wurden angehalten, die Strahlungsintensität selbst so zu regulieren, daß die Hauttemperatur für die Dauer des Versuches gerade als schmerzhaft empfunden wurde. Das anfängliche Überschießen der Hauttemperatur über die Schmerzschwelle hinaus ist durch die Trägheit der Versuchsanordnung bedingt. [Nach GREENE und HARDY: J. Appl. Physiol. 17, 693 (1962)]

Objektive Algesimetrie. Diese bedient sich v. a. der Messung motorischer und vegetativer Reaktionen auf den Schmerz und der Registrierung evozierter Hirnrindenpotentiale (der Ausdruck „objektiv" bedeutet lediglich, daß nicht die „subjektiven" Aussagen des Probanden, sondern vom Beobachter registrierte Variablen gemessen werden). Häufig werden verschiedene Methoden gleichzeitig eingesetzt (z. B. Messung evozierter Potentiale bei gleichzeitiger Messung des Pupillendurchmessers als Maß für den Sympathikustonus). Oft werden subjektive und objektive Methoden miteinander kombiniert ***(mehrdimensionale Algesimetrie)*** [4].

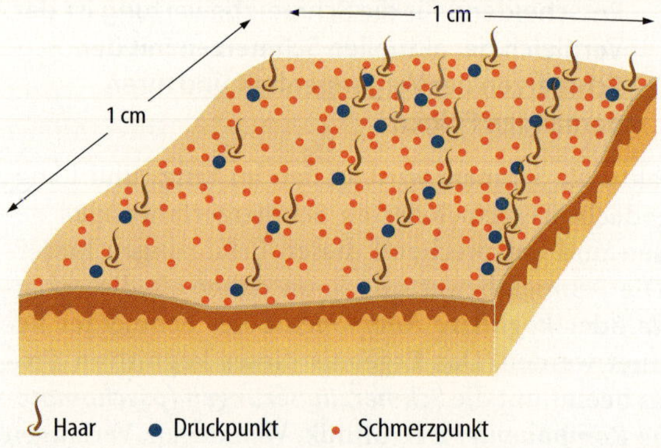

Abb. 13–4. Schmerz- und Druckpunkte auf der menschlichen Haut. Die Bestimmung der Schmerzpunkte erfolgte mit von Frey-Stachelborsten. [Aus STRUNGHOLD: Z. Biol. 80, 376 (1924)]

!

In Schmerzbewertung (kognitive Komponente) und Schmerzäußerung (psychomotorische Komponente) gehen die sensorischen, affektiven, vegetativen und motorischen Komponenten in wechselndem Ausmaß ein, wobei die Bedeutung des aktuellen Schmerzes an Hand der bisherigen Schmerzerfahrungen beurteilt wird. Schmerzen lassen sich experimentell und klinisch mit den Methoden der Psychophysik und der Psychophysiologie messen.

13.2 Physiologie der peripheren Nozizeption

Die Spezifitätstheorie des Schmerzes geht davon aus, daß Schmerz eine selbständige Empfindung mit einem weitgehend dafür spezialisierten nervösen Apparat von Sensoren, Leitungsbahnen und Zentren ist

Nach dieser Vorstellung verfügen alle Menschen und zumindest alle höherentwickelten tierischen Organismen über spezielle Sensoren (Sinnesrezeptoren), die eine so hohe Erregungsschwelle haben, daß sie nur durch gewebeschädigende oder gewebebedrohende Reize („Noxen", lat. *noxa* = Schaden) aktiviert werden. Afferente Nervenfasern mit solchen Sensoren werden daher als ***Nozizeptoren*** *(Nozisensoren)* bezeichnet und die von ihnen aktivierten neuronalen Strukturen als das ***nozizeptive System.*** Entsprechend bezeichnet man die *Aufnahme, Weiterleitung und zentralnervöse Verarbeitung* noxischer Signale als ***Nozizeption,*** um diese „objektiven" neuronalen Prozesse von der „subjektiven" Empfindung Schmerz deutlich abzugrenzen.

Eine der ersten experimentellen Stützen der Spezifitätstheorie lieferte der in Abb. 13–4 gezeigte Befund, daß die Haut für den Schmerz nicht gleichmäßig empfindlich ist, sondern ***Schmerzpunkte*** besitzt. Diese sind *deutlich häufiger* als Druckpunkte (Verhältnis 9:1 in Abb. 13–4). Da die Kalt- und Warmpunkte der Haut noch weniger zahlreich als die Druckpunkte sind, ist das Verhältnis der Schmerzpunkte zu diesen noch größer als 9:1. Schon aufgrund dieser Befunde erschien es wahrscheinlich, daß der Schmerz über eigene Sensoren, also spezielle Nozizeptoren, verfügt.

Die meisten Nozizeptoren besitzen nichtkorpuskuläre sensorische Endigungen; sie sind in vielen Fällen polymodal

In der Haut des Menschen wurden bisher überwiegend Nozizeptoren gefunden, die sowohl auf ***mechanische*** (z. B. Nadelstich, Quetschen) als auch auf ***thermische*** (Hitze, Kälte) und ***chemische*** Reize (z. B. Bradykinin, Prostaglandin) antworten (Abb. 13–5A bis I). Diese Nozizeptoren sind also ***polymodal.*** Auch in der Skelettmuskulatur, ihren Sehnen und im Gelenk kommen vorwiegend polymodale Nozizeptoren vor [33, 35]. Histologisch handelt es sich bei den Nozizeptoren um ***nichtkorpuskuläre („freie") Nervenendigungen,*** d.h. die Endigungen sind nicht von spezialisierten korpuskulären Strukturen eingehüllt. Sie scheinen vorzugsweise in der Adventitia kleiner Blut- und Lymphgefäße, in unmittelbarer Nachbarschaft zum Gefäßlumen zu enden, daneben auch in den Bindegewebsräumen und im Endoneurium selbst.

Nicht alle nichtkorpuskulären Nervenendigungen dienen als Nozizeptoren. Es gibt vielmehr in praktisch allen Geweben zahlreiche ***nichtnozizeptive*** sensorische Einheiten mit ***nichtkorpuskulären Nervenendigungen,*** die spezifisch auf mechanische oder thermische Reize geringer Intensität und auf nichtnoxische chemische Reize empfindlich sind und deren Erregung keine Schmerzen auslöst (z. B. [33, 35]).

Die Prozesse der Transduktion und Transformation sind bei der Erregung von Nozizeptoren wahrscheinlich analog denen in anderen Sensoren

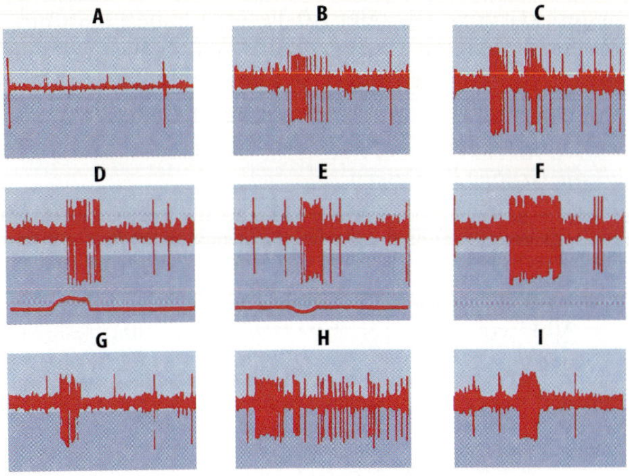

Abb. 13–5. Antwortverhalten eines einzelnen polymodalen Nozizeptors. Ableitung am wachen Menschen. Die Impulsaktivität wurde mit einer transkutanen Metallmikroelektrode am N. peronaeus in Höhe des Kniegelenks während Hautreizung des rezeptiven Feldes auf der großen Zehe abgeleitet. **A** Antwort auf einen einzelnen elektrischen Reiz. **B** Reizung mit einem von Frey-Haar von 2 g. Dieser Reiz wurde 2 s nach Beginn als Kribbeln empfunden. **C** Wiederholtes festes Überstreichen des rezeptiven Feldes mit einem dünnen Stift führt zu leichtem Schmerz. **D** Reizung mit einem Stab (15 g Gewicht) wird als Druck empfunden. **E** Druck mit einem spitzen Stab von 5 g ruft leichten Schmerz hervor. **F** Ein Nadelstich evoziert eine Entladungssalve und einen stechenden Schmerz. **G** Anwendung von Juckpulver auf das rezeptive Feld führt zu brennendem Jucken. **H** Brennesselkontakt führt zu anfänglich scharfem Schmerz, gefolgt von Jucken. **I** Eine heiße Thermode führt zu anfänglichem scharfem Schmerz, der später brennend wird. [Aus: Torebjörk, H. E., Acta Physiol. Scand. 92, 374 (1974)]

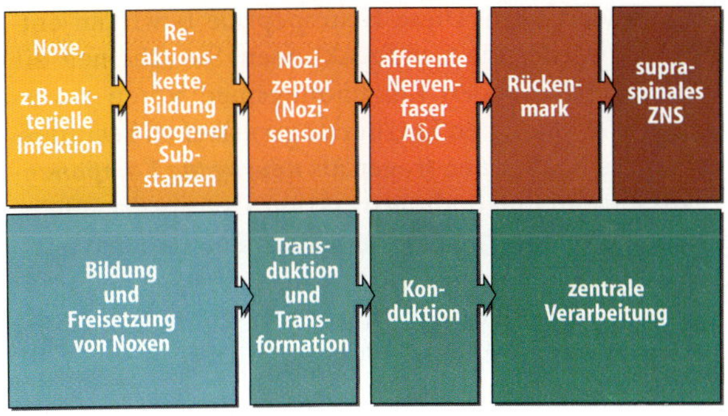

Abb. 13–6. Übersicht über die Strukturen und Substrate bei Nozizeptorschmerzen. *Oben* ist der Entstehungsweg der Schmerzen zu sehen, *unten* die beteiligten Verarbeitungsprozesse

Einen schematischen Überblick über die bei der Erregung von Nozizeptoren beteiligten Strukturen und Substrate gibt Abb. 13–6. Am Anfang steht das Auftauchen einer *Noxe,* also eines Reizes, der die normale Gewebefunktion bedroht. Solche Noxen können z. B. Bakterien sein, die in ein Gelenk eindringen, aber auch die Mangeldurchblutung von Herzmuskelgewebe oder die Freisetzung eines (hypothetischen) Migränefaktors. Auch mechanische Gewalteinwirkung, Hitze oder große Kälte stellen Noxen dar.

Die Noxen können direkt zu einer Erregung von Nozizeptoren führen, etwa bei einer mechanischen Gewalteinwirkung. Meistens dürften sie jedoch eine *Kette von Zell- und Gewebereaktionen* auslösen, an deren Ende die Freisetzung von einem oder mehreren Stoffen steht, die dann als ***Noxen im engeren Sinne*** erregend und sensibilisierend auf Nozizeptoren einwirken (s. unten).

Die vermutlich in den ***Transduktionsarealen*** der Nozizeptoren durch die Noxen ausgelösten ***Generator- oder Rezeptorpotentiale*** konnten bisher wegen der Feinheit dieser Sensoren nicht unmittelbar elektrophysiologisch beobachtet werden. Die im nachfolgenden Schritt der ***Transformation evozierten Aktionspotentiale*** lassen sich aber, wie in Abb. 13–5 gezeigt, in den zugehörigen Nervenfasern bei Tier und Mensch ableiten.

Die Schwelle der Nozizeptoren für noxische Reize ist weder für alle Nozizeptoren einheitlich noch für einen gegebenen Nozizeptor konstant

In gesundem Gewebe sind Nozizeptoren entweder hochschwellig (sie lassen sich nur durch Reize höherer Intensität erregen) oder sie sind mechanoinsensitiv (*stumme* oder *„schlafende“* Nozizeptoren). Ist aber das Organ pathophysiologisch verändert, z. B. durch eine Entzündung, werden ***Nozizeptoren sensibilisiert,*** d.h. ihre Schwellen für thermische und/oder mechanische Reize werden abgesenkt und zwar so weit, daß selbst normalerweise nichtnoxische Reize zur Erregung der Nozizeptoren führen. Dabei werden auch die „schlafenden“ Nozizeptoren „aufgeweckt“ [10, 32, 35].

Ein Beispiel für eine solche ***Sensibilisierung*** zeigt die Abb. 13–7A. Dargestellt sind die Antworten einer nozizeptiven Nervenfaser des Gelenks. Vor einer Entzündung antwortete dieser Nozizeptor nur auf Überdehnung des Gelenks, jedoch nicht auf eine Beugung im Arbeitsbereich des Gelenks. Im Laufe einer Entzündung begann der Nozizeptor, auch auf eine normalerweise nicht schmerzhafte Beugung des Gelenks zu reagieren. Diese Sensibilisierung ist ein wesentlicher Grund dafür, daß in einem entzündeten Organ schon normalerweise nicht schmerzhafte Reize zu Schmerzen führen.

Die Sensibilisierung erfolgt wahrscheinlich durch ***Entzündungsmediatoren,*** die bei Gewebsläsionen freigesetzt (z. B. Bradykinin, Serotonin) oder vermehrt synthetisiert werden (z. B. Prostaglandine, Leukotriene) und über ihre Wirkung an Gefäßen (Vasodilatation und/oder Erhöhung der Permeabilität) zur Pathogenese der entzündlichen Symptome (Schwellung, Rötung, Überwärmung) beitragen. Viele dieser Entzündungsmediatoren erregen und/oder sensibilisieren afferente Nervenfasern und verursachen damit die Schmerzhaftigkeit einer entzündlichen Schädigung.

Die afferenten Axone der Nozizeptoren sind dünn markhaltig oder marklos

A Sensibilisierung eines Nozisensors

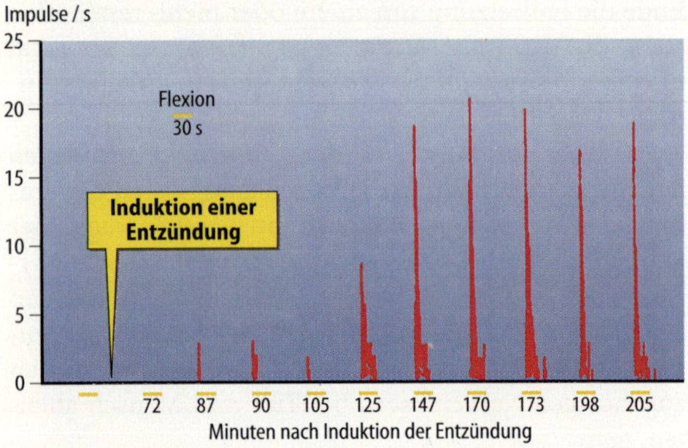

B Entstehung von Übererregbarkeit in einem spinalen Neuron

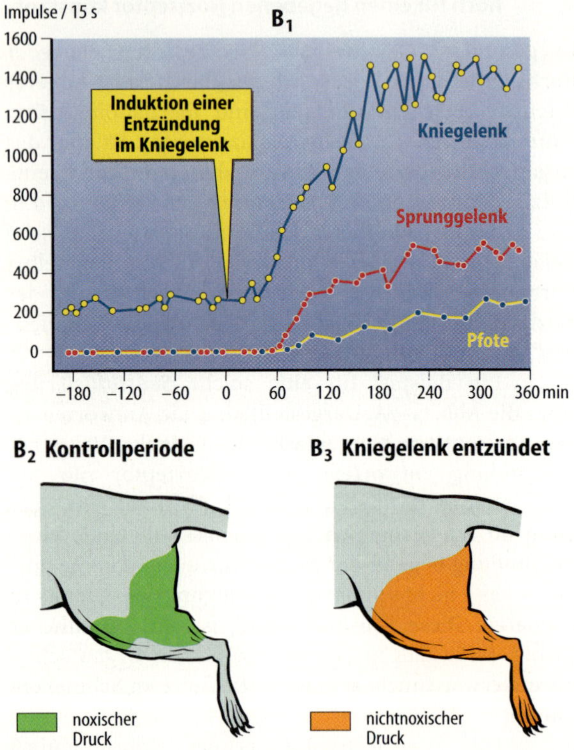

Abb. 13–7. Plastische Veränderungen im nozizeptiven System bei Entzündung. **A** Sensibilisierung eines Nozisensors aus dem Kniegelenk der narkotisierten Katze im Verlauf einer experimentellen Arthritis (Entzündung des Kniegelenks durch Injektion von Kaolin und Carragenan). Dargestellt ist die Zahl der durch Beugung des Kniegelenks ausgelösten Aktionspotentiale vor und bei Entwicklung der Entzündung. **B** Entstehung von Übererregbarkeit (zentrale Sensibilisierung) in einem nozizeptiven Neuron aus dem Rückenmark einer narkotisierten Ratte im Verlauf einer experimentellen Arthritis. **B1** zeigt die Antworten (Zahl der Aktionspotentiale) auf noxische Reizung des Kniegelenks, des Sprunggelenks und der Pfote bevor (*negative* Zeiten) und nach der Einleitung einer Kniegelenksentzündung. Das ursprüngliche rezeptive Feld in Kniegelenk und umgebendem tiefem Gewebe des Neurons ist in **B2** zu sehen; das Neuron war von dort lediglich durch noxischen Druck zu erregen. Wie **B3** zeigt, vergrösserte sich das rezeptive Feld im Verlauf der Arthritis, gleichzeitig war das Neuron jetzt durch nichtnoxische Druckreize erregbar. **B** aus [34]

Erstere (Gruppe III- oder Aδ-Fasern) haben Leitungsgeschwindigkeiten vorwiegend zwischen 2,5 und 20 m/s, letztere (Gruppe IV- oder C-Fasern) unter 2,5 m/s (Durchschnittswert 1 m/s, vgl. Tabelle 2–1). Zahlenmäßig sind die *Gruppe IV-Fasern wesentlich häufiger als die Gruppe III- Fasern.*

Beim *Menschen* konnte durch ***abgestufte elektrische Reizung von Hautnerven*** und durch intranervale ***Mikrostimulation einzelner Nervenfasern*** direkt nachgewiesen werden, daß Erregung der dicken (niederschwelligen) markhaltigen Afferenzen (Gruppe II- oder Aβ-Fasern) nicht zu Schmerzempfindungen führt, während Erregung der (hochschwelligen) Gruppe III- und IV-Afferenzen Schmerz hervorruft. Dabei scheint beim ***Oberflächenschmerz der Haut*** die Übertragung des ersten Schmerzes (s. S. 237) von *Gruppe III-Fasern*, die des zweiten Schmerzes von *Gruppe IV-Fasern* vermittelt zu werden.

Auch in der ***Skelettmuskulatur*** und in den ***Gelenken*** und anderen tiefen Geweben scheinen die *Nozizeptoren* praktisch ausschließlich von Gruppe III- und Gruppe IV-Fasern versorgt zu werden [33, 35]. Die afferenten Fasern der Eingeweide sind überwiegend marklos. Welche von ihnen der *viszeralen Reflexregulation* dienen und welche am *Eingeweideschmerz* beteiligt sind, ist bisher nicht bekannt.

Neben der sensorischen besitzen viele nozizeptive afferente Neurone eine effektorische Funktion; diese spielt eine Rolle bei der neurogenen Entzündung

Nozizeptoren sind einerseits afferente Nachrichtenkanäle. Andererseits können aus ihren ***peripheren Endigungen Neuropeptide freigesetzt*** werden (z. B. *Substanz P* oder *Calcitonin gene-related peptide)*, wenn das Neuron aktiviert wird. Diese Neuropeptide bewirken entzündungsfördernde Gefäßreaktionen. Sie scheinen die Wirkung der lokalen Entzündungsmediatoren zu erhöhen und damit den Entzündungsverlauf zu beeinflussen. Diese Reaktionen tragen als ***neurogene Komponente*** zur lokalen Entzündungsreaktion als Antwort auf noxische Reize bei. Ihre Effekte auf das Entladungsverhalten afferenter Neurone (Erregung und/oder Sensibilisierung) sind allerdings wesentlich schwächer als die Effekte der lokalen Entzündungsmediatoren.

!

Nach der Spezifitätstheorie des Schmerzes ist dieser eine eigenständige Sinnesmodalität. Der den Schmerz vermittelnde periphere und zentrale neuronale Apparat wird nozizeptives System genannt; die in ihm ablaufenden Prozesse der Aufnahme, Weiterleitung und Verarbeitung noxischer Reize werden als Nozizeption zusammengefaßt.

Praktisch alle Organe und Gewebe enthalten (meist) polymodale Nozizeptoren unterschiedlicher Schwelle, die aus dünnen Afferenzen der Gruppen III und IV stammen und deren Terminalstrukturen sich als nichtkorpuskuläre („freie") Nervenendigungen im Gewebe verzweigen. Die in Nozizeptoren ablaufenden Prozesse der Transduktion und Transformation sind wahrscheinlich denen in anderen Sensoren des somatoviszeralen Systems analog. Bei Gewebsschädigungen kommt es zur Schwellenabsenkung (Sensibilisierung) der Nozisensoren durch Entzündungsmediatoren. Gleichzeitig werden aus ihnen Neuropeptide freigesetzt, die eine neurogene Entzündung auslösen.

13.3 Zentralnervöse Weiterleitung und Verarbeitung

In Rückenmark und Hirnstamm werden die afferenten nozizeptiven Zuflüsse auf Neurone aufgeschaltet, deren Axone zu Interneuronen und/oder zum Thalamus ziehen

Im Rückenmark enden die nozizeptiven Afferenzen an Neuronen des ***Hinterhorns.*** Ein Teil dieser Nervenzellen ist Ausgangspunkt der im vorhergehenden Kapitel ausführlich dargestellten ***Vorderseitenstrangbahnen*** (Tractus spinothalamicus u. a.), die in Richtung Hirnstamm aufsteigen, um sich dort mit den nozizeptiven, weitgehend aus dem ***N. trigeminus*** stammenden Afferenzen aus dem Kopfbereich auf dem Weg zum ***Thalamus*** zu vereinigen (Abb. 13–8, linke Bildhälfte, vgl. auch Abb. 12–15). Andere Neurone sind in motorische und vegetative Reflexbögen eingebunden [18, 20, 25, 41].

Die nozizeptiven Rückenmarkneurone erhalten konvergenten Einstrom von mehreren Afferenzen aus demselben Organ oder aus verschiedenen Organen, z. B. Haut und Muskel, Haut und viszerale Organe. Diese Organisation ist eine wesentliche Voraussetzung für den übertragenen Schmerz (s. unten).

Nozizeptive Neurone des Rückenmarks projizieren auf spinale Neurone, die in motorische und vegetative Reflexbögen eingebunden sind

Noxische Reize führen zu motorischen und vegetativen Reflexen. Ein Teil dieser Reflexe ist spinal organisiert, andere sind über supraspinale Reflexbögen vermittelt.

Motorische Reflexe. Ein typischer spinaler Reflex ist der ***Wegziehreflex,*** eine rasche Flexionsbewegung, um Hand, Fuß oder Pfote dem noxischen Reiz zu entziehen. Diese ***Flexionsreflexe*** werden durch *Interneurone* vermittelt, die zwischen die nozizeptiven Afferenzen und die entsprechenden Motoneurone geschaltet sind. Die Verschaltung im Rückenmark bewirkt, daß die antagonistischen ipsilateralen Extensormotoneurone gehemmt werden. Darüber hinaus kann es zu einem ***gekreuzten Streckreflex*** kommen, der z. B. die Körperhaltung trotz des Wegziehreflexes auf der einen Seite stabilisiert. Durch Integration spinaler und supraspinaler Neuronenverbände entstehen auch komplexe motorische Reaktionen, wie z. B. Schonhaltungen verletzter Extremitäten.

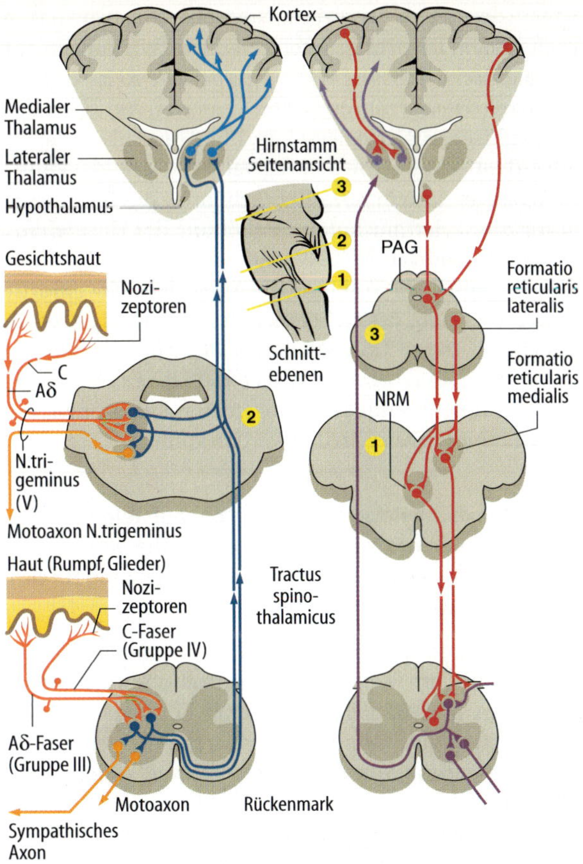

Abb. 13–8. Schematische Übersicht über den Verlauf der aufsteigenden nozizeptiven Bahnen *(links)* und der deszendierenden Bahnsysteme, die den nozizeptiven Zustrom modulieren *(rechts).* Von den aufsteigenden Bahnsystemen sind nur der Tractus spinothalamicus und die sich ihm anschließenden trigeminothalamischen Zuflüsse gezeigt. Andere, an der aszendierenden Konduktion nozizeptiver Information beteiligte Bahnen (z. B. Tractus spinoreticularis, Tractus spinocervicalis) sind der Einfachheit halber weggelassen. Vom lateralen Thalamus nehmen die spezifischen thalamokortikalen Bahnen ihren Ursprung; sie enden überwiegend im somatosensorischen Kortex. Die Efferenzen der medialen Thalamuskerne sind diffuser. Sie enden nicht nur in weiten Arealen des frontalen Kortex, sondern ziehen auch zu subkortikalen Strukturen, insbesondere des limbischen Systems (nicht eingezeichnet, ebenso nicht die starken retikulären Zuflüsse dieser Kerne). Die deszendierenden Systeme üben ihren Einfluß überwiegend auf spinaler Ebene (bzw. auf die entsprechenden trigeminalen Strukturen, nicht eingezeichnet) aus. Die *Einsatzfigur* gibt in einer Seitenansicht des Hirnstamms die Lage der Hirnstammschnitte an: 1 kranialer Rand der unteren Olive, 2 Mitte des Pons, 3 unteres Mesenzephalon. *PAG* periaquäduktales Grau (zentrales Höhlengrau); *NRM* Nucleus raphe magnus (nach Untersuchungsergebnissen zahlreicher Autoren)

Vegetative Reflexe. Diese stehen im intakten Organismus unter der supraspinalen Kontrolle durch den Hirnstamm, sie sind aber in modifizierter Form auch nach

Spinalisierung nachzuweisen. Noxischer Einstrom hat, je nach seinem Ursprung, unterschiedliche Wirkungen auf sympathische Subsysteme [7, 3]: *Noxische Reize auf die Körperoberfläche* führen zu koordinierten Aktionen des sympathischen Nervensystems, die Ähnlichkeit haben oder identisch sind mit den vegetativ vermittelten Funktionen beim ***Abwehrverhalten:*** Erhöhung des Blutflusses durch die Skelettmuskulatur, Erhöhung des Herzzeitvolumens, Erniedrigung des Blutflusses durch die Haut und den Magen-Darm-Trakt, Aktivierung der Schweißdrüsen, Aktivierung des Nebennierenmarks, Ruhigstellung des Magen-Darm-Trakts. *Noxische Reize im tiefen somatischen und im viszeralen Bereich* induzieren eher vegetative und neuroendokrine allgemeine Reaktionen, die als ***Schonhaltungen*** gedeutet werden können.

Noxische Reize aktivieren über aufsteigende Bahnen nozizeptive Neurone im Thalamus und Kortex – eine wesentliche Voraussetzung für das bewußte Schmerzerlebnis

Die *elektrische Reizung* einiger Kortexareale und Thalamusregionen am wachen Menschen kann Schmerzempfindungen hervorrufen. Umgekehrt können *Läsionen* von Kortexarealen und Thalamusregionen einerseits zur Reduzierung von Schmerzen führen, andererseits können sie pathologische Schmerzen auslösen. Diese Befunde machen deutlich, daß Neurone im thalamokortikalen System beim Zustandekommen des bewußten Schmerzempfindens eine entscheidende Rolle spielen. Elektrophysiologische Untersuchungen an ***Thalamus*** und ***Kortex*** wiesen in beiden Strukturen nozizeptive Neurone nach, die entweder verstreut zwischen nichtnozizeptiven (mechanorezeptiven) Neuronen oder in umschriebenen Gebieten liegen [31, 37].

Im ***Thalamus von Vertebraten*** wurden nozizeptive Neurone mit sensorisch-diskriminativen Eigenschaften vor allem in und unterhalb des ***Ventrolateralkomplexes*** gefunden. Diese Neurone werden über den *Tractus spinothalamicus* erregt und sie projizieren in die sensorischen Kortexareale ***SI*** und ***SII.*** Neurone in diesen Thalamus- und Kortexarealen erfüllen sensorisch-diskriminative Funktionen. Nozizeptiven Neuronen in anderen Thalamuskernen (im *posterioren Komplex,* im *intralaminären Komplex* und im *Nucleus submedius*) und in den *Kortexarealen SII und Area 7b* wird eher eine generelle „Arousal"-Funktion und eine Rolle bei affektiven Aspekten des Schmerzerlebnisses zugesprochen [18, 31].

Supraspinale Neurone projizieren zu Neuronen des Rückenmarkes und kontrollieren als deszendierende Hemmung die Verarbeitung des nozizeptiven Einstroms auf Rückenmarksebene

Abb. 13–8 zeigt *rechts* Bahnsysteme, die von supraspinalen Kernen auf das Rückenmark projizieren. Diese Bahnsysteme *modulieren* die Signalübertragung auf der Ebene des Rückenmarks, wobei *inhibitorische* Effekte exzitatorische Effekte bei weitem überwiegen. Die ***deszendierende Hemmung*** ist daher als ein Mechanismus der ***körpereigenen Schmerzabwehr*** anzusehen. Besonders wichtige Ursprungskerne und/oder Schaltstellen deszendierender hemmender Bahnen liegen im ***Hirnstamm** (periaquäduktales Grau, Nucleus raphe magnus, Locus subcoeruleus).* Neurone in diesen Kerngebieten werden über den *Tractus spinoreticularis* durch noxische Reize erregt und sie können als negative Rückkopplungsschaltkreise die Verarbeitung nozizeptiver Information im Rückenmark und im Hirnstamm hemmen. Die Aktivierung sensomotorischer kortikaler Areale im elektrophysiologischen Experiment kann über deszendierende Bahnen ebenfalls spinale Neurone und aszendierende Bahnsysteme beeinflussen.

Bei einer Entzündung im Gewebe oder bei Nervenschädigungen zeigen nozizeptive Neurone des Zentralnervensystems vielfältige Änderungen des Entladungsverhaltens

Nozizeptive Neurone im Rückenmark und in supraspinalen Projektionsorten zeigen bei Entzündungen und anderen schmerzhaften Gewebeschädigungen erheblich gesteigerte Aktivität. Diese Aktivierung kommt einerseits durch die synaptische Erregung durch die Nozizeptoren zustande, andererseits besitzt das Zentralnervensystem neuronale Mechanismen, die die Neurone übererregbar machen.

Ein Beispiel zeigt die Abb. 13–7B. Das abgebildete spinale Neuron einer narkotisierten Ratte hatte unter Kontrollbedingungen ein rezeptives Feld im Kniegelenk und der angrenzenden Muskulatur (grünes Areal in B_2). Von afferenten Nervenfasern aus diesen Regionen wurde diese Nervenzelle synaptisch erregt. Das Diagramm in B_1 zeigt die Antworten der Nervenzelle auf noxischen Druck auf das Knieglenk, das Sprunggelenk und die Pfote. Nach Induktion einer experimentellen Entzündung im Kniegelenk nahmen die Antworten auf noxischen Druck auf das Kniegelenk zu, und es traten zusätzlich Antworten auf mechanische Reizung des Sprunggelenks und der Pfote auf. Das vergrößerte rezeptive Feld des Neurons nach Entzündung im Kniegelenk zeigt die Abb. 13–7B_3. In diesem Zustand war die Nervenzelle also von zusätzlichen Afferenzen erregbar.

Die Übererregbarkeit der spinalen Neurone kommt wahrscheinlich durch eine Interaktion afferenter, spinaler und supraspinaler Mechanismen zustande. Die Aufklärung der zellulären Mechanismen der Übererregbarkeit zentralnervöser Neurone ist derzeit voll im Fluß. Wahrscheinlich spielt die *Aktivierung von NMDA-Rezeptoren* eine wesentliche Rolle bei der Entstehung der Übererregbarkeit spinaler Neurone (s. unten).

Zahlreiche Transmitter, Modulatoren und entsprechende Rezeptoren sind an nozizeptiven Vorgängen im Zentralnervensystem beteiligt

Exzitatorische Aminosäuren *(Glutamat, Aspartat)* ***und ihre Rezeptoren*** (Abb. 13–9A). ***L-Glutamat*** ***depolarisiert*** viele nozizeptive Neurone und gilt daher als wesentlicher Transmitter bei der nozizeptiven Signalübertragung. Exzitatorische Aminosäuren werden sowohl von afferenten Fasern (s. o.), als auch von Neuronen des Rückenmarks und supraspinaler Strukturen freigesetzt. Viele nozizeptive Neurone besitzen ionotrope N-methyl-D-aspartat- (NMDA-)und non-NMDA-Rezeptoren sowie metabotrope Glutamatrezeptoren. Spezifische Antagonisten an non-NMDA- und NMDA-Rezeptoren reduzieren oder blockieren die synaptische Erregung nozizeptiver Nervenzellen (Abb. 13–9B). Die Rezeptoren für exzitatorische Aminosäuren scheinen nicht nur für die Antworten der Neurone auf noxische Reize verantwortlich zu sein, sondern auch für die Erzeugung der Übererregbarkeit nozizeptiver Neurone bei Gewebeschädigungen [16, 28, 34, 35].

A Rezeptoren für exzitatorische Aminosäuren

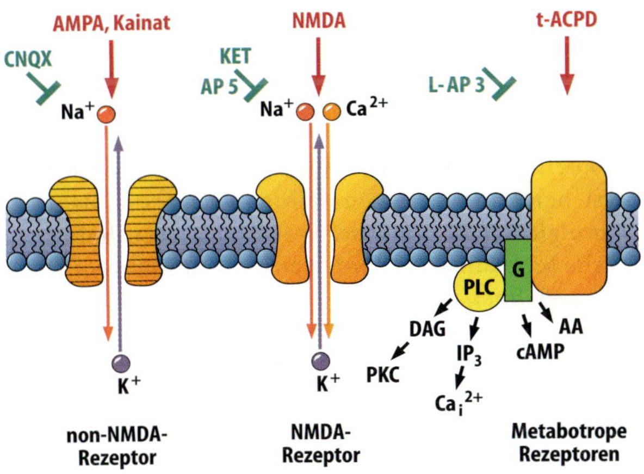

B Reduktion synaptischer Antworten auf noxische Reize durch NMDA- und non-NMDA-Antagonisten

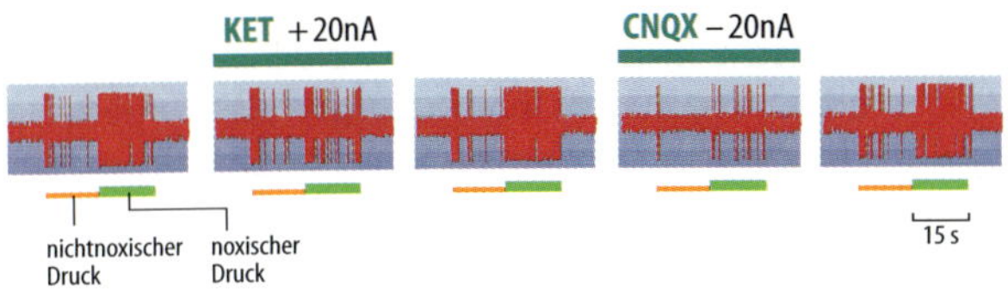

KET:	Ketamin (spezifischer NMDA-Antagonist)
CNQX:	6-cyano-7-nitroquinoxaline-2,3 dione (spezifischer non-NMDA-Antagonist)

Abb. 13–9. Erregende Aminosäuren und ihre Rezeptoren. **A** Klassifikation postsynaptischer Glutamatrezeptoren nach den an ihnen wirksamen spezifischen *Agonisten* (AMPA, Kainat bzw. NMDA bzw. t-ACPD) und *Antagonisten* (CNQX bzw. KET, AP5 bzw. L-AP3) und nach ihrer Arbeitsweise als Ionenkanal *(links* und *Mitte)* bzw. metabotroper Rezeptor *(rechts)*. **B** Modifikation des Antwortverhaltens (Reduzierung der Zahl der Aktionspotentiale) eines nozizeptiven Neurons aus dem Rückenmark der Ratte durch mikroionophoretische Applikation (angegeben als Stromstärke in nA) von Ketamin (KET) und CNQX bei nichtnoxischer und noxischer Druckreizung am Gelenk. *AMPA* alpha-amino-3-hydroxy-5-methyl-4-isoxazole-propionic acid, *AP5* DL-2-amino-5-phosphonovalerate, *CNQX* 6-cyano-7-nitroquinoxaline-2,3dione, *KET* Ketamin; *L-AP3* L-2-amino-3-phosphonopropionic acid, *NMDA* N-methyl-D-aspartat, *t-ACPD* trans-(+/-)-1-amino-(1S,3R)-cyclopentane-dicarboxylic acid

5-Hydroxytryptamin, Noradrenalin und Dopamin. Diese Amine vermitteln die deszendierende Hemmung auf Rückenmarksebene (s. Abb. 13–8). Nach dem Transmitter unterscheidet man serotoninerge und catecholaminerge Systeme der absteigenden Hemmung, die im Hirnstamm ihren Ursprung haben. Serotonin wird in Neuronen des Raphe magnus-Kernes gebildet, Noradrenalin in Neuronen des Locus coeruleus. Dopamin stammt aus Zellen der A11-Gruppe des Diencephalons.

Gamma-Amino-Buttersäure (GABA) und Glyzin. GABA und Glyzin werden von einer großen Zahl von Rückenmarksneuronen gebildet. Sie wirken hemmend auf viele nozizeptive Neurone.

Neuropeptide. Viele primär afferente Neurone und zentralnervöse Neurone besitzen eines oder mehrere Neuropeptide, die mit klassischen Transmittern wie L-Glutamat *koexistieren*. Neuropeptide können unterschiedliche Wirkungen auf Neurone ausüben. Einige Neuropeptide induzieren elektrophysiologisch meßbare Zellantworten (Depolarisation oder Hyperpolarisation). Hierbei ist der Zeitverlauf anders als bei der Wirkung klassischer Transmitter, denn Wirkungslatenzen und -dauer liegen häufig im Minutenbereich. Vermutlich basieren viele Neuropeptidwirkungen auf der Interaktion von Neuropeptiden mit klassischen Transmittern, da die Wirkung eines Neuropeptids allein häufig sehr gering ist. Daher werden die Neuropeptide häufig als ***Neuromodulatoren*** bezeichnet.

Neuropeptide mit exzitatorischer Wirkung sind die ***Tachykinine***, vor allem Substanz P (wirkt an Neurokinin-1-Rezeptoren) und Neurokinin A (wirkt an Neurokinin-2-Rezeptoren). Substanz P löst bei Applikation auf das Rückenmark „Schmerzreaktionen" aus und erhöht die Entladungsraten nozizeptiver Neurone. Die Wirkung wird verstärkt durch Calcitonin gene-related peptide, das in vielen Neuronen mit Tachykininen kolokalisiert ist. Auch andere Neuropeptide können exzitatorische Wirkungen auf nozizeptive Neurone besitzen (Vasoactive intestinal polypeptide, Neurotensin, Cholecystokinin etc.). ***Neuropeptide mit hemmender Wirkung*** sind vor allem die ***Opioide*** *(Enkephaline, Dynorphin)*, die aus 3 verschiedenen Precursormolekülen abgeleitet sind (aus Proopiomelanocortin, Proenkephalin A, Proenkephalin B) und auf μ-, δ- und κ-Rezeptoren wirken. Wahrscheinlich bilden diese Peptide ein *endogenes analgetisches System*. Ebenfalls hemmend wirken Somatostatin und Bombesin.

!

In Rückenmark und Hirnstamm werden die noxischen Signale nach einer ersten Verarbeitung auf aszendierende Bahnen aufgeschaltet, die direkt oder indirekt zum Thalamus ziehen. Gleichzeitig werden motorische und vegetative Reflexe ausgelöst. Vom Thalamus werden die nozizeptiven Signale an den Kortex weitergeleitet, was schließlich zur bewußten Schmerzempfindung führt. Die spinale nozizeptive Verarbeitung wird durch deszendierende Hemmung moduliert.

Analog der peripheren Sensibilisierung kommt es auch an den nozizeptiven Neuronen des ZNS bei peripheren Entzündungsprozessen zu Änderungen des Antwortverhaltens (zentrale Sensibilisierung).

Der wichtigste erregende Transmitter im zentralen nozizeptiven System ist das Glutamat mit seinen verschiedenen postsynaptischen Rezeptoren. Mit dem Glutamat sind verschiedene Peptide kolokalisiert, die als Neuromodulatoren wirken. Die endogenen Opioide wirken hemmend auf das zentrale nozizeptive System [2, 6, 28].

13.4 Neurobiologie klinisch häufiger Schmerzformen

Eine häufige Ursache für Schmerzen sind Entzündungen und andere Gewebeschädigungen

Entzündungen und Verletzungen vieler Organe führen zu einer charakteristischen Schmerzsymptomatik, nämlich zu *Allodynie* und *Hyperalgesie,* häufig verbunden mit *Spontanschmerzen.* Als ***Allodynie*** bezeichnet man Schmerzen, die durch *nichtnoxische* Reizung verursacht werden. Bei einem Sonnenbrand führt z. B. schon eine Berührung oder ein Wärmereiz der Haut zu Schmerzempfindungen. ***Hyperalgesie*** ist eine erhöhte Empfindlichkeit für *noxische* Reize [19, 32, 38]. Kommt es bei mechanischen und thermischen Reizen zusätzlich zu verstärkten Berührungs- bzw. Thermoempfindungen, spricht man von ***Hyperästhesie.***

Die Symptomatik des Entzündungs- und Verletzungsschmerzes entsteht durch die Sensibilisierung nozizeptiver Afferenzen und die Übererregbarkeit zentraler nozizeptiver Neurone. Sensibilisierte Nozizeptoren werden schon durch nichtnoxische Reize erregt, und sie antworten verstärkt auf noxische Reize (s. 13.2). Dementsprechend werden auch nozizeptive Neurone des Zentralnervensystems durch nichtnoxische Reize aktiviert (s. 13.3).

Akute bzw. chronische Aktivierung von Axonen afferenter nozizeptiver Nervenfasern kann zu projizierten bzw. neuralgischen Schmerzen führen

Projizierter Schmerz. Bei heftiger mechanischer Reizung des *N. ulnaris* am Ellenbogen kommt es zu Mißempfindungen im Versorgungsgebiet dieses Nervs (Abb. 13–10). Offensichtlich wird die am Ellenbogen in den afferenten Nervenfasern ausgelöste Impulsaktivität vom Bewußtsein ***in das Versorgungsgebiet*** dieser afferenten Fasern ***projiziert,*** da normalerweise solche Impulse aus den Sensoren dieses Versorgungsgebietes stammen. Projizierte Empfindungen können im Prinzip innerhalb aller Sinnesmodalitäten auftreten, aber nur der ***projizierte Schmerz*** ist klinisch bedeutungsvoll. Bei diesem ist also der Ort der Einwirkung der Noxe nicht identisch mit dem der Schmerzempfindung.

Neuralgie. Wichtiger als akute projizierte Schmerzen sind projizierte Schmerzen, die durch fortgesetzte *Reizung eines Nerven oder einer Hinterwurzel* entstehen (z. B. durch einen Bandscheibenvorfall). Eine solche chronische Nervenschädigung führt zu ***„spontanen“ Schmerzen,*** die häufig wellenförmig oder attackenweise auftreten. Sie bleiben meist auf das Versorgungsgebiet des erkrankten Nervs oder der geschädigten Wurzel begrenzt. Diese durch ***pathophysiologische Impulsbildung an nozizeptiven Fasern*** (nicht an den Nozizeptoren) entstehenden Schmerzen werden durch die Begriffe ***Neuralgie*** oder ***neuralgischer Schmerz*** gekennzeichnet. Solche Mechanismen werden auch für *schmerzhafte Polyneuropathien* diskutiert.

Kausalgie. Aus unbekannter Ursache kann es bei Nervenverletzungen, insbesondere bei Schußverletzungen, zu einer Sonderform der Neuralgie, nämlich zu chronischen, sehr quälenden *Schmerzen im Versorgungsgebiet des verletzten Nerven* kommen, wobei gleichzeitig *Durchblutungs- und Ernährungsstörungen* des betroffenen Gebietes auftreten. Der Symptomkomplex wird als ***Kausalgie*** bezeichnet [7, 9, 30]. Die Durchblutungs- und Ernährungsstörungen weisen auf eine ***Beteiligung des sympathischen Nervensystems*** hin, daher auch der Name ***sympathische Reflexdystrophie.***

Noxische Reizung der Eingeweide wird oft nicht oder nicht nur am inneren Organ als Schmerz empfunden, sondern als übertragener Schmerz auch im zugehörigen Dermatom

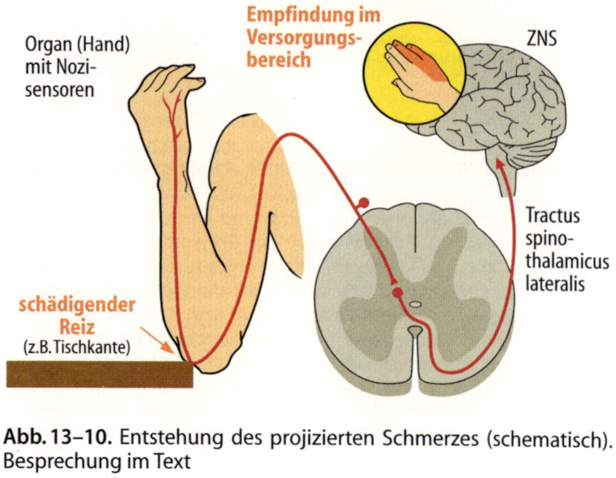

Abb. 13–10. Entstehung des projizierten Schmerzes (schematisch). Besprechung im Text

Ein bekanntes Beispiel ist das Auftreten von Schmerzen im linken Arm bei Durchblutungsstörungen des Herzmuskels und dem damit verbundenen Druckgefühl oder Schmerz im Brustkorb *(Angina pectoris)*. Das ***Zustandekommen des übertragenen Schmerzes*** beruht wahrscheinlich, wie Abb. 13–11 zeigt, darauf, daß nozizeptive Afferenzen aus der Haut oder der Muskulatur auf dieselben Ursprungszellen der aufsteigenden nozizeptiven Bahnen projizieren wie die Nozizeptoren aus den Eingeweiden (linke Bildhälfte). Zusätzlich ist es möglich, daß Axonkollateralen solcher primärer nozizeptiver Afferenzen sich bereits im Bereich des Spinalnerven in 2 oder mehrere Kollateralen aufzweigen, die anschließend oberflächliche und tiefe Strukturen innervieren (rechte Bildhälfte). Erregung der zentralen nozizeptiven Neurone wird als Schmerz in der Peripherie interpretiert, wahrscheinlich, weil diese Interpretation ***dem Organismus aus Erfahrung geläufig*** ist. Da die von den Eingeweiden in die Haut ***übertragenen Schmerzen*** in aller Regel im ***zugehörigen Dermatom*** empfunden werden, also in denjenigen Hautabschnitten, die vom selben Rückenmarkssegment nervös versorgt werden wie das geschädigte Gewebe (vgl. Abb. 12–13), sind sie oft ein wichtiges diagnostisches Hilfsmittel.

Bei Schädigungen des Zentralnervensystems kann es zu schweren Schmerzzuständen kommen (zentrale Schmerzen)

Funktionelle Störungen oder Defekte der spinalen und supraspinalen nozizeptiven Systeme können zu Erregbarkeitssteigerungen und zu Spontanaktivität in diesen Strukturen führen, die erhebliche Schmerzen bereiten können. Diese Schmerzen werden als ***zentrale Schmerzen*** bezeichnet. Bekannte Beispiele sind die Schmerzen der ***Anaesthesia dolorosa*** nach Ausrissen von Hinterwurzeln oder der ***Thalamusschmerz*** nach Schädigungen sensorischer Thalamuskerne. Auch die ***Phantomschmerzen*** nach Amputationen sind wahrscheinlich teilweise zentraler Natur [17].

In vielen Fällen sind Schädigungen zentralnervöser Strukturen nicht schmerzhaft (z. B. nach Schlaganfällen oder bei Gehirntumoren). Es bedarf daher weiterer Aufklärung, welche Umstände zum Auftreten von zentralen Schmerzen führen.

Teilweise oder völlige Schmerzunempfindlichkeit ist selten

Eine ***Hypoalgesie*** ist eine verringerte Empfindlichkeit auf *noxische* Reize. Die Hypoalgesie ist meist Teil einer ***Hypoästhesie.*** Darunter versteht man eine im Bereich der Somatosensorik verringerte Empfindlichkeit auf Reize. Ein völliges Fehlen von Schmerzen bei noxischer Reizung, eine ***Analgesie,*** kommt meist nur in Verbindung mit Störungen oder Ausfällen anderer Sinnesmodalitäten vor. Beispielsweise wird im einfachsten Fall die Durchtrennung oder Blockade (z. B. mit Novocain) eines Hautnervs zur Analgesie seines Versorgungsgebietes, aber auch zum Ausfall der anderen Hautsinnesmodalitäten, also zu einer lokalen ***Anästhesie,*** führen.

Angeborene völlige Schmerzunempfindlichkeit. Bei einem Teil dieser seltenen Fälle läßt sich kein eindeutiger Defekt des Nervensystems nachweisen, bei anderen fehlen entweder die nozizeptiven Afferenzen in den peripheren Nerven oder die ersten weiterführenden Neurone im Hinterhorn des Rückenmarks (LISSAUER-Trakt) sind nicht vorhanden. In allen Fällen ist die Symptomatik gleich: Die Patienten nehmen gewebeschädigende Reize nicht als solche wahr. Es ist für sie daher typisch, daß sie von frühester Kindheit an schwere Schäden davontragen oder sich selbst zufügen. Diese Verstümmelungen führen in der Regel zu einem frühen Tod [24].

! Schmerzen durch Berührungsreize auf einer sonnenverbrannten Haut sind ein einfaches Beispiel einer Allodynie, also der Auslösung von Schmerzen durch nichtnoxische Reize; eine erhöhte Empfindlichkeit auf noxische Reize wird dagegen Hyperalgesie genannt.

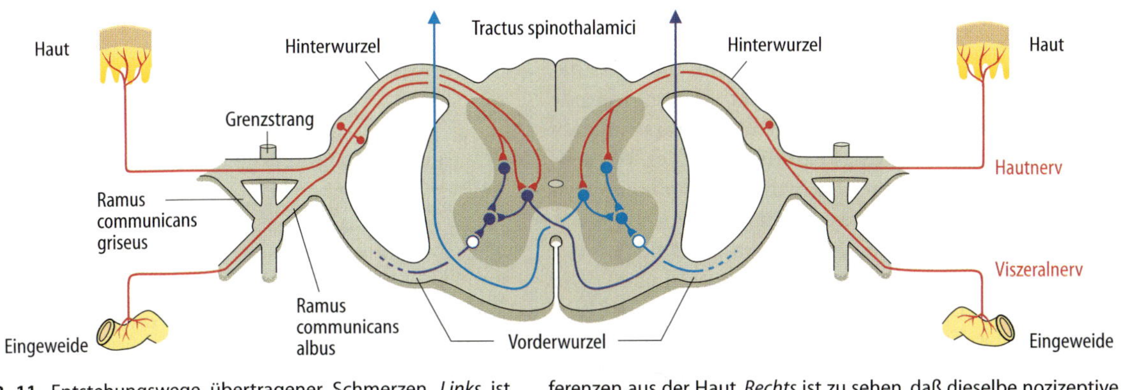

Abb. 13–11. Entstehungswege übertragener Schmerzen. *Links* ist gezeigt, daß nozizeptive Afferenzen aus den Eingeweiden zum Teil an denselben Neuronen des Hinterhornes enden wie nozizeptive Afferenzen aus der Haut. *Rechts* ist zu sehen, daß dieselbe nozizeptive Afferenz gelegentlich sowohl oberflächliches wie tiefes Gewebe versorgen kann

Aktivierung nozizeptiver Afferenzen proximal von den nozizeptiven Terminalstrukturen resultiert in Schmerzen, die in das Versorgungsgebiet dieser Afferenzen projiziert werden, da die schmerzauslösende Aktivität normalerweise von dort stammt; chronische projizierte Schmerzen werden als neuralgische Schmerzen oder Neuralgie bezeichnet.

Die Konvergenz nozizeptiver Afferenzen aus Eingeweiden und Haut auf dieselben sekundär afferenten Neurone ist wahrscheinlich hauptsächlich für das Entstehen übertragener Schmerzen verantwortlich.

Bei völliger Schmerzunempfindlichkeit kommt es wegen der fehlenden Warnfunktion des Schmerzes rasch zu schweren Schädigungen und zu einer deutlich reduzierten Lebenserwartung.

13.5 Neurobiologische Aspekte der Schmerztherapie

Da Schmerz in der Regel ein Warnsymptom für eine Organschädigung ist, besteht die kausale Therapie darin, die Schmerzursache zu beseitigen. Dies ist jedoch in vielen Fällen nur über längere Zeiträume oder überhaupt nicht möglich. Daher muß der Schmerz vorübergehend oder dauerhaft mit Pharmaka oder anderen schmerzlindernden Methoden bekämpft werden.

Zur pharmakologischen Schmerzbehandlung werden neben Analgetika auch Lokalanästhetika und Psychopharmaka eingesetzt

Nichtnarkotische Schmerzmittel sind Stoffe, die ***analgetisch*** (schmerzhemmend) wirken, ohne zu einer deutlichen Einschränkung oder Ausschaltung *(Narkose)* des Bewußtseins zu führen [22,23,27]. In diese Gruppe fallen die nichtsteroidalen Analgetika (NSAIDs), wie z.B. die *Azetylsalizylsäure.* Ein Teil dieser Analgetika hemmt den Entzündungsprozeß und reduziert dadurch die Aktivierung und Sensibilisierung von Nozizeptoren durch Entzündungsmediatoren (z.B. Prostaglandine). Sie haben aber auch davon unabhängige aktivitätsmindernde Wirkungen an den Nozizeptoren und wahrscheinlich auch an nozizeptiven Neuronen des zentralen Nervensystems (von daher kann man nicht mehr von rein peripher wirkenden Analgetika sprechen).

Die ***narkotischen Schmerzmittel*** sind in der Lage, auch starke Schmerzen zu lindern, haben aber eine so stark beruhigende, schläfrig machende Wirkung, daß v.a. bei höherer Dosierung narkoseähnliche Zustände auftreten können. Ältester Vertreter ist das ***Morphin,*** ein Bestandteil des Opiums. Daher die Bezeichnungen ***Opiate oder Opioide*** für alle dem Morphin vergleichbaren Stoffe. Ihre analgetische Wirkung beruht auf deren Bindung an Opioidrezeptoren des μ-Typs im Rückenmark und in supraspinalen Strukturen (s. Abschnitt 13.3) und einer daraus folgenden Unterdrückung neuronaler Aktivität im Zentralnervensystem. Inzwischen wurden auch Opioidrezeptoren im peripheren Nervensystem gefunden, so daß man die Opiate nicht mehr uneingeschränkt als rein zentralnervös wirkende Analgetika bezeichnen kann [22, 23, 40].

Eine ***örtliche Betäubung*** mit einem Lokalanästhetikum kann man mit einem ***Nervenblock*** oder durch eine ***Infiltrationsanästhesie*** erzielen. Auf Schleimhäute kann ein Lokalanästhetikum zur ***Oberflächenanästhesie*** auch aufgesprüht oder aufgepinselt werden. Um eine kleine Hautstelle für kurze Zeit zu betäuben, kann man sie durch Aufsprühen von rasch verdampfendem Chloräthyl „vereisen", d.h. so tief abkühlen, daß die Sensoren ihre Funktion einstellen.

In der Behandlung umschriebener Schmerzzustände kann ein Nervenblock vorübergehend (einige Stunden) eine erhebliche Erleichterung bringen. In seltenen Fällen hält die schmerzlindernde Wirkung länger an als von der Wirkdauer des Lokalanästhetikums zu erwarten ist. Eine örtliche Betäubung mit dem Ziel, das Krankheitsgeschehen selbst positiv zu beeinflussen, wird ***therapeutische Lokalanästhesie,*** in Deutschland teilweise auch *Neuraltherapie,* genannt [3, 23].

Einen Platz in der Schmerztherapie haben auch ***Psychopharmaka,*** im speziellen *Antidepressiva.* Diese Medikamente greifen in den Stoffwechsel der Transmitter ein, die die deszendierende Hemmung vermitteln. Darüberhinaus kann auch die Bekämpfung von Angst, Depression und Spannung zur Schmerzlinderung beitragen.

Physikalische Maßnahmen der Schmerztherapie haben teils unmittelbare Angriffspunkte, teils wirken sie auf dem Reflexweg

Physikalische Schmerzbehandlung. Hier sind Einwirkungen zusammengefaßt, die von Wärme- und Kälteanwendungen über Massage und Gymnastik bis zur Anwendung elektrischer Reize und zur Neurochirurgie reichen. Die einfachsten physikalischen Maßnahmen, nämlich ***Ruhe und Ruhigstellung,*** sind in der Schmerztherapie oft eine große Hilfe. Die Ruhigstellung verhindert in vielen Fällen die Aktivierung von sensibilisierten Nozizeptoren durch mechanische Reize.

Wärme ist wahrscheinlich die am häufigsten angewandte physikalische Schmerzbehandlung. Bei der lokalen Wärmeanwendung werden nur die oberflächlichen Schichten der Haut erwärmt. Dennoch kann *reflektorisch* auch die Blutzirkulation tiefer liegender Organe erhöht werden. Eine direkte Wärmezufuhr in tiefere Gewebe ist durch ***Diathermie*** („Kurzwellenbestrahlung") möglich. Wärmeanwendungen wirken v.a. bei solchen Schmerzen, die durch mangelnde Gewebedurchblutung bedingt sind oder durch diese begünstigt werden. Umgekehrt gibt es Schmerzen, z.B. bei akut entzündlichen Prozessen, die mit einer Weitstellung der Gefäße einhergehen. Dieser muß dann durch die Anwendung von ***Kälte*** entgegengewirkt werden. Durch Kälte wird auch die Entwicklung einer Entzündung (über eine reduzierte Durchblutung und einen abgesenkten Stoffwechsel) gebremst.

Krankengymnastik und Bewegungstherapie werden v.a. eingesetzt, um Heilungsprozesse an Gelenken, Muskeln, Sehnen, Bändern und Knochen zu fördern. Der Beitrag dieser Therapien zur Schmerzbekämpfung ist daher in der Regel indirekt. Ähnliches gilt für die verschiedenen Formen der ***Massage.***

Die ***elektrische Reizung zur Schmerztherapie*** macht sich die Beobachtung zunutze, daß Schmerzen oft durch andere, gleichzeitige Sinnesreize, wie Reiben, Kratzen, Wärme und Kälte, (s. o.) vermindert werden *(„Verdeckung", „Gegenirritation")*. In diesen Situationen ist es keineswegs so, daß der Strom von nervösen Impulsen aus den Nozizeptoren aufhört. Vielmehr wird seine Weiterleitung an seinen zentralnervösen Schaltstationen gehemmt. Diese ***afferente Hemmung*** kann bereits im Rückenmark geschehen, sie kann aber auch weiter zentral, etwa im Hirnstamm oder Thalamus, einsetzen [18, 41].

Am meisten wird die elektrische Reizung von Nerven durch die Haut eingesetzt, die als ***transkutane elektrische Nervenstimulation, TENS,*** bezeichnet wird. Eine Variante dieser Methode ist die ***Hinterstrangreizung,*** bei der die Elektroden operativ in den Wirbelkanal eingepflanzt werden. Man verspricht sich davon eine besonders intensive Reizung der afferenten Faserbündel im Hinterstrang des Rückenmarks und damit eine besonders starke afferente Hemmung. Drittens versucht man, die afferenten Hemmzentren im Hirnstamm über eingepflanzte Elektroden direkt zu aktivieren. Diese ***elektrische Gehirnreizung*** ist die gezielte Anwendung der zu Beginn dieses Abschnittes vorgestellten stimulationsproduzierten Analgesie, SPA.

Auch die ***Akupunktur*** wird von manchen Seiten als eine Methode angesehen, die über *afferente Hemmung* ihre analgetische Wirkung entfaltet. Dies trifft möglicherweise für die intensive ***Elektroakupunktur*** neuroanatomisch definierter Reizareale zu, die anscheinend eine über Placeboeffekte hinausgehende analgetische Wirkung hat. Für die ***klassische Akupunktur*** und ihre Spielarten, z. B. die ***Ohrakupunktur,*** gibt es aber nach wie vor keine Anhaltspunkte für einen primär neurobiologischen Wirkmechanismus [36].

Neurochirurgische Maßnahmen zur Schmerzbekämpfung sind Notbehelfe, die nur noch in Ausnahmefällen angewandt werden [5, 17]. Von gewisser praktischer Bedeutung ist v. a. die Durchschneidung des Vorderseitenstrangs des Rückenmarks ***(Chordotomie).*** Sie unterbricht die Weiterleitung nozizeptiver Signale aus der kontralateralen Körper hälfte. Mit ihr können bei schweren chronischen Schmerzen, z. B. aus dem Bereich des kleinen Beckens, kurz- bis mittelfristig (Wochen bis Monate) gute Erfolge erzielt werden.

Psychologische Methoden der Schmerzbekämpfung dienen v. a. dazu, chronische Schmerzen besser ertragen zu lernen

Psychologische Variablen sind ein zentraler Faktor bei vielen Schmerzen, v. a. bei solchen ohne deutliche periphere Schmerzursache. Entsprechend wichtig ist der Einsatz ***psychologischer Therapieverfahren*** bei diesen Schmerzzuständen. Aber auch bei Schmerzen mit Organbefund gibt es viele Situationen, in denen eine psychologische Behandlung weiter führt als eine somatische [1, 11, 15, 21].

! Eine optimale Schmerztherapie gelingt nur nach einer sorgfältigen Diagnose vor dem Hintergrund der Kenntnis der Schmerzmechanismen sowie der Angriffspunkte und Wirkweisen der pharmakologischen, physikalischen und psychologischen Therapieverfahren. Pharmaka haben teils periphere, teils zentrale Angriffspunkte; die physikalischen Verfahren greifen teils direkt am noxischen Prozeß, teils indirekt über vegetative Reflexe in das Schmerzgeschehen ein; die psychologischen Verfahren wirken im wesentlichen auf die emotionalen und kognitiven Komponenten des Schmerzes ein.

13.6 Literatur

Weiterführende Lehr- und Handbücher

1. Barber J, Adrian C (eds) (1982) Psychological approaches to the management of pain. Brunner/Mazel, New York
2. Basbaum AI, Besson JM (eds) (1991) Towards a new pharmacotherapy of pain. Wiley, Chichester
3. Bonica JJ (1953) The management of pain. Lea & Febiger, Philadelphia. Nachdruck 1980
4. Bromm B (ed) (1984) Pain measurement in man. Elsevier, Amsterdam
5. Foerster O (1927) Die Leitungsbahnen des Schmerzgefühls und die chirurgische Behandlung der Schmerzzustände. Urban & Schwarzenberg, Berlin
6. Hökfelt T, Schaible H-G, Schmidt RF (eds) (1994) Neuropeptides, nociception and pain. Chapman and Hall, Weinheim
7. Jänig W, Schmidt RF (eds) (1992) Reflex sympathetic dystrophy. Pathophysiological mechanisms and clinical implications. VCH, Weinheim
8. Lewis TH (1942) Pain. Macmillan, London. Nachdruck 1981
9. Livingston WK (1943) Pain mechanisms. A physiological interpretation of causalgia and its related states. Plenum, New York, Nachdruck 1976
10. Melzack R, Wall PD (1983) The challenge of pain. Basic Books, New York
11. Miltner W, Birbaumer N, Gerber W-D (1986) Verhaltensmedizin. Springer, Berlin Heidelberg New York
12. Olesen J, Schmidt RF (eds) (1993) Pathophysiological mechanisms of migraine. VCH, Weinheim
13. Olesen J, Schoenen J (eds) (1993) Tension-type headache. Classification, mechanisms, and treatment. Raven, New York (Frontiers in headache research, vol 3)
14. Olesen J, Tfelt-Hansen P, Welch KMA (eds) (1993) The headaches. Raven, New York
15. Sternbach RA (1983) Schmerzpatienten. Krankheitsursachen und Behandlung. Verlag für Medizin, Heidelberg
16. Urban L (ed) (1994) Cellular mechanisms of sensory processing. The somatosensory system. Springer, Berlin Heidelberg New York
17. Wall PD, Melzack R (eds) (1994) Textbook of pain, 3rd edn. Churchill Livingstone, Edinburgh
18. Willis WD (1985) The pain system. Karger, Basel
19. Willis WD (ed) (1991) Hyperalgesia and allodynia. Raven, New York
20. Willis WD, Coggeshall RE (1991) Sensory mechanisms of the spinal cord, 2nd edn. Plenum, New York
21. Wörz R (Hrsg) (1990) Schmerzstudien 8. Chronischer Schmerz und Psyche. Fischer, Stuttgart

22. Wörz R (Hrsg) (1994) Differenzierte medikamentöse Schmerztherapie, 2. Aufl. Fischer, Stuttgart
23. Zenz M, Jurna I (Hrsg) (1993) Lehrbuch der Schmerztherapie. Grundlagen, Theorie und Praxis für Aus- und Weiterbildung. Wissenschaftliche Verlagsgesellschaft, Stuttgart

Einzel- und Übersichtsarbeiten

24. Baxter DW, Olszewski J (1960) Congenital universal insensitivity to pain. Brain 83:381–393
25. Besson JM, Chaouch A (1987) Peripheral and spinal mechanisms of nociception. Physiol Rev 67:67–186
26. Bromm B, Treede RD (1991) Laser-evoked cerebral potentials in the assessment of cutaneous pain sensitivity in normal subjects and patients. Rev Neurol 147 (10):625–643
27. Brune K, Beck WS (1993) Nichtopioidanalgetika (antipyretische Analgetika und andere). In: [23] S 121–136
28. Duggan AW, Weihe E (1991) Central transmission of impulses in nociceptors: events in the superficial dorsal horn. In: [2] S 35–67
29. Handwerker H, Kobal G (1993) Psychophysiology of experimentally induced pain. Physiol Rev 73:639–671
30. Jänig W (1993) Biologie und Pathobiologie der Schmerzmechanismen. In: [23] S 15–33
31. Kenshalo DR Jr, Willis WD Jr (1991) The role of the cerebral cortex in pain sensation. In: Peters A (ed) Cerebral cortex, vol 9. Plenum Corporation, New York, pp 153–212
32. Krainick U, Schmidt RF (1991) Nozizeption und Schmerz. In: Schmidt RF, Hierholzer K (Hrsg) Pathophysiologie des Menschen. VCH, Weinheim
33. Mense S (1993) Nociception from skeletal muscle in relation to clinical muscle pain. Pain 54:241–289
34. Neugebauer V, Lücke T, Schaible H-G (1993) N-Methyl-D-Aspartate (NMDA) and non-NMDA receptor antagonists block the hyperexcitability of dorsal horn neurons during development of acute arthritis in rat's knee joint. J Neurophysiol 70:1365–1377
35. Schaible H-G, Grubb BD (1993) Afferent and spinal mechanisms of joint pain. Pain 55:5–54
36. Schmidt RF (1985) Neurobiologische Aspekte der Akupunktur und ihre Konsequenzen. Deutsches Ärzteblatt 82:413
37. Sweet WH (1982) Cerebral localization of pain. In: Thompson RA, Green JR (eds) New perspectives in cerebral localization. Raven, New York, pp 205–242
38. Treede R-D, Meyer RA, Raja SN, Campbell JN (1992) Peripheral and central mechanisms of cutaneous hyperalgesia. Prog Neurobiol 38:397–421
39. Woodworth RS, Sherrington CS (1904) A pseudaffective reflex and its spinal path. J Physiol (Lond) 31:234
40. Zieglgänsberger W, Tölle TR (1993) The pharmacology of pain signalling. Curr Opin Neurobiol 3:611–618
41. Zimmermann M (1993) Physiologische Grundlagen des Schmerzes und der Schmerztherapie. In: [23] S 3–13

Der Gleichgewichtssinn und die Bewegungs- und Lageempfindung des Menschen

14

H. P. Zenner

Einleitung Unser aufrechter Gang ist ein aktiver Prozeß des Bewegungs- und Lagesinns. Um nicht zu fallen, wird die Bein- und Rumpfmuskulatur durch den Bewegungs- und Lagesinn zu ständigen Korrekturbewegungen angeregt. Störungen oder ein Ausfall des Bewegungs- und Lagesinns führen zu Schwindel oder Fallneigung, bis hin zur Unmöglichkeit aufzustehen. Der Betroffene ist an das Bett gefesselt. Schwindel ist eines der häufigsten Symptome, dessentwegen Patienten ihren Arzt aufsuchen. Handelt es sich um Drehschwindel, Liftschwindel oder Gangabweichungen, so stammt der Schwindel mit ziemlicher Sicherheit von einer Erkrankung des Bewegungs- oder Lagesinns.

14.1 Die Gleichgewichtsorgane im Innenohr

Informationen, die zu Bewegungs- und Lageempfindungen führen, stammen vor allem aus den Vestibularorganen (Gleichgewichtsorgane) des Innenohrs, welche durch Informationen aus dem visuellen und dem propriozeptiven System ergänzt werden

Wenn wir die Augen schließen, können wir eindeutig die Richtung der Schwerkraft, also der Erdbeschleunigung, angeben. Es ist die Richtung, die wir als „unten" empfinden. Fliegt ein Flugzeug eine Kurve, so empfinden wir die Resultierende aus Erdbeschleunigung und Zentrifugalkraft als „unten" und nicht mehr die Schwerkraft allein, wie uns der Blick aus dem Fenster lehrt. Da Schwerkraft und Zentrifugalkräfte, physikalisch gesehen, Beschleunigungen sind, muß der Bewegungs- und Lagesinn Beschleunigungsrezeptoren besitzen. Tatsächlich befinden sich diese Beschleunigungsrezeptoren im Innenohr.

Mit geschlossenen Augen sind wir aber auch in der Lage festzustellen, ob wir den Kopf nach rechts, links, nach vorne oder nach hinten gedreht haben, ja sogar, ob wir stehen, liegen oder eine Seitenlage innehaben. Schließlich können wir auch mit geschlossenen Augen spüren, in welche Richtung wir uns bewegen. Dabei können wir beispielsweise mit geschlossenen Augen feststellen, daß wir nach vorne laufen, gleichgültig, ob wir den Kopf dabei nach rechts gedreht haben (mit dem linken Ohr also vorne), oder ob wir den Kopf nach links gedreht haben (also mit dem rechten Ohr vorne). Da die Beschleunigungsrichtung beim Schritt nach vorne für die Vestibularorgane der Innenohren bei Kopfhaltung nach rechts genau umgekehrt zu der bei Kopfhaltung nach links ist, sind in dieser Situation zusätzliche Informationen von Muskel- und Gelenkrezeptoren (Propriorezeptoren), speziell der Halsregion, von zusätzlicher Bedeutung, um dem Gehirn eine eindeutige Interpretation des vestibulären Stimulus zu erlauben (Abb. 14–1).

Das Zusammenspiel der Vestibularorgane mit Propriorezeptoren spielt eine wichtige Rolle, wenn wir beispielsweise stolpern. Bevor man sich dessen bewußt wird, hat bereits eine motorische Gegenreaktion stattgefunden, die einen Sturz verhindert. Vestibulospinale Reflexe aktivieren die Fuß- und Beinmuskulatur und verhindern den Sturz. *Der Vestibularapparat des Innenohrs, ergänzt durch Informationen aus den Propriorezeptoren, ermöglicht also buchstäblich den aufrechten Gang des Menschen* [6,8]. Da bei geöffneten Augen auch die visuelle Information einen Beitrag zu Bewegungs- und Lageempfindung leisten kann, kann das Sehorgan bei Erkrankungen mit beidseitigem Ausfall des Innenohrs diese teilweise kompensieren. Dies gelingt jedoch nur, solange es hell ist. Im Dunkeln erleiden die Betreffenden Gangunsicherheit, Schwindel- und Fallneigung.

Im Innenohr liegen die Beschleunigungsrezeptoren

Im Labyrinth liegen zusätzlich zum Hörorgan die Endorgane des Bewegungs- und Raumorientierungssinnes, sie bilden das Vestibularorgan [3,13]. Die Funktion des Vestibularapparates läuft ohne primäre Beteiligung des Bewußtseins ab und wird daher vom Gesunden nicht bemerkt. Funktionsstörungen nimmt der Patient sehr wohl wahr, er empfindet Schwindel. Das Gleichgewichtsorgan besteht beiderseits aus zwei Makulaorganen und drei Bogengangsorganen. Es sind hochspezialisierte Sinnesorgane für Linear- bzw. Winkelbeschleunigungen [7,8]. Die Sinneszellen bestehen aus Haarzellen, die auf Abbiegungen der Zilien reagieren. Dadurch wird die neuronale Aktivität im Vestibularnerv moduliert.

Der Vestibularapparat besteht beiderseits aus zwei Makulaorganen und drei Bogengangsorganen

Der Vestibularapparat ist ein Teil des Innenohrs und befindet sich dort im Labyrinth. Er besteht aus fünf Organen (Abb. 14–2). Es sind die zwei ***Makulaorgane*** (Macula utriculi und Macula sacculi) sowie die drei ***Bogengangsorgane*** (horizontaler, hinterer sowie vorderer Bogengang). Alle fünf Sinnesorgane besitzen Sinnesepithelien, deren Sinneszellen als Haarzellen bezeichnet werden. Die Sinneshärchen ragen in eine gallertige, mucopolysaccharidhaltige Masse. In den Bogengängen heißt sie ***Cupula.*** In den beiden Makulaorganen enthält das gallertige Kissen, das auf den Sinneszellen aufliegt, zusätzliche winzige Kalziumkarbonatkristalle, die unter dem Elektronenmikroskop wie Steine (Lithen) aussehen. Sie wird daher ***Otolithenmembran*** genannt.

Die Sinneszellen der Vestibularorgane haben einen charakteristischen Aufbau (Abb. 14–2). Sie sind mit den Sinneszellen der Cochlea verwandt. Sie besitzen an ihrem oberen Ende zahlreiche feine Härchen *(Zilien),* die ihnen den Namen ***Haarzelle*** verliehen haben [11,13]. Elektronenmikroskopisch und biochemisch lassen sich die kleineren Stereozilien von dem größeren Kinozilium unterscheiden. Die Stereozilien sind für die Rezeptoreigenschaft der Haarzellen verantwortlich.

Die Haarzellen sind wie im Ohr sekundäre Sinneszellen. Sie besitzen keine eigenen Nervenfortsätze, vielmehr werden sie von den afferenten Nervenfasern der Pars vestibularis des N. vestibulocochlearis (VIII. Hirnnerv) innerviert. Die afferenten Nervenfasern übertragen die Information über den Erregungszustand der Haarzelle zum Zentralnervensystem.

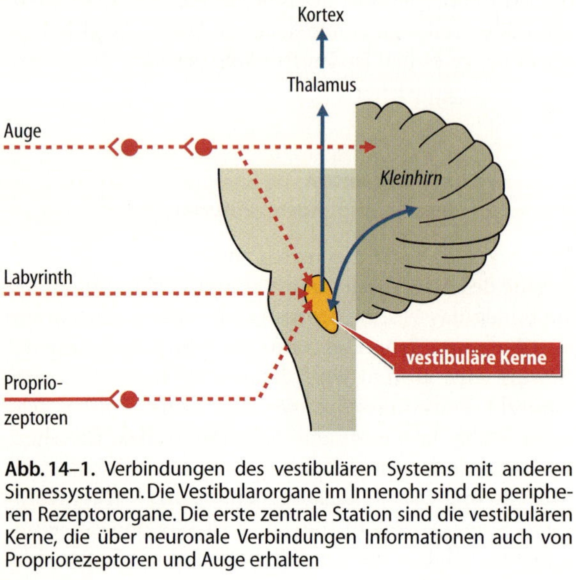

Abb. 14–1. Verbindungen des vestibulären Systems mit anderen Sinnessystemen. Die Vestibularorgane im Innenohr sind die peripheren Rezeptororgane. Die erste zentrale Station sind die vestibulären Kerne, die über neuronale Verbindungen Informationen auch von Propriorezeptoren und Auge erhalten

! Bewegungs- und Lageempfindungen sind überwiegend auf die Gleichgewichtsorgane im Innenohr zurückzuführen. Sie sind Beschleunigungsrezeptoren. In jedem Ohr besteht der Vestibularapparat aus zwei Makula- und drei Bogengangsorganen. Alle fünf Sinnesorgane besitzen Haarzellen als Sinneszellen. Die Sinneshärchen ragen in den Bogengängen in die Cupula, in den Makulae in die Otolithenmembran.

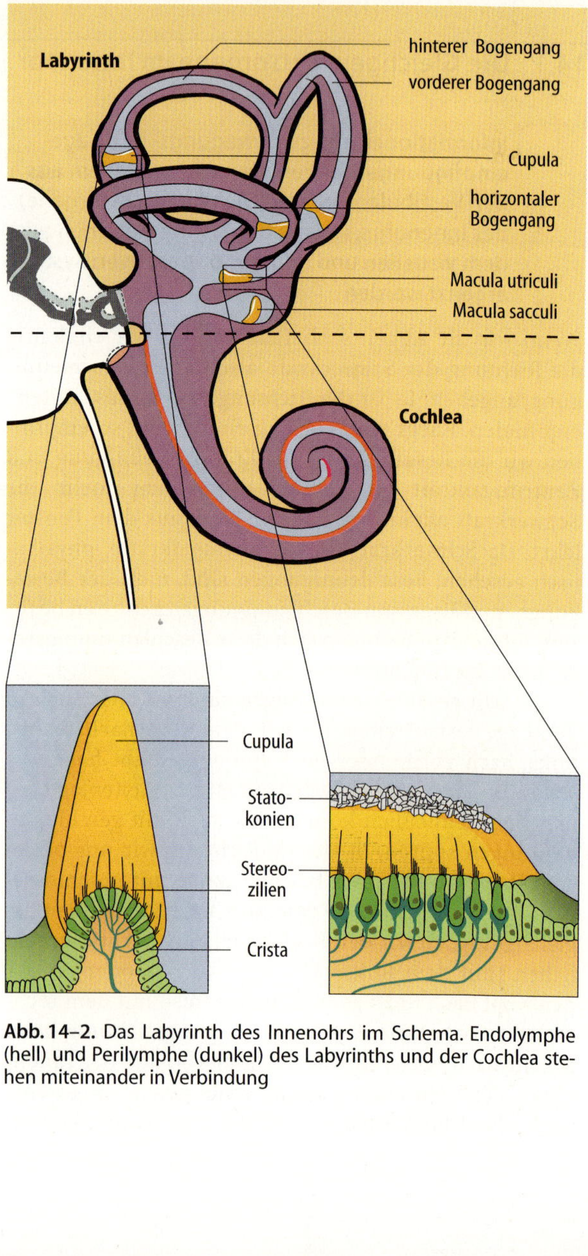

Abb. 14–2. Das Labyrinth des Innenohrs im Schema. Endolymphe (hell) und Perilymphe (dunkel) des Labyrinths und der Cochlea stehen miteinander in Verbindung

14.2 Gleichgewichtssinn durch Beschleunigungsmessung

Der adäquate Reiz ist eine Deflektion der Stereozilien der Haarzellen

Die Haarzellen der Vestibularorgane besitzen Stereozilien und tip-links wie die Haarzellen der Cochlea [5,9,10]. Wie in der Cochlea ist der adäquate Reiz eine Deflektion der Stereozilien. Die Haarzellen sind befähigt, den mechanischen Reiz, die Abscherung der Stereozilien, in elektrische und chemische Signale umzusetzen, durch welche die afferenten Fasern der Gleichgewichtsnerven erregt werden können. Die Haarzelle ändert während dieses Transduktionsvorgangs ihr Membranpotential und es entsteht ein Rezeptorpotential. Das Rezeptorpotential kommt folgendermaßen zustande: Der apikale Pol der Haarzellen steht wie in der Cochlea mit der Endolymphe in Kontakt. Diese extrazelluläre Flüssigkeit besitzt eine auffällig hohe Kalium- und eine niedrige Natriumkonzentration. Es wird angenommen, daß bei einer Deflektion der Stereozilien Kaliumionen aus der Endolymphe passiv ohne Energieaufwand durch ***Ionenkanäle*** an der apikalen Oberfläche in die Haarzellen eintreten (Abb. 14–3), wodurch sich das Membranpotential ändert. Dieses Rezeptorpotential führt zur Freisetzung eines noch unbekannten Transmitters am unteren Ende der Haarzelle. Der Transmitter gibt das Signal biochemisch von der Haarzelle zur afferenten Nervenfaser weiter.

Anders als bei den inneren Haarzellen der Cochlea ist an den vestibulären Haarzellen schon in Ruhe ein ständiger Transmitterausstoß zu finden, der im afferenten Nerv zu einer hohen Spontanaktivität (Ruheaktivität, Abb. 14–4A) führt. Beschleunigungsreize ändern den Transmitterfluß und erhöhen oder erniedrigen so die Entladungsrate im Nerv. Eine Abscherung in Richtung zum Kinozilium steigert die Aktivität der afferenten Nervenfasern. Eine Abscherung in Gegenrichtung (vom Kinozilium weg) reduziert die Zahl der neuronalen Entladungen. Bewegungen quer zu dieser Achse sind ohne Effekt. Der Grundmechanismus ist für Makula- und Bogengangsorgane identisch. Aufgrund ihrer unterschiedlichen anatomischen Konstruktion sind sie jedoch auf verschiedene Aufgaben spezialisiert.

Die Makulaorgane messen Translationsbeschleunigungen

Mit den beiden Makulaorganen eines Ohrs können wir Translationsbeschleunigungen messen, insbesondere die Schwerkraft, aber auch Beschleunigung oder Bremsen von Auto oder Flugzeug, im Lift oder bei Sturz und Sprung. Durch die Einlagerung der Kalziumkarbonatkristalle (Statokonien) ist die spezifische Dichte der Otolithenmembran nämlich höher als die der sie umgebenden Endolymphe. Bei einer ***Translationsbeschleunigung*** des Körpers bleibt die verschiebbare Otolithenmembran daher um einen winzigen Betrag zurück, ebenso wie ein beweglicher Gegenstand im beschleuni-

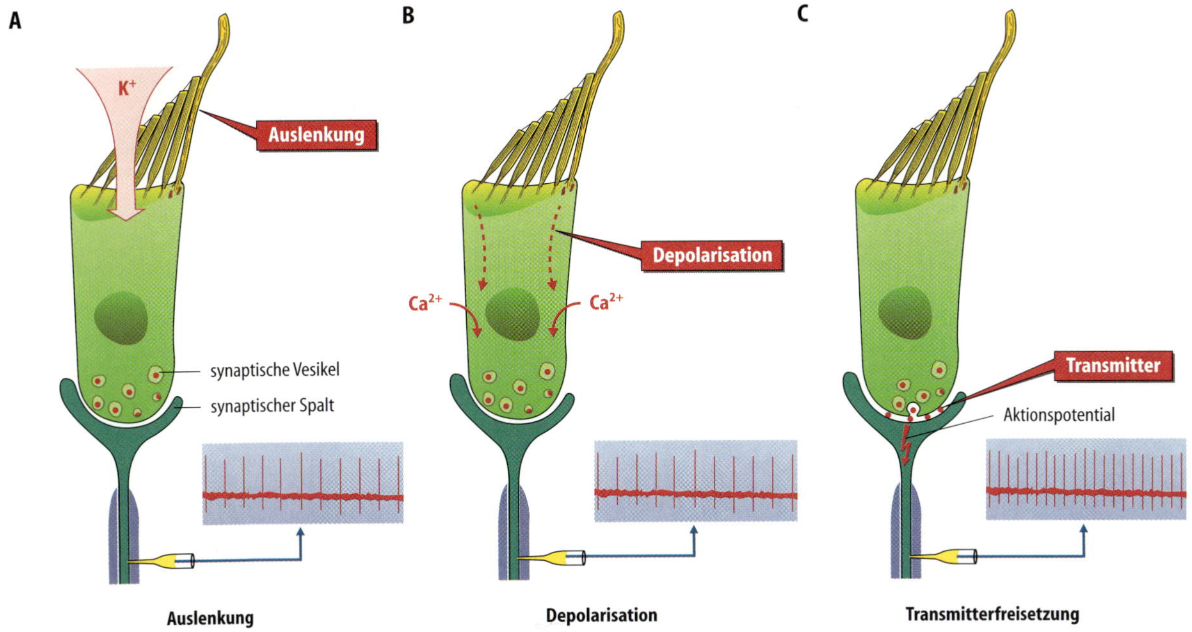

Abb. 14–3. Transduktionsvorgänge in vestibulären Haarzellen. Eine Auslenkung der Stereozilien **(A)** führt zum Einstrom endolymphatischen Kaliums in die Haarzelle. Der Kaliumeinstrom depolarisiert die Zelle und ermöglicht den Eintritt von Kalzium **(B)**. Der intrazelluläre Kalziumanstieg führt zur Transmitterfreisetzung in den synaptischen Spalt **(C)** mit anschließender Stimulation der afferenten Nervenfaser

genden Fahrzeug nach hinten rutscht. Dadurch werden die Stereozilien abgeschert und die Haarzellen der Makulaorgane adäquat gereizt.

Befindet sich der Mensch auf der Erde, so ist er ständig einer Translationsbeschleunigung ausgesetzt, der ***Gravitationsbeschleunigung*** *(Schwerkraft)*. Bei aufrechter Körper- und Kopfhaltung steht die Macula sacculi ungefähr in senkrechter Stellung. Die Schwerkraft verschiebt daher die Otolithenmembran nach unten und reizt die Haarzellen der Macula sacculi. Ändert sich die Lage des Schädels im Raum, so ändert sich der Einfluß der Gravitationsbeschleunigung und damit die Verschiebung der Otolithenmembran und die Abscherung der Stereozilien. Entsprechendes gilt für die Macula utriculi, nur ist ihre anatomische Lage bei aufrechter Kopfhaltung nahezu waagerecht. Die Gravitationsbeschleunigung bewirkt in dieser Lage keine Abscherung der Stereozilien. Eine Änderung der Kopfhaltung aus der Normalposition führt jedoch zu einer zunehmenden Abscherung der Stereozilien der Haarzellen der Macula utriculi. *Für jede Stellung des Kopfes im Raum gibt es daher eine bestimmte Konstellation der Abscherung der jeweils zwei Makulaorgane des rechten und des linken Innenohrs.* Dies führt zu einer jeweils bestimmten Erregungskonstellation der dazugehörigen afferenten Nervenfasern, die vom zentralen Nervensystem zur Beurteilung der Stellung des Kopfes im Raum ausgewertet wird.

Die Bogengangsorgane reagieren auf Drehbeschleunigungen

Die Bogengangsorgane erlauben es dem Menschen, ***Drehbeschleunigungen (Winkelbeschleunigungen)*** wahrzunehmen. Jeder Bogengang bildet nämlich einen nahezu kreisförmigen geschlossenen Kanal, der mit Endolymphe gefüllt ist (Abb. 14–2). Jeder dieser Kanäle ist jedoch im Bereich der Ampulle durch eine dicke Trennwand, die Cupula, unterbrochen. Die Cupula ist auf der Innenseite des Bogengangs mit der Wandung verwachsen. An der Außenseite des Ringes (Abb. 14–4) sitzt sie den Haarzellen auf, so daß die Stereozilien in die Cupula hineinragen. Die Cupula enthält keine Kalziumkarbonatkristalle, daher haben Endolypmhe und Cupula die gleiche spezifische Dichte. Eine Translationsbeschleunigung führt deshalb nicht zur Relativbewegung zwischen Bogengang, Cupula und Zilien; die Haarzellen werden nicht gereizt. Anders ist dies bei Drehbeschleunigungen. Wird der Kopf nämlich gedreht, bleibt die kreisförmig angeordnete Endolymphe wegen ihrer Trägheit im Bogengang gegenüber den knöchernen Bogengangswänden zurück (Abb. 14–4B). Da die Cupula mit der

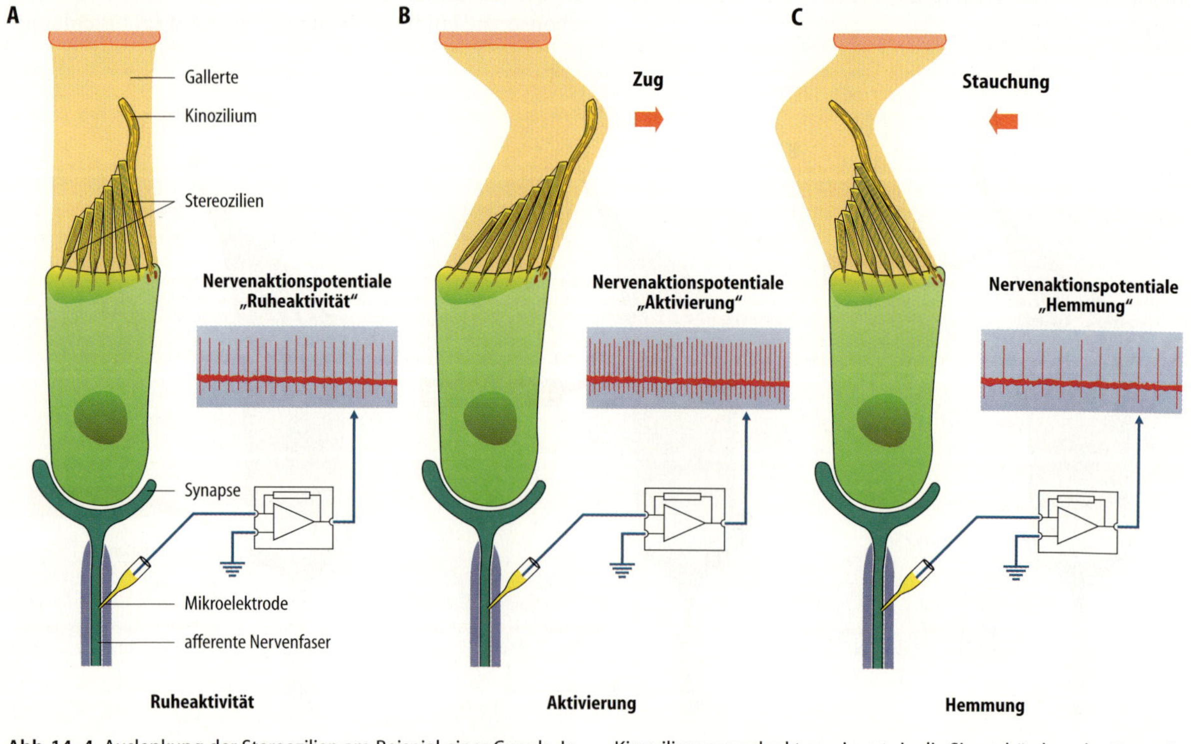

Abb. 14–4. Auslenkung der Stereozilien am Beispiel einer Cupula. In Ruhe nimmt die Gallerte der Cupula eine mittlere Stellung ein, und die Sinneshärchen stehen aufrecht (**A**). Mit einer Mikroelektrode mißt man eine mittlere Zahl von Nervenaktionspotentialen in der afferenten Nervenfaser. Wird die Gallerte der Cupula in Richtung zum Kinozilium ausgelenkt, so nimmt sie die Sinneshärchen der Haarzelle mit und biegt sie um (**B**). In der afferenten Nervenfaser ist eine Zunahme der Nervenaktionspotentiale meßbar. In Gegenrichtung ist eine Hemmung mit Abnahme der Aktivität zu erkennen (**C**)

knöchernen Kanalwand verwachsen ist, wird sie mit dem Schädel bewegt. Sie „stößt" dadurch gegen die zurückbleibende Endolymphe und wird als elastische Membran durch die Endolymphe ausgelenkt (Abb. 14-5). Diese Auslenkung schert die Stereozilien der Haarzellen ab, wodurch diese adäquat gereizt werden. Die Folge ist eine Aktivitätsänderung der afferenten Nerven. Für den horizontalen Bogengang nimmt die Aktivität zu, wenn die Cupula in Richtung auf den Utrikulus ***(utrikulopetal)*** ausgelenkt wird. Hier sind die Haarzellen so angeordnet, daß die Kinozilien zum Utrikulus zeigen. Eine Drehbewegung nach links führt dadurch beim linken horizontalen Bogengang zu einer Erregung. Bei den vertikalen Bogengängen ist die Anordnung genau umgekehrt, so daß eine ***utrikulofugale*** Cupulaauslenkung (vom Utrikulus weg) zu einer Aktivierung der Nervenfasern führt.

Die Cupulaorgane melden näherungsweise die Geschwindigkeit einer Kopfdrehung

Die drei Bogengänge eines jeden Innenohrs sind dreidimensional angeordnet, so daß für jede Dimension des Raumes ein Bogengang zuständig ist. Zusammen mit den drei Bogengangsorganen des anderen Ohres ergibt sich dadurch für jede Winkelbeschleunigung ein spezifisches Muster an Aktivitätssteigerungen und Aktivitätshemmungen der jeweils zuständigen afferenten Nervenfasern. Diese Muster werden zentral ausgewertet und ergeben die Information, welche Drehbeschleunigung auf den Kopf einwirkt.

Im täglichen Leben werden die Bogengangsorgane durch Kopfdrehungen gereizt. Da eine physiologische Drehbewegung des Kopfes aus anatomischen Gründen begrenzt ist, ist sie je nach Geschwindigkeit der Bewegung nach Bruchteilen einer Sekunde beendet.

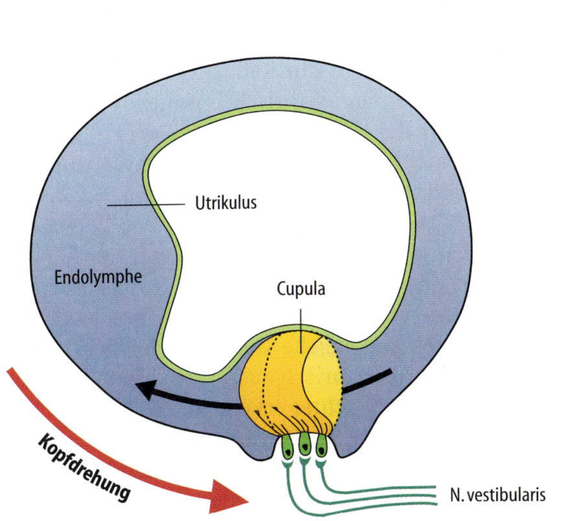

Abb. 14-5. Ein Bogengang mit Cupula und Haarzellen im Schema. Bei Kopfdrehung (Pfeil) wird auch der Bogengang gedreht. Die Endolymphe mit der Cupula bleibt jedoch zurück. Dadurch werden die Stereozilien ausgelenkt

Dabei wird der Kopf zunächst beschleunigt, dann wieder abgebremst und angehalten. Beim Beschleunigen wird die Cupula ausgelenkt, beim Bremsen wieder in die Ruhelage zurückgebracht. Bei kurzen Kopfbewegungen entspricht daher die Cupulaauslenkung der Drehgeschwindigkeit und nicht der Beschleunigung, obwohl die Drehbeschleunigung den Reiz darstellt. Ebenso entspricht der Verlauf der Entladungsrate im Nerv näherungsweise der Drehgeschwindigkeit.

> **!** Eine Beschleunigung führt zur Deflektion der Stereozilien von Haarzellen – dem adäquaten Reiz der Sinneszellen. Kaliumionen strömen durch Transduktionskanäle in den Stereozilien in die Zellen und lösen das Rezeptorpotential aus. Es führt zur Transmitterfreisetzung an afferenten Vestibularnervenfasern. Mit Hilfe von Kalziumkarbonatkristallen (Otolithen) messen die Makulaorgane Translationsbeschleunigungen einschließlich der Gravitationsbeschleunigung. Die Bogengänge hingegen reagieren auf Drehbeschleunigung und melden näherungsweise die Geschwindigkeit einer Kopfdrehung.

14.3 Zentrales vestibuläres System

Im zentralen vestibulären System einlaufende Informationen erlauben die Muskelreflexe, die das Gleichgewicht erhalten

Die afferenten Nervenfasern des N. vestibularis leiten ihre Signale über ***Kopfhaltung*** und ***Bewegung*** an 4 verschiedene Kerne (Nucleus superior *Bechterew*, Nucleus inferior *Roller*, Nucleus medialis Schwalbe und Nucleus lateralis *Deiters*) weiter. In diesen Kernen wird die vestibuläre Information über die Kopforientierung durch Signale über die Stellung des Körpers im Raum ergänzt, die auf neuronalem Wege v. a. von Somatosensoren der Halsmuskeln und -gelenke (Halssensoren) stammen [1,4]. Die Informationen aus dem Labyrinth allein reichen nämlich nicht aus, um das Gehirn eindeutig über die Kopf- *und* Körperlage im Raum zu informieren. Ursache ist die Beweglichkeit des Kopfes gegenüber dem Rumpf. Die Halssensoren übermitteln daher zusätzlich noch die *Haltung des Kopfes gegenüber dem Rumpf* (s. Kap. 2), so daß das ZNS aus den Gesamtinformationen die ***Gesamtkörperhaltung*** berechnen kann. Dazu tragen noch zusätzliche somatosensorische Informationen von Sensoren weiterer Gelenke, wie etwa von Armen und Beinen, bei (s. Kap. 11 und 12).

Die in den Vestibulariskernen gesammelte Information aus Labyrinthsensoren, Halssensoren und weiteren somatosensorischen Eingängen werden auf Nervenbahnen weitergegeben:

Zum einen um ständig *Muskelreflexe auszulösen, die* v. a. *das Gleichgewicht erhalten.* Auf diese Weise ist der aufrechte Gang des Menschen möglich. Zu den Muskelreflexen zählen aber auch die vestibulookulären Reflexe (s. unten).

Zum anderen werden Signale über neuronale Bahnen zur Großhirnrinde gesandt, die eine *bewußte Wahrnehmung der Körperhaltung* ermöglichen. Diese bewußte Wahrnehmung kann einfach erprobt werden, indem man die Augen schließt und beliebige Kopf- und Körperhaltung einnimmt. Man wird feststellen, daß man in entsprechender Kopf- und Körperhaltung mit Hilfe des hier dargestellten Sinnessystems trotz geschlossener Augen diese Haltung empfinden und wahrnehmen kann.

Die Muskelreflexe sind statische Steh- und Stellreflexe sowie statokinetische Reflexe

Die Muskelreflexe haben v. a. 3 Aufgaben:

Die erste Form der Reflexe sind ***Stehreflexe,*** die es Mensch (und Tier) erlauben, den Tonus jedes einzelnen Muskels so zu steuern, daß man die jeweils gewünschte ruhige Körperhaltung (z. B. *aufrechtes* Stehen, gebeugte Haltung) zuverlässig einhalten kann. Da der Muskeltonus reflektorisch gesteuert wird, spricht man von *tonischen Reflexen.* Die Anteile der Labyrinthe an diesen Reflexen werden als tonische Labyrinthreflexe bezeichnet. Untersuchungen am Tier ergaben, daß durch Änderung der Kopfhaltung ausgelöste tonische Labyrinthreflexe, vor allem der Maculaorgane, insbesondere einen stets gleichsinnigen Streckertonus aller 4 Gliedmaßen auslösen können.

Die zweite Gruppe sind die ***Stellreflexe.*** Ereignen sie sich in der richtigen Reihenfolge, dann erlauben sie es dem Körper, sich etwa aus einer ungewöhnlichen Lage in die normale Körperstellung zu begeben. Dabei sind zahlreiche Stellreflexe wie eine Kette hintereinandergeschaltet: Beispielsweise wird zunächst über Labyrinthstellreflexe die Kopfhaltung verändert, was über Halssensoren empfunden wird (weil sich die Haltung des Kopfes gegenüber dem Körper verändert hat): dieses wiederum bewirkt über Halsstellreflexe eine Normalstellung des Rumpfes. Stehreflexe und Stellreflexe werden auch als ***statische Reflexe*** zusammengefaßt. Sie werden *durch eine Haltung ausgelöst.*

Die letzte Gruppe von Reflexen sind ***statokinetische Reflexe.*** Sie werden nicht durch eine Haltung, sondern *durch eine Bewegung ausgelöst.* Sie erlauben z. B. beim Laufen und Springen, aber auch im Lift oder beim Autofahren, daß Gleichgewicht zu halten und reflektorisch eine jeweils adäquate Körperstellung zu finden. So wird in einem Lift bei Beschleunigung nach unten ein erhöhter Extensorentonus, bei Beschleunigung nach oben ein erhöhter Flexorentonus ausgelöst. Besonders auffällig ist das Beispiel der Katze, die sich bei einem Sprung oder Sturz im freien Fall so dreht, daß sie stets in korrekter Körperstellung landet (s. dazu auch S. 95 in Kap. 5 über den Einbau dieser Reflexe in die Kontrolle der Körperhaltung).

Zur Fortleitung dienen vor allem Bahnen zu Skelettmuskeln, Augenmuskeln und Kleinhirn

Skelettmuskeln. Es handelt sich um Verbindungen von Vestibulariskernen zu den Motoneuronen des Halsrückenmarks, über die als Folge statischer und statokinetischer Reflexe kompensatorische Bewegungen der Halsmuskeln ausgelöst werden.

Auch die übrige Skelettmuskulatur von Rumpf und Extremitäten wird über Verbindungen von den Vestibulariskernen zu ihren jeweiligen Motoneuronen gesteuert. Hervorzuheben ist der Tractus vestibulospinalis, über den neben α-Motoneuronen insbesondere γ-Motoneuronen von Extensoren aktiviert werden. Wichtig sind außerdem Verbindungen zur Formatio reticularis, die über den Tractus reticulospinalis ebenfalls α-Motoneurone erreichen, in diesem Fall jedoch polysynaptisch. Auch diese Verbindungen dienen statischen und statokinetischen Reflexen.

Kleinhirn. Von den Vestibulariskernen (sekundäre Vestibularisfasern) als auch direkt vom Labyrinth (primäre Vestibularisfasern) verlaufen Afferenzen zu Lobulus, Uvula, Flocculus und Paraflocculus des Kleinhirns. Von dort aus gehen Efferenzen zurück zum Vestibulariskerngebiet. Die Fasern bilden damit einen hochpräzise abgestimmten Regelkreis für die motorischen Aufgaben des Kleinhirns, nämlich die Steuerung der *Stützmotorik* für die Körperhaltung sowie die mit Steuerung richtungsgezielter motorischer Bewegungen (*Zielmotorik*). Bei Ausfall des Kleinhirns kann der Regelkreis nicht mehr wirksam werden, so daß die kleinhirnbedingte Steuerung von Haltung und Zielmotorik entfällt. Die Folge sind Fallneigung und überschießende Bewegungen (z. B. breitbeinige Schrittbewegungen beim Laufen). Man spricht von der zerebellären Ataxie.

Bahnen zu den Augenmuskelkernen sind an statischen kompensatorischen Augenbewegungen und am statokinetischen Nystagmus beteiligt

Bei klinischen Gleichgewichtsfunktionsuntersuchungen spielen vestibulookuläre (VOR) Reflexe eine besonders wichtige Rolle. Physiologisch lassen auch sie sich in statische und statokinetische Reflexe einteilen. Statische Reflexe lösen kompensatorische Augenbewegungen aus, damit sich bei Änderungen der Kopfhaltung das Gesichtsfeld nicht ändert. Die Netzhautbilder bleiben dadurch gewissermaßen stehen. Dies kann besonders gut bei der Katze mit ihren senkrechten Pupillen beobachtet werden. Neigt sie den Kopf zu einer Seite, dann löst ein VOR eine Drehbewegung des Augapfels aus, die dazu führt, daß die Pupillen weiterhin senkrecht stehen (Gegenrotation). Die gleiche Gegenrotation wird auch beim Menschen reflektorisch ausgelöst, sie ist nur nicht so leicht für den Beobachter erkennbar.

Ein *statokinetischer* Muskelreflex ist der sog. ***vestibuläre Nystagmus*** [2,12]. Er ist klinisch außerordentlich wichtig. Dabei handelt es sich um eine durch einen Bewegungsreiz vestibulär ausgelöste Augenbewegung. Dreht man beispielsweise den Kopf um 90 ° nach rechts, dann wird der Augapfel zunächst kompensatorisch nach links geführt, um möglichst das ursprüngliche Gesichtsfeld zu erhalten. Naturgemäß hat die kompensatorische Augenbewegung einen maximal möglichen Ausschlag. Bevor dieser erreicht wird, erfolgt eine ruckartige Rückbewegung; in unserem Beispiel zur rechten Seite, die die Drehbewegung des Kopfes überholt. Darauf folgt wieder eine langsame Bewegung nach links. Die Abfolge von langsamer und schneller Bewegung geschieht so lange, bis die Drehbewegung des Kopfes beendet ist. Die *schnelle Komponente dieser Augenbewegung* kann man viel *besser beobachten*. Sie heißt Nystagmus. In unserem Beispiel handelt es sich um einen Horizontalnystagmus, der v. a. durch die beiden horizontalen Bogengänge als vestibulärer Nystagmus ausgelöst wird. Sind die Augen geöffnet, dann löst die Verschiebung des Gesichtsfeldes einen zusätzlichen Reflex über das Auge aus, der als ***optokinetischer Nystagmus*** bezeichnet wird. Vestibulärer Nystagmus und optokinetischer Nystagmus wirken in unserem Beispiel synergistisch. Aber auch ohne visuellen Reiz (geschlossene Augen, im Dunkeln) wird ein Nystagmus bereits rein vestibulär ausgelöst.

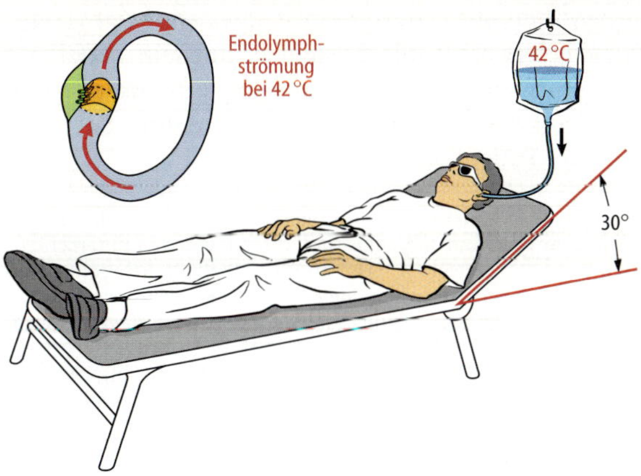

Abb. 14–6. Kalorische Labyrinthreizung. 42° warmes Wasser wird in den äußeren Gehörgang gespült und führt zur Erwärmung des Labyrinths. Die Erwärmung führt zur Aufwärtsbewegung der Endolymphe im ungefähr senkrecht stehenden horizontalen Bogengang durch Thermokonvektion. Der Bogengang steht senkrecht, weil der Kopf um 30° von der Horizontalen angehoben ist. Die Thermokonvektionsströme führen zur Auslenkung von Cupula und Stereozilien und löst einen Nystagmus zum selben Ohr aus. Bei Spülung mit 30° kaltem Wasser ist der Effekt gegenläufig. Neben der Thermokonvektion muß es allerdings mindestens noch einen weiteren Mechanismus der kalorischen Labyrinthierung geben

Die Vestibularorgane können klinisch untersucht werden

Bei Kranken, die an Schwindel leiden (ein sehr häufiges Symptom!), wird die reflektorische Auslösung des Horizontalnystagmus untersucht, indem der Betroffene auf einem Drehstuhl langsam beispielsweise 3 min lang gedreht wird. Danach wird der Drehstuhl plötzlich gestoppt. Dies führt zu einer Auslenkung der Cupula, die beim Gesunden einen Nystagmus (sog. ***postrotatorischer Nystagmus***) in entgegengesetzter Richtung auslöst. Der Arzt beobachtet den Nystagmus, indem er entweder dem Patienten eine Brille mit Vergrößerungsgläsern (Frenzel-Brille) aufsetzt oder indem er die Augenbewegungen elektronystagmographisch aufzeichnet.

Ein Nystagmus kann für klinische Untersuchungen auch kalorisch induziert werden

Unter physiologischen Bedingungen werden grundsätzlich immer rechtes und linkes Labyrinth gemeinsam gereizt. Für klinische Untersuchungen ist es jedoch möglich, rechtes und linkes Ohr auch getrennt zu stimulieren. Dazu wird das Labyrinth einer Seite unter die Körpertemperatur abgekühlt oder über die Körpertemperatur erwärmt (indem man 30° kaltes oder 42° warmes Wasser mit definiertem Volumen und in definierter Zeit in den äußeren Gehörgang einbringt). Man spricht von ***kalorischer Reizung*** (Abb. 14–6).

Die Spülung mit warmem Wasser führt zu einer Erwärmung der Anteile des Labyrinths, die dem äußeren Gehörgang am nächsten liegen. Der ***Temperaturanstieg*** in den Bogengängen bewirkt eine Flüssigkeitsexpansion und damit ein Aufsteigen der wärmeren, spezifisch weniger dichten Endolymphe im erwärmten Teil des Bogengangs (Abb. 14–6). Dadurch entsteht eine Endolymphströmung über der Cupula, was zur Stimulation und damit zu Nystagmus führt. Beim Test wird gemessen, ob der Nystagmus symmetrisch von beiden Ohren ausgelöst werden kann. Seitenunterschiede sind pathologisch. Überraschenderweise war bei den Spacelab-Experimenten im schwerelosen Weltraum auch ein kalorischer Nystagmus auszulösen. Die durch Schwerkraft entstandene Endolymphströmung aufgrund eines Temperaturgradienten scheint somit zwar ein wichtiger, aber nicht der alleinige Faktor für die Auslösung eines Nystagmus zu sein. Weitere mögliche Faktoren sind die lokale Expansion der Flüssigkeiten und ein direkter Temperatureffekt auf die Haarzellen bzw. die Transmitterausschüttung.

Bahnen zu Hypothalamus und Hirnrinde tragen zur bewußten Wahrnehmung von Kopf- und Körperhaltung bei

Der bewußten Wahrnehmung der Körper- und Kopfhaltung dienen Bahnen, die von den Vestibulariskernen *über den Thalamus zur hinteren Zentralwindung der Hirnrinde* verlaufen. Weitere wichtige Bahnen sind Verbindungen zu Vestibulariskernen der ***kontralateralen Seite,*** so daß die Informationen aus beiden Innenohren miteinander verglichen werden können. Dieser Vergleich spielt bei zahlreichen Erkrankungen die mit Schwindel einhergehen, eine sehr wichtige Rolle.

Befindet sich ein Gesunder in ruhiger Körperhaltung, dann führt der Vergleich der korrespondierenden Informationen vom rechten und linken Labyrinth dazu, daß weder Schwindel noch Nystagmus ausgelöst werden. Fällt ein Labyrinth (z. B. das rechte Labyrinth) akut aus, entsteht eine Mismatch, und ein auffälliger Nystagmus zur Gegenseite ist die Folge, in unserem Beispiel also nach links (sog. ***Ausfallnystagmus.***) Subjektiv erlebt der Patient schwersten Schwindel.

Führen ungewöhnliche Reizkonstellationen dazu, daß den Hypothalamus ungewohnte Signalkonstellationen von den unterschiedlichen Sensoren erreichen, dann können Übelkeit, Erbrechen und Schwindel ausgelöst werden. Ungewohnten Reizmustern ist man bei komplexen dreidimensionalen Fahrzeugbewegungen (z. B. auf See, Schlingern des Schiffes) oder bei Diskrepanzen zwischen optischen Eindruck und vestibulären Empfindungen (Flugzeug: das Auge sieht den Innenraum in Ruhe, die Labyrinthe verspüren die Auf- und Abwärtsbeschleunigung des Flugzeuges) ausgesetzt. Man spricht von ***Bewegungskrankheiten*** (***Kinetosen***). Säuglinge oder Patienten mit beidseitigem komplettem Labyrinthausfall leiden nicht an Kinetosen.

!

Die vom Innenohr im ZNS einlaufenden Informationen führen zu Muskelreflexen, die das Gleichgewicht erlauben. Zusätzlich erhält das ZNS von Haarsensoren noch Informationen über die Haltung des Kopfes gegenüber dem Rumpf. Dadurch kann die Gesamtkörperhaltung bestimmt werden. Die ausgelösten Muskelreflexe sind statische Dreh- und Stellreflexe sowie statokinetische Reflexe. Wichtigste beteiligte Muskelgruppen sind die Skelett-, aber auch die Augenmuskeln. Störungen des Gleichgewichtssystems führen zu Schwindel. Gleichgewichtsstörungen können klinisch z. B. durch Untersuchungen der Augenmuskelantworten (Nystagmus) diagnostiziert werden.

14.4 Literatur

Weiterführende Lehr- und Handbücher

1. Baloh RW, Honrubia V (1990) Clinical Neurophysiology of the Vestibular System, 2nd edn. Davis, Philadelphia
2. Brandt T, Büchele W (1983) Augenbewegungsstörungen. Fischer, Stuttgart
3. Brodal A (1981) Neurogical anatomy, 3rd edn. Oxford Univ Press, New York, 470–495
4. Brooks VB (1986) The Neural Basis of Motor Control. Oxford University Press, Oxford
5. Iurato S (1976) Submicroscopic structure of the inner ear. Pergamon, Oxford
6. Klinke R (1985) Physiologie des Gleichgewichtssinnes, des Hörens und des Sprechens. In: Schmidt RF, Thews G (Hrsg) Physiologie des Menschen. Springer, Berlin Heidelberg New York Tokyo, S 300–327
7. Wilson VJ, Melvill Jones G (1979) Mammalian Vestibular Physiology. Plenum Press, New York
8. Zenner HP, Zrenner E (1996) Physiologie der Sinne. Spektrum-Verlag, Heidelberg

Einzel- und Übersichtsarbeiten

9. Corey DP, Hudspeth AJ (1979) Ionic basis of the receptor potential in a vertebrate hair cell. Nature (London) 281: 675–677
10. Flock A (1965) Transducing mechanism in the lateral line canal organ receptors. Cold Spring Harb Symp Quant Biol 30: 133–145
11. Spoendlin H (1966) Ultrastructure of the vestibular sense organ. In: Wolfson RJ (ed) The vestibular system and its deseases. Univ Pensylvania Press, Philadelpia, pp 39–68
12. Waespe W, Henn V (1977) Neuronal activity in the vestibular of the alert monkey during vestibular and optokinetic stimulation. Exp Brain Res 27:523–538
13. Wersäll J, Flock A (1965) Functional anatomy of the vestibular and lateral line organs. In: Neff W (ed) Contributions of sensory physiology. Academic Press, New York, pp 39–61

Die Kommunikation des Menschen: Hören und Sprechen

15

H. P. Zenner

EINLEITUNG Hören und Sprechen sind die wichtigsten Kommunikationsmittel des Menschen. Ohne sie werden Vorlesungen, ja sogar Film und Fernsehen weitestgehend sinnlos, das Gespräch mit Freunden ist nicht mehr möglich. Das Gehör des Menschen erlaubt es, hochkomplexe, detaillierte Informationen aus der Umwelt zu extrahieren. In erheblich größerem Ausmaß als jeder andere Sinn ist das Gehör dabei für die menschliche Sprache und ihre Entwicklung verantwortlich. Der Hörverlust des Erwachsenen oder die angeborene Taubheit des Säuglings bedeuten eine kommunikative Katastrophe für den einzelnen. Der Betroffene gerät in eine für den Gesunden kaum nachvollziehbare Isolation, das Kind ist nur eingeschränkt bildungsfähig. Wegen seiner sozialen Bedeutung ist der Hörsinn der wichtigste Sinn des Menschen. Es ist daher eine zutiefst ärztliche Aufgabe, hör- und sprachgeschädigten Kranken zu helfen.

Das Ohr ist das empfindlichste Sinnesorgan des Menschen [18]. Der adäquate Reiz ist Schall. Er gelangt durch den äußeren Gehörgang in das Trommelfell, welches als Membran den Gehörgang abschließt und die Grenze zum luftgefüllten Mittelohr bildet. Durch die Gehörknöchelchen des Mittelohrs wird der Schall auf das Innenohr übertragen.

Im flüssigkeitsgefüllten Innenohr läuft die Schallenergie als Welle – „Wanderwelle" – weiter. Aufgabe der Sinneszellen des Innenohrs ist es, dieses mechanische Schallsignal in ein körpereigenes, bioelektrisches bzw. biochemisches Signal zu überführen. Nach diesem Transduktionsprozeß gibt die Sinneszelle das Signal mittels eines Transmitters an den Hörnerv weiter. Der Nerv leitet die Information als Folge von Aktionspotentialen, jedoch mehrfach durch Synapsen unterbrochen, über die Hörbahn bis zur Großhirnrinde [5].

15.1 Der Schall

Adäquater Reiz für das Ohr ist der Schall. Die physikalische Beschreibung des Schalls heißt Akustik. Im Gegensatz dazu werden physiologische, biochemische und anatomische Vorgänge des Hörens als auditorisch oder auditiv bezeichnet.

Das Ohr kann Schallwellen, winzige Druckschwankungen der Luft, verarbeiten

Im täglichen Leben tritt Schall als Druckschwankungen in der Luft auf. Die Frequenz des Schalls wird in Hertz (Hz, Schwingungen pro Sekunde) gemessen. Ein ***Ton*** ist eine Sinusschwingung, die nur aus einer einzigen Frequenz besteht (Abb. 15–1). Subjektiv besteht ein Zusammenhang zwischen der Frequenz und der empfundenen Tonhöhe. Je höher die Schallfrequenz, desto höher empfinden wir auch den Ton. Reine Töne sind im täglichen Leben allerdings selten. Sie werden jedoch klinisch verwendet, um das Hörvermögen von Patienten zu prüfen. Musik besteht in der Regel nicht aus reinen Tönen, sondern aus ***Klängen.*** Dabei handelt es sich zumeist um einen Grundton mit mehreren Obertönen, deren Frequenz ein ganzzahliges Vielfaches der Grundfrequenz beträgt. Die Schallereignisse des täglichen Lebens schließlich umfassen in wechselndem Ausmaß praktisch alle Frequenzen des Hörbereichs. Sie werden akustisch als ***Geräusch*** bezeichnet.

Ein Schallereignis wird außer durch seinen Frequenzgehalt charakterisiert durch die Amplitude der entstehenden Druckschwankungen. Diesen Druck nennt man ***Schalldruck.*** Er wird wie jeder andere Druck in Pascal (1 Pa = 1 N/m^2) gemessen. Der ***Schalldruckumfang,*** der vom Ohr verarbeitet werden kann, der *dynamische Bereich des Ohrs,* ist sehr weit. Bei 1000 Hz z. B. beträgt der eben hörbare Schalldruck $3{,}2 \cdot 10^{-5}$ Pa und kann bis zur Schmerzgrenze etwa zweimillionenfach bis auf 63 Pa gesteigert werden.

Für die Medizin ist das Dezibel die bedeutendste Maßeinheit des Schalls

Aufgrund des großen dynamischen Bereichs des menschlichen Ohres (Abb. 15–2) muß man bei der Angabe des Schalldrucks mit umständlich großen Zahlen umgehen. Dies ist für den täglichen Gebrauch zu un-

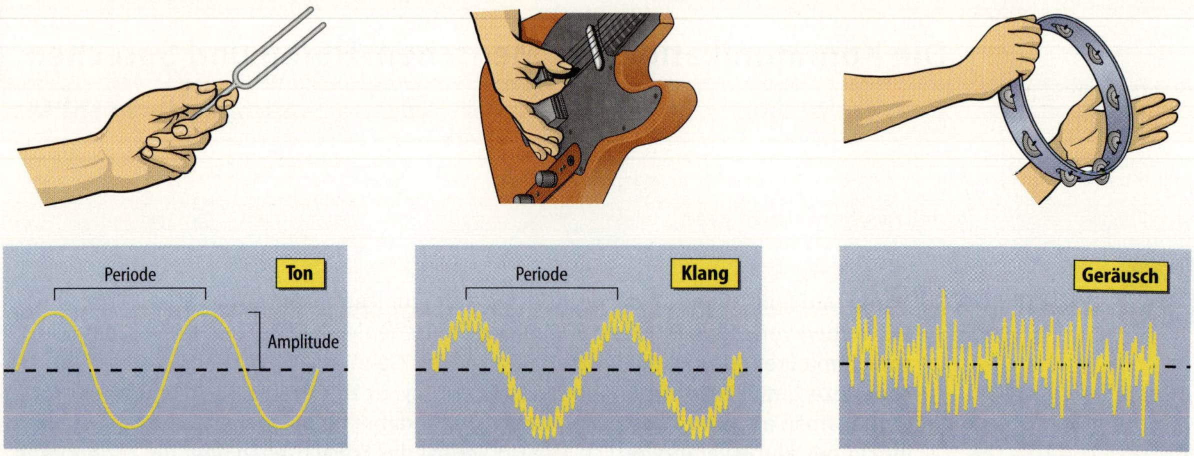

Abb. 15-1. Der Schalldruckverlauf eines Tons, eines Klangs sowie eines Geräuschs in Abhängigkeit von der Zeit. Die Periode läßt sich bei Ton und Klang, jedoch nicht mehr bei einem Geräusch erkennen. Im Gegensatz zum Ton erkennt man beim Klang, daß innerhalb einer Periode zusätzlich Schalldruckspitzen (Obertöne) auftreten

praktisch. Daher wird in der Praxis ein anderes Maß verwendet, der ***Schalldruckpegel.*** Er wird in Dezibel (dB) angegeben und ergibt einfach anzuwendende Zahlenwerte zwischen 0 und ungefähr 120 dB. So wird im Kraftfahrzeugschein das Fahrgeräusch in dB angegeben. Die Bezeichnung „Pegel" besagt, daß der zu beschreibende Schalldruck P_x in einem logarithmischen Verhältnis zu einem einheitlich festgelegten Bezugsschalldruck Po ($2 \cdot 10^{-5}$ Pa) steht. Die genaue Definition des Schalldruckpegels lautet:

$$L = 20 \log P_x/P_0 \text{ [dB]}$$

Wichtig ist das Verständnis, daß sich hinter wenigen Dezibel in Wirklichkeit eine ***Vervielfachung des physikalischen Schalldrucks*** verbirgt. So bedeuten 20 dB tatsächlich eine Verzehnfachung des Schalldrucks (Abb. 15-2). 80 dB meinen vier Verzehnfachungsschritte (80:20=4), also eine Steigerung um $10^4 = 10\,000$. Der Hörverlust eines Patienten von 80 dB bedeutet damit, daß dieser zur Wahrnehmung eines bestimmten Tons gegenüber einem Gesunden den 10 000fachen Schalldruck benötigt.

Der Begriff des Pegels und damit eine dB-Skala werden vom Physiker übrigens nicht nur für den Schalldruck, sondern auch für andere Größen (z. B. elektrische Spannung) verwendet. Um Mißverständnisse zu vermeiden, wird daher dem Schalldruckpegel in dB der Zusatz SPL (sound pressure level) hinzugefügt.

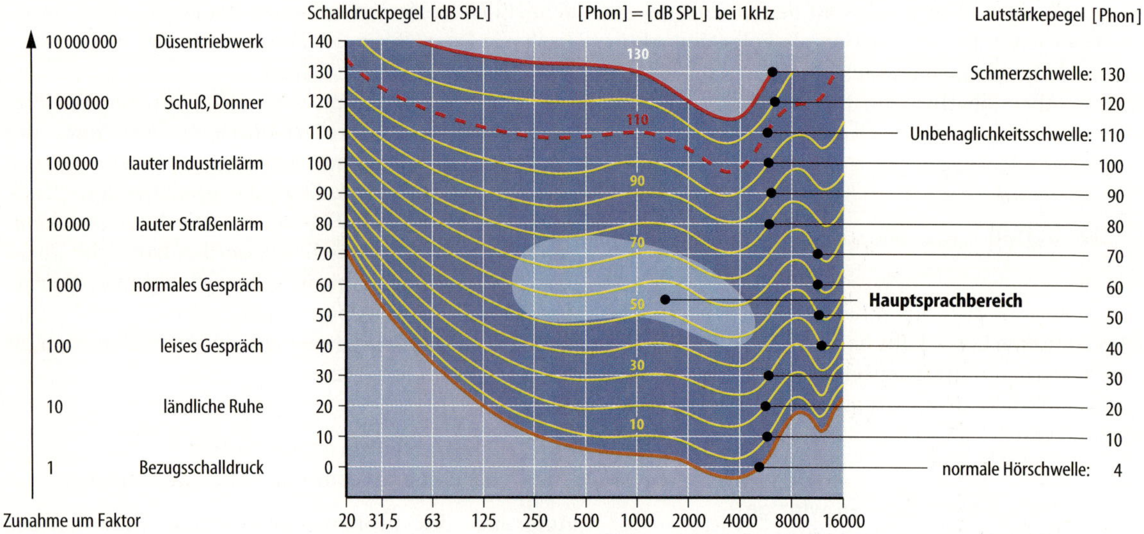

Abb. 15-2. Isophone, Hörfläche und Hauptsprachbereich (*hell*). Isophone sind Kurven gleicher Lautstärkepegel in Phon. Beachte, daß per definitionem Phon und Schalldruckpegel nur bei 1 kHz übereinstimmen

Zunehmender Schalldruck führt zu zunehmender Lautstärkeempfindung

Zu den wichtigsten klinischen Untersuchungsverfahren des Gehörs zählt die Tonaudiometrie. Hierzu wird ein Gerät verwendet, das reine Töne erzeugt (Tonaudiometer). Diese Töne werden dem Untersuchten für jedes Ohr getrennt über einen Kopfhörer angeboten. Dabei wird der Schalldruck eines Tons von der untersuchten Person in einer bestimmten, ***subjektiven Lautstärke*** wahrgenommen. Tiefe Frequenzen werden als tiefe Töne, hohe Frequenzen als hohe Töne empfunden. Bei gleichem physikalischen Schalldruck werden Töne zwischen 2000 und 5000 Hz jedoch lauter gehört als höher oder niederfrequente Schallsignale. Die subjektive Lautstärke ist also ***frequenzabhängig.*** Will man, daß der Patient alle Töne gleich laut („isophon") hört, so muß man den Schalldruck frequenzabhängig ständig ändern. Kurven gleicher Lautstärkepegel ***(Isophone)*** verlaufen daher gekrümmt (Abb. 15–2). Sie werden in ***Phon*** angegeben und decken sich definitionsgemäß bei 1000 Hz mit der dB-Skala des Schalldruckpegels.

Der ***menschliche Hörbereich*** umfaßt Frequenzen von 20 bis 16 000 Hz und Lautstärkepegel zwischen 4 und 130 Phon. Der in Abb. 15–2 dargestellte menschliche Hörbereich wird als ***Hörfläche*** bezeichnet. In ihrer Mitte befindet sich der besonders wichtige ***Hauptsprachbereich.*** Er umfaßt die Frequenzen und Lautstärken der menschlichen Sprache. Erfaßt eine Hörstörung den Hauptsprachbereich, so hat dies eine für den Patienten schwerwiegende Einschränkung des Sprachverständnisses zur Folge [5–9].

Die Schwellenaudiometrie mißt die Hörschwelle des Ohrs

Klinisch wird das Tonaudiometer nahezu ausschließlich dazu verwendet, die Schalldruckpegel der niedrigsten Isophone zu bestimmen. *Jeder Ton wird nämlich vom Untersuchten erst oberhalb eines bestimmten, niedrigen Schalldruckpegels, der Hörschwelle, gehört.* Deshalb spricht man auch von ***Schwellenaudiometrie.*** Die Hörschwelle ist frequenzabhängig und zwischen 2000 und 5000 Hz am niedrigsten. Sie stellt eine Isophone dar (4 Phon). Die gekrümmte Hörschwellenkurve (Abb. 15–2) ist für den klinischen Alltag jedoch unpraktisch. Vielmehr hat man die beim Durchschnitt gesunder Jugendlicher meßbare Hörschwelle für alle Frequenzen bestimmt und willkürlich als 0 dB V (Hörverlust) bezeichnet. Die klinische Hörschwellenkurve wird als Gerade dargestellt (Abb. 15–3), so daß für den medizinischen Alltag ein übersichtliches Bild entsteht. Diese Form der Darstellung heißt ***Tonaudiogramm.*** Leidet der Patient an einer Schwerhörigkeit, so bedeutet dies eine höhere Tonschwelle im Vergleich zu einem Gesunden. Im Audiogramm weicht die Meßlinie dann um einen bestimmten dB-Betrag von der normalen Hörschwelle nach *unten* ab. Verschließt ein Gesunder beide Ohren mit den Fingern, so beträgt diese Abweichung beispielsweise 20 dB. Man spricht dann von einem Hörverlust (HV) von 20 dB HV (Abb. 15–3, B).

Aber auch oberhalb der Hörschwelle („überschwellig") kann der Arzt Hörprüfungen durchführen. So werden die Töne bei hohem Schalldruckpegel unbehaglich (Unbehaglichkeitsschwelle) und sogar schmerzhaft (Schmerzschwelle). Man kann dies selbst in lauten Diskotheken erleben. Manche Krankheiten des Hörorgans sind mit einer Herabsetzung von Unbehaglichkeits- und Schmerzschwelle verbunden. Die Betroffenen empfinden Unbehaglichkeit und sogar Schmerz bereits bei normaler Sprache oder Musik [6].

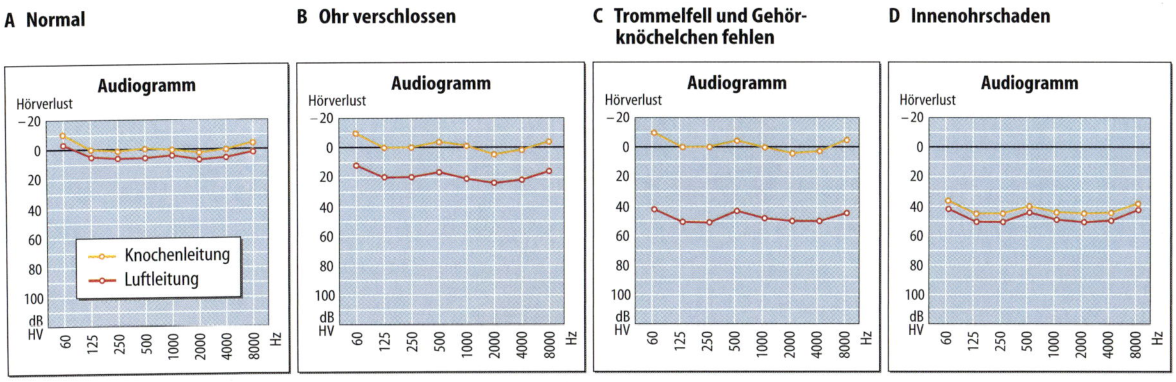

Abb. 15–3. Tonschwellenaudiogramm. Die Schwelle bei Luftleitung (Kopfhörer) ist *rot,* die Schwelle bei der Knochenleitung ist *gelb* gezeichnet. **A** Normales Audiogramm. **B** Schalleitungsstörung von ca. 20 dB bei verschlossenem Gehörgang. **C** Schalleitungsschwerhörigkeit von 40 bis 50 dB bei Verlust von Gehörknöchelchen und Trommelfell. Da das Innenohr nicht betroffen ist, ist die Knochenleitungsschwelle normal (air-bone gap). **D** Hörverlust von 40 bis 50 dB nach einer Schädigung des Innenohrs. Weder durch die Luftleitung noch durch die Knochenleitung kann das Innenohr den Schall mit normaler Schwelle wahrnehmen.

!

Das Ohr verarbeitet Schallwellen, Kompressionswellen oder Druckschwankungen der Luft. Die Druckschwankungen heißen Schalldruck. Klinisch wird der Pegel des Schalldrucks (Schalldruckpegel) verwendet, der von 0 bis etwa 120 dB reicht. Hinter wenigen dB verbirgt sich in Wirklichkeit eine Vervielfachung des Schalldrucks. Eine Zunahme des Schalldrucks führt zu zunehmender Lautstärkeempfindung. Die subjektive Lautstärkeempfindung ist frequenzabhängig zwischen 20 und 16 000 Hz. Hörschwelle nennt man die geringste, gerade noch empfundene Lautstärke. Die Hörschwellenaudiometrie dient klinisch zur Erfassung des Hörvermögens in dB HV.

15.2 Die Schalleitung zum Innenohr

Das Ohr des Menschen besteht aus dem äußeren Ohr, dem Mittel- und dem Innenohr (Abb. 15–4). Der Schall gelangt durch die Luft des äußeren Gehörgangs bis zum Trommelfell (Luftleitung) und anschließend wird seine Energie durch Schwingungen von Trommelfell und Gehörknöchelchen bis zum ovalen Fenster des Innenohrs fortgeleitet. Gleichzeitig wird der niedrige Schallwellenwiderstand (Schallimpedanz) der Luft an die hohe Impedanz des flüssigkeitsgefüllten Innenohrs angepaßt. Das Innenohr kann aber auch Schwingungen der Schädelknochen verarbeiten (Knochenleitung).

Das Mittelohr ist eine Schallbrücke, um den hohen Schallwellenwiderstand des Innenohrs zu überwinden

Im täglichen Leben gelangt der Schall durch die Luft des äußeren Gehörgangs auf das Trommelfell ***(Luftleitung).*** Im Mittelohr ist in das Trommelfell der Hammer eingelassen und über den Amboß mit dem Steigbügel verbunden (Abb. 15–5). Die Fußplatte des Steigbügels sitzt beweglich im ovalen Fenster zum Innenohr. Eine intakte und bewegliche Gehörknöchelchenkette ist Voraussetzung für eine normale Hörschwelle bei der Luftleitung. Krankhafte Veränderungen der Gehörknöchelchenkette führen zu einem im Tonaudiogramm meßbaren Hörverlust bei Luftleitung ***(Schalleitungsschwerhörigkeit).*** Sind Gehörknöchelchen und Trommelfell zerstört, muß der Luftschall direkt auf das flüssigkeitsgefüllte Innenohr auftreffen. Da der Schallwellenwiderstand (die *Schallimpedanz*) des Innenohrs aufgrund seiner Flüssigkeitsfüllung jedoch erheblich höher ist als der der Luft, wird dann der Schall an der Grenze zum Innenohr zu rund 98 % reflektiert. Nur 2 % der Schallenergie treten in das Innenohr ein und können vom Patienten wahrgenommen werden. Beim Gesunden hingegen wird die Schallenergie im Mittelohr nicht durch Luftdichteschwankungen, sondern durch Schwingungen (Vibrationen) des Trommelfells und der Gehörknöchelchen fortgeleitet. Die Gehörknöchelchen sind anatomisch nämlich so gebaut, daß sie die ***Reflexion von Schall verringern,*** so daß im Mittel 60 % statt 2 % (also 30mal mehr) Schallenergie auf das Innenohr übertragen werden kann. Der Trommelfell-Gehörknöchelchen-Apparat paßt also die Impedanz der Luft an die Impedanz der Flüssigkeit des Innenohrs an.

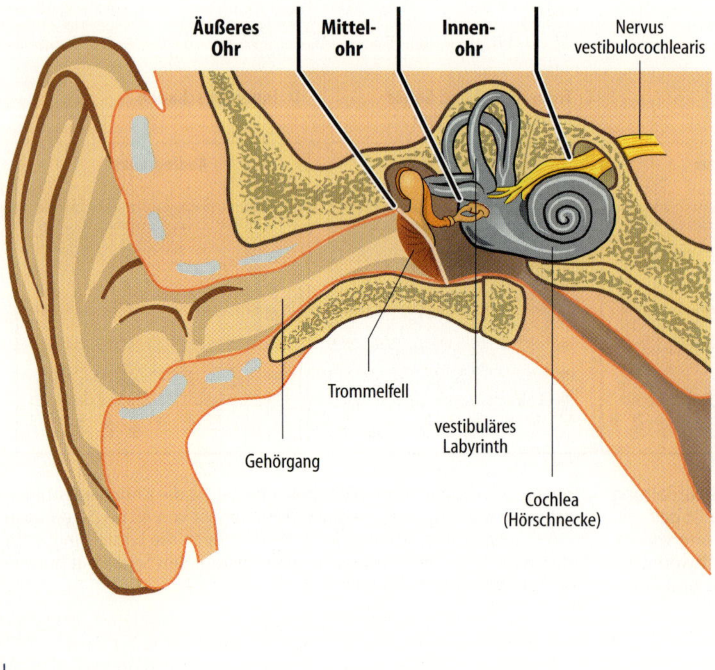

Abb. 15–4. Schematische Darstellung des Ohr. Längsschnitt durch den äußeren Gehörgang, räumliches Schema von Mittelohr und Cochlea

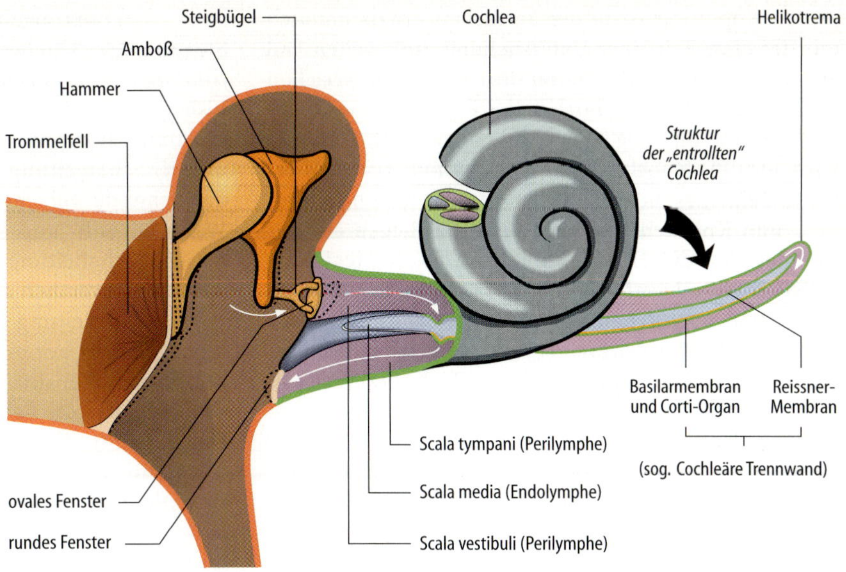

Abb. 15–5. Schema von Mittelohr und Cochlea. Die Cochlea ist entrollt, um die Skalen besser zu sehen

Diese ***Impedanzanpassung*** wird durch zwei Hauptmechanismen erzielt. Die Gehörknöchelchen wirken als Hebel. Dadurch übt die Steigbügelfußplatte auf das ovale Fenster eine größere Kraft aus, als die durch die Luft ursprünglich am Trommelfell erzeugte. Klinisch bedeutsamer ist es jedoch, daß die Fläche der Steigbügelplatte deutlich kleiner ist als die Fläche des Trommelfells. Da Druck = Kraft/Fläche ist, wird durch den Bau von Trommelfell und Gehörknöchelchen eine Druckerhöhung erreicht [11].

Zerstörungen oder Versteifungen der Gehörknöchelchenkette können mit mikrochirurgischen Techniken *(Tympanoplastik)* fast immer erfolgreich operiert werden. Dazu stehen dem Arzt künstliche Gehörknöchelchen aus Keramik, Titan oder Platin zur Verfügung. Ein künstlicher Steigbügel hat eine Größe von z. B. $4{,}25 \times 0{,}4$ mm und wiegt wenige Milligramm.

Über Knochenleitung kann das Innenohr auch durch Schwingungen der Schädelknochen erregt werden

Ein Ton kann nicht nur über die bisher besprochene Luftleitung ans Innenohr gebracht werden. Vielmehr kann ein schwingender Körper, etwa eine Stimmgabel, auf einen Schädelknochen aufgesetzt werden. Die dadurch im Knochen angeregte Schwingung wird unter Umgehung des Mittelohrs direkt bis zum Innenohr fortgeleitet, was als ***Knochenleitung*** bezeichnet wird. Die Knochenleitung spielt für die Hörvorgänge des täglichen Lebens nur eine untergeordnete Rolle. Sie wird jedoch vom Arzt zur Routineuntersuchung des Patienten wie auch für weitergehende diagnostische Maßnahmen ausgenutzt.

So gehören zur klinischen Untersuchung eines Patienten die Stimmgabelversuche nach Rinne und Weber. Beim ***Rinne-Versuch*** werden die Luft- und die Knochenleitung an einem Ohr miteinander verglichen. Dazu wird der Fuß einer schwingenden Stimmgabel solange auf den Knochen des Mastoids (hinter dem Ohr) aufgesetzt, bis der Patient den Ton nicht mehr hört. Ein Gesunder hört den Ton wieder, wenn die Stimmgabel, ohne neu angeschlagen zu werden, anschließend vor das Ohr gehalten wird *(Rinne positiv)*. Bei einer Schallleitungsschwerhörigkeit wird der Ton auch vor dem Ohr nicht mehr gehört *(Rinne negativ)*.

Der ***Weber-Versuch*** beruht auf dem beidohrigen Vergleich der Knochenleitung. Mit einer Stimmgabel wird in der Mitte der Stirn an der Haargrenze eine Schwingung der Schädelknochen angeregt. Ohrgesunde hören den Ton entweder in der Schädelmitte oder auf beiden Ohren gleich laut. Der einseitig Schalleitungsschwerhörige hört die Stimmgabel im kranken Ohr deutlich lauter. Ein Gesunder kann dies leicht an sich selbst überprüfen, indem er den Weber-Versuch durchführt und ein Ohr mit dem Finger zuhält. Er wird den Ton auf diesem Ohr hören. Für diese Lateralisation in das kranke Ohr bei einer Schalleitungsschwerhörigkeit wirken mehrere Faktoren synergistisch. Zum einen ist nicht nur der Schalltransport von außen nach innen, sondern auch von innen nach außen reduziert. Bei der Schalleitungsstörung geht dem Innenohr dadurch weniger Schallenergie verloren als beim Gesunden *(Mach-Schallabflußtheorie)*. Zum zweiten ist das kranke Ohr auf einen geringeren Schalldruckpegel adaptiert, da wegen der Schalleitungsstörung weniger Umweltgeräusche an das Innenohr gelangen. Das Innenohr ist dadurch empfindlicher eingestellt als auf der gesunden Seite.

Auch in der klinischen ***Tonschwellenaudiometrie*** wird die Knochenleitung ausgenutzt. Die oben geschilderte Tonaudiometrie (Abb. 15–3) der Luftleitung mittels Kopfhörer ist in der ärztlichen Praxis nämlich nur der erste Teil einer Untersuchung. Im zweiten Fall ersetzt der Arzt den Kopfhörer durch einen elektrischen Vibrator, der auf den Knochen des Processus mastoideus, getrennt für jede Seite, aufgesetzt wird. Dadurch wird auch die Knochenleitung tonaudiometrisch überprüft. Beim Gesunden stimmen die Werte von Luftleitung und Knochenleitung überein und liegen auf der Geraden für die Hörschwelle (Abb. 15–3). Liegt eine ***Schalleitungsschwerhörigkeit,*** etwa durch Schäden an den Gehörknöchelchen, vor, so ist die Schwelle bei der Messung der Luftleitung (Kopfhörer) verschlechtert (Abb. 15–3). Die Meßlinie weicht im Audiogramm nach unten ab. Die Knochenleitung (Vibrator) hingegen ist normal, also an der Hörschwelle, da die Schallenergie direkt unter Umgehung des Mittelohrs das gesunde Innenohr reizt. Bei einer Schalleitungsstörung ist daher eine Diskrepanz (air-bone gap) zwischen Luftleitung und Knochenleitung im Audiogramm sichtbar.

!

Ohne Mittelohr würde 98 % des Schalls vom Ohr reflektiert und nicht aufgenommen werden. Ursache ist die viel höhere Impedanz des Innenohres im Vergleich zur Luft. Es ist also eine Impedanzanpassung erforderlich, für die Trommelfell und Gehörknöchelchen verantwortlich sind. Die Reflexion wird dadurch so drastisch verringert, daß 60 % der Schallenergie in das Innenohr eintreten kann. Aber auch ohne Mittelohr kann das Innenohr angeregt werden. Die Knochenleitung über die Schädelkalotte wird klinisch für Stimmgabeluntersuchungen und für Hörprüfungen genutzt.

15.3 Die Schalltransduktion im Innenohr

Im Innenohr bildet das Schallsignal eine Wanderwelle in der zentralen Funktionseinheit der Schnecke, der Basilarmembran. Das Amplitudenmaximum der Wanderwelle entsteht in Abhängigkeit von der jeweiligen Reizfrequenz an einem bestimmten Ort entlang der Basilarmembran. Die Schwingung der Basilarmembran löst eine Abbiegung der Sinneshärchen der Rezeptorzellen (Haarzellen) aus, die sich auf der Basilarmembran im Corti-Organ befinden. Dadurch wird ein Prozeß eingeleitet, welcher das mechanische Schallsignal in elektrische und chemische Signale umwandelt (transduziert). Als dessen Folge geben innere Haarzellen einen afferenten Transmitter an die afferenten Fasern des Hörnervs ab. Äußere Haarzellen sind für die aktive Verstärkung des Wanderwellenmaximums und die Stimulation der inneren Haarzellen verantwortlich.

Erkrankungen des Innenohrs führen zu einer Störung der Schallempfindung: ***kochleäre Schallempfindungsschwerhörigkeit.*** Sie läßt sich bereits mit den bisher besprochenen Prüfmethoden diagnostizieren. Im Tonaudiogramm weichen die Meßlinien für Luft- und Knochenleitung gleichermaßen nach unten ab, da die Schwelle verschlechtert ist. Aber die gefundenen Werte für Luft- und Knochenleitung stimmen überein, da die Schalleitung ja normal ist (Abb. 15–3). Der Stimmgabelversuch nach Rinne ist wie beim Gesunden positiv (Luftleitung ungestört). Beim Weber-Versuch hingegen hört der einseitig Schallempfindungsschwerhörige den über den Knochen geleiteten Ton im gesunden Ohr, weil die Schwelle im kranken Ohr erhöht ist. Um die mit diesen Mitteln erkannte Schallempfindungsstörung genauer zu diagnostizieren und anschließend adäquat zu behandeln, sind allerdings Detailkenntnisse von Bau und Funktion des Innenohrs erforderlich.

Das Schallsignal löst Schwingungen kochleärer Membranen aus

Das Innenohr besteht aus zwei Hauptteilen. Die Cochlea (Hörschnecke) ist für die Schallverarbeitung, das vestibuläre Labyrinth für den Gleichgewichtssinn (Kap. 14) zuständig. Die Cochlea ist ein schlauchförmiges Organ, das in Form eines Schneckenhauses in zweieinhalb Windungen aufgerollt ist. Die kompliziert erscheinende Anatomie ist leichter zu verstehen, wenn man sich die Hörschnecke teilweise „entrollt" vorstellt wie in (Abb. 15–5). Dann erkennt man, daß die Cochlea aus drei übereinanderliegenden Kanälen (sog. Skalen) besteht (Abb. 15–6), von denen zwei, die Scala vestibuli und die Scala tympani, am sog. ***Helikotrema*** zusammenhängen. Gegen das Mittelohr sind sie durch die Steigbügelfußplatte am ***ovalen Fenster*** bzw. die Membran des ***runden Fensters*** abgegrenzt.

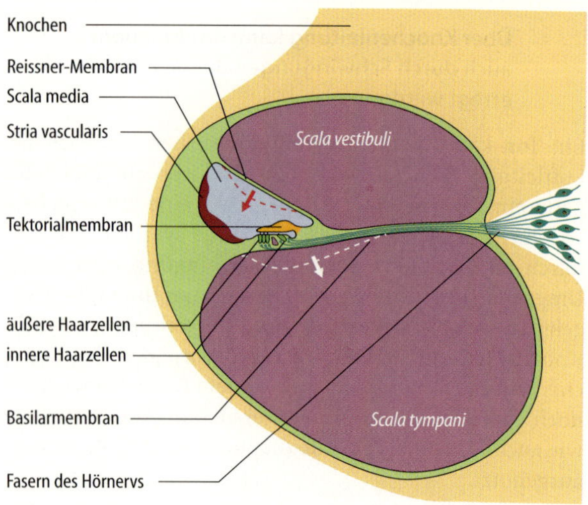

Abb. 15–6. Querschnitt durch die Cochlea

Scala vestibuli und Scala tympani sind mit der aus dem Liquor stammenden ***Perilymphe*** gefüllt, einer Flüssigkeit, die sich ähnlich wie andere extrazelluläre Flüssigkeiten zusammensetzt, also viel Na^+ enthält. Zwischen diesen beiden Skalen liegt die ***Scala media.*** Diese wird durch die ***Reissner-Membran*** und das ***Corti-Organ*** von Scala vestibuli bzw. Scala tympani abgegrenzt (Abb. 15–6). Das Corti-Organ sitzt auf der Basilarmembran und enthält die Hörsinneszellen (Haarzellen).

In der Scala media befindet sich die ***Endolymphe,*** eine *auffällig K^+-reiche Flüssigkeit, deren Zusammensetzung intrazellulären Flüssigkeiten ähnelt.* Die Endolymphe wird durch die ***Stria vascularis,*** einen sehr gut durchbluteten Bereich der Cochleawand, produziert. Zur Freisetzung des Kaliums besitzen die marginalen Striazellen Kalium-Ionenkanäle.

Wird das Ohr beschallt, so schwingt der Stapes mit der ovalen Fenstermembran, so daß die Schallenergie durch das ovale Fenster in die Perilymphe der Scala vestibuli eintritt. Die Flüssigkeit ist nicht kompressibel und weicht daher aus; dabei werden Reissner-Membran, Scala media, Corti-Organ und Basilarmembran nach unten gedrückt (Abb. 15–5: weißer Pfeil; Abb. 15–6: roter und weißer Pfeil). Dadurch wird auch die Flüssigkeit in der Scala tympani verdrängt. Diese ist ebenfalls inkompressibel, kann aber ausweichen, weil die Membran des runden Fensters gegen das Mittelohr gewölbt werden kann (Abb. 15–5). Im weiteren Verlauf einer Schallschwingung schließt sich die umgekehrte Bewegung an: Steigbügel und ovales Fenster werden wieder nach außen, die Reissner-Membran, Corti-Organ und die Basilarmembran nach oben, das runde Fenster nach innen bewegt. Da bei einem Schallereignis Schallschwingung auf Schallschwingung das ovale Fenster ein- und auslenken, führt dieser Vorgang zu einer ständigen Auf- und Abwärtsbewegung (Auslenkung) der Membranen und des Corti-Organs des Innenohrs. Die große Empfindlichkeit des menschlichen Ohrs kann man ermessen, wenn man bedenkt, daß der eben wahrnehmbare Schalldruck im Innenohr zu Auslenkungen von etwa 10^{-10} m, also ungefähr vom Durchmesser eines Wasserstoffatoms, führt.

Relativbewegungen zwischen den kochleären Membranen scheren die Sinneshärchen der Haarzellen ab

Im Querschnitt (Abb. 15–6, 15–7) sieht man auf die Basilarmembran sowie auf die Rezeptorzellen, die in Stützzellen eingebettet sind. Rezeptorzellen und Stützzellen nennt man ***Corti-Organ.*** Die Rezeptorzellen werden als Haarzellen bezeichnet, da sie an ihrem oberen Ende jeweils bis zu 100 haarähnliche, submikroskopische Fortsätze, die ***Stereozilien*** (Sinneshärchen), besitzen. Der Mensch besitzt drei Reihen äußerer Haarzellen sowie eine Reihe innere Haarzellen (Abb. 15–7). Über ihnen befindet sich eine gelatinöse Masse, die Tektorialmembran (Abb. 15–6, 15–7), welche die Spitzen der längsten Stereozilien der äußeren Haarzellen soeben berührt. Dadurch befindet sich zwischen Tektorialmembran und Haarzellen ein schmaler mit Endolymphe gefüllter Spalt.

Die oben geschilderte schallinduzierte Auf- und Abwärtsbewegung (Auslenkung) der kochleären Trennwand führt zu einer Relativbewegung (Scherbewegung) zwischen Tektorial- und Basilarmembran. Diese sind nämlich an unterschiedlichen übereinanderliegenden Orten parallel aufgehängt (Abb. 15–8). Wenn beide gleichzeitig ausgelenkt werden, entsteht eine Parallelverschiebung zwischen beiden Membranen. Weil die Tektorialmembran die Spitzen der längsten Stereozilien der äußeren Haarzellen berührt, kann sie bei dieser Relativbewegung die Stereozilien umbiegen (abscheren, auslenken, deflektieren) und dadurch die Sinneszellen adäquat reizen (Abb. 15–8). Die inneren Haarzellen hingegen haben keinen direkten Kontakt mit der Tektorialmembran.

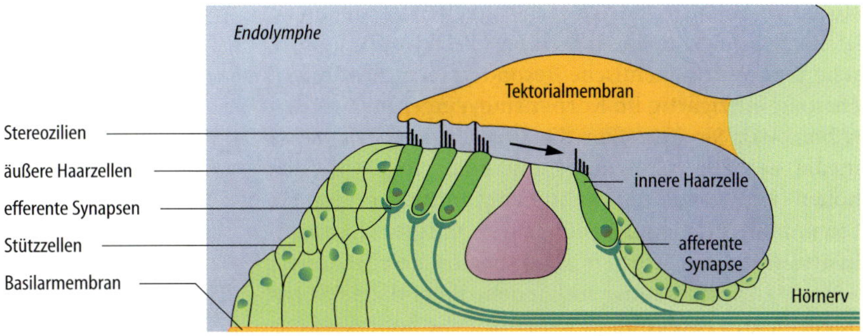

Abb. 15–7. Querschnitt durch das Corti-Organ. Das Schema zeigt die Anordnung von Sinneszellen und afferenten Nervenfasern. Die äußeren Haarzellen haben Kontakt mit der Tektorialmembran, die inneren Haarzellen haben keinen Kontakt. Dadurch werden die äußeren Haarzellen durch die Tektorialmembran gesteuert. Die inneren Haarzellen werden durch die äußeren gesteuert *(Pfeil)*

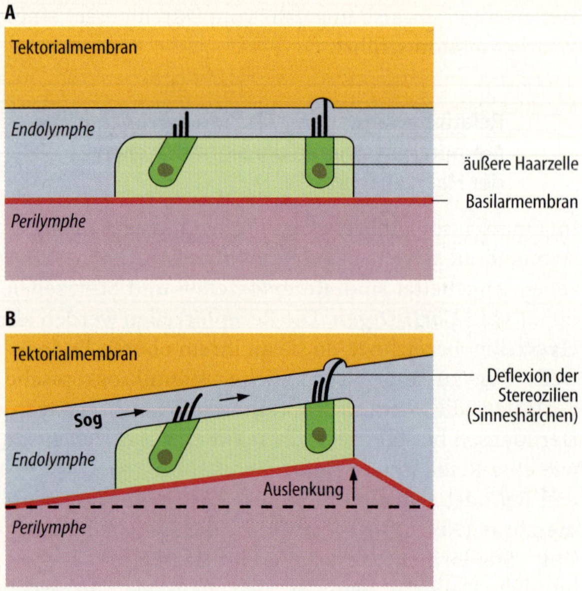

Abb. 15–8. Erregungsmechanismus der Haarzellen. Schematischer Ausschnitt aus der Schneckentrennwand. Gezeigt ist die Anordnung der Haarzellen zwischen Tektorial- und Basilarmembran: **A** in Ruhe, äußere Haarzellen berühren die Tektorialmembran, innere berühren sie nicht; **B** bei Auslenkung der Schneckentrennwand. Die wanderwelleninduzierte Auslenkung der Schneckentrennwand – einschließlich Haarzelle – nach oben führt zu einer Deflexion der Stereozilien. Die Stereozilien der äußeren Haarzellen werden durch die Tektorialmembran deflektiert. Die Stereozilien der inneren Haarzellen schert der Sog der Endolymphströmung (*Pfeil*) ab

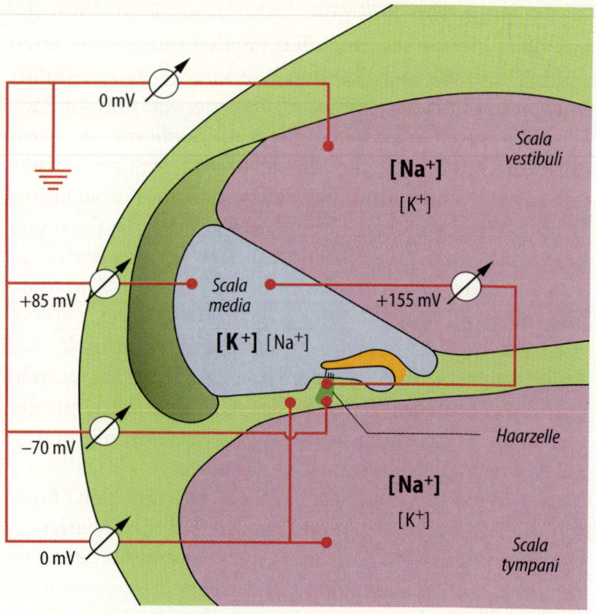

Abb. 15–9. Endokochleäres Potential. Die Scala media mit positivem endokochleärem Potential und auffällig hoher Kaliumkonzentration in der Endolymphe. Das apikale Ende der Haarzellen ragt in die Scala media hinein. Beim Transduktionsvorgang öffnet die Haarzelle Ionenkanäle, so daß aufgrund der elektrochemischen Potentialdifferenz vermutlich Kaliumionen aus der Scala media in die Haarzelle einströmen

Durch die Abscherung der Sinneshärchen wird der Transduktionsprozeß in den Haarzellen eingeleitet

Haarzellen besitzen wie alle anderen Zellen ein Membranpotential. Befindet sich die Haarzelle in Ruhe, so beträgt das Ruhemembranpotential (Abb. 15–9) zwischen rund –40 mV (innere Haarzellen) und rund –70 mV (äußere Haarzellen). Eine Deflektion der Stereozilien infolge des Schallreizes führt zur Änderung des Membranpotentials. Diese Änderung heißt ***Rezeptorpotential*** (Abb. 15–10). Um das Rezeptorpotential sowohl bei einer physiologischen Erregung als auch bei bestimmten Formen von Schwerhörigkeiten verstehen zu können, müssen an dieser Stelle zwei elektrophysiologische und elektrochemische Besonderheiten des Innenohrs, die einzigartig im Körper sind, eingeführt werden (Abb. 15–9). Sie betreffen die Scala media. Die Scala media enthält Endolymphe mit einer ungewöhnlich hohen extrazellulären Kaliumkonzentration von ca. 140 mmol/l und ist gegenüber den übrigen Extrazellulärräumen des Körpers stark positiv geladen (etwa +85 mV). Dieses ständig vorhandene Potential heißt ***endokochleäres Potential.*** Es wird – wie die hohe K^+-Konzentration – von der *Stria vascularis* erzeugt.

Die Zilien der Haarzellen grenzen an den Endolymphraum mit seinem Potential von +85 mV. Da das Ruhemembranpotential bei äußeren Haarzellen –70 mV, bei inneren Haarzellen –40 mV beträgt, errechnet sich für die Zilienoberfläche eine transmembranale Potentialdifferenz von ca. 125–155 mV. Weil die K^+-Konzentration in der Endolymphe mit 140 mmol/l etwa der intrazellulären K^+-Konzentration entspricht, errechnet sich nach der Nernst-Gleichung (Kap. 1) ein chemisches K^+-Gleichgewichtspotential von 0 mV. Das bedeutet,

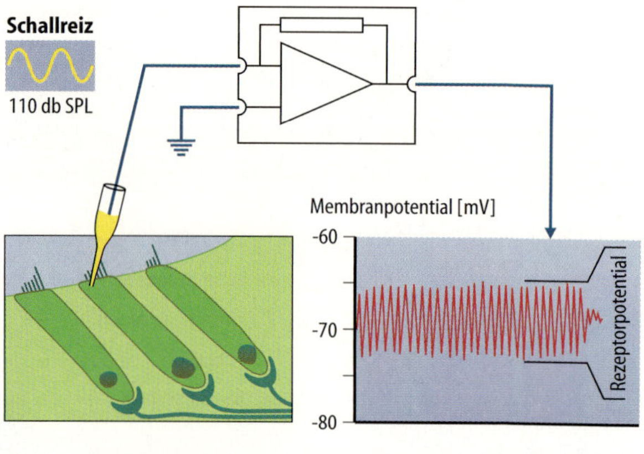

Abb. 15–10. Potentialmessungen an Haarzellen mit Mikroelektroden. Schnelle positive und negative Potentialabweichungen vom –70-mV-Wert bei Beschallung. Diese Potentialänderungen heißen Rezeptorpotentiale [nach 22]

daß die gesamte elektrische transmembranale Potentialdifferenz als treibende Kraft für einen K^+-Einstrom in die Zelle zur Verfügung steht.

Für den ***Transduktionsprozeß*** wird angenommen, daß eine *Abscherung der Zilien die Öffnung von Ionenkanälen an der Spitze der Haarzelle* (z. B. in den Zilien) *hervorruft.* Interessanterweise ziehen kleine Fäden von den Spitzen der meisten Stereozilien zur Wandung der dahinterstehenden Zilie (sog. Tip links: Abb. 15–11). Werden die Stereozilien in Erregungsrichtung deflektiert, so werden die Tip links gespannt. Man stellt sich vor, daß durch den Zug K^+-durchlässige Kanäle geöffnet werden und daß durch diese Kanäle K^+-Ionen aus der Endolymphe in die Haarzelle einströmen und zu deren Depolarisation führen (Abb. 15–12). Eine solche Depolarisation ist mit intrazellulär eingestochenen Mikroelektroden während eines Schallreizes tatsächlich meßbar. Zur Repolarisation besitzt die Zelle kaliumspezifische Ionenkanäle an ihrer seitlichen Zellmembran. Mit Hilfe von winzigen Patch-clamp-Elektroden können derartige Ionenkanäle direkt in der Zellmembran lebender äußerer Haarzellen untersucht werden (Abb. 15–10). Eine Depolarisation der Haarzelle öffnet diese Kanäle. Dadurch können K^+-Ionen die Haarzelle durch die seitliche Zellmembran wieder verlassen, und das Membranpotential wird wieder angehoben [12,15,17,22].

Manche Medikamente, z. B. *Schleifendiuretika* (harntreibende Arzneimittel), können als Nebenwirkung die Stria vascularis blockieren. Durch den Zusammenbruch des endolymphatischen Potentials kann die Transduktion nicht mehr stattfinden, so daß eine Schwerhörigkeit entsteht.

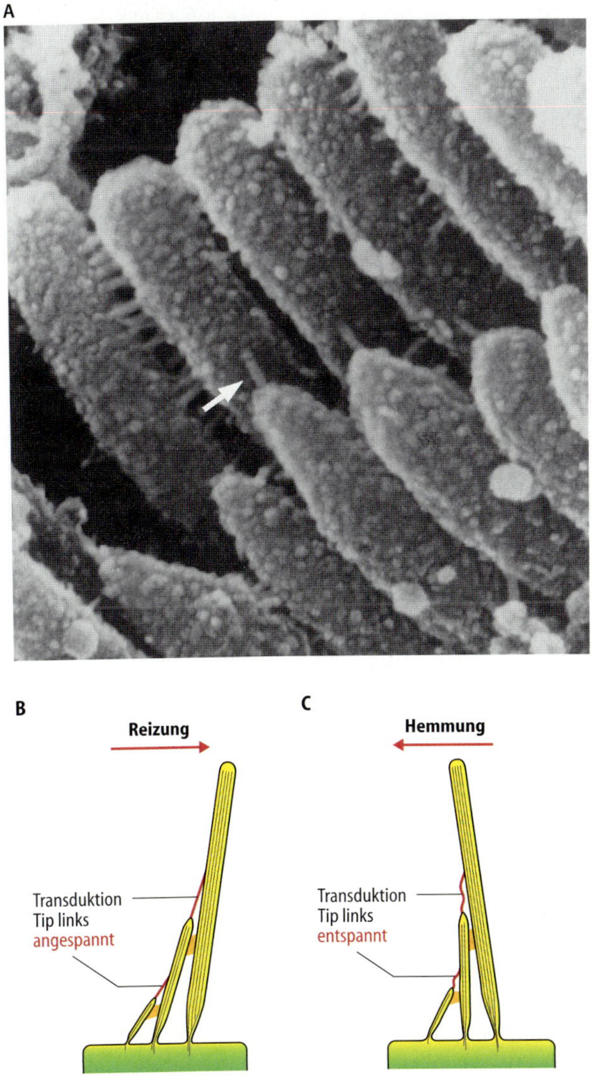

Abb. 15–11. Tip links. **A** Rasterelektronenmikroskopie der *Tip links.* Man sieht Fäden, die von der Spitze eines Stereoziliums zum dahinterstehenden Stereozilium ziehen (Abb. Dr. Koitchev, Tübingen). **B** Eine akustische Reizung führt zu einer Anspannung der Spitzenfäden (Tip links), die zur Öffnung von Ionenkanälen in den Spitzen von Stereozilien führen soll. **C** Eine Hemmung erlaubt eine Entspannung der Spitzenfäden mit Schluß von Ionenkanälen [nach 14]

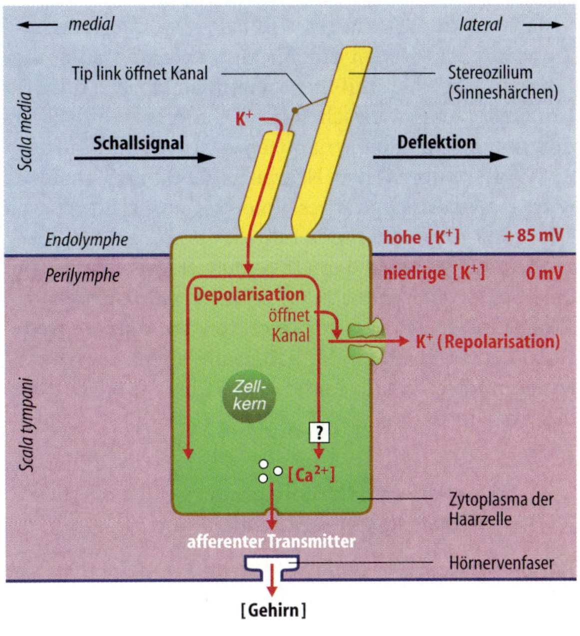

Abb. 15–12. Transduktionschritte von Haarzellen. Das Schallsignal führt zu einer Deflektion des Haarbündels, wodurch sich apikale Ionenkanäle öffnen. Kaliumionen strömen in die Zelle. Die Folge ist eine Depolarisation der Zelle. Die Depolarisation führt (in inneren Haarzellen) zur Freisetzung des afferenten Transmitters (vermutlich Glutamat), wodurch die afferenten Nervenfasern stimuliert werden. Bei äußeren Haarzellen führt sie zur Kontraktion der Zellen. Gleichzeitig steigert die Depolarisation die Öffnungswahrscheinlichkeit von kaliumspezifischen Kanälen in der laterobasalen Zellwand (in äußeren Haarzellen sind es z. B. Typ-C-Kanäle). Sie erlauben die Repolarisation der Zelle. Äußere Haarzellen elongiern, innere beenden die Transmitterfreisetzung

!

Im Innenohr löst das Schallsignal Auf- und Abwärtsbewegungen der kochleären Membranen aus. Dadurch entstehen Scherbewegungen vor allem zwischen Tektorialmembran und Sinneshärchen. Sie führen zu Auslenkungen der Stereozilien – dem adäquatem Reiz der Sinneszellen. Es öffnen sich Transduktionsionenkanäle in den Stereozilien, wodurch K^+-Ionen aus der Endolymphe in die Zellen eintreten. Sie lösen das Rezeptorpotential aus. Dieses führt zur Freisetzung von Glutamat aus inneren Haarzellen.

15.4 Signaltransformation von der Sinneszelle zum Hörnerven

Innere Haarzellen erregen den Hörnerv durch einen afferenten Transmitter

Die durch die Abscherung der Stereozilien bewirkten Ionenströme und Potentialänderungen innerer Haarzellen (nicht jedoch äußerer Haarzellen) setzen an ihrem unteren Ende einen Neurotransmitter frei (Abb. 15–12). Dort befinden sich nämlich die afferenten Synapsen des Hörnervs (Abb. 15–7). Der afferente Transmitter zwischen innerer Haarzelle und afferenter Endigung ist nicht mit Sicherheit identifiziert, doch ist Glutamat sehr wahrscheinlich. Glutamat diffundiert durch den schmalen synaptischen Spalt und bindet an AMPA-Rezeptoren der Nervenzellmembran. Dadurch wird ein postsynaptisches Potential ausgelöst, das zu ***Nervenaktionspotentialen*** führt [17,18,19,24].

Die Reizung der afferenten Nervenfasern und damit die ***Weitergabe der im Schallreiz enthaltenen Information*** erfolgt ausschließlich von den ***inneren Haarzellen.*** Interessanterweise haben die äußeren Haarzellen nämlich eine ganz andere Funktion. Sie wird später besprochen.

Innenohr und Hörnerv produzieren klinisch meßbare Reizfolgepotentiale

Rezeptorpotentiale (Abb. 15–10) und Ionenkanäle an Haarzellen zu registrieren, ist schwierig und bisher nur bei Versuchstieren, nicht jedoch beim Menschen gelungen. Für klinische Untersuchungen am Menschen ist es aber möglich, feine Elektroden durch das Trommelfell hindurch auf die knöcherne Innenohrwand (das *Promontorium*) in der Nähe des runden Fensters und damit in die Nähe von Rezeptorzellen und Hörnerven aufzusetzen. Wird der Patient beschallt, so kann ein Potential, ***Mikrophonpotential*** genannt, abgeleitet werden (Abb. 15–13). Der Name stammt von den ersten Messungen dieses Potentials an Säugetieren. Man kann nämlich

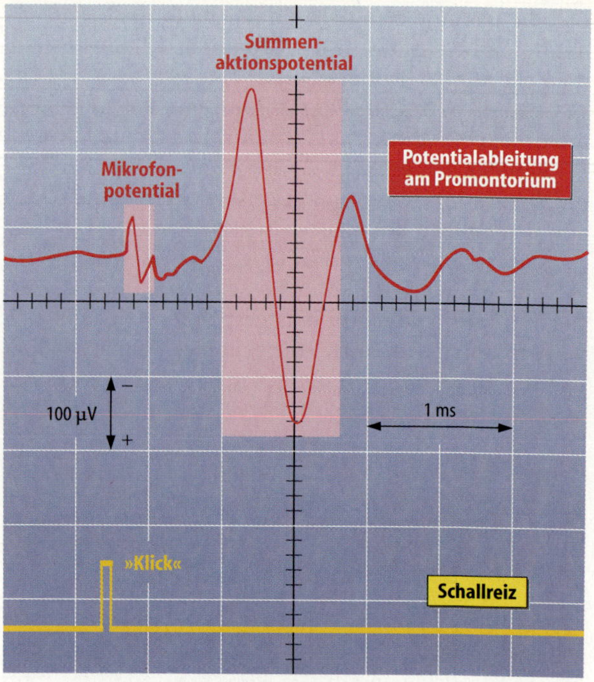

Abb. 15–13. Mikrofonpotential der Cochlea und Summenaktionspotential des Hörnervs nach einem extrem kurzen Schallreiz („Klick") bei Ableitung am Promontorium [nach 8]

an die Elektroden einen Verstärker mit Lautsprecher anschließen. Spricht man in das Ohr hinein und gibt die registrierten Potentiale nach weiterer Verstärkung auf einen Lautsprecher, so hört man das gesprochene Wort ohne weiteres aus dem Lautsprecher. Das Ohr verhält sich also wie ein Mikrophon. Die Mikrophonpotentiale entstehen an den äußeren Haarzellen, der genaue Mechanismus ist aber noch ungeklärt.

Wird das Ohr mit einem sehr kurzen Schallimpuls (Klick) gereizt, dann kann man mit der Promontoriumselektrode oder am runden Fenster eines Versuchstiers zusätzlich noch ein ***Summenaktionspotential*** (compound action potential, CAP) des N. acusticus ableiten. Es entsteht durch eine synchrone Erregung vieler afferenter Nervenfasern des Hörnervs. Die Ableitung derartiger Summenaktionspotentiale ist klinisch interessant, wenn mit objektiven Methoden die Hörfähigkeit eines Patienten geprüft werden soll. Bei ertaubten Patienten kann man andererseits eine gleichartige Promontoriumselektrode dazu verwenden, den Hörnerv elektrisch zu reizen. Sind der Nerv und auch das zentrale Hörsystem noch intakt, dann berichtet der Patient über Hörempfindungen, und man kann bei genauerer Untersuchung feststellen, ob sich der Patient für die Implantation einer elektronischen Hörprothese (sog. Cochleaimplantat) eignet, die anstelle der Cochlea die afferenten Hörnervenfasern erregen soll. Derartige Cochleaimplantate werden heute routinemäßig bei gehörlosen Erwachsenen und Kleinkindern eingesetzt. Kleinkinder lernen damit sogar ihre Muttersprache.

> **!** Das von inneren Haarzellen freigesetzte Glutamat löst ein postsynaptisches Potential in afferenten Hörnervenfasern aus, das zu Nervenaktionspotentialen führt. Die elektrischen Phänomene im Innenohr führen zu klinisch meßbaren Reizfolgepotentialen: dem Mikrophonpotential und dem Summenaktionspotential. Auch kann der Hörnerv klinisch elektrisch gereizt werden, um z. B. die Indikation für ein Cochleaimplantat zu stellen.

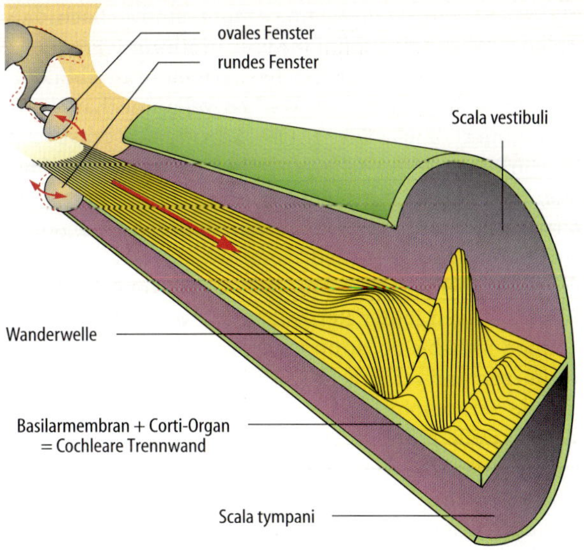

Abb. 15–14. Die Wanderwelle in den kochleären Membranen. Die Wanderwelle startet nahe den Fenstermembranen und läuft die Basilarmembran entlang in Richtung Schneckenspitze. In Abhängigkeit von der jeweiligen Frequenz des Schallsignals bilden die kochleären Membranen ein Amplitudenmaximum an einem jeweils eng umschriebenen Ort aus [nach 26]

15.5 Frequenzselektivität: Grundlage des Sprachverständnisses

Die hohe Frequenzselektivität des Ohrs beruht auf verstärkten Wanderwellen entlang der kochleären Membranen

Das gesunde Ohr hat eine erstaunlich gute Fähigkeit, Tonhöhen zu unterscheiden, wenn die Töne sukzessiv angeboten werden. Bei 1000 Hz können Änderungen um 0,3 %, also 3 Hz wahrgenommen werden (Frequenzunterschiedsschwelle). Ist diese Schwelle verschlechtert, kann der Kranke Sprache kaum noch verstehen.

Für die Ausbildung dieser sog. ***Frequenzselektivität*** besitzt die Cochlea einen zweistufigen Mechanismus. Für die Beschreibung der ersten Stufe erhielt Georg von Békésy 1961 den Nobelpreis [2]. Erklingt ein Ton, werden Reissner-Membran, Tektorialmembran, Corti-Organ und Basilarmembran in die bereits geschilderten ständigen Auf- und Abwärtsbewegungen, also in Vibrationen versetzt. Um nicht alle Membranen nennen zu müssen, spricht man häufig auch vereinfachend von Vibrationen der Basilarmembran, meint jedoch alle genannten kochleären Membranen. Diese Vibrationen bleiben nun nicht auf den Bereich in unmittelbarer Nähe von Steigbügel und rundem Fenster beschränkt, sondern bilden an der Basilarmembran eine Welle aus, die von der Schneckenbasis bis zur Schneckenspitze wandert, ähnlich einer Welle an einem horizontal aufgespannten Seil. Die Welle heißt daher auch Wanderwelle (Abb. 15–14). Die Wanderwelle hat eine wichtige Eigenschaft. Sie wandert nicht gleichmäßig von der Basis zur Spitze der Schnecke. Vielmehr nimmt ihre Amplitude in einem ersten Schritt etwas zu, wird in einem zweiten Schritt bis zu tausendfach zu einer hohen Welle mit sehr scharfer Spitze und nimmt im weiteren Verlauf plötzlich wieder ab. Diese Verstärkung ist bei niedrigen und mittleren Schalldrücken besonders auffällig. Die scharfe Spitze der Wanderwelle stimuliert dann innere Haarzellen, die nach dem o. g. Transduktionsprozeß den afferenten Transmitter an die afferenten Hörnervenfasern weitergeben.

Für das Verständnis der Frequenzselektivität ist von grundlegender Bedeutung, daß sich diese scharfe Spitze für jede Tonfrequenz an einem anderen Ort in Längsrichtung der Basilarmembran ausbildet. Hohe Frequenzen erzeugen das Maximum der Wanderwelle in der Nähe der Schneckenbasis, mittlere Frequenzen in der Schneckenmitte, tiefe Frequenzen an der Schneckenspitze. Für jede Tonhöhe gibt es dadurch einen bestimmten Ort der Maximalauslenkung der Wanderwelle entlang der Basilarmembran. Man spricht daher vom ***Ortsprinzip*** (Ortstheorie, Tonotopie) der Wanderwelle. Eine einzelne Frequenz wird also nur innere Haarzellen an einem bestimmten Ort reizen, unterschiedliche Frequenzen grundsätzlich Haarzellen an unterschiedlichen Orten entlang der Basilarmembran. Ein kompliziertes, aus mehreren Tonhöhen bestehendes Schallereignis wird dadurch längs der Basilarmembran aufgespreizt ***(Frequenzdispersion)*** [16,18,23,25].

Äußere Haarzellen verstärken die Wanderwelle tausendfach

In den vorhergehenden Abschnitten wurden bisher die Funktionen der inneren Haarzellen beschrieben. Doch welche Aufgabe haben die äußeren Haarzellen, deren Zahl sogar dreimal so hoch ist? Bei vielen Innenohrschwerhörigen ist die scharfe Frequenzabstimmung der Cochlea (tuning) nicht mehr vorhanden. Als Folge leiden die Betroffenen insbesondere an einer Einschränkung der Sprachverständlichkeit, da bei ihnen das Frequenzunterscheidungsvermögen gestört ist. Anstieg und Abfall des Amplitudenmaximums sind so flach, daß sich das Wellenmaximum für eine bestimmte Frequenz breit und unscharf auf der Basilarmembran abbildet. Nur der erste Schritt des Wanderwellenmechanismus funktioniert noch. Der zweite Schritt, die drastische Verstärkung, die zur scharfen Spitze und damit zur Frequenzselektivität führt, fehlt. Dieser grundlegende Unterschied ist auf den Ausfall der äußeren Haarzellen zurückzuführen. Bei niedrigem Schalldruck erzeugen die äußeren Haarzellen zusätzliche mikromechanische Schwingungen in der Reizfrequenz. Äußere Haarzellen können sich bis zu 20 000mal pro Sekunde (20 kHz) verkürzen und verlängern (Abb. 15–15). Dadurch wirken sie wie Servomotoren, die nach dem ersten Schritt der Wanderwelle diese im zweiten Schritt bis zu tausendfach verstärken. Die zusätzliche Schwingungsenergie entsteht nur an dem jeweils frequenzcharakteristischen, eng umschriebenen Ort der Basilarmembran. Nur dort werden jeweils einige wenige (wahrscheinlich ca. 50) äußere Haarzellen durch die Tektorialmembran gereizt, die zusätzlich erzeugte Schwingungsenergie wird scharf lokalisiert an die inneren Haarzellen abgegeben: Die Wanderwelle wird in dem sehr eng umschriebenen Bereich verstärkt. Die Endolymphströmung unter der Tektorialmembran (Pfeil in Abb. 15–7 und 15–8) nimmt plötzlich massiv zu, wodurch die ortsspezifischen inneren Haarzellen gereizt werden. (Die schwache Endolymphstörung ohne Verstärkung durch die äußeren Haarzellen reicht bis 60 dB SPL ***nicht*** aus, die inneren Haarzellen zu stimulieren.) Die inneren Haarzellen transduzieren das verstärkte Signal und geben es transsynaptisch an den Hörnerv weiter. Durch diesen ***kochleären Verstärkungsprozeß*** wird die hohe Frequenzselektivität des gesunden Ohrs, die Voraussetzung für das Sprachverständnis ist, erreicht [26,27,28].

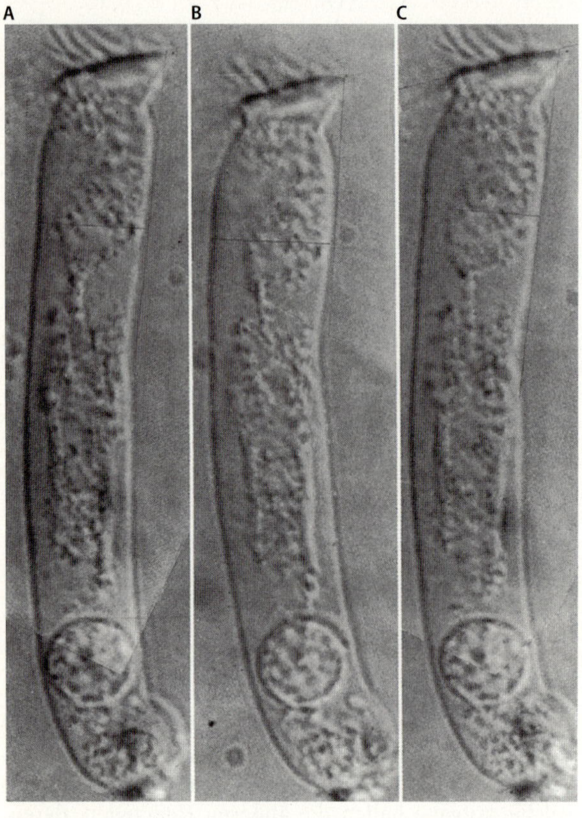

Abb. 15–15. Die Motilität äußerer Haarzellen als Grundlage des kochleären Verstärkers. **A** Haarzelle in Ruhe; **B** stimulierte äußere Haarzelle: die Haarzelle verkürzt sich; **C** anschließend elongiert die Haarzelle. Die Längenänderungen „pumpen" mechanische Energie in die Wanderwelle, wodurch diese tausendfach verstärkt und die Endolymphströmung unter der Tektorialmembran so stark wird, daß die inneren Haarzellen gereizt werden. (Abb: Dr. R. Zimmermann, Tübingen, nach [26–28])

! Die Frequenzselektivität des Ohres ist die Grundlage des menschlichen Sprachverständnisses. Sie ist vor allem auf das Ortsprinzip zurückzuführen. Beim Ortsprinzip wird die Wanderwelle durch äußere Haarzellen an einem frequenzspezifischen Ort entlang der Cochlea plötzlich bis zu 1000 fach verstärkt und entwickelt gleichzeitig eine extrem scharfe Spitze. Diese erlaubt die Frequenzunterscheidung und führt zu Reizung der inneren Haarzellen. Diese geben das Signal an den Hörnerven weiter.

Schädigungen der Cochlea führen zur Schallempfindungsschwerhörigkeit

Wie schon gesagt, führen Schädigungen des Innenohrs zu einer ***Schallempfindungsschwerhörigkeit.*** Solche Schäden werden z. B. durch Medikamente (Aminoglykosidantibiotika) oder durch Lärm verursacht. Dabei gehen Haarzellen, insbesondere äußere Haarzellen, zugrunde. Dadurch wird die Mechanik der Basilarmembranbewegungen gestört. Infolge dieser Störung steigt die Hörschwelle an, und die Frequenzselektivität nimmt ab. Insbesondere Lärmschäden sind in der heutigen Zeit sehr häufig, da Lärm allgegenwärtig ist. Es handelt sich dabei um Schädigungen des Innenohrs, also kochleäre Schallempfindungsstörungen, an denen allein in Deutschland 12 Mio. Kranke leiden. Neuerdings werden sie mit elektronischen Hörimplantaten, die den kochleären Verstärkungsprozeß teilweise ersetzen, behandelt.

Eine besondere Form der Schallempfindungsstörung ist die sog. ***Altersschwerhörigkeit (Presbyakusis).*** Obwohl man vom Namen her vermuten könnte, daß es sich ausschließlich um eine Alterserscheinung handelt, beruht sie doch zum Teil auf chronischen Lärmschäden. Bei der Altersschwerhörigkeit sind insbesondere die hohen Frequenzen betroffen. Manchmal liegen neben den Innenohrschädigungen bei alten Menschen aber auch Hörstörungen vom sog. retrokochleären Typ vor, bei denen zentrale Verarbeitungsprozesse gestört sind.

15.6 Informationsübertragung und Verarbeitung im ZNS

Die von der Haarzelle als Folge des Transduktionsprozesses ausgelöste Transmitterfreisetzung wird in Form einer neuronalen Erregung über Hörnerv, Hirnstamm und Hörbahn bis zum auditorischen Kortex im Temporallappen weitergeleitet. Dabei sind wenigstens 5–6 hintereinander geschaltete, durch Synapsen verbundene Neurone beteiligt. Sie besitzen Kollaterale und Interneurone, die zu einer ausgedehnten neuronalen Vernetzung des auditorischen Systems führen. Die durch einen Schallreiz im Verlauf dieser Neurone hintereinander ausgelösten (evozierten) Aktionspotentiale werden klinisch zur Diagnostik ausgenutzt (Abb. 15–16). Man spricht von der ***Evoked response audiometry (ERA).*** Es ist die wichtigste diagnostische Methode zur Unterscheidung zwischen einer kochleären und einer retrokochleären Empfindungsschwerhörigkeit. Als retrokochleär („hinter der Cochlea") bezeichnet man Erkrankungen, die etwa den Hörnerv zwischen Innenohr und Hirnstamm schädigen (z. B. Kleinhirnbrückenwinkeltumoren). Darüber hinaus wird die ERA zur Abklärung einer Säuglings- oder frühkindlichen Schwerhörigkeit sowie bei Zuständen völliger Bewußtlosigkeit (Kopfverletzung, Koma) routinemäßig angewendet [10].

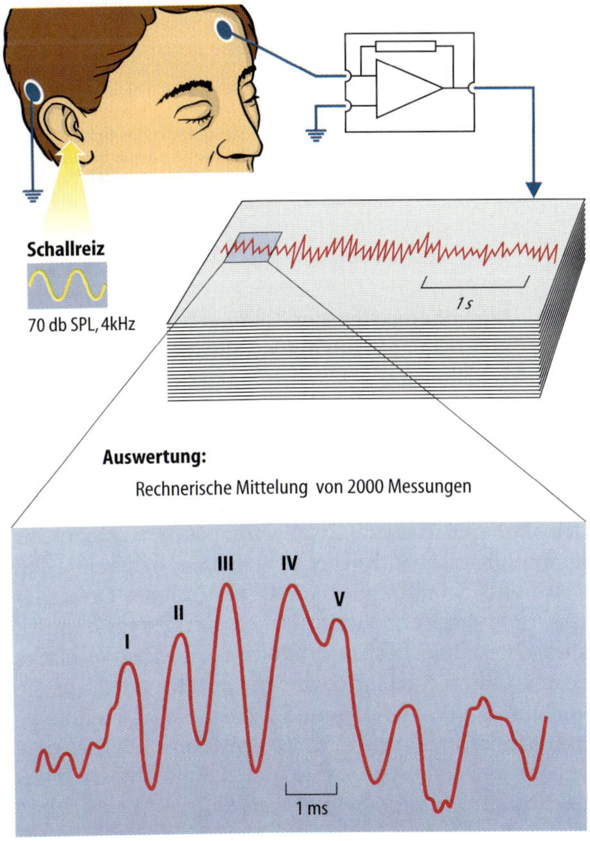

Abb. 15–16. Akustisch evozierte Potentiale. In der Evoked response audiometry (ERA) genannten Untersuchung werden klinisch die elektrophysiologischen Vorgänge in Cochlea, Hörnerv und Hörbahn bestimmt. Bei nur einer Schallreizung und einer Messung ergibt sich ein dem EEG ähnliches Bild, das die akustisch evozierte Antwort vollständig überlagert. Werden Schallreizung und Messung 2000mal hintereinander durchgeführt, dann können durch computerunterstützte rechnerische Mittelung die spezifischen Reizantworten (Wellen) aus der unspezifischen Hirnaktivität im EEG herausgehoben werden. Hier gezeigt sind die klinischen wichtigen schnellen Hörnerven und Hirnstammpotentiale. Die Wellen I – V entstehen vermutlich im Verlauf der hintereinandergeschalteten Neurone der Hörbahn. So wird beispielsweise die Welle I dem Hörnerv zugeordnet [nach 13]

Dem Patienten werden Schallreize angeboten, die im Elektroenzephalogramm (EEG, Kap. 6) zu einer Veränderung der Hirnaktivität führen. Die Abweichungen sind aber so klein, daß die einzelne Reizantwort im EEG vom Rauschen völlig überdeckt wird. Mit Hilfe eines Computers kann jedoch durch rechnerische Mittelung zahlreicher evozierter Einzelpotentiale (z. B. von 2000 Potentialen) die spezifische akustische Reizantwort von Hörnerv und Hörbahn aus der unspezifischen Hirnaktivität im EEG herausgehoben werden (Abb. 15–16). Unter zahlreichen meßbaren Potentialen werden die nach 2–12 ms auftretenden schnellen Hörnerven- und Hirnstammpotentiale zur Diagnostik retrokochleärer Hörstörungen ausgenutzt. Diagnostisch bedeutsam sind Verspätungen (Latenzzeitverlängerung) der einzelnen Potentiale.

Der Hörnerv überträgt die transduzierten Signale aus der Cochlea ins ZNS

Der N. cochlearis verläßt das Ohr durch den inneren Gehörgang zum Kleinhirnbrückenwinkel. Seine afferenten Fasern teilen sich und ziehen im Hirnstamm zum Nucleus cochlearis ventralis bzw. zum Nucleus cochlearis dorsalis, um dort zum zweiten Neuron umgeschaltet zu werden. Der Hörnerv besteht aus einer großen Zahl afferenter sowie teilweise auch efferenter (d. h. aus dem Gehirn kommender) Nervenfasern. 90 % der afferenten Nervenfasern haben nur eine Synapse mit einer einzigen, nämlich einer inneren Haarzelle. An das Gehirn werden also im wesentlichen Informationen von den inneren Haarzellen weitergeleitet. Da jede Haarzelle nach dem Ortsprinzip (s. oben) einer ganz bestimmten Tonfrequenz zugeordnet ist, wird die mit einer bestimmten Haarzelle synaptisch verbundene Hörnervenfaser bei Beschallung des Ohrs mit dieser ganz bestimmten Frequenz optimal erregt. Diese Frequenz heißt ***charakteristische Frequenz (Bestfrequenz)*** einer Einzelfaser. Die ***Zeitdauer eines Schallreizes*** wird durch die Zeitdauer der Aktivierung der Nervenfasern kodiert, die Höhe des ***Schalldruckpegels*** durch die Entladungsrate verschlüsselt (Abb. 15–17). Allerdings kann eine einzelne Nervenfaser eine bestimmte Entladungsrate nicht überschreiten, sondern erreicht ab einem bestimmten Schalldruck einen Sättigungsbereich. Trotzdem kann die Information nach höherer Lautstärke

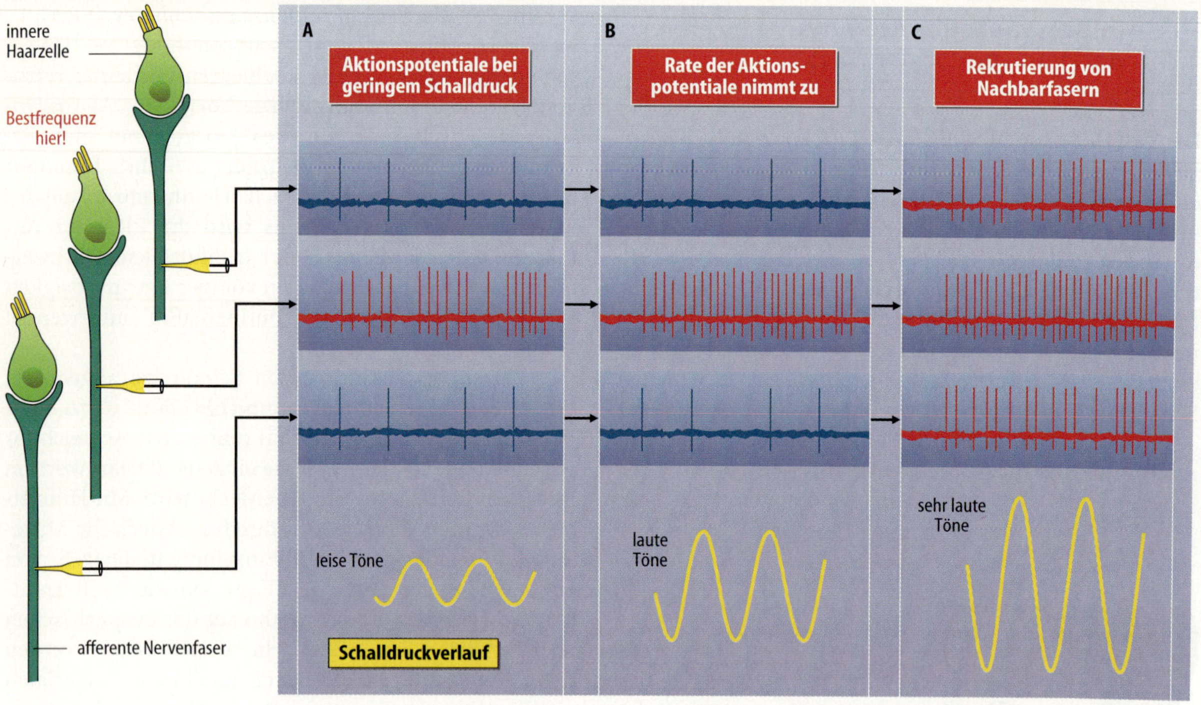

Abb. 15–17. Kodierung des Schalldrucks im Hörnerv. **A** Bei leisen Tönen werden nur die Fasern mit der dazugehörigen Bestfrequenz gereizt; **B** bei zunehmender Lautstärke nimmt die Zahl der Aktionspotentiale in den Fasern zu; **C** bei weiterer Steigerung des Schalldrucks kann die Zahl der Aktionspotentiale nicht mehr gesteigert werden. Daher werden zusätzlich Nachbarfasern aktiviert (rekrutiert)

weitergegeben werden (Abb. 15–17), da dann eine zunehmende Zahl benachbarter Fasern aktiviert wird (Rekrutierung).

Jedes Innenohr ist mit beiden Hirnhälften verbunden

Ähnlich wie die ersten Neurone verhalten sich die zweiten Neurone, die vom ventralen ***Nucleus cochlearis*** ausgehen. Ein Teil zieht zur oberen Olive der gleichen Seite, ein Teil kreuzt zur oberen Olive der anderen Seite (Abb. 15–18). Ebenso kreuzen die afferenten Fasern vom dorsalen Kern zum ***Nucleus lemnisci lateralis*** der Gegenseite. *Im zweiten Neuron verläuft damit ein Teil der Fasern ipsilateral, ein wesentlicher Teil der zentralen Hörbahn kreuzt jedoch auf die kontralaterale Seite.* Dadurch ist jedes Innenohr mit der rechten und der linken Hörrinde verbunden. Außerdem können in den Nervenzellen des Olivenkomplexes erstmals im Verlauf der Hörbahn binaurale (von beiden Ohren aufgenommene) akustische Signale miteinander verglichen werden. Die höheren Neurone verlaufen von der oberen Olive zum Teil auf der gleichen Seite, zum Teil auf der Gegenseite nach jeweils neuer Umschaltung zum ***Colliculus inferior*** und anschließend zum ***Corpus geniculatum mediale.*** Schließlich ziehen die Afferenzen als Hörstrahlung (Radiatio acustica) zur ***primären Hörrinde*** (Heschl-Querwindung) des Temporallappens.

Die höheren Neurone sind hochspezialisiert und reagieren nur auf jeweils spezifische Schallmuster

Die einfache Kodierung des ersten und von Teilen des zweiten Neurons wandelt sich grundlegend ab dem dorsalen Nucleus cochlearis und weiter zunehmend mit jedem höheren Neuron. Zwar wird das Ortsprinzip bis zum auditorischen Kortex beibehalten, das heißt, daß bestimmte Schallfrequenzen an bestimmten Orten der Hörrinde oder der auditorischen Kerne repräsentiert sind. Zusätzlich besitzen jedoch beispielsweise einige vom dorsalen Nucleus cochlearis ausgehende Neurone kollaterale Verschaltungen, die teils exzitatorisch, teils inhibitorisch wirksam sind ***(On-off-Neurone).*** Die Folge ist, daß einzelne Neurone des dorsalen Cochleariskerns bei Schallreiz stets gehemmt werden.

Eine grundsätzliche Eigenschaft der höheren Neurone der Hörbahn ist es, nicht auf reine Sinustöne, sondern auf bestimmte Eigenschaften eines Schallmusters (z. B. Sprachmuster) zu reagieren. So können Hirnläsionen, wie sie etwa bei einem apoplektischen Insult (Schlaganfall) auftreten können, selektiv das Sprachverständnis stören, ohne daß das Unterscheidungsvermögen für Tonfrequenzen reduziert sein muß. So gibt es Fasern, die bei einer bestimmten Schallfrequenz aktiviert, durch höhere oder tiefere Töne jedoch gehemmt werden. Auch gibt es Neurone, die auf eine Frequenzzu-

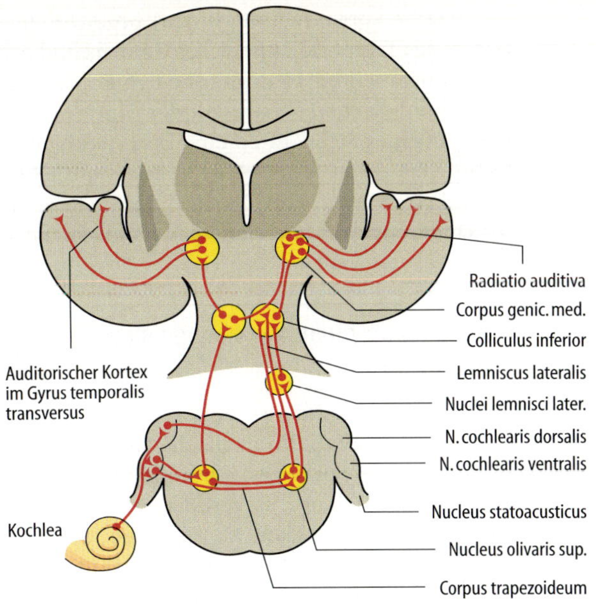

Abb. 15–18. Schematische Darstellung der zentralen Hörbahn

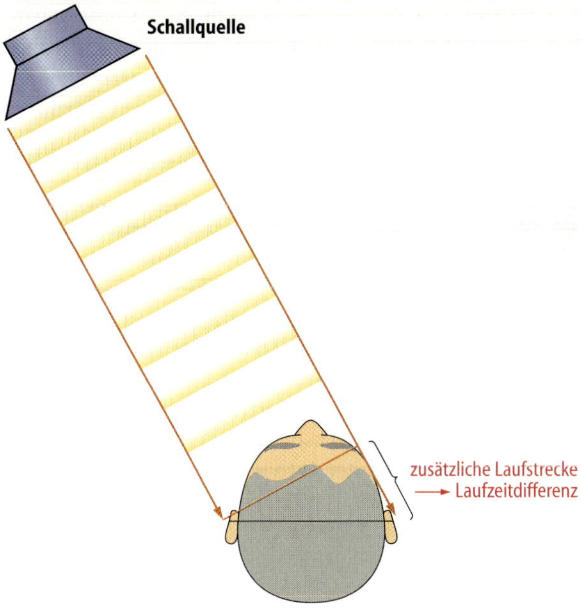

Abb. 15–19. Die Laufzeitdifferenz eines Tons zwischen beiden Ohren wird im zentralen auditorischen System verarbeitet und dient der lateralen Schallquellenlokalisation

nahme, und solche, die auf eine Frequenzabnahme (Frequenzmodulation) reagieren, wobei zusätzlich der Grad der Modulation von Bedeutung sein kann. Andere Zellen sprechen nur auf die Amplitudenänderung eines Tons an. Diese Spezialisierung von Neuronen auf bestimmte Eigenschaften eines Schallmusters ist im auditorischen Kortex noch ausgeprägter. Neurone können hochspezialisiert auf den Beginn oder das Ende, auf eine Mindestzeitdauer oder eine mehrfache Wiederholung, auf bestimmte Frequenz- oder Amplitudenmodulationen eines Schallreizes sein. Man nimmt daher an, daß diese bis zur Hörrinde zunehmende Spezialisierung der Neurone auf bestimmte Eigenschaften des Schallreizes es erlaubt, Muster innerhalb des Schallreizes herauszuarbeiten und für die kortikale Beurteilung vorzubereiten ***(Informationsverarbeitung).*** Das gesprochene Wort oder Musik bestehen aus derartigen Mustern, die wir trotz eines Störschalls (z. B. Umgebungsgeräusche) erkennen können [9,11,13,21].

Hochspezialisierte höhere Neurone ermöglichen auch das räumliche Hören

Die Richtung einer Schallquelle kann geortet werden. Diese auditorische Raumorientierung geschieht durch das zentrale Hörsystem. Dort finden sich in bestimmten Bereichen, etwa der oberen Olive oder dem Colliculus inferior, auf Raumorientierung hochspezialisierte Neurone, welche die von den beiden Ohren ankommenden Folgen von Aktionspotentialen miteinander vergleichen. Dazu müssen zunächst einmal beide Ohren einigermaßen normal hören (binaurales Hören). In der Regel liegen Schallquellen nicht genau in der durch den Kopf definierten Mittelebene (Mediansagittalebene), sondern irgendwie seitlich. Dann ist die Schallquelle von einem Ohr weiter entfernt als vom anderen. Der Schall trifft dadurch am entferntesten Ohr später und leiser ein (Abb. 15–19). *Das auditorische System ist dabei in der Lage, Intensitätsunterschiede von nur 1 dB und Laufzeitunterschiede bis hinab zu $3 \cdot 10^{-5}$ s sicher zu beurteilen.* Eine derartig minimale Schallverstärkung tritt bei einer Abweichung der Schallquelle von 3° von der Mittellinie auf [13].

Stereoanlagen nutzen diese psychophysisch und neurophysiologisch nachgewiesenen Laufzeit- und Intensitätsdifferenzen zur Bildung eines räumlichen Höreindrucks aus. Wird über Lautsprecher oder Kopfhörer das Schallsignal einseitig verspätet oder leiser angeboten, so wird die Schallquelle zur Gegenseite lokalisiert. Eine einseitige Schallverspätung (ungleicher Abstand von den Lautsprechern) kann durch Schalldruckerhöhung am anderen Lautsprecher ausgeglichen werden.

Laufzeit- und Intensitätsdifferenzen erlauben zwar die Bestimmung des Raumwinkels, nicht jedoch die Entscheidung, ob sich die Schallquelle oben, unten, vorne oder hinten befindet. Hierzu ist die Form der ***Ohrmuschel,*** die eine Richtcharakteristik besitzt, bedeutsam. Je nachdem, in welchem Winkel das Schallsignal auf die Ohrmuschel auftrifft, wird es minimal verformt. Offenbar können diese dadurch modulierten („verzerrten") Schallmuster zentral erkannt und ebenfalls zur Bildung eines Raumeindrucks verwandt werden. Das beidohrige Hören spielt darüber hinaus noch eine wichtige Rolle bei der Schallanalyse in verrauschter Umgebung (z. B. Sprache bei einer Party). Das Gehirn benutzt hier Intensitäts- und Laufzeitunterschiede zwischen den verschiedenen Schallquellen aus, um die Konzentration auf einen bestimmten Sprecher zu ermöglichen. Da Schallsignale in der Regel durch andere Quellen gestört sind, ist diese Funktion des zentralen Hörsystems sehr wichtig. Daher sollten Schwerhörige mit notwendigen Hörhilfen möglichst beiderseitig ausgestattet sein.

!

Über wenigstens 5–6 hintereinander geschaltete Neuronen werden die Informationen des Schallsignals bis zum auditorischen Kortex weitergeleitet. In den Folgen der Aktionspotentiale des Hörnervs ist die im Schallreiz enthaltene Information durch die frequenzspezifische Herkunft (Ortsprinzip) der Nervenfaser, die Zeitdauer der Aktivierung sowie die Entladungsrate und den Zeitpunkt der Aktionspotentiale verschlüsselt. Höhere Neurone sind zunehmend auf hochkomplexe Schallmuster (z. B. Sprachmuster) spezialisiert. Sie können dadurch bestimmte Eigenschaften des Schallreizes (z. B. sprachliche Informationen) herausarbeiten und für die kortikale Beurteilung vorbereiten. Auch für das räumliche Hören gibt es hochspezialisierte zentrale Neurone. Sie nutzen Intensitätsunterschiede und Laufzeitenunterschiede zwischen der Reizung des rechten und des linken Ohrs aus.

15.7 Stimme und Sprache

Die Sprache des Menschen ist einmalig in der Natur. An ihr sind im wesentlichen vier Organsysteme beteiligt:

- Der Kehlkopf erzeugt Schall. Dieser Schall heißt Stimme. Die Stimmerzeugung des Kehlkopfs wird Phonation genannt.
- Der Mund-Rachen-Raum formt aus dem vom Kehlkopf angebotenen Schall verständliche Vokale und Konsonanten. Dieser Mechanismus heißt Artikulation.
- Phonation des Kehlkopfs und Artikulation des Mund-Rachen-Raums werden zentral durch das motorische Sprachzentrum des Gehirns gesteuert.
- Zur Entwicklung der Sprache beim Kind wie zu ihrer ständigen Kontrolle auch beim Erwachsenen ist die physiologische Hörfunktion erforderlich. Man spricht daher auch vom Hör-Sprach-Kreis. Er umfaßt die ungestörte Funktion des Ohrs, der Hörbahn, der Sprachwahrnehmung im sensorischen Sprachzentrum (Wernicke) sowie die Integration von Psyche und Intelligenz. Der Kreis geht weiter zur motorischen Steuerung der Phonation des Kehlkopfs und der Artikulation des Mund-Rachen-Raums. Sie beginnt in dem als motorische Sprachregion (Broca) bezeichneten Gebiet des Temporallappens des Gehirns und erreicht über mehrere Neurone den Kehlkopf sowie den Mund-Rachen-Raum. Ist der Hör-Sprach-Kreis an einer Stelle durch eine Erkrankung unterbrochen, so ist die Sprache gestört oder fehlt. Gehörlose Kinder entwickeln (ohne Therapie (Cochlea Implant) und ohne pädagogische Förderung) keine Lautsprache.

Die Stimme ist Schall, der vom Kehlkopf erzeugt wird

Die ***Phonation*** (Stimmbildung) läuft im Kehlkopf ab. Dabei wird Schall erzeugt. Physikalische Grundlage ist eine oszillierende Bewegung der Stimmlippen. Verliert ein Mensch seinen Kehlkopf, so verliert er seine Stimme, nicht jedoch die Fähigkeit zu sprechen. So sind kehlkopflose Patienten in der Lage, flüsterähnlich zu sprechen (Pseudoflüstern).

Die Stimmlippen erzeugen Schall durch Bernoulli-Schwingungen

Zur Schallerzeugung besitzt der Kehlkopf zwei Stimmlippen (Stimmbänder). Der Arzt kann sie ohne Belastung des Patienten mit einem Spiegel oder eine Endoskop (Lupenlaryngoskop, Abb. 15–20) gut beobachten. Dabei schaut der Untersucher durch Mund und

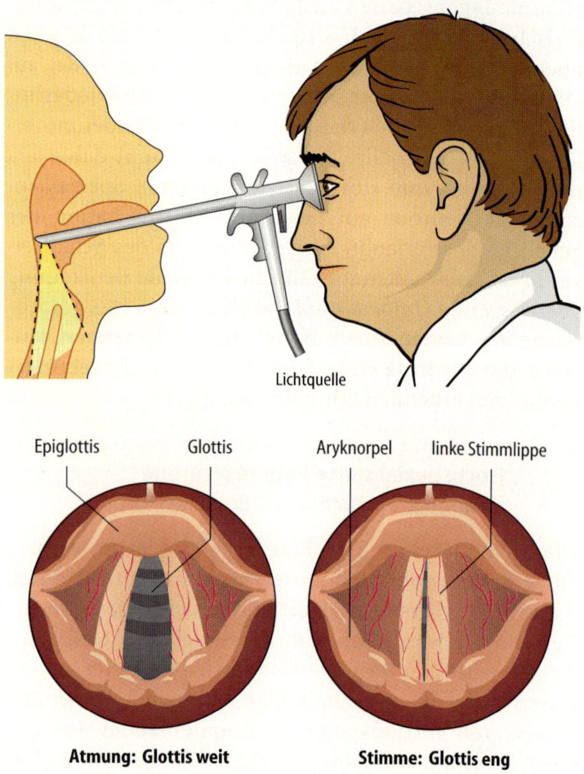

Abb. 15–20. Untersuchung des Kehlkopf mit dem Lupenlaryngoskop

Pharynx des Patienten rechtwinklig nach unten in den Kehlkopf. Anatomisch bestehen die Stimmlippen jeweils aus einem längs verlaufenden Muskelstrang (M. vocalis) zwischen Aryknorpel (Stellknorpel) und Schildknorpel. Die Mm. vocales sind von Schleimhaut bedeckt, die gegenüber dem Muskel verschieblich ist. Der luftdurchlassende Spalt (Abb. 15–20, 15–21) zwischen den Stimmlippen heißt ***Glottis*** (Stimmritze). Die Phonation ist an die Atmung gekoppelt. Sie wird durch eine Exspiration eingeleitet. Im Gegensatz zur normalen Ausatmung wird zur Stimmbildung aber die Glottis durch die Mm. arytenoidei, die Mm. cricoarytenoidei lateralis und die Mm. thyreoarytenoidei laterales (Abb. 15–21) fast verschlossen. Dadurch bildet die Glottis einen Engpaß im Exspirationstrakt (Abb. 15–20). In diesem Engpaß ist die Strömungsgeschwindigkeit der ausgeatmeten Luft erheblich höher als in der darunter liegenden Trachea oder in dem darüber liegenden Mund- und Pharynxraum. Mit der zunehmenden Strömungsgeschwindigkeit steigt die kinetische Energie (1/2 mv^2) des strömenden Gases. Die dazu notwendige Arbeit wird der Atemarbeit entnommen, bei der ein bestimmtes Gasvolumen entlang eines Druckgefälles bewegt wird. Wegen der Zunahme der kinetischen Energie der Luft bei zunehmender Strömungsgeschwindigkeit nimmt der Druck im strömenden Atemgas ab, er wird im Bereich der Glottis also geringer. Wegen dieses Druckabfalls nähern sich die Stimmlippen einander. Dadurch wird der Spalt noch enger, so daß die Strömungsgeschwindigkeit noch weiter zunehmen muß, womit wiederum der Druck weiter abfällt. Dieser Prozeß führt schließlich dazu, daß sich die Stimmlippen ganz schließen und der Luftstrom plötzlich unterbrochen wird. Zu diesem Zeitpunkt kann der subglottische Druck die Stimmritze wieder auseinanderpressen. Es entsteht wieder ein Luftstrom mit ungleicher Geschwindigkeitsverteilung, und der Zyklus beginnt von neuem. Die entstehenden Stimmlippenschwingungen werden als ***Bernoulli-Schwingungen*** bezeichnet, da sie den Bernoullischen Gesetzen folgen. Im Rhythmus dieser Schwingungen wird der Luftstrom ständig verändert, wodurch ein hörbares Klanggemisch entsteht, das reich an Obertönen ist.

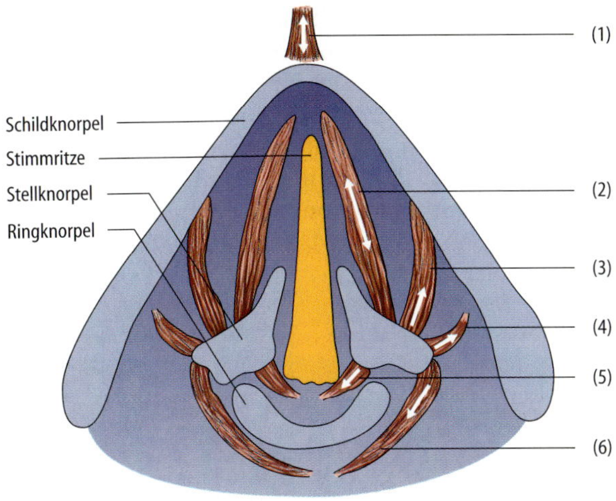

Abb. 15–21. Zugrichtungen der inneren Kehlkopfmuskeln und des M. cricothyreoideus. Die Blickrichtung entspricht dem lupenlaryngoskopischen Bild aus Abb. 15–20. Stimmlippenspannung: M. cricothyreoideus (*1*) und M. vocalis (*2*). Glottisschluß: M. thyreoarytenoideus lateralis (*3*), M. cricoarytenoideus lateralis (*4*), M. interarytenoideus (*5*). Glottisöffnung: M. cricoarytenoideus posterior (*6*). Aus [1]

Der subglottische Druck bestimmt vorwiegend den Schalldruck der Stimme

Mit Hilfe der Kehlkopfmuskulatur und der prälaryngealen Muskulatur können die Bernoulli-Schwingungen der Stimmlippen willkürlich gesteuert und dadurch die gewünschte Stimmfrequenz und Lautstärke erzeugt werden. Hierzu kann die Kehlkopfmuskulatur die Weite der Glottis und die Spannung der Stimmlippen variieren und dadurch die Schwingungsfähigkeit der Stimmbänder beeinflussen (myoelastische Theorie der Stimmlippenschwingungen). Die Atemmuskulatur kann schließlich den subglottischen Druck verändern. *Der abgestrahlte Schalldruck der Stimme steigt mit dem subglottischen Druck.* Bei Patienten mit einer beiderseitigen Lähmung des N. recurrens stehen beide Stimmlippen im Abstand von etwa 1 mm still. Die Fähigkeit, Frequenz und Lautstärke zu verändern, geht durch die Lähmung weitgehend verloren. Die Folge ist eine leise, monotone, kaum modulationsfähige Stimme.

Der maximale ***Schalldruckpegel,*** den ungeschulte Sprecher erzeugen können, beträgt in 1 m Entfernung etwa 75 dB SPL, bei ausgebildeten Sängern bis zu 108 dB SPL. Der subglottische Druck beträgt bei ruhiger Atmung etwa 2 cmH_2O (196 Pa) über dem Atmosphärendruck. Durch Schluß der Glottis, Kontraktion des M. vocalis in der Stimmlippe sowie durch die Atemmuskulatur kann ein Druck bis zu 16 cmH_2O (1570 Pa) erreicht werden.

Mit der Spannung der Stimmlippen steigt die Stimmfrequenz

Die ***Frequenz*** der Stimme („Tonhöhe") ist abhängig von der Frequenz der Stimmlippenschwingungen. Der durchschnittliche Stimmumfang beträgt 1,3–2,5 Oktaven. Die ***Grundfrequenz*** des vom Kehlkopf erzeugten Klanggemischs hängt in hohem Maß von der muskulär erzeugten Spannung der Stimmlippen, in geringerem Maß vom subglottischen Druck ab. *Mit zunehmender Spannung der Stimmlippen und/oder zunehmendem subglottischen Druck kann die Druckfrequenz der Stimme willkürlich erhöht werden.* Unter laryngoskopischer Beobachtung zeigt sich zudem, daß beträchtliche Aus- und Abwärtsbewegungen der Glottis mit Tonhöhenänderungen einhergehen. Dabei kann der M. cricothyreoideus den Schildknorpel nach vorne kippen (Abb. 15–21) und ihn dadurch von den Stellknorpeln entfernen, wodurch die Stimmlippen noch stärker angespannt werden können. Durch die Kombination dieser und weiterer Parameter ist eine Vielzahl von Schwingungsabläufen bei der Schallerzeugung des Kehlkopfs möglich.

Die endgültige, individuell unterschiedliche Länge der Stimmlippen beim Erwachsenen führt zu einem unterschiedlichen Grundschwingungsverhalten beim einzelnen Menschen. Dem entsprechen die ***Stimmgatttungen*** Baß, Bariton und Tenor beim Mann sowie Alt, Mezzosopran und Sopran bei der Frau.

Muskuläre Propriozeptoren und auditorische Rückkoppelung erlauben es, die Stimme zu kontrollieren

Zwei Kontrollmechanismen erlauben es, einen bestimmten „Ton" mit gewünschter Frequenz und Schalldruck willkürlich zu treffen: Zum einen sind es die Propriozeptoren in Kehlkopfmuskeln und Schleimhaut; wichtiger ist jedoch die Kontrolle durch das Gehör. Beim lauten Sprechen oder beim Singen findet sich 0,3–0,5 s vor der Phonation eine elektromyographisch nachweisbare Muskelaktivitätsänderung ***(präphonatorische Muskeleinstellung).*** Offenbar können erlernte Bewegungsabfolgen der Stimmlappen subkortikal programmiert werden, wie dies auch bei manuellen Fertigkeiten möglich ist. Andererseits differieren unter beidohriger Geräuschbelastung selbst bei Sängern die Stimmeinsätze um bis zu 1,5 Halbtöne, so daß angenommen werden kann, daß die präphonatorische Muskeleinstellung nur eine relativ grobe Annäherung ergibt. Vielmehr ist es die auditive Rückkopplung, die bei intaktem Hör-Sprach-Kreis die exakte Kontrolle des Kehlkopfs für die Erzeugung von Frequenz und Druck des gewünschten Schallsignals ermöglicht.

Das Ansatzrohr formt verständliche Laute aus dem Schallsignal des Kehlkopfs

Die ***Artikulation*** erfolgt mit wenigen Ausnahmen in den gesamten Hohlraum zwischen Stimmlippenebene und Mund- bzw. Nasenöffnung. Nach dem Vorbild von Blasinstrumenten werden diese Räume Ansatzrohr genannt. Es umfaßt den supraglottischen Larynx, die drei Pharynxetagen, die Mundhöhle sowie die Nasenhaupthöhlen. ***Die Form des Ansatzrohrs kann durch die Rachen-, Gaumen-, Zungen-, Kau- und mimische Gesichtsmuskulatur willkürlich verändert werden. Dadurch ist physikalisch eine verstellbare Resonanz dieser Hohlräume möglich*** (Abb. 15–22). Sie ist neben weiteren Mechanismen der physikalische Grundmechanismus, der aus dem angebotenen Schallsignal des Kehlkopfs verständliche Vokale und Konsonanten formt. Bei Verlust des Kehlkopfs kann mit Hilfe einer künstlichen Schallquelle (z. B. einer Stimmprothese oder eines elektronischen Vibrators) ein Schallsignal im Hypopharynx erzeugt werden. Die künstliche Stimmbildung kann vom Patienten genutzt werden, im unverändert normalen Ansatzrohr eine laute und leidlich verständliche Sprache zu bilden.

Je nach Bedarf bewegen sich die „Artikulationsorgane" Uvula, weicher Gaumen, Zungenrücken, Zungenrand, Zungenspitze sowie Lippen und formen an Zähnen, Alveolarkamm, Gaumen sowie im Nasenraum ***Vokale*** und ***Konsonanten.***

Die komplexen Schallwellen eines Sprachsignals können klinisch durch einen Sonographen mittels Filtern nach Frequenz, Schalldruck sowie in Abhängigkeit von der Zeit zerlegt werden. Dabei erweisen sich Vokale als Klänge, die aus einem Grundton (Stimme) und bestimmten harmonischen Obertönen bestehen und einen periodischen Schwingungsverlauf besitzen. Diese im Ansatzrohr durch Resonanz verstärkten Frequenzen sind für jeden Vokal spezifisch und erlauben die Identifikation etwa eines „e" oder „i". Sie entstehen dadurch, daß bei der Produktion bestimmter Vokale das Ansatzrohr etwa durch die Stellung der Zunge eine bestimmte Konfiguration erhält, so daß aus physikalischen Gründen ganz bestimmte Resonanzeigenschaften entstehen. Das Ansatzrohr wird durch die Stimme zur Resonanz angeregt, die so entstehenden Resonanzfrequenzen nennt man ***Formanten*** eines Vokals. Das „e" etwa ist charakterisiert durch Formantfrequenzen von ca. 500 Hz, 1800 Hz und 2400 Hz, unabhängig von seiner Grundfrequenz, d. h. unabhängig von der Frequenz der Stimmlippenschwingungen. Das „i" besitzt Formantfrequenzen von 300 Hz, 2000 Hz und 3100 Hz. Stimmlose Konsonanten (f, ss, p, t, k) hingegen sind Geräusche. Sie entstehen bei nichtschwingenden Stimmlippen durch Verengen im Ansatzrohr, die eine Luftströmung erzwingen und damit zur Wirbelbildung Anlaß geben. Ein Kehlkopfloser kann mit Hilfe solcher Wirbelbildungen, die ein Rauschen darstellen, noch immer das Ansatzrohr zur Abgabe von Resonanzschwingungen im Formantbereich anregen und damit die Pseudoflüstersprache produzieren.

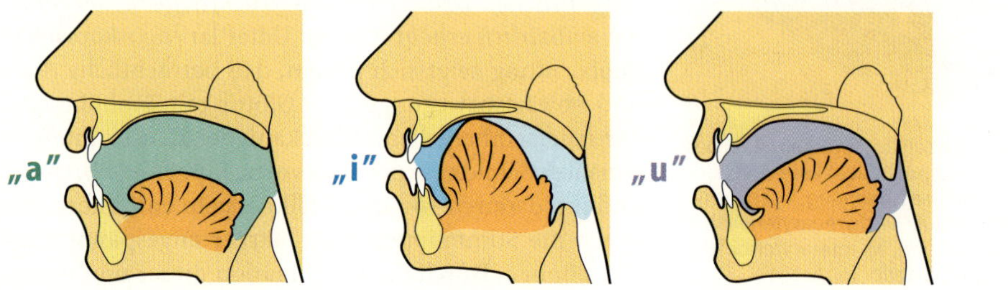

Abb. 15–22. Ansatzrohr. Änderung der Form und des Ansatzrohrs durch die Zunge bei den Vokalen „a", „u" und „i"

!

Der Kehlkopf erzeugt Schall, der Stimme genannt wird (Phonation). Der Schall wird durch Bernoulli-Schwingungen der Stimmlippen erzeugt. Der Schalldruck der Stimme hängt dabei wesentlich vom subglottischen Druck ab. Die Spannung der Stimmlippen bestimmt die Stimmfrequenz. Verständliche Laute werden aus dem Schallsignal erst im Ansatzrohr erzeugt (Artikulation). Beteiligt sind Rachen-, Gaumen-, Zungen-, Kau- und Gesichtsmuskulatur. Phonation und Artikulation werden zentral durch das motorische Sprachzentrum des Gehirns gesteuert.

15.8 Literatur

Weiterführende Lehr- und Handbücher

1. Becker W, Naumann HH, Pfaltz CR (1996) Hals-Nasen-Ohren-Heilkunde. Thieme, Stuttgart
2. Békésy G von (1960) Experiments in Hearing. McGraw Hill, New York
3. Biesalski P, Frank F (1982) Phoniatrie-Pädaudiologie. Thieme, Stuttgart
4. Keidel WD, Neff WD (eds) (1974–1976) Handbook of Sensory Physiology, Vols I-III. Springer, Berlin
5. Klinke R, Hartmann R (1983) Hearing – Physiological Bases and Psychophysics. Springer, Berlin
6. Lenhardt E (1987) Praxis in der Audiometrie, 6. Aufl. Thieme, Stuttgart
7. Moore BCJ (1982) An Introduction to the Psychology of Hearing. Academic Press, London
8. Moore EJ (1983) Bases of Auditory Brainstem Evoked Responses. Thieme & Stratton, New York
9. Pickles JO (1988) An Introduction to the Physiology of Hearing, 2nd ed. Academic Press, London
10. Stöhr M, Dichgans J, Diener HC, Buettner UW (1982) Evozierte Potentiale. Springer, Berlin Heidelberg New York
11. Zenner HP (1985) Hören. Thieme, Stuttgart

Einzel- und Übersichtsarbeiten

12. Dallos P, Santos Sacci J, Flock A (1982) Intracellular recordings from cochlear outer hair cells. Science 218: 582–584
13. Evans EF (1974) Neuronal process for the detection of acoustic patterns and for sound localization. In: Schmidt FO, Worden FG. (eds) Neurosciences – Third Study Program. MIT Press New York, p 131
14. Evans EF, Klinke R (1982) The effects of intracochlear and systemic furosemide on the properties of single cochlear nerve fibres in the cat. J Physiol 331: 409–427
15. Gitter AH, Zenner HP, Frömter E (1986) Membrane potential and ion channels in isolated outer hair cells of the guinea pig cochlea. J Oto-Rhino-Laryngol 48: 65–75
16. Khanna SM, Leonard DBG (1982) Basilar membrane tuning in the cat cochlea. Science 215: 305–306
17. Klinke R. (1986) Neurotransmission in the inner ear. In: Flock A, Wersäll J (eds) Cellular Mechanisms in Hearing, Elsevier Amsterdam, pp 235–244
18. Klinke R (1987) Die Verarbeitung von Schallreizen im Innenohr. HNO 35, 139
19. Klinke R (1990) Gleichgewichtssinn, Hören, Sprechen. In: Schmidt RF, Thews G (Hrs) Physiologie des Menschen, 24. Aufl. Springer Berlin
20. Klinke R, Galley N (1974) Efferent innervation of vestibular and auditory receptors. Physiol. Rev. 54 316
21. Manley JA, Müller-Preuss P (1978) Response variability of auditory cortex cells in the squirrel monkey to constant acoustic stimuli. Exp Brain Res 32: 171–180
22. Russell IJ, Cody AR, Richardson GP (1986) The responses of inner and outer hair cells in the basal turn of the guinea pig cochlea and in the mouse cochlea grown in vitro. Hear Res 22: 199–216
23. Sellick PM, Patuzzi B, Johnstone BM (1982) Measurement of basilar membrane motion in the guinea pig using Moessbauer technique. J acoust Soc Amer 72: 131–141
24. Spoendlin H (1972) Innervation densities of the cochlea. Acta oto-laryngol 73:235
25. Tonndorf J (1980) Dimensional analysis of cochlear models. J acoust Soc Amer 32: 493–497
26. Zenner HP (1986) Motile responses in outer hair cells. Hear Res 22:83–90
27. Zenner HP, Zimmermann U, Schmitt U (1985) Reversible contraction of isolated mammalian cochlear hair cells Hear Res 18: 127–133
28. Zenner HP, Zimmermann U, Gitter AH (1987) Fast motility of isolated mammalian auditory sensory cells. Biochem biophys Res Commun 1:304–308

16 Gesichtssinn und Okulomotorik

O.-J. Grüsser, U. Grüsser-Cornehls

Einleitung Der Jenaer Philosoph und Physiker J. F. Fries (1773–1843) schrieb 1818 in seinem „Handbuch der psychischen Anthropologie":

„Für die Kenntnis der Natur ist der Mensch ein Zögling des Auges. Nur das Sehen führt uns über die Oberfläche der Erde hinaus zu den Gestirnen und auch auf der Erde führt dieser Sinn uns die meisten Anschauungen aus den größten Entfernungen mit der größten Leichtigkeit der Auffassung zu... Der Sehende faßt das ganze Leben der Natur um sich her durch Licht und Farbe, das Auge ist unser Weltsinn."

Im folgenden werden die physiologischen Grundlagen dieses „Weltsinnes" dargestellt.

16.1 Sehen – Schauen – Blicken

Die visuelle Wahrnehmung ist das Ergebnis der Wechselwirkung sensorischer und motorischer Leistungen des Auges und des Zentralnervensystems

Durch Augen-, Kopf- und Körperbewegungen verschieben sich die Bilder der visuellen Umwelt alle 0,2–0,6 s auf der Netzhaut. Unser Gehirn erzeugt aus den diskontinuierlichen und unterschiedlichen Netzhautbildern eine *einheitliche* und *kontinuierliche* Wahrnehmung der visuellen Objekte *(„Sehdinge")* und des uns umgebenden *extrapersonalen Raumes.* Trotz der retinalen Bildverschiebungen werden die Raumrichtungen („Koordinaten") richtig und die Gegenstände unbewegt wahrgenommen, weil die afferenten visuellen Signale mit der *„Efferenzkopie"* der motorischen Kommandos und mit vestibulären Signalen im Gehirn verrechnet werden (s. S. 112).

Die Blickbewegungen lenken die Stelle des schärfsten Sehens der Netzhaut beider Augen auf das zu jedem „Augenblick" interessierende Objekt. Hat dieses eine hinreichende Ausdehnung, so „tastet" unser Blick das Objekt durch kleine ruckartige Augenbewegungen (***Sakkaden***) ab. Für die aktiven motorischen Leistungen des Sehsinnes hat die Sprache eigene Bezeichnungen gebildet: ***Schauen – Blicken – Betrachten.*** Nur wenn wir in Gedanken versunken sind und die Umwelt uns nicht interessiert, „stiert" der Blick ins Unbestimmte [16,27,43].

Beim Umherblicken sind konjugierte Augenbewegungen, Vergenzbewegungen und Torsionsbewegungen beider Augen derart koordiniert, daß auf der Fovea centralis jedes Auges jeweils der gleiche Gegenstand abgebildet wird

Das menschliche Auge wird durch 6 äußere Augenmuskeln (***Mm. recti sup., inf., lat., med., Mm. obliqui sup., inf.***) bewegt, die durch 3 Hirnnerven (***N. oculomotorius, N. trochlearis*** und ***N. abducens***) innerviert werden. Die *binokulare Koordination* der *Augenbewegungen* bewirkt, daß jeweils auf jeder Fovea das Bild des gleichen Gegenstandes entworfen wird. Man unterscheidet für das Zusammenwirken der Augen bei Änderung des Fixationspunktes oder der Kopfstellung drei unterschiedliche Programme:

- ***Konjugierte Augenbewegungen,*** bei denen sich die Augen jeweils zusammen in die gleiche Richtung bewegen. Blickhebung ist von einer Lidhebung, Blicksenkung von einer Lidsenkung begleitet, da die Aktivierung des *M. levator palpebrae* gemeinsam mit dem *M. rectus superior* vom Okulomotoriuskern koordiniert wird.
- ***Vergenzbewegungen,*** bei denen sich beide Augen spiegelbildlich zur *Sagittalebene* des Kopfes bewegen. Wird der Blick von einem Punkt in großer Entfernung zu einem Punkt in der Nähe verlagert, so führen beide Augen *Konvergenzbewegungen* aus. Eine *Divergenzbewegung* kommt zustande, wenn von einem Gegenstand in der Nähe zu einem Punkt in der Ferne geblickt wird. Die Sehachsen beider Augen bewegen sich auseinander, bis sie beim Blick in große Entfernung parallel zueinander stehen.
- Bei einer Änderung der Vergenz treten ***spiegelbildliche Torsionsbewegungen*** der Augen in der frontoparallelen Ebene auf (Außenrollung oder *Extorsion* bei Konvergenz). Gleichsinnige Torsionsbewegungen kann man feststellen, wenn die Versuchsperson ihren Kopf zur Seite neigt. Die Torsionsbewegungen in der frontoparallelen Ebene sind in der Regel nicht größer als 10° [4,69,72].

Es gibt drei verschiedene Klassen von Augenbewegungen mit unterschiedlicher zeitlicher Dynamik: Sakkaden, Fixationsperioden und Augenfolgebewegungen

Sakkaden. Beim freien Umherblicken bewegen sich unsere Augen in raschen Rucken von 10–80 ms Dauer von einem Fixationspunkt zum nächsten (Abb. 16-1A-C), Die Sakkadenamplitude kann wenige Winkelminuten betragen *(„Mikrosakkaden")*, aber auch Werte über 90° erreichen. Die mittlere Winkelgeschwindigkeit der Augen während der Sakkaden nimmt mit der Sakkaden-

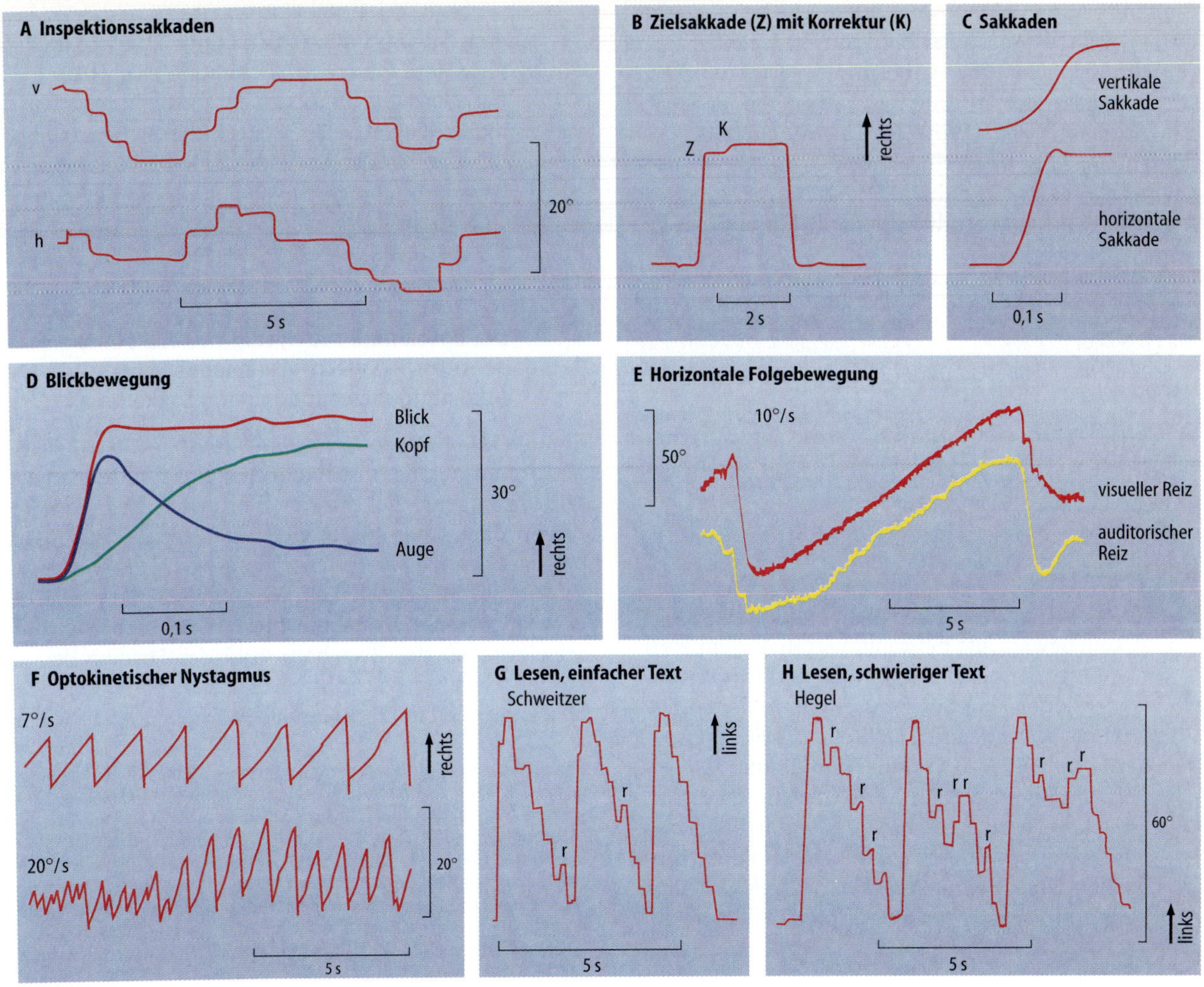

Abb. 16–1. Elektrookulographische Registrierungen der Augenbewegungen des Menschen. **A** Sakkaden beim freien Umherblicken, *v:* vertikale Augenposition, *h:* horizontale Augenposition. **B** Große horizontale Zielsakkade (Z) mit kleiner Korrektursakkade (K). **C** Horizontale und langsamere vertikale Sakkade. **D** Augen- und Kopfbewegungen des Rhesusaffen bei reflektorischer horizontaler Blickbewegung auf einen plötzlich im rechten Gesichtsfeld auftauchenden kleinen Lichtreiz [46]. **E** Augenfolgebewegungen auf einen im Dunkeln horizontal bewegten kleinen Lichtpunkt von 0,2 ° Durchmesser („visueller Reiz"). *Darunter* auditorische Augenfolgebewegungen auf einen im Dunkeln mit gleicher Geschwindigkeit bewegten kleinen Lautsprecher, der weißes Rauschen abgab. **F** Horizontaler optokinetischer Nystagmus, der durch ein mit 7 °/s und 20 °/s bewegtes Streifenmuster ausgelöst wurde. In der ersten Hälfte der Registrierung mit 20 °/s versuchte die Versuchsperson möglichst viele Streifen nacheinander zu fixieren, was eine Erhöhung der *Nystagmusfrequenz* bewirkte. **G** Horizontale Augenbewegungen beim Lesen eines sprachlich und inhaltlich einfachen Textes (Albert Schweitzer *„Aus meiner Kindheit und Jugendzeit"*). **H** Lesen eines sprachlich einfachen, inhaltlich jedoch schwierigen Textes (G.F. Hegel *„Einführung in die Philosophie"*). Beim inhaltlich schwierigeren Text treten gehäuft Regressionssakkaden (r) von rechts nach links auf. Die Zahl der pro Zeile benötigten Sakkaden ist beim schwierigeren Text insgesamt größer, die Lesegeschwindigkeit sinkt im Vergleich zum Lesen des einfacheren Textes ab [58]

amplitude zu und erreicht bei großen Sakkaden (>60 °) Werte über 500 °/s. Wegen der hohen Winkelgeschwindigkeit des Auges entspricht der retinale Reiz während einer Sakkade einem kurzen Graustimulus wie bei einem Lidschlag. Lidschläge sind in der Regel mit Sakkaden zeitlich korreliert.

Wird der Blick weniger als 10 ° um die *Grundstellung der Augen im Kopf* (Blick horizontal geradeaus) verlagert, so wird die Blickposition überwiegend durch *Augenbewegungen* verändert. Bei größeren Blickamplituden werden die Sakkaden des Auges immer von ***Kopfbewegungen*** begleitet, sofern dieselben nicht aktiv unterdrückt werden. Die neuronale Aktivierung von Augenmuskeln und Halsmuskeln beginnt meist zur gleichen Zeit, jedoch wird wegen der größeren Masse des Kopfes dieser etwas später und langsamer bewegt als die Augen. Dies hat zur Folge, daß bei einer zielgerichteten Blickbewegung zunächst eine sakkadische Augenbewegung zum Blickziel ausgeführt wird, und der Kopf etwas verzögert folgt, wobei gleichzeitig die Augen im Kopf zurückbewegt werden. Während dieser Phase der Kopfbewegung bleibt der Blick im Raum unbewegt (Abb. 16–1D). Die Rückbewegung der Augen während der Kopfbewegung wird durch vestibuläre Signale (*„vestibulookulärer Reflex"*) und Signale aus Mechanorezeptoren der Halsmuskulatur beeinflußt.

Fixationsperioden. Beim freien Umherblicken treten zwischen den Sakkaden *Fixationsperioden* von 0,2–0,6 s Dauer auf (Abb. 16–1A). Die zur Gestaltwahrnehmung relevante retinale Signalaufnahme erfolgt während der Fixationsperioden.

Gleitende Augenfolgebewegungen. Wird ein bewegtes Objekt, mit den Augen verfolgt, so treten *gleitende Augenfolgewegungen* auf (Abb. 16–1E). Die Winkelgeschwindigkeit der Augenfolgebewegungen entspricht näherungsweise der Winkelgeschwindigkeit des verfolgten Objektes, wenn dieses nicht schneller als 60 °/s ist. Dann wird das Bild des bewegten Gegenstandes im Bereich der Fovea centralis „gehalten" [2,53,69].

Gleitende Augenbewegungen entstehen auch, wenn ein ruhender Gegenstand mit den Augen fixiert wird und der Kopf oder der ganze Körper bewegt wird: *Fixieren Sie die Pupille eines Ihrer Augen im Spiegel und drehen Sie den Kopf langsam nach rechts, links, oben oder unten: Jedes Auge bewegt sich gleichmäßig in der Orbita und steht im Raum still!*

Augenfolgebewegungen können im Dunkeln auch durch auditorische Reize oder durch taktile Reize ausgelöst werden (Abb. 16–1E). Sie sind wie die auditorischen und taktil ausgelösten Sakkaden weniger präzise und mit Sakkaden gemischt, weil die visuelle Rückkopplung fehlt [4,16,69].

!

Jedes Auge wird durch 6 äußere Augenmuskeln bewegt, die bei konjugierten Augenbewegungen, Vergenzbewegungen und Torsionsbewegungen koordiniert zusammenarbeiten. Die Augen bewegen sich während der *Fixationsperioden* von 0,2–0,6 s Dauer nur minimal. Die visuelle Signalaufnahme erfolgt während dieser Zeit. Wechselt das Blickziel, so werden die Fixationsperioden durch kurze *Sakkaden* unterbrochen. Ein *bewegtes Objekt* wird durch *gleitende Augenfolgebewegungen* verfolgt, die dafür sorgen, daß das Bild des bewegten Objektes im Bereich der *Fovea centralis* „gehalten" wird. Dies gilt allerdings nur bis zu einer Objektgeschwindigkeit von etwa 60 °/s. Bei höheren Geschwindigkeiten helfen Korrektursakkaden und Kopfbewegungen bei der Verfolgung des bewegten Objektes mit dem Blick.

Der optokinetische Nystagmus stellt einen periodischen Wechsel von langsamen Augenfolgebewegungen und Sakkaden dar

Ein ***optokinetischer Nystagmus (OKN)*** entsteht z. B., wenn man aus dem Seitenfenster eines fahrenden Eisenbahnwagens die Umwelt betrachtet. Beide Augen führen dann konjugierte gleitende Augenbewegungen entgegengesetzt zur Fahrtrichtung aus. Die Winkelgeschwindigkeit der Augenbewegungen hängt während der langsamen Nystagmusphase von der Fahrtgeschwindigkeit der Eisenbahn und der Distanz des fixierten Gegenstandes ab. Die langsamen Nystagmusphasen werden durch ***Rückstellsakkaden*** unterbrochen.

Für die klinische Untersuchung wird der OKN (Abb. 16–1F) meist mittels bewegter Muster (z. B. einem um die Versuchsperson bewegten Streifenzylinder) ausgelöst. Variable Parameter bei der Messung des OKN sind die *Winkelgeschwindigkeit*, die *Streifenbreite* und die *Bewegungsrichtung* des Streifenmusters. Die Winkelgeschwindigkeit der langsamen OKN-Phase ist höher, wenn die Versuchsperson aufmerksam die Streifen verfolgt (***„Schaunystagmus"***), als wenn sie „passiv" auf das Streifenmuster blickt (***„Stiernystagmus"***). Wird während des OKN der Versuchsraum

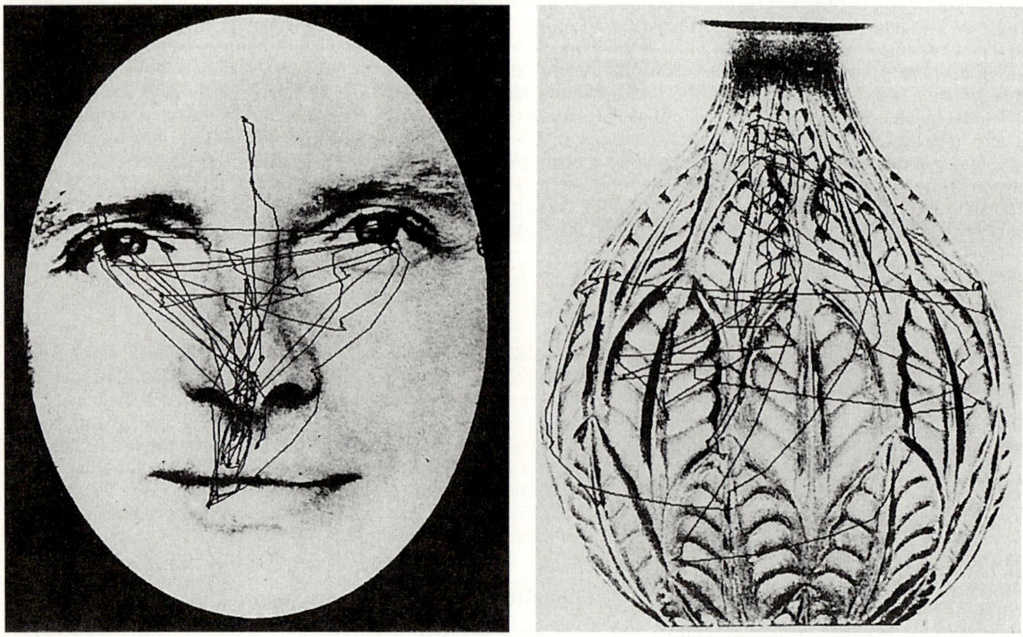

A B

Abb. 16–2 A u. B. Zweidimensionale Registrierung der Augenposition bei Betrachtung des Diapositivs eines inneren Gesichtsausschnittes und einer Vase. Die Reizmuster wurden während eines Gedächtnistestes für jeweils 20 s betrachtet [84]

plötzlich verdunkelt, so kommt es zum *optokinetischen Nachnystagmus* (OKAN), an dessen Entstehung die Vestibulariskerne des Hirnstamms wesentlich beteiligt sind (s. S. 256).

Mittels der quantitativen Untersuchung des OKN und des OKAN können Veränderungen der Blickmotorik infolge von Störungen im blickmotorischen System des Hirnstammes, von Kleinhirnläsionen, Läsionen im Bereich des Parietallappens der Großhirnrinde und von Störungen im vestibulären System erfaßt werden [2,4,7,53,56].

Bei der Betrachtung komplexer visueller Reizmuster bestimmen das Reizmuster und das Interesse des Beobachters die Augenbewegungen

Beim freien Umherblicken in einem visuell gut strukturierten Raum treten sakkadische Augenbewegungen in allen Richtungen auf. Die Abb. 16–2 zeigt die zweidimenisonale Aufzeichnung der ***Augenposition*** einer Versuchsperson bei der kurzen Betrachtung des Diapositivs eines Gesichtes und einer Vase während eines Gedächtnistestes. *Konturen, Konturunterbrechungen* oder *Konturüberschneidungen* der betrachteten Objekte sind bevorzugte Fixationspunkte. Darüber hinaus bestimmt natürlich auch das ***Interesse*** an dem betrachteten Objekt und dessen *Bedeutung* die Art der Fixationen. Schaut man ein Gesicht an, so werden *Augen* und *Mund* häufiger fixiert als andere Teile. In der Regel wird die rechte Gesichtshälfte des Betrachteten um etwa 30 Prozent länger angesehen als die linke [43,84].

Augenbewegungen beim Lesen. Eine besonders regelhafte Form der Augenbewegungen tritt beim Lesen auf: Der Fixationspunkt verschiebt sich beim Lesen westlicher Texte in raschen Sakkaden von links nach rechts über die Zeile. Zwischen den Sakkaden liegen Fixationsperioden von 0,2–0,6 s Dauer (Abb. 16–1G, H). Ist der Fixationspunkt beim Lesen am Zeilenende angelangt, so bewegen sich die Augen meist mit *einer* Sakkade wieder nach links zum nächsten Zeilenanfang. Die Amplitude und die Frequenz der Lesesakkaden sind von der formalen Struktur des Textes (Größe, Gliederung, Groß- und Kleinschreibung) abhängig. Sie werden jedoch auch vom *Textverständnis* bestimmt.

Ist ein Text unklar geschrieben oder gedanklich schwierig, so treten gehäuft *Regressionssakkaden* auf (Abb. 16–1H). Dies sind Sakkaden entgegengesetzt zur „normalen" Leserichtung. Zahlreiche Regressionssakkaden kennzeichnen auch die Augenbewegungen eines gerade das Lesen lernenden Kindes. Kinder mit einer Lese- und Rechtschreibungsschwäche (*Legasthenie*) zeigen ebenfalls häufige Regressionssakkaden [39].

! Der optokinetische Nystagmus ist eine regelhafte Folge von gleitenden Augenfolgebewegungen und *Rückwärtssakkaden,* die ausgelöst werden, wenn sich großflächige visuelle Muster um den Beobachter drehen. Wie gut die Winkelgeschwindigkeit der langsamen Nystagmusphase mit der Winkelgeschwindigkeit des bewegten Reizmusters übereinstimmt, hängt von der Winkelgeschwindigkeit des Reizmusters und der Aufmerksamkeit des Beobachters ab (Schaunystagmus/Stiernystagmus).

Beim Umherblicken werden die *Sakkaden* von den Strukturmerkmalen (Konturen, Konturunterbrechungen) und von besonders wichtigen Teilen eines Objektes gesteuert. Eine regelhafte Folge von Sakkaden und Fixationsperioden stellt sich beim *Lesen* ein.

In der mesenzephalen und pontinen Formatio reticularis befinden sich Zentren zur Steuerung vertikaler, horizontaler und torsionaler Blickbewegungen

Um eine präzise Koordination der Bewegung beider Augen zu erreichen, sind einerseits die Nervenzellen der Augenmuskelkerne durch Axone von *Interneuronen* miteinander verknüpft, andererseits wird die Aktivität der Motoneurone in den Augenmuskelkernen durch Nervenzellen der ***blickmotorischen Zentren*** des Hirnstammes kontrolliert. Der Erregungszustand der Nervenzellen der blickmotorischen Zentren wird durch verschiedene subkortikale und kortikale Bereiche des Gehirns bestimmt: *Colliculi superiores, extrastriäre visuelle kortikale Areale, parietale Integrationsregionen (besonders Area 7), frontales Augenfeld* (s. S. 308) und alle jene Großhirnrindenregionen, die überwiegend der *Bewegungswahrnehmung* dienen (Areae MT, MST, FST, s. S. 309).

Auch aus den Vestibulariskernen, des Hirnstammes, dem Flocculus und dem Paraflocculus des Kleinhirns sowie aus auditorischen Hirnregionen gibt es Verbindungen zu den blickmotorischen Zentren des Hirnstammes (Abb. 16–3). Von diesen blickmotorischen Zentren ziehen axonale Verbindungen nicht nur zu den Augenmuskelkernen, sondern auch zu den Motoneuronen des Rückenmarks. Diese Verbindungen dienen der *Koordination von Augen-, Kopf- und Körperbewegungen bei der visuellen Exploration des extrapersonalen Raumes oder bei der Verfolgung eines bewegten Blickzieles.*

Für die Steuerung der ***horizontalen Blickbewegungen*** ist vor allem die *paramediane pontine Formatio reticularis (PPRF)* zuständig, für die ***vertikalen Blickbewegungen*** dagegen die *mesencephale Formatio reticularis (MRF)*, für die ***torsionalen Augenbewegungen*** (Intorsion, Extorsion) der *interstitielle Kern des Fasciculus longitudinalis medialis.* Diese Blickzentren sind untereinander durch Axone verbunden, über die die Blickbewegungen in jene Richtungen geregelt werden, die zwischen den drei genannten Hauptrichtungen liegen. Vergenzbewegungen der Augen werden vor allem durch prätektale Bereiche des Hirnstammes gesteuert [2,4,7,69,72].

Abb. 16–3 zeigt schematisch die für die Steuerung der Blickmotorik wichtigen neuronalen Strukturen des Hirnstamms. Die räumliche Trennung von blickmotorischen Zentren, Augenmuskelkernen und ihren Verbindungen bewirken, daß je nach dem Ort einer Hirnstammläsion Augenmuskellähmungen, Blicklähmungen oder beide gemeinsam auftreten (Einzelheiten s. [69]).

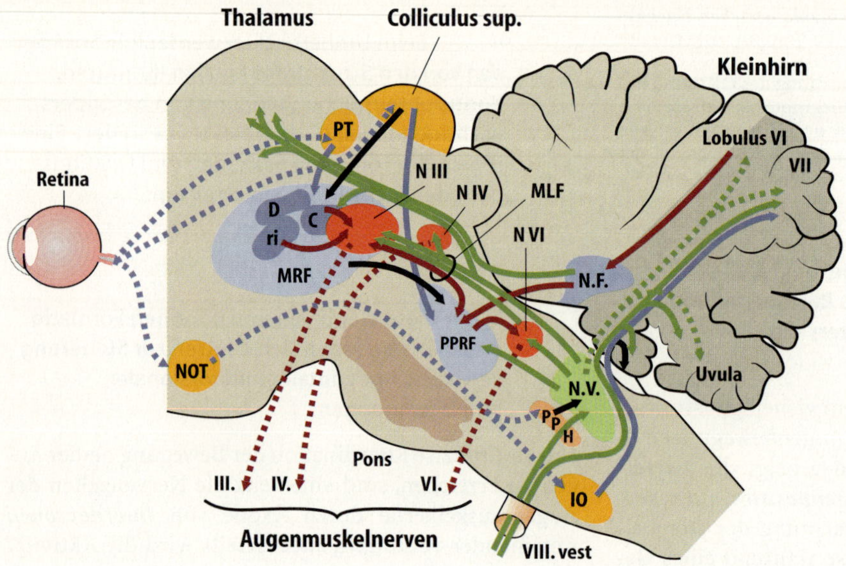

Abb. 16–3. Schema der blickmotorischen Zentren des Hirnstammes und der Augenmuskelkerne nebst ihrer wichtigsten neuronalen Verbindungen. Bewegungsspezifische Ganglienzellen der Retina senden Axone zum Kern des optischen Traktes (NOT), dessen Zellen einerseits Axone zur unteren Olive (IO, von dort Kletterfasern ins Kleinhirn), andererseits zum Nucleus praepositus hypoglossi (PPH) und den Vestibulariskernen (N.V.) schicken. Letztere sind überwiegend durch Axone im Fasciculus medialis lateralis (MLF) direkt mit den Augenmuskelkernen (N III, N IV, N VI) und mit den Blickzentren der mesencephalen (MRF, vertikale und torsionale Blicksteuerung) und der präpontinen reticulären Formation (PPRF, horizontale Blicksteuerung) verbunden. Die Neurone der Blickzentren koordinieren für die verschiedenen Blickprogramme die Aktivität der Motoneurone in den Augenmuskelkernen. Die Blickzentren erhalten retinale Signale über das Prätektum (PT, Steuerung von Vergenzbewegungen) und die Colliculi superiores (vertikale und horizontale Sakkadensteuerung). MRF und PPRF integrieren (über nicht eingezeichnete Verbindungen) Signale aus den corticalen visuellen Regionen und dem frontalen Augenfeld sowie aus den Kleinhirnkernen (z. B. N. F., Nucleus fastigius). Der rostrale interstitielle Kern (ri) der MRF kontrolliert torsionale Blickbewegungen [4,69,72]

!

Binokulare Blickbewegungen in den drei Hauptrichtungen (horizontal, vertikal, torsional) werden durch drei unterschiedliche Blickzentren des Hirnstammes gesteuert, die untereinander und mit den Augenmuskelkernen verbunden sind. Die neuronale Aktivität dieser pontinen und mesenzephalen Blickzentren wird nicht nur durch die visuellen Reizmuster, sondern auch durch vestibuläre, auditorische und somatosensorische Signale sowie durch die vestibulären und okulomotorischen Teile des Kleinhirns gesteuert.

16.2 Licht und Auge

Elektromagnetische Strahlung von 400 bis etwa 750 nm Wellenlänge nehmen wir als ***Licht*** wahr. Die für uns wichtigste Lichtquelle ist die Sonne. Im *Regenbogen* ist das weiße Licht der Sonne in seine spektralen Teile zerlegt: der langwellige Teil des Lichts erscheint uns rot, der kurzwellige blau-violett (Abb. 16–4). Licht nur einer Wellenlänge heißt ***monochromatisch***.

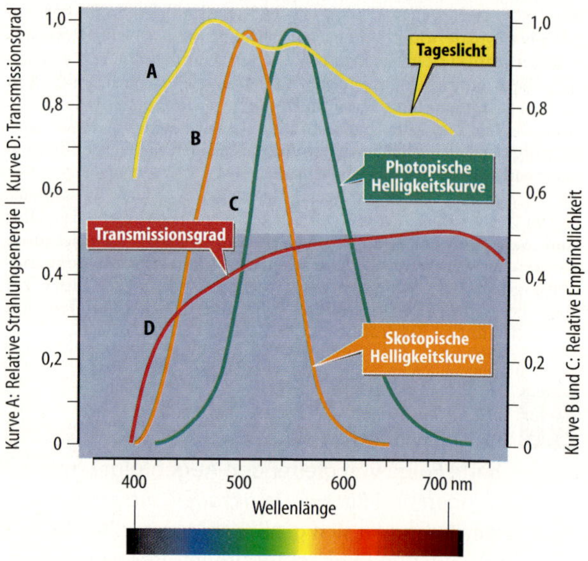

Abb. 16–4. Spektrum des Sonnenlichtes auf der Erdoberfläche (*A*), spektrale Empfindlichkeit des menschlichen Sehsystems beim skotopischen Sehen (*B*) und beim photopischen Sehen (*C*). (*D*) Transmissionsgrad des dioptrischen Apparates im menschlichen Auge. Für die Kurve A wurde die relative Energie des Tageslichtes bei wolkenlosem Himmel im sichtbaren Bereich der elektromagnetischen Strahlung gemessen. Zur Darstellung der Kurven B und C wurde der Energiewert für die effektivsten Wellenlängen (500 nm bzw. 555 nm) jeweils auf 1 normiert

Die spektrale Reflektanz der Objektoberflächen, Farbkontraste und Hell-Dunkelkontraste bestimmen bei Tageslicht das Aussehen der Gegenstände

Die meisten Dinge unserer Umgebung absorbieren bzw. reflektieren Licht unterschiedlicher Wellenlängen verschieden stark. Ist die ***spektrale Reflektanz*** (*spektraler Remissionsgrad*) ungleichmäßig über das sichtbare Spektrum verteilt, so erscheinen uns die Oberflächen der Sehdinge ***bunt.*** Der Unterschied der mittleren Leuchtdichte benachbarter Strukturen bestimmt ihren physikalischen Kontrast $C = (I_h - I_d)/(I_h + I_d)$, wobei I_h die Leuchtdichte des helleren, I_d die des dunkleren Gegenstandes ist.

Sehen beruht vor allem auf der Wahrnehmung von ***Hell-Dunkel-Kontrasten*** und von ***Farbkontrasten.*** Mit Hilfe des Farbkontrastes können wir Gegenstände voneinander unterscheiden, deren mittlerer physikalischer Kontrast Null ist. Das Farbunterscheidungsvermögen des Menschen ist im Bereich der Grüntöne (Blätterfarben!) besonders gut. Gelb- und Rottöne (typische Farben vieler Früchte) heben sich als *Kontrastfarben* besonders stark aus den Grüntönen heraus.

Durch Adaptation ist der Leuchtdichtebereich, innerhalb dessen gesehen werden kann, sehr groß

Sehen ist in einem relativ großen Energiebereich von etwa $1:10^{11}$ möglich. Bei *konstanter Umweltbeleuchtung* ist jedoch nur eine Anpassung im Bereich von etwa 1:40 erforderlich. In dieser Größenordnung variiert die mittlere *Reflektanz* (*Remissionsgrad*) der Oberflächen der meisten Sehdinge, spiegelnde Flächen ausgenommen.

Die mittlere Leuchtdichte der natürlichen Umwelt des Menschen variiert zwischen etwa 10^{-6} cd · m^{-2} (cd = candela) bei bewölktem Nachthimmel über 10^{-3} cd · m^{-2} bei klarem Sternenhimmel, 10^{-1} cd · m^{-2} in einer klaren Vollmondnacht bis etwa 10^{7} cd · m^{-2} bei hellem Sonnenschein und hell reflektierenden Flächen (z. B. Schneefeldern). Das visuelle System paßt sich durch verschiedene auf S. 294, 295 besprochene ***Adaptationsprozesse*** an diese sehr große Variationsbreite der natürlichen Umweltleuchtdichte an [18,19].

Lichtwahrnehmungen sind auch ohne physikalisches Licht und ohne ein retinales Bild möglich

Hält man sich längere Zeit in einem *völlig dunklen Raum* auf, so sieht man das ***Eigengrau:*** Lichtnebel, rasch aufleuchtende Lichtpünktchen und bewegte undeutliche Strukturen von verschiedenen Graustufen füllen das Gesichtsfeld aus. Eidetisch begabte Menschen sehen alsbald farbige Muster, Gesichter oder Gestalten, manche erkennen bildhafte Szenen. Diese ***phantastischen Gesichtserscheinungen*** sind *keine* pathologischen Symptome, kommen jedoch gehäuft bei hohem Fieber vor [16].

Licht wird auch wahrgenommen, wenn die Netzhaut oder das afferente visuelle System durch ***inadäquate Reize*** (s. S. 195) erregt werden. Drückt man z. B. in völliger Dunkelheit mit dem Finger leicht von außen auf das Auge, so sieht man ***Deformationsphosphene*** (s. S. 295). ***Elektrische Phosphene*** entstehen, wenn die Netzhaut, der Sehnerv, das afferente visuelle System oder die primäre Sehrinde elektrisch gereizt werden. Letzteres ist z. B. durch eine *transkranielle elektromagnetische Stimulation* möglich, ein Verfahren, das in jüngster Zeit in der neurologischen Diagnostik Bedeutung gewonnen hat.

Migränephosphene, die meist als hell flickernde, zickzackförmig strukturierte und gekrümmte Bänder gesehen werden, entstehen durch eine Erregung der Nervenzellen der primären Sehrinde, wenn es dort in einem umschriebenen Gebiet zu einer vorübergehenden Regulationsstörung des Ionengehaltes im extrazellulären Raum kommt [16,65].

Jeder Leser kennt ***szenische visuelle Halluzinationen*** aus seinen Träumen (REM-Phase des Schlafes, s. S. 147). ***Pathologische visuelle Halluzinationen*** können im Verlauf von Psychosen auftreten. Szenische visuelle Halluzinationen sind besonders häufig beim alkoholischen Delir (Korsakow-Psychose) und bei drogeninduzierten Psychosen.

> **!**
>
> Sichtbares Licht ist physikalisch gesehen ein Ausschnitt des elektromagnetischen Spektrums in einem Wellenlängenbereich zwischen etwa 400 und 750 nm. Durch verschiedene Adaptationsmechanismen beträgt der Leuchtdichtebereich, innerhalb dessen gesehen werden kann, etwa $1:10^{11}$. Bei *konstanter Umweltbeleuchtung* variiert die mittlere Reflektanz der meisten Gegenstände allerdings nur in einem Bereich von 1:40.
>
> Lichtwahrnehmungen sind auch ohne physikalisches Licht und ohne Stimulation der Netzhaut durch ein retinales Bild möglich. Solche Lichtwahrnehmungen reichen von dem in völliger Dunkelheit gesehenen unstrukturierten *Eigengrau* über die Wahrnehmung farbiger Muster, Gesichter oder bildhafter Szenen im Dunkeln (*phantastische Gesichtserscheinungen*) bis zu den pathologischen *visuellen Halluzinationen.* Inadäquate Reizung der Netzhaut oder des zentralen visuellen Systems löst ebenfalls Lichtwahrnehmungen aus, von denen die *Migränephosphene* klinisch eine besonders wichtige Rolle spielen.

Das optische System des Auges ist ein nicht exakt zentriertes, zusammengesetztes Linsensystem, das auf der Netzhaut ein umgekehrtes und verkleinertes Bild der Umwelt entwirft

Der ***dioptrische Apparat*** besteht aus der durchsichtigen ***Hornhaut*** (*Kornea*), den mit ***Kammerwasser*** gefüllten vorderen und hinteren ***Augenkammern,*** der die ***Pupille*** bildenden ***Iris,*** der ***Linse,*** die von einer durchsichtigen ***Linsenkapsel*** umgeben ist, und dem ***Glaskörper,*** der den größten Raum des Augapfels ausfüllt (Abb. 16–5). Der Glaskörper ist ein wasserklares Gel aus extrazellulärer Flüssigkeit, in der Kollagen und Hyaluronsäure kolloidal gelöst sind. Die hintere innere Oberfläche des Auges wird von der ***Retina*** (Netzhaut) ausgekleidet. Der Raum zwischen Retina und der den *Bulbus oculi* bildenden festen Sklera wird durch das Gefäßnetz der *Chorioidea* ausgefüllt. Am hinteren Pol des Auges hat die menschliche Retina eine kleine Grube, die ***Fovea centra-***

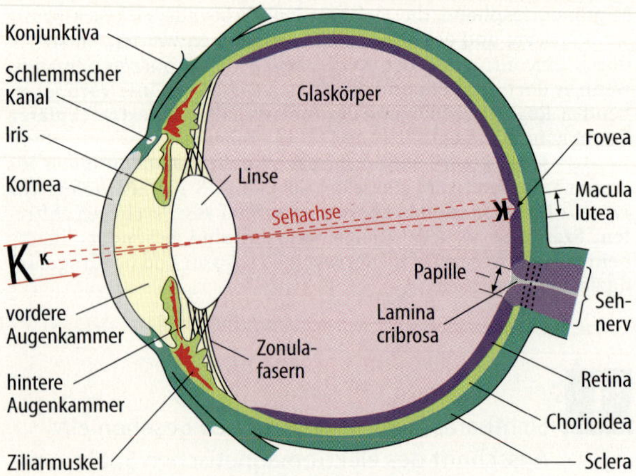

Abb. 16–5. Schematischer Horizontalschnitt durch das rechte Auge

lis. Sie ist für das Tageslichtsehen die Stelle des schärfsten Sehens und normalerweise der Schnittpunkt der optischen Achse des Auges mit der Netzhaut.

Der dioptrische Apparat entwirft auf der Netzhaut ein umgekehrtes und verkleinertes Bild. Hierfür gelten die Gesetze der physikalischen Optik [6,10,18, 22,30,31,35,37]. Im ***reduzierten Auge*** (Abb. 16–6) ist die Dioptrik des Auges für den medizinischen Alltag stark vereinfacht. Die Distanz des Knotenpunktes K dieses reduzierten Auges zur Retina beträgt 16,67 mm. Aus diesem Wert und dem Sehwinkel α des Objekts kann die Bildgröße auf der Netzhaut berechnet werden. Die Gesamtbrechkraft des normalen Auges beträgt 58,6 Dioptrien (dpt) [1,6,18,30,37].

Die äußere Oberfläche der Hornhaut ist von einem dünnen Tränenfilm überzogen, der die optischen Eigenschaften verbessert

Die Tränen werden ständig in kleinen Mengen durch die Tränendrüsen produziert und durch die Lidschläge gleichmäßig über Horn- und Bindehaut verteilt. Ein Teil der Tränenflüssigkeit geht durch Verdunsten in die Luft über, der Rest fließt durch den Tränennasengang in die Nasenhöhle ab. Der Tränenfilm, dessen wäßrige Phase nach außen von einer Lipidschicht *(„monolayer“)* bedeckt ist, „vergütet“ die optischen Eigenschaften der Hornhaut

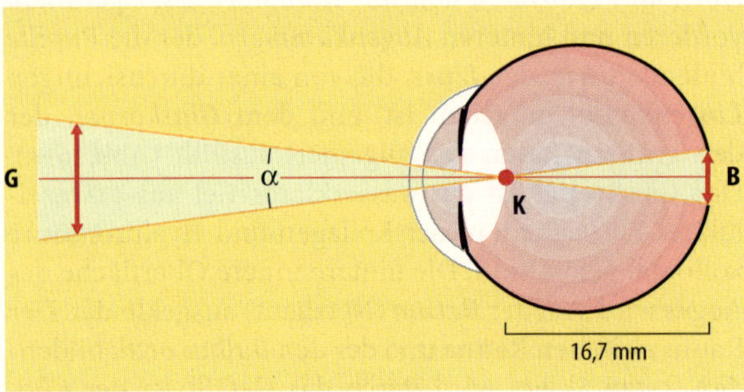

Abb. 16–6. Reduziertes Auge. 1 Winkelgrad entspricht etwa 0,29 mm auf der Retina

und ist gleichzeitig „Schmiermittel“ zwischen Augen und Lidern. Ein Fremdkörper zwischen Lidern und Augen reizt die Mechano- und Nozizeptoren der Horn- und Bindehaut (*N. trigeminus*), wodurch reflektorisch die Tränensekretion und die Lidschlagfrequenz zunimmt. Die Tränen haben dann die Funktion einer ***Spülflüssigkeit.***

Tränen schmecken salzig; ihre Zusammensetzung entspricht etwa einem Ultrafiltrat des Blutplasmas. Sie enthalten gegen Krankheitserreger wirksame Enzyme als Infektionsschutz. Wie jeder weiß, hat die Tränensekretion des Menschen eine Bedeutung als emotionales Ausdrucksmittel beim Weinen.

!

Der dioptrische Apparat des Auges ist ein zusammengesetztes Linsensystem, das auf der Netzhaut ein umgekehrtes und verkleinertes Bild der Umwelt entwirft. Brechkraft, Brennweite und Bildgröße auf der Retina können nach Gesetzen der physikalischen Optik berechnet werden. Die äußere Oberfläche des dioptrischen Apparates, die Hornhaut, wird durch den Tränenfilm geschützt. Die Gesamtbrechkraft des Auges beträgt 58,6 Dioptrien, die Distanz des Knotenpunktes im reduzierten Auge von der Netzhaut 16,67 mm. Wenn der Sehwinkel eines Objektes bekannt ist, kann aus diesem Wert die Bildgröße auf der Netzhaut berechnet werden.

Die Pupillenweite wird über die Irismuskulatur kontrolliert: der M. sphincter pupillae bewirkt Miosis, der M. dilatator pupillae Mydriasis

Lichtreaktionen der Pupille. Normalerweise sind beide Pupillen rund und gleich weit. Der mittlere Pupillendurchmesser nimmt mit dem Lebensalter ab. Bei konstanter Umweltbeleuchtung ist die pro Zeiteinheit in das Auge eintretende Lichtmenge proportional zur *Pupillenfläche.* Die Pupillen sind um so enger, je größer die Umweltleuchtdichte ist. Diese ***Lichtreaktion*** der Pupillen kann durch getrennte Belichtung jedes Auges weiter differenziert werden (Abb. 16–7). Bei Belichtung eines Auges verengt sich innerhalb von 0,3–0,8 s nicht nur die Pupille des belichteten Auges (***direkte Lichtreaktion***), sondern auch die des nicht belichteten Auges (***konsensuelle Lichtreaktion***).

Naheinstellungsreaktion. Beim Blick aus der Ferne in die Nähe werden die Pupillen enger. Da dabei die Sehachsen der Augen in der Regel konvergieren (s. S. 278), wird diese Naheinstellungsreaktion der Pupillen auch ***Konvergenzreaktion*** genannt. Die Naheinstellungsreaktion geht einher mit der im folgenden besprochenen Zunahme der Brechkraft der Linse. Wie beim Photoapparat durch Abnahme der Blendenweite, so nimmt auch beim Auge die *Tiefenschärfe* zu, wenn die Pupille enger wird.

Funktion und Innervation der pupillomotorischen Muskeln. Die Pupillenweite wird durch zwei glatte Muskelsysteme in der Iris be-

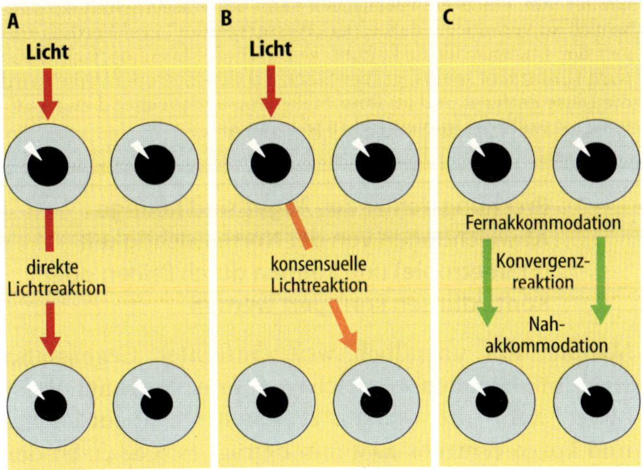

Abb. 16–7 A–C. Schema der Pupillenreaktionen. Die *roten Pfeile* symbolisieren die Belichtung eines Auges, die *grünen Pfeile* die Naheinstellungsreaktion

stimmt. Durch Kontraktion des ringförmigen *M. sphincter pupillae* wird die Pupille enger (Miosis). Eine Kontraktion des radial zur Pupille angeordneten *M. dilatator pupillae* erweitert die Pupille (***Mydriasis***).

Der *M. sphincter pupillae* wird durch *parasympathische* Nervenfasern innerviert, die ihren Ursprung im *Ganglion ciliare* hinter dem Auge haben. Die präganglionären Fasern stammen von *pupillomotorischen Neuronen* des Edinger-Westphal-Kerns, dem „vegetativen" Teil des Okulomotoriuskerns, dessen Aktivitätszustand durch die prätektale Region kontrolliert wird. Diese prätektalen Nervenzellen erhalten Signale aus der Ganglienzellschicht der Retina und aus der Sehrinde (Areae V1, V2).

Der *M. dilatator pupillae* wird dagegen durch *sympathische* Nervenfasern innerviert, deren Erregung vom ***ziliospinalen Zentrum*** des Rückenmarks (8. Hals- und 1.–2. Brustsegment) bestimmt wird. Dessen Aktivitätszustand schwankt mit der allgemeinen vegetativen Tonuslage (s. S. 353). Aufgeregte Menschen haben *weite Pupillen* und wegen der Mitinnervation des *M. levator palpebrae* und des (glatten) *M. tarsalis* im Oberlid auch *weite Lidspalten*. Die Axone des ziliospinalen Zentrums ziehen über die Hals-Sympathikus-Kette zum *Ganglion cervicale superius*. Dort erfolgt die synaptische Umschaltung auf die postganglionären Neurone, deren Axone entlang der *A. carotis interna* und der *A. ophthalmica* in die Orbita ziehen und über die Ziliarnerven das Auge erreichen [10,14,29,37,42].

! Die Größe der Pupillen und damit der mittlere Lichteinfall auf die Netzhaut wird durch die Irismuskulatur (M. sphincter pupillae, M. dilatator pupillae) kontrolliert. Die zur Miosis (Verengung) führende Lichtreaktion der Pupillen kann durch getrennte Belichtung jedes Auges in eine direkte und eine konsensuelle Komponente unterteilt werden. Die Pupillen werden auch bei Verlagerung des Blickziels aus der Ferne in die Nähe enger (Naheinstellungsreaktion), wodurch die Tiefenschärfe des dioptrischen Apparates zunimmt. Da die Irismuskulatur durch das vegetative Nervensystem kontrolliert wird, ist die mittlere Pupillenweite auch ein Indikator der vegetativen Tonuslage.

Die Einstellung der Sehschärfe beim Nah- und Fernsehen erfolgt durch Änderung der Linsenform (Akkommodation)

Die Oberflächenkrümmung der Linse hängt von deren Elastizität und von den auf die *Linsenkapsel* einwirkenden Kräften ab. Die passiven elastischen Kräfte des Ziliarapparates, der Chorioidea und der Sklera des Auges werden durch die Fasern der ***Zonula Zinnii*** auf die Linsenkapsel übertragen. Die mechanische Spannung der Sklera hängt ihrerseits vom ***intraokulären Druck*** ab (s. S. 288). Zunahme der Spannung in den Zonulafasern dehnt die Linse und bewirkt eine Abflachung vor allem der *vorderen Linsenfläche*. Der Einfluß dieser passiven elastischen Kräfte auf die Linsenform wird durch den ringförmig um die Linse gelegenen Ziliarmuskel modifiziert, der *radiäre, zirkuläre* und *meridional* verlaufende *glatte Muskelfasern* hat und durch vegetative, vorwiegend parasympathische Nervenfasern innerviert wird. Kontrahiert sich der Ziliarmuskel, so werden die über die Zonulafasern auf die Linse einwirkenden elastischen Kräfte aus der Chorioidea und der Sklera zum Teil kompensiert. Dadurch nimmt die Spannung der Linsenkapsel ab. Die Linsenoberfläche (vor allem die Vorderfläche) krümmt sich stärker. Die Brechkraft der Linse nimmt dadurch zu (***Nahakkommodation***). Erschlafft der Ziliarmuskel, so wird die Linse flacher und erreicht ihre geringste Brechkraft (***Fernakkommodation***). Im normalen Auge werden dann unendlich weit entfernte Gegenstände scharf auf der Netzhaut abgebildet.

Altersabhängigkeit der Akkommodationsbreite. Die in Dioptrien gemessene Differenz der Brechkraft bei Einstellung des *Nahpunktes* und des *Fernpunktes* heißt ***Akkommodationsbreite.*** Sie beträgt im jugendlichen Auge maximal 15 dpt. Dann werden vom normalen Auge bei starker Nahakkommodation Gegenstände auf der Netzhaut scharf abgebildet, die 1/15 = 0,067 m entfernt sind. Mit dem Alter wird die Linse infolge von Wasserverlust immer weniger elastisch, ihre Akkommodationsbreite nimmt ab. Der *Nahpunkt* rückt daher mit höherem Alter immer weiter vom Auge weg; eine Lesebrille wird benötigt (*Alterssichtigkeit* oder ***Presbyopie***) [6,18,30,31,37].

Die nervöse Kontrolle der Akkommodation erfolgt durch die Sehrinde und vegetative Hirnstammzentren

Der adäquate Reiz zur Änderung der Akkommodation ist eine ***unscharfe Abbildung*** auf der Netzhaut. Diese Eigenschaft des Reizmusters wird vermutlich von Neuronen im fovealen Projektionsgebiet der sekundären Sehrinde (Area V2, s. S. 299) ermittelt. Aus dieser Region gibt es Verbindungen zum Edinger-Westphal-Kern des Hirnstammes, der die präganglionären Neurone enthält, deren Axone zum *Ganglion ciliare* ziehen, von wo der Ziliarmuskel innerviert wird.

Die peripheren vegetativen Synapsen am Ziliarmuskel und in der Iris sind muskarinerg. Wird ***Atropin*** in den Bindehautsack eingeträufelt, so erreicht es durch Diffusion die Iris und den Ziliarkörper, blockiert die Signalübertragung der parasympathischen Synapsen und bewirkt eine Fernakkommodation mit Pupillenerweiterung. ***Neostigmin*** (s. S. 50) bewirkt dagegen eine Pupillenverengung und Nahakkommodation.

> **!** Im menschlichen Auge werden verschieden weit entfernte Gegenstände auf der Netzhaut dadurch scharf abgebildet, daß sich der Krümmungsradius der vorderen Linsenfläche ändert *(Akkommodation)*. Die Linsenform wird durch die Wechselwirkung zwischen der Spannung im Ziliarmuskel und in den Zonulafasern bestimmt. Die Zonulafasern übertragen elastische Kräfte aus der Chorioidea und der Sklera über die Linsenkapsel auf die Linse. Wie groß die *Akkommodationsbreite* ist, hängt von der Elastizität der Linse ab. Mit zunehmendem Alter nimmt dieselbe und damit auch die Akkommodationsbreite ab. Im Alter zwischen 60 und 70 Jahren sinkt die Akkommodationsbreite unter 0,5 Dioptrien (*Alterssichtigkeit, Presbyopie*).

Die Abbildungsgüte des Auges wird durch „physiologische" Abbildungsfehler begrenzt

Das Linsensystem eines modernen Photoapparates hat im Vergleich zum dioptrischen Apparat des Auges wesentlich bessere Abbildungseigenschaften. Die im folgenden besprochenen „physiologischen" Abbildungsfehler des Auges werden jedoch durch neuronale Kontrastmechanismen weitgehend kompensiert (s. S. 294).

Astigmatismus. Die Hornhautoberfläche ist nicht ideal rotationssymmetrisch, sondern meist in vertikaler Richtung stärker als in horizontaler Richtung gekrümmt. Daher entsteht ein Brechkraftunterschied für die verschiedenen Richtungen (*Astigmatismus, Stabsichtigkeit*). Wenn dieser nicht mehr als 0,5 dpt beträgt, bezeichnet man ihn als „physiologischen" Astigmatismus.

Sphärische Aberration. Die Kornea und die Linse des Auges haben wie alle einfachen Linsen im Randbereich eine kürzere Brennweite als im zentralen Bereich um die optische Achse. Die dadurch entstehende *sphärische Aberration* macht die Abbildung unscharf. Je enger die Pupillen sind, um so kleiner wird infolge der Abblendung der Randstrahlen dieser störende Einfluß der sphärischen Aberration.

Chromatische Aberration und Akkommodation. Wie bei allen einfachen Linsen wird auch durch den dioptrischen Apparat kurzwelliges Licht stärker gebrochen als langwelliges Licht (*chromatische Aberration*). Zur scharfen Abbildung der roten Teile eines Gegenstandes muß daher stärker akkommodiert werden als für die Abbildung der blauen Teile. Diese Akkommodationsdifferenz ist die Ursache, warum uns bei gleicher objektiver Entfernung Blau meist weiter entfernt erscheint als Rot.

Streulicht und Trübungen im dioptrischen Apparat. Linse und Glaskörper enthalten Strukturproteine und andere kolloidal gelöste makromolekulare Substanzen. Daher entsteht im dioptrischen Apparat eine geringe *diffuse Dispersion* des Lichtes (*Tyndall-Effekt*). Dieses Streulicht beeinträchtigt die visuelle Wahrnehmung bei blendenden Lichtreizen (s. S. 294). Auch in gesunden Augen kommen kleine *Glaskörpertrübungen* vor. Sie sind gegen eine weiße Wand als runde, unregelmäßig geformte, kleine, graue Flecken zu erkennen. Da sie sich mit jeder Augenbewegung scheinbar gegen den hellen Hintergrund verschieben, werden sie *fliegende Mücken* genannt.

Grauer Star. Bei älteren Menschen kann der Wassergehalt der Linse sich so verändern, daß es zu „Wasserspalten" und Verdichtungen der Linsenstruktur kommt, wodurch die Linse optisch trübe wird (*Cataracta senilis*, grauer Star). Bei der „Staroperation" wird die Linse entfernt und an ihrer Stelle eine entsprechend angepaßte Kunststofflinse implantiert [6,18,19, 30,42].

Brechungsfehler des Auges sind häufige Abweichungen von der Normalsichtigkeit (Emmetropie) und können durch Brillen oder Kontaktlinsen korrigiert werden

Myopie. Ein unendlich weit entfernter Gegenstand wird im normalen Auge scharf auf der Netzhaut abgebildet, wenn die Distanz zwischen Hornhautscheitel und Fovea centralis 24,4 mm beträgt (s. S. 284). Ist der Bulbus länger als normal, so können ferne Gegenstände nicht mehr scharf gesehen werden, da die Bildebene *vor* der Fovea liegt (***Kurzsichtigkeit, Myopie***). Der Kurzsichtige muß entweder zerstreuende Kontaktlinsen oder eine Brille mit solchen Linsen (-dpt) tragen, wenn er in die Ferne scharf sehen will (Abb. 16–8).

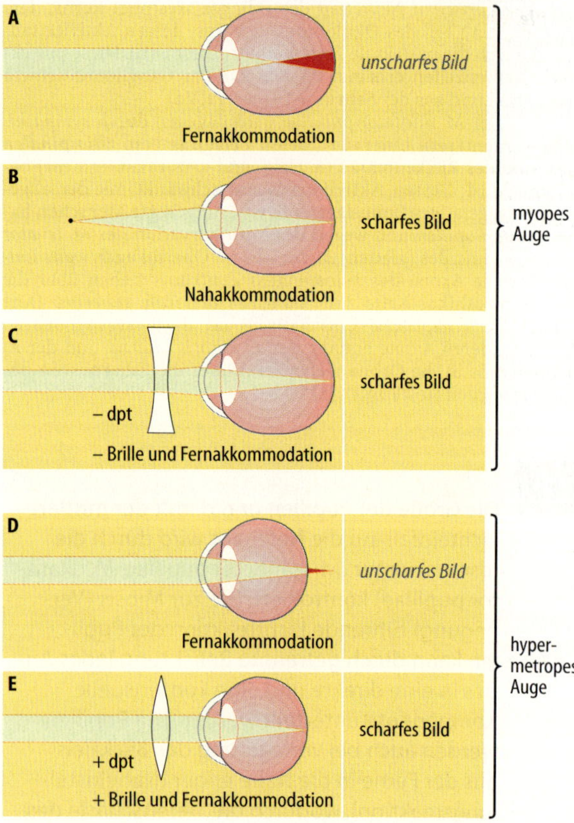

Abb. 16–8. A Strahlengang bei der Myopie (Kurzsichtigkeit). **B** Ein Gegenstand, der näher als der Fernpunkt ist, kann auf der Netzhaut scharf abgebildet werden. **C** Korrektur der Myopie durch eine zerstreuende Linse (-dpt). Der Bulbus ist zur Verdeutlichung übertrieben lang gezeichnet („Achsenmyopie").**D** Strahlengang bei der Hypermetropie beim Blick in die Ferne und **E** nach Korrektur mit einer Sammellinse (+dpt, *rot*)

Die Entstehung der Myopie wird gefördert, wenn Lesen und Schreiben lernende Kinder aus zu kurzer Distanz auf die Seiten blicken. Bei starker Konvergenz wird der bei Kindern noch relativ weiche Augapfel durch die äußeren Augenmuskeln deformiert und etwas länger. Kinder sind daher zu einer hinreichend großen Lese- und Schreibdistanz anzuhalten (> 30 cm).

Hypermetropie. Ist der Bulbus im Verhältnis zur Brechkraft des dioptrischen Apparates zu kurz, so liegt eine ***Übersichtigkeit*** (***Hypermetropie***) vor. Der Hypermetrope kann durch zusätzliche Nahakkommodation Gegenstände im Unendlichen scharf sehen, seine Akkommodation reicht jedoch oft nicht aus, um auch Gegenstände in der Nähe scharf zu sehen. Daher benötigt der Weitsichtige Sammellinsen (+dpt), um seine Fehlsichtigkeit zu kompensieren [31,37].

Mit Hilfe eines Augenspiegels kann der Augenhintergrund betrachtet werden

Blickt ein Tier aus dem Dunkeln in das Scheinwerferlicht eines Autos, so sieht der Autofahrer ein „Aufleuchten" der Tieraugen, weil das Scheinwerferlicht durch den Augenhintergrund reflektiert wird. Diese Lichtreflexion wird beim ***Augenspiegeln*** ausgenützt. Der vereinfachte Strahlengang beim Augenspiegeln im ***aufrechten Bild*** ist in Abb. 16–9A dargestellt. Ein Bild des Augenhintergrundes, wie man es beim Augenspiegeln sieht, zeigt Abb. 16–9B: Die ***Papille***, die ***Gefäße*** der Netzhaut und die innere Netzhautoberfläche erscheinen im aufrechten Bild etwa 15mal vergrößert, weil der dioptrische Apparat des Auges als vergrößernde Linse wirkt.

Die Betrachtung des Augenhintergrundes ist nicht nur für die augenärztliche Diagnostik wichtig (z. B. *Netzhautdegenerationen, Störungen des Pigmentepithels, Netzhauttumoren*), sondern auch für den Neurologen (z. B. *Stauungspapille* bei erhöhtem Schädelinnendruck) und für den Internisten. Da die *Arteria centralis retinae* und ihre Hauptäste *Arteriolen* sind, können an ihnen Veränderungen dieses Abschnittes des Gefäßsystems direkt betrachtet werden (wichtig z. B. bei *Diabetes mellitus* oder *Bluthochdruckerkrankungen*) [14,18,29,30,37].

! Der dioptrische Apparat des Auges weist einige physiologische „Abbildungsfehler" auf, die durch neuronale Kontrastmechanismen zum Teil kompensiert werden: der physiologische Astigmatismus ist in der Regel durch eine in horizontaler Richtung stärker als in vertikaler Richtung bestehende Krümmung der Hornhautoberfläche bedingt. Die sphärische Aberration kann wie in allen optischen Systemen durch Pupillenverengung reduziert werden. Die chromatische Aberration bewirkt, daß die Akkommodation von der spektralen Zusammensetzung des Lichtes abhängt, das von einem Objekt reflektiert wird. Streulicht und Trübungen im dioptrischen Apparat reduzieren ebenfalls die Sehschärfe. Kurzsichtigkeit (Myopie) und Übersichtigkeit (Hypermetropie) sind häufige Refraktionsfehler des Auges. Sie werden durch zerstreuende bzw. sammelnde Linsen in Brillen oder Kontaktlinsen korrigiert.

A

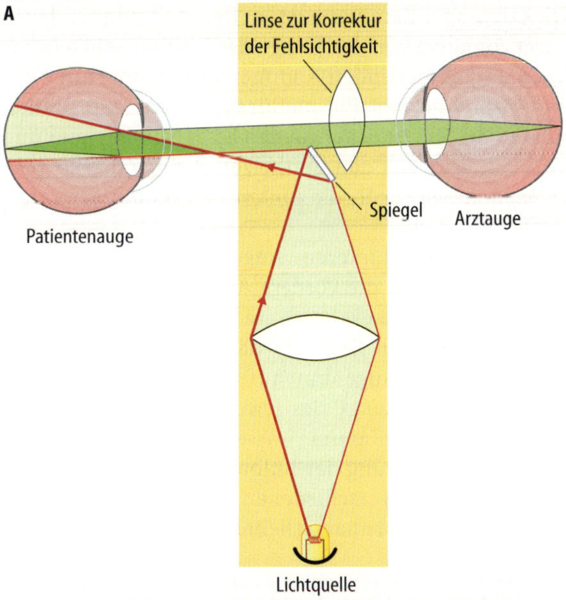

B

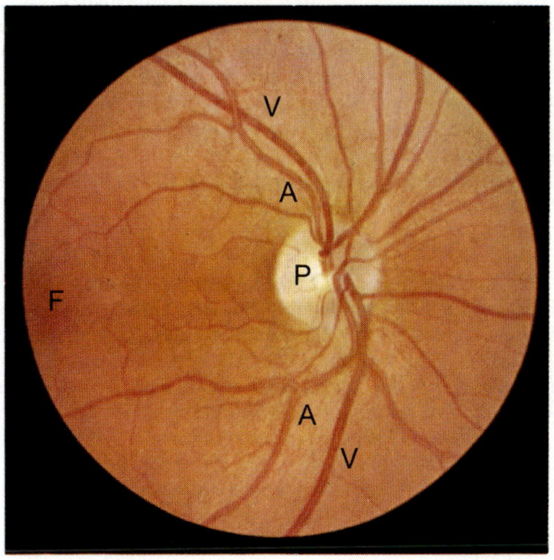

Abb. 16–9. A Vereinfachtes Schema des Strahlenganges beim Augenspiegeln im aufrechten Bild. **B** So wird der Augenhintergrund dann gesehen (rechtes Auge): *A* Äste der A. centralis retinae; *V* Äste der Vv. centrales retinae; *P* Papilla nervi optici; *F* Fovea centralis [29]

Durch Augenspiegeln im aufrechten Bild kann der Augenhintergrund etwa 15mal vergrößert betrachtet werden. Mit dieser Methode läßt sich ein Urteil über pathologische Veränderungen der Netzhaut, der Papille, der retinalen Blutgefäße und des Sehnerven gewinnen.

Die äußere Form des Auges und die richtige Lage der Teile des dioptrischen Apparates werden durch die Sklera und den Augeninnendruck gewährleistet, der physiologisch nur wenig schwankt

Sekretion von Kammerwasser. Der Augeninnendruck hängt vor allem von der Menge des kontinuierlich gebildeten und abfließenden Kammerwassers ab. Durch *Ultrafiltration* gelangt Plasmaflüssigkeit aus den Blutkapillaren des Ziliarkörpers in den Extrazellulärraum und wird von dort von den Epithelzellen des Ziliarkörpers als *Kammerwasser* in die *hintere Augenkammer* ***sezerniert*** (Abb. 16–5).

Aus der hinteren Augenkammer fließt das Kammerwasser in die vordere Augenkammer und von dort über das Trabekelwerk im Kammerwinkel durch den ***Schlemmschen Kanal*** in das venöse Gefäßsystem ab. Der normale Augeninnendruck (16 bis 20 mm Hg) wird durch die Menge des jeweils neugebildeten und des abfließenden Kammerwassers bestimmt. Er dient der Aufrechterhaltung der Bulbusform und der „richtigen" Distanz der verschiedenen Teile des dioptrischen Apparates vom Hornhautscheitel und der Netzhaut.

Tonometrie. Der Augeninnendruck kann von außen durch Messung der Korneaeindellung bestimmt werden, die ein Senkstift von definiertem Durchmesser und Gewicht bewirkt (***Impressionstonometrie***), oder durch Messung der Kraft, die notwendig ist, die Kornea über einen kleinen Bereich abzuflachen (***Applanationstonometrie***). Eine pathologische Erhöhung des Augeninnendrucks liegt vor, wenn dieser bei wiederholten Messungen über 20 mm Hg (2,66 kPa) liegt. Beim akuten Glaukomanfall kann der Augeninnendruck bis über 60 mm Hg (8 kPa) ansteigen [29,42, 66].

Klinische Aspekte. Stellt sich bei normaler Kammerwasserproduktion eine Abflußbehinderung ein, so steigt der Augeninnendruck an. Eine pathologische Erhöhung des Augeninnendrucks wird ***Glaukom*** genannt. Beim chronischen Glaukom (*Glaucoma simplex*) wölbt sich die mechanisch schwächste Stelle der Augenwand, die *Lamina cribrosa* an der Durchtrittstelle des Sehnerven *nach außen* aus, wodurch die Sehnervenfasern geschädigt werden. Beim ***akuten Glaukomanfall*** (*„Winkelblockglaukom"*) entsteht durch Verlegung des Kammerwinkels ein akuter Anstieg des Augeninnendrucks und eine Durchblutungsstörung der Netzhaut. Als Folge der retinalen Durchblutungsstörung kann eine vorübergehende oder bleibende Schädigung der Retina mit Erblindung eintreten. Meist werden beim akuten Glaukomanfall durch die Dehnung der Bulbuswand und die Druckerhöhung *Nozizeptoren* im Auge aktiviert. Der Bulbus ist dann nicht nur besonders hart, sondern auch stark schmerzempfindlich [29,66].

!

Der Augeninnendruck schwankt normalerweise zwischen etwa 16 und 20 mm Hg und hat eine wichtige Funktion für die Bulbusform und die richtige Distanz der Teile des dioptrischen Apparates vom Hornhautscheitel. Durch kombinierte Ultrafiltration und Sekretion wird die Menge des pro Zeiteinheit gebildeten Kammerwassers bestimmt. Die Abflußmöglichkeit des Kammerwassers über den Schlemmschen Kanal regelt den Augeninnendruck, dessen Werte durch *Tonometrie* gemessen werden können.

16.3 Signalaufnahme und Signalverarbeitung in der Netzhaut

Die Netzhaut entsteht während der Embryonalentwicklung aus einer Ausstülpung des Zwischenhirnbodens; sie ist also ein ***Teil des Gehirns.*** Daher ist es nicht überraschend, daß die Retina ein komplexes neuronales Netzwerk ist, dessen wichtigste Komponenten in Abb. 16–10 schematisch dargestellt sind.

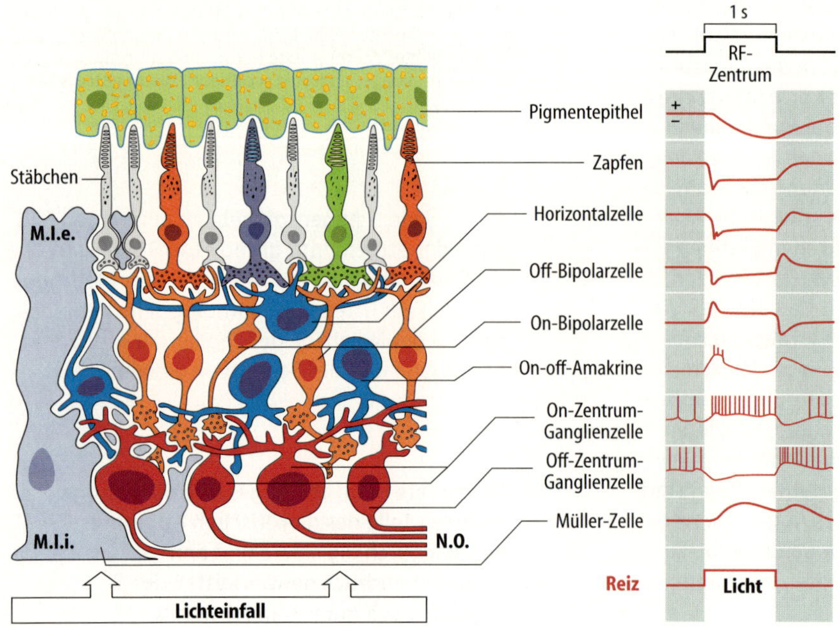

Abb. 16–10. Aufbau der Primatennetzhaut und Schema der Reaktion einzelner Neurone der Netzhaut auf einen Lichtreiz. *M.l.e.* Membrana limitans externa, *M. l. i.* Membrana limitans interna [51,61,62]

Für das Sehen im Licht der Sonne und des Mondes gibt es zwei unterschiedliche Klassen von Photorezeptoren (Duplizitätstheorie)

Die Anpassung an die Beleuchtungsbedingungen der Umwelt wird durch zwei retinale Rezeptortypen mit unterschiedlichen Absolutschwellen erleichtert (***Duplizitätstheorie***): Mit den ***Stäbchen*** der Netzhaut wird bei Sternenlicht gesehen (***skotopisches Sehen***), mit den ***Zapfen*** am Tage (***photopisches Sehen***). Beim skotopischen Sehen erkennt man Helligkeitsunterschiede, aber keine Farben. Beim photopischen Sehen kann man dagegen an den Gegenständen Farben und Hell-Dunkelwerte unterscheiden. Die prozentuale Verteilung von Stäbchen und Zapfen in der Netzhaut verschiedener Säugetierarten hängt u.a. davon ab, ob sie überwiegend nachtaktiv oder tagaktiv sind.

Die *spektrale Empfindlichkeit des menschlichen Auges* hat für das skotopische Sehen ein Maximum bei etwa 500 nm, beim photopischen Sehen dagegen bei etwa 555 nm (Abb. 16–4B,C). Das eingeschränkte Farbensehen in der Dämmerung, im Übergangsbereich zwischen dem skotopischen und dem photopischen Sehen wird *mesopisches Sehen* genannt [10,15,22,30].

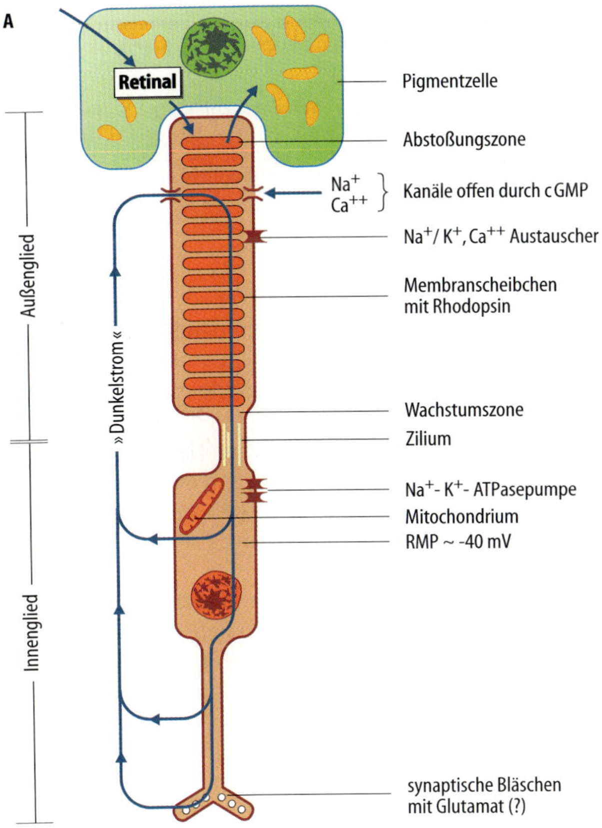

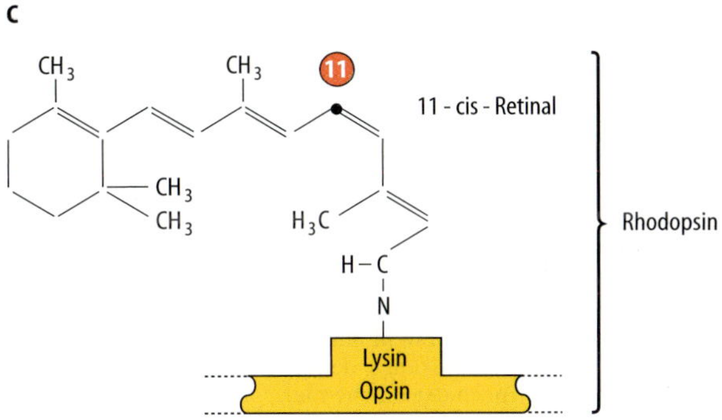

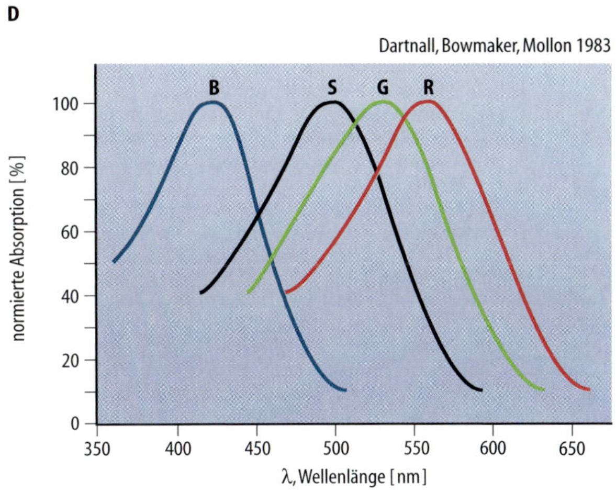

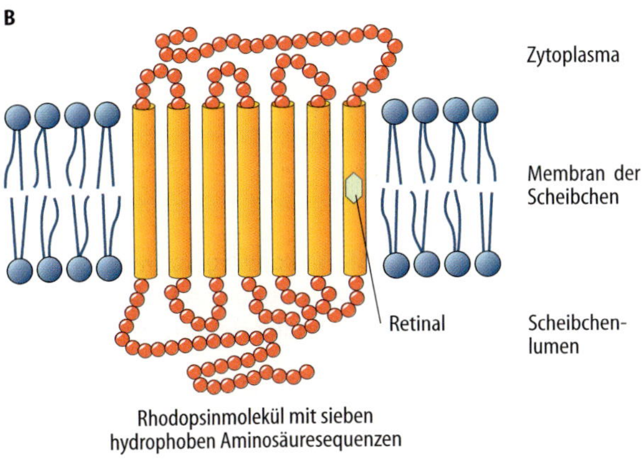

Abb. 16–11. A Schematischer Aufbau eines Stäbchens der Netzhaut und einer Zelle des Pigmentepithels. Am äußeren Ende werden die Außenglieder der Photorezeptoren abgebaut und die Abbauprodukte von der Pigmentzelle aufgenommen. **B** Schema eines Rhodopsinmoleküls, das mit 7 hydrophoben Aminosäuresequenzen die Lipiddoppelschicht der Scheibchenmenbran durchdringt. **C** 11-cis-Retinal ist über Lysin an den Proteinteil des Rhodopsins gebunden. Nach Photonenabsorption tritt eine Photoisomerisation am C-Atom 11 ein (*rot*). **D** Normierte spektrale Absorptionskurven der Sehfarbstoffe der drei verschiedenen Zapfentypen (*B, G, R*) und der Stäbchen (S) in der menschlichen Netzhaut [54]

Die Lichtquantenabsorption durch die Sehfarbstoffmoleküle leitet den Transduktionsprozeß des Sehens ein

Photorezeptoren. Die Rezeptorschicht des menschlichen Auges besteht aus etwa 120 Millionen Stäbchen und 6 Millionen Zapfen (Abb. 16–10). Die Rezeptordichte (Rezeptoren pro Flächeneinheit) ist für die Zapfen in der Mitte der Fovea, für die Stäbchen dagegen im parafovealen Bereich am höchsten. In der *Fovea centralis* gibt es keine Stäbchen, die Fovea ist also für das Tageslichtsehen spezialisiert. Die Zapfen der Fovea bilden eine regelmäßige Mosaikstruktur. In der Foveamitte beträgt der Durchmesser der Zapfenaußenglieder etwa 2 μm, was einem Sehwinkel von etwa 0,4 Winkelminuten entspricht.

Sehfarbstoffe. Das *Außenglied* der Rezeptorzellen besteht aus einigen hundert Membranscheibchen (Stäbchen) bzw. Membraneinfaltungen (Zapfen) und ist durch ein dünnes Zilium mit dem übrigen Zellkörper verbunden (Abb. 16–11A). Die Moleküle der Sehfarbstoffe sind regelmäßig in die Lipiddoppelschicht der Zellmembran der Außenglieder eingelagert. Der Sehfarbstoff der Stäbchen heißt *Rhodopsin* („*Sehpurpur*"); er sieht rot aus, weil Rhodopsin grünes und blaues Licht besonders gut absorbiert. Dies kann durch Bestimmung der ***spektralen Absorptionskurve*** exakt gemessen werden. Man fand zwei Absorptionsmaxima, im sichtbaren Bereich bei etwa 500 nm und im ultravioletten Bereich bei ewa 350 nm. Rhodopsin besteht aus einem Glykoprotein (*Opsin*) und einer *chromophoren Gruppe*, dem 11-cis-Retinal (Aldehyd des Vitamins A_1; s. Lehrbuch der Biochemie).

Die spektralen Absorptionskurven einzelner Stäbchen und Zapfen wurden durch ***Mikrospektrophotometrie*** gemessen (Abb. 16–11D):

- Die Sehfarbstoffe der Stäbchen und Zapfen haben unterschiedliche spektrale Absorptionskurven.
- Die Absorptionskurve für die Stäbchen entspricht etwa der des Rhodopsins und stimmt in guter Näherung mit der spektralen Empfindlichkeit des skotopischen Sehens überein (Abb. 16–4).
- Es gibt ***3 verschiedene Zapfentypen*** mit unterschiedlichen Sehfarbstoffen („*Jodopsine*" oder „*Zapfenopsine*").

Zerfall der Sehfarbstoffe nach Lichtabsorption. Der ***Transduktionsprozeß*** des Sehens beginnt mit der Absorption eines Photons im π-Elektronenbereich der *konjugierten Doppelbindungen des Retinals* im Sehfarbstoffmolekül (Abb. 16–11C). Dadurch erreicht das Molekül eine höhere Energiestufe und beginnt stärker zu schwingen, was mit einer Wahrscheinlichkeit („*Quantenausbeute*") von 0,5–0,65 eine ***Stereoisomerisation*** des 11-cis-Retinals in die All-trans-Form bewirkt. Dies löst einen komplexen molekularbiologischen Prozeß aus, der zu einer Schließung der Na-Kanäle in der Membran der Rezeptoraußenglieder führt (Erläuterung s. Abb. 16–12) [9,15,38,78,79,85].

Das Rezeptorpotential der Photorezeptoren der Wirbeltiere besteht in einer Hyperpolarisation der Zellmembran

Da Belichtung eines Photorezeptors eine Abnahme von g_{Na}, Verdunklung dagegen eine Erhöhung von g_{Na} bewirkt, kommt es bei Belichtung der Photorezeptoren zu einer *Hyperpolarisation* des Membranpotentials, bei Verdunklung zu einer *Depolarisation* (Abb. 16–13A,B). Dieser Reaktionstyp von Photorezeptoren stellt eine Abweichung vom üblichen Verhalten der Rezeptoren anderer Sinnessysteme dar (s. S. 200).

Im Dunkeln beträgt das Membranpotential der Photorezeptormembran etwa –30 mV. Die Amplitude des Photorezeptorpotentials nimmt mit der Intensität der Lichtreize zu. Das Rezeptorpotential der Stäbchen zeigt einen langsameren Verlauf als jenes der Zapfen (Abb. 16–13A). Die spektrale Empfindlichkeit der Rezeptorpotentiale der drei verschiedenen Zapfentypen und der Stäbchen entspricht näherungsweise den Ergebnissen der Mikrospektrophotometrie (Abb. 16–11D).

Zwischen der Reizstärke I_s (Photoneneinfall pro Zeiteinheit und Retinafläche) und der Amplitude A des Rezeptorpotentials gilt folgende Beziehung (Abb. 16–13B,C):

$$A = a\,I_s/(1+kI_s)\ [\mathrm{mV}] \qquad (1)$$

Diese *Heringsche Hyperbelgleichung* ergibt bei logarithmischer Auftragung der Leuchtdichte I_s eine *s-förmige Kurve*, die für den mittleren Intensitätsbereich durch eine logarithmische Funktion angenähert werden kann (sog. ***Weber-Fechner-Gesetz***, s. S. 207):

$$A = k^*\log I_s/I_0\ [\mathrm{mV}] \qquad (2)$$

wobei I_0 eine vom Adaptationszustand abhängige ***Schwellenreizstärke*** ist. Die Konstanten a, k und k^* in Gl. (1) und (2) bilden eine Funktion der Wellenlänge des Lichtes, die Abhängigkeit folgt näherungsweise der spektralen Empfindlichkeit der Rezeptoren (Abb. 16–11D) [13,15,60].

!

Das skotopische Sehen mit den Stäbchen der Netzhaut ist an die Beleuchtungsbedingungen einer sternenklaren Nacht angepaßt, das photopische Sehen mit den Zapfen dagegen an Tageslicht. In der menschlichen Netzhaut gibt es eine Klasse von Stäbchen und drei Klassen von Zapfen mit unterschiedlichen spektralen Absorptionskurven. In der Fovea centralis gibt es nur Zapfen.

Der Transduktionsprozess des Sehens wird durch die Lichtquantenabsorption in den Sehfarbstoffen der Photorezeptoren eingeleitet. Durch einen mehrstufigen Zerfall von Sehfarbstoff entsteht Metarhodopsin II, das in eine intrazelluläre Enzymkaskade eingreift und über ein G-Protein der Photorezeptormembran die cGMP-Konzentration reduziert, was eine Abnahme des Natriumleitwertes und eine *Hyperpolarisation* des Membranpotentials der Photorezeptoren bei Belichtung zur Folge hat. Die Amplitude dieses hyperpolarisierenden Rezeptorpotentials nimmt nicht-linear mit dem Photoneneinfall pro Zeiteinheit zu.

Die synaptische Signalkonvergenz in der Netzhaut bestimmt Ausdehnung und Funktion der rezeptiven Felder retinaler Neurone

Rezeptives Feld *(RF)* eines visuellen Neurons wird jener Bereich des Gesichtsfeldes bzw. der Netzhaut genannt, dessen adäquate Stimulation zu einer *Aktivitätsände-*

A Rhodopsin - Metarhodopsin II - Zyklus

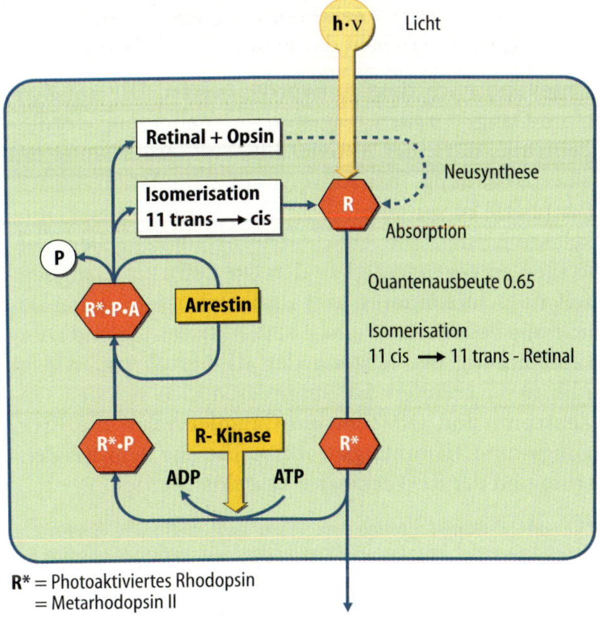

B Metarhodopsin II - Transducin - Zyklus
1. Verstärkung > 1 : 1000

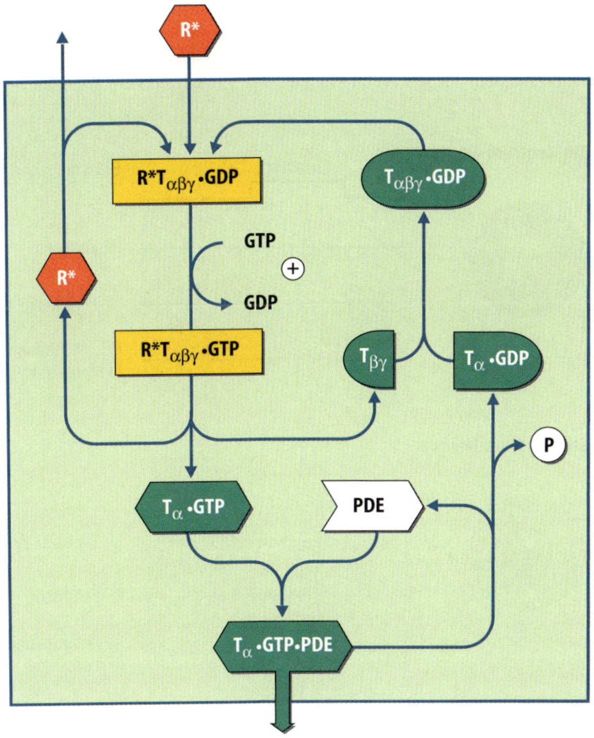

C Steuerung des cGMP - und des Ca^{++}- Zyklus durch T_α- aktivierte Phosphodiesterase.
2. Verstärkung ~ 1 : 1000

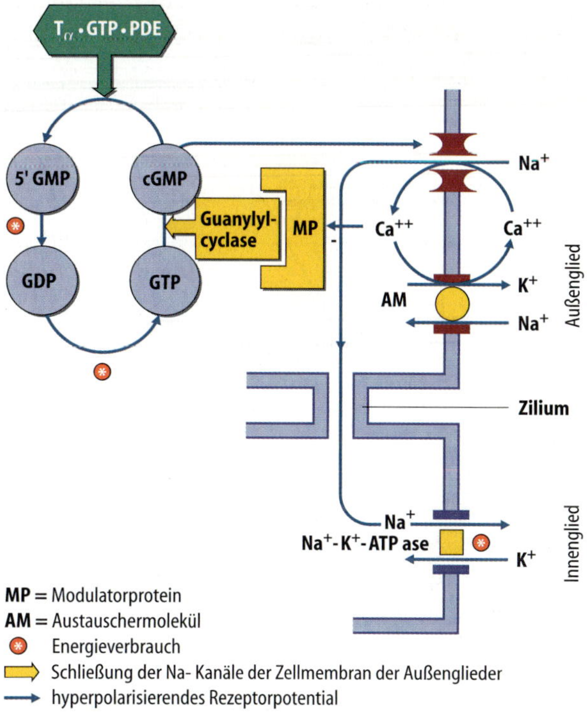

Abb. 16–12. Beim Transduktionsprozess des Sehens sind 4 biochemische Regelkreise beteiligt: **A** Nach Absorption eines Lichtquants (h.ν) entsteht durch Isomerisation des Rhodopsins (*R*) über mehrere Zwischenstufen Metarhodopsin II (*R**). Dieses aktiviert den nächsten Regelkreis und wird selbst durch Phosphorylierung und Bindung an das Enzym Arrestin inaktiviert. Danach wird das Retinal aus der 11-trans- in die 11-cis-Form zurückverwandelt, so daß es wieder für den ersten Schritt des Transduktionsprozesses zur Verfügung steht. **B** R* ist das Eingangssignal für den sehr rasch ablaufenden Metarhodopsin-Transduzin-Zyklus. Durch Bindung des G-Protein-GDP-Komplexes ($T_{\alpha\beta\gamma}$ · GDP) an R* und Energieaufnahme durch Phosphorylierung (GDP → GTP) und anschließenden Zerfall entsteht ein T_α · GTP-Komplex, der Phosphodiesterase (PDE) bindet. Etwa 1000 T_α · GTP · PDE-Komplexe können durch 1 R*-Molekül mittels raschen Durchlaufs durch den Zyklus gebildet werden. **C** Der T_α · GTP · PDE-Komplex ist das Eingangssignal für den intrazellulären 5'GMP-cGMP-Zyklus. Der T_α -Komplex bewirkt eine Inaktivierung von zyklischem Guanosin-Monophosphat (cGMP) durch Umwandlung in 5'GMP. Da der intrazelluläre Transmitter cGMP die Natriumkanäle offenhält, bewirkt die Reduktion der cGMP-Konzentration eine Schließung der Na^+/Ca^{++}-Kanäle und damit eine Hyperpolarisation (Rezeptorpotential der Photorezeptoren). Die intrazelluläre Ca^{++}-Konzentration steuert ihrerseits über ein Mediatorprotein (MP) eine *Guanylylzyklase,* die die Umwandlung von Guanosin-Triphosphat (GTP) in cGMP steuert. Nimmt der intrazelluläre Ca^{++}-Gehalt ab, so kommt es zu einer Aktivierung der Guanylylcyclase. Die Konzentration der Ca^{++}-Ionen wird durch ein Ionen-Austauschermolekül (AM, Na^+/K^+, Ca^{++}) reguliert (4. Regelkreis). Die den Dunkelstrom (*Abb 16–11A*) realisierenden Na^+-Ionen werden im Innenglied durch eine Na^+-K^+-ATPase aus dem Intra- in den Extrazellulärraum gepumpt [28,78,79]

rung des Neurons führt. Ein RF kann in funktionell unterschiedliche Bereiche aufgeteilt sein. In der Netzhaut sind die RFs meist „konzentrisch" organisiert: Das RF-Zentrum ist von einer ringförmigen RF-Peripherie umgeben. Die räumliche Ausdehnung der RFs nimmt in der Regel von der Fovea zur Netzhautperipherie zu. RFs benachbarter Neurone überlagern sich. Das RF ist der Ausdruck der Signalkonvergenz und Signaldivergenz der Nervenzellen des retinalen Neuronennetzes (Abb. 16–10). Man unterscheidet in der Netzhaut einen

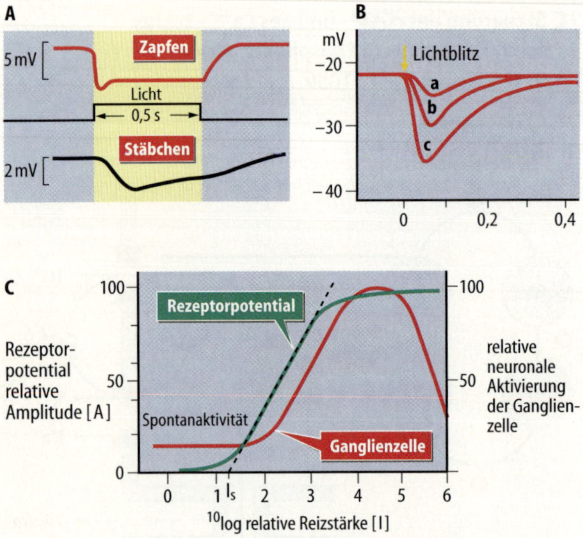

Abb. 16–13. A Intrazelluläre Registrierung des *Rezeptorpotentials* eines Zapfens und eines Stäbchens der Wirbeltierretina; schematisiert. **B** Rezeptorpotential eines Zapfens der Schildkrötenretina auf Lichtblitze (10 ms Dauer) steigender Intensität. Relative Reizstärken a=1, b=4, c=16. **C** *Intensitätsfunktion* des Rezeptorpotentials eines einzelnen Zapfens der Schildkrötenretina. Die Amplitude (A, *Ordinate*) folgt Gl. (1). Schematisch ist die Intensitätsfunktion der Aktivierung einer retinalen On-Zentrum-Ganglienzelle eingetragen [B und C nach 49]

„direkten" Signalfluß (*Photorezeptoren-Bipolarzellen-Ganglienzellen*) und einen „lateralen" Signalfluß von den Photorezeptoren über die Interneurone (*Horizontalzellen, Amakrinen*) zu den Bipolar- und Ganglienzellen.

Bei den ***On-Bipolarzellen*** löst Belichtung im RF-Zentrum eine Depolarisation des Membranpotentials aus. Um das RF-Zentrum der On-Bipolaren findet man eine ***RF-Peripherie,*** deren Belichtung zu einer *Hyperpolarisation* des Membranpotentials führt (*laterale Hemmung*). Diese Hyperpolarisation wird durch synaptische Kontakte der Horizontalzellen an den Bipolarzellen verursacht. Die RFs der ***Off-Bipolarzellen*** sind funktionell spiegelbildlich organisiert: Hyperpolarisation bei Belichtung des RF-Zentrums, Depolarisation bei Belichtung der RF-Peripherie (Abb. 16–10).

Die ***Horizontalzellen*** übertragen Signale aus den Photorezeptoren zu den Bipolarzellen und bestimmen die Reaktion derselben aus der RF-Peripherie. Horizontalzellen haben ausgedehnte rezeptive Felder und sind miteinander verbunden. Bei den Primaten werden die Horizontalzellen durch Belichtung im RF unabhängig von der spektralen Zusammensetzung des Lichtes hyperpolarisiert (*L-Horizontalzellen*). Bei niederen Wirbeltieren antwortet ein Teil der Horizontalzellen auf verschiedene Bereiche des sichtbaren Spektrums unterschiedlich mit Depolarisation oder Hyperpolarisation (*Rot-Grün-* oder *Blau-Gelb-Horizontalzellen*).

Die ***Amakrinen*** sind wie die Horizontalzellen Interneurone (Abb. 16–10). Es gibt On-, Off- und On-Off-Amakrinen, die unterschiedliche Aufgaben für die funktionelle Organisation der RFs der Ganglienzellen haben. Die On-Amakrinen hemmen die On-Zentrum-Ganglienzellen, die Off-Amakrinen aktivieren dagegen die On-Zentrum-Ganglienzellen. Die Off-Amakrinen haben eine umgekehrte Aufgabe; sie aktivieren die On-Ganglienzellen und hemmen die Off-Ganglienzellen. Über diesen Mechanismus wird die im folgenden besprochene Organisation der RF retinaler Ganglienzellen gesteuert [5,10,61].

Die retinalen Ganglienzellen lassen sich als On-Zentrum-, Off-Zentrum- oder On-Off-Neurone oder nach der Zellgröße und der Leitungsgeschwindigkeit der Axone klassifizieren

Einteilung nach dem Antwortverhalten. Die On-Zentrum-Ganglienzellen reagieren auf Belichtung des RF-Zentrums mit einer Aktivierung, auf Verdunklung mit einer Hemmung. Ihre Antwort auf Stimulation der RF-Peripherie ist spiegelbildlich: Lichthemmung und Dunkelaktivierung. Die Off-Zentrum-Ganglienzellen antworten entgegengesetzt zu den On-Zentrum-Ganglienzellen: Lichthemmung und Dunkelaktivierung bei Belichtung des RF-Zentrums, Licht-Aktivierung und Dunkelhemmung bei Reizung der RF-Peripherie. Wie in Abb. 16–14 erläutert ist, summieren sich bei den On-Zentrum- und Off-Zentrum-Ganglienzellen die Erregungs- und Hemmungsprozesse, die aus dem RF-Zentrum und der RF-Peripherie ausgelöst werden.

Die ***on-off-Ganglienzellen*** reagieren auf stationäre Lichtreize meist mit einer kurzen *on-Aktivierung,* auf Verdunklung im RF mit einer kurzen *off-Aktivierung.* Ein Teil der On-Off-Ganglienzellen bildet die Klasse der ***bewegungsempfindlichen Neurone,*** die besonders gut durch einen Hell-Dunkel-Kontrast aktiviert werden, der sich durch das RF bewegt. Die Aktivierung dieser bewegungsempfindlichen Ganglienzellen hängt u. a. von der *Winkelgeschwindigkeit* und der *Größe* der bewegten Reize ab. Ein Teil der bewegungsempfindlichen Ganglienzellen ist auch *richtungsempfindlich.*

Einteilung nach der Leitungsgeschwindigkeit der Axone des Sehnerven. Auch für die Netzhaut gilt, daß große Nervenzellen meist

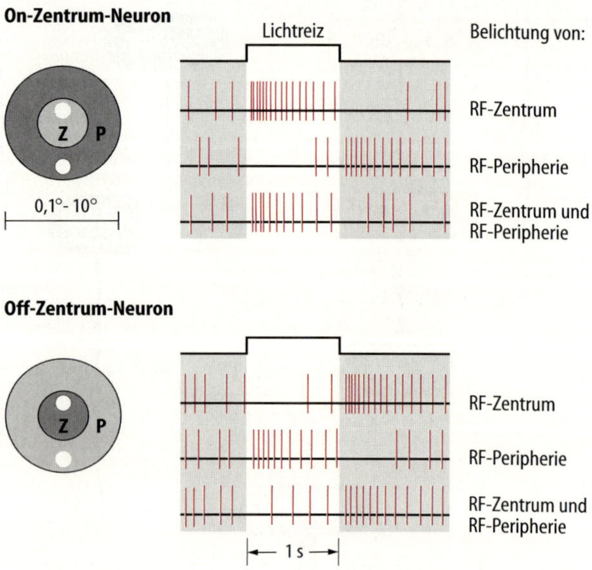

Abb. 16–14. Funktionelle Organisation rezeptiver Felder der Ganglienzellen der Säugetiernetzhaut. Zur Analyse der rezeptiven Felder wurden Lichtpunkte (*weiß* gezeichnet) entweder in das RF-Zentrum (Z) oder in die RF-Peripherie (P) projiziert. Lichtreizung bewirkt bei den On-Zentrum-Neuronen und den Off-Zentrum-Neuronen entgegengesetzte Reaktionen. Wenn beide Teile des rezeptiven Feldes gleichzeitig belichtet werden, summieren sich die aus dem RF-Zentrum und der RF-Peripherie ausgelösten Erregungs- und Hemmungsprozesse. Es dominiert meist die aus dem RF-Zentrum ausgelöste Antwort

dicke, markhaltige und schnell leitende Axone bilden, kleine Nervenzellen dagegen dünne und langsamer leitende Axone. Beim Menschen und anderen Primaten sind die Axone der Ganglienzellen in ihrem intraretinalen Verlauf marklos und bekommen erst nach dem Durchtritt durch die *Lamina cribrosa* der Papille eine Markscheide. Durch Bestimmung der Leitungsgeschwindigkeiten mittels elektrischer Reizung des Sehnerven kann man im Tierexperiment *drei Latenzklassen retinaler Ganglienzellen* unterscheiden, die im Hinblick auf die *zeitlichen Übertragungseigenschaften* für Lichtreize unterschiedliche Eigenschaften haben. Die größten Ganglienzellen (α-Zellen) des *„magnozellulären"* Systems reagieren auf Belichtung des rezeptiven Feldes meist mit einer kurzen, „phasischen" Antwort (Neurone der ***Latenzklasse I*** oder ***Y-Neurone***), während die kleineren und sehr viel zahlreicheren β-Ganglienzellen des *„parvozellulären"* Systems etwas dünnere und weniger markhaltige Axone bilden. Sie antworten meist mit einer *„tonischen"* Erregung oder Hemmung bei Belichtung des RF-Zentrums (***Latenzklasse II*** oder ***X-Neurone***). In beiden Systemen gibt es gleich häufig On- und Off-Zentrum-Ganglienzellen. Bei farbtüchtigen Tieren antwortet ein Teil der Ganglienzellen des parvozellulären Systems mit farbspezifischen Reaktionen, die z. T. für RF-Zentrum und RF-Peripherie verschieden sind (s. S. 306).

Schließlich gibt es in der Netzhaut Ganglienzellen, die auch im Sehnerven *dünne, markarme Axone* haben (***Latenzklasse III*** oder ***W-Neurone***). Diese Ganglienzellen haben meist einen kleinen konischen Zellkörper aber ausgedehnte Dendritenbäume (γ-Zellen, *„koniozelluläres System"*). Die bewegungsempfindlichen Neurone des On-Off-Systems gehören wie die Ganglienzellen, deren Signale der pupillomotorischen Steuerung dienen (s. S. 285), überwiegend zu dieser Klasse.

Die differenzierte neuronale Klassenbildung in der Ganglienzellschicht der Netzhaut zeigt, daß das optische Bild, das die Eingangsschicht der Photorezeptoren erregt, schon in der Netzhaut in ein vielfaches Erregungsmuster unterschiedlicher Ganglienzelltypen umgesetzt wird (*Prinzip der parallelen Signalverarbeitung* im ZNS) [5,35,41,52,61,62].

!

Die rezeptiven Felder retinaler Neurone sind z. T. antagonistisch organisiert, d. h. wenn Belichtung des RF-Zentrums zu einer Erregung führt, bewirkt Belichtung der RF-Peripherie eine Hemmung und umgekehrt (On- bzw. Off-Neurone). Die Ganglienzellen des On- und des Off-Systems übertragen Signale über retinale Hell-Dunkel- oder Farbwerte, während die On-Off-Ganglienzellen meist zum System der bewegungsempfindlichen Neurone gehören.

Nach den *Leitungsgeschwindigkeiten der Opticusaxone* lassen sich die retinalen Ganglienzellen in drei Klassen einteilen. Die On-Zentrum und Off-Zentrum-Neurone des *magnozellulären Systems* bilden schnell leitende, dicke Axone und gehören zum achromatischen System. Die Ganglienzellen des *parvozellulären Systems* bilden dünnere markhaltige Axone und übertragen z. T. chromatische Information. Viele Ganglienzellen der Netzhaut haben markarme Opticusaxone. Dieses *„koniozelluläre"* System besteht überwiegend aus On-Off-Neuronen, die z. T. bewegungsempfindlich sind, z. T. der Steuerung der Pupillomotorik und anderer vegetativer Reaktionen dienen.

Insgesamt wird durch den Transduktions- und Verarbeitungsprozeß in der Netzhaut das optische Bild auf der Retina in das Erregungsmuster von mindestens 10 verschiedenen Neuronenklassen umgesetzt, was dem Prinzip einer *parallelen Signalübertragung* im Zentralnervensystem entspricht.

16.4 Neurophysiologie und Psychophysik der Hell-Dunkel-Wahrnehmung

Wenn an einem hellen Sonnentag sich dichte Wolken vor die Sonne schieben und dadurch die Stärke und die spektrale Zusammensetzung des die Umwelt erhellenden Lichtes verändert wird, so bemerken wir nur kurzfristig eine Abnahme der Helligkeit, an die wir alsbald ***adaptieren:*** Die wahrgenommenen *Hell- und Dunkelwerte* und die *Farben* der Objekte der Umwelt ändern sich auch bei hundertfacher Änderung der Beleuchtungsstärke nur geringfügig. Die relative Unabhängigkeit des Kontrast- und Farbensehens von der mittleren Beleuchtungsstärke und der spektralen Zusammensetzung des natürlichen Lichtes zeigt, daß auf Grund neuronaler Mechanismen des Sehens das *Aussehen der Objekte* überwiegend durch die *spektrale Reflektanz ihrer Oberflächen (spektraler Remissionsgrad)* bestimmt wird und nicht durch die von den Objekten reflektierte Lichtquantenzahl.

Beim Sehen ist die subjektive Helligkeit mit der mittleren Impulsrate der On-Neurone, die subjektive Dunkelheit mit jener der Off-Neurone linear korreliert

Bei etwa *konstantem Adaptationszustand* und umschriebener Belichtung der Netzhaut gilt zwischen der wahrgenommenen ***subjektiven Helligkeit*** eines Lichtfleckes und dessen ***Leuchtdichte*** näherungsweise die durch Gl. (1) und (2) (s. S. 290) formulierte nicht lineare Beziehung. Diese beschreibt auch die Abhängigkeit der Impulsrate der *On-Zentrum-Neurone* der Netzhaut, des *Corpus geniculatum laterale* (CGL) und der Sehrinde von der Leuchtdichte (Abb. 16–13C). *Die subjektive Helligkeit und die neuronale Impulsrate sind also linear miteinander korreliert.* Eine ähnliche Korrelationsregel besteht für die Aktivierung der Neurone des *Off-Systems* und die *subjektive Dunkelheit* eines Bildbereiches. Diese einfachen Korrelationsregeln erklären einige elementare Phänomene des Sehens [47,60,61,62,67].

Durch Simultankontrast wird die Sehschärfe und das Gestaltsehen verbessert

Abb. 16–15 demonstriert, daß der gleiche graue Fleck auf einem hellen Hintergrund dunkler erscheint als auf einem dunklen Hintergrund. Entlang der Hell-Dunkelgrenze ist der hellere Teil jeweils etwas heller und der dunklere dagegen etwas dunkler als die weitere Umge-

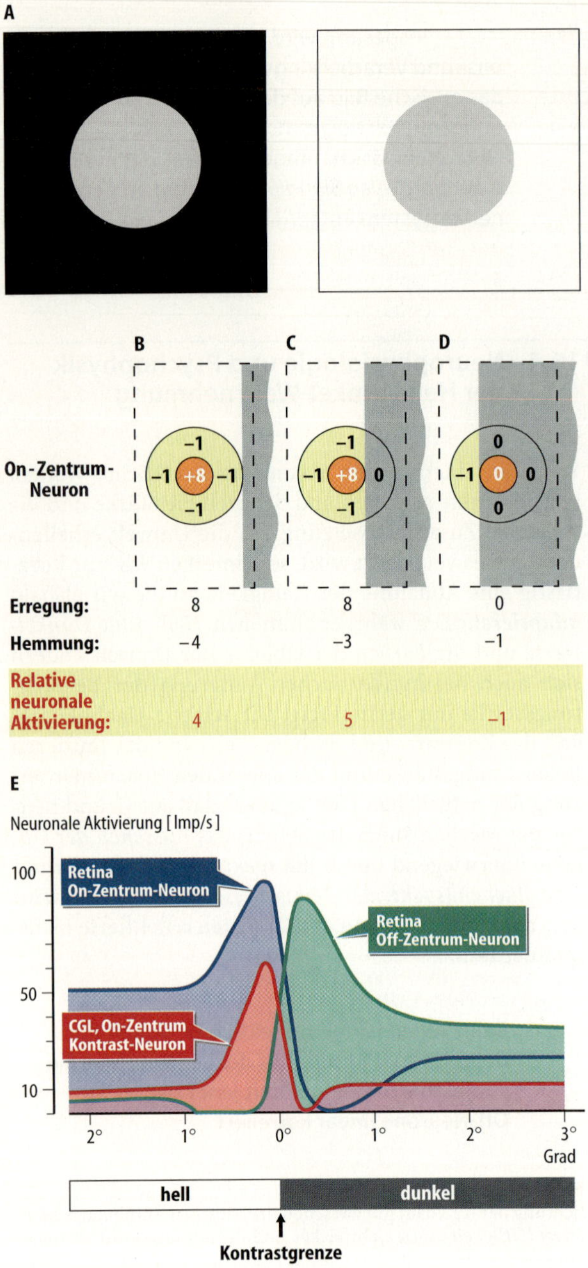

Abb. 16–15. A Visueller Simultankontrast und Erklärung des Grenzkontrastes (**B–D**), der bei Neuronen des afferenten visuellen Systems unterschiedlich stark ist (**E**)

bung (*Grenzkontrast*). Diese einfache Kontrasterscheinung läßt sich aus der funktionellen Organisation der rezeptiven Felder retinaler Ganglienzellen und des zentralen visuellen Systems ableiten (Abb. 16–15 B–D). Der Simultankontrast ist ein wichtiger Mechanismus, der die auf S. 286 beschriebenen physiologischen Fehler des dioptrischen Apparates zum Teil funktionell kompensiert und so die Sehschärfe und das Formensehen verbessert [47,48].

Durch photochemische und neuronale Anpassungsprozesse verändert sich die Empfindlichkeit der Netzhaut: Hell-Dunkeladaptation

Dunkeladaptation. Wer bei Nacht aus einem hell erleuchteten Raum ins Freie tritt, kann zunächst in der nächtlichen Umgebung die Gegenstände nicht sehen, erkennt sie jedoch nach einiger Zeit in groben Umrissen. Während dieser ***Dunkeladaptation*** nimmt die ***absolute Empfindlichkeit*** des Sehsystems langsam zu, die ***Sehschärfe*** bleibt im dunkeladaptierten Zustand jedoch erheblich unter den Werten des Tageslichtsehens. Durch Messung der ***Schwellenreizstärke*** kann man den zeitlichen Verlauf der Dunkeladaptation bestimmen (Abb. 16–16).

Bei längerer Dunkeladaptation erreicht das Stäbchensystem eine wesentlich höhere Empfindlichkeit als das Zapfensystem. Nach einstündigem Aufenthalt in völliger Dunkelheit kann die ***Absolutschwelle*** des Sehens eine Empfindlichkeit von etwa 1 bis 4 absorbierten Lichtquanten pro Rezeptor und Sekunde erreichen. Entsprechend der hohen Stäbchendichte *neben* der Fovea sieht man unter skotopischen Adaptationsbedingungen schwache Lichtreize mit der parafovealen Retina besser als mit der Fovea. Ein lichtschwacher Stern ist daher nur zu erkennen, wenn sein Bild auf den parafovealen Bereich der Netzhaut fällt. Er „verschwindet", wenn man ihn zu fixieren versucht.

Helladaptation. Diese verläuft wesentlich schneller als die Dunkeladaptation. Betritt ein dunkeladaptierter Beobachter einen hell erleuchteten Raum, so paßt sich sein Sehsystem innerhalb einiger Sekunden an die neue Umweltleuchtdichte an. Ist der Leuchtdichtewechsel sehr groß, so kann vorübergehend ***Blendung*** auftreten, während derer die Formwahrnehmung reduziert ist. *Plötzliche Blendung* löst über Verbindungen der Netzhaut mit sub*kortik*alen visuellen Zentren und den Neuronen des Fazialiskerns einen reflektorischen Lidschluß aus, eventuell auch eine Tränensekretion (s. S. 284) [1,18,19,42].

Mechanismen der Hell-Dunkel-Adaptation. Neben der Änderung des Gleichgewichts zwischen zerfallenem und unzerfallenem Sehfarbstoff (S. 291) spielen bei der Hell-Dunkel-Adaptation neuronale Mechanismen eine wichtige Rolle: Die *Horizontalzellen* bewirken eine „Umschaltung" des Sehens vom Zapfensystem zum Stäbchensystem. Die über die Amakrinen vermittelte laterale Hemmung der retinalen Ganglienzellen wird kleiner, wenn die mittlere Beleuchtungsstärke der Netzhaut abnimmt. Dann dehnen sich die

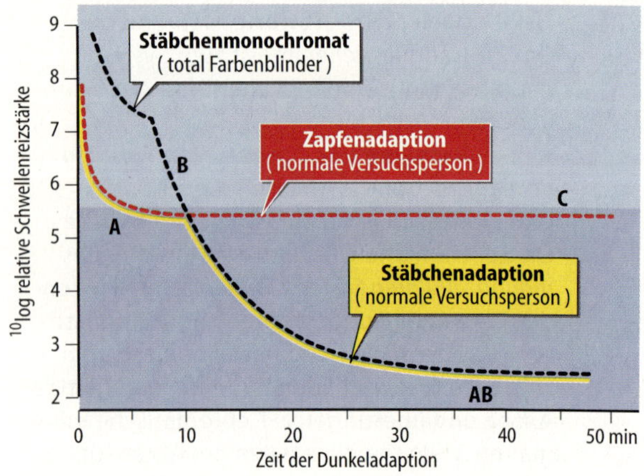

Abb. 16–16. Dunkeladaptationskurven des Menschen. *A* Kurve der Mittelwerte von 9 normalen Versuchspersonen. *B* Dunkeladaptationskurve eines total Farbenblinden, gemessen für den retinale Ort 8° oberhalb der Fovea centralis. *C* Dunkeladaptationskurve für das Zapfensystem des normal farbentüchtigen Menschen (Fovea centralis, *rote* Lichtreize). Für die Kurve B wurde die Zeitachse (*Abszisse*) um 2 min nach rechts verschoben. A und B nach Untersuchungen von E. Auerbach, Vision Research Laboratory, Jerusalem, 1973

RF-Zentren retinaler Ganglienzellen funktionell aus. Der Vorteil dieses Mechanismus ist, daß ein jeweils größerer Bereich der Netzhaut zur Aktivierung einer Ganglienzelle beiträgt. Der Nachteil ist die Abnahme der Sehschärfe:

Diesen Text können Sie nur lesen, wenn hinreichend viel Licht auf das Buch fällt.

Auch die auf S. 285 besprochene Abhängigkeit der ***Pupillenweite*** von der mittleren Umweltleuchtdichte ist eine neuronale Komponente der Hell-Dunkel-Adaptation.

Lichtwahrnehmungen kommen auch durch inadäquate Reizung zustande: Deformationsphosphene

Deformiert man in völliger Dunkelheit den Augapfel durch Druck mit dem Finger von der Seite, so sieht man in dem der Druckstelle entgegengesetzten Bereich des Gesichtsfeldes einen ***Lichtschein,*** der sich bei anhaltender Deformierung allmählich über die Netzhaut ausbreitet, von hellen, kleinen stationären Lichtpunkten überstrahlt wird und sich mit bewegtem ***Lichtnebel*** mischt. Dies ist das monokulare „Druckphosphen".

Durch die Deformierung des Augapfels werden die *Horizontalzellen* der Retina gedehnt und dadurch der Natriumleitwert ihrer Zellmembran erhöht, was eine *Depolarisation* des Membranpotentials bewirkt. Dadurch werden die *On-Bipolaren* über die synaptischen Kontakte zwischen den Horizontal- und Bipolarzellen depolarisiert, die *Off-Bipolaren* hyperpolarisiert. Dies hat eine *Aktivierung der Ganglienzellen des On-Systems* und eine *Hemmung der Ganglienzellen des Off-Systems* zur Folge. Entsprechend der oben erläuterten Korrelationsregel kommt eine *Lichtwahrnehmung* zustande, obwohl keine Änderung des geringfügigen, thermisch bedingten Zerfalls von Sehfarbstoffmolekülen in völliger Dunkelheit eingetreten ist [16].

Die zeitlichen Übertragungseigenschaften der Netzhaut spielen im Zeitalter des Films, des Fernsehens und der Arbeit am Bildschirm eine wichtige Rolle

Alle in der Überschrift genannten technisch erzeugten visuellen Muster bestehen aus rasch intermittierenden Bildern. Als ***Flimmerfusionsfrequenz*** (*kritische Flimmerfrequenz,* CFF) bezeichnet man die Frequenzgrenze, bei der intermittierende Lichtreize gerade *keinen Flimmereindruck* mehr hervorrufen. Im Bereich *skotopischer Reizstärken* (*Stäbchensehen*) beträgt die maximale CFF 22–25 Lichtreize pro Sekunde. Im *photopischen Bereich* steigt die CFF etwa proportional zum Logarithmus der Leuchtdichte, des Modulationsgrades und der Reizfläche bis maximal 90 Lichtreizen pro Sekunde an („*Talbotsches Gesetz*"). Für die Flimmerfusionsfrequenz retinaler Ganglienzellen, der Zellen des CGL und der „simple field"-Zellen der primären Sehrinde (s. S. 297) gelten die gleichen Gesetze wie für die subjektive Flimmerfusionsfrequenz. Intermittierende Lichtreize im Frequenzbereich zwischen 5 und 15 Hz lösen eine besonders starke Aktivierung retinaler und kortikaler Nervenzellen aus. Dadurch kommt es zu einer subjektiven Helligkeitszunahme der Lichtreize (*Brücke-Bartley-Effekt*). Bei manchen epileptischen Patienten kann durch Flimmerlicht dieses Frequenzbereiches ein Krampfanfall ausgelöst werden.

!

Die Impulsrate der Neurone des On-Systems ist linear mit der subjektiven Helligkeit, die des Off-Systems mit der subjektiven Dunkelheit eines Gesichtsfeldbereiches korreliert. Mit Hilfe dieser *linearen Korrelationsregeln* lassen sich einige elementare Phänomene des Hell-Dunkel-Sehens einfach deuten: Die Veränderung der *Sehschärfe* und des *Simultankontrastes* mit Abnahme der mittleren retinalen Beleuchtungsstärke korreliert mit einer Ausdehnung der RF-Zentren retinaler Neurone. Die retinale „Lokaladaptation" bewirkt eine Empfindlichkeitsänderung retinaler On-Zentrum- und Off-Zentrum-Neurone, die nach längerer gleichförmiger retinaler Belichtung zu anhaltenden *Nachbildern* führt.

Eine Lichtwahrnehmung kommt auch ohne Lichtquantenabsorption durch *Deformierung des Augapfels* in völliger Dunkelheit zustande. Entsprechend der psychophysischen Korrelationsregel werden während der Wahrnehmung dieser hellen *„Deformationsphosphene"* die Ganglienzellen des On-Systems aktiviert, die des Off-Systems gehemmt.

Die subjektive Flimmerfusionsfrequenz nimmt im photopischen Bereich näherungsweise linear mit dem Logarithmus der Leuchtdichte eines Lichtreizes zu. Gleiches gilt für die Flimmerfusionsfrequenz der Impulsantwort retinaler Ganglienzellen. Bei hellen Lichtreizen erreicht die Flimmerfusionsfrequenz Werte bis maximal 90 Leuchtreize pro Sekunde.

16.5 Die Signalverarbeitung im retinotop organisierten visuellen System des Gehirns

Die visuelle Information wird aus dem Auge durch etwa eine Million markhaltiger, markarmer und markloser Axone des Sehnerven in das Gehirn übertragen

Die Sehnerven beider Augen vereinigen sich an der Schädelbasis zum ***Chiasma nervi optici*** (Abb. 16–17). Die aus der nasalen Retinahälfte stammenden Sehnervenfasern kreuzen im Chiasma zur Gegenseite und ziehen mit den ungekreuzten Sehnervenfasern aus der temporalen Retinahälfte im ***Tractus opticus*** zu den ersten zentralen Schaltstationen der „*Sehbahn*" im Gehirn, den subkortikalen „*visuellen Zentren*", die unterschiedliche Aufgaben haben:

- Die wichtigsten und stärksten Projektionen der Retina beim Menschen sind ihre Verbindungen mit dem ***Corpus geniculatum laterale (CGL),*** das aus 2 ***magnozellulären*** und 4 ***parvozellulären*** Schichten besteht. In jeweils 3 der Schichten endigen die ***ungekreuzten*** Axone des ipsilatera-

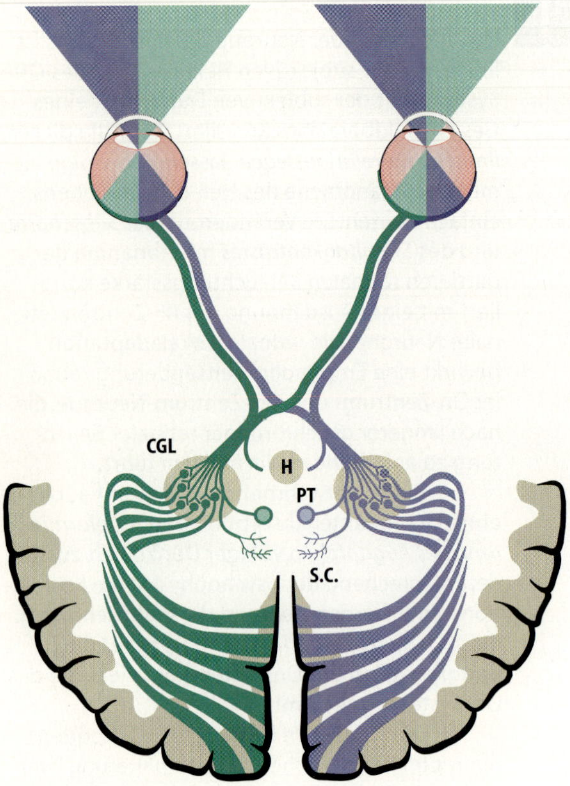

Abb. 16–17. Schema der Sehbahn im Gehirn des Menschen. CGL, Corpus geniculatum laterale; H, Hypothalamus; PT, Area praetectalis; S.C. Colliculi superiores [35]

len Sehnervs, in den anderen 3 Schichten die ***gekreuzten*** Axone des kontralateralen Sehnervs. Etwa 1 Million Axone der Relaiszellen des CGL ziehen über die ***Sehstrahlung*** (*Radiatio optica*) zu den Nervenzellen der *primären Sehrinde* (*Area striata* oder *Area V1* der okzipitalen Großhirnrinde). Von dort gehen weitere Verbindungen zu den „extrastriären" visuellen Hirnrindenfeldern sowie den später besprochenen visuellen Integrationsregionen in der parietalen und temporalen Großhirnrinde. *Die Projektion der Sehbahn über das CGL zu Area V1 dient der Objekterkennung, dem Farbensehen, dem Bewegungsehen, der Raumwahrnehmung und dem stereoskopischen Tiefensehen.*

- Verbindungen der Netzhaut mit dem ***Hypothalamus*** vermitteln Signale zur Steuerung eines Teils des ***endokrinen Systems*** und dienen der Ankopplung des endogenen, *zirkadianen Rhythmus und des Schlaf-Wach-Rhythmus* an den Tageslichtwechsel. Über Verbindungen vom Hypothalamus zur *Epiphyse* beeinflußt die Retina auch die Pigmentierung der Haut.
- Ein Teil der Verbindungen zwischen der Retina und der ***Area praetectalis*** des Hirnstammes dient der Regelung der *Pupillenweite* (s. S. 285).
- Axone des Sehnerven endigen in Kernen der ***Area praetectalis.*** Von dort bestehen Verbindungen zu den blickmotorischen Zentren des Hirnstammes, die *vertikale Augenbewegungen* und *Vergenzbewegungen* steuern.
- Die Projektion der Retina in die ***Colliculi superiores*** dient der *Steuerung der reflektorischen Blickmotorik durch Sakkaden* und zielgerichtete Kopfbewegungen. Die Axone der Nervenzellen der Colliculi superiores ziehen zu den *Blickzentren des Hirnstamms,* den Motoneuronen des oberen Halsmarks und in den visuellen Teil des *Pulvinars.* Visuelle Signale erreichen aus der Netzhaut über die *Colliculi superiores* und das *Pulvinar* unter „Umgehung" des CGL die *parietalen visuellen Assoziationsregionen* (s. S. 309).
- Retinale On-off-Ganglienzellen, deren Axone an Nervenzellen im ***Kern des optischen Traktes*** (***NOT***) endigen, sind überwiegend bewegungsspezifisch. Von den Nervenzellen des NOT bestehen Verbindungen zur *unteren Olive* und über den *Nucleus reticularis tegmenti pontis* zu den *Vestibulariskernen* des Hirnstamms. Hierdurch erreichen die visuellen Bewegungssignale das zentrale vestibuläre System und das Kleinhirn (*olivo-zerebelläre Kletterfasern,* s. S. 117). Beide Projektionen haben die Aufgabe der Steuerung des horizontalen OKN und der Blickmotorik bei horizontalen Kopfbewegungen (s. S. 280). Die indirekte Projektion der Retina in die Vestibulariskerne dient der Wahrnehmung der Eigenbewegung im Raum bei Lokomotion. Eine anhaltende großflächige optokinetische Stimulation bewirkt eine Scheinbewegung des eigenen Körpers (*Zirkularvektion, Linearvektion*), die z. B. in den *Flugsimulatoren* technisch ausgenützt wird [2,7,8,35,66,68,69, Abb. 16–3].

Die Sehbahn und das zentrale visuelle System sind retinotop organisiert

Für das somatosensorische und das motorische System wurde das Prinzip der *topographischen Organisation* im ZNS schon erläutert („*Somatotopie*", s. S. 92, 231). Dieses Prinzip gilt auch für die neuronale Abbildung der Netzhaut im Gehirn. Das afferente und ein Teil des zentralen visuellen Systems sind durch eine ***retinotope Organisation*** gekennzeichnet: ähnlich der Abbildung eines bestimmten geographischen Gebietes auf einer Landkarte bildet sich die Umwelt bzw. das Bild auf der Netzhaut im räumlichen Erregungsmuster der Neurone der zentralen Sehfelder regelhaft ab. Allerdings ist die retinotope Projektion der Netzhaut in das zentrale visuelle System *nicht-linear: das kleine Gebiet der Fovea centralis projiziert sich in einen sehr viel größeren Bereich des Corpus geniculatum laterale und der primären Sehrinde als z. B. ein flächengleiches Areal in der Netzhautperipherie* [73,74].

Der ***retinokortikale Vergrößerungsfaktor M*** beschreibt die Ausdehnung [mm], die ein Grad Sehwinkel im Gesichtsfeld bzw. der Retina auf der Oberfläche der Area V1 hat. M nimmt mit der Distanz E ° von der Mitte des Gesichtsfeldes (Foveazentrum) zur Gesichtsfeldperipherie nach einer Hyperbelfunktion mit den Konstanten a und b ab (s. Abb. 16–22):

$$M = (aE + b)^{-1}\ [\text{mm.grad}^{-1}] \qquad (3)$$

! Die Projektion der Axone der retinalen Ganglienzellen in subkortikale visuelle Zentren ist retinotop organisiert. Das Corpus geniculatum laterale (CGL), die Colliculi superiores, die prätektale Region, der Kern des optischen Traktes und der Hypothalamus sind die wichtigsten Projektionsziele der Axone retinaler Ganglienzellen. Das CGL dient der Übertragung der Signale über Form-, Farb-, Raum- und Bewegungswahrnehmung in die primäre Sehrinde.

Die afferenten visuellen Signale werden in 6 Zellschichten des Corpus geniculatum laterale verarbeitet und durch nicht-visuelle Signale modifiziert

Die Nervenzellen des CGL haben wie die Ganglienzellen der Retina meist konzentrisch organisierte RFs. Man findet im CGL ähnliche Neuronenklassen wie in der Netzhaut, wobei für einen Teil der CGL-Neurone die Mechanismen des Simultankontrastes deutlich verstärkt sind („*Kontrastneurone*" in den 2 *magnozellulären Schichten*). Andere Neurone des CGL übertragen überwiegend die lokalen Hell-Dunkelwerte des visuellen Reizmusters („*Hell-Dunkel-Neurone*") oder sind durch farbspezifische RFs gekennzeichnet (*4 parvozelluläre Schichten*).

An den Nervenzellen des CGL endigen nicht nur synaptische Kontakte von Axonen des Sehnerven, sondern auch zahlreiche Synapsen von Axonen, deren *Ursprungszellen im Hirnstamm* liegen. Man vermutet, daß über diese nicht-visuellen Synapsen der *Wachheitsgrad*, die *räumlich gerichtete Aufmerksamkeit* und die damit verknüpften *Augenbewegungen* die visuelle Signalverarbeitung im CGL beeinflussen [24,26].

Bei der Signalverarbeitung in der primären Sehrinde werden Farbe, Kontrast, Konturen und Bewegung der Reizmuster durch die Aktivität unterschiedlicher Neuronensysteme repräsentiert

Die primäre Sehrinde des Menschen (Area V1) und anderer Primaten ist zytoarchitektonisch besonders differenziert: Die zytoarchitektonische Zellschicht IV ist sehr dick und in drei Unterschichten unterteilt (IVa-c). In diesen Unterschichten bildet ein großer Teil der afferenten Geniculatumaxone synaptische Kontakte.

Neben der zytoarchitektonischen Differenzierung in Zellschichten horizontal zur Hirnoberfläche besteht in Area V1 eine differenzierte „*vertikale*" Gliederung der Funktion in „Zellsäulen". Nervenzellen einer Zellsäule reagieren funktionell einheitlich, was durch die „vertikale" Verknüpfung durch Axone der Interneurone innerhalb einer Säule bedingt ist. Folgende Funktionsprinzipien gelten für die Area V1 von Primaten:

- Nervenzellen einer Säule haben rezeptive Felder an der gleichen Stelle des Gesichtsfeldes.
- Die Nervenzellen der Schicht IVc haben überwiegend ***„einfache" rezeptive Felder.*** Sie sind entweder wie die rezeptiven Felder des CGL „konzentrisch" organisiert oder aus parallel angeordneten *On-* und *Off*-Zonen zusammengesetzt (Abb. 16–18). Die Nervenzellen mit konzentrischen rezeptiven Feldern reagieren z. T. sehr gut auf großflächige weiße Lichtreize, z. T. haben sie farbspezifische Antworten (*Rot-Grün-System* oder *Blau-Gelb-System*, Abb. 16–18, s. S. 306). Nervenzellen der Schicht IVb verarbeiten besonders die *retinalen Bewegungssignale.*
- Die Nervenzellen der Zellschichten I-III reagieren gut auf ***Hell-Dunkel-Konturen bestimmter räumlicher Orientierung.*** Ein Teil der Nervenzellen reagiert selektiv auf Konturen, die durch zwei bestimmte Farben gebildet werden.
- Die Nervenzellen der Area V1 sind in ***„okuläre Dominanzsäulen"*** gegliedert (Abb. 16–18) und entweder durch Signale aus dem *linken* oder aus dem *rechten* Auge aktivierbar. An den Übergangszonen zwischen benachbarten okulären Dominanzsäulen findet man Bereiche mit Nervenzellen, die etwa gleichstark vom linken und vom rechten Auge aktiviert werden (***binokulare Integration***).

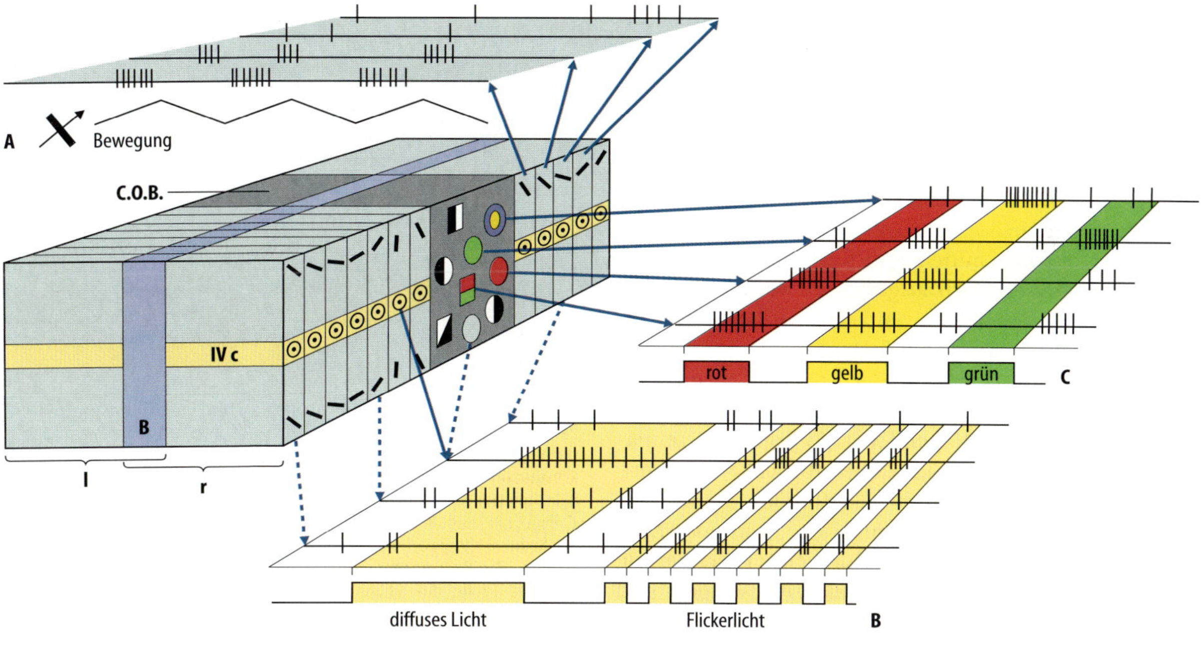

Abb. 16–18. Schema der „Säulenorganisation" in der primären Sehrinde (Area V1) des Primaten nebst einigen typischen neuronalen Reaktionen. Die Nervenzellen in den cytochromoxydasereichen Bereichen (C.O.B.) haben meist keine Orientierungsabhängigkeit. Zahlreiche Nervenzellen in diesem Bereich sind farbspezifisch organisiert, reagieren z. T. aber auch auf unbunte Hell-Dunkelreize. Die cytochromoxydasereichen Bereiche sind umgeben von „Säulen", in denen die Nervenzellen oberhalb und unterhalb der Schicht IV orientierungsabhängige Reaktionen haben. In Schicht 4C gibt es Nervenzellen mit konzentrisch organisierten rezeptiven Feldern, die auch auf diffuse Lichtreize reagieren. Nervenzellen in den orientierungsabhängigen Säulen sind besonders empfindlich auf bewegte Kontrastgrenzen bestimmter Orientierung (**A**). Besonders bewegungsempfindlich sind auch die Nervenzellen der Schicht IVb (nicht eingezeichnet). Ein Teil der Nervenzellen wird dominant durch das rechte Auge (*r*), ein anderer durch das linke Auge (*l*) aktiviert. Zwischen den okulären Dominanzbereichen gibt es binokulare Bereiche (*B, blau*), in denen die Nervenzellen gleich stark vom linken und rechten Auge aktiviert werden („binokulare Fusion"). In (**B**) ist die Reaktion verschiedener Nervenzellen auf großflächige diffuse Lichtereize, z. T. auf Flickerlicht, eingezeichnet, in (**C**) die Reaktion auf einen roten, gelben und grünen Lichtpunkt, die jeweils in das RF-Zentrum projiziert wurden

- Die okulären Dominanzsäulen sind in *„Orientierungssäulen"* unterteilt (Abb. 16–18). Nervenzellen der zytoarchitektonischen Schichten I-III und V-VI, die innerhalb einer bestimmten Orientierungssäule liegen, haben jeweils eine ähnliche funktionelle „Achsenorientierung" ihres RF, d. h. sie reagieren am besten auf Hell-Dunkelkonturen der gleichen räumlichen Orientierung. Die RFs von Nervenzellen in benachbarten Orientierungssäulen unterscheiden sich in der Vorzugsorientierung meist um nicht mehr als 30 Winkelgrade (Abb. 16–18).
- Zwischen den „Orientierungssäulen" gibt es kortikale Zellsäulen mit Nervenzellen ohne Orientierungspräferenz. Die Nervenzellen dieser Säulenstrukturen reagieren meist *farbspezifisch* und sind durch einen hohen *Cytochromoxidasegehalt* (viele Mitochondrien in den Zellen) ausgezeichnet.
- Die Axone der Nervenzellen der Area V1, vor allem der Schichten III und V, projizieren zu den extrastriären visuellen Arealen (z. B. die Areae V2, V3, V4 und MT) sowie zurück zu den subkortikalen Zentren des visuellen Systems.
- In der Area V1 endigen nicht nur afferente visuelle synaptische Kontakte, sondern auch unspezifische Verbindungen aus den intralaminären Thalamuskernen (s. S. 229) sowie viele rückläufige Verbindungen aus den höheren visuellen Regionen der Großhirnrinde [3,8,11,24,33,44,60,75,76,77].

Die Nervenzellen der Area V1 ermitteln die lokalen Struktureigentümlichkeiten der visuellen Reizmuster

Die RF zahlreicher Neurone der primären Sehrinde haben parallel angeordnete On- und Off-Zonen (Abb. 16–19A). Dies hat zur Folge, daß eine diffuse Belichtung des ganzen rezeptiven Feldes die Spontanaktivität dieser Neurone in der Regel nur wenig ändert. Wird dagegen ein „Lichtbalken" mit richtiger Orientierung und Position in das RF projiziert, so löst dieser Reiz eine starke neuronale Aktivierung aus (Abb. 16–19A). Ist der Lichtbalken senkrecht zu der Optimalrichtung orientiert, so sind die Nervenzelle nur noch schwach aktiviert. Weil die funktionelle Organisation des RF aus parallelen On- und Off-Zonen mittels der Projektion kleiner Lichtpunkte in das RF einfach ausgemessen werden kann, bezeichnet man diese rezeptiven Felder als ***„einfache" rezeptive Felder*** (*„simple fields"*).

Andere Nervenzellen der Area V1 haben ***„komplexe" rezeptive Felder.*** Die Signalverarbeitung dieser Nervenzellen ist noch deutlicher als jener mit „einfachen" RFs durch eine Signalselektion charakterisiert. Kleine, in das RF projizierte Lichtpunkte lösen keine stärkere neuronale Aktivierung aus, während *Hell-Dunkel-Konturen* bestimmter räumlicher Orientierung und Ausdehnung oder *Konturunterbrechungen* und *Ecken* besonders effektive Reizmuster sind (Abb. 16–19B, C). Jener Teil des RF, in dem ein „richtig" gewähltes Reizmuster aktivierend wirkt, wird ***exzitatorisches rezeptives Feld*** (***ERF***) genannt. Meist ist das ERF von einem Areal umgeben, von dem durch Hell-Dunkelmuster nur eine Hemmung der neuronalen Aktivität ausgelöst werden kann (***inhibitorisches rezeptives Feld, IRF***).

Viele Nervenzellen der Area V1 sind durch *bewegte Reizmuster* oder einen *raschen Reizwechsel* sehr viel stärker aktivierbar als durch einen für mehrere Sekunden sichtbaren stationären Reiz. Zum Teil hängt die Aktivierung der Neurone auch von der *Bewegungsrichtung* des Reizmusters ab. Diese Reaktionseigentümlichkeiten stellen eine Anpassung des ERF an den Umstand dar, daß das *„zerebrale Bild"* der stationären visuellen Welt während der kurzen Fixationsperioden (0,2–0,6 s) ermittelt werden muß, und sich mit jeder Sakkade die Lage des Bildes der Umwelt auf der Netzhaut verschiebt (s. S. 281) [16,81].

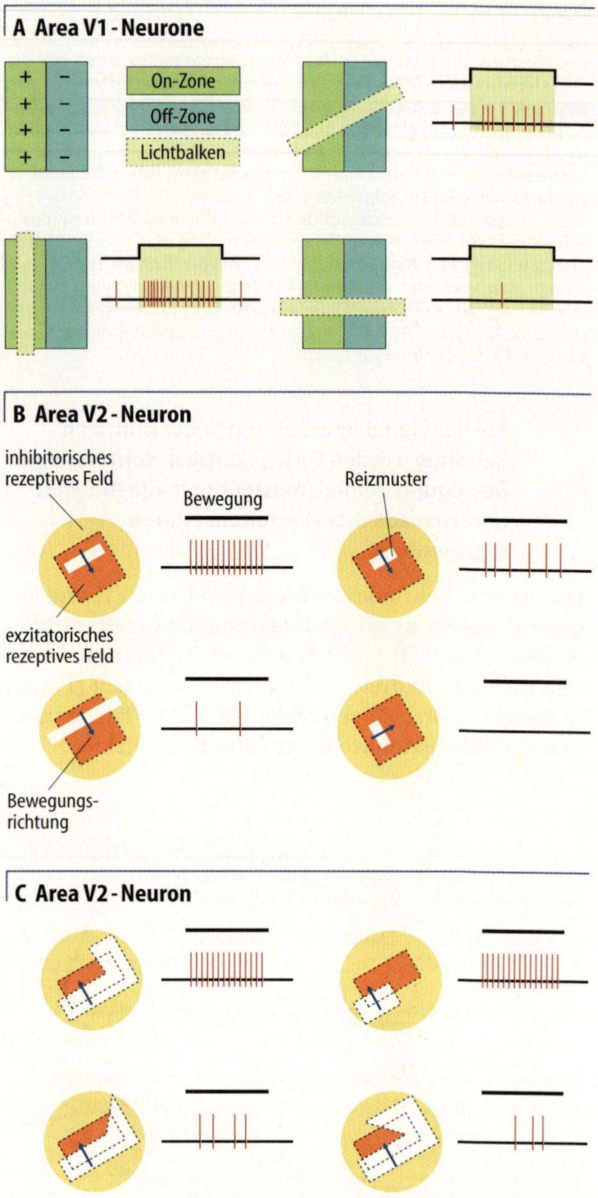

Abb. 16–19. Rezeptive Feldorganisation und Entladungsmuster einzelner Neurone der Area V1 und V2. **A** Neuron mit einfachem RF aus parallel angeordneten On- und Off-Zonen. **B** Neuron aus Area V2 mit komplexem RF. Die stärkste Aktivierung wird durch einen schräg orientierten Lichtbalken begrenzter Ausdehnung hervorgerufen. **C** Neuron aus Area V2. Die maximale Aktivierung wird durch 2 Kontrastgrenzen ausgelöst, die rechtwinklig aufeinanderstoßen. Die Reizmuster sind jeweils *weiß* dargestellt. In **B** und **C** zeigen die *Pfeile* die Bewegungsrichtung des Reizmuster an; nach [75,76]

!

Die Neurone der Area V1 verarbeiten jeweils ausgewählte Form-, Farb- oder Bewegungskomponenten der visuellen Reizmuster. Zytoarchitektonisch ist diese Signalverarbeitung durch die Bildung von oberflächenparallelen Zellschichten und senkrecht dazu angeordneten „Säulen" aus Nervenzellen charakterisiert. Nervenzellen einer Säule haben rezeptive Felder im gleichen Bereich des Gesichtsfelds und oft näherungsweise gleiche funktionelle Eigenschaften.

Fast alle afferente visuelle Information erreicht die Hirnrinde über die Verbindung des CGL mit der Area V1. Aus dieser werden die Signale zur Area V2, V3, V4 und die parietalen visuellen Hirnrindenfelder übertragen. Diese Hirnareale haben ihrerseits rückläufige Verbindungen zur Area V1. Durch die Verknüpfungen der Area V1 werden die neuronalen Signale, die unterschiedliche Struktureigentümlichkeiten der visuellen Reizmuster repräsentieren, auf unterschiedliche Hirnrindenareale verteilt (*Prinzip der parallelen und rückgekoppelten Informationsverarbeitung in der Großhirnrinde*).

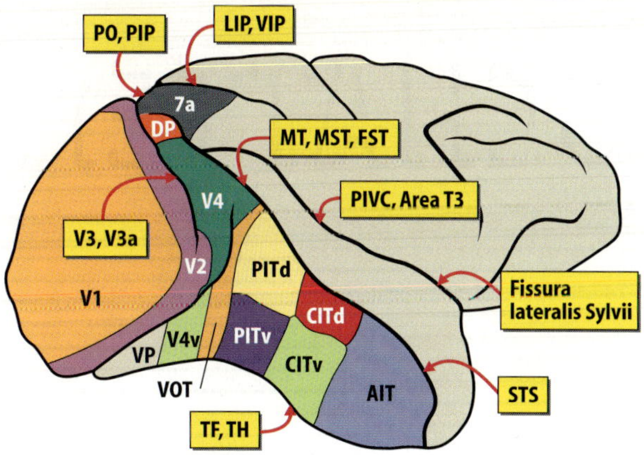

Abb. 16–20. Äußere Hirnoberfläche eines Rhesusaffen. Die an der Hirnoberfläche schematisch in verschiedenen Farben eingezeichneten visuellen Areale im Okzipital-, Parietal- und Temporallappen werden ergänzt durch visuelle Felder in der Tiefe der Sulci. Erklärung der Abkürzungen: Area *V1, V2, V3* und *V4* entsprechen den okzipitalen Hirnrindenfeldern. Areae *PO, PIT* und *DP* sind parietale visuelle Felder, *Area VP* der ventroposteriore Bereich der okzipito-temporalen Übergangsregion. *PIT* sind posteriore, *CIT* zentrale und *AIT* anteriore Teile des inferioren Temporallappens (*v* = ventral, *d* = dorsal). Die vestibuläre Area *PIVC* und eine optokinetische Area *T3* liegen im Fundus der Fissura lateralis Sylvii, die Areae *MT, MST* und *FST* in der Tiefe des Sulcus temporalis superior (*STS*, s. Abb. 16–32)

Die extrastriären visuellen Hirnrindenareale des Hinterhauptlappens verarbeiten Kontrast-, Form- und Farbmerkmale der visuellen Muster in unterschiedlicher Weise

Die Abb. 16–20 zeigt eine Aufsicht auf die äußere Hirnoberfläche eines Rhesusaffen mit den an dieser sichtbaren visuellen Hirnrindenfeldern der Area V1 („*Area striata*") und der visuellen „extrastriären" Regionen. Ein großer Teil der visuellen Hirnrindenfelder ist allerdings in den Sulci des Hinterhaupt- und Schläfenlappens verborgen. Tagaktive Primaten sind „*Augentiere*". Mindestens 60 % ihrer Großhirnrinde sind retinotop organisierte „elementare" visuelle Felder, visuelle Assoziationsregionen oder visuell-okulomotorische Integrationsregionen. Es ist zu vermuten, daß die bisher beim Primaten bekannten 35 Großhirnrindenareale, die visuelle oder visuell-motorische Funktionen haben, auch beim Menschen vorhanden sind. Darüber hinaus haben sich in der menschlichen Hirnrinde während der Phylogenese der letzten 2,5 Millionen Jahre menschspezifische visuelle Hirnrindenregionen gebildet, die vor allem der Raumorientierung und den visuell-konstruktiven Fähigkeiten dienen (s. S. 308). Im folgenden wird zunächst die Signalverarbeitung in den retinotop organisierten extrastriären visuellen Hirnrindenfeldern des Hinterhauptlappens besprochen.

Area V2. Die Area V2 erhält ihre wichtigsten visuellen Zuflüsse aus den *orientierungsspezifischen Nervenzellen* der Area V1. Anstelle einer funktionellen Organisation der Nervenzellen in kortikalen „Säulen" wie in Area V1, sind die Nervenzellen der Area V2 funktionell in schmalen „Scheiben" angeordnet. Diese Scheiben liegen senkrecht zur Hirnoberfläche. Mit Hilfe der *Zytochromoxidasefärbung* sind drei Klassen von Scheibchen gefunden worden, von denen die eine überwiegend farbspezifische Information verarbeitet, die anderen dagegen bewegungs- und formspezifische Signale. Besonders wichtig ist Area V2 für die *visuelle Gestalterkennung*. Konturen bestimmter Orientierung sind visuelle Reizmuster, die besonders stark Neurone der Area V2 aktivieren [88].

Ein Teil dieser Nervenzellen reagiert auch auf „*Scheinkonturen*", die „in Wirklichkeit" gar nicht vorhanden sind, aber wahrgenommen werden. Entsprechend der Korrelationsregel zwischen der Aktivität eines Neuronennetzes und der subjektiven Wahrnehmung folgt, daß die Nervenzellen der Area V2 die „Scheinkonturen" in der Wahrnehmung erzeugen. Diese Eigenschaft ist ein Hinweis dafür, daß im Neuronennetz der Area V2 bereits funktionelle „Gestaltergänzungen" vorgenommen werden, die für die Objektwahrnehmung des Alltags wichtig sind (Abb. 16–21).

Area V3. Neurone der Area V3 reagieren besonders empfindlich auf *bewegte Konturen*. Die RFs sind deutlich größer als jene der Area V1. Funktionell kommt Area V3 vermutlich die Gestalterkennung einzelner bewegter Objekte und die Analyse der Gestaltinvarianz bei Rotation oder Entfernung eines dreidimensionalen Gegenstandes zu.

Area V4. Die farbspezifischen Nervenzellen der Area V1 und der Area V2 senden ihre Axone in die Area V4. Dort reagieren die Nervenzellen auf einen relativ engen Ausschnitt des Farbenraumes der Oberflächenfarben (s. S.

Abb. 16–21. Zwei Beispiele (**A, B**) für *Scheinkonturen*. Neurone der Area V2 reagieren auf Reizmuster dieser Art, d. h. sie „generieren" diese Scheinkonturen [48,88]

303) oder auf Farbkonturen. Wahrscheinlich kommt der Area V4 eine wichtige Aufgabe zu bei der Wahrnehmung von Oberflächenfarben und der Objekterkennung mit Hilfe von Farbkontrasten (weiteres s. S. 306) [11,16,41,80,81].

!

Die extrastriären visuellen Hirnrindenareale (Areae V2, V3, V4) des Hinterhauptlappens übernehmen die afferenten visuellen Signale aus den verschiedenen Neuronenklassen der Area V1. Hierbei erfolgt eine Aufteilung nach funktionellen Gesichtspunkten. Die Area V2 hat überwiegend die Aufgabe der visuellen Gestalterkennung stationärer Reizmuster, die Area V3 Gestalterkennung kohärent bewegter Objekte oder Objektteile und die Area V4 Objekterkennung aufgrund charakteristischer Oberflächenfarben und Farbkontraste. Zur ungestörten Wahrnehmung eines visuellen Gegenstandes ist die koordinierte Aktivität aller drei Areale erforderlich.

16.6 Beispiele für die klinisch-diagnostische Anwendung der elementaren Sehphysiologie

Im folgenden sollen einige Verfahren der angewandten Sehphysiologie besprochen werden, deren Kenntnis auch für den *ärztlichen Alltag* wichtig ist.

Die Sehschärfenbestimmung ermöglicht eine quantitative Messung der elementaren Sehleistung

Nach der Häufigkeit ihrer Anwendung beurteilt, ist die Bestimmung des ***Visus*** die wichtigste sehphysiologische Untersuchung. Sie gehört zu jeder augenärztlichen, nervenärztlichen und arbeitsphysiologischen Untersuchung. Unter dem ***Visus*** versteht man die ***Sehschärfe an der Stelle schärfsten Sehens.*** Beim photopischen Sehen ist dies die *Fovea centralis* (s. S. 284). Die Sehschärfe nimmt unter photopischen Beleuchtungsbedingungen von der Fovea zur Netzhautperipherie nach einer ähnlichen Funktion wie der retinokortikale Vergrößerungsfaktor M ab (s. Gl. 3, S. 296, Abb. 16–22). Beim skotopischen Sehen ist die Sehschärfe im parafovealen Bereich am größten, da dort die Stäbchendichte am höchsten ist. An der Stelle des Sehnervenaustritts aus dem Auge ist die Sehschärfe 0 („*blinder Fleck*", Abb. 16–5, 16–22). Der ***Visus V*** ist durch folgende Formel definiert:

$$V = \frac{1}{\alpha}\ [\text{Winkelminuten}^{-1}], \qquad (4)$$

wobei α die Lücke in Winkelminuten ist, die von der Versuchsperson in einem Reizmuster (z. B. Landolt-Ring) gerade noch erkannt wird (Normwerte bei Jugendlichen zwischen 0,8–1,5 Winkelminuten).

Zur quantitativen Bestimmung des Visus werden z. B. *Landolt-Ringe* benützt. Deren innerer Durchmesser ist dreimal so groß wie die Lücke im Ring (Abb. 16–22). Der Schwarz-Weiß-Kontrast und die

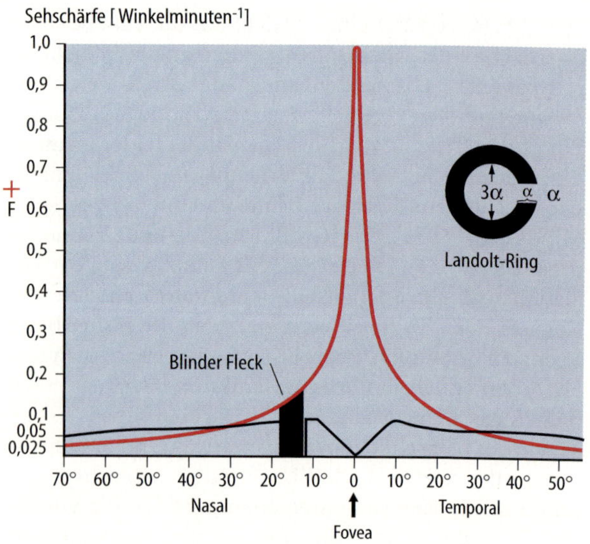

Abb. 16–22. Abhängigkeit der Sehschärfe (*Ordinate*) vom Ort im Gesichtsfeld (*Abszisse*). *Rote Kurve:* photopisches Sehen, *schwarze Kurve*: skotopisches Sehen. Eingezeichnet ist ein Landolt-Ring zur Sehschärfenbestimmung. An dieser Figur kann der Leser seinen blinden Fleck feststellen, wenn er aus etwa 25 cm Entfernung das Kreuz *F* (links) mit dem rechten Auge monokular fixiert. Der Landolt-Ring fällt dann auf den blinden Fleck und wird nicht mehr gesehen. Der retinokortikale Vergrößerungsfaktor M und die Dichte der retinalen Zapfen nimmt von der Foveamitte zur Peripherie nach einer ähnlichen Funktion wie die photopische Sehschärfenkurve ab

mittlere Beleuchtungsstärke des Testmusters sind standardisiert. Der Patient muß bei monokularer Betrachtung der Landolt-Ringe die Richtung der Lücke angeben. Zur Visusbestimmung können auch *normierte Schriftprobentafeln* oder *normierte Tafeln mit Schattenrissen bekannter Gegenstände* des Alltags benützt werden (für Vorschulkinder und Analphabeten) [6,28,37,42].

Mit der Perimetrie werden monokulare und binokulare Gesichtsfelder bestimmt und Gesichtsfeldausfälle festgestellt

Unter dem ***monokularen Gesichtsfeld*** versteht man jenen Teil der visuellen Welt, der mit *einem unbewegten Auge* wahrgenommen wird. Die Bestimmung der Gesichtsfeldgrenzen erfolgt mit kleinen Lichtpunkten, die in einer ***Perimeterapparatur*** langsam aus der Peripherie ins Zentrum des Gesichtsfeldes bewegt werden („*kinetische*" *Perimetrie*) oder zufällig an verschiedenen Stellen des Gesichtsfeldes aufleuchten („*statische*" *Perimetrie*, Abb. 16–23).

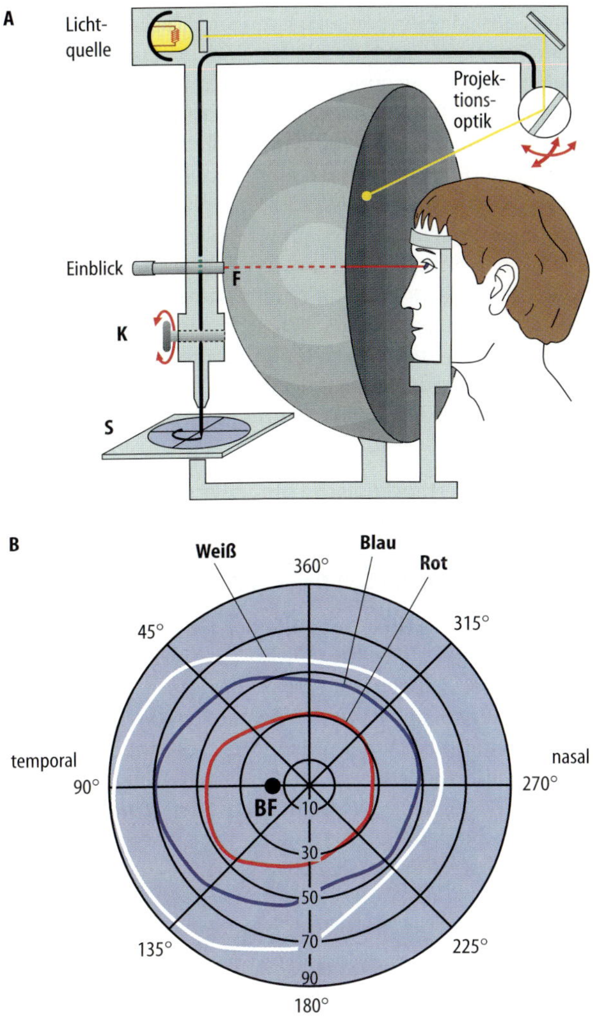

Abb. 16–23. A Perimeterapparatur, schematisiert. Die Messung des Gesichtsfeldes wird *monokular* durchgeführt. **B** zeigt das Resultat einer Bestimmung der normalen Gesichtsfeldgrenzen mit weißen, blauen und roten Lichtpunkten. *BF*: blinder Fleck. Der Fixationspunkt der Perimeterapparataur entspricht dem Mittelpunkt der Kreise, die den Abstand der Prüfmarken vom Fixationspunkt in Winkelgraden angeben. Moderne Perimeterapparaturen sind teilautomatisiert und an Digitalrechner angeschlossen

Das *monokulare Gesichtsfeld* wird nach innen durch die Nase begrenzt. Es ist im helladaptierten Zustand für eine Hell-Dunkel-Wahrnehmung größer als für eine Farbwahrnehmung (Abb. ***16–23***). Die funktionelle „Farbenblindheit" der äußeren Gesichtsfeldperipherie ist durch die geringe Zapfenzahl in dem Bereich der Netzhaut bedingt [15,18].

Das ***binokulare Gesichtsfeld*** ist die Summe aller Orte im Sehraum, die mit *beiden unbewegten* Augen wahrgenommen werden können. *Im binokularen Gesichtsfeld gibt es einen Bereich, der mit beiden Augen gesehen wird* (***binokulares Deckfeld***), und je einen seitlichen Bereich, den das linke und das rechte Auge alleine sehen. Das ***Blickfeld*** der Augen ist jener Bereich der visuellen Umwelt, der bei unbewegtem Kopf, aber frei umherblickenden Augen wahrgenommen werden kann. Das Blickfeld ist natürlich größer als das Gesichtsfeld.

Der Verlust der visuellen Empfindung in einem Teil des Gesichtsfeldes wird ***Gesichtsfeldausfall*** genannt. Wenn der Bereich des Gesichtsfeldausfalles von normalem Gesichtsfeld umgeben ist, so bezeichnet man ihn als ***Skotom.*** Gesichtsfeldausfälle sind entweder durch eine Schädigung der Netzhaut oder des zentralen visuellen Systems bedingt. Sie können wie die Grenzen des normalen Gesichtsfeldes quantitativ mit der ***Perimetrie*** bestimmt werden. Aus der Art der Skotome kann der Arzt auf den *Ort* einer Schädigung im Verlauf der Sehbahn schließen, wobei er die auf S. 296 besprochene Anatomie sowie die ***retinotope Organisation*** der zentralen Sehbahn kennen muß. Läsionen der zentralen Sehbahn hinter dem *Chiasma nervi optici* bis zur Area V1 führen zu *homonymen Gesichtsfeldausfällen beider Augen,* und zwar jeweils auf der zur Läsion kontralateralen Seite (Einzelheiten s. Lehrbuch der Pathophysiologie [66]).

Mit Hilfe visuell evozierter Potentiale können Störungen der visuellen Signalverarbeitung objektiv erfaßt werden

Die Messung der ***visuellen evozierten Potentiale*** (***VEP***) ermöglicht die „objektive" Beurteilung der Funktion des afferenten visuellen Systems und der Area V1. Man registriert das ***Elektroenzephalogramm*** (***EEG,*** s. S. 132) im Okzipitalbereich. Die EEG-Reaktionen auf Lichtreize werden mit Hilfe eines Digitalrechners gemittelt.

Ein großflächiger, diffuser Lichtblitz bewirkt das ***einfache VEP,*** dessen Wellen und Latenzzeiten sich mit der Leuchtdichte und der spektralen Zusammensetzung des Reizlichtes ändern. Klinisch wird meist das ***Musterwechsel-VEP*** angewandt. Reize sind Hell-Dunkelstreifen oder Schachbrettmuster, die auf einem Bildschirm generiert werden und deren Hell-Dunkelflächen periodisch alternieren (Abb. 16–24).

Mit komplexen visuellen Reizmustern werden VEPs ausgelöst, die bereits Komponenten *visuell-kognitiver Prozesse* enthalten. Beispiele für solche *„ereigniskorrelierten" VEPs* sind in Abb. 16–24B-D erläutert.

Bei der *multiplen Sklerose* sind die Latenzzeiten und Amplituden der Wellen des einfachen Musterwechsel-VEP oft verändert, da diese Erkrankung häufig zu einer Schädigung der Axone des Sehnerven (*Opticusneuritis*) führt. Die Leitungsgeschwindigkeit der geschädigten Axone ist reduziert, die Latenzzeiten der VEP-Gipfel sind daher verändert und auch die Form des VEPs ist verändert [14,40].

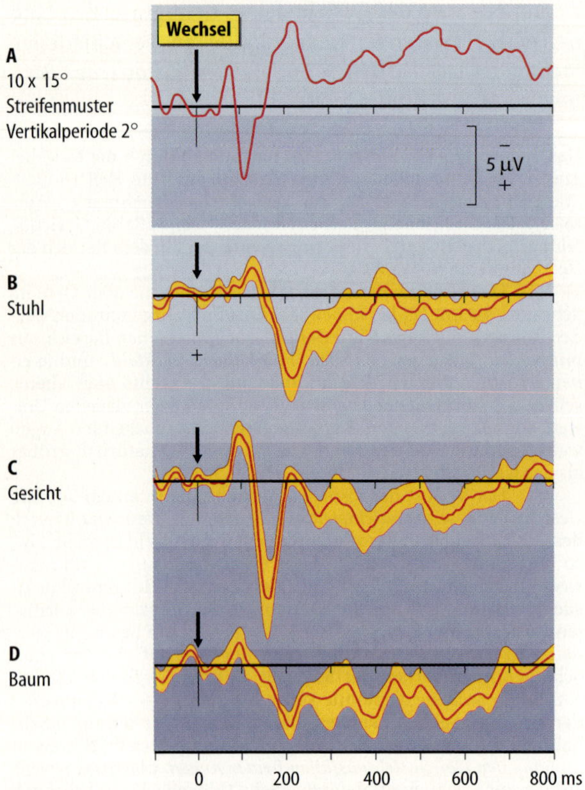

Abb. 16–24. Visuell evozierte Potentiale (VEP). **A** Aus 40 Antworten gemitteltes VEP von einer Versuchsperson (okzipitale Elektrode). Zum Zeitpunkt des Pfeils wechselte ein vertikales Streifenmuster von 2° Periode jeweils so, daß alle schwarzen Streifen weiß und alle weißen Streifen schwarz wurden. **B-D** „Ereigniskorrelierte" VEPs, die durch einen Gestaltwechsel (bei *Pfeil*) hervorgerufen wurden (Ableitung zwischen der zentralen Elektrode Cz und gekoppelten Mastoidelektroden). Mittelwerte von 5 erwachsenen weiblichen Versuchspersonen und jeweils 40 Reaktionen auf jede der 3 Stimuluskategorien (Stuhl, Gesicht, Baum). Die VEPs sind mit der statistischen Fehlerbreite (*gelb*) aufgezeichnet. Sie zeigen deutliche Unterschiede bei den verschiedenen Reizklassen. Das durch das Gesicht hervorgerufene VEP enthält „gesichterspezifische" Komponenten im Zeitbereich zwischen 100 und 300 ms nach Reizwechsel [50]

!

Kenntnisse der elementaren Sehphysiologie sind erforderlich, um die Ergebnisse klinisch-diagnostischer Verfahren zur Untersuchung des Sehens zu deuten. Der Visus, die Sehschärfe an der Stelle des schärfsten Sehens, wird mit Landolt-Ringen oder normierten Buchstabentafeln bestimmt. Mit der quantitativen Perimetrie werden die äußeren Gesichtsfeldgrenzen und eventuelle Gesichtsfeldausfälle nachgewiesen. Aus der Art der Gesichtsfeldausfälle für beide Augen kann eine Läsion im afferenten visuellen System lokalisiert werden.

Mit den einfachen visuell-evozierten Potentialen (VEP) und dem Musterwechsel-VEP können Läsionen in der Netzhaut und im afferenten visuellen System diagnostiziert werden. Die durch komplexe visuelle Reizmuster (Bilder von Objekten, Gesichtern usw.) ausgelösten VEPs enthalten gestaltspezifische „kognitive" Komponenten.

16.7 Das Tiefensehen

Das Tiefensehen kommt durch monokulare Signale und durch die binokulare stereoskopische Wahrnehmung zustande

Wer durch eine gut strukturierte Landschaft geht und über ein normales Binokularsehen verfügt, nimmt die Landschaft nicht nur als ein nach räumlicher Tiefe geordnetes Sehfeld wahr, sondern kann auch recht gut die *Entfernungen* der Gegenstände abschätzen. Der räumliche Tiefeneindruck ist einerseits durch das ***binokulare stereoskopische Sehen*** bedingt, andererseits durch die Verrechnung der *Konvergenzstellung der Augen* im Gehirn und durch *monokulare* visuelle Signale. Die zur Scharfeinstellung erforderliche Akkommodation der Linse, Größenunterschiede bekannter Gegenstände, Überdeckungen, Schatten, perspektivische Verkürzungen, die Konturunschärfe der Sehdinge bei Dunst oder Nebel und vor allem die parallaktischen Verschiebungen der Gegenstände relativ zueinander bei Kopfbewegungen sind solche monokularen Signale, die auch dem Einäugigen eine räumliche Tiefenwahrnehmung ermöglichen.

Das stereoskopische binokulare Tiefensehen hängt von der Querdisparation der Retinabilder ab und verbessert die räumliche Wahrnehmung vor allem für Sehdinge in der Nähe

Das räumliche Sehen mit Hilfe der ***binokularen Stereoskopie*** ist besonders für Objekte im Greifraum und in der näheren Umgebung („*Nahwirkraum*") wichtig. Da sich die Augen an verschiedenen Stellen des Kopfes befinden, ist das Netzhautbild eines Gegenstandes in endlicher Entfernung aus geometrisch-optischen Gründen auf jeder Netzhaut unterschiedlich. Diese ***Querdisparation*** der beiden Netzhautbilder ist um so größer, je näher und größer ein Gegenstand ist.

Die unterschiedliche Abbildung eines Gegenstandes auf den beiden Retinae kann aus folgendem Versuch leicht erkannt werden: *Betrachten Sie den Daumen Ihres horizontal ausgestreckten rechten Armes* abwechselnd monokular mit dem linken und mit dem rechten Auge. Beim Fixationswechsel verschiebt sich der Daumen scheinbar rasch gegen den Hintergrund („*Daumensprung*"). Die mit dem linken bzw. rechten Auge gesehenen Bilder des Daumens überdecken also jeweils andere Gegenstände im Raum.

Die Geometrie der Querdisparation ist in Abb. 16–25 erläutert: Fixieren die beiden Augen einen Punkt in der Nähe, so gibt es eine ***Horopter*** genannte gekrümmte Fläche im Raum, deren Punkte sich auf *korrespondierenden Netzhautstellen* abbilden. Der Horopter verändert sich mit jeder Blickbewegung. Beim Blick nach geradeaus vorne ist der Horopter besonders einfach: Alle Ge-

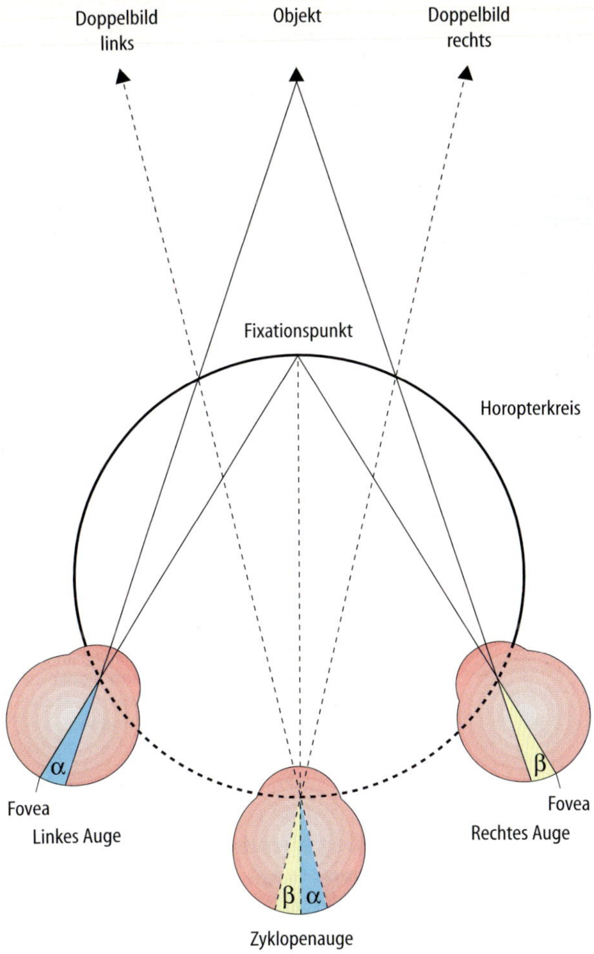

Abb. 16–25. Schema des Binokularsehens und Konstruktion des Zyklopenauges. Befindet sich der Gegenstand („Objekt") außerhalb der Horopterebene, so wird sein Bild im linken Auge rechts von der Fovea, im rechten Auge links von der Fovea entworfen. Beim Binokularsehen entsteht für diesen Fall ein ungekreuztes Doppelbild, dessen Lage durch die Winkel α und β bestimmt wird und durch die Projektion der Retina des linken und des rechten Auges auf die gedachte Retina des Zyklopenauges dargestellt werden kann

genstände, die sich auf einem Kreis (*Horopterkreis*) befinden, auf dem der Knotenpunkt des optischen Systems jedes Auges und der Fixationspunkt liegen, werden auf *korrespondierenden Netzhautstellen* abgebildet [18,19,23,36].

Das binokulare Einfachsehen ist nur möglich, wenn die Querdisparation einen kritischen Wert nicht überschreitet

Wie in Abb. 16–25 illustriert ist, werden alle Gegenstände außerhalb oder innerhalb des *Horopterkreises* auf nicht korrespondierenden Netzhautstellen abgebildet. Bei hinreichend großer Querdisparation (Summe der Winkel α und β der Abb. 16–25) entstehen ***Doppelbilder.*** Beim normalen binokularen Sehen werden die Doppelbilder des *extrafovealen Bereiches* unterdrückt. Ist die Querdisparation für den fovealen Bereich zu hoch, so entstehen jedoch störende Doppelbilder.

Für die neurophysiologische Begründung der stereoskopischen Tiefenwahrnehmung ist wichtig, daß ein Teil der binokularen Neurone der Areae V1 und V2 exakt korrespondierende rezeptive Felder in jeder Netzhaut hat und daher durch Konturen im *Horopterbereich* am stärksten aktiviert werden. Ein anderer Teil der binokular aktivierten Neurone hat dagegen rezeptive Felder, die in der linken und der rechten Retina nicht exakt geometrisch korrespondierenden Netzhautstellen entsprechen. Die Nervenzellen werden optimal aktiviert, wenn ein Objekt in einem bestimmten Bereich *außerhalb oder innerhalb des Horopters* liegt, d.h. sein Bild auf der linken und rechten Netzhaut einen bestimmten Betrag von Querdisparation erzeugt [23, 24, 36, 44].

!

Die Wahrnehmung der Tiefe des uns umgebenen extrapersonalen Raumes der dreidimensionalen Körperlichkeit der Sehdinge ist durch monokulare und binokulare Komponenten des Tiefensehens möglich. Das auf eine normale binokulare Fusion angewiesene *stereoskopische Tiefensehen* beruht auf der unterschiedlichen Abbildung der Gegenstände auf den Netzhäuten beider Augen (Querdisparation). In den Areae V1 und V2 des Hinterhauptlappens gibt es neuronale Mechanismen der binokularen Fusion und Nervenzellen, die die Distanz eines Gegenstandes vom jeweiligen Horopter messen.

16.8 Das Farbensehen

Bei der Farbwahrnehmung unterscheidet man die Farben selbstleuchtender Lichtquellen von den Farben der Oberflächen der Gegenstände, die im reflektierten Licht gesehen werden

Für beide Arten der Farbwahrnehmung gibt es ***bunte Farben*** (Rot, Orange, Blau usw.) und ***unbunte Farben,*** deren Skala vom tiefsten Schwarz über die verschiedenen Graustufen zum hellsten Weiß reicht.

Ein Teil der bunten Farben ist im *sichtbaren Spektrum* des Sonnenlichts sichtbar (Regenbogen). Der kontinuierliche Übergang der *Farbempfindung* von Violett über Blau, Grün, Gelb, Orange nach Rot gab Anlaß zur Vermutung, daß die *Wellenlänge* eines monochromatischen Lichtreizes die Farbempfindung bestimmt. Dies ist nur teilweise richtig. Es gibt einerseits Farbtöne, die im Spektrum des Sonnenlichtes überhaupt nicht vorkommen – die ***Purpurfarben*** zwischen Blau und Rot –, andererseits können fast alle Farbempfindungen des sichtbaren Lichtspektrums durch ***Mischung*** anderer Spektralfarben entstehen. Diese einfache Beobachtung zeigt, daß eine physikalische Erklärung des Farbensehens unzureichend ist [15].

Die Gesetze des Farbensehens beschreiben die phänomenalen Eigenschaften der Farbwahrnehmung, den „Farbenraum"

Der Farbenraum des normal Farbtüchtigen besteht aus etwa 7 Millionen unterscheidbarer ***Farbvalenzen.*** Die reinen bunten Farben bilden ein Kontinuum, den *Far-*

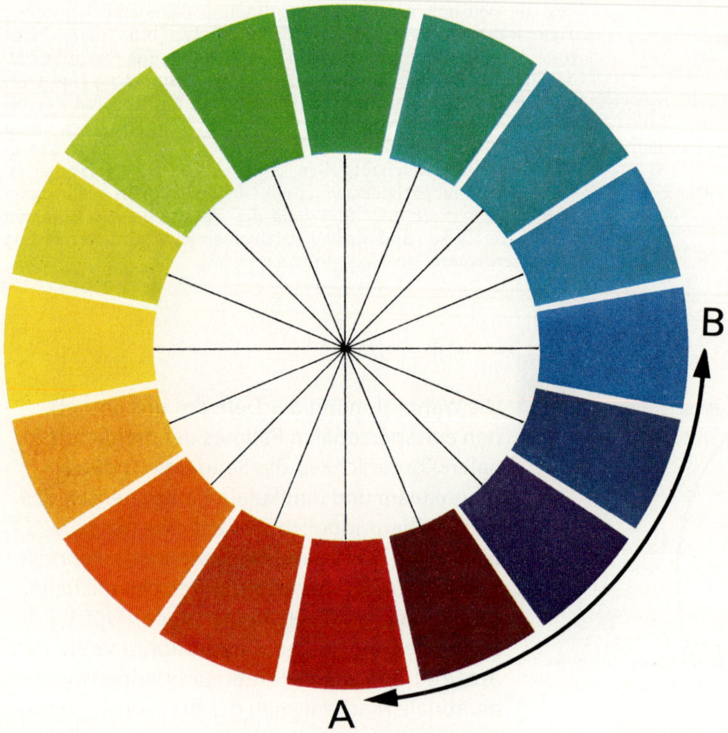

Abb. 16–26. Anordnung der Farbtöne im Farbenkreis. Die Farbtöne zwischen A und B entsprechen keinen Spektralfarben, sondern Mischfarben (Purpur) von spektralem Rot und Blau

benkreis (Abb. 16–26). Denkt man sich senkrecht zum Zentrum dieses Kreises eine Achse mit einem „*Weißpol*" und einem „*Schwarzpol*" an den Enden, so entsteht ein dreidimensionaler „*Farbenraum*", der alle Farbvalenzen einschließt. Die Oberflächenfarben der Objekte lassen sich im Farbenraum durch 3 phänomenal orthogonale Größen kennzeichnen: ***Farbton, Sättigung*** und ***Dunkelstufe.***

Bei selbstleuchtenden Lichtquellen tritt an Stelle der Dunkelstufe die ***Helligkeit.*** Ist einer der bunten, reinen Farbtöne des Farbenkreises mit Weiß bzw. Schwarz gemischt (man nennt dies schwarzverhüllt oder weißverhüllt), so entsteht eine ***Farbart.*** Ein reines Rot ergibt mit Weiß gemischt die Farbart *Rosa,* mit Schwarz verhüllt die Farbart *Braun.* Jede Farbart kann verschieden hell sein.

Farbkonstanz. Unter natürlichen Beleuchtungsbedingungen ist die Wahrnehmung der Oberflächenfarben von der spektralen Zusammensetzung des Lichtes innerhalb bestimmter Grenzen unabhängig. Die phänomenale Farbkonstanz bedeutet nichts anderes, als daß wir die *spektrale Reflektanz* (*Remissionsgrad*) der Objektoberflächen wahrnehmen. Die Farbkonstanz ist daher zur Wiedererkennung der Objekte in der natürlichen Umwelt unter verschiedenen Beleuchtungsbedingungen (bläuliches Mittagslicht, rötliches Licht beim Sonnenuntergang) wichtig. Bei spektral eingeschränktem Kunstlicht kann man die Grenzen der Farbkonstanz erkennen: so ist z. B. die Farbigkeit von Stoffmustern bei Kunstlicht oft anders als bei Tageslicht [15, 18, 19].

Die „subtraktive Farbmischung" ist ein physikalisches, die „additive Farbmischung" ein physiologisches Phänomen

Die Mischung von Malerfarben wird in der Physiologie als ***„subtraktive Farbmischung"*** bezeichnet, weil jedes Pigmentpartikel der Malerfarbe ein breitbandiges Farbfilter darstellt (Abb. 16–27). Darüber hinaus spielen bei der Pigmentmischung noch spektrale Reflexionen an den Partikeloberflächen für das Aussehen einer gemischten Malerfarbe eine Rolle. Die subtraktive Farbmischung entsteht also durch physikalische Mechanismen der *Lichtabsorption* und *-reflexion.*

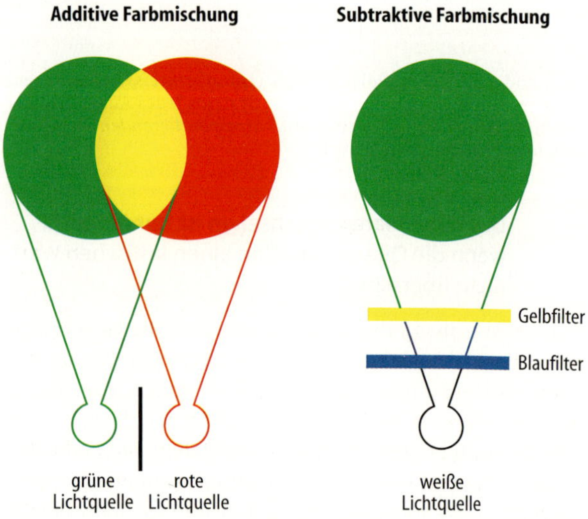

Abb. 16–27. Schema einer additiven und einer subtraktiven Farbmischung

Eine ***additive Farbmischung*** entsteht, wenn auf die *gleiche Netzhautstelle* Licht verschiedener Wellenlänge fällt (Abb. 16–27). Sind die gemischten Farben monochromatisch, so lassen sich durch additive Farbenmischung Farbtöne erzeugen, die der Farbtönung eines anderen Bereichs des Spektrums oder dem nicht spektralen Bereich zwischen Rot und Blau (*Purpur*) entsprechen. Die additive Farbmischung ist also ein physiologischer Mechanismus. In der darstellenden Kunst spielt die additive Farbmischung bei der Betrachtung pointilistischer Bilder eine Rolle, wenn bei hinreichender Beobachtungsdistanz zwei oder mehr Farbpunkte sich auf einem Zapfen abbilden.

Die Ergebnisse der systematischen Untersuchungen additiver Farbmischungen bildet eine der Grundlagen zur Entwicklung der Gesetze des Farbensehens und der metrischen Farbensysteme.

Eine *additive Farbmischung* wird auch zur Prüfung von *Farbsinnesstörungen* benützt. Im ***Anomaloskop*** von Nagel wird z. B. auf die eine Hälfte eines Kreises spektrales Gelb ($\lambda = 589$ nm) projiziert, auf die andere Hälfte eine Mischung von spektralem Rot ($\lambda = 671$ nm) und spektralem Grün ($\lambda = 546$ nm). Die Versuchsperson muß die Mischung aus Rot und Grün so einstellen, daß die ***Mischfarbe*** Gelb von der ***Spektralfarbe*** Gelb nicht mehr zu unterscheiden ist. Dann gilt die Farbenmischungsgleichung:

$$a\,(\text{Rot}, 671) + b\,(\text{Grün}, 546) \cong c\,(\text{Gelb}, 589) \qquad (5)$$

Das Zeichen $\cong$ bedeutet *empfindungsgleich* und hat keine mathematische Bedeutung. Ein normal Farbtüchtiger stellt in dieser Gleichung für den Rotanteil etwa 40, für den Grünanteil etwa 33 relative Einheiten ein [12,15,21,22].

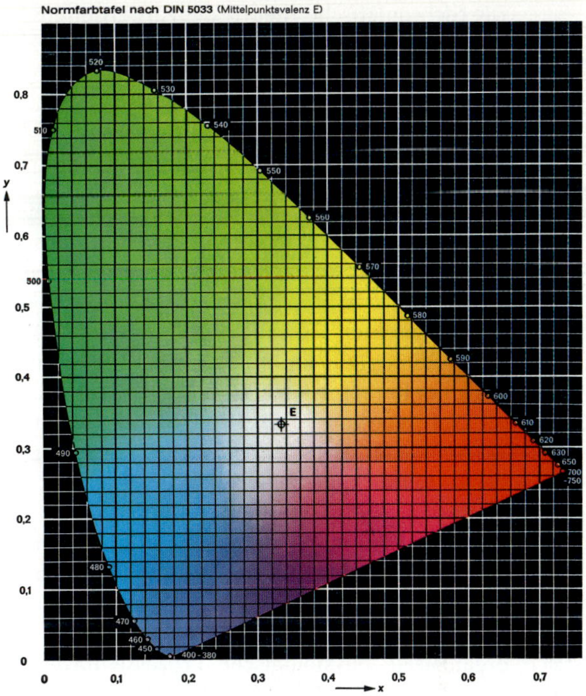

Abb. 16–28. Normfarbtafel nach DIN 5033. Der Weißbereich liegt um den Punkt *E*. Die „Basis" des „Farbendreiecks" bilden die Purpurtöne. Die additive Mischfarbe *M* zwischen 2 beliebigen Farben *A* und *B* liegt auf der Geraden *AB*. Komplementärfarben liegen jeweils auf Geraden durch den Weißpunkt *E*

Die Farbe Weiß entsteht durch additive Farbmischung von Komplementärfarben, Purpur durch additive Mischung von monochromatischem Licht der beiden Enden des Spektrums

Weiß entsteht durch additive Mischung eines Farbtons F_1 mit einem anderen Farbton F_2:

$$a\,\{F_1\} + b\,\{F_2\} = c\{\text{Weiß}\}, \qquad (6)$$

wobei die Konstanten a und b dieser Farbmischungsgleichung von der Definition von Weiß abhängen. Die Farbtöne F_1 und F_2 heißen ***Komplementärfarben.*** Wird F_1 aus der Normfarbtafel (Abb. 16–28) gewählt, so liegt F_2 auf der Verlängerung der Geraden von F_1 zum Weißpunkt E (12,15,21).

Für den normal Farbtüchtigen (etwa 95 % der Bevölkerung) kann jede Farbart durch eine additive Farbmischung von drei geeignet gewählten Farbtönen erzeugt werden

Zur geometrischen Darstellung der sinnesphysiologischen Resultate von Farbmischungsexperimenten wird die *Normfarbtafel* (Abb. 16–28, *„Farbendreieck"*) benützt. Im Vergleich zu den Oberflächenfarben vernachlässigt die Normfarbtafel die Dunkelstufen. Werden 2 Farben aus der Normfarbtafel miteinander *additiv* gemischt, so wird eine Farbart wahrgenommen, die auf einer Geraden zwischen den beiden Mischfarben liegt. Für jede beliebige Farbart F^* der Normfarbtafel gilt, daß sie durch additive Mischung von 3 Spektralfarben erzeugt werden kann:

$$d^*\,\{F^*\} = a^*\{F_1\} + b^*\{F_2\} + c^*\{F_3\} \qquad (7)$$

Aufgrund internationaler Übereinkunft werden für die Konstruktion der modernen metrischen Farbsysteme die *monochromatischen Primärfarben* F_1 (700 nm, Rot), F_2 (546 nm, Grün) und F_3 (435 nm, Blau) benützt. Für die additive Mischung der Farbe Weiß gilt für die Gewichtungsfaktoren a^*, b^* und c^* der Gl. (7):

$$a^* + b^* + c^* = d^* = 1 \qquad (8)$$

!

Das Farbensehen des normal Farbtüchtigen ist durch die Fähigkeit zur Wahrnehmung von etwa 7 Millionen Farbvalenzen ausgezeichnet, die sich durch Farbton, Sättigung und Dunkelstufe unterscheiden. Alle Farbvalenzen sind in einem dreidimensionalen Farbenraum darstellbar. Durch additive Farbmischungen von ausgewählten Spektralfarben können die Mischungsgleichungen zur Herstellung der Farbe „Weiß" oder anderer Farbtöne dazu benützt werden, die Farbtüchtigkeit zu prüfen. Gleichzeitig kann man mit dieser Methode quantitative Daten zur Entwicklung einer Theorie des Farbensehens erhalten.

Die trichromatische Theorie des Farbensehens nimmt drei verschiedene Zapfensysteme an; die Gegenfarbentheorie geht von drei antagonistischen Prozessen (Grün/Rot, Gelb/Blau, Schwarz/Weiß) aus; beide Theorien werden zur Zonentheorie zusammengefaßt

Die trichromatische Theorie des Farbensehens. In dieser Theorie von *Young, Maxwell* und *Helmholtz* wurden drei verschiedene Zapfensysteme als unabhängige Sensoren des *photopischen Sehens* angenommen. Die oben beschriebenen direkten Messungen der spektralen Absorption der Photopigmente in einzelnen Zapfen und die Messung der Rezeptorpotentiale verschiedener Zapfen in der Netzhaut von farbtüchtigen Tieren können als „objektive" Bestätigung der trichromatischen Theorie des Farbensehens angesehen werden.

Die Gegenfarbentheorie. Im Farbenkreis sind die Farbtöne polar organisiert. *Ernst Mach* und *Ewald Hering* nahmen für die bunten Farbvalenzen 4 ***Urfarben*** an: ***Rot, Gelb, Grün*** und ***Blau,*** für die Hering zwei antagonistisch organisierte physiologische Prozesse forderte: den *Grün-Rot-Prozeß* und den *Gelb-Blau-Prozeß.* Einen dritten antagonistischen neuronalen Prozeß nahm er für ***Weiß*** und ***Schwarz*** an und erklärte damit die Grautonskala zwischen diesen beiden *unbunten Gegenfarben.* Die Bezeichnung „Gegenfarbe" wurde aus der polaren Struktur der Farbwahrnehmung hergeleitet: Es gibt kein *„grünliches Rot"* und kein *„bläuliches Gelb".*

Der *farbige Sukzessivkontrast* und der *farbige Simultankontrast* wurden als Argumente für die Gegenfarbentheorie angeführt. Umgibt z. B. ein leuchtend grüner Ring eine graue Fläche, so erscheint diese infolge von farbigem Simultankonrast leicht rötlich getönt. Verschwindet der Ring, so sieht der Beobachter auf weißem Hintergrund einen roten Ring, der eine grünliche Binnenstruktur umgibt. Farbige Nachbilder erscheinen jeweils im Farbton der Gegenfarbe.

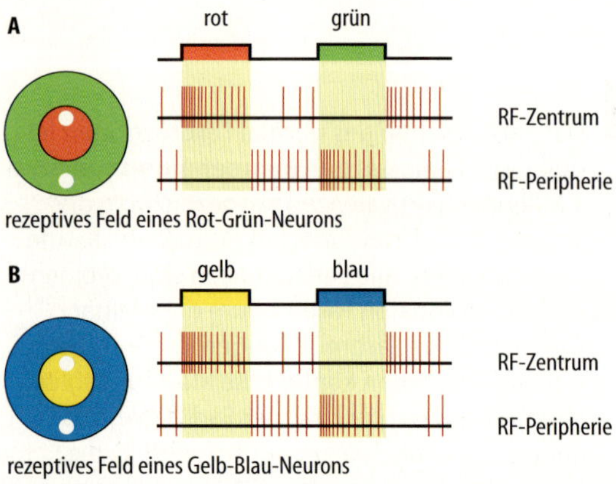

Abb. 16–29. Schema von zwei rezeptiven Feldern in der Ganglienzellschicht der Netzhaut bzw. dem Corpus geniculatum laterale eines farbtüchtigen Primaten. **A** Nervenzelle des Rot-Grün-Systems, **B** Nervenzelle des Gelb-Blau-Systems. RF-Zentrum und RF-Peripherie sind antagonistisch organisiert

Die Synthese der beiden, zunächst rivalisierenden Theorien des Farbensehens wurde schon vor 100 Jahren durch *Johannes von Kries* in der ***Zonentheorie*** vorgeschlagen: Die trichromatische Theorie des Sehens gilt für die Prozesse in den Photorezeptoren, die Gegenfarbentheorie für die weitere neuronale Signalverarbeitung im afferenten und zentralen visuellen System. Neuronale Reaktionen, die der Gegenfarbentheorie entsprechen, findet man bei niederen Wirbeltieren (z. B. Fischen) schon in der Schicht der Horizontalzellen, bei Primaten dagegen in den Reaktionen eines Teils der parvozellulären Ganglienzellen der Netzhaut und des Corpus geniculatum laterale sowie in den Antworten farbspezifischer Nervenzellen des primären visuellen Cortex (Abb. 16–18, 16–29).

Kategoriale Ordnung im Farbenraum und die Benennung der Farben. Die Nachbarschaft von Farben im Farbenraum ist bei den Trichromaten sehr einheitlich. Vermutlich ist der Farbenraum in neuronalen Erregungsmuster der Neurone der extrastriaren visuellen Area V4 repräsentiert (s. S. 311). Die Struktur des Farbenraumes entsteht während der Ontogenese „automatisch". Die *kategoriale Ordnung* dieses Farbenraumes, die Zuordnung von Farben zu Gegenständen wird durch Lernen differenziert und scheint eine Leistung eines Teils der Assoziationsregionen im *Gyrus angularis* zu sein (s. S. 312). Ähnliches gilt für die Entwicklung der ***Farbnamen,*** deren Umfang in unterschiedlichen Kulturen, Sprachen und auch berufsspezifisch variiert [15–19].

! Die *trichromatische Theorie* des Farbensehens gilt für den Bereich der Signalaufnahme in den Photorezeptoren der Netzhaut, die *Gegenfarbentheorie* für die zeitliche und räumliche Signalverarbeitung in der Retina und dem afferenten visuellen System sowie den Areae V1 und V2. In extrastriären visuellen Regionen (vor allem Area V4) werden die Farbvalenzen des Farbenraumes in unterschiedlichen Nervenzellsystemen repräsentiert.

Es gibt verschiedene „periphere" Störungen des Farbensinnes, die meist X-chromosomal rezessiv vererbt werden

Störungen der Farbwahrnehmung sind entweder durch eine pathologische Veränderung der Sehfarbstoffe, der Signalverarbeitung in den Photorezeptoren und in den nachgeschalteten Nervenzellen oder durch eine Veränderung der spektralen Durchlässigkeit des dioptrischen Apparates bedingt. Selten treten „zentrale" Störungen der Farbwahrnehmung als Folge von Läsionen der extrastriären visuellen Hirnrinde auf (s. S. 312). Man unterscheidet zwei große Klassen von genetisch bedingten peripheren Farbsinnesstörungen, die ***trichromatischen*** und die ***dichromatische Störung des Farbensehens.***

Anomalien des trichromatischen Sehens. Die mildeste Form der Farbsinnesstörungen sind die ***Farbanomalien,*** *die in der Regel X-chromosomal rezessiv vererbt werden.* Daher sind farbanomale Männer viel häufiger als Frauen. Die Menge der durch farbanomale Trichromaten unterscheidbaren Farbvalenzen ist im Vergleich zum normal farbtüchtigen Menschen reduziert. Die Gewichtungsfaktoren a, b und c der Gl. (5–7) (s. S. 305) sind bei normalen und anomalen Trichromaten unterschiedlich.

Es gibt drei Klassen von Farbanomalien: der ***Protanomale*** und der ***Deuteranomale*** haben überwiegend eine *Rot-Grün-Störung*. Um die Empfindungsgleichung im Anomaloskop einzustellen (Gl. 5) mischt der Protanomale mehr Rot zur Farbmischung als der normal Farbtüchtige, der Deuteranomale dagegen mehr Grün. Die ***Tritanomalie*** ist sehr selten, bei ihr liegt eine *Störung der „Blauzapfen" bzw. des Gelb-Blau-Systems* vor.

Dichromaten. Die meisten Formen der *Dichromasie* werden ebenfalls X-chromosomal rezessiv vererbt. Der Farbenraum der Dichromaten kann analog zur Gl. (7) durch die Mischung von ***zwei*** Primärfarben vollständig beschrieben werden. *Die Zahl der unterscheidbaren Farbvalenzen ist bei Dichromaten sehr viel kleiner als bei Trichromaten.* Beim ***Protanopen*** und beim ***Deuteranopen*** ist das *Rot-Grün-System* gestört. Außer einer Pigmentstörung in den Rot- bzw. Grünzapfen liegt auch eine Störung der neuronalen Verschaltung in den Nervenzellen der Netzhaut vor.

Die sehr selten vorkommende, ***autosomal rezessiv vererbte Tritanopie*** ist durch eine Gelb-Blau-Verwechslung charakterisiert. Das blauviolette Ende des Spektrums sowie der Bereich zwischen 565 und 550 nm erscheint dem Tritanopen in Grautönen. Das *skotopische Sehen* ist bei den genannten Farbsinnesstörungen in der Regel normal.

Totale Farbenblindheit. Weniger als 0,01 % der Bevölkerung sind total farbenblind und sehen die Welt etwa so, wie ein normal Farbtüchtiger sie in einem Schwarzweißfilm wahrnimmt. Total Farbenblinde (*„Monochromaten"*) leiden meist auch unter einer Störung der Helladaptation im photopischen Bereich. Ihre Blendungsschwelle ist sehr niedrig, normales Tageslicht für sie unangenehm, weshalb sie dasselbe meiden (*„Photophobie"*). Da total Farbenblinde die spektrale Helligkeitskurve des Normalen für den *skotopischen Adaptationsbereich* haben (Abb. 16–4) ist anzunehmen, daß Stäbchen und Zapfen Rhodopsin als einheitlichen Sehfarbstoff enthalten (s. a. Abb. 16–11D u. 16–16).

Störungen des Stäbchensystems. Menschen mit Funktionsstörungen der Stäbchen haben keine Farbsinnstörungen, zeigen jedoch eine *eingeschränkte Dunkeladaptation*. Ursache dieser *„Nachtblindheit" (Hemeralopie)* genannten Störung kann ein Mangel von Vitamin A_1 in der Nahrung sein, das Vorstufe des Retinals der Sehfarbstoffe ist (s. S. 289) [12,21,22,30].

!

Die „peripheren" Farbsinnesstörungen lassen sich in die Farbanomalien (trichromatisches Sehen) und die Farbenblindheiten (dichromatisches Sehen) einteilen. Die meisten dieser Störungen werden X-chromosomal vererbt, weshalb Männer wesentlich häufiger als Frauen „farbenblind" sind. Stäbchenmonochromaten sind total farbenblind und besonders lichtempfindlich. Sie haben in Stäbchen und Zapfen nur einen Farbstoff, das Rhodopsin.

16.9 Hirnphysiologische Grundlagen der kognitiven visuellen Leistungen: Raum-, Objekt- und Zeichenerkennung

Die visuellen Assoziations- und Integrationsregionen der Großhirnrinde haben sich in der Phylogenese der Primaten und des Menschen besonders stark differenziert

Wie die Abb. 16–20 zeigt, sind die extrastriären visuellen Areale über die ganze okzipitale Hirnrinde ausgedehnt. Die Signale aus den retinotop organisierten visuellen Elementarregionen (Areae V2, V3, V3a, V4) werden in die visuellen *Assoziations-* und *Integrationsregionen* des Parietal- und Temporallappens übertragen. Mit jedem neuronalen Verarbeitungsschritt wird die retinotope Organisation „lockerer", bis schließlich die einzelnen rezeptiven Felder der Nervenzellen in einigen der visuellen Assoziations- und Integrationsregionen einen großen Teil des fovealen und des peripheren Gesichtsfeldes einnehmen [83, 90, 91].

Die visuellen Assoziationsfelder sind durch die zytoarchitektonische Anordnung der ***kortikalen*** Zellschichten voneinander unterschieden, sowie durch metabolische Charakteristika wie die Verteilung der Zytochromoxidase-Reaktion. Auch die Verbindungen untereinander und mit ***subkortikalen*** Hirnregionen sowie die Spezialisierung ihrer Nervenzellen, die nur auf bestimmte Merkmale des visuellen Reizmusters reagieren, sind Abgrenzungskriterien der verschiedenen visuellen Hirnrindenfelder. Wichtig zum Verständnis der Funktion der visuellen Assoziationsfelder ist, daß ein nicht unerheblicher Teil ihrer Axone zurück zu den primären und sekundären visuellen Hirnrindenfeldern im Okzipitallappen projiziert, wodurch eine *efferente Selektion* des Erregungszuflusses möglich wird.

Bei den nichtmenschlichen Primaten nehmen die visuellen und visuomotorischen Regionen mehr als 60 % der Hirnoberfläche ein. Primaten sind *„Augentiere"*. In der Phylogenese der letzten 2,5 Millionen Jahre, d. h. in der Entwicklung von *Homo habilis* bis *Homo sapiens sapiens*, haben sich einige *menschspezifische*, visuelle Integrationsregionen neu entwickelt oder besonders entfaltet, Strukturen, die für die *visuell-konstruktiven Leistungen* (Malen, Zeichnen, Entwerfen von dreidimensionalen Objekten), für *räumliche Planung, komplexe visuelle Zeichenerfassung* und für die Wahrnehmung zahlreicher, *averbaler sozialer Zeichen* zuständig sind. Neue Verbindungen zwischen diesen neokortikalen Regionen und dem *limbischen System (Gyrus parahippocampalis, Hippocampus, Area entorhinalis* und *Corpora amygdala*), dienen dem visuellen Gedächtnis und der *emotionalen Bewertung* komplexer visueller Zeichen und der *visuellen Ästhetik* [16,17,23,24, 33,44,90,91].

Für die Objekterkennung sind Assoziationsfelder im unteren Temporallappen, für die Objektlokalisation Assoziationsfelder im Parietallappen und in der präfrontalen Hirnrinde zuständig

In Abb. 16–30 ist das erstmals von dem Frankfurter Neurologen Karl Kleist aufgestellte Prinzip der

A Visuelle kognitive Funktionen

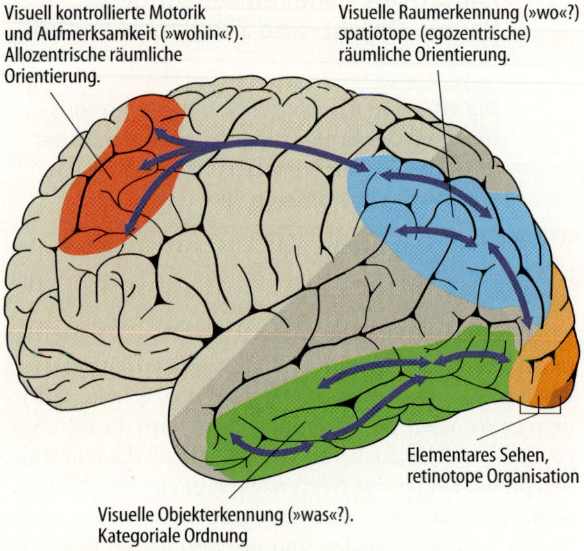

B Visuelle affektive Funktionen

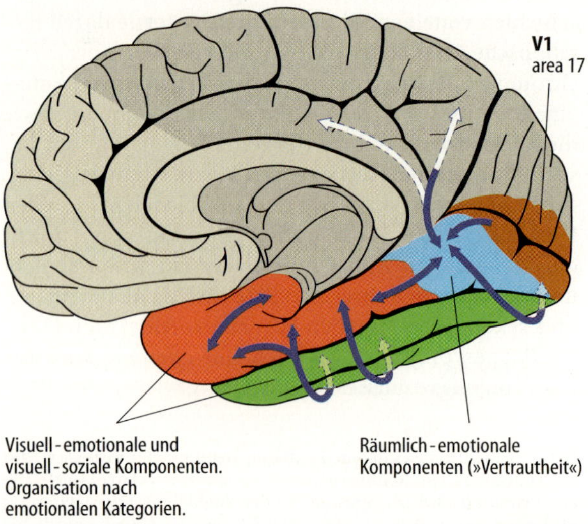

Abb. 16–30. Schema der Verteilung unterschiedlicher visueller integrativer und kognitiver Funktionen über die Großhirnrinde des Menschen. **A** äußere, **B** innere Hirnoberfläche. Die visuellen Elementarfunktionen sind im Okzipitallappen (*orange*) lokalisiert, von dem Verbindungen in den inferioren Temporallappen (*grün*) gehen, in dem sich Prozesse der visuellen Objektwahrnehmung abspielen. Verbindungen aus dem Okzipitalbereich in den inferioren Parietallappen (*blau*) dienen der Raumwahrnehmung, Verbindungen aus diesem Bereich in die präfrontale Hirnrinde (*rot*) der visuell-gesteuerten Blick-, Greif- und Körperbewegung. Verbindungen aus dem parietalen und temporalen Bereich über den Gyrus fusiformis und Gyrus lingualis (*blau*) in Strukturen des limbischen Systems (*rot*) dienen der Verarbeitung der emotionalen Komponenten der visuellen Wahrnehmung [25,70]

Abb. 16–31. Schema der Reaktion eines Neurons in Area 7 des wachen Rhesusaffen. **A** In der Nähe der Hand, also im *Greifraum*, wird ein Objekt (z. B. eine Nuß) bewegt. Die Objektbewegung löst eine Aktivierung (Zunahme der Impulsrate) des Neurons aus. **B** Das Tier blickt auf das Objekt, die Impulsrate steigt an. **C** Das Tier greift nach dem Objekt während einer sehr starken Aktivierung des Neurons [61] ▶

„Arbeitsteilung" verschiedener kortikaler Areale für die „höheren" visuellen Leistungen dargestellt ***(parallele visuelle Signalverarbeitung):*** Die visuelle Objektidentifikation (*„Was ist das für ein Gegenstand?"*) ist vor allem eine Funktion der Assoziationsfelder des unteren Temporallappens. Die räumliche Lokalisation der Gegenstände und die visuelle räumliche Orientierung (*„Wo sind oder in welche Richtung bewegen sich die Objekte?"*) ist dagegen eine Leistung der parietalen und der präfrontalen Assoziationsregionen. Letztere kontrollieren die visuell gesteuerten Bewegungen (*„Wohin richtet sich der Blick oder eine Greifbewegung?"*). Schließlich ist die emotionale Bewertung eines visuell wahrgenommenen Gegenstandes (*„Wozu ist der Gegenstand gut?"*) überwiegend eine Funktion der oben genannten Strukturen des limbischen Systems [16, 17, 25].

Der extrapersonale Raum ist im unteren, posterioren Parietallappen repräsentiert

Zu jedem *Augenblick,* d. h. während jeder neuen Fixationsperiode, werden die Objekte des extrapersonalen Raumes an anderen Stellen des Gesichtsfeldes abgebildet, wobei die retinale Bildverschiebung von den Sakkadenamplituden und -richtungen abhängig ist (s. S. 280). Trotz der zwischen den Fixationsperioden auftretenden Verschiebungen des Retinabildes nehmen wir den extrapersonalen Raum und seine Richtungen unbewegt wahr. Diese *Konstanzleistung* ist überwiegend eine Funktion des inferioren und posterioren Parietallappens. Dort werden visuelle Signale mit der *Efferenzkopie* blickmotorischer Kommandos verrechnet.

Viele Nervenzellen der parietalen *Area 7* des Rhesusaffen werden nur dann erregt, wenn sich visuelle Muster an *bestimmten Stellen* des extrapersonalen Raumes in eine bestimmte Richtung *bewegen.* Diese Nervenzellen reagieren oft auch auf *Augenbewegungen* und visuell gesteuerte *Greifbewegungen* (Abb. 16–31). Die Richtungen des extrapersonalen Raumes sind in diesen Neuronennetzen vermutlich nach Art einer *vektoriellen Abbildung* repräsentiert. Die *retinotope* Abbil-

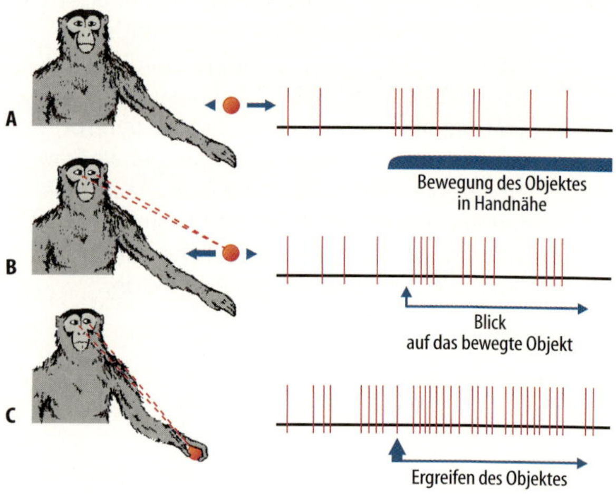

dung des Gesichtsfeldes wird hierbei durch eine *spatiotope* Repräsentation des extrapersonalen Raumes abgelöst, die auf die Koordinaten des Kopfes bezogen ist. Sie garantiert die konstante Wahrnehmung der Raumrichtungen und der Objektentfernungen trotz retinaler Bildverschiebung [59].

Beim Menschen sind neben der Area 7 vor allem die Areae 39 und 40 (Brodmann-Schema, s. S. 129) für die Raumwahrnehmung zuständig. Erleidet ein Patient eine einseitige Hirnläsion dieses Bereiches, so vernachlässigt er die Signale in der zur Läsion *kontralateralen Hälfte des extrapersonalen Raumes.* Dieser ***visuelle Hemineglekt*** ist bei Läsionen im Bereich des rechten Parietallappens stärker ausgeprägt als im Bereich des linken. Beim Menschen ist die *rechte Großhirnhälfte* für die räumliche Orientierung wichtiger als die linke, in deren Integrationsregionen *sprachbezogene Leistungen* dominieren (s. S. 184) [16, 17, 20, 34].

Der visuelle Hemineglekt bezieht sich nicht nur auf den extrapersonalen Raum, sondern auch auf die *einzelnen Objekte.* Von jedem Objekt wird jeweils nur eine Seite richtig wahrgenommen. Zeichnungen werden so ausgeführt, als ob nur die Hälfte des Objektes vorhanden wäre. Patienten mit einem räumlichen Hemineglekt erleben *ihre visuelle Welt als vollständig,* obgleich sie „objektiv" jeweils nur einen Teil der Dinge wahrnehmen. Männlichen Patienten fällt z. B. das „Fehlen" ihrer linken Gesichtshälfte im Spiegel beim Rasieren nicht auf. Sie rasieren sich nur die zur Gehirnläsion ipsilaterale Gesichtshälfte. Ein Maler zeichnet dann in einem Selbstprotrait die Seite kontralateral zu seiner Hirnläsion nicht oder nur sehr vage, bezeichnet das Portrait jedoch als *vollständig* [16,17,34,64,82].

Patienten, bei denen die Verbindungen des inferioren Parietallappens mit den für das räumliche Gedächtnis zuständigen Strukturen des Hippokampus unterbrochen sind (z. B. durch eine Schädigung des *Gyrus parahippocampalis*) können zwar den äußeren Raum noch richtig wahrnehmen, das Wahrgenommene jedoch nicht mit den Erinnerungsbildern verknüpfen. Sie haben dadurch ihre räumliche Orientierung verloren und verirren sich deshalb in früher wohlbekannten Räumen, wie z. B. im eigenen Haus (*Topographagnosie*) [16,32].

Ein Teil der visuellen Assoziationsregionen der okzipito-parietalen Großhirnrinde ist auf die Signalverarbeitung bewegter visueller Muster spezialisiert

Im Bereich der Hirnrinde um den *Sulcus temporalis superior* gibt es beim Rhesusaffen Hirnrindenfelder (***Areae MT, MST*** und ***FST,*** Abb. 16–32), in denen es zahlreiche Nervenzellen gibt, die besonders stark auf *bewegte visuelle Reize richtungsspezifisch reagieren.* Die Area MT (= *Area V5*), erhält ihren hauptsächlichen visuellen Erregungszufluß aus den bewegungsempfindlichen Nervenzellen der Areae V1 (Schicht IV b) und V2. Verbindungen aus den tiefen Schichten der *Colliculi superiores* übertragen über das *Pulvinar* visuomotorische Signale zur Area MT .

Zahlreiche Neurone der Area MT reagieren bevorzugt auf kleine, gegen einen stationären Hintergrund bewegte Objekte. Offenbar steuert die Area MT auch *Augenfolgebewegungen.* Dafür sprechen auch die Projektionen aus Area MT und Area MST in die pontinen Blickzentren und in den Kern des optischen Traktes im Hirnstamm (NOT, s. S. 282). Nervenzellen der *Areae MST und FST* werden bevorzugt durch *großflächige bewegte visuelle Reize* aktiviert, wie sie z. B. zur Auslösung des optokinetischen Nystagmus erzeugt werden (Abb. 16–1F). Ein großflächiges, bewegtes, retinales Reizmuster entsteht auch bei aktiven Bewegungen des Körpers oder des Kopfes. Ein Teil der Nervenzellen in den Areae MST und FST wird auch dann durch solche

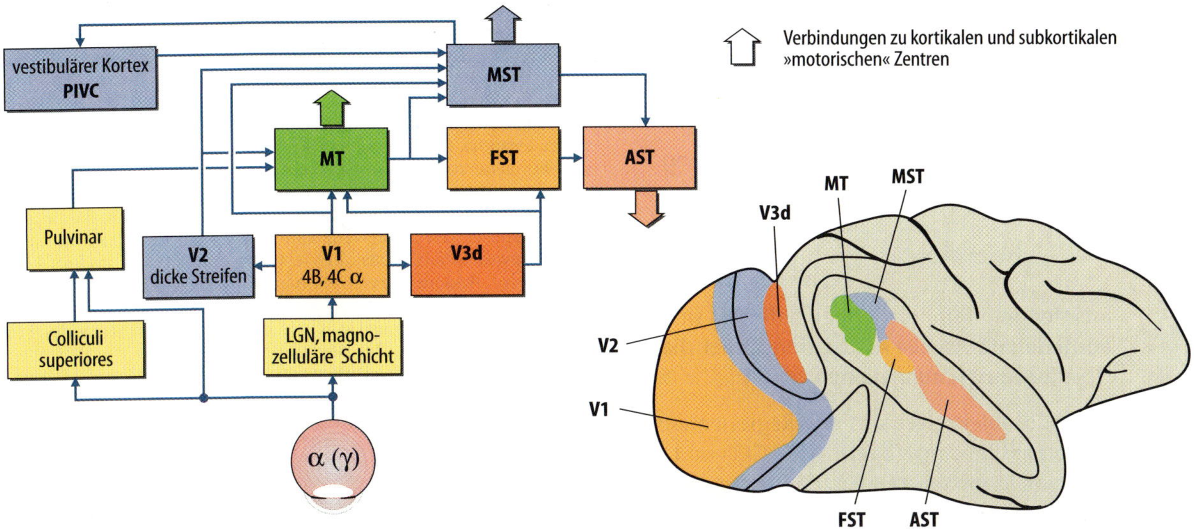

Abb. 16–32. Schema der wichtigsten Hirnrindenstrukturen zur visuellen Bewegungswahrnehmung. Axone der bewegungsempfindlichen Neurone der retinotop organisierten kortikalen Areale V1, V2 und V3 projizieren zu bewegungsspezifischen Hirnrindenfeldern im Bereich des superioren temporalen Sulcus (STS, Abb. 16–20). Die Area MT erhält weitere visuo-motorische Eingänge über den Colliculus superioris und das Pulvinar; (nach einer Abbildung aus der Arbeitsgruppe von L. Ungerleider)

bewegte Reizmuster aktiviert, wenn dieselben mit dem Blick verfolgt werden und ihr Bild auf der Netzhaut daher stationär bleibt. Zwischen der Area MST und den *vestibulären Arealen der Großhirnrinde*, die zur Wahrnehmung der Kopfbewegungen im Raum unerläßlich sind, bestehen wechselseitige neuronale Verbindungen (Abb. 16–32).

In der menschlichen Großhirnrinde liegen die Areae MT (V5) und MST in der okzipito-parietalen Übergangsregion. Während visueller Bewegungsstimulation kann man in diesen Regionen aus der Erhöhung der *regionalen Hirndurchblutung* (s. S. 137) auf eine Zunahme der neuronalen Aktivität schließen. Eine *transkranielle magnetische Stimulation* der Hirnrinde jener Region unterbricht die Bewegungswahrnehmung.

Patienten, die an *umschriebenen bilateralen Läsionen* der Areae MT und MST leiden, können Bewegungen im extrapersonalen Raum nur noch eingeschränkt wahrnehmen (*Akinetopsie, Bewegungsagnosie*). Die Patienten berichten auch über eine Beeinträchtigung der Stabilität der visuellen Welt bei Eigenbewegungen, was auf eine Störung der „Verrechnung" zwischen Efferenzkopiesignalen der Blick- und Körpermotorik mit den afferenten visuellen Bewegungssignalen hinweist [16,45].

!

Im posterioren und inferioren Bereich der parietalen Großhirnrinde gibt es visuelle Assoziationsfelder, die für die Raumwahrnehmung (Areae 7, 39, 40) und die visuelle Bewegungswahrnehmung im extrapersonalen Raum (Areae MT, MST, FST) zuständig sind. Sie informieren den Organismus, wo sich im extrapersonalen Raum Objekte befinden, und in welche Richtung und wie schnell dieselben sich bewegen. Diese Hirnregionen haben Verbindungen mit den blickmotorischen Zentren des Hirnstammes und erhalten andererseits Erregungszuflüsse aus okulomotorischen und blickmotorischen Hirnregionen. Sie sind für die bewußte Steuerung von Augefolgebewegungen wichtig. Eine unilaterale Läsion der Areae 7, 39 und 40 bewirkt einen räumlichen Hemineglekt kontralateral zur Hirnläsion. Eine bilaterale Funktionsstörung der Areae MT und MST bewirkt eine schwere Beeinträchtigung der visuellen Bewegungswahrnehmung.

Im inferioren Temporallappen befinden sich ausgedehnte visuelle Assoziationsfelder, die der Objektwahrnehmung dienen

Mikroelektrodenableitungen aus den Regionen des inferioren Temporallappens (Areae PIT, CIT und AIT, Abb. 16–20) von Primaten zeigten, daß diese visuellen Integrationsregionen funktionell in kleine blockförmige Areale unterteilt sind. Die Tausende von Nervenzellen eines kleinen Blöckchens reagieren relativ *einheitlich* auf bestimmte Gestaltkomponenten (*komplexe Winkel, sternförmige Strukturen, farbige Streifenmuster, Konturen bestimmter Krümmungen* und *kreisförmige Mehrfach-Kontraste*) und auch auf *„Elementargestalten"* wie *Gesichter* oder *Hände*. Der aktive Prozeß der Objekterkennung korrespondiert mit einer *kohärenten* Aktivierung ausgedehnter neuronaler Netze aus Nervenzellen, die jeweils verschiedene elementare visuelle Eigenschaften eines Sehdinges repräsentieren. Diese Reaktionen werden auch durch Lernprozesse, d. h. durch frühere Erfahrungen mit visuellen Objekten beeinflußt. Der inferiore Temporallappen ist somit eine Struktur, in der sich Objekterkennung im Kontext früherer visueller Erfahrung vollzieht.

Beim Menschen liegen die Regionen für die visuelle Objekterkennung im inferioren okzipito-temporalen Übergangsgebiet und im inferioren Temporallappen. Bilaterale Schädigungen in diesen Bereichen bewirken eine visuelle ***Objektagnosie:*** Ein Gegenstand kann zwar noch in seiner *Lage im Raum* erkannt werden, nicht jedoch in seiner *Gegenständlichkeit* als Stuhl, Tisch, Krug, Hammer oder komplizierte Maschine. Die Patienten können die Objekte nur visuell nicht erkennen, eine taktile oder auditorische Objekterkennung ist dagegen meist noch möglich [16,17,25,26,44,57].

Die visuelle Erkennung von averbalen sozialen Signalen wie Gesichtern, mimischen Ausdrucksbewegungen oder Gesten wird durch spezialisierte Neuronennetze des inferioren Temporallappens ermöglicht

Eine besonders wichtige Klasse von visuellen Signalen sind die Gesichter der Artgenossen, da sie am leichtesten die Identifikation des Anderen ermöglichen. *Mimische Ausdrucksbewegungen und Gesten* sind wichtige Komponenten averbaler visueller Kommunikation. Beim Menschen und wahrscheinlich auch bei anderen höheren Primaten muß ein großer Teil dieser Funktionen *erlernt* werden.

Mikroelektrodenuntersuchungen im Bereich des Temporallappens bei wachen Primaten (Abb. 16–33) ergaben, daß in der inferioren temporalen Hirnrinde zahlreiche, verstreut angeordnete kleine Bereiche vorhanden sind, in denen die meisten Nervenzellen selektiv auf Gesichter und/oder mimische Ausdrucksbewegungen reagieren. Wie in Abb. 16–33B illustriert ist, wird ein Teil dieser „gesichterspezifischen" Nervenzellen durch ein Gesicht in *frontaler Ansicht* wesentlich besser aktiviert, als wenn der Kopf im Profil gezeigt wird. Andere Nervenzellen antworten besonders gut auf ein *Profil*. Ein Teil der Nervenzellen dieser Region reagiert selektiv auf den *Augenbereich* eines Gesichtes oder die *Blickrichtung* des betrachteten Gesichtes. Bei Rhesusaffen wurden u. a. Nervenzellen registriert, die besser auf menschliche Gesichter als auf Affengesichter reagierten und zum Teil auch stärker auf Gesichter von Personen, die dem Tier bekannt waren, als auf unbekannte Gesichter.

Im *Elektroenzephalogramm* des Menschen lassen sich *ereigniskorrelierte Potentiale* registrieren, die Komponenten enthalten, die bei einem gegebenen Satz unterschiedlicher visueller Reizkategorien nur bei Gesichtern als Stimuli auftreten, die also als *„gesichterspezi-*

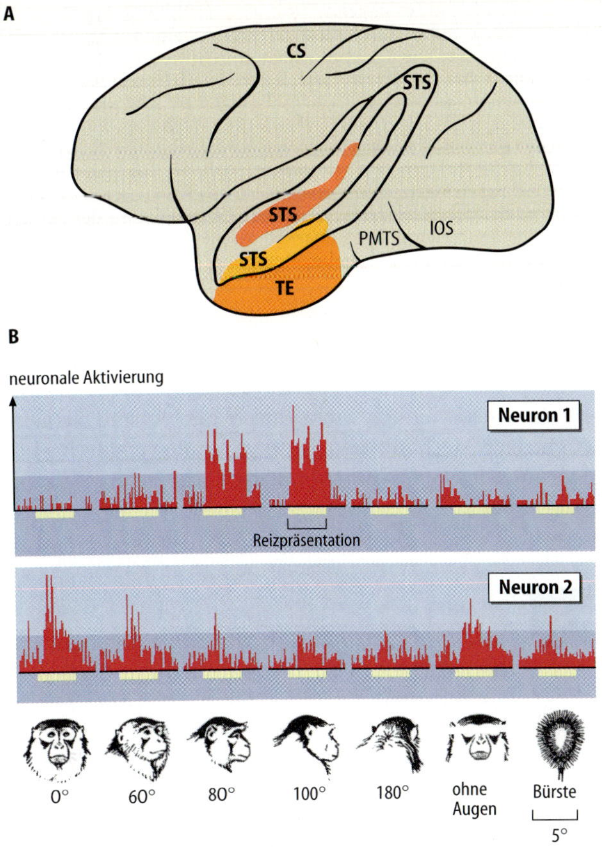

Abb. 16–33. Gesichter sind Stimuli, die spezialisierte visuelle Neurone aktivieren. **A** Großhirnrindenregionen, in denen beim Rhesusaffen mit Mikroelektroden verstreut angeordnete kleine Bereiche gefunden wurden, in denen zahlreiche Nervenzellen jeweils auf Gesichterstimuli besonders gut reagierten, sind farbig markiert [70,87]. **B** Die Aktivität von 2 Nervenzellen aus „gesichterspezifischen Regionen" in der Hirnrinde um den Sulcus temporalis superior ändert sich, wenn Gesichter in verschiedener Lage für jeweils 2.5 s (*gelbe Horizontalbalken*) dem wachen Versuchstier präsentiert werden. Das Neuron 1 war maximal aktiviert, wenn der etwa 5° große Reiz ein *Affenprofil* war, das Neuron 2 dagegen, wenn das Affengesicht in *frontaler Sicht* zu sehen war. Die Entfernung der Augenpartie aus dem Gesicht führte nur zu einer relativ geringen Änderung. Eine Bürste löste dagegen nur eine schwache neuronale Aktivierung aus [55]

fisch" angesehen werden können (Abb. 16–24). Im menschlichen Gehirn werden die zur averbalen sozialen Kommunikation wichtigen Signale aus dem inferioren Temporallappen in den an der medialen Gehirnoberfläche im temporo-okzipitalen Übergangsbereich liegenden *Gyrus fusiformis* und den zum limbischen System gehörenden *Gyrus parahippocampalis* weiter geleitet. Erleidet ein Patient eine bilaterale Läsion dieser Hirnregionen im mesialen temporo-okzipitalen Übergangsbereich, so entsteht eine ***Prosopagnosie:*** der Patient kann Gesichter zwar noch als eine Kombination von Augen, Nase, Mund und Ohren erkennen, nicht jedoch verschiedene Personen unterscheiden. Alle Gesichter erscheinen ihm ähnlich, ihre Individualität ist für ihn aufgehoben. Der Patient erkennt dagegen ihm von früher bekannte Personen an der Stimme. Je nach Ausdehnung der Läsion kann zur Prosopagnosie noch eine Beeinträchtigung des Verständnisses der mimischen und gestischen Ausdrucksbewegungen der Anderen kommen. Patienten, die an einer Prosopagnosie leiden, erleben gelegentlich eine merkwürdige Veränderung der Wahrnehmung der Gesichter anderer Menschen, die einheitlich verzerrt oder verändert gesehen werden [16,17,34,45,63,86,87,89].

!

Der Bereich des okzipitotemporalen Übergangsgebietes und der inferiore Temporallappen dienen beim Menschen und anderen höheren Primaten überwiegend der Objekterkennung. Die neuronalen Mechanismen dieser Region sind daher wesentlich von Lernprozessen abhängig. Eine besonders wichtige Klasse von „Objekten" unserer Umwelt sind die Gesichter der Artgenossen. Die visuellen Signale von Gesichtern werden in dafür spezialisierten neokortikalen Arealen des inferioren Temporallappens und in limbischen Hirnregionen verarbeitet. Der inferiore Temporallappen ist mit dem Gyrus fusiformis und dem Gyrus parahippocampalis an der medialen Hirnoberfläche verbunden. Dies sind zerebrale Strukturen, die zur Identifikation individueller Gesichter unerläßlich sind.

Bilaterale Läsionen im Bereich des okzipito-temporalen Übergangsgebietes bewirken eine Objektagnosie: ein Gegenstand kann noch genau im Raum lokalisiert, nicht jedoch in seiner Gegenständlichkeit erkannt werden. Bilaterale Läsionen im Bereich des Gyrus fusiformis und Gyrus parahippocampalis bewirken eine Prosopagnosie: ein Gesicht wird noch als solches erkannt, jedoch können Personen nicht mehr am Gesicht voneinander unterschieden werden. Oft ist auch die Erkennung mimischer Ausdrucksbewegungen aufgehoben.

Bei Läsionen der okzipitalen Großhirnrinde entstehen Störungen des Farbensehen, die noch gesichtsfeldbezogen sind; bei Läsionen der parietalen Hirnrinde kommt es dagegen zu einer Veränderung der kategorialen Ordnung der Farbwahrnehmung

Ein Teil der Nervenzellen in Area V4 des Rhesusaffen reagiert sehr spezifisch auf einen jeweils *kleinen Ausschnitt der Farben des Farbenraumes* (s. S. 304) oder auf bestimmte *Farbkonturen.* Die Area V4 hat eine wichtige Funktion bei der Objektwahrnehmung mit Hilfe der für bestimmte Objekte charakteristischen Farben. Die zu Area V4 des Rhesusaffen homologe Region in der menschlichen Großhirnrinde liegt an der mesialen okzipitalen Oberfläche im Bereich des *Gyrus fusiformis,* einer Hirnregion, die durch Äste der *A. cerebri posterior* versorgt wird.

Eine isolierte Störung dieser Hirnregion durch einen Verschluß dieser Äste der A. cerebri posterior bewirkt eine ***kortikale Hemiachromatopsie:*** die kontralateral zur Läsion gelegene Gesichtsfeldhälfte wird nur noch in Hell-Dunkel-Tönen wahrgenommen, während in der ipsilateralen Gesichtsfeldhälfte das Farbensehen erhalten ist. Eine bilaterale Läsion bewirkt eine ***kortikale Achromatopsie.*** Die Patienten sehen die ganze Welt nur noch in Grautönen. Entsprechend dem im vorausgehenden Abschnitt Gesagten leiden sie meist auch an einer *Prosopagnosie.*

Der Bereich des *Gyrus fusiformis,* der für die Wahrnehmung von Oberflächenfarben wichtig ist, hat über den *Gyrus parahippocampalis* Verbindungen in das limbische System. Durch diese neuronalen Verbindungen wird die *emotionale Bedeutung* der Farben vermittelt.

Aus dem Bereich der Area V4 des Menschen gibt es Verbindungen zum *Gyrus angularis* der linken Hirnhälfte. Patienten mit Läsionen dieser Verbindungen oder des *Gyrus angularis* können Farben oder Objekte nur noch schwer einander zuordnen. Es kommt zu einer Beeinträchtigung der *kategorialen Ordnung des Farbenraumes* und oft auch zum Verlust der richtigen *Benennung* der Farben (*Farbenanomie*). Bei diesen Patienten läßt sich dann keine der oben besprochenen „peripheren" Farbsinnesstörungen nachweisen. Sie stellen z. B. Farbmischungsgleichungen am Anomaloskop richtig ein. Dennoch leiden sie an einer schweren Beeinträchtigung der Farbenerkennung und der Zuordnung von Objekten und den für diese Objekte typischen Farben (Tomate/rot, Banane/gelb) [15,16,17,66].

Lesen ist eine menschspezifische höhere visuelle Hirnleistung, die durch umschriebene Hirnläsionen gestört werden kann (Alexie)

Durch Messung der regionalen Hirndurchblutung (s. S. 137) konnte nachgewiesen werden, daß beim *Lesen* eine besonders starke Aktivierung im Bereich des *Gyrus angularis* und *Gyrus circumflexus* der *linken Großhirnhemisphäre* auftritt. Die Bedeutung dieser Großhirnrindenregionen für das Lesen erkennt man auch an Patienten, die nach einer Läsion im *inneren Bereich des Gyrus angularis* der linken Hirnhälfte entweder Wörter nicht mehr lesen können (*verbale Alexie*) oder sogar Buchstaben nicht mehr erkennen (*litterale Alexie*). Bei einer *reinen* Alexie kann der Patient noch schreiben, das von ihm selbst Geschriebene jedoch nicht mehr lesen (*Alexie ohne Agraphie*). Dehnt sich die Hirnläsion vom *Gyrus angularis* zum *Gyrus circumflexus* aus, so ist die Alexie in der Regel von einer Unfähigkeit zum Schreiben *(Agraphie)* begleitet. Eine Läsion im Bereich der prämotorischen Hirnrinde des Frontallappens der linken Seite kann selektiv eine *Agraphie ohne Alexie* zur Folge haben.

Die Fähigkeit *ideographische Schrift* zu lesen (z. B. chinesische Schriftzeichen oder Kanji im Japanischen) ist bei einer umschriebenen Läsion des linken *Gyrus angularis* nur wenig beeinträchtigt. Eine Alexie für diese Schriftzeichen tritt bei einer Läsion des *rechten Gyrus angularis* auf. Diese Beobachtung verweist auf den Umstand, daß die Funktion dieser menschspezifischen neokortikalen Hirnrindenfunktionen wesentlich vom Lernen in der Kindheit und Jugend abhängig sind.

Da Lesen im engeren Sinn eine Erfindung der jüngsten menschlichen Kulturstufe und nicht älter als 6.000 Jahre ist *(protosumerische Keilschrift)*, muß angenommen werden, *daß die kulturelle Erfindung des Lesens und Schreibens Hirnregionen in Anspruch nimmt, die phylogenetisch sehr viel älter sind und unseren, des Lesens und Schreibens unkundigen Vorfahren zu anderen Zwecken dienten.* Eine dem Lesen verwandte kognitive Leistung ist die *„visuelle Pars-pro-toto"-Erkennung,* d. h. die Fähigkeit, aus einem Teil auf den ganzen Gegenstand zu schließen. Bei der Erkennung *natürlicher Zeichen,* wie z. B. beim *Spurenlesen* oder bei der visuellen Beurteilung der Eßbarkeit von Früchten, spielte diese Pars-pro-toto-Erkennung beim Menschen früherer Kulturstufen eine wichtige Rolle.

Die Fähigkeit zum Lesen und Schreiben ist auch bei den verschiedenen *Aphasien* beeinträchtigt (s. S. 188). Dann ist die *Alexie* jedoch nicht durch den Ausfall visuell-cognitiver Mechanismen bedingt, sondern durch eine Störung des *Sprachverständnisses* im engeren Sinne [16,17,25,26].

!

Die Zuordnung von Farben zu Objekten oder Namen ist eine kognitive Hirnleistung, die von der Intaktheit der Verbindungen der Area V4 mit dem Gyrus angularis des parieto-temporalen Übergangsbereiches abhängt. Eine Läsion des linken Gyrus angularis bewirkt u. a. eine Beeinträchtigung der kategorialen Ordnung des Farbenraumes und eine Anomie (Benennungsstörung) für Farben. Auch die Zuordnung abstrakter visueller Zeichen zu Gegenständen, wie sie zum Lesen und Schreiben erforderlich ist, wird durch eine umschriebene Läsion des Gyrus angularis schwer beeinträchtigt (verbale oder litterale Alexie). Hierbei ist der linke Gyrus angularis für die alphabetischen Schriftsysteme, der rechte für die ideographischen Schriftsysteme (z. B. chinesische Schriftzeichen) zuständig.

Emotionale Komponenten der visuellen Wahrnehmung sind überwiegend der Funktion von Teilen des limbischen Systems zuzuschreiben

Wie fast alle Empfindungen und Wahrnehmungen beeinflußt auch die visuelle Umwelt unsere augenblickliche Gestimmtheit (s. S. 167). Das Sozialverhalten des Menschen wird von averbalen visuellen Signalen gesteuert (Erkennung von mimischen Ausdrucksbewegungen und Gesten). Einige visuelle Gestalten (z. B. erotische Signale, *„Kindchen-Schema"*) lösen oft direkt emotionale Reaktionen aus. Gleiches gilt für die visuelle Wahrnehmung von Speisen und Getränken. Es läuft dem Hungrigen dann das Wasser im Munde zusammen. Auch die den Appetit anregende Wirkung eines schön gedeckten und geschmückten Tisches verweist auf emotionale Begleitreaktionen der visuellen Wahrnehmung; *„das Auge ißt mit".*

Erlernte ästhetische Reaktionen, die durch eine gut strukturierte Landschaft, eine gelungene Zeichnung, eine Skulptur oder einen Kirschblütenzweig wie auch durch wohlproportionierte Architektur ausgelöst werden, sind weitere Beispiele für Emotionen, die unsere visuelle Umwelt hervorruft. Die Wirkung von *Räumen* und *Farben* auf die subjektive Befindlichkeit beruht auch auf angeborenen Komponenten der zerebralen Signalverarbeitung: Das Gefühl der Bedrohung, das man beim Durchwandern einer *engen Schlucht* erleben kann, gehört zu diesen visuell ausgelösten emotionalen Reaktionen. Es tritt vermindert noch in den „Schluchten" der von Hochhäusern gesäumten Straßen moderner Großstädte auf. Der *Höhenschwindel*, der bei vielen Menschen, mit Angstgefühlen verbunden, beim Blick von einem hohen Turm oder einem hohen Berg auftritt, ist als Beeinträchtigung der visuell-vestibulären Integration zu deuten, wirkt sich jedoch auch emotional aus.

Der Raum hat für den Menschen auch eine *soziale Bedeutung*. Große, geschmückte Räume symbolisieren soziale Macht. Räume, deren Dimensionen weit über die des menschlichen Körpers hinausgehen (z. B. große Kathedralen, Schlösser usw.) verändern die Befindlichkeit des Besuchers; dieser kommt sich klein vor. Sehr kleine Räume bewirken dagegen bei manchen Menschen das Symptom der *Klaustrophobie*.

Die emotionalen Komponenten der visuellen Wahrnehmung kommen durch die neuronalen Verknüpfungen zwischen den visuellen Assoziations- und Integrationsregionen und den Strukturen des limbischen Systems zustande. Die *Corpora amygdala*, der *Gyrus parahippocampalis*, der *Hippocampus* und die *Area entorhinalis* (s. S. 176) sind limbische Strukturen, in denen komplexe visuelle Signale verarbeitet werden, die der sozialen Koordination, der Nahrungsaufnahme, der Nahrungserkennung, dem räumlichen Gedächtnis, aber auch der allgemeinen *visuellen Erinnerung* dienen (Abb. 16–30) [16,25,34].

> **!** Wie in allen Sinnessystemen ist auch die visuelle Wahrnehmung von emotionalen Reaktionen begleitet, die vom Lernen in der Kindheit und Jugendzeit abhängen. Visuell ästhetische und visuell emotionale Reaktionen werden daher von der kulturellen und familiären Tradition und dem Zeitstil geprägt. Neurophysiologisch liegen diesen Reaktionen Verbindungen der temporalen und parietalen visuellen Integrationsregion mit menschspezifischen Strukturen in phylogenetisch alten Teilen des limbischen Systems zugrunde.

16.10 Literatur

Weiterführende Lehr- und Handbücher

1. Barlow HW, Mollon JD (eds) (1982) The senses. Cambridge University Press, Cambridge
2. Berthoz A, Graf W, Vidal PP (eds) (1992) The head-neck sensory motor system. Oxford University Press, Oxford
3. Brodmann K (1909) Vergleichende Lokalisationslehre der Großhirnrinde in ihren Prinzipien dargestellt auf Grund des Zellenbaues. Barth, Leipzig
4. Büttner-Ennever JA (eds) (1988) Neuroanatomy of the oculomotor system. Elsevier, Amsterdam
5. Cajal RS (1894) Die Retina der Wirbelthiere. Bergmann, Wiesbaden
6. Charman WN (ed) (1991) Visual optics and instrumentation, vol 1. In: von Cronly-Dillon JR (ed) Vision and visual dysfunction. MacMillan, London
7. Cohen B (ed) (1981) Vestibular and oculomotor physiology. Ann NY Acad Sci 374
8. Creutzfeldt OD (1993) Cortex cerebri. Performance, structural and functional organization of the cortex. Max Planck Institut für Biophysikalische Chemie, Göttingen
9. Dartnall HJA (ed) (1972) Photochemistry of vision. Springer, Berlin Heidelberg New York (Handbook of sensory physiology, vol VII/1)
10. Davson V (1962) The eye, 4 vols. Academic, London
11. DeValois RL, DeValois KK (1988) Spatial vision. Oxford University Press, Oxford
12. Foster DH (ed) (1991) Inherited and acquired colour vision deficiencies, vol VII. In: von Cronly-Dillon JR (ed) Vision and visual dysfunction. MacMillan, London
13. Fuortes MGF (ed) (1972) Physiology of photoreceptor organs. Springer, Berlin Heidelberg New York (Handbook of sensory physiology, vol VII/2)
14. Glaser JS (1978) Neuro-ophthalmology. Harper and Row, Cambridge
15. Gouras P (1991) The perception of colour, vol VI. In: von Cronly-Dillon JR (ed) Vision and visual dysfunction. MacMillan, London
16. Grüsser O-J, Landis T (1991) Visual agnosias and other disturbances of visual perception and cognition, vol XII. In: Cronly-Dillon JR (ed) Vision and visual dysfunction. MacMillan, London
17. Heilman KM, Valenstein E (1993) Clinical neuropsychology, 3rd edn. Oxford University Press, New York
18. Helmholtz H von (1896) Handbuch der Physiologischen Optik, 2. Aufl. Voss, Hamburg
19. Hering G (1920) Grundzüge der Lehre vom Lichtsinn. Springer, Berlin
20. Hyvärinen J (1982) The parietal cortex of monkey and man. Springer, Berlin Heidelberg New York
21. Jaeger W (1972) Acquired colour vision defects. In: Jameson D, Hurvich LM (eds) Visual psychophysics. Springer, Berlin Heidelberg New York (Handbook of sensory physiology, vol VII/4)
22. Jameson D, Hurvich LM (eds) (1972) Visual psychophysics. Springer, Berlin Heidelberg New York (Handbook of sensory physiology, vol VII/4)
23. Julesz B (1971) Foundation of cyclopean perception. University of Chicago Press, Chicago
24. Jung R (ed) (1973) Central processing of visual information. A: Integrative function and comparative data. Springer, Berlin Heidelberg New York (Handbook of sensory physiology, vol VII/3A). B: Visual centers in the brain. Springer, Berlin Heidelberg New York (Handbook of sensory physiology, vol VII/3B)
25. Kleist K (1934) Gehirnpathologie. Barth, Leipzig
26. Kosslyn SM, Andersen RA (eds) (1992) Frontiers in cognitive neuroscience. MIT Press, Cambridge, Massachusetts
27. Kowler E (ed) (1990) Eye movements and their role in visual and cognitive processes. Elsevier, Amsterdam
28. Landolt E (1930) Die Untersuchung der Refraktion und der Akkommodation. In: Graefe-Saemisch's Handbuch der gesamten Augenheilkunde, 3. Aufl. Untersuchungsmethoden, Bd 1. Springer, Berlin
29. Leydhecker W, Grehn F (1993) Grundriss der Augenheilkunde, 24. Aufl. Springer, Berlin Heidelberg New York
30. Linksz A (1950/1952) Physiology of the eye. Vol I: optics. Vol II: vision. Grune and Stratton, New York
31. Mütze K, Nehrling B, Reutter J (1972) Brillenglasbestimmung. Verlag für Augenheilkunde und Optik, Zürich
32. O'Keefe J, Nadel L (1978) The hippocampus as a cognitive map. Clarendon, Oxford
33. Orban GA (1984) Neuronal operations in the visual cortex. Springer, Berlin Heidelberg New York

34. Poeck K (Hrsg) (1989) Klinische Neuropsychologie, 2. Aufl. Thieme, Stuttgart
35. Polyak S (1957) The vertebrate visual system. University of Chicago Press, Chicago
36. Regan D (1991) Binocular vision, vol IX. In: Cronly-Dillon JR (eds) Vision and visual dysfunction. MacMillan, London
37. Siebeck R (1960) Optik des menschlichen Auges. Springer, Berlin Göttingen Heidelberg
38. Siegel J, Agranoff BW, Albers RW, Molinoff PB (eds) (1993) Basic neurochemistry, 5th edn. Raven, New York
39. Stein JF (1991) Vision and visual dyslexia, vol XIII. In: von Cronly-Dillon JR (eds) Vision and visual dysfunction. MacMillan, London
40. Stöhr M, Dichgans J, Diener HC, Buettner UW (1982) Evozierte Potentiale. Springer, Berlin Heidelberg New York
41. Walls GL (1963) The vertebrate eye and its adaptive radiation. Hafner, New York
42. Walsh FB, Hoyt WF (1969) Clinical neuroophthalmology, 3rd edn. William and Wilkins, Baltimore
43. Yarbus AL (1967) Eye movements and vision. Plenum, New York
44. Zeki S (1993) A vision of the brain. Blackwell, Oxford
45. Zihl J, Cramon D von (1986) Cerebrale Sehstörungen. Kohlhammer, Stuttgart

Einzel- und Übersichtsarbeiten

46. Bizzi E (1981) Eye-head coordination. In: Brooks VE (ed) Handbook of physiology: the nervous system. American Physiological Society, Bethesda, pp 1321–1336
47. Baumgartner G, Hakas P (1962) Die Neurophysiologie des simultanen Helligkeitskontrastes. Reziproke Reaktionen antagonistischer Neuronengruppen des visuellen Systems. Pflugers Arch 274:489–500
48. Baumgartner G, Peterhans E, von der Heydt R (1988) Neuronal mechanisms of the first, second and third order contrast in the visual system. In: Haken H (ed) Computational systems, natural and artificial. Springer, Berlin Heidelberg New York, pp 35–43
49. Baylor DA, Fuortes MGF (1970) Electrical responses of single cones in the retina of the turtle. J Physiol (Lond) 207:77
50. Bötzel K, Grüsser O-J (1989) Electric brain potentials evoked by pictures of faces and nonfaces: a search for face-specific EEG-potentials. Exp Brain Res 77:349
51. Boycott BB, Dowling JE (1966) Organization of the primate retina: electron microscopy. Proc R Soc Lond [Biol] 166:80
52. Boycott BB, Wässle H (1974) The morphological types of ganglion cells of the domestic cats' retina. J Physiol (Lond) 240:397
53. Collewijn HM, Curio G, Grüsser O-J (1982) Spatially selective visual attention and generation of eye pursuit movement. Experiments with Sigma movement. Hum Neurobiol 1:129
54. Dartnall HJA, Bowmaker JH, Mollon JD (1983) Human visual pigments: Microspectrophotometric results from the eyes of seven persons. Proc R Soc Lond [Biol] 220:115–130
55. Desimone R, Albright TD, Gross C, Bruce C (1984) Stimulus selective properties of inferior temporal neurons in the macaque. J Neurosci 4:2051
56. Die G van, Collewijn H (1982) Optokinetic nystagmus in man. Role of central and peripheral retina and occurance of asymmetries. Hum Neurobiol 1:111
57. Fujita I, Tanaka K, Ito M, Cheng K (1992) Columns for visual features of objects in monkey inferotemporal cortex. Nature 360:343
58. Ghazarian H, Grüsser O-J (1979) Unveröffentlichte Untersuchungen
59. Goldberg ME, Colby CL, Duhamel JR (1990) The representation of visuomotor space in the parietal lobe of the monkey. Cold Spring Harb Symp Quant Biol 55:729
60. Grind WA van de, Grüsser O-J, Lunkenheimer HU (1973) Temporal transfer properties of the afferent visual system. Psychophysical, neurophysiological and theoretical investigations. In: Jung R (ed) Handbook of sensory physiology, vol VII/3A. Springer, Berlin Heidelberg New York, p 431
61. Grüsser O-J (1978) Grundlagen der neuronalen Informationsverarbeitung in den Sinnesorganen und im Gehirn. Springer, Berlin Heidelberg New York, p 234 (Informatik-Fachberichte 16)
62. Grüsser O-J (1983) Die funktionelle Organisation der Säugetiernetzhaut. Physiologische und pathophysiologische Aspekte. Fortschr Ophthalmol 80:502
63. Grüsser O-J (1984) Face recognition in the region of neurobiology and beyond it. Hum Neurobiol 3:183
64. Grüsser O-J (1982) Multimodal structure of the extrapersonal space. In: Hein A, Jeannerod M (eds) Spatially oriented behaviour. Springer, Berlin Heidelberg New York, p 328
65. Grüsser O-J (1995) Migraine phosphenes and the retinocortical magnification factor. Vision Res 35
66. Grüsser O-J, Grehn F (1991) Visuelles System. In: Hierholzer K, Schmidt RF (Hrsg) Pathophysiologie des Menschen. VCH, Weinheim, Kap 30
67. Grüsser O-J, Grüsser-Cornehls U (1962) Periodische Aktivierungsphasen visueller Neurone nach kurzen Lichtreizen verschiedener Dauer. Pflugers Arch Gesamte Physiol 275:292
68. Grüsser O-J, Grüsser-Cornehls U (1973) Neuronal mechanisms of visual movement perception and some psychophysical and behavioral correlations. In: Jung R (ed) Handbook of sensory physiology, vol VII/3a. Springer, Berlin Heidelberg New York, p 333
69. Grüsser O-J, Henn V (1991) Okulomotorik und vestibuläres System. In: Hierholzer K, Schmidt RF (eds) Pathophysiologie des Menschen. VCH, Weinheim, Kap 32
70. Grüsser O-J, Landis T (1992) Vom Gesichtsfeldausfall zur „Seelenblindheit". Alte und neue Konzepte zur Deutung von Störungen der visuellen Wahrnehmung bei Hirnläsionen. Verh Dtsch Ges Neurol 7:3–31
71. Hanitzsch R, Hommer K, Bornschein H (1966) Der Nachweis langsamer Potentiale im menschlichen ERG. Vision Res 6:245
72. Henn V, Büttner-Ennever JA, Hepp K (1982) The primate oculomotor system. I. and II. Hum Neurobiol 1:77 and 87
73. Holmes G (1945) The organization of the visual cortex in man. Proc R Soc Lond [Biol] 48
74. Horton JC, Hoyt WF (1991) he representation of the visual field in human striate cortex. A revision of the classic Holmes map. Arch Ophthalmol 109:16
75. Hubel DH, Wiesel TN (1970) Cell sensitive to binocular depth in area 18 of the macaque monkey cortex. Nature 225:41
76. Hubel DH, Wiesel TN (1977) Functional architecture of macaque visual cortex. Proc R Soc Lond [Biol] 198:1
77. Hubel DH, Wiesel TN (1968) Receptive fields and functional architecture of monkey striate cortex. J Physiol (Lond) 195:215
78. Kaupp UB (1994) Signaling in vertebrate photoreceptors: a tale of two intracellular messengers. In: Elsner N, Breer H (eds) Sensory transduction. Proceedings of the 22nd Göttingen Neurobiology Conference 1994, vol I. Thieme, Stuttgart, p 79
79. Kaupp UB, Koch K-W (1992) Role of cGMP and Ca^{2+} in vertebrate photoreceptor excitation and adaptation. Annu Rev Physiol 54:153
80. Livingstone MS, Hubel DH (1987) Anatomy and physiology of a color system in the primate visual cortex. J Neurosci 4:309
81. Livingstone MS, Hubel DH (1988) Segregation of form, color, movement and depth: anatomy, physiology and perception. Science 240:740
82. Lynch JC (1980) The functional organization of posterior parietal association cortex. Behav Brain Sci 3:485
83. Maunsell JHR, Newsome WT (1987) Visual processing in monkey extrastriate cortex. Annu Rev Neurosci 10:363

84. Mertens I, Sigmund P, Grüsser O-J (1993) Gaze motor asymmetries in the perception of faces during a memory task. Neuropsychologia 31:989
85. Nathans J (1987) Molecular biology of visual pigments. Annu Rev Neurosci 10:163
86. Perrett DI, Rolls ET, Caan W (1982) Visual neurones responsive to faces in monkey temporal cortex. Exp Brain Res 47:329
87. Perrett DI, Hietanen JK, Oram MW, Benson PJ (1992) Organization and functions of cells responsive to faces in the temporal cortex. Phil Trans R Soc Lond [Biol] 335:23
88. Peterhans E, von der Heydt R (1991) Subjective contours bridging the gap between psychophysics and physiology. Trends Neurosci 14:112
89. Rolls ET (1992) Neurophysiological mechanisms underlying face processing within and beyond the temporal cortical visual areas. Philos Trans R Soc Lond [Biol] 335:11
90. Van Essen DC (1979) Visual areas of the mammalian cerebral cortex. Annu Rev Neurosci 2:227
91. Van Essen DV, Anderson CH, Felleman DJ (1992) Information processing in the primate visual system: an integrated system perspective. Science 255:419

17 Geschmack und Geruch

H. Hatt

EINLEITUNG Unbestritten hat beim Menschen der Geruchssinn den Geschmack an Bedeutung übertroffen. Auch wenn nur schwer einzusehen, so werden z. B. all die Feinheiten einer guten Küche oder eines edlen Tropfen Weins fast ausschließlich mit dem Geruchssinn wahrgenommen, denn schmecken können wir nur, ob etwas salzig, sauer, süß oder bitter ist. Wir sagen zwar vereinfacht in der Umgangssprache meist „das schmeckt", meinen damit aber die Summe sämtlicher Empfindungen, die bei oralpharyngealer Stimulation während der Nahrungsaufnahme entsteht. Geschmack und Geruch lassen sich allerdings anhand morphologischer und physiologischer Charakteristika klar trennen (Tabelle 17–1).

17.1 Bau der Geschmacksorgane und ihre Verschaltung

Auf der Zunge liegen die charakteristischen Trägerstrukturen für die Sinneszellen, nämlich die Geschmackspapillen und -knospen; in deren Membran eingelagert sind die Rezeptorproteine

Geschmackspapillen. Es lassen sich drei Typen von Papillen morphologisch unterscheiden (Abb. 17–1A): a) die ***Pilzpapillen*** *(Papillae fungiformes)*, die über die ganze Oberfläche verstreut sind und mit 200–400 die zahlenmäßig größte Gruppe darstellen. b) die 15–20 ***Blätterpapillen*** *(P. foliatae)* finden sich als dicht hintereinanderliegende Falten am hinteren Seitenrand der Zunge. und c) die großen ***Wallpapillen*** *(P. vallatae)*, von

Tabelle 17–1. Morphologische und physiologische Unterscheidungsmerkmale zwischen Geruch und Geschmack

	Geschmack	Geruch
Sensoren	Sekundäre Sinneszellen	Primäre Sinneszellen Enden des V. (IX. und X.) Hirnnerven
Lage der Sensoren Afferente Hirnnerven	Auf der Zunge N. VII, N. IX (N. V, N. X)	Im Nasen- und Rachenraum N. I (N. V, N. X)
Stationen im Zentralnervensystem	1. Medulla oblongata 2. Ventraler Thalamus 3. Kortex (Gyrus postcentralis) Verbindungen zum Hypothalamus	1. Bulbus olfactorius 2. Endhirn (Area praepiriformis) Verbindungen zum limbischen System, Hypothalamus und zum orbitofrontalen Cortex
Adäquater Reiz	Moleküle organischer und anorganischer, meist nicht flüchtiger Stoffe. Reizquelle in Nähe oder direktem Kontakt zum Sinnesorgan	Moleküle fast ausschließlich organischer, flüchtiger Verbindungen in Gasform, erst direkt an Rezeptoren in flüssiger Phase gelöst. Reizquelle meist in größerer Entfernung
Zahl qualitativ unterscheidbarer Reize	Niedrig 4 Grundqualitäten	Sehr hoch (einige Tausend), zahlreiche, schwer abgrenzbare Qualitätsklassen
Absolute Empfindlichkeit	Geringer, mindestens 10^{16} und mehr Moleküle/ml Lösung	Für manche Substanzen sehr hoch (10^7 Moleküle pro ml Luft, bei Tieren bis zu 10^2 bis 10^3)
Biologische Charakterisierung	Nahsinn Nahrungskontrolle, Steuerung der Nahrungsaufnahme und -verarbeitung (Speichelreflexe)	Fernsinn und Nahsinn Umweltkontrolle (Hygiene), Nahrungskontrolle Bei Tieren auch Nahrungs- und Futtersuche, Kommunikation, Fortpflanzung Starke emotionale Bewertung

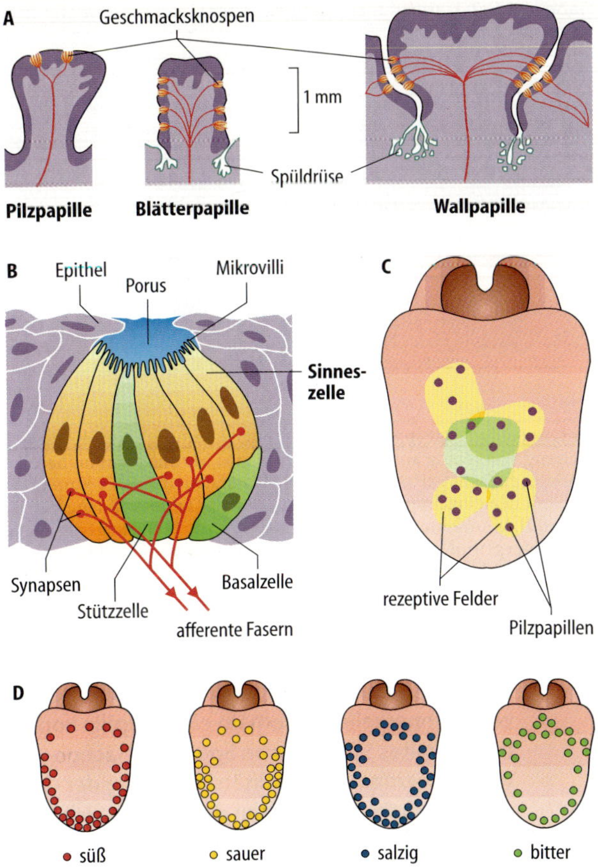

Abb. 17–1. A Die 3 Typen der Geschmackspapillen. **B** Aufbau und Innervation einer Geschmacksknospe. Die Zellen des Geschmacksorgans sind gegenüber der Epitheloberfläche grubenartig versenkt, so daß ein flüssigkeitsgefüllter Porus entsteht, in den die Mikrovilli der Sinneszellen ragen. Jede Sinneszelle wird meist von mehreren afferenten Hirnnervenfasern innerviert. **C** Rezeptive Felder auf der Zunge. Die einzelnen afferenten Hirnnervenfasern haben ausgedehnte, sich überlappende Innervationsgebiete, die mehrere Pilzpapillen umfassen. **D** Bevorzugte Lokalisation der vier Geschmacksqualitäten auf der Zunge des Menschen

denen wir nur 7–12, v. a. an der Grenze zum Zungengrund besitzen. Die kleinen ***Fadenpapillen*** *(P. filiformes)*, die die übrige Zungenfläche bedecken, haben nur taktile Funktionen [1,3].

Geschmacksknospen. Sie liegen in den Wänden und Gräben der Papillen (Abb. 17–1B). Sie sind beim Menschen 30–70 µm hoch und 25–40 µm im Durchmesser. Ihre Gesamtzahl wird beim Erwachsenen mit 2000–4000 angegeben, wobei die Wallpapillen oft mehr als 100 enthalten, die Blätterpapillen ca. 50, dagegen die Pilzpapillen nur 3–4. Mit zunehmenden Alter reduziert sich ihre Zahl geringfügig. Neben Stütz- und Basalzellen enthält jede Geschmacksknospe 10–50 Sinneszellen, die wie Orangenschnitze angeordnet sind. Darüber entsteht etwas unterhalb der Epitheloberfläche ein flüssigkeitsgefüller Trichter (Porus).

Geschmackssinneszellen. Sie sind modifizierte Epithelzellen. Ihr langer, schlanker Zellkörper trägt am apikalen Ende feine, fingerförmige, dendritische Fortsätze, die ***Mikrovilli,*** die zur Oberflächenvergrößerung dienen (Abb. 17–1B). Der basolaterale Teil ist durch *tight junctions* mit den Nachbarzellen verbunden. In der Membran der Mikrovilli befinden sich die für die Reizaufnahme verantwortlichen ***Geschmacksrezeptoren,*** chemisch gesehen Proteine.

Die Geschmackssinneszellen sind sekundäre Sinneszellen ohne Nervenfortsatz; sie werden durch zuführende (afferente) Aδ- und C-Fasern von Hirnnerven über chemische Synapsen innerviert

Innervation. Wall- und Blätterpapillen werden überwiegend vom *N. glossopharyngeus (IX. Hirnnerv)* versorgt; die Pilzpapillen vom *N. facialis (VII. Hirnnerv),* der über die durch das Mittelohr ziehende Chorda tympani erreicht wird (Geschmacksstörungen bei Ohrenentzündungen oder Facialisparesen). An einer Geschmacksknospe enden bis zu 50 Fasern. Zu den Sinneszellen in den seltenen Knospen des Gaumen-, Rachenbereichs ziehen Fasern des *N. vagus (X. Hirnnerv)* und des *N. trigeminus (V. Hirnnerv).* Jede Nervenfaser kann durch Verzweigungen viele Sinneszellen in einer Geschmacksknospe versorgen, so daß häufig einzelne Sinneszellen von mehreren Nervenfasern innerviert werden. Dieses Verschaltungsmuster bleibt auch bei der wöchentlichen Zellerneuerung gewahrt.

Zentrale Verbindungen. Alle Geschmacksnervenfasern sammeln sich im *Tractus solitarius* (Abb. 17–2). Sie en-

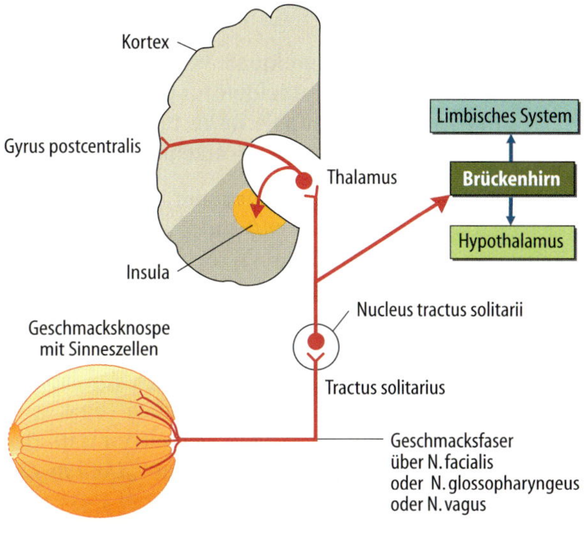

Abb. 17–2. Schema der zentralen Verbindungen von den Geschmacksknospen ins Gehirn. Sie projizieren in verschiedene Bereiche der Großhirnrinde, aber auch zum Limbischen System und zum Hypothalamus

den im ***Nucleus solitarius*** der Medulla oblongata. Die Zahl der in der Medulla beginnenden zweiten Neurone der Geschmacksbahn ist sehr viel kleiner als die der Sinneszellen ***(Konvergenz!).*** Ihre Axone zweigen sich auf: Ein Teil der Fasern vereinigt sich mit dem *Lemniscus medialis* und endet gemeinsam mit anderen Modalitäten (Schmerz, Temperatur, Berührung) in den spezifischen Relais-Kernen *(Nucleus ventralis posteromedialis)* des ventralen Thalamus. Hier beginnt das 3. Neuron. Von dort werden die Informationen zur Projektionsebene des Geschmacks am Fuß der hinteren Zentralwindung zum ***Gyrus postcentralis*** nahe den sensomotorischen Feldern geleitet. Der andere Teil der Fasern projiziert unter Umgehung des Thalamus zum ***Hypothalamus, Amygdala*** und der ***Striata terminalis*** und trifft dort auf gemeinsame Projektionsgebiete mit olfaktorischen Eingängen. Diese Verbindungen sind besonders wesentlich für die emotionale Komponente von Geschmacksempfindungen.

!

Die Geschmackssinneszellen sind, eingebettet in Geschmacksknospen, in verschiedenen Typen von Papillen auf der Zunge repräsentiert. Als sekundäre Sinneszellen werden sie von afferenten Hirnnervenfasern (Nn. facialis, glossopharyngeus, vagus) versorgt, die die Information zum Nucleus solitarius der Medulla oblongata leiten. Von dort ziehen Fasern zum Gyrus postcentralis und zum Hypothalamus, wo sie gemeinsame Projektionsgebiete mit olfaktorischen Eingängen haben.

17.2 Geschmacksqualitäten

Es lassen sich 4 Grundqualitäten des Geschmacks unterscheiden, für die sich nur schwer topographische Verteilungsmuster auf der Zungenoberfläche erkennen lassen

Grundqualitäten. Beim Menschen gibt es vier primäre Geschmacksempfindungen: ***süß, sauer, salzig und bitter*** (Tabelle 17–2). Viele Geschmacksreize haben Mischqualität, die sich aus mehreren Grundqualitäten zusammensetzt, z. B. süßsauer.

Diskutiert wird noch die Existenz eines *alkalischen* und eines *metallischen* Geschmacks. Von japanischen Wissenschaftlern wird zusätzlich eine Geschmacksempfindung für *Glutamat* (Natriumsalz der Aminosäure Glutamin) postuliert, der ***„Umami-Geschmack“*** [3,7].

Topographie. Bisher glaubte man, daß eine genaue Zuordnung bestimmter Areale auf der Zunge zu einer Geschmacksqualität möglich sei, z. B. sauer und salzig bevorzugt am Zungenrand, süß an der Spitze (Abb. 17–1D). Inzwischen weiß man, daß diese Zonenaufteilung auf einem Interpretationsfehler der Abbildung einer Veröffentlichung von Hänig aus dem Jahre 1901 [16] beruht. Dort ist bereits gezeigt, daß nur geringe prozentuale Unterschiede in der Empfindlichkeit der einzelnen Qualitäten auf der Zungenoberfläche bestehen, mit Ausnahme des Bittergeschmackes, der bevorzugt am Zungenhintergrund lokalisiert ist (Abb. 17–1D, rechts). Damit ist jedoch nur eine Wahrscheinlichkeit, keine Ausschließlichkeit ausgedrückt; auch mit der Zungenspitze kann man bitter schmecken.

Tabelle 17–2. Einteilung charakteristischer Geschmacksstoffe und ihre Wirksamkeit beim Menschen

Qualität	Substanz	Schwelle (mol/l)
Bitter	Chininsulfat	0,000008
	Nicotin	0,000016
Sauer	Salzsäure	0,0009
	Citronensäure	0,0023
Süß	Saccharose	0,01
	Glucose	0,08
	Saccharin	0,000023
Salzig	NaCl	0,01
	$CaCl_2$	0,01

Jede Papille ist für mehrere, meist alle vier, Geschmacksqualitäten empfindlich; selbst für einzelne Sinneszellen innerhalb einer Papille konnte ein breites Spektrum an Spezifität nachgewiesen werden. Die Qualitätskodierung der Geschmacksinformation kann dann durch sich überlappende Reaktionsprofile der Sinneszellen erfolgen

Einzelne Schmeckzellen reagieren in der Regel auf Vertreter mehrerer Geschmacksqualitäten, und zwar mit De- oder Hyperpolarisation. Bei ansteigenden Konzentrationen wird die Zelle etwa proportional der Konzentration erregt, bis ein Plateau (Sättigung: z. B. für NaCl 0,5–1 mol/l) erreicht wird [1,7]. Die Potentialänderung löst an der Synapse zwischen Sinneszelle und zentralem Neuron eine Transmitterfreisetzung aus, die zu einer Veränderung der Aktionspotentialfrequenz an der spontan aktiven afferenten Nervenfaser führt (Abb. 17–3A). Daraus ergeben sich von Zelle zu Zelle unterschiedliche Reaktionsspektren ***(Geschmacksprofile)*** mit mehr oder weniger ausgeprägten Erregungsmaxima für die vier Grundqualitäten. Man findet eine Änderung der Aktionspotentialfrequenz entsprechend dem Logarithmus der Reizkonzentration, wie es das Weber-Fechner-Gesetz verlangt.

Abb. 17–3B zeigt, daß es eine zellspezifische Rangordnung der Empfindlichkeit für die Grundqualitäten gibt, also z. B. eine Zelle, die am empfindlichsten für süß ist, gefolgt von sauer, salzig und bitter. Eine andere Zelle hat eine andere Rangfolge. Diese geschmacksspezifisch unterschiedliche Erregung in verschiedenen Fasergruppen enthält die Information über die ***Geschmacksqualität.*** Daneben gibt es Nervenfasern (ca. 25 %), die spezifisch sind für nur eine Qualität. Die Gesamterregung aller entsprechenden Fasern enthält die Information über die ***Reizintensität,*** d. h. die Konzentration.

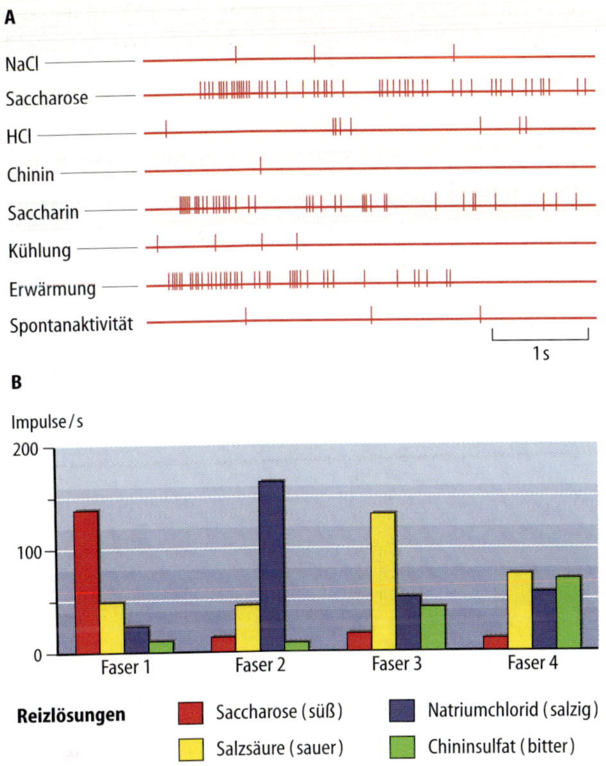

Abb. 17–3. A Originalregistrierungen der Nervenimpulse von einzelnen afferenten Fasern des Nervus facialis einer Ratte. Die Reizung der Geschmacksknospen mit Geschmackssubstanzen verschiedener Qualität hat eine Veränderung der Nervenimpulsfrequenz zur Folge (nach Zotterman). **B** Antwortverhalten von 4 verschiedenen einzelnen Geschmacksnervenfasern aus der Chorda tympani einer Ratte. Es wurden alle Nervenimpulse gezählt, die durch eine Reizsubstanz ausgelöst wurden. Jede Nervenfaser antwortet auf Reizsubstanzen aller 4 Qualitätsklassen, allerdings mit unterschiedlicher Empfindlichkeit. Die typischen Muster der Erregungszunahme werden als Geschmacksprofile bezeichnet

Die Geschmacksprofile werden auf den verschiedenen zentralen Projektionsebenen beibehalten; die meisten Geschmacksbahnneurone haben von der Peripherie bis zum Kortex keine Qualitätsspezifität

Rezeptive Felder. Wie bereits erwähnt, innervieren einzelne Nervenfasern mehrere Sinneszellen sogar in verschiedenen Geschmacksknospen, von denen angenommen werden muß, daß sie sich hinsichtlich ihrer Reaktionsspektren unterscheiden. Dies bedeutet, daß die Reaktionsspektren der afferenten Nervenfasern die Information von zahlreichen Zellen enthalten und sich überlappende, größere Einzugsbereiche, die rezeptive Felder [3] genannt werden, ergeben (Abb. 17–1C).

Kodierung. Aus der Aktivität einer einzelnen Faser kann deshalb keine eindeutige Information über Qualität und Konzentration entnommen werden. Erst ein Vergleich der Erregungsmuster mehrerer Fasern enthält diese Informationen. Die Merkmale einer Reizsubstanz (*Qualität* und *Konzentration*) werden in der Weise kodiert, daß sich jeweils komplexe, aber charakteristische Erregungsmuster (*„across fiber pattern"*) über einer größeren Zahl gleichzeitig, aber unterschiedlich reagierender Neurone ausbilden. Das Gehirn ist dann in der Lage, diesen verschlüsselten Kode über Mustererkennungsprozesse zu dechiffrieren und daraus Art und Konzentration des Reizstoffes zu identifizieren [1,14].

17.3 Molekulare Mechanismen der Geschmackserkennung

Den vier Grundqualitäten lassen sich spezifische Rezeptoren zuordnen, die durch Reizsubstanzen definierter molekularer Struktur aktiviert werden; am Primärprozeß der Transduktion sind auch intrazelluläre Verstärkungsmechanismen beteiligt

Transduktion. Der erste Schritt in der Umsetzung eines chemischen Reizes in eine elektrische Antwort der Sinneszelle, die Transduktion, besteht aus der Wechselwirkung zwischen Geschmackstoffmolekülen und den ***Rezeptorproteinen*** in der Membran der Schmeckzelle. Dies bewirkt eine Permeabilitätsänderung der Membran durch Aktivierung von Ionenkanälen, wodurch wiederum eine Transmitterfreisetzung und dadurch Erregung der innervierenden Gehirnnervenfaser (Aktionspotentiale) hervorgerufen wird [8,10].

Sauergeschmack. In der Chemie ist die Säure als eine Substanz definiert, die Wasserstoffionen (H^+-Ionen, Protonen) freisetzt oder erzeugt, und diese Ionen sind es auch, durch die der Sauergeschmack ausgelöst wird; *seine Intensität nimmt mit der H^+-Ionenkonzentration zu.* Neutralisation hebt den Sauergeschmack auf. Außerdem spielt die Länge der Kohlenstoffkette eine Rolle. In der Membran der Mikrovilli konnten spezielle *„Sauer"-Rezeptor-Kanalproteine* nachgewiesen werden, die für K^+-Ionen permeabel sind (Abb. 17–4). Unter Ruhebedingungen (K^+-Innenkonzentration sehr viel höher als außen) wird K^+ aus der Zelle strömen, entsprechend dem Konzentrationsgradienten. Saure Valenzen wirken an diesem Kanal blockierend, so daß der Ausstrom von Kationen aus der Zelle gestoppt wird. Dadurch wird das Membranpotential positiver, die Zelle depolarisiert.

Salzig. Alle Stoffe mit salzigem Geschmack sind kristalline, wasserlösliche Salze, die in Lösungen in Kationen und Anionen dissoziieren (z. B. Kochsalz in Na^+ und Cl^-). Sowohl Kationen wie Anionen tragen zur Geschmacksintensität bei. Es läßt sich eine Rangordnung für den ***Grad der „Salzigkeit"*** aufstellen:

Kationen: $NH_4 > K > Ca > Na > Li > Mg$
Anionen: $SO_4 > Cl > Br > I > HCO_3 > NO_3$

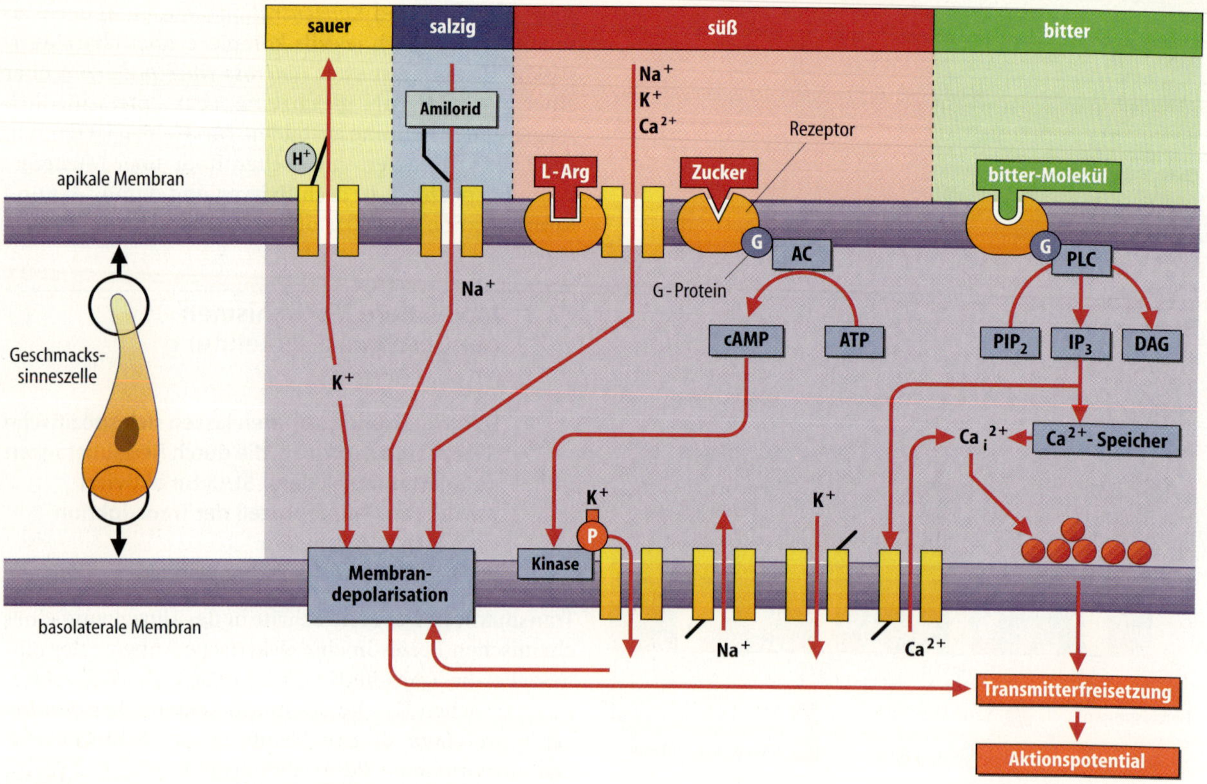

Abb. 17–4. Diagramm der verschiedenen Transduktionsmechanismen für die 4 Geschmacksqualitäten. Die Aktivierung der für die einzelnen Geschmacksqualitäten spezifischen Rezeptorproteine löst unterschiedliche intrazelluläre molekulare Mechanismen aus, die zu einer Depolarisation der Sinneszelle führen. Dadurch kommt es zur Transmitterfreisetzung an der chemischen Synapse mit der afferenten Nervenfaser

Salzig schmeckende Stoffe können häufig zusätzlich Empfindungen für andere Qualitäten auslösen. So hat z. B. Natriumbikarbonat *salzig-süßen*, Magnesiumsulfat *salzig-bitteren* Geschmack. Selbst reines Kochsalz schmeckt in niederen Konzentrationen schwach süß. Die absolute Schwelle, die zur Auslösung der Empfindung *salzig* nötig ist, liegt für Kochsalz bei einigen Gramm/Liter.

Der ***Transduktionsmechanismus*** ist relativ einfach: Es existiert ein Ionenkanal in der Membran, der *kationenpermeabel* (vor allem für Na^+) ist (Abb. 17–4). Eine Erhöhung der Na-Konzentration außerhalb der Zelle durch Essen von salzhaltiger Kost führt zu einem erhöhten Einstrom von Na^+-Ionen in die Zelle; sie wird depolarisiert. Im basolateralen Bereich der Sinneszelle ist eine hohe Dichte an Pumpen (Na^+-K^+-ATPasen), die die eingeflossenen Kationen wieder aus der Zelle transportieren und damit die Zelle wieder erregbar machen.

Die Wirkung der *Anionen* kommt *indirekt* durch spezielle Transportsysteme an benachbarten Stützzellen zustande. Dadurch verändert sich deren Membranpotential. Dies wirkt sich auch auf die Sinneszellen aus, da Sinneszellen und Stützzellen über *tight junctions* miteinander gekoppelt sind.

Bitter. Substanzen, die einen Bittergeschmack hervorrufen, zeigen eine Variabilität ihrer molekularen Struktur, die gemeinsame Grundstrukturen nur schwer erkennen läßt. Allen Molekülen bitterer Substanzen gemeinsam ist eine *polare Gruppe sowie in definiertem Abstand eine größere hydrophobe Gruppe.* Bittersubstanzen haben die geringste Schwelle von allen Geschmacksqualitäten. Eine biologisch sinnvolle Entwicklung, denn typische pflanzliche Bitterstoffe, wie Strychnin, Chinin oder Nikotin sind oft von hoher ***Toxizität.*** Es reicht bereits 0,005 g Chininsulfat in einem Liter Wasser aus, um bitter zu schmecken.

Für den Bittergeschmack gibt es spezifische *Rezeptorproteine,* die Bindungsareale für Bitterstoffe haben. Dieser Kontakt setzt eine intrazelluläre Signalverstärkungskaskade in Gang, an deren Ende der Anstieg von Ca^{2+} in der Zelle steht (Abb. 17–4). Ca^{2+}-Ionen können dann direkt oder indirekt (durch Öffnen von Kationenkanälen) eine Transmitterfreisetzung bewirken.

Süß. Die oberflächlich größte Variabilität findet man in der Struktur der süßschmeckenden Moleküle. Aber auch hier lassen sich einige strukturelle Gemeinsamkeiten erkennen: Um süß zu schmecken, muß ein Molekül zwei polare Substituenten haben, eine *Protonen abgebende* und eine *Protonen aufnehmende Gruppe* (nukleophile/elektrophile Gruppe). Daneben spielen Größenverhältnisse der Substituenten und ihre räumliche Anordnung eine wichtige Rolle. Man kann sich also das ***Bindungsareal*** am Rezeptor für ein „Süß"-Molekül als wasserabweisende (hydrophobe) Tasche vorstellen, die eine nukleophile und eine elektrophile Gruppe enthält. Künstliche Süßstoffe, oft durch Zufall gefunden, konnten durch kleine molekulare Veränderungen inzwischen systematisch weiterentwickelt werden und haben Wirksamkeiten, die 100–1000mal höher liegen als gewöhnlicher Zucker. Die Schwelle beim Menschen für Glukose liegt bei 0,2 g/Liter.

Auch für den Süßgeschmack sind inzwischen ein spezifisches Rezeptor- und ein Kanalprotein nachgewiesen worden. Kommt es zur Wechselwirkung eines Süß-Moleküls mit dem Rezeptor, wird über ein G-Protein (Gustducin) das Enzym Adenylatzyklase aktiviert, wodurch die cAMP-Konzentration in der Zelle erhöht wird (Abb. 17–4). cAMP-Moleküle können dann direkt oder indirekt (Phosphorylierung) Ionenkanäle, die für K^+ durchlässig sind, blockieren. Dies verringert den Ausstrom von Kaliumionen, die Zelle wird depolarisiert.

17.4 Eigenschaften des Geschmackssinns

Die Empfindungsqualität eines Stoffes ist zusätzlich von der Konzentration abhängig und kann durch Adaptation oder pflanzliche Substanzen moduliert werden

Reizschwellen sind beim Menschen individuell unterschiedlich. Bei sehr geringen Konzentrationen ist die Geschmacksempfindung zunächst qualitativ unbestimmt. Erst mit höherer Reizkonzentration kann die Qualität der Reizsubstanz spezifisch erkannt werden. Oberhalb der Erkennungsschwelle kann die empfundene Qualität nochmals umschlagen: NaCl und KCl schmecken zunächst leicht süßlich, bei höheren Konzentrationen noch süßer, bis bei weiterer Konzentrationserhöhung der salzige Geschmack hervortritt.

Pflanzliche Geschmacksmodifikatoren können sogar eine völlige ***Veränderung der Qualität*** bewirken: z. B. die *Gymneasäure* aus einer indischen Kletterpflanze und das *Mirakulin* aus den roten Beeren eines westafrikanischen Strauches. Ersteres führt bei Kauen der Blätter zu selektivem *Ausfall der Süßempfindung*, letzteres beim Essen der Beeren zu einer *Umkehr des Sauergeschmacks in süß*. Beide dürften nach dem gegenwärtigen Stand der Forschung die Süßwahrnehmung bereits auf der Ebene der Rezeptorzelle durch Blockade der chemischen Primärprozesse beeinflussen. Bei Mirakulin geht man davon aus, daß es direkt an den Süßrezeptor bindet oder einen Komplex mit sauren Substanzen verursacht, der in der Lage ist an den Süßrezeptor zu binden.

Adaptation. Damit bezeichnet man eine Abnahme der Geschmacksintensität während kontinuierlicher Gegenwart einer konstanten Reizkonzentration. In diesem Zustand ist auch die Schwelle erhöht. Dies ist bei einer 5%igen Kochsalzlösung bereits nach 8 s, bei einer 0,15 molaren Lösung nach ca. 50 s meßbar. Anschließend dauert es einige s (NaCl) oder gar Stunden (Bitterstoffe), bis die ursprüngliche Empfindlichkeit wiedererlangt ist. Man macht periphere Mechanismen dafür verantwortlich. Die Adaptation einer Geschmacksqualität hat auch Auswirkungen auf die Empfindlichkeit für die anderen. Ein Phänomen, das den ***negativen Nachbildern*** beim Gesichtssinn entsprechen könnte. Wird die Zunge z. B. auf süß adaptiert und nachfolgend mit destilliertem Wasser gespült, so schmeckt dieses schwach sauer. Die Interaktion der beiden anderen Qualitäten bitter und salzig scheint komplexer zu sein.

Die biologische Bedeutung des Geschmackssinns erkennt man bereits daran, daß Lust auf Süßes angeboren ist, ebenso Ablehnung von Bitterem; Aversionen können aber auch durch Ernährungsverhalten erworben werden

Neugeborene zeigen bereits die gleichen mimischen Lust- bzw. Unlustreaktionen auf Geschmacksstoffe aus den vier Grundqualitäten, wie wir sie vom Erwachsenen kennen, wenn er „sauer schaut", eine „bittere Miene macht" oder „süß lächelt". Solch angeborene mimische Reaktionsmuster werden als ***„gustofazialer" Reflex*** bezeichnet. Beim Menschen konnte auch ein Zusammenhang zwischen der hedonischen Bewertung und einem ernährungsphysiologischen Bedarf hergestellt werden. So kennt jeder die Aversion gegen Süßes und die Lust auf deftig Saures am Ende der Weihnachtstage. Es konnte auch gezeigt werden, daß Kochsalzmangel einen regelrechten Salzhunger auslöst.

Der Geschmackssinn hat seine Bedeutung vor allem in der Prüfung der Nahrung und zum Schutz vor dem Verzehren von giftigen, ungenießbaren Pflanzen (meist sehr bitter). Außerdem wird die Speichel- sowie die Magensaftsekretion reflektorisch beeinflußt.

!

Beim Geschmack lassen sich die vier Grundqualitäten süß, sauer, salzig und bitter unterscheiden, von denen jede durch spezifische Membranrezeptoren und unterschiedliche molekulare Signaltransduktionsmechanismen charakterisiert werden kann. Dabei werden sauer und salzig durch einen einfachen, selektiv permeablen Kationenkanal geregelt, während für süß und bitter spezifische Rezeptormoleküle existieren, die über zweite Botenstoffe an Ionenkanäle gekoppelt sind. Soweit bekannt, sind in den meisten Geschmackssinneszelle die Rezeptortypen für mehrere Qualitäten repräsentiert. Die Kodierung und Erkennung der Geschmacksinformationen beruht auf sich überlappenden Reaktionsprofilen der Sinneszellen. Diese werden bis in die zentralen Projektionsgebiete beibehalten. Adaptation der Geschmacksreize beruht vorwiegend auf peripheren Mechanismen.

17.5 Morphologie des Riechsystems

Die Riechsinneszellen in unserer Nase sind primäre Sinneszellen, die direkt in den Bulbus olfactorius projizieren

Nasenhöhle. In jeder Nasenhöhle befinden sich drei übereinanderliegende, wulstartige Gebilde (*Conchen*), die in toto mit Schleimhaut (*respiratorisches* oder *olfaktorisches Epithel*) ausgestattet sind. Die olfaktorische Region (***Riechepithel***) ist auf einen kleinen, ca. 2×5 cm² großen Bereich in der obersten Conche beschränkt.

Riechepithel. Es besteht aus 3 Zelltypen, den eigentlichen ***Riechzellen,*** den ***Stützzellen*** und den ***Basalzellen*** (Abb. 17–5). Der Mensch besitzt ca. 30 Millionen Riechzellen, die eine durchschnittliche Lebensdauer von nur einem Monat haben und danach durch das Ausdifferenzieren von Basalzellen erneuert werden. Dies ist eines der seltenen Beispiele für Nervenzellen im adulten Nervensystem, die noch zu regelmäßiger mitotischer Teilung fähig sind.

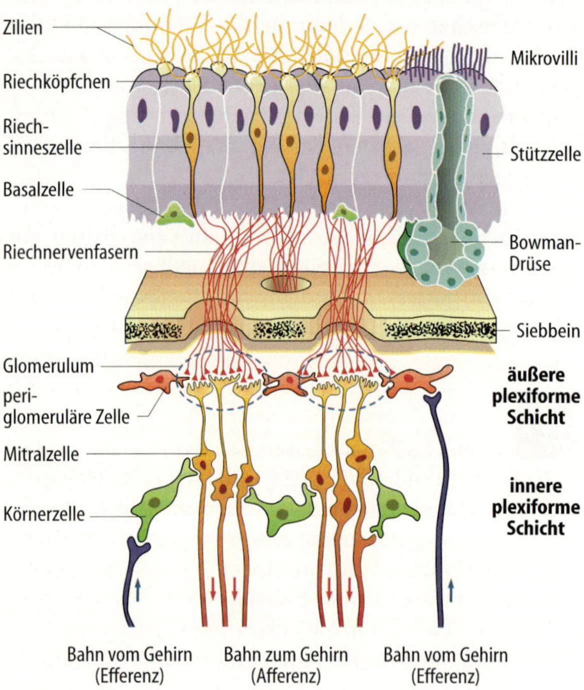

Abb. 17–5. Schematischer Aufbau der Riechschleimhaut mit den Verbindungen zum Riechkolben (Bulbus olfactorius). In der Riechschleimhaut erkennt man Sinneszellen, Stützzellen, Basalzellen und Drüsenzellen. Die Sinneszellen tragen am apikalen dendritischen Fortsatz eine große Zahl von dünnen Ausläufern (Zilien). Die Riechnervenfasern (Axone) dieser Zellen projizieren vor allem auf die Mitralzellen im Riechkolben. Schematisch ist auch die Funktion der anderen Zelltypen im Riechkolben dargestellt. Die periglomerulären Zellen stellen die lateralen Verbindungen zwischen den Glomeruli her. Die Körnerzellen sind ebenfalls meist hemmende Interneurone des Riechkolbens und tragen wesentlich durch ihre dendro-dendritischen Synapsen zur Lateralinhibition bei. Darüberhinaus können efferente Nervenfasern aus anderen Bereichen des Gehirns die Aktivität des Riechkolbens modulieren

Riechsinneszellen. Es sind ***primäre, bipolare Sinneszellen,*** die am apikalen Ende durch zahlreiche, in den Schleim ragende, feine Sinneshaare (***Zilien***) mit der Außenwelt in Kontakt treten und am basalen Ende über ihren langen, dünnen Nervenfortsatz (***Axon***) direkten Zugang zum Gehirn haben (Abb. 17–5). Zu Tausenden gebündelt laufen die Axone der Riechzellen durch die Siebbeinplatte, um zusammen als ***Nervus olfactorius*** direkt zum ***Bulbus olfactorius*** zu ziehen, der als vorgelagerter Hirnteil zu betrachten ist.

Zwischen den Rezeptorzellen und der Hirnrinde liegt nur eine synaptische Schaltstelle, nämlich an den Dendriten der Mitralzellen in den Glomeruli des Bulbus olfactorius

Verschaltung im Bulbus olfactorius. Hierbei kommt es zu einer deutlichen Reduktion der Duftinformationskanäle: mehr als 1000 Axone von Riechzellen projizieren auf eine einzige Mitralzelle (*Konvergenz*). Abb. 17–5 zeigt außerdem, daß die zellulären Elemente des Bulbus in Schichten angeordnet sind: Auf die Schicht der Glomeruli folgt die Schicht der ***Mitral-*** und ***periglomerulären Zellen*** (äußere plexiforme Schicht) und schließlich die Schicht der ***Körnerzellen*** (innere plexiforme Schicht).

Riechbahn. Die etwa 30 000 Axone der Mitralzellen bilden den einzigen Ausgang für Informationen aus dem Bulbus. Sie formen den ***Tractus olfactorius.*** Ein Hauptast kreuzt in der vorderen Kommissur zum Bulbus der anderen Hirnseite, die anderen Fasern ziehen zu den olfaktorischen Projektionsfeldern in zahlreichen Gebieten des Paleocortex, die zusammen als ***Riechhirn*** bezeichnet werden [2,15]. Die Informationsverarbeitung endet aber nicht hier, sondern die Signale werden zum einen zum ***Neokortex*** geleitet und erreichen dort eine entwicklungsgeschichtlich sehr alte Hirnregion, den ***Cortex praepiriformis.*** Zum anderen gehen Bahnen direkt zum ***Limbischen System*** (Mandelkern, Hippocampus) und weiter zu vegetativen Kernen des ***Hypothalamus*** und der ***Formatio reticularis*** (Abb. 17–6).

17.6 Geruchsdiskriminierung

Düfte können auf Grund verschiedener Kriterien in Duftklassen eingeteilt werden; die Unterscheidung von Duftstoffen ist in den meisten Fällen eine zentralnervöse Leistung

Geruchsqualitäten. Beim Menschen geht man von etwa ***10 000 unterscheidbaren Düften*** aus. Im Gegensatz dazu fällt ein extremer Mangel an ***verbalen Duftkategorien*** auf. Es gelingt bisher weder mit physiologischen oder biochemischen, noch mit psychophysischen Methoden

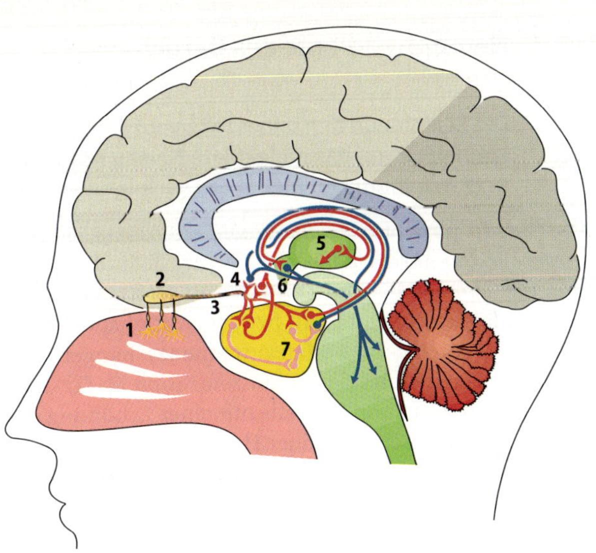

Abb. 17–6. Das Riechsystem mit seinem primären und sekundären Bahnen zu anderen Hirnregionen. Die Riechsinneszellen (1) bilden Synapsen an den dendritischen Ausläufern der Mitralzellen (2). Die Nervenfortsätze der Mitralzellen ziehen als Tractus olfactorius (3) zu tieferen Gehirnregionen. Wie im Text detailliert beschrieben, hat das Riechsystem direkte Verbindungen über das Riechhirn zum Thalamus (5) und von dort zum Neocortex sowie zum Limbischen System (Amygdala und Hippocampus, 7, *gelb* unterlegt) und zu vegetativen Kernen des Hypothalamus [6]

Geruchsklassen, zufriedenstellend scharf gegeneinander abzugrenzen.

Duftklassen. Bis heute hat deshalb ein 1952 von Amoore [1] vorgeschlagenes Schema von *7 typischen Geruchsklassen* noch Gültigkeit: *blumig, ätherisch, moschusartig, kampherartig, schweißig, faulig, stechend* (Tabelle 17–3). Bei allen natürlich vorkommenden Düften handelt es sich um Duftgemische, in denen es charakteristische „Leitdüfte“ gibt (z. B. Geraniol für blumig).

Tabelle 17–3. Klassifikation der Primärgerüche in Qualitätsklassen und die dazugehörigen repräsentativen chemischen Verbindungen nach Amoore [1]

Duftklasse	Bekannte, repräsentative Verbindungen	Riecht nach	„Standard“
Blumig	Geraniol	Rosen	d-1-ß-Phenyläthylmethylcarbinol
Ätherisch	Benzylacetat	Birnen	1,2-Dichloräthan
Moschusartig	Moschus	Moschus	1,5-Hydroxypantadecansäurelacton
Campherartig	Cineol, Campher	Eukalyptus	1,8-Cineol
Faulig	Schwefelwasserstoff	Faulen Eiern	Dimethylsulfid
Schweißig	Buttersäure	Schweiß	Isovaleriansäure
Stechend	Ameisensäure, Essigsäure	Essig	Ameisensäure

Kreuzadaptation. Sie stellt eine weitere Möglichkeit der Klassifizierung dar. Wir alle wissen, daß wir nach einer gewissen Zeit einen Duft (z. B. Zigarettenrauch) im Raum nicht mehr wahrnehmen. Das Riechsystem ist adaptiert. Ob dieser Mechanismus *peripher* (Rezeptorebene) oder *zentral* (Mitralzellen, Kortex) bedingt ist, ist noch unbekannt. Die Adaptation beschränkt sich dabei jeweils auf eine bestimmte, reproduzierbare Gruppe von Düften. Ist man auf Zigarettenrauch adaptiert, kann man Kaffeeduft trotzdem noch wahrnehmen. Durch solche Kreuzadaptionstests gelang es, 10 verschiedene Duftklassen zu unterscheiden, die sich teilweise mit denen von Amoore decken.

Anosmien. Ein dritter, mehr klinischer Ansatz verwendet die Tatsache, daß es beim Menschen angeborene Geruchsblindheiten für bestimmte Gruppen von Düften gibt, sog. ***partielle Anosmien.*** Diesen Menschen scheinen die Rezeptormoleküle für die Erkennung dieser Düfte zu fehlen. Bisher sind 7 verschiedene Typen von Anosmien beschrieben (Tabelle 17–4). All diese Ansätze weisen auf die Existenz von ca. 10 möglichen Duftklassen hin [2,7].

Die Glomeruli stellen das charakteristische Strukturmerkmal des olfaktorischen Bulbus dar; sie bilden die kleinste funktionelle Einheit

Funktion zentraler Neurone. Ihre Eingänge erhalten die Glomeruli von Sinneszellen und dendritischen Verzweigungen von Interneuronen. Über ein eigenes *Ausgangs- oder Projektionsneuron* stehen sie mit höheren Hirnzentren in Verbindung. Sie sind analog den Kolumnen im Kortex und repräsentieren ein viel höheres Organisationsniveau als z. B. die Glomeruli in Cerebellum und Thalamus. Die Größe (100–200 μm) und Zahl der Glomeruli (etwa einige hundert bis mehrere tausend) ist bei allen Vertebraten ähnlich, ebenso ihre charakteristische Verschaltung [1,12,15]:

1. Die Rezeptorneurone projizieren direkt auf die Ausgangsneurone (Mitralzellen) und parallel dazu in großer Zahl auf die periglomerulären Endigungen in-

Tabelle 17–4. Auflistung der bisher bekannten partiellen Anosmien beim Menschen [3]

Vorkommen	Hauptduftkomponente	Häufigkeit in Prozent [%] Bevölkerung
Urin	Androstenon	40
Malz	Isobutanal	36
Campher	1,8-Cineol	33
Sperma	1-Pyrrolin	20
Moschus	Pentadecanolid	7
Fisch	Trimethylamin	7
Schweiß	Isovaleriansäure	2

nerhalb eines Glomerulums. 2. Horizontal sind die Glomeruli durch ein dichtes Netz von Interneuronen verbunden, den periglomerulären Neuronen, deren Funktion hemmend ist. Periphere wie zentrale Neurone haben ein relativ breites Spektrum an Spezifität (Abb. 17–8). 3. Zwischen den periglomerulären Neuronen und den Ausgangsneuronen und z.T. auch zwischen den Körnerzellen findet man reziproke *dendrodendritische Synapsen.*

Dendrodendritische Synapsen. Sie zählen mit den Synapsen vom Renshaw-Typ zu den Verbindungen, die ***rekurrente Hemmung*** ermöglichen. Solche Kontakte vermitteln einen *Informationsfluß in einander entgegenlaufende Richtungen:* von den *Mitralzellen* zu den *Körnerzellen* bzw. den *periglomerulären Zellen,* wie auch umgekehrt von diesen zu den Mitralzellen. Außerdem ist über die, nach neuesten Befunden meist nur elektrotonisch antwortenden, periglomerulären Zellen durch ihr hohes inhibitorisches Potential (die Zellen enthalten den inhibitorischen Transmitter GABA) eine der *lateralen Inhibition* vergleichbare Wirkung auf die Aktivität der Mitralzellen möglich.

Verschaltung und Aufgaben der verschiedenen beteiligten Zelltypen. Ein normaler *Duftreiz,* der sich aus vielen einzelnen verschiedenen *Duftkomponenten* zusammensetzt, löst Antworten einer großen Zahl von spezifischen Sinneszellen aus. Auf Grund der *Überlappungsspektren* verschiedener Zellen kommt es zu einem sehr fein abgestimmten sog. ***across fiber pattern*** über eine sehr große Population von Zellen.

Auch die verschiedenen Glomeruli haben eine Spezifität, ähnlich den dazugehörigen Sinneszellen, so daß die Ausbreitung der Erregung der Sinneszellen im Bulbus ebenfalls ein *räumliches und zeitliches Verteilungsmuster* der Antwort ergibt. Das bedeutet, dieses *across fiber pattern* ist von beträchtlicher Redundanz und wird auf den verschiedenen zentralen Verschaltungsebenen wiedergefunden. Verstärkung, Störfilter und komplexe Regelmechanismen, hervorgerufen durch Interaktion der verschiedenen zentralen Neuronentypen sowie durch Konvergenz und Divergenz, wirken kontrastverschärfend. Bewährte Mechanismen, wie sie auch von der Retina bekannt sind.

!

Riechsinneszellen sind primäre, bipolare Sinneszellen, die am apikalen Teil dünne Sinneshaare (Zilien) tragen und am anderen Ende einen Nervenfortsatz, der direkt auf die Mitralzellen in den glomerulären Strukturen des Bulbus olfaktorius projiziert. Dort kommt es zu einer starken Konvergenz der Information. Periglomeruläre Zellen in der äußeren plexiformen Schicht des Bulbus und Körnerzellen in der inneren Schicht tragen durch ausgeprägte laterale Hemmechanismen zur Signalverarbeitung bei. Die Ausgangsneurone aus dem Bulbus ziehen direkt zum Limbischen System und weiter zu vegetativen Kernen des Hypothalamus und der Formatio reticularis sowie zu Projektionsgebieten im Neocortex. Die Einteilung der Tausende von Düften, die wir erkennen können, in verschiedene Klassen erfolgt recht willkürlich aufgrund von ähnlichem Geruch, Anosmien und Kreuzadaptation; eine molekulare Grundlage dafür fehlt bisher.

17.7 Neurophysiologie des Geruchs

Die Reaktionen der Sinneszellen auf Duftreize können bis auf das molekulare Niveau mit elektrophysiologischen Methoden verfolgt werden

Die Elektrophysiologie (*Elektroolfaktogramm, Rezeptorpotentiale, Aktionspotentiale*) ermöglicht, die Reaktion der Sinneszellen auf Duftreize zu registrieren. Die Amplitude des Zellpotentials bzw. die Aktionspotentialfrequenz (Spitzen- wie Plateaufrequenz) hängen von der Reizsubstanz und deren Konzentration ab (17–8A). Je nach Duftstoff kann die Zelle mit einer Erhöhung der Impulsfrequenz oder mit einer Hemmung der Spontanrate antworten. Schon lange kennt man Summenableitungen der Erregung von größeren Arealen der Riechschleimhaut von Vertebraten, das ***Elektroolfaktogramm (EOLG).*** Es ist technisch dem EEG und ähnlichen Verfahren gleichzusetzen. Im EOLG zeigt sich ein Anstieg der Amplitude der Zellantwort nach Zugabe eines wirksamen Duftstoffes. Mit zunehmender Reizintensität steigt die Amplitude linear an. Gleiche Konzentrationen molekular ähnlicher Stoffe können stark unterschiedliche EOLG-Amplituden auslösen.

An der Transduktion eines chemischen Duftreizes in ein elektrisches Signal der Zelle nehmen Second-messenger-Systeme (z. B. cAMP) teil

Wirkung von Duftstoffen auf molekularer Ebene. Alle am Transduktionsprozeß beteiligten Moleküle, nämlich *Rezeptormolekül, G-Protein* und *Ionenkanal* sind inzwischen isoliert und sequenziert. Es gibt eine mehrere hundert Mitglieder umfassende ***Genfamilie*** (vermutlich sogar die größte im gesamten Genom) auf den Chromosomen 6, 11, 17 und 19 für solche Rezeptorproteine, die in ihrer molekularen Struktur untereinander sehr ähnlich sind [13]. Sie gehören der Superfamilie der G-Protein-gekoppelten Rezeptoren (β-adrenerge Rezeptoren, Rhodopsin, m-Azetylcholin) an, die je 7 transmembranäre Domänen besitzen. Jede Riechzelle stellt vermutlich nur einen oder wenige Typen von Rezeptorproteinen her, so daß es viele (Tausende?) von *Spezialisten* unter den Riechsinneszellen gibt. Mit Hilfe der *in-situ-Hybridisierungstechnik* konnte eine solche Anordnung spezifischer Rezeptorneurone in sog. Expressionszonen – symmetrisch für beide Nasenhälften – nachgewiesen werden (Abb. 17–7). Sie ist Grundlage der ***Chemotopie*** des olfaktorischen Systems.

Signalverstärkung. Der Kontakt zwischen Duftstoff und Rezeptor löst einen intrazellulären Signal-Verstärkungsmechanismus *(Second-messenger-Kaskade)* aus. Biochemische Methoden zeigten, daß nach Duftstoffzugabe die Konzentration von cAMP (bzw. IP_3) in der Zelle schnell ansteigt und wieder abfällt. Mit Hilfe der patch-clamp-Technik war es möglich, selbst aus den

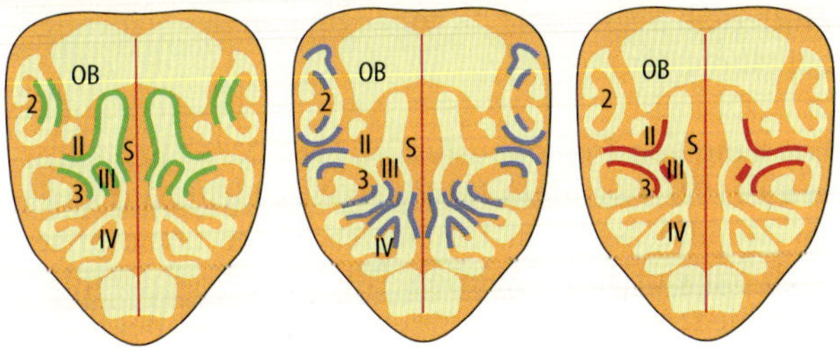

Abb. 17-7. Topographisches Expressionsmuster von olfaktorischen Rezeptorsubtypen im Riechepithel der Ratte. Ein sagittaler Schnitt durch die Rattennase (in der Mitte die Nasenscheidewand) zeigt ein symmetrisches Verteilungsmuster eines Types von Rezeptorprotein. Die Rezeptormarkierung wurde durch die in situ Hybridisierungstechnik erreicht. Aufallend ist die charakteristische Klasterung der Zellen in Expressionszonen (*grün:* dorsomediale Zone, *blau:* ventrolaterale Zone, *rot:* mediale Zone) und die ausgeprägte Bilateralsymmetrie. Nach Breer u. Mitarb. [II]

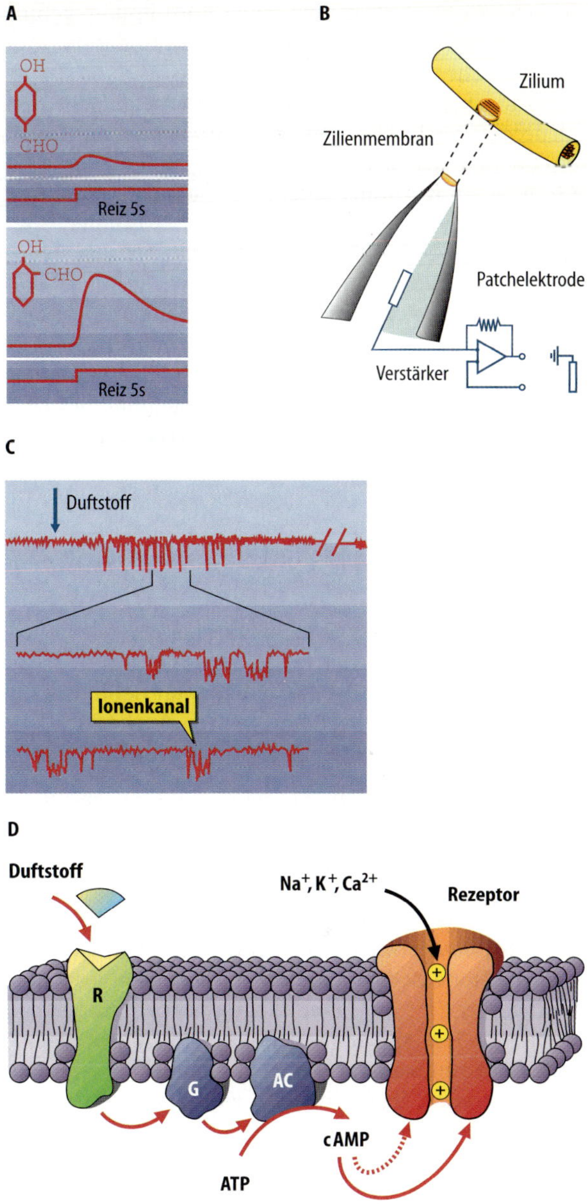

Abb. 17-8. A Rezeptorpotential einer Riechzelle des Frosches, die mit o- (*links*) und p- Hydrobenzaldehyd (*rechts*) stimuliert wurde. Beachte den großen Wirkungsunterschied trotz der sehr ähnlichen Struktur der Duftmoleküle. **B** Schematische Darstellung der Entnahme eines Membranfleckchens aus dem Zilium einer Riechsinneszelle mit Hilfe der Patch-clamp-Pipette. Die zytoplasmatische Seite der entnommenen Membran zeigt nach außen (Inside-out-Konfiguration). Auf diese Weise kann die Wirkung von Reizsubstanzen auf Rezeptoren der Membraninnenseite getestet werden. **C** Reaktion einer Riechsinneszelle des Salamanders auf Zugabe von Duftstoff. Die Patch-clamp-Pipette ist auf der Außenmembran der Zelle aufgesetzt und mit einer Latenz von einigen 100 ms Duftstoffzugabe erfolgt die Öffnung von Ionenkanälen in der Zellmembran. Die Latenz beruht auf der Aktivierung einer „Second messenger"-vermittelten Transduktionskaskade (s. Abb. 17–4). Bei den Ionenkanälen handelt es sich um unspezifische, cAMP-aktivierte Kationenkanäle. Die unterste Spur zeigt die Kanäle in höherer Zeitauflösung (nach Zufall und Hatt). **D** Schematische Darstellung der Transduktionskaskade. Die Bindung eines Duftstoffmoleküls an ein spezifisches Rezeptorprotein bewirkt eine G-Protein-vermittelte Aktivierung der Adenylatzyklase (AC), die einen Anstieg von cAMP in der Zelle hervorruft. cAMP kann direkt einen unspezifischen Kationenkanal in der Membran des Sinneszelldendriten öffnen

sehr feinen Zilienstrukturen (< 0.5 µm) kleine Membranflecken auszustanzen (Abb. 17–8 B). Experimente daran zeigten, daß von der zytosolischen Seite der Zellmembran aus durch cAMP direkt Ionenkanäle permeabel für ein- und zweiwertige Kationen aktiviert werden können (17–8C) [21,23]. Sie gehören zur Superfamilie der cAMP/cGMP-aktivierten Ionenkanäle (siehe auch Sehtransduktion) [18].

An diesen Kanälen wurde eine funktionell wichtige ***Ca^{2+}-Empfindlichkeit*** gefunden. Je weniger Ca^{2+} Ionen auf der Innenseite der Membran, desto höher ist die Öffnungswahrscheinlichkeit des Kanals. Da Ca^{2+} durch den Kanal fließt, wird sich kurze Zeit nach Kanalöffnung die Ca^{2+}-Konzentration in der Zelle erhöhen und unter Mitwirkung von Calmodulin den Kanal abschalten. Ein Prozeß, der zur Adaptation auf zellulärer Ebene beiträgt [17].

Damit sind die ***molekularen Schritte der Signalverstärkungskaskade*** bekannt: Bindung eines Duftmoleküls an den spezifischen Rezeptor aktiviert ein G_{olf}-Protein, dies wiederum das Enzym Adenylatzyklase. Das führt zur Erhöhung der Konzentration von cAMP in der Zelle. cAMP-Moleküle können nun direkt (ohne Phosphorylierung) unspezifische Kationenkanäle in der Membran öffnen (Abb. 17–8D). Die Aktivierung eines einzigen Rezeptorproteins durch ein Duftstoffmolekül kann 1000–2000 solcher cAMP-Moleküle erzeugen und somit viele Ionenkanäle öffnen. (Dies erklärt die ungewöhlich niederen Schwellenwerte für bestimmte Duftstoffe). Die einströmenden Kationen bewirken eine Depolarisation, das Rezeptorpotential der Zelle. Am Übergang zum Nervenfortsatz werden diese lokalen Potentiale in eine Erhöhung der Aktionspotentialfrequenz umgesetzt.

Eine Gruppe von Duftstoffen, vor allem Pheromone, scheinen ein anderes Riechsystem, das sog. Vomeronasalorgan zu benutzen

Das Jakobsonsche Organ, *Organum vomeronasale,* ist beim Menschen rückgebildet, wird aber trotzdem bei über 95 % der Menschen neben dem Septum als schlauchförmige, etwa 1 cm lange Einstülpung, gefunden. An der lateralen Fläche des Organs findet man respiratorisches, mikrovilläres, an der medialen Fläche ciliäres Riechepithel. Das bei Säugern, (vor allem aber bei niederen Vertebraten) gut erhaltene Organ steht dort mit dem Canalis incisivus in Verbindung und wird vom Riechnerven versorgt. Es dient vor allem der Erkennung von Duftstoffen, die innerhalb einer bestimmten Spezies als chemische Signaldüfte benutzt werden. Beim Menschen gibt es Hinweise auf die Wirksamkeit von Substanzen, die männlichen oder weiblichen Sexualhormonen verwandt sind. Die im Vomeronasalorgan identifizierten Rezeptorproteine haben eine starke Homologie zu den Rezeptoren im Riechepithel, besitzen darüber hinaus aber einige für dieses Organ charakteristische Strukturmerkmale.

17.8 Weitere Eigenschaften des Geruchssinns

Leistungen des Geruchssinns können mit psychophysischen Methoden quantifiziert und Faktoren, die die Geruchswahrnehmung beeinflussen, bestimmt werden. Auch trigeminale Fasern tragen zum Riechempfinden bei

Geruchsschwellen. Bei geringer Duftkonzentration kann gerade eben wahrgenommen werden, daß etwas riecht, aber der Duft nicht identifiziert werden, erst eine etwa 10 fach höhere Konzentration erlaubt eine Identifizierung; entsprechend unterscheidet man zwischen ***Wahrnehmungsschwelle*** und ***Erkennungsschwelle.*** Für manche Stoffe ist die menschliche Nase besonders empfindlich, so liegt die Erkennungsschwelle, z. B. für das nach Fäkalien stinkende Skatol bei 10^7 Moleküle/cm^3 Luft. Dafür müssen nur wenige Duftmoleküle eine Sinneszelle treffen. Daneben gibt die ***Unterschiedsschwelle*** an, um wieviel sich die Konzentrationen zweier Proben des gleichen Duftstoffes unterscheiden müssen, um in unterschiedlicher Intensität empfunden zu werden. Sie liegt bei ca. 25 %. Dieser Wert ist etwa um den Faktor 100 höher als beim Sehen.

Physiologische Faktoren. Das Riechvermögen verschlechtert sich bei niederer Temperatur, trockener Luft, bei Rauchern und unter bestimmten hormonellen Einflüssen, wie z. B. während der Schwangerschaft oder der Menstruation. Bei Hunger sinkt die Schwelle für bestimmte Duftstoffe und steigt bei Sattheit signifikant an [5,9].

Hedonik. Darunter versteht man die subjektive Bewertung eines Duftes als angenehm oder unangenehm. Die Hedonik für einige Düfte ist genetisch determiniert (vor allem Naturdüfte positiv, faules Fleisch negativ). Für die meisten Düfte erfolgt allerdings eine *„Prägung“* durch Erziehung oder durch die Situation, in der wir den Duft erstmals kennenlernen. Sie kann bereits im Mutterleib beginnen, z. B. abhängig von der Nahrungsaufnahme der Mutter.

Erregung von Trigeminusfasern. Freie Nervenendigungen des *N. trigeminus* in der Nasenschleimhaut sowie im Mundrachenraum haben neben der nociceptiven auch olfaktorische Funktion. Die Fasern reagieren auf verschiedene Riechstoffe, wenn auch oft erst bei hohen Konzentrationen. Empfindungen wie *stechend, beißend* (Salzsäure, Ammoniak, Chlor) sind typisch für das ***nasaltrigeminale*** System, und *brennendscharf* (Piperidin, Capsaicin) für das ***oraltrigeminale*** System. Im Tierversuch konnte auch gezeigt werden, daß selbst bei relativ schwachen Duftreizen (z. B. Amylazetat, Eukalyptus) neben dem olfaktorischen auch das trigeminale System reagiert, allerdings mit längerer Latenzzeit und wenig ausgeprägter Adaptation. *Auch nach vollständiger Durchtrennung des N. olfactorius bleibt deshalb ein reduziertes Riechvermögen erhalten* [19].

Klinisch kennt man reine Riechstoffe (Lavendel, Nelke, Benzol), Duftstoffe mit trigeminaler Komponente (Eukalyptus, Menthol, Buttersäure) und Duftstoffe mit trigeminaler und Geschmacks-Komponente (Chloroform, Pyridin). Dies kann differentialdiagnostisch verwendet werden.

Der Geruchssinn hat eine stark emotionale Komponente, spielt eine wichtige Rolle im Bereich der sozialen Beziehungen und trägt zur Steuerung der Fortpflanzung bei

Biologische Bedeutung des Geruchssinnes. Düfte bestimmen unser Leben von Geburt an. Neugeborene erkennen die Mutterbrust mit Hilfe eines Duftes, der von Drüsen um die Brustwarzen abgegeben wird, und sie können den Duft der eigenen Mutter von dem einer Fremden unterscheiden. Bei jedem von uns ist sein ***Eigengeruch*** genetisch determiniert. Er basiert auf der immunologischen Selbst/Fremderkennung und ist mit dem *Haupthistokompatibilitätskomplex (MHC)* gekoppelt. Je näher verwandt, desto ähnlicher der Eigengeruch. Dies ist die Basis für den ***Familiengeruch.*** Eineiige Zwillinge können auch von speziell trainierten Tieren nicht mehr am Geruch unterschieden werden, außer einer der Zwillinge hat eine Knochenmarktransplantation erhalten *[22].* MHC-assoziierte Gerüche sind in der Lage, *Mutter-Kind-Bindung, Partnerwahl, Inzestschranke* oder die *Fehlgeburtenrate* zu beeinflussen *[4,20].* Ob ***Pheromone*** (Kommunikationsdüfte innerhalb einer Spezies) beim Menschen weitere Wirkung hervorrufen können, ist noch unklar. Erste Ergebnisse zeigen aber, daß z. B. *Androstenon,* ein Duft aus dem Achselschweiß des Mannes, den Zyklus der Frau synchronisieren kann und nur während der Zeit des Eisprunges signifikant positiv beurteilt wird.

Aromatherapie. Zu den alternativen Heilmethoden zählt u. a. die Verwendung von Düften. Dies ist in der Klinik seit langem bekannt, z. B. für *Bäderanwendungen* oder *Inhalationen.* So wirkt z. B. der Duft von Rosmarin oder Zitrusfrüchten belebend, Melisse und Rosenduft beruhigend, Eukalyptus schleimlösend. Japanische Großkonzerne setzen bereits ihre Angestellten einem regelrechten Duftbad während des Tages aus, um ihre Leistungsfähigkeit zu optimieren (morgens Zitrone als Muntermacher, mittags Rose zur Entspannung und gegen Abend Holzgeruch für neuen Schwung).

! Die Riechrezeptoren gehören zu einer viele Hunderte von Mitgliedern umfassenden Genfamilie, die sich in ihrer molekularen Struktur sehr ähnlich sind. Rezeptoren, spezifisch für eine Klasse von Duftstoffen, verteilen sich im Nasenepithel in Expressionszonen, die Grundlage für die Chemotopie des olfaktorischen Systems sind. Die Signaltransduktion wird über eine Erhöhung der cAMP-Konzentration (z.T. auch über IP_3) in der Zelle vermittelt. cAMP ist in der Lage, direkt einen Kanal zu öffnen, durch den Kationen in die Zelle fließen können. Dies führt zur Zellerregung. Dieser intrazelluläre Signalverstärkungsmechanismus erklärt die sehr niederen Schwellenkonzentrationen der Dufterkennung. Neben dem olfaktorischen ist auch das vomeronasale und trigeminale System an der Duftwahrnehmung beteiligt. Alle zusammen ermöglichen unserem Geruchssinn, seine wichtige Rolle im Bereich der sozialen Beziehungen, der Fortpflanzung und der vegetativen und hormonalen Steuerung wahrzunehmen.

17.9 Literatur

Weiterführende Lehr- und Handbücher

1. Boeckh J (1972) In: Gauer OH, Kramer K, Jung R (Hrsg) Somatische Sensibilität, Geruch und Geschmack. Urban und Schwarzenberg, München, S 172–203
2. Brown E L, Deffenbacher K (1979) Perception and the senses. Oxford University Press, Oxford, S 3–520
3. Burdach K J (1988) Geschmack und Geruch. Huber, Bern, S 9–165
4. Hatt H (1990) In: Maelicke A (Hrsg) Vom Reiz der Sinne. VCH, Weinheim, S 93–126
5. Hatt H (1991) In: Hierholzer K, Schmidt RF (Hrsg) Pathophysiologie des Menschen. VCH, Weinheim, S 33.1–33.9
6. Hatt H (1993). In: Schmidt RF (Hrsg) Neuro-und Sinnesphysiologie. Springer, Berlin Heidelberg New York, S 345–369
7. Hensel H (1966) Trendenburg W, Schütz E (Hrsg) Allgemeine Sinnesphysiologie: Hautsinne, Geschmack, Geruch. Springer, Berlin Heidelberg New York, S 3–339
8. Ohloff G (1990) Riechstoffe und Geruchssinn. Springer, Berlin Heidelberg New York, S 1–221
9. Roseburg B, Fikentscher R (1977) In: Herrmann A, Jakobi H (Hrsg) Klinische Olfaktologie und Gustologie. Fachbuchdruck, Naumburg

Einzel- und Übersichtsarbeiten

10. Avenet P, Kinnamon SC (1991) Cellular basis of taste reception. Curr Opin Neurobiol 1:198–203
11. Breer H, Boekhoff I, Tareilus E (1990) Rapid kinetics of second messenger formation in olfactory transduction. Nature 344:65–68
12. Brennan P, Kaba H, Keverne EB (1990) Olfactory recognition: a simple memory system. Am Assoc Adv Sci 250:1223–1226
13. Buck L, Axel R (1991) A novel multigene family may encode odorant receptors: a molecular basis for odor recognition. Cell Press 65:175–187
14. Faurion A (1987) Physiology of the sweet taste. Springer, Berlin Heidelberg New York, pp 130–201 (Progress in sensory physiology, vol 8)
15. Getchell T (1986) Functional properties of vertebrate olfactory receptor neurons. Physiol Rev 66:772–818
16. Hänig DP (1901) Zur Psychophysik des Geschmacksinnes. Philos Stud (Leipzig) 17:576–623
17. Hatt H, Zufall F (1993) Molecular components underlying signal transduction. Verh Dtsch Zool Ges 86:95–105
18. Kaupp UB (1991) The nucleotide gated channels of vertebrates photoreceptors and olfactory epithelium. TINS 14:150–157
19. Kobal G, Hummel T (1991) Olfactory evoked potentials in humans. In: Getchell TV (ed) Smell and taste in health and disease. Raven, New York, pp 255–277
20. Köster EP, Jellinek JS, Verhelst ND, Mojet J, Linschoten MRI (1986) Odorants related to human body odor. J Soc Cosmet Chem 37:409–428
21. Reed RR (1992) Signal pathways in odorant detection. Neuron 8:205–211
22. Sobottka B, Eggert F, Ferstl R, Müller-Ruchholtz W (1989) Veränderte chemosensorische Identität nach experimenteller Knochenmarktransplantation: Erkennung durch eine andere Spezies. Z Exp Angew Psychol 4:654–664
23. Zufall F, Hatt H, Firestein S (1993) Rapid application and removal of second messengers to cyclic nucleotide-gated channels from olfactory epithelium. Proc Natl Acad Sci USA 90:9335–9340

Neuronale und humorale Steuerungs- und Regelprozesse

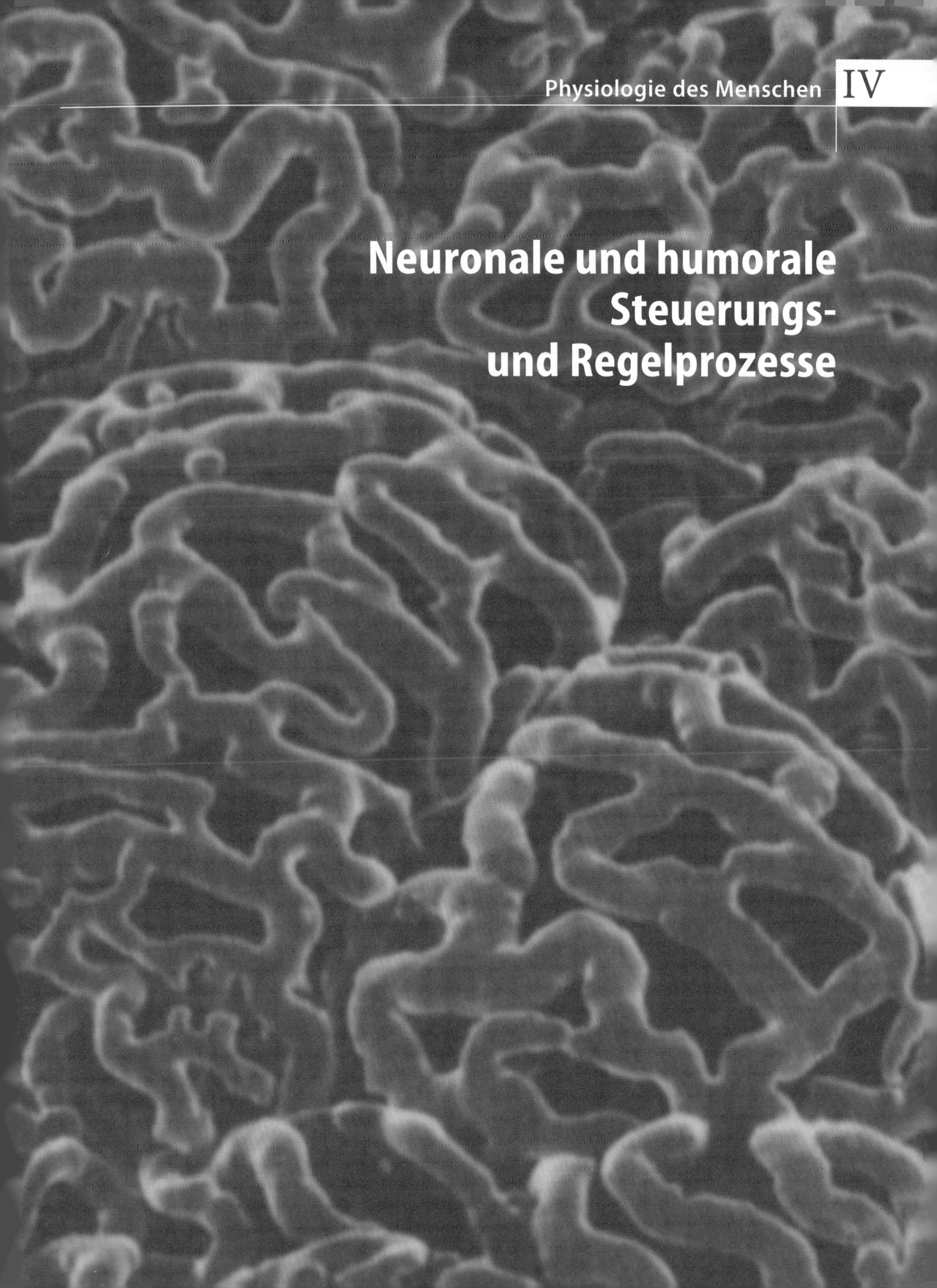

Grundlagen physiologischer Regelungsprozesse

18

M. Zimmermann

EINLEITUNG Wir machen gelegentlich die Erfahrung, daß uns beim plötzlichen Aufstehen aus dem Liegen kurzzeitig ein Schwindelgefühl befällt: unter dem Einfluß der Schwerkraft versackt Blut in die Gefäße der unteren Körperhälfte, der arterielle Blutdruck fällt kurzzeitig ab, das Gehirn wird ungenügend durchblutet und deshalb treten vorübergehend Funktionsstörungen auf. Daß solche Störungen eher selten sind, verdanken wir der automatischen Regelung des arteriellen Blutdrucks durch das Nervensystem.

Viele Funktionen des Organismus sind Regelungsvorgänge, wobei eine meßbare Zustandsgröße gegen Störungen konstant gehalten wird. Auch der alte medizinische Begriff „Homöostase" bezieht sich auf Regelungsvorgänge, mit denen der Organismus seine Betriebsbedingungen optimal einstellt. Bei der Ausführung solcher Regelungsaufgaben sind das Nervensystem oder/und das Hormonsystem wesentlich beteiligt.

Biologische Regelungsvorgänge lassen sich vorteilhaft durch die Regelungslehre beschreiben, einer Disziplin der Technik. Sie ist Teil der Systemtheorie (auch als Kybernetik bezeichnet), mit der das Verhalten komplexer Systeme in Technik, Biologie, Psychologie und Sozialwissenschaften übergreifend beschrieben und wissenschaftlich analysiert werden kann. Zur Einführung in die Konzepte der Regelungslehre werden nachfolgend physiologische Funktionen regelungstheoretisch dargestellt.

18.1 Grundbegriffe biologischer und technischer Regelkreise

Physiologische Reflexe arbeiten als biologische Regelkreise

Viele Reflexe der klassischen Physiologie werden heute als Regelungsvorgänge aufgefaßt. So dient z. B. der *Barosensorreflex* (s. Kap. 24) der Regelung des arteriellen Blutdrucks, der *Dehnungsreflex* des Skelettmuskels stellt ein schnelles Regelungssystem für die Länge des Muskels dar (s. Kap. 5). Aus der klassischen Beschreibung eines Reflexes ist jedoch die Regelungsfunktion nicht ohne weiteres ersichtlich: ein „Reiz" führt über ein „Reflexzentrum" zu einem stereotypen „Reflexerfolg" (Abb. 18–1A). Diese Betrachtungsweise läßt drei wesentliche Tatsachen außer acht, nämlich

- daß der Reizerfolg auf den Reiz zurückwirkt, also ein geschlossener Wirkungskreis vorliegt (rot in Abb. 18–1A)
- daß der Informationsfluß im geschlossenen Wirkungskreis kontinuierlich abläuft und nicht erst durch den plötzlichen experimentellen Reiz in Gang kommt
- daß die Reaktion (der Reflexerfolg) dem auslösenden Reiz entgegenwirkt, wir sprechen von negativer Rückkopplung (negative feedback).

Beim Barosensorreflex entsteht der geschlossene Wirkungskreis dadurch, daß die reflektorische Änderung des arteriellen Blutdrucks wieder als modifizierter Reiz auf die Barosensoren wirkt (Abb. 18–1B) – hinter dem Reflex verbirgt sich ein ständig ablaufender Vorgang. Reizung der Barosensoren führt reflektorisch zu einer Abnahme des Blutdrucks, die Wirkung ist also dem Reiz entgegen gerichtet. Dadurch muß der Reflex zu einem stabilen Zustand des Blutdrucks führen, der nach einer Störung (z. B. durch Änderung der Körperlage) wieder erreicht wird.

Bei Rückwirkung eines Reflexerfolges auf den Reiz mit negativem Vorzeichen wird eine automatische Stabilisierung eines Funktionszustandes bewirkt – das ist Regelung

Reflexe als Regelkreise. Viele Reflexe arbeiten so, daß eine physiologische Größe konstant gehalten oder geregelt wird. Nach Störungen, die zu Veränderungen dieser Größe führen, wird sie durch die Tätigkeit des Reflexes bzw. der Regelung wieder auf ihren Sollwert zurückgebracht. Wir stellen deshalb dem schematisierten anatomischen Bild eines Reflexes das Blockschaltbild eines Regelkreises zur Seite (Abb. 18–1D): hier sind Regler und Regelstrecke zu einer Kreiswirkung mit negativer Rückkopplung verkettet. Die *Regelstrecke* umfaßt die Geräte, an denen die Regelung stattfindet. Der *Regler* hat die Funktion eines Rechners, der Meßdaten der Regelstrecke auswertet und, abhängig vom Ergebnis, so auf die Regelstrecke einwirkt, daß Störungen der Regelgröße kompensiert werden.

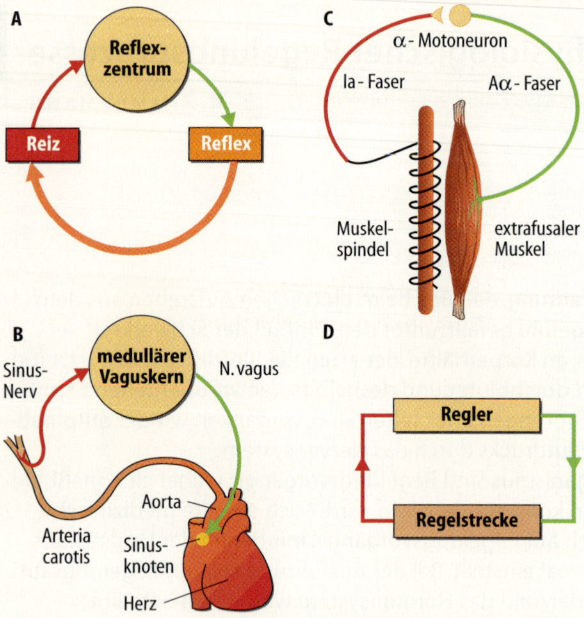

Abb. 18–1. Geschlossene Wirkungskreise. **A** Allgemeines Schema eines Reflexes, ergänzt durch Rückwirkung des Reflexes auf den Reiz. **B** Barosensor-Reflex (schematisiert und stark vereinfacht). **C** Der Dehnungsreflex als kontinuierlich arbeitender Regelkreis für die Muskellänge. **D** Einfachstes Blockschaltbild eines Regelkreises zur Konstanthaltung einer Zustandsgröße

Am Beispiel des *Dehnungsreflexes* (Abb. 18–1C) läßt sich besonders deutlich zeigen, wie der Wechsel der Sichtweise die eigentliche Funktion eines Reflexes erhellen kann: der Dehnungsreflex, zu diagnostischen Zwecken mit dem Reflexhammer ausgelöst, erscheint als stereotype Zuckung eines Muskels, hinter der ein Beobachter zunächst keine sinnvolle biologische Funktion erkennen kann. Erst bei der genauen Analyse wird deutlich, daß der Dehnungsreflex, ohne den Reiz mit dem Reflexhammer, ein kontinuierliches Geschehen darstellt, bei dem ständige Rückmeldungen aus den Muskelspindeln zum Rückenmark an einer schnellen und feinfühligen Konstanthaltung der Muskellänge und der Gelenkpositionen mitwirken, auch unter wechselnden Belastungen durch die Schwerkraft.

Aufbau eines Regelkreises. Mit dem Blockschaltbild eines einfachen Regelkreises (Abb. 18–2A) sollen zunächst die regelungstechnischen Grundbegriffe eingeführt und am Beispiel einer Raumtemperaturregelung veranschaulicht werden (Abb. 18–2B).

Die ***Regelgröße*** bezeichnet denjenigen Zustand, der konstant gehalten werden soll (in unserem Beispiel die Raumtemperatur). Die gerätetechnische Einrichtung, an der dies geschieht, ist die *Regelstrecke* (Zimmer mit Ofen). Eine Meßeinrichtung, der *Fühler* (Thermometer), mißt den Augenblickswert der Regelgröße, den ***Istwert.*** Dieser wird im *Regler* (Thermostat) mit der ***Führungsgröße*** (Einstellung am Temperaturwähler) verglichen, die den ***Sollwert*** der Regelgröße darstellt (gewünschte Raumtemperatur). Haben Soll- und Istwert unterschiedliche Werte, dann liegt eine ***Regelabweichung*** vor. Daraus wird vom Regler die ***Stellgröße*** berechnet, die über das *Stellglied* (Ofen mit veränderlicher Brennstoffzufuhr) so lange korrigierend auf die Regelgröße einwirkt, bis Ist- und Sollwert übereinstimmen. Einflüsse auf die Regelgröße, die eine Abweichung vom Sollwert verursachen, werden unter dem Begriff ***Störgröße*** zusammengefaßt (z. B. Wärmeverluste des Raumes).

Das wesentliche Merkmal der Regelung ist der geschlossene Wirkungskreis mit einer Polung derart, daß jede Störung der Regelgröße selbsttätig korrigiert wird: negative Rückkopplung (negative feedback)

Steuerung. Fehlt bei einem Wirkungssystem wie in Abb. 18–2 die Rückkopplung, dann spricht man von *Steuerung* (z. B. bei fehlender Rückmeldung der Ist-Temperatur an den Thermostat als Regler in Abb. 18–2B). Durch Steuerung kann eine im voraus bekannte Störung ausgeglichen werden (z. B. konstanter Wärmeverlust bei einer bestimmten Außentemperatur), nicht jedoch wechselnde, unvorhersehbare Störungen (z. B. Wärmeverluste bei unterschiedlichen Außentemperaturen und durch verschieden häufig geöffnete Türen und Fenster).

Halteregler und Folgeregler (Servoregler). Bisher haben wir die Fähigkeit des Regelkreises betrachtet, die Regelgröße auf einem konstanten Sollwert zu halten, wir sprechen deshalb von einem ***Halteregler.*** Eine veränderbare Führungsgröße bedeutet, daß wir den Sollwert willkürlich verstellen können. Bei der Raumtemperaturregelung geben wir am Thermostat einen neu-

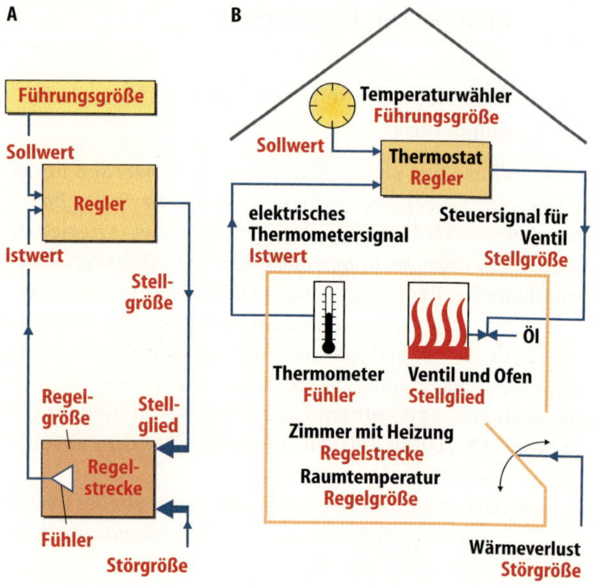

Abb. 18–2. Allgemeines Schema eines Regelkreises und Anwendung auf die Heizungsregelung. **A** Blockschaltbild eines einfachen Regelkreises. Die *Linien mit Pfeilen* geben die Wirkungsrichtung an, mit der sich die Elemente des Regelkreises, Regler und Regelstrecke, gegenseitig beeinflussen. Die Regelgröße ist ein Zustandswert der Regelstrecke, der konstant zu halten ist. **B** Veranschaulichung eines Regelkreises am Beispiel einer Heizungsanlage zur Raumtemperaturregelung

en Sollwert vor. Auch in diesem Falle stellt der Regler die Abweichung zwischen Ist- und Sollwert fest, die jetzt aber von der geänderten Führungsgröße herrührt und nicht von einer Störgröße. Die Regelgröße wird über das Stellglied so lange beeinflußt, bis sie den neuen Sollwert erreicht hat. Weil die Regelgröße der Führungsgröße folgt, wird ein Regelkreis in dieser Betriebsart als ***Folgeregler*** oder ***Servoregler*** bezeichnet.

Die schnelle Regelung des arteriellen Blutdrucks über das Nervensystem gewährleistet die zuverlässige Funktion des Kreislaufs, unabhängig von der Körperlage

Der bereits mehrfach angesprochene Barosensorreflex ist ein lebenswichtiger Regelkreis, durch den der arterielle Blutdruck, vor allem bei Änderungen der Körperlage, schnell auf seinen Sollwert von etwa 100 mm Hg (mittlerer Druck) zurückgestellt wird. Nachfolgend werden die Elemente dieses Regelkreises benannt (Abb. 18-2, s. auch Kap. 24, Abb. 24-36):

- Regelstrecke Hochdruckbereich des Blutkreislaufs
- Regelgröße Mittlerer arterieller Blutdruck
- Regler Medulläre Kreislaufareale
- Stellglieder Herz, Widerstandsgefäße des großen Kreislaufs
- Stellgrößen Entladungsfrequenzen in den (efferenten) sympathischen und parasympathischen Nerven zum Herzen und zu den Widerstandsgefäßen
- Fühler Barosensoren der A. carotis und der Aorta
- Istwert Entladungsfrequenz der Barosensoren im Sinusnerven
- Führungsgröße, Sollwert Einflüsse des Gehirns auf die medullären Kreislaufzentren
- Störgröße Schwerkraft bei Änderung der Körperlage, veränderlicher Durchblutungsbedarf einzelner Organe

Experimente zur Blutdruckregulation an Mensch und Tier. Im physiologischen Praktikum werden grundlegende Versuche durchgeführt, die das Regulationssystem des arteriellen Blutdrucks näher beleuchten. Wird beim narkotisierten Tier das Areal der Barosensoren einer A. carotis oder ein Karotis-Sinus-Nerv elektrisch gereizt, nehmen Herzfrequenz, Schlagvolumen und arterieller Blutdruck sofort stark ab. Bei Durchtrennung der Karotis-Sinus-Nerven dagegen steigen diese Größen deutlich an. Wird eine Versuchsperson aus der horizontalen Lage aufgerichtet, z.B. mit einem Kipptisch, dann sehen wir einen sofortigen Abfall des arteriellen Blutdrucks, weil unter dem Einfluß der Schwerkraft der venöse Rückstrom zum Herzen verringert ist und dadurch das Herzzeitvolumen abfällt. Dem schwerkraftbedingten Blutdruckabfall folgt ein Wiederanstieg innerhalb von ca. 20 s, dies ist eine Wirkung der Blutdruckregulation. Dabei sind unterschiedliche Zeitverläufe möglich (s. Abb. 18-3), die zur Charakterisierung der Dynamik der Regelung dienen (s. Abschn. 18.2).

!

Vitale Funktionsgrößen (z. B. Blutdruck, Kerntemperatur) werden durch physiologische Regelkreise automatisch überwacht und konstant gehalten. Charakterisierendes Merkmal eines Regelkreises ist die negative Rückkopplung (negative feedback): die Regelgröße wird kontinuierlich an den Regler (Kreislaufzentrum) gemeldet, der über Stellglieder (Herz, Widerstandsgefäße) auf die Regelgröße zurückwirkt und selbsttätig Abweichungen vom Sollwert korrigiert. Viele Reflexe sind Äußerungen physiologischer Regelsysteme.

18.2 Dynamisches und stationäres Verhalten von Regelkreisen bei Störungen der Regelgröße

Die Güte eines Regelkreises wird durch Schnelligkeit, Genauigkeit und Stabilität der Regulationsvorgänge bestimmt; charakterisierende Merkmale ergeben sich aus der Analyse der dynamischen Übergangsfunktion und der stationären Kennlinien des Regelsystems

Die Übergangsfunktion bei einer plötzlichen Störung der Regelgröße. Als Übergangsfunktion bezeichnet man den Zeitverlauf der Antwort des Regelkreises oder seiner Bestandteile auf eine plötzlich einsetzende Störgröße. In Abb. 18–3 sind an Versuchspersonen gemessene Übergangsfunktionen des Blutdruckregelkreises beim Übergang vom Liegen zum Stehen dargestellt. In allen 4 Beispielen fällt der Druck unter dem Einfluß der Schwerkraft zunächst um ca. 20 mm Hg ab. Die danach einsetzende Regelung zeigt unterschiedliche Ergebnisse. In Abb. 18–3A wird der Blutdruckabfall innerhalb von 20 s ausgeregelt, der Wert vor dem Aufrichten (Sollwert) wird dann praktisch wieder erreicht. In Abb. 18-3B ist der Zeitverlauf langsamer, die Regelung erreicht nicht mehr den Ausgangswert, es bleibt ein erhebliches Defizit der Regelgröße vom Sollwert bestehen, als ***Regelabweichung*** bezeichnet. Abb. 18-3C zeigt einen schnellen Zeitverlauf mit leichtem Überschwingen, der Ausgangswert wird über einen gedämpftem Einschwingvorgang wieder erreicht. Auch in Abb 18-3D startet der Regelungsvorgang sehr schnell, führt jedoch zu einer ungedämpften Schwingung, einem Zustand der ***Instabilität.***

Diese *Analyse der Übergangsfunktion* zeigt also, daß in den Fällen der Abb. 18–3A und C von einer sinnvollen Funktion der Regelung gesprochen werden kann. Abb. 18-3B und D stellen dagegen pathophysiologische Funktionsstörungen dar, in beiden Fällen ist die Anforderung einer stabilen und ausreichenden Durchblutung von Gehirn und Herz wahrscheinlich nicht gewährleistet.

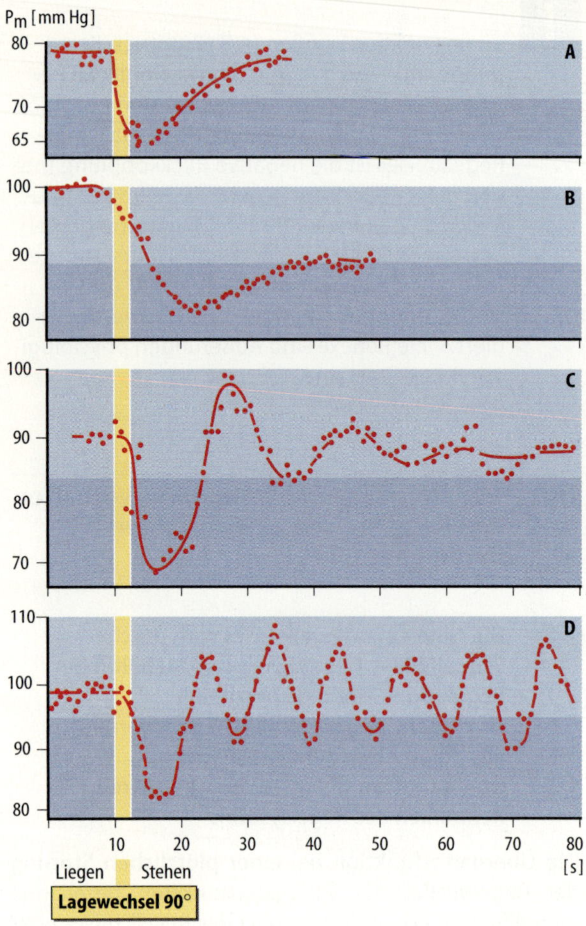

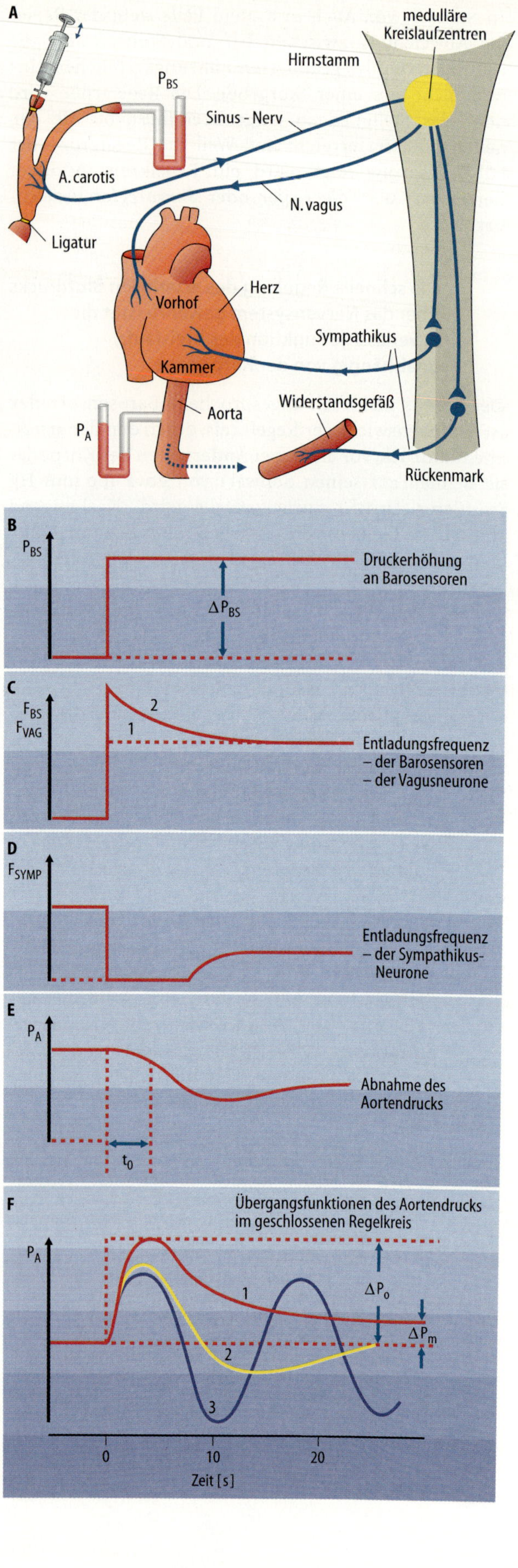

Abb. 18–3. Übergangsfunktionen des Blutdrucks bei Belastung durch rasches Aufrichten von 4 Versuchspersonen (**A** – **D**) auf dem Kipptisch. (P_m = arterieller Mitteldruck, Mittelwert der systolischen und diastolischen Meßwerte). Nach A. Dittmar und K. Mechelke Über die Regelung des Blutdrucks bei gesunden Menschen und Personen mit nervösen Herz- und Kreislaufstörungen. Deutsches Archiv für klinische Medizin 201, 720–729 (1955)

Abb. 18–4. Untersuchung der Regelungsfunktion am aufgetrennten Blutdruckregelkreis. **A** Eine A. carotis mit ihrem Barosensor-Areal ist durch Ligaturen vom Kreislauf abgetrennt, der lokale Druck P_{BS} kann dort willkürlich geändert werden. Die Barosensoren sind noch über den Sinus-Nerven mit den kreislaufregulatorischen Zentren in der Medulla oblongata verbunden. Die wichtigsten der bei der Blutdruckregulation beteiligten efferenten Verbindungen (zum Herz, zu den peripheren Widerstandsgefäßen) sind dargestellt. Die Auswirkung der Reizung der Barosensoren auf den systemischen Blutdruck P_A wird gemessen und als Übergangsfunktion oder Kennlinie (s. Abb. 18–6) dargestellt und analysiert. **B-E** Übergangsfunktionen (schematisiert) am aufgetrennten Regelkreis für den Blutdruck, untersucht in einem Experiment entsprechend A. **B** Sprungfunktion des Drucks in der isolierten A. carotis. Es wird experimentell eine Zunahme um P_{BS} erzeugt. **C** Zeitverlauf der Entladungsfrequenzen in den Barosensoren F_{BS} und im efferenten Vagusnerven F_{VAG}, der den Vorhof des Herzens mit den Schrittmacherzellen innerviert. **D** Zeitverlauf der Entladungsfrequenzen in den sympathischen Nerven, F_{SYMP}, die den linken Ventrikel (Inotropie) bzw. die Widerstandsgefäße des großen Kreislaufs (Vasokonstriktion) innervieren. **E** Übergangsfunktion des systemischen Blutdrucks P_A. t_0 = Totzeit der Blutdruckregelung. **F** Übergangsfunktionen des Blutdrucks im geschlossenen (intakten) Regelkreis, nach raschem Umlegen der Versuchsperson mit dem Kipptisch. Die drei Kurven 1–3 geben unterschiedliche Stärken der Rückkopplung an, dadurch können zunehmend schnellere, jedoch auch zunehmend überschießende, Übergangsfunktionen erreicht werden

Übergangsfunktionen am aufgetrennten Regelkreis. Um die Übertragungseigenschaften von Fühler, Regler und Stellglied kennenzulernen, müssen sie jeweils separat am aufgetrennten Regelkreis, d.h. bei unterbrochenem Rückwirkungskreis, analysiert werden. Eine solche Systemanalyse der Blutdruckregulation läßt sich am narkotisierten Tier durchführen. Dazu wird einseitig die A. carotis durch Ligatur vom arteriellen System funktionell getrennt (Abb. 18–4A). Wir verändern z. B. experimentell den Druck P_{BS} am isolierten Karotis-Sinus plötzlich um +10 mm Hg und messen das Verhalten der einzelne Komponenten des Regelkreises (Abb. 18–4).

Die ***Übergangsfunktion der Barosensoren*** (Abb. 18–4C) zeigt eine überschießende Entladung bei sprunghafter Erhöhung des Drucks, sie sind Proportional-Differential (PD)- Fühler (s. Kap. 11, Abb. 11-6): die Entladungsfrequenz F_{BS} am Beginn des Reizes entspricht etwa dem zeitlichen Differentialquotienten des Reizes P_{BS}, also dP_{BS}/dt, die anschließende stationäre Entladungsfrequenz ist proportional zum Mittelwert von P_{BS}. Die veränderte Entladungsfrequenz in den Barosensoren führt zu einer gleichsinnigen Erregung in den Vagusneuronen zum Vorhof des Herzens, F_{VAG} (Abb. 18–4C), jedoch zu einer Hemmung der Entladungen in den Sympathikusneuronen F_{SYMP} (Abb. 18–4D) zum Herzen (Ventrikel, negative Inotropie) und den Widerstandsgefäßen des großen Kreislaufs (Vasodilatation).

Das Endergebnis der Wirkungskette nach Reizung der Barosensoren ist ein gegenregulatorischer Abfall des systemischen Blutdrucks P_A (Abb. 18–4E), der jedoch erst nach einer Zeitverzögerung t_o einsetzt, der ***Totzeit*** des Regelkreises. Die Totzeit besteht hier aus den Leitungs- und Synapsenzeiten sowie den Einstellzeiten der Effektoren, also bei der Vasomotorik und der Änderung der Herzfunktion.

Die Totzeit limitiert die *Schnelligkeit einer Regelung.* Beim Dehnungreflex der Skelettmuskulatur beträgt die Totzeit weniger als 100 ms, bei der Blutdruckregelung ca. 10 s, bei der Regulation der Körpertemperatur ca. 10 min, bei Regelungen unter Beteiligungen von Hormonen Stunden bis Tage. Die durch die Totzeit charakterisierte Zeitverzögerung wird bei physiologischen Regelungssystemen durch den Differentialanteil der Übergangsfunktion teilweise kompensiert, wodurch am Anfang die Reaktion des Regelkreises besonders stark ist. Dieser Beschleunigungseffekt wird mit dem Überschwingen der Regelgröße erkauft (Abb. 18–3C, 18–4F), was die Gefahr der Instabilität als pathophysiologische Entgleisung einschließt (Abb. 18–3D, s. Abschnitt 18.3).

Übergangsfunktion des geschlossenen Regelkreises. In Abb. 18–4F ist die Antwort des geschlossenen Blutdruckregelkreises beim Hinlegen einer Versuchsperson gezeigt, was der Störgröße des Experiments in Abb. 18–4B-E entspricht. Der Druckverlauf ist spiegelbildlich zu dem der Abb. 18–3A, der beim Aufrichten, also bei einem anfänglichen Druckabfall, als Störgröße gemessen wurde. Zunächst ändert sich die Regelgröße passiv, der arterielle Blutdruck P_A steigt an als Folge der veränderten Wirkung der Schwerkraft. Nach Ablauf der Totzeit t_o setzt die gegenregulatorische Arbeit der Stellglieder ein, also eine Dilatation der Widerstandsgefäße und Abnahme von Herzfrequenz and -kraft.

Der durch die Lageänderung bedingte Blutdruckanstieg wird durch diese Regelungsvorgänge also wieder rückgängig gemacht, der Blutdruck erreicht nahezu wieder seinen Ausgangswert (Sollwert). Der Zeitverlauf der Übergangsfunktion ist unterschiedlich schnell, je nachdem, wie groß z. B. die Totzeit t_o und der Verstärkungsgrad der Regelung sind (s. Abschnitt 18.3). Die Regelung kann unter bestimmten Bedingungen sogar instabil werden, es kommt zur ungedämpften Regelschwingung (s. Abb. 18–3D).

> **!** Die dynamische Übergangsfunktion eines Regelkreises beschreibt den Zeitverlauf der Regelgröße nach einer definierten plötzlichen Störung. Die Schnelligkeit der Regelung wird durch die Totzeit, d. h. der Summe aller Latenzen im Regelkreis, begrenzt. Große Genauigkeit der Regelung bedingt Instabilität, also das Risiko ungedämpfter Schwingungen des Systems.

Im stationären Zustand wird die Funktion eines Regelkreises durch die Kennlinien seiner Bestandteile charakterisiert

Der durch die Übergangsfunktion (Abb. 18–3, 18–4) beschriebene Zeitverlauf nach Einwirkung einer Störgröße mündet in einen stationären Zustand ein: die Regelgröße und die anderen Kenngrößen (Istwert, Stellgröße) nehmen konstante, nicht mehr zeitabhängige Werte an. Die Ruhe ist jedoch nur scheinbar, denn die Regelungsfunktion läuft ständig weiter. In diesem Zustand lassen sich die Elemente des Regelkreises durch ***stationäre Kennlinien*** beschreiben, das ist jeweils der Zusammenhang zwischen Eingangs- und Ausgangsgrößen.

Die stationäre Kennlinie des Fühlers bei der Blutdruckregelung (Abb. 18–5A) besteht in der Kodierung des Blutdrucks P_{BS} in die Entladungsfrequenz der Barosensoren F_{BS}.

Die Kennlinie des Herzens als eines Stellglieds (Abb. 18–5B) stellt die kontinuierliche Abnahme der Herzfrequenz HF mit zunehmender Entladungsfrequenz der efferenten Vagusneurone F_{VAG} dar. An dieser Stelle ist die *Vorzeichenumkehr der Wirkungskette* bei der Blutdruckregulation verwirklicht. Entsprechend lassen sich auch die Kennlinien der anderen Elemente

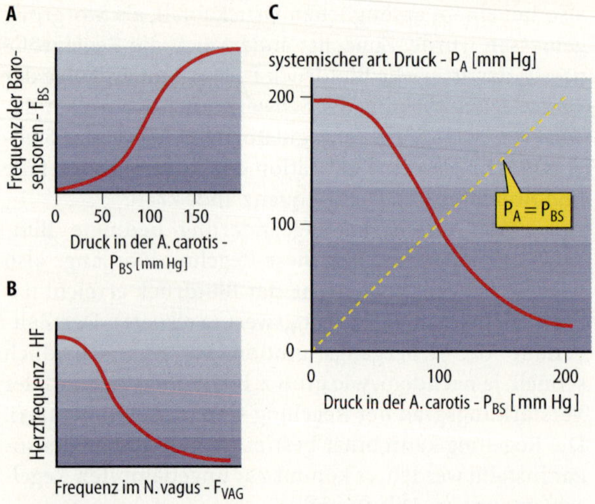

Abb. 18–5. Stationäre Kennlinien des Regelkreises für den arteriellen Blutdruck. **A** Kennlinie des Fühlers, also der Barosensoren. **B** Kennlinie eines Stellglieds, nämlich des Herzens, mit der Steuerung der Herzfrequenz über den N. vagus. **C** Gesamtkennlinie des aufgetrennten Regelkreises für den Blutdruck, dargestellt als Abhängigkeit des systemischen Blutdrucks von dem willkürlich veränderten Druck an den Barosensoren der A. carotis. Schließt man den Regelkreis durch Öffnen der Ligaturen in Abb. 18–4A, dann müssen P_A und P_{BS} gleich sein, der Blutdruck stellt sich auf den Schnittpunkt der (*roten*) Kennlinie und der (*gelben*) Geraden ein. A und C nach E. Koch (1931), modifiziert aus [12]

(Sympathikusneurone zum Herzen und zu den Widerstandsgefäßen) ermitteln.

Aus den Kennlinien der aufeinanderfolgenden Elemente wird durch Multiplikation die gesamte Kennlinie des aufgetrennten Regelkreises berechnet (Abb. 18–5 C), also der systemische arterielle Blutdruck P_A in Abhängigkeit vom Druck in der A. carotis P_{BS}.

Diese ***Gesamtkennlinie des aufgetrennten Regelkreises*** kann auch direkt im Experiment der funktionell isolierten A. carotis mit intaktem Sinusnerven bestimmt werden (Abb. 18–4A): Mit zunehmendem Druck P_{BS} an den Barosensoren nimmt der systemische arterielle Druck P_A ab. Diese *Vorzeichenumkehr* in der Wirkungskette des Blutdruckregelkreises ist *Ausdruck für die negative Rückkopplung* (negative feedback), die für eine Regelungsfunktion erforderlich ist.

Je steiler diese Regelungskennlinie ist, um so genauer wird der Blutdruck konstant gehalten, um so genauer arbeitet also dieser Regelkreis (s. Kap. 18.3).

!

Im stationären (Gleichgewichts-)Zustand werden die Elemente eines Regelkreises durch Kennlinien charakterisiert, also jeweils durch den quantitativen Zusammenhang zwischen Eingangs- und Ausgangssignalen. Die Kennlinie des gesamten Regelkreises bestimmt, wie stark er bei Störungen korrigierend auf die Regelgröße zurückwirkt.

18.3 Besonderheiten und komplexe Eigenschaften von physiologischen Regelkreisen

Genauigkeit, Geschwindigkeit und Stabilität der Regelung sind komplementäre Anforderungen an einen Regelkreis

Die Steigung der Kennlinie (Abb. 18–5C) ist ein Maß für den ***Verstärkungsfaktor*** der Regelung. Daß die gemessene Regelungskennlinie im normalen Arbeitsbereich, also bei Blutdrücken um 100 mm Hg, die größte (negative) Steigung aufweist, muß als Optimierungsleistung der Evolution angesehen werden. Aus einer qualitativen Überlegung läßt sich die Vorhersage folgern, daß Störungen des Blutdrucks um so besser rückgängig gemacht werden, je mehr sich die Steigung der Regelungskennlinie dem Wert –1 nähert. Berücksichtigt man jedoch noch Eigenschaften des Zeitverhaltens, muß die Verstärkung niedriger sein, um Instabilitäten zu vermeiden (s. unten).

Ohne Regelung kommt es in den Abb. 18–4F zu einem Blutdruckabfall um ΔP_0, z. B. beim Aufstehen. Nach Beendigung des Einschwingvorgangs der Regelung ist die verbleibende Änderung des Blutdrucks ΔP_m. Die Genauigkeit oder Güte der Regelung kann durch den ***Regelfaktor R*** beschrieben werden:

$$R = \Delta P_m / \Delta P_0$$

Ein niedriger Regelfaktor bedeutet also eine gute Regelung, bei einer idealen Regelung sollte sogar R = 0 sein, also keine Abweichung der Regelgröße vom Sollwert bestehen bleiben. Grundsätzlich läßt sich die Regelungsgüte verbessern durch eine Erhöhung des ***Verstärkungsfaktors*** des Reglers. Dieser bestimmt nämlich, wie groß die wirksame Stellgröße bei einer bestehenden Abweichung zwischen Sollwert und Istwert der Regelgröße wird.

Je weiter die Genauigkeit der Regelung im stationären Fall durch Erhöhung des Verstärkungsfaktors getrieben wird, um so größer wird die Gefahr der Instabilität, die in der Übergangsfunktion sichtbar wird (Abb. 18–4F): zunächst kommt es zu überschießenden Regelungsverläufen und längerdauernden Einschwingungsvorgängen. Bei einem noch höheren Verstärkungsfaktor wird das Regelungssystem sogar instabil: statt eines stationären Zustands kommt es zur ***Regelschwingung***, die Regelgröße pendelt zwischen Extremwerten hin- und her (s. auch Abb. 18–3D).

Das Aufschaukeln der Regelgröße zu einer solchen ***ungedämpften Regelschwingung*** kann folgendermaßen anschaulich erklärt werden: Die Störgröße führt zu einer Gegenreaktion des Reglers, die bei hoher Verstärkung stark überschießend sein kann. Der Fühler meldet diese übertriebene Änderung der Regelgröße, was zu einer ebenfalls überschießenden Gegenmaßnahme führt. Der Vorgang wiederholt sich dann beliebig oft, die Frequenz der Regelschwingung hängt von der Geschwindigkeit des Regelvorganges ab. Es ist leicht einzusehen, daß das Auftreten einer Regelschwingung durch hohe Regelverstärkung und lange Totzeit begünstigt wird.

Auch bei anderen biologischen Regulationen können gedämpfte und ungedämpfte Regelschwingungen vorkommen, z. B. als *Klonus* (rhythmische Kontraktion) beim Dehnungsreflex, wie er bei bestimmten neurologischen Erkrankungen auftreten kann. Wir können aus diesen Überlegungen folgendes Fazit ziehen: die für eine wirksame Regelung wünschenswerte hohe Regelverstärkung wird durch das Auftreten von Instabilität im Regelkreis begrenzt. Die Stabilität läßt sich durch Trägheit (ein zeitliches Integrationsglied) im Regelkreis verbessern. Eine langsame Regelung (mit einem langdauernden Verlauf der Übergangsfunktion, s. Abb. 18–4) kann also grundsätzlich genauer arbeiten als eine schnelle Regelung. Der Regelkreis für die Körpertemperatur ist ein Beispiel für eine langsame, jedoch sehr genau arbeitende physiologische Regelung.

Über eine Störgrößenaufschaltung kann ein Regelungsvorgang bereits präventiv gestartet werden

Für die Funktion eines Regelkreises kann es vorteilhaft sein, häufig vorkommende und in ihrer Wirkung vorhersagbare Störgrößen durch geeignete Vorrichtungen direkt an den Regler zu melden (Abb. 18–6). Diese ***Störgrößenaufschaltung*** führt besonders bei trägen Regelkreisen zu einer Funktionsverbesserung, da so Störgrößen bereits im voraus kompensiert werden können, bevor es zu nennenswerten Änderungen der Regelgröße kommt.

Ein *Beispiel aus der Technik* ist die Verwendung eines ***Außenfühlers*** bei der Regelung einer Zentralheizung. Der Außenfühler meldet die Temperatur im Freien ständig an den Heizungsregler. Weil die Wärmeverluste eines Hauses proportional zu der Differenz zwischen Innen- und Außentemperatur ansteigen, läßt sich die Meldung des Außenfühlers entsprechend bei der elektronischen Berechnung der Stellgröße im Regler verwenden.

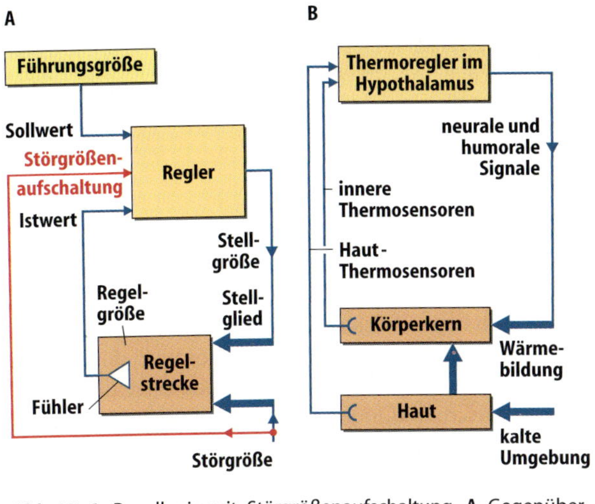

Abb. 18–6. Regelkreis mit Störgrößenaufschaltung. **A** Gegenüber dem Standardregelkreis der Abb. 18–2A ist hier die Störgrößenaufschaltung berücksichtigt, also die direkte Meldung von Störgrößen an den Regler und damit die regelungsmäßige Berücksichtigung, bevor sich die Störgröße auf die Regelgröße auswirkt. **B** Schema der Temperaturregulation unter Berücksichtigung der Rückmeldungen der Kerntemperatur als Regelgröße über die inneren Thermosensoren, der Hauttemperatur als Störgröße über die Haut-Thermosensoren

Dieses Prinzip der Störgrößenaufschaltung ist bei der ***Thermoregulation*** verwirklicht (s. Kap. 30). Auch hier werden Außenfühler eingesetzt, nämlich die Thermosensoren der Haut (Abb. 18–6B). Kommt ein Warmblüter in eine kältere Umgebung, dann melden die Kaltsensoren der Haut dies sofort zum Regelzentrum der Körpertemperatur im Hypothalamus. Innerhalb kurzer Zeit kommt es zu thermoregulatorischen Reaktionen auf den Kaltreiz, z. B. verstärktem Muskeltonus oder sogar Kältezittern, sowie einer Abnahme der Hautdurchblutung zur Verbesserung der Wärmeisolation. Diese vorbeugenden Regelvorgänge setzen ein, ohne daß es zu Änderungen der Kerntemperatur und entsprechenden Erregungen der Thermosensoren im Hypothalamus gekommen wäre.

Im Bereich der Motorik kann man Einflüsse des Gleichgewichtsorgans und des visuellen Systems auf die spinalen Motoneurone als Störgrößenaufschaltung verstehen. Auch die Verstärkung (Bahnung) des Dehnungsreflexes der Beinstrecker durch den *Jendrassik-Handgriff* kann als Störgrößenaufschaltung interpretiert werden: das Standvermögen des Zweibeiners wird durch diese vorbeugende bahnende Wirkung des Bewegungsbefehls zur Vorderextremität auf die Dehnungsreflexe der Beinstrecker verbessert. Eine plötzliche Kraftentfaltung mit den Armen, z. B. beim Heben eines Gewichts oder im Handgemenge mit einem Gegner, hat nämlich immer eine erhöhte Dehnungsbelastung der Beinstrecker zur Folge, die durch die Bahnung wie beim Jendrassik-Handgriff aufgefangen wird.

Physiologische Regelkreise arbeiten typischerweise mit mehreren Stellgliedern und Stellgrößen

Multiple Stellglieder werden ganz besonders dann eingesetzt, wenn die Informationsübertragung durch Hormone erfolgt. In Abb 18–7 ist der ***Regelkreis der Blutglukose*** dargestellt. Die Konzentration der Glukose im Blut wird durch die Funktion der Inselzellen des Pankreas

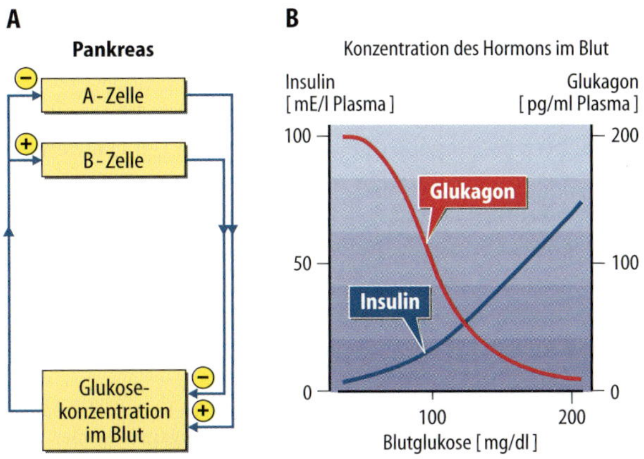

Abb. 18–7. Regelkreis zur Konstanthaltung der Glukosekonzentration im Blut. **A** Das Blockschaltbild zeigt 2 Regler, nämlich die A- und B-Zellen des Pankreas. Die Hormone Glukagon und Insulin aktivieren multiple Stellglieder, die die Glukosekonzentration entgegengesetzt beeinflussen. **B** Stationäre Kennlinien der Regelung, gemessen über die Blutkonzentrationen der Stellgrößen Insulin und Glukagon in Abhängigkeit von der Glukosekonzentration

reguliert. Die A- und B- Zellen in den Langerhans-Inseln reagieren direkt auf die Glukosekonzentration, das Nervensystem ist dabei nicht beteiligt. Diese Inselzellen stellen Fühler und Regler dar. Die Stellgrößen sind die Hormone *Insulin* und *Glukagon,* die aus den B- bzw. A-Zellen freigesetzt werden und über den Blutstrom eine Vielzahl von Effektororganen als Stellglieder erreichen.

Bei ansteigender Glukosekonzentration nimmt die Sekretion des Glukagons ab, die des Insulins dagegen zu, wie durch die Vorzeichen in Abb 18–7A ausgedrückt ist. Entsprechend sind auch die Wirkungen der Hormone auf die Glukosekonzentration des Blutes entgegengesetzt: Insulin führt zu einer Abnahme der Glukosekonzentration, Glukagon dagegen zu einer Zunahme. In beiden Zweigen der Regelung ist somit das Kriterium erfüllt, daß bei der Kreiswirkung eine *Vorzeichenumkehr* erfolgen muß.

Die Veränderung der Glukosekonzentration wird durch eine Vielzahl von Mechanismen bewirkt (s. Kap. 20.11), wir können sie als multiple Stellglieder auffassen. So stimuliert *Insulin* den Umbau von Glukose zu Glykogen und Fett in der Leber sowie die intrazelluläre Aufnahme und den Verbrauch, vor allem im Muskel. *Glukagon* fördert dagegen den Glykogenabbau zu Glukose. Für diese Funktionen steuern die beiden Hormone eine Vielzahl von Enzymen.

In Abb. 18–7B sind die stationären Kennlinien dieses Reglers gezeigt, nämlich die Konzentrationen der Hormone im Blut (nach induzierter Freisetzung aus den Langerhans-Zellen) in Abhängigkeit von der Glukosekonzentration. Aus den unterschiedlichen Steigungen der Kennlinien muß man schließen, daß Glukagon besonders bei abnehmenden, Insulin dagegen bei zunehmenden Glukosekonzentrationen die Hauptwirkung bei der Regulation hat.

Die Sollwertführung macht aus dem Regelkreis ein Servosystem, bei dem die Regelgröße nach Programm verändert wird

Wir haben den Regelkreis bisher in seiner Eigenschaft betrachtet, die Regelgröße konstant zu halten (Halteregler). Jetzt soll die Betriebsart der Folge- oder Servoregelung näher untersucht werden (Abb. 18–2A): Wie wir bereits wissen, wird hierbei eine Regelabweichung durch Änderung der Führungsgröße erzeugt, die Regelgröße wird, durch die Tätigkeit des Regelkreises, auf einen neuen Sollwert eingestellt.

So muß zur willkürlichen Bewegung eines Gelenkes die Muskellänge gezielt verändert werden. Die Führungsgröße, hier ein Zeitprogramm für den variablen Sollwert der Muskellänge, wird durch den Erregungszufluß vom Gehirn zu den spinalen Motoneuronen repräsentiert.

Bei der Temperaturregulation können die Erhöhung der Körpertemperatur beim Fieber und die Erniedrigung während der Nacht oder beim Winterschlaf als ***Sollwertverstellungen*** aufgefaßt werden. Bei der Blutdruckregulation kommt es bei einer erhöhten körperlichen Leistung und bei Streß zu einem Anstieg des Sollwerts des arteriellen Blutdrucks, wahrscheinlich über bahnende Erregungszuflüsse aus dem Gehirn zu den medullären Kreislaufzentren. Die ***Hochdruckkrankheit*** kann als pathophysiologisch verstellter Sollwert betrachtet werden. Auch viele andere Krankheiten lassen sich generell als Ausdruck fehlfunktionierender Regelkreise verstehen.

Physiologische Regelkreise sind miteinander gekoppelt und unterstützen sich gegenseitig

Wir können oft die Beobachtung machen, daß verschiedene biologische Regelungsvorgänge in sinnvoller Weise miteinander gekoppelt sind. So wirkt sich der Antrieb der Atmungsregulation bei Erregung der Chemosensoren im Glomus caroticum auch auf die Blutdruckregulation aus: bei Sauerstoffmangel steigt der arterielle Blutdruck, wodurch es zu einer druckproportionalen Erhöhung der Durchblutung und damit auch zur verbesserten Versorgung lebenswichtiger Organe kommt. Volumen- und Osmoregulation, die sich im Prinzip als unabhängige Regelkreise beschreiben lassen, sind durch die gemeinsame Verwendung zweier Hormone als Stellgrößen, nämlich ADH und Aldosteron, und durch das gemeinsame Stellglied Niere gekoppelt (s. Kap. 36).

Auch die Regelkreise der Motorik sind untereinander gekoppelt. Ein Beispiel ist die Wechselwirkung der Dehnungsreflexe zweier antagonistischer Muskeln. Sie sind einmal mechanisch gekoppelt, durch den gegensinnigen Ansatz der beiden Muskeln am selben Gelenk, zum anderen durch ihre gegenseitige Hemmung bei der Antagonistenhemmung im Rückenmark (Kap. 5). Bei der von supraspinal vorgegebenen Verkürzung eines Muskels während einer Gelenkbewegung kommt es dadurch immer zu einer Verstärkungsabnahme im Regelkreis des Antagonisten, und damit zu einer abgestuften Nachgiebigkeit des antagonistischen Muskels.

!

Bei der Analyse physiologischer Regelkreise lassen sich Grundsätze und Eigenschaften erkennen, die auch bei technischen Regelkreisen gelten bzw. realisiert sein können. Die Genauigkeit der Funktion eines Regelkreises wird durch das Auftreten von Instabilitäten begrenzt, die zu Regelschwingungen führen können. Die Regulation der Körpertemperatur wird durch eine direkte Eingabe der Störgröße am Regler effizienter, diese Funktion hat Ähnlichkeit mit der Arbeitsweise eines Außenfühlers bei der Regelung einer Hausheizung. Durch Sollwertführung läßt sich ein Regelkreis als Servosystem betreiben. Physiologische Regelkreise haben meistens multiple Stellglieder.

18.4 Literatur

Weiterführende Lehr- und Handbücher

1. Bayliss LE (1966) Living control systems. Plenum, New York
2. Busch P (1992) Elementare Regelungstechnik, 2. Aufl. Vogel Buchverlag, Würzburg:
3. Flechtner H-J (1966) Grundbegriffe der Kybernetik. Wissenschaftliche Verlagsgesellschaft, Stuttgart
4. Grodins FS (1963) Control theory and biological systems. Columbia University Press, New York
5. Guyton AC (1991) Textbook of medical physiology, 8th edn. Saunders, Philadelphia
6. Hassenstein B (1967) Biologische Kybernetik. Quelle und Meyer, Heidelberg
7. Keidel WD (1989) Biokybernetik des Menschen. Darmstadt: Wissenschaftliche Buchgesellschaft
8. Milsum JH (1966) Biological control systems analysis. McGraw-Hill, New York
9. Schlitt H (1993) Regelungstechnik. Physikalisch orientierte Darstellung fachübergreifender Prinzipien, 2. Aufl. Vogel Buchverlag,Würzburg
10. Schmidt G (1982) Grundlagen der Regelungstechnik. Springer, Berlin Heidelberg New York
11. Varju D (1977) Systemtheorie für Biologen und Mediziner. Springer, Berlin Heidelberg New York
12. Wagner R (1954) Probleme und Beispiele biologischer Regelung. Thieme, Stuttgart

Einzel- und Übersichtsarbeiten

13. Houk JC, Singer JJ, Goldman MR (1970) An evaluation of length and force feedback to soleus muscles of decerebrate cats. J Neurophysiol 33:784
14. Merton PA (1972) How we control the contraction of our muscles. Sci Am 226:30
15. Zimmermann M, Handwerker HO, Paal G (1975) Dehnungsreflex. Farbtonfilm (16 mm) zum Physiologieunterricht für Medizinstudenten. Institut für den Wissenschaftlichen Film, Göttingen

19 Vegetatives Nervensystem

W. Jänig

EINLEITUNG Das vegetative Nervensystem innerviert hauptsächlich die glatte Muskulatur aller Organe, das Herz und die Drüsen. Die Wirkungen des vegetativen Nervensystems sind auf die neuronale Kontrolle des inneren Milieus gerichtet. Diese Wirkungen sind der direkten willkürlichen Kontrolle weitgehend entzogen; deshalb wird dieses Nervensystem auch als **autonomes Nervensystem** bezeichnet. Diese Charakteristika grenzen das vegetative Nervensystem grob vom somatischen Nervensystem ab, welches die afferente und efferente Kommunikation mit der Umwelt besorgt und zum Teil dem Bewußtsein und der willkürlichen Kontrolle unterliegt.

Vegetatives und somatisches Nervensystem arbeiten Hand in Hand. Ihre neuronalen morphologischen Substrate sind zentral, besonders im oberen Hirnstamm, im Hypothalamus und Großhirn, nicht mehr eindeutig voneinander zu trennen. In der Peripherie kann man dagegen beide Nervensysteme morphologisch und in ihren Effekten meist klar voneinander trennen. Die Hauptfunktionen des vegetativen Nervensystems sind, das innere Milieu des Körpers innerhalb von Grenzen zu halten, die optimal für die Zellfunktionen sind (*Homöostase*; s. Cannon [5]). Es tritt besonders in Aktion, wenn der Organismus belastet wird (z. B. bei mechanischer Arbeit, Nahrungsaufnahme, Flüssigkeitsbelastung, thermischer Belastung). Darüber hinaus kontrolliert das vegetative Nervensystem auch Organe und Organsysteme, die nur mittelbar mit den homöostatischen Funktionen im Zusammenhang stehen (z. B. neuronale Kontrolle der Sexualorgane und der inneren Augenmuskulatur).

19.1 Peripheres vegetatives Nervensystem: Sympathikus und Parasympathikus

Das periphere vegetative Nervensystem besteht aus 3 Teilen: Sympathikus (thorakolumbales System), Parasympathikus (kraniosakrales System) und Darmnervensystem

Die terminalen Neurone vom Sympathikus und Parasympathikus liegen *außerhalb* des ZNS. Die Ansammlung der Zellkörper solcher Neurone nennt man ***vegetative Ganglien.*** Ihre Axone projizieren von den Ganglien zu den Erfolgsorganen; man nennt diese Neurone deshalb ***postganglionäre*** Neurone. Die Neurone, deren Axone in die Ganglien einstrahlen und auf den Dendriten und Somata der postganglionären Neurone synaptisch endigen, nennt man ***präganglionäre Neurone.*** Ihre Somata liegen im Rückenmark und Hirnstamm. Das Grundelement des peripheren sympathischen und parasympathischen Nervensystems besteht also aus 2 Populationen hintereinander geschalteter Neurone (s. Abb. 19–1, 19–10). Beide vegetative Systeme haben verschiedene Ursprünge aus der Neuraxis: der Sympathikus entspringt dem Brustmark und den oberen 2 bis 3 Segmenten des Lendenmarks und wird deshalb auch ***thorakolumbales System*** genannt. Der Parasympathikus entspringt dem Hirnstamm und dem Sakralmark und wird deshalb auch ***kraniosakrales System*** genannt.

Das ***Darmnervensystem*** ist ein spezielles Nervensystem des Magen-Darm-Trakts; es funktioniert auch ohne den extrinsischen Einfluß von Rückenmark und Hirnstamm (s. 19.4) [2,10].

Der Begriff *Sympathikus* bezeichnete ursprünglich das gesamte periphere vegetative Nervensystem. Der Engländer Langley [3,9,17,40] führte um die Jahrhundertwende die Dreiteilung des vegetativen Nervensystems ein. Die primären Kriterien dieser Einteilung sind *anatomisch.* Außerdem beschränkte Langley die Begriffe sympathisch und parasympathisch auf die *efferenten* prä- und postganglionären Neurone. Afferenzen, die die inneren Organe innervieren, werden neutral als *viszerale Afferenzen* bezeichnet. Langleys Einteilung und die Begriffsbildung hat sich bis heute als zweckmäßig und nützlich erwiesen. Die Existenz des Darmnervensystems als *selbständiges* Nervensystem wurde erstaunlicherweise bis etwa 1970 nahezu vollkommen ignoriert.

Sympathikus. Die Zellkörper der präganglionären Neurone des Sympathikus liegen in der *intermediären Zone* des Brust- und Lendenmarks. Die Axone dieser Neurone sind dünn, aber zum großen Teil myelinisiert. Sie leiten mit Geschwindigkeiten von 1–15 m/s. Sie verlassen das Rückenmark über die Vorderwurzeln und die *Rami communicantes albi* (Abb. 19–12). Von dort ziehen sie zu

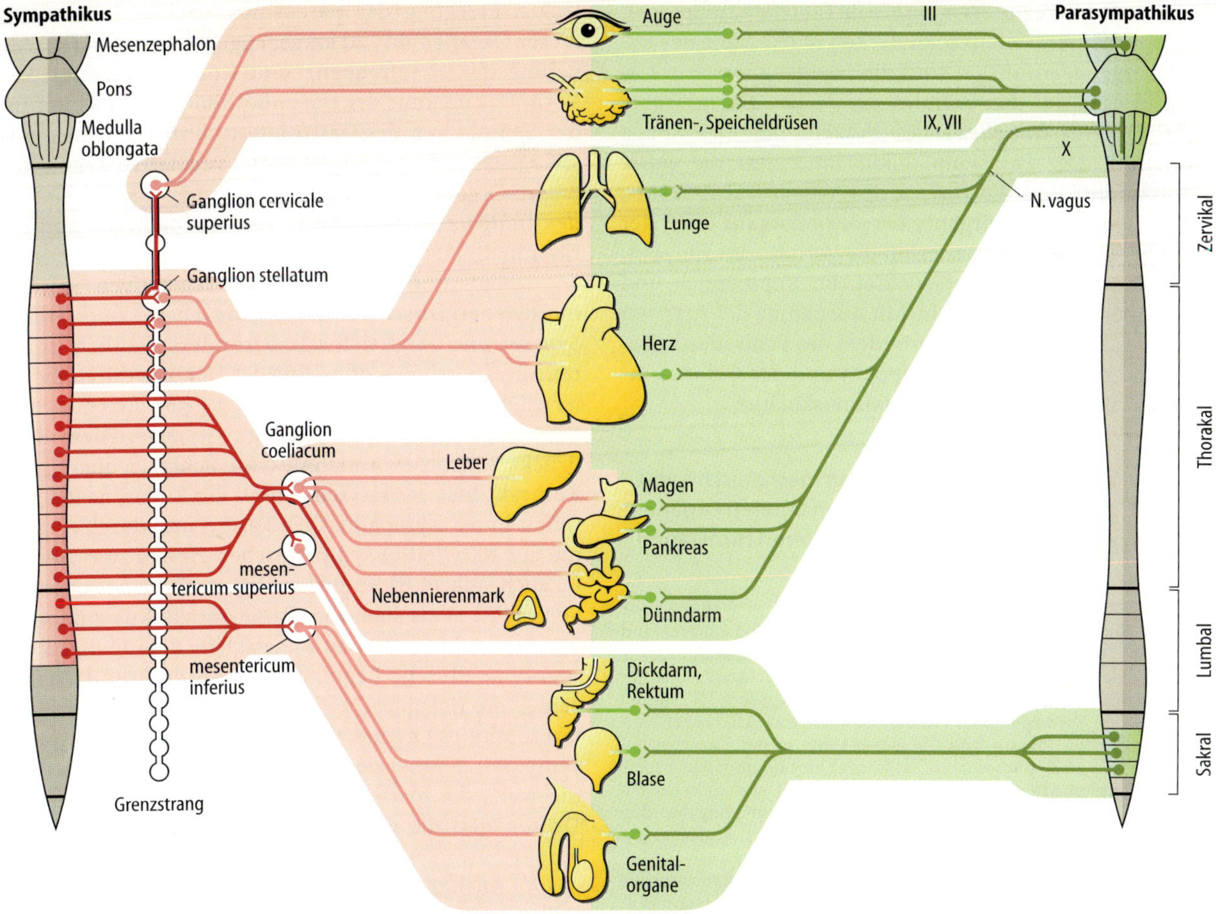

Abb. 19–1. Aufbau des peripheren vegetativen Nervensystems. *Fette rote und grüne Linien:* präganglionäre Axone. *Schwache rote und grüne Linien:* postganglionäre Axone. Die sympathische Innervation von Gefäßen, Schweißdrüsen und der Mm. arrectores pilorum ist nicht aufgeführt

den bilateralen paravertebralen Ganglien und zu den unpaaren prävertebralen Bauchganglien.

Die paravertebralen Ganglien sind in den ***Grenzsträngen*** organisiert, die sich links und rechts der Wirbelsäule von der Hirnbasis bis zum Kreuzbein erstrecken. Von den Grenzsträngen ziehen die unmyelinisierten postganglionären Axone einerseits über die *Rami communicantes grisei* (Abb. 19–12) zu den Effektoren des Rumpfes und der Extremitäten, andererseits über spezielle Nerven zu den Organen im Kopfbereich, im Brustraum, im Bauchraum und im Beckenraum (Abb. 19–1). Von den Bauchganglien *(Ganglion coeliacum, mesentericum superius und inferius, Plexus hypogastricus superius)* gelangen die postganglionären Fasern über Nervengeflechte oder spezielle Nerven zu den Organen im Bauch- und Beckenraum.

Die meisten ***sympathischen Ganglien*** liegen organfern; deshalb sind die postganglionären Axone lang. Die ***Erfolgsorgane*** des Sympathikus sind die glatte Muskulatur aller Organe (Gefäße, Eingeweide, Ausscheidungsorgane, Lunge, Haare, Pupillen), der Herzmuskel und zum Teil die exokrinen Drüsen (Schweiß-, Speichel-, Verdauungsdrüsen). Außerdem werden die Fettzellen, die Leberzellen, die Zirbeldrüse, die Nierentubuli und lymphatische Gewebe (z. B. Thymus, Milz, Peyer-Plaques und Lymphknoten) vom Sympathikus innerviert.

Parasympathikus. Die Zellkörper der präganglionären parasympathischen Neurone liegen im Kreuzmark und im Hirnstamm (Abb. 19–1). Ihre Axone sind teils myelinisiert, teils unmyelinisiert und im Gegensatz zu den sympathischen präganglionären Axonen sehr lang. Sie ziehen in speziellen Nerven zu den ***organnah*** gelegenen parasympathischen postganglionären Neuronen. Die präganglionären parasympathischen Fasern für die inneren Augenmuskeln und für die Drüsen im Kopfbereich treten mit dem III. *(N. oculomotorius)*, VII. *(N. facialis)* und IX. *(N. glossopharyngeus)* Hirnnerven aus dem Hirnstamm aus. Die präganglionären parasympathischen Fasern zu den Organen im Brust- und Bauchraum laufen im *N. vagus* (X. Hirnnerv). Die sakralen parasympathischen Fasern zu den Beckenorganen laufen im *N. splanchnicus pelvinus.*

Größere ***parasympathische Ganglien*** findet man nur im Kopfbereich und im Becken in der Nähe der Erfolgsorgane, ansonsten sind die postganglionären Zellen in oder auf den Wänden des Magen-Darm-Trakts (***intramurale Ganglien***), des Herzens und der Lunge verstreut. Der Parasympathikus innerviert die ***glatte Muskulatur*** und die ***Drüsen*** des Magen-Darm-Trakts, der Ausscheidungsorgane, der Sexualorgane und der Lunge; er innerviert weiterhin die Vorhöfe des Herzens, die Tränen- und Speicheldrüsen im Kopfbereich und die inneren Augenmuskeln. Mit Ausnahme der Arterien der Geschlechtsorgane (besonders des Penis, der Klitoris und der kleinen Schamlippen) und des Gehirns innerviert er ***nicht*** die glatte Gefäßmuskulatur.

Viszerale Afferenzen melden mechanische und chemische Ereignisse von den inneren Organen zum Rückenmark und zum unteren Hirnstamm

Etwa 80 % aller Axone in den *Nn. vagi* und etwa 50 % aller Axone in den *Nn. splanchnici pelvini, lumbales, minores* und *majores* sind afferent. Diese Afferenzen kommen von Sensoren innerer Organe und werden deshalb ***viszerale Afferenzen*** genannt. Ihre Zellkörper liegen im *Ganglion nodosum* und *Ganglion jugulare* (N. vagus) und in den Spinalganglien (spinale Afferenzen). Afferenzen von den arteriellen Presso- und Chemosensoren in der Karotisgabel laufen im *N. glossopharyngeus* (Zellkörper im *Ganglion petrosum).* Die viszeralen Afferenzen zum Hirnstamm und zum Sakralmark sind in neuronale Regulationen innerer Organe eingebunden (Lunge, Herz, Kreislaufsystem, Magen-Darm-Trakt, Entleerungsorgane, Genitalorgane).

Die meisten dieser Afferenzen haben ***mechanosensible*** Eigenschaften und messen bei Dehnung der Wände der Hohlorgane entweder die intraluminalen Drücke (z. B. die arteriellen Pressosensoren vom arteriellen System und die sakralen Afferenzen von der Harnblase) oder die Volumina in den Organen (z. B. Afferenzen vom Magen-Darm-Trakt, vom rechten Vorhof und von der Lunge). Andere mechanosensible Afferenzen von der Mukosa des Darms werden durch Scherreize adäquat erregt.

Einige Afferenzen sind ***chemosensibel*** (z. B. arterielle Chemosensoren in der Aorten- und Karotiswand, Osmosensoren in der Leber, Glukosensoren in der Mukosa des Darms). Reize, die viszerale Schmerzempfindungen auslösen können (z.B starke Dehnung und Kontraktion des Magen-Darm-Trakts und der Harnblase, Mesenterialzug, ischämische Reize), werden durch die Impulsaktivität in spinalen (thorakalen, lumbalen und sakralen) viszeralen Afferenzen, aber nicht in vagalen Afferenzen kodiert. Die Sensoren dieser spinalen Afferenzen liegen in der Serosa, am Mesenterialansatz und möglicherweise auch in den Organwänden. Die Funktionen viszeraler Afferenzen werden in den entsprechenden Kapiteln behandelt [6,19,28].

Sympathikus und Parasympathikus wirken auf eine Vielzahl von Effektororganen; diese Wirkungen sind häufig antagonistischer Natur

Viele inneren Organe werden sowohl durch den Sympathikus als auch durch den Parasympathikus innerviert (s. Tabelle 19–1). Die Effekte der Erregung beider vegetativer Systeme sind häufig ***antagonistisch.*** So erzeugt z. B. die Reizung entsprechender sympathischer Nerven eine Zunahme von Schlagfrequenz und Schlagvolumen des Herzens, eine Abnahme der Darmmotilität, und eine Kontraktion der Sphinkteren des Gastrointestinaltrakts. Erregung der parasympathischen Innervation dieser Organe führt zu entgegengesetzten Effekten: Abnahme der Herzfrequenz und Kontraktionskraft der Vorhöfe, Zunahme der Darmmotilität und Erschlaffung der Sphinkteren des Gastrointestinaltrakts. Unter physiologischen Bedingungen ist die vegetative Regulation dieser Organe näherungsweise immer als die *Summe der antagonistischen Effekte* von Sympathikus und Paraysmpathikus zu verstehen.

Funktionell wirken beide vegetativen Systeme meist synergistisch auf die Organe. Dieser ***funktionelle Synergismus*** zeigt sich z. B. besonders deutlich in der reflektorischen Beeinflussung des Herzens durch die arteriellen Pressosensoren (s. Abb. 24–36). Erregung der Pressosensoren bei Erhöhung des arteriellen Blutdrucks führt zur Abnahme von Schlagfrequenz und Kontraktilität des Herzens durch die Zunahme der Aktivität in parasympathischen Fasern und durch Abnahme der Aktivität in sympathischen Fasern zum Herzen (s. auch Abb. 19–1). In vielen Organen, die sowohl vom Sympathikus als auch vom Parasympathikus innerviert werden, steht unter physiologischen Bedingungen die parasympathische Regulation im Vordergrund. Hierzu zählen die Harnblase und einige exokrine Drüsen. Weiterhin gibt es Organe, die nur sympathisch oder parasympathisch innerviert werden, wie fast alle Blutgefäße, die Milz, die glatten Augenmuskeln, einige exokrine Drüsen und die glatte Haarbalgmuskulatur (s. Tabelle 19–1).

Auch die ***Glykogenolyse*** in der Leber und die ***Lipolyse*** in den Fettzellen, die zum Anstieg von Glukose bzw. freien Fettsäuren im Blut führen, sowie die ***Wärmeproduktion*** durch das *braune Fettgewebe* (bei Säuglingen) können durch Erregung des Sympathikus ausgelöst werden, bleiben aber durch den Parasympathikus unbeeinflußt. Die Wirkungen des vegetativen Nervensystems auf die einzelnen Organe werden detailliert in den entsprechenden Kapiteln erläutert.

!

Das periphere vegetative Nervensystem besteht aus Sympathikus (thorakolumbales System), Parasympathikus (kraniosakrales System) und dem Darmnervensystem. Die ersten beiden bestehen aus prä- und postganglionären Neuronen, die in den vegetativen Ganglien synaptisch miteinander verschaltet sind. Sie innervieren eine Vielzahl vegetativer Effektororgane. Das Darmnervensystem ist ein spezialisiertes Nervensystem des Darmes, welches unabhängig vom ZNS funktioniert. Afferenzen von inneren Organen werden als viszerale Afferenzen bezeichnet.

Tabelle 19–1. Effekte der Aktivierung von Sympathikus und Parasympathikus auf die einzelnen Organe

Organ oder Organsystem	Reizung des Parasympathikus	Reizung des Sympathikus	Adrenozeptoren
Herzmuskel	Abnahme der Herzfrequenz Abnahme der Kontraktionskraft (nur Vorhöfe)	Zunahme der Herzfrequenz Zunahme der Kontraktionskraft (Vorhöfe, Ventrikel)	β_1 β_1
Blutgefäße:			
Arterien in Haut und Mukosa	0	Vasokonstriktion	α_1
...im Abdominalbereich	0	Vasokonstriktion	α_1
...im Skelettmuskel	0	Vasokonstriktion Vasodilatation (nur durch Adrenalin) Vasodilatation (cholinerg)	α_1 β_2
...im Herzen (Koronarien)		Vasokonstriktion Vasodilatation (nur durch Adrenalin)	α_1 β
...im Penis/Klitoris	Vasodilatation	Vasokonstriktion	α_1
Venen	0	Vasokonstriktion	α_1
Gehirn	Vasodilatation (?)	Vasokonstriktion	α_1
Gastrointestinaltrakt:			
Longitudinale und zirkuläre Muskulatur	Zunahme der Motilität	Abnahme der Motilität	α_2 und β_1
Sphinkteren	Erschlaffung	Kontraktion	α_1
Milzkapsel	0	Kontraktion	
Harnblase:			
Detrusor vesicae	Kontraktion	Erschlaffung (gering)	β_2
Trigonum vesicae (Sphincter internus)	0	Kontraktion	α_1
Genitalorgane:			
Vesica seminalis, Prostata	0	Kontraktion	α_1
Ductus deferens	0	Kontraktion	α_1
Uterus	0	Kontraktion Erschlaffung (abhängig von Spezies und hormonalen Status)	α_1 β_2
Auge:			
M. dilatator pupillae	0	Kontraktion (Mydriasis)	α_1
M. sphincter pupillae	Kontraktion (Miosis)	0	
M. ciliaris	Kontraktion Nahakkomodation		
M. tarsalis	0	Kontraktion (Lidstraffung)	
M. orbitalis	0	Kontraktion (Bulbusprotrusion)	
Tracheal-/Bronchialmuskulatur	Kontraktion	Erschlaffung (vorwiegend durch Adrenalin)	β_2
Mm. arrectores pilorum	0	Kontraktion	α_1
Exokrine Drüsen			
Speicheldrüsen	Starke seröse Sekretion	Schwache muköse Sekretion (Glandula submandibularis)	α_1
Tränendrüsen	Sekretion	0	
Drüsen im Nasen-Rachen-Raum	Sekretion	0	
Bronchialdrüsen	Sekretion	?	
Schweißdrüsen	0	Sekretion (cholinerg)	
Verdauungsdrüsen (Magen, Pankreas)	Sekretion	Abnahme der Sekretion oder 0	
Mukosa (Dünn-, Dickdarm)	Sekretion	Flüssigkeitstransport aus Lumen	
Glandula pinealis (Zirbeldrüse)	0	Anstieg der Synthese von Melatonin	β_2
Braunes Fettgewebe	0	Wärmeproduktion	β_2
Stoffwechsel:			
Leber	0	Glykogenolyse, Glukoneogenese	β_2
Fettzellen	0	Lipolysis (freie Fettsäuren im Blut erhöht)	β_1
Insulinsekretion (aus β-Zellen der Langerhans-Inseln)	Sekretion	Abnahme der Sekretion	α_2

19.2 Transmitter und ihre Rezeptoren in Sympathikus und Parasympathikus

Die klassischen synaptischen Überträgerstoffe (Transmitter) im peripheren vegetativen Nervensystem sind Azetylcholin und Noradrenalin; sie vermitteln ihre Wirkungen über cholinerge Rezeptoren bzw. über Adrenozeptoren

Die chemische Erregungsübertragung vom prä- auf das postganglionäre Neuron und vom postganglionären Neuron auf den Effektor läuft im peripheren vegetativen Nervensystem prinzipiell nach den gleichen Mechanismen ab wie an der neuromuskulären Endplatte (s. S. 44 ff.) und an den zentralen Synapsen (s. S. 45 ff.). Im Gegensatz zur Endplatte sind aber im vegetativen Nervensystem die prä- und postsynaptischen Strukturen sehr variabel (Herzmuskelzellen, glatte Muskelzellen, Drüsenzellen, Neurone). Dichte und Muster der Innervation variieren obendrein sehr stark zwischen den verschiedenen glatten Muskeln, Drüsen und anderen vegetativen Effektoren.

Azetylcholin. Azetylcholin wird von allen *präganglionären* Nervenendigungen und den meisten *postganglionären parasympathischen* Neuronen ausgeschüttet (Abb. 19–2). Außerdem setzen sympathische postganglionäre Neurone zu den Schweißdrüsen und möglicherweise sympathische postganglionäre Vasodilatatorneurone zu den Widerstandsgefäßen der Skelettmuskulatur Azetylcholin frei.

Die Wirkungen von Azetylcholin auf die postsynaptischen Membranen der postganglionären Neurone lassen sich durch *Nikotin* simulieren und die Wirkungen von Azetylcholin auf die Effektorzellen durch *Muskarin,* ein Gift des Fliegenpilzes. Deshalb hat man 2 Arten von makromolekularen Rezeptoren postuliert, mit denen Azetylcholin reagiert, und die entsprechende Azetylcholinwirkungen als ***nikotinartig*** *(nikotinerg)* und ***muskarinartig*** *(muskarinerg)* bezeichnet (Abb. 19–2).

Nikotin und nikotinähnliche Pharmaka reagieren mit Rezeptoren, die ***ligandengesteuert Ionenkanäle*** öffnen. Die *muskarinische* Wirkung von Azetylcholin und entsprechenden Pharmaka wird über Rezeptoren vermittelt, die ***an G-Proteine*** gekoppelt sind, welche entweder Ionenkanäle oder die Kontraktilität von Zellen oder andere zelluläre Funktionen über intrazelluläre Signalwege modifizieren (s. S. 17). Die molekularen Strukturen beider Rezeptortypen sind weitgehend aufgeklärt. Bisher sind nach strukturellen und pharmakologischen Kriterien mindestens 4 nikotinische und mindestens 5 muskarinische Rezeptoren in verschiedenen Geweben unterschieden worden [4,18].

Beide Wirkungen von Azetylcholin können ***selektiv*** durch bestimmte Pharmaka ***blockiert*** werden. Diese Pharmaka reagieren kompetitiv zu Azetylcholin mit den postsynaptischen cholinergen Rezeptoren, ohne selbst agonistische Wirkungen zu haben, und verhindern auf diese Weise die Wirkung von Azetylcholin. Die *nikotinische* Wirkung von Azetylcholin auf die postganglionären Neurone kann man durch *quaternäre Ammoniumbasen* blockieren. Man nennt diese Substanzen ***Ganglienblocker.*** Die *muskarinartige* Wirkung von Azetylcholin kann selektiv durch ***Atropin,*** das Gift der Tollkirsche, blockiert werden.

In der Pharmakologie bezeichnet man Pharmaka, die auf Effektorzellen so wirken wie (cholinerge) postganglionäre parasympathische Neurone, als ***Parasympathomimetika.*** Pharmaka, die die Wirkung von Azetylcholin auf vegetative Effektorzellen aufheben oder abschwächen, nennt man ***Parasympatholytika.*** Diese Substanzen sind „antimuskarinerge" Pharmaka; ein typischer Vertreter ist das Atropin [11,16].

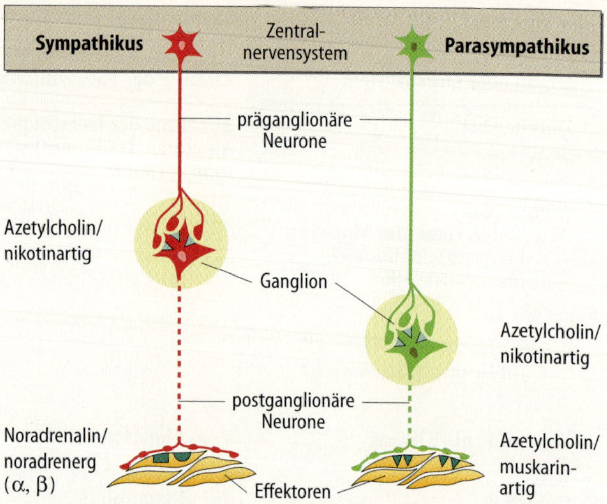

Abb. 19–2. Überträgerstoffe und die entsprechenden Rezeptoren im peripheren Sympathikus und Parasympathikus

Noradrenalin, Adrenalin und die Adrenozeptoren. Die Überträgersubstanz in sympathischen postganglionären Nervenendigungen ist ***Noradrenalin.*** Man nennt deshalb diese Neurone ***noradrenerge Neurone*** (Abb. 19–2). Die Zellen des Nebennierenmarks schütten überwiegend Adrenalin in den Kreislauf aus (s. S. 346 f.). Adrenalin ist nur bei niederen Vertebraten und Vögeln ein Überträgerstoff im peripheren vegetativen Nervensystem; es kommt ansonsten aber als Überträgerstoff im ZNS vor. Noradrenalin und Adrenalin sind Katecholamine (s. S. 48).

Pharmaka, die die Wirkung sympathischer noradrenerger Neurone auf die vegetativ innervierten Organe nachahmen, nennt man ***Sympathomimetika.*** Pharmaka, die die Wirkungen von Katecholaminen auf die Organe aufheben, nennt man ***Sympatholytika*** *(Antiadrenergika)* [11,16].

Die Membranrezeptoren für Adrenalin und Noradrenalin werden ***Adrenozeptoren*** genannt. Nach zwei pharmakologischen Kriterien werden ***α- und β-Adrenozeptoren*** unterschieden. Die *Kriterien* sind:

1. Die Effektivität äquimolarer Dosen verschiedener Katecholamine, α- und β-adrenozeptorvermittelte Wirkungen zu erzeugen;

2. Die Effektivität von Pharmaka (Sympatholytika), diese α- und β-rezeptorischen Wirkungen zu blockieren.

Die molekularen Strukturen der Adrenozeptoren sind im wesentlichen aufgeklärt; für praktisch alle Adrenozeptoren sind die Gene bekannt. Es handelt sich um ***transmembranale Proteine mit 7 Helixstrukturen*** in den Membranen der Effektorzellen sowie Schleifen und je einer Endkette auf der extrazellulären Seite (Rezeptor) und auf der intrazellulären Seite (für die Kopplung an die intrazellulären Signalwege). Man unterscheidet zwei Familien von α-Adrenozeptoren (α_1- und α_2-), die je noch einmal in 3 (oder mehr) Untertypen eingeteilt werden, und drei Typen von β-Adrenozeptoren [4,18]. Adrenalin und Noradrenalin haben etwa gleich starke Wirkungen auf die meisten α_1-Adrenozeptoren; Noradrenalin wirkt stärker als Adrenalin auf β_1-Adrenozeptoren; Adrenalin wirkt stärker als Noradrenalin auf α_2- und β_2-Adrenozeptoren.

α_1-Adrenozeptoren vermitteln ihre Wirkungen durch *Aktivierung von Phospholipase C* und des nachfolgenden Phophoinositid-Stoffwechsels. Sie sind postsynaptisch in den peripheren Zielorganen des vegetativen Nervensystems vorhanden.

α_2-Adrenozeptoren vermitteln ihre Wirkungen durch *Hemmung der Adenylatzyklase* oder sind über ein G-Protein direkt an Ionenkanäle gekoppelt. Sie sind präsynaptisch als Autorezeptoren in den Nervenendigungen vegetativer Neurone (s. S. 349), aber auch postsynaptisch in den Zielorganen und im ZNS vorhanden.

β-Adrenozeptoren vermitteln ihre Wirkungen durch *Aktivierung der Adenylatzyklase.* β_1-Adrenozeptoren kommen in der Peripherie im wesentlichen im Herzen vor und vermitteln die Wirkungen des Sympathikus auf die Freisetzung von Renin und freie Fettsäuren (Lipolyse). β_2-Rezeptoren vermitteln im wesentlichen Stoffwechselwirkungen und einige andere Wirkungen.

Die meisten Gewebe, die durch Adrenalin und Noradrenalin beeinflußt werden können, enthalten sowohl α- als auch β-Adrenozeptoren in ihren Zellmembranen, wobei beide meistens ***entgegengesetzte*** *(antagonistische)* Wirkungen vermitteln. Unter physiologischen Bedingungen hängt die Antwort eines Organs jedoch davon ab, ob die eine oder andere adrenozeptorvermittelte Wirkung überwiegt. Tabelle 19-1 zeigt, welche Adrenozeptoren diese ***physiologischen Wirkungen*** der Katecholamine Adrenalin und Noradrenalin an den wichtigsten Organen vermitteln. Die ***biologische Bedeutung*** der Unterteilung der Adrenozeptoren ist nur für α_1- und α_2-Adrenozeptoren und β_1- und β_2-Adrenozeptoren einigermaßen klar. Deshalb wurde diese Unterteilung in der Tabelle vorgenommen. Welche biologische Bedeutung die anderen Adrenozeptoren haben, ist unbekannt [4,11,16,18].

An der Signalübertragung im peripheren vegetativen Nervensystem sind neben Azetylcholin und Noradrenalin auch ATP, NO und diverse Neuropeptide als Transmitter beteiligt

Adenosintriphosphat (ATP). In einigen autonomen Systemen kommt ATP als ein mit Noradrenalin oder Azetylcholin in denselben Vesikeln ***kolokalisierter Überträgerstoff*** vor. ATP wird bei Depolarisation der präsynaptischen Endigungen zusammen mit Noradrenalin oder Azetylcholin freigesetzt und reagiert mit *Purinozeptoren* in den Effektormembranen. Diese ***purinerge Übertragung*** kann pharmakologisch durch relativ spezifische Blocker verhindert werden. Bekannte Beispiele sind die synaptische Übertragung von postganglionären noradrenergen Neuronen auf die glatte Muskulatur von ***Arteriolen*** (s. u.) und des ***Samenleiters.*** Auf welche Weise die „klassische" (cholinerge und noradrenerge) und die purinerge Signalübertragung an den Effektorzellen integriert werden, ist bisher unklar [4].

Stickoxid (NO). Alle bisher bekannten Überträgerstoffe sind präsynaptisch in Vesikeln gespeichert und üben ihre Wirkungen über Rezeptoren in den Membranen der Effektorzellen aus. Stickoxid (NO) ist vermutlich der erste Vertreter einer Klasse von synaptischen Überträgerstoffen im ZNS und im peripheren vegetativen Nervensystem, der diese Eigenschaften *nicht* hat (s. Kap. 3).

NO wird bei Aktivierung der Neurone aus Arginin synthetisiert, diffundiert aus den präsynaptischen Endigungen und wirkt postsynaptisch intrazellulär auf das zyklische Guanosinmonophosphat. Die Zeitkonstante seines Verfalls im Extrazellulärraum ist etwa 5 s. Es ist sehr wahrscheinlich, daß NO als Transmitter aus postganglionären parasympathischen Neuronen zum ***erektilen Gewebe des Penis*** (s. Kap. 19.8) und aus ***Motoneuronen des Darmnervensystems,*** die die Ringmuskulatur innervieren (s. Kap. 19.4), und vermutlich auch aus anderen vegetativen Neuronen bei Erregung freigesetzt wird und eine Erschlaffung der glatten Muskular erzeugt.

Alle Neurone, die NO synthetisieren und freisetzen, benutzen vermutlich auch andere Transmitter. So setzen die vasodilatatorisch wirkenden parasympathischen Neurone zum erektilen Gewebe des Penis und die relaxierenden Motoneurone zur Ringmuskulatur des Darmes (s. Abb. 19-9) bei Erregung auch Azetylcholin und/oder das Neuropeptid VIP *(vasoactive intestinal peptide)* frei. Alle drei Überträgersubstanzen erschlaffen die glatte Muskulatur, sie unterscheiden sich aber in Eintritt und Dauer der Wirkungen: Die Wirkung von NO tritt vermutlich am schnellsten ein, und VIP wirkt am langsamsten und längsten [30].

Neuropeptide. In den Varikositäten vieler vegetativer postganglionärer Neurone sind Neuropeptide mit den klassischen Transmittern ***kolokalisiert.*** So sind z. B. in cholinergen Neuronen zu Schweißdrüsen (Sudomotorneurone, sympathisch), zu Speicheldrüsen (parasympathisch) und zu den Rankenarterien des erektilen Gewebes der Genitalorgane (Vasodilatatorneurone, parasympathisch) Azetylcholin und das Neuropeptid ***vasoactive intestinal peptide (VIP)*** kolokalisiert, in postganglionären noradrenergen Neuronen zu Blutgefäßen Noradrenalin und das Peptid ***Neuropeptid Y (NPY)*** und in vielen noradrenergen Neuronen zum Plexus submucosus Noradrenalin und das Peptid ***Somatostatin.***

Viele präganglionäre Neurone enthalten neben Azetylcholin ebenso ein oder mehrere Neuropeptide. Peptide und klassische Überträgerstoffe sind in den großen Vesikeln kolokalisiert. Folgende Befunde sprechen dafür, daß die *Neuropeptide als Transmitter* wirken können:

- Sie werden aus den Varikositäten bei Nervenreizung freigesetzt, besonders bei *höheren Frequenzen* und bei *gruppierten Entladungen* der Neurone.
- Sie haben die gleichen Effekte auf die Effektororgane wie die kolokalisierten klassischen Transmitter. In den Speicheldrüsen und um die Schweißdrüsen sollen sie eine Vasodilatation erzeugen.
- Pharmakologische Blockade der klassischen Transmitterwirkung beeinträchtigt die Wirkung der Peptide nicht.

Es wird vermutet, daß die Neuropeptide die Wirkungen der klassischen Transmitter verstärken und besonders in der ***Aufrechterhaltung tonischer Effektorantworten*** bei langanhaltender neuronaler Aktivierung der Neurone wirksam werden (z. B. langanhaltende Vasokonstriktionen von Widerstandsgefäßen, Vasodilatationen der Arterien im erektilen Gewebe der Genitalorgane, Vasodilatationen um die Azini von Speichel- und Schweißdrüsen). Ob diese Wirkungen der Peptide biologisch tatsächlich wichtig sind, ist unklar. Nur bei einigen der genannten Substanzen wurde bisher plausibel gemacht, daß sie Neurotransmitter oder Neuromodulatoren im peripheren vegetativen Nervensystem sind [4,48].

Adrenalin aus dem Nebennierenmark ist ein Stoffwechselhormon; es dient vor allem der schnellen Bereitstellung von Energie

Freisetzung von Katecholaminen aus dem Nebennierenmark (NNM). Dieses besteht aus Zellen, die entwicklungsgeschichtlich den postganglionären Neuronen homolog sind. Die Ausschüttung der Katecholamine aus dem NNM-Zellen wird ausschließlich neuronal durch *präganglionäre Neurone* aus dem Thorakalmark (T5-T11) über *cholinerge Synapsen* reguliert (s. Abb. 19–1). Erregung der präganglionären Axone führt beim Menschen normalerweise zur Ausschüttung eines Gemisches von etwa ***80 % Adrenalin*** und ***20 % Noradrenalin*** in die Blutbahn. Adrenalin und Noradrenalin werden von *verschiedenen* NNM-Zellen produziert. Die ***Ruheausschüttung*** beträgt etwa 8–10 ng je kg Körpergewicht und Minute. Sie ist zentralnervös bedingt und hängt von der Ruheaktivität in den präganglionären Fasern ab. Beim Menschen ist unter nahezu allen physiologischen Bedingungen die Konzentration im Blut von Noradrenalin 3–5 mal höher als die Konzentration von Adrenalin. Nur 2–8 % des zirkulierenden Noradrenalins stammt aus dem NNM, der Rest stammt aus den Endigungen sympathischer postganglionärer Neurone.

Wirkungen von Adrenalin aus dem NNM. Adrenalin dient überwiegend der ***Regulation metabolischer Prozesse.*** Es mobilisiert katalytisch *freie Fettsäuren* aus Fettgewebe, ferner *Glukose* und *Laktat* aus Glykogen (s. Tabelle 19–1). Adrenalin aus dem NNM ist also in erster Linie ein ***Stoffwechselhormon.*** Seine metabolischen Wirkungen werden durch ***β-Adrenozeptoren*** vermittelt (s. Tabelle 19–1). Die Funktion des zirkulierenden Noradrenalins unter *physiologischen Bedingungen* ist unklar. Auf Organe mit dichter noradrenerger Innervation (z. B. der Ductus deferens, kleine Arteriolen) hat es praktisch keine Wirkung.

In ***Notfallsituationen,*** wie bei Blutverlust, Unterkühlung, Hypoglykämie, Hypoxie, Verbrennung oder bei extremen körperlichen und emotionalen Belastungen, kann sich die Ausschüttung von Katecholaminen aus dem NNM und aus den sympathischen postganglionären Neuronen um das 10 fache der Ruheausschüttung erhöhen. Diese Ausschüttungen werden durch den Hypothalamus und das limbische System gesteuert. Die Wirkungen der Katecholamine unter diesen Notfallsituationen werden durch α- oder β-Adrenozeptoren vermittelt (Abb. 19–3, [13]).

Die Reaktionen der Effektororgane, die in diesen Notfallsituationen durch die Aktivierung der postganglionären sympathischen Neurone und des NNM zustande kommen, werden auch ***Notfallreaktionen*** genannt. Während dieser Reaktionen scheinen nahezu alle Ausgänge des sympathischen Nervensystems *einheitlich* aktiviert zu werden. Deshalb spricht man in diesem Zusammenhang auch vom ***sympathikoadrenalen System*** [5]. Diese einheitliche Reaktion des sympathischen Nervensystems unter Extrembedingungen wird besonders vom Hypothalamus ausgelöst, z. B. beim Abwehrverhalten.

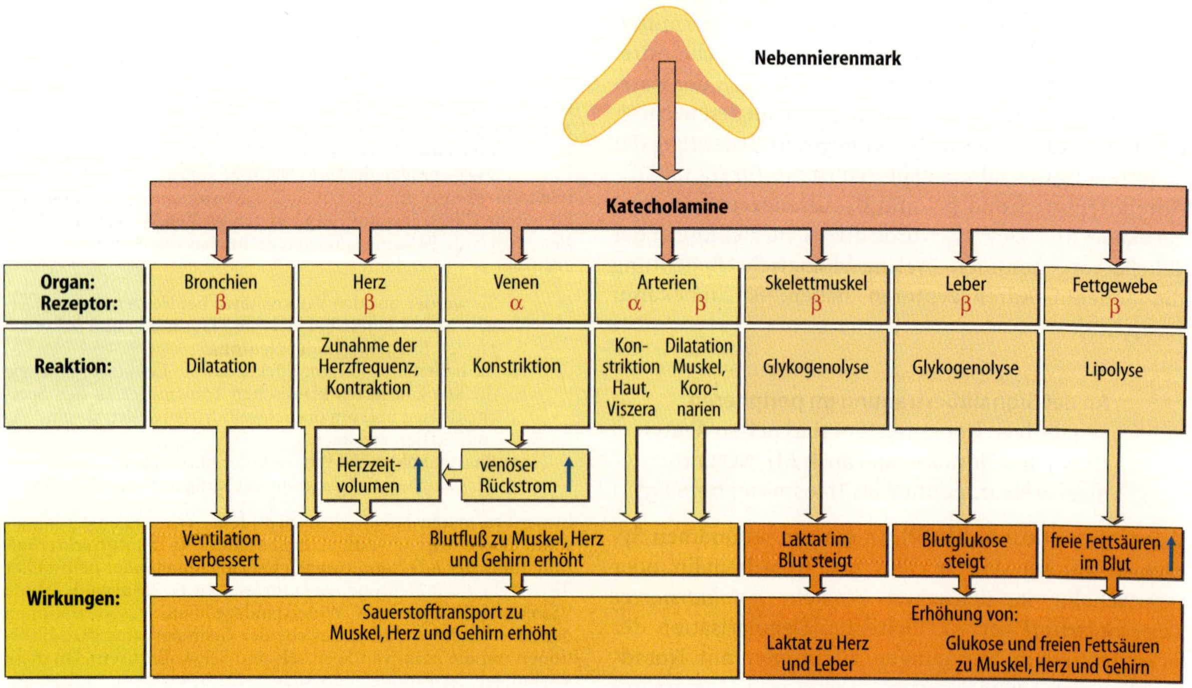

Abb. 19–3. Wirkung der Katecholamine, v. a. von Adrenalin, aus dem Nebennierenmark auf verschiedene Organe. Die Wirkungen auf Bronchien, Herz, Venen und Arterien bestehen vermutlich nur unter Extrembedingungen (Notfallsituationen)

Die chirurgische Entfernung des peripheren sympathischen Nervensystems bei einem Tier (z. B. Katze oder Hund) führt unter konstanten Umweltbedingungen nicht zu ernsthaften Störungen oder Ausfällen. An Extrembelastungen, wie z. B. thermische und schwere körperliche Belastungen, können sich diese Tiere allerdings nicht mehr adaptieren, weil eine genügende und schnelle Mehrversorgung von Gehirn, Herz und Skelettmuskulatur mit Sauerstoff, Glukose und freien Fettsäuren nicht mehr gewährleistet ist [5].

!

Die Überträgerstoffe im peripheren Sympathikus und Parasympathikus sind Azetylcholin und Noradrenalin. Azetylcholin wirkt über nikotinerge Rezeptoren (Ganglien) und muskarinerge Rezeptoren (Effektororgane). Noradrenalin wirkt über α- und β-Adrenozeptoren. Neben Azetylcholin und Noradrenalin werden auch andere Substanzen als Transmitter im peripheren vegetativen Nervensystem benutzt, wie z. B. ATP, Stickoxid und Neuropeptide. Adrenalin aus dem Nebennierenmark wirkt hauptsächlich als Stoffwechselhormon.

19.3 Synaptische Übertragung in Sympathikus und Parasympathikus

In den Varikositäten der postganglionären Neurone finden die Synthese und Speicherung der Überträgerstoffe statt, die nach ihrer Freisetzung auf die glatte Muskulatur wirken

Varikositäten in postganglionären Axonen. Die meisten *noradrenergen* Neurone haben lange, dünne Axone (Abb. 19–1), die sich in den Effektorganen vielfach aufteilen und ***sympathische Plexus*** bilden. Die Länge der Endverzweigungen eines Neurons kann schätzungsweise 10 cm und mehr erreichen. Die Endverzweigungen bilden zahlreiche ***Varikositäten*** aus (100 bis 200/mm). In diesen finden Synthese und Speicherung der Überträgerstoffe statt. Die meisten postganglionären ***parasympathischen Neurone*** haben kurze dünne Axone, die sich ebenfalls in den Endorganen verzweigen, jedoch weniger zahlreich und mit weniger Varikositäten.

Erregungsausbreitung im glatten Muskel. Die einzelnen Muskelzellen sind durch Kontakte niedrigen elektrischen Widerstandes (*Nexus*) miteinander verbunden und bilden so ***funktionelle Synzytien*** (Abb. 19–4). Elektrische Ereignisse werden über die Nexus elektrotonisch auf Nachbarzellen übertragen. Weiter entfernt liegende Muskelzellen werden nur durch Aktionspotentiale erreicht, die entstehen, wenn die summierten elektrischen Ereignisse in einer Region des Synzytiums die Erregungsschwelle überschreiten. Diese Aktionspotentiale breiten sich als fortgeleitete Erregung über den ganzen Muskelzellverband aus. Auf diese Weise können *einheitliche Kontraktionen* aller Zellen eines glatten Muskels nach direkter Depolarisation nur relativ weniger Zellen durch den Transmitter entstehen [3].

Glatte Muskulatur mit dichter Innervation wird überwiegend neuronal kontrolliert; die wenig innervierte steht mehr unter dem Einfluß der zirkulierenden Katecholamine

Die ***Dichte der Innervation*** glatter Muskeln variiert außerordentlich von Organ zu Organ. Glatte Muskeln, die sehr dicht innerviert sind, enthalten viele Zellen, die direkte neuromuskuläre Kontakte haben. Die Abstände der Varikositäten von den Muskelzellmembranen in diesen glatten Muskeln betragen etwa 20 nm (z. B. Samenleiter und Ziliarmuskel). Diese glatte Muskulatur wird *ausschließlich neuronal kontrolliert;* zirkulierende Katecholamine haben praktisch keinen Einfluß auf sie.

Kleine Blutgefäße sind nur von der Adventitia her innerviert. Die äußeren glatten Muskelzellen der Media sind direkt innerviert (die Abstände zwischen Varikositäten und glatten Muskelzellen sind etwa 80 nm). Bei mehrschichtigen Widerstandsgefäßen wird der größte Teil der glatten Muskulatur der Media nur indirekt elektrotonisch beeinflußt (Abb. 19–4). Auch diese dicht innervierten Blutgefäße werden durch zirkulierende Katecholamine kaum beeinflußt, weil das Endothel für Adrenalin und Noradrenalin in physiologischen Konzentrationen wenig oder kaum durchlässig ist [45,46,47].

Glatte Muskelzellen, die wenig oder nicht direkt durch postganglionäre Axone innerviert werden, stehen unter starker *Kontrolle der zirkulierenden Katecholamine.* Diese glatten Muskelzellen haben entweder eine höhere Dichte von Adrenozeptoren, oder die Adrenozeptoren haben eine höhere Affinität für Katecholamine. Beispiele solcher glatten Muskeln sind die großen (elastischen) Arterien (über die Vasa vasorum), die zirkuläre und longitudinale Muskulatur des Darmes und die Uterusmuskulatur [4].

An den Varikositäten übertragen die postganglionäre Neurone ihre Aktivität über neuroeffektorische Synapsen auf ihre Effektoren

Transmitterfreisetzung und postsynaptisches Potential. Bei Erregung eines postganglionären Vasokonstriktorneurons schütten die Varikositäten, die morphologisch die Kriterien peripherer Synapsen erfüllen (Abb. 19–4), je ***ein Vesikel*** *(ein Quantum Transmitter)* mit einer Wahrscheinlichkeit von etwa p = 0.01 aus. Von 10000 Varikositäten, die z. B. ein Vasokonstriktorneuron im adventitialen Plexus einer kleinen Arterie ausbildet, setzen dann 100 Varikositäten bei einem Impuls je ein Vesikel frei. Dieses erzeugt kurzzeitig eine *hohe Konzentration des Transmitters im synaptischen Spalt,* einen *kurzen synaptischen Strom* durch die postsynaptische Membran und ein ***postsynaptisches Potential,*** das in seiner Länge von den passiven elektrischen Eigenschaften des elektrisch gekoppelten Muskelzellverbandes (Abb. 19–4) abhängt.

Das resultierende *postsynaptische Potential* wird durch räumliche Summation der postsynaptischen Potentiale unter vielen Varikositäten erzeugt. Repetitive Aktivierung der postganglionären Axone führt zur zeit-

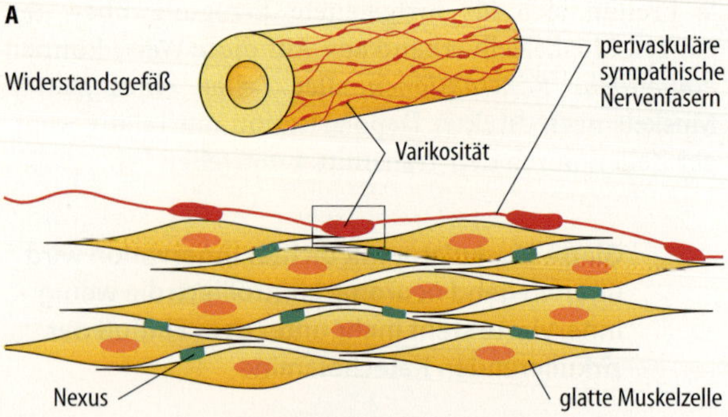

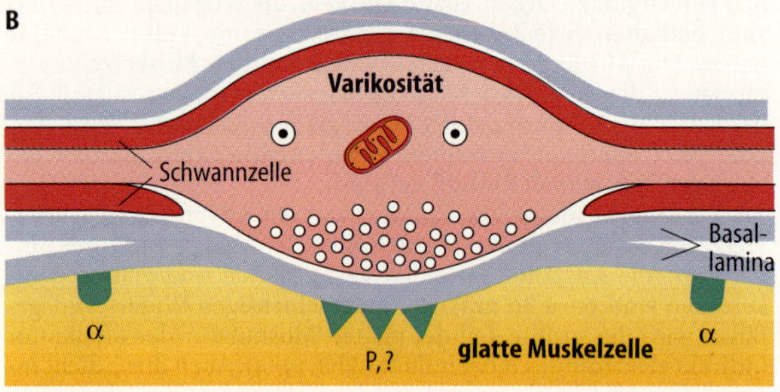

Abb. 19–4. Die neurovaskuläre Übertragung an kleinen Arterien. **A** Perivaskulärer noradrenerger Plexus, der von postganglionären Vasokonstriktoraxonen gebildet wird. Glatte Gefäßmuskelzellen bilden ein funktionelles Synzytium über Nexus (Kontakte geringen elektrischen Widerstandes, s. Konnexone, S. 64 f) aus. Die Varikositäten bilden enge Kontakte mit den adventitialen glatten Muskelzellen. **B** Diagramm der neurovaskulären Synapse. Varikosität mit präsynaptischer Spezialisierung und Ansammlung synaptischer Bläschen, die Noradrenalin und ATP enthalten. Einige große Vesikel enthalten auch Neuropeptide. Die postsynaptischen Rezeptoren sind entweder Purinozeptoren (P, für ATP) oder eine unbekannte Art von Adrenozeptor (für Noradrenalin). Extrasynaptisch liegen alpha-Adrenozeptoren. Nach Jobling (unpubliziert)

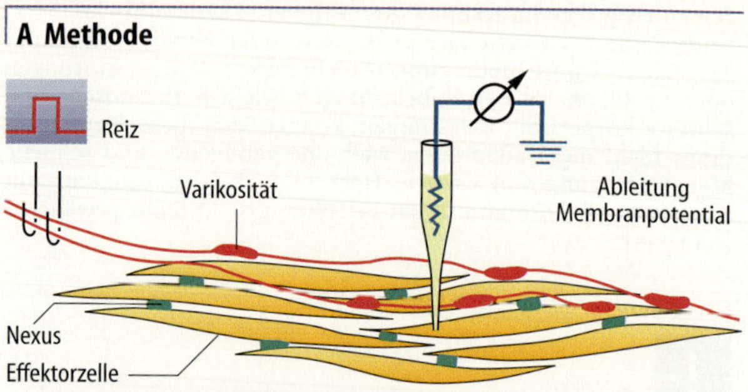

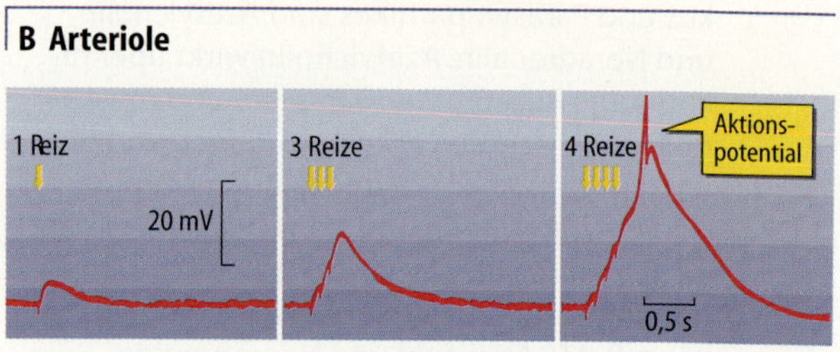

Abb. 19–5. Die neurovaskuläre Übertragung. **A** Meßanordnung zum Messen des Membranpotentials in glatten Gefäßmuskelzellen bei perivaskulärer Reizung des Nerven. **B** Intrazelluläre Ableitung von glatten Muskelzellen einer Arteriole. Postsynaptisches Potential auf elektrische Reizung der Innervation mit einen Reiz, 3 Reizen (10 Hz; Summation der postsynaptischen Potentiale, ohne überschwellig zu werden) und 4 Reizen (10 Hz; Summation der postsynaptischen Potentiale und Entstehen eines Aktionspotentials). Nach G. D. S. Hirst, J. Physiol. 273, 263–274 (1977)

lichen Summation erregender postsynaptischer Ereignisse und eventuell zu einem Aktionspotential (Abb. 19–5 B, mittlere und rechte Ableitung) [33,34]. Die so ausgelösten ***Aktionspotentiale*** breiten sich über den glatten Muskelzellverband aus und erzeugen über intrazelluläre Kalziummobilisierung eine ***Kontraktion.***

Subsynaptische und extrasynaptische Rezeptoren. Die postsynaptischen Ereignisse können bei ***Arteriolen*** *nicht* durch α- oder β-Adrenozeptorantagonisten blockiert werden. Dies bedeutet, daß entweder die Wirkung von Noradrenalin durch *andere* Adrenozeptoren in der *subsynaptischen* Membran vermittelt wird oder daß nicht Noradrenalin für diese Synapsen der Transmitter ist, sondern eine andere Substanz, die mit dem Noradrenalin in den Vesikeln der Varikositäten kolokalisiert ist. Es wird allgemein angenommen, daß es sich um ***Adenosintriphosphat (ATP)*** handelt (s. Kap. 19.2), welches mit subsynaptischen ***Purinozeptoren*** reagiert und so die postsynaptischen Potentiale auslöst. Dieser subsynaptische Rezeptor steuert direkt einen Kalzium-Kanal, über den dann die Übertragung nach intrazellulär stattfindet [4].

Die ***α-Adrenozeptoren*** sind ***extrasynaptisch*** in der Membran der glatten Muskelzellen lokalisiert. Diese Rezeptoren reagieren mit den zirkulierendem Katecholaminen und vermutlich aus dem synaptischen Spalt diffundierendem Noradrenalin und übertragen das Signal über ein G-Protein nach intrazellulär. *Extrasynaptisch lokalisierte Adrenozeptoren* und subsynaptische Rezeptoren sind also bei Blutgefäßen (mit Ausnahme der Venen) verschieden. Ähnliche Verhältnisse wurden auch an anderen Effektorganen, die von noradrenergen postganglionären Neuronen innerviert werden, gefunden, wie z. B. am Samenleiter und am Herzen [4,33].

!

Aus den Varikositäten der postganglionären Neurone freigesetzte Überträgerstoffe wirken primär über ***subsynaptische Rezeptoren*** auf die Effektoren. Exogen applizierte Überträgerstoffe wirken jedoch über ***extrasynaptische Rezeptoren.*** Bei vielen Effektoren sind beide Rezeptoren entweder verschieden und/oder sie vermitteln ihre Wirkungen über verschiedene intrazelluläre Signalwege. Welche Rolle die extrasynaptischen Rezeptoren unter biologischen Bedingungen in dicht innervierten vegetativen Effektororganen wie den Arteriolen und den Herzschrittmacherzellen spielen, ist unbekannt.

Die Freisetzung von Transmitter aus postganglionären Axonen kann durch präsynaptische Wirkung des Transmitters gehemmt werden

Die Transmitter des vegetativen Nervensystems beeinflussen auch die Freisetzung aus den präsynaptischen Strukturen selbst. Diese *präsynaptischen Wirkungen* der Überträgerstoffe werden durch ***Adrenozeptoren*** und ***cholinerge Rezeptoren*** in den präsynaptischen Membranen vermittelt.

Reaktion von Noradrenalin und Adrenalin mit präsynaptischen ***α_2-Adrenozeptoren*** führt zur *Abnahme der Transmitterfreisetzung,* während Reaktion mit präsynaptischen ***β-Adrenozeptoren*** die *Transmitterfreisetzung erhöht* (Abb. 19–6). Unter physiologischen Bedingungen führt eine hohe Konzentration von Noradrenalin in der Nähe der Varikositäten bei starker Erregung der postganglionären Neurone zu einer Begrenzung der Freisetzung von Noradrenalin über die α_2-Adrenozeptoren (*negativer Rückkopplungsmechanismus*). Zirkulierendes Adrenalin aus dem Nebennierenmark mag durch Reaktion mit den präsynaptischen β-Adrenozeptoren zu einer Förderung der Noradrenalinfreisetzung führen (*positiver Rückkopplungsmechanismus*).

Wechselseitige Hemmung adrenerger und cholinerger Synapsen. Es wird vermutet, daß in Organen, die sowohl vom Sympathikus als auch vom Parasympathikus innerviert werden (z. B. Herz, Urogenitaltrakt, Gastrointestinaltrakt), die Transmitterfreisetzung präsynaptisch aus noradrenergen und cholinergen Endigungen wechselseitig gehemmt werden kann. *Pharmakologische* Untersuchungen am Herzen zeigen, daß die Freisetzung von Azetylcholin aus erregten parasympathischen Neuronen abnimmt, wenn gleichzeitig die sympathischen Neurone zum Herzen gereizt werden. Diese Wirkung wird durch Blockade der α_2-Adrenozeptoren in den präsynaptischen cholinergen Endigungen verhindert. Erregung parasympathischer Neurone zum Herzen sollen zu einer Erniedrigung der Noradrenalinausschüttung aus postganglionären sympathischen Axonen zum Herzen führen, die durch muskarinische cholinerge Rezeptoren vermitttelt wird.

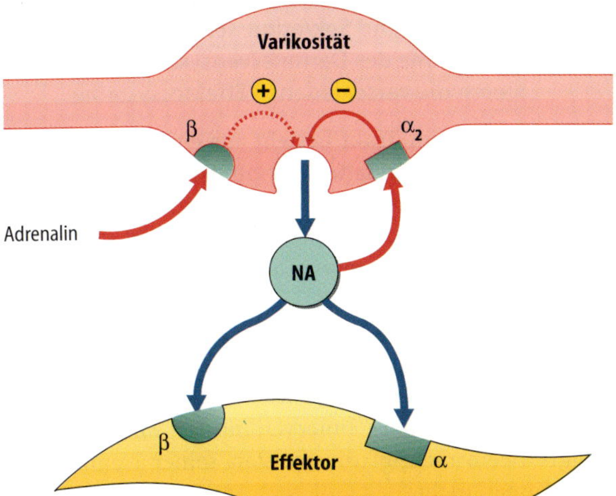

Abb. 19–6. Präsynaptische Kontrolle der Freisetzung von Noradrenalin (NA) durch Katecholamine. *NA,* Noradrenalin; *α, β,* Adrenozeptoren; *α2,* Hemmung; *β,* Förderung der Freisetzung von Noradrenalin

Die hemmende Interaktion zwischen cholinergen und noradrenergen präsynaptischen Endigungen würde den Antagonismus zwischen Sympathikus und Parasympathikus auch auf die präsynaptischer Ebene verlegen. Ob diese Interaktion unter biologischen Bedingungen geschieht, erscheint zweifelhaft [44,51].

Präsynaptische Rezeptoren an anderen Synapsen. Außer den cholinergen und adrenergen Rezeptoren haben Pharmakologen auch die Existenz anderer prä- und postsynaptischer Rezeptortypen im peripheren vegetativen Nervensystem und in den Effektormembranen nachgewiesen, wie z. B. Dopamin-, Opiat-, Angiotensin-, sonstige Peptid- und Prostaglandin-E-Rezeptoren. Diese Rezeptoren haben wahrscheinlich keine physiologische, sondern nur pharmakologische Bedeutung in der *therapeutischen Medizin.* Dieselben pharmakologischen Rezeptoren sind präsynaptisch auch im ZNS gefunden worden, wo sie Angriffspunkte vieler zentral wirkender Pharmaka sind.

Vegetative Effektoren reagieren einige Zeit nach Denervierung überempfindlich auf Überträgerstoffe

Viele dicht innervierten vegetativen Effektororgane (jedoch wahrscheinlich nicht die exokrinen Drüsen) zeigen eine gewisse Inaktivitätsatrophie, degenerieren aber nicht nach Zerstörung ihrer Innervation. Sie entwickeln 2 bis 30 Tage nach ihrer Denervierung und schwächer auch nach Dezentralisierung (Durchtrennung präganglionärer Axone) eine ***Überempfindlichkeit (Supersensibilität)*** gegen die Überträgerstoffe des peripheren vegetativen Nervensystems und Pharmaka.

Denerviert man beispielsweise bei einem Tier die sympathische Versorgung der Pupille durch Entfernen des *Ganglion cervicale superius,* so stellt sich zunächst infolge Überwiegen des Parasympathikus eine Pupillenverengung ein (s. Tabelle 19–1). Nach mehreren Wochen jedoch erweitert sich die Pupille wieder. Die Erweiterung nimmt zu, wenn das Tier emotionalen Reizen ausgesetzt wird. Diese Pupillenerweiterung ist auf die *Sensibilisierung* des denervierten M. dilatator pupillae gegenüber zirkulierenden Katecholaminen, die dem Nebennierenmark entstammen (s. S. 346 f.), zurückzuführen. Während emotionaler Reize und in Schrecksituationen steigen die Konzentrationen dieser Substanzen im Blut an.

Die ***Mechanismen der Entstehung der Supersensibilität*** sind wenig erforscht. Einige Faktoren bestehen wahrscheinlich in der Änderung elektrophysiologischer Eigenschaften der Effektormembranen (z. B. Erniedrigung des Membranpotentials oder der Schwelle) und im Kalziumhaushalt (Erhöhung der Kalziumpermeabilität der Effektormembran oder erhöhte intrazelluläre Verfügbarkeit von Kalzium). Die Denervierungsüberempfindlichkeit läßt sich als *Anpassung der Empfindlichkeit vegetativer Effektororgane an die Aktivität* der sie innervierenden postganglionären Neurone auffassen. Bei chronischer Abnahme der neuronalen Aktivität nimmt die Empfindlichkeit des Effektors zu; bei chronischer Zunahme der neuronalen Aktivität nimmt die Empfindlichkeit ab [1,3,31].

Grenzstrangganglien und die meisten parasympathischen Ganglien übertragen und verteilen zentrale Signale; prävertebrale sympathische Ganglien integrieren periphere und zentrale Signale

Wirkungen von Divergenz und Konvergenz. In den meisten vegetativen Ganglien größerer Tiere *divergiert* ein präganglionäres Axon auf viele postganglionäre Zellen und viele präganglionäre Axone *konvergieren* auf eine postganglionäre Zelle (Abb. 19–7A). Divergenz und Konvergenz finden wahrscheinlich nur zwischen Neuronen der *gleichen* vegetativ-motorischen Endstrecke (s. u.) statt und nicht zwischen funktionell verschiedenen Neuronen.

Quantitativ variiert der ***Grad von Konvergenz und Divergenz*** außerordentlich zwischen den Spezies und von Ganglion zu Ganglion je nach Effektororgan. Beim Menschen werden z. B. eine Million postganglionäre Neurone im Ganglion cervicale superius von 10000 präganglionären Axonen innerviert. Die ***Divergenz*** präganglionärer Axone auf postganglionäre Neurone gewährleistet, daß die Aktivität in einer relativ kleinen Zahl von präganglionären Neuronen auf eine große Zahl postganglionärer Neurone verteilt wird *(Verteilerfunktion vegetativer Ganglien)*. Die ***Konvergenz*** präganglionärer Axone auf postganglionäre Neurone gewährleistet einen *hohen Sicherheitsgrad der synaptischen Übertragung* von prä- nach postganglionär. Es bestehen große Unterschiede zwischen funktionell verschiedenen postganglionären Neuronen im *Grad der Konvergenz:* So konvergieren auf postganglionäre Neurone, die die Weite der Pupille regulieren, nur wenige präganglionäre Neurone und auf postganglionäre sympathische Neurone, die die Weite von Blutgefäßen regulieren, sehr viele.

Ganglien mit Relais- und Integrationsfunktion. In den *paravertebralen sympathischen Grenzstrangganglien* und in den *parasympathischen Ganglien* werden die Impulse nach Art einer ***Relaisstation*** übertragen, ohne modifiziert zu werden. Man vermutet, daß 1 oder 2 der konvergierenden präganglionären Axone Synapsen mit den postganglionären Neuronen in diesen Ganglien bilden, die bei Aktivierungen immer überschwellige erregende postsynaptische Potentiale erzeugen (ähnlich wie bei der neuromuskulären Endplatte) und auf diese Weise die Entladungen der postganglionären Neurone bestimmen (Abb. 19–7B). Viele postganglionäre Neurone in *prävertebralen Ganglien* haben aber auch ***integrative Funktion:*** Diese Neurone erhalten nicht nur meistens schwache synaptische Eingänge von präganglionären Neuronen, sondern auch von peripheren afferenten Neuronen, die ihre Zellkörper im Darmnervensystem haben, und von Kollateralen spinaler viszeraler afferenter Neurone (Abb. 19–7C) [21,39,42].

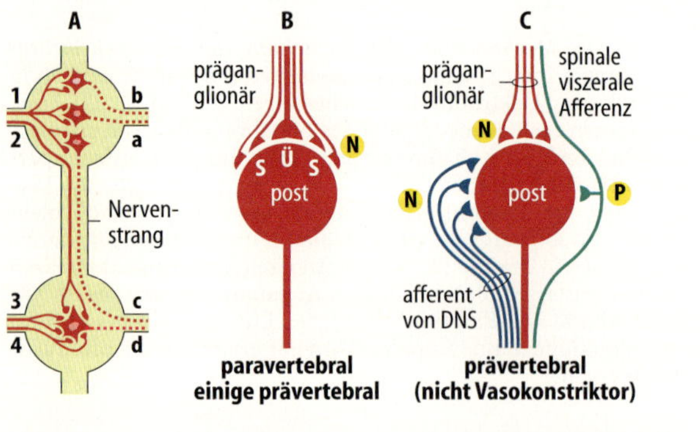

Abb. 19–7. Impulsübertragung in sympathischen Ganglien. **A** Divergenz (Axon *1* auf Neuron *a, b* und *c*) und Konvergenz (Axone *2, 3* und *4* auf Neuron *d*) präganglionärer Axone auf postganglionäre Neurone in Grenzstrangganglien. **B** Relaisfunktion in paravertebralen (Grenzstrang)-Ganglien und einigen prävertebralen postganglionären Neuronen (z. B. zu Blutgefäßen). *S,* schwache Synapsen mit unterschwelligen postsynaptischen Potentialen; *Ü,* „starke" (dominante) Synapse mit überschwelligen postsynaptischen Potentialen. **C** Integration von synaptischen Eingängen zu vielen postganglionären Neuronen in prävertebralen Ganglien: *Von präganglionären Neuronen;* von afferenten Neuronen mit Zellkörpern im Darmnervensystem [DNS]; von Kollateralen spinaler viszeraler Afferenzen. N, cholinerg nikotinerg; *P,* peptiderg. Nach [39]

!

Die Freisetzung von Transmittern wird auch im vegetativen Nervensystem durch Rückwirkung der Transmitter auf die präsynaptischen Endigungen bzw. Varikositäten meist hemmend, aber z. T. auch fördernd beeinflußt. Die Transmitter können auf ihre eigenen und auf die präsynaptischen Endigungen benachbarter Synapsen zurückwirken.

Nach Denervierung entwickeln einige Effektororgane eine Überempfindlichkeit (Supersensibilität) auf ihre Transmitter und diesen verwandten Pharmaka.

Die meisten vegetativen Ganglien übertragen und verteilen die Aktivität der präganglionären Neurone. Prävertebrale Ganglien haben auch integrative Funktionen.

19.4 Das Darmnervensystem

Das Darmnervensystem reguliert Transport, Resorption und Sekretion; sensomotorische Programme des Darmnervensystem koordinieren die verschiedenen Effektorsysteme

Der Magen-Darm-Trakt besteht aus einer Vielzahl von Effektoren, wie z. B. glatter Darmmuskulatur, sekretorischen und resorptiven Epithelien, endokrinen Zellen und Blutgefäßen (s. Kap. 38). Kontrolle und Koordination dieser Effektoren werden durch 1. das Darmnervensystems, 2. die extrinsischen parasympathischen und sympathischen vegetativen Systeme und 3. die viszeralen vagalen und spinalen Afferenzen bewirkt. Durchtrennung der extrinsischen (parasympathischen und sympathischen) Innervation des Magen-Darm-Trakts beeinträchtigt die meisten seiner elementaren Funktionen nicht.

Lage und Größe des Darmnervensystems. Die Zellkörper der Neurone des Darmnervensystems liegen im ***Plexus myentericus*** *(Auerbach)* und im ***Plexus submucosus***

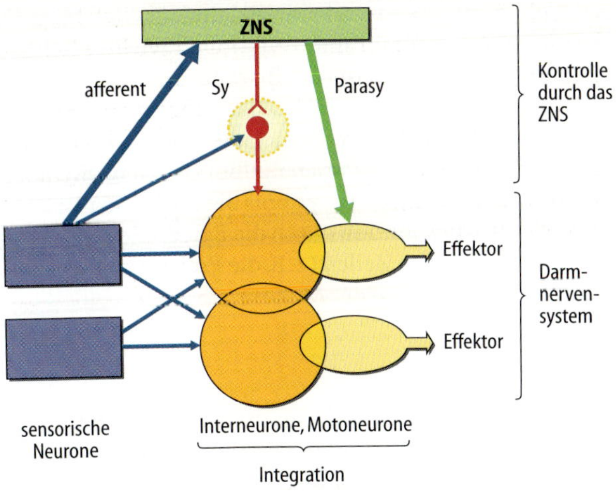

Abb. 19–8. Heuristisches Modell zur Organisation des Darmnervensystems. Beachte afferente Rückmeldung zu prävertebralen sympathischen Ganglien. S. Abb. 19–7C. Nach Wood, J.: Am. J. Physiol. 247, G 585 – G 598, (1984)

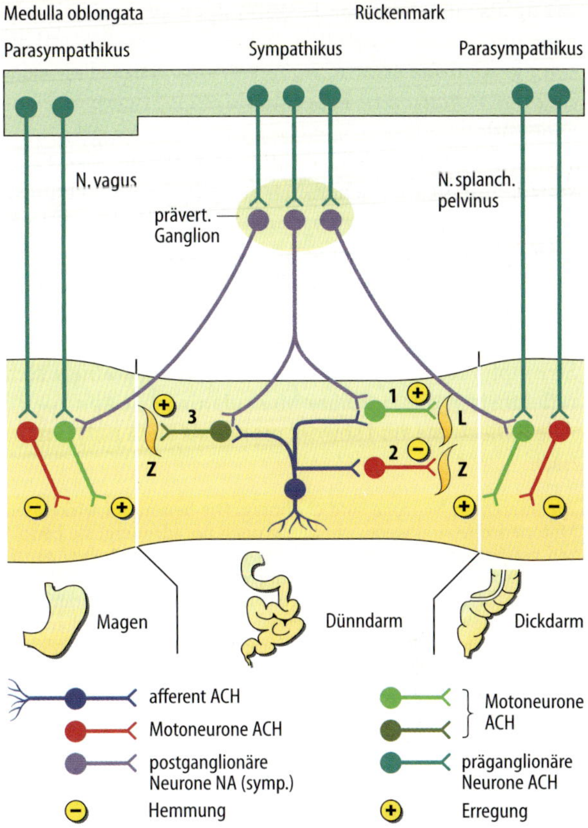

Abb. 19–9. Organisation der Reflexe des Darmnervensystems, die die propulsive Peristaltik erzeugen, und extrinsische Kontrolle des Darmnervensystems durch Parasympathikus und Sympathikus. *1, 2,* erregende und hemmende deszendierende Reflexbahn zur longitudinalen (L) und zirkulären (Z) Muskulatur; *3,* erregende aszendierender Reflex zur zirkulären Muskulatur. Nach [3, 9] und Furness, persönliche Mitteilung

(Meissner). Die Plexus bestehen aus afferenten Neuronen, deren Neuriten als Sensoren dienen, aus Interneuronen und aus Motoneuronen. Das Darmnervensystem des Menschen besteht aus etwa ***10^8 Neuronen;*** diese Zahl ist etwa genauso groß wie die Gesamtzahl der Neurone im Rückenmark und sehr groß im Vergleich zu den etwa 2000 präganglionären parasympathischen Axonen im N. vagus, die zum Darmnervensystem projizieren.

Funktionen des Darmnervensystems (Abb. 19–8). Das Darmnervensystem enthält ***sensomotorische Programme*** zur Regulation und Koordination der Effektorsysteme. Diese Programme sind repräsentiert in den afferenten Neuronen, Interneuronen und Motoneuronen und ihren erregenden und hemmenden synaptischen Verknüpfungen. Die Programme sind Ausdruck für die integrativen Funktionen des Darmnervensystems. Das ZNS greift in dieses lokale neuronale Geschehen über die extrinsische vegetative efferente Innervation weitgehend nur *modulatorisch* ein. Einige Motoneurone des Darmnervensystems (besonders im Magen und im Enddarm) sind formal gleichzeitig postganglionäre parasympathische Neurone (s. Abb. 19–9). Postganglionäre sympathische Neurone, die nicht Blutgefäße innervieren, beeinflussen bis auf die glatte Muskelzellen der Sphinkteren die Effektorzellen nur wenig direkt (s. Abb. 19–9).

Rolle der viszeralen Afferenzen und des ZNS. Rückmeldungen über die Prozesse im Magen-Darm-Trakt erhält das ZNS über die viszeralen Afferenzen zur Medulla oblongata und zum Rückenmark. Dabei mag es auch afferente Rückmeldungen zu den postganglionären sympathischen Neuronen in den prävertebralen Ganglien geben (Abb. 19–7). Bildlich gesprochen, arbeitet das Darmnervensystem wie ein ***intelligentes Computerterminal.*** In der Nähe der Effektororgane liegen Reflexkreise, die deren Verhalten fortlaufend an die Bedingungen im Lumen anpassen. Das ZNS (als Hauptcomputer) registriert das Verhalten des Magen-Darm-Trakts über die Impulsaktivität in den viszeralen Afferenzen und paßt es an das Verhalten des Organismus an. Dem ZNS kommt somit eine mehr *strategische Rolle* zu, es steuert weniger individuelle Motoneurone, sondern neuronale Programme und Programmabläufe im Darmnervensystem. Die direkte neuronale Kontrolle durch das ZNS ist besonders ausgeprägt am Anfang und Ende des Magen-Darm-Trakts (Nahrungsaufnahme, Entleerungsfunktion).

Die propulsive Peristaltik wird durch drei koordinierte Reflexe erzeugt; hieran sind mechanosensible afferente Neurone und mindestens drei verschiedene Typen von Motoneuronen beteiligt

Im Darmnervensystem lassen sich mehr als ***10 Typen von Neuronen*** unterscheiden. Diese haben sowohl erregende als auch hemmende Wirkungen auf andere Neurone und auf Effektorzellen. Neben *Azetylcholin* enthalten die Neurone etwa *10 weitere Transmittter- bzw. Modulatorsubstanzen* (z. B. Serotonin, ATP, Stickoxid, Neuropeptide).

Die neuronale Grundlage der ***propulsiven Peristaltik*** besteht wahrscheinlich aus 3 Reflexen. Erregung von afferenten Neuronen durch Dehnung oder Scherreize an der Mukosa erzeugt reflektorisch aboral eine Erschlaffung der zirkulären Muskulatur (*2* in Abb. 19–9) und eine Kontraktion der longitudinalen Muskulatur (*1* in Abb. 19–9). Auf diese Weise wird der Darm wie ein Strumpf über den Inhalt gezogen. Oral kontrahiert sich reflektorisch die zirkuläre Muskulatur (*3* in Abb. 19–9). Alle Reflexwege sind sowohl mono- als auch polysynaptisch.

Die afferenten Neurone sind cholinerg. Die hemmend wirkenden Motoneurone sind weder cholinerg noch noradrenerg; sie benutzen vermutlich das ***Neuropeptid VIP** (vasoactive intestinal peptide)* und/oder das Radikal ***Stickoxid (NO)*** als Transmitter. Alle anderen an der Peristaltik beteiligten Neurone sind cholinerg. Jedoch können andere Transmitter, wie z. B. Serotonin und andere Neuropeptide, in der Modulation der Peristaltik eine Rolle spielen. Ähnliche Reflexkreise müssen auch für die Regulation der sekretorischen Epithelien und der Blutgefäße in der Submukosa postuliert werden [9,25].

Sympathikus und Parasympathikus greifen modulierend in die Tätigkeit des Darmnervensystems ein

Sympathische postganglionäre (noradrenerge) Neurone zum Darm beeinflussen die Widerstandsgefäße, die Kapazitätsgefäße und die glatte Sphinkterenmuskulatur (z. B. *M. sphincter ani internus*) direkt. Ansonsten haben die Neurone nur schwache direkte Wirkungen auf die glatte nichtsphinkterische Muskulatur. Sie hemmen einerseits die Freisetzung von Transmitter aus den präsynaptischen Endigungen einiger präganglionärer parasympathischer Axone (s. S. 349) und wahrscheinlich anderer Axone und wirken andererseits auch postsynaptisch hemmend. In den prävertebralen sympathischen Ganglien erhalten die postganglionären sympathischen Neurone nicht nur synaptische Eingänge von präganglionären Neuronen, sondern auch cholinerge synaptische Eingänge von afferenten Neuronen, deren Zellkörper in der Darmwand liegen (s. Abb. 19–7C). Über diese synaptischen Verbindungen laufen extraspinal ***intestinointestinale Reflexe*** ab, die vermutlich den Transport im Gastrointestinaltrakt modulieren. Sympathische prävertebrale Neurone werden auch über *peptiderge synaptische Eingänge* von Kollateralen spinaler primär afferenter Neurone in ihrer Erregbarkeit moduliert (Abb. 19–7C) [39].

Parasympathische präganglionäre Axone sind nicht nur synaptisch verknüpft mit Motoneuronen des Darmnervensystems, die die Darmmuskulatur erregen, sondern auch mit *hemmend* wirkenden Motoneuronen (Abb. 19–9). Diese zentral auslösbaren Hemmungen sind besonders am oralen und am analen Ende des Magendarmtrakts ausgeprägt und funktionell wichtig bei Erzeugung der reflektorischen Erweiterung des Magens bei Nahrungsaufnahme und bei der Regulation der Kontinenz des Enddarms [3,9,25]. Außerdem beeinflussen die parasympathischen präganglionären Neurone über Neurone des Darmnervensystems die exokrinen Drüsen (z. B. die HCl-Produktion durch die Belegzellen, s. S. 820) und die endokrinen Zellen (z. B. die Freisetzung von Gastrin aus den G-Zellen der Mukosa, s. S. 820)

> **!** Das Darmnervensystem reguliert Motilität, Sekretion, Reabsorption und lokale Durchblutung der Mukosa im Magendarmtrakt. Es besteht aus afferenten Neuronen, Interneuronen und Motoneuronen, die in multiplen Reflexkreisen organisiert sind. Die propulsive Peristaltik wird durch drei Reflexe koordiniert. Parasympathikus und Sympathikus greifen modulierend in diese lokalen Reflexe ein.

19.5 Organisation des vegetativen Nervensystems im Rückenmark

Sympathikus und Parasympathikus sind funktionell aus verschiedenen vegetativen motorischen Endstrecken aufgebaut, die die zentrale Botschaft auf die Effektororgane übertragen

Konzept der vegetativen neuronalen Endstrecken. Die vegetativen Effektororgane werden durch funktionell und wahrscheinlich auch anatomisch getrennte *prä/-postganglionäre „Neuronenkanäle"* innerviert. So sind z. B. die prä- und postganglionären Neurone zu den Schweißddrüsen verschieden von denjenigen, die die Durchblutung durch die Haut regulieren; oder die sympathischen Neurone, die die Motilität im Magendarmtrakt hemmend beeinflussen (s. Abb. 19–9), sind verschieden von den sympathischen Neuronen, die die Weite von Widerstands- und Kapazitätsgefäßen im Viszeralbereich regulieren. Die prä-/postganglionären Neuronenketten zu den Effektororganen können in Analogie zu den Motoneuronen zur Skelettmuskulatur als die ***gemeinsamen vegetativen neuronalen Endstrecken*** angesehen werden (Abb. 19–10).

Dieses Konzept schließt weder integrative Prozesse in einigen Ganglien aus (s. Abb. 19–7C) noch, daß das Verhalten vieler Effektororgane nicht nur von der Aktivität in den postganglionären Neuronen abhängt, sondern auch von hormonalen und metabolischen Änderungen in der Nähe der Effektorzellen, von mechanischen Prozessen und von Einflüssen aus der Umwelt (z. B. thermischen, s. Abb. 19–10). Der Blutflußwiderstand im Muskelstrombett hängt z. B. von der Aktivität in den postganglionären Muskelvasokonstriktorneuronen, von der myogenen Aktivität der glatten Gefäßmuskulatur, vom metabolischen Zustand des Skelettmuskels,

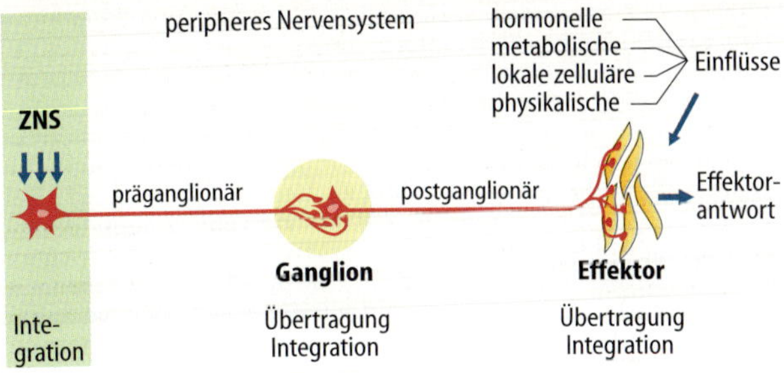

Abb. 19–10. Vegetative neuronale gemeinsame Endstrecke

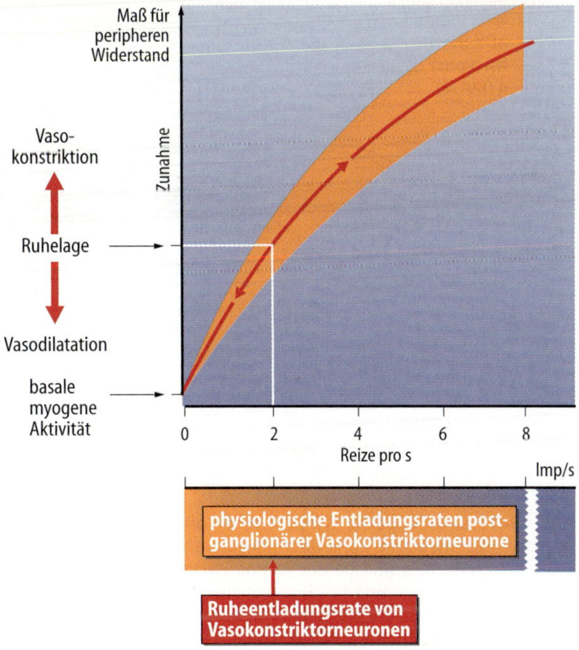

Abb. 19–11. Beziehung zwischen Blutflußwiderstand in der Skelettmuskulatur einer Hinterextremität einer Katze *(Ordinate)* und der Frequenz elektrischer überschwelliger Reizung der präganglionären Axone im lumbalen Grenzstrang. Die *rote Fläche* gibt die Schwankungen der Meßwerte an. [Modifiziert nach Mellander: Acta physiol scand. 50, Suppl. 176, 1–86 (1960)]

von Faktoren des Endothels (z. B. freigesetztem Stickoxid, NO; s. S. 530 f) und von zirkulierenden Hormonen ab.

Lage der präganglionären Neurone im Rückenmark. Die präganglionären sympathischen und sakralen präganglionären parasympathischen Neurone liegen in der ***intermediären Zone*** des ***thorakolumbalen*** und ***sakralen Rückenmarks.*** Diese Zone besteht im Thorakolumbalmark aus dem *Nucleus intermediolateralis (IL)*, dem *Nucleus intercalatus (IC)* und dem *Nucleus centralis autonomicus* (*CA* in Abb. 19–12). Die meisten präganglionären sympathischen Neurone liegen in *der Pars funicularis* (weiße Substanz) *et principalis* des IL (IL_f, IL_P in Abb. 19–12).

Es ist wahrscheinlich, daß *funktionell verschiedene* präganglionäre Neurone an *verschiedenen Orten* der spinalen intermediären Zone liegen: So findet man z. B. präganglionäre sympathische Neurone, die Effektororgane in Skelettmuskulatur und Haut regulieren, mehr lateral im IL, während präganglionäre sympathische Neurone zum Viszeralbereich mehr medial vom IL liegen. Präganglionäre parasympathische Neurone zur Harnblase liegen lateral im Sakralmark an der Grenze zur weißen Substanz und Neurone zum Enddarm mehr medial im Sakralmark [35,36,40,41].

Viele periphere vegetative Neurone sind spontan aktiv; Effektororgane werden durch Erhöhung und Erniedrigung dieser Aktivität beeinflußt

Bedeutung der Spontanaktivität für die Regelung vegetativer Organe (Abb. 19–11). Als Beispiel für die funktionelle Bedeutung der ***neurogenen Spontanaktivität*** für die Regulation vegetativer Organe sei erwähnt, daß die Spontanaktivität in den Vasokonstriktorfasern die glatte Gefäßmuskulatur teilkontrahiert hält. Der Kontraktionsgrad bestimmt den Querschnitt der Blutgefäße und damit den peripheren Strömungswiderstand. Die Durchblutung der Organe kann daher durch Zu- bzw. Abnahme der vasokonstriktorischen Aktivität erniedrigt bzw. erhöht werden. Die Vasodilatation ist also eine (passive) Folge abnehmender Vasokonstriktoraktivität.

Der Strömungswiderstand im arteriellen Gefäßgebiet eines Katzenbeines steigt z. B. bei elektrischer Reizung des lumbalen Grenzstranges mit der Reizfrequenz an. Der Widerstand, der *in vivo* in Ruhe herrscht, kann durch etwa *zwei Reize pro Sekunde* erzeugt werden. Abnahme der Reizfrequenz hat eine Vasodilatation und damit eine Erniedrigung des Widerstandes zur Folge. Zunahme der Reizfrequenz führt zu einer Vasokonstriktion und damit zu einer Erhöhung des Widerstandes. Wenn in den Vasokonstriktorneuronen keine Aktivität mehr vorhanden ist, wird der periphere Widerstand nur durch die Spontanaktivität der glatten Gefäßmuskulatur (***basale myogene Aktivität***) und andere nichtneurogene Faktoren bestimmt.

Der Bereich, über den der Blutfluß durch Änderung der Aktivität in den Vasokonstriktoren *physiologisch* geregelt werden kann, ist in Abb. 19–11 rot ausgezogen. Viele vegetativ innervierte Organe werden in der in Abb. 19–11 skizzierten Weise reguliert (weiteres s. Abb. 24–25, S. 522 f).

Höhe der Spontanaktivität. Diese variiert in peripheren vegetativen Neuronen von etwa 0,1 Hz bis 4 Hz und dürfte in Vasokonstriktorneuronen zu Haut- und Muskelgefäßen unter Ruhebedingungen und bei neutraler Umgebungstemperatur im Durchschnitt etwa 1–2 Hz betragen. Die Höhe dieser Aktivität in den vegetativen Neuronen ist den Eigenschaften der glatten Muskulatur angepaßt. Wegen der lang anhaltenden intrazellulären Antworten, die die relativ langsam ansteigenden und abfallenden Kontraktionen dieser Muskulatur bewirken, wird durch eine niedrige neurogene Ruheaktivität ein gleichmäßiger Kontraktionszustand ***(Tonus)*** erzeugt [8,35,39].

Die Organisation der vegetativen Systeme im Rückenmark ist die Basis der Organisation vieler vegetativer Reflexe und Regulationen

Segmentalspinale Organisation vegetativer Reflexe (Abb. 19–12). Die synaptische Verschaltung zwischen Afferenzen und vegetativen Efferenzen auf spinaler segmentaler Ebene wird ***vegetativer Reflexbogen*** genannt. Anders als der monosynaptische Dehnungsreflex sind

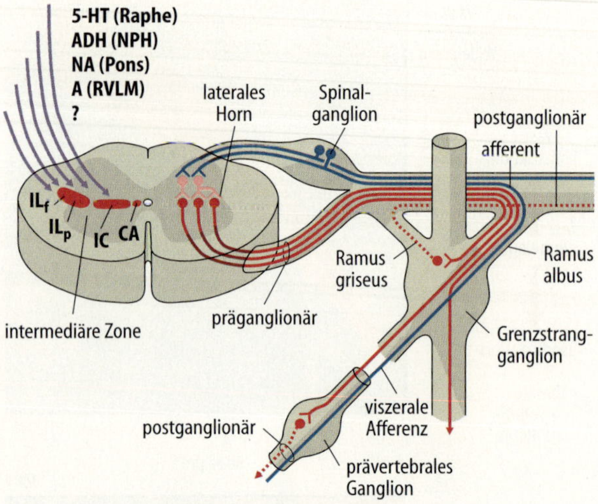

Abb. 19–12. *Links:* Lage der sympathischen präganglionären Neurone in der intermediären Zone des Rückenmarks und einiger deszendierender Systeme vom Hirnstamm und Hypothalamus. *IL_f, IL_p*, Pars funicularis et principalis des Nucleus intermedio-lateralis *(IL)*; *IC*, Nucleus intercalatus; *CA*, Nucleus centralis autonomicus. (Nach Ranson und Clark: The Anatomy of the Nervous System, 1959; Petras und Cummings, J. Comp. Neurol. 146, 189–218, 1972). *A*, Adrenalin; *ADH*, Adiuretin; *NA*, Noradrenalin; *NPH*, Nucleus paraventricularis hypothalami (s. Abb. 9–22) *RVLM*, rostrale ventrolaterale Medulla (s. Abb. 9–15); *ADH*, Adiuretin; *5-HT*, Serotonin. *Rechts:* Spinaler vegetativer Reflexbogen

selbst die einfachsten vegetativen spinalen Reflexbögen mindestens *disynaptisch.* Der vegetative Reflexbogen hat demnach mindestens ***3 Synapsen*** zwischen den primär afferenten (viszeralen oder somatischen) und den postganglionären Neuronen, 2 davon im Rückenmarksgrau und eine im vegetativen Ganglion.

Afferenzen und Efferenzen desselben Organs sind häufig zu segmentalspinalen Reflexbögen verschaltet, so z. B. beim Herzen ***(kardiokardiale Reflexe),*** für die verschiedenen Abschnitten des Gastrointestinaltrakts ***(intestinointestinale Reflexe),*** bei Blase und Mastdarm ***(Entleerungsreflexe,*** s. 19.7*)* und bei den reproduktiven Organen ***(Genitalreflexe,*** s. 19.8*)* [35,36].

Segmentale Innervation von Haut und Eingeweiden. Bei krankhaften Prozessen im Eingeweidebereich (z. B. bei Gallenblasen- oder Blinddarmentzündungen) ist die Muskulatur über dem Krankheitsherd gespannt und die zugehörigen ***Dermatome,*** also diejenigen Hautareale, die durch dieselben Rückenmarksegmente wie das erkrankte innere Organ afferent und efferent innerviert werden, sind gerötet.

Anscheinend ist es so, daß die Impulse in viszeralen Afferenzen aus dem erkrankten Eingeweidebereich die Aktivität in Vasokonstriktorneuronen zu Hautgefäßen reflektorisch hemmen (Hautrötung) und Motoneurone reflektorisch erregen (Abwehrspannung der Bauchmuskulatur). Umgekehrt kann man durch Reizung von Thermosensoren und Nozisensoren in der Haut die Eingeweide, die durch dieselben Rückenmarksegmente innerviert werden wie das gereizte Hautdermatom, über sympathische Neurone hemmend-reflektorisch beeinflussen.

Übertragener Schmerz in Head-Zonen. Wichtige Befunde bei Erkrankungen innerer Organe sind gesteigerte Berührungs- ***(Hyperaesthesie)*** und Schmerzempfindlichkeit ***(Hyperalgesie)*** in umschriebenen Hautarealen. Kutane nozizeptive und nichtnozizeptive Afferenzen sowie viszerale Afferenzen konvergieren im Rückenmark auf dieselben Neurone des *Tractus spinothalamicus* (s. S. 247). Dadurch geht die Information über die Herkunft der Erregung aus den inneren Organen zum Teil verloren und der Kortex lokalisiert diese Erregung auch in die entsprechenden Hautareale.

Man bezeichnet den auf die Hautoberfläche übertragenen Eingeweideschmerz als ***übertragenen Schmerz*** und die Hautareale, in die übertragen wird, als ***Head-Zonen*** (s. S. 227). Bei Erkrankungen innerer Organe, z. B. des Herzens (Angina pectoris), der Gallenblase oder des Magens (Magengeschwür), berichten viele Patienten über Schmerzen, die in die entsprechenden Hautgebiete lokalisiert werden und mit den vegetativen Veränderungen korreliert sind. Diese Angaben helfen bei der Diagnose (s. Kap. 13).

Supraspinale Kontrolle vegetativer spinaler Systeme. Die spinalen parasympathischen und sympathischen Systeme unterliegen hemmenden und erregenden Einflüssen vom Hirnstamm und Hypothalamus. Dort werden die spinalen Systeme zu ***Funktionskomplexen höherer Ordnung*** organisiert, wie z. B. das kutane Vasokonstriktorsystem und das Sudomotorsystem im Rahmen der *Thermoregulation,* die Vasokonstriktorsysteme zu Widerstandsgefäßen (im Skelettmuskel und im Viszeralbereich) und die sympathischen Kardiomotoneurone im Rahmen der *Regulation des arteriellen Blutdrucks.*

Der Vielfältigkeit der spinalen vegetativen Systeme und ihrer Funktionen entspricht eine ebenso große Vielfältigkeit ***deszendierender spinaler Systeme vom Hirnstamm und Hypothalamus,*** die zu den präganglionären Neuronen der intermediären Zone projizieren (Abb. 19–12, *links*). Diese Projektionen können nach Herkunft und Histochemie charakterisiert werden. So projizieren z. B. *serotonerge* Neurone aus den Raphekernen, *adrenerge* Neurone aus der rostralen ventrolateralen Medulla oblongata, *noradrenerge* Neurone aus der Pons und *peptiderge* Neurone (vasopressinerg, oxytocinerg) aus dem *Nucleus paraventricularis hypothalami* zu den präganglionären Neuronen oder ihren Interneuronen. Die Zuordnung der deszendierenden spinalen Systeme zu individuellen Funktionen der präganglionären Neurone ist in den meisten Fällen bisher *nicht* geglückt. Es ist weiterhin unklar, ob die genannten Substanzen als Neurotransmitter und/oder als Neuromodulatoren wirken [18,35, 36, 40, 41].

Das von supraspinal isolierte Rückenmark ist durch seine vegetative spinale Reflexmotorik zu vielen residuellen Leistungen fähig

Durchtrennung des Rückenmarks (Spinalisation) führt zur ***Querschnittslähmung*** unterhalb der Unterbrechung (s. S. 97). Die *spinalen vegetativen Reflexe,* die unterhalb der Unterbrechung organisiert sind, sind beim *Menschen für 1–6 Monate erloschen.* Während der ersten 1–2 Monate ist die Haut rosig und trocken, weil die Ruheaktivität in den sympathischen Fasern zu Schweißdrüsen und Gefäßen sehr niedrig ist. Die somatosympathischen Reflexe in den Sudomotor- und Vasokonstriktorneuronen nehmen im Laufe der Monate langsam zu und können in ein Stadium der ***Hyperreflexie*** übergehen. Lange Erholungszeiten nach Durchtrennung des Rückenmarks haben auch *Blasen-* und *Darmentleerungsreflexe* und *Genitalreflexe* (s. S. 357 ff.)

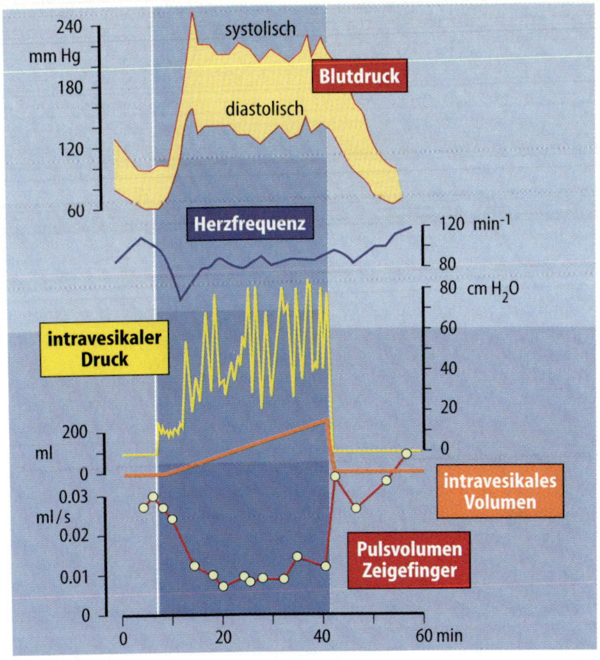

Abb. 19–13. Chronisch querschnittsgelähmter Patient (Rückenmark durchtrennt in Höhe T 2/3). Reaktion von kardiovaskulären Parametern (systolischer und diastolischer arterieller Blutdruck, Herzfrequenz, Durchblutung der Haut [Pulsvolumen eines Zeigefingers]) bei langsamer Füllung der Harnblase. Beachte, daß die Harnblase sich kontrahiert. Modifiziert nach [12]

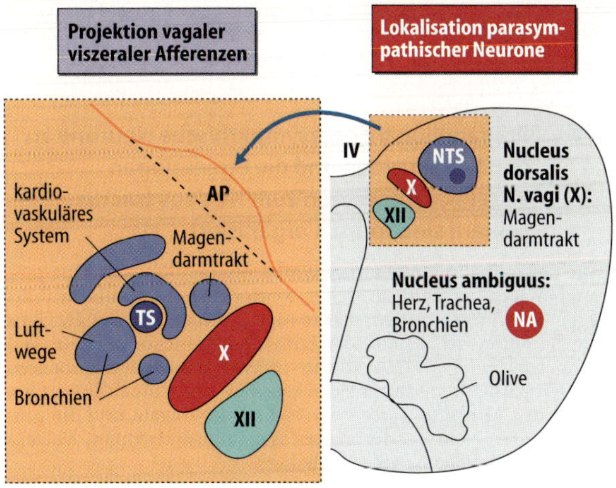

Abb. 19–14. *Links:* Viszerotope Projektionen der viszeralen Afferenzen vom Magendarmtrakt, von der Lunge und vom kardiovaskulären System (Herz, arterielle Baro- und Chemorezeptorafferenzen) zum Nucleus tractus solitarii *(NTS)*. *Rechts:* Die Lage der präganglionären parasympathischen Neurone zum Herzen, zum Magendarmtrakt und zur Lunge im unteren Hirnstamm. Die Lage von Neuronen, die die exokrinen Drüsen des Kopfes (Speicheldrüsen, Tränendrüse) regulieren, sind nicht aufgeführt. *AP,* Area postrema; *NA,* Nucleus ambiguus; *TS,* Tractus solitarii; *X,* Nucleus dorsalis nervi vagi; *XII,* Nucleus hypoglossus; *IV,* 4. Ventrikel

Das Verschwinden der spinalen vegetativen Reflexe nach Spinalisation ist ein Teil des ***spinalen Schocks*** (S. 97, 358), der durch die Unterbrechung der deszendierenden Bahnen vom Hirnstamm (s. Abb. 19–12, *links*) entsteht. Dauer und Ausmaß der Unterdrückung spinaler Reflexe nach Rückenmarkdurchtrennung sind bei Primaten viel stärker entwickelt als bei niederen Vertebraten, weil bei Primaten die supraspinale Kontrolle ausgeprägter ist. Faktoren, die zur Erholung von spinalem Schock führen, sind vielleicht die Verstärkung postsynaptischer Ereignisse an bestehenden Synapsen und die Neussprossung von Synapsen an Interneuronen, präganglionären Neuronen und Motoneuronen.

Das vom Gehirn isolierte Rückenmark ist nach seiner Erholung vom spinalen Schock zu einer Reihe von ***nützlichen regulativen Leistungen*** fähig. Das Aufrichten des Körpers aus der Horizontallage oder Blutverlust erzeugen z. B. reflektorisch eine allgemeinen Vasokonstriktion von Arterien und Venen. Dieser Prozess verhindert einen allzu gefährlichen Abfall des arteriellen Blutdrucks. Auf der anderen Seite kann die Erregung von tiefen somatischen und viszeralen Afferenzen (z. B. bei einem Flexorenspasmus oder bei Kontraktion einer gefüllten Harnblase) reflektorisch eine allgemeine Aktivierung der Vasokonstriktorneurone mit gefährlichen Blutdruckanstiegen, Piloerektion und Schweißsekretion erzeugen.

Abbildung 19–13 zeigt ein typisches Beispiel bei einem querschnittsgelähmten Patienten (Höhe T 2/3). Eine langsame Füllung der Harnblase führt zu isovolumetrischen Kontraktionen des Organs mit Erhöhung des intravesikalen Drucks. Die Erregung viszeraler lumbaler und sakraler Afferenzen von der Harnblase erzeugt reflektorisch über das Rückenmark eine Vasokonstriktion in der Skelettmuskulatur, im Viszeralbereich und in der Haut (Abnahme des Pulsvolumens im Zeigefinger) sowie eine Ausschüttung von Katecholaminen aus dem Nebennierenmark. Als Folge davon steigen der systolische und der diastolische Blutdruck an. Die Herzfrequenz nimmt ab, weil der arterielle Pressorezeptorenreflex über die Medulla oblongata und die parasympathische (vagale) Herzinnervation noch intakt sind (s. Abb. 19–15 rechts) [1,12,35,43].

!

Sympathikus und Parasympathikus sind in der Peripherie in vegetative motorische Endstrecken organisiert, welche die zentral erzeugten Aktivitäten auf die Effektororgane übertragen. Viele vegetative Neurone haben Spontanaktivität, deren Modulation Abnahme und Zunahme der Aktivität der Effektororgane erzeugt. Die Basis der zentralen Integration spinaler vegetativer Systeme ist die spinale vegetative Reflexmotorik, auf die die supraspinalen Einflüsse einwirken. Diese spinale Reflexmotorik funktioniert auch nach Durchtrennung des Rückenmarks im chronischen Zustand.

19.6 Organisation des vegetativen Nervensystems im unteren Hirnstamm

Die neuronalen Substrate der Regulation des ***arteriellen Blutdrucks,*** der ***Atmung*** und des ***Magendarmtraktes*** (mit Ausnahme der Regulation des Enddarmes) befinden sich in der ***Medulla oblongata.*** Diese drei Regulationssysteme bestehen aus vielen Einzelreflexen mit spezifischen afferenten und efferenten Neuronen (s. Tabelle 19–1).

Über die Atmung werden Atemgase zwischen Umwelt und Kreislauf ausgetauscht. Über den Magendarmtrakt werden Aufnahme, Verdauung und Resorption von Nahrungsstoffen und die Aufnahme von Flüssigkeit reguliert. Das kardiovaskuläre System transportiert Atemgase, Nahrungsstoffe, Abfallprodukte und andere Stoffe zu und von den verbrauchenden Geweben [8, 18, 32].

Präganglionäre parasympathische Neurone zu den Eingeweiden und die Projektionen viszeraler Afferenzen zum Nucleus tractus solitarii sind topisch organisiert

Lage der präganglionären parasympathischen Neurone. Die präganglionären parasympathischen Neurone des Magendarmtrakts liegen im *Nucleus dorsalis nervi vagi (NDNV)*, die des Herzens (Kardiomotoneurone) und der Luftwege (Bronchomotoneurone) im *Nucleus ambiguus (NA;* Abb. 19–14 *rechts)*. Die präganglionären parasympathischen Neurone der Speichel- und Tränendrüsen liegen in den *Nuclei salivatorii* der Medulla oblongata und die präganglionären Neurone der glatten Augenmuskulatur im *Nucleus Edinger-Westphal* des Mesencephalons.

Nucleus tractus solitarii (NTS). Der NTS liegt dorsolateral vom NDNV in der Medulla oblongata. Er besteht aus einem Fasertrakt, um den verschiedene Kerngebiete angeordnet sind. *Alle viszeralen Afferenzen* im N. vagus von den inneren Organen im Thorakal- und Abdominalraum sowie die Baro- und Chemorezeptorafferenzen aus der Karotisgabel *(N. glossopharyngeus)* projizieren in den NTS. Diese Projektionen sind ***viszerotop*** nach den verschiedenen Organsystemen und damit nach den Funktionen der Afferenzen angeordnet. Der Magendarmtrakt ist medial im NTS repräsentiert, kardiovaskuläre Afferenzen (vom Herzen, arterielle Baro- und Chemorezeptoren) projizieren in Kerngebiete, die lateral von den letzteren liegen, und Afferenzen von der Lunge projizieren in ventrolaterale Kerngebiete des NTS (Abb. 19–14 *links)* [18,28].

Schnelle Änderungen des arteriellen Blutdrucks werden über den Pressosensorenreflex, der aus verschiedenen Teilreflexen besteht, gedämpft

Arterielle Blutdruckregelung in der Medulla oblongata. Bei *akut spinalisierten Tieren* sinkt der Blutdruck auf niedrige Werte, weil die Ruheaktivität in sympathischen Neuronen zu den Blutgefäßen und zum Herzen verschwindet. Nur die Herzfunktion kann noch neuronal von der Medulla oblongata über die *Nn. vagi* geregelt werden. *Dezerebrierte Tiere mit intakter Medulla oblongata* haben einen normalen Blutdruck; bei diesen Tieren reagieren die Gefäßbette (alle Widerstandsgefäße und die Kapazitätsgefäße im Viszeralbereich) koordiniert auf Lageänderungen des Körpers im Raum, so daß der Perfusionsdruck in den Versorgungsgebieten gleich bleibt. Die Höhe des arteriellen Blutdrucks bleibt bei dezerebrierten Tieren auch dann erhalten, wenn alle für die Kreislaufregulation wichtigen Afferenzen in den *Nn. vagi* und *glossopharyngei* durchtrennt worden sind. Diese Befunde zeigen, daß die Medulla oblongata die neuronalen *Reflexkreise für die Regulation des arteriellen Systemblutdrucks* enthält und daß die Ruheaktivität in den sympathischen Neuronen zu den oben genannten kardiovaskulären Effektoren in der Medulla oblongata erzeugt wird.

Ein wichtiges Areal für die Barorezeptorregulation und die tonische Aktivität in den Vasokonstriktorneuronen liegt in der ***rostroventrolateralen Medulla*** (***RVLM*** in Abb. 19–15, rechts). Topische Reizung der Neurone in diesem Areal erhöht Blutdruck und Herzfrequenz. Zerstörung dieses Areals erzeugt einen Blutdruckabfall wie nach hoher Spinalisation. Die Axone der Neurone in der rostralen ventrolateralen Medulla oblongata projizieren über den spinalen Hinterseitenstrang in die intermediäre Zone im thorakolumbalen Rückenmark und enden synaptisch auf präganglionären Vasokonstriktorneuronen und sympathischen präganglionären Kardiomotoneuronen (Abb. 19–15).

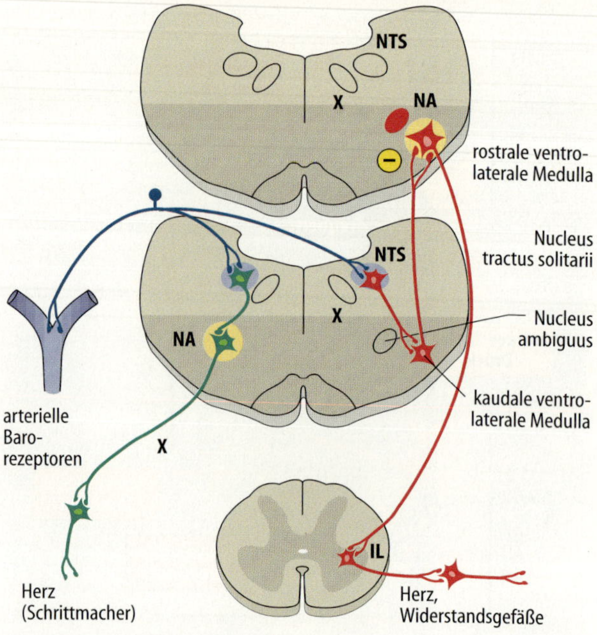

Abb. 19–15. Die Pressrezeptorreflexwege. *IL,* Nucleus intermediolateralis; *NA,* Nucleus ambiguus; *X,* Nucleus dorsalis nervi vagi; NTS, Nucleus tractus solitarii. Nach Guyenet in [18]

Pressorezeptorreflexe. Die phasische Regulation des arteriellen Blutdrucks geschieht über die Pressorezeptorreflexe. Diese setzen sich aus drei Einzelreflexen zu den ***Vasokonstriktorneuronen,*** die *Widerstandsgefäße* innervieren, zu den ***sympathischen Kardiomotoneuronen*** und zu den ***parasympathischen Kardiomotoneuronen*** zusammen. Die ersten beiden werden reflektorisch gehemmt und die letzten reflektorisch erregt, wenn die arteriellen Barorezeptoren gereizt werden. Das führt dann zum Abfall des peripheren Widerstandes und zur Abnahme des Herzzeitvolumens (im wesentlichen durch Abnahme der Herzfrequenz) und damit zur Abnahme des arteriellen Blutdrucks. Abnahme der Aktivität in den arteriellen Barorezeptoren bewirkt das Gegenteil.

Abb. 19–15 zeigt die neuronalen Grundelemente dieser ***phasischen Regulation des arteriellen Blutdrucks.*** Neurone, die medial im NTS liegen, werden auf natürliche Reizung der arteriellen Barorezeptorafferenzen erregt. Die NTS-Neurone projizieren zu Interneuronen in der kaudalen ventrolateralen Medulla (KVLM). Diese Interneurone hemmen die Neurone in der RVLM, die zu den präganglionären Neuronen im Rückenmark projizieren. Der hemmende Überträgerstoff ist *γ-ami-*

no-Buttersäure (GABA). Die Abnahme der Aktivität in den sympathischen Vasokonstriktor- und Kardiomotoneuronen geschieht also durch *Hemmung in der Medulla oblongata.* Der Überträgerstoff an allen anderen zentralen Synapsen dieses Reflexweges ist wahrscheinlich ***Glutamat.*** Andere Interneurone im NTS projizieren zu den präganglionären parasympathischen Kardiomotoneuronen im Nucleus ambiguus und erregen diese bei Reizung der arteriellen Barorezeptoren. Der Überträgerstoff ist ebenso Glutamat. Die Neurone des NTS, des NA, der KVLM und der RVLM stehen unter neuronaler Kontrolle anderer Neuronenpopulationen in *Hirnstamm, Hypothalamus* und *limbischem System.* Auf diese Weise wird die phasische Regulation des Blutdrucks an das Verhalten des Organismus angepaßt (z.B. bei Arbeit, bei den verschiedenen hypothalamischen Verhaltensweisen, bei emotionaler Belastung usw.) [6,18,23,26].

!

In der Medulla oblongata befinden sich die neuronalen Korrelate der Regulation des arteriellen Blutdrucks, des Magendarmtrakts und der Atmung und ihre Koordination. Die Afferenzen von den Organsystemen projizieren viszerotopisch in den Nucleus tractus solitarii. Die efferenten Ausgangssysteme projizieren durch den N. vagus zu den inneren Organen und über spinale deszendierende Systeme zu den Motoneuronen und präganglionären Neuronen im Rückenmark. Am besten sind die Pressorezeptorreflexe untersucht, über die die phasische Regulation des arteriellen Blutdruckes abläuft.

19.7 Miktion und Defäkation

Die Harnblase ist ein glatter Hohlmuskel zur Speicherung und periodischen Entleerung von Urin; die neuronale Regulation geschieht über die sakrale afferente und efferente Innervation

Kontinenz und Miktion. Die Harnblase dient der Speicherung und periodischen, kompletten Entleerung des von der Niere kontinuierlich ausgeschiedenen Urins. An dieser, auch für unser Sozialleben wichtigen Funktion sind myogene Mechanismen der glatten Blasenmuskulatur und neuronale, vegetative und somatische, Mechanismen beteiligt. In der neuronalen Kontrolle der Harnblase wechseln sich lange Füllungsphasen und kurze Entleerungsphasen ab. Während der ***Füllungsphasen*** wird die Entleerung reflektorisch verhindert. Die Blase füllt sich mit etwa 50 ml Urin pro Stunde. Dabei nimmt in Folge der plastischen Eigenschaften des glatten Blasenmuskels der Blaseninnendruck nur gering zu. Hat die Füllung der Harnblase etwa 150–250 ml erreicht, treten erste *Blasenfüllungsgefühle* auf. Diese werden vermutlich durch kurze phasische Druckanstiege des Blaseninnendrucks ausgelöst. Hat die Blase eine Füllung von etwa 350 bis 500 ml erreicht, setzt normalerweise die ***Entleerungsphase*** ein. Man nennt die Fähigkeit der Blase, den Urin zu speichern, ***Kontinenz*** und die aktive Entleerung ***Miktion.***

Bau der Harnblase (Abb. 19–16). Die Harnblase ist ein Hohlmuskel ***(Detrusor vesicae).*** Ihre Wand besteht aus netzförmig angeordneten, langen, glatten Muskelzellen. Am Blasenboden befindet sich das ***Trigonum vesicae*** aus feinen glatten Muskelfasern. An dessen oberen äußeren Ecken münden die ***Ureteren*** *schräg* ein und verlaufen in ihrem distalen Teil intramural in der Blasenwand; auf diese Weise kann bei Erhöhung des Blaseninnendrucks kein Urin rückläufig in die Ureteren geraten. An der Spitze des Trigonums liegt der Ausgang der Blase zur Harnröhre mit dem ***M. sphincter vesicae internus.*** Dieser kann bei der Blasenentleerung nicht unabhängig vom *Detrusor vesicae* betätigt werden; bei Kontraktion der Blasenmuskulatur kommt es infolge Einstrahlung der Muskelzellen in die Harnröhre zur Verkürzung der Harnröhre und zum Öffnen des internen Sphinkters. Zusätzlich wird die Harnröhre durch den ***M. sphincter urethrae externus*** verschlossen, der aus quergestreifter Muskulatur des Beckenbodens besteht. Bei der Frau ist die Harnröhre nur etwa halb so lang wie beim Mann.

Innervation der Harnblase (Abb. 19–16). Die Blasenmuskulatur wird durch ***parasympathische Fasern*** *erregt,* die im N. splanchnicus pelvinus laufen und den 2.–4. Sakralsegmenten entspringen. Diese Innervation ist Voraussetzung für die normale Kontrolle der Blasenentleerung. Die ***sympathische Innervation*** der Blase wirkt *hemmend* auf den Detrusor und erregend auf die Muskulatur des Trigonum vesicae und des M. sphincter vesicae internus (Blasenhals). Sie entstammt dem oberen Lumbalmark und unteren Thorakalmark. Ihre Aufgabe ist die Verbesserung der Kontinenz der Harnblase. Der *Sphincter urethrae externus* wird durch ***Motoaxone*** im *N. pudendus,* deren Somata im Sakralmark liegen, innerviert. Der Füllungsgrad der Blase wird dem ZNS von ***Dehnungssensoren***

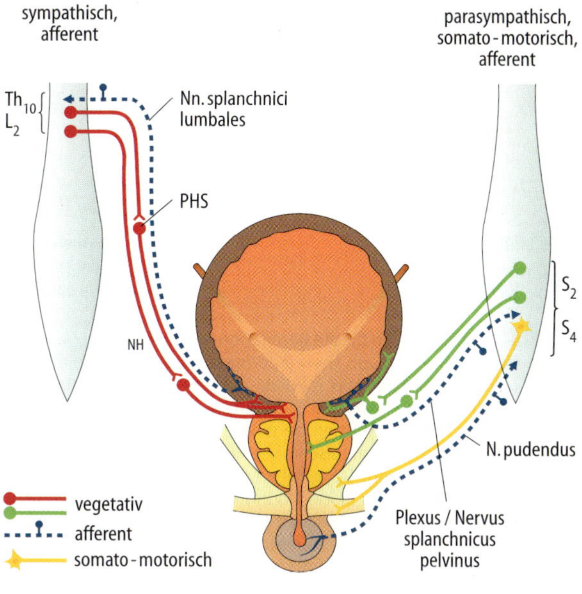

Abb. 19–16. Innervation der Harnblase. *PHS,* Plexus hypogastricus superior. *NH,* N. hypogastricus

der Blasenwand über afferente Axone im *N. splanchnicus pelvinus* gemeldet. Ereignisse, die zu schmerzhaften und nichtschmerzhaften Empfindungen von Harnblase und Urethra führen, werden wahrscheinlich sowohl durch ***sakrale*** als auch durch ***lumbale viszerale Afferenzen*** kodiert.

Die Regulation von Blasenentleerung und -füllung geschieht über spinale und pontine Reflexe

Neuronale Regulation der Miktion (Blasenentleerungsreflex). Der Urin wird durch peristaltische Wellen der Ureteren vom Nierenbecken in die Harnblase gefördert.

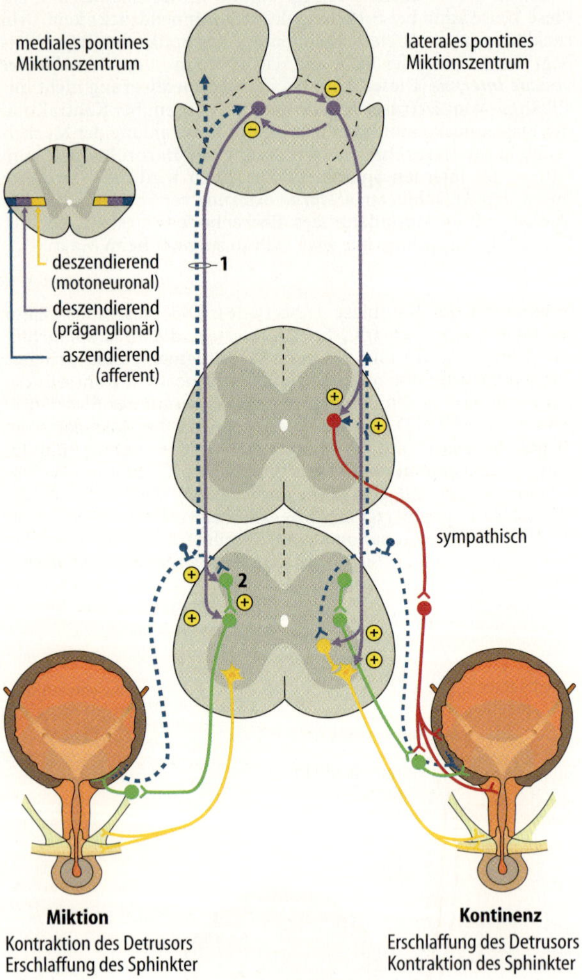

Abb. 19–17. Reflexwege für die Regulation von Entleerung *(Miktion, links)* und Speicherung von Harn *(Kontinenz, rechts)* durch die Harnblase. *1,* Reflexweg über das mediale pontine Miktionszentrum; *2,* spinaler Reflexweg. +, Erregung; –, Hemmung. S, Sakralmark; L, Lumbalmark. Neurone im medialen pontinen Miktionszentrum erregen präganglionäre parasympathische Neurone zur Harnblase. Neurone im lateralen Miktionszentrum erregen die Motoneurone zum *Musc. sphincter vesicae externus.* Beide Miktionszentren hemmen sich reziprok gegenseitig. Nach de Groat et al in [19] und anderen. *Einsatzbild:* Ort der Projektionen aszendierender Bahnen zum Miktionszentrum (und zum Thalamus) und deszendierender Bahnen vom Miktionszentrum. Nach Nathan, P.W.: Scientific Foundations of Urology Vol.II, Hrsg. D.I. Williams, G.D. Chrishohn, Chicago, Year Book Medical Publ., pp. 51–58, 1976

Je mehr sich die Blasenwand dehnt, um so stärker werden die dort liegenden Dehnungssensoren gereizt. Dies führt über Reflexbogen 1 in Abb. 19–17 *(links)* zur Erregung der parasympathischen Neurone zum *Detrusor vesicae* und zur Hemmung der Aktivität in sakralen Motoneuronen zum *Sphincter urethrae externus.* Als Folge davon kontrahiert sich der *Detrusor vesicae.* Die proximale Harnröhre und der äußere Schließmuskel erschlaffen mit anschließender Entleerung der Harnblase.

Der Reflexbogen ist an die Unversehrtheit der *vorderen Brückenregion* ***(mediales pontines Miktionszentrum)*** im Hirnstamm gebunden. Wahrscheinlich wird von dort ein spinaler Reflexweg zu den präganglionären parasympathischen Neuronen gefördert (2 in Abb. 19–17). Die Neurone im lateralen pontinen Miktionszentrum, die die Motoneurone des *Musc. sphincter vesicae externus* erregen, werden vom medialen Miktionszentrum gehemmt. Auf diese Weise öffnet sich der Sphinkter. Hat die Blasenentleerung erst einmal eingesetzt, verstärkt sie sich so lange, bis eine völlige Entleerung erreicht ist. Für diese *positive Rückkopplung* werden folgende neuronale Prozesse verantwortlich gemacht: 1. eine verstärkte Aktivierung der Blasenafferenzen durch Kontraktionen des *Detrusor vesicae* und die Aktivierung der Urethraafferenzen durch den Urinfluß und 2. eine reflektorische Aufhebung zentraler Hemmprozesse auf spinaler und supraspinaler Ebene (Abb. 19–17, *links*).

Neuronale Regulation der Kontinenz. Mehrere neuronale Mechanismen sind an der Kontinenz der Harnblase während der Füllungsphase beteiligt (Abb. 19–17, *rechts*): 1. Die Erregbarkeit der Motoneurone zum Sphincter urethrae externus wird vom ***lateralen pontinen Miktionszentrum*** gefördert. 2. Neurone im medialen Miktionszentrum, die die präganglionären Neurone zur Harnblase erregen, werden vom lateralen Miktionszentrum gehemmt. 3. Sympathische Neurone zum unteren Harntrakt werden über sakrolumbale Reflexwege erregt und erzeugen eine Hemmung des Detrusors, eine Hemmung der parasympathischen Impulsübertragung im Plexus splanchnicus pelvinus und eine Kontraktion des Blasenhalses (Trigonum).

Blasenentleerung nach Querschnittslähmung. Nach Durchtrennung des Rückenmarks oberhalb des Sakralmarks kann man bei Tier und Mensch auf Blasenfüllung zunächst keine reflektorische Entleerung mehr beobachten (***spinaler Schock***) und die Harnblase ist für Tage bis Wochen *schlaff atonisch.* Diese Phase geht im chronischen Zustand allmählich in die Phase der ***Reflexblase*** über, in der geringe Blasenfüllungen reflektorische Kontraktionen des *Detrusor vesicae* und häufigen Harnabgang verursachen. Der Reflexbogen verläuft spinal (Reflexweg 2 in Abb. 19–17). Die Motoneurone zum *Sphincter urethrae externus* werden jetzt allerdings nicht mehr reflektorisch gehemmt, sondern erregt. Das führt zur *Detrusor-Sphinkter-Dyssynergie.*

Querschnittsgelähmte können erlernen, ihre Blasenentleerung zu kontrollieren. Sie können reflektorisch Detrusorkontraktionen durch Beklopfen des Unterbauches selbst einleiten (s. segmentale Reflexe S. 353 f.), den dazu geeigneten Zeitpunkt durch Beobachtung der eigenen vegetativen Automatismen abwarten und durch gezielte Bauchpressen unterstützen (dazu auch S. 354 f.).

Suprapontine Kontrolle der Blasenfunktion. Die reflektorische Regelung von Blasenentleerung und Blasenkontinenz unterliegt der modulierenden Kontrolle vom *oberen Hirnstamm*, vom *Hypothalamus* und vom *Großhirn*. Die neuronale Kontrolle ist v. a. *hemmender*, aber auch erregender Natur. Die aszendierenden und deszendierenden Bahnen, über welche die Signale geleitet werden, und die Lage der Neuronenpopulationen in Hirnstamm, Hypothalamus und Kortex sind wenig bekannt. Die Aufgaben der „höheren Zentren" sind 1. die Aufrechterhaltung der Harnkontinenz trotz starker Füllung der Blase (um eine ungelegene Entleerung zu vermeiden) und 2. die willkürliche Auslösung und Verstärkung der Blasenentleerung, sobald dies erwünscht ist [1, 6, 18, 19, 40].

Blasenentleerungsstörungen sind häufig und vielfältig. ***Harnverhaltung*** tritt auf bei Lähmung oder Schädigung des M. detrusor vesicae (z. B. durch Entzündung oder traumatische Nervenschädigung), bei Verlegung der Harnröhre (z. B. durch Prostataadenome) oder durch Schließmuskelkrampf. ***Harninkontinenz*** ist das Unvermögen, den Harn willkürlich zurückzuhalten. Sie tritt gehäuft bei Frauen nach der Geburt (z. B. bei Vorfall des Uterus infolge Beckenbodenschwäche mit Nervenschädigung), bei hirnorganischen Erkrankungen (z. B. bei multipler Sklerose oder Arteriosklerose der Hirngefäße alter Menschen) und auch psychogen auf [15,19].

Speicherfunktion und Entleerung des Enddarms werden neuronal kontrolliert; hieran sind sakrale Afferenzen, parasympathische und somatische Efferenzen und besonders spinale Reflexkreise beteiligt

Darmentleerung (***Defäkation***) und Aufrechterhaltung der ***Darmkontinenz*** sind die wichtigsten Aufgaben von Enddarm (Rektum) und Anus. Diese beiden Funktionen werden durch das Darmnervensystem (s. S. 19.4), durch parasympathische sakrale, durch sympathische thorako-lumbale und durch somatomotorische nervöse Mechanismen kontrolliert. Distal wird das Rektum durch 2 Sphinkteren verschlossen. Der ***M. sphincter ani internus*** besteht aus glatter Muskulatur und ist sympathisch und durch das Darmnervensystem innerviert; er unterliegt nicht der willkürlichen Kontrolle. Der ***M. sphincter ani externus*** ist ein quergestreifter Muskel und wird durch Motoneurone aus dem Sakralmark (S2-S4), deren Axone *im N. pudendus* laufen, innerviert. Normalerweise sind beide Sphinkteren geschlossen.

Kontinenz. Beim Gesunden kann die Kontinenz des Enddarms bis zu einer ***Füllung von etwa 2 l*** im Rektum gewahrt werden. Hieran sind folgende Mechanismen beteiligt (Abb. 19–18): ***1.*** Die parasympathische Reflexmotorik zum Enddarm wird durch supraspinale, insbesondere kortikale, Einflüsse gehemmt. ***2.*** Die tonische Kontraktion des M. sphincter ani externus wird über Motoneurone spinalreflektorisch durch afferente Impulse aus dem Muskel und vom umgebenden Gewebe, besonders von der Analhaut, und durch Impulse vom Hirnstamm und Kortex aufrecht erhalten. ***3.*** Aktivität in

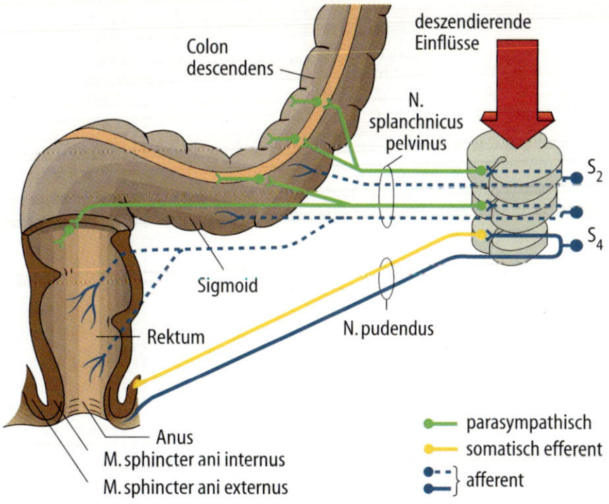

Abb. 19–18. Afferente und efferente Bahnen des spinal organisierten Defäkationsreflexes. Interneurone zwischen Afferenzen und efferenten Neuronen im Rückenmark sind nicht eingezeichnet

sympathischen Neuronen hemmt das Darmnervensystem des Enddarmes und erregt den M. sphincter ani internus.

Anpassung an zunehmende Füllung. Füllung des Rektums mit Darminhalt durch peristaltische Kontraktionen des *Colon descendens* führt zur Dehnung der Rektumwand und in der Folge zur Erschlaffung *des M. sphincter ani internus* (reflektorisch über das Darmnervensystem). Die Kontraktion des *Sphincter externus* wird reflektorisch durch Afferenzen, die im *N. splanchnicus pelvinus* laufen, über das Sakralmark ausgelöst (Abb. 19–18). Gleichzeitig wird durch die afferenten Impulse von den Sensoren in Kolon- und Rektumwand ***Stuhldrang*** ausgelöst. Nach einigen 10 s nimmt die Relaxation des *Sphincter ani internus* wieder ab und das Rektum adaptiert sich infolge der plastischen Eigenschaften seiner Muskulatur und neuronaler Hemmechanismen an die erhöhte Füllung (s. Kap. 19.4 und Abb. 19–9). Damit nimmt seine Wandspannung ab und als Folge davon auch der Stuhldrang.

Defäkation. Diese setzt normalerweise unter *willkürlicher Unterstützung* ein. Supraspinale Förderung der spinalen parasympathischen Reflexwege zum Enddarm führt zur reflektorischen Kontraktion von Colon descendens, Sigmoid und Rektum (besonders der Longitudinalmuskulatur). Gleichzeitig erschlaffen beide Sphinkteren. Voraussetzung für die Defäktion ist der *Anstieg des intraabdominalen Drucks* durch Anspannen der Bauchwandmuskulatur und durch Senkung des Zwerchfells infolge Kontraktion der Brustmuskulatur in Inspiration bei geschlossener Glottis. Das Zusammenwirken dieser Mechanismen führt unter Senkung des Beckenbodens zum Ausstoßen der gesamten Kotsäule aus Colon descendens, Sigmoid und Rektum.

Zerstörung des Sakralmarks hat einen vollständigen Ausfall der Defäkationsreflexe zur Folge. Bei *Durchtrennung des Rückenmarks* oberhalb des Sakralmarks bleiben die spinal organisierten Defäkationsreflexe erhalten. Es fehlt allerdings die unterstützende Willkürmotorik. Diese kann durch geeignete Maßnahmen (z. B. manuelles Spreizen des M. sphincter ani externus) ersetzt werden, so daß auch Querschnittsgelähmte eine regelmäßige tägliche Kontrolle der Darmentleerung erreichen können [7,40,50].

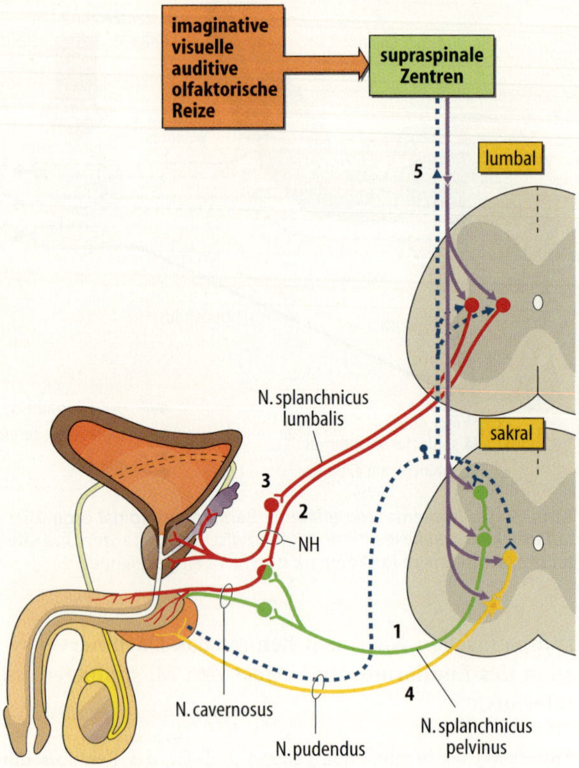

Abb. 19–19. Innervation und spinale Reflexbögen zur Regulation männlicher Geschlechtsorgane. *1*, parasympathische Neurone zu erektilem Gewebe; *2*, sympathische Neurone zu erektilem Gewebe; *3*, sympathische Neurone zu Ductus deferens, Prostata, Samenbläschen und Blasenhals. *4*, Motoaxone; *5*, aszendierende und deszendierende Bahnen. Interneurone im Rückenmark sind z. T. weggelassen worden. *NH*, *N.* hypogastricus

! Speicherung und Entleerung der Inhalte von Harnblase und Dickdarm werden neuronal reflektorisch geregelt und stehen unter kortikaler Kontrolle. Hieran sind sakrale viszerale Afferenzen, parasympathische Efferenzen, Motoneurone (zu den Sphinkteren), spinale Reflexkreise und supraspinale Kontrollmechanismen beteiligt. Während der Entleerung kontrahieren sich die Organe bei gleichzeitiger Erschlaffung der Sphinkteren. Während der Speicherphasen sind die Sphinkteren kontrahiert.

19.8 Genitalreflexe

An den komplexen Genitalreflexen der Säuger einschließlich der Menschen nehmen *parasympathische*, *sympathische* und *motorische Efferenzen* sowie *viszerale* und *somatische Afferenzen* teil. Die Kenntnisse über diese Reflexe sind noch unvollständig. Sie stammen von Experimenten an Tieren, von Untersuchungen gesunder Menschen und aus klinischen Untersuchungen von Patienten mit Schädigungen des Rückenmarks, des sakralen Parasympathikus oder des thorakolumbalen sympathischen Nervensystems [19,20,29,37,40].

Der sexuelle Reaktionszyklus des Mannes beginnt mit der Erektion des Gliedes; diese wird durch den sakralen Parasympathikus und den lumbalen Sympathikus reflektorisch spinal und durch supraspinale Strukturen ausgelöst

Mechanismus der Erektion. *Dilatation* der Arterien zu und in den *Corpora cavernosa* und im *Corpus spongiosum urethrae* und der Sinusoide des Schwellkörpergewebes erzeugt eine Erektion des Gliedes. Die Sinusoide des erektilen Gewebes füllen sich und weiten sich infolge des ansteigenden Drucks prall auf. Der venöse Abfluß aus den Schwellkörpern wird passiv durch *Zusammenpressen der Venen* beim Durchtritt durch die *Tunica albuginea* erschwert. Das Zusammenspiel von Vasodilatation und Abflußbehinderung führt zur *Vasokongestion*. Die ***Dilatation*** wird durch ***Aktivierung postganglionärer parasympathischer Neurone*** erzeugt, deren Zellkörper in den Beckenganglien liegen und durch den *N. cavernosus* zu den Schwellkörpern projizieren (Abb. 19–19). Die Neurone werden einerseits ***reflektorisch*** durch Afferenzen des Penis und der umliegenden Gewebe aktiviert, andererseits ***psychogen*** von supraspinalen (kortikalen) Strukturen, die auch die sexuellen Empfindungen erzeugen.

Die Überträgersubstanzen dieser Neurone sind möglicherweise ***Azetylcholin***, das ***Neuropeptid VIP*** *(vasoactive intestinal polypeptide)* und vermutlich das Radikal ***Stickoxid (NO)***. Diese Substanzen sind in den parasympathischen postganglionären Vasodilatatorneuronen kolokalisiert (s. S. 345).

Die Glans penis ist am dichtesten mit ***Mechanosensoren*** versorgt. Ihre Afferenzen laufen im *N. dorsalis penis*. Die adäquate Reizung dieser Sensoren geschieht durch rhythmische und massierende Scherbewegungen, wie sie beim Geschlechtsverkehr stattfinden. Eine wichtige Komponente zur anhaltenden Erregung der Sensoren in der Glans penis während des Geschlechtsverkehrs ist die Gleitfähigkeit der Oberflächen von Vagina und Penis, die reflektorisch durch die vaginale Transsudation (s. S. 362) und die Aktivierung der bulbourethralen Drüsen beim Manne herbeigeführt wird.

Reflexwege der Erektion. Der Erektionsreflex ist im Sakralmark (S2-S4) organisiert (*1* und *4* in Abb. 19–19). Er funktioniert auch bei querschnittsgelähmten Männern, deren Rückenmark oberhalb des Sakralmarks durchtrennt ist. Etwa 1/4 der Männer mit zerstörtem Sakralmark können ***psychogen*** bei sich eine Peniserektion auslösen. Diese Erektion wird durch *sympathische präganglionäre Neurone im unteren Thorakalmark und oberen Lumbalmark* ausgelöst. Ihre Axone werden *im Plexus splanchnicus pelvinus* auf postganglionäre Neurone zum erektilen Gewebe umgeschaltet, auf die vermutlich auch die parasympathischen präganglionären Neurone synaptisch konvergieren (2 in Abb. 19–19). Es ist unbekannt, in welchem Ausmaße die Erregung des Sympathikus beim Gesunden zur Erektion beiträgt (Tabelle 19–2).

Emission von Samen und Drüsensekreten in die prostatische Harnröhre und ihre Ejakulation aus der Urethra externa sind der Höhepunkt des männlichen Sexualaktes; der Orgasmus beginnt mit oder vor der Emission und endet mit dem Ende der Ejakulation

Mechanismus der Emission. Bei starker Erregung der Afferenzen von den Sexualorganen während des Sexualaktes kommt es zur Erregung sympathischer Efferenzen im unteren Thorakal- und oberen Lumbalmark. Die erregten Afferenzen, die die Emission auslösen, verlaufen *im N. pudendus* und vermutlich auch im *N. splanchnicus pelvinus* zum Sakralmark. Die *Erregung der sympathischen Neurone* führt zu ***Kontraktionen von Epididymis, Ductus deferens, Vesicula seminalis und Prostata*** (3 in Abb. 19–19). Damit werden Samen und Drüsensekrete in die Urethra interna befördert. Gleichzeitig wird ein Rückfluß des Ejakulates in die Harnblase durch ***Kontraktion des Sphincter vesicae internus*** reflektorisch verhindert.

Mechanismus der Ejakulation. Diese setzt nach der Emission ein. Sie wird durch Erregung der Afferenzen von der Prostata und von der Urethra interna in den Beckennerven ausgelöst. Die Reizung dieser Afferenzen während der Emission erzeugt reflektorisch über das Sakralmark *tonisch-klonische Kontraktionen* der Beckenbodenmuskulatur und *der Mm. bulbo- und ischiocavernosi*, die das proximale erektile Gewebe umschließen (4 in Abb. 19–19). Diese *rhythmischen Kontraktionen* erhöhen die ***Rigidität des Penis*** (wobei der Druck im erektilen Gewebe weit über den arteriellen Blutdruck ansteigen kann) und die Sekrete werden aus *der Urethra interna* durch die *Urethra externa* herausgeschleudert. Gleichzeitig kontrahieren sich die Muskeln von Rumpf und Beckengürtel rhythmisch, was vornehmlich dem Transport des Samens in die proximale Vagina und die *Cervix uteri* dient. Während der Ejakulationsphase sind die parasympathischen und sympathischen Neurone zu den Geschlechtsorganen maximal erregt. Nach Abnahme der Aktivität in den parasympathischen Vasodilatatorneuronen klingt die Erektion allmählich ab.

Männer mit *zerstörtem Sakralmark* haben häufig Emissionen, wenn diesen eine psychogen ausgelöste Erektion vorausgegangen ist. Ebenso kann bei diesen Patienten ein Orgasmus vorhanden sein. Die efferenten Impulse zu den Geschlechtsorganen laufen hier über den Sympathikus vom Thorakolumbalmark (2 und 3 in Abb. 19–19, Tabelle 19–2). Querschnittsgelähmte Männer, deren *Rückenmark im Zervikal- oder oberen Thorakalmark durchtrennt* ist, haben praktisch keine Emissionen, Ejakulationen und keinen Orgasmus mehr (Tabelle 19–2). Den sympathischen Neuronen im unteren Thorakal- und oberen Lumbalmark fehlt vermutlich die Förderung von supraspinal [15,29,43].

Im sexuellen Reaktionszyklus der Frau erfahren die äußeren und inneren Geschlechtsorgane charakteristische Veränderungen, die durch das vegetative Nervensystem erzeugt werden

Tabelle 19–2. Zusammenfassung der neuronalen Kontrolle der Genitalreflexe beim Mann. Nach [29]

	Erektion	Emission und Ejakulation	Orgasmus
Afferenzen	Von Glans penis und umliegenden Geweben zu Sakralmark (im N. pudendus)	Von äußeren und inneren Geschlechtsorganen zum Sakralmark (N. pudendus und splanchnicus pelvinus) und zum Thorakolumbalmark (Plexus hypogastricus), Afferenzen von Skelettmuskulatur	Vorhanden, wenn mindestens ein afferenter Eingang intakt (von Genitalien zu Sakral- oder Thorakolumbalmark, von Skelettmuskulatur zum Sakralmark)
Vegetative Efferenzen	1. Parasympathisch sakral	Sympathisch thorakolumbal (reflektorisch und psychogen)	
	2. Sympathisch thorakolumal (psychogen)		
Somatische Efferenzen	0	Zu Mm. bulbo- und ischiocavernosi; Beckenbodenmuskulatur	
Sakralmark zerstört	Vorhanden bei 25% der Patienten (psychogen), thorakolumbal	Emission vorhanden, wenn Erektion auslösbar (psychogen)	Vorhanden
Rückenmark im oberen Thorakal- oder Zervikalmark zerstört	Fast immer vorhanden (reflektorisch)	Fast nie vorhanden	Fehlt immer

Veränderungen an den äußeren Geschlechtsorgane bei sexueller Stimulation. Die ***Labia majora,*** die sich normalerweise in der Mittellinie berühren und dadurch Labia minora, Vaginaleingang und Urethraausgang schützen, weichen auseinander, verdünnen sich und verschieben sich in anterolaterale Richtung. Bei fortgesetzter Erregung entwickelt sich eine venöse Blutstauung in ihnen. Die ***Labia minora*** nehmen durch Blutfüllung um das 2- bis 3fache im Durchmesser zu und schieben sich zwischen die Labia majora. Diese Veränderung der kleinen Schamlippen verlängert den Vaginalzylinder. Die angeschwollenen Labia minora ändern ihre Farbe von rosa zu hellrot (*Sexualhaut,* „sex skin"). ***Glans*** und ***Corpus clitoridis*** schwellen an und nehmen an Länge und Größe zu. Bei zunehmender Erregung wird die Klitoris an den Rand der Symphyse gezogen.

Die Veränderungen der äußeren Genitalien während der sexuellen Erregung werden einerseits ***reflektorisch*** durch Reizung von Sensoren in den Genitalorganen, deren Axone *im N. pudendus* zum Sakralmark (S2-S4) laufen, erzeugt (Abb. 19–20). Andererseits können sie auch ***psychogen*** hervorgerufen werden. Die *Klitoris* spielt wegen ihrer dichten afferenten Innervation eine besondere Rolle. Ihre Mechanorezeptoren werden sowohl durch direkte Berührung als auch indirekt – besonders nach Retraktion der Klitoris an den Rand der Symphyse – durch Zug am Präputium, durch Manipulationen an den äußeren Geschlechtsorganen oder durch die Penisstöße erregt. Die Erregung der Afferenzen vom Mons pubis, vom Vestibulum vaginae, von der Dammgegend und besonders von den Labia minora können ebenso starke Effekte während der sexuellen Erregung herbeiführen wie die klitoridalen Afferenzen. Die Erregung wird durch das Anschwellen der Organe verstärkt.

Die Vergrößerung der äußeren Genitalien ist auf eine allgemeine ***Vasokongestion*** zurückzuführen. Sie wird vermutlich durch ***vasodilatatorisch wirkende parasympathische Neurone*** aus dem Sakralmark, deren Axone durch die N. splanchnici pelvini laufen, erzeugt (Abb. 19–20). Die Erektion der Klitoris wird wie beim Penis des Mannes durch die Blutfüllung von Schwellkörpern erzeugt. In Analogie zu den Befunden beim Manne (s. Tabelle 19–2) wird vermutet, daß auch die sympathische Innervation aus dem Thorakolumbalmark an der Erzeugung der Vasokongestion beteiligt ist [19,20].

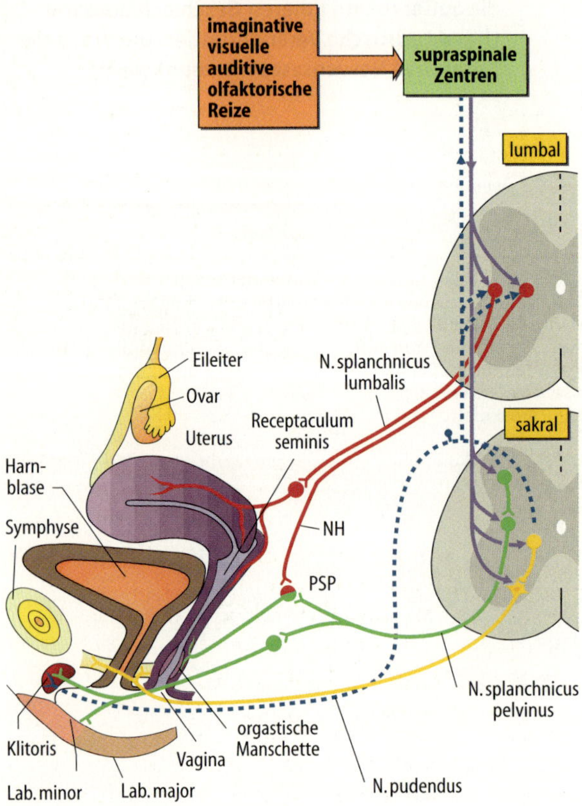

Abb. 19–20. Innervation der weiblichen Genitalorgane. *PSP,* Plexus splanchnicus pelvinus. Einzelheiten s. Abb. 19–19

Veränderungen an den inneren Geschlechtsorganen im sexuellen Reaktionszyklus. Innerhalb 10 bis 30 s nach afferenter oder psychogener Stimulation setzt eine *Transsudation mukoider Flüssigkeit* durch das Plattenepithel der ***Vagina*** ein. Dieses erzeugt die *Gleitfähigkeit* in der Vagina und ist die Voraussetzung für die adäquate Reizung der Afferenzen des Penis beim Geschlechtsakt. Die großen Vorhofdrüsen *(Bartholini-Drüsen)* spielen bei der Erzeugung der Gleitfähigkeit kaum eine Rolle. Die Transsudation entsteht auf dem Boden einer allgemeinen venösen Stauung (Vasokongestion) in der Vaginalwand, die wahrscheinlich durch Erregung parasympathischer und sympathischer Neurone ausgelöst wird. Sie wird von einer reflektorischen Erweiterung und Verlängerung des Vaginalschlauches begleitet. Mit zunehmender Erregung bildet sich im äußeren Drittel der Vagina durch lokale venöse Stauung die ***orgastische Manschette*** aus (Abb. 19–20). Diese Manschette bildet zusammen mit den angeschwollenen, vergrößerten *Labia minora* einen langen Kanal, der die optimale anatomische Voraussetzung zur Erzeugung eines ***Orgasmus*** bei Mann und Frau ist. Während des Orgasmus kontrahiert sich die orgastische Manschette je nach Stärke des Orgasmus. Diese Kontraktionen werden wahrscheinlich neuronal durch den Sympathikus vermittelt und sind mit Emissionen und Ejakulation beim Mann zu vergleichen.

Der ***Uterus*** richtet sich während der sexuellen Erregung aus seiner antevertierten und anteflektierten Stellung auf und steigt bei voller Erregung im Becken so auf, daß sich die Zervix von der hinteren Vaginalwand entfernt und dadurch im letzten Drittel der Vagina ein freier Raum zur Aufnahme des Samens (*Receptaculum seminis*) entsteht. Der Uterus vergrößert sich um bis zu 50%. *Aufrichtung, Elevation* und *Vergrößerung* des Uterus kommt durch die ***Vasokongestion*** im kleinen Becken und wahrscheinlich auch durch neuronal (sympathisch) und hormonell erzeugten Kontraktionen der glatten Muskulatur in den Haltebändern des Uterus zustande. Während des Orgasmus kontrahiert sich der Uterus regelmäßig. Diese Kontraktionen beginnen am Fundus und laufen über das *Corpus uteri* zum unteren Uterinsegment.

Nach dem Orgasmus bilden sich die Veränderungen an den äußeren und inneren Geschlechtsorganen meist schnell zurück. Die äußere Zervixöffnung klafft für etwa 20–30 min und taucht in das *Receptaculum seminis* ein. Tritt nach starker Erregung der Orgasmus nicht ein, so laufen die Rückbildungen langsamer ab (s. Abb. 19–21 B).

Der sexuelle Reaktionszyklus besteht aus 4 Phasen; während ihres Ablaufs finden neben den genitalen auch ausgeprägte extragenitale Reaktionen statt

Masters und Johnson [20] haben den Ablauf des sexuellen Reaktionszyklus aus praktischen Gründen in ***Erregungs-, Plateau-, Orgasmus- und Rückbildungsphase*** eingeteilt (Abb. 19–21). Der zeitliche Ablauf dieses Reaktionszyklus ist interindividuell sehr verschieden.

Beim Mann laufen diese Reaktionen insgesamt etwas *stereotyper* mit geringen interindividuellen Variationen ab (Abb. 19–21 A). Auf den Orgasmus folgt in der Rückbildungsphase eine ***Refraktärzeit*** von weniger als einer bis zu mehreren Stunden, in der kein neuer Orgasmus durch sexuelle Stimulation erreicht werden kann.

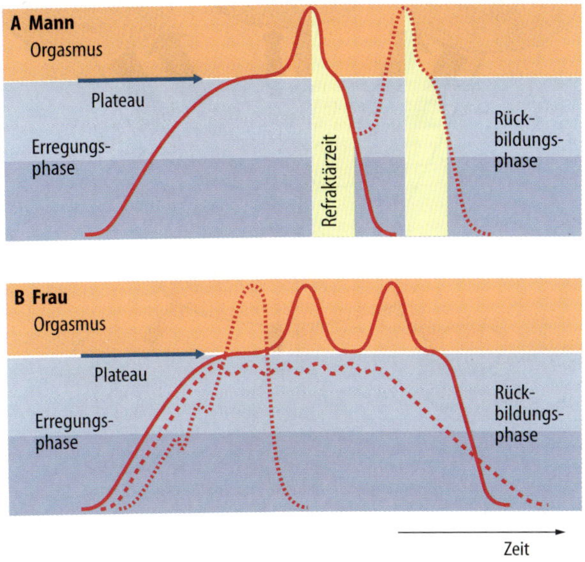

Abb. 19–21. A u. **B** Sexuelle Reaktionszyklen von Mann und Frau. Dauer *(Abszisse)* und Stärke *(Ordinate)* der verschiedenen Phasen sind interindividuell sehr variabel. Modifiziert nach [20]

Bei der Frau ist der sexuelle Reaktionszyklus in Dauer und Intensität dagegen erheblich variabler (Abb. 19–21 B). Sie ist zu multiplen Orgasmen fähig. Wird kein Orgasmus erreicht, dauert die Rückbildungsphase länger an.

Der ***Orgasmus*** ist eine Reaktion des ganzen Körpers. Er besteht aus den neurovegetativ hervorgerufenen Reaktionen der Genitalorgane (beim Mann besonders der Ejakulation; bei der Frau besonders der Kontraktion von orgastischer Manschette und Uterus), allgemeinen vegetativen und hormonellen Reaktionen und der meist starken zentralnervösen Erregung, die zu intensiven Empfindungen und zu Einengungen der übrigen Sinneswahrnehmungen führt.

Während der sexuellen Reaktionszyklen kann man vielfältige ***extragenitale Reaktionen*** beobachten. *Herzfrequenz* und *Blutdruck* nehmen mit dem Erregungsgrad zu. Die ***Herzfrequenz*** erreicht Maximalwerte um 100 bis 180/min, der ***Blutdruck*** steigt diastolisch um 20 bis 40 und systolisch um 30 bis 100 mm Hg an. Die ***Atemfrequenz*** nimmt auf bis zu 40/min zu. Der *M. sphincter ani externus* kontrahiert sich rhythmisch in der Orgasmusphase. Die ***Brust der Frau*** zeigt infolge einer Vasokongestion eine Zunahme der Venenzeichnung und der Größe. Die Brustwarzen sind erigiert und die Warzenhöfe angeschwollen. Diese Reaktionen der Brust können auch beim Manne auftreten, sind aber bei weitem nicht so deutlich ausgeprägt.

Bei vielen Frauen und manchen Männern kann man die ***„Sexualröte“ (sexflush)*** der Haut beobachten. Sie beginnt in der späten Erregungsphase über dem Epigastrium und breitet sich mit zunehmender Erregung über Brüste, Schultern, Abdomen und u. U. den ganzen Körper aus. Die ***Skelettmuskulatur*** kontrahiert sich willkürlich und unwillkürlich. Die mimische Muskulatur, Bauch- und Interkostalmuskulatur kann sich spastisch kontrahieren. Im Orgasmus geht die willkürliche Kontrolle über die Skelettmuskulatur häufig weitgehend verloren.

! Die Veränderungen der Genitalorgane, die während des sexuellen Reaktionszyklus stattfinden, werden vom sakralen Parasympathikus und lumbalen Sympathikus erzeugt. Die neuronalen Mechanismen bestehen aus spinalen (sakralen und sakrolumbalen) Reflexen und supraspinalen Einflüssen, die über spezifische vegetative Neurone die erektilen Gewebe und Drüsen sowie die glatte Muskulatur der inneren Genitalorgane beeinflussen.

19.9 Aufgaben des Hypothalamus

Leben ist nur möglich, wenn die inneren Bedingungen im Körper, das sog. ***innere Milieu,*** in engen Grenzen konstant bleiben. Hierunter versteht man z. B. die Körpertemperatur, die Konzentration der Ionen, das Flüssigkeitsvolumen im Extrazellulärraum und die Konzentration des Traubenzuckers im Blut usw.. Der Gleichgewichtszustand, der bei der Konstanthaltung des inneren Milieus eintritt, wird als ***Homöostase*** bezeichnet.

Die wichtigste Hirnregion für die Erhaltung der Homöostase bei Vertebraten ist der ***Hypothalamus.*** Er koordiniert neuroendokrine Regulationen, vegetative Regulationen und die Somatomotorik. Spinale Reflexe und vegetative Regulationen, die vom Hirnstamm ausgehen, sind in diese hypothalamischen Funktionen integriert. Ein großhirnloses Tier ist nicht besonders schwer am Leben zu erhalten, während ein Tier ohne Hypothalamus äußerster Pflege bedarf, um am Leben zu bleiben, da viele homöostatische Regelmechanismen ausgefallen sind. Integrative Funktionen des Hypothalamus werden unter verschiedenen Teilgebieten der Physiologie abgehandelt, wie z. B. Thermoregulation (s. Kap. 30), Regelung von Durst und Hunger (s. Kap. 9), endokrinen Regelungen (s. Kap. 20), Regulation der sexuellen Reifung (s. Kap. 20.6) und Regulation des Schlaf-Wach-Rhythmus (s. Kap. 7).

Der Hypothalamus ist ein Zentrum für die Regulation des inneren Milieus (Erhaltung der Homöostase) und für die Integration somatischer, vegetativer und endokriner Funktionen

Topographische Lage und Einteilung (Abb. 19–22). Der Hypothalamus ist ein kleiner, etwa 5 g schwerer Teil des Gehirns, der nicht scharf abgegrenzt ist. Er ist mehr Teil eines neuronalen Kontinuums, welches sich vom Mittelhirn über den Hypothalamus zu den basalen Bereichen des Telenzephalons, die eng assoziiert sind mit dem phylogenetisch alten Riechsystem, erstreckt. Der Hypothalamus ist als der ventrale Teil des Zwischenhirns (Dienzephalon) um die ventrale Hälfte des dritten Ventrikels organisiert und liegt ventral vom Thalamus. Er wird kaudal vom Mesenzephalon und rostral von der Lamina terminalis, der Commissura anterior und dem Chiasma opticum begrenzt. Lateral von ihm liegen die Tractus optici, die Capsulae internae und subthalamische Strukturen.

Innerhalb des Hypothalamus unterscheidet man drei mediolateral angeordnete Zonen [24, 52]: eine periventriculäre, eine mediale und eine laterale Zone. Die ***periventrikuläre Zone*** ist dünn und um den 3. Ventrikel organisiert. Sie enthält eine große Zahl von Kerngebieten, die z. T. in den ***medialen Hypothalamus*** übergehen. Im letzteren können mehrere Kerngebiete, die vom vorderen bis zum hinteren Hypothalamus angeordnet sind, unterschieden werden (Abb. 19–22). Die Regio praeoptica gehört entwicklungsgeschichtlich zum Endhirn, wird aber meistens zum Hypothalamus gerechnet.

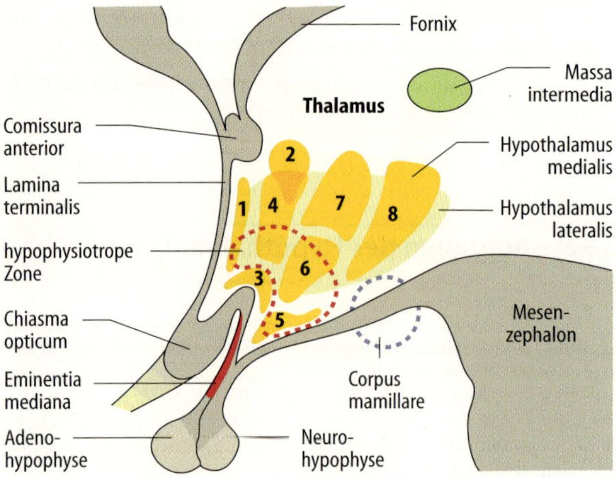

Abb. 19–22. Kerngebiete des Hypothalamus. Sagittalschnitt durch den dritten Ventrikel. Schematische Darstellung. 1. Nucleus praeopticus (Area präoptica); 2. Nucleus paraventricularis; 3. Nucleus supraopticus; 4. Nucleus anterior (Area anterior); 5. Nucleus infundibularis; 6. Nucleus ventromedialis; 7. Nucleus dorsomedialis; 8. Nucleus posterior (Area posterior). Nach Benninghoff-Goertler, Lehrbuch der Anatomie des Menschen, Band III, Urban & Schwarzenberg (1977)

Vom ventromedialem Bereich des Hypothalamus entspringt der Hypophysenstiel (Infundibulum) mit Adeno- und Neurohypophyse. Die Vorderseite des Hypophysenstiels wird ***Eminentia mediana*** genannt. Viele Neurone in der periventrikulären Zone, in der Regio praeoptica, der Regio hypothalamica anterior, in den Nuclei ventromedialis und infundibularis (Abb. 19–22) projizieren in die Eminenta mediana und setzen hier Hormone aus ihren Axonen in den Portalkreislauf zur ***Adenohypophyse*** frei. Neurone in den Nuclei supraoptici und paraventriculares (Kerne 2 und 3 in Abb. 19–22) projizieren in die ***Neurohypophyse*** und kontrollieren die Produktion und Ausschüttung von ***Oxytocin*** und ***Adiuretin*** (*Vasopressin*, s. S. 375). Bisher ist man mit wenigen Ausnahmen (Nuclei supraoptici und paraventriculares, s. S. 375 f.) nicht in der Lage, den einzelnen Kernen bestimmte Funktionen zuzuordnen.

Im lateralen Hypothalamus (Abb. 19–22) kann man keine Kerngebiete unterscheiden. Die diffus angeordneten Neurone im lateralen Hypothalamus werden vom ***medialen Vorderhirnbündel*** durchzogen. Dieses Bündel setzt sich rostral in die basolateralen Strukturen des limbischen Systems und kaudal zu rostralen Strukturen des Mittelhirns fort. Es besteht aus langen und kurzen aszendierenden und deszendierenden Axonen.

Afferente und efferente Verbindungen des Hypothalamus [23, 24,52]. Die afferenten und efferenten Verbindungen des Hypothalamus unterstreichen, daß dieses Hirngebiet ein wichtiges ***Integrationszentrum*** für somatische, vegetative und endokrine Funktionen ist (Abb. 19–23).

Der ***laterale Hypothalamus*** ist durch mächtige Faserstränge mit dem oberen Hirnstamm, der paramedianen mesenzephalen Region (limbisches Mittelhirnareal) und dem übergeordneten limbischen System reziprok verbunden. Afferente Einströme von der Körperoberfläche und aus dem Körperinneren erhält der laterale Hypothalamus über die aszendierenden spinobulboretikulären Bahnen. Diese Bahnen projizieren sowohl über den Thalamus als

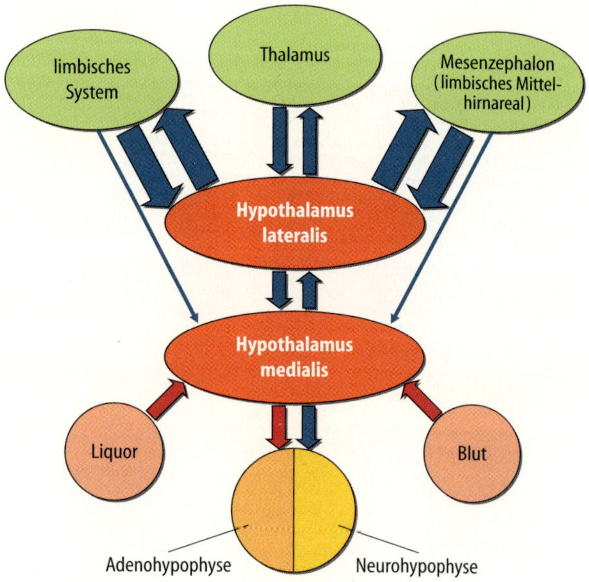

Abb. 19–23. Afferente und efferente Verbindungen des Hypothalamus. Vereinfachte schematische Darstellung

auch über das limbische Mittelhirnareal in den Hypothalamus. Andere afferente Einströme von den übrigen sensorischen Systemen erhält der Hypothalamus über noch z. T. unbekannte multisynaptische Bahnen. Seine efferenten Verbindungen zu den vegetativen und somatischen Kerngebieten im Hirnstamm und im Rückenmark laufen über multisynaptische Bahnen in der Formatio reticularis.

Der ***mediale Hypothalamus*** ist reziprok neuronal mit dem lateralen Hypothalamus verknüpft und erhält wenige direkte afferente Einströme von nichthypothalamischen Hirngebieten. Zusätzlich messen spezielle Neurone im medialen Hypothalamus wichtige Parameter des ***Blutes*** und des ***Liquors*** (s. rote Pfeile in Abb. 19–23) und damit des *inneren Milieus*. Solche Rezeptoren registrieren beispielsweise die Temperatur des Blutes (Warmneurone, s. S. 662), die Salzkonzentration im Plasma (Osmorezeptoren, s. S. 376) oder die Konzentrationen von Hormonen im Blut. Die efferenten Verbindungen des medialen Hypothalamus zur Hypophyse sind ***neuronal*** zur Neurohypophyse und ***hormonal*** zur Adenohypophyse. Damit liegt der mediale und periventrikuläre Hypothalamus im Grenzbereich zwischen den endokrinen und den neuronalen Systemen: er nimmt die Aufgabe eines ***neuroendokrinen Interface*** wahr.

Die Neurone des hypothalamohypophysären Systems bilden die Koppelung zwischen Gehirn und endokrinen Drüsen

Die Tätigkeit der meisten endokrinen Drüsen wird durch Hormone der *Adenohypophyse* geregelt. Die Ausschüttung dieser Hormone unterliegt wiederum der Kontrolle durch Hormone, die von Neuronen in der periventrikulären Zone und im medialen Hypothalamus (s. Abb. 19–22) produziert werden. Wir nennen diese hypothalamischen Hormone *stimulierende* und *inhibitorische* ***Releasinghormone*** (RH, IH in Abb. 19–24 und s. S. 378). Die Releasinghormone werden aus den Axonen der Neurone in der Eminentia mediana freigesetzt und gelangen auf dem Blutwege über das ***hypothalamohypophysäre Pfortadersystem*** zur Adenohypophyse.

Die ***Sekretion der hypothalamischen Hormone*** durch die Neurone in das Pfortadersystem wird *durch die Plasmakonzentration der Hormone der peripheren endokrinen Drüsen kontrolliert* (lange rote Pfeile in Abb. 19–24). Ein Anstieg der Konzentration der Hormone peripherer endokriner Drüsen im Plasma führt zur Abnahme der Freisetzung der entsprechenden Releasinghormone im medialen Hypothalamus. Auch die hypothalamischen Hormone und die Hormone der Adenohypophyse selbst nehmen an der negativen Rückkopplung in dieser Regelung teil (unterbrochene rote Pfeile in Abb. 19–24).

Das ***negative Rückkopplungssystem*** (Abb. 19–24) zwischen medialem Hypothalamus, Hypophyse und endokrinen Drüsen funktioniert auch ohne steuernde Einflüsse des ZNS, so z. B. in Tieren, bei denen der mediale Hypothalamus vom übrigen ZNS *in situ* isoliert worden ist. Die Anpassung dieses Systems an die inneren und äußeren Bedürfnisse des Organismus geschieht durch das ZNS. Diese zentralnervöse Steuerung des endokrinen hypothalamo-hypophysären Systems wird über den lateralen Hypothalamus vermittelt und geht v. a. von der Regio praeoptica, Strukturen des limbischen Systems (z. B. Hippocampus und Amygdala) und Strukturen des Mesencephalons aus.

Es ist wahrscheinlich, daß auch diese ZNS-Bereiche über die Hormonkonzentration im Plasma *Rückmeldungen von den endokrinen Drüsen* erhalten (Abb. 19–24). Man kann zeigen, daß die entsprechenden Neurone spezifisch auf endokrine Hormone reagieren und diese Hormone intrazellulär speichern. Als Beispiele für die biologische Bedeutung der steuernden Eingriffe des ZNS in das endokrine System mögen die zirkadiane Rhythmik der ACTH-Ausschüttung, die Steuerung der Sexualdrüsen bei der Sexualreifung im menstruellen Zyklus (s. S. 382), die Steuerung der Kortisolausschüttung unter Streß (s. S. 394) und die Stoffwechselerhöhung durch erhöhte Thyroxinausschüttung bei langanhaltender Kältebelastung (s. S. 391) gelten.

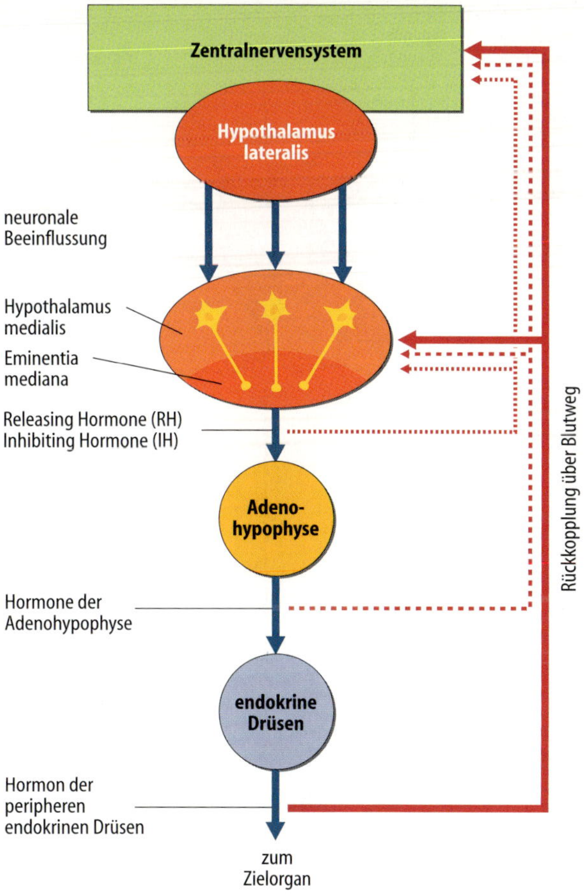

Abb. 19–24. Neuroendokrine Koppelung durch das hypothalamohypophysäre System. *RH* stimulierendes Releasinghormon, *IH* hemmendes Releasinghormon

Die starke ***Verzahnung zwischen neuronalen und endokrinen Strukturen im Hypothalamus*** läßt sich an der synaptischen Verknüpfung der Neurone, die zur Eminentia mediana projizieren, ablesen. So kann ein solches Neuron von Strukturen des limbischen Systems (Corpus amygdaloideum und Hippocampus, s. S. 176 f) sowie Area praeoptica und hypothalamica anterior afferent neuronal beeinflußt werden (Abb. 19–25, oben). Weiterhin projiziert dieses Neuron mit Axonkollateralen in die verschiedensten Hirnstrukturen (Abb. 19–25, rechts) und unterliegt der Selbstregulation durch rekurrente Hemmung (Abb. 19–25, links). Der Transmitter, den die verschiedenen Axonkollateralen ausschütten, ist wahrscheinlich das Releasinghormon. Diese Zellen sind demnach sowohl ***terminale integrierende Neurone***

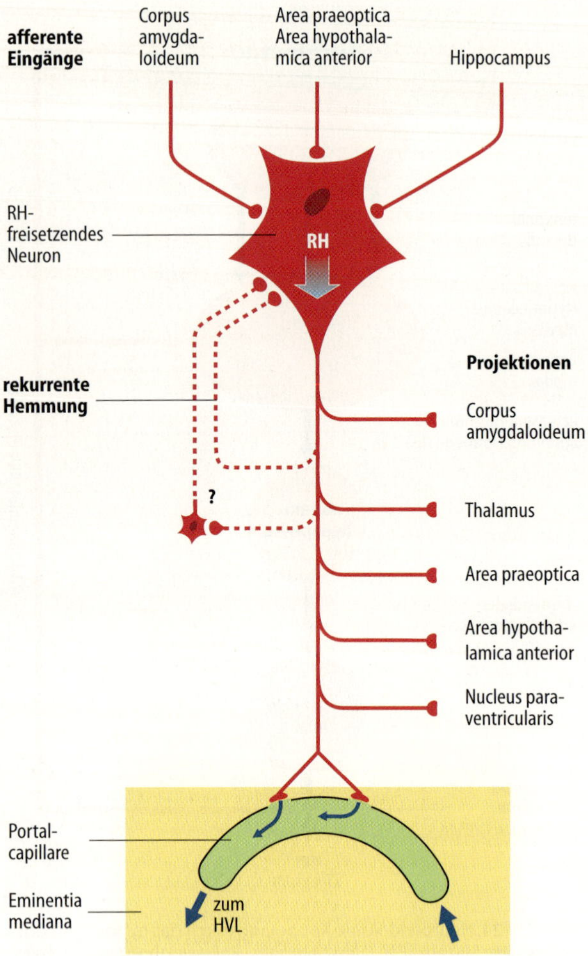

Abb. 19–25. Releasinghormon *(RH)* freisetzendes Neuron aus der hypophysiotropen Zone als Grundelement der neuroendokrinen Koppelung im Hypothalamus. Nach Renaud in [27]

als auch ***hormonproduzierende endokrine Zellen*** [27,53,54].

Die neuronale Servokontrolle des kardiovaskulären Systems ist in alle hypothalamischen Regulationen eingebunden

Die einfache *Servokontrolle des kardiovaskulären Systems* (arterieller Systemblutdruck, Herzzeitvolumen, Blutflußverteilung) findet *im unteren Hirnstamm* statt (s. Abb. 19–15; s. S. 356). Die *medulläre Selbststeuerung* des kardiovaskulären Systems steht wiederum unter der Kontrolle des oberen Hirnstamms und ganz besonders des Hypothalamus. Diese Kontrolle geschieht einerseits über die neuronalen Verknüpfungen zwischen Hypothalamus und medullärem Kreislaufzentrum, andererseits aber auch über direkte neuronale Verbindungen vom Hypothalamus zu den präganglionären Neuronen. Die ***übergeordnete neuronale Kontrolle*** des kardiovaskulären Systems durch den Hypothalamus geschieht bei allen komplexeren vegetativen Funktionen, die über die einfache Servokontrolle hinausgehen, wie z. B. bei der Thermoregulation, der Kontrolle der Nahrungsaufnahme, dem Abwehrverhalten, körperlicher Arbeit (s. unten) usw.

Von ganz besonderer Bedeutung ist der Mechanismus der ***Anpassung des Herz-Kreislauf-Systems während körperlicher Arbeit.*** Bei Muskelarbeit erhöht sich das *Herzzeitvolumen* (besonders durch Erhöhung der Herzfrequenz), gleichzeitig erhöht sich der Blutfluß durch die Muskelstrombahn, während die Blutflüsse durch Haut und Eingeweide abnehmen. Die Anpassung des Kreislaufes geschieht praktisch *sofort* mit Beginn der Arbeit. Sie wird ***zentralnervös über den Hypothalamus*** ausgelöst. Elektrische Reizung im lateralen Hypothalamus in Höhe der Corpora mamillaria erzeugt bei Hunden bis ins Detail dieselben vegetativen Reaktionen wie bei Tieren, die auf dem Laufband arbeiten. Auch am anästhesierten Tier kann man Laufbewegungen und Atembeschleunigungen während elektrischer Hypothalamusreizung beobachten. Bei geringen Änderungen der Lokalisation der Reizelektrode können vegetative und somatische Reaktionen auch unabhängig voneinander hervorgerufen werden.

Bilaterale Läsionen der Neuronenbereiche, deren Erregung die beschriebenen vegetativen Reaktionen erzeugt, hat zur Folge, daß die Hunde ihr kardiovaskuläres System bei der Arbeit ***nicht*** mehr anpassen können (sie ermüden rasch auf dem Laufband). Dieser Befund bedeutet, daß im lateralen Hypothalamus neuronale Strukturen vorhanden sind, die die Anpassung des Kreislaufes bei Muskelarbeit steuern. Diese Hypothalamusbereiche unterliegen der ***neokortikalen Kontrolle.*** Ob der Hypothalamus auch allein diese zentralnervöse Anpassung vornehmen kann, wissen wir nicht; es bedürfte dazu relativ spezifischer afferenter Signale von der Skelettmuskulatur zum Hypothalamus [49].

Der Hypothalamus organisiert und steuert elementares Verhalten durch die Koordination vegetativer und endokriner Regulationen mit motorischen Aktionen

Elektrische Reizung kleiner Areale im Hypothalamus mit Mikroelektroden löst bei Tieren Verhaltensweisen aus, die in ihrem Variantenreichtum den natürlichen, artspezifischen Verhaltensweisen der Tiere ähneln. Dazu gehören v. a. das *Abwehr- und Fluchtverhalten, die Nahrungs- und Flüssigkeitsaufnahme* (nutritives Verhalten), das *reproduktive (Sexual-) Verhalten* und das *thermoregulatorische Verhalten.* Diese Verhaltensweisen dienen der ***Selbsterhaltung des Individuums*** und der ***Art*** und können im weiteren Sinne auch als *homöostatische Prozesse* betrachtet werden. Jede dieser Verhaltensweisen besteht aus ***somatomotorischen, vegetativen*** und ***hormonalen*** Komponenten.

Hypothalamisch ausgelöstes Abwehrverhalten. Lokale elektrische Reizung im kaudalen Hypothalamus (s. Reizort 2 in Abb. 19–26) erzeugt z. B. bei einer wachen Katze *Abwehrverhalten.* Man beobachtet typische ***somatomotorische Reaktionen*** (Katzenbuckel, Fauchen, gespreizte Zehen und ausgestülpte Krallen) und ***vegetative***

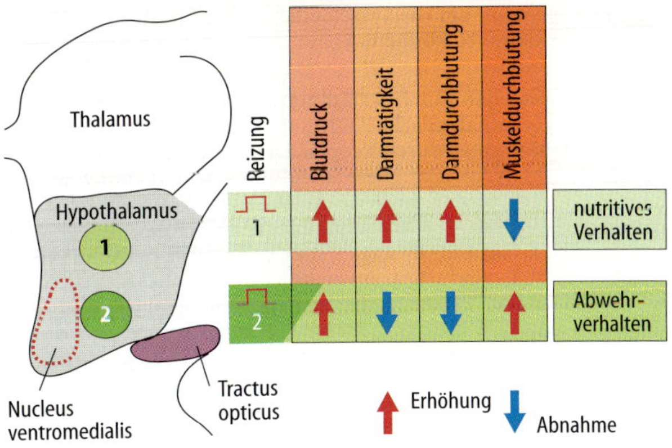

Abb. 19–26. Vegetative Reaktionen bei der Erzeugung von nutritivem Verhalten und Abwehrverhalten der Katze durch elektrische Reizung im Hypothalamus. [Modifiziert nach FOLKOW und RUBINSTEIN: Acta physiol. scand. 65, 292–299 (1966)]

Reaktionen (gesteigerte Atmung, Pupillenerweiterung und Piloerektion auf Schwanz und Rücken). Blutdruck und Muskeldurchblutung erhöhen sich; Darmmotilität und Darmdurchblutung nehmen ab (Abb. 19–26). Die meisten vegetativen Reaktionen werden durch die Aktivierung des Sympathikus erzeugt. Weiterhin sind auch ***hormonale Faktoren*** an diesem Verhalten beteiligt. *Katecholamine* werden z.B. aus dem Nebennierenmark in den Blutkreislauf ausgeschüttet (s. S. 346 ff. und Abb. 19–3), und die Aktivierung des hypothalamohypophysären Systems führt über die Ausschüttung von ***ACTH*** aus dem Hypophysenvorderlappen zur Freisetzung von ***Kortikosteroiden*** aus der Nebennierenrinde.

Ähnliche Verhaltensweisen kann man an dienzephalen Katzen mit intaktem Hypothalamus durch natürliche, schmerzhafte und nichtschmerzhafte Hautreizung erzeugen. Da bei diesen Tieren das ganze Vorderhirn fehlt, hat das ausgelöste Verhalten bei ihnen keinen Bezug mehr zur Umwelt. Nach Zerstörung des kaudalen Hypothalamus sind nur noch Fragmente dieses Verhaltens durch schmerzhafte Reize auslösbar. Diese Untersuchungen zeigen, daß das neuronale Substrat, welches dieses Verhalten integriert, im hinteren Hypothalamus vorhanden ist.

Hypothalamisch ausgelöstes nutritives Verhalten. Dieses ist nahezu komplementär zum Abwehrverhalten. Es kann durch lokale elektrische Reizung eines hypothalamischen Areals ausgelöst werden, welches 2–3 mm dorsal vom „Abwehrareal" liegt (s. Reizort 1 in Abb. 19–26). Ein Tier, bei dem dieses Verhalten erzeugt wird, zeigt alle Merkmale eines auf Nahrungssuche befindlichen Tieres; es beginnt bei Annäherung an einen gefüllten Trog zu fressen, auch wenn es satt ist, und benagt ungenießbare Gegenstände. Speichelfluß, Darmmotilität und Darmdurchblutung nehmen zu und die Muskeldurchblutung ab (Abb. 19–26). Die charakteristischen Änderungen der vegetativen Parameter während des nutritiven Verhaltens führen gewissermaßen zur ***vegetativen Einstellung*** auf den Vorgang ***Nahrungsaufnahme.*** Diese Verhaltensweise ist gekennzeichnet durch die Erregung des Parasympathikus zum Verdauungstrakt [8,14,18,52].

Der Hypothalamus enthält zahlreiche neuronale Verhaltensprogramme, die durch neuronale und humorale Signale aus der Peripherie und vom Endhirn aktiviert werden können

Die systematische Untersuchung des Hypothalamus mit *lokaler elektrischer Reizung* läßt den Schluß zu, daß die neuronalen Substrate, die verschiedenste Verhaltensweisen regulieren, im Hypothalamus vorhanden sind. Untersuchungen, die mit anderen Methoden vorgenommen worden sind, wie z.B. *Läsionen* oder *chemische Reizung*, ergänzen und unterstützen diesen Schluß.

Läsions- und Reizexperimente. Läsion des Areals im lateralen Hypothalamus, von dem durch elektrische Reizung Freßverhalten induziert werden kann (dem sog. Freß- oder Hungerzentrum, s. S. 172), bewirkt Aphagie (Nahrungsverweigerung), während die Läsion des Areals im medialen Hypothalamus, von dem man eine Hemmung des Freßverhaltens auslösen kann (dem Sättigungszentrum), Hyperphagie (Freßlust) auslöst.

Chemische Reizung von Neuronenpopulationen kann mit Substanzen vorgenommen werden, die synaptische Überträgerstoffe im Hypothalamus sind, wie z.B. Noradrenalin, Azetylcholin, Glutamat, Glyzin, γ-amino-Buttersäure, Neuropeptide. Die Mikroinjektion von Noradrenalin in den Hypothalamus erzeugt z.B. eine dramatische Zunahme der Nahrungsaufnahme, während die Mikroinjektion von Azetylcholin selektiv die Aufnahme von Flüssigkeit auslösen kann.

Neuronennetzwerke als funktionelle „Zentren". Die Bereiche im Hypothalamus, von denen die Verhaltensweisen auslösbar sind, überlappen. Es ist deshalb bisher auch nicht gelungen, die Neuronenpopulationen, die die Verhaltensweisen regulieren, *neurophysiologisch* und *neuroanatomisch* zu beschreiben. So stimmt z.B. die Lage der neurohistologisch herausgearbeiten Kerngebiete im Hypothalamus (s. Abb. 19–22) mit den Arealen, von denen die Verhaltensweisen auslösbar sind, nicht oder nur sehr vage überein. Man darf sich also die neuronalen Strukturen, die die einzelnen Reaktionen zu Verhaltensweisen integrieren, *nicht anatomisch fest umrissen vorstellen,* wie es etwa in den Begriffen „Sättigungszentrum" oder „Hungerzentrum" zum Ausdrucke kommen mag.

Die neuronale Organisation im Hypothalamus, aufgrund derer dieses kleine Hirngebiet befähigt ist, die Vielzahl lebenswichtiger Verhaltensweisen und neurohumoraler Regulationen zu kontrollieren, ist zur Zeit noch ein großes *Rätsel.* Vermutlich sind die verschiedenen hypothalamischen Neuronenverbände durch die Spezifität der afferenten und efferenten Verknüpfungen, der synaptischen Überträgerstoffe, der räumlichen Anordnung der Dendriten und andere Parameter charakterisiert. Es muß angenommen werden, daß diese, uns bisher nicht zugänglichen, hypothalamischen neuronalen Netzwerke eine Vielzahl von Programmen enthalten. Diese ***Programme*** können durch neuronale Signale von übergeordneten Hirnstrukturen und durch neuronale, hormonelle und humorale Signale aus der Peripherie des Körpers aktiviert werden und erzeugen so die verschiedensten Verhaltensweisen und neurohumoralen Regulationen (Abb. 19–27) [53].

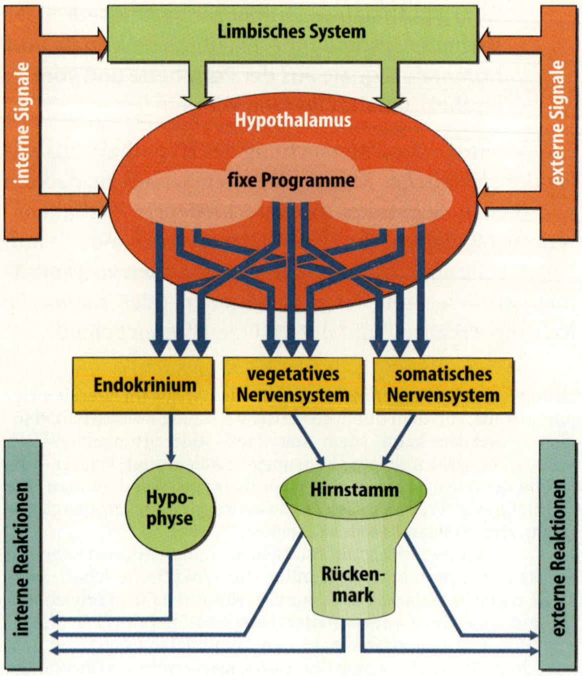

Abb. 19–27. Schema zur funktionellen Organisation hypothalamischer Verhaltensweisen

Lange Zeit wurde angenommen, daß die ***rostralen Anteile des Hypothalamus*** somatische, vegetative und endokrine Reaktionen im Körper integrieren, die die Erholung des Organismus, die Konservierung der Körperenergien, die Verdauung und die Ausscheidung fördern. Diese Prozesse wurden in dem Begriff ***trophotrope Reaktion*** zusammengefaßt und es wurde angenommen, daß sie durch die Erregung des Parasympathikus erzeugt werden.

Es wurde weiterhin angenommen, daß der ***kaudale Hypothalamus*** die Körperenergien mobilisiert und das Leistungsvermögen erhöht durch eine allgemeine Aktivierung des sympathischen Systems. Dieser Prozeß wurde in dem Begriff ***ergotrope Reaktion*** zusammengefaßt. Die von Hess [14] geprägten Begriffe implizieren, daß der Hypothalamus aus *zwei funktionell verschiedenen Systemen* besteht. *In diesem Konzept wird der periphere Antagonismus zwischen Sympathikus und Parasympathikus auf den Hypothalamus übertragen.* Aus heutiger Sicht erscheint das Konzept zu allgemein, um die verschiedenen Funktionen des Hypothalamus erklären zu können.

Funktionsstörungen durch Schädigung des Hypothalamus beim Menschen. Hypothalamische Funktionsstörungen beim Menschen werden am häufigsten durch Neoplasien (Tumoren), Traumen und Entzündungen verursacht. Diese Schädigungen sind manchmal relativ lokalisiert, so daß isolierte Ausfälle im vorderen, intermediären und hinteren Hypothalamus entstehen können.

Die Funktionsstörungen, die der Kliniker bei den Patienten beobachtet, sind (mit Ausnahme des Diabetes insipidus, s. S. 376) komplexer Natur. Sie hängen auch davon ab, ob die Schädigungen akut (z. B. durch ein Trauma) oder chronisch (z. B. durch einen langsam wachsenden Tumor) entstanden sind. Akute kleine Schädigungen können zu bemerkenswerten Funktionsstörungen führen, während Funktionsstörungen durch langsam wachsende Tumoren erst dann auftreten, wenn die Schädigungen erhebliche Ausmaße erreicht haben. Die komplexen Funktionen des Hypothalamus und ihre Störungen sind in Tabelle 19–3 aufgeführt. Die Störungen der Wahrnehmung, des Gedächtnisses und des Schlaf-Wach-Rhythmus kommen z. T. durch Schädigungen aszendierender und deszendierender Systeme von und zu Strukturen des limbischen Systems zustande [27].

!

Der Hypothalamus als ventraler Teil des Zwischenhirns ist afferent und efferent mit nahezu allen Hirnteilen verbunden. Er integriert vegetative, endokrine und somatomotorische Systeme zu homöostatischen Regulationen und Verhaltensweisen, die das Überleben der Individuen und der Art gewährleisten. Die hypothalamischen Programme werden durch Signale aus der Peripherie und vom Telenzephalon aktiviert.

19.10 Literatur

Weiterführende Lehr- und Handbücher

1. Bannister R, Mathias C (eds) (1999) Autonomic failure, 4th edn. Oxford University Press, Oxford
2. Brodal P (1992) The central nervous system. Structure

Tabelle 19–3. Funktionsstörungen durch Schädigung des Hypothalamus beim Menschen. Nach [27]

	Vorderer Hypothalamus mit Regio praeoptica	Intermediärer Hypothalamus	Hinterer Hypothalamus
Funktion	Schlaf-Wach-Rhythmus, Thermoregulation, Endokrine Regulation	Wahrnehmung, kalorischer Haushalt, Flüssigkeitshaushalt, endokrine Regulationen	Wahrnehmung, Bewußtsein, Thermoregulation, komplexe endokrine Regulationen
Läsionen:			
Akut	Schlaflosigkeit, Hyperthermie, Diabetes insipidus	Hyperthermie, Diabetes insipidus, endokrine Störungen	Schlafsucht, emotionale Störungen, vegetative Störungen, Poikilothermie
Chronisch	Schlaflosigkeit komplexe endokrine Störungen (z. B. Pubertas praecox), endokrine Störungen infolge Schädigung der Eminentia mediana, Hypothermie, kein Durstgefühl	Medial: Gedächtnisstörungen, emotionale Störungen, Hyperphagie und Fettsucht, endokrine Störungen Lateral: emotionale Störungen, Abmagerung und Appetitlosigkeit, kein Durstgefühl	Gedächtnisverlust, emotionale Störungen Poikilothermie, vegetative Störungen, komplexe endokrine Störungen (z. B. Pubertas praecox)

and function, 2nd edn. Oxford University Press, New York, Oxford
3. Bülbring E, Brading AF, Jones AW, Tomita T (1981) Smooth muscle: an assessment of current knowledge. Arnold, London
4. Burnstock G, Hoyle CHV (eds) (1992) Autonomic neuroeffector mechanisms. Harwood Academic, Chur
5. Cannon WB (1939) The wisdom of the body, 2nd edn. Norton, New York
6. Cervero F, Morrison JFB (eds) (1986) Visceral sensation. Elsevier Biomedical, Amsterdam (Progress in brain research, vol 67)
7. Davson H, Segal MB (1976) Introduction to physiology, vol 3, chap 4: control mechanisms in the alimentary process. Academic, London/ Grune and Stratton, New York, pp 276–403
8. Folkow B, Neil E (1971) Circulation. Oxford University Press, New York
9. Furness JB, Costa M (1987) The enteric nervous system. Churchill Livingstone, Edinburgh
10. Gabella G (1976) Structure of the autonomic nervous system. Chapman and Hall, London
11. Gilman AG, Goodman LS, Gilman A (1991/1992) Pharmacological basis of therapeutics, 8th edn. Macmillan, New York
12. Guttmann L (1976) Spinal cord injuries, 2nd edn. Blackwell Scientific, Oxford
13. Handbook of physiology (1975) sect 7: endocrinology, vol VI: adrenal gland.H. Blaschko, G. Sayers, A. D. Smith (eds). Americal Physiological Society, Washington DC
14. Hess WR (1948) Die funktionelle Organisation des vegetativen Nervensystems. Schwabe, Basel
15. Johnson RH, Spalding JMK (1974) Disorders of the autonomic nervous system. Blackwell Scientific, Oxford
16. Kuschinsky G, Lüllmann H (1994) Kurzes Lehrbuch der Pharmakologie und Toxikologie, 14. Aufl. Thieme, Stuttgart
17. Langley JN (1921) The autonomic nervous system, part 1. Heffer, Cambridge
18. Loewy AD, Spyer KM (eds) (1990) Central regulation of autonomic functions. Oxford University Press, New York
19. Maggi C (ed) (1993) Nervous control of the urogenital system. In: Burnstock G (ed) The autonomic nervous system, vol 2. Harwood Academic, Chur
20. Masters WH, Johnson VE (1970) Die sexuelle Reaktion. Rowohlt, Reinbek
21. McLachlan EM (ed) (1995) Autonomic ganglia. In: Burnstock G (ed) The autonomic nervous system, vol 6. Harwood Academic, Chur
22. Morgane P, Panksepp J (eds) (1980/1981) Handbook of Hypothalamus, vol 1–3. Dekker, New York
23. Nieuwenhuys R (1985) Chemoarchitecture of the brain. Springer, Berlin Heidelberg New York
24. Nieuwenhuys R, Voogd J, van Hujzen CHR (1988) The human central nervous system, 3rd edn. Springer, Berlin Heidelberg New York
25. Nilsson S (1983) Autonomic nerve function in the vertebrates. Springer, Berlin Heidelberg New York
26. Persson PB, Kirchheim HR (ed) (1991) Baroreceptor reflexes. Springer, Berlin Heidelberg New York
27. Reichlin S, Baldessarini RJ, Martin JB (1978) The hypothalamus. Research publication: association for research in nervous and mental desease, vol 56. Raven, New York
28. Ritter S, Ritter RC, Barnes CD (1992) Neuroanatomy and physiology of abdominal vagal afferents. CRC Press, Boca Raton

Einzel- und Übersichtsarbeiten

29. Bors E, Comarr AE (1960) Neurological disturbances of sexual function with special reference to 529 patients with spinal cord injury. Urol Surv 10:191–222
30. Burnett AL, Lowenstein CJ, Bredt DS, Chang TS, Snyder SH (1992) Nitric oxide: a physiologic mediator of penile erection. Science 257:401–403
31. Flemming WW, Westfall DP (1988) Adaptive supersensitivity. In: Trendelenburg U, Weiner N (eds) Catecholamines I. Springer, Berlin Heidelberg New York, pp 509–559 (Handbook of experimental pharmacology, vol 90/I)
32. Häbler HJ, Jänig W, Michaelis M (1994) Respiratory modulation in the activity of sympathetic neurones. Prog Neurobiol 43:567–606
33. Hirst GDS, Bramich NJ, Edwards FR, Klemm M (1992) Transmission at autonomic neuroeffector junctions. Trends Neurosci 15:40–46
34. Hirst GDS, Edwards FR (1989) Sympathetic neuroeffector transmission in arteries and arterioles. Physiol Rev 69:546–604
35. Jänig W (1985) Organization of the lumbar sympathetic outflow to skeletal muscle and skin of the cat hindlimb and tail. Rev Physiol Biochem Pharmacol 102:119–213
36. Jänig W (1986) Spinal cord integration of visceral sensory systems and sympathetic nervous system reflexes. In: Cervero F, Morisson JFB (eds) Visceral sensation. Prog Brain Res 67:255–277
37. Jänig W (1988) Physiologie und Pathophysiologie der Innervation des Genitalbereiches. In: Breddin K, Gross D, Rieger H (Hrsg) Angiologie und Hämostaseologie. Fischer, Stuttgart, S 15–26
38. Jänig W (1991) Peripheres und zentrales vegetatives Nervensystem. In: Hierholzer K, Schmidt RF (Hrsg) Pathophysiologie des Menschen. VCH, Weinheim, S 20.1–20.28
39. Jänig W (1995) Ganglionic transmission in vivo. In: McLachlan EM (ed) Autonomic ganglia. Vol 6 of Burnstock G (ed) The autonomic nervous system. Harwood Academic, Chur, pp 349–395
40. Jänig W, McLachlan EM (1987) Organization of lumbar spinal outflow to distal colon and pelvic organs. Physiol Rev 67:1332–1404
41. Jänig W, McLachlan EM (1999) Neurobiology of the autonomic nervous system. In: Bannister R, Mathias CJ (eds) Autonomic Failure. Oxford University Press, Oxford S 3–15
42. Karczmar AG, Koketsu K, Nishi S (eds) (1986) Autonomic and enteric ganglia. Plenum, New York
43. Kuhn RA (1950) Functional capacity of the isolated human spinal cord. Brain 73:1–51
44. Langer SZ (1981) Presynaptic regulation of the release of catecholamines. Pharmacol Rev 32:337–362
45. Lew MJ, Duling BR (1990) Arteriolar reactivity in vivo is influenced by an intramural diffusion barrier. Am J Physiol 259:H574-H581
46. Luff SE, McLachlan EM (1989) Frequency of neuromuscular junctions on arteries of different dimensions in the rabbit, guinea pig and rat. Blood Vessels 26:95–106
47. Luff SE, McLachlan EM, Hirst GDS (1987) An ultrastructural analysis of the sympathetic neuromuscular junctions on arterioles of the submucosa of the guinea pig ileum. J Comp Neurol 257:578–595
48. Morris JL, Gibbins IL (1992) Co-transmission and neuromodulation. In: Burnstock G, Hoyle CHV (eds) Autonomic neuroeffector mechanism. Harwood Academic, Chur, pp 33–119
49. Rushmer RF (1972) Structure and function of the cardiovascular system. Saunders, Philadelphia
50. Schuster MM, Mendeloff AI (1968) Motor action of rectum and anal sphincters in continence and defecation. In: Handbook of physiology, sect 6: alimentary canal, vol IV: motility. American Physiological Society, Washington DC, pp 2121–2145
51. Starke K (1977) Regulation of noradrenaline release by presynaptic receptor systems. Rev Physiol Biochem Pharmacol 77:1–124
52. Swanson LW (1987) The hypothalamus. In: Björklund A, Hökfelt T, Swanson LW (eds) Integrated systems of the CNS, part I: hypothalamus, hippocampus, amygdala, retina. Elsevier, Amsterdam (Handbook of chemical neuroanatomy), pp 1–124
53. Swanson LW (1991) Biochemical switching in hypothalamic circuits mediating responses to stress. In: Holstege G (ed) Role of the forebrain in sensation and behavior. Prog Brain Res 87:181–200
54. Swanson LW, Sawchenko PE (1983) Hypothalamic integration: integration of the paraventricular and supraoptic nuclei. Annu Rev Neurosci 6:275–325

20 Endokrinologie

W. Wuttke

... EINLEITUNG Der Göttinger Physiologe A. A. Berthold publizierte 1848 Experimente, die den Beginn der modernen Hormonforschung darstellen. Es war seit langem bekannt, daß Hähne nach Kastration den geschwollenen Hahnenkamm verlieren und weniger aggressives Verhalten zeigen. Zu Bertholds Zeiten wurde angenommen, daß Hoden und ZNS auf nervalem Wege kommunizieren. Berthold kastrierte Hähne und reimplantierte die Hoden in die Bauchhöhle. Der Hahnenkamm blieb geschwollen und die Tiere zeigten weiterhin aggressives Dominanzverhalten. Damit war der Beweis erbracht, daß ein oder mehrere humorale Signale von den Testes zum ZNS gelangen. Noch heute werden Hormonwirkungen durch ähnliche experimentelle Ansätze getestet: Hormonproduzierende Organe werden entfernt und die Ausfallserscheinungen untersucht. Wird das Hormon schließlich substituiert und die Ausfallserscheinungen unterbleiben oder bilden sich zurück, ist der Beweis erbracht, daß es sich um eine hormonelle Wirkung handelt.

20.1 Allgemeine Aspekte der Endokrinologie

Hormone werden von Drüsenzellen synthetisiert, sie sind Nachrichtenträger und benötigen Empfänger (Rezeptoren). Hormone sind entweder Proteine/Peptide bzw. Aminosäurederivate oder Lipide; je nachdem, ob sie Plasmazellmembranen passieren können oder nicht, sind ihre Rezeptoren im Zellinneren (Zytoplasma oder Kern) oder in der Plasmazellmembran lokalisiert

Funktion der Hormone. Die Endokrinologie ist die Lehre von den Hormonen. Der klassischen Definition nach sind Hormone chemische Nachrichtenträger, die in spezialisierten Zellen *(inkretorischen Drüsenzellen)* produziert und von diesen in die Blutbahn sezerniert werden. Auf dem Blutwege gelangen die Hormone an die Zielorgane und üben dort spezifische Wirkungen aus. Nur die Zellen der Zielorgane besitzen *Rezeptoren* für das entsprechende Hormon. Sie können deshalb die chemisch codierte Nachricht des Hormons „lesen".

Hormone beeinflussen im Körper Funktionen, deren Initialisierung oder Regelung innerhalb von Minuten oder Stunden erfolgt. Die *hormonelle Nachrichtenübermittlung* ist somit um Größenordnungen langsamer als der nervale Informationsfluß, der dem Organismus eine sehr rasche Reaktion auf Umwelteinflüsse und auf endogene Funktionsänderungen ermöglicht.

Klassifizierung der Hormone. In der molekularen Struktur der Hormone ist die zu übermittelnde Nachricht chemisch verschlüsselt. Daher ist die Grundkenntnis der Chemie von Hormonen für das Verständnis ihrer Wirkungen notwendig. Detaillierte Informationen sind den Lehrbüchern der physiologischen Chemie zu entnehmen. Alle Hormone sind entweder *Proteine* bzw. *Aminosäurenderivate* oder *Lipide* und lassen sich, je nach Rezeptorlokalisation in den Zielzellen, in drei Arten einteilen [12, 36, 43]:

Die Hormone aus der ***Lipidgruppe*** können aufgrund ihrer Fettlöslichkeit durch die Zellmembran diffundieren und binden an Rezeptoren, die im Zellinneren, in der Regel im Zytoplasma, lokalisiert sind (Abb. 20–1).

Protein- und Peptidhormone bestehen aus Aminosäuren; sie besitzen in der Regel ein größeres Molekulargewicht als die Lipidhormone und sind weniger lipophil. Sie können daher die Lipidbarriere der Plasmazellmembran kaum passieren. Ihre Rezeptoren sitzen deshalb in der Oberfläche der Plasmazellmembran (Abb. 20–1).

Von den drei Gruppen der Grundbestandteile einer Zelle (Lipide, Proteine, Zucker) ist kein Hormon bekannt, das aus Zuckermolekülen besteht. Zuckerreste sind aber wesentliche Bestandteile von Protein- und Peptidhormonen, bei denen sie die Bindung an den Rezeptor oder die Halbwertszeit im Körper beeinflussen. Zuckerreste (Zuckersäuren) spielen bei der Ausschleusung von Lipidhormonen ebenfalls eine wichtige Rolle.

Die niedermolekularen ***Schilddrüsenhormone*** bilden die dritte chemische Hormongruppe. Sie entstehen aus zwei Aminosäuren, die über eine Etherbrücke verknüpft werden. Sie penetrieren gut in alle Körperzel-

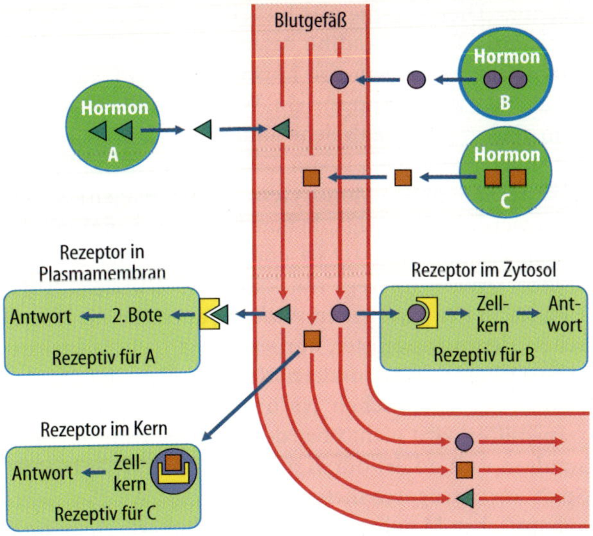

Abb. 20–1. Mechanismen der Hormonwirkungen. Drei hormonproduzierende Zellen schütten ihr Hormon A, B bzw. C in unmittelbarer Nachbarschaft von Kapillaren in das interstitielle Gewebe aus. Die Hormonmoleküle diffundieren ins Blutgefäß und gelangen an ihre Zielzellen, die Rezeptoren für das Hormon besitzen. Hormon A bindet an einen plasmamembranständigen Rezeptor, welcher über einen zweiten Boten die Zellantwort bewirkt. Hormon B bildet einen zytoplasmatischen Hormon-Rezeptor-Komplex, der nach Translokation in den Zellkern genomisch, also durch Veränderung der DNA-Synthese im Zellkern wirkt. Das bewirkt eine veränderte Proteinsynthese der Zelle. Hormon C bindet an einen Zellkernrezeptor. Die Wirkung des Hormons C ist dann analog zu der des Hormons B. Der Unterschied besteht lediglich in der Lokalisation des Rezeptors

len und binden hier an Rezeptoren im Zellkern (Abb. 20–1). Eine Zelle kann gleichzeitig Rezeptoren aller drei Typen, also solche im Kern, im Zytosol und in der Plasmazellmembran besitzen. Eine Zelle kann auch über unterschiedliche Rezeptoren eines Types verfügen, z. B. über mehrere membranständige Rezeptoren für verschiedene Eiweiß-/Peptidhormone.

Hormonproduktion. Hormone werden in Drüsenzellen produziert. Diese Drüsenzellen können ein Organ bilden, sie können aber auch – vereinzelt oder in Gruppen zusammengefaßt – in nicht hormonproduzierenden Organen liegen. Alle Hormone (mit Ausnahme der Steroidhormone) werden in *granulärer Form* gespeichert. In einem Granulum, das durch eine Membran vom Zytoplasma abgetrennt ist, sind viele Hormonmoleküle in eine Eiweißmatrix eingebunden. Auf den spezifischen Reiz für die Ausschüttung des Hormons hin verbindet sich die Membran des Granulums mit der Zellmembran. An der Verbindungsstelle entsteht eine Öffnung, durch die die Hormonmoleküle in den extrazellulären Raum ausgeschieden werden. Diesen Prozeß nennt man ***Exozytose.*** Die Granula und der Prozeß der Exozytose sind morphologisch gut darstellbar. Die Exozytose von Hormonen aus Drüsenzellen ist der Ausscheidung von Neurotransmittern aus Nervenzellen analog.

Wirkungsmechanismen der Hormone. Es sei nochmals betont, daß bei hormoneller Nachrichtenübertragung die Zellen des Erfolgsorgans dadurch charakterisiert sind, daß sie *spezifische Rezeptoren* besitzen und damit die Nachricht des Hormons „lesen" können. Das Hormon lagert sich also an den zytoplasmatischen oder nuklearen Rezeptor oder an den Rezeptor in der Plasmazellmembran an und bildet mit ihm den Hormon-Rezeptor-Komplex (Abb. 20–1) [36]. Die Tatsache, daß dieser Komplex entweder in der Zelle oder an der Plasmazellmembran entsteht, bedingt zwei völlig unterschiedliche Wirkmechanismen. Der ***intrazelluläre Hormon-Rezeptor-Komplex*** übt fast immer eine direkte *genomische Wirkung* aus. Diese genomischen Effekte beeinflußen wiederum die Syntheseleistung der Zellen (Abb. 20–2). Die Proteinsynthese kann also über den Hormon-Rezeptor-Komplex an- bzw. abgeschaltet werden [36].

Anders wirkt der ***plasmazellmembranständige Hormon-Rezeptor-Komplex.*** Assoziiert sich das Hormon an einen plasmazellmembranständigen Rezeptor, so wird über komplizierte biochemische Mechanismen, die in der Regel einen zweiten intrazellulären Botenstoff *(second messenger)* beinhalten, die Aktivität der Zelle beeinflußt. Über die *spezifische Botschaft* des Hormons und *spezifische* Rezeptoren wird also ein *unspezifischer intrazellulärer Mechanismus* in Gang gesetzt, der die spezifische Leistung der Zelle anregt [12]. Der unspezifische intrazelluläre Mechanismus ist die Produktion eines oder mehrerer second messengers. Die intrazellulä-

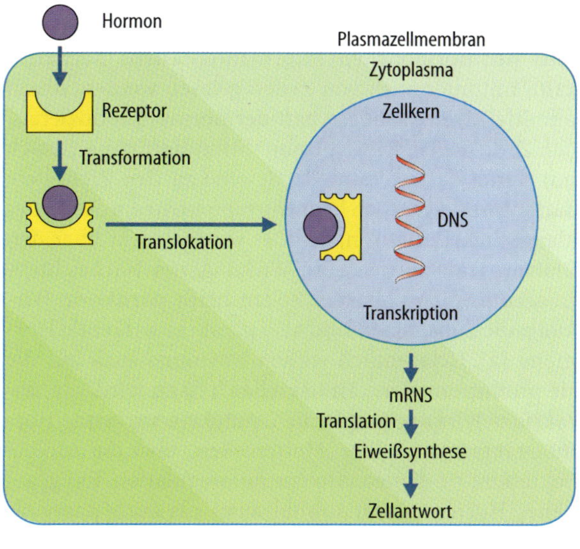

Abb. 20–2. Wirkung eines Hormons mit intrazellulärem Rezeptor. Das Hormon diffundiert durch die Plasmazellmembran und bindet an den Rezeptor. Der Hormon-Rezeptor-Komplex wird dann in den Kern transloziert und beeinflußt die DNA-Synthese des Zellkerns. Damit wird die Transkriptionsrate der genetischen Information zu messenger-RNA (mRNA) verändert. Die Botschaft der so mehr oder weniger gebildeten mRNA bewirkt veränderte Eiweißsynthese über den Prozeß der Translation. Die Folge ist eine veränderte Zellfunktion

re Weiterverarbeitung von Nachrichtenüberträgern (Hormone und Neurotransmitter) durch diese second messenger ist ein allen Zellen eigenes Prinzip und wird deshalb im Kapitel 1 (Grundlagen der Zellphysiologie), behandelt (Einzelheiten zum second messenger-Konzept s. S. 17 ff).

!

Hormone werden von Drüsenzellen sezerniert und gelangen auf dem Blutweg an ihre Zielorgane, welche durch spezifische Rezeptoren ausgezeichnet sind. Diese Rezeptoren können in der Zellmembran sitzen, dann wirken sie über einen zweiten Botenstoff. Hormone, welche die Plasmamembranen gut passieren können (Steroid- und Schilddrüsenhormone) haben entweder zytosolische oder Kern-Rezeptoren und wirken direkt genomisch, d. h. sie hemmen oder stimulieren die Proteinsynthese.

Hormone können auch in der unmittelbaren Nachbarschaft oder innerhalb von Drüsen wirken

Parakrine und autokrine Wirkung. Bevor die einzelnen Hormonsysteme behandelt werden, ist über eine neue Entwicklung zu berichten, die z. Z. viele herkömmliche Denkmodelle in Frage stellt und neue Definitionen erfordert. Es wurde bereits festgestellt, daß Hormone chemische Nachrichtenträger sind, die in inkretorischen Drüsenzellen produziert werden, in die Blutbahn gelangen und auf dem Blutweg ihr Zielorgan erreichen. Das Zielorgan ist charakterisiert durch die Fähigkeit des Lesens der hormonellen Information. Diese Nachricht kann mitunter auch von Zellen gelesen werden, die in unmittelbarer Nachbarschaft der hormonproduzierenden Zelle liegen. Das Hormon diffundiert dann jedoch nur durch das interstitielle Gewebe zu den Zielzellen; damit ist es eigentlich kein Hormon mehr im Sinne der klassischen Definition, denn es wird ja nicht über den Blutweg transportiert. Die Wirkung von Nachrichtenträgern an benachbarten Zellen heißt ***parakrine Wirkung;*** die Substanzen sind also parakrin wirkende Hormone [2]. Gelegentlich wirken Hormone auch auf die sie produzierenden „Mutterzellen"; dann wird von ***autokriner Wirkung*** gesprochen. Autokrin wirkende Hormone informieren ihre „Mutterzellen" über die erfolgte Sekretion; sie dienen also der Autoregulation. Ein gegebenes Hormon kann sowohl auto- als auch para- als auch klassisch endokrin wirken. Wir stellen also fest, daß auch klassische Hormone para- und/oder autokrine Wirkung haben können.

Gewebehormone. Hormone, die nicht in die Blutbahn abgegeben werden, sondern im umliegenden Gewebe wirken, werden gelegentlich als *Gewebehormone* bezeichnet. Dieser Name war bisher für die schon länger bekannten Prostaglandine reserviert. In Abb. 20–3 ist dargestellt, wann man von hormoneller und wann von parakriner Regulation spricht. Wir wissen heute außerdem, daß es noch zahlreiche andere parakrin wirkende Substanzen gibt, die z. B. von Zellen der weißen Blutzelllinie (Eosinophile, Monozyten, Makrophagen) sezerniert werden. Dies zeigt, daß auch das immunologische System hormonell aktiv ist und mit klassischen endokrinen Drüsen interagieren kann. Im Prinzip gilt die Definition der parakrinen Wirkung auch für die klassischen Neurotransmitter, nur sind hier nicht inkretorische Drüsenzellen, sondern Nervenzellen die Produzenten der chemischen Nachricht. Auch der Neurotransmitter wird nicht über den Blutweg transportiert, sondern diffundiert durch den schmalen synaptischen Spalt zur nachgeschalteten Nervenzelle. An der postsynaptischen Membran findet er, ähnlich wie Hormone, einen spezifischen Rezeptor.

Hormone werden auch von Nervenzellen gebildet

Auch Nervenzellen können Peptid- und Proteinhormone produzieren [4, 8, 9, 16]. Diese Zellen sezernieren ihr Produkt häufig in die Blutbahn, sie produzieren also Neurohormone. Große Teile des ZNS müssen deshalb als hormonproduzierend angesehen werden. Was ist dann aber der wesentliche Unterschied zwischen einem Hormon und einem Neurotransmitter? Der Neurotransmitter diffundiert durch den synaptischen Spalt, während das Neurohormon sein Zielorgan auf dem Blutweg erreicht. Es gibt sogar Situationen, in denen

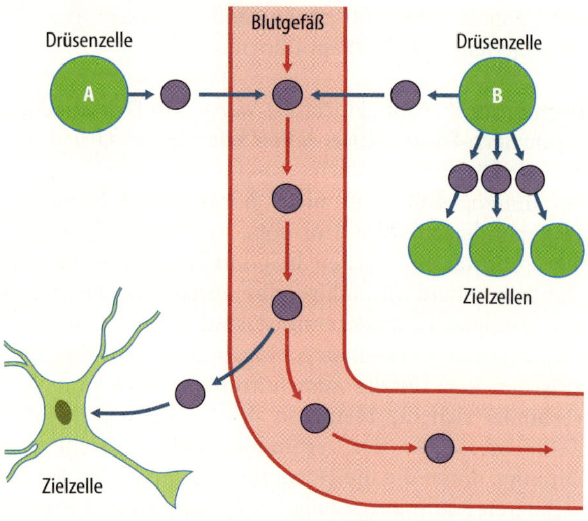

Abb. 20–3. Unterschied zwischen hormoneller und parakriner Regulation. Die Drüsenzelle A produziert ein Hormon, das der klassischen Definition entspricht, also auf dem Blutweg an die Zielzelle gelangt. Die Drüsenzelle B produziert ein parakrin wirkendes Hormon, das umliegende Zellen beeinflußt. Das Hormon der Drüsenzelle B kann aber auch auf dem Blutweg an Zielorgane gebracht werden

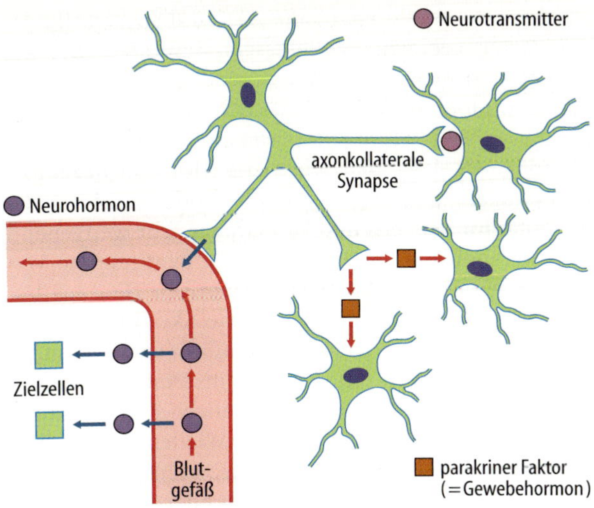

Abb. 20–4. Unterschied zwischen Neurotransmitter, Neurohormon und parakrin wirkendem Neurohormon. Das schematisch dargestellte Neuron produziert eine Substanz. Wird diese Substanz synaptisch ausgeschüttet, so entspricht sie der Definition eines Neurotransmitters. Von der gleichen Nervenzelle können Axonkollateralen an Blutgefäßen enden und die gleiche Substanz in die Blutbahn abgeben. Sie verhält sich dann wie ein Neurohormon. Von einer dritten Axonkollateralen kann die gleiche Substanz in das umliegende Gewebe diffundieren und Zellverbände beeinflussen, also parakrin wirken

Axonterminalien einer individuellen Nervenzelle ihr Produkt als Neurotransmitter ausschütten, während Terminalien von Axonkollateralen derselben Nervenzelle an Gefäßen enden und somit das Produkt als Neurohormon freisetzen (Abb. 20–4).

Da Peptide die neuronale Aktivität benachbarter Zellen beeinflussen, muß auch ihnen Neurotransmitterfunktion zugestanden werden. In der Tat zeigen neurophysiologische Experimente, daß sich Neurone mit „klassischen" Neurotransmittern (Katecholamine, Azetylcholin) in Subpopulationen mit unterschiedlichen Neuropeptiden unterteilen lassen. Über die Funktionen derartiger Subpopulationen ist noch wenig bekannt. Man kann heute davon ausgehen, daß möglicherweise viele Neurone neben einem klassischen Neurotransmitter noch zusätzlich ein oder mehrere Peptide produzieren können [4, 9].

Hormone kann man in Körperflüssigkeiten und Gewebeextrakten nachweisen

In der Einleitung war schon darauf hingewiesen worden, daß die klassische experimentelle Methodik der Endokrinologie die Wegnahme des endokrinen Organs und das Studium der Ausfallerscheinungen ist. Substitution des Hormons bzw. des Organextraktes sollte zum Ausbleiben der Ausfallserscheinungen bzw. zur Wiederherstellung des intakten Zustandes führen. Diese Art der Testung von Hormonwirkung wird heute ***Bioassay*** genannt, bei dem also die biologischen Wirkungen an geeigneten Tiermodellen getestet werden.

Da die Methoden des biologischen Nachweises sehr insensibel sind, werden heute fast nur noch hochempfindliche *immunologische Nachweismethoden* benutzt. Man ist inzwischen in der Lage, gegen jedes Hormon spezifische Antikörper herzustellen, die nur das Hormon binden, nicht jedoch Präkursoren, Abbauprodukte oder andere ähnliche Moleküle. Der Hormon-Antikörperkomplex läßt sich präzipitieren und quantifizieren. Einige semiquantitative Tests (z. B. Schwangerschaftstests) werden nach diesem Verfahren durchgeführt. Eine weitere Empfindlichkeitssteigerung von Hormonnachweisen gelang mit den ***Radioimmunoassays*** (RIA). Auch hier werden spezifische Antikörper angewandt. Um deren Bindungsstellen, die im Unterschuß vorliegen, konkurriert radioaktiv markiertes Hormon, das dem Testsystem zugesetzt wird, mit nichtradioaktiven Hormonmolekülen aus der biologischen Probe. Nach Trennung des antikörpergebundenen Hormons von dem freien Hormon wird die Aktivitätsrate gemessen und anhand von Eichkurven die Hormonmenge in der biologischen Probe bestimmt (Einzelheiten siehe Lehrbücher der klinischen Chemie). Die radioimmunologische Hormonbestimmung ermöglicht es, kleinste Molekülmengen nachzuweisen. Mit diesen modernen analytischen Methoden lassen sich Hormonkonzentrationen im Femtomolbereich messen [15].

!

Zahlreiche Organe im Körper besitzen Drüsenzellen, welche ihr Hormon nicht in die Blutbahn, sondern in das umliegende Gewebe abgeben. Die Hormone wirken dann an den sie produzierenden oder benachbarten Zellen (Auto-/Parakrinie). Auch Nervenzellen können Hormone produzieren (Neurohormone), welche in die Blutbahn abgegeben werden, aber ebenfalls im Sinne parakriner Regulation im Zentralnervensystem wirken können. Auch synaptische Wirkungen dieser Substanzen sind beschrieben worden.

Ultrasensible Nachweismethoden für Hormone haben immer eine immunologische Basis. Dabei kommen spezifische Antikörper gegen Hormone zum Einsatz. Als Indikator werden dann immer radioaktiv- oder andersartig markierte Hormone zugesetzt, welche mit der unbekannten Menge um die Antikörper (kompetitiv) konkurrieren

Hormonproduzierende Drüsenzellen werden über den Erfolg ihrer Aktivitäten immer benachrichtigt; diese Rückkopplung ist entweder humoral oder nerval und meist negativ, d. h. sie bremst die weitere Hormonausscheidung

Rückkopplungssysteme. Endokrine Regulationen lassen sich durch einen *Regelkreis* (s. Kap. 18) beschreiben, d. h. der Erfolg der Funktion eines Hormons wird dem regelnden Teil unmittelbar oder mittelbar *zurückgemeldet.* Im Normalfall ist diese Rückkopplung negativ. Ein regelndes Hormon wird ausgeschüttet, seine Wirkung auf die Zellen der Erfolgsorgane wird an die hormonproduzierenden Zellen rückgemeldet und dadurch deren Hormonausschüttung gebremst *(negative Rückkopplung).* Ein solches System ist in Abb. 20–5 gezeigt. Die rückkoppelnde Wirkung kann entweder humoral sein oder auf

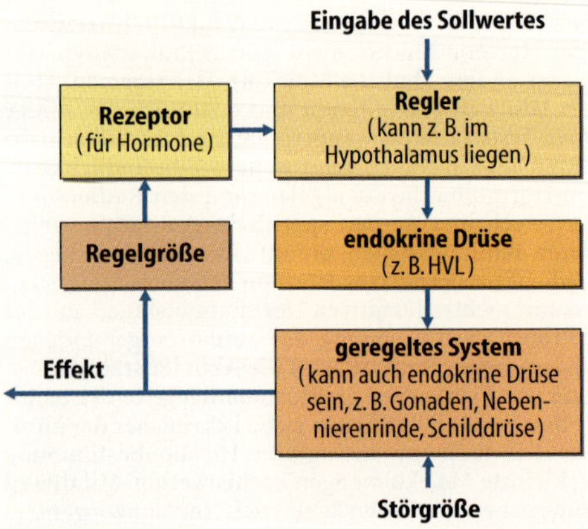

Abb. 20–5. Schematische Darstellung eines Regelkreises für endokrine Regulationen. Die Eingabe eines Sollwertes für die Führungsgröße erfolgt durch einen Regler, der die endokrine Drüse steuert. Die endokrine Drüse sezerniert Hormone. Diese Sekretion kann durch Störgrößen verändert werden. Hormone regeln dann ein System, das auf die hormonelle Nachricht reagiert. Daraus resultiert ein physiologischer Effekt. Gleichzeitig wird die Regelgröße über Rezeptoren dem Regler mitgeteilt und der Regelkreis so geschlossen

nervalem Wege erfolgen. Sehr selten gibt es auch eine positive Rückkopplung, d. h. ein Hormon löst eine Reaktion an der Zielzelle aus, die verstärkend auf seine eigene Ausschüttung wirkt *(positive Rückkopplung).*

Bei jeder Art von Rückkopplung muß das rückkoppelnde Signal direkt oder indirekt an die hormonproduzierende Zelle übermittelt werden. Erfolgt die Rückkopplung auf nervalem Wege, dann sind Neurotransmitter die Überträgerstoffe. Die rückkoppelnden Signale können aber auch Hormone sein. Dann muß es Zellen mit Rezeptoren für die rückkoppelnden Hormone geben, und die Hormonkonzentration selbst wird zur Regelgröße. Der kürzeste Weg einer Rückkopplung ist die direkte Rückkopplung eines ausgeschütteten Hormons auf seine eigene Ausschüttung. Dieser Effekt wird häufig über sogenannte *Autorezeptoren* ausgeübt (Beschreibung der Autokrinie s. oben). Man kann ihn in Analogie zur präsynaptischen Inhibition (Autoinhibition) von Neurotransmittern sehen. Ein weiteres wichtiges endokrines Regelkreissystem ist folgendes: Das Hormon A stimuliert die Freisetzung des Hormons B, und das Hormon B inhibiert die Sekretion des Hormons A. Meistens sind diese Systeme aber viel komplizierter, und es gibt Ketten von humoralen und neuronalen Signalen, in die mehr als ein Bote (Neurotransmitter oder Hormon) involviert ist.

In neuroendokrinen Regelkreisen koppeln Hormone, die durch die adenohypophysäre Hormonsekretion stimuliert wurden, auf das ZNS zurück

In diesem Falle muß es also rezeptive Neurone für das rückkoppelnde Hormon geben. In der Tat können sowohl Schilddrüsenhormone als auch gonadale und adrenale Steroide die *neuronale Aktivität* in verschiedenen Gehirngebieten beeinflussen. Besonders gut erforscht sind hier die Steroid-„lesenden"-Neurone. Wie bei allen Lipidhormonen sind auch die *Steroidrezeptoren* dieser Neurone im Zytoplasma lokalisiert. Nach der Bindung des Liganden wirkt der Hormon-Rezeptor-Komplex am Genom. Er stimuliert oder inhibiert die Aktivität im Zellkern und kann daher sehr weitgehend den Metabolismus und dadurch die Syntheserate von Neurotransmittern des steroidrezeptiven Neurons beeinflussen. Aber auch die elektrische Aktivität der Nervenzelle kann durch Steroide beeinflußt werden. Änderungen der Konzentrationen von im Blut zirkulierenden Steroidhormonen können so nicht-steroidrezeptiven Neuronen mitgeteilt werden. Wieder andere Nervenzellen im ZNS regulieren mittelbar, häufig über die *Hypophyse,* die steroidproduzierenden Zellen. Die Nachricht über die Konzentration der im Blut zirkulierenden Steroide wird auch in verhaltensregulierende Zentren weitergeleitet. So ist eine sinnvolle Koordinierung von Hormonen mit entsprechendem Verhalten möglich.

! Wie fast alle Funktionen im Körper sind auch die Mechanismen der Hormonproduktion und -sekretion geregelt. Die Wirkungen von Hormonen im Körper werden dabei dem hormonproduzierenden Organ direkt oder indirekt mitgeteilt, so daß ein geschlossenes Regelkreissystem entsteht.

20.2 Hypophysenhinterlappensystem

Die Hypophyse besteht aus Hypophysenvorder-, zwischen- und -hinterlappen

Im Sinne der „klassischen" Definition der Endokrinologie haben Teile des ZNS den Charakter endokriner Drüsen; sie produzieren nämlich Neurohormone, die in die Blutbahn abgegeben werden und so ihr Zielorgan erreichen. Die Hypophyse liegt im Schädelinnern in der *Sella turcica* und ist durch diese knöcherne Ummantelung gut vor Traumen geschützt. Sie ist kein homogenes Organ, sondern besteht aus drei völlig verschiedenen Strukturen (Abb. 20–6). Der ***Hypophysenhinterlappen*** (HHL), die *Neurohypophyse,* stellt eine Ansammlung von Axonendigungen dar, deren Perikarya (Somata) im Hypothalamus liegen. Der ***Hypophysenvorderlappen*** (HVL), die *Adenohypophyse,* ist dagegen keine nervale Struktur, sondern ein Konglomerat hormonproduzierender Zellen. HHL und HVL werden durch eine dünne Schicht von Zellen getrennt. Diese wenigen Zellen bilden den ***Hypophysenzwischenlappen*** (HZL). Sie werden

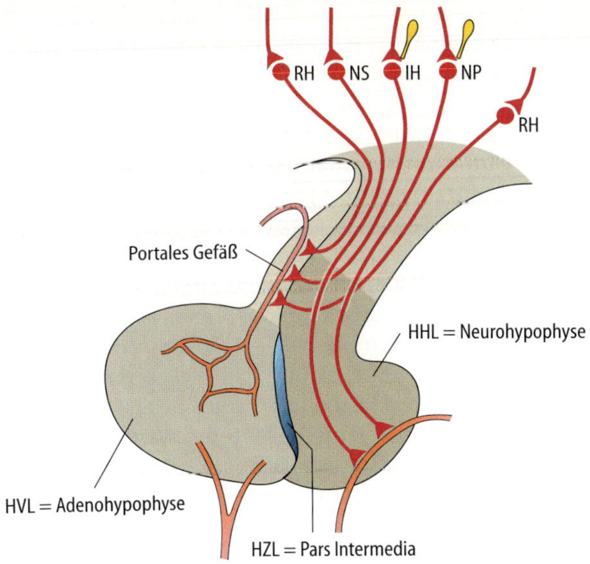

Abb. 20–6. Lagebeziehung von Hypophysenvorderlappen *(HVL)*, Hypophysenzwischenlappen *(HZL)* und Hypophysenhinterlappen *(HHL)* zum Hypothalamus und zu den portalen Gefäßen. Der HHL besteht aus Nervenendigungen von Axonen, die von den großen Zellen des Nucleus supraopticus *(NS)* und des Nucleus paraventricularis hypothalami *(NP)* stammen. Der HZL besteht nur aus ein bis zwei Zellschichten und hat für den Menschen wohl keine Bedeutung mehr. Der HVL ist eine epitheliale Struktur. Zellen des HVL werden durch Neurohormone gesteuert, die von hypothalamischen Zellen in ein spezialisiertes Gefäßsystem, das portale Gefäßsystem, ausgeschüttet werden. Zellen des HHL-Systems sowie die Releasing- bzw. Inhibiting-Hormone *(RH bzw. IH)* produzierenden Neurone des Hypothalamus werden von limbischen und mesenzephalen sowie intrahypothalamischen Neuronen innerviert. Dadurch werden den hypothalamischen Zellen Innen- und Umwelteinflüsse mitgeteilt

durch Nervenfasern aus dem Hypothalamus innerviert. Der HZL spielt bei niederen Vertebraten eine wesentliche, bei Säugern jedoch nur noch eine untergeordnete Rolle. Da es keinen bekannten pathologischen Zustand gibt, in den der HZL involviert ist, wird auf eine Besprechung der hier produzierten Hormone weitgehend verzichtet (s. aber auch Proopiomelanocortin-System, S. 393).

Die Hypophysenhinterlappenhormone Oxytozin und antidiuretisches Hormon (ADH) werden in Nervenzellen gebildet; sie werden in Granula in den Axonterminalien des HHL gespeichert und bei elektrischer Erregung der Zelle in das Blut ausgeschüttet

Bildungsrate und Hormonaufbau. Im Hypothalamus gibt es zwei Nervenzellnester (sog. Kerne), in denen sehr große Perikarya oder Somazellen liegen. Diese beiden Strukturen sind die magnozellulären Kerngebiete, der *Nucleus supraopticus* und der *Nucleus paraventricularis hypothalami.* Die Axone dieser Zellen ziehen durch den *Hypophysenstiel* in die Sella turcica und bilden hier den HHL (Abb. 20–6). In den kolbig aufgetriebenen Endigungen der Axone werden zwei Hormone gespeichert, das ***Oxytozin*** und das ***antidiuretische Hormon*** *(ADH,* früher Vasopressin).

Oxytozin und ADH werden aus dem HHL in das zirkulierende Blut sezerniert. Das Molekül beider Hormone besteht aus neun Aminosäuren, von denen 2 Zysteine sind. Die beiden Zysteinmoleküle sind durch eine Disulfidbrücke verbunden. Dadurch entsteht ein Ring aus fünf Aminosäuren. Nur in dieser Ringform sind beide Hormone biologisch aktiv. Da zwei Zysteinmoleküle, über eine Disulfidbrücke verbunden, ein Zystinmolekül ergeben, werden das Oxytozin und das ADH – trotz der eigentlich 9 Aminosäuren – im allgemeinen als Oktapeptide bezeichnet. Beide Peptide werden nicht in der Oktapeptidform synthetisiert, sondern als Vorstufen [4, 21]. Die Synthese der *hochmolekularen Vorläuferform* für Oxytozin und ADH erfolgt in Neuronen beider magnozellulären Kerne. Jedoch kann ein Neuron nur jeweils eines der Hormone synthetisieren.

Axonaler Transport und Hormonausschüttung. Die Vorläufermoleküle werden durch axonalen Transport in den HHL befördert. Im Soma, im Axon und in der Axonendigung wird durch Enzyme in den *Transportgranula* das Oxytozin bzw. ADH abgespalten. Die Granula enthalten weitere hochmolekulare Peptide, die Neurophysine. Diese sind Bestandteile der größeren Vorläufer, aus denen Oxytozin bzw. ADH enzymatisch abgespalten werden. Neben den beiden *Neurophysinen* (eines aus dem Oxytozin-, eines aus dem ADH-Präkursor-Molekül) existieren noch andere Peptidbruchstücke, deren biologische Funktion nicht bekannt ist.

Oxytozin und ADH werden in den axonterminalen Strukturen des HHL in Granula gespeichert. Jedes Aktionspotential eines supraoptischen oder paraventrikulären Neurons läuft das Axon entlang in die terminale Struktur, also in den HHL. Depolarisierung der Axonendigung bewirkt über den Prozeß der *Elektrosekretionskopplung* die *exozytotische Ausschüttung* aus den Neurosekret-Granula in das systemische Blut.

Das antidiuretische Hormon (ADH) dient der Osmo- und Volumenregulation

ADH-Wirkungen. Unter physiologischen Bedingungen sind die *Nieren Zielorgane* des antidiuretischen Hormons. Den bahnbrechenden neurophysiologischen Versuchen von Verney [55] ist die Kenntnis des *osmoregulatorischen Effekts* dieses Hormons zu verdanken. Ein hyperosmotischer Reiz regt die ADH-produzierenden Neurone zu erhöhter Aktivität an. Dadurch wird vermehrt ADH in den Kreislauf geschleust. Es gelangt auf diesem Weg an das Zielorgan, die *Sammelrohre* und *distalen Konvolute* der Niere. Ohne Einwirkung von antidiuretischem Hormon ist das *Epithel der Sammelrohre* für Wasser impermeabel. Durch ADH wird das Epithel für Wasser permeabel, und es kann passiv resorbiert werden (s. S. 766). ADH bewirkt also, daß unter *hyperosmolaren* Bedingungen ein konzentrierter, hyperosmolarer Urin produziert wird und so dem Körper möglichst wenig Wasser verlorengeht. Dadurch wird die *osmotische Last* reduziert. Die Konzentrierung des Urins erfolgt durch das Gegenstromprinzip (Einzelheiten S. 764 ff). Folgerichtig ist die Ausschüttung von antidiuretischem Hormon unter *hypoosmolaren* Bedingungen gehemmt. Bei der Aufnahme von Alkohol wird die

ADH-Abgabe inhibiert. Das erklärt die besonders starke Diurese bei Zufuhr hypotoner Flüssigkeit im Zusammenhang mit Alkohol. Als Folge der reduzierten oder fehlenden ADH-Sekretion wird das Epithel der Sammelrohre für Wasser impermeabel, und es findet nur noch eine mäßige Konzentrierung des Tubulusharns statt. Injektion von antidiuretischem Hormon würde prompt zur Erhöhung der Permeabilität der Sammelrohre für Wasser führen, so daß eine Konzentrierung des Urines stattfinden würde.

Werden größere Mengen von ADH injiziert, kommt es zu einer deutlichen Konstriktion der Arterien und somit zu einer Erhöhung des Blutdrucks (= vasopressorische Eigenschaft des Hormons). Dies hat dazu geführt, daß das Hormon im angloamerikanischen Schrifttum Vasopressin (AVP = Arginin-Vasopressin) genannt wird. Tatsächlich führt eine starke *Erniedrigung des Blutdrucks,* etwa durch großen Blutverlust oder im Schock, zu verstärkter Ausschüttung von ADH und somit zur Erhöhung des Blutdrucks. Im *Pfortadersystem* der Leber wirkt ADH dagegen druckerniedrigend.

Osmorezeptoren und Volumenregulation. Aus dem bisher Gesagten folgt, daß es im Körper *osmorezeptive Sensoren* sowie volumen- und barorezeptive Strukturen geben muß, die die Information über den jeweiligen osmotischen Druck bzw. den Füllungszustand der Gefäße und damit die Drücke in Hoch- und Niederdrucksystemen an die ADH-produzierenden Zellen des Hypothalamus melden müssen. Die Registrierung des osmotischen Druckes im Blut erfolgt wahrscheinlich hauptsächlich im Hypothalamus. Möglicherweise sind die ADH-produzierenden Zellen selbst osmorezeptiv. Es gibt Hinweise dafür, daß auch im portalen Gefäßsystem zwischen dem Magen-Darm-Trakt und der Leber Osmorezeptoren existieren. Sie melden den osmotischen Druck an den Hypothalamus weiter. Barorezeptoren mit Meldefunktion an die ADH-produzierenden Neurone sitzen im Karotissinus und im Aortensinus, also im arteriellen Hochdruckgebiet (S. 535 ff), Volumenrezeptoren mit der gleichen Funktion im intrathorakalen Niederdruckgebiet und den Vorhöfen (S. 538 f). Eine Feinmodulation der ADH-Sekretion durch diese Volumenrezeptoren führt zu vermehrter bzw. verminderter Sekretion von ADH bei Veränderung der Orthostaseverhältnisse (Gauer-Henry-Reflex; S. 542).

Pathophysiologische Aspekte. Ausfall der Produktion von ADH (etwa durch Tumore oder nach Hypophysektomie) führt zu dem Zustandsbild des ***Diabetes insipidus*** (Diabetes = Harnwasserruhr, Insipidus = nichtschmeckend). Es wird also eine große Menge nichtschmeckenden Urins produziert. In der Tat haben die Ärzte früherer Generationen zu differentialdiagnostischen Zwecken den Urin von Patienten geschmeckt, um herauszubekommen, ob er süß oder geschmacklos war. War er süß, so lag das Zustandsbild des Diabetes mellitus (Harnwasserruhr, mel = Honig, also süßer Urin) vor (S. 759 f). War der Urin nichtschmeckend, lag eine Minderproduktion von (damals noch nicht bekanntem) ADH vor. Das ADH ist heute synthetisch herstellbar, so daß das sehr seltene Krankheitsbild des Diabetes insipidus kein größeres therapeutisches Problem mehr darstellt.

!

Der Hypophysenhinterlappen (HHL) stellt ein Speicherorgan für das Oxytozin und das antidiuretische Hormon (ADH) dar. Präproformen dieser Hormone werden in den Zellkörpern der Neurone des Nucleus supraopticus und paraventricularis im Hypothalamus gebildet. Durch axonalen Transport gelangen die Hormone in den HHL, wobei das posttranslationale Processing schon im Zellkörper beginnt, im Axon fortgesetzt und in den Terminalien im HHL beendet wird. Das biologisch aktive Hormon wird dann bei jedem Aktionspotential ausgeschüttet (Elektrosekretionskopplung).

Das antidiuretische Hormon (ADH) wirkt in erster Linie an den Sammelrohren der Niere, welche durch die ADH-Wirkung für Wasser permeabel werden. Dadurch kann Wasser den aktiv reabsorbierten Ionen folgen, was zur Konzentrierung des Urins (Antidiurese) führt. Die Rückkopplung auf die ADH-produzierenden Neurone erfolgt durch Osmo- bzw. Volumenrezeptoren. Wenn der HHL zerstört ist, also kein ADH ins Blut gelangt, wird viel Urin produziert (Diabetes insipidus).

Zielorgan des Oxytozin ist das Myometrium, also die Muskulatur des Uterus, sowie das Myoepithel der Brustdrüse. Oxytozin stimuliert daher die Wehentätigkeit und den Milchejektionsreflex

Wirkung am sensibilisierten Myometrium. Mechanische Reizung der Vagina und der Cervix uteri führen über nervale Afferenzen zum Hypothalamus zu vermehrter Ausschüttung von Oxytozin ***(Ferguson-Reflex).*** Gegen Ende der Schwangerschaft wird das Myometrium des Uterus durch die Wirkung von *Östrogenen* besonders sensibel für Oxytozin. Der HHL schüttet nach etwa 280 Schwangerschaftstagen vermehrt Oxytozin aus. Das führt zu leichten *Kontraktionen* des *östrogensensibilisierten Myometriums.* Dadurch wird die Leibesfrucht in Richtung Cervix uteri und Scheide gedrückt. Diese Gewebe sind besonders reichhaltig mit Mechanorezeptoren versehen, die die zunehmende Dehnung an die oxytozinproduzierenden Zellen des Hypothalamus weitermelden. Daraufhin wird mehr Oxytozin ausgeschüttet, und der Druck auf die Mechanorezeptoren verstärkt sich weiter. Dieser Prozeß schaukelt sich zur Wehentätigkeit auf, die schließlich zum Austreiben der Frucht und des Mutterkuchens führt. Damit ist die mechanische Reizung der Cervix uteri und der Vagina beendet, und es wird zunächst kein Oxytozin mehr ausgeschüttet.

Milchejektionsreflex. Unter physiologischen Bedingungen produzieren die Brustdrüsen innerhalb von 24 Stunden nach der Entbindung Milch („die Milch schießt ein"), das Baby kann also gestillt werden. Die Saugakte bewirken eine intensive mechanische Reizung der sehr stark innervierten Mamillen der Brustdrüse. Diese Reizung wird auf nervalem Wege den oxytozinproduzierenden Neuronen des Hypothalamus mitgeteilt, die wiederum vermehrt Oxytozin ausschütten. Dieses Oxytozin bewirkt nun eine *Kontraktion des Myoepithels* der

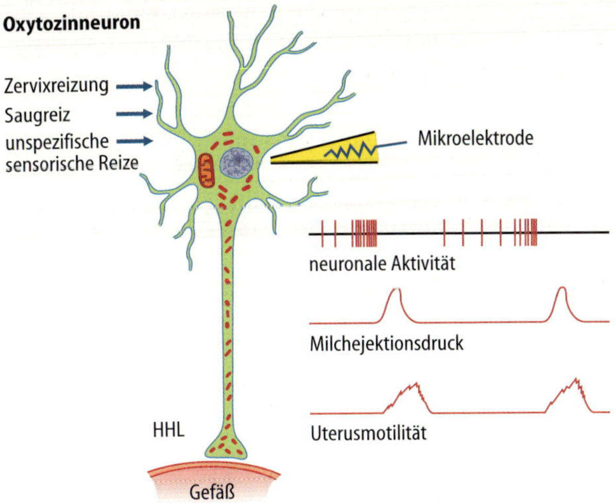

Abb. 20–7. Grundlagen des Milchejektionsreflexes. Durch mechanische Reizung der Cervix uteri oder der Mamillen, mitunter auch durch unspezifische sensorische Reize, können oxytozinproduzierende Neurone im Nucleus supraopticus bzw. paraventricularis phasisch aktiviert werden. Dadurch wird bolusartig Oxytozin in das systemische Blut ausgeschüttet. Es gelangt zu den Mammae und erhöht dort den Milchejektionsdruck. Auch die uterine Muskulatur wird durch den Oxytozinbolus aktiviert

Brustdrüse. Dieses Myoepithel ist im Gegensatz zu anderen kontraktilen Elementen des Körpers (Muskeln) epithelialen Ursprungs. Das Myoepithel der Brustdrüse umspannt die Alveolen so, daß seine Kontraktion zur Ejektion der Milch führt. Der Säugling saugt also die Brustdrüse nicht leer, sondern durch den Milchejektionsreflex „hilft" ihm die Mutter dabei. Tierexperimentell konnte gezeigt werden, daß die oxytozinproduzierenden Neurone unter Saugreizbedingungen alle zur gleichen Zeit aktiviert werden [56], so daß das Oxytozin bolusartig aus dem HHL ausgeschüttet wird (Abb. 20–7). Dadurch kontrahieren sich sämtliche Myoepithelien der Brustdrüse zur gleichen Zeit und erhöhen schlagartig den intramammären Druck.

Weitere Oxytozinwirkungen. Der Ferguson-Reflex hat bei der nicht schwangeren Frau keine große praktische Bedeutung, evtl. erleichtert koital ausgeschüttetes Oxytozin durch uterine Mikrokontraktionen die *Spermienaszension.* Funktionen von Oxytozin im männlichen Körper sind noch nicht bekannt. Möglicherweise erhöht es die Peristaltik der Kremastermuskulatur bei der Ejakulation des Samens.

! Das Oxytozin wirkt am Myoepithel der Brustdrüse und an den Muskelzellen des Uterus. Während der Schwangerschaft werden die uterinen Muskelzellen durch Östrogene besonders für die Oxytozinwirkung sensibilisiert. Das ermöglicht die Beendigung der Schwangerschaft durch die Wehentätigkeit. Nach dem Einsetzen der Milchsynthese wird als Folge der mechanischen Reizung der Mamillen durch den Saugakt Oxytozin ausgeschüttet, welches zur Kontraktion des Myoepithels der Brustdrüse und damit zum Milchejektionsreflex führt. Die Mutter hilft dem Säugling also aktiv beim Stillakt. Oxytozinwirkungen beim Mann sind nicht bekannt.

20.3 Hypophysenvorderlappensystem

Der *Hypophysenvorderlappen* (HVL) entwickelt sich im Verlauf der Embryogenese aus der Rathke-Tasche, einer Abschnürung des Rachendaches. Sie wandert bei der Embryonalentwicklung in das Schädelinnere. Der HVL ist also nicht neuroektodermalen Ursprungs, sondern hat als Struktur aus dem oralen Ektoderm epithelialen Charakter und wird daher auch als ***Adenohypophyse*** bezeichnet. Der HVL besitzt keine zentralnervöse Innervation, sondern wird in seiner Funktion ausschließlich über Neurohormone reguliert (s. unten). Durch einfache histologische Färbemethoden lassen sich 3 unterschiedliche HVL-Zellarten typisieren: Mit sauren Farbstoffen färben sich die *azidophilen (eosinophilen) Zellen* an. Basische Farbstoffe färben die *basophilen Zellen;* schwer anfärbbar sind die *neutrophilen, chromophoben Zellen.* Ferner gibt es im HVL noch die follikulostellären Zellen (s. unten).

Der Hypophysenvorderlappen (HVL) produziert 4 glandotrope und 2 nichtglandotrope Hormone

Glandotrope Hormone. Der HVL produziert nach herkömmlicher Definition 6 Hormone. In Tabelle 20–1 ist die z. T. verwirrende Nomenklatur der Hypophysenhormone angegeben. Vier dieser Hormone haben als Zielorgan jeweils eine hormonproduzierende Drüse. Deshalb heißen diese Hormone *glandotrope Hormone.* Generell stimulieren sie die Funktion dieser Drüsen. Eines der Zielorgane ist die *Schilddrüse (Thyreoidea).* Das entsprechende stimulierende Hormon heißt *thyreoideastimulierendes Hormon (TSH).* Für dieses Hormon ist auch die kurze Bezeichnung *Thyreotropin* gebräuchlich. Eine weitere periphere Drüse ist die Nebennierenrinde (Cortex der Glandula adrenalis), demzufolge heißt das hypophysäre Hormon, welches die Nebennierenrindentätigkeit stimuliert, *adrenocorticotropes Hormon (ACTH).* In Kurzform wird dieses Hormon auch Kortikotropin genannt. Die beiden restlichen glandotropen Hormone stimulieren die Tätigkeit der Gonaden. Es sind daher beides *gonadotrope Hormone* (kurz auch *Gonadotropine* genannt): Eines heißt daher *follikelstimulierendes Hormon (FSH),* das andere heißt *luteinisierendes Hormon (LH).* Beide Hormone wurden

Tabelle 20–1. Hypophysenvorderlappenhormone

Kurzbezeichnung	Name	Wirkung auf
Glandotrope Hormone		
ACTH	**A**drenocorticotropes **H**ormon (syn. Kortikotropin)	Nebennierenrinde
TSH	**T**hyreoidea-**s**timulierendes **H**ormon (syn. Thyreotropin)	Schilddrüse
FSH	**F**ollikel-**s**timulierendes **H**ormon	Gonaden
LH	**L**uteinisierendes **H**ormon	Gonaden
(FSH und LH sind die beiden Gonadotropine)		
Nicht-glandotrope Hormone		
GH	Wachstumshormon (engl. **G**rowth **H**ormone) (syn. **S**omatotropes **H**ormon = STH)	Alle Körperzellen
	Prolaktin	Viele Körperzellen (Mamma, Gonaden)

nach ihrer Funktion bei der Frau benannt. Sie kommen jedoch auch beide beim Manne vor.

TSH, LH und FSH sind Glykoproteine, enthalten also Zuckerreste und werden in den basophilen Zellen des HVL gebildet. Das ACTH ist ein Produkt der neutrophilen Zellen.

Nichtglandotrope Hormone. Neben den vier glandotropen Hormonen gibt es noch zwei nichtglandotrope Hormone, die auf Organsysteme oder den gesamten Organismus wirken. Das eine ist das *Wachstumshormon (human growth hormone =* ***GH****).* Die Abkürzung GH ist auch im deutschen Schrifttum gebräuchlich. Dieses Hormon heißt außerdem noch *somatotropes Hormon (****STH*** *= Somatotropin).* Das zweite nichtglandotrope Hormon der Hypophyse ist das ***Prolaktin.*** Wie der Name ausdrückt, ist es wichtig für die Laktation. Prolaktin hat aber auch an vielen anderen Organen des Körpers spezifische Bindungsstellen. Die Wirkungen des Hormons an diesen anderen Organen sind größtenteils noch unerforscht.

Die ***follikulostellären*** Zellen des HVL sind früher als Ernährungs- und Stützzellen angesehen worden; heute wissen wir, daß sie parakrin wirkende Zytokine produzieren. Auch die „klassischen" endokrinen Zellen des HVL produzieren noch zusätzlich parakrin wirkende Peptide.

Die Freisetzung der HVL-Hormone wird durch hypothalamische Releasing- und Inhibiting-Hormone reguliert

Releasing- und Inhibiting-Hormone. Die HVL-Zellen werden nicht aus dem ZNS innerviert. Dennoch erfolgt ihre Regulation durch den Hypothalamus, also das ZNS. Hypothalamische Nervenzellen produzieren chemische Nachrichtenträger, die bei Aktivierung der Nervenzellen aus den axonterminalen Strukturen in der Eminentia mediana sezerniert werden. Diese Axonterminalien haben enge Verbindung zu einem spezialisierten Gefäßsystem, dem *Portalsystem,* welches vom Hypothalamus zur Hypophyse zieht. Über diese Gefäßverbindung gelangen die Nachrichtenübermittler von den Nervenzellen zum HVL. Hier bewirkt ein solcher Bote entweder die Ausschüttung eines HVL-Hormons, dann wird er *Releasing-Faktor (RF)* oder *Releasing-Hormon (****RH****)* genannt, oder er inhibiert die Sekretion eines HVL-Hormons, dann wird er als *Inhibiting-Faktor (IF)* oder *Inhibiting-Hormon (****IH****)* bezeichnet. Tabelle 20–2 zeigt die z. Z. gebräuchlichsten Namen für diese hypothalamischen Neurohormone (s. auch Abb. 20–8). Bis vor kurzem glaubte man, daß jedes glandotrope Hormon über ein spezifisches Releasing-Hormon stimuliert wird. So erklärt sich auch die Namensgebung: *Thyreotropin Releasing-Hormon (****TRH****), Corticotropin-Releasing-Hormon (****CRH****).* Es zeigte sich jedoch, daß sowohl die LH- als auch die FSH-Sekretion durch dasselbe Peptid stimuliert wird. Dieses zunächst als *LHRH* bekannt gewordene hypothalamische Hormon wird deshalb heute *Gonadotropin-Releasing-Hormon (****GnRH****)* genannt.

Die beiden nichtglandotropen Hormone der Hypophyse, Wachstumshormon und Prolaktin, werden multifaktoriell reguliert. Das GH wird durch ein Wachstumshormon-Releasing-Hormon *(****GHRH****)* und durch

Tabelle 20–2. Releasing- und Inhibitinghormone

Kurzbezeichnung[a]	Name	Wirkung auf
Releasinghormone		
TRH	**T**hyreotropin-**R**eleasing-**H**ormon	TSH
GnRH	**Gon**adotropin-**R**eleasing-**H**ormon (syn. LHRH)	LH und FSH
CRH	**C**orticotropin-**R**eleasing-**H**ormon	ACTH
GHRH	**G**rowth **H**ormone-**R**eleasing **H**ormon	GH
PRH	**P**rolaktin **R**eleasing-**H**ormon	PRL
Inhibitinghormone		
GHIH	**G**rowth **H**ormone-**I**nhibiting **H**ormon (syn. Somatostatin, SS)	GH
PIH	**P**rolaktin-**I**nhibiting-**H**ormon	PRL

[a] Es gibt noch keine allgemeinverbindliche Nomenklatur. Die ursprüngliche und unverbindliche Bezeichnung der Hormone mit „Faktor" kommt noch in den alternativ gebrauchten Kurzformen, wie CRF (statt CRH), PIF (statt PIH) zum Ausdruck.

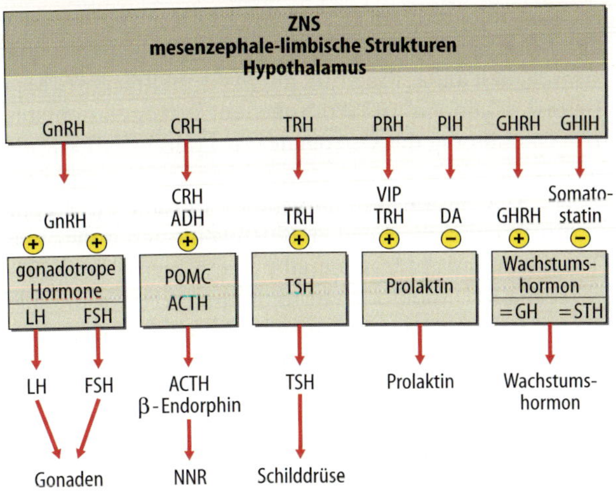

Abb. 20–8. Grundprinzipien der Regulation von Hypophysenvorderlappen-Hormonen (*untere Kästen*) durch den Hypothalamus (*oberer Kasten*). Zur Nomenklatur siehe Tab. 20–1 und 20–2. Die 4 glandotropen Hormone LH, FSH, ACTH und TSH haben jeweils nur ein Zielorgan im Körper. Dieses ist eine Drüse. Die beiden anderen Hormone (Prolaktin und Wachstumshormon) wirken an den Zellen vieler Organe. Zur Bedeutung der POMC-Zelle im Zusammenhang mit der ACTH-produzierenden Zelle. Alle Hormone des Hypophysenvorderlappens werden durch hypothalamische Neurohormone reguliert

ein *Wachstumshormon-Inhibiting Hormon (GHIH)* reguliert. Der Erstbeschreiber der Struktur des GHIH zog es vor, es *Somatostatin* zu nennen [28]. Es war schon lange bekannt, daß die Prolaktinsekretion durch ein hypothalamisches inhibierendes Hormon (PI) gesteuert wird. Diese PI ist interessanterweise kein Peptid, sondern das biogene Amin *Dopamin* [45]. Es wirkt stark inhibierend auf die Prolaktinsekretion. Außer Dopamin spielen wahrscheinlich noch Peptide eine wesentliche Rolle bei der Regulation der Prolaktinsekretion.

Beeinflussung der hypothalamischen Hormonproduktion. Die Releasing- und Inhibiting-Hormone produzierenden Neurone im Hypothalamus werden von zahlreichen intra- und extrahypothalamischen Neuronen innerviert. Besonders reichhaltig sind die Innervationen aus dem *Mittelhirn* durch *noradrenerge, adrenerge* und *serotonerge Neurone,* ebenso aus *limbischen Strukturen,* insbesondere den *Nuclei amygdalae* sowie dem *Hippocampus.* Dadurch können *Umwelt- und Innenwelteinflüsse* (in erster Linie über die mesenzephalen) sowie *emotionale Regungen* (in erster Linie über die limbischen Strukturen) in die neuroendokrine Regulation integriert werden. Mesenzephale und limbische Strukturen erhalten aus dem Hypothalamus Afferenzen, so daß ein reziproker Informationsaustausch stattfindet. Die Produktion der Releasing- und Inhibiting-Hormone ist durch Rückmeldungen der nachgeschalteten Hormone oder deren Wirkungen in neuroendokrine Regelkreise integriert.

!

Die Hormone des Hypophysenvorderlappens (HVL) sind entweder glandotrope oder nicht-glandotrope Hormone, d. h. sie haben in der Peripherie des Körpers drüsige oder nichtdrüsige Erfolgsorgane. Die glandotropen Hormone sind die beiden gonadotropen Hormone follikelstimulierendes Hormon (FSH) und das luteinisierende Hormon (LH), das thyreoideastimulierende Hormon (TSH) und das adrenokortikotrope Hormon (ACTH). Die beiden nichtglandotropen Hormone sind das Wachstumshormon (STH, GH) und das Prolaktin.

Die Freisetzung aller Hormone des Hypophysenvorderlappens (HVL) wird durch Neurohormone des Hypothalamus reguliert. Wenn diese Hormone stimulierend wirken, werden sie Releasing-Hormone (RH) genannt, während die hemmenden Hormone als Inhibiting-Hormone (IH) bezeichnet werden. Diese RH und IH werden von den neuronalen Axonterminalien in das portale Gefäßsystem ausgeschüttet, welches Hypothalamus und Hypophyse verbindet. Der Hypothalamus wird durch mesenzephale und limbische Strukturen über Innen- und Umwelteinflüsse informiert, so daß die Hormonsekretion des HVL immer auf diese Einflüsse reagieren kann.

20.4 Regulation der Gonadenfunktion

Bei Mann und Frau werden die Gonaden durch FSH und LH stimuliert. Bei der Frau regt FSH die Östrogensynthese und LH die Gestagensynthese an. Beim Mann bewirkt LH eine verstärkte Bildung von Androgenen

Freisetzung der Gonadotropine durch GnRH. Die Funktionen der Fortpflanzungsorgane des Mannes und der Frau sind von hormonalen Regulationsprozessen abhängig. Ebenso wird das Sexualverhalten bis zu einem gewissen Grade von Hormonen beeinflußt. Die Sexualhormone dienen also der Arterhaltung, sind jedoch für das einzelne Individuum nicht lebensnotwendig. Von beiden Geschlechtern werden sowohl männliche also auch weibliche Sexualhormone, allerdings in unterschiedlichen Mengen, gebildet. Die für die Fortpflanzung wichtigen Hormone der Hypophyse sind das ***FSH*** und das ***LH***. Die Ausschüttung beider Hormone erfolgt durch ***GnRH*** (Gonadotropin-Releasing-Hormon).

Gestagenbildung und -ausschüttung. Die beiden Gonadotropine FSH und LH stimulieren die Gonaden. Sie bewirken bei beiden Geschlechtern die gonadale Bildung und Ausschüttung der Sexualhormone. Diese Sexualhormone gehören in die Gruppe der *Steroide*. Wie für alle Steroidhormone ist die Ausgangssubstanz für die Sexualsteroide das *Cholesterol*. Durch das „sidechain cleaving enzyme-System" werden in den Gonaden zunächst *Gestagene* gebildet, deren wichtigster Vertreter das ***Progesteron*** ist. Das Progesteron wird vom Corpus luteum in der zweiten Hälfte des Menstruationszyklus in großen Mengen synthetisiert und ausgeschüttet. Noch wesentlich höhere Progesteronmengen werden während der Schwangerschaft von der Plazenta gebildet. Die Gestagenbildung und -ausschüttung wird durch LH stimuliert.

Androgenbildung und -ausschüttung. In anderen steroidproduzierenden Zellen der Gonaden tritt das Progesteron nur als Intermediärprodukt für die Synthese von *Androgenen* (männliche Geschlechtshormone) oder *Östrogenen* (eine weitere Gruppe weiblicher Geschlechtshormone) auf. Der Syntheseweg ist schematisch in Abb. 20–9 dargestellt. Das wichtigste testikuläre Androgen ist das ***Testosteron,*** welches stimuliert durch LH in den *Leydig-Zwischenzellen* synthetisiert und in das Blut sezerniert wird. Zum Teil wirkt das Testosteron direkt an den Zellen der Erfolgsorgane (z. B. im ZNS), zum Teil erfolgt die Bildung des eigentlich wirksamen Hormons aber erst in den Zellen der Zielorgane durch Reduzierung in Position 5. So wird die androgene Wirkung auf den männlichen Behaarungstyp und auf die Talgdrüsen über 5-α-Dihydrotestosteron (5-α-DHT) ausgeübt. Auch an den akzessorischen Geschlechtsdrüsen (Prostata, Samenblase) ist das 5-α-DHT das wirksame Androgen.

Östrogenbildung und -ausschüttung. In den Ovarien werden vor dem Eisprung in den Zellen der Follikel Östrogene produziert und ausgeschüttet. Das wichtigste und physiologisch am stärksten wirksame Östrogen ist das ***Östradiol-17-β.*** Durch Aromatisierung von Androgenen am A-Ring und durch Abspalten eines Methylrestes können aus Androgenen Östrogene entstehen. Die Bildung der Östrogene wird durch FSH stimuliert.

Alle Sexualsteroidhormone werden zu einem großen Teil nichtkovalent an Bluteiweiße gebunden. Für Östrogene und Androgene gibt es ein relativ hochaffines sexualhormonbindendes Globulin (SHBG, s. unten). Es sind nur die nicht an Transportproteine gebundenen freien Steroidhormone wirksam.

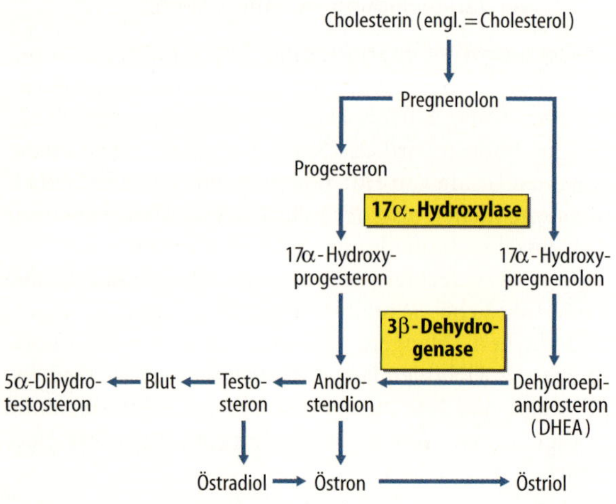

Abb. 20–9. Syntheseweg der gonadalen Steroidhormone. Im Blut zirkulierendes Testosteron wird in einigen Zielorgangen (Samenblase, Prostata, Talgdrüsen und Haarfollikel der Haut) zu 5-α-Dihydrotestosteron (5-α-DHT) reduziert

! Die Freisetzung von FSH und LH wird durch ein Releasing-Hormon, das GnRH (LHRH)gefördert. Bei der Frau stimuliert FSH die Östrogen-, LH die Gestagensynthese. Die Leydig-Zellen des Hodens werden durch LH zu vermehrter Androgenproduktion angeregt, während FSH vermutlich nicht in die Steroidbiosynthese eingreift.

Beim Mann stimuliert FSH die Spermatogenese in den Samenkanälchen

Regulation der Gonadenfunktion beim Mann. Das LH stimuliert die Leydig-Zwischenzellen zu vermehrter Androgenproduktion (s. oben). Intratestikulär sind diese Androgene für die normale *Spermatogenese* notwendig [5]. Wie oben schon gesagt, ist das wichtigste testikuläre Androgen das ***Testosteron.*** Dieses Hormon gelangt auch in die Blutbahn und auf diesem Wege zur Hypophyse und zum Hypothalamus, wo es eine negativ rückkoppelnde Wirkung auf die LH- bzw. die GnRH-produzierenden Zellen hat. Kastration, also die Entfernung der Testes, reduziert die Menge des zirkulierenden Testosterons stark. Über androgenrezeptive Neurone registrieren die hypothalamischen GnRH-produzierenden Neurone die niedrigen Testosteronspiegel und schütten in der Folge mehr GnRH aus. Das führt zur Erhöhung der LH- und FSH-Produktion. Substitution von Testosteron in physiologischer Dosierung bewirkt jedoch nur das Absinken der LH-Sekretion. Aufgrund dieser Tatsache und anderer pathophysiologischer sowie biochemischer Beobachtungen wurde postuliert, daß die Hoden ein peptiderges Hormon produzieren, welches direkt die hypophysäre FSH-Sekretion inhibiert. Dieses Hormon ist mittlerweile analysiert worden und heißt ***Inhibin.*** Es besteht aus 2 Untereinheiten (der α- und β-Kette). Interessanterweise hat die Zusammenlagerung zweier β-Ketten ebenfalls eine Wirkung auf die FSH-Sekretion. Diese wird jetzt jedoch stimuliert, so daß das β-β-Dimer *Aktivin* genannt wird. Ob dem Aktivin wichtige physiologische

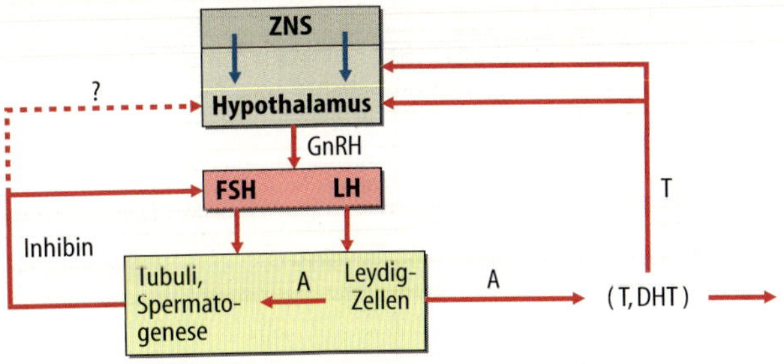

Abb. 20–10. Hypothalamo-hypophyseo-testikulärer Regelkreis. Im Hypothalamus sitzende GnRH-Neurone schütten ihr Dekapeptid in das portale Gefäßsystem aus. Es stimuliert die Sekretion von LH und FSH. Das LH regt die Leydig-Zwischenzellen zu vermehrter Androgenproduktion an. Diese koppeln zur Hypophyse und zum Hypothalamus zurück, so daß der Regelkreis geschlossen wird. In den Tubuli contorti wird durch FSH die Spermatogenese angeregt. Gleichzeitig bilden die dort befindlichen Sertolizellen das Peptid Inhibin, welches auf dem Blutweg zur Hypophyse gelangt. Hier inhibiert es selektiv die FSH-Sekretion. Ob es auch zum Hypothalamus zurückkoppelt, ist noch unklar. Die in den Leydig-Zwischenzellen unter der Wirkung von LH stimulierten Androgene sind auch essentiell für die normale Spermatogenese in den Tubuli contorti. Das Haupt-Androgen des Hodens ist Testosteron (*T*). Testosteron wird in Zellen peripherer Erfolgsorgane (Hautanhangsorgane, Prostata, Samenblase etc.) erst nach Reduktion zu 5-α-Dihydrotestosteron (*5-α-DHT*) wirksam. 5-α-DHT hat keine rückkoppelnde Wirkung zur Hypophyse oder zum Hypothalamus

Bedeutung zukommt, ist noch unklar. Der hypothalamo-hypophyseo-testikuläre Regelkreis ist in Abb. 20–10 dargestellt.

Bildung und Reifung der Samenzellen: Spermatogenese. Unter dem Einfluß von FSH und intratestikulär gebildeten Androgenen erfolgt die ***Spermatogenese*** in den Samenkanälchen (Tubuli seminiferi contorti) [5]. Die Spermatogenese in den Tubuli contorti ist in drei Stufen unterteilbar:

- die mitotische Teilung der Spermatogonien,
- einen Prozeß der Meiosis,
- die Reifung der Spermatiden zu Spermatozoen.

Dieser letzte Prozeß heißt *Spermiogenese.* Der gesamte Prozeß der Spermatogenese dauert etwa 70 Tage. Die Tubuli contorti bestehen aus *Sertolizellen* und *Samenzellen* in unterschiedlichen Reifungsstadien. Die Urform von Samenzellen sind die *Spermatogonien.* Die Sertolizellen spielen für die Entwicklung der Spermatozyten eine wichtige Rolle. Sie liefern nämlich sowohl das nutritive wie auch das endokrine Milieu für die Reifung der Spermatozyten. Dazu produzieren die Sertolizellen ein *androgenbindendes Protein* (ABP), welches Testosteron von den Leydig- zu den Sertolizellen transportiert. Hier wird es zu Östrogenen aromatisiert. *Östrogene und Androgene sind für die Reifung der Spermatozyten notwendig.* Ferner produzieren die Sertolizellen vermutlich das Inhibin.

Nach Bildung der Spermatozyten gelangen diese in die langen Gänge der Nebenhoden (*Epididymis*). Diese Passage ist für die Fähigkeit der Spermien zur Motilität und Befruchtung eines Oozyten wesentlich. Direkt aus den Tubuli contorti entnommene Spermien sind unbeweglich und können nicht die Zona pellucida der Eizelle penetrieren. Die Passage durch die Kanäle der Nebenhoden ist also für die Endreifung der Spermatozyten wichtig, sie dauert etwa 5–12 Tage [5, 8]. Ein geringer Anteil der Spermatozyten wird in den Nebenhoden, der größere Anteil jedoch in den Ductus deferentes und den Ampullen gespeichert. Sie bleiben so über Monate befruchtungsfähig.

Samenflüssigkeit und Spermienbeweglichkeit. Normale Spermien sind in der Lage, sich durch ihre langen geißelartigen Fortsätze zu bewegen. Der ejakulierte Samen besteht also aus der die Spermatozoen enthaltenden Flüssigkeit aus den Vasa deferentia, den Flüssigkeiten der *Samenblase*, der *Prostata* und von mukösen Drüsen (besonders den bulbo-urethralen Drüsen entlang der samenausführenden Gänge). Die Samenflüssigkeit ist in der Lage, das saure Milieu der Scheide leicht alkalisch zu machen, so daß die Spermien optimale Aszensionsbedingungen erhalten.

Die Funktion der Nebenhoden sowie der Anhangsdrüsen zu den Samen ausführenden Gängen sind alle androgenabhängig. Aus den Leydig-Zellen stammendes Testosteron wird durch die Zellen der entsprechenden Organe zu 5-α-DHT, der wirksamen Form an den akzessorischen Geschlechtsorganen, reduziert.

Androgene sind Anabolika und stimulieren das Sexualverhalten

Anabole Wirkung. *Testosteron* ist das hauptsächliche testikuläre Sekretionsprodukt. Der Hauptanteil ist an ein Protein gekoppelt, das oben schon erwähnte sexualhormonbindende Globulin (SHBG). Nur der nicht gebundene, also der im Plasma gelöste Anteil von Testosteron kann biologisch wirksam werden. Die peripheren Wirkungen der Androgene sind vielfältig. Ganz global wirken alle Androgene *eiweißanabol,* d.h. sie stimulieren die Eiweißsynthese. Deshalb ist nach der Pubertät der männliche Habitus in aller Regel größer und muskulöser ausgeprägt als der weibliche. Androgene bewirken durch Stimulation der Eiweißmatrix eine verstärkte Knochenbildung. Auch die Muskelmasse ist durch Androgene stimulierbar. Diese beiden Effekte werden durch Muskeltraining ganz besonders deutlich. Im Blut zirkulierendes Testosteron wird in vielen Anhangsorganen der Haut zu *5-α-DHT* reduziert. Das 5-α-DHT ist hier für den maskulinen Behaarungstyp (Bartwuchs etc.) und die vermehrte Fettproduktion und -sekretion der Haut (Seborrhoe) verantwortlich.

Sexualverhalten und aggressives Verhalten. Sexualsteroide koppeln in hypothalamische und limbische Strukturen im ZNS zurück [8, 17]. Im *Hypothalamus* wird die Sekretion der GnRH-produzierenden Neurone beeinflußt. Hypothalamische wie limbische Strukturen sind für Aggression und Sexualverhalten mitverantwortlich.

Die Testes bleiben für das gesamte Individualleben funktionsfähig. Obwohl die Testosteronsekretion im Senium absinkt, bleibt die Spermatogenese häufig bis ins hohe Lebensalter intakt.

LH stimuliert die Leydig-Zellen zu vermehrter Testosteronproduktion. Das FSH stimuliert die Spermatogenese. Die Spermatogenese erfolgt in 3 Stufen: mitotische Teilung der Spermatogonien, Meiosis und Reifung der Spermatiden zu Spermatozoen. Für diese Prozesse sind hohe intratestikuläre Testosteronwerte notwendig. Die endgültige Reifung der Spermatozoen erfolgt in den langen Gängen der Nebenhoden. Zusätzlich produziert der Hoden noch ein FSH-inhibierendes Hormon, das Inhibin, so daß der Hoden über Testosteron die GnRH-Sekretion beeinflussen, über Inhibin direkt die FSH-Sekretion regulieren kann.

Die Androgene haben eine eiweißanabole Wirkung und sind für das im Vergleich zur Frau stärkere Muskel- und Knochenwachstum des Mannes verantwortlich. Ferner stimulieren sie Sexual- und aggressives Verhalten.

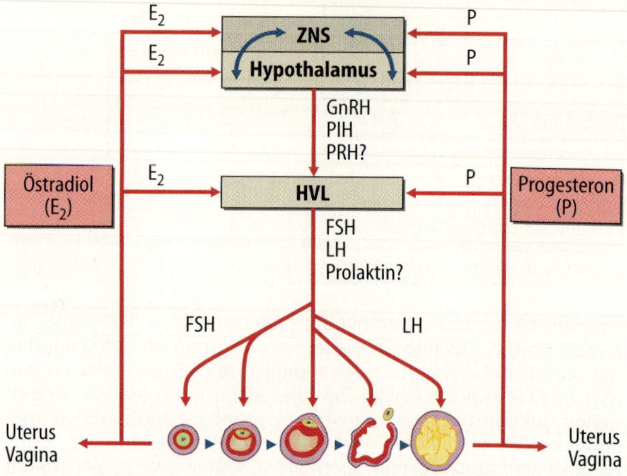

Abb. 20–11. Hypothalamo-hypophyseo-ovarieller Regelkreis. Das in hypothalamischen Neuronen gebildete Dekapeptid GnRH stimuliert die Sekretion beider Gonadotropine, also des follikelstimulierenden Hormons (*FSH*) und des luteinisierenden Hormons (*LH*). FSH stimuliert die Anreifung eines Satzes von Follikeln, von denen beim Menschen einer (ganz selten zwei) zur Endreifung gelangt. Der heranreifende Follikel produziert ansteigende Mengen Östradiol (E_2), welches das Endometrium zur Proliferation bringt. E_2 koppelt zur Hypophyse und zum Hypothalamus zurück und bewirkt hier bei entsprechenden Blutspiegeln mittzyklisch vermehrte GnRH-Ausschüttung und eine Erhöhung der Sensibilität der hypophysären FSH- und LH-produzierenden Zellen für die Wirkung von GnRH. Dadurch wird der mittzyklische FSH- und LH-Anstieg ermöglicht. Nur LH bewirkt die Ovulation und die Luteinisierung der follikulären Granulosazellen. Diese nehmen unter dem Einfluß des LH die Progesteron-(P-)Produktion und -Sekretion auf. Beide Steroidhormone, E_2 und P, koppeln zum Hypothalamus und zur Hypophyse zurück, so daß die mittzyklische FSH- und LH-Sekretion wieder reduziert wird. Auch in höheren zentralnervösen Strukturen wirken die beiden Hormone. Dadurch wird die Libido (Sexualtrieb) zykluskonform gesteuert (PIH = Prolaktin-Inhibiting-Hormon, *PRH* = Prolaktin-Releasing-Hormon)

Bei der Frau stimuliert FSH die Follikelreifung, LH bewirkt den Eisprung; wenn das Ei nicht befruchtet wird, geht das Corpus luteum zugrunde, und es kommt zur Menstruationsblutung

Follikelreifung. Im Ovar eines neugeborenen Mädchens sind viele Millionen *Follikel* angelegt [18], von denen die meisten im Verlaufe der kindlichen und der pubertären Entwicklung degenerieren. In der geschlechtsreifen Frau werden pro Zyklus viele Tausend Follikel zur Anreifung gebracht; man spricht von einer Kohorte. Aus ungeklärten Gründen wird aus dieser Kohorte nur einer dominant und gelangt zur Sprungreife, so daß pro Menstruationszyklus in der Regel nur ein Ei für die Befruchtung zur Verfügung steht. Etwa in jedem 200. Zyklus werden 2 Follikel dominant, und es können 2 Eier befruchtet werden, also zweieiige Zwillige heranwachsen. Die Häufigkeit der vollkommenen Teilung eines befruchteten Eies und der daraus resultierenden eineiigen Schwangerschaft ist ebenfalls 1 : 200, so daß etwa jede 100. Schwangerschaft eine Zwillingsschwangerschaft ist.

Hormonaler Regelkreis. Das hypothalamo-hypophyseo-ovarielle Regelkreissystem ist in Abb. 20–11 dargestellt. Hypothalamische Neurone schütten GnRH in das portale Gefäßsystem aus. Als Folge davon wird FSH ausgeschüttet, welches die Anreifung einer Kohorte von Follikeln im Ovar bewirkt, aus denen sich, wie gesagt, in der Regel nur ein Follikel zum dominanten, tertiären und schließlich zum *Graaf-Follikel* [35] entwickelt. Die Hormonveränderungen im Verlauf des Menstruationszyklus sind in Abb. 20–12 dargestellt. Die heranreifenden Follikel produzieren *Östrogene*, u. a. das ***Östradiol.*** Das Hormon gelangt über das Blut zur Hypophyse, an den Hypothalamus und an höhere ZNS-Strukturen. Bei niedrigen Östradiolkonzentrationen werden die LH- und FSH-produzierenden Zellen auf einem niedrigen Sensibilitätsniveau für die Wirkung von GnRH gehalten. Wahrscheinlich wird dann auch wenig GnRH ausgeschüttet. Deshalb bleiben LH- und FSH-Spiegel im Blut niedrig. Man spricht von der *negativ rückkoppelnden Wirkung von Östradiol.* Mit zunehmender Reifung eines Follikels zum Tertiär- und Graaf-Follikel steigen die Östradiolspiegel im Blut an. Unmittelbar vor dem Eisprung werden die Östradiolspiegel so hoch (Abb. 20–12), daß die LH- und FSH-produzierenden Zellen der Hypophyse recht plötzlich von ihrer niedrigen auf eine hohe Antwortbereitschaft auf GnRH umschalten. Gleichzeitig wird vermutlich vom Hypothalamus mehr GnRH ausgeschüttet. Dadurch verstärkt sich die hypophysäre FSH- und LH-Sekretion. Das ist die *positive rückkoppelnde Wirkung von Östradiol.* Das LH bewirkt den Prozeß des Eisprungs (***Ovulation***); der Follikel rupturiert als Folge von Prozessen, die durch den erhöhten LH-Spiegel eingeleitet werden. Die follikulären Granulosazellen, die bisher Östradiol produziert haben, nehmen die vermehrte Synthese und Ausschüttung von ***Progesteron*** (dem wichtigsten Gestagen bei der Frau) auf. Dieser ebenfalls LH-abhängige Prozeß wird als *Lu-*

teinisierung der Zellen des rupturierten Follikels bezeichnet. Der Follikel wird zum Gelbkörper (***Corpus luteum***). Das immer noch vermehrt sezernierte Östradiol koppelt zusammen mit dem Progesteron nunmehr negativ zur Hypophyse und zum Hypothalamus zurück, so daß die hohe LH- und FSH-Sekretion wieder auf basale Werte absinkt.

Das Progesteron hat in temperaturregulierenden Zentren im Hypothalamus eine temperatursteigernde (thermogenetische) Wirkung. Bei hohen Progesteronspiegeln steigt die ***basale Körpertemperatur*** um ca. 0,5 °C an. (Abb. 20–12) Aus nicht ganz geklärten Gründen hat das Corpus luteum eine Lebensdauer von etwa 14 Tagen. Gegen Ende dieser Zeit sinkt die Progesteronsekretion spontan wieder ab; der Prozeß der *Luteolyse* setzt ein. Auch die basale Körpertemperatur sinkt wieder ab. Dadurch wird der Temperaturverlauf im Zyklus *biphasisch. Im Normalfall dauert ein Menstruationszyklus 28 Tage*, gerechnet vom ersten Tag einer Menstruationsblutung bis zum ersten Tag der nächsten.

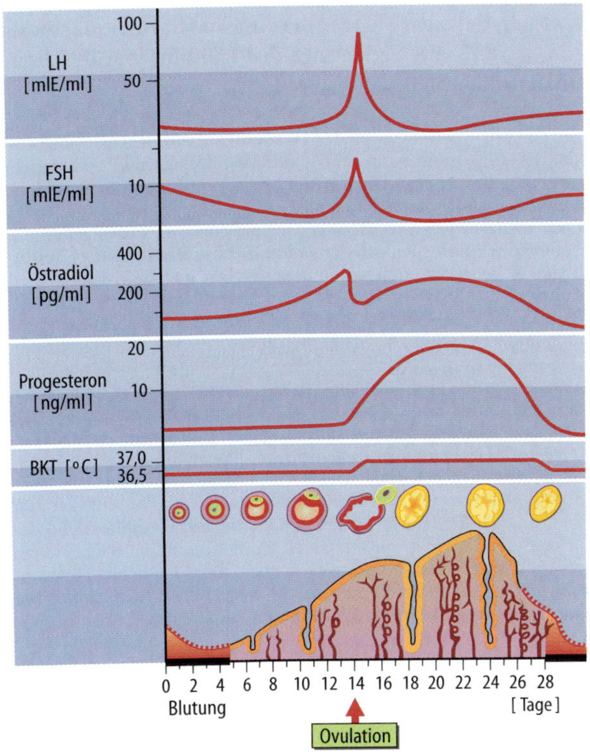

Abb. 20–12. Bluthormonspiegel im Verlauf eines Menstruationszyklus. In der Follikelphase reift ein Follikel zum Tertiärfollikel heran, welcher zunehmend Östradiol produziert. Dadurch wird das Endometrium zur Proliferation gebracht. Schließlich schüttet die Hypophyse mittzyklisch vermehrt LH und FSH aus und löst somit die Ovulation aus. Der rupturierte Follikel wird zum Corpus luteum, welches viel Progesteron bildet. Dadurch wird das proliferierende Endometrium in ein sekretorisches umgewandelt. Erhöhte Progesteronspiegel bewirken auch die leichte Anhebung der basalen Körpertemperatur (*BKT*). Die Menstruationsblutung (durch *dicke Abszissenlinie* markiert) ist eine Progesteronentzugsblutung

Menstruation. Der Zyklus der Frau ist also durch zwei besondere Ereignisse charakterisiert. Das eine ist der Prozeß der *Ovulation*, das andere die äußerlich erkennbare *Menstruationsblutung*. Wie hängen nun Ovulation und Menstruationsblutung zusammen? Der bisher besprochene neuroendokrine Regulationskreis zur Steuerung der ovariellen Tätigkeit dient dazu, eine Schwangerschaft zu ermöglichen. Diese Schwangerschaft soll im Uterus stattfinden. Das Innere des Uterus ist mit einer Schleimhaut (***Endometrium***) ausgestattet, die ihr Erscheinungsbild mit dem steroidalen Milieu ändert [35]. Zu Beginn eines Zyklus sind nur die basalen Schichten der Schleimhaut vorhanden. Unter den ansteigenden Östrogenspiegel in der ersten Hälfte des Zyklus proliferiert das Endometrium und wird in der Mitte des Zyklus, also zur Zeit der präovulatorischen LH- und FSH-Sekretion, wesentlich dicker. Mit der Ovulation und der damit verbundenen vermehrten Progesteronsekretion bilden sich in dem proliferierten Endometrium kryptenförmige Drüsen aus. Das Endometrium ist aus dem *Proliferationsstadium* in das *Sekretionsstadium* getreten. Es ist nun optimal für eine eventuell bevorstehende Schwangerschaft vorbereitet.

Bei der ***Ovulation*** wird mit der Follikelflüssigkeit ein befruchtungsfähiges Ei aus dem Graaf-Follikel herausgespült und gelangt in die Tube. Die Tuben verbinden die beiden Ovarien mit dem Cavum uteri. Das Ei ist nunmehr zur Befruchtung bereit. Erfolgt keine Befruchtung, so ist ein schwangerschaftsbereites Endometrium überflüssig. Das Corpus luteum überlebt in Anwesenheit basaler LH-Spiegel für ca. 14 Tage. Da das Endometrium nur unter hohen Progesteronspiegeln existieren kann, hat ein Absinken des Progesteronspiegels zur Folge, daß sich das Endometrium regressiv verändert. Die Spiralarterien des Endometriums kontrahieren sich an ihrer Basis, so daß das endometriale Gewebe schließlich zugrunde geht, abgestoßen und in die Vagina ausgeschwemmt wird. Dieser Abstoßungsprozeß des Endometriums mit der damit verbundenen Blutung ist die Ursache der ***Menstruationsblutung.*** Das Endometrium ist nun bis auf seine basale Schicht abgestoßen.

!

Das FSH stimuliert die Reifung einer Kohorte von Follikeln, von denen durch unbekannte Selektionsmechanismen ein Follikel dominant und damit ovulationsbereit wird. Dieser signalisiert durch hohe Östradiolsekretion ins Blut dem Hypothalamus und der Hypophyse Ovulationsbereitschaft, so daß dadurch die mittzyklische LH- und FSH-Ausschüttung ausgelöst wird. Das LH bewirkt die Ovulation und die Umwandlung des Follikels in ein Corpus luteum, welches neben Östradiol nunmehr auch Progesteron produziert. Hohe Östradiolspiegel in der Follikelreifungsphase bewirken im Endometrium des Uterus Proliferation. In Zusammenwirken mit Progesteron wird die Schleimhaut dann in ein sekretorisches Endometrium umgewandelt. Erfolgt keine Befruchtung, sistiert zwischen dem 12. und 14. Tag die Progesteronproduktion, und das Endometrium wird abgestoßen. Das ist die Menstruationsblutung.

Das hypothalamische GnRH wird in Pulsen ausgeschüttet

Beim Mann und bei der Frau erfolgt die Ausschüttung von GnRH aus den hypothalamischen Neuronen in *pulsatiler* Form [5, 8, 10, 35]. Das bedeutet, daß auch bei der Frau die GnRH-Neurone synchronisiert und phasisch aktiv werden. In der ersten Hälfte des Zyklus, vor der Ovulation, treten die Pulse etwa alle 90 Minuten auf. In der Zeit nach der Ovulation, also unter dem Einfluß erhöhter Progesteronspiegel, gleicht sich die GnRH-Pulsfrequenz der Frau der des Mannes an, die Pulse werden also in drei- bis vierstündlichen Abständen beobachtet.

Die ***pulsatile Ausschüttung von GnRH*** aus dem Hypothalamus ist von grundsätzlicher Bedeutung für die Regulation der LH- und FSH-Sekretion [38, 46]. Die hypophysären LH- und FSH-Zellen müssen in regelmäßigen, zeitlich gut koordinierten Abständen GnRH exponiert werden. Nur dann schüttet die Hypophyse normale Mengen von LH und FSH aus. Nur die regelmäßige pulsatile GnRH-Sekretion garantiert also normale Follikelreifung, Ovulation und Funktion des Corpus luteum.

Es gibt ein Krankheitsbild, bei dem der Hypothalamus gar nicht mehr oder mit suboptimaler Frequenz pulsatil GnRH ausschüttet. Die Folge sind gestörte Follikelreifung und ausbleibende Ovulation. Dann kommt die Menstruationstätigkeit zum Erliegen. Es liegt das Zustandsbild der hypothalamischen ***Amenorrhoe*** vor. Die Erkenntnis, daß nur optimale Pulsfrequenz zu optimaler LH- und FSH-Sekretion führt, läßt sich auch zur Suppression der hypophysären LH- und FSH-Sekretion nutzen. Kontinuierliche Verabreichung von GnRH hat das Sistieren der LH- und FSH-Sekretion zur Folge. Demzufolge ist die Verabreichung von GnRH-Analoga mit sehr langer Wirkungsdauer von einer initial vermehrten LH- und FSH-Sekretion begleitet, dann jedoch hört die Sekretion der beiden gonadotropen Hormone auf (*unblutige und reversible Kastration*).

Die modulierende Wirkung von Östrogenen und Gestagenen auf die Pulsamplitude und auf die Pulsfrequenz der LH-Sekretion ist in Abb. 20–13 gezeigt. Aufgrund der fehlenden negativen Rückkopplung von Östradiol führt die pulsatile GnRH-Sekretion der hypothalamischen Neurone ganz besonders deutlich bei ovariektomierten Frauen zu ausgeprägter pulsatiler LH-Sekretion. Sind basale Östrogenspiegel vorhanden, so wird vom Hypothalamus weiterhin GnRH pulsatil ausgeschüttet. Das Östradiol hat jedoch die hypophysäre Antwortbereitschaft der LH-produzierenden Zellen vermindert, so daß die LH-Pulsamplitude deutlich reduziert ist. Wahrscheinlich ist unter diesen Bedingungen basaler Östradiolspiegel auch die GnRH-Menge pro Puls vermindert. Dieser Effekt ist die Grundlage der *negativ rückkoppelnden Wirkung* von Östradiol. Sind die Östrogenspiegel über längere Zeit hoch, kommt es zum Auftreten der *positiven Feedback-Wirkung*. Jede der immer noch pulsatil erfolgenden GnRH-Sekretionsepisoden wird mit lebhafter LH-Sekretion beantwortet, so daß der ovulationsauslösende LH-Gipfel entsteht [5, 8]. In der Lutealphase, in der Östradiol noch mäßig, Progesteron jedoch deutlich erhöht ist, verlangsamt sich die Pulsfrequenz der hypothalamischen GnRH-Neurone, so daß LH-Episoden nur alle 3 bis 4 Stunden beobachtet werden (Abb. 20–13).

Der GnRH-Pulsgenerator kann auch unter chronischer Streßsituation arretiert werden. Ursächlich beteiligt an dieser Suppression sind sowohl die CRH-Neurone als auch β-endorphinerge Neurone des Hypothalamus, über die die Nachrichten an die GnRH-Neurone gebracht werden.

Peptidproduktion im Ovar. Auf die testikuläre Produktion eines Proteins mit selektiv FSH-inhibierender Wirkung wurde schon hingewiesen (S. 380). Dieses *Inhibin* genannte Hormon wird auch vom Ovar gebildet und hemmt auch im weiblichen Organismus die hypophysäre FSH-Sekretion. Eine inverse Korrelation zwischen den zyklischen Fluktuationen des FSH mit den Inhibinspiegeln ließ sich bisher allerdings noch nicht nachweisen, so daß die Bedeutung des Inhibins bei der Frau noch unklar bleibt.

Die Corpus-luteum-Zellen des Ovars bilden ein Peptid, das schon als HHL-Hormon besprochen wurde, nämlich das Oktapeptid *Oxytozin*. Es ist vermutlich in den Prozeß der Luteolyse involviert. Auch das *ADH*, das 2. Hormon der Neurohypophyse, konnte im Ovar nachgewiesen werden. Ferner produzieren Lutealzellen ein höhermolekulares Peptid, das *Relaxin*. Über die Funktion des lutealen Relaxins ist noch wenig bekannt. Das gleiche Hormon wird während der Schwangerschaft von Plazenta und Uterus gebildet. Es bewirkt eine Auflockerung der *Cervix uteri* (des Muttermundes) und der *Symphyse* (Schambeinfuge). Damit erleichtert es den Geburtsvorgang. Außer den genannten produziert das Ovar noch weitere Peptide und Wachstumsfaktoren. Sie sind offensichtlich an der Regulation des komplexen Zyklusgeschehens beteiligt [57, 58].

Neben diesen von steroidogenen Lutealzellen produzierten Peptiden werden in ovulationsbereiten Follikeln und in Corpora lutea auch Zellen der weißen Blutzellinie, insbesondere Eosinophile, Monozyten und Makrophagen gefunden. In jüngerer Zeit mehren sich die Hinweise, daß der Prozeß der Ovulation und der Prozeß der Luteolyse intraovariell ähnlich reguliert wird wie ein entzündlicher Prozeß [26]. Neben lokal gebildeten *Prostaglandinen* spielen bei derartigen Prozessen Zytokine, wie der *Tumor-Nekrosis-Faktor* und *Interleukine* eine Rolle [19, 59].

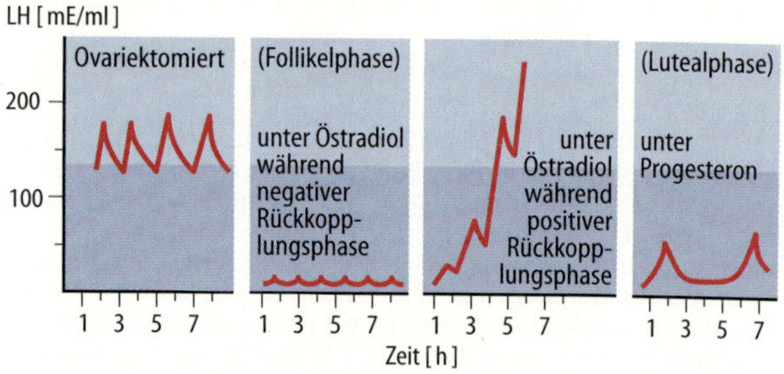

Abb. 20–13. Pulsatiler LH-Sekretionsmodus bei der Frau bei verschiedenen Östrogen- und Progesteron-feedback-Situationen

!

GnRH wird in Pulsen ausgeschüttet. Das FSH stimuliert Follikelwachstum und die Östrogenproduktion im Ovar. Wenn ein ovulationsbereiter Follikel vorliegt, sind die Östrogenspiegel so hoch, daß vermehrt GnRH vom Hypothalamus ausgeschüttet wird. Dieses trifft auf hochsensible FSH- und LH-produzierende Zellen der Hypophyse, so daß es zu der stark vermehrten präovulatorischen Gonadotropinausschüttung kommt. Das LH bewirkt die Ovulation und die Bildung des Corpus luteums sowie die hohe Progesteronsekretion. Östradiol stimuliert das Endometrium des Uterus zum Wachstum. Das Progesteron wandelt das proliferierte Endometrium in ein sekretorisches um, so daß im Falle einer Befruchtung der Eizelle optimale Einnistungs- (Nidations-) bedingungen für den Embryo vorliegen. Bleibt eine Schwangerschaft aus, vermindert das Corpus luteum nach ca. 14 Tagen die Progesteronproduktion. Als Folge davon wird das Endometrium abgestoßen (Menstruationsblutung).

20.5 Regulation von Schwangerschaft, Laktation und sexueller Differenzierung

Die Schwangerschaft wird durch das humane Choriongonadotropin erhalten

Befruchtung. Der neuroendokrine Regelkreis zur Steuerung der Funktion des Ovars dient der Bereitstellung einer befruchtungsfähigen Eizelle und der optimalen Vorbereitung für eine eventuell eintretende Schwangerschaft. Auf S. 383 wurde erläutert, daß mit jeder Ovulation eine Eizelle aus dem Follikel herausgespült wird und in die Tube gelangt. In der Tube erfolgt dann auch die *Befruchtung des Eies* durch die sich aus der Vagina durch den Uterus emporgeißelnden Spermien. Nach der Befruchtung fängt der nunmehr entstandene *Embryo* an, sich lebhaft zu teilen und erreicht schon in der Tube das Stadium des Vielzellers.

Durch mikroperistaltische Bewegung der Tuben wird der ***Embryo*** in den Uterus transportiert. Es wurde auch schon erwähnt, daß die zyklischen Veränderungen des Endometriums dazu dienen, dem heranreifenden *Trophoblasten* optimale Bedingungen für das Weiterbestehen einer Schwangerschaft zu bieten. Da das Endometrium bei Aufhören der Corpus-luteum-Funktion abgestoßen würde, könnte keine Schwangerschaft zustandekommen, wenn nicht die *Lutealfunktion* irgendwie erhalten bliebe. Dafür muß der Trophoblast sorgen. In der Tat produziert der Trophoblast schon in sehr frühem Zustand ein Hormon, das wie das luteinisierende Hormon der Hypohyse wirkt. Dieses Hormon ist das ***humane Choriongonadotropin (HCG).*** Durch die LH-ähnliche Wirkung des HCG wird das Corpus luteum zu vermehrter und weiter andauernder *Progesteronsynthese* und *-sekretion* angeregt. Die mit dem 10. bis 12. Zyklustag normalerweise auftretenden regressiven Veränderungen des Endometriums bleiben aus, da genügend Progesteron für optimale Überlebensbedingungen des Endometriums sorgt. Das Endometrium wird also nicht nekrotisch, die Kontraktion der Spiralarterien als Folge eines Progesteronmangels bleibt aus, und die erwartete Menstruationsblutung erfolgt nicht. Das ist häufig das erste erkennbare Zeichen einer beginnenden Schwangerschaft.

Nidation und Plazentation. Etwa 6–8 Tage nach der Ovulation, also einige Tage vor der ausbleibenden Menstruationsblutung, erreicht der Trophoblast den Uterus und findet hier ein optimal für die Schwangerschaft vorbereitetes Endometrium vor. Der Trophoblast beginnt nun auch mit der *Sekretion von proteolytischen,* also *gewebeandauenden Enzymen,* die es ihm ermöglichen, sich in das Endometrium „einzufressen". Dieser Prozeß wird *Nidation* (Einnistung) genannt.

Der nidierte Trophoblast findet im Endometrium optimale nutritive Bedingungen. Unter physiologischen Bedingungen entwickelt sich aus dem Trophoblasten der *Synzytiotrophoblast,* aus dem schließlich die fetoplazentare Einheit wird. Das *Chorion* dieser Einheit produziert während der ersten 8–10 Schwangerschaftswochen sehr große Mengen von *HCG,* so daß die luteale Funktion zunehmend stimuliert wird. Dadurch steigen während der Frühschwangerschaft die *Progesteronspiegel* noch an.

!

Die Befruchtung der Oozyte erfolgt normalerweise in der Tube. Die befruchtete Eizelle beginnt sich sofort lebhaft zu teilen und humanes Choriongonadotropin zu bilden, welches die Progesteronsekretion des Corpus luteum aufrechterhält. Deshalb bleibt die Menstruationsblutung aus. Der Embryo findet deshalb auch ein nidationsbereites Endometrium vor.

Über die Plazenta wird der Fetus ernährt und entgiftet; die Plazenta ist außerdem an der Hormonproduktion beteiligt

Plazentafunktion. Die Plazenta dient vor allem dem Stoffaustausch zwischen dem mütterlichen und dem fetalen Blut und damit der *Ernährung des Fetus* und der *Ausscheidung seiner Stoffwechselendprodukte.* Die dünne Gewebeschicht, die den *intervillösen Raum* vom Lumen der *Zottenkapillaren* trennt und als ***Plazentaschranke*** bezeichnet wird, begünstigt diesen Austausch. O_2 und Nährstoffe werden vom fetalen Kapillarblut aufgenommen, CO_2 und andere Stoffwechselendprodukte an das mütterliche Blut abgegeben. Daneben ist die Plazentaschranke durchgängig für Elektrolyte, Antikörper (z.B. IgG), Viren (z.B. Röteln- und Masernviren) und auch für verschiedene Medikamente (z. B. Sedativa, Barbiturate) und Alkohol, die die Frucht schädigen können. Mit Erreichen der 8.–10. Schwangerschaftswoche übernimmt die nunmehr gut ausgebildete Plazenta die *Produktion des Progesterons.* Die Schwangerschaft wird damit von der Funktion des Corpus luteum unabhängig. Eine Ovariektomie der Frau hätte jetzt keine fatalen Effekte mehr auf die Schwangerschaft.

Hormonproduktion des Fetus. Mit Erreichen des 3. Schwangerschaftsmonats ist die fetale Nebenniere schon sehr gut ausgebildet und produziert große Mengen von dem schwach androgen wirkendem Steroid *Dehydroepiandrosteron* (***DHEA***). Die Gründe, warum die fetale Nebenniere bereits früh besonders gut ausgebildet und groß ist, sind nicht ganz klar [5]. Das DHEA wird durch die Plazenta zu *Östriol* umgewandelt. Das Östriol gelangt in den mütterlichen Kreislauf und wird mit dem Urin ausgeschieden. Zahlreiche Messungen von normal verlaufenden Schwangerschaften haben ergeben, daß von der 10. bis zur 40. Schwangerschaftswoche die Östriolspiegel im Blut der Mutter kontinuierlich ansteigen.

Ein weiteres, von der Plazenta gebildetes Hormon ist das humane ***plazentare laktogene Hormon (HPL)***. Da dieses Hormon auch somatotropinähnliche Wirkungen hat, wird es von einigen Autoren auch *humanes Chorionsomatomammotropin* (***HCS***) genannt. Seine Wirkung im Fetus und/oder bei der Mutter sind noch weitestgehend unverstanden. Wahrscheinlich stimuliert es das fetale Wachstum. Es gibt Hinweise dafür, daß das HPL auch über die Stimulation von *insulin like growth factors = Somatomedinen* wirkt (S. 398).

Vorbereitung der Laktation. Unter dem Einfluß der ansteigenden Östrogenspiegel im mütterlichen Blut wird auch die *Prolaktinsekretion* aus der mütterlichen Hypophyse stimuliert. Auch im Fruchtwasser (Amnionflüssigkeit) sind die Prolaktinspiegel sehr hoch. Beide Hormone, das HPL und das Prolaktin, bereiten die mütterlichen Brustdrüsen auf die demnächst anstehende *Laktation* vor. Der Grund, warum die hohen Prolaktin- und HPL-Spiegel nicht schon während der Schwangerschaft zur Laktation führen, ist nicht vollends verstanden. Wahrscheinlich haben die sehr hohen Östrogenspiegel im Blut eine hemmende und damit prolaktinantagonistische Wirkung direkt in den Mammae.

Schwangerschaftsdauer. Die Grundlage für die Berechnung der Schwangerschaftsdauer ist die Länge eines normalen Menstruationszyklus (also 28 Tage). Die Schwangerschaft beträgt im Durchschnitt 10 Menstruationszyklen (Mens I – X), also 280 Tage, bzw. 40 Wochen.

> **!** Einige Wochen nach der Nidation hat der Fetus eine Plazenta gebildet, über die Nahrungs- und Sauerstoffversorgung durch die Mutter gewährleistet wird. Ebenso werden die Stoffwechselprodukte des Feten über die Plazenta an das mütterliche Blut abgegeben. Im Verlaufe der fetalen Entwicklung werden große Mengen an DHEA gebildet, welches in der Plazenta zu Östriol umgewandelt und in den mütterlichen Blutkreislauf abgegeben wird. Ferner bildet die Plazenta noch ein laktogenes Hormon (HPL).

Oxytozin stimuliert die Wehentätigkeit

Auslösung der Wehentätigkeit. Hormonale Aspekte des Geburtsvorgangs sind schon bei der Besprechung des HHL-Hormons Oxytozin behandelt worden (S. 376). Wichtig ist in diesem Zusammenhang die Kenntnis, daß mit zunehmender Schwangerschaftsdauer Östrogen- und Progesteronspiegel im mütterlichen Blut ansteigen. Östrogene sensibilisieren den Uterus für die Wirkung von ***Oxytozin*** und anderen wehenauslösenden Hormonen (z.B. Prostaglandine). Hohe Spiegel von Progesteron antagonisieren diese Wirkung. Aus unbekannten Gründen beginnt etwa mit dem 280. Schwangerschaftstag die *Wehentätigkeit.* Möglicherweise fallen die hohen Progesteronspiegel im Blut kurzfristig ab, oder es werden Substanzen gebildet, welche die Progesteronwirkung hemmen. *Relaxin, Prostaglandine* und andere, chemisch noch nicht identifizierte Substanzen bewirken eine Erweichung des Muttermundes, der sich dadurch zunehmend öffnet.

Austreibung der Frucht. Schließlich schüttet der HHL vermehrt *Oxytozin* aus, das zur *Kontraktion des Myometriums* führt. Dadurch wird konzentrisch Druck auf die Fruchtblase ausgeübt. Der einzige Weg, um diesem Druck zu entgehen, ist der durch die *Cervix uteri,* welche durch die Fruchtblase und den tief im kleinen Becken stehenden Kopf des Kindes gedehnt wird. Die Cervix uteri und die Vagina sind sehr reich mit Mechanorezeptoren versehen. Diese werden nunmehr stark gereizt, und die Reizung wird auf *neuronalem Wege* ins ZNS gemeldet (s. Ferguson-Reflex, S. 376). Die Information gelangt an die oxytozinproduzierenden Zellen, die synchronisiert und phasisch aktiv werden und dadurch bolusartig Oxytozin in die Blutbahn ausschütten. Der Oxytozinbolus gelangt an das Myometrium und bewirkt hier eine erneute Kontraktion. Auf diese Art wird die Wehentätigkeit aufrechterhalten, bis die Frucht und anschließend die Plazenta ausgetrieben sind. Für die normale Beendigung einer Schwangerschaft spielen wahrscheinlich noch Gewebehormone und das Peptidhormon *Relaxin* eine Rolle.

Prolaktin stimuliert die Synthese der Milch, Oxytozin deren Ausschüttung

Auslösung von Laktation und Milchejektion. Mit dem Ausstoßen der Plazenta sinken die Progesteron- und Östrogenspiegel im mütterlichen Blut rasch ab, da die Produktionsstätte ja nicht mehr vorhanden ist. Die immer noch erhöhten Prolaktinspiegel können nunmehr an den Brustdrüsen die *Milchsynthese* in Gang setzen, weil die prolaktinantagonistische Wirkung hoher Östrogenspiegel wegfällt. Somit kommt die Laktation in Gang. Das Anlegen des Säuglings führt zur mechanischen Reizung der Mamillen. Diese sind reichhaltig mit Mechanorezeptoren versehen, die auf neuronalem Wege den Saugreiz zu prolaktin- und oxytozinregulierenden hypothalamischen Neuronen melden. Damit wird der *Milchejektionsreflex* (S. 376 f) ausgelöst.

Aufrechterhaltung der Laktation. Auch die prolaktinregulierenden Zellen erhalten die Information über die mechanische Reizung der Mamillen. Als Folge des Saugreizes sind die Spiegel von Prolaktin im mütterlichen Blut hoch [11]. Dadurch wird die Laktation in Gang gehalten.

!

Über unbekannte Mechanismen kommt es nach 280tägiger (40wöchiger) Schwangerschaft zur Wehentätigkeit. Im Verlauf der Wehentätigkeit wird vom HHL in Intervallen Oxytozin ausgeschüttet, welches die Wehentätigkeit aufrechterhält. Durch Kontraktionen des Myometriums wird das Baby aus dem Uterus durch die Scheide geboren.

Mit Beendigung der Schwangerschaft kann Prolaktin die Milchsynthese stimulieren. Durch mechanische Reizung der Mamillen wird episodenhaft Oxytozin vom HHL ausgeschüttet. Durch Kontraktion des Myoepithels wird die Milch in die Milchgänge gepreßt (Milchejektionsreflex), welche vom Säugling leergesaugt werden können.

Bei Fehlen der männlichen Geschlechtshormone entwickeln sich Mädchen

Entwicklung der Gonaden. Die Differenzierung der Gonaden in männliche Richtung setzt die Anwesenheit des Y-Chromosoms voraus. In Abwesenheit eines Y-Chromosoms entwickeln sich weibliche Gonaden. Zur normalen Entwicklung der weiblichen Gonaden gehören 2 *X-Chromosome.* Es sind also 2 X-Chromosomen für die normale ovarielle Entwicklung notwendig, während ein Y-Chromosom die testikuläre Entwicklung stimuliert.

Sexualdifferenzierung der internen Genitalien. Für die weitere Entwicklung der weiblichen Genitalien sind keine endokrinen Aktivitäten notwendig. Die männliche Differenzierung erfolgt aufgrund der Produktion von zwei Hormonen in den embryonalen Testes. Die *Leydig-Zellen* sezernieren die *Androgene,* die *Sertolizellen* produzieren ein Proteinhormon, das *Müllersche inhibierende Hormon.* Für die Entwicklung der internen Genitalien gibt es zwei unterschiedliche Primordialstrukturen. Diese sind der *Wolff-Gang* (Ductus mesonephricus) und der *Müller-Gang* (Ductus paramesonephricus). Die Androgene stimulieren den Wolff-Gang, so daß sich daraus die Epididymis, die Vasa differentiae und die Samenblasen entwickeln. Das Müllersche inhibierende Hormon bewirkt die Regression des Müller-Gang. In weiblichen Feten geht der Wolff-Gang zugrunde, und der Müller-Gang entwickelt sich zu den Eileitern, dem Uterus, der Cervix und Anteilen der oberen Vagina.

Sexualdifferenzierung der externen Genitalien. Im *weiblichen* Fetus schließt sich die Urethralfalte nicht und bildet die *Labia minora;* die beiden Genitalschwellungen schließen sich ebenfalls nicht und bilden die *Labia majora.* Der Genitalhügel formt die Klitoris. Diese Entwicklung erfolgt ebenfalls unabhängig von den Ovarien. Die Entwicklung der *männlichen* externen Genitalien dagegen ist androgenabhängig. Die Urethralfalte wird geschlossen und umschließt die Urethra. Die genitale Schwellung schließt sich ebenfalls und bildet das Skrotum. Der genitale Hügel wächst unter dem Einfluß der Androgene und bildet den Penis.

Im Verlauf der Embryogenese wandern die paranephral angelegten Gonaden kaudalwärts. Die *Ovarien* bleiben im kleinen Becken, während die *Testes* in einer Bauchfellduplikatur in das Skrotum deszendieren. Die Lokalisation der Testes ist aus physiologischen Gründen außerordentlich wichtig. Nur dort können die Testes normal funktionieren, da sie nur bei der dort herrschenden *niedrigen Temperatur* zur normalen Testosteron- und Spermatogenese fähig sind. Wenn im Verlauf der Embryogenese die Testes nicht in das Skrotum deszendieren, bleiben sie in der Bauchhöhle liegen. Bei Kindern mit derartigem Maldeszensus der Testes entwickelt sich das Krankheitsbild des *Kryptorchismus.* Eine normale Hodenfunktion kommt nicht in Gang, da die Temperatur in der Bauchhöhle dafür zu hoch ist.

Sexualdifferenzierung des ZNS. Unter dem Einfluß der männlichen Sexualhormone wird auch das fetale Gehirn maskulinisiert. Es lassen sich morphologische Unterschiede zwischen männlichen und weiblichen Gehirnen darstellen. Bei Patienten mit adrenogenitalem Syndrom, deren weiblicher Genotyp postpartal festgestellt wurde, die also als Mädchen aufwuchsen, konnte gezeigt werden, daß im späteren Leben physiologische und verhaltensmäßige Maskulinisierungserscheinungen auftraten. Ein embryonal nicht durch Androgene beeinflußtes Gehirn bleibt dagegen feminin (weitere Einzelheiten in Kap. 9. Abschnitt 9.2).

!

In Anwesenheit eines Y-Chromosomens entwickeln sich im Feten die Hoden, von denen sehr früh das Müllersche inhibierende Hormon produziert wird. Dadurch wird die Entwicklung der Müller-Gänge unterdrückt. Die ebenfalls früh produzierten Androgene stimulieren das Wachstum der Wolff-Gänge, aus denen sich Nebenhoden, Samenblase und Vas deferens bilden. Wenn keine Hoden angelegt werden, also in Abwesenheit eines Y-Chromosomens, entwickeln sich durch Fehlen des Müllerschen inhibierenden Hormons die Müller-Gänge zum internen weiblichen Genitale (Eileiter, Uterus und oberer Teil der Vagina). Das externe Genitale sowie die sekundären Geschlechtsmerkmale werden ausschließlich durch gonadale Steroidhormone determiniert. Bei Vorhandensein von hohen Androgenspiegeln schließt sich die Urethralfalte, und die Klitoris hypertrophiert zum Penis. Sind die Androgenspiegel niedrig, bleibt die Urethralfalte offen (Scheideneingang), die Klitoris bleibt klein.

20.6 Regulation von Pubertät und Menopause

Mit dem Einsetzen der pulsatilen GnRH-Produktion kommt es zur Pubertät

Hormonale Faktoren. Unter Pubertät wird die Reifung zur Fortpflanzungsfähigkeit verstanden. Über das Signal für den *Beginn der Pubertät* ist noch sehr wenig bekannt. Bei Neugeborenen scheint der Hypothalamus schon in pulsatiler Form GnRH auszuschütten, denn LH und FSH sind im Blut schon deutlich meßbar [50]. Folgerichtig zeigen die Gonaden auch Anzeichen von Aktivierung durch die beiden gonadotropen Hormone. Die pulsatile GnRH-Sekretion hört jedoch beim Säugling postpartal bald auf, und LH- und FSH-Spiegel sinken nach den ersten 3 bis 6 Lebensmonaten auf fast nicht mehr meßbare Werte ab. Erst mit Beginn der Pubertät (bei Mädchen zwischen 8 und 10 Jahren, bei Jungen zwischen 9 und 11 Jahren) fangen die hypothalamischen GnRH-Neurone wieder an, synchronisiert und phasisch aktiv zu werden. Diese Aktivierung erfolgt zunächst *schlafabhängig* innerhalb der Tiefschlafphasen. Damit ist die Gonadotropinsekretion nächtlich erhöht und regt die gonadale Tätigkeit an. Mit fortschreitender Pubertät wird die pulsatile GnRH-Sekretion *unabhängig von den Schlafphasen,* GnRH-Pulse werden in zunehmendem Maße auch tagsüber beobachtet. Das entspricht dem Erwachsenenzustand.

An frühinfantilen weiblichen Rhesusaffen mit hypothalamischen Läsionen konnte gezeigt werden, daß allein die pulsatile GnRH-Applikation zur Aktivierung der ovariellen Tätigkeit ausreicht. Offensichtlich ist das Ovar in der Lage, zu einem sehr frühen Zeitpunkt bei entsprechendem hormonellen Milieu mit Ovulationen zu antworten. Der Prozeß der Pubertät ist also ein rein *zentralnervöser Mechanismus* [10].

Unter physiologischen Bedingungen geht der Reifung zur Geschlechtsfähigkeit die sogenannte *Adrenarche* um ca. zwei Jahre voraus. Aus noch ungeklärten Gründen entwickelt sich die kindliche Zona reticularis der Nebennierenrinde in dieser frühen Zeit, und es werden vermehrt Androgene produziert. Früher glaubte man, daß die Adrenarche eine Vorbedingung für die *Gonadarche* darstellt. Heute weiß man, daß normale Pubertät auch ohne vorhergehende Adrenarche erfolgen kann. Die somatische Entwicklung zum adoleszenten Jüngling oder Mädchen während der Pubertät ist eine direkte Folge vermehrt ausgeschütteter Sexualhormone.

Männliche Pubertät. Der Beginn der *pulsatilen Sekretion* von GnRH im Hypothalamus des männlichen Kindes bewirkt eine langsame Erhöhung der LH- und FSH-Sekretion. Durch *FSH* wird die Spermatogenese, durch *LH* die Produktion der Androgene stimuliert. Die Androgene maskulinisieren das Individuum psychisch und somatisch. Die vermehrt ausgeschütteten Androgene bewirken in der Pubertät die körperliche Entwicklung des Jungen zum Mann. Die ***Wirkung der Androgene*** kann dabei allgemein als *eiweißanabol* subsummiert werden (S. 381). Dadurch baut sich mehr Muskulatur und mehr Eiweiß im Knochen auf. Die intrapubertär vermehrt gebildeten Androgene bewirken auch einen Schub des *Längenwachstums.* Die vermehrte Androgenproduktion bewirkt aber nach diesem Wachstumsschub, daß die für das Längenwachstum wichtigen *Wachstumszonen* (Epiphysen) *der Röhrenknochen verknöchern.* Damit ist ein weiteres Längenwachstum unmöglich gemacht.

Die Kenntnis dieser wachstumsfördernden und anschließend wachstumshemmenden Wirkung der Androgene ist klinisch wichtig: Bei *Eunuchen* bzw. eunuchoiden Kindern bleibt die Verknöcherung der Wachstumszonen aus, und es kommt zum *eunuchoiden Hochwuchs.* Andererseits ist die echte *Pubertas präcox,* bedingt durch zu frühe Androgenproduktion, von einem vorzeitigen androgenbedingten Wachstumsschub gekennzeichnet. Das führt initial zu einem Wachstumsvorsprung der betroffenen Kinder. Durch den vorzeitigen Epiphysenschluß jedoch bleiben diese Kinder später zu klein.

Ein weiteres Charakteristikum der männlichen Pubertät ist das *Tieferwerden der Stimme,* ein ebenfalls androgenbedingter Prozeß. Hier stimulieren die Androgene das Wachstum des Kehlkopfes („Adamsapfel als männliches Attribut“), das dadurch bedingte Längerwerden der Stimmbänder bewirkt ein Absinken der Stimmlage. Gleichfalls androgenbedingt ist der *männliche Behaarungstyp* (Barthaare, Brustbehaarung, Schambehaarung). Die haarbildenden Follikel reduzieren das Testosteron zu *5-α-DHT* (S. 380). Nur dieses reduzierte Androgen stimuliert das männliche Haarwuchsbild.

Die schon erwähnte eiweißanabole Wirkung der Androgene bewirkt die verstärkte Muskelbildung des pubertierenden Jungen und die stärker ausgeprägte Muskulatur des geschlechtsreifen Mannes. Die Kenntnis der eiweißanabolen Wirkung von Androgenen ist pharmakologisch wichtig, da bei entkräfteten Patienten die Gabe von sogenannten ***Anabolika*** zu rascher Erholung führen kann. Diese Anabolika sind ausnahmslos Androgenderivate. In der Sportmedizin sind sie als Anabolika mit androgenen Nebenwirkungen bekannt und heute als *Dopingmittel* verboten. Die kritiklose Anwendung derartiger Anabolika bei hochleistungssporttreibenden Frauen führt nicht nur zu der sportlich geforderten vermehrten Muskelbildung, sondern hat möglicherweise auch tiefgreifende Einflüsse auf das hypothalamo-hypophyseo-gonadale Regelkreissystem der Frau.

Weibliche Pubertät. Auch beim Mädchen ist die Aufnahme der *phasisch synchronisierten Aktivierung* der GnRH-Neurone von essentieller Wichtigkeit für die Pubertät. Unter dem Einfluß der ansteigenden FSH-Spiegel im Blut gelangt eine Anzahl von Follikeln zur Anreifung. Diese beginnen vermehrt Östradiol-17-β zu bilden. In der frühen Pubertät erlangt jedoch keiner der Follikel Ovulationsreife, sondern es werden alle wieder atretisch. Wenn die zunächst nächtlich auftretenden Aktivierungsschübe der GnRH-Neurone auch auf den Tag übergreifen, beginnt die für die geschlechtsreife Frau typische FSH- und LH-Sekretion. Unter diesen Bedingungen wird dann auch ein Follikel dominant und kann so viel ***Östradiol*** produzieren, daß es zur positiv rückkoppelnden Wirkung kommt (S. 382). Der dadurch ausgelöste LH-Anstieg führt zur *Ovulation* des dominanten Follikels. Häufig haben pubertierende Mädchen jedoch noch anovulatorische Zyklen, d.h. es kommt zwar zur Follikelreifung mit entsprechender Östrogenproduktion, jedoch unterbleibt aus nicht ganz geklärten Gründen die Ovulation noch. Es kommt dann am Ende eines Zyklus zu einer reinen Östrogenentzugsblutung. Erst in der spätpubertären Phase beginnen regelmäßige *Menstruationszyklen.* Beim Mädchen ist die gering ausgebildete eiweißanabole Wirkung der Östrogene wichtig für den milden pubertären Wachstumsschub und die anschließende *Verknöcherung der Epiphysen,* so daß gegen Ende der Pubertät das Längenwachstum des Mädchens abgeschlossen ist. Die *Östrogene* sind ebenfalls wichtig für die somatische Veränderung des Mädchens zur jungen Frau, d.h. die Ausbildung der sekundären Geschlechtsmerkmale erfolgt unter dem Einfluß dieses Sexualhormons.

!

Pubertät ist ein hypothalamisches Phänomen. Der GnRH-Pulsgenerator kommt in Gang, so daß die Hypophyse FSH und LH ausschüttet. Dieser Prozeß kommt erst langsam und zunächst nur nachts in Gang. Bei Jungen bewirken die nachts ansteigenden LH-Spiegel die Reifung des Hodens mit ansteigender Testosteronproduktion. Diese ansteigenden Testosteronspiegel bewirken die somatischen Veränderungen des Knaben zum Mann. Ferner wird durch das FSH und die hohen intratestikulären Testosteronkonzentrationen die Spermatogenese angeregt. Da die Androgene stärkere anabole Wirkungen besitzen als die Östrogene, sind Männer in der Regel muskelstärker und größer als Frauen. Bei beiden Geschlechtern bewirken die Sexualhormone zunächst epiphysäres Längenwachstum, dann jedoch am Ende der Pubertät Verknöcherung der Epiphysen und damit Stillstand des Längenwachstums. Die nächtlich vermehrt produzierten Östrogene bewirken die somatische Differenzierung des Mädchens zur jungen Frau. Mit fortschreitender Pubertät funktioniert der GnRH-Pulsgenerator auch tagsüber, was schließlich zu ausreichender Reifung eines Follikels und zur Ovulation führt.

Durch Erschöpfung des Ovarvorrates an Follikeln kommt es zur Menopause

Menopause und Postmenopause. Die reproduktionsfähige Zeit der Frau dauert nicht bis an ihr Lebensende. Der Zeitpunkt des Aufhörens der Menstruationszyklusaktivität (letzte Regelblutung) wird *Menopause* genannt. Vor der Menopause wird die Zyklusaktivität häufig unregelmäßig. Die Frau befindet sich im prämenopausalen Zustand. Nach Sistieren der Menstruationszyklusaktivität ist die Frau postmenopausal. Die Menopause tritt ein, wenn die meisten oder alle Follikel im Ovar aufgebraucht sind. Es können dann keine Follikel mehr heranreifen, die Östradiolproduktion des Ovars hört fast auf, es kommt also zu einem quasi Kastrationseffekt. Durch Verschiebung des Androgen-/Östrogenquotienten kommt die Wirkung der in den Nebennieren produzierten Androgene vermehrt zum Tragen, so daß eine leichte Virilisierung der menopausalen Frau durchaus physiologisch ist.

Folgen der sistierenden Zyklusaktivität. Als Folge der sehr niedrigen Östrogenspiegel fehlt die negativ rückkoppelnde Wirkung dieses Hormons zum Hypothalamus und zur Hypophyse. Östrogenrezeptive Neurone teilen diesen Östrogenmangel den GnRH-produzierenden Zellen mit, und diese schütten vermehrt GnRH aus, wodurch eine vermehrte Freisetzung von FSH aus der Hypophyse bewirkt wird. Das FSH kann aber die Follikelreifung nicht mehr stimulieren, da diese nicht mehr in genügender Anzahl vorhanden sind. Das vermehrt sezernierte GnRH stimuliert auch die LH-Sekretion; es steigen also beide Gonadotropine (FSH und LH) im Blut an. Dabei wird der pulsatile Sekretionsmodus der GnRH-Neurone nie aufgegeben, und es kommt zu dem typischen pulsatilen LH- und FSH-Sekretionsmuster der postmenopausalen Frau. Dieses Sekretionsmuster ist natürlich auch bei Entfernen der Gonaden der geschlechtsfähigen Frau oder des Mannes zu beobachten. Es handelt sich also um einen *Kastrationseffekt* (s. Abb. 20–13). Bei der postmenopausalen Frau ist häufig der Beginn einer jeden LH-Episode mit typischen Beschwerden korreliert. Es kommt zu aufsteigenden Hitzewallungen (*hot flushes*). Diese Hitzewallungen sind ein Zeichen vermehrter hypothalamischer Aktivierung als Folge zu niedriger Östrogenspiegel. Sie können also durch Gabe geringer Mengen von Östrogenen gelindert werden. Die Östrogene wirken leicht *eiweißanabol.* Dieser Effekt ist nicht so stark ausgeprägt wie der der Androgene. Dennoch ist die Kenntnis der milden eiweißanabolen Wirkung von Östrogenen klinisch relevant. Mit dem Sistieren der ovariellen Östrogenproduktion kann durch Abbau der Eiweißknochenmatrix eine *Osteoporose* entstehen. Rechtzeitige Gabe von Östrogenen in der Postmenopause verhindert diese Knochenbrüchigkeit. Einmal abgebaute Knochenmasse als Folge eines Östrogenmangels kann durch Gabe von Östrogenen allerdings nur in geringem Umfang wieder aufgebaut werden.

!

Wenn der Follikelbesatz des Ovars „aufgebraucht" ist, bleibt die negativ rückkoppelnde Wirkung von Östradiol in den Hypothalamus aus. Als Folge davon wird vermehrt GnRH in Pulsen ausgeschüttet. Die Hypophyse reagiert mit vermehrter LH- und FSH-Sekretion, so daß postmenopausal die LH- und FSH-Werte auf hohem Basalwert mit hoher Amplitude pulsieren. Da Östrogene bei der Frau eine eiweißanabole Wirkung haben, kann es mit Aufhören der Ovarfunktion zur Enteiweißung und dadurch zum Mineralverlust des Knochens kommen. Die Diagnose einer solchen postmenopausalen Osteoporose ist klinisch außerordentlich wichtig, da sie durch Substitution (also Herstellung des physiologischen Zustandes) verhindert werden kann. Ein abgebauter Knochen kann durch Gabe von Östrogenen nicht wieder hergestellt werden.

20.7 Schilddrüsensystem

Hypothalamisches Thyreotropin-Releasing-Hormon (TRH) stimuliert die Sekretion von Thyreotropin (TSH), das die Bildung und Freisetzung der Schilddrüsenhormone bewirkt

Regulation der Hormonproduktion. Im Jahre 1969 gelang aus dem Hypothalamus von Schafen bzw. Schweinen die Isolation eines *Tripeptids*, welches die hypophysäre TSH-Sekretion stimuliert [28, 51]. Dieses war das erste analysierte und synthetisch erhältliche Releasing-Hormon (TRH). Das Peptid wird von hypothalamischen Neuronen produziert und in das portale Gefäßsystem ausgeschüttet (Abb. 20–14). Es gelangt an die TRH-rezeptiven TSH-produzierenden Zellen der Hypophyse und stimuliert die Ausschüttung des *Thyreoidea-stimulierenden Hormons (TSH = Thyreotropin)*. Das TSH stimuliert die Schilddrüse zu vermehrter Synthese und Ausschüttung der Schilddrüsenhormone ***Thyroxin*** (T_4) und ***Trijodthyronin*** (T_3). Die Schilddrüsenhormone wirken auch auf den Hypothalamus und die Hypophyse im Sinne einer negativen Rückkopplung zurück, so daß bei hohen Schilddrüsenhormonkonzentrationen im Blut die TSH-Sekretion minimal ist. Umgekehrt ist bei niedrigen Schilddrüsenhormonspiegeln im Blut die TSH-Sekretion sehr hoch. TRH ist heute synthetisch als Diagnostikum erhältlich und bewirkt nach Injektion eine prompte Vermehrung der hypophysären TSH-Sekretion. Erstaunlicherweise wird jedoch auch die Prolaktinsekretion stimuliert (S. 399).

Für die Synthese der Schilddrüsenhormone ist die Aufnahme von ca. 150 µg Jod/Tag notwendig. Im Thyreoglobulin ist Tyroxin gespeichert

Das Jod muß mit der Nahrung zugeführt werden, wird im Darm resorbiert und von den Schilddrüsenzellen aufgenommen (Abb. 20–15). Alle im folgenden beschriebenen Vorgänge werden durch TSH stimuliert. Da im Inneren der Zellen die Jodkonzentration höher ist als im Blut, kann die Aufnahme nicht durch Diffusion erfolgen, sondern durch einen (energiekonsumierenden) aktiven Transport. Im Innern der Schilddrüsenzellen wird ein hochmolekulares Protein, das Thyreoglobulin, gebildet, welches zahlreiche *Tyrosinmoleküle* enthält. Der Einbau des Jod erfolgt in Position 3 und/oder 5 am Benzolring des Tyrosins. Es entsteht also Mono- bzw. Dijodtyrosyl (Abb. 20–16). Die Jodierung kann zwar in vitro spontan erfolgen, in der Schilddrüse oxydiert jedoch eine *Peroxydase* Jodid zu atomarem Jod, das sich dann

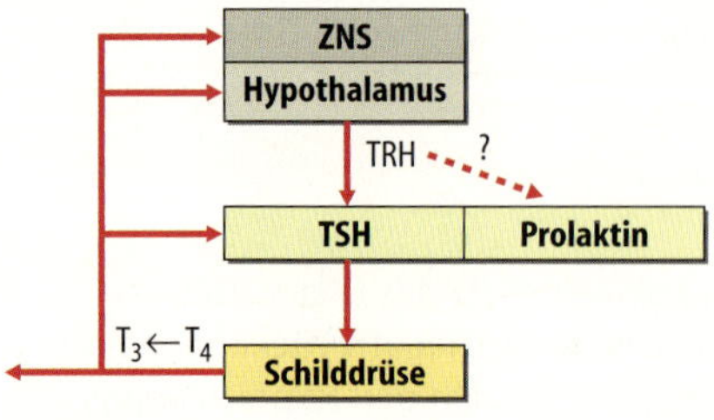

Abb. 20–14. Hypothalamo-hypophyseo-thyreoidaler Regelkreis. Hypothalamische Neurone produzieren das Thyreotropin-Releasing-Hormon (*TRH*). Dieses gelangt über die portalen Gefäße zur Hypophyse, und regt dort die Sekretion des thyreoideastimulierenden Hormons (*TSH*) an. TSH bewirkt in der Schilddrüse die Produktion von Thyroxin und Trijodthyronin. T_3 koppelt zur Hypophyse, in untergeordnetem Maße wohl auch zum Hypothalamus zurück, so daß die TSH-Sekretion ausbalanciert ist. Ob das vom Hypothalamus ausgeschüttete TRH auch unter physiologischen Bedingungen die Prolaktinsekretion stimuliert, ist unklar

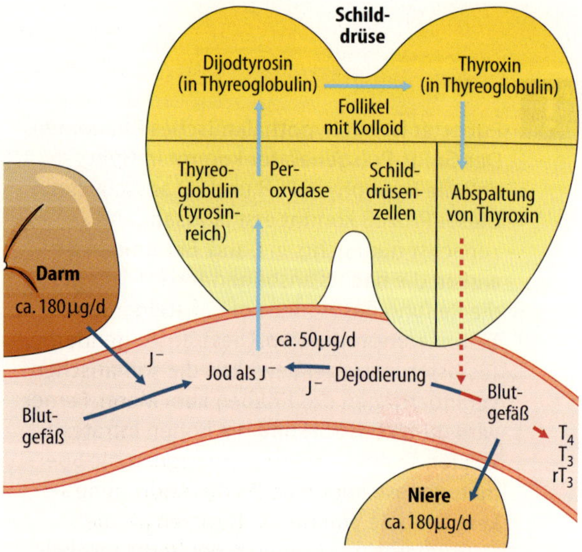

Abb. 20–15. Bildung, Speicherung und Freisetzung der Schilddrüsenhormone. Die Hauptmenge des täglichen Jodbedarfs wird aus dem Darm in Form von Jodid resorbiert. Dieses Jodid wird von den Schilddrüsenzellen aufgenommen und durch Peroxidasen zu atomarem Jod oxidiert. Das ebenfalls in den Schilddrüsenzellen produzierte Thyreoglobulin ist sehr tyrosinreich und lagert das Jod in die Tyrosinmoleküle ein. Durch Kondensation von zwei Molekülen Dijodtyrosin innerhalb des Thyreoglobulinmoleküls entsteht Thyroxin, ebenfalls noch an Thyreoglobulin gebunden. Dieses im Thyreoglobulin gebundene Thyroxin wird wieder von den Schilddrüsenzellen aus dem Kolloid aufgenommen, und es wird enzymatisch Thyroxin abgespalten, das in das Blutgefäßsystem gelangt. Durch Dejodierung im Blut entsteht das eigentlich wirksame Schilddrüsenhormon Trijodthyronin. Nur ein geringer Teil des Trijodthyronins wird direkt in der Schilddrüse gebildet. Ein Teil des durch die Dejodierung entstehenden Jodids gelangt zurück in den Schilddrüsenkreislauf, der größere Teil jedoch wird durch die Niere ausgeschieden

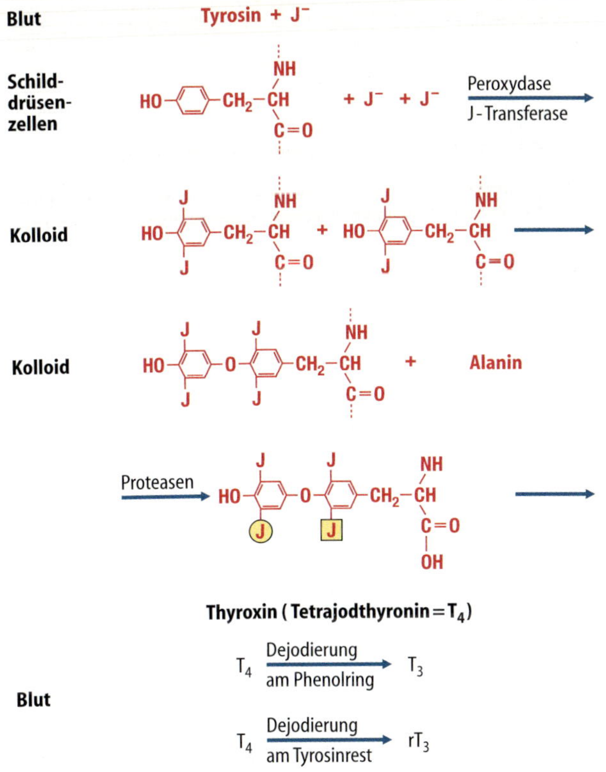

Abb. 20-16. Strukturformeln von Thyroxin (*T_4*), Trijodthyronin (*T_3*) und reverse Trijodthyronin (*rT_3*). Nur das T_3 ist im Körper biologisch wirksam. Die Schilddrüse schüttet jedoch wesentlich größere Mengen T_4 aus, welches durch Dejodierung am Phenolring zu T_3 umgewandelt wird. Erfolgt die Dejodierung am Tyrosinrest, so entsteht das biologisch unwirksame rT_3

an die Tyrosinradikale des Thyreoglobulins anlagert. Die *jodierten Tyrosylradikale* kondensieren zu *Thyroxin* (Tetrajodthyronin = T_4). Auch eine kleine Menge *Trijodthyronin* (T_3) wird gebildet. In das Thyreoglobulin eingelagert, verlassen T_4 und T_3 schließlich das Innere der Schilddrüsenzellen und gelangen in die *Schilddrüsenfollikel*. Die Follikel sind von den Schilddrüsenzellen umgeben. Hier werden die Schilddrüsenhormone im *Kolloid* gespeichert. *Das Thyreoglobulin ist also der Schilddrüsenhormonspeicher im Kolloid.*

Damit das Schilddrüsenhormon ausgeschüttet werden kann, muß das Kolloid wieder von den Schilddrüsenzellen aufgenommen werden. Das erfolgt durch *Pinozytose*. In den Zellen wird das Thyreoglobulin abgebaut, und die so freigesetzten Thyroxin- und Trijodthyronin-Moleküle diffundieren ins Blut und werden dort in nichtkovalenter Form von *Plasmaproteinen* gebunden. Nur ein kleiner Teil (weniger als 0,3 %) der Schilddrüsenhormone liegt frei im Blut vor. Die wichtigsten Plasmaproteine, die Schilddrüsenhormone binden können, sind das *thyroxinbindende Globulin* (TBG), das *thyroxinbindende Präalbumin* (TBPA) und weitere nicht näher charakterisierte *Albumine*. Das Fehlen der bindenden Proteine macht keine klinischen Symptome.

Das gesamte im Blut befindliche Thyroxin wird von der Schilddrüse sezerniert, jedoch nur 10–20 % des im Blut zirkulierenden Trijodthyronins. Das bedeutet, daß etwa 80–90 % des *Trijodthyronins* extrathyreoidal durch *Dejodierung von Thyroxin* entstehen. Etwa 35 % des Thyroxins werden so zu Trijodthyronin umgewandelt (Abb. 20-15). *Das biologisch wirksame Schilddrüsenhormon ist das T_3*. T_4 ist fast unwirksam. Neben dem normalen T_3 wird im Blut ein sogenanntes *reversed T_3* (rT_3) gefunden. Dieses rT_3 ist ebenfalls biologisch unwirksam und entsteht durch Dejodierung an der „falschen Stelle", nämlich am Phenolring anstatt am Tyrosinring. Wie das biologisch wirksame Trijodthyronin wird auch das rT_3 zum größten Teil extrathyreoidal gebildet.

Thyroxin und Trijodthyronin können in geringer Menge wieder von Leber und Niere dejodiert werden, so daß ein kleiner Anteil (ca. 50 μg) des Jodbedarfs des Körpers aus dieser Quelle wieder gedeckt werden kann (s. Abb. 20-15). Da die Speicherkapazität für Schilddrüsenhormone im Kolloid der Schilddrüse recht hoch ist, kann der Organismus zwar einige Monate ohne Jodzufuhr auskommen, danach werden jedoch die wichtigen Schilddrüsenhormone nicht mehr in ausreichender Menge gebildet.

!

TRH-produzierende hypothalamische Neurone schütten das Tripeptid in das portale Gefäßsystem aus. TSH-Zellen der Hypophyse haben TRH-Rezeptoren und schütten als Folge des TRH-Signals vermehrt TSH aus. Durch TSH wird die Thyroxin- (T_4)-Bildung in den Schilddrüsenfollikeln stimuliert. Als Donor für die notwendigen Tyrosinmoleküle fungiert dabei das hochmolekulare Thyreoglobulin. Aus dem Thyreoglobulin wird T_4 abgespalten. Unter dem Einfluß von TSH wird es sezerniert, und im Blut wird ein Jodmolekül abgespalten. Dadurch entsteht das physiologisch wirksame Trijodthyronin (T_3).

Die Schilddrüsenhormone steigern den Energieumsatz des Organismus

Die Schilddrüsenhormone stimulieren den gesamten Metabolismus des Körpers. Die allen diesen Effekten zugrunde liegenden Mechanismen sind bisher nicht vollständig geklärt [14, 15]. Wahrscheinlich bindet das Trijodthyronin an ein Rezeptormolekül im Zellkern. Es stimuliert auf diese Weise über *genomische Effekte* sowohl die *Transkription* als auch die *Translation*. Dadurch wird die ***Proteinsynthese*** in allen Körperzellen stimuliert. Insbesondere wird die membrangebundene (Na^+/K^+)-Adenosintriphosphatase durch Schilddrüsenhormone stimuliert. Dieses Enzym hält das Ionengleichgewicht von niedrigen Na^+- und hohen K^+-Konzentrationen im Inneren jeder Zelle konstant. Der energieverbrauchende Prozeß des Ionentransports konsumiert etwa 20–40 % des Sauerstoffbedarfs von ruhenden Zellen. Wenn diese Aktivität durch hohe T_3-Spiegel stark vermehrt ist, steigt entsprechend der Sauerstoffbedarf in jeder Zelle an. Das erklärt, warum unter pathophysiologischen Bedingungen zu hoher Schilddrüsenhormonspiegel der *Grundumsatz* des Körpers steigt.

Schließlich wird auch die Aktivität von zahlreichen Enzymen erhöht, insbesondere von kohlenhydratdegradierenden Enzymen, so daß unter dem Einfluß hoher Spiegel von Schilddrüsenhormonen besonders die *Utilisation von Kohlenhydraten* verstärkt wird.

Da die meisten der oben beschriebenen Prozesse in den *Mitochondrien* der Zellen stattfinden, ist deren Aktivität unter der Wirkung hoher Schilddrüsenhormonspiegel ebenfalls besonders hoch, und sie vergrößern sich. Die Steigerung der enzymatischen Aktivität durch Schilddrüsenhormone bewirkt ebenfalls, daß vermehrt Energie vom Körper umgesetzt wird. Der Grundumsatz des Körpers korreliert daher direkt mit der Höhe der zirkulierenden Schilddrüsenhormonspiegel.

Schilddrüsenhormone fördern bei Kindern auch das *körperliche Wachstum.* Dieser Effekt ist für die normale postnatale Hirnentwicklung ganz besonders wichtig. In utero wird ein Fetus, dessen Schilddrüse zu wenig Hormone produziert, noch ausreichend von der Mutter versorgt. Nach der Geburt jedoch wird der Schilddrüsenhormonmangel fatal für die kindliche Hirnentwicklung (s. u.).

Unter- und Überfunktion der Schilddrüse sind häufige Erkrankungen

Unter zahlreichen pathophysiologischen Bedingungen wird im Organismus zu wenig oder zu viel Schilddrüsenhormon produziert. Es entstehen die Zustandsbilder der *Hypo- bzw. Hyperthyreose.*

Unterfunktion der Schilddrüse. Beim Erwachsenen ist die ***Hypothyreose*** durch Verlangsamung aller Stoffwechselvorgänge gekennzeichnet. Auffällig ist bei diesen Patienten die verzögerte Reaktion auf Umgebungsreize und ihr ständig „müdes Aussehen", das zum Teil durch die teigige Konsistenz der Haut bedingt ist. Dieses Krankheitsbild wird *Myxödem* genannt. Es ist im Erwachsenenalter durch Substitutionstherapie mit Schilddrüsenhormonen voll reversibel. Das Fehlen von Schilddrüsenhormonen im frühen Kindesalter dagegen führt zu schwerer *körperlicher und geistiger Retardierung (Kretinismus).* Da das Schilddrüsenhormon für das vom Wachstumshormon stimulierte epiphysäre Knochenlängenwachstum wichtig ist, bleiben Kretins klein. Da das appositionelle Knochendickenwachstum weniger gestört ist, wirken Kretins plump. Bei sehr geringer Schilddrüsenhormonproduktion im neugeborenen Kind ist eine rasche Substitution notwendig, um irreversiblen Hirnschäden vorzubeugen. Das Schilddrüsenhormon kann nur bei genügender Zufuhr von Jod mit der Nahrung in ausreichender Menge produziert werden. Das Jodangebot durch die Nahrung ist regional sehr unterschiedlich. Im allgemeinen ist in gebirgigen Gebieten das Jodangebot niedrig, in küstennahen Gegenden dagegen hoch. Es gibt also endemisch jodunterversorgte Gebiete, in denen bis vor kurzem das Krankheitsbild des Kretinismus bzw. des Myxödems häufig anzutreffen war. Diesen Krankheitsbildern kann heute durch gezielte Jodprophylaxe, z. B. Zuführung von Jod mit dem Kochsalz in Form von geringen Mengen NaJ, begegnet werden.

Überfunktion der Schilddrüse. Eine pathologische Überproduktion von Schilddrüsenhormon (***Hyperthyreose***) ist ein häufiges Krankheitsbild. Der Grundumsatz ist gesteigert, der Auf- und Abbau von Eiweiß, Kohlenhydraten und Fett erfolgt beschleunigt, und die Patienten erscheinen übererregt. Eine Hyperthyreose kann mit *kropfiger Vergrößerung* der Schilddrüse *(Struma)* einhergehen. Häufig sind jedoch auch diffuse Vergrößerung oder autonome, sogenannte *„heiße Knoten".* Gelegentlich sieht man bei hyperthyreoten Patienten ein starkes Hervorquellen der Augäpfel (Exophthalmus). Bei diesen, aber auch bei Patienten ohne *Exophthalmus,* aber mit diffuser Überfunktion der Schilddrüse, können dann häufig Antikörper gegen TSH-Rezeptoren nachgewiesen werden. Diese *Autoantikörper* können die Funktion der Schilddrüse stimulieren, so daß eine Hyperthyreose resultiert. Es gibt aber auch euthyreote Formen dieser Autoimmunerkrankung. Im deutschen Sprachgebrauch wird sie ***Morbus Basedow,*** im angloamerikanischen Schrifttum *Graves disease* genannt.

!

T_3 stimuliert den gesamten Metabolismus des Körpers. In erster Linie wird der zelluläre energiekonsumierende Na^+/K^+-Transport stark beschleunigt. Zusätzlich wird die Proteinsynthese in allen Körperzellen stimuliert und die Utilisation von Kohlenhydraten verstärkt. Durch hohe T_3-Spiegel wird also mehr Energie verbraucht. Zu diesen Verbrennungsprozessen ist O_2 notwendig. Die O_2-Konsumption (der Grundumsatz) ist also erhöht.

Bei zu niedrigen T_3-Spiegeln sind alle Verbrennungsvorgänge verlangsamt. Während der Fetalentwicklung wird der Fetus von der Mutter mit ausreichend Schilddrüsenhormonen versorgt. Wenn postpartal die eigene Schilddrüsenhormonproduktion zu niedrig ist, kommt es zu Entwicklungsstörungen des Zentralnervensystems. In schwerster Form führt es zur Ausbildung des Kretinismus. Bei zu hohen Schilddrüsenspiegeln werden zahlreiche Stoffwechselvorgänge beschleunigt.

20.8 Nebennierenrindensystem

Die Nebennierenrinde (*Cortex glandulae adrenalis*) läßt sich morphologisch in drei Schichten unterteilen: von innen nach außen unterscheidet man die *Zona reticularis, Zona fasciculata* und *Zona glomerulosa.* In der Zona reticularis werden überwiegend *Androgene,* aber auch *Glukokortikoide* gebildet. Die Zellen der Zona fasciculata produzieren hauptsächlich *Glukokortikoide,* die der Zona glomerulosa *Mineralokortikoide* [1, 37].

CRH stimuliert die hypophysäre Proopiomelanokortinzelle zu vermehrter

ACTH- und ß-Endorphinsekretion; das ACTH bewirkt in der Nebennierenrinde vermehrte Ausschüttung von Kortisol

Regelung der Glukokortikoidsekretion. Das *Corticotropin-Releasing Hormon (CRH)* erreicht über das portale Gefäßsystem den HVL und löst dort die Sekretion von ***ACTH*** (adrenokortikotropes Hormon, *Kortikotropin*) aus [41]. Das ACTH gelangt über den allgemeinen Kreislauf an die Nebennierenrinde und stimuliert hier in erster Linie die Sekretion der *Glukokortikoide.* Einzelheiten über die Chemie der Steroidhormone sind biochemischen Lehrbüchern zu entnehmen. Der für den Menschen wichtigste Vertreter der Glukokortikoide ist das ***Kortisol.*** Es erfüllt im Körper zahlreiche Funktionen (S. 394 f), koppelt u. a. auch zur Hypophyse und zum Hypothalamus zurück und schließt so den Regelkreis für die CRH- und ACTH-Sekretion [37]. Dieses Regelkreissystem ist schematisch in Abb. 20–17 dargestellt.

Proopiomelanokortinzellen. Die ACTH-produzierende Zelle ist so vorgestellt worden, als würde sie nur ACTH synthetisieren. Diese vereinfachte Darstellung soll nun berichtigt werden. Gleichzeitig soll ein für das Verständnis von Peptid- und Proteohormonen wichtiges Konzept erläutert werden [4, 25, 30, 32]. Es wurde schon erwähnt, daß Peptidhormone nicht in ihrer biologisch aktiven Form synthetisiert, sondern aus höhermolekularen *Präkursoren* enzymatisch abgespalten werden. Durch Sequenzierung der Aminosäuren des ACTH-Präkursors stellte sich heraus, daß neben der Sequenz des *ACTH* auch noch die Sequenz eines endogenen Opiatpeptides, des Beta-Endorphins (*β-Endorphin*), enthalten ist. Ferner ist mehrfach die Aminosäuresequenz des

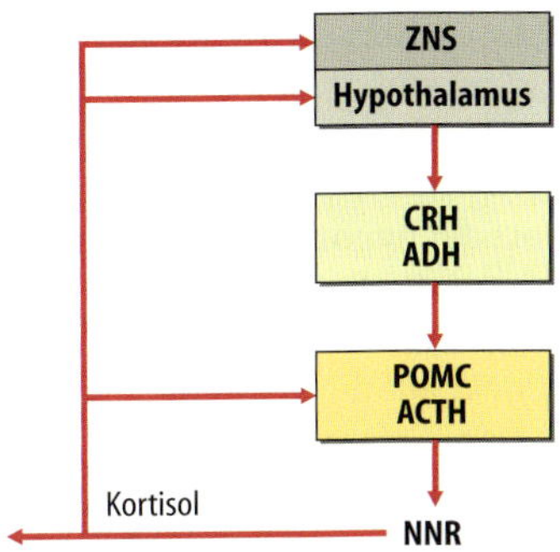

Abb. 20–17. Hypothalamo-hypophyseo-adrenaler Regelkreis. Neurone des Hypothalamus produzieren das Corticotropin-Releasing-Hormon (*CRH*). Dieses gelangt über die portalen Gefäße zur Hypophyse und stimuliert hier die ACTH-Sekretion. ACTH bewirkt an den Nebennieren vermehrte Kortisolsynthese und -ausschüttung. Das Kortisol koppelt sowohl zur Hypophyse als auch zum Hypothalamus zurück. Dieses geregelte System wird leicht durch Umwelteinflüsse (insbesondere diverse Stressoren) aus dem Gleichgewicht gebracht. Ob das antidiuretische Hormon (*ADH*) unter physiologischen Bedingungen als ein zusätzliches CRH angesehen werden muß, ist z. Z. noch nicht geklärt. Über suprahypothalamische, insbesondere mesencephale und limbische Einflüsse können Informationen über Emotionen, Schmerz etc. an die hypothalamischen ACTH-produzierenden Zellen übertragen werden

α-Melanozyten-stimulierenden Hormons (*α-MSH*) zu finden. Zellen, deren genetische Informationen die Produktion dieses Präkursors erlauben, nennt man daher nicht mehr ACTH-Zellen, sondern *Proopiomelanokortinzellen (POMC-Zellen).* Es handelt sich also um Zellen, die aus einem höhermolekularen Vorläufer sowohl das β-Endorphin, das α-MSH und das ACTH produzieren können. Die klassischen ACTH-Zellen im HVL sind also POMC-Zellen. Ihr wichtigstes Sekretionsprodukt ist nach unserer heutigen Kenntnis ACTH. β-Endorphin und α-MSH werden jedoch ebenfalls produziert und mit dem ACTH zusammen ausgeschüttet [4, 16, 25]. Die beiden Substanzen spielen wahrscheinlich jedoch als Sekretionsprodukt keine wichtige Rolle. Es gibt allerdings ein Krankheitsbild, bei dem die Nebennieren zu wenig Kortisol und Aldosteron produzieren. Dann ist die ACTH-Sekretion der Hypophyse erhöht. Da α-MSH äquimolar mit ausgeschüttet wird, sind auch die MSH-Spiegel im Blut zu hoch, und das Hormon bewirkt eine verstärkte Pigmentierung der Haut. Diese Krankheit ist der *Morbus Addison;* seine Hauptsymptome sind durch die zu geringe Mineralokortikoidproduktion erklärbar.

In neuerer Zeit konnte gezeigt werden, daß sich Proopiomelanokortinzellen nicht nur im HVL, sondern auch im HZL, im Hypothalamus, im vegetativen Nervensystem, im Nebennierenmark und in den Gonaden finden [9]. Wahrscheinlich ist hier der ACTH-Anteil des Moleküls physiologisch nicht wirksam. Die hypothalamischen POMC-Neurone werden auch *β-endorphinerge Neurone* genannt, da ihr hauptsächliches Sekretionsprodukt, also der Nachrichtenüberträger, das β-Endorphin ist. Von den wenigen β-endorphinergen Neuronen im Hypothalamus projizieren lange Axone über sich verzweigende Kollaterale in weite Hirngebiete. Möglicherweise haben sie etwas mit der Verarbeitung von Streß und Schmerz zu tun; sicher spielen sie eine Rolle bei der Regulation der Hypophysenhormone und möglicherweise bei der *Streßamenorrhoe.* Die genauen Funktionen dieser β-endorphinergen Neurone sind jedoch noch weitgehend unbekannt. Die Rolle der vom POMC abstammenden Peptidmoleküle im HZL, im vegetativen Nervensystem, im Nebennierenmark und in den Gonaden ist bisher noch nicht bekannt.

Schwankungen des Kortisolspiegels. ACTH ist das regulative Hormon, das die Nebennierenrindenzellen zu vermehrter Kortisolsynthese und -sekretion stimuliert. Die Blutkortisolspiegel unterliegen ausgeprägten endogen fixierten tageszeitlichen Rhythmen *(zirkadiane Periodik* S. 150 ff). Sie sind morgens deutlich höher als abends (Abb. 20–18). Diese Schwankungen hängen von der Tageszeit und nicht von den Schlafgewohnheiten ab. Hormonmessungen nach Schlafumkehr bzw. bei Schichtarbeitern zeigten, daß der Zeitgeber für diese zirkadianen Schwankungen den Schlafgewohnheiten nur langsam folgt. Hohe Kortisolspiegel am Morgen sind also physiologisch, die gleichen Werte am Nachmittag oder Abend können jedoch pathologisch sein. Die Nebennieren jedes Menschen schütten das Kortisol *episodenhaft* aus, Ursache dafür ist eine ebenfalls episodische ACTH-Ausschüttung. In Abb. 20–18 ist dargestellt, daß die tageszeitlichen Schwankungen in erster Linie durch vermehrte Kortisolepisoden zustande kommen. Die Episoden treten nachts und in den frühen

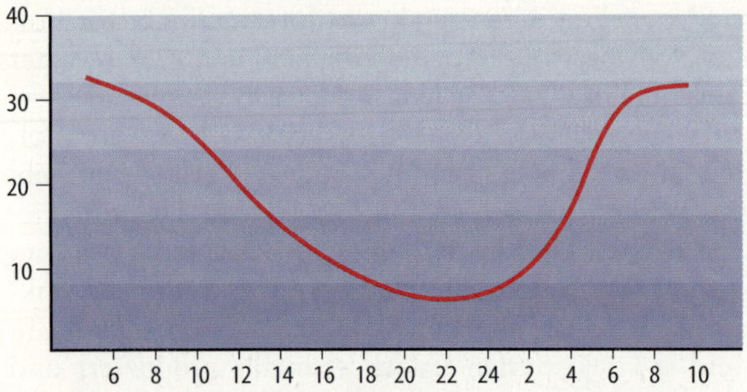

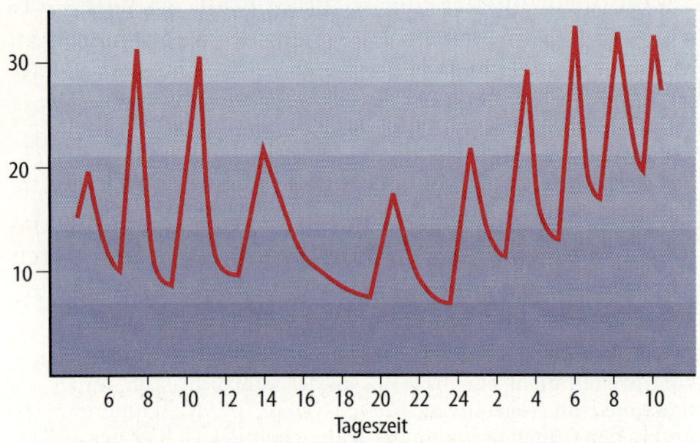

Abb. 20-18. *Unten:* Episodische Kortisolsekretion aus den Nebennierenrindenzellen. In den frühen Morgenstunden nehmen die Anzahl der Kortisolsekretionsepisoden sowie deren Intensität deutlich zu. *Oben:* Tagesgang der Kortisolkonzentration (im Mittel für eine größere Population) mit frühmorgendlich hohen und spätabendlichen niedrigen Plasmawerten. Das episodische Kortisolsekretionsmuster ist Folge episodischer ACTH-Sekretion

Morgenstunden häufiger auf und führen so zu höheren Kortisolspiegeln [15]. Gelegentlich auftretende nachmittägliche und frühabendliche Kortisolbursts können mitunter hohe Kortisolspiegel im Blut bewirken. Die Kenntnis dieser zirkadianen und episodischen Freisetzung ist klinisch wichtig für die Differentialdiagnostik des *Hyperkortisolismus* (Morbus Cushing, S. 395).

> **!** Hypothalamische Neurone produzieren CRH, welches durch das Portalvenensystem zur Hypophyse gelangt und hier die ACTH-Sekretion stimuliert. In der Präproform des ACTH ist auch die Struktur von β-Endorphin und α-MSH zu finden. Deshalb heißt die ACTH-Zelle auch Proopiomelanokortinzelle. ACTH und damit auch Kortisol werden in Episoden ausgeschüttet. Diese Episoden treten in den späten Nacht- und frühen Morgenstunden häufiger auf. Deshalb haben bei normaler Tag-Nacht-Rhythmik Menschen morgens höhere Kortisolspiegel als abends.

Kortisol hat für die Bewältigung von Streßsituationen wichtige metabolische und außerdem entzündungshemmende Wirkungen

Metabolische Wirkungen. Die metabolischen Wirkungen der Glukokortikoide dienen der raschen Bereitstellung von Energie im Falle von Kampf- oder Fluchtsituationen. Glukokortikoide können nämlich über vielfältige Wege den Hauptenergieträger des Körpers, Glukose, rasch bereitstellen. So stimulieren sie die *Glukoneogenese* der Leber. Unter der Einwirkung hoher Kortisolspiegel werden Aminosäuren in Glukose umgewandelt. Die Aminosäuren entstehen in erster Linie durch Abbau von Proteinen aus dem Muskel *(eiweißkatabole Wirkung).*

Neben der eiweißkatabolen haben Glukokortikoide auch noch eine *antianabole Wirkung.* Besonders *Muskelproteine* werden vermindert synthetisiert, da die Glukokortikoide den Aminosäuretransport in die Muskelzellen hemmen.

Ebenso sind die Glukokortikoide am *Fettmetabolismus* beteiligt. Triglyzeride werden gespalten, wodurch sich die Fettsäurespiegel im Blut erhöhen. Durch Reduktion der Glukoseaufnahme in Fettzellen werden weniger Triglyzeride gebildet; dadurch ist die Bildung der Speicherform von Fetten reduziert. (Einzelheiten s. Lehrbücher d. Biochemie) [7]. Als Summe aller Wirkungen der Glukokortikoide resultiert eine *Erhöhung des Blutzuckerspiegels.* Daher wirken hohe Glukokortikoidspiegel diabetogen.

Streßreaktionen. Unter physiologischen Bedingungen sind diese metabolischen Wirkungen der Glukokortikoide fein ausgewogen und dienen der raschen Bereitstellung von Energieträgern. Das ist wichtig, weil die hypothalamo-hypophyseo-adrenale Achse in erster Linie unter akuten *Streßsituationen* aktiviert wird. Akutes Einwirken von *Stressoren* bewirkt eine rasche *Erhöhung der Kortisolspiegel* im Blut. Die wiederholte oder langanhaltende Applikation des gleichen Stressors bewirkt eine immer schwächere Antwort der hypothalamo-hypophyseo-adrenalen Achse (*Habituation*).

Eine weitere wichtige Funktion von Kortisol bei Streß ist der *permissive Effekt* auf die Wirkung von Katecholaminen an der glatten Gefäßmuskulatur: Unter Streß wird aus dem Nebennierenmark die Ausschüttung von Adrenalin und Noradrenalin stimuliert. Diese Katecholamine bewirken eine Kontraktion der glatten Muskulatur von Haut- und Darmgefäßen, während die Muskelfasern der Gefäße in der Skelettmuskulatur erschlaffen. Das dient der Umverteilung von sauerstoff- und nährstoffhaltigem Blut für eventuelle Muskelanstrengungen im Falle von Kampf oder Flucht. Diese Wirkung der Katecholamine wird nur im Beisein von Kortisol ausgeübt. Kortisol hat also selber keine Wirkung auf die glatten Muskelfasern, seine Präsenz bewirkt jedoch, daß die Katecholamine wirken können. Diesen Effekt bezeichnet man als ***permissive Wirkung.***

Die Glukokortikoide der Nebennierenrinde haben aufgrund ihrer strukturellen Ähnlichkeit mit Mineralokortikoiden auch immer eine geringe Nebenwirkung mineralokortikoider Art (S. 396).

Klinische Nebenwirkungen. Glukokortikoid wirksame Substanzen sind heute wichtige Pharmaka. Deshalb ist die Kenntnis der Physiologie und der Pharmakologie von Glukokortikoiden besonders wichtig. Wenn der Körper zuviel Glukokortikoide produziert oder wenn ein solches Hormon in hoher Dosierung appliziert wird, treten die oben beschriebenen Wirkungen in verstärktem Maße auf. Durch den Abbau von Eiweißen kann es zum *Muskelschwund* kommen. Die *Eiweißmatrix des Knochens* kann abgebaut werden, und damit das Zustandsbild der *Osteoporose* (Knochenschwund) auftreten. Da die vermehrt produzierte Glukose zu einer zu hohen Glukosekonzentration im Blut führt, baut die Leber aus Glukose Glykogen auf. Das erfolgt jedoch nur optimal, wenn der Insulinspiegel (S. 401) hoch genug ist. Da jedoch Glukokortikoide die Insulinsekretion leicht inhibieren, gerät der Organismus unter dem Einfluß hoher Glukokortikoidspiegel in eine *prädiabetische Stoffwechsellage*.

Entzündungshemmende Wirkung. Neben den möglichen Stoffwechselentgleisungen haben Glukokortikoide in höheren Konzentrationen noch andere wichtige Effekte. Alle Glukokortikoide inhibieren Entzündungserscheinungen *(antiphlogistische Wirkung)* auf vielfachen Wegen. Jede Entzündung ist gekennzeichnet durch vier Symptome:

- *Rubor:* Rötung (durch vermehrte Durchblutung des entzündeten Areals)
- *Tumor:* Schwellung (durch erhöhte Kapillarpermeabilität des entzündeten Gebietes und damit vermehrtem Austritt von Ödemflüssigkeiten;
- *Dolor:* Schmerz (auf Grund der Gewebereize infolge der Symptome 1 und 2);
- *Kalor:* Überwärmung (durch vermehrte Durchblutung).

Alle vier Symptome werden durch Glukokortikoide inhibiert.

Glukokortikoide hemmen auch die *zelluläre* und *humorale Immunabwehr* (s. S. 435 ff). Dieser Effekt ist bei kurzzeitigen Streßreaktionen unwesentlich, wird jedoch bei länger andauernder erhöhter Kortisolproduktion bemerkbar. Diese Wirkung wird therapeutisch ausgenutzt, um allergische Reaktionen des Körpers und immunologische Abwehrreaktionen bei Organtransplantationen zu reduzieren.

Aus der Vielfalt dieser Wirkungen wird es auch verständlich, daß glukokortikoidwirksame Präparate in der Medizin häufig Verwendung finden. Für den Mediziner ist es wichtig zu wissen, daß Glukokortikoide die Zeichen der Entzündung inhibieren und die immunologische Abwehrreaktion reduzieren. Bakterielle Entzündungen können also maskiert werden, ohne daß sie deshalb ihre Gefährlichkeit verlieren. Die Glukokortikoide können eben nur die Zeichen einer Entzündung verschwinden lassen; sie haben selbst aber keine antibakterielle Funktion. Unter diesem Aspekt dürfen Glukokortikoide daher nur unter ständiger Kontrolle eingesetzt werden. Zu den unerwünschten Nebenwirkungen von Glukokortikoiden gehört auch die Störung der Wundheilung. Besonders gefürchtet ist die Inhibierung der Ausheilung von Magengeschwüren oder anderer inneren Wunden.

Pathophysiologische Aspekte. Aus dem bisher Beschriebenen wird klar, daß ein Zuviel bzw. Zuwenig an Glukokortikoiden die Homöostase des Körpers nachhaltig beeinflußt. Ein Zuviel an Kortisol kann seine Ursache in überhöhter CRH-Produktion haben; das führt zur konstanten Stimulation hypophysärer ACTH-Sekretion. Außerdem können die ACTH-produzierenden Zellen der Hypophyse tumorös entarten. Diese gutartigen Tumoren produzieren autonom zuviel ACTH. Die dadurch pathologisch stimulierte adrenale Kortisolproduktion führt zum Krankheitsbild des *Morbus Cushing.* Beide Nebennieren sind dann vergrößert. Das gleiche Krankheitsbild entsteht, wenn eine Nebennierenrinde tumorös entartet (gutartig oder bösartig) und zu viel Kortisol produziert. Es handelt sich dann um das *Cushing-Syndrom.* Die Kenntnis der Regelkreisphysiologie (s. Abb. 20–17) wird hier differentialdiagnostisch wichtig. Liegt ein kortisolproduzierender Nebennierenrindentumor vor, wird die CRH- und die ACTH-Sekretion maximal gehemmt, und der ACTH-Spiegel im Blut ist besonders niedrig. Ist der Morbus Cushing bedingt durch zuviel CRH- oder zuviel ACTH-Produktion, so ist der ACTH-Spiegel im Blut selbstverständlich hoch. Durch die ACTH-Bestimmung im Serum kann also festgestellt werden, ob ein *zentralnervös-hypophysärer* oder ein *adrenaler Defekt* vorliegt. Selten können jedoch auch bösartige Tumoren (z. B. Bronchialkarzinome) ACTH produzieren.

Die Nebennierenrindenzellen bilden auch Androgene

Physiologische Androgenproduktion. Die Zona reticularis der Nebenniere produziert zeitlebens größere Mengen von Androgenen [1, 13, 15, 52] (C 19-Steroide, Syntheseweg adrenaler Steroide s. Abb. 20–19). Das wirksamste physiologische Androgen beim Menschen ist das Testosteron. Es wird von der Nebennierenrinde nur in ganz geringen Mengen produziert. Die Zona reticularis bildet jedoch größere Mengen von C-19 Steroiden mit geringer androgener Wirkung. Das wichtigste adrenale Androgen ist das *Dehydroepiandrosteron* (DHEA). Unter physiologischen Bedingungen stammt bei der Frau dieses Andro-

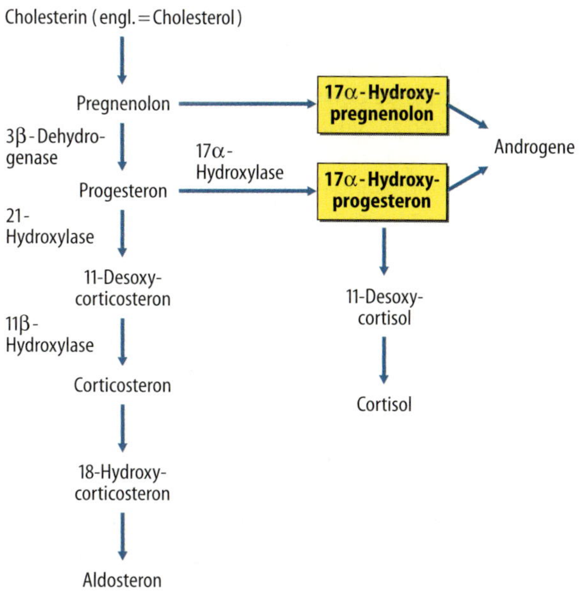

Abb. 20–19. Bildung adrenaler Steroide aus Cholesterin. Gemeinsame Muttersubstanz für alle Nebennierenrindensteroide ist das Pregnenolon. Richtungsbestimmend für die Kortisolsynthese ist das ACTH, während Angiotensin II die Synthese in Richtung Aldosteron stimuliert. Die Kenntnis der wichtigsten steroidbildenden Enzyme ist klinisch wichtig, da bei Enzymdefekten charakteristische Krankheitsbilder entstehen

gen aus den Nebennieren. Unter bestimmten pathologischen Bedingungen sezerniert zusätzlich noch das Ovar größere Mengen von Androgenen. Beim Manne sind 2/3 aller Androgene testikulären und etwa 1/3 adrenalen Ursprungs. *Hohe ACTH-Spiegel* vermehren nicht nur die Synthese und Sekretion der Glukokortikoide und (in geringerem Maße) der Mineralokortikoide, sondern auch die der adrenalen Androgene.

Pathophysiologische Aspekte. Die genannte ACTH-Wirkung ist wichtig für das Verständnis des *adrenogenitalen Syndroms (AGS)*. In diesem Fall ist die *Bildung von Kortisol* aufgrund von *Enzymdefekten reduziert* oder vollständig blockiert. Das wirkt sich innerhalb des hypothalamo-hypophyseo-adrenalen Regelkreises des Fetus wie eine Adrenalektomie aus, d. h. die *negativ rückkoppelnde Wirkung des Kortisols fehlt.* Folgerichtig schüttet der Hypothalamus *vermehrt CRH* aus, und stimuliert dadurch die Hypophyse zu *verstärkter ACTH-Sekretion.* Die Nebenniere kann aufgrund des Enzymdefektes nicht genügend Kortisol produzieren, sezerniert aber die übrigen Steroide in erhöhter Menge. Es werden also *übermäßig Androgene* produziert. Diese Androgene können dann zur Virilisierung von genetisch weiblich angelegten Feten führen, so daß sie phänotypisch Knaben sind. Das Krankheitsbild des AGS kann mehr oder weniger stark ausgeprägt sein. Varianten dieses Syndroms führen bei geringer Aldosteronproduktion nicht nur zur Virilisierung, sondern auch zu Salzverlust.

!

ACTH stimuliert die adrenale Glukokortikoidsekretion. Unter physiologischen Bedingungen ist diese Stimulation morgens besonders ausgeprägt, so daß morgens die höchsten Kortisolspiegel gemessen werden. Unter akuter Streßsituation wird die Kortisolsekretion durch vermehrtes ACTH stimuliert und dadurch eine Reihe von Vorgängen ausgelöst, die zur Bewältigung der Streßsituation wichtig sind (Herz-Kreislauf-Regulation, Energieversorgung). Glukokortikoide bewirken den Abbau von Leberglykogen zu Glukose. Unter hohen Glukokortikoidspiegeln werden auch Aminosäuren in Glukose umgewandelt (eiweißkatabole Wirkung). Insgesamt garantieren normale Kortisolspiegel also die genügende Bereitstellung von Glukose. Unter pathophysiologisch (pharmakologisch) erhöhter Wirkung von Glukokortikoiden kommt es zur Erhöhung des Blutzuckerspiegels und zu verstärktem Eiweißabbau (Osteoporose, Muskelschwund). Glukokortikoide haben über verschiedene Mechanismen auch entzündungshemmende Wirkungen, ohne daß sie antibiotisch wirksam wären; dadurch werden die Zeichen der Entzündung vermindert, aber eine bakterielle Entzündung nicht bekämpft. Ferner hemmen Glukokortikoide auch die zelluläre und humorale Immunabwehr. Die Nebennierenrinde produziert auch Androgene. Häufig werden Virilisierungserscheinungen von Patientinnen durch vermehrte adrenale Androgenproduktion hervorgerufen.

Aldosteron steigert die Natriumrückresorption in den distalen Nierentubuli und fördert die Kalium- und Protonenausscheidung. Bei Natriummangel wird Renin freigesetzt, welches aus Angiotensinogen Angiotensin II bildet. Dieses stimuliert die Aldosteronsekretion

Die adrenalen Mineralokortikoide werden überwiegend in der Zona glomerulosa gebildet. Der wichtigste Vertreter dieser Gruppe ist das *Aldosteron* (Syntheseweg s. Abb. 20–19).

Wirkungen von Aldosteron. Die Mineralokortikoide, speziell das Aldosteron, sind an der *Regulation des Elektrolyt- und Wasserhaushaltes* beteiligt (S. 778 ff). Aldosteron steigert in den distalen Nierentubuli die *Natriumrückresorption,* womit – osmotisch bedingt – die Rückresorption von Wasser verbunden ist. Außerdem fördert es die *Kalium- und Protonenausscheidung.* Ganz ähnlich sind die Wirkungen auf den Ionen- und Wassertransport im Darm sowie in den Speichel- und Schweißdrüsen.

Regulationsmechanismen. Die Produktion und die Abgabe von Aldosteron werden auf mehrfache Weise geregelt. Erstens wirken *Natriummangel* und *Kaliumanstieg* im Blut *direkt stimulierend* auf die Zellen der Zona glomerulosa und veranlassen diese zu einer verstärkten Aldosteronabgabe. Zweitens wird bei *Abnahme der Natriumkonzentration* und bei Einschränkung der Nierendurchblutung, die z. B. als Folge eines starken Blutverlustes eintreten kann, aus den Epitheloidzellen der Vasa afferentia in der Niere *Renin* freigesetzt (S. 771). Renin ist eine Protease, die aus *Angiotensinogen,* einem in der Leber gebildeten α_2-Globulin, *Angiotensin I* abspaltet. Das Dekapeptid Angiotensin I wird durch eine im Blut und in der Lunge vorkommende Peptidase, die man als *Angiotensin-Converting-Enzym* (ACE) bezeichnet, in das physiologisch wirksame Oktapeptid *Angiotensin II* umgewandelt. Dieses wird durch Abspaltung einer weiteren Aminosäure zu dem unwirksamen Angiotensin III abgebaut. Angiotensin II hat einerseits einen *vasokonstriktorischen Effekt* (S. 528) und stimuliert andererseits die ***Freisetzung von Aldosteron,*** das die Natriumresorption im distalen Tubulus und im Sammelrohrsystem und damit die renale Wasserretention fördert (S. 754). Das *Renin-Angiotensin-Aldosteron-System* ist also an der *Kontrolle des Natriumbestandes,* des *extrazellulären Flüssigkeitsvolumens* und des *Blutdrucks* beteiligt.

In den renal-adrenalen Regelkreis greifen zahlreiche *extrarenale* und *extraadrenale Mechanismen* ein. So kann z. B. durch vermehrte hypophysäre ACTH-Ausschüttung die Aldosteronsekretion der Nebenniere stimuliert werden. Die Zellen der Zona glomerulosa sind durch ACTH jedoch nur einmal akut stimulierbar. Mehrfache ACTH-Expositionen führen zu immer geringer werdender Aldosteronsekretion.

Es ist seit langem bekannt, daß elektrische Reizung der renalen Nerven ebenfalls zur Erhöhung der Reninausschüttung führt. *β-Rezeptorenblocker* können diesen Effekt vermindern. Daraus kann der Schluß gezogen werden, daß die *sympathische noradrenerge Innervation* der Niere feinmodulierend auf die Reninsekretion des juxtaglomerulären Apparates einwirkt. Über direkte Innervation, möglicherweise auch über adrenomedulläre Katecholamin (und Peptid-) Ausschüttung, sind zahlreiche direkte oder indirekte Effekte auf die Reninsekretion möglich [39]. So können Einflüsse anderer barorezeptiver Strukturen (z. B. des Karotissinus) oder andere sympathikuserregende Innenwelt- oder Umwelteinflüsse die Reninsekretion modulieren. Bezüglich weiterer Einzelheiten über die Renin-Angiotensin-Aldosteron-Wirkungen siehe S. 541 f und S. 787.

!

Die adrenale Aldosteronsekretion wird multifaktoriell reguliert. Ein wichtiger Regulator ist das Angiotensin II. Aldosteron bewirkt in der Niere vermehrte Natriumresorption und damit vermehrte renale Wasserretention sowie vermehrte Kalium- und Protonensekretion. Aldosteron ist also wichtig für die Kontrolle des Natrium/Kalium-Gleichgewichtes im Blut und für die Regulation des extrazellulären Flüssigkeitsvolumens.

Die Steroidbiosynthese in den Gonaden und der Nebennierenrinde ist in ihren Grundlagen identisch

Struktur und Synthese. Die Steroidhormone gehören zu den *Lipiden.* Sie werden aus aktivierter Essigsäure synthetisiert, die gemeinsame Grundsubstanz für alle Steroide ist das Cholesterol. Durch ein Enzymsystem (side chain cleaving enzyme) wird die Seitenkette des Cholesterols zwischen C-21 und C-22 abgespalten. Dadurch entstehen die C-21-Steroide (Abb. 20–9, Strukturformeln sind den Lehrbüchern für Biochemie zu entnehmen). Ein gemeinsamer Vorläufer für alle Steroidhormone ist das *Pregnenolon.* Es ist ein mild wirksames *Gestagen,* hat also progesteronähnliche Wirkungen (S. 382 f). Da es nur als Intermediärprodukt in der Steroidsynthese auftaucht, wird es fast nicht im Kreislauf gefunden. Im Ovar wird aus Pregnenolon *Progesteron* gebildet. Corpus-luteum-Zellen und auch die Plazenta schütten Progesteron in großen Mengen in den Blutkreislauf aus. Das Hormon kann aber auch in anderen Zellen als Intermediärprodukt der *Androgen-* und *Östrogensynthese* vorkommen. Die Östrogenproduktion verläuft immer über Androgene als Zwischenstufen. In der Nebennierenrinde werden aus dem Pregnenolon wieder andere Steroide gebildet, nämlich *Glukokortikoide, Mineralokortikoide* und *Androgene.* Die Glukokortikoide und Mineralokortikoide sind ebenfalls C-21-Steroide, während die Androgene immer C-19-Steroide sind, unabhängig davon, ob sie in der Nebenniere, den Hoden oder im Ovar gebildet werden. Die Androgene entstehen durch Abspaltung der Seitenkette (2 C-Atome) in C-17-Position aus den C-21-Steroiden. Das Ovar und in geringem Maße die Testes können aus einigen C-19-Steroiden Östrogene produzieren. Das erfolgt durch *Aromatisierung des A-Ringes* und Abspalten einer weiteren CH_3-Gruppe. In Abb. 20–9 und 20–19 sind die Enzyme, die an der Steroidbildung mitwirken, ebenfalls erwähnt. Einige dieser Enzyme sind für das Verständnis von bestimmten Krankheitsbildern wichtig.

Ausschüttung, Transport und Wirkungsverlust. Die *Ausschüttung der Steroidhormone* wird durch andere Hormone beeinflußt. An der Nebennierenrinde bewirkt das *ACTH vermehrte Kortisolsynthese* und *-ausschüttung.* In gewissem Maße wird auch die Androgenproduktion und -ausschüttung durch ACTH mitreguliert (S. 396). *Angiotensin II* stimuliert die Synthese und Ausschüttung von *Aldosteron* aus der Nebennierenrinde. Am Ovar bewirken *FSH und LH* vermehrte *Östrogen-* bzw. *Progesteron*-Synthese und -ausschüttung aus Granulosa- bzw. Lutealzellen (S. 382 f). In den Hoden werden die *Leydig-Zwischenzellen* durch *LH* zu vermehrter *Testosteronproduktion* angeregt (S. 380). Ob FSH die Aromatisierung von Testosteron zu Östrogen und dadurch die Spermatogenese beeinflußt, ist noch nicht völlig geklärt.

Steroidhormone sind als Lipide schlecht wasserlöslich und deshalb im Blut an *Plasmaeiweiße* nichtkovalent gebunden [53]. Es gibt nur wenig frei zirkulierende Steroide, aber allein diese Fraktion gilt als wirksam. Einige Steroidhormone werden erst in den Zielzellen in die eigentlich wirksame Form umgewandelt. Beispielsweise ist das Testosteron selbst in den Hautanhangsgebilden (Talgdrüsen, Haarfollikel etc.) unwirksam, es wirkt erst nach Reduzierung zu 5-α-DHT. Testosteron selbst koppelt zum ZNS zurück, es bindet hier vor allem an Testosteronrezeptoren. Ein Teil seiner Effekte wird dort jedoch offensichtlich erst nach *Aromatisierung* zu Östrogenen möglich. Sowohl im männlichen wie im weiblichen ZNS gibt es tatsächlich Enzyme (Aromatasen), die Testosteron aromatisieren können [43]. Der größte Teil der Steroidhormone tritt nie in Interaktion mit einer Zielzelle und wird abgebaut. Dazu werden die Steroidhormone glukoronidiert. Sie verlieren so ihre biologische Wirksamkeit, werden gut wasserlöslich und können deshalb durch die Niere ausgeschieden werden.

!

Die Steroidbiosynthese erfolgt immer aus dem Cholesterol. Im Ovar wird unter Einfluß von FSH und LH die Biosynthese des Östradiols (C-18-Steroid) sowie die des Progesterons (C-21-Steroide) gefördert. In den Hoden bewirkt LH vermehrte Androgenproduktion (C-19-Steroid). In der Nebenniere wird durch ACTH einerseits bzw. Angiotensin II andererseits die Glukokortikoid- und Androgenproduktion bzw. die Mineralokortikoid-Sekretion stimuliert.

20.9 Wachstumshormon

Das Wachstumshormon (GH) fördert unter Vermittlung von Somatomedinen, aber auch direkt die Muskel- und Knochenentwicklung

Ausschüttung des Wachstumshormons. Es gibt zahlreiche physiologische Reize für die Wachstumshormonausschüttung. Ob sie vorrangig durch vermehrte GHRH- oder durch verminderte Somatostatin-Sekretion zustande kommen, ist noch ungeklärt. *Hungerhypoglykämie, bestimmte Streßbedingungen,* besonders aber starke *körperliche Aktivität* führen zu vermehrter hypophysärer GH-Sekretion. Ferner wird das Hormon während des Tiefschlafes ausgeschüttet. Außerdem sezerniert die Hypophyse auch große Mengen von GH *episodenhaft* und ohne erkennbaren exogenen Auslöser. Diese Kenntnis der Bedingungen, unter denen das GH ausgeschüttet wird, ist für die Beurteilung von GH-Blutspiegeln wichtig. Wie bei vielen anderen Hormonen auch, kann eine einmalige Messung des GH-Spiegels aufgrund der episodenhaften Sekretion zur Mißdeutung der tatsächlichen Situation führen.

Neben vielen unklaren Wirkungen des GH ist es sicher, daß es zur *normalen körperlichen Entwicklung* des Kindes notwendig ist.

Insulin like growth factors. Beim Erwachsenen sind die GH-Funktionen vielfach noch unbekannt. Lange Zeit war eine Diskrepanz zwischen in vitro und in vivo erhobenen Befunden nicht erklärlich: In vivo stimuliert GH sowohl die *Chondrogenese* als auch die *Myogenese.* Das bewirkt eine Beschleunigung des somatischen Wachstums. Wenn das GH jedoch in vitro Knorpel- oder Muskelinkubaten zugefügt wurde, konnte niemals eine derartige Wirkung gezeigt werden. Es stellte sich heraus, daß diese Wirkung nicht direkt, sondern über die Stimulation von *hepatischen Faktoren* ausgeübt wird. Unter dem Einfluß von GH wird die Leber nämlich zur Produktion von ***Somatomedinen*** angeregt (Abb. 20–20). Diese Substanzen mediieren also die Wirkung vom GH. Die Somatomedine haben in ihrer Aminosäuresequenz etwa 40% Homologie zum Insulin, deshalb werden sie auch *Insulin like growth factors* (IGF) genannt. Der für die Vermittlung der GH-Wirkung wichtigste ist das *Somatomedin C (IGF I).* IGF I mediiert die wichtigsten wachstumsfördernden Wirkungen des GH und bindet auch mit geringer Affinität an den Insulinrezeptor, wie auch Insulin an den IGF-I-Rezeptor bindet. Das IGF II hat seinen eigenen Rezeptor, an den Insulin nicht bindet. Über den IGF-II-Rezeptor wird der zielgerichtete Transport lysomaler Enzyme reguliert. IGF I vermittelt die wichtigsten *wachstumsfördernden* Wirkungen des GH [27, 33, 48] durch Vermehrung der Proteinsynthese in allen Körperzellen, und diese stimuliert die Zellteilung.

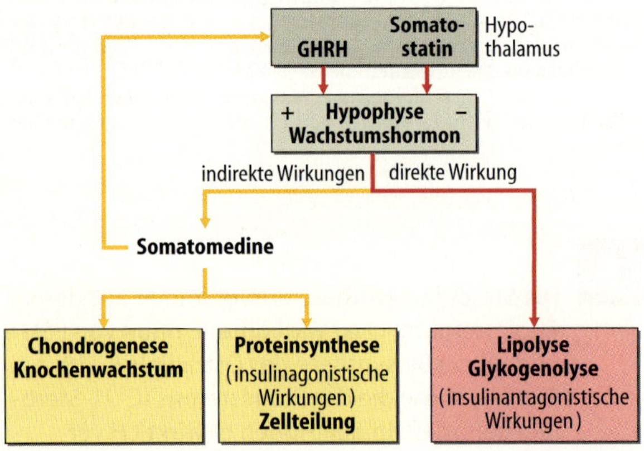

Abb. 20–20. Regulation des Wachstumshormons durch GHRH und Somatostatin und Hormonwirkungen. Das Wachstumshormon wirkt direkt auf die Lipolyse und die Glykogenolyse und stimuliert in der Leber die Bildung von Somatomedinen. Diese Somatomedine koppeln zum Hypothalamus zurück und schließen so einen Regelkreis. In den Zielzellen stimulieren sie die Chondrogenese und das Knochenwachstum sowie die Proteinsynthese und die Zellteilung

Zusätzlich gibt es Hinweise darauf, daß die IGF an hochaffine Transportproteine gebunden sind, wobei die Affinität zu diesen Transportproteinen zum Teil höher ist als die zu den IGF-Rezeptoren. Damit scheinen der Menge dieser Transportproteine wichtige regulative Funktionen für die Wirkung der IGF zuzukommen. In jüngerer Zeit mehren sich ebenfalls die Hinweise, daß nicht nur die Leber IGF produzieren und ins Blut abgeben kann (Hormonwirkung der IGF), sondern daß zahlreiche Körperorgane ihre lokalen IGF-Systeme haben. Diese lokal gebildeten und sezernierten IGF wirken in dem Produktionsorgan auto- und parakrin (sog. parakriner Effekt).

Metabolische GH-Wirkungen. Das GH hat auch selbst direkte Wirkungen. Es *mobilisiert Fettsäuren* aus Fettgeweben, bewirkt also eine Einschmelzung von Fettgewebe, um zusätzliche Energiereserven zu gewinnen. Das GH hat zwei scheinbar konträre Wirkungen auf den Kohlenhydratstoffwechsel. Nach *akuter* Gabe bewirkt es ein *Absinken des Blutglukosespiegels.* Dieser Effekt dauert jedoch nur ca. eine Stunde und kommt durch die insulinähnliche Wirkung des durch GH stimulierten Somatomedin C zustande [27]. Danach jedoch hat das GH selbst eine genau gegensätzliche Wirkung. Es kommen nunmehr direkte Wirkungen des Hormons auf Fett und Glykogendepots zum Tragen. Diese werden unter GH eingeschmolzen [3, 15] und zu Glukose umgewandelt. Zusätzlich inhibiert es noch die Glukoseaufnahme durch die Zellen und führt damit zu einer späten *Erhöhung des Blutglukosespiegels.* Das GH hat dann also eine diabetogene Wirkung. Auf der anderen Seite haben Chondrozyten Rezeptoren für das GH, so daß davon ausgegangen werden muß, daß neben den Somatomedinen auch das GH direkte Wirkungen an Knorpel und Knochen ausübt [31, 33].

Überproduktion des GH bewirkt Gigantismus bzw. Akromegalie, Minderproduktion den Zwergwuchs

Kinder entwickeln sich bei GH-Mangel zu Zwergen, wobei das ***Körperwachstum*** proportioniert erfolgt. Gabe von GH, auch von GH-Releasing-Hormon (GHRH), das seit kurzem zur Verfügung steht, führt zur deutlichen Stimulation des somatischen Wachstums. Häufig ist die verminderte GH-Sekretion mit einer generalisierten Unterfunktion der Hypophyse (*Panhypopituitarismus*) gekoppelt; andere Funktionen der Hypophyse bleiben dann ebenfalls unternormal. Beim Erwachsenen ist ein eindeutig definiertes Krankheitsbild durch zu geringe GH-Sekretion nicht bekannt.

Ein nicht ganz seltenes Krankheitsbild ist die tumoröse gutartige Entartung der GH-produzierenden eosinophilen Hypophysenzellen und dadurch bedingt eine ***Überproduktion von GH.*** Erfolgt die tumoröse Entartung schon im Kindesalter, so wachsen diese Kinder mehr als normal und zwar so lange, bis durch die pubertätsbedingte vermehrte Sekretion von Sexualhormonen das epiphysäre Knochenwachstum durch Verknöcherung der knorpeligen Anteile zum Stehen kommt, also der Epiphysenschluß erfolgt. Das daraus resultierende Krankheitsbild heißt *Gigantismus (Riesenwuchs).* Beim Erwachsenen kann ein GH-produzierender Tumor das Längenwachstum nicht mehr stimulieren, da die Epiphysen durch die Wirkung gonadaler Steroide geschlossen sind. Weiterhin wachsen können jedoch die Akren (Spitzen) des Körpers, in erster Linie also Ohren, Nase, Kinn, Finger und Füße. Es entsteht das Krankheitsbild der *Akromegalie* [44]. Aufgrund der oben besprochenen insulinantagonistischen Wirkungen des GH neigen die Patienten zur Hyperglykämie und sind in einer latent diabetischen Stoffwechsellage. Das bewirkt in etwa 15 % der Fälle Erschöpfung der insulinproduzierenden B-Zellen. Dies führt zu dauerhafter Erhöhung der Blutzuckerspiegel; es hat sich also die Zuckerkrankheit (*Diabetes mellitus*) entwickelt. Die einmal eingetretenen somatischen Veränderungen sind nur zum Teil rückbildungsfähig.

!

Das Wachstumshormon (GH) wird unter physiologischen Bedingungen episodenhaft ausgeschüttet. Es wirkt auf die meisten Zellen des Körpers wachstumsfördernd. Einige Wirkungen von GH sind direkt, andere werden über hepatische Mediatoren ausgeübt. Diese heißen deshalb auch Somatomedine. Da die Somatomedine ähnlich wie Insulin wirken, werden sie auch Insulin like growth factors (IGF) genannt. Diese GH-stimulierten hepatischen Produkte stimulieren die Eiweißsynthese und Zellteilung (wachstumsfördernder Effekt) und senken aufgrund ihrer insulinähnlichen Wirkung den Blutzuckerspiegel. Eine direkte Wirkung des GH ist eine späte Erhöhung der Glukosespiegel durch Einschmelzen von Fett- und Glykogendepots.

20.10 Prolaktin

Prolaktin stimuliert die Milchsynthese

Das *Prolaktin* hat im Laufe der Phylogenese zahlreiche Funktionen ausgeübt, die alle im Umfeld der Reproduktion anzusiedeln sind. Man kann fast alle Wirkungen des Prolaktins dahingehend subsummieren, daß sie Voraussetzungen für die Brutpflege, also für die Arterhaltung, schaffen. Das Zielorgan für das Prolaktin ist bei Säugern in erster Linie die Brustdrüse. Beim Menschen bewirkt das Hormon die Ingangsetzung und Erhaltung der Laktation *(Galaktogenese* und *Galaktopoese).* Prolaktinrezeptoren werden aber auch in fast allen anderen Organen des Körpers gefunden. Die biologischen Wirkungen des Hormons in diesen Organen sind bisher noch unbekannt.

Einflüsse auf die Prolaktinsekretion. Prolaktin hat einen sehr komplexen Freisetzungsmechanismus. Es wird von den laktotropen Zellen der Hypophyse produziert. Die Prolaktinsynthese und -sekretion wird hauptsächlich durch ein inhibierendes Prinzip reguliert. Dieses *Prolaktin-Inhibiting-Hormon (PIH)* wird in hypothalamischen Neuronen produziert. Es ist heute als das biogene Amin ***Dopamin*** erkannt [42, 45]. Die dopaminergen Neurone schütten ständig Dopamin aus, so daß die hypophysäre Prolaktinsekretion tonisch inhibiert wird. Durch Abschalten der hypothalamischen Dopaminsekretion kommt es zur *Desinhibition der Prolaktinsekretion* und damit zum Anstieg von Prolaktin im Blut. Neuerdings wird vermutet, daß die Desinhibition der laktotropen Zelle durch Abschalten hypothalamischer Dopaminneurone nicht der hauptsächliche Mechanismus ist, der für Anstiege der hypophysären Prolaktinsekretion verantwortlich ist. Im Hypothalamus sind nämlich zahlreiche Peptide nachgewiesen worden, die auch in das portale Gefäßsystem ausgeschüttet werden und die die hypophysäre Prolaktinsekretion stimulieren können. Sie wären also alle *Prolaktin-Releasing-Hormone (PRH).* Zu ihnen gehört das Thyreotropin-Releasing-Hormon (TRH), das vasoaktive-intestinale Polypeptid (VIP) (S. 809 ff), Angiotensin II (S. 542) und möglicherweise das endogene Opiatpeptid β-Endorphin. Welcher physiologische Stellenwert diesen prolaktinstimulierenden Peptiden zukommt, ist noch ungewiß. Außerdem wird die Prolaktinsynthese und -ausschüttung auch direkt durch zirkulierende *Östrogene* stimuliert. Ständig erhöhte Östrogenspiegel führen über diesen Mechanismus zur *Hyperprolaktinämie.*

Prolaktinwirkungen. Unter optimalen homöostatischen Verhältnissen (normale Kortisol-, Insulin- und Schilddrüsenhormonspiegel) bewirken erhöhte Blutprolaktinspiegel die *Ingangsetzung und Aufrechterhaltung der Milchsynthese* in der Brustdrüse der Frau. Aus der Brustdrüse gibt es keinen hormonalen rückkoppelnden Mechanismus, der einen Regelkreis schließen könnte. Aus diesem Grunde koppelt das Prolaktin selber zum Hypothalamus zurück. Erhöhte Prolaktinspiegel verstärken hier den Dopaminumsatz, so daß die erhöhte Prolaktinsekretion vermindert wird (negative Rückkopplung). In Abb. 20–21 ist der hypothalamo-hypophyseo-periphere Regelkreis sehr vereinfacht dargestellt. Reizung der zahlreichen Mechanorezeptoren in den

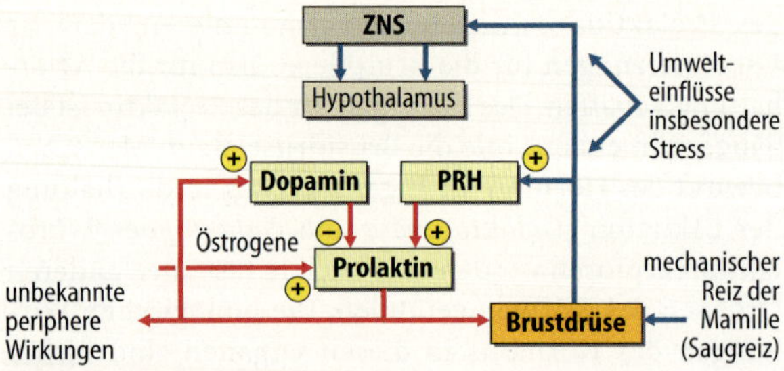

Abb. 20–21. Regulation des Prolaktins. Im Hypothalamus liegen die sogenannten tubero-infundibulären dopaminergen (TIDA)-Zellen, welche ständig Dopamin als Prolaktin-Inhibiting-Hormon ausschütten. Prolaktin koppelt autoregulatorisch zu den TIDA-Neuronen zurück. Dieser Regelkreis kann durch zahlreiche Umwelt- und Innenwelteinflüsse, die zur Ausschüttung eines oder mehrerer Prolaktin-Releasing-Hormone (PRH) führen, beeinflußt werden. Hohe Östrogenspiegel stellen Innenwelteinflüsse mit prolaktinstimulierender Wirkung dar. Das übrige ZNS ist über limbische und mesenzephale Einflüsse auf PRH-Neurone und dopaminerge Zellen mit an der Regulation der Prolaktinsekretion beteiligt

Mamillen führt über eine Kette von nervalen Afferenzen zum Hypothalamus und dort zur Ausschüttung eines oder mehrerer PRH. Dadurch wird die hypophysäre Prolaktinsekretion stimuliert. Normalerweise kommt diesem Mechanismus eine untergeordnete Rolle zu. Wichtig wird er während der Zeit des Stillens (S. 387).

Prolaktin bewirkt die Laktationsamenorrhoe

Tierexperimentelle Ergebnisse lassen vermuten, daß ein hoher hypothalamischer Dopaminumsatz die GnRH-Zellen inhibiert. Wahrscheinlich wird der pulsatile Sekretionsmodus inhibiert, und deshalb kann der Menstruationszyklus nicht mehr ablaufen. Diesen Zustand nennt man *Laktationsamenorrhoe* (bei Tieren Laktationsanöstrie). Dieser Mechanismus kommt nur bei häufig anlegenden Müttern einigermaßen zuverlässig in Gang, während bei nicht voll stillenden Müttern *kein Konzeptionsschutz* gegeben ist.

! Eine Subpopulation hypothalamischer Nervenzellen sezerniert dauernd Dopamin in das portale Gefäßsystem, welches die Prolaktinsekretion tonisch inhibiert. Dopamin ist also das physiologische Prolaktin-Inhibiting-Hormon. Zusätzlich gibt es eine Reihe hypothalamischer Peptide, welche als Prolaktin-Releasing-Hormone (PRH) in Frage kommen. Diese werden bei mechanischer Reizung der Mamillen einer laktierenden Brustdrüse vermehrt ausgeschüttet, so daß die Milchsynthese während des Stillaktes immer wieder stimuliert wird. Unter den Bedingungen des Stillens stimulieren die hohen zirkulierenden Prolaktinspiegel die hypothalamischen dopaminergen Neurone derart, daß die benachbarten GnRH-Neurone inhibiert werden. Dadurch kann die Menstruationszyklus-Aktivität während der Periode des Stillens völlig zum Erliegen kommen (Laktationsamenorrhoe).

20.11 Hormone des Pankreas

Der inkretorische Pankreas wird von den Langerhans-Inseln gebildet, welche hauptsächlich Insulin, Glukagon und Somatostatin produzieren

Die hormonelle ***Regulation des Blutzuckerspiegels*** erfolgt durch den innersekretorischen Pankreas, welcher aus den Langerhans-Inseln besteht. Hier werden die Hormone *Insulin, Glukagon und Somatostatin* produziert. Diese Strukturen sind Konglomerate von sogenannten *A-, B- und D-Zellen,* die in Gruppen von einigen tausend zusammenliegen, und im Gegensatz zu den übrigen exokrinen Zellen des Pankreas *inkretorische Funktionen* ausüben. Etwa 60 % der Inselzellen sind *B-Zellen* und *produzieren* Insulin, 25 % sind *glukagonproduzierende A-Zellen,* die restlichen 15 % sind *D-Zellen* und *produzieren Somatostatin.* Sowohl in den Langerhansschen Inseln als auch im nicht endokrinen Teil des Pankreas werden auch endokrine Zellen beobachtet, die das *pankreatische Polypeptid* (PP) produzieren. Diese Zellen werden deshalb auch PP- oder gelegentlich F-Zellen genannt.

Die Proform des Insulins besteht aus einem einzigen Molekül. Durch Faltung werden dann die Disulfidbrücken gebildet und das für die biologische Funktion des Insulins nicht notwendige Verbindungsstück (connective peptide = C-Peptid) abgespalten. Da-

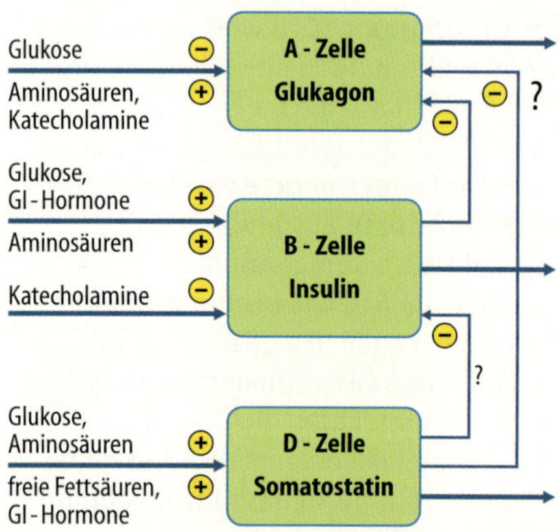

Abb. 20–22. Regulation der Inselzellen. Die Sekretionsprodukte der Langerhans-Inselzellen sind Glukagon aus den A-Zellen, Insulin aus den B-Zellen und Somatostatin aus den D-Zellen. Die Insulinsekretion wird durch hohe Glukosespiegel, Aminosäuren und Gastrointestinal-(GI-)Hormone im Blut stimuliert und durch Noradrenalin und Adrenalin gehemmt. Die glukagonproduzierende A-Zelle wird durch hohe Glukosespiegel im Blut in ihrer sekretorischen Aktivität gehemmt und durch niedrige Glukosespiegel stimuliert. Aminosäuren haben einen umgekehrten Effekt. Ferner wirken die Katecholamine Adrenalin und Noradrenalin stimulierend auf die Glukagonsekretion. Insulin der B-Zelle inhibiert im Sinne parakriner Wirkung die Glukagonsekretion aus der A-Zelle. Die D-Zellen werden durch hohe Glukose- und Aminosäurespiegel sowie durch Fettsäure- und GI-Hormonspiegel zu vermehrter Somatostatinsekretion stimuliert. Ob Somatostatin parakrin inhibierend auf die Insulin- und Glukagonsekretion wirkt oder ausschließlich systemische Effekte ausübt, wird kontrovers diskutiert

durch entsteht das biologisch aktive Insulin aus 2 über Disulfidbrücken verbundenen Peptidketten. Das C-Peptid wird zusammen mit biologisch aktivem Insulin in sekretorischen Granula in den B-Zellen gespeichert und immer äquimolar mit Insulin ausgeschüttet. Die Regulationsprinzipien dieser Zellen durch nutritive und parakrine Effekte sind in Abb. 20–22 dargestellt. Zusätzlich sind für die optimale Funktion der Langerhans-Inselzellen normale Schilddrüsenhormon-, sowie gonadale und adrenale Steroidhormonspiegel notwendig [40].

Insulin ist das wichtigste blutzuckersenkende Hormon, weil es den hepatischen Aufbau von Glykogen aus Glukose bewirkt

Aufbau und blutzuckersenkende Wirkung. Insulin, das in den B-Zellen des Pankreas gebildet wird, ist ein aus zwei Peptidketten bestehendes Polypeptid. Die *A-Kette* mit 21 Aminosäuren und die *B-Kette* mit 30 Aminosäuren sind durch Disulfidbrücken verknüpft. Die Insuline verschiedener Tierarten unterscheiden sich nur geringfügig in ihrer Aminosäuresequenz, ihre biologische Wirkung ist identisch.

Die *mannigfachen Stoffwechselwirkungen* des Insulins führen in der Bilanz zu einer *Senkung des Blutzuckerspiegels,* dessen Normwert im Bereich 0,8–1,0 g/l liegt. Wenn unmittelbar nach Aufnahme von Kohlenhydraten die *Glukosekonzentration* im Blutplasma *ansteigt,* wird dadurch die *Insulinsekretion stimuliert.* Unter der *Einwirkung des Insulins* kommt es u. a. zu einer verstärkten *Aufnahme von Glukose* in fast alle Körperzellen, so daß die Plasmaglukosekonzentration wieder absinkt (Abb. 20–23).

Wirkungen auf den Glukosestoffwechsel der Leber. Eines der wichtigsten *glukosespeichernden Organe* ist die *Leber.* Glukose kann frei in Leberzellen diffundieren und diese bei niedrigem Blutglukosespiegel auch wieder verlassen. Unter dem Einfluß der kohlenhydratinduzierten Insulinausschüttung wird von den Leberzellen *Glukose zu Glykogen* umgebaut und damit die Glukosekonzentration im Blut gesenkt. Eine der wichtigsten biochemischen Wirkungen des Insulins ist die Aktivierung des Enzyms *Glukokinase,* das die *Phosphorylierung* der in die Leberzellen diffundierten Glukose aktiviert. Die phosphorylierte Glukose kann *nicht* mehr aus den Leberzellen diffundieren. Das Insulin stimuliert noch andere Enzyme, insbesondere die *Phosphofruktokinase* und die *Glykogensynthetase,* welche die phosphorylierte Glukose zu Glykogen polymerisiert. Schließlich *inhibiert* das Insulin die *Glykogen abbauenden Enzyme* (Phosphorylasen). Das Glykogen wird also unter der Wirkung hoher Insulinspiegel konserviert. Durch den raschen Glykogenaufbau und die Hemmung der Glykogenolyse sinken die postprandial (d. h. nach der Nahrungsaufnahme) erhöhten Glukosekonzentrationen rasch wieder auf den Normwert. Damit fehlt der wichtigste Stimulator für die Insulinsekretion, und der Insulinspiegel im Blut fällt auf den Normwert ab. Wenn der Körper in den nächsten Stunden ohne Nahrungsaufnahme Energie benötigt, wird das Glykogen wieder in Glukose umgewandelt. Als Folge des niedrigen Insulinspiegels werden *Phosphorylasen* aktiv, die das Glykogen in Glukosephosphat umwandeln. Nach Dephosphorylierung durch eine *Glukosephosphatase* kann die Glukose die Zelle durch Diffusion wieder verlassen, so daß der Blutglukosespiegel zwischen Mahlzeiten konstant gehalten wird. Bei normaler Ernährung werden über diesen raschen Glykogenauf- und -abbau ca. 60 % der mit der Nahrung aufgenommenen Glukose in der Leber gespeichert und später wieder zur Verfügung gestellt [3, 6, 7, 15].

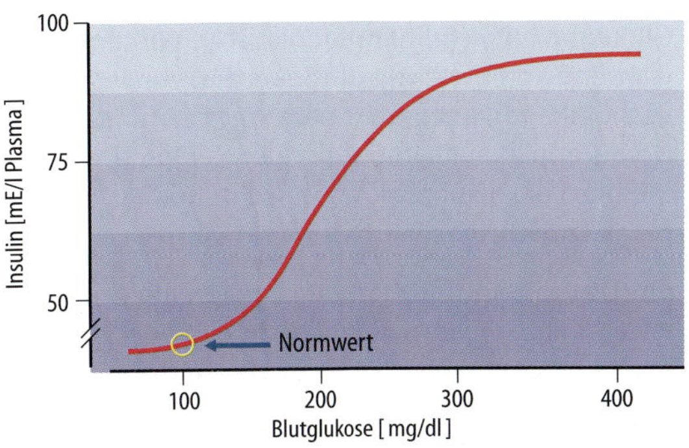

Abb. 20–23. Abhängigkeit des Plasmainsulinspiegels vom Blutzuckerspiegel. Bei normaler Blutglukosekonzentration (etwa 100 mg/dl) sind die Insulinspiegel fast nicht meßbar, steigen aber unter physiologischen Bedingungen bei erhöhtem Blutzuckerspiegel stark an

Wirkungen des Insulins auf den Glukosestoffwechsel der Muskelzellen. Bei niedrigen Insulinspiegeln ist die Muskelzelle normalerweise *impermeabel* für Glukose. Sie deckt ihren Energiebedarf dann ausschließlich über den *Fettsäuremetabolismus.* Die Zellmembran von *stark beanspruchten Muskelzellen* kann jedoch auch *insulinunabhängig* permeabel für Glukose werden. Der arbeitende Muskel deckt dann bei basalem Insulinspiegel seinen Energiebedarf durch Glukose. Der diesem Phänomen zugrunde liegende Mechanismus ist im einzelnen noch nicht geklärt. Mit Ausnahme der Nervenzellen reagieren die meisten übrigen Zellen des Körpers auf hohe Insulinspiegel ähnlich wie die Muskelzellen.

Glukosestoffwechsel der Nervenzellen. Die Zellen des ZNS decken ihren nicht unerheblichen Energiebedarf *fast ausschließlich durch Glukose.* Dieser Prozeß ist *insulinunabhängig.* Weder die Membranpermeabilität für Glukose noch intrazelluläre Enzymsysteme werden durch Insulin wesentlich stimuliert bzw. aktiviert. Die Tatsache, daß das ZNS seinen Energiebedarf ausschließlich durch Glukose abdeckt, erklärt, warum das Absinken von Blutglukosespiegeln unter kritische Werte (0,5–0,2 g/l) zum *hypoglykämischen Schock* mit Bewußtseinstrübung oder Koma führen kann.

Wirkung des Insulins auf den Fettstoffwechsel. Der durch Insulin stimulierte Aufbau von Glykogen in der

Leberzelle kann ein bestimmtes Maß nicht überschreiten. Die darüber hinaus in die Leberzellen diffundierende Glukose wird ebenfalls phosphoryliert und dadurch in den Leberzellen festgehalten. Statt in Glykogen wird sie jedoch in Fett umgewandelt. *Diese Fettbildung ist ebenfalls eine direkte Wirkung des Insulins.* Die so formierten Fettsäuren gelangen auf dem Blutweg zu Fettzellen, werden hier aufgenommen und gespeichert. Der Transport dieser Fette erfolgt an *Lipoproteinen.* Diese Lipoproteine sind von Bedeutung bei der Enstehung von *Arteriosklerose* und den damit verbundenen Risiken für Embolien und Infarkte.

Im Prinzip wirkt Insulin in Fettzellen ähnlich wie in Leberzellen, nur ist die Fettsäureproduktion der Fettzellen wesentlich geringer als die der Leberzellen. Die in der Leber produzierten Fettsäuren werden auf dem oben beschriebenen Weg in die Fettzellen verlagert. Die ***Speicherform*** von Fettsäuren stellen die ***Triglyzeride*** dar. Eine weitere wichtige Wirkung von Insulin auf die Fettzellen ist die Bereitstellung von Glyzerin für den Aufbau der Triglyzeride. Jedes Glyzerinmolekül kann mit 3 Fettsäuremolekülen verestert werden.

Die beschriebenen Effekte von Insulin auf den Fettmetabolismus laufen bei geringer Insulinsekretion in umgekehrter Richtung ab, d. h. Triglyzeride werden wieder in Glyzerin und freie Fettsäuren gespalten. Besonders wichtig ist hier die *Wirkung von Insulin auf eine hormonsensible Lipase.* Diese Lipase wird durch Insulin *gehemmt.* Daher findet die *Lipolyse* bei niedrigen Insulinspiegeln beschleunigt statt. Die Triglyzeride werden gespalten, und die freien Fettsäuren sowie Glyzerin gelangen ins Blut. Unter diesen Bedingungen kann der Körper also seinen Energiebedarf durch die freien Fettsäuren decken. Das trifft für alle Zellen des Körpers zu, außer für Nervenzellen. Ein großer Teil der unter Insulinmangel aus den Fettdepots freigesetzten Fettsäuren wird von den Leberzellen wieder aufgenommen. Die Leberzellen können auch ohne Insulin Triglyzeride aufbauen und deshalb die unter Insulinmangel vermehrt aus den Fettdepots freigesetzten Fettsäuren in Triglyzeride umwandeln. Das ist der Grund, warum die Patienten bei Insulinmangel (also bei dem Krankheitsbild des Diabetes mellitus) abmagern, aber dennoch eine Fettleber entwickeln.

Die Verfügbarkeit großer Mengen von Fettsäuren in der Leber führt zur Bildung von *aktivierter Essigsäure (Azetyl-CoA).* Die gesamte Menge dieses Azetyl-CoA kann von der Leber nicht als Energiegeber verwertet werden. Die Leber bildet aus dem Azetyl-CoA die Azetessigsäure, die in das Blut gelangt. Sie kann dann von peripheren Zellen in Anwesenheit genügend hoher Insulinspiegel wieder zu Azetyl-CoA umgewandelt werden und steht bei Energiebedarf zur Verfügung. In Abwesenheit von Insulin findet jedoch keine Umwandlung von Azetessigsäure in Azetyl-CoA statt. Ein Teil der ***Azetessigsäure*** wird zu ***β-Hydroxybuttersäure*** und ***Azeton*** umgewandelt. Diese drei Metabolite bezeichnet man als ***Ketonkörper*** und die resultierende Stoffwechsellage als ***Ketose.*** Bei einem Patienten im diabetischen Koma stellt man daher einen Azetongeruch der Ausatmungsluft und die metabolische Azidose des Blutes fest.

Wirkungen auf den Proteinstoffwechsel. Die Abbauprodukte der mit der Nahrung aufgenommenen Proteine sind Aminosäuren. Diese können für die Neusynthese körpereigener Proteine nur unter Einwirkung von Insulin optimal verwendet werden. *Insulin ermöglicht* den *aktiven Transport* von vielen, jedoch nicht allen, *Aminosäuren* in die Zelle. Eine ähnliche Wirkung hat das Wachstumshormon. Insulin und Wachstumshormon fördern jedoch die Aufnahme unterschiedlicher Gruppen von Aminosäuren. Die postprandial intrazellulär erhöhten Aminosäurenspiegel führen zu vermehrter ribosomaler Proteinsynthese. Dieser Effekt erfolgt recht schnell. Außerdem erhöht Insulin die Transkriptionsrate von DNA im Zellkern. Die damit verbundene Zunahme von RNA dient der *mittelfristigen Steigerung der Proteinsynthese.* Insulin inhibiert auch den Abbau von Proteinen. Summarisch läßt sich also sagen, daß *Insulin den Proteinaufbau fördert.* Die Abwesenheit von Insulin hat dementsprechend umgekehrte Wirkungen: der Körper kann seine Proteinreservoirs nicht erhalten. Aminosäuren werden entweder direkt zur Energieversorgung verwendet oder in den Prozeß der Glukoneogenese eingeschleust. Da Insulin für die Proteinsynthese fast ebenso wichtig ist wie das Wachstumshormon, kann das Wachstum des kindlichen Körpers nur bei optimaler Sekretion von beiden Hormonen erfolgen [54].

!

Die Langerhans Inseln bestehen aus drei unterschiedlichen Zelltypen die Insulin, Glukagon und Somatostatin produzieren. Insulin und die Blutzuckerspiegel bilden ein rückkoppelndes System. Wenn die Blutzuckerspiegel ansteigen, wird reaktiv vermehrt Insulin ausgeschüttet und die Blutglukose in der Leber in Form von Glykogen eingelagert. Sinken die Blutzuckerspiegel ab, bewirkt die Glykogenolyse einen entsprechenen Ausgleich. In verschiedenen Organen hat Insulin z. T. unterschiedliche Wirkungen. Wenn die Blutglukosespiegel stark abfallen, kommt es durch Unterversorgung des ZNS mit Glukose zum hypoglykämischen Schock. Unter niedrigen Insulinspiegeln findet eine verstärkte Lipolyse aus dem Fettgewebe statt. Die freiwerdenden Fettsäuren können durch den Insulinmangel jedoch nicht in den Zuckerhaushalt eingebracht werden. Dadurch kommt es zur Ketonkörperbildung und durch die daraus resultierende metabolische Azidose zum diabetischen Koma.

Glukagon hat insulinantagonistische Wirkungen während Somatostatin die Sekretion von Insulin und Glukagon auf parakrinem Wege hemmt. Noradrenalin aus sympathischen Nervenfasern inhibiert die Insulinsekretion während parasympathische Peptide sie aktiviert

Glukagon. Das in den A-Zellen der Langerhans-Inseln produzierte Glukagon ist wie Insulin ein Polypeptid aus einer Kette mit 29 Aminosäuren. Es hat verschiedene *insulinantagonistische* Wirkungen. Glukagon *stimuliert den Abbau* des *Leberglykogens* (die Glykogenolyse). Dadurch wird dem Körper bei zu niedrigen Blutzuckerspiegeln (*Hypoglykämie*) rasch Glukose zur Verfügung gestellt (Abb. 20–24). Glukagon wirkt nach Bildung eines Hormon-Rezeptor-Komplexes in der Plasmazell-

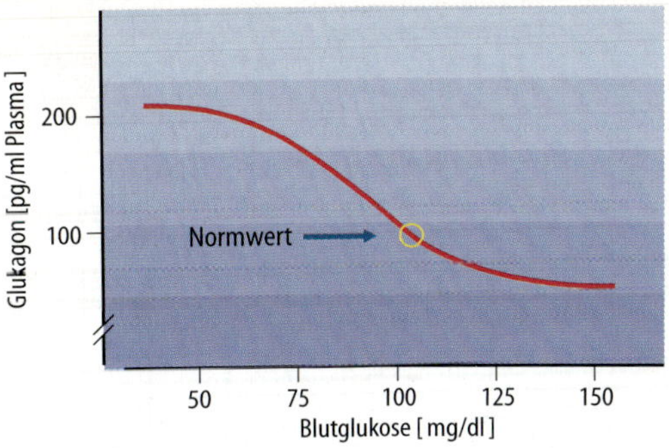

Abb. 20–24. Abhängigkeit des Glukagonspiegels im Blut vom Blutzuckerspiegel. Unter Normalbedingungen und bei Hyperglykämie ist die Glukagonkonzentration im Blut niedrig; sie steigt bei hypoglykämischen Zuständen deutlich an

membran über die Stimulierung der Adenylatzyklase und der dann daraus resultierenden vermehrten Konversion von ATP zu cAMP. Das cAMP ist der intrazelluläre second messenger für die Wirkung von Glukagon. Er stimuliert eine Kaskade von biochemischen Prozessen, die schließlich zum Abbau von Glykogen führt. Die Leber ist als Hauptspeicher für Glykogen das wesentliche Zielorgan für Glukagon. Bei chronischer Hypoglykämie können die Glykogenspeicher der Leber durch die Glukagonwirkung entleert sein. Dennoch findet eine vermehrte Glukoneogenese in der Leber statt. Das liegt daran, daß Glukagon die Leberzellen aufnahmebereiter für die im Blut zirkulierenden Aminosäuren macht. Diese Aminosäuren dienen dann der Bereitstellung von Glukose.

Somatostatin. Dieses Hormon ist ein aus 14 Aminosäuren bestehendes Peptid, das zuerst aus dem Hypothalamus isoliert wurde. Die Funktion des hypothalamischen Somatostatins ist die Inhibition des hypophysären Wachstumshormons (Somatotropin, S. 398). Daraus erklärt sich auch der Name Somatostatin. Dieses Peptid ist nun in vielen anderen Körperzellen gefunden worden und wirkt hier überwiegend inhibitorisch. In den Langerhans-Inseln wird es von den D-Zellen produziert, und hat eine *parakrine Wirkung* an den A- und B-Zellen. *Es inhibiert nämlich die Sekretion von Insulin und Glukagon.* Ob diese Inhibition physiologisch relevant ist, wird z. Zt. kontrovers diskutiert. Das Peptid hat auch extrapankreatische Effekte: Es inhibiert die Motilität des Magen-Darm-Traktes und der Gallenblase und die Sekretion von Verdauungssäften. Dadurch verlangsamt sich die Absorption der Nahrung. Die Summe der Somatostatineffekte führt also zu einer Verminderung der Verdauungsaktivität und wirkt damit zu großen Schwankungen des Blutglukosespiegels entgegen.

Regulation der Sekretion pankreatischer Hormone. Ein erhöhter Blutglukosespiegel stellt den stärksten Reiz für die Insulinsekretion aus den B-Zellen dar. Basale Werte liegen bei normalen Blutglukosespiegeln vor. Sinkt die Glukosekonzentration unter 0,9 g/l Blut, ist das Insulin im Blut fast nicht mehr meßbar. Verabfolgt man gesunden Probanden oral Glukose (ca. 100 g), so steigen die Blutglukosewerte rasch an. Als Folge wird rasch Insulin ausgeschüttet. Absinken der Glukose- und der Insulinspiegel folgen charakteristischen Verläufen (Abb. 20–25). Bei Insulinmangel würden die Blutglukosespiegel verzögert reduziert. So erlauben diese *Glukose-Belastungstests* Aussagen über die Funktionsfähigkeit der blutzuckerregulierenden B-Zellen der Langerhans-Inseln im Pankreas.

Die B-Zellen können auch durch einige *gastrointestinale Peptidhormone* und durch *parasympathische Innervation* aktiviert werden. Sie werden aber auch *sympathisch* innerviert; über einen α-adrenergen Rezeptor wird die Insulinsekretion inhibiert. Unter Ruhebedingungen überwiegt der Parasympathikus, und die Verdauung wird gefördert. Unter Streßsituationen muß dagegen Energie bereitgestellt werden; also ist es sinnvoll, daß Katecholamine die Insulinsekretion hemmen, wodurch vermehrt Glukose bereitgestellt wird.

In fast genau umgekehrter Weise wird die Sekretion von Glukagon aus den A-Zellen reguliert. Hypoglykämische Zustände bewirken eine starke Stimulation der Glukagonfreisetzung. Das ist ebenfalls eine sinnvolle Regulation, weil aus Glykogen Glukose gebildet wird und so die Hypoglykämie überwunden wird. Die *Somatostatinsekretion* aus den Langerhans-D-Zellen wird durch hohe Glukosespiegel, erhöhte Aminosäuren und erhöhte Fettsäuren im Blut stimuliert. Das Somatostatin wirkt damit gegenregulierend auf eine eventuell überschießende Insulinsekretion als Folge einer Hyperglykämie.

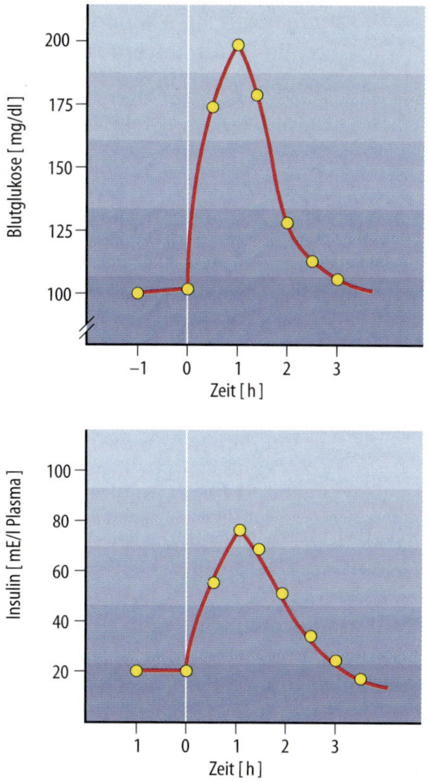

Abb. 20–25. Glukosebelastungstest. Der Blutglukosespiegel liegt unter Normbedingungen etwa um 100 mg/dl Plasma. Unter diesen Bedingungen findet man auch basale Insulinspiegel im Plasma. Wird gesunden Probanden ein Glukosetrunk (100 g Glukose) verabreicht, so steigt die Blutglukose stark an (*oben*), als Reaktion darauf erhöht sich ebenfalls mit geringer Verzögerung der Insulinspiegel (*unten*)

> **!** Glukagon hat in vielen Belangen eine insulinantagonistische Wirkung. Insbesondere stimuliert es den Abbau von Leberglykogen. Somatostatin hemmt die Insulin- und Glukagonsekretion und wirkt dadurch zu starken Schwankungen der Sekretion dieser beiden Hormone entgegen. Auch gastrointestinale Peptidhormone, sympathische und parasympathische Innervation Langerhansscher Inselzellen sind an der Regulation der Hormone und damit an der Blutzuckerregulation beteiligt. Bei Insulinmangel kommt es zum Krankheitsbild des Diabetes mellitus; dabei kann es durch Bildung von Ketonkörpern zur metabolischen Azidose und damit zum diabetischen Koma kommen.

20.12 Homöostase des Kalzium- und Phosphathaushalt

Parathormon aktiviert zum Knochenabbau Osteoklasten und erhöht dadurch die Kalziumspiegel im Blut. Kalzitonin hat antagonistische Wirkungen zum Parathormon. Vitamin-D-Hormon erhöht die Kalziumresorption durch das Darmepithel

Die Ca^{2+}-Konzentrationen im Blut unterliegen einer außerordentlich feinen Regulation [20, 22, 47]. Daran sind in erster Linie drei Hormone beteiligt, deren Wirkung in Abb. 20–26 dargestellt sind:

- das *Parathormon (PTH)*, das in den vier *Glandulae parathyreoideae (Epithelkörperchen)* gebildet wird und aus 84 Aminosäuren besteht,
- das *Kalzitonin (Thyreokalzitonin)*, das von *C-Zellen* in der Schilddrüse gebildet wird und aus 32 Aminosäuren besteht,
- das *Vitamin-D-Hormon*, welches aus Vitamin-D in der *Niere* gebildet wird.

Parathormonwirkungen. Der physiologische Reiz für die Ausschüttung von Parathormon (PTH) ist eine *erniedrigte Kalziumionenkonzentration* im Blut [29, 47]. Das Parathormon wirkt am Knochen und *aktiviert* hier *Osteoklasten* zu vermehrtem Knochenabbau. Dadurch werden Kalzium- und Phosphationen ins Blut freigesetzt. Die Bindung des Kalziums an Phosphationen wird dadurch verhindert, daß das Parathormon gleichzeitig die *Ausscheidung von Phosphat* in der Niere fördert. Eine weitere wichtige Wirkung von Parathormon erfolgt ebenfalls an der Niere; hier wird ein Enzym stimuliert, das das 25-(OH)-Vitamin-D in Position C-1 hydroxyliert, so daß das biologisch wirksame *1,25(OH)₂-Vitamin-D-Hormon* vermehrt gebildet wird [30]. Dieses

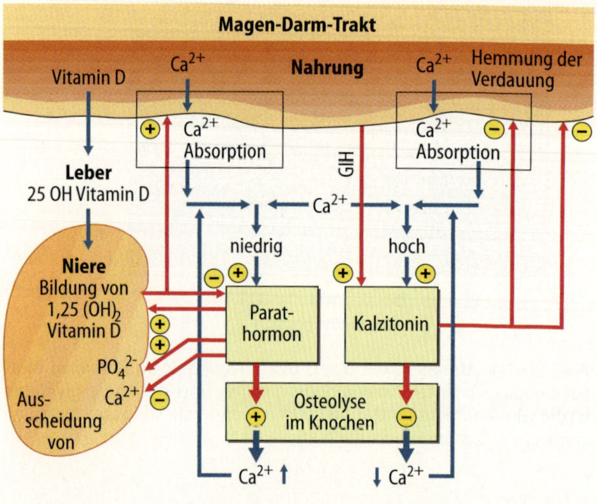

Abb. 20–26. Regulation der Kalziumhomöostase durch Parathormon, Kalzitonin und Vitamin-D-Hormon. Niedrige Kalziumionenkonzentrationen im Blut stimulieren die Sekretion des Parathormons und damit die Osteolyse. Gleichzeitig wird die Bildung des Vitamin-D-Hormons in der Niere und dadurch die Kalziumaufnahme aus dem Darm gefördert. Bei hohen Kalziumkonzentrationen wird Kalzitonin ausgeschüttet, das die Osteolyse und die Kalziumresorption aus dem Darm verlangsamt. Gastrointestinale Hormone (GIH) stimulieren die Kalzitoninsekretion

Vitamin-D-Hormon ist ebenfalls wichtig für die Regulation der Kalziumhomöostase (s. u.). Ein weiterer, direkt in der Niere ausgeübter Effekt des Parathormons besteht in der Verminderung der Ausscheidung von Kalziumionen. Auch diese Wirkung des Hormons hält das Kalzium im Körper zurück. Wenn die Kalziumionenkonzentration im Blut hoch ist, wird die Parathormonsekretion inhibiert.

Kalzitoninwirkungen. Kalzitonin wird von den C-Zellen der Schilddrüse immer vermehrt ausgeschüttet, wenn die Kalziumspiegel im Blut erhöht sind [22, 47]. Es bewirkt dann eine *verminderte Osteolyse* und *vermehrten Einbau von Kalzium* in den Knochen. Dieses ist eine *PTH-antagonistische* Funktion. Ein weiterer physiologischer Reiz für die Kalzitoninsekretion ist die Nahrungsaufnahme. Postprandial erhöht sich die Ausschüttung von *gastrointestinalen Hormonen*, Gastrin, Cholezystokinin, Pankreozymin und Glukagon [9]. Diese Peptide stimulieren die C-Zellen zu vermehrter Kalzitoninausschüttung. Dadurch wird das mit der Nahrung aufgenommene Kalzium rasch in die Knochendepots eingebaut. Gleichzeitig wird der gesamte Prozeß der Verdauung, nämlich Magenentleerung, Sekretion des Magens und des exokrinen Pankreas durch Kalzitonin verlangsamt. Dadurch wird eine gleichmäßige zeitliche Verteilung der Kalziumaufnahme gewährleistet, und es kommt postprandial nicht zu stark erhöhten Kalziumspiegeln. Stark erhöhte Kalziumspiegel würden die PTH-Sekretion inhibieren und damit den kalziumkonservierenden Effekt des PTH an der Niere aufheben. Dadurch würde dem Körper das gerade eben gewonnene

Kalzium über die Niere wieder verlorengehen. In der Verlangsamung der Verdauung ist also eine sinnvolle *agonistische, kalziumkonservierende Wirkung* von *Kalzitonin und PTH* zu sehen.

Wirkung des Vitamin-D-Hormons. An der Konstanthaltung des Kalziumspiegels sind die Vitamin-D-Hormone beteiligt [20]. Definitionsgemäß ist ein Vitamin eine Substanz, die vom Körper nicht gebildet wird. Diese Definition gilt nur mit Einschränkungen auch für D-Vitamine. Das Cholekalziferol ist tierischer Herkunft und kann also auch vom menschlichen Körper produziert werden. Das Ergokalziferol ist pflanzlicher Herkunft. Sowohl die körpereigenen als auch die mit der Nahrung aufgenommene D-Vitamine werden in der Haut unter UV-Lichteinwirkung durch Öffnung des B-Ringes zu Vitamin-D_3 bzw. D_2-Prohormon umgewandelt. Diese Vitamin-D-Prohormone werden in der Leber in Position C-25 hydroxyliert und gelangen in die Niere. Wie bereits erwähnt, erfolgt unter dem Einfluß des PTH in der Niere die Aktivierung eines Enzyms, das die 25-hydroxylierten D-Prohormone in Position C-1 hydroxyliert. Dadurch entstehen die 1,25-dihydroxylierten Vitamin-D-Hormone. Sie sind die biologisch wirksamen Substanzen und ebenfalls für die Homöostase der Kalziumionen im Blut wichtig. Die mit der Nahrung aufgenommenen, aber auch körpereigenen D-Vitamine sind also Prohormone. Bei zu niedrigen Kalziumionenkonzentrationen im Blut wird nun verstärkt Parathormon ausgeschüttet. Dadurch werden mehr Vitamin-D-Hormone gebildet, die am Darmepithel die *Kalziumionenresorption erhöhen.* Die Vitamin-D-Hormone wirken an den Epithelkörperchen der Schilddrüse negativ rückkoppelnd, so daß die Parathormonsekretion durch Vitamin-D-Hormone inhibiert wird. Dadurch ist dieser Regelkreis geschlossen.

Störungen der Homöostase des Kalzium- und Phosphathaushaltes führen in erster Linie zu Knochenerkrankungen

Unter der Einwirkung zu hoher Parathormonspiegel kommt es zur *Osteolyse* des Knochens. Ein Mangel an Vitamin-D hat subnormale Vitamin-D-Hormonbildung zur Folge. Demzufolge ist die Kalziumabsorption aus dem Darm ungenügend und es resultiert das Krankheitsbild der Rachitis.

!

Das Vitamin-D-Hormon entsteht durch Hydroxylierung von Vitamin-D in der Leber und in der Niere. Es ermöglicht die optimale Aufnahme von Kalzium durch das Darmepithel. Die Bildung von Vitamin-D-Hormon wird durch Parathormon stimuliert. Dieses Hormon wird in den Epithelkörperchen der Nebenschilddrüse gebildet und bei zu niedrigen Kalziumionenkonzentrationen im Blut ausgeschüttet. Parathormon (PTH) stimuliert die Aktivität von Osteoklasten, so daß durch Abbau von Knochensubstanz die Kalziumionenkonzentration im Blut ebenfalls ansteigt. Das Kalzitonin dagegen bewirkt eine verminderte Osteolyse und vermehrten Einbau von Kalzium durch Aktivierung von Osteoblasten. Alle drei Hormone wirken sinnvoll synergistisch miteinander und führen zu optimaler Kalziumionenkonzentration im Blut und einem idealen Gleichgewicht zwischen Knochenauf- und -abbau.

20.13 Weitere hormonale Systeme

An der Hormonproduktion sind das Pinealorgan sowie Niere, Herz und Thymus beteiligt

Pinealorgan und zirkadiane Rhythmik. Das *Corpus pineale* (Zirbeldrüse) ist eine Ausstülpung des Daches des dritten Ventrikels. Bei Säugetieren hat das Pinealorgan mit der *Regelung diurnaler Rhythmen* zu tun (S. 150 ff und [49]). Die Lichtperzeption erfolgt über die Retina, von wo aus Nervenfasern direkt zum Hypothalamus ziehen (Retino-hypothalamischer Trakt). Von hier erfolgt die Informationsübertragung über eine Kette von Neuronen zum sympathischen Halsmark. Aszendierende Fasern des sympathischen Halsmarks ziehen durch das Ganglion cervicale superius zum Schädelinneren und innervieren schließlich das Pinealorgan. Wie bei fast allen sympathikusinnervierten Strukturen ist der Transmitter im Pinealorgan das *Noradrenalin.* Die Pinealozyten werden also auf diesem komplizierten Weg über die *Hell-Dunkel-Rhythmik* informiert. Ihr vermutlich wichtigstes Sekretionsprodukt ist das biogene Amin ***Melatonin.*** Die Melatoninsynthese und -ausschüttung wird durch Licht inhibiert und im Dunkeln stimuliert. Messungen von Melatonin im Blut von gesunden Personen zeigen diese diurnale Rhythmik sehr ausgeprägt. Melatonin hat bei Tieren zahlreiche Wirkungen. Sie sind alle im Umfeld der Fortpflanzung anzusiedeln. Wie weit derartige Mechanismen für den Menschen relevant sind, bleibt noch abzuklären.

Hormonproduktion von Niere, Herz und Thymus. Die Niere produziert die Hormone Renin, Vitamin-D-Hormon und Erythropoietin. Auch das Herz ist ein endokrines Organ, weil es das atriale natriuretische Peptid freisetzt. Der retrosternal gelegene Thymus produziert eine Reihe von Peptiden. Man nimmt an, daß diese Peptide bei immunologischen Abwehrmechanismen eine Rolle spielen. Einzelheiten sind nicht bekannt.

Gewebehormone. Die Schwierigkeiten in der Abgrenzung der Begriffe Hormon vs. Gewebehormon wurde schon in der Einleitung erläutert (S. 372). Unter Gewebehormon versteht man heute noch in erster Linie *Prostaglandine, Prostazykline* und *Thromboxane.* Diese Substanzen wirken lokal im Sinne der *Parakrinie* an benachbarten Zellen. Sie spielen bei zahlreichen Körperfunktionen eine wichtige Rolle und verstärken oder inhibieren die Wirkung anderer Hormone. Die Einzelheiten hierüber können den Lehrbüchern der Biochemie entnommen werden.

Neben den besprochenen Hormonen und ihren Produktionsstätten gibt es sicherlich noch eine Reihe unbekannter Hormone. *Damit wird es auch wahrscheinlich, daß viele Organe hormonproduzierende Anteile besitzen.*

> **!** Das Pinealorgan ist in die Regelung diurnaler Rhythmen, so auch endokriner diurnaler Rhythmen, involviert. Das wichtigste Pinealhormon ist das Melatonin. Auch Niere, Herz, Thymus und andere Organe produzieren endokrin, para- und autokrin wirkende Peptide.

20.14 Literatur

Weiterführende Lehr- und Handbücher

1. Besser GM, Rees LH (1985) The pituitary-adrenocortical axis. Saunders, Philadelphia (Clinics in endocrinology and metabolism, vol 14/4)
2. Franchimont P (1986) Paracrine contr. Saunders, Philadelphia (Clinics in endocrinology and metabolism, vol 15/1)
3. Guyton AC (1986) Textbook of medical physiology, 7th edn. Saunders, Philadelphia
4. Hakanson R, Thorell J (1985) Biogenetics of neurohormonal peptides. Academic, New York
5. Johnson M, Everitt B (1980) Essential reproduction. Blackwell Scientific, Oxford
6. Johnston DG, Alberti KGMM (1982) New aspects of diabetes. Saunders, Philadelphia (Clinics in endocrinology and metabolism, vol 11/2)
7. Jungermann K, Möhler H (1980) Biochemie. Springer, Berlin Heidelberg New York
8. Knobil E, Neill JD (1993) The physiology of reproduction. Raven, New York
9. Krieger DT, Brownstein MJ, Martin JB (1983) Brain peptides. Wiley, New York
10. Leyendecker G, Stock H, Wildt L (1983) Brain and pituitary peptides II. Pulsatile administration of Gn-RH in hypothalamic failure: basic and clinical aspects. Karger, Basel
11. Martini L, James VHT (1983) The endocrinology of pregnancy and parturition. Academic, New York (Experimental endocrinology, vol 3)
12. Robinson GA, Butcher RW, Sutherland EW (1971) Cyclic AMP. Academic, New York
13. Shearman RP (1985) Clinical reproductive endocrinology. Churchill Livingstone, Edinburgh
14. Toft AD (1985) Hyperthyroidism. Saunders, Philadelphia (Clinics in endocrinology and metabolism, vol 14/2)
15. Wilson JD, Foster DW (1985) William's textbook of endocrinology,7th edn. Saunders, Philadelphia
16. Wuttke W, Weindl A, Voigt KH, Dries R-R (1980) Brain and pituitary peptides. Karger, Basel
17. Wuttke W, Horowski R (1981) Gonadal steroids and brain function. Springer, Berlin Heidelberg New York
18. Yen SSC, Jaffe RB (1986) Reproductive endocrinology. Saunders, Philadelphia

Einzel- und Übersichtsarbeiten

19. Adashi EY (1990) The potential relevance of cytokines to ovarian physiology: the emerging role of resident ovarian cells of the white blood cell series. Endocr Rev 11:454–464
20. Brommage R, DeLuca HF (1985) Evidence that 1,25-dihydroxy-vitamin D3 is the physiologically active metabolite of vitamin D3. Endocr Rev 6/4:491–511
21. Brownstein MJ, Russell JT, Gainer H (1982) Biosynthesis of posterior pituitary hormones. Front Neuroendocrinol 7:31–43
22. Canalis E (1983) The hormonal and local regulation of bone formation. Endocr Rev 4/1:62–77
23. Cantin M, Genest J (1985) The heart and the atrial natriuretic factor. Endocr Rev 6/2:107–127
24. DeLuca HF (1981) Recent advances in the metabolism of vitamin D. Annu Rev Physiol 44:141–162
25. Eipper BA, Mains RE (1980) Structure and biosynthesis of pro-adrenocorticotropin/endorphin and related peptides. Endocr Rev 1/1:1–27
26. Espey L (1980) Ovulation an inflammatory reaction – a hypothesis. Biol Reprod 22:73
27. Froesch ER, Schmid C, Schwander J, Zapf J (1985) Actions of insulin-like growth factors. Annu Rev Physiol 47:443–467
28. Guillemin R (1978) Peptides in the brain: the new endocrinology of the neuron (Nobel lecture). Science 202:390–402
29. Habener JF (1981) Regulation of parathyroid hormone secretion and biosynthesis. Annu Rev Physiol 43:211–223
30. Herbert E, Roberts J, Phillips M, Allen R, Hinman M, Budarf M, Policastro P, Rosa P (1980) Biosynthesis, processing, and release of corticotropin, ß-endorphin, and melanocyte-stimulating hormone in pituitary cell culture systems. Front Neuroendocrinol 6:67–101
31. Hughes JP, Friesen HG (1985) The nature and regulation of the receptors for pituitary growth hormone. Annu Rev Physiol 47:469–482
32. Imura H, Nakai Y (1981) „Endorphins" in pituitary and other tissues. Annu Rev Physiol 43:265–278
33. Isaksson OGP, Eden S, Jansson J-O (1985) Mode of action of pituitary growth hormone on target cells. Annu Rev Physiol 47:483–499
34. Jacobson DH, Gorman CA (1984) Endocrine ophthalmopathy: current ideas concerning etiology, pathogenesis, and treatment. Endocr Rev 5/2:200–220
35. Jaffe RB, Monroe SE (1980) Hormone interaction and regulation during the menstrual cycle. Front Neuroendocrinol 6:219–247
36. Jensen EV, Greene GL, Closs LE, DeSombre ER, Nadji M (1982) Receptors reconsidered: a 20-year perspective. Academic, New York, pp 1–40 (Recent progress in hormone research, vol 38)
37. Keller-Wood ME, Dallman MF (1984) Corticosteroid inhibition of ACTH secretion. Endocr Rev 5/1:1–24
38. Knobil E (1980) Neuroendocrine control of the menstrual cycle. Recent Prog Horm Res 36:53–88
39. Kotchen TA, Guthrie GP (1980) Renin-angiotensin-aldosterone and hypertension. Endocr Rev 1/1:78–99
40. Lenzen S, Bailey CJ (1984) Thyroid hormones, gonadal and adrenocortical steroids and the function of the islets of Langerhans. Endocr Rev 5/3:411–434
41. Leong DA, Frawley LS, Neill JD (1983) Neuroendocrine control of prolactin secretion. Annu Rev Physiol 45:109–127

42. Leong DA, Frawley LS, Neill JD (1983) Neuroendocrine control of prolactin secretion. Annu Rev Physiol 45:109–127
43. McEwen BS, Biegon A, Davis PG, Krey LC, Luine VN, McGinnis MY, Paden CM, Parsons B, Rainbow TC (1982) Steroid hormones: humoral signals which alter brain cell properties and functions. Recent Prog Horm Res 38:41–92
44. Melmed S, Braunstein GD, Horvath E, Ezrin C, Kovacs K (1983) Pathophysiology of acromegaly. Endocr Rev 4/3:271–290
45. Neill JD (1980) Neuroendocrine regulation of prolactin secretion. Raven, New York, pp 129–155 (Frontiers in neuroendocrinology, vol 6)
46. Pohl CR, Knobil E (1982) The role of the central nervous system in the control of ovarian function in higher primates. Annu Rev Physiol 44:583–593
47. Raue F, Ziegler R (1986) Pathophysiologie der Nervenschilddrüsen und der Kalziumhomöostase. Endokrinologie der Kindheit und Adoleszenz. Thieme, Stuttgart
48. Rechler MM, Missley SP (1985) The nature and regulation of the receptors for insulin-like growth factors. Annu Rev Physiol 47:425–442
49. Reiter RJ (1982) Neuroendocrine effects of the pineal gland and of melatonin. Raven, New York, pp 287–316 (Frontiers in neuroendocrinology, vol 7)
50. Reiter EO, Grumbach MM (1982) Neuroendocrine control mechanisms and the onset of puberty. Annu Rev Physiol 44:595–613
51. Schally AV (1978) Aspects of hypothalamic regulation of the pituitary gland (Nobel lecture). Science 202:18–28
52. Seran-Ferré M, Jaffe RB (1981) The fetal adrenal gland. Annu Rev Physiol 43:141–162
53. Siiteri PK, Murai JT, Hammond GL, Nisker JA, Raymoure WJ, Kuhn RW (1982) The serum transport of steroid hormones. Recent Prog Horm Res 38:457–510
54. Straus DS (1984) Growth-stimulatory actions of insulin in vitro and in vivo. Endocr Rev 5/2:356–369
55. Verney EB (1947) The antidiuretic hormone and the factor which affect its release. Proc R Soc Lond 135:25–106
56. Wakerley JB, Lincoln DW (1973) The milk-ejection reflex in the rat. A 20- to 40-fold acceleration in the firing of paraventricular neurons during oxytocin release. J Endocr 57:477–493
57. Wuttke W, Jarry H, Knoke I, Spiess S (1993) Luteotrophic and luteolytic actions of ovarian peptides. Hum Reprod 8:141–146
58. Wuttke W, Jarry H, Einspanier A, Pitzel L, Holtz W, Dietrich E (1990) In vivo and in vitro effects of ovarian regulatory peptides on follicullar and luteal progesterone release. In: Genazzani AR, Nappi G, Petraglia F, Martignoni E (eds) Stress and related disorders from adaptation to dysfunction. Parthenon Publishing Group, Park Ridge, New Jersey, pp 311–319
59. Wuttke W, Jarry H, Pitzel L, Dietrich E, Spiess S (1992) Luteotropic and luteolytic effects of peptides in the porcine and human corpus luteum. In: Hsueh AJW, Schomberg DW (eds) Ovarian cell interactions. Genes to physiology. Springer, Berlin Heidelberg New York, pp 167–180

Blut und Blutkreislauf

Funktionen des Blutes

21

Ch. Weiss, W. Jelkmann

EINLEITUNG **„Blut ist ein ganz besonderer Saft"**

In unserer Alltagssprache steht Blut für Temperament des Lebens – blutjung, heißblütig – wie auch für die Gefahr seines Verlustes – blutarm, ausgeblutet. Mit Recht hat das Blut seine metaphorische Rolle in Religionen, Literatur und Volksmund. Seine Bestandteile sichern die Lebensfähigkeit aller anderen Körperzellen, und sie schützen den Organismus vor Krankheitserregern.

21.1 Grundbegriffe der Blutphysiologie

Blut ist eine undurchsichtige rote Flüssigkeit. Sie besteht aus dem gelblichen *Plasma* (ohne Fibrinogen = Serum) und den darin suspendierten roten Blutzellen (*Erythrozyten*), weißen Blutzellen (*Leukozyten*) und Blutplättchen (*Thrombozyten*). Das Blut spielt in der klinischen Diagnostik eine wichtige Rolle, da es leicht zu gewinnen ist und sich bei vielen Erkrankungen typische Abweichungen seiner Zusammensetzung und der Eigenschaften seiner Bestandteile ergeben.

Die Blutzellen und das Plasma haben vielfältige Aufgaben

Transportfunktion. Blut transportiert die Atemgase physikalisch gelöst und chemisch gebunden, O_2 von den Lungen zu den atmenden Geweben und CO_2 von dort zu den Lungen. Blut schafft die Nährstoffe von den Orten ihrer Resorption oder Speicherung zu denen des Verbrauchs. Von dort bringt es die Metaboliten zu den Ausscheidungsorganen oder den Stätten ihrer weiteren Verwendung. Blut dient als Vehikel für Hormone und Vitamine. Blut verteilt – dank der großen Wärmekapazität seines Hauptbestandteils Wasser – die im Stoffwechsel gebildete Wärme und sorgt für ihre Abführung über die Lunge und die Haut.

Milieufunktion. Bei seinem Kreislauf durch den Körper werden die Zusammensetzung und die physikalischen Eigenschaften des Blutes ständig durch bestimmte Organe kontrolliert und – wenn nötig – so korrigiert, daß der Zustand der ***Homöostase,*** d.h. die weitgehende Konstanz der Konzentrationen gelöster Stoffe, der Temperatur und des pH gewahrt bleibt.

Schutz vor Blutverlust. Das Blut besitzt die wichtige Fähigkeit, Blutungen durch den Verschluß kleiner verletzter Gefäße und durch Gerinnung (s. S. 429) entgegenzuwirken.

Abwehrfunktion. Die Fähigkeit des Körpers, eingedrungene Fremdkörper und Krankheitserreger unschädlich zu machen, ist v. a. an phagozytierende und an antikörperbildende weiße Blutzellen gebunden (s. S. 423).

Blutvolumen und Hämatokrit hängen vom Geschlecht und vom Lebensalter ab

Blutvolumen. *Der Anteil des Blutes am Körpergewicht beträgt beim Erwachsenen etwa 6–8 %,* bei jüngeren Kindern mit ihrem höheren allgemeinen Wassergehalt 8–9 %. Erwachsene haben also ein Blutvolumen von 4–6 l (***Normovolämie***). Eine Erhöhung des Blutvolumens wird als ***Hypervolämie,*** eine Erniedrigung als ***Hypovolämie*** bezeichnet. Zur Bestimmung des Blutvolumens s. S. 781. Zu seiner Verteilung auf die einzelnen Abschnitte des Gefäßsystems s. S. 508.

Hämatokrit. *Der Anteil der Erythrozyten am Blutvolumen wird Hämatokrit genannt.* Die Bezeichnung Erythrokrit wäre präziser. Er beträgt beim gesunden erwachsenen Mann 0,44–0,46, bei der Frau 0,41–0,43. Neugeborene haben einen um etwa 20 % höheren, Kleinkinder einen um etwa 10 % niedrigeren Wert als Frauen [23, 25].

Zur ***Hämatokritbestimmung*** (nach WINTROBE) werden die spezifisch schwereren Blutzellen (im ungerinnbar gemachten Blut) durch 10 min Zentrifugieren bei etwa 1000 g (g = relative Erdbeschleunigung) in standardisierten (Hämatokrit-)Röhrchen geringen Durchmessers vom Plasma getrennt. Dabei kommt es außerdem zu einer Separation von den leichteren Leukozyten, die zwischen den sedimentierten Erythrozyten und dem Plasma eine dünne weißliche Schicht bilden. Aufgrund der besonderen Fließeigenschaften der Erythrozyten stellen sich in einzelnen Organen voneinander abweichende Hämatokritwerte ein. Daher bestehen Unterschiede zwischen den Hämatokritwerten des venösen, des arteriellen und des kapillären Blutes. Die Multiplikation des mit der WINTROBE-Methode im Kubitalvenenblut gemessenen Hämatokrits mit 0,9 ergibt einen Wert, der dem mittleren Hämatokrit des Gesamtblutes entspricht. Mit modernen automatischen Analysegeräten kann der Hämatokrit aus dem mittleren Erythrozytenvolumen (engl. mean corpuscular volume, MCV) und der Erythrozytenzahl (Z_E) rechnerisch ermittelt werden ($Hkt = MCV \cdot Z_E$).

Hämatokrit und Blutviskosität. Bezogen auf Wasser (= 1) beträgt die *mittlere relative Blutviskosität* gesunder Erwachsener 4,5 (3,5–5,4), die von Blutplasma 2,2 (1,9–2,6). Die innere Reibung des Blutes, seine Viskosität, nimmt mit steigendem Hämatokrit überproportional zu (s. S. 501). Da der Strömungswiderstand linear mit der Viskosität ansteigt, bedeutet jede krankhafte Erhöhung des Hämatokritwertes eine Mehrbelastung des Herzens und kann zur Minderdurchblutung von Organen führen.

!

Blut ist Transportmedium für Atemgase, Nährstoffe, Stoffwechselend- und -zwischenprodukte, für Hormone und Vitamine sowie für Wärme. Der erwachsene Mann hat rund 5 l Blut. 44–46 % dieses Volumens nehmen die Blutzellen ein (Hämatokrit). Frauen haben ein kleineres Blutvolumen und einen niedrigeren Hämatokrit als Männer. Die Blutviskosität nimmt mit dem Hämatokrit zu.

21.2 Blutplasma

Menschliches ***Blutplasma*** enthält pro Liter 900–910 g Wasser, 65–80 g Eiweiß und 20 g kleinmolekulare Substanzen. Plasma hat ein spezifisches Gewicht von 1,025–1,029; sein pH schwankt geringfügig (7,37–7,43) um einen Mittelwert bei 7,40 (arterielles Blut).

Plasmaelektrolyte bestimmen den osmotischen Druck des Blutes

Elektrolytkonzentrationen. Tabelle 21–1 gibt einen Überblick über die ionale Zusammensetzung des Plasmas. Die Konzentration der einzelnen Ionen wird normalerweise in engen Grenzen gehalten (***Isoionie***). Zu der nicht näher beschriebenen Gruppe der organischen Säuren gehören z. B. Milchsäure, die Aminosäuren, Zitronensäure und Brenztraubensäure.

Als Konzentrationsmaße werden heute nicht mehr g-% (g/dl) bzw. mg-% (mg/dl), sondern ***Molarität*** (mol/l) und ***Normalität*** oder Äquivalentkonzentration (val/l = mol · Wertigkeit · l^{-1}) verwendet. Um bei großem Raumbedarf der Teilchen in der Lösung Einschränkungen des Lösungsraumes berücksichtigen zu können, wird vielfach die ***Molalität*** (mol/kg Lösungsmittel) als Konzentrationsmaß benutzt (s. Tabelle 21–1). Die ***Osmolarität*** gibt die Konzentration der einzelnen Teilchen in einer Lösung an (osmol/l).

Tabelle 21–1. Mittlere Konzentrationen der Elektrolyte und Nichtelektrolyte im menschlichen Plasma. [Nach 25, 26]

	g/l	mval/l	mmol/kg Plasmawasser
Elektrolyte			
Kationen:			
Natrium	3,27	142	152
Kalium	0,16	4	4
Kalzium	0,10	5	3
Magnesium	0,03	3	1,6
Insgesamt		154	
Anionen:			
Chlorid	3,65	103	110
Bikarbonat	1,65	27	29
Phosphat	0,10	2	1
Sulfat	0,05	1	1
Organische Säuren		5	
Eiweiß	65 bis 80	16	1
Insgesamt		154	
Nichtelektrolyte			
Glukose	0,7–1,1		5
Harnstoff	0,40		7

Osmotischer Druck. Ein Maß für die Konzentration gelöster Stoffe im Plasma ist der *osmotische Druck.* Er beträgt rund 7,3 atm (5600 mm Hg = 745 kPa) und entspricht einer Gefrierpunkterniedrigung um 0,54 °C. Lösungen, die den gleichen osmotischen Druck haben wie Plasma, bezeichnet man als *isotonisch;* sinngemäß nennt man Lösungen mit höherem osmotischen Druck *hypertonisch,* solche mit niedrigerem osmotischen Druck *hypotonisch.* Plasma ist einer knapp 1/3 molalen Lösung eines Nichtelektrolyten isotonisch. 96 % des osmotischen Druckes des Blutes beruhen auf der Anwesenheit der anorganischen Elektrolyte, hauptsächlich Kochsalz (kristalloidosmotischer Druck). Ihr Molekulargewicht ist niedrig, die Zahl der Moleküle pro Gewichtseinheit infolgedessen hoch.

Für die Konstanthaltung des inneren Milieus, die ***Homöostase,*** spielt die Regulierung des osmotischen Drucks im Plasma eine entscheidende Rolle. Jede Abweichung vom normalen osmotischen Druck in der extrazellulären Flüssigkeit, also im Plasma und Interstitium, führt zu Wasserverschiebungen zwischen den Zellen und ihrer Umgebung. *Hypotonie* der extrazellulären Flüssigkeit bringt die Zellen durch Wassereinstrom zum Schwellen (*zelluläres Ödem*). Durch starke Volumenzunahme kann es dabei zur Zerstörung der Zellmembranen kommen (s. osmotische Hämolyse der Erythrozyten s. S. 422). *Hypertonie* andererseits läßt die Zellen durch Wasserausstrom schrumpfen und bewirkt den Verlust des normalen Gewebeturgors.

> **!**
>
> Blutplasma besteht aus Wasser, Eiweiß und kleinmolekularen Stoffen. Für die Erhaltung der vollen Funktionsfähigkeit der Zellen des Körpers ist die Isotonie des Blutplasmas, d. h. die Aufrechterhaltung eines konstanten osmotischen Druckes (der annähernd einer 1/3 molalen Lösung eines Nichtelektrolyten entspricht), eine Grundvoraussetzung. Neben der Isotonie bedürfen die Zellen der Isoionie, d. h. der Anwesenheit bestimmter Ionen in einem kritisch ausgewogenen Verhältnis.

Plasmaproteine sind Kolloide, die eine Reihe wichtiger Funktionen erfüllen

Allgemeine Eigenschaften und Funktionen. Die hohe relative Viskosität des Plasmas von 1,9–2,6 (Wasser = 1) beruht fast ausschließlich auf seinem Eiweißgehalt, der 65–80 g · l^{-1} beträgt. Wegen des hohen Molekulargewichts der Eiweißkörper entspricht dieser beträchtlichen Konzentration, wie Tabelle 21–1 zeigt, eine molale Konzentration von nur rund 1 mmol · kg^{-1}. Das sogenannte Plasmaprotein stellt ein Gemisch aus zahlreichen Eiweißkörpern dar, die sich einzeln darstellen lassen. Die *Molekulargewichte* der einzelnen Plasmaproteine liegen zwischen 44000 und 1300000. Teilchen dieser Größenordnung gehören zu den Kolloiden (Abb. 21–1). Die Plasmaeiweißkörper erfüllen folgende Funktionen:

1. Nährfunktion. In den etwa 3 l Plasma des Erwachsenen sind rund 200 g Protein gelöst. Diese Menge stellt ein schnell verfügbares Eiweißreservoir dar. Während die Körperzellen im allgemeinen nicht Proteine, sondern nur deren Bausteine, die Aminosäuren, aufnehmen, sind insbesondere die Zellen des *mononukleären Phagozytensystems* (auch als retikuloendotheliales System, RES, bezeichnet) befähigt, Plasmaeiweißkörper im Ganzen aufzunehmen und sie mit Hilfe intrazellulärer Enzyme in Aminosäuren zu zerlegen, die dann – in das Blut diffundiert – als rasch verfügbarer Bausteinnachschub für die Eiweißsynthese im Körper dienen.

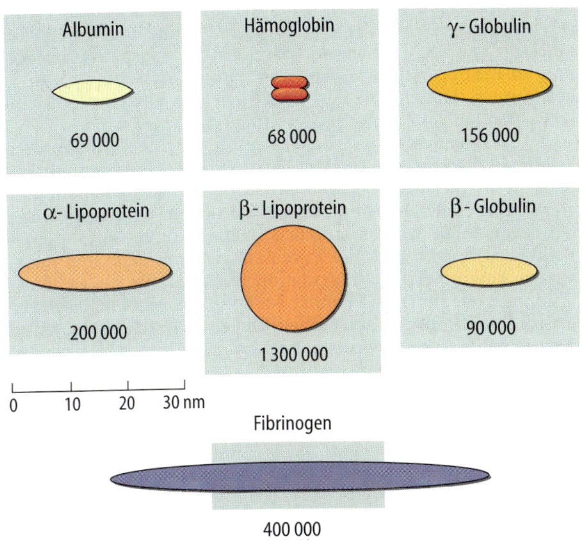

Abb. 21–1. Molekulargewichte und schematisierte Molekularformen einiger Plasmaeiweiße und des Hämoglobins. Nach [28]

2. Vehikelfunktion. Viele kleinmolekulare Stoffe (s. S. 416 f) werden beim Transport vom Darm oder von den Speicherorganen zu den Stätten des Verbrauchs an spezifische Plasmaproteine gebunden. Die große Oberfläche der Proteinmoleküle mit ihren zahlreichen hydrophilen und lipophilen Haftstellen macht sie für diese Vehikelfunktion besonders geeignet. Durch Bindung ihrer lipophilen Gruppen an wasserunlösliche, fettartige Substanzen dienen sie als Lösungsvermittler.

3. Unspezifische Trägerfunktion. Alle Plasmaproteine binden bluteigene Kationen in nichtdiffusibler Form. Zum Beispiel liegen etwa 2/3 des im Plasma vorhandenen Kalziums an Eiweißkörper unspezifisch gebunden vor. Zwischen dem physiologisch wirksamen ionisierten, ungebundenen, und dem an Eiweiß gebundenen Kalzium besteht ein Gleichgewicht. Die Bindung von Kalzium ist pH-abhängig. Bei hohem pH (Alkalose) ist sie verstärkt.

4. Erzeugung des kolloidosmotischen Druckes. Während Plasmaproteine aufgrund ihrer geringen molaren Konzentration nur unwesentlich zum osmotischen Gesamtdruck des Plasmas beitragen, sind sie wichtig zur Aufrechterhaltung des kolloidosmotischen Druckes (KOD; syn. onkotischer Druck). *Der kolloidosmotische Druck ist mitbestimmend für die Wasserverteilung zwischen Plasma und Interstitium.* Da kleinmolekulare Stoffe durch die Kapillarwände praktisch frei permeieren, ist ihre Konzentration und daher der von ihnen verursachte osmotische Druck in Plasma und Interstitium annähernd gleich. Die Plasmaeiweißkörper jedoch können wegen ihrer Molekülgröße die Kapillarwand nur gegen einen vergleichsweise großen Widerstand passieren (isotopenmarkiertes Albumin z. B. verläßt die Blutbahn mit einer Halbwertszeit von etwa 14 h). Wegen der Eiweißaufnahme durch die Zellen und des Eiweißtransports durch die Lymphe besteht daher ein Konzentrationsgradient für Eiweißkörper zwischen Plasma (KOD ca. 25 mm Hg = 3,3 kPa) und Interstitium (KOD ca. 5 mm Hg = 0,7 kPa), der einen kolloidosmotischen Druckunterschied von etwa 20 mm Hg (2,7 kPa) bewirkt.

Jede Änderung der osmotisch wirksamen Konzentration der Plasmaeiweißkörper stört folglich den Stoffaustausch und die Wasserverteilung zwischen Blut und interstitieller Flüssigkeit. Da unter den Plasmaeiweißkörpern das Albumin (S. 415 f) die größte Menge ausmacht, wirken sich Veränderungen seiner Konzentration besonders stark auf den kolloidosmotischen Druck aus. Eine Abnahme der Albuminkonzentration im Plasma führt häufig zu einer Wasserretention im Interstitium, zu einem *interstitiellen Ödem.* Daher müssen ***Plasmaersatzlösungen*** im allgemeinen denselben kolloidosmotischen (und kristalloidosmotischen) Druck aufweisen wie das Plasma. Als Kolloide werden vorwiegend Polysaccharide (Hydroxyäthylstärke, Dextran) und Polypeptide (Gelatine) verwendet, da die Gewinnung menschlicher Bluteiweiße in reiner Form sehr teuer ist.

5. Pufferfunktion. Da Eiweiße *Ampholyte* sind, die pH-abhängig H^+- und OH^--Ionen binden können, tragen die puffernden Plasmaproteine zur Aufrechterhaltung eines konstanten pH-Wertes bei (s. S. 617).

6. Schutz vor Blutverlusten. Die Gerinnungsfähigkeit des Blutes, die dem Schutz vor Blutverlusten dient, beruht u. a. auf dem Gehalt des Plasmas an Fibrinogen (s. S. 429). Am Ende einer Reaktionskette, in deren Verlauf eine Reihe von Bluteiweißkörpern mit Enzymcharakter aufeinander einwirken, steht die Umwandlung des gelösten Fibrinogens in den Faserstoff Fibrin (s. S. 431 f).

7. Abwehrfunktion. Bestimmte Plasmaeiweiße dienen der spezifischen und unspezifischen Erkennung und Zerstörung von Fremdstoffen und Krankheitserregern (s. S. 438 ff).

Fraktionierung der Plasmaproteine. Qualitative und quantitative Analysen der Plasmaeiweißkörper werden routinemäßig durchgeführt (Abb. 21–2). Die Eiweißelektrophorese ist ein wichtiges diagnostisches Hilfsmittel, da viele Erkrankungen charakteristische Veränderungen des Plasmaeiweißspektrums hervorrufen [22, 23].

Unter ***Elektrophorese*** versteht man die Wanderung gelöster oder in einer Flüssigkeit suspendierter elektrisch geladener Teilchen im elektrischen Gleichspannungsfeld. Eiweißmoleküle sind aus einzelnen Aminosäuren aufgebaut, die jeweils durch Peptidbindungen miteinander verknüpft sind. Die Elektrolytnatur dieser Moleküle beruht z. T. auf der Ionisierbarkeit von Amino- ($-NH_2$) und Carboxylgruppen (-COOH), die, besonders in Seitenketten, *entsprechend dem pH-Wert des Lösungsmittels elektrische Ladungen tragen* ($-NH_3^+$ bzw. $-COO^-$). Noch bedeutsamer für die Pufferfähigkeit sind die pH-abhängigen *Imidazolgruppen* der Aminosäure Histidin (hohes Vorkommen im Hämoglobinmolekül).

Die ***elektrophoretische Wanderungsgeschwindigkeit*** der Eiweißkörper ist im wesentlichen eine Funktion der angelegten Spannung, der Größe und Gestalt der Moleküle und deren elektrischer Ladung, die vom Abstand des isoelektrischen Punktes (IP) zum in der Lösung herrschenden pH abhängt. Wie aus Tabelle 21–2 hervorgeht, liegen die IP der einzelnen Plasmaeiweißkörper verschieden weit unterhalb von pH 7. Bei neutraler oder alkalischer Reaktion wandern die Eiweißkörper deshalb im elektrischen Feld mit unterschiedlicher Geschwindigkeit in gleicher Richtung zur Anode (Abb. 21–2).

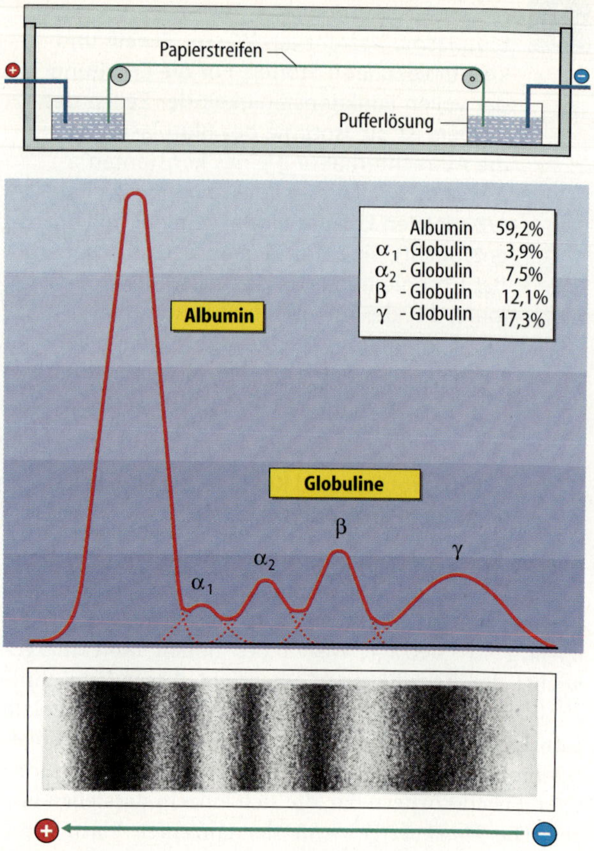

Abb. 21–2. Elektropherogramm eines menschlichen Serums. *Unten* der angefärbte Papierstreifen, *darüber* die Photometerkurven, der prozentuale Anteil der einzelnen Serumeiweißfraktionen und die Apparatur zur Papierelektrophorese

Bei einer anderen Methode der Fraktionierung, die gleichzeitig die Bestimmung der Molekulargewichte erlaubt, benutzt man Schwerefelder vom 100 000- bis 750 000 fachen der Erdbeschleunigung in der ***Ultrazentrifuge*** (SVEDBERG). Bei gegebener Beschleunigung (Zentrifugalkraft) hängt die Sedimentationsgeschwindigkeit vom spezifischen Gewicht und der Gestalt der Moleküle (Abb. 21–1) sowie von der Dichte des Suspensionsmediums ab. Bei der ***Dichtegradientenzentrifugation*** lassen sich die in bestimmten Höhenschichten konzentrierten einzelnen Eiweißkomponenten des Gemisches besonders gut trennen.

Eine noch weitergehende Auftrennung der Plasmaproteine erlaubt die Kombination von Elektrophorese und Immunpräzipitation im Verfahren der ***Immunelektrophorese.*** Dabei läßt man elektrophoretisch getrennte Eiweißfraktionen einzeln in einem Gel gegen einen Tropfen antikörperhaltiges Serum diffundieren. Beim Zusammentreffen des Eiweißantigens mit dem Serumantikörper kommt es zur Präzipitation (Fällung), die als weißliche Trübungszone im Gel erkennbar ist. Auf diese Weise ließ sich zeigen, daß elektrophoretisch einheitliche Eiweißfraktionen u. U. aus mehreren immunologisch unterscheidbaren Eiweißkörpern bestehen (s. Tabelle 21–2).

Tabelle 21–2. Proteinfraktionen des menschlichen Blutplasmas. *MG* Molekulargewicht; *IP* Isoelektrischer Punkt. Nach [23, 25]

Proteinfraktion		Mittlere Konzentration		MG	IP	Physiologische Bedeutung
Elektrophoretisch	Immunelektrophoretisch	g/l	µmol/l			
Albumin	Präalbumin	0,3	4,9	61 000	4,7	Bindung von Thyroxin;
	Albumin	40,0	579,0	69 000	4,9	kolloidosmotischer Druck, Vehikelfunktion; Reserveeiweiß
α_1-Globuline	Saures α_1-Glykoprotein	0,8	18,2	44 000	2,7	Gewebeabbauprodukt?;
	α_1-Lipoprotein („high density lipoproteins")	3,5	17,5	200 000	5,1	Lipidtransport (bevorzugt Phospholipide)
α_2-Globuline	Coeruloplasmin	0,3	1,9	160 000	4,4	Oxydaseaktivität, Bindung von Kupfer;
	α_2-Makroglobulin	2,5	3,1	820 000	5,4	Plasmin- und Proteinaseninhibition;
	α_2-Haptoglobin	1,0	11,8	85 000	4,1	Hämoglobinbindung im Plasma
β-Globuline	Transferrin	3,0	33,3	90 000	5,8	Eisentransport;
	β-Lipoprotein („low density lipoproteins")	5,5	0,3 bis 1,8	3×10^6 bis 2×10^7	–	Transport von Lipiden (bevorzugt Cholesterin)
	Fibrinogen	3,0	8,8	340 000	5,8	Blutgerinnung
γ-Globuline	IgG	12,0	76,9	156 000	5,8	Immunglobuline: Antikörper gegen bakterielle Antigene und körperfremdes Protein;
	IgA	2,4	16,0	150 000	7,3	
	IgM	1,2	1,3	960 000		Agglutinine
	IgE	0,0003	0,002	190 000	–	Antikörper (Reagine)

! Im Blutplasma sind 65–80 g/l einer Mischung von Proteinen mit unterschiedlichen Molekulargewichten gelöst. Ihre Anwesenheit verleiht dem Plasma seine relativ hohe Viskosität (1,9–2,6) im Vergleich zu Wasser. Zu den Funktionen der Plasmaeiweißkörper gehören

- die Nährfunktion als rasch verfügbares Eiweißreservoir,
- die Vehikelfunktion beim Transport von kleinmolekularen Stoffen mit dem Blutstrom
- die unspezifische Trägerfunktion bei der Bindung von Ionen in nichtdiffusibler Form,
- die Erzeugung des kolloidosmotischen Druckes,
- die Pufferfunktion der ampholytischen Plasmaeiweißkörper, die zur Konstanthaltung des Blut-pH beiträgt,
- die Blutgerinnungsfähigkeit, die auf der Anwesenheit des Plasmaeiweißkörpers Fibrinogen beruht,
- die Schutz- und Abwehrfunktion des Blutes.

Mit Hilfe von Trennverfahren, wie z. B. der Dichtegradientenzentrifugation oder der Immunelektrophorese, lassen sich die Plasmaeiweißkörper fraktionieren und quantitativ bestimmen. Da die Zusammensetzung der Plasmaeiweißkörper sich bei vielen Krankheiten spezifisch verändert, hat die Analyse des Plasmaeiweißgemisches große klinische Bedeutung erlangt.

Den einzelnen Plasmaproteinfraktionen lassen sich bestimmte Funktionen zuordnen

Da die Elektrophorese das am häufigsten benutzte Analyseverfahren ist, wird die Besprechung auf die mit dieser Methode unterscheidbaren Komponenten beschränkt. In Abb. 21–1 sind die Größenverhältnisse und die Gestalt der wichtigsten Eiweißkörper des Blutes schematisch dargestellt.

Plasmaalbumin. Etwa 60 % der Plasmaeiweißmenge stellt das Albumin (35–45 g · l^{-1}). Mit seinem Molekulargewicht von 69 000 gehört es zu den kleinsten Plasmaeiweißkörpern. Wegen seiner relativ großen Konzentration und der Kleinheit seiner Moleküle ist es für fast

80 % des kolloidosmotischen Drucks im Plasma verantwortlich. Dank der geringen Molekülgröße besitzen seine Teilchen eine sehr große Gesamtoberfläche. Das befähigt sie in besonderem Maße, Stoffe zu binden und im Blut zu transportieren. Zu den vom Albumin gebundenen Stoffen gehören Bilirubin, Urobilin, Fettsäuren, gallensaure Salze und einige körperfremde Stoffe, wie z. B. Penicillin, Sulfonamide und Quecksilber. Ein einziges Albuminmolekül kann z. B. 25–50 Bilirubinmoleküle (MG 500) gleichzeitig binden. Bei vielen pathologischen Zuständen ist die Albuminmenge verringert, insbesondere bei entzündlichen Erkrankungen und bei *Leber-* und *Nierenschädigungen.*

Plasmaglobuline. Unter dem Namen Globulin wird eine ganze Gruppe von elektrophoretisch trennbaren Proteinkomponenten zusammengefaßt. Nach ihrer Wanderungsgeschwindigkeit im elektrischen Feld werden α_1-, α_2-, β- und γ-Globuline unterschieden (Abb. 21–2). Mit feineren Trennverfahren, wie z. B. der Immunelektrophorese, lassen sie sich weiter auftrennen (Tabelle 21–2).

Mit der Untergruppe der ***α_1-Globuline*** wandert eine Reihe von konjugierten Proteinen, die verzweigte Kohlenhydratseitenketten überwiegend aus Hexosen und Hexosamin besitzen und unter dem Namen Glykoproteine zusammengefaßt werden. Etwa 2/3 der Glukose des Plasmas ist in Glykoproteinen gebunden. Bei der klinischen Bestimmung des Blutzuckers im enteiweißten Plasma wird diese gebundene Glukose nicht mit erfaßt. Eine andere Gruppe von kohlenhydrathaltigen Proteinen dieser Unterfraktion bilden die *Proteoglykane* (Mukoproteine). Diese enthalten Glykosaminoglykane (Mukopolysaccharide). Ebenfalls mit der α_1-Gruppe wandern das *Thyroxin-bindende Globulin,* das Vitamin-B_{12}-bindende Globulin (*Transcobalamin*), das *Bilirubin-bindende Globulin* und das Kortisol-bindende Globulin (*Transkortin*).

In der Fraktion der ***α_2-Globuline*** finden sich das *Haptoglobin,* dessen Funktion die Bindung von freiem Hämoglobin ist, und das kupferhaltige *Coeruloplasmin.* Dieses Metallprotein enthält pro Molekül 8 Kupferatome, die für seine Oxydaseeigenschaften verantwortlich sind. Im Coeruloplasmin liegen etwa 90 % des gesamten Plasmakupfers gebunden vor. Der Transport des Kupfers auf dem Blutweg zu den Körperzellen findet jedoch nicht mit dem Coeruloplasmin, sondern an Albumin gebunden, statt.

Zu den ***β-Globulinen*** gehören die wichtigsten Trägerproteine für Lipide und Polysaccharide. Von großer funktioneller Bedeutung ist die Fähigkeit der Lipoproteine, für die nicht wasserlöslichen Fette und Lipide als Lösungsmittler und Vehikel bei ihrem Transport im Blut zu dienen. Etwa 75 % aller Fette und Lipide im Plasma sind als Lipoproteine gebunden. Das wichtigste Lipoprotein ist hier das β_1-Lipoprotein, das bis zu 77 % Lipide im Molekül enthalten kann. Die Analyse der Lipoproteingemische des Plasmas mit Hilfe der Ultrazentrifuge und der Elektrophorese – die elektrophoretische Beweglichkeit der Lipoproteine wird durch ihren Proteinanteil verursacht – hat für die Diagnose der verschiedenen Formen der *Hyperlipoproteinämien* Bedeutung gewonnen (s. Lehrbücher der Biochemie). Mit der β-Fraktion wandert außer den Lipoproteinen noch eine Gruppe metallbindender Proteine, unter ihnen das als Träger von Kupfer und vor allem von Eisen dienende *Transferrin.* Dieses Metallprotein kann 2 Eisenatome -in dreiwertiger Form (Fe^{3+})- pro Molekül binden und stellt die Transportform des Eisens im Blut dar [34]. Normalerweise beträgt die Sättigung des Serumtransferrins mit Eisen nur etwa 30 % (1 mg Fe^{3+}/l Serum).

Die heterogene Fraktion der ***γ-Globuline*** enthält die elektrophoretisch am langsamsten wandernden Proteine. Unter den γ-Globulinen finden sich die meisten *Schutz- und Abwehrstoffe des Blutes* (Immunglobuline, s. S. 438). Entsprechend ihrer Funktion zeigt die Fraktion der γ-Globuline ausgeprägte funktionelle Schwankungen in Menge und Zusammensetzung, da es bei fast allen – besonders den entzündlichen – Erkrankungen zu ihrer Vermehrung kommt. Dabei bleibt jedoch im allgemeinen die Gesamtmenge der Plasmaproteine annähernd unverändert, denn mit der Zunahme der Globulinmenge geht eine etwa gleich große Verringerung der Albuminmenge einher, so daß sich lediglich der sogenannte *Albumin/Globulin-Quotient* erniedrigt.

Bildung und Umsatz der Plasmaproteine. Bei normaler Ernährung werden in 24 h etwa 17 g Albumin und 5 g Globulin neugebildet. Die Halbwertszeit für Albumin beträgt beim Menschen 10–15 Tage, die für Globulin etwa 5 Tage. Nach diesen Zeiten sind 50 % der Eiweißkörper durch neugebildete ersetzt worden.

Zu den transportierten Plasmabestandteilen gehören Nährstoffe, Vitamine und Spurenelemente, intermediäre Stoffwechselprodukte, Hormone und Enzyme sowie Ausscheidungsprodukte

Wie in den vorangegangenen Abschnitten gezeigt wurde, stellt das Plasma für die anorganischen Elektrolyte und die Eiweißkörper ein Transportmittel dar, dessen wichtigste funktionelle Eigenschaften von der Anwesenheit dieser Stoffe entscheidend bestimmt werden. In diesem Sinne sind die *anorganischen Elektrolyte und die Eiweißkörper Funktionsbestandteile des Plasmas.*

Anders verhält es sich mit der Gruppe der transportierten Plasmabestandteile. Ihr Einfluß auf die charakteristischen physikochemischen Eigenschaften des Plasmas ist – innerhalb des physiologischen Konzentrationsbereichs – sehr gering. Für diese heterogene Gruppe von Substanzen stellt das Plasma in erster Linie ein Transportmittel dar.

Transportierte Nährstoffe, Vitamine und Spurenelemente. Die größte Gewichtsmenge unter den im Plasma transportierten Nährstoffen stellen die ***Lipide*** (alle ätherlöslichen Substanzen, d. h.

Tabelle 21–3. Reststickstoff und Lipide (g/l) im menschlichen Plasma. Ausführliche Angaben in [25]

Substanz	Mittel	Variation
Harnstoff-N	0,14	0,1 – 0,2
Aminosäuren-N	0,05	0,03 – 0,07
Harnsäure-N	0,017	0,01 – 0,023
Kreatinin	0,005	0,004 – 0,005
Ammoniak-N	0,002	0,001 – 0,002
Total-Rest-N	0,25	0,22 – 0,30
Fette, Neutralfett		0 – 4,5
Fettsäuren		2 – 4,5
Steroide, Cholesterin		1,2 – 3,5
Freies Cholesterin		0,4 – 0,7
Gallensäuren		0,002 – 0,03
Gallensalze		0,05 – 0,12
Phosphatide, total		1,5 – 2,5
Lezithin		1,0 – 2,0
Kephalin		0 – 0,3
Sphingomyelin		0,1 – 0,3
Total ätherlösliche Stoffe		3,8 – 6,8

Fette, Lipide und Steroide). Ihre Konzentration unterliegt allerdings sehr starken funktionellen Schwankungen (Tabelle 21–3).

Nach reichlichen, fetthaltigen Mahlzeiten kann der Lipidgehalt so weit ansteigen (bis zu $20 g \cdot l^{-1}$), daß das Plasma milchigweiß aussieht (*Lipämie*). Etwa 80 % der Lipide liegen als Glyzeride, Phospholipide und Cholesterinester an Globulin gebunden vor (Lipoproteine), während die unveresterten Fettsäuren überwiegend Albuminkomplexe bilden. Im Gegensatz zu den Lipiden des Plasmas, deren Konzentration von der jeweiligen Stoffwechsellage abhängt, wird der Gehalt an freier ***Glukose,*** dem wichtigsten Kohlenhydrat, trotz wechselnder Aufnahme und stark schwankendem Verbrauch bei $0{,}8–1{,}2 g \cdot l^{-1}$ ($4–7 mmol \cdot l^{-1}$) relativ konstant gehalten. Die zu den transportierten Nährstoffen gehörenden ***Aminosäuren*** sind im Plasma in einer mittleren Konzentration von etwa $0{,}04 g \cdot l^{-1}$ vorhanden. Sie entstammen vornehmlich dem mit der Nahrung aufgenommenen Eiweiß.

Alle ***Vitamine*** (s. S. 798 f) und die essentiellen Nahrungsstoffe mit Vitamincharakter, wie z. B. das Cholin, sind stets im Plasma vorhanden. Ihre Konzentration schwankt nicht nur mit der in der Nahrung zugeführten oder von der Darmflora synthetisierten Menge; bei einigen Vitaminen hängt sie vom Vorhandensein bestimmter resorptionsfördernder Faktoren ab (z. B. die Resorption des Vitamin B_{12} von der Anwesenheit des CASTLEschen „Intrinsic factor"). Während viele Vitamine in freier Lösung im Plasma transportiert werden, sind andere, insbesondere die fettlöslichen Vitamine und einige wasserlösliche, wie z. B. das Vitamin B_{12}, an Protein gebunden.

Eine wichtige Rolle unter den ***Spurenelementen,*** die als Bestandteile von Bau- und Wirkstoffen unentbehrlich sind, spielt das Eisen, dessen Resorption aus dem Darm sich nicht nach der Größe des Angebots, sondern nach dem Bedarf des Körpers richtet (normalerweise 1 mg in 24 h) [34]. Die anderen zu den Spurenelementen gehörenden Metalle liegen überwiegend als Metallproteine im Plasma vor, ähnlich wie das zu 90 % an den Eiweißkörper *Coeruloplasmin* (s. S. 416) gebundene Kupfer. Kobalt bildet einen wesentlichen Bestandteil des Vitamin B_{12} (*Cobalamin*). Das Jod liegt fast ausschließlich in Form eines Jodeiweißkomplexes im sogenannten *Thyroxin-bindenden Globulin* vor.

Transportierte Stoffwechselzwischenprodukte. Unter den Intermediärprodukten des Stoffwechsels steht die ***Milchsäure*** mengenmäßig an der Spitze. Ihre Konzentration im Plasma steigt bei Sauerstoffmangel und schwerer Muskelarbeit. Eine andere, stets im Plasma vorhandene organische Säure ist die ***Brenztraubensäure,*** die als gemeinsames Zwischenprodukt des Aminosäure- und Kohlenhydratstoffwechsels eine Schlüsselstellung im Energiestoffwechsel einnimmt.

Transportierte Hormone und Enzyme. Die dritte Gruppe der transportierten Plasmabestandteile umfaßt die zahlreichen Hormone und Enzyme. Diese Substanzen sind Eiweißkörper, Polypeptide, Amine, Amide oder Steroide.

Transportierte Ausscheidungsprodukte. Die Gruppe der Ausscheidungsprodukte setzt sich aus Substanzen zusammen, die im Korper nicht weiterverwendet, sondern als Endprodukte des Stoffwechsels ausgeschieden werden. Als wichtigste Stoffe gehören dazu: *Kohlendioxyd, Harnstoff, Harnsäure, Kreatinin, Bilirubin* und *Ammoniak.* Alle diese Substanzen sind mit Ausnahme des Kohlendioxyds stickstoffhaltig und werden durch die Nieren ausgeschieden. Bei Nierenfunktionsstörungen ist ihre Konzentration im Plasma erhöht. Ihre Bestimmung wird zur Erkennung von Nierenerkrankungen benutzt. Dazu wird nach Fällung der Eiweißkörper der Stickstoff des Plasmas mit der Methode nach KJELDAHL bestimmt. Der so gemessene Gehalt des Plasmas an nicht eiweißgebundenem Stickstoff, der sogenannte ***Rest-N,*** entstammt im wesentlichen den obengenannten stickstoffhaltigen Ausscheidungsprodukten. Er enthält allerdings auch noch zu etwa 1/5 Stickstoff aus den – nicht zu den Ausscheidungsprodukten zu rechnenden – Aminosäuren des Plasmas. Tabelle 21–3 gibt einen Überblick über die wichtigsten Komponenten des Rest-N im Plasma des Gesunden.

!

Die Albuminfraktion erzeugt 80 % des kolloidosmotischen Drucks des Plasmas. Außerdem dient das Albumin, ebenso wie die verschiedenen α_1-, α_2- und β-Globuline, als Transportvehikel. Die γ-Globuline haben vorwiegend Abwehrfunktion.

Das Plasma enthält Lipide, Kohlenhydrate und Aminosäuren. Die Konzentration dieser Stoffe kann nach Mahlzeiten stark ansteigen. Vitamine und Hormone gelangen mit dem Blutplasma zu ihren Zielorten. Einige Substrate (z. B. Milchsäure) werden nach ihrem Transport im Blut erneut von Zellen aufgenommen. Stickstoffhaltige Stoffwechselendprodukte werden zu ihrer Ausscheidung in die Nieren transportiert.

21.3 Erythrozyten

Hämatopoiese: Alle Blutzellen entwickeln sich aus pluripotenten Stammzellen

Blutzellen haben eine begrenzte Lebenszeit, die wenige Stunden (neutrophile Granulozyten), mehrere Monate (Erythrozyten) oder viele Jahre (lymphozytäre Gedächtniszellen) betragen kann. *Gealterte Zellen werden durch junge ersetzt, die in den hämatopoietischen Geweben gebildet werden* (gr. „haima" und „poiein" für „Blut" und „machen"). Der ***Stammbaum der Blutzellen*** (Abb. 21–3) zeigt, daß sie sich aus pluripotenten hämatopoietischen Zellen entwickeln. *Stammzellen haben die Fähigkeit zur Selbsterneuerung* (Autoreproduktion), die ihren Bestand aufrechthält. Außerdem bilden sie differenziertere Nachkommen.

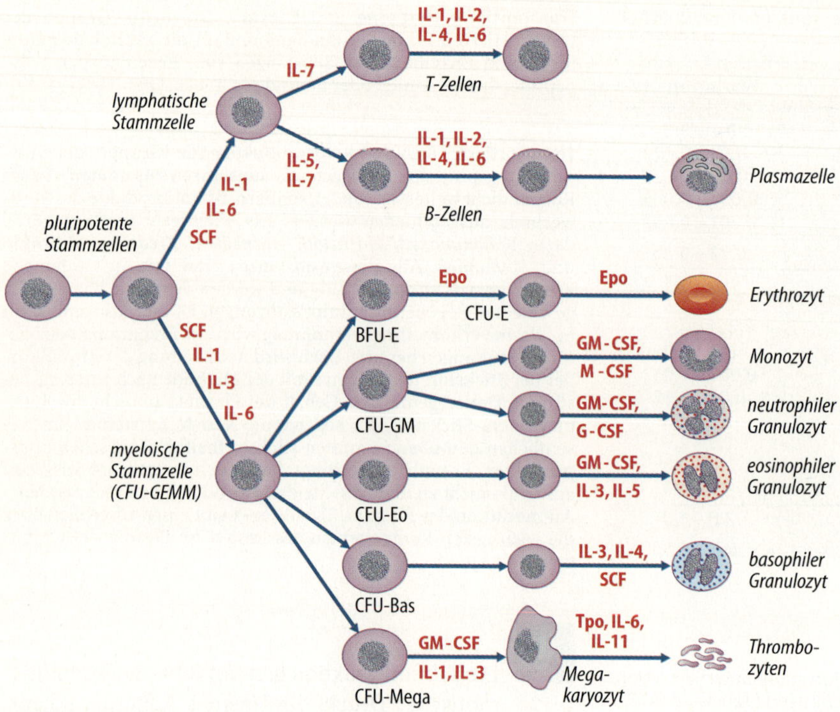

Abb. 21-3. Stammbaumschema der Hämatopoese. In einer Vielzahl von Proliferationsschritten entstehen im Knochenmark und den lymphatischen Organen die Blutzellen als Nachkommen eines kleinen Reservoirs pluripotenter Stammzellen. Spezifische Wachstumsfaktoren (Interleukin, *IL;* Stammzellfaktor, *SCF;* kolonienstimulierende Faktoren, *CSF;* Erythropoietin, *Epo;* Thrombopoietin, *Tpo*) steuern die Proliferationsrate und Differenzierung der Vorläufer (burst-forming-unit, *BFU;* colony-forming-unit, *CFU*) der Granulozyten (G), Monozyten (M), Megakaryozyten (*M,* Mega) und Erythrozyten (E)

Den myeloischen und lymphatischen Stammzellen folgen spezialisiertere, sog. ***Vorläuferzellen.*** In den frühen Entwicklungsstadien lassen sie sich morphologisch noch nicht sicher unterscheiden – sie sehen alle lymphozytenähnlich aus. Aus den Vorläuferzellen gehen Kolonien von weiter differenzierten Zellen hervor (daher der Name CFU = engl. colony-forming-unit). Z.B. werden aus einem CFU_{GEMM} viele ***G***ranulozyten, ***E***rythrozyten, ***M***onozyten und ***M***egakaryozyten.

Die Proliferation und Differenzierung der Stamm- und Vorläuferzellen wird durch hormonähnliche ***Wachstumsfaktoren*** gesteuert, die von den hämatopoietischen Zellen, aber auch von Fibroblasten und Endothelzellen freigesetzt werden (Tabelle 21-4). Die Kenntnis dieser Wachstumsfaktoren ist klinisch relevant, da sie zunehmend therapeutisch eingesetzt werden [14, 15, 37, 40].

Erythrozyten sind kernlose bikonkave Scheibchen mit einem mittleren Durchmesser von 7,5 μm

Den größten Anteil an den rund 44 Vol.-% zellulärer Blutbestandteile stellen die roten Blutkörperchen, von denen sich *beim Mann im Mittel 5,1, bei der Frau 4,6 Mio. im μl Blut* befinden. Neben dem Wasser stellt das Hämoglobin die Hauptmasse des Erythrozyten. 34 % seines Feuchtgewichtes, 90 % des Trockengewichtes entfallen auf den Eiweißkörper Hämoglobin (s. S. 604 ff).

Im Laufe der *Kindheit* ändert sich die Erythrozytenzahl. Beim Neugeborenen ist sie hoch (5,5 Mio. pro μl Blut) infolge des Blutübertrittes aus der fetalen Plazenta in den kindlichen Kreislauf bei der Geburt und des anschließenden starken Wasserverlustes. In den folgenden Monaten hält die Erythrozytenneubildung mit dem allgemeinen Körperwachstum nicht Schritt, es entwickelt sich die sog. Trimenonreduktion, d.h. eine Abnahme der Erythrozytenzahl auf etwa 3,5 Mio. pro μl Blut im 3. Lebensmonat. Bei Klein- und Schulkindern werden etwas niedrigere Erythrozytenzahlen als bei erwachsenen Frauen gefunden.

Form und Größe der Erythrozyten. Menschliche Erythrozyten sind kernlose bikonkave Scheiben, deren größte Dicke (am Rande) nur 2 μm beträgt und deren Durchmesser sich beim Gesunden um einen mittleren Wert von 7,5 μm (Normozyt) in Form einer Normalverteilung (***Price-Jones-Kurve***) gruppieren (Abb. 21-4). Die physiologische Form des Normozyten führt zu einer Vergrößerung der Oberfläche im Vergleich zur Kugelform. Die Gesamtoberfläche der Erythrozyten eines erwachsenen Mannes liegt bei 3800 m^2. Die charakteristische Form der roten Blutkörperchen begünstigt ihre Hauptfunktion, die des *Gastransportes* (s. S. 586 f) durch große Diffusionsflächen bei kurzen Diffusionsstrecken. Außerdem erleichtert die flexible Form den Erythrozyten die Verformung bei der Passage durch

Tabelle 21–4. Hämopoietische Wachstumsfaktoren und immunmodulierende Peptide („Zytokine")

Bezeichnung	Herkunft (u.a.)	Wirkung (u.a.)
Hämopoietine (kolonienstimulierende Faktoren: CSF)		
Interleukin 3 (IL-3)	T-Helferzellen, natürliche Killerzellen	Wachstum hämopoietischer Stammzellen
Stammzellfaktor	Fibroblasten	Wachstum hämopoietischer Stammzellen, Megakaryozytenvorläufer und Mastzellen
Erythropoietin	peritubuläre Nierenzellen, parenchymale Leberzellen	Wachstum von Erythrozytenvorläufern (BFU-E, CFU-E)
Thrombopoietin	Leber, Nieren, Knochenmark	Wachstum von Megakaryozyten und deren Vorläufern
Granulozyten-Monozyten-CSF (GM-CSF)	T-Helferzellen, mononukleäre Phagozyten, Fibroblasten, Endothelzellen	Wachstum von Granulozyten- und Monozytenvorläufern
Granulozyten-CSF (G-CSF)	mononukleäre Phagozyten, Fibroblasten, Endothelzellen	Wachstum von Vorläufern neutrophiler Granulozyten
Monozyten-CSF (M-CSF)	mononukleäre Phagozyten, Fibroblasten, Endothelzellen	Wachstum von Monozytenvorläufern, Aktivierung mononukleärer Phagozyten
Immunmodulierende Interleukine (IL)		
IL-1 (2 Isoformen α u. β)	ubiquitär, v. a. mononukleäre Phagozyten	Entzündung, Fieber; Aktivierung von B- und T-Lymphozyten; Steigerung der Synthese von GM-CSF, G-CSF, IL-1, IL-6 und Prostaglandin E_2 (in Endothelzellen und Fibroblasten)
IL-2	T-Helferzellen	Wachstum und Aktivierung von T- und B-Lymphozyten und natürlichen Killerzellen; Steigerung der Synthese von IL-1 und Interferon
IL-3 (als hämopoietischer Wachstumsfaktor oben genannt)		
IL-4	T-Lymphozyten, mononukleäre Phagozyten, Mastzellen	Wachstum und Aktivierung von B- und T-Lymphozyten; Steigerung der Immunglobulinsynthese (IgG, IgE)
IL-5	T-Helferzellen, mononukleäre Phagozyten, Mastzellen	Aktivierung von B- und T_8-Lymphozyten; Steigerung der Immunglobulinsynthese (IgA, IgM); Wachstum von Vorläufern eosinophiler Granulozyten
IL-6	mononukleäre Phagozyten, Fibroblasten, Endothelzellen	Entzündung, Fieber; Synthese der Akutphaseproteine; Aktivierung von B- und T-Lymphozyten; Steigerung der Immunglobulinsynthese; Wachstum von Megakaryozyten
IL-7	Stromazellen, mononukleäre Phagozyten, Fibroblasten, Endothelzellen	Wachstum von B- und T-Zell-Vorläufern
IL-8	T-Helferzellen, mononukleäre Phagozyten, Fibroblasten, Endothelzellen	Chemotaxis, Aktivierung neutrophiler Granulozyten
Tumornekrosefaktoren (TNF)		
TNF-α	mononukleäre Phagozyten, T-Helferzellen	Entzündung, Zytolyse (u. a. Abtöten von Tumorzellen); Aktivierung mononukleärer Phagozyten; Steigerung der Synthese von GM-CSF, G-CSF, IL-1, IL-6 und Prostaglandin E_2 (in Endothelzellen und Fibroblasten)
TNF-β	T-Helferzellen	
Interferone (IFN)		
IFN-α	mononukleäre Phagozyten	Zytolyse, Proliferationshemmung
IFN-β	Fibroblasten	Zytolyse (v. a. von virusinfizierten Zellen)
IFN-γ	T-Helferzellen, natürliche Killerzellen	Aktivierung von Makrophagen und B-Lymphozyten; Zytolyse, Proliferationshemmung

Chemischer Aufbau: Alle Faktoren sind Peptide aus 100–350 Aminosäuren, überwiegend sind sie glykosiliert (Ausnahme: TNF-α und IFN-α).

Pharmakologie: Mehrere der Faktoren werden – gentechnisch hergestellt – als Medikament zur Blutzellbildung und -aktivierung therapeutisch verabreicht.

Zukunftsperspektiven: Es gibt noch viel mehr Zytokine, die die Funktionen des Blutes beeinflussen. Neuentdeckte werden – unabhängig von ihrer speziellen Funktion – als Interleukin bezeichnet und erhalten die nächst höhere freie Ziffer.

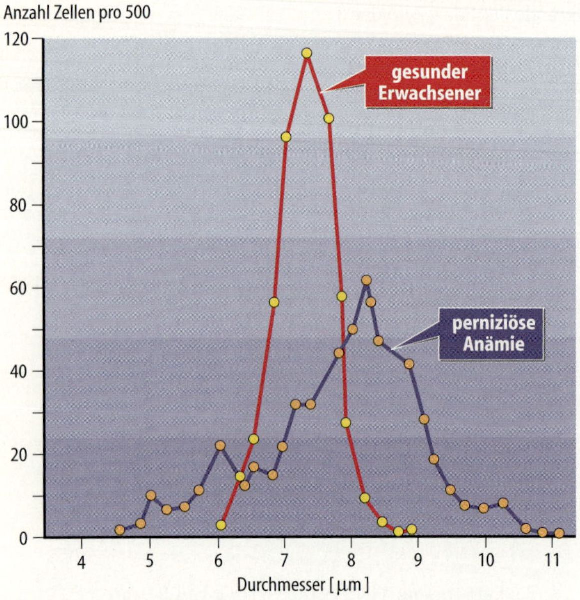

Abb. 21–4. Price-Jones-Kurven. Häufigkeitsverteilung der Erythrozytendurchmesser bei einem Gesunden (*rote Linie*) und bei einem Patienten mit perniziöser Anämie (*blaue Linie*). Nach [39]

enge und gekrümmte Kapillarabschnitte. Die Verformbarkeit nimmt bei gealterten Erythrozyten ab. Sie ist auch bei anomalen Erythrozytenformen, wie z. B. bei *Sphärozyten* (Kugelzellen) oder bei *Sichelzellen* (s. S. 422) vermindert, weshalb diese vermehrt im Maschenwerk der Milz hängenbleiben, wo sie dann abgebaut werden.

Erythrozytenzählung. Die zeitraubende traditionelle mikroskopische Bestimmung in *Zählkammern* wird kaum noch durchgeführt. Stattdessen werden *Analyseautomaten* zur Partikelzählung eingesetzt. Dabei wird die Erythrozytenkonzentration in einer verdünnten Suspension entweder aus dem Grad der Streuung durchfallenden Laserlichtes oder aus elektrischen Leitfähigkeitsänderungen, die bei der Passage der Zellen durch ein dünnes Röhrchen auftreten, bestimmt [17].

Die apparative Partikeluntersuchung durch Laserlichtstreuung oder Impedanzmessung ergibt Größenverteilungskurven, aus denen das mittlere Erythrozytenvolumen (*MCV;* beim Normozyten 80–96 fl) errechnet werden kann. Anomal große Erythrozyten werden als *Makrozyten* bezeichnet (z. B. bei perniziöser Anämie). Anomal kleine Erythrozyten werden als *Mikrozyten* bezeichnet (z. B. bei Eisenmangel).

Bei gleichzeitig vermehrtem Vorkommen von Makro- und Mikrozyten spricht man von einer *Anisozytose.* Sind die Erythrozyten unregelmäßig gestaltet, spricht man von einer *Poikilozytose* (z. B. Perniziöse Anämie, Thalassämie). Charakteristische Sonderfälle einer Formveränderung sind Sphärozyten (Kugelzellanämie) und Sichelzellen (Sichelzellanämie).

Zu den Basisparametern des ***„Blutbildes"*** gehören neben dem Hämatokrit, der Hämoglobinkonzentration, den Blutzellzahlen und der Bestimmung des MCV die Parameter ***MCH*** (engl. mean corpuscular hemoglobin) und ***MCHC*** (engl. mean corpuscular hemoglobin concentration). Das MCH gibt den – errechneten – mittleren Hämoglobingehalt des einzelnen Erythrozyten an (30 pg = *normochrom*, > 35 pg = *hyperchrom*, < 26 pg = *hypochrom*). Das MCHC gibt die mittlere Hämoglobinkonzentration der Erythrozyten an. Das MCHC weicht auch bei Kranken selten von der Norm ab (300–360 g/l).

! Wie alle Blutzellen entwickeln sich die Erythrozyten aus pluripotenten Stammzellen unter dem Einfluß hormonähnlicher Wachstumsfaktoren; ihre Lebensdauer beträgt 100–120 Tage (Einzelheiten s. unten).

Für den erythrozytären Blutstatus gelten folgende Mittelwerte: Erythrozytenkonzentrationen im Blut $5{,}1 \cdot 10^6/\mu l$ (Männer) und $4{,}6 \cdot 10^6/\mu l$ (Frauen), mittleres Erythrozytenvolumen MCV 88 fl, mittlere erythrozytäre Hämoglobinbeladung MCH 30 pg und mittlere erythrozytäre Hämoglobinkonzentration MCHC 335 g/l.

Die Erythrozytenbildung wird durch das Hormon Erythropoietin gesteuert

Erythropoiese. Erythrozyten werden in den hämopoietischen Geweben gebildet, d. h. beim Embryo im Dottersack, beim Feten in Leber und Milz und beim Erwachsenen im roten Mark der platten und kurzen Knochen. Dort befinden sich die *pluripotenten Stammzellen,* die die einheitlichen Vorfahren aller Sorten von Blutzellen sind. Man unterscheidet mehrere Differenzierungs- und Reifungsstadien, bis die jungen kernlosen Erythrozyten das Knochenmark als *Retikulozyten* verlassen (Abb. 21–3). Erythrozyten kreisen 100–120 Tage im Blut. Dann werden sie von phagozytierenden Zellen in Knochenmark, Leber und Milz abgebaut. Wie das Beispiel der Resorption eines Blutergusses, eines „blauen Fleckes", zeigt, ist allerdings jedes Gewebe zum Blutkörperchenabbau befähigt. Rund 0,8 % der $25 \cdot 10^{12}$ Erythrozyten eines Erwachsenen werden in 24 h erneuert. *Das bedeutet eine Neubildung (Erythropoiese) von $160 \cdot 10^6$ Erythrozyten pro Minute.*

Nach Blutverlusten oder bei Krankheiten mit verkürzter Lebensdauer der Erythrozyten kann die Erythropoieserate um das Mehrfache ansteigen. Wirksamer Reiz ist dabei das Absinken des O_2-Partialdruckes im atmenden Gewebe (bei einem Mißverhältnis zwischen O_2-Bedarf und -Zufuhr). Unter diesen Umständen läßt sich im Plasma vermehrt ***Erythropoietin*** nachweisen, ein Hormon, das spezifisch die Erythropoiese steigert (Tabelle 21–4). Menschliches Erythropoietin ist ein hitzestabiles Glykoprotein (MG 30400; 165 Aminosäuren; 40 % Zucker). Bei der Bildung von Erythropoietin haben die *Nieren* eine Schlüsselstellung [35]. Bei bestimmten Nierenerkrankungen ist die Erythropoietinbildung vermindert. Die Anämie chronisch Nierenkranker kann mit gentechnisch hergestelltem, sog. *rekombinantem,* menschlichem Erythropoietin korrigiert werden. In geringen Mengen wird Erythropoietin auch außerhalb der Niere gebildet, vor allem in der *Leber.*

Erythropoietin stimuliert die Differenzierung und die Proliferationsrate der ***erythroid determinierten***

Vorläuferzellen im Knochenmark (Abb. 21–3, s. S. 418) und somit die Zahl der hämoglobinbildenden Erythroblasten. Ein Anstieg der Erythropoietinkonzentration im Blut führt nach 3–4 Tagen zur Retikulozytose.

Verschiedene andere Hormone, wie z. B. *Androgene, Thyroxin* und *Wachstumshormon,* verstärken die Wirkung von Erythropoietin. Die Geschlechtsunterschiede von Erythrozytenmasse und Hämoglobinkonzentration im Blut von Männern und Frauen (s. o.) beruhen v. a. auf der Steigerung der Erythropoiese durch Androgene.

Retikulozyten. Diagnostisch und therapeutisch wichtige Informationen über die Aktivität der Erythropoiese lassen sich durch mikroskopische Zählung der ebenfalls kernlosen Retikulozyten im Blut gewinnen. Diese sind die letzte Vorstufe der reifen, lichtmikroskopisch von intrazellulären Strukturen freien Erythrozyten. Durch Vitalfärbung (Färbung der lebenden Zellen, z. B. mit Brillant-Kresylblau) lassen sich körnige oder netzartige Strukturen (Substantia granulo-reticulo-filamentosa) in diesen jungen Blutzellen erkennen. Retikulozyten finden sich im Knochenmark und im kreisenden Blut. Unter Normalbedingungen beträgt ihr Anteil 5–10 ‰ der roten Blutzellen. Jede Steigerung der Erythropoiese führt zu einer Zunahme, jede Verminderung zu einer Abnahme der Retikulozyten. Bei starkem Erythrozytenverlust kann die Zahl der Retikulozyten bis auf über 40 % der roten Zellen ansteigen.

Anämie bedeutet Blutarmut. Im klinischen Sprachgebrauch versteht man darunter vornehmlich eine verminderte O_2-Transportfähigkeit des Blutes durch Mangel an Hämoglobin. Dabei kann sowohl die Zahl der Erythrozyten gegenüber der Norm vermindert als auch die Beladung der einzelnen Erythrozyten mit Hämoglobin verringert sein.

Die häufigste Anämieform ist die *Eisenmangelanämie.* Sie kann verursacht sein durch unzureichenden Eisengehalt der Nahrung – besonders häufig beim Säugling –, durch verminderte Eisenresorption aus dem Verdauungstrakt, z. B. beim sogenannten Malabsorptionssyndrom, und durch chronische Blutverluste, wie sie z. B. bei Ulzera, Karzinomen und bei Polypen und Divertikeln im Magen-Darm-Trakt, bei Ösophagusvarizen, bei Hakenwurmbefall (in den Tropen häufig) und bei verstärkten menstruellen Blutungen auftreten. Bei der Eisenmangelanämie werden kleine Erythrozyten mit einem verminderten Hämoglobingehalt gefunden (*hypochrome mikrozytäre Anämie*).

Eine andere Gruppe von Anämien wird nach ihrem Erscheinungsbild im peripheren Blut bzw. im Knochenmark *megaloblastäre Anämien* genannt. Wichtigstes gemeinsames Kennzeichen dieser Anämien ist das Auftreten von anomal großen Erythrozyten (Megalozyten) und ihrer unreifen Vorläufer (Megaloblasten) im Blut und Knochenmark. Ursache der Riesenzellbildung ist ein *Mangel an Vitamin B_{12} (perniziöse Anämie) oder Folsäure* in der Nahrung oder deren verminderte Resorption.

Krankheiten, die über eine erhöhte Hinfälligkeit der Erythrozyten zu verstärktem Erythrozytenabbau, zur Hämolyse führen, können eine *hämolytische Anämie* auslösen, wenn die Zellneubildung mit dem gesteigerten Zerfall nicht mehr Schritt hält. Hier sind als Beispiele die erbliche Kugelzellanämie, die ebenfalls erblichen Sichelzell- und Thalassämien zu nennen, außerdem die Anämie bei Malaria, die gesteigerte Hämolyse durch Autoimmunreaktionen (s. S. 442) und die infolge einer Inkompatibilität der Rhesusfaktoren auftretende Anämie bei der Erythroblastosis fetalis (s. S. 446).

Die *aplastischen Anämien* und die Panzytopenien sind dadurch gekennzeichnet, daß trotz Vorhandenseins aller für die Blutbildung notwendigen Stoffe die Zellbildungsaktivität des Knochenmarkes vermindert ist. Bei den aplastischen Anämien betrifft die Verminderung nur die Erythrozyten, bei den Panzytopenien alle im Knochenmark gebildeten Blutzellen. Unter den aplastischen Anämien gibt es sowohl erbliche (Diamond-Blackfan, Fanconi) als auch erworbene, idiopathische Formen. Ursachen der Panzytopenien können Schädigungen des Knochenmarkes durch ionisierende Strahlen (Röntgenstrahlen oder Strahlung radioaktiver Stoffe), Zellgifte (Zytostatika, Benzol etc.) oder Verdrängung des normalen Gewebes durch Tumormetastasen sein.

!

Erythrozyten entwickeln sich aus pluripotenten Stammzellen im roten Mark der platten Knochen (Erythropoiese). Die reifen Erythrozyten sind flache, tellerförmige mit Hämoglobin gefüllte, kernlose Scheiben. Sie kreisen 120 Tage lang im Blut und werden dann abgebaut. Retikulozyten lassen sich von Erythrozyten durch in ihrem Zytoplasma enthaltene (anfärbbare) Netzstrukturen mikroskopisch unterscheiden. Beim Gesunden sind 5–10 ‰ der roten Blutzellen Retikulozyten. Bei gesteigerter Erythropoiese kann ihr Anteil auf über 40 % ansteigen. Erythrozyten sind durch Hämoglobin, das den größten Teil ihrer Festmasse ausmacht, für den Sauerstofftransport spezialisiert. Der Mangel an Hämoglobin wird als Anämie bezeichnet.

Reife, kernlose Erythrozyten gewinnen ihr ATP anaerob durch Glykolyse

Während die kernhaltigen Vorstufen der Erythrozyten über die bekannten Enzyme für die oxidative Energiegewinnung und die Proteinsynthese verfügen, *ist der reife Erythrozyt auf die anaerobe Glykolyse mit vornehmlich Glukose als Substrat angewiesen.* Neben dem in der Glykolyse als Hauptenergielieferanten gebildeten ATP (das insbesondere für den aktiven Ionentransport durch die Erythrozytenmembran gebraucht wird und damit der Aufrechterhaltung der intra-extrazellulären Ionen-Konzentrationsgradienten dient) entstehen reduzierende Stoffe wie NADH (reduziertes Nikotinsäureamid-Adenin-Dinukleotid) und im Pentosephosphat-Zyklus NADPH (reduziertes Nikotinsäureamid-Adenin-Dinukleotidphosphat). NADH wird u. a. für die Reduktion des ständig entstehenden ***Methämoglobins*** (*Hämiglobins*) zu O_2-transportfähigem Hämoglobin benötigt, NADPH für die Reduktion des im Erythrozyten vorhandenen Glutathions. Das leicht oxidierbare Glutathion seinerseits schützt eine Reihe wichtiger Enzyme mit SH-Gruppen im Zellinneren, insbesondere am Hämoglobinmolekül und in der Erythrozytenmembran, vor der Oxidation.

Die *Erythrozytenmembran* stellt ein flexibles molekulares Mosaik dar, das aus Eiweiß, Lipo- und Glykoproteinen und – wahrscheinlich – aus Arealen reiner Lipide besteht. Die Dicke der Membran liegt bei 10 nm. Die Permeabilität der Erythrozytenmembran ist für Anionen rund 1 Million mal größer als für Kationen. Membranpermeierende Stoffe können nach ihrer chemischen Natur entweder *per diffusionem* bzw. hydrodynamisch als Lösung wasserdurchlässige Poren der Membran durchdringen, oder sie können sich – Lipidlöslichkeit vorausgesetzt – durch die Lipidareale hindurchlösen. Schließlich können sich bestimmte Stoffe in leicht reversibler Form an in der Membran vorhandene Trägermoleküle binden und von diesen durch die Membran passiv oder in Form des sogenannten aktiven Transportes hindurchgeschleust werden.

Erythrozyten sind verformbar und ändern ihr Volumen in Abhängigkeit von den osmotischen Bedingungen

Verformbarkeit. Normale Erythrozyten sind durch äußere Kräfte leicht verformbar. Sie können deshalb in Kapillargefäße eintreten, deren lichte Weite geringer ist als der freie mittlere Erythrozytendurchmesser (7,5 µm). Diese leichte Verformbarkeit führt u.a. dazu, daß die relative Viskosität des Blutes in Gefäßen kleinen Durchmessers effektiv geringer ist als in Gefäßen mit einem Durchmesser weit oberhalb von 7,5 µm.

Die leichte Verformbarkeit ist an das Vorhandensein von *Hämoglobin vom Typ A* (s.S.605) gebunden. Die Bedeutung der Molekülstruktur des Hämoglobins für die Fließeigenschaften des Blutes zeigt beispielhaft die in der afrikanischen und der aus Afrika stammenden schwarzen Bevölkerung vorkommende erbliche ***Sichelzellanämie.*** Bei homozygoten Trägern des Sichelzellgens sind bis zu 50% des HbA durch *HbS* ersetzt. Die Löslichkeit von desoxygeniertem HbS beträgt nur rund 4% der Löslichkeit von HbA. Bei der Desoxygenierung einer so hoch konzentrierten Hämoglobinlösung, wie sie in Erythrozyten vorliegt, bildet HbS ein faseriges Präzipitat, das die Erythrozyten zu sichelförmigen Zellen deformiert. Wegen ihrer schlechten Verformbarkeit können die Sichelzellen kleine Gefäße verstopfen. Ursache der veränderten Viskosität des HbS ist der Ersatz lediglich der Aminosäure Glutamat in der Position 6 in der β-Kette durch Valin. Wissenschaftshistorisch markiert die Aufklärung der Ursachen der Sichelzellanämie den Beginn der systematischen Erforschung der großen Gruppe der Molekularkrankheiten [20].

Osmotische Eigenschaften. Die Eiweißkonzentration im Erythrozyten ist höher, die der kleinmolekularen Stoffe niedriger als im Plasma. Die osmotische Wirkung der höheren Eiweißkonzentration im Erythrozyten wird durch die gegenüber dem Plasma niedrigere Konzentration kleinmolekularer Stoffe osmotisch so weit kompensiert, daß ein geringer, eben für den normalen Turgor des Erythrozyten ausreichender Überdruck im Inneren bestehen bleibt (Na^+ und K^+ werden aktiv durch die Membran transportiert; Na^+ aus der Zelle hinaus und K^+ in sie hinein). Wegen der für die einzelnen Ionensorten stark unterschiedlichen, aber prinzipiell bestehenden Durchlässigkeit der Erythrozytenmembran für kleinmolekulare Stoffe führt eine Hemmung des aktiven Ionentransportes zum Ausgleich der Konzentrationsunterschiede der Ionen und damit zum Wirksamwerden des vollen kolloidosmotischen Druckgradienten (aufgrund des weiterbestehenden, höheren intrazellulären Gehaltes an Eiweißkörpern). Wasser strömt in den Erythrozyten ein, bis die Membran platzt und Hämoglobin in das Plasma übertritt. Dieser Prozeß wird als (kolloid-) ***osmotische Hämolyse*** bezeichnet.

Bei geringer osmotischer Konzentration (Hypotonie) der extrazellulären Flüssigkeit schwellen Erythrozyten lediglich an und nähern sich der Kugelform (Sphärozyten). Im hypertonischen Medium verlieren die Zellen Wasser, und es kommt durch Faltungen der Membran zu sog. *Stechapfelformen* (vgl. Abb. 21–5).

Die systematische Untersuchung der ***osmotischen Resistenz*** von Erythrozyten in Suspensionsmedien mit schrittweise vermindertem osmotischen Druck zeigt, daß bei bestimmten Erkrankungen, insbesondere bei einigen Anämieformen, die osmotische Resistenz verändert ist. Aus der Kurve in Abb. 21–6 geht hervor, daß 50% der Erythrozyten eines Gesunden beim Erreichen der Tonizität einer Lösung mit 4,3 g/l NaCl hämolysiert sind. *Lipidlösungsmittel* wie Chloroform, Äther u.ä. können durch Herauslösen der Lipidanteile der Membran zu Lecks und damit zur Hämolyse führen. Die hämolysierende Wirkung von Seifen, Saponin und synthetischen Waschmitteln beruht auf der Herabsetzung der Oberflächenspannung zwischen der wäßrigen und der Lipidphase der Membran. Die Lipide werden emulgiert und aus der Membran herausgelöst. Infolge der dabei entstehenden Membranlücken hämolysieren die Zellen.

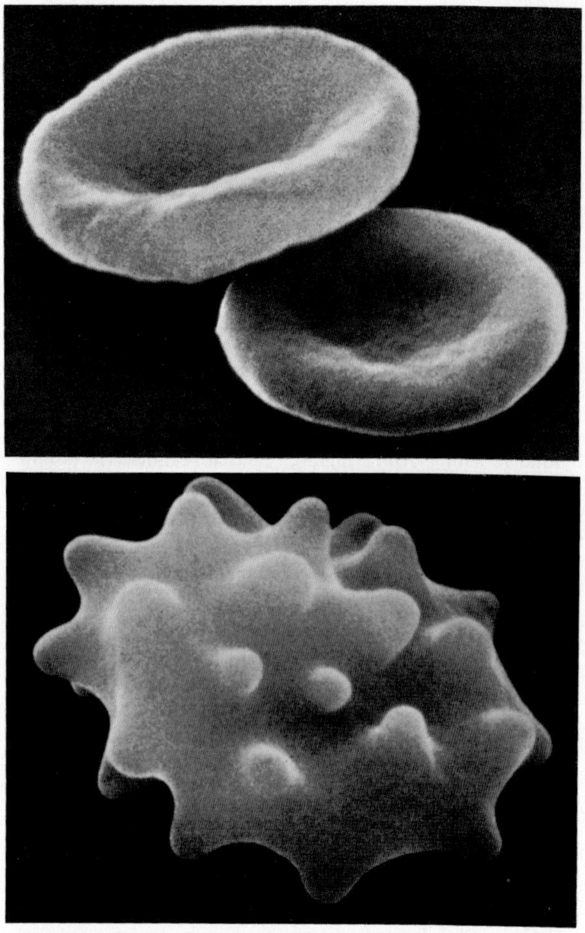

Abb. 21–5. *Oben:* Bikonkave Scheibenform normaler Erythrozyten. *Unten:* Stechapfelform (Echinozyt), die u.a. nach Einbringen von Erythrozyten in hypertone Salzlösungen auftritt. Nach [4]

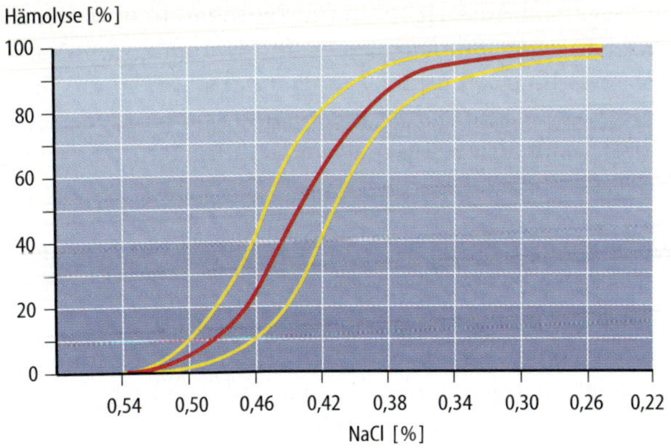

Abb. 21-6. Osmotische Resistenz von Erythrozyten. Normalkurve mit Streuung in einer 1:40 Blutverdünnung. *Ordinate:* Photometrisch gemessener Hämolysegrad in % gegenüber Totalhämolyse. *Abzisse:* % (g/dl) der verwendeten Kochsalzlösung. Nach [12]

Blutkörperchensenkungsgeschwindigkeit. Das spezifische Gewicht von Erythrozyten ist höher (1,096) als das des Plasmas (1,027), deshalb sinken sie im (ungerinnbar gemachten) stehenden Blut langsam ab. Die Blutkörperchensenkungsgeschwindigkeit (*BSG,* BKS) des gesunden Mannes beträgt 3–6 mm in der ersten Stunde, 8–10 mm bei der Frau. Besonders bei Entzündungen und bei vermehrtem Gewebezerfall (Tumoren) ist die Senkungsgeschwindigkeit erhöht. Hauptursache ist die verstärkte Neigung der Erythrozyten, sich zu größeren Aggregaten zusammenzuballen. Der Strömungswiderstand dieser *Agglomerate* ist wegen der pro Volumeneinheit kleineren effektiven Oberfläche geringer, sie sinken daher schneller als eine entsprechende Zahl von Einzelzellen gleichen Gesamtvolumens.

Die BSG wird vor allem von der Zusammensetzung der Plasmaproteine beeinflußt. Während ein Anstieg der Plasmakonzentration von Albuminen die BSG vermindert, führt v. a. die Zunahme der Konzentration von *Fibrinogen, Immunglobulinen* und *Akute-Phase-Proteinen* (s. S. 442) zu einer Senkungsbeschleunigung. Die Einzelwirkungen der genannten Plasmabestandteile auf die BSG sind dabei additiv. Plasmaproteine mit senkungsbeschleunigenden Eigenschaften werden unter dem Namen ***Agglomerine*** zusammengefaßt. Die gegensätzliche Wirkung von Albumin und Globulin auf die BSG erklärt den seit langem bekannten Befund, daß Erhöhungen der BSG mit Verschiebungen des Albumin/Globulin-Quotienten zugunsten des Globulin einhergehen.

Starke Verminderungen des Hämatokrits führen über eine Verringerung der Blutviskosität zu einem Anstieg, Vergrößerungen der Zelldichte entsprechend zu einer Abnahme der Senkungsgeschwindigkeit. Formveränderungen der Erythrozyten, wie z. B. bei der Sichelzellanämie, und starke Unregelmäßigkeiten der Erythrozytenformen (*Poikilozytose*) (z. B. bei perniziöser Anämie) erschweren die Agglomeration und bewirken so eine Verminderung der Senkungsgeschwindigkeit. Verschiedene Steroidhormone (Östrogene, Glukokortikoide) und Pharmaka (z. B. Salizylate) erhöhen die BSG.

Zur ***Messung der Senkungsgeschwindigkeit*** wird überwiegend die Methode nach Westergren benutzt. 1,6 ml Blut werden mit einer 2 ml-Spritze, die 0,4 ml einer Natriumzitratlösung enthält, aus der Kubitalvene entnommen. Das durch Zitratlösung ungerinnbar gemachte Blut wird in ein mit einer 200 Millimeter-Graduierung versehenes Westergren-Röhrchen von 2,5 mm lichter Weite gefüllt und das Röhrchen senkrecht fixiert. Es ist üblich, die Höhe des erythrozytenfreien Überstandes nach 1 und nach 2 h abzulesen [17].

21.4 Leukozyten

Leukozyten, die sich in Granulozyten, Monozyten und Lymphozyten untergliedern, sind beweglich und wandern in entzündete Gewebe

Leukozytenzahl. Leukozyten oder weiße (farblose) Blutkörperchen sind kernhaltige, hämoglobinfreie Zellen, von denen sich *4000–10 000 im μl Blut* des gesunden Erwachsenen befinden. Im Gegensatz zu den relativ konstanten Erythrozytenzahlen des Gesunden ändert sich die Zahl der Leukozyten im Blut in sehr viel weiteren Grenzen in Abhängigkeit von der Tageszeit und dem Funktionszustand des Organismus. Bei mehr als 10 000 Leukozyten im μl Blut spricht man von einer *Leukozytose,* bei weniger als 4000 von einer *Leukopenie.* Zu Leukozytosen kommt es besonders bei entzündlichen Erkrankungen und – in schwerster Form – bei Leukämien. Säuglinge und Kleinkinder weisen normalerweise höhere Leukozytenzahlen (etwa 10 000 pro μl Blut) auf als Erwachsene. Überdies ist in der frühen Kindheit der relative Anteil der Lymphozyten und Monozyten erhöht. Die Zählung der Leukozyten wird in Analyseautomaten oder mikroskopisch in Zählkammern durchgeführt. Bei beiden Methoden werden die Leukozytenkerne nach Hämolyse in hypotoner Lösung ausgezählt.

Die Leukozyten sind keine einheitliche Zellgruppe. Nach morphologischen und funktionellen Gesichtspunkten und nach ihrem Bildungsort unterscheidet man folgende 3 große Gruppen (Tabelle 21-5 und Abb. 21-3): ***Granulozyten, Monozyten und Lymphozyten.*** Alle stammen – gemeinsam mit den Erythrozyten und Thrombozyten – von den pluripotenten hämopoietischen Stammzellen ab.

Tabelle 21-5. Leukozytenzahlen (pro μl) im Blut des Gesunden. Nach [25]

	Mittelwert	(%)	Variation
Granulozyten			
Neutrophile	4150	(59)	712– 7588
Eosinophile	165	(2)	0– 397
Basophile	44	(<1)	0– 112
Monozyten	456	(7)	66– 846
Lymphozyten	2185	(31)	1029– 3341
Leukozyten	7000		2800–11200

Granulozyten und Monozyten entstehen im Knochenmark unter dem Einfluß bestimmter Glykoprotein-Gewebehormone mesenchymalen Ursprungs (*CSFs, „colony stimulating factors"*; Tabelle 21–4). Die Vorläufer der Lymphozyten sind die ersten, die von der gemeinsamen Stammzell-Linie abzweigen (Abb. 21–3). Lymphozyten werden in den sekundären lymphatischen Organen (s. S. 435) gebildet. Der spezifische Wachstumsfaktor für die Lymphozyten ist das *Interleukin-2*, das selbst von antigenstimulierten Lymphozyten gebildet wird.

Emigration. Alle Leukozyten sind amöboid beweglich. Sie können die Wände der Blutgefäße im Prozeß der *Leukodiapedese* durchdringen. Leukozyten werden durch bestimmte körpereigene und bakterielle Stoffe angelockt (*Chemotaxis*). Sie wandern in Richtung ansteigender Konzentrationen des chemotaktischen Stoffes, d. h. zum Infektions- oder Entzündungsort. Chemotaktisch wirksam sind u. a. Interleukin-8, der Komplementfaktor C5a (s. S. 441), Eikosanoide (HETE, LTB_4; s. u.) und der Plättchen-aktivierende Faktor (PAF). Leukozyten sind in der Lage, Fremdkörper zu umschließen und in sich aufzunehmen ***(Phagozytose)***. Sie verfügen – je nach Leukozytentyp – über bestimmte Enzyme, zu denen Proteasen, Peptidasen, Diastasen, Lipasen und Desoxyribonukleasen gehören. Die größte Zahl der Leukozyten (> 50 %) hält sich im extravasalen, interstitiellen Raum auf, während sich mehr als 30 % im Knochenmark befinden. Offenbar stellt das Blut für diese Zellen – mit Ausnahme der basophilen Granulozyten (s. S. 425) – vornehmlich einen Transportweg von den Bildungsstätten im Knochenmark und im lymphatischen Gewebe zu den Einsatzorten dar.

!

Unter dem Sammelbegriff Leukozyten werden drei Gruppen von kernhaltigen Blutzellen zusammengefaßt, die wichtige Aufgaben bei der Abwehr von Krankheitserregern haben: Granulozyten, Monozyten und Lymphozyten. Blut eines gesunden Erwachsenen enthält 4000–10 000 Leukozyten/µl. Granulozyten und Monozyten entwickeln sich im Knochenmark. Lymphozyten wachsen in lymphatischen Organen heran. Alle Leukozyten sind amöboid beweglich und können die Blutbahn verlassen (Leukodiapedese).

Granulozyten vernichten Krankheitskeime

Die Granulozyten, so genannt wegen der Granula, die sich nach den üblichen Fixations- und Färbeverfahren in ihrem Protoplasma finden, stammen aus dem Knochenmark (sog. myeloische Reihe). Ihre Zelldurchmesser liegen im Ausstrichpräparat zwischen 10 und 17 *µm*. *Rund 60 % der Blutleukozyten sind Granulozyten.* Nach der Anfärbbarkeit ihrer Granula unterteilt man die Granulozyten in *neutrophile, eosinophile* und *basophile* Zellen. Aus Tabelle 21–5 geht die Verteilung der drei Typen hervor.

Neutrophile Granulozyten. Etwa 50–70 % aller Leukozyten (und die überwiegende Anzahl der Granulozyten) sind Neutrophile (etwa 4500 Zellen pro µl Blut), auch polymorphkernige Leukozyten genannt. Ihre mittlere Zirkulationszeit im Blut beträgt, aufgrund der hohen Auswanderungsrate in die Schleimhautoberflächen, nur 6–8 h. Etwa 50 % der neutrophilen Granulozyten im intravasalen Raum zirkulieren nicht, sondern haften an der Endothelwand, insbesondere der Lungen- und Milzgefäße [31]. Diese *ruhenden Zellen* können in Stress-Situationen schnell *mobilisiert* werden (Kortisol- und Adrenalinwirkung). Im Beginn akuter Infektionen nimmt die Zahl der neutrophilen Granulozyten im Blut besonders rasch zu.

Die neutrophilen Granulozyten haben wichtige Funktionen im unspezifischen Abwehrsystem des Blutes (s. auch s. S. 442). Sie können glykolytisch Energie gewinnen. Das befähigt sie, auch in sauerstoffarmem, entzündetem, ödematösem, schlecht durchblutetem Gewebe zu leben. Sie bilden dort *reaktive Sauerstoffspezies*, z. B. Superoxidradikale ($O_2^{-\bullet}$), Hydroxylradikale ($^{\bullet}OH$) und Wasserstoffperoxid (H_2O_2), die Zellstrukturen zerstören und Enzyme inaktivieren. Sie phagozytieren Bakterien und Gewebetrümmer, die sie mittels ihrer *lysosomalen Enzyme* abbauen. Eiter besteht zum größten Teil aus neutrophilen Granulozyten bzw. aus ihren Trümmern. Die freiwerdenden lysosomalen Enzyme führen zur Erweichung des umgebenden Gewebes (*Abszeßdurchbruch*). Die Konzentration der von zerfallenen polymorphkernigen neutrophilen Granulozyten freigesetzte Elastase (*PMN-Elastase*) im Serum gibt diagnostische Hinweise auf den Schweregrad einer Entzündung.

In aktivierten neutrophilen Granulozyten wird aus Zellmembranen die ungesättigte Fettsäure *Arachidonsäure* freigesetzt, die Vorstufe für die Bildung von *Leukotrienen, Thromboxanen* und *Prostaglandinen* ist. Diese, auch ***Eikosanoide*** genannte Gruppe von Gewebehormonen spielt eine wichtige Rolle bei der Regelung der Gefäßweite und -permeabilität, der Entstehung von Entzündungsreaktion und Schmerzreiz und der Blutstillung (s. u.). Abb. 21–7 zeigt schematisch, wie die für die Funktionen des Blutes wichtigsten Eikosanoide gebildet werden.

Eosinophile Granulozyten. 2–4 % der Blutleukozyten sind Eosinophile (100–350 Zellen pro µl). Ihre Zahl im Blut unterliegt einer ausgeprägten 24-h-Periodik. Spätnachmittags und frühmorgens liegen die Zahlen um 20 % niedriger, um Mitternacht rund 30 % höher als der 24-h-Mittelwert. Diese Schwankungen stehen mit der

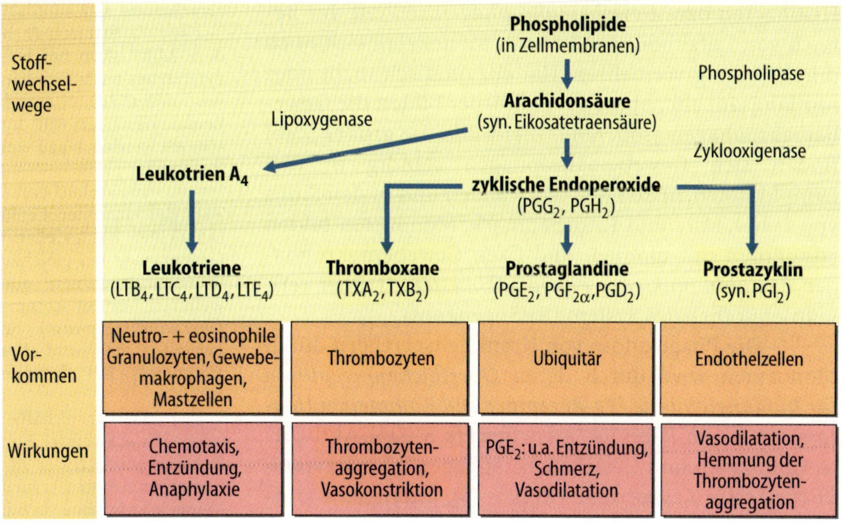

Abb. 21-7. Bildung und Wirkung von Arachidonsäurederivaten (Eikosanoiden), die als Gewebehormone die Funktionen des Blutes beeinflussen. Die gezeigten Stoffwechselwege kommen – in quantitativ unterschiedlicher Ausprägung – auch in anderen Körperzellen vor

Glukokortikoidausschüttung der Nebennierenrinde im Zusammenhang. Ein Anstieg des Glukokortikoidspiegels im Blut führt zu einer Abnahme der Zahl der Bluteosinophilen, eine Senkung zur Zunahme. Die Zellen können phagozytieren. Sie enthalten große, ovale, azidophile Granula aus Lipiden und Eiweißkörpern, die Parasiten zerstören können. Ein über die Tagesschwankungen hinausgehender Anstieg der Eosinophilenzahl, eine *Eosinophilie*, wird insbesondere bei *allergischen Reaktionen*, bei Wurminfektionen und den sog. Autoimmunkrankheiten, bei denen Antikörper gegen körpereigene Zellen gebildet werden, beobachtet.

Basophile Granulozyten. 0,5–1 % (etwa 50 Zellen pro µl) der Blutleukozyten sind Basophile. Ihre mittlere Verweildauer im Blut beträgt 12 h. Das Protoplasma enthält grobe basophile Granula, die Heparin und Histamin in salzartiger Verbindung speichern. Neuere Untersuchungen haben gezeigt, daß nach Resorption von Nahrungsfetten die Anzahl basophiler Granulozyten im peripheren Blut erhöht ist. *Durch Freisetzung von Heparin aktivieren sie die Serum-Lipolyse* mit dem sog. Klärfaktor, wobei Heparin möglicherweise die prosthetische Gruppe der Serumlipase bildet. Dieses Enzym (oder dieser Enzymkomplex) spaltet die Esterbindungen der in den Chylomikronen des Blutes an Polypeptide gebundenen Triglyzeride, wodurch die Fett-Opaleszenz des Plasmas verringert und sein Gehalt an freien Fettsäuren erhöht wird. Die Blutbasophilen tragen an ihrer Oberfläche spezifische *Rezeptoren, an die sich IgE-Antikörper* (s. S. 439) *heften*, die sich wiederum mit Antigen verbinden können, z. B. bei Heuschnupfen. Durch die Bildung dieses Immunkomplexes an der Basophilen-Oberfläche wird *Histamin* aus den Granula freigesetzt, und es kommt zu ***allergischen Symptomen***, wie Gefäßerweiterung, Hautrötung, Quaddelbildung und u. U. Bronchospasmen.

!

60 % der Leukozyten im Blut sind Granulozyten. Davon sind 50–70 % Neutrophile, 2–4 % Eosinophile und 0,5–1 % Basophile. Die phagozytierenden und mit vielen lysosomalen Enzymen ausgestatteten Neutrophilen sind die wichtigsten Zellen im unspezifischen Abwehrsystem. Die Zahl der Eosinophilen ist u. a. bei allergischen Reaktionen und Parasitenbefall erhöht. Die Basophilen enthalten Heparin und Histamin, sie tragen Antikörper und spielen eine Rolle beim Zustandekommen allergischer Reaktionen.

Monozyten phagozytieren und produzieren Zytokine

Eine zweite Gruppe von Leukozyten (mit ungranuliertem Plasma) bilden die Monozyten mit Ausstrichdurchmessern von 12–20 µm. Sie stellen *4–8 %* (im Mittel 450 Zellen pro µl) *der Blutleukozyten.* Monozyten gelangen in einem noch relativ unreifen Zustand aus dem Knochenmark in das Blut. Sie besitzen im Vergleich zu allen übrigen Leukozyten den höchsten Gehalt an unspezifischer Esterase und *übertreffen die Phagozytosekapazität sämtlicher anderer Blutzellen.* Aus dem Blut wandern die Monozyten nach ca. 2–3 Tagen in das umgebende Gewebe ein. Dort vergrößern sie sich, die Anzahl der Lysosomen und Mitochondrien im Zytoplasma nimmt zu. Die nunmehr ausgereiften Zellen werden als

Histiozyten bzw. ***Gewebemakrophagen*** seßhaft. Im Bereich von Entzündungen können Monozyten sich noch durch Teilung vermehren. Um enzymatisch nicht oder nur langsam abbaubare Fremdkörper bilden die Gewebemakrophagen *isolierende Zellwälle.* In großer Zahl finden sich Gewebemakrophagen ständig in den Lymphknoten, in den Alveolarwänden und in den Sinus von Leber, Milz und Knochenmark. Monozyten bilden zusammen mit mobilen und fixen Gewebemakrophagen das ***mononukleäre Phagozytensystem*** (früher retikulo-endotheliales System (RES) genannt).

Die Phagozytose von Krankheitserregern durch Monozyten wird durch deren *Oberflächenrezeptoren für Immunglobuline (Fc-Rezeptor) und Komplementfaktoren (z. B. C3b-Rezeptor)* erleichtert (s. S. 443). Aktivierte Monozyten und Gewebemakrophagen bilden *zytotoxische Stoffe, Leukotriene* (Abb. 21–9), *Interleukin-1, Interferone* (s. S. 442) und andere Zytokine (nach ihrem Ursprung auch ***Monokine*** genannt, Tabelle 21–4).

Lymphozyten vermitteln die spezifische Immunabwehr

25–40 % der Blutleukozyten (1000–3600 Zellen pro µl) des Erwachsenen sind Lymphozyten, bei kleinen Kindern sogar über 50 %.

Lymphozytenvermehrung auf über 4000 Zellen/µl beim Erwachsenen und entsprechende Erhöhung der Zahl bei Kindern wird als *Lymphozytose,* ein Unterschreiten der Normalwerte als *Lymphopenie* bezeichnet. Bildungsorte der Lymphozyten sind Lymphknoten, lymphatische Organe wie Tonsillen, Peyersche Plaques, Appendix, Adenoide, Milz, Thymus und das Knochenmark. Nach ihren Funktionen und nach ihrer Vorgeschichte unterscheidet man zwei Hauptgruppen von Lymphozyten, die B- und die T-Lymphozyten (s. S. 436). Lymphozyten sind die Funktionsträger des *spezifischen Immunsystems* (s. S. 435).

> **!**
>
> 7 % der Leukozyten im Blut sind Monozyten. Sie sind besonders aktive Phagozyten. Nach 2–3 Tagen im Blut wandern sie in das Gewebe und werden als Histiozyten oder Gewebemakrophagen seßhaft. Sie haben Rezeptoren für Immunglobuline und Komplementfaktoren und können zytotoxische Stoffe freisetzen.
>
> 25–40 % der Leukozyten im Blut sind Lymphozyten. Sie lösen spezifische Immunreaktionen aus.

Bestimmung der Zahl der Leukozyten und Pathophysiologie

Zur Bestimmung der Anzahl der einzelnen Leukozytenarten im Blut färbt man einen luftgetrockneten Objektträgerausstrich von Kapillarblut mit standardisierten Gemischen aus sauren und basischen Farbstoffen (z. B. nach Giemsa) und differenziert unter dem Mikroskop bei hoher Vergrößerung die einzelnen Leukozytenarten nach färberischen und strukturellen Kriterien (*Differentialblutbild*). Nichtmikroskopisch können die verschiedenen Leukozytenarten mit der Methode der Durchflußzytometrie bestimmt werden. Dazu werden sie mit Hilfe spezifischer Antikörper markiert.

Im Verlauf von Infektionskrankheiten verändert sich die Zahl der einzelnen Leukozytenarten in charakteristischer Weise. Bei akuten bakteriellen Infekten tritt zunächst eine neutrophile Leukozytose bei gleichzeitiger Abnahme der Lymphozyten- und Eosinophilenzahlen auf (sog. *neutrophile Kampfphase*). Im weiteren Verlauf kommt es zu einer Monozytose (*monozytäre Überwindungsphase*). Schließlich klingt der Infekt mit einer Lymphozytose und Eosinophilie ab (*lymphozytär-eosinophile Heilphase*). Bei chronischen Infekten tritt eine Lymphozytose auf.

Der krankhafte Mangel an Leukozyten, die *Leukopenie* oder – in schwerster Form – die *Agranulozytose,* führt zu einem Zusammenbruch der Abwehr gegen bakterielle Infektionen. Die Leukopenie betrifft vornehmlich die Neutrophilen. Ursache des Mangels kann eine verminderte Zellproduktion oder ein rascheres Verschwinden der Zellen aus der Blutbahn sein. Wie bei der Entwicklung der Erythrozyten können auch hier physikalische (ionisierende Strahlen) oder chemische (Benzol, Zytostatika etc.) Noxen die Vermehrung und Reifung der Stamm- bzw. determinierten Vorläuferzellen im Knochenmark bremsen. Akute schwerste Infekte (z. B. die Sepsis und Miliartuberkulose) sowie Krankheiten, die mit einer Vergrößerung der Milz (Splenomegalie) einhergehen, führen zu einer Leukopenie.

Bei der *Leukämie* kommt es zur unkontrollierten (krebsartigen) Vermehrung von Leukozyten. Die in zu großer Zahl gebildeten Zellen sind meistens nicht ausdifferenziert und nicht in der Lage, ihre physiologischen Funktionen – insbesondere die bei der Abwehr bakterieller Infektionen – auszufüllen. Nach dem Herkunftsort der leukämischen Zellen unterscheidet man lymphatische und myeloische Leukämien.

21.5 Thrombozyten

Membranbestandteile und Inhaltsstoffe der Thrombozyten sind für die Blutstillung notwendig

Mit der in der Klinik üblichen mikroskopischen Methode zur Bestimmung der Thrombozytenzahl im Blut (nach Fonio) findet man beim gesunden Erwachsenen 150 000–350 000 Blutplättchen pro µl. Die flachen, unregelmäßig runden, kernlosen Thrombozyten haben Längsdurchmesser von 1–4 µm und eine Dicke von 0,5–0,75 µm. Sie entstehen als Abschnürung des Zytoplasmas von *Megakaryozyten* (Abb. 21–3). Aus einer Knochenmarkriesenzelle können 1000 Thrombozyten geformt werden. Die Megakaryozytenbildung wird durch Zytokine (v. a. *Interleukin-3* und *Interleukin-6*) stimuliert. Außerdem gibt es einen spezifischen Megakaryozytenwachstumsfaktor (Thrombopoietin), der v. a. in der Leber produziert wird. Die *Verweildauer* der Thrombozyten im Blut beträgt 5–11 Tage. Thrombozyten werden in Leber, Lunge und Milz abgebaut. Die im Blut zirkulierenden Thrombozyten befinden sich in einem *„Ruhezustand"*. Sie können in verletzten Gefäßen durch *Oberflächenkontakt* und durch bestimmte Blutgerinnungsfaktoren in einen *aktivierten Zustand* überführt werden. Aktivierte Thrombozyten setzen Inhaltsstoffe frei, die für die ***Blutstillung*** notwendig sind.

Im Elektronenmikroskop sieht man unter der die Blutplättchen umgebenden Membran eine Zone scheinbar unstrukturierten Protoplasmas, das *Hyalomer.* Erst nach Aktivierung der Plättchen werden im Protoplasma Mikrofilamente erkennbar, die aus Aktin, Myosin und Tropomyosin bestehen. Weiter innen liegt die Organelenzone, das *Granulomer,* das Mitochondrien, Glykogenvesikel und Granula enthält. Thrombozyten verfügen über die Enzyme der Glykolyse, des Pentosephosphatzyklus, des Zitronensäurezyklus, der Atmungskette und über ATPase. Ihr Gehalt an ATP ist hoch. Unter den morphologisch und in ihrer chemischen Zusammensetzung differenten Granula unterscheidet man sog. *elektronendichte Granula, α-Granula* und *Lysosomen* (Tabelle 21–6). Die Inhaltsstoffe der elektronendichten Granula und der α-Granula werden bei der Plättchenaggregation freigesetzt und spielen eine wichtige Rolle bei der Blutstillung (s. u.); die Bedeutung der lysosomalen Enzyme der Thrombozyten ist nicht genau bekannt. Der für die Blutgerinnung besonders wichtige ***Plättchenfaktor 3*** ist im engeren Sinne kein Inhaltsstoff der Thrombozyten [33]. Als *Phospholipoproteinkomplex* ist er Bestandteil der äußeren Thrombozytenmembran. Außerdem sind Thrombozyten befähigt, aus Zellmembranen Arachidonsäure freizusetzen und in *Thromboxane* umzubauen (Abb. 21–7), die ihrerseits die Aggregationsneigung der Plättchen steigern.

Finden sich weniger als 60 000 Blutplättchen pro µl Blut (Thrombozytopenie), dann kommt es zur erhöhten Blutungsneigung (*hämorrhagische Diathese*) und u. U. zu kleinen punktförmigen (*petechialen*) Blutaustritten aus den Kapillaren aller Organe, zur *thrombozytopenischen Purpura.* Ursachen einer Thrombozytopenie können eine verminderte Bildung von Thrombozyten (*Amegakaryozytose*) aufgrund einer Knochenmarksschädigung (z. B. durch ionisierende Strahlen, durch Mitosegifte oder durch neoplastische oder chronisch entzündliche Prozesse) oder ein gesteigerter Abbau von Thrombozyten sein (z. B. bei Immunreaktionen, Virusinfektionen, Verbrauchskoagulopathie).

Außerdem gibt es angeborene hämorrhagische Diathesen, bei denen die Thrombozytenzahl normal ist, aber die Speicherfähigkeit der α-Granula („*Gray-platelet-Syndrom*") oder der elektronendichten Granula („*Storage pool Disease*") eingeschränkt ist.

Tabelle 21–6. Inhaltsstoffe der Thrombozytengranula. Nach [33]

Elektronendichte Granula	α-Granula	Lysosomen
Anionen ATP, ADP, GTP, GDP, anorganische Phosphate *Kationen* Kalzium, Serotonin	*Plasma(gleiche)-Proteine* Fibrinogen, Gerinnungsfaktoren V und VIII, Fibronektin, Albumin, Kallikrein, α_2-Antiplasmin, Thrombospondin *Plättchenspezifische Proteine* Plättchenfaktor 4 (Antiheparin), β-Thromboglobulin, Wachstumsfaktor („platelet derived growth factor")	*Saure Hydrolasen* β-Hexosaminidase β-Galaktosidase β-Glukuronidase β-Arabinosidase β-Glyzerophosphatase Arylsulfatase

! Die kernlosen kleinen Thrombozyten im Blut (150 000 - 350 000/µl) werden an verletzten Gefäßwänden aktiviert. Dabei geben sie Membranbestandteile und Inhaltsstoffe ihrer Granula ab, die die Blutstillung einleiten.

21.6 Blutstillung und -gerinnung

Durch die Adhäsion und Aggregation von Thrombozyten und die nachfolgende Fibrinbildung kommt die Blutung zum Stillstand

Thrombozytenadhäsion. Nach Verletzungen, bei denen es zur Eröffnung kleiner Blutgefäße gekommen ist, hört die Blutung beim Gesunden nach 1–3 min von selbst auf (*Blutungszeit*). Diese vorläufige, ***primäre Hämostase*** kommt vornehmlich durch *Vasokonstriktion* und den mechanischen Verschluß kleiner Gefäße durch einen *Thrombozytenpfropf* zustande. An den Bindegewebsfasern der Wundränder bleiben Blutplättchen haften. Diese ***Adhäsion*** der Plättchen wird v. a. durch den *von-Willebrand-Faktor* (vWF) vermittelt. Der vWF ist ein oligomeres Glykoprotein, das subendothelial und in Blutplättchen vorkommt. Außerdem findet er sich im Plasma, wo er den Gerinnungsfaktor VIII gebunden hält (daher der frühere Name: Faktor VIII assoziiertes Antigen). Der vWF bildet Brücken zwischen den subendothelialen Strukturen und einem spezifischen Rezeptor (Glykoprotein Ib) der Thrombozytenmembran (Abb. 21–8). Außerdem besitzen Blutplättchen Rezeptoren für *subendotheliale Matrixproteine* wie Kollagen, Fibronektin oder Laminin.

Umformung und Aggregation. Bei der Adhäsion formen die Plättchen sich um. Sie werden kugelig und bilden stachelartige Fortsätze (Abb. 21–8). Die Aktin/Myosinfilamente, die die Plättchen verformen, werden durch Ca^{2+}-Ionen aktiviert. Unter der Einwirkung von ADP (z.T. aus verletzten Zellen) kommt es zur – zunächst *reversiblen – Aggregation* [29]. Die ADP-Wirkung wird durch Kollagen, Thrombin, Adrenalin, Serotonin, Thromboxan A_2 (s. unten) und den sog. plättchenaktivierenden Faktor (PAF, ein Phospholipid aus Leukozyten) verstärkt. ADP und seine Agonisten bewirken eine Konformationsänderung bestimmter Rezeptoren (Glykoproteine IIb und IIIa) der Thrombozytenmembran. An diese Rezeptoren bindet nun *Fibrinogen* und verknüpft so zunehmend viele Blutplättchen (Abb. 21-8).

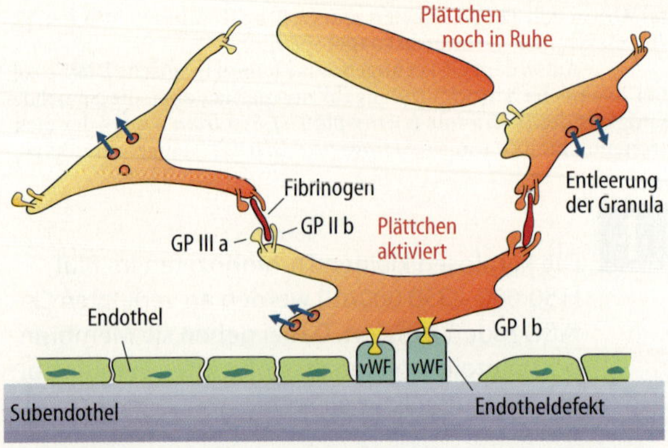

Abb. 21-8. Entwicklung eines Thrombozytenpfropfes an einer verletzten Gefäßwand. Aktivierte Thrombozyten verformen sich, bilden Glykoproteinrezeptoren (*GP*) und entleeren ihre Granula. Der an subendotheliale Strukturen bindende von-Willebrand-Faktor (vWF) heftet die Plättchen (über Rezeptor GP Ib) an die Gefäßwand (Thrombozytenadhäsion). An andere Rezeptoren (hier GP IIb und GP IIIa für Fibrinogen) binden bestimmte Proteine, die die Thrombozyten untereinander verknüpfen (Thrombozytenaggregation)

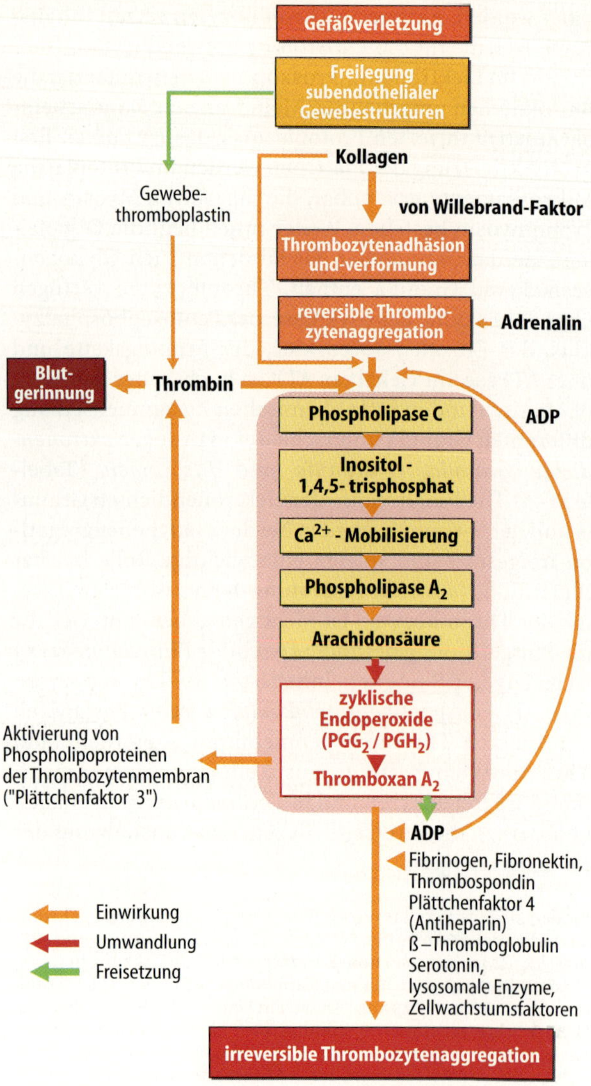

Abb. 21-9. Ablauf der Thrombozytenaktivierung. (Zur Vereinfachung ist ein einzelnes Blutplättchen gezeigt). Im Organismus aktivieren Thromboxan A_2 und die aus den Granula freigesetzten Stoffe zahlreiche andere Thrombozyten in der Nachbarschaft

Thrombin, das in dieser Phase der Gerinnung in geringen Mengen unter der Wirkung von Gewebethromboplastin (s. u.) aus Prothrombin entsteht, reagiert ebenfalls mit spezifischen Rezeptoren der Thrombozytenmembran und bewirkt – verstärkt durch ADP – *die Phosphorylierung intrazellulärer Proteine* und die *Freisetzung von Ca^{2+}-Ionen* in den Thrombozyten (Abb. 21–9). Hierdurch wird die Ca^{2+}-abhängige Phospholipase A_2 aktiviert, die die Freisetzung von Arachidonsäure katalysiert. Diese wird durch das Enzym *Zyklooxygenase* in die zyklischen Endoperoxide PGG_2 und PGH_2 und weiter in die Thromboxane A_2 und B_2 (relativ unwirksam) umgewandelt (Abb. 21–7 und 21–9). Die Endoperoxide und Thromboxan A_2 lösen die Aggregation und Strukturauflösung weiterer Plättchen aus, die daraufhin ihre Inhaltsstoffe freisetzen (***Freisetzungsreaktion***). U. a. werden das vasokonstriktorisch wirksame Serotonin, gespeicherte Katecholamine, ADP und Thrombospondin frei. Die verletzten Gefäße werden durch die vasokonstriktorischen Substanzen verengert und durch die an den Kollagenfasern anhaftenden Blutplättchen verstopft. Überdies steigert Thromboxan A_2 die Gefäßverengung. Infolge der Strukturauflösung der Thrombozyten werden innere Phospholipoproteine der Zellmembran von außen zugänglich. Die wichtige Rolle dieser – als *Plättchenfaktor 3* bezeichneten – Lipoproteine bei der Blutgerinnung wird weiter unten besprochen.

Das aus den α-Granula der Plättchen (Tabelle 21–6) freigesetzte *Thrombospondin* bewirkt den Übergang in die ***irreversible Aggregation.*** Durch Anbindung dieses großen Glykoproteins werden die Fibrinogenbrücken, die die Plättchen vernetzen, stabilisiert.

Die *zeitliche Folge* der beschriebenen Ereignisse bei der Thrombozytenaktivierung ist in den Einzelheiten noch nicht sicher bekannt. Dies beruht z. T. darauf, daß bei einigen Reaktionsschritten positive Rückkoppelung erfolgt, d. h. aktivierte Plättchen bilden Stoffe, welche ihrerseits neue Plättchen aktivieren. Ein Beispiel hierfür ist die Freisetzung und Wirkung von ADP. Ein anderes Beispiel betrifft die Aktivierung von Plättchenfaktor 3 und die Wirkung von Thrombin (Abb. 21–9). Auf diese Weise werden *lawinenartig immer mehr Thrombozyten* in die Reaktion einbezogen.

Eine Ausbreitung der Plättchenaggregation über den verletzten Gefäßbereich hinaus wird dadurch verhindert, daß das umgebende – intakte – Endothel kontinuierlich *Prostazyklin* freisetzt, das sich an die Plättchen bindet. Prostazyklin hemmt die Thrombozytenaggregation. Es aktiviert die membranständige Adenylatzyklase und erhöht so die cAMP-Konzentration in den Plättchen. *cAMP stabilisiert Thrombozyten.* Außerdem steigert es den Rückstrom der Ca^{2+}-Ionen aus dem Zytosol in die elektronendichten Granula.

Endotheldefekte können auch ohne äußere Verletzung die Thrombozytenaggregation in Gang setzen. In der Klinik wird versucht, das Auftreten von ***Thrombosen*** durch die Verabreichung von Medikamenten (z. B. Azetylsalizylsäure) zu verhindern, welche die Enzymaktivität der Zyklooxygenase und somit die Thromboxansynthese hemmen (Abb. 21–7). Zudem ist die anti-aggregatorische Wirkung von Zyklooxygenasehemmstoffen zu beachten, wenn diese therapeutisch bei entzündlichen oder rheumatischen Erkrankungen gegeben werden.

Blutgerinnung. Nach Abschluß der Bildung des Thrombozytenpfropfes (*weißer Abscheidungsthrombus*) läßt die Vasokonstriktion im Verletzungsbereich nach, und es bestände die Gefahr einer erneuten Blutung durch das Herausspülen des Verschlußpfropfes. Inzwischen ist jedoch im Prozeß der ***sekundären Hämostase*** die Fibringerinnung so weit fortgeschritten, daß die verletzten Gefäße durch Blutgerinnsel endgültig verschlossen sind (*roter Abscheidungsthrombus,* der andere Blutzellen, wie Erythrozyten, mit einschließt).

Die zur Blutgerinnung führenden Hauptschritte sind schon lange bekannt. Bereits 1905 hat Morawitz das heute noch gültige Grundschema beschrieben (Abb. 21–10). Blut gerinnt außerhalb des Körpers in wenigen Minuten. Beim Zerfall von Thrombozyten entsteht der sog. Prothrombinaktivator (syn. Thrombokinase), der den Plasmaeiweißkörper ***Prothrombin*** in Thrombin umwandelt. Thrombin spaltet aus dem im Plasma gelösten ***Fibrinogen*** Fibrin ab, welches das fädige Gerüst der Gerinnsel bildet. Durch die Umwandlung von Fibrinogen in den Faserstoff Fibrin geht das Blut aus dem flüssigen zunächst in einen gallertartigen Zustand über.

Nachgerinnung. Innerhalb einiger Stunden trennt sich durch *Retraktion* (Zusammenziehung) der Fibrinfäden die gallertartige Masse in den halbfesten roten sogenannten *Blutkuchen,* der die Blutzellen in den Zwischenräumen eines Maschenwerkes aus Fibrinfäden enthält, und eine darüberstehende klare gelbliche Flüssigkeit, das Serum (fibrinogenfreies Plasma). Auch an diesem Prozeß sind die Thrombozyten beteiligt. Sie enthalten nämlich ***Thrombosthenin,*** ein aktomyosinähnliches Protein, das sich unter ATP-Spaltung kontrahieren kann. Durch die Retraktion wird das Gerinnsel mechanisch verfestigt, die Wundränder werden zusammengezogen und so günstige Bedingungen für das *Einsprossen von Bindegewebszellen* geschaffen.

Den Blutgerinnungsvorgängen kann später eine Phase der ***Fibrinolyse*** folgen, in der sich das Gerinnsel auflöst und schließlich das Gefäß wieder durchgängig wird.

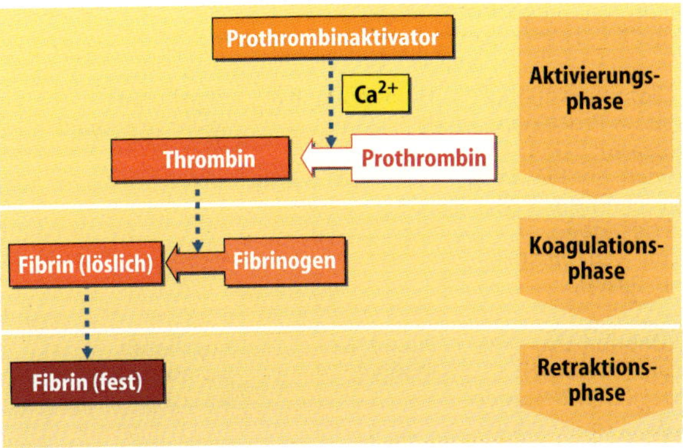

Abb. 21–10. Schema der Blutgerinnung nach Morawitz

Am Gerinnungsablauf ist eine Vielzahl von Enzymen und Kofaktoren beteiligt

Das in Abb. 21–10 gezeigte Grundschema ist durch eine Reihe weiterer Faktoren ergänzt worden, die für einen normalen Ablauf der Gerinnung notwendig sind. Das Fehlen eines einzelnen Faktors kann die Thrombinbildung beeinträchtigen und eine Blutgerinnungsstörung verursachen (Tabelle 21–7). Die verschiedenen Gerinnungsfaktoren kennzeichnet man mit Eigennamen oder – eindeutiger – mit römischen Ziffern. Im allgemeinen handelt es sich um *proteolytische Enzyme* (die Faktoren XII, XI, X, IX, VII, II und Kallikrein sind Serinproteasen), die *im Plasma in inaktiver Form* als Proenzyme vorliegen und sich erst bei Einleitung der Gerinnung in einer *kaskadenartig* ablaufenden Kette von Reaktionen gegenseitig aktivieren. Die aktive Form der Faktoren wird durch ein abgesetztes a gekennzeichnet (z. B. II_a).

Einleitende Schritte der Gerinnung. Bei der Zerstörung von Gewebezellen und der Aktivierung von Thrombozyten werden *Phospholipoproteine* wirksam, die *zusammen mit den plasmatischen Faktoren* der Gerinnung den Prothrombinaktivator bilden. Dieser stellt einen *Enzymkomplex* dar, an dem die Faktoren X_a und V_a, die Phospholipoproteine und ionisiertes Kalzium beteiligt sind. Nach der Herkunft der beteiligten Lipoproteine unterscheidet man zwischen dem *Prothrombinaktivator des Gewebes* und dem des Blutes. Man spricht vom *extrinsischen System* der Gerinnung, wenn Phospholipoproteine aus verletzten Gefäß- und Bindegewebezellen, und vom *intrinsischen System* der Gerinnung, wenn plasmatische Gerinnungsfaktoren den Prozeß auslösen. Im Organismus ergänzen sich beide Systeme (Abb. 21–11).

Der *extrinsische Mechanismus* wird dadurch in Gang gesetzt, daß sich die aus Gewebezellen freigesetzten Lipoproteine (***Gewebethromboplastin***) zunächst mit dem *Gerinnungsfaktor VII* verbinden. Der aktivierte Faktor VII (VIIa) kann nun in Anwesenheit von *Ca^{2+}-Ionen* den *Faktor X* aktivieren.

Der *intrinsische Mechanismus* wird dadurch gestartet, daß der *Faktor XII* mit negativ geladenen Oberflächen wie Kollagen oder – *in vitro* – mit Glas in Berührung kommt. Außerdem sind an der Aktivierung

Tabelle 21–7. Blutgerinnungsfaktoren; α aktivierte Formen. Nach [16, 23]

Faktor	Bezeichnung, Synonym	Wichtigster Bildungsort	MG	Konzentration im Plasma Mittelwert (μmol/l)	Eigenschaft, Funktion	Mangelsyndrom	
						Bezeichnung	Ursache
I	Fibrinogen	Leber	340 000	8,8	lösliches Eiweiß, Vorstufe des Fibrins	Afibrinogenämie Fibrinogenmangel	Angeboren (autosomal rezessiv); Verbrauchskoagulopathie Leberparenchymschaden
II	Prothrombin	Leber (Vitamin-K-abhängig)	72 000	1,4	α_1-Globulin, Proenzym des Thrombins (Protease)	Hypoprothrombinämie	Angeboren (autosomal rezessiv); Leberschäden, Vitamin-K-Mangel Verbrauchskoagulopathie
III	Gewebethromboplastin	Gewebezellen			Phospholipoprotein; aktiv im extrinsischen Gerinnungssystem		
IV	Ca^{2+}	–		2500	Notwendig bei der Aktivierung der meisten Gerinnungsfaktoren		
V	Proakzelerin, Akzeleratorglobulin	Leber	330 000	0,03	lösliches β-Globulin, bindet an Thrombozytenmembran; aktiviert durch Faktor II_a und Ca^{2+}; FV_a ist Bestandteil des Prothrombinaktivators	Parahämophilie, Hypoproakzelerinämie	Angeboren (autosomal rezessiv); Lebererkrankungen
VI	Entfällt (aktivierter Faktor V)						
VII	Prokonvertin	Leber (Vitamin-K-abhängig)	63 000	0,03	α-Globulin, Proenzym (Protease); Faktor VII_a aktiviert mit Faktor III und Ca^{2+} den Faktor X im extrinsischen System	Hypoprokonvertinämie	Angeboren (autosomal rezessiv); Vitamin-K-Mangel
VIII	Antihämophiles Globulin, AHG	? (vWF: Endothel, Megakaryozyten)	$2{,}6 \times 10^5$ bis 1×10^7 (polymere Komplexe mit vWF)	<0,0004	β_2-Globulin, bildet Komplex mit *von-Willebrand*-Faktor; aktiviert durch Faktor II_a und Ca^{2+}; Faktor VIII_a ist Kofaktor bei der Umwandlung von Faktor X in Faktor X_a	Hämophilie A (klassische Hämophilie) *von-Willebrand*-Syndrom	Angeboren (x-chromosomal rezessiv) Angeboren (meist autosomal dominant)
IX	Christmas-Faktor	Leber (Vitamin-K-abhängig)	57 000	0,09	α_1-Globulin, kontaktsensibles Proenzym (Protease); Faktor IX_a aktiviert mit Plättchenfaktor 3, Faktor VIII_a und Ca^{2+} den Faktor X im intrinsischen System	Hämophilie B	Angeboren (x-chromosomal rezessiv)
X	Stuart-Prower-Faktor	Leber (Vitamin-K-abhängig)	60 000	0,2	α_1-Globulin, Proenzym (Protease); Faktor X_a ist Bestandteil des Prothrombinaktivators	Faktor-X-Mangel	Angeboren (autosomal rezessiv)

Tabelle 21–7 (Fortsetzung)

Faktor	Bezeichnung, Synonym	Wichtigster Bildungsort	MG	Konzentration im Plasma Mittelwert (μmol/l)	Eigenschaft, Funktion	Mangelsyndrom	
						Bezeichnung	Ursache
XI	Plasmathromboplastin-antecedent, PTA	?	160 000	0,034	γ-Globulin, kontaktsensibles Proenzym (Protease); Faktor XI_a aktiviert zusammen mit Ca^{2+} den Faktor IX	PTA-Mangel	Angeboren (autosomal rezessiv); Verbrauchskoagulopathie
XII	Hageman-Faktor	?	80 000	0,45	β-Globulin, kontaktsensibles Proenzym (Protease) (d. h. Formänderung bei Kontakt mit Oberflächen); aktiviert durch Kallikrein	Hageman-Syndrom (klinisch meist inapparent)	Angeboren (meist autosomal rezessiv); Verbrauchskoagulopathie
XIII	Fibrinstabilisierender Faktor	Megakaryozyten	320 000	0,1	β-Globulin, Proenzym (Transamidase); Faktor XIII_a bewirkt die Fibrinvernetzung	Faktor-XIII-Mangel	Angeboren (autosomal rezessiv); Verbrauchskoagulopathie
	Präkallikrein, Fletcher-Faktor	?	90 000	0,34	β-Globulin, Proenzym (Protease); aktiviert durch Faktor XII_a; Kallikrein unterstützt Aktivierung von Faktor XII und Faktor XI	Mangel klinisch meist inapparent	Angeboren
	Hoch molekulares Kininogen, Fitzgerald-Faktor	?	160 000	0,5	α-Globulin; unterstützt Kontaktaktivierung von Faktor XII und Faktor XI	Mangel klinisch meist inapparent	Angeboren

und Wirkung von Faktor XII hochmolekulares Kininogen und proteolytische Enzyme wie Kallikrein, Thrombin oder Trypsin beteiligt. In der Folge werden die *Faktoren XI* und *IX* aktiviert. Faktor IX_a bildet gemeinsam mit *Plättchenfaktor 3* und *Ca^{2+}-Ionen* einen Enzymkomplex, der proteolytisch Faktor X aktiviert. Diese Reaktion wird durch *Faktor VIII_a* stark beschleunigt. Faktor VIII wird seinerseits durch inzwischen gebildetes Thrombin aktiviert.

Zwischen den extrinsischen und den intrinsischen Prozessen gibt es in mehreren Phasen funktionelle Querverbindungen, sog. *alternative Wege der Gerinnung* [36]. So können der extrinsische Faktor VII_a und Gewebethromboplastin auch den intrinsischen Faktor IX aktivieren. Folglich werden bei einem Mangel an Faktor VIII oder IX ausgeprägtere hämorrhagische Diathesen beobachtet als bei einem Mangel an Faktor XI oder XII, da im letzteren Fall Faktor IX alternativ durch Faktor VII_a aktiviert werden kann. Andererseits kann Faktor VII durch Spaltprodukte von Faktor XII und durch Faktor IX_a aus dem intrinsischen System aktiviert werden. Außerdem kommen einige der „plasmatischen" Gerinnungsfaktoren auch in Thrombozyten vor (vgl. Tabelle 21–6 und 21–7).

Thrombinbildung. Der Prothrombinaktivator spaltet proteolytisch aus dem inaktiven Proenzym ***Prothrombin*** (MG 72 000) das enzymatisch aktive ***Thrombin*** (MG 35 000) ab. Im Plasma des Gesunden finden sich 0,10–0,15 g/l Prothrombin. Zu seiner Bildung – ebenso wie für die Bildung der Faktoren VII, IX und X – in der Leber muß *Vitamin K* vorhanden sein. Mangel an Vitamin K (z. B. durch Behinderung der Fettresorption im Darm) führt zu Störungen der Blutgerinnung. Die *Halbwertszeit* von Prothrombin im Plasma beträgt 1,5–3 Tage. Thrombin ist eine Peptidase, die besonders aktiv Arginylbindungen spaltet und zu einer teilweisen Proteolyse des Fibrinogenmoleküls führt.

Fibrinbildung. Das aus zwei gleichen Untereinheiten zusammengesetzte, dimere ***Fibrinogen*** (MG 340 000) wird zunächst in seine beiden Untereinheiten aufgetrennt, die aus je drei Polypeptidketten (α, β, γ) bestehen. *Thrombin* spaltet dann in den zwei α- und den zwei β-Ketten vier Arginylglyzinbindungen und setzt so die *Fibrinopeptide A* und *B* frei, die beide vasokonstriktorisch wirken. Die nach der Abspaltung der

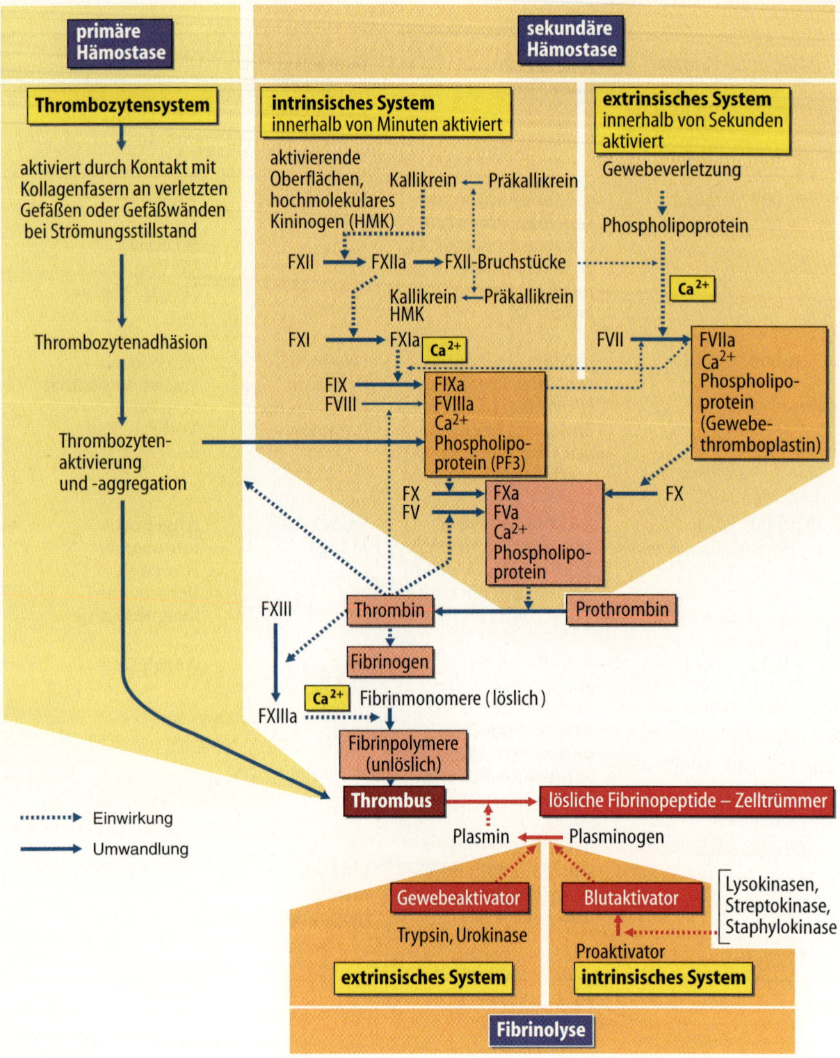

Abb. 21–11. Schema der Blutgerinnung und Fibrinolyse. Gerinnungsfaktoren vgl. Tabelle 21–7 (PF 3 = Plättchenfaktor 3). Nach [11, 24, 36]

Fibrinopeptide zurückgebliebenen Fibrinmonomere lagern sich zunächst unter der Wirkung elektrostatischer Kräfte längs-parallel zu Fibrinpolymeren aneinander. Zu dieser ***Polymerisation*** bedarf es der Anwesenheit von Fibrinopeptid A, eines Plasmafaktors und Kalziums. Das entstandene Gel kann durch Zusatz von Reagenzien, die Wasserstoffbrücken lösen (wie z. B. Harnstoff), wieder verflüssigt werden. Erst unter der Wirkung des durch Thrombin in Gegenwart von Ca^{2+} aktivierten ***fibrinstabilisierenden Faktor*** $\boldsymbol{XIII_a}$, einer Transglutaminase, entstehen kovalente Bindungen zwischen den Fibrinmonomeren, wodurch diese sich verfestigen. Faktor XIII findet sich im Zytosol der Thrombozyten und im Plasma (Tabelle 21–7). Die endgültige mechanische Struktur des zunächst noch lockeren dreidimensionalen Maschenwerkes aus Fibrinfäden, das Zellen und Blutplättchen in großer Zahl gefangen hält, wird erst mit der Retraktion erzielt (s. o.).

!

Unter primärer Hämostase versteht man den initialen Stillstand kleinerer Blutungen durch Vasokonstriktion und Abdichtung des Gefäßdefektes. Eine wesentliche Rolle spielen dabei Thrombozyten, die an subendothelialen Strukturen haften (Adhäsion), sich verformen, ihre Granula entleeren, Thromboxan produzieren und weitere Thrombozyten an sich binden (Aggregation). Verschiedene plasmatische und thrombozytäre Faktoren, die an Thrombozytenrezeptoren binden, intrazellulär die Ca^{2+}-Konzentration erhöhen und die cAMP-Konzentration senken, fördern die Aggregation (Thrombin, ADP, Thromboxan, Fibrinogen). Prostazyklin wirkt entgegengesetzt und stabilisiert Thrombozyten. Im Prozeß der sekundären Hämostase wird die verletzte Gefäßstelle durch den roten

Abscheidungsthrombus fest verschlossen. Er wird durch ein Fasernetz aus Fibrin zusammengehalten. Die Fibrinbildung aus Fibrinogen wird durch Thrombin katalysiert. Thrombin entsteht aus Prothrombin nach Ablauf einer Kettenreaktion, an der eine Vielzahl plasmatischer und zellulärer Faktoren beteiligt sind.

Das fibrinolytische Plasmin und andere Serinproteasen verhindern eine übersteigerte Gerinnselbildung

Bedeutung der Fibrinolyse. Dem Prozeß der Blutgerinnung steht ein ähnlich komplexer Vorgang gegenüber, der zur Fibrinolyse, zur Auflösung von Fibringerinnseln, führt (Abb. 21–11). Auch im intakten Organismus wird ständig eine gewisse Menge von Fibrinogen in Fibrin umgewandelt. Im funktionellen Gleichgewicht hält jedoch der ebenfalls ständig ablaufende fibrinolytische Prozeß dieser Fibrinbildung die Waage. Erst nach zusätzlicher Aktivierung des Gerinnungssystems durch Verletzungen überwiegt dann am Ort der Verletzung zunächst die Fibrinbildung, und es kommt lokal zur manifesten Gerinnung.

Aktivierung der Fibrinolyse. Unter den Globulinen der Plasmaeiweißkörper findet sich das ***Plasminogen*** (MG 81 000). Dieser Stoff kann, ähnlich wie das Prothrombin, durch Gewebe- oder durch Blutfaktoren (Fibrinolysokinasen) analog dem extrinsischen und dem intrinsischen System bei der Blutgerinnung in seine aktive Form ***Plasmin*** umgewandelt werden. Plasmin löst das Fibrin der Blutgerinnsel auf. Plasmin ist eine Serinprotease mit besonderer Affinität zu Fibrin, aus dem sie lösliche Peptide abspaltet, die zudem die Thrombinwirkung und somit die weitere Bildung von Fibrin hemmen. Plasmin spaltet außerdem Fibrinogen, Prothrombin und die Gerinnungsfaktoren V, VIII, IX, XI und XII. Plasmin bewirkt daher nicht nur die Auflösung von Blutgerinnseln, sondern auch eine Verminderung der Blutgerinnungsfähigkeit.

Die aus dem ***Gewebe*** stammenden ***Plasminogenaktivatoren*** (t-PA, tissue-type Plasminogenaktivator), von denen sich die höchste Aktivität im Endometrium des Uterus findet, wandeln Plasminogen direkt in Plasmin um (Abb. 21–11 und 21–12). Im Urin kommt ein besonders wirksamer Aktivator (u-PA) vor, die *Urokinase.* Es ist nicht geklärt, ob sie der Verhinderung der Bildung bzw. der Auflösung von Fibringerinnseln im Harntrakt dient oder ob sie lediglich ausgeschieden wird. Die ***Blutaktivatoren*** (u. a. Gerinnungsfaktor XII_a) bedürfen zu ihrer Wirksamkeit sog. Proaktivatoren. Die wichtigsten Proaktivatoren (u. a. Präkallikrein) sind *Lysokinasen,* die durch traumatische oder entzündliche Gewebeschäden aus Blutzellen freigesetzt werden. Ein

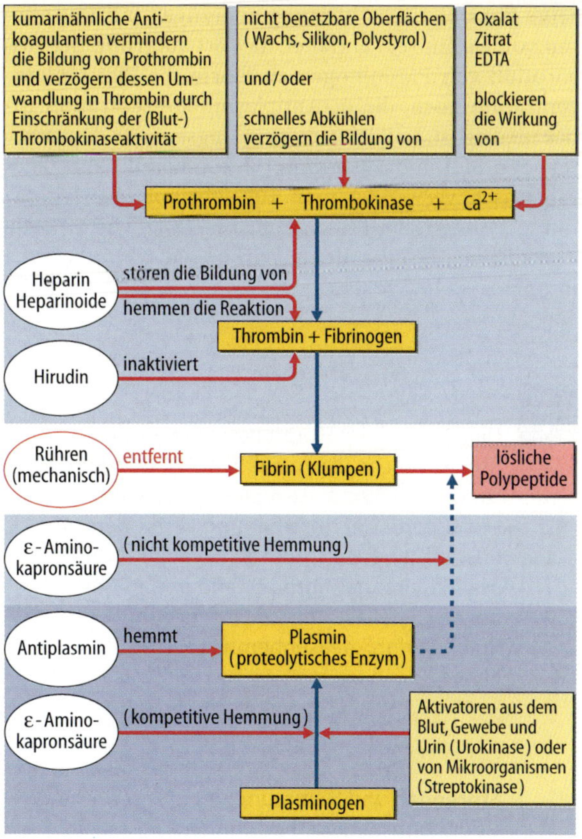

Abb. 21–12. Wirkungsweise einiger Antikoagulantien und Fibrinolytika. Nach [3]

therapeutisch wichtiges körperfremdes Fibrinolytikum ist die von hämolytischen Streptokokken produzierte *Streptokinase,* die man – ebenso wie u-PA und gentechnisch hergestelltes t-PA – zur Behandlung von Thrombosen benutzt [11].

Körpereigene Hemmfaktoren der Gerinnung und der Fibrinolyse. Das Plasma enthält mehrere Serinproteaseinhibitoren, die die Aktivität der fibrinbildenden und der fibrinolytischen Enzyme zügeln [16]. Besonders bedeutsam für die Gerinnungshemmung ist das *Antithrombin III,* das die Wirkung der Faktoren II_a, X_a, IX_a, XI_a, XII_a und Kallikrein einschränkt. Antithrombin III hemmt daher die Bildung und die Wirkung von Thrombin. Zu den Inhibitoren im Plasma gehören außerdem das *Protein C* (hemmt Faktor V_a und VIII_a), das *α_2-Makroglobulin* (hemmt Faktor II_a, Kallikrein und Plasmin), das *α_1-Antitrypsin* (hemmt Faktor II_a und Plasmin) und der *C1-Inaktivator* (hemmt Faktor XI_a, Faktor XII_a und Kallikrein). Bei Patienten mit ererbtem Mangel an gerinnungshemmenden Faktoren können sich Venenthrombosen entwickeln.

Die Hemmung der fibrinolytischen Plasminaktivität erfolgt insbesondere durch das *α_2-Antiplasmin.* Seine Anwesenheit im Plasma führt dazu, daß Plasmin seine fibrinolytische Wirkung ungezügelt nur im Inneren von Gerinnseln entfaltet, da dort aufgrund der Adsorption von Plasminogen an Fibrin die Plasminkonzentration hoch, die α_2-Antiplasminkonzentration indes niedrig ist, weil letzteres nur langsam aus dem strömenden Blut in das Gerinnsel diffundieren kann. Therapeutisch verwendet man zur Fibrinolyseverlangsamung synthetische Proteasenhemmstoffe, wie z. B. die ε-*Aminokapronsäure,* deren Wirkung aus dem Schema in Abb. 21–12 hervorgeht.

!

Dem Prozeß der Fibrinbildung steht die fibrinolytische Plasminaktivität gegenüber. Durch die Fibrinolyse werden eine überschießende Gerinnselbildung verhindert und u. U. vorhandene Thromben wieder aufgelöst. Die Aktivität der fibrinbildenden und fibrinolytischen Faktoren im Plasma wird durch Serinproteasenhemmstoffe kontrolliert.

Störungen und Hemmung der Blutgerinnung, Gerinnungsaktivitätsprüfungen

Das Gleichgewicht zwischen den gerinnungsfördernden und -hemmenden Faktoren von Plasma, Thrombozyten und Gefäßwand stellt eine Grundvoraussetzung für einen ungestörten Blutfluß und – gegebenenfalls – Gerinnungsablauf dar. Störungen dieses Gleichgewichtes können entweder zu einer *verstärkten Blutungsneigung* oder – klinisch häufiger – zu einer *übersteigerten Gerinnungsaktivität* führen.

Gerinnungsstörungen äußern sich klinisch durch gehäuftes *Nachbluten, Blutergüsse* (Hämatome) und *Gelenkblutungen,* d. h. im Gegensatz zu den thrombozytär bedingten Störungen der primären Hämostase, bei denen es zu spontanen punktförmigen Blutungen aus Kapillaren kommt (s. o.), sind hier einzelne größere Gefäße betroffen, und die Blutungen sind meist traumatisch bedingt.

Ein ***erworbener Mangel*** an – *meist mehreren* – plasmatischen Gerinnungsfaktoren kann nach starken Blutungen (***Verbrauchskoagulopathie***) oder bei Infektionskrankheiten auftreten. Schwere Formen entzündlicher und degenerativer ***Lebererkrankungen*** können die Synthese der Faktoren II, VII, IX und X so stark beeinträchtigen, daß die Blutgerinnungsfähigkeit herabgesetzt ist. Auch ***Vitamin K-Mangel*** führt zu Blutgerinnungsstörungen, ohne daß ein Leberschaden vorliegt. Ein „innerer" Mangel des fettlöslichen, in pflanzlicher Nahrung vorkommenden und von Darmbakterien gebildeten Vitamins tritt bei Störungen der enteralen Fettresorption, insbesondere bei verminderter Galleausscheidung in den Darm, und bei Störungen der Darmflora nach Antibiotikagabe auf. Reduziertes Vitamin K (Vitamin KH_2) ist für die Synthese der Faktoren II, VII, IX und X in der Leber notwendig.

Bei den ***angeborenen Mangelzuständen*** ist im allgemeinen nur die Aktivität *eines einzelnen* Gerinnungsfaktors erniedrigt (Tabelle 21–7). Bei der beim männlichen Geschlecht auftretenden, rezessiv geschlechtsgebunden vererbten Bluterkrankheit, der *Hämophilie,* besteht in der überwiegenden Zahl (75 %) der Erkrankungen ein Mangel an *Faktor VIII* (***Hämophilie A***). Bei den anderen Blutern fehlt der *Faktor IX* (***Hämophilie B***). Im klinischen Erscheinungsbild, im Erbgang und in den pathologischen Ergebnissen bei globalen Gerinnungsprüfungen unterscheiden sich die beiden Hämophilieformen nicht.

Hemmung der Blutgerinnung (Abb. 21–12). ***Temperatursenkung*** verlangsamt die extravasale Blutgerinnung, macht das Blut jedoch nicht ungerinnbar. Ein ähnlicher Effekt läßt sich durch Gewinnung des Blutes mittels silikonisierter Kanülen und paraffinierter oder silikonisierter Sammelgefäße mit ***nicht benetzbaren Oberflächen*** erzielen. Verhindern läßt sich die extravasale Blutgerinnung durch den Zusatz von Stoffen, die das in mehreren Phasen der Blutgerinnung notwendige *ionisierte Kalzium in eine schwer lösliche oder Komplex-Verbindung* überführen. Dazu eignen sich z. B. ***Na-Oxalat, K-Oxalat*** oder ***Ammoniumoxalat, Na-Zitrat*** und der Chelatbildner ***EDTA*** (engl.: Ethylenediamine-tetra-acetic acid). Am häufigsten verwendet wird Na-Zitrat, weil es in geringen Mengen ungiftig und deshalb die versehentliche Injektion kleiner Mengen ungefährlich ist.

Intra- und extravasal hemmt ***Heparin*** die Blutgerinnung. Heparin stellt eine Mischung von Polyschwefelsäureestern eines Glykosaminoglykans dar. Besonders reich an Heparin sind Leber-, Lungen-, Herz- und Muskelgewebe, außerdem Mastzellen und basophile Granulozyten. Heparin bindet an Antithrombin III und bewirkt so dessen Konformationsänderung in eine aktive Form. Heparin hemmt folglich die Bildung und die Wirkung von Thrombin. Überdies fördert Heparin als Fibrinolyseaktivator die Auflösung von Blutgerinnseln. Bei einer Heparinüberdosierung kann als Gegenmittel das – basische – Protaminchlorid verabreicht werden, das Heparin bindet und so inaktiviert.

Da Heparin parenteral zugeführt werden muß, zudem rasch abgebaut wird und nur 4–6 h wirkt, bevorzugt man zur Dauertherapie von Erkrankungen mit Thromboseneigung ***Kumarinderivate,*** die bei oraler Gabe wirksam sind. Diese *Vitamin K-Antagonisten* hemmen die Reduktion von Vitamin K in der Leber (v. a. durch Hemmung der Vitamin K-Epoxid Reduktase).

Weitere Antikoagulantien. Neben den systemisch wirksamen gerinnungshemmenden Substanzen sind einige tierische Stoffe bekannt, die zur lokalen Gerinnungshemmung eingesetzt werden können. Dazu gehört ***Hirudin,*** ein im Speichel von Blutegeln enthaltenes Antithrombin. Einige Schlangengifte mit blutgerinnungshemmendem Effekt verhindern die Fibrinbildung. Auch der Speichel blutsaugender Insekten hat gerinnungshemmende Wirkung.

Gerinnungsfunktionsprüfungen. Zur Bestimmung der sog. ***Rekalzifizierungszeit*** wird Blut mit Na-Zitrat ungerinnbar gemacht und zusammen mit einer Glasperle in schrägstehende, in einem Wasserbad bei 37 °C langsam rotierende Teströhrchen gefüllt. Nach Temperaturausgleich wird Kalziumchlorid im Überschuß zugesetzt und die Zeit vom Kalziumzusatz bis zum Mitrotieren der Glasperle gemessen. *Normwert: 80–130 s.*

Die Bestimmung der ***Thromboplastinzeit (Quick-Test)*** ist die am häufigsten verwendete Methode zur Kontrolle der Wirkung der Kumarintherapie: Zu Oxalat- oder Zitratplasma werden im Überschuß Gewebethromboplastin und Kalziumchlorid gegeben. Die Zeit bis zum Eintritt der Gerinnung wird gemessen. Unterschiede in der Gerinnungszeit (im Vergleich zu einem Normalplasma mit etwa *14 s = 100 %*) beruhen im allgemeinen auf einem verminderten Gehalt an den Faktoren des extrinsischen Gerinnungssystems, an Prothrombin oder Fibrinogen.

Bei der Bestimmung der ***partiellen Thromboplastinzeit*** (PTT) werden zu Zitratplasma im Überschuß Plättchenfaktor 3 und Kalziumchlorid gegeben. Die Zeit bis zum Eintritt der Gerinnung wird gemessen. Mit diesem Test wird die Aktivität des intrinsischen Gerinnungssystems (z. B. Faktor VIII und Faktor IX) und außerdem von Prothrombin und Fibrinogen geprüft. *Normwert: 40–50 s.*

Bei der Bestimmung der ***Thrombinzeit*** (TT) wird die Gerinnungszeit nach Zugabe einer Testthrombinlösung zu Zitratplasma gemessen. Diese Untersuchung kann zur Überprüfung eines Fibrinogenmangels bzw. einer Fibrinolysetherapie mit Streptokinase dienen. *Normwert: 17–24 s.*

!

Ungleichgewichte zwischen blutstillungsfördernden und -hemmenden Prozessen führen zur Blutungsneigung oder zu Thrombosen. Defekte der primären Hämostase können thrombozytär oder vaskulär bedingt sein. Sie äußern sich in kapillären Blutungen und – bei der klinischen Untersuchung – in einer Verlängerung der Blutungszeit. Defekte der sekundären Hämostase beruhen auf einem ererbten oder erworbenen Mangel an plasmatischen Gerinnungsfaktoren. Die Blutungen betreffen größere Gefäße und sind häufig traumatisch bedingt. Für Laboruntersuchungen können dem Blut zur Gerinnungshemmung Stoffe zugefügt werden, die Ca^{2+} binden (EDTA, Zitrat). Zur Differenzierung von Gerinnungsstörungen dienen die Rekalzifizierungszeit, die Thromboplastinzeit, die partielle Thromboplastinzeit und die Thrombinzeit.

21.7 Abwehrfunktion des Blutes

Dem Organismus stehen zur Abwehr von Krankheitserregern drei sich einander ergänzende Systeme zur Verfügung:

- Das ***spezifische Immunsystem*** (lat. immunis = frei von etwas). Es ist befähigt, auf zelluläre, partikuläre und molekulare Fremdstoffe (Antigene) zu reagieren, indem es spezifische Abwehrkörper bildet, die zellständig (*T-Zellrezeptor, spezifische zelluläre Abwehr*) oder im Plasma gelöst (*Antikörper, spezifische humorale Abwehr*) die Fremdstoffe angreifen und sich mit ihnen verbinden.
- Die ***unspezifischen humoralen Systeme.*** Die Faktoren des *Komplementsystems* und andere Plasmaproteine haben die Fähigkeit, Antigen-Antikörper-Komplexe zu binden, körperfremde Zellen abzutöten und körpereigene Zellen zu aktivieren, die an der Entzündungsreaktion beteiligt sind.
- Die ***unspezifischen zellulären Systeme.*** *Phagozytierende Leukozyten* und *Makrophagen* zerstören Krankheitserreger und Antigen-Antikörper-Komplexe. Zudem spielen Gewebemakrophagen eine wichtige Rolle bei der Erkennung körperfremder Stoffe durch das spezifische Immunsystem.

Die spezifische Abwehr durch das Lymphozytensystem ist gegen bestimmte Krankheitserreger gerichtet

Aufbau und Funktion des spezifischen *Immunsystems.* Das spezifische Immunsystem dient dem Organismus zur *Abwehr von Krankheitserregern,* die von außen in ihn eingedrungen sind. Außerdem hat es die Fähigkeit, *entartete körpereigene Zellen* anzugreifen. Die zur Immunreaktion befähigten *immunkompetenten Zellen* erkennen Fremdkörper an deren Oberflächenstruktur (*antigene Determinante*) und bilden gegen diese ***spezifische Antikörper*** und ***Rezeptoren.*** Überdies besitzt das Immunsystem die Fähigkeit, die antigene Struktur in Erinnerung zu behalten. Bei einem wiederholten Kontakt mit dem gleichen Antigen reagiert es rascher und mit stärkerer Antikörperproduktion als beim Primärkontakt (***immunologisches Gedächtnis***). Die Abwehrfähigkeit des Organismus kann sich derart ändern, daß bei einer wiederholten Infektion mit dem gleichen Erreger keine erneuten Krankheitssymptome auftreten. Daher kommen einige Infektionskrankheiten überwiegend bei Kindern vor („Kinderkrankheiten", wie Masern, Röteln, Mumps, Scharlach), bei einer späteren erneuten Infektion ist der Organismus immun. *Spezifische Immunität ist folglich erworben und nicht ererbt.*

Sowohl bei der Antikörperproduktion und Abtötung von Krankheitserregern als auch bei der immunologischen Gedächtnisfunktion spielt das ***lymphatische System*** eine zentrale Rolle. Obwohl die Lymphozyten im Blut sich morphologisch nur durch ihre Größe unterscheiden, können nach ihren chemischen Oberflächenmerkmalen und nach ihrer Funktion ***mehrere Typen lymphozytenartiger Zellen*** unterschieden werden. Sie werden in drei Hauptgruppen eingeteilt: *B-Lymphozyten, T-Lymphozyten* und *Null-Zellen.* Sie alle entwickeln sich aus ***lymphatischen Stammzellen,*** die sich von den pluripotenten hämopoietischen Stammzellen ableiten (Abb. 21-3). Lymphatische Stammzellen finden sich in der frühen Fetalzeit in der Leber, später im Knochenmark. Im Verlauf der Ontogenese wandern ***Lymphozytenvorläufer*** aus den hämopoietischen Organen mit dem Blut in die *primären lymphatischen Organe* ***Knochenmark*** und ***Thymus*** (Abb. 21-13). Hier vermehren sie sich. Außerdem machen sie eine morphologische und funktionelle Entwicklung durch, in der sie die für ihre Art typischen Fähigkeiten erwerben. Man bezeichnet diesen Prozeß auch als *Lymphozyten-Prägung.* Lymphozyten, die im Knochenmark geprägt worden sind, werden *bursa-abhängige* oder ***B-Lymphozyten*** genannt (*B* : *Bursa Fabricii,* ein lymphatisches Organ, das sich bei Vögeln am Darmausgang befindet, aber beim Menschen unbekannt ist; *B* steht neuerdings auch für „bone marrow" in der Annahme, daß das Knochenmark das analoge Organ beim Menschen ist). Lymphozyten, die im Thymus geprägt worden sind, werden als *thymusabhängige* oder ***T-Lymphozyten*** bezeichnet.

B- und T-Lymphozyten wandern mit dem Blut von den primären zu den *sekundären lymphatischen Organen* ***Lymphknoten*** und ***Milz.*** Beim ersten Antigenkontakt proliferieren sie und differenzieren sich zu den

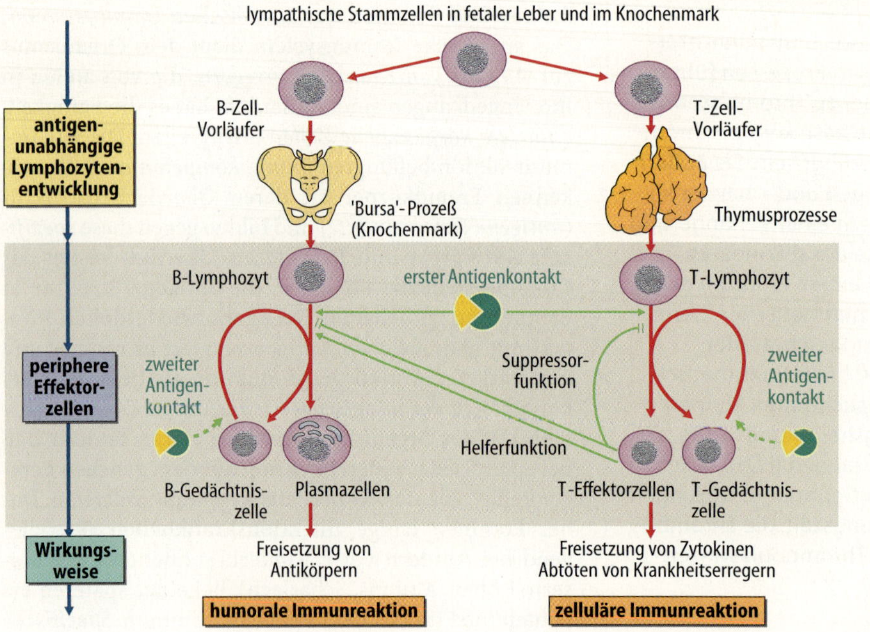

Abb. 21–13. Schema der Entwicklung von B- und T-Lymphozyten sowie des zellulären und humoralen Abwehrsystems des Blutes

eigentlichen immunkompetenten Zellen (Plasmazellen, T-Effektorzellen).

B-Zellsystem. Etwa 15 % der Lymphozyten im Blut sind B-Lymphozyten. Sie bewirken die ***humorale Immunreaktion.*** An der Oberfläche ihrer Zellmembran sind Immunglobuline verankert (vorwiegend IgM-Monomere und IgD), die die spezifischen Rezeptoren für die Antigene darstellen. Bei der ersten Kontaktaufnahme mit dem Antigen (Sensibilisierung) wandelt sich ein Teil der B-Lymphozyten in ***Plasmazellen*** um und beginnt, Immunglobuline zu bilden, die spezifisch gegen das Antigen gerichtet sind und die an die Umgebung abgegeben werden (*humorale Antikörper*). Die antigene Stimulation der B-Lymphozyten erfolgt nur in Anwesenheit bestimmter *Zytokine,* die einerseits von T-Lymphozyten (*Lymphokine aus T-Helferzellen,* s. u.), andererseits von Makrophagen (*Monokine,* z. B. Interleukin-1) sezerniert werden (Tabelle 21–4). Plasmazellen zirkulieren nicht im Blut, sondern bleiben während ihrer 2–3tägigen Lebensdauer *gewebeständig.* Andere antigenstimulierte B-Lymphozyten entwickeln sich zu langlebigen ***B-Gedächtniszellen.*** Im Gegensatz zu den Plasmazellen behalten die – teilungsfähigen – Gedächtniszellen ihre membranständigen Immunglobuline. Die „Gedächtnisfähigkeit" des B-Zellsystems beruht demnach auf der zahlenmäßigen Zunahme antigen-spezifischer Gedächtniszellen.

Alle Nachkommen eines antigenstimulierten Lymphozyten – einschließlich der Nachkommen der B-Gedächtniszellen – synthetisieren Antikörper mit derselben Antigenspezifität (***monoklonale Antikörper***). Monoklonale Antikörper können für diagnostische und therapeutische Zwecke in Zellkulturen hergestellt werden. Dabei werden B-Lymphozyten immunisierter Mäuse mit Tumorzellen zu Hybridomzellen verschmolzen.

T-Zellsystem. Zu den T-Lymphozyten gehören etwa 70–80 % der Lymphozyten im Blut. Sie bewirken die ***zelluläre Immunreaktion.*** T-Lymphozyten befinden sich nicht andauernd in Blut und Lymphe auf Wanderschaft, sondern halten sich zwischenzeitlich in den sekundären lymphatischen Organen auf. Nach antigener Stimulation vermehren sie sich und differenzieren sich entweder zu sog. ***T-Effektor-*** oder zu ***T-Gedächtniszellen.***

Die langlebigen T-Gedächtniszellen kreisen im Blut und „erkennen" ein Antigen bei erneuter Exposition u. U. noch nach Jahren wieder. Beim zweiten Antigenkontakt lösen die Gedächtniszellen eine Sekundärreaktion aus. Dabei proliferieren sie noch lebhafter als bei der Primärreaktion und bilden rasch eine große Zahl von T-Effektorzellen.

Anhand bestimmter Oberflächenkennzeichen kann man *zwei T-Effektorsubpopulationen* unterscheiden, ***T_4- und T_8-Zellen.*** Statt von T_4- und T_8-Zellen spricht man auch von *CD4-* bzw. *CD8-T-Lymphozyten* (CD für engl.: cluster of differentiation, womit das Vorkommen bestimmter Oberflächenrezeptoren gekennzeichnet wird). Naive *T_4-Zellen* produzieren nach Antigenkontakt Interleukin-2 und proliferieren. Dabei entstehen T_H0-Zellen („H" für *T-Helferzellen*). T_H0-Zellen bilden je nach Erkrankung T_H1-Zellen (z. B. bei viralen und manchen bakteriellen Infektionen, gefördert durch Interleukin-12 und Interferon γ) oder T_H2-Zellen (z. B. bei Wurminfektionen, gefördert durch Interleukin-4). T_H1-Zellen setzen ihrerseits Zytokine frei, die Makrophagen – und somit zelluläre Immunreaktionen – stimulieren. T_H2-Zellen produzieren dagegen Zytokine, die B-Lymphozyten – und somit humorale Immunreaktionen – stimulieren (Abb. 21-13). Anders als bei den T_4-Zellen ist der Werdegang der naiven *T_8-Zellen* vorhersehbar. Sie sind dazu bestimmt, sich zu zytotoxischen, sog. *T-Killerzellen,* zu entwickeln, die antigentragende Zellen töten.

Im Gegensatz zu B-Lymphozyten besitzen T-Lymphozyten keine membrangebundenen Immunglobuline der üblichen Zusammensetzung. Stattdessen setzt sich ihr Antigenrezeptor (sog. ***T_3/T-Rezeptor***) aus einem antigenspezifischen dimeren Glykoprotein (T_4- bzw. T_8-Glykoprotein) und drei antigenunspezifischen – d. h. bei allen T-Zellen identischen – Proteinen (sog. T_3-Proteine) zusammen [30].

T-Zellen können körperfremde Antigene nur binden, wenn diese mit bestimmten antigenen Strukturen assoziiert sind, die zur Oberfläche körpereigener kernhaltiger Zellen wandern [5, 18, 22]. Man nennt diese antigenen Strukturen ***Histokompatibilitätsantigene*** (syn. Transplantationsantigene oder ***HLA*** = „human leukocyte antigens"). Diese sind membrangebundene Glykoproteine, die von einer Gruppe von Genen kodiert werden, die als Haupthistokompatibilitätskomplex (*MHC*, „major histocompatibility complex") bezeichnet werden. Man unterscheidet zwei Klassen von Histokompatibilitätsantigenen (Abb. 21–14). Solche der *Klasse I* sind auf allen *kernhaltigen Zellen* des Organismus (sowie auf Thrombozyten) vorhanden. Sie werden von T_8-Lymphozyten erkannt. Histokompatibilitätsantigene der *Klasse II* sind in der Membran von *mononukleären Phagozyten* und *B-Lymphozyten* vorhanden. Sie werden von T_4-Lymphozyten erkannt. Wenn z. B. ein Makrophage einem T_4-Lymphozyten einen Krankheitserreger zuliefert, erkennt der T_4-Lymphozyt zum einen den körperfremden Krankheitserreger und zum anderen das körpereigene Histokompatibilitätsantigen Klasse II des Makrophagen, und er beginnt, Interleukin-2 zu sezernieren und Interleukin-2-Rezeptoren auszubilden. Andererseits muß ein T_8-Lymphozyt auf der Zielzelle Strukturen des zu ihm passenden Krankheitserregers und das Histokompatibilitätsantigen Klasse I finden, um seine Zytotoxizität zu entfalten. Er setzt dann u. a. Perforin frei, ein Protein, das in der Membran der Zielzelle Poren formt, durch die unkontrolliert Ionen ein- und ausströmen, bis die Zelle durch Wassereinstrom platzt.

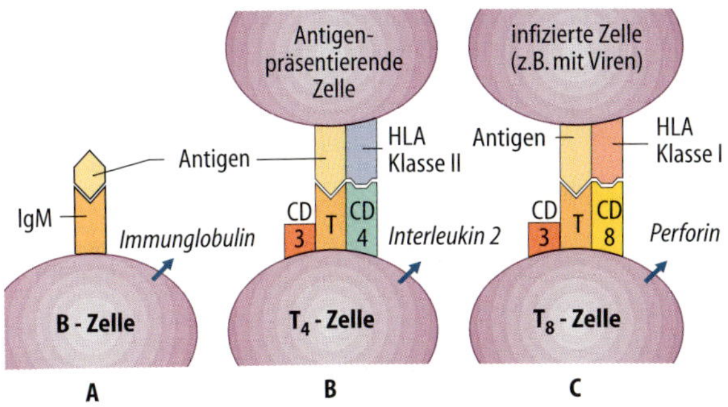

Abb. 21–14. B- und T-Lymphozytenrezeptoren. **A** B-Lymphozyten erkennen das für sie spezifische Antigen mittels membranständiger Antikörper (v. a. monomere IgM und IgD). Die so aktivierten B-Lymphozyten sezernieren Immunglobuline einer einzigen Spezifität. **B** T_4(Helfer)-Lymphozyten werden zur Zytokin (z. B. Interleukin 2)-Produktion angeregt, wenn ihnen das passende Antigen von dem körpereigenen HLA (MHC-Protein) Klasse II präsentiert wird. Die Rezeptoreinheit besteht also aus dem T-Zell-Antigenrezeptor, dem Korezeptor T_4 (*CD4*) und dem Signalübermittlungsprotein T_3 (*CD3*). **C** Zytotoxische T_8-Lymphozyten werden zur Perforinfreisetzung angeregt, wenn sie das zu ihnen passende Antigen auf einer Körperzelle mit dem HLA (MHC-Protein) Klasse I vorfinden

Das jeweils spezifische Muster der Histokompatibilitätsantigene ist *genetisch festgelegt* und individuell unterschiedlich. Histokompatibilitätsantigene spielen eine wichtige Rolle bei der Ausbildung der Immuntoleranz. Sie sind außerdem bei der Abstoßung transplantierter körperfremder Organe beteiligt. Da auch die – leicht gewinnbaren – Leukozyten die Histokompatibilitätsantigene besitzen, dient die Untersuchung ihres Musters vor Transplantationen dazu, die antigene Ähnlichkeit zwischen Organspender und -empfänger zu prüfen.

AIDS („Acquired immune deficiency syndrome") wird durch Retroviren verursacht (HIV, „human immunodeficiency virus"), die spezifisch Zellen infizieren, welche den T_4-Rezeptor besitzen (T_4-Lymphozyten, außerdem Monozyten und Mikrogliazellen). Aufgrund der verminderten Zytokin- (u. a. Interleukin-2 und B-Zellwachstumsfaktoren) und Antikörperproduktion leiden AIDS-Patienten unter opportunistischen Infektionen und Tumoren (Kaposi-Sarkom).

Null-Zellen werden die 10 % lymphozytenähnlichen Zellen im Blut genannt, die sich nach ihren Oberflächenmerkmalen eindeutig weder den B- noch den T-Lymphozyten zuordnen lassen. Die Fraktion der Null-Zellen beinhaltet z. T. *hämopoietische Vorläuferzellen* (s. S. 417), die sich aus dem Knochenmark in die Blutbahn „verirrt" haben. Zu den Null-Zellen zählen auch die sog. K-(Killer) Zellen. *K-Zellen* besitzen Rezeptoren für die Fc-Komponente von IgG (s. u.) und zerstören mit IgG beladene Zellen. Dementsprechend erfolgt der Angriff durch die K-Zellen *antigenabhängig*, jedoch *antigenunspezifisch*, und sie gehören im engeren Sinne nicht zum spezifischen Immunsystem. Anders als bei den T-Killerzellen ist der Histokompatibilitätskomplex bei der Wirkung der K-Zellen nicht beteiligt. Eine andere Gruppe von zytotoxischen Null-Zellen wird „natürliche Killerzellen" oder *NK-Zellen* genannt. Aktivierte NK-Zellen haben die Fähigkeit, antigen- und antikörperunabhängig Zellen abzutöten, und zwar insbesondere *Tumorzellen.*

Humorale und zelluläre Immunantworten. Bei der immunologischen Abwehr sind im allgemeinen sowohl die humoralen als auch die zellulären Mechanismen beteiligt. Jedoch überwiegt bei manchen Erkrankungen, wie z. B. Masern, die humorale Immunantwort, dagegen bei anderen die zelluläre Reaktion, z. B. bei Kontaktallergien und Transplantatabstoßungen. Die auf einen zweiten oder weiteren Kontakt mit einem bestimmten Antigen folgende ***Sekundärreaktion*** verläuft im humoralen wie auch im zellulären Immunsystem rascher und intensiver als beim Primärkontakt. Die Konzentration des gegen das auslösende Antigen gerichtenen Immunglobulins steigt im Blut steil an (Abb. 21–15).

Da die humorale Immunantwort schneller erfolgt als die T-zellgebundene, nennt man die erstere auch *Immunreaktion vom Soforttyp*. Hierzu gehören viele Überempfindlichkeitsreaktionen, wie z. B. solche gegen Medikamente und gegen Pollen (Heuschnupfen) sowie die allergische Form des Asthma bronchiale und die Transfusionsreaktionen beim Übertragen gruppenungleichen Blutes.

Obwohl auch die zellgebundene Immunantwort relativ schnell anläuft und nach etwa 48 h ihren Höhepunkt erreicht, bezeichnet man sie – im Gegensatz zu den noch rascheren Reaktionen bei der humoralen Sekundärantwort – als *Immunreaktion*

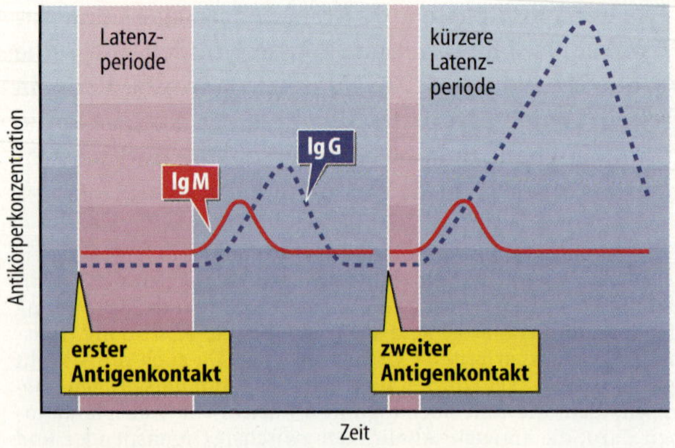

Abb. 21–15. Die Serum-Immunglobulinkonzentration bei der primären und der sekundären Immunantwort

vom verzögerten Typ. Zu dieser Gruppe gehören viele der sogenannten Kontaktallergien (z. B. bei Exposition der Haut mancher Menschen zu bestimmten Kunststoffen, zu mit Chromsalzen gegerbtem Leder und zu nickelhaltigem Schmuck), die Hautrötungen, Bläschenbildung und Nässen verursachen.

Beim *Kleinkind* ist der zelluläre Mechanismus der Infektionsabwehr bereits von Geburt an entwickelt. Dagegen gewinnen die humoralen Immunmechanismen erst Wochen bis Monate nach der Geburt ihre Wirksamkeit. Beim Neugeborenen vorhandenes Immunglobulin ist transplazentar von der Mutter übertragen. Erst mit Beginn des 2. Lebensmonates nimmt mit dem Erscheinen der Plasmazellen die Immunglobulinbildung des Kindes nennenswert zu.

> **!** Lymphatische Zellen haben die Fähigkeit zur spezifischen Immunreaktion. Sie verteidigen den Organismus gezielt gegen potentiell schädliche körperfremde Stoffe und gegen entartete körpereigene Zellen, die sie mit Hilfe spezifischer Rezeptoren ihrer Zellmembran erkennen (B-Zell-Immunglobulin bzw. T-Zellrezeptor). Nach einem Fremdstoffkontakt vermehren sich die passenden Lymphozyten zu Effektorzellen und langlebigen Gedächtniszellen. Stimulierte B-Lymphozyten und Plasmazellen produzieren Immunglobulin. T-Lymphozyten können nur mit Fremdkörpern reagieren, die mit Histokompatibilitäsantigenen körpereigener Zellen assoziiert sind. T_4 (Helfer)-Zellen bilden Zytokine, die andere Lymphozyten oder Makrophagen aktivieren. T_8 (Killer)-Zellen sezernieren zytotoxische Stoffe.

Antigene aktivieren das spezifische Immunsystem

Antigene sind potentiell schädigende Substanzen (Krankheitserreger, artfremdes Eiweiß, inerte Substanzen), deren Eindringen in den Organismus die Bildung spezifischer, gegen sie gerichteter Antikörper auslöst. Antigene setzen sich zusammen aus einem unspezifischen hochmolekularen *Trägermolekül* (Polysaccharide, Proteine, komplexe Lipide, MG > 10 000) und den für die serologische Spezifität maßgeblichen Teilstrukturen (*Determinanten*), die exponiert an der Oberfläche des Antigenmoleküls sitzen. Reine Lipide sind praktisch nicht immunogen und Nukleinsäuren nur schwach wirksam. Ein makromolekulares Antigen kann mehrere Determinanten haben. Die vom makromolekularen Träger gelöste Determinante wird *Hapten* genannt. Ein Hapten vermag zwar mit dem zu ihm passenden Antikörper zu reagieren, ist jedoch nicht in der Lage, die Bildung von neuen Antikörpern auszulösen.

Antigene können über Häute, Schleimhäute, Atmungs- und Verdauungswege in den Organismus eindringen. Der Primärkontakt mit den Lymphozyten findet in den lymphatischen Organen statt (Lymphknoten, Mandeln, Milz, Knochenmark). Dort vermehren sich die antigenstimulierten Zellen. Alle Nachkommen einer sensibilisierten immunkompetenten Zelle reagieren auf dieselbe antigene Determinante, sie bilden einen ***Zellklon.*** Man nimmt an, daß im erwachsenen menschlichen Organismus Zellklone gegen mindestens 10^6 verschiedene antigene Determinanten vorhanden sind.

Antikörper sind spezifische Reaktionsprodukte des Organismus gegen eingedrungene Fremdkörper

Antikörpermoleküle besitzen Antigenbindungsstellen mit einer Form, in die die dreidimensionale Antigendeterminante hineinpaßt (wie ein Schlüssel ins Schloß).

Antikörper werden auch als ***Immunglobuline (Ig)*** bezeichnet. Sie sind Glykoproteine mit einem Molekulargewicht von 150 000–1000000. In ihrer einfachsten Form (Abb. 21–16) bestehen sie aus *vier Ketten:* zwei identischen schweren (*H* = heavy; MG 50 000) und zwei identischen leichten (*L* = light; MG 25 000). Jede Kette besteht aus sog. *Domänen* (MG 12 500). Die durch drei Disulfidbrücken verknüpften vier Ketten sind symmetrisch in einer Y-Form angeordnet. Die N-terminalen

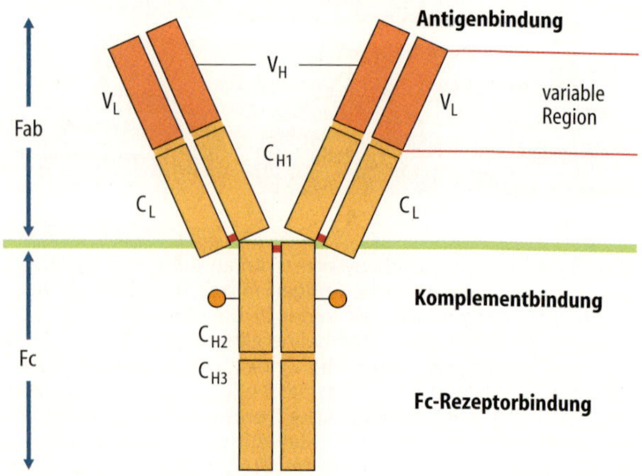

Abb. 21–16. Grundstruktur eines Immunglobulinmoleküls (IgG). Nach [5]

Arme der H- und L-Ketten bilden die *antigenbindenden Fragmente* (***Fab***). Diese sind über die sog. Angel mit dem *kristallisierbaren Fragment* (***Fc***) beweglich verbunden. Das Fc-Fragment ist an der Antigenbindung nicht beteiligt, kann jedoch mit Makrophagen, Lymphozyten und Komplementfaktoren (s. u.) reagieren. Die Aminosäurefrequenz der N-terminalen Domäne des Fab-Fragments ist antigenspezifisch und wird als variable (V-) Region bezeichnet. An die V-Region schließt sich die konstante (C-) Region an, die bei der L-Kette aus einer Domäne (C_L) und bei der H-Kette aus drei oder vier Domänen (C_{H1-4}) besteht. Bei den C_L-Domänen kommen zwei alternative Typen vor (χ oder λ). Bei den C_H-Domänen gibt es fünf verschiedene Typen (γ, μ, α, δ, ε), die sich in ihrer Aminosäuresequenz und ihrem Kohlenhydratanteil unterscheiden. Ihr Typ bestimmt, zu welcher der 5 Immunglobulinklassen ein Antikörper gehört (Tabelle 21–8).

IgG überwiegen mit 80 % aller Immunglobuline im Plasma („G" bezeichnet hier nicht ein einziges Immunglobulin, sondern eine Vielzahl polyklonaler Antikörper ähnlichen Aufbaus). Ihre Halbwertszeit im Plasma beträgt ca. 3 Wochen. IgG aktivieren das Komplementsystem (s. u.) und binden zelluläre Oberflächenantigene, wodurch die betroffenen Zellen leichter phagozytiert werden (*Opsonisierung*). Die monomeren IgG stellen relativ *kleine Moleküle* dar. Sie können mittels IgG-spezifischer Transporter die Plazentarschranke passieren und aus dem mütterlichen in das fetale Blut gelangen. Da eine nennenswerte Antikörperproduktion erst nach der Geburt einsetzt (Kontakt mit Fremdstoffen!), gewähren die von der Mutter stammenden IgG einen wichtigen Infektionsschutz für das Neugeborene.

IgM stellen die größten Antikörpermoleküle im Blutplasma dar. Ihre Halbwertszeit im Plasma beträgt ca. 1 Woche. Sie bestehen aus fünf gleichen Untereinheiten, die über Disulfidbrücken verbunden sind. IgM können Fremdkörper *neutralisieren* und – aufgrund ihrer 10 Bindungsstellen – Zellen *agglutinieren*. Zur IgM-Klasse gehören die Antikörper im Blutgruppen-AB0-System, Kälteagglutinine und Rheumafaktoren. Neben den *pentameren IgM im Blutplasma* sind *monomere IgM* wichtig, die als antigenspezifischer *Rezeptor* in der Membran der B-Lymphozyten verankert sind (Abb. 21–14).

IgA kommen in monomerer und in polymerer Form vor. IgA werden mit Speichel-, Magen- und Darmsekreten ausgeschieden. Sie dienen der *lokalen Abwehr* von Fremdkörpern auf Schleimhäuten.

Die monomeren ***IgD*** und ***IgE*** kommen in freier Form im Plasma nur in sehr geringer Konzentration vor. *IgD* verbleiben in der Oberfläche von *B-Lymphozyten*. Wie die membranständigen monomeren IgM vermitteln sie die Antigenerkennung durch B-Lymphozyten. Die bei allergischen Reaktionen beteiligten *IgE* sind mit ihrem Fc-Fragment an spezielle Oberflächenrezeptoren von basophilen Granulozyten und Mastzellen gebunden (s. S. 425).

Die Frage nach der ***genetischen Kontrolle*** der Immunglobulinsynthese ist kürzlich teilweise beantwortet worden [32]. Wie bereits erwähnt, produziert jede Plasmazelle lediglich Antikörper einer einzigen Spezifität. Dennoch ist der Organismus in der Lage, Antikörper gegen hunderttausende verschiedener Antigene hervorzubringen. Überdies treten monoklonale Antikörper unterschiedlicher Klassen auf, die gegen dasselbe Antigen gerichtet sind. Entscheidend für ein besseres Verständnis dieser Beobachtungen war der Befund, daß die *Gensegmente für die H- und L-Ketten in den Lymphozytenvorläufern zunächst räumlich voneinander getrennt* vorliegen. Für jede V-Region ist primär eine Vielzahl verschiedener Gensegmente vorhanden (mindestens 10^3). Die Stammzelle ist also zur *vielfältigen Antikörperproduktion* angelegt. Bei der Differenzierung zum *einfältigen B-Lymphozyten* verbindet sich – auf Zufallsbasis, d. h. antigenunabhängig – ein einziges der variablen Gensegmente mit dem konstanten Gensegment für die C-Region. Erst mit der *Fusion der V- und C-Teilgene* erlangt die Zelle die Fähigkeit, Antikörper zu bilden. Die Vielfalt der Antikörperspezifitäten wird noch dadurch vergrößert, daß für die antigenbindenden Fragmente in sich noch verschiedene kleine Gensegmente existieren (V = variable segment, D = diversity segment, J = joining segment; s. Lehrbücher der Biochemie). Da sowohl die H- als auch die L-Kette des Antikörpers ein eigenes antigenbindendes End-

Tabelle 21–8. Klassifizierung und Struktur der menschlichen Immunglobuline. Nach [5, 13]

Ig-Klasse	Konfiguration	MG	Schwer-ketten-typ	Antikörperfunktion	Komplementaktivierung: klassischer Weg	Komplementaktivierung: alternativer Weg	Plazentargängigkeit
IgG	Monomer	150 000	γ	Opsonisierung	+	+	+
IgM	Pentamer	800 000	μ	Neutralisation, Agglutination	+	+	–
IgA	Monomer im Plasma Dimer in Sekreten	160 000 320 000	α	Neutralisation	–	+	–
IgE	Monomer	170 000	ε	Bindung an Mastzellen und basophile Granulozyten	–	–	–
IgD	Monomer	160 000	δ	Bestandteil der B-Lymphozytenmembran	–	–	–

stück besitzen, entstehen durch deren Kombination mindestens 10^6 verschiedene Antikörperspezifitäten. Aus dieser großen Auswahl bringen Antigene die zu ihnen passenden B-Lymphozyten zur Vermehrung (Abb. 21–17).

Da das Muster der Antikörperspezifitäten antigenunabhängig angelegt ist, kommen unter diesen ursprünglich auch solche vor, die gegen körpereigene Strukturen gerichtet sind. Dennoch erfolgt normalerweise weder eine humorale noch eine zelluläre Autoimmunreaktion (*immunologische Toleranz*).

Die Tatsache, daß ein B-Lymphozyt *Antikörper unterschiedlicher Immunglobulinklassen mit identischer Antigenspezifität* synthetisieren kann, wird so erklärt, daß das für die Synthese der H-Ketten zuständige variable Gensegment zweimal übertragen werden kann: zunächst auf ein C_μ-Gensegment (Synthese von IgM) und später auf ein $C\gamma$-Gensegment (Synthese von IgG) bzw. ein C_α-Gensegment (Synthese von IgA).

Bei der Reaktion zwischen Antigen und Antikörper kommt es zur Bildung von Antigen-Antikörper-Komplexen

Ein Antigen verliert u. U. durch die Verbindung mit dem Antikörper bereits seine schädigende Wirkung (*Neutralisation*, z. B. von Tetanustoxin). Die Bindungsfähigkeit oder *Affinität* von Antikörpern für passende Antigene ist unterschiedlich stark ausgeprägt. Antiserum gegen ein bestimmtes Antigen enthält stets eine Mischung von vielen verschiedenen Antikörpermolekülen mit unterschiedlichen Affinitäten für das Antigen. Antigene mit ähnlichen, aber nicht identischen Determinanten können u. U. mit denselben Antikörpermolekülen reagieren, wenn auch mit unterschiedlicher Affinität (*Kreuzreaktion*).

Besitzt ein Antigenmolekül mehr als eine determinante Gruppe mit derselben Antigenspezifität, dann können durch Zugabe spezifischer Antikörper so große Molekülaggregate entstehen, daß es zur ***Präzipitation***, d. h. zum Ausfällen bzw. zum Niederschlag des Antigen-Antikörperkomplexes kommt. In der immunologischen Diagnostik wird die Präzipitationsfähigkeit zur Bestimmung der Art der Antigene und der Spezifität der Antikörper benutzt (z. B. Agardiffusionsmethode, radiale Diffusionsmethode, Immunelektrophorese).

Die Reaktion partikulärer oder zellulärer Antigene (Blutkörperchen, Bakterien) mit Antikörpern führt u. U. zur Bildung größerer Aggregate, zur ***Agglutination*** oder *Verklumpung*, die mit bloßem Auge sichtbar sein kann. Die Agglutinationsreaktion wird zur Blutgruppenbestimmung, zur Identifikation von Bakterienspezies und von Antikörpern gegen bakterielle Proteine (z. B. Tuberkelprotein) u. a. benutzt. Nach ihren serologischen Eigenschaften unterscheidet man ***komplette*** und ***inkomplette Antikörper***. Geeignete komplette Antikörper (meist vom IgM-Typ) bringen z. B. Erythrozyten direkt zur Agglutination, während inkomplette Antikörper (meist IgG-Typ) zwar mit dem erythrozytengebundenen Antigen reagieren, doch zur verklumpenden Brückenbildung zwischen den Zellen zu klein sind. Da inkomplette Antikörper die spezifischen Antigenhaftstellen besetzen, und damit u. U. später hinzukommende komplette Antikörper von diesen fernhalten, heißen sie auch *blockierende Antikörper*.

Eine Agglutinationsreaktion läßt sich jedoch auch zwischen Erythrozyten auslösen, deren antigene Determinanten mit

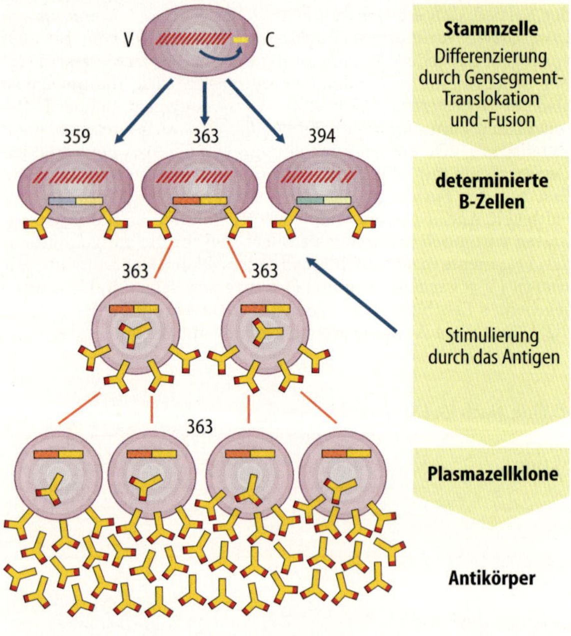

Abb. 21–17. Schema der Differenzierung einer Lymphozyten-Stammzelle (die die Anlage zur vielfältigen Antikörperproduktion besitzt) zu Plasmazellen (die Antikörper nur einer einzigen Spezifität hervorbringen). Bei der Differenzierung der Stammzelle zur B-Zelle wird eines der vielen variablen (V-) Gensegmente auf das konstante (C-) Gensegment übertragen. In der determinierten B-Zelle wird der jeweilige Antikörper als Rezeptor in die Zellmembran eingebaut. Das Antigen regt diejenigen B-Zellen, die den zu ihm passenden Rezeptor tragen (hier No. 363), zur Vermehrung zu B-Gedächtnis- und zu Plasmazellen an. Durch die spätere Übertragung des V-Gensegments auf ein anderes C-Gensegment kann es zur Bildung von Antikörpern unterschiedlicher Klassen kommen. Nach [32]

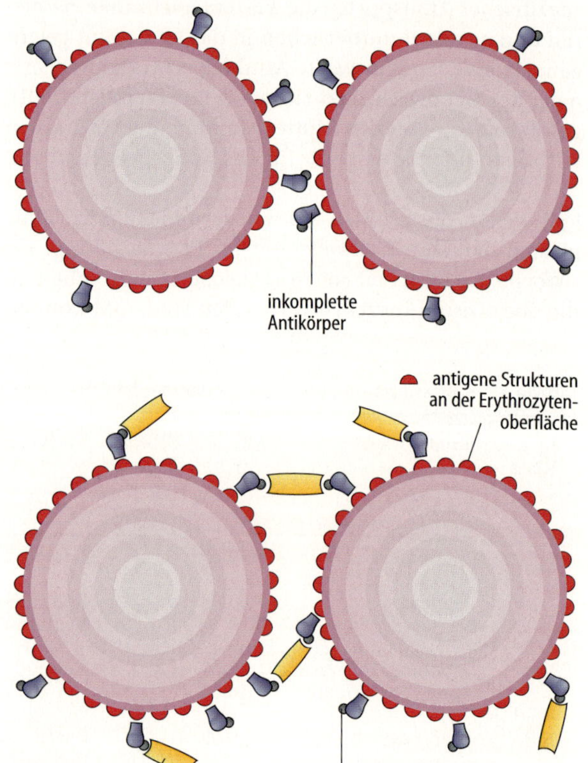

Abb. 21–18. Nachweis von inkompletten, nicht-agglutinierenden Antikörpern durch agglutinierendes Anti-Human-γ-Globulin

inkompletten Antikörpern besetzt sind, wenn zu der Suspension ein zweiter Antikörper hinzugefügt wird, der gegen menschliches Immunglobulin gerichtet ist. Letzterer kann mit den an die Erythrozyten gebundenen inkompletten Antikörpern reagieren, dadurch eine Brücke zwischen den Zellen bilden und so zur Agglutination führen (Abb. 21–18). Diese Reaktion wird für den ***Coombs-Test*** u. a. in der Blutgruppenserologie zum Nachweis von anderweitig nicht identifizierbaren *Alloantikörpern* benutzt (Alloantikörper reagieren mit einem Antigen, das an Zellen und in Körperflüssigkeiten anderer Individuen derselben Art, nicht jedoch im Individuum selbst vorkommt).

!

Aktivierte B-Lymphozyten differenzieren sich zu gewebeständigen Plasmazellen, die im großen Umfang Immunglobuline (Ig) produzieren. Im Blutplasma überwiegen IgG, die als inkomplette Antikörper zirkulierende Antigene binden, Zellen opsonisieren und das Komplementsystem aktivieren. Die größeren IgM können zudem antigene Zellen agglutinieren. B-Gedächtniszellen sorgen dafür, daß die Abwehrreaktion bei erneutem Vorkommen des für sie spezifischen Antigens schneller und stärker abläuft als beim Erstkontakt. Die einzelnen B-Lymphozyten und Plasmazellen produzieren Antikörper einer einzigen Spezifität. Die nahezu unbegrenzte Fremderkennungsfähigkeit wird durch Kombination verschiedener Teilgene der Stammzellen ermöglicht.

Unspezifische humorale Abwehrmechanismen unterstützen das spezifische Immunsystem

Komplement. Für zahlreiche Immunreaktionen, v. a. die Abwehr von Bakterien und Viren, bedarf es der Mitwirkung (Komplementierung) eines oder mehrerer aus einer Gruppe von ***9 Plasmaproteinen*** (C1 – C9), die unter dem Namen *Komplement* zusammengefaßt werden. Ähnlich dem Blutgerinnungssytem liegen die Komplementfaktoren als inaktive Proenzyme vor, die sich in einer bestimmten Reihenfolge – überwiegend enzymatisch – gegenseitig aktivieren (Abb. 21–19). Zudem gibt es weitere (mindestens 11) sog. *Regulatorproteine*, die die Aktivität des Komplementsystems beeinflussen. Die Komplementfaktoren werden z. T. von Hepatozyten, von Darmepithelzellen und von Makrophagen synthetisiert. Bei Infektionen steigt ihre Bildungsrate innerhalb weniger Tage deutlich an. Die einleitende Aktivierung des Komplementsystems erfolgt vor allem durch *Antigen-Antikörper-Komplexe* und durch *bakterielle Wirkstoffe*. Die Komplementfaktoren umhüllen körperfremde Zellen, indem sie sich an den *Fc-Teil* (s. Abb. 21–16) von solchen Immunglobulinen binden, deren Fab-Teil bereits an den antigenen Strukturen des fremden Organismus hängen.

Man unterscheidet zwischem dem *klassischen* und dem – später entdeckten – *alternativen Weg der Komplementaktivierung* (Abb. 21–19). Die erste Komponente im ***klassischen Weg,*** das C1, stellt eine komplexe Struktur aus drei Proteinen (C1q, C1r, C1s) dar. Die anderen Komplementfaktoren werden ebenfalls mit einem „C“ und arabischen Ziffern gekennzeichnet (C1, C4, C2, C3, C5, C6, C7, C8, C9 in der Reihenfolge ihrer Aktivierung). Aktivierte Faktoren werden mit einem horizontalen Balken über ihrer Nummer gekennzeichnet (z. B. $C\bar{1}$). Zur Komplementaktivierung über den ***alternativen Weg*** ist u. a. der Plasmaeiweißkörper *Properdin* notwendig. Bei ihrer Aktivierung werden die Komplementfaktoren in *größere und kleinere Bruchstücke* gespalten. Die größeren Bruchstücke – im allgemeinen mit „b“ bezeichnet – haben vorwiegend zwei Fähigkeiten: sie binden an Zellmembranen, und sie aktivieren die nächste Komponente in der Komplementreaktionskaskade. Die kleinen Peptidbruchstücke – im allgemeinen mit „a“ bezeichnet – wirken *chemotaktisch* und *permeabilitätssteigernd,* aktivieren Granulozyten, Makrophagen und Mastzellen und verursachen *Entzündungsreaktionen.* Spaltprodukte der intermediären Komplementfaktoren bewirken *Immunadhärenz* (Aggregation von körperfremden Zellen) und *Opsonisierung* (Änderung der Oberflächenbeschaffenheit körperfremder Zellen, wodurch diese leichter phagozytiert werden können) und *Viruslyse* (Zerstörung von Viren). Schließlich wird der ***zytolytische Komplex C5b-9*** gebildet, der mit Antikörpern beladene körperfremde Zellen schädigt und abtötet. Mit dem Einbau des C5b-9-Proteinkomplexes wird die Membran der Zielzelle *durchlöchert,* so daß entsprechend dem Konzentrationsgefälle Na^+-Ionen ein- und K^+-Ionen ausströmen. Durch den

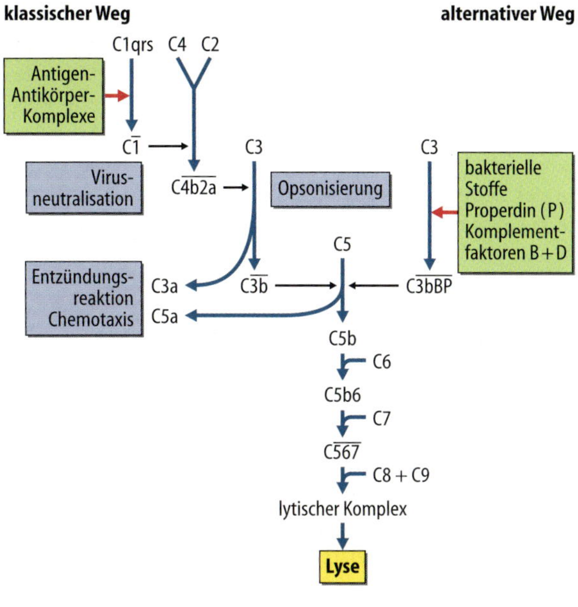

Abb. 21–19. Schematische Darstellung der Komplementaktivierung im klassischen und im alternativen Weg. Nach [5]

begleitenden, osmotisch bedingten Wassereinstrom platzt die Zelle (ähnlich wie bei der Perforinwirkung, s. S. 437). Insbesondere die hämolysierenden und bakteriolysierenden Antikörperwirkungen treten nur bei Vorhandensein von Komplement auf.

Antigen-Antikörper-Komplexe binden bestimmte Komplementfaktoren fest an sich. Daher kann in geeigneten Testansätzen aus dem Befund einer abnehmenden Konzentration der löslichen Komplementfaktoren im Serum auf den Ablauf einer Antigen-Antikörper-Reaktion geschlossen werden. Diese sog. ***Komplementbindungsreaktion*** wird zum Nachweis bestimmter Antikörper in Patientenseren (Bespiel: Wassermann-Reaktion zum Nachweis der Syphilis) oder zur Identifizierung von unbekannten Antigenen mit Hilfe bekannter Testseren verwendet.

Es gibt ***Erkrankungen*** aufgrund eines ererbten Mangels an einzelnen Komplementfaktoren. Die Patienten neigen zu *bakteriellen Infektionen* und leiden vermehrt unter *Autoimmunerkrankungen,* bei denen sich Organschäden aufgrund von Antikörperbildung gegen körpereigene Zellen entwickeln. Eine Überfunktion des Komplementsystems kann u. U. zu *Überempfindlichkeitsreaktionen,* wie z. B. Bronchialasthma, führen.

Lysozym. In vielen Geweben und Körperflüssigkeiten werden das Wachstum und die Vermehrung von Bakterien durch Lysozym gehemmt. Dieses mukolytisch wirkende basische Enzym kommt in hoher Konzentration in den Granula der polymorphkernigen Leukozyten und in den Makrophagen des Lungengewebes vor. Beim Zerfall dieser Zellen wird es freigesetzt. Auch im Schleim des Darmes, des Nasen-Rachenraumes und im Konjunktivalsekret ist Lysozym enthalten. Vermutlich begrenzt es die Vermehrung der dort lebenden saprophytischen Mikroorganismen.

C-reaktives Protein. Während bakterieller Infektionen tritt im Plasma vermehrt das sog. C-reaktive Protein, CRP, auf (MG 21 000). CRP hat die Fähigkeit zur Aktivierung von Komplement. Außerdem fördert es die Präzipitation, Opsonisation und Phagozytose von Bakterien. Das CRP gehört zu den ***Akute-Phase-Proteinen*** (ebenso wie Serumamyloid-A-Protein, saures α_1-Antichymotrypsin, α_1-Antitrypsin, Haptoglobin, Coeruloplasmin und Fibrinogen), deren Konzentration im Plasma bei Entzündungen deutlich ansteigt [22]. Ausgelöst wird die vermehrte Synthese der Akute-Phase-Proteine in der Leber durch das Monokin *Interleukin-6* (s. Tabelle 21–4). Gleichzeitig wird die Albuminsynthese gesenkt.

Interferon. So bezeichnet man eine Gruppe speziesspezifischer Zytokine (MG 20 000–30 000), die ***antiviral*** wirken und die der Organismus bei einer Infektion mit Krankheitserregern – insbesondere mit Viren – bildet (Tabelle 21–4). Die Produktion von Interferon erfolgt rasch (innerhalb von wenigen Stunden), so daß schon vor dem Anstieg der spezifischen Antikörper im Blut ein gewisser Schutz gegen die Vermehrung eingedrungener Viren gewährleistet ist.

Man unterscheidet *α-Interferone,* die von Lymphozyten, *β-Interferon,* das von Fibroblasten, und *γ-Interferon,* das von antigenstimulierten T-Lymphozyten gebildet wird. Interferone üben ihre antivirale Wirkung aus, indem sie die Fähigkeit von Viren zur Proteinsynthese und zur Vermehrung hemmen. Interferone greifen die Viren nicht direkt an, sondern sie reagieren mit deren Wirtszellen. *Im Gegensatz zu Immunglobulinen wirken Interferone nicht spezifisch gegen bestimmte Erreger.* Zudem setzen Interferone die Teilungsfähigkeit von körpereigenen Zellen herab. Interferone hemmen die Proliferation von Lymphozyten (daher die Immunsuppression bei Virusinfektionen). Andererseits steigern sie die zytotoxische Aktivität von Makrophagen.

Neuerdings ist es möglich, Interferone gentechnisch in reiner Form zu gewinnen. Erste klinische Ergebnisse haben gezeigt, daß Interferone bei der Behandlung von *Virusinfektionen* und von manchen *Tumorerkrankungen* wirksam sind [14].

Zur unspezifischen zellulären Abwehr von Fremdkörpern wandern Monozyten und neutrophile Granulozyten zum Entzündungsort

Grundlage des unspezifischen zellulären Abwehrsystems stellt die Fähigkeit der weißen Blutkörperchen zur ***Phagozytose*** dar. Sie ist bei den ***Monozyten*** und den ***neutrophilen Granulozyten*** besonders ausgeprägt. Diese Zellen sind reichlich mit lysosomalen Enzymen ausgestattet, mit deren Hilfe sie das phagozytierte Material abbauen (Mikroorganismen, Zelltrümmer, Antigen-Antikörper-Komplexe). Neutrophile Granulozyten werden durch *chemotaktische Stoffe* an die Entzündungsorte gelockt (s. S. 424). Die angelockten Phagozyten bilden Pseudopodien, welche die Fremdkörper bläschenartig einschließen (*Phagosombildung*). Der Abbau der

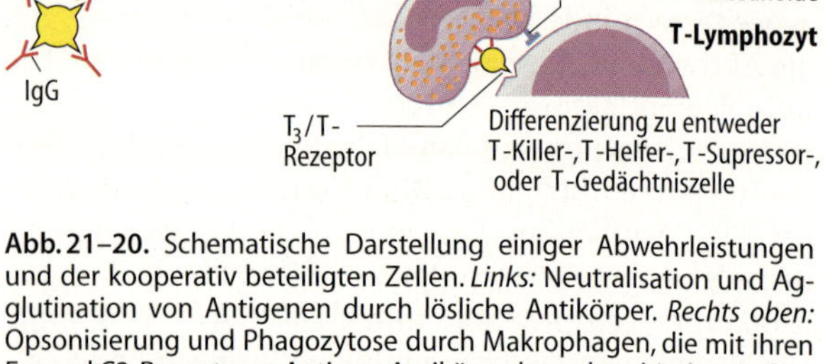

Abb. 21–20. Schematische Darstellung einiger Abwehrleistungen und der kooperativ beteiligten Zellen. *Links:* Neutralisation und Agglutination von Antigenen durch lösliche Antikörper. *Rechts oben:* Opsonisierung und Phagozytose durch Makrophagen, die mit ihren Fc- und C3-Rezeptoren Antigen-Antikörperkomplexe binden. Außerdem: Anaphylaktische Reaktion, ausgelöst durch die Bindung von Antigen an Mastzellreagine (IgE). *Rechts unten:* Sensibilisierung von T-Lymphozyten, die die antigene Determinante und das Histokompatibilitäts-Antigen (HLA) des antigenprozessierenden Granulozyten erkennen

Fremdkörper setzt ein, wenn das Phagosom mit intrazellulären Lysosomen zum *Phagolysosom* verschmilzt.

Blutmonozyten und Gewebemakrophagen spielen zudem eine wichtige Rolle bei der initialen Erkennung und ***Präsentation von Antigenen*** (Abb. 21–20). Makrophagen besitzen in der Zellmembran Fc-Rezeptoren. An diese heften sich Immunglobuline, mit deren Hilfe Makrophagen Antigene binden, die sie anschließend durch lysosomale Enzyme in kleine Bruchstücke zerlegen (sog. *Antigenprozessierung*). Hierbei werden u. U. zusätzliche antigene Strukturen freigelegt und für Lymphozyten zugänglich. Überdies produzieren Makrophagen Zytokine, die das Wachstum von Lymphozyten anregen, wie z. B. das Interleukin-1 (s. Tabelle 21–4). Es gibt somit funktionell wichtige *Verbindungen zwischen den spezifischen und den unspezifischen Abwehrmechanismen.*

!

Verschiedene humorale Proteine, Granulozyten und Monozyten unterstützen die Lymphozyten bei der Abwehr von Krankheitserregern. Zum unspezifischen humoralen Abwehrsystem gehören die Komplementfaktoren, das Lysozym, die Akute-Phase-Proteine und die antiviralen Interferone. Der zytolytische Komplementkomplex C5b-9 durchlöchert die Membran körperfremder Zellen. Chemotaktische Stoffe erleichtern die Einwanderung von zytotoxischen und phagozytierenden Leukozyten in den Infektionsbereich und führen zu den typischen Entzündungszeichen (Rötung, Schwellung, Schmerz). Neutrophile Granulozyten und Monozyten binden mittels ihrer Fc-Rezeptoren antikörperbeladene und mittels ihrer C3-Rezeptoren komplementbeladene Fremdkörper und phagozytieren diese. Monozyten aktivieren zudem T-Lymphozyten durch die oberflächliche Präsentation von Antigenen und die Sekretion immunmodulierender Zytokine.

Allergische Reaktionen und Immuntoleranz

Immunität und Allergie. Ist der Organismus in der Lage, einen Fremdstoff mit seinem Abwehrsystem ohne pathologische Reaktion unschädlich zu machen, so ist er gegen diesen immun. Die wiederholte Exposition gegenüber dem gleichen Fremdstoff führt oft zu einer veränderten („allergischen") Reaktionsbereitschaft des Organismus. Prinzipiell kann sich dabei eine verstärkte (*hyperergе*), eine abgeschwächte (*hyperge*) oder eine fehlende (*anerge*) Reaktion ergeben. Meistens kennzeichnet der Begriff *Allergie* jedoch eine hyperergе (Überempfindlichkeits-)Reaktion.

Bei den *Überempfindlichkeitsreaktionen vom Soforttyp* infolge überschießender Antigen-Antikörper-Reaktionen unterscheidet man zwischen *anaphylaktischen* Formen, die typischerweise mit erhöhter Kapillarpermeabilität, vermehrter Durchblutung von Haut und Schleimhäuten, Quaddelbildung, gesteigerter Sekretion exokriner Drüsen und Bronchospasmen einhergehen, und *zytotoxischen* Reaktionen, wie z. B. die Hämolyse bei der Transfusion gruppenunverträglichen Blutes, und Schädigungen, die durch die *Ablagerung von Immunkomplexen* in Kapillarwänden entstehen, wie z. B. bei der „Serumkrankheit" nach der Verabreichung von Fremdeiweiß in Impfseren. Die anaphylaktische Sofortreaktion wird durch Histamin und andere gefäßwirksame Entzündungsmediatoren hervorgerufen, die von den mit IgE beladenen Mastzellen und basophilen Granulozyten bei Antigenkontakt freigesetzt werden. Etwa 15 % aller Menschen (sog. *Atopiker*) reagieren auf *Allergene* (Gräserpollen, Insektengifte, Tierepithelien, Nahrungsstoffe, Medikamente) mit einer überschießenden IgE-Synthese. Zu den *Überempfindlichkeitsreaktionen vom verzögerten Typ* gehören u. a. die klinisch wichtigen *Abstoßungsreaktionen* gegen Transplantate und die *Kontaktallergien.*

Immunisierung. Bei der ***Impfung,*** der *„aktiven" Immunisierung,* macht man von der Tatsache Gebrauch, daß bei erneuter Exposition zu einem Antigen bereits eine erhöhte Abwehrbereitschaft vorliegt. Durch Zufuhr unschädlicher Mengen eines Antigens oder Antigenproduzenten (lebende, in ihrer Virulenz abgeschwächte oder tote Bakterien oder Viren) nimmt man die Primärreaktion vorweg. Bei einer zweiten Exposition zum gleichen Antigen steigt nun die zellgebundene und die humorale Abwehrfähigkeit sehr viel rascher an als bei einer Erstexposition. Bei der *„passiven" Immunisierung* werden dem Patienten Antiseren gegen das jeweilige Antigen zugeführt.

Immuntoleranz. Findet keine Antikörperbildung nach Zufuhr eines (bei anderen Menschen zur Antikörperbildung führenden) Fremdstoffes statt, dann handelt es sich um den Zustand der Immuntoleranz oder *Immunparalyse.* In diesem Fall ist der Organismus möglichen Schädigungen durch den Fremdstoff schutzlos ausgesetzt. Immuntoleranz ist deshalb gefährlich. Trotzdem wird sie therapeutisch z. B. zur Verhinderung oder Verzögerung der Abstoßung des körperfremden Eiweißes von Transplantaten, durch gezielte Ausschaltung des Abwehrsystems (durch selektive Hemmung oder Entfernung von Lymphozyten, durch Gabe von Glukokortikoiden und Antimetaboliten oder durch Anwendung ionisierender Strahlen) künstlich herbeigeführt.

Immuntoleranz kann auch als Folge vorangegangener Exposition zu übermäßig hohen Dosen eines Antigens auftreten, da sehr große Antigenmengen die Ausbildung einer normalen Immunreaktion unterdrücken können.

!

Die wiederholte Exposition zu dem gleichen Fremdstoff führt in der Regel zu einer verstärkten Abwehrreaktion des Organismus. Dadurch bewirken „Impfungen" aktiv eine Immunisierung. Andererseits können überschießende Immunreaktionen zu Überempfindlichkeitsreaktionen vom Soforttyp (ausgelöst durch Entzündungsmediatoren aus mit IgE beladenen Mastzellen und basophilen Granulozyten und durch humorale Antikörper) oder vom verzögerten Typ (ausgelöst durch aktivierte T-Lymphozyten) führen. Bei der Immuntoleranz kommt es trotz Fremdstoffexposition nicht zur Abwehrreaktion.

21.8 Blutgruppen des Menschen

Mischung blutgruppenungleicher Blutsorten führt zur Agglutination der Erythrozyten

Agglutination. Vermischt man das Blut von 2 Personen auf einem Objektträger, so beobachtet man in etwa 70 % der Fälle eine Zusammenballung der Erythrozyten, die als Agglutination bezeichnet wird. Gelegentlich ist dieser Vorgang mit einer *Hämolyse* kombiniert (durch Aktivierung des Komplementsystems bis zum C5b-9-Komplex). Die gleichen Phänomene würden auftreten, wenn durch eine Bluttransfusion zwei *inkompatible* (unverträgliche) Blutsorten innerhalb der Blutbahn in Kontakt kämen. Die Folgen wären Verstopfung der Kapillaren durch agglutinierte Erythrozyten, hämolysebedingte Schädigung des Tubulusapparates der Niere und andere Schäden (z. B. Anaphylaxie), die u. U. zum Tod führen können.

Die ***Ursache der Agglutination*** ist eine Antigen-Antikörper-Reaktion. An der Zellmembran der Erythrozyten befinden sich spezifische Glykolipide mit Antigeneigenschaften, die man als ***Agglutinogene*** (syn. Hämagglutinogene) bezeichnet. Die spezifischen Antikörper, die mit den Agglutinogenen körperfremder Erythrozytenmembranen reagieren, sind im Blutplasma gelöst. Sie gehören zur γ-Globulinfraktion und werden als ***Agglutinine*** (syn. *Iso-Hämagglutinine*) bezeichnet. Bei der Antigen-Antikörper-Reaktion bilden die Antikörper Brücken zwischen mehreren Erythrozyten und bewirken so deren Agglutination.

Das Blut jedes Menschen ist durch einen bestimmten Satz spezifischer Erythrozytenantigene charakterisiert. Unter den vielen bisher nachgewiesenen Erythrozytenantigenen lösen rund 30 heftigere Reaktionen aus. Die wichtigsten 9 Blutgruppensysteme, ihre Antikörper und die Erscheinungen bei Antigen-Antikörper-Reaktion sind in Tabelle 21–9 dargestellt. Man kennt heute etwa 400 Merkmale der Erythrozyten-Membran. Allein bei den klassifizierten Gruppen gibt es fast 300 Millionen Kombinationsmöglichkeiten. Nimmt man alle bekannten – auch die nicht klassifizierten – Gruppen zusammen, so ergeben sich mehr als 500 Milliarden mögliche Kombinationen. Glücklicherweise sind die meisten Gruppenmerkmale in ihren Antigeneigenschaften so schwach, daß man sie bei Blutübertragungen nicht zu berücksichtigen braucht. Das ***AB0-System*** und das ***Rh-System*** besitzen eine besondere Bedeutung für die praktische Medizin.

Tabelle 21–9. Einige wichtige blutgruppenspezifische Antikörper. Nach [25]

Blutgruppensystem	Antikörper	Hämolytische Transfusionsreaktion	Neugeborenenerythroblastose bei Inkompatibilität
AB0	Anti-A	Ja	Ja
	Anti-B	Ja	Selten
	Anti-A_1	Sehr selten	Nein
	Anti-H	Nein	Nein
Rh	Anti-C	Ja	Wahrscheinlich
	Anti-c	Ja	Wahrscheinlich
	Anti-C^w	Ja	Selten
	Anti-D	Ja	Ja
	Anti-E	Ja	Wahrscheinlich
	Anti-e	Ja	Wahrscheinlich
MNSs	Anti-M, -N, -S, -s	Sehr selten	Sehr selten
P	Anti-P_1	Nein	Nein
Lutheran	Anti-Lu^b	Ja	Selten
Kell	Anti-K	Ja	Ja
Lewis	Anti-Le^a, -Le^b	Ja	Nein
Duffy	Anti-Fy^a	Ja	Wahrscheinlich
Kidd	Anti-Jk^a	Ja	Selten

Die AB0-Blutgruppenzugehörigkeit ist genetisch durch die Erythrozytenmerkmale A und B festgelegt

Blutgruppen des AB0-Systems. Die Entdeckung der AB0-Gruppen durch Landsteiner stand 1901 am Anfang der systematischen Untersuchung der Blutgruppeneigenschaften. Im ***AB0-System*** können menschliche Erythrozyten drei verschiedene starke Eigenschaften haben, die *Eigenschaft A*, die *Eigenschaft B*, die *Eigenschaft AB* (A und B). Fehlen diese, spricht man von der Antigeneigenschaft 0 oder vom *Merkmal H.* Antikörper der Spezifität Anti-H sind von sehr geringer klinischer Bedeutung. Die Blutgruppenzugehörigkeit richtet sich also nach den Agglutinogenen des Trägers. Sie ist allein von der Art des endständigen Zuckers bestimmter Glykolipide der Erythrozytenmembran abhängig (Abb. 21–21).

Blut des Neugeborenen enthält in der Regel noch keine Blutgruppenantikörper des AB0-Systems. Erst im Laufe des ersten Lebensjahres werden Antikörper gegen diejenigen Antigene entwickelt, die die eigenen Erythrozyten *nicht* besitzen. Das Serum der Blutgruppe 0 enthält z. B. Anti-A und Anti-B, dagegen das der Gruppe AB keinen der genannten. Als Auslöser der Antikörperproduktion kommen mit der Nahrung aufgenommene und von *Darmbakterien* gebildete Stoffe in Betracht. Offenbar gibt es Darmbakterien, die die gleichen antigenen Determinanten wie Erythrozyten besitzen (sog. *heterophile Antigene*). Die Antikörper im AB0-System gehören überwiegend zum ***IgM-Typ.*** Sie besitzen daher 10 Bindungsstellen für das Antigen und können Erythrozyten durch Vernetzung zur Agglutination bringen (*komplette Antikörper*).

Vererbung der Blutgruppeneigenschaften. Je zwei der drei ***Allele A, B, 0 (H)*** finden sich im diploiden Chromosomensatz eines Individuums und bestimmen den ***Blutgruppenphänotypus*** (die Antigeneigenschaften der

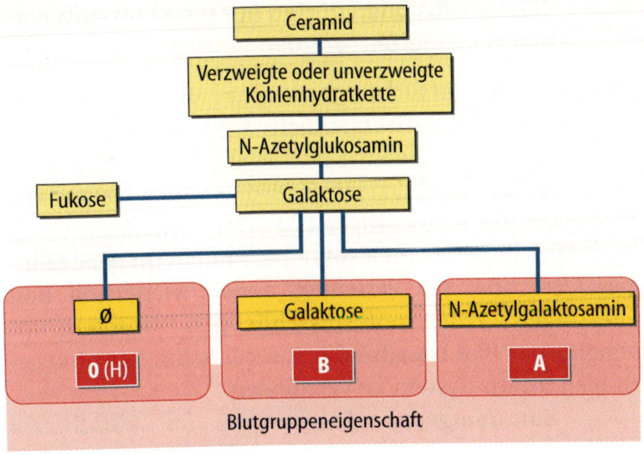

Abb. 21–21. Aufbau der blutgruppenbestimmenden Glykolipide der menschlichen Erythrozytenmembran. Vereinfacht nach [19]

Erythrozyten). Aus der Tabelle 21–10 ist der Phänotypus für jede mögliche Genkombination ersichtlich. Man erkennt, daß die Blutgruppeneigenschaften A und B *dominant* sind, so daß 0 phänotypisch nur in homozygoter Form auftritt. Da sich hinter dem Phänotyp A oder B der Genotyp A0 bzw. B0 verbergen kann, können Eltern mit der Blutgruppe A oder B durchaus Kinder mit der Blutgruppe 0 zeugen. Für A und B gilt das Prinzip der *Kodominanz.*

Der Erbgang der Blutgruppeneigenschaften erlaubt Rückschlüsse aus dem Blutgruppenphänotypus eines Kindes auf die biologischen Eltern. Beim *gerichtlichen Vaterschaftsverfahren* wird z. B. davon ausgegangen, daß ein Mann mit der Blutgruppe AB nicht der Vater eines Kindes mit der Blutgruppe 0 sein kann.

Die ***Blutgruppe A*** läßt sich in die *Untergruppen A_1 und A_2* unterteilen. Der Hauptunterschied zwischen beiden Untergruppen besteht darin, daß die Agglutination von A_1-Erythrozyten bei Kontakt mit Anti-A-Serum wesentlich stärker und rascher verläuft als die von A_2-Blutkörperchen. A_2-Erythrozyten besitzen mehr H-Strukturen als A_1-Erythrozyten. Rund 80 % der Blutgruppenträger A haben Erythrozyten vom Typ A_1, 20 % vom Typ A_2. Für die Bluttransfusion ist die Unterteilung ohne praktische Bedeutung, da Antigen-Antikörperreaktionen zwischen A_1- und A_2-Blut sehr selten auftreten und nur schwach ausgeprägt sind.

Geographische Verteilung der Blutgruppen. Über 40 % der Mitteleuropäer haben die Blutgruppe A, knapp 40 % die Gruppe 0, gut 10 % die Gruppe B und rund 6 % die Gruppe AB. Bei den Ureinwohnern Amerikas kommt die Gruppe 0 in über 90 % vor. In der zentralasiatischen Bevölkerung findet sich die Gruppe B in über 20 %. Die

Tabelle 21–10. Antigene und Antikörper der Blutgruppen im AB0-System

Blutgruppenbezeichnung (Phänotyp)	Genotyp	Agglutinogene (an den Erythrozyten)	Agglutinine (im Serum)
0	00	H (praktisch unwirksam)	Anti-A Anti-B
A	0A oder AA	A	Anti-B
B	0B oder BB	B	Anti-A
AB	AB	A und B	–

Anthropologen können aus dem Vorkommen und der Verteilung der Blutgruppen in der Erdbevölkerung bestimmte Schlüsse auf Herkunft und Vermischung von Bevölkerungsgruppen ziehen.

!

Das genetisch festgelegte Muster antigener Glykolipide der Erythrozytenmembran bestimmt die Blutgruppenzugehörigkeit im AB0-System. Alle Menschen, die die Eigenschaft A und B *nicht* haben, bilden Antikörper, die gegen die A- bzw. B-Antigene gerichtet sind. Bei der Blutgruppe 0 sind also Anti-A- und Anti-B-, bei der Blutgruppe A Anti-B-, bei der Blutgruppe B Anti-A- und bei der Blutgruppe AB keine Antikörper vorhanden. Die Antikörper im AB0-System gehören überwiegend zur agglutinierenden IgM-Klasse.

Im Rhesus-System kennzeichnet das erythrozytäre Partialantigen D die Rh-positive Blutgruppeneigenschaft

Serum von Kaninchen, die man gegen Erythrozyten von Rhesusaffen immunisiert hat, führt bei den Erythrozyten der meisten Europäer zu einer Antigenantikörperreaktion. Die im Serum vorhandenen *Komplementfaktoren* bewirken eine Agglutination der mit Antikörpern beladenen Erythrozyten (***Rh-positiv***). Sinngemäß werden nicht agglutinierende Blutkörperchen als ***rh-negativ*** bezeichnet. Nach der Transfusion Rh-positiven Blutes auf rh-negative Empfänger bilden diese innerhalb von einigen Wochen Antikörper gegen die Rh-positiven Blutkörperchen.

Rh-Eigenschaft der Erythrozyten. Sie wird durch mehrere Antigene (*Partialantigene*) bestimmt, die auf unterschiedlichen Oberflächenbezirken der Erythrozyten lokalisiert sind. Die wichtigsten Rh-Antigene heißen ***C, D, E, c und e.*** Unter diesen hat *D die größte antigene Wirksamkeit.* Blut, das D-Erythrozyten enthält, wird daher vereinfacht als *Rh-positiv* ***(Rh)*** bezeichnet, Blut, dessen Erythrozyten die D-Eigenschaft fehlt („d"), charakterisiert man vereinfachend als *rh-negativ* ***(rh).*** In Europa findet man die Rh-positive Eigenschaft bei 85 % und rh-negative Eigenschaften bei 15 % der Bevölkerung. Beim Phänotyp Rh können im Genotyp entweder DD oder Dd vorliegen, beim Phänotyp rh ist der Genotyp stets dd.

Ein praktisch wichtiger ***Unterschied zwischen dem Rh- und dem AB0-Blutgruppensystem*** besteht darin, daß die Agglutinine des AB0-Systems nach Ablauf der ersten postnatalen Lebensmonate immer vorhanden sind, Anti-D-Antikörper dagegen nicht ohne vorangegangene Exposition des Trägers zu Rh-positiven Erythrozyten auftreten *(Sensibilisierung).* Daraus folgt, daß die erste Übertragung Rh-positiven Blutes beim rh-negativen Empfänger in der Regel keine Transfusionsreaktion auslöst und erst bei weiteren Übertragungen Rh-inkompatiblen Blutes Antigen-Antikörperreaktionen auftreten. Ein weiterer Unterschied zwischen dem Rh- und dem AB0-System besteht darin, daß die Antikörper des Rh-Systems überwiegend zu den *inkompletten IgG-Antikörpern* gehören, die – im Gegensatz zu den kompletten AB0-Agglutininen – die Plazentaschranke passieren können.

Rh-Inkompatibilität und Schwangerschaft. Während der Schwangerschaft können aus dem Blut eines Rh-positiven (Rh) Feten geringe Mengen von Erythrozyten in den Kreislauf einer rh-negativen Mutter gelangen, wo sie die Bildung von Anti-D-Antikörper anregen. Größere Volumina (10–15 ml) fetaler Erythrozyten treten im allgemeinen erst beim Geburtsvorgang in den mütterlichen Kreislauf über. Wegen des relativ langsamen Anstieges der mütterlichen Antikörperkonzentration verläuft die erste Schwangerschaft daher in der Regel ohne ernstere Störungen. Bei erneuter Schwangerschaft mit einem Rh-Kind kann dann jedoch die Antikörperbildung der Mutter so hoch werden, daß der diaplazentare Antikörperübertritt zur Zerstörung kindlicher Erythrozyten führt und es zu schweren Schäden des Neugeborenen oder zum intrauterinen Tod kommt (*Morbus hämolyticus neonatorum, Erythroblastosis fetalis*). Es muß deshalb versucht werden, die Antikörperbildung der rh-Mutter durch die sog. ***Anti-D-Prophylaxe*** zu verhindern. Durch Gabe eines Anti-D-γ-Globulins unmittelbar nach der Geburt (und genauso nach Fehlgeburten) werden die Rh-positiven kindlichen Erythrozyten im mütterlichen Blutkreislauf schnell zerstört, so daß der immunologische Apparat der Mutter nicht zur Antikörperbildung angeregt wird. Blutgruppenungleichheit zwischen Mutter und Fetus innerhalb anderer Gruppensysteme, insbesondere des AB0-Systems, kann zwar auch zu Antigen-Antikörperreaktionen führen, meistens sind die Symptome jedoch sehr milde.

!

Im Rhesus-System ist das Erythrozytenmerkmal D das wichtigste innerhalb einer Gruppe von Partialantigenen (C, D, E, c, (d), e). Blut, dem das Antigen D fehlt, wird als rh-negativ (rh) bezeichnet. rh-negative Menschen bilden Anti-D-Antikörper, wenn ihnen Rh-positive Erythrozyten übertragen werden. Anti-D-Antikörper sind in der Regel inkomplette IgG. Da diese die Plazentaschranke passieren können, droht Rh-positiven Feten einer rh-negativen Mutter eine hämolytische Unverträglichkeitsreaktion.

Bluttransfusionen dürfen nur mit kompatiblem Blut durchgeführt werden

Blutgruppenuntersuchungen. Zur Blutübertragung verwendet man ausschließlich AB0-gruppengleiches Blut. Hinsichtlich des Rh-Systems wird in der Regel nur das D-Antigen berücksichtigt, also lediglich festgestellt, ob es sich um Rh-positives (D) oder rh-negatives Blut (kein D) handelt. Jedoch sollte bei Frauen im gebärfähigen Alter oder bei Patienten, denen wiederholt Blut übertragen werden muß, ausschließlich Rh-untergruppengleiches Blut transfundiert werden, um Sensibilisierungen im Rh-System zu vermeiden.

Zur *Blutgruppenbestimmung im AB0-System* werden einerseits Erythrozyten der Versuchsperson mit käuflichen Antiseren gegen die Agglutinogene A und B auf einem Objektträger gemischt. Dann wird auf Agglutination geprüft (Abb. 21–22). Bei der Gegenprobe wird Serum der Versuchsperson mit Testerythrozyten bekannter Blutgruppen-Zugehörigkeit zusammengebracht. Die *Rh-Eigenschaft* wird durch Inkubation der Erythrozyten des Probanden mit Anti-D-Antikörper und Anti-Human-γ-Globulin geprüft (Abb. 21–18). Zum Ausschluß von Verwechslungen, von Fehlbestimmungen und von – selten vorkommenden – Unverträglichkeiten aufgrund anderer inkompatibler Gruppenmerkmale führt man *außerdem* vor jeder Blutübertragung

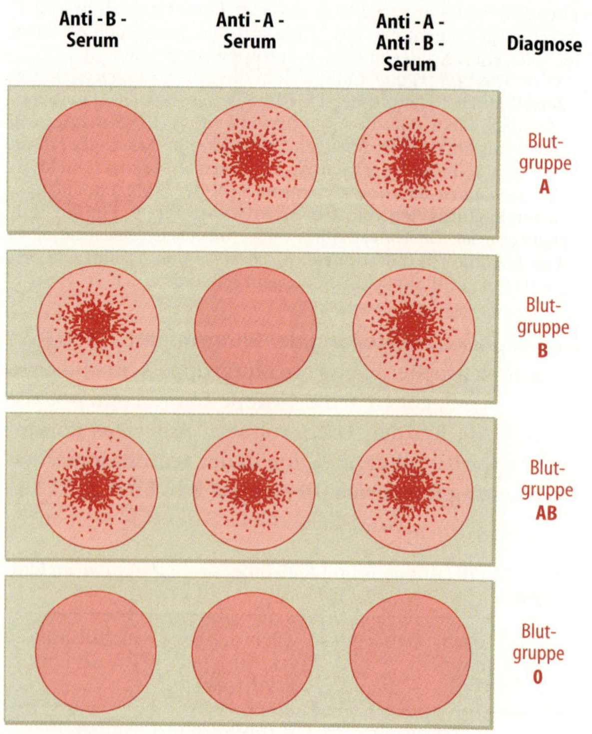

Abb. 21–22. Blutgruppenbestimmung im AB0-System. Je ein Tropfen Erythrozyten wird mit Anti-B-Serum, mit Anti-A-Serum und mit Anti-A-Anti-B-Serum vermischt. Aus den Agglutinationsreaktionen (dunkelrote Zusammenballung der Erythrozyten) ergibt sich die jeweilige Blutgruppe. Nach [21]

eine sog. ***Kreuzprobe*** durch. Dazu werden zunächst Erythrozyten des Spenders auf einem Objektträger mit frischem Serum des Empfängers bei 37 °C vermischt. Die Feststellung, ob das Empfängerserum Antikörper enthält, die gegen Antigene der Spender-Erythrozyten gerichtet sind, bezeichnet man als *Major-Test*. Eine Transfusion darf nur erfolgen, wenn der Test einwandfrei negativ ausfällt, d. h. keine Agglutination oder Hämolyse auftritt. In der Gegenprobe werden Erythrozyten des Empfängers bei 37 °C in Spenderserum suspendiert (*Minor-Test*) und so das Spenderserum auf Antikörper geprüft, die gegen Antigene der Empfängererythrozyten gerichtet sind.

Bei der Übertragung von Fremdblut kann es nicht nur zur Immunisierung gegen erythrozytäre, sondern auch gegen thrombozytäre oder leukozytäre Alloantigene kommen. Meist sind HLA Klasse I für die Transfusionsreaktion verantwortlich, die zu Schüttelfrost und Fieber führen und u. U. lebensbedrohlich sein kann.

> **!** Zur Transfusion darf nur AB0- und Rhesus (D)-gruppengleiches Blut verwendet werden. Außerdem muß vor jeder Blutübertragung eine Kreuzprobe durchgeführt werden. Thrombozytäre und leukozytäre Alloantigene können Transfusionsreaktionen verursachen.

21.9 Literatur

Weiterführende Lehr- und Handbücher

1. Barthels M, Poliwoda H (1993) Gerinnungsanalysen, 4. Aufl. Thieme, Stuttgart
2. Begemann H, Rastetter J (Hrsg) (1993) Klinische Hämatologie, 4. Auflage. Thieme, Stuttgart
3. Bell G, Davidson JN, Scarborough H (eds) (1965) Textbook of physiology and biochemistry. Livingstone, Edinburgh
4. Bessis M (1974) Corpuscles. Atlas of red blood cells. Springer, Berlin Heidelberg New York
5. Chapel H, Haeney M (eds) (1993) Essentials of clinical immunology, 3rd edn. Blackwell Scientific, Oxford
6. Fisher JW (ed) (1992) Biochemical pharmacology of blood and bloodforming organs. Springer, Berlin Heidelberg New York (Handbook of experimental pharmacology, vol 101)
7. Gamble JL (1954) Chemical anatomy, physiology and pathology of extracellular fluid, 6. Aufl. Harvard University Press, Cambridge, Massachusetts
8. Guyton AC (ed) (1990) Textbook of medical physiology, 8th edn. Saunders, Philadelphia
9. Hoffbrand AV, Pettit JE (Hrsg) (1989) Klinische Hämatologie. Sandoz Atlas. Gower Medical, London / Sandoz, Basel
10. Hofman R, Benz EJ, Shattil SJ, Turei B, Cohen HJ (eds) (1991) Hematology. Basic principles and practice. Churchill Livingston, New York
11. Jaenecke J (Hrsg) (1991) Antikoagulantien- und Fibrinolysetherapie, 4. Aufl. Thieme, Stuttgart
12. Keidel WD (Hrsg) (1993) Kurzgefaßtes Lehrbuch der Physiologie, 7. Aufl. Thieme, Stuttgart
13. Keller R (Hrsg) (1987) Immunologie und Immunpathologie, 3. Aufl. Thieme, Stuttgart
14. Kirchner H, Kruse A, Neustock P, Rink L (1993) Cytokine und Interferone. Spektrum Akademischer Verlag, Heidelberg
15. Pagel H, Weiss C, Jelkmann W (eds) (1992) Pathophysiology and pharmacology of erythropoietin. Springer, Berlin Heidelberg New York
16. Parvez Z (1984) Immunoassays in coagulation testing. Springer, Berlin Heidelberg New York
17. Rieck W (1990) Klinische Chemie und Mikroskopie, 6. Aufl. Springer, Berlin Heidelberg New York
18. Roitt IM, Brostoff J, Male DK (eds) (1991) Kurzes Lehrbuch der Immunologie, 2. Aufl. Thieme, Stuttgart
19. Spielmann W, Kühnl P (1982) Blutgruppenkunde. Thieme, Stuttgart
20. Stryer L (1991) Biochemie, 2. Aufl. Spektrum Akademischer Verlag, Heidelberg
21. Thews G, Vaupel P (1990) Grundriß der vegetativen Physiologie, 2. Aufl. Springer, Berlin Heidelberg New York
22. Thomas L (1992) Labor und Diagnose, 4. Aufl. Medizinische Verlagsgesellschaft, Marburg
23. Wintrobe MM (ed) (1981) Clinical hematology, 8th edn. Lea and Febiger, Philadelphia
24. Wintrobe MM (ed) (1980) Blood, pure and eloquent. McGraw-Hill, New York
25. Wissenschaftliche Tabellen Geigy (1979) Teilband Hämatologie und Humangenetik, 8. Aufl. Geigy, Basel
26. SI Unit Conversion Guide, M. La posata The New England Journal of Medicine, 1992

Einzel- und Übersichtsarbeiten

27. Arai K, Lee F, Miyajima A, Miyatake S, Arai N, Yokota T (1990) Cytokines: coordinators of immune and inflammatory responses. Annu Rev Biochem 59:783
28. Cohn EJ (1947) Chemical, physiological and immunological properties and clinical uses of blood derivatives. Experientia 3:125
29. Colman RW (1992) Platelet ADP receptors stimulating shape change and inhibiting adenylate cyclase. News Physiol Sci 7:274
30. Davis MM, Bjorkman PJ (1988) T-cell antigen receptor genes and T-cell recognition: Nature 334:395
31. Harlan JM (1985) Leukocyte-endothelial interactions. Blood 65:513
32. Hilschmann N (1982/1983) Die Immunität – eine vorprogrammierte Reaktion auf das Unerwartete. In: von Ditfurth H (Hrsg) Mannheimer Forum. Boehringer, Mannheim, S 101
33. Holmsen H (1985) Platelet metabolism and activation. Semin Hematol 22:219
34. Huebers HA, Finch CA (1987) The physiology of transferrin and transferrin receptors. Physiol Rev 67:520
35. Jelkmann W (1992) Erythropoietin: structure, control of production, and function. Physiol Rev 72:449
36. Marlar RA, Kleiss AJ, Griffin JH (1982) An alternative extrinsic pathway of human blood coagulation. Blood 60:1353
37. Peters H-D, Ganser A (1993) Übersicht über regulatorische Polypeptide (Zytokine). Pharm Ztg Wiss 138:31 (Teil I) und 67 (Teil II)
38. Pober JS, Cotran RS (1990) Cytokines and endothelial cell biology. Physiol Rev 70:427
39. Price-Jones C (1910) The variation in the size of red blood cells. Br Med J II:1418
40. Quesenberry PJ (1992) Biomodulation of chemotherapy-induced myelosuppression. Semin Oncol 19 [Suppl 8]:8

22 Mechanik der Herzaktion

H. Antoni

EINLEITUNG Bis etwa zur Mitte des 17. Jahrhunderts waren die gelehrten Ärzte der Meinung, daß sich das Blut in der Leber aus den Nahrungsstoffen bildet, dann über die untere Hohlvene zum Herzen gelangt und von hier durch die Blutadern (Venen) den Organen zuströmt, wo es verbraucht wird. Diese Vorstellung war im zweiten Jahrhundert n. Chr. von dem griechischen Arzt Galen aus Pergamon geprägt worden und hatte unwidersprochen über 1000 Jahre lang das ärztliche Denken und Handeln beherrscht. Es bedeutete daher eine große Umwälzung, als der englische Arzt William Harvey im Jahre 1628 seinen berühmt gewordenen Traktat *„De motu cordis et sanguinis in animalibus"* veröffentlichte und damit in einer beispielhaft klaren Argumentation die Grundlagen für unsere heutigen Vorstellungen vom Kreislauf des Blutes legte.

22.1 Allgemeine strukturelle Aspekte und Funktionszyklus des Herzens

Das Herz wirkt als Umwälzpumpe des Blutkreislaufs. Die rechte (venöse) und die linke (arterielle) Herzhälfte sind im Kreislauf hintereinandergeschaltet

Schon im vorausgehenden Kapitel über die Funktionen des Blutes ist klar geworden, daß das Blut seine Aufgaben im Organismus nur erfüllen kann, wenn es ständig durch den Körper zirkuliert. Die Umwälzpumpe der Blutbewegung durch die Gefäße ist das Herz. Es setzt sich aus zwei muskulösen Hohlorganen zusammen – der rechten und der linken Herzhälfte (Abb. 22–1). Die rechte Herzhälfte nimmt das sauerstoffarme Blut aus dem gesamten Körper auf und führt es der Lunge zu. Hier wird es wieder mit Sauerstoff angereichert und gelangt nun zurück in die linke Herzhälfte, von wo aus die Verteilung auf die verschiedenen Organe erfolgt. *Die rechte Herzhälfte fördert also immer nur sauerstoffarmes (venöses), die linke Hälfte nur sauerstoffreiches (arterielles) Blut.*

Systole und Diastole, Arterien und Venen. Die Pumpwirkung des Herzens beruht auf dem rhythmischen Wechsel von Erschlaffung (*Diastole*) und Kontraktion (*Systole*) der Herzkammern (*Ventrikel*). In der Diastole füllen sich die Kammern mit Blut. In der Systole werfen sie es in die angeschlossenen großen Arterien (A. pulmonalis bzw. Aorta) aus. Ein Rückstrom des Blutes wird durch die Ventilwirkung der Herzklappen verhindert. Jeder Herzkammer ist ein Vorhof (*Atrium*) vorgeschaltet, der das Blut aus den großen Venen (Vv. cavae bzw. Vv. pulmonales) aufnimmt. Die Systole der Vorhöfe geht der Ventrikelsystole voraus und unterstützt die Füllung der Kammern. Die Bezeichnung von Blutgefäßen als Arterien bzw. Venen richtet sich nach der Strömungsrichtung des darin enthaltenen Blutes und nicht nach der Blutbeschaffenheit. *Venen führen das Blut zum Herzen hin, Arterien führen es vom Herzen weg.*

Großer und kleiner Kreislauf. Der Teil der Strombahn des Blutes zwischen dem rechten und dem linken Herzen, in dem die Lunge liegt, wird gewöhnlich als *kleiner* oder *Lungenkreislauf* dem *großen* oder *Körperkreislauf* gegenübergestellt. Nach der oben gegebenen Definition von Arterien und Venen ergibt sich somit, daß nur im Körperkreislauf die Arterien arterielles Blut und die Venen venöses Blut führen; im Lungenkreislauf ist es gerade umgekehrt. Aus Abb. 22–1 wird ferner klar, daß, *streng genommen, nur ein Kreislauf existiert, in den die beiden Herzhälften als Antriebsmotoren eingeschaltet sind.*

Beim Fetus sind die beiden Herzhälften noch parallel geschaltet; ihre Hintereinanderschaltung erfolgt erst bei der Geburt

Die funktionelle Trennung des Herzens in eine rechte venöse und eine linke arterielle Hälfte entwickelt sich erst während der Geburt. Beim Fetus stehen beide Vorhöfe noch durch das *Foramen ovale* in offener Verbindung miteinander. Außerdem sind die A. pulmonalis und die Aorta durch den weitlumigen *Ductus arteriosus Botalli* kurzgeschlossen (vgl. Abb. 22–2). Vorhöfe und Ventrikel arbeiten beim Fetus demnach wie ein einziger Hohlmuskel. Die noch funktionslose kollabierte Lunge bekommt nur wenig Blut zugeleitet. Die Arterialisierung des Blutes geschieht in der Plazenta.

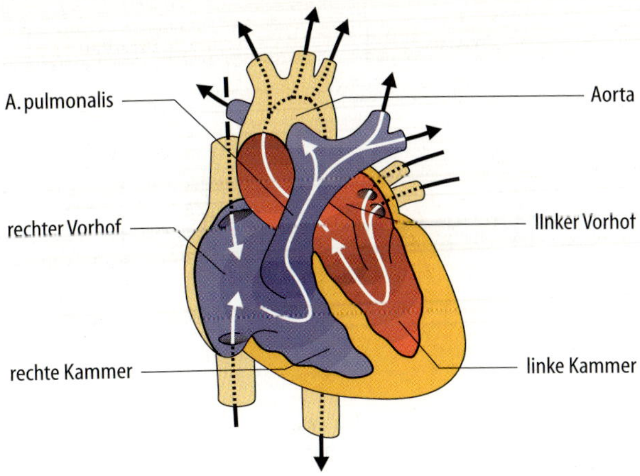

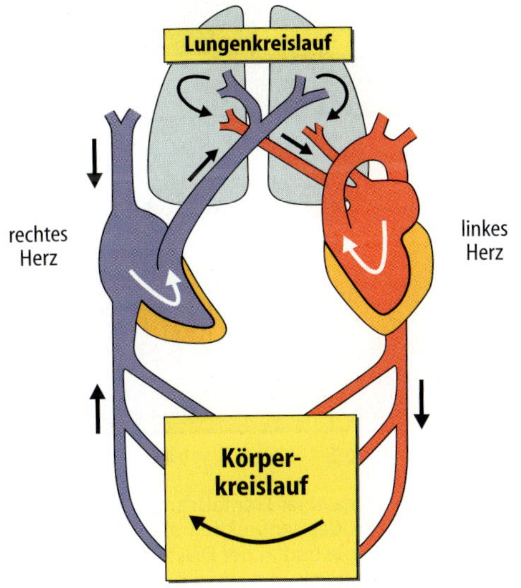

Abb. 22–1. *Oben:* Frontalansicht des eröffneten Herzens mit den großen angeschlossenen Gefäßen. Die Richtung der Blutströmung ist durch Pfeile gekennzeichnet. *Unten:* Halbschematische getrennte Darstellung der beiden Herzhälften und ihrer Verbindungen mit dem Lungen- bzw. Körperkreislauf

Bei der Geburt sinkt mit der Entfaltung der Lungen der Strömungswiderstand der Lungengefäße beträchtlich ab. Damit kann sich der vom rechten Ventrikel entwickelte Druck besser auf den nachgeschalteten linken Vorhof auswirken, so daß der Druck im linken Vorhof über den des rechten ansteigt. Als Folge dieser Veränderung legt sich eine Klappe über die Öffnung des Foramen ovale und bewirkt einen vorläufigen Verschluß zwischen den beiden Vorhöfen. Außerdem kommt es zu einer fortschreitenden Verengung des Ductus Botalli. Etwa zwei Wochen nach der Geburt ist die Umstellung abgeschlossen, d. h. Foramen ovale und Ductus Botalli sind dicht verschlossen. *Die fetale Parallelschaltung beider Herzhälften ist durch eine Serienschaltung ersetzt worden* (Abb. 22–2 A u. B).

Diese Umstellung des Kreislaufs unmittelbar nach der Geburt bedeutet eine wesentliche Entlastung der rechten Herzkammer im Vergleich zur linken. Da der Strömungswiderstand des Gefäßbettes der Lunge nur rund 1/8 dessen im großen Kreislauf beträgt, braucht die rechte Kammer entsprechend weniger Kraft zu entwickeln, um das Blut durch diesen Teil des Kreislaufs zu befördern. Die unterschiedliche Belastung beider Kammern bewirkt ein vermehrtes Wachstum des viel stärker beanspruchten linken Ventrikels, der schließlich die nahezu dreifache Muskelmasse des rechten Ventrikels erreicht.

Funktionelle Variationsbreite. Die unterschiedlichen Anforderungen des Kreislaufs an die Tätigkeit des Herzens bei wechselnden Belastungen setzen eine erhebliche Anpassungsfähigkeit des Organs voraus. So kann beispielsweise beim Erwachsenen das von einer Herzkammer pro Minute geförderte Blutvolumen (***Herzzeit-***

Abb. 22–2. A Fetales Herz vor der Geburt. Beide Herzhälften sind einander parallel geschaltet. Die Lunge liegt im Nebenschluß. **B** Nach der Geburt werden beide Herzhälften hintereinander geschaltet. Die Umstellung erfolgt durch Eröffnung der Lungenstrombahn und Verschluß des Foramen ovale zwischen rechtem und linkem Vorhof sowie des Ductus arteriosus zwischen Aorta und A. pulmonalis

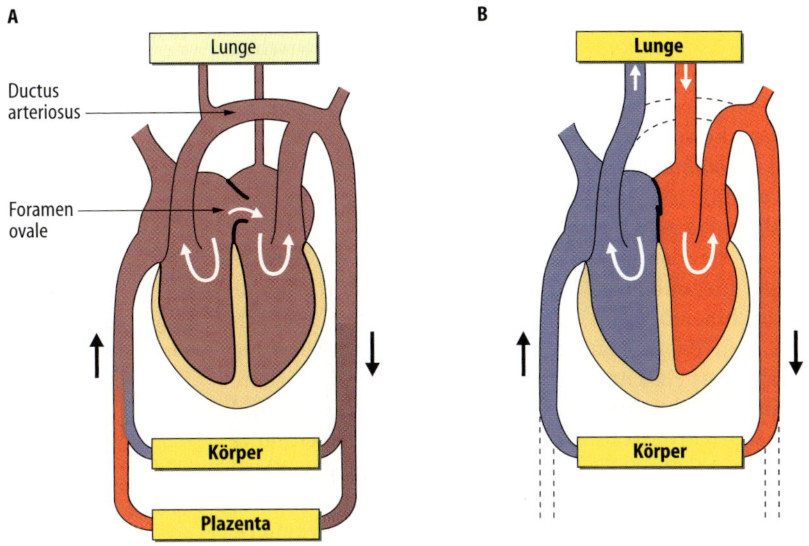

volumen) von ca. 5 l in Ruhe auf 25 l und mehr bei schwerer Muskelarbeit ansteigen. Eine optimale Anpassung wird allerdings nur erreicht, wenn alle Teilfunktionen des Herzen wie Erregungsablauf, Kontraktilität, Klappenspiel, Durchblutung u. a., in geordneter Weise zusammenwirken. Schon geringfügige Abweichungen von der Norm können zu schweren Störungen der Herztätigkeit führen.

!

Das Herz besteht aus zwei funktionellen Anteilen – der rechten und der linken Herzhälfte. Die rechte Herzhälfte nimmt sauerstoffarmes Blut vom Körper auf und pumpt es über die Lunge zum linken Herzen (kleiner Kreislauf). Die linke Herzhälfte treibt mit Sauerstoff angereichertes Blut durch viele Parallelkreisläufe des Körpers wieder der rechten Hälfte zu (großer Kreislauf). Streng genommen existiert demnach nur *ein* Kreislauf mit zwei Antriebsmotoren. Bei der Geburt wird die Parallelschaltung beider Hälften des fetalen Herzens in eine Serienschaltung umgewandelt. Die Anforderungen des Kreislaufs an das Herz verlangen eine große Anpassungsbreite, die ein geordnetes Zusammenwirken aller Teilfunktionen voraussetzt.

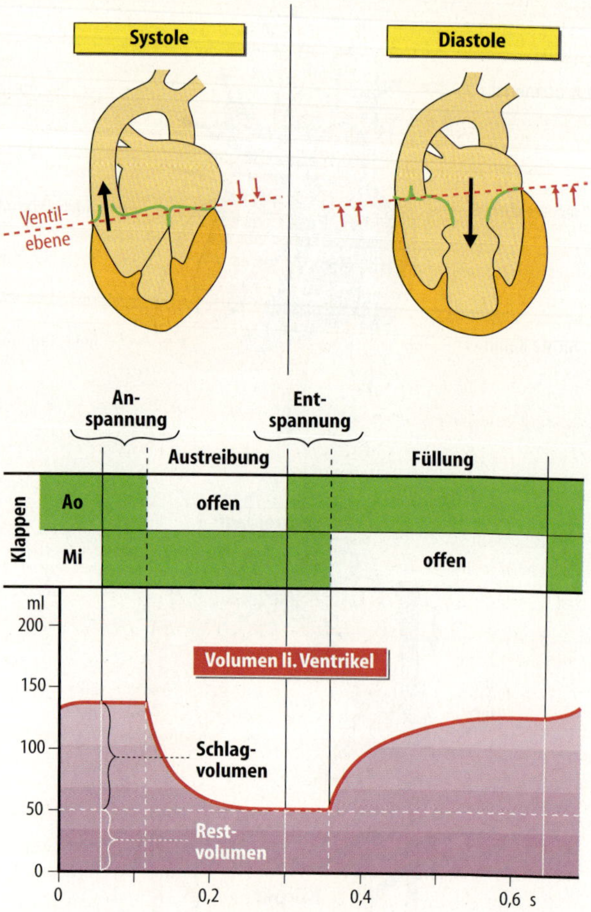

Abb. 22–3. *Oben:* Schema eines Frontalschnitts durch das linke Herz zwecks Darstellung der Klappenfunktion und der Bewegungen der Ventilebene in der Systole und in der Diastole. *Unten:* Verhalten der Klappen des linken Ventrikels und des linksventrikulären Volumens während der verschiedenen Aktionsphasen des Herzzyklus. Die Systole umfaßt Anspannung und Austreibung, die Diastole Entspannung und Füllung (*Ao, Mi* = Aorten- bzw. Mitralklappe)

Die Herzklappen haben die Funktion von Ventilen und sorgen für eine gerichtete Blutströmung

Die Transformation von Kontraktion und Erschlaffung der Herzmuskulatur in einen gerichteten Bluttransport aus dem venösen in das arterielle Gefäßsystem setzt präzis funktionierende Ventileinrichtungen voraus, die einen Rückstrom des Blutes verhindern. Diese Aufgabe wird von den Herzklappen erfüllt. Herzklappen finden sich an den Ein- und Auslaßöffnungen beider Ventrikel. Die ***Atrioventrikularklappen*** (***AV-Klappen***) zwischen Vorhöfen und Kammern (Mitralklappe links, Trikuspidalklappe rechts) dienen zur Abdichtung der Ventrikel gegen die Vorhöfe während der Systole; die ***Aorten***- und die ***Pulmonalklappen*** an der Wurzel der großen Arterien verhindern den Rückstrom von Blut in die Kammern während der Diastole (Abb. 22–3).

Bei den AV-Klappen handelt es sich um häutige Segel (*Segelklappen),* die trichterförmig in die Kammern hineinhängen. Ihre Zipfel sind über Sehnenfäden mit den Papillarmuskeln verbunden. Diese Zügelung verhindert ein Zurückschlagen der Segel in die Vorhöfe während der Systole. Die Flächen der Segelklappen sind erheblich größer, als es der zu verschließenden Öffnung entspricht. Durch breites Aneinanderlegen der Klappenränder wird so bei normalen Veränderungen der Ventrikelgröße stets ein dichter Verschluß garantiert.

Die Aorten- und Pulmonalklappen umgeben die Gefäßöffnung in Gestalt von je drei halbmondförmigen Taschen – daher auch die Bezeichnung als *Taschen-* oder *Semilunarklappen.* Bei geschlossenen Klappen liegen deren Ränder „Mercedesstern-förmig" aneinander. Ein rascher diastolischer Verschluß mit minimalem Rückstrom wird durch das „Stellen" der Klappen erreicht: Aus strömungstechnischen Gründen – in der Physik als ***Bernoulli-Effekt*** bekannt – nähern sich die Klappenränder im Blutstrom einander an und zwar um so mehr, je größer die Strömungsgeschwindigkeit ist.

Klappenfehler. Wer Gelegenheit hat, das Öffnen und Schließen der Herzklappen im Echokardiogramm (s. S. 455) zu beobachten, ist sicherlich überrascht, mit welcher Schnelligkeit und Präzision diese Bewegungen erfolgen. Infolgedessen bedeutet es auch eine schwere Beeinträchtigung der Herztätigkeit, wenn z. B. durch entzündliche Prozesse Veränderungen der Herzklappen entstehen, die eine ungenügende Öffnung (*Stenose*) oder einen undichten Verschluß (*Insuffizienz*) zur Folge haben. Den betroffenen Herzteilen wird dadurch eine stärkere Druckentwicklung oder die Förderung eines größeren Volumens aufgebürdet – eine Belastung, auf die das Myokard mit Hypertrophie bzw. Dilatation reagiert. Derartige Anpassungsvorgänge können die gestörte Klappenfunktion u. U. über Jahre kompensieren.

Systole und Diastole der Herzkammern lassen sich unterteilen in Phasen mit vorwiegender Druckänderung, jeweils gefolgt von Phasen mit vorwiegender Volumenänderung

Das Öffnen und Schließen der Herzklappen wird im wesentlichen vom Verhalten des Drucks in den angrenzenden Herzhöhlen bzw. Gefäßen bestimmt. Dementsprechend lassen sich sowohl in der Systole als auch in der Diastole ***Aktionsphasen*** gegeneinander abgrenzen, in denen entweder vorwiegend *Druckänderungen bei konstantem Volumen* oder vorwiegend *Volumenverschiebungen bei mäßigen Änderungen des Drucks* erfolgen. In der Systole unterscheidet man eine ***Anspannungsphase*** und eine ***Austreibungsphase,*** in der Diastole eine ***Entspannungs-*** und eine ***Füllungsphase.*** In Abb. 22-3 sind am Beispiel des linken Ventrikels die zeitlichen Beziehungen der Aktionsphasen zum Verhalten der Klappen und zu den Änderungen des Kammervolumens dargestellt.

Anspannungsphase. Im Beginn der Kammersystole führt der Anstieg des intraventrikulären Drucks sofort zum Verschluß der AV-Klappen. Da die Arterienklappen zunächst ebenfalls noch verschlossen sind, spannt sich die Ventrikelmuskulatur um den inkompressiblen Inhalt an und bewirkt einen weiteren steilen Druckanstieg (Abb. 22-4). Obwohl sich das Ventrikelvolumen in dieser Phase noch nicht ändert, liegt doch keine rein isometrische Kontraktion der Kammermuskulatur vor, d. h. keine Muskelanspannung ohne Änderung der Muskellänge. Vielmehr erfolgt in dieser Phase eine *Umformung* beider Ventrikel mit Annäherung an eine Kugelgestalt, wobei praktisch alle Myokardfasern – teils aktiv, teils passiv – ihre Länge ändern. Man spricht daher besser von einer *isovolumetrischen Kontraktion* d. h. einer Kontraktion bei konstantem Volumen. Die Dauer der Anspannungsphase beträgt bei normaler Schlagfrequenz unter Ruhebedingungen im linken Ventrikel etwa 60 ms.

In der klinischen Praxis wird unter der Anspannungsphase gewöhnlich die Zeit vom Beginn QRS im EKG bis zum Beginn der Austreibung verstanden und eine ***Umformungszeit*** (Beginn QRS bis Beginn 1. Herzton) gegen eine ***Druckanstiegszeit*** (Beginn 1. Herzton bis Beginn der Austreibung = Anspannungsphase im engeren Sinne) abgegrenzt.

Austreibungsphase. Wenn der intraventrikuläre Druck den diastolischen Druck in der Aorta bzw. der A. pulmonalis übertrifft, öffnen sich die Taschenklappen, und die Austreibung beginnt (Abb. 22-4). Der Ventrikeldruck steigt dabei zunächst noch weiter bis zu einem Maximalwert an und fällt dann gegen Ende der Systole wieder ab. Wie die Volumenkurve in Abb. 22-3 zeigt, wirft der Ventrikel unter Ruhebedingungen in der Austreibungsphase von seinem enddiastolischen Volumen von ca. 140 ml etwa 90 ml als ***Schlagvolumen*** (***SV***) aus. Es bleibt also am Ende der Systole ein ***Restvolumen*** (***RV***) von ca. 50 ml in der Herzkammer zurück. Den Anteil des Schlagvolumens am enddiastolischen Füllungsvolumen bezeichnet man als ***Auswurffraktion (Ejektionsfraktion).*** Sie beträgt im vorliegenden Fall 0,64 (= 64 %).

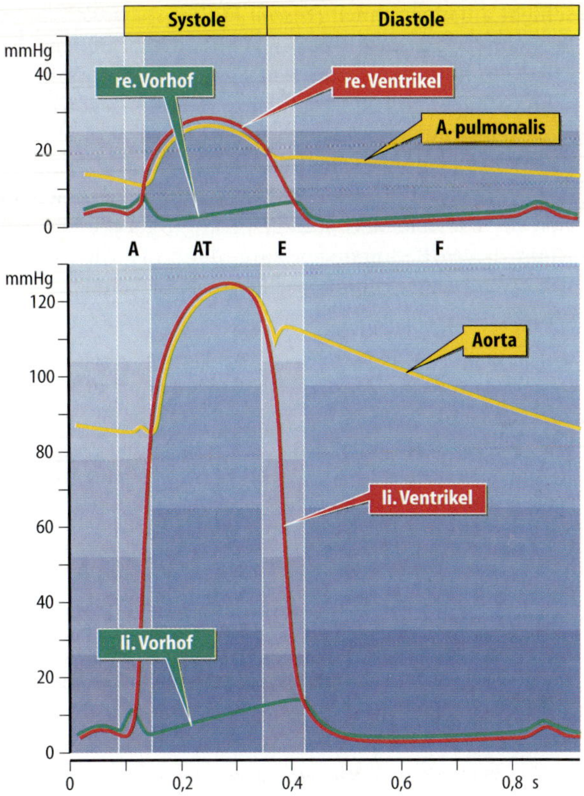

Abb. 22-4. Druckverläufe in den beiden Herzhälften und in den angeschlossenen großen Gefäßen während der Aktionsphasen eines Herzzyklus. *A* = Anspannung, *AT* = Austreibung , *E* = Entspannung, *F* = Füllung

Der Verschluß der Aortenklappe, der das Ende der Systole des linken Ventrikels markiert, erfolgt etwas später, als man nach dem Verhalten des Drucks erwarten würde (vgl. Abb. 22-4). Diese Diskrepanz erklärt sich aus der Trägheit des systolisch beschleunigten Blutvolumens, das aufgrund der ihm erteilten kinetischen Energie noch kurze Zeit – sogar entgegen dem herrschenden Druckgefälle – weiterfließt.

Entspannungsphase. Ähnlich wie die Systole beginnt auch die Diastole mit einer kurzen Phase (ca. 50 ms), in der zunächst noch alle Klappen geschlossen sind. Sie verläuft als isovolumetrische Erschlaffung. Der intraventrikuläre Druck fällt hierbei rasch auf nahezu 0 mmHg ab. Beim Unterschreiten des Vorhofdrucks öffnen sich die AV-Klappen. Dann beginnt die Füllung des Ventrikels für die nächste Systole.

Füllungsphase. In dieser Phase steigt der Ventrikeldruck nur wenig an. Die Volumenvergrößerung geschieht anfangs schnell *(rasche Füllungsperiode)*, dann langsamer *(Diastase)*. *Bei* normaler Herzfrequenz ist die Kammerfüllung zur Zeit der Vorhofkontraktion schon weitgehend abgeschlossen, so daß die Vorhofsystole selbst nur noch einen geringfügigen zusätzlichen Effekt hat (Volumenzunahme um etwa 10 %). Anders liegen die Verhältnisse bei höherer Herzfrequenz, wobei sich die Diastole stets stärker verkürzt als die Systole. Unter diesen Bedingungen kann dann die Vorhofkontraktion noch wesentlich zur Füllung der Ventrikel beitragen.

Vergleich mit dem rechten Herzen. Die am Beispiel des linken Herzens dargestellten Aktionsphasen können in prinzipiell gleicher Weise auch beim rechten Herzen nachgewiesen werden. Wegen des geringeren Gefäßwiderstands in der Lungenstrombahn kommt das rechte Herz jedoch mit einem wesentlich kleineren systolischen Druck aus (Abb. 22–4). Die Schlagvolumina sind bei beiden Ventrikeln etwa gleich groß. Die Aktionsphasen beider Herzhälften stimmen jedoch zeitlich nicht exakt überein: So beginnt die Anspannungsphase des rechten Ventrikels nach der des linken, dauert jedoch wegen des geringeren Druckanstiegs kürzer. Dementsprechend setzt die Austreibungsphase im rechten Ventrikel schon früher ein als im linken. Trotzdem wird das Ende der Systole im rechten Ventrikel etwas später erreicht als im linken (Abb. 22–4). Die Zeitversetzungen sind relativ gering (Größenordnung 10–30 ms) und sind praktisch ohne Einfluß auf die Hämodynamik.

Während der Auswurfphase der Herzkammern wird gleichzeitig Blut in die Vorhöfe angesaugt (Ventilebenen-Mechanismus)

Wir haben die Ventrikelsystole bisher nur unter dem Aspekt des Blutauswurfs aus dem Herzen betrachtet. Beim sogenannten ***Ventilebenen-Mechanismus*** haben wir es dagegen mit einer Wirkung der Systole zu tun, die eng mit der diastolischen Füllung zusammenhängt. Während der Austreibungsphase pressen die Ventrikel in *einem* Arbeitsgang Blut in die großen Arterien aus und saugen gleichzeitig Blut aus den großen Venen in die Vorhöfe hinein an. Die Sogwirkung kommt dadurch zustande, daß sich die *Ventilebene* – d.h. die Grenzfläche zwischen Vorhöfen und Herzkammern, in der die Herzklappen liegen – in Richtung zur Herzspitze verschiebt und die inzwischen erschlafften Vorhöfe dehnt. Am Ende der Austreibungsphase sind die Vorhöfe also prall mit Blut gefüllt (Abb. 22–3). Sobald nun die Ventrikelmuskulatur erschlafft, kehrt die Ventilebene unter Öffnung der AV-Klappen in ihre Ausgangslage zurück und schiebt sich dabei gewissermaßen über das in den Vorhöfen bereitgestellte Blutvolumen hinweg. Auf diese Weise wird eine rasche initiale Füllung der Ventrikel garantiert, die besonders bei erhöhter Herzfrequenz mit entsprechend verkürzter Diastolendauer ins Gewicht fällt.

Man kann sich fragen, weshalb eine Verkürzung der Ventrikel in ihrer Längsachse zur Senkung der Ventilebene und nicht etwa zur Anhebung der Herzspitze führt, wie sie beispielsweise bei einem isolierten, an einer Aortenkanüle befestigten Herzen zu beobachten ist. Dafür gibt es mindestens zwei Erklärungen: Eine Anhebung der Herzspitze kann in situ deshalb nicht erfolgen, weil zwischen dem Herzen und dem Herzbeutel ein inkompressibler (und damit auch undehnbarer) Flüssigkeitsspalt besteht und der Herzbeutel selbst am Zwerchfell verankert ist. Außerdem entsteht während der Ventrikelsystole ein Rückstoß auf die Herzkammern in Richtung zur Herzspitze [28].

Der beschriebene Ventilebenen-Mechanismus ist nicht allein für die Bereitstellung von Blut zur diastolischen Füllung der Ventrikel verantwortlich. Auch die diastolische Erschlaffung der Ventrikel selbst erzeugt eine gewisse Saugwirkung, die auf dem passiv elastischen Ausgleich von Verformungen beruht, die während der Systole erfolgten. Man kann diese Wirkung mit dem Zurückschnappen des eingedrückten Gummisaugers einer Pipette vergleichen [30]. Auf weitere Triebkräfte des venösen Rückstroms zum Herzen wird bei der Besprechung des Kreislaufs näher eingegangen.

!

Die Herzklappen haben die Funktion von Ventilen und verhindern, daß Blut in der Systole in die Vorhöfe zurückgetrieben wird (AV-Klappen) bzw. in der Diastole aus den großen Gefäßen in die Ventrikel zurückströmt (Aorten- und Pulmonalklappen). Die Systole der Herzkammern beginnt mit der isovolumetrischen Anspannungsphase, gefolgt von der Austreibungsphase. Die entsprechenden Aktionsphasen der Diastole sind die isovolumetrische Entspannung und die Füllung. In den isovolumetrischen Phasen sind alle Klappen geschlossen; es erfolgen nur Änderungen des intraventrikulären Drucks. In der Austreibungs- bzw. Füllungsphase öffnen sich die Arterien- bzw. AV-Klappen; es erfolgen Volumenverschiebungen bei relativ geringen Änderungen des Drucks. Unter Ruhebedingungen trägt die Vorhofkontraktion nur unwesentlich zur Kammerfüllung bei, und jede Herzkammer wirft etwas mehr als die Hälfte des enddiastolischen Blutvolumens von etwa 140 ml aus. Der sogenannte Ventilebenen-Mechanismus bewirkt, daß während der Austreibungsphase der Ventrikel gleichzeitig Blut aus den herznahen Venen in die Vorhöfe hinein angesaugt wird. Auch die Ventrikelerschlaffung ist von einer gewissen Sogwirkung begleitet.

22.2 Äußere Signale der Herztätigkeit

Wichtige Informationen über die Tätigkeit des Herzens können ohne eingreifende Untersuchungen gewonnen werden

Um beim Menschen nähere Aufschlüsse über die Funktionsweise des Herzens zu gewinnen, wird man sich zunächst an verhältnismäßig leicht erkennbaren Äußerungen der Herztätigkeit orientieren. Eine Reihe von wichtigen Signalen können mittels geeigneter Registrierinstrumente ohne nennenswerte Belästigung von der Körperoberfläche abgegriffen werden. Man bezeichnet solche Untersuchungsmethoden als *nicht-invasive Verfahren.* Ein Beispiel hierfür ist das Elektrokardiogramm, das als Indiz der bioelektrischen Vorgänge bei der Herzerregung im folgenden Kapitel 23 behandelt wird. Von den mechanischen Äußerungen der Herzaktion können vor allem die folgenden auf nichtinvasive Weise erfaßte werden: der *Herzspitzenstoß,* der *Herzschall,* der *Arterienpuls* und der *Venenpuls.*

Herzspitzenstoß (Mechanokardiogramm, Apexkardiogramm). Bei mageren Menschen kann man den Herzspitzenstoß leicht mit den Fingern auf der Brustwand fühlen und u. U. auch als schnelle Vorwölbung – gelegentlich auch als Einziehung – im 5. Interkostalraum links medioklaviculär sehen. Die Bezeichnung „Herzspitzenstoß" ist allerdings etwas irreführend, da die Erschütterungen der präkordialen Brustwand nicht einfach durch das Anstoßen der Herzspitze entstehen. Vielmehr wirken dabei Form-, Volumen- und Lageänderungen des Herzens in komplizierter Weise zusammen. Aus der Untersuchung (*Palpation*) bzw. Registrierung des Herzspitzenstoßes ergeben sich klinisch bedeutsame Hinweise, die in erster Linie den linken Ventrikel betreffen.

Der Herzschall gibt vor allem Auskunft über die Funktion der Herzklappen

Während der Herzaktion werden auch hörbare Schwingungen (15–400 Hz) auf die Brustwand übertragen, die bei aufgelegtem Ohr oder mit Hilfe eines Hörrohrs (*Stethoskop*) als *Herztöne* wahrnehmbar sind. Man muß sich nolens volens damit abfinden, daß man diese Schallerscheinungen in der Medizin als „Töne" bezeichnet, obwohl es sich nicht um rein periodische Schwingungen handelt. Der zutreffende Ausdruck „Herzgeräusche" ist jedoch seit langem für bestimmte Normabweichungen des Herzschalls reserviert (s. u.). Beim Abhorchen (*Auskultation*) kann man meist ohne Schwierigkeit einen ***ersten Herzton*** zu Beginn der Systole und einen ***zweiten Herzton*** zu Beginn der Diastole unterscheiden. Der dumpfe, längere I. Herzton ist komplexer Natur. Er kommt hauptsächlich dadurch zustande, daß sich die Kammermuskulatur beim Schluß der AV-Klappen ruckartig zusammenzieht und dabei samt dem enthaltenen Blut und den AV-Klappen in Schwingungen gerät, die sich auf die Brustwand übertragen. Man spricht deshalb auch, mit Bezug auf den Entstehungsmechanismus, von einem *Anspannungston.* Der kürzere helle II. Herzton entsteht beim Zuschlagen der Taschenklappen von Aorta und A. pulmonalis (*Klappenton*), wobei die Blutsäulen in den großen Gefäßen in Schwingung geraten. Die günstigsten ***Auskultationsstellen*** für den II.Herzton liegen dementsprechend nicht direkt über dem Herzen, sondern in der Richtung des Blutstroms verschoben., d. h. für die Aortenklappen im 2. Interkostalraum am rechten Sternalrand, für die Pulmonalklappen links. Für den I. Herzton liegen die besten Auskultationsstellen dagegen direkt über den Ventrikeln, d. h. etwa im 5. Interkostalraum links medioklavikulär (linkes Herz) bzw. am rechten Sternalrand (rechtes Herz).

Herzschallaufzeichnung (Phonokardiographie). Mittels geeigneter Mikrophone und Registrierinstrumente kann der Herzschall auch direkt aufgezeichnet werden (Abb. 22–5). Das sogenannte *Phonokardiogramm* bietet neben dem Vorteil der Dokumentation von Befunden auch die Möglichkeit, die zeitlichen Relationen des Herzschalls zu anderen Vorgängen zu analysieren.

I. Herzton. Man unterscheidet dabei ein sog. *Vorsegment* mit kleiner Amplitude und niedriger Frequenz, ein *Hauptsegment* und ein *Nachsegment.* Das Vorsegment entsteht durch die Umformung des linken Ventrikels im Beginn der Anspannungsphase. Das Hauptsegment markiert den steilen ventrikulären Druckanstieg. Das Nachsegment reicht in den Beginn der Austreibungsphase hinein (Abb. 22–5).

II. Herzton. Der Beginn des II. Herztons fällt gewöhnlich mit dem Ende der T-Welle des EKGs zusammen und signalisiert das *Ende der Austreibungsphase.* Gelegentlich ist bei Herzgesunden eine Spaltung des zweiten Tons in eine erste Komponente beim Schluß der Aorten-

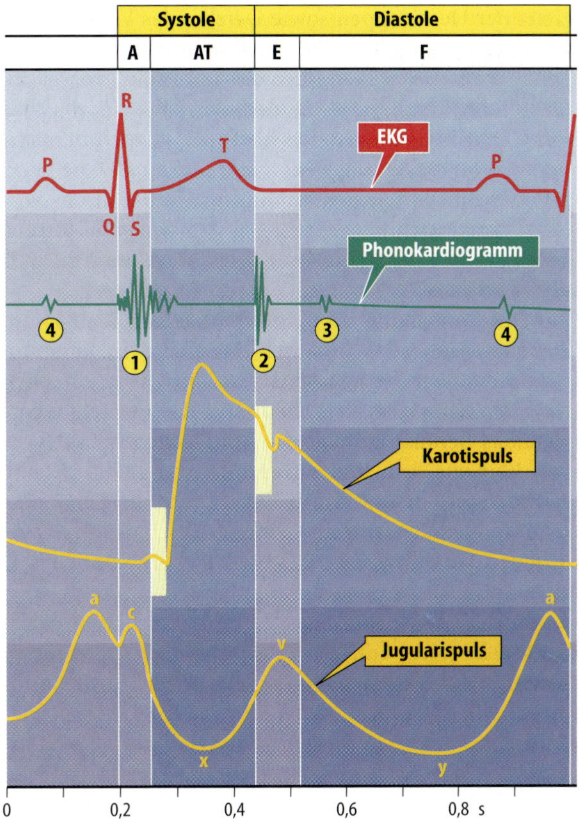

Abb. 22–5. Zeitliche Zuordnung einiger Meßgrößen zu den Aktionsphasen des Herzens. *A* = Anspannung, *AT* = Austreibung, *E* = Entspannung, *F* = Füllung. Die Zahlen am Phonokardiogramm beziehen sich auf die Numerierung der Herztöne

klappen und eine zweite beim Schluß der Pulmonalklappen zu erkennen. Sie zeigt an, daß die Systole des rechten Ventrikels normalerweise etwas später endet als die des linken. Dementsprechend verlängert eine vermehrte Füllung des rechten Ventrikels – z. B. infolge eines erhöhten venösen Rückstroms bei tiefer Einatmung – die rechtsventrikuläre Systole zusätzlich und verstärkt vorübergehend die Spaltung des II.Herztons.

III. Herzton und IV. Herzton. Durch den Ruck der Kammerwand beim Einströmen des Blutes in der frühen Füllungsphase kann ein sog. III. Herzton ausgelöst werden, der jedoch im allgemeinen nur bei Kindern wegen deren günstigeren Schalleitungsbedingungen hörbar ist. Am Ende der P-Welle und vor Beginn der Q-Zacke des EKG kann gelegentlich noch eine Schwingung registriert werden, die durch die Vorhofsystole entsteht. Dieser IV. Herzton ist bei der gewöhnlichen Auskultation nicht wahrnehmbar.

Herzgeräusche. Die als Herzgeräusche bezeichneten Veränderungen des normalen Herzschalls beruhen hauptsächlich auf Turbulenzen des Blutstroms. Sie unterscheiden sich von den Herztönen durch höhere Frequenz (800 Hz), längere Dauer und allmähliches An- bzw. Abklingen. Häufige Ursache von Herzgeräuschen sind angeborene oder erworbene Stenose oder Insuffizienz der Herzklappen sowie Defekte des Vorhof- bzw. Kammerseptums u. a. Für die Diagnostik sind, neben dem Geräuschcharakter, auch der Zeitpunkt (systolisch, diastolisch) und die Auskultationsstelle, an der das Geräusch am deutlichsten gehört wird *(Punctum maximum)*, von Bedeutung. Bei einer *Aortenstenose* wird z. B. das Blut in der Austreibungsphase durch das verengte Aortenostium gepreßt. Die entstehende Turbulenz erzeugt im Anschluß an den I. Herzton ein lautes an- und abschwellendes *systolisches* Geräusch mit Punctum maximum im 2. Interkostalraum rechts vom Sternum. Hätte das Geräusch dagegen sein Punctum maximum über der Herzspitze, so würde man eine *Mitralinsuffizienz* vermuten. Bei diesem Klappenfehler entsteht das Geräusch infolge des systolischen Rückstroms von Blut aus dem linken Ventrikel durch die defekte Mitralklappe in den linken Vorhof. Systolische Geräusche sind jedoch keineswegs immer Zeichen von anatomischen Veränderungen des Herzens. Sie können z. B. auch auf einer verringerten Blutviskosität infolge verminderter Erythrozytenzahl beruhen. *Diastolische* Geräusche treten auf, wenn z. B. Arterienklappen insuffizient oder AV-Klappen stenosiert sind. Hinweise auf die jeweilige Lokalisation der Störung ergeben sich wiederum aus dem Punctum maximum bei der Auskultation.

Karotispuls. Auf die pulsatorischen Schwankungen der Gefäße soll hier nur insoweit eingegangen werden, als sich daraus Anhaltspunkte für den jeweiligen Funktionszustand des Herzens ergeben. Mit dem Auswurf des Schlagvolumens aus dem linken Ventrikel breitet sich eine Druckwelle über das Arteriensystem aus, die in Herznähe (A. carotis communis) einen typischen Verlauf zeigt (Abb. 22–5): Ausgelöst durch die Austreibung erfolgt zunächst ein Steilanstieg mit einem deutlichen Druckgipfel. Im abfallenden Schenkel entsteht durch das Zuschlagen der Aortenklappen eine scharf begrenzte Inzisur. Die Zeit vom Fuß des Steilanstiegs der Kurve bis zur Inzisur entspricht der ***Dauer der Austreibungsphase*** des linken Ventrikels. Bei der Festlegung des Beginns der Austreibungsphase ist allerdings zu berücksichtigen, daß der Karotispuls gegenüber den praktisch trägheitslos ansprechenden elektrischen und akustischen Phänomenen mit einer gewissen Verzögerung auftritt, die durch die Laufzeit der Pulswelle von der Aorta bis zur A. carotis bedingt ist. Diese sog. ***zentrale Pulswellenlaufzeit*** läßt sich aus dem Abstand zwischen dem Beginn des II. Herztons und der Inzisur ermitteln (aufgehellter Bereich in Abb. 22–5).

Venenpuls. In den herznahen Venen entstehen im Laufe eines Herzzyklus durch Rückstau Änderungen der Blutfüllung, die z. B. an der V. jugularis externa im Liegen als Volumenschwankungen registrierbar sind (Abb. 22–5). *Der Jugularvenenpuls gibt Hinweise auf Vorgänge im rechten Herzen, speziell im rechten Vorhof:* Die ***a-Welle*** entsteht durch die Systole des rechten Vorhofs. Die ***c-Welle*** ist hauptsächlich verursacht durch die Vorwölbung der Trikuspidalklappe in den rechten Vorhof während der Anspannungsphase der rechten Kammer. Sie ist gefolgt von einem scharfen Abfall (***x-Welle***) als Folge der Verschiebung der Ventilebene in Richtung Herzspitze während der Austreibungsphase. In der Entspannungsphase bewirkt die Rückkehr der Ventilebene bei noch geschlossener Trikuspidalklappe wieder einen Rückstau (***v-Welle***), an den sich beim Öffnen der Klappe ein erneuter Abfall (***y-Welle***) anschließt.

Röntgenuntersuchung und Echokardiographie. Anhaltspunkte über Größe und Form des Herzens ergeben sich schon allein beim Beklopfen der Brustwand ***(Perkussion)*** aus der Verteilung von Dämpfungszonen. Für genauere Messungen und zum Zwecke der Dokumentation dient die ***Röntgenaufnahme.*** Bei der ***Computertomographie (CT)*** handelt es sich um ein röntgenologisches Schichtaufnahmeverfahren, das zum Bildaufbau einen Computer einsetzt. Beim Herzen gibt die abgestufte Weichteildarstellung Auskunft über anatomische Details. In neuerer Zeit gewinnt das Prinzip des Echolots als Untersuchungsmethode des Herzens in Form der ***Echokardiographie*** immer mehr an Bedeutung. Dabei wird die Reflexion von Ultraschallwellen an Grenzflächen des Herzens (äußere und innere Wandung, Klappen etc.) ausgewertet (Abb. 22–6). Die Methode liefert wertvolle Aussagen über die Abstände der Grenzflächen im Strahlengang und über deren Veränderungen, also z. B. auch über Größenänderungen des Her-

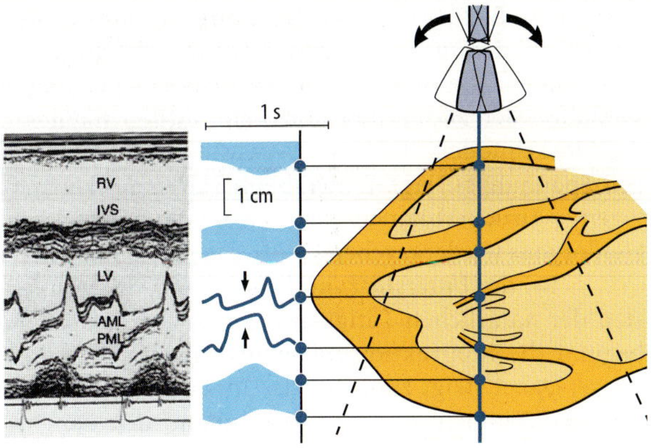

Abb. 22-6. *Rechts:* Prinzip der Echokardiographie: Der Schallkopf dient in raschem Wechsel als Sender und als Empfänger. Die Abstände und Bewegungen der echographisch wirksamen Grenzflächen werden in ihrem zeitlichen Verhalten aufgezeichnet. *Links:* Beispiel eines Echokardiogramms in der dargestellten Schnittrichtung. Man erkennt das Schließen der Mitralklappe zu Beginn der Systole *(Pfeile)*. *RV* rechter Ventrikel, *IVS* interventrikuläres Septum, *LV* linker Ventrikel, *AML, PML* anteriore bzw. posteriore Mitralklappe

zens, über Klappenbewegungen und dgl. Da Ultraschallwellen im Unterschied zu den Röntgenstrahlen nach bisheriger Erfahrung für den Menschen unschädlich sind, können die Untersuchungen beliebig oft wiederholt werden.

Intrakardiale invasive Meßmethoden. Die beschriebenen extrakardialen Registrierungen, wie EKG, Herzschall und dgl., haben ohne Zweifel große praktische Bedeutung. Sie liefern jedoch nur indirekte Hinweise auf die Funktion des Herzens und reichen für die Beantwortung spezieller Fragen u. U. nicht aus. In den letzten Jahren wurde in der klinischen Herzdiagnostik die Technik intravasaler und intrakardialer Messungen mit Hilfe von sog. Herzkathetern wesentlich ausgebaut. *Herzkatheter,* die es in verschiedenen Ausführungen, Längen und Durchmessern gibt, werden von einem peripheren Gefäß aus, meist unter Röntgenkontrolle, in das Herz vorgeschoben. Über einen transvenös eingeführten Katheter können so der rechte Vorhof, die rechte Kammer und die A. pulmonalis meist ohne Schwierigkeiten erreicht werden. Die Katheterisierung des linken Herzens erfolgt retrograd von einer peripheren Arterie oder vom rechten Vorhof aus nach schonender Punktion des Vorhofseptums.

Anwendung des Herzkatheters. Die Herzkatheterisierung dient in erster Linie der ***Druckmessung*** in den verschiedenen Herzhöhlen und den angeschlossenen Gefäßen. Durch Registrierung des Druckverlaufs können Druckkurven gewonnen werden, wie sie z. B. in Abb. 22-4 dargestellt sind. Durch einen Herzkatheter lassen sich aus dem jeweils interessierenden Abschnitt auch *Blutproben* gewinnen und beispielsweise auf ihren Sauerstoffgehalt hin analysieren. Durch Injektion einer Testsubstanz, können sog. ***Indikatorverdünnungskurven*** aufgenommen werden, die eine Berechnung des Herzzeitvolumens erlauben. Wird durch den Katheter ein Kontrastmittel injiziert, so kann durch Röntgenaufnahmen mit rascher Bildfolge eine anatomische Darstellung der Herzhöhlen und Gefäße in verschiedenen Aktionsphasen erhalten werden ***(Angiokardiographie).*** Schließlich sind für spezielle Fragestellungen Herzkatheter zur intrakardialen elektrischen Ableitung ***(intrakardiales EKG, HIS-Bündel-Ableitung)*** und Registrierung des Herzschalls ***(intrakardiale Phonographie)*** entwickelt worden. Der Einsatz und die detaillierte Kenntnis dieser Untersuchungsmethoden muß jedoch wegen des apparativen Aufwands dem klinischen Spezialisten vorbehalten bleiben.

!

Wichtige Auskünfte über die Herztätigkeit lassen sich anhand von Signalen gewinnen, die unblutig (nicht-invasiv) und ohne nennenswerte Belästigung des Patienten gewonnen werden können. Von besonderer Bedeutung sind neben der Elektrokardiographie, der Herzschall, der Karotispuls und die Röntgenuntersuchung bzw. die Echokardiographie. Der Herzschall (Auskultation, Phonokardiographie) gibt vor allem Auskunft über die Funktion der Herzklappen und ihre krankhaften Veränderungen. Mittels der Echokardiographie können Bewegungen der äußeren und inneren Grenzflächen des Herzens dargestellt und sowohl funktionelle wie strukturelle Abweichungen erkannt werden. Unter klinischen Bedingungen sind für die Beantwortung spezieller Fragen invasive Meßmethoden, vor allem in Form von intravasal eingeführten Kathetern, im Gebrauch . Sie dienen u. a. der intrakardialen Druckmessung, der Blutgasanalyse, der röntgenologischen Gefäßdarstellung sowie der intrakardialen elektrischen Ableitung von speziellen Strukturen, wie z. B. dem HIS-Bündel.

22.3 Druck-Volumen-Beziehungen

Das Myokard besitzt ähnliche Grundeigenschaften wie die Skelettmuskulatur. Im intakten Herzen wird die muskuläre Wandspannung in Druck umgesetzt

Die mechanischen Eigenschaften des Skelettmuskels (s. S. 76 ff) lassen sich in prinzipiell ähnlicher Form auch an länglichen Präparaten der Herzmuskulatur, z. B. an isolierten Papillarmuskeln, nachweisen: Ein Papillarmuskel ist elastisch dehnbar; er vermag sich unter konstanter Belastung aktiv zu verkürzen ***(isotonische Kontraktion)*** oder bei konstant gehaltener Länge aktiv Spannung zu entwickeln ***(isometrische Kontraktion).*** Zur Veranschaulichung der Verhältnisse kann ein *Modell* dienen, das den *Muskel als Serienschaltung eines kontraktilen und eines elastischen Elements* beschreibt (Abb. 22-7). Die isometrische Kontraktion erscheint hierbei als Verkürzung des kontraktilen Elements, die eine entsprechende Dehnung des elastischen Elements bewirkt. Es muß allerdings betont werden, daß den kontraktilen bzw. elastischen Elementen des Modells keine bestimmten anatomischen Strukturen des Myokards entsprechen.

Bei der Betrachtung des intakten Herzens kann man davon ausgehen, daß sich das Myokard darin nicht wesentlich anders als der isolierte Papillarmuskel verhält. In Abb. 22-7 A sind für lineare Muskeln und für – dem Herzen analoge – muskuläre Hohlkörper die me-

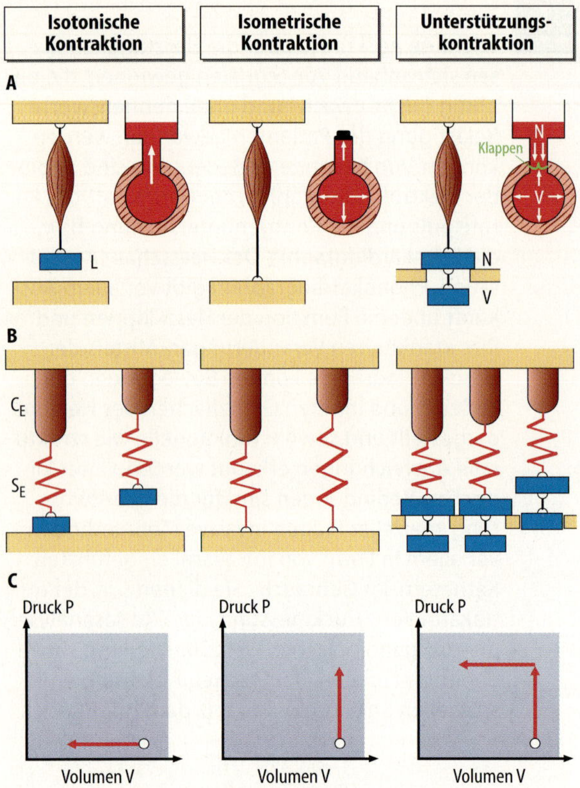

Abb. 22–7. Elementare Kontraktionsformen des Myokards. **A** Versuchsanordnung für die verschiedenen Kontraktionsformen beim länglichen Myokardpräparat (Papillarmuskel) und beim myokardialen Hohlkörper (kanülierter Ventrikel). *L* Last, *V* Vorbelastung, *N* Nachbelastung. **B** Verhalten des Zweikomponenten-Modells der Herzmuskulatur bei den verschiedenen Kontraktionsformen. *CE* kontraktiles Element, *SE* in Serie geschaltetes elastisches Element. **C** Darstellung der elementaren Kontraktionsformen im Druck-Volumen-Diagramm

chanischen Bedingungen von drei Kontraktionsformen dargestellt, die uns im folgenden hauptsächlich begegnen werden. Die Abb. 22–7 B zeigt das entsprechende Verhalten der elastischen und kontraktilen Elemente des Muskelmodells. In Abb. 22–7 C sind die – den Längen-Spannungs-Diagrammen beim Skelettmuskel analogen – Druck-Volumen-Diagramme des muskulären Hohlorgans wiedergegeben:

Bei der ***Unterstützungskontraktion,*** die am meisten der natürlichen Tätigkeit des Herzens entspricht, beginnt die Kontraktion mit einer isovolumetrischen Phase. Dabei steigt zunächst der Innendruck bei konstantem Volumen an. Wenn der Innendruck den hydrostatischen Druck der Flüssigkeitssäule erreicht, die auf den Klappen lastet, öffnen sich diese, und es erfolgt eine isotonische Volumenverkleinerung.

Bei der Umsetzung von Wandspannung in Druck spielt die Größe des Herzens eine wichtige Rolle

Der Druck, den die Herzvorhöfe und Kammern bei ihrer Systole im Innern entwickeln, entsteht durch die Anspannung ihrer muskulären Wand. Die Beziehung zwischen Wandspannung und Innendruck ist allerdings ziemlich komplex. Dies zeigt sich z. B. darin, daß *der intraventrikuläre Druckanstieg zu Beginn der Austreibungsphase* (Abb. 22-4) nicht – wie man leicht annehmen könnte – durch eine weitere Zunahme der Wandspannung entsteht, sondern als *eine rein physikalisch bedingte Konsequenz aus der Verkleinerung der Herzkammern.* Dies wird anhand von Abb. 22-8 näher ausgeführt.

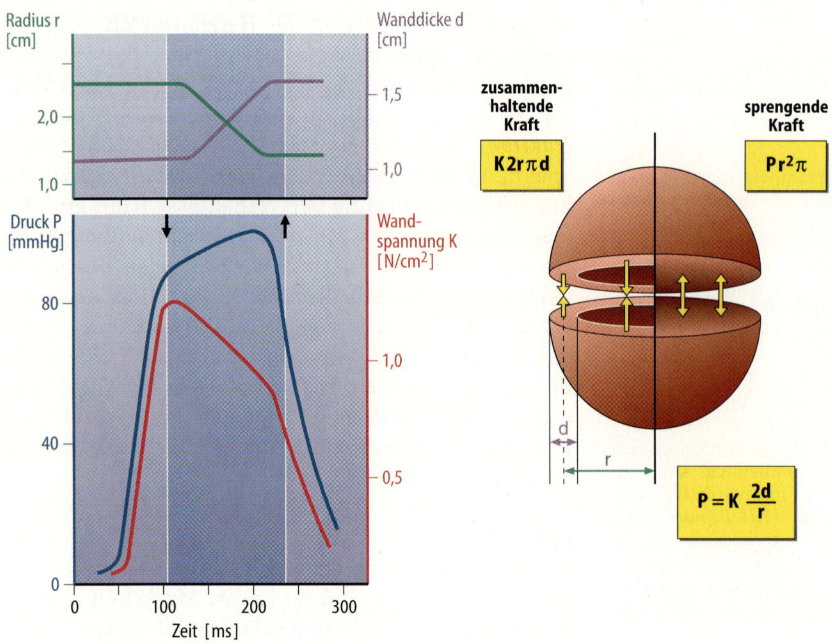

Abb. 22–8 *Links:* Änderung von Radius, Wanddicke, Innendruck und Wandspannung eines linken Ventrikels vom Hund während der Austreibungsphase (zwischen den Pfeilen)
Rechts: Schema zur Darstellung der Beziehung zwischen Wandspannung und Innendruck bei einem kugelförmig gedachten Ventrikel. Zur Vereinfachung sind die Einflüsse in ihrer Wirkung getrennt dargestellt. Der Innendruck P (Kraft pro Fläche) versucht, die beiden Halbkugeln auseinander zu treiben mit der Gesamtkraft $P \cdot r^2 \cdot \pi$. Dieser Kraft wirkt die Wandspannung entgegen. Wenn die Wanddicke d klein ist gegen r, errechnet sich die zusammenhaltende Kraft zu $K \cdot 2r \cdot \pi \cdot d$, wobei K die Kraft pro Flächeneinheit des Wandquerschnitts bedeutet. Aus der Gleichsetzung der beiden Ausdrücke ergibt sich die Laplace-Beziehung (unten).

Zwischen der muskulären Wandspannung ***K*** (Kraft pro Querschnitt der Wand) und dem Innendruck ***P*** eines kugelförmigen Hohlkörpers vom Radius ***r*** und der Wanddicke ***d*** gilt nach Laplace [35] die Beziehung:

$$K = P\frac{r}{2d} \quad \text{bzw.} \quad P = K\frac{2d}{r}$$

Wenn man den Ventrikel als eine Hohlkugel betrachtet und berücksichtigt, daß in der Austreibungsphase der Radius abnimmt, während die Wanddicke wächst, so ist nach der obigen Beziehung bei konstanter oder sogar schon abnehmender Wandspannung ein Anstieg des Innendrucks zu erwarten (Abb. 22–8). Umgekehrt ist bei gegebenem Druck die – auf eine Flächeneinheit des Wandquerschnitts wirkende – Kraft proportional dem Radius und umgekehrt proportional der Wanddicke. Diese Beziehung hat wichtige Konsequenzen, auf die wir in verschiedenen Zusammenhängen noch zurückkommen werden.

Die funktionelle Struktur und das Bewegungsmuster der beiden Herzkammern sind den unterschiedlichen Anforderungen angepaßt

Auf einem Querschnitt durch das Herz in Höhe der Ventrikelmitte (Abb. 22–15) fällt die ungleiche Ausbildung der Muskulatur beider Kammern auf. Sie ist ein Ausdruck der Anpassung des Herzens an die unterschiedliche Belastung der Ventrikel. Aber nicht nur hinsichtlich der Muskelmasse, sondern auch in ihrer funktionellen Struktur bestehen charakteristische Unterschiede: So verfügt der linke Ventrikel über eine sehr kräftige *Ringmuskulatur,* die den Hauptanteil der Ventrikelwand ausmacht. An diesen Hohlzylinder aus zirkulär verlaufenden Fasern ist außen und innen eine Schicht von sog. *Spiralmuskeln* angelagert, die von der Basis zur Spitze ziehen. Die Wand des rechten Ventrikels besteht fast nur aus solchen Spiralmuskelzügen; die Ringmuskulatur ist dagegen relativ schwach entwickelt.

Kontraktionsablauf im rechten Ventrikel. Schon allein aus der Anordnung der Muskulatur des rechten Ventrikels lassen sich Schlüsse auf seine Arbeitsweise ziehen: Die rechte Kammer ist wie eine dünnwandige halbmondförmige Schale dem linken Ventrikel angelagert. Die den Hohlraum begrenzende Oberfläche ist daher im Verhältnis zum Volumen groß. Schon eine geringe Verschiebung der Wand gegen das Septum muß infolgedessen eine relativ große Volumenänderung bewirken. Da der Strömungswiderstand im Lungenkreislauf niedrig ist, bedarf es keines großen Kraftaufwands, um den erforderlichen Druck zur Austreibung des Schlagvolumens zu erzeugen. Die systolische Verkleinerung des rechten Ventrikels wird außerdem noch durch die Vorwölbung des Septums unterstützt.

Kontraktionsablauf im linken Ventrikel. Die kräftige Ringmuskulatur des linken Ventrikels umgreift, vergleichbar einer Faust, den Inhalt und ist daher sehr gut geeignet, den hohen Druck zu erzeugen, der für den Auswurf des Schlagvolumens in den großen Kreislauf benötigt wird. Bei normaler diastolischer Füllung erfolgt die Austreibung vorwiegend durch Verkürzung dieses Muskelanteils. Nimmt jedoch die Füllung aus irgendeinem Grunde ab, so vermindert sich zwangsläufig der Ventrikelradius und damit auch der Verkürzungsspielraum der Ringmuskulatur. Die mehr in Längsrichtung verlaufenden Spiralmuskeln werden dagegen prozentual weniger stark entdehnt und können daher bei abnehmender Füllung einen wachsenden Anteil der Austreibungsarbeit des linken Ventrikels übernehmen.

!

Die Herzmuskulatur besitzt ähnliche Grundeigenschaften wie die Skelettmuskulatur: Ihre Kontraktion kann als vorwiegende Längenänderung bei konstanter Kraft (isotonisch) erfolgen oder als vorwiegende Spannungsentwicklung bei konstanter Länge (isometrisch). Die normale Kontraktionsform entspricht in etwa einer Unterstützungskontraktion. Für das intakte Herz gelten bei der Umsetzung von Wandspannung in Druck besondere Gesetzmäßigkeiten: Bei gegebener Wandspannung der Herzkammern hängt der resultierende intraventrikuläre Druck von der Herzgröße ab (Laplace-Beziehung). Kleine Herzen mit dicker Wand sind besser geeignet, einen hohen Druck zu entwickeln als große Herzen mit relativ dünner Wand. Die unterschiedlichen Anforderungen an den rechten bzw. linken Ventrikel finden ihren Ausdruck in der Anordnung der Muskelzüge in der Ventrikelwand und in dem daraus resultierenden Bewegungsmuster.

Ein Kontraktionszyklus der Herzkammern erscheint im Druck-Volumen-Diagramm als Schleifenfigur (Arbeitsdiagramm)

Aus dem Zeitverlauf des intraventrikulären Drucks während eines Herzzyklus (Abb. 22–4) in Verbindung mit den gleichzeitig registrierten Änderungen des Ventrikelvolumens (Abb. 22–3) läßt sich eine ***Druck-Volumen-Schleife*** konstruieren, wie sie in Abb. 22–9 am Beispiel der linken menschlichen Herzkammer dargestellt ist. Die von der Schleife umschlossene Fläche ist ein Maß für die Arbeit der linken Herzkammer beim Auswurf des Schlagvolumens (Arbeit = Druck x Volumen). Man spricht daher auch vom ***Arbeitsdiagramm.*** Das Arbeitsdiagramm beginnt mit der diastolischen Füllungsphase (***F***). Im Beginn dieser Phase fällt der Druck zunächst noch weiter ab. Dies ist eine Folge der elastischen Rückstellkraft der erschlaffenden Kammerwand, die eine Sogwirkung auf den Vorhof ausübt (s. S. 452). Danach erfolgt die Volumenzunahme unter steigendem Füllungsdruck bis zum Erreichen des *enddiastolischen Volumens.* Nun beginnt die Systole mit der isovolumetrischen Anspannungsphase (***A***). Wenn der steile Druckanstieg den diastolischen Aortendruck erreicht, öffnen sich die Aortenklappen, und die Austreibungsphase (***AT***) beginnt. Wie oben ausgeführt wurde (S. 456,

Laplace-Beziehung), ist der weitere Druckanstieg in dieser Phase durch die Änderung der Ventrikelgeometrie bedingt. Da sich hierbei Volumen und Druck gleichzeitig ändern, spricht man von einer *auxotonischen Kontraktion*. Die isovolumetrische Erschlaffungsphase (***E***) der beginnenden Diastole schließt die Druck-Volumen-Schleife, und ein neuer Zyklus beginnt.

!

Bei Auftragung des intraventrikulären Drucks gegen das Kammervolumen stellt sich ein Aktionszyklus der rechten bzw. linken Kammer als Schleifenfigur dar. Die von der Schleife umschlossene Fläche ist ein Maß für die geleistete Arbeit – daher auch die Bezeichnung Arbeitsdiagramm. Das Arbeitsdiagramm ist eine klassische Form der Darstellung, die wichtige Einblicke in die Herzdynamik ermöglicht. Zeitliche Beziehungen treten dabei nicht in Erscheinung.

Die im Arbeitsdiagramm dargestellten Druck-Volumen-Veränderungen während eines Herzzyklus werden durch die sogenannten Gleichgewichtskurven begrenzt

Kontraktionsmaxima. Die in Abb. 22–9 abgebildete Druck-Volumen-Schleife bezieht sich auf *eine* bestimmte Ausgangsbedingung, d. h. auf *ein* bestimmtes enddiastolisches Volumen bei einem gegebenen Füllungsdruck und einem bestimmten diastolischen Aortendruck. Durch Variation des Füllungsdrucks lassen sich Veränderungen des Volumens herbeiführen, die sich wiederum auf die Druckamplituden auswirken. Die hierbei geltenden Gesetzmäßigkeiten werden in sog. *Gleichgewichtskurven* zusammengefaßt (vgl. Abb. 22–11). *Sie stellen Grenzbedingungen dar, innerhalb derer bei einem bestimmten kontraktilen Zustand der betreffenden Herzkammer alle Druck- bzw. Volumenänderungen ablaufen.*

Wir wollen uns zunächst anhand einer klassischen Versuchsanordnung klarmachen, wie man an einem isolierten Säugetierherzen die Gleichgewichtskurven bestimmt [34]. Ein entsprechender Versuchsaufbau ist in Abb. 22–10 dargestellt, bei dem Aortendruck und venöser Zustrom unabhängig voneinander in weiten Grenzen verändert und mit der enddiastolischen Ventrikelgröße korreliert werden können. Das Herz behält dabei seine natürlichen Verbindungen zur künstlich belüfteten Lunge. Der große Kreislauf ist durch ein blutgefülltes Meßsystem mit einstellbarem Widerstand ersetzt *(Herz-Lungen-Präparat)*. Der venöse Zustrom kann von einem Reservoir aus beliebig variiert werden. Da die Bluttemperatur konstant gehalten wird und die Herznerven durchtrennt sind, schlägt das Herz mit konstanter Frequenz. Wir wollen nun betrachten, auf welche Weise ein derart „reduziertes" Herz noch auf Belastungen zu reagieren vermag.

Zunächst wird durch Füllung des Ventrikels unter verschiedenen Drücken und Messung des jeweiligen Volumens die ***Ruhe-Dehnungs-Kurve*** bestimmt. In ihr spie-

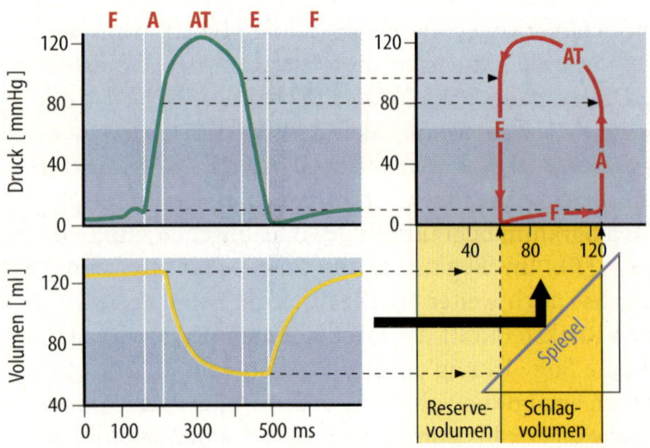

Abb. 22–9. Konstruktion einer Druck-Volumen-Schleife eines linken Ventrikels *(rechts oben)*. Die Druckänderungen während eines Herzzyklus werden auf die *Ordinatenachse* projiziert *(Pfeil)*. F, A, AT, E, F sind die aufeinander folgenden Aktionsphasen des linken Ventrikels. Die begleitenden Volumenänderungen werden durch einen Spiegel auf die Abzissenachse projiziert *(Pfeil)*

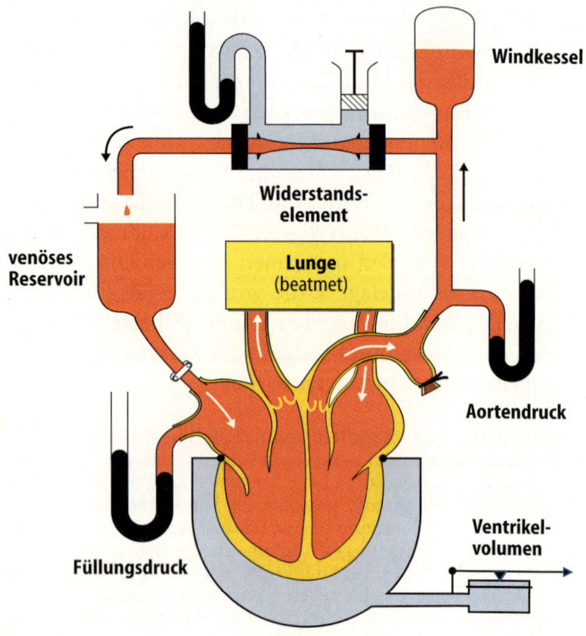

Abb. 22–10. Herz-Lungen-Präparat nach Starling. Der Lungenkreislauf ist intakt; der Körperkreislauf wurde durch ein blutgefülltes Meßsystem ersetzt. Das Blut wird in der künstlich beatmeten Lunge oxygeniert. Ein venöses Reservoir fängt das – vom linken Ventrikel ausgetriebene – Blut auf. Durch Heben und Senken des Reservoirs kann der Füllungsdruck im rechten Ventrikel und – wegen des geringen Strömungswiderstandes der Lunge – auch im linken Ventrikel willkürlich verändert werden. Eine Änderung des Strömungswiderstandes erfolgt durch ein Widerstandselement. Dabei wird ein dünnwandiger Gummischlauch in einem Glasrohr durch Druck von außen komprimiert. Der „Windkessel" repräsentiert die elastischen Eigenschaften des arteriellen Systems

gelt sich die passive Dehnbarkeit der nicht erregten Herzkammer in der Diastole. Ihre zunehmende Steigung zeigt an, daß die Dehnbarkeit des Ventrikels mit wachsendem Volumen abnimmt; d. h. es werden immer größere Druckerhöhungen benötigt, um den gleichen Volumenzuwachs auszulösen [21]. Von jedem Punkt der Ruhe-Dehnungs-Kurve ausgehend können nun – wie in Abb. 22–11 dargestellt – sowohl rein isovolumetrische (a-b) als auch rein isotonische (a-c) Kontraktionen ausgelöst werden. Verbindet man die jeweils erreichten maximalen Druck- bzw. minimalen Volumenwerte durch Kurvenzüge, so erhält man die sog. ***isovolumetrischen*** und ***isotonischen*** bzw. ***isobarischen Kontraktionsmaxima.***

Der Ausdruck ***isotonisch*** bezieht sich auf eine konstante Wandspannung; der Ausdruck ***isobarisch*** gilt für die Bedingung eines konstanten Drucks. Nach der Laplaceschen Beziehung (s. S. 457) sind diese Bedingungen nicht identisch. Im Druck-Volumen-Diagramm kann streng genommen nur die isobarische Bedingung dargestellt werden. Bei den isobarischen Kontraktionsmaxima handelt es sich außerdem – auf das Restvolumen bezogen – de facto um Volumenminima.

In Abb. 22–11A sind als Beispiel zwei Punkte der Ruhe-Dehnungs-Kurve (a und a‘) mit ihren zugehörigen Maxima (b,b‘ bzw. c,c‘) eingezeichnet. Es ist ohne Schwierigkeiten zu erkennen, daß sowohl die Druck- als auch die Auswurfmaxima, je nach Ausgangsfüllung des Ventrikels, verschieden groß sind. Sie nehmen mit steigender Anfangsfüllung zu, um von einer gewissen Füllungsgröße an wieder abzunehmen.

Ursache der unterschiedlichen Maxima. Die Abhängigkeit der Kontraktionsmaxima vom jeweiligen Füllungszustand des Ventrikels ist eine sehr wichtige Grundeigenschaft des Myokards. Sie wurde früher allein aus der mehr oder weniger günstigen Überlappung der Myofilamente bei verschiedenen Graden der Vordehnung erklärt. In neuerer Zeit konnte jedoch gezeigt werden, daß bei verstärkter Dehnung der Herzmuskelfasern das – für die Kontraktionsauslösung verantwortliche – zytosolische Ca^{2+} ansteigt (s. Kapitel 23, S. 481). Außerdem nimmt als Folge der Dehnung auch die Ansprechbarkeit der kontraktilen Strukturen für Ca^{2+}zu [9].

Vorlast und Nachlast, Unterstützungsmaxima. Die normale Ventrikelsystole stellt nach der oben gegebenen Definition eine Unterstützungskontraktion dar. Die ***Vorbelastung*** (V in Abb. 22–7A, engl. *preload*) wird dabei durch die enddiastolische Wandspannung repräsentiert, die von der Füllung abhängt. Als Maß für die ***Nachbelastung*** (N in Abb. 22–7A engl. *afterload*) gilt die Wandspannung, die aufgebracht werden muß, um den enddiastolischen Aorten- bzw. Pulmonalisdruck zu überwinden. Eine Verminderung der Nachbelastung kann demnach durch eine Senkung der enddiastolischen Drücke, aber (nach der Laplace-Beziehung) auch durch Verkleinerung des Ventrikeldurchmessers erreicht werden. Bei einem hohen diastolischen Aorten-

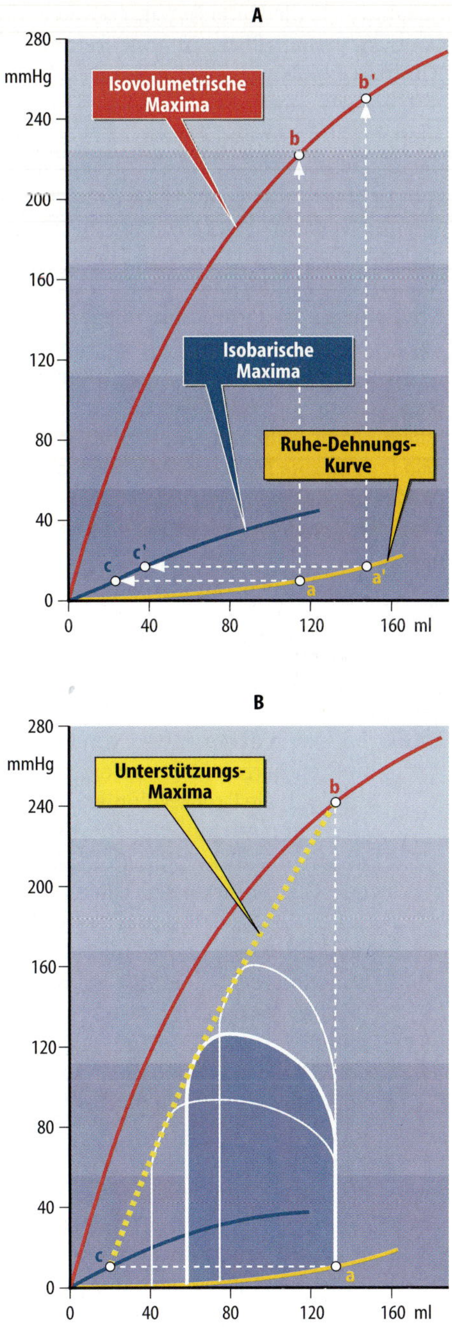

Abb. 22–11. A Gleichgewichtskurven als Grenzbedingungen der Druck-Volumen-Beziehungen beim Herzzyklus. Ausgehend von jeweils einem Punkt der Ruhedehnungskurve (a,a‘) werden in Abhängigkeit von den Kontraktions-Bedingungen entweder die isovolumetrischen (b, b‘) oder die isobarischen Maxima (c, c‘) erreicht. **B** Unter physiologischen Bedingungen erfolgen Unterstützungskontraktionen, deren systolische Maxima auf einer Verbindungslinie zwischem dem isovolumetrischen Maximum (b) und dem isobarischen Maximum (c) für den Ausgangspunkt a liegen. Diese Kurve wird als Kurve der Unterstützungmaxima (U-Kurve) bezeichnet. Sie gilt jeweils nur für einen bestimmten Ausgangspunkt a

druck würde die Unterstützungskontraktion des linken Ventrikels schließlich in eine rein isovolumetrische Kontraktion übergehen, d. h. der Druckanstieg würde in Abb. 22–11B den Punkt b erreichen, ohne daß sich die Klappen öffneten und ein Auswurf erfolgte. Bei fehlender Nachbelastung käme es zu dem anderen Extrem, d. h. zu einer rein isobarischen Kontraktion, bei der die Volumenverkleinerung den Punkt c erreicht. Unter normalen Bedingungen tritt weder das eine noch das andere ein. Die Maxima aller – von Punkt a ausgehenden – Unterstützungskontraktionen liegen dementsprechend auf einer Linie, welche die Extremwerte b und c verbindet, d. h. auf der Kurve der sogen. ***Unterstützungsmaxima*** oder kurz der ***U-Kurve*** zu Punkt a (Abb. 22–11B). *Zu jedem Druck-Volumen-Diagramm des Herzens gehören also jeweils eine Ruhe-Dehnungs-Kurve und je eine Kurve der isovolumetrischen bzw. isobarischen Maxima, aber eine große Schar von U-Kurven,* da der Ausgangspunkt (a) an verschiedenen Stellen der Ruhe-Dehnungs-Kurve liegen kann [10, 24]

!

Bei einem denervierten, von außen unbeeinflußten Herzen (z. B. im Herz-Lungen-Präparat) erfolgen die Druck-Volumen-Änderungen der Herzkammern innerhalb bestimmter Grenzen, denen im Druck-Volumen-Diagramm die sogen. Gleichgewichtskurven entsprechen. Solche Gleichgewichtskurven sind die Ruhe-Dehnungs-Kurve (passive Druck-Volumen-Beziehung in der Diastole), die Kurve der isovolumetrischen Maxima und die Kurve der isobarischen Maxima. Diese Kurven gelten jeweils für verschiedene Füllungszustände. Die normale Ventrikelsystole stellt eine Unterstützungskontraktion dar. In der Diastole wird der betreffende Ventrikel unter Druck passiv gefüllt (Vorbelastung); in der Systole entwickelt er isovolumetrisch Druck bis zur Öffnung der Arterienklappen (Nachbelastung). Die systolischen Druck-Maxima liegen dabei auf der Kurve der Unterstützungsmaxima (U-Kurve). Jedem Füllungszustand entspricht eine eigene U-Kurve, die zwischen den zugehörigen isovolumetrischen und isobarischen Maxima verläuft.

22.4 Anpassung an wechselnde Belastungen

Ein gesundes Herz kann seine Förderleistung in weiten Grenzen verändern. Die Blutmenge, welche die rechte bzw. die linke Kammer in einer Minute auswirft (***Herzminutenvolumen***), kann bei Bedarf auf mehr als das Fünffache des Ruhewerts ansteigen. Für diese erstaunliche Anpassungsbreite des Herzens sind im wesentlichen zwei Arten von Mechanismen verantwortlich, nämlich

- ***intrakardiale Regulationen,*** die auf natürlichen Grundeigenschaften der Herzmuskulatur beruhen und daher auch am isolierten Herzen nachweisbar sind und
- ***extrakardial ausgelöste Regulationen,*** bei denen neurovegetative und humorale Einflüsse eine entscheidende Rolle spielen.

Hier sollen zunächst die intrakardialen Regulationen näher betrachtet werden.

Das Herz ist schon allein aufgrund seiner muskulären Grundeigenschaften in der Lage, sich wechselnden Volumen- bzw. Druckbelastungen anzupassen

Da beide Herzkammern im Kreislauf hintereinander geschaltet sind, müssen ihre Minutenvolumina stets weitgehend übereinstimmen. Würde z. B. die rechte Kammer nur einige Prozente mehr Blut fördern als die linke, so käme es innerhalb kurzer Zeit zu einer Blutstauung in der Lunge mit der Gefahr eines lebensbedrohlichen Lungenödems. Daß eine solche Komplikation normalerweise nicht eintritt, weist auf einen präzisen Anpassungsmechanismus hin. Auch im Falle einer Erhöhung des Strömungswiderstandes im Körperkreislauf, z. B. infolge einer ausgedehnten Vasokonstriktion, entsteht normalerweise kein bedrohlicher Rückstau des Blutes, da sich die linke Kammer rasch den veränderten Bedingungen anpaßt, d. h. mehr Kraft entwickelt, um unter erhöhtem Druck etwa das gleiche Volumen auszuwerfen. Ebenso werden Veränderungen des venösen Zustroms und der diastolischen Füllung durch eine entsprechende Angleichung der Förderleistung bewältigt.

Anpassung an akute Volumenbelastung. Eine Vergrößerung des venösen Zustroms wird beim Herz-Lungen-Präparat durch Anheben des Vorratsgefäßes erreicht. In Abb. 22–12A ist anhand eines Beispiels dargestellt, wie der linke Ventrikel auf eine solche Volumenbelastung reagiert. Vor dem Eingriff wird hier bei einer *enddiastolischen Füllung* von 130 ml das dunklere Arbeitsdiagramm umlaufen und ein Schlagvolumen von 70 ml ausgeworfen. Das *endsystolische Restvolumen* liegt bei ca. 60 ml. Unter dem vergrößerten venösen Zufluß erfolgt eine stärkere diastolische Füllung auf 180 ml. Für den neuen Ausgangszustand gilt nun das hellere Arbeitsdiagramm. Man erkennt, daß ohne Änderung der isovolumetrischen und der isobarischen Maxima nun ein Schlagvolumen von rund 90 ml gefördert wird. Der diastolische Aortendruck bleibt dabei gleich; der systolische Druck steigt infolge der stärkeren Dehnung des Windkessels (s. S. 505) durch das größere Schlagvolumen etwas an. Das endsystolische Restvolumen hat zugenommen, entsprechend dem veränderten Aus-

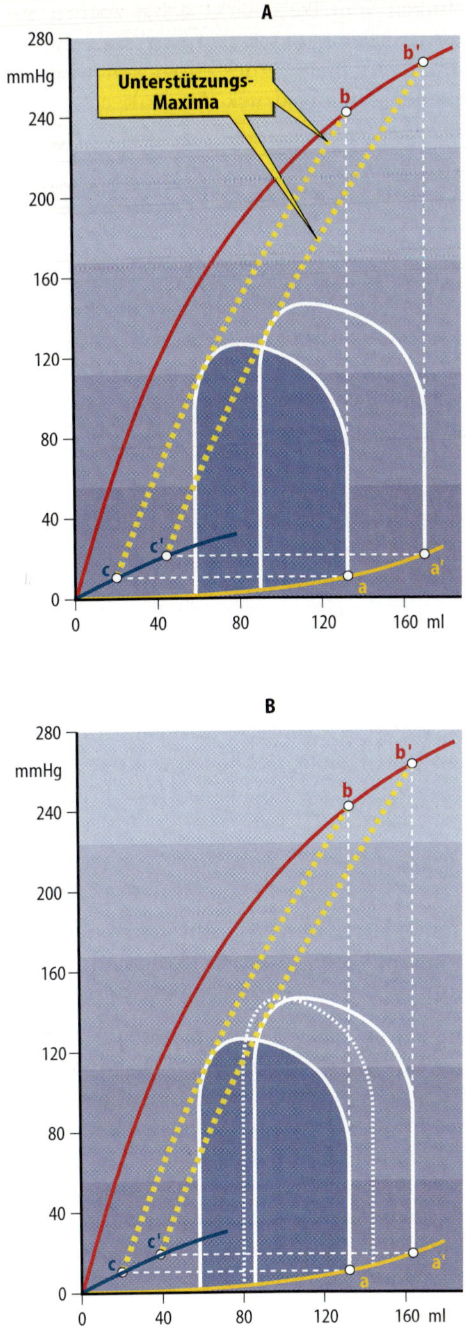

Abb. 22-12. Druck-Volumen-Diagramme zur Darstellung der Anpassung eines linken Ventrikels an Änderungen der Vorlast **(A)** bzw. der Nachlast **(B)** allein aufgrund intrakardialer Regulationsmechanismen. Vorlasterhöhung durch stärkere Füllung führt zu einer Vergrößerung des Schlagvolumens. Nachlasterhöhung durch vergrößerten Aortendruck bewirkt zunächst eine Verminderung des Schlagvolumens und nachfolgend bei gleichen Zufluß eine Vergrößerung des endiastolischen Volumens. Diese Umstellung befähigt das Herz aus der größeren Vordehnung seiner Muskelfasern heraus einen höheren Druck zu entwickeln

gangszustand gilt nun eine andere U-Kurve (b'c' in Abb. 22.12A). Als wesentliches Ergebnis ist also festzuhalten, *daß das isolierte, mit konstanter Frequenz schlagende Herz aus sich heraus autoregulatorisch – eine vermehrte diastolische Füllung durch den Auswurf eines größeren Schlagvolumens bewältigen kann.* Dieser Anpassungsmechanismus wird nach seinen Entdeckern als ***Frank-Starling-Mechanismus*** bezeichnet [14, 34]. Er liegt im Prinzip auch der Anpassung an erhöhte Druckbelastung zugrunde.

Anpassung an akute Druckbelastung. Wird im Herz-Lungen-Präparat plötzlich der Strömungswiderstand im künstlichen Kreislauf erhöht, so erfolgt die *Umstellung der Herztätigkeit stufenweise.* Im Arbeitsdiagramm des Herzens stellt sich diese Anpassung wie folgt dar (Abb. 22–12B): Wegen des erhöhten Abflußwiderstandes fällt der Aortendruck in der Diastole nicht auf den ursprünglichen Wert ab, so daß der linke Ventrikel bei der folgenden Systole einen höheren Druck aufbringen muß (hier 130 statt 90 mm Hg), bevor die Austreibung einsetzt (gestricheltes Diagramm). Dies führt jedoch zwangsläufig zu einer *Verkleinerung des Schlagvolumens.* Am Ende der Systole bleibt infolgedessen ein *größeres Restvolumen* zurück. Da der venöse Zustrom bei der verwendeten Anordnung konstant gehalten wird, kommt automatisch eine *stärkere diastolische Füllung* zustande. Der Arbeitsbereich des linken Ventrikels wird so entlang der Ruhe-Dehnungs-Kurve zu größeren Volumina verschoben, bis dieser schließlich nun *unter höherem Druck das ursprüngliche Volumen* auswirft (ausgezogenes Diagramm). Auch *bei der Druckbelastung erfolgt die Umstellung des isolierten Herzens also autoregulatorisch über eine vermehrte diastolische Füllung.* Im Unterschied zur primären Volumenbelastung wird die stärkere Faserdehnung jedoch für eine größere Kraftentfaltung eingesetzt.

Im intakten Herzen wird die Förderleistung durch gegenseitige Beeinflussung beider Herzkammern begünstigt

Am Herz-Lungen-Präparat können Füllungsdruck (Vorlast) und peripherer Widerstand (Nachlast) in weiten Grenzen variiert und ihr Einfluß auf das Schlagvolumen untersucht werden. Dabei ist auch eine isolierte Betrachtung des linken Ventrikels möglich. In Abb. 22–13 sind derartige Beziehungen aus Experimenten am Hundeherzen dargestellt. Die Abhängigkeit des Schlagvolumens vom venösen Füllungsdruck (Abb. 22–13A) wird als ***Herzfunktionskurve*** (Starling-Kurve) bezeichnet. Der Vergleich zwischen dem isolierten linken Ventrikel und dem intakten Herz-Lungen-Präparat zeigt, daß das letztere offenbar empfindlicher auf Vorlaständerungen reagiert als der linke Ventrikel allein. Beim Herz-Lungen-Präparat bewirkt nach Abb. 22–13A ein Druckanstieg im rechten Vorhof von 1 auf 12 mm Hg etwa dieselbe Zunahme des Schlagvolumens wie beim

A

B

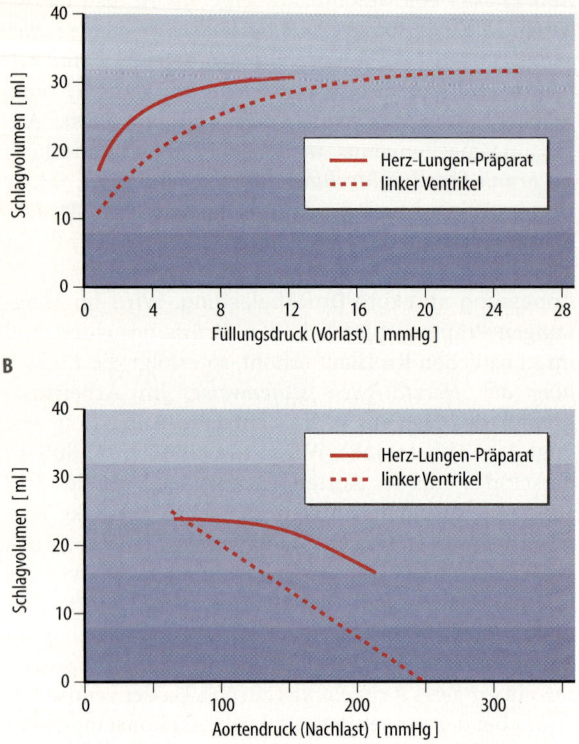

Abb. 22–13. Wechselwirkungen zwischen linkem und rechtem Ventrikel. Vergleich des Verhaltens eines isolierten linken Ventrikels und eines linken Ventrikels im Herz-Lungen-Präparat (Daten vom Hund). **A** Schlagvolumen des linken Ventrikels in Abhängigkeit vom Füllungsdruck (Herzfunktionskurve). Der angegebene Füllungsdruck bezieht sich beim isolierten linken Ventrikel auf den linken Vorhof, beim Herz-Lungen-Präparat auf den rechten Vorhof. Man erkennt, daß beim Herz-Lungen-Präparat das Schlagvolumen bei gleichem Füllungsdruck größer ist, weil der rechte Ventrikel dabei als rückgekoppelter Druckverstärker wirkt. Nähere Erklärung im Text. **B** Ähnlich liegen die Verhältnisse bei der Abhängigkeit des Schlagvolumens von der Größe der Nachbelastung. Auch hier wird durch das Zusammenwirken beider Ventrikel die Auswurfleistung des Herzens verbessert

isolierten linken Ventrikel eine Erhöhung des linken Vorhofdrucks von 3 auf 30 mm Hg. Im ersteren Falle wirkt der Füllungsdruck-Anstieg zunächst auf die rechte Kammer und führt hier zu einer Vergrößerung des Schlagvolumens. Diese wirkt weiter über die Lungengefäße auf den linken Vorhof und erzeugt hier nun einen höheren Druckanstieg, d.h. *der rechte Ventrikel wirkt hierbei als Druckverstärker.*

In ähnlicher Weise reagiert das Herz-Lungen-Präparat – d.h. die Kombination von rechtem und linkem Ventrikel – weniger empfindlich gegen Nachlaständerungen als der linke Ventrikel allein. Dies ist in Abb. 22–13 B dargestellt: Die Nachlasterhöhung durch einen Anstieg des Aortendrucks von 50 auf 225 mmHg erzeugt eine geringere Abnahme des Schlagvolumens beim Zusammenwirken beider Ventrikel. Auch dieses Verhalten kann auf eine Interaktion von rechter und linker Kammer zurückgeführt werden: Eine Nachlasterhöhung des linken Ventrikels wirkt dabei zurück auf den rechten Ventrikel, der durch den Rückstau stärker gefüllt wird und damit mehr Druck entwickelt, was sich wiederum auf den Füllungsdruck des linken Vorhofs auswirkt.

!

Der sogenannte Frank-Starling-Mechanismus befähigt das Herz, aus sich heraus, d.h. ohne neuro-hormonale oder sonstige Einflüsse, seine Förderleistung an veränderte Volumen-(Vor-) bzw. Druck-(Nach-)-Belastungen anzupassen. Bei erhöhter Volumen-Belastung wird über eine stärkere diastolische Füllung ein größeres Schlagvolumen ausgeworfen. Bei erhöhter Druck-Belastung erfolgt die Anpassung stufenweise. Dabei wird über die Einstellung eines vergrößerten Restvolumens (stärkere Vordehnung) ein erhöhter Druck erzeugt und ein annähernd gleiches Schlagvolumen gefördert. Bei beiden Adaptationsvorgängen wird durch das Zusammenwirken beider Ventrikel die Anpassung verbessert, wobei der rechte Ventrikel als Druckverstärker für die Füllung des linken Ventrikels wirkt.

Beim innervierten Herzen in situ stehen neurohumorale Einflüsse auf die Herzaktion im Vordergrund der Anpassung an Belastungen

Die Anpassungsmechanismen des *isolierten* Herzens wurden lange Zeit als Grundlage der Herzdynamik schlechthin betrachtet. Auch das Herz *in situ* sollte entsprechend dem Frank-Starling-Mechanismus ohne Änderung seines kontraktilen Zustandes, d.h. bei gleichbleibenden isovolumetrischen und isobarischen Maxima eine größere Schlagarbeit allein aufgrund einer Vergrößerung seines enddiastolischen Volumens bewältigen. Diese Vorstellung trifft nach heutiger Auffassung jedoch zumindest für die Anpassung der Herzleistung an körperliche Arbeit nicht zu. Nach dem Frank-Starling-Mechanismus wäre nämlich zu erwarten, daß ein leistungsfähiges Herz in Ruhe klein ist und sich bei Belastung in Anpassung an den vermehrten venösen Zustrom vergrößert. Genau das Umgekehrte ist jedoch der Fall: Läßt man z.B. gesunde Versuchspersonen auf einem Fahrrad-Ergometer körperliche Arbeit verrichten, so kann man gleichzeitig im Echokardiogramm eine deutliche enddiastolische und endsystolische *Verkleinerung* des Herzens beobachten. Diese Anpassung erfolgt unter dem *Einfluß des Sympathikus* und beruht auf einer von der Vordehnung unabhängigen Steigerung der kontraktilen Kraft des Myokards durch verstärkten transmembranären Ca^{2+}-Einstrom. Dieser Einfluß des

Sympathikus wird als ***positiv inotrope Wirkung*** bezeichnet (s. Kapitel 23, S. 483). Ähnliche Effekte werden bei Verabreichung von Herzglykosiden (Digitalis, Strophanthin) oder als Folge einer Frequenzerhöhung beobachtet (*Frequenzinotropie*). Gegensinnige Einflüsse bezeichnet man entsprechend als ***negativ inotrop***.

Positiv inotrope Wirkung im Arbeitsdiagramm. Die geschilderte Anpassung des Herzens an körperliche Arbeit erscheint im Arbeitsdiagramm des linken Ventrikels (Abb. 22–14) als *Verlagerung der Kurven der isobarischen Maxima nach links bzw. der isovolumetrischen Maxima nach oben* mit einer entsprechenden Versteilung der Kurve der Unterstützungsmaxima. Man spricht dabei (in Abgrenzung gegen den Frank-Starling-Mechanismus) auch von einer ***Erhöhung der Kontraktilität*** [9, 24]. Aus Abb. 22–14 geht hervor, daß diese Umstellung den *Ventrikel befähigt, ohne Vergrößerung des enddiastolischen Volumens entweder einen höheren Druck zu überwinden oder ein größeres Schlagvolumen auszuwerfen.* Die letztere Wirkung geschieht dabei *auf Kosten des Restvolumens;* sie muß also, wenn kein vergrößerter venöser Zustrom erfolgt, zu einer Abnahme der enddiastolischen Füllung führen, was die beobachtete Verkleinerung des Herzens ohne weiteres erklärt. Aber selbst bei gleichzeitigem Anstieg des venösen Rückstroms kann durch die sympathikusbedingte Frequenzsteigerung (*positiv chronotrope Wirkung*) die Förderleistung erhöht und dadurch eine übermäßige Füllung vermieden werden.

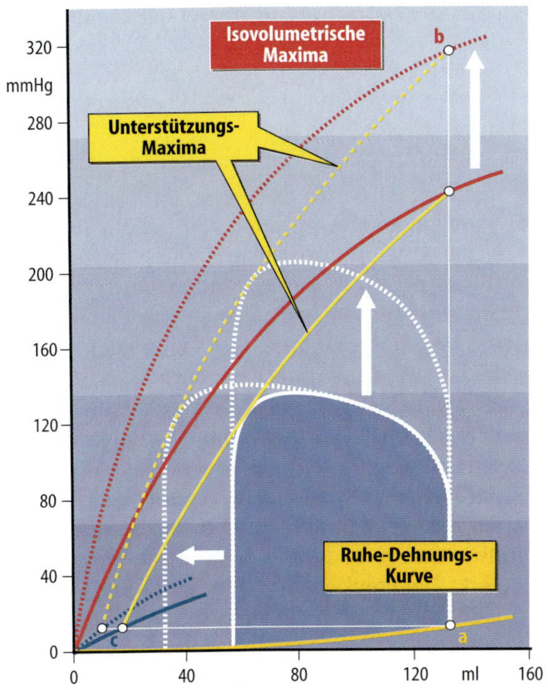

Abb. 22–14. Einfluß einer positiv inotropen Wirkung auf die Gleichgewichtskurven im Druck-Volumen-Diagramm und auf das Arbeitsdiagramm des linken Ventrikels. Durch Verschiebung der Maxima-Kurven zu jeweils höheren Werten wird das Herz befähigt, ohne Änderung seiner Füllung entweder ein größeres Schlagvolumen auszuwerfen oder einen höheren Aortendruck zu überwinden

Leistungsreserve. Unter dem Antrieb des Sympathikus wird das Herz – wie oben dargelegt – dazu befähigt, seine Förderleistung zu steigern, noch ehe ein vergrößerter venöser Zustrom einsetzt. Auf die zusätzliche Möglichkeit der Leistungsanpassung durch Vergrößerung des enddiastolischen Volumens, d. h. den Frank-Starling-Mechanismus, wird dabei nicht zurückgegriffen. Aus dieser Sicht ist die sog. *Leistungsreserve* des Herzens durch die Größe des *enddiastolischen Herzvolumens bei Körperruhe* limitiert. Nach den früher geltenden Vorstellungen sollte sie davon abhängen, inwieweit das Herz in der Lage ist, sein enddiastolisches Volumen bei Belastung gegenüber der Ruhe zu vergrößern. Die Herzen von trainierten Sportlern sind z. B. in Ruhe auffallend groß und fassen u. U. drei bis vier Schlagvolumina – gegenüber etwa zwei Schlagvolumina beim Untrainierten. Das ***Sportherz*** (Abb. 22–15) besitzt demnach eine große Leistungsreserve. Nach der alten Auffassung hätte es als leistungsschwach gelten müssen [8].

Einfluß der Schlagfrequenz auf die Herzdynamik. Das Herz in situ unterscheidet sich vom isolierten, denervierten Herzen im besonderen auch durch die Variabilität seiner Schlagfrequenz. Die sympathikusbedingte *Zunahme der Herzfrequenz* stellt sogar den *wichtigsten Mechanismus zur Steigerung des Herzzeitvolumens bei Belastung* dar. Ein Frequenzanstieg erhöht nun nicht nur die Zahl der Herzaktionen in der Zeiteinheit, sondern verändert auch die zeitlichen Beziehungen von Systole und Diastole in charakteristischer Weise. Dafür einige Zahlenbeispiele:

Frequenz	Dauer der Systole	Dauer der Diastole	Relative Netto-Arbeitszeit
(min-1)	(s)	(s)	(%)
70	0,28	0,58	33
150	0,25	0,15	63

Die Verkürzung der einzelnen Herzperiode erfolgt demnach vorwiegend auf Kosten der Diastole. Dies bedeutet, daß die ***Nettoarbeitszeit*** der Ventrikel (errechnet als prozentualer Anteil an einem Herzzyklus) bei steigender Frequenz beträchtlich zunimmt und die Erholungspausen entsprechend abnehmen. Eine ausreichende Füllung der Ventrikel ist auch bei starker Verkürzung der Diastolendauer noch dadurch gewährleistet, daß der Großteil der Ventrikelfüllung zu Beginn der Diastole erfolgt und außerdem der Sympathikus eine deutliche Beschleunigung der Erschlaffung bewirkt (s. Kapitel 23, S. 482). Auch eine Verstärkung der Vorhofsystole durch den Sympathikus wirkt sich günstig auf die Ventrikelfüllung aus. Bei Frequenzsteigerung durch den Sympathikus tritt daher bis zu einer Frequenz von ca. 150/min gewöhnlich noch keine kritische Verminderung der Ventrikelfüllung auf [32].

Unter gewöhnlichen Bedingungen dient der Frank-Starling-Mechanismus vor allem der Angleichung der Minutenvolumina beider Ventrikel

Der dominierende Einfluß des Sympathikus im Rahmen der Leistungsanpassung des Herzens schließt nicht aus, daß das Herz unter anderen Bedingungen anderen Gesetzmäßigkeiten folgt. Von der Möglichkeit einer Regulation der Herztätigkeit durch das enddiastolische Volumen im Sinne des Frank-Starling-Mechanismus wird z. B. dann Gebrauch gemacht, *wenn Füllungsänderungen eintreten, ohne daß eine generelle Aktivitätssteigerung vorliegt.* Dies gilt insbesondere für die gegenseitige *Abstimmung der Förderleistung beider Ventrikel.* Da beide Ventrikel mit gleicher Frequenz schlagen, kann diese Abstimmung nur über das Schlagvolumen erfolgen. Andere Beispiele sind: Änderungen der Körperstellung, die den venösen Rückstrom beeinflussen (Vergrößerung des Schlagvolumens im Liegen gegenüber aufrechter Haltung), akute Vergrößerung des zirkulierenden Blutvolumens (Transfusion) oder Erhöhung des peripheren Widerstandes. Auch bei pharmakologischer Ausschaltung der Sympathikuswirkung durch β-Sympatholytika bleiben die autoregulatorischen Mechanismen erhalten und fallen dann entsprechend stärker ins Gewicht.

Kontraktilitätsmaße (maximale Druckanstiegsgeschwindigkeit, Auswurffraktion). Wie oben dargelegt wurde, befähigt die positiv inotrope Wirkung des Sympathikus das Herz, ohne Vergrößerung der diastolischen Füllung ein größeres Schlagvolumen zu fördern oder das Schlagvolumen gegen einen höheren Druck auszuwerfen oder – mit anderen Worten – seine ***Kontraktilität*** zu vergrößern [25]. Veränderungen der Kontraktilität des Herzens lassen sich nach den vorausgegangenen Überlegungen aus dem Verlauf der Maximakurven des Druck-Volumen-Diagramms ablesen (Abb. 22–14). Der Verlauf dieser Kurven kann jedoch beim Menschen nur unter eingreifenden Bedingungen ermittelt werden. Um am Herzen in situ und speziell beim Menschen Anhaltspunkte für die Beurteilung der Kontraktilität zu erhalten, werden daher andere Kriterien herangezogen, z. B. die ***maximale Druckanstiegsgeschwindigkeit in der isovolumetrischen Anspannungsphase (dP/dt max),*** die mittels Herzkatheter bestimmt werden kann [35]. Die Normwerte liegen beim Menschen um 1500–2500 mm Hg/s = 200–333 kPa/s.

Die theoretische Begründung für die Verwendung dieses Parameters als Kontraktilitätsmaß geht letztlich zurück auf die muskelphysiologische Tatsache, daß kontraktilitätssteigernde Einflüsse bei einer gegebenen Vordehnung des Myokards nicht nur die maximale isometrische Kraft, sondern auch die unter isotonischen Bedingungen ***maximal mögliche Verkürzungsgeschwindigkeit*** (v_{max}) des kontraktilen Elements erhöhen. Die Bezeichnung v_{max} gilt hierbei definitionsgemäß für den Grenzfall einer Unterstützungskontraktion, bei der die Vorbelastung dem Wert 0 zustrebt [23, 26]. Eine erhöhte Verkürzungsgeschwindigkeit des kontraktilen Elements wird naturgemäß die serienelastischen Anteile rascher dehnen und damit auch die Steilheit des isovolumetrischen Druckanstiegs vergrößern, so daß die Verwendung dieses Parameters als Maß der Kontraktilität einleuchtet [25]. Als *Maß der Kontraktilität des Herzens in der Austreibungsphase dient das Verhältnis von Schlagvolumen (SV) zu enddiastolischem Volumen (EDV).* Dieses Verhältnis wird als ***Auswurffraktion (ejection fraction)*** bezeichnet. Es gibt an, welcher Anteil des EDV in der Systole als SV ausgeworfen wird. Die Normwerte liegen beim Menschen in Ruhe zwischen 0,5 und 0,7 (= 50 bzw. 70%). Die Bestimmung der Auswurffraktion erfolgt mit Hilfe der Echokardiographie [18, 23, 35].

Das Herz als endokrine Drüse. Im Tierexperiment führt die Injektion von Extrakten aus dem Vorhofgewebe des Säugetierherzens zu vermehrter renaler Harnbildung und Natriumausscheidung. Diese Wirkung kommt durch einen Wirkstoff zustande, der in elektronenoptisch nachweisbaren Granula vor allem des rechten Vorhofs enthalten ist [6]. Es handelt sich um ein Peptid aus 28 Aminosäuren, das als ***atriales natriuretisches Peptid (ANP, Atriopeptin)*** bezeichnet wird. Der natürliche Freisetzungsreiz für ANP ist eine Dehnung des Vorhofgewebes, wie sie z. B. bei Vergrößerung des Blutvolumens vorkommt. ANP steht damit im Dienste der Volumenregulation und ist für ähnliche Wirkungen verantwortlich, wie sie auch durch den sogenannten Gauer-Henry-Reflex bewirkt werden. Bei letzterem kommt es – ausgelöst durch nervöse Afferenzen aus dem gedehnten rechten Vorhof – zu einer Hemmung der Adiuretinfreisetzung aus dem Hypophysenhinterlappen. Der Angriffspunkt von ANP liegt dagegen u. a. direkt in der Niere, wo es die Natrium- und Wasserausscheidung erhöht [6, 20].

!

Beim innervierten Herzen in situ überlagern sich u. a. neuro-hormonale Einflüsse des Sympathikus (positiv inotrope Wirkung) dem Frank-Starling-Mechanismus. Dementsprechend ist das Herz unter erhöhtem sympathischen Antrieb in der Lage, ohne Veränderung seiner Füllung ein erhöhtes Schlagvolumen auszuwerfen bzw. das gleiche Schlagvolumen gegen erhöhten Druck zu fördern. Darüber hinaus wird unter natürlichen Bedingungen ein wesentlicher Teil der Anpassung an wechselnde Belastungen über eine Veränderung der Schlagfrequenz bewirkt. Der Frank-Starling-Mechanismus spielt jedoch auch beim Herzen in situ noch eine wichtige Rolle, wenn sich das Herz an veränderte Füllungsbedingungen anpassen muß, ohne daß eine generelle Aktivitätssteigerung vorliegt. Leistungssteigerungen des Herzens, die nicht auf dem Frank-Starling-Mechanismus beruhen, werden auch als erhöhte

Kontraktilität charakterisiert. Kardiale Kontraktilitätsmaße sind die maximale Druckanstiegsgeschwindigkeit (dP/dt max) in der isovolumetrischen Anspannungsphase sowie die Auswurfsfraktion (Schlagvolumen/enddiastolisches Volumen) in der Austreibungsphase. Das Herz hat auch endokrine Funktionen (Wirkstoff Atriopeptin), die bei der Regulation des Blutvolumens mitwirken.

Die Anpassung des Herzens an langdauernde Belastungen äußert sich u.a. in einer Hypertrophie des Myokards

Wir haben bisher nur Anpassungsvorgänge kennengelernt, die es dem Herzen ermöglichen, seine Leistung rasch auf akut veränderte Kreislaufbedingungen einzustellen. Wird das Herz jedoch wiederholt oder ständig einer erhöhten Arbeitsbelastung ausgesetzt, so treten *strukturelle Veränderungen* hinzu. Es kommt zu einer *Vergrößerung des Herzens durch Hypertrophie* [25]. Als Beispiel kann das oben erwähnte große Herz des trainierten Sportlers dienen (s. S. 463). Typischerweise findet man die stärksten Herzvergrößerungen mit einer Herzmasse bis 500 g (normales Herz 300–350 g) bei solchen Athleten, die ausgesprochene Dauerleistungen vollbringen, wie Langstreckenläufer, Radrennfahrer und dgl. [8] (Abb. 22–15).

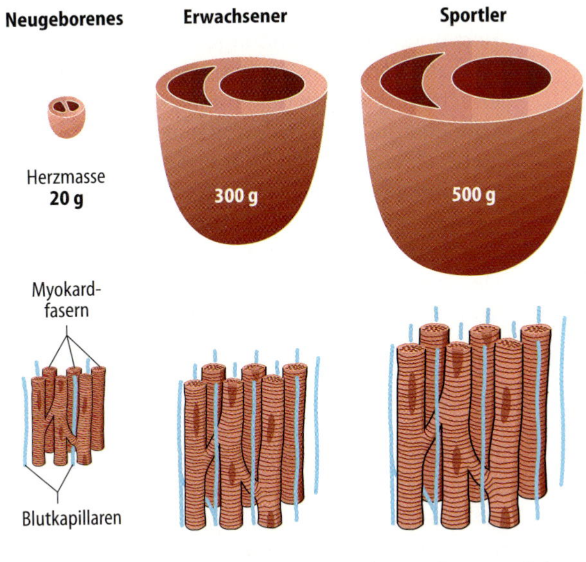

Abb. 22–15. Schema zur Veranschaulichung des natürlichen Herzwachsstums und der Ausbildung des Sportherzens. Das Herz wird größer, weil die einzelnen Herzmuskelzellen an Dicke und Länge zunehmen. Beim Erwachsenen ist etwa jeder Muskelzelle eine Kapillare zugeordnet; beim Neugeborenen ist die relative Kapillardichte geringer

Bei der Hypertrophie des chronisch belasteten Herzens bleibt die Zahl der Herzmuskelzellen zunächst konstant. Lediglich ihre Dicke und ihre Länge nehmen gleichmäßig zu. Damit müssen sich aber zwangsläufig auch die Hohlräume des Herzens vergrößern. Nach der Laplace-Beziehung heißt dies, daß nun zur Erzeugung eines bestimmten Drucks eine größere Wandspannung benötigt wird. Da jedoch bei der Hypertrophie auch die Muskelmasse wächst, bleibt die Kraft pro Muskelquerschnitt praktisch gleich. Das Sportherz verfügt also über ein großes Volumen und braucht diesen Vorteil nicht wie das akut gedehnte Herz mit einem ungünstigen Übersetzungsverhältnis von Muskelspannung in Druck zu bezahlen. Außerdem nimmt in Ruhe der Sympathikustonus und damit die Herzfrequenz ab, so daß bei Arbeit eine größere Frequenzsteigerung möglich ist. Nach Beendigung des sportlichen Trainings bildet sich die Hypertrophie innerhalb von einigen Monaten wieder zurück. Erreicht die Herzmasse bei der Hypertrophie den kritischen Betrag von ca. 500 g, so nimmt außer der Größe der Fasern auch ihre Zahl zu. Man spricht dann von einer ***Hyperplasie.***

Pathologische Belastungen. Werden nur Teile des Herzens einer chronischen Belastung ausgesetzt, so beschränkt sich die Hypertrophie auf die betroffene Region. Dies ist im allgemeinen nur bei pathologischen Veränderungen des Herzens der Fall. Dabei kann man zwei Formen der Anpassung unterscheiden: Bei reiner ***Druckbelastung*** kommt es zunächst zur Hypertrophie ohne nennenswerte Vergrößerung der Herzhöhle (Beispiel: Hypertrophie des linken Ventrikels bei Aortenstenose). Beruht die erzwungene Mehrarbeit dagegen auf einer vergrößerten ***Volumenleistung,*** so geht die Hypertrophie mit einer deutlichen Vergrößerung des Hohlraums (***Dilatation***) einher (Beispiel: Hypertrophie und Dilatation des linken Ventrikels bei Aortenklappeninsuffizienz). Die Möglichkeit der Kompensation solcher Störungen durch Strukturänderung des Myokards ist jedoch begrenzt; denn mit der Zunahme des Faserradius werden gleichzeitig die Diffusionswege zwischen den Kapillaren und dem Innern der Herzmuskelfasern größer (Abb. 22–15), so daß die Gefahr einer ungenügenden O_2-Versorgung entsteht. Bei Fortdauer einer starken pathologischen Belastung kann es daher schließlich zum Herzversagen (***Myokardinsuffizienz***) kommen.

!

An häufig wiederholte Mehrbelastungen (sportliches Training) paßt sich das Herz durch Hypertrophie des Myokards an. Dabei nimmt bis zu einem kritischen Herzgewicht von ca. 500 g (normal 300–350 g) die Größe der Herzmuskelzellen noch ohne gleichzeitige Zellvermehrung zu. Unter langdauernder pathologischer Belastung (Hypertonie, Klappenfehler) kommt es ebenfalls zur Hypertrophie und bei gleichzeitiger Volumenbelastung zur Dilatation. Versagen diese Kompensationsmechanismen, tritt eine Myokardinsuffizienz ein.

22.5 Energetik der Herzaktion

Bei seiner Kontraktion leistet das Herz Druck-Volumen-Arbeit und Beschleunigungsarbeit

Arbeit ist definiert als Produkt aus Kraft und Weg mit der Einheit Nm (Newton x Meter = Joule). Diese Formel läßt sich auch dazu verwenden, die Arbeit eines Skelettmuskels zu berechnen, der sich verkürzt und dabei ein Gewicht hebt (Arbeit = Gewicht x Hubhöhe). Auch der Herzmuskel vollbringt seine Arbeitsleistung letzten Endes durch Kraftentwicklung und Faserverkürzung. Dabei wird jedoch kein Gewicht angehoben, sondern ein bestimmtes *Blutvolumen (V) unter Entwicklung von Druck (P) gegen einen Strömungswiderstand verschoben.* Die dabei geleistete ***Druck-Volumen-Arbeit*** berechnet sich aus dem Produkt ***P x V.*** Zur Druck-Volumen-Arbeit addiert sich noch die sog. ***Beschleunigungsarbeit,*** die aufgewendet wird, um die träge Masse (***m***) des Blutes auf die Geschwindigkeit (***v***) zu beschleunigen. Sie errechnet sich nach der Formel für die kinetische Energie = $^1/_2\, m v^2$.

Berechnung der Herzarbeit. Da sich die einzelnen Faktoren, welche die Herzarbeit bestimmen, während der Arbeitsphase ändern, müßte man die zeitabhängigen Produktwerte P·V bzw. 1/2 mv^2 über die Dauer der Austreibungszeit integrieren. Wir begnügen uns hier mit einer Vereinfachung, die jedoch eine befriedigende Schätzung erlaubt, und setzen:

- Für ***P*** den ***systolischen Mitteldruck*** am Ventrikel-Ausgang. Dabei gilt 1 mm Hg = 133 N/m^2 = 133 Pa
- Für ***V*** das ***Schlagvolumen*** (Einheit m^3)
- Für ***m*** die ***Masse des beschleunigten Blutes*** (= Schlagvolumen in kg),
- Für ***v*** die ***mittlere Auswurfgeschwindigkeit*** (m/s).

Bezogen auf eine einzelne Systole ergeben sich die folgenden Werte:

Druck-Volumen-Arbeit: P · V

Linker Ventrikel

P = 110 mm Hg = $110 \cdot 133\ N/m^2$
V = 70 ml = $70 \cdot 10^{-6}\ m^3$
P · V = 1,024 Nm

Rechter Ventrikel

P = 15 mm Hg = $15 \cdot 133\ N/m^2$
V = 70 ml = $70 \cdot 10^{-6}\ m^3$
P · V = 0,140 Nm

Beschleunigungsarbeit: 1/2 mv^2

Linker und rechter Ventrikel

m = 70 g = $70 \cdot 10^{-3}$ kg
v = 0,5 m/s
1/2 mv^2 = 0,009 Nm

Gesamtarbeit A = 1,182 Nm

Die Einheit Nm ergibt sich bei der Beschleunigungsarbeit aus kg $m^2\, s^{-2}$, da N = kg m s^{-2}. In der älteren Literatur wird die Herzarbeit statt in Nm meist in kpm ausgedrückt. Dabei entspricht 1 Nm = 0,102 kpm.

Die vom ganzen Herzen *pro Systole zu leistende Arbeit* wird somit überwiegend von der Größe des Schlagvolumens und von der Höhe des Aortendrucks bestimmt. Sie liegt in der *Größenordnung von 1 Nm.* Verglichen mit der Druck-Volumen-Arbeit des linken Ventrikels beträgt dessen Beschleunigungsarbeit nur knapp 1%. Da beim rechten Ventrikel die Druck-Volumen-Arbeit erheblich geringer ist als beim linken, kommt hier der Beschleunigungsarbeit ein größerer Anteil zu.

Da die Beschleunigungsarbeit mit dem Quadrat der Geschwindigkeit des Blutes zunimmt und da diese ansteigt, wenn sich das Schlagvolumen vergrößert, nimmt die *Beschleunigungsarbeit letztlich mit der 3. Potenz des Schlagvolumens* zu. Auch eine Abnahme der elastischen Dehnbarkeit der Aorta im Alter wirkt sich im Sinne einer Vergrößerung der Beschleunigungsarbeit des Herzens aus; denn durch die Erstarrung des „Windkessels" (s. S. 505) sinkt die Geschwindigkeit der Blutströmung in der Aorta während der Diastole auf niedrige Werte ab. Der linke Ventrikel muß dann nicht nur das Schlagvolumen, sondern eine erheblich größere Blutmenge während der Systole beschleunigen. Die Beschleunigungsarbeit kann unter derartigen Bedingungen nahezu den Betrag der Druck-Volumen-Arbeit erreichen.

!

Das Herz leistet Arbeit, indem es das Schlagvolumen gegen den Gefäßwiderstand unter Druckaufwand verschiebt und indem es dessen träge Masse beschleunigt. Die Druck-Volumen-Arbeit pro Systole errechnet sich für eine Herzkammer vereinfacht aus dem Produkt von Schlagvolumen und systolischem Mitteldruck am Ventrikelausgang. Sie liegt für das gesamte Herz unter Ruhebedingungen in der Größenordnung von 1 Nm. Die Beschleunigungsarbeit errechnet sich nach der Formel für die kinetische Energie = 1/2 mv^2, wobei m die Masse des zu beschleunigenden Blutes und v dessen Geschwindigkeit bedeuten. Unter Ruhebedingungen beträgt der Anteil der Beschleunigungsarbeit an der gesamten Herzarbeit nur etwa 1 %. Dieser Anteil kann vor allem unter pathologischen Bedingungen erheblich ansteigen.

Das Herz ist eine Verbrennungsmaschine und ein Allesfresser. Der Sauerstoffverbrauch des Herzens hängt in erster Linie von der entwickelten Faserspannung ab

Das Herz bezieht die Energie für seine mechanische Arbeit überwiegend aus dem *oxidativen Abbau von Nährstoffen.* Darin liegt ein wesentlicher Unterschied zum Skelettmuskel, der seinen akuten Energiebedarf weitgehend durch anaerobe Prozesse zu decken vermag und dabei eine „Sauerstoffschuld" eingehen kann, die nachträglich wieder abgetragen wird. Die Ausrichtung des Herzens auf die oxidative Energiegewinnung kommt auch sehr deutlich in der großen Zahl von Mitochondrien in den Herzmuskelzellen zum Ausdruck – also jener Organellen, die Sitz der Oxidationsenzyme der Zelle sind.

Sauerstoffverbrauch und verbrauchsbestimmende Faktoren. Um am Herzen in situ den O_2-Verbrauch zu ermitteln, bestimmt man im allgemeinen die Differenz des O_2-Gehaltes des arteriellen und des koronarvenösen Blutes (avD_{O_2}) und multipliziert den gefundenen Wert mit der Koronardurchblutung. Bei *Körperruhe* liegt der so ermittelte *O_2-Verbrauch des Herzens in der Größenordnung von 0,08–0,10 ml · g^{-1} · min^{-1}*. Ein Herz von 300 g Masse verbraucht demnach 24–30 ml O_2/min; das sind rund 10 % des gesamten Ruhe-O_2-Verbrauchs eines Erwachsenen – und dies bei einem Gewichtsanteil des Herzens am gesamten Körpergewicht von knapp 0,5 %. Bei starker körperlicher Arbeit kann der O_2-Verbrauch des Herzens auf das vierfache des Ruhewerts ansteigen. Viele Untersuchungen sprechen dafür, daß beim Herzen die Höhe des O_2-Verbrauchs pro Systole in erster Linie von der entwickelten *Faserspannung* abhängt und mit der Dauer der Anspannung wächst. Als Bezugsgröße dient der sogen. ***tension-time-Index,*** d. h. das Produkt aus mittlerer Myokardfaserspannung und Systolendauer. Bei gleichbleibender Ventrikelgröße darf statt der Faserspannung der mittlere systolische Aortendruck in die Rechnung eingesetzt werden (vgl. Laplace-Beziehung). Änderungen der ***Herzfrequenz*** wirken sich etwa in dem Maße auf den O_2-Verbrauch aus, in dem sie die ***Nettoarbeitszeit*** pro min (Produkt aus Systolendauer und Frequenz) verändern; d. h., der O_2-Verbrauch steigt und fällt etwa proportional zur Quadratwurzel der Frequenz. Im O_2-Verbrauch des tätigen Herzens ist außerdem stets ein kleiner Anteil (ca. 0,015 ml /g min) enthalten, der auch am stillstehenden Herzen nicht unterschritten werden kann, ohne daß irreversible Veränderungen der lebenden Struktur eintreten ***(Basalverbrauch)*** [12, 27, 34].

Arbeit gegen erhöhten Druck verbraucht mehr O_2 als die Bewältigung eines größeren Volumens

Man würde nun erwarten, daß der vom Herzen pro Systole geleistete Betrag an äußerer Arbeit hauptsächlich seinen O_2-Verbrauch bestimmt. Dies ist jedoch nicht der Fall; denn bei gleicher Arbeitsleistung ist der O_2-Verbrauch erheblich höher, wenn das Herz gegen einen hohen Druck arbeitet, als wenn es ein großes Volumen gegen einen entsprechend niedrigeren Druck auswirft. Der ***Wirkungsgrad*** der Herztätigkeit, d. h. *der in mechanische Arbeit umgesetzte Bruchteil der gesamten aufgewendeten Energie,* ist demnach *bei überwiegender Druckbelastung geringer als bei überwiegender Volumenbelastung* (Abb. 22–16). In Abhängigkeit von den vorherrschenden Bedingungen liegt er beim normal leistungsfähigen Herzen in der Größenordnung zwischen 15 % und 40 %.

Im Falle einer *Koronarinsuffizienz,* d. h. bei einem Mißverhältnis zwischen dem O_2-Verbrauch des Herzens und dem O_2-Angebot des Blutes, versucht man, durch Herabsetzung des Strömungswiderstandes im großen Kreislauf den arteriellen Druck zu senken und damit eine Reduktion des O_2-Verbrauchs zu erreichen. Auf dieser Wirkung beruht z. B. im wesentlichen der günstige Effekt von Nitroglyzerin (Glyzeroltrinitrat) im Angina-pectoris-Anfall.

Nährstoffverbrauch. Um festzustellen, welche Substrate das Herz in welchem Umfang zur Energiegewinnung verbraucht, kann man das gleiche Prinzip wie bei der Bestimmung des O_2-Verbrauchs anwenden, d. h. man ermittelt die Konzentrationsdifferenz zwischen dem arteriellen und dem koronarvenösen Blut und multipliziert mit dem Betrag der Koronardurchblutung. Dabei zeigt sich, daß das Herz – verglichen etwa mit dem Skelettmuskel – eine Art *„Allesfresser"* ist (Abb. 22–17).

Besonders bemerkenswert erscheint der hohe Anteil an ***freien Fettsäuren*** am Substratverbrauch sowie die Tatsache, daß der Herzmuskel im Unterschied zum Skelettmuskel auch ***Milchsäure*** (Laktat) zu verbrennen vermag. Da bei schwerer körperlicher Arbeit aus der anaeroben Glykolyse der Muskulatur Milchsäure ins Blut gelangt, wird dem Herzen dadurch gewissermaßen zusätzlicher Brennstoff für die geforderte Mehrarbeit angeboten. Indem das Herz die Milchsäure abbaut, gewinnt es nicht nur Energie, sondern trägt gleichzeitig noch zur Konstanthaltung des pH-Wertes des Blutes bei [33].

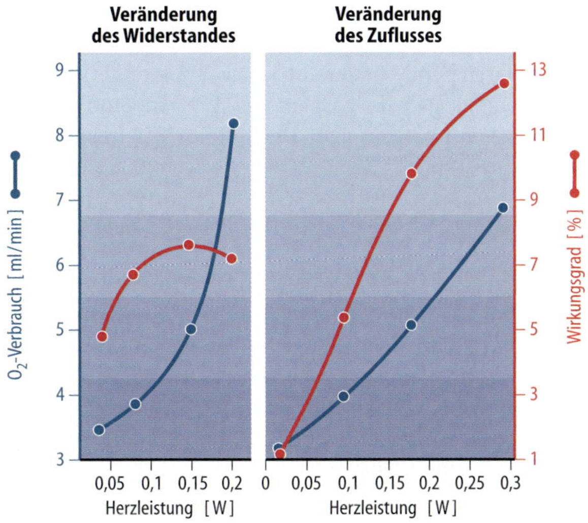

Abb. 22–16. Abhängigkeit von Sauerstoffverbrauch und Wirkungsgrad eines Hundeherzens von der Herzleistung bei Variation von Widerstand und Zufluß

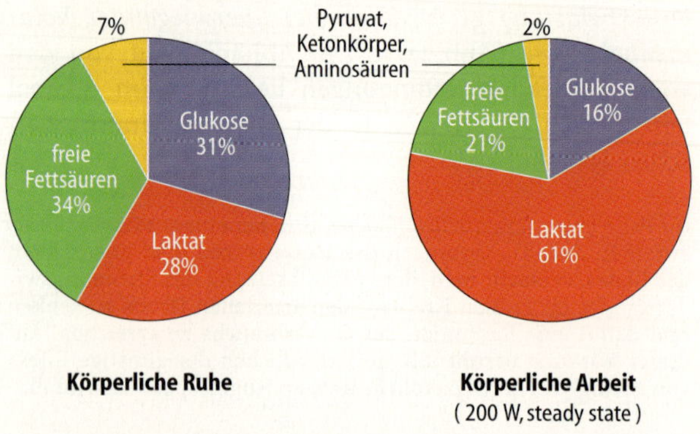

Abb. 22–17. Anteil verschiedener Substrate am oxidativen Stoffwechsel des menschlichen Herzens bei Körperruhe und während schwerer körperlicher Arbeit. Die Substrataufnahme ist als prozentualer Anteil des betreffenden Substrats am Sauerstoffverbrauch des Herzens dargestellt. Nach [27]

Der Anteil der verschiedenen Substrate am Gesamtverbrauch richtet sich in erster Linie nach dem Angebot, d. h. nach der *arteriellen Konzentration.* Diese bemerkenswerte Anpassungsfähigkeit des Herzens an das jeweilige Nährstoffangebot hat zur Folge, daß *bei unzureichender Koronardurchblutung die Hauptgefahr für das Herz nicht aus einer Substratverknappung, sondern aus dem O_2-Mangel resultiert.*

Energiereiche Phosphate. Der Abbau der verschiedenen Substrate führt zur Bildung von ***ATP,*** dem unmittelbaren Energieträger für den Kontraktionsprozeß. Der ATP-Gehalt des Herzmuskels liegt bei 4–6 µmol/g. Er ist – gemessen am Bedarf für die Kontraktionsarbeit – niedrig und wird *vom tätigen Herzmuskel innerhalb von Sekunden mehrfach umgesetzt,* d. h. zu ADP und anorganischem Phosphat gespalten und wieder zu ATP resynthetisiert. In gleicher Größenordnung wie ATP kommt ***Phosphokreatin*** im Myokard vor (7–8 µmol/g). Es stellt einen besonders empfindlichen Indikator für eine ausreichende Sauerstoff- bzw. Substratversorgung des Herzens dar, da gespaltenes ATP im Stoffwechsel zunächst auf Kosten von Phosphokreatin resynthetisiert wird [17].

!

Das Herz bestreitet seinen Energiebedarf überwiegend aus dem oxydativen Abbau von Nährstoffen – mit einem großen Anteil an Fettsäuren. Bei Körperruhe liegt der O_2-Bedarf des Herzens in der Größenordnung von 0,1 ml $O_2 \cdot g^{-1} \cdot min^{-1}$. Dies entspricht etwa 10 % des Gesamt-O_2-Verbrauchs des Körpers. Der O_2-Verbrauch der Herzmuskulatur wird vor allem durch die entwickelte Faserspannung bestimmt und wächst mit deren Dauer. Frequenzänderungen wirken auf den O_2-Verbrauch, indem sie die Netto-Arbeitszeit des Herzens verändern. Der Wirkungsgrad der Herzarbeit (Anteil des in mechanische Arbeit umgewandelten Energieaufwands) liegt zwischen 15 und 40 % und ist höher bei Volumenbelastung als bei Druckbelastung. Hinsichtlich des Nährstoffbedarfs ist das Herz ein „Allesfresser". Die Entnahme von Nährstoffen aus dem Koronarblut richtet sich nach dem arteriellen Angebot. Durch den oxidativen Abbau von Milchsäure trägt das Herz zur Säure-Basen-Regulation bei. Der ATP-Bestand des Herzmuskels wird beim tätigen Herzen mehrfach pro Sekunde abgebaut und resynthetisiert.

Die Durchblutung des Myokards variiert mit dem Herzzyklus und wird dem jeweiligen O_2-Bedarf angepaßt

Der Koronarkreislauf des Herzens ist ein Teil des großen Kreislaufs, der jedoch spezielle Eigenarten aufweist, die eng mit der Funktionsweise des Herzens verknüpft sind. Es erscheint daher zweckmäßig, schon hier näher auf diesen Abschnitt des Kreislaufs einzugehen. Im menschlichen Herzen finden sich in der Regel zwei Koronararterien, die beide aus der Aortenwurzel entspringen. Die rechte Koronararterie versorgt den größten Teil des rechten Ventrikels und bestimmte Abschnitte des Septums und der Hinterwand des linken Ventrikels. Die linke Koronararterie versorgt das übrige Herz. Die venöse Drainage erfolgt beim menschlichen Herzen zum größten Teil über den Sinus coronarius und nur zu einem kleinen Teil über die Vv. parvae cordis (Vv. cordis minimae).

Größe der Myokarddurchblutung. Im Tierversuch kann die Durchblutung des Herzens mittels elektromagnetischer Strömungsmesser direkt bestimmt werden. Beim Menschen ist man auf indirekte Meßmethoden angewiesen, bei denen u. a. die Aufnahme oder Auswaschung von Fremdgasen (NO_2, Argon, Xenon) im Herzen bestimmt wird, deren Löslichkeit im Gewebe bekannt ist. Derartige Messungen ergeben beim menschlichen Herzen in Ruhe eine Durchblutung von ca. 0,8–0,9 ml $\cdot g^{-1} \cdot min^{-1}$. Bezogen auf das Minutenvolumen beträgt der Anteil der Koronardurchblutung etwa 5 %. Bei körperlicher Arbeit kann der Betrag auf das 4fache des Ruhewertes ansteigen. In der gleichen Größenordnung liegt der Anstieg des O_2-Verbrauchs des Herzens bei schwerer Arbeit.

Variation des Blutstromes mit dem Herzzyklus. Im Unterschied zu anderen Organkreisläufen zeigt der Koronarkreislauf starke Schwankungen seines Blutstromes im Rhythmus von Systole und Diastole. Für diese phasischen Schwankungen sind einerseits die rhythmischen Pulsationen des *Aortendrucks*, andererseits aber v.a. Veränderungen des *interstitiellen Myokarddrucks* verantwortlich. Dieser wirkt von außen auf die – in den mittleren und inneren Wandschichten des Herzens verlaufenden – Gefäße ein. Wie Abb. 22–18 zeigt, wird dadurch der Einstrom in die *linke* Koronararterie im Beginn der Systole völlig unterdrückt. Erst in der Diastole, wenn der intramurale Druck absinkt, steigt der Einstrom auf hohe Werte an. Im Ausbreitungsgebiet der *rechten* Koronararterie ist der intramurale Druck geringer, so daß der Einstrom im wesentlichen den Schwankungen des Aortendrucks folgt. In der Systole entleert sich infolge der Kompression der muskulösen Herzwand ein Schwall von Blut aus dem Koronarsinus; während der Diastole sistiert der Ausstrom dagegen weitgehend (Abb. 22–18).

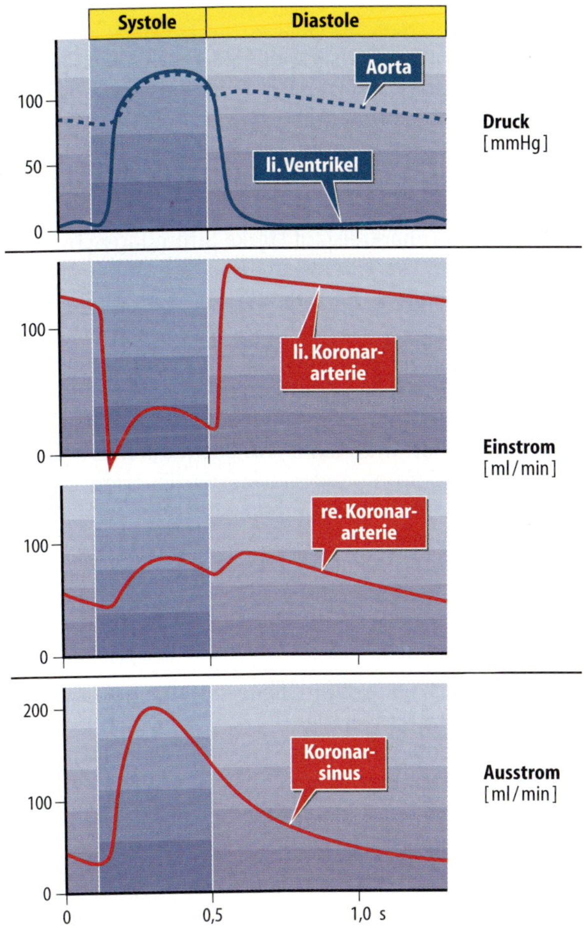

Abb. 22–18. Verhalten des koronaren Blutflusses und zeitliche Beziehungen zu Systole, Diastole und Druckverläufen im linken Ventrikel und in der Aorta

Ein erhöhter O_2-Bedarf des Herzens wird vor allem durch erhöhte Durchblutung gedeckt – weniger durch erhöhte O_2-Extraktion

Schon bei normaler Ruhetätigkeit ist im Herzen die O_2-Entnahme aus dem Blut weit größer als in anderen Organen. Von 0,2 Liter O_2 in 1 Liter arteriellen Blutes extrahiert das Herz rund 0,14 Liter O_2. Bei erhöhtem O_2-Verbrauch infolge Mehrbelastung ist daher kaum eine weitere Ausschöpfung möglich. Das *Herz muß daher Vergrößerungen seines O_2-Bedarfs v. a. durch eine erhöhte Durchblutung decken.* Dies geschieht durch Weiterstellung der Gefäße und damit Reduktion des Strömungswiderstandes. Einer der stärksten Dilatationsreize für die Koronargefäße ist nach übereinstimmender Auffassung der ***O_2-Mangel.*** Schon eine Abnahme der O_2-Sättigung des Blutes um nur 5 % (ca. 0,01 Liter O_2 / Liter Blut) führt zu einer koronaren Vasodilatation. Als koronarerweiternde Einflüsse kommen ferner in Betracht ***Adenosin,*** das als Abbauprodukt energiereicher Phosphate eine wichtige Rolle spielt [31], ferner ein Anstieg der extrazellulären ***K^+-Konzentration*** [17]. Inwieweit die ***vegetativen Herznerven*** darüber hinaus eine direkte Wirkung auf die Muskulatur der Koronargefäße besitzen, ist wegen ihrer gleichzeitigen sonstigen Einflüsse auf die Herztätigkeit schwer zu entscheiden. Neuere Untersuchungen sprechen für eine direkte gefäßverengende Wirkung des Sympathikus und eine Gefäßerweiterung durch den Parasympathikus [11]. Neben den genannten Einflüssen haben vor allem auch ***endothelial gebildete Faktoren*** einen entscheidenden Einfluß auf die Koronargefäße. Der wichtigste vasodilatierende Faktor ist ***Stickstoffmonoxid (NO),*** das aus l-Arginin gebildet wird [15, 29]. Die Freisetzung aus dem Endothel wird stimuliert durch Erhöhung des Blutflusses (Scherkräfte), durch Azetylcholin, Histamin, Serotonin, Noradrenalin u. a., so daß deren direkte Effekte modifiziert werden [13, 16]. In der glatten Gefäßmuskulatur stimuliert NO die Guanylatzyklase und erhöht auf diese Weise den zellulären Gehalt an cGMP [13].

Ein weiterer endothelial gebildeter Faktor, ***Endothelin*** (ET-1), ist der stärkste bisher bekannte endogene Vasokonstriktor. Es handelt sich um ein Peptid aus 21 Aminosäuren, das bei Einwirkung verschiedener Einflüsse (Thrombin, Adrenalin, Interleukin-1, Endotoxin) aus einer Vorstufe gebildet wird. In der glatten Gefäßmuskulatur wirkt es durch Stimulation der Phospholipase C gefäßverengend. Außerdem stimuliert ET-1 die Freisetzung von Prostazyklin (PGI_2), Thromboxan A_2 und NO, während seine Bildung durch das atriale natriuretische Peptid (ANP) und durch den Arzneistoff Nitroglyzerin gehemmt wird.

Insgesamt besteht eine starke Absicherung des gesamten Regulationssystems, das kaum eingeengt wird, wenn nur einzelne Teilkomponenten ausfallen.

Güte der Koronardurchblutung, Koronarreserve. Eine ausreichende O_2-Versorgung des Herzens ist gewährleistet, wenn das O_2-Angebot dem O_2-Verbrauch entspricht. Der Quotient aus beiden Größen wird als Kriterium für die ***Güte der Koronardurchblutung*** verwendet. Ein Absinken des Wertes unter 1,2 bedeutet eine kritische Einschränkung der O_2-Versorgung des Herzens *(Koronarin-*

suffizienz). Neben der aktuellen Situation interessiert im Hinblick auf die O_2-Versorgung des Herzens auch die Anpassungsbreite, die sog. ***Koronarreserve.*** Man versteht darunter die Differenz zwischen der maximal verfügbaren O_2-Menge und dem tatsächlichen O_2-Verbrauch, dividiert durch die letztgenannte Größe. Unter Ruhebedingungen ist für ein voll anpassungsfähiges Koronarsystem die verfügbare O_2-Reserve 4- bis 5mal höher als der Ruhebedarf des Herzens [11, 19].

Anoxie und Wiederbelebung. Die überwiegende Ausrichtung des Herzstoffwechsels auf Energiegewinn aus oxidativen Abbauvorgängen macht es verständlich, daß eine plötzliche Unterbrechung der Durchblutung *(Ischämie)* innerhalb weniger Minuten zu einem weitgehenden Funktionsverlust führt. Wird im Experiment die Koronarperfusion aufrechterhalten und nur die O_2-Zufuhr unterbunden *(Anoxie)*, so treten praktisch identische Veränderungen auf. Unter fortschreitender Verminderung der Kontraktionskraft entwickelt sich eine starke Dilatation, und nach etwa 6–10 min steht das Herz still. Als Ausdruck einer schweren Behinderung der Energiebereitstellung sind unter diesen Bedingungen die Bestände des Herzmuskels an *energiereichen Phosphaten* (Phosphokreatin, ATP) drastisch vermindert. Da der Milchsäureabbau im Herzmuskel bei O_2-Mangel sistiert und gleichzeitig aus der anaeroben Glykolyse Milchsäure anfällt, steigt ihre koronarvenöse Konzentration über die arterielle hinaus an. Dauert die Anoxie länger als 30 min an, so treten zu der Beeinträchtigung der Funktion des Myokards irreversible strukturelle Veränderungen hinzu, die schließlich eine Wiederbelebung unmöglich machen. Bei normaler Körpertemperatur markiert die Anoxiedauer von 30 min daher eine kritische Grenze, die man als ***Wiederbelebungszeit*** bezeichnet. Die Wiederbelebungszeit des Herzens läßt sich jedoch erheblich verlängern, wenn die Stoffwechselintensität durch Kühlung gesenkt wird. Von dieser Möglichkeit macht die Herzchirurgie Gebrauch. Betrifft die Anoxie den ganzen Organismus – z. B. im Falle einer Erstickung – so wird die Möglichkeit einer erfolgreichen Wiederbelebung durch Regulationszentren im Hirnstamm limitiert, die empfindlicher als das Herz reagieren und schon nach einer Anoxie von 8–10 min Dauer irreversible Veränderungen erleiden [12, 33].

Herzinsuffizienz. Eine Herzinsuffizienz liegt vor, wenn das Herz trotz genügenden venösen Blutangebots und Einsatz von Kompensationsmechanismen unfähig ist, den gesamten Organismus seinen Bedürfnissen entsprechend mit Blut zu versorgen. Dies kann schon bei Körperruhe der Fall sein ***(Ruheinsuffizienz)*** oder sich erst bei körperlicher Belastung bemerkbar machen ***(Belastungsinsuffizienz)***. Symptome der Herzinsuffizienz sind bei *ungenügender Funktion des linken Ventrikels* Lungenstauung mit Atemnot und Zyanose, bei *ungenügender Rechtsherz-Funktion* Venenstauung im großen Kreislauf, Ödeme, Aszites. Für eine ungenügende Förderleistung des Herzens können Einflüsse verantwortlich sein, die primär nichts mit seiner kontraktilen Funktion zu tun haben (Klappenfehler, Perikardschwielen, extreme Bradykardie etc.). Unter Herzinsuffizienz im engeren Sinne versteht man eine *Herabsetzung der Kontraktilität* ***(Myokardinsuffizienz)***. Sie kann als Folge einer chronischen Arbeitsüberlastung des Herzens durch vermehrte Druck- bzw. Volumenarbeit auftreten (s. S. 466). Auch Sauerstoffmangel (Koronarsklerose, Myokardinfarkt), Entzündungen (Myokarditis) und bestimmte Gifte bzw. Überdosierung bestimmter Pharmaka können zur myokardialen Insuffizienz führen. Die Angriffspunkte solcher Einflüsse an den zellulären Grundprozessen von Erregung, elektromechanischer Koppelung und Kontraktion sind sehr vielfältig. Von besonderer praktischer Bedeutung ist die Unterscheidung von zwei Typen der myokardialen Insuffizienz, die sich durch das Verhalten der energiereichen Phosphate, speziell des Phosphokreatins, unterscheiden: Bei der sog. ***Mangelinsuffizienz*** ist die Resynthese von Phosphokreatin infolge mangelnder Energiezufuhr gestört (Sauerstoffmangel, Stoffwechselgifte etc.). Die Verminderung der Kontraktilität ist die Folge *einer ungenügenden Energiezufuhr* zu den kontraktilen Proteinen und geht mit einer *Reduktion des Gehalts an Phosphokreatin* einher. Bei der ***Utilisationsinsuffizienz*** kann der Vorrat der energiereichen Phosphate infolge *ungenügender Aktivierung* der elektromechanischen Koppelung nicht ausgenützt werden (Überdosierung von Ca^{2+}-Antagonisten, Vergiftung mit Lokalanaesthetika, Barbituraten etc.). Dementsprechend findet sich bei dieser Insuffizienzform ein *hoher Gewebespiegel an Phosphokreatin.* Einflüsse, welche die elektromechanische Koppelung stimulieren (Katecholamine, Herzglykoside), können bei der Utilisationsinsuffizienz die Kontraktilität weitgehend normalisieren. Störungen vom Typ der Mangelinsuffizienz werden dagegen durch solche Eingriffe eher verschlimmert. Hierbei muß die Behandlung auf eine Energieeinsparung durch Senkung der Vor- und Nachlast des Herzens abzielen.

!

Der Koronarkreislauf des Herzens ist ein Parallelzweig des Körperkreislaufs. Bei Körperruhe liegt der koronare Blutfluß beim Erwachsenen in der Größenordnung von knapp 1 ml/g min; dies sind ca. 5 % des Herzminutenvolumens. Im Unterschied zu anderen Teilkreisläufen zeigt der Koronarkreislauf starke Strömungsschwankungen, die eng mit der Herztätigkeit zusammenhängen. Der arterielle Einstrom erfolgt vor allem in der Diastole, der venöse Abstrom in der Systole. Außerdem ist die O_2-Aufnahme aus dem arteriellen Koronarblut erheblich größer als im Körperdurchschnitt. Ein steigender O_2-Bedarf muß daher vor allem durch erhöhte Durchblutung gedeckt werden. Einer der am stärksten vasodilatierend wirkenden Reize ist der O_2-Mangel. Unter dem Einfluß verschiedener Wirkstoffe und bei Einwirkung von mechanischen Scherkräften wird von den Endothelzellen der Gefäße Stickstoffmonoxid (NO) freigesetzt, das zur Relaxation der glatten Gefäßmuskulatur führt. Sauerstoffmangel führt zum Nachlassen der Herzkraft und zum Herzstillstand. Dauert der Sauerstoffmangel länger als 30 Minuten, treten irreversible Veränderungen des Herzens auf. Eine Herzinsuffizienz liegt vor, wenn das Herz bei genügendem venösem Blutangebot und unter Einsatz von Kompensationsmechanismen unfähig ist, den Organismus seinen Bedürfnissen entsprechend mit Blut zu versorgen.

22.6 Literatur

Weiterführende Lehr- und Handbücher

1. Berne RM, Sperelakis N, Geiger SR (Hrsg) (1979) Handbook of physiology, section 2: the cardiovascular system, vol 1: the heart. American Physiological Society, Bethesda
2. Bargmann W, Doerr W (Hrsg) (1963) Das Herz des Menschen. Thieme, Stuttgart
3. Fleckenstein A (1983) Calcium anagonism in heart and smooth muscle – experimental facts and therapeutic prospects. Wiley, New York
4. Fozzard HA, Haber E, Jennings RB, Katz A, Morgan HE (Hrsg) (1991) The heart and cardiovascular system. Raven, New York
5. Jacob R, Just HJ, Holubarsch C (Hrsg) (1987) Cardiac energetics – basic mechanisms and clinical implications. Steinkopff, Darmstadt / Springer, Berlin Heidelberg New York
6. KaufmannW, Wambach G (Hrsg) (1989) Endocrinology of the heart. Springer, Berlin Heidelberg New York
7. Krayenbühl HP, Kübler W (Hrsg) (1981) Kardiologie in Klinik und Praxis. Thieme, Stuttgart
8. Roskamm H, Reindell H (Hrsg) (1989) Herzkrankheiten. Pathophysiologie, Diagnostik und Therapie. Springer, Berlin Heidelberg New York

Einzel- und Übersichtsarbeiten

9. Antoni H (1989) Physiologie und Pathophysiolgie der elementaren Myokardfunktionen. In: Roskamm H, Reindell H (Hrsg) Herzkrankheiten. Pathophysiologie, Diagnostik und Therapie. Springer, Berlin Heidelberg New York, S 38–65
10. Bassenge E (1989) Mechanik des intakten Herzens. In: Roskamm H, Reindell H (Hrsg) Herzkrankheiten. Pathophysiologie, Diagnostik und Therapie. Springer, Berlin Heidelberg New York, S 66–87
11. Bassenge E (1984) Physiologie der Konardurchblutung. In: Roskamm H (Hrsg) Handbuch der inneren Medizin, Bd IX/3. Springer, Berlin Heidelberg New York
12. Bretschneider JJ, Hellige G (1976) Pathophysiologie der Ventrikelkontraktion. Kontraktilität, Inotropie, Suffizienzgrad und Arbeitsökonomie des Herzens. Verh Dtsch Ges Kreislaufforsch 42:14–30
13. Busse R (1988) Regulation des Gefäßtonus durch EDRF. Münch Med Wochenschr 130:871–872
14. Frank O (1895) Zur Dynamik des Herzmuskels. Z Biol 32:370–437
15. Furchgott RF, Zawardski JF (1980) The obligatory role of endothelial cells on the relaxation of arterial smooth muscle by acetylcholine. Nature 288:373–376
16. Gerlach E, Nees S, Becker BF (1985) Einige neuere biochemische und physiologische Aspekte des Gefäßendothels. Z Kardiol 74 [Suppl 7]:83–86
17. Gerlach E, Zimmer HG (1972) Protein- und Nucleotidsynthese im hypertrophierenden Herzmuskel. Verh Dtsch Ges Kreislaufforsch 38:35–43
18. Grube E (Hrsg) (1985) Zweidimensionale Echokardiographie. Thieme, Stuttgart
19. Heiss W (1989) Coronarreserve des menschlichen Herzens In: Roskamm H, Reindell H (Hrsg) Herzkrankheiten. Pathophysiologie, Diagnostik und Therapie. Springer, Berlin Heidelberg New York, S 404–414
20. Holz J, Münzel T, Bassenge E (1987) Das natriuretische Vorhofhormon im Menschen. Z Kardiol 76:655–670
21. Holubarsch C, Jacob R (1980) Die Compliance des Herzens. Methodische Grundlagen und Grenzen für eine Bestimmung der Dehnbarkeit von Gesamtventrikel und Myokardgewebe. Med Welt 31:136–144
22. Ignarro LJ, Byrus RE, Wood KS (1988) Biochemical and pharmacological properties of endothelial-derived relaxing factor and its similarity to nitric oxide radical. In: Vanhoutte PM (eds) Mechanics of vasodilatation. Raven, New York, pp 427–435
23. Jacob R, Gülch R, Kissling R, Raff U (1973) Muskelphysiologische Grundlagen für die Beurteilung der Leistungsfähigkeit des Herzens. Z Inn Med 28:1–11
24. Jacob R, Kissling R (1986) Dynamik des intakten Herzens. In: Heublin B (Hrsg) Handbuch der inneren Erkrankungen, Bd 1/Teil 1: Herz-, Kreislauf- und Gefäßerkrankungen. S 151–188
25. Jacob R, Holubarsch C (1986) Regulation der Herztätigkeit. In: Heublin B (Hrsg) Handbuch der inneren Erkrankungen, Bd 1/Teil 1: Herz-, Kreislauf- und Gefäßerkrankungen. S 188–212
26. Jacob R, Dieberger B, Gülch RW, Kiesling G (1993) Geometric and muscle physiological factors of the Frank-Starling mechanism. Basic Res Cardiol 88:86–91
27. Keul J, Holubarsch C (1989) Energieversorgung des gesunden Herzens. In: Roskamm H, Reindell H (Hrsg) Herzkrankheiten. Pathophysiologie, Diagnostik und Therapie. Springer, Berlin Heidelberg New York, S 101–110
28. Krasny R, Kammermeier H, Köhler J (1991)Biomechanics of valvular plane displacement of the heart. Basic Res Cardiol 86:572–581
29. Pakmer RMJ, Ashton DS, Moncada S (1988) Vascular endothelial cells synthesize nitric oxide from l-arginine. Nature 333:664–666
30. Robinson TF, Factor SM, Sonnenblick EH (1986) The heart as a suction pump. Sci Am 62–69
31. Schrader J, Baumann G, Gerlach E (1981) Antiadrenergic action of adenosine in the heart. Possible physiological significance In: Delius W, Gerlach E, Grobecker H, Kübler W (eds) Catecholamines and the heart. Springer, Berlin, Heidelberg, New York, pp 142–153
32. Seller H (1981) Nervöse Regulation der Herztätigkeit. In: Krayenbühl HP, Kübler W (Hrsg) Kardiologie in Klinik und Praxis. Thieme, Stuttgart, S 12.1
33. Spieckermann PG (1981) Myokardstoffwechsel. In: Krayenbühl HP, Kübler W (Hrsg) (1981) Kardiologie in Klinik und Praxis. Thieme, Stuttgart, S 9.1
34. Starling EH (1897) The compensating mechanism of the heart. Lancet 1:569–572
35. Strauer BE (1973) Kriterien zur Beurteilung der Myokardkontraktilität am normalen Herzmuskel I. Klin Wochenschr 51:295–306
36. Tenney SM (1993) A tangled web: Young, Laplace, and the surface tension law. News Physiol Sci 8:179–183

23 Erregungsphysiologie des Herzens

H. Antoni

EINLEITUNG Immer wieder erfährt man, daß Menschen einen tödliche Unfall erleiden, indem sie mit dem elektrischen Strom in Berührung kommen. Der Tod tritt dabei oft ohne erkennbare äußere Schädigungen ein und beruht in den meisten Fällen auf einem Versagen der Herztätigkeit infolge von Herzkammerflimmern. Dabei handelt es sich um eine Störung der Herzerregung, die erst sekundär auch zum Ausfall der mechanischen Herzfunktion führt. Das Herz reagiert in dieser Weise auf eine äußere elektrische Beeinflussung, weil die Herzmuskulatur wie Nerven oder Skelettmuskulatur ein erregbares Gewebe ist, d. h., daß bioelektrische Vorgänge bei der Herztätigkeit eine entscheidende Rolle spielen.

Sowohl die rhythmische Auslösung der Herzschläge als auch die Reihenfolge und zeitliche Latenz, mit der Vorhöfe und Kammern nacheinander in Aktion treten, wird durch den Erregungsablauf bestimmt. Die Erregung ist der Auslöser der Kontraktion. Ein wirkliches Verständnis der Herzfunktion muß daher die bioelektrischen Vorgänge einschließen. Mit diesen Vorgängen wollen wir uns zunächst näher befassen. Wir können dabei auf den Grundlagen aufbauen, die in den ersten Kapiteln dieses Buches gelegt wurden, da die Erregungsvorgänge im Herzen nach ähnlichen Prinzipien wie in anderen erregbaren Strukturen ablaufen. Im zweiten Teil des Kapitels wollen wir uns dann mit der Entstehung des Elektrokardiogramms beschäftigen, bei dem es sich eigentlich um ein „Abfallprodukt" handelt, dessen diagnostische Verwertung jedoch in der Klinik große Bedeutung besitzt.

23.1 Ursprung und Ausbreitung der Erregung

Die Herzerregung beginnt im Sinusknoten, durchläuft die Vorhöfe und breitet sich anschließend über das ventrikuläre Erregungsleitungssystem auf die Kammermuskulatur aus

Die ***Funktionselemente des Herzens*** sind die Herzmuskelfasern. Als *Herzmuskelfaser* bezeichnet man eine Kette von hintereinander geschalteten Herzmuskelzellen, die von einer gemeinsamen sarkolemmalen Hülle (Perimembran) umgeben sind. Morphologisch und funktionell sind zwei Grundtypen von Herzmuskelfasern zu unterscheiden:

- die Fasern der ***Arbeitsmuskulatur*** (Arbeitsmyokard) der Vorhöfe und der Ventrikel, welche die Hauptmasse des Herzens ausmachen und die mechanische Pumparbeit verrichten,
- die Fasern des spezifischen ***Erregungsbildungs-*** und ***Leitungssystems,*** die besondere Aufgaben im Dienste der Herzerregung erfüllen.

Als erregbare Strukturen besitzen die Herzmuskelfasern ein Ruhepotential, reagieren auf überschwellige Reizung mit einer Erregung in Gestalt eines Aktionspotentials und sind in der Lage, Aktionspotentiale ohne Abschwächung (Dekrement) fortzuleiten. Die morphologisch nachweisbaren Zellgrenzen in Form der Glanzstreifen bilden kein Hindernis für die Erregungsfortleitung [16]. Dementsprechend verhält sich die Muskulatur der Vorhöfe und der Ventrikel wie ein ***funktionelles Synzytium,*** d. h. eine – irgendwo in den Vorhöfen oder Ventrikeln entstandene – Erregung breitet sich über alle unerregten Fasern aus, bis auch die letzte Zelle von der Erregung ergriffen ist. Aus dieser Tatsache erklärt sich das sog. ***Alles-oder-nichts-Gesetz.*** Es besagt, daß das Herz auf Reizung entweder mit der Erregung und Kontraktion aller Fasern antwortet oder nicht reagiert, falls der Reiz keine überschwellige Stärke erreicht. In einem Nerven oder Skelettmuskel antworten dagegen auf Reizung jeweils nur die überschwellig stimulierten Einzelfasern mit einer fortgeleiteten Erregung.

Autorhythmie. Wie schon erwähnt, werden die rhythmischen Pulsationen des Herzens durch Erregungen ausgelöst, die im Herzen selbst entstehen. Ein aus dem Körper entnommenes Herz schlägt daher unter geeigneten Bedingungen mit konstanter Frequenz weiter. Man bezeichnet diese Eigenschaft als ***Autorhythmie.*** Die Fähigkeit zur spontanen rhythmischen Auslösung von Erregungen ist normalerweise auf die Fasern des spezifischen Erregungsbildungs- und -leitungssystems beschränkt. In Abb. 23–1 sind die verschiedenen Anteile dieses Systems schematisch dargestellt.

Reihenfolge der Erregungsausbreitung. Normalerweise geht der Anstoß zu einem Herzschlag vom ***Sinusknoten*** aus, der im rechten Vorhof nahe der Einmündung der V. cava superior liegt. Er treibt das Herz bei Körperruhe mit einer Frequenz von ca. 60–90 Schlägen/min an. Vom Sinusknoten breitet sich die Erregung zunächst innerhalb von etwa 100 ms über die Arbeitsmuskulatur beider Vorhöfe aus. Für die Überleitung auf die Kammern steht nur die in Abb. 23–1 gelb dargestellte Bahn zur Verfügung. Der übrige Bereich der Vorhof-Kammer-Grenze besteht aus unerregbarem Bindegewebe. Bei der Passage des Erregungsleitungssystems erfolgt im ***Atrioventrikularknoten (AV-Knoten)*** zunächst eine Verzögerung von etwa 90 ms. Das anschließende ***His-Bündel*** (nach dem Anatomen His) die ***Bündelschenkel*** und deren Endaufzweigungen – die ***Purkinje-Fäden*** (nach dem Physiologen Purkinje) leiten die Erregung schnell weiter (Geschwindigkeit ca. 2 m/s), so daß verschiedene Regionen der Herzkammern gleichzeitig bzw. rasch nacheinander von der Erregung erfaßt werden. Von den subendokardialen Endigungen der Purkinje-Fäden breitet sich die Erregung dann noch mit einer Geschwindigkeit von ca. 1 m/s über die Kammermuskulatur aus. Diese letzte Phase der Erregungsausbreitung dauert etwa 100 ms.

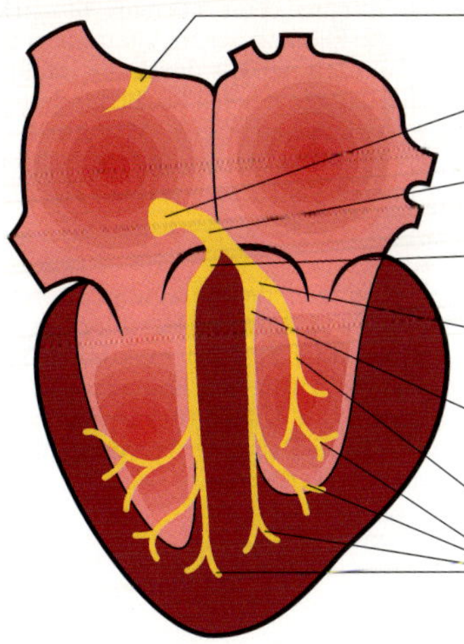

Abb. 23–1. Schema des Erregungsbildungs- und leitungssystems (*gelb* dargestellt) in einem Frontalschnitt des Herzens

> **!** Muskuläre Funktionselemente des Herzens sind 1. die Fasern des Arbeitsmyokards der Vorhöfe und Ventrikel und 2. die Fasern des spezifischen Erregungsbildungs- und -leitungssystems. Die Herzmuskelfasern bilden ein verzweigtes Netzwerk, in dem sich Erregung ungehindert ausbreitet (funktionelles Synzytium). Wie bei anderen Muskeltypen ist die Erregung der Auslöser der Kontraktion. Normalerweise entsteht die Herzerregung im Sinusknoten im rechten Vorhof und breitet sich zunächst über die Vorhöfe aus. Nach einer Verzögerung im Atrioventrikularknoten folgt eine schnelle Ausbreitung über His-Bündel, Bündelschenkel und Purkinje-Fäden auf die Kammermuskulatur.

Bei Ausfall des Sinusknotens erfolgt die Erregungsbildung in nachgeordneten Automatiezentren mit geringerer Eigenfrequenz

Die Autorhythmie des Herzens steht und fällt nicht mit der Funktionsfähigkeit des Sinusknotens, da – wie bereits erwähnt – auch die übrigen Teile des Erregungsleitungssystems die Fähigkeit zur automatischen Erregungsbildung besitzen. Deren Eigenfrequenz nimmt jedoch mit der Entfernung vom Sinusknoten beträchtlich ab. Sie werden daher unter normalen Bedingungen stets von dem rascher feuernden übergeordneten Automatiezentrum bei der Erregungsausbreitung angetrieben, bevor sie selbst eine Erregung auslösen können. *Der Sinusknoten ist der führende (primäre) Schrittmacher des Herzens, weil er die höchste Entladungsfrequenz aufweist.*

Ersatzrhythmen. Fällt aus irgendeinem Grund die Erregungsbildung im Sinusknoten aus oder wird die Erregung nicht auf die Vorhöfe weitergeleitet ***(sinu-atrialer Block)***, so übernimmt ersatzweise der ***AV-Knoten als sekundäres Erregungsbildungszentrum*** die Schrittmacherfunktion (AV-Rhythmus, Frequenz 40–60/min). Im Falle einer kompletten Unterbrechung der Erregungsüberleitung von den Vorhöfen auf die Herzkammern ***(totaler Herzblock)*** kann immer noch ein ***tertiäres Zentrum*** im ventrikulären Erregungsleitungssystem als Schrittmacher der Kammerautomatie einspringen. Mit Bezug auf den Ort der Erregungsbildung wird der Sinusknoten auch als ***nomotopes*** Automatiezentrum den ***heterotopen*** Zentren des übrigen Erregungsleitungssystems gegenübergestellt.

Bei einem ***totalen Herzblock*** (auch als Herzblock 3. Grades bezeichnet) schlagen Vorhöfe und Kammern völlig unabhängig voneinander – die Vorhöfe mit der Frequenz des Sinusknotens, die Kammern mit der wesentlich geringeren Frequenz eines tertiären Zentrums (30–40/min). Beim plötzlichen Eintritt eines totalen Herzblocks vergehen mitunter mehrere Sekunden, bis die ventrikuläre Automatie „erwacht". In dieser präautomatischen Pause kann es als Folge mangelnder Durchblutung des Gehirns zu Bewußtlosigkeit und Krämpfen kommen ***(Morgagni-Adams-Stokes-Anfall)***. Springt die ventrikuläre Automatie nicht an, so führt der Stillstand der Kammern zum Kreislaufstillstand mit irreversibler Schädigung des Gehirns und zum Tod.

Künstliche Schrittmacher. Bei schweren Störungen der regulären Automatie, z. B. bei gehäuften Morgagni-Adams-Stokes-Anfällen oder bei einem dauernden totalen Herzblock mit sehr niedriger

Kammerfrequenz, ist es möglich, eine normale Blutzirkulation durch künstliche elektrische Reizung der Herzkammern aufrechtzuerhalten. Die Impulse werden notfalls durch die intakte Brustwand appliziert oder, bei länger dauernder Behandlung, durch subkutan implantierte batteriebetriebene Miniatur-Reizgeräte (Schrittmacher) geliefert und dem Herzen über Kabelelektroden zugeleitet, die von peripheren Venen zum rechten Herzen vorgeschoben werden.

Schenkelblock. Unterbrechungen der Erregungsleitung in den Bündelschenkeln führen nicht zum totalen Herzblock, solange wenigstens noch ein Schenkel oder Faszikel funktionsfähig bleibt. Die Erregung breitet sich dann von den Endverzweigungen des noch intakten Leitungssystems, z. T. auch rückläufig, über das gesamte Kammermyokard aus. Die Dauer der Erregungsausbreitung ist hierbei allerdings erheblich verlängert.

!

Die Zellen des ventrikulären Erregungsleitungssystems besitzen die Fähigkeit zur automatischen rhythmischen Erregungsbildung – jedoch mit herzspitzenwärts abnehmender Eigenfrequenz. Bei Ausfall der Erregungsbildung in einem übergeordneten Zentrum können nachgeordnete Stationen des Erregungsleitungssystems die Erregungsbildung übernehmen (Ersatzrhythmus). Störungen der Automatie mit sehr niedriger Kammerfrequenz können durch künstliche elektrische Stimulation der Herzkammern mittels implantierter Schrittmacher ausgeglichen werden.

23.2 Charakteristika des elementaren Erregungsablaufs

Das Aktionspotential der Herzmuskelzellen ist durch eine Plateauphase ausgezeichnet und entsteht vor allem durch Veränderungen der Na^+-, K^+- und Ca^{2+}-Leitfähigkeit

Aktionspotential. Das Aktionspotential der Herzmuskelzellen weist in den verschiedenen Herzregionen eine ähnliche Grundform auf (vgl. Abb. 23–2). Es beginnt wie bei Nerven- oder Skelettmuskelfasern ausgehend vom Ruhepotential (ca. –90 mV) mit einer raschen Depolarisation, gefolgt von einer Umpolarisation über den Nullwert hinaus, auf etwa + 30 mV (***Overshoot***). *Der gesamte Aufstrich dauert nur wenige Millisekunden.* Bei der anschließenden Repolarisationsphase sind mehr oder weniger deutlich drei Abschnitte zu unterscheiden: Eine erste kurze Repolarisationsphase, in der sich das Membranpotential wieder dem Wert Null annähert. An diese ***initiale Spitze (Phase 1)*** schließt sich als besonderes Charakteristikum der Herzmuskulatur das langdauernde ***Plateau (Phase 2)*** an, bevor die abschließende ***Repolarisation*** zum Ruhepotential ***(Phase 3)*** erfolgt. Das gesamte Aktionspotential der Herzmuskulatur dauert ca. 200–400 ms, d. h. etwa 100mal länger als bei einer Skelettmuskel- oder einer Nervenfaser.

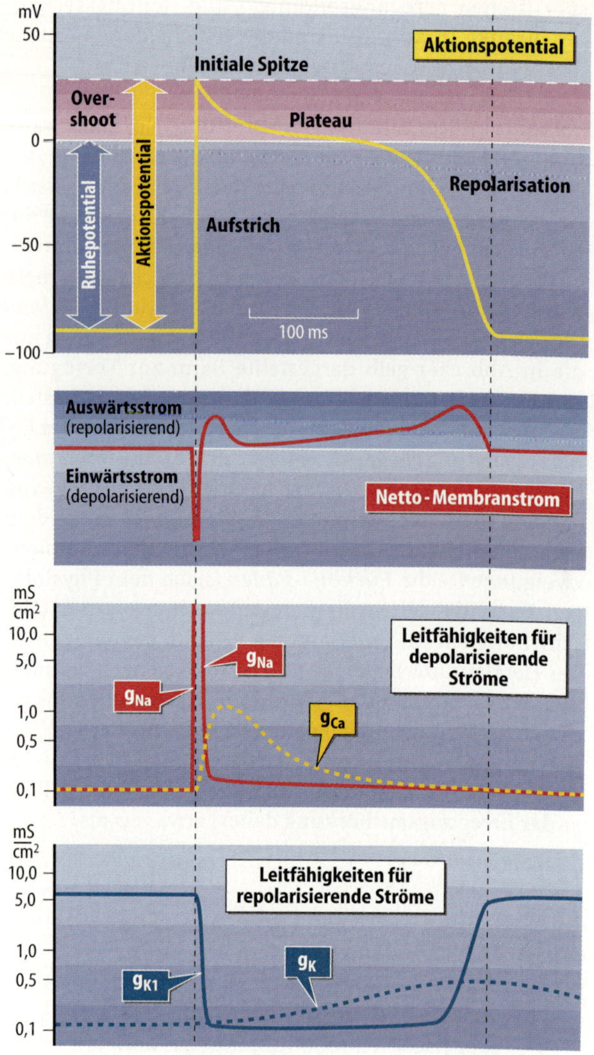

Abb. 23–2. *Oben:* Allgemeine Form des Aktionspotentials einer Herzmuskelzelle. *Mitte:* Verlauf und Richtung des Netto-Ionenstroms durch die Membran = Auswärtsstrom minus Einwärtsstrom. Die Größe eines Ionenstroms hängt ab von der Leitfähigkeit (g) und vom Abstand des Membranpotentials (E_m) vom betreffenden Gleichgewichtspotential (z. B. $i_{Na} = g_{Na}\,(E_m - E_{Na})$). *Darunter:* Zeitlicher Verlauf der Leitfähigkeiten für depolarisierende bzw. repolarisierende Ionenströme während des Aktionspotentials als Ausdruck des Verhaltens der beteiligten spannungsgesteuerten Ionenkanäle

Ionenleitfähigkeit und Ionenströme. Da die Grundlagen der Ionentheorie der Erregung bereits an anderer Stelle ausführlich erörtert wurden (s. S. 23 ff), können wir uns hier mit dem Hinweis auf die spezifischen Eigenarten der Herzmuskulatur begnügen (vgl. hierzu Abb. 23–2 und Tabelle 23–1). Das ***Ruhepotential*** des Myokards ist vorwiegend ein *K^+-Potential,* basierend auf einer spezifischen K^+-Leitfähigkeit *(gK1)* der Mem-

Tabelle 23–1. Die wichtigsten an der Erregung bzw. der elektromechanischen Koppelung der Herzmuskulatur beteiligten spannungsgesteuerten Ionenkanäle sowie andere Transportproteine in der äußeren Zellmembran. Das Symbol i bezeichnet einen Strom und dient zur Kennzeichnung von Ionenkanälen. Ligandengesteuerte Ionenkanäle sind hier nicht berücksichtigt. [Nach Daten aus: 8, 9, 12, 14]

Bezeichnung	Charakteristika und spezielle Funktionen
i_{Na}	*Schneller Na^+-Kanal.* Aktivierung durch Depolarisation. Löst Na^+-Einwärtsstrom aus, erzeugt Aufstrich des Aktionspotentials im Arbeitsmyokard und im ventrikulären Erregungsleitungssystem und bestimmt hier die Leitungsgeschwindigkeit. Inaktivierung bei fortdauernder Depolarisation ist verantwortlich für das Refraktärverhalten.
i_{Ca} (L-Typ)	*Langsamer Ca^{2+}-Kanal.* Aktivierung durch Depolarisation löst langsamen Ca^{2+}-Einwärtsstrom aus und erzeugt Aufstrich des Aktionspotentials im Sinus- und AV-Knoten. Mitverantwortlich für Plateau des Aktionspotentials und für elektro-mechanische Koppelung. Aktivierungsschwelle höher als für i_{Na}. Andere Ca-Kanaltypen (T, N) spielen beim Herzen eine untergeordnete Rolle.
i_f	*Unspezifischer Kationenkanal (Na^+ und K^+).* Aktivierung durch Repolarisation erzeugt einen Na^+-Einwärtsstrom *(Schrittmacherstrom).* Verantwortlich für diastolische Depolarisationen im ventrikulären Erregungsleitungssystem und teilweise im Sinusknoten.
i_{K1}	*Einwärts gleichrichtender K^+-Kanal.* Hauptverantwortlich für Ausbildung des Ruhepotentials im Arbeitsmyokard und im Erregungsleitungssystem. Abnahme der Leitfähigkeit bei Depolarisation – Zunahme bei Repolarisation Mitwirkung bei der Repolarisation des Aktionspotentials. Leitfähigkeit abhängig von $[K^+]_e$ (Anstieg bei $[K^+]_e$-Erhöhung und umgekehrt).
i_K	Bei Depolarisation *mit Verzögerung aktivierter K^+-Kanal.* Hauptverantwortlich für Repolarisation des Aktionspotentials. Durch langsame Inaktivierung mitbeteiligt an diastolischen Depolarisationen im Sinusknoten.
Na/Ca-Austauscher	Austausch von 1 Ca^{2+} gegen 3 Na^+. Transportrichtung abhängig von Na^+- bzw. Ca^{2+}-Gradienten und vom Membranpotential. Ca^{2+}-Aufnahme zu Beginn des Aktionspotentials – danach Ca^{2+}-Elimination jeweils begleitet von repolarisierendem bzw. depolarisierendem Strom.
Na/K-Pumpe	Elimination von 3 Na^+ im Austausch gegen 2 K^+ unter Energieverbrauch (ATP) geht einher mit repolarisierendem Strom. Stimulation durch $[Na^+]_i$ und $[K^+]_e$. Hemmung durch Herzglykoside verursacht deren positiv inotrope Wirkung.
Ca-Pumpe	Elimination von Ca^{2+} unter Energieverbrauch (Ca-ATPase). Transportleistung geringer als beim Na/Ca-Austauscher.

bran. Die schnelle ***Aufstrichsphase des Aktionspotentials*** entsteht wie bei Nerven- oder Skelettmuskelfasern durch den sogen. *schnellen Na^+-Einwärtsstrom* aufgrund einer kurzdauernden, kräftigen Erhöhung der Na^+-Leitfähigkeit *(gNa).* An der Ausbildung des ***Plateaus*** der Herzmuskulatur sind vor allem zwei Mechanismen beteiligt und zwar:

- Eine verzögert einsetzende und langsam abklingende *Öffnung von Ca^{2+}-Kanälen (iCa),* die zu einem depolarisierenden langsamen Ca^{2+}-Einwärtsstrom führt.
- Eine *Verminderung der K^+-Leitfähigkeit (gK1) infolge Depolarisation (Gleichrichterwirkung),* die den repolarisierenden K^+-Auswärtsstrom reduziert.

Auch die abschließende ***Repolarisation*** zum Ruhepotential läßt sich nur durch das Zusammenspiel mehrerer Vorgänge erklären:

- eine Abnahme von gCa mit der Zeit,
- das verzögerte Öffnen einer weiteren Population von K^+-Kanälen (iK), die bereits durch die Depolarisation zu Beginn des Aktionspotentials aktiviert wurden,
- den Wiederanstieg der Ruhe-K^+-Leitfähigkeit (gK1) mit fortschreitender Repolarisation.

Am Ruhepotential halten dann depolarisierende und repolarisierende Ströme wieder einander die Waage.

Die sog. ***langsamen Ca^{2+}-Kanäle*** (iCa) unterscheiden sich von den schnellen Na^+-Kanälen (iNa) u. a. durch die Potential- und Zeitabhängigkeit ihres Öffnungsverhaltens sowie durch das Ansprechen auf blockierende Substanzen. Die schnellen Na^+-Kanäle werden spezifisch durch Tetrodotoxin (TTX) blockiert, die langsamen Ca^{2+}-Kanäle durch anorganische Kationen (Ni^{2+}, Co^{2+}, Cd^{2+}) sowie durch organische Kalzium-Antagonisten (Verapamil, Nifedipin u. a.) [1]. Die Schwelle zur Aktivierung der Na^+-Kanäle liegt bei ca. – 60 mV, die der Ca^{2+}-Kanäle bei ca. – 30 mV. Depolarisation der Membran auf etwa – 40 mV inaktiviert die Na^+-Kanäle. Durch stärkere Reize können unter diesen Bedingungen noch sog. ***Kalzium-Aktionspotentiale*** ausgelöst werden, bei denen außer dem Plateau auch schon der Aufstrich durch den langsamen Ca^{2+}-Einwärtsstrom erzeugt wird und die infolgedessen eine geringe Aufstrichsgeschwindigkeit aufweisen und mit niedriger Geschwindigkeit fortgeleitet werden. Solche Aktionspotentiale finden sich normalerweise im Sinusknoten und im AV-Knoten.

!

Die Grundform des Aktionspotentials der Herzmuskulatur zeigt, ausgehend vom Ruhepotential (ca. –90 mV), einen schnellen Aufstrich bis zum Gipfel des Overshoot (ca. + 30 mV), gefolgt von einer langsamen Repolarisation mit einem charakteristischen Plateau. Die Gesamtdauer des Aktionspotentials beträgt ca. 200–400 ms.

Bei der Entstehung des Aktionspotentials wirken verschiedene Populationen von spannungsgesteuerten Ionenkanälen zusammen. In Ruhe dominiert die K^+-Leitfähigkeit. Während des Aktionspotentials laufen folgende Vorgänge ab: Aufstrichsphase: Anstieg der Na^+-Leitfähigkeit und schneller Na^+-Einwärtsstrom, anschließend Inaktivierung der Na^+-Kanäle. Plateau-phase: Erhöhung der Ca^{2+}-Leitfähigkeit und langsamer Ca^{2+}-Einwärtsstrom, gleichzeitig Reduktion der K^+-Leitfähigkeit. Repolarisation zum Ruhepotential: Verzögerte Aktivierung spezieller K^+-Kanäle, Abnahme der Ca^{2+}-Leitfähigkeit und Wiederanstieg der Ruhe-K^+-Leitfähigkeit.

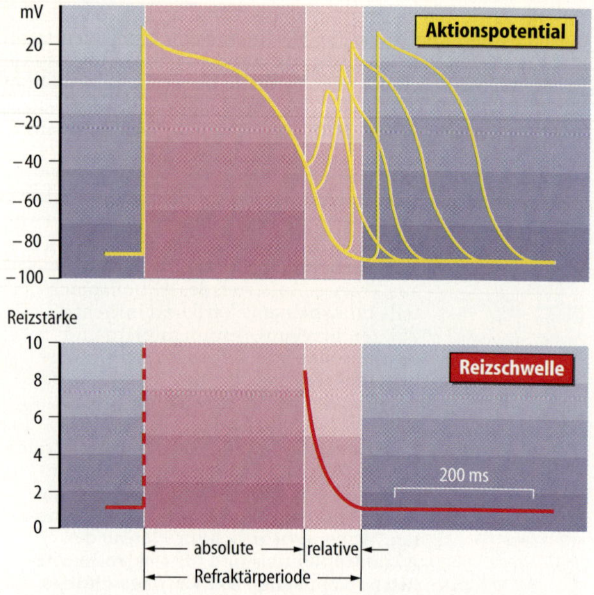

Abb. 23–3. Beziehung der Refraktärperiode zum Aktionspotential des Herzmuskels. Die Reizschwelle ist angegeben in relativen Einheiten, bezogen auf die schwellenwirksame Reizstärke = 1. Während der absoluten Refraktärperiode – vom Aufstrich des Aktionspotentials bis gegen Ende des Plateaus – ist die Reizschwelle unendlich hoch, d. h. Reizung ist nicht möglich

Die langdauernde Refraktärperiode des Myokards begünstigt die Füllung des Herzens und schützt es vor Rhythmusstörungen

Refraktärperiode. Die Herzmuskulatur hat mit anderen erregbaren Geweben auch die Eigenschaft gemeinsam, daß ihre Ansprechbarkeit auf Reize während bestimmter Phasen des Erregungsablaufs aufgehoben oder vermindert ist. Man spricht von einer ***absoluten*** und einer ***relativen Refraktärperiode.*** Abbildung 23–3 zeigt deren Zuordnung zum Aktionspotential. Während der absoluten Refraktärperiode ist keine Neuerregung möglich. In der anschließenden relativen Refraktärperiode kehrt die Erregbarkeit allmählich zum Ruhewert zurück. Dabei kann ein neues Aktionspotential jeweils um so früher ausgelöst werden, je stärker der einwirkende Reiz ist. Sehr früh in der relativen Refraktärperiode entstehende Aktionspotentiale zeigen einen trägen Anstieg, eine niedrige Amplitude und eine kurze Dauer (Abb. 23–3).

Die ***Ursache des refraktären Verhaltens*** liegt vor allem in der *Inaktivierung der Na^+-Kanäle bei andauernder Depolarisation.* Erst wenn die Repolarisation des Aktionspotentials wieder einen Wert von ca. – 40 mV erreicht hat, setzt die Erholung der Na^+-Kanäle von der Inaktivierung ein. Die Dauer der Refraktärperiode ist daher in der Regel eng mit der Dauer des Aktionspotentials verknüpft. Verkürzungen oder Verlängerungen des Aktionspotentials führen infolgedessen zu einer entsprechenden Veränderung der Refraktärperiode. Arzneimittel mit lokalanästhetischer Wirkung, welche die Na^+-Kanäle blockieren bzw. ihre Erholung nach einer Inaktivierung verzögern, können jedoch auch ohne Beeinflussung der Aktionspotentialdauer die Refraktärperiode verlängern [17].

Funktionelle Bedeutung der Refraktärperiode. Durch ihre langdauernde Refraktärzeit wird die Muskulatur des Herzens vor einer zu schnellen Neuerregung geschützt, die ihre Pumpfunktion beeinträchtigen könnte. Gleichzeitig wird verhindert, daß Erregungen im muskulären Netzwerk des Herzens im Kreise laufen und dadurch den rhythmischen Wechsel von Kontraktion und Erschlaffung stören. Weil die Refraktärzeit der erregten Herzmuskelzellen normalerweise länger dauert als die Erregungsausbreitung über die Vorhöfe bzw. die Ventrikel, kann eine vom Sinusknoten oder einem heterotopen Zentrum ausgehende Erregung das Herz jeweils nur einmal durchlaufen und muß dann erlöschen, da sie am Ende allerorts auf refraktäres Gewebe trifft.

Frequenzabhängigkeit der Aktionspotentialdauer. Ein Aktionspotential, das unmittelbar nach Beendigung der relativen Refraktärperiode einer vorausgehenden Erregung ausgelöst wird, zeigt nach Abb. 23–3 bereits wieder eine normale Aufstrichsgeschwindigkeit und Amplitude. Seine Dauer ist jedoch im Vergleich mit dem vorausgehenden Aktionspotential noch deutlich verkürzt. Tatsächlich besteht eine enge Beziehung zwischen der Aktionspotentialdauer und dem jeweils vorangehenden Intervall. Das Phänomen hat seine Ursache vor allem in einer – die Repolarisation des Aktionspotentials überdauernden – Erhöhung von gK, die erst allmählich zum Ausgangswert zurückkehrt (Abb. 23–2). Bei kurzem Intervall wirkt sich die erhöhte K^+-Leitfähigkeit beschleunigend auf die Repolarisation des nachfolgenden Aktionspotentials aus.

Während der Plateauphase des Aktionspotentials ist die Ansprechbarkeit der Herzmuskulatur auf Reize aufgehoben (absolute Refraktärperiode). Im Verlauf der anschließenden Repolarisation kehrt sie zum Ruhewert zurück (relative Refraktärperiode). Das Refraktärverhalten beruht auf der Inaktivierung der Na^+-Kanäle infolge Depolarisation. Die lange Refraktärzeit schützt das Herz im Dienste seiner Pumpfunktion vor zu rascher Neuerregung und verhindert das Kreisen von Erregungen im Netzwerk der Herzmuskulatur.

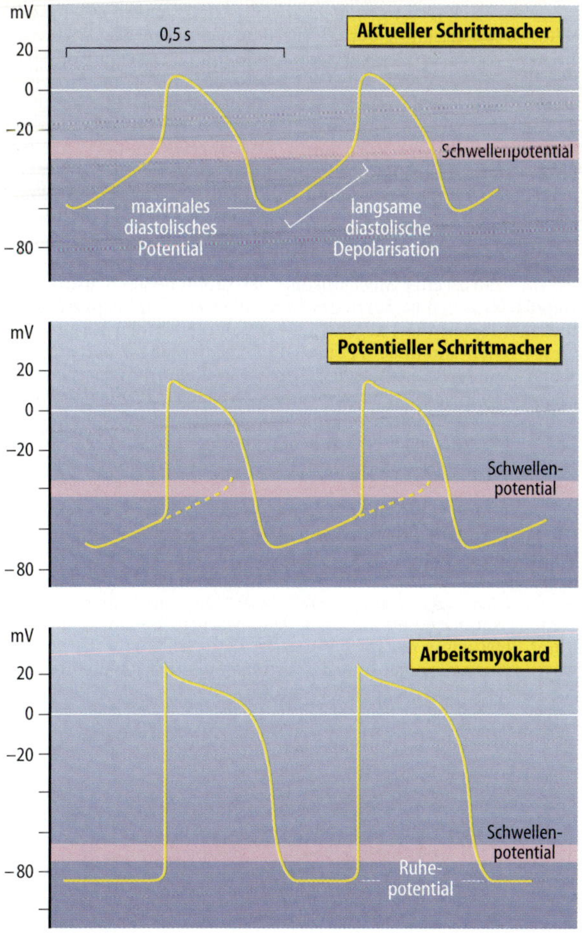

Abb. 23–4. Allgemeine Form des Erregungsablaufs in aktuellen bzw. potentiellen Schrittmachern (z. B. Sinusknoten und AV-Knoten) verglichen mit dem nichtautomatischen Arbeitsmyokard (Vorhöfe bzw. Ventrikel)

Bei Schrittmacherzellen folgt auf die Repolarisation des Aktionspotentials eine Spontandepolarisation, die zur Auslösung einer neuen Erregung führt

In der Arbeitsmuskulatur der Vorhöfe und Ventrikel, die nicht die Fähigkeit zur spontanen Erregungsbildung besitzt, entstehen Aktionspotentiale durch Zuleitung. Sie werden durch Stromschleifen ausgelöst, die von bereits erregten Stellen auf noch unerregte Bezirke übergreifen und hier eine Depolarisation bis zur Aktivierungsschwelle für den schnellen Na^+-Strom erzeugen. In Herzmuskelzellen mit der Fähigkeit zur autorhythmischen Erregungsbildung erfolgt die Depolarisation zur Schwelle der Erregungsauslösung dagegen spontan. Mit Hilfe intrazellulärer Mikroelektroden kann man den Elementarvorgang der Erregungsbildung in einer Schrittmacherzelle unmittelbar beobachten. Wie Abb. 23–4 zeigt, kommt es dabei im Anschluß an die Repolarisationsphase des Aktionspotentials – ausgehend vom ***maximalen diastolischen Potential*** – zu einer kontinuierlich zunehmenden Depolarisation, die das Schwellenpotential erreicht und damit eine neue Erregung auslöst. Die ***langsame diastolische Depolarisation*** ist das Charakteristikum der Schrittmacherzellen; sie ist ein lokaler Erregungsvorgang, der nicht wie das Aktionspotential fortgeleitet wird.

Aktuelle und potentielle Schrittmacher. Normalerweise sind nur wenige Zellen im Sinusknoten des Herzens tatsächlich für die Erregungsbildung verantwortlich *(aktuelle Schrittmacher)*. Alle übrigen Fasern des spezifischen Systems werden wie die gewöhnliche Arbeitsmuskulatur auf dem Weg der Fortleitung erregt, d. h. von ausgreifenden Stromschleifen rasch bis zur Schwelle depolarisiert, bevor ihre langsamen diastolischen Depolarisationen das Schwellenpotential erreichen *(potentielle Schrittmacher)*. Die Gegenüberstellung in Abb. 23–4 macht verständlich, daß bei Ausfall des aktuellen Schrittmachers ein potentieller Schrittmacher die Erregungsbildung übernehmen kann. Wegen der geringeren Steilheit der langsamen diastolischen Depolarisationen dauert es hierbei jedoch länger, bis die Schwelle erreicht wird. Infolgedessen ist die Entladungsfrequenz des potentiellen Schrittmachers geringer. Im nichtautomatischen Arbeitsmyokard erfolgt die Depolarisation zur Schwelle durch den ausgreifenden Strom so rasch, daß sich der Aufstrich des Aktionspotentials abrupt vom Ruhepotential absetzt (Abb. 23–4 unten).

Mechanismus der Erregungsbildung. Für die Entstehung der langsamen diastolischen Depolarisationen in den Zellen des Sinusknotens sind nach heutiger Vorstellung verschiedene ionale Mechanismen verantwortlich, die einander im Sinne einer Absicherung der Automatiefunktion ergänzen [10, 13]. Zunächst fehlen in diesen Zellen die K^+-Kanäle (iK1) weitgehend, die im Arbeitsmyokard das stabile Ruhepotential erzeugen (Tabelle 23–1). Außerdem findet sich hier – unabhängig von der Erregung – eine relativ hohe Hintergrundleitfähigkeit für Na^+-Ionen. Dadurch wird während der Repolarisation nur ein verhältnismäßig niedriges Membranpotential-Niveau erreicht, und die schnellen Na^+-Kanäle sind – soweit hier überhaupt vorhanden – weitgehend inaktiviert.

Ein wichtiger Mechanismus der langsamen diastolischen Depolarisation beruht auf dem Verhalten der K^+-Kanäle (iK), die durch die Depolarisation während des Aktionspotentials aktiviert werden und im Arbeitsmyokard hauptverantwortlich sind für die Repolarisation des Aktionspotentials. Die anschließende Inaktivierung von iK-Kanälen hat zur Folge, daß sich das Membranpotential wieder vom K^+-Gleichgewichts-potential entfernt, wobei die erhöhte Hintergrundleitfähigkeit für Na^+ als Generator für die Depolarisation wirkt. Ein fortgeleitetes Aktionspotential wird ausgelöst, wenn die diastolische Depolarisation die Schwelle zur Aktivierung des langsamen Ca^{2+}-Einwärtsstroms erreicht.

Ein zweiter Mechanismus der spontanen Schrittmacher-Depolarisationen ist durch das Vorhandensein von unspezifischen Kationenkanälen (if) gegeben, die durch die Repolarisation aktiviert werden und in dem Potentialbereich der langsamen diastolischen Depolarisationen vorwiegend Na^+-Ionen passieren lassen (Tab. 23–1). Etwas vereinfacht kann man sagen, daß *für die diastolische Depolarisation im Sinusknoten sowohl eine abnehmende K^+-Leitfähigkeit als auch eine zunehmende Na^+-Leitfähigkeit verantwortlich* sind. Für den AV-Knoten gelten im Prinzip die gleichen Bedingungen

Im ventrikulären Erregungsleitungssystem stellt sich das Membranpotential im Anschluß an die Repolarisation des Aktionspotentials unter dem Einfluß von iK_1 auf ein relativ hohes Niveau ein. Außerdem ist die Na^+-Hintergrundleitfähigkeit gering. Infolgedessen ist für die Ausbildung der langsamen diastolischen Depolarisationen hier nur der zuletzt beschriebene Mechanismus unter Beteiligung der unspezifischen Kationenkanäle (if) verantwortlich, und die Auslösung des Aktionspotentials geschieht durch Aktivierung des schnellen Na^+-Stroms.

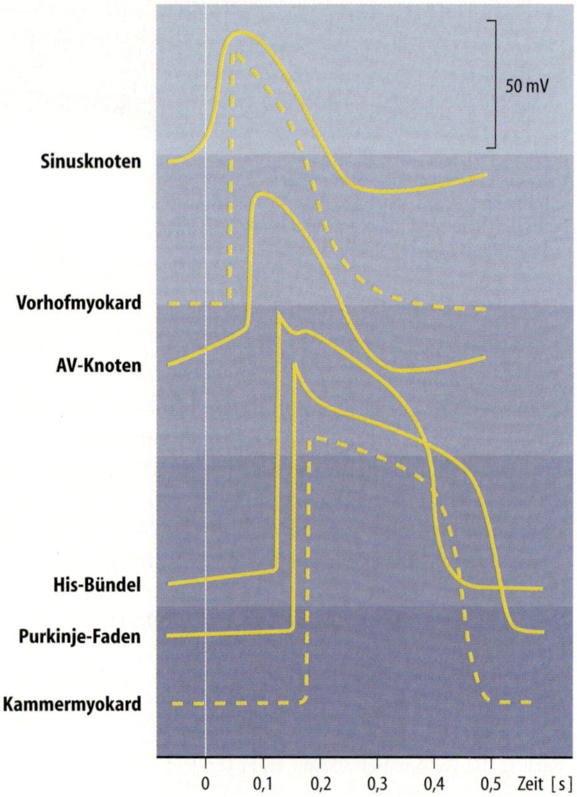

Abb. 23–5. Charakteristische Aktionspotentialformen in verschiedenen Herzregionen. Aktionspotentiale aus dem Erregungsbildungs- bzw. leitungssystem sind als *ausgezogene Linien* dargestellt. Die zeitliche Versetzung entspricht dem Eintreffen der Erregung in der entsprechenden Region während der normalen Erregungsausbreitung

Aktionspotentialformen. Im Herzen zeigen die Aktionspotentiale verschiedener Regionen charakteristische Unterschiede. Einige typische Formen sind in Abb. 23–5 dargestellt. Die Reihenfolge und Zeitversetzung der Aktionspotentiale entspricht dabei ihrer Entstehung im Erregungszyklus des Herzen. In den Anteilen des Erregungsbildungs- und leitungssystems nimmt die Steilheit der langsamen diastolischen Depolarisationen mit der Entfernung vom Sinusknoten deutlich ab. Auffallend ist ferner die geringe Aufstrichsgeschwindigkeit und Amplitude der Aktionspotentiale im Sinusknoten und im AV-Knoten. Die Plateaudauer ist im Vorhofmyokard kürzer als in der Kammermuskulatur; entsprechend verhält sich die Refraktärzeit. Durch ihre besonders lange Aktionspotentialdauer wirken die Endverzweigungen der Purkinje-Fäden wie ein – zwischen Vorhöfe und Kammermuskulatur eingeschaltetes – „Frequenzsieb“, das die Kammern vor abnorm hohen Erregungsfrequenzen der Vorhöfe schützt.

!

Im Arbeitsmyokard der Vorhöfe und der Ventrikel werden Aktionspotentiale durch Zuleitung ausgelöst. In Schrittmacherzellen erfolgt die Erregungsauslösung durch Spontandepolarisation im Anschluß an die Repolarisation des Aktionspotentials (langsame diastolische Depolarisation). Die Steilheit der diastolischen Depolarisationen von potentiellen Schrittmachern (AV-Knoten, ventrikuläres Erregungsleitungssystem) nimmt im Herzen mit der Entfernung vom Sinusknoten ab. Im Sinusknoten entstehen die diastolischen Depolarisationen durch Abnahme der K^+-Leitfähigkeit und Zunahme der Ca^{2+} bzw. Na^+-Leitfähigkeit. Im ventrikulären Erregungsleitungssystem existiert nur der letztere Mechanismus. In verschiedenen Herzregionen finden sich typische Abweichungen von der Grundform des Aktionspotentials: Niedrige Amplitude und träger Anstieg im Sinus- und im AV-Knoten, kurze Aktionspotentialdauer im Vorhofmyokard, lange Aktionspotentialdauer in den terminalen Purkinjefasern des ventrikulären Erregungsleitungssystems (Frequenzsieb).

23.3 Verknüpfung von Erregung und Kontraktion

Das Myokard ist nicht tetanisierbar; bei der Koppelung von Erregung und Kontraktion kommt dem Ca^{2+} eine Schlüsselfunktion zu

Elektromechanische Koppelung. Wie beim Skelettmuskel (s. S. 72 ff) löst auch in der Herzmuskulatur das Aktionspotential die Kontraktion aus. Während jedoch im Skelettmuskel das Aktionspotential nur wenige Millisekunden dauert und die Kontraktion erst einsetzt, wenn der Erregungsvorgang schon praktisch zu Ende ist, findet sich im Myokard eine weitgehende zeitliche Überlappung beider Vorgänge (Abb. 23–6 oben). Da eine neue Kontraktion eine Neuerregung voraussetzt und diese wiederum erst nach Ablauf des refraktären Stadiums der vorangehenden Erregung erfolgen kann, ist der Herzmuskel im Unterschied zum Skelettmuskel somit nicht in der Lage, eine rasche Folge von Aktionspotentialen mit der Superposition von Einzelkontraktionen in Form eines Tetanus (s. S. 74) zu beantworten. Diese „*Nichttetanisierbarkeit*" des Myokards erscheint im Hinblick auf die Funktion des Herzens als Pumpe durchaus sinnvoll. Andererseits fehlt dem Herzen als funktionellem Synzytium aber auch die Möglichkeit der Rekrutierung einer variablen Zahl von motorischen Einheiten, um seine Kontraktionskraft abstufbar zu verändern. Gewissermaßen als Ausgleich dieser physiologischen Beschränkungen ist *im Herzmuskel die Beeinflußbarkeit der Kontraktion über den Erregungsvorgang bzw. über direkte Eingriffe in die elektromechanischen Koppelungsprozesse wesentlich stärker entwickelt.*

Funktionsträger der elektromechanischen Koppelung. In den Myokardfasern der Säugetiere und des Menschen finden sich als Funktionsträger der elektromechanischen Koppelungsprozesse im wesentlichen die gleichen Strukturelemente, wie sie beim Skelettmuskel beschrieben wurden (s. S. 73 u. Abb. 23–6 unten). Das ***transversale Tubulussystem (T-System),*** das als Einstülpung der Oberflächenmembran die Erregung rasch ins Innere der Zelle fortleitet, ist besonders im Ventrikelmyokard deutlich entwickelt. Das als intrazellulärer Kalziumspeicher fungierende ***sarkoplasmatische Retikulum (longitudinales System)*** ist dagegen – verglichen mit dem Skelettmuskel – im Myokard schwächer ausgebildet. Sowohl die Strukturbesonderheiten des Myokards als auch sein funktionelles Verhalten weisen auf eine *intensive Wechselwirkung zwischen den intrazellulären Kalziumspeichern und dem Außenmedium* der Fasern hin. Eine Schlüsselfunktion kommt dabei dem langsamen ***Ca^{2+}-Einwärtsstrom*** während des Aktionspotentials zu. Dieser Strom dient also nicht allein der oben erwähnten Verlängerung der Aktionspotentialdauer und damit der Refraktärperiode, sondern auch – durch den damit verbundenen Übertritt von Ca^{2+} aus dem Extrazellulärraum ins

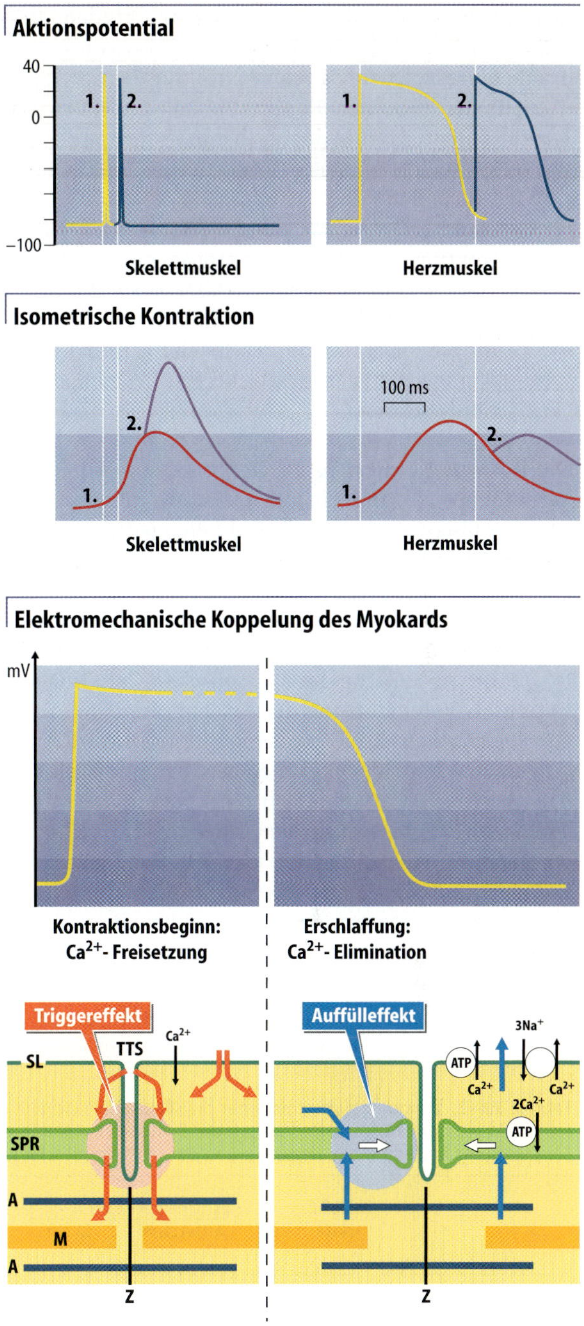

Abb. 23–6. *Oben:* Zeitliche Beziehung zwischen Aktionspotential und Kontraktion beim Skelett- und beim Herzmuskel. *Unten:* Schema des Zusammenspiels von Erregung, Ca^{2+}-Bewegungen und Aktivierung des kontraktilen Apparates bei der Kontraktionsauslösung *(links)* und bei der Erschlaffung *(rechts)*. *Rote Pfeile* bedeuten Ca^{2+}-Freisetzung ins Zytosol, *blaue Pfeile* Ca^{2+}-Elimination aus dem Zytosol. *A* = Actin, *M* = Myosin, *Z* = Z-Streifen, *SL* = Sarkolemm, *TTS* = transversales Tubulussystem, *SPR* = sarkoplasmatisches Retikulum

Zellinnere – zur Auslösung der Kontraktion und zur Steuerung der Kontraktionskraft. Die einwärts strömenden Ca^{2+}-Ionen bewirken dabei allerdings nur zu einem geringen Teil eine direkte Aktivierung des kontraktilen Apparates. Wichtiger erscheint die – durch das einströmende Ca^{2+} ausgelöste – Ca^{2+}-Freisetzung aus den intrazellulären Depots [5, 12]. Ferner wird das transmembranär eingeschleuste Ca^{2+} zur Auffüllung der Ca^{2+}-Speicher für die folgenden Kontraktionen verwendet. Das Aktionspotential erfüllt demnach mindestens zwei wichtige Aufgaben im Dienste der Kontraktion:

- einen ***Triggereffekt,*** d.h. die Auslösung der Kontraktion durch (*Ca^{2+}-getriggerte*) Freisetzung von Ca^{2+} aus intrazellulären Depots [11] und
- einen ***Auffülleffekt,*** d.h. eine mit der Erschlaffung einhergehende Bereitstellung von Ca^{2+} in den intrazellulären Speichern für die folgenden Kontraktionen.

Die ***Kalziumspeicherung*** durch das sarkoplasmatische Retikulum wird durch eine Reihe von Vorgängen stimuliert, die über Ca^{2+}- und cAMP-abhängige Proteinkinasen zur Phosphorylierung des regulatorischen Proteins *Phospholamban* führen. Phospholamban hemmt die Ca^{2+}-Pumpe, wenn es dephosphoryliert vorliegt, nicht jedoch nach seiner cAMP-abhängigen Phosphorylierung [5]. An der Absenkung der zytosolischen Ca^{2+}-Konzentration als Voraussetzung der Erschlaffung sind außer der Speicherung durch das sarkoplasmatische Retikulum noch weitere Mechanismen beteiligt, und zwar eine ***ATP-getriebene Ca^{2+}-Pumpe*** im Sarkolemm und vor allem ein ***Na^+/Ca^{2+}-Austauscher*** (Tabelle 23–1) [15]. Letzterer nützt die treibende Kraft des Na^+-Gradienten, um Ca^{2+} nach außen zu transportieren. Da dieses System bei einem Membranpotential von ca. – 40 mV einen Gleichgewichtszustand erreicht, kehrt sich bei positiveren Membranpotentialen die Richtung des Austausches um, so daß die Zelle Ca^{2+}-Ionen aufnimmt [5]. Dies ist z. B. im Beginn der Erregung der Fall. Nach dem bisher Gesagten spiegeln sich somit im Ablauf von Kontraktion und Erschlaffung die Schwankungen des zytosolischen Ca^{2+} wider, wobei die Spannweite zwischen maximaler Erschlaffung und maximaler Kontraktion dem Ca^{2+}- Konzentrationsbereich von 10^{-7} bis 10^{-5} mol / l entspricht.

Mechanismen der Kontraktionsbeeinflussung. Verschiedene Einflüsse auf die Kontraktionskraft des Myokards kommen über *Veränderungen der Aktionspotentialdauer* zustande, die mit entsprechenden Modifikationen des Ca^{2+}-Einwärtsstroms einhergehen. Beispiele sind die durch K^+-Erhöhung bzw. durch Azetylcholin bewirkten Verkürzungen der Aktionspotentialdauer mit Abschwächung der Kontraktionskraft, bzw. die Aktionspotential-Verlängerung durch Abkühlung, die zur Kontraktionsverstärkung führt (vgl. Tabelle 23–2). Im gleichen Sinne wie eine Verlängerung der Aktionspotentialdauer wirkt eine *Vermehrung der Zahl der Erregungen in der Zeiteinheit* (***Frequenz-Inotropie***). Auch hierbei steigt mit dem vermehrten Ca^{2+}-Einstrom die Auffüllung der intrazellulären Speicher mit Kalzium an, das dann für die folgenden Kontraktionen zur Verfügung steht. Auch das sog. ***Treppenphänomen,*** d.h. ein stufenweises Ansteigen der Kontraktionsamplitude nach vorübergehendem Stillstand, hängt ebenfalls mit der Wiederaufnahme von Ca^{2+} in die zellulären Speicher zusammen.

Eine verminderte Aufnahme von Ca^{2+} in die Zelle kann man auch durch Pharmaka erzielen, welche den Ca^{2+}-Einwärtsstrom während des Aktionspotentials hemmen, sogen. ***Kalzium-Antagonisten*** (Verapamil, Nifedipin, Diltiazem u. a.) [1]. Umgekehrt ist eine Steige-

Tabelle 23–2. Wirkungen verschiedener physikalischer und chemischer Einflüsse auf die Grundprozesse der elektrischen und mechanischen Aktivität des Herzens. Bedeutung der Symbole: 0 = keine Wirkung, ↑ = Vergrößerung, ↓ = Verkleinerung, ( ) = schwache Wirkung, → = Wirkungsänderung bei Intensivierung des betreffenden Einflusses

	Ruhepotential	Aktionspotential Aufstrich	Aktionspotential Dauer	Leitungsgeschwindigkeit	Schrittmacher diastolische Depolarisation	Kontraktion
Frequenz						
Erhöhung			↓		↑	↑
Erniedrigung			↑		↓	↓
Temperatur						
Erhöhung			↓		↑	↓
Erniedrigung	0→↓	0→↓	↑	↓	↓	↑
Azidose		↓	↑	↓	↓	↓
Alkalose		(↑)	(↓)	(↑)	↑	↑
K^+e						
Erhöhung	↓	↓	↓	(↑)→↓	↓	↓
Erniedrigung	0→↓		↑→↓		↑	↑
$Ca^{2+}e$						
Erhöhung	0→↑		0→↓			↑
Erniedrigung	0→↓		0→↑		(↑)	↓

rung der Kontraktionsamplitude durch Wirkstoffe möglich, die den Ca^{2+}-Einwärtsstrom während des Aktionspotentials verstärken (Adrenalin, Noradrenalin, s. S. 483 f). In der Praxis werden zur medikamentösen Verbesserung der Herzkraft ***Herzglykoside*** (Digitalis, Strophanthin) verwendet. Die Verstärkung der Herzkraft durch die Herzglykoside kommt nach heutiger Auffassung hauptsächlich über eine Hemmung der Na^+/K^+-ATPase (Na-Pumpe) und den damit verbundenen Anstieg der intrazellulären Na^+-Konzentration zustande. Dadurch vermindert sich der Austausch von intrazellulärem Ca^{2+} gegen extrazelluläres Na^+, der vom transmembranären Na-Gradienten abhängt (s. o.). Die Folge ist eine Anreicherung von Ca^{2+} im Zellinnern, das nach Aufnahme in die Speicher für die Aktivierung des kontraktilen Systems zur Verfügung steht. Bei der Kontraktions-Beeinflussung durch Veränderung der Vordehnung (***Frank-Starling-Mechanismus,*** s. S. 460 f) spielt darüber hinaus eine ***veränderte Ca^{2+}-Empfindlichkeit*** des kontraktilen Apparats eine entscheidende Rolle [5].

!

Anders als beim Skelettmuskel wird beim Herzmuskel die Kontraktionskraft über Veränderungen der Aktionspotentialdauer bzw. über direkte Eingriffe in die elektromechanische Koppelung gesteuert. Bei der Kontraktionsauslösung durch das Aktionspotential löst der langsame Ca^{2+}-Einwärtsstrom eine Freisetzung von Ca^{2+} aus intrazellulären Speichern aus (Ca^{2+}-getriggerte Ca^{2+}-Freisetzung). Die Aktivierung des kontraktilen Apparates durch Ca^{2+} entspricht weitgehend den Vorgängen beim Skelettmuskel. Für die Erschlaffung ist eine Senkung des zytosolischen Ca^{2+} verantwortlich, vor allem durch Speicherung im sarkoplasmatischen Retikulum. Außerdem wird Ca^{2+} durch einen Na^+/Ca^{2+}-Austauscher und eine Ca^{2+}-Pumpe aus der Zelle transportiert. Die Kontraktionskraft der Herzmuskulatur kann beeinflußt werden durch Veränderung der Ca^{2+}-Aufnahme (Aktionspotentialdauer, Frequenz, Sympathomimetika, Kalzium-Antagonisten) bzw. durch Veränderung der Ca^{2+}-Elimination (Herzglykoside). Veränderungen der Kontraktionskraft durch unterschiedliche Vordehnung (Frank-Starling-Mechanismus) beruhen z. T. auf einer dehnungsabhängigen Veränderung der Ca^{2+}-Empfindlichkeit des kontraktilen Systems.

23.4 Einflüsse der vegetativen Herznerven und des Ionenmilieus

Der Sympathikus steigert, der Parasympathikus vermindert die Herzfrequenz, die Kontraktionskraft und die atrioventrikuläre Erregungsleitung

Parasympathische Innervation. Die das Herz versorgenden parasympathischen Nerven zweigen als präganglionäre Rami cardiaci beiderseits vom ***Nervus vagus*** ab. Die Fasern der rechten Seite gelangen vorwiegend zum rechten Vorhof und hier speziell zum Sinusknoten. Der AV-Knoten wird dagegen hauptsächlich von den linksseitigen Anteilen erreicht. Die parasympathische Innervation der Herzkammern ist weniger ausgeprägt als die der Vorhöfe. Ihr Einfluß erfolgt vorwiegend indirekt, und zwar durch eine Hemmung der Sympathikuswirkung.

Sympathische Innervation. Im Unterschied zum Parasympathikus versorgt der Sympathikus alle Anteile des Herzens nahezu gleichmäßig. Die sympathischen Herznerven beziehen ihre präganglionären Anteile aus den oberen Thorakalsegmenten des Rückenmarks. Nach Umschaltung in Ganglien des Grenzstrangs, besonders dem Ganglion stellatum, ziehen die postganglionären Fasern als Nn. cardiaci zum Herzen. Sympathische Einflüsse können dem Herzen außerdem durch die im Blut zirkulierenden Katecholamine aus dem Nebennierenmark zufließen.

Afferente Innervation. Neben den efferenten vegetativen Nerven finden sich im Herzen auch reichlich afferente Nervenfasern, die sich in ihrem Verlauf teils dem Vagus, teils dem Sympathikus anschließen. Bei den *Vagusafferenzen* handelt es sich im wesentlichen um markhaltige Nervenfasern, die von Rezeptoren der Vorhöfe bzw. des linken Ventrikels ausgehen. Durch Einzelfaserableitung konnten in den Vorhöfen zwei Arten von Mechanosensoren ermittelt werden, die ***passive Dehnung (B-Sensoren)*** bzw. ***aktive Spannung (A-Sensoren)*** signalisieren. Außerdem finden sich im Herzen noch subendokardial gelegene dichte Geflechte markloser Fasern mit freien Endigungen, deren afferente Fortsätze im Sympathikus verlaufen. Wahrscheinlich vermitteln diese Nerven die segmental ausstrahlenden Schmerzen bei Durchblutungsstörungen des Herzens (Angina pectoris, Myokardinfarkt).

Chronotrope Wirkung. Im Tierexperiment erfolgt bei Reizung des rechten Herzvagus oder bei direkter Applikation von Azetylcholin auf den Sinusknoten eine Senkung der Herzfrequenz (***negativ chronotrope Wirkung***). Sympathikusreizung oder Gabe von Noradrenalin erhöhen die Herzfrequenz (***positiv chronotrope Wirkung***). Der modifizierende vegetative Einfluß auf die Erregungsbildung des Sinusknotens kommt hauptsächlich durch Änderung der Steilheit der langsamen diastolischen Depolarisationen zustande (Abb. 23–7 A). *Unter Vaguseinfluß nimmt die Steilheit der diastolischen Depolarisationen ab.* Infolgedessen wird das Schwellenpotential jeweils erst nach längeren Intervallen erreicht. *Unter Sympathikuseinfluß nimmt die Steilheit der diastolischen Depolarisation zu,* so daß das Schwellenpotential jeweils früher erreicht wird.

Vagus- und Sympathikustonus. Während bei den meisten Säugern und beim Menschen die Herzkammern hauptsächlich dem Einfluß des Sympathikus unterliegen, läßt sich im Bereich der Vorhöfe, am deutlichsten in der Aktivität des Sinusknotens, eine ständige antagonistische Beeinflussung durch Vagus und Sympathikus nachweisen. Sie kommt z. B. darin zum Ausdruck, daß bei Durchtrennung oder pharmakologischer Blockierung eines Anteils jeweils die Wirkung des Gegenspielers überwiegt. Beim Hundeherzen steigt z. B. nach Vagus-Ausschaltung die Frequenz von ca. 100/min in Ruhe auf 150/min und darüber an; bei Sympathikus-Ausschaltung sinkt sie auf 60/min und weniger ab. Der ständige Erregungszustrom über die vegetativen Nerven wird auch als ***Vagustonus*** bzw. ***Sympathikustonus*** bezeichnet. Da die Frequenz des komplett denervierten Herzens (***autonome Frequenz***) deutlich über der normalen Ruhefrequenz liegt, ist anzunehmen, daß in Ruhe der Vagustonus gegenüber dem Sympathikustonus überwiegt.

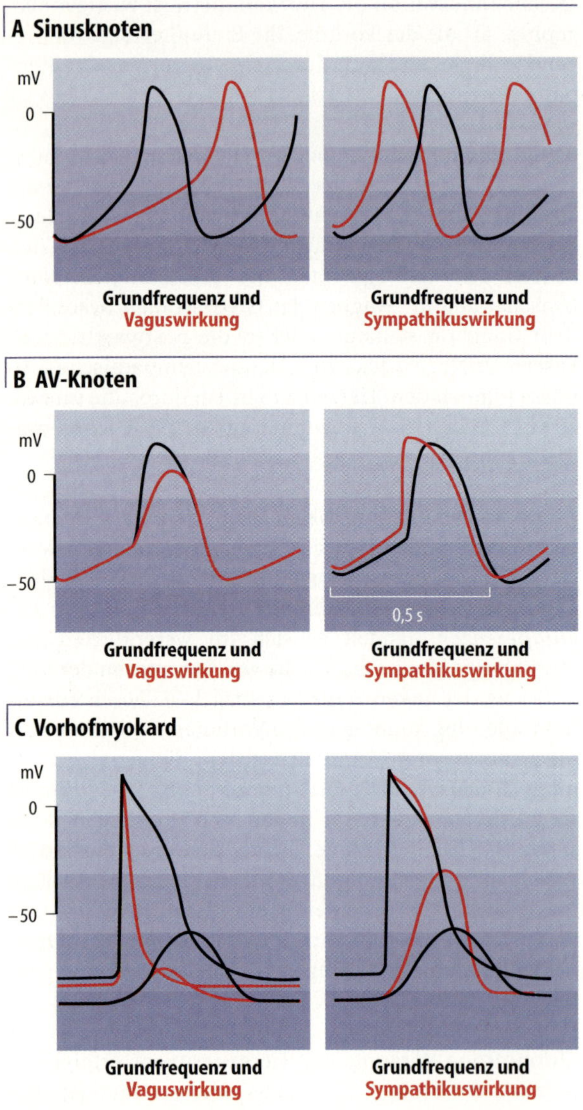

Abb. 23–7. Charakteristische Wirkungen der vegetativen Herznerven auf die Aktionspotentiale von Sinusknoten (**A**), AV-Knoten (**B**) und Vorhofmyokard (**C**). Bei Vorhofmyokard ist außerdem noch das Verhalten der Kontraktion dargestellt. Die Sympathikuswirkung auf das Ventrikelmyokard gleicht der Wirkung auf den Vorhof. Der Vagus besitzt dagegen keinen oder nur geringen direkten Einfluß auf die Ventrikelmuskulatur

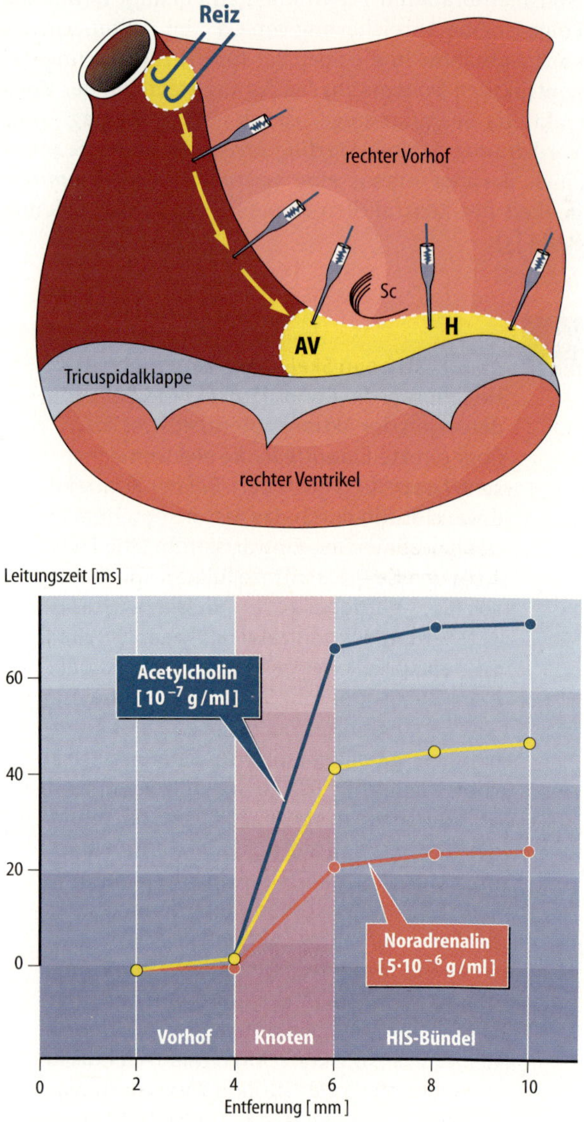

Abb. 23–8. Oben: Meßanordnung zur Bestimmung der Leitungszeit vom Reiz bis zum Eintreffen der Erregung an der Ableitelektrode am isolierten Vorhofpräparat des Kaninchens. *AV* = AV-Knoten, *H* = His-Bündel. *Unten:* Abhängigkeit der Leitungszeit von der Entfernung zwischen Reizort und Ableitelektrode unter Kontrollbedingungen und bei Einwirkung von Azetylcholin bzw. Noradrenalin. Die vegetativen Überträgerstoffe beeinflussen die Leitungszeit nur im Bereich des AV-Knotens. Eine Verlängerung der Leitungszeit ist gleichbedeutend mit einer Verminderung der Leitungsgeschwindigkeit und umgekehrt

Inotrope Wirkung. Änderungen der Schlagfrequenz besitzen schon für sich allein einen beträchtlichen Einfluß auf die Kontraktionskraft des Myokards (s. S. 480). Darüber hinaus entfalten die vegetativen Herznerven auch unmittelbare Wirkungen auf die mechanische Kraftentwicklung (vgl. Abb. 23–7 C). Unter Vaguseinfluß wird die Kontraktionsstärke des Vorhofmyokards vermindert. Dabei nimmt die Anstiegsdauer des Mechanogramms, d. h. die Zeit vom Fußpunkt der Kontraktionskurve bis zu ihrem Gipfel, ab. Diese ***negativ inotrope Wirkung*** beruht hauptsächlich auf einer Verkürzung der Aktionspotentialdauer durch den Vagus (vgl. Abb. 23–7 C). Der Sympathikus erhöht die Kontraktionskraft sowohl im Vorhof- als auch im Kammermyokard ***(positiv inotrope Wirkung).*** Der Kontraktionsablauf zeigt dabei eine steilere Anstiegsflanke, eine verkürzte Anstiegsdauer und eine beschleunigte Erschlaffung. Die Form des Aktionspotentials ist dagegen kaum verändert.

Dromotrope Wirkung. Ein vegetativer Einfluß auf die Erregungsleitung ist normalerweise nur im Bereich des AV-Knotens nachweisbar (Abb. 23–8). *Der Sympathikus beschleunigt die atrioventrikuläre Überleitung* und verkürzt dadurch die Pause zwischen Vorhof- und Kammeraktion ***(positiv dromotrope Wirkung).*** *Der Vagus verlangsamt die atrioventrikuläre Leitung* im Extremfall bis zum vorübergehenden totalen AV-Block ***(negativ dromotrope Wirkung).*** Der bevorzugte Einfluß der vegetativen Überträgerstoffe auf die Erregungsleitung im AV-Knoten hängt mit der spezifischen Eigenart dieses Knotengewebes zusammen. Es besitzt – wie oben ausgeführt – große Ähnlichkeit mit dem Sinusknoten. Seine Aktionspotentiale weisen wegen des fehlenden schnellen Na^+-Einwärtsstroms nur eine geringe Aufstrichsgeschwindigkeit und eine geringe Leitungsgeschwindigkeit auf. Wie Abb. 23–7 B zeigt, bewirkt der Vagus eine weitere Abflachung, der Sympathikus dagegen eine Versteilung der Aufstrichsflanke mit den entsprechenden Effekten auf die Geschwindigkeit der atrioventrikulären Überleitung (vgl. Abb. 23–8).

!

Sympathikus und Parasympathikus (N. vagus) beeinflussen das Herz vermittels ihrer Überträgerstoffe Noradrenalin bzw. Azetylcholin. Einflüsse auf die Erregungsbildung (positiv bzw. negativ chronotrope Wirkung) greifen vor allem an den langsamen diastolischen Depolarisationen in den Schrittmacherzellen an. Noradrenalin bewirkt eine Versteilung, Azetylcholin eine Abflachung der diastolischen Depolarisationen. Der Vagus vermindert die Kontraktionskraft vor allem in den Vorhöfen (negativ inotrope Wirkung). Der Sympathikus verstärkt sie in Vorhöfen und Ventrikeln (positiv inotrope Wirkung). Einflüsse der vegetativen Herznerven auf die Erregungsleitung betreffen nur die AV-Region. Der Sympathikus beschleunigt die atrioventrikuläre Leitung (positiv dromotrope Wirkung), der Vagus verlangsamt sie (negativ dromotrope Wirkung).

Azetylcholin und Noradrenalin beeinflussen die K^+- bzw. Ca^{2+}-Leitfähigkeit; Veränderungen der extrazellulären K^+-Konzentration können zu Herzrhythmusstörungen führen

Azetylcholinwirkungen. Die Wirkungen des Vagus bzw. seines Überträgerstoffes Azetylcholin können weitgehend auf eine gemeinsame Grundwirkung zurückgeführt werden – nämlich eine ***Erhöhung der K^+-Leitfähigkeit*** der erregbaren Membran durch Aktivierung von ***azetylcholingesteuerten K^+-Kanälen.*** Ein solcher Einfluß äußert sich generell in der Tendenz des Membranpotentials, sich dem Wert des K^+-Gleichgewichtspotentials anzunähern, also einer Depolarisation entgegenzuwirken. Ausdruck dieser Tendenz sind sowohl die oben beschriebene Abflachung der langsamen diastolischen Depolarisationen im Sinusknoten als auch die Verkürzung der Aktionspotentialdauer im Vorhofmyokard, die wiederum zur Abschwächung der Kontraktionskraft führt. Auch die Reduktion der Aufstrichsgeschwindigkeit des Aktionspotentials im AV-Knoten läßt sich in der Weise erklären, daß ein verstärkter K^+-Auswärtsstrom aus der Zelle dem langsamen Ca^{2+}-Einwärtsstrom entgegenwirkt. Daneben wird auch ein direkter hemmender Einfluß auf den langsamen Ca^{2+}-Einwärtsstrom ***(Erniedrigung der Ca^{2+}-Leitfähigkeit)*** diskutiert. Im Ventrikelmyokard dominiert dagegen die schon erwähnte ***sympathikusantagonistische Wirkung,*** vor allem durch Hemmung der Noradrenalin-Freisetzung aus den sympathischen Nervenendigungen.

Katecholaminwirkungen. Für die Wirkungen des Sympathikus bzw. seines Überträgerstoffes Noradrenalin ist eine Verstärkung des langsamen Ca^{2+}-Einwärtsstroms infolge ***Erhöhung der Ca^{2+}-Leitfähigkeit*** experimentell gut gesichert. Dasselbe gilt für Adrenalin aus dem Nebennierenmark. Dieser Effekt erklärt die positiv inotrope Wirkung durch eine Intensivierung der elektromechanischen Koppelung. Auch die positiv dromotrope Wirkung auf den AV-Knoten dürfte nach den obigen Überlegungen mit der Verstärkung des langsamen Einwärtsstroms zusammenhängen. Die mit der positiv inotropen Wirkung einhergehende Beschleunigung der Erschlaffung wird dagegen auf eine ***Stimulation der Ca^{2+}-Aufnahme in die intrazellulären Speicher*** zurückgeführt. Noch etwas umstritten ist bis heute der Mechanismus der positiv chronotropen Sympathikuswirkung. Neben einer ***Sti-***

mulierung des Schrittmacherstroms (Leitfähigkeit *gf*, vgl. Tabelle 23–1) spielt am Sinusknoten auch eine Verstärkung des langsamen Ca^{2+}-Einwärtsstroms durch Erhöhung der Ca^{2+}-Leitfähigkeit (*gCa*) eine Rolle. Beim ventrikulären Erregungsleitungssystem kommt dagegen nur die erstere Wirkung in Betracht [10].

Pharmakologische Beeinflussung. Man stellt sich vor, daß die vegetativen Überträgerstoffe mit bestimmten Molekülkonfigurationen der Effektorzelle (Rezeptoren) in Beziehung treten und durch deren Vermittlung ihre Wirkungen entfalten. Die beschriebenen Effekte von Noradrenalin bzw. Adrenalin werden am Herzen hauptsächlich durch ***sog. β-Rezeptoren*** vermittelt (s. S. 344 ff). Zur pharmakologischen Ausschaltung der Sympathikuswirkung dienen ***β-Rezeptorenblocker***. Als Antagonist der parasympathischen Effekte von Azetylcholin wirkt am Herzen, ebenso wie in anderen Organen, das Tollkirschengift ***Atropin***.

Einflüsse des Ionenmilieus. Unter den Einflüssen des extrazellulären Ionenmilieus auf die Herztätigkeit kommt vor allem dem Kalium praktische Bedeutung zu. Eine ***Erhöhung des extrazellulären K^+*** $[K^+]_e$ hat zweierlei Wirkungen auf das Myokard: Erstens eine *Verminderung des Ruhepotentials* infolge Abflachung des Gradienten $[K^+]_i/[K^+]_e$ und zweitens eine *Erhöhung der K^+-Leitfähigkeit (gK1)* der erregbaren Membran – vergleichbar der Wirkung von Azetylcholin am Vorhofmyokard. Bei $[K^+]_e$-Erhöhung von normal 4 auf etwa 8 mmol/l kommt es zu einer geringen Depolarisation mit Zunahme der Erregbarkeit und der Leitungsgeschwindigkeit sowie zur Dämpfung heterotoper Automatiezentren. Stärkere K^+-Erhöhung (über 8 mmol/l) reduziert die Erregbarkeit und die Leitungsgeschwindigkeit, verkürzt die Aktionspotentialdauer, vermindert dadurch die Kontraktionskraft und lähmt schließlich auch die Automatie des Sinusknotens. Bei ***Erniedrigung der extrazellulären K^+-Konzentration*** unter ca. 4 mmol/l dominiert der stimulierende Einfluß auf die Automatie im ventrikulären Erregungsleitungssystem als Folge einer Verminderung der K^+-Leitfähigkeit (gK1). Dabei kann es zu Herzrhythmusstörungen kommen. Von der erregungshemmenden Wirkung erhöhter extrazellulärer K^+-Konzentrationen wird in der Herzchirurgie Gebrauch gemacht, um das Herz für operative Eingriffe vorübergehend ruhig zu stellen (***kardioplege Lösungen***). Der Kreislauf wird hierbei durch eine extrakorporale Blutpumpe aufrechterhalten (Herz-Lungen-Maschine). In Tabelle 23–2 sind die wichtigsten physikalischen und chemischen Einflüsse auf Erregung und Kontraktion des Herzens in einer Übersicht zusammengefaßt. Dabei wurden jeweils nur die vorherrschenden Effekte berücksichtigt.

!

Grundwirkungen von Azetylcholin sind Erhöhung der K^+-Leitfähigkeit und Verminderung der Ca^{2+}-Leitfähigkeit im Bereich der Vorhöfe sowie eine sympathikus-antagonistische Wirkung. Noradrenalin erhöht die Ca^{2+}-Leitfähigkeit, stimuliert die intrazelluläre Kalziumspeicherung und verstärkt den Schrittmacherstrom (Leitfähigkeit *gf*). Unter den Einflüssen des Ionenmilieus auf die Herztätigkeit dominieren Veränderungen der extrazellulären K^+-Konzentration. Fortschreitende Erhöhung von $[K^+]_e$ führt über eine Stimulation der Erregungsleitung zur Leitungsblockierung; Senkung von $[K^+]_e$ stimuliert die Automatie in den ventrikulären Schrittmachern und kann zu schweren Rhythmusstörungen führen.

23.5 Elektrokardiogramm: Kurvenform, Terminologie und Entstehung

Das Elektrokardiogramm entsteht durch die Erregungsvorgänge im Herzen, die in Form von Zacken und Wellen registriert werden

EKG-Registrierung. Bei der Ausbreitung und Rückbildung der Erregung des Herzens entstehen Stromschleifen, die sich bis an die Körperoberfläche ausbreiten. Die zeitlichen Veränderungen von Größe und Richtung dieser Ströme spiegeln sich in Veränderungen von Potentialdifferenzen (= Spannungen) wider, die zwischen verschiedenen Stellen der Körperoberfläche gemessen werden können. Das ***Elektrokardiogramm (EKG)*** stellt die *Aufzeichnung solcher Potentialdifferenzen zwischen definierten Meßpunkten in Abhängigkeit von der Zeit dar. Es ist Ausdruck der Herzerregung – nicht der Kontraktion!*

Die beim EKG auftretenden Spannungen von z. T. weniger als 1 mV müssen für die Registrierung verstärkt werden. Dazu dienen elektronische Verstärker, die in die handelsüblichen EKG-Geräte eingebaut sind. Eine spezielle Schaltung (CW-Koppelung) bewirkt, daß Gleichspannungen, die z. B. in Form galvanischer Potentiale an den metallischen Abgriffselektroden auftreten, exponentiell (Zeitkonstante 2 s) gegen Null abklingen. Auf diese Weise werden störende Verschiebungen der Grundlinie vermieden. Sämtliche EKG-Geräte besitzen eine Empfindlichkeitskontrolle in Form einer 1 mV-Eichung, die gewöhnlich auf einen Ausschlag von 1 cm eingestellt wird.

Allgemeine Terminologie. Bei Ableitung zwischen dem rechten Arm und dem linken Bein zeigt das normale EKG einen Kurvenverlauf entsprechend der Darstellung in Abb. 23–9. Es finden sich Ausschläge (***Zacken, Wellen***) in positiver und negativer Richtung, die neutral mit P bis T bezeichnet werden. Vereinbarungsgemäß werden *innerhalb der QRS-Gruppe positive Ausschläge immer mit R bezeichnet, negative Ausschläge mit Q, wenn sie der R-Zacke vorausgehen, mit S, wenn sie der R-Zacke nachfolgen. P- und T-Wellen können dagegen positive oder negative Richtung haben.* Den Abstand zwischen zwei Zacken nennt man ***Strecke***

oder auch ***Segment*** (z. B. PQ-Strecke zwischen Ende P und Beginn Q). Ein ***Intervall*** umfaßt Zacken und Strecken (z. B. PQ-Intervall von Beginn P bis Beginn Q). Das RR-Intervall zwischen den Gipfeln zweier aufeinanderfolgender R-Zacken entspricht der Dauer einer Herzperiode und ist ein reziprokes Maß der Herzfrequenz.

Beziehungen zum Erregungsablauf. Bevor wir uns näher mit der Entstehung der EKG-Kurve befassen, wollen wir uns die allgemeine Bedeutung der einzelnen Abschnitte klarmachen. Man unterscheidet einen ***Vorhofteil*** und einen ***Kammerteil.*** Der Vorhofteil beginnt mit der ***P-Welle.*** Sie ist Ausdruck der Erregungsausbreitung über beide Vorhöfe. Während der anschließenden ***PQ-Strecke*** sind die Vorhöfe als Ganzes erregt. Die Erregungsrückbildung in den Vorhöfen fällt mit der Anfangsschwankung des Kammerteils zusammen. Der Kammerteil dauert von Beginn Q bis Ende T. Die ***QRS-Gruppe*** ist Ausdruck der Erregungsausbreitung über beide Ventrikel, die ***T-Welle*** Ausdruck der ventrikulären Erregungsrückbildung. Dazwischen liegt die ***ST-Strecke,*** die – analog der PQ-Strecke im Vorhofteil – die Totalerregung des Ventrikelmyokards anzeigt. Gelegentlich wird im Anschluß an die T-Welle noch eine sog. ***U-Welle*** sichtbar. Sie wird als Ausdruck der Erregungsrückbildung in den Endverzweigungen des Erregungsleitungssystems gedeutet.

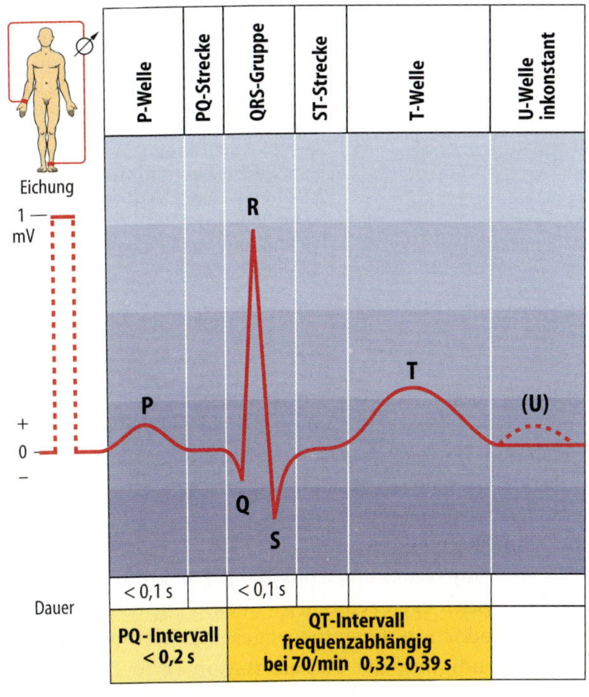

Abb. 23-9. Normalform des EKG bei bipolarer Ableitung von der Körperoberfläche in Richtung der Längsachse des Herzens. Unter der EKG-Kurve sind gebräuchliche Grenzwerte für die Dauer der einzelnen Abschnitte angegeben

Normwerte. Das ***PQ-Intervall,*** die sog. *Überleitungszeit,* umfaßt den Zeitraum vom Beginn der Vorhoferregung bis zum Beginn der Kammererregung. Sie ist normalerweise kürzer als 0,2s. Verlängerungen über 0,2s deuten auf Störungen der Erregungsleitung gewöhnlich im Bereich des AV-Knotens bzw. des His-Bündels hin. Eine Verlängerung der ***QRS-Gruppe*** über 0,12s spricht für Störungen der intraventrikulären Erregungsausbreitung. Das ***QT-Intervall*** ist wie das myokardiale Aktionspotential (s. S. 476) frequenzabhängig. Bei Zunahme der Herzfrequenz nimmt die QT-Dauer ab. Die höchsten Ausschläge der QRS-Gruppe sind meist in der Größenordnung von 1 mV.

!

Das Elektrokardiogramm (EKG) entsteht durch Stromschleifen, die während der Erregung des Herzens an die Körperoberfläche gelangen. In den EKG-Kurven werden zeitliche Spannungsänderungen zwischen definierten Stellen der Körperoberfläche dargestellt. Die einzelnen Ausschläge (P bis T) enthalten u. a. folgende Informationen über den kardialen Erregungsablauf: P-Welle = Erregungsausbreitung über die Vorhöfe; QRS-Gruppe = Erregungsausbreitung über die Kammern; T-Welle = Erregungsrückbildung in den Kammern.

Bei der EKG-Interpretation werden Potentialdifferenzen in den einzelnen Herzmuskelfasern als elektrische Dipole betrachtet, die sich zu jedem Zeitpunkt der Erregung zu einem Summendipol (Integralvektor) des Herzens addieren

Erregungszyklus bei der Einzelfaserableitung. Wir betrachten zunächst, was sich entlang einer einzelnen Herzmuskelfaser während der Erregung abspielt. In Abb. 23–10 ist eine Herzmuskelfaser schematisch in verschiedenen Phasen (A–E) eines Erregungszyklus dargestellt. Die Spannung wird dabei auf zweierlei Weise abgegriffen:

- *transmembranär* zwischen den Punkten a und b analog der Ableitung mittels einer intrazellulären Mikroelektrode;
- *extrazellulär* zwischen den Punkten a und c im Außenmedium längs der Faser.

An der unerregten Faser (Bild A) liefert der transmembranäre Abgriff das Ruhepotential, d. h. Punkt b ist negativ gegenüber Punkt a. Extrazellulär wird dagegen keine Spannung gemessen; die Kurve verläuft auf der Nullinie. Bei Bild B wird angenommen, daß die Herzmuskelfaser vom rechten Ende her erregt wird. Die

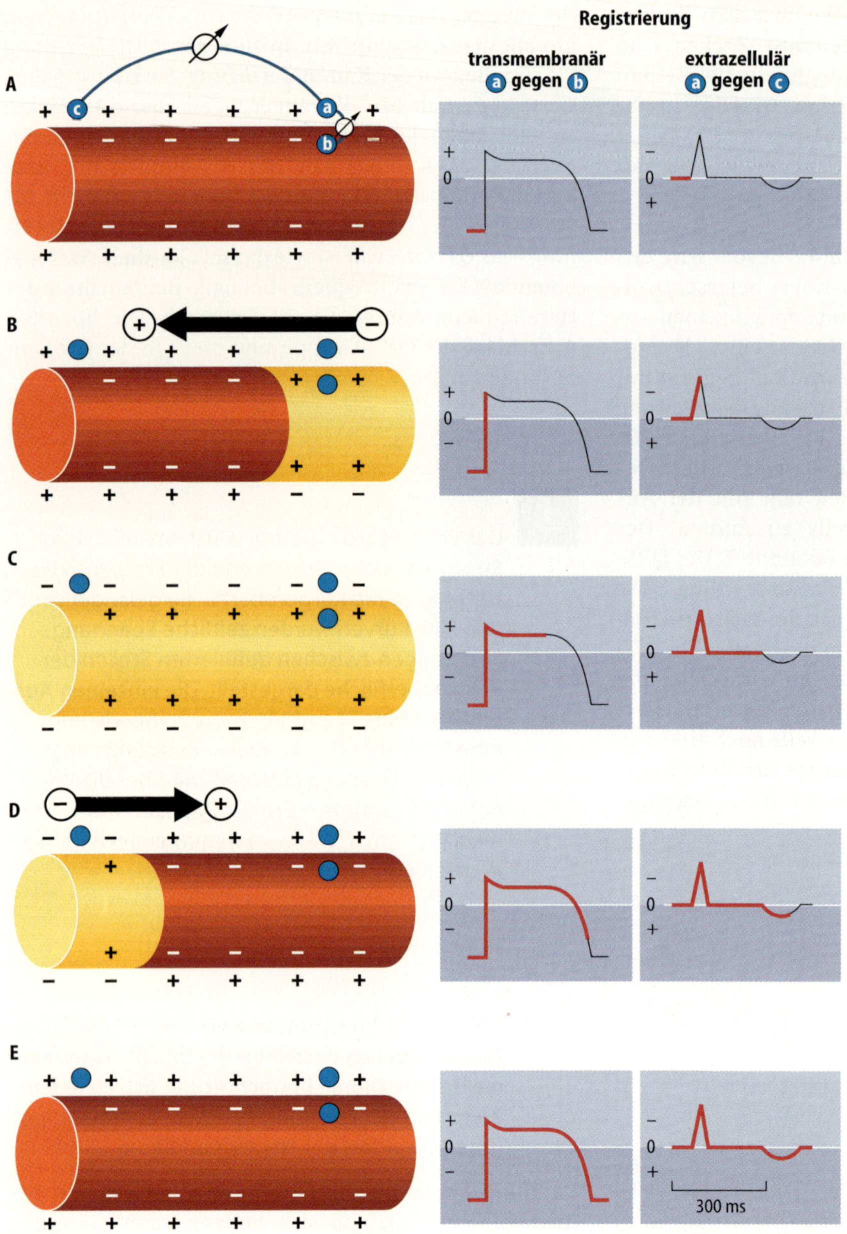

Abb. 23–10. Schema einer Herzmuskelfaser in Ruhe (Bild *A* und *E*) sowie während der Passage einer Erregungswelle (Bild *B* bis *D*). Die *rechten Spalten* zeigen Meßergebnisse während der einzelnen Erregungsphasen bei transmembranärer (*a* gegen *b*) und extrazellulärer (*a* gegen *c*) Spannungsmessung. Die extrazellulären Potentialdifferenzen an der Erregungsfront und am Ende der Erregungswelle (Bild *B* und *D*) können jeweils als Dipolvektoren dargestellt werden, die von minus nach plus in Richtung des Faserverlaufs weisen. Der transmembranäre Spannungsabgriff zeigt das intrazelluläre Aktionspotential, der extrazelluläre Abgriff zeigt das extrazelluläre Elektrogramm der Faser

transmembranäre Messung ergibt den Aufstrich des Aktionspotentials. Extrazellulär zeigt sich eine Potentialdifferenz zwischen dem erregten und dem noch unerregten Abschnitt: Punkt a ist negativ gegenüber Punkt c. In der Registrierung erscheint ein Ausschlag nach oben. Von außen betrachtet wirkt die Faser in starker Vereinfachung wie ein ***elektrischer Dipol*** – d. h. wie *zwei räumlich getrennte entgegengesetzt gleiche Punktladungen.*

Dipolvektor. Für die weitere Betrachtung ist es nützlich, dem Dipol einen Vektor zuzuordnen, der hier *definitionsgemäß von minus nach plus* zeigt und damit einen *Potentialgradienten* darstellt. In Bild C ist die Faser als Ganzes erregt (Plateau des Aktionspotentials). Extrazellulär ist dagegen keine Potentialdifferenz mehr nachweisbar; der Ausschlag kehrt zur Nullinie zurück; der Dipolvektor verschwindet. *Eine voll erregte Faser verhält sich demnach wie eine ruhende, indem sie keinen nach außen wirksamen Vektor erzeugt.* Dies ist erst wieder der Fall, wenn die Erregungsrückbildung beginnt (Bild D). Jetzt tritt auch extrazellulär wieder ein Dipolvektor auf, der nun jedoch in die entgegengesetzte Richtung weist. Nach Beendigung der Repolarisation (Bild E) ist der Ausgangszustand (Bild A) wieder erreicht. Zusammenfassend können wir also feststellen, daß die Richtung des Vektors in Bild B mit der *Richtung der Erregungsausbreitung* übereinstimmt (***Depolarisationsvektor***), während der Vektor in Bild D *in Gegenrichtung zur fortschreitenden Repolarisation* weist (***Repolarisationsvektor***). Außerdem ist der Depolarsationsvektor deutlich größer als der Repolarisationsvektor. Dies hängt mit der steilen Flanke im Beginn des Aktionspotentials zusammen, verglichen mit der viel langsamer fortschreitenden Repolarisation. Obwohl die extrazelluläre Registrierung in Abb. 23–10 große Ähnlichkeit mit der EKG-Kurve aufweist, haben wir es hier natürlich noch nicht mit dem EKG selbst zu tun, das erst aus der Summierung vieler solcher Elementarkomponenten entsteht.

Erregungswelle und freie Weglänge. In intakten Herzen verteilt das ventrikuläre Erregungsleitungssystem die Erregung rasch an viele Stellen der Herzkammern. Daher sind die Abschnitte der Ventrikelmuskulatur, die jeweils von einer Purkinjefaser aus fortschreitend erregt werden, verhältnismäßig kurz, d.h. nur wenige Zentimeter lang. Diese Strecke wird als ***freie Weglänge*** bezeichnet. Für die Länge der – über die Herzmuskelfasern fortschreitenden – ***Erregungswelle*** errechnet sich dagegen aus dem Produkt von Leitungsgeschwindigkeit (ca. 1 m/s) und Erregungsdauer (ca. 0,3 s) ein Wert von 0,3 m = 30 cm. Daraus folgt, daß *in jedem Zeitpunkt des Erregungszyklus jeweils nur kleine Ausschnitte der gesamten Erregungswelle tatsächlich existent* sind, wie dies in Abb. 23–10 schematisch dargestellt ist.

Integralvektor. In jedem Augenblick der Herzerregung summieren sich alle im Herzen vorhandenen Einzelvektoren zu einem Summations- oder Integralvektor. Man kann sich die Entstehung des Integralvektors wie die Bildung einer Resultante im Parallelogramm der Kräfte vorstellen. Ein großer Teil der Vektoren werden sich dabei in ihrer Wirkung nach außen gegenseitig aufheben, da sie in entgegengesetzte Richtungen weisen.

!

Bei der Entstehung des EKG spielen nur solche Potentialdifferenzen eine Rolle, die im Außenmedium der Herzmuskelfasern längs der Faserachse auftreten. Die Einzelfaser verhält sich dabei wie ein elektrischer Dipol. Dieser wird durch einen Vektor (Dipolvektor) dargestellt, der in Richtung des Faserverlaufs von minus (erregt) nach plus (unerregt) weist. Ruhende oder gleichmäßig erregte Fasern erzeugen keinen Dipolvektor. Der Dipolvektor an der Erregungsfront (Depolarisationsvektor) zeigt in Richtung der Erregungsausbreitung – der Repolarisationsvektor zeigt in die Gegenrichtung. Die starken Aufzweigungen des Erregungsleitungssystems bewirken, daß jeweils nur kurze Abschnitte der Kammermuskulatur kontinuierlich von der Erregung passiert werden. Die fortschreitende Erregungswelle (Länge ca. 30 cm) ist daher immer nur in kurzen Ausschnitten tatsächlich präsent. Zu jedem Zeitpunkt der Herzerregung summieren sich die Dipolvektoren zu einem räumlichen Integralvektor, dessen Größe und Richtung die Form der EKG-Kurve bestimmt.

Während des Erregungszyklus des Herzens ändert der Integralvektor seine Größe und Richtung, wobei die Vektorspitze eine Schleifenfigur (Vektorschleife) beschreibt

Vektorielle EKG-Interpretation. In Abb. 23–11 sind einige momentane Integralvektoren für aufeinanderfolgende Erregungsphasen des Herzens dargestellt. Während der Erregungsausbreitung über die Vorhöfe (***P-Zacke***) laufen die Erregungswellen überwiegend von oben nach unten; d.h. die dabei auftretenden Depolarisationsvektoren weisen in der Mehrzahl in diese Richtung und summieren sich dementsprechend zu einen *herzspitzenwärts gerichteten Integralvektor.* Wenn die Vorhöfe als Ganzes erregt sind, verschwinden die Potentialunterschiede, analog zu der Darstellung in Abb. 23–10 c. Die gleichzeitig beginnende Erregungsausbreitung im ventrikulären Erregungsleitungssystem erzeugt wegen der geringen dabei beteiligten Zellmasse keine an der Körperoberfläche meßbare Potentialdifferenz (***PQ-Strecke***). Erst wenn die Erregung auf das Ventrikelmyokard übergreift, treten wieder nachweisbare Spannungen auf. Die ventrikuläre Erregungsausbreitung beginnt im Kammerseptum und erzeugt zunächst einen *herzbasiswärts* gerichteten Integralvektor (***Beginn QRS***). Kurze Zeit später überwiegt die Ausbreitung in Richtung auf die *Herzspitze.* In der Wand der Ventrikel laufen die Erregungen dabei jeweils von innen nach außen. Die ventrikuläre Erregungsausbreitung endet mit der Erregung eines Saums an der Basis des rechten Ventrikels, wobei der Integralvektor nach *rechts oben* zeigt (***Ende QRS***). Während der Erregungsausbreitung über die Herzkammern klingt gleichzeitig die Vorhoferregung ab, ohne daß dadurch der ventrikuläre Integralvektor nennenswert beeinflußt wird. Im Zustand der Totalerregung der Ventrikel (***ST-Strecke***) verschwinden für kurze Zeit – ebenso wie bei der Vorhoferregung (PQ-Strecke) – die Potentialunterschiede. Während der folgenden Erregungsrückbildung der Ventrikel (***T-Welle***) ändert sich die Richtung des Integralvektors nur wenig.

Würde die Repolarisation der Ventrikel in der gleichen Reihenfolge ablaufen wie die Depolarisation, so müßte man erwarten, daß sich der Integralvektor während der Erregungsrückbildung quasi spiegelbildlich zur Erregungsausbreitung verhält. Daß dies nicht der Fall ist, hängt u. a. damit zusammen, daß die Repolarisations-Geschwindigkeit in verschiedenen Ventrikelregionen nicht gleich ist. So repolarisiert die Spitze früher als die Basis und das subepikardiale ventrikuläre Myokard früher als das subendokardiale. Oder anders ausgedrückt: Im Bereich der Herzspitze und im sub-

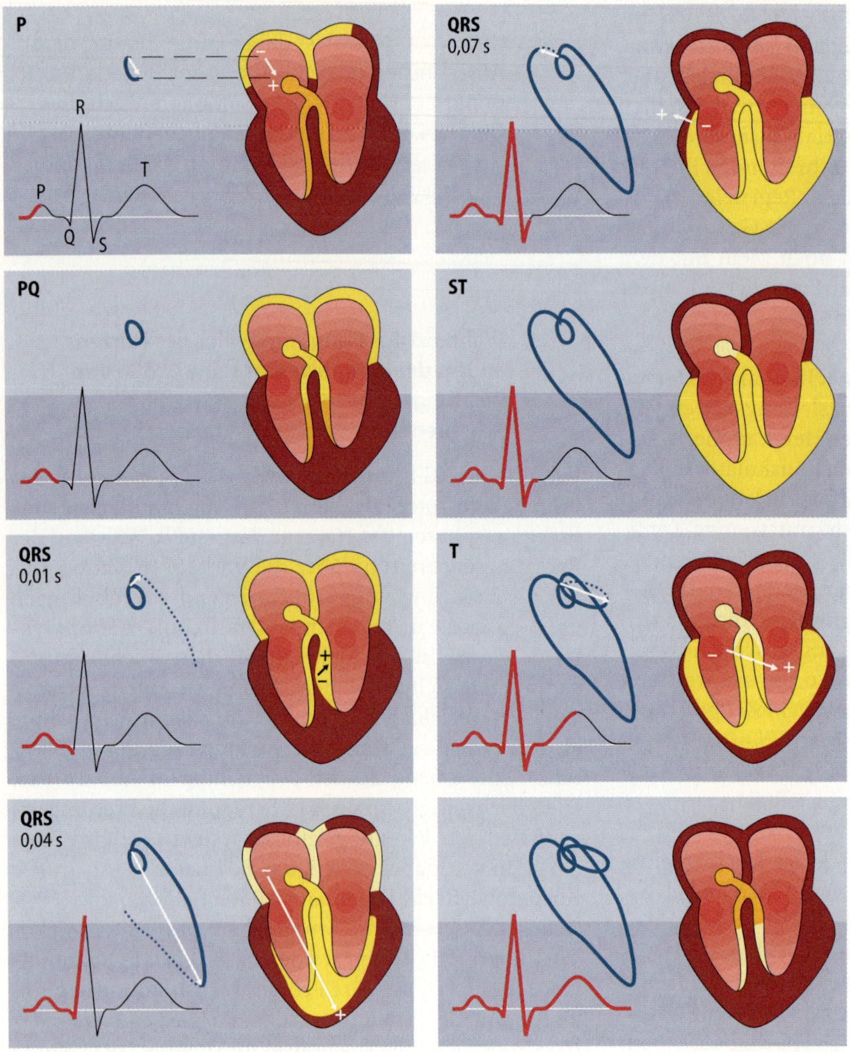

Abb. 23–11. Zeitliche Zuordnung zwischen einzelnen Phasen der Herzerregung und entsprechenden Abschnitten des EKG sowie des Verhaltens des Integralvektors (Frontalprojektion). Erregte Bezirke sind *gelb* dargestellt. Die momentanen Integralvektoren sind als Pfeile dargestellt. Die Schleifenfigur zeigt die Umhüllende der Vektorspitzen jeweils vom Erregungsbeginn bis zu dem betreffenden Zeitpunkt (Vektorkardiogramm)

epikardialen Myokard ist die Dauer der Aktionspotentiale kürzer als an der Herzbasis und als subendokardial.

Richtung und Größe der EKG-Ausschläge. Um nun auch den Zusammenhang zwischen dem Verhalten des Integralvektors und der Form der EKG-Kurve zu verstehen, betrachten wir das elektrische Feld, das einen Dipolvektor im homogenen, leitenden Medium umgibt (Abb. 23–12). Alle Punkte gleichen Potentials liegen auf den ***Isopotentiallinien.*** Aus den Teilbildern A und B ist ersichtlich, daß die zwischen den Punkten A und B abgreifbare Spannung entscheidend von der Richtung des Spannungsabgriffs (Ableitungslinie A-B) im Verhältnis zur Vektorrichtung abhängt. Die Spannung verhält sich so, als ob sich der Integralvektor auf die Ableitungslinie projizierte. Sie ist am größten, wenn beide Richtungen übereinstimmen; sie ist gleich Null, wenn der Vektor senkrecht auf der Ableitungslinie steht. Diese Vorstellungen lassen sich im Prinzip auch auf das menschliche Herz übertragen (Abb. 23–12 C). Die Verhältnisse sind dabei jedoch wesentlich komplizierter, da der menschliche Körper kein elektrisch homogenes Medium darstellt. Dies bewirkt, daß das elektrische Feld des Herzens nur verzerrt an die Oberfläche gelangt.

!

Die Veränderungen von Größe und Richtung des Integralvektors im Verlaufe eines Herzzyklus lassen sich in einer Hüllkurve darstellen, der sog. Vektorschleife. Sie besteht aus drei EKG-analogen Komponenten (P-, QRS- und T-Schleife). Die Größe und Richtung der EKG-Ausschläge ergibt sich aus der Größe des entsprechenden Integralvektors (Nullabweichung der Vektorschleife) und seiner Projektion auf die Abgriffsrichtung. Das Fehlen einer Auslenkung im EKG (Nullinienverlauf) kann verursacht sein durch: Verschwinden des Integralvektors oder Einstellung des Vektors senkrecht zur Abgriffsrichtung.

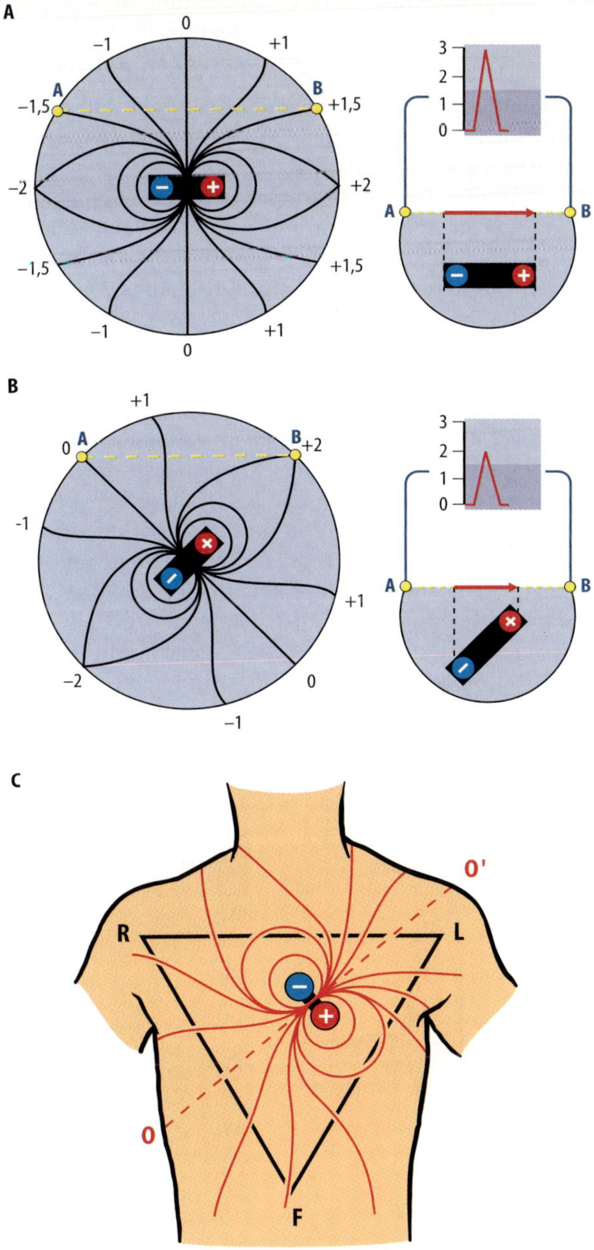

Abb. 23–12. **A** und **B** – Bipolare Ableitung im elektrischen Feld eines Dipols bei kreisförmig begrenztem homogenem Medium. Das Potential ist in relativen Einheiten am Rand angegeben. Drehung des Dipols (Bild **B**) führt bei gleichbleibendem Abgriff zur Reduktion der gemessenen Spannung von 3 auf 2 Einheiten. **C** Das vom Dipol Herz in einem bestimmten Zeitpunkt erzeugte elektrische Feld bei Projektion auf die vordere Thoraxwand. *RLF* = Einthoven-Dreieck

23.6 Ableitungsformen und diagnostische Aussagen des Elektrokardiogramms

Die Vektorschleife des menschlichen Herzens kann mit einem Kathodenstrahloszillographen registriert werden

Vektorschleife und Vektorkardiographie. Mit der in Abb. 23–13 dargestellten Ableitetechnik gelingt es, die Vektorschleife direkt auf dem Bildschirm eines Kathodenstrahloszillographen sichtbar zu machen. Diese Ableitungsmethode wird als ***Vektorkardiographie*** bezeichnet. Das Prinzip ist in Abb. 23–13 am Beispiel eines ein-

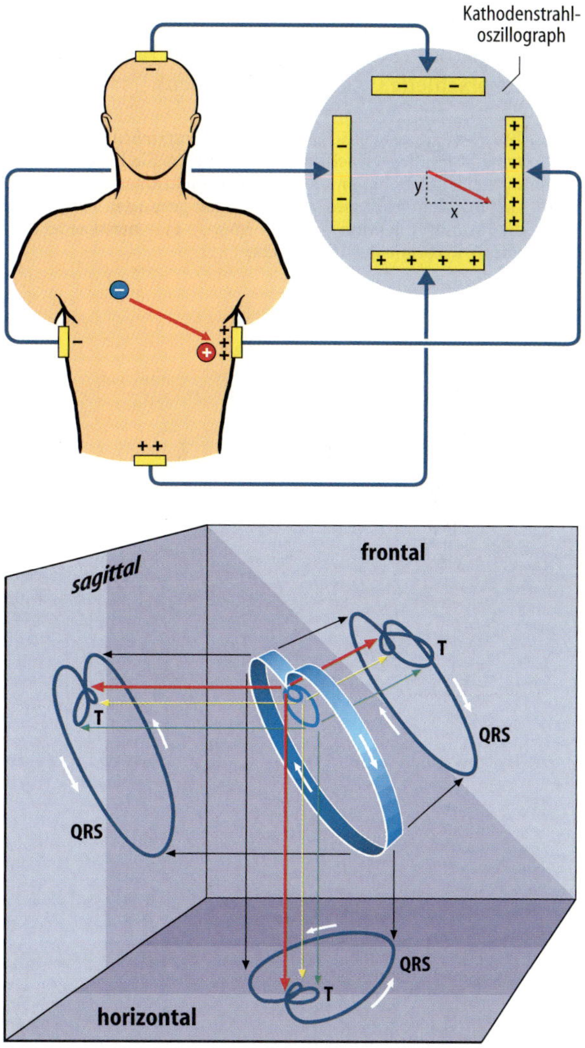

Abb. 23–13. *Oben:* Prinzip der Vektorkardiographie. Paare von Ableitelektroden sind über Verstärker mit entsprechenden Ablenkplatten eines Oszillographen verbunden. Das Potentialfeld des Integralvektors projiziert sich auf die Ablenkplatten und bewirkt eine Auslenkung des Kathodenstrahls, die nach Größe und Richtung dem Integralvektor in dem betreffenden Augenblick entspricht. Die daraus resultierende Auslenkung des Elektronenstrahls aus der Schirmmitte ist durch einen *roten Pfeil* dargestellt. *Unten:* Räumliches Bild der Vektorschleife und Projektion auf die drei Raumebenen

zelnen Integralvektors dargestellt. Ein Elektrodenpaar rechts und links am Brustkorb wird über Verstärker mit den vertikalen Ablenkplatten des Oszillographen verbunden und erzeugt die Auslenkung x des Kathodenstrahls. Ein zweites, in Längsrichtung des Körpers angelegtes Elektrodenpaar ist mit den horizontalen Ablenkplatten verbunden und bewirkt die Auslenkung y. Als Resultante beider Einflüsse entsteht eine Verlagerung des Kathodenstrahls aus der Schirmmitte (Nullpunkt) entsprechend der Richtung des untersuchten Integralvektors (roter Pfeil). Da das gleiche Prinzip auch für alle übrigen Integralvektoren gilt, zeichnet der Kathodenstrahl während eines Erregungszyklus die Hüllkurve um alle Vektorspitzen, d.h. die dreiteilige Vektorschleife. Durch Verlagerung von Elektrodenpaaren in die Sagittal- bzw. Horizontalebene kann man auch die Projektionen der Vektorschleife auf diese Ebenen darstellen. Aus je zwei Projektionen ergibt sich das räumliche Bild der Vektorschleife (vgl. Abb. 23–13 unten).

Aus Abb. 23–13 ist ersichtlich, daß die ***Umlaufrichtung der QRS-Schleife*** nicht in allen Projektionen dieselbe ist. Sie hängt von der Neigung der Schleifenebene gegen die Projektionsebene ab und kann sich mit dem Alter ändern. Bei jungen gesunden Probanden zeigt die Frontalprojektion – wie in Abb. 23–13 – meist eine Umlaufrichtung im Sinne des Uhrzeigers.

Die gebräuchlichen EKG-Ableitungen lassen sich als Projektionen der Vektorschleife auf entsprechende Abgriffsrichtungen erklären

Extremitäten- und Brustwandableitungen. Die unterschiedliche Kurvenformen der gebräuchlichen Extremitäten- und Brustwandableitungen stellen letztlich Projektionen der dreidimensionalen Vektorschleife auf verschiedene Abgriffsrichtungen dar. Die Vektorschleife enthält demnach ebensoviel Information wie alle diese Ableitungen zusammen. Aus praktischen Gründen bevorzugt man jedoch die bekannte Art der EKG-Darstellung in Form von Spannungsänderungen als Funktion der Zeit; denn abgesehen von dem geringeren apparativen Aufwand sind in derartigen Registrierungen die praktisch bedeutsamen zeitlichen Veränderungen der Herzerregung und besonders Rhythmusstörungen viel leichter zu erkennen als aus der Analyse von Vektorschleifen. Allerdings werden für eine erschöpfende Beurteilung dann auch mehrere Ableitungen benötigt. Man unterscheidet ***bipolare*** Ableitungen und sog. ***„unipolare“*** Ableitungen. Bei den letzteren wird ein definierter Ort der Körperoberfläche gegen eine Bezugselektrode abgeleitet. In der Praxis sind heute vor allem folgende Ableitungsformen üblich (vgl. Abb. 23–14):

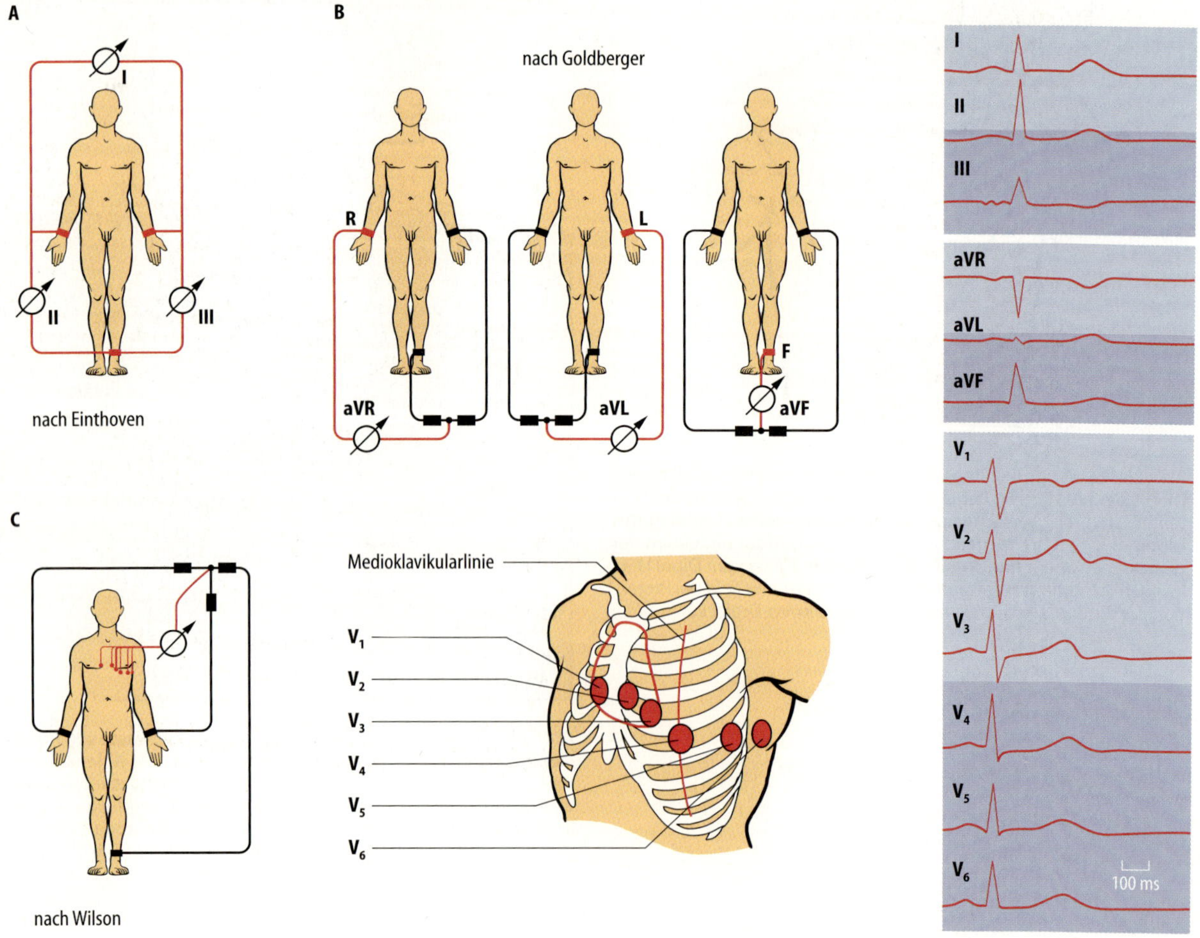

Extremitätenableitungen

- ***bipolar:*** Standardableitungen nach ***Einthoven (I, II, III)***
- ***unipolar***: Ableitungen nach ***Goldberger (aVR, aVL, aVF)***

Brustwandableitungen

- ***bipolar:*** sog. kleines Brustwanddreieck nach ***Nehb (D, A, I)*** in Abb. 23–14 nicht dargestellt
- ***unipolar:*** Ableitungen nach ***Wilson (V1 - V6).***

Einthoven-Dreieck. Bei den bipolaren Extremitätenableitungen nach Einthoven wirken Arme und Beine wie verlängerte Elektroden. Daher liegen die eigentlichen Ableitorte am Rumpf und lassen sich angenähert als Eckpunkte eines gleichseitigen Dreiecks auffassen, dessen Seiten die Abgriffsrichtungen (Ableitungslinien) darstellen. In Abb. 23–15 wird gezeigt, wie sich die Größenverhältnisse der EKG-Ausschläge in den drei Ableitungen aus der Projektion der frontalen Vektorschleife auf die entsprechenden Ableitungslinien ergeben. Die zeitlichen Verhältnisse wurden hierbei entsprechend dem normalen EKG-Verlauf angenommen.

Lagetypen. Wie Abb. 23–11 und 23–15 zeigen, hat die frontale QRS-Schleife eine längliche Form. Die Richtung des größten Integralvektors dieses Schleifenteils wird dabei als ***elektrische Herzachse*** bezeichnet. Bei normaler Erregungsausbreitung stimmt ihre Richtung in der frontalen Projektion annähernd mit der *anatomischen Längsachse* des Herzens überein. Aus den Extremitätenableitungen lassen sich demnach Rückschlüsse auf die Herzlage ziehen. Die Einteilung in verschiedene ***Lagetypen*** orientiert sich dabei an dem ***Winkel*** α, den die elektrische Herzachse mit der Horizontalen einschließt. Beim ***Indifferenztyp,*** wie er in Abb. 23–15 oben dargestellt ist, liegt die elektrische Herzachse etwa parallel zu Abl. II; der Winkel zur Horizontalen beträgt +60°. Winkel oberhalb der Horizontalen werden mit negativen Vorzeichen versehen.

Allgemein gilt: ***Linkstyp*** ($-30° < \alpha < 0°$); ***Horizontaltyp*** ($0° < \alpha < 30°$); ***Indifferenztyp*** ($30° < \alpha < 60°$); ***Steiltyp*** ($60° < \alpha < 90°$); ***Rechtstyp*** ($90° < \alpha < 120°$).

Bei der Konstruktion der elektrischen Herzachse aus dem EKG mit Hilfe des Einthoven-Dreieckschemas (Abb, 23–15 unten) genügen zwei Ableitungen, da sich die dritte jeweils aus den beiden anderen ergibt. Für jeden Zeitpunkt der Herzerregung gilt: ***Ausschlag in II = Ausschlag in I + Ausschlag in III,*** wobei Auslenkungen der EKG-Kurve nach unten mit negativem Vorzeichen in die Gleichung eingehen. Der Zusammenhang zwischen der elektrischen

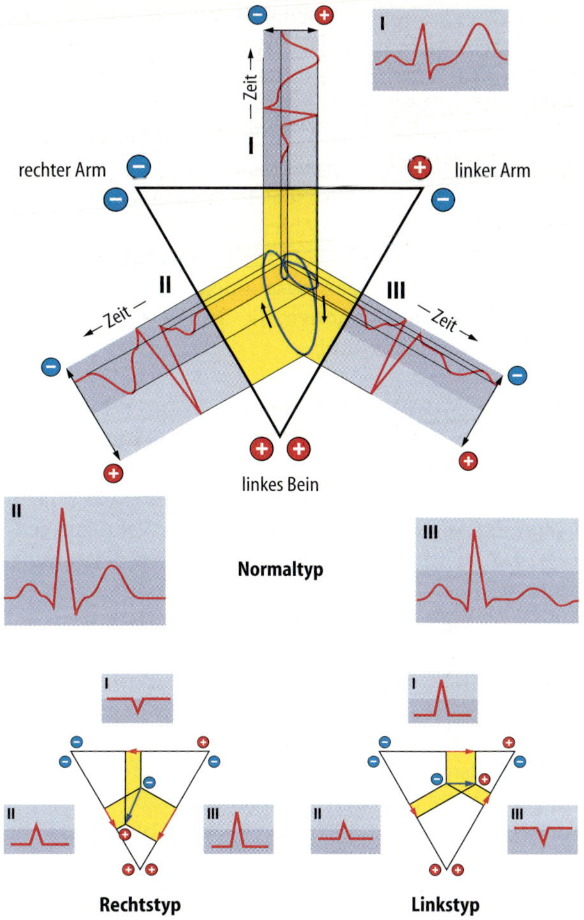

Abb. 23–15. *Oben:* Dreieckschema nach Einthoven. Die Abgriffspunkte an den Extremitäten sind als Eckpunkte eines gleichseitigen Dreiecks dargestellt. Die Seiten entsprechen den Ableitungslinien. Die Abbildung zeigt die Projektion der frontalen Vektorschleife auf die drei Ableitungslinien. Die Zeitintervalle sind der Norm entsprechend angenommen. Eine zeitgerechte Darstellung würde voraussetzen, daß der Vektorschleife eine Zeitmarkierung eingeprägt ist. *Unten:* Richtung und Größenverhältnisse der Maximalausschläge der QRS-Gruppe beim Rechtstyp und beim Linkstyp. Positive Ausschläge entstehen, wenn der projizierte Vektor in seiner Polung mit der vorgegebenen Polung übereinstimmt

und der anatomischen Herzachse gilt nur bei normaler Erregungsausbreitung. Unter veränderten Erregungsbedingungen, z. B. bei einer Extrasystole, kann die elektrische Herzachse stark von der anatomischen abweichen. Die QRS-Schleife gibt dann keine Auskunft mehr über die Herzlage. Sie kann jedoch zusammen mit anderen Zeichen, die auf eine Veränderung des Erregungsablaufs hinweisen, diagnostisch verwertet werden.

Unipolare Extremitätenableitungen. Bei der Ableitung aVR nach Goldberger wird die Spannung zwischen dem rechten Arm und einer Bezugselektrode gemessen, die durch Spannungsteilung zwischen dem linken Arm und dem linken Bein entsteht (vgl. Abb. 23–14). Als ***Ableitungslinie,*** auf die sich die Vektorschleife projiziert, gilt dann die Winkelhalbierende zwischen Abl. I und Abl. II im Einthoven-Dreieck (vgl. Abb. 23–16 A). In entsprechender Weise entstehen die Ableitungslinien für aVL und aVF. Die Bezeichnung aVR bedeutet so viel wie

◄

Abb. 23–14 A–C. Gebräuchliche Ableitungen des EKG mit ihren Abgriffspunkten und Verschaltungen. Bei den sog. unipolaren Ableitungen (Goldberger, Wilson) ist jeweils die differente Elektrode *rot* gezeichnet. Bei den Brustwandableitungen nach Wilson ist links die Elektrodenschaltung, rechts das Abgriffsschema dargestellt. *Rechte Seite:* Typische Registrierkurven von einem gesunden Probanden

„verstärktes“ (engl. augmented) VR, wobei VR eine nicht mehr gebräuchliche Ableitung zwischen dem rechten Arm und einer indifferenten Nullelektrode darstellt. In dem Schema von Abb. 23–16 B sind die Ableitungslinien der bipolaren und der unipolaren Extremitätenableitungen so parallel verschoben, daß sie alle den Ursprung der Vektorschleife schneiden. Man erkennt, daß die einzelnen Ableitungsrichtungen sich jeweils um einen Winkel von 30° unterscheiden. Alle 6 Extremitätenableitungen zusammen liefern daher die wesentlichen Informationen, die in der frontalen Vektorschleife enthalten sind.

Unipolare Brustwandableitungen. Während die beschriebenen Extremitätenableitungen im wesentlichen die frontale Projektion der Vektorschleife erfassen, geben die unipolaren Brustwandableitungen nach Wilson vorrangig Auskunft über die *horizontale* Vektorprojektion. Durch Zusammenschaltung der drei Extremitätenkabel über Widerstände wird eine *indifferente Bezugselelektrode* erzeugt, gegen die definierte Orte auf der Brustwand in Herzhöhe abgeleitet werden (vgl. Abb. 23–14). In Abb. 23–16 C sind Ableitungslinien dargestellt, auf die sich die Vektorschleife bei den verschiedenen Abgriffspunkten projiziert. Ein positiver Ausschlag entsteht, wenn der auf die betreffende Ableitungsrichtung projizierte Momentanvektor zur Ableitungsstelle hin zeigt. Weist er von der Ableitungsstelle weg, so erfolgt eine Auslenkung in negativer Richtung.

> **!** Mit einer geeigneten Registriertechnik kann die Vektorschleife in verschiedenen Projektionsebenen auf einem Oszillographen-Bildschirm dargestellt bzw. registriert werden (Vektorkardiographie). Die gebräuchlichen Extremitäten- und Brustwandableitungen sind im Prinzip Projektionen der Vektorschleife auf entsprechende Ableitungslinien. Bei den bipolaren Extremitätenableitungen nach Einthoven (I – III) lassen sich die Ableitungslinien als Seiten eines gleichseitigen Dreiecks (Einthoven-Dreieck) darstellen, dessen Ecken von den Ableitpunkten rechter Arm, linker Arm und linkes Bein gebildet werden. Die Winkelhalbierenden dieses Dreiecks entsprechen den Ableitungslinien der unipolaren Goldberger-Ableitungen (aVR, aVL, aVF). Bei den unipolaren Brustwandableitungen nach Wilson liegen die Ableitungslinien in der Horizontalebene. Die Längsachse der frontal projizierten QRS-Schleife (elektrische Herzachse) gibt diagnostische Auskunft über die anatomische Herzlage. Sie kann aus den Extremitätenableitungen ermittelt werden.

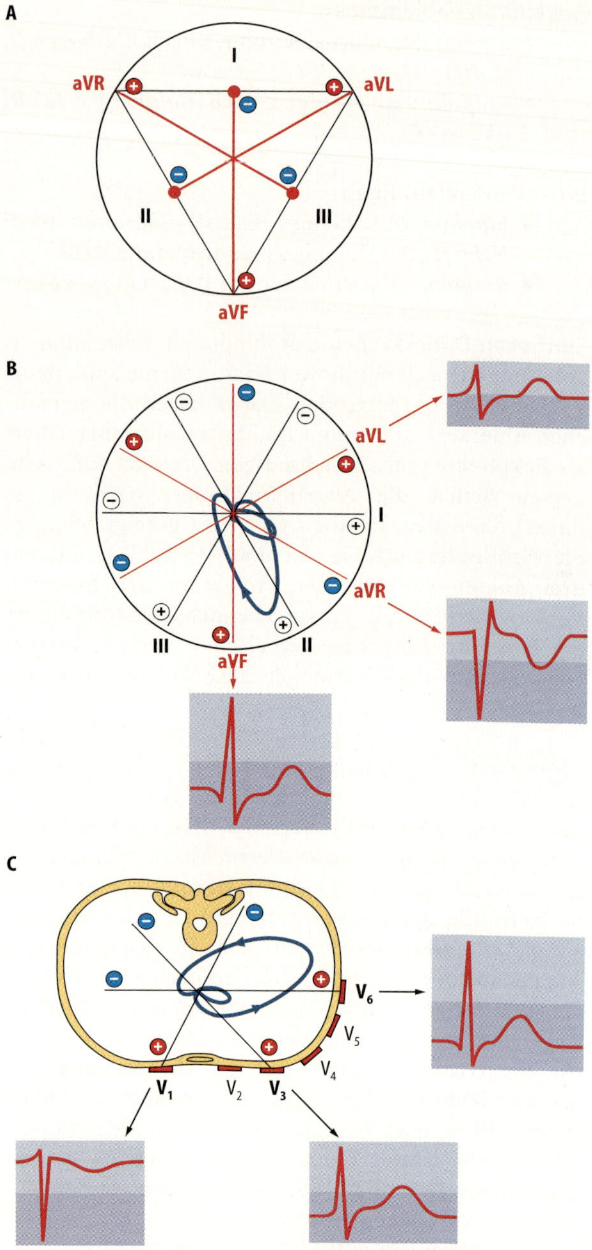

Abb. 23–16. A Ableitungslinien, auf die sich die frontale Vektorschleife bei den Goldberger-Ableitungen projiziert. **B** Zusammenfassung der Ableitungslinien für die Goldberger- und Einthoven-Ableitungen. Ableitung aVR bildet hinsichtlich der Polung eine – historisch bedingte – Ausnahme. **C** Thoraxquerschnitt in Herzhöhe mit den für die Brustwandableitungen nach Wilson geltenden Abgriffspunkten und Ableitungslinien. Es sind drei Projektionen (V1, V3, V6) dargestellt

In der EKG-Diagnostik haben Kurvenabweichungen von der Norm den Charakter von Symptomen, deren Bedeutung sich erst aus dem klinischen Zusammenhang ergibt

Pathophysiologische Einflüsse auf das EKG. In der kardiologischen Diagnostik spielt das EKG eine wichtige Rolle, um Veränderungen der Herzerregung als Ursache oder Folge von Störungen der Herztätigkeit aufzudecken. Grundsätzlich kann der Arzt aus den Routineableitungen des EKG Informationen folgender Art gewinnen:

- ***Frequenz:*** Differenzierung zwischen normaler Ruhefrequenz (60–90/min), Tachykardie (über 90/min) und Bradykardie (unter 60/min).
- ***Ursprung der Erregung:*** Entscheidung, ob Erregungen im Sinusknoten entstehen oder in den Vorhöfen, im AV-Knoten bzw. im rechten oder linken Ventrikel.
- ***Rhythmusstörungen:*** Unterscheidung nach Art und Ursprung (Sinusarrhythmie, supraventrikuläre oder ventrikuläre Extrasystolie, Flattern und Flimmern).
- ***Leitungsstörungen:*** Differenzierung nach Grad und Lokalisation. Leitungsverzögerung oder Leitungsblock. Sinu-atrialer Block, AV-Block, Blockierung einzelner Schenkel oder Faszikel des ventrikulären Erregungsleitungssystems.
- ***Herzlage:*** Hinweise auf die anatomische Herzlage. Pathologische Lagetypen, die auf zusätzliche Veränderungen des Erregungsablaufs hinweisen (einseitige Hypertrophie, Schenkelblock u. a.).
- ***Extrakardiale Einflüsse:*** Anhaltspunkte für Einflüsse vegetativer Art, Stoffwechselstörungen, hormonelle Störungen, Elektrolytveränderungen, Vergiftungen, Arzneimittel (Digitalis) u. a.
- ***Primär kardiale Störungen der Erregung:*** Hinweise auf ungenügende Koronardurchblutung (O_2-Mangelversorgung des Myokards), Entzündungen, Traumen, angeborene oder erworbene Herzfehler u. a.
- ***Myokardinfarkt:*** (Unterbrechung der Koronardurchblutung in einem umschriebenen Bezirk). Anhaltspunkte hinsichtlich Lokalisation, Ausdehnung und Verlauf.

Man sollte sich jedoch eindringlich klarmachen, daß EKG-Veränderungen – abgesehen von einigen typischen Rhythmus- bzw. Leitungsstörungen – *in der Regel nur Hinweise* auf pathologische Prozesse liefern. Ob ein EKG als krankhaft zu bewerten ist oder nicht, ergibt sich häufig erst aus dem gesamten klinischen Bild. In keinem Falle erlaubt das EKG allein zwingende Rückschlüsse auf die Ursache der beobachteten Abweichungen. An einigen charakteristischen Beispielen soll nun noch gezeigt werden, wie sich Störungen der Erregungsbildung bzw. -leitung im EKG darstellen können. Als Ableitungsform legen wir die Extremitätenableitung II nach Einthoven zugrunde (Abb. 23–9).

Sinusrhythmus. Bei Erregungsursprung im Sinusknoten geht dem Kammerkomplex eine normal geformte P-Welle voraus. In Abb. 23–17 A ist oberhalb der EKG-Kurve ein Schema des Erregungsablaufs eingezeichnet. Es zeigt von oben nach unten die einzelnen Etappen der Erregungsausbreitung und in Abszissenrichtung die absolute Refraktärperiode der Vorhöfe bzw. der Ventrikel.

Erregungsursprung im AV-Knoten (Abb. 23–17 B). Entstehen Erregungen im Bereich des AV-Knotens, so werden die Vorhöfe einschließlich des Sinusknotens rückläufig erregt. Als Ausdruck dieser Richtungsumkehr der Erregungsausbreitung über die Vorhöfe ist die *P-Welle negativ*. Der Kammerkomplex zeigt dabei keine Änderung, da die Kammererregung regulär abläuft. Je nach dem Ausmaß der Verzögerung der retograden Vorhoferregung gegenüber dem ventrikulären Erregungsbeginn kann die negative P-Welle der QRS-Gruppe vorausgehen (Abb. 23–17 B (Bild 1), in ihr verschwinden (Bild 2) oder ihr nachfolgen (Bild 3). Nicht ganz exakt spricht man von einem oberen, mittleren und unteren AV-Knoten-Rhythmus.

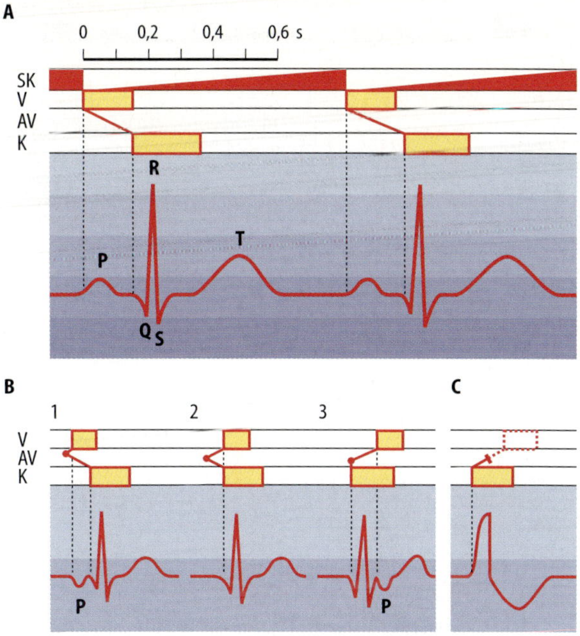

Abb. 23–17. A Schema zur Analyse des Erregungsablaufs im Herzen. Von oben nach unten sind die einzelnen Etappen der Erregungsausbreitung und in Abszissenrichtung die Refraktärperioden von Vorhöfen (V) und Kammern (K) dargestellt. In der Spalte SK ist die rhythmische Entladung des Sinusknotens symbolisiert. Die Spalte AV umfaßt die gesamte atrioventrikuläre Überleitung. **B** Erregungsursprung im Bereich des AV-Knotens mit retrograder Erregung der Vorhöfe (negative P-Welle). In Bild 2 fällt die Vorhoferregung mit QRS zusammen. **C** Erregungsursprung in den Ventrikeln. Die Dauer der Erregungsausbreitung ist verlängert, der Kammerkomplex stark deformiert

Erregungsursprung in den Ventrikeln (Abb. 23–17 C). Auf welchen Wegen sich Erregungen ausbreiten, die im Bereich der Ventrikel entstehen, hängt davon ab, wo ihr Ursprung liegt und wann bzw. wo die Erregung Anschluß an das Erregungsleitungssystem gewinnt. Da die myokardiale Leitung langsamer erfolgt als die Fortleitung über das spezifische System, ist die Dauer der Erregungsausbreitung meist erheblich verlängert. Infolge der veränderten Leitungswege erscheint der ganze Ventrikelkomplex außerdem stark deformiert.

Extrasystolen. Als Extrasystolen werden vorzeitige Herzschläge bezeichnet, die den Grundrhythmus vorübergehend verändern. Nach ihrem Erregungsursprung unterscheidet man ***supraventrikuläre*** (Sinusknoten, Vorhof, AV-Knoten) und ***ventrikuläre Extrasystolen.*** Im einfachsten Fall kann eine Extrasystole zwischen zwei Normalschläge eingeschaltet sein, ohne den Grundrhythmus weiter zu stören *(interponierte Extrasystole,* Abb. 23–18 A). Interponierte Extrasystolen werden praktisch nur bei niederfrequentem Grundrhythmus beobachtet, wobei die langen Erregungsintervalle die Zwischenschaltung einer zusätzlichen Aktion erlauben. Bei höherer Grundfrequenz folgt dagegen auf eine ventrikuläre Extrasystole i. allg. eine sog. ***kompensatorische Pause.*** Wie Abb. 23–18 B zeigt, fällt hierbei eine reguläre Kammererregung aus, weil die vom Sinusknoten ausgehende Erregung die Kammern noch in der absolu-

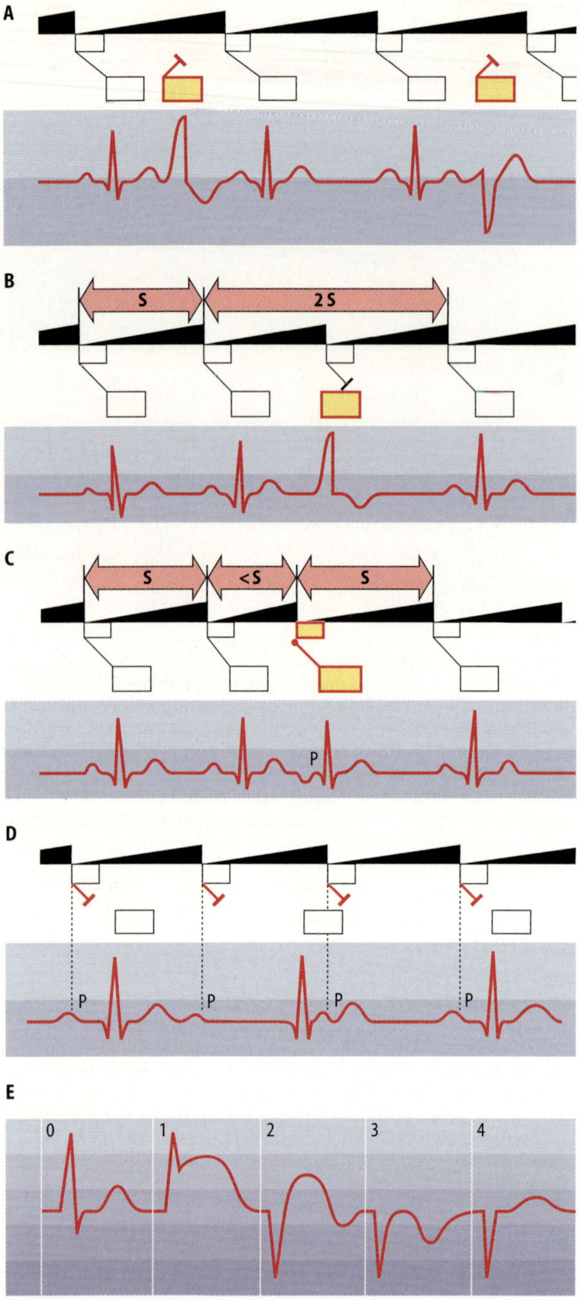

Abb. 23–18. Beispiele typischer EKG-Veränderungen. **A** Interponierte ventrikuläre Extrasystolen. Die unterschiedliche Form deutet auf verschiedene Ursprungsorte in den Herzkammern hin. Wegen teilweise noch refraktärer Leitungsbahnen erfolgt keine Rückleitung zum Sinusknoten. **B** Ventrikuläre Extrasystole mit kompensatorischer Pause. S = normales Sinusintervall. **C** Supraventrikuläre Extrasystole aus dem Bereich des AV-Knotens mit unvollständig kompensierender Pause. **D** Totaler AV-Block. **E** EKG-Umformung im Verlauf eines Myokardinfarkts. Das Beispiel zeigt Abl. V3 nach Wilson bei Vorderwandinfarkt. (0) Normalbild, (1) frisches Stadium wenige Stunden nach Infarktbeginn, (2) Zwischenstadium nach mehreren Stunden bis Tagen, (3) Zustand nach Tagen bis Wochen, (4) Endstadium Monate bis Jahre nach dem Infarkt

ten Refraktärzeit der Extrasystole antrifft. Der nächste postextrasystolische Schlag erfolgt daher zum normalen Zeitpunkt. Die Dauer zwischen dem letzten Normalschlag vor der Extrasystole und dem ersten Normalschlag danach entspricht also genau zwei regulären Sinusintervallen. Bei supraventrikulären oder ventrikulären Extrasystolen, die rückläufig auch den Sinusknoten erreichen, wird dagegen der gesamte Grundrhythmus verschoben (Abb. 23–18 C). Man muß sich vorstellen, daß die zurückgeleitete Erregung die angelaufene diastolische Depolarisation im Sinusknoten unterbricht und somit einen neuen Erregungszyklus anstößt.

Atrioventrikuläre Leitungsstörungen. In Abb. 23–18 D ist das EKG bei einem ***totalen Herzblock*** (= ***Herzblock 3. Grades***) dargestellt. Wie auf S. 473 beschrieben, schlagen dabei Vorhöfe und Kammern unabhängig voneinander – die Vorhöfe mit der Frequenz des Sinusknotens, die Kammern mit der niedrigeren Eigenfrequenz eines tertiären Automatiezentrums. Der Kammerteil erscheint normal konfiguriert, wenn das tertiäre Zentrum z. B. im His-Bündel liegt, so daß noch eine normale Erregungsausbreitung über die Kammern erfolgt. Ein ***partieller Herzblock*** (= ***Herzblock 2. Grades***) liegt vor, wenn die Leitungsblockierung alternierend erfolgt, so daß z. B. nur jede 2. oder 3. Vorhoferregung auf die Kammern übergeleitet wird (2:1- bzw. 3:1-Block). Von einem ***Herzblock 1. Grades*** spricht man, wenn die Überleitungszeit (PQ-Intervall) länger als 200 ms ist. Gelegentlich findet man, daß das PQ-Intervall von Schlag zu Schlag länger wird, bis schließlich ein Kammerkomplex ausfällt und daß sich dieses Geschehen periodisch wiederholt (***Wenckebach-Periode***). Experimentell lassen sich Störungen der atrioventrikulären Leitung erzeugen unter Bedingungen, die das Ruhepotential senken (K^+-Erhöhung, O_2-Mangel u. a.).

Veränderungen der ST-Strecke und der T-Welle. Schädigungen des Myokards durch Sauerstoffmangel und andere Einflüsse führen an der Einzelfaser i. allg. schon zu einem „Plateauverlust" des Aktionspotentials, bevor das Ruhepotential merklich abnimmt. Im EKG äußern sich solche Wirkungen im Verlauf der Erregungsrückbildung, d. h. als Abflachung bzw. Negativierung der T-Welle oder als Anhebung bzw. Senkung der ST-Strecke im Verhältnis zur Nullinie. Beim ***Myokardinfarkt*** kann die Lokalisation meist nur aus der Analyse mehrerer Ableitungen – vor allem auch der Brustwandableitungen – ermittelt werden. Dabei ist noch zu berücksichtigen, daß sich die infarktbedingten EKG-Alterationen mit der Zeit erheblich verändern können (Abb. 23–18 E). Eine – für das frische Infarktstadium charakteristische – monophasische Form des Kammerteils verschwindet, wenn sich der geschädigte Bezirk durch Ausbildung von isolierenden Grenzschichten von der Umgebung demarkiert hat.

Vorhofflattern und Vorhofflimmern. Hierbei handelt es sich um Rhythmusstörungen, bei denen die Erregungsausbreitung über die Vorhöfe unkoordiniert erfolgt, so daß sich einzelne Vorhofbezirke kontrahieren, während andere gleichzeitig erschlaffen *(funktionelle Fragmentation)*. Beim ***Vorhofflattern*** sind im EKG anstelle der P-Wellen sog. Flatterwellen von sägezahnähnlicher Form mit einer Frequenz von 220 bis 350/min zu sehen (Abb. 23–19 A), denen in periodischen Abständen reguläre Kammerkomplexe folgen. Die partielle AV-Blockierung ist dabei durch die Refraktärzeit des Erregungsleitungssystem bedingt. Beim ***Vorhofflimmern*** (Abb. 23–19 B) zeigt sich die Vorhofaktivität nur noch in frequenten (350–600/min) unregelmäßigen Schwankungen der Grundlinie. Die Kammerkomplexe treten in irregulären Abständen auf (***absolute Arrhythmie***), sind jedoch, wenn keine zusätzliche Störung vorliegt, normal

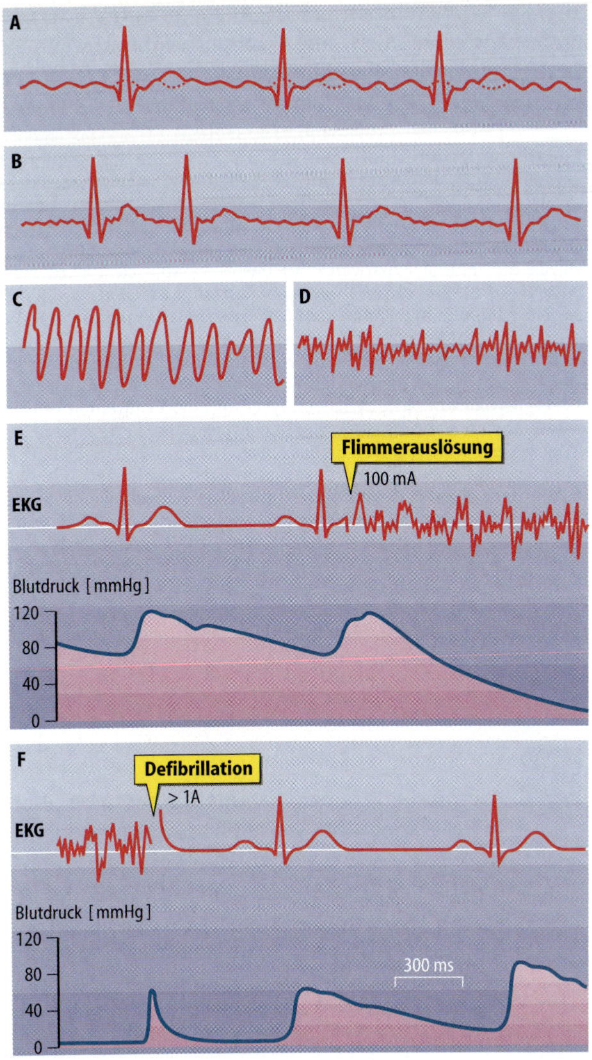

Abb. 23–19. EKG-Veränderungen beim Flattern und Flimmern. **A** Vorhofflattern. Flatterwellen während der Ventrikelkomplexe sind *punktiert*. Nach jeder 4. Flatterwelle erfolgt hier die Überleitung auf die Kammern. **B** Absolute Kammerarrhythmie bei Vorhofflimmern. **C** Kammerflattern. **D** Kammerflimmern. **E** Auslösung von Kammerflimmern durch einen elektrischen Impuls (100 mA) in der vulnerablen Periode. **F** Unterbrechung von Kammerflimmern durch einen starken Impuls (>1 A)

konfiguriert. Zwischen Vorhofflattern und Vorhofflimmern bestehen fließende Übergänge. Die hämodynamischen Auswirkungen bleiben i. allg. gering. Häufig werden die Rhythmusstörungen subjektiv überhaupt nicht wahrgenommen.

!

Das EKG liefert u. a. diagnostische Hinweise auf: Frequenz und Ursprung der Erregung, Rhythmus- und Leitungsstörungen, extra- und intrakardiale Einflüsse auf die Herzerregung, Durchblutungsstörungen des Herzens bis zum Myokardinfarkt. Die Bedeutung der EKG-Symptome ergibt sich erst aus dem klinischen Gesamtbild. Extrasystolen sind vorzeitige Herzaktionen außerhalb des regulären Grundrhythmus. Bei supraventrikulären Extrasystolen wird der Grundrhythmus um die Vorzeitigkeit der Extrasystole verschoben; bei ventrikulären Extrasystolen stellt sich der Grundrhythmus nach einer kompensatorischen Pause wieder her.

Kammerflattern und Kammerflimmern sind lebensbedrohlich Rhythmusstörungen, die sofortige Erste Hilfe erfordern

Ursachen und Folgen. Viel gravierender als beim Vorhofflattern bzw. Vorhofflimmern sind die Folgen, wenn die gleichen Störungen die Herzkammern betreffen. Infolge der unkoordinierten elektrischen Aktivität kommt keine hämodynamisch wirksame Füllung und Entleerung der Ventrikel zustande. Die Folge ist ein Kreislaufstillstand mit Bewußtlosigkeit, der – wenn er nicht innerhalb von Minuten behoben werden kann – tödlich endet. Im EKG finden sich beim ***Kammerflattern*** frequente Wellen von hoher Amplitude (Abb. 23–19 C). Das ***Kammerflimmern*** bietet im EKG ein Bild von sehr unregelmäßigen, in Frequenz, Form und Amplitude rasch wechselnden Potentialschwankungen (Abb. 23–19 D). Flattern und Flimmern können durch vielerlei Schädigungen des Herzens ausgelöst werden wie Sauerstoffmangel, Koronarverschluß (Myokardinfarkt), Überdehnung, Unterkühlung, Überdosierung von Arzneimitteln, Narkotika usw. Kammerflimmern ist außerdem die häufigste akute Todesursache beim elektrischen Unfall.

Mechanismus von Flattern und Flimmern. Die Grundstörung beim Flattern bzw. Flimmern betrifft primär die *elektrische* Aktivität. Heute weiß man, daß es sich dabei um eine Störung der Erregungsausbreitung im Sinne von ***Wiedereintritt (kreisende Erregung)*** handelt. Wiedereintritt (engl. „re-entry") besagt, daß Erregungswellen im Herzen nach Durchlaufen einer gewissen Wegstrecke zu ihrem Ausgangspunkt zurückfinden, diesen wieder erregbar antreffen und erneut in dieselbe oder eine ähnliche Bahn einmünden. Dies ist unter normalen Bedingungen nicht möglich, weil eine normale Erregungswelle – wie oben dargelegt (s. S. 487) – nicht als Ganzes auf dem Herzen Platz findet und infolgedessen auch nicht im Herzen zu kreisen vermag. Damit eine solche Störung entstehen kann, müssen also zuvor Veränderungen stattfinden, die gewöhnlich nur unter krankhaften Bedingungen auftreten: Die Länge der Erregungswelle (Produkt aus Leitungsgeschwindigkeit und Refraktärzeit) muß so stark verkürzt sein, daß ein Wiedereintritt innerhalb des Netzwerks der Herzmuskulatur möglich wird. Dies kann geschehen durch *Ver-*

kürzung der Refraktärzeit und/oder *Verminderung der Leitungsgeschwindigkeit.* Weiterhin muß die *Erregungsausbreitung vorübergehend in einer Richtung blockiert* sein. Andernfalls würden die Erregungsfronten aufeinander treffen und sich gegenseitig auslöschen (Abb. 23–20). Die früher ebenfalls als Flimmermechanismus diskutierte Aktivität frequenter Automatiezentren spielt allenfalls bei der Auslösung des Flimmerns eine Rolle. Zwischen Flattern und Flimmern bestehen nur graduelle Unterschiede im Ausmaß der funktionellen Fragmentation, d. h. in der Größe der Areale, die von wiedereintretenden Erregungen passiert und damit unabhängig voneinander aktiviert werden.

Vulnerable Periode. Flimmern kann durch einen einzelnen überschwelligen elektrischen Reiz ausgelöst werden, wenn dieser das Herz in einer bestimmten Phase der *Erregungsrückbildung* trifft. Diese sog. vulnerable Periode der Herzkammern fällt etwa mit der ansteigenden Flanke der T-Welle des EKG zusammen (Abb. 23–19 F u. Abb. 23–20). Zu diesem Zeitpunkt sind Teile des Herzens noch absolut refraktär, andere relativ. Erregungen, die in der relativen Refraktärperiode ausgelöst werden, weisen eine kurze Refraktärzeit auf. Außerdem kann es – wie in Abb. 23–20 dargestellt – zu einer unidirektionalen Blockierung der Erregungsleitung kommen. Damit sind die entscheidenden Voraussetzungen für den Wiedereintritt erfüllt. Auch spontane Extrasystolen können so u. U. zum Flimmern führen, wenn sie in der vulnerablen Periode vorausgehender Erregungen eines vorgeschädigten Herzens auftreten.

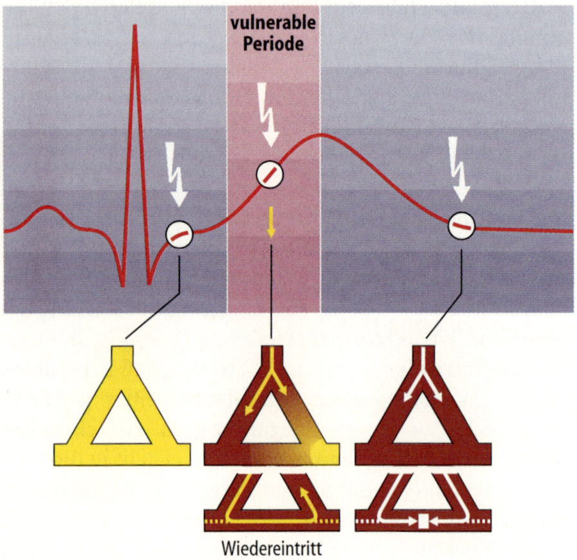

Abb. 23–20. Schema zur Erklärung der vulnerablen Periode der Herzkammern. Die Figuren unter der EKG-Kurve symbolisieren das verzweigte Netzwerk der Herzmuskulatur. In der vulnerablen Periode ist die Leitungsbahn noch teilweise refraktär, so daß eine – durch Reizung ausgelöste – Erregungswelle nur in einer Richtung weiterlaufen kann. Nach Abklingen des refraktären Zustandes ist Wiedereintritt in der Gegenrichtung möglich, vorausgesetzt die Länge der Erregungswelle ist nicht größer als die verfügbare Leitungsbahn. Eine frühere Reizung (während QRS) würde die Herzkammern noch absolut refraktär antreffen. Bei Reizung zu einem späteren Zeitpunkt sind die Bedingungen für den Wiedereintritt nicht mehr erfüllt

Elektrische Defibrillation. Der elektrische Strom kann Flattern und Flimmern des Herzes auslösen. Er kann – in geeigneter Form appliziert – auch ein bestehendes Flattern bzw. Flimmern augenblicklich unterbrechen. Man benötigt dazu einen kurzdauernden Stromstoß von hoher Intensität, der über großflächige Elektroden durch die intakte Brustwand auf das Herz appliziert wird (vgl. Abb. 23–19 F). *Die elektrische Defibrillation stellt heute die wirksamste Methode der Flatter- bzw. Flimmerbeseitigung dar* und ist damit eine lebensrettende Maßnahme. Der rhythmisierende Effekt kommt dadurch zustande, daß der breitflächig einwirkende Strom die – zwischen den kreisenden Erregungen vorhandenen – erregbaren Myokardbezirke synchron reizt und damit in einen refraktären Zustand versetzt, so daß den kreisenden Erregungen der Weg verlegt wird [7]. Der Erfolg einer elektrischen Defibrillation ist allerdings entscheidend davon abhängig, daß in der Zeit zwischen dem Beginn des Kammerflimmerns und der elektrischen Defibrillation keine irreversiblen Organschädigungen als Folge des Kreislaufstillstandes auftreten (Wiederbelebungszeit des Gehirns 8–10 min). Dieser Gefahr kann durch künstliche Aufrechterhaltung eines Minimalkreislaufs durch *äußere (extrathorakale) Herzmassage in Verbindung mit Mund-zu-Mund-Beatmung* vorgebeugt werden (s. S. 574). Diese Methode sollte schon jeder Medizinstudent beherrschen.

!

Kammerflattern bzw. Kammerflimmern beruhen auf Wiedereintritt (Kreisen) von Erregungen im Netzwerk der Herzmuskulatur, wobei die Pumpfunktion des Herzens versagt und der Blutkreislauf sistiert. Voraussetzung ist eine Verkürzung der Erregungswelle infolge Herabsetzung der Leitungsgeschwindigkeit und/oder Verkürzung der Refraktärzeit. Zwischen Flattern und Flimmern bestehen graduelle Unterschiede in der Erregungsfrequenz. Die Auslösung von Kammerflattern bzw. Kammerflimmern erfolgt meist durch vorzeitige Erregungen (Extrasystolen) während der frühen Erregungsrückbildung (vulnerable Periode). Lebensrettend wirken möglichst frühzeitig eingeleitete Beatmung und Herzmassage und schließlich die elektrische Defibrillation durch einen Stromstoß, der über großflächige Brustwandelektroden appliziert wird.

23.7 Literatur

Weiterführende Lehr- und Handbücher

1. Fleckenstein A (1983) Calcium antagonism in heart and smooth muscle – experimental facts and therapeutic prospects. Wiley, New York
2. Fozzard HA, Haber E, Jennings RB, Katz A, Morgan HE (1991) The heart and cardiovascular system. Raven, New York

3. Hille B (1984) Ionic channels of excitable membranes. Sinauer, Sunderland
4. MacFarlane PW, Lawrie TDV (eds) (1989) Comprehensive electrocardiology – theory and practice in health and disease. Pergamon, New York
5. Rüegg JC (1986) Calcium in muscle activation – a comparative approach. Springer, Berlin Heidelberg New York
6. Zipes DP, Jalife J (eds) (1990) Cardiac electrophysiology – from cell to bedside. Saunders, Philadelphia

Einzel- und Übersichtsarbeiten

7. Antoni H (1989) Physiologie und Pathophysiologie der elementaren Myokardfunktionen. In: Roskamm H, Reindell H (eds) Herzkrankheiten – Pathophysiologie, Diagnostik, Therapie. Springer, Berlin Heidelberg New York
8. Antoni H, Böcker D, Eickhorn R (1988) Sodium current kinetics in intact rat papillary muscle: measurements with the loose-patch-clamp technique. J Physiol (Lond) 406:199–213
9. Carmeliet E (1992) Potassium channels in cardiac cells. Cardiovasc Drugs Ther 6:305–312
10. Di Francesco D (1993) Pacemaker mechanisms in cardiac tissue. Annu Rev Physiol 55:455–472
11. Fabiato A (1985) Calcium-induced release of calcium from the sarcoplasmic reticulum. J Gen Physiol 85:189–320
12. Isenberg G (1982) Ca entry and contraction as studied in isolated bovine ventricular cells. Z Naturforsch 37:502–512
13. Noble D, Denyer JC, Brown HF, Di Francesco D (1992) Reciprocal role of the inward currents $i_{b,Na}$ and i_f in controlling and stabilizing pacemaker frequency of rabbit sino-atrial node cells. Proc R Soc Lond [Biol] 250:199–207
14. Pelzer D, Trautwein W (1987) Currents through ionic channels in multicellular cardiac tissue and single heart cells. Experientia 43:1153–1162
15. Reuter H (1974) Exchange of calcium ions in the mammalian myocardium. Circ Res 34:599–605
16. Weidmann S (1966) The diffusion of radiopotassium across intercalated discs of mammalian cardiac muscle. J Physiol (Lond) 187:323–342
17. Weirich J (1990) Differential analysis of frequency dependent effects of class 1 antiarrhythmic drugs according to periodical ligand binding. J Cardiovasc Pharmacol 15:998–1009

24 Gefäßsystem und Kreislaufregulation

R. Busse

EINLEITUNG Die Entdeckung des Blutkreislaufs durch William Harvey gehört zu den wissenschaftlichen Großtaten des 17. Jahrhunderts. Harvey wurde 1578 in England geboren. Nach Studien in Cambridge und Padua erwarb er sich als Arzt in London Ruhm und Anerkennung. 1628 veröffentlichte er sein bahnbrechendes Werk „Exercitatio anatomica de motu cordis et sanguinis", in dem er die bis dahin gültige Anschauung widerlegte, daß das von der Leber gebildete Blut im Gewebe versickert und dort verbraucht wird. Harvey postulierte, daß das Blut auf einer geschlossenen Bahn durch den Körper bewegt wird. Er schrieb: „Die Bewegung und der Schlag des Herzens sind hierfür die einzige Ursache" und an anderer Stelle: „Es sei gestattet, dies einen Kreislauf zu nennen."

Der Blutkreislauf stellt bei allen höherentwickelten Tieren und beim Menschen ein rasch regulierbares Transportsystem dar, das vor allem durch die Beförderung der Atemgase O_2 und CO_2 sowie den Transport von Nährstoffen und deren Metaboliten über weite Strecken eine unabdingbare Voraussetzung für die Aufrechterhaltung der Lebensfunktionen darstellt. Darüber hinaus ist der Blutkreislauf für zahlreiche weitere Funktionen, wie Stofftransport im Dienste des Wasser- und Salzhaushaltes, Beförderung von Hormonen und Stoffen der Immunabwehr sowie Wärmetransport, von lebenswichtiger Bedeutung.

24.1 Hämodynamische Grundlagen

Aufbau des Kreislaufsystems. Der Blutkreislauf des Menschen besteht, wie in Abb. 24–1 schematisch dargestellt, aus einem in sich geschlossenen System von teils parallel, teils seriell geschalteten Blutgefäßen. Durch 2 funktionell hintereinandergeschaltete Pumpen, den rechten und den linken Ventrikel, wird in diesem System ein genügend hohes Druckgefälle erzeugt, das eine gerichtete Blutströmung aufrechterhält. Die Umlaufgeschwindigkeit des Blutes ist dabei in Abstimmung mit den Bedürfnissen der Gewebe an die jeweils erforderlichen Transportraten der Atemgase O_2 und CO_2 angepaßt.

Das Stromgebiet zwischen linkem Ventrikel und rechtem Vorhof, das durch die einzelnen Organstromgebiete eine mehrfache Parallelschaltung aufweist, bezeichnet man als ***Körperkreislauf*** oder „großen Kreislauf". Entsprechend versteht man unter den Begriffen „kleiner Kreislauf" oder ***Lungenkreislauf*** das Gebiet der Lungenstrombahn. Funktionell und morphologisch lassen sich in beiden Kreislaufabschnitten Arterien, Arteriolen, Kapillaren, Venolen und Venen als Gefäßtypen differenzieren.

Das vom linken Ventrikel in die *Aorta* ausgetriebene Blut strömt in die großen *Arterien*, die zu den verschiedenen Organgebieten abzweigen. Hier finden jeweils weitere Aufzweigungen dieser Arterien statt, so daß ihre Gesamtzahl ständig zunimmt, zugleich ihr Durchmesser jedoch immer kleiner wird. Aus den kleinsten arteriellen Gefäßen, den *Arteriolen*, gehen unter weiterer Aufzweigung die *Kapillaren* ab, die ein dichtes Gefäßnetz an den Parenchymzellen der jeweiligen Gewebe bilden. In den Kapillaren, deren Wand nur noch aus einer einzigen Zellschicht, dem Endothel, besteht, finden die Austauschvorgänge zwischen dem Blut und dem interstitiellen Raum bzw. den Zellen des umgebenden Gewebes in beiden Richtungen statt. Von den Kapillaren gelangt das Blut in die *Venolen*, die sich dann zu kleinen *Venen* vereinigen. Durch weitere Zusammenschlüsse nimmt die Zahl der Venen ständig ab, der jeweilige Durchmesser jedoch zu. Die Venen münden schließlich als Vv. cavae superior und inferior in den rechten Vorhof. Die *Mesenterialgefäße* nehmen insofern eine Sonderstellung ein, als diese nach einem Kapillarnetz im Darm noch ein zweites Kapillarnetz in der Leber bilden (Abb. 24–1).

Prinzipiell weist das Lungengefäßsystem einen gleichartigen Aufbau wie das Körpergefäßsystem auf. Der rechte Ventrikel befördert das aus dem rechten Vorhof einströmende Blut in die *A. pulmonalis*, aus deren Verzweigungen kleine Lungenarterien, Arteriolen und Kapillaren hervorgehen. Über 4 große Lungenvenen erreicht das Blut dann den linken Vorhof, und mit dem Übertritt in den linken Ventrikel ist der Kreislauf geschlossen.

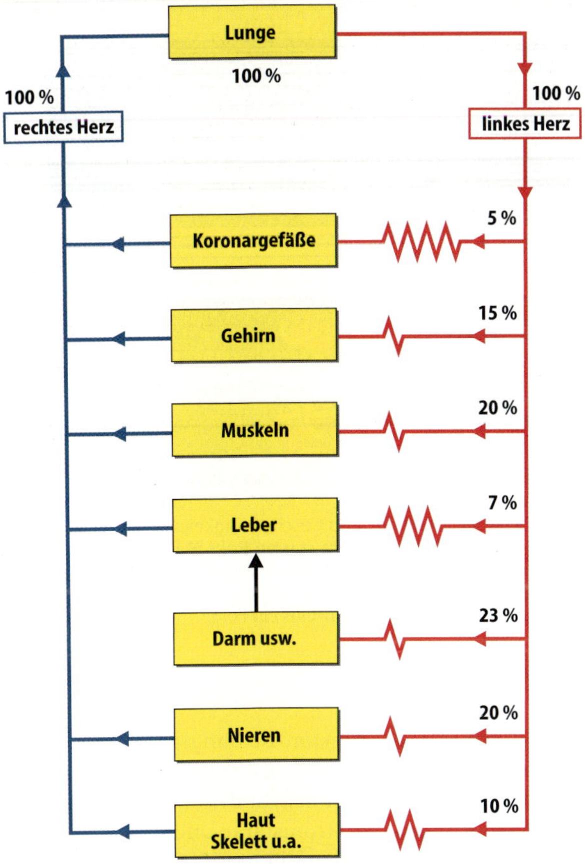

Abb. 24–1. Schema des Blutkreislaufes. Die Prozentzahlen geben die durch die verschiedenen Organgebiete fließenden Anteile des Herzzeitvolumens (HZV) während Körperruhe an. Die Verteilung des HZV auf die verschiedenen Organgebiete wird dabei von der Größe der regionalen Strömungswiderstände (symbolisiert durch die Länge der gezackten Linie) der einzelnen parallel geschalteten Organgebiete bestimmt

Funktionell parallel geschaltet als Drainagesystem existiert noch das *Lymphgefäßsystem,* (S. 521) in dem Flüssigkeit aus dem interstitiellen Raum gesammelt und in das Blutgefäßsystem zurückgeleitet wird [5,7,9,13].

Die innere Reibung des strömenden Blutes erzeugt einen Strömungswiderstand, der sich aus dem Quotienten von treibender Druckdifferenz und Stromstärke ergibt

Wie jede reale Flüssigkeit besitzt auch das Blut eine innere Flüssigkeitsreibung und setzt daher einer Strömung einen Widerstand entgegen. Zur Überwindung dieses Strömungswiderstandes, der bedingt ist durch die Reibung aneinander vorbeigleitender Flüssigkeitsschichten, ist eine Druckdifferenz zwischen Anfang und Ende des durchströmten Gefäßes notwendig. Analog zum Ohm-Gesetz läßt sich die Beziehung zwischen *treibender Druckdifferenz* ΔP und *Stromstärke* I darstellen durch:

$$I = \frac{\Delta P}{R} \quad (1)$$

Gemäß Gl. (1) läßt sich der *Strömungswiderstand* R als Quotient von Druckdifferenz und Stromstärke berechnen.

Die Stromstärke I ist dabei definiert als das durch einen Gefäßquerschnitt strömende Volumen ΔV pro Zeiteinheit (Δt):

$$I = \frac{\Delta V}{\Delta t} \quad (2)$$

Die Strömungsgeschwindigkeit v hingegen ist die Geschwindigkeit der einzelnen Flüssigkeitsteilchen, die im allgemeinen in verschiedenen Entfernungen von der Rohrachse verschieden groß ist. Bezeichnet man mit $\bar{v}$ die über einen Rohrquerschnitt Q gemittelte Geschwindigkeit, so ist

$$I = \bar{v} \cdot Q \quad (3)$$

Nach der *Kontinuitätsbedingung* muß in einem aus verschieden weiten Röhren zusammengesetzten System – und damit auch im Gefäßsystem – die Stromstärke unabhängig vom Querschnitt der einzelnen Röhren in jedem beliebigen vollständigen Querschnitt immer konstant sein (Abb. 24–2), d. h.:

$$I = \bar{v}_a \cdot Q_a = \bar{v}_b \cdot Q_b \cdots \quad (4)$$

Bei gleichbleibender Stromstärke verhält sich daher die *Strömungsgeschwindigkeit* in hintereinandergeschalteten Gefäßabschnitten *umgekehrt proportional zum Querschnitt* der einzelnen Teilabschnitte. Für den Kreislauf bedeutet dies bei einer ca. 800fach größeren Gesamtquerschnittsfläche des Kapillargebietes im Vergleich zur Querschnittsfläche der Aorta eine 800fach niedrigere mittlere Strömungsgeschwindigkeit in den Kapillaren als in der Aorta.

Strömungswiderstände im Röhrensystem. Bei *hintereinandergeschalteten Röhren* ergibt sich der Gesamtströmungswiderstand aus der Summe aller Einzelwiderstände, d. h.:

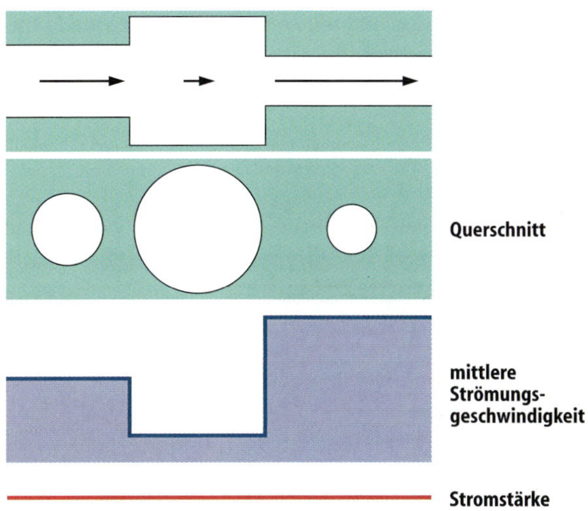

Abb. 24–2. Zur Erläuterung der Kontinuitätsbedingung: Änderungen der mittleren Strömungsgeschwindigkeit bei unterschiedlichen Querschnitten in hintereinandergeschalteten Gefäßen

$$R_{gesamt} = R_1 + R_2 + R_3 \ldots \quad (5)$$

Bei *parallel geschalteten Röhren,* wie sie z. B. innerhalb von einzelnen Organen, ebenso aber auch bei der Aufteilung in die verschiedenen Organkreisläufe vorliegen, addieren sich dagegen die ***Leitfähigkeiten,*** d. h. die reziproken Werte der Widerstände

$$1/R_{gesamt} = 1/R_1 + 1/R_2 + 1/R_3 \ldots \quad (6)$$

Aus Gl. (6) ist zu ersehen, daß der Gesamtströmungswiderstand von mehreren parallel geschalteten Röhren immer kleiner ist als der Widerstand jedes einzelnen Rohres.

Die Viskosität stellt bei allen homogenen Flüssigkeiten nur eine von der Temperatur abhängige Konstante dar

Newton-Reibungsgesetz. Definiert ist die *Viskosität* über das Newton-Reibungsgesetz, das sich folgendermaßen erläutern läßt. Zwischen einer feststehenden Bodenplatte und einer zweiten Platte im Abstand x befindet sich eine homogene Flüssigkeit. Um die obere Platte mit der Fläche F mit einer konstanten Geschwindigkeit v über die Flüssigkeit zu ziehen, ist eine äußere Kraft K erforderlich. Da die äußersten Flüssigkeitsschichten jeweils an den Platten haften, ist die Geschwindigkeit der an die obere Platte angrenzenden Schicht gleich v, die der Flüssigkeitsschicht, die an der unteren Platte angrenzt, gleich Null. Infolge der Reibung zwischen den einzelnen Flüssigkeitsschichten stellt sich ein lineares Geschwindigkeitsgefälle (dv/dx) zwischen den beiden Platten ein (Abb. 24–3). Bezeichnet man den Quotienten K/F als *Schubspannung* τ (Shear stress) und den *Geschwindigkeitsgradienten* dv/dx als γ (Shear rate), so gilt für die Viskosität η die Definitionsgleichung:

$$\eta = \frac{\tau}{\gamma} \quad (7)$$

Hagen-Poiseuille-Gesetz. In einem zylindrischen Gefäß sind bei *laminarer Strömung,* d. h. einer Strömung, bei der sich alle Flüssigkeitsteilchen parallel zur Gefäßachse bewegen, die Schichten gleicher Geschwindigkeit konzentrisch angeordnet. Die unmittelbar an die Gefäßwand angrenzende Schicht haftet an der Wand, während sich die zweite gegenüber der ersten, die dritte gegenüber der zweiten Schicht und so weiter, teleskopartig gegeneinander verschiebt, so daß ein *parabolisches Geschwindigkeitsprofil* mit einem Maximum der Geschwindigkeit im Axialstrom entsteht (Abb. 24–4A).

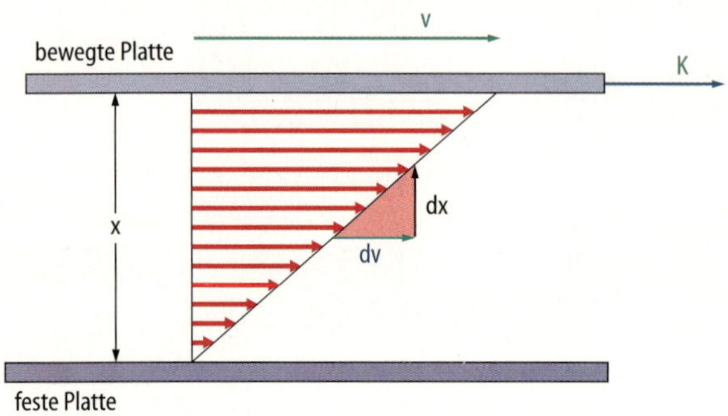

Abb. 24–3. Geschwindigkeitsverteilung in einer homogenen Flüssigkeit zwischen einer festen und einer bewegten Platte

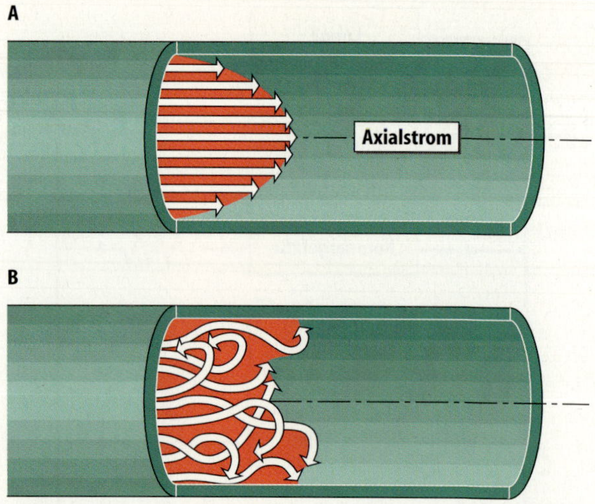

Abb. 24–4. A Parabelförmiges Geschwindigkeitsprofil bei stationärer laminarer Strömung in einem starren Rohr. **B** Bei turbulenter Strömung kommt es zu einer wirbeligen Vermischung der Flüssigkeitsteilchen aus den einzelnen Schichten. Dies hat eine deutliche Abflachung des Geschwindigkeitsprofils zur Folge

Mit Hilfe des Newton-Reibungsgesetzes läßt sich für eine laminare und stationäre, d. h. zeitlich konstante, Strömung in einem starren zylindrischen Rohr eine Beziehung zwischen der Stromstärke und den sie bestimmenden Parametern herleiten (*Hagen-Poiseuille-Gesetz):*

$$I = \frac{r_i^4 \pi \Delta P}{8 \eta l} \quad (8)$$

Hierbei sind Δ P die Druckdifferenz, η die Viskosität der Flüssigkeit, r_i der Innenradius und l die Länge des Rohres. Unter Heranziehung des Ohm-Gesetzes (Gl. 1) läßt sich hieraus der *Strömungswiderstand* bestimmen:

$$R = \frac{8 \eta l}{r_i^4 \pi} \quad (9)$$

Stromstärke und Strömungswiderstand ändern sich demnach direkt bzw. umgekehrt proportional zur *vierten Potenz des Gefäßradius.*

Das Hagen-Poiseuille-Gesetz gilt nur für die stationäre, laminare Strömung einer homogenen Flüssigkeit in einem starren Rohr

Strömungsbedingungen im Gefäßsystem. In den meisten Gefäßen (Arterien, Arteriolen, Kapillaren und herznahen Venen) ist die Strömung nicht stationär, sondern *pulsierend.* Das Strömungsprofil weicht hierbei während des Pulszyklus stark von der Parabelform ab, und der Strömungswiderstand ist größer als der Wert, der sich aus dem Hagen-Poiseuille-Gesetz errechnet. Hinzu kommt, daß selbst bei stationärer Strömung aufgrund der zahlreichen Aufzweigungen des Gefäßbaums keine Ausbildung eines parabelförmigen Strömungsprofils möglich ist. Des weiteren kann der Gefäßdurchmesser aufgrund der *Elastizität der Gefäße* mit wachsendem Druck zunehmen; der Strömungswiderstand wird damit abhängig von der Höhe des Blutdrucks. Schließlich stellt Blut eine Suspension von Korpuskeln in einer Flüssigkeit dar, ist also eine heterogene (Nicht-Newton-) Flüssigkeit. *Die Viskosität des Blutes ist daher keine Konstante, sondern hängt auch von den Strömungsbedingungen ab.*

Trotz dieser Einschränkungen ist das Hagen-Poiseuille-Gesetz für quantitative Abschätzungen in der Kreislaufphysiologie von wesentlicher Bedeutung. So liefert die Abhängigkeit des Strömungswiderstandes von der 4. Potenz des Radius die Erklärung dafür, daß *der größte Teil des Strömungswiderstandes im Kreislauf im Bereich der Arteriolen und Kapillaren lokalisiert* ist und daß bereits kleine Änderungen des Kontraktionszustandes der Arteriolen beträchtliche Änderungen des Widerstandes und damit der Durchblutung bewirken.

Laminare und turbulente Strömung. Unter bestimmten Bedingungen kann eine laminare Strömung in eine turbulente Strömung übergehen. Unter Abflachung des Strömungsprofils treten hierbei *Wirbel* auf, in denen sich die Flüssigkeitsteilchen nicht nur parallel, sondern auch quer zur Gefäßachse bewegen. Die bei laminarer Strömung bestehende lineare Beziehung zwischen Stromstärke und Druckdifferenz ist aufgehoben, da durch die Wirbelbildung *zusätzliche Energieverluste* in Form von Wärmebildung entstehen. Die Druckdifferenz ist dabei annähernd dem Quadrat der Stromstärke proportional (Abb. 24–4B).

Der Übergang von einer laminaren in eine turbulente Strömung ist abhängig vom Innendurchmesser des Gefäßes ($2r_i$), von der über den Querschnitt gemittelten Geschwindigkeit ($\bar{v}$) sowie der Dichte (ϱ) und der Viskosität der Flüssigkeit. In der dimensionslosen ***Reynolds-Zahl*** (Re) sind diese Größen zusammengefaßt:

$$Re = 2\, r_i \bar{v} \frac{\varrho}{\eta} \qquad (10)$$

Überschreitet die Reynolds-Zahl den *kritischen Wert von 2000–2200*, so geht die laminare in eine turbulente Strömung über. Dieser Wert wird in den proximalen Abschnitten der Aorta und A. pulmonalis während der Austreibungszeit weit überschritten, so daß hier kurzzeitig turbulente Strömungen entstehen. Bei erhöhten Strömungsgeschwindigkeiten (z. B. bei Gefäßstenosen) oder bei reduzierter Blutviskosität (z. B. bei schweren Anämien) kommt es auch in herzfernen Arterien zu turbulenter Strömung, die zu auskultierbaren *Strömungsgeräuschen* führen kann.

Die Viskosität des Blutes nimmt mit dem Hämatokrit zu und hängt zusätzlich von den Strömungsbedingungen ab

Scheinbare Viskosität. Wegen seiner Zusammensetzung aus Plasma und korpuskulären Bestandteilen ist Blut eine heterogene (Nicht-Newton-)Flüssigkeit und weist eine variable Viskosität auf. Diese sogenannte *scheinbare* oder *apparente Viskosität* hängt stark von der jeweiligen Menge der suspendierten Zellen ab, d. h. vom Hämatokrit sowie vom Proteingehalt des Plasmas. In großen Gefäßen liegt bei schneller Strömung und normalem Hämatokrit die Viskosität des Blutes bei etwa 3–4 mPa · s, wobei in der Praxis die Viskosität häufig in relativen Einheiten angegeben wird, d. h. als Quotient aus der scheinbaren Viskosität und der Plasma-Viskosität, die bei 1,2 mPa · s liegt.

Bei niedriger Strömungsgeschwindigkeit und entsprechend niedriger Schubspannung nimmt die Viskosität stark zu. Die *Viskositätszunahme bei abnehmender Strömungsgeschwindigkeit* ist vor allem auf eine reversible *Aggregation der Erythrozyten* untereinander (Rouleaux- oder Geldrollenform) zurückzuführen. Die vernetzten Erythrozytenaggregate bilden sich durch Vermittlung *hochmolekularer Proteine* im Plasma (Fibrinogen, α_2-Makroglobulin und andere). Bei sehr niedriger Schubspannung kann die scheinbare Viskosität extrem hohe Werte erreichen, so daß ein völliger Strömungsstillstand resultiert.

Eine weitere Ursache für das anomale Fließverhalten des Blutes beruht auf der großen *Verformbarkeit der Erythrozyten.* Das Fließverhalten entspricht daher bei erhöhten Schubspannungen weniger dem einer Suspension starrer Korpuskeln in Flüssigkeit, sondern eher dem einer Emulsion, d. h. einer Aufschwemmung von Flüssigkeitströpfchen in Flüssigkeit. Mit steigender Schubspannung kommt es durch Orientierung und Verformung der Erythrozyten in der Strömung zu einer Abnahme des hydrodynamischen Störeffekts, den die suspendierten Erythrozyten auf die aneinander vorbeigleitenden Flüssigkeitsschichten ausüben, und damit zu einer *Abnahme der scheinbaren Viskosität* [6,14].

Fahraeus-Lindqvist-Effekt. Die hohe Fluidität der Erythrozyten ist auch die Ursache für ein weiteres Phänomen, das in Blutgefäßen mit einem Durchmesser von weniger als 300 μm zu beobachten ist: der *Axialmigration der Erythrozyten.* Diese werden von der Randzone des durchströmten Gefäßes, in der hohe Geschwindigkeitsgradienten und Schubspannungen bestehen, durch Rotationsbewegungen zur Gefäßachse hin verschoben, wo die Scherung weit geringer ist. Hierdurch kommt es zur Ausbildung einer relativ *zellarmen Randzone,* die als niederviskösе Gleitschicht der Fortbewegung der zentralen Zellsäule dient. Dieser Effekt führt mit weiter abnehmendem Durchmesser zu einer deutlichen Herabsetzung der scheinbaren Viskosität, bis bei Durchmessern von 5–10 μm die scheinbare Viskosität nur noch geringfügig größer ist (10–15 %) als die Viskosität der zellfreien Flüssigkeit (Abb. 24–5).

Auch in den Kapillaren, die von den Erythrozyten im „Gänsemarsch" passiert werden, kommt es durch extreme Formanpassung (Tropfenform, Fallschirmform) der Erythrozyten zur Ausbildung einer niederviskösen Plasmarandzone. Erst bei Gefäßdurchmessern unter 4 μm ist ein Ende der Erythrozytenverformbarkeit erreicht, so daß die scheinbare Viskosität steil ansteigt. *Die Erniedrigung der scheinbaren Viskosität des Blutes mit abnehmendem Gefäßdurchmesser wird als Fahraeus-*

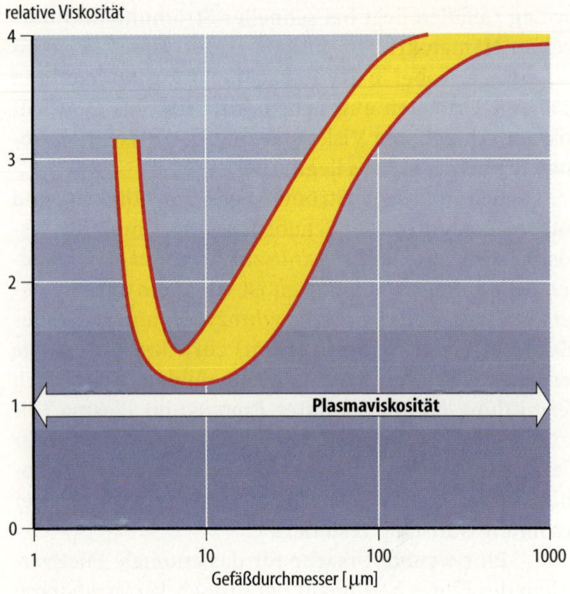

Abb. 24–5. Abhängigkeit der Viskosität des Blutes vom Gefäßdurchmesser. Mit fallendem Gefäßdurchmesser nimmt die Viskosität des Blutes ab und erreicht bei 4–10 μm Durchmesser ein Minimum (Fahraeus-Lindqvist-Effekt)

Lindqvist-Effekt bezeichnet. Die Axialmigration der Erythrozyten ist auch der Grund dafür, daß der Hämatokrit nur einen sehr geringen Einfluß auf die Viskosität in Gefäßen der Mikrozirkulation und damit auch auf die Größe des peripheren Widerstandes hat [14].

Die Strömungswiderstände und damit auch die scheinbare Viskosität in blutperfundierten Mikrogefäßen in situ sind wesentlich größer als die an blutperfundierten Glasröhrchen gleichen Durchmessers in vitro bestimmten Werte (Abb. 24–5). Als eine Ursache hierfür wird diskutiert, daß der effektive Durchmesser in den Kapillaren durch die gelartige Proteoglykanstruktur der endothelialen Glykokalix mit einer Schichtdicke von ca. 1 μm doch wesentlich geringer ist als sich nach den mikroskopischen Durchmesserbestimmungen ergibt.

!

Für die Strömung des Blutes im Gefäßsystem gelten die Gesetzmäßigkeiten der Hämodynamik. Danach ist die Stromstärke gleich der treibenden Druckdifferenz, dividiert durch den Strömungswiderstand. Sind verschieden weite Gefäße hintereinandergeschaltet, so nimmt die mittlere Strömungsgeschwindigkeit mit abnehmendem Gefäßquerschnitt zu. Nach dem Hagen-Poiseuille-Gesetz ist der Strömungswiderstand direkt proportional der Viskosität der strömenden Flüssigkeit und der Länge des Rohres sowie umgekehrt proportional der 4. Potenz des Radius. Dieses Gesetz gilt nur für die stationäre laminare Strömung einer homogenen Flüssigkeit in einem starren Rohr und ist daher auf die Strömung des Blutes nur eingeschränkt anwendbar. Es erklärt jedoch, warum der Hauptströmungswiderstand in den Arteriolen lokalisiert ist. Die laminare geht in eine turbulente Strömung über, wenn die Reynolds-Zahl einen kritischen Wert von 2000–2200 überschreitet.

Die scheinbare Viskosität des strömenden Blutes beträgt in großen Gefäßen 3–4 mPa · s. Bei kleiner Strömungsgeschwindigkeit und geringer Schubspannung nimmt die scheinbare Viskosität stark zu, weil sich in diesem Fall reversible Erythrozytenaggregate bilden. In Blutgefäßen mit einem Durchmesser von weniger als 300 μm bewegen sich die Erythrozyten vor allem im Axialstrom. Aufgrund der dadurch entstehenden zellarmen Randzone nimmt die scheinbare Viskosität deutlich ab. Dieser Effekt wird durch die Fluidität (Verformbarkeit) der Erythrozyten verstärkt. Auch in den Kapillaren, die von den Erythrozyten hintereinander passiert werden, kommt es zu einer strömungsbedingten Verformung der Zellen. Die Erniedrigung der scheinbaren Viskosität des Blutes mit abnehmendem Gefäßdurchmesser wird als Fahraeus-Lindqvist-Effekt bezeichnet.

24.2 Eigenschaften der Gefäßwände und arterielle Hämodynamik

Durch den dehnenden transmuralen Druck wird in den Gefäßwänden eine tangentiale Wandspannung, d. h. eine Zugbelastung in Umfangsrichtung, erzeugt, die von den Strukturelementen der Gefäßwand getragen werden muß

Aufbau der Gefäßwände. Alle Gefäßtypen mit Ausnahme der Kapillaren weisen einen charakteristischen Wandaufbau in 3 Schichten (*Intima, Media* und *Adventitia*) auf. Je nach Funktion und Beanspruchung wechseln dabei der Anteil und die strukturelle Orientierung der einzelnen Gewebeelemente in diesen Schichten sehr stark. Für das passiv-mechanische Verhalten der Gefäßwand sind dabei neben dem Anteil und der strukturellen Anordnung der glatten Muskulatur das Dehnungsverhalten der elastischen und kollagenen Fasernetze in der Media und Adventitia von großer Bedeutung.

Dehnung der Gefäßwand. Der *Dehnungszustand* eines Gefäßes wird grundsätzlich durch den transmuralen Druck sowie die Dehnbarkeit des Gefäßes bestimmt. Der ***transmurale Druck*** (P_{tm}) stellt die Differenz zwischen dem intra- und dem extravasalen Druck dar ($P_{tm} = P_i - P_e$). Da in vielen Geweben der extravasale Druck (Gewebedruck) nur sehr gering ist, kann man ohne allzu großen Fehler in den meisten Arterien den intravasalen Druck mit dem transmuralen Druck gleichsetzen.

Ausnahmen hiervon sind die Stromgebiete des Herzens bzw. des Skelettmuskels, wo sich während der Kontraktionen nicht unerhebliche Gewebedrücke entwickeln, so daß es hier zu einer Abnahme des Gefäßdurchmessers bzw. zu einem völligen Gefäßkollaps kommen kann. Auch in den Venen sowie in der Pulmonalstrombahn, die während des Atmungszyklus über den Alveolarraum beträchtlichen extravasalen Druckschwankungen ausgesetzt ist, wird die Größe des transmuralen Drucks – und damit die Füllung der Gefäße – entscheidend durch den extravasalen Druck mitbestimmt.

Durch den dehnenden transmuralen Druck wird in der Gefäßwand in Umfangsrichtung eine *tangentiale Wandspannung* erzeugt, die von der Größe des transmuralen Drucks P_{tm}, der Wanddicke h und dem Innenradius des Gefäßes r_i abhängt:

$$\sigma_t = \frac{P_{tm} \cdot r_i}{h} \tag{11}$$

Diese tangentiale Wandspannung, die letztendlich eine Zugbelastung der Wand in zirkumferentieller Richtung darstellt, muß von den Strukturelementen der Gefäßwand getragen werden (vgl. dazu Wandspannung in einem Hohlkörper, S. 456f). Bei einem gegebenen transmuralen Druck ist bei maximaler Dilatation die Wandspannung des Gefäßes am größten (Zunahme des Innenradius r_i und Abnahme der Wanddicke h bei Volumenkonstanz der Wand) und bei maximaler Kontraktion am kleinsten. Während bei maximaler Dilatation die Wandspannung von den passiven Strukturelementen (elastische und kollagene Fasern) der Wand getragen wird, muß bei maximal kontrahiertem Gefäß die glatte Gefäßmuskulatur die gesamte Wandspannung aktiv entwickeln und aufrechterhalten [6].

Volumenelastizitätskoeffizient und Compliance. Die elastischen Eigenschaften von Gefäßen lassen sich mit Hilfe des *Volumenelastizitätskoeffizienten E'* quantitativ erfassen. Dieser ist als das Verhältnis einer Druckänderung zu der entsprechenden Volumenänderung definiert:

$$E' = \frac{\Delta P}{\Delta V} \tag{12}$$

Die *Compliance* (elastische Weitbarkeit) stellt den Kehrwert von E' dar und wird klinisch zur Charakterisierung des Dehnungsverhaltens einzelner Gefäßabschnitte (s. S. 559) bzw. des gesamten Gefäßsystems herangezogen.

Der *Volumenelastizitätsmodul* $\varkappa$ ist definiert als das Verhältnis einer Druckänderung zu einer relativen Volumenänderung:

$$\varkappa = \frac{\Delta P}{\Delta V} \cdot V = E' \cdot V \tag{13}$$

Die *Wellengeschwindigkeit c* der sich mit jedem Herzschlag über das Arteriensystem ausbreitenden Pulswelle (s. u.) steht zu dem Volumenelastizitätsmodul $\varkappa$ und der Massendichte ϱ in einfacher Beziehung:

$$c = \sqrt{\frac{\varkappa}{\varrho}} \tag{14}$$

Gl. (14) entspricht grundsätzlich der von Newton für die Schallgeschwindigkeit abgeleiteten Formel und wurde erst später auf Pulswellen angewandt. Die Bedeutung von Gl. (14) für Kreislaufuntersuchungen liegt darin, daß man aus Messungen der Pulswellengeschwindigkeit Rückschlüsse auf das elastische Verhalten der Arterien ziehen kann.

Der rhythmische Blutauswurf des Herzens erzeugt in der Aorta und der A. pulmonalis Pulswellen, die sich bis zu den Kapillaren hin fortpflanzen

Entstehung und Ausbreitung der Pulswellen. In vereinfachter Form lassen sich diese Vorgänge anhand von Abb. 24–6 erläutern. In einen flüssigkeitsgefüllten elastischen Schlauch, der unter einem gewissen Ausgangsdruck steht, wird ein bestimmtes Flüssigkeitsvolumen eingepumpt. Die Flüssigkeit am Anfang des Schlauches widersteht aufgrund der Massenträgheit einer Beschleunigung. Deshalb kommt es zu einem Druckanstieg, der lokal begrenzt bleibt und wesentlich kleiner ist als in einem starren Rohr, da nicht die gesamte im Schlauch enthaltene Flüssigkeitssäule beschleunigt werden muß. Dieser Druckanstieg führt über eine Dehnung der elastischen Wand zu einer lokalen Querschnittserweiterung des Schlauches, in der ein Teil des eingepumpten Volumens gespeichert wird (Segment A in Abb. 24–6). Der sich hierbei zwischen Segment A und dem nächsten Segment B ausbildende Druckgradient bewirkt nun seinerseits eine Beschleunigung und Weiterbewegung des gespeicherten Volumens in das Schlauchsegment B. In den nachfolgenden Segmenten wiederholen sich die geschilderten Vorgänge. Diese zur vereinfachten Beschreibung in eine schrittweise Abfolge zerlegten Ereignisse von Speicherung, Entspeicherung und Weiterströmen sind in Wirklichkeit simultane Phänomene, die sich kontinuierlich als *Pulswellen* mit einer bestimmten Geschwindigkeit über den Schlauch hinweg fortpflanzen. Die Fortpflanzungsgeschwindigkeit der Pulswelle darf nicht mit der wesentlich niedrigeren Strömungsgeschwindigkeit des Blutes verwechselt werden.

Druck-, Strom- und Querschnittspuls. An jedem Ort, den die Welle durchläuft, lassen sich die drei zusammengehörigen Grundphänomene der Pulswelle beobachten:

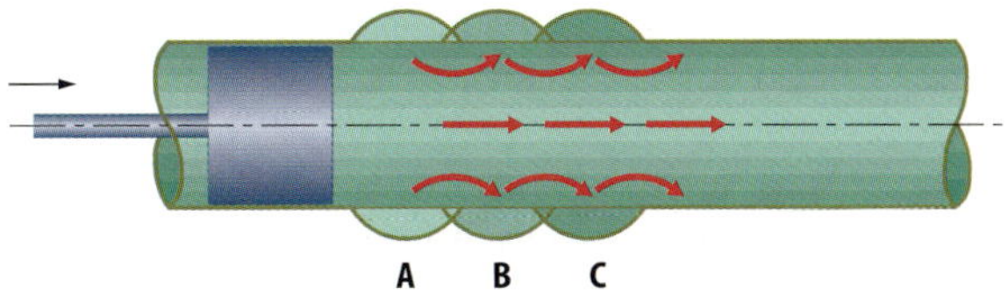

Abb. 24–6. Schematische Darstellung der Ausbreitung einer Pulswelle in einem elastischen Schlauch. Erklärung im Text

Druckpuls, Strompuls und *Querschnittspuls* (Volumenpuls) stellen die örtlich registrierbare Änderung des Wellendrucks, der Wellenströmung und des Gefäßquerschnitts dar. In einem System, in dem nur Pulswellen einer Laufrichtung auftreten, weisen die 3 Pulsformen genau übereinstimmende Kurvenverläufe auf. Dies ist im Arteriensystem jedoch nie der Fall.

Im Arteriensystem kommt es aufgrund von Wellenreflexionen zu einer Überlagerung von peripherwärts laufenden und herzwärts laufenden Pulswellen

Reflexion der Pulswelle. Das Verhältnis der Druckamplitude einer Welle ΔP zur Stromstärkeamplitude ΔI wird als ***Wellenwiderstand*** Z (Wellenimpedanz) bezeichnet. Ändert sich der Wellenwiderstand im Verlauf eines Arteriensegmentes (hervorgerufen durch seitliche Abzweigungen, Änderungen von Gefäßquerschnitt, Wanddicke oder Elastizität), so treten an diesen Orten Reflexionen der Pulswelle auf. Im Arteriensystem steigt der Wellenwiderstand in Richtung zu den peripheren Arterien teilweise gleichmäßig, teilweise sprunghaft an, so daß an vielen Orten Wellenreflexionen entstehen. Hierbei kommt es zur Superposition der peripherwärts laufenden und der herzwärts laufenden Wellen. Da bei *Wellen entgegengesetzer Laufrichtung* die *Wellendrücke sich addieren,* während die *Wellenstromstärken* sich *subtrahieren,* weisen *Druck-* und *Strompulse* im Arteriensystem einen *unterschiedlichen Kurvenverlauf* auf [5,6,11].

Der Wellenwiderstand eines Arteriensegmentes ergibt sich vereinfacht (unter Vernachlässigung der Reibungswiderstände im Blut und in der Gefäßwand) aus dem Zusammenwirken der Massenträgheit des Blutes und der Elastizität der Gefäßwand.

$$Z = \frac{\Delta P}{\Delta I} = \frac{\varrho \cdot c}{Q} \tag{15}$$

(c = Pulswellengeschwindigkeit, Q = Innenquerschnitt des Gefäßes, ϱ = Dichte des Blutes). Bei ΔP und ΔI handelt es sich um die Druck- bzw. Stromstärkeamplitude von Wellen einer einzigen Laufrichtung. Das Verhältnis der Druckamplituden von reflektierter zu ankommender Welle bezeichnet man als ***Reflexionsfaktor*** (k), der sich errechnet aus dem Wellenwiderstand des proximalen Arteriensegments (Z_1) und des distalen Arteriensegments (Z_2).

$$k = \frac{Z_2 - Z_1}{Z_2 + Z_1} \tag{16}$$

Wie aus Gl. (16) ersichtlich, kann der Reflexionsfaktor theoretisch Werte zwischen −1 (negative Totalreflexion) und +1 (positive Totalreflexion) annehmen, wobei im Arteriensystem vor allem positive Wellenreflexionen mit Reflexionsfaktoren zwischen +0,1 und +0,4 die Pulsformen bestimmen.

Der *periphere Strömungswiderstand* des Arteriensystems, der hauptsächlich im Bereich der *terminalen Arterien* und *Arteriolen* lokalisiert ist, stellt für die Pulswelle einen räumlichen, verteilten *Endwiderstand mit Reflexionsfaktoren* zwischen +0,1 (bei niedrigem peripherem Widerstand) und +0,4 (bei hohem peripherem Widerstand) dar. Dies bedeutet für die ***peripheren Pulse*** eine ***Zunahme der Druckpulsamplitude*** und eine ***Abnahme der Strompulsamplitude.*** Der Mechanismus der positiven Wellenreflexion in der Peripherie des Arteriensystems liefert auch die Erklärung für die *Überhöhung der systolischen Blutdruckgipfel in den Beinarterien.*

!

Der Dehnungszustand eines Gefäßes wird durch den transmuralen Druck, d. h. die Differenz zwischen dem intra- und dem extravasalen Druck, sowie durch die Dehnbarkeit des Gefäßes bestimmt. Ein Maß für die elastischen Eigenschaften eines Gefäßes ist der Volumenelastizitätskoeffizient E′, der als Verhältnis einer Druckänderung zu der entsprechenden Volumenänderung definiert ist. Dessen Kehrwert, die Compliance C, kennzeichnet die elastische Weitbarkeit des Gefäßes.

Der rhythmische Blutauswurf des Herzens erzeugt in der Aorta und in der A. pulmonalis Pulswellen, die sich bis zu den Kapillaren fortpflanzen. Dabei unterscheidet man einen Druckpuls, einen Strompuls und einen Querschnittspuls (Volumenpuls). Die Pulswelle wird an Orten, an denen der Wellenwiderstand sich ändert (Gefäßabzweigungen, Änderungen des Gefäßquerschnitts oder der Elastizität) reflektiert. Die Überlagerung der peripherwärts laufenden und der reflektierten Pulswellen führt in der Peripherie des Arteriensystems zu einer Zunahme der Druckpulsamplitude und zu einer Abnahme der Strompulsamplitude.

Beim Erwachsenen in körperlicher Ruhe erreicht der Strompuls in der Aorta eine Spitzenstromstärke von 500–600 ml/s; der Druckpuls steigt während der Systole auf 120 mm Hg an und fällt bis zum Ende der Diastole auf 80 mm Hg ab

Form der Strompulse. Der intermittierende Blutauswurf des Herzens führt in der Aorta zu *Strompulsen.* Die Stromstärke erreicht bereits am Ende des ersten Drittels bzw. Viertels der Systole ihren Maximalwert und fällt dann steil ab (Abb. 24-7). Ihre etwa dreieckförmige Kurvenfläche über der Nullinie entspricht dem Schlagvolumen des Herzens. Am Ende der Systole und damit am Ende des Strompulses kommt es zu einem kurzdauernden Rückstrom in Richtung auf die sich schließende Aortenklappe. Diese rückläufige Strömung ist die Ursache für die in den *zentralen Druckpulsen* scharfmarkierte ***Inzisur.*** Die Spitzenstromstärke in der Aorta beträgt beim erwachsenen Menschen etwa 500–600 ml/s, die maximale Strömungsgeschwindigkeit beträgt somit bei einem Aortenquerschnitt von 5 cm^2 (600:5) 120 cm/s. Die kritische Reynolds-Zahl ist damit oft wesentlich überschritten: es herrscht *Turbulenz* und ein flaches Geschwindigkeitsprofil vor.

Die Strompulse in den *peripheren Abschnitten des arteriellen Hauptrohrs* (Aorta abdominalis, A. iliaca, A. femoralis und A. tibialis) sind durch eine *frühdiastolische Rückstromphase* und eine darauffolgende Phase

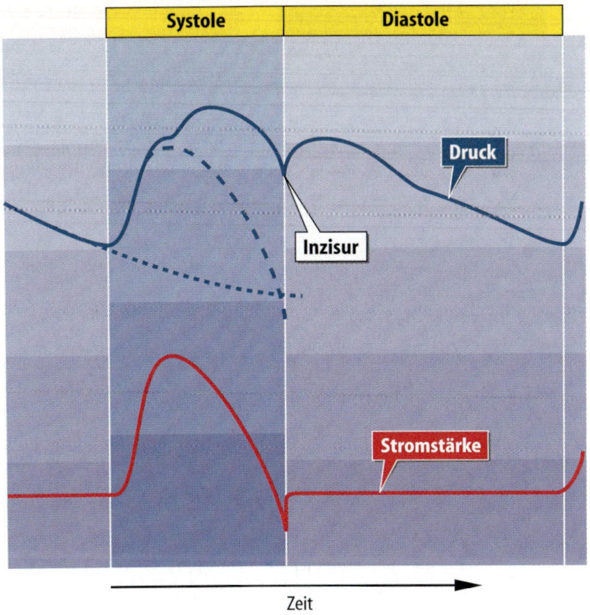

Abb. 24–7. Schematische Darstellung zur Entstehung des „primären" Druckpulses. Multipliziert man den Strompuls in der Aorta ascendens *(unten)* Punkt für Punkt mit dem Wellenwiderstand in der Aorta ascendens und setzt diesen Druckpuls auf die Verlängerung des diastolischen Abfalls des vorhergehenden Pulses *(punktierte Linie)* auf, so erhält man den „primären" Druckpuls *(gestrichelte Linie).* Der tatsächlich resultierende Druckverlauf *(durchgezogene Linie)* ergibt sich aus dem Primärpuls und der Summe der reflektierten Wellen

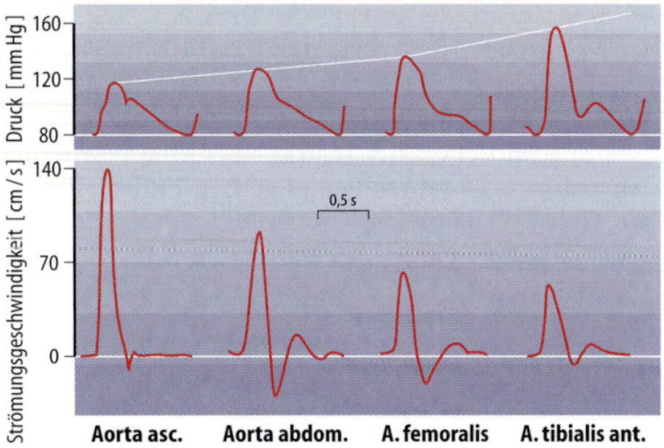

Abb. 24–8. Druck- und Strompulsformen entlang dem arteriellen Hauptrohr bei einem jüngeren Erwachsenen

der Vorwärtsströmung charakterisiert. Diese Phasen der Rückwärts- und Vorwärtsströmung sind bereits in der Aorta abdominalis deutlich erkennbar und erreichen in der A. femoralis ihre stärkste Ausprägung. Weiter distal nehmen die Amplituden der Rückwärtsströmung wieder ab, jedoch bleibt selbst in so peripheren Gefäßen, wie der A. tibialis posterior, noch eine merkliche diastolische Rückstromphase bestehen (Abb. 24–8).

Form der herznahen Druckpulse. Die Form der *Druckpulse in der Aorta ascendens* weicht bereits in der Systole in charakteristischer Weise von der dazugehörigen Stromstärkekurve ab (Abb. 24–7). Dies ist bedingt durch *positiv reflektierte Wellen,* die sich schon kurz nach Beginn der Austreibungszeit auf den primären Pulsverlauf aufsetzen und so die Druckkurve überhöhen [5,11].

Amplitude und Form des *primären Druckpulses* lassen sich ermitteln, indem man die momentanen Stromstärkewerte mit dem Wellenwiderstand der Aorta multipliziert. Bei einer Spitzenstromstärke von 600 ml/s und einem Wellenwiderstand der Aorta von $8\ \mathrm{MPa \cdot s \cdot m^{-3}}$ ergibt sich die Amplitude des primären Druckpulses zu 36 mm Hg (4,8 kPa).

Das Maximum des *tatsächlichen Druckpulses* tritt hingegen erst etwas später auf und liegt in der Regel auch höher als der Gipfel des Primärpulses (Abb. 24–7). Ebenso liegt der am Ende der Systole erreichte Druck deutlich über dem anfangssystolischen Wert. Dies ist Ausdruck dafür, daß nur ein Teil der primären Pulswelle, d. h. nur ein Teil des ausgeworfenen Blutvolumens, das Arteriensystem bis Ende der Systole verlassen hat, während der Rest noch in Form von hin- und herlaufenden Wellen im System gespeichert ist. Dieser Anteil an reflektierten Wellen verläßt erst während der Diastole über die peripheren Widerstandsgefäße, d. h. die peripheren Endreflexionsstellen, das Arteriensystem.

Der diastolische Druckverlauf in der Aorta ascendens ist – bis auf eine variabel ausgeprägte frühdiastolische Erhebung – nahezu monoton abfallend: Die zahlreichen reflektierten Wellen, die während ihres Hin- und Herlaufs (zwischen den peripheren Endreflexionsstellen und der geschlossenen Aortenklappe) durch peripheren Abstrom und Dämpfung ständig an Amplitude verlieren, überlagern sich in der Weise, daß ein steter Kurvenzug entsteht (Abb. 24–7).

Diese intermittierend ablaufenden Speicherungs- und Entspeicherungsvorgänge sind dabei auf ein erhöhtes Mitteldruckniveau aufgesetzt. Dies bedeutet, daß *ein bestimmtes Volumen Blut ständig im Arteriensystem gespeichert ist* und unter Druckanstieg die elastischen Gefäßwände gespannt hält. Unter stationären Bedingungen sind dabei mittlerer Zu- und Abfluß aus dem System gleich groß. Beim jüngeren Erwachsenen beträgt dieses stationär gespeicherte Volumen etwa 800 ml, d. h. ca. 15 % des gesamten Blutvolumens, während das am *Ende der Systole* noch zusätzlich pulsatorisch gespeicherte Volumen ca. 35 bis 40 ml umfaßt. In erster Näherung kann man davon ausgehen, daß etwa *eine Hälfte des pulsatorisch gespeicherten Volumens sich in der Aorta und den herznahen Gebieten der Arm- und Halsarterien* befindet, während die andere Hälfte sich auf alle übrigen Arterien verteilt.

Neben der Funktionsbeschreibung des Arteriensystems als komplexe Wellenleitung wurde bereits im neunzehnten Jahrhundert eine einfache Modellvorstellung zur Beschreibung der Speicherfunktion des Arteriensystems herangezogen, der das Prinzip des Windkessels zugrundeliegt. Dieser sog. ***Windkessel,*** wie er früher bei handbetriebenen Feuerwehrpumpen Verwendung fand, besteht aus einen starrwandigen flüssigkeitsgefüllten Behälter, in welchem durch ein Luftpolster unter mäßigem Druckanstieg weitere Flüssigkeit gespeichert werden kann. Durch dieses Prinzip läßt sich – trotz rhythmisch unterbrochenem Flüssigkeitszustrom in den Behälter – ein mehr oder weniger kontinuierlicher Abstrom erzielen. Die dem Windkesselmodell zugrundeliegende gedankliche Vereinfachung besteht darin, anstelle der im Arteriensystem räumlich verteilten elastischen Weitbarkeit und der peripheren Strömungswiderstände praktisch nur punktförmig eine elastische Weitbarkeit sowie einen Strömungswiderstand am Ausgang des Systems anzunehmen. Die Beschreibung der orts- und zeitabhängigen Änderungen der Druck- und Strompulse längs des Arteriensystems sind mit dem Windkesselmodell nicht möglich. Dagegen kann das Windkesselprinzip herangezogen werden, wenn Speicherungs- und Entspeicherungsvorgänge global abgeschätzt werden sollen [5].

Der niedrigste pulsatorische Druckwert am Ende der Diastole bzw. vor Beginn des systolischen Anstiegs wird als ***diastolischer Druck*** bezeichnet, der in der Systole erreichte maximale Druckwert als ***systolischer Druck.*** Beim gesunden jüngeren Erwachsenen beträgt in der

Aorta ascendens der diastolische Druck ca. 80 mm Hg, der systolische Druck ca. 120 mm Hg. Die Differenz zwischen beiden ist die *Blutdruckamplitude*. Unter dem ***mittleren Blutdruck*** (*arteriellen Mitteldruck*) versteht man den Mittelwert des Drucks über eine bestimmte Zeitspanne, z. B. während eines ganzen Pulses oder einer Serie von Pulsen. Er wird durch *Integration* der Druckpulskurven über die Zeit bestimmt.

Von der Aorta zu herzfernen Arterien hin nehmen die Blutdruckamplitude und die Pulswellengeschwindigkeit zu

Form der herzfernen Druckpulse. Der Druckverlauf in den herzfernen Arterien unterscheidet sich in charakteristischer Weise von den zentralen Druckpulsen. Die *Inzisur*, die in den Druckpulskurven der Aorta das Ende der Systole markiert, ist in Arm- und Beinarterien aufgrund der starken Dämpfung der höherfrequenten Wellenanteile in der Regel nicht mehr erkennbar. Typisches Merkmal für die Druckpulse der Beinarterien, ist die sog. ***Dikrotie*** (Doppelgipfeligkeit).

Dieser zweite Gipfel ist in der A. femoralis meist nur schwach ausgeprägt. In den distalen Beinarterien, wie der A. tibialis posterior, hingegen läßt der Druckabfall nach dem systolischen Maximum bis fast auf das anfangssystolische Niveau die Dikrotie sehr deutlich in Erscheinung treten (Abb. 24–8). Die Entstehung dieses charakteristischen Wellenphänomens läßt sich vereinfacht so deuten, daß die *in der Peripherie positiv reflektierte primäre Pulswelle* das Arteriensystem retrograd, d. h. herzwärts, durchläuft, *an der inzwischen geschlossenen Aortenklappe positiv reflektiert wird*, dann abermals peripherwärts läuft und dort im diastolischen Abschnitt des Pulses den zweiten Gipfel hervorruft.

Mit *wachsender Entfernung vom Herzen* kommt es zu einer *deutlichen Zunahme des Druckgipfels*. Diese ***systolische Amplitudenüberhöhung***, die aus der *Zunahme des Wellenwiderstandes in peripherer Richtung* resultiert, kann bei gesunden jüngeren Erwachsenen zu einem Anstieg des systolischen Drucks von 120 mm Hg im Aortenbogen bis auf 160 mm Hg in der A. tibialis posterior führen. Da gleichzeitig der arterielle Mitteldruck und damit auch der diastolische Druck etwas abnimmt, ergibt sich eine starke Vergrößerung der Blutdruckamplitude bis auf das 2fache der zentralen Amplitude.

Pulsformen in Seitenästen. Die großen supraaortalen Arterien wie A. carotis und A. subclavia sowie die Nierenarterien stellen – hämodynamisch gesehen – vom arteriellen Hauptrohr weitgehend unabhängige, eigene Wellenleitungen dar. Dies rührt daher, daß der Wellenwiderstand der Aorta wesentlich niedriger ist als derjenige dieser Seitenäste. Die Pulswellen, die in diese Gefäße hineinlaufen, werden ebenso wie die Wellen in allen andern Gefäßregionen des Körpers peripher positiv reflektiert, jedoch erfolgt aufgrund der genannten Wellenwiderstandsverhältnisse für die rückläufigen Wellen, die zum Abgang des Seitenastes aus der Aorta zurückgelangen, eine nahezu vollständige negative Reflexion (k = –0,8). Diese Seitenäste wirken also wie „Wellenfallen“, d. h. von den hineinlaufenden Pulswellen gelangt praktisch kein nennenswerter Energieanteil wieder in die Aorta zurück. Charakteristisch für die Pulsformen in den Armarterien ist die zweite systolische Welle, die in den Strompulsen meist deutlich, in den Druckpulsen als schwach ausgeprägter Gipfel in Erscheinung tritt (Abb. 24–9).

Pulswellengeschwindigkeit. Wie oben erwähnt lassen sich aus der *Ausbreitungsgeschwindigkeit der Pulswelle* (PWG) unter Berücksichtigung der Orts-, der Druck- sowie der Altersabhängigkeit Rückschlüsse auf das *elastische Verhalten von Arterien* ziehen. Die Bestimmung erfolgt dabei in der Regel mit Hilfe zweier simultan registrierter Druckpulse bei bekanntem Abstand der Registrierstellen. *Mit zunehmender Entfernung vom Herzen steigt die Pulswellengeschwindigkeit an.* Beim jugendlichen Menschen liegt die PWG in der Aorta zwischen 4–5 m /s, in der A. femoralis bei ca. 7 m/s und in der A. tibialis bei 9–10 m/s. Der Anstieg der PWG in peripherer Richtung resultiert dabei zum einen aus der Zunahme des Elastizitätsmoduls, d. h. der geringen Dehnbarkeit beim Übergang von den elastischen auf die muskulären Arterien, zum andern aus der Zunahme des Wanddicken-Radius-Verhältnisses in peripherer Richtung, das ebenfalls zu einer geringeren Dehnbarkeit und damit höheren Wellengeschwindigkeit beiträgt. Auch mit zunehmendem mittlerem Blutdruck steigt die PWG an, da mit wachsender Dehnung der Arterien der Elastizitätsmodul zunimmt. Ein Anstieg der Pulswellengeschwindigkeit tritt auch mit zunehmendem Lebensalter auf, hauptsächlich im Bereich der elastischen Arterien (Abb. 24–10). Dieser Anstieg beruht auf dem Altersumbau der Arterienwand, vor allem auf der Abnahme des elastischen und der Zunahme des kollagenen Gewebes [45].

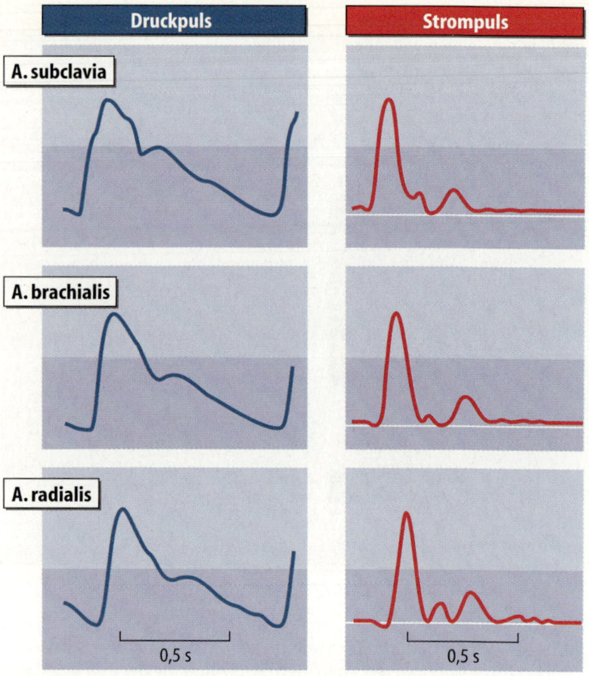

Abb. 24–9. Transkutan registrierte Druck- und Strompulse in den Armarterien des Menschen. Die Druckpulse wurden als Sphygmogramme (= nicht geeichte Druckpulse), die Strompulse mittels eines Ultraschall-Doppler-Verfahrens aufgenommen

Der größte Strömungswiderstand entfällt auf die terminalen Arterien und Arteriolen

Entsprechend den niedrigen Strömungswiderständen sinkt entlang der Aorta sowie der großen und mittleren

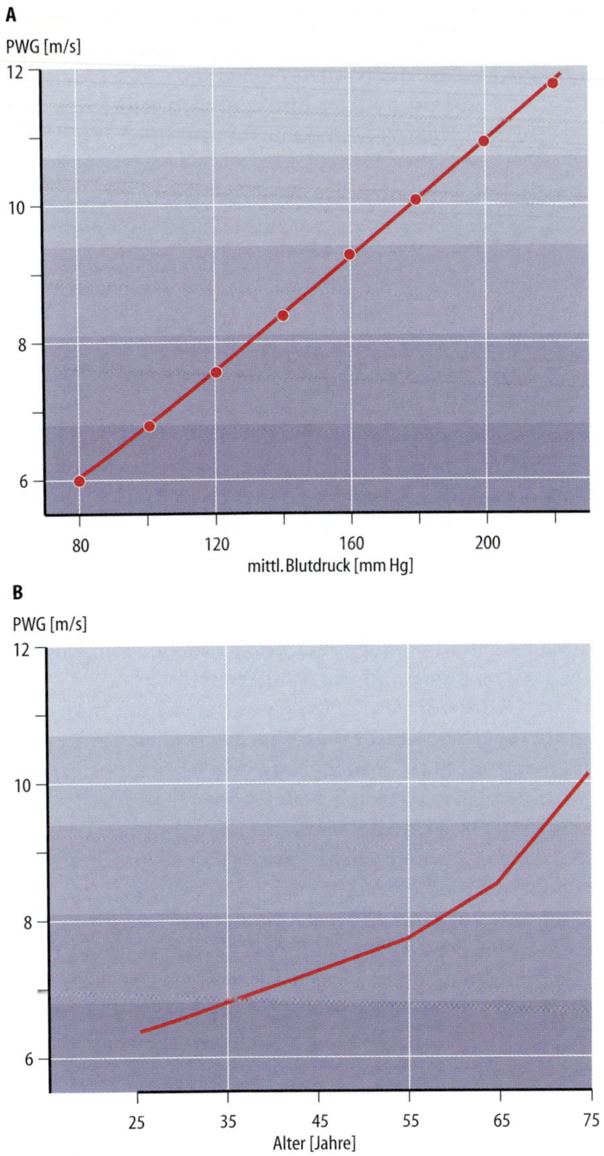

Abb. 24–10. A Abhängigkeit der Pulswellengeschwindigkeit (PWG) vom mittleren arteriellen Blutdruck in der Aorta des Menschen. **B** Statistische Mittelwerte der Pulswellengeschwindigkeit in der menschlichen Aorta in Abhängigkeit vom Alter bei einem mittleren Blutdruck von 100 mmHg. (Nach [45])

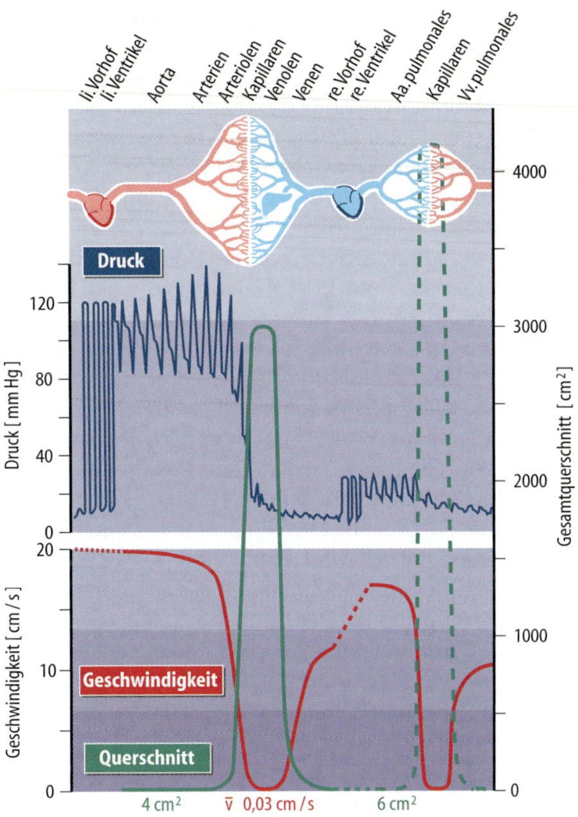

Abb. 24–11. Schematische Darstellung der Beziehungen zwischen Gesamtquerschnitt, Blutdruck und mittlerer Strömungsgeschwindigkeit im kardiovaskulären System

Arterien der mittlere Blutdruck nur geringfügig (um ca. 5–7 mm Hg) ab. Erst in den kleinen Arterien beginnt der Druckabfall pro Längeneinheit deutlich größer zu werden und erreicht in den sog. ***Widerstandsgefäßen*** die größten Werte. Durch *aktive Durchmesseränderung* (Vasokonstriktion) dieser Gefäße läßt sich der *periphere Strömungswiderstand erheblich variieren.* Zu den Widerstandsgefäßen sind hierbei die den Arteriolen vorgeschalteten terminalen Arterienäste und die Arteriolen zu rechnen. Insgesamt tragen die ***terminalen Arterien und Arteriolen*** etwa *45–50 %,* die ***Kapillaren*** etwa *25–30 %* und die ***Venolen*** ca. *3–4 %* zum gesamten peripheren Widerstand bei. Auf die mittleren und großen Venen entfallen ebenfalls nur ca. 3 % des Gesamtwiderstandes [13,14,16].

Wie oben dargestellt (Gl. (4)), ist die mittlere Strömungsgeschwindigkeit bei gegebener Stromstärke dem Gesamtquerschnitt umgekehrt proportional. Obwohl der höchste Verzweigungsgrad im Gefäßsystem in den Kapillaren vorliegt, ist aufgrund der größeren Durchmesser der *postkapillären Venolen* der *Gesamtquerschnitt* in diesem Gefäßgebiet am größten und damit die mittlere Strömungsgeschwindigkeit am niedrigsten. Bei einem geschätzten Gesamtquerschnitt von 0,3 m^2 und einem Herzzeitvolumen von 5,6 l/min resultiert daraus eine *mittlere Strömungsgeschwindigkeit* von ca. 0,03 cm/s (Abb. 24–11).

!

Beim Blutauswurf des Herzens steigt die Stromstärke in der Aorta bis zu einem Spitzenwert von 500–600 ml/s steil an und fällt danach auf Null ab. Ein kurzdauernder Rückstrom am Ende der Systole ist Ursache für die Inzisur in der zentralen Druckpulskurve. Diese Kurve ist gekennzeichnet durch einen Anstieg bis zu einem Maximum, dem systolischen Blutdruck, gefolgt von einem Abfall bis zur Inzisur und einer langsameren kontinuierlichen Abnahme bis zu einem Minimum am Ende der Diastole, dem diastolischen Blutdruck. Die Differenz zwischen systolischem und diastolischen Druck stellt die Blutdruckamplitude dar. Beim gesunden Erwachsenen in körperlicher Ruhe betragen der systolische Blutdruck ca. 120 mm Hg und der diastolische Blutdruck ca. 80 mm Hg. In den herzfernen Arterien kommt es aufgrund der Reflexion der Pulswelle zu einer Überhöhung der Blutdruckamplitude. Nach erneuter Reflexion der rücklaufenden Pulswelle an der Aortenklappe führt die wieder peripherwärts laufende Welle zur Ausbildung eines zweiten Gipfels in der herzfernen Druckpulskurve (Dikrotie). Die Pulswellengeschwindigkeit beträgt in der Aorta 4–5 m/s und nimmt infolge der abnehmenden Gefäßdehnbarkeit in den peripheren Arterien bis auf das Doppelte zu. Die terminalen Arterien und Arteriolen sind mit 45–50 % am peripheren Gesamtwiderstand beteiligt und werden daher als Widerstandsgefäße bezeichnet.

24.3 Niederdrucksystem

Das Niederdrucksystem bildet eine funktionelle Einheit; es enthält nahezu 85 % des gesamten Blutvolumens und weist eine etwa 200mal größere Compliance als das arterielle System auf

Definition des Niederdrucksystems. Der Begriff Niederdrucksystem ist funktionell definiert und umfaßt alle *Körpervenen*, das *rechte Herz*, die *Lungengefäße*, den *linken Vorhof* und während der *Diastole* auch den *linken Ventrikel*. In diesen Kreislaufabschnitten übersteigt der mittlere Blutdruck normalerweise nicht den Wert von 20 mm Hg. Unter dem Hochdrucksystem faßt man den linken Ventrikel während der Systole, sowie das arterielle System des Körperkreislaufs bis hin zu den Arteriolen zusammen. Hier liegt der mittlere Blutdruck zwischen 60 und 100 mm Hg. Während der mittlere Blutdruck im Arteriensystem primär ein hydrodynamisch erzeugter Druck ist, der sich aus dem Produkt von Herzminutenvolumen und peripherem Widerstand ergibt (s. Gl. (1)), trägt im Niederdrucksystem der hydrodynamisch erzeugte Druckanteil aufgrund der niedrigen Strömungswiderstände nur geringfügig zum mittleren Blutdruck bei. Dieser ist in erster Linie bei gegebener Gesamtcompliance (elastischer Weitbarkeit) eine *Funktion der Blutfüllung* des Kreislaufsystems.

Da das ***Niederdrucksystem*** nahezu ***85 % des*** gesamten ***Blutvolumens*** enthält und eine etwa 200fach größere elastische Weitbarkeit als das arterielle System aufweist, müssen sich Volumenänderungen hauptsächlich im Niederdrucksystem auswirken. So werden bei akutem Entzug von 1 Liter Blut 5 ml dem arteriellen und 995 ml dem Niederdrucksystem entnommen [13,16,17].

Drücke im Niederdrucksystem. Bei horizontaler Körperlage herrscht in den extrathorakalen Venen ein flaches Druckgefälle in Richtung Thorax vor. Beträgt der Druck in den *postkapillären Venolen* noch zwischen 15–20 mm Hg, so fällt er in den *kleinen Venen* auf 12–15 mm Hg und in den *großen extrathorakalen Venen* (z. B. Vena cava inferior) auf 10–12 mm Hg ab. Aufgrund des beträchtlichen Strömungswiderstandes den der enge Gefäßhiatus des Zwerchfells für die Vena cava inferior bildet, kommt es unmittelbar *oberhalb vom Durchtritt der Vena cava inferior durch das Zwerchfell* zu einem relativ steilen Druckabfall auf ca. 5–6 mm Hg. Im *rechten Vorhof* beträgt der mittlere Druck etwa 3–5 mm Hg, wobei dieser Druckwert als zeitlicher Mittelwert bei Atemmittelstellung aufzufassen ist. Wie noch zu besprechen ist, schwankt der Venendruck erheblich im Rhythmus von Atmung und Herztätigkeit.

Als ***zentralen Venendruck*** bezeichnet man den mittleren Druck in den großen herznahen Körpervenen, der mit guter Annäherung dem Druck im rechten Vorhof gleichzusetzen ist. Bei hohen Ansprüchen an Genauigkeit wird die Messung des zentralen Venendrucks mittels eines bis in den rechten Vorhof vorgeschobenen *Kathetermanometers* durchgeführt. Für die klinische Routine wird ein mit steriler Salzlösung gefülltes Steigrohr verwendet, das mit einem zentral gelegten Venenkatheter verbunden ist. Die sich im Steigrohr einstellende Höhe der Flüssigkeitssäule gibt – bezogen auf Herzhöhe – den zentralen Venendruck in cm H_2O an.

Die Herzaktion beeinflußt den zentralen Venendruck und bestimmt die Form des Venenpulses

Einfluß der Herzaktion. Neben der Füllung und der elastischen Weitbarkeit des Niederdrucksystems bestimmt auch die *Auswurfleistung des Herzens* die Größe des zentralen Venendrucks. Dies wird deutlich bei einem akuten Stillstand des Herzens. Unter Verschiebung von Blut aus dem arteriellen System in das Niederdrucksystem stellt sich im gesamten Gefäßsystem ein sog. *statischer Blutdruck* oder *mittlerer Füllungsdruck* von etwa 6–7 mm Hg ein. Dieser statische Blutdruck ist damit um ca. 2–4 mm Hg höher als der zentrale Venendruck (Abb. 24-12). Die Ursache hierfür liegt in der Förderleistung des Herzens, das pro Herzschlag einen Teil des im Kreislauf enthaltenen Blutvolumens, das Schlagvolumen, von der venösen auf die arterielle Seite transferiert. Aufgrund der großen Kapazität und elastischen Weitbarkeit des Niederdrucksystems wird der venöse Druck dabei nur minimal gesenkt. Obwohl auf der ei-

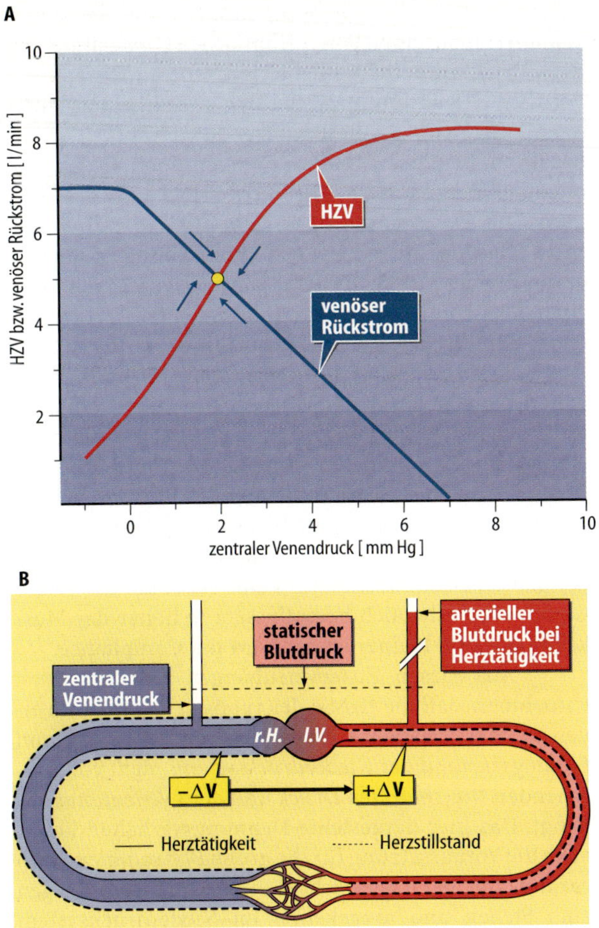

Abb. 24–12. A Beziehung zwischen zentralem Venendruck und venösem Rückstrom bzw. zentralem Venendruck und Herzzeitvolumen (HZV). Der Schnittpunkt der Kurve des venösen Rückstroms mit der Druckachse ist identisch mit dem statischen Blutdruck. Unter diesen Bedingungen ist kein Druckgradient mehr im Niederdrucksystem vorhanden und die Strömung sistiert. Mit abnehmendem zentralem Venendruck kommt es zu einer Zunahme des venösen Druckgradienten und damit zu einer Zunahme des venösen Rückstroms. Bei negativen zentralvenösen Drücken tritt trotz Zunahme des Druckgradienten keine weitere Steigerung des venösen Rückstroms auf, da die zentralen Venen kollabieren. Die Abhängigkeit des Herzzeitvolumens vom zentralen Venendruck ergibt sich aus dem Frank-Starling-Mechanismus. Der Schnittpunkt der Funktionskurve für den venösen Rückstrom und das Herzzeitvolumen ergibt den Arbeitspunkt des Kreislaufsystems. **B** Modell zur Erläuterung des statischen Blutdrucks. Bei Herzstillstand herrscht im gesamten Kreislaufsystem der gleiche statische Blutdruck (ca. 7 mmHg). Bei Beginn der Herztätigkeit wird ein bestimmtes Volumen ΔV vom Niederdrucksystem in das arterielle System gepumpt bis sich dort auf dem Niveau des mittleren arteriellen Blutdrucks ein Gleichgewicht von Zustrom und Abstrom einstellt. Der zentralvenöse Druck, der bei Herzstillstand identisch mit dem statischen Blutdruck ist, sinkt bei Beginn der Herztätigkeit aufgrund der Volumenverschiebung (-ΔV) ab. Aufgrund der niedrigen Compliance des Arteriensystems führt die Volumenverschiebung (+ΔV) hier zu einem beträchtlichen Druckanstieg, während im Niederdrucksystem, das eine wesentlich größere Compliance aufweist, die entsprechende Volumenabnahme nur eine geringe Abnahme des zentralvenösen Drucks auslöst. r. H. = rechtes Herz; l. V. = linker Ventrikel

nen Seite der zentralvenöse Druck selbst eine direkte Funktion der Auswurfleistung des Herzens darstellt, ist andererseits der *zentralvenöse Druck der wichtigste extrakardiale Faktor für die Füllung und damit auch die Auswurfleistung des Herzens* (Abb. 24–12).

Die Tatsache, daß Schwankungen des mittleren zentralvenösen Drucks zu gleichsinnigen Änderungen des Drucks in den Lungengefäßen und im linken Vorhof führen, trotz der Zwischenschaltung des rechten Ventrikels als Pumpe, ist zunächst überraschend. Der Zusammenhang ergibt sich über den *Frank-Starling-Mechanismus*. Jede stärkere enddiastolische Füllung des rechten Ventrikels, die sich bei Steigerung des zentralvenösen Drucks und damit des Drucks im rechten Vorhof ergibt, hat einen Anstieg des Blutauswurfs aus dem rechten Ventrikel zur Folge. Hierdurch steigt der Mitteldruck im Lungenkreislauf an. Jede Änderung des zentralvenösen Drucks ist daher von einer ungefähr ebenso großen Erhöhung bzw. Erniedrigung des *Drucks in der A. pulmonalis* gefolgt, die sich bis in das linke Herz auswirkt. Das vom anatomischen Standpunkt heterogene Niederdrucksystem verhält sich funktionell einheitlich wie ein *passiv-elastischer Behälter*, dessen mittlerer Druck an allen Orten, wenn auch absolut auf verschiedenen Höhen, annähernd parallel steigt und fällt [7,13,16].

Venenpuls. Die im Rhythmus der Herzaktion auftretenden *Druck- und Durchmesserschwankungen*, die als Pulswellen vom rechten Vorhof entgegen der Blutströmungsrichtung auf die herznahen Venen übertragen werden, bezeichnet man als *Venenpuls* (Abb. 24–13). Im wesentlichen stellt dieser Venenpuls ein Abbild des Druckverlaufs im rechten Vorhof dar, jedoch mit einer durch die Laufzeit bis zum Registrierort bedingten Verzögerung.

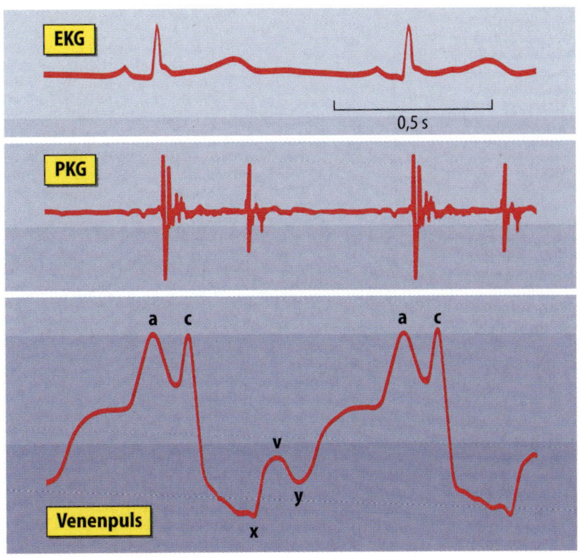

Abb. 24–13. Simultane Registrierung von EKG, Phonokardiogramm (PKG) und Puls der V. jugularis ext. am liegenden Menschen

Der Venenpuls wird am liegenden Menschen meist als *Jugularispuls* auf photoelektrischem Wege registriert. Die Pulskurven zeigen dabei folgende charakteristische Merkmale: Die *a-Welle* wird durch die *Vorhofkontraktion* hervorgerufen, während die kurz darauf folgende *c-Welle* hauptsächlich durch die *Vorwölbung der Trikuspidalklappe* in den rechten Vorhof während der Anspannungsphase des Ventrikels entsteht. Die anschließende *starke Senkung bis zu einem Minimum (x)* wird durch die Verschiebung der Ventilebene des Herzens während der *Austreibungszeit* ausgelöst. Während *der Entspannung des Ventrikels* steigt wegen der anfangs noch geschlossenen Atrioventrikularklappe der Druck im Vorhof zunächst relativ steil an, fällt aber nach *Öffnung der Klappe* infolge des Bluteinstroms in den Ventrikel vorübergehend wieder ab, so daß eine positive Welle, die *v-Welle,* mit nachfolgender *Senkung (y)* entsteht. Während der weiteren Ventrikelfüllung steigt der Druck allmählich bis zur nächsten a-Welle wieder an.

Die Compliance der Venen hängt von ihrem Füllungszustand bzw. dem transmuralen Druck und dem Venentonus ab

Dehnungsverhalten der Venen. Die Wand der Venen weist zwar grundsätzlich den gleichen Schichtenaufbau wie die Arterienwand auf, aufgrund der geringeren Druckbelastung ist sie aber wesentlich dünner und muskelärmer. Da Venen schon bei niedrigem Druck relativ große Volumina aufnehmen können, werden sie auch als ***Kapazitätsgefäße*** bezeichnet. Die Druck-Volumen-Beziehung der Venen, die darüber Auskunft gibt, wieviel ein Gefäß bei einem Druckanstieg an Volumen speichern kann, zeigt dabei eine völlig andere Charakteristik als die von Arterien (Abb. 24–14).

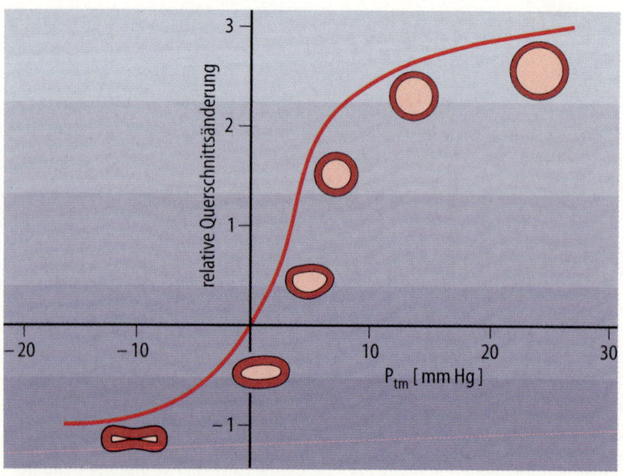

Abb. 24–14. Beziehung zwischen transmuralem Druck (P_{tm}) und den relativen Querschnittsänderungen eines Venensegmentes. Die Querschnittszunahme pro Druckeinheit ist im Druckbereich zwischen 0 und 10 mm Hg, in dem der Übergang vom elliptischen zum kreisrunden Gefäßquerschnitt erfolgt, wesentlich größer als nach Erreichen des kreisrunden Querschnitts

Im Druckbereich um 0 mm Hg sind die Venen *kollabiert* bzw. haben einen elliptischen Querschnitt. Da der Querschnitt einer kollabierten Vene annähernd die Form einer 8 annimmt, wobei sich zwar in einem mittleren Bereich gegenüberliegende Endothelflächen berühren, beiderseits hiervon jedoch noch ein Lumen offenbleibt, *stellt der Kollaps kein entscheidendes Hindernis für den venösen Rückstrom dar.* Bis zum Erreichen eines kreisförmigen Gefäßquerschnitts ist nur ein geringfügiger Druckzuwachs notwendig. Hat die Vene einen kreisrunden Querschnitt erreicht, erfolgt die weitere Dehnung bzw. Volumenaufnahme nur durch eine deutliche Druckerhöhung. Das passive Dehnungsverhalten, das sich durch den Wert der *Compliance* charakterisieren läßt, wird nun wie bei den Arterien durch die elastischen Eigenschaften, Anteil und Anordnung der drei wesentlichen Strukturelemente, d.h. der glatten Muskulatur sowie der elastischen und kollagenen Fasern, bestimmt. Die aktive Spannungsentwicklung in der glatten Gefäßmuskulatur kann dabei die Größe der Compliance erheblich beeinflussen: Je höher der Muskeltonus, desto kleiner ist der Wert der Compliance.

Aus diesen Zusammenhängen läßt sich auch entnehmen, daß die Größe der venösen Compliance einen äußerst variablen Wert darstellt, der sehr stark vom *Füllungszustand des Niederdrucksystems,* dem vorherrschenden *transmuralen Druck* und dem *Venentonus* abhängt. Das hier dargestellte Dehnungsverhalten liefert auch die Voraussetzung für die große *Blutvolumenverlagerung,* die bei Lagewechsel (Übergang vom Liegen zum Stehen und umgekehrt) im Niederdrucksystem stattfindet und letztendlich Auswirkungen auf das gesamte Kreislaufsystem hat.

Die Schwerkraft hat entscheidenden Einfluß auf die Drücke und die Volumenverteilung im Gefäßsystem

In dem dreidimensional angeordneten Gefäßsystem müssen, solange der Mensch sich im Gravitationsfeld der Erde befindet, *hydrostatische Drücke* auftreten. Im *Stehen,* wenn die Hauptgefäßbahnen parallel zur Richtung der Erdanziehung angeordnet sind, erreichen diese Drücke ihre Maximalwerte. Die hydrostatischen Drücke sind beim *Liegenden* wegen der geringen vertikalen Differenzen im Gefäßsystem relativ klein und können praktisch vernachlässigt werden.

Hydrostatische Indifferenzebene. Derjenige Ort im Gefäßsystem, dessen Druck und damit auch Gefäßquerschnitt bei Lagewechsel (Übergang vom Liegen zum Stehen und umgekehrt) sich nicht ändert, wird als *hydrostatischer Indifferenzpunkt* bzw. *-ebene* bezeichnet. Bei Menschen liegt die hydrostatische Indifferenzebene ca. 5–10 cm unterhalb des Zwerchfells und weist einen Druck von ca. 11 mm Hg auf. Oberhalb dieser Ebene ist der Druck im Stehen niedriger als im Liegen, darunter höher. Die Lage der hydrostatischen Indifferenzebene oberhalb der Mitte des longitudinal sich erstreckenden Gefäßbaumes wird in erster Linie von den elastischen Eigenschaften des Niederdrucksystems bestimmt, das im kranialen eine größere Dehnbarkeit als im kaudalen Abschnitt aufweist.

Dieser Zusammenhang läßt sich in einem einfachen Modell zeigen. Bei einem mit Flüssigkeit gefüllten, oben und unten starr verschlossenen Rohr der Länge l ist unter Einfluß der Schwerkraft g der hydrostatische Druck am Boden + $\varrho \cdot g \cdot l/2$, am oberen Ende $-\varrho \cdot g \cdot l/2$. Dies gilt auch, wenn beide Enden mit elastischen Membranen gleicher Dehnbarkeit verschlossen sind. Ist ein Ende jedoch mit einer Membran höherer Dehnbarkeit verschlossen, so verschiebt sich der hydrostatische Indifferenzpunkt zu diesem Ende hin, wobei eine in dem System befindliche Pumpe diese Position nicht beeinflußt.

Arterielle und venöse Drücke in Orthostase. Beim stehenden Erwachsenen (Orthostase) betragen die hydrostatischen Drücke in den Gefäßen des Fußes (115 cm unterhalb der hydrostatischen Indifferenzebene) rund 85 mm Hg, so daß bei einem mittleren hydrodynamisch bedingten arteriellen Druck von 95 mm Hg *in den Fußarterien ein Druck von rund 180 mm Hg* besteht. In den Arterien des Schädels (ca. 60 cm oberhalb der hydrostatischen Indifferenzebene) wird der arterielle Druck dagegen von 95 mm Hg um rund 45 mm Hg auf 50 mm Hg reduziert (Abb. 24-15).

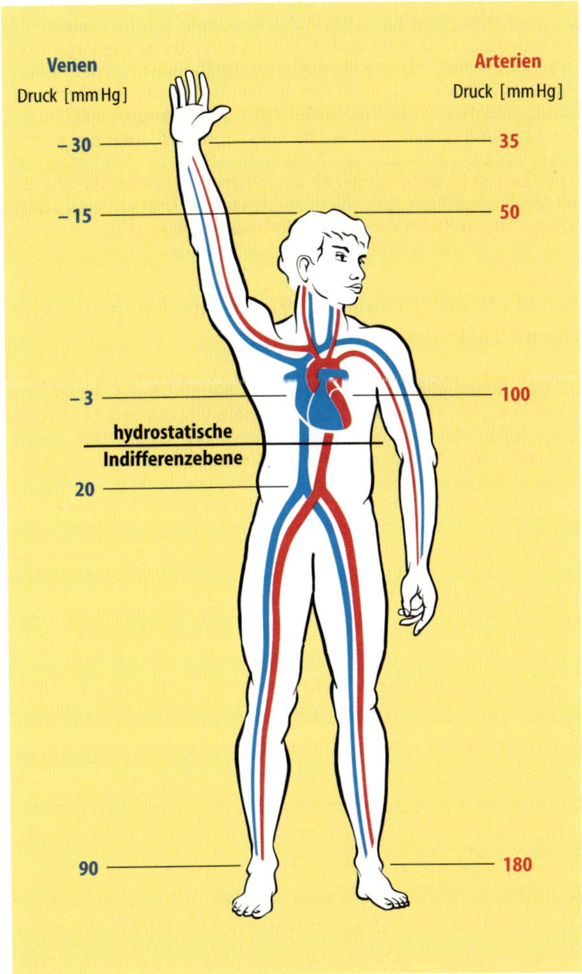

Abb. 24-15. Mittlere arterielle und venöse Drücke beim ruhig stehenden Menschen. Durch die Wirkung der Muskelpumpe sind die Drücke in den Beinvenen beim Gehen deutlich niedriger als beim ruhigen Stehen

Entsprechende hydrostatische Druckdifferenzen treten beim Übergang vom Liegen zum Stehen in den *Venen* auf, wobei vor allem der Druckanstieg in den Beinvenen bis auf 90 mm Hg und die damit verbundene Aufdehnung der dünnwandigen Venen zu einer beträchtlichen *Volumenverlagerung* (von ca. 500 ml) in die unteren Extremitäten führt. In Höhe des Beckenkamms findet man im Stehen in der *unteren Hohlvene* einen Druck von fast 20 mm Hg, in Höhe des *Zwerchfells* von etwa 4 mm Hg und in Höhe des rechten Vorhofs von etwa –3 mm Hg, also bereits einen Unterdruck. Der Druck in der *oberen Hohlvene* ist noch geringfügig niedriger. Trotz dieses Unterdrucks sind die intrathorakalen Venen jedoch *nicht kollabiert.* In der Umgebung der intrathorakalen Gefäße herrscht, bedingt durch den elastischen Zug der Lunge, ebenfalls ein Unterdruck vor (-3 bis –5 mm Hg), so daß der dehnende transmurale Druck positiv bleibt. In den *Venen des Halses* und des erhobenen Armes hingegen ist der transmurale Druck *negativ,* d.h. die Venen sind kollabiert. Die hieraus resultierende Erhöhung des venösen Strömungswiderstandes ist auch der Grund, weshalb der intravasale Druck im Sinus sagittalis weniger negativ ist als nach der Höhe des hydrostatischen Drucks zu erwarten wäre (Abb. 24-15). Aufgrund der negativen intravasalen Drücke besteht bei iatrogener *Eröffnung der Halsvenen* (Anlegung eines zentralen Venenkatheters) bei Kopfhochlage die Gefahr des Ansaugens von Luft (*Luftembolie*). Diese sehr ernste Komplikation kann durch Kopftieflagerung oder positive Druckbeatmung verhindert werden.

!

Das Niederdrucksystem umfaßt die Körpervenen, das rechte Herz, die Lungengefäße, den linken Vorhof und den linken Ventrikel während der Diastole; es enthält 85 % des gesamten Blutvolumens. Der Druck im Venensystem nimmt von den Venolen (15–20 mm Hg) bis zu den großen herznahen Venen bzw. dem rechten Vorhof (3–5 mm Hg beim Liegenden) stetig ab. Maßgebend für den zentralen Venendruck sind die Füllung und die elastische Weitbarkeit des Venensystems sowie die Herzaktion. Die Form des Venenpulses resultiert aus den Rückwirkungen der Herzaktion auf den Druck und den Durchmesser herznaher Venen.

Die elastische Weitbarkeit (Compliance) des Venensystems ist etwa 200mal größer als die des arteriellen Systems. Da Venen bei niedrigen Drücken große Volumina aufnehmen können, werden sie als Kapazitätsgefäße bezeichnet. In aufrechter Körperposition (Orthostase) bildet sich unter dem Einfluß der Schwerkraft im Gefäßsystem ein hydrostatischer Druckgradient aus. Die auf den Fußvenen lastende Blutsäule erzeugt hier einen hydrostatischen Druck von 85 mm Hg, während der zentrale Venendruck auf –3 mm Hg abfällt. Die Venen im Thoraxraum werden jedoch wegen des noch stärker negativen intrathorakalen Drucks offen gehalten; dagegen führt der negative hydrostatische Druck im Halsbereich zu einem Kollaps der Venen. Die hydrostatische Indifferenzebene, in der sich der venöse Druck (von etwa 11 mm Hg) bei einem Positionswechsel vom Liegen zum Stehen nicht ändert, liegt 5–10 cm unterhalb des Zwerchfells.

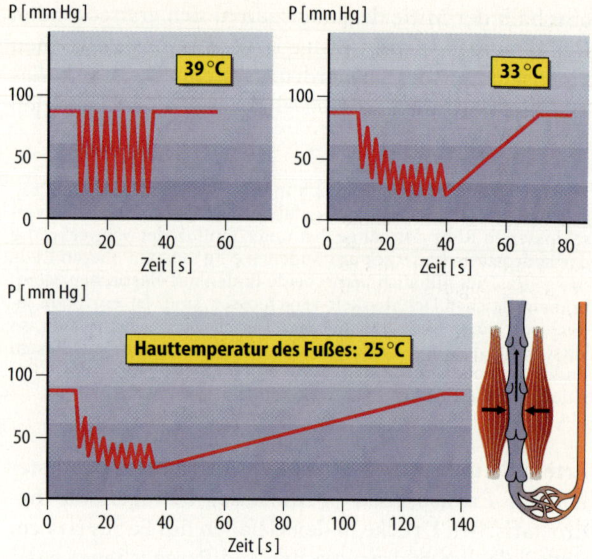

Abb. 24–16. Veränderung des Drucks in den Fußrückenvenen beim Stehen und Gehen. Bei jedem Schritt werden durch die Muskelkontraktion die Beinvenen ausgepreßt, der Venendruck sinkt. Nach der Erschlaffung der Beinmuskeln steigt der Druck wieder an, da Blut von der arteriellen Seite nachströmt. Nach einigen Schritten stellt sich der Venendruck auf ein deutlich niedrigeres Niveau ein, das für die Dauer des Gehens erhalten bleibt, aber abhängig ist von der Außentemperatur bzw. Hauttemperatur des Fußes. Bei niedrigen Temperaturen der Extremität sind die Widerstandsgefäße enggestellt und die Durchblutung ist sehr gering. Die Zeitspanne zwischen der letzten Muskelkontraktion und dem Wiederauftreten des vollen hydrostatischen Drucks ist daher länger als bei höheren Temperaturen und damit weitergestellten Arteriolen. Je steiler der Druckanstieg, umso höher ist der mittlere Venendruck. (Modifiziert nach [33])

Außer dem vom linken Ventrikel erzeugten Druckgefälle tragen die Muskelpumpe, die Atmungspumpe und der Ventilebenenmechanismus zum venösen Rückstrom bei

Muskelpumpe. Für den venösen Rückstrom aus den Beinvenen liefert die Muskelpumpe den wichtigsten Beitrag. In den meisten kleinen und mittleren Venen des Körpers, so auch in den Beinvenen, befinden sich in regelmäßigen Abständen ***Venenklappen.*** Die Anordnung dieser Klappen in Form halbmondförmiger Falten, deren Ränder sich bei peripherwärts gerichteter Strömung dicht aneinander legen, verhindert einen venösen Reflux.

Beim stehenden Menschen wird durch die Venenklappen die Blutsäule segmental untergliedert, so daß der resultierende hydrostatische Druck in den Beinvenen wesentlich niedriger ist als es der Gesamthöhe entspricht. Werden nun durch die *Kontraktion der Beinmuskulatur* die darin befindlichen Venen zusammengepreßt, so kann das Blut aufgrund der *Ventilwirkung der Klappen* nur herzwärts strömen. Bei rhythmischer Aktivität der Skelettmuskulatur mit Kontraktion und Erschlaffung, wie sie z. B. beim Gehen auftritt, wird auf diese Weise Blut von Segment zu Segment zum Bauchraum hin gefördert. Der Druck in den peripheren Venenabschnitten nimmt hierdurch kurzfristig ab, steigt aber, da Blut von der arteriellen Seite in die entleerten Venen nachströmt, rasch wieder an, um nach der nächsten Kontraktion wieder abzusinken. Auf diese Weise stellt sich bei rhythmischer Muskeltätigkeit ein mittleres Druckniveau in den Fußvenen ein, das weit unterhalb des theoretisch zu erwarteten hydrostatischen Drucks liegt (Abb. 24–16).

Die Geschwindigkeit des Druckanstiegs hängt dabei davon ab, wie schnell sich die Venen durch den Zustrom von der arteriellen Seite her füllen. Bei niedrigen Temperaturen der Extremität sind die Widerstandsgefäße enggestellt, und die Durchblutung ist sehr gering. Die Zeitspanne bis zur Wiederauffüllung der Venen und dem Erreichen des vollen hydrostatischen Drucks ist daher wesentlich länger als bei höheren Temperaturen und bei weitgestellten Arteriolen. Im Mittel ergibt sich daher bei tieferen Temperaturen eine stärkere Herabsetzung des Mitteldrucks in den Fußvenen als bei höheren Temperaturen (Abb. 24–16).

Beim *ruhig stehenden Menschen* kommt es durch das über das Kapillarbett einströmende Blut zu einer Auffüllung der Venen und damit zu einem sukzessiven Auseinanderweichen der Venenklappen, bis sich schließlich eine kontinuierliche Blutsäule von den Fußvenen bis zum rechten Herzen ausgebildet hat. Dieser hydrostatische, durch die Schwerkraft der Blutsäule verursachte Druck addiert sich zu dem strömungsbedingten Druck, so daß sich in den Fußvenen ein Druck von 90–100 mm Hg einstellt. Durch die Zunahme des Venendrucks *beim ruhigen Stehen* bzw. *bei hoher Umgebungstemperatur* wird auch der Druck in den Kapillaren erhöht und damit das Gleichgewicht von kapillärer Filtration und Reabsorption in Richtung einer verstärkten *Filtration* verschoben. Dieser Mechanismus ist im wesentlichen verantwortlich für die unter diesen Bedingungen gehäuft auftretende *Ödembildung* in den unteren Extremitäten.

Bei einer ***Insuffizienz der Venenklappen,*** die z.B. durch Entzündungen oder durch Venenerweiterungen in Form einer *Varicosis* (Krampfadern) entstehen kann, ist die Funktion der Muskelpumpe je nach Art und Stärke der Erkrankung mehr oder weniger gestört. Durch die Abschwächung bzw. den Ausfall der drucksenkenden Wirkung im Stehen kommt es zu fortschreitenden Venenerweiterungen, zunehmenden Flüssigkeitsansammlungen (Ödemen) in den Beinen und zu Versorgungsstörungen, die in schweren Fällen sogar Gewebedefekte (*Ulcus cruris* bzw. das sog. *offene Bein*) verursachen können. In Verbindung mit der verlangsamten Strömung treten außerdem häufig in einzelnen Venenabschnitten intravasale Blutgerinnungen in Form von *Thrombosen* auf. Bei Tätigkeiten im Stehen mit relativ seltener Aktivierung der Muskelpumpe (z.B. Verkaufspersonal) sind die o.g. Beinvenenerkrankungen daher wesentlich häufiger als bei solchen, die eine ständige Aktivierung erfordern (z.B. Postzusteller).

Atmungspumpe. Die durch die Atemtätigkeit ausgelösten intrathorakalen und intraabdominellen Druckschwankungen haben ebenfalls einen erheblichen Einfluß auf den venösen Rückstrom. Während der *Inspiration* kommt es durch den zunehmend negativ werdenden intrathorakalen Druck zu einer Zunahme des transmuralen Drucks und damit zu einer stärkeren *Aufdehnung der intrathorakalen Gefäße.* Die hieraus resultierende Abnahme des Drucks in den intrathorakalen Venen, dem rechten Vorhof und den Ventrikeln (Abb. 24–17) führt wiederum zu einer Zunahme des Bluteinstroms aus den extrathorakalen in die intrathorakalen Venen, den rechten Vorhof und den Ventrikel. Diese *inspiratorische Förderung des venösen Rückstroms* ist vor allem im Bereich der oberen Hohlvene wirksam. Andererseits nimmt während der Inspiration der *intraabdominelle Druck* infolge des Tiefertretens des Zwerchfells zu, wodurch der transmurale Druck und damit das gespeicherte Volumen der Abdominalvenen reduziert werden. Da ein retrograder Fluß in die unteren Extremitäten durch die Venenklappen verhindert wird, kommt es so zu einem verstärkten venösen Einstrom in den Thorax.

Aufgrund der größeren diastolischen Füllung, die der *rechte Ventrikel* während der Inspiration erhält, kommt es über den *Frank-Starling-Mechanismus* zu einem Anstieg des Schlagvolumens (Abb. 24–17). Das Blut, welches die Trikuspidalklappe passiert hat, kann bei der nachfolgenden Exspiration, in der sich der intrathorakale Druck wieder erhöht, nicht in extrathorakale Richtung zurückverschoben werden, so daß sich beim rhythmischen Wechsel von In- und Exspiration ein Netto-Gewinn an venösem Rückstrom und an Auswurfvolumen des rechten Ventrikels ergibt.

Atmungsbedingte Füllungs- und Auswurfschwankungen spielen sich auch am *linken Herzen* ab, die dabei annähernd gegensinnig zu denjenigen des rechten Herzens verlaufen. Während der Inspiration vergrößert sich das Volumen der Lungengefäße, so daß ein Teil des durchfließenden Blutes hierin gespeichert wird. Hierdurch sinkt der venöse Rückstrom zum linken Herzen und damit das Schlagvolumen des linken Ventrikels ab. Während der Exspiration tritt eine Volumenverminderung der Lungengefäße und eine Abgabe des gespeicherten Blutes ein. Aufgrund der verstärkten Füllung des linken Herzens nimmt das Schlagvolumen des linken Ventrikels zu. Durch entgegengesetzte Effekte auf die Ventrikelfüllung verursachen somit die Atemexkursionen phasenverschobene Änderungen der Schlagvolumina des rechten und linken Ventrikels.

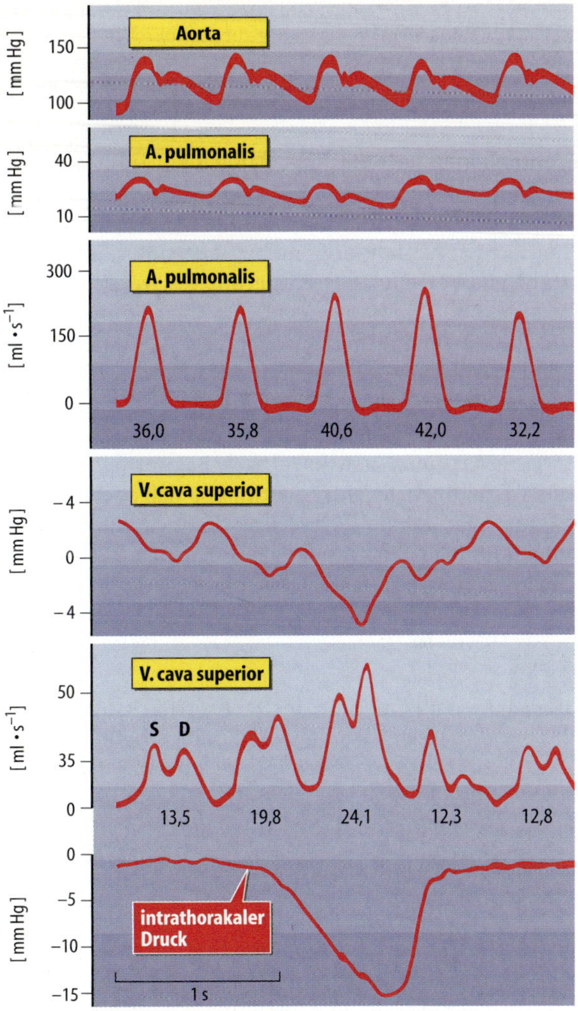

Abb. 24–17. Wirkung einer tiefen Inspiration auf Druck und Stromstärke in der oberen Hohlvene und in der A. pulmonalis an einem Hund mit geschlossenem Thorax. Gleichzeitige Registrierung des Drucks in der Aorta, A. pulmonalis, V. cava superior und des intrathorakalen Drucks sowie der Stromstärke in der A. pulmonalis und der V. cava superior. S = Strömungsgipfel infolge der systolischen Verschiebung der Ventilebene des Herzens; D = Strömungsgipfel während der anfangsdiastolischen Ventrikelfüllung. Zahlenwerte unter den Kurven: Schlagvolumen des rechten Ventrikels in ml (A. pulmonalis); Durchflußvolumen pro Puls in ml (V. cava superior). (Modifiziert nach [3])

Analog zu den Effekten, die aus den atmungsbedingten intrathorakalen Druckschwankungen auf den venösen Rückstrom resultieren, kann auch die *Erhöhung des intrapulmonalen Drucks* bei *positiver Druckbeatmung* zu einer Drosselung des venösen Rückstroms durch Kompression der intrathorakalen Gefäße führen.

Beim ***Preßdruckversuch nach Valsalva,*** der in dieser Hinsicht extreme Bedingungen schafft, wird nach tiefer Inspiration bei geschlossenen Atemwegen die Exspirationsmuskulatur einschließlich der Bauchmuskeln stark angespannt. Die hierdurch ausgelösten intrathorakalen und intraabdominellen Drucksteigerungen (bis mehr als 100 mm Hg) heben den venösen Rückstrom weitgehend auf, das Schlagvolumen des rechten Ventrikels nimmt ab, und der Druck in den peripheren Venen steigt an. Auch der arterielle Blutdruck steigt vorübergehend stark an, da es durch die Kompression der Lungengefäße zu einer Steigerung des Schlagvolumens des linken Ventrikels kommt. Diese Drucksteigerung hält an, solange der Blutvorrat in der Lunge zur diastolischen Füllung des linken Ventrikel ausreicht. Dann sinkt der arterielle Druck wegen des unzureichenden venösen Rückstroms deutlich ab, wodurch es zu einem Ohnmachtsanfall kommen kann.

Ventilebenenmechanismus. Schließlich trägt auch die *rhythmische Verschiebung der Ventilebene des Herzens*, die in jeder Austreibungsphase eine Druckerniedrigung im rechten Vorhof und in angrenzenden Teilen der Hohlvenen erzeugt, zur Förderung des venösen Rückstromes bei. Während jedes Herzzyklus kommt es dabei zu zwei Strömungsmaxima. Ein erstes Maximum entsteht während der Austreibungsphase durch den Druckabfall im rechten Vorhof infolge der Verschiebung der Ventilebene (Strömungsgipfel S in Abb. 24–17). Das zweite Maximum tritt kurz nach Beginn der Diastole auf, wenn die Atrioventrikularklappe sich soeben geöffnet hat und das im Vorhof und den herznahen Venen angesammelte Blut rasch in die entspannte Kammer einströmt (Strömungsgipfel D in Abb. 24–17).

!

An der Förderung des venösen Rückstroms zum Herzen ist die Muskelpumpe beteiligt. Bei Kontraktion der Beinmuskulatur wird das Blut aus den zugehörigen Venen gepreßt und herzwärts befördert, wobei die Ventilwirkung der Venenklappen einen Reflux verhindert. Die Atmung verstärkt ebenfalls den venösen Rückstrom. Die Abnahme des intrathorakalen Drucks bei der Inspiration führt zu einer Aufdehnung der intrathorakalen Venen und damit zu einer Zunahme des Blutstroms. Schließlich bewirkt die Verlagerung der Ventilebene des Herzens in der Austreibungsphase eine Druckabnahme im rechten Vorhof, wodurch ein Sogeffekt auf das Venenblut ausgeübt wird.

24.4 Mikrozirkulation

Der Stoffaustausch zwischen dem intravasalen Kompartiment und dem Gewebe, der letztlich die entscheidende und funktionell wichtigste Aufgabe des Kreislaufsystems darstellt, erfolgt in der ***terminalen Strombahn.*** Hierunter versteht man primär das Austauschgebiet der *Kapillaren* und *postkapillären Venolen.* Im folgenden wird vereinfachend meist nur von Kapillaren gesprochen. Der Begriff *Mikrozirkulation* ist generell weiter gefaßt und schließt die durchblutungssteuernden *Arteriolen,* die *Venolen,* sowie das Drainagesystem der blind im Gewebe endenden terminalen *Lymphgefäße* mit ein. Eine generelle Beschreibung des Aufbaus und der Anordnung der Gefäße in der Mikrozirkulation ist dadurch erschwert, daß jedes Organ angepaßt an seine spezifischen Bedürfnisse eine eigene charakteristische Architektur der terminalen Strombahn aufweist. Grundsätzlich lassen sich jedoch, trotz uneinheitlicher Terminologie, die in Abb. 24–18 dargestellten Gefäßtypen unterscheiden.

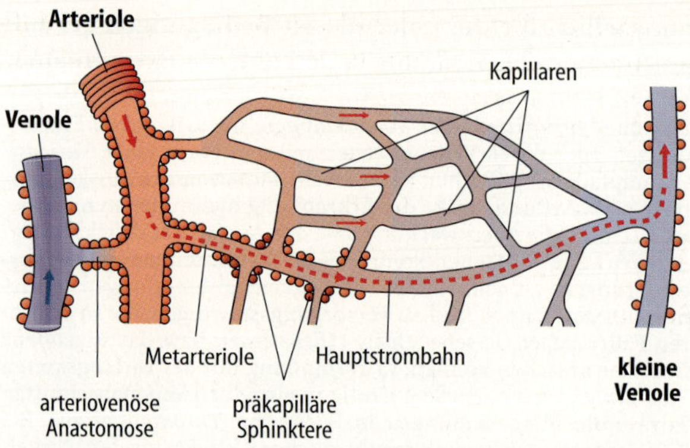

Abb. 24–18. Schematische Darstellung der terminalen Strombahn. Glatte Muskelfasern (Kreise an der Gefäßwand) finden sich noch im Anfangsteil der Metarteriolen sowie als präkapilläre Sphinktere am Abgang der Kapillaren aus den Metarteriolen. Postkapilläre Venolen, die aus dem Zusammenfluß mehrerer venöser Kapillaren entstehen, sind in dem Schema nicht berücksichtigt

Unter Ruhebedingungen beträgt die Austauschfläche sämtlicher Kapillaren im Organismus etwa 300 m²

Aufbau der terminalen Strombahn. Die ***Arteriolen,*** die aus den kleinsten Arterien hervorgehen, haben einen inneren Durchmesser zwischen 40 und 100 μm sowie ein Wanddicken-Radius-Verhältnis von etwa 1:1. Die Media besteht aus 1–2 Lagen nahezu zirkulär verlaufender glatter Muskulatur. In den ***terminalen Arteriolen,*** die einen Durchmesser zwischen 20- 40 μm aufweisen, verliert sich die Elastica interna, so daß als Grenzschicht zwischen Endothel und glatter Muskulatur nur noch die Basalmembran vorliegt. Die aus den Arteriolen abzweigenden ***Metarteriolen*** haben einen Innendurchmesser von 8–20 μm und weisen eine, von proximal nach distal zunehmende, lückenhafte Schicht glatter Muskelzellen auf. Gemeinsam mit ihrer direkten kapillären Fortsetzung bilden sie die sog. *Hauptstrombahn* (preferential channels), mit einem direkten Anschluß an die postkapillären Venolen.

Die echten ***Kapillaren,*** die direkt aus den Arteriolen oder Metarteriolen hervorgehen, bestehen nur noch aus einer Endothelzellschicht, umgeben von einer Basalmembran. Je nachdem, ob sich die Kapillaren weiter verzweigen oder zusammenmünden, unterscheidet man zwischen *arteriellen* und *venösen Kapillaren.* In einigen Geweben, so z. B. dem Mesenterium, findet man am Ursprungsort der Kapillaren einen Ring glatter Muskulatur, den sog. ***präkapillären Sphinkter,*** der eine weitgehende Drosselung der Kapillarströmung bewirken kann. In den anderen Gefäßgebieten, in denen solche präformierten Sphinkterstrukturen fehlen (z.B. Herz- und Skelettmuskulatur), werden häufig auch die letzten glattmuskulären Abschnitte der terminalen Arteriolen als präkapillärer Sphinkter bezeichnet.

Die ***postkapillären Venolen,*** die Innendurchmesser zwischen 8–30 μm besitzen, entstehen aus dem Zusammenschluß mehrerer venöser Kapillaren. Ihre Wand ist frei von glatter Muskulatur und besteht außer dem Endothel, der Basalmembran sowie einem beträchtlichen Anteil an kollagenen Fasern aus einer nahezu vollständigen Umhüllung mit *Perizyten* (*Rouget-Zellen*). Die funktionellen Effekte der Perizyten, die kontraktile Elemente enthalten und dadurch zu deutlichen Formänderungen in der Lage sind, auf die Kapillarströmung und den Stoffaustausch sind noch nicht geklärt.

Erst die ***Venolen*** mit einem Innendurchmesser zwischen 30- 50 μm enthalten wieder zunehmend glatte Muskelzellen in ihrer Wand.

Eine Besonderheit einiger terminaler Strombahnen sind die ***arteriovenösen Anastomosen,*** die sich vor allem in der Haut der Akren, wie Finger- und Zehenspitzen, Nase und Ohrläppchen und in der Lunge finden. Diese Kurzschlußverbindungen zwischen Arteriolen und Venolen sind mit einer besonders dicken muskelreichen Wand ausgestattet und können daher schon bei geringer konstriktorischer Aktivität vollständig verschlossen werden [5,6,14].

Kenndaten des Kapillarbettes. Der *Durchmesser* von durchströmten Kapillaren liegt zwischen 4 und 8 μm, deren *Länge* zwischen 0,5 und 1 mm. Bei einer mittleren Strömungsgeschwindigkeit von 0,2 bis 1 mm/s ergibt sich daraus eine *mittlere Verweildauer* für eine Substanz in den Kapillaren von 0,5 bis 5 s.

Die *Gesamtzahl der Kapillaren* eines Menschen dürfte etwa auf 30–40 Milliarden zu veranschlagen sein.

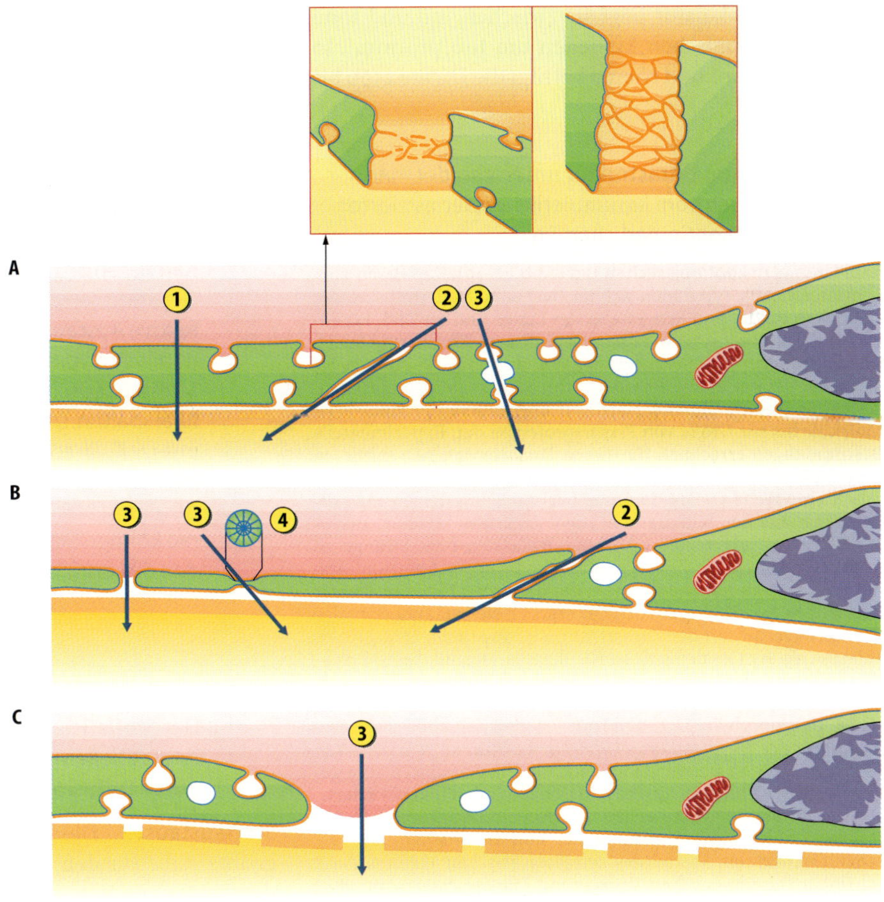

Abb. 24–19. Schematische Darstellung der wichtigsten Kapillartypen sowie der grundsätzlichen Wege für die Stoffpassage durch das Endothel. **A** kontinuierlicher Typ, **B** fenestrierter Typ, **C** diskontinuierlicher Typ (mit lückenhafter Basalmembran). 1) Passageweg durch transzelluläre Diffusion (lipidlösliche Stoffe), 2) parazellulärer Passageweg durch Interzellularfugen (wasserlösliche Stoffe), 3) Passageweg durch transendotheliale zelluläre Kanäle, große Poren und Spalten; 4) perforiertes Diaphragma in der Aufsicht. Das Diaphragma, das die Poren der fenestrierten Kapillaren überdeckt, erscheint in der Aufsicht wie ein Wagenrad mit einer zentralen Achse und 12–14 breiten Speichen. *Einsatzfigur:* Schematische Darstellung über den Aufbau der „tight junctions" zwischen den Kapillarendothelzellen vom kontinuierlichen Typ. In den meisten Kapillaren vom kontinuierlichen Typ, so z. B. den Herzmuskelkapillaren *(links)* besteht ein parazellulärer Diffusionsweg sowohl durch die offenen Stellen zwischen den Haftsträngen der „tight junctions" als auch durch die Lücken innerhalb der Stränge selbst. Hirnkapillaren *(rechts)* dagegen weisen eine viel größere Zahl an Haftsträngen auf, in denen sich auch keine Lücken finden. Diese Kapillaren sind daher in Bezug auf parazelluläre Diffusion weitgehend impermeabel

Da jedoch im zeitlichen Mittel, im wesentlichen bedingt durch die physiologische Vasomotion, d.h. die spontanrhythmischen Kontraktionen der Arteriolen, erhebliche Schwankungen der Kapillardurchblutung auftreten, ist die funktionelle Kapillardichte etwa nur ein Drittel der morphologischen Kapillardichte. Unter Ruhebedingungen kann man daher von *etwa 8–10 Milliarden durchströmter Kapillaren* beim Menschen ausgehen. Hieraus läßt sich bei einem mittleren Kapillardurchmesser von 7 μm ein *Gesamtquerschnitt* von 0,2 bis 0,4 m^2 ermitteln, d.h. ungefähr das 500- bis 800-fache des Querschnitts der Aorta ascendens. Bei einer Abschätzung der Oberfläche, die für Austauschvorgänge zur Verfügung steht, muß die Oberfläche der postkapillären Venolen miteinbezogen werden. So ergibt sich unter Ruhebedingungen eine *effektive Austauschfläche* von etwa 300 m^2, die gesamte mobilisierbare Austauschfläche des menschlichen Organismus dürfte etwa 1000 m^2 betragen.

Die *Kapillardichte* in den einzelnen Organkreisläufen ist recht unterschiedlich. In phasischen Einheiten der Skelettmuskulatur liegt sie zwischen 300 und 1000 pro mm^2, in tonischen Einheiten um 100 pro mm^2. In Gehirn, Myokard und Nieren beträgt die Dichte 2500 bis 4000 pro mm^2.

Nach ihrer Ultrastruktur unterscheidet man Kapillaren vom kontinuierlichen, fenestrierten und diskontinuierlichen Typ

Kapillaren vom kontinuierlichen Typ (Abb. 24–19). Kapillaren vom kontinuierlichen Typ finden sich im Herz- und Skelettmuskel, der Haut, dem Binde- und Fettgewebe, der Lunge und im ZNS. Ein intrazelluläres Porensystem existiert bei diesem Kapillartyp nicht. Vielmehr stellen die *Interzellularspalten*, deren Fläche etwa 0,1 bis 0,3 % der gesamten Kapillaroberfläche beträgt, den Hauptpassageweg für Wasser, Glukose, Harnstoff und andere lipidunlösliche Moleküle bis zur Größe von Plasmaproteinen dar. Experimentelle Bestimmungen errechnen für diesen *Passageweg* einen mittleren Porenradius von 4–5 nm, obwohl diese Interzellularspalten anatomisch eine Weite von 15–20 nm aufweisen. Diese Diskrepanz erklärt sich aus der Bildung von *„tight junctions"* (zonula occludens), die als interzelluläre Verbindungsleisten bzw. Stränge an mehreren Stellen die Zellen in Kontakt bringen. Aufgrund von Lücken (ca. 5–10 nm Durchmesser) in diesen Strängen und einer netzartigen Anordnung der Stränge ergeben sich mäanderförmige Passagewege, die nur den Durchtritt für geringere Molekülgrößen zulassen als der Gesamtspalt. In Hirnkapillaren sind diese Verbindungsleisten zahlreicher und komplexer strukturiert und umfassen ohne Lücken den gesamten Umfang der Zelle (Abb. 24–19). Sie bilden das morphologische Substrat für die äußerst *niedrige Permeabilität der Hirnkapillaren* (***Blut-Hirn-Schranke***, s. S. 22 f). Von manchen Autoren werden daher auch die Hirnkapillaren als eigener vierter Endotheltyp („tight junction-Endothel") klassifiziert.

In den konventionellen elektronenmikroskopischen Ultradünnschnitten von Kapillaren des kontinuierlichen Typs erscheint nahezu ein Viertel des zytoplasmatischen Volumens aus scheinbar frei beweglichen *Vesikeln* mit Durchmessern von etwa 50–60 nm zu bestehen, deren Funktion lange Zeit mit dem Transport von Makromolekülen durch das Endothel in Verbindung gebracht wurde. Genauere Analysen der räumlichen Anordnung dieser Bläschen haben jedoch gezeigt, daß wirklich frei bewegliche Vesikel in Endothelzellen eher die Ausnahme sind und daß es sich bei den beobachteten Strukturen um *Einstülpungen der luminalen und abluminalen Plasmamembran* (*Caveolae*) handelt. Obwohl die funktionelle Bedeutung dieser Membraninvaginationen noch nicht vollständig geklärt ist, ist doch davon auszugehen, daß der *Transport von Makromolekülen* sehr viel eher *mittels Diffusion und Konvektion durch große transendotheliale Poren* erfolgt, die sich flüchtig oder stabil durch Verschmelzung solcher luminalen und abluminalen Invaginationen ausbilden, als durch echten vesikulären Transport.

Fenestrierte Kapillaren. Fenestrierte Kapillaren sind etwa 100- bis 1000-fach permeabler für Wasser und kleine hydrophile Moleküle als die meisten Kapillaren vom kontinuierlichen Typ. Sie finden sich in Geweben, die auf den Austausch von Flüssigkeit spezialisiert sind, so z.B. in den Glomeruli der Niere, in exokrinen Drüsen, in der Darmschleimhaut, in den Plexus des Ziliarkörpers sowie in den Plexus chorioidei, aber auch in endokrinen Drüsen. Das Endothel weist *intrazelluläre Poren* (fenestrae) mit einer Weite von 50–60 nm auf. Diese Poren sind in den meisten Geweben mit einer dünnen, sternförmig *perforierten Membran* (Diaphragma) von etwa 4–5 nm Dicke überdeckt (Abb. 24–19). Die Basalmembran ist bei diesem Kapillartyp noch vollständig erhalten.

Diskontinuierliche Kapillaren. Bei dem diskontinuierlichen Kapillartyp (Sinusoidkapillaren) sind *inter-* und *intrazelluläre Lücken* von 0,1–1 μm Breite vorhanden, die auch die Basalmembran miteinschließen (Abb. 24–19). Kapillaren vom diskontinuierlichen Typ finden sich in den Sinusoiden von Leber, Milz und Knochenmark und gestatten nicht nur den Durchtritt von Proteinen und anderen Makromolekülen, sondern auch von korpuskulären Elementen.

!

Zu den Gefäßen der Mikrozirkulation gehören die Arteriolen, die terminalen Arteriolen, die Metarteriolen, die Kapillaren, die postkapillären Venolen und die Venolen. In einigen terminalen Strombahnen finden sich arteriovenöse Anastomosen. Die 8–10 Milliarden durchströmten Kapillaren des Menschen in Ruhe haben einen Gesamtquerschnitt von 0,2–0,4 m^2 und eine effektive Austauschfläche von etwa 300 m^2. Bei den Kapillaren vom kontinuierlichen Typ erfolgt der Stoffaustausch hauptsächlich durch die Interzellularspalten. Die Dichte und die Anordnung der interzellulären Verbindungsleisten (tight junctions) in diesen Spalten bestimmt das Ausmaß der Permeabilität. Bei den fenestrierten Kapillaren können Stoffe durch intrazelluläre Poren, bei den diskontinuierlichen Kapillaren durch inter- und intrazelluläre Lücken ausgetauscht werden.

Der Stoffaustausch zwischen Blut und interstitiellem Raum erfolgt hauptsächlich durch Diffusion

Stoffaustausch. Die *Diffusion* spielt bei weitem die größte Rolle für den in der Mikrozirkulation erfolgenden Stoffaustausch zwischen Blut und interstitiellem Raum. Da *lipidlösliche Stoffe* transzellulär, d.h. durch die Plasmamembranen der Endothelzellen, diffundieren können, steht diesen Stoffen, zu denen auch die Atemgase O_2 und CO_2 gehören, die *gesamte Endothelfläche* der Kapillaren und postkapillären Venolen zur Verfügung. Die Transportrate dieser Stoffe wird damit praktisch nicht von ihrer Diffusionsgeschwindigkeit, sondern dem konvektiven Transport, d.h. von der Kapillardurchblutung, begrenzt (*durchblutungslimitierter Austausch*). Die Austauschrate, d.h. die pro Zeiteinheit transportierte Menge, steigt dabei annähernd linear mit steigender Durchblutung an (Abb. 24–20).

Im Gegensatz dazu ist die Diffusion der *wasserlöslichen Stoffe,* einschließlich des *Wassers* selbst, auf die ***Passagewege durch Poren und Interzellularspalten*** beschränkt. Obwohl hier nur eine begrenzte Diffusionsfläche zur Verfügung steht, stellt diese über die Diffusion erfolgende Wasseraustausch eine erhebliche Größe dar. Für den gesamten Organismus wird der *kapilläre Wasseraustausch,* der auf diesem Wege erreicht wird, auf ca. 55 l/min, d.h. ca. *80 000 l/Tag* veranschlagt. Der durch Diffusion erfolgende Stoffaustausch ist dabei weitgehend ausgeglichen, d.h. die Zahl der aus dem Blut in das Interstitium diffundierenden Moleküle ist ebenso groß wie die in umgekehrter Richtung diffundierende Menge.

Abweichungen im Sinne eines *Nettoflux* treten auf bei Stoffen, die im Gewebe verbraucht werden. So verbleiben etwa 400 g Glukose im Gewebe bei einem Austausch von 20 000 g pro Tag [9,14].

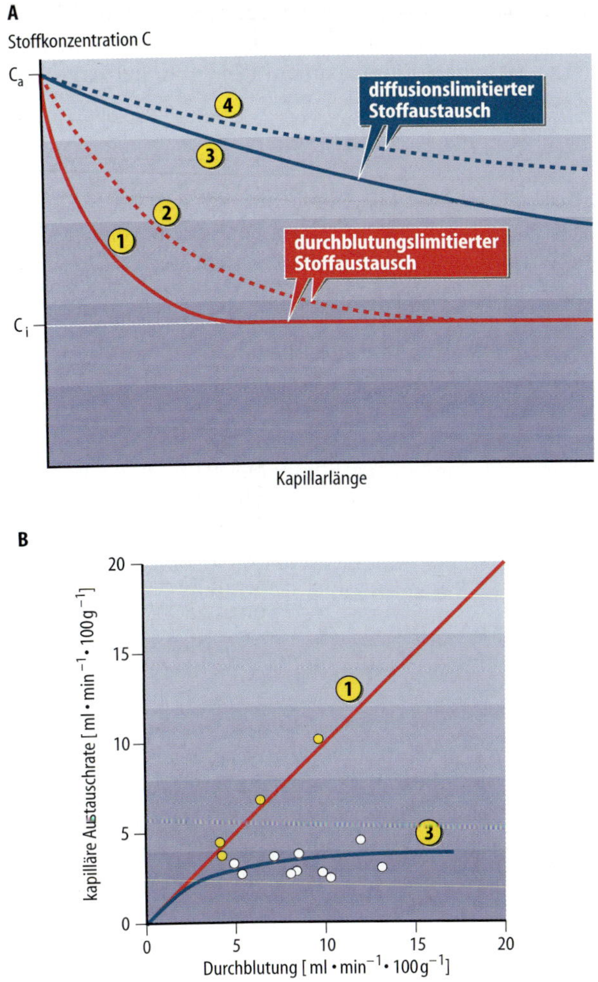

Abb. 24–20. A Plasmakonzentrationen diffusibler Substanzen während der Passage entlang der Kapillare. Bei hoher Permeabilität der Kapillarwand für die Substanz wird ein Gleichgewicht der Plasmakonzentration mit der des Interstitiums vor dem Ende der Kapillare erreicht (1). Bei Erhöhung der Durchblutung nehmen auch distalere Kapillarabschnitte am Austausch teil (2): Die Größe der Durchblutung bestimmt den Stoffaustausch (durchblutungslimitierter Stoffaustausch). Ist die Kapillarwand dagegen nur wenig für den Stoff permeabel, so ist die Konzentration am Ende der Kapillare noch nicht im Gleichgewicht mit der Konzentration im Interstitium (3). Eine Erhöhung der Durchblutung begrenzt nun die Zeit für die Diffusion, so daß die Extraktion fällt und die venöse Konzentration ansteigt (4). Der Effekt der erhöhten Durchblutung wird dadurch wieder aufgehoben und die kapilläre Austauschrate bleibt weitgehend konstant (diffusionslimitierter Austausch). C_a Konzentration am Anfang der Kapillare, C_i Konzentration im Interstitium. **B** Beziehung zwischen Durchblutung und kapillärer Austauschrate für einen durchblutungslimitierten und einen diffusionslimitierten Stoff bei normalem Gefäßtonus in der Skelettmuskulatur

Die Diffusion der wasserlöslichen Substanzen wie Glukose, Polysaccharide, Aminosäuren, Peptide und Proteine durch die wassergefüllten kleinen Poren hängt wesentlich von dem *Verhältnis von Molekül- zu Porengröße* ab. Bei kleinen Molekülen wie Glukose mit einem Molekülradius von etwa 0,36 nm ist eine Diffusionseinschränkung bei einem Porenradius von 5 nm noch nicht wahrnehmbar. Überschreitet das Verhältnis von Molekülradius zu Porenradius das Verhältnis von 1:10, so kommt es zu einer deutlichen Reduktion des effektiven Diffusionskoeffizienten im Vergleich zu dem Koeffizienten für freie Diffusion in Wasser. Für Albumin mit einem Molekülradius von 3,5 nm beträgt der effektive Diffusionskoeffizient in einer zylindrischen Pore mit 5 nm Radius nur noch 5 % des Koeffizienten für freie Diffusion (Abb. 24–21).

Nach diesem ***Konzept der molekularen Siebung*** durch die ***kleinen Kapillarporen*** könnten *Makromoleküle* mit einem Molekülradius von größer als 5 nm nicht mehr die Kapillarwand passieren. Tatsächlich finden sich jedoch auch in der Lymphe von Geweben mit Kapillaren vom kontinuierlichen Typ Plasmaproteine in Konzentrationen von 20 % der Plasmakonzentration und mehr (Abb. 24–21).

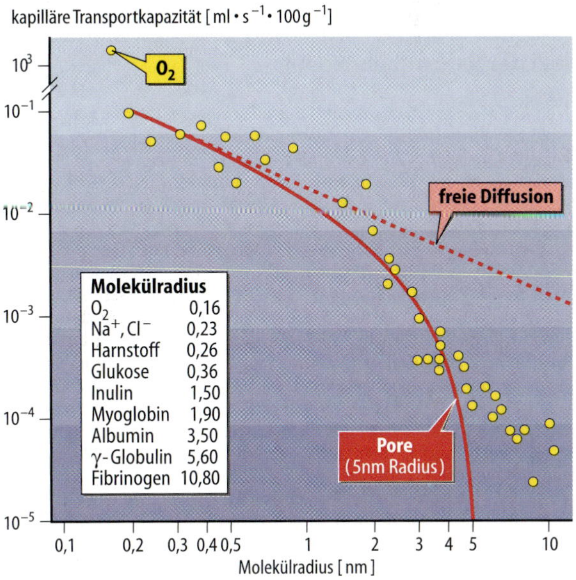

Abb. 24–21. Abhängigkeit der Permeabilität von Kapillaren des kontinuierlichen Typs vom Molekülradius der Stoffe. Alle Punkte (mit Ausnahme des lipophilen O_2) beziehen sich auf wasserlösliche Stoffe. Die gestrichelte Linie zeigt die theoretisch errechnete Abnahme der freien Diffusion in Abhängigkeit vom Molekülradius; die durchgezogene Linie zeigt die theoretisch errechnete Beziehung zwischen Molekülradius und einer 5 nm-Pore. Die Permeabilität von Stoffen mit Molekülradien > 5 nm weist auf die zusätzliche Existenz größerer Poren hin

Diese *Permeabilität für Makromoleküle* ist dabei weniger als ein Leckverhalten anzusehen, als vielmehr als eine *funktionelle Notwendigkeit* des Transfers von *Immunglobulinen* sowie *proteingebundenen Substanzen,* wie z. B. Eisen, Kupfer, Vitaminen, Steroidhormonen und Thyroxin. Sie läßt sich durch die Existenz einer kleinen ***Population großer Poren*** mit einem Radius von 20–30 nm erklären. In Kapillaren vom kontinuierlichen Typ dürften schätzungsweise *große zu kleinen Poren* im *Verhältnis von 1:12 000* vorliegen; in *diskontinuierlichen Kapillaren* beträgt das Verhältnis dagegen annähernd *1:100*. Dieses Porensystem fehlt völlig in proteinundurchlässigen Kapillaren (Gehirn, Glomeruli der Niere). Die Annahme von großen Poren in den Kapillaren stellt ein funktionelles Konzept dar [26,38]. Welche morphologischen Strukturen diesen Poren entsprechen, ist noch nicht vollständig geklärt. Es ist jedoch wahrscheinlich, daß die oben besprochenen *Membraninvaginationen* nach Fusionierung die hier geforderten transzellulären Passagewege bilden (s. Abb. 24–19).

Für den Flüssigkeitsaustausch im Kapillarbereich sind die hydrostatischen und die kolloidosmotischen Drücke in den Gefäßen und im Interstitium maßgebend

Hydrostatische und kolloidosmotische Drücke. Der Flüssigkeitsaustausch zwischen intravaskulärem und interstitiellem Raum erfolgt durch *Filtration* und *Reabsorption* über die Kapillarwand. Wie oben dargestellt, läßt sich die Kapillarwand mit ihren permeablen Interzellularfugen als eine *poröse Membran* betrachten. Da der intrakapilläre Druck in der Regel höher ist als der hydrostatische Druck im Interstitium, muß entsprechend dieser *Druckdifferenz,* die dem transmuralen Druck entspricht, eine Strömung von Flüssigkeit aus den Kapillaren in das Interstitium erfolgen. Dieser *Auswärtsfiltration* ist eine *Einwärtsfiltration* (*Reabsorption*) entgegengerichtet, deren Größe sich aus der *Differenz der kolloidosmotischen Drücke* des Blutplasmas und des Interstitiums ergibt.

Der ***kolloidosmotische Druck des Blutplasmas,*** der im wesentlichen durch die *Plasmaproteinkonzentration* von ca. *70–75 g/l* hervorgerufen ist, beträgt normalerweise ***25 mm Hg*** (s. S. 413 f). Der Eiweißgehalt der *interstitiellen Flüssigkeit* ist zwar deutlich niedriger als der des Blutplasmas, jedoch treten in den einzelnen Organkreisläufen erhebliche Unterschiede auf. Nimmt man die Eiweißkonzentration in den jeweiligen Lymphgefäßen der Organe als Indikator für die Eiweißkonzentration im Interstitium, so findet man 15–20 g/l Plasmaproteine in den Lymphgefäßen der Haut, 15–30 g/l in denen der Skelettmuskulatur, 30–40 g/l in denen des Intestinaltraktes, 40–50 g/l in denen der Lunge und 60 g/l in denen der Leber. Der kolloidosmotische Druck des Interstitiums ist also keine vernachlässigbare Größe und kann beträchtlich die absorptiven Fluxe in das Plasma reduzieren. Auch *entlang der einzelnen Kapillaren* läßt sich zeigen, daß die Eiweißkonzentration der interstitiellen Flüssigkeit vom arteriellen zum venösen Kapillarschenkel massiv ansteigt (in Kapillaren der Skelettmuskulatur von 3 auf 40 g/l Protein), was zu einer weiteren Herabsetzung der absorptiven Fluxe führt. Als *mittlere Eiweißkonzentration* des ***Interstitium*** im Gesamtorganismus können *20–30 g/l* angenommen werden, mit einem ***kolloidosmotischen Druck von 5–8 mm Hg.***

Der *hydrostatische Druck im Interstitium* ist normalerweise sehr gering. Werte um 0 bzw. leicht negativ (-2 bis +3 mm Hg) werden für viele Gewebe als normal angesehen. Die Aufrechterhaltung eines subatmosphärischen Drucks im Interstitium angesichts des kontinuierlichen Zustroms von kapillärem Ultrafiltrat läßt sich am ehesten erklären über den Flüssigkeitssog, der von den *Lymphkapillaren* ausgehend in das Gewebe ausgeübt wird. Positive Drücke finden sich in Organen, die von bindegewebigen bzw. knöchernen Kapseln umschlossen sind (Niere, Herz, Gelenke, Gehirn).

Das normal hydratisierte Interstitium weist dabei nur *eine geringe Weitbarkeit* (Compliance) auf, d. h. Druckänderungen im Bereich normaler Drücke führen nur zu sehr geringen Volumenänderungen. Mit zunehmenden interstitiellen Drücken wird jedoch relativ abrupt ein Wert überschritten, von dem ab die Weitbarkeit deutlich größer wird, so daß das interstitielle Flüssigkeitsvolumen stark zunimmt und eine *Ödembildung* (S. 519 f) einsetzt. *Ödeme* sind klinisch gewöhnlich *erst zu bemerken,* wenn das *interstitielle Volumen* den Normalwert um etwa *100 % überschritten* hat. Dies entspricht an den Extremitäten einer Zunahme um 10 % im Umfang.

Effektiver Filtrationsdruck. Der den Flüssigkeitstransport über die Kapillarwand bestimmende *effektive Filtrationsdruck* (P_{eff}) ergibt sich aus der Differenz der hydrostatischen (ΔP) und der kolloidosmotischen Drücke ($\Delta\pi$) zwischen Kapillarinnenraum und interstitellem Raum:

$$P_{eff} = \Delta P - \Delta\pi = (P_C - P_{IS}) - (\pi_{PL} - \pi_{IS}) \qquad (17)$$

Diese Beziehung gilt jedoch nur für den idealisierten Fall einer für Proteine streng semipermeablen Membran. Da dies für die Kapillaren nicht der Fall ist, muß der kolloidosmotische Druck mit dem osmotischen *Reflexionskoeffizienten* (σ) korrigiert werden. Dieser Koeffizient ist 1 für Stoffe, die vollständig an den Poren der Membran reflektiert werden, und 0 für Stoffe, die frei durch die Poren diffundieren. Für Plasmaproteine liegt σ bei 0,75–0,95. Dies beinhaltet, daß nur 75–95 % des theoretisch möglichen kolloidosmotischen Drucks wirksam werden. Unter Einbeziehung des sog. *Filtrationskoeffizienten* (K_f), der das Produkt aus hydraulischer Leitfähigkeit der Kapillarwand und Austauschfläche angibt, läßt sich das pro Zeiteinheit filtrierte Volumen (J_v) angeben.:

$$J_v = K_f \cdot P_{eff} = K_f\,(\Delta P - \Delta\pi) \qquad (18)$$

Diese Beziehung wird als ***Starling-Gleichung*** bezeichnet, wobei J_v bei Filtration positiv, bei Reabsorption negativ ist. Der Filtrationskoeffizient der Kapillaren in der Niere ist um den Faktor 1000 und im Darm ca. um den Faktor 100 höher als im Herzen, in der Skelettmuskulatur und in der Lunge, derjenige der Hirnkapillaren wiederum ist um das 1000-fache niedriger als in der Skelettmuskulatur.

Filtration und Reabsorption. Für die Flüssigkeitsbewegung zwischen Kapillaren und interstitiellem Raum ergibt sich aus den obengenannten Werten folgende Bilanz. Für den *arteriellen Schenkel der Kapillare* ist der transmurale Druck (ΔP) größer als die Differenz zwischen kolloidosmotischen Druck des Plasmas und dem der interstitiellen Flüssigkeit, so daß in diesem Abschnitt eine *Auswärtsbewegung* von Wasser und porengängigen Molekülen erfolgt. Da der Druck in der Kapillare aufgrund des hohen Strömungwiderstandes vom arteriellen zum venösen Schenkel um etwa 10 mm Hg und mehr abfällt (Abb. 24–22), damit die Größe der kolloidosmotischen Druckdifferenz erreicht (*Filtrationsgleichgewicht*) und sogar unterschreitet, ergibt sich *am Ende des venösen Schenkels* ein effektiver Filtrations-

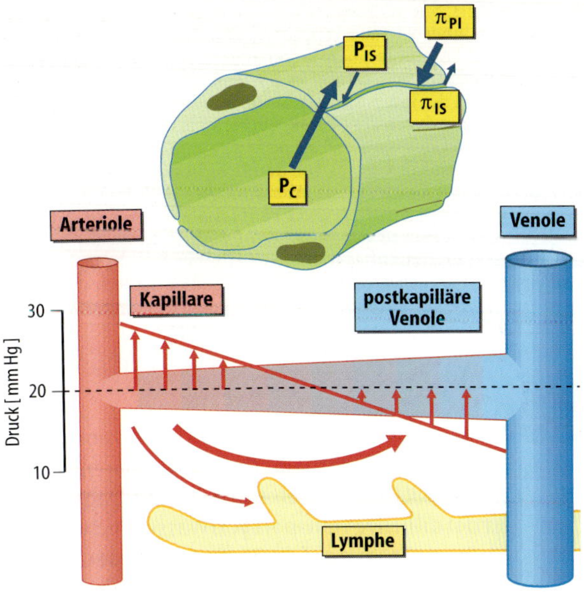

Abb. 24–22. Schematische Darstellung von Filtration und Reabsorption an einer idealisierten Kapillare. Die *schräge durchgezogene Linie* stellt den Verlauf des transmuralen Drucks ($P_C - P_{IS}$) entlang der Kapillare dar. Die *gestrichelte Linie* stellt die Differenz der kolloidosmotischen Drücke von Blutplasma π_{Pl} und interstitieller Flüssigkeit π_{IS} dar. π_{Pl} und π_{IS} sind vereinfachend über die gesamte Kapillarlänge als konstant angenommen. Die *Pfeile* entsprechen den effektiven Filtrationsdrücken. Inset: Treibende Kräfte für den Flüssigkeitsaustausch über die Kapillarmembran P_C Blutdruck in der Kapillare, π_{IS} Druck im Interstitium, π_{Pl} kolloidosmotischer Druck des Plasma, π_{IS} kolloidosmotischer Druck im interstitiellen Raum

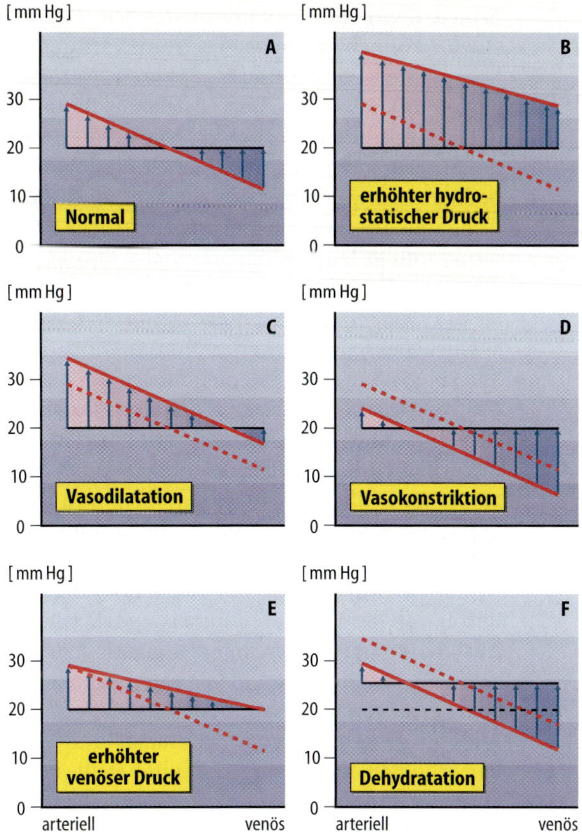

Abb. 24–23. Schematische Darstellung der kapillären Filtration – Reabsorptionsverhältnisse unter verschiedenen Bedingungen. In Relation zur jeweiligen Größe von P_{eff} oder π_{eff} kommt es zu einer verstärkten Filtration (**B, C, E**) bzw. verstärkten Reabsorption (**D, F**)

druck, der von *außen nach innen* gerichtet ist: Wasser tritt gemeinsam mit den darin gelösten Kristalloiden in die Kapillaren ein (*Reabsorption*).

Eine für Ruhebedingungen geltende, überschlägige quantitative Betrachtung ergibt, daß im Organismus die Reabsorption in der Regel etwas kleiner ist als die Filtration. In den arteriellen Abschnitten der Kapillaren werden ca. 0,5 % des durchfließenden Plasmavolumens abfiltriert, d.h. ca. 14 ml/min (20 l/Tag). Hiervon werden jedoch nur etwa 90 % in den venösen Abschnitten reabsorbiert. Die restlichen 10 % (ca. 2 l/Tag) werden über die *Lymphgefäße* aus dem interstitiellen Raum abtransportiert.

Das mit Hilfe der Lymphdrainage aufrechterhaltene Gleichgewicht zwischen kapillärer Filtration und Reabsorption kann grundsätzlich durch alle in Gl. (17) genannten Faktoren beeinflußt werden (Abb. 24–23). Der physiologischen Variation des kapillären transmuralen Drucks durch die rhythmischen Kontraktionen der vorgeschalteten Arteriolen (*Vasomotion*) dürfte dabei die größte Bedeutung für eine Verschiebung des Verhältnisses Filtration zu Reabsorption zukommen. *Vasodilatation* führt über Erhöhung des transmuralen Druckes zu einer Zunahme der Filtration, *Vasokonstriktion* durch Abnahme des transmuralen Kapillardrucks zu einer Zunahme der Reabsorption.

Ödeme sind pathologische Flüssigkeitsansammlungen im Interstitium oder in den Zellen

Als Ursache für das Auftreten der sicht- und tastbaren Ödeme kommen aufgrund des geschilderten kapillären Flüssigkeitsaustausches in Betracht:

- ***Erhöhung des kapillären Blutdrucks.*** Bei einer Dilatation der präkapillären Widerstandsgefäße bzw. Konstriktion der postkapillären Venolen oder einer Erhöhung des venösen Drucks ist der Druck in den Kapillaren erhöht. Als Folge davon kommt es zu einer verstärkten Auswärtsfiltration, so daß das Lymphsystem nicht mehr in der Lage ist, die vermehrt anfallende interstitielle Flüssigkeit abzutransportieren. Eine Erhöhung des venösen Drucks tritt z.B. bei einer Herzinsuffizienz auf und kann zu Flüssigkeitsansammlungen führen, die dann als *kardiale Ödeme* bezeichnet werden. Dabei wirkt sich der hydrostatische Druck der Blutsäule, die auf den Kapillaren der unteren Körperpartien lastet, zusätzlich filtrationssteigernd aus. So ist es zu verstehen, daß kardiale Ödeme zuerst im Bereich der Fußknöchel entstehen.

- ***Erniedrigung des kolloidosmotischen Drucks.*** Ödeme können sich auch durch eine verminderte kapilläre Reabsorption als Folge eines erniedrigten kolloidosmotischen Drucks im Blutplasma entwickeln. Ein typisches Beispiel hierfür ist das *Hungerödem*, das durch einen ernährungsbedingten Eiweißmangel verursacht wird. Eine Abnahme des kolloidosmotischen Drucks kann ferner infolge langdauernder *renaler Eiweißausscheidung* bei bestimmten Nierenerkrankungen (*renales Ödem*) sowie infolge *gestörter Eiweißsynthese* bei schweren Leberfunktionsstörungen zur Entwicklung von Ödemen führen.
- ***Gesteigerte Durchlässigkeit der Kapillarwand.*** Eine Zunahme der Auswärtsfiltration tritt bei einer erhöhten Kapillarpermeabilität ein. Bei *Entzündungen, allergischen Reaktionen* und *Verbrennungen* kommt es unter Einwirkung verschiedener lokaler Mediatoren (Histamin, Bradykinin und Zytokinen) zur Formänderung und Retraktion des Kapillarendothels und damit zur Ausbildung größerer interzellulärer Lücken („gaps"), die den Durchtritt von Leukozyten, aber auch von Plasmaproteinen gestatten. Die Bildung eines *proteinreichen Ödems* aufgrund der erhöhten Kapillarpermeabilität stellt daher eines der Kardinalsymptome der akuten Entzündung sowie der akuten allergischen Reaktion dar.
- ***Störung des Lymphabflusses.*** Aufgrund der zentralen Drainagefunktion, die das Lymphsystem für das Interstitium hat, kommt es bei Störungen des Lymphabflusses zu Ödemen in der entsprechenden Versorgungsregion (*regionales Lymphödem*). Lymphabflußstörungen können bereits kongenital vorliegen oder im Verlauf einer Entzündung bzw. nach einer Operation oder Strahlentherapie durch Verlegung der Lymphgefäße in Erscheinung treten.

Die weltweit häufigste Ursache des Lymphödems ist eine Infektion mit Fadenwürmern (*Filarien*), die das Lymphgefäßsystem und oberflächliche Bindegewebe des Menschen besiedeln. Im Endzustand dokumentieren sich alle chronischen Lymphstauungen in einer *Elephantiasis*, die charakterisiert ist durch eine unförmige Anschwellung der betroffenen Extremität sowie massive Hautveränderungen.

In der Regel bleiben pathologische Flüssigkeitsansammlungen auf das Interstitium beschränkt (***extrazelluläres Ödem***). Wenn jedoch die Zellmembranen geschädigt sind oder eine Zunahme des extrazellulären Volumens (wie beim Gehirn in der knöchernen Schädelhöhle) nur beschränkt möglich ist, kann auch ein verstärkter Flüssigkeitseinstrom in die Zellen erfolgen (***zelluläres Ödem***).

Nach der bisherigen Darstellung sind Ödeme unter zahlreichen physiologischen und pathophysiologischen Bedingungen viel häufiger zu erwarten als sie tatsächlich auftreten. Klinisch läßt sich festhalten, daß Ödeme erst entstehen, wenn sich der kolloidosmotische Druck des Plasmas oder der venöse Druck um mehr als 15 mm Hg ändern. Im wesentlichen sind drei Faktoren für die Ausbildung dieser Sicherheitszone verantwortlich. Wie oben erwähnt, besitzt das Interstitium innerhalb eines relativ großen Druckbereichs nur eine geringe Weitbarkeit, die einer starken Flüssigkeitsansammlung entgegenwirkt. Außerdem kommt es bei Zunahme des interstitiellen Volumens und des interstitiellen Drucks sofort zu einem verstärkten Abtransport durch die Lymphgefäße. So löst z. B. im Intestinaltrakt ein Anstieg des venösen Drucks um 30 mm Hg einen 20 fachen Anstieg des Lymphflusses aus. Der damit verbundene vermehrte Eiweißabtransport bewirkt eine Abnahme des kolloidosmotischen Drucks im Interstitium. Dies wiederum erhöht durch Zunahme des kolloidosmotischen Druckgradienten (π_{Pl}-π_{IS}) die Reabsorption. Zu dieser Herabsetzung des kolloidosmotischen Drucks im Interstitium trägt schließlich auch die durch den Anstieg der Filtrationsrate hervorgerufene Verdünnung der interstitiellen Proteinkonzentration bei.

!

Lipidlösliche Stoffe werden durch Diffusion über die gesamte Endothelfläche der Kapillaren und postkapillären Venolen ausgetauscht. Dagegen ist der diffusive Transport von Wasser und wasserlöslichen Stoffen auf die Passagewege der Poren und Interzellularspalten beschränkt. Dabei hängt der effektive Diffusionskoeffizient vom Verhältnis Molekül- zu Porengröße ab. Während kleine Moleküle, wie Glukose, bei der Wandpassage kaum behindert werden, bilden die kleinen Poren (Radius: 5 nm) für Makromoleküle eine Schranke (Konzept der molekularen Siebung). Da jedoch Plasmaproteine und damit auch Immunglobuline und proteingebundene Substanzen in das Interstitium gelangen, nimmt man an, daß auch große Poren (Radius: 20–30 nm) vorhanden sind, die durch Fusionierung von Membraninvaginationen entstehen könnten.

Beim Flüssigkeitsaustausch im Kapillarbereich bewirkt die hydrostatische Druckdifferenz zwischen Kapillare und Interstitium (ΔP) eine Auswärtsfiltration, die kolloidosmotische Druckdifferenz zwischen Blutplasma und interstitieller Flüssigkeit ($\Delta\pi$) eine Einwärtsfiltration (Reabsorption). Der effektive Filtrationsdruck ergibt sich aus ΔP-$\Delta\pi$. Bei der Berechnung des pro Zeiteinheit filtrierten Volumens (Starling-Gleichung) sind zusätzlich noch der Filtrationskoeffizient und der Reflexionskoeffizient zu berücksichtigen. Im arteriellen Schenkel der Kapillaren überwiegt die Auswärtsfiltration, im venösen Schenkel die Reabsorption. Im gesamten Organismus werden etwa 20 l/Tag filtriert, aber nur 18 l/Tag reabsorbiert; der Rest von 2 l/Tag wird über die Lymphgefäße abtransportiert. Ödeme, d. h. pathologische Flüssigkeitsansammlungen im Interstitium oder in den Zellen, können entstehen bei Erhöhung des kapillären Blutdrucks (z. B. kardiales Ödem), bei Erniedrigung des kolloidosmotischen Drucks im Plasma (z. B. Hungerödem), bei gesteigerter Permeabilität der Kapillarwände (z. B. Entzündungsödem) oder bei Störung des Lymphabflusses (regionales Lymphödem).

Über das Drainagesystem der Lymphgefäße wird die überschüssige interstitielle Flüssigkeit in das venöse System transportiert

Das *Lymphgefäßsystem* dient nicht nur dem Flüssigkeitstransport, sondern in erster Linie der Rückführung von Eiweiß und anderen Stoffen aus dem interstitiellen Raum in das Blut, für die der Übertritt aus den Kapillaren in das Interstitium eine Einbahnstraße darstellt.

Aufbau des Lymphsystems. Die *Lymphkapillaren,* die als engmaschiges Netzwerk alle Gewebe, mit Ausnahme der oberflächlichen Hautschichten, des ZNS und der Knochen durchsetzen, sind an ihrem gewebeseitigen Ende geschlossen. Ihre aus Endothelzellen bestehende Wand ist hochgradig *durchlässig* für alle in der interstitiellen Flüssigkeit vorhandenen Stoffe einschließlich Eiweiß. Sogar verhältnismäßig große Partikel, wie Bakterien oder Staub- und Kohlekörnchen (Lunge), die in die Gewebe gelangt sind, werden in die Lymphe aufgenommen. Die Lymphkapillaren sammeln sich zu größeren *Lymphgefäßen,* die schließlich als *Ductus thoracicus* in die linke V. subclavia bzw. als *Ductus lymphaticus dexter* in die rechte V. subclavia münden. In die größeren Lymphgefäße sind *Lymphknoten* eingebaut, die Lymphozyten bilden und eine Sieb- und Abwehrfunktion ausüben. In ihnen nehmen phagozytierende Retikulumzellen Fremdstoffe, einschließlich der genannten Partikel, aus der Lymphe auf. Die Lymphknoten haben also die wichtige Aufgabe, die Einschwemmung schädlicher Substanzen aus den Geweben in das Blut zu verhindern und der Ausbreitung von Infektionen entgegenzuwirken. So deutet die Anschwellung von Lymphknoten oft auf eine Infektion in dem regional zugehörigen Gewebe hin. Die *postnodale Lymphe* hat eine höhere Eiweißkonzentration als die *pränodale Lymphe* (Absorption von Wasser in die Kapillaren der Lymphknoten) und enthält reife Lymphozyten. Die postnodale Lymphe ist daher weder repräsentativ für die Zusammensetzung der interstitiellen Flüssigkeit noch für die Bildungsrate der Lymphe.

Aufnahme und Transport der Lymphe. Die Aufnahme der interstitiellen Flüssigkeit in die Lymphgefäße erfolgt über Spalten (10 bis 14 nm) zwischen den Lymphendothelzellen, die hier dachziegelförmig übereinanderliegen. Der erforderliche Druckgradient vom Interstitium in die *Lymphkapillaren* wird dabei durch die Entleerung der distalen Lymphkapillarabschnitte (Kontraktion der Lymphgefäße) erzeugt (Abb. 24–24). Verankerungsfilamente, die an den Außenseiten der Lymphkapillaren inserieren und in der umgebenden Bindegewebematrix eingebunden sind, verhindern dabei nicht nur einen Kollaps, sondern tragen wahrscheinlich durch ihre elastischen Rückstellkräfte zu einem Sogeffekt bei. Im weiteren Verlauf der Lymphbahn wird der Lymphtransport durch die *rhythmischen Kontraktionen* (10–15/min) der mit glatter Muskulatur ausgestatteten Lymphgefäße bewirkt. Zahlreiche *Klappen,* ähnlich den Venenklappen, gestatten ausschließlich eine Strömung in Richtung zu den Venen. Von großer Bedeutung für die Lymphströmung sind auch alle von außen auf die Lymphgänge wirkenden wechselnden *Kompressionskräfte,* vor allem diejenigen, die durch Kontraktionen der Skelettmuskel hervorgerufen werden (analog zur Wirkung der Muskelpumpe bei den Venen). Die Lymphstromstärke kann dadurch bei Muskelarbeit auf das 15-fache der Ruhewerte gesteigert werden. Der Druck in den terminalen Lymphgefäßen beträgt ca. 1–2 mm Hg. In den größeren Lymphgefäßen lassen sich aufgrund der spontanrhythmischen Aktivitäten der glatten Muskulatur stärkere Schwankungen auf einem teilweise deutlich höheren Niveau beobachten [9,46].

Zusammensetzung der Lymphe. Die Zusammensetzung der pränodalen Lymphe gleicht grundsätzlich derjenigen der interstitiellen Flüssigkeit. Der Gehalt an niedermolekularen gelösten Stoffen entspricht also etwa dem des Blutplasmas. Wie oben dargestellt, ist der Eiweißgehalt der Lymphe regional jedoch sehr verschieden. Im Bereich des Magen-Darmkanals übernehmen die Lymphgefäße auch den Abtransport von absorbierten Stoffen, insbesondere von *Fetten.* Der durchschnittliche *Eiweißgehalt* der Sammellymphe im Ductus thoracicus beträgt 3–4 %. Da alle durch die Kapillarwand in das Interstitium gelangten Eiweißkörper auch in der Lymphe vorhanden sind, darunter auch solche mit hohem Molekulargewicht, wie Fibrinogen, ist die Lymphe *gerinnungsfähig.* Unter Normalbedingungen beträgt die Lymphproduktion ca. 2–3 l/Tag; kann aber bei hoher Auswärtsfiltration auf das 20- bis 100fache ansteigen.

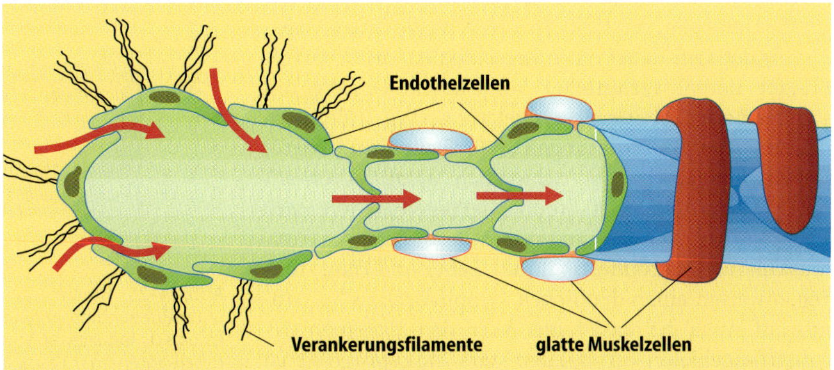

Abb. 24–24. Gerichtete Strömung in Lymphkapillaren durch Ventilmechanismen. Die dachziegelförmige Überlappung der Lymphendothelzellen erleichtert den Eintritt der interstitiellen Flüssigkeit und verhindert den Rückstrom ins Interstitium. Die Endothelklappen in den Lymphgefäßen sorgen ähnlich den Klappen in den Venen für eine herzwärts gerichtete Strömung

> **!** Zum Lymphgefäßsystem gehören die Lymphkapillaren, deren Endothelien gut permeabel sind, und die größeren Lymphgefäße, die als Ductus thoracicus und als Ductus lymphaticus dexter in das Venensystem einmünden. Die eingeschalteten Lymphknoten verhindern das Einschwemmen schädlicher Substanzen in das Blut. Die überschüssige interstitielle Flüssigkeit mit den darin enthaltenen Proteinen wird in die Lymphkapillaren aufgenommen und durch rhythmische Kontraktionen der glatten Muskulatur der größeren Lymphgefäße zu den Venen transportiert, wobei zahlreiche Klappensysteme den Rückfluß verhindern. Kontraktionen der Skelettmuskulatur können den Transport beschleunigen. Die Lymphe enthält etwa 3–4 % Proteine und intestinal aufgenommene Lipide. Sie ist aufgrund ihres Fibrinogengehaltes gerinnungsfähig.

24.5 Lokale Durchblutungsregulation

Für den Ruhetonus der Gefäße sind der basale und der neurogene Tonus maßgebend

Die aktive Spannung, die in einem Gefäßsegment von der glatten Muskulatur entwickelt wird, bezeichnet man als ***Gefäßtonus.*** Normalerweise stehen Blutgefäße ständig unter einem bestimmten Tonus, d.h. es ist immer eine gewisse Vasokonstriktion vorhanden, die man als ***Ruhetonus*** bezeichnet. Dieser Ruhetonus setzt sich aus zwei Komponenten zusammen. Die Grundkomponente ist der ***basale Tonus*** (***Basistonus***), der durch lokale Einflüsse zustandekommt, die ihren Ursprung in der Gefäßwand selbst oder in der unmittelbaren Umgebung haben. Dieser Basistonus wird in nahezu allen Organstromgebieten (Ausnahme: Plazenta und Umbilikalgefäße) durch vasokonstriktorisch wirksame Impulse *sympathisch-adrenerger Nervenfasern,* welche die Blutgefäße umgeben, verstärkt. In den verschiedenen Organen findet sich dabei ein unterschiedlich stark ausgeprägter nerval vermittelter Tonusanteil. Organe mit ständig hohen, aber sich nur relativ gering ändernden Durchblutungsanforderungen (z.B. Gehirn und Niere) zeigen nur einen sehr schwachen sympathisch-adrenerg vermittelten Gefäßtonus, Gefäßgebiete mit stark wechselnden Durchblutungsanforderungen (Skelettmuskulatur, Gastrointestinaltrakt, Leber und Haut) hingegen weisen einen deutlichen symphatischen Ruhetonus auf. Auch der Basistonus ist in den einzelnen Organstromgebieten verschieden stark ausgeprägt. Er ist niedrig in den Hautgefäßen und im Splanchnikusgebiet, höher in der Skelettmuskulatur und besonders hoch im Gehirn.

Die jeweilige ***Ruhedurchblutung*** eines einzelnen Organs ergibt sich grundsätzlich aus der Größe des regionalen Strömungswiderstandes, der zum einen von der speziellen Gefäßarchitektur des betreffenden Organs, zum anderen von der Höhe des Ruhetonus bestimmt wird. Die Höhe des Ruhetonus ist dabei entscheidend für das Ausmaß der maximal möglichen Durchblutungssteigerung: je höher der Gefäßtonus, d.h. die „Vorkontraktion“, desto größer das vasodilatorische Potential (s. auch S. 353, Abb. 19–11). In den einzelnen *Organkreisläufen* sind die maximal möglichen *Durchblutungssteigerungen verschieden stark* ausgeprägt (Abb 24–25). Bemerkenswert ist, daß in den Gefäßgebieten mit *stark wechselnden funktionellen Anforderungen* die *relativ größten Durchblutungsänderungen* auftreten können. Demgegenüber wird die Durchblutung von lebenswichtigen Organen wie *Gehirn* und *Nieren* mit *ständig hohen,* aber relativ *weniger stark wechselnden Anforderungen* durch spezielle Regulationsmechanismen weitgehend konstant gehalten und innerhalb bestimmter Grenzen sogar von stärkeren Änderungen des arteriellen Drucks und des Herzzeitvolumens nur wenig beeinflußt.

Die vasomotorische Steuerung erfolgt überwiegend durch sympathisch-adrenerge vasokonstriktorische Neurone

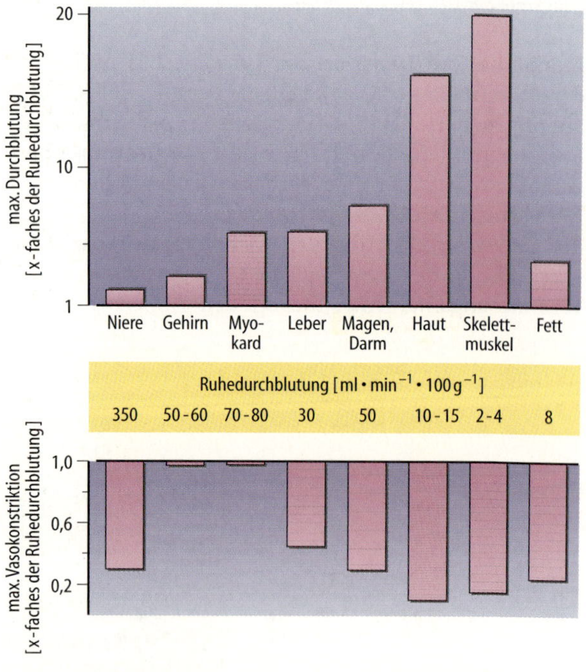

Abb. 24–25. Durchblutungswerte in den verschiedenen Organen unter Ruhebedingungen, bei maximaler metabolisch oder pharmakologisch induzierter Vasodilatation sowie bei maximaler sympathisch-adrenerger Vasokonstriktion. Die Werte beziehen sich auf einen erwachsenen Menschen mit 70 kg Körpergewicht. Eine gleichzeitige maximale Durchblutung aller Organstromgebiete würde ein Herzzeitvolumen von 40 l/min erfordern. Dies überschreitet bei weitem die Auswurfleistung des Herzens

Sympathisch-adrenerge vasokonstriktorische Fasern. Die *postganglionären marklosen sympathischen Fasern,* welche die Blutgefäße innervieren, verlaufen in den arteriellen Gefäßen an der Grenze zwischen Adventitia und Media und dringen nicht, vermutlich aufgrund des relativ hohen Innendrucks, in die Media ein. In den Venen durchsetzen die Fasern auch die tieferen Schichten der Media. Die *Innervationsdichte* nimmt in der Regel zu den Kapillaren hin ab und ist auf der venösen Seite deutlich schwächer als in den arteriellen Gefäßen (Abb. 24–26). Die terminalen Nervenfasern weisen zahlreiche *Varikositäten* auf, die mit der Plasmamembran der glatten Gefäßmuskulatur eine sehr variable synaptische Beziehung ausbilden (s. auch S. 347–349).

Die Varikositäten enthalten große und kleine Vesikel, in denen der Hauptüberträgerstoff *Noradrenalin,* teilweise zusammen mit einem Kotransmitter wie ATP oder Neuropeptid Y, gespeichert ist.

Die funktionelle Bedeutung dieser Kotransmitter sowie die jeweils freigesetzte Menge variieren von Gewebe zu Gewebe. ***ATP*** wird in den Varikositäten synthetisiert und in einigen großen Arterien sowie in kleinen Mesenterialarterien gemeinsam mit Noradrenalin freigesetzt. Es stimuliert purinerge Rezeptoren (*P_2-Rezeptoren*) an der Plasmamembran der glatten Muskulatur und löst hier schnelle transiente Depolarisationen aus. ***Neuropeptid Y*** hingegen wird im Zellkörper des postganglionären Neurons synthetisiert, um von dort entlang dem Axon in die Varikositäten transportiert zu werden. Hier wird es wahrscheinlich gemeinsam mit Noradrenalin in den großen Vesikeln gespeichert und hauptsächlich unter starker sympathischer Aktivierung (z. B. Stress) freigesetzt. Im Gegensatz zu ATP löst Neuropeptid Y, das als Kotransmitter in vasomotorischen Nerven der Skelettmuskulatur, der Niere, der Milz und der Speicheldrüsen nachgewiesen wurde, langsame, längeranhaltende Depolarisationen aus.

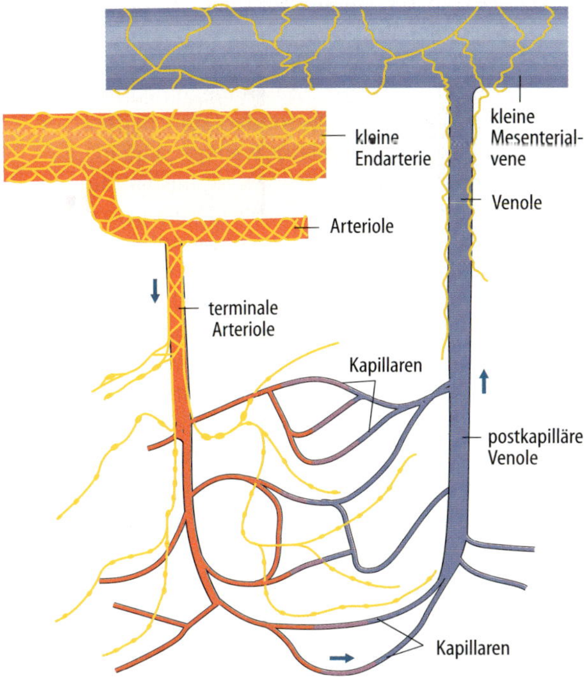

Abb. 24–26. Verteilung und Innervationsdichte der sympathisch-adrenergen Nervengeflechte in der Mesenterialstrombahn der Ratte. (Nach [30])

Annähernd 80 % des während der Erregung eines Vasokonstriktorneurons freigesetzten ***Noradrenalin*** wird wieder *aktiv in die Varikositäten aufgenommen.* Der Rest wird zum Teil enzymatisch in den glatten Muskelzellen durch die Katechol-O-methyl-transferase und die Monoaminoxidase abgebaut, zum Teil über das Kapillarblut abtransportiert. Bei verstärkter sympathischer Aktivität steigt daher der ins Kapillarblut diffundierte Anteil an, so daß die *Plasmakonzentration von Noradrenalin* als ein indirektes Maß der efferenten sympathischen Impulsaktivität genommen werden kann. So finden sich bei starker körperlicher Arbeit als Ausdruck einer verstärkten sympathischen Aktivierung Anstiege der Plasma-Noradrenalinkonzentration um das 10- bis 20 fache des Ruhewertes.

Die Menge an Noradrenalin, die aus den Vesikeln freigesetzt wird, hängt dabei nicht nur von der Frequenz der Aktionspotentiale ab, sondern wird auch durch eine Reihe von Substanzen sowie lokalchemischen Einflüssen erheblich moduliert (Abb. 24–27). So hemmt Noradrenalin selbst über *präsynaptische α_2-Adrenozeptoren* seine weitere Freisetzung. Inhibitorisch wirksam auf die Noradrenalinfreisetzung sind des weiteren H^+-Ionen, K^+-Ionen, Adenosin, Azetylcholin, Histamin, Serotonin und Prostaglandin E_1. Angiotensin II hingegen fördert die Noradrenalinfreisetzung aus den Vesikeln, wobei für den potenzierenden Effekt von Angiotensin II auf die sympathisch-adrenerg vermittelte Vasokonstriktion zusätzlich eine Angiotensin-vermittelte Erhöhung der Noradrenalinsyntheserate sowie eine Hemmung der Wiederaufnahme von Noradrenalin von Bedeutung ist (s. S. 529).

Tonische Aktivität sympathisch-konstriktorischer Fasern. Die Bedeutung der tonischen Aktivität im Sinn einer kontinuierlichen Entladungsrate sympathisch-kon-

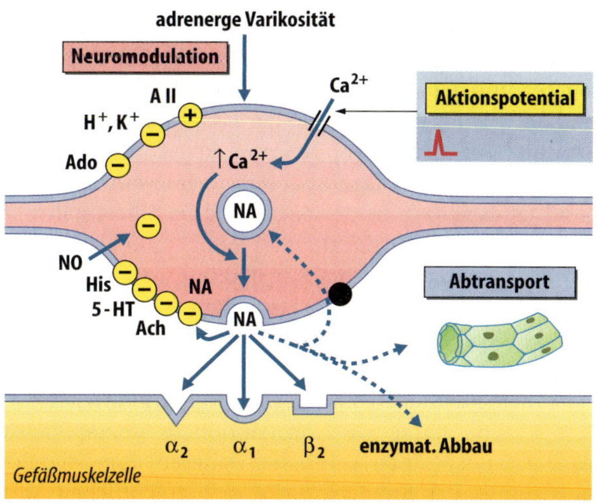

Abb. 24–27. Präsynaptische Modulation der Noradrenalinfreisetzung an einer adrenergen Varikosität sowie Mechanismen der Noradrenalin-Inaktivierung in der Gefäßwand. NA = Noradrenalin, ACh = Azetylcholin, 5-HT = Serotonin, His = Histamin, Ado = Adenosin, AII = Angiotensin II, NO = Stickstoffmonoxid, α_1 = α_1-Adrenozeptor, α_2 = α_2-Adrenozeptor, β_2 = β_2-Adrenozeptor, – Hemmung, + Förderung der Noradrenalinfreisetzung

striktorischer Fasern für den Gesamtkreislauf (s. auch S. 353, Abb. 19–11) läßt sich demonstrieren an dem Abfall des mittleren Blutdrucks auf 50–60 mm Hg, der sich als Folge der massiven Vasodilatation nach Applikation von *ganglienblockierenden Pharmaka* oder kompletter *Spinalanästhesie* ergibt.

Auch nach operativer Durchtrennung von sympathischen Nerven (*Sympathektomie*) tritt in den denervierten Gebieten eine Vasodilatation auf, wobei die neue Gefäßweite nur noch vom Basistonus bestimmt wird. Einige Tage nach der Sympathektomie beginnt jedoch der Tonus wieder anzusteigen und kann nach einigen Wochen praktisch wieder die ursprünglichen Werte erreichen, obwohl eine Regeneration der Fasern noch nicht erfolgt ist. Dieser Effekt beruht auf einer Zunahme des basalen Tonus und entsteht wahrscheinlich durch eine nach der Denervierung entstehende Hypersensibilität der Gefäßmuskulatur gegenüber Katecholaminen und anderen vasoaktiven Stoffen mit entsprechenden Steigerungen der muskulären Spontanaktivität (s. auch S. 349).

Eine *Vasodilatation,* ausgelöst durch Absenkung der tonischen Aktivität der sympathisch-konstriktorischen Fasern, stellt des weiteren einen wesentlichen Teil des *Barorezeptorenreflexes* (s. S. 536) dar, mit dem der Organismus kurzfristig den arteriellen Blutdruck stabilisiert. Auch die Steigerung der Hautdurchblutung im Dienste der *Thermoregulation* (s. S. 555) ist ein Beispiel für eine Vasodilatation, die durch eine Abnahme der sympathisch-adrenergen vasokonstriktorischen Aktivität ausgelöst wird.

Sympathikogene Durchblutungsregulation. Ein Anstieg der Aktivität der sympathisch-konstriktorischen Nerven löst in dem betroffenen Organstromgebiet eine Reihe kurz- bis mittelfristig wirksamer Effekte aus. Die nervös vermittelte *Konstriktion der kleinen terminalen Arterien und Arteriolen* führt zu einer Erhöhung des regionalen Strömungswiderstandes und damit zu einer *Abnahme der Durchblutung.* Dies läßt sich an der Haut und der Skelettmuskulatur am deutlichsten demonstrieren, weniger ausgeprägt, aber doch effektiv an den Nieren und der Intestinalstrombahn, während im Koronarsystem, im Gehirn und in der Lunge bei Aktivierung sympathisch-adrenerger Neurone keine physiologisch relevanten Durchblutungsänderungen wahrnehmbar sind (Abb. 24–25). In der Niere und im Intestinaltrakt läßt sich bei länger anhaltender Sympathikusstimulation die maximal erreichte Konstriktion bzw. Durchblutungsabnahme nicht aufrechterhalten. Es kommt zu einer deutlichen Abschwächung des konstriktorischen Effekts. Die Ursachen für dieses als *„vascular escape"* bezeichnete Phänomen sind noch weitgehend unklar.

Eine starke Vasokonstriktion in präkapillären Widerstandsgefäßen kann des weiteren über die Erniedrigung des Kapillardrucks zu beträchtlichen *Verschiebungen von Flüssigkeitsmengen* aus dem extravasalen in den intravasalen Raum führen (s. Abb. 24–23), insbesondere in Geweben mit einem hohen interstitiellen Flüssigkeitsdepot (z. B. Skelettmuskel). Schließlich kommt es bei Steigerung der sympathisch-adrenergen Aktivität durch Veränderungen der venösen Kapazität zu einer beträchtlichen *Reduktion des venös gespeicherten Blutvolumens.* Zwei Mechanismen sind für die Blutmobilisation aus den venösen Speichern verantwortlich. Zum einen führt die Konstriktion der präkapillären Widerstandsgefäße zu einer *Absenkung des Venendrucks* und damit zu einer druckpassiven Volumenentspeicherung aus den elastisch vorgedehnten Venen. So lassen sich z. B. in der Skelettmuskulatur, die nur eine sehr schwache sympathische Innervation der Venen aufweist, nach sympathischer Stimulation Blutvolumenverschiebungen beobachten, die fast ausschließlich die Folge einer druckpassiven Volumenentspeicherung sind. Zum anderen kommt es zur Volumenentspeicherung durch *aktive Venokonstriktion,* vor allem im reichlich sympathisch innervierten Splanchnikusgebiet und in der Haut.

!

In den einzelnen Organstromgebieten weisen die Gefäße einen unterschiedlichen Ruhetonus auf, der sich aus dem basalen Tonus und einem sympathisch-adrenerg vermittelten Tonus ergibt. Dementsprechend variiert die Ruhedurchblutung. Das aus den Varikositäten freigesetzte Noradrenalin wird zu annähernd 80 % wieder aktiv aufgenommen, der Rest enzymatisch abgebaut oder mit dem Kapillarblut abtransportiert. Die Entladungsfrequenz der sympathisch-konstriktorischen Fasern beträgt in Ruhe 1–2 Impulse/s und führt bereits bei 8–10 Impulsen/s zu maximaler Konstriktion. Bei Absenkung der tonischen Entladungsfrequenz kommt es zur Vasodilatation. Die sympathisch ausgelöste Konstriktion der kleinen terminalen Arterien und Arteriolen und damit die Abnahme der Durchblutung ist besonders stark in der Haut und Skelettmuskulatur, weniger stark in den Nieren und am Intestinaltrakt ausgeprägt, während im Myokard, im Gehirn und in der Lunge bei Sympathikusaktivierung keine wesentliche Durchblutungsänderung eintritt. Eine starke Konstriktion der Widerstandsgefäße führt zur Flüssigkeitsverschiebung aus dem extravasalen in den intravasalen Raum. Außerdem kommt es bei einer Steigerung der sympathisch-adrenergen Aktivität infolge Abnahme des Venendrucks und aktiver Venokonstriktion zu einer Reduktion des venös gespeicherten Blutvolumens.

Eine Vasodilatation kann durch Aktivierung sympathisch-cholinerger und parasympathisch-cholinerger Neurone sowie über Axonreflexe ausgelöst werden

Sympathische cholinerge vasodilatatorische Fasern. Bei einigen Säugerspezies (Hund, Katze, Ziege) und wahrscheinlich auch beim Menschen existiert ein spezielles, vom *frontalen Kortex* ausgehendes System, das unter Umgehung der Medulla oblongata, ausschließlich die größeren präkapillären Widerstandsgefäße der Skelettmuskulatur mit *sympathisch-cholinergen Fasern* innerviert. Unter Ruhebedingungen zeigen diese Fasern keine Aktivität. Dieses System wird bei starken Emotionen (Angst, Wut) und bedrohenden Situationen, die ein bestimmtes Verhaltensmuster zur Folge haben (Angriff, Abwehr, Flucht) aktiviert und führt zu einer *transienten Vasodilatation,* wahrscheinlich im Bereich der arteriovenösen Anastomosen und der Vorzugskanäle (s. Abb. 24–18). Im Gegensatz zur metabolischen Dilatation ist nämlich diese Mehrdurchblutung nicht mit einer Zunahme der für die nutritive Versorgung zur Verfügung stehenden Kapillaroberfläche verbunden. Die funktionelle Bedeutung dieser transienten cholinergen Vasodilatation kann in der Abschwächung exzessiver Blutdruckanstiege gesehen werden, die bei Alarmreaktionen als Folge des Herzfrequenz- und damit des Herzzeitvolumenanstiegs auftreten würden.

Beim Menschen steht der endgültige Beweis für die Existenz sympathischer-cholinerger dilatatorischer Fasern noch aus. Eine Dilatation der Gefäße der Unterarmmuskulatur läßt sich aber bei akutem mentalen (Lösen von Rechenaufgaben) oder psychischem Streß auch beim Menschen beobachten. Unilaterale Sympathektomie sowie lokale Infusion von Atropin (Antagonist muskarinischer Rezeptoren) heben diese streßinduzierte Vasodilatation auf.

Der Mechanismus dieser cholinergen Dilatation ist noch nicht vollständig geklärt. Da an den meisten glatten Gefäßmuskelzellen Azetylcholin eine mehr oder weniger starke Kontraktion auslöst, ist eine indirekte endothelvermittelte Dilatation durch Freisetzung von Stickstoffmonoxid (NO) wahrscheinlich (s. S. 532).

Parasympathische cholinerge vasodilatatorische Fasern. Die präganglionären parasympathischen vasodilatatorischen Fasern stammen aus den Hirnnerven (VII, IX, X) und aus dem Sakralmark. Ihre Umschaltung auf das postganglionäre Neuron erfolgt erst im oder in unmittelbarer Nähe des Erfolgsorgans (s. auch S. 341, Abb. 19–1). Im Gegensatz zu den sympathisch-adrenergen Nerven zeigen die postganglionären Fasern *keine tonische Grundaktivität.* Eine funktionell bedeutsame parasympathisch-cholinerge Innervation von Gefäßen ist bisher nur an den *Genitalorganen,* an den kleinen *Piaarterien* des Gehirns und den *Koronararterien* nachgewiesen. Die durch Reizung parasympathisch-cholinerger Nerven ausgelöste Vasodilatation in Speicheldrüsen sowie den Drüsen des Gastrointestinaltraktes soll mindestens teilweise auf indirektem Wege zustandekommen. Die durch parasympathische Stimulation aus den Drüsenzellen freigesetzte Protease *Kallikrein* spaltet aus dem Substrat Kininogen das Nonapeptid *Bradykinin* ab, das über einen endothelabhängigen Mechanismus die Dilatation auslöst (s. S. 530).

Auch die an den o.g. Gefäßregionen durch Reizung parasympathisch-cholinerger Fasern ausgelöste Dilatation ist wahrscheinlich nur in den wenigsten Fällen auf eine direkte glattmuskuläre Wirkung des Transmitters Azetylcholin zurückzuführen. So wurde bereits des längeren die Existenz eines weiteren, *nicht-adrenergen, nicht-cholinergen Transmitters* (sog. *NANC-Transmitter*) in postganglionären, parasympathischen Fasern (NANC-Neurone) postuliert, der nach neuen Befunden identisch mit dem bereits erwähnten, relaxierend wirkenden *Stickstoffmonoxid* (NO) ist. Stimulation der postganglionären parasympathischen Fasern führt zur *Bildung und Freisetzung von NO* aus den terminalen Nervenendigungen. Die für die *Erektion* des Penis entscheidende arterioläre Dilatation am Eingang der Corpora cavernosa, die eine Füllung der Schwellkörper mit druckpassiver Drosselung des venösen Abflusses ermöglicht, stellt einen Vorgang dar, der vollständig über NO kontrolliert wird [12].

Die Rolle des *vasoaktiven intestinalen Peptids* (VIP, s. S. 47) als potentieller NANC-Transmitter, das ebenfalls aus parasympathischen Nervenendigungen freigesetzt wird, allerdings erst bei hoher Stimulationsfrequenz, ist durch die Entdeckung der Rolle des NO stark relativiert worden.

Vasodilatation durch Erregung nozizeptiver afferenter Neurone (Axonreflex). Bei mechanischer oder chemischer Reizung der Haut können lokale vasodilatatorische Reaktionen auftreten, die durch Reizung *afferenter nozizeptiver C-Fasern* ausgelöst werden (s. S. 242).

Ein Axonreflex liegt auch der sog. „triple response“ zugrunde, die sich durch festes Bestreichen der Haut mit einem spitzen Gegenstand auslösen läßt. Die drei Komponenten der Reaktion sind

- eine *lokale Rötung* (roter Dermographismus) im Bereich der mechanischen Reizung, die unabhängig von einer Innervation auftritt und wahrscheinlich bedingt ist durch eine Freisetzung von vasodilatatorischen Substanzen aus geschädigten Zellen;
- eine nach ca. 30 Sekunden einsetzende 2–3 cm nach lateral *sich ausbreitende Rötung* („spreading flare“);
- ein umschriebenes *Ödem* im Bereich der Reizung (verstärkte Plasmaexsudation nach Kapillarwandschädigung).

Auch die bei längerer, starker Kälteeinwirkung (lokale Abkühlung unter 10 °C) periodisch auftretende Dilatation (15–20 min Zykluszeit) an den Akren, (vor allem Hand und Nase), welche die Kälteinduzierte Vasokonstriktion unterbricht, soll auf einem Axonreflex beruhen. Die funktionelle Bedeutung dieser oszillierenden Durchblutungsreaktion, die sich ausgeprägt bei Bewohnern der Arktis und bei Seeleuten im Polarkreis findet, dürfte in der Vermeidung von Gewebeschäden in dem aus thermoregulatorischen Gründen enggestellten Gefäßgebiet liegen.

!

Bei einigen Tieren und möglicherweise auch beim Menschen existiert ein System, das - ausgehend vom frontalen Kortex - über sympathische cholinerge vasodilatatorische Fasern die Widerstandsgefäße der Skelettmuskulatur innerviert. In Streßsituationen kann hierüber eine transiente Dilatation der Muskelgefäße ausgelöst und damit ein exzessiver arterieller Blutdruckanstieg verhindert werden. Parasympathische cholinerge vasodilatatorische Fasern dürften eine funktionelle Bedeutung haben für die Vasomotorik der Genitalgefäße, Piaarterien und Koronararterien. Die durch Aktivierung parasympathisch-cholinerger Fasern ausgelöste Dilatation kommt in einigen Gefäßregionen auf indirektem Wege, durch Bildung und Freisetzung von Stickstoffmonoxid (NO) aus den terminalen

Nervenendigungen, zustande. So wird die für die Erektion des Penis wichtige Dilatation der Arteriolen der Corpora cavernosa vollständig über NO kontrolliert.

Durch Reizung von Nozizeptoren in der Haut kann eine lokale Vasodilatation ausgelöst werden. Diese Reaktion soll dadurch entstehen, daß Erregungen nicht nur afferent (orthodrom) zum Rückenmark geleitet werden, sondern auch ohne Einschaltung einer Synapse über kollaterale Fasern efferent (antidrom) zu den Arteriolen des betreffenden Hautgebietes gelangen (sog. Axonreflex). Die durch Bestreichen der Haut mit einem spitzen Gegenstand ausgelöste Dreifachantwort (lokale Rötung, sich ausbreitende Rötung, Ödem) wird ebenfalls auf einen Axonreflex zurückgeführt.

Der Tonus peripherer Gefäße kann über myogene Reaktionen sowie durch lokale Metabolite beeinflußt werden

Grundsätzlich wird der Gefäßtonus durch lokale, räumlich begrenzte Mechanismen entweder synergistisch oder antagonistisch zu dem nerval vermittelten Tonus moduliert. Diese peripheren Regulationsmechanismen sind entscheidend für eine adäquate Anpassung der Durchblutung an den lokalen Bedarf.

Myogene Antwort (Bayliss-Effekt). Die *rasche Erhöhung des transmuralen Drucks* führt in den terminalen Arterien und Arteriolen der meisten Gefäßgebiete zu einer *Kontraktion der glatten Gefäßmuskulatur.* Durch diese dehnungsinduzierte Kontraktion (s. S. 82ff), die den Grundmechanismus für die ***Autoregulation der Organdurchblutung*** darstellt, kann in vielen Organen, vor allem in den Nieren und im Gehirn, die Durchblutung der nachgeschalteten Gefäße bei arteriellen Blutdruckänderungen weitgehend konstant gehalten werden.

Die myogene Antwort in den Arteriolen und präkapillären Sphinkteren der *Beingefäße* sorgt bei Orthostase, die einhergeht mit einer Erhöhung des arteriellen transmuralen Drucks in den Beingefäßen um 80–90 mm Hg, für eine weitgehende Konstanthaltung des kapillären Filtrationsdrucks und beugt so der Entstehung von Ödemen vor [3,8].

Lokale Metabolite. Eine Reihe von Stoffwechselprodukten, die im Gewebe bereits unter Ruhebedingungen und vermehrt während verstärkter Tätigkeit der Organe anfallen, wirken vasodilatierend (metabolische Vasodilatation). Da die Größe dieser metabolisch bedingten Dilatation von der Menge der gebildeten Metabolite und diese wiederum von der Stoffwechselrate des jeweiligen Gewebes abhängt, ergibt sich für viele Organe, wie Herz, Skelettmuskel und Gehirn, eine enge, weitgehend lineare Beziehung zwischen *Energieumsatz* (gemessen als Sauerstoffverbrauch) und *Durchblutung* [8,16].

Grundsätzlich wirken lokal ***vasodilatatorisch:*** eine *Erhöhung des CO_2-Partialdrucks* bzw. *der H^+-Konzentration,* eine *Erhöhung der K^+-Konzentration,* eine Steigerung der Gewebeosmolarität sowie eine *Herabsetzung des arteriolären O_2-Partialdrucks* (mit Ausnahme der Pulmonalgefäße). In einigen Organen (Herz, Skelettmuskel, Gehirn) dürfte des weiteren dem Adenosin, das beim zellulären Abbau von ATP gebildet wird, eine wichtige Rolle als metabolischer Dilatator zukommen. Die relative Bedeutung von jedem dieser Faktoren variiert dabei von Organ zu Organ, wobei nicht ein einzelner, sondern prinzipiell mehrere Faktoren gemeinsam mit den endothelial freigesetzten Faktoren (s. u.) die metabolische Dilatation auslösen.

Eine Erhöhung von K^+ im Extrazellularraum als Folge verstärkter zellulärer Aktivität wird vor allem für die Skelettmuskulatur sowie das Gehirn diskutiert. *Mäßige Erhöhung der extrazellulären K^+-Konzentrationen* bis 12 mmol/l führen zum einen zu einer Erhöhung der K^+-Leitfähigkeit der glatten Gefäßmuskulatur und damit zu einer Hyperpolarisation. Zum anderen stimuliert die Erhöhung der extrazellulären K^+-Konzentration die elektrogene Na^+-K^+-Pumpe in der glatten Muskulatur, ein Mechanismus, der ebenfalls eine Membranhyperpolarisation und damit eine Vasodilatation zur Folge hat. *Höhere extrazelluläre K^+-Konzentrationen* (20 mmol/l) führen jedoch durch die Reduktion des transmembranären K^+-Gradienten zu einer Membrandepolarisation und damit zu einer Kontraktion. Der vasodilatierende Effekt einer H^+-Erhöhung, der sich vor allem deutlich an zerebralen Gefäßen nachweisen läßt, ist wahrscheinlich durch eine Interaktion mit den spannungsabhängigen Ca^{2+}-Kanälen bedingt. *Adenosin* hat über einen A_2-Adenosinrezeptor an der glatten Gefäßmuskulatur einen direkten relaxierenden Effekt, zum anderen hemmt es die Freisetzung von Noradrenalin aus den präsynaptischen Varikositäten (s. Abb. 24–27). Der vasodilatierende Effekt eines erniedrigten arteriolären O_2-Partialdrucks (Hypoxie) beruht hauptsächlich auf der Freisetzung der Vasodilatatoren *Stickstoffmonoxid* (NO) und *Prostazyklin* (PGI_2) aus dem Endothel, die bei Absenkung des P_{O_2} auf 50 mm Hg und weniger verstärkt gebildet werden. Von Bedeutung ist in diesem Zusammenhang, daß aufgrund der hohen Diffusionsfähigkeit von O_2 bereits eine beträchtliche Menge von O_2 durch die Wand der Arteriolen diffundiert. In Organen mit hoher O_2-Ausschöpfung (Herz, arbeitende Skelettmuskulatur) werden daher O_2-Partialdruckwerte in den Arteriolen erreicht (P_{O_2} 30–40 mm Hg), die zu einer verstärkten Bildung von NO und PGI_2 führen [3,8].

An der lokalen Durchblutungsregulation sind körpereigene vasoaktive Substanzen mit parakrinen Effekten, sog. Autakoide, beteiligt

Die Bezeichnung „Autakoid" stellt ein aus dem Griechischen hergeleitetes Kunstwort (αυτος = selbst, αϰος = Heilmittel) dar, unter der man eine Reihe körpereigener, chemisch heterogener, vasoaktiver Substanzen zusammenfaßt, die para- bzw. autokrine Effekte haben (Gewebehormone). Hierzu gehören Histamin, Serotonin, Angiotensin II, Bradykinin, Kallidin, die Gruppe der Prostaglandine, Thromboxane und Leukotriene, der plättchenaktivierende Faktor (platelet-activating factor) und schließlich auch die im Endothel gebildeten vasoaktiven Substanzen. Einige dieser Autakoide spielen jedoch für die Durchblutungsregulation unter physiologischen Bedingungen nur eine untergeordnete Rolle und sind verantwortlich für spezielle lokale Reaktionen während entzündlicher Prozesse und bei der Blutstillung [3,8,9].

Histamin. *Histamin* wird aus den Granula der Mastzellen und basophilen Granulozyten bei Gewebeschädigung, Entzündungen und allergischen Reaktionen freigesetzt. Durch die Stimulation *endothelialer Histamin-Rezeptoren* (H_1-Rezeptoren) verursacht Histamin zum einen eine verstärkte NO-Freisetzung aus dem arteriolären Endothel und damit eine *Vasodilatation der Arteriolen*, zum anderen eine *Steigerung der Kapillarpermeabilität* durch Retraktion der Kapillarendothelzellen. An *größeren Venen* löst Histamin über eine direkte Aktivierung der glatten Muskulatur Kontraktionen aus. Da Histamin die *Noradrenalinfreisetzung* aus den sympathischen präjunktionalen Varikositäten hemmt, wird die lokale Durchblutungssteigerung noch verlängert. Die *Ödementstehung* unter Histamin ist Folge der gesteigerten Kapillarpermeabilität und der erhöhten Durchblutung. Endothelabhängige Dilatationen lassen sich durch Histamin auch an *Koronar-* und *Nierenarterien* nachweisen, nicht jedoch an Arterien des Gehirns.

Serotonin. *Serotonin* (5-Hydroxytryptamin, 5-HT) wird aus den Granula von Thrombozyten bei deren Aktivierung (Sekretion und Aggregation) freigesetzt. Serotonin ist allerdings auch in größeren Mengen in den enterochromaffinen Zellen des Gastrointestinaltraktes (mehr als 90 % der gesamten Serotoninmenge des Organismus) sowie im Pinealorgan nachzuweisen. Darüber hinaus ist Serotonin ein Neurotransmitter im ZNS. Die vasomotorischen Effekte von Serotonin sind - ähnlich denen von Azetylcholin, Histamin und ATP - heterogen und abhängig von der Anzahl und Verteilung von *5-HT-Rezeptoren* am Endothel und der glatten Gefäßmuskulatur. So lassen sich mit Serotonin an einer Reihe von *Arterien mit intaktem Endothel* bei luminaler Applikation *Dilatationen* auslösen, während Serotonin an *Arterien mit geschädigtem Endothel* bzw. bei Applikation von der adventitiellen Seite *Kontraktionen* auslöst.

An den *Piaarterien* des Gehirns wirkt Serotonin stark vasokonstriktorisch und könnte daher mit an der Ausbildung von *Gefäßspasmen bei Migräne* und Subarachnoidalblutungen beteiligt sein. Grundsätzlich trägt bei Gefäßverletzung das aus den *aggregierenden Thrombozyten* freigesetzte Serotonin zusammen mit anderen stark konstriktorisch wirkenden Thrombozyteninhaltsstoffen wie Thromboxan A_2 und ATP zum Verschluß des Gefäßes und damit zur *Blutstillung* bei. Im *Gastrointestinaltrakt* wird Serotonin nach Aktivierung parasympathisch-cholinerger Neurone aus den enterochromaffinen Zellen freigesetzt und bewirkt hier, neben einer Steigerung der Darmmotilität, eine *arterioläre Dilatation* (durch Hemmung der Noradrenalinfreisetzung sowie durch eine verstärkte endotheliale NO-Freisetzung), eine *Erhöhung der Kapillarpermeabilität* sowie eine *Konstriktion der Venolen.* Hierdurch wird mehr Flüssigkeit für die Sekretion der Verdauungsdrüsen zur Verfügung gestellt.

Eikosanoide. Eikosanoide sind Derivate der Arachidonsäure. Hierzu gehören die *Prostaglandine, Thromboxane, Leukotriene* und die Epoxide der Arachidonsäure (s. auch S. 425, Abb. 21–7). Die meisten Verbindungen dieser Substanzgruppen sind vasoaktiv. Ihre Synthese kann dabei grundsätzlich im Endothel, z. T. auch in der glatten Muskulatur, stattfinden.

Das hauptsächlich im Endothel gebildete ***Prostaglandin I_2 (Prostazyklin)*** führt an den meisten Gefäßen zu einer *Dilatation.* Dilatatorisch wirken in den verschiedenen Gefäßgebieten auch die *Prostaglandine E_1, E_2* und *D_2*. Daneben hemmen Prostaglandine der E-Gruppe auch die Noradrenalinfreisetzung aus den sympathischen Nervenendigungen. *Vasokonstriktorisch* wirken ***Prostaglandin $F_{2\alpha}$*** sowie das hauptsächlich in Thrombozyten gebildete ***Thromboxan A_2***. Die therapeutisch vielseitig eingesetzten Substanzen Azetylsalizylsäure (Aspirin) und Indometacin hemmen als potente Inhibitoren der Zyklooxygenase die Bildung von Prostaglandinen und Thromboxan [41].

Der zweite, grundsätzliche Stoffwechselweg für die Arachidonsäure, der vor allem in Leukozyten und Makrophagen, aber auch in der Gefäßwand stattfindet, ist die durch Lipoxygenasen katalysierte Umwandlung zu instabilen Hydroperoxyfettsäuren sowie den Leukotrienen. *Leukotriene (A_4, B_4, C_4, D_4)* sind wichtige Mediatoren der entzündlichen Reaktion mit großer chemotaktischer Aktivität. Sie sind beteiligt an der Adhäsion von Leukozyten an das Endothel sowie an der Ausbildung endothelialer Lücken in den Venolen (1000fach potenter als Histamin). Darüber hinaus sind die Leukotriene LTC_4 und LTD_4 starke Konstriktoren der Gefäß- und Bronchialmuskulatur. Die „slow reacting substance" der Anaphylaxie (SRS-A) stellt eine Mischung aus Leukotrienen dar.

Den dritten Stoffwechselweg der Arachidonsäure stellt die oxidative *Metabolisierung über Cytochrom P 450-Enzyme* dar. Von Bedeutung ist vor allem die im Endothel stattfindende Umwandlung der Arachidonsäure in kurzlebige vasoaktive Epoxide. Diese *Epoxide* aktivieren Ca^{2+}-aktivierbare K^+-Kanäle an der glatten Muskulatur und führen so zur Relaxation. Der nach Stimulation mit Bradykinin und Azetylcholin gebildete ***„Endothelium-derived hyperpolarizing factor" (EDHF),*** der vor allem in Koronargefäßen, aber auch im Mesenterialgefäßbett starke Dilatationen auslöst, ist wahrscheinlich mit derartigen Epoxiden identisch [32].

Platelet-activating factor (PAF). Der *plättchenaktivierende Faktor,* ein Phospholipid mit einer charakteristischen Ätherbindung in der C_1-Position, ist ein weiteres Autakoid, das von Granulozyten, Monozyten, Thrombozyten, Makrophagen und Endothelzellen synthetisiert wird. PAF ist dabei nicht nur, wie der Name sagt, ein Stimulus für die *Thrombozytenaktivierung,* sondern stellt einen pluripotenten Aktivator für eine Vielzahl von Zellen dar. Eine Funktion bei der *Regulation des Gefäßtonus unter physiologischen Bedingungen* dürfte dem PAF nach heutigem Kenntnisstand *nicht* zukommen. PAF ist jedoch an lokalen oder systemischen vasomotorischen Reaktionen beteiligt, wie sie bei *anaphylaktischen Reaktionen,* akuten *Entzündungsreaktionen,* dem *Endotoxinschock* und beim *Myokardinfarkt* auftreten. Infusion von PAF in nanomolaren Konzentrationen löst in den meisten Organstromgebieten eine starke *Vasodilatation* aus. Nur im Pulmonalkreislauf wird durch PAF eine Vasokonstriktion ausgelöst, die sich hauptsächlich auf eine PAF-induzierte Leukotrienfreisetzung zurückführen läßt. An dem vasodilatierenden Effekt von PAF sind wahrscheinlich mehrere Mechanismen beteiligt. Neben einer direkten rezeptorabhängigen Interaktion von PAF mit der glatten Gefäßmuskulatur wird ein vasodilatatorisch wirksamer Faktor postuliert, der durch PAF aus den Thrombozyten freigesetzt wird. Desweiteren führt PAF zu einer Sensitivierung von Endothelzellen gegenüber rezeptorabhängigen Stimulatoren der NO-Bildung [41].

!

Die rasche Erhöhung des transmuralen Drucks führt in terminalen Arterien und Arteriolen zu einer Kontraktion der Gefäßmuskulatur (Bayliss-Effekt). Diese myogene Antwort stellt als Grundmechanismus der Autoregulation in vielen Organen eine weitgehende Unabhängigkeit der Durchblutung vom arteriellen Druck sicher. Bei Stoffwechselsteigerungen (Zunahme von P_{CO_2}, $[H^+]$, $[K^+]$ und Abnahme von P_{O_2} sowie verstärktem Anfall von Adenosin) kommt es zu einer Vasodilatation. Histamin löst eine Dilatation der Arteriolen und eine Steigerung der Kapillarpermeabilität aus. Serotonin (5-HT) bewirkt an Arterien mit intaktem Endothel eine Dilatation und an solchen mit geschädigtem Endothel eine Konstriktion, wobei die Effekte von der Anzahl und Verteilung der 5-HT-Rezeptoren abhängen. Eikosanoide sind Derivate des Arachidonsäuremetabolismus und haben ein vielfältiges Wirkungsspektrum: Prostaglandin I_2 (Prostazyklin) führt an den meisten Gefäßen zu einer Dilatation. Die Prostaglandine E_1, E_2 und D_2 wirken ebenfalls überwiegend vasodilatatorisch, dagegen Prostaglandin $F_{2\alpha}$ und Thromboxan A_2 vasokonstriktorisch. Der „Endothelium-derived hyperpolarizing factor" (EDHF) ist wahrscheinlich ein Epoxid der Arachidonsäure. Leukotriene sind wichtige Mediatoren bei entzündlichen Reaktionen. Der plättchenaktivierende Faktor (PAF) ist an lokalen und systemischen vasomotorischen Reaktionen unter pathologischen Bedingungen beteiligt.

Der Tonus der peripheren Gefäße wird auch von zirkulierenden Hormonen beeinflußt

Verschiedene endokrine Systeme können über ihre zirkulierenden Hormone den Tonus der peripheren Gefäße beeinflussen. Verglichen mit der Bedeutung der nervösen und humoralen Mechanismen spielt jedoch die hormonelle Beeinflussung für die kurzfristige Regulation eine untergeordnete Rolle.

Adrenalin und Noradrenalin. Die Katecholamine Adrenalin und Noradrenalin werden im Verhältnis von 4:1 aus dem Nebennierenmark sezerniert (s. S. 346). Die *Plasmaspiegel* hingegen betragen 0,1–0,5 nmol/l für Adrenalin und 0,5–3 nmol/l für Noradrenalin *unter Ruhebedingungen.* Der höhere Plasmaspiegel von Noradrenalin ist die Folge des bereits beschriebenen Abtransports von Noradrenalin („spillage") von den tonisch aktiven sympathischen Nervenendigungen der Gefäßwand in das Blut (Abb. 24–27). Während *körperlicher Arbeit* kann der Adrenalinspiegel im Plasma Werte bis zu 5 nmol/l und der Noradrenalinspiegel bis zu 10 nmol/l erreichen, wobei wiederum der Anstieg des Noradrenalins im wesentlichen durch die erhöhte Aktivität der sympathischen konstriktorischen Fasern bedingt ist.

Beide Hormone lösen in *niedrigen* (physiologischen) *Konzentrationen* in den *meisten* Geweben eine *Kontraktion* der Arteriolen und Venen aus, und führen bei *hohen Konzentrationen* zu einer *Vasokonstriktion aller* Gefäße. Dies ist bedingt durch die Erregung von α_1- (und α_2-) *Adrenozeptoren* an der glatten Muskulatur. Als Ausnahme von der Regel, daß Katecholamine eine Vasokonstriktion induzieren, löst *Adrenalin* in niedrigen Konzentrationen in drei Geweben, nämlich in der *Skelettmuskulatur,* im *Myokard* und in der *Leber, Dilatationen* aus. Dies ist bedingt durch die reiche Ausstattung dieser Gefäßgebiete mit *β-Adrenozeptoren* sowie durch die hohe Affinität von Adrenalin für β-Adrenozeptoren. Nach Blockade der β-Adrenozeptoren löst Adrenalin auch in der Skelettmuskulatur über die Erregung der α-Adrenozeptoren eine Vasokonstriktion aus. Noradrenalin hingegen führt immer zu einer Vasokonstriktion aufgrund seiner höheren Affinität zu α-Adrenozeptoren. Da die Skelettmuskulatur mit ca. 20 % einen beträchtlichen Anteil des Herzzeitvolumens beansprucht, werden die unterschiedlichen Effekte von Adrenalin und Noradrenalin bei intravenöser Infusion auch an der Gesamtreaktion des Kreislaufs deutlich. So führt intravenöse *Infusion von Noradrenalin* zu einer generalisierten Vasokonstriktion und damit zu einem *Blutdruckanstieg.* Die *Infusion von Adrenalin* hingegen erniedrigt den peripheren Widerstand geringfügig, da die Vasodilatation in der Skelettmuskulatur die Vasokonstriktion in den anderen Gefäßgebieten vollständig kompensiert.

Renin-Angiotensin-System. Ursprünglich wurde das *Renin-Angiotensin-System* als ein hormonales System betrachtet, dessen Aktivierung ausschließlich durch die Freisetzung von *Renin* aus dem juxtaglomerulären Apparat der Niere erfolgt. Das proteolytische Enzym Renin spaltet aus dem von der Leber synthetisierten und ins Plasma freigesetzten Angiotensinogen das Dekapeptid *Angiotensin I* ab, das dann durch das *Angiotensin-Konversionsenzym* (angiotensin-converting enzyme, ACE), das vor allem an der luminalen Oberfläche des Endothels lokalisiert ist, in das *stark vasokonstriktorisch* wirksame Oktapeptid *Angiotensin II* umgewandelt wird. Zirkulierendes Angiotensin II kann über eine Reihe von Mechanismen die Homöostase des Kreislaufs beeinflussen und zu einer *Erhöhung des Blutdrucks* führen (Abb. 24–28).

Zusätzlich zu diesem *globalen Renin-Angiotensin-System* gibt es in vielen Organen (z. B. Gehirn, Testes, Niere, Herz und Gefäße) ein *lokales Renin-Angiotensin-System,* das alle notwendigen Komponenten zur Synthese von Angiotensin II enthält (*extrarenales System*). Die Bedeutung dieses Systems ist noch nicht vollständig geklärt. Untersuchungen an transgenen Tieren stützen jedoch die Hypothese, daß dieses lokale System eine *pathogenetische Rolle* bei der Entwicklung bestimmter *Hochdruckformen* spielt.

Atriopeptin (ANP). Das hauptsächlich in den Myozyten des linken und rechten Vorhofs gebildete *Atriopeptin* (atriales natriuretisches Peptid, ANP) ist beim Menschen ein aus 28 Aminosäuren bestehendes Peptid. Eine *Dehnung der Vorhöfe,* wie sie bei Erhöhung des zentralvenösen Drucks erfolgt, stellt den adäquaten physiologischen Reiz für die Sekretion von ANP aus den Kardiomyozyten dar. ANP löst eine Reihe biologischer Antworten aus, die letztlich alle auf eine *Reduktion des Blutdrucks und des Blutvolumens* zielen. So hemmt ANP die Freisetzung von Renin, von Adiuretin und von Aldosteron. An der Niere führt ANP zu einer Diurese durch *Steigerung der glomerulären Filtrationsrate* und zu ei-

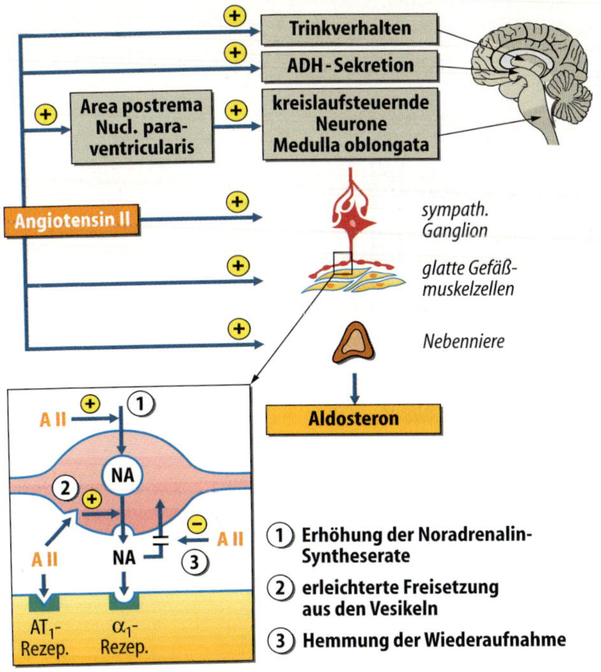

Abb. 24–28. Darstellung der zentralen und peripheren Mechanismen, durch die Angiotensin II das Kreislaufsystem beeinflußt

> **!** Die Plasmaspiegel von Adrenalin und Noradrenalin, die unter Ruhebedingungen 0,1–0,5 bzw. 0,5–3 nmol/l betragen, steigen bei körperlicher Arbeit bis auf 5 bzw. 10 nmol/l an. Beide Hormone haben aufgrund ihrer Reaktion mit α_1-Adrenozeptoren vasokonstriktorische Effekte. Adrenalin, das auch eine starke Affinität zu β-Adrenozeptoren besitzt, bewirkt allerdings in physiologischen Konzentrationen eine Vasodilatation in der Skelettmuskulatur, im Myokard und in der Leber. Die Freisetzung von Renin führt zur Bildung von Angiotensin II, das stark vasokonstriktorisch und damit blutdrucksteigernd wirkt. Neben dem zirkulierenden Angiotensin II kann evtl. auch das extrarenale Renin-Angiotensin-System, das in vielen Organen vorkommt, die lokale Durchblutung beeinflussen. Atriopeptin (ANP) wird bei Dehnung der Vorhöfe freigesetzt und bewirkt eine Reduktion des Blutdrucks sowie des Blutvolumens. Adiuretin (Vasopressin) löst in den meisten peripheren Gefäßen (jedoch nicht in den Hirn- und Koronargefäßen) eine starke Konstriktion aus.

ner *Natriurese* durch Hemmung der Natriumrückresorption (s. Kap. 35).

Die zellulären Effekte von ANP werden primär über eine Stimulation der partikulären Guanylylzyklase vermittelt. Der hierbei resultierende *Anstieg von cGMP* ist auch die Ursache für die vasodilatatorischen Effekte von ANP. Die Sensitivität der Gefäße gegenüber ANP ist jedoch regional sehr unterschiedlich. Periphere Arterien relaxieren wesentlich stärker auf ANP als zentrale Gefäße (Aorta, A.carotis, Mesenterialarterien). Die höchste Empfindlichkeit gegenüber ANP besitzen die Vasa afferentia der Niere.

Adiuretin (Vasopressin). Das aus dem Hypophysenhinterlappen freigesetzte Hormon *Adiuretin* (ADH) besitzt neben seiner wichtigen Funktion für die Regulation der Wasserrückresorption am Sammelrohr der Niere auch deutliche vasomotorische Aktivitäten (s. Kap. 35). Aufgrund der *vasokonstriktorischen Effekte* wird Adiuretin im anglo-amerikanischen Schrifttum auch als *Vasopressin* (AVP = Arginin-Vasopressin) bezeichnet. Verstärkte Adiuretinsekretion, die in den meisten Geweben einschließlich der Niere zu starken Vasokonstriktionen führt, läßt sich *bei starkem Blutverlust* und *hämorrhagischem Schock* nachweisen. Von funktioneller Bedeutung ist hierbei, daß *Hirn-* und *Koronargefäße* auf Vasopressin mit einer endothelvermittelten Vasodilatation reagieren. Vasopressin stimuliert in diesen Gefäßen über einen am Endothel befindlichen V_1-Rezeptor die Freisetzung von *Stickstoffmonoxid* (NO) (s. Tabelle 24–1). Dieser Mechanismus trägt bei Blutverlust und hämorrhagischem Schock zur Umverteilung des Herzzeitvolumens zugunsten des Gehirns und Herzens bei.

Durch seine vasoaktiven Eigenschaften spielt das Endothel eine zentrale Rolle bei der lokalen Regulation des Gefäßtonus

Als Grenzschicht zwischen dem strömenden Blut und der Gefäßwand übt das ***Endothel*** eine Reihe von Funktionen aus, die für die Kontrolle der Hämostase, für den Stoffaustausch zwischen intra- und extravasalem Raum, sowie für den Ablauf akuter und chronischer Entzündungsreaktionen und verschiedener immunologischer Prozesse von Bedeutung sind. Darüber hinaus spielt das Endothel eine zentrale Rolle bei der Regulation des lokalen Gefäßtonus. Diese vasoaktiven Eigenschaften des Endothels lassen sich dabei grundsätzlich in zwei Kategorien einteilen (Abb. 24–29).

- *Modulation der effektiven Konzentration* einer Reihe im Blut zirkulierender *vasoaktiver Substanzen* durch Metabolisierung und/oder Aufnahme ins Endothel.
- Bildung und Freisetzung vasoaktiver Autakoide.

Metabolisierung und Aufnahme vasoaktiver Substanzen. In diese Kategorie gehören der aktive Transport biogener Amine, wie *Serotonin* und *Noradrenalin,* ins Endothel und die nachfolgende oxidative Desaminierung. Je nach Organstromgebiet finden sich dabei Clearancewerte für eine einzelne Passage zwischen 20–60 %. Auch der Metabolismus der im Blut zirkulierenden vasoaktiven *Adeninnukleotide* (*ATP, ADP*), die hauptsächlich aus den Thrombozyten stammen, erfolgt über das Endothel. Über eine Kaskade von Ektonukleotidasen, die an der luminalen Endothelzelloberfläche lokalisiert sind, wird

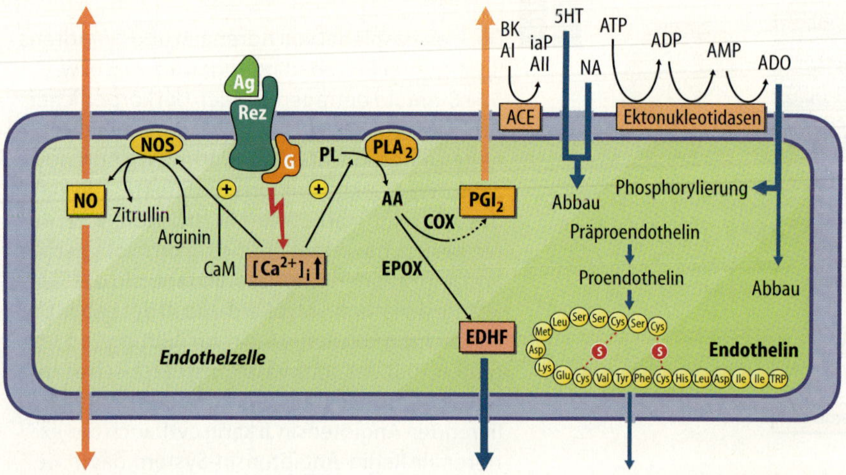

Abb. 24–29. Übersicht über die wichtigsten vasomotorischen Funktionen des Endothels. AI = Angiotensin I, AII = Angiotensin II, Bk = Bradykinin, iaP = vasoinaktive Peptide, ACE = Angiotensin Converting Enzyme, Ado = Adenosin, 5-HT = Serotonin, NA = Noradrenalin, COX = Zyklooxygenase, EPOX = Epoxygenase, PL = Phospholipide, PLA_2 = Phospholipase A_2, AA = Arachidonsäure, CaM = Calmodulin, NOS = NO-Synthase, Ag = Agonist, Rez = Rezeptor, G = G-Protein. Aus Gründen der Übersichtlichkeit wurde die Signaltransduktionskaskade nicht dargestellt, die zur Erhöhung der freien intrazellulären Kalziumkonzentration ($[Ca^{2+}]_i$) führt (Freisetzung aus intrazellulären Speichern und transmembranärer Einstrom)

ATP über ADP und AMP zu *Adenosin* abgebaut, das dann über einen Carrier-abhängigen Mechanismus ins Endothel aufgenommen und zum überwiegenden Teil zu *ATP* rephosporyliert wird. Die hydrolytische Spaltung des nur schwach vasokonstriktorisch wirkenden Angiotensin I in das stark vasokonstriktorisch wirkende *Angiotensin II* erfolgt über ein weiteres endotheliales Ektoenzym, das *Angiotensin-converting enzyme (ACE)*. Dieses Enzym ist identisch mit der Kininase II und damit verantwortlich für die proteolytische *Inaktivierung von Bradykinin*, einem der stärksten endothelabhängigen Vasodilatatoren, in vasoinaktive Bruchstücke.

Die ***Bildung und Freisetzung vasoaktiver Autakoide*** stellt zweifellos das funktionell bedeutendere Prinzip der endothelialen Tonusmodulation dar. Die wichtigsten vom Endothel synthetisierten Autakoide sind der Endothelium-derived relaxing factor (EDRF), der identisch ist mit dem *Stickstoffmonoxid (NO)*, *Prostazyklin (PGI_2)*, der *Endothelium-derived hyperpolarizing factor (EDHF)* (s. S. 527) sowie das stark vasokonstriktorisch wirkende Peptid *Endothelin* [10,15,21].

Freisetzung und Wirkungen von Stickstoffmonoxid (NO). Der labile, endotheliale Faktor, der die glatte Gefäßmuskulatur relaxiert (Furchgott, 1980), ist als *Stickstoffmonoxid (NO)* identifiziert worden. Nicht nur Azetylcholin, sondern auch eine Reihe weiterer endogener, rezeptorabhängiger Agonisten sowie pharmakologischer Substanzen wirken über die *Freisetzung von NO vasodilatierend* (Tabelle 24–1). Diese stimulierte NO-Freisetzung, die bei akuter Applikation der Agonisten an tonisierten Gefäßen zu einer rasch einsetzenden Dilatation führt, stellt aber nur einen speziellen Fall der NO-vermittelten Gefäßtonusmodulation dar [29].

Tabelle 24–1. Stimulatoren der endothelialen NO-Bildung

Rezeptorabhängige Agonisten	*Physikalische Stimuli*
Azetylcholin	Schubspannung
ATP, ADP	Mechanische Deformation
Bradykinin	Pulsatilität
Calcitonin-gene-related peptide	pO_2 (<50 mmHg)
Histamin	
Noradrenalin (α_2-Rezept.)	*Pharmakologische Stimuli*
Oxytozin	
Serotonin	
Substanz P	Melittin
Thrombin	Kalziumionophore
Vasoaktives intestinales Peptid	Ca^{2+}-ATPase-Inhibitoren
Vasopressin	

Bereits unter Ruhebedingungen kommt es zu einer ***kontinuierlichen basalen NO-Freisetzung*** aus dem Endothel und damit zur Abschwächung der sympathisch-adrenerg vermittelten Konstriktion. Verschiedene, ständig auf das Endothel einwirkende physikalische Einflüsse verstärken diese basale NO-Freisetzung. Hierzu zählen die durch das strömende Blut an der luminalen Endothelzelloberfläche erzeugte *Wandschubspannung* (viscous drag), die durch die Herzaktion induzierten *pulsatorischen Dehnungs- und Entdehnungszyklen*, die mechanische *Deformation der Gefäße* in der kontrahierenden Skelettmuskulatur und im Herzen sowie die *Absenkung des arteriolären O_2-Partialdrucks* [31,34,43].

Die ***schubspannungsabhängige Vasodilatation*** läßt sich an großen Arterien sowie an *kleinen widerstandsbestimmenden Arterien* und *Arteriolen* nachweisen. Die physiologische Bedeutung liegt bei erhöhtem

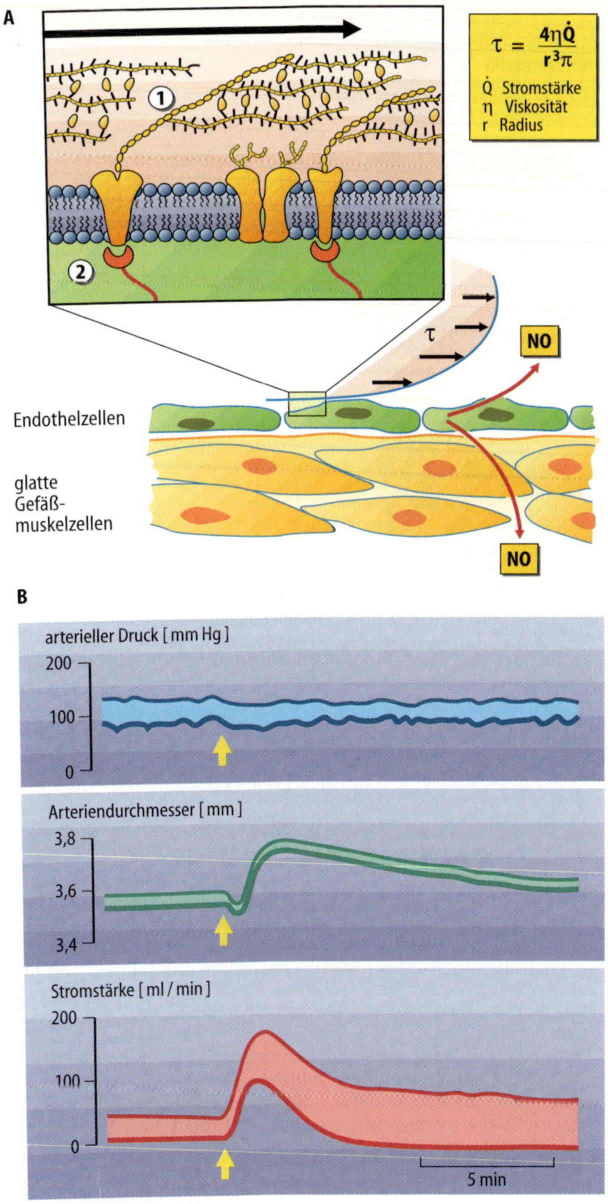

Abb. 24–30. A Prinzip der schubspannungsabhängigen NO-Freisetzung aus dem Endothel. Über Elemente der endothelialen Glykokalix (1) und des Zytoskeletts (2) erfolgt die Kraftübertragung der durch das strömende Blut an der luminalen Endothelzelloberfläche erzeugten Schubspannung. Die Elemente, welche für die Umsetzung des mechanischen in ein biochemisches Signal verantwortlich sind, sind derzeit noch nicht identifiziert. **B** Beispiel für eine schubspannungsinduzierte Vasodilatation. Gleichzeitige Registrierung des arteriellen Drucks, des Arteriendurchmessers und der Stromstärke in einer peripheren Arterie in vivo. Eine in den Widerstandsgefäßen pharmakologisch ausgelöste Durchblutungszunahme führt zu einem vorübergehenden Anstieg der Stromstärke in der Arterie *(Pfeil, unterste Spur)*. Der arterielle Druck bleibt hierbei konstant. Kurz nach Beginn des Anstiegs in der Stromstärke kommt es zu einer Dilatation, die nach Beendigung des Stromstärkeanstiegs langsam wieder abklingt. Diese Dilatation ist endothelabhängig und hauptsächlich über NO vermittelt

Durchblutungsbedarf der Gewebe in der *Anpassung der Leitfähigkeit* dieser vorgeschalteten Gefäßabschnitte, die nicht oder nur teilweise von der metabolisch induzierten Vasodilatation in der Mikrozirkulation erfaßt werden. Auf diese Weise läßt sich bei gegebenem Perfusionsdruck die volle Durchblutungsreserve eines Organs ausschöpfen, was bei alleiniger metabolischer Dilatation der terminalen Widerstandsgefäße nicht möglich wäre. Da die Schubspannung an der Endothelzelloberfläche in einem durchströmten Gefäß nicht nur proportional zur Stromstärke in dem Gefäß und zur Viskosität sondern auch umgekehrt proportional zur dritten Potenz des Radius ist (Abb. 24–30), ergibt sich des weiteren, daß eine *Vasokonstriktion* ebenfalls zu einer *verstärkten NO-Freisetzung* führen kann. Dies bedeutet, daß myogen oder neurogen induzierte Vasokonstriktionen in den zuführenden Arterien selbst bei geringfügig abnehmender Durchblutung durch die gleichzeitig verstärkt einsetzende schubspannungsinduzierte NO-Freisetzung stark abgeschwächt werden. Auf diese Weise werden z. B. die sympathisch-adrenerg vermittelten Konstriktionen, die bei Muskelarbeit in der Mikrozirkulation durch die metabolisch induzierte Dilatation völlig überspielt werden, auch in den vorgeschalteten Gefäßen weitgehend aufgehoben. Eine *Hemmung der Noradrenalinfreisetzung* aus den präjunktionalen Varikositäten durch die erhöhte NO-Bildung trägt noch zu der Abschwächung der neurogenen Konstriktion bei (Abb. 24–27).

Entsprechende Wechselwirkungen zwischen dehnungsinduzierter Kontraktion und schubspannungsinduzierter NO-Freisetzung lassen sich auch bei der myogenen Antwort beobachten. So finden sich in verschiedenen Organstromgebieten bei Hemmung der NO-Bildung verstärkte myogene Antworten. Das *Ausmaß der Autoregulation* (s. u.) in einem Organ wird daher in beträchtlichem Maße *durch die NO-Freisetzung* moduliert [31,44] (Abb. 24–31).

Wie bereits erwähnt, lösen einige der *endothelabhängigen Vasodilatatoren,* z. B. Serotonin, Azetylcholin, Thrombin, ATP und ADP, bei direktem Kontakt mit der glatten Muskulatur Kontraktionen aus. Die vasomotorische Antwort eines Gefäßes auf diese Agonisten stellt also immer einen Nettoeffekt von endothelabhängiger Dilatation (schubspannungs- und agonisteninduziert) und direkt glattmuskulär vermittelter Konstriktion dar. Bei mechanischer Schädigung bzw. funktionellen Störungen des Endothels (z. B. bei Hypercholesterinämie, Diabetes, Arteriosklerose), die mit einer reduzierten NO-Bildung einhergehen, kann es zu einem Übergewicht der konstriktorischen Reaktionen und damit zur Ausbildung von exzessiven lokalen Kontraktionen (*Gefäßspasmus*) kommen.

Die relaxierende Wirkung von NO an der glatten Gefäßmuskulatur kommt über die Aktivierung der löslichen *Guanylylzyklase* zustande. Die Bindung von NO an das zweiwertige Eisen der hämhaltigen Untereinheit der löslichen Guanylylzyklase führt zu einer Konformationsänderung des benachbarten katalytischen Zentrums und damit zu einer Steigerung der Konversionsrate von GTP zu cGMP. Der Anstieg des intrazellulären cGMP führt zu einer Aktivierung von cGMP-abhängigen Proteinkinasen, die wiederum die molekularen Mechanismen in Gang setzen (Absenkung des intrazellulären Kalziums), die zur Relaxation führen.

Stickstoffmonoxid als ein hochdiffusibles Gas wird vom Endothel nicht nur in die Gefäßwand abgegeben, sondern auch

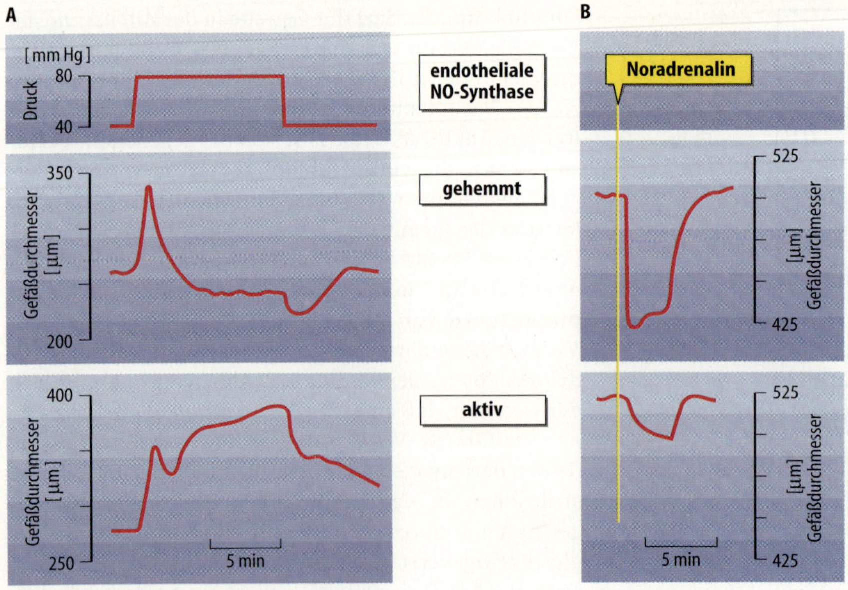

Abb. 24–31. Effekt der schubspannungsinduzierten NO-Bildung auf die myogene, sowie auf die Noradrenalin-induzierte Vasokonstriktion in perfundierten terminalen Mesenterialarterien. **A** Die sprunghafte Erhöhung des transmuralen Drucks führt in einem perfundierten Gefäß ohne NO-Produktion (NO-Synthase gehemmt) ausschließlich zu einer myogenen Antwort: nach vorübergehender druckpassiver Durchmesserzunahme kommt es zu einer Vasokonstriktion mit einer Durchmesserabnahme bis unter den Ausgangswert. In dem Gefäß mit aktiver NO-Synthase ist durch die ständige schubspannungsabhängige NO-Produktion die myogene konstriktorische Reaktivität so reduziert, daß nur noch die druckpassive Durchmesserzunahme in Erscheinung tritt. **B** Nach Hemmung der NO-Synthase ist die Noradrenalin-induzierte Kontraktion wesentlich stärker als bei aktiver NO-Synthase. Dies erklärt sich durch den Wegfall der NO-vermittelten dilatatorischen Komponente

nach luminal. So werden *Thrombozyten,* die sich im fließenden Blut endothelnah im Randstrom bewegen und die im Vergleich zu anderen Zellen einen sehr hohen Gehalt an löslicher Guanylylzyklase aufweisen, ebenfalls von NO beeinflußt. Der durch NO induzierte Anstieg von cGMP hemmt die Aktivierung von Thrombozyten (Adhäsion, Sekretion, Aggregation).

Regulation der endothelialen NO-Synthase. Die Bildung von Stickstoffmonoxid (NO) erfolgt mit Hilfe eines im Endothel dauerhaft (konstitutiv) exprimierten Enzyms, einer *NO-Synthase,* die überwiegend in der Plasmamembran lokalisiert ist. Dieses Enzym bildet aus einem Stickstoffatom der Guanidinogruppe der Aminosäure *L-Arginin* NO. Hierbei entsteht gleichzeitig L-Citrullin. Die Aktivität dieses endothelialen Enzyms wird dabei in erster Linie über die Konzentration des *freien intrazellulären* Ca^{2+} geregelt. Alle in Tabelle 24–1 genannten rezeptorabhängigen und -unabhängigen Stimulatoren der NO-Bildung erhöhen die intrazelluläre Ca^{2+}-Konzentration in Endothelzellen und führen damit zu einer Erhöhung der NO-Bildung [22].

Das in Umwelt- und Krebsforschung als toxisch eingestufte Gas NO ist dabei ein phylogenetisch sehr altes auto- und parakrin wirkendes Signalmolekül, das in vielen Geweben des Organismus entscheidende regulatorische Funktionen besitzt. Neben Endothelzellen besitzen auch Zellen des zentralen und peripheren Nervensystems eine konstitutive Ca^{2+}-abhängige NO-Synthase (s. S. 62). NO wirkt hier hauptsächlich als *Neurotransmitter* und *Neuromodulator.* Daneben exprimieren bestimmte Zellen, so z. B. Makrophagen, Mesangialzellen, glatte Muskelzellen, nach Stimulation mit Bakteriengiften (Endotoxin) sowie verschiedenen *Signalstoffen des Immunsystems,* wie Interleukin-1, Tumornekrose-Faktor α, und γ-Interferon, eine induzierbare NO-Synthase. Dieses Isoenzym unterliegt keiner Ca^{2+}-abhängigen Regulation, vielmehr wird die produzierte NO-Menge, die um das 1000-fache höher liegen kann als beim konstitutiven Enzym, im wesentlichen über die vorhandene Enzymmenge gesteuert. In so hohen Konzentrationen entfaltet NO zytotoxische Wirkungen durch Komplexierung von Eisen-Schwefel-Verbindungen im aktiven Zentrum von Enzymen, die für den Energiehaushalt der Zellen essentiell sind [39].

Eine Reihe experimenteller und klinischer Befunde belegen, daß die Expression einer induzierbaren NO-Synthase in der Gefäßwand (glatte Muskulatur und Makrophagen) an dem therapeutisch nicht beherrschbaren Blutdruckabfall bei *septischem Schock* beteiligt ist.

Endothelin. Die *Endotheline* (ET) sind eine ubiquitäre Familie von Peptiden (ET-1, ET-2, ET-3), die nicht nur in Endothelzellen, sondern auch in neuronalen, epithelialen und intestinalen Zellen gebildet werden. Das im Endothel synthetisierte Peptid Endothelin-1 besteht aus 21 Aminosäuren und besitzt sehr potente *vasokonstriktorische,* aber auch *mitogene Eigenschaften.* Aufgrund der sehr niedrigen Plasmakonzentrationen von Endothelin-1 geht man davon aus, daß ET-1 keine physiologische Rolle bei der Aufrechterhaltung des Blutdrucks spielt. Hingegen sind bestimmte *pathophysiologische Zustände,* die mit einer Schädigung des Endothels einhergehen, von einem starken Anstieg der ET-1-Plasmaspiegel und entsprechenden Wirkungen auf Zielzellen begleitet. Dies wurde bei Patienten im kardiogenen Schock, bei pulmonalem Hochdruck, bei akutem Nierenversagen und nach Subarachnoidalblutungen beobachtet [10].

Die Anpassung der regionalen Stromstärke an den Bedarf erfolgt über ein Zusammenspiel neurogener, myogener, humoraler, lokalchemischer und endothelialer Mechanismen

Bei der Gesamtbetrachtung aller Faktoren, die bei der lokalen Durchblutungsregulation eine Rolle spielen (Abb. 24–32) kommt dem Mechanismus der *schubspannungsabhängigen NO-Freisetzung* eine übergeordnete Funktion im Sinne eines koordinativen Elements für das gesamte arterielle Netzwerk zu. Von Bedeutung ist hierbei, daß die einzelnen Gefäßabschnitte der Mikrozirkulation unterschiedliche Sensitivitäten gegenüber den verschiedenen Stimuli aufweisen (Abb. 24–32). Durch den Mechanismus der schubspannungsabhängigen NO-Freisetzung kann sich die in den terminalen Arteriolen metabolisch induzierte Dilatation stromaufwärts in die großen Arteriolen und terminalen Arterien ausbreiten (*aszendierende Dilatation*). Beispiele für das z. T. synergistische, z. T. antagonistische Zusammenwirken dieser lokalen Mechanismen auf den Gefäßtonus sind *die Autoregulation* von Organstromgebieten, die *funktionelle Hyperämie* und die *reaktive Hyperämie* [8,14,20,27].

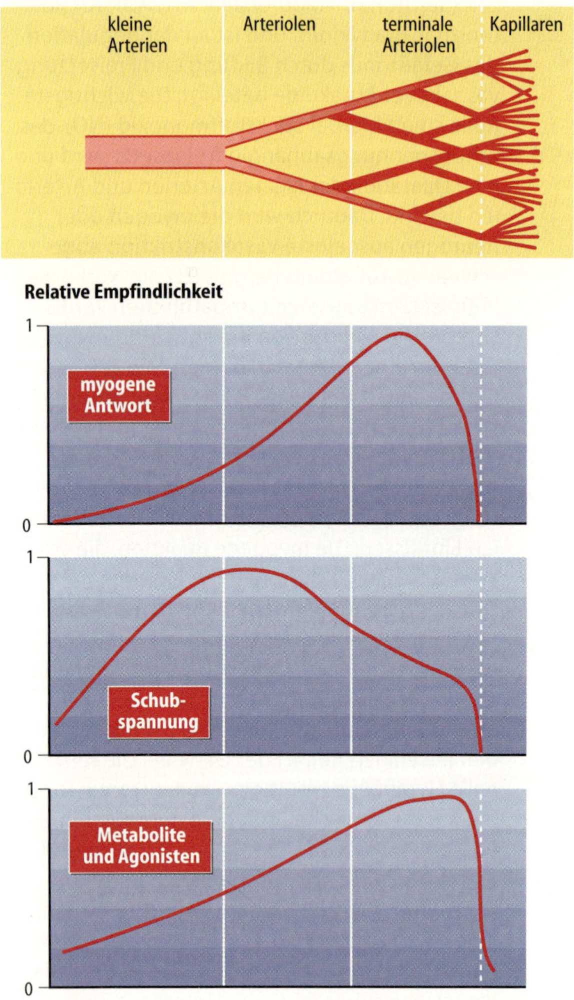

Abb. 24–32. Schematische Übersicht über die Verteilung der Empfindlichkeit eines arteriellen Netzwerkes (Koronarsystem) gegenüber 1. metabolischen Einflüssen und rezeptorabhängigen Agonisten 2. dem schubspannungsabhängigen Mechanismus 3. dem myogenen Mechanismus. Alle Antworten sind auf ihr Maximum normiert

Autoregulation. Den Grundmechanismus für die *Autoregulation der Organdurchblutung* liefert, wie oben dargestellt, die *myogene Antwort.* Hierbei kommt es mit steigendem transmuralem Druck zu einer myogen bedingten Kontraktion, so daß die Durchblutung nicht ansteigt, sondern in einem weiten Druckbereich konstant bleibt. Außerhalb dieses Druckbereichs findet sich ein mehr oder weniger starkes *druckpassives Dehnungsverhalten* der Gefäße. Das Phänomen der Autoregulation läßt sich in nahezu allen Organstromgebieten beobachten, vor allem in der Niere, dem Gehirn, dem Herz, der Skelettmuskulatur und dem Intestinaltrakt (Abb. 24–33). Grundsätzlich ist die Autoregulation unabhängig von der autonomen Innervation und daher auch nach Ausschaltung der vasomotorischen Nerven erhalten, jedoch auf einem höheren Durchblutungsniveau. Umgekehrt findet sich bei starker *Sympathikusaktivierung* eine entsprechende (abszissenparallele) Verschiebung der Plateauphase der *Druck-Stromstärke-Beziehung* zu niedrigeren Werten. Die Grenzen des autoregulatorischen Bereichs wie auch das Ausmaß der Durchblutungskonstanz sind in den einzelnen Organen unterschiedlich (Abb. 24–33).

Wie bereits erwähnt, wird dieses autoregulatorische Verhalten eines Gefäßgebietes erheblich durch die

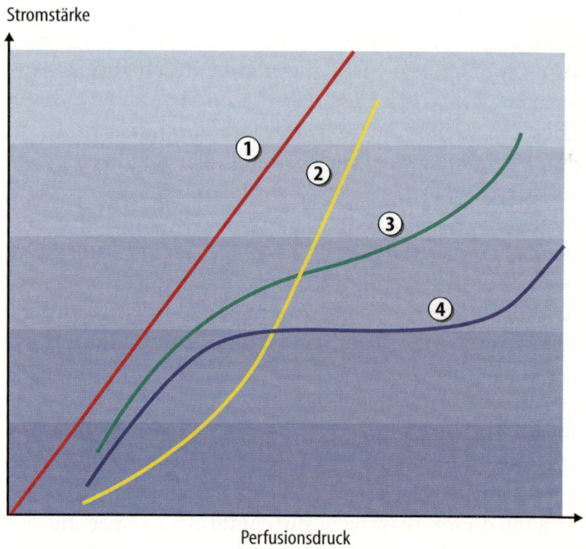

Abb. 24–33. Druck-Stromstärke-Beziehungen für ein starres Rohr (1), ein druckpassiv dehnbares Gefäßsystem (z. B. Lunge, (2)) sowie zwei autoregulierende Gefäßsysteme (z. B. Herz (3), Niere (4)). Nur in dem starren Rohr ergibt sich eine Proportionalität zwischen Druck und Stromstärke

schubspannungsabhängige NO-Freisetzung moduliert, vor allem bei erhöhter metabolischer Aktivität des Gewebes. Hemmung der endothelialen NO-Bildung führt daher über eine Verstärkung der myogenen Reaktivität zu einer inadäquat starken Autoregulation und damit zu einem Verlust der Durchblutungsanpassung an den Bedarf.

Das einzige Organ, in dem keine Autoregulation auftritt, ist die *Lunge*. Mit ansteigendem Perfusionsdruck kommt es in den stark dehnbaren Lungengefäßen zu einer Durchmesserzunahme und damit zu einem überproportialen Anstieg der Stromstärke (Abb. 24–33).

Wie aus der Abbildung ersichtlich, würden die extrapolierten Verlängerungen der Druck-Stromstärke-Kurven nicht durch den Nullpunkt des Koordinatensystems laufen, sondern würden die Druckabszisse bei einem positiven Druckwert schneiden. Je höher der Ausgangstonus eines Gefäßgebietes, desto höhere Druckwerte ergeben sich für diesen Schnittpunkt. Der für diese Druckwerte in der Literatur geprägte Begriff des „*kritischen Verschlußdrucks*“ (critical closing pressure) hat eine weite Verbreitung in Lehrbüchern gefunden, obwohl das dem Begriff zugrundeliegende Konzept mehr als fraglich ist. Die wahren Ursachen eines *Strömungsstillstandes* bei Druckwerten oberhalb Null sind noch unbekannt. Denkbar ist jedoch, daß rheologische Faktoren, wie z. B. *Erhöhung der scheinbaren Viskosität* des Blutes bei stark abnehmender Schubspannung an dem Phänomen Anteil haben.

Funktionelle (metabolische) Hyperämie. Eine weitgehend lineare Beziehung zwischen der Größe der *Stoffwechselaktivität* und der *Durchblutung* findet sich vor allem in Organen mit stark wechselnder metabolischer Aktivität, wie Herz, Skelettmuskel und exokrine Drüsen. Diese funktionelle Hyperämie resultiert aus der Dominanz der lokal-chemischen dilatatorischen Einflüsse über die myogenen und neurogenen konstriktorischen Effekte. Zu der *Aufhebung des neurogen vermittelten Tonus* tragen die *lokal-chemischen Mediatoren* nicht nur direkt durch ihre Effekte an der glatten Muskulatur bei, sondern auch indirekt über die *Hemmung der Noradrenalinfreisetzung* aus den sympathischen Varikositäten. An den terminalen Arterien und größeren Arteriolen, die nicht mehr metabolisch kontrolliert werden, kompensiert die *schubspannungsabhängige NO-Freisetzung* die neurogen vermittelte Konstriktion. Auf diese Weise wird bei körperlicher Arbeit trotz maximaler Sympathikusaktivierung eine bedarfsadäquate Durchblutung erreicht.

Reaktive Hyperämie. Nach vorübergehender *Unterbrechung der Blutzufuhr* läßt sich in allen Geweben eine *reaktive* (post-ischämische) *Hyperämie* auslösen. Das Maximum dieser reaktiven Durchblutungssteigerung wie auch die Dauer sind dabei abhängig von der Dauer des Gefäßverschlusses sowie der Stoffwechselaktivität des betroffenen Gewebes [20]. An der Ausbildung der reaktiven Hyperämie sind *myogene*, *metabolische* und *endotheliale Komponenten* beteiligt. Durch den *Abfall des transmuralen Drucks* während des Durchblutungsstopps kommt es zu einem Verlust des myogenen Tonusanteils und damit nach Wiedereröffnung der Strombahn zu einer *Dilatation*. Dieser Mechanismus spielt vor allem bei kürzeren Ischämien (<30 s) eine wichtige Rolle. Hinzu kommt bei längeren Ischämien die *Akkumulation von vasoaktiven Metaboliten* und ein Abfall des P_{O_2}. Die myogen-metabolisch induzierte Dilatation wird nach Wiedereröffnung des zuführenden Gefäßes durch die schubspannungsabhängige NO-Freisetzung noch erheblich verstärkt. So führt eine Hemmung der NO-Bildung, je nach Gefäßgebiet, zur Reduzierung des reaktiv erhöhten Blutvolumens um mehr als 50 %.

!

Das Endothel moduliert die Konzentrationen der im Blut zirkulierenden vasoaktiven Substanzen (Serotonin, Noradrenalin, ATP, ADP, Angiotensin II, Bradykinin) und ist an der Regulation des Gefäßtonus durch Bildung und Freisetzung vasoaktiver Autakoide beteiligt. Die wichtigste Rolle spielt hierbei Stickstoffmonoxid (NO), das schubspannungsabhängig freigesetzt wird und eine Dilatation der kleinen Arterien und Arteriolen bewirkt. Dadurch wird die myogen oder neurogen ausgelöste Vasokonstriktion abgeschwächt. Außerdem hemmt NO die Noradrenalinfreisetzung aus den sympathischen Varikositäten. Die Bildung von NO im Endothel erfolgt mit Hilfe einer Ca^{2+}-abhängigen NO-Synthase. Endothelin-1, das vasokonstriktorische Eigenschaften besitzt, wird bei Schädigung des Endothels verstärkt freigesetzt.

Die Autoregulation der Organdurchblutung ist die Resultante aus verschiedenen lokalen Einflüssen. Die myogene Reaktion, die eine konstante Durchblutung bei arteriellen Druckänderungen in vielen Organstromgebieten (mit Ausnahme der Lunge) gewährleistet, wird dabei durch die schubspannungsabhängige NO-Freisetzung moduliert. Auf diese Weise erfolgt eine Anpassung der Durchblutung an den jeweiligen Bedarf der Gewebe. Die funktionelle Hyperämie resultiert aus der Dominanz der lokal-chemischen über die neurogenen Einflüsse, wobei an den terminalen Arterien und Arteriolen, die nicht mehr lokal-chemisch kontrolliert werden, die schubspannungsabhängige NO-Freisetzung die neurogen vermittelte Konstriktion aufhebt. Eine reaktive Hyperämie, die nach vorübergehender Unterbrechung der Blutzufuhr eintritt, wird durch myogene, metabolische und endotheliale Mechanismen ausgelöst.

24.6 Regulation des Gesamtkreislaufs

Die wechselnden, zum Teil miteinander konkurrierenden Durchblutungsanforderungen der einzelnen Organe erfordern eine übergeordnete Koordination; zentralnervöse Strukturen, die der Medulla oblongata und dem Hypothalamus angehören, erfüllen diese Aufgabe

Unter ***Kreislaufregulation*** versteht man alle Kontrollvorgänge, die den normalen Ablauf der Kreislauffunktion unter Ruhebedingungen sowie unter wechselnden Anforderungen, wie körperliche Leistung oder thermische Belastung, gewährleisten. Hierzu gehört die Aufrechterhaltung eines adäquaten Perfusionsdrucks (*arterieller Blutdruck*), die Einstellung der jeweils erforderlichen Gesamtstromstärke (*Herzzeitvolumen*) einschließlich ihrer regionalen *Verteilung* auf die Organstromgebiete, sowie die Kontrolle des *Blutvolumens.* Zur Steuerung dieser Vorgänge, die das Prinzip einer biologischen *Regelung mit negativer Rückkopplung* erfüllen, bedient sich der Organismus der *nerval-humoralen* Beeinflussung des Herzens und der glatten Gefäßmuskulatur sowie *lokal-metabolischer, endothelialer* und *myogener* Mechanismen. Diese Vorgänge stehen wiederum unter der Kontrolle sog. *kreislaufsteuernder Neurone* in der Medulla oblongata sowie übergeordneter Strukturen im Hypothalamus, dem Kleinhirn und der Hirnrinde.

Der Funktionszustand des Kreislaufs wird dazu von ***Sinnesrezeptoren*** (Sensoren) an verschiedenen Stellen des kardiovaskulären Systems ständig kontrolliert. Für die afferenten Impulse dieser Rezeptoren bildet der Nucleus tractus solitarii in der dorsomedialen Medulla oblongata die erste zentrale Synapse, von der aus Verbindungen zu den verschiedenen Arealen des Hirnstammes aber auch höherer Regionen laufen. Dieses Netz neuronaler Verschaltungen im Bereich der Formatio reticularis der Medulla oblongata steuert letztendlich die efferente Aktivität präganglionärer sympathischer und vagaler Neurone. Der klassische Begriff eines medullären (rhombenzephalen) Kreislaufzentrums ist angesichts der verstreuten Lokalisierung *„kreislaufsteuernder Neurone"* heute mehr als obsolet.

Eine wesentliche Aufgabe der allgemeinen Kreislaufregulation ist die ***Regulation des arteriellen Blutdrucks.*** Da der mittlere Blutdruck in den großen Arterien gleich ist dem Produkt aus totalem peripherem Widerstand und Herzzeitvolumen, können *Abnahmen des totalen peripheren Widerstandes* durch *Steigerungen des Herzzeitvolumens* in weiten Grenzen ausgeglichen werden und umgekehrt. Abnahmen des totalen peripheren Widerstandes, die aufgrund eines Mehrbedarfs in einzelnen Organstromgebieten ausgelöst werden, können aber auch durch vasokonstriktorische Reaktionen in anderen Stromgebieten mehr oder weniger vollständig kompensiert werden.

Weitere wichtige Anpassungsvorgänge betreffen das Verhältnis zwischen ***Gefäßkapazität*** und ***Blutvolumen,*** von dem die Größe des *statischen (Blut-) Drucks* abhängt. Stärkere Änderungen der Gefäßkapazität werden durch vasomotorische Reaktionen im Bereich der *Kapazitätsgefäße* ausgelöst, vor allem im Bereich der Splanchnikusvenen [17], während die Größe des Blutvolumens sowohl durch die kapilläre *Filtrations-Reabsorptionsrate* als auch durch die renale Flüssigkeitsausscheidung in Relation zur Flüssigkeitsaufnahme bestimmt wird.

Die verschiedenen Anpassungsvorgänge lassen sich je nach Wirkungseintritt und Dauer als *kurzfristige bzw. langfristige Regulationsmechanismen klassifizieren.*

Pressorezeptoren (Barorezeptoren) im arteriellen Gefäßsystem dienen als Meßfühler eines Regelkreises, über den der mittlere Blutdruck durch Anpassung von Herzzeitvolumen und totalem peripheren Widerstand konstant gehalten wird

Kurzfristige Regulationsmechanismen. Bei den kurzfristigen Regulationsmechanismen handelt es sich überwiegend um *nerval gesteuerte vasomotorische Umstellungen,* zu denen

- die ***Presso- bzw. Dehnungsrezeptorenreflexe,***
- die von den arteriellen *Chemorezeptoren* ausgelösten Kreislaufeffekte und
- die *Ischämiereaktion des ZNS* gehören.

Als gemeinsames Merkmal zeigen diese Mechanismen einen schnellen, innerhalb von wenigen Sekunden erfolgenden Wirkungseintritt. Die Intensität der Reaktionen ist stark, sie schwächt sich jedoch im Verlauf von wenigen Tagen entweder vollständig (Pressorezeptoren) oder teilweise (Chemorezeptoren, Ischämiereaktion des ZNS) ab. Die nerval vermittelten vasomotorischen Effekte werden durch hormonale Einflüsse ergänzt, an denen neben Adrenalin und Noradrenalin das verzögert wirkende Adiuretin (ADH) und Angiotensin II beteiligt sind.

Lokalisation der arteriellen Pressorezeptoren. An der Grenze zwischen Adventitia und Media der großen thorakalen und zervikalen Arterien finden sich zahlreiche buschartig verflochtene Nervenfasern mit Rezeptoren in Form ovaler, innerlich lamellierter Endorgane. Diese *sog. Presso-* oder *Barorezeptoren* werden durch *Dehnung der Gefäßwände* in Abhängigkeit von der Größe des transmuralen Drucks erregt. Die funktionell wichtigsten Pressorezeptorenareale liegen im Aortenbogen und Karotissinus (Abb. 24-34).

Die sensible Innervation der Pressorezeptoren im *Karotissinus* erfolgt durch den *Karotissinusnerv,* einem Ast des *N. glossopharyngeus.* Die Pressorezeptoren im Aortenbogen werden durch den *linken Aortennerv* (N. depressor sinister), die Pressorezeptoren am

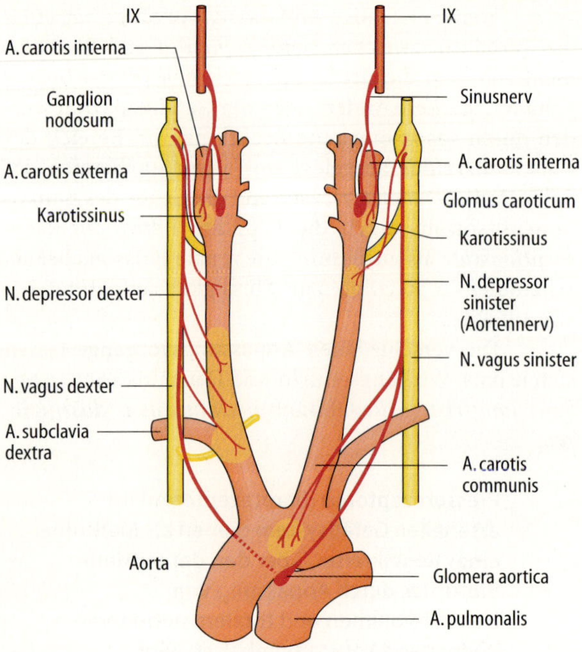

Abb. 24–34. Übersicht über die Lokalisation der Presso- und Chemorezeptoren im Bereich der Aorta und A. carotis (nach Untersuchungen an Hunden und Katzen). Die Pressorezeptorenfelder sind hellrot, die afferenten Fasern rot gezeichnet

Abgang des *Truncus brachiocephalicus* durch den *rechten Aortennerv* (N. depressor dexter) innerviert. In beiden Karotissinus- und Aortennerven verlaufen außerdem Fasern von *Chemorezeptoren* aus dem Glomus caroticum in der Teilungsstelle der A. carotis communis bzw. aus den Paraganglien des Aortenbogens.

Druck-Impuls-Charakteristik der arteriellen Pressorezeptoren. Bei *stationären* Dehnungsdrücken reagieren die Pressorezeptoren mit *kontinuierlichen Impulsentladungen.* Mit steigendem Druck kommt es zu einem Anstieg der Summenimpulsfrequenz bis zu einem Sättigungswert, der unter statischen Bedingungen bei Drücken über 160 mm Hg und unter dynamischen (pulsatorischen) Bedingungen bereits bei 140 mm Hg erreicht wird. Aufgrund ihres *Proportional-Differential-(PD-)Verhaltens* reagieren die Pressorezeptoren auf Druckschwankungen in den Arterien mit *rhythmischen Impulsmustern,* bei denen sich die Frequenz um so stärker ändert, je größer die Amplitude und/oder der Quotient $\Delta P/\Delta t$ sind. Die Impulsfrequenz liegt daher im ansteigenden Teil der Druckkurve deutlich über der im abfallenden Teil (Abb. 24–35), zugleich ist die mittlere Frequenz wegen der stärkeren Erregung in der Druckanstiegsphase höher als bei vergleichbaren stationären Drücken. Die Pressorezeptoren liefern somit nicht nur Informationen über den *mittleren arteriellen Druck,* sondern zugleich auch über die *Größe der Druckamplitude,* die *Steilheit des Druckanstiegs* und die *Herzfrequenz.*

Pressorezeptorenreflexe. Die afferenten Impulse der Pressorezeptoren werden im Nucl. tractus solitarii auf Neurone umgeschaltet, die ihrerseits eine Population von Interneuronen in der *kaudalen ventrolateralen Medulla* erregen. Diese Neurone wiederum hemmen die für die Sympathikus-Aktivierung verantwortlichen Neurone in der *rostralen ventrolateralen Medulla* (s. auch S. 356). Sie stellen also das negativ rückgekoppelte Schaltelement in dem Regelkreis der Blutdruckregulation dar. Vom Nucl. tractus solitarii erfolgt auch eine Weiterleitung der Pressorezeptoren-Impulsaktivität über polysynaptische Wege zu den im Nucl. ambiguus gelegenen präganglionären Neuronen des N. vagus. So resultiert als Konsequenz der afferenten Pressorezeptoren-Impulsaktivität eine ***Hemmung von sympathischen*** und eine ***Aktivierung von parasympathischen Neuronen*** [19,35].

Aufgrund der Entladungscharakteristik der Pressorezeptoren sind diese hemmenden Einflüsse bereits bei normalen Blutdruckwerten wirksam. Die arteriellen Pressorezeptoren üben damit die Funktion eines *Blutdruckzüglers* aus. Bei verstärkter Erregung der Pressorezeptoren aufgrund einer arteriellen Drucksteigerung werden über die oben dargestellten Wege die postganglionären sympathischen Efferenzen zum Herzen und zu den Gefäßen gehemmt, während die parasympathischen Nerven zum Herzen erregt werden. Im Bereich der *Widerstandsgefäße* kommt es durch die Abnahme des sympathisch-adrenerg vermittelten Gefäßtonus zu einer *Abnahme des totalen peripheren Widerstandes,* im Bereich der *Kapazitätsgefäße* zu einer *Zunahme der Kapazität.* Beide Vorgänge führen direkt bzw. indirekt (über Abnahme des zentralen Venendrucks mit entsprechenden Rückwirkungen auf das Schlagvolumen) zur *Senkung des arteriellen Drucks* (Abb. 24–35). Dieser Effekt wird durch die gleichzeitige *Abnahme des Herzzeitvolumens* (Senkung der Herzfrequenz und der Kontraktionskraft) weiter verstärkt. Bei verminderter Erregung der Pressorezeptoren aufgrund einer arteriellen Drucksenkung laufen entgegengesetzte Reaktionen mit dem Ergebnis ab, daß der arterielle Druck wieder ansteigt.

Dieser ***homöostatische Selbststeuerungsmechanismus*** des Kreislaufs bildet einen in sich geschlossenen *Regelkreis* (Abb. 24–36), der grundsätzlich durch eine negative Rückkopplung (Gegenkopplung) gekennzeichnet ist. Bei akuten Abweichungen des arteriellen Drucks wird durch reflektorisch ausgelöste Änderungen des peripheren Widerstandes und des Herzzeitvolumens eine schnelle Wiederannäherung an den Ausgangsdruckwert erreicht.

Der „stabilisierende" Einfluß der von den arteriellen Pressorezeptoren ausgehenden reflektorischen Anpassungsvorgänge zeigt sich sehr deutlich in der Häufigkeitsverteilung der über 24 h gemessenen Blutdruckwerte (Abb. 24–37). Bei intakten Karotissinusnerven findet sich ein Maximum im Bereich des normalen mittleren Drucks von 100 mm Hg. Nach Ausschaltung der Pressorezeptoren durch Denervierung streuen die Werte dagegen in einem weiten Bereich. Der mittle-

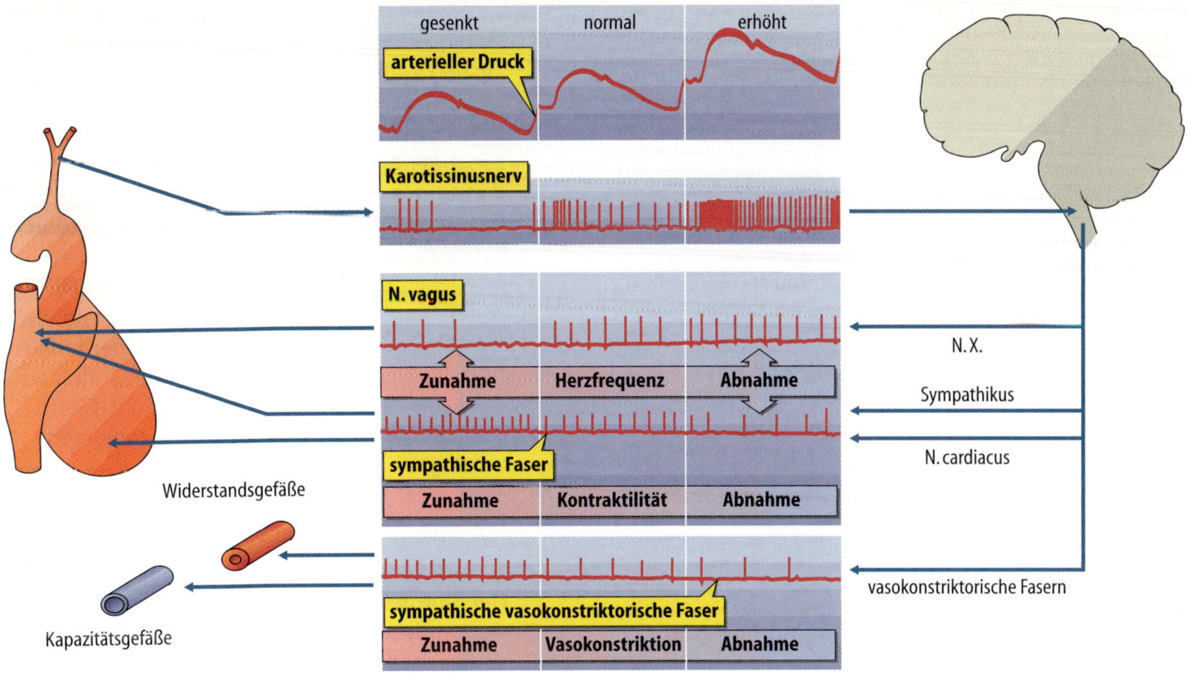

Abb. 24–35. Reflektorische Reaktionen bei veränderter Erregung der Pressorezeptoren im Karotissinus. Bei Senkung des arteriellen Drucks nimmt die Erregung der Pressorezeptoren ab. Die reflektorisch gesteigerte Aktivität der sympathischen vasokonstriktorischen und kardialen Fasern löst Zunahmen des peripheren Widerstandes und der Herzfrequenz aus, so daß der Blutdruck wieder ansteigt. Bei erhöhtem arteriellem Druck treten entgegengesetzte Reaktionen auf. Weitere Einzelheiten s. Text

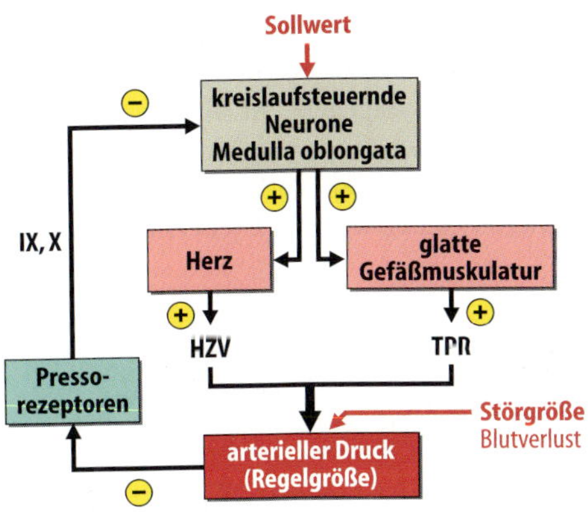

Abb. 24–36. Blockschema der Blutdruckregelung durch die arteriellen Pressorezeptoren bei Blutdruckabfall. Die Zeichen + und – bedeuten Zunahme und Abnahme der Impulsfrequenz sowie der mechanischen Wirkung. HZV = Herzzeitvolumen, TPR = totaler peripherer Widerstand

re Blutdruck nach Denervierung weicht jedoch nur wenig von dem mittleren Blutdruck unter Normalbedingungen ab. Die zusätzliche Ausschaltung der vagalen und sympathischen Afferenzen aus Vorhöfen, Kammern (s. u.) und Lunge führt hingegen zu einer dauerhaften Erhöhung des mittleren arteriellen Drucks (Abb. 24–37). Dies erklärt sich aus dem Wegfall der tonischen Hemmung der Sympathikusaktivität, die über diese kardiopulmonalen Afferenzen vermittelt wird.

Bei experimentell erzeugter *chronischer Blutdruckerhöhung* (Hypertonie) ***adaptieren*** sich die arteriellen Pressorezeptoren unter

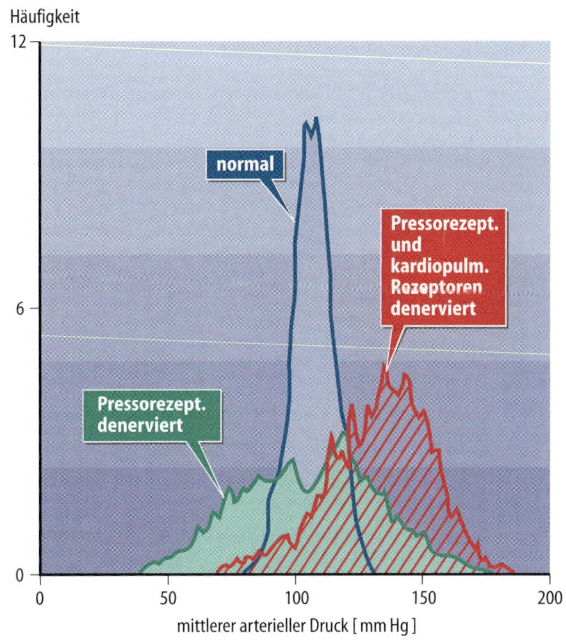

Abb. 24–37. Häufigkeitsverteilung des mittleren Blutdrucks über 24 h an einem Hund mit intakten Pressorezeptoren (normal), mehrere Wochen nach Denervierung der arteriellen Pressorezeptoren (Pressorezept. denerviert) sowie nach Denervierung der Pressorezeptoren und der Rezeptoren aus den Vorhöfen, Kammern und der Lunge (Pressorezept. + kardiopulm. Rezept. denerviert). (Nach [24, 42])

Beibehaltung ihrer vollen Funktion im Verlauf einiger Tage an das erhöhte Druckniveau. Aufgrund dieses sog. *Resetting* werden Drucksenkungen durch die blutdruckstabilisierenden Effekte vermindert, und der Selbststeuerungsmechanismus trägt durch die Fixierung der erhöhten Druckwerte zur Ausbildung weiterer pathologischer Veränderungen bei.

Eine verstärkte Erregung der Pressorezeptoren durch *Druck oder Schlag auf den Karotissinus* von außen löst ebenfalls Abnahmen des Blutdrucks und der Herzfrequenz aus. Bei älteren Menschen mit arteriosklerotischen Gefäßveränderungen kann dabei der Blutdruck sehr stark absinken und ein vorübergehender Herzstillstand mit Bewußtseinsverlust auftreten (*Karotissinussyndrom*). In den meisten Fällen setzt nach 4–6 s die Herztätigkeit wieder ein, wobei zunächst häufig ein AV-Rhythmus (S. 473) vorliegt, bis sich wieder ein normaler Sinusrhythmus einstellt. Bei anfallsweise auftretenden Herzfrequenzsteigerungen (*paroxysmale Tachykardie*) ist es andererseits u. U. möglich, durch ein- oder doppelseitigen Druck auf den Karotissinus die Herzfrequenz zu normalisieren.

Einflüsse der arteriellen Pressorezeptoren auf andere ZNS-Funktionen. Als Folge einer verstärkten Erregung der Pressorezeptoren werden über die kreislaufsteuernden Neurone des Hirnstammes auch *andere Funktionen des ZNS* beeinflußt. So treten u. a. Hemmungen der Atmung, Abnahmen des Muskeltonus und der efferenten γ-Innervation der Muskelspindeln sowie Abschwächungen der Eigenreflexe auf. Im EEG finden sich Tendenzen zur Synchronisierung. Wache Tiere reagieren auf starke Dehnung der Karotissinusregion mit motorischer Inaktivität oder sogar mit Schlaf.

Einflüsse der arteriellen Pressorezeptoren auf das Blutvolumen. Durch die reflektorisch ausgelösten vasomotorischen Reaktionen im Bereich der prä- und postkapillären Gefäßabschnitte kommt es zwangsläufig auch zu Änderungen des *effektiven hydrostatischen Kapillardrucks* mit entsprechenden Rückwirkungen auf das kapilläre Filtrations-Reabsorptions-Gleichgewicht. Bei *verstärkter Pressorezeptorenerregung* infolge von arteriellen Drucksteigerungen wird durch die damit verbundenen vasodilatatorischen Reaktionen der effektive Kapillardruck und somit die *kapilläre Filtration erhöht.* Bei verminderter Pressorezeptorenerregung treten entgegengesetzte Reaktionen auf.

Aufgrund dieser Effekte können v. a. in der Skelettmuskulatur mit ihrer großen Kapillaroberfläche und einem stark variablen interstitiellen Volumen relativ schnell erhebliche Flüssigkeitsmengen zwischen intravasalem und interstitiellem Raum ausgetauscht werden. Bei schwerer Muskelarbeit kann daher das Plasmavolumen durch die präkapilläre Dilatation in 15–20 min um 10–15 % abnehmen. Entgegengesetzte Effekte, d. h. Zunahmen des intravasalen Volumens durch Reabsorption von interstitieller Flüssigkeit, treten z. B. bei Blutdrucksenkungen auf und werden ebenfalls schnell wirksam.

!

Die kurzfristige Regulation des arteriellen Blutdrucks wird vor allem durch arterielle Pressorezeptoren (Barorezeptoren) vermittelt, die im Karotissinus und im Aortenbogen lokalisiert sind. Die Aktivität der Pressorezeptoren hängt von der Höhe des arteriellen Mitteldrucks und von der Anstiegssteilheit der Blutdruckamplitude ab. Die Nervenimpulse gelangen über den N. glossopharyngeus bzw. N. vagus zur ersten zentralen Synapse im Nucleus tractus solitarii der Medulla oblongata. Von hier aus werden über polysynaptische Wege die für die Sympathikus-Grundaktivität verantwortlichen Neurone in der rostralen ventrolateralen Medulla oblongata gehemmt und die präganglionären Neurone des N. vagus im Nucleus ambiguus aktiviert. Bei plötzlichem Blutdruckanstieg kommt es auf diesem Wege zur Abnahme des totalen peripheren Widerstandes und des Herzzeitvolumens sowie zu einer Volumenzunahme der Kapazitätsgefäße. Insgesamt handelt es sich um einen geschlossenen Regelkreis, über den der mittlere arterielle Blutdruck konstant gehalten wird. Die Aktivität der arteriellen Pressorezeptoren beeinflußt auch andere zentral gesteuerte Funktionen, wie die Atmung und den Muskeltonus. Darüber hinaus sind die Pressorezeptoren über den Einfluß auf das kapilläre Filtrations-Reabsorptions-Gleichgewicht an der Regulation des Blutvolumens beteiligt.

Der Blutdruck wird auch durch die Aktivität der kardialen Dehnungsrezeptoren und der arteriellen Chemorezeptoren beeinflußt

Vorhofrezeptoren. In beiden Vorhöfen finden sich 2 funktionell wichtige Typen von *Dehnungsrezeptoren.* Die ***A-Rezeptoren*** entladen während der *Vorhofkontraktion*, die ***B-Rezeptoren*** dagegen während der *späten Ventrikelsystole* bzw. beim Anstieg des Vorhofdrucks zur v-Welle (Abb. 24–38). Die A-Rezeptoren werden durch *Kontraktion* der Vorhofmuskulatur aktiviert, die B-Rezeptoren reagieren dagegen auf *passive Dehnung* (erhöhter Vorhofdruck) (s. auch S. 481). Die afferenten Impulse der Vorhofrezeptoren verlaufen in sensiblen Fasern des N. vagus zu den kreislaufsteuernden Neuro-

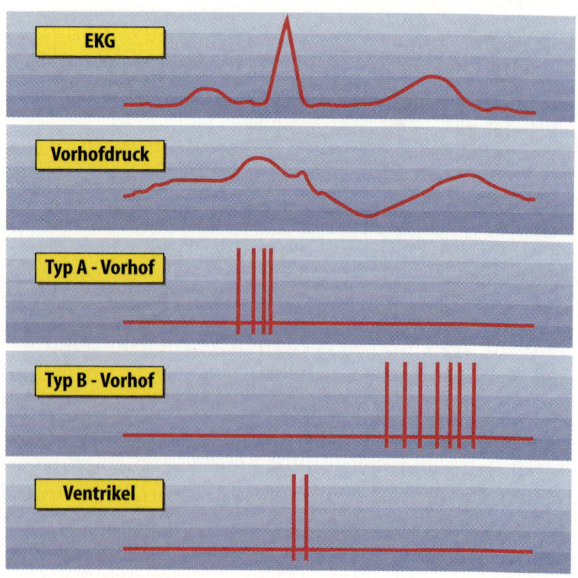

Abb. 24–38. Aktivität von Vorhofrezeptoren vom Typ A und B sowie eines Ventrikelrezeptors in Beziehung zum EKG und Druck im linken Vorhof

nen des Nucl. tractus solitarii und anderen Strukturen des ZNS.

Einflüsse der Vorhofrezeptoren auf den Blutdruck und die Herzfunktion. Bei isolierter Erregung der ***B-Rezeptoren*** treten weitgehend ähnliche reflektorische Effekte wie bei Erregung der arteriellen Pressorezeptoren auf, d. h. sie verursachen eine *Hemmung von sympathischen* und eine *Erregung von parasympathischen Strukturen* mit entsprechenden kardiovaskulären Effekten. Ein Unterschied besteht darin, daß die *B-Rezeptoren* besonders *starke vasomotorische Wirkungen an den Nierengefäßen,* die arteriellen Pressorezeptoren dagegen an den Muskelgefäßen (s. o.) ausüben. Eine veränderte Erregung der B-Rezeptoren (s. S. 481) dürfte daher überwiegend die von der Nierendurchblutung mitbestimmte *renale Flüssigkeitsausscheidung* beeinflussen. Die Hemmung der renalen Sympathikusaktivität bei Erregung der B-Rezeptoren führt des weiteren über eine Abnahme der Reninfreisetzung zu einer verminderten Aktivität des Renin-Angiotensin-Aldosteron-Systems, das für die langfristige Volumenregulation von entscheidender Bedeutung ist.

Die Rezeptoren in den Vorhöfen nehmen zusammen mit funktionell offenbar identischen Rezeptoren an der Einmündung der Hohlvenen in den rechten Vorhof bei der *Regulation des intravasalen Volumens* insofern eine Sonderstellung ein, als sie durch ihre Lokalisation im Niederdrucksystem den Füllungszustand des Gefäßsystems und die Dynamik der Ventrikelfüllung optimal erfassen können und zugleich sehr empfindlich reagieren. Dementsprechend beeinflussen bereits geringe Füllungsänderungen des Gefäßsystems den Erregungszustand dieser Rezeptoren, deren afferente Impulse auch die *osmoregulatorischen Strukturen* im Hypothalamus erreichen, von denen die *ADH-Sekretion* gesteuert wird (S. 781). Durch Erregung der ***A-Rezeptoren*** wird dagegen die Aktivität des sympathischen Systems erhöht.

Die Tachykardie, die durch extreme *Steigerungen des Vorhofdrucks* bei zu schneller Infusion großer Flüssigkeitsmengen auftritt, soll auf einer Erregung von A-Rezeptoren beruhen ***(Bainbridge-Reflex).*** Die Inkonstanz der Reaktion könnte dabei mit einer unterschiedlichen Aktivierung von A- und B-Rezeptoren in Abhängigkeit von den Versuchsbedingungen erklärt werden. Die physiologische Bedeutung des Bainbridge-Reflexes ist allerdings zweifelhaft.

Ventrikelrezeptoren. In den Ventrikeln sind in geringer Zahl ebenfalls *Dehnungsrezeptoren* vorhanden, deren afferente Fasern wie die der Vorhofrezeptoren in Vagusästen verlaufen. Sie werden nur während der isovolumetrischen Kontraktion (unmittelbar nach der R-Zacke im EKG) erregt (Abb. 24–38).

Diese Rezeptoren sollen unter normalen Bedingungen die *negativ chronotropen* vagalen Einflüsse auf die Herzfrequenz aufrechterhalten, bei extremer Dehnung der Ventrikel jedoch eine reflektorische Bradykardie und Vasodilatation auslösen. Die physiologische Bedeutung dieser Effekte ist jedoch noch nicht ausreichend gesichert.

Intravenöse Injektionen von verschiedenen pharmakologischen Substanzen, z. B. Veratrin, Nikotin, Serotonin u. a., können durch eine Erregung von Dehnungs- (und anderen) Rezeptoren reflektorische *Abnahmen der Herzfrequenz* und *vasodilatatorische Reaktionen* auslösen, so daß der Blutdruck abfällt und außerdem eine *Apnoe* auftritt ***(Bezold-Jarisch-Reflex).*** Die Herz- und Gefäßeffekte treten auch nach Injektion in die linke Koronararterie oder nach Applikation der Substanzen auf die Oberfläche des linken Ventrikels auf ***(koronarer Chemoreflex).*** Die Apnoe entsteht dagegen durch eine Erregung von pulmonalen Rezeptoren.

Einflüsse von arteriellen Chemorezeptoren. Die Kreislaufwirkungen der *Chemorezeptoren* im Glomus caroticum bzw. aorticum (s. Abb. 24–34 und 26–7A) sind im Gegensatz zu denen der Pressorezeptoren keine echten propriozeptiven Regulationsvorgänge, da adäquate Reize für ihre Erregung Abnahmen des O_2-Partialdrucks (und Zunahmen des CO_2- Partialdrucks bzw. der H^+-Konzentration) sind. Die afferenten Impulse der Chemorezeptoren stimulieren nicht nur die Atmung (S. 599) sondern auch die sympatho-exzitatorischen Neurone in der ventrolateralen Medulla oblongata sowie die präganglionären parasympathischen Neurone im Nucleus ambiguus. So kommt es teilweise zur Überlagerung antagonistischer Reaktionen.

Ischämiereaktion des ZNS. Die Ischämiereaktion des ZNS entspricht einer Erregung der medullären sympatho-exzitatorischen Neurone, bei der *vasokonstriktorische Reaktionen* und dadurch verursachte Blutdrucksteigerungen dominieren. Sie entsteht durch eine unzureichende Versorgung des Gehirns infolge einer Abnahme des arteriellen Drucks, durch arterielle Hypoxie oder durch Störungen der Hirndurchblutung aufgrund von Gefäßerkrankungen, Hirntumoren u. a.. Die Erregung der medullären Strukturen erfolgt offenbar durch Zunahmen der H^+- bzw. CO_2-Konzentration. Dabei könnte es sich entweder um direkte Wirkungen auf Neurone der ventrolateralen Medulla oder um Einwirkungen der extrazellulären $[H^+]$ auf chemosensible Areale der Stammhirnoberfläche (wie bei der Atmungsregulation, S. 599 f) handeln. Bei arterieller Hypoxie dürften die Reaktionen zusätzlich durch eine Erregung der arteriellen Chemorezeptoren verstärkt werden. Die Intensität der Reaktionen hängt vom Ausmaß der Versorgungsstörung ab. Unter extremen Bedingungen wird durch die Vasokonstriktion z. B. die Nierendurchblutung so stark eingeschränkt, daß die Urinproduktion sistiert. Der arterielle Druck kann dabei auf Werte von 250 mm Hg und mehr ansteigen.

Ein Anstieg des im Blut zirkulierenden Adrenalins bewirkt eine Umverteilung des Herzzeitvolumens

Die Erregung der präganglionären sympathischen Neurone führt aufgrund der analogen Innervation des Nebennierenmarks zu der eines sympathischen Ganglions zu einer Freisetzung von *Adrenalin* und *Noradrenalin* (S. 346).

Adrenalin. Ein Anstieg des im Blut zirkulierenden Adrenalins löst eine β-Adrenozeptoren-vermittelte Dilatation in den Skelettmuskelgefäßen und eine α-Adrenozeptoren-vermittelte Konstriktion in den Haut- und Splanchnikusgefäßen aus. Hieraus resultiert eine ***Umverteilung des Herzzeitvolumens*** (S. 548). Zugleich nimmt das Herzzeitvolumen aufgrund einer Steigerung des Schlagvolumens und der Herzfrequenz zu. Der mittlere arterielle Druck steigt dabei wenig oder gar nicht an. Solche Effekte treten u. a. bei *Muskelarbeit* oder *psychischen Belastungen* (Angst, Schreck, Wut) auf. Unter extremen Bedingungen, wie z. B. bei großen Blutverlusten, können allerdings die Adrenalinkonzentrationen so stark ansteigen, daß die konstriktorischen Reaktionen in den Vordergrund treten.

Noradrenalin. Ein Anstieg des im Blut zirkulierenden Noradrenalins verursacht in überschwelligen Konzentrationen durch Erregung der *α-Adrenozeptoren* ausschließlich eine ***Erhöhung des Strömungswiderstandes*** und damit des arteriellen Drucks. Als Folge der hierdurch ausgelösten verstärkten Erregung der arteriellen Pressorezeptoren (S. 537) wird die Herzfrequenz reflektorisch gesenkt. Das Herzzeitvolumen nimmt dementsprechend ab, zumal auch das Schlagvolumen kleiner wird.

!

An der kurzfristigen Kreislaufregulation sind auch Dehnungsrezeptoren (A-Typ und B-Typ) in beiden Vorhöfen des Herzens beteiligt. Die durch passive Dehnung der Vorhöfe ausgelöste Aktivierung der B-Rezeptoren führt zu einer Hemmung der Sympathikusaktivität, insbesondere an den Nierengefäßen. Auf diesem Wege kommt es bei einem erhöhten venösen Angebot zu einer Blutdrucksenkung. Darüber hinaus spielen die kardialen Dehnungsrezeptoren eine wichtige Rolle bei der (langfristigen) Volumenregulation. So führt die o. g. Hemmung der renalen Sympathikusaktivität zu einer Abnahme der Reninfreisetzung. Des weiteren kommt es bei verstärkter Entladung der kardialen Dehnungsrezeptoren zu einer Hemmung der ADH-Sekretion.

Die Erregung der arteriellen Chemorezeptoren bei Hypoxie führt zum einen durch verstärkte sympathische vasokonstriktorische Aktivität zu einer Zunahme des peripheren Widerstands, zum anderen durch Aktivierung parasympathischer Neurone zu einer Abnahme der Herzfrequenz. Aufgrund der stärkeren Widerstandserhöhung kommt es jedoch zu einer Blutdrucksteigerung. Eine Mangeldurchblutung des Gehirns führt ebenfalls zu vasokonstriktorischen Reaktionen und infolgedessen zu einer Steigerung des Blutdrucks (Ischämiereaktion).

Ein Anstieg des im Blut zirkulierenden Adrenalins führt zu einer β-Adrenozeptoren-vermittelten Dilatation der Skelettmuskelgefäße und einer α-Adrenozeptoren-vermittelten Konstriktion der Haut- und Splanchnikusgefäße. Hieraus resultiert eine Umverteilung des Herzzeitvolumens, wobei der totale periphere Widerstand geringfügig abnimmt. Noradrenalin führt dagegen durch Erregung der α-Adrenozeptoren stets zu einer Erhöhung des Strömungswiderstands.

Die langfristige Regulation des arteriellen Blutdrucks erfolgt vor allem durch Anpassung des Blutvolumens an die jeweilige Kreislaufsituation

Mechanismen der Volumenregulation. Die langfristigen Mechanismen der Blutdruckregulation beruhen in erster Linie auf Vorgängen, die das intravasale Flüssigkeitsvolumen in Relation zur Gefäßkapazität beeinflussen. Eine *Anpassung der Kapazität an das intravasale Volumen* erfolgt in erster Linie durch die bereits dargestellten vasomotorischen Reaktionen sowie das Renin-Angiotensin-System. Des weiteren findet eine *Anpassung des intravasalen Volumens an die Kapazität* auch durch den ***transkapillären Flüssigkeitsaustausch*** (S. 519) statt, der aber nur Flüssigkeitsverschiebungen zwischen intravasalem und interstitiellem Volumen (als wichtigsten Teilen des extrazellulären Flüssigkeitsvolumens) zuläßt und damit nur begrenzt wirksam ist.

Quantitative Änderungen des extrazellulären Flüssigkeitsvolumens sind dagegen unter normalen Bedingungen nur durch Verschiebungen des Gleichgewichtes zwischen *Nettoflüssigkeitsaufnahme*, d.h. der oral aufgenommenen Flüssigkeit, abzüglich aller auf anderen Wegen mit Ausnahme der Nieren abgegebenen Mengen, und *renaler Flüssigkeitsausscheidung* zu erzielen. Die Regulation des extrazellulären Volumens durch das ***renale Volumenregulationssystem*** ist daher nicht nur für einen ausgeglichenen Wasser- und Elektrolythaushalt, sondern auch für die normale Kreislauffunktion äußerst wichtig [23].

Renales Volumenregulationssystem. Die Regulation des Blutdrucks erfolgt bei diesem System durch folgende in Abb. 24–39 schematisch dargestellten Vorgänge: Ein *Anstieg des arteriellen Blutdrucks* führt zu einer erhöhten renalen Flüssigkeitsausscheidung. Bei gleichbleibender Flüssigkeits- und Salzaufnahme nimmt hierdurch das extrazelluläre Flüssigkeitsvolumen und damit auch das Blutvolumen ab. Das kleinere Blutvolumen bewirkt eine Abnahme des mittleren Füllungsdrucks und damit des Herzzeitvolumens. Das kleinere Herzzeitvolumen führt zu Senkungen des Blutdrucks im Sinne einer Rückkehr auf die Ausgangswerte. ***Senkungen des Blutdrucks*** lösen entgegengesetzte Reaktionen aus, d. h. die renale Flüssigkeitsausscheidung nimmt ab, das Blutvolumen wird vergrößert, der Füllungsdruck sowie das Herzzeitvolumen nehmen zu, und der Blutdruck steigt wieder an.

Die Sensitivität dieses renalen Kontrollsystems, das den arteriellen Blutdruck nur langsam (über mehrere Tage) wieder zur Norm zurückbringt, wird über nervöse und hormonelle Einflüsse moduliert, die an der Niere und an der glatten Gefäßmuskulatur angreifen (Abb. 24–39).

Die o. a. Aussagen widersprechen nicht der Beobachtung, daß der Blutdruck bei *akuten* Änderungen des Blutvolumens durch schnelle Infusion größerer Flüssigkeitsmengen nicht wesentlich ansteigt, weil in diesen Fällen die theoretisch zu erwartenden Blutdrucksteigerungen durch die *kurzfristig wirkenden reflektorischen Regulationsmechanismen* ausgeglichen und das erhöhte Flüssigkeitsvolumen durch die Nieren ausgeschieden wird, bevor eine Adaptation der neuralen Regulationsmechanismen eingetreten ist. Bei Tieren mit experimentell ausgeschalteten reflektorischen Kontrollsystemen lösen größere Infusionen deutliche Steigerungen des Herzzeitvolumens und des arteriellen Drucks aus, die anschließend in enger Relation zur Normalisierung des Flüssigkeitsvolumens durch eine vorübergehend verstärkte renale Ausscheidung wieder abklingen. Andererseits ist es beim Menschen in vielen Fällen möglich, *erhöhte Blutdruckwerte* durch eine Reduzierung des extrazellulären Flüssigkeitsvolumens mit Hilfe von *diuretisch wirkenden Substanzen* zu senken.

Beziehungen zwischen Blutdruck und renaler Flüssigkeitsausscheidung. Die Wirksamkeit der Blutdruckregulation in diesem System ist abhängig vom Verhältnis

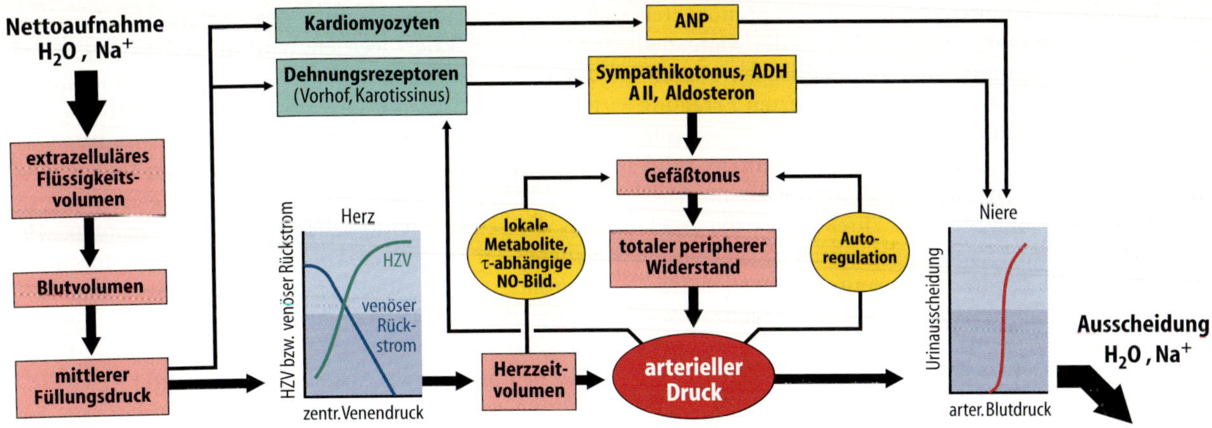

Abb. 24–39. Blockschema des renalen Volumenregulationssystems zur langfristigen Regulation des Blutdrucks

der Blutdruckänderungen zu den damit verbundenen Änderungen der renalen Flüssigkeitsausscheidung. Dies wird über die *Druckdiurese* erreicht. Die Druckdiurese beinhaltet eine Zunahme der Urinausscheidung trotz einer im Bereich der Autoregulation konstanten Nierendurchblutung und einer konstanten glomerulären Filtrationsrate. Hierfür ist wahrscheinlich eine druckabhängige Steigerung der *Nierenmarkdurchblutung* verantwortlich, die ein nur sehr geringes autoregulatives Verhalten zeigt. Der steile Verlauf der sog. ***Urinausscheidungskurve*** oberhalb des „normalen" Mitteldrucks von 100 mm Hg (Abb. 24–40) bedeutet, daß bereits sehr kleine Erhöhungen des arteriellen Drucks mit erheblichen Zunahmen der renalen Flüssigkeitsausscheidung verbunden sind. Bei Drücken unterhalb des „Normalwertes" sinkt dagegen die Flüssigkeitsausscheidung immer mehr ab und sistiert schließlich völlig. Als Folge dieser starken Änderungen der renalen Flüssigkeitsausscheidung treten entsprechende Änderungen des extrazellulären Flüssigkeitsvolumens auf, die über die o. a. Vorgänge den arteriellen Druck auf die Ausgangswerte zurückführen.

Empfindlichkeit des Regulationssystems. Lage und Verlauf solcher experimentell ermittelter Urinausscheidungskurven weisen je nach den Ausgangsbedingungen erhebliche *Unterschiede* auf. Seitliche Parallelverschiebungen entstehen durch eine Verlagerung des Gleichgewichtes zwischen Flüssigkeitsaufnahme und -ausscheidung (Punkt A) in den Bereich höherer oder niedrigerer arterieller Drücke, von denen aus die Regulation des arteriellen Drucks mit gleicher Empfindlichkeit durch Änderungen der renalen Flüssigkeitsausscheidung erfolgt. Solche Verschiebungen können funktionell durch *vasomotorische Reaktionen* ausgelöst werden. Lage und Verlauf der Urinausscheidungskurve werden darüber hinaus auch *erheblich* durch *Hormone* (*Adiuretin* und *Aldosteron*) und andere Faktoren (Prostaglandine, Kinine, Angiotensin II, Atriopeptin, Endothelin u. a.) modifiziert, wobei allerdings das Zusammenspiel und die funktionelle Bedeutung dieser einzelnen Faktoren noch nicht genau geklärt sind. Die *wesentlich geringeren Änderungen der Flüssigkeitsausscheidung* bei Variation des Drucks an der *isolierten Niere* (gestrichelte Kurve in Abb. 24–40) sind als Ausdruck solcher Einflüsse zu werten.

An der Optimierung der Volumenregulation sind das Renin-Angiotensin-Aldosteron-System, Adiuretin, natriuretische Peptide und möglicherweise das Kallikrein-Kinin-System beteiligt

Renin-Angiotensin-Aldosteron-System. Die Freisetzung von Renin aus den granulierten Zellen des juxtaglomerulären Apparates der Niere ist Voraussetzung für die Bildung von Angiotensin II im Plasma (S. 528). Jede Form einer ***renalen Minderdurchblutung***, gleichgültig ob sie auf einer systemischen Blutdrucksenkung oder lokalen vasokonstriktorischen Reaktion bzw. pathologischen Veränderungen der Nierengefäße beruht, löst

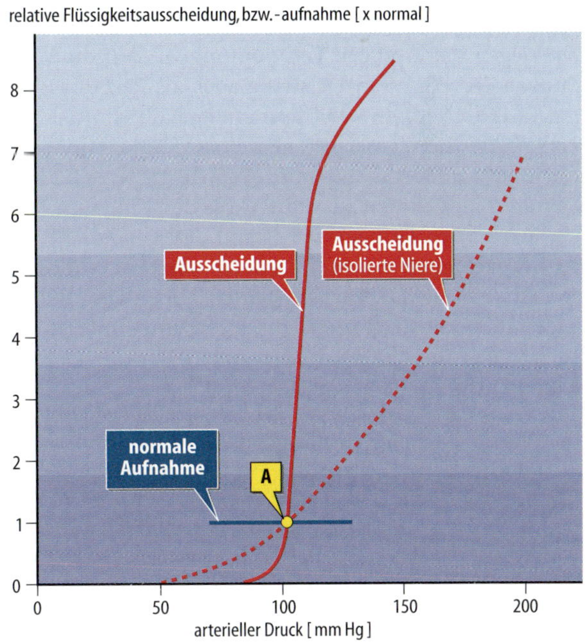

Abb. 24–40. Änderungen der renalen Flüssigkeitsausscheidung (Urinausscheidungskurve) in Relation zum arteriellen Mitteldruck im Rahmen der langfristigen Kreislaufregulation durch das renale Volumenkontrollsystem. Punkt A: Gleichgewicht zwischen Flüssigkeitsaufnahme und -ausscheidung

eine vermehrte Reninfreisetzung aus den granulierten Zellen des juxtaglomerulären Apparates der Niere aus. Eine gesteigerte Aktivität der sympathischen Nierennerven, wie sie als Folge einer verminderten Erregung der Vorhofrezeptoren und arteriellen Pressorezeptoren bei Abnahme des intravasalen Volumens auftritt, führt ebenfalls zu einer Erhöhung der Reninfreisetzung. Diese Freisetzung kann entweder direkt über die β-adrenerge Innervation der juxtaglomerulären Zellen oder indirekt über die α-adrenerg vermittelte Vasokonstriktion der afferenten Arteriolen ausgelöst werden.

Neben den bereits beschriebenen akuten vaskulären Effekten (S. 528 f) greift Angiotensin II durch Stimulierung der ADH-Freisetzung und des Trinkverhaltens auch in die langfristige Regulation des Blutvolumens ein. Diese Stimulierung erfolgt über eine Aktivierung von Neuronen im *Subfornikalorgan* und im *Organum vasculosum laminae terminalis.* Darüber hinaus stimuliert zirkulierendes Angiotensin II in Konzentrationen, die nur geringe vaskuläre Effekte auslösen, Neurone im Bereich der *Area postrema,* die wiederum efferente Verbindungen zu den sympatho-exzitatorischen Neuronen in der rostralen ventrolateralen Medulla besitzen. Auf diese Weise vermag zirkulierendes Angiotensin II die Empfindlichkeit des Barorezeptorenreflexes deutlich zu reduzieren, d. h. die Abnahme der Herzfrequenz und der Sympathikusaktivität bei einem Druckanstieg ist wesentlich geringer als unter Kontrollbedingungen. Eine derartige, direkte Beeinflussung von Neuronen im ZNS durch im Blut zirkulierende Substanzen ist möglich im Bereich der ***zirkumventrikulären Organe.*** Dies sind Strukturen des Hirngefäßsystems, bei denen die Blut-Hirn-Schranke nicht ausgebildet ist und fenestrierte Kapillaren vorliegen. Hierzu gehören z. B. das Subfornikalorgan, das Organum vasculosum laminae terminalis, die Neurohypophyse und die Area postrema [37].

Angiotensin II ist des weiteren der stärkste Stimulator der *Aldosteronsekretion.* In allen Fällen, in denen der Renin-Angiotensin-Mechanismus aktiviert wird, nimmt daher auch die Aldosteronkonzentration im Blut zu. Wegen dieser engen Verknüpfung werden die Wirkungen der 3 Substanzen häufig auch als *Renin-Angiotensin-Aldosteron-System* zusammengefaßt.

Aldosteron steigert die tubuläre Resorption von Na^+ und Wasser (durch Osmose) sowie die K^+- und H^+-Sekretion und erhöht auf diese Weise den Natrium- und extrazellulären Flüssigkeitsbestand des Körpers. (Weitere Einzelheiten s. S. 754) Zugleich verstärkt Aldosteron die *Erregbarkeit der glatten Gefäßmuskulatur* gegenüber konstriktorischen Reizen und unterstützt somit auch die blutdrucksteigernden Wirkungen von Angiotensin II.

Die Aldosteronwirkungen auf den Kreislauf setzen nach Stunden ein und sind erst nach einigen Tagen voll ausgeprägt. Eine vermehrte Aldosteronproduktion (*Hyperaldosteronismus* bei bestimmten Erkrankungen der Nebennierenrinde) führt zu einer vermehrten Wasser- und Salzretention sowie zu Blutdrucksteigerungen (Hypertonie), eine verminderte Aldosteronsekretion dagegen zu Blutdrucksenkungen (*Hypotonie*).

Adiuretin (ADH). Die exozytotische ADH-Freisetzung aus den Granula der neurosekretorischen Terminale der Neurohypophyse wird über die Erregung der dazugehörigen Zellkörper im Nucl. paraventricularis und Nucl. supraopticus ausgelöst. Neben Änderungen der Plasmaosmolalität, die über hypothalamische Osmorezeptoren detektiert werden, wird die ADH-Freisetzung durch die Dehnungsrezeptoren der Vorhöfe (und die arteriellen Barorezeptoren) moduliert. So lösen *Zunahmen des Blutvolumens* durch die damit verbundene verstärkte Erregung der Vorhofrezeptoren im Verlauf von 10–20 min eine *Hemmung der ADH- Freisetzung* aus, so daß die renale Flüssigkeitsausscheidung ansteigt. *Abnahmen des Blutvolumens* bewirken dagegen durch die verminderte Erregung der Vorhofrezeptoren eine *verstärkte ADH-Freisetzung* und damit eine Einschränkung der renalen Flüssigkeitsausscheidung. Die Urinausscheidungskurve (Abb. 24–40) wird unter ADH-Einwirkung stark abgeflacht und liegt noch unterhalb der Kurve für die isolierte Niere. Dieser bei akuten Änderungen des intravasalen Volumens auftretende *volumenregulatorische Reflex* wird auch als ***Gauer-Henry-Reflex*** bezeichnet [7].

Natriuretische Peptide. Zu der Familie der natriuretischen Peptide, die sowohl im Herzen wie auch im Gehirn gebildet werden, gehören das atriale natriuretische Peptid (ANP), das zerebrale natriuretische Peptid (brain natriuretic peptide; BNP) und das natriuretische Peptid vom C-Typ (CNP). Neben den bereits beschriebenen Effekten von ANP an der Niere (S. 528), hemmen das aus dem Herzen freigesetzte und im Plasma zirkulierende ANP und BNP in den hypothalamusnahen zirkumventrikulären Organen die zentralen Effekte von Angiotensin II (*ADH-Freisetzung, gesteigertes Trinkverhalten, Blutdruckanstieg*). Die zirkulierenden natriuretischen Peptide sind sozusagen, ähnlich wie zirkulierendes Angiotensin II, ***humorale Afferenzen,*** die hypothalamische Neurone in ihrer Aktivität modulieren können. Die natriuretischen Peptide sind dabei im wesentlichen Gegenspieler des Angiotensin II [50].

Renales Kallikrein-Kinin-System. Kinine, vor allem das Nonapeptid Bradykinin, werden in der Niere unter Einwirkung der Serinprotease Kallikrein, die in den distalen Tubuluszellen lokalisiert ist, aus dem im Plasma zirkulierenden Kininogen gebildet. Bradykinin löst massive Steigerungen der Nierendurchblutung sowie der Wasser- und Salzausscheidung durch Hemmung der tubulären Reabsorption aus. Obwohl man annimmt, daß Störungen in dem renalen Kallikrein-Kinin-System bei der Entwicklung bestimmter Hochdruckformen eine Rolle spielen, sind die Aktivierungs- und Kontrollmechanismen für dieses System noch nicht identifiziert.

Nahezu alle an der Kreislaufregulation beteiligten Vorgänge beeinflussen mit unterschiedlicher Intensität entweder direkt oder indirekt das Herzzeitvolumen, den totalen peripheren Widerstand, die Gefäßkapazität und das intravasale Volumen. Bei *akuten Störungen* erfolgt ein Ausgleich überwiegend durch ***Reaktionen des Gefäßsystems,*** während bei *chronischen Störungen* ***Änderungen des Blutvolumens*** dominieren. Diese erstrecken sich zunächst auf den Wasser- und Elektrolytgehalt, denen ggf. mit verschieden starker Verzögerung Änderungen der Plasmaproteine und der zellulären Bestandteile des Blutes folgen.

> **!** Die Anpassung des Blutvolumens an die Gefäßkapazität stellt das wesentliche Prinzip für die langfristige Regulation des arteriellen Blutdrucks dar. Dies wird über eine Kontrolle der renalen Flüssigkeitsausscheidung erreicht. Eine Zunahme des Blutdrucks führt zu einer verstärkten renalen Flüssigkeitsausscheidung und damit zu einer Abnahme des Blutvolumens und konsekutiv des Herzzeitvolumens. Hierdurch kommt es zu einer Abnahme des arteriellen Blutdrucks. Eine Senkung des Blutdrucks führt zu entgegengesetzten Reaktionen. An dem renalen Volumenregulationssystem sind neben den sympathischen Nierennerven eine Reihe humoraler Systeme und Hormone beteiligt. Hierzu gehören vor allem das Renin-Angiotensin-Aldosteron-System, das Adiuretin, die aus dem Herzen freigesetzten natriuretischen Peptide und möglicherweise das renale Kallikrein-Kinin-System.

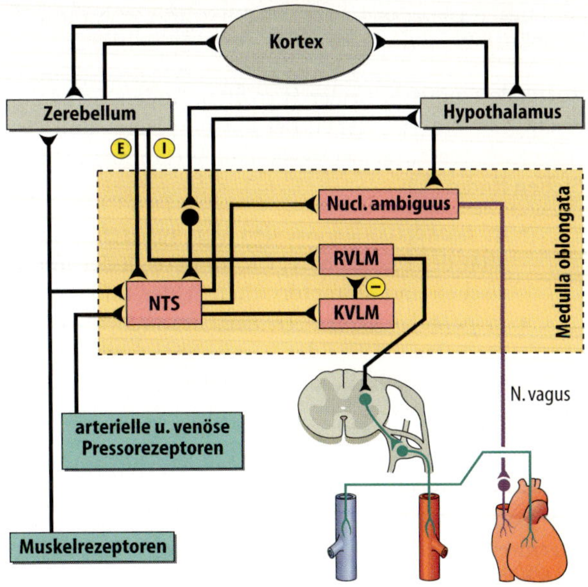

Abb. 24–41. Schematische Darstellung der wichtigsten afferenten und efferenten Verbindungen der medullären kreislaufsteuernden Kerngebiete. RVLM = rostrale ventrolaterale Medulla; KVLM = kaudale ventrolaterale Medulla; NTS = Nucleus tractus solitarii; E, I = exzitatorische bzw. inhibitorische Projektionen

An der zentralen Kontrolle des Kreislaufs sind in erster Linie Neurone in der Medulla oblongata beteiligt; die übergeordnete Steuerung und Koordination erfolgt durch den Hypothalamus

Medulla oblongata. In der Formatio reticularis der *Medulla oblongata* und den *bulbären Abschnitten der Pons* liegen mehrere Populationen kreislaufsteuernder Neurone, von denen unter Ruhebedingungen ein normaler mittlerer Blutdruck aufrechterhalten werden kann. Die tonische Aktivität der sympathischen präganglionären Neurone im Seitenhorn des Rückenmarks wird dabei im wesentlichen von den kreislaufsteuernden Neuronen in der *rostralen ventrolateralen Medulla oblongata* vermittelt (Abb. 19–15 und 24–41), die über einen polysynaptischen Weg durch die Aktivität von Neuronen im Nucl. tractus solitarii inhibiert werden. Alle anderen Zuströme aktivieren diese Neurone in der ventrolateralen Medulla. Hierzu gehören spinale Afferenzen von Mechanorezeptoren und Nozizeptoren, von arteriellen Chemorezeptoren, sowie Afferenzen von den eng benachbarten medullären respiratorischen Neuronen und aus höheren Abschnitten des ZNS [35,47,49].

Auch die präganglionären parasympathischen Neurone im Nucleus ambiguus, die das Herz innervieren, weisen zahlreiche aktivierende Afferenzen auf, wobei die von den Pressorezeptoren kommenden Afferenzen sowie die Zuströme von den arteriellen Chemorezeptoren den stärksten Einfluß besitzen.

Hypothalamische Einflüsse. Bereits unter Ruhebedingungen beeinflußt der Hypothalamus ständig die tonische Aktivität sowie die reflektorischen Reaktionen der medullären kreislaufsteuernden Neurone (Abb. 24–41). Darüber hinaus gehen vom Hypothalamus sehr komplexe vegetative ***Allgemeinreaktionen*** aus, die in Form von fixen Programmen der Selbsterhaltung des Individuums und der Art dienen (s. S. 366 f). So sind Reizungen der *hinteren Hypothalamusabschnitte* mit einer Aktivierung des sympathischen dilatatorischen Einflusses auf die Skelettmuskulatur und des sympathischen adrenergen Systems auf die übrigen Effektoren verbunden. Das dabei ausgelöste Verhaltensmuster entspricht einem allgemeinen ***Alarmzustand,*** bei dem die Organfunktionen zweckmäßig auf evtl. erforderliche Leistungen im Zusammenhang mit Angriffs-, Flucht- oder Verteidigungsreaktionen („defence reaction") umgestellt werden. Im Gegensatz dazu gehen von *vorderen Hypothalamusabschnitten* dämpfende Wirkungen auf das Kreislaufsystem und andere Funktionen aus, die der Erholung des Organismus dienen und im Zusammenhang mit der Nahrungsaufnahme und der Verdauung stehen.

Steuerung und Integration dieser komplexen Verhaltensmuster erfolgen wahrscheinlich nicht im Hypothalamus selbst, sondern über Strukturen des limbischen Systems.

Zerebelläre Einflüsse. Auch von den phylogenetisch älteren medianen Anteilen des Zerebellums im Bereich des Vermis lassen sich kardiovaskuläre Reaktionen auslösen. So kommt es bei Stimulation der Uvula zu einer Zunahme der sympathischen Aktivität in der Niere und am Herzen, sowie einer Vasodilatation in der Skelettmuskulatur, d. h. einem vegetativen Reaktionsmuster ähnlich dem bei Beginn einer körperlichen Arbeit. Umgekehrt wird der Anstieg der Herzfrequenz und des Blutdrucks bei körperlicher Arbeit nach Ausschaltung des Nucleus fastigii weitgehend unterdrückt. Diese Antworten werden wahrscheinlich über Projektionen von ***Purkinje-Zellen*** zu den kreislaufsteuernden Neuronen im

Nucl. tractus solitarii und in der rostralen ventrolateralen Medulla vermittelt [40].

Kortikale Einflüsse. In der Hirnrinde finden sich zahlreiche Gebiete, von denen bei Reizung Herz- und Gefäßreaktionen ausgelöst werden. Eine Häufung solcher Stellen findet sich

- in *neokortikalen Arealen* der äußeren Konvexität der Hemisphäre, v. a. im Bereich der motorischen und prämotorischen Felder, und
- in *paläokortikalen Arealen,* besonders an den medialen Flächen der Hemisphäre sowie der basalen Oberfläche des Frontal- und Parietallappens.

Die bei Reizung der *motorischen Rindenfelder* ausgelösten kardiovaskulären Reaktionen entsprechen dabei, mit Ausnahme der affektiven Komponente, einer Alarmreaktion. Hierbei ist bemerkenswert, daß lokale *Durchblutungssteigerungen in der Skelettmuskulatur* von kortikalen Arealen ausgehen können, deren Reizung Kontraktionen der entsprechenden Muskeln verursacht. Diese Befunde weisen darauf hin, daß vegetative Begleitreaktionen zusammen mit motorischen Bewegungsmustern im Kortex in Form einer ***zentralen Mitinnervation*** entstehen.

Diese Umstellungen werden in ihrer Gesamtheit als ***Erwartungs- oder Startreaktionen*** bezeichnet und treten beim Menschen vor einer beabsichtigten Leistung auf. Sie sind Ausdruck einer Abstimmung zwischen vegetativ gesteuerter Kreislaufleistung und somatomotorischer Muskelleistung, die unabhängig von der nachfolgenden tatsächlichen Leistung und den damit verbundenen Anpassungsvorgängen eintritt. Diese kortikalen vegetativen Impulse werden dabei zum Teil im *Hypothalamus* umgeschaltet, da die Blutdruck- und Herzfrequenzreaktionen nach selektiver Ausschaltung des Hypothalamus ausbleiben.

Die bei verschiedenen Spezies im Kortex entspringenden sympathischen cholinergen dilatatorischen Fasern werden im Hypothalamus und Mesenzephalon umgeschaltet und erreichen unter Umgehung der medullären kreislaufsteuernden Neurone ohne weitere Unterbrechung die Seitenhörner des Rückenmarks.

Spinale Einflüsse. Nach *Durchtrennung des Rückenmarks* zwischen C 6 und Th l (hohe Querschnittslähmung) und damit unter Erhalt der Funktion des N. phrenicus sowie der präganglionären sympathischen Fasern kommt es zunächst zu einem tiefen Abfall des arteriellen Drucks, der jedoch nach einigen Wochen wieder normale Werte erreicht. Die Reaktionen gehen von den *präganglionären Sympathikusneuronen* im Seitenhorn des Rückenmarks aus, die nach *Unterbrechung der absteigenden, tonisch aktivierenden Bahnen* eine gewisse Selbständigkeit erlangen. Aufgrund des Ausfalls von absteigenden reflexinhibitorischen Bahnen kann es dabei zu einer autonomen Hyperreflexie kommen. So können sensorische Reize (volle Harnblase, Hautreizung) eine starke Sympathikusaktivierung und dadurch massive Blutdruckanstiege auslösen. Des weiteren haben diese Patienten aufgrund der Unterbrechung des Pressorezeptorenreflexbogens einen sehr labilen Blutdruck.

!

Die zentrale Kontrolle des Kreislaufs wird primär über kreislaufsteuernde Neurone in der Medulla oblongata ausgeübt. Von sympatho-exzitatorischen Neuronen in der rostralen ventrolateralen Medulla oblongata wird dabei die kontinuierliche Grundaktivität für die präganglionären sympathischen Neurone im Seitenhorn des Rückenmarks geliefert. Neben zahlreichen aktivierenden Zuströmen (Afferenzen von Mechanorezeptoren und Nozizeptoren, von arteriellen Chemorezeptoren, von respiratorischen Neuronen und von höhergelegenen Abschnitten des ZNS) werden diese Neurone über einen polysynaptischen Weg durch die Afferenzen von den Pressorezeptoren inhibiert. Auch die präganglionären parasympathischen Neurone im Nucleus ambiguus, die das Herz innervieren, besitzen zahlreiche aktivierende Afferenzen, wobei die über den Nucleus tractus solitarii von den Pressorezeptoren kommenden Afferenzen den stärksten Einfluß besitzen.

Vom Hypothalamus werden bei Alarmzuständen und Abwehrsituationen kardiovaskuläre Reaktionen ausgelöst, die Teil eines komplexen Reaktionsmusters mit motorischen und hormonellen Komponenten darstellen, das im Hypothalamus integriert wird (verstärkte Muskeldurchblutung, Anstieg des Herzzeitvolumens und des Blutdrucks). Ähnliche kardiovaskuläre Reaktionen lassen sich auch von den medianen Anteilen des Zerebellums auslösen. Diese Antworten werden wahrscheinlich über Projektionen von Purkinje-Zellen zu den kreislaufsteuernden Neuronen in der rostralen ventrolateralen Medulla und im Nucleus tractus solitarii vermittelt. Durch zentrale Mitinnervation der kreislaufsteuernden Neurone werden von der Hirnrinde Erwartungs- und Startreaktionen initiiert, die der Umstellung des Kreislaufs auf die zu erwartende Leistung dienen.

24.7 Anpassung des Kreislaufs an wechselnde Bedingungen

Der arterielle Blutdruck hängt von Alter, Geschlecht, genetischen Faktoren sowie Umwelteinflüssen ab und nimmt in physischen und psychischen Belastungssituationen i. a. zu

Normwerte, Altersabhängigkeit. Bei der Beurteilung des diagnostisch wichtigen ***Ruheblutdrucks*** müssen die o. g. Einflußfaktoren berücksichtigt werden. Die Blutdruckwerte von repräsentativen Bevölkerungsgruppen ordnen sich dabei nach ihrer Häufigkeit in einer Gauss-Verteilungskurve. Bei gesunden Erwachsenen zwischen dem 20. und 40. Lebensjahr liegt der Häufigkeitsgipfel für den

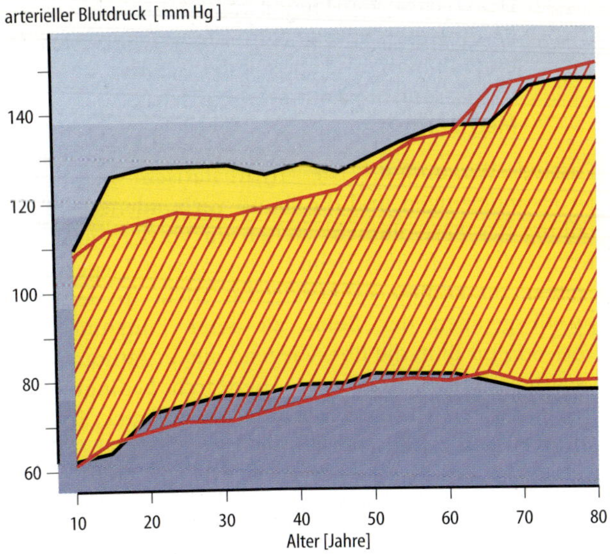

Abb. 24–42. Systolischer und diastolischer Blutdruck von Männern *(schwarze Linien)* und Frauen *(rote Linien)* in Abhängigkeit vom Lebensalter. (Nach [48])

systolischen Druck bei 120 mm Hg, für den *diastolischen Druck bei 80 mm Hg*. Die weitaus überwiegende Zahl aller Werte liegt zwischen 100 und 150 mm Hg für den systolischen und zwischen 60 und 90 mm Hg für den diastolischen Druck. Mit zunehmendem Alter treten relativ stärkere Steigerungen des systolischen als des diastolischen Drucks auf (Abb. 24–42). Diese Effekte beruhen im wesentlichen auf *Elastizitätsverlusten* der Gefäße. Frauen zeigen im Alter bis zu 50 Jahren durchschnittlich niedrigere, im Alter über 50 dagegen etwas höhere Blutdruckwerte als Männer der gleichen Altersstufen.

Rhythmische Blutdruckschwankungen. Bei fortlaufender Messung des Blutdrucks sind außer den Druckpulsen, die als ***Blutdruckschwankungen I. Ordnung*** bezeichnet werden, langsamere rhythmische Schwankungen des mittleren Blutdrucks nachweisbar. Die Blutdruckschwankungen ***II. Ordnung*** stehen im Zusammenhang mit der *Atmung*. Bei normaler Atemfrequenz (12–16/min) fällt die Inspiration mit einem leichten Abfall, die Exspiration mit einem leichten Anstieg des mittleren Blutdrucks zusammen. Diese Wellen werden teilweise durch eine zentrale Kopplung von Atmung und Herzfrequenz über die respiratorischen und kreislaufsteuernden Neurone in der Medulla oblongata ausgelöst („respiratorische Arrhythmie" des Herzens). Teilweise sind sie jedoch auch mechanisch bedingt durch die im Rhythmus der Atmung auftretenden Druck- und Kapazitätsschwankungen in den Lungengefäßen mit ihren Einflüssen auf das Schlagvolumen des linken Ventrikels. Die Blutdruckschwankungen ***III. Ordnung*** haben dagegen eine Periodendauer von 6–20 s und länger. Ihre Frequenz steht dabei häufig in einem ganzzahligen Verhältnis zur Atemfrequenz. Sie werden wahrscheinlich durch Schwankungen des Sympathikustonus am Herzen und an den peripheren Gefäßen ausgelöst.

Der Blutdruck weist außerdem – ähnlich wie die Herzfrequenz und zahlreiche andere Größen – eine ***endogene zirkadiane Periodik*** (vgl. Abb. 7–8, S. 148) auf, die durch äußere Zeitgeber auf einen 24-Stunden-Rhythmus mit Maximalwerten gegen 15 und Minimalwerten gegen 3 Uhr Ortszeit synchronisiert wird.

Akute Blutdruckänderungen. Im normalen täglichen Leben wird der individuelle arterielle Druck zusätzlich durch Umwelteinflüsse, physische oder psychische Faktoren entweder direkt, z. B. durch physikalische Effekte, oder indirekt durch Funktionsänderungen des autonomen Systems mehr oder weniger stark beeinflußt. Die allgemeine Regel, daß erhöhte Aktivität des sympathischen Systems mit Steigerungen, verminderte Aktivität dagegen mit Senkungen des Blutdrucks verbunden ist, kann dabei durch Gravitationseinflüsse oder thermische Wirkungen auf das Gefäßsystem durchbrochen werden, so daß der Eindruck von „paradoxen" Blutdruckreaktionen entsteht.

Als klassisches Beispiel für akute Blutdrucksteigerungen im Rahmen einer psychogenen Alarmreaktion ist sog. ***Erwartungshochdruck*** zu werten, der nicht nur vor Prüfungen oder Wettkämpfen, sondern auch bei der ersten ärztlichen Untersuchung usw. auftritt. Der Blutdruck kann dabei Werte erreichen, die denen bei mittelschwerer Arbeit entsprechen. Ebenso können bei intensiven Träumen erhebliche Blutdrucksteigerungen, bei ruhigem Schlaf dagegen Drucksenkungen bis zu 20 mm Hg auftreten.

Bei psychischem Streß, Schreck und Erwartungsangst (z. B. vor einer Blutentnahme) kann es jedoch auch zu einem starken Blutdruckabfall bis hin zur Ohnmacht kommen (***vagovasale Synkope***). Diese Reaktion, die mit einer Bradykardie und einer Dilatation der Muskelgefäße einhergeht, wird wahrscheinlich vom Gyrus cinguli des limbischen Systems ausgelöst und ist bei einigen Tierspezies als *Totstellreflex* noch deutlicher ausgeprägt.

Nach *Nahrungsaufnahme* steigt der systolische Druck mäßig an, während der diastolische Druck häufig leicht abfällt. *Schmerz* führt ebenfalls meist zu Blutdrucksteigerungen, bei langdauernden Schmerzen können jedoch auch Blutdruckabnahmen auftreten (vegetative Schmerzkomponente, s. S. 238). Die Blutdruckreaktionen auf viszerale Reize sind unterschiedlich, teilweise werden reflektorische Abnahmen (z. B. bei mechanischer Reizung der Pleura), teilweise aber auch Zunahmen beobachtet.

Pathophysiologie des Blutdrucks. Liegen die Blutdruckwerte bei wiederholten Messungen oberhalb des Normbereichs spricht man von ***arterieller Hypertonie.*** Nach der Definition der Weltgesundheitsorganisation (WHO) charakterisieren Werte von systolisch über 160 mm Hg und diastolisch über 95 mm Hg eine Hypertonie, wobei jedoch wegen der altersabhängigen Veränderungen diese Werte nicht als starre Grenze zwischen Normotonie und Hypertonie angesehen werden dürfen. Aufgrund von umfangreichen Untersuchungen an größeren Bevölkerungsgruppen erscheint es vielmehr besser, als *obere Normgrenze* folgende Werte anzunehmen: 140/90 mm Hg bis zum 40. Lebensjahr, 150/90 mm Hg bis zum 60. Lebensjahr, 160/95 mm Hg ab dem 60. Lebensjahr.

In der Klinik werden die Hypertonien überwiegend nach ätiologischen Gesichtspunkten in

- *primär essentielle Hypertonie* und
- *sekundär symptomatische Hypertonien* unterteilt.

Die ***primär essentielle Hypertonie*** (ca. 95% aller Hypertonien) stellt wahrscheinlich ein multifaktoriell bedingtes Leiden dar. Es finden sich Hinweise, daß an der Auslösung der essentiellen Hypertonie genetische Faktoren beteiligt sind und damit auch eine Vererbbarkeit vorliegt. Als mögliche ätiologische Faktoren werden

u. a. eine Erhöhung der intrazellulären Natriumkonzentration, eine gesteigerte Aktivität des sympathischen Nervensystems sowie psychosoziale Faktoren diskutiert.

Bei den übrigen 5–10 % der Fälle handelt es sich um sog. ***sekundäre symptomatische Hypertonien.*** Davon beruhen rund 25 % auf ***Erkrankungen des Nierenparenchyms*** oder der ***-gefäße*** (renale Hypertonien) im Zusammenhang mit akuten glomerulären bzw. renovaskulären Erkrankungen, chronischen Nierenerkrankungen mit Parenchymschrumpfung und anderen Nierenerkrankungen. Bei etwa 3 % liegen ***endokrine Störungen*** vor (Phäochromozytom, Cushing-Syndrom, Hyperthyreose u. a.), und der Rest beruht bis auf wenige Ausnahmen auf ***kardiovaskulären Erkrankungen*** (Aortenklappeninsuffizienz, Aortenisthmusstenose u. a.).

Hypotonie. Eine *Hypotonie* liegt vor, wenn der systolische Blutdruck weniger als 100 mm Hg beträgt. Sie kann auf Abnahmen des Herzzeitvolumes oder des totalen peripheren Widerstandes bzw. beider Parameter beruhen. In den meisten Fällen überwiegen allerdings Abnahmen des Herzzeitvolumens.

Die Unterteilung der Hypotonie erfolgt wie bei der Hypertonie nach ätiologischen Gesichtspunkten in

- *primär essentielle Hypotonie* und
- *sekundär symptomatische Hypotonien.*

Die ***primär essentielle Hypotonie*** findet sich häufiger bei jugendlichen Menschen mit leptosomem Habitus und Zeichen einer konstitutionellen Asthenie sowie einer gesteigerten Aktivität des sympathischen Systems. ***Sekundäre symptomatische Hypotonien*** treten im Zusammenhang mit *endokrinen Störungen, kardiovaskulären Erkrankungen* und *hypovolämischen Zuständen* auf. Das relativ seltene Krankheitsbild der *idiopathischen orthostatischen Hypotonie* (Shy-Drager-Syndrom) beruht auf einem Untergang postganglionärer sympathischer Neurone.

Im Gegensatz zur Hypertonie ist der Krankheitswert der Hypotonie relativ gering.

! Der systolische Blutdruck, der beim 20 jährigen ca. 120 mm Hg beträgt, steigt im Mittel bis zum 70. Lebensjahr um 20–30 mm Hg an, während der diastolische Blutdruck annähernd konstant bei 80 mm Hg bleibt. Als Blutdruckschwankung I. Ordnung bezeichnet man die durch die Herzaktion ausgelösten Druckpulsationen. Die atemsynchron auftretenden Schwankungen, die teilweise durch eine zentrale Kopplung der respiratorischen und kreislaufsteuernden Neurone in der Medulla oblongata ausgelöst werden, werden als Blutdruckschwankung II. Ordnung bezeichnet. Noch langsamere periodische Änderungen des Sympathikustonus am Herzen und an den Gefäßen verursachen die Schwankungen III. Ordnung. Die Zunahme des Sympathikustonus bei bevorstehender Belastungssituation führt häufig zu einem Anstieg des Blutdrucks (Erwartungshochdruck). Starke Emotionen können jedoch auch einen plötzlichen Blutdruckabfall bis hin zur Ohnmacht auslösen. Ein arterieller Hochdruck (Hypertonie) liegt vor, wenn beim Erwachsenen (bis zum 40. Lebensjahr) der Blutdruck dauerhaft höher als 140/90 mm Hg ist. Von einer Hypotonie spricht man bei systolischen Werten unter 100 mm Hg.

Der Wechsel vom Liegen zum Stehen (Orthostase) führt zu einer Umverteilung des Blutvolumens und konsekutiv zu einer Aktivierung kreislaufregulatorischer Mechanismen

Passive Wirkungen. Die hydrostatisch bedingten Druckänderungen und die damit verbundene Umverteilung des Blutvolumens stehen im Vordergrund der Kreislaufumstellungen beim Übergang vom Liegen zum Stehen. So kommt es kurzfristig allein in den Kapazitätsgefäßen der Beine zu einer Zunahme von 400–600 ml Blut, die überwiegend aus intrathorakalen Gefäßabschnitten stammen. Hierdurch bedingt nehmen venöser Rückstrom, zentraler Venendruck, Schlagvolumen und systolischer Blutdruck vorübergehend ab.

Aktive Anpassungsvorgänge. Ein weitgehender Ausgleich der passiv ausgelösten Änderungen erfolgt durch aktive Anpassungsvorgänge, die über die Pressorezeptoren im arteriellen System und über die Dehnungsrezeptoren in den intrathorakalen Gefäßabschnitten ausgelöst werden. Für die Kreislaufregulation bei Lagewechsel ist die Lokalisation der Pressorezeptoren im Aortenbogen und Karotissinus insofern bedeutungsvoll, als ihre Erregung im Stehen infolge der hydrostatisch bedingten Druckabnahme zusätzlich reduziert wird, so daß allein dadurch bereits regulatorische Reaktionen ausgelöst werden. Aufgrund der verminderten Erregung der Rezeptoren kommt es zu

- *vasokonstriktorischen Reaktionen* der Widerstands- und Kapazitätsgefäße,
- *Steigerungen der Herzfrequenz* sowie
- einer *vermehrten Katecholaminausschüttung* aus dem Nebennierenmark,
- einer *Aktivierung des Renin-Angiotensin-Systems* und
- einer *vermehrten ADH-* und *Aldosteronausschüttung.*

Vasomotorische und kardiale Reaktionen. An den vasokonstriktorischen Reaktionen bei Orthostase sind die Widerstandsgeräße der Skelettmuskulatur, der Haut, der Nieren sowie des Splanchnikusgebietes beteiligt, so daß die Durchblutung in diesen Stromgebieten abnimmt und der *totale periphere Widerstand* ansteigt (Abb. 24-43).

Obwohl die hydrostatisch bedingte Druckabnahme in den Hirngefäßen bei Orthostase aufgrund der autoregulativen Eigenschaften der zerebralen Gefäße weitgehend kompensiert werden könnte, kommt es doch zu einer Erhöhung des zerebralen Gefäßwiderstandes und damit zu einer Abnahme der Gehirndurchblutung um 10–20 %. Die Erhöhung des zerebralen Gefäßtonus ist dabei das Resultat der Abnahme des arteriellen P_{CO_2} (Zunahme der Ventilation bei Orthostase) und der geringen, aber doch effektiven sympathisch vermittelten Vasokonstriktion. Des weiteren trägt der

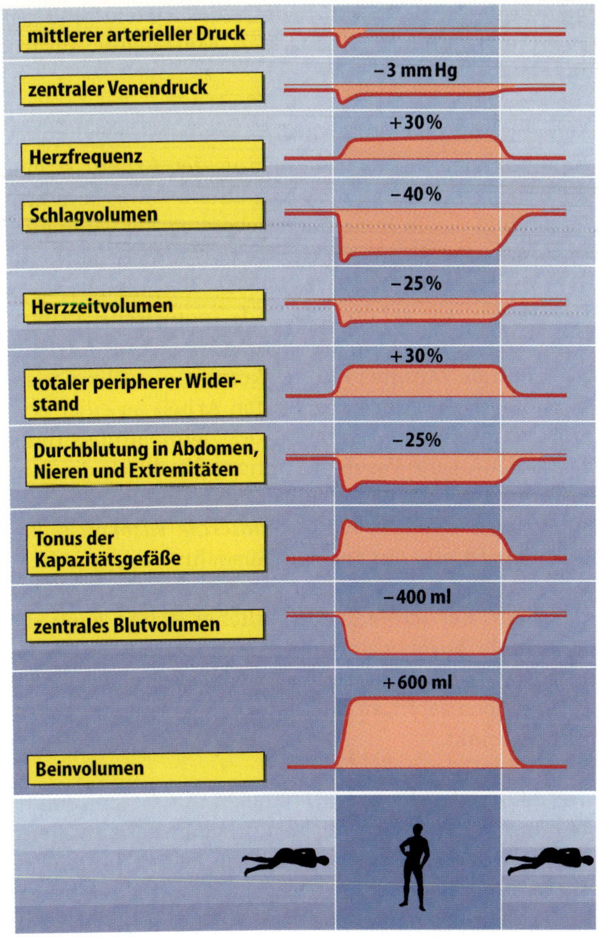

Abb. 24–43. Veränderungen verschiedener kardiovaskulärer Parameter beim Übergang vom Liegen zum Stehen. Die Zahlenangaben stellen Durchschnittswerte dar, die erhebliche individuelle Abweichungen aufweisen können

Kollaps der extrakraniellen Venen zur Erhöhung des Strömungswiderstandes bei. Im Bereich der Kapazitätsgefäße treten v. a. in den Abschnitten mit Depotfunktionen, d. h. in den Venen der Haut und des Splanchnikusgebietes, konstriktorische Reaktionen auf.

Als Ergebnis der Zunahme des totalen peripheren Widerstandes kehrt der *mittlere arterielle Druck* wieder in den Bereich der Ausgangswerte zurück. Die kompensatorische Abnahme der Gefäßkapazität trägt dazu bei, daß der *zentrale Venendruck* nur wenig gesenkt bleibt. Die Steigerung der Herzfrequenz kann allerdings die Verminderung des Schlagvolumens nicht voll ausgleichen, so daß das Herzzeitvolumen kleiner wird. (Abb. 24–43).

Die hydrostatischen Effekte auf die Gefäße im Bereich der unteren Extremitäten können durch die Funktion der Muskelpumpe abgeschwächt werden. Trotzdem überwiegt die *Auswärtsfiltration*, so daß bei längerer Orthostase das Plasmavolumen ab- und das interstitielle Flüssigkeitsvolumen in den Beinen zunimmt.

Hormonale Einflüsse. Aufgrund der reduzierten Nierendurchblutung und der Sympathikusaktivierung werden die *Reninfreisetzung* und als Folge davon die *Bildung von Angiotensin* sowie die *Aldosteronsekretion* erhöht. Durch eine vermehrte Ausschüttung von *ADH* wird darüber hinaus die renale Flüssigkeitsausscheidung reduziert, so daß das Plasmavolumen zunimmt. Diese Effekte werden allerdings im Gegensatz zu den vasomotorischen Reaktionen erst nach längerer Latenz wirksam.

Orthostatische Synkope. Bei manchen Menschen, die häufig auch *hypotone Blutdruckwerte* aufweisen, reichen die o. e. Anpassungsvorgänge nicht zur Aufrechterhaltung einer ausreichenden Kreislauffunktion aus, so daß der Blutdruck stärker absinkt und als Folge einer zerebralen Minderdurchblutung subjektive Beschwerden wie Schwindel, Sehstörungen u. a. oder sogar ein Bewußtseinsverlust auftreten können ***(orthostatische Regulationsstörungen*** bzw. *orthostatische Synkope* oder *Kollaps).* Diese Erscheinungen können auch bei organisch völlig gesunden Menschen in *warmer Umgebung* auftreten, in der die Orthostasetoleranz durch die Dominanz der thermoregulatorisch erforderlichen vasodilatatorischen Reaktionen gegenüber den kreislaufregulatorisch zweckmäßigen vasokonstriktorischen Reaktionen eingeschränkt ist.

Nach Ausschaltung der sympathischen vasokonstriktorischen Fasern durch *sympathikolytische Pharmaka* oder durch Operation (Sympathektomie) bzw. bei seltenen Erkrankungen des sympathischen Systems (Shy-Drager-Syndrom) kann die Orthostasetoleranz sogar vollständig aufgehoben sein. Andererseits bleiben die kardiovaskulären Reaktionen bei Lagewechsel aus, wenn Volumenverschiebungen vermieden werden, wie es mit Hilfe von sog. Anti-g-Anzügen möglich ist. Dabei handelt es sich um doppelwandige Druckanzüge, in denen Abdomen und Beine proportional zu den einwirkenden Gravitationskräften komprimiert werden. Auf diese Weise werden z. B. auch die während Beschleunigung oder Verzögerung von Raumfahrzeugen und militärischen Überschallflugzeugen auftretenden verstärkten Schwerkraftwirkungen auf den Kreislauf kompensiert.

Orthostatische Belastungsprüfung. Die Kreislaufregulation bei Lagewechsel kann als klinischer Test verwendet werden, bei dem Herzfrequenz und Blutdruck in bestimmten Zeitabständen im Liegen und im Stehen gemessen werden. Für die Beurteilung der Kreislaufreaktion bei Orthostase wird dabei meist das *Verhalten des diastolischen Drucks* als entscheidendes Kriterium herangezogen.

Bei ***normaler Kreislauffunktion*** steigt nach 10minütiger Orthostase der diastolische Druck um nicht mehr als 5 mm Hg an, der systolische Druck zeigt Abweichungen von weniger als ±5 %. Die Herzfrequenz zeigt durchschnittliche Steigerungen bis zu 30 % und das Schlagvolumen nimmt bis zu 40 % ab (Abb. 24–44).

Bei den sog. ***hyperdiastolischen Regulationsstörungen*** (80–85 % der Fälle) steigt der *diastolische Druck* dagegen um *mehr als 5 mm Hg* an, während zugleich der systolische Druck stärker abfällt, so daß die Druckamplitude deutlich kleiner wird. Die Herzfrequenz zeigt relativ größere Steigerungen und das Schlagvolumen relativ größere Abnahmen. Die stärkere diastolische Drucksteigerung (infolge einer verstärkten Konstriktion der Widerstandsgefäße) sowie die Tachykardie sind auf eine *erhöhte Aktivität des sympathischen Nervensystems* zurückzuführen, so daß diese Reaktionen auch als *hypersympathikotone Form* bezeichnet werden.

Die sog. ***hypodiastolischen Regulationsstörungen*** zeichnen sich dagegen durch *Abnahmen des systolischen und diastolischen Drucks* mit geringen Veränderungen der Druckamplitude und geringen oder sogar ausbleibenden Steigerungen der Herzfrequenz (bei leicht verstärkten Abnahmen des Schlagvolumens)

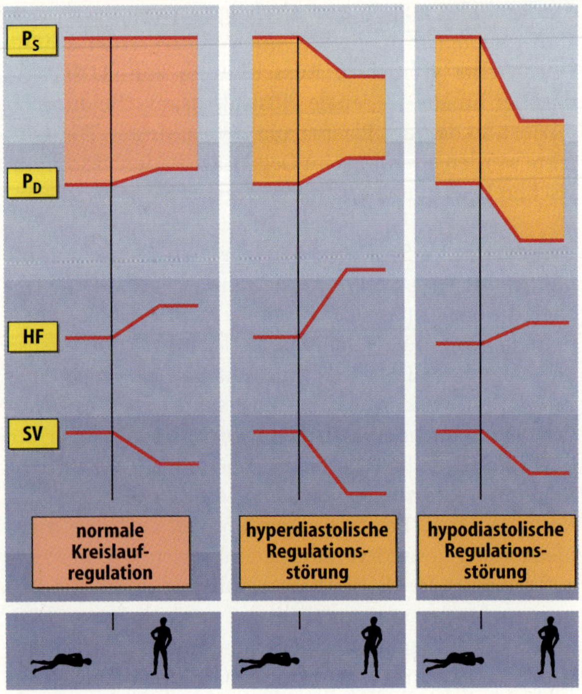

Abb. 24–44. Schematische Darstellung der Änderungen von systolischem und diastolischem Druck (Ps und P_D), Herzfrequenz (HF) und Schlagvolumen (SV) bei Orthostase

aus. Dieses Verhalten weist auf eine relativ geringe Aktivierung des sympathischen Systems hin und wird daher auch als *hyposympathikotone Form* bezeichnet.

Bei körperlicher Arbeit kommt es zur Mehrdurchblutung der arbeitenden Muskulatur und zu einer sympathisch-adrenerg vermittelten kollateralen Vasokonstriktion

Die Kreislaufanpassung bei körperlicher Arbeit stellt sicherlich eine der wichtigsten integrativen Aufgaben der lokalen und zentralen Kreislaufregulation dar. Hierbei kommt es mit steigendem O_2-Verbrauch zu einer nahezu linearen Zunahme der Herzfrequenz und damit des Herzzeitvolumens. Dieser Zunahme des Herzzeitvolumens sind allerdings durch die schließlich unzureichende Ventrikelfüllung bei hoher Herzfrequenz Grenzen gesetzt. Bei gesunden, nicht bis mäßig trainierten Erwachsenen überschreitet die Zunahme des Herzzeitvolumens während Muskelarbeit nur selten 25 l/min.

Die Abstimmung zwischen Herzzeitvolumen und gesteigertem O_2-Verbrauch wird dabei von polymodalen, metabolischen Rezeptoren (freie Nervenendigungen?) in der arbeitenden Skelettmuskulatur eingestellt, deren afferente Impulse über C-Fasern zum Rückenmark weitergeleitet werden. Obwohl die weiteren afferenten Wege dieser Rückmeldung, die letztendlich zur Aktivitätssteigerung der sympatho-exzitatorischen Neurone in der ventrolateralen Medulla führen, noch nicht identifiziert sind, läßt sich doch zeigen, daß nahezu der gesamte Arbeitsantrieb zur Herzfrequenzsteigerung von der arbeitenden Muskulatur ausgeht [9,13].

Sympathikusaktivierung und zentrale Mitinnervation. Kennzeichnend schon vor Beginn der Arbeit ist eine allgemeine Erhöhung des Sympathikustonus und eine Hemmung des in Ruhe überwiegenden Parasympathikustonus. Zu dieser *„Startreaktion"* dürfte auch die sympathisch-cholinerg ausgelöste Vasodilatation in der Muskulatur gehören. Da jede motorische Aktivierung von einer sympathischen Aktivierung begleitet ist (zentrale Mitinnervation), kommt es während der gesamten Dauer der körperlichen Arbeit zu einer zentral vermittelten Erhöhung des Sympathikustonus. Diese neurogene Vasokonstriktion, die durch die Ausschüttung von Katecholaminen aus dem Nebennierenmark noch verstärkt wird (***kollaterale Vasokonstriktion***), betrifft alle Organe mit Ausnahme der arbeitenden Skelettmuskulatur, des Gehirns, des Herzens und der Haut. Bei schwerer körperlicher Arbeit kann die kollaterale Vasokonstriktion die Abnahme des Strömungswiderstandes in der Skelettmuskulatur nicht voll kompensieren, so daß der totale periphere Widerstand absinkt.

Verteilung des Herzzeitvolumens. Die Gesamtdurchblutung in der Skelettmuskulatur steigt bei schwerster Muskelarbeit etwa um das 20fache an (s. Abb. 24–45). Da jedoch bei keiner körperlichen Arbeit alle Muskeln gleichzeitig aktiviert sind (z. B. Armmuskulatur beim Radfahren), ist davon auszugehen, daß in den maximal arbeitenden Muskeln die tatsächlichen Durchblutungssteigerungen noch wesentlich größer sind (ca. das 40 fache). Diese exzessive Durchblutungssteigerung ist nur möglich, weil die dilatierend wirkenden lokal-chemischen, metabolischen und endothelialen Einflüsse in der Lage sind, die sympathisch-adrenerg vermittelte Vasokonstriktion in der arbeitenden Muskulatur vollständig aufzuheben. Eine Durchblutungssteigerung findet, in Abhängigkeit von der zu leistenden Herzarbeit, auch in den Koronargefäßen statt.

Die Hautdurchblutung zeigt hingegen bei leichter bis submaximaler Arbeit einen biphasischen Verlauf. Nach starken initialen Abnahmen kommt es im weiteren Verlauf aus thermoregulatorischen Gründen wieder zu einer Durchblutungszunahme. Bei maximaler Arbeit bleiben diese Effekte jedoch aus (s. Abb. 24–45).

Konstriktorische Reaktionen in den *Kapazitätsgefäßen* der Haut führen in Verbindung mit einer Mobilisation von Blut aus den Splanchnikus- und Lebergefäßen zu einem größeren Blutangebot an das Herz. Bemerkenswert ist, daß bei längerdauernder Arbeit der Tonus der Kapazitätsgefäße der Haut trotz des Wiederanstiegs der Hautdurchblutung erhöht bleibt. Dieses Verhalten deutet darauf hin, daß die Widerstandsgefäße der Haut in dieser Phase thermoregulatorische Funktionen übernehmen, während die Kapazitätsgefäße wei-

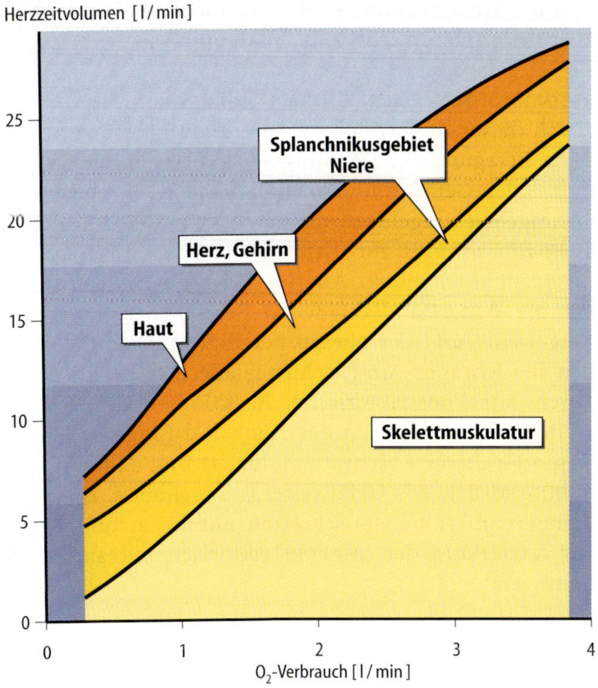

Abb. 24–45. Organdurchblutung und Herzzeitvolumen als Funktion des O_2-Verbrauchs

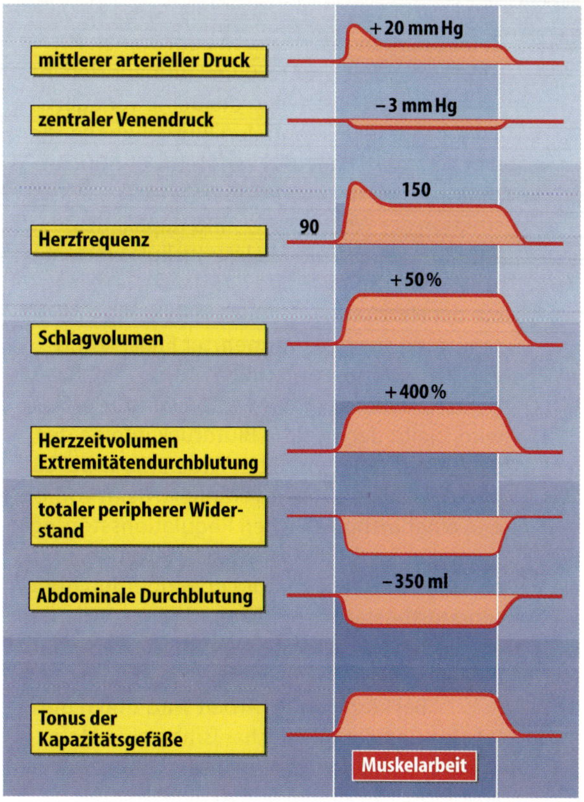

Abb. 24–46. Veränderungen verschiedener kardiovaskulärer Parameter beim arbeitenden Menschen in stehender Position. Die Zahlenangaben stellen Durchschnittswerte dar, die erhebliche individuelle Abweichungen aufweisen können. Für die Durchblutung der Abdominalgefäße wurden im Liegen gemessene Werte herangezogen

terhin kreislaufregulatorische Aufgaben erfüllen: die Venokonstriktion verhindert eine periphere Blutvolumenspeicherung und trägt so zu einem erhöhten venösen Angebot für das Herz bei. Der venöse Rückstrom aus der arbeitenden Muskulatur wird durch die Muskelvenenpumpe (s. S. 512), der gesamte venöse Rückstrom durch die verstärkten Saug-Druck-Pumpeneffekte der Atmung (s. S. 513), zusätzlich gefördert [4, 17].

Der *arterielle Mitteldruck* steigt bei körperlicher Arbeit an, da das Herzzeitvolumen relativ stärker zunimmt als der periphere Widerstand abnimmt (Abb. 24–46). Hierdurch wird der Mitteldruck in einen Bereich geringerer elastischer Weitbarkeit der Arterien verschoben, was zu einer Zunahme der Druckamplitude führt. Zu dieser Amplitudenzunahme trägt auch die Abnahme des peripheren Widerstandes und gegebenenfalls die Zunahme des Schlagvolumens bei, während ihr die Steigerung der Herzfrequenz entgegenwirkt. Im allgemeinen bleibt bei körperlicher Arbeit der diastolische Blutdruck etwa gleich oder nimmt wenig zu, während der systolische Druck um 20 mm Hg oder mehr ansteigen kann [1].

Bei thermischen Belastungen wird die Kreislaufsituation durch Veränderungen der Hautdurchblutung bestimmt

Wärmebelastung. In warmer Umgebung steigt die Hautdurchblutung an. Bei hoher Wärmebelastung ist die Gesamtdurchblutung mit 6–7 l/min ca. 2mal größer als unter thermoindifferenten Bedingungen. Gleichzeitig wird der Tonus der Kapazitätsgefäße der Haut reduziert. Die Verlagerung von Blutvolumen aus den intrathorakalen Gefäßen in die subpapillären Venenplexus der Haut zusammen mit der starken Widerstandsabnahme stellt dabei eine erhebliche Belastung für die Kreislaufregulation dar. Es kommt zu einem Anstieg des Herzzeitvolumens sowie einer kompensatorischen Vasokonstriktion im Splanchnikusgebiet, der Niere und der Skelettmuskulatur.

So können bei Umgebungstemperaturen um 44 °C und hoher Luftfeuchte (über 85 %) Steigerungen des Herzzeitvolumens bis 15 l/min und Abnahmen des diastolischen Drucks um mehr als 40 mm Hg auftreten, die vor allem in Orthostase und/oder bei körperlicher Arbeit zu einem *Hitzekollaps* führen [9,13,18].

Kältebelastung. In kalter Umgebung treten entgegengesetzte Reaktionen auf, d. h. Konstriktionen der Widerstands- und Kapazitätsgefäße der Haut, sowie eine Abnahme von Herzfrequenz und Herzzeitvolumen. Der Blutdruck weist Tendenzen zu Steigerungen auf, wobei starke Kaltreize überschießende Blutdruckreaktionen auslösen.

Dieses Verhalten wird diagnostisch als *cold pressure test* (Eintauchen einer Hand in Eiswasser und Messung des Blutdrucks) zur Prüfung der Reagibilität der sympathischen Gefäßinnervation verwendet. „Kreislauflabile" Menschen und Patienten mit einem Phäochromozytom reagieren darauf oft mit überschießenden Blutdrucksteigerungen.

Bei häufig wiederkehrender thermischer Belastung tritt eine Abschwächung der Kreislaufreaktionen in Form einer ***Adaptation,*** bei ständigem Aufenthalt in entsprechenden Klimazonen eine ***Akklimatisation*** auf. Beide Vorgänge beruhen auf komplexen, teilweise noch nicht vollständig aufgeklärten Funktionsänderungen verschiedener Organsysteme bzw. des Gesamtorganismus.

> **!**
> Beim Übergang vom Liegen zum Stehen (Orthostase) werden 400–600 ml Blut aus den intrathorakalen Gefäßen in die Beine verlagert. Die Abnahme des zentralen Blutvolumens, die von den arteriellen und venösen Dehnungsrezeptoren registriert wird, führt reaktiv zur Konstriktion der Widerstands- und Kapazitätsgefäße vor allem in der Skelettmuskulatur, dem Splanchnikusgebiet und der Niere, zur Zunahme der Herzfrequenz, zur Katecholaminausschüttung sowie zu vermehrter Freisetzung von Renin, Aldosteron und ADH. Obwohl das Herzzeitvolumen (um etwa 25 %) reduziert wird, bleibt der mittlere Blutdruck infolge des stark erhöhten peripheren Widerstands bei Lagewechsel praktisch unverändert. Beim Vorliegen einer orthostatischen Regulationsstörung kommt es im Stehen zum Blutdruckabfall und als Folge davon zu zerebraler Minderdurchblutung (orthostatische Synkope, Kollaps). Hierbei unterscheidet man eine hyperdiastolische und eine hypodiastolische Form.
>
> Bei körperlicher Arbeit wird durch die lokalen Regulationsmechanismen eine Mehrdurchblutung der arbeitenden Muskulatur ausgelöst. Die allgemeine Aktivierung des sympathischen Systems hat in diesen Muskeln keinen vasokonstriktorischen Effekt zur Folge, jedoch kommt es in der ruhenden Muskulatur, im Splanchnikusgebiet und in der Niere zu einer Einschränkung der Durchblutung (kollaterale Vasokonstriktion). Obwohl insgesamt eine Abnahme des totalen peripheren Widerstands eintritt, steigt der mittlere Blutdruck an, da das Herzzeitvolumen in noch stärkerem Maße zunimmt.
>
> Bei extremer Wärmebelastung kann die Hautdurchblutung bis auf 7 l/min ansteigen. Die Aufrechterhaltung des arteriellen Drucks erfordert dabei eine massive Zunahme des Herzzeitvolumens (bis auf 15 l/min) sowie eine kompensatorische Vasokonstriktion in der Skelettmuskulatur, der Niere und im Splanchnikusgebiet. In kalter Umgebung kommt es dagegen zur Konstriktion der Widerstands- und Kapazitätsgefäße in der Haut.

Nach einem Blutverlust kommt es reflektorisch zur Vasokonstriktion und Zunahme der Herzfrequenz sowie zu volumenregulatorischen Reaktionen

Abnahmen des Blutvolumens durch Blutverluste reduzieren den *Füllungsdruck* des Gefäßsystems. Die Folgen sind eine Abnahme des venösen Rückstroms und des Schlagvolumens. Der mittlere arterielle Druck ändert sich bei Blutverlusten bis etwa 15 ml/kg KG kaum, fällt aber bei größeren Blutverlusten deutlich ab.

Vasomotorische und kardiale Reaktionen. Ein Ausgleich dieser Änderungen wird u. a. durch die verminderte Erregung der Dehnungsrezeptoren in den intrathorakalen Gefäßen und Vorhöfen sowie im arteriellen Stromgebiet eingeleitet, die über eine *Steigerung des Sympathikustonus* zur *Vasokonstriktion* und *Herzfrequenzzunahme* führt. An der Vasokonstriktion sind v. a. die Widerstandsgefäße im Bereich der Haut, der Eingeweide und der Nieren beteiligt. Ausnahmen bilden die Koronar- und Gehirngefäße. Außerdem wird durch vasokonstriktorische Reaktionen der Kapazitätsgefäße im Bereich der Haut und Eingeweide die Kapazität dieser Abschnitte reduziert und dadurch der Füllungsdruck des Gefäßsystems angehoben. Die Nebennierenmarkhormonsekretion nimmt zu und kann zur Verstärkung der vasokonstriktorischen Reaktionen beitragen.

Volumenregulatorische Reaktionen. Aufgrund der Konstriktion der Widerstandsgefäße und der Abnahme des venösen Drucks sinkt der *Kapillardruck* ab, so daß vermehrt Flüssigkeit aus dem interstitiellen Raum in die Kapillaren übertritt. Auf diese Weise wird das intravasale Volumen wieder erhöht, während interstitielles (und intrazelluläres) Flüssigkeitsvolumen abnehmen. Bei Blutverlusten von 500 ml sind beim Erwachsenen bereits nach 15–30 min 80–100 % der Plasmaverluste durch interstitielle Flüssigkeit ersetzt. Bei größeren Blutverlusten dauert die Normalisierung des Plasmavolumens 12–72 h, in denen die durch den initialen Einstrom von Albumin aus extrazellulären Gebieten entstandenen und nicht gedeckten Proteinverluste durch vermehrte Synthese wieder ausgeglichen werden. Der Ersatz der korpuskulären Bestandteile dauert dagegen mehrere Wochen.

Aufgrund der eingeschränkten Nierendurchblutung sinkt die Urinproduktion ab, es werden vermehrt Wasser, Na^+ und stickstoffhaltige Metabolite im Blut zurückgehalten. Zugleich wird durch eine *Aktivierung des Renin-Anigotensin-Systems* der Blutdruck stabilisiert.

Als Folge der verminderten Erregung der Vorhofrezeptoren sowie durch die erhöhte Angiotensinkonzentration wird sowohl die *Aldosteron*- wie auch die *ADH-Sekretion* gesteigert. Die damit verbundene verstärkte Salz- und Wasserretention beschleunigt die Wiederherstellung des Volumengleichgewichts.

Bei starker Abnahme des Herzzeitvolumens und des Blutdrucks können zusätzliche Funktionsstörungen im Bereich des Herz- und Gefäßsystems (und anderer Organe) auftreten, so daß ein Kreislaufschock entsteht.

Der Kreislaufschock ist die Folge einer Minderdurchblutung lebenswichtiger Organe

Tabelle 24–2. Entstehungsmechanismen und Ursachen des Schocks

Schock	bedingt durch:	infolge von:
Hypovolämischer (Volumenmangelschock)	Verminderung des venösen Rückstroms	Blutverlusten, Plasmaverlusten
Kardiogener	Versagen des linken Ventrikels, Verminderung der linksventrikulären Füllung	Herzinfarkt, Verlegung der Lungenstrombahn
Septischer	periphere Vasodilatation mit Blutverteilungsstörungen	Infektion mit gramnegativen Bakterien, Endotoxinämie
Anaphylaktischer	periphere Vasodilatation mit Blutverteilungsstörungen	anaphylaktischen Reaktionen
Neurogener	Tonusverlust der Widerstands- und Kapazitätsgefäße	Läsionen oder Erkrankungen des ZNS

Unter der Bezeichnung Kreislaufschock werden Zustände zusammengefaßt, in denen aufgrund einer *inadäquaten Gewebeperfusion* die Funktion lebenswichtiger Organe nachhaltig beeinträchtigt ist. Die Funktionsstörungen, insbesondere des Zentralnervensystems, sind die Folge der mangelhaften Sauerstoffversorgung und der damit zusammenhängenden Gewebeazidose. Der Kreislaufschock entwickelt sich in den meisten Fällen infolge eines relativ *zu kleinen Herzzeitvolumens* und ist oft mit einem drastischen *Blutdruckabfall* verbunden. Nach Ätiologie (Krankheitsursache) und Pathogenese (Krankheitsentwicklung) unterscheidet man den *hypovolämischen, kardiogenen, septischen, anaphylaktischen* und *neurogenen Schock* (s. Tabelle 24–2) sowie Schockzustände aufgrund von *Intoxikationen*.

Verlauf des Volumenmangelschocks. In Abb. 24–47 ist der Ablauf des Schockgeschehens am Beispiel des *Volumenmangelschocks* (hypovolämischen Schocks) vereinfacht dargestellt. Man erkennt, wie die einzelnen Funktionsänderungen die nachgeschalteten Kreislauffunktionen beeinflussen, so daß u. U. ein circulus vitiosus entstehen kann.

Bei einem größeren *Blutverlust* mit entsprechendem Blutdruckabfall kommt es zunächst über den Pressorezeptorenreflex zu einer allgemeinen *Aktivierung des Sympathikus*. Die Folgen sind - neben einer Steigerung der Herzfrequenz - vor allem eine periphere Vasokonstriktion, so daß die Durchblutung der Körperperipherie zugunsten der lebenswichtigen Organe (Gehirn, Herz, Lunge) weitgehend eingeschränkt wird (Blässe der Haut !). Daher bezeichnet man diese reversible Schocksituation auch als Stadium der ***Zentralisation.***

Bei weiterem Blutverlust oder längerer Schockdauer kann – sofern keine Behandlung einsetzt – diese sinnvolle Gegenregulation nicht mehr aufrechterhalten werden. Infolge zerebralen Sauerstoffmangels nimmt die Sympathikusaktivität ab, so daß der *Parasympathikustonus überwiegt.* Gleichzeitig sammeln sich in den schlecht durchbluteten Organen *gefäßdilatierende Metabolite* an, so daß die zunächst bestehende Arteriolenkonstriktion aufgehoben wird. Diese Weitstellung der Arteriolen führt – bei erhaltener Konstriktion der Venolen – zu einer Blutansammlung in den Kapillaren. Der venöse Rückfluß wird dadurch reduziert, so daß der Blutdruck weiter abfällt (Stadium der ***Dezentralisation).*** Die minimale Durchblutung einzelner Organe führt einerseits zu Gewebeschäden (*Gewebenekrosen),* andererseits zu einer Steigerung der Kapillarpermeabilität und damit zu einem verstärkten Flüssigkeitsaustritt. Die Viskosität des Blutes nimmt zu und die Erythrozyten aggregieren (*Sludge)* bis schließlich der Blutstrom infolge intravasaler Gerinnung (*Thrombosierung)* sistiert. Der ursprünglich noch reversible Schock ist in ein irreversibles Stadium übergegangen.

Beim Hitzekollaps *(Überwärmungsschock)* bildet sich ein Mißverhältnis zwischen Gefäßkapazität und Blutvolumen aus, das in den meisten Fällen noch durch eine Hypovolämie als Folge der erhöhten Schweißproduktion verstärkt wird.

! Nach einem Blutverlust kommt es infolge der reduzierten Füllung des Gefäßsystems zu einer Abnahme des venösen Rückstroms und damit des Schlagvolumens. Die verminderte Erregung der Vorhofrezeptoren löst reflektorisch eine Vasokon-

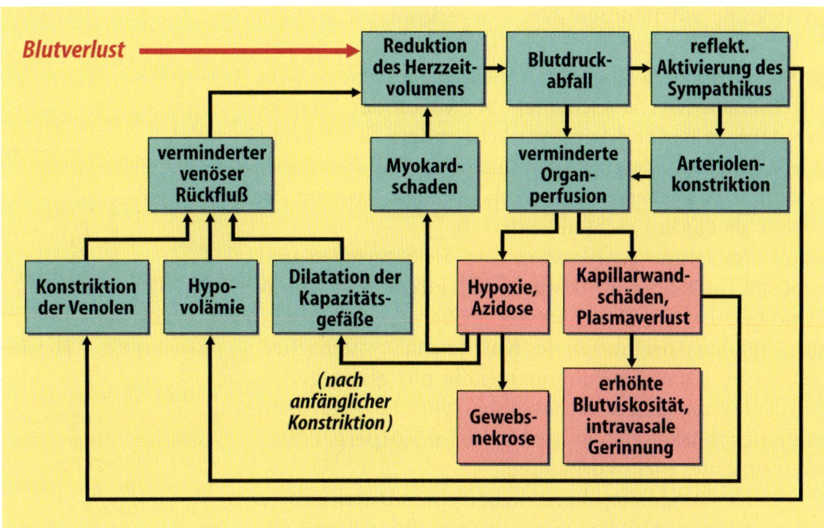

Abb. 24–47. Positive Rückkopplungsmechanismen, die an der Entwicklung eines Schocks beteiligt sind

striktion und eine Zunahme der Herzfrequenz aus, so daß der arterielle Blutdruck weitgehend konstant gehalten werden kann. Erst wenn der Verlust bei einem Erwachsenen 1 l übersteigt, fällt der Blutdruck ab. Volumenregulatorische Reaktionen bewirken eine Normalisierung des Plasmavolumens nach kleineren Blutverlusten (bis 500 ml) innerhalb von 15–30 min, nach größeren Verlusten innerhalb von 12–72 h.

Ein Kreislaufschock tritt ein, wenn infolge akuter Minderdurchblutung die Funktion lebenswichtiger Organe nachhaltig gestört ist. Bei einem hypovolämischen Schock (Volumenmangelschock) führt eine allgemeine Aktivierung des Sympathikus zunächst zu einer Umverteilung der Perfusion zugunsten lebenswichtiger Organe (Zentralisation). Erst wenn bei einem schwereren Verlauf ein kompensierter Zustand nicht mehr erreicht werden kann, kommt es zur Dezentralisation und der Schock geht in ein irreversibles Stadium mit Gewebenekrosen und intravasaler Gerinnung über.

24.8 Lungenkreislauf

Im Lungengefäßsystem sind der Gesamtströmungswiderstand und damit die Drücke erheblich kleiner als im Körpergefäßsystem

Die Lungenstrombahn weist mehrere charakteristische Besonderheiten gegenüber den restlichen Organstromgebieten auf, die sich aus der Hauptaufgabe der Lunge, der Arterialisierung des venösen Blutes, ergeben. Die Lunge besitzt eine doppelte Blutversorgung. Die Bronchialgefäße entstammen dem Körperkreislauf und erfüllen nutritive Aufgaben. Ein Teil des Blutes aus den Bronchialvenen gelangt dabei nicht, entsprechend dem allgemeinen Kreislaufschema, über Venen des Körperkreislaufs in den rechten Ventrikel, sondern fließt direkt durch Pulmonalvenen in den linken Vorhof. Das Herzzeitvolumen des linken Ventrikels ist daher etwa um 1% größer als das des rechten Ventrikels.

Im *Lungengefäßsystem* sind die arteriellen und venösen Gefäßabschnitte wesentlich kürzer und dünnwandiger und die Durchmesser größer als in den entsprechenden Abschnitten des Körpergefäßsystems. Insgesamt besitzen die Pulmonalgefäße nur einen geringen Anteil an glatter Muskulatur. Typische Arteriolen mit einer muskelreichen Media wie im Körpergefäßsystem sind hier nicht vorhanden.

Die Lungenkapillaren haben einen Durchmesser von ca. 8 μm und bilden aufgrund von zahlreichen Anastomosen ein dichtes Netz um die Lungenalveolen. Ihre Länge kann nur als sog. *„funktionelle Länge"* aus der Topographie der Kapillaren zu den Lungenalveolen bestimmt werden, sie liegt bei ca. 350 μm und entspricht etwa dem halben Umfang einer Alveole. Da die Pulmonalkapillaren im Gegensatz zu den Kapillaren des Körperkreislaufs nicht in nennenswertem Umfang von einem mechanisch stützenden Interstitium umgeben sind, besitzen sie eine sehr große elastische Weitbarkeit. Hauptsächlich hieraus resultiert das ausgeprägte *druckpassive Durchblutungsverhalten* der Lungenstrombahn (s. u.).

Insgesamt stellt das Kapillarbett der Lunge einen *mit Endothel ausgekleideten spaltförmigen Raum* mit eingelagerten (endothelialen) Stützpfeilern dar (Abb. 24–48). Die Strömung in diesem Netzwerk läßt sich dabei besser als eine Schichtenströmung („sheet flow") beschreiben und analysieren denn als eine Röhrenströmung gemäß dem Hagen-Poiseuille-Gesetz. Die Größe der Kapillaroberfläche beträgt unter Ruhebedingungen ca. 70 m^2 und kann durch Einbeziehung von nicht durchbluteten Gefäßgebieten bei schwerer Arbeit auf über 100 m^2 vergrößert werden. Obwohl diese Fläche nur 1/3–1/10 der Kapillaroberfläche des Körpergefäßsystems beträgt, ist der Gasaustausch aufgrund der wesentlich kürzeren pulmonalen Diffusionsstrecken (0,2–1 μm) ebenso effektiv wie in der systemischen Mikrozirkulation, in der wesentlich größere Diffusionsstrecken (Skelettmuskulatur 30 μm, Herzmuskel 10 μm) überwunden werden müssen.

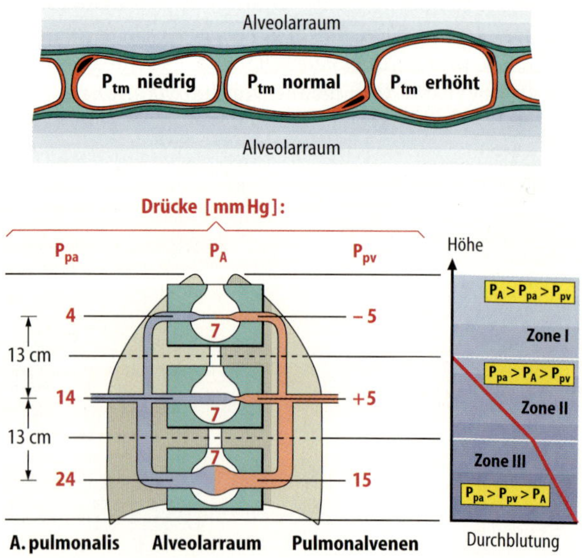

Abb. 24–48. Schematische Darstellung der pulmonalen Kapillarspalten sowie des vertikalen Perfusionsgradienten in der Lunge beim aufrechten Stehen. *Oben:* Querschnitt durch Kapillarspalten bei unterschiedlichen transmuralen Drücken (P_{tm}). Aufgrund dieser Bauweise hat das pulmonale Kapillarbett eine wesentlich größere elastische Weitbarkeit als die Kapillaren anderer Stromgebiete. *Unten:* Die drei Zonen der Durchblutung in der Lunge

Drücke in den Lungengefäßen. Aus den o.g. mikrozirkulatorischen Besonderheiten resultiert ein Strömungswiderstand des Lungengefäßsystems, der etwa nur 1/10 des Widerstandes im Körperkreislauf beträgt. Entsprechend sind die Drücke im Lungenkreislauf wesentlich kleiner als im Körperkreislauf.

Da der kolloidosmotische Druck des Plasmas wesentlich größer ist als der Blutdruck in den Lungenkapillaren, findet normalerweise in der Lunge keine Auswärts-Filtration, sondern nur eine Einwärts-Filtration statt. Bei starker Erhöhung des Pulmonalkapillardrucks (z.B. bei akutem Versagen des linken Ventrikels) kann es jedoch zu einer Auswärts-Filtration kommen, bei der auch Flüssigkeit in die Alveolen austritt („Lungenödem"). Da eine vermehrte Flüssigkeitsansammlung im Interstitium und den Alveolen zu einer deutlichen Zunahme der Diffusionsstrecken und damit zur Einschränkung des Gasaustausches führt, ist die Kontrolle des Filtrationsgleichgewichts in der Lunge von besonderer funktioneller Bedeutung.

In der A. pulmonalis betragen der systolische Druck ca. 20–25 mm Hg, der diastolische Druck ca. 9–12 mm Hg und der mittlere Druck ca. 14 mm Hg (Abb. 24–11). Im Bereich der Lungenkapillaren liegen mittlere Drücke von ca. 7 mm Hg und im linken Vorhof von annähernd 6 mm Hg vor. Unter normalen Bedingungen sind in den Lungenkapillaren noch Druckschwankungen von 3–5 mm Hg vorhanden, die sich mit abnehmender Amplitude bis zum linken Vorhof fortsetzen [2].

Die regionale Durchblutung der Lungengefäße weist lageabhängige Inhomogenitäten auf; das zentrale Blutvolumen ist ein Sofortdepot für die Füllung des linken Ventrikels bei Arbeit

Lageabhängigkeit der Lungenperfusion. Aufgrund der niedrigen intravasalen Drücke ist die Durchblutung der Lunge von hydrostatischen Einflüssen wesentlich stärker abhängig als die der Stromgebiete des Körperkreislaufs. So werden in den apikalen Gebieten der Lunge, die beim erwachsenen Menschen ca. 15 cm über dem Ursprung der A. pulmonalis liegen, bei aufrechter Körperhaltung die Gefäße gerade noch zum Zeitpunkt der systolischen Druckspitze perfundiert, während sie in der Diastole kollabiert sind.

Dieser *diastolische Gefäßkollaps* kommt durch den negativen transmuralen Druck zustande: der intravasale Druck (dynamischer Blutdruck – hydrostatische Komponente) ist während der Diastole kleiner als der intraalveoläre Druck während der Exspiration. *Die apikale Durchblutung beträgt nur etwa 1/10 der Durchblutung an der Lungenbasis.* In der mittleren herznahen sowie der unteren Zone sind die intravasalen Drücke während des gesamten Herzzyklus größer als die intraalveolären Drücke während der Exspiration. Die Durchblutung nimmt dabei, entsprechend dem ansteigenden intravasalen Druck von oben nach unten zu. Eine Beeinflussung der Durchblutung durch den intraalveolären Druck ist in den weit geöffneten Gefäßen der unteren Zone praktisch nicht feststellbar. *Bei körperlicher Arbeit* kommt es trotz beträchtlicher Zunahmen des Herzzeitvolumens aufgrund der großen elastischen Weitbarkeit der Lungenstrombahn nur zu einem *relativ geringen Druckanstieg in der A. pulmonalis.* Dieser Druckanstieg ist jedoch ausreichend um die *apikalen Lungenabschnitte homogen zu perfundieren.* Damit verbunden ist auch eine Zunahme der Kapillaraustauschfläche. Stark positive Drücke, wie sie z.B. bei künstlicher Beatmung auftreten, können infolge der damit verbundenen Senkungen des transmuralen Drucks erhebliche Steigerungen des Strömungswiderstandes und Abnahmen des Blutvolumens in den Lungen auslösen.

Intrathorakale Gefäße als Depotgefäße. Aufgrund der großen Dehnbarkeit der Lungengefäße können durch relativ geringe Änderungen des transmuralen Drucks kurzfristig bis zu 50% des mittleren Gesamtvolumens von 500 ml vom Lungenkreislauf aufgenommen oder abgegeben werden. Zusammen mit dem diastolischen Volumen des linken Herzens bildet das Volumen des Lungenkreislaufs das sog. ***zentrale Blutvolumen*** (650–750 ml). Aus diesem schnell mobilisierbaren ***„Sofortdepot"*** können z.B. bei akuten Steigerungen der Auswurfleistung des linken Ventrikels rund 300 ml zur Deckung des Mehrbedarfs abgegeben werden. Diese Effekte tragen dazu bei, ein mögliches Mißverhältnis zwischen der Förderleistung der Ventrikel auszugleichen bis sich aufgrund von Steigerungen des venösen Rückstroms auch das Schlagvolumen des rechten Ventrikels an die höhere Leistung anpassen kann.

Die neuronale Regulation der Lungendurchblutung ist gering; eine alveoläre Hypoxie kann jedoch zu deutlichen Vasokonstriktionen und damit zu einer Erhöhung des lokalen Strömungswiderstandes führen

Neuronale Kontrolle der Lungendurchblutung. Die Lungengefäße werden von *sympathischen vasokonstriktorischen Fasern* reichlich innerviert. Darüber hinaus sind sympathische vasodilatatorische und parasympathische cholinerge Fasern in der Lunge nachgewiesen, deren funktionelle Bedeutung jedoch unklar ist.

Unter Ruhebedingungen sind die sympathischen vasokonstriktorischen Einflüsse auf die Lungengefäße relativ gering, die Gefäße dementsprechend nur schwach tonisiert. Eine verstärkte *Sympathikusaktivierung* löst aber aufgrund der großen Kapazität relativ große *Volumenänderungen* mit einer entsprechenden *Zunahme der Füllung des linken Vorhofs* und Ventrikels bei nur geringen Zunahmen des Strömungswiderstandes aus.

Lokale Durchblutungsregulation im Lungenkreislauf. Bei niedrigen alveolären O_2-Partialdrücken (unter 60 mm Hg) treten *lokale vasokonstriktorische Reaktionen* in den Lungengefäßen auf, an denen offenbar sowohl die kleinen prä- als auch die postkapillären Gefäße beteiligt sind. Die lokale Durchblutung wird dadurch der regionalen Ventilation angepaßt (Euler-Liljestrand-Mechanismus, s. S. 588). Der Mechanismus, der diese *hypoxische Vasokonstriktion* auslöst, ist unbekannt.

Bei längerdauerndem Aufenthalt in Höhen von 4 000 m und mehr (z. B. in hochgelegenen Siedlungen der Anden) kommt es aufgrund des niedrigen O_2-Partialdrucks der atmosphärischen Luft zu einer globalen Vasokonstriktion der gesamten Lunge und damit zu einem deutlichen Anstieg des Pulmonalarteriendrucks. Die Folge ist ein leichter bis mittelschwerer pulmonaler Hochdruck mit einer deutlichen Hypertrophie der glatten Muskulatur der Pulmonalgefäße, der jedoch bei Rückkehr in Siedlungen auf Meereshöhe reversibel ist.

! In der A. pulmonalis betragen der systolische Druck ca. 20–25 mm Hg, der diastolische Druck ca. 9–12 mm Hg und der mittlere Druck ca. 14 mm Hg. Dies erklärt sich aus dem niedrigen Strömungswiderstand des Lungengefäßsystems, der nur knapp 10 % des Gesamtwiderstandes im Körperkreislauf beträgt. Die regionale Lungenperfusion ist von den jeweiligen hydrostatischen Drücken und damit von der Körperposition abhängig. Aufgrund ihrer großen Compliance können Lungengefäße ein beträchtliches Blutvolumen (im Mittel etwa 500 ml) aufnehmen. Das zentrale Blutvolumen, bestehend aus dem Volumen der Lungengefäße und dem diastolischen Volumen des linken Herzens, stellt ein Sofortdepot dar, aus dem der Mehrbedarf für den Auswurf des linken Ventrikels bei gesteigerter Leistung kurzfristig gedeckt werden kann. Bei Abnahme des alveolären O_2-Partialdrucks kommt es zu einer lokalen Vasokonstriktion und Abnahme der Durchblutung in den betroffenen prä- und postkapillären Lungengefäßen. Hierdurch wird erreicht, daß das Blut bevorzugt durch die Lungenpartien mit hohem O_2-Partialdruck geleitet wird.

24.9 Spezielle Kreislaufabschnitte

Die Hirndurchblutung wird im wesentlichen durch metabolische Faktoren, einschließlich des aus Neuronen freigesetzten NO kontrolliert

Zunahmen des CO_2-Partialdrucks lösen starke vasodilatatorische Reaktionen aus, wobei eine Verdoppelung des P_{CO_2} annähernd eine Verdoppelung der Durchblutung bewirkt. Die CO_2- Effekte beruhen auf der Bildung von H^+-Ionen durch die Dissoziation von Kohlensäure. Die zerebralen Symptome bei der *Hyperventilationstetanie* (Schwindel, Bewußtseinstrübung, Muskelspasmen u. a. m.) stehen andererseits im Zusammenhang mit einer hypokapnisch bedingten Einschränkung der Gehirndurchblutung [28]. Bei *generalisierten Krämpfen* mit extremer neuronaler Aktivität können Steigerungen der Gesamtdurchblutung bis zu 50 % auftreten. Ähnliche Zunahmen lassen sich auch regional bei intensiver Aktivität einzelner Hirngebiete beobachten (s. S. 138 f), die Größe der Gesamtdurchblutung wird dadurch jedoch nicht wesentlich beeinflußt. An diesen Durchblutungssteigerungen ist nicht nur die Erhöhung der interstitiellen K^+-Konzentration, die als Folge gesteigerter neuronaler Aktivität (z. B. von 3 auf 10 mmol/l) auftritt, beteiligt, sondern auch das aus Neuronen freigesetzte NO [12]. Die stark ausgeprägte ***Autoregulation*** trägt dazu bei, daß die Gehirndurchblutung unabhängig von Änderungen des hydrostatischen Drucks bei Lagewechsel annähernd konstant bleibt.

Während die extrazerebralen Gefäße reichlich mit sympathischen vasokonstriktorischen Fasern versorgt sind, weisen die intrazerebralen Arterien und Arteriolen nur eine sehr geringe Innervation auf. Insgesamt hat die autonome Innervation der Gehirngefäße nur einen mäßigen Einfluß auf die Gehirndurchblutung. Sympathische Stimulation führt zu einer Widerstandserhöhung um maximal 40 % (dagegen 6facher Anstieg in der Skelettmuskulatur).

Das Splanchnikusgebiet ist ein wesentlicher Wirkungsort der über die Pressorezeptoren ausgelösten Kreislaufreflexe

Regulation der Splanchnikusdurchblutung. Hierzu zählen die Mesenterial-, Pankreas-, Milz- und Lebergefäße. Unter dem Begriff „Splanchnikusgebiet" faßt man die Gefäße zusammen, die unter der sympathischen vasokonstriktorischen Kontrolle der Nn. *splanchnici* stehen. Durch konstriktorische Reaktionen können große Teile des Blutvolumens in das übrige Gefäßsystem abgegeben werden, während andererseits durch dilatatorische Reaktionen der totale periphere Widerstand stark reduziert und größere Blutmengen gespeichert werden können.

Die Durchblutung in der Mucosa und Submucosa des Darmes, in der sich die Drüsen befinden, steigt bei Zunahme der Drüsentätigkeit an. Starke vasodilatatorische Effekte werden durch *Serotonin* und durch *Kinine* ausgelöst (s. S. 531), die bei der Tätigkeit der Verdauungsdrüsen freigesetzt werden. Im Bereich der muskulären Schichten treten Durchblutungssteigerungen bei erhöhter motorischer Aktivität auf, die von lokalen metabolisch bedingten Gefäßreaktionen ausgelöst werden.

Der mittlere Druck von 100 mm Hg in der *A. hepatica* fällt in den Lebergefäßen bis zur V. centralis auf etwa 5 mm Hg ab. Nach der Kapillarpassage des Blutes aus der A. mesenterica superior und der A. lienalis im Intestinal- und Milzbereich beträgt der Druck in der V. portae noch 10–12 mm Hg. Aufgrund des geringen Strömungswiderstandes in den Sinusoiden reicht die kleine Druckdifferenz von 5–7 mm Hg bis zur V. centralis zur Aufrechterhaltung der Blutströmung aus. In dem großen und sehr weitbaren Gefäßgebiet verursachen schon relativ kleine Druckänderungen erhebliche Volumenänderungen. Solche Druckänderungen sind sowohl bei Behinderung des Abflusses aus den Lebervenen als auch bei vermindertem Zufluß aus dem Darm möglich. In den

Splanchnikusgefäßen befinden sich ca. 20 % des gesamten Blutvolumens.

Der O_2-Verbrauch der Leber wird zu etwa 40 % durch das voll oxygenierte Blut der A. hepatica, der Rest durch das quantitativ überwiegende, aufgrund der Kapillarpassage in Darm, Pankreas oder Milz aber bereits teilweise desoxygenierte Blut aus der V. portae gedeckt.

Die Widerstandsgefäße in Darm und Leber zeigen starke ***autoregulatorische Reaktionen.*** Drucksteigerungen in Pfortader und Lebervenen lösen retrograd über die Kapillaren autoregulatorische konstriktorische Reaktionen der Leberarteriolen aus, durch die der Einstrom gehemmt wird. Aufgrund der komplizierten Gefäßstrukturen sind viele hämodynamische Fragen noch nicht endgültig zu beantworten. Die *größte funktionelle Bedeutung* dürften jedoch *vasomotorisch ausgelöste Kapazitätsänderungen* haben, durch die vom normalen Blutvolumen der Leber (ca. 700 ml) kurzfristig bis zu 50 % an den übrigen Kreislauf abgegeben werden können.

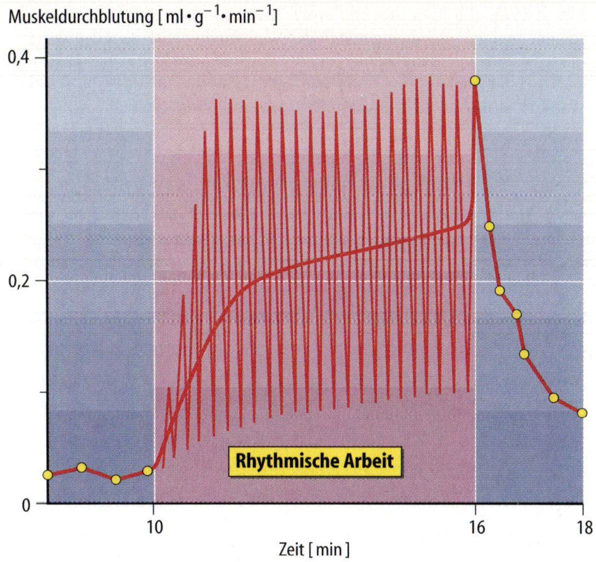

Abb. 24–49. Rhythmische Schwankungen der Durchblutung der Wadenmuskulatur des Menschen bei intermittierenden Kontraktionen. Die Durchblutung ist zwischen den Kontraktionen erheblich größer als während der Kontraktionen. Insgesamt nimmt die mittlere Durchblutung deutlich zu

Bei schwerster körperlicher Arbeit kann die Durchblutung der Skelettmuskulatur auf das 20fache des Ruhewertes ansteigen

Skelettmuskelgefäße. Bei *Muskelarbeit* dominieren *lokal-endotheliale* und *metabolisch bedingte dilatatorische Reaktionen.* Während der einzelnen Kontraktion werden die Gefäße im arbeitenden Muskel mechanisch komprimiert. Bei Dauerkontraktion von weniger als 50 % der maximal möglichen Stärke nimmt allerdings die Durchblutung nach initialer Drosselung wieder zu und stellt sich auf ein über den Ausgangswerten liegendes Niveau ein. In der Erschlaffungsphase tritt eine vorübergehende weitere Steigerung ein (*reaktive Hyperämie*) (s. S. 534). Bei stärkeren Kontraktionen sinkt die Durchblutung in Relation zur Intensität unter die Ausgangswerte und kann bei starken Kontraktionen sogar sistieren. In diesen Fällen ist die reaktive Hyperämie in der Erschlaffungsphase entsprechend stärker ausgeprägt.

Bei *rhythmischer Muskelarbeit* treten analog dazu Abnahmen der Durchblutung während der Kontraktion und Zunahmen während der Erschlaffung auf, wobei die mittlere Durchblutung allerdings immer über den Ausgangswerten liegt (Abb. 24–49). Diese Unterschiede machen es verständlich, daß *dynamische Muskelarbeit* mit einem ständigen Wechsel von Kontraktion und Erschlaffung nicht so schnell wie *statische Muskelarbeit* zu einer *Ermüdung des Muskels* führt [1,20,36].

Die Hautdurchblutung steht v. a. im Dienste der Thermoregulation

In den *distalen akralen Hautgebieten* (Hand, Fuß, Ohr) finden sich zahlreiche sympathische vasokonstriktorische Fasern, die bereits unter thermoindifferenten Bedingungen eine relativ große tonische Aktivität entfalten. *Dilatatorische Reaktionen beruhen daher auf einer zentralen Hemmung dieser Aktivität.* Im Gegensatz dazu werden in den proximalen Abschnitten der Extremitäten sowie der Haut des Rumpfes dilatatorische Reaktionen überwiegend indirekt durch Freisetzung von *Bradykinin* im Zusammenhang mit einer Erregung von cholinergen sudomotorischen Fasern ausgelöst.

Aufgrund der großen Kapazität des subpapillären Venenplexus (ca. 1500 ml) können durch venomotorische Reaktionen größere Mengen Blut von der Haut aufgenommen oder abgegeben werden, so daß die Hautgefäße auch wichtige Funktionen als Blutdepot wahrnehmen.

Thermoregulatorische Umstellungen. Die Hautdurchblutung steht überwiegend im Dienst der Thermoregulation (s. S. 659). Bei Hitzebelastung steigt die Gesamtdurchblutung auf 3 l/min, unter extremen Bedingungen auf noch höhere Werte an. Das Ausmaß der Durchblutungsänderungen zeigt ebenfalls erhebliche regionale Differenzen. Die größten Änderungen treten im Bereich der akralen Extremitätenabschnitte auf. So kann die Durchblutung der Finger je nach Umgebungstemperatur um das 100–150fache variieren, während die Durchblutungsänderungen im Bereich der proximalen Extremitätenabschnitte und des Rumpfes wesentlich schwächer ausgeprägt sind.

Die Durchblutungssteigerungen in warmer Umgebung werden an den Extremitäten zum Teil durch eine Eröffnung der zahlreichen arteriovenösen Anastomosen ausgelöst (s. auch Abb. 24–18). Diese Form der Durchblutung erlaubt nicht nur aufgrund der großen Wärmeleitung des Gewebes eine wirkungsvolle Wärmeabgabe an die Haut, sondern verhindert auch ungünstige Einflüsse einer nicht nutritiven Mehrdurchblutung auf das zelluläre Milieu (Abnahmen des P_{CO_2}).

Hautdurchblutung bei Arbeit. Im Rahmen der Kreislaufregulation bei der Leistungsanpassung tragen Steigerungen des Strömungswiderstandes infolge von vasokonstriktorischen Reaktionen der Hautgefäße zur Aufrechterhaltung eines ausreichenden arteriellen Drucks bei. Bei zusätzlichen thermischen Belastungen dominieren jedoch die thermoregulatorischen (dilatatorischen) Anpassungsvorgänge, so daß die arbeitende Muskulatur einen entsprechend kleineren Anteil des Herzzeitvolumens erhält. Die verstärkte Kollapsneigung bei gleichzeitiger Arbeits- und Wärmebelastung ist auf diese Doppelbelastung zurückzuführen.

Während einer Schwangerschaft nimmt die Uterusdurchblutung um das 50–60fache zu; für den Fetus übernimmt die Plazenta die Funktionen von Lunge, Darm und Niere

Uterus- und Plazentadurchblutung. Aufgrund des hohen O_2-Verbrauchs und der etwa 100fachen Massenzunahme des Uterus beträgt die *O_2-Sättigung des Blutes* im intervillösen Raum nur *etwa 80 %*. Kurz vor der Geburt sinkt die Uterusdurchblutung offenbar aufgrund einer Kompression der Arterien durch den zunehmenden Tonus bzw. die Kontraktionen der Uterusmuskulatur während der Wehen ab. Das mütterliche Blut fließt frei durch die intervillösen Räume, das fetale Blut durch die Kapillaren der Chorionzotten, die in die sinusartigen intervillösen Räume eintauchen. Das fetale Blut nimmt dabei O_2 auf und gibt CO_2 ab. Der O_2- und CO_2-Austausch erfolgt jedoch durch die dickere Zellschicht der Chorionzotten weniger leicht als in den Lungenalveolen. Wasser, Elektrolyte und Eiweißkörper mit niedrigem Molekulargewicht können die Plazentaschranke in beiden Richtungen passieren.

Fetaler Kreislauf. Aus der Plazenta fließt das (unvollständig mit O_2 gesättigte) fetale Blut durch die V. umbilicalis in der Nabelschnur zum größten Teil über den *Ductus venosus Arantii* in die V. cava inferior und vermischt sich mit dem entsättigten Blut aus der unteren Körperhälfte (Abb. 24–50). Ein geringerer Teil gelangt über den linken Ast der Pfortader in die Leber und über die Vv. hepaticae in die V. cava inferior. Das Mischblut der V. cava inferior strömt mit einer O_2-Sättigung von 60–65 % zum rechten Vorhof und wird fast vollständig *durch das Foramen ovale in den linken Vorhof* geleitet. Durch den linken Ventrikel erfolgt der Weitertransport in die Aorta und die Verteilung auf den Körperkreislauf.

Das Blut der V. cava superior gelangt vorwiegend über den rechten Vorhof und rechten Ventrikel in den Truncus pulmonalis. Hier ist wegen des großen Strömungswiderstandes in den kollabierten Lungengefäßen der Druck etwas höher als in der Aorta, so daß das *Blut zum größten Teil* (ca. 75 % des rechtsventrikulären Auswurfvolumens) *durch den Ductus arteriosus Botalli in die Aorta* strömt und nur ein kleinerer Teil (ca. 25 %) durch das Kapillargebiet der Lungen über die Lungenvenen zum linken Vorhof zurückfließt. Aufgrund der Einmündung des Ductus arteriosus in die Aorta distal vom Abgang der *Arterien für den Kopf* und die oberen Extremitäten werden *diese Abschnitte mit dem höher O_2-gesättigten Blut* aus dem linken Ventrikel versorgt. Aus den beiden Aa. umbilicales, die aus den Aa. iliacae abgehen, strömt ein Teil des Blutes über die Nabelschnur in die Plazenta zurück, der andere Teil in die unteren Körperregionen. Durch das Foramen ovale sowie den Ductus arteriosus sind die *beiden Ventrikel* weitgehend *parallel geschaltet*, wobei das Zeitvolumen des linken Ventrikels größer ist (55 % des gesamten Herzzeitvolumens) als das des rechten (45 %). Die Förderleistung des Doppelventrikels beträgt ca. 200–300 ml · $kg^{-1} \cdot min^{-1}$, von denen etwa 60 % durch die Plazenta und 40 % durch den Körper fließen. Der *fetale arterielle Blutdruck* liegt am Ende der Gravidität bei *50–60 mm Hg*, die *Herzfrequenz* bei *140–160 min^{-1}*.

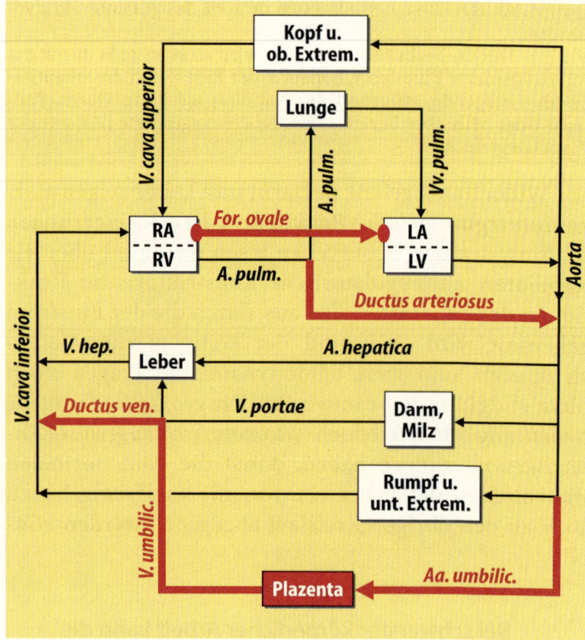

Abb. 24–50. Schema des fetalen Kreislaufs

Die Geburt führt zu einer grundlegenden Umstellung des Kreislaufs

Mit der Geburt und der Ablösung der Plazenta kommt die *Blutströmung in den Nabelschnurgefäßen* durch Verdrillung der Nabelschnur, durch Kontraktion der glatten Gefäßmuskulatur und gegebenenfalls zusätzlich durch Abbinden der Nabelschnur *zum Stillstand.* Da vorher ein beträchtlicher Teil des Zeitvolumens beider Ventrikel durch die Aa. umbilicales geflossen war, ist nun der *periphere Widerstand erhöht,* und der *Aortendruck steigt an.* Wegen des Wegfalls der Plazenta nimmt der CO_2-Partialdruck im Blut zu, die respiratorischen Neurone in der Medulla oblongata werden erregt, und die *Lungenatmung setzt ein.* Mit der *Entfaltung der Lungen sinkt der Strömungswiderstand* im Lungenkreislauf stark ab. Hierdurch kommt es zu einer erheblichen Zunahme der Stromstärke in der A. pulmonalis bei gleichzeitiger Druckabnahme. Dies führt zur *Umkehrung des Druckgefälles zwischen A. pulmonalis und Aorta* und zur *Strömungsumkehr im Ductus arteriosus.* Auch das Druckgefälle zwischen rechtem und linkem Vorhof kehrt sich um, da wegen des Wegfalls des Blutrückflusses aus der Plazenta der Druck im rechten Vorhof sinkt, während der Druck im linken Vorhof wegen des stärkeren Zuflusses aus der Lunge steigt. Hierdurch wird die *„Klappe" des Foramen ovale zugedrückt.* – Der Ductus venosus verschließt sich durch die Kontraktion der glatten Muskulatur.

Die Umbildung des Kreislaufs nach der Geburt, die letztendlich zu der Differenzierung in ein Hoch- und ein Niederdrucksystem führt, vollzieht sich verhältnismäßig langsam, so daß man von einem *„transitorischen Kreislauf des Neugeborenen"* spricht. Dieser transitorische Kreislauf nimmt eine Zwischenstellung zwischen dem Kreislauf des Fetus und dem des Kindes bzw. Erwachsenen ein und ist im wesentlichen durch folgende Vorgänge gekennzeichnet. Innerhalb der ersten 3 Stunden nach der Geburt verschließt sich der Dudctus venosus zunächst funktionell und oblitiert dann innerhalb eines Monats. – Die *Verschließung des Foramen ovale* beginnt etwa *1 Stunde nach der Geburt* und setzt sich in den darauffolgenden Tagen fort. Während dieser Zeit ist ein geringer, physiologisch bedeutungsloser intrakardialer Links-rechts-Shunt durch das Foramen ovale vorhanden. Eine völlige Verwachsung wird erst nach einigen Jahren erreicht. Bei 20–30 % aller Menschen bleibt eine kleine Öffnung im Vorhofseptum bestehen. – Der Ductus arteriosus beginnt sich etwa 1 Stunde nach der Geburt durch Kontraktion der glatten Muskulatur langsam zu verengen. Zunächst ist die Strömungsrichtung dieselbe wie beim Fetus, da der Druck in der A. pulmonalis noch höher ist als in der Aorta. Mit sinkendem Druck in der A. pulmonalis und steigendem Druck in der Aorta kommt es dann zur Strömungsumkehr im Ductus arteriosus, in dem nun ein extrakardialer Links-Rechts-Shunt besteht. Die Pulmonalgefäße werden dabei nicht nur vom rechten Ventrikel, sondern über die Aorta auch vom linken Ventrikel gespeist. Nach einer Zeit, die von *einigen Stunden bis zu wenigen Tagen* variieren kann, ist der *völlige* funktionelle *Verschluß des Ductus arteriosus* eingetreten. Die Zeitvolumina beider Ventrikel sind dann gleich groß. Der morphologische Verschluß des Ductus arteriosus wird in den meisten Fällen bis zum Ende des 1. Lebensjahres erreicht.

Unter den *angeborenen Herzfehlern* haben persistierende fetale Verbindungen in Form eines offenen ***Ductus arteriosus Botalli*** oder eines ***offenen Foramen ovale*** einen Anteil von je 15–20 %. Die damit verbundene Beeinträchtigung der Kreislauffunktion (beim offenen Ductus arteriosus gelangen u. U. mehr als 50 % des erhöhten Schlagvolumens des linken Ventrikels in den Lungenkreislauf, während beim offenen Foramen ovale meist erhöhte Volumenleistungen des rechten Ventrikels vorliegen) macht operative Korrekturen der Defekte erforderlich.

!

Die Hirndurchblutung wird bei Lagewechsel durch eine stark ausgeprägte Autoregulation konstant gehalten und wird bei Anstieg des CO_2-Partialdrucks und der H^+-Konzentration sowie durch Freisetzung von NO aus dem Endothel und den Neuronen gesteigert.
Eine Änderung der Splanchnikusdurchblutung erfolgt im Zusammenhang mit allgemeinen Kreislaufumstellungen. Bei Arbeit kommt es durch Aktivierung des Sympathikus zu einer Vasokonstriktion, nach Nahrungsaufnahme durch dessen Hemmung zu einer Vasodilatation; Serotonin und Kinine steigern zusätzlich die Darmdurchblutung. Die Dilatation der Skelettmuskelgefäße bei Muskelarbeit wird durch lokalmetabolische und endotheliale Faktoren ausgelöst, wobei rhythmische Kontraktionen durchblutungsfördernd wirken. Die Hautdurchblutung steht v. a. im Dienste der Thermoregulation; eine Durchblutungssteigerung erfolgt im Bereich der Akren durch zentrale Hemmung der sympathischen Aktivität, im Rumpfbereich durch Freisetzung von Bradykinin.

Die Plazenta dient dem Stoffaustausch zwischen mütterlichem und fetalem Blut. Im fetalen Kreislauf sind die beiden Ventrikel über das Foramen ovale sowie den Ductus arteriosus weitgehend parallel geschaltet. Nach der Geburt kommt es infolge der veränderten Drucksituation und der CO_2-Anreicherung im Blut zum Einsetzen der Lungenatmung und zu einer zunächst transitorischen, danach permanenten Umstellung der Kreislaufverhältnisse.

24.10 Messung von Kreislaufgrößen

In Praxis und Klinik wird der arterielle Blutdruck überwiegend mit der indirekten Methode nach Riva-Rocci bestimmt

Direkte Blutdruckmessung. Zur Messung und Registrierung des Blutdrucks dienen Manometer. Von *direkter Messung* spricht man, wenn das Manometer mit dem am Meßort befindlichen Blut in offener Verbindung steht.

Manometer einfachster Bauart sind die *Gravitationsmanometer*, d. h. einschenklige oder zweischenklige Flüssigkeitsmanometer, die z. B. Quecksilber oder Wasser als „manometrische Flüssigkeit" enthalten. Durch die sich einstellende Höhendifferenz zwischen ihrem unteren und oberen Spiegel setzt sich die Flüssigkeit auf Grund der Schwerkraft ins Gleichgewicht mit dem zu messenden Druck. Wegen der historisch althergebrachten Verwendung solcher Manometer pflegt man für praktische Zwecke den Blutdruck als Höhe einer Flüssigkeitssäule, z. B. mm Hg oder cm Wassersäule, anzugeben.

Ein ***Membranmanometer*** besteht im Prinzip aus einer starrwandigen Kammer, die an einem Ende mit einer dünnen elastischen Platte (Membran) z. B. aus Metall oder Kunststoff versehen ist. An das andere Ende der Kammer ist eine Kanüle angesetzt, die man in ein Blutgefäß einbindet bzw. einsticht. Das System wird gasblasenfrei mit geeigneter Salzlösung gefüllt. Die *druckproportionale Auslenkung der elastischen Membran* stellt das eigentliche *Meßsignal* dar, das in der Regel elektrisch über einen ***Druckwandler (Transducer)*** erfaßt wird. Die Druckwandler bestehen dabei aus Dehnungsmeßstreifen oder Halbleiterelementen, die ihren Widerstand bei Dehnung verändern. Die Messung der Widerstandsänderung wird dabei üblicherweise mittels einer *Wheatstone-Brücke* vorgenommen. Die in der klinischen Routine eingesetzten Meßsysteme, bei denen sich das Manometer am Ende eines langen, engen Katheters außerhalb des Körpers befindet, sind in ihrer Registriertreue für *genauere hämodynamische Analysen* aufgrund frequenzabhängiger Phasen- und Amplitudenfehler meist *nur begrenzt* einsetzbar. Mit modernen ***Katheterspitzenmanometern***, bei denen ein Miniaturmanometer mit sehr hoher Eigenfrequenz an einer Katheterspitze befestigt ist, kann jedoch auch eine amplituden- und phasengetreue Wiedergabe schneller Druckänderungen erfolgen. Nach elektronischer Verstärkung der primär kleinen elektrischen Signale können die Druckkurven mit geeigneten Registriergeräten kontinuierlich aufgezeichnet werden [5].

Indirekte Blutdruckmessung nach Riva-Rocci. Die Messung erfolgt meist an dem in Herzhöhe gelagerten Oberarm des liegenden oder sitzenden Patienten. Eine Gummi-Hohlmanschette, die zum Schutz gegen Aufblähen außen mit einer undehnbaren Stoffauflage überzogen ist, wird um den Oberarm gelegt. Mit Hilfe eines Gummiballons als Pumpe und eines Nadelventils kann

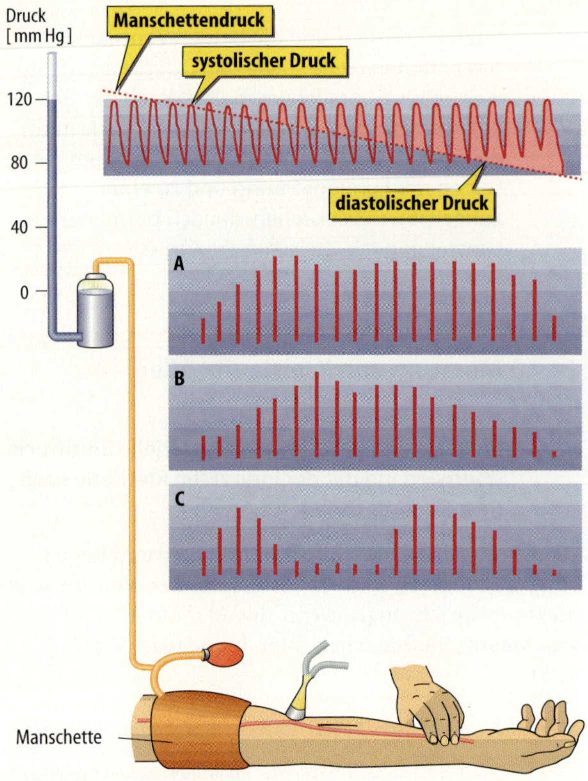

Abb. 24–51. Messung des Blutdrucks am Menschen nach dem Prinzip von RIVA-ROCCI. Schematische Darstellung der häufigsten akustischen Phänomene (Korotkow-Geräusche) bei der auskultatorischen Methode. Einzelheiten s. Text

der Druck in der Manschette verändert und kontinuierlich an einem seitenständig angeschlossenen Quecksilber- oder Membranmanometer abgelesen werden.

Bei der ***auskultatorischen Methode*** (nach Korotkow) werden systolischer und diastolischer Druck durch charakteristische Geräuschphänomene bestimmt, die distal von der Manschette mit einem Stethoskop über der A. brachialis in der Ellenbeuge abgehört werden (Abb. 24–51). Zur Messung des arteriellen Drucks wird der Manschettendruck zunächst schnell auf Werte gebracht, die über dem erwarteten systolischen Druck liegen. Die A. brachialis wird dadurch vollständig komprimiert, so daß die Blutströmung unterbrochen ist. Anschließend wird der Druck durch Öffnen des Ventils langsam reduziert. In dem Augenblick, in dem der *systolische Druck* unterschritten wird, tritt bei jedem Puls ein kurzes scharfes Geräusch (*Korotkow-Geräusch*) auf, das durch den Einstrom von Blut bei vorübergehender Aufhebung der Gefäßkompression während des Druckgipfels entsteht. Bei weiter abnehmendem Manschettendruck werden die Geräusche zunächst lauter und bleiben dann entweder auf einem konstanten Niveau (Abb. 24–51A) oder werden wieder etwas leiser (Abb. 24–51B). In einigen Fällen tritt nach initialer Zunahme der Lautstärke eine vorübergehende Abnahme, die sog. *auskultatorische Lücke* (Abb. 24–51C), mit anschließender erneuter Zunahme auf. Der *diastolische Druck* ist erreicht, wenn bei weiteren Abnahmen des Manschettendrucks die Geräusche *plötzlich dumpfer* und *schnell leiser* werden.

Die Korotkow-Geräusche entstehen durch turbulente Strömung, die sich als Folge der erhöhten Strömungsgeschwindigkeit im Bereich der Einengung der A. brachialis im Manschettenbereich entwickelt. Bei Manschettendrücken etwas unterhalb des systolischen Wertes tritt nur eine kurze turbulente Strömung auf, die sich mit abnehmenden Manschettendrücken über die Dauer der Systole verlängert.

Bei *erhöhter Aktivität des Kreislaufs*, z. B. bei schwerer Muskelarbeit, Überfunktion der Schilddrüse oder Aortenklappeninsuffizienz, bleiben häufig nach Übergang zu dumpfleisen Geräuschen fortlaufend leiser werdende Geräusche (u.U. bis zum Manschettendruck Null) bestehen. Eine zuverlässige Bestimmung des diastolischen Blutdrucks ist hier meist nicht möglich.

Mit der ***palpatorischen Methode*** kann dagegen nur der systolische Druck bestimmt werden. Dazu wird bei absinkendem Manschettendruck am Manometer der Druck abgelesen, bei dem sich gerade der Puls der A. radialis palpieren läßt.

Bei Verwendung von elastischen Manometern kann der Blutdruck auch aus den von der Arterie auf die Manschette übertragenen pulsierenden Druckschwankungen ermittelt werden (***oszillometrische Methode***). Bei suprasystolischen Manschettendrücken bestehen nur kleine Druckschwankungen, die durch das Anschlagen des Pulses an den komprimierten Arterienabschnitt verursacht werden. In dem Augenblick, in dem der systolische Druck unterschritten wird und eine kurze systolische Eröffnung der Arterie eintritt, nehmen die Oszillationen zu und erreichen ein Maximum im Bereich des diastolischen Drucks, wenn das Gefäß während der gesamten Systole eröffnet, während der Diastole aber noch geschlossen ist. Bei weiter abnehmenden Manschettendrücken und somit auch während der Diastole offenen Gefäßen sinken die Pulsationen schnell auf schließlich konstant bleibende niedrige Werte ab.

Einwandfreie Ergebnisse der Blutdruckmessung nach Riva-Rocci setzen voraus, daß die Manschette in Herzhöhe liegt, um eine Beeinflussung der gemessenen Werte durch hydrostatische Effekte auszuschließen. Die Breite der Manschette soll etwa die Hälfte des Armumfangs ausmachen, die Standardbreite für den Erwachsenen beträgt 12 cm. Bei großem Armumfang oder bei Messungen am Oberschenkel sind breitere, bei Kindern schmalere Manschetten erforderlich. Relativ zu schmale Manschetten erfordern zur Kompression der Arterie höhere Drücke und ergeben daher zu hohe, relativ zu breite Manschetten dagegen zu niedrige Meßwerte.

Für die nichtinvasive Messung der Blutströmung findet v. a. das Ultraschall-Doppler-Verfahren Verwendung

Elektromagnetische Strömungsmessung. Bei dieser Methode der Strömungsmessung liegt das *operativ freigelegte Gefäß* mit seiner Längsachse zwischen den Polen eines elektromagnetischen Feldes, wobei die Passage der *Elektrolytlösung Blut* eine senkrecht zu den Kraftlinien und senkrecht zur Strömungsrichtung des Blutes liegende Spannung induziert, die durch entsprechend angeordnete Elektroden an der Außenseite des Gefäßes abgegriffen wird. Die Spannung ist dabei in jedem Augenblick direkt proportional der Stromstärke, so daß pulsierende Strömungen exakt erfaßt werden können. Diese Methode gilt als Standardverfahren der Blutströmungsmessung.

Ultraschall-Doppler-Verfahren. Beim Ultraschall-Doppler-Verfahren kann die Strömungsgeschwindigkeit in oberflächlichen Gefäßen transkutan, d. h. durch die intakte Haut, gemessen werden. Bei diesem Verfahren wird kontinuierlich Ultraschall der Frequenz f_0, meist 4 oder 8 MHz, mittels eines piezoelektrischen Senderkristalls in das Blutgefäß schräg zur Längsachse gesendet (continuous wave = CW-Doppler-Verfahren, s. Abb. 24–52). Der von den Blutkörperchen rückgestreute Ultraschall wird von einem

A

B

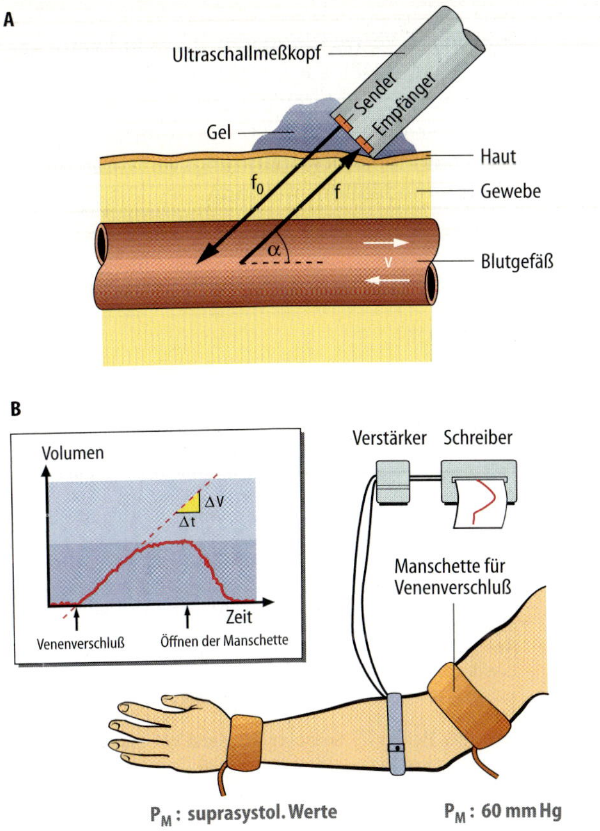

Abb. 24–52. Nichtinvasive Verfahren der Blutströmungsmessung. **A:** Schematische Darstellung der transkutanen Messung der Blutströmungsgeschwindigkeit nach dem Ultraschall-Doppler-Prinzip. f_0 = Sendefrequenz, f = Empfangssignal, v = Strömungsgeschwindigkeit des Blutes. **B:** Prinzip der Venen-Verschlußplethysmographie

zweiten Kristall empfangen. Gemäß dem Doppler-Effekt ist die Frequenz f des rückgestreuten Ultraschalls höher als f_0, wenn sich die Blutkörperchen zum Senderkristall hinbewegen, und niedriger als f_0, wenn sie sich von ihm wegbewegen. Die Differenz $f-f_0$ wird als ***Dopplerfrequenz*** (Δf) bezeichnet und ist proportional der Geschwindigkeit der rückstreuenden Blutkörperchen. Da die Strömungsgeschwindigkeit an verschiedenen Orten eines Gefäßquerschnittes verschieden groß ist (s. Abb. 24–4), ergibt sich für jeden kurzen Zeitabschnitt ein Spektrum von f und somit auch von $f-f_0$, aus dem eine Signalspannung gewonnen werden kann, die der über den *Blutgefäßquerschnitt gemittelten Strömungsgeschwindigkeit annähernd proportional* ist. Die CW-Doppler-Verfahren gehören zum Standardrepertoire der angiologischen Diagnostik, vor allem zur Erfassung von Gefäßstenosen im Bereich des Kopfes und der Extremitäten [5].

Eine fortlaufende *Erfassung des Geschwindigkeitsprofils* und der *Stromstärke* ist mittels ***„gepulster" Ultraschall-Doppler-Geräte*** möglich. Hierbei erfolgt die Aussendung des Ultraschalls nicht kontinuierlich, sondern in Form kurzer Wellenzüge mit einer Wiederholungsrate von 10^4/s oder mehr. Das vom rückgestreuten Ultraschall im Empfängerkristall hervorgerufene Signal wird mit einer „Tor"-Schaltung verarbeitet. Das „Tor" wird jeweils mit bestimmter Verspätung nach Beginn der Aussendung eines Wellenzugs für kurze Zeit geöffnet, so daß nur das Signal des in einer bestimmten Entfernung vom Sender rückgestreuten Ultraschalls verwertet wird. Durch systematische Variation der Verspätung der Toröffnungen (oder durch mehrere nacheinander geöffnete Tore) läßt sich die Verteilung der Blutströmungsgeschwindigkeit entlang einem schrägen Durchmesser des Gefäßes messen, woraus auf elektronischem Wege das Geschwindigkeitsprofil und die Stromstärke fortlaufend errechnet werden können.

Eine Modifikation der Strömungsmessung nach dem Dopplerprinzip stellt die ***Laser-Doppler-Fluxmessung*** dar, mit der jedoch nur *relative Änderungen* des *mikrovaskulären Flusses* in der Haut erfaßt werden können. Eine absolute Flußmessung ist mit Laser-Doppler-Systemen nicht möglich. Bei dem Verfahren wird über eine Glasfaser Licht eines *Helium-Neon-Lasers* in die Haut eingestrahlt und das von den bewegten Erythrozyten remittierte Licht, das aufgrund des Doppler-Effekts in seiner Frequenz verschoben ist, über einen zweiten Lichtleiter einem Photodetektor zugeführt. Das erzeugte Spannungssignal entspricht dem Produkt aus mittlerer Fließgeschwindigkeit der Erythrozyten und deren Anzahl in dem erfaßten Gewebeabschnitt. Mit einer Eindringtiefe von 1–6 mm wird mit dem Laser-Doppler-System der *Blutfluß in* den *subpapillären Venenplexus* und *arteriovenösen Anastomosen* bestimmt. Somit werden in erster Linie thermoregulatorische und weniger nutritive Anteile der Hautdurchblutung erfaßt [25].

Venenverschlußplethysmograpie. Bei diesem Verfahren werden die bei Unterbrechnung des venösen Abflusses auftretenden *Volumenzunahmen* einer Extremität bzw. einzelner Abschnitte zur Ermittlung der arteriellen Stromstärke benutzt. Die Extremitätenteile werden dazu in einen starrwandigen, am Eingang abgedichteten Behälter gebracht. Mit Hilfe einer proximal davon angebrachten aufblasbaren Manschette wird vorübergehend der venöse Abstrom ohne Beeinträchtigung des arteriellen Einstromes durch subdiastolische Drücke unterbrochen und die auftretende Volumenzunahme durch geeignete Volumenschreiber registriert. Aus der Geschwindigkeit der Volumensteigerung in der Anfangsphase läßt sich der arterielle Einstrom ($\Delta V/\Delta t$, s. Abb. 24–52) berechnen. Mit zunehmender Venenfüllung steigt der Venendruck an und erreicht schließlich Werte, bei denen der Manschettendruck überwunden wird und ein venöser Abstrom wieder einsetzt. Auf diese Weise entsteht ein neues *Volumengleichgewicht,* aus dem sich bei gleichzeitiger Messung des Venendrucks Aussagen über die Compliance (s. S. 503) des Gefäßbettes machen lassen.

Weite Verbreitung haben heute *Verfahren* gefunden, bei denen die Volumenänderungen mit zirkulär um den größten Umfang der Extremität gelegten *Dehnungsmeßstreifen* bzw. dünnen *quecksilbergefüllten Silikonschläuchen* gemessen wird. Durch die Umfangs- bzw. Längenzunahme kommt es zur Änderung des elektrischen Widerstandes in den Meßfühlern, die über eine Brückenschaltung als Meßsignal verarbeitet wird. Wird zusätzlich durch eine distale Okklusionsmanschette, die auf suprasystolische Druckwerte aufgepumpt wird, der arterielle Einstrom in die Hand bzw. den Fuß blockiert, so läßt sich mit dem Verfahren unter Berücksichtigung der geometrischen Form der Extremität die Unterarm- bzw. die Unterschenkeldurchblutung ermitteln (Abb. 24–52).

Die Messung des Herzzeitvolumens kann nach dem Fickschen Prinzip oder dem Indikatorverdünnungsverfahren erfolgen

Ficksches Prinzip. Dem Fickschen Prinzip liegt die Überlegung zugrunde, daß die in einem Organ aus dem Blut aufgenommene oder an dieses abgegebene Stoffmenge $\dot{m}$ gleich ist der Differenz zwischen der zugeleiteten und abgeführten Menge dieses Stoffes. Drückt man den Stoffmengentransport pro Zeiteinheit jeweils als Produkt aus Stromstärke Q und Konzentration C aus, so gilt

$$\dot{m} = \dot{Q}C_1 - \dot{Q}C_2 = \dot{Q}\,(C_1 - C_2) \qquad (19)$$

Diese Beziehung kann dazu dienen, die Stromstärke des durch die Lunge fließenden Blutes, d.h. praktisch das Herzzeitvolumen (HZV), zu bestimmen. Verwendet man als natürlichen Indikator Sauerstoff, so ist für die ausgetauschte Stoffmenge $\dot{V}_{O_2}$ und für $C_1 - C_2$ die O_2-Konzentrationsdifferenz zwischen arterialisiertem Blut und venösem Mischblut (A. pulmonalis) $C_{aO_2} - C_{vO_2}$ einzusetzen:

$$HZV = \dot{V}_{O_2} / (C_{aO_2} - C_{vO_2}) \qquad (20)$$

$\dot{V}_{O_2}$ kann spirometrisch bestimmt werden, C_{aO_2} und C_{vO_2} erhält man durch Analyse des Blutes, das man durch Punktion einer peripheren Arterie und mit Hilfe eines Katheters aus der A. pulmonalis gewinnt. In ähnlicher Form können Herzzeitvolumenbestimmungen auch mit CO_2 oder Fremdgasen wie Azetylen oder Stickoxydul als Indikator vorgenommen werden.

Indikatorverdünnungsverfahren. Diese Methode ermöglicht die Bestimmung des Herzzeitvolumens ohne daß der Proband (etwa durch eine Herzkatheterisierung) stärker belastet wird. Hierzu injiziert man einen inerten Indikator in die venöse Strombahn und verfolgt die Änderung seiner Konzentration im arteriellen Blut. Geeignet sind Indikatoren (Farbstoffe, radioaktive Substanzen), die den Plasmaraum in der Meßperiode nicht verlassen und eine einfache Konzentrationsbestimmung zulassen. Die schnell injizierte Indikatormenge m verdünnt sich gleichmäßig im Plasmavolumen, das mit der Stromstärke Q_{pl} in einer bestimmten Zeit t_P durch die arterielle Strombahn fließt. Bezeichnet man die mittlere Konzentration des verdünnten Indikators mit C_m, so ergibt sich die Massenbilanz:

$$m = \dot{Q}_{Pl} \cdot t_P \cdot C_m \quad \text{oder} \quad \dot{Q}_{Pl} = \frac{m}{t_P \cdot C_m} \tag{21}$$

Die Werte für t_p und C_m gewinnt man aus dem zeitlichen Verlauf der arteriellen Indikatorkonzentration, die man bei Verwendung von Farbstoffen photometrisch (z. B. am Ohrläppchen) registrieren kann. Die Konzentrationskurve läßt einen schnellen Anstieg und langsameren Abfall erkennen, dem kleinere Schwankungen folgen. Da diese nachfolgenden Wellen von erneuten Farbstoffumläufen (Rezirkulationen) herrühren, wird nur die erste Kurve (Primärkurve) für die Auswertung herangezogen. Aus der Primärkurve lassen sich die mittlere Konzentration durch Integration und die Passagezeit bestimmen.

Thermodilutionsmethode. Dieses Verfahren stellt eine Modifikation der Farbstoffverdünnungsmethoden dar, bei der die *mit der Rezirkulation verbundenen Schwierigkeiten* bei der Auswertung der Konzentrationskurven *vermieden* werden. Als Indikator wird *ein Bolus eisgekühlter Flüssigkeit,* z. B. physiologische Salzlösung, proximal injiziert. Die durch den kalten Bolus verursachten Temperaturänderungen werden stromabwärts im Gefäß mit einem Thermofühler fortlaufend registriert, der an der Spitze des Katheters angebracht ist. Der *zeitliche Temperaturverlauf* sieht *ähnlich* aus wie eine *Farbstoffverdünnungskurve,* nur fehlt bei der Kälteverdünnung der durch die Rezirkulation hervorgerufene zweite sowie die weiteren Gipfel, da sich die kalte Salzlösung bei der Kapillarpassage auf Körpertemperatur erwärmt.

!

Die direkte Blutdruckmessung wird mit einem intravasal oder außerhalb des Körpers gelegenen Membranmanometer durchgeführt. In der ärztlichen Praxis erfolgt die Blutdruckmessung meist im indirekten Verfahren nach Riva-Rocci. Hierzu wird eine Oberarmmanschette über den systolischen Druck hinaus aufgepumpt und danach langsam entlastet. Der systolische und der diastolische Druck lassen sich dabei durch Beurteilung der (Korotkow-)Geräusche bestimmen, die mittels eines Stethoskops über der A. brachialis wahrgenommen werden (auskultatorische Methode). Geeignete Verfahren zur nichtinvasiven (unblutigen) Messung der Strömungsgeschwindigkeit in oberflächennahen Gefäßen sind das Ultraschall-Doppler-Verfahren und die Laser-Doppler-Fluxmessung. Die Durchblutung einer Extremität kann mittels der Venenverschußplethysmographie bestimmt werden. Grundlage für die Messung des Herzzeitvolumens (HZV) ist das Ficksche Prinzip. Bei Verwendung von O_2 als Indikator ergibt sich das HZV aus der pulmonalen O_2-Aufnahme, dividiert durch die arteriovenöse O_2-Differenz. Geeignet für die HZV-Bestimmung sind auch das Indikatorverdünnungsverfahren und die Thermodilutionsmethode.

24.11 Literatur

Weiterführende Lehr- und Handbücher

1. Astrand PO, Rodahl K (1986) Textbook of work physiology. McGraw-Hill, New York
2. Aviado DM (1965) The lung circulation. Vols.1 and 2 Pergamon, New York
3. Bohr DF, Somlyo AP, Sparks Jr HV (eds) (1980) Handbook of physiology, Section 2: The cardiovascular system. Vol.II Vascular smooth muscle. American Physiological Society, Bethesda
4. Brecher GA (1965) Venous return. Grune and Stratton, London
5. Busse R (Hrsg) (1982) Kreislaufphysiologie. Thieme, Stuttgart
6. Caro CG, Pedley TJ, Schroter RC, Seed WA (1978) The mechanics of the circulation. Oxford University, New York-Toronto
7. Gauer OH (1972) Kreislauf des Blutes. In: Gauer OH, Kramer K, Jung R (Hrsg.) Physiologie des Menschen. Bd. 3: Herz und Kreislauf. Urban & Schwarzenberg, München-Berlin-Wien, pp81–326
8. Johnson PC (1978) Peripheral circulation. Wiley & Sons, NewYork-Chichester-Brisbane-Toronto
9. Levick JR (1991) An introduction to cardiovascular physiology. Butterworths, London
10. Lüscher TF, Vanhoutte PM (1990) The endothelium: modulator of cardiovascular function. CRC Press, Boca Raton
11. Milnor WR (1982) Hemodynamics. Williams & Wilkins, Baltimore
12. Moncada S, Feelisch M, Busse R, Higgs EA (eds) (1994) Biology of nitric oxide. Vol. 3 Physiological and clinical aspects. Portland Press, London
13. Patton HD, Fuchs AF, Hille B, Scher AM, Steiner R (eds) (1989) Textbook of physiology. Vol.2 Circulation, respiration, body fluids, metabolism, and endocrinology. WB Saunders Company, Philadelphia
14. Renkin EM, Michel CC (eds) (1984) Handbook of physiology, Section 2: The cardiovascular system. Vol.IV Microcirculation. American Physiological Society, Bethesda
15. Ryan US, Rubanyi GM (1992) Endothelial regulation of vascular tone. Marcel Dekker, NewYork-Basel-Hongkong
16. Shepherd JT, Abboud FM (eds) (1983) Handbook of physiology, Section 2: The cardiovascular system. Vol.III Peripheral circulation and organ blood flow. American Physiological Society, Bethesda
17. Shepherd JT, Vanhoutte PM (1975) Veins and their control. Saunders, London
18. Shepherd JT, Vanhoutte PM (1979) The human cardiovascular system – Facts and concepts. Raven, New York

Einzel- und Übersichtsarbeiten

19. Agarwal SK, Gelsema AJ, Calaresu FR (1990) Inhibition of rostral VLM by baroreceptor activation is relayed through caudal VLM. Am J Physiol 258:R1271-R1278
20. Bjornberg J, Albert U, Mellander S (1990) Resistance responses in proximal arterial vessels, arterioles and veins

during reactive hyperemia in skeletal muscle and their underlying regulatory mechanisms. Acta Physiol Scand 139:535–550
21. Busse R, Fleming I (1993) The endothelial organ. Current Opinion Cardiol 8:719–727
22. Busse R, Fleming I, Schini VB (1995) Nitric oxide formation in the vascular wall: regulation and functional implications. Current Top Microbiol Immunol 196:7–18
23. Cowley AW Jr (1992) Long-term control of arterial blood pressure. Physiol Rev 72:231–300
24. Cowley AW Jr, Liard JF, Guyton AC (1973) Role of the baroreceptor reflex in daily control of arterial blood pressure and other variables in dogs. Circ Res 32:564–578
25. Creutzig A (1994) Laser-Doppler-Fluxmetrie. In: Alexander K (Hrsg.) Gefäßkrankheiten. Urban & Schwarzenberg, München. pp261–264
26. Curry FE (1986) Determinants of capillary permeability: a review of mechanisms based on single capillary studies in the frog. Circ Res 59:367–380
27. Davies MJ (1991) Myogenic response gradient in an arteriolar network. In: Mulvany MJ, Aalkjaer C, Heagerty AM, Nyborg NCB, Strandgaard S (eds) Resistance arteries, structure and function. Elsevier, Amsterdam, pp51–55
28. Faraci FM, Brian Jr JE (1993) Nitric oxide and the cerebral circulation. Stroke 25:692–703
29. Furchgott RF, Zawadzki JV (1980) The obligatory role of endothelial cells in the relaxation of arterial smooth muscle by acetylcholine. Nature 288:373–376
30. Furness JB, Marshall JM (1974) Correlation of the directly observed responses of mesenteric vessels of the rat to nerve stimulation and noradrenaline with the distribution of adrenergic nerves. J Physiol (Lond) 239:75–88
31. Griffith T (1995) Endothelium-derived relaxing factor and the control of flow in conduit and resistance arteries. In: Bevan JA, Kaley G, Rubanyi GM (eds) Flow-dependent regulation of vascular function. American Physiological Society, Oxford, pp178–213
32. Hecker M, Bara AT, Bauersachs J, Busse R (1994) Characterization of endothelium-derived hyperpolarizing factor as a cytochrome P450-derived arachidonic acid metabolite. J Physiol (Lond) 481:407–414
33. Henry JP, Gauer OH (1950) The influence of temperature upon venous pressure in the foot. J Clin Invest 29:855–862
34. Lamontagne D, Pohl U, Busse R (1992) Mechanical deformation of vessel wall and shear stress determine the basal EDRF release in the intact coronary vascular bed. Circ Res 70:123–130
35. Li YW, Gieroba ZJ, McAllen RM, Blessing WW (1991) Neurons in rabbit caudal ventrolateral medulla inhibit bulbospinal barosensitive neurons in rostral medulla. Am J Physiol 261:R44-R51
36. Marshall JM (1991) The venous vessels within skeletal muscle. News Physiol Sci 6:11–15
37. Matsukawa S, Reid IA (1990) Role of the area postrema in the modulation of the baroreflex control of heart rate by angiotensin II. Circ Res 67:1462–1473
38. Michel CC (1988) Capillary permeability and how it may change. J Physiol (Lond) 404:1–29
39. Nathan C (1992) Nitric oxide as a secretory product of mammalian cells. FASEB J 6:3051–3064
40. Paton JFR, Spyer KM (1990) Brain stem regions mediating the cardiovascular responses elicited from the posterior cerebellar cortex in the rabbit. J Physiol (Lond) 427:533–552
41. Pearson PJ, Vanhoutte PM (1993) Vasodilator und vasoconstrictor substances produced by the endothelium. Rev Physiol Biochem Pharmacol 122:2–67
42. Persson P, Ehmke H, Kirchheim H, Seller H (1988) Effect of sino-aortic denervation in comparison to cardiopulmonary deafferentiation on long-term blood pressure in conscious dogs. Pflügers Arch 411:160–166
43. Pohl U, Holtz J, Busse R, Bassenge E (1986) Crucial role of endothelium in the vasodilator response to increased flow in vivo. Hypertension 8:37–44
44. Pohl U, Lamontagne D, Bassenge E, Busse R (1994) Attenuation of coronary autoregulation in the isolated rabbit heart by endothelium-derived nitric oxide. Cardiovasc Res 28:414–419
45. Schimmler W (1965) Untersuchungen zu Elastizitätsproblemen der Aorta. (Statistische Korrelation der Pulswellengeschwindigkeit zu Alter, Geschlecht und Blutdruck) Arch Kreisl Forsch 47:189–233
46. Schmid-Schönbein GW (1990) Microlymphatics and lymph flow. Physiol Rev 70:987–1028
47. Somogyi P, Minson JB, Morilak D, Llewellyn-Smith I, McIlhinney JRA, Chalmers J (1989) Evidence for an excitatory amino acid pathway in the brainstem and for its involvement in cardiovascular control. Brain Res 496:401–407
48. Staessen J, Amery A, Fagard R (1990)Isolated systolic hypertension in the elderly. J Hypertens 8:393–405
49. Sun MK, Spyer KM (1991) GABA-mediated inhibition of medullary vasomotor neurones by area postrema stimulation in rats. J Physiol (Lond) 436:669–684
50. Yang RH, Jin H, Wyss JM, Chen YF, Oparil S (1992) Pressor effect of blocking atrial natriuretic peptide in nucleus tractus solitarii. Hypertension 19:198–205
51. Zeiher AM, Drexler H, Wollschlager H, Just H (1991) Modulation of coronary vasomotor tone in humans – progressive endothelial dysfunction with different early stages of coronary atherosclerosis. Circulation 83:391–401

Atmung

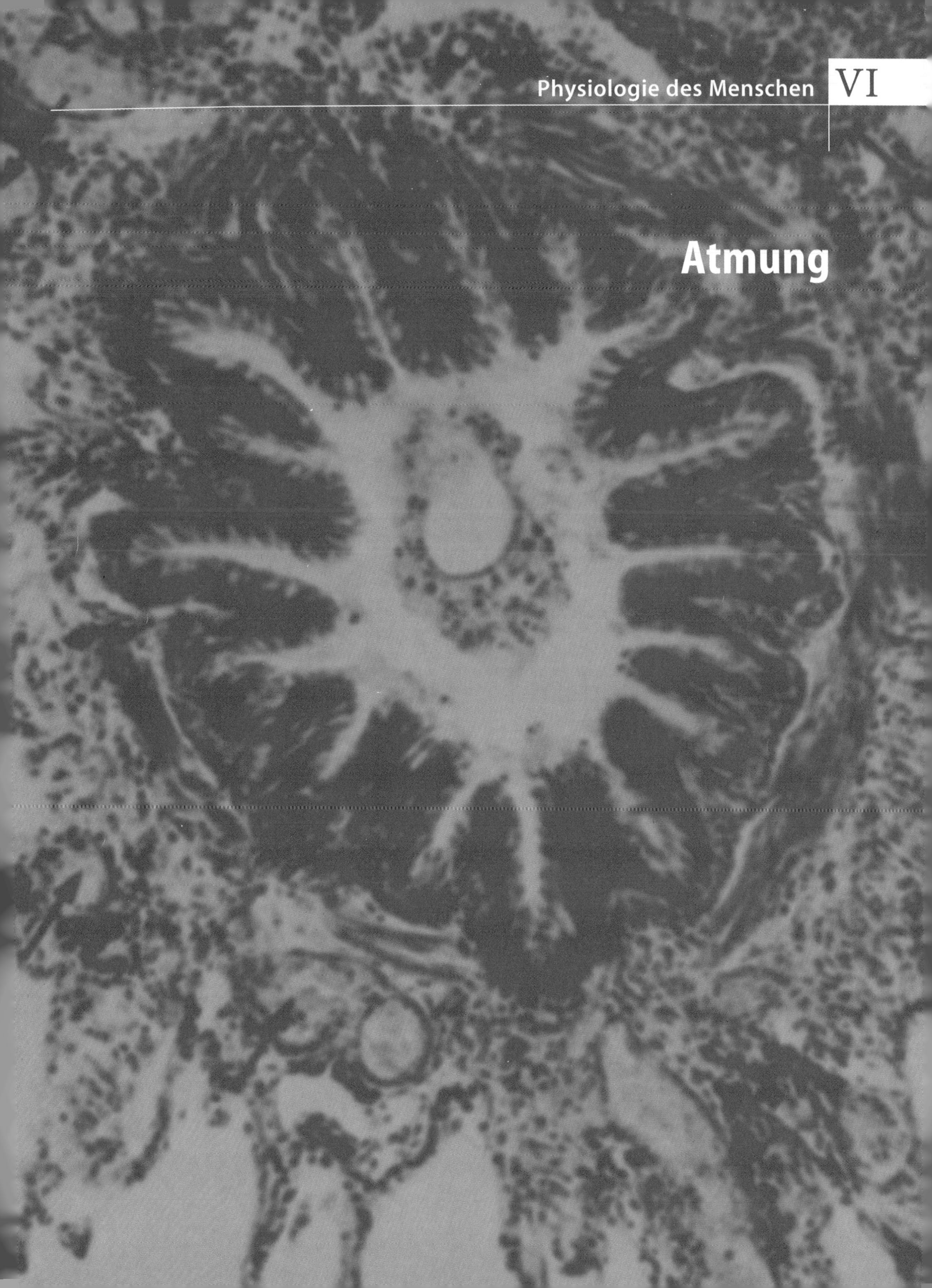

Lungenatmung 25

G. Thews

EINLEITUNG Am 8. Mai 1794 bestieg Antoine Laurent Lavoisier die Guillotine und wurde auf Weisung des Revolutionstribunals hingerichtet. Damit endete das Leben eines Mannes, der zu den genialsten Naturforschern des 18. Jahrhunderts zählte. Das Tribunal jedoch befand: „Wir brauchen keine Gelehrten mehr."

Lavosier verdanken wir u. a. die Erkenntnis, daß Sauerstoff, der mit der Atmung aus der Luft in den Körper aufgenommen wird, die Lebensvorgänge von Menschen und Tieren unterhält. Nach unserer heutigen Kenntnis ist die laufende Sauerstoffzufuhr für den oxidativen Abbau der Nährstoffe in den Zellen erforderlich, die auf diese Weise ihre Energie gewinnen. Ebenso wichtig für die Zellfunktionen ist der ständige Abtransport des Stoffwechselendprodukts Kohlendioxyd. Dieser Gaswechsel zwischen den Zellen und der Umgebung wird ganz allgemein als ***Atmung*** bezeichnet.

25.1 Morphologische Grundlagen der Atmungsfunktion

Der Atemgastransport innerhalb des Körpers erfolgt teils durch Konvektion, teils durch Diffusion. Am O_2-Transport von der Umgebungsluft bis zu den Orten des Sauerstoffverbrauchs in den Zellen sind nacheinander beteiligt (Abb. 25–1):

- *der konvektive Transport zu den Lungenalveolen durch die Ventilation,*
- *die Diffusion von den Alveolen in das Lungenkapillarblut,*
- *der konvektive Transport zu den Gewebekapillaren durch den Blutkreislauf,*
- *die Diffusion von den Gewebekapillaren in die umgebenden Zellen.*

Beim Abtransport des Kohlendioxids sind die 4 Teilprozesse in umgekehrter Reihenfolge hintereinandergeschaltet.

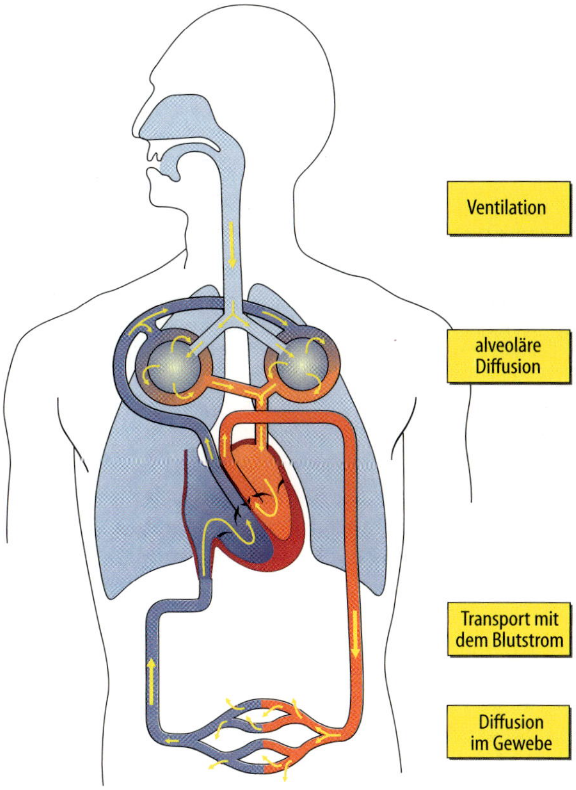

Abb. 25–1. Übersicht über den Transportweg des Sauerstoffs beim Menschen (*gelbe* Pfeile)

Formänderungen des Thoraxraums werden durch Rippen- und Zwerchfellbewegungen erzeugt

Rippenbewegungen. Die Rippen sind jeweils mit dem Wirbelkörper und einem Processus transversalis gelenkig verbunden. Um die Verbindungsgerade zwischen den beiden Gelenken, die man als Rippenhalsachse bezeichnet, können die Rippen eine Drehbewegung ausführen. Bedingt durch die Lage der Drehachse, werden unter der Einwirkung der Inspirationsmuskeln die Rippenbögen angehoben, wodurch sich Tiefen- und Querdurchmesser des Thorax erweitern (Abb. 25–2A). Entsprechend führt die Senkung der Rippenbögen zur Verkleinerung des Thoraxraumes [17].

Die inspiratorische Rippenhebung wird hauptsächlich durch die ***äußeren Zwischenrippenmus-***

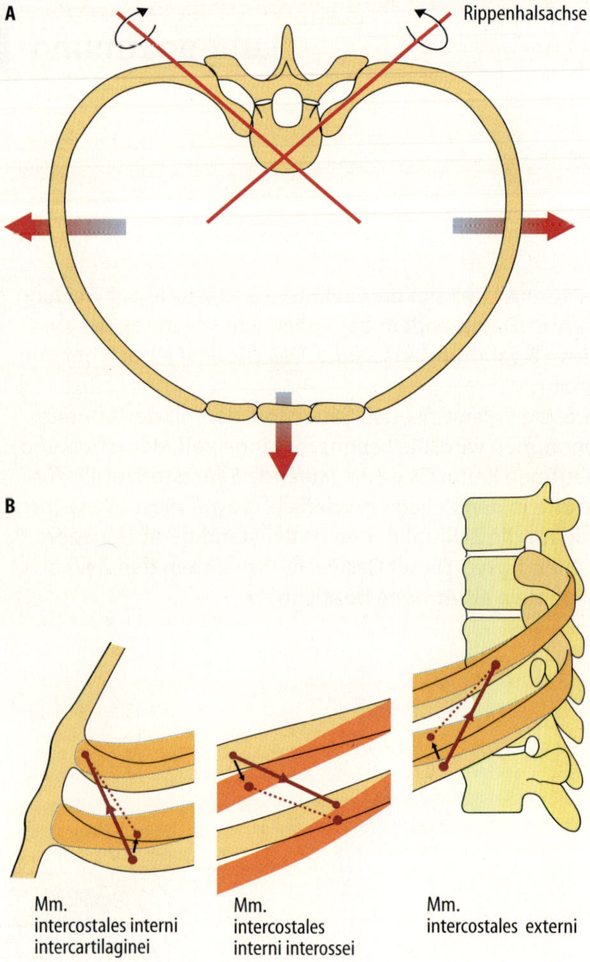

Abb. 25–2. A Erweiterung des Thoraxquerschnitts (*in Pfeilrichtung*) bei der Inspiration, **B** Faserverlauf der Interkostalmuskulatur (*rot*) in schematischer Darstellung zur Erläuterung der Zugwirkungen bei Inspiration und Exspiration

keln (*Mm. intercostales externi*) bewirkt (Abb. 25–2B) [3, 6, 17]. Ihre Faserzüge verlaufen so, daß der Ansatzpunkt jeweils an der unteren Rippe weiter vom Gelenkdrehpunkt entfernt ist als an der oberen Rippe. Bei der Kontraktion wird also auf die jeweils untere Rippe ein größeres Drehmoment ausgeübt, so daß eine Hebung gegen die nächsthöhere Rippe resultiert. Auf diese Weise tragen bei gleichzeitiger Anhebung der oberen Rippen durch die Mm. scaleni die äußeren Zwischenrippenmuskeln zusammen zur Thoraxhebung bei. Für die Ausatmung, die normalerweise passiv erfolgt (s. S. 575), kann zusätzlich der größte Teil der ***inneren Zwischenrippenmuskeln*** (*Mm. intercostales interni*) eingesetzt werden. Wenn sie sich kontrahieren, wird aufgrund ihres Faserverlaufs die jeweils obere Rippe der darunterliegenden genähert und damit der Thorax gesenkt. Wie Abb. 25–2B zeigt, sind die zwischen den Rippenknorpeln ausgespannten Anteile (Partes intercartilagineae) der inneren Zwischenrippenmuskeln an der Hebung des Sternums beteiligt.

Atemhilfsmuskulatur. Bei erhöhten Anforderungen an die Atmungsarbeit, insbesondere bei Atemnot, werden die regulären Atmungsmuskeln durch *Hilfsmuskeln* unterstützt [3, 6]. Als Hilfseinatmer wirken alle Muskeln, die am Schultergürtel, am Kopf oder an der Wirbelsäule ansetzen und in der Lage sind, die Rippen zu heben. Hierzu zählen in erster Linie die *Mm. pectorales major* und *minor*, die *Mm. scaleni* und der *M. sternocleidomastoideus* sowie Teile der *Mm. serrati* (Abb. 25–3). Voraussetzung für ihren Einsatz als Atmungsmuskeln ist die Fixierung ihres Ansatzpunktes. Typisch hierfür ist das Verhalten eines Menschen in Atemnot, der sich auf einen festen Gegenstand aufstützt und den Kopf nach hinten beugt. Als Hilfsausatmer dienen v. a. die *Bauchmuskeln,* welche die Rippen herabziehen und als Bauchpresse die Baucheingeweide mit dem Zwerchfell nach oben drängen.

Zwerchfellbewegung. Der wirkungsvollste Inspirationsmuskel ist das *Diaphragma*, das über den *N. phrenicus* (aus C3-C5) innerviert wird. Normalerweise wölbt sich das Zwerchfell kuppelförmig in den Thoraxraum hinein; in Ausatmungsstellung liegt es in einer Ausdehnung von 3 Rippenhöhen der inneren Thoraxwand an (Abb. 25–4). Bei der Einatmung kontrahieren sich die Muskelzüge des Zwerchfells. Es kommt zu einer Abflachung, wodurch sich die Muskelplatte von der inneren Thoraxwand entfernt. Die dabei eröffneten Räume, die als *Recessus phrenicocostales* bezeichnet werden, bieten für die hier lokalisierten Lungenpartien eine gute Entfaltungsmöglichkeit und damit eine entsprechend gute Belüftung.

Brust- und Bauchatmung. Je nachdem, ob die Erweiterung des Brustraums bei normaler Atmung überwiegend durch Hebung der Rippen oder mehr durch Senkung des Zwerchfells zustande kommt, unterscheidet man einen ***kostalen Atmungstyp*** (Brustatmung) von einem ***abdominalen Atmungstyp*** (Bauchatmung). Bei der Brustatmung wird die Atmungsarbeit hauptsächlich von der Interkostalmuskulatur geleistet, während das Zwerchfell mehr passiv den Druckänderungen im Thoraxraum folgt. Bei der Bauchatmung bewirkt die stärkere Kontraktion der Zwerchfellmuskulatur v. a. eine inspiratorische Erweiterung des unteren Thoraxraums, wobei wegen der Verlagerung der Baucheingeweide die Bauchwand vorgewölbt wird.

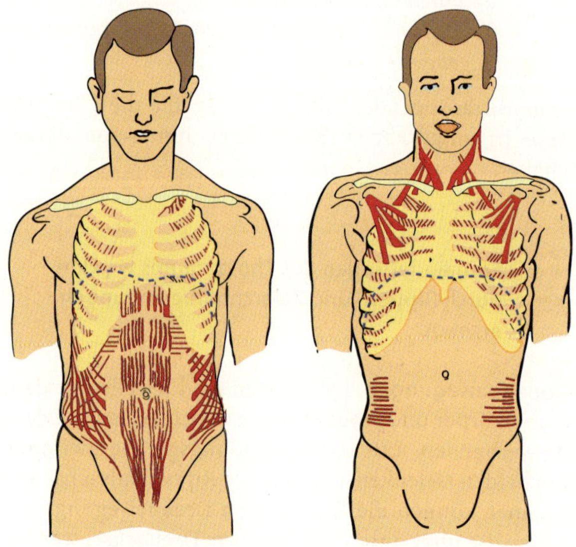

Abb. 25–3. Auxiliäre Atmungsmuskulatur. *Links:* Hilfsmuskeln für die Exspiration; *rechts:* Hilfsmuskeln für die Inspiration. Nach [3]

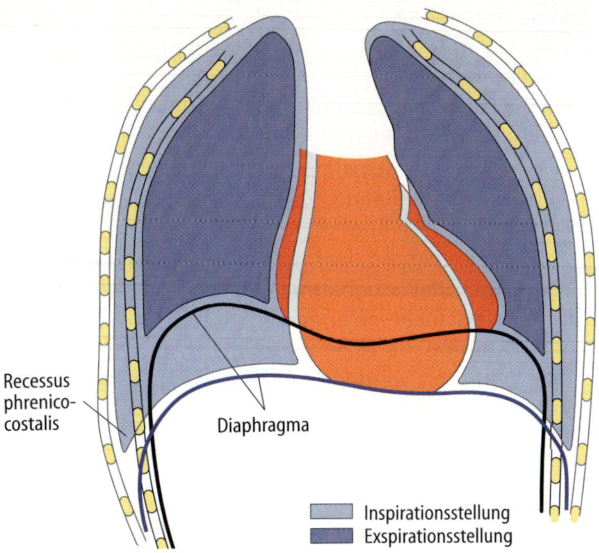

Abb. 25–4. Formänderungen des Thoraxraums beim Übergang von der Exspirationsstellung *(dunkelblau)* zur Inspirationsstellung *(hellblau)*

!

Bei der Einatmung (Inspiration) führt die Kontraktion der Mm. intercostales externi zu einer Hebung der Rippenbögen und damit zu einer seitlich und nach vorn gerichteten Erweiterung des Thoraxraums. Bei der normalerweise passiv erfolgenden Ausatmung (Exspiration) können zusätzlich die Rippenbögen durch die Zugwirkung der entgegengesetzt orientierten Mm. intercostales interni interossei gesenkt werden. Die Interkostalmuskulatur wird insbesondere bei vertiefter Atmung durch die auxiliäre Atmungsmuskulatur unterstützt. Der wirkungsvollste Inspirationsmuskel ist das Diaphragma. Bei Kontraktion seiner Faserzüge flacht sich die Zwerchfellkuppel ab, wobei sich der Thoraxraum unter Eröffnung der Recessus phrenicocostales nach unten erweitert.

Die Weite der luftleitenden Atemwege wird durch das vegetative Nervensystem kontrolliert

Aufbau des Atemwegsystems. Bei der inspiratorischen Erweiterung der Lunge wird die Frischluft über ein verzweigtes Röhrensystem zu den Gasaustauschgebieten geleitet [19, 30, 31]. Über die ***Trachea*** gelangt die Luft in die beiden Hauptbronchien und verteilt sich dann auf die immer feineren Verzweigungen des Bronchialbaums (Abb. 25–5). Bis zu den *Terminalbronchiolen* der 16. Teilungsgeneration hat das Atemwegssystem ausschließlich eine Leitungsfunktion. Daran schließen sich die *Bronchioli respiratorii* an (17.–19. Generation), in deren Wänden bereits einige Alveolen vorkommen. Mit der 20. Aufzweigung beginnen die *Alveolargänge* (Ductus alveolares), die mit Alveolen dicht besetzt sind. Dieser Bereich, der überwiegend dem Gasaustausch dient, wird als *Respirationszone* bezeichnet.

Bis zu den Terminalbronchiolen erfolgt die Luftbewegung im Atemwegssystem allein durch *Konvektion*. In den nachfolgenden Atemwegsabschnitten der Übergangs- und Respirationszone erreicht der Gesamtquerschnitt ein solches Ausmaß (Abb. 25–5), daß die Massenbewegung in Längsrichtung nur noch gering ist. In diesem Bereich gewinnt die *Diffusion* einen zunehmenden Einfluß auf den Transport der Atemgase.

Innervation der Bronchien. Die Weite der Bronchien wird durch das vegetative Nervensystem kontrolliert. Unter dem Einfluß des ***Sympathikus*** kommt es in der Inspirationsphase zu einer Erschlaffung der glatten Bronchialmuskulatur und damit zu einer Erweiterung der Bronchien (*Bronchodilatation*). Der ***Parasympathikus*** bewirkt in der späten Exspirationsphase eine Kontraktion der glatten Muskulatur, wodurch die Bronchien verengt werden (*Bronchokonstriktion*). Auf diese Weise unterstützt die vegetative Steuerung der Bronchialweite bis zu einem gewissen Grade die Lungenbelüftung. Eine überstarke Aktivierung des Parasympathikus ist bei vielen Atemwegserkrankungen Ursache für eine Ein-

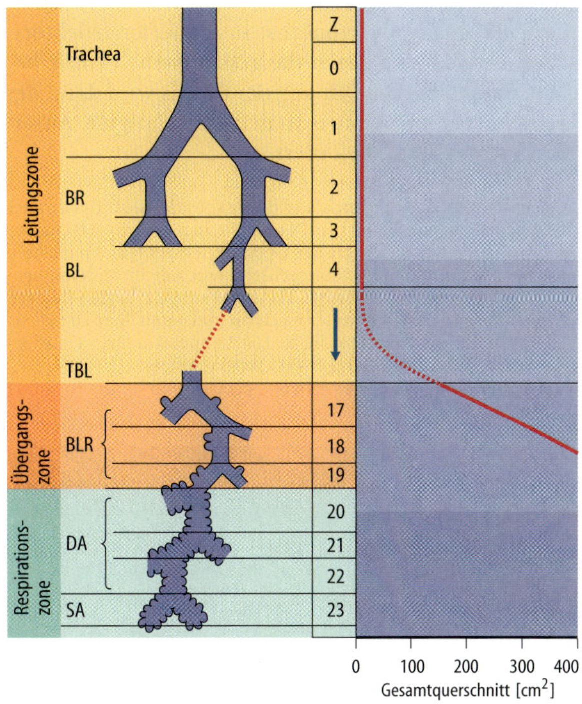

Abb. 25–5. Aufzweigungen des Atemwegssystems *(links)* mit der Kurve der Gesamtquerschnitte *(rechts)*, die den einzelnen Teilungsgenerationen (*Z*) zugeordnet sind, modifiziert nach [30]. Man erkennt die starke Zunahme des Atemwegsquerschnitts in der Übergangszone, die sich in der Respirationszone weiter fortsetzt. *BR* Bronchien, *BL* Bronchiolen, *TBL* Terminalbronchiolen, *BLR* Bronchiolo respiratorii, *DA* Ductuli alveolares, *SA* Sacculi alveolares

engung der Bronchien und damit für eine Zunahme des Strömungswiderstands in den Atemwegen.

Das Atemwegsystem dient dem Atemgastransport sowie der Reinigung, Erwärmung und Befeuchtung der Inspirationsluft

Die ***Reinigung*** der Inspirationsluft erfolgt teilweise bereits in der Nase, wo kleinere Partikel, Staub und Bakterien von den Schleimhäuten abgefangen werden. Deshalb besteht bei chronischer Mundatmung eine erhöhte Anfälligkeit für Erkrankungen des Atmungsapparates. Weitere eingeatmete Partikel lagern sich auf der *Schleimschicht* ab, welche die Wände der zuleitenden Atemwege überzieht. Der von Becherzellen und subepithelialen Drüsenzellen sezernierte Schleim wird ständig durch rhythmische Bewegung der *Zilien* des Respirationsepithels (Abb. 25–6) zur Epiglottis befördert und anschließend verschluckt. Der Schleimtransport sorgt also dafür, daß Fremdpartikel und Bakterien aus dem Atmungstrakt entfernt werden. Sind die Zilien geschädigt, wie dies etwa bei *chronischer Bronchitis* der Fall ist, so kommt es zu Schleimansammlungen in den Atemwegen und damit zu einem erhöhten Atmungswiderstand.

Größere in die Atemwege gelangte Fremdkörper und Schleimablagerungen lösen durch Reizung der Schleimhäute in der Trachea und den Bronchien den *Hustenakt* aus. Dabei handelt es sich um einen reflektorischen Vorgang, der zunächst in forcierter reflektorischer Anstrengung gegen die geschlossene Glottis besteht. Bei plötzlicher Öffnung der Glottis wird dann der Fremdkörper mit dem extrem beschleunigten Ausatmungsstrom herausbefördert.

Die ***Erwärmung*** und ***Befeuchtung*** der Inspirationsluft findet zum überwiegenden Teil bereits im Nasen-Rachen-Raum statt. Insbesondere bieten hierfür die großen Oberflächen der Nasenmuscheln und die gut durchblutete Nasenschleimhaut mit ihren leistungsfähigen Schleimdrüsen günstige Voraussetzungen. In den tieferen Atemwegen wird die Luft weiter erwärmt und befeuchtet, so daß sie bei Eintritt in die Alveolen die Körpertemperatur (37° C) angenommen hat und vollständig mit Wasserdampf gesättigt ist.

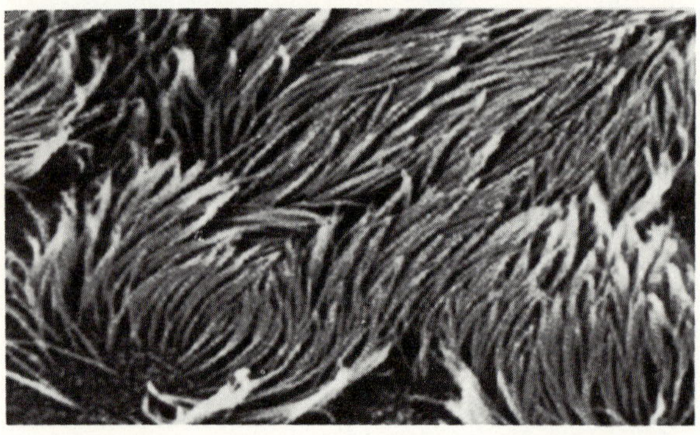

Abb. 25–6. Zilien des Respirationsepithels in der Trachea des Meerschweinchens in rasterelektronenoptischer Darstellung. Die koordinierte Zilienbewegung fördert den Schleim zur Epiglottis

! Die Atemwege, die vor allem der Luftleitung dienen, bilden ein verzweigtes Röhrensystem mit 23 Teilungsgenerationen. Unter dem Einfluß des Sympathikus kommt es zur Erschlaffung der glatten Bronchialmuskulatur (Bronchodilatation), die Aktivierung des Parasympathikus bewirkt deren Kontraktion (Bronchokonstriktion). Die Reinigung der Inspirationsluft erfolgt dadurch, daß eingeatmete Partikel in den Bronchialschleim gelangen und mit diesem durch rhythmische Zilienbewegungen mundwärts befördert werden. Die Erwärmung und Befeuchtung der Inspirationsluft findet überwiegend bereits im oberen Teil des Respirationstrakts statt.

Alveolen bieten mit großer Gesamtoberfläche und kurzen Diffusionswegen günstige Bedingungen für den Atemgasaustausch; die alveoläre Oberflächenspannung wird durch Surfactants reduziert

Bedingungen für den alveolären Gasaustausch. Der Austausch der Atemgase zwischen der Gasphase und dem Blut in den Lungenkapillaren erfolgt in den Alveolen. Ihre Zahl wird auf etwa 300 Millionen, ihre *Gesamtoberfläche* auf etwa 140 m² geschätzt [30]. Die Alveolen, deren Durchmesser jeweils 0,2–0,3 mm beträgt, sind von einem dichten *Kapillarnetz* umgeben. Das die Kapillaren durchströmende Blut wird daher mit großer Oberfläche mit den Alveolen in Kontakt gebracht.

Der alveoläre Gasaustausch zwischen der Gasphase und dem Kapillarblut vollzieht sich durch *Diffusion*. Hierfür ist es wichtig, daß nicht nur eine große Oberfläche vorliegt, sondern auch möglichst kurze Diffusionswege zu überwinden sind (s. S. 586). Im Hinblick auf die letztgenannte Forderung bestehen in der Lunge ebenfalls günstige Voraussetzungen. Wie Abb. 25–7 zeigt, ist das Kapillarblut vom Gasraum nur durch eine dünne Gewebeschicht getrennt. Diese sog. ***alveolokapilläre Membran***, die aus dem Alveolarepithel, einem schmalen Interstitium und dem Kapillarendothel besteht, hat insgesamt eine Dicke von weniger als 1 μm.

Oberflächenspannung der Alveolen. Die innere Oberfläche der Alveolen ist von einem Flüssigkeitsfilm bedeckt. Wie an jeder Grenzfläche zwischen Gas- und Flüssigkeitsphase sind daher auch in den Alveolen Anziehungskräfte wirksam, welche die Tendenz haben, die Oberfläche zu verkleinern. Auf diese *Oberflächenspannung* in jeder der vielen Alveolen ist es u. a. zurückzuführen, daß die Lunge das Bestreben hat, sich zusammenzuziehen. Die genauere Untersuchung zeigt, daß die Alveolen außerordentlich instabil wären, wenn die star-

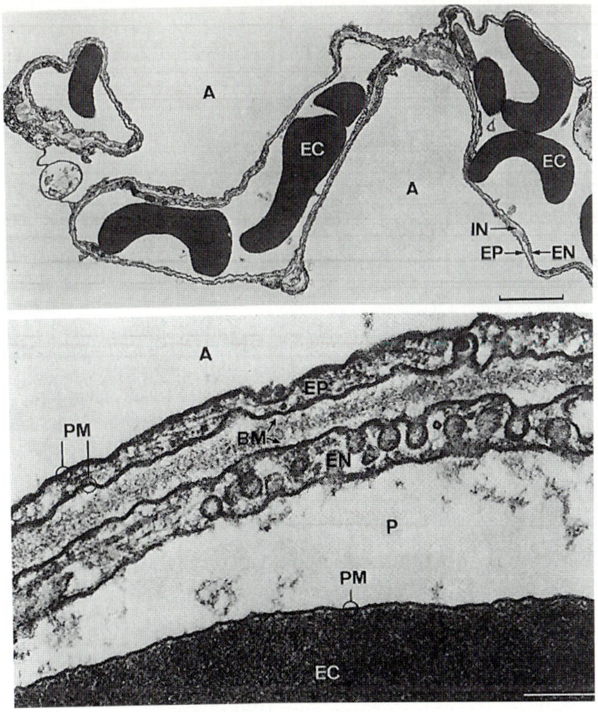

Abb. 25–7. *Oben:* Alveolarseptum, nach [30]. Die Erythrozyten (*EC*) sind vom umgebenden Alveolarraum (*A*) durch die alveolokapilläre Membran getrennt, die sich aus Kapillarendothel (*EN*), Interstitium (*IN*) und Alveolarepithel (*EP*) zusammensetzt. *Unten:* Vergrößerter Ausschnitt. *PM* Plasmamembran, *BM* Basalmembran, *P* Blutplasma

ken Oberflächenkräfte eines nur aus Wasser bestehenden Films auf sie einwirkten. Tatsächlich ist jedoch die Oberflächenspannung der Alveolen etwa 10mal kleiner als dies für die wäßrige Grenzschicht theoretisch zu erwarten wäre. Der Flüssigkeitsfilm enthält also Substanzen, welche die Oberflächenspannung herabsetzen. Wegen dieser Eigenschaft bezeichnet man sie als ***oberflächenaktive Substanzen*** oder ***Surfactant*** [10, 18, 30]. Ihr spannungsmindernder Effekt beruht darauf, daß die Anziehungskraft ihrer Moleküle untereinander stark, auf andere Moleküle der Flüssigkeit jedoch schwach ist, wodurch sie sich an der Oberfläche anreichern. Durch Auswaschen des Lungengewebes ist es gelungen, die oberflächenaktiven Substanzen zu gewinnen und chemisch zu identifizieren: Der alveoläre Flüssigkeitsfilm enthält ein Gemisch aus *Proteinen* und *Lipiden*, wobei v. a. ***Lezithinderivate*** die spezifische Oberflächenaktivität bestimmen. Gebildet werden sie von den Alveolarepithelien des Typs II.

Die oberfächenaktiven Substanzen verhindern außerdem, daß die kleinen Alveolen in sich zusammenfallen und ihren Inhalt in die großen Alveolen entleeren. Nach der *Beziehung von Laplace* (s. S. 457) nimmt bei gleicher Wandspannung der Innendruck mit abnehmendem Alveolenradius zu. Am Beginn der Exspiration müßte also in den etwas kleineren Alveolen ein höherer Druck als in den größeren auftreten. Da die Alveolen miteinander in Verbindung stehen, würde ein Druckangleich erfolgen und damit eine Umverteilung der Gasvolumina zugunsten der großen Alveolen eintreten. Gegen einen solchen destabilisierenden Effekt ist die Lunge jedoch geschützt, weil mit der Abnahme des Alveolarradius auch eine Reduktion der Oberflächenspannung einhergeht. Während die Oberflächenspannung in stark gedehnten Alveolen etwa 0,05 N/m beträgt, reduziert sie sich in kleinen entdehnten Alveolen auf 1/10 dieses Werts. Dies erklärt sich daraus, daß bei einer Verkleinerung der Alveolen die oberflächenaktiven Substanzen dichter zusammenrücken und damit einen stärker spannungsmindernden Effekt ausüben.

> **!** Die Alveolen haben eine Gesamtoberfläche von etwa 140 m^2. Ihr Gasraum ist vom Lungenkapillarblut durch die sog. alveolokapilläre Membran getrennt, die mit einer Dicke von etwa 1 µm nur ein geringes Hindernis für die Diffusion der Atemgase bietet. Der Flüssigkeitsfilm auf der Innenwand der Alveolen hat die Tendenz, deren Oberfläche zu verkleinern. Diese Oberflächenspannung wird durch oberflächenaktive Substanzen (Surfactants), insbesondere Lezithinderivate, herabgesetzt. Die Surfactants sorgen außerdem für die Stabilisierung der kommunizierenden Alveolen.

25.2 Ventilation

Das Atemzugvolumen kann sowohl bei der Einatmung als auch bei der Ausatmung vertieft werden; auch bei maximaler Expiration bleibt Luft in der Lunge zurück

Volumeneinteilung. Das Volumen des einzelnen Atemzugs ist bei der Ruheatmung verhältnismäßig klein, verglichen mit dem in der gesamten Lunge enthaltenen Gasvolumen. Über das normale Atemzugvolumen hinaus können also sowohl bei der Inspiration als auch bei der Exspiration erhebliche Zusatzvolumina aufgenommen bzw. abgegeben werden. Aber auch bei tiefster Ausatmung ist es nicht möglich, alle Luft aus der Lunge zu entfernen; ein bestimmtes Restvolumen bleibt immer in den Alveolen und den zuleitenden Atemwegen zurück. Für die quantitative Erfassung dieser Verhältnisse hat man die folgende Volumeneinteilung vorgenommen, wobei *zusammengesetzte Volumina* als *Kapazitäten* gekennzeichnet werden (Abb. 25–8) [12, 13]:

1. *Atemzugvolumen:* In- bzw. Exspirationsvolumen, das beim Erwachsenen in Ruhe etwa 0,5 l beträgt und bei Belastung zunimmt.
2. *Inspiratorisches Reservevolumen:* Volumen, das nach normaler Inspiration noch zusätzlich eingeatmet werden kann.
3. *Exspiratorisches Reservevolumen:* Volumen, das nach normaler Exspiration noch zusätzlich ausgeatmet werden kann.

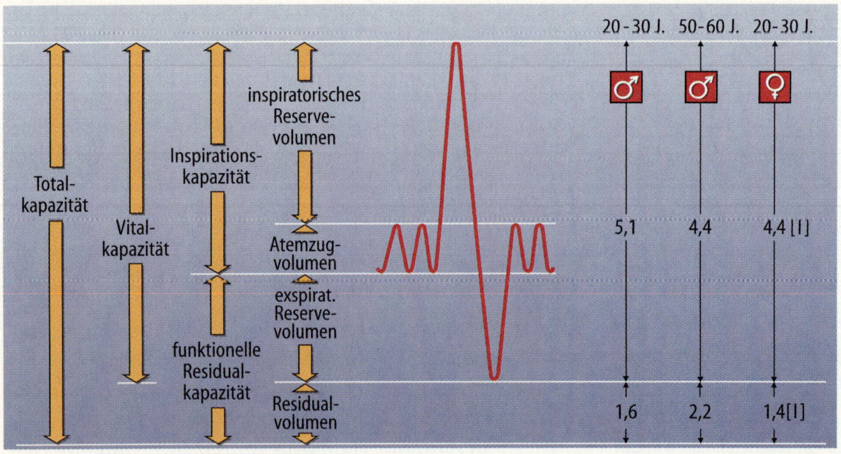

Abb. 25–8. Lungenvolumina und -kapazitäten. Die angegebenen Werte für die Vitalkapazität und das Residualvolumen *(rechts)* sollen die Abhängigkeit der Größen von Alter und Geschlecht verdeutlichen

4. *Residualvolumen:* Volumen, das nach maximaler Exspiration noch in der Lunge zurückbleibt.
5. *Vitalkapazität:* Volumen, das nach maximaler Inspiration maximal ausgeatmet werden kann = Summe aus 1, 2 und 3.
6. *Inspirationskapazität:* Volumen, das nach normaler Exspiration maximal eingeatmet werden kann = Summe aus 1 und 2.
7. *Funktionelle Residualkapazität:* Volumen, das nach normaler Exspiration noch in der Lunge enthalten ist = Summe aus 3 und 4.
8. *Totalkapazität:* Volumen, das nach maximaler Inspiration in der Lunge enthalten ist = Summe aus 4 und 5.

Von diesen Größen kommt neben dem *Atemzugvolumen* nur der *Vitalkapazität* und der *funktionellen Residualkapazität* eine größere Bedeutung zu.

Vitalkapazität. Die *Vitalkapazität* (VC) *stellt ein Maß für die Ausdehnungsfähigkeit von Lunge und Thorax dar.* Es handelt sich keineswegs, wie man etwa der Bezeichnung entnehmen könnte, um eine „vitale" Größe, denn selbst bei extremen Anforderungen an die Atmung wird die mögliche Atemtiefe niemals voll ausgenutzt. Die Angabe eines „Normalwertes" für die Vitalkapazität ist kaum möglich, da sie von verschiedenen Parametern, von *Alter, Geschlecht, Körpergröße, Körperposition* und *Trainingszustand* abhängig ist.

Wie Abb. 25–9 zeigt, nimmt die Vitalkapazität mit dem Alter ab. Dies ist auf den Elastizitätsverlust der Lunge und die zunehmende Einschränkung der Thoraxbeweglichkeit zurückzuführen. Die VC-Abhängigkeit von der Körpergröße läßt sich aufgrund zahlreicher Meßdaten [29] durch die folgende für jüngere Männer gültige Beziehung darstellen:

$$\text{VC (l)} = 7\ [\text{Körpergröße (m)} - 1] \qquad (1)$$

Für den 1,70 m großen Mann soll danach die Vitalkapazität etwa 4,9 l betragen. Die VC-Werte von Frauen weisen ähnliche Abhängigkeiten auf, sind jedoch meist um 10–20 % kleiner. Die Körperposition hat insofern eine Bedeutung, als die Vitalkapazität bei stehenden Personen etwas größer ist als bei liegenden, weil beim Aufrichten die Blutfülle der Lunge abnimmt. Schließlich hängt die Vitalkapazität vom Trainingszustand ab; ausdauertrainierte Sportler haben eine erheblich größere Vitalkapazität als untrainierte Personen.

Funktionelle Residualkapazität. Würde die Frischluft ohne die Mischung mit der in der Lunge enthaltenen Luft direkt in die Alveolen gelangen, so müßten dort die Atemgasfraktionen je nach der Atemphase abwechselnd zu- oder abnehmen. Mit der funktionellen Residualkapazität, deren Volumen mehrfach größer ist als das der eingeatmeten Frischluft, treten jedoch infolge des Mischeffektes nur noch geringe zeitliche Schwankungen in der Zusammensetzung der Alveolarluft auf. *Die*

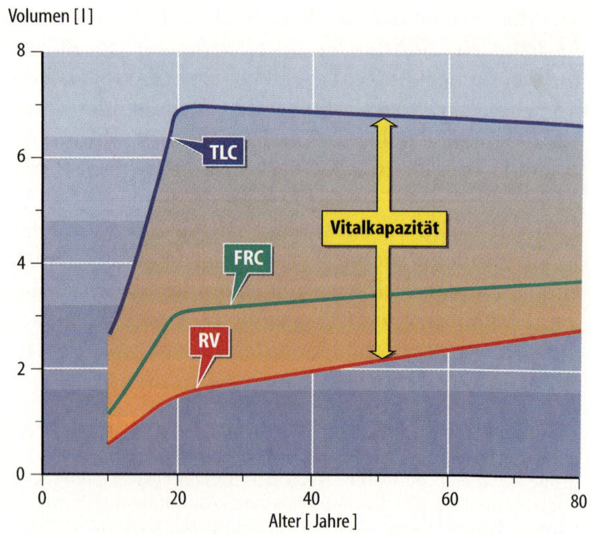

Abb. 25–9. Altersabhängigkeit der Vitalkapazität, der Totalkapazität *TLC*, der funktionellen Residualkapazität *FRC* und des Residualvolumens *RV* für die männliche Bevölkerung. Nach Daten aus [29]

physiologische Bedeutung der funktionellen Residualkapazität (FRC) besteht also in einem Ausgleich der inspiratorischen und der exspiratorischen O_2- und CO_2-Fraktionen im Alveolarraum.

Die Größe der funktionellen Residualkapazität hängt von verschiedenen Parametern ab. Im Mittel findet man bei jüngeren Männern einen FRC-Wert von 3,0 l, bei älteren Männern von 3,4 l [29]. Bei Frauen ist der FRC-Wert um 10–20 % kleiner.

Atemvolumina werden spirometrisch, Lungenvolumina im indirekten Verfahren gemessen

Spirometrie. Spirometer sind Geräte, die variierende Gasvolumina bei konstantem Druck aufnehmen können (Abb. 25–11). Sie sind meist als *Glockengasometer* ausgebildet. Eine zylindrische Glocke taucht in einen Wasserbehälter ein, der den Innenraum des Spirometers gegen den Außenraum luftdicht abschließt. Das Gewicht der Glocke ist durch ein Gegengewicht austariert. Ein weitlumiger Schlauch verbindet das Mundstück des Probanden mit dem Spirometer. Die Volumenänderungen bei der Ein- oder Ausatmunmg, die zu einer entsprechenden Glockenbewegung führen, können an einer Skala abgelesen oder mit Hilfe eines Schreibhebels auf der Trommel eines Kymographions aufgezeichent werden (***Spirogramm***). Mit einem solchen *geschlossenen spirometrischen System* können die Atemvolumina bestimmt werden.

Pneumotachographie. Wenn die Atmung über eine längere Zeit registriert werden soll, bietet ein sog. *offenes spirometrisches* System erhebliche Vorteile. Anstelle der Atemvolumina werden dabei zunächst die *Atemstromstärken* (*Volumengeschwindigkeiten*) gemessen (Abb. 25–10). Dies geschieht mit Hilfe eines *Pneumotachographen* [2, 29], dessen Meßkopf im wesentlichen aus einem weitlumigen Rohr mit einem eingebauten kleinen Strömungswiderstand besteht. Wenn die Atemluft durch das Rohr strömt, entsteht zwischen dem Anfang und dem Ende eine kleine Druckdifferenz, die mit Hilfe von 2 Druckaufnehmern gemessen wird. Die *Druckdifferenz ist der Atemstromstärke direkt proportional*, d. h. dem Volumen, das pro Zeiteinheit den Querschnitt passiert.

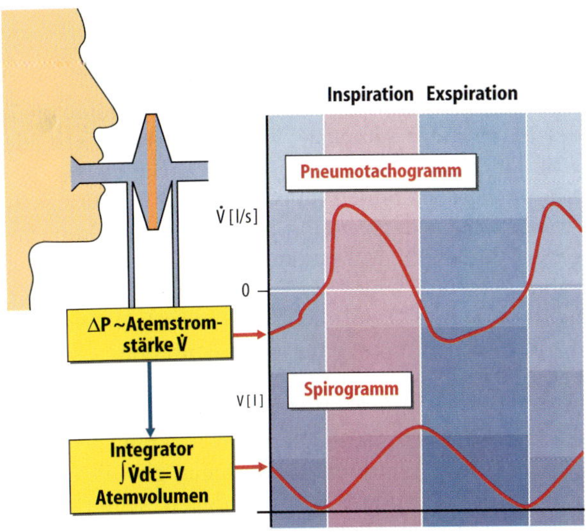

Abb. 25–10. Meßprinzip des Pneumotachographen. Die Druckdifferenz an einer Widerstandsstrecke des Atemmundstückes ist der Atemstromstärke $\dot{V}$ proportional (Pneumotachogramm). Die zeitliche Integration von $\dot{V}$ liefert die ventilierten Volumina V (Spirogramm)

Die Aufzeichnung der Atemstromstärke nennt man ***Pneumotachogramm.*** Aus einer solchen Kurve der Volumengeschwindigkeit $\frac{dV}{dt}$ kann man die geförderten Volumina V durch Integration ermitteln, weil zwischen den beiden Größen die Beziehung $V = \int \frac{dV}{dt}\,dt$ besteht. In den meisten Pneumotachographen wird diese Integration bereits elektronisch durchgeführt, so daß neben dem Pneumotachogramm auch die Kurve der Atemvolumina (Spirogramm) direkt aufgezeichnet werden kann.

Messung der funktionellen Residualkapazität (FRC). Da die FRC dasjenige Volumen darstellt, das jeweils am Ende der Exspiration in der Lunge zurückbleibt, kann diese Größe nur auf indirekte Weise ermittelt werden. Im Prinzip geht man dabei so vor, daß man ein Fremdgas (Helium) in den Lungenraum einmischt (*Einwaschmethode*) oder den in der Lunge enthaltenen Stickstoff durch Sauerstoffatmung austreibt (*Auswaschmethode*). Das gesuchte Volumen ergibt sich dann aus einer Massenbilanz [29].

Die ***Heliumeinwaschmethode*** erläutert Abb. 25–11. Ein geschlossenes Spirometersystem sei mit einem Gasgemisch gefüllt, das neben Sauerstoff 10 Vol.% Helium enthält. Am Ende einer normalen Exspiration wird der Proband mit dem Spirometer verbunden, so daß sich die He-Moleküle während der Rückatmung gleichmäßig auf den Lungenraum und den Spirometerraum verteilen. Nach dem vollständigen Ausgleich bestimmt man mit einem geeigneten Meßgerät die He-Endfraktion. Da die Abnahme der He-Fraktion (im Beispiel von 10 auf 5 Vol.%) von der Größe des Lungenvolumens abhängig ist, läßt sich hieraus die funktionelle Residualkapazität berechnen.

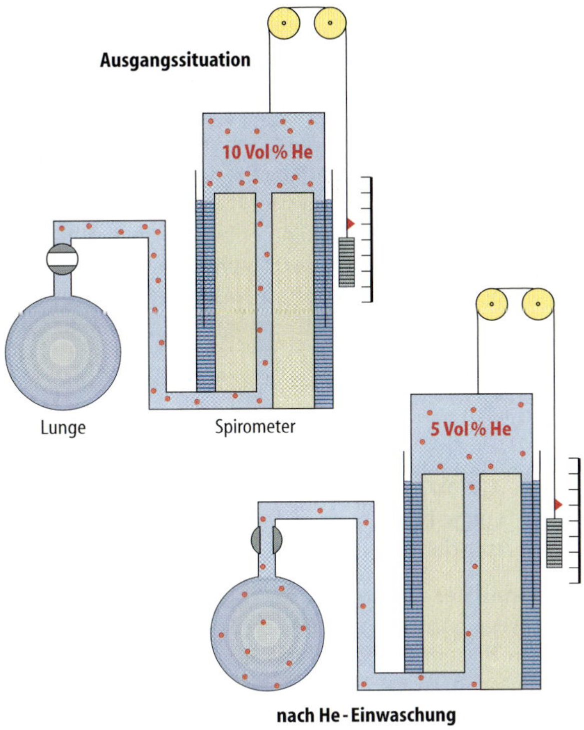

Abb. 25–11. Prinzip der Bestimmung der funktionellen Residualkapazität mit der He-Einwaschmethode. Ausgangssituation *oben:* Helium (*rote* Punkte) befindet sich mit einer Fraktion von 10 Vol.% nur im Spirometersystem. Endsituation nach der He-Einwaschung *unten:* Helium hat sich gleichmäßig auf den Lungenraum (Residualkapazität) und auf den Spirometerraum verteilt, wodurch die He-Fraktion auf 5 Vol.% abgesunken ist

Bei der ***Stickstoffauswaschmethode*** atmet der Proband nach einer normalen Exspiration einige Minuten lang reinen Sauerstoff ein. Die Exspirationsluft wird in einem Spirometer gesammelt. Stickstoffmoleküle, die sich zuvor in der Lunge befanden, gelangen dabei in den Spirometerraum. Aus dem Exspirationsvolumen, der anfänglichen N_2-Fraktion in der Lunge und der N_2-Fraktion im Spirometer am Ende der Untersuchung läßt sich wieder die FRC über eine Massenbilanz ermitteln.

Beide Methoden erfordern bei der praktischen Anwendung die Berücksichtigung von Korrekturfaktoren. Außerdem haben sie den Nachteil, daß bei Patienten mit ungleichmäßig belüfteten Lungenregionen die Ein- bzw. Auswaschung eine sehr lange Zeit benötigt. Aus diesem Grunde wird heute vielfach anstelle der funktionellen Residualkapazität das intrathorakale Gasvolumen mit Hilfe des ***Körperplethysmographen*** (s. S. 578 f) bestimmt.

!

Das Atemzugvolumen wird den Erfordernissen angepaßt und beträgt bei Ruheatmung der Erwachsenen etwa 0,5 l. Die sog. Vitalkapazität (maximales Exspirationsvolumen nach tiefster Inspiration) ist ein diagnostisches Maß für die Ausdehnungsfähigkeit von Lunge und Thorax. Diese Größe hängt von Alter, Geschlecht, Körpergröße, Körperposition und Trainingszustand ab. Die funktionelle Residualkapazität (Lungenvolumen nach normaler Exspiration) dient dem Ausgleich der inspiratorischen und exspiratorischen Atemgasfraktionen im Alveolarraum. Die Atemvolumina lassen sich im geschlossenen System mit einem Spirometer bestimmen. Die Registrierung der Atemvolumina über längere Zeit erfolgt im offenen spirometrischen System. Dabei wird mit einem Pneumotachographen die Atemstromstärke fortlaufend gemessen und daraus das Spirogramm durch Integration ermittelt. Die funktionelle Residualkapazität kann entweder im indirekten Verfahren mit der Heliumeinwaschmethode bzw. der Stickstoffauswaschmethode oder mit dem Körperplethysmographen gemessen werden.

Als Toträume werden diejenigen Anteile der Lunge bezeichnet, in denen kein Gasaustausch stattfindet

Anatomischer Totraum. Das Volumen der leitenden Atemwege wird als *anatomischer Totraum* bezeichnet, weil in diesem Bereich kein Gasaustausch stattfindet. Hierzu gehören also die Räume von Nase bzw. Mund, Pharynx, Larynx, Trachea, Bronchien und Bronchiolen. Das Volumen des Totraums hängt von der Körpergröße und der Körperposition ab. Für den sitzenden Probanden gilt die Faustregel, daß die *Größe des Totraums (in ml) dem doppelten Körpergewicht (in kg) entspricht.* Das Totraumvolumen des Erwachsenen beträgt somit etwa 150 ml. Bei einem tiefen Atemzug vergrößert sich dieser Wert, weil mit der zusätzlichen Erweiterung des Thoraxraums auch die Bronchien und Bronchiolen stärker gedehnt werden.

Messung des Totraumvolumens. Das exspiratorische Atemzugvolumen (V_E) setzt sich aus 2 Volumenanteilen zusammen: Der eine Teil des ausgeatmeten Volumens entstammt dem Totraum (V_D), der andere dem Alveolarraum (V_{EA}):

$$V_E = V_D + V_{EA} \tag{2}$$

Um diese beiden Teilvolumina bei Lungenfunktionsprüfungen getrennt zu erfassen, wendet man ein indirektes Meßverfahren an. Man geht dabei von der Überlegung aus, daß sich auch die jeweils ausgeatmeten O_2- und CO_2-Mengen aus 2 Anteilen zusammensetzen. Der erste Anteil kommt aus dem Totraum, in dem von der vorhergehenden Inspiration her die Gasfraktionen der Frischluft (F_I) herrschen. Der zweite Teil wird aus dem Aleolarraum mit der dort herrschenden Gasfraktionen (F_A) exspiriert. Berücksichtigt man ferner, daß eine Gasmenge als Produkt aus Volumen V und Fraktion F dargestellt werden kann, dann gilt für jedes Atemgas:
Expirationsmenge = Totraummenge + Alveolarmenge

$$V_E \cdot F_E = V_D \cdot F_I + V_{EA} \cdot F_A \tag{3}$$

Nach Einsetzen von V_{EA} aus Gl. (2) und Umformung gewinnt man hieraus:

$$\frac{V_D}{V_E} = \frac{F_E - F_A}{F_I - F_A} \tag{4}$$

Diese sog. ***Bohr-Formel*** gilt für alle Atemgase. Sie läßt sich jedoch für CO_2 noch weiter vereinfachen, da in diesem Fall die inspiratorische Fraktion $F_{I_{CO_2}} = 0$ gesetzt werden kann:

$$\frac{V_D}{V_E} = \frac{F_{A_{CO_2}} - F_{E_{CO_2}}}{F_{A_{CO_2}}} \tag{5}$$

Nach Gl. (4) bzw. nach Gl. (5) läßt sich der Totraumanteil des Exspirationsvolumens (V_D/V_E) ermitteln, weil alle Fraktionen der rechten Seite durch Gasanalyse bestimmt werden können (hinsichtlich der Schwierigkeiten, die sich bei der Messung der alveolären Fraktion ergeben, s. S. 583 f). Anwendungsbeispiel: Die Messung habe ergeben für $F_{A_{CO_2}} = 0{,}056$ und für $F_{E_{CO_2}} = 0{,}04$ ml CO_2/ml Gemisch. Daraus folgt: $V_D/V_E = 0{,}3$, d.h. der Totraumanteil des Exspirationsvolumens beträgt 30 %.

Funktioneller Totraum. Unter dem *funktionellen* oder *physiologischen Totraum* versteht man alle diejenigen Anteile des Atmungstraktes, in denen kein Gasaustausch stattfindet. Vom anatomischen unterscheidet sich der funktionelle Totraum dadurch, daß ihm außer den zuleitenden Atemwegen auch noch diejenigen Alveolarräume zugerechnet werden, die zwar belüftet, aber nicht durchblutet sind. Solche Alveolen, in denen trotz Belüftung ein Gasaustausch nicht möglich ist, existieren beim Lungengesunden nur in geringer Zahl. Für den Gesunden stimmen daher die Volumina des anatomischen und des funktionellen Totraums praktisch überein. Anders liegen die Verhältnisse bei bestimmten *Lungenfunktionsstörungen,* bei denen neben der Ventilation auch die Durchblutung sehr ungleichmäßig über die Lunge verteilt ist (s. S. 588 f). In diesen Fällen kann der funktionelle Totraum erheblich größer sein als der anatomische Totraum.

! Der anatomische Totraum umfaßt die leitenden Atemwege; sein Volumen beträgt beim Erwachsenen etwa 150 ml. Die Messung des Totraumvolumens (V_D) beruht auf einer Massenbilanz, deren Ergebnis, die Bohr-Formel, eine V_D-Bestimmung aus dem Exspirationsvolumen V_E sowie den alveolären und exspiratorischen CO_2-Fraktionen ermöglicht. Dem funktionellen Totraum werden außer dem Atemwegsvolumen auch noch diejenigen Alveolarräume zugerechnet, die zwar belüftet, aber nicht durchblutet sind. Beim Vorliegen von Lungenfunktionsstörungen kann der funktionelle Totraum erheblich größer sein als der anatomische Totraum.

Das Atemzeitvolumen nimmt mit steigender Belastung zu; es setzt sich aus alveolärer Ventilation und Totraumventilation zusammen

Atemzeitvolumen. Das *Atemzeitvolumen,* d.h. das in der Zeiteinheit eingeatmete oder ausgeatmete Gasvolumen, ergibt sich definitionsgemäß als Produkt aus ***Atemzugvolumen*** und ***Atmungsfrequenz.*** In der Regel ist das Ausatmungsvolumen etwas kleiner als das Einatmungsvolumen, weil weniger CO_2 abgegeben als O_2 aufgenommen wird (Respiratorischer Quotient < 1, s. S. 645). Daher ist genaugenommen zwischen dem inspiratorischen und dem exspiratorischen Atemzeitvolumen zu unterscheiden. Man hat vereinbart, die Ventilationsgrößen in der Regel auf die Ausatmungsphase zu beziehen und dies durch den Index E zu kennzeichnen. Für das (exspiratorische) Atemzeitvolumen $\dot{V}_E$ gilt also die Beziehung:

$$\dot{V}_E = V_E \cdot f \qquad (6)$$

(Der Punkt über V_E bedeutet in diesem Fall „Volumen pro Zeiteinheit", kennzeichnet also nicht eine differentielle Größe; V_E ist das exspiratorische Atemzugvolumen, f die Atmungsfrequenz.)

Die Atmungsfrequenz des Erwachsenen liegt unter Ruhebedingungen im Mittel bei 14 Atemzügen/min, wobei allerdings größere interindividuelle Variationen (10–18/min) zu beobachten sind. Höhere Atmungsfrequenzen findet man bei Kindern (20–30/min), Kleinkindern (30–40/min) und Neugeborenen (40–50/min) [29]. Für den Erwachsenen in Ruhe ergibt sich also nach Formel (6) ein *Atemzeitvolumen von 7 l/min,* wenn man ein Atemzugvolumen von 0,5 l und eine Atmungsfrequenz von 14/min zugrundelegt. Bei körperlicher Arbeit steigt das Atemzeitvolumen mit dem erhöhten O_2-Bedarf an, um bei extremer Belastung Werte von 120 l/min zu erreichen.

Alveoläre Ventilation und Totraumventilation. Derjenige Teil des Atemzeitvolumens $\dot{V}_E$, der der Belüftung der Alveolen zugute kommt, wird als *alveoläre Ventilation* $\dot{V}_A$ bezeichnet. Der restliche Anteil heißt *Totraumventilation* ($\dot{V}_D$):

$$\dot{V}_E = \dot{V}_A + \dot{V}_D \qquad (7)$$

Die 3 Ventilationsgrößen stellen jeweils das Produkt aus dem entsprechenden Volumen und der Atmungsfrequenz dar. Bei der Ruheatmung des Erwachsenen setzt sich das Atemzugvolumen von 0,5 l aus einem alveolären Anteil von 0,35 l und einem Totraumanteil von 0,15 l zusammen. Bei einer Atmungsfrequenz von 14/min beträgt die *Gesamtventilation 7 l/min,* von der auf die *alveoläre Ventilation 5 l/min* und auf die *Totraumventilation 2 l/min* entfallen.

Die alveoläre Ventilation stellt die für den Ventilationseffekt maßgebende Größe dar. Sie entscheidet vorrangig darüber, welche Atemgasfraktionen im Alveolarraum aufrechterhalten werden können. Dagegen sagt das Atemzeitvolumen sehr wenig über die Effektivität der Ventilation aus. Nehmen wir beispielsweise an, daß ein normales $\dot{V}_E$ von 7 l/min durch eine flache und rasche Atmung (V_E = 0,2 l und f = 35/min) zustande käme, so würde fast ausschließlich der vorgeschaltete Totraum belüftet, während der nachgeschaltete Alveolarraum von der Frischluft kaum erreicht würde. Eine solche Atmungsform, wie sie manchmal beim *Kreislaufschock* beobachtet wird, stellt also einen akuten Gefahrenzustand dar. Da das Totraumvolumen in seiner absoluten Größe festliegt, führt jede Vertiefung der Atmung zu einer Steigerung der alveolären Ventilation.

! Das Atemzeitvolumen, das Produkt aus Atemzugvolumen und Atmungsfrequenz, beträgt beim Erwachsenen in Ruhe etwa 7 l/min und kann bei körperlicher Belastung bis auf 120 l/min ansteigen. Diese Größe setzt sich aus 2 Anteilen zusammen, der alveolären Ventilation und der Totraumventilation. Bei Ruheatmung (Atmungsfrequenz: 14/min) entfallen auf die funktionsbestimmende alveoläre Ventilation 5 l/min und auf die Totraumventilation 2 l/min. Bei gegebenem Atemzeitvolumen führt eine vertiefte Atmung (nicht jedoch eine Frequenzsteigerung) zu einer besseren Belüftung der Alveolen.

Eine künstliche Beatmung kann in Form der Atemspende oder unter Verwendung von Hilfsmitteln durchgeführt werden

Atmungsstillstand. Jede Unterbrechung der Atmungsfunktion stellt eine lebensbedrohliche Situation dar. Den Zeitpunkt, zu dem Atmungs- und Kreislaufstillstand festgestellt werden, bezeichnet man als den Eintritt des ***klinischen Todes.*** Von diesem Augenblick an dauert es in der Regel 5–10 min, bis infolge von O_2-Mangel und CO_2-Anhäufung die Zellen im Stammhirn irreparabel geschädigt sind, bis also der ***biologische Tod*** eintritt. In dieser kurzen Zeitspanne besteht die Möglichkeit, durch Anwendung lebensrettender Sofortmaßnahmen eine Wiederbelebung zu erreichen [16, 25, 26].

Eine Störung der Atmungsfunktion kann aus mannigfachen Ursachen eintreten, u. a. bei Verlegungen der Atemwege, Thoraxverletzungen, schweren Störungen des Gasaustausches sowie bei Schädigungen der respiratorischen Neurone infolge von Vergiftungen und Hirnverletzungen. Nach einem plötzlichen Atmungsstillstand bleibt die Kreislauffunktion noch eine gewisse Zeit erhalten. Der Puls ist an der A. carotis noch 3–5 min nachweisbar. Tritt jedoch primär ein Herzstillstand ein, so sistiert die Atmung bereits nach 30–60 s.

Freihaltung der Atemwege. Da bei einem Bewußtlosen die Schutzreflexe fehlen, die normalerweise der Freihaltung der Atemwege dienen, muß die erste Maßnahme in einer schnellen *Säuberung des Mund- und Rachenraumes* bestehen, sofern es zu Blutungen oder Erbrechen gekommen ist. Aber auch ohne diese Komplikationen kann bei einem bewußtlosen Patienten in Rücklage die zurückfallende Zunge die Atemwege verschließen. Man beseitigt dieses Atemhindernis durch *Überstrecken des Kopfes* nach dorsal und gleichzeitiges *Anheben des Unterkiefers (Abb. 25–12, links).*

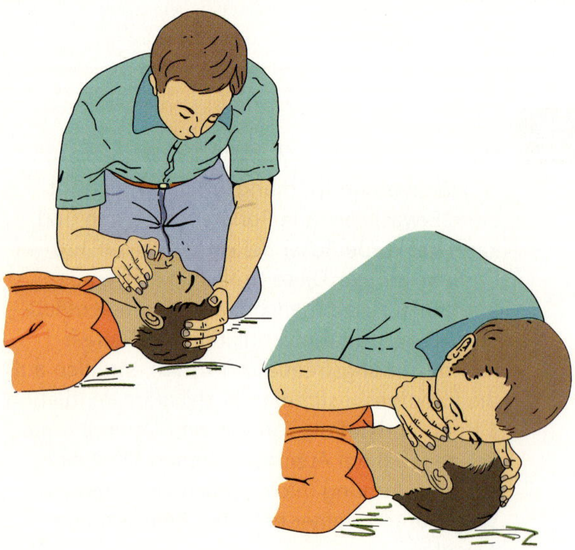

Abb. 25–12. Atemspende

Atemspende. Für die künstliche Beatmung ohne Hilfsmittel stellt die Atemspende die Methode der Wahl dar. Sie kann als Mund-zu-Nase-Beatmung oder als Mund-zu-Mund-Beatmung durchgeführt werden.

Bei der ***Mund-zu-Nase-Beatmung*** wird der Kopf des Patienten mit einer Hand, die an der Stirn-Haar-Grenze liegt, nach hinten überstreckt. Mit der anderen Hand wird der Unterkiefer angehoben und gleichzeitig der Mundverschluß durch den über die Lippen gelegten Daumen abgesichert. Der Beatmende setzt nach einer tiefen Inspiration seinen geöffneten Mund über die Nase des Patienten fest auf (Abb. 25–12, rechts). Während der nachfolgenden *Insufflation* (Lufteinblasung) von 0,8 – max. 1,2 l muß die Hebung des Thorax beobachtet werden. Danach entfernt der Beatmende seinen Mund vom Gesicht des Patienten, worauf die Luft infolge des Thoraxgewichtes und der Lungenelastizität passiv entweicht. Die Senkung des Thorax ist ebenfalls zu kontrollieren.

Bei der ***Mund-zu-Mund-Beatmung*** liegen in gleicher Ausgangsstellung die Finger an der Stirn-Haar-Grenze bzw. unter dem Kinn des Patienten. Der Beatmende setzt seinen Mund über dem Mund des Patienten fest auf und verschließt mit seiner Wange die Nasenöffnung. Er kann auch die Nasenflügel mit Daumen und Zeigefinger der über der Stirn liegenden Hand zusammendrücken. Bei der Insufflation und dem nachfolgenden Entweichen der Luft sind wiederum die Thoraxbewegungen zu kontrollieren.

Die Beatmung beginnt bei beiden Verfahren mit *2–3 schnell hintereinander durchgeführten Insufflationen,* um das entstandene O_2-Defizit und die CO_2-Ansammlung im Gewebe möglichst schnell zu beseitigen. Anschließend wird die Atemspende *im zeitlichen Abstand von 5–6 s* weitergeführt. Bei diesem Vorgehen liegt der O_2-Sättigungswert (vgl. S. 609) im arteriellen Blut des Patienten praktisch immer über 90 %.

Künstliche Beatmung mit Hilfsmitteln. Zur Wiederbelebung der Atmung können auch, sofern schnell verfügbar, einfache Beatmungsgeräte verwendet werden. Sie bestehen aus einer ***Atemmaske,*** die auf das Gesicht des Patienten luftdicht aufgesetzt wird, einem *Atemventil* und einem angeschlossenen *Beutel,* der von Hand rhythmisch zusammengepreßt und entlastet wird. Wenn eine O_2-Flasche vorhanden ist, kann diese an das Gerät angeschlossen und damit der O_2-Anteil in der Beatmungsluft erhöht werden.

Bei den heute üblichen Gasnarkoseverfahren wird eine ***Beatmungsmaschine*** über einen *Trachealtubus* angeschlossen [16]. Die Beatmungsmaschine kann so gesteuert sein, daß sich durch eine Druckerhöhung die Lunge inspiratorisch entfaltet und die anschließende Exspiration passiv erfolgt (*Überdruckbeatmung*). Es besteht aber auch die Möglichkeit, die Beatmung durch einen rhythmischen Wechsel von Überdruck und Unterdruck so zu steuern, daß der mittlere Beatmungsdruck dem Atmosphärendruck entspricht (Wechseldruckbeatmung).

Die Anwendung der Beatmungspumpe ist stets erforderlich, wenn zur Ausschaltung der reflektorischen Muskelspannung während einer Operation *Muskelrelaxantien* verabfolgt werden. In diesem Fall stellt auch die Atmungsmuskulatur ihre Tätigkeit ein, so daß eine Lungenbelüftung ohne künstliche Beatmung nicht mehr möglich wäre.

Bei Patienten mit einer längerdauernden Atmungslähmung (z. B. bei spinaler Kinderlähmung) kann die Ventilation mit

Hilfe eines ***Tankrespirators*** („*Eiserne Lunge*") aufrechterhalten werden. Der Körper des liegenden Patienten ist dabei mit Ausnahme des Kopfes in eine Kammer eingeschlossen, in der während der Inspirationsphase ein Unterdruck erzeugt wird. Inspiratorisch ist also der intrathorakale Druck größer als der Umgebungsdruck in der Kammer.

!

Bei einem plötzlichen Atemstillstand ist die Atemspende als lebensrettende Sofortmaßnahme die Methode der Wahl. Sie kann als Mund-zu-Nase-Beatmung oder als Mund-zu-Mund-Beatmung durchgeführt werden. Zur Wiederbelebung der Atmung kann auch eine Atemmaske mit angeschlossenem Beutel, der manuell ausgepreßt wird, Verwendung finden. Bei den heute üblichen Gasnarkoseverfahren erfolgt die maschinelle Beatmung über einen Trachealtubus. Im Falle einer längerdauernden Atmungslähmung kann die Ventilation mit Hilfe eines Tankrespirators aufrechterhalten werden.

25.3 Atmungsmechanik

Der Begriff *Atmungsmechanik* wird gewöhnlich in einem sehr speziellen Sinne verwendet. Man versteht darunter die Analyse und die Darstellung der ***Druck-Volumen-Beziehungen*** und der ***Druck- Stromstärke-Beziehungen,*** die sich während des Atmungszyklus ergeben. Diese Beziehungen werden maßgeblich von den ***Atmungswiderständen*** und ihren Veränderungen unter pathologischen Bedingungen bestimmt. Aus diesem Grund sind atmungsmechanische Aspekte auch für die *Lungenfunktionsdiagnostik* von Bedeutung.

Elastische Atmungswiderstände sind nur bei der Inspiration zu überwinden

Elastische Retraktion der Lunge. Die Lungenoberfläche steht infolge der *Dehnung ihrer elastischen Parenchymelemente* und der *Oberflächenspannung der Alveolen* (s. S. 568 f) unter einer gewissen ***Zugspannung*** (Abb. 25–13). Die Lunge hat also das Bestreben, ihr Volumen zu verkleinern. Um die elastische Zugspannung der Lunge zu überwinden, muß nur während der Inspiration Arbeit geleistet werden. Die Expiration erfolgt aufgrund der Lungenretraktion und der Schwerkraftwirkung auf den Thorax weitgehend passiv.

Das pulmonale Retraktionsbestreben hat zur Folge, daß im flüssigkeitsgefüllten Spalt zwischen den beiden Pleurablättern ein *subatmosphärischer Druck* herrscht. Verbindet man eine Kanüle, deren Spitze sich im Interpleuralspalt befindet, mit einem Manometer, so läßt sich dieser Druck messen. Bei Ruheatmung liegt er am Ende der Exspiration etwa 5 cm H_2O (0,5 kPa) und am Ende der Inspiration etwa 8 cm H_2O (0,8 kPa) unter dem Atmosphärendruck. *Die Druckdifferenz zwischen dem Interpleuralspalt und dem Außenraum wird verkürzt als* ***intrapleuraler Druck*** *bezeichnet.* Nur die Tatsache, daß eigentlich eine Druckdifferenz gemeint ist, macht es verständlich, daß man den intrapleuralen Druck als „*negativ*" kennzeichnet.

Messung intrapleuraler Druckänderungen. Da bei der direkten Messung des intrapleuralen Drucks (Abb. 25–13) die Gefahr besteht, die Lunge zu verletzen, wendet man beim Menschen in der Regel ein weniger riskantes, indirektes Meßverfahren an. Man bestimmt an Stelle der Druckänderungen im Interpleuralspalt die Veränderungen des ***Ösophagusdruckes.*** Beide Werte stimmen annähernd überein, weil 1. der Ösophagus außerhalb der Lunge, aber innerhalb des Thorax liegt und 2. durch die schlaffe Ösophaguswand eine unbehinderte Druckübertragung möglich ist. Praktisch geht man so vor, daß man dem Probanden einen dünnen Katheter, an dessen Ende ein Ballon von 10 cm Länge befestigt ist, in die Speiseröhre einführt. Wenn der Ballon im thorakalen Bereich des Ösophagus liegt, lassen sich über ein angeschlossenes Manometer die atmungsbedingten intrapleuralen Druckänderungen mit ausreichender Genauigkeit registrieren.

Pneumothorax. Der enge Kontakt zwischen Lungenoberfläche und innerer Thoraxwand ist nur so lange gewährleistet, wie der Interpleuralspalt geschlossen bleibt. Wenn jedoch infolge einer Verletzung der Brustwand oder der Lungenoberfläche Luft in den Spalt eindringen kann, *kollabiert* die Lunge, d. h. sie zieht sich, ihrer inneren Zugspannung folgend, auf den Hilus hin zusammen. *Eine solche Luftfüllung des Raumes zwischen den Pleuralblättern bezeichnet man als Pneumothorax.* Die kollabierte Lunge, die den Kontakt zur Thoraxwand verloren hat, kann den Atmungsbewegungen nur noch unvollständig oder gar nicht mehr folgen, so daß ein effektiver Gasaustausch unmöglich wird. Ist

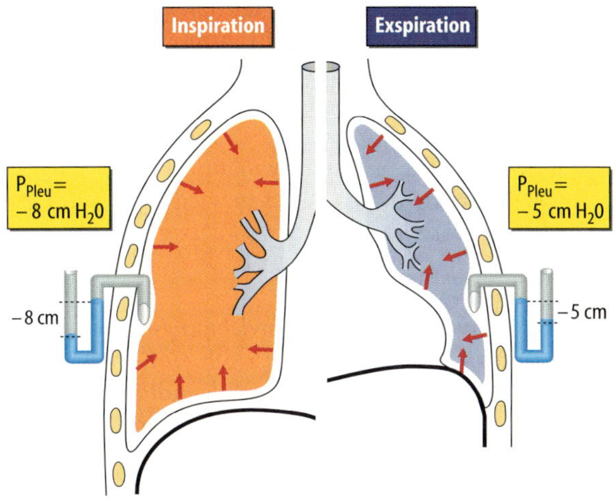

Abb. 25–13. Erläuterung zum intrapleuralen Druck. Der elastische Zug der Lunge (Zugrichtung: *rote Pfeile*) bewirkt im Interpleuralspalt einen „negativen" Druck gegenüber dem Außenraum, der durch ein angeschlossenes Manometer nachgewiesen werden kann

der Pneumothorax auf eine Seite beschränkt, dann bleibt eine ausreichende Arterialisierung des Blutes durch die Funktion des anderen Lungenflügels gesichert, sofern keine größeren körperlichen Belastungen gefordert werden. Ein solcher einseitiger Pneumothorax wird manchmal aus therapeutischen Gründen angelegt, um durch die Ruhigstellung eines Lungenflügels bessere Bedingungen für die Ausheilung einer Tuberkulose zu schaffen.

Intrapleurale Drücke beim Neugeborenen. Der Dehnungszustand der Neugeborenenlunge unterscheidet sich von dem der Erwachsenenlunge. Einige Minuten nach dem ersten Atemzug wird am Ende der Inspiration ein intrapleuraler Druck von -10 cm H_2O (-1 kPa) gemessen [6]. Am Ende der Exspiration ist jedoch die Druckdifferenz zwischen dem Interpleuralspalt und dem Außenraum gleich Null, so daß bei Eröffnung des Thorax die Lunge nicht kollabiert. Erst allmählich bildet sich ein stärkerer Dehnungszustand der Lunge in der endexspiratorischen Phase aus.

Das elastische Verhalten von Lunge und Thorax läßt sich durch Ruhedehnungskurven beschreiben

Messung der statischen Druck-Volumen-Beziehungen. Die Kontraktionskraft der Atmungsmuskulatur hat bei der Ventilation *elastische* und *visköse Widerstände* zu überwinden. Bei sehr langsamer Atmung ist der Einfluß der viskösen Widerständen (s. S. 577 f) gering, so daß in diesem Fall die Beziehung zwischen dem Lungenvolumen und dem jeweils wirksamen Druck fast ausschließlich durch die elastischen Eigenschaften von Lunge und Thorax bestimmt wird. Um eine solche *„statische" Druck-Volumen-Beziehung* aufzunehmen, ist es notwendig, die Atmungsmuskulatur auszuschalten, damit sich allein die elastischen Kräfte auswirken können. Hierzu ist es erforderlich, daß der entsprechend trainierte Proband kurzfristig seine Atmungsmuskulatur entspannt, oder es muß durch Anwendung von Muskelrelaxantien unter Respiratorbeatmung eine Erschlaffung herbeigeführt werden. Eine Kurve, die unter statischen Bedingungen die Lungenvolumina in Abhängigkeit von den zugehörigen Drücken wiedergibt, wird als *Ruhedehnungskurve* oder auch als *Relaxationskurve* bezeichnet.

Ruhedehnungskurven. Die *Ruhedehnungskurve des gesamten ventilatorischen Systems,* d.h. von Lunge und Thorax zusammen, läßt sich auf folgendem Wege bestimmen. Der Proband inspiriert bei verschlossener Nase ein bestimmtes Luftvolumen aus einem Spirometer. Danach wird die Verbindung zum Spirometer geschlossen, und der Proband entspannt seine Atmungsmuskulatur möglichst vollständig. Der für die Dehnung von Lunge und Thorax maßgebende Überdruck in den Alveolen kann nun bei geöffneter Glottis am Mund des Probanden gemessen werden. Diese *Druckdifferenz zwischen dem alveolären und dem atmosphärischen Druck* wird verkürzt als ***intrapulmonaler Druck*** P_{Pul} bezeichnet. Auf diese Weise werden für verschiedene ein- und ausgeatmete Volumina die zugehörigen intrapulmonalen Drücke bestimmt. Das Ergebnis einer solchen Untersuchung zeigt Abb. 25–14 (rote Kurve). Die Ruhedehnungskurve von Lunge und Thorax hat einen S-förmigen Verlauf, wobei jedoch im Bereich der normalen Atmungsexkursionen weitgehende Linearität besteht. In diesem Bereich setzt also das ventilatorische System der Inspirationsbewegung einen näherungsweise *konstanten Widerstand* entgegen.

Für die elastische Dehnung des Thorax ist die Druckdifferenz zwischen dem Interpleuralspalt und dem Außenraum, d.h. der ***intrapleurale Druck*** P_{Pleu}, maßgebend. Wenn man bei dem oben beschriebenen Verfahren gleichzeitig die intrapleuralen Drücke (oder die Ösophagusdrücke, s. S. 575) registriert, kann man durch Zuordnung zu den jeweiligen Volumina die *Ruhedehnungskurve für den Thorax allein* bestimmen. Wie Abb. 25–14 zeigt, nimmt die Steilheit dieser Kurve (grün) mit dem Lungenvolumen zu.

Der *elastische Dehnungszustand der Lunge* schließlich ist von der *Differenz zwischen dem intrapulmonalen und dem intrapleuralen Druck* $P_{Pul} - P_{Pleu}$ abhängig. Die Beziehung zwischen den Lungenvolumina und Werten für $P_{Pul} - P_{Pleu}$ liefert daher die *Ruhedehnungskurve der Lunge allein* und charakterisiert deren elastisches Verhalten. Diese Kurve (violett) weist eine mit dem Lungenvolumen abnehmende Steilheit auf.

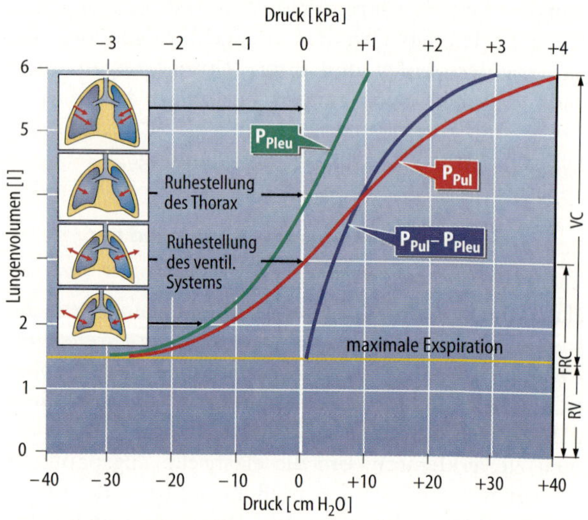

Abb. 25–14. Ruhedehnungskurven des gesamten Atmungsapparats *(rot),* der Lunge *(violett)* und des Thorax *(grün)*, modifiziert nach [1, 18] P_{Pleu} intrapleuraler Druck, P_{Pul} intrapulmonaler Druck, *VC* Vitalkapazität, *RV* Residualvolumen, *FRC* funktionelle Residualkapazität. Die Druck-Volumen-Beziehungen gelten für passive Veränderung des Lungenvolumens bei entspannter Atmungsmuskulatur. In den eingezeichneten Schemata sind bei verschiedenen Lungenvolumina die am Thorax und an der Lungenoberfläche angreifenden elastischen Kräfte veranschaulicht

Die 3 Kurven in Abb. 25-14 zeigen, wie sich die elastischen Kräfte bei verschiedenen Füllungszuständen der Lunge auswirken. Das *gesamte ventilatorische System* befindet sich in einer elastischen Ruhelage ($P_{Pul} = 0$), wenn am Ende der normalen Ausatmung die funktionelle Residualkapazität FRC in der Lunge enthalten ist. In diesem Fall stehen die Erweiterungstendenz des Thorax und das Verkleinerungsbestreben der Lunge im Gleichgewicht. Bei einer inspiratorischen Volumenzunahme verstärkt sich der nach innen gerichtete elastische Zug der Lunge, während gleichzeitig die nach außen gerichtete Zugwirkung des Thorax abnimmt. Bei etwa 55 % der Vitalkapazität hat der *Thorax* seine Ruhestellung ereicht ($P_{Pleu} = 0$), so daß eine darüber hinausgehende Volumenzunahme zu einer Umkehrung der Zugrichtung führt.

Die Compliance ergibt sich aus dem Verhältnis der Volumenänderung zur jeweils dehnungsbestimmenden Druckänderung

Compliance. Ein Maß für die elastischen Eigenschaften des Atmungsapparates bzw. seiner beiden Teile stellt die *Steilheit der jeweiligen Ruhedehnungskurve dar, die als Volumendehnbarkeit* oder als *Compliance* bezeichnet wird. Es gelten die Definitionen:

Compliance von Thorax und Lunge:

$$C_{Th+L} = \frac{\Delta V}{\Delta P_{Pul}} \tag{8}$$

Compliance des Thorax:

$$C_{Th} = \frac{\Delta V}{\Delta P_{Pleu}} \tag{9}$$

Compliance der Lunge:

$$C_L = \frac{\Delta V}{\Delta (P_{Pul} - P_{Pleu})} \tag{10}$$

Zwischen diesen 3 Gleichungen besteht die Beziehung:

$$\frac{1}{C_{Th+L}} = \frac{1}{C_{Th}} + \frac{1}{C_L} \tag{11}$$

Da die Compliance jeweils den *reziproken Wert des elastischen Widerstandes* darstellt, folgt aus Gl. (11), daß sich der elastische Widerstand des gesamten Atmungsapparates aus den Widerständen von Thorax und Lunge additiv zusammensetzt.

Wie Abb. 25-14 zeigt, besitzt die Ruhedehnungskurve des ventilatorischen Systems (Lunge + Thorax) im Bereich der normalen Atmungsexkursionen die größte Steilheit und somit die größte Compliance. In diesem Bereich ergeben sich für den gesunden Erwachsenen folgende Compliancewerte:

$C_{Th+L} = 0{,}1$ l/cm H_2O = 1 l/kPa,
$C_{Th} = 0{,}2$ l/cm H_2O = 2 l/kPa,
$C_L = 0{,}2$ l/cm H_2O = 2 l/kPa.

Eine Abnahme dieser Werte ist kennzeichnend für die restriktive Ventilationsstörung (s. S. 581).

Messung der Lungencompliance. Die Messung der Compliancewerte bereitet wegen der notwendigen Ausschaltung der Atmungsmuskulatur Schwierigkeiten. Daher begnügt man sich oft mit der C_L-Bestimmung, die nach einem einfacheren Verfahren durchgeführt werden kann: Wenn nach Einatmung eines bestimmten Volumens die Thoraxstellung durch die angespannte Atmungsmuskulatur fixiert wird und die Glottis geöffnet ist, entspricht der Druck in den Alveolen dem atmosphärischen Druck. In diesem Fall ist $P_{Pul}=0$, und Gl. (10) erhält die Form:

$$C_L = -\frac{\Delta V}{\Delta P_{Pleu}} \tag{12}$$

Bei diesem Verfahren genügt es also, die der Volumenänderung entsprechende Änderung des intrapleuralen Drucks (oder einfacher des Ösophagusdrucks) zu messen und nach Gl. (12) den Quotienten aus den beiden Differenzen zu bilden. Die so ermittelte *Compliance* der *Lunge* hängt nicht nur von deren elastischen Eigenschaften, sondern auch vom jeweiligen *Lungenvolumen* ab. Je kleiner das Ausgangsvolumen, um so geringer ist die erzielte Volumenänderung unter sonst gleichen Bedingungen. 9- bis 12jährige Kinder haben eine 2 bis 3mal kleinere Compliance als Erwachsene. Für die diagnostische Beurteilung ist es daher notwendig, die Compliance auf das Ausgangsvolumen, in der Regel also auf die *funktionelle Residualkapazität* (V_{FRC}), zu beziehen. Die so definierte Größe

$$C_{L_{spez}} = -\frac{1}{V_{FRC}} \cdot \frac{\Delta V}{\Delta P_{Pleu}} \tag{13}$$

wird als *spezifische Compliance der Lunge* bezeichnet.

> **!** Die Lunge hat das Bestreben, sich zusammenzuziehen, so daß im Interpleuralspalt ein subatmosphärischer Druck entsteht, der über den Ösophagus gemessen werden kann. Die elastischen Widerstände sind nur bei der Inspiration zu überwinden, während die Exspiration weitgehend passiv erfolgt. Bei Verletzungen der Thoraxwand zieht sich die Lunge zusammen, wobei sich der Raum zwischen den Pleurablättern mit Luft füllt (Pneumothorax). Um die elastischen Eigenschaften von Lunge und Thorax zu erfassen, muß die Atmungsmuskulatur ausgeschaltet werden. Die dann gemessenen Druck-Volumen-Beziehungen werden als Ruhedehnungskurven (Relaxationskurven) bezeichnet. Die Steilheit dieser Kurven ist ein Maß für die Volumendehnbarkeit oder Compliance. Aus dem Verhältnis der Volumenänderung zur Änderung des jeweils dehnungsbestimmenden Drucks ergeben sich die Compliancewerte für das Gesamtsystem (Lunge + Thorax) sowie gesondert für den Thorax und die Lunge.

Visköse Atmungswiderstände sind sowohl bei der Inspiration als auch bei der Exspiration zu überwinden

Die viskösen (nichtelastischen) Atmungswiderstände setzen sich aus folgenden Anteilen zusammen:

- *den Strömungswiderständen in den leitenden Atemwegen,*
- *den nichtelastischen Gewebewiderständen,*
- *den Trägheitswiderständen,* die so klein sind, daß sie vernachlässigt werden dürfen.

Strömungswiderstand. Die Strömung der Inspirations- und Exspirationsgase durch die leitenden Atemwege wird durch die jeweilige Druckdifferenz zwischen den Alveolen und dem Außenraum bewirkt. Die *Differenz zwischen dem intraalveolären Druck und dem Außendruck* stellt also die „treibende Kraft" für die Bewegung der Atemgase dar. Die Strömung in den Atemwegen ist teilweise laminar. Vor allem an den Verzweigungsstellen der Bronchien und an pathologisch verengten Stellen treten jedoch Wirbelbildungen (*Turbulenzen*) auf. Für die laminare Luftströmung gilt, ebenso wie für die laminare Flüssigkeitsströmung, das ***Hagen-Poiseuille-Gesetz.*** Danach ist die Volumengeschwindigkeit $\dot{V}$ der treibenden Druckdifferenz ΔP, d.h. dem intrapulmonalen Druck P_{Pul} proportional. Für die Strömung in den Atemwegen gilt also:

$$\dot{V} = \frac{\Delta P}{R} = \frac{P_{Pul}}{R} \tag{14}$$

R bezeichnet den *Strömungswiderstand,* der von dem Querschnitt und der Länge des Rohres sowie von der Viskosität abhängig ist. Obwohl für die turbulenten Anteile der Gesamtströmung andere Gesetzmäßigkeiten gelten, benutzt man Gl. (14), um den Gesamtströmungswiderstand bei der Atmung zu bestimmen:

$$R = \frac{\Delta P}{\dot{V}} = \frac{P_{Pul}}{\dot{V}} \tag{15}$$

R wird gewöhnlich als ***Atemwegswiderstand*** oder als ***Resistance*** bezeichnet. Um seine Größe zu ermitteln, müssen also die Druckdifferenz zwischen Mund und Alveolen (in cm H_2O bzw. kPa) und gleichzeitig die Atemstromstärke (in l/s) gemessen werden. Bei ruhiger Mundatmung findet man normalerweise Resistancewerte, die bei R=2 cm $H_2O \cdot l^{-1} \cdot s$ (0,2 kPa $\cdot l^{-1} \cdot s$) liegen [18, 27, 29]. Normalerweise wird der Atemwegswiderstand hauptsächlich von den Strömungsverhältnissen in der Trachea und den großen Bronchien bestimmt, während die Widerstände in den kleinen Bronchien und Bronchiolen nur einen geringen Beitrag liefern, weil in diesem Bereich der Gesamtquerschnitt stark zunimmt (Abb. 25–5).

Gewebewiderstand. Neben dem Atemwegswiderstand ist bei der Inspiration und der Exspiration noch ein zweiter visköser Widerstand zu überwinden, der durch die Gewebereibung und die nichtelastische Deformation der Gewebe im Brust- und Bauchraum entsteht:

Visköser Widerstand = Atemwegswiderstand + Gewebewiderstand

Der letztgenannte Widerstand ist jedoch verhältnismäßig klein. 90 % des viskösen Widerstands werden normalerweise durch die Strömung in den Atemwegen und nur 10 % durch die Gewebereibung hervorgerufen.

Messung der Resistance. *Die Bestimmung der Resistance erfordert die fortlaufende Messung des intrapulmonalen Drucks.* Hierbei wendet man ein indirektes Meßverfahren mit Hilfe des Körperplethysmographen an [14, 18, 21, 29]. Der ***Körperplethysmograph*** (Abb. 25–15) besteht im wesentlichen aus einer luftdicht abgeschlossenen Kammer, ähnlich einer Telephonzelle, die für einen sitzenden Probanden bequem Platz bietet. Der Proband atmet Luft durch ein Mundstück, an dem ein Drucksensor und ein *Pneumo-*

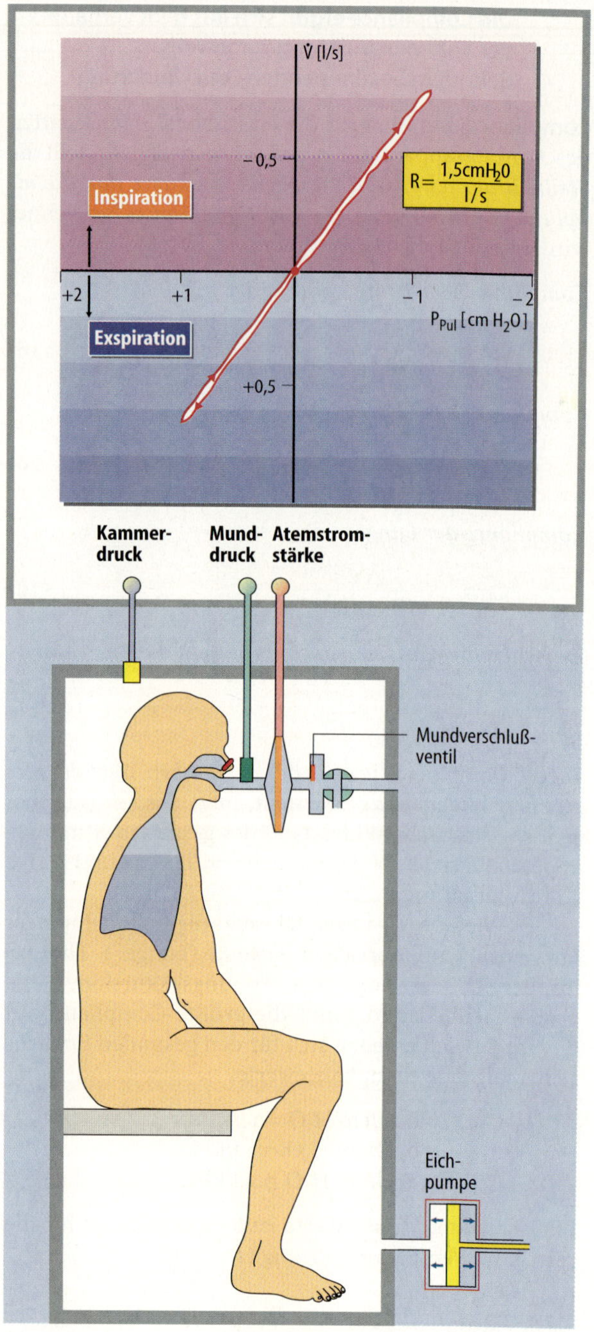

Abb. 25–15. Körperplethysmograph (vereinfacht dargestellt) und Registrierung der Resistancekurve *(rot),* $\dot{V}$ Atemstromstärke ; P_{Pul} intrapulmonaler Druck

tachograph (s. S. 571) angeschlossen sind. Zunächst bestimmt man das *intrathorakale Gasvolumen*, das beim Lungengesunden etwa der *funktionellen Residualkapazität* (s. S. 570) entspricht. Dazu wird am Ende der Ausatmung kurzeitig das Mundstück verschlossen, so daß der Pulmonalraum vom Kammerraum getrennt ist. Bei einer inspiratorischen Anstrengung des Probanden werden dann gleichzeitig die Änderung des Munddrucks und die des Kammerdrucks gemessen. Nach der Kalibrierung mit Hilfe einer Eichpumpe läßt sich daraus das intrathorakale Gasvolumen unter Anwendung des Boyle-Mariotte-Gesetzes berechnen.

Für die *Resistancebestimmung* läßt man den Probanden wieder frei atmen. Da infolge des Atemwegswiderstandes die intrapulmonalen Volumenänderungen den Thoraxbewegungen nur verzögert folgen, kommt es zu Druckänderungen in der Lunge. Dabei ändert sich der Druck in der abgeschlossenen Kammer näherungsweise proportional dazu in umgekehrter Richtung. Auf diese Weise ist man in der Lage, den jeweiligen intrapulmonalen Druck P_{Pul} auf dem Umweg über die Messung des Kammerdrucks zu bestimmen. Gleichzeitig wird die Atemstromstärke mit dem *Pneumotachographen* registriert. Der Quotient aus beiden Größen, der zweckmäßigerweise mit einem Zweikoordinatenschreiber fortlaufend aufgezeichnet wird (Abb. 25-15 oben), liefert dann nach Gl. (15) den gesuchten Resistancewert.

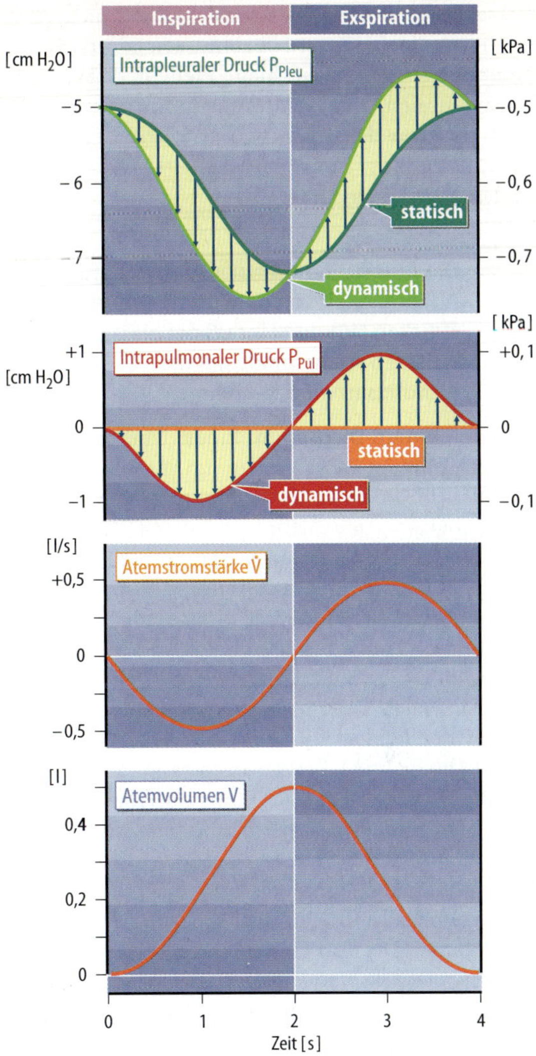

Abb. 25-16. Zeitliche Änderung des intrapleuralen Drucks P_{Pleu}, des intapulmonalen Drucks P_{Pul}, der Atemstromstärke V und des Atemvolumens V während eines Atmungszyklus. Die als „statisch" gekennzeichneten Druckverläufe würden gelten, wenn nur elastische Atmungswiderstände zu überwinden wären. Infolge der zusätzlich vorhandenen viskösen Widerstände kommt es inspiratorisch zu einer Negativierung und exspiratorisch zu einer Positivierung von P_{Pleu} und P_{Pul} (dargestellt durch *blaue Pfeile*)

!

Die Strömung der Luft durch die leitenden Atemwege ist überwiegend laminar und lediglich an Verzweigungsstellen und Einengungen der Bronchien turbulent. Nach dem Hagen-Poiseuille-Gesetz ergibt sich der Atemwegswiderstand, der auch als Resistance bezeichnet wird, aus dem Verhältnis des intrapulmonalen Drucks (Druckdifferenz zwischen Alveolen und Außenraum) zur Atemstromstärke. Der Resistancewert, der mit dem Körperplethysmographen gemessen wird, beträgt bei Ruheatmung etwa 0,2 kPa · l^{-1} · s. Am viskösen Atmungswiderstand ist zu etwa 10 % auch der Gewebewiderstand beteiligt.

Im Atmungszyklus hängen die Druck-Volumen-Beziehungen von den elastischen und viskösen Atmungswiderständen ab

Intrapleurale und intrapulmonale Druckänderungen. Während eines Atmungszyklus verändern sich die intrapleuralen und intrapulmonalen Drücke in gesetzmäßiger Weise. Es ist zweckmäßig, zunächst die Druckverläufe bei *sehr langsamer Atmung*, also unter quasistationären Bedingungen, zu betrachten. In diesem Fall dürfen die viskösen Atmungswiderstände vernachlässigt werden. Auf den Pleuraspalt wirkt sich dann nur der elastische Zug der Lunge aus und erzeugt hier einen „negativen" Druck. Während der Inspiration kommt es zu einer zunehmenden, während der Exspiration zu einer abnehmenden Negativierung des *intrapleuralen Drucks* P_{Pleu}. Dieser Druckverlauf ist in Abb. 25-16 dunkelgrün dargestellt und als „statisch" bezeichnet. Der Druck in den Alveolen entspricht jedoch während des gesamten Atmungszyklus etwa dem Außendruck, sofern die Glottis geöffnet ist; der *intrapulmonale Druck* P_{Pul} bleibt gleich 0.

Bei *regulärer Atmung* dagegen führt die inspiratorische Thoraxerweiterung zu einer Senkung des alveolären Drucks unter den Außendruck. Dies ist insbesondere dadurch bedingt, daß die Luft infolge des viskösen Atemwegswiderstands nicht schnell genug in die Alveolen strömen kann. Bei Ruheatmung sinkt der *intrapulmonale Druck* im Verlauf der Inspiration auf etwa -1 cm H_2O (-0,1 kPa) ab; umgekehrt steigt er während der exspiratorischen Thoraxverkleinerung kurzzeitig auf etwa +1 cm H_2O an (Abb. 25-16, dunkelrote Kurve).

Diese intrapulmonalen Drücke wirken sich auch auf den Pleuraspalt aus und beeinflussen additiv den *intrapleuralen Druckverlauf* (blaue Pfeile in Abb. 25–16). Die intrapleuralen Druckänderungen im Atmungszyklus sind also von den *Thoraxexkursionen*, der *elastischen Zugspannung* der Lunge und dem *Strömungswiderstand* in den Atemwegen abhängig.

Die Aufzeichnungen der Atemvolumina in Abhängigkeit von den intrapleuralen Drücken läßt den Einfluß der elastischen und viskösen Widerstände auf die Atmungsarbeit erkennen

Druck-Volumen-Diagramm. Einen Überblick über die Druck-Volumen-Beziehungen im Atmungszyklus liefert die *Aufzeichnung der geförderten Atemvolumina in Abhängigkeit von den jeweiligen intrapleuralen Drücken* (Druck-Volumen-Diagramm, Abb. 25–17).

Wären bei der Inspiration allein *elastische Widerstände* zu überwinden, so müßte jede Volumenänderung in der Lunge der jeweiligen Änderung des intrapleuralen Druckes näherungsweise direkt proportional sein. Im Druck-Volumen-Diagramm würde die Abhängigkeit der beiden Größen durch eine Gerade dargestellt (Abb. 25–17A). Bei der Exspiration müßte dieselbe Gerade in umgekehrter Richtung durchlaufen werden.

Wegen der zusätzlich zu überwindenden viskösen *Atemwegswiderstände* ist jedoch die während der Inspiration aufgenommene Kurve nach unten durchgebogen (Abb. 25–17B). Für die Förderung eines bestimmten Volumens ist also eine stärkere Abnahme des intrapleuralen Drucks notwendig, als dies nach Maßgabe der Proportionalitätsgeraden der Fall wäre. Erst am Ende der Einatmung (im Punkt B) erreicht die Inspirationskurve die Gerade, weil jetzt keine Bewegung mehr stattfindet und nur noch die elastische Zugspannung wirksam ist. Die Exspirationskurve ist infolge der viskösen Widerstände in umgekehrter Richtung durchgebogen und erreicht am Ende dieser Atmungsphase wieder den Ausgangspunkt A. Der geschilderte Kurvenverlauf des dynamischen Druck-Volumen-Diagramms wird manchmal auch als ***Atemschleife*** bezeichnet.

Während in Abb. 25–17B die Atemschleife für die *Ruheatmung* dargestellt ist, gibt Abb. 26–17C die entsprechende Kurve *bei vertiefter und beschleunigter Atmung* wieder. Die Vertiefung kommt in einem verdoppelten Atemzugvolumen, die Beschleunigung in einer stärkeren Durchbiegung der Inspirations- und Exspirationskurve zum Ausdruck. Die stärkere Durchbiegung erklärt sich daraus, daß bei raschen alveolären Druckänderungen die Strömung nicht schnell genug folgen kann. *Bei hoher Atmungsfrequenz wirken sich also die viskösen Atemwegswiderstände stärker aus als bei Ruheatmung.*

Atmungsarbeit. Die physikalische Arbeit, die bei der Überwindung der elastischen und viskösen Widerstände geleistet wird, ergibt sich aus dem Produkt ***Druck · Volumen,*** das die gleiche Dimension wie das Produkt Kraft · Weg hat. Ändert sich der Druck während der Arbeit, so tritt an die Stelle des Produktes das ***Integral*** $\int P\,dV$. Der Vorteil des Druck-Volumen-Diagramms besteht v. a. darin, daß in ihm die Integralwerte für die Arbeit als Flächen veranschaulicht werden können.

Die Flächen, welche die *inspiratorische Arbeit gegen die elastischen Widerstände repräsentieren,* sind in Abb. 25–17 rot wiedergegeben. Unter dynamischen Bedingungen kommt sowohl bei der Inspiration als auch bei der Exspiration noch ein Arbeitsanteil hinzu, der zur *Überwindung der viskösen Widerstände* benötigt wird. Die entsprechenden Flächen sind in Abb. 25–17 waagerecht schraffiert dargestellt. Der visköse Exspirationsanteil ABEA ist bei Ruheatmung (Abb. 25–17B) kleiner als die zuvor elastisch gespeicherte Energie ABCA. Daher kann die Ausatmung rein passiv, d. h. ohne Mitwirkung der *Exspirationsmuskeln* erfolgen. Dies gilt jedoch nicht mehr für die beschleunigte Atmung (Abb. 25–17C). In diesem Fall muß der Arbeitsanteil, der der dunkelblauen Fläche entspricht, von der Exspirationsmuskulatur aufgebracht werden.

Insgesamt werden bei ruhiger Atmung etwa 2 % des aufgenommenen Sauerstoffs für die Kontraktionsarbeit der Atmungsmuskeln benötigt. Bei körperlicher Arbeit steigt allerdings der Energiebedarf der Atmungsmuskulatur überproportional an, verglichen mit der erzielten Zunahme des Atemzeitvolumens und der O_2-Aufnahme in der Lunge. So ist es zu verstehen, daß bei schwerer körperlicher Belastung bis zu 20 % des aufgenommenen Sauerstoffs für die Atmungsarbeit zur Verfügung gestellt werden müssen [20].

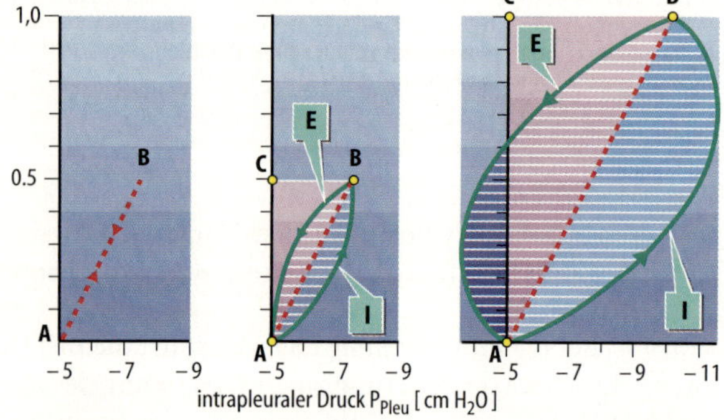

Abb. 25–17. Atmungszyklus im Druck-Volumen-Diagramm. **A** Fiktive Atmung gegen rein elastische Widerstände. **B** Normale Ruheatmung. **C** Vertiefte und beschleunigte Atmung. *I* Inspiration; *E* Exspiration. Die Anteile der Atmungsarbeit werden durch folgende Flächen dargestellt: *rot:* inspiratorische Arbeit gegen die elastischen Widerstände; *waagerecht schraffiert:* inspiratorische und exspiratorische Arbeit gegen die viskösen Widerstände; *dunkelblau:* Anteil der Exspirationsarbeit, der durch die Exspirationsmuskeln aufgebracht werden muß

> **!** Bei sehr langsamer Atmung sind nur die elastischen Atmungswiderstände wirksam und führen in der Inspirationsphase zu einer zunehmenden Negativierung des intrapleuralen Drucks. Bei regulärer Atmung kommt es aufgrund des Einflusses der viskösen Widerstände zu einer Negativierung des intrapulmonalen Drucks in der Inspirationsphase und zu einer Positivierung in der Exspirationsphase. Diese intrapulmonalen Druckänderungen wirken sich additiv auf den intrapleuralen Druckverlauf aus. Die Aufzeichnung der geförderten Atemvolumina in Abhängigkeit von den jeweiligen intrapleuralen Drücken wird als Atemschleife bezeichnet. Aus ihr erkennt man, daß bei Ruheatmung die Exspiration passiv erfolgt. Dagegen muß bei vertiefter und beschleunigter Atmung auch die Exspirationsmuskulatur zur Überwindung der Strömungswiderstände eingesetzt werden. Bei Ruheatmung erfordert die Atmungsarbeit etwa 2 % des gesamten Energieumsatzes.

Lungenfunktionsprüfungen gestatten die Differenzierung zwischen restriktiven und obstruktiven Ventilationsstörungen

Störungen der Atmungsmechanik. Krankhafte Veränderungen im Bereich des Atmungsapparates führen in vielen Fällen zu Störungen der Lungenbelüftung. Aus diagnostischen Gründen ist es zweckmäßig, diese Störungen in 2 Gruppen zu unterteilen: in die *restriktiven* und die *obstruktiven* Funktionsstörungen [5, 7, 22, 24, 28, 29].

Als ***restriktive Ventilationsstörungen*** werden alle die Zustände bezeichnet, bei denen die *Ausdehnungsfähigkeit von Lunge oder Thorax eingeschränkt* ist. Dies ist beispielsweise bei pathologischen Veränderungen des Lungenparenchyms (z. B. bei der *Lungenfibrose*) oder bei Verwachsungen der Pleurablätter der Fall. ***Obstruktive Ventilationsstörungen*** sind dadurch charakterisiert, daß die *leitenden Atemwege eingeengt* und damit die *Strömungswiderstände erhöht* sind. Solche Obstruktionen liegen etwa vor bei Schleimansammlungen oder Spasmen der Bronchialmuskulatur (*Asthma bronchiale, chronische Bronchitis*). Da die Ausatmung ständig gegen einen erhöhten Widerstand erfolgen muß, tritt vielfach im fortgeschrittenen Stadium eine Überblähung der Lunge mit einer vergrößerten funktionellen Residualkapazität auf. Ein pathologischer Zustand, bei dem neben einer Überblähung auch noch strukturelle Veränderungen der Lunge vorliegen (Verlust der elastischen Fasern, Schwund der Alveolarsepten, Reduktion des Kapillarbettes), wird als *Lungenemphysem* bezeichnet.

Differenzierung der Funktionsstörungen. Die Verfahren, die zum Nachweis der restriktiven bzw. obstruktiven Funktionsstörungen geeignet sind, ergeben sich unmittelbar aus den Charakteristika dieser Störungen. Eine Einschränkung der Ausdehnungsfähigkeit der Lunge bei einer *restriktiven Störung* läßt sich durch die ***Abnahme der Compliance*** nachweisen (s. S. 577). Die Erhöhung der Strömungswiderstände bei einer *obstruktiven Störung* erkennt man an einer ***Zunahme der Resistance*** (s. S. 578). Die Verfahren zur Bestimmung der Compliance- und Resistancewerte erfordern einen größeren apparativen Aufwand. Es gelingt jedoch, eine grobe Differenzierung der Funktionsstörungen auch auf einfache Weise vorzunehmen (s. Tabelle 25-1).

Vitalkapazität. *Eine Abnahme der Vitalkapazität kann als Zeichen für das Vorliegen einer restriktiven Störung gewertet werden.* Während jedoch mit der Complicance C_L allein die Ausdehnungsfähigkeit der Lunge erfaßt wird, ist die Vitalkapazität noch zusätzlich von der maximalen Erweiterungsfähigkeit des Thorax abhängig. Eine Einschränkung der Vitalkapazität kann also durch eine *pulmonale* oder durch eine *extrapulmonale Restriktion* bedingt sein.

Sekundenkapazität. *Eine obstruktive Funktionsstörung läßt sich auf einfache Weise durch die Sekundenkapazität (1-s-Ausatmungskapazität, forced expiratory volume FEV, Tiffeneau-Test) erfassen.* Darunter versteht man dasjenige Volumen, das innerhalb 1 s forciert ausgeatmet werden kann (Abb. 25-18). Der Proband, der an ein geschlossenes oder offenes spirometrisches System (S. 571) angeschlossen ist, atmet nach maximaler Inspiration und kurzem Luftanhalten so schnell und so tief wie möglich aus. Aus der registrierten Exspirationskurve läßt sich dann das innerhalb 1 s ausgeatmete Volumen bestimmen. Die Sekundenkapazität wird meist relativ, d. h. bezogen auf die Vitalkapazität, angegeben (Beispiel: absolute Sekundenkapazität = 3 l, Vitalkapazität = 4 l, daraus folgt: relative Sekundenkapazität = 75 %). Für den Lungengesunden beträgt die relative Sekundenkapazität bis zu einem Alter von 50 Jahren 70–80 %, im höheren Alter 65–70 %. Bei einer obstruktiven Störung ist infolge der erhöhten Strömungswiderstände die Ausatmung verzögert und damit die relative Sekundenkapazität unter die genannten Werte gesenkt.

Tabelle 25-1. Kriterien für die Differenzierung von Ventilationsstörungen

	Ventilationsstörung	
	Restriktive	Obstruktive
Compliance	Abnahme	
Resistance		Zunahme
Vitalkapazität	Abnahme	
Sekundenkapazität		Abnahme
Atemgrenzwert	Abnahme	Abnahme

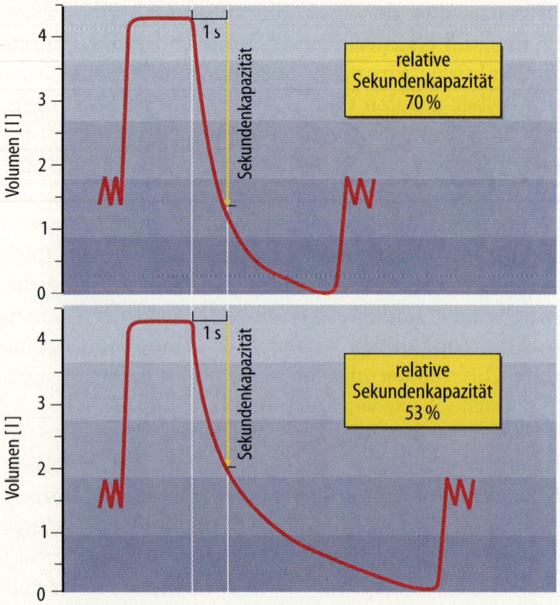

Abb. 25–18. Bestimmung der relativen Sekundenkapazität. Nach tiefer Inspiration und kurzzeitigem Atemanhalten atmet der Proband so schnell wie möglich aus. Das in 1 s exspirierte Volumen wird als prozentualer Anteil der Vitalkapazität VC angegeben. *Oben:* Messung bei einem Lungengesunden, *unten:* bei einem Patienten mit obstruktiver Ventilationsstörung

Atemstoß (maximale exspiratorische Atemstromstärke). *Eine weitere Möglichkeit zum Nachweis von Obstruktionen bietet die Messung der maximalen Atemstromstärke (Peak expiratory flow, PEF).* Wie bei der Bestimmung der Sekundenkapazität fordert man den Probanden auf, nach einer maximalen Inspiration forciert auszuatmen. Die Messung der Atemstromstärke erfolgt dabei mit Hilfe eines Pneumotachographen (s. S. 571). Der Maximalwert der exspiratorischen Atemstromstärke soll beim Lungengesunden etwa 10 l/s betragen. Beim Vorliegen erhöhter Atemwegswiderstände wird dieser Wert wesentlich unterschritten.

Die exspiratorische Atemstromstärke kann über einen Grenzwert hinaus nicht gesteigert werden, auch wenn die exspiratorische Anstrengung noch weiter verstärkt wird. Der Grund hierfür ist in der *Wandstruktur der Bronchiolen* zu suchen, die keine knorpeligen Stützelemente besitzen. Solche weichwandigen Rohre werden komprimiert, wenn der von außen einwirkende (intrapulmonale) Druck größer ist als der Druck in ihrem Lumen [30]. *Bei sehr starkem Exspirationsdruck wird also der Strömungswiderstand in den Bronchiolen erhöht.* Dieser Effekt tritt besonders stark hervor, wenn der Zug der elastischen Fasern, der normalerweise die Lumina der Bronchiolen weit hält, vermindert ist. In einem solchen Fall, der z. B. beim *Lungenemphysem* vorliegt, können die Bronchiolen bei starker exspiratorischer Anstrengung kollabieren.

Atemgrenzwert. *Das Atemzeitvolumen bei maximal forcierter, willkürlicher Hyperventilation wird als Atemgrenzwert bezeichnet.* Diese Größe ist deshalb von diagnostischem Interesse, weil die Inanspruchnahme der Atmungsreserven gut geeignet ist, Funktionsstörungen aufzudecken. Die spirometrische Messung erfolgt, wenn der Proband mit einer Atmungsfrequenz von 40–60/min forciert hyperventiliert. Der Test soll nur für die Dauer von etwa 10 s durchgeführt werden, um die nachteiligen Folgen der Hyperventilation (Alkalose, s. S. 619) zu vermeiden. Das Ergebnis der Untersuchung wird jedoch auf die Zeit von 1 min bezogen. Der Sollwert für den Atemgrenzwert (AGW) hängt vom Alter, vom Geschlecht sowie von den Körpermaßen ab und liegt für den jungen Mann zwischen *120* und *170 l/min.* Eine Abnahme des Atemgrenzwertes findet man sowohl bei *restriktiven* als auch bei *obstruktiven Ventilationsstörungen.* Eine über den Atemgrenzwert festgestellte Störung erfordert also zur weiteren Differenzierung die zusätzliche Bestimmung der Vitalkapazität und der Sekundenkapazität.

! Eine restriktive Ventilationsstörung liegt vor, wenn die Ausdehnungsfähigkeit von Lunge oder Thorax eingeschränkt ist. In diesem Fall findet man eine Abnahme der jeweiligen Compliance und der Vitalkapazität. Von einer obstruktiven Ventilationsstörung spricht man, wenn die Atemwege eingeengt sind und damit der Strömungswiderstand erhöht ist. Kennzeichen einer solchen Störung sind eine Zunahme der Resistance sowie eine Abnahme der relativen Sekundenkapazität und der maximalen exspiratorischen Atemstromstärke (Atemstoß). Der Atemgrenzwert, das Atemzeitvolumen bei maximal forcierter, willkürlicher Hyperventilation, nimmt sowohl bei restriktiven als auch bei obstruktiven Ventilationsstörungen ab.

25.4 Pulmonaler Gasaustausch

Die alveolären Atemgasfraktionen werden sowohl von der O_2-Aufnahme bzw. CO_2-Abgabe als auch von der alveolären Ventilation bestimmt

Berechnung der alveolären Atemgasfraktionen. Der Inhalt der Alveolen wurde früher als Alveolarluft bezeichnet. Neuerdings hat man sich jedoch darauf geeinigt, daß die Bezeichnung „Luft“ allein dem Gasgemisch mit atmosphärischer Zusammensetzung (F_{O_2} = 0,209, $F_{CO_2} \approx 0$, F_{N_2} = 0,791) vorbehalten bleiben soll. Da in den Alveolen der O_2-Anteil kleiner und der CO_2-Anteil größer ist als in der Atmosphäre, müssen wir konsequenterweise vom alveolären Gasgemisch sprechen.

Um die O_2- und CO_2-Fraktionen im alveolären Gasgemisch zu berechnen, gehen wir von einer Bilanzbetrachtung aus: Die *O_2-Aufnahme* des Blutes ($\dot{V}_{O_2}$) ergibt sich aus der den Alveolen inspiratorisch zugeführten O_2-Menge ($F_{IO_2} \cdot \dot{V}_A$), abzüglich der von hier exspiratorisch abgeführten O_2-Menge ($F_{AO_2} \cdot \dot{V}_A$). Die CO_2-*Abgabe* aus dem Blut ($\dot{V}_{CO_2}$) entspricht der CO_2-Menge, die exspiratorisch aus den Alveolen entfernt wird ($F_{ACO_2} \cdot \dot{V}_A$), da mit dem Inspirationsstrom praktisch kein CO_2 in die Alveolen gelangt. Daher gelten die Beziehungen:

$$\dot{V}_{O_2} = F_{I_{O_2}} \cdot \dot{V}_A - F_{A_{O_2}} \cdot \dot{V}_A, \qquad (16)$$
$$\dot{V}_{CO_2} = F_{A_{CO_2}} \cdot \dot{V}_A,$$

und nach Umformung:

$$F_{A_{O_2}} = F_{I_{O_2}} - \frac{\dot{V}_{O_2}}{\dot{V}_A}, \quad F_{A_{CO_2}} = \frac{\dot{V}_{CO_2}}{\dot{V}_A} \qquad (17)$$

Bei Anwendung der Gl. (17) ist darauf zu achten, daß für die Größen im Zähler und im Nenner die gleichen Meßbedingungen gelten. Gewöhnlich werden jedoch O_2-Aufnahme und CO_2-Abgabe auf die physikalischen Standardbedingungen bezogen, während man Atemvolumina und Ventilationsgrößen für die im Körper vorliegenden Bedingungen angibt.

Umrechnungsbeziehungen für verschiedene Volumenmeßbedingungen. Das Volumen V einer Gasmenge hängt von der jeweiligen Temperatur T und dem einwirkenden Druck P ab, wobei außerdem noch der Wasserdampfpartialdruck P_{H_2O} zu berücksichtigen ist. Deshalb müssen bei Volumenangaben zusätzlich die jeweils gültigen Meßbedingungen spezifiziert werden. In der Atmungsphysiologie unterscheidet man die folgenden Bedingungen:

- ***STPD-Bedingungen*** (Standard Temperature, Pressure, Dry): Es sind dies die physikalischen Standardbedingungen, bei denen die Volumenangaben auf T=273 K, P=760 mm Hg (101 kPa) und P_{H_2O} = 0 mm Hg (Trockenheit) bezogen werden.
- ***BTPS-Bedingungen*** (Body Temperature, Pressure, Saturated): Hierbei handelt es sich um die in der Lunge herrschenden Bedingungen, also T=273+37=310 K, P variierend nach Maßgabe des aktuellen Barometerdrucks P_B und P_{H_2O} = 47 mm Hg (6,25 kPa) (Wasserdampfsättigung bei 37 °C).
- ***ATPS-Bedingungen*** (Ambient Temperature, Pressure, Saturated): Hierunter versteht man die aktuellen Meßbedingungen außerhalb des Körpers (Spirometerbedingungen); d. h. die Volumenbestimmung erfolgt bei Zimmertemperatur T_a, aktuellem Barometerdruck P_B und Wasserdampfsättigung.

In der folgenden Aufstellung dieser 3 Volumenmeßbedingungen (Tabelle 25-2) ist berücksichtigt, daß man vom Gesamtdruck jeweils den Wasserdampfpartialdruck abzuziehen hat, um den volumenbestimmenden Druck des „trockenen“ Gases zu erhalten.

Für die Umrechnung eines Gasvolumens von den Zustandsbedingungen 1 auf die Zustandsbedingungen 2 gilt nach der ***allgemeinen Gasgleichung*** die Beziehung:

$$\frac{V_1}{V_2} = \frac{T_1}{T_2} \cdot \frac{P_2}{P_1} \qquad (18)$$

Mit Hilfe der Angaben in Tabelle 25-2 läßt sich diese allgemeine Formel auf den konkreten Fall anwenden. Möchte man beispielsweise ein für Körperbedingungen angegebenes Volumen (V_{BTPS}) auf Standardbedingungen (V_{STPD}) umrechnen, so gilt:

Tabelle 25-2. Charakteristika der Volumenmeßbedingungen

Bedingung	T (K)	P (mmHg)
STPD	273	760
BTPS	310	P_B - 47
ATPS	T_a	$P_B - P_{H_2O}$

$$\frac{V_{STPD}}{V_{BTPS}} = \frac{273}{310} \cdot \frac{P_B - 47}{760} = \frac{P_B - 47}{863} \qquad (19)$$

Daß eine Änderung der Bezugsbedingungen die Volumenwerte nicht unwesentlich beeinflußt, zeigt folgende Rechnung: Bei Ruheatmung beträgt die alveoläre Ventilation unter BTPS-Bedingungen etwa 5 l/min. Nach Gl. (19) reduziert sich dieser Wert unter STPD-Bedingungen auf 4,1 l/min, wenn man den mittleren Barometerdruck auf Meereshöhe (P_B=760 mm Hg) zugrunde legt.

Alveoläre Atemgasfraktionen bei Ruheatmung. Bei der Berechnung der alveolären Atemgasfraktionen gehen wir von Gl. (17) aus, wobei alle einzusetzenden Zahlenwerte auf Standardbedingungen bezogen werden sollen. Für den Erwachsenen in körperlicher Ruhe beträgt die *O_2-Aufnahme* $\dot{V}_{O_2}$ (STPD) = 0, 28 l/min (Variationsbereich : 0,25–0,30 l/min) und die *CO_2-Abgabe* $\dot{V}_{CO_2(STPD)}$ = 0,23 l/min (Variationsbereich: 0,20–0,25 l/min). Das Verhältnis CO_2-Abgabe/O_2-Aufnahme, das als *Respiratorischer Quotient* bezeichnet wird, hat also im Mittel einen Wert von 0,23/0,28 = 0,82 (S. 645). Für die *alveoläre Ventilation* ist $\dot{V}_{A(STPD)}$ = 4,1 l/min einzusetzen (s.o.); die *inspiratorische O_2-Fraktion* beträgt $F_{I_{O_2}}$ = 0,209 (20,9 Vol.%) (Tabelle 25-3). Damit ergibt sich folgende *Zusammensetzung des alveolären Gasgemisches:*

$$F_{A_{O_2}} = 0{,}14 \; (14 \text{ Vol.\%}),$$
$$F_{A_{CO_2}} = 0{,}056 \; (5{,}6 \text{ Vol.\%})$$

Der Rest besteht aus Stickstoff und einem sehr kleinen Anteil an Edelgasen.

Analyse des alveolären Gasgemisches. Mit schnell anzeigenden Meßgeräten können die Atemgasfraktionen in der Exspirationsluft fortlaufend verfolgt werden. Meßgeräte für CO_2 nutzen die spezielle *Infrarotabsorption* dieses Gases, Meßgeräte für O_2 dessen *paramagnetischen Eigenschaften* aus. Auch *Massenspektrometer* werden für O_2- und CO_2-Analysen eingesetzt. Der Vorteil all dieser Verfahren besteht darin, daß bei einer fortlaufenden Registrierung

Tabelle 25-3. Inspiratorische, alveoläre und exspiratorische Fraktionen bzw. Partialdrücke der Atemgase bei Ruheatmung in Meereshöhe

	Fraktionen		Partialdrücke	
	O_2	CO_2	O_2	CO_2
Inspirationsluft	0,209	0,0003	150 mm Hg (20 kPa)	0,2 mm Hg (0,03 kPa)
Alveoläres Gasgemisch	0,14	0,056	100 mm Hg (13,3 kPa)	40 mm Hg (5,3 kPa)
Exspirationsgemisch	0,16	0,04	114 mm Hg (15,2 kPa)	29 mm Hg (3,9 kPa)

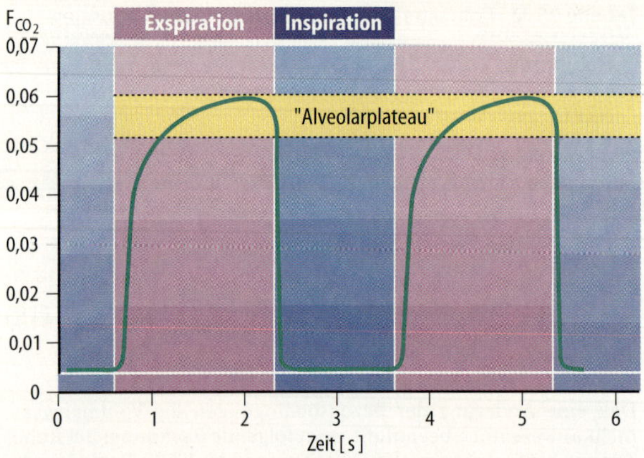

Abb. 25–19. CO_2-Fraktion, während der Exspiration und der Inspiration am Mund des Probanden mittels eines Infrarotabsorptionsschreibers registriert. Alveolarplateau: Bereich, in dem der alveolären Anteil des Exspirationsvolumens den Meßort passiert

der Atemgasfraktionen die alveolären Fraktionsbereiche im Kurvenverlauf zu erkennen sind. Eine Sammlung von Gasproben ist also nicht notwendig. Abbildung 25–19 zeigt als Beispiel die von einem Infrarotschreiber aufgezeichnete CO_2-Fraktion während zweier Atmungszyklen. Während der Ausatmung des Totraumvolumens kommt es zu einem schnellen CO_2-Anstieg. Der als *„Alveolarplateau"* gekennzeichnete Kurventeil rührt vom alveolären Anteil des Exspirationsvolumens her.

!

Die alveolären O_2- bzw. CO_2-Fraktionen sind vom Verhältnis der O_2-Aufnahme bzw. CO_2-Abgabe zur alveolären Ventilation abhängig. Bei der Berechnung der Atemgasfraktionen müssen die entsprechenden Meßwerte für gleiche Volumenmeßbedingungen angegeben werden: Werte, die unter Körperbedingungen (BTPS) gemessen wurden, sind mit Hilfe der allgemeinen Gasgleichung auf Standardbedingungen (STPD) umzurechnen. Bei Ruheatmung beträgt die alveoläre O_2- Fraktion 14 Vol.% und die alveoläre CO_2-Fraktion 5,6 Vol.%. Die Atemgasfraktionen können fortlaufend registriert werden, wobei für die Messung von O_2 dessen paramagnetische Eigenschaften und von CO_2 dessen Infrarotabsorption ausgenutzt werden.

Die alveolären Partialdrücke betragen bei Ruheatmung im Mittel 100 mm Hg für O_2 und 40 mm Hg für CO_2; Abweichungen hiervon ergeben sich bei veränderten Ventilations- Perfusions-Relationen

Partialdrücke in der atmosphärischen Luft. *Nach dem Dalton-Gesetz übt jedes Gas in einem Gemisch einen Partialdruck (Teildruck) P_{Gas} aus, der seinem Anteil am Gesamtvolumen, d.h. seiner Fraktion F_{Gas}, entspricht.* Bei der Anwendung dieses Gesetzes auf die Atemgase ist zu berücksichtigen, daß sowohl die atmosphärische Luft als auch das alveoläre Gasgemisch neben O_2, CO_2, N_2 und Edelgasen auch noch Wasserdampf enthalten, der einen bestimmten Partialdruck P_{H_2O} ausübt. Da die Gasfraktionen für das „trockene" Gasgemisch angegeben werden, ist bei der Formulierung des Dalton-Gesetzes der Gesamtdruck (Barometerdruck P_B) um den ***Wasserdampfdruck*** P_{H_2O} zu reduzieren:

$$P_{Gas} = F_{Gas} \cdot (P_B - P_{H_2O}) \tag{20}$$

Unter Berücksichtigung der Werte für die atmosphärischen O_2- und CO_2-Fraktionen (Tabelle 25–3) betragen hiernach die zugehörigen Partialdrücke im Flachland etwa P_{IO_2} = 150 mm Hg (20 kPa) und P_{ICO_2} = 0,2 mm Hg (0,03 kPa). Mit zunehmender Höhe vermindern sich die O_2- und CO_2-Partialdrücke in der Inspirationsluft nach Maßgabe der Abnahme von P_B (s. S. 697).

Partialdrücke im alveolären Gasgemisch. Für die Untersuchung des Gasaustausches in der Lunge ist es zweckmäßig, die O_2- und CO_2- Anteile im alveolären Gasgemisch in Partialdruckeinheiten anzugeben. Führt man in Gl. (17) die Partialdrücke nach Gl. (20) mit P_{H_2O} = 47 mm Hg ein, so ergeben sich unter Berücksichtigung von Gl. (19) die Beziehungen:

$$P_{A_{O_2}} = P_{I_{O_2}} - \frac{\dot{V}_{O_2(STPD)}}{\dot{V}_{A(BTPS)}} \cdot 863 \text{ (mm Hg)},$$

$$P_{A_{CO_2}} = \frac{\dot{V}_{CO_2(STPD)}}{\dot{V}_{A(BTPS)}} \cdot 863 \text{ (mm Hg)} \tag{21}$$

Diese sog. ***Alveolarformeln*** erlauben die Berechnung der alveolären Partialdruckwerte. Legt man die Daten für die Ruheatmung im Flachland zugrunde ($P_{I_{O_2}}$ = 150 mm Hg, $\dot{V}_{O_2(STPD)}$ = 0,28 l/min, $\dot{V}_{CO_2(STPD)}$ = 0,23 l/min, $\dot{V}_{A(BTPS)}$ = 5 l/min), so erhält man:

$P_{A_{O_2}}$ = ***100 mmHg (13,3 kPa),***
$P_{A_{CO_2}}$ = ***40 mmHg (5,3 kPa).***

Diese Daten gelten als Normwerte für den gesunden Erwachsenen. Dabei ist jedoch die Einschränkung zu machen, daß es sich allenfalls um zeitliche und örtliche Mittelwerte handelt. Geringe zeitliche Schwankungen der alveolären Partialdrücke treten auf, weil die Frischluft diskontinuierlich in den Alveolarraum einströmt. Regionale Variationen entstehen durch die ungleichmäßige Belüftung und Durchblutung der verschiedenen Lungenabschnitte (s. S. 589).

Bei vorgegebenen Austauschraten für O_2 und CO_2 ($\dot{V}_{O_2}$ und $\dot{V}_{CO_2}$) sind nach den Gln. (21) die alveolären Partialdrücke v. a. von der *alveolären Ventilation* $\dot{V}_A$ abhängig. Eine Zunahme der alveolären Ventilation (*Hyperventilation*) hat einen $P_{A_{O_2}}$-Anstieg und einen $P_{A_{CO_2}}$-Abfall zur Folge, eine Abnahme (*Hypoventilation*) hat den umgekehrten Effekt. Diese Abhängigkeit der alveolären Partialdrücke von der alveolären Ventilation ist in Abb. 25–20 quantitativ dargestellt.

Einfluß des Ventilations-Perfusions-Verhältnisses. Da die im Alveolarbereich ausgetauschten Atemgase mit dem Blutstrom an- bzw. abtransportiert werden, sind die Austauschraten mit der Lungendurchblutung (*Lungenperfusion*) gekoppelt. Nach dem *Fickschen Prinzip* (s. S. 559 f) besteht eine direkte Proportionalität zwischen der Lungenperfusion $\dot{Q}$ und der O_2-Aufnahme $\dot{V}_{O_2}$ bzw. der CO_2-Abgabe $\dot{V}_{CO_2}$, sofern die arteriovenösen Differenzen avD als konstant angesehen werden können. Daher lassen sich die Gln. (21) auch folgendermaßen interpretieren: *Die alveolären O_2- und CO_2-Partialdrücke sind vom Verhältnis der alveolären Ventilation $\dot{V}_A$ zur Lungenperfusion $\dot{Q}$ abhängig.* Für den Lungengesunden in körperlicher Ruhe hat dieses Verhältnis $\dot{V}_A/\dot{Q}$ einen Wert von 0,8–1,0.

Kennzeichnung veränderter Ventilationszustände. Eine Veränderung der Ventilationsgröße kann sehr verschiedenartige Ursachen haben. Eine verstärkte Atmung läßt sich willkürlich hervorrufen; sie wird aber auch bei Arbeit als Anpassung an die Stoffwechselbedürfnisse des Organismus sowie unter pathologischen Bedingungen beobachtet. Eine verminderte Atmung kann willkürlich erzeugt werden oder regulatorisch sowie pathologisch bedingt sein. Für solche Veränderungen wurde in der Vergangenheit eine Reihe von Fachausdrücken geprägt, ohne daß diese jedoch eindeutig gegeneinander abgegrenzt wurden. Die gültigen Definitionen sind im folgenden zusammengestellt:

- *Normoventilation:* Normale Ventilation, bei der in den Alveolen ein CO_2-Partialdruck von etwa 40 mm Hg (5,3 kPa) aufrechterhalten wird.
- *Hyperventilation:* Steigerung der alveolären Ventilation, die über die jeweiligen Stoffwechselbedürfnisse hinausgeht ($P_{ACO_2} < 40$ mm Hg).
- *Hypoventilation:* Minderung der alveolären Ventilation unter den Wert, der den Stoffwechselbedürfnissen entspricht ($P_{ACO_2} > 40$ mm Hg).
- *Mehrventilation:* Atmungssteigerung über den Ruhewert hinaus (etwa bei körperlicher Arbeit), unabhängig von der Höhe der alveolären Partialdrücke.
- *Eupnoe:* Normale Ruheatmung.
- *Hyperpnoe:* Vertiefte Atmung mit oder ohne Zunahme der Atmungsfrequenz.
- *Tachypnoe:* Zunahme der Atmungsfrequenz.
- *Bradypnoe:* Abnahme der Atmungsfrequenz.
- *Apnoe:* Atmungsstillstand, hauptsächlich bedingt durch das Fehlen des physiologischen Atmungsantriebs (Abnahme des arteriellen CO_2-Partialdrucks).
- *Dyspnoe:* Erschwerte Atmung, verbunden mit dem subjektiven Gefühl der Atemnot.
- *Orthopnoe:* Starke Dyspnoe bei Stauung des Blutes in den Lungenkapillaren (vielfach infolge einer Linksherzinsuffizienz), die insbesondere im Liegen auftritt und daher den Patienten zum Aufsetzen zwingt.
- *Asphyxie:* Atmungsstillstand oder Minderatmung bei Lähmung der Atmungszentren mit starker Einschränkung des Gasaustausches (Hypoxie und Hyperkapnie, s. S. 634).

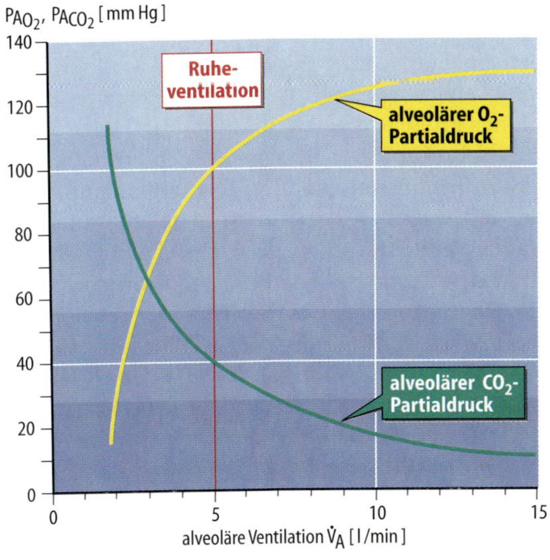

Abb. 25–20. Abhängigkeit der alveolären Atemgaspartialdrücke (P_{AO_2} und P_{ACO_2}) von der alveolären Ventilation ($\dot{V}_A$) in Meereshöhe bei körperlicher Ruhe (O_2-Aufnahme: 280 ml/min, CO_2-Abgabe: 230 ml/min). Die *rote Gerade* gibt die Werte für P_{AO_2} und P_{ACO_2} unter normalen Ventilationsbedingungen an

! Für die Beschreibung des pulmonalen Gasaustausches ist es zweckmäßig, anstelle der Fraktionen die Partialdrücke der Atemgase nach dem Dalton-Gesetz einzuführen. Die alveolären Partialdrücke, die mit Hilfe der sog. Alveolarformel berechnet werden können, betragen unter Ruhebedingungen im Mittel 100 mm Hg (13,3 kPa) für O_2 und 40 mm Hg (5,3 kPa) für CO_2. Aus der Alveolarformel folgt, daß die alveolären Atemgaspartialdrücke vom Verhältnis der alveolären Ventilation zur Lungenperfusion abhängig sind. Wird die Ventilation über die Stoffwechselbedürfnisse hinaus gesteigert, so kommt es zum Anstieg des O_2- und zum Abfall des CO_2- Partialdrucks in den Alveolen (Hyperventilation); eine Minderung der Ventilation hat den gegenteiligen Effekt (Hypoventilation). Für die Kennzeichnung der Atmung unter pathologischen Bedingungen sind die Begriffe Apnoe, Dyspnoe, Orthopnoe und Asphyxie von Bedeutung.

Der pulmonale Gasaustausch erfolgt durch Diffusion; in den Lungenkapillaren kommt es zu einem vollständigen Angleich der O_2- und CO_2-Partialdrücke an die alveolären Werte

Gesetzmäßigkeiten des pulmonalen Gasaustausches. In den Lungenalveolen wird ein hoher O_2-Partialdruck (100 mm Hg) aufrechterhalten, während das venöse Blut mit einem niedrigeren O_2-Partialdruck (40 mm Hg) in die Lungenkapillaren eintritt. Für CO_2 besteht eine Partialdruckdifferenz in entgegengesetzter Richtung (46 mm Hg am Anfang der Lungenkapillaren, 40 mm Hg in den Alveolen). Diese Partialdruckdifferenzen stellen die „treibenden Kräfte“ für die O_2- und CO_2-Diffusion und damit für den pulmonalen Gasaustausch dar.

Nach dem ***1. Fickschen Diffusionsgesetz*** ist der *Diffusionsstrom* $\dot{M}$, d.h. die Substanzmenge, die durch eine Schicht der Fläche F und der Dicke d hindurchtritt, der wirksamen *Konzentrationsdifferenz ΔC direkt proportional* (s. S. 5 f):

$$\dot{M} = D \frac{F}{d} \Delta C. \qquad (22)$$

Der Proportionalitätsfaktor D, der sog. ***Diffusionskoeffizient,*** hat einen vom Diffusionsmedium, von der Art der diffundierenden Teilchen und von der Temperatur abhängigen Wert. Wenn ein gelöstes Gas durch eine Flüssigkeitsschicht diffundiert, muß in Gl. (22) die Konzentration durch den Partialdruck P ersetzt werden, wobei beide Größen einander proportional sind (s. S. 608):

$$\dot{M} = K \frac{F}{d} \Delta P. \qquad (23)$$

Der Proportionalitätsfaktor K, der in diesem Fall eine andere Dimension und einen anderen Zahlenwert als D besitzt, wird zur besseren Unterscheidung als ***Krogh-Diffusionskoeffizient*** oder als ***Diffusionsleitfähigkeit*** bezeichnet [36]. Für die Diffusionsmedien in der Lunge ist K_{CO_2} etwa 23mal größer als K_{O_2}; d.h. *unter sonst gleichen Bedingungen diffundiert etwa 23mal mehr CO_2 als O_2 durch eine vorgegebene Schicht.* Dies ist der Grund dafür, daß in der Lunge trotz kleiner CO_2-Partialdruckdifferenzen stets eine ausreichende CO_2-Abgabe durch Diffusion sichergestellt ist.

Nach Gl. (23) erfordert ein effektiver Diffusionsprozeß eine große Austauschfläche F und einen kleinen Diffusionsweg d. Beide Voraussetzungen sind in der Lunge mit einer Alveolaroberfläche von etwa 140 m² und eine Diffusionsstrecke von größenordnungsmäßig einigen μm (Abb. 25–21) in idealer Weise erfüllt.

Wie man aus Abb. 25–21 erkennt, ist der größte Diffusionsweg und damit auch der größte Diffusionswiderstand im Inneren der Erythrozyten zu überwinden. Hier wird jedoch die O_2-Diffusion durch einen zusätzlichen Transportprozeß unterstützt. Die O_2-Moleküle werden, sobald sie in den Erythrozyten eingedrungen sind, an Hämoglobin Hb angelagert, das dabei in das Oxyhämoglobin HbO_2 übergeht (s. S. 604). Die HbO_2-Moleküle haben nun ebenfalls die Möglichkeit, in Richtung auf das Zentrum des Erythrozyten zu diffundieren und damit den intraerythrozytären O_2-Transport zu beschleunigen (*facilitated diffusion*).
Die CO_2-Moleküle diffundieren in entgegengesetzter Richtung vom Erythrozyten in den Alveolarraum. Dies kann allerdings erst geschehen, nachdem CO_2 aus seinen chemischen Bindungen freigesetzt worden ist (s. S. 613 f).

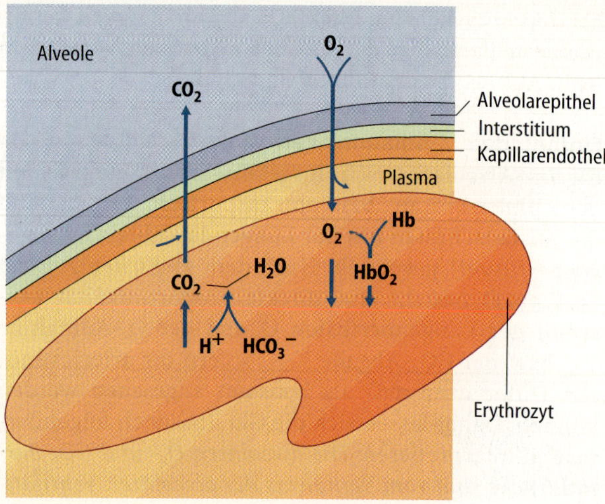

Abb. 25–21. O_2- und CO_2-Transportwege beim pulmonalen Gasaustausch

Diffusionskapazität der Lunge. Während seiner Passage durch die Lungenkapillare steht der einzelne Erythrozyt nur für eine verhältnismäßig kurze Zeit von etwa 0,3–0,7 s mit dem Alveolarraum in Diffusionskontakt [36]. Diese ***Kontaktzeit*** reicht jedoch aus, um die Gaspartialdrücke im Blut denen des Alveolarraums praktisch vollständig anzugleichen. (Zur Definition der Gaspartialdrücke im Blut s. S. 608.) Abb. 25–22 zeigt, wie sich der O_2-Partialdruck im Kapillarblut dem alveolären O_2-Partialdruck zunächst schnell, dann immer langsamer nähert. Dieser Modus des O_2-Partialdruckanstiegs ist eine Folge des Fickschen Diffusionsgesetzes: Die anfangs große alveolokapilläre O_2-Partialdruckdifferenz wird im Laufe der Passagezeit immer kleiner, so daß die Diffusionsrate ständig abnehmen muß. Das Blut, das mit einem O_2-Partialdruck von 40 mm Hg in die Kapillare eintritt, verläßt diese mit einem O_2-Partialdruck von 100 mm Hg. Ebenso erfolgt innerhalb der Kontaktzeit ein Angleich des CO_2-Partialdrucks an den alveolären Wert. Der CO_2-Partialdruck, der am venösen Kapillarende 46 mm Hg beträgt, fällt mit der Abdiffusion des CO_2 auf 40 mm Hg ab. Wir können also feststellen: *In der Lunge des Gesunden gleichen sich die Partialdrücke im Blut den alveolären Werten praktisch vollständig an.*

Ein Maß für die „Diffusionsfähigkeit“ der gesamten menschlichen Lunge kann man aus dem Fickschen Diffusionsgesetz (Gl. 23) gewinnen. Hierzu geht man von der Überlegung aus, daß die in der gesamten Lunge diffundierende O_2-Menge mit der O_2-Aufnahme $\dot{V}_{O_2}$ identisch ist. Ferner faßt man die im Einzelfall nicht

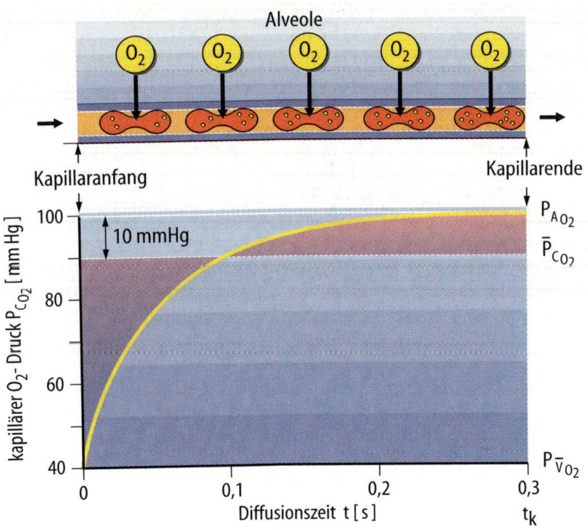

Abb. 25–22. Zunahme des O_2-Partialdrucks im Erythrozyten während der Passage durch die Lungenkapillare. *Oben:* O_2-Aufnahme der Erythrozyten (angedeutet durch *rote Punktierung*). *Unten:* Zugehörige Kurve des kapillären O_2-Partialdrucks P_{CO_2} in Abhängigkeit von der Diffusionszeit. P_{AO_2} alveolärer O_2-Partialdruck; P_{VO_2} venöser O_2-Partialdruck; $\bar{P}_{CO_2}$ O_2-Partialdruck, gemittelt über die gesamte Zeit des Diffusionskontaktes; t_k Kontaktzeit

bestimmbaren Faktoren K, F und d zu einer neuen Konstanten $D_L = K \cdot F/d$ zusammen. Dann ergibt sich:

$$\dot{V}_{O_2} = D_L \overline{\Delta P_{O_2}}; \quad D_L = \frac{\dot{V}_{O_2}}{\overline{\Delta P_{O_2}}}. \tag{24}$$

Die Größe D_L wird als ***O_2-Diffusionskapazität*** der Lunge bezeichnet [9, 21, 23, 29, 36, 37, 38]. $\overline{\Delta P_{O_2}}$ stellt in diesem Fall die mittlere O_2-Partialdruckdifferenz zwischen dem Alveolarraum und dem Lungenkapillarblut dar. Da die O_2-Partialdrücke vom venösen zum arteriellen Kapillarende ansteigen, muß sich die Mittelbildung über die gesamte Kapillarlänge erstrecken (Abb. 25–22).

Wenn man die O_2-Diffusionskapazität bestimmen will, muß man also nach Gl. (24) die Sauerstoffaufnahme $\dot{V}_{O_2}$ und die mittlere diffusionswirksame O_2-Partialdruckdifferenz $\overline{\Delta P_{O_2}}$ messen. Während die Messung von $\dot{V}_{O_2}$ mit dem offenen oder dem geschlossenen spirometrischen System keine Schwierigkeiten bereitet, erfordert die Bestimmung von $\overline{\Delta P_{O_2}}$ einen erheblichen meßtechnischen Aufwand [9, 36, 37].

Für einen gesunden Erwachsenen in körperlicher Ruhe findet man eine Sauerstoffaufnahme von etwa $\dot{V}_{O_2}$ = 300 ml/min und eine mittlere O_2-Partialdruckdifferenz von etwa $\overline{\Delta P_{O_2}}$ = 10 mm Hg (1,33 kPa). Nach Gl. (24) beträgt also der Wert für die *normale O_2-Diffusionskapazität D_L = 30 ml · min^{-1} · mmHg^{-1} · (230 ml · min^{-1} · kPa^{-1})*. Unter pathologischen Bedingungen ergeben sich manchmal erheblich kleinere D_L-Werte. Dies ist ein Zeichen für einen erhöhten Diffusionswiderstand in der Lunge, der durch eine Reduktion der Austauschfläche F oder eine Zunahme des Diffusionsweges d bedingt sein kann. Für sich allein stellt D_L allerdings noch kein Maß für die erreichte O_2-Partialdruckangleichung an den alveolären Wert dar. Ähnlich wie die alveoläre Ventilation muß die Diffusionskapazität auf die Lungendurchblutung $\dot{Q}$ bezogen werden. *Das Verhältnis $D_L/\dot{Q}$ ist also die entscheidende Größe für die Effektivität des alveolären Gasaustausches* [12, 37, 38]. Eine Abnahme von $D_L/\dot{Q}$ wird als ***Diffusionsstörung*** gekennzeichnet.

!

Der pulmonale Gasaustausch läßt sich mit Hilfe des 1. Fickschen Diffusionsgesetzes beschreiben, wonach der Diffusionsstrom der jeweiligen Partialdruckdifferenz und der Fläche proportional sowie der Schichtdicke umgekehrt proportional ist. Der Proportionalitätsfaktor, der Krogh-Diffusionskoeffizient, hat für CO_2 einen etwa 23mal größeren Wert als für O_2. Der längste Diffusionsweg ist im Inneren der Erythrozyten zu überwinden, wo jedoch der Diffusionsprozeß durch „facilitated diffusion" beschleunigt wird. Während der Kontaktzeit von etwa 0,3 s kommt es zum vollständigen Angleich der Partialdrücke im Blut an die Werte der Alveolarluft. Dabei werden in Ruhe etwa 300 ml O_2 aufgenommen. Ein Maß für die Diffusionsverhältnisse in der gesamten Lunge ist die Diffusionskapazität, die normalerweise für den Erwachsenen in Ruhe 30 ml · min^{-1} · mm · Hg^{-1} beträgt. Die Abnahme des Verhältnisses der O_2-Diffusionskapazität zur Lungenperfusion kennzeichnet eine Diffusionsstörung.

25.5 Lungenperfusion und Arterialisierung des Blutes

In aufrechter Position sind die basalen Lungenpartien stärker durchblutet als die Lungenspitzen; Hypoxie führt zu einer Reduktion der Lungenperfusion

Pulmonaler Strömungswiderstand. Die Lungenperfusion von 5–6 l/min in Ruhe wird durch eine mittlere Druckdifferenz zwischen Pulmonalarterie und linkem Vorhof von nur 8 mm Hg (1 kPa) aufrechterhalten. Verglichen mit dem Körperkreislauf hat das Lungengefäßsystem also einen *sehr kleinen Strömungswiderstand.* Wenn bei schwerer körperlicher Arbeit die Lungendurchblutung auf das 4fache des Ruhewertes ansteigt, nimmt der Pulmonalarteriendruck lediglich um den Faktor 2 zu. Dies bedeutet, daß der Strömungswiderstand mit zunehmender Durchblutung reduziert wird. Die Widerstandsminderung erfolgt dabei druckpassiv durch *Dilatation der Lungengefäße* und durch *Eröffnung von Reservekapillaren.* Während in Ruhe nur etwa 50 % der vorhandenen Kapillaren durchblutet werden, erhöht sich dieser Anteil mit steigender Belastung. Damit nimmt gleichzeitig die Oberfläche für den pulmonalen Gasaustausch, also auch die Diffusionskapazität (s. S. 587) zu, so daß die O_2-Aufnahme und die CO_2-Abgabe den Stoffwechselbedürfnissen entsprechend gesteigert werden können.

Der pulmonale Strömungswiderstand wird bis zu einem gewissen Grad durch die Atmungsexkursionen beeinflußt. Bei der Einatmung erweitern sich die Arterien und Venen, weil der Zug der außen angreifenden elastischen Fasern zunimmt. Gleichzeitig kommt es jedoch zu einem Anstieg des Strömungswiderstandes in den Kapillaren, weil diese in Längsrichtung gestreckt und dabei eingeengt werden. Da der kapilläre Einfluß überwiegt, nimmt der Strömungswiderstand im pulmonalen Gefäßsystem mit ansteigendem Lungenvolumen zu [31].

Regionale Perfusionsverteilung. Die Lungendurchblutung weist besonders starke *regionale Inhomogenitäten* auf, deren Ausmaß hauptsächlich von der Körperlage abhängt. In aufrechter Position sind die basalen Lungenpartien wesentlich stärker durchblutet als die Lungenspitzen. Ursache hierfür ist die hydrostatische Druckdifferenz zwischen den Gefäßregionen im Basis- und Spitzenbereich, die bei einer Höhendifferenz von 30 cm immerhin 23 mm Hg (3 kPa) beträgt. Daher liegt der arterielle Druck in den oberen Lungenpartien unterhalb des alveolären Drucks, so daß die Kapillaren weitgehend kollabiert sind. In den unteren Lungenpartien dagegen haben die Kapillaren ein weites Lumen, weil der Gefäßinnendruck den alveolären Druck übersteigt. Als Folge dieser regionalen Verteilung der Strömungswiderstände findet man eine *fast lineare Abnahme der Durchblutung von der Basis bis zur Spitze der Lunge* [11, 16, 31]. Bei körperlicher Arbeit, aber auch im Liegen vermindern sich die regionalen Inhomogenitäten der Lungenperfusion.

Hypoxische Vasokonstriktion. Die regionale Lungenperfusion wird durch die jeweiligen Atemgasfraktionen in den benachbarten Alveolarräumen mit beeinflußt. Insbesondere hat eine *Abnahme des alveolären O_2-Partialdrucks eine Konstriktion der Arteriolen* und damit eine Minderdurchblutung zur Folge (***Euler-Liljestrand-Mechanismus***). Durch diese hypoxiebedingte Widerstandserhöhung besteht die Möglichkeit, die Durchblutung schlecht ventilierter Lungenbezirke einzuschränken und den Blutstrom in gut ventilierte Gebiete umzuleiten. Bis zu einem gewissen Grade wird also die regionale Lungenperfusion $\dot{Q}$ der jeweiligen alveolären Ventilation $\dot{V}_A$ angepaßt. Allerdings kann dieser Mechanismus nicht verhindern, daß insbesondere unter pathologischen Bedingungen auch Inhomogenitäten des Ventilations-Perfusions-Verhältnisses $\dot{V}_A/\dot{Q}$ auftreten (s. S. 585).

Venösarterielle Shunts. Während der überwiegende Anteil des Herzzeitvolumens mit den Alveolen in Diffusionskontakt tritt, nimmt ein kleiner Teil des zirkulierenden Blutvolumens nicht am Gasaustausch teil. Dieses Blut, das in venöser Form direkt dem arterialisierten Blut zugemischt wird, bezeichnet man als Kurzschluß- oder Shuntblut. Normalerweise bestehen anatomische Kurzschlüsse über die *Vv. bronchiales* und die in den linken Ventrikel mündenden kleinen Herzvenen (*Vv. cordis minimae = Vv. Thebesii*). Hierzu kommen noch funktionelle Kurzschlüsse über die durchbluteten, aber nicht belüfteten Alveolen. In allen diesen Fällen gelangt das venöse Blut unter Umgehung der Gasaustauschgebiete direkt in das arterielle System. Obwohl beim Gesunden der Kurzschlußblutanteil nur etwa 2 % des gesamten Herzzeitvolumens ausmacht, wird dadurch doch der arterielle O_2-Partialdruck um 5–8 mm Hg gegenüber dem O_2-Partialdruck am Ende der Lungenkapillaren gesenkt. Bei angeborenen Herzfehlern (z. B. *Ventrikelseptumdefekt*) oder bei Gefäßmißbildungen (z. B. *offener Ductus Botalli*) können wesentlich größere Anteile des venösen Blutes in die arterielle Strombahn gelangen und dort zu einer *Hypoxie* (Senkung des O_2- Partialdrucks) sowie zu einer *Hyperkapnie* (Erhöhung des CO_2- Partialdrucks) führen.

!

Das Lungengefäßsystem besitzt nur einen geringen Strömungswiderstand. Bei Erhöhung des Pulmonalarteriendrucks während körperlicher Arbeit kommt es zu einer zusätzlichen Widerstandsminderung, weil die Gefäße druckpassiv erweitert und Reservekapillaren eröffnet werden. In Orthostase sind wegen der hydrostatischen Druckdifferenz die basalen Lungenpartien wesentlich stärker durchblutet als die Lungenspitzen. Alveoläre Hypoventilation führt zu einer hypoxiebedingten Konstriktion der Arteriolen und damit zu einer Widerstandserhöhung, so daß die Durchblutung an die verminderte Ventilation angepaßt wird (Euler-Liljestrand-Mechanismus). Ein kleiner Teil des zirkulierenden Blutes (2 %) hat keinen Kontakt mit den Alveolen und nimmt nicht am Gasaustausch teil (venösarterielle Shuntperfusion).

Maßgebend für die Arterialisierung des Blutes sind Ventilation, Diffusion und Perfusion sowie deren regionale Inhomogenitäten (Distribution)

Arterialisierungsfaktoren. Unter der Arterialisierung des Blutes versteht man die durch den pulmonalen Gasaustausch herbeigeführte Änderung der O_2- und CO_2-Partialdrücke. Faktoren, die den Grad der Arterialisierung beeinflussen, sind in erster Linie die *alveoläre Ventilation* $\dot{V}_A$, die *Lungenperfusion* $\dot{Q}$ und die *Diffusionskapazität* D_L (Abb. 25–23). Wie bereits ausgeführt, bestimmen diese Größen jedoch nicht unabhängig voneinander den Atmungseffekt. Maßgebend sind vielmehr ihre wechselseitigen Verhältnisse, speziell die Quotienten $\dot{V}_A/\dot{Q}$ und $D_L/\dot{Q}$ (s. S. 585, 587). Zusätzlich wird die Arterialisierung noch durch *regionale Inhomogenitäten* von Ventilation, Perfusion und Diffusion beeinflußt [8,

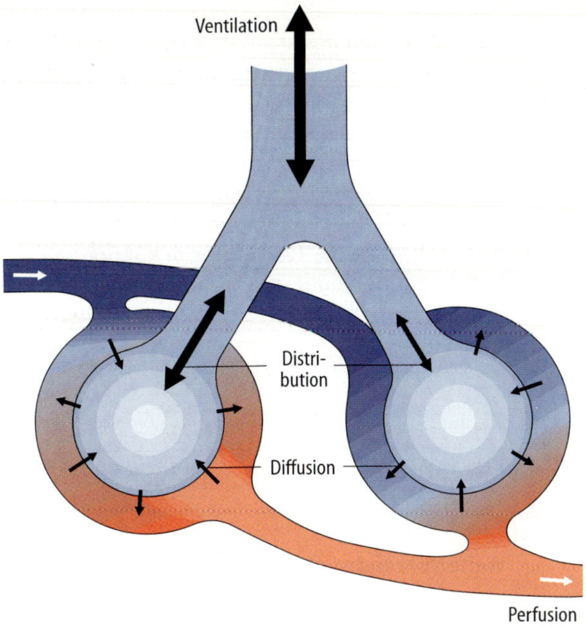

Abb. 25–23. Schematische Darstellung der für den Arterialisierungseffekt in der Lunge maßgebenden Faktoren

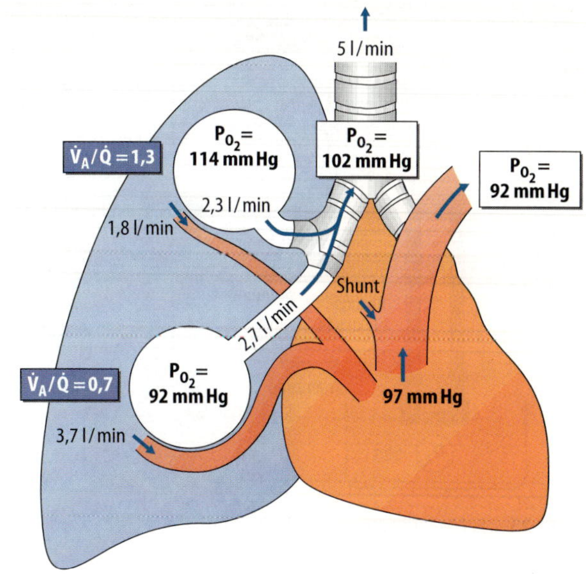

Abb. 25–24. Auswirkungen der regionalen Inhomogenitäten in der Lunge auf die Arterialisierung des Blutes. Die Lunge ist vereinfachend in 2 verschieden belüftete und durchblutete Bezirke unterteilt; die Angaben zur alveolären Ventilation und zur Perfusion beziehen sich auf beide Lungenflügel. Infolge der funktionellen Inhomogenitäten und der venösarteriellen Shunts entsteht eine alveoloarterielle O_2-Partialdruckdifferenz von 10 mm Hg

12, 37, 38]. Diese ungleichmäßige Verteilung oder *Distribution* mindert den Arterialisierungseffekt; d.h. sie führt zu einer Herabsetzung des arteriellen O_2-Partialdrucks und zu einer geringgradigen Erhöhung des arteriellen CO_2-Partialdrucks.

Inhomogenitäten des Ventilations-Perfusions-Verhältnisses. Der inhomogenen $\dot{V}_A/\dot{Q}$-Verteilung kommt in der normalen und pathologischen Physiologie eine besondere Bedeutung zu. In aufrechter Körperposition werden die regionalen Differenzen des Ventilatons-Perfusions-Verhältnisses hauptsächlich durch die inhomogene Lungenperfusion verursacht. Zwar ist auch die alveoläre Ventilation in den oberen Lungenpartien geringer als in der Basis; in sehr viel stärkerem Maße gilt dies jedoch für die Perfusion (s. S. 588) [31].

Abb. 25–24 erläutert die Auswirkungen der regionalen Inhomogenitäten in der Lunge. Zur besseren Übersicht ist der Alveolarraum lediglich in ein oberes und ein unteres Teilgebiet gegliedert. Die Angaben zur alveolären Ventilation und zur Perfusion beziehen sich auf beide Lungenflügel. Auf der Grundlage der angegebenen Daten stellt sich im oberen Teilgebiet ein alveolärer P_{O_2} von 114 mm Hg und im unteren Teilgebiet von 92 mm Hg ein. Der mittlere alveoläre P_{O_2} beträgt dann unter Berücksichtigung der Ventilationsverteilung 102 mm Hg. Das in den beiden Teilgebieten unterschiedlich arterialisierte Blut erhält nach der Mischung einen P_{O_2} von 97 mm Hg, wobei die Basisperfusion einen dominierenden Einfluß ausübt. Durch Beimischung von Shuntblut (s. S. 588) sinkt der P_{O_2} um weitere 5 mm Hg ab, so daß der arterielle P_{O_2} nur noch 92 mm Hg beträgt. Obwohl also in allen Lungengebieten ein vollständiger Angleich des kapillären P_{O_2} an den alveolären Wert stattfindet, *liegt, infolge der funktionellen Inhomogenitäten und venösarteriellen Kurzschlüsse, der arterielle* P_{O_2} *um etwa 10 mm Hg unter dem mittleren alveolären* P_{O_2}. Aus den gleichen Gründen kommt es zu einem P_{CO_2}-Anstieg im arteriellen Blut, der jedoch so gering ist, daß er in der Regel vernachlässigt werden kann.

Arterielle Blutgaswerte. *Der Gesamteffekt der Atmung kommt in der jeweiligen Höhe der arteriellen* O_2*- und* CO_2*-Partialdrücke zum Ausdruck.* Die beiden Werte liefern also einen globalen Maßstab für die Beurteilung der Lungenfunktion. Daher ist es notwendig, ihre „Normalwerte“ zu kennen. Wie sehr viele biologische Größen weisen auch die arteriellen Blutgaswerte nicht unbeträchtliche Variationen auf. Daneben findet sich eine *systematische Abhängigkeit vom Lebensalter.* Während der arterielle O_2-Partialdruck bei gesunden Jugendlichen im Mittel 90 mm Hg (12,0 kPa) beträgt, findet man bei 40jährigen Werte um 80 mm Hg (10,6 kPa) und bei 70jährigen um 70 mm Hg (9,3 kPa) [29, 34]. Diese Abnahme des arteriellen O_2-Partialdrucks ist wahrscheinlich auf die mit dem Alter zunehmenden Verteilungsungleichmäßigkeiten in der Lunge zurückzuführen. Der arterielle CO_2-Partialdruck, der beim Jugendlichen etwa 40 mm Hg (5,3 kPa) beträgt, verändert sich dagegen mit dem Alter nur wenig.

Messung der arteriellen Blutgaswerte. Zur Bestimmung des arteriellen ***O_2-Partialdrucks*** wendet man heute hauptsächlich das *po-*

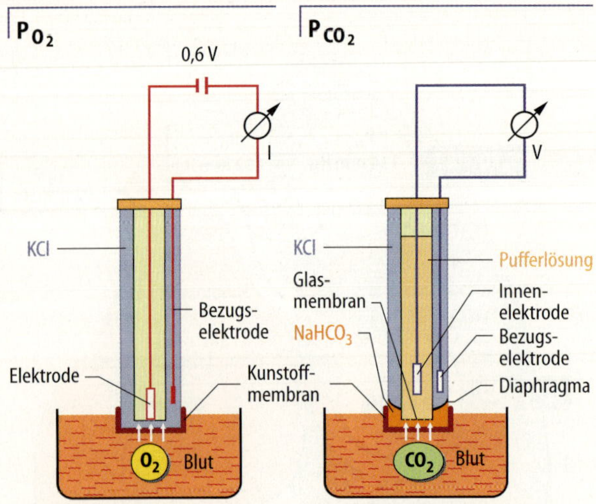

Abb. 25–25. Meßanordnung zur Bestimmung des O_2-Partialdrucks (*links*) und des CO_2-Partialdrucks (*rechts*) im Blut

larographische Verfahren (Abb. 25–25, links) an [32, 33, 35]. Eine Meßelektrode (Platin oder Gold) und eine Bezugselektrode, die beide in eine Elektrolytlösung eintauchen, sind mit einer Spannungsquelle (Polarisationsspannung 0,6 V) verbunden. Gelangen O_2-Moleküle an die Oberfläche des Edelmetalls, so werden sie dort reduziert. Die damit verbundene Ladungsverschiebung in dem geschlossenen Stromkreis kann mit einem Amperemeter gemessen werden. Die Stromstärke ist unmittelbar abhängig von der Zahl der O_2-Moleküle, die durch Diffusion an die Elektrodenoberfläche gelangen und damit direkt proportional dem O_2-Partialdruck in der Lösung. In der üblichen Meßanordnung sind die Elektroden mit dem Elektrolyten von der zu analysierenden Blutprobe durch eine gasdurchlässige Kunststoffmembran getrennt. Die gesamte Elektrodenanordnung läßt sich so klein ausbilden, daß für die O_2-Partialdruckmessung nur einige Tropfen arteriellen Blutes benötigt werden. Diese gewinnt man in der Regel aus dem gut durchbluteten Ohrläppchen, wobei darauf zu achten ist, daß das Blut unter Luftabschluß in die Meßkammer überführt wird [35].

Die Messung des arteriellen ***CO_2-Partialdrucks*** kann ebenfalls in sehr kleinen Blutproben erfolgen (s. Abb. 25–25, rechts). Hierzu benutzt man eine Elektrodenanordnung, wie sie auch für die *pH-Messung* Verwendung findet, die allerdings zusätzlich von der Blutprobe durch eine gasdurchlässige Kunststoffmembran getrennt ist. Da die Membran für Ionen undurchlässig ist, kann der pH-Wert eines Elektrolyten ($NaHCO_3$) nur durch Änderungen des CO_2-Partialdrucks im Blut beeinflußt werden. Die elektrometrische Anzeige gibt daher nach entsprechender Kalibrierung direkt den CO_2-Partialdruck des Blutes an. Eine weitere Möglichkeit zur Bestimmung des CO_2-Partialdrucks in kleinen Blutproben ist durch das *Astrup-Verfahren* gegeben (s. S. 621).

!

Die O_2 und CO_2-Partialdruckwerte, die sich nach der Lungenpassage im Blut einstellen, werden primär durch die alveoläre Ventilation, die Lungenperfusion und die Diffusionskapazität bestimmt. Zusätzlich beeinflußt die regionale Verteilung (Distribution) dieser Größen den Arterialisierungsgrad. In den Lungenspitzen hat das Ventilations-Perfusions-Verhältnis und damit auch der alveoläre O_2-Partialdruck einen größeren Wert als in der Lungenbasis.

Nach Mischung des arterialisierten Blutes aus allen Regionen und Beimischung des Shuntblutes ergibt sich dann ein arterieller O_2- Partialdruck, der um etwa 10 mm Hg unter dem mittleren alveolären Wert liegt und beim Jugendlichen etwa 90 mm Hg beträgt. Dieser Wert vermindert sich mit zunehmendem Alter. Die arteriellen O_2- und CO_2-Partialdrücke können mit kunststoffüberzogenen Mikroelektroden im Blut aus dem hyperämisierten Ohrläppchen gemessen werden.

25.6 Literatur

Weiterführende Lehr- und Handbücher

1. Agostoni E, Hyatt RE (1986) Static behavior of the respiratory system. In: Macklem PT, Mead J (eds) Handbook of physiology, section 3: the respiratory system, vol III. American Physiological Society, Bethesda, S 113
2. Anthonisen NR (1986) Tests of mechanical function. In: Macklem PT (ed) Handbook of physiology, section 3: the respiratory system, vol III. American Physiological Society, Bethesda, S 753
3. Benninghoff A, Goerttler K (1985) Lehrbuch der Anatomie des Menschen, 3. Bd. Urban und Schwarzenberg, München
4. Bryan AC, Wohl MEB (1986) Respiratory mechanics in children. In: Macklem PT (ed) Handbook of physiology, section 3: the respiratory system, vol III. American Physiological Society, Bethesda, S 179
5. Bühlmann AA, Froesch ER (1989) Pathophysiologie Atmung, 5. Aufl. Springer, Berlin Heidelberg New York
6. De Troyer A, Loring SH (1986) Action of the respiratory muscles. In: Macklem PT, Mead J (eds) Handbook of physiology, section 3: the respiratory system, vol III. American Physiological Society, Bethesda, S 443
7. Fabel H (1989) Pneumologie. Urban und Schwarzenberg, München
8. Farhi LE (1986) Ventilation perfusion relationships. In: Farhi LE, Tenney SM (eds) Handbook of physiology, section 3: the respiratory system, vol IV. American Physiological Society, Bethesda, S 199
9. Forster RE (1987) Diffusion of gases across the alveolar membrane. In: Farhi LE, Tenney SM (eds) Handbook of physiology, section 3: the respiratory system, vol IV. American Physiological Society, Bethesda
10. Goerke J, Clements JA (1986) Alveolar surface tension and lung surfacant. In: Macklem PT, Mead J (eds) Handbook of physiology, section 3: the respiratory system, vol III. American Physiological Society, Bethesda, S 247
11. Grover RF, Wiltz W, Wagner JR, Ivan F, McMurtry J, Reeves T (1983) Pulmonary circulation. In: Handbook of physiology, section 2: the cardiovascular system, vol III. American Physiological Society, Bethesda
12. Hlastala MP (1986) Diffusingcapacity heterogeneity. In: Farhi LE, Tenney SM (eds) Handbook of physiology, section 3: the respiratory system, vol IV. American Physiological Society, Bethesda, S 217
13. Hyatt RE (1986) Forced expiration. In: Macklem PT, Mead J (eds) Handbook of physiology, section 3: the respiratory system, vol III. American Physiological Society, Bethesda, S 295
14. Ingram RH, Pedley TJ (1986) Pressure flow relationships in the lungs. In: Macklem PT, Mead J (eds) Handbook of physiology, section 3: the respiratory system, vol III. American Physiological Society, Bethesda, S 277

15. Müller-Plathe O (1982) Säure-Basen-Haushalt und Blutgase. In: Breuer H, Büttner H, Stamm D (Hrsg) Klinische Chemie in Einzeldarstellungen, Bd 1. Thieme, Stuttgart
16. Nunn JF (1987) Applied respiratory physiology. Butterworth, London
17. Osmond DG (1985) Functional anatomy of the chest wall. In: Roussos C, Macklem PT (eds) The thorax. Dekker, New York, S 199
18. Piiper J (1975) Physiologie der Atmung: In: Gauer OH, Kramer K, Jung R (Hrsg) Physiologie des Menschen, Bd 6: Atmung. Urban und Schwarzenberg, München
19. Proctor DF (1986) Form and function of the upper airways and larynx. In: Macklem PT, Mead J (eds) Handbook of physiology, section 3: the respiratory system, vol III. American Physiological Society, Bethesda
20. Roussos C, Campbell EJM (1986) Respiratory muscle energetics. In: Macklem PT, Mead J (eds) Handbook of physiology, section 3: the respiratory system, vol III. American Physiological Society, Bethesda, S 481
21. Petro W, Konietzko N (1992) Lungenfunktionsdiagnostik. In: Ferlinz R (Hrsg) Diagnostik in der Pneumologie. Thieme, Stuttgart, S 209
22. Pride NB, Macklem PT (1986) Lung mechanics in disease. In: Macklem PT, Mead J (eds) Handbook of physiology, section 3: the respiratory system, vol III. American Physiological Society, Bethesda, S 659
23. Scheid P, Piiper J (1991) Diffusion. In: Crystal RG, West JB (eds) The lung. Raven, New York, S 1277
24. Schneider WD, Frauendorf H, Harzbecker K, Oddoy A, Smidt U, Thiele W, Wosnitzka H (1993) Atmung. In: Zwiener U (Hrsg) Pathophysiologie, Fischer, Jena, S 85
25. Schuster HP (1989) Notfallmedizin. Enke, Stuttgart
26. Schuster HP, Schölmerich P, Schönborn H, Baum P (1988) Intensivmedizin. Thieme, Stuttgart
27. Smidt U (1992) Referenzwerte für die Lungenfunktionsdiagnostik. In: Ferlinz R (Hrsg) Diagnostik in der Pneumologie. Thieme, New York, S 457
28. Thews G, Ulmer WT (1991) Atemwege und Lunge. In: Hierholzer K, Schmidt RF (Hrsg) Pathophysiologie des Menschen. VCH, Weinheim
29. Ulmer WT, Reichel G, Nolte D, Islam MS (1991) Die Lungenfunktion. Thieme, Stuttgart
30. Weibel ER (1984) The pathway for oxygen. Havard University Press, Cambridge
31. West JB (1989) Respiratory physiology – the essentials. Williams and Wilkins, Baltimore

Einzel- und Übersichtsarbeiten

32. Gleichmann U, Lübbers DW (1960) Die Messung des Sauerstoffdruckes in Gasen und Flüssigkeiten mit der Pt-Elektrode unter besonderer Berücksichtigung der Messung im Blut. Pflügers Arch Gesamte Physiol 271:431
33. Kessler M, Harrison DK, Höper J (1986) Tissue oxygen measurement techniques. In: Baker CH, Nastuk WL (eds) Microcirculatory technology. Academic, Orlando, S 391
34. Loew PG, Thews G (1962) Die Altersabhängigkeit des arterielle Sauerstoffdruckes bei der berufstätigen Bevölkerung. Klin Wochenschr 40:1093
35. Thews G (1962) Ein Mikroanalyse-Verfahren zur Bestimmung der Sauerstoffdrucke in kleinen Blutproben. Pflügers Arch Gesamte Physiol 276:89
36. Thews G (1963) Die theoretischen Grundlagen der Sauerstoffaufnahme in der Lunge. Ergeb Physiol 53:42
37. Thews G (1979) Der Einfluß von Ventilation, Perfusion, Diffusion und Distribution auf den pulmonalen Gasaustausch. Analyse der Lungenfunktion unter physiologischen und pathologischen Bedingungen. Akademie der Wissenschaften und der Literatur, Mainz / Steiner, Wiesbaden
38. Thews G (1984) Der Atemgastransport bei körperlicher Arbeit. Akademie der Wissenschaften und der Literatur, Mainz / Steiner, Wiesbaden

26 Rhythmogenese der Atmung und Atmungsregulation

D. W. Richter

EINLEITUNG Der pulmonale Gasaustausch benötigt eine periodische Belüftung der Lunge durch Bewegungen des Brustkorbs und Zwerchfells. Ursache ist eine rhythmische neuronale Aktivität, die im respiratorischen Netzwerk der Medulla oblongata entsteht. Dieser Atemrhythmus läuft selbständig (autonom) ab und stellt einen der stabilsten Rhythmen dar. Wegen seiner vitalen Bedeutung kann der Atemrhythmus willkürlich nur kurzfristig variiert werden (z. B. bei Phonation), jede längerfristige Veränderung führt zur dramatischen Störung der koordinierten „kardio-respiratorischen" Funktionen [6] und letztlich der Energieversorgung des Organismus.

26.1 Rhythmogenese der Atmung

Der neuronale Atemrhythmus und die entsprechenden Muskelkontraktionen laufen in 3 Zyklusphasen ab

Die Mechanik der Lungenventilation läuft in zwei Phasen ab: der Einatmung und der Ausatmung (Abb. 26–1). Unter Ruhebedingungen erfolgen diese Atembewegungen mit einer Frequenz von 10- 20/min. Damit dauert ein Atemzyklus in Ruhe 3–6 s (t_{gesamt}), wobei für die Einatmungsphase ca. 1–2,5 s (t_I), für die Ausatmungsphase ca. 2–3,5 s (t_E) benötigt werden.

Der neuronale Atemrhythmus und die entsprechenden Muskelbewegungen oszillieren dagegen in drei Zyklusphasen (s. Abb. 26–1):

- während der Inspiration (I-Phase) erfolgt die Einatmung,
- während der Postinspiration (PI-Phase) beginnt die erste Phase der „passiven Ausatmung", die
- überleitet zur „aktiven Ausatmung" während der anschließenden Exspiration (E_2-Phase) [5, 15, 16].

Einatmung. Die Einatmung wird durch eine rampenförmig anwachsende Aktivität („inspiratorische Rampe") in den Nerven der inspiratorischen Muskeln (Nn. phrenici und Nn. intercostales externi der oberen Thorakalsegmente) gesteuert (Abb. 26–1). Dies führt zu einer zunehmend stärkeren Kontraktion des Zwerchfells und damit zur Senkung der Zwerchfellkuppel. Gleichzeitig wird der Thorax durch Aktivierung der externen Interkostalmukeln erweitert.

Postinspiration. Die Ausatmung beginnt, sobald die Kontraktionen des Zwerchfells und der inspiratorischen Interkostalmuskeln auch nur geringfügig nachlassen (Abb. 26–1). Die erste Phase der Ausatmung erfolgt also „passiv" durch ein kontrolliertes Nachlassen der Kontraktionsstärke inspiratorischer Muskeln. Während dieser Postinspiration (PI) werden auch die Adduktoren des Kehlkopfes (M. crico-arytenoideus lateralis, M. arytenoideus transversus) unwillkürlich stärker aktiviert, wodurch sich die Stimmritze verengt. Der exspiratorische Luftstrom wird dadurch abgebremst und kann durch willkürliche Mehrinnervation der Kehlkopf- und Stimmbandadduktoren zur ***Phonation*** benutzt werden [9].

Aktive Ausatmung (E_2 Phase). Die darauffolgende Exspirationsphase verläuft „aktiv" (Abb. 26–1) durch die Erregung und Kontraktion der exspiratorischen Mm. intercostalis interni der unteren Thorakalsegmente sowie der exspiratorischen Abdominal- und Lumbalmuskeln (Mm. transversus und obliquus abdominis, M. quadratus lumborum), die den abdominalen Druck erhöhen und damit die Zwerchfellkuppel heben. Die exspiratorischen Muskelkontraktionen liefern einen zusätzlichen, jedoch schwerer regelbaren Luftstrom für das Sprechen oder Singen langer Passagen. Unter Ruhebedingungen (*Eupnoe*) werden exspiratorische Muskeln kaum aktiviert. Beim oberflächlichen schnellen Atmen (Hecheln bei Tieren) besteht der nervale Atemrhythmus aus nur zwei Zyklusphasen, der Inspiration und Postinspiration.

Störungen des Atemrhythmus. Bei einer Reihe pathologischer Zustände treten charakteristische Veränderungen des Atemrhythmus auf (Abb. 26–2).

Beim Menschen kann eine ***oberflächliche, frequente Atmung*** bei Herzinsuffizienzen, Lungenödem, Fieber, bei Prozessen im Hirnstamm und bei psychischen Erkrankungen auftreten.

Als erstes Zeichen einer azidotischen Störung des Säuren-Basen-Status (Coma diabeticum, Azidose bei Niereninsuffizienz) kommt es zur sog. „großen"

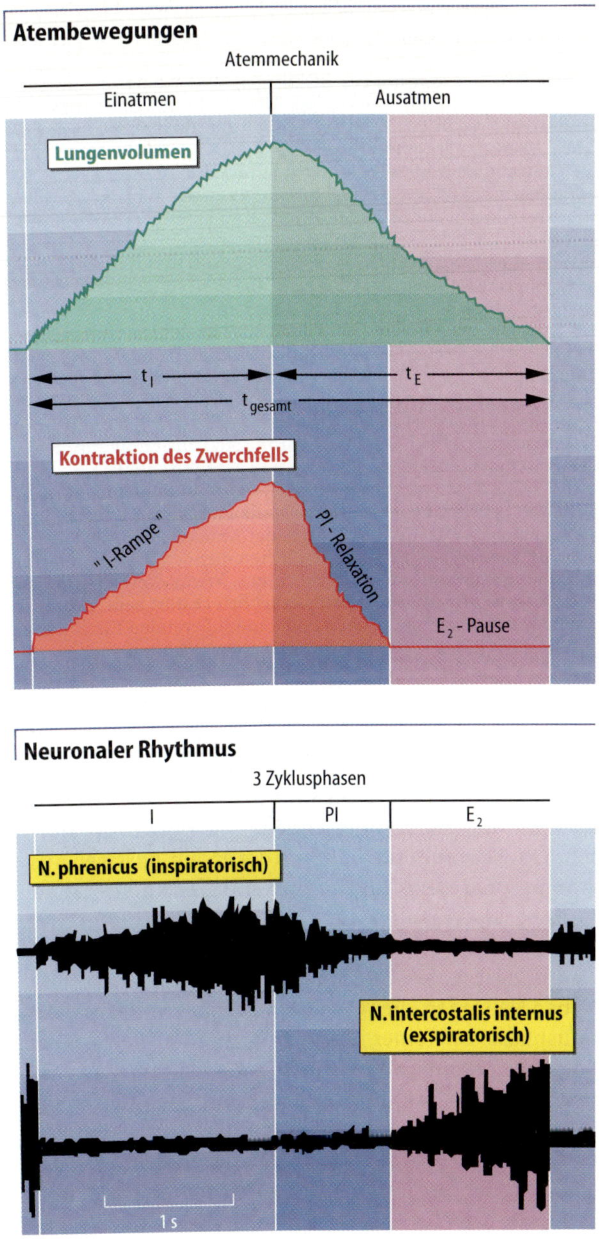

Abb. 26–1. Die rhythmischen Atembewegungen (ventilatorische Mechanik) bestehen aus 2 Phasen, der Einatmung und der Ausatmung von Luft. Der neuronale Atemrhythmus besteht dagegen aus drei Zyklusphasen, der Inspiration (*I-Phase*), Postinspiration (*PI-Phase*) und aktiven Exspiration (*E_2-Phase*)

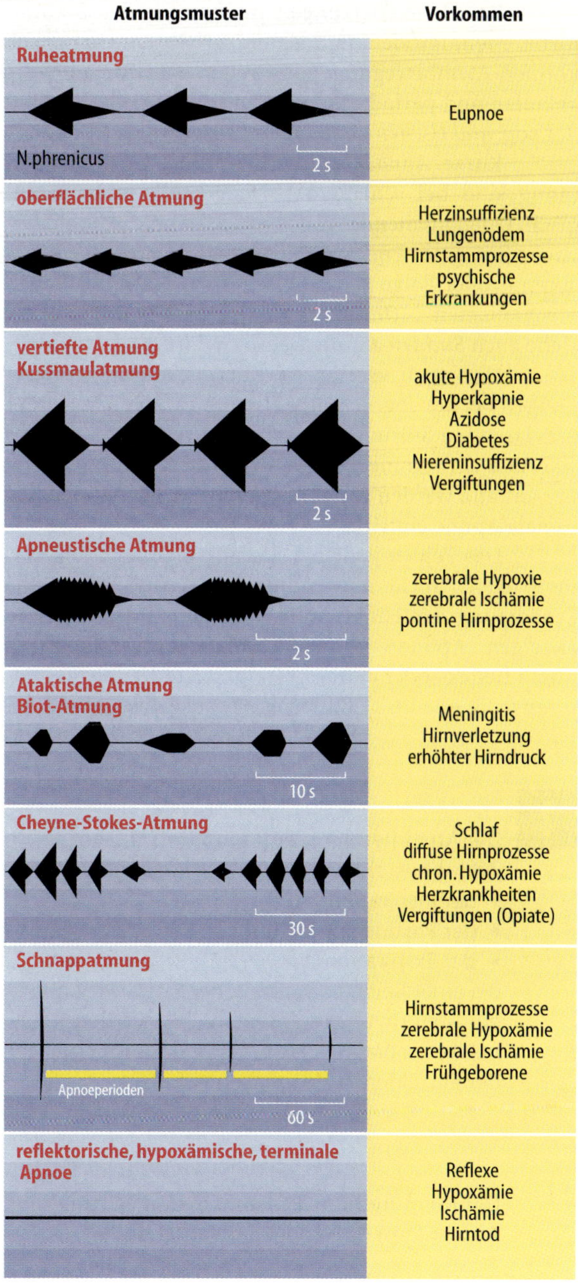

Abb. 26–2. Schematische Darstellung pathologischer Atmungsmuster. Man beachte die unterschiedliche Zeitskalierung

Kussmaul-Atmung. Eine ähnlich vertiefte und beschleunigte Atmung kann aber auch Zeichen für eine arterielle Hypoxie, Hyperkapnie und Vergiftungen (Salizylsäure, Methanol) sein.

In der Amplitude periodisch anwachsende und abfallende Atembewegungen (***Cheyne-Stokes-Atmung***) sieht man in geringem Ausmaß normalerweise während des Schlafs, beim Aufenthalt in Höhenregionen und verstärkt bei Herzerkrankungen mit chronischer arterieller Hypoxie, diffusen Hirnprozessen, manchen Schlaganfällen und bei manchen Vergiftungen (Opiate).

Bei Störungen der medullären und pontinen Durchblutung treten häufig abnorm verlängerte Inspirationsbewegungen auf, eine Atmungsform, die ***Apneusis*** (s. u.) genannt wird.

Bei Gehirnerschütterung und bei Demyelinisierungserkrankungen ist eine regelmäßige, aber ***abgeflachte Atmung*** zu beobachten.

Bei Hirnverletzungen im Bereich des Stammhirns, Meningitiden und einem erhöhten Hirndruck können Atembewegungen auftreten, die unregelmäßig ablaufen und periodisch aussetzen. Dies ergibt das Bild der sog. *ataktischen* oder ***Biot-Atmung.***

Kurze ***Apnoeperioden*** bei sonst normaler Atmung sind bei schlafenden Neugeborenen physiologisch. Langanhaltende Apnoeperioden sind jedoch Zeichen für eine Energiemangelversorgung des Hirnstamms oder Folge pathologischer bzw. unreifer Regelmechanismen (***Ondine-Hirschsprung-Syndrom*** (17), siehe auch ***Sudden-Infant-Death-Syndrom***).

Nur noch vereinzelte, kurze Inspirationsbewegungen bei der sog. ***Schnappatmung*** sind Zeichen einer gravierenden Störung des respiratorischen Netzwerkes während der Agonie. Die Atemzüge treten immer seltener auf und werden zunehmend schwächer, bis eine terminale Apnoe eintritt.

Das Fehlen jeglicher Atembewegungen (***Apnoe***) muß jedoch nicht notwendigerweise eine irreversible Schädigung des Hirnstamms und damit den Hirntod anzeigen. Apnoen können durchaus reversibel und durch Reflexe oder endogen freigesetzte Neuromodulatoren (z. B. Adenosin, Endorphine) ausgelöst sein.

!

Der Atemrhythmus läuft autonom ab. Jeder Zyklus besteht normalerweise aus drei Phasen:

- der Inspiration,
- der Postinspiration und
- der Exspiration.

Bei einer Reihe pathologischer Zustände kann der Atemrhythmus unregelmäßig werden. Dabei treten diagnostisch wichtige Störungen der einzelnen Zyklusphasen auf.

Der Atemrhythmus entsteht in den ventralen Abschnitten der Medulla oblongata

Respiratorisches Netzwerk. Der Atemrhythmus entsteht in einem beidseitig angelegten neuronalen Netzwerk der Medulla oblongata, dessen Neurone in der sog. *v*entralen *r*espiratorischen *G*ruppe (***VRG***) lokalisiert sind. Diese VRG bildet eine longitudinale Gewebesäule entlang des *Nucl. ambiguus* (Abb. 26–3). Eine besondere Rolle scheint der sog. *Prä-Bötzinger-Komplex* zu spielen. In dieser Region liegt das „Atemzentrum", in dem der Atemrhythmus entsteht [19]. Die Neurone des Netzwerks sind untereinander, aber auch mit anderen Netzwerken synaptisch gekoppelt, die den Tonus (Grundaktivität) der Bronchialmuskulatur, des sympathischen und des parasympathischen Nervensystems beeinflussen (Abb. 26–3).

Bei der VRG unterscheidet man zwischen einem rostral gelegenen „Bötzinger-Komplex" (BÖT), einem anschließenden „Prä-Bötzinger-Komplex" (Prä-BÖT) und einer „kaudalen VRG" in Höhe des Obex. Die VRG steht damit in enger räumlicher Beziehung zu den im Nucl. ambiguus lokalisierten Motoneuronen des Pharynx und des Larynx.

Die Neurone des Prä-BÖT liegen benachbart zu dem bilateral angelegten kardiovaskulären Netzwerk, das die Sympathikusaktivität regelt [3]. Von dort senden die *sympatho-exzitatorischen Neurone* ihre retikulospinalen Axone ins Rückenmark, um die präganglionären Sympathikusneurone zu aktivieren. In unmittelbarer Umgebung des *Nucl. ambiguus*, aber auch im *dorsalen Vaguskern* liegen die *kardialen Vagusneurone (CVN)* und *bronchomotorische Neurone* [4, 6].

Auch die ***zentralen chemosensiblen Strukturen*** sind in den benachbarten Gebieten der VRG lokalisiert. Die Neurone der *d*orsalen *r*espiratorischen *G*ruppe (***DRG***) liegen in den ventralen Anteilen des *N*ucl. *t*ractus *s*olitarius (***NTS***) und sind an der Rhythmogenese nicht beteiligt. Neben einigen retikulospinalen inspiratorischen „Ausgangs-Neuronen" enthält der NTS im wesentlichen Interneurone für die afferenten Zuflüsse aus den Atemwegen, der Lunge und dem Herz-Kreislaufsystem (*Husten-, Nies-, Hering-Breuer-, und Chemorezeptorreflex*). Die Interneurone sind zuständig für die reflektorische Anpassung der Atmung und des Kreislaufs [1, 2].

Die Netzwerkanteile der pontinen *r*espiratorischen *G*ruppe (***PRG***) liegen im Nucl. parabrachialis und Nucl. Kölliger-Fuse. Sie scheinen an der Rhythmogenese der Atmung zwar nicht direkt beteiligt zu sein, üben aber wichtige hemmende Einflüsse auf das medulläre respiratorische Netzwerk aus. Wenn diese Hemmung ausfällt, kann der Atemrhythmus erheblich gestört sein. Die Neurone des Locus coeruleus üben einen modulierenden Einfluß u. a. auf die Aktivität des kardiovaskulären Netzwerks aus.

Respiratorische Neurone. Aufgrund von tierexperimentellen Untersuchungen unterscheidet man bei den medullären respiratorischen Neuronen zwischen drei verschiedenen Klassen: 1. inspiratorische (***I-Neurone***), die während der Einatmung entladen, 2. post-inspiratorische (***PI-Neurone***), die während der ersten, passiven Ausatmungsphase (Postinspiration) entladen und 3. exspiratorische (***E_2-Neurone***), die während der zweiten, aktiven Ausatmungsphase entladen [12, 5, 15, 16]. Die Klasse der I-Neurone ist in verschiedene Neuronentypen unterteilt. Neben Neuronen, die (a) während der gesamten Inspirationsphase mit einer „rampenförmig" anwachsenden Frequenz (*Rampen-I-Neurone*) entladen, unterscheidet man zwischen inspiratorischen Neuronen, die (b) nur kurz vor und zu Beginn (*prä-I-Neurone*), (c) während der frühen (*früh-I-Neurone*) und (d) während der terminalen Phase der Inspiration (*spät-I-Neurone*) entladen.

Netzwerkverschaltung. Die respiratorischen Neurone sind untereinander synaptisch zu einem Netzwerk verschaltet [1, 10, 2, 15, 16], das durch erregende Zuflüsse aus der spontan aktiven *Formatio reticularis* (retikuläres aktivierendes System, ***RAS***) aktiviert wird (Abb. 26–4). Über spezifische synaptische Verbindungen der verschiedenen respiratorischen Neurone werden erregende postsynaptische Potentiale (glutamaterge EPSPs) und hemmende postsynaptische Potentiale (glyzinerge und GABAerge IPSPs) ausgelöst. Deren Interaktion führt zu langsamen periodischen Oszillationen des Membranpotentials (Abb. 26–4) und während der überschwelligen Membrandepolarisationen zu salvenartigen Entladungen von Aktionspotentialen.

In das Schema der Abb. 26–4 nicht eingezeichnet sind die bei neugeborenen Säugetieren im *Prä-Bötzinger-Komplex* nachgewiesenen medullären Schrittmacherneurone, die prinzipiell die Fähig-

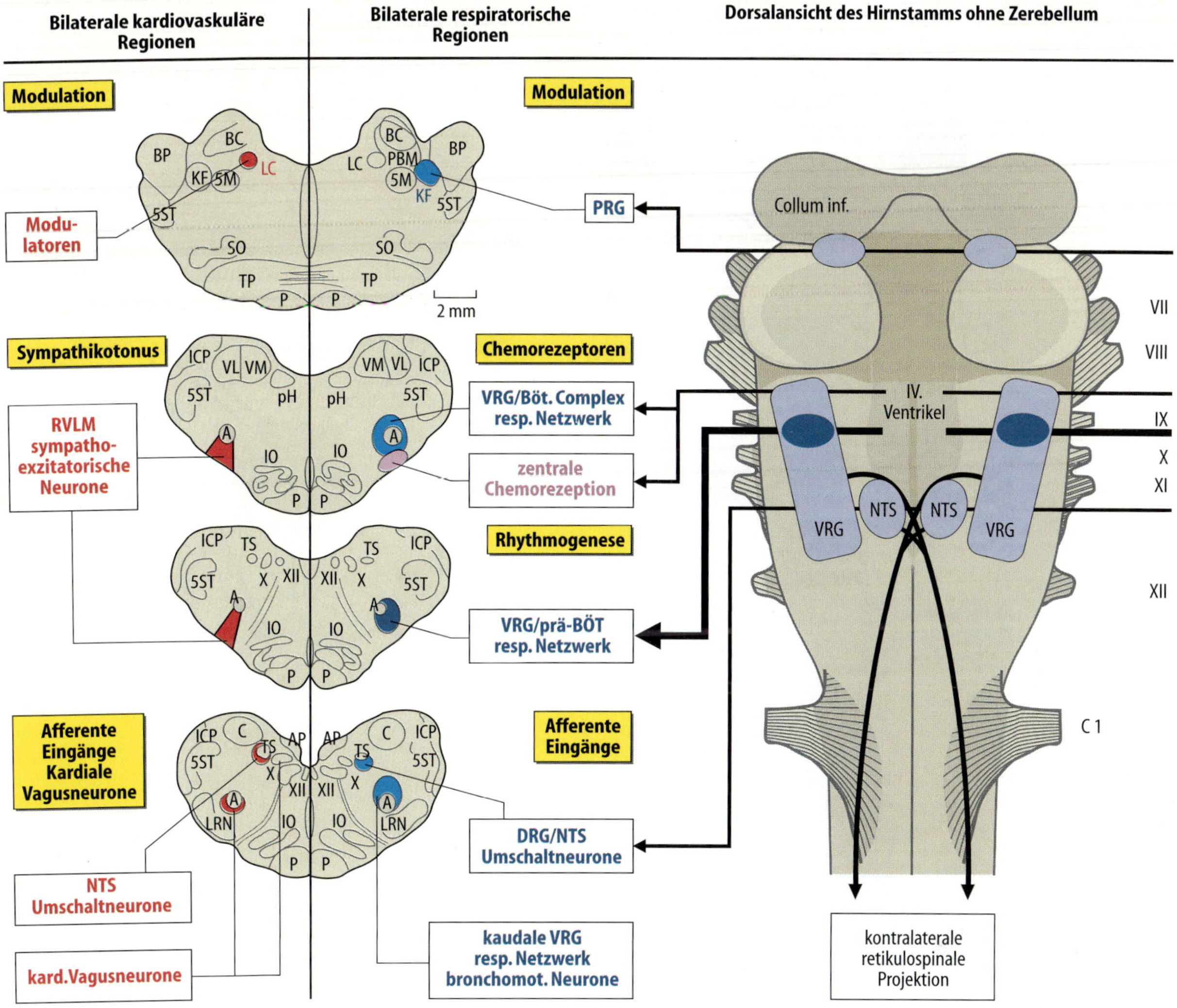

Abb. 26-3. Lokalisation des kardiorespiratorischen Netzwerks in der Medulla oblongata und der Pons. Im rechten Teil ist die Lokalisation der respiratorischen Neuronengruppen auf die dorsale Oberfläche des Hirnstamms projiziert. In den Querschnittsschemata ist rechts das respiratorische Netzwerk und links das kardiovaskuläre Netzwerk markiert, um auf ihre benachbarte Lokalisation aufmerksam zu machen. Der Prä-Bötzinger Komplex kann als „Atemzentrum" bezeichnet werden, in dem der Atemrhythmus entsteht. Sowohl das respiratorische wie auch das kardiovaskuläre Netzwerk sind jedoch bilateral angelegt. *Abkürzungen: coll. inf:* colliculus inferior, *BC:* brachium conjunctivum, *BP:* brachium pontis, *LC:* Locus coeruleus, *PBM:* Nucl. parabrachialis medialis, *5M:* Nucl. motorius trigemini, *KF:* Nucl. Kölliker-Fuse, *5ST:* tractus spinalis trigemini, *SO:* Nucl. olivaris superior, *TB:* Corpus trapezoideum, *P:* tractus pyramidalis *pH:* Nucl. praepositus hypoglossi, *VM:* Nucl. vestibularis medialis, *VL:* Nucl. vestibularis lateralis, *XII:* Nucl. hypoglossi, *X:* Nucl. dorsalis vagi, *TS:* tractus solitarius, *ICP:* pedunculus cerebelli inferior, *A:* Nucl. ambiguus, *AP:* Area postrema, *IO:* Nucl. olivaris inferior, *C:* Nucl. cuneatus, *LRN:* Nucl. reticularis lateralis, *PRG:* pontine respiratorische Gruppe, *BÖT:* Bötzinger-Komplex, *prä-BÖT:* prä-Bötzinger-Komplex, *DRG:* dorsale respiratorische Gruppe, *NTS:* Nucl. tractus solitarius, *VRG:* ventrale respiratorische Gruppe, *RVLM:* rostroventrolaterale Medulla

keit zur automatischen Entladungsbildung besitzen. Während der ersten postnatalen Periode scheinen diese Schrittmacherzellen das Netzwerk antreiben zu können [19].

Dem primären Netzwerk nachgeschaltet sind inspiratorische, postinspiratorische und exspiratorische „Ausgangsneurone" mit retikulospinalen Axonprojektionen, die die spinalen Motoneurone der Atemmuskulatur über mono- und oligosynaptische Verbindungen rhythmisch aktivieren (in Abb. 26-4 nicht dargestellt). Manche dieser retikulospinalen Neurone weisen sowohl inspiratorische als auch postinspiratorische Aktivitätskomponenten auf [18]. *Dies erlaubt die biphasische, inspiratorische und postinspiratorische Innervation inspiratorischer Motoneurone und Muskeln.*

Über eine respiratorische Mitinnervation der kranialen Motoneurone (der IX., X., XII. Hirnnerven) sowie der bronchomotorischen Neurone wird der Tonus der Zungen-, Pharynx-, Larynx- und Bronchialmuskulatur rhythmisch an die Atmung angepaßt und somit der Zugang des oberen Luftweges bzw. der Strömungswiderstand der Luft geregelt [9].

Auch die Aktivität des kardiovaskulären Netzwerks wird durch synaptische Kopplung respiratorisch moduliert. Sympathoexzitatorische Neurone zeigen eine deutliche Aktivitätssteigerung während der Inspiration, und kardiale Vagusneurone entladen

Spontanaktivität

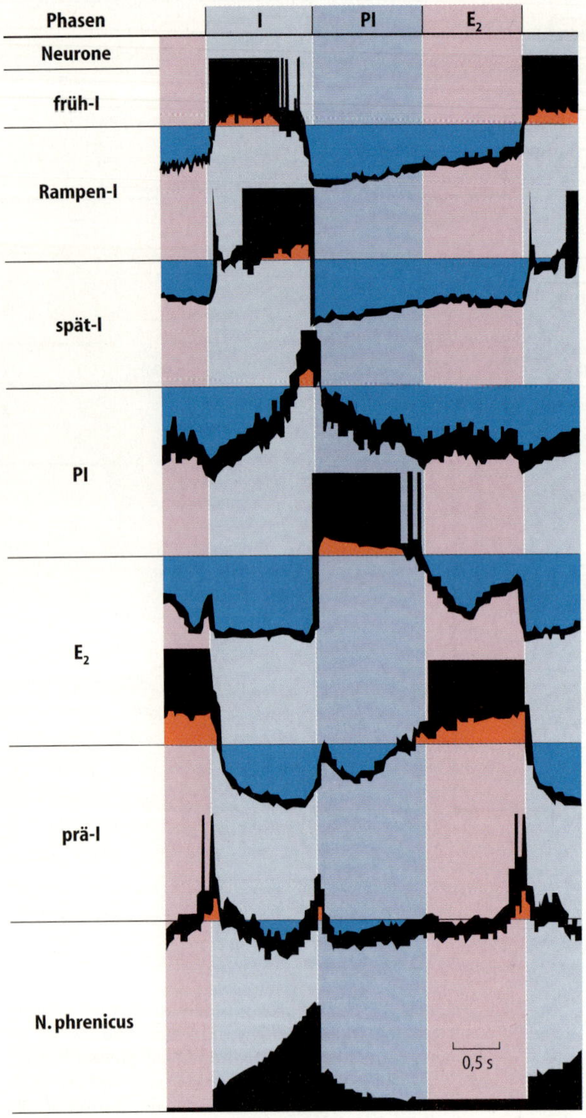

Netzwerkorganisation

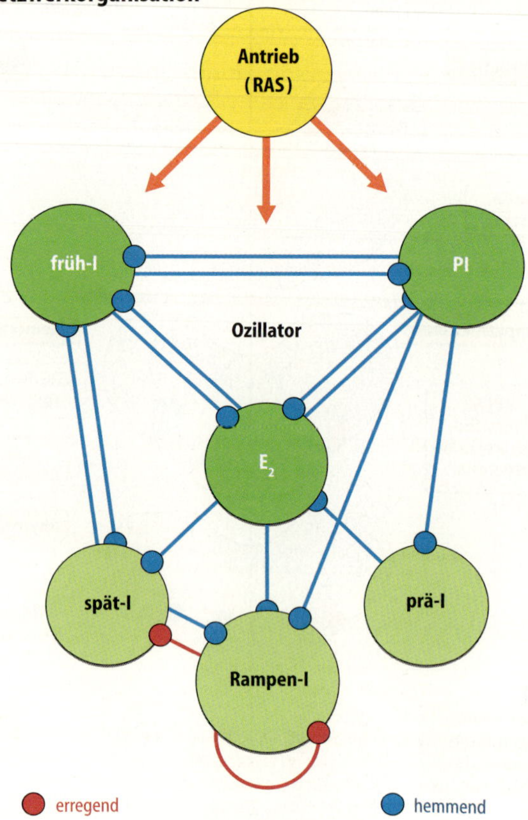

Abb. 26–4. Postsynaptische Aktivität in den verschiedenen Neuronenklassen des respiratorischen Netzwerks der Katze. Die Registrierungen der Membranpotentialschwankungen sind in zeitlicher Beziehung zur inspiratorischen Aktivität des N. phrenicus aufgezeichnet. Die erregenden postsynaptischen Potentiale (EPSPs) sind *rot* und die hemmenden postsynaptischen Potentiale (IPSPs) *blau* markiert. Die Netzwerkorganisation der synaptisch gekoppelten Neuronenklassen zeigt ausgeprägte erregende (*rote Linien/Kreise*) und hemmende Verbindungen (*blaue Linien/Kreise*). Das Netzwerk wird durch erregende Zuströme aus der Formatio reticularis (retikuläres aktivierendes System, *RAS*) aktiviert. Dies ist mit *divergent orientierten Pfeilen* angedeutet. (Zur näheren Erläuterung siehe Text)

vorwiegend während der Postinspiration [3, 6]. Dies ist u. a. Ursache für die „respiratorischen Schwankungen des arteriellen Blutdrucks“ und für die „respiratorische Arrhythmie des Herzens“.

! Verschiedene respiratorische Neurone der sog. ventralen respiratorischen Gruppe (VRG) sind untereinander synaptisch zu einem neuronalen Netzwerk in der ventrolateralen Medulla oblongata verschaltet. Der Atemrhythmus entsteht im Prä-Bötzinger Komplex (Atemzentrum). Die rhythmische Aktivität wird über retikulospinale Bahnen auf die inspiratorischen und exspiratorischen Mononeurone im Rückenmark übertragen. Die Neurone der dorsalen respiratorischen Gruppe (DRG) sind in den ventralen Anteilen des Nucl. tractus solitarius lokalisiert. Es sind Interneurone für die afferenten Zuflüsse aus den Atemwegen, der Lunge und dem Herz-Kreislaufsystem.

Ursache der Rhythmogenese sind synaptische Interaktionen zwischen den Neuronen der ventralen respiratorischen Gruppe (VRG) und eine dynamische Modulation der zellulären Membraneigenschaften

Grundlagen der Rhythmogenese. Der respiratorische Rhythmus stellt einen oszillatorischen Aktivitätswechsel zwischen inspiratorischen, postinspiratorischen und normalerweise, aber nicht notwendigerweise, auch exspiratorischen Neuronenklassen dar [5,15,16]. Grundlage dieser Rhythmogenese sind hemmende und erregende synaptische Interaktionen zwischen den Neuronen der VRG und die Modulation der Neurone durch spannungs- und aktivitätsabhängige Membraneigenschaften. Von Bedeutung sind transmittergeregelte Na^+-, Ca^{2+}-, K^+-Ströme (AMPA- und NMDA-Rezeptoren) und Cl^-- bzw. K^+-Ströme (Glyzin- und $GABA_A$- bzw. $GABA_B$-Rezeptoren) sowie spannungs-geregelte Na^+-, nieder-mittel- und hochschwellige Ca^{2+}- sowie spannungs- und Ca^{2+}-geregelte K^+-Ströme.

Inspirationsphase. Tonisch erregende Zuströme aus der *Formatio reticularis* (adultes Säugetier) aktivieren das respiratorische Netzwerk (Abb. 26–5). Die Inspiration wird eingeleitet, sobald die inspiratorischen Neurone nicht mehr durch Zuflüsse von den exspiratorischen Neuronen gehemmt werden. Ein *nieder- und mittelschwelliger Ca^{2+}-Einwärtsstrom* verstärkt die einsetzende *disinhibitorische Membrandepolarisation* und führt zur Erregung der früh-I- und Rampen-I-Neurone (***„On-Trigger"***). Die E_2- und PI-Neurone werden dabei gleichzeitig synaptisch gehemmt (***„Off-switch"*** der Exspiration bzw. Postinspiration). Über die ***positive Rückkopplung*** durch synergistische Neurone kann sich die Aktivität in den Rampen-I-Neuronen aufsummieren. Ihre Erregung steigt jedoch nicht exponentiell an, da gleichzeitig auch hemmende Zuströme von früh-I-Neuronen (hemmende Interneurone) eintreffen. Resultat dieser synaptischen Integration ist eine fast linear anwachsende, *rampenförmige Membrandepolarisation und Entladungsfrequenz der Rampen-I-Neurone.*

Während der beginnenden Inspirationsphase sind die spät-I-Neurone (durch früh-I-Neurone) noch synaptisch gehemmt. Da die früh-I-Neurone aufgrund ihrer hohen Entladungsfrequenz jedoch adaptieren, werden die spät-I-Interneurone schließlich „enthemmt", so daß ihre Entladung zu einer ersten ***„reversiblen" Hemmung*** der Rampen-I-Neurone führen und den Phasenwechsel einleiten kann.

Sequenzen der Rhythmogenese

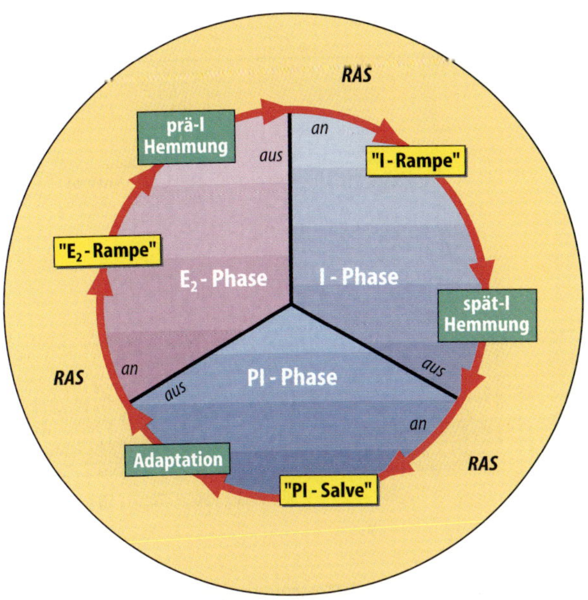

Abb 26–5. Schematische Darstellung der in den einzelnen Atemphasen wirksamen Regelmechanismen. (Zur näheren Erläuterung s. Text)

Postinspirationsphase. Die kurzfristige Abnahme der inspiratorischen Aktivität während der späten Inspirationsphase führt in PI-Neuronen zu einer Enthemmung (*„Disinhibition"*) der erregenden Zuströme, die u. a. von den zu diesem Zeitpunkt noch maximal aktivierten *Lungendehnungssensoren* (LDR, s. S. 602) ausgelöst werden. Dies führt zur Membrandepolarisation und überschwelligen Erregung der PI-Neurone. Diese hemmen nun die I-Neurone, wie auch alle übrigen Neurone des Netzwerks. Mit diesem ***„irreversiblen Off-Switch"*** der Inspiration beginnt die Postinspiration. Diese Phase wird automatisch beendet, wenn die Adaptation der Entladung der PI-Neurone nicht durch zusätzliche erregende Zuströme, wie z. B. kortikale Zuströme beim Sprechen oder limbische Zuströme beim Erschrecken („Atemanhalten"), kompensiert wird.

Aktive Exspirationsphase. Auch die Einleitung der aktiven Exspiration (E_2-Phase) erfolgt durch *„Disinhibition"* der E_2-Neurone während der ausklingenden Postinspirationsphase. Der erregende Zustrom von der *aktivierenden Formatio reticularis* und auch eine reflektorische Aktivierung durch bronchiale *„Irritant-Sensoren"* (Deflationsreflex, s. S. 602) führt zur überschwelligen Erregung. Wenn die E_2-Neurone entladen, hemmen sie die I- und PI-Neurone, und der Zyklus befindet sich in der aktiven Exspiration. Diese Phase wird beendet, wenn die erst verzögert aktivierten prä-I-Neurone entladen und die E_2-Neurone synaptisch hemmen (***„Off-switch" der Exspiration***). Mit Abnahme der von E_2-Neuronen ausgeübten Hemmung (*„Disinhibition"*) der I-Neurone kann der nächste Atmungszyklus wieder beginnen.

Unter bestimmten Bedingungen kann die Phase der aktiven Ausatmung völlig fehlen. Unter dem Einfluß supramedullärer Strukturen des ZNS (Kortex, limbisches System, Hypothalamus) oder als Folge von Reflexen (z. B. Fieber, Schmerzafferenzen) kann es zu einer verstärkten Aktivierung des inspiratorischen Netzwerkanteils kommen. Dies bewirkt ein Einsetzen inspiratorischer Aktivität jedesmal dann, wenn die Postinspiration aufhört. Das respiratorische Netzwerk oszilliert unter diesen Bedingungen in 2 Zyklusphasen, der Inspiration und Postinspiration, während die E_2-Phase ausfällt. Manche Tiere benutzen die dadurch ausgelöste „oberflächliche" Hyperventilationsform zur Thermoregulation, bei der die feuchte, gut durchblutete Rachenschleimhaut und Zunge durch Wasserverdunstung gekühlt werden, ohne daß der Säuren-Basen-Status entgleist. Der P_{aCO_2} fällt nur geringfügig ab, da eine aktive Exspiration vermieden wird.

!

Grundlage der Rhythmogenese sind hemmende und erregende synaptische Interaktionen zwischen sechs verschiedenen Neuronenklassen der ventralen respiratorischen Gruppe. Spezifische Membraneigenschaften der Neurone wirken sich modulierend aus. Resultat der zellulären Integrationsprozesse sind Membranpotentialoszillationen und überschwellige Entladungssalven.

26.2 Chemische Atmungsregulation

Die chemische Atmungsregulation steht im Dienste der Homöostase und sichert die Anpassung der Ventilation an die zellulären Stoffwechselbedürfnisse des Organismus

Die Werte des P_{aCO_2} (arterieller CO_2-Partialdruck), des P_{aO_2} (arterieller O_2-Partialdruck) und der $[H^+]_a$ (arterielle H^+-Konzentration) werden durch die äußere Atmung und den Gasaustausch maßgeblich bestimmt und regeln ihrerseits die Funktionen von Atmung und Kreislauf. Die nachfolgend beschriebene reflektorische Ventilationsanpassung gewährleistet, daß dic Atemgase im arteriellen Blut konstant gehalten werden.

CO_2-Ventilationsantwort. Der effektivste Atmungsantrieb erfolgt normalerweise über den arteriellen P_{aCO_2}. Die CO_2-Antwortkurve (Abb. 26–6) steigt bis zu einem Atemzeitvolumen von 70–80 l/min bei einem P_{aCO_2} von 60–70 mm Hg. Die Steilheit dieser Beziehung gibt die Empfindlichkeit der Atmungsregulation durch P_{aCO_2} an; sie beträgt ca. 2–3 l · min^{-1} · mm Hg^{-1}. Dabei sind erhöhte P_{aCO_2}-Werte mit einem zunehmenden Gefühl der Atemnot (*Dyspnoe*) verbunden. Bei P_{aCO_2}-Werten über 70 mm Hg tritt eine narkotische Wirkung ein, und die Ventilation fällt wieder ab.

pH-Ventilationsantwort. Die physiologische pH-Antwortkurve (Abb. 26–6, rote Kurve) zeigt einen überraschend flachen Anstieg (ca. 2 l/min pro 0,1 pH-Änderung) bei nichtrespiratorischen Azidosen. *Diese scheinbar geringe Empfindlichkeit der physiologischen Atmungsregulation erklärt sich aus der hyperventilationsbedingten vermehrten Abgabe von CO_2. Es ist gerade diese Abgabe von CO_2, die eine respiratorische Kompensation einer nichtrespiratorischen Azidose bewirkt* (s. S. 619). Bei einem konstant gehaltenen P_{aCO_2} erhöht sich die Steilheit der pH-Antwortkurve auf 20 l/min pro 0,1 pH- Änderung.

O_2-Ventilationsantwort. Bei Abnahme des P_{O_2} in der Inspirationsluft und somit des P_{aO_2} im arteriellen Blut beobachtet man eine Steigerung des Atemzeitvolumens (AZV) durch Erhöhung des Zugvolumens und Steigerung der Atemfrequenz (Abb. 26–6). Eine Erhöhung des P_{aO_2} führt dagegen nur zu einem geringfügigen Ventila-

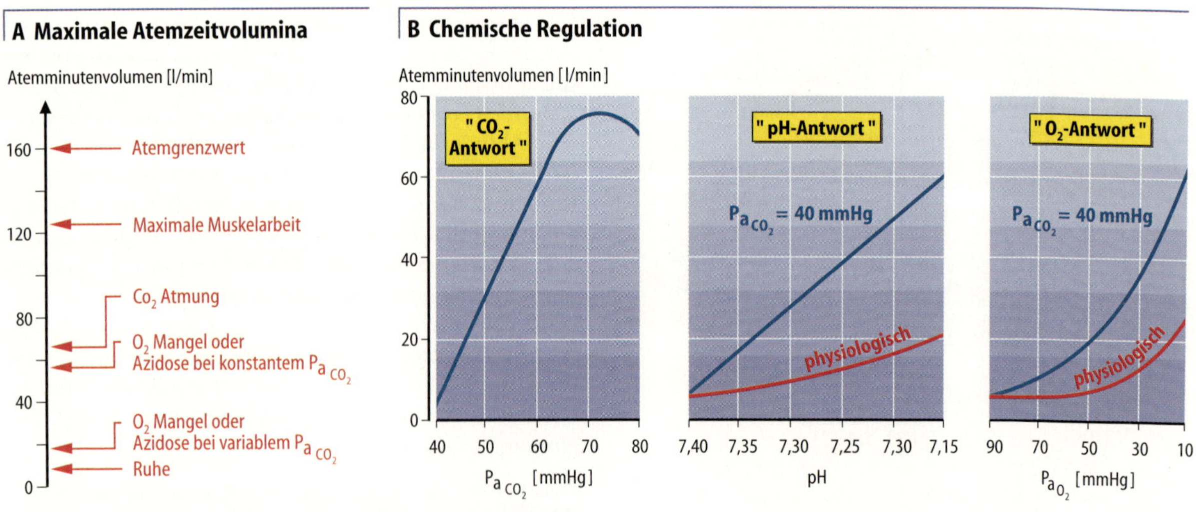

Abb. 26–6. A Änderung der Atemzeitvolumina bei willkürlicher Mehrventilation und bei chemischer Atemregulation. **B** Die chemische Regulation besteht in einer „Antwort" auf Änderungen des P_{aO_2} (arterieller O_2-Partialdruck), des P_{aCO_2} (arterieller CO_2-Partialdruck) und der $[H^+]_a$ (arterielle H^+-Konzentration). *Rote Kurven:* physiologische Ventilationsantwort; *blaue Kurven:* Ventilationsantwort bei konstantem alveolären CO_2-Partialdruck

tionsabfall. Eine arterielle Hypoxie kann bei einem Aufenthalt in einer Umgebung mit erniedrigten P_{O_2} (z. B. große Höhen) auftreten, aber auch Folge von Ventilationsstörungen oder Störungen des Gasaustausches in der Lunge sein. Die sog. „O_2-Antwortkurve", d. h. die Änderung des Atemzeitvolumens in Abhängigkeit vom $P_{a_{O_2}}$, zeigt unter normalen Bedingungen (physiologische Antwortkurve) nur eine geringe Steilheit (Abb. 26–6, rote Kurve). Praktisch tritt eine Steigerung des Atemzeitvolumens erst auf, wenn $P_{a_{O_2}}$ Werte von 50–60 mm Hg unterschritten werden, wenn also bereits eine erhebliche arterielle Hypoxie besteht. *Diese scheinbar geringe O_2-Empfindlichkeit der Atmungsregulation kommt durch die Verminderung des CO_2-Antriebs zustande, da eine hypoxiebedingte Erhöhung des Atemzeitvolumens zum Abfall des $P_{a_{CO_2}}$ führt.* Möchte man deshalb die tatsächliche O_2-Sensitivität der Chemorezeption messen, so muß der $P_{a_{CO_2}}$ konstant, normalerweise bei 40 mm Hg gehalten werden. Nun zeigt die O_2-Antwort (Abb. 26–6, blaue Kurve) eine stärkere Reaktion auf jeden $P_{a_{O_2}}$-Abfall und einen wesentlich steileren Verlauf bis zu Atemminutenvolumina von 50–60 l/min.

Der unter physiologischen Bedingungen so geringe Einfluß des $P_{a_{O_2}}$ auf den Atemantrieb kann jedoch unter pathologischen Bedingungen von erheblicher Bedeutung sein. Dies gilt insbesondere dann, wenn die CO_2-Empfindlichkeit der Atmungsregulation durch Pharmaka oder wegen einer chronischen Hyperkapnie herabgesetzt bzw. aufgrund von Entwicklungsstörungen vermindert ist oder gar fehlt (Ondine-Course-Syndrom). Hier kann der O_2-Antrieb für das Persistieren einer Spontanatmung lebenswichtig werden.

! Eine Erhöhung des $P_{a_{CO_2}}$ (Hyperkapnie) führt zu einer wesentlichen Steigerung des Atemzeitvolumens. Dabei wird das Atemzugsvolumen und insbesondere die Atemfrequenz erhöht. Sinkt der arterielle pH unter die Normalwerte ab, so kommt es zu einer Ventilationssteigerung durch Erhöhung der Atemfrequenz und Vergrößerung des Atemzugvolumens (pH-Antwortkurve). Ein Anstieg des pH über den Normwert führt dagegen nur zu einer geringgradigen Verminderung der Ventilation. Bei Abnahme des $P_{a_{O_2}}$ im arteriellen Blut beobachtet man nur eine leichte Steigerung des Atemzeitvolumens, und bei Erhöhung des $P_{a_{O_2}}$ erfolgt ein geringfügiger Ventilationsabfall.

Die Anpassung der Ventilation wird über arterielle Chemorezeptoren und chemosensible Strukturen im Hirnstamm vermittelt

Arterielle Chemorezeptoren. Die $P_{a_{O_2}}$ –, aber auch die $P_{a_{CO_2}}$- und $[H^+]_a$-Antworten der Atmungsregulation werden wesentlich über arterielle Chemorezeptoren vermittelt. Derartige Sensoren finden sich bilateral im ***Glomus caroticum,*** einem Paraganglion, das an der Teilungsstelle der A. carotis communis in die Aa. carotis externa und interna liegt. Das Glomus caroticum wird vom *Karotissinusnerven,* einem Ast des *N. glossopharyngeus (IX)* innerviert. Weitere Chemorezeptoren befinden sich in den Paraganglien des Aortenbogens und der rechten A. subclavia (***Glomera aortica***), die vom *Aortennerven,* einem Ast des *N. laryngeus superior* innerviert werden.

Die Paraganglien werden über kleine Seitenarterien versorgt und gehören zu den am besten durchbluteten Organen des Körpers (Durchblutung von ca. 20 ml · $min^{-1} \cdot g^{-1}$ vgl., dazu die Hirnrindendurchblutung mit 0,8 ml · $min^{-1} \cdot g^{-1}$).

Die arterielle Chemorezeption erfolgt in den ***Typ I-Glomuszellen,*** die als sekundäre Sinneszellen keine Axone besitzen. Wenn der $P_{a_{O_2}}$ abnimmt, der $P_{a_{CO_2}}$ zunimmt oder die $[H^+]_a$ ansteigt, antworten diese Sensorzellen mit einer Membrandepolarisation und Transmitterfreisetzung, was zur Aktivitätssteigerung in den afferenten Nervenfasern führt (Abb. 26–7). Besonders die O_2-Sensitivität ist stark ausgeprägt. Die Glomuszellen sind sogar schon bei einem normalen $P_{a_{O_2}}$ von 95–100 mm Hg aktiviert, da die ***„O_2-Schwelle"*** bei einem $P_{a_{O_2}}$ von ca. 110 mm Hg liegt. Ursache für die in diesen Zellen weit oberhalb der sonst üblichen zellulären O_2-Sensitivät (vgl. kritischer mitochondrialer P_{O_2} von etwa 1 mm Hg, s. S. 630) liegenden O_2-Empfindlichkeit scheint ein O_2-Sensor mit spezifischer O_2-Bindungskapazität zu sein.

Kann der O_2-Sensor kein O_2 binden, werden K^+-Kanäle gehemmt und die Glomuszellen depolarisieren. Diese löst einen Einwärtsstrom von Ca^{2+} mit der Folge einer gesteigerten Transmitterfreisetzung aus (Abb. 26–7). Die Mechanismen scheinen ähnlich wie in den glatten Muskelzellen der Lungengefäße und den Erythropoietin-produzierenden Leberzellen zu sein.

Die CO_2- und $[H^+]$-Empfindlichkeit beruht wahrscheinlich primär auf einer Ansäuerung des Zytosols der Sensorzellen, was über die Stimulation von funktionell gekoppelten Membrantransportsystemen (Na^+/H^+-Austausch und $3Na^+/Ca^{2+}$-Austausch) sekundär zu einer Erhöhung der intrazellulären $[Ca^{2+}]$ und damit ebenfalls zur gesteigerten Exozytose von Transmitter führt [8, 11].

Bei Aktivierung der arteriellen Chemosensoren werden die afferenten Nervenfasern im Glomus (sekundäres Neuron) erregt, die die Information zu den Umschaltneuronen im *Nucl. tractus solitarius* der Medulla oblongata weiterleiten. Hier werden tertiäre Neurone aktiviert, die das gesamte respiratorische Netzwerk synaptisch aktivieren. Damit kommt es zur Steigerung aller Atembewegungen.

Zentrale Chemorezeption. Ein wesentlicher Einfluß von CO_2 und $[H^+]$ auf die Atmung erfolgt über zentralnervöse Strukturen im Hirnstamm selbst. Noch ist unklar, ob sich diese zentralen Chemosensoren direkt an der ventralen Oberfläche des Hirnstamms befinden, in tieferen Hirnstammstrukturen liegen oder gar im respiratorischen Netzwerk selbst lokalisiert sind (Abb. 26–3) [1, 2]. Die Mechanismen der zentralen Chemorezeption sind deshalb noch unbekannt. Für die ärztliche Tätigkeit muß man jedoch wissen, daß jede Änderung des $P_{a_{CO_2}}$ wegen der guten Diffusionseigenschaft von CO_2 schnell zu einer Erhöhung des extrazellulären $P_{e_{CO_2}}$ und der $[H^+]_e$ in der extrazellulären Flüssigkeit der Medulla oblongata und etwas verzögert auch zur Erhöhung des $P_{CSF_{CO_2}}$ und der $[H^+]_{CSF}$ im Liquor cerebrospinalis führt.

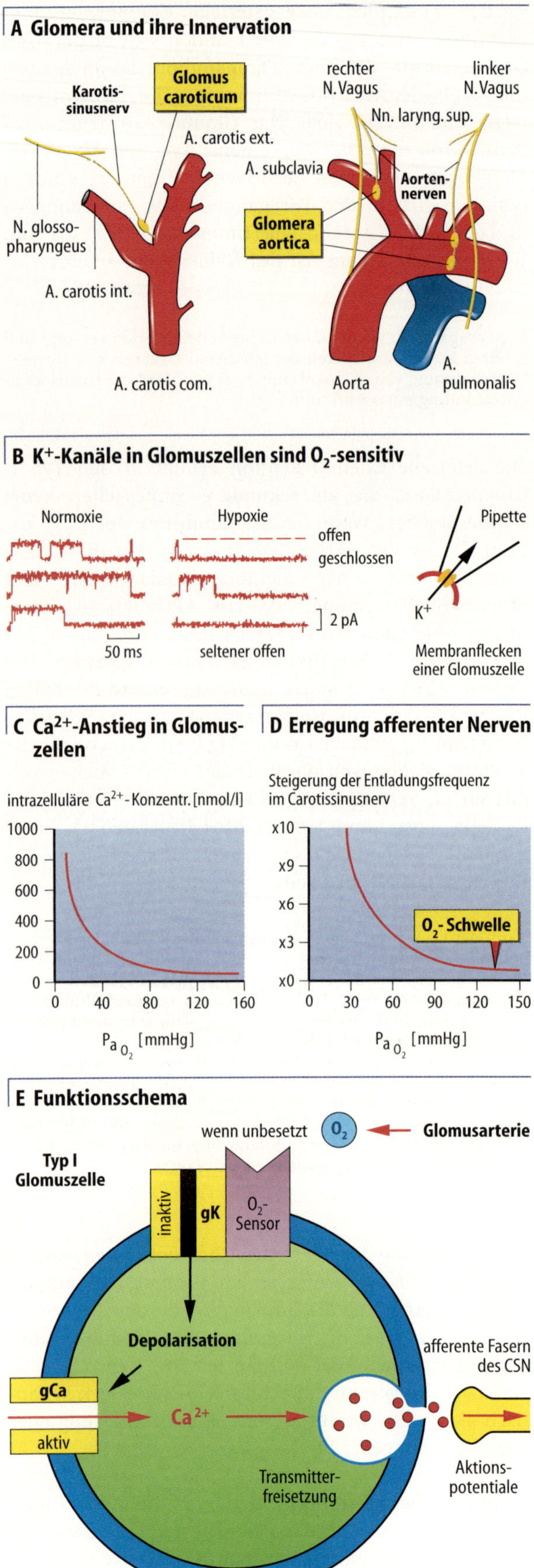

!

Die $P_{a_{O_2}}$ –, aber auch die $P_{a_{CO_2}}$- und $[H^+]_a$-Antworten der Ventilation werden wesentlich über arterielle Chemorezeptoren in den Glomera carotica und Glomera aortica vermittelt. Sensoren sind die Typ I-Glomuszellen, die afferente Fasern des Karotissinusnerven bzw. des Aortennerven aktivieren. Die zentrale Verarbeitung erfolgt im Nucleus tractus solitarius. Die Ansäuerung des Extrazellularraums und des Liquor cerebrospinalis führt über eine „zentrale Chemorezeption“ zu einer Aktivierung des medullären respiratorischen Netzwerks und damit zu einer deutlichen Mehrventilation. Jede Erniedrigung der $P_{a_{O_2}}$ -Werte und Erhöhung der $P_{a_{CO_2}}$- sowie $[H^+]_a$-Werte führt zu einer Mehrventilation, soweit die Ursache für diese Veränderungen nicht in einer Störung der nervalen Atmungsregulation (Störung der Chemorezeption, Destruktion von Bahnen, Störung des medullären respiratorischen Netzwerks) begründet ist. Diese chemische Atmungsregulation ist besonders bei Störungen des Säuren-Basen-Status wichtig.

◀ **Abb. 26–7. A** Die arteriellen Chemorezeptoren liegen in den Glomera carotica und in den Paraganglien des Aortenbogens bzw. der A. subclavia (Glomera aortica). Die afferenten Nervenfasern verlaufen über die Karotissinusnerven zu den Nn. glossopharyngei bzw. über die Aortennerven und die N. laryngei superiores zu den Nn. vagi und enden an Neuronen des Nucleus tractus solitarius (NTS). **B** Typ I Glomuszellen besitzen K^+-Kanäle, die sich bei einem Abfall des $P_{a_{O_2}}$(arterieller O_2-Partialdruck) seltener öffnen. **C** Die $[Ca^{2+}]$ in der Glomuszelle steigt in Abhängigkeit des $P_{a_{O_2}}$-Abfalls an. **D** Die afferenten Nerven des Glomus caroticum entladen mit steigender Frequenz, sobald der $P_{a_{O_2}}$ unter einen Wert von ca. 110 mm Hg abfällt („O_2-Schwelle“ der Chemorezeption). **E** Das Funktionsschema zeigt die Typ I Glomuszelle als Sinneszelle für die $P_{a_{O_2}}$-Messung. Sie besitzt ein O_2-bindendes Rezeptorprotein (O_2-Sensor), das K^+-Kanäle inaktiviert, wenn weniger O_2 gebunden wird. Die resultierende Depolarisation der Glomuszelle löst einen Einwärtsstrom von Ca^{2+} aus. Dadurch steigt die intrazelluläre $[Ca^{2+}]$, was zur erhöhten Transmitterfreisetzung und Erregung der afferenten Nerven führt.

26.3 Zentrale und reflektorische Einflüsse auf die Atmung

Durch „kollaterale" Mitinnervation wird die Atmung mit dem kardiovaskulären Regelsystem und mit fast allen sensomotorischen Reaktionen koordiniert

Ein ausreichender Gasaustausch und Gastransport ist nur gesichert, wenn die respiratorischen Bewegungen mit den kardiovaskulären Funktionen abgestimmt werden [6]. Beispielsweise muß ein erhöhter Sauerstoffbedarf bei körperlicher Arbeit durch eine entsprechende Erhöhung der Lungenventilation, des Herzzeitvolumens und der Durchblutung der Muskulatur gedeckt werden.

Außerdem muß die Atmung mit fast allen sensomotorischen Reaktionen koordiniert werden. Dies gilt besonders für bestimmte Ausdruckshandlungen, wie z. B. Sprechen, Lachen und Weinen. Auch reflektorische Vorgänge, wie Schlucken, Husten, Niesen und Erbrechen verlangen eine exakte Regelung der Atmung bei Erhalt der lebensnotwendigen Rhythmik. Die Voraussetzung für diese dynamische Anpassung der Atmung bilden Zuflüsse aus vielen Strukturen des ZNS sowie über periphere Sensoren ausgelöste Reflexe [1, 2].

Willkürliche Ventilationssteigerung. Maximale Ventilationssteigerungen (Abb. 26-6, oben), die bei schwerster Arbeit Werte von ca. 120–130 l/min und bei willkürlicher oder psychopathologischer Hyperventilation Werte von ca. 140–160 l/min erreichen, können nicht durch einen chemischen Atemantrieb, sondern nur durch die ***Mitinnervation*** des respiratorischen Netzwerks durch kortikale und limbische Strukturen erreicht werden (s. u.).

Die maximale willkürliche Hyperventilation kann nur für kurze Zeit durchgehalten werden, da sich eine respiratorische Alkalose entwickelt, die zu einer Vasokonstriktion der Hirngefäße, Minderdurchblutung des Gehirns und zu Bewußtseinsstörungen führt.

Anpassung der Atmung bei körperlicher Arbeit. Bei Arbeit fällt der $P_{a_{O_2}}$-Wert nicht ab, der $P_{a_{CO_2}}$-Wert ist erniedrigt, und der arterielle pH-Wert vermindert sich nur langsam. Bei Arbeitsbeginn kann die Anpassung der Atmung (und des kardiovaskulären Systems) also weder über die arteriellen noch zentralen Chemosensoren geregelt sein. Diese werden erst in der späteren Phase der Ventilations- und Kreislaufanpassung wirksam. Zu Beginn der Arbeit („***Startreaktion***") findet vielmehr eine ***Mitinnervation*** des medullären kardiorespiratorischen Netzwerks durch das sensomotorische System statt. Diese Regelmechanismen sind bei Erkrankungen des ZNS (z. B. Demyelinisierung oder Läsionen der spinalen Vorderseiten- und Hinterstränge) gestört.

An der Steuerung der Atmungsbewegungen sind auch spinale Eigenreflexe, insbesondere der interkostalen Atmungsmuskeln, beteiligt. Wie die anderen quergestreiften Muskeln enthält auch die Atemmuskulatur Muskelspindeln und Sehnenorgane. Über spinale Reflexe kann dadurch eine Feinanpassung der Atembewegungen erfolgen.

> **!** Die Regulation der kardiorespiratorischen Funktionen erfolgt durch eine Koppelung der Regelprozesse der Atmung mit den nervösen Steuermechanismen von Herz und Kreislauf. Bei Arbeit erfolgt eine Vorwärtsregelung durch kollaterale Aktivierung des kardiorespiratorischen Netzwerks über pyramidale und extrapyramidale Bahnen und eine reflektorischen Aktivierung in Form einer Rückkopplungsregelung durch Afferenzen aus der Skelettmuskulatur und den Gelenken.

Von mechano- und chemosensiblen Sensoren werden Anpassungsmechanismen und Schutzreflexe ausgelöst

Sensoren im Respirationstrakt. Die Atemwege und das spezifische Lungengewebe sind mit chemo- und mechanosensiblen Sensoren ausgestattet, von denen wichtige ***Schutzreflexe*** ausgelöst werden [14, 17]. Eine Übersicht über die Lokalisation der Sensoren, ihre adäquate Reizung, ihre afferenten Nerven und die ausgelösten Reflexe (Schnüffeln, Niesen, Husten, Aspirieren, Lungendehnungsreflex, juxtakapillärer Reflex) gibt die Tabelle 26-1. In spezifischen Unterkernen des *Nucleus tractus solitarius (NTS)* liegen sekundäre oder tertiäre Interneurone, die die Aktivität des respiratorischen Netzwerks über oligosynaptische Verbindungen verändern und somit letztlich die Atembewegungen bzw. die Luftströmung im Respirationstrakt den jeweiligen Situationen anpassen. Es ist wichtig daran zu erinnern, daß all diese Reflexe auch kardiovaskuläre Funktionen beeinflussen (s. o.).

Laryngeale und tracheale Reflexe. Von mechano- und chemosensiblen Sensoren im Kehlkopf- und Trachealbereich werden starke Reflexe ausgelöst [17]. Sensoren sind freie Nervenendigungen im subepithelialen Gewebe, die zu den ventralen Kernen des NTS ziehen. Die weitere Projektion der dort aktivierten Neurone ist noch weitgehend unbekannt. Die reflektorische Veränderung des Atemrhythmus besteht in einer starken Aktivierung vorwiegend der inspiratorischen und exspiratorischen (aber auch der postinspiratorischen) Netzwerkanteile. Das dadurch ausgelöste ***Husten*** erhöht die Strömungsgeschwindigkeit des exspiratorischen Luftstroms auf Werte von 200–300 km/Std. Die dadurch

Tabelle 26–1. Reflexe aus den oberen Luftwegen und der Lunge

Sensoren	Lokalisation	Faserdurchm. Leit.-Geschw.	aff. Nerv	adäquater Reiz	Reflex	Funktion
nasal	Submucosa	1–4 µm 5–25 m/s	N. trig N. olfact.	mech. chem.	+++ Insp. +++ Exsp. - HF	Niesreflex Schnüffeln
epipharyngeal	Submucosa	1–4 µm 5–25 m/s	N. glosso-pharyng.	mech.	++ Insp. + Bronchodilat. ++ BD	Aspiration
laryngeal	subepithelial	1–4 µm 5–25 m/s	N. vagus	mech. chem.	+++ Insp. +++ Exsp. + Bronchokonstr. ++ BD	Husten
tracheal	subepithelial	1–4 µm 5–25 m/s	N. vagus	mech. (chem.)	+++ Insp. +++ Exsp. ++ BD + Bronchokonstr.	Husten
bronchial „Irritant" (RA-Sensoren)	sub-, intra-epithelial	1–4 µm 5–25 m/s	N. vagus	mech. chem.	+++ Insp. - Exsp. ++ BD + Bronchokonstr.	Deflationsreflex „Head-Reflex"
bronchial „Dehnung" (SA-Sensoren)	Lamina propria	4–6 µm 25–60 m/s	N. vagus	mech. chem.	- Insp. ++ Exsp.	Inflationsreflex „Hering-Breuer Reflex"
alveolär	„juxta-kapillär"	< 1 µm 1 m/s	N. vagus	mech. chem. Ödem	- Insp. - HF - Motorik	J-Reflex

ausgelöste turbulente Luftströmung reinigt die Trachea und den Larynx, und die störenden Partikel werden ausgehustet. Aufgrund des Strömungswiderstands steigt der intrapulmonale Druck bis auf 30 cm H_2O. Es besteht deshalb die Gefahr einer mechanischen Überbeanspruchung der Alveolarwände und einer Überblähung der Lunge.

Eine starke Aktivierung der laryngealen und trachealen Sensoren führt zu einer vollständigen Blokkade aller rhythmischen Atembewegungen (***reflektorische Apnoe***). Der Atemrhythmus persistiert in der Postinspiration, solange bis chemosensorische Reflexe die Apnoe durchbrechen. Diese massive Hemmung des Atemrhythmus erklärt sich aus einer Aktivierung der postinspiratorischen Netzwerkanteile.

Lungendehnungsreflex (Hering-Breuer-Reflex). Der medullär gesteuerte Atemrhythmus wird ständig durch Rückkopplung der Informationen aus dem Bronchialbaum modifiziert. Die physiologische Bedeutung solcher Reflexe besteht darin, die Amplitude der Atemexkursionen zu begrenzen, also eine Überdehnung der Alveolen zu vermeiden, sowie die Atemarbeit ökonomisch zu gestalten.

Bei jeder Einatmung wird der Bronchialbaum gedehnt. Dies aktiviert die dort lokalisierten Lungendehnungssensoren (LDS), die nur langsam adaptieren. Reflektorisch löst dies eine Hemmung/Beendigung der Inspiration (s. S. 597) und eine Aktivierung der Postinspiration, also die Einleitung der Ausatmung aus. Der Reflex wird nach den Erstbeschreibern *Hering-Breuer-Reflex* genannt. Die Information über den jeweiligen Dehnungszustand des Respirationstraktes wird an spezifische Neurone (sog. Pumpenneurone und inspiratorische Rβ-Neurone) im NTS gemeldet, die eine entsprechende Regelung der respiratorischen Aktivität auslösen. Diese besteht aus einer graduierten Hemmung inspiratorischer Neurone und einer Aktivierung postinspiratorischer Neurone des medullären Netzwerks.

Die Art der nervösen Verschaltung von „Pumpenneuronen" im NTS mit dem in der VRG gelegenen respiratorischen Netzwerk ist noch unklar. Über inspiratorische Rβ -Neurone werden inspiratorische Motoneurone des Rückenmarks aktiviert. Auf spinaler Ebene gibt es also eine inspirationsfördernde Reflexkomponente.

Deflationsreflex (Head-Reflex). Bei einer größeren Volumenabnahme der Atemwege und der Lunge werden schnell adaptierende ***„Irritant-Sensoren"*** aktiviert, die ebenfalls zum NTS projizieren. Die Aktivierung entsprechender Umschaltneurone führt zur Aktivierung der Inspiration und Postinspiration sowie Hemmung der Exspiration (s. S. 597). Der Reflex wird daher Deflationsreflex oder nach dem Erstbeschreiber *Head-Reflex* genannt.

J(uxtakapillärer) Reflex. Im Interstitium der Alveolarsepten, also im Extrazellularraum um die Lungenkapillaren (juxtakapillär), befinden sich mechanosensible freie Nervenendigungen mit unmyelinisierten Afferenzen (C-Fasern), von denen pulmonale Reflexe ausgelöst werden

[14]. Jede Erhöhung des Extrazellulärvolumens (*Ödeme*) führt zu deren Aktivierung und über medulläre Reflexe zu einer massiven Hemmung der Inspiration und einer Aktivierung der kardialen Vagusneurone (Abb. 26–3). Der Reflexerfolg besteht also im Extremfall aus einer vollständigen Unterdrückung der Atmung (*reflektorische Apnoe*) und einer arteriellen Hypotonie mit Bradykardie. Auch motorische Reflexe werden stark gehemmt, weshalb angenommen wird, daß dieser Reflex die Belastbarkeit durch Arbeit limitiert. Alle Erkrankungen, die zu einem *Lungenödem* führen (z. B. Lungenentzündungen, Mitralstenose und Insuffizienz des linken Herzens) können über diesen Reflex Atemstörungen verursachen.

Die vielfältigen und hier nicht vollständig beschriebenen zentralnervösen und reflektorischen Einflüsse auf das respiratorische Netzwerk regeln die dynamische Anpassung der Atmung an die Bedingungen und Bedürfnisse des Organismus, ohne daß der Atemrhythmus normalerweise verlorengeht. Dabei wird nicht nur die Aktivität des medullären respiratorischen Netzwerks, sondern auch die der kardiovaskulären Netzwerke verändert, weshalb man von einer *gemeinsamen Regulation der kardiorespiratorischen Funktionen* sprechen kann.

!

Die Atemwege und das spezifische Lungengewebe sind mit chemo- und mechanosensiblen Sensoren ausgestattet, von denen wichtige Schutzreflexe (Niesen, Husten, Aspirieren, Lungendehnungsreflex, juxtakapillärer Reflex) ausgelöst werden. Die meisten afferenten Nervenfasern ziehen über den N. vagus oder den N. glossopharyngeus zu den Umschaltkernen im Nucl. tractus solitarius. Dort liegen Interneurone, die die Aktivität des respiratorischen Netzwerks über oligosynaptische Verbindungen verändern und die Atmung den jeweiligen Situationen anpassen.

26.4 Literatur

Weiterführende Lehr- und Handbücher

1. Euler C von (1986) Brain stem mechanims for generation and control of breathing pattern. In: Fishman AP, Cherniack NS, Widdicombe JG, Geiger SR (eds) Handbook of physiology, section III: the respiratory system. American Physiological Society, Bethesda, pp 1–67
2. Feldman JL (1986) Neurophysiology of breathing in mammals. In: Bloom FE (ed) Handbook of physiology, section I: the nervous system. American Physiological Society, Bethesda, pp 463–524
3. Guyenet PG (1990) Role of the ventral medulla oblongata in blood pressure regulation. In: Loewy AD, Spyer KM (eds) Central regulation of autonomic function. Oxford Universität Press, Oxford, pp 145–167
4. Hopkins DA (1987) The dorsal motor nucleus of the vagus nerve and the nucleus ambiguus; structure and connections. In: Hainsworth R, McWilliam PN, Many DAG (eds) Cardiogenic reflexes. Oxford University Press, Oxford, pp 185–203
5. Richter DW (1994) Control of respiration. In: Greger R, Koepchen HP, Mommaerts W, Windhorst U (eds) Human physiology: from cellular mechanism to integration. Springer, Berlin Heidelberg New York
6. Richter DW, Spyer KM (1990) Cardio-respiratory control. In: Loewy AD, Spyer KM (eds) Central regulation of autonomic functions. Oxford University Press, New York, pp 189–207
7. Schläfke ME, Schäfer T (1992) Schlafbezogene Störungen der Atmungsregulation bei Kindern. In: Berger M (ed) Handbuch des normalen und gestörten Schlafs. Springer, Berlin Heidelberg New York, pp 301–328

Einzel- und Übersichtsarbeiten

8. Lopez-Barneo J (1994) Oxygen-sensitive ion channels: how ubiquitous are they? Trends-Neurosci 17: 133–135
9. Bartlett D (1989) Respiratory functions of the larynx. Physiol Rev 69:33–57
10. Ezure K (1990) Synaptic connections between medullary respiratory neurons and considerations on the genesis of respiratory rhythm. Prog Neurobiol 35:429–450
11. González C, Almarez L, Obeso A, Rigual R (1992) Oxygen and acid chemoreception in the carotid body chemoreceptors. TINS 15:146–153
12. Long S, Duffin J (1986) The neuronal determinants of respiratory rhythm. Prog Neurobiol 27:101–182
13. Monteau R, Hilaire G (1991) Spinal respiratory motoneurons. Prog Neurobiol 37:83–144
14. Paintal AS (1973) Vagal sensory receptors and their reflex effects. Physiol Rev 53:159–227
15. Richter DW, Ballanyi K, Schwarzacher S (1992) Mechanisms of respiratory rhythm generation. Curr Opin Neurobiol 2:788–793
16. Richter DW (1996) Neural regulation of respiration: Rhythmogenesis and afferent control. In Comprehensive human physiology: From cellular mechanisms to integration. (R. Greger and U. Windhorst, Eds), Springer Verlag, Berlin Heidelberg New York, Vol. 2, pp 2079–2095
17. Sant Ambrogio G (1982) Information arising from the tracheobronchial tree of mammals. Physiol Rev 62:531–569
18. Shee CD, Loysongsang Y, Milic-Emili J (1985) Decay of inspiratory muscle pressure during expiration in conscious humans. J Appl Physiol 58:1859–1865
19. Smith JC, Ellenberger H, Ballanyi K, Feldman JL, Richter DW (1991) Pre-Bötzinger complex: a brainstem region that may generate respiratory rhythm in mammals. Science 254:726–729

27 Atemgastransport und Säure-Basen-Status des Blutes

G. Thews

EINLEITUNG Eine der wichtigsten Aufgaben des Blutes besteht darin, den in der Lunge aufgenommenen Sauerstoff zu den Organen und Geweben zu transportieren sowie das hier gebildete Kohlendioxid der Lunge zuzuführen. Diese Funktion wird im wesentlichen vom Hämoglobin erfüllt, das in den Erythrozyten enthalten ist. Außerdem sind das Hämoglobin und die übrigen Puffersysteme des Blutes an der Regulation des Säure-Basen-Haushalts beteiligt. Störungen des Atemgastransports und des Säure-Basen-Gleichgewichts führen nicht selten zu lebensbedrohlichen Situationen. Vor allem in der Intensivmedizin, aber auch in anderen klinischen Bereichen, werden alle Anstrengungen unternommen, solche Störungen durch therapeutische Maßnahmen zu beseitigen. Voraussetzung dafür ist jedoch die gründliche Kenntnis der theoretischen Grundlagen. Dieser Aspekt sollte Motivation genug dafür sein, sich mit den in diesem Kapitel behandelten Fragen intensiv zu beschäftigen.

27.1 Aufbau und Eigenschaften des Hämoglobins

Hämoglobin ist ein Chromoprotein; es besteht aus 4 Hämgruppen und 4 Polypeptidketten

Der in den Erythrozyten enthaltene rote Blutfarbstoff *Hämoglobin* besitzt die Fähigkeit, Sauerstoff in den Lungenkapillaren anzulagern und in den Gewebekapillaren wieder abzugeben. Daneben ist Hämoglobin in der Lage, einen Teil des im Zellstoffwechsel entstandenen Kohlendioxids zu binden und in der Lunge wieder freizusetzen. Aus diesen Gründen nimmt das Hämoglobin eine zentrale Stellung in der Transportkette für die Atemgase ein.Das Hämoglobinmolekül besteht aus 4 *Polypeptidketten* mit je einer Farbstoffkomponente, die als *Häm* bezeichnet wird. Das ***Molekulargewicht*** beträgt etwa 64 500, so daß jeder der 4 Grundeinheiten ein Molekulargewicht von 16 100 zukommt [2].

Farbstoffkomponente. Die 4 gleichartigen prosthetischen Gruppen eines Hämoglobinmoleküls können als *Protoporphyrine mit zentralem zweiwertigen Eisen* gekennzeichnet werden. Jedes Protoporphyringerüst besteht aus 4 *Pyrrolringen,* die über *Methinbrücken* miteinander verbunden sind und charakteristische Seitenketten tragen (Abb. 27–1). Entscheidend für die Funktion ist das zentral angeordnete Eisen, durch dessen Einbau mit je 2 Haupt- und Nebenvalenzen das Protoporphyrin zum ***Häm*** wird. Die gesamte Hämstruktur hat man sich in einer Ebene liegend vorzustellen. Beim Sauerstofftransport wird O_2 ohne Wertigkeitsänderung des Eisens locker koordinativ an das Häm angelagert: Das ***Hämoglobin*** (Hb) geht in ***Oxyhämoglobin*** (HbO_2) über. Um anzudeuten, daß die O_2-Anlagerung ohne Wertigkeitsänderung stattfindet, bezeichnet man diese Reaktion als *Oxygenation.* Entsprechend ist die O_2-Abspaltung eine *Desoxygenation.* Will man besonders betonen, daß nach der O_2-Abgabe eine sauerstofffreie Verbindung vorliegt, dann spricht man von *desoxygeniertem Hämoglobin.*

Außer der Oxygenation an der Hämgruppe kann hier auch eine echte Oxidation stattfinden, wobei das zweiwertige in dreiwertiges Eisen übergeht. Dann bezeichnet man die Farbstoffkomponente als *Oxyhämin*

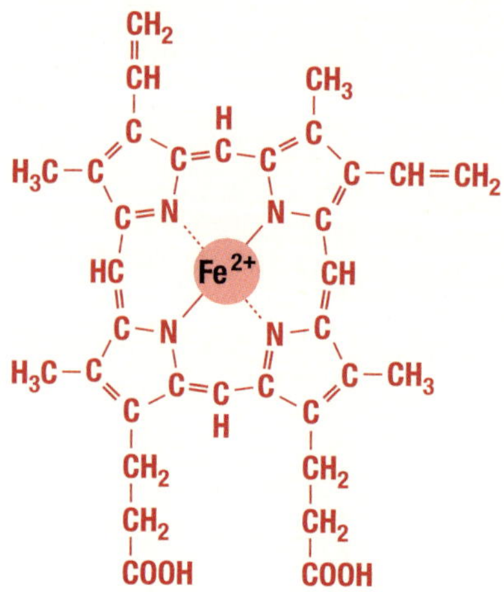

Abb. 27–1. Chemische Struktur des Häm

und das gesamte Molekül als ***Hämiglobin*** oder im klinischen Sprachgebrauch als ***Methämoglobin.*** Normalerweise enthält das menschliche Blut nur einen sehr kleinen Anteil Hämiglobin, der jedoch bei der Einwirkung gewisser Gifte und bei bestimmten Erkrankungen anwachsen kann. Ein solcher Zustand ist deshalb gefährlich, weil das Hämoglobin in diesem Fall nicht mehr für den O_2-Transport zum Gewebe zur Verfügung steht.

Eiweißkomponente. Der Hauptanteil der etwa 10 000 Atome eines Hämoglobinmoleküls entfällt auf dessen Eiweißkomponente. Diese besteht aus 4 einzelnen *Polypeptidketten* mit jeweils mehr als 140 Aminosäureresten. Neben der Sequenz der Aminosäuren, die der chemischen Analyse zugänglich ist, konnte auch die räumliche Anordnung der Ketten innerhalb des Moleküls durch dreidimensionale Röntgenbeugungsanalyse weitgehend aufgeklärt werden [6, 26].

Abb. 27–2 zeigt das Modell eines Hämoglobinmoleküls, wie es sich aufgrund dieser Untersuchungen darstellt. Zwei symmetrisch angeordnete „helle" Ketten sind auf 2 weitere, ebenfalls symmetrische „dunkle" Ketten aufgesetzt. Zwei der 4 Hämgruppen erkennt man als rote Scheiben, die in oberflächlichen Nischen des insgesamt kugelförmigen Moleküls angeordnet sind. Beim Hämoglobin des Erwachsenen ***(Hb A)*** werden die hellen Untereinheiten als *α-Ketten* (mit je 141 Aminosäuren) und die dunklen als *β-Ketten* (mit je 146 Aminosäuren) bezeichnet. Das Hämoglobin des menschlichen Feten ***(Hb F)*** unterscheidet sich hiervon dadurch, daß an Stelle der β-Ketten Polypeptide mit einer anderen Aminosäurenanordnung, sog. γ-Ketten, eingebaut sind. Bald nach der Geburt wird das Hb F (F von fetal) durch das Hb A (A von adult) ersetzt [2, 13].

Abb. 27–2. Modell für den Molekülaufbau des Hämoglobins (2 der 4 Hämgruppen liegen auf der Rückseite). Nach Perutz [26]

Hämoglobin und Oxyhämoglobin weisen Unterschiede in der Lichtabsorption auf

Lichtabsorption und Farbe. Die rote Farbe einer Hämoglobinlösung und damit auch die rote Farbe des Blutes ist darauf zurückzuführen, daß kurzwelliges Licht, d. h. der Blauanteil des Spektrums, relativ stark absorbiert wird. Für das langwellige rote Licht besteht dagegen eine sehr hohe Durchlässigkeit (Transmission). Untersucht man das von einer *oxygenierten* Hämoglobinlösung hindurchgelassene Licht mit Hilfe eines Spektroskops, so findet man, neben einer Schwächung des Blauanteils (*Soret-Bande*), 2 charakteristische dunkle Streifen (*Absorptionsbanden*) im gelben bzw. gelbgrünen Bereich des Spektrums. Die Maxima dieser Banden liegen bei den Wellenlängen λ = 577 nm und λ = 541 nm (1 nm=10^{-9} m) [3].

Das *desoxygenierte* Hämoglobin absorbiert das Licht im langwelligen Spektralgebiet etwas stärker und im kurzwelligen Spektralgebiet etwas schwächer als das Oxyhämoglobin. Daher erscheint das venöse Blut dunkler und bläulich-rot gefärbt. Bei der Untersuchung mit dem Spektroskop beobachtet man außerdem eine einzige breitere Absorptionsbande im gelbgrünen Gebiet, deren Maximum bei der Wellenlänge λ = 555 nm liegt.

Spektralphotometrie. Für die quantitative Aufnahme des Absorptionsverhaltens von Farblösungen verwendet man Spektralphotometer. Aus einem Prismen- oder Gitterspektrum wird Licht eines sehr engen Wellenbereiches ausgeblendet. Dieses sog. *monochromatische Licht* erfährt beim Durchgang durch die zu untersuchende Lösung eine mehr oder weniger starke Intensitätsabschwächung. Mit Hilfe einer Photozelle kann das Verhältnis der Intensität des eintretenden Lichts I_0 zu der des austretenden Lichtes I gemessen werden. Der Quotient I/I_0 wird als ***Transmission,*** der Quotient $(I_0\text{-}I)/I_0$ als ***Absorption*** bezeichnet. Führt man diese Messung nacheinander mit monochromatischem Licht der verschiedenen Wellenlängen durch, so erhält man ein vollständiges *Absorptionsspektrum* der Lösung.

Absorptionsspektren. Abb. 27–3 zeigt die Absorptionsspektren des Oxyhämoglobins und des desoxygenierten

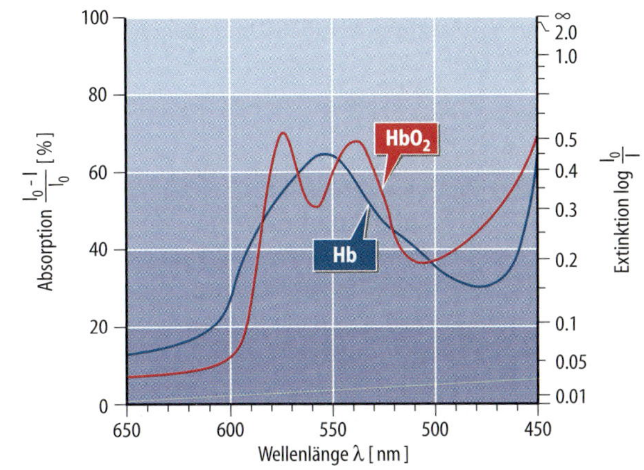

Abb. 27–3. Absorptionsspektren des Oxyhämoglobins (*HbO2*) und des desoxygenierten Hämoglobins (*Hb*). *Linke Ordinate:* Absorption; *rechte Ordinate:* Extinktion

Hämoglobins. Wellenlängenbereiche, in denen man bei der Beobachtung mit dem Spektroskop dunkle Absorptionsbanden findet, stellen sich im Absorptionsspektrum als Hügel dar. Man erkennt, daß das Spektrum des Oxyhämoglobins durch 2 Absorptionsmaxima und das des Hämoglobins durch ein dazwischenliegendes Maximum charakterisiert sind. Die Wellenlängen, die zu den Absorptionsmaxima gehören, sind oben angegeben.

Die Schnittpunkte der Absorptionskurven, die sog. *isosbestischen Punkte*, sind dadurch ausgezeichnet, daß bei den zugehörigen Wellenlängen gleichkonzentrierte Lösungen die gleiche Lichtabsorption aufweisen. Die Absorption des Hämoglobins ist bei diesen Wellenlängen unabhängig von seiner O_2-Beladung. Wenn man die *Konzentration* des Hämoglobins bestimmen will, ohne dieses zuvor chemisch zu verändern, kann dieses nur mit monochromatischem Licht geschehen, dessen Wellenlänge einem isosbestischen Punkt entspricht. Will man dagegen photometrisch die O_2-Sättigung des Hämoglobins ermitteln, dann wird man hierzu einen Wellenlängenbereich auswählen, bei dem sich die Absorptionen von oxygeniertem und desoxygeniertem Hämoglobin besonders stark unterscheiden. Nach Abb. 27-3 kämen hierfür etwa die Wellenlängen 600, 577 oder 470 nm in Frage.

Lambert-Beer-Gesetz. Als Maß für die Absorption verwendet man vielfach auch die Größe

$$E = \log \frac{I_0}{I} \qquad (1)$$

die als ***Extinktion*** bezeichnet wird (Abb. 27-3, rechte Ordinate). Hierin ist I_0 wieder die Intensität des in die Farblösung eintretenden und I die des austretenden Lichtes. Die Einführung dieser Größe ist deswegen vorteilhaft, weil die Extinktion E der Konzentration c eines gelösten Farbstoffes direkt proportional ist:

$$E = \log \frac{I_0}{I} = \varepsilon\, c\, d. \qquad (2)$$

d bezeichnet hier die Dicke der durchstrahlten Schicht; ε ist eine Stoffkonstante und wird als *Extinktionskoeffizient* bezeichnet. Diese lineare Abhängigkeit der Extinktion von der Konzentration und der Schichtdicke ist der Inhalt des *Lambert-Beer-Gesetzes.* Es gilt nur, wenn für die Durchstrahlung monochromatisches Licht verwendet wird [11].

!

Das Hämoglobinmolekül (MG: 64 500) besteht aus 4 Polypeptidketten, denen je eine Hämgruppe, ein Protoporphyrin mit zentralem Eisen, zugeordnet ist. An das zweiwertige Eisen kann (ohne Wertigkeitsänderung) O_2 angelagert werden, wodurch das Hämoglobin zum Oxyhämoglobin wird. Beim Übergang des zweiwertigen in dreiwertiges Eisen entsteht Hämiglobin (Methämoglobin), das für den O_2-Transport blockiert ist. Das Hämoglobin des Feten unterscheidet sich von dem des Erwachsenen durch die spezielle Anordnung der Aminosäuren in 2 Polypeptidketten.

Das Absorptionsspektrum des Oxyhämoglobins weist 2 Absorptionsbanden, das des desoxygenierten Hämoglobins eine breite Bande im gelbgrünen Spektralbereich auf. Nach dem Lambert-Beer-Gesetz ist die Extinktion proportional der Konzentration des gelösten Farbstoffs und der Dicke der durchstrahlten Schicht.

Die Hämoglobinkonzentration des Blutes und der Färbekoeffizient sind wichtige diagnostische Größen

Normwerte. *Die mittlere Hämoglobinkonzentration im menschlichen Blut beträgt beim Mann 155 g/l (15,5 g/dl), bei der* Frau *140 g/l (14 g/dl).* Wie fast alle biologischen Größen sind diese Werte nicht genau fixiert, sondern können auch beim Gesunden begrenzten Schwankungen unterliegen [22]. Eine Festlegung des Normbereichs ist daher erst möglich, wenn die ***Häufigkeitsverteilung*** der an einer größeren Personenzahl gemessenen Werte bekannt ist (Abb. 27-4).

Die Hämoglobinkonzentration verändert sich mit dem Lebensalter in gesetzmäßiger Weise. Im Blut des *Neugeborenen* findet man im Mittel einen Wert von 200 g/l, wobei im Einzelfall erhebliche Abweichungen hiervon vorkommen können (Abb. 27-4). Im Laufe des *1. Lebensjahres* fällt dann die Hämoglobinkonzentration auf etwa 115 g/l ab, um von da an stetig bis zum Wert des Erwachsenen anzusteigen.

Ebenso wie beim *Feten* findet man eine relativ hohe Hämoglobinkonzentration im Blut von Personen, die sich längere Zeit in *großen Höhen* aufhalten (s. S. 700). In beiden Fällen handelt es sich um eine Anpassung, durch die trotz eines erniedrigten O_2-Partialdrucks eine ausreichende Sauerstoffversorgung der Organe sichergestellt wird.

Ein Absinken der Hämoglobinkonzentration im Blut unter den Normbereich wird als ***Anämie*** bezeichnet. In der Regel spricht man von einer Anämie, wenn die Hämoglobinkonzentration beim Mann unter 130 und bei der Frau unter 120 g/l liegt.

Bestimmung der Hämoglobinkonzentration. Die Hämoglobinkonzentration kann prinzipiell auf verschiedenen Wegen ermittelt werden:

- über die *Analyse der gebundenen O_2-Menge* (1 g Hb bindet maximal 1,39 ml O_2),
- über die *Bestimmung des Eisengehaltes* (Hb enthält 0,34 % Eisen),
- durch *Farbvergleich* (*Kolorimetrie*),
- durch *Extinktionsmessung* (*Spektralphotometrie*).

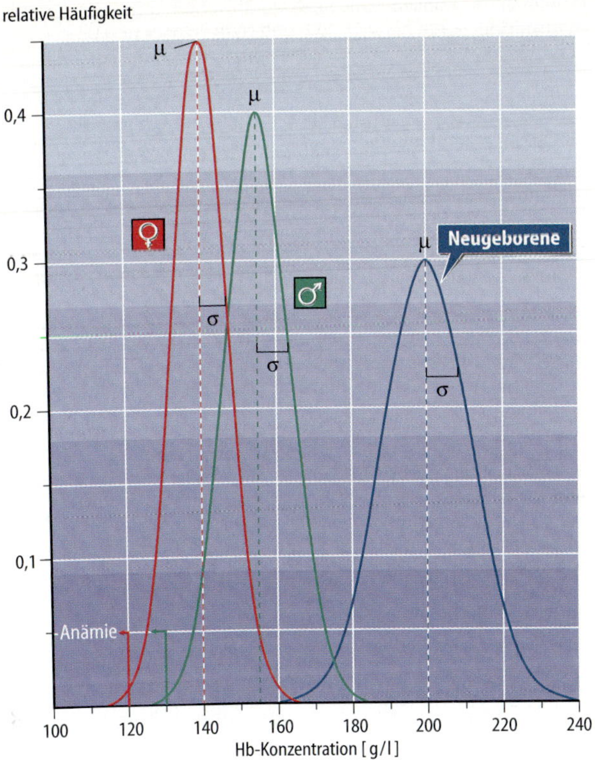

Abb. 27-4. Häufigkeitsverteilungen der Hämoglobinkonzentrationen für verschiedene Populationen: männliche Erwachsene (♂), weibliche Erwachsene (♀) und Neugeborene. *Ordinate:* Relative Häufigkeit; *Abszisse:* Hämoglobinkonzentration, μ Mittelwerte; σ Standardabweichung (σ ist durch den Abstand des Mittelwerts vom Wendepunkt der Verteilungskurve festgelegt und stellt ein Maß für die Variationsbreite dar)

Die beiden erstgenannten Verfahren erfordern einen erheblichen analytischen Aufwand, die Kolorimetrie besitzt nur eine begrenzte Genauigkeit, so daß für die routinemäßige Hb-Bestimmung hauptsächlich das spektralphotometrische Verfahren in Frage kommt.

Das Prinzip des Verfahrens besteht darin, daß die Hb-Konzentration über die Extinktionsmessung mit monochromatischem Licht bestimmt wird. Da jedoch verdünntes Hb wenig beständig ist und zudem seine Extinktion mit der O_2-Beladung ändert, ist zuvor die *Umwandlung in eine farbstabile Verbindung* notwendig.

Das in eine Kapillarpipette aufgenommene Blut wird mit einer Lösung verdünnt, die Kaliumferrizyanid $K_3[Fe(CN)_6]$, Kaliumzyanid KCN und Natriumbikarbonat $NaHCO_3$ enthält. Dabei findet eine Hämolyse und eine Umwandlung des Hämoglobins in das wochenlang stabile ***Zyanhämiglobin*** HbCN (mit dreiwertigem Eisen) statt. In einem Photometer wird die Lösung mit monochromatischem Licht der Wellenlänge 546 nm durchstrahlt und die *Extinktion E* gemessen. Aus E kann dann nach dem *Lambert-Beer-Gesetz* (Gl. 2) die Konzentration c direkt ermittelt werden, wenn der Extinktionskoeffizient ε und die Schichtdicke d bekannt sind. Zweckmäßiger ist jedoch die Kalibrierung der Extinktionsskala mit einer Standardlösung. Die Zyanhämiglobinmethode gilt als das exakteste Verfahren zur routinemäßigen Hb-Bestimmung [10].

Färbekoeffizient. Für die Beurteilung der Blutbildung und die Differenzierung der Anämieformen stellt die ***Hämoglobinbeladung des einzelnen Erythrozyten*** eine wichtige diagnostische Größe dar [3, 5, 9]. *Der mittlere absolute Hämoglobingehalt des einzelnen Erythrozyten wird als Färbekoeffizient bezeichnet.* Man ermittelt ihn, indem man die Hämoglobinkonzentration durch die Erythrozytenzahl im gleichen Blutvolumen dividiert.

Legt man beispielsweise die Normwerte des gesunden Mannes zugrunde, so hat man, bezogen auf 1 l Blut, 155 g Hb durch 5,1 Millionen x 10^6 Erythrozyten zu teilen ($1\,l = 10^6\,\mu l$). Daraus ergibt sich der *Färbekoeffizient MCH* (mean corpuscular hemoglobin) zu:

$$MCH = \frac{155\ g}{5{,}1 \cdot 10^{12}} = 30 \cdot 10^{-12}\ g = 30\ pg$$

Den gleichen Wert findet man, wenn die Normwerte für die Frau eingesetzt werden:

$$MCH = \frac{140\ g}{4{,}6 \cdot 10^{12}} = 30 \cdot 10^{-12}\ g = 30\ pg$$

Erythrozyten, bei denen die Hämoglobinbeladung im Normbereich (26–35 pg) liegt, werden als ***normochrom*** bezeichnet. Bei einer Erniedrigung des Färbekoeffizienten spricht man von ***hypochromen,*** bei der Erhöhung von ***hyperchromen*** Erythrozyten. Diese Kennzeichnung hat eine besondere Bedeutung bei der Differenzierung der verschiedenen Anämieformen [3, 5]. Beispielsweise kann infolge *Eisenmangels* die Hämoglobinbildung reduziert sein, so daß der Hämoglobingehalt des einzelnen Erythrozyten herabgesetzt ist und somit eine *hypochrome Anämie* vorliegt. Bei anderen Anämieformen handelt es sich um eine Störung der Erythrozytenbildung im Knochemark. In einem solchen Fall, etwa bei der *perniziösen Anämie,* sind die in ihrer Form veränderten Erythrozyten stark mit Hämoglobin beladen; man findet also eine *hyperchrome Anämie.* Bei größeren *Blutverlusten* ist der Färbekoeffizient anfänglich noch unverändert (*normochrome Anämie*), erst in den folgenden Tagen kommt es zu einer beschleunigten Bildung von Erythrozyten mit geringem Hämoglobingehalt (*hypochrome Anämie*).

Beziehungen zwischen den Erythrozytenparametern. Für die diagnostische Beurteilung des roten Blutbildes ist es in der Regel notwendig, 3 Größen zu messen: die *Erythrozytenzahl* Z_E (μl^{-1}), *die Hämoglobinkonzentration des Blutes* [Hb] (g/l) und den *Hämatokritwert* Hkt. Daraus lassen sich 3 weitere charakteristische Parameter bestimmen: der *Färbekoeffizient* MCH, die *mittlere Hämoglobinkonzentration im Erythrozyten* MCHC (mean corpuscular hemoglobin concentration) und das *mittlere Erythrozytenvolumen* MCV (mean corpuscular volume). Die Berechnungsbeziehungen, die sich unmittelbar aus den Definitionen der 3 Parameter ergeben, sind in dem folgenden Schema zusammengefaßt:

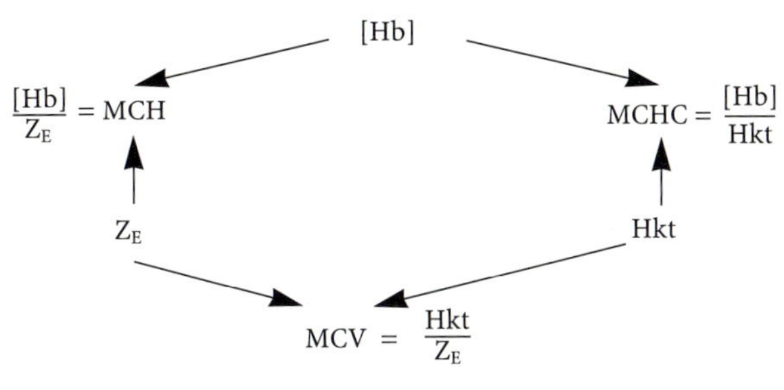

Für das Beispiel $Z_E = 5 \cdot 10^6\ \mu l^{-1}$, [Hb] = 150 g/l und Hkt = 0,45 errechnen sich hieraus die Werte des Färbekoeffizienten MCH = 30 pg, der intraerythrozytären Hämoglobinkonzentration MCHC = 333 g/l und des mittleren Erythrozytenvolumens MCV = $0{,}09 \cdot 10^6$ μl = 90 fl (bzgl. der Maßeinheiten s. S. 851 ff).

!

Die Hämoglobinkonzentration des Blutes beträgt im Mittel bei Männern 155 g/l und bei Frauen 140 g/l. In Anpassung an die reduzierte intrauterine O_2-Versorgungssituation, liegt der mittlere Wert für Neugeborene bei 200 g/l. Die Konzentrationsmessung erfolgt photometrisch, wobei zuvor das Hämoglobin in das stabile Zyanhämiglobin umgewandelt wird. Bei Abnahme der Hämoglobinkonzentration unter den normalen Variationsbereich spricht man von einer Anämie. Die Hämoglobinbeladung des einzelnen Erythrozyten, die sich aus dem Quotienten Hämoglobinkonzentration / Erythrozytenzahl ergibt, wird als Färbekoeffizient (MCH) bezeichent. Dessen Wert (Norm: 30 pg) ermöglicht die Differenzierung zwischen verschiedenen Anämieformen.

27.2 O_2-Transportfunktion des Blutes

Die Konzentration eines physikalisch gelösten Gases hängt von dem jeweiligen Partialdruck und dem Bunsen-Löslichkeitskoeffizienten ab

Gaspartialdrücke in Flüssigkeiten. Gase können in fast allen Flüssigkeiten bis zu einem gewissen Grade aufgenommen oder, wie man auch sagt, *physikalisch gelöst* werden. Die gelöste Gasmenge ist dabei vom jeweiligen Partialdruck des Gases abhängig. Äquilibriert man die Flüssigkeit mit einem Gas, d.h. bringt man die beiden Medien mit möglichst großer Oberfläche solange in Kontakt, bis ein thermodynamisches Gleichgewicht eingetreten ist, so kann man dem Gas in der Flüssigkeit den gleichen Partialdruck zuordnen, wie er in der Gasphase vorliegt. In diesem Sinne spricht man vereinfachend vom Gaspartialdruck in einer Flüssigkeit.

Konzentration gelöster Gase. Der Gaspartialdruck P_{Gas} ist einer der Faktoren, von dem die Konzentration eines gelösten Gases in der Flüssigkeit abhängt. Zweitens wird die Gasaufnahme von den jeweiligen speziellen Löslichkeitseigenschaften bestimmt, die durch den sog. *Bunsen-Löslichkeitskoeffizienten* α charakterisiert werden. Dieser Koeffizient gibt an, wieviel ml eines Gases pro ml Flüssigkeit bei einem Partialdruck von 1 atm (1 atm = 760 mm Hg = 101 kPa) physikalisch gelöst sind. Die beiden genannten löslichkeitsbestimmenden Faktoren faßt das ***Henry-Dalton-Gesetz*** zusammen, wonach die Konzentration des gelösten Gases durch

$$[\text{Gas}] = \frac{\alpha}{760} \; P_{Gas} \qquad (3)$$

gegeben ist. Der Faktor 760 ist in den Nenner eingesetzt, weil α auf den Druck von 1 atm bezogen, der Partialdruck P_{Gas} aber gewöhnlich in mm Hg angegeben wird.

Tabelle 27–1. Bunsen-Löslichkeitskoeffizienten α [ml Gas · (ml Lösungsmittel)$^{-1}$ · atm^{-1}] für O_2, CO_2 und N_2 in Wasser und Blut

	α_{O_2}	α_{CO_2}	α_{N_2}
Wasser 20°C	0,031	0,88	0,016
Wasser 37°C	0,024	0,57	0,012
Blut 37°C	0,028*	0,49	0,012

* nach [30]

Die Größe des *Bunsen-Löslichkeitskoeffizienten* α hängt zunächst von der Art des gelösten Gases, dann aber auch von der Beschaffenheit des Lösungsmittels und schließlich von der Temperatur ab. In Tabelle 27–1 sind einige charakteristische α-Werte für die Löslichkeit der atmosphärischen Gase in Wasser und Blut zusammengestellt. Mit Hilfe dieser Werte lassen sich die Konzentrationen der physikalisch gelösten Gase nach dem *Henry-Dalton-Gesetz* (Gl. 3) für vorgegebene Partialdrücke berechnen. Beispielsweise findet man für das arterielle Blut (P_{O_2}= 90 mm Hg, P_{CO_2} = 40 mm Hg) eine O_2-Konzentration von 0,003 ml O_2/ml Blut und eine CO_2-Konzentration von 0,026 ml CO_2/ml Blut. Infolge des ca. 20mal größeren Löslichkeitskoeffizienten ist also trotz des geringeren CO_2-Partialdrucks im arteriellen Blut 9mal mehr CO_2 als O_2 physikalisch gelöst enthalten.

Obwohl insgesamt nur verhältnismäßig kleine O_2- und CO_2-Volumina im Blut in Lösung gehen, kommt dieser Zustandsform doch eine große biologische Bedeutung zu. Bevor nämlich die Atemgasmoleküle chemische Bindungen eingehen können, müssen sie in gelöster Form zu ihren Reaktionspartnern wandern. Das heißt: *Jedes O_2- bzw. CO_2-Molekül, das in der Lunge oder den Geweben ausgetauscht wird, durchläuft den Zustand der physikalischen Lösung.*

!

Die Atemgase werden in der Lunge und in den Geweben in physikalisch gelöster Form ausgetauscht. Nach dem Henry-Dalton-Gesetz ist die Konzentration eines gelösten Gases dessen jeweiligem Partialdruck proportional. Der Proportionalitätsfaktor, der Bunsen-Löslichkeitskoeffizient, hat im Blut für CO_2 einen etwa 20mal größeren Wert als für O_2.

O_2 wird im Blut überwiegend an Hämoglobin gebunden transportiert; 1 g Hb bindet maximal 1,39 ml O_2

O_2-Bindungskapazität des Blutes. Der überwiegende Teil des mit dem Blut transportierten Sauerstoffs ist *chemisch an das Hämoglobin gebunden.* Wenn wir nach dem ***maximalen O_2-Bindungsvermögen*** des Hb fragen, so müssen wir, nach Kenntnis des tetrameren Molekülaufbaus (Abb. 27–2), von der Reaktionsgleichung

$$\text{Hb} + 4O_2 \Leftrightarrow \text{Hb}\,(O_2)_4 \qquad (4)$$

ausgehen. 1 mol Hämoglobin ist also in der Lage, maximal 4 mol O_2 zu binden. Unter Berücksichtigung des Molvolumens für ideale Gase (22,4 l) würde dies bedeuten: 64500 g Hb binden 4 · 22,4 l O_2, oder 1 g Hb bindet 1,39 ml O_2. Aufgrund von Blutgasanalysen wurde von Hüfner ein etwas kleinerer Wert für die O_2-Bindungskapazität des Hämoglobins von 1,34 ml O_2/g Hb angegeben. Diese sog. ***Hüfner-Zahl*** hat sich jedoch als korrekturbedürftig erwiesen. Nicht nur aus theoretischen Gründen ist es richtig, den Wert mit 1,39 ml O_2/g Hb anzusetzen [30].

Mit Hilfe der Hüfner-Zahl und der Hb-Konzentration läßt sich *die maximale O_2-Bindungskapazität* des Blutes berechnen: $[O_2]_{max} = 1{,}39\,(ml\,O_2/g\,Hb) \times 150\,(g\,Hb/l\,Blut) = 0{,}21\,(l\,O_2/l\,Blut)$. Dieser O_2-Gehalt ergibt sich allerdings nur, wenn das Blut mit einem sauerstoffreichen Gasgemisch ($P_{O_2} > 200$ mm Hg) äquilibriert wird, wenn also das Reaktionsgleichgewicht der Gl. (4) ganz auf die rechte Seite verlagert ist. Bei den kleineren O_2-Partialdrücken, die in vivo maßgebend sind, wird das Hämoglobin nur zum Teil in Oxyhämoglobin übergeführt.

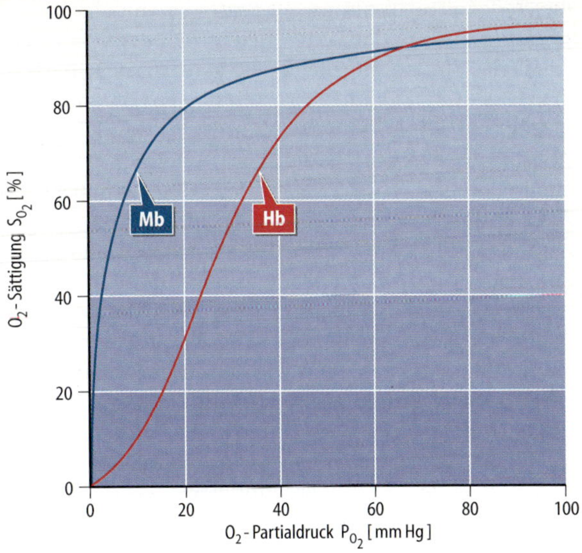

Abb. 27-5. O_2-Bindungskurven des Hämoglobins *Hb* (pH = 7,4; T = 37 °C) und des Myoglobins *Mb*

Die O_2-Bindungskurve beschreibt die Abhängigkeit der O_2-Sättigung des Hämoglobins vom O_2-Partialdruck

O_2-Bindungskurve. Die Reaktion des Sauerstoffs mit dem Hämoglobin (Gl. 4) folgt dem Massenwirkungsgesetz. Das heißt: Die Konzentration des physikalisch gelösten O_2, die nach dem Henry-Dalton-Gesetz dem O_2-Partialdruck proportional ist, bestimmt, welcher Anteil des Hämoglobins in Oxyhämoglobin übergeführt wird. Wir bezeichnen den Konzentrationsanteil des Oxyhämoglobins an der insgesamt vorliegenden Hämoglobinkonzentration als ***O_2-Sättigung*** (S_{O_2}) des roten Blutfarbstoffs. Verwendet man für Oxyhämoglobin wieder die vereinfachte Schreibweise HbO_2, gilt nach dieser Definition

$$S_{O_2} = \frac{[HbO_2]}{[Hb]_{gesamt}} \qquad (5)$$

S_{O_2} wird gewöhnlich in % angegeben. Liegt nur desoxygeniertes Hämoglobin vor, beträgt die O_2-Sättigung 0 %; ist das gesamte Hämoglobin in Oxyhämoglobin übergegangen, so besteht eine 100 %ige O_2-Sättigung.

Nach dem Massenwirkungsgesetz hängt die O_2-Sättigung des Hämoglobins von dem jeweils gegebenen O_2-Partialdruck ab. Graphisch wird dieser Zusammenhang durch die *O_2-Bindungskurve* dargestellt. Wie Abb. 27-5 zeigt, besitzt die O_2-Bindungskurve des Hämoglobins einen charakteristischen *S-förmigen Verlauf*. Ihre Steilheit, die von verschiedenen Parametern abhängt (s. S. 610 ff), kann am einfachsten durch den sog. ***O_2-Halbsättigungsdruck*** gekennzeichnet werden. Das ist derjenige O_2-Partialdruck, bei dem die O_2-Sättigung 50 % beträgt, bei dem also 50 % des gesamten Hämoglobins als Oxyhämogobin vorliegen. Für die Bedingungen des arteriellen Blutes (pH = 7,4; Temperatur = 37 °C) beträgt der Halbsättigungsdruck etwa 26 mm Hg (3,46 kPa) [1, 2].

Deutung des O_2-Bindungskurvenverlaufs. Die Fage nach der Ursache des S-förmigen Bindungskurvenverlaufs kann heute noch nicht abschließend beantwortet werden. Würde nur *ein* O_2-Molekül mit einem Farbstoffmolekül reagieren, dann wäre aus Gründen der Reaktionskinetik eine *hyperbelförmige O_2-Bindungskurve* zu erwarten [2, 6]. Diese Voraussetzung ist z. B. bei der vergleichbaren Reaktion des Sauerstoffs mit dem *roten Muskelfarbstoff **Myoglobin*** (Mb) gegeben [1]. Myoglobin ist ähnlich wie eine der 4 Grundeinheiten des Hämoglobins aufgebaut. Sein Molekulargewicht steht also zu dem des Hämoglobins im Verhältnis 1:4. Myoglobin besitzt nur eine Farbstoffkomponente und kann dementsprechend nur ein O_2-Molekül anlagern:

$$Mb + O_2 \Leftrightarrow MbO_2. \qquad (6)$$

In Abb. 27-5 ist die hieraus resultierende hyperbelförmige O_2-Bindungskurve dargestellt.

Der naheliegende Gedanke, daß der S-förmige O_2-Bindungskurvenverlauf des Hämoglobins auf die *4fache* O_2-Anlagerung zurückgeht, führte zur Formulierung der *Zwischenbindungshypothese* (ADAIR). Danach soll die Anlagerung der 4 O_2-Moleküle stufenweise erfolgen und jede Teilreaktion das Reaktionsgleichgewicht der nächstfolgenden Stufe beeinflussen [2, 6, 18]. Nach dieser Theorie wird also die Sauerstoff-Hämoglobin-Reaktion durch ***4 Gleichgewichtskonstanten*** bestimmt, wodurch sich der S-förmige Verlauf der O_2-Bindungskurve erklären läßt.

Eine andere Deutungsmöglichkeit geht davon aus, daß Hämoglobin in 2 Zustandsformen vorliegen kann. Bei der Oxygenierung bzw. Desoxygenierung sollen sie durch ***Konformationsänderung*** ineinander übergehen. Sofern die beiden postulierten Zustandsformen unterschiedliche Reaktionsgleichgewichte für die O_2-Bindnung aufweisen, ließe sich auch mit diesem Modell der charakteristische Kurvenverlauf deuten [18].

Biologische Bedeutung des O_2-Bindungskurvenverlaufs. Der spezielle Verlauf der O_2-Bindungskurve des Hämoglobins stellt eine wesentliche Voraussetzung für die O_2-Transportfunktion des Blutes dar. Bei der ***Sauerstoffaufnahme*** in der Lunge gleicht sich der O_2-Partialdruck des Blutes weitgehend dem alveolären O_2-Partialdruck an (s. S. 586): Im arteriellen Blut des Jugendlichen beträgt der P_{O_2} im Mittel 90 mm Hg (12 kPa). Wie aus Abb. 27–5 hervorgeht, ist nach der Arterialisierung das Hämoglobin zu etwa 97% mit Sauerstoff gesättigt. Im Alter und insbesondere bei Lungenfunktionsstörungen kann der arterielle O_2-Partialdruck erheblich absinken Der flache Verlauf der O_2-Bindungskurve im Endteil verhindert jedoch in diesen Fällen einen stärkeren Abfall der O_2-Sättigung. Beträgt beispielsweise der P_{O_2} nur 60 mm Hg (8,0 kPa), dann wird immer noch eine arterielle O_2-Sättigung von 90% erreicht. *Der flache Verlauf der O_2-Bindungskurve im höheren Partialdruckbereich stellt also eine wirkungsvolle Sicherung gegen eine Untersättigung des arteriellen Blutes dar.*

Für die ***Sauerstoffabgabe*** im Gewebe erweist sich dagegen der steile Verlauf im Mittelteil der Bindungskurve als außerordenlich günstig. In den Geweben kommt es darauf an, ohne größere Schwankungen des O_2-Partialdrucks die Sauerstoffabgabe dem Bedarf anzupassen. In körperlicher Ruhe liegt am venösen Kapillarende im Mittel ein P_{O_2} von 40 mm Hg (5,3 kPa) und damit eine O_2-Sättigung von etwa 73% vor. Sinkt der venöse O_2-Partialdruck infolge eines erhöhten Verbauchs nur um 5 mm Hg (0,7 kPa) ab, dann wird, wie aus dem Bindungskurvenverlauf hervorgeht, die O_2-Sättigung bereits um 7% herabgesetzt und die entsprechende Sauerstoffmenge zusätzlich zur Verfügung gestellt.

O_2-Gehalt im arteriellen und venösen Blut. Der Gehalt des Blutes an chemisch gebundenem Sauerstoff hängt von der jeweils vorliegenden O_2-Sättigung S_{O_2} ab. Unter Berücksichtigung der Hüfner-Zahl errechnet sich der O_2-Gehalt (l O_2/l Blut) aus

$$[O_2] = 1{,}39 \cdot 10^{-5} \cdot [Hb] \cdot S_{O_2}, \qquad (7)$$

sofern S_{O_2} in % und [Hb] in g/l angegeben werden. Mit den oben festgelegten Werten für die arterielle O_2-Sättigung (S_{O_2} = 97%) und die mittlere venöse O_2-Sättigung (S_{O_2} = 73%) findet man danach einen Gehalt an chemisch gebundenem Sauerstoff im arteriellen und gemischtvenösen Blut von etwa 0,20 bzw. 0,15. Die ***arteriovenöse Differenz der O_2-Gehalte*** avD_{O_2} beträgt also 0,05 (Tabelle 27–2). Hieraus geht hervor, daß normalerweise nur 25% der gesamten O_2-Bindungskapazität des Blutes bei der Passage durch die Gewebekapillaren ausgeschöpft werden. Allerdings findet in den einzelnen Organen eine sehr unterschiedliche Entsättigung des Blutes statt (s. S. 629), so daß die venösen Werte der Tabelle 27–2 nur als Mittelwerte aufzufassen sind. Bei schwerer körperlicher Arbeit beträgt die arteriovenöse O_2-Differenz mehr als 0,1.

!

1 mol Hämoglobin ist in der Lage, maximal 4 mol O_2 zu binden. Daraus folgt, daß normalerweise die maximale O_2-Bindungskapazität des Blutes 0,21 (l O_2/l Blut) beträgt. Im physiologischen Bereich hängt die O_2-Sättigung des Hämoglobins vom jeweiligen O_2-Partialdruck ab. Dieser Zusammenhang wird graphisch durch die O_2-Bindungskurve dargestellt, die einen charakteristischen S-förmigen Verlauf besitzt. Dieser Verlauf erweist sich als günstig, sowohl für die O_2-Aufnahme in der Lunge als auch für die O_2-Abgabe im Gewebe. Aus der jeweiligen O_2- Sättigung und Hämoglobinkonzentration ergibt sich, daß der arterielle O_2-Gehalt 0,20 und der O_2-Gehalt im venösen Mischblut 0,15 (l O_2/l Blut) betragen.

Die O_2-Affinität zum Hämoglobin wird durch die Temperatur, den pH-Wert und den CO_2-Partialdruck beeinflußt

Der Verlauf der O_2-Bindungskurve hängt zwar vorwiegend von der Reaktionsweise des Hämoglobins ab, spezielle Faktoren können jedoch das O_2-Bindungsverhalten des Blutes modifizierend beeinflussen [2]. Dabei handelt es sich in der Regel um Verlagerungen der O_2-Bindungskurve unter Zunahme oder Abnahme der Steilheit, ohne daß der charakteristische S-förmige Verlauf davon betroffen wäre.

Temperatureinfluß. Wie bei den meisten chemischen Prozessen beeinflußt die Temperatur auch das Gleichgewicht der Sauerstoff-Hämoglobin-Reaktion. Dies wirkt sich auf die O_2-Bindungskurve so aus, daß bei niedrigen Temperaturen die Kurve einen steilen, bei hohen Tempeaturen einen flachen Verlauf annimmt (Abb. 27–6A). Die Temperaturabhängigkeit der O_2-Bin-

Tabelle 27–2. Blutgasdaten und pH-Werte im arteriellen und venösen Blut des gesunden Jugendlichen in körperlicher Ruhe

	P_{O_2} (mmHg)	P_{O_2} (kPa)	S_{O_2} (%)	$[O_2]$ (l O_2/l Blut)	P_{CO_2} (mmHg)	P_{CO_2} (kPa)	$[CO_2]$ (l CO_2/l Blut)	pH
Arterielles Blut	90	12,0	97	0,20	40	5,3	0,48	7,40
Venöses Blut	40	5,3	73	0,15	46	6,1	0,52	7,37
Arteriovenöse Differenz				0,05			0,04	

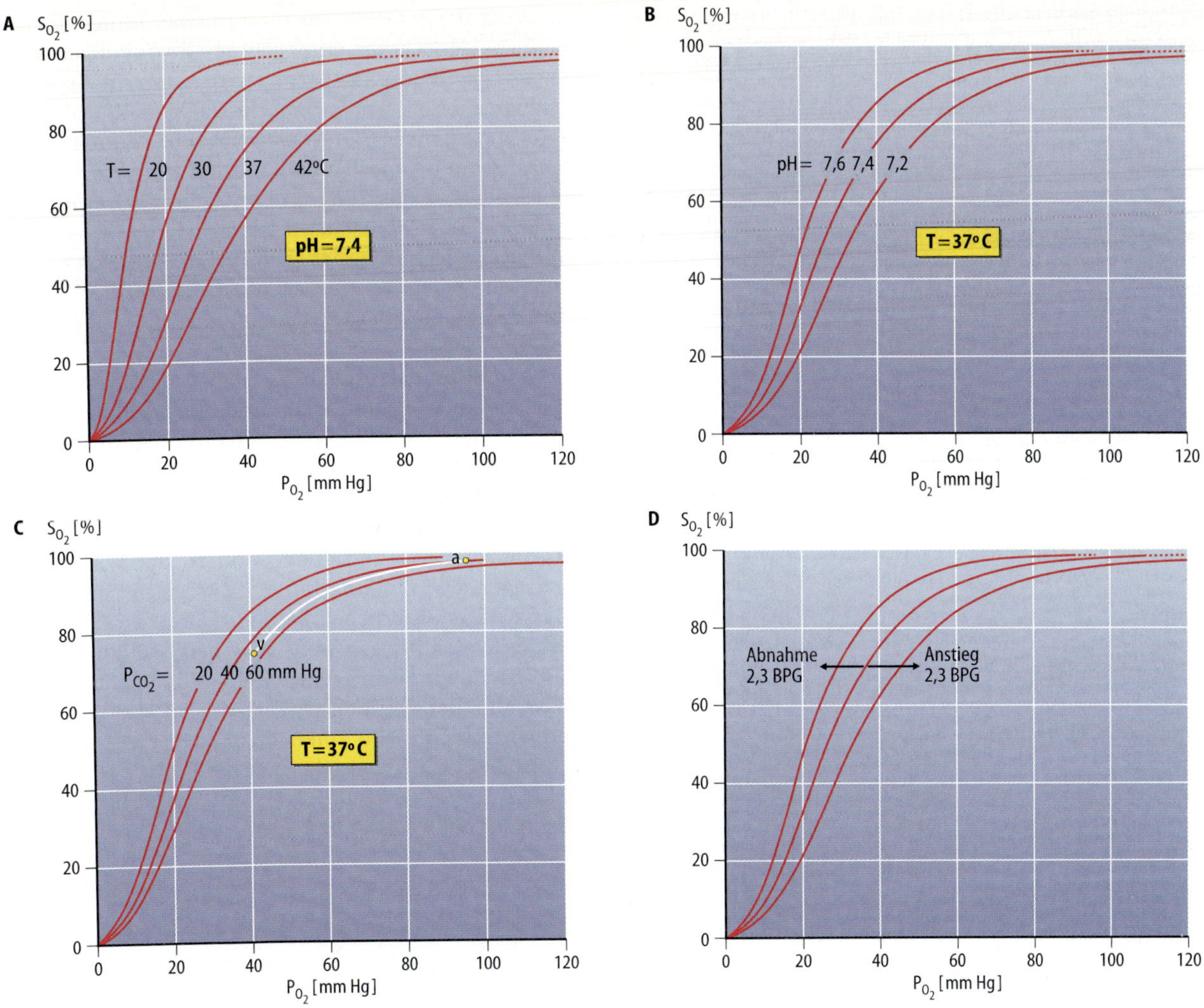

Abb. 27–6. Abhängigkeit der O_2-Bindungskurve des Blutes von verschiedenen Parametern [2, 19, 24]. **A** Temperaturabhängigkeit, **B** pH-Abhängigkeit (Bohr-Effekt), **C** Abhängigkeit vom CO_2-Partialdruck, **D** Abhängigkeit von der intraerythrozytären Konzentration des 2,3-Diphosphoglyzerat (*2,3-DPG*). Die *weiße* „effektive O_2-Bindungskurve" zwischen den Punkten *a* (arterielles Blut) und *v* (venöses Blut) ist für den Gasaustausch unter Ruhebedingungen maßgebend

dungskurve hat für den Warmblüter nur eine geringe biologische Bedeutung; sie ist jedoch in bestimmten Fällen (Fieber, Hypothermie, s. S. 668 f) zu berücksichtigen.

pH- und P_{CO_2}-Einfluß. Einen erheblichen Einfluß auf den Verlauf der O_2-Bindungskurve hat die Protonenkonzentration im Blut. Diese Abhängigkeit gibt Abb. 27–6B wieder, wobei als Maß für die Protonenkonzentration der pH-Wert angegeben ist. *Mit abnehmendem pH-Wert, d. h. mit zunehmender Azidität des Blutes, sinkt die Affinität des Sauerstoffs zum Hämoglobin;* die O_2-Bindungskurve nimmt einen flacheren Verlauf an. Die pH-Angaben in Abb. 27–6B beziehen sich alle auf das Blutplasma. Zweifellos wäre es im Hinblick auf den ursächlichen Zusammenhang richtiger, die Abhängigkeit der O_2-Bindungskurve vom intraerythrozytären pH anzugeben. Da dieser jedoch schwer zu bestimmen ist, wählt man im allgemeinen den Plasma-pH als Parameter. Die in Abb. 27–6B wiedergegebene pH-Abhängigkeit des O_2-Bindungskurvenverlaufs wird als ***Bohr-Effekt*** bezeichnet.

Der pH-Wert steht in enger Beziehung zum jeweils vorliegenden CO_2-Partialdruck (P_{CO_2}). Eine Zunahme des CO_2-Partialdrucks geht mit einer Abnahme des pH-Werts einher. Daher kann man an Stelle des pH auch P_{CO_2} als Parameter wählen und erhält dann die in Abb. 27–6C wiedergegebene Bindungskurvenschar. *Mit einer Zunahme des CO_2-Partialdrucks sinkt die Affinität des Sauerstoffs zu Hämoglobin;* die O_2-Bindungskurve nimmt einen flacheren Verlauf an. Diese Abhängigkeit der O_2-Bindungskurve vom CO_2-Partialdruck wird ebenfalls als *Bohr-Effekt* bezeichnet. Die genaue quantitative Untersuchung zeigt, daß der CO_2-Einfluß auf die O_2-Bindungskurve nicht allein auf die entsprechende pH-Änderung zurückgeführt werden kann, sondern daß daneben noch eine „spezifische CO_2-Wirkung" angenommen werden muß.

Bedeutung des Bohr-Effekts. Der Bohr-Effekt hat sowohl bei der O_2-*Aufnahme in der Lunge* als auch bei der O_2-*Abgabe in den Geweben* eine gewisse physiologische Wirkung, die jedoch in ihrem Ausmaß nicht überschätzt werden darf. Betrachten wir zunächst die Verhältnisse in der Lunge. Hier ist die O_2-Aufnahme mit der CO_2-Abgabe gekoppelt, so daß gleichzeitig mit der Zunahme der O_2-Sättigung des Hämoglobins eine Verlagerung der O_2-Bindungskurve nach links stattfindet. Diese gleichzeitigen Veränderungen werden durch die weiße Kurve in Abb. 27–6C wiedergegeben, die manchmal auch als die *„effektive O_2-Bindungskurve"* bezeichnet wird. Vom Punkt des venösen Blutes v (P_{O_2} = 40 mm Hg, P_{CO_2} = 46 mm Hg) führt die Aufsättigung zum Punkt des arterialisierten Blutes a (P_{O_2} = 95 mm Hg, P_{CO_2} = 40 mm Hg), wobei die O_2-Affinität des Hämoglobins ständig zunimmt. Der O_2-Transport erfolgt zwar durch Diffusion (s. S. 586); die Affinitätszunahme bewirkt jedoch, daß die Diffusionsrate geringfügig erhöht wird. Der Bohr-Effekt erleichtert also die Sauerstoffaufnahme in der Lunge.

Für die O_2-Abgabe aus dem Kapillarblut in das Gewebe hat der Bohr-Effekt eine etwas größere Bedeutung. Durch die gleichzeitig stattfindende CO_2-Aufnahme des Blutes erfolgt hier eine Verlagerung der O_2-Bindungskurve nach rechts. Die weiße „effektive O_2-Bingundungskurve" in Abb. 27–6C wird jetzt von a nach v durchlaufen. Mit der Abnahme der O_2-Affinität kommt es zu einer zusätzlichen Desoxygenierung des Hämoglobins und damit zu einer O_2-Abdiffusion in das Gewebe bei einem erhöhten kapillären O_2-Partialdruck. *Wieder unterstützt der Bohr-Effekt den Austausch des Sauerstoffs.*

Pathophysiologische Faktoren. Unter gewissen pathologischen Umständen können die O_2-Transportbedingungen im Blut verändert sein. So beobachtet man bei einer Reihe von Erkrankungen, insbesondere bei bestimmten Anämieformen, nach rechts und seltener nach links verlagerte O_2-Bindungskurven. Die Ursachen hierfür sind noch nicht vollständig geklärt. Man weiß jedoch, daß gewisse organische Phosphatverbindungen, deren intraerythrozytäre Konzentrationen unter pathologischen Bedingungen verändert sein können, den O_2-Bindungskurvenverlauf erheblich beeinflussen. Zu ihnen gehört in erster Linie das ***2,3-Bisphosphoglyzerat (2,3-BPG)*** (Abb. 27–6D) [2, 20]. Außerdem kann die Konzentration der Kationen im Erythrozyten das O_2-Bindungsverhalten des Hämoglobins beeinflussen. Ferner muß die Auswirkung pathologischer pH-Werte beachtet werden. Große pH-Werte (*Alkalose*) führen über den Bohr-Effekt zu leichterer O_2-Aufnahme in der Lunge und zu ungünstigeren O_2-Abgabebedingungen im Gewebe, während kleine pH-Werte (*Azidose*) den umgekehrten Effekt haben. Besonders starke Linksverlagerungen der O_2-Bindungskurve findet man schließlich als Folge von *CO-Vergiftungen* (s. S. 613).

Messung der O_2-Sättigung. [25, 29, 30] Die O_2-Sättigung des Hämoglobins kann mit Hilfe eines *Pulsoxymeters* kontinuierlich *in vivo* am Ohrläppchen oder am Finger gemessen werden. Da hierbei die photometrische Messung bei nur 2 Wellenlängen erfolgt, läßt sich lediglich das Verhältnis $[HbO_2] / ([Hb]+[HbO_2])$ bestimmen. Dieses Verfahren ist geeignet, bei pulmonalen Störungen die Abnahme der arteriellen O_2-Sättigung quantitativ zu erfassen. Wenn jedoch im Blut ein hoher Anteil an HbCO oder Methämoglobin vorliegt, wird die O_2-Sättigung $S_{O_2} = [HbO_2] / [Hb_{gesamt}]$ überschätzt.

Mit einem *Häm-Oxymeter* läßt sich die O_2-Sättigung *in vitro* bestimmen, wofür 35–150 μl Blut benötigt werden. Bei diesem Mehrwellenlängen-Verfahren können, neben der Hb-Konzentration, die Anteile an HbO_2, HbCO und Methämoglobin erfaßt werden. Es liefert also in jedem Fall korrekte Werte für die O_2-Sättigung des Hämoglobins.

Der O_2-Transport im fetalen Blut wird insbesondere durch die hohe Hämoglobinkonzentration begünstigt

Fetale O_2-Bindungskurve. In der Plazenta erfolgt der Gasaustausch, wie überall im Organismus, durch Diffusion. Hierbei ist das unterschiedliche O_2-Bindungsverhalten des mütterlichen und fetalen Blutes besonders zu beachten. Die *O_2-Bindungskurve des fetalen Blutes* verläuft zwar etwas *steiler* als die des mütterlichen Blutes, wenn man die beiden Kurven *unter gleichen Bedingungen* untersucht. Diese Linksverlagerung wird jedoch in vivo dadurch nahezu rückgängig gemacht, daß das Blut des Feten einen *kleineren pH-Wert* aufweist (Bohr-Effekt). Aus den O_2-Affinitäten des fetalen und mütterlichen Blutes ergibt sich daher kaum eine unterstützende Wirkung auf den plazentaren Gasaustausch. Die günstigen Voraussetzungen werden erst deutlich, wenn man die unterschiedlichen *Hämoglobinkonzentrationen* im mütterlichen und fetalen Blut mit berücksichtigt [13, 23].

Plazentarer Gasaustausch. In Abb. 27–7 sind die O_2-Bindungskurven des mütterlichen und fetalen Blutes zum Zeitpunkt der Geburt bei den mittleren pH-Werten in der Plazenta angegeben. Um die verschiedenen Hämoglobinkonzentrationen von Mutter und Fetus (120 g/l bzw. 180 g/l) berücksichtigen zu können, ist auf der Ordinate nicht die O_2-Sättigung, sondern der O_2-Gehalt aufgetragen. Die Bindungskurven werden bei der Entsättigung des mütterlichen Blutes und bei der Aufsättigung des fetalen Blutes jeweils zwischen den Punkten a und v bzw. v' und a' in Pfeilrichtung durchlaufen. Man erkennt, daß bei gleichem O_2-Partialdruck das Blut des Feten wesentlich mehr Sauerstoff binden kann als das der Mutter. Beispielsweise beträgt bei P_{O_2} = 25 mm Hg (3,3 kPa) der O_2-Gehalt 0,08 für das mütterliche Blut und 0,11 für das fetale Blut.

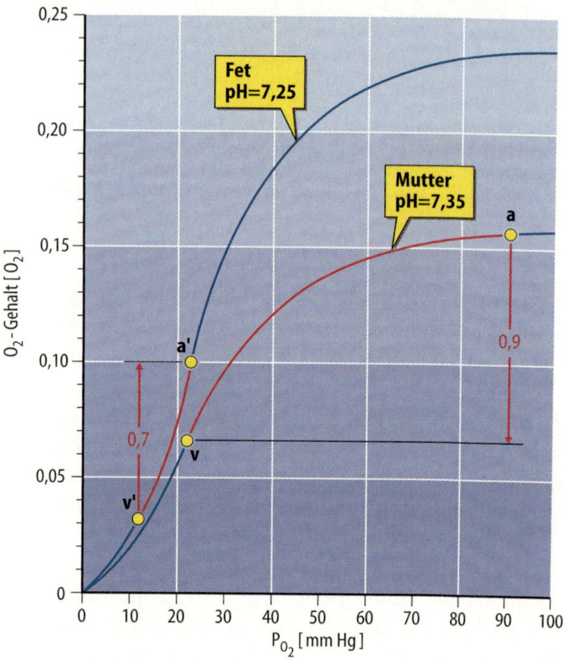

Abb. 27–7. O_2-Gehalt [*O2*] in Abhängigkeit vom O_2-Partialdruck P_{O_2} für das mütterliche und fetale Blut zum Zeitpunkt der Geburt. Beim Gasaustausch in der Plazenta sinkt der O_2-Gehalt im mütterlichen Blut von a (arterielles Blut) bis v (venöses Blut) ab, während er im fetalen Blut von v' (venosiertes Blut in der A. umbilicalis) bis a' (arterialisiertes Blut in der V. umbilicalis) ansteigt

Eine besondere Bedeutung kommt beim plazentaren Gasaustausch dem Bohr-Effekt zu. Während des Diffusionskontakts nimmt infolge des CO_2-Austausches die O_2-Affinität des mütterlichen Blutes ab, während gleichzeitig das O_2-Bindungsbestreben des fetalen Blutes anwächst. Dieser *doppelte* Einfluß des *Bohr-Effektes*, der in Abb. 27–7 nicht dargestellt ist, bewirkt einen Anstieg der O_2-Austauschrate.

CO blockiert die O_2-Transportfunktion des Hämoglobins

Bedeutend größer als die Affinität des Sauerstoffs zum Hämoglobin ist das Bestreben des Kohlenmonoxids CO, sich dem roten Blutfarbstoff anzulagern. CO-Gas ist bereits bei kleinsten Partialdrücken in der Lage, das vorliegende Hämoglobin in CO-Hämoglobin umzuwandeln:

$$\text{Hb} + \text{CO} \Leftrightarrow \text{HbCO} \tag{8}$$

Das Reaktionsgleichgewicht ist stark auf die rechte Seite der Gleichung verlagert, was in einem sehr steilen Verlauf der *CO-Bindungskurve* des Hämoglobins zum Ausdruck kommt. Die hohe Affinität von CO zu Hämoglobin ist darauf zurückzuführen, daß CO sehr viel langsamer als O_2 aus der Hb-Bindung freigegeben wird [7].

Die maximale Arbeitsplatzkonzentration für CO (MAK-Wert, s. S. 704 f) beträgt 30 ppm (parts per million), entsprechend $F_{CO} = 3 \cdot 10^{-5}$ (0,003 Vol.%). Bei einem längeren Aufenthalt in einer solchen Umgebung weist das arterielle Blut bereits einen Anteil von etwa 5 % HbCO am gesamten Hämoglobin auf. Vergleicht man die CO- und O_2-Partialdrücke, die erforderlich sind, um 5 % HbCO bzw. 5 % HbO_2 einzustellen, so verhalten sich diese wie 1:350, d. h. die relative Affinität von CO zu Hb ist in diesem Bereich etwa *350mal größer* als die entsprechende O_2-Affinität.

Die große Affinität des Kohlenmonoxids zum Hämoglobin ist die Ursache für die *Giftigkeit* dieses farblosen und geruchlosen Gases, das bei unvollständiger Verbrennung organischer Substanzen entsteht, gelegentlich noch im Stadtgas enthalten ist und auch in den Abgasen von Verbrennungsmaschinen vorkommt. Kohlenmonoxid ist bei geringen inspiratorischen Fraktionen in der Lage, Sauerstoff aus der Hämoglobinverbindung zu verdrängen und auf diese Weise den Blutfarbstoff für den O_2-Transport zu blockieren. Normalerweise liegt 1 % des Hämoglobins im Blut als HbCO vor; bei Rauchern findet man abends bis zu 15 % HbCO [30].

Für die Giftigkeit des CO-Gases ist, neben der Blockierung des Hämoglobins, noch ein weiterer Faktor maßgebend: Wenn ein Teil des Hb in HbCO umgewandelt ist, dann weist das noch unblockierte Hämoglobin eine *nach links verlagerte O_2-Bindungskurve* auf [7], die schließlich sogar Hyperbelform annehmen kann. Dadurch sinken die O_2-Partialdrücke in den Gewebekapillaren noch weiter ab.

!

Die Steilheit der O_2-Bindungskurve, d. h. die O_2-Affinität zum Hämoglobin, hängt von mehreren Parametern ab. Eine Zunahme der Temperatur und des CO_2-Partialdrucks sowie eine Abnahme des pH-Werts führen zu einem flacheren Anstieg der O_2-Bindungskurve. Der CO_2- und H^+-Einfluß auf das O_2-Bindungsverhalten des Hämoglobins wird als Bohr-Effekt bezeichnet. Dieser Effekt unterstützt in geringem Maße die O_2-Austauschprozesse.

Das bessere O_2-Bindungsvermögen des fetalen Blutes beruht hauptsächlich auf der höheren Konzentration, weniger auf der größeren O_2-Affinität des fetalen Hämoglobins. Die O_2-Sättigung des Hämoglobins kann in vivo mit einem Pulsoxymeter und in vitro mit einem Häm-Oxymeter bestimmt werden.

Die Giftigkeit von Kohlenmonoxyd (CO) ist auf seine starke Affinität zum Hämoglobin zurückzuführen. Bereits bei kleinsten CO-Partialdrücken lagert sich CO dem Hämoglobin an, das damit für den O_2-Transport blockiert ist. Normalerweise liegt etwa 1 % des Hämoglobins als HbCO vor; bei starken Rauchern sind es bis zu 15 %.

27.3 CO_2-Transportfunktion des Blutes

CO_2 wird in gelöster Form sowie gebunden als Bikarbonat und Karbamat transportiert

Kohlendioxid (CO_2), das als Endprodukt des oxidativen Stoffwechsel in den Körperzellen gebildet wird, gelangt auf dem Blutweg in die Lunge, um dort an die Umgebung abgegeben zu werden. Ähnlich wie Sauerstoff kann Kohlendioxid in *physikalisch gelöster und chemisch gebundener Form* im Blut transportiert werden. Allerdings ist der Vorgang der chemischen Bindung für CO_2 etwas komplexer angelegt als für O_2. Neben dem *CO_2-Transport* muß nämlich durch denselben Prozeß auch das *Säure-Basen-Gleichgewicht* im Blut und damit im Gesamtorganismus aufrechterhalten werden.

CO_2-Bindung. Das arterielle Blut tritt mit einem CO_2-Partialdruck von 40 mm Hg (5,3 kPa) in die Gewebekapillaren ein. In den Zellen der Kapillarumgebung liegt infolge der ständigen CO_2-Produktion ein höherer Partialdruck vor, so daß die physikalisch gelösten CO_2-Moleküle, dem Druckgradienten folgend, in die Kapillare diffundieren. Im Kapillarblut bleibt ein geringer Teil physikalisch gelöst; der überwiegende Anteil jedoch unterliegt einer weiteren chemischen Umsetzung (Abb. 27–8). Zunächst wird CO_2 zu Kohlensäure (H_2CO_3) hydratisiert, die sofort in Bikarbonat (Hydrogenkarbonat) und Protonen dissoziiert:

$$CO_2 + H_2O \Leftrightarrow H_2CO_3 \Leftrightarrow HCO_3^- + H^+ \tag{9}$$

Diese Reaktion läuft im Plasma nur langsam, im Erythrozyten dagegen mit einer etwa 10 000mal größeren Ge-

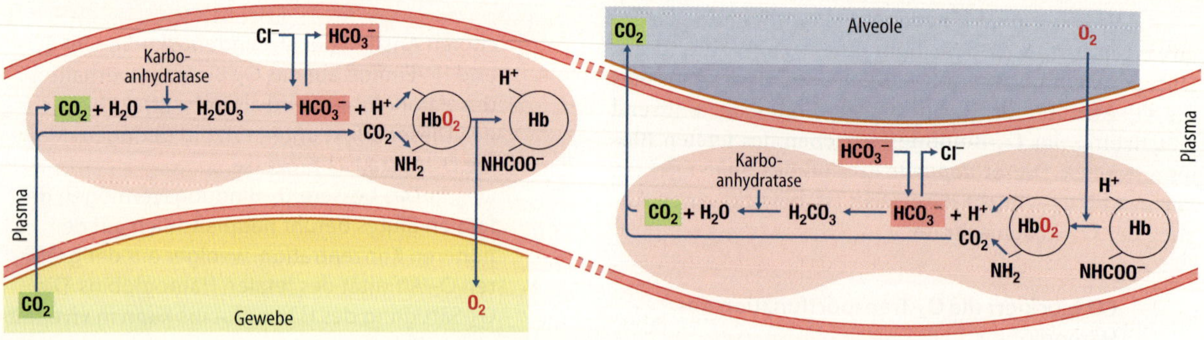

Abb. 27–8. Chemische Reaktionen im Erythrozyten beim Gasaustausch im Gewebe *(links)* und in der Lunge *(rechts)*

schwindigkeit ab. Die Ursache hierfür ist die Anwesenheit des reaktionsbeschleunigenden Enzyms ***Karboanhydratase*** im Erythrozyten [12]. Auf diesem Grunde müssen praktisch alle an der chemischen Umsetzung beteiligten CO_2-Moleküle den Weg über den Erythrozyten nehmen.

Die fortschreitende Erhöhung der HCO_3^--Konzentration im Inneren des Erythrozyten schafft ein Diffusionsgefälle in Richtung auf den umgebenden Plasmaraum. Die HCO_3^--Ionen können aber diesem Gefälle nur folgen, wenn dadurch das elektrische Ladungsgleichgewicht nicht wesentlich gestört wird. Es müßte also jeweils ein Kation zusammen mit einem HCO_3^--Ion den Erythrozyten verlassen oder aber ein Anion im Austausch gegen HCO_3^- eintreten. Die erstgenannte Möglichkeit kann nicht realisiert werden, weil die Erythrozytenmembran für Kationen praktisch undurchlässig ist. Dagegen kann die Membran von kleinen Anionen relativ gut passiert werden. HCO_3^--Ionen verlassen daher im Austausch gegen Cl^--Ionen den Erythrozyten. Dieser Austausch wird als ***Hamburger-Shift*** bzw. als ***Chloridverschiebung*** bezeichnet.

Neben den HCO_3^--Ionen entstehen bei der CO_2-Aufnahme des Erythrozyten laufend H^+-Ionen. Eine starke pH-Änderung wird jedoch v. a. durch das Hämoglobin weitgehend verhindert. Einmal besitzt der rote Blutfarbstoff wegen seines Ampholytcharakters eine große *Pufferkapazität,* zum anderen bewirkt die gleichzeitig stattfindende O_2-Abgabe eine *Abnahme der Azidität* des Hämoglobins, so daß zusätzlich H^+-Ionen aufgenommen werden können.

Eine weitere Möglichkeit der CO_2-Bindung besteht in der direkten Anlagerung an die Eiweißkomponente des Hämoglobins. Die Reaktion findet an den Aminogruppen statt, die mit dem CO_2 eine *Karbaminoverbindung* (***Karbamat***) bilden:

$$Hb \cdot NH_2 + CO_2 \Leftrightarrow Hb \cdot NHCOO^- + H^+ \quad (10)$$

Das Reaktionsprodukt wird als ***Karbaminohämoglobin*** oder auch abgekürzt als *Karbhämoglobin* bezeichnet.

Die beschriebenen chemischen Reaktionen sind, in ihrer wechselseitigen Abhängigkeit zusammengefaßt, in Abb. 27–8 dargestellt. Die linke Seite zeigt die Reaktionen bei der CO_2-Aufnahme in den Gewebekapillaren, die rechte Seite die Vorgänge bei der CO_2-Abgabe in der Lunge, die in allen Teilprozessen in der umgekehrten Richtung ablaufen.

Anteile der Bindungsformen beim CO_2-Austausch. Das Blut gelangt mit einem CO_2-Partialdruck von 40 mm Hg in die Gewebekapillaren und verläßt diese nach der CO_2-Aufnahme mit einem durchschnittlichen CO_2-Partialdruck von 46 mm Hg. Dabei nimmt 1 l Blut etwa 1,8 mmol CO_2 auf. Von der aus den Geweben in das Blut diffundierenden CO_2-Menge werden etwa 12 % als physikalisch gelöstes CO_2 bzw. als undissoziierte Kohlensäure (H_2CO_3) aufgenommen. 11 % bilden mit Hb die Karbaminoverbindung; 27 % bleiben als Bikarbonat in den Erythrozyten, während der überwiegende Anteil von etwa 50 % als Bikarbonat in das Plasma gelangt. Bei der CO_2-Abgabe in der Lunge werden die gleichen Anteile wieder aus den 4 Transportformen freigesetzt.

!

Das im Stoffwechsel gebildete CO_2 gelangt in gelöster Form ins Blut. In den Erythrozyten wird CO_2 unter Mitwirkung der Karboanhydratase zu Kohlensäure hydratisiert, die sofort in Protonen und Bikarbonat dissoziiert. Während die Protonen überwiegend an Hämoglobin gebunden werden, diffundiert HCO_3^- im Austausch gegen Cl^- ins Plasma (Hamburger-Shift). CO_2 reagiert außerdem mit Aminogruppen des Hämoglobins unter Bildung von Karbamat. Alle diese Prozesse werden bei der pulmonalen CO_2-Abgabe in umgekehrter Richtung durchlaufen.

Die CO_2-Bindungskurve des Blutes ist vom Oxygenierungsgrad des Hämoglobins abhängig

P_{CO_2}-Abhängigkeit des CO_2-Gehalts. Der gesamte Kohlendioxidgehalt des Blutes setzt sich aus dem physikalisch gelösten CO_2 sowie aus dem chemisch in Form von Karbamat und Bikarbonat gebundenen CO_2 zusammen, wobei der ganz überwiegende CO_2-Anteil auf das intra- und extraerythrozytäre *Bikarbonat* entfällt. Die Konzentrationen aller dieser Transportformen nehmen mit ansteigendem CO_2-Partialdruck P_{CO_2} zu.

Die P_{CO_2}-Abhängigkeit des Gesamtgehalts des Blutes an CO_2 läßt sich analog der O_2-Bindungskurve graphisch darstellen. Abbildung 27–9 zeigt den Verlauf der so definierten ***CO_2-Bindungskurve***, und zwar gesondert für oxygeniertes und für desoxygeniertes Blut. Die unterschiedliche Bindung des Kohlendioxids in diesen beiden Fällen kommt dadurch zustande, daß Oxyhämoglobin gegenüber dem desoxygenierten Hämoglobin stärker sauer reagiert. Dementsprechend wird die für die CO_2-Aufnahme notwendige Dissoziation der Kohlensäure um so mehr gefördert, je weniger das Hämoglobin mit Sauerstoff beladen ist. Außerdem ist desoxygeniertes Hämoglobin in stärkerem Maße als Oxyhämoglobin in der Lage, CO_2 als Karbamat zu binden [12]. Die Abhängigkeit der CO_2-Bindung vom Oxygenierungsgrad des Hämoglobins wird als *Christiansen-Douglas-Haldane-Effekt* oder kurz als ***Haldane-Effekt*** bezeichnet.

Der Verlauf der CO_2-Bindungskurve weicht in einem entscheidenden Punkt von dem der O_2-Bindungskurve ab. Während sich die O_2-Bindungskurve asymptotisch einem Maximalwert nähert, zeigt die CO_2-Bindung *keine Sättigungscharakteristik*. Mit steigendem CO_2-Partialdruck nimmt die Menge des gebundenen CO_2 immer weiter zu, weil die Bildung von Bikarbonat praktisch unbeschränkt fortschreiten kann. Aus diesem Grund darf auch die Ordinate der CO_2-Bindungskurve nicht in Sättigungseinheiten, sondern nur in Konzentrationseinheiten (ml CO_2/ml Blut oder mmol/l) angegeben werden.

Die in Abb. 27–9 dargestellten CO_2-Bindungskurven gelten nur bei normalem Säure-Basen-Status des Blutes. Bei metabolischen Azidosen oder Alkalosen kommt es zu erheblichen Kurvenverlagerungen, wie dies aus Abb. 27–13 (s. S. 620) hervorgeht.

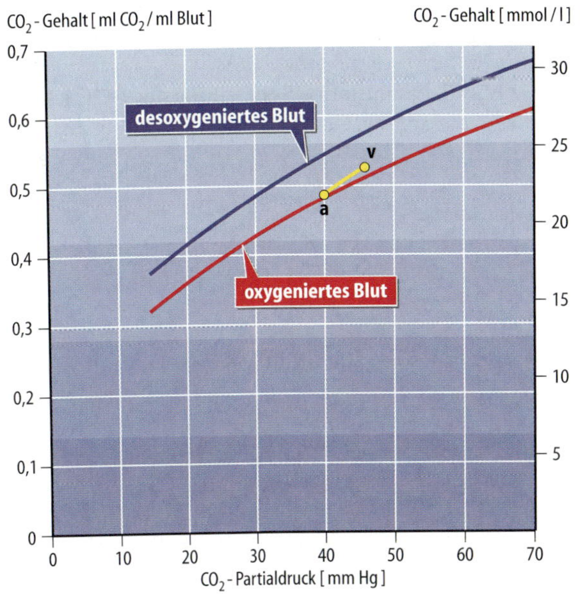

Abb. 27–9. CO_2-Bindungskurven für das oxygenierte und desoxygenierte Blut. Beim Gasaustausch ist die *gelbe* „effektive CO_2-Bindungskurve" zwischen den Punkten a (arterielles Blut) und v (venöses Blut) maßgebend

Physiologische Bedeutung des Haldane-Effekts. Bei der CO_2-Abgabe in der Lunge und der CO_2-Aufnahme in den Geweben haben wir zu berücksichtigen, daß diese Vorgänge gleichzeitig mit dem O_2-Austausch stattfinden. Die hierdurch bedingte Änderung der O_2-Sättigung des Hämoglobins beeinflußt die CO_2-Bindung des Blutes und hat damit Rückwirkungen auf den CO_2-Austausch.

Das arterielle Blut tritt praktisch vollständig oxygeniert in die Gewebekapillaren ein (Punkt a in Abb. 27–9). Wird nun bei der Kapillarpassage O_2 an das Gewebe abgegeben, so nimmt die CO_2-Bindungsfähigkeit des Blutes zu. Die CO_2-Aufnahme in die Gewebekapillaren wird also durch den Haldane-Effekt gefördert.

In der Lunge spielt sich der umgekehrte Austauschprozeß ab. Wegen der hier stattfindenden O_2-Aufnahme wird die CO_2-Bindungsfähigkeit des Blutes herabgesetzt und damit die diffusionsbedingte CO_2-Abgabe gefördert. Beim Austausch in den Lungenkapillaren wird die gelbe Kurve in Abb. 27–9 in der Richtung von v nach a durchlaufen. Diese Kurve, die für den CO_2-Austausch sowohl in der Lunge als auch in den Geweben maßgebend ist, kann als *effektive CO_2-Bindungskurve* gekennzeichnet werden. Für beide Vorgänge, CO_2-Aufnahme in den Geweben und CO_2-Abgabe in der Lunge, gilt also gleichermaßen die Feststellung: *Der durch Diffusion erfolgende CO_2-Austausch wird durch den Haldane-Effekt unterstützt.*

!

Die CO_2-Bindungskurve des Blutes, welche die Abhängigkeit des CO_2-Gehalts vom CO_2-Partialdruck wiedergibt, besitzt keine Sättigungscharakteristik. Da Oxyhämoglobin stärker sauer reagiert und weniger CO_2 in Form von Karbamat binden kann als desoxygeniertes Hämoglobin, führt die O_2-Anlagerung zu einer Abnahme des CO_2-Gehalts. Diese Abhängigkeit der CO_2-Bindung vom Oxygenierungsgrad des Hämoglobins wird als Haldane-Effekt bezeichnet. Der CO_2-Gehalt beträgt im arteriellen Blut etwa 0,48, im venösen Mischblut etwa 0,52 (ml CO_2/ml Blut).

27.4 Säure-Basen-Status des Blutes

Der pH-Wert des arteriellen Blutes wird sehr genau konstant gehalten

Säuren und Basen. Nach der Definition von Brønstedt sind *Säuren* solche Substanzen, die in Lösung Wasserstoffionen abgeben (***Protonendonatoren***), und *Basen*

Substanzen, die Wasserstoffionen binden (***Protonenakzeptoren)***. Diese Definition ist speziell für den biologischen Bereich besonders zweckmäßig. Danach ist in der *Dissoziationsreaktion*

$$HA \Leftrightarrow H^+ + A^- \tag{11}$$

HA eine *Säure* (Reaktionsablauf von links nach rechts). Unter geeigneten Bedingungen kann aber auch das Anion A^- Wasserstoffionen binden, d.h. die Reaktion in entgegengesetzter Richtung ablaufen. In diesem Fall wäre A^- definitionsgemäß eine *Base*. Sie wird als *korrespondierende Base* bezeichnet. Zwischen Dissoziation und Assoziation besteht ein Gleichgewicht, das dem *Massenwirkungsgesetz* folgt. Bei einer starken Säure, beispielsweise HCl, ist dieses Gleichgewicht sehr stark auf die rechte Seite der Gl. (11) verlagert. Handelt es sich dagegen bei HA um eine schwache Säure, so kann nach Maßgabe der Gleichgewichtskonstanten eine unvollständige Dissoziation vorliegen.

pH-Wert. Die saure oder alkalische Reaktion einer Flüssigkeit hängt von den Konzentrationen der jeweils vorliegenden freien Wasserstoffionen ab, die durch den pH-Wert charakterisiert wird. *Der pH-Wert ist definiert als der negative dekadische Logarithmus der molaren H^+-Konzentration.*

$$pH = -\log [H^+]. \tag{12}$$

Einem pH-Wert von 7, der eine neutrale Reaktion kennzeichnet, entspricht somit eine H^+-Konzentration von $[H^+] = 10^{-7}$ mol/l. Mit abnehmendem pH wächst die Azidität, d.h. der Säuregrad der Lösung. Die zunächst nur formale und aus meßtechnischen Gründen eingeführte Definition des pH-Werts hat im biologischen Bereich noch eine besondere Bedeutung: Das *elektrochemische Potential* von Ionen ist nämlich nicht ihrer Konzentration, sondern dem Logarithmus der Konzentration proportional. Aus diesem Grunde ist anzunehmen, daß die Sensoren im Organismus, die im Dienst der Regelung des Säure-Basen-Gleichgewichts stehen, nicht konzentrations-, sondern pH-abhängig reagieren [8].

Konstanz des arteriellen pH-Werts. *Der pH-Wert des arteriellen menschlichen Blutes liegt im Bereich zwischen 7,37 und 7,43 mit einem Mittelwert bei 7,40 (bei 37 °C).* Diese Angaben beziehen sich genaugenommen auf das *Blutplasma*. Bei einer pH-Messung im Blut besteht lediglich ein Kontakt zwischen der Glaselektrode und dem Plasma, während der intraerythrozytäre pH-Wert nicht miterfaßt wird. Der schwer meßbare pH-Wert der Erythrozyten weicht von dem des Plasmas ab und beträgt 7,2–7,3. In der Regel ist mit dem Terminus Blut-pH stets der pH-Wert des Plasma gemeint.

Das menschliche Blut weist also eine schwach alkalische Reaktion auf. Trotz der ständig schwankenden Abgabe saurer Stoffwechselprodukte an das Blut wird dessen absolute Reaktion *sehr genau konstant gehalten*. Diese Konstanz ist eine wichtige Voraussetzung für die Aufrechterhaltung eines geregelten Stoffwechselablaufs in den Körperzellen, weil die Aktivitäten vieler am Stoffwechsel beteiligter Enzyme vom pH-Wert abhängen. Durch pH-Veränderung unter pathologischen Bedingungen werden die einzelnen Enzyme in wechselndem Maße betroffen, so daß Störungen im Ablauf der Stoffwechselvorgänge die Folge sein können. An der Regelung des Säure-Basen-Status, d.h. an der Konstanthaltung des Blut-pH, sind mehrere Faktoren beteiligt. Es sind dies die *Puffereigenschaften des Blutes, der Gasaustausch in der Lunge und die Ausscheidungsmechanismen der Niere.*

Für die Puffereigenschaften des Blutes sind vor allem das Bikarbonat- und das Proteinatsystem maßgebend

Charakteristika von Puffersystemen. Wir gehen davon aus, daß die Dissoziation einer schwachen Säure HA in Wasserstoffion H^+ und korrespondierende Base A^- dem ***Massenwirkungsgesetz*** folgt. Bezeichnet man die molaren Konzentrationen der Reaktionspartner mit eckigen Klammersymbolen, so gilt:

$$\frac{[H^+]\,[A^-]}{[HA]} = K' \tag{13}$$

K' ist die Gleichgewichtskonstante (Dissoziationskonstante), wobei der Strich bedeutet, daß in ihr die speziellen Bedingungen der Lösung, wie z.B. die Ionenstärke, berücksichtigt sind. Erhöht man in einem solchen System die H^+- Konzentration , dann muß gleichzeitig die Konzentration der undissoziierten Säure ansteigen, damit die Gleichgewichtsbedingung des Massenwirkungsgesetzes erfüllt bleibt. Mit anderen Worten: Die Dissoziation wird zurückgedrängt, die zugesetzten freien Protonen werden teilweise wieder eliminiert. Die pH-Änderung ist also geringer, als dem H^+-Zusatz entspricht. Umgekehrt führt eine Senkung der H^+-Konzentration nur zu einer kleinen pH-Änderung. *Eine solche Abschwächung des Effektes eines H^+- oder OH^--Zusatzes wird als Pufferung bezeichnet.*

Für die quantitative Beurteilung des Puffereffektes ist es zweckmäßig, Gl. (13) nach Umformung zu logarithmieren:

$$-\log[H^+] = -\log K' - \log\frac{[HA]}{[A^-]} \tag{14}$$

$$pH = pK' + \log\frac{[A^-]}{[HA]}. \tag{15}$$

Diese Form des Massenwirkungsgesetzes für ein Puffersystem wird als ***Henderson-Hasselbalch-Gleichung*** bezeichnet, wobei pK' = -logK' ebenso wie K' eine für das System charakteristische Konstante darstellt.

Unter der ***Pufferkapazität*** eines Systems, bestehend aus einer schwachen Säure und ihrer korrespondierenden Base, versteht man das Verhältnis der zugeführten Menge an H^+- oder OH^--Ionen zu der resultierenden pH-Änderung [4]. Bei einer H^+- bzw. OH^--Zufuhr kommt es zur geringsten pH-Änderung, d.h. das System hat die größte Pufferkapazität, wenn *der aktuelle pH-Wert dem pK'-Wert entspricht* (s.u.).

Bikarbonatpuffersystem. Unter den Puffersystemen des Blutes ist an erster Stelle das *Bikarbonatsystem* zu nennen. Kohlensäure, die durch die Hydratisierung von CO_2 gebildet wird, ist eine verhältnismäßig schwache Säure und Bikarbonat ihre korrespondierende Base.

$$CO_2 + H_2O \Leftrightarrow H_2CO_3 \Leftrightarrow H^+ + HCO_3^- . \qquad (16)$$

Die *Henderson-Hasselbalch-Gleichung* lautet für die Gesamtreaktion:

$$pH = pK' + \log \frac{[HCO_3^-]}{[CO_2]}. \qquad (17)$$

Hierin kann an Stelle von $[CO_2]$ auch der CO_2-Partialdruck P_{CO_2} eingeführt werden:

$$pH = pK' + \log \frac{[HCO_3^-]}{0{,}03 \cdot P_{CO_2}}, \qquad (18)$$

wobei dem Faktor 0,03 die Einheit $mmol \cdot l^{-1} \cdot mm\ Hg^{-1}$ zugeordnet ist, so daß dieser Wert nur gilt, wenn $[HCO_3^-]$ in mmol/l und P_{CO_2} in mm Hg angegeben werden.

Bei der Beurteilung der Pufferwirkung des Bikarbonatsystems hat man 2 Fälle zu unterscheiden: Untersucht man die Pufferung im *geschlossenen System*, dann bleibt die Summe aus Säure und korrespondierender Base konstant. Für diesen Fall geben die durchgezogenen Kurven in Abb. 27–10 die Beziehungen zwischen dem pH-Wert und der Bikarbonatkonzentration (Pufferkurve, rot) sowie der Pufferkapazität (blau) wieder. Man erkennt, daß im steilsten Teil der Pufferkurve bei pH = pK' = 6,1 das System die größte Pufferkapazität hat. Beim Blut, das die Lunge passiert und dabei das flüchtige Kohlensäureanhydrid CO_2 abgeben kann, handelt es sich jedoch um ein *offenes System*. In diesem Fall führt eine stoffwechselbedingte H^+-Zunahme zu einer vermehrten CO_2-Abgabe in der Lunge, so daß durch die damit verbundene H^+-Elimination der Puffereffekt verstärkt wird. Dementsprechend hat die gestrichelte rote Pufferkurve, die für das offene System bei P_{CO_2} = 40 mm Hg gilt, im physiologischen pH-Bereich einen sehr viel steileren Verlauf, als dies im geschlossenen System der Fall ist. Die Pufferkapazität ist im offenen System bei pH = 7,4 mit 55 $mmol \cdot l^{-1} \cdot pH^{-1}$ wesentlich größer als im geschlossenen System mit 2,2 $mmol \cdot l^{-1} \cdot pH^{-1}$. Der durch die Atmung auf 40 mm Hg eingestellte CO_2-Partialdruck (s. S. 586) sorgt im Puffersystem für eine hohe Bikarbonatkonzentration von etwa 20 mmol/l.

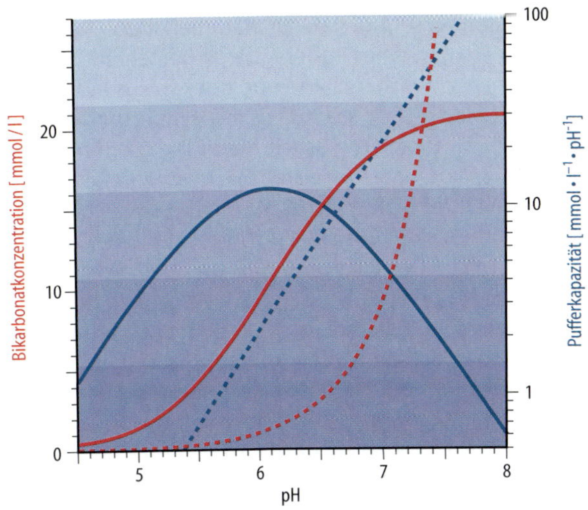

Abb. 27–10. Beziehungen zwischen dem pH-Wert und der Bikarbonatkonzentration (Pufferkurve, *rot*) sowie der Pufferkapazität *(blau)* für das geschlossene System *(durchgezogene Kurven)* und das offene System bei P_{CO_2} = 40 mm Hg *(gestrichelte Kurven)*; man beachte die logarithmische Skalierung der rechten Ordinate

Phosphatpuffersystem. Ein weiteres Puffersystem des Blutes bilden die anorganischen Phosphate, wobei das *primäre Phosphat* ($H_2PO_4^-$) *als Säure* und das *sekundäre Phosphat* (HPO_4^{2-}) *als korrespondierende Base* wirksam sind. Der pK'-Wert dieses Systems liegt mit pK' = 6,8 verhältnismäßig günstig. Die Konzentrationen sind jedoch im Blut so gering, daß der Puffereffekt klein bleibt.

Proteinatpuffersystem. Die Puffereigenschaften der Proteine im Blut werden durch die ionisierbaren Gruppen ihrer Bausteine, der Aminosäuren, bestimmt. Den wenigen Karboxyl- und Aminogruppen am Ende der Peptidketten kommt dabei kaum eine Bedeutung zu, zumal die pK'-Werte dieser Gruppen vom physiologischen pH-Wert weit entfernt sind. *Wesentlich wichtiger für die Pufferung des Blutes sind die ionisierbaren Seitengruppen, unter denen der basische Imidazolstickstoff des Histidins besonders wirksam ist.*

Zu der Proteinpufferkapazität tragen sowohl die ***Plasmaproteine*** mit 5 $mmol \cdot l^{-1} \cdot pH^{-1}$, insbesondere das *Albumin*, als auch das intraerythrozytäre ***Hämoglobin*** mit 16 $mmol \cdot l^{-1} \cdot pH^{-1}$ bei [14]. Der Hauptanteil der Pufferwirkung entfällt auf das Hämoglobin, weil es in hoher Konzentration vorliegt und sein Histidinanteil relativ groß ist.

Eine besondere Bedeutung kommt dem Hämoglobin bei der Pufferung im Blut auch deshalb zu, weil es seine Azidität bei der Oxygenation und Desoxygenation ändert. *Im physiologischen pH-Bereich weist Oxyhämoglobin eine stärkere Azidität als desoxygeniertes Hämoglobin auf* [21]. Dies beruht im wesentlichen darauf, daß die O_2-Bindung am Eisen die H^+-Bindung an dem benachbart gelegenen Imidazolstickstoff des Histidins beeinflußt. Bei der O_2-Abgabe in den Geweben können aufgrund dieses Effektes H^+-Ionen, die bei der gleichzeitig stattfindenden CO_2-Aufnahme entstehen, zusätzlich abgepuffert werden. Ein gleicher zusätzlicher Puffereffekt findet bei der O_2-Aufnahme in der Lunge statt. Wir können also feststellen, daß *der O_2-Austausch die Pufferwirkungen des Hämoglobins verstärkt.*

Die Konzentration der Pufferbasen ist unabhängig vom jeweiligen CO_2-Partialdruck

Gesamtpufferbasen. Die Puffereigenschaften des Blutes werden durch die Gesamtheit der anionischen Gruppen, d. h. im wesentlichen durch Bikarbonat und Proteinat bestimmt. Diese Summe aller pufferwirksamen Anionen bezeichnet man als *Gesamtpufferbasen* oder auch kurz als *Pufferbasen* [17].

In Abb. 27–11 sind die arteriellen Ionenkonzentrationen für das Blutplasma, die Erythrozyten und das Gesamtblut des Menschen zusammengestellt. Die Höhen der einzelnen Säulen entsprechen der jeweiligen Konzentration. Die Anionen sind dabei so angeordnet, daß oben (*dunkelviolett*) die pufferwirksamen Basen stehen. Darunter finden sich die Anionen der starken Säuren, die keine Puffereigenschaft besitzen, wobei unter X^- alle restlichen, in geringer Konzentration vorkommenden Anionen, wie SO_4^{2-} und organische Anionen, zusammengefaßt sind. Die Zusammenstellung zeigt, daß innerhalb der Pufferbasen im Plasma die HCO_3^--Ionen, im Erythrozyten dagegen die Proteinationen überwiegen. Im Gesamtblut stehen mehr als 1/3 aller Anionen für die Pufferung zur Verfügung.

Die ***Konzentration der Pufferbasen*** im arteriellen Blut beträgt etwa *48 mmol/l.* Es ist nun von besonderer Bedeutung, daß sich die Gesamtkonzentration der Pufferbasen bei einer Variation des CO_2-Partialdrucks nicht verändert. Dies zeigt die folgende Überlegung: Wenn beispielsweise der CO_2-Partialdruck ansteigt, bilden sich äquivalente Mengen von H^+ und HCO_3^-. Die entstandenen Protonen werden jedoch fast vollständig von Proteinat abgefangen, das dabei in die undissoziierte Form übergeht. In dem gleichen Maße, in dem die Bikarbonatkonzentration ansteigt, wird also die Proteinatkonzentration reduziert (Abb. 27–12).

Die *P_{CO_2}-Unabhängigkeit der Konzentration der Gesamtpufferbasen* macht diese Größe zu einem geeigneten Maß für diejenigen Veränderungen des Säure-Basen-Status, die durch Zu- oder Abnahme von *nichtflüchtigen Säuren* im Blut hervorgerufen werden. Abweichungen vom Wert der Normalpufferbasen (48 mmol/l) bezeichnet man als ***Basenüberschuß BE*** (Base Excess). Nach dieser Definition ist also dem arteriellen Blut des Gesunden ein BE-Wert von Null zuzuordnen. Ein pathologischer Anstieg der Pufferbasenkonzentration wird durch eine positiven BE-Wert, ihre Abnahme durch einen negativen BE-Wert charakterisiert. Im letztgenannten Fall ist an Stelle der widersprüchlichen Aussage *„negativer Basenüberschuß"* die Bezeichnung ***Basendefizit*** vorzuziehen.

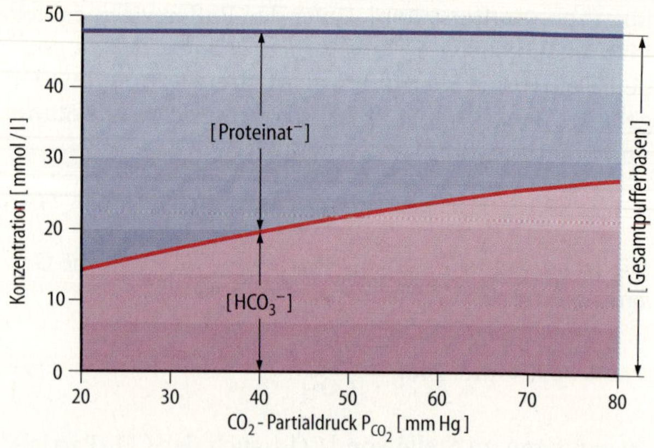

Abb. 27–12. Abhängigkeit der Proteinat- und Bikarbonatkonzentration vom CO_2-Partialdruck. Die Summe der beiden Pufferbasenkonzentrationen ist konstant und beträgt im Normalfall 48 mmol/l

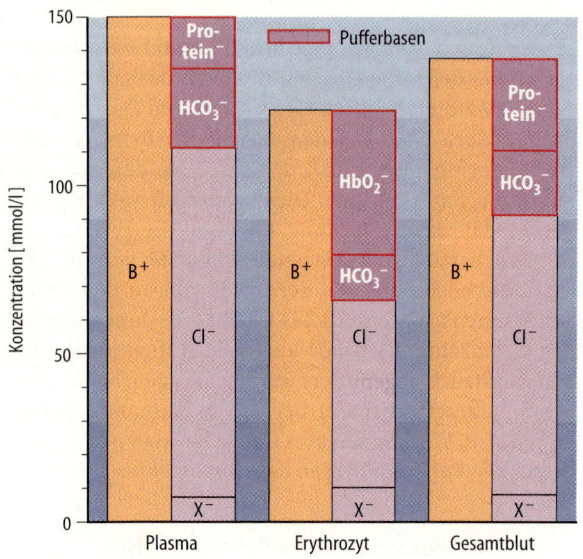

Abb. 27–11. Ionenkonzentrationen im Plasma, im Erythrozyten und im Gesamtblut. Pufferbasen = Anionen der Puffersysteme (*dunkelviolett,* Phosphat wegen der geringen Konzentration nicht eingezeichnet), X^- = Anionen aller nichtpuffernden starken Säuren außer Cl^-, B^+ = Kationen

!

Der pH-Wert des arteriellen Blutes beträgt 7,40 und wird u. a. durch die Wirkung von Puffersystemen sehr genau konstant gehalten. Die Funktion eines Puffersystems, bestehend aus einer schwachen Säure und der korrespondierenden Base, läßt sich durch die Henderson-Hasselbalch-Gleichung beschreiben. Die größte Pufferkapazität hat ein System, wenn der aktuelle pH-Wert dem pK'-Wert, d. h. dem negativen Logarithmus der Gleichgewichtskosntanten K', entspricht. Das Bikarbonatsystem ist ein sehr effektiver Puffer, weil mit der CO_2-Abgabe in der Lunge eine H^+-Elimination aus dem Blut verbunden ist, so daß die Pufferwirkung verstärkt wird. Für den Puffereffekt des Proteinatsystems ist vor allem die Ionisierbarkeit des Imidazolstickstoffs im Histidin verantwortlich. Die Konzentration der Pufferbasen, d. h. aller pufferwirksamen Anionen, beträgt (unabhängig vom jeweiligen CO_2-Partialdruck) 48 mmol/l. Abweichungen von diesem Wert werden als Basenüberschuß bzw. Basendefizit bezeichnet.

Störungen des Säure-Basen-Gleichgewichts können respiratorisch oder renal kompensiert werden

Mitwirkung der Atmung. Die Atmung hat u. a. die Aufgabe, das in großen Mengen als Endprodukt des Stoffwechsels anfallende CO_2 auszuscheiden. In körperlicher Ruhe werden 230 ml CO_2/min, das sind etwa 15000 mmol CO_2/Tag, eliminiert. Durch die Abgabe des flüchtigen Kohlensäureanhydrids kommt es gleichzeitig zu einer Entlastung des Blutes von einer fast gleichäquivalenten H^+-Menge. Die Atmung ist also an der Aufrechterhaltung eines stationären Säure-Basen-Gleichgewichts maßgebend beteiligt.

Von besonderer Bedeutung ist dabei die *Regelfunktion der Atmung,* durch die auftretende Störungen des Säure-Basen-Status kompensiert werden können. Wenn beispielsweise bei einer Stoffwechselstörung die Azidität des Blutes ansteigt, wirkt die Zunahme der H^+-Konzentration als zusätzlicher Atmungsantrieb, der zu einer verstärkten Ventilation (*Hyperventilation)* führt. CO_2-Moleküle, die aus der Reaktion

$$HCO_3^- + H^+ \rightarrow H_2CO_3 \rightarrow H_2O + CO_2$$

stammen, werden in erhöhtem Maße eliminiert, und der pH-Wert kehrt wieder zur Norm zurück. Bei einer Basenzunahme wird die Ventilation eingeschränkt (*Hypoventilation*); der CO_2-Partialdruck und damit auch die Konzentration der H^+-Ionen steigen an, so daß der ursprüngliche pH-Anstieg zumindest teilweise wieder rückgängig gemacht ist.

Mitwirkung der Niere. Neben der Atmung ist auch die Niere an der Regulation des Säure-Basen-Gleichgewichts beteiligt. Ihre Aufgabe besteht darin, die *nichtflüchtigen Säuren,* in erster Linie Schwefelsäure, auszuscheiden. Die fixen Säuren liefern normalerweise *40–60 mmol* H^+/Tag, die über die Niere eliminiert werden müssen. Bei einem verstärkten Anfall von Säuren ist die gesunde Niere in der Lage, die H^+-Ausscheidungsrate erheblich zu steigern und damit den zunächst abgefallenen pH-Wert des Blutes wieder zu normalisieren. Entsprechend wird bei einem pH-Anstieg die renale H^+-Ausscheidung und damit die Störung des Säure-Basen-Gleichgewichts kompensiert.

Die H^+-Ausscheidung findet im Tubulusapparat der Niere statt, wobei Tubulusfiltrat, Tubuluszelle und Kapillarblut miteinander in Wechselwirkung stehen. Die Bindung der H^+-Ionen erfolgt dabei letzten Endes im Tubulusharn an HPO_4^{2-} und NH_3. Nur ein geringer Teil der H^+-Ionen wird in freier Form mit dem Harn ausgeschieden. Auf der anderen Seite werden infolge der Austauschprozesse HCO_3^--Ionen dem Blut wieder zugeführt (s. S. 762 ff).

Azidosen und Alkalosen. Wenn es unter pathologischen Bedingungen zu einer starken Anhäufung von Säuren oder Basen im Blut kommt, sind die geschilderten Regelsysteme, nämlich Pufferung im Blut, Atmung und Nierenfunktion, nicht mehr in der Lage, den pH-Wert des Blutes konstant zu halten. Je nach Richtung der pH-Verlagerung unterscheidet man in diesem Fall 2 Störungen des Säure-Basen-Gleichgewichts: Bei einer Senkung des Blut-pH (pH < 7,37), d. h. einer Zunahme der sauren Valenzen, spricht man von einer ***Azidose.*** Eine Erhöhung des pH-Wertes (pH > 7,43) wird als ***Alkalose*** bezeichnet. Bei jeder dieser Störung hat man außerdem nach der Genese der pH-Änderung 2 Formen zu unterscheiden: Eine Lungenfunktionsstörung kann zu einem Anstieg des CO_2-Partialdrucks im Blut, eine Hyperventilation zu einer Senkung des CO_2-Partialdrucks führen. In diesen Fällen ist also die gestörte Atmung die Ursache für die pH-Änderung im Blut. Man spricht daher von einer ***respiratorischen Azidose*** bzw. ***Alkalose.*** Andererseits können sich die nichtflüchtigen Säuren bei Stoffwechselstörungen (z. B. Diabetes mellitus) im Blut anhäufen bzw. bei Basenzufuhr oder HCl-Verlust (Magensafterbrechen) verringern. Diese Zustände kennzeichnet man als *metabolische Azidose* bzw. *Alkalose.* Da auch Funktionsstörungen der Nieren und des Magen-Darm-Trakts zu pH-Änderungen führen können, faßt man die metabolisch, renal und intestinal bedingten Störungen unter der Bezeichnung ***nichtrespiratorische Azidose*** bzw. ***Alkalose*** zusammen.

Eine Differenzierung zwischen respiratorischen und nichtrespiratorischen Störungen des Säure-Basen-Gleichgewichts ist über den CO_2-Partialdruck und den Basenüberschuß möglich

Kennzeichen primärer Säure-Basen-Störungen. Kennzeichen einer respiratorischen Störung ist ein erhöhter oder erniedrigter P_{CO_2} bei einer primär unveränderten Pufferbasenkonzentration (BE = 0). Die nichtrespiratorische Störung ist dadurch ausgezeichnet, daß zunächst ein normaler P_{CO_2} vorliegt, während der BE-Wert von der Norm abweicht. Bei einer Zunahme der nichtflüchtigen Säuren im Blut (metabolische Azidose) werden nämlich in verstärktem Maße die Pufferbasen beansprucht (BE = negativ). Umgekehrt führt eine Verminderung der nichtflüchtigen Säuren (metabolische Alkalose) zu einem Anstieg der Pufferbasenkonzentration (BE = positiv).

Nichtrespiratorische Störungen haben wegen der damit einhergehenden $[HCO_3^-]$-Veränderungen einen starken Einfluß auf den CO_2-Gehalt des Blutes. Dies wird besonders deutlich, wenn man die ***CO_2-Bindungskurve*** in Abhängigkeit vom Basenüberschuß (BE) darstellt (Abb. 27–13). Wie die Abbildung zeigt, ist die CO_2-Bindungskurve bei einer nichtrespiratorischen Azidose (Basendefizit) in Richtung abnehmender CO_2-Gehalte und bei einer nichtrespiratorischen Alkalose (Basenüberschuß) in Richtung ansteigender CO_2-Gehalte verlagert. Bei einer *respiratorischen Störung* bleibt dagegen der Verlauf der CO_2-Bindungskurve primär unverändert.

Die Unterscheidungsmerkmale der 4 Säure-Basen-Störungen sind in Abb. 27–14 zusammengefaßt. Dieses Diagramm mit den Basenüberschußwerten auf der Ordinate und den pH-Werten auf der Abszisse enthält als Parameter die Kurven konstanten CO_2-Partialdrucks. Ferner sind die Normbereiche für den pH-Wert, den Basenüberschuß BE und den CO_2-Partialdruck P_{CO_2} durch

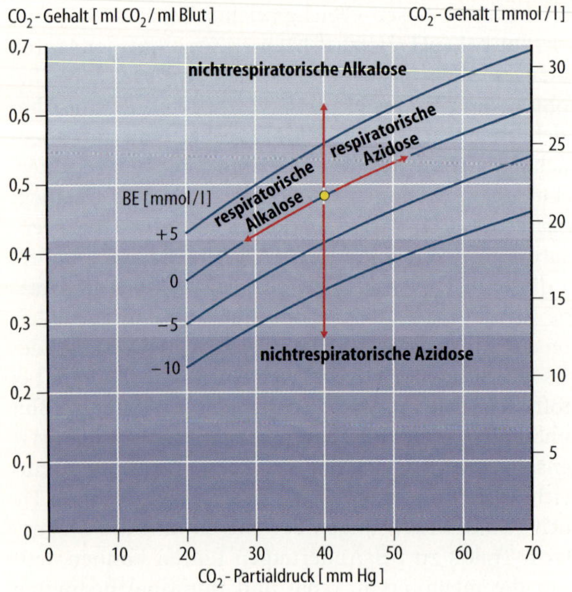

Abb. 27–13. CO_2-Bindungskurven bei verschiedenen Werten für den Basenüberschuß *(BE)*. Nichtrespiratorische Störungen des Säure-Basen-Gleichgewichts führen zu Verlagerungen der CO_2-Bindungskurve und damit zu erheblichen Veränderungen des CO_2-Gehalts im Blut. Bei respiratorischen Störungen verändert sich der CO_2-Gehalt mit dem CO_2-Partialdruck nach Maßgabe der Kurve bei BE = 0

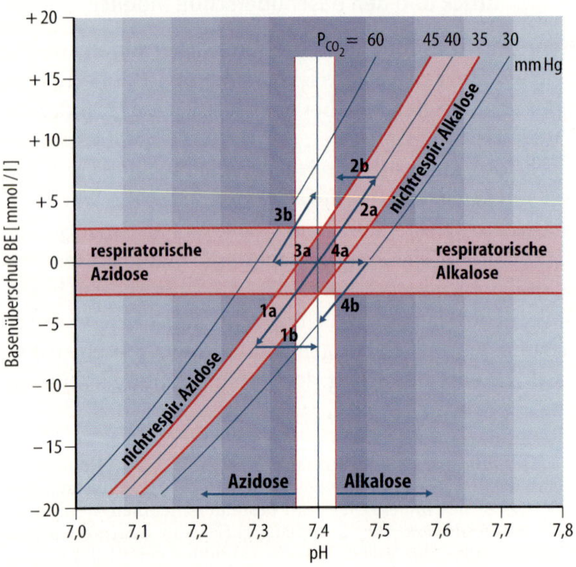

Abb. 27–14. Definitionen der primären Säure-Basen-Störungen und Möglichkeiten ihrer Kompensation. Die Normbereiche für den Basenüberschuß BE, den pH-Wert und den CO_2-Partialdruck P_{CO_2} sind durch *rote Linien* abgegrenzt. *Dunkelviolettes Feld* = Bereich des physiologischen Säure-Basen-Status, Pfeilbezeichnungen *a* = primäre Säure-Basen-Störungen, Pfeilbezeichnungen *b* = sekundäre Kompensationen

rote Linien eingegrenzt. In dieser Darstellung würden also alle Punkte, die links von dem senkrechten weißen Band liegen, eine *Azidose* kennzeichnen, und die Punkte rechts davon eine *Alkalose* charakterisieren. Innerhalb der violetten BE- und P_{CO_2}-Bänder sind die Bezeichnungen für die oben definierten Säure-Basen-Störungen angegeben. Meßwertepaare, die zu einem Punkt in diesen 4 Bereichen gehören, führen also zu einer Diagnose, aus der die Richtung und die Entstehung der Störung hervorgeht. Hat man beispielsweise im arteriellen Blut BE = 0 mmol/l und P_{CO_2} = 60 mm Hg gemessen, so handelt es sich um eine respiratorische Azidose, während BE = –15 mmol/l und P_{CO_2} = 40 mm Hg auf eine metabolische oder allgemeiner nichtrespiratorische Azidose schließen läßt.

Kompensation primärer Säure-Basen-Störungen. Die bisher betrachteten Störungen des Säure-Basen-Gleichgewichts stellen in der Regel lediglich primäre Veränderungen dar, die entweder sofort oder mit einer gewissen Verzögerung kompensiert werden können. Das heißt: Der primär zur sauren oder alkalischen Seite verlagerte pH-Wert wird durch das Eingreifen von Kompensationsmechanismen wieder in den Normbereich zurückgeführt oder zumindest diesem angenähert. Die in diesem Sinne wirkenden Mechanismen wurden bereits beschrieben (s. S. 619):

- Eine ***primär nichtrespiratorische Störung*** des Säure-Basen-Gleichgewichts kann durch eine entsprechende Veränderung der Lungenventilation kompensiert werden. Handelt es sich dabei um eine metabolische oder intestinale Störung, so kommt es außerdem zu einer Gegenregulation durch die Niere.
- Liegt eine ***primär respiratorische Störung*** vor, dann kann die Niere durch Veränderung der HCO_3^--Retention bzw. H^+-Ausscheidung kompensierend eingreifen.

Diese Kompensationsmöglichkeiten lassen sich am besten wieder in dem Diagramm der Abb. 27–14 deutlich machen. Bei einer ***primär nichtrespiratorischen Azidose*** (Pfeil 1a) ist durch die Anhäufung nichtflüchtiger Säuren im Blut die Pufferbasenkonzentration herabgesetzt und der pH-Wert zunächst gesenkt. Die pH-Senkung wirkt ihrerseits als Atmungsantrieb, so daß infolge der Hyperventilation der CO_2-Partialdruck abnimmt (Pfeil 1b). Sofern diese Verlagerung bis in den pH-Normbereich hineinführt, kann man von einer vollständig kompensierten, primär nichtrespiratorischen Azidose sprechen. Reicht der P_{CO_2}-Abfall nicht aus, um den normalen pH-Wert einzustellen, dann wird der Säure-Basen-Status als teilweise oder unvollständig kompensierte, nichtrespiratorische Azidose gekennzeichnet.

Bei einer ***primär nichtrespiratorischen Alkalose*** (Pfeil 2a) wird die Pufferbasenzunahme durch einen P_{CO_2}-Anstieg infolge Hypoventilation kompensiert (Pfeil 2b). Da jedoch die Atmungsgröße wegen der notwendigen Sauerstoffaufnahme nur begrenzt herabgesetzt werden kann, ist diese Kompensation meist unvollständig.

Bei einer ***primär respiratorischen Azidose*** (Pfeil 3a), beispielsweise als Folge einer Lungenfunktionsstörung, ist der CO_2-Partialdruck erhöht. Hier greift nun mit einer gewissen Latenz die Niere kompensierend ein. Die Pufferbasenkonzentration des Blutes steigt an, und der pH-Wert wird in den Normbereich zurückgeführt (Pfeil 3b). Ganz entsprechend nimmt bei einer ***primär respiratorischen Alkalose*** (Pfeil 4a), die durch einen niedrigen CO_2-Partialdruck gekennzeichnet ist, die Pufferbasenkonzentration ab (Pfeil 4b). Der pH-Wert wird dabei wieder in Richtung auf den Normalbereich verlagert.

Der Säure-Basen-Status des Blutes kann nach dem Astrup-Verfahren analysiert werden

Diagnostische Kriterien. Der Analyse und Beurteilung des im Blut vorliegenden Säure-Basen-Status kommt eine erhebliche klinische Bedeutung zu. Notwendig hierfür ist die Bestimmung derjenigen Größen, die die Entscheidungen ***Azidose – Alkalose*** sowie ***respiratorisch – nichtrespiratorisch*** und damit die quantitative Lenkung der Therapie solcher Störungen ermöglichen [10, 14, 16, 17]. Folgende im *arteriellen Blut* bestimmte Daten sind hierzu erforderlich:

- *pH:* Der pH-Wert zeigt an, ob die H^+-Konzentration des Blutes im Normbereich (pH = 7,37–7,43) liegt oder nach der sauren bzw. alkalischen Seite verlagert ist. Ein normaler pH-Wert besagt jedoch nicht unbedingt, daß überhaupt keine Störung im Säure-Basen-Haushalt vorläge. Es könnte sich auch um den Zustand nach vollständiger Kompensation einer primären Azidose oder Alkalose handeln.
- P_{CO_2}*:* Ein erhöhter oder erniedriger CO_2-Partialdruck ermöglicht die Entscheidung, ob eine Störung primär respiratorisch bedingt ist (Normbereich: P_{CO_2} = 35–45 mm Hg).
- *Basenüberschuß:* Der Wert für den Basenüberschuß (BE) läßt erkennen, ob eine primär nichtrespiratorische Störung des Säure-Basen-Gleichgewichts vorliegt. Die Anhäufung oder die Abnahme nichtflüchtiger Säuren im Blut wirken sich unmittelbar auf den BE-Wert aus (Normbereich: BE = –2,5 bis +2,5 mmol/l).
- *Standardbikarbonat:* Als weitere Größe für die Kennzeichnung einer nichtrespiratorischen Störung wird manchmal auch der Standardbikarbonatwert verwendet. Unter Standardbikarbonat versteht man die Bikarbonatkonzentration des Blutplasmas, wenn zuvor im Blut durch Äquilibrierung bei 37 °C ein CO_2-Partialdruck von 40 mm Hg eingestellt und das Hämoglobin vollständig mit Sauerstoff gesättigt worden ist (Normwert: 24 mmol/l).

In Tabelle 27–3 sind die primären und sekundären Veränderungen der 3 charakteristischen Parameter zusammengestellt, deren Kombination die eindeutige Bestimmung einer Säure-Basen-Störung ermöglicht.

Tabelle 27–3. Veränderungen der diagnostischen Parameter bei Säure-Basen-Störungen. *Dicke Pfeile:* Richtung der primären Veränderungen: *dünne Pfeile:* Richtung der sekundären Kompensationen (↑ Zunahme, ↓ Abnahme)

	pH	BE	P_{CO_2}
Nichtrespiratorische Azidose	↓	↓	↓
Nichtrespiratorische Alkalose	↑	↑	↑
Respiratorische Azidose	↓	↑	↑
Respiratorische Alkalose	↑	↓	↓

Analyse des Säure-Basen-Status. Für die Analyse des Säure-Basen-Status hat sich das ***Verfahren nach Astrup*** bewährt, bei dem CO_2- Partialdruck und Säure-Basen-Status in einem Arbeitsgang bestimmt werden [17]. Hierbei *äquilibriert* man zunächst das zu untersuchende Blut mit 2 *Gasgemischen* bekannter Zusammensetzung, die unterschiedliche CO_2-Partialdrücke aufweisen, und bestimmt jedesmal den zugehörigen pH-Wert. Man erhält also 2 pH-P_{CO_2}-Wertepaare, die in ein Diagramm – wie in Abb. 27–15 dargestellt – eingetragen werden. Die Verbindungsgerade zwischen den beiden Punkten (A und B) gibt den Säure-Basen-Status der Blutprobe wieder. Mißt man nun den im arteriellen Blut vorliegenden aktuellen pH-Wert, dann ist durch die Gerade diesem pH ein ganz bestimmter *aktueller* CO_2*-Partialdruck* zugeordnet (Punkt C). An den Schnittpunkten der Geraden mit den entsprechend bezeichneten Skalen kann man außerdem die Konzentrationswerte für die *Pufferbasen* und den *Basenüberschuß* ablesen. Bei-

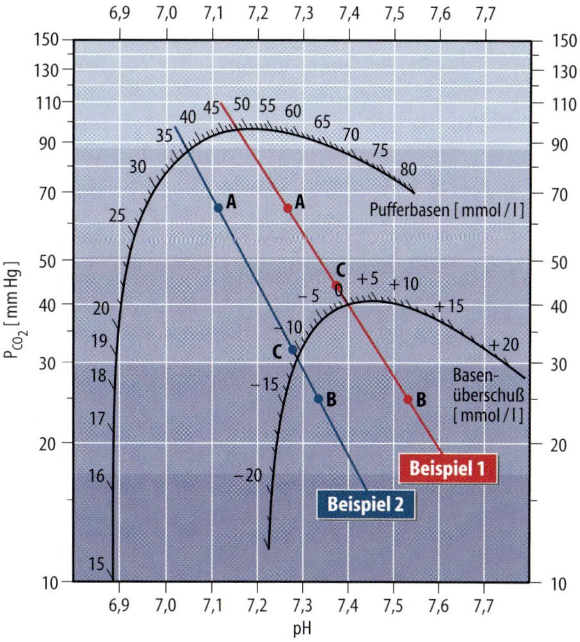

Abb. 27–15. Diagramm zur Ermittlung des CO_2-Partialdruckes und des Säure-Basen-Status im Blut nach dem Astrup-Verfahren, nach [17]. *A* und *B* Punkte, die durch Äquilibrierung mit Gasgemischen von bekanntem P_{CO_2} und anschließender pH-Messung gewonnen werden; *C* Ablesung des unbekannten aktuellen P_{CO_2} auf der Verbindungsgeraden nach pH-Messung. Beispiel 1: *rote Gerade:* P_{CO_2} = 44 mm Hg, pH = 7,37, Basenüberschuß = 0 mmol/l, Diagnose: normaler Säure-Basen-Status. Beispiel 2: *blaue Gerade:* P_{CO_2} = 32 mm Hg, pH = 7,28, Basenüberschuß = – 11 mmol/l, Diagnose: teilweise kompensierte, nichtrespiratorische Azidose

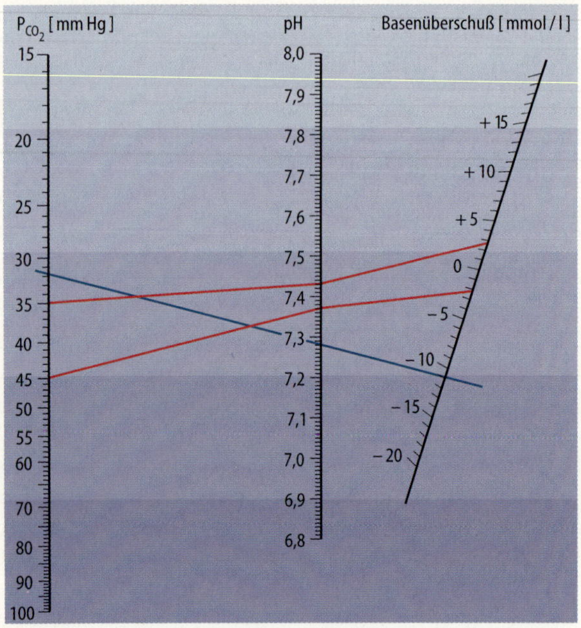

Abb. 27–16. Leiternomogramm zur Bestimmung des Basenüberschusses BE aus den Meßwerten für den CO_2-Partialdruck P_{CO_2} und den pH-Wert. Die Verbindungsgerade der Meßwerte für P_{CO_2} und pH schneidet die rechte Leiter im gesuchten BE-Wert. *Rote Linien:* Begrenzung des Normbereichs für den Säure-Basen-Status. *Blaue Gerade:* Aus den Meßwerten P_{CO_2} = 32 mm Hg, pH = 7,28 folgt BE = – 11 mmol/l; Diagnose: teilweise kompensierte, nichtrespiratorische Azidose. Nach [27, 28]

spielsweise kennzeichnen die Werte der roten Geraden in Abb. 27–15 einen normalen Säure-Basen-Status, während die blaue Gerade auf eine nichtrespiratorische Azidose schließen läßt (BE = –11 mmol/l), die durch Senkung des CO_2- Partialdrucks (P_{CO_2} = 32 mm Hg, blauer Punkt C) teilweise kompensiert ist.

Da es neuerdings möglich ist, den CO_2-Partialdruck in kleinen Blutproben mit P_{CO_2}-*Elektroden* direkt zu messen (s. S. 590), läßt sich der Säure-Basen-Status auch ohne Äquilibriermaßnahmen ermitteln [28]. Durch die aktuell gemessenen Werte für P_{CO_2} und *pH* ist nämlich der Basenüberschuß *BE*, die dritte für die Diagnose benötigte Größe, ebenfalls festgelegt. Zweckmäßigerweise bestimmt man den BE-Wert mit Hilfe eines ***Leiternomogramms*** (Abb. 27–16).

!

Über die Atmung werden in Ruhe täglich 15 000 mmol CO_2 eliminiert, während die Niere täglich 40–60 mmol nichtflüchtiger Säuren ausscheidet. Eine Azidose ist durch die Abnahme des pH-Wertes unter 7,37, eine Alkalose durch dessen Anstieg über 7,43 gekennzeichnet. Beim Auftreten solcher Störungen sorgen Kompensationsmechanismen dafür, daß der pH-Wert in den Normbereich zurückgeführt oder diesem angenähert wird. Eine primär respiratorische Säure-Basen-Störung, bei der der CO_2-Partiadruck außerhalb des Normbereichs (35–45 mm Hg) liegt, kann sekundär durch Anpassung der Nierenfunktion mit entsprechender Veränderung des Basenüberschusses kompensiert werden. Bei einer primär nichtrespiratorischen Säure-Basen-Störung, die metabolisch, intestinal oder renal bedingt sein kann, besteht ein Basenüberschuß (BE > +2,5 mmol/l) oder ein Basendefizit (BE < -2,5 mmol/l). Die Kompensation erfolgt in diesem Fall durch Anpassung der Lungenventilation mit entsprechender Veränderung des CO_2-Partialdrucks. Der pH-Wert, der CO_2-Partialdruck und der Basenüberschuß können in einer kleinen Blutprobe nach dem Astrup-Verfahren oder mit Hilfe eines Leiternomogramms bestimmt werden.

27.5 Literatur

Weiterführende Lehr- und Handbücher

1. Antonini E, Brunori M (1971) Hemoglobin and myoglobin in their reactions with ligands. North-Holland, Amsterdam
2. Baumann R, Bartels H, Bauer C (1987) Blood oxygen transport. In: Handbook of physiology, section 3: the respiratory system, vol IV. American Physiological Society, Bethesda, p 147
3. Begemann H, Rastetter J (ed) (1993) Klinische Hämatologie. Thieme, Stuttgart
4. Beyermann K (1976) Chemie für Mediziner. Thieme, Stuttgart
5. Bühlmann AA, Froesch ER (1989) Pathophysiologie. Springer, Berlin Heidelberg New York
6. Bunn HF, Forget BG (1986) Hemoglobin: molecular genetic and clinical aspects. Saunders, Philadelphia
7. Coburn RF, Forman HJ (1986) Carbon monoxide toxicity. In: Farhi LE, Tenney SM (eds) Handbook of physiology, section 3: the respiratory system, vol IV. American Physiological Society, Bethesda, p 439
8. Fidone SJ, Gonzalez C (1986) Initiation and control of chemoreceptor activity in the carotid body. In: Cherniack NS, Widdicombe JG (eds) Handbook of physiology, section 3: the respiratory system, vol II. American Physiological Society, Bethesda, p 247
9. Frick P (1987) Blut. In: Siegenthaler W (Hrsg) Klinische Pathophysiologie. Thieme, Stuttgart
10. Greiling H, Gressner AM (Hrsg) (1989) Lehrbuch der klinischen Chemie und Pathobiochemie. Schattauer, Stuttgart
11. Harten H-U (1987) Physik für Mediziner. Springer, Berlin Heidelberg New York
12. Klocke RA (1987) Carbon dioxide transport. In: Farhi LE, Tenney SM (eds) Handbook of physiology, section 3: the respiratory system, vol IV. American Physiological Society, Bethesda, p 173
13. Longo D (1986) Respiratory gas exchange in the placenta. In: Farhi LE, Tenney SM (eds) Handbook of physiology, section 3: the respiratory system, vol IV. American Physiological Society, Bethesda, p 351

14. Müller-Plathe O (1982) Säure-Basen-Haushalt und Blutgase. Pathobiochemie, Klinik, Methodik. Thieme, Stuttgart
15. Petro W, Konietzko N (1992) Lungenfunktionsdiagnostik. In: Ferlinz R (Hrsg) Diagnostik in der Pneumologie, Thieme, Stuttgart, p 209
16. Schuster HP, Schölmerich P, Schönborn H, Baum P (1988) Intensivmedizin. Thieme, Stuttgart
17. Siggaard-Andersen O (1974) The acid-base status of the blood. Munksgaard, Kopenhagen
18. Winslow RM, Rossi-Bernardi L (1991) Oxygen-hemoglobin dissociation curve. In: Crystal RG, West JB et al (eds) The lung: scientific foundations. Raven, New York
19. Wood S, Lenfant C (1987) Phylogeny of the gas-exchange system: red cell function. In: Farhi LE, Tenney SM (eds) Handbook of physiology, sect 3: the respiratory system, vol IV. American Physiological Society, Bethesda, p 131

Einzel- und Übersichtsarbeiten

20. Benesch RE, Benesch R, Yu CI (1969) The oxygenation of hemoglobin in the presence of 2,3-diphosphoglycerate: effect of temperature, pH, ionic strength, and hemoglobin concentration. Biochemistry 8:2567
21. Brodda K (1975) Zur Theorie des Säure-Basen-Haushalts von menschlichem Blut. Akademie der Wissenschaften und der Literatur, Mainz
22. Ciba-Geigy (1979) Wissenschaftliche Tabellen Geigy. Teilband Hämatologie und Humangenetik. Ciba-Geigy, Basel
23. Fischer WM, Vogel HR, Thews G (1968) O_2 and CO_2 exchange in the human placenta. In: Lübbers DW, Luft UC, Thews G, Witzleb E (eds) Oxygen transport in blood and tissue. Thieme, Stuttgart
24. Grote J (1971) Atemgas-pH-Nomogramme für das normale menschliche Blut bei verschiedenen Temperaturen. In: Thews G (Hrsg) Nomogramme zum Säure-Basen-Status und zum Atemgastransport. Springer, Berlin Heidelberg New York
25. Lübbers DW, Wodick R (1975) Absolute reflection photometry applied to the measurement of capillary oxyhaemoglobin saturation of the skin in man. In: Payne JP, Hill DW (eds) Oxygen measurements in biology and medicine. Butterworth, London
26. Perutz MF (1963) Röntgenanalyse des Hämoglobins. Angew Chemie 75:589
27. Thews G (Hrsg) (1971) Nomogramme zum Säure-Basen-Status des Blutes und zum Atemgastransport. Springer, Berlin Heidelberg New York
28. Thews G (1967) Ein Nomogramm für die O_2-Abhängigkeit des Säure-Basen-Status im menschlichen Blut. Pflügers Arch Gesamte Physiol 296:212
29. Zander R (1993) Diagnostik der O_2-Versorgung über den O_2-Status des Blutes. Anasthesiol Intensivmed Notfallmed Schmerzther 28:34
30. Zander R, Mertzlufft FO (1988) Der Sauerstoff-Status des arteriellen Blutes. Karger, Basel

28 Gewebeatmung

J. Grote

EINLEITUNG Eine starke Herabsetzung oder die vollständige Unterbrechung der Durchblutung und O_2-Versorgung eines Organs führen zu schweren Störungen seiner Gewebeatmung und rufen ausgeprägte Funktionseinschränkungen hervor. Treten die Mangelbedingungen in lebenswichtigen Organen wie dem Herzen oder dem Gehirn auf, dann können die Störungen von Perfusion und Atemgaswechsel in den betroffenen Geweben so starke Funktionsveränderungen verursachen, daß sie den Tod der betroffenen Patienten verursachen. Besonders markante Beispiele sind der Herzinfarkt oder der Schlaganfall.

Unter der Gewebeatmung versteht man den Atemgaswechsel innerhalb eines Zellverbandes bei der biologischen Oxidation der Nährstoffe. Der Sauerstoff wird von den Zellen aus dem Kapillarblut aufgenommen und im oxidativen Stoffwechsel verbraucht, während gleichzeitig das als Stoffwechselendprodukt freigesetzte Kohlendioxid an das Kapillarblut abgegeben wird. Der Begriff Gewebeatmung wird hier weiter gefaßt als in vielen Lehrbüchern der Biochemie, in denen die Gewebeatmung als oxidativer Abbau der Nährstoffe unter Beteiligung von molekularem Sauerstoff definiert ist. Da ein O_2-Mangel in den Geweben in stärkerem Maße als ein unzureichender CO_2-Abtransport den oxidativen Zellstoffwechsel begrenzt, sollen die Fragen der O_2-Versorgung der Gewebe bei der Darstellung der Gewebeatmung in den Vordergrund gestellt werden.

28.1 Gewebestoffwechsel und Sauerstoffbedarf

Der Energiebedarf der Zellen wird durch den aeroben und anaeroben Abbau der Nährstoffe gedeckt

Aerobe und anaerobe Energiegewinnung. Die einzelne Zelle benötigt für die Aufrechterhaltung ihrer Struktur, für ihre Funktionsbereitschaft und für die Durchführung ihrer Funktionen eine bestimmte Energiemenge, die sie unter Normalbedingungen vorrangig durch den ***oxidativen Abbau der Nährstoffe*** gewinnt. Voraussetzung für die Energiegewinnung durch den aeroben Stoffwechsel ist die Anwesenheit von *Substrat* – Kohlenhydraten, Eiweißen und Fetten – und *molekularem Sauerstoff* in ausreichenden Konzentrationen innerhalb der Zelle.

Unter anaeroben Bedingungen kann die in den Geweben benötigte Energie lediglich durch die ***Glykolyse*** gewonnen werden. Dieser Stoffwechselweg ist jedoch gegenüber dem oxidativen Glukoseabbau weniger ökonomisch, da das Endprodukt Laktat noch einen hohen Energiegehalt besitzt. Zur Gewinnung gleicher Energiemengen muß die einzelne Zelle bei anaerobem Stoffwechsel ca. 15mal mehr Glukose umsetzen als unter aeroben Bedingungen.

Der *oxidative Abbau* von 1 mol Glukose führt unter Bedingungen, die denen innerhalb der Zellen nahekommen, zu einem Gewinn an freier Energie von ca. 689 kcal = 2883 kJ [11]. Der entsprechende Wert für den *Glukoseabbau durch Glykolyse* beträgt lediglich 50 kcal = 208 kJ. Trotz der vergleichsweise geringen Energieausbeute spielt dieser Abbauweg der Glukose unter anaeroben wie aeroben Bedingungen in zahlreichen Geweben, wie z.B. im Nierenmark, im Gehirn, in den Erythrozyten und im arbeitenden Muskelgewebe eine wichtige Rolle. In der arbeitenden Skelettmuskulatur, in aktiviertem Gehirngewebe und im Nierenmark konnten auch unter aeroben Bedingungen hohe Glykolyseraten nachgewiesen werden [9,14,15].

Die biologische Oxidation findet in den Mitochondrien statt

In den ***Mitochondrien*** können neben den Enzymen des *Zitratzyklus*, der *Atmungskette* und der *oxidativen Phosphorylierung* die Enzyme für den *Abbau der Fettsäuren* und den *Abbau verschiedener Aminosäuren* nachgewiesen werden [3]. Eine schematische Übersicht

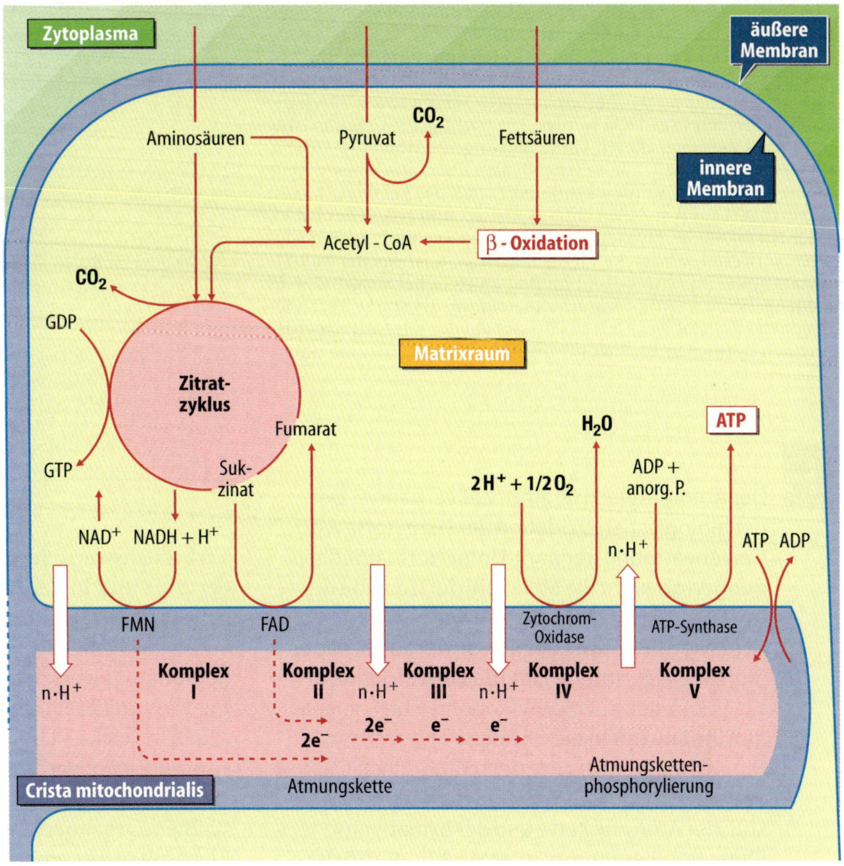

Abb. 28–1. Schematische Darstellung der wichtigsten Stoffwechselreaktionen bei der biologischen Oxidation in den Mitochondrien. Enzymkomplexe der Atmungskette: Komplex I, NADH-Ubichinonreduktase; Komplex II, Sukzinat-Ubichinon-Reduktase; Komplex III, Ubichinon-Zytochrom-c-Reduktase; Komplex IV, Zytochrom-c-Oxidase; Komplex V, ATP-Synthase. Nach [43]

der verschiedenen Stoffwechselwege bei der biologischen Oxidation gibt die Abb. 28–1.

Durch das Membransystem der Mitochondrien findet ein Transport von *Pyruvat, Fettsäuren* und *Aminosäuren* aus dem Zytoplasma in den ***Matrixraum*** der Mitochondrien statt, in dem sie über spezifische Stoffwechselwege zu Verbindungen abgebaut werden, die anschließend in den *Zitratzyklus* gelangen. Aus dem Pyruvat, das vorrangig als Endprodukt des aeroben Glukosestoffwechsels im Zytoplasma auftritt, wird im Matrixraum nach oxidativer Dekarboxylierung Azetyl-CoA gebildet, das unter normalen Bedingungen zum größten Teil im Zitratzyklus abgebaut wird. Während die ersten Schritte des Glukoseabbaus (Glykolyse) im Zytoplasma ablaufen, findet der oxidative Fettsäureabbau vollständig im Matrixraum statt. Die Fettsäuremoleküle werden durch die β-Oxidation schrittweise zu Azetyl-CoA abgebaut, das in den Zitratzyklus gelangt oder für die Synthese von Fettsäuren herangezogen wird. Die beim Stoffwechsel der Aminosäuren im Matrixraum entstehenden Kohlenwasserstoffverbindungen können an verschiedener Stelle (Azetyl-CoA, α-Ketoglutarat, Sukzinyl-CoA, Fumarat, Oxalazetat) in den Zitratzyklus eingeschleust werden.

Die im Zitratzyklus durch 3 Dehydrierungsreaktionen gebildeten *NADH-Moleküle* und das im Zitratzyklus entstehende *Sukzinat* diffundieren zur inneren Membran der Mitochondrien, in der die ***Enzyme der Atmungskette*** und der ***oxidativen Phosphorylierung*** zu lokalisieren sind. NADH wird dort von einem Enzymkomplex der Atmungskette oxidiert, an dem Flavinmono-nukleotid (FMN) beteiligt ist, während die Oxidation des Sukzinats von einem Enzymkomplex übernommen wird, zu dem Flavin-adenin-dinukleotid (FAD) gehört. Die bei den Oxidationsprozessen freigesetzten Elektronen gelangen über eine Elektronentransportkette (Komplexe I, II und III) zum Zytochrom-c-Oxidase-Komplex, von dem sie auf molekularen Sauerstoff übertragen werden [43]. Mit Hilfe der Energie, die durch den Elektronentransport verfügbar wird, können Protonen durch die innere Mitochondrienmembran aus dem Matrixraum in die Cristae gepumpt werden. Der gebildete Protonengradient schafft die Voraussetzungen für den Ablauf verschiedener energieverbrauchender Prozesse, unter denen die ATP-Synthese im Vordergrund steht. Beim Rückfluß der Protonen in den Matrixraum katalysiert die ATP-Synthase die Bildung von *ATP (Atmungskettenphosphorylierung)*. Pro oxidiertem NADH-Molekül entstehen ca. 3 Moleküle ATP, pro oxidiertem $FADH_2$-Molekül können ca. 2 Moleküle ATP gebildet werden. Im ersten Fall beträgt das Verhältnis der ATP-Produktion zum Sauerstoffverbrauch (***P/O-Quotient***) etwa 3, im zweiten Fall etwa 2.

Folgen mangelhafter O_2-Versorgung. Unter pathophysiologischen Bedingungen, die zu einer Einschränkung der O_2-Versorgung führen, kann der Energiebedarf der Gewebe nur zum Teil und nur für kurze Zeit durch die in Form von ATP und Kreatinphosphat in begrenzter Menge gespeicherten Energiereserven sowie durch die anaerobe Glykolyse gedeckt werden. Die wichtigsten Gründe dafür sind 1., daß der unter diesen Voraussetzungen erhöhte *Glukosebedarf* der Zellen lediglich in seltenen Fällen über eine längere Zeitspanne voll gedeckt werden kann und 2., daß das gebildete *Laktat* nur verzögert aus den Zellen abtransportiert und z. B. in der Leber, in der Niere und im Myokard abgebaut oder zur Bildung von Glykogen verwertet werden kann. Als Folge des Anstiegs der Laktatkonzentration im Gewebe und im Blut entsteht bei ausgeprägtem O_2-Mangel eine ***nichtrespiratorische Azidose,*** die starke Veränderungen des Zellstoffwechsels auslöst, sobald der intrazelluläre pH-Wert den optimalen Bereich für die Aktivität der Enzyme unterschreitet.

!

Der Atemgaswechsel eines Zellverbandes bei der biologischen Oxidation der Nährstoffe wird Gewebeatmung genannt. Unter Normalbedingungen gewinnt die Mehrzahl der Gewebe die für die Strukturerhaltung und die Funktionen der Zellen benötigte Energie durch den aeroben Stoffwechsel. Unter anaeroben Bedingungen sind die Zellen auf die unökonomische Energiegewinnung durch die Glykolyse angewiesen. Die wichtigsten Schritte der biologischen Oxidation, zu denen die Reaktionen des Zitratzyklus, der Atmungskette und der oxidativen Phosphorylierung zu zählen sind, finden in den Mitochondrien statt. Bei O_2-Mangel kann der Energiebedarf für kurze Zeit aus den Energiereserven (ATP, Kreatinphosphat) der Zellen und durch die anaerobe Glykolyse gedeckt werden.

Der Sauerstoffbedarf eines Gewebes wird vom Funktionszustand seiner Zellen bestimmt

O_2-Verbrauch unter Ruhebedingungen. Bei körperlicher Ruhe und normaler Körpertemperatur werden für den O_2-Verbrauch der verschiedenen Organe oder für Teilbereiche einzelner Organe die in Tabelle 28–1 zusammengestellten Werte gemessen. Die Größe des O_2-Verbrauchs ($\dot{V}_{O_2}$) eines Organs, die normalerweise in ml pro 1 g oder 100 g Feuchtgewicht und pro Minute angegeben wird, ergibt sich nach dem ***Fickschen Prinzip*** aus der ***Durchblutungsgröße ($\dot{Q}$)*** und der ***Differenz der O_2-Gehalte*** im zufließenden *arteriellen* und abfließenden *venösen Blut (avD_{O_2})*, entsprechend der Gleichung:

$$\dot{V}_{O_2} = avD_{O_2} \cdot \dot{Q} \qquad (1)$$

Unter den Bedingungen körperlicher Ruhe besteht ein großer O_2-Verbrauch im Herzmuskelgewebe, in der grauen Substanz des Gehirns (z. B. Großhirnrinde), in der Leber und in der Nierenrinde, während niedrige O_2-Verbrauchswerte in inaktivem Skelettmuskelgewebe, in der Milz und in der weißen Substanz des Gehirns nachgewiesen werden können (Tabelle 28–1).

Tabelle 28–1. Mittelwerte für die Durchblutung ($\dot{Q}$) und den O_2-Verbrauch ($\dot{V}o_2$) verschiedener Organe des Menschen bei 37 °C (1, 2, 17, 19, 20, 24, 25, 30, 33, 36, 40)

Organ	Durchblutung $\dot{Q}$ ml · g⁻¹ · min⁻¹	O_2-Verbrauch $\dot{V}o_2$ ml · g⁻¹ · min⁻¹
Gehirn (ges.)	0,4–0,6	$3 \cdot 10^{-2}$ – $4 \cdot 10^{-2}$
Rinde	0,6–1,0	$5 \cdot 10^{-2}$ – $10 \cdot 10^{-2}$
Mark	0,2–0,3	$1 \cdot 10^{-2}$ – $2 \cdot 10^{-2}$
Herzmuskel		
körperl. Ruhe	0,8–0,9	$7 \cdot 10^{-2}$ – $10 \cdot 10^{-2}$
starke Belastung	bis ca. 4,0	bis ca. $40 \cdot 10^{-2}$
Niere (ges.)	4,0	$6 \cdot 10^{-2}$
Rinde	4,0–5,0	$9 \cdot 10^{-2}$
äußeres Mark	1,2	$6 \cdot 10^{-2}$
inneres Mark	0,25	$0{,}4 \cdot 10^{-2}$
Skelettmuskel		
in Ruhe	0,03	$0{,}3 \cdot 10^{-2}$ – $0{,}5 \cdot 10^{-2}$
starke Belastung	0,5–1,3	0,1–0,2

Regionale Unterschiede des O_2-Verbrauchs in Organen. Da die *Durchblutungsgröße umschriebener Gewebeareale* in zahlreichen Organen mit Hilfe von *Clearanceuntersuchungen inerter Gase,* wie z. B. ^{85}Kr oder ^{133}Xe gemessen werden kann, ist es möglich, den O_2-Verbrauch der untersuchten Organbezirke zu bestimmen, wenn es gelingt, Blutproben aus einer Vene zu gewinnen, welche die entsprechende Region drainiert. Seit einigen Jahren ist es darüber hinaus möglich, die Durchblutung und den O_2-Verbrauch einzelner Organbezirke mit Hilfe der *Positronenemissionstomographie (PET)* direkt zu bestimmen. Das Verfahren wird sehr erfolgreich bei der Untersuchung des Gehirns von Menschen angewendet [20,36]. Bei Untersuchungen der O_2-Versorgungsbedingungen im Gehirngewebe verschiedener Säugetiere wurden für die *Großhirnrinde* O_2-Verbrauchswerte zwischen ca. $8 \cdot 10^{-2}$ und 0,1 ml · g⁻¹ · min⁻¹ gemessen. Aus den bestimmten Daten für den O_2-Verbrauch des gesamten Gehirns und der Großhirnrinde konnte für die *weiße Substanz des Gehirns* ein mittlerer O_2-Verbrauch von ca. $1 \cdot 10^{-2}$ ml · g⁻¹ · min⁻¹ ermittelt werden. Die direkte Bestimmung des zerebralen O_2-Verbrauchs durch die Positronenemissionstomographie führte bei gesunden Versuchspersonen zu Werten zwischen ca. 4 und $6 \cdot 10^{-2}$ ml · g⁻¹ · min⁻¹ für die *graue Substanz* verschiedener Hirnareale und zu Werten um $2 \cdot 10^{-2}$ ml · g⁻¹ · min⁻¹ für die *weiße Substanz* [20,36]. Je nach Funktion und Funktionszustand sind in einem Gewebebezirk Differenzen zwischen dem O_2-Bedarf der einzelnen Zellen zu erwarten. Autoradiographische Untersuchungen der lokalen Durchblutung und des lokalen Glukoseverbrauchs in der Großhirnrinde sowie PET-Studien des zerebralen Glukosestoffwechsels ergaben, daß die Durchblutung und der Glukoseverbrauch in eng benachbarten Regionen erhebliche Unterschiede aufweisen können [9,36]. Beim Menschen nehmen die regionale Durchblutung und die regionale O_2-Aufnahme in der grauen Substanz des Gehirns nach dem 30. Lebensjahr ab [17,20,36].

Vergleichbare Unterschiede des O_2-Bedarfs einzelner Organbezirke finden sich in der Niere [s. S. 742]. Der mittlere O_2-Verbrauch der *Nierenrinde* liegt um ein Mehrfaches über dem Wert für die *Innenzone* und die *Papille des Nierenmarks.* Da der O_2-Bedarf des Nierengewebes vorrangig von der Größe der Na^+-Rückresorption bestimmt wird, sind die großen Unterschiede der regionalen O_2-Verbrauchswerte besonders auf die unterschiedliche Resorptionsleistung der Nierenrinde und des Nierenmarks zurückzuführen [30].

O_2-Verbrauch bei gesteigerter Organfunktion. Jede Leistungssteigerung eines Organs führt zu einer Zunahme des Energieumsatzes und zu einer Erhöhung des O_2-Bedarfs seiner Zellen. Unter den Bedingungen körperlicher Belastungen nimmt der O_2-Verbrauch des *Herzmuskelgewebes* gegenüber dem Wert bei Ruhebedingungen bis um das 3- bis 4fache zu, während der O_2-Verbrauch arbeitender *Skelettmuskelgruppen* auf mehr als das 20- bis 50fache des Ruhewertes anwachsen kann. Der O_2-Bedarf des *Nierengewebes* steigt bei erhöhter Resorptionsleistung.

Bei ausreichender O_2-Versorgung ist die O_2-Aufnahmerate der Gewebe unabhängig von der Durchblutungsgröße. Eine *Ausnahme* bildet das Nierengewebe. Oberhalb des kritischen Durchblutungswertes, bei dessen Überschreiten die Bildung des Ultrafiltrates einsetzt, nimmt der O_2-Verbrauch des Nierengewebes mit steigender Durchblutung zu. Als Folge der Durchblutungszunahme steigt die Filtrationsrate und mit ihr wächst die Na-Resorption durch die Tubulus- und die Sammelrohrzellen.

Temperatureinfluß auf den O_2-Verbrauch. Der O_2-Verbrauch der Gewebe ist in starkem Maße temperaturabhängig. Die Erniedrigung der Körpertemperatur führt zu einer Abnahme des O_2-Bedarfs der Gewebe als Folge des eingeschränkten Energieumsatzes. Ausgenommen sind bei erhaltener Temperaturregulation alle Organe, deren Tätigkeitsumsatz im Rahmen der Regulationsvorgänge im Organismus gesteigert ist. Zu ihnen zählt z. B. die Skelettmuskulatur (Steigerung des Muskeltonus, Kältezittern, s. S. 651). Die Erhöhung der Körpertemperatur ruft einen allgemeinen O_2-Mehrbedarf in den Geweben hervor.

Im Bereich zwischen 20 und 40 °C hat jede Änderung der Körpertemperatur um 10 °C eine gleichgerichtete Veränderung des O_2-Verbrauchs der Gewebe um den Faktor Q_{10}=2–3 zur Folge. Operationen, bei denen der Blutkreislauf und damit die O_2- und Nährstoffnachlieferung zu den Organen für eine bestimmte Zeit unterbrochen werden muß, führt man aus diesem Grund sehr häufig unter den Bedingungen herabgesetzter Körpertemperatur (***Hypothermie***) durch. Um in allen Organen eine Verminderung des O_2-Bedarfs zu erreichen, muß gleichzeitig durch eine tiefe Narkose die Temperaturregulation des Organismus eingeschränkt oder ausgeschaltet werden.

!

In Abhängigkeit von der Aktivität der Zellen besteht in den Geweben ein unterschiedlich großer O_2-Bedarf. Hyperthermie führt zu seiner Erhöhung, Hypothermie zu seiner Erniedrigung. Der O_2-Verbrauch eines Organs ergibt sich als Produkt der zugehörigen arterio-venösen Differenz des O_2-Gehaltes und der Organdurchblutung (Ficksches Prinzip). In zahlreichen Organen bestehen erhebliche regionale Unterschiede des O_2-Verbrauchs.

28.2 Sauerstoffversorgung der Gewebe

Die O_2-Vorräte der Gewebe sind mit Ausnahme der Muskelgewebe gering

Die in einem Gewebe für die Gewebeatmung zur Verfügung stehende O_2-Menge wird von der Größe des *konvektiven O_2-Transportes* im Blut und dem Ausmaß der *O_2-Diffusion* zwischen dem Kapillarblut und den zu versorgenden Zellen bestimmt. Da die Mehrzahl der Gewebe neben dem physikalisch gelösten Sauerstoff keine weiteren O_2-Vorräte besitzt, führt jede Einschränkung der O_2-Nachlieferung zum O_2-Mangel und zu einer Verminderung des oxidativen Zellstoffwechsels, sobald das O_2-Angebot den O_2-Bedarf nicht voll decken kann.

O_2-Speicherfunktion des Myoglobins. Eine Ausnahme bilden die *Muskelgewebe,* deren Farbstoff *Myoglobin (Mb)* Sauerstoff reversibel bindet und damit als O_2-Speicher dienen kann. Da die Myoglobinkonzentrationen der Muskelgewebe des Menschen jedoch gering sind, ist die gespeicherte O_2-Menge nicht groß genug, um ausgeprägte O_2-Mangelzustände für längere Zeit zu überbrücken.

Der mittlere Myoglobingehalt des Myokards z. B. beträgt etwa 4 mg pro g Gewebe. Da 1 g Myoglobin maximal ca. 1,39 ml Sauerstoff bindet, sind unter physiologischen Bedingungen in 1 g Herzmuskelgewebe etwa $0{,}5 \cdot 10^{-3}$ ml Sauerstoff gespeichert. Nach vollständiger Unterbrechung der O_2-Nachlieferung zum Myokard kann mit Hilfe dieser O_2-Menge der normale oxidative Zellstoffwechsel nur für ca. 3–4 s aufrechterhalten werden.

Bedeutung des Myoglobins für die O_2-Versorgung der Muskelgewebe. Die Funktion des Myoglobins ist die eines ***intrazellulären O_2-Transporteurs und O_2-Speichers.*** Es schafft die Voraussetzungen dafür, daß die O_2-Partialdrücke in den Muskelgeweben im Vergleich zu myoglobinfreien Geweben nur geringe örtliche Unterschiede aufweisen und daß die O_2-Partialdrücke bei einsetzender Belastung trotz des steigenden O_2-Verbrauchs weitgehend konstant gehalten werden können (22, 23). Unter den Bedingungen in den Muskelzellen beträgt der O_2-Halbsättigungsdruck des Myoglobins ca. 5 bis 6 mm Hg (0,7–0,8 kPa). Zum Transportmittel für Sauerstoff wird das Myoglobin, wenn innerhalb einer Muskelzelle

Unterschiede seiner O_2-Sättigung auftreten und oxygenierte Myoglobinmoleküle vom Ort höherer zum Ort niederer Konzentration diffundieren (***erleichterte O_2-Diffusion,*** s. S. 586). Bei niedrigen O_2-Partialdrücken können in den einzelnen Zellen trotz geringer O_2-Partialdruckunterschiede mit Hilfe des Myoglobins große O_2-Mengen transportiert werden [22,23,31].

Im ***Myokard*** stellt der an den Muskelfarbstoff gebundene Sauerstoff die O_2-Versorgung von Herzmuskelbezirken sicher, deren Durchblutung während der Systole für kurze Zeit eingeschränkt oder unterbrochen ist [24].

In der ***Skelettmuskulatur*** kann die O_2-Abgabe des Myoglobins am Beginn schwerer Muskelarbeit einen Teil des gesteigerten O_2-Bedarfs decken, bevor durch die Anpassung der Durchblutungsgröße erneut ein ausreichendes O_2-Angebot zur Verfügung steht. Der aus dem Myoglobin freigesetzte Sauerstoff bildet einen Teil der ***O_2-Schuld,*** den jede Skelettmuskelfaser eingehen kann.

O_2-Angebot und O_2-Utilisation sind wichtige Größen zur Beurteilung der O_2-Versorgung der Gewebe

Das O_2-Angebot ist die Sauerstoffmenge, die pro Zeiteinheit mit dem Blut zu einem Organ transportiert wird. Es ergibt sich aus dem Produkt von ***arteriellem O_2-Gehalt*** und ***Durchblutungsgröße:***

$$Ca_{O_2} \cdot \dot{Q} \qquad (2)$$

Wie aus der Gl. (2) zu ersehen, sind Unterschiede des O_2-Angebotes an die Organe auf die unterschiedliche Größe der Durchblutung zurückzuführen. Jede Veränderung der Durchblutungsgröße führt unmittelbar zu einer gleichsinnigen Veränderung des O_2-Angebotes an ein Gewebe.

Das mittlere O_2-Angebot an die einzelnen Organe kann für physiologische Bedingungen aus dem O_2-Gehalt des arteriellen Blutes (s. S. 610) und den in der Tabelle 28–1 zusammengestellten Durchblutungswerten ermittelt werden. Besonders große Werte ergeben sich für die Nierenrinde und die graue Substanz des Gehirns, kleine Werte für die ruhende Skelettmuskulatur, das Nierenmark und die weiße Substanz des Gehirns.

O_2-Utilisation in verschiedenen Organen. Unter der O_2-Utilisation eines Organes versteht man das ***Verhältnis seines O_2-Verbrauchs zum O_2-Angebot.*** Wie aus den Gl. (1) und (2) abzuleiten, ergibt sich damit:

$$O_2\text{-Utilisation} = (avD_{O_2} \cdot \dot{Q})/(Ca_{O_2} \cdot \dot{Q}) = avD_{O_2}/Ca_{O_2}. \qquad (3)$$

In Abhängigkeit vom O_2-Bedarf des Gewebes wird das O_2-Angebot in den einzelnen Organen unterschiedlich genutzt. Unter Normalbedingungen beträgt der O_2-Verbrauch der Großhirnrinde, des Myokards und der ruhenden Skelettmuskulatur ca. 40–60 % der in der gleichen Zeit angebotenen O_2-Menge. Die O_2-Utilisation kann bei gesteigerter Organfunktion erheblich zunehmen. Höchstwerte, die im Extremfall ca. 90 % erreichen, beobachtet man unter den Bedingungen schwerer körperlicher Belastungen in der arbeitenden Skelettmuskulatur und im Myokard. Bei erhöhtem O_2-Bedarf eines Gewebes wird das O_2-Angebot durch die Zunahme der Durchblutungsgröße kurzfristig vergrößert. Unter pathophysiologischen Bedingungen können die *Erniedrigung des O_2-Gehaltes im arteriellen Blut* (***arterielle Hypoxämie***) oder die *Einschränkung der Durchblutungsgröße* (***Ischämie***) zu einer größeren *O_2-Utilisation* in einem Organ führen. Besonders gering ist die Ausnutzung des O_2-Angebotes in der Niere und in der Milz. Aufgrund der organspezifisch hohen Durchblutung steht in den beiden Organen ein sehr großes O_2-Angebot einem mittleren bzw. kleinen O_2-Bedarf gegenüber.

! In der Mehrzahl der Organe muß der momentane O_2-Bedarf durch ein entsprechendes O_2-Angebot gedeckt werden. Lediglich die Muskelgewebe verfügen im Myoglobin über einen O_2-Speicher. Das O_2-Angebot an ein Organ entspricht dem Produkt aus arteriellem O_2-Gehalt und Durchblutungsgröße. Die O_2-Utilisation eines Organs ergibt sich aus dem Verhältnis seines O_2-Verbrauches zum O_2-Angebot. Die kurzfristige Anpassung des O_2-Angebotes an einen erhöhten O_2-Bedarf wird in erster Linie durch die Steigerung der Durchblutungsgröße erreicht.

Der Austausch der Atemgase in den Geweben erfolgt durch Diffusion

Freie und erleichterte Diffusion. Die mit dem Blutstrom zu den Organen transportierten ***O_2-Moleküle*** wandern, dem O_2-Partialdruckgefälle folgend, aus den Erythrozyten und dem Plasma in das umgebende Gewebe. Gleichzeitig diffundiert das beim oxidativen Stoffwechsel gebildete Kohlendioxid aus den Zellen in das Blut. Von besonderer Bedeutung für den Atemgaswechsel ist damit die Höhe des ***O_2-*** und des ***CO_2-Partialdrucks im Blut.*** Unter den Bedingungen körperlicher Ruhe stellen sich in den verschiedenen Kreislaufabschnitten des Menschen die in Abb. 28–2 schematisch dargestellten mittleren Atemgaspartialdrücke ein.

Die O_2-Abgabe vom Blut an das Gewebe kann durch die *Diffusion des oxygenierten Hämoglobins* innerhalb der Erythrozyten beschleunigt werden [31].

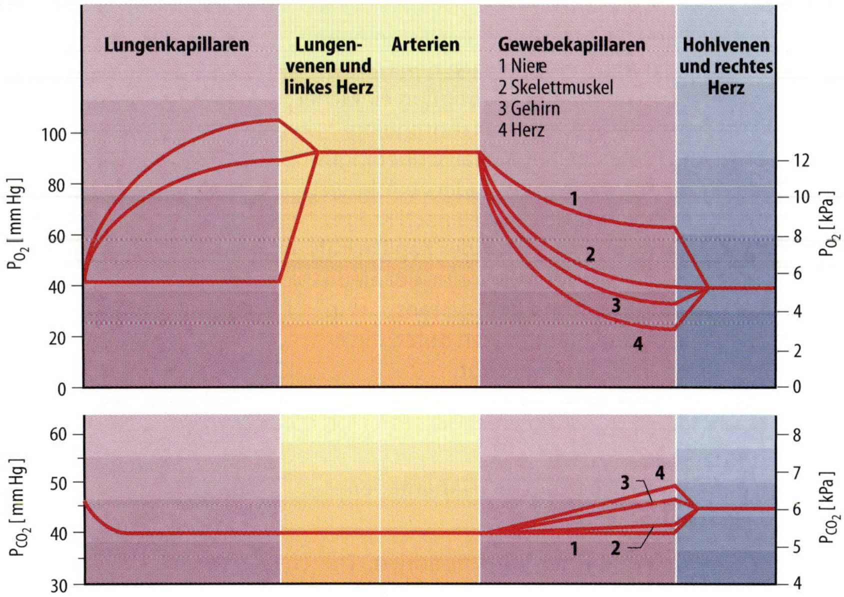

Abb. 28–2. O_2-Partialdrücke (PO_2) und CO_2-Partialdrücke (PCO_2) des Blutes in den verschiedenen Abschnitten des Kreislaufsystems unter Ruhebedingungen. Modifiziert nach [41]

Man spricht in diesem Fall von ***erleichterter O_2-Diffusion*** *(facilitated diffusion)*. In Muskelgeweben übt die *Diffusion des oxygenierten Myoglobins* einen vergleichbaren Einfluß auf den O_2-Transport aus.

Bestimmend für die O_2-Abgabe vom Blut an das Gewebe wie für den entgegengerichteten Transport des Kohlendioxids ist neben dem *Partialdruckgefälle* zwischen dem Kapillarblut und den einzelnen Zellen die Größe der *Austauschfläche*, die Länge der *Diffusionsstrecke* und die Größe des *Diffusionswiderstandes* der einzelnen Zellen sowie der Flüssigkeiten und Strukturen im Extrazellularraum. Für die Bedingungen bei konstantem Partialdruckgefälle wird die Abhängigkeit der pro Zeiteinheit ausgetauschten Gasmenge von den verschiedenen Einflußgrößen durch das ***1. Ficksche Diffusionsgesetz*** beschrieben (s. S. 5f und S. 586).

Modelle für den Atemgasaustausch im Gewebe

Mit Hilfe der Diffusionsgesetze ist es möglich, bei Berücksichtigung einfacher Modellvorstellungen vom Versorgungsbereich einer einzelnen Kapillare oder eines Kapillarnetzes (s. Abb. 28–4 und 28–5) die O_2- und CO_2-Partialdrücke der Zellen zu berechnen. Unter den verschiedenen Modellen, mit deren Hilfe versucht wurde, die Bedingungen für den Atemgasaustausch in den Geweben zu beschreiben, ist das bekannteste der ***Gewebezylinder*** nach ***Krogh*** (s. Abb. 28-4) [32].

Obgleich die Modellvorstellung von Krogh lediglich die Bedingungen für den Atemgaswechsel in einem Gewebeareal zu beschreiben vermag, in dem benachbarte Kapillaren parallel verlaufen, in gleichen Ebenen beginnen und enden und in gleicher Richtung durchströmt werden, erwies sich der Gewebezylinder als ein gutes Denkmodell für das Studium des Atemgaswechsels und des Stoffaustausches in den Geweben.

Bedeutung der Kapillarisierung und der Mikrozirkulation. Neben der Höhe des Partialdruckgefälles zwischen dem Kapillarblut und den Zellen wird der Atemgaswechsel in einem Gewebebezirk vom Ausmaß der *Kapillarisierung* und der *Perfusion der terminalen Strombahn* bestimmt. Sowohl die ***Austauschfläche*** für die Diffusion der Atemgase als auch die ***Diffusionsstrecken*** sind unmittelbar abhängig von der Zahl der durchströmten Kapillaren, ihrer Länge und ihrem Abstand.

Die Kapillarisierung der Gewebe kann von Organ zu Organ und in vielen Fällen auch innerhalb eines Organes stark variieren. Ein besonders enges Kapillarnetz und damit günstige Bedingungen für den Atemgaswechsel findet man in Geweben mit hohem Energieumsatz. Im *Myokard* z. B. entfällt auf jede Muskelfaser eine Kapillare, der mittlere Abstand benachbarter Kapillaren beträgt ca. 20 μm. Für den mittleren Kapillarabstand in der *Hirnrinde* wurden ca. 40 μm, in der *Skelettmuskulatur* ca. 50 μm bestimmt. Durch die Erhöhung oder Herabsetzung des Gefäßmuskeltonus in den Arteriolen kann die Perfusion der Kapillaren verändert werden.

> **!** Der Austausch der Atemgase zwischen dem Blut und den Zellen erfolgt durch Diffusion, bestimmende Faktoren sind die Partialdruckdifferenz, die Kapillarisierung des Gewebes

und die Perfusion der terminalen Strombahn. Der Atemgaswechsel kann nach den Diffusionsgesetzen unter Berücksichtigung einfacher Modellvorstellungen von den morphologischen und funktionellen Austauschbedingungen berechnet werden. Besonders erfolgreich angewendet wurde das Modell nach Krogh, das den Versorgungsbezirk einer Kapillare als umgebenden Zylinder beschreibt. Bei niedrigen Partialdrücken wird der O_2-Transport in Muskelzellen und Erythrozyten durch die erleichterte Diffusion begünstigt.

In den Geweben besteht eine inhomogene O_2-Partialdruckverteilung

Kritischer O_2-Partialdruck der Mitochondrien. Die O_2-Partialdrücke in den Zellen eines Gewebes stellen sich zwischen dem Wert des arteriellen Blutes und einem Minimalwert, der bereits unter physiologischen Bedingungen in einzelnen Zellen nur etwa 1 mm Hg (133 Pa) betragen kann, ein. Voraussetzung für den normalen oxidativen Stoffwechsel einer Zelle ist ein *Mindest-O_2-Partialdruck von ca. 0,1–1 mm Hg* (13,3–133,3 Pa) *im Bereich der Mitochondrien,* der ***kritische O_2-Partialdruck der Mitochondrien*** [13,39]. Sinkt der O_2-Partialdruck in unmittelbarer Nähe der Mitochondrien unter diesen Wert, so kann die reduzierte *Zytochromoxidase* nicht mehr vollständig oxidiert werden, der Wasserstoff- und Elektronentransport in der *Atmungskette* nimmt ab, und die Einschränkung des Energiestoffwechsels ist die Folge. *Wichtigstes Kriterium für die Beurteilung der O_2-Versorgung eines Organes ist damit der zelluläre O_2-Partialdruck.*

Nach dem *polarographischen Verfahren* (s. S. 589 f) sind direkte Messungen des O_2-Partialdrucks in den einzelnen Zellen eines Gewebes mit Mikroelektroden möglich. Für die Bestimmung des O_2-Partialdrucks in oberflächennahen Zellen werden sehr kleine Platinelektroden benutzt, die man unmittelbar auf das Gewebe aufsetzen kann, ohne gleichzeitig die Mikrozirkulation im Untersuchungsfeld zu stören. Messungen des zellulären O_2-Partialdrucks in tieferen Geweberegionen können mit Nadelelektroden, deren Spitzendurchmesser ca. 0,5–5 μm beträgt, durchgeführt werden.

Die Messungen des O_2-Partialdruckes im Gewebe sind vorrangig auf leicht zugängliche Organe beschränkt. Beispielsweise kann bei verschiedenen Muskelerkrankungen oder Störungen der Skelettmuskeldurchblutung die O_2-Partialdruckverteilung in den betroffenen Skelettmuskelgruppen bei körperlicher Ruhe und unter Belastungsbedingungen mit Nadelelektroden bestimmt werden. Der Einsatz von Mikrooberflächenelektroden ermöglicht während neurochirurgischer Operationen Hinweise auf die momentane Sauerstoffversorgung des Operationsgebietes und seiner Umgebung. Die Ergebnisse einer derartigen Untersuchung sind in Abb. 28–3 dargestellt. Sie gibt die Häufigkeitsverteilungen des O_2-Partialdrucks in den oberflächennahen Zellen der Großhirnrinde bei arterieller Normoxie und arterieller Hypoxie wieder [26].

Um beim Menschen einen Einblick in die O_2-Versorgungsbedingungen eines Organes gewinnen zu können, ist man in der Mehrzahl der Fälle darauf angewiesen, die wichtigsten Einflußgrößen wie die Durchblutung, den O_2-Verbrauch sowie die Atemgaspartialdrücke und den pH-Wert des arteriellen Blutes zu bestimmen und mit Hilfe der Daten den Atemgaswechsel zu beurteilen. Mit der Nahinfrarot-Spektroskopie steht seit einigen Jahren eine Methode zur Verfügung, die es vor allen Dingen bei Neugeborenen ermöglicht, direkt Hinweise auf die O_2-Versorgung von Geweben über die Bestimmung der O_2-Sättigung des Hämoglobins im Kapillarblut und den Oxidationsgrad der Zytochrome in den Zellen zu erhalten, z. B. des Gehirngewebes [29, 44].

O_2-Partialdruckverteilung im Gehirngewebe. Von besonderem Interesse ist die Kenntnis der O_2-Partialdruckverteilung im Gehirn- und Herzmuskelgewebe, da eine mangelhafte O_2-Versorgung beider Organe unmittelbar zum Tode führen kann. Innerhalb des zylinderförmigen Versorgungsbereiches einer Kapillare der *Großhirnrinde* ergibt sich bei einem O_2-Verbrauch von $9 \cdot 10^{-2}$ ml $O_2 \cdot g^{-1} \cdot min^{-1}$ und einer Durchblutung von 0,8 ml Blut $\cdot g^{-1} \cdot min^{-1}$ die in Abb. 28–4 dargestellte mittlere O_2-Partialdruckverteilung. Während der *Kapillarpassage* sinkt der O_2-Partialdruck im Blut von 90 mm Hg (12,0 kPa) auf ca. 28 mm Hg (*3,7 kPa*) ab. Die O_2-Partialdruckveränderungen innerhalb des Kapillarblutes folgen dem Verlauf der *effektiven O_2-Bindungskurve* (s. S. 611 f). Gleichzeitig stellt sich zwischen dem Blut und den Randbezirken des Versorgungszylinders eine O_2-Partialdruckdifferenz von ca. 26 mm Hg (3,5 kPa) ein. In den am schlechtesten mit Sauerstoff versorgten Zellen im Versorgungsbereich des venösen Kapillarendes sind O_2-Partialdrücke zwischen 1 und 2 mm Hg (133 und 266 Pa) zu erwarten.

Die berechneten O_2-Partialdrücke, stimmen sehr gut mit Werten überein, die bei vergleichbaren Bedingungen im Tierexperiment [26] direkt gemessen wurden (Abb. 28–3). Sie erklären, warum eine Verschlechterung der zerebralen O_2-Versorgungsbedingungen sehr leicht in den ungünstig versorgten Gewebeabschnitten zu einem *O_2-Mangel* der Zellen führen kann. Die unmittelbare Folge ist eine Funktionseinschränkung der Neurone, die in vielen Fällen eine Bewußtseinstrübung oder eine Bewußtlosigkeit nach sich zieht.

O_2-Partialdruckverteilung im Myokard. Die Herzmuskulatur zeichnet sich gegenüber der Mehrzahl der Organe durch ***nichtstationäre O_2-Versorgungsbedingungen*** aus. Sowohl die *Durchblutung* als auch der *Energiebedarf* des Myokards veränderen sich im Verlauf des einzelnen *Herzzyklus.* Während der Systole nimmt im Ver-

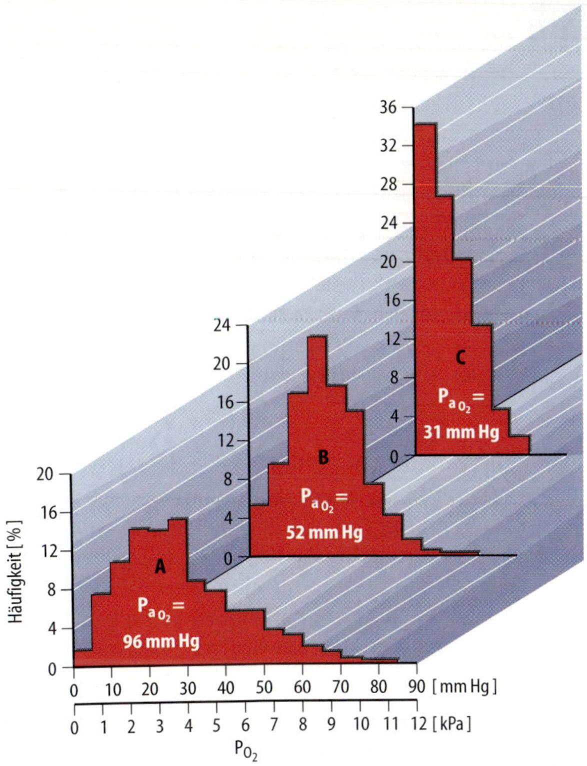

Abb. 28–3. Häufigkeitsverteilung des lokalen O_2-Partialdruckes in den oberflächennahen Zellen der Großhirnrinde von Katzen bei: **A** arterieller Normoxie (PaO_2 = 96 mm Hg= 12,8 kPa), **B** mäßiger arterieller Hypoxie (PaO_2 = 52 mm Hg = 7,0 kPa) und **C** schwerer arterieller Hypoxie (PaO_2 = 31 mm Hg= 4,2 kPa). Die fortschreitende Herabsetzung des arteriellen O_2-Partialdruckes führt zu einer zunehmenden Verlagerung der Histogramme zu niedrigen O_2-Partialdrücken und einer starken Erhöhung der Zahl von Meßwerten im Bereich zwischen 0 und 5 mm Hg (0 und 0,7 kPa). Bei schwerer arterieller Hypoxie besteht trotz starker Zunahme der Durchblutung eine ausgeprägte Gewebehypoxie mit Anoxie in zahlreichen Zellen der Großhirnrinde. Nach [26]

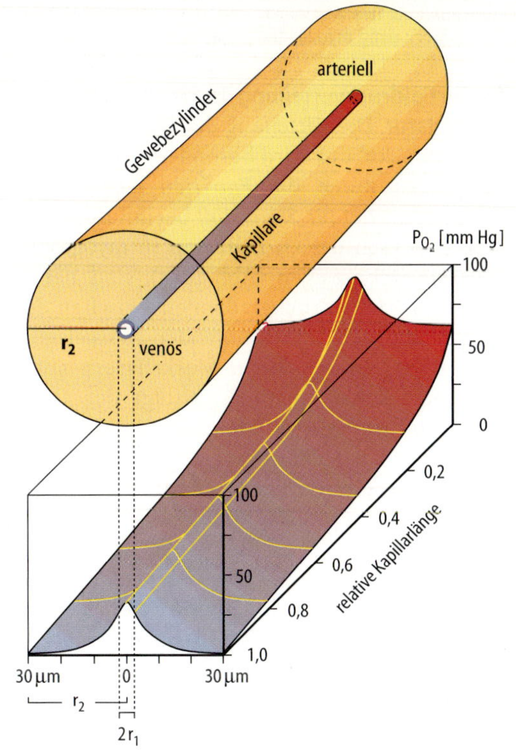

Abb. 28–4. Schematische Darstellung der O_2-Partialdruckverteilung im Versorgungszylinder einer Kapillare in der Großhirnrinde des Menschen (O_2-Verbrauch = $9 \cdot 10^{-2}$ ml · g^{-1} · min^{-1}, Durchblutung = 0,8 ml · g^{-1} · min^{-1}). Der mittlere O_2-Partialdruck des Blutes fällt in den Kapillaren der Großhirnrinde unter Normbedingungen von 90 mm Hg (12,0 kPa) auf ca. 28 mm Hg (3,7 kPa) ab. Innerhalb des Querschnittes des Versorgungszylinders beträgt der mittlere O_2-Partialdruckabfall von der Kapillare zum Zylindermantel ca. 26 mm Hg (3,5 kPa)

sorgungsbereich der A. coronaria sinistra als Folge der Drucksteigerung im Gewebe die Durchblutung ab; in den Herzmuskelinnenschichten des linken Ventrikels kann sie kurzzeitig vollständig unterbrochen sein (s. S. 468 f). Den resultierenden Schwankungen des *O_2-Angebotes im Myokard,* das ein *Minimum in der Systole* und ein *Maximum in der Diastole* erreicht, stehen entgegengerichtete Änderungen des Energiebedarfs der einzelnen Herzmuskelzellen gegenüber. Der *größte Energiebedarf* besteht während der *Kontraktionsphase,* der *geringste* in der *Ruhephase.*

Trotz der Einschränkung des O_2-Angebotes während der Systole kann der gleichzeitig erhöhte Energiebedarf des Myokards unter Normalbedingungen vollständig gedeckt werden, da

- den Herzmuskelzellen Energiereserven (ATP, Kreatinphosphat) zur Verfügung stehen und
- das oxygenierte Myoglobin in Zellen, deren O_2-Partialdruck während der Kontraktion unter ca. 5 mm Hg (0,7 kPa) sinkt, O_2-Moleküle abgibt (s. S. 627).

Während der Diastole führt die hohe Durchblutung zu einem gesteigerten O2-Angebot und ermöglicht damit die Wiederaufsättigung des Myoglobins mit Sauerstoff und die Wiederauffüllung der zellulären Energiespeicher [24].

Unter den Bedingungen körperlicher Belastungen ist die O_2-Versorgung des Herzmuskelgewebes erschwert. Die Funktionssteigerung führt zu einer Erhöhung des O_2-Verbrauchs im Myokard. Da gleichzeitig die Herzfrequenz ansteigt und damit die Diastolendauer erheblich verkürzt wird, ist die Anpassung des O_2-Angebots an den gesteigerten O_2-Bedarf nur begrenzt möglich. Bei sehr starker körperlicher Belastung wird eine Grenze der Anpassung erreicht, wenn die Herzfrequenz über 180–200 min^{-1} ansteigt. Im EKG können gleichzeitig die typischen Zeichen einer mangelhaften O_2-Versorgung des Herzmuskelgewebes (Senkung von ST, Abflachung oder Umkehr von T) auftreten (s. S. 494). Die Herabsetzung der Herzmuskeldurchblutung (Myokardischämie) kann eine der Durchblutungsabnahme proportionale Funktionseinschränkung hervorrufen. Trotz fortdauernder Minderperfusion bleiben die betroffenen Zellen funktionstüchtig; nach initialem Abfall nehmen ihre Energievorräte wieder zu. Man vergleicht den Funktionszustand des Myokards mit dem Winterschlaf und spricht vom hibernating myocardium [38].

O_2-Partialdruckverteilung in der arbeitenden Skelettmuskulatur. Die Verteilung der O_2-Partialdrücke in der Skelettmuskulatur wird besonders unter Belastungsbedingungen durch die *Funktion des Myoglobins als Transportmittel für Sauerstoff* beeinflußt. Wie theoretische Analysen der O_2-Diffusion in myoglobinreichem Muskelgewebe zeigen (Abb. 28–5), sind bei Belastung große O_2-Partialdruckgradienten zwischen dem Kapillarblut und den zu versorgenden Muskelzellen zu erwarten [23]. Innerhalb der Muskelfasern mit O_2-Partialdrücken unter 10 mmHg erfolgt der O_2-Transport durch Diffusion der O_2-Moleküle und durch erleichterte Diffusion mit dem Myoglobin. Da in diesen Zellen große Unterschiede der O_2-Sättigung des Myoglobins bestehen können, diffundieren die MbO_2-Moleküle von Orten hoher zu Orten minderer Konzentration. Die Aussagen der theoretischen Untersuchungen stimmen gut überein mit den Ergebnissen von Messungen der O_2-Sättigung des Myoglobins in einzelnen Muskelfasern und den aus ihnen abgeleiteten intrazellulären O_2-Partialdrücken [22].

!

Die O_2-Partialdrücke in den Zellen eines Gewebes verteilen sich zwischen Maximalwerten, die etwa dem arteriellen O_2-Partialdruck entsprechen, und Minimalwerten, die ein bis wenige mm Hg betragen können. Sie werden polarographisch mit Mikroelektroden gemessen. Besonders niedrige O_2-Partialdrücke können in Geweben mit hohem Energie-Bedarf auftreten, zu ihnen zählen die Großhirnrinde, das Myokard und die arbeitende Skelettmuskulatur. Im Herzmuskelgewebe bestehen nichtstationäre O_2-Versorgungsbedingungen. Während der Systole steht ein niedriges O_2-Angebot einem hohen O_2-Bedarf gegenüber. Das große O_2-Angebot bei geringem O_2-Bedarf während der Diastole ermöglicht die Wiederauffüllung der im Verlauf der Systole entleerten Energie- und O_2-Speicher. Bei Erniedrigung des O_2-Partialdrucks einer Zelle unter den kritischen Wert für die Mitochondrien (0.1 bis 1 mm Hg) tritt eine Einschränkung des Energiestoffwechsels auf.

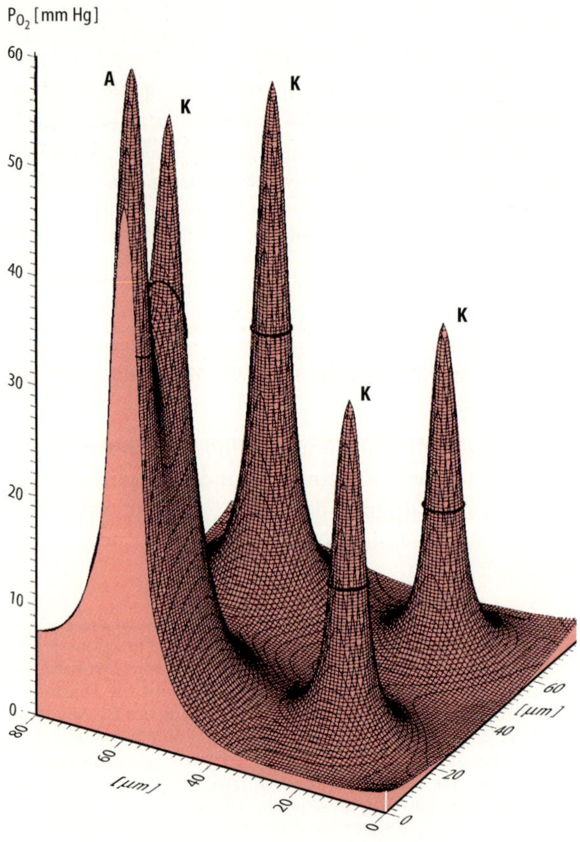

Abb. 28–5. O_2-Partialdruckverteilung in einem Querschnitt durch eine myoglobinreiche Muskelfaser, die sie versorgenden Kapillaren (K) und eine zugehörige Arteriole (A) unter Belastungsbedingungen bei Annahme eines O_2-Verbrauchs von 0,14 ml · g^{-1} · min^{-1} und eines Faserradius von 25 µm. Nach [23]

28.3 Regulation des O_2-Angebotes und O_2-Mangelwirkungen

Das O_2-Angebot an ein Organ wird durch die Änderung der Durchblutungsgröße dem O_2-Bedarf angepaßt

Die mit jeder Funktionssteigerung eines Organs einhergehende *Erhöhung des O_2-Bedarfs* muß durch die *Vergrößerung des O_2-Angebotes* und seine *vermehrte Ausschöpfung* ausgeglichen werden. Wie aus Gl. (2) hervorgeht, kann das O_2-Angebot in einem Gewebe durch die Zunahme der Durchblutungsgröße und die Erhöhung des O_2-Gehaltes im arteriellen Blut gesteigert werden. Da jedoch unter physiologischen Bedingungen die O_2-Sättigung des Hämoglobins im arteriellen Blut bereits ca. 97 % beträgt, ist eine weitere Zunahme des arteriellen O_2-Gehaltes durch Hyperventilation kaum möglich. Die *Anpassung des O_2-Angebotes* an eine momentane Steigerung des O_2-Bedarfs in einem Gewebe wird vorrangig durch die *Zunahme der Durchblutung* erreicht.

Regulation der Organdurchblutung. Die Durchblutungsgröße eines Organs wird in erster Linie von der Größe des *Herzzeitvolumens* und der Höhe des *Gefäßmuskeltonus in den der terminalen Strombahn vorgeschalteten Gefäßabschnitten* bestimmt. Die nervösen und humoralen Einflüsse auf die Organdurchblutung und die lokal chemischen Regelmechanismen sind ausführlich in Kap. 24 dargestellt. Es wird aus diesem Grunde hier nur auf einige Besonderheiten der Regulation des O_2-Angebotes im Gehirngewebe, im Myokard und in der Skelettmuskulatur hingewiesen.

Im ***Gehirngewebe*** wird die Steigerung des O_2-Angebotes bei erhöhtem O_2-Bedarf vorrangig durch die Herabsetzung des Tonus der Gefäßmuskulatur nach *Erniedrigung des O_2-Partialdrucks (Hypoxie)* und die *Erhöhung des CO_2-Partialdrucks (Hyperkapnie)* im Gewebe sowie den *Anstieg der extrazellulären H^+-Konzentrationen* hervorgerufen. Eine wichtige Rolle bei der Einstellung der Gefäßweite spielen die dilatierend wirkenden Endothelfaktoren *Prostazyklin* und *NO* [5,21,35]. Zu einer vergleichbaren Tonusänderung in der glatten Muskulatur der Gehirngefäße führt die *mäßige Erhöhung der K^+-Konzentration* im Perivaskulärraum [12,34]. Es ist bislang nicht geklärt, welche Bedeutung die Einflüsse des vegetativen Nervensystems auf die Einstellung der Gefäßweite bei der Regulation der Gehirndurchblutung haben. Die zahlreich an den Gehirngefäßen nachgewiesenen *sympathischen Nervenfasern* gewinnnen insbesondere unter pathophysiologischen Bedingungen (Bluthochdruck) an Bedeutung [12].

Für die Mehrdurchblutung des ***Myokards*** unter Belastungsbedingungen werden vorrangig *lokalchemische Prozesse*, unter denen die ***Erniedrigung des O_2-Partialdrucks*** *(Hypoxie)* des Gewebes eine besondere Bedeutung besitzt, verantwortlich gemacht. Eine Vermittlerrolle wird u.a. dem gefäßerweiternd wirkenden *Adenosin* zugeschrieben [1,8,19]. Möglicherweise wird dabei die Dilatation der Koronargefäße durch die *Öffnung ATP-abhängiger K^+-Kanäle* und die dadurch ausgelöste *Hyperpolarisation* der Gefäßmuskelzellen verursacht [16]. Unter den lokalen Einflußgrößen der Myokarddurchblutung spielen die *vasodilatierend wirkenden Endothelfaktoren, NO* und *Prostazyklin,* eine Hauptrolle [8,19,37]. Die bei Belastung auftretende *Steigerung des Sympathikustonus* führt initial nach Aktivierung von α-Rezeptoren zu einer Durchblutungsabnahme. Die gleichzeitig durch die Aktivierung der *β*-Rezeptoren ausgelöste Stoffwechselsteigerung verursacht im weiteren Verlauf eine Vasodilatation, die bei ausreichendem Perfusionsdruck eine Mehrdurchblutung des Myokards ermöglicht [1,8,19].

Die Gründe für die Steigerung der Durchblutung in der ***Skelettmuskulatur*** bei Belastung sind noch weitgehend unbekannt. Neben *adrenergen sympathischen Nervenfasern,* deren Aktivierungsgrad wie in zahlreichen anderen Organen besonders die Höhe des Tonus der glatten Gefäßmuskulatur bestimmt, lassen sich im Skelettmuskelgewebe *cholinerge sympathische Fasern* mit vasodilatatorischer Wirkung nachweisen. Der Aktivierung dieser cholinergen Sympathikusfasern schreibt man die Durchblutungssteigerung am Beginn einer Muskeltätigkeit zu. Sie betrifft nur in geringem Umfang die Abschnitte der Endstrombahn, in denen der Atemgas- und Stoffaustausch stattfindet. Während der Muskelarbeit wird die Mehrdurchblutung der wahren – nutritiven – Kapillaren vermutlich durch eine Reihe lokal-chemischer Mechanismen aufrechterhalten, die den Basistonus der Gefäßmuskulatur, dessen Höhe besonders durch die NO-Freisetzung beeinflußt wird, herabsetzen [37]. Eine wesentliche Bedeutung mißt man dem *Anstieg der K^+-Konzentration* und der *Erhöhung der Osmolarität* im Extrazellulärraum bei [6]. Hinzu kommt die Wirkung der *Hypoxie* im Muskelgewebe. Die Veränderungen des CO_2-Partialdrucks und der H^+-Konzentration spielen für die Durchblutungssteigerung in der Skelettmuskulatur unter Belastungsbedingungen nur eine untergeordnete Rolle.

Folgen eines langdauernden oder wiederholt auftretenden O_2-Mehrbedarfs. Wiederholte starke Belastungen des Herzens bei der Kreislaufanpassung an einen O_2-Mehrbedarf der Organe führen zu *strukturellen Veränderungen im Myokard* und zu einer *Vergrößerung des Herzgewichtes.* Bei physiologischer Anpassung, wie man sie z.B. bei Hochleistungssportler findet, kann das Herzgewicht von seinem Normalwert von ca. 200–300 g bis zu einem *kritischen Grenzwert von ca. 500 g* zunehmen. Im Vordergrund steht das Wachstum der Myokardfasern ***(Hypertrophie).*** Die kritische Grenze für die Myokardhypertrophie wird in erster Linie durch die Beeinträchtigung der O_2-Versorgung bestimmt. Da im Verlauf der Anpassungsvorgänge der Versorgungsbereich der einzelnen Kapillare größer wird und die Zahl der Kapillaren anwächst, die vorgeschalteten Strombahnabschnitte aber nahezu unverändert bleiben, kann eine ausreichende O_2-Versorgung des Myokards nur bis zum Grenzgewicht sichergestellt werden [4]. Der mittlere Radius einer Herzmuskelfaser beträgt unter Normalbedingungen ca. 8 μm und beim kritischen Herzgewicht ca. 13,5 μm. Unter ***pathophysiologischen Bedingungen*** tritt nach Überschreiten des kritischen Herzgewichtes in zahlreichen Herzmuskelbezirken eine mangelhafte O_2-Versorgung auf, die zum Untergang einzelner Herzmuskelfasern und zur Zerstörung des normalen Strukturgefüges im Myokard führt *(exzentrische Hypertrophie* und *Gefügedilatation).*

Neben den Anpassungserscheinungen im Herzen kann unter den geschilderten Bedingungen eine ***Erhöhung der O_2-Kapazität des Blutes*** nach verstärkter Erythrozytenbildung und Hämoglobinsynthese [7,28] (s. S. 420) auftreten. Der Anpassung durch die gesteigerte Erythrozytenbildung sind jedoch enge Grenzen gesetzt, da mit der Zunahme des Hämatokritwertes die Viskosität des Blutes steigt und die Belastung des Herzens größer wird. Die Aktivierung der Erythropoiese ist die Folge einer erhöhten Bildung und Freisetzung des Erythropoietins vorrangig im Nierengewebe, die durch Hypoxie ausgelöst wird [7,28]. Obgleich bei Gewebehypoxie die Proteinsynthese allgemein abnimmt, findet gleichzeitig eine ausgeprägte Steigerung der Bildung bestimmter Eiweißverbindungen statt. Zu ihnen zählen das Erythropoietin und die Endotheline sowie verschiedene Enzyme der Glykolyse wie die Phosphofructokinase, die Aldolase und die Lactatdehydrogenase. Für die genannten Proteine konnte in jüngster Zeit eine starke, durch Hypoxie ausgelöste Expression ihrer Gene nachgewiesen werden [10,18].

!

Die Anpassung des O_2-Angebotes an den O_2-Bedarf eines Organs wird durch die Regulation der Durchblutungsgröße mit Hilfe lokal metabolischer Faktoren sowie humoral und neuronal beeinflußter Regelmechanismen erreicht. Im Gehirngewebe spielen die Partialdrücke von O_2 und CO_2, die extrazellulären Konzentrationen von K^+ und H^+ sowie dilatierend wirkende Endothelfaktoren (Prostazyklin, NO) eine besondere Rolle. Im Myokard ist zusätzlich die Bildung von Adenosin von großer Bedeutung. Die Höhe der Skelettmuskeldurchblutung wird besonders von der Aktivierung der adrenergen α-Rezeptoren und von lokal metabolischen Faktoren bestimmt. Bei häufig auftretendem O_2-Mehrbedarf der Organe können die Hypertrophie des Myokards, die vermehrte Bildung von Erythrozyten und die Steigerung der Hämoglobinsynthese die Anpassung erleichtern.

Ursachen mangelhafter O_2-Versorgung eines Organs sind Ischämie, arterielle Hypoxie und Anämie

Störungen des Atemgaswechsels in der Lunge oder Störungen des Atemgastransportes im Blut führen zu einer mangelhaften O_2-Versorgung der Organe und zur ***Gewebehypoxie*** (PO_2 < normal) oder ***Gewebeanoxie*** (PO_2 = 0 mm Hg), sobald der O_2-Bedarf nicht mehr durch ein entsprechendes O_2-Angebot gedeckt werden kann. Unter den möglichen Ursachen einer O_2-Mangelversorgung stehen drei im Vordergrund:

- die Einschränkung der Organdurchblutung *(Ischämie)*,
- die Erniedrigung des O_2-Partialdrucks im arteriellen Blut *(arterielle Hypoxie)* und
- die Herabsetzung der O_2-Kapazität des Blutes *(Anämie)*.

Ischämische Gewebehypoxie. Die *Einschränkung der Organdurchblutung* führt im Vergleich zu den Normalbedingungen zu einer stärkeren O_2-Ausschöpfung des Blutes während des Kapillardurchflusses und zu einer *Vergrößerung der arteriovenösen Differenz des O_2-Gehaltes.* Die direkte Folge ist ein besonders ausgeprägter O_2-Partialdruckabfall im Kapillarblut (venöse Hypoxie), der durch die gleichzeitige Erniedrigung des O_2-Partialdruckgefälles zum Gewebe Ursache für eine mangelhafte O_2-Versorgung der Zellen werden kann (Abb. 28–6).

Arterielle Hypoxie. Die *alveoläre Hypoventilation* (s. S. 585) führt zu einer *Senkung des O_2-Partialdrucks* (***Hypoxie***) und des *O_2-Gehaltes* (***Hypoxämie***) *im arteriellen Blut* (***hypoxische Hypoxämie***). Infolge der gleichzeitigen Erhöhung des *arteriellen CO_2-Partialdrucks* (***Hyperkapnie***) tritt zusätzlich eine *respiratorische Azidose* auf. Vergleichbare Erniedrigungen des arteriellen O_2-Partialdrucks und des arteriellen O_2-Gehaltes, die jedoch mit einer *Herabsetzung des CO_2-Partialdrucks im arteriellen Blut* (***Hypokapnie***) und einer *respiratorischen Alkalose* einhergehen, beobachtet man beim Aufenthalt in großen Höhen (s. S. 699).

Bei ausgeprägter arterieller Hypoxie ist die O_2-Versorgung der Gewebe eingeschränkt, körperliche Belastungen sind nur begrenzt möglich. Insbesondere in Organen mit hohem O_2-Bedarf kann unter diesen Voraussetzungen der O_2-Partialdruck des Kapillarblutes auf sehr niedrige Werte absinken (Abb. 28–6 und 28–7), so daß eine ***venöse Hypoxie*** auftritt. Wie aus Abb. 28–7 zu entnehmen ist, werden die unter den Bedingungen einer ausgeprägten arteriellen Hypoxie beim Atemgaswechsel im Kapillarblut der Organe auftretenden O_2-Partialdruckveränderungen vorrangig durch den Mittelabschnitt der effektiven O_2-Bindungskurve bestimmt. Da in diesem Kurvenbereich im Vergleich zum Ende der O_2-Bindungskurve gleichen Änderungen des O_2-Gehaltes geringere O_2-Partialdruckänderungen zuzuordnen sind, stellt sich innerhalb der Kapillaren ein sehr flaches O_2-Partialdruckprofil ein. Durch die Abnahme des O_2-Partialdruckabfalls im Kapillarblut kön-

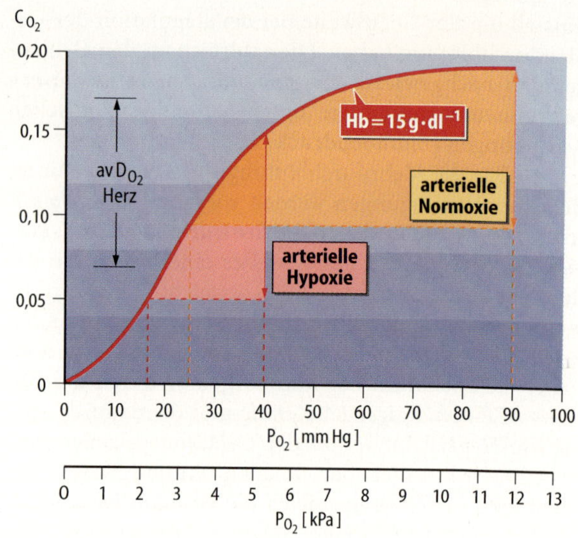

Abb. 28–6. Einfluß einer arteriellen Hypoxie (PO_2 = 44 mm Hg = 5,3 kPa) auf den Abfall des O_2-Partialdruckes im Blut während der Kapillarpassage, dargestellt für die Bedingungen im Myokard bei körperlicher Ruhe. Die O_2-Partialdruckänderungen im Kapillarblut werden bei stark erniedrigtem arteriellem O_2-Partialdruck vorrangig vom steilen Mittelabschnitt der O_2-Bindungskurve bestimmt. Die Folge ist ein gegenüber der Normoxie verringerter O_2-Partialdruckabfall, der z. T. die ungünstigen Ausgangsbedingungen für die O_2-Versorgung der Gewebe auszugleichen vermag (*Ordinate:* O_2-Gehalt in ml O_2 pro ml Blut; *Abszisse:* O_2-Partialdruck)

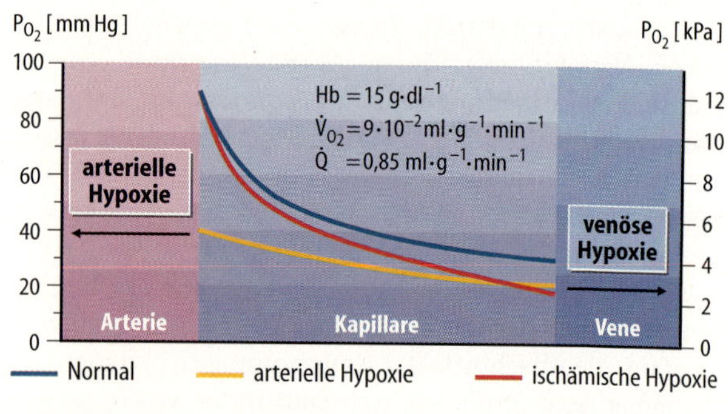

Abb. 28–7. Mittlerer O_2-Partialdruckabfall in den Kapillaren der Großhirnrinde des Menschen unter Normalbedingungen, bei ischämischer Hypoxie (Reduktion der Durchblutungsgröße um 1/3) und bei starker arterieller Hypoxie

nen die ungünstigen Ausgangsbedingungen für die O_2-Versorgung der Gewebe z. T. ausgeglichen werden. Für die Großhirnrinde ergeben sich bei einem arteriellen O_2-Partialdruck von 40 mm Hg (5,3 kPa), die in Abb. 28–6 dargestellten mittleren O_2-Partialdruckänderungen des Kapillarblutes. Sobald das O_2-Partialdruckgefälle zwischen dem Blut und dem Gewebe zu gering wird, um eine ausreichende O_2-Abgabe zu ermöglichen, fällt der O_2-Partialdruck in den vom venösen Kapillarende versorgten Zellen unter den kritischen Wert für die Mitochondrien und eine Einschränkung des Energieumsatzes ist die Folge.

Anämische Gewebehypoxie. Jede Herabsetzung der O_2-Kapazität des Blutes als Folge einer *Erniedrigung des Hämoglobingehaltes nach Blutverlust* oder *mangelhafter Hämoglobinsynthese* (***Anämie***) sowie einer *Methämoglobinbildung* oder einer *CO-Vergiftung* (***funktionelle Anämie***) führt zu einer Abnahme des O_2-Gehaltes im arteriellen Blut. Wie in Abb. 28–8 am Beispiel des Herzmuskelgewebes wiedergegeben, stellen sich unter diesen Bedingungen sehr niedrige Werte für den O_2-Gehalt des Blutes während der Kapillarpassage ein. Der zugehörige O_2-Partialdruck kann insbesondere am venösen Kapillarende Werte erreichen *(venöse Hypoxie)*, die eine ausreichende O_2-Diffusion zu den Orten des O_2-Verbrauches unmöglich machen.

O_2-Mangelzustände können durch die zeitlich begrenzte, starke Erhöhung des O_2-Partialdrucks in der Inspirationsluft behandelt werden

Eine O_2-Therapie kann bei O_2-Mangelzuständen in vielen Fällen zu einer Verbesserung der O_2-Versorgungsbedingungen in den Geweben führen. Ziel der O_2-Therapie ist es, durch die *Erhöhung des O_2-Partialdrucks* in der *Inspirationsluft* den O_2-Partialdruck im arteriellen Blut zu steigern. Man läßt die Patienten Gasgemische mit hohem O_2-Anteil oder reinen Sauerstoff einatmen (***isobare O_2-Therapie***) oder behandelt sie in Druckkammern unter Überdruckbedingungen (***hyperbare O_2-Therapie***).

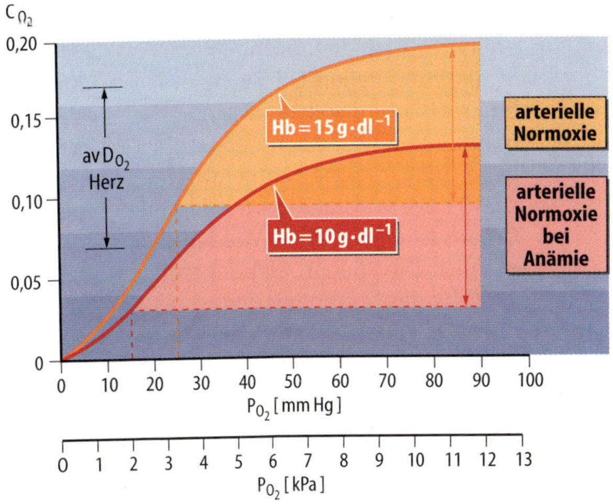

Abb. 28–8. Einfluß einer Anämie (Hb=10 g · dl^{-1}) auf die O_2-Partialdruckänderungen im Kapillarblut, dargestellt für die Bedingungen im Myokard bei körperlicher Ruhe *(Ordinate:* O_2-Gehalt in ml O_2 pro ml Blut; *Abszisse:* O_2-Partialdruck)

Bei ischämischer und anämischer Hypoxie ist der Erfolg einer O_2-Therapie eingeschränkt, da unter diesen Bedingungen der O_2-Gehalt des arteriellen Blutes lediglich durch die Erhöhung der physikalisch gelösten O_2-Menge gesteigert wird. Um eine ***O_2-Vergiftung*** zu vermeiden, muß die O_2-Therapie zeitlich begrenzt werden. Die starke *Erhöhung des O_2-Partialdrucks* in den Zellen *(Hyperoxie)* beeinflußt die Aktivität zahlreicher Enzyme des Gewebestoffwechsels. Beispielsweise wird die Oxidation von Glukose, Fruktose und Brenztraubensäure bei Hyperoxie gehemmt. Als typische Zeichen einer O_2-Vergiftung treten *Schwindel* und *Krämpfe* auf. Das *Herzzeitvolumen* ist infolge eines erhöhten Vagustonus *erniedrigt, die Gehirn- und Nierendurchblutung* sind *eingeschränkt.* In der Lunge lassen sich Veränderungen der Alveolarmembran nachweisen, die Ursache für *Diffusionsstörungen* und die Flüssigkeitsansammlung in den Alveolen *(Lungenödem)* werden können. Bei Neugeborenen, die über Stunden und Tage mit reinem Sauerstoff behandelt worden waren, trat nach *Veränderungen der Retina* eine Einschränkung des Sehvermögens oder eine vollständige *Erblindung* auf.

Um eine O_2-Vergiftung auszuschließen, verwendet man bei länger dauernder isobarer O_2-Therapie Atemgasgemische mit einer O_2-Fraktion $< 0{,}6$ und einem O_2-Partialdruck < 450 mm Hg (< 60 kPa) an. Bei der Behandlung von Frühgeborenen wird empfohlen, Atemgasgemische zu benutzen, deren O_2-Fraktion nicht größer als 0,4 und deren O_2-Partialdruck nicht größer als 300 mm Hg (40 kPa) ist.

!

Bei unausgeglichenem Verhältnis von O_2-Angebot und O_2-Bedarf in einem Organ tritt eine Gewebehypoxie auf. Ursache einer Herabsetzung des O_2-Angebotes können die Einschränkung der Durchblutungsgröße (Ischämie) oder die Erniedrigung des arteriellen O_2-Gehaltes durch Anämie oder Hypoxie sein. Bei O_2-Mangelzuständen ermöglicht eine zeitlich befristete isobare oder hyperbare O_2-Therapie die Verbesserung der O_2-Versorgung. Zur Vermeidung einer O_2-Vergiftung ist bei Langzeitbeatmung die O_2-Fraktion des Atemgasgemisches auf Werte unter 0,6 – bei Frühgeborenen bis 0,4 – einzustellen.

Akute Gewebeanoxie kann zu reversiblen Störungen der Zellfunktion oder irreversiblen Zellschäden führen

Jede akute Gewebeanoxie, hervorgerufen durch die plötzliche Unterbrechung der Durchblutung oder durch eine starke arterielle *Hypoxie,* führt nach einem kurzen ***freien Intervall,*** in dem keine Funktionsveränderungen

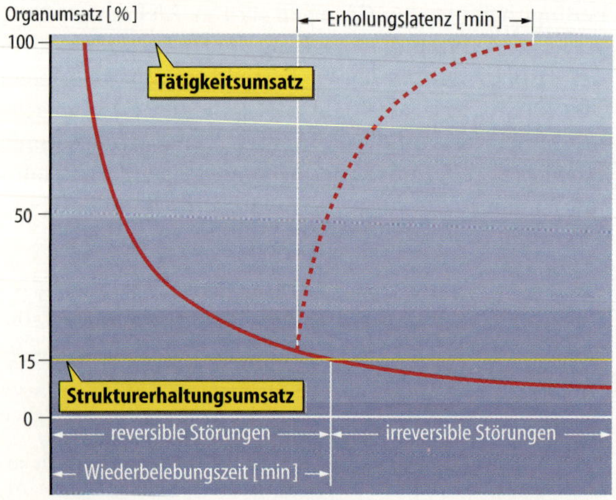

Abb. 28-9. Verhalten des Zellumsatzes nach akuter ischämischer Anoxie in schematischer Darstellung. *Gestrichelte Kurve:* Veränderungen des Zellumsatzes nach rechtzeitiger Wiederherstellung einer Normoxie

nachgewiesen werden können, zu einer Einschränkung des Zellstoffwechsels und damit der Zellfunktion. Sobald mit abnehmendem Energievorrat auch ein verminderter Tätigkeitsumsatz der Zelle nicht mehr möglich ist, tritt die vollständige ***Lähmung der Zellfunktion*** ein. Wie aus Abb. 28-9 zu entnehmen, kann die Zellstruktur mit Hilfe der vorhandenen Energiereserven je nach Höhe des Energiebedarfs für Minuten bis Stunden aufrechterhalten werden, so daß die *Störungen zunächst reversibel* bleiben und eine erfolgreiche Wiederbelebung möglich ist. ***Irreversible Zellschäden*** und schließlich der ***Zelltod*** setzen ein, wenn der Strukturerhaltungsumsatz nicht mehr gewährleistet ist. Bei hochdifferenzierten Zellen wie z. B. Neuronen treten irreparable Schäden bei Normothermie nach etwa 10 min dauernder Anoxie auf. In der Skelettmuskulatur können unter vergleichbaren Bedingungen und bei normalem Energievorrat der Muskelfasern irreversiblen Zellstörungen erst nach einer Anoxiedauer von mehreren Stunden festgestellt werden.

Lähmungszeit – Wiederbelebungszeit. Unter der ***Lähmungszeit*** versteht man die Zeitspanne vom *Einsetzen der Gewebeanoxie bis zum vollständigen Erlöschen der Organfunktion.* Die ***Wiederbelebungszeit*** *(Strukturerhaltungszeit)* ist der Zeitraum, in dem *nach Gewebeanoxie eine vollständige Wiederbelebung des gesamten Organes möglich* ist.

Das ***Gehirn*** zeichnet sich durch eine besonders kurze Lähmungs- und Wiederbelebungszeit aus. Die vollständige Unterbrechung der Gehirndurchblutung führt nach kurzem freiem Intervall von ca. 4 s zu einer deutlichen Funktionseinschränkung und nach 8–12 s zur vollständigen Lähmung der Organfunktion und zum Bewußtseinsverlust *(Lähmungszeit, Überlebenszeit der Organfunktion).* Gleichzeitig treten erste Veränderungen im EEG nach ca. 4–6 s auf, nach 20–30 s erlischt die elektrische Spontanaktivität des Gehirngewebes (Nullinien-EEG).

Eine erfolgreiche Wiederbelebung des Gehirns ist nach plötzlicher Gewebeanoxie bei normaler Körpertemperatur etwa bis zur 8.–10. Minute möglich *(Wiederbelebungszeit des Gehirns).* Bei kurzer Dauer der Anoxiephase kehrt die Organfunktion nach einer Latenz (***Erholungslatenz***) von ca. 1 min zurück. Bei einer etwa 4 min dauernden vollständiger Hirnischämie beobachtet man eine Erholungslatenz von ca. 10 min. Die völlige Erholung der Organfunktion ist jedoch häufig erst nach Stunden oder Tagen möglich (***Erholungszeit***). Nach einer Hirnischämie von 1 min Dauer beträgt die Erholungszeit bereits 15 min.

Für die ***Niere*** und die ***Leber*** wurden bei 37 °C Wiederbelebungszeiten von 3–4 h und Erholungszeiten von mehreren Tagen ermittelt. Die Wiederbelebungszeit des ***ruhenden Herzens*** beträgt unter gleichen Bedingungen Stunden. Das ***tätige Herz*** jedoch ist bereits nach 3–4 min langer Unterbrechung der Koronardurchblutung nicht mehr in der Lage, die normale Funktion wieder aufzunehmen. Eine akute Kreislaufunterbrechung nach einem Herzstillstand kann daher häufig trotz erfolgreicher Wiederbelebung des Herzens nach wenigen Minuten zu irreversiblen Störungen des Gehirns und zum Tode des Patienten führen, da das geschädigte Herz in den nachfolgenden 4–5 min nicht den für eine normale Gehirndurchblutung nötigen arteriellen Mitteldruck entwickeln kann. Für die ***Wiederbelebungszeit des gesamten Organismus*** ergibt sich bei normaler Körpertemperatur damit eine Zeitspanne von nur ca. 4 min. Sie ist erheblich kürzer als die Wiederbelebungszeiten aller lebenswichtigen Organe.

!

Gewebeanoxie führt in Abhängigkeit von der Dauer zu reversiblen Störungen der Funktion oder irreversiblen Störungen von Funktion und Struktur der Zellen. Die Zeitspanne vom Anoxiebeginn bis zum vollständigen Erlöschen der Organfunktion ist die Lähmungszeit. Sie beträgt bei normaler Körpertemperatur für das Gehirn ca. 10 s. Die vollständige Wiederbelebung eines Organs ist während der Wiederbelebungszeit möglich. Die Wiederbelebungszeit wird bei 37 °C für das Gehirn mit etwa 8 bis 10 min, für die Leber und die Niere mit 3–4 h und für das ruhende Herz mit Stunden angegeben. Die Organfunktion kehrt dabei nach der Erholungslatenz zurück und erreicht nach der Erholungszeit den Ausgangszustand. Die Wiederbelebungszeit des gesamten Organismus beträgt unter Normothermiebedingungen ca. 4 min.

28.4 Literatur

Weiterführende Lehr- und Handbücher

1. Bassenge E (1984) Physiologie der Koronardurchblutung. In: Roskamm H (ed) Koronarerkrankungen. Springer, Berlin Heidelberg New York (Handbuch der inneren Medizin vol 9/3), p. 1
2. Knox FG, Spielmann WS (1983) Renal circulation. American Physiological Society, Bethesda (Handbook of physiology, sect 2, vol 3, chap 6), p. 183
3. Lehninger AI (1982) Bioenergetik. Molekulare Grundlagen der biologischen Energieumwandlungen. 3rd edn. Thieme, Stuttgart
4. Linzbach AJ (1960) Pathologische Anatomie der Herzinsuffizienz. In: Schwiegk (ed) Herz, Kreislauf. 4th edn. Springer, Berlin Heidelberg New York (Handbuch der inneren Medizin, vol 9), p. 706
5. Ryan US, Rubanyi G M (1992) Endothelial regulation of vascular tone. Marcel Dekker, New York Basel Hamburg
6. Sparks HV (1980) Effect of local metabolic factors on vascular smooth muscle. American Physiological Society, Bethesda (Handbook of physiology, sect 2, vol 2, chap 17), p. 475

Einzel- und Übersichtsdarstellungen

7. Acker H (1994) Mechanisms and meaning of cellular oxygen sensing in the organism. Respir Physiol 95:1
8. Bassenge E, Heusch G (1990) Endothelial and neurohumoral control of coronary blood flow in health and disease. Rev Physiol Biochem Pharmacol 116: 77
9. Blomqvist G, Seitz RJ, Sjögren I, Hall-Din C, Stone-Elander S, Widen L, Solin O, Haaparanta M (1994) Regional cerebral oxidative and total glucose consumption during rest and activation studied with positron emission tomography. Acta Physiol Scand 151: 29
10. Bunn HF, Poyton RO (1996) Oxygen sensing and molecular adaptation to hypoxia. Physiol Rev 76:839
11. Burton R, Krebs HA (1953) The free-energy changes associated with the individual steps of the tricarboxylic acid cycle, glycolysis and alcohol fermentation and with hydrolysis of the pyrophosphate groups of adenosinetriphosphate. Biochem J 54:94
12. Busija DW, Heistad DD (1984) Factors involved in the physiological regulation of the cerebral circulation. Rev Physiol Biochem Pharmacol 101:161
13. Chance B, Oshino N, Sugano T, Mayevsky A (1973) Basic principles of tissue oxygen determination from mitochondrial signals. Adv Exp Med Biol 37A:277
14. Cohen JJ (1979) Is the function of the renal papilla coupled exclusively to an anaerobic pattern of metabolism. Am J Physiol 236: F423
15. Connett RJ, Gayeski TEJ, Honig CR (1985) Energy sources in fully aerobic rest-work transitions: a new role for glycolysis. Am J Physiol 248:H922
16. Daut J, Maier-Rudolph W, Van Beckerath N, Merke G, Günther K, Goedel-Meinen L (1990) Hypoxic dilation of coronary arteries is mediated by ATP-sensitive potassium channels. Science 247:1341
17. Devous MD Sr, Stokely EM, Chehabi HH, Bonte FJ (1986) Normal distribution of regionale cerebral blood flow measurement by dynamic single-photon emission tomography. J Cereb Blood Flow Metabol 6:95
18. Fandrey J (1995) Hypoxia-inducible gene expression. Respir Physiol 101:1
19. Feigl EO (1983) Coronary physiology. Physiol Rev 63: 1 (1983)
20. Frackowiak SJ, Lenzi GL, Jones T, Heather JD (1980) Quantitative measurement of regional cerebral blood flow and oxygen metabolism in man using ^{15}O and positron emission tomography: theory, procedure and normal values. J Comput Tomogr 4:727
21. Furchgott RF (1990) Studies on endothelium-dependent vasodilation and the endothelium-derived relaxing factor. Acta Physiol Scand 139:257
22. Gayeski TEJ, Connet RJ, Honig CR (1985) Oxygen transport in rest-work transition illustrates new functions for myoglobin. Am J Physiol 248:H914
23. Groebe K, Thews G (1990) A versatile model of steady state O_2 supply to tissue. Application to skeletal muscle. Biophys J 57:485
24. Grote J, Thews G (1962) Die Bedingungen für die Sauerstoffversorgung des Herzmuskelgewebes. Pflügers Arch 276:142
25. Grote J, Zimmer K, Schubert R (1981) Effects of severe arterial hypocapnia on regional blood flow regulation, tissue PO_2 and metabolism in the brain cortex of cats. Pflügers Arch 391:195
26. Grote J, Schubert R (1982) Regulation of cerebral perfusion and PO_2 in normal and edematous brain tissue. In: Loeppky JA, Riedesel ML (eds) Oxygen transport to human tissue. Elsevier-North Holland, Amsterdam, p. 169
27. Iadecola C, Pelligrino DA, Moskowitz MA, Lassen NA (1994) Nitric oxide synthase inhibition and cerebrovascular regulation. J Cereb Blood Flow Metabol 14:175
28. Jelkmann W (1992) Erythropoietin: structure, control of production and function. Physiol Rev 72:449
29. Jöbsis FF (1977) Noninvasive, infrared monitoring of cerebral and myocardial oxygen dificiency and circulatory parameters. Science 198:1264
30. Kramer K, Thurau K, Deetjen P (1960) Hämodynamik des Nierenmarks, 1. Mitteilung: Capilläre Passagezeit, Blutvolumen, Durchblutung, Gewebshämatokrit und O_2-Verbrauch des Nierenmarks in situ. Pflügers Arch 270:251
31. Kreuzer F (1970) Facilitated diffusion of oxygen and its possible significance: a review. Respir Physiol 9:1
32. Krogh A (1918/1919) The number and distribution of capillaries in muscles with calculations of the oxygen pressure head necessary for supplying the tissue. J Physiol (Lond) 52:409
33. Kunze K (1969) Das Sauerstoffdruckfeld im normalen und pathologisch veränderten Muskel. Springer, Berlin Heidelberg New York (Schriftenreihe Neurologie, vol 3)
34. Kuschinsky W, Wahl M (1978) Local chemical and neurogenic regulation of cerebral vascular resistance. Physiol Rev 58:656
35. Moncada S (1992) The L-arginine: nitric oxide pathway. Acta Physiol Scand 145:201
36. Phelps ME, Mazziotta JC, Huang S-C (1982) Study of cerebral function with positron computed tomography. J Cereb Blood Flow Metabol 2:113
37. Pohl U, de Witt C (1999) A unique role of NO in the control of blood flow. New Physiol Sci 14:74
38. Schulz R, Rose J, Martin C, Brodde O-E, Heusch G (1993) Development of short-term myocardial hibernation. Its limitation by the severity of ischemia and inotropic stimulation. Circulation 88:684
39. Starlinger H, Lübbers DW (1973) Polarographic measurements of the oxygen pressure performed simultaneously with optical measurements of the redox state of the respiratory chain in suspensions of mitochondria under steady-state conditions at low oxygen tension. Pflügers Arch 341:15
40. Strauer BE (1975) Dynamik, Koronardurchblutung und Sauerstoffverbrauch des normalen und kranken Herzens. Experimentell-pharmakologische Untersuchungen und Katheteruntersuchungen am Patienten. Karger, Basel
41. Thews G (1963) Der Transport der Atemgase. Klin Wochenschr 41:120
42. Vanhoutte PM (1987) Endothelium and the control of vascular tissue. NIPS 2:18
43. Wallace DC (1992) Diseases of the mitochondrial DNA. Annu Rev Biochem 61:1175
44. Wyatt JS, Cope M, Delpy DT, Wray S, Reynolds EOR (1986) Quantitation of cerebral oxygenation and haemodynamics in sick newborn infants by near infrared spectroscopy. Lancet 1063

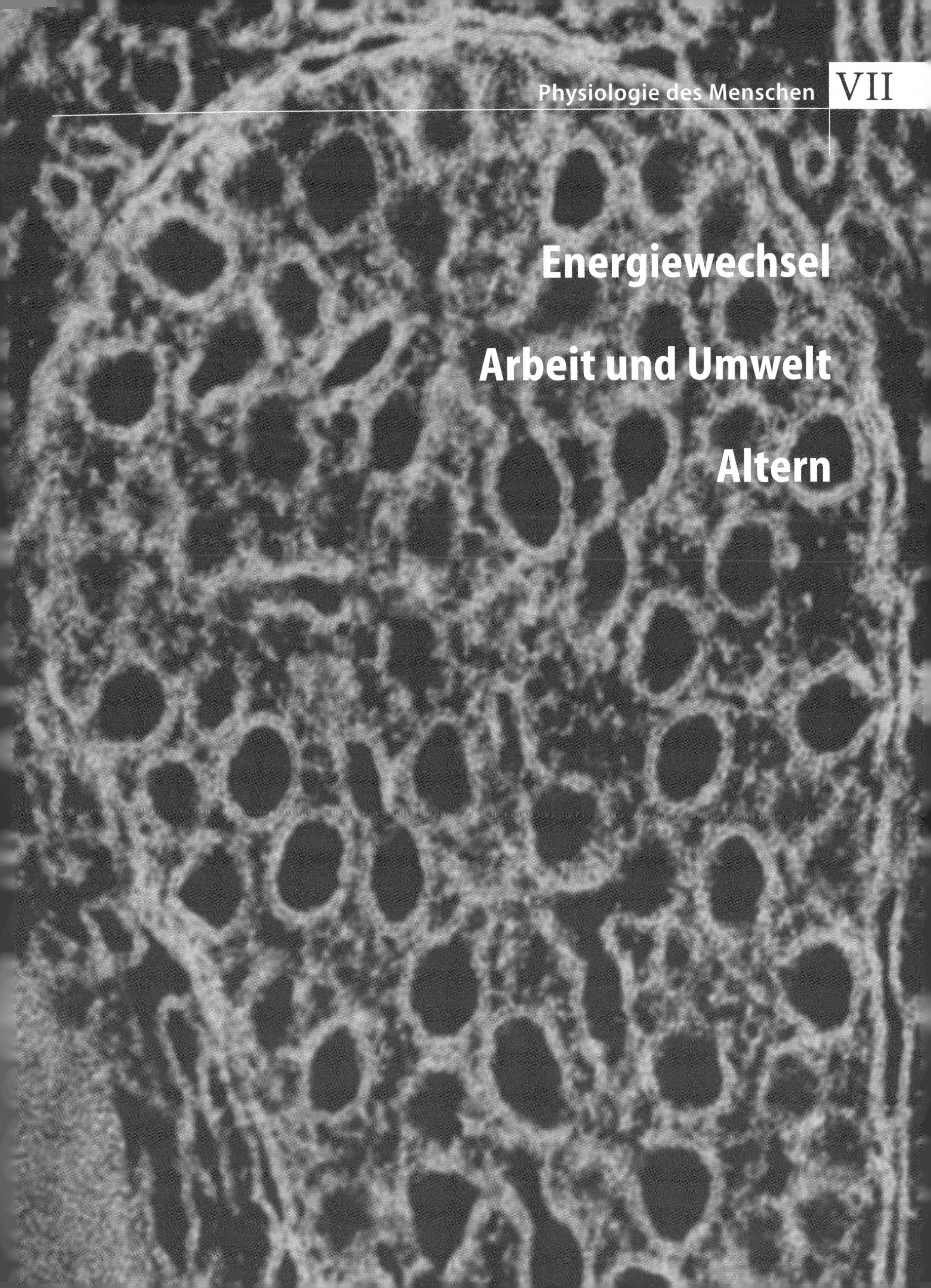

Physiologie des Menschen VII

Energiewechsel

Arbeit und Umwelt

Altern

Energiehaushalt 29

H.-V. Ulmer

EINLEITUNG Vor Jahrzehnten nahm der Energieumsatz einen zentralen Platz in der Physiologie ein. In Zeiten der Mangelernährung war vor allem die adäquate Grundversorgung der Bevölkerung mit Nahrungs*energie* zu sichern. Insofern zählte die Bestimmung des Energieumsatzes zu den physiologischen Routineverfahren; der Energieumsatz galt als das wichtigste Kennzeichen lebender Zellen. Diese zentrale Bedeutung kommt dem Energieumsatz heute nicht mehr zu. Dennoch benötigt der Arzt weiterhin Grundkenntnisse über den Energiehaushalt, so für die klinische Diagnostik (Spiroergometrie) und für eine energieadäquate künstliche Ernährung oder im Praxisalltag für die Beratung über bedarfsgerechte Ernährungsweisen. Schließlich sind die durch den Energieumsatz bei Arbeit freiwerdenden Wärmemengen für den Wärmehaushalt relevant, speziell bei Arbeit unter Hitzebedingungen.

29.1 Energieumsatz

Beim Stoffwechsel werden Nährstoffe schrittweise zu energieärmeren Stoffen abgebaut. Dabei wird Energie frei, die von den Zellen umgesetzt wird, also dem Aufbau von ATP und somit spezifischen Zelltätigkeiten dient. Insofern besteht zwischen Stoffwechsel und Energieumsatz ein enger Zusammenhang. Ein wesentlicher Teil der beim Energieumsatz freiwerdenden Energie geht allerdings als Wärme verloren. Maß der umgesetzten Energie ist das Joule, wobei gilt (S. 852): $1\ J = 1\ Ws = 2{,}39 \cdot 10^{-4}\ kcal$, $1\ kcal \approx 4{,}19\ kJ$, $1\ kJ/h \approx 0{,}28\ W$.

Der Energieumsatz des Menschen variiert je nach Arbeitsintensität, Tageszeit, Nahrungsaufnahme und Umgebungstemperatur

Gesamtumsatz. Der Gesamtumsatz setzt sich aus dem Energieumsatz für abgegebene Arbeit (bei Muskeltätigkeit) und für abgegebene Wärme zusammen. Der Energiebedarf des Menschen ist allerdings größer als der Gesamtumsatz, da auch bei Konstantbleiben der Körpermasse abgeschilferte Darm- und Hautzellen keinem „Recycling" unterliegen und die aufgenommene Nahrungsenergie nicht vollständig ausgenutzt wird (S. 802). Bei Kindern besteht in der Wachstumsphase infolge der Akkumulation energiehaltiger Körpermasse ein zusätzlicher Energiebedarf. Den Quotienten aus *äußerer* Arbeit und *Gesamtumsatz* bezeichnet man als ***Wirkungsgrad*** (η) oder Nutzeffekt. Dieser beträgt für körperliche Arbeit günstigstenfalls 25%; *über 75% des Energieumsatzes werden also als Wärme frei.*

Umsatzgrößen der Zelle. Für die lebende Zelle werden schematisch 3 Umsatzgrößen unterschieden: Der ***Tätigkeitsumsatz*** entspricht dem Energieumsatz einer *aktiven Zelle.* Der ***Bereitschaftsumsatz*** entspricht dem Energieumsatz, den eine Zelle zur Aufrechterhaltung ihrer *sofortigen, uneingeschränkten Funktionsbereitschaft* benötigt. Hierzu gehört beispielsweise die Aufrechterhaltung bestimmter Konzentrationsdifferenzen für Na^+- und K^+-Ionen. Der ***Erhaltungsumsatz*** entspricht dem für die *Erhaltung der Zellstruktur* unbedingt notwendigen, minimalen Energieumsatz. Wird er unterschritten, treten irreversible Zellschäden auf; die Zelle stirbt ab.

Umsatzgrößen des Gesamtorganismus. Man unterscheidet Ruhe-, Grund- und Arbeitsumsatz. Der ***Ruheumsatz*** (Energieumsatz *während* körperlicher und geistiger Ruhe) kann nicht identisch mit der Summe der Bereitschaftsumsätze aller Zellen sein, da sich einige Organe stets in Tätigkeit befinden, wie Gehirn, Herz, Atmungsmuskulatur, Leber und Nieren.

Der Grundumsatz ist der morgendliche Ruhe-Nüchternumsatz bei Indifferenztemperatur

Am ***Grundumsatz*** sind Leber und ruhende Skelettmuskulatur zusammen hälftig beteiligt (Tabelle 29–1). Zum Zweck der interindividuellen Vergleichbarkeit wurden Standardbedingungen festgelegt, die bereits die 4 wesentlichen Einflußgrößen auf den Energieumsatz eines Menschen verdeutlichen:

Tabelle 29–1. Anteil verschiedener Organsysteme am Grundumsatz des Menschen. Aus [6]

Organ	Leber	Muskel	Gehirn	Herz	Nieren	Rest
Anteil	26 %	26 %	18 %	9 %	7 %	14 %

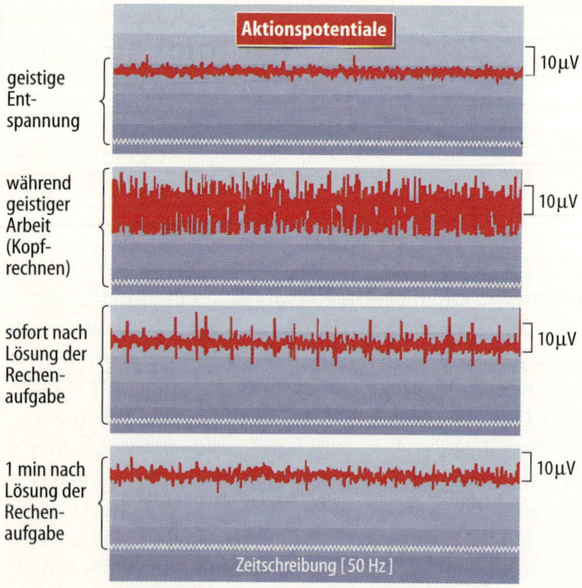

Abb. 29–1. Reflektorische Erhöhung des Muskeltonus bei geistiger Arbeit (Kopfrechnen). An den vom Unterarm abgeleiteten Muskelaktionspotentialen (EMG) erkennt man deutlich die erhöhte Muskelaktivität während geistiger Arbeit. In Anlehnung an [9]

- *Morgens.* Der Energieumsatz unterliegt ***tageszyklischen Schwankungen*** mit einem Anstieg am Vormittag und einem Abfall während der Nacht.
- *Ruhe* (liegend*).* Bei *körperlicher* und *geistiger* ***Arbeit*** steigt der Energieumsatz an, da die Anzahl derjenigen Zellen zunimmt, deren Umsatz über dem Bereitschaftsumsatz liegt. In beiden Fällen erhöht sich im wesentlichen der muskuläre Energieumsatz (Tabelle 29–3 und Abb. 29–1).
- *Nüchtern.* Nach ***Nahrungsaufnahme*** steigt der Energieumsatz an, insbesondere nach Eiweißaufnahme (*„postprandiale Energieumsatzzunahme“*, S. 792 f). Diese Zunahme hängt nicht nur von der „Verdauungstätigkeit“ ab, sondern auch von den sich anschließenden Stoffwechselprozessen. Der Umsatzanstieg nach Nahrungsaufnahme kann bis zu 12 h anhalten, nach Aufnahme größerer Eiweißmengen bis zu 18 h.
- *Indifferenztemperatur.* Bei Abweichungen der ***Umgebungstemperatur*** vom *Indifferenzbereich* (thermische Neutralzone, S. 659 f), liegen definitionsgemäß Änderungen des Energieumsatzes vor.

Der Arbeitsumsatz ist Ruheumsatz plus Leistungszuschlag

Der ***Arbeitsumsatz*** als Energieumsatz *während* Arbeit steigt bei dynamischer Arbeit in Abhängigkeit von der Intensität an. Der ***„Freizeitumsatz“*** (Energieumsatz eines nicht körperlich arbeitenden Menschen bei einer mehr kontemplativen Freizeitgestaltung) entspricht dem täglichen Gesamtumsatz weiter Bevölkerungskreise, die als „Schreibtischarbeiter“ und „Datenverwalter“ keine energetisch maßgeblichen körperlichen Aktivitäten entfalten.

Bei ***geistiger Arbeit*** nimmt der Energieumsatz ebenfalls zu, woran aber das Gehirn kaum beteiligt ist. Im Gehirn findet lediglich eine Verlagerung der Aktivität zwischen verschiedenen Abschnitten statt. Selbst im Schlaf lassen sich für das Gehirn als Gesamtorgan keine wesentlichen Änderungen des Energieumsatzes nachweisen. Ursache der Energieumsatzerhöhung bei geistiger Arbeit ist eine reflektorisch bedingte Zunahme des Muskeltonus (Abb. 29–1).

Der Arbeitsumsatz steigt höchstens auf etwa das Doppelte des Freizeitumsatzes an

Maßzahlen für den Energieumsatz. Diese spielten früher für die Beurteilung des Schweregrads einer beruflichen Arbeit eine große Rolle. Dadurch wurde der Eindruck erweckt, daß arbeitsbedingte körperliche Beschwerden am Skelett-Muskelsystem damit zusammenhingen und daß diesen Beschwerden durch Reduzierung des energetisch „schweren“ Anteils der Arbeit vorgebeugt werden könne. Es zeigt sich aber immer deutlicher, daß für das Entstehen akuter und chronischer Schäden am Skelett-Muskelsystem *Fehlmotorik* (S. 683 f) und nicht die Höhe des Energieumsatzes maßgeblich ist. Allerdings ist eine ausgeglichene *Bilanz zwischen Energiezufuhr und Energieverbrauch* in Regionen oder Zeiten mit Mangelernährung entscheidend für die Leistungsfähigkeit weiter Bevölkerungskreise zum „Broterwerb“ durch körperliche Arbeit. Unzureichende Energiezufuhr behindert somit die Produktion von Nahrungsenergie und bewirkt dadurch wieder unzureichende Energiezufuhr – ein Teufelskreis. Weiterhin ist der Energiebedarf für berufliche und außerberufliche Arbeit sowie Freizeitaktivitäten u. a. bei der *Ernährungsberatung* von Diabetikern und Adipösen wichtig. Bei der *künstlichen Ernährung* müssen Beträge für den aktuellen Energieumsatz in eine energetisch ausgeglichene Bilanzierung eingehen. Die häufige Empfehlung, Adipöse sollten sich zwecks Gewichtsreduktion sportlich betätigen, läßt außer acht, daß Sporttreiben den Energieumsatz meistens nicht in ausreichendem Maße erhöht [15]. *Richtwerte für den Energieumsatz,* auch mit Bezug auf Alter, Körpermaße, Aktivität und Geschlecht, findet man in den Tabellen 29–2 und 29–3 sowie in Abb. 29–3 und [1].

Der ***Grundumsatz*** beträgt etwa 1,2 W/kg Körpergewicht, bei einem 70 kg schweren Mann also rd. 7100 kJ/d bzw. 85 W. Dabei besteht ein Einfluß von Alter und Geschlecht gemäß Abb. 29–2; als Körpermaß wird neben dem Körpergewicht auch auf die Körperoberfläche Bezug genommen (s. S. 804). Der ***„Freizeitumsatz“*** (Ruheumsatz zuzüglich Freizeitzuwachs) beträgt für Frauen rd. 8400 kJ/d (100 W), für Männer 9600 kJ/d (115 W). Der ***Arbeitsumsatz*** steigt bei beruflichen oder

Tabelle 29–2. Zusammenstellung verschiedener Energieumsätze unter typischen Bedingungen (gerundete Werte für einen 70 kg schweren Mann) sowie der entsprechenden Werte für die Sauerstoffaufnahme (s. indirekte Energieumsatzbestimmung, S. 644 f)

Bedingung		Energieumsatz		$\dot{V}_{O_2}$
		MJ/d	W	ml/min
Grundumsatz	♀	6,3	76	215
	♂	7,1	85	245
Freizeitumsatz	♀	8,4	100	275
	♂	9,6	115	330
Zulässige Höchstwerte für jahrelange berufliche Arbeit, pro Tag	♀	15,5	186	535
	♂	20,1	240	690
dito, pro Arbeitszeit	♀		360	1000
	♂		490	1400
		MJ/h	W	ml/min
Arbeitsumsatz bei Ausdauerleistungen (Leistungssportler)		4,3	1200	3400

Tabelle 29–3. Energieumsatz während einiger sportlicher Aktivitäten. Nach [4]

Sportart		Watt
Laufen (Marathon)	19,5 km/h	1180
(100 m-Lauf)	36 km/h	2070
Radfahren in der Ebene	20 km/h	545
Fußballspielen		790–1040
Handballspielen		885
Volleyballspielen		380–640
Brustschwimmen,	28 m/min	460
Brustschwimmen in Kleidern	28 m/min	730
Rudern, Wettkampf		1715
Ski, Schußfahrt		610
Langlauf, Frauen		1285
Männer		1435
Tennis, Einzelwettkampf		490–1100
Tanzen, Wiener Walzer		355

entsprechenden Tätigkeiten höchstens auf das Doppelte des Freizeitumsatzes an, wenn man ihn auf einen 24h-Tag bezieht (Abb. 29–3). Als zulässige Höchstgrenzen bei jahrelanger körperlicher Arbeit wurden für Frauen 15,5 MJ/d (≈ 186 W) und für Männer 20,1 MJ/d (≈ 240 W) im Rahmen internationaler Vereinbarungen festgelegt. Bei Arbeit mit eingeschalteten Erholungstagen oder während zeitlich begrenzter Arbeitsphasen werden höhere Werte erreicht [4].

Der zulässige Höchstwert von 240 (bzw. 186) W ist allerdings nicht gleichmäßig auf 24 h verteilt; legt man 16 h, einschließlich Schlaf, als „Freizeit" und 8 h als Arbeitszeit zugrunde, so beträgt der maximale Energieumsatz *während der Arbeitszeit* für Männer 490 und für Frauen 360 W, entsprechend einer Sauerstoffaufnahme von etwa 1,4 bzw. 1,0 l/min. *Der Energieumsatz für Ausdauerleistungen von Leistungssportlern liegt deutlich höher* (Tabelle 29–3); diese Beträge werden allerdings in weitaus kürzeren Zeiträumen als bei beruflichen Tätigkeiten erreicht.

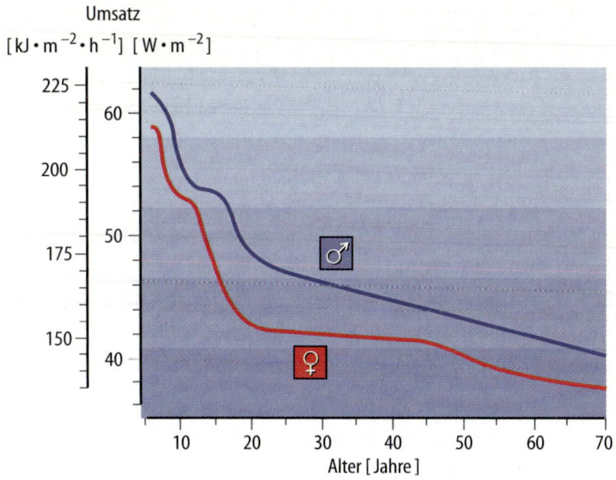

Abb. 29–2. Abhängigkeit des relativen Grundumsatzes von Lebensalter und Geschlecht. Die Körperoberfläche (m^2) ergibt sich aus Körperhöhe und -gewicht (S. 804). Nach [7]

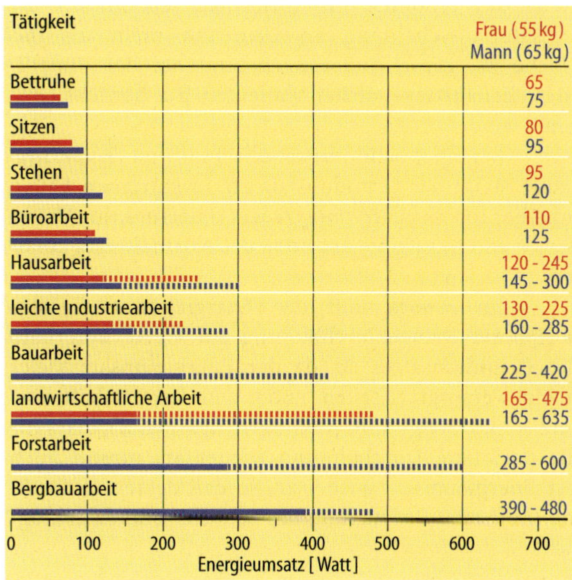

Abb. 29–3. Energieverbrauch bei verschiedenen Tätigkeiten während eines 24 h Tags. *rot*: Frauen (55 kg), *blau*: Männer (65 kg). Gepunkteter Anteil: Streubreite. Leichte Industriearbeit: z. B. Druckerei, Schneiderei, Bäckerei, Elektro- und Chemie-Industrie, nach [6]

Der Energieumsatz während des ***Laufens*** weist eine annähernd lineare Abhängigkeit von der Laufgeschwindigkeit auf [14]. Für den Energieumsatz beim 100-m-Lauf sind die Angaben in der Literatur sehr uneinheitlich; oft beruhen sie nur auf Schätzungen oder Hochrechnungen. Ausgehend von einem Freizeitumsatz von 115 W, liegen bei Marathonläufern Werte um 1,2 kW und bei 100-m-Läufern um 2,1 kW vor. Während der 10 s des 100-m-Laufs werden also 21 kJ umgesetzt (zur Umrechnung s. S. 641), entsprechend einem Brennwert von 1,3 g Glukose, beim Marathonlauf in 130 min (=7800 s) ca. 9360 kJ, entsprechend ca. 600 g Glukose bzw. 240 g Fett. Ein noch höherer Energieumsatz ließ sich bei einem Radsportler nachweisen, der 10 s lang eine Ergometrieleistung von 1,24 kW erbrachte. Bei einem Wirkungsgrad von 20 % entspräche dies einem Gesamtenergieumsatz von 6 kW. Solche Energieumsätze von Sportlern liegen weit über denjenigen von Schwerstarbeitern an Einzeltagen. Bezüglich orientierender Werte für den Energieumsatz während sportlicher Aktivitäten s. Tabelle 29-3 oder [4].

Bei Patienten mit Fieber, Traumen und Hyperthyreose ist der Energieumsatz erhöht, bei Hypothyreose und im Schock ist er erniedrigt

Nach ***Verletzungen*** und ***Verbrennungen*** sowie bei ***Fieber*** findet man einen erhöhten Stoffwechsel (Tabelle 29-4): Der Energieumsatz steigt aufgrund des ***Postaggressionsstoffwechsels*** merklich an, und als Folge des erhöhten Eiweißstoffwechsels nimmt die Stickstoffausscheidung im Urin um mehr als das 3fache zu. Diese Änderungen sind bei der künstlichen Ernährung solcher Patienten zu berücksichtigen.

Bei einer Schilddrüsenüberfunktion ***(Hyperthyreose)*** steigt der Grundumsatz an, in extremen Fällen um über 100 %; bei ***Hypothyreose*** (Unterfunktion) kann der Grundumsatz bis auf 60 % des Normalwerts abfallen.

Im ***Schock*** fällt der Energieumsatz infolge peripherer Mangeldurchblutung auf Werte unterhalb des Grundumsatzes ab, da der Energieumsatz vieler mangelversorgter Zellen unter den Bereitschaftsumsatz sinkt. Steigt mit Abklingen des Schockzustands die periphere Durchblutung wieder an, nimmt auch der Energieumsatz wieder zu, so daß dessen *Verlaufskontrolle* eine Beurteilung des Schockzustands ermöglicht.

Tabelle 29-4. Zunahme des Energieumsatzes (bezogen auf den Ruheumsatz) und der Stickstoffausscheidung im Urin (100 % = 0,085 g · kg^{-1} · d^{-1}) bei Patienten verschiedener Kategorien. Nach [10]

Kategorie	% Zunahme von	
	Energie-umsatz	N_2-Ausscheidung
1) Mittelschwere chirurgische Eingriffe	24	150
2) Schwere Verkehrsunfälle mit multiplen Verletzungen	32	275
3) Schußverletzungen	37	280
4) Wie 2, jedoch mit Steroidtherapie	61	300
5) Sepsis	79	330
6) Großflächige Verbrennungen	132	335

! Auf zellulärer Ebene lassen sich Tätigkeits-, Bereitschafts- und Erhaltungsumsatz unterscheiden. Der Energieumsatz des Gesamtorganismus setzt sich aus dem Umsatz ruhender und tätiger Organe zusammen; man unterscheidet Arbeits-, „Freizeit-", Ruhe- und Grundumsatz. Für den Grundumsatz gelten 4 Standardbedingungen: morgens, in Ruhe, nüchtern und bei Indifferenztemperatur. Der zusätzliche Energieumsatz durch körperliche Arbeit wird häufig überschätzt; der Arbeitsumsatz bei Schwerstarbeit ist etwa doppelt so groß wie der Freizeitumsatz und kleiner als das Dreifache des Grundumsatzes. Bei sportlichen Ausdauer-Höchstleistungen werden zwar weitaus höhere Energieumsätze erreicht, allerdings nur für kurze Zeiten. Bei Hyperthyreose, multiplen Verletzungen oder Verbrennungen treten erhebliche Umsatzsteigerungen auf. Bei Hypothyreose und im Schock nimmt der Energieumsatz ab.

29.2 Messung des Energieumsatzes

Man unterscheidet zwischen direkter und indirekter Energieumsatzbestimmung

Methoden. Zur Bestimmung des Energieumsatzes kann man die Wärmeabgabe *direkt* messen (sehr selten) oder anhand der Sauerstoffaufnahme *indirekt* auf den Energieumsatz schließen.

Bei der ***direkten Energieumsatz-Bestimmung*** wird die vom Organismus *abgegebene* ***Wärmemenge*** erfaßt („direkte Kalorimetrie"). Schon Lavoisier beschäftigte sich um 1780 mit der Messung der Wärmeabgabe lebender Organismen. Sein „Kalorimeter" erfaßte direkt und fortlaufend die abgegebene Wärmemenge, allerdings nicht unter Grundumsatzbedingungen. Geräte für eine direkte Messung der Wärmeabgabe des Menschen sind sehr aufwendig; sie werden nur für spezielle Fragestellungen benötigt. So konnte beim Vergleich von Nährstoffbilanzen mit Ergebnissen der direkten Energieumsatzbestimmung gezeigt werden, daß das *Gesetz von der Erhaltung der Energie auch für Lebewesen* gilt; ferner ließ sich die Gültigkeit der indirekten Verfahren mit derartigen „Kalorimetern" beweisen.

Bei der indirekten Energieumsatzbestimmung gilt: 1 l Sauerstoffverbrauch entspricht etwa 20 kJ (4,8 kcal)

Sauerstoffaufnahme. Die vom Organismus aufgenommene Sauerstoffmenge wird kontinuierlich oder diskontinuierlich mit *offenen* oder *geschlossenen Respirationssystemen* bestimmt (S. 646 f). Da bei jeder biologischen Oxidation Sauerstoff gebunden wird und die O_2-Speicherkapazität des Organismus nur gering ist, läßt sich anhand der über die Lunge in den Organismus *aufgenommenen* Sauerstoffmenge die von den Geweben

Tabelle 29–5. Energieäquivalent des Sauerstoffs und dessen Abhängigkeit vom RQ ohne Berücksichtigung des Eiweißanteils von 15% am Gesamtumsatz. Durchschnittlicher Respiratorischer Quotient: 0,82

RQ	1,0	0,9	**0,82**	0,8	0,7
kJ/l O_2	21,1	20,6	**20,2**	20,1	19,6

utilisierte Sauerstoffmenge ermitteln und daraus der Energieumsatz berechnen.

Energieäquivalent des Sauerstoffs. Darunter versteht man diejenige Energiemenge, die pro Liter verbrauchten Sauerstoffs im Körper frei wird (Tabelle 29–5). Für den Sauerstoffverbrauch bei der *Glukoseverbrennung* gilt:

$$C_6H_{12}O_6 + 6O_2 \rightarrow 6CO_2 + 6H_2O + 2826\ \text{kJ}. \qquad (1)$$

Bezieht man die freiwerdende Energie von 2826 kJ auf die verbrauchte Sauerstoffmenge, so sind für 6 mol Sauerstoff $6 \times 22{,}4 = 134{,}4$ l zugrunde zu legen. Daraus resultiert bei ***Glukoseverbrennung*** ein *Energieäquivalent des Sauerstoffs („kalorisches Äquivalent")* von 21,0 kJ/l O_2. Da das üblicherweise in der Nahrung vorkommende Kohlenhydratgemisch einen etwas höheren Brennwert als die Glukose aufweist, beträgt das Energieäquivalent bei Kohlenhydratverbrennung 21,1 kJ/l O_2.

Aus Gl. 1 läßt sich weiterhin der ***Brennwert*** der Glukose (s. Tabelle 37–2, S. 793) herleiten: Bei Verbrennung von 1 mol Glukose ($\approx$ 180 g) werden 2826 kJ frei; daraus ergibt sich ein Brennwert der Glukose von 15,7 kJ/g.

Bei ***Fettverbrennung*** entsteht zwar mehr Energie pro Kohlenstoffatom als bei Kohlenhydratverbrennung, wegen des geringeren Sauerstoffgehalts der Fettsäuren wird aber auch mehr Sauerstoff benötigt. Daher beträgt das Energieäquivalent bei *Fettverbrennung* mit 19,6 kJ/l O_2 ebenfalls rund ***20 kJ/l O_2***. Eine ***Eiweißverbrennung*** zur Energiegewinnung findet nur bedingt statt (vgl. S. 793); bei alleinigem Eiweißabbau beträgt das Energieäquivalent 18,8 kJ/g.

Der Respiratorische Quotient kennzeichnet das Verhältnis zwischen CO_2-Abgabe und O_2-Aufnahme; er beträgt bei mitteleuropäischer Kost 0,82

Respiratorischer Quotient. Bei der Glukoseverbrennung wird gemäß Gl. 1 genauso viel Kohlendioxid frei, wie an Sauerstoff verbraucht wird. Somit gilt für die ***Kohlenhydratverbrennung*** ein ***RQ von 1,00.*** Da die Fettsäuren pro Atom Kohlenstoff weniger Sauerstoff enthalten als die Kohlenhydrate, ergibt sich beim Abbau ein deutlich niedrigerer RQ von 0,70. Bei alleiniger Verbrennung von ***Eiweißen*** findet man einen RQ von 0,81. Bei mitteleuropäischer Kost kann der Eiweißumsatz mit rd. 15% der Gesamtenergie veranschlagt werden, während die Fett- und Kohlenhydratanteile in der Nahrung stärker schwanken. Unterschiede des RQ sind somit maßgeblich durch die jeweiligen Anteile der Fett- und Kohlenhydratverbrennung bedingt. Umgekehrt läßt sich aus dem RQ auf die Art der verbrannten Nährstoffe und somit auf ein genaueres Energieäquivalent schließen, falls man sich nicht mit dem Durchschnittswert von rd. ***20 kJ/l O_2*** entsprechend einem durchschnittlichen ***RQ von 0,82*** begnügen will (Tabelle 29–5).

Variabilität des RQ. Der Respiratorische Quotient hängt von 3 Einflußgrößen ab:

- *Nährstofftyp.* Der RQ beträgt bei Kohlenhydratverbrennung 1,00, bei Fettverbrennung 0,70 und bei Eiweißverbrennung 0,81.
- *Nährstoffumbau.* Bei überwiegender Kohlenhydratzufuhr werden Kohlenhydrate zu Fetten umgebaut. Da Fette weniger Sauerstoff als Kohlenhydrate enthalten, wird im Stoffwechsel Sauerstoff frei; entsprechend sinkt bei der *Kohlenhydratmast* die über die Lunge aufgenommene Sauerstoffmenge, und der RQ *wird größer.* In Extremfällen wurden bei der Gänsemast ein RQ von 1,38 und bei der Schweinemast ein RQ von 1,58 gemessen. Bei *Hungernden* und *Diabetikern* beobachtet man bis auf 0,6 *erniedrigte* RQ-Werte. Dies beruht auf vermehrtem Fett- und Eiweißabbau bei vermindertem Glukosestoffwechsel infolge Verbrauchs der Glykogenreserven bzw. einer Verwertungsstörung.
- *Hyperventilation.* Beim Hyperventilieren wird vermehrt CO_2 abgeatmet, das aus den großen CO_2-Speichern in Gewebe und Blut stammt, nicht jedoch aus einem gesteigerten Stoffwechsel. Die Sauerstoffaufnahme in der Lunge bleibt dabei unverändert, da Blut und Gewebe keinen zusätzlichen Sauerstoff speichern können. In der *Übergangsphase* bis zum Erreichen eines neuen, erniedrigten CO_2-Partialdrucks in Blut und Gewebe findet man daher einen deutlich *erhöhten RQ,* z.T. bis auf 1,4. *Ursachen* einer Hyperventilation sind u.a. Willkürinnervation (z.B. Aufblasen einer Luftmatratze), nichtrespiratorische Azidose (S. 619ff, z.B. während und nach erschöpfender Arbeit, S. 679, RQ bis 1,4), psychische Belastungen (z.B. Aufregungshyperventilation) sowie künstliche Beatmung mit Vorgabe eines zu großen Atemzeitvolumens.

Solange man bei der indirekten Energieumsatzbestimmung nicht sicher ist, ob ein gemessener ***„respiratorischer RQ"*** den katabolen Stoffwechselbedingungen entspricht ***(„metabolischer RQ"),*** sollte man ein durchschnittliches Energieäquivalent von rd. 20 kJ/l O_2 annehmen. Änderungen des Energieäquivalents in Abhängigkeit vom RQ sind nicht besonders groß (Tabelle 29–5), so daß der durch den Einsatz des mittleren Energieäquivalents auftretende Fehler höchstens ±4% beträgt.

!

Die direkte Energieumsatzbestimmung basiert auf der Wärmeabgabe, die indirekte Energieumsatzbestimmung auf der Sauerstoffaufnahme, wobei sich der Energieumsatz aus dem Energieäquivalent von rd. 20 kJ/l O_2 ergibt. Der respiratorische Quotient (CO_2-Abgabe : O_2-Aufnahme) beträgt bei Kohlenhydratverbrennung 1,0 und bei Fettverbrennung 0,7. Bei Kenntnis des RQ läßt sich ein genauerer Wert für das Energieäquivalent ansetzen, als es dem durchschnittlichen RQ von 0,82 (≈ 20 kJ/l O_2) entspricht. Der über die Atemgase berechnete RQ hängt jedoch nicht nur vom Typ der abgebauten Nährstoffe, sondern auch von deren Umbau (z. B. Mast) ab. Beim Hyperventilieren kommt es durch die vermehrte CO_2-Abgabe in der Übergangsphase zu einem Anstieg des RQ, teilweise bis auf 1,4.

Die Sauerstoffaufnahme wird mit geschlossenen oder offenen Respirationssystemen bestimmt

Geschlossene Systeme. Aus einem mit *Sauerstoff gefüllten **Spirometer*** (S. 571) entnimmt der Proband Einatemluft (Abb. 29–4). Die Ausatemluft wird nach *Absorption des Kohlendioxids* in einem geschlossenen Kreislauf zum Spirometer zurückgeleitet. Das registrierte *Spirogramm* zeigt einen steigenden Verlauf (Abb. 29–4): Je steiler der Anstieg pro Zeit, desto mehr Sauerstoff wurde in der Zeiteinheit dem System entnommen.

Offene Systeme. Hierbei sind die Wege von Ein- und Ausatemluft getrennt. Inspiratorisch wird zumeist Frischluft zugeführt. Auf der Exspirationsseite werden das *Volumen der Ausatemluft* sowie deren O_2- und CO_2-*Fraktionen* bestimmt und dann aus diesen Meßgrößen unter Berücksichtigung der Frischluftfraktionen Sauerstoffaufnahme und Kohlendioxidabgabe berechnet. Eine recht gute Abschätzung ist nach folgenden Gleichungen möglich [5]:

$$\dot{V}_{O_2} = \dot{V}_E \cdot (F_{I_{O_2}} - F_{E_{O_2}}) \text{ bzw.} \quad (2)$$

$$\dot{V}_{CO_2} = \dot{V}_E \cdot F_{E_{CO_2}}. \quad (3)$$

Die jeweiligen Gasfraktionen können mit diskontinuierlichen, chemischen Absorptionsverfahren oder mit kontinuierlich messenden Gasanalysatoren ermittelt werden, deren Meßprinzipien bestimmte physikalische Eigenschaften des Sauerstoffs und des Kohlendioxids zugrunde liegen (S. 583). Die jeweils berechneten Werte für $\dot{V}_{O_2}$ und $\dot{V}_{CO_2}$ sind auf STPD-Standardbedingungen (S. 583) umzurechnen.

Genau betrachtet, ergibt sich die Sauerstoffaufnahme aus der Differenz zwischen aufgenommener und abgegebener Sauerstoffmenge:

$$\Delta\dot{V}_{O_2} = \dot{V}_I \cdot F_{I_{O_2}} - \dot{V}_E \cdot F_{E_{O_2}}. \quad (4)$$

In Gl. 2 wird vereinfachend angenommen, daß inspiratorisches und exspiratorisches Atemzeitvolumen übereinstimmen. Bei einem RQ von unter 1,0 ist jedoch $\dot{V}_E$ kleiner als $\dot{V}_I$. Will man den dadurch entstehenden, geringen Fehler gemäß Gl. 2 vermeiden, sind Gl. 4 oder Gl. 5 zu benutzen.

$$\Delta\dot{V}_{O_2} = \dot{V}_E (1{,}265 \cdot \Delta F_{O_2} - 0{,}265 \cdot F_{CO_2}). \quad (5)$$

$\dot{V}_E$ entspricht dem exspiratorischen Atemzeitvolumen, ΔF_{O_2} der Differenz der O_2-Fraktionen von Einatemluft und gemischter Ausatemluft und F_{CO_2} der CO_2-Fraktion der gemischten Ausatemluft.

Das ***Douglassack-Verfahren*** [8] gehört zu den klassischen Methoden für die Messung der Sauerstoffaufnahme. Dieses *diskontinuierliche* Meßverfahren, bei dem die Exspirationsluft in einem Sack gesammelt

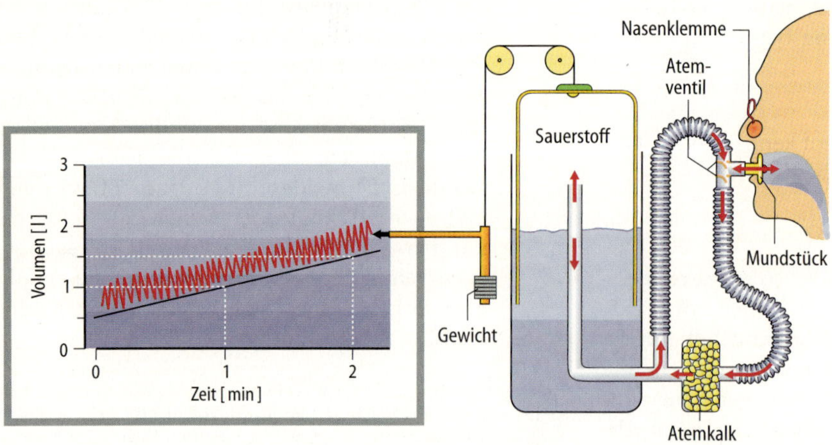

Abb. 29–4. Messung der O_2-Aufnahme im geschlossenen spirometrischen System. Der Proband inspiriert reinen Sauerstoff aus einem *Tauchglockenspirometer;* das Ausatemluftgemisch wird durch einen Behälter mit CO_2-absorbierendem Atemkalk geleitet. Der Anstieg des registrierten *Spirogramms (links),* der durch eine Verbindungslinie der Umkehrpunkte festgelegt wird, entspricht der O_2-Aufnahme des Probanden (im Beispiel der Abbildung 0,5 l/min)

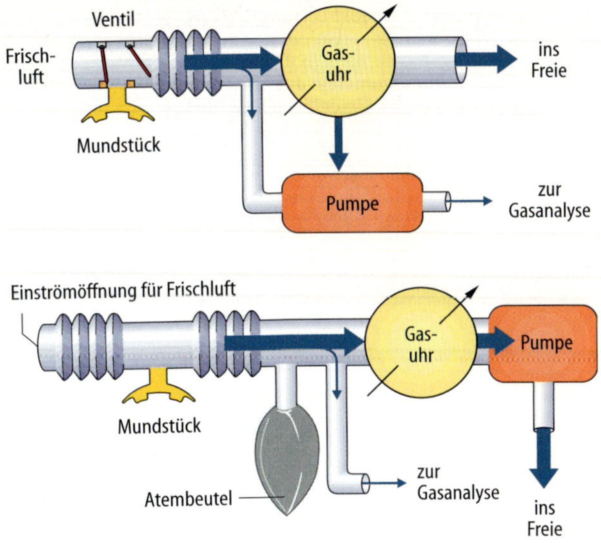

Abb. 29–5. Meßprinzipien offener Systeme. *Oben:* Tragbare Gasuhr nach [11] mit Abzweigen eines aliquoten Anteils (1 %) aus dem Ausatemstrom. *Unten:* Prinzip der konstanten Absaugung. Anstelle einer Gasuhr kann auch ein integrierender Pneumotachograph eingesetzt werden

wird, kann nicht nur ortsfest, sondern auch am sich frei bewegenden Probanden eingesetzt werden.

Bei arbeitsphysiologischen Untersuchungen wird der Sack wie ein Rucksack getragen. Der Proband atmet über ein *Ventil* mit *Mundstück* Frischluft ein; die Nase ist durch eine *Nasenklemme* zu verschließen. Die Ausatemluft wird in den *luftdichten* Sack geleitet und die Dauer der Sammelperiode festgehalten. Nach Walken des Sacks – zwecks Durchmischung der Totraum- und Alveolarluftanteile – wird eine Probe für die Sauerstoff- und Kohlendioxidanalyse entnommen. Abschließend wird die ausgeamtete Luftmenge bestimmt, indem man den Sack über eine Gasuhr leert. Zur Berechnung der Stoffwechselgrößen s. Gl. 2, 3 und 4.

Statt eines Douglassacks kann auch eine ***Gasuhr*** oder andere elektronische Geräte zur Bestimmung des Atemzeitvolumens, z. B. Pneumotachograph (S. 571), auf dem Rücken getragen werden. Da die Gasfraktionen für O_2 und CO_2 sich während der Exspiration je nach den Anteilen von Totraum- und Alveolarluft zeitlich ändern, muß durch eine atemstromproportional saugende Pumpe dafür gesorgt werden, daß ein repräsentativer Anteil aller Portionen der Ausatemluft gesammelt wird (Abb. 29–5 oben).

Bei Systemen mit ***konstanter Absaugung*** atmet der Proband über ein ventilloses Mundstück (bzw. Atemmaske oder Atemhaube) ein und aus, wobei durch eine Pumpe *überschüssige* Frischluft konstant am Mundstück vorbeigesaugt wird. Vor dem Abzweig zur Probenentnahme für die Gasanalyse herrscht, unabhängig vom Atemzeitvolumen, eine gleichmäßige Mischluftströmung; kurzzeitige Spitzenmengen der Ausatemluft werden im Atembeutel gespeichert. Die O_2-Aufnahme bzw. CO_2-Abgabe resultiert dann aus dem Produkt von konstanter Absaugmenge/Zeit mal Differenz der O_2- bzw. CO_2-Fraktionen, bezogen auf die Einatemluft. Somit sind die Fraktionsdifferenzen am Abzweig zur Gasanalyse proportional zu den aktuellen Stoffwechselgrößen O_2-Aufnahme und CO_2-Abgabe. Die Berechnung erfolgt in Anlehnung an Gl. 5, wobei anstelle von $\dot{V}_E$ die konstante Absaugmenge/Zeit zu setzen ist.

Bei der ***Spiroergometrie*** wird, zwecks ärztlicher Diagnostik, die Intensität einer ergometrischen Arbeit gesteigert. Aus den gleichzeitig gemessenen Atmungs- und Kreislaufparametern – speziell der Sauerstoffaufnahme – kann auf den Grad einer Beeinträchtigung beider für den Sauerstofftransport wichtigen Systeme geschlossen werden.

Die Sauerstoffaufnahme einzelner Organe wird nach dem Fickschen Prinzip bestimmt

Ficksches Prinzip. Um den Energieumsatz einzelner Organe zu bestimmen, wird deren Sauerstoffaufnahme aus der Organdurchblutung $\dot{Q}$ und den arteriovenösen Fraktionsdifferenzen von O_2 und CO_2 wie folgt berechnet:

$$\dot{V}_{O_2}\,(\text{ml/min}) = \dot{Q}\,(\text{ml/min})\cdot(F_{aO_2} - F_{vO_2}), \qquad (5)$$

$$\dot{V}_{CO_2}\,(\text{ml/min}) = \dot{Q}\,(\text{ml/min})\cdot(F_{vCO_2} - F_{aCO_2}), \qquad (6)$$

!

Die O_2-Aufnahme des Gesamtorganismus wird mit geschlossenen oder offenen Respirationssystemen ermittelt. Bei geschlossenen Systemen wird aus einem sauerstoffgefüllten Spirometer eingeatmet, die Ausatemluft über einen CO_2-Absorber zurückgeführt und die entommene O_2-Menge volumetrisch bestimmt. Bei offenen Systemen wird Frischluft eingeatmet; die Ausatemluft wird hinsichtlich Menge/Zeit und Gaskonzentrationen analysiert und daraus die jeweils vom Organismus entnommene O_2-Menge und abgegebene CO_2-Menge errechnet. Die O_2-Aufnahme einzelner Organe wird nach dem FICKschen Prinzip ermittelt.

29.3 Literatur

Weiterführende Lehr- und Handbücher

1. Consolazio C F, Johnson RE, Pecora LJ (1963) Physiological measurements of metabolic functions in man. McGraw-Hill, New York
2. Göpfert H (1960) Energiebedarf. In: Rosemann H (Hrsg) Lehrbuch der Physiologie des Menschen, 28. Aufl. (2 Bde). Urban und Schwarzenberg, München
3. Lavoisier AL, DeLaPlace (1892) Abhandlung über die Wärme (Erstveröffentlichung 1780). In: Rosenthal J (Hrsg) Zwei Abhandlungen über Wärme. Engelmann, Leipzig
4. Spitzer H, Hettinger T, Kaminsky G (1982) Tafeln für den Energieumsatz, 6. Aufl. Beuth, Berlin
5. Ulmer H-V (1975) Zur Methodik, Standardisierung und Auswertung von Tests für die Prüfung der körperlichen Leistungsfähigkeit. Deutscher Ärzteverlag, Köln
6. Wissenschaftliche Tabellen Geigy (1985) Teilband Körperflüssigkeiten, 8. Aufl. (4. Nachdr). Ciba-Geigy, Basel

Einzel- und Übersichtsarbeiten

7. Boothby WM, Berkson J, Dunn HL (1936) Studies of the energy of metabolism of normal individuals: a standard of basal metabolism, with a nomogram for clinical application. Am J Physiol 116:468
8. Douglas CG (1911) A method for determining the total respiratory exchange in man. J Physiol (Lond) 42:17
9. Göpfert H, Bernsmeier A, Stufler R (1953) Über die Steigerung des Energiestoffwechsels und der Muskelinnervation bei geistiger Arbeit. Pflügers Arch 256:304
10. Long CL, Schaffel N, Geiger JW, Schiller WR, Blakemore WS (1979) Metabolic response to injury and illness: estimation of energy and protein needs from indirect calorimetry and nitrogen balance. J Parenter Enter Nutr 3:452
11. Müller EA, Franz H (1952) Energieverbrauchsmessungen bei beruflicher Arbeit mit einer verbesserten Respirationsgasuhr. Arbeitsphysiologie 14:499
12. Stegemann J, Essfeld D (1984) Advantages of the computerized breath-by-breath method for the interpretation of spiroergometric data. In: Löllgen H, Mellerowicz H (eds) Progress in ergometry: quality control and test criteria. Springer, Berlin Heidelberg New York, p 30
13. Semsroth M (1985) Indirekte Kalorimetrie bei beatmeten Kindern. 2. Teil: Ein Meßverfahren und seine Überprüfung an einem neuentwickelten Stoffwechsel-Lungenmodell. Infusionstherapie 12:294
14. Taylor CR, Heglund NC (1982) Energetics and mechanics of terrestrial locomotion. Annu Rev Physiol 44:97
15. Ulmer H-V (1988) Sportphysiologie und Adipositas. Münch Med Wschr 130:727

Wärmehaushalt und Temperaturregelung* 30

E. Simon

EINLEITUNG Wenn ein Marathonläufer kurz vor dem Ziel mit extrem überhöhter Körpertemperatur zusammenbricht oder einem Schiffbrüchigen im eiskalten Wasser des Polarmeeres in kurzer Zeit der Tod durch Unterkühlung droht, dann deshalb, weil in beiden Situationen die Temperaturregulation überfordert ist. Alle Stoffwechselprozesse und Organfunktionen werden von der Körpertemperatur beeinflußt. Fieber als pathologische Temperaturerhöhung ist nicht nur ein Symptom, sondern es moduliert die Immmunabwehr und ist in der Klinik als ein den Organismus belastender Faktor zu beachten. Als Forschungsgebiet hat die Temperaturregulation wichtige Grundlagen für die Arbeits-, Sport- und Raumfahrtmedizin geliefert. Lückenhaft sind aber noch die Vorstellungen darüber, wie das Zentralnervensystem die Körpertemperatur regelt. Intensiv erforscht werden gegenwärtig die Bedeutung des Fiebers für die Immunabwehr und die Rolle der Temperatur als therapeutischer Faktor.

30.1 Wärmebildung, Körpertemperatur und Körpergröße

Bei homoiothermen Lebewesen wird die Körpertemperatur auf hohem Niveau konstant gehalten

Homoiothermie und Poikilothermie. Der *Energieumsatz* (S. 641 ff) lebender Organismen geht nach den Gesetzen der Thermodynamik mit ***Wärmebildung*** einher. Unter den Wirbeltieren haben *Säugetiere*, der *Mensch* eingeschlossen, und *Vögel* im Vergleich zu anderen Wirbeltierklassen und Wirbellosen einen hohen, als ***Tachymetabolismus*** bezeichneten Ruheumsatz. Infolge der damit verbundenen hohen Wärmebildungsrate liegt ihre Körpertemperatur deutlich über der durchschnittlichen Temperatur ihres Lebensraumes. Sie besitzen außerdem die als ***Homoiothermie*** bezeichnete Fähigkeit, dieses hohe Temperaturniveau (beim Menschen ca. 36,5–37 °C) durch spezielle Regelungsmechanismen konstant zu halten, wenn sich die Umgebungstemperatur oder der Energieumsatz innerhalb gewisser Grenzen ändern. Grundlage dafür ist die ***„autonome Temperaturregulation“*** (s. Kap. 30.4); sie umfaßt Mechanismen zur Steuerung der Wärmeabgabe an die Umgebung und vor allem die Fähigkeit zur ***regulatorischen Wärmebildung*** durch Aktivierung metabolischer Prozesse.

* Der Autor gedenkt dankbar des langjährigen Betreuers dieses Kapitels, Prof. Dr. K. Brück (1925–1992), auf dessen Konzeption die vorliegende Überarbeitung aufbaut.

Als ***poikilotherm*** bezeichnet man die nichthomoiothermen Tierklassen, weil deren Körpertemperatur im wesentlichen von der Umgebungstemperatur bestimmt wird. Sie unterscheiden sich von den homoiothermen Tieren durch ihren – bei gleicher Körpergröße und gleicher Körpertemperatur – etwa 3–4mal niedrigeren Energieumsatz, ihren ***Bradymetabolismus*** [2, 5]. Ihnen fehlt außerdem die Fähigkeit zur autonomen Temperaturregulation, insbesondere zur regulativen Wärmebildung. Im Unterschied zu den auch als ***„endotherm“*** bezeichneten homoiothermen Tieren, nennt man poikilotherme Tiere ***„ektotherm“***, wegen der Abhängigkeit der Körpertemperatur von der Außentemperatur [1, 2, 35].

Wärmebildung und Körpertemperatur. Wie alle chemischen Reaktionen sind die Stoffwechselprozesse im Organismus temperaturabhängig (***R***eaktions-***G***eschwindigkeits-***T***emperatur-Regel, ***RGT-Regel*** = van't Hoff Regel). So reduziert sich z. B. der Energieumsatz poikilothermer Organismen gemäß der RGT-Regel, wenn die Körpertemperatur mit der Umgebungstemperatur absinkt [5]. Bei den homoiothermen Tieren ist die Wirksamkeit der RGT-Regel nicht ohne weiteres erkennbar, weil z. B. bei Abkühlung die regulatorische Wärmebildung aktiviert wird. Erst nach Ausschaltung der Temperaturregulation, z. B. auf pharmakologischem Wege (Narkose), wird die Abnahme des Energieumsatzes mit sinkender Körpertemperatur deutlich (Abb. 30-1) [20]. Der Quotient aus den bei 10 °C Temperaturdifferenz (T, T+10) gemessenen Reaktionsgeschwindigkeiten (k) wird als Q_{10} bezeichnet:

$$Q_{10} = k_{(T+10)}/k_{(T)} \qquad (1)$$

Typisch für biologische Prozesse sind Q_{10}-Werte zwischen 2 und 3 [3, 20]; dies gilt z. B. auch für die in Abb. 30-1 dargestellten, abfallenden Kurvenverläufe.

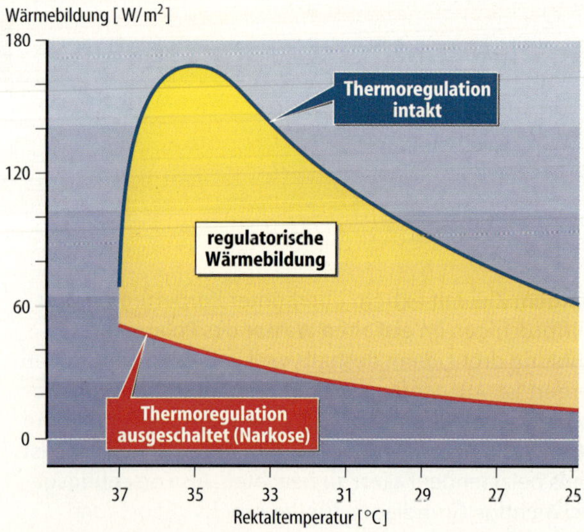

Abb. 30–1. Beziehung zwischen Körpertemperatur und Stoffwechselrate eines homoiothermen Organismus (Hund) bei experimenteller Abkühlung. *Obere blaue Kurve:* Leichte Narkose, Thermoregulation funktionsfähig: Stoffwechselrate steigt bei Abkühlung zunächst bis zu einem Maximum an und fällt bei weiter sinkender Körpertemperatur gemäß der RGT-Regel ab. *Untere rote Kurve:* Tiefe Narkose, Thermoregulation unterdrückt: Stoffwechselrate folgt von Beginn der Abkühlung an der RGT-Regel. *Gelb:* Bereich der thermoregulatorischen Wärmebildung. Weitere Erklärung s. Text. Nach [20]

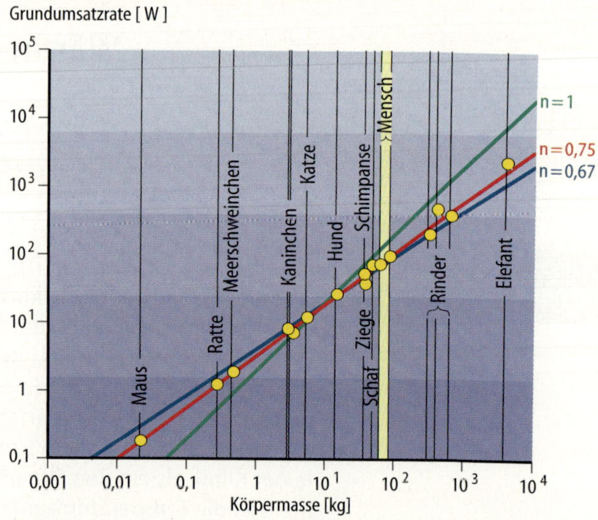

Abb. 30–2. Beziehung zwischen Energieumsatz (Ordinate) und Körpermasse (Abscisse) in doppelt-logarithmischer Darstellung; *Gelbe Vertikale:* Position des Menschen. Die *rote Gerade* mit der Steigung von 0,75 entspricht am besten den experimentell gefundenen Werten. Bei Proportionalität zwischen Energieumsatz und Körpermasse würde die *grüne Gerade* mit der Steigung 1 gelten, bei Proportionalität zwischen Energieumsatz und Oberfläche die *blaue Gerade* mit der Steigung 0,67. Nach [40]

Unter natürlichen Bedingungen gewährleistet die Konstanthaltung der Körpertemperatur bei den Homoiothermen einen gleichförmigen Aktivitätszustand des Stoffwechsels. Sie sind deshalb den poikilothermen Tieren vielfach überlegen. Deren Vorteil ist ihr geringer Energieumsatz, was bei niedriger Temperatur eine monatelange Nahrungskarenz erlaubt.

Die Wärmebildung pro kg Körpermasse nimmt mit zunehmender Körpergröße ab

Wärmebildung und Körpergröße. Die Temperatur des Körperinneren, die ***Körperkerntemperatur*** (s. Abb. 30–3) liegt im Zustand der Homoiothermie bei den meisten Säugern zwischen 36 und 39 °C, ganz unabhängig von den Unterschieden in der Körpergröße. Der Energieumsatz unter Ruhebedingungen (***RMR,*** resting metabolic rate) [35] läßt sich als Potenzfunktion der Körpermasse (m) beschreiben:

$$\mathrm{RMR} = a \cdot m^n; \qquad (2)$$

in doppelt-logarithmischer Darstellung erhält man eine lineare Funktion:

$$\log \mathrm{RMR} = a' + n \cdot \log m. \qquad (3)$$

Aus Stoffwechselmessungen an erwachsenen Säugern unterschiedlicher Größe ergibt sich für „n" ein Wert von etwa 0.75 (vgl. Abb. 30–2) [40]. Nach dieser als ***Gesetz der Stoffwechselreduktion*** bezeichneten Beziehung sinkt der Energieumsatz pro kg Körpermasse mit zunehmender Körpergröße. Aus Abb. 30–2 ist zu entnehmen, daß die 20 g schwere Maus einen ungefähr 20 fach höheren Umsatz pro g Körpermasse hat als der 5000 kg schwere Elefant.

Die Körperoberfläche nimmt mit der Körpermasse exponentiell zu, und zwar mit dem Exponenten 0,67, d. h. das *Oberflächen-Volumen-Verhältnis* nimmt mit zunehmender Körpergröße ab. Die Ähnlichkeit der Exponenten 0,75 und 0,67 bedeutet, daß die pro Oberflächeneinheit gebildete und an die Umgebung abzuführende Stoffwechselwärme sich relativ gering mit der Körpergröße ändert. Deshalb wird gelegentlich die Stoffwechselrate bzw. die Wärmebildung pro Oberflächeneinheit (s. Abb. 30–1) angegeben. Allerdings ist zu bedenken, daß mit der Körpergröße auch die Dicke der wärmeisolierenden Körperschale abnimmt und damit der Wärmeverlust pro Oberflächeneinheit zunimmt. Ein physiologischer Zusammenhang zwischen „Oberfläche" und „Energieumsatz" besteht daher nur näherungsweise.

Wärmebildung als thermische Belastung. Durch *körperliche Arbeit* werden der Energieumsatz und damit die Wärmebildung gesteigert. Diese zusätzliche Stoffwechselwärme muß durch Aktivierung der Wärmeabgabe an die Umgebung abgeführt werden. *Nahrungsaufnahme* bewirkt eine als *postprandiale Energieumsatzzunahme* bezeichnete Zunahme der Wärmebildung (s. S. 792 f).

Für die Homoiothermie ist die Fähigkeit zur regulatorischen Steigerung der Wärmebildung entscheidend

Thermoregulatorische Wärmebildung. Im Falle drohender Auskühlung wird bei homoiothermen Lebewesen der Energieumsatz regulativ gesteigert, um den erhöhten Wärmeverlust auszugleichen. Abgesehen von *zusätzlicher Wärmebildung durch aktive Betätigung der Muskulatur* stehen dafür die folgenden Mechanismen zur Verfügung:

- Unwillkürliche Zunahme der Muskelaktivität, zunächst *Steigerung des Muskeltonus* und bei stärkerer Auskühlung dann *rhythmische Muskelkontraktionen*, die als ***Kältezittern*** bezeichnet werden. Die Muskelaktivität läßt sich durch Elektromyographie erfassen (s. S. 75 f). Beim *erwachsenen Menschen* erfolgt die regulative Wärmebildung überwiegend durch Kältezittern.
- **Zitterfreie Wärmebildung** ist nicht an Muskelkontraktionen gebunden und erfolgt vorwiegend im sog. *braunen Fettgewebe*, dessen Zellen eine multilokuläre Fettverteilung und zahlreiche Mitochondrien aufweisen. Sie kommt bei *Neugeborenen* (so auch beim menschlichen Neugeborenen) und über die gesamte Lebenszeit bei kleineren kälteadaptierten Tieren und bei *Winterschläfern* vor [16, 26, 28].

Wirkungsgrad der Wärmebildung. Er ist bei Kältezittern geringer als bei zitterfreier Wärmebildung. Die Zitterbewegungen bewirken eine verstärkte *Konvektion* und dadurch erhöhte Wärmeabgabe. Durch Einbeziehung peripherer Muskeln (Extremitäten) in das Kältezittern wird außerdem die Dicke der *isolierenden Körperschale reduziert.*

! Der Stoffwechsel lebender Organismen produziert Wärme. Bei tierischen Lebewesen wird der Energieumsatz pro kg Körpermasse mit zunehmender Körpergröße kleiner. Der Energieumsatz ist gemäß der RGT-Regel eine Funktion der Körpertemperatur. Homoiotherme Lebewesen (Mensch) können auf Auskühlung mit regulatorischer Wärmebildung reagieren. Homoiothermie bedeutet die Fähigkeit, mit den Mitteln der autonomen Thermoregulation die Temperatur des Körperinneren auf einem hohen Niveau zu halten, beim Menschen auf 36,5–37 °C.

30.2 Körpertemperatur des Menschen

Bei annähernd konstanter Temperatur im Inneren von Rumpf und Kopf können die Temperaturen im Bereich der Extremitäten sowie der Haut und Unterhaut stark variieren

Körperkern und Körperschale. Damit Wärme aus dem Körperinneren zur Körperoberfläche hin transportiert werden kann, muß ein Temperaturgefälle zur Haut bestehen. Im Unterschied zum annähernd gleichmäßig warmen (36,5–37 °C) *Körperkern* bezeichnet man die Gewebsschichten unter der Haut, in der ein nach außen gerichtetes Temperaturgefälle auftreten kann, als *Körperschale* [1]. Abbildung 30–3 zeigt schematisch für einen (unbekleideten) ruhenden Menschen die Temperaturverteilung bei warmer (35 °C) und kühler (20 °C) Umgebungstemperatur. In warmer Umgebung ist die Hautdurchblutung und damit die Wärmetransportrate vom Kern zur Haut hoch; die Haut ist warm, und die durch den Temperaturgradienten gekennzeichnete Körperschale umfaßt nur oberflächliche Gewebsschichten (Abb. 30–3 B). In kalter Umgebung wird die Hautdurchblutung zur Reduzierung von Wärmeverlusten stark gesenkt. Die Hauttemperatur fällt ab, und auch die darunter liegenden Gewebsschichten kühlen aus. Der Temperaturgradient erfaßt jetzt große Gewebsanteile; die Körperschale nimmt zu, und der gleichwarme Körperkern schrumpft. Am Rumpf nimmt das ***radiäre Temperaturgefälle*** zu. In den Extremitäten bildet sich zusätzlich ein ***Temperaturgefälle in Längsrichtung (axial)*** aus. So entsteht, aufgrund der unregelmäßigen geometrischen Gestaltung des Körpers, ein kompliziertes *Temperaturfeld* (Abb. 30–3 A). Besonders die Temperaturen an den Enden der Extremitäten (Akren) ändern sich stark mit der Umgebungstemperatur.

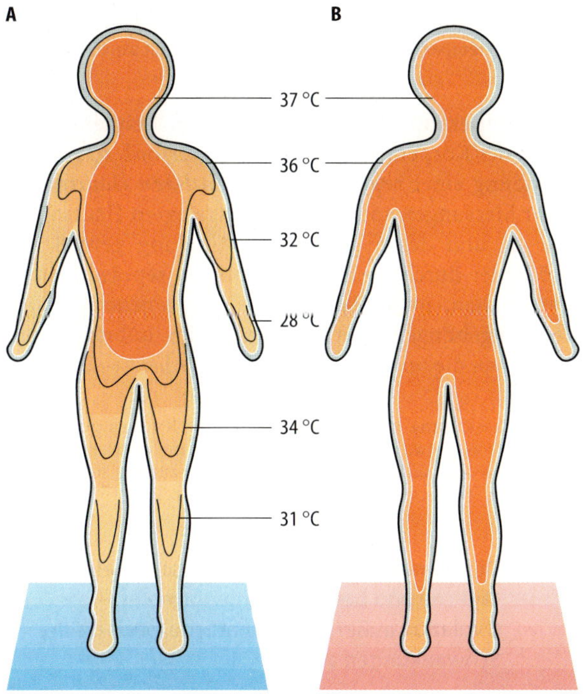

Abb. 30–3. Temperaturfeld des menschlichen Körpers ohne Bekleidung nach längerem Aufenthalt in kalter (**A**; 20 °C) und warmer (**B**; 35 °C) Umgebung. *Rotbraun:* gleichwarmer Körperkern; *grau:* Haut und Subcutis; *orange:* wechselnder Anteil an der Körperschale mit schematisierten Isothermen. In der Wärme ist die Körperschale praktisch auf die Haut und Subcutis beschränkt; in der Kälte werden tiefere Gewebsschichten, insbesondere an den Extremitäten, in die Schale einbezogen. Nach [1]

Körperkerntemperaturen. Unterschiede in der Stoffwechselaktivität und in der regionalen Durchblutung bedingen auch innerhalb des Körperkerns Temperaturunterschiede, die mehr als 1 °C erreichen können [5]. Im Vergleich zum arteriellen Blut weisen z. B. Leber und Gehirn höhere Werte auf. Die Kerntemperatur ist deshalb durch einen einzigen Wert nur angenähert darstellbar.

Für klinische Zwecke wurde bisher vorzugsweise die ***Rektaltemperatur*** gemessen. Sie liefert einen vergleichsweise hohen Wert. Man findet allerdings zwischen Anus und ca. 15 cm Tiefe Gradienten bis zu 1 °C, vermutlich aufgrund unterschiedlicher Blutzuflüsse zu den das Rektum umgebenden Venengeflechten [5]. Es ist also wichtig, eine Standardmeßtiefe einzuhalten.

Die neuerdings im Klinikbetrieb bevorzugte ***Sublingualtemperatur*** liegt meist 0,2–0,5 °C tiefer als die Rektaltemperatur. Hier muß mit Einflüssen durch die eingeatmete Luft und durch vorausgegangenes Essen und Trinken und auch mit räumlichen Gradienten gerechnet werden.

Bei sportmedizinischen Untersuchungen wird häufig die ***Ösophagustemperatur*** (oberhalb der Kardia) mit flexiblen Meßfühlern gemessen. Sie zeigt Kerntemperaturänderungen mit geringerer Verzögerung an als die Rektaltemperatur.

Die ***Axillartemperatur*** ist dann als Kerntemperatur anzusehen, wenn die Axilla durch festes Anlegen des Oberarms der äußeren Abkühlung entzogen wird. Sie nimmt dann allmählich Kerntemperatur an, doch ist mit Einstellzeiten bis zu 30 min zu rechnen, wenn infolge Vasokonstriktion die Körperschale zuvor stärker ausgekühlt war, was in der Kälte und bei Einsetzen von Fieber der Fall sein kann.

Als Kerntemperatur wird zunehmend die *Gehörgangstemperatur* nahe am Trommelfell mit Infrarot-Thermometern gemessen. Für genaue Messungen ist die isolierende Abdeckung von Gehörgang und Ohr zur Ausschaltung äußerer Temperatureinflüsse wichtig. Ob die ***Tympanaltemperatur*** selbst als repräsentativ für die Gehirntemperatur angesehen werden kann, ist umstritten.

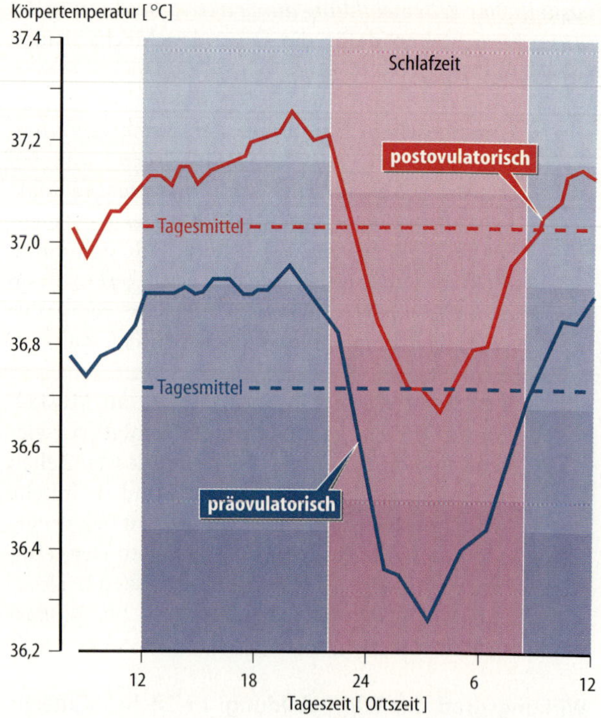

Abb. 30-4. Tagesgang der Körpertemperatur (Rektaltemperatur) bei der Frau. Die *untere blaue Kurve* ist in der ersten Hälfte (präovulatorisch), die *obere rote Kurve* in der zweiten Hälfte (postovulatorisch) des Menstruationszyklus ermittelt worden (Mittelwerte von 8 Probandinnen). *Roter Bereich:* Schlafzeit; *blauer Bereich:* Wachzeit. Beim Mann tritt der gleiche Tagesgang auf, jedoch nicht die zyklische Änderung des Temperaturniveaus. Nach [51]

Hauttemperatur. Die oft komplizierten Temperaturfelder in der Körperschale (s. Abb. 30-3) erfordern zur Abschätzung einer repräsentativen ***mittleren Hauttemperatur*** Messungen an empirisch festgelegten Hautstellen [17, 39] und deren gewichtete Mittelung gemäß der Größe der durch die Einzelmessungen repräsentierten Hautflächen. Im (behaglichen) *Thermoneutralbereich* der Umgebungstemperatur liegt beim unbekleideten Menschen die *mittlere Hauttemperatur bei 33–34 °C.*

Durch Gewichtung von Kern- und mittlerer Hauttemperatur im Verhältnis von etwa 9:1 läßt sich empirisch eine ***mittlere Körpertemperatur*** abschätzen. Sie wird gelegentlich zur Darstellung des Status der Temperaturregulation herangezogen [29].

Die normale Körperkerntemperatur weist tägliche und bei Frauen mit normaler Ovulation außerdem monatliche, periodische Schwankungen auf

Tagesperiodik. Beim Menschen wird am frühen Morgen ein Minimum der Kerntemperatur und im Verlauf des Tages ein Anstieg zu einem (häufig zweigipfligen) Maximum am Abend gefunden; die Amplitude ist variabel, im Mittel etwa 1 °C (s. Abb. 30-4). Bei nachtaktiven Tieren findet sich das Maximum während der Nacht [18]. Dieses Verhalten der Körperkerntemperatur ist nicht die Folge von Phasen unterschiedlicher körperlicher Aktivität, sondern es handelt sich um einen von vielen *tagesperiodischen Vorgängen.* Die Periodik bleibt auch nach Ausschaltung aller Zeitgeber (s. S. 150) bestehen, dann allerdings mit einer dem 24-Stunden-Tagesgang nur ungefähr entsprechenden, endogenen ***zirkadianen Periodik*** (meist zwischen 24 und 25 Std. [18]). Normalerweise ist sie über Zeitgeber mit dem 24-Stunden-Tagesgang synchronisiert. Starke Verschiebungen des äußeren Tagesganges, z. B. bei transmeridianen Flugreisen, bewirken eine zeitweilige Desynchronisation.

Basaltemperaturzyklus. Bei Frauen mit intaktem *Ovulationszyklus* findet man periodische Änderungen der Kerntemperatur; kurz nach der Ovulation kommt es zu einem Temperaturanstieg um durchschnittlich 0,5 °C, der bis zur nächsten Menstruation erhalten bleibt [5, 51] (s. Abb. 30-4). Die Ermittlung der *Basaltemperaturkurve* wird als diagnostisches Verfahren eingesetzt (s. S. 383).

Die Körperkerntemperatur steigt bei Arbeit proportional zur relativen Leistung an

Arbeitshyperthermie. Der durch Arbeit induzierte *Anstieg der Kerntemperatur* nimmt mit der Intensität der Arbeit zu, und zwar ist er proportional der *relativen Lei-*

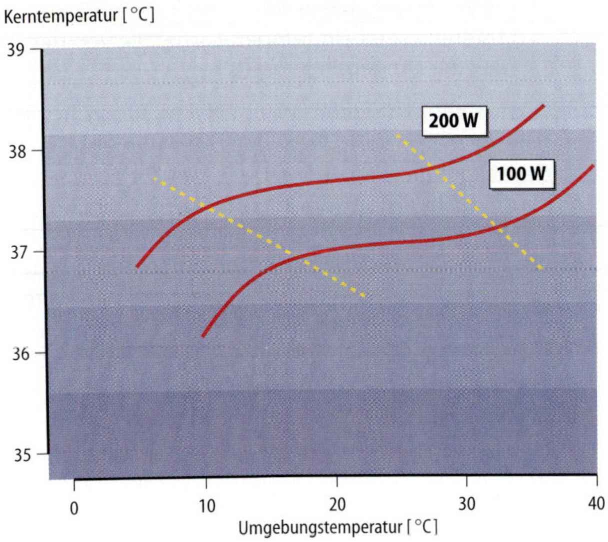

Abb. 30–5. Kerntemperatur (Ösophagustemperatur) als Funktion der Umgebungstemperatur (50 % relative Feuchte) bei einer trainierten Versuchsperson *(rote Linien)*, jeweils nach 2-stündiger Arbeitsbelastung (Fahrradergometer) in zwei Belastungsstufen (zirka-Werte in Watt) in schematischer Darstellung. Die flachen Kurvenabschnitte *(zwischen den gelben gestrichelten Linien)* zeigen den Bereich an, in dem der Kerntemperaturanstieg während Arbeit nur wenig von der Umgebungstemperatur beeinflußt wird. Nach [39]

stung [46], ausgedrückt in % der individuellen Maximalleistung, die durch $\dot{V}_{O_2\,max}$ gegeben ist (s. S. 694). Bei konstanter, submaximaler Arbeitsbelastung erreicht die Kerntemperatur ein zumindest zeitweiliges Plateau, dessen Höhe von der Umgebungstemperatur innerhalb eines relativ weiten Bereichs nur wenig beeinflußt wird (Abb. 30–5); die Ober- und Untergrenzen dieses Bereichs (gestrichelte Linien in Abb. 30–5) verschieben sich mit steigender Arbeitsbelastung zu niedrigeren Werten [39]. Voraussetzung für die zeitliche Konstanz der Kerntemperaturerhöhung bei Arbeit ist, daß der Flüssigkeitsverlust infolge Schweißsekretion durch Trinken ersetzt wird [50]. *Dehydratation des Organismus wirkt temperatursteigernd und damit leistungsbegrenzend* [30]. Bei Marathonläufern wurden Rektaltemperaturen von 39–40 °C, in Einzelfällen bis 41 °C, gemessen [3].

Hauttemperatur bei Arbeit. Die Hauttemperatur kann bei Beginn der Arbeit vorübergehend und regional unterschiedlich absinken [3]. Im stationären Zustand bleibt die mittlere Hauttemperatur, unabhängig von der Arbeitsbelastung, eine Funktion der Umgebungstemperatur [3, 39].

! Bei den Homoiothermen läßt sich der gleichwarme Körperkern von der kühleren Körperschale unterscheiden. Temperatur und Ausdehnung der Körperschale werden von der Außentemperatur beeinflußt. Kern- und mittlere Hauttemperatur sind die wichtigsten Meßgrößen der Körpertemperatur. Die Höhe der Kerntemperatur unterliegt biorhythmischen Einflüssen. Sie steigt bei körperlicher Arbeit leistungsabhängig an.

30.3 Wärmeabgabe

Ändern sich die Wärmebildung im Inneren (z. B. bei Arbeit), oder die Bedingungen der Wärmeabgabe nach außen (z. B. bei Änderung der Umgebungstemperatur), so kommt es vorübergehend zu einem Ungleichgewicht zwischen Wärmebildung und Wärmeabgabe, bevor sich durch Temperaturregelung wieder ein Gleichgewicht einstellt. Für den stationären Zustand gilt gemäß Gl. (4), daß die der Stoffwechselrate (metabolic rate, ***MR***) entsprechende Wärmebildung gleich dem Wärmestrom vom Körperinneren zur Körperoberfläche ist (*innerer Wärmestrom*, H_{int}) und dieser wiederum gleich dem Wärmestrom von der Körperoberfläche zur Umgebung (*äußerer Wärmestrom*, H_{ext}); die Größen werden meist in Watt [W] angegeben:

$$MR = H_{int} = H_{ext} \ [W] \qquad (4)$$

Die Körperoberfläche bildet die *Grenzfläche zwischen innerem und äußerem Wärmestrom.* Der am Wärmeaustausch mit der Umgebung beteiligte Anteil wird als *effektive Körperoberfläche (A)* bezeichnet; sie kann kleiner sein als die geometrische Oberfläche, z. B. wenn Hautpartien bei in Kontakt befindlichen Körperteilen vom Wärmeaustausch ausgeschlossen werden.

Die Hautdurchblutung regelt den inneren Wärmestrom; die Isolationskraft der Körperschale erreicht bei minimaler Hautdurchblutung ihr Maximum, das mit der Dicke der Körperschale, speziell der subkutanen Fettschicht, zunimmt

Konvektiver Wärmetransport mit dem Blut. Die im Körperinneren gebildete Wärme gelangt zum kleineren Teil durch Wärmeleitung in den Geweben, ***Konduktion,*** zum größeren Teil durch Transport auf dem Blutweg, ***Konvektion,*** zur Körperoberfläche. Die Größe des inneren Wärmestroms ist nach Gl. (5) proportional der wärmeabgebenden Oberfläche der Haut (A) und der Differenz zwischen der Kerntemperatur (T_c) und der mittleren Hauttemperatur ($\bar{T}_s$). Der Faktor ***C,*** die sog. innere oder Gewebs-***Wärmedurchgangszahl*** (Gewebeconductance), wird variiert durch die Durchblutung der Haut und der Extremitäten.

$$H_{int} = C \cdot (T_c - \bar{T}_s) \cdot A \text{ [W]} \quad (5)$$

Die hohe spezifische Wärme des Blutes (87% derjenigen des Wassers) erlaubt einen effizienten konvektiven Wärmetransport mit dem Blutstrom durch die Körperschale zur Hautoberfläche. Beim erwachsenen Menschen kann sich die Wärmedurchgangszahl, in Abhängigkeit von der peripheren Durchblutung, je nach Dicke der subkutanen Fettschicht im Verhältnis von 1:4 bis 1:7 ändern [4,5]. Der Kehrwert von C, $1/C = I_t$, wird als ***Wärmedurchgangswiderstand*** oder ***Wärmeisolation der Körperschale*** bezeichnet; sie ist bei minimaler Hautdurchblutung umso höher, je dicker die subkutane Fettschicht ist.

Gegenstrom-Wärmeaustausch in den Extremitäten. Ein besonders bedeutsamer Faktor in der Variabilität der Wärmedurchgangszahl ist das sog. *Gegenstromprinzip der Extremitätendurchblutung* [1]. Infolge der parallelen Anordnung der großen Extremitätengefäße geht auf langer Strecke Wärme von den Arterien auf die begleitenden Venen (Vv. comitantes) über (Wärmekurzschluß). In der Kälte erhalten die akralen Gefäßgebiete dadurch vorgekühltes Blut, und das axiale Temperaturgefälle wird größer (s. Abb. 30–3). In der Wärme wird die Haut verstärkt durchblutet, und ein größerer Anteil des rückströmenden Blutes fließt durch oberflächliche Venen. Dies vermindert den Wärmekurzschluß, das axiale Temperaturgefälle nimmt ab und die Wärmeabgabe wird begünstigt.

Die *regulativen Änderungen der Hautdurchblutung* sind beträchtlich (Meßmethoden s. S. 558 f). In den für die Wärmeabgabe wegen des großen Oberflächen-Volumen-Verhältnisses besonders wichtigen akralen Abschnitten (Finger) kann sich die Durchblutung um mehr als das 100 fache ändern, am Rumpf etwa um das 10 fache [1]. Die Gesamtdurchblutung der Haut (0,2–0,5 l/min im thermoneutralen Bereich) kann bei extremer Wärmebelastung in Ruhe 4 l/min überschreiten [12]. Derartige Extremwerte werden bei Wärmebelastung durch Arbeit wegen der konkurrierenden Anforderungen der Muskeldurchblutung an den Kreislauf nicht erreicht.

Der äußere Wärmestrom weist 4 Komponenten auf: Konduktion, Konvektion, Strahlung und Evaporation

Der Wärmestrom durch Konduktion (H_k, Wärmeleitung) ist dort isoliert erfaßbar, wo die Haut Kontakt mit einem festen Gegenstand hat. Dessen Temperaturdifferenz zur Haut, seine Wärmeleitfähigkeit und die Größe der Kontaktfläche bestimmen Richtung und Größe des konduktiven Wärmestroms H_k. Ist der Körper von einem fluiden Medium (Luft, Wasser) umgeben, so erfolgt Konduktion von Wärme nur durch die der Haut anliegende, dünne, quasi ruhende Grenzschicht; sie ist dann dem Wärmetransport durch Konvektion „in Serie“ vorgeschaltet und tritt deshalb nicht als isolierte Wärmestromkomponente in Erscheinung.

Luft als umgebendes Medium. Der äußere Wärmestrom *(H_{ext})* setzt sich in Luft aus *Konvektion (H_c), Strahlung (H_r) und Evaporation (H_e)* zusammen (Gl. 6).

$$H_{ext} = H_c + H_r + H_e \quad (6)$$

Die Wärmeabgabe durch Konvektion und Strahlung setzt ein Temperaturgefälle von der Haut zur Umgebung voraus

Konvektive Wärmeabgabe. Wenn die Haut wärmer ist als die umgebende Luft, kommt es zur *Wärmeabgabe.* Die der Haut anliegende erwärmte (und dadurch leichtere) Luftschicht gleitet aufwärts und wird durch kühlere Luft ersetzt [3]. Diesen Vorgang nennt man ***natürliche*** oder ***freie Konvektion.*** Mit zunehmender äußerer Luftbewegung wird die Schicht laminarer Strömung dünner, und es kommt schon nahe der Haut zu einer turbulenten Luftströmung. Durch diese ***erzwungene Konvektion*** wird die Wärmeabgabe erheblich gesteigert. Der konvektive Wärmestrom (H_c) ist gemäß Gl. (7) proportional der effektiven Hautoberfläche (A) und der Differenz zwischen mittlerer Hauttemperatur ($\bar{T}_s$) und Umgebungstemperatur (T_a):

$$H_c = h_c \cdot (\bar{T}_s - T_a) \cdot A \text{ [W]}. \quad (7)$$

Die Größe h_c ist die ***konvektive Wärmeübergangszahl,*** deren Größe mit der Wurzel aus der Windgeschwindigkeit zunimmt. Ihr Kehrwert ($I_c = 1/h_c$) wird als Wärmewiderstand oder ***Isolation der Grenzschicht*** bezeichnet. Die Wärmetransportrichtung kehrt sich um (*Wärmeaufnahme*) [1], wenn T_a über $\bar{T}_s$ ansteigt.

Im ***Wasser*** ist die Wärmeübergangszahl ca. 200mal größer als in Luft. Geringere Grenzschichtdicke, eine im Vergleich zur Luft etwa 24mal höhere Wärmeleitzahl (Maß für Wärmeleitfähigkeit) und die große spezifische Wärme des Wassers bedingen einen hohen konvektiven Wärmestrom bereits bei niedriger Strömungsgeschwindigkeit [1]. Menschen mit dicker subkutaner Fettschicht (hohe Gewebsisolation) haben hier einen Vorteil. In strömendem 10 °C kaltem Wasser ist aber der Wärmeabstrom so groß, daß sich selbst bei stark erhöhtem Energieumsatz (etwa durch Schwimmen) kein Wärmegleichgewicht einstellen kann; es kommt zur *Hypothermie.* Daß die Zunahme selbst einer wasserhaltigen Grenzschicht die Isolation wirksam verbessert, ist die Grundlage der Anwendung „nasser“ Taucheranzüge und der Empfehlung an Schiffbrüchige, sich im kalten Wasser möglichst ruhig zu verhalten.

Wärmeabgabe durch Strahlung. Die von der Haut ausgehende langwellige Infrarotstrahlung, die nicht an ein leitendes Medium gebunden ist, wird durch die Stefan-Boltzmann-Gleichung (s. Lehrbücher der Physik) beschrieben. Die Strahlungsgröße ist danach eine Funktion jeweils der 4. Potenz der absoluten (in Kelvin) Temperatur der Hautoberfläche und der Strahlungstemperatur der Umgebung. Für den in der Biologie interessierenden kleinen Temperaturbereich läßt sich der Wärmestrom durch Strahlung (H_r) mit genügender Genauigkeit durch die linearisierte Gl. (8) beschreiben [35]. Dabei ist ($\bar{T}_s$) die mittlere Hauttemperatur, ($\bar{T}_r$) die mittlere Strahlungstemperatur der umgebenden Flächen, z. B. der Zimmerwände, (A) die effektive Körperoberfläche:

$$H_r = h_r \cdot (\bar{T}_s - \bar{T}_r) \cdot A \text{ [W]}. \quad (8)$$

Die Größe h_r wird als Wärmeübergangszahl für Strahlung bezeichnet.

In h_r ist der ***Emissionskoeffizient*** der Haut (ε_s) enthalten, der bei der von der Haut ausgehenden langwelligen Infrarotstrahlung unabhängig von der Pigmentierung nahezu 1 beträgt, d.h. dem eines absolut schwarzen Körpers entspricht. Der ebenfalls in h_r enthaltene Emissionskoeffizient (ε_r) der umgebenden Oberflächen ist nur zu berücksichtigen, wenn diese Oberflächen dem Körper sehr nahe liegen.

Wärmeaufnahme durch Strahlung (Absorption statt Emission) erfolgt, wenn in Räumen mit Strahlungsheizkörpern oder bei Einwirkung der Sonnenstrahlung die mittlere Strahlungstemperatur ($\bar{T}_r$) über die mittlere Hauttemperatur ($\bar{T}_s$) ansteigt. Für die kurzwellige (heiße) Infrarotstrahlung (elektrische Radiatoren, Sonne) ist der Emissions-(Absorptions-)koeffizient der Haut (ε_s) kleiner als 1 (0,5–0,8) und abhängig von der Pigmentierung der Haut.

Die Wärmeströme in Luft durch Konvektion und Strahlung lassen sich als *„trockene" Wärmeabgabe* zusammenfassen. Man beschreibt dabei die Umgebungsbedingungen mit einer durch Messung ermittelten ***Operativtemperatur*** (T_o), einem gewichteten Mittelwert aus Luft- und Strahlungstemperatur [35].

Wärmeabgabe durch Wasserverdunstung setzt ein Wasserdampfdruck-Gefälle von der Haut zur Umgebung voraus; Schweißverdunstung auf der Haut ist die effektivste Form der Wärmeabgabe

Evaporative Wärmeabgabe. Sie erfolgt durch Verdunsten von Wasser an der Oberfläche der Haut, die dadurch gekühlt wird. Die Verdunstungswärme des Wassers beträgt ca. 2400 kJ/l. Durch das Verdunsten von 1 l Wasser auf Haut- und Schleimhautoberflächen kann also beim Menschen etwa 1/3 der Ruhewärmeproduktion eines ganzen Tages abgegeben werden (vgl. Wasserbilanz, s. S. 778 ff).

Perspiratio insensibilis. Wasser diffundiert in Form von Wasserdampf durch die äußeren Schichten der Epidermis der Haut hindurch (extraglanduläre Wasserabgabe) und wird von den Schleimhäuten der Atemwege an die Atemluft abgegeben. Diese „unmerkliche" Wasserabgabe *(Perspiratio insensibilis)* beträgt ca. 500–800 ml pro Tag. Die daraus resultierende, sog. *passive evaporative Wärmeabgabe* [35] trägt unter thermoneutralen Bedingungen (kein Schwitzen) und bei 50 % relativer Feuchte mit etwa 20 % zur Gesamtwärmeabgabe bei (s. Abb. 30–9).

Thermoregulatorisches Schwitzen. Auf der Verdunstung von Wasser, das durch die *ekkrine Schweißsekretion (glanduläre Wasserabgabe)* an die Hautoberfläche gelangt, beruht die besonders effiziente *regulatorische evaporative Wärmeabgabe.*

Die gesamte evaporative Wasserabgabe kann durch Wiegen des Körpers gemessen werden [44], wobei nicht verdunsteter, abtropfender Schweiß getrennt erfaßt wird. Zur lokalen Messung werden auf die Haut ventilierte Kapseln aufgesetzt, und die an die Ventilationsluft abgegebene Wasserdampfmenge wird bestimmt [43].

Evaporativer Wärmeabstrom von der Haut (H_e). Er wird durch Gl. (9) beschrieben. Dabei ist ($\bar{p}_s$) der mittlere Wasserdampfdruck auf der Haut, (p_a) der Wasserdampfdruck in der umgebenden Luft (Pascal oder mm Hg) und (A) die effektive (verdunstende) Hautoberfläche.

$$H_e = h_e \cdot (\bar{p}_s - p_a) \cdot A \, [W]. \tag{9}$$

Die Größe h_e ist die ***Wärmeübergangszahl*** für Evaporation; sie ist abhängig von der Krümmung der Hautoberfläche, vom Luftdruck und von der Windgeschwindigkeit.

Aus Gl. (9) folgt, daß evaporative Wärmeabgabe auch noch in einer Umgebung mit 100 % relativer Feuchte (Wasserdampfsättigung) stattfinden kann, sofern $\bar{p}_s$ höher ist als p_a, was zutrifft, solange die Hauttemperatur höher ist als die Umgebungstemperatur und die Haut durch Schweißsekretion vollständig befeuchtet ist.

Bei Umgebungstemperaturen oberhalb der Haut- bzw. Körpertemperatur ist Wärmeabgabe nur noch durch Evaporation möglich, vorausgesetzt der Dampfdruck in der Luft ist niedriger als an der schweißbefeuchteten Hautoberfläche (ca. 47 mm Hg bei 37 °C).

Die Sekretionsrate der (etwa 2 Mio.) ekkrinen Schweißdrüsen kann kurzzeitig Maximalwerte von etwa 2 l pro Std. überschreiten und 10–12 l pro Tag betragen. Schweiß ist in der Regel hypoton; er enthält gelöste Substanzen mit einem NaCl-Anteil von 5–100 mmol/l [1]. Der Salzverlust kann also beträchtlich sein. Wird der Wasserverlust beim Schwitzen nicht ersetzt, so nimmt die Schweißsekretion mit zunehmender Dehydratation ab.

Effektives thermoregulatorisches Schwitzen findet man beim Menschen und bei einigen Huftierarten (z. B. Pferd, Rind). Die meisten übrigen Säuger und die Vögel steigern die evaporative Wärmeabgabe dadurch, daß sie durch hochfrequente Atmung *(Wärmehecheln)* die Schleimhautflächen der Atemwege und ggf. der Mundhöhle und Zunge verstärkt ventilieren [5].

Thermische Behaglichkeit hängt von Bekleidung, Klimafaktoren und körperlicher Aktivität ab

Effekt der Bekleidung. Aus der Sicht der Temperaturregelung stellt die Bekleidung einen Wärmewiderstand oder ***Isolator*** I_{cl} dar (Index „*cl*" abgeleitet von clothing) [3]. Die Isolationswirkung der Kleidung beruht vor allem auf den in Textilien oder Pelzen eingeschlossenen kleinen Lufträumen, in denen keine nennenswerte Konvektion auftreten kann; die Wärme wird dort nur konduktiv über die schlecht wärmeleitende Luft weitertransportiert.

Raumklima. Zur Beurteilung der Wirkung des Raumklimas auf den Menschen müssen mindestens 4 für den äußeren Wärmestrom wesentliche, physikalische Umweltfaktoren berücksichtigt werden: Lufttemperatur, Luftfeuchte (Wasserdampfdruck der Luft), Windgeschwindigkeit und Strahlungstemperatur. Nach einer subjektiven Behaglichkeitsskala läßt sich ermitteln, bei welcher Kombination der 4 Umweltfaktoren der Mensch sich thermisch behaglich fühlt, ob er friert oder ob ihm zu warm ist. Die klimatische Bedingung der thermischen Behaglichkeit, die ***Indifferenztemperatur,*** liegt näher an der oberen Grenze des als ***thermische Neutralzone*** (s. S. 658) definierten Bereichs der Umgebungstemperatur (*Neutraltemperatur*), bei der weder Kältezittern noch Schwitzen aktiviert sind (s. Abb. 30–9).

Die 4 genannten Klimafaktoren sind, hinsichtlich der thermoregulatorischen Beanspruchung bzw. der thermischen Behaglichkeit, bis zu einem gewissen Grad äquivalent: Eine durch niedrige Lufttemperatur hervorgerufene Kälteempfindung kann durch Erhöhung der Strahlungstemperatur aufgehoben werden. Schwüleempfinden bei hoher Lufttemperatur kann sowohl durch Senken der Luftfeuchte als auch der Lufttemperatur reduziert werden. Niedrige Strahlungstemperatur („wandkalter Raum") kann durch Erhöhung der Lufttemperatur kompensiert werden. Anblasen mit kühler Luft kann eine hohe Belastung durch Wärmestrahlung kompensieren. Deshalb ist es möglich, unterschiedliche Kombinationen der 4 Klimafaktoren in einem ***Klimasummenmaß*** zusammenzufassen, z. B. in der *Effektivtemperatur* [31].

Die mittlere Hauttemperatur beträgt bei thermischer Behaglichkeit etwa 34 °C. Bei der Ermittlung von Klimafaktoren für thermische Behaglichkeit sind die Isolation durch Kleidung und die ggf. durch körperliche Arbeit gesteigerte Wärmebildung zu berücksichtigen. Die ***Behaglichkeitstemperatur*** liegt für den sitzenden, leicht bekleideten Menschen (Hemd, kurze Unterhose, lange Baumwollhose) bei geringer Luftbewegung (unter 0.5 m/sec) und bei einer relativen Luftfeuchte von 50 % bei etwa 25–26 °C; beim unbekleideten Menschen werden bei gleicher Feuchte etwa 28 °C als behaglich empfunden [42].

Einfluß der Arbeit. Mit zunehmender körperlicher Aktivität sinkt die Behaglichkeitstemperatur. Bei leichter Büroarbeit in normaler Bekleidung entspricht sie etwa 22 °C. Bei schwerer Arbeit liegt die Behaglichkeitstemperatur höher als diejenige Umgebungstemperatur, bei der Schwitzen unter derselben Belastung gerade noch vermieden würde.

Klimadiagramme. Als Beispiel zeigt Abb. 30–6 eine empirisch ermittelte Behaglichkeitsskala (Komfort/Diskomfort) bei warmen Außenbedingungen in Abhängigkeit von Strahlungs- und Lufttemperatur (als Operativtemperatur zusammengefaßt) und der relativen Feuchte bei leichter Luftbewegung, und zwar bei leichter Arbeit (3 met; 1 met = Ruheumsatz) und leichter Kleidung. Jedem Grad von Diskomfort kann *eine* Temperatur, die ***Effektivtemperatur (ET)*** zugeordnet werden.

Nach der dem Diagramm zugrunde liegenden Definition erhält man für einen bestimmten Diskomfort den numerischen Wert von ET auf der Abszisse, wenn man den Schnittpunkt zwischen der entsprechenden Diskomfortlinie und der Kurve für *50 % relative Feuchte* auf die Abszisse projiziert [31]. Z. B. entsprechen alle durch das violette Feld der Abb. 30–6 gegebenen Temperatur-Feuchte-Kombinationen (von 29 °C und 100 % relativer Feuchte bis zu 45 °C und 20 % relativer Feuchte) dem Grad von Diskomfort, der durch die ET 37 °C charakterisiert ist.

Der Diskomfort bei Wärmebelastung steigt mit der mittleren Hauttemperatur und der Schweißbedeckung (skin wettedness [31]) an. Bei Überschreitung der maximalen Schweißbedeckung (100 % in Abb. 30–6) ist ein Ausgleich der Wärmebilanz nicht mehr möglich; Schweiß tropft ab, weil mehr erzeugt wird als verdunsten kann. Klimabedingungen jenseits dieser Grenze werden nur ganz kurzfristig ertragen. Die Diskomfortlinien im Diagramm der Abb. 30–6 verschieben sich in Abhängigkeit von Arbeitsbelastung, Kleidung und Windgeschwindigkeit.

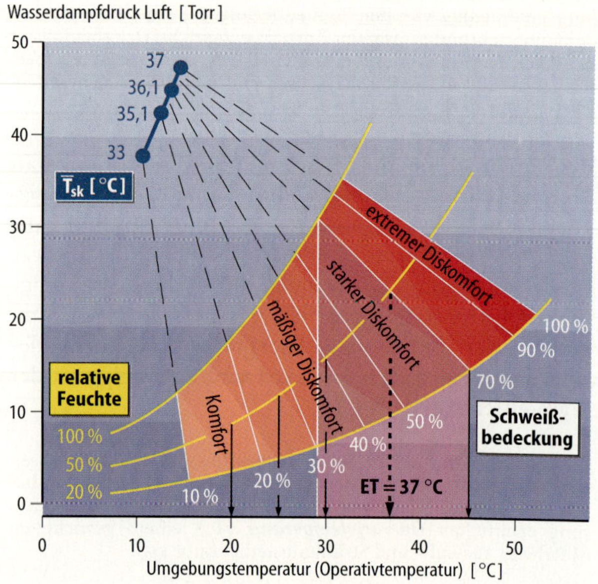

Abb. 30–6. Das psychometrische Diagramm stellt den thermischen (Dis-)Komfort in Abhängigkeit von den Parametern Wasserdampfdruck in der Luft als Ordinate und Umgebungstemperatur (Operativtemperatur = gewichteter Mittelwert aus Strahlungs- und Lufttemperatur) als Abszisse dar. Die Beziehung gilt für leichte Arbeit („3 met" = Arbeit bei 3 facher Steigerung des Ruheumsatzes), leichte Sportbekleidung und relativ geringe Luftbewegung (0,5 m · s^{-1}). $\bar{T}_{sk}$ *(blaue Linie)* = mittlere Hauttemperatur. *Orange bis rot:* Bereich des mit der Temperatur und dem Wasserdampfdruck zunehmenden Diskomforts: Aussagebereich des Diagramms. *Gelbe Linien:* relative Luftfeuchte (20, 50, 100 %). *Weiße Prozentzahlen* an den auf die $\bar{T}_{sk}$ -Linie nach links oben konvergierenden Linien geben den Grad der Schweißbedeckung der Haut an. Temperatur- und Feuchtekombinationen, denen ein bestimmter Grad von (Dis-)Komfort entspricht (hier bei 70 % Schweißbedeckung), werden durch eine Effektivtemperatur *(ET)* beschrieben, die als die Operativtemperatur bei 50 % relativer Feuchte *(schwarze gestrichelte Linie)* definiert ist; der blaue Bereich zwischen 100 und 20 % rel. Feuchte entspricht der ET von 37 °C. Nach [31]

Behaglichkeitstemperatur im Wasser. Aufgrund der sehr viel höheren Wärmeübergangszahl muß die Wassertemperatur 35–36 °C betragen, um bei völliger Ruhe thermische Behaglichkeit zu erreichen; dieser Temperaturbereich entspricht der *thermischen Neutralzone in Wasser.* Je dicker die subkutane Fettschicht ist, desto niedriger ist die Untergrenze; bei Untersuchungen an unterschiedlich dicken Personen wurden untere Grenzwerte zwischen 31 und 36 °C gefunden [55].

!

Zur Abgabe der Stoffwechselwärme an die Umgebung passiert der innere Wärmestrom die Körperschale. Ihre isolierende Wirkung, die von der Dicke der subkutanen Fettschicht abhängt, wird konvektiv überbrückt und geregelt durch die Hautdurchblutung. Der äußere Wärmeabstrom von der Hautoberfläche in die Umgebung erfolgt in Luft „trocken" durch Konvektion und

Strahlung sowie „feucht" durch die evaporative Wärmeabgabe, die durch die Schweißbildung regulierbar ist. Die subjektiv empfundene Belastung durch Wärme oder Kälte ist von Klimafaktoren, Bekleidung und Arbeitsbelastung abhängig; diese stellen wichtige arbeitsphysiologische Parameter dar.

30.4 Der Regelkreis der Temperaturregulation

Ebenso wie andere biologische Regulationsvorgänge läßt sich die Temperaturregulation mit den Begriffen der Regelungslehre beschreiben

Entprechend der Darstellung anderer biologischer Regelkreise (s. S. 331 ff) versucht Abb. 30–7, die wesentlichen Komponenten der Temperaturregelung zu veranschaulichen. Dabei ist die Analogie zu technischen Regelkreisen nur annähernd gegeben. So sind manche Regelkreis-Komponenten mehrfach vorhanden, und für andere existiert kein strukturell faßbares Korrelat.

Regelschema. Im System der Temperaturregulation ist die *Körpertemperatur* die ***Regelgröße.*** Sie wird durch verteilte ***Meßfühler*** erfaßt, die im Körperkern und in der Körperschale lokalisiert und durch zwei Typen vertreten sind: ***Warm- und Kaltsensoren.*** Die Meßfühlersignale werden dem zentralen ***Regler*** zugeleitet. Der ***Sollwert*** läßt sich nur funktionell beschreiben (s. Kap. 30.8). Die ***Regelabweichung*** *(load error)* entspricht der Abweichung der aktuellen mittleren Körpertemperatur von der den Sollwert definierenden „normalen" mittleren Körpertemperatur; dabei erzeugt eine Temperaturänderung im Körperinneren ein mehrfach stärkeres Signal als eine gleichgroße Änderung der Hauttemperatur [37, 54]. Den *Stellgrößen* entsprechen die Steuersignale zu den Organen, die als ***Stellglieder*** fungieren. Die Aktivitäten aller Stellglieder sind so gerichtet, daß sie den durch *äußere* oder *innere Störgrößen* induzierten Änderungen der Körpertemperatur, der *Regelgröße*, entgegenwirken. Als *Regelkreis* liegt somit eine geschlossene Wirkungskette mit ***negativer Rückkopplung*** vor (Abb. 30–7). Charakteristisch für die Temperaturregulation wie auch für andere homöostatische Regelsysteme ist das mehrfache Vorhandensein von Meßfühlern und Stellgliedern [1, 5, 13].

Autonome Thermoregulation. Sie erfolgt durch die willensunabhängig gesteuerten Stellglieder. Die ***Muskulatur*** (durch *Tonuserhöhung* oder *Kältezittern*) und ggf. das ***braune Fett*** (durch *zitterfreie Wärmebildung*) erzeugen Stoffwechselwärme. Die ***Hautdurchblutung*** (durch Änderung der *Körperschalenisolation*) und das ***Schwitzen*** (durch *evaporative Wärmeabgabe*) beeinflussen die Wärmeabgabe an die Umgebung. Die Stellglieder der autonomen Thermoregulation werden überwiegend nerval gesteuert; hormonale Einflüsse spielen nur bei langfristigen Anpassungsvorgängen eine Rolle.

Verhaltensthermoregulation besteht in der Verbesserung der thermischen Außenbedingungen durch zielgerichtete Aktivitäten; sie lassen sich unter dem Gesichtspunkt der Temperaturregelung ebenfalls als Stellglieder auffassen. Thermoregulatorisches Verhalten ist die einzige Form der Temperaturregelung, die auch Poikilothermen zur Verfügung steht, etwa indem sie sonnige Plätze zur Erwärmung des Körpers aufsuchen. Homoiotherme Lebewesen machen davon vielfältigen Gebrauch, z. B. indem sie Nester oder Höhlen bauen. Besonders erfindungsreich ist der Mensch, der sich durch Kleidung, den Bau von Behausungen oder durch eine Klimaanlage eine angenehme Umgebungstemperatur zu verschaffen sucht.

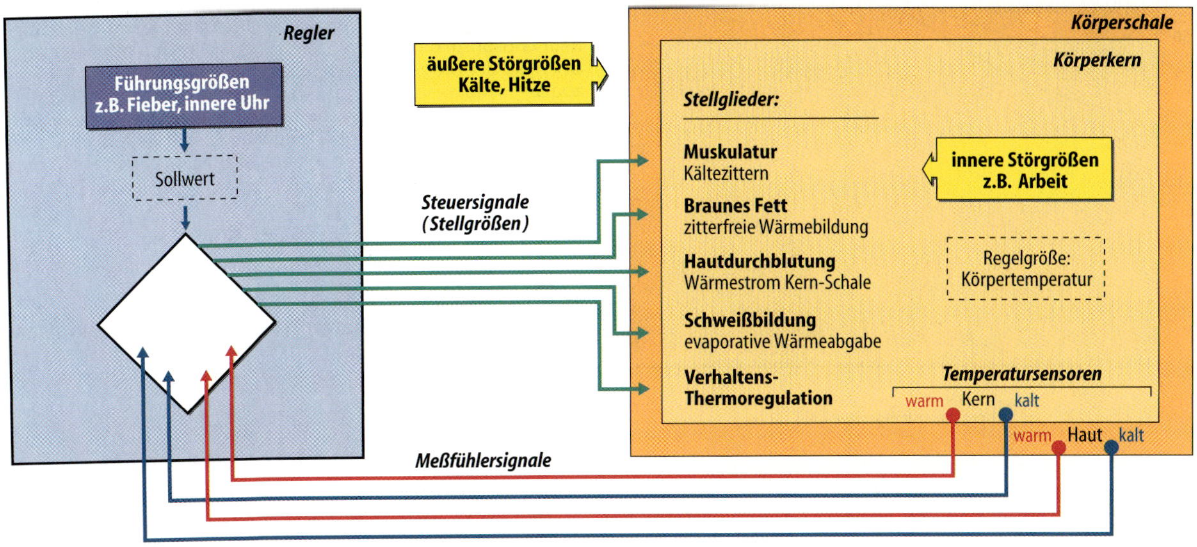

Abb. 30–7. Regelschema der Temperaturregulation. Erklärung im Text

Im Regelkreis der Temperaturregulation werden Wärmebildung und Wärmeabgabe aufeinander abgestimmt, wobei sich die Kerntemperatur wenig, die Hauttemperaturen aber stark ändern können

Kern- und Hauttemperaturen bei Kälte- und Wärmebelastung. Die Temperaturregelung bewirkt, daß auch bei wechselnden äußeren Temperaturbedingungen die Stellglieder der autonomen Temperaturregulation letztlich ein Gleichgewicht zwischen Wärmebildung und Wärmeabgabe einstellen. Weil sich die Beiträge der Stellglieder zur Temperaturregulation am besten an nicht oder nur gering bekleideten Versuchspersonen messen lassen, bezieht sich auch die folgende Darstellung auf diese Versuchsbedingung. Abbildung 30–8 zeigt, daß unter den Bedingungen der Temperaturregulation die *Körperkerntemperatur* im wesentlichen konstant bleibt, die Hauttemperaturen sich aber stark ändern, wenn die Versuchsperson Lufttemperaturen zwischen 10 und 40 °C ausgesetzt wird.

Wärmebilanz bei Kälte- und Wärmebelastung. Für einen vergleichbaren Lufttemperaturbereich zeigt Abb. 30–9 die Wärmebilanzen, die sich als Folge der Temperaturregulation einstellen. Das Schema geht von einer dem *Grundumsatz* entsprechenden basalen Wärmebildung (basal metabolic rate, BMR) aus. Ist die Umgebungstemperatur niedriger als die Körperkerntemperatur, so ist die „trockene" Wärmeabgabe des Körpers durch Konvektion und Strahlung proportional der Temperaturdifferenz zwischen dem Körperkern und der Umgebung. Ein zusätzlicher passiver evaporativer Beitrag zur Wärmeabgabe (ca. 20 % der BMR) resultiert aus der nicht regulierbaren Wasserverdunstung von den Schleimhäuten der Atemwege und der Haut *(Perspiratio insensibilis)*.

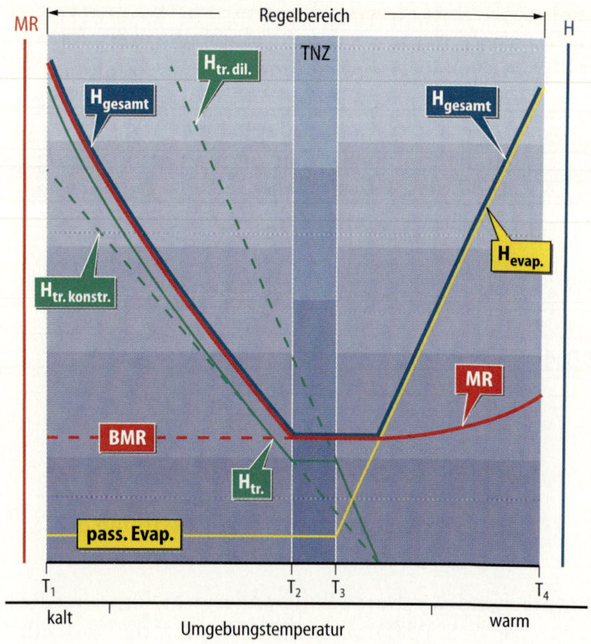

Abb. 30–9. Schematische Darstellung der Wärmebilanz im stationären Zustand der Temperaturregulation beim Menschen in Abhängigkeit von der Umgebungstemperatur (Abszisse: Operativtemperatur bei mittlerer relativer Luftfeuchte). Ordinaten: *rot:* Wärmebildung (metabolic rate, MR); *blau:* gesamte Wärmeabgabe (H). Zwischen T_1 und T_4 liegt der Regelbereich (= Bereich der normothermen Kerntemperatur), in dem die Wärmebilanz ausgeglichen werden kann. Der Bereich zwischen T_2 und T_3 ist die thermische Neutralzone (TNZ), in dem die Regelung des inneren Wärmestroms durch Anpassung der Hautdurchblutung zur Aufrechterhaltung der Bilanz ausreicht. Unterhalb T_1 überwiegt der Wärmeverlust die maximal mögliche Wärmebildung; es kommt zur Hypothermie. Oberhalb T_4 übersteigen metabolische Wärmebildung und Wärmeeinstrom die maximal mögliche evaporative Wärmeabgabe; es kommt zur Hyperthermie. *Rote Linien:* die *durchgehende Linie* zeigt die Wärmebildung (metabolische Rate, MR), die unterhalb T_2 durch Kältezittern gesteigert werden muß; *gestrichelte Linie:* Niveau der basalen metabolischen Rate (BMR). *Gelbe Linie:* $H_{evap.}$ Wärmeabgabe durch Wasserverdunstung; unterhalb T_3 infolge Perspiratio insensibilis (pass. Evap.); oberhalb T_3 durch zusätzliches Schwitzen. *Grüne Linien: Durchgehende Linie* ($H_{tr.}$) tatsächliche trockene Wärmeabgabe; *gestrichelte Linien:* $H_{tr.dil.}$: theoret. Verlauf der trockenen Wärmeabgabe bei Hautvasodilatation. $H_{tr.konstr.}$: theoret. Verlauf der trockenen Wärmabgabe bei Hautvasokonstriktion. *Blaue Linie:* H_{gesamt}: Gesamt-Wärmeabgabe. Oberhalb der Umgebungstemperatur, bei der die trockene Wärmeabgabe = Null wird, ist $H_{gesamt} = H_{evap.}$. Ab hier muß zudem bei steigender Umgebungstemperatur die evaporative Wärmeabgabe größer werden als die innere Wärmebildung, weil der Körper Wärme aus der Umgebung (durch Strahlung) aufzunehmen beginnt. Weitere Erläuterungen im Text

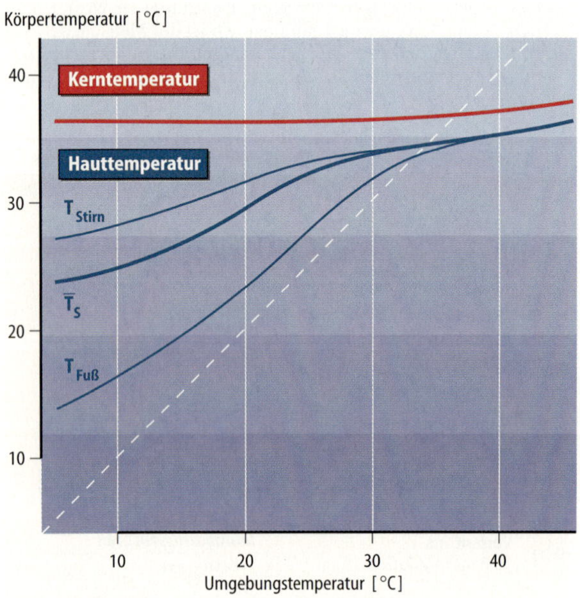

Abb. 30–8. Schematische Darstellung der Kerntemperatur *(rot)*, der mittleren Hauttemperatur (T_S) und zweier einzelner Hauttemperaturen *(jeweils blau)* als Funktion der Umgebungstemperatur. Beachte das starke Absinken der akralen Hauttemperatur (Fuß) in der Kälte und den leichten Kerntemperaturanstieg in der Hitze. Gestrichelte Linie: Identitätslinie von Abszisse und Ordinate

Im Bereich der thermischen Neutralzone wird durch Anpassung der Hautdurchblutung geregelt, im Bereich darunter durch Wärmeproduktion, im Bereich darüber durch evaporative Wärmeabgabe

Bereich der Regelung durch Anpassung der Hautdurchblutung. Die *trockene Wärmeabgabe* ist u. a. eine Funktion des von der Hautdurchblutung abhängigen *inneren Wärmestroms.* Daraus lassen sich zwei Wärmeabgabekurven ableiten: eine entspricht dem Zustand der *Hautvasodilatation* bei höheren und die andere dem Zustand der *Hautvasokonstriktion* bei niedrigeren Umgebungstemperaturen. Im Schema der Abb. 30–9 ist der Bereich zwischen den Temperaturen T_3 und T_2 als ***thermische Neutralzone*** definiert (*Thermoneutraltemperatur,* auch als *Indifferenztemperatur* bezeichnet). In diesem Bereich kann allein durch Anpassung der Hautdurchblutung die Wärmeabgabe gleich der basalen Wärmebildung gehalten werden.

Bereich der gesteigerten Wärmeproduktion. Sinkt die Umgebungstemperatur unter einen kritischen Wert (T_2 in Abb. 30–9), so übersteigt trotz maximaler Hautvasokonstriktion die gesamte Wärmeabgabe die basale Wärmebildung. Damit es dennoch nicht zur fortschreitenden Auskühlung kommt, müssen der Energieumsatz (metabolic rate, MR) und damit die *regulatorische Wärmebildung* so aktiviert werden (*Kältezittern*), daß der erhöhte Wärmeverlust ausgeglichen wird.

Bei Kälteexposition in Luft reicht der Abfall der Hauttemperatur oft allein aus, um die Wärmebildung ausreichend zu stimulieren; die Kerntemperatur bleibt annähernd konstant. Die Wirkung des Hauttemperatursignals läßt sich daher mit der einer technischen ***Störgrößenaufschaltung*** vergleichen (s. S. 337).

Die mit Kältezittern erreichbare *maximale thermoregulatorische Wärmebildung* beträgt beim Menschen das 3–5fache des Grundumsatzes. Die Umgebungstemperatur T_1 kennzeichnet die untere Grenze des Regelbereichs. Wird sie unterschritten, so überwiegt der Wärmeverlust die Wärmeproduktion; es kommt zur ***Hypothermie*** und schließlich zum Kältetod.

Bei mittlerer relativer Luftfeuchte beträgt die auch als *untere kritische Temperatur* bezeichnete Umgebungstemperatur T_2 beim unbekleideten Menschen ca. 25 °C, je nach Dicke der subkutanen Fettschicht (Wärmeisolation) etwas höher oder niedriger. Unterhalb T_2 steigt die „trockene" Wärmeabgabe nicht – wie theoretisch zu erwarten – proportional zum Abfall der Umgebungstemperatur, sondern sie nimmt stärker zu, weil mit zunehmender Intensität des Kältezitterns die Isolation der Körperschale abnimmt und die Wärmeabgabe durch Konvektion steigt. Die Temperatur T_1 in Luft liegt beim unbekleideten Menschen bei 0 bis +5 °C. Bekleidung verschiebt T_1 und T_2 zu niedrigeren Temperaturen.

Bereich der evaporativen Wärmeabgabe. Beim Anstieg der Umgebungstemperatur über die thermische Neutralzone (d.h. über T_3 in Abb. 30–9) hinaus wird die *trockene* Wärmeabgabe trotz Hautvasodilatation unzureichend. Zum Ausgleich wird die *Wärmeabgabe durch Wasserverdunstung* aktiviert (*Schwitzen*). Dabei kann die Hautdurchblutung weiter zunehmen. Oberhalb der Umgebungstemperatur von T_4 wird der Regelbereich überschritten; die Wärmeabgabe reicht nicht mehr aus, und es kommt zur ***Hyperthermie*** und schließlich zum Hitzetod.

Oberhalb T_3, die auch als *obere kritische Temperatur* bezeichnet wird, setzt Schwitzen ein, beim unbekleideten ruhenden Menschen bei ca. 30 °C. Der Grenzwert T_4 wird dann erreicht, wenn die Rate der evaporativen Wärmeabgabe kleiner ist, als es zum Ausgleich der Wärmebilanz erforderlich ist; das hängt wesentlich von der relativen Luftfeuchte ab. Bei niedriger Luftfeuchte kann der Grenzwert T_4 höher sein als die Haut- oder sogar die Körperkerntemperatur (ca. 50 °C bei 30 % rel. Feuchte [1]). Dabei kommt es zur Aufnahme von Wärme aus der Umgebung, insbesondere von Strahlungswärme (besonders bei Sonneneinstrahlung), die dann zusätzlich zur Stoffwechselwärme durch Schweißverdunstung abgegeben werden muß.

An der Aktivierung des Schwitzens ist meist ein Kerntemperaturanstieg beteiligt, insbesondere unter Arbeitsbelastung

Äußere Wärmebelastung. Nach Überschreiten von T_3 findet man häufig einen geringen, offenbar zur Stimulation der Schweißsekretion erforderlichen *Kerntemperaturanstieg* (s. Abb. 30–8); ihm entspricht der in Abb. 30–9 angedeutete leichte Anstieg der Wärmebildung. Meßergebnisse liefern keine konsistenten Angaben darüber, inwieweit dafür verstärkte Kreislauf- und Atmungsarbeit oder ein Q_{10}-Effekt verantwortlich sind.

Wärmebelastung durch Arbeit. Hier wirkt der von der Arbeitsleistung abhängige Kerntemperaturanstieg (s. Abb. 30–5) als *innere Störgröße.* Er liefert den Hauptantrieb für die Auslösung von Wärmeabwehrreaktionen.

!

Die Temperaturregulation läßt sich mit den Begriffen der Regelungslehre beschreiben. Als Meßfühler zur Erfassung der Körpertemperatur als Regelgröße werden Temperatursensoren in der Haut und im Körperinneren angenommen. Eine Änderung der Kerntemperatur erzeugt ein mehrfach stärkeres Meßfühlersignal als eine gleichgroße Änderung der Hauttemperatur. Die Wärmebilanz wird in der Kälte durch Senken der Hautdurchblutung und durch regulative Wärmebildung aufrecht erhalten. In der Wärme wird die Isolation der Körperschale durch verstärkte Durchblutung der Haut reduziert und die evaporative Wärmeabgabe durch Schwitzen gesteigert. In der Thermoneutralzone der Außentemperatur reicht die Regelung der Hautdurchblutung zum Ausgleich der Wärmebilanz aus.

30.5 Steuerung der autonomen thermoregulatorischen Stellglieder

Das somatomotorische System steuert das Kältezittern, das sympathische Nervensystem steuert zitterfreie Thermogenese, Hautdurchblutung und Schwitzen

Kältezittern. Es wird, ebenso wie die ihm vorausgehende Tonussteigerung der Skelettmuskulatur, ausgelöst und unterhalten durch das *somatomotorische Nervensystem,* dessen spinale und supraspinale (Hirnstamm-) Anteile auf S. 91ff dargestellt sind. Pharmakologisch läßt sich Kältezittern u. a. durch Blockade der cholinergen Übertragung an der motorischen Endplatte (Curare, andere Muskelrelaxantien) ausschalten.

Zitterfreie Wärmebildung. Sie erfolgt im *braunen Fettgewebe,* das durch das *sympathische Nervensystem über β-Rezeptoren* aktiviert wird. Die Wärmebildung kann demgemäß pharmakologisch unterdrückt werden durch Ganglienblocker oder spezifisch durch Blocker der adrenergen β-Rezeptoren.

Braunes Fettgewebe ist im Bereich zwischen den Scapulae, in der Axilla und an einigen anderen Stellen lokalisiert. Die regulatorische Wärmebildung beruht auf der Existenz eines für braune Fettzellen spezifischen, entkoppelnden Proteins in der inneren Mitochondrienmembran, das als Kurzschlußkanal für Protonen wirkt. Der durch die Atmungskette erzeugte Protonengradient kann deshalb nicht zur ATP-Bildung eingesetzt werden, und die Energie wird als Wärme frei [16].

Hautdurchblutung. Ihre thermoregulatorische Steuerung erfolgt in erster Linie durch *noradrenerge sympathische Nerven über α-Rezeptoren.* Zunahme der sympathischen Aktivität bewirkt Vasokonstriktion, Aktivitätsabnahme Vasodilatation. Funktionell lassen sich 3 Regionen unterscheiden [6]:

- Im Bereich von ***Stirn und Kopf*** ist die thermoregulatorische Abnahme der Durchblutung in der Kälte kaum, ihre Zunahme in der Wärme – in Verbindung mit Schwitzen – deutlicher ausgeprägt.
- Im Bereich der ***Akren*** (Finger, Hände, Füße, Ohren, Lippen, Nase) kommt es, besonders an den Extremitäten, zu ausgeprägten Durchblutungsänderungen. Neben den präkapillären Arteriolen werden die dort lokalisierten ***arteriovenösen Anastomosen*** (s. S. 555) in gleicher Richtung beeinflußt; ihre Dilatation bei Abnahme der Sympathikusaktivität steigert die Akrendurchblutung besonders stark [2] (z. B. an den Fingern bis 100fach). Ausschaltung des Sympathikus führt dort zu nahezu maximaler Vasodilatation.
- Am ***Rumpf*** und an den ***proximalen Extremitäten*** bewirkt die Änderung der α-adrenergen Gefäßinnervation geringere Durchblutungsänderungen. Die nach Ausschaltung der sympathischen Innervation auftretende Durchblutungssteigerung ist jedoch kleiner als die maximale Durchblutungszunahme, die in Verbindung mit dem Schwitzen auftritt.

Hautvasodilatation und Schwitzen. Aus der Tatsache, daß die Abnahme der Sympathikusaktivität in den genannten Hautabschnitten den maximalen thermoregulatorischen Durchblutungsanstieg nicht erklärt, wird auf einen zusätzlichen, dilatierend wirkenden Mechanismus geschlossen. Man nimmt an, daß die (cholinerg) aktivierten Schweißdrüsen einen dilatierend wirkenden Mediator freisetzen, vermutlich *Bradykinin,* der eine Erschlaffung der Arteriolen durch weitere Abnahme ihres bei fehlender Sympathikusaktivierung noch vorhandenen Ruhetonus auslöst [49], ein Mechanismus, der auch als *aktive Vasodilatation* bezeichnet wird. Die Existenz weiterer dilatierend wirkender Mediatoren ist nicht ausgeschlossen [12]. Die für diese Form der aktiven Vasodilatation vermutete Kopplung an die Schweißdrüsenaktivität entspricht der Beobachtung, daß bei äußerer Erwärmung 2 Phasen der Durchblutungszunahme zu beobachten sind; die erste tritt gleichzeitig mit der Vasodilatation an den Akren auf, also bei Abnahme der vasokonstriktorischen Innervation, die zweite fällt zeitlich mit dem Beginn der Schweißsekretion zusammen. Es wurde außerdem beobachtet, daß die aktive Dilatation nicht auftritt bei Menschen, bei denen die Schweißdrüsen kongenital fehlen [23].

Lokale Einflüsse auf die Hautdurchblutung. Durch *lokale Hitzeeinwirkung* kann *Vasodilatation* ausgelöst oder verstärkt werden, wahrscheinlich infolge Freisetzung lokaler Wirkstoffe. Es gibt auch direkte Temperatureffekte auf die Gefäßmuskulatur, wie Untersuchungen an isolierten Segmenten von Blutgefäßen gezeigt haben. Eine eigentümliche Reaktion, die sog. *Kältevasodilatation (Lewis-Reaktion),* scheint weitgehend auf lokaler Temperatureinwirkung zu beruhen [9]: Bei starker Kälteeinwirkung, z. B. auf die Hände, kommt es zunächst zu einer maximalen Vasokonstriktion, kenntlich an Blässe, Kälte der Akren, oft verbunden mit Schmerzen; nach einiger Zeit jedoch werden die Akren verstärkt durchblutet, erkennbar an Rötung und Erwärmung. Bei fortbestehender Kälteeinwirkung kann sich dieser Vorgang periodisch wiederholen [6].

Die Kältevasodilatation kann prinzipiell ein Absinken der Temperatur der Akren unter die Gefriertemperatur des Gewebes verhindern und damit vor dem Auftreten von *Frostbeulen* und *Gewebenekrosen* schützen. Diese Schutzfunktion kommt jedoch erst bei lokal kälteadaptierten Menschen zum Tragen. Kältevasodilatation kann andererseits bei im kalten Wasser treibenden Schiffbrüchigen zu einer verhängnisvollen Beschleunigung der Auskühlung führen [5].

Thermoregulatorisches Schwitzen. *Thermoregulatorisches Schwitzen* wird beim Menschen durch *cholinerge sympathische Nervenfasern* gesteuert. Es ist demgemäß durch Parasympathikomimetika (Azetylcholin, Pilokarpin u. a.) stimulierbar und durch Atropin hemmbar.

Lokale Einflüsse. Das sympathisch-cholinerg gesteuerte, thermoregulatorische Schwitzen kann durch die lokalen Bedingungen im Bereich der Schweißdrüsen moduliert werden. Als *direkter Temperatureffekt* kann das Schwitzen lokal durch örtlichen Hauttemperaturanstieg zusätzlich stimuliert, durch örtlichen Temperaturabfall gehemmt werden [43]. Ein weiterer direkter Effekt ist die lokale Hemmung der Schweißsekretion durch hohe *örtliche Durchfeuchtung* (skin wettedness) [44].

Emotionales Schwitzen. Vom thermoregulatorischen Schwitzen zu unterscheiden ist das unter dem Gesichtspunkt der Temperaturregulation paradoxe *emotionale Schwitzen,* das in Verbindung mit einer Vasokonstriktion der Hautgefäße, z. B. bei starker psychischer Anspannung, an den Plantarflächen von Händen und Füßen auftreten kann. Damit kann auch verstärktes Schwitzen der apokrinen Schweißdrüsen (z. B. Achselhöhle) verbunden sein.

! Als Stellglieder der Thermoregulation werden die Muskulatur durch somatomotorische Efferenzen und das braune Fett durch sympathische, über β-Rezeptoren wirkende Efferenzen aktiviert. Die Hautdurchblutung wird überwiegend durch sympathische, über α-Rezeptoren wirkende, vasokonstriktorische Efferenzen kontrolliert. Die Schweißbildung wird durch sympathische, cholinerge Efferenzen stimuliert. Lokale Einflüsse können auf die Hautdurchblutung und die Schweißbildung einwirken.

30.6 Temperatursensoren der Haut und des Körperinneren als Meßfühler des Temperaturreglers

Im Unterschied zu den neurophysiologisch eindeutig charakterisierten Thermosensoren der Haut basiert der Nachweis von Thermosensoren des Körperinneren in erster Linie auf der Aktivierung der Thermoregulation bei ädäquater Reizung

Thermosensoren der Haut. Sie vermitteln die *Temperaturempfindung* (s. S. 221 f) und haben zugleich die Funktion von *Meßfühlern* im Temperatur-Regelkreis. Sie sind neurophysiologisch als *Kalt-* und *Warmsensoren* eindeutig charakterisiert.

Innere Thermosensoren. Ihre Bedeutung als *Meßfühler* im Temperatur-Regelkreis wird aus der Tatsache abgeleitet, daß Änderungen der Körperkerntemperatur die Thermoregulation besonders stark beeinflussen. Hinweise auf ihre *Lokalisation* haben Beobachtungen von Kälteabwehrreaktionen bei lokaler Kühlung bzw. von Wärmeabwehrreaktionen bei lokaler Wärmung geliefert. Auf diese Weise wurden innere Sensoren zuerst im Bereich des *Zentralnervensystems (ZNS)* und nachfolgend auch in *tiefen Körpergeweben außerhalb des ZNS* lokalisiert.

Im ***ZNS*** hat man bei Säugern zuerst für den rostralen Hirnstamm (***Regio praeoptica/vorderer Hypothalamus***) gezeigt, daß dort ein wesentlicher Anteil der *inneren Thermosensitivität* lokalisiert sein muß [2, 5, 45]. Mit umschriebenen thermischen Reizen wurden weitere Sensoren nachgewiesen, so im ***unteren Hirnstamm*** (Mittelhirn und Medulla oblongata) mit einer quantitativ schwächeren [37], und im ***Rückenmark*** mit einer dem Hypothalamus vergleichbaren Thermosensitivität [28, 37, 53, 58].

Auf die Existenz zusätzlicher ***Temperaturmeßfühler außerhalb des ZNS und der Haut*** wird aus quantitativen Analysen geschlossen. In Lokalisationsversuchen wurden Hinweise auf Thermosensoren im Bereich der *Dorsalwand der Bauchhöhle* und in der *Muskulatur* erhalten [37, 53]. Weitere Thermosensoren an anderen Stellen sind nicht auszuschließen. Hinweise auf subkutan gelegene Thermosensoren liegen vor [36].

Das Vorkommen von thermosensorischen Strukturen an vielen Stellen im Körper kann als Pendant zu dem komplizierten Temperaturfeld des Körpers (s. Abb. 30–3) angesehen werden. Zahlreiche verteilte Meßelemente liefern eine bessere Information über den thermischen Zustand des Körpers (***multiple input system***) und ermöglichen deshalb eine genauere Regelung. Mit nur einem einzigen Meßelement, wie z. B. bei einer einfachen Hausklimaanlage, würde es zu größeren zeitlichen und räumlichen Temperaturunterschieden kommen.

Neurophysiologische Korrelate der inneren Thermosensoren. Im zuerst untersuchten vorderen Hypothalamus wurde gefunden, daß ein erheblicher Anteil seiner Neurone auf lokale Temperaturänderung reagierte, und zwar vornehmlich mit einer Zunahme der Entladungsrate bei Erwärmung. Wie Abb. 30–10 zeigt, geht die Aktivitätssteigerung solcher ***wärmeempfindlicher Neurone*** mit der Aktivierung eines Entwärmungsmechanismus (Steigerung der Atemfrequenz) einher [45]. In geringerer Zahl lassen sich auch ***kälteempfindliche Neurone*** nachweisen, deren Aktivität mit sinkender Temperatur zunimmt. Wärme- und kälteempfindliche Neurone wurden ebenso in verschiedenen Abschnitten des *unteren Hirnstammes* und im *Rückenmark* nachgewiesen [37].

Vorwiegend an Neuronen des Hypothalamus sind umfangreiche Analysen durchgeführt worden, um Kriterien für die spezifische Meßfühlerfunktion von wärme- oder kältesensitiven Neuronen zu finden. In-vitro-Untersuchungen an Hypothalamusschnitten oder Zellkulturen [19, 38] zeigen u. a., daß es sowohl eine *Temperaturabhängigkeit der synaptischen Transmission* gibt, die nach Blokkade durch Elektrolytlösungen mit stark erniedrigtem Ca^{2+}- und erhöhtem Mg^{2+}-Gehalt verschwindet, als auch eine *Temperaturempfindlichkeit der Nervenzellen* selbst, die unter der Blockade er-

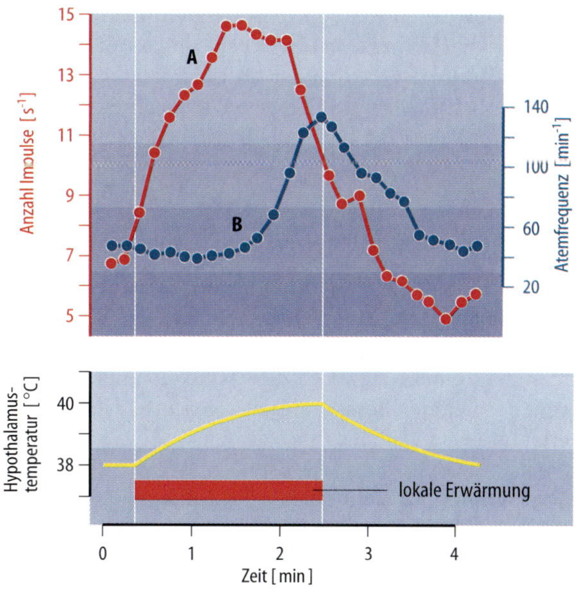

Abb. 30–10. Synchrone Registrierung der Impulsfrequenz eines „Wärmeneurons" der Regio praeoptica des Hypothalamus *(A; rot)* und der Atemfrequenz *(B; blau)* bei einer narkotisierten Katze in Abhängigkeit von der Hypothalamustemperatur *(gelbe Linie)*, die durch eine implantierte Wärmesonde vorübergehend *(Balken)* erhöht wurde. Nach [45]

halten bleibt. Nach dem Q_{10} der Entladungsrate von Neuronen unterscheidet man z. B. zwischen warmsensitiven ($Q_{10} > 2$), insensitiven ($Q_{10} \sim 1$) und (seltener nachweisbaren) kaltsensitiven ($Q_{10} < 0{,}5$) Neuronen. Eindeutige Kriterien, nach denen einem thermosensitiven Neuron die Funktion eines spezifischen Temperaturmeßfühlers zugeschrieben werden kann, fehlen bisher [22].

! Kalt- und Warmsensoren repräsentieren die Temperaturmeßfühler der Haut. Auf Thermosensoren im Körperinneren weisen thermoregulatorische Reaktionen bei lokaler thermischer Reizung hin; sie wurden auf diese Weise vor allem im Hypothalamus, im unteren Hirnstamm und im Rückenmark nachgewiesen, aber auch außerhalb des ZNS an verschiedenen Stellen des Körperinneren. Im Unterschied zu den Thermosensoren der Haut sind die im ZNS nachgewiesenen Kalt- und Warmsensoren neurophysiologisch noch nicht eindeutig charakterisiert. Insgesamt stellen die Thermosensoren der Haut und des Körperinneren ein stark verteiltes System von Meßfühlern dar.

30.7 Zentralnervöse Grundlagen der Reglerfunktion

Die biokybernetischen Grundvorstellungen, nach denen die Temperaturregulation beschrieben werden kann (s. Abb. 30–7), setzen zentralnervöse Strukturen voraus, in denen die von den Temperaturmeßfühlern gelieferten Meßwerte „verrechnet" und in Stellgrößen zur Kontrolle der Stellglieder transformiert werden. Als höchste zentralnervöse Ebene der Reglerfunktion wird der Hypothalamus angesehen.

Der Hypothalamus empfängt Signale der äußeren und inneren Thermosensoren

Lokale Sensoren. Ein beträchtlicher Anteil der inneren Thermosensoren ist im Hypothalamus selbst lokalisiert. Neurone mit dieser Funktion sind vermutlich Bestandteile eines Netzwerks, das die lokalen mit den afferent zugeleiteten Temperatursignalen integriert und in efferente Steuersignale umsetzt.

Thermoafferente Bahnen. Für die Zuleitung der Temperatursignale von den Thermosensoren der Haut zum Hypothalamus kommen retikuläre, wahrscheinlich multisynaptische Abzweigungen des ***Tractus spinothalamicus*** in Betracht (s. S. 226). Speziell die Temperatursignale aus der Gesichtshaut erreichen über entsprechende Projektionsbahnen des kaudalen Trigeminuskerns den Hypothalamus. Aszendierende Signale der Thermosensoren des Rückenmarks wurden im Tractus spinothalamicus [61] bzw. im Vorderseitenstrang [53] nachgewiesen. Ein Teil der kutanen thermischen Afferenzen erreicht über zwei Kerngebiete des unteren Hirnstammes (Regio subcoerulea und Raphé-Kerne, s. Abb. 30–11) den Hypothalamus [27].

Der Hypothalamus ist eine für die Temperaturregulation essentielle zentrale Schaltstelle

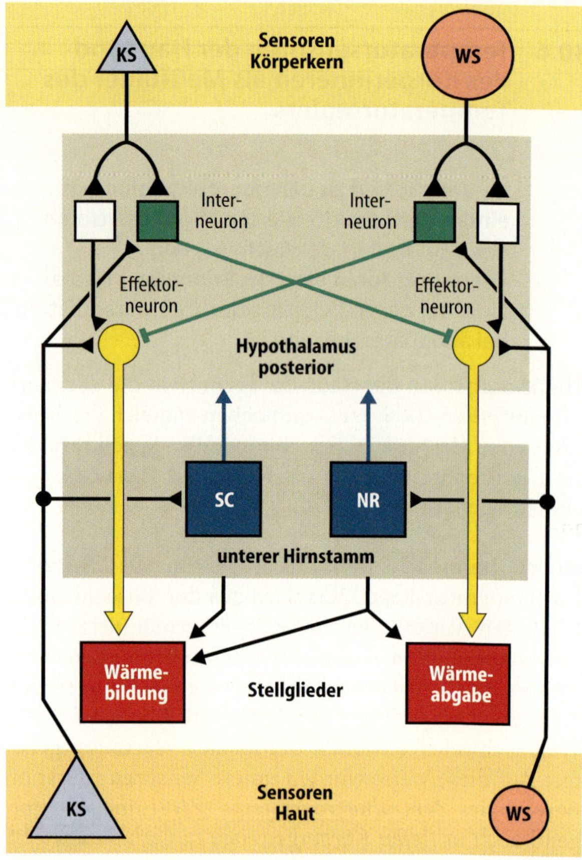

Abb. 30–11. Stark vereinfachtes Modell der neuronalen Verschaltung von thermischen Afferenzen mit den efferenten neuronalen Netzwerken, die die Stellglieder der Thermoregulation steuern (nach [29]). Die *grau schattierten Flächen* zeigen thermointegrative Bereiche: Oben den dominierenden Bereich, im wesentlichen der hintere Hypothalamus; darunter den unteren Hirnstamm, der wichtige Strukturen *(blau)* zur Verarbeitung von Thermoafferenzen aus der Haut enthält (Nuclei-Raphé: *NR;* Regio subcoerulea: *SC*). *Grün:* inhibitorische Zwischenneurone *(Interneurone)* im Hypothalamus, die eine reziproke Hemmung der Entwärmungs- bzw. Wärmebildungsprozesse vermitteln. *Gelb:* deszendierene Neuronensysteme *(Effektorneurone)* zur Kontrolle der Stellglieder der Wärmebildung und -abgabe. *KS:* Kaltsensoren; *WS:* Warmsensoren (die Größe der Symbole soll grob die quantitative Bedeutung anzeigen). ◄ aktivierende, ┫ hemmende synaptische Verbindungen. Die Symbole für Neurone repräsentieren Neuronenpools. Die zum Teil bekannten Verschaltungen zwischen SC, NR und Hypothalamus [27] sind der Übersichtlichkeit halber nicht im einzelnen, sondern nur durch *blaue Pfeile* dargestellt. Die vom unteren Hirnstamm abwärts zeigenden *schwarzen Pfeile* stellen Bahnverbindungen dar, durch die die Kontrolle von Wärmebildung und Wärmeabgabe durch die Effektorneurone moduliert wird. Deszendierende Verbindungen zu Hinterhornneuronen des Rückenmarks, über die eine Eingangshemmung von thermosensorischen Afferenzen erfolgen kann, sind nicht eingezeichnet

Der Hypothalamus als übergeordneter Regler. Im Bereich des Hypothalamus, insbesondere in seinen kaudalen Anteilen (***Area hypothalamica posterior***), die selbst keine nennenswerte Thermosensitivität besitzen, erfolgt die Umsetzung von Temperatursignalen in Steuersignale für die thermoregulatorischen Effektoren. Die sinnfälligste Demonstration der Bedeutung des Hypothalamusgebietes für die Thermoregulation haben *klassische Ausschaltungsversuche* geliefert: Die Durchtrennung des Hirnstammes unmittelbar rostral des Hypothalamus läßt bei Katzen die autonome Thermoregulation vollkommen intakt. Nach Durchtrennung des Hirnstammes kaudal vom Hypothalamus (rostrales Mesencephalon) verhalten sich die Tiere wie Poikilotherme [5].

Wenn diese Tiere am Leben gehalten werden konnten, ließen sich nach einiger Zeit Restfähigkeiten zur Temperaturregelung beobachten. Die neuronale Basis dafür ist mit dem Nachweis von thermosensorischen Strukturen und den Verschaltungen thermoafferenter Bahnen im *unteren Hirnstamm* (Abb. 30–11) gegeben, wenn auch nicht im einzelnen aufgeklärt. Auch *spinale Verschaltungen* könnten dazu beitragen [58].

Neuronale Korrelate. Elektrophysiologisch konnten im Bereich des *hinteren Hypothalamus* Neurone nachgewiesen werden, deren Aktivität (Impulsfrequenz) durch lokale thermische Reizung sowohl der Regio praeoptica als auch der zervikothorakalen Anteile des Rückenmarks beeinflußt wurde [62]. Neurone an der Grenze vom vorderen zum hinteren Hypothalamus reagierten auf Hauttemperaturänderungen an den Extremitäten und am Rumpf [27]. Der hintere Hypothalamus ist somit durch das Vorhandensein von *thermoresponsiven Neuronen* gekennzeichnet, die auf die Temperaturänderung in entfernt liegenden Strukturen, nicht aber auf ihre eigene Temperaturänderung reagieren.

Es besteht jedoch im Hypothalamus keine absolute räumliche Trennung zwischen thermosensorischen und integrativen neuronalen Funktionen: in der ***Regio praeoptica,*** dem bedeutendsten thermosensorischen Bereich des Hypothalamus, wurden Neurone nachgewiesen, die selbst *thermosensitiv* waren und außerdem auf Temperaturänderungen der Haut reagierten, also zugleich *thermoresponsiv* waren [5, 6].

Die efferenten Signalwege zur Steuerung der thermoregulatorischen Stellglieder sind nur teilweise bekannt

Kältezittern. Ein Abschnitt des efferenten Signalwegs wird als ***zentrale Zitterbahn*** [5] bezeichnet. Sie geht vom hinteren Hypothalamus aus und findet Anschluß an das nicht-pyramidale motorische System.

Vasomotorik. Eine der deszendierenden Bahnen zur Steuerung der *Vasomotorik* verläuft bei der Ratte im ***medialen Vorderhirnbündel*** (Fasciculus telencephalicus medialis) [32].

Diese und weitere dezendierende Bahnen zur Steuerung thermoregulatorischer Effektoren werden z.Zt. analysiert.

Neuronale Modelle sind Hypothesen zur Deutung von Befunden und zur Orientierung für die weitere experimentelle Analyse

Reziproke Verschaltung von Kalt- und Warmafferenzen. Eine Besonderheit des biologischen Temperaturreglers ist die Existenz von zwei Arten von Meßfühlern, Kalt- und Warmsensoren. Man stellt sich vor, daß die Kälteabwehr (Abnahme der Hautdurchblutung, Steigerung der Wärmeproduktion) durch Kältesignale gefördert und durch Wärmesignale gehemmt wird; umgekehrt wird die Wärmeabwehr (Zunahme der Hautdurchblutung, Schwitzen) durch Wärmesignale gefördert und durch Kältesignale gehemmt [2]. Neurophysiologische Hinweise auf die quantitative Verteilung von Warm- und Kaltsensoren haben zu der Vermutung geführt, daß die Temperatursignale aus der Haut vorwiegend von Kaltsensoren, die Signale aus dem Körperinneren vorwiegend von Warmsensoren geliefert werden [29]; mit dieser Annahme wird jedoch die Beteiligung innerer Kalt- und kutaner Warmsensoren an der Entstehung der thermischen Meßsignale nicht prinzipiell ausgeschlossen.

Vorstellungen zur Interaktion hypothalamischer und subhypothalamischer Neuronensysteme in der Temperaturregulation. Die neuronalen Korrelate der Temperaturregulation im Zentralnervensystem werden mit modernen Markierungstechniken zunehmend analysiert [15]. Sie gehen von funktionell nachgewiesenen, interneuronalen Verbindungen aus, die sich wie folgt charakterisieren lassen:

- je ein Satz efferenter (Effektor-)Neurone zur Aktivierung der Kälteabwehr (Wärmebildung) und Wärmeabwehr (Wärmeabgabe), ausgehend vom hinteren Hypothalamus.
- je ein Satz afferenter Kalt- und Warmsensoren aus der Haut und dem Körperinneren (z. B. aus der Regio praeoptica) mit stimulierender synaptischer Verbindung zu den Kälteabwehr- bzw. Wärmeabwehrefferenzen.
- Interneurone, die eine reziprok hemmende Verbindung von Kaltsensoren zur Efferenz der Wärmeabgabe und von Warmsensoren zur Efferenz der Wärmebildung herstellen [2, 5].
- eine Verbindung der peripheren Kalt- und Warmsensoren zu den Interneuronen des unteren Hirnstammes, die sowohl aszendierend als deszendierend die Aktivität des Neuronennetzwerks modulieren [29].

> **!** Bei der Umsetzung der integrierten Temperatursignale in Steuersignale für die Stellglieder der Thermoregulation ist der Hypothalamus, vorwiegend die Area posterior, dominierend. Kerngebiete im unteren Hirnstamm modulieren Temperatursignale aus der Haut. Die für die zentrale Regelung wesentlichen neuronalen Verschaltungen werden durch teilweise noch hypothetische Netzwerkmodelle beschrieben. Man nimmt an, daß die Signale der Kalt- und Warmsensoren auf der Ebene des Hypothalamus reziprok miteinander verschaltet sind: Warmsensoren stimulieren die Wärmeabwehr und hemmen die Kälteabwehr; umgekehrt stimulieren Kaltsensoren die Kälteabwehr und hemmen die Wärmeabwehr.

30.8 Sollwert und Sollwertverstellung

Regeltechnisch ist „Sollwert" ein eindeutiger Begriff. Er bezeichnet einen technisch einstellbaren Wert, den die Regelgröße nach den Vorstellungen des Konstrukteurs möglichst ohne Schwankung einhalten *soll*, und zwar so lange, bis er durch Änderung einer *„Führungsgröße"* auf einen anderen Wert eingestellt wird. Die Anwendung des Sollwertbegriffs auf biologische Regelsysteme ist insofern problematisch, als man die „Absichten des Konstrukteurs" nicht kennt. Wenn man, wie auch in der Temperaturregulation, den Sollwertbegriff dennoch benutzt, so muß er funktionell definiert werden.

Die Körpertemperatur stimmt mit dem Sollwert des Temperaturreglers dann überein, wenn bei intakter Regelung weder Entwärmungs- noch Kälteabwehr-Vorgänge in Tätigkeit sind

Thermoregulatorische Charakterisierung des Sollwerts. Wenn die Temperatursensoren der Haut und des Körperinneren eine mittlere Körpertemperatur anzeigen, die dem hypothetischen Sollwert entspricht (Abb. 30–7), dann besteht keine Regelabweichung, und deshalb ist keines der Steuersignale zu den thermoregulatorischen Effektoren aktiviert. In diesem Falle sind weder Mechanismen der Kälteabwehr, z. B. Kältezittern, noch der Wärmeabwehr, z. B. Schwitzen, aktiviert. Dieser Zustand kann experimentell ermittelt werden; er entspricht z. B. in Abb. 30–9 dem Thermoneutralbereich. Wenn innerhalb dieses Bereichs die Hautdurchblutung einen mittleren Wert hat, also weder Vasokonstriktion noch Vasoldilatation vorliegt, dann kann angenommen werden, daß der Istwert der Körpertemperatur dem Sollwert entspricht.

Sollwertverstellung. Eine gleichgerichtete Verschiebung der Schwellentemperaturen für die Entwärmungs- und Kälteabwehr-Vorgänge wird als Ergebnis einer Verschiebung des Sollwerts interpretiert, der definitionsgemäß zwischen den beiden Schwellen liegt. Diese Bedingungen sind gegeben bei den tagesrhythmischen und den periodischen, an die Ovulation gekoppelten Änderungen der Kerntemperatur (Abb. 30–4). Im Fieber sind die Aktivierungsschwellen sowohl für Entwärmungs- als auch für Kälteabwehr-Vorgänge zu höheren Temperaturen verschoben; Fieber wird demgemäß als Ergebnis einer Erhöhung des Sollwertes interpretiert. Nichtparallele Verschiebungen von Aktivierungsschwellen, die zur Erweiterung oder Verschmälerung des Zwischenschwellenbereichs führen, lassen keine Aussage über das Verhalten des Sollwerts zu.

Als ***neurophysiologisches Korrelat des Sollwerts*** [2] wird hypothetisch angenommen, daß er dem Zustand entspricht, in dem sich die nervalen Antriebe für die Kälteabwehr und die Entwärmung gegenseitig aufheben, etwa dann, wenn die integrierten Aktivitäten aller Kalt- und Warmsensoren einander gleich sind. Eine Sollwertverstellung könnte durch Änderung der Funktionscharakteristik von Thermosensoren zustande kommen. Hinweise darauf gibt es bei experimentellem Fieber und unter Einwirkung von Progesteron. Eine alternative, experimentell weniger begründete Hypothese ist die Annahme der Existenz von „Referenzneuronen", deren temperaturunabhängige Aktivität den Sollwert repräsentiert; eine Änderung ihrer Aktivität durch nichtthermische Einflüsse würde zur Sollwertverstellung führen.

> **!** Die Körpertemperatur befindet sich auf ihrem Sollwert, wenn weder Kälteabwehr noch Wärmeabwehr aktiviert sind; er liegt damit zwischen den Schwellentemperaturen für die Aktivierung des Kältezitterns und des Schwitzens. Man vermutet, daß sich dabei die von den Kalt- und Warmsensoren ausgehenden Antriebe gegenseitig aufheben. Bei einer Sollwertverstellung verschieben sich die Aktivierungsschwellen der Kälte- und Wärmeabwehr in die gleiche Richtung, z. B. zu höheren Temperaturen im Fieber. Davon zu unterscheiden sind Verschiebungen einzelner Aktivierungsschwellen und Verbreiterung oder Einengung des Zwischenschwellenbereichs.

30.9 Grundlagen der empirischen Beschreibung von thermoregulatorischen Aktivitäten

Die Darstellung thermoregulatorischer Aktivitäten als Funktion von Kern- und mittlerer Hauttemperatur ist meistens ausreichend genau

Verrechnung der thermischen Information. Der Regelkreis der Temperaturregulation funktioniert in erster Näherung als *Proportionalregler* [6], d.h. die Stärke der Aktivitätsänderung von Stellgliedern ist proportional der durch die Gesamtheit der *Thermosensoren* erfaßten ***Regelabweichung*** *des integrierten Temperatursignals nach oben oder unten* (***load error***) von dem integrierten Temperatursignal, das dem Sollzustand der Körpertemperatur entspricht. Für die Darstellung von Reiz-Antwort-Beziehungen thermoregulatorischer Aktivitäten sind jedoch fast immer nur die stimulierenden Temperaturen bekannt und nicht die Signale der Temperatursensoren. Als Problem kommt hinzu, daß sowohl die Signale der Hautsensoren [6] als auch die der ihnen nachgeschalteten Neurone [17] in der Regel keine lineare Beziehung zur Reiztemperatur aufweisen.

Unter thermischer Belastung können Haut- und Kerntemperatur erheblich voneinander abweichen. Die vermutete Existenz multipler Temperatursensoren im Körperinneren bedingt weiter, daß beim Auftreten innerer Temperaturgradienten eine einzelne Kerntemperatur die Beiträge der Meßsignale aus dem Körperinneren nicht genau wiedergibt. Die theoretisch vorstellbare Beschreibung der Aktivität der Stellglieder als Funktion möglichst aller für die verschiedenen thermosensitiven Körperareale repräsentativen Temperaturen würde Gleichungssysteme mit mehreren Temperaturvariablen erfordern. Selbst bei tierexperimentellen Daten ist dies nur partiell darstellbar [37].

Kern- und mittlere Hauttemperatur als thermische Eingangsgrößen. Auf der Basis dieser beiden Temperaturparameter sind eine Reihe von Gleichungen und Diagrammen zur Beschreibung von thermoregulatorischen Aktivitäten einzelner Stellglieder entwickelt worden [21, 25, 29, 37, 43, 54, 60]. Die Abhängigkeit thermoregulatorischer Antworten von den beiden Temperaturen kann für manche Stellglieder ausreichend genau als linear beschrieben werden, doch gibt es auch deutliche Abweichungen von der Linearität, besonders bei starken Haut- und Kerntemperaturänderungen.

Bei geringer Stimulation der Stellglieder, also in der Nähe ihrer Aktivierungsschwellen, ist beim Menschen die Darstellung thermoregulatorischer Antworten als lineare Funktionen von Kern- und mittlerer Hauttemperatur sehr häufig ausreichend genau. Deshalb können thermische Schwellenbedingungen, z.B. für Schwitzen oder Kältezittern auch als Funktion der *mittleren Körpertemperatur* (s. S. 652) dargestellt werden [29].

Kerntemperaturanstieg bei Arbeit. Daß die Kerntemperatur bei Arbeit nicht konstant bleibt (s. Abb. 30–5), könnte so interpretiert werden, daß die Thermoregulation bei innerer Wärmebelastung wenig effektiv ist. Die bei Arbeit erzeugte Stoffwechselwärme, die nach außen abgeführt werden muß (bei maximaler Aktivität können mehr als das 10fache des Grundumsatzes erreicht werden), erfordert jedoch für den als Proportionalregler funktionierenden Regelkreis eine entsprechend große Regelabweichung des Temperatursignals (*load error*). Die Berücksichtigung der multiplen Thermosensoren im System der Thermoregulation und die Abschätzung der *gewichteten mittleren Körpertemperatur* als Regelgröße [2, 5, 28] zeigt, daß nur der Anstieg der Kerntemperatur eine Regelabweichung liefert, die groß genug ist, um die evaporative Wärmeabgabe bei Arbeit ausreichend zu stimulieren.

Dynamische Empfindlichkeit der kutanen Thermosensoren (s. S. 222). Sie wird dafür verantwortlich gemacht, daß bei raschen Hauttemperaturänderungen, z.B. beim Sprung ins kalte Wasser, initial überschießende thermoregulatorische Kälteabwehrreaktionen auftreten können [25]. Umgekehrt kann nach Baden im kalten Wasser das durch die abgesunkene Kerntemperatur ausgelöste Kältezittern bei noch erniedrigter Kerntemperatur gehemmt werden, wenn nach Verlassen des Wassers die Hauttemperatur unter dem Einfluß der Sonneneinstrahlung rasch ansteigt.

Nichtthermische Einflüsse auf die Temperaturregulation. Bei *Belastungen des Kreislaufs* durch Übergang vom Liegen zum Sitzen bzw. vom Sitzen zum Stehen oder durch Anstieg der Muskeldurchblutung bei Arbeit findet man, daß die Hautvasodilatation erst bei höheren Temperaturen einsetzt und weniger stark zunimmt [12]. Dies ist Ausdruck einer konkurrierenden ***Vermaschung von Blutdruck- und Temperaturregelung.*** Reduzierungen der Hautdurchblutung bei Flüssigkeitsverlust (Dehydrierung) werden auf die Abnahme des Blutvolumens zurückgeführt. Die zusätzliche Beobachtung reduzierter Schweißsekretion bei Dehydrierung und Hyperosmolalität [30] kann als Hinweis auf die konkurrierende ***Vermaschung von Osmo- und Thermoregulation*** gedeutet werden.

!

Die thermoregulatorische Aktivität kann beim Menschen mit zufriedenstellender Genauigkeit als Funktion von Kern- und mittlerer Hauttemperatur dargestellt werden. Solche Darstellungen sind z.B. in der Arbeits- (Sport-) physiologie anwendbar. Der Kerntemperaturanstieg bei Arbeit läßt sich regulationsphysiologisch als notwendiger innerer Wärmereiz zur Stimulation der evaporativen Wärmeabgabe erklären. Zeitweilig überschießende Änderungen der Thermoregulation bei raschen Hauttemperaturänderungen werden der dynamischen Empfindlichkeit der kutanen Thermosensoren zugeschrieben. Belastungen des Kreislaufs und des Wasserhaushalts können die Leistungen der Temperaturregulation einschränken.

30.10 Ontogenetische Veränderungen der Thermoregulation

Die Temperaturregelung ist beim menschlichen Neugeborenen funktionsfähig, aber leistungsmäßig eingeschränkt

Autonome Temperaturregulation. Das ***menschliche Neugeborene*** verfügt unmittelbar nach der Geburt über alle autonomen thermoregulatorischen Reaktionen (Stoffwechselsteigerung, vasomotorische Reaktion, Schweißsekretion); man findet sie selbst bei menschlichen Frühgeborenen mit Geburtsgewichten um 1000 g [15, 26]. Die *regulative Wärmebildung* der menschlichen Neugeborenen erfolgt durch *zitterfreie Thermogenese* im braunen Fettgewebe (s. S. 651). Auf diesem Wege kann die Wärmebildung um das 1–2fache des Grundumsatzes gesteigert werden; erst bei extremer Kältebelastung tritt auch Kältezittern hinzu.

Die Thermoregulation ist zum Zeitpunkt der Geburt auch bei einigen anderen Säugern (z. B. Meerschweinchen, Huftiere) voll entwickelt. Bei anderen Säugerspezies (Erdhörnchen, Hamster) verfügen Neugeborene noch nicht über die Fähigkeit zur thermoregulatorischen Wärmebildung; ihre Temperatur-Stoffwechsel-Beziehung folgt der RGT-Regel (Abb. 30–1). Erst im Verlauf einiger Wochen „reift" die autonome Temperaturregulation. Verhaltensreaktionen sind generell früh entwickelt.

Oberflächen-Volumen-Quotient. Bei einem *reifen menschlichen Neugeborenen* ist dieser Quotient etwa 3mal so groß wie beim Erwachsenen. Dazu kommt noch die geringe Dicke der Körperschale und die dünne subkutane Fettschicht. Selbst bei maximaler Vasokonstriktion ist der Wärmestrom durch die Körperschale pro Oberflächeneinheit höher als beim Erwachsenen. Aus diesen Gründen liegt die ***Thermoneutralzone des Neugeborenen*** bei einer höheren Umgebungstemperatur, nämlich 32–34 °C (Abb. 30–12). Bei Außentemperaturen unterhalb der Untergrenze ($T_{2,N}$) ist eine thermoregulatorische Steigerung der Wärmebildung erforderlich. Zu höheren Temperaturen verschoben ist auch die untere Grenze des Regelbereichs ($T_{1,N}$); sie liegt beim reifen Neugeborenen bei etwa 23 °C. Innerhalb seines ***eingeengten Regelbereichs*** reagiert das Neugeborene adäquat auf Temperaturänderungen mit seiner Hautdurchblutung und Wärmebildung oder mit Schwitzen und reguliert seine Körpertemperatur auf einem Kerntemperaturniveau, das dem des Erwachsenen entspricht.

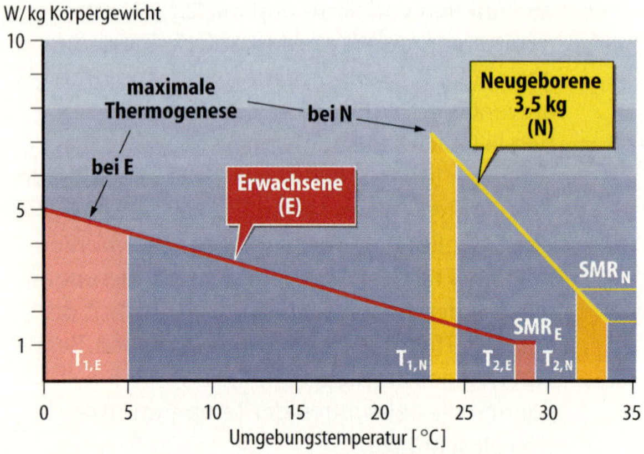

Abb. 30–12. Wärmebildung in Abhängigkeit von der Umgebungstemperatur bei Neugeborenen *(gelbe Linie)* und (unbekleideten) Erwachsenen *(rote Linie)*. Die Fußpunkte der beiden Kurven auf den jeweils rechten Balken (*rot*, $T_{2,E}$ Erwachsene; *gelb*, $T_{2,N}$ Neugeborene) markieren die untere Grenze der Neutralzone; sie liegt beim Neugeborenen im Vergleich zum Erwachsenen bei einer höheren Umgebungstemperatur. Die entsprechenden Stoffwechselraten (*SMR* = Standard Metabolic Rate, pro kg Körpergewicht) sind für Neugeborene als SMR_N, für Erwachsene *als* SMR_E bezeichnet. Die jeweils linken Balken markieren die durch die maximal mögliche Thermogenese bestimmte, untere Temperaturgrenze der homoiothermen Regelung; bei Neugeborenen ($T_{1,N}$) liegt sie bei ca. 23–25 °C, bei Erwachsenen ($T_{1,E}$) bei 0–5 °C. Nach Daten aus [26]; die evaporative Wärmeabgabe ist zur Vereinfachung unberücksichtigt geblieben

Bei Frühgeborenen rücken mit abnehmender Körpergröße die Temperaturen $T_{1,N}$ und $T_{2,N}$ zu höheren Temperaturen, und beide Werte nähern sich. Bei sehr kleinen Frühgeborenen wird die Thermoregulation somit sehr ineffektiv; zur sicheren Aufzucht sind daher thermostatisierte Behälter (Inkubatoren) erforderlich.

! Beim menschlichen Neugeborenen ist die autonome Thermoregulation voll entwickelt, allerdings mit einer gegenüber Erwachsenen höheren Temperatur der Thermoneutralzone. Das Neugeborene verfügt im Unterschied zum Erwachsenen über zitterfreie Thermogenese.

30.11 Adaptive Veränderungen der Thermoregulation

Von den *regulatorischen Mechanismen*, Steigerung der Wärmebildung, vasomotorische Reaktionen, Schweißsekretion, die stets einsatzbereit sind und bei Einwirkung einer thermischen Belastung innerhalb von Sekunden oder Minuten ausgelöst werden, sind *langfristige Anpassungsvorgänge* an sich ändernde klimatische Lebensbedingungen zu unterscheiden. Diesen Anpassungsvorgängen, die auch als ***physiologische Adaptation*** oder als ***Akklimatisation*** bezeichnet werden, liegen Modifikationen von Organen und Funktionssystemen zugrunde, zu deren Ausbildung eine über Tage, Wochen oder Monate anhaltende oder intermittierend einwirkende thermische Belastung erforderlich ist [3, 5, 33].

Die Fähigkeit zur Hitzeadaption ist beim Menschen gut entwickelt; besonders bedeutsam sind verstärktes Schwitzen und die Anpassung des Kreislauf sowie des Salz- und Wasserhaushalts

Zunehmende Schweißsekretion. Sie ist die bedeutendste Komponente der Hitzeadaptation, zu der es beim Aufenthalt in den Tropen und im Wüstenklima, aber auch bei starker körperlicher Belastung im gemäßigten Klima kommt. Die Sekretionsrate kann auf etwa das Doppelte ansteigen und bei Hochtrainierten 2 l/Std.

überschreiten. Die gesteigerte Schweißsekretion beruht wahrscheinlich auf einer peripheren Anpassung („Training" der Schweißdrüsen) [29]. Die Schweißsekretion beginnt überdies bei einer niedrigeren mittleren Haut- und Kerntemperatur, d. h. die Schwelle des Schwitzens wird zu tieferen Werten verschoben, wodurch die Regelabweichung (speziell der Kerntemperatur) vermindert wird. Infolge dieser Modifikationen stellt sich die Körpertemperatur bei der gegebenen Hitze- oder Arbeitsbelastung auf niedrigere Werte ein, wodurch der Organismus vor kritischen Anstiegen der Herzfrequenz und der peripheren Durchblutung bewahrt wird.

Abnahme des Elektrolytgehalts im Schweiß. Sie wird auf eine *Steigerung der Aldosteronwirkung* im Verlauf der Hitzeadaptation zurückgeführt [29]. Die Salzretention wirkt der Reduktion des Extrazellulärvolumens entgegen.

Zunahme des Plasmavolumens und des Plasmaproteingehalts. Diese Komponenten der Hitzeadaptation [52] verbessern die Kreislaufanpassung. Sie reduzieren die Verminderung des venösen Rückstroms und damit die Erniedrigung des Schlagvolumens, die bei akuter Hitzebelastung infolge Senkung des Plasmavolumens und Hämokonzentration auftreten können.

Hidromeiosis. Sie bezeichnet das Phänomen, daß bei anhaltender Hitzebelastung, vor allem in feuchtheißem Klima, die Schweißsekretionsrate nach einer Phase des profusen Schwitzens wieder abnimmt. Diese Anpassung beruht auf noch nicht voll geklärten peripheren Mechanismen. Sie reduziert das unökonomische Abtropfen von nicht verdunstetem Schweiß (nur verdunstender Schweiß kühlt den Körper).

Verstärkte Aufnahme von Wasser. Sie stellt – ganz entgegen der Volksmeinung – eine Komponente der Hitzeadaptation dar, und kann zum Teil durch die verstärkte Retention von Elektrolyten bei der Schweißbildung erklärt werden. Damit wird der Hitzeadaptierte dazu befähigt, eine ausgeglichene Wasserbilanz (s. S. 779) zu erhalten. Wird ausreichende Wasserzufuhr verhindert, so kommt es zu bedrohlicher Hyperthermie.

Toleranzadaptation. Als solche bezeichnet man eine *besondere Hitzeanpassung in den Tropen* bei Menschen, die stärkere körperliche Belastungen vermeiden; bei ihnen wird die *Schwitzschwelle zu höheren Körpertemperaturen* verschoben. Der Adaptierte schwitzt deshalb bei der alltäglichen Hitzebelastung weniger stark [48] und spart dadurch Wasser ein.

Abgesehen von Besonderheiten bei einigen Naturvölkern sind die Möglichkeiten der physiologischen Kälteadaptation des Menschen beschränkt auf geringgradige Schwellenveränderungen und eine verbesserte Durchblutung der Akren

Die Fähigkeit zu einer nennenswerten ***physiologischen Kälteadaptation*** wird dem Menschen vielfach abgesprochen: Als *tropisches Lebewesen* verdanke er es seiner Intelligenz, durch ***Verhaltensanpassung*** (Kleidung, Behausung, Heizung) im gemäßigten oder polaren Klima überleben zu können. Es konnten jedoch in Untersuchungen an Gruppen, die besonderen Kälteexpositionen unterworfen sind, spezielle Formen der Kälteadaptation nachgewiesen werden.

Toleranzadaptation. Sie entwickelt sich bei regelmäßig auftretender zeitweiliger Kältebelastung und wurde zuerst bei einigen ethnischen Gruppen entdeckt (australische Eingeborene [5, 9, 33], koreanische Perlentaucherinnen [9]). Die Zitterschwelle ist zu niedrigeren Werten verschoben. Die Regelabweichung bei Kälte wird damit vergrößert; es kann eine mäßige Hypothermie auftreten.

Eine ***Absenkung der Zitterschwelle*** läßt sich beim Menschen schon durch *mehrmalige 30–60minütige Kältebelastung* innerhalb weniger Tage hervorrufen [29]. Die Schwelle für die Entwärmungsvorgänge – beim Menschen Schwitzen – bleibt dabei unverändert. Diese Spreizung der Zwischenschwellenzone bedeutet eine Ökonomisierung der Thermoregulation, allerdings auf Kosten der Präzision.

Metabolische Adaptation. Als solche wird ein um 25–50 % erhöhter Grundumsatz interpretiert, der bei an Dauerkältebelastung angepaßten ethnischen Gruppen (Alacaluf-Indianer der westpatagonischen Inseln, Eskimos) gemessen wurde [5, 9, 33]. Es könnte sich dabei aber auch um die Folge einer permanent hohen körperlichen Aktivität handeln.

Lokale Adaptation. Nach wiederholter Kälteexposition der Hände bei im übrigen durch Kleidung gut warmgehaltenem Körper vermindert sich der lokale Kälteschmerz. Dies beruht zum Teil auf einer erhöhten Hautdurchblutung bzw. auf dem Einsetzen der Kältevasodilatation (s. S. 660) bei höherer Hauttemperatur. Zusätzlich kommt es zu bisher nicht geklärten Veränderungen, die eine Abschwächung des Kälteschmerzes bedingen [9].

Im Tierreich findet man sehr ausgeprägte Formen der Kälteadaptation

Verbesserte Wärmeisolation. Viele kältetolerante Spezies erhöhen durch gesteigertes Pelzwachstum ihre Wärmeisolation. Besonders bei wasserlebenden Säugern wird dieser Effekt durch eine dicke subkutane Fettschicht erreicht.

Zitterfreie Wärmebildung im braunen Fettgewebe. Sie liefert Wärme mit einem besonders hohen Wirkungsgrad (s. S. 651). Die Masse des braunen Fettgewebes kann saisonal als Anpassung an die kalte Jahreszeit zunehmen [6].

Winterschlaf als spezielle Form der Kälteadaptation [5, 59]. Im Winter kann die Nahrungsknappheit bei dem hohen Energieaufwand für die regulative Wärmebildung in der Kälte kritisch werden. Zahlreiche kleinere Säugetierarten besitzen die Fähigkeit, in einen *Torpor* zu verfallen, in dem die Körpertemperatur auf Werte zwischen 5 und 10 °C gesenkt und dadurch, gemäß der RGT-Regel, der Energieumsatz bis auf wenige Prozent des Normalumsatzes im Wachzustand reduziert wird. Der Winterschlaf ist ein geregelter Zustand; er kann bei Störungen oder spontan durch Aufwärmphasen mittels zitterfreier Thermogenese unterbrochen werden. Im Winterschlaf kommt es zu einer respiratorischen Azidose, die bei Auskühlung von poikilothermen Wirbeltieren nicht eintritt. Diese Beobachtung spielt eine Rolle in der Diskussion über die optimale pH-Einstellung bei *induzierter Hypothermie* in der Herz- und Gefäßchirurgie.

! Der Mensch kann sich innerhalb weniger Wochen bis zu Monaten an verstärkte Wärmebelastung adaptieren, und zwar durch Zunahme der Schweißbildungsrate und durch Senkung der Schwellentemperatur für das Schwitzen. Die Fähigkeit zur Kälteadaptation ist beim Menschen wenig entwickelt, abgesehen von Besonderheiten bei einigen Naturvölkern. Bei Menschen der modernen Zivilisation wurde eine Senkung der Schwellentemperatur für das Kältezittern nach intermittierender Kältebelastung beschrieben. Als lokale Form der Kälteadaptation wird die Verstärkung der Kältevasodilatation an den Akren angesehen.

30.12 Pathophysiologie der Thermoregulation

Beim ***Fieberanstieg*** sind eine maximale *Vasokonstriktion der Hautgefäße* und ggf. eine *Steigerung der Wärmebildung* durch Kältezittern (***Schüttelfrost***) zu beobachten; der fiebernde Organismus verhält sich wie ein Gesunder, bei dem die Kerntemperatur unter dem normalen Sollwert liegt. Beim ***Fieberabfall,*** wenn der Sollwert auf seinen Normalwert zurückkehrt, wird die *Entwärmung* in Form von *Hautvasodilatation* und *Schwitzen* aktiviert. Auf der Höhe des Fiebers entspricht die Kerntemperatur dem pathologisch erhöhten Sollwert. Die Temperaturregulation selbst ist funktionsfähig. Dies unterscheidet *Fieber* von anderen Formen der *Hyperthermie,* bei denen die Wärmeabwehr gestört oder überfordert sein kann.

Fieber entsteht als Folge einer Sollwerterhöhung unter der Einwirkung von „Pyrogenen"

Pathogenese des Fiebers [8, 14, 34, 41]. Es gibt eine Vielfalt von als ***exogene Pyrogene*** bezeichneten Stoffen, die Fieber erzeugen, wenn sie in den Körper gelangen, z. B. Lipopolysaccharide als Bestandteile von Bakterienmembranen (Endotoxine). Sie stimulieren Makrophagen (s. S. 425 f) zur Produktion von hitzelabilen Peptiden, die als ***endogene Pyrogene*** (***EP***) bezeichnet werden; sie sind teilweise identisch mit einigen Mediatoren des Immunsystems, wie Interleukinen (IL1, IL6), Interferonen und Tumornekrosefaktoren. Sie stoßen eine Kaskade von Prozessen der Immunabwehr an. Unter dem Einfluß von EP wird durch Phospholipase A_2 aus den Phospholipiden der Zellmembranen vermehrt Arachidonsäure freigesetzt, aus der durch Zyklooxygenase Prostaglandine gebildet werden [11, 34, 41].

Zentrale Mechanismen. Vor allem ***Prostaglandin E_2*** (PGE_2) scheint ein wichtiger zentraler Fiebermediator zu sein. Bemerkenswert ist, daß die gebräuchlichen fiebersenkenden Pharmaka (Antipyretika, Prototyp Azetylsalizylsäure) die Zyklooxygenaseaktivität und damit die Prostaglandinbildung hemmen.

PGE_2 wirkt bei intrahypothalamischer Injektion in kleinsten Dosen fiebererzeugend, indem es an thermosensitiven und/oder integrativen Strukturen (s. Abb. 30–11) angreift und damit die entsprechende Sollwertverstellung auslöst. Ob es dorthin aus der Blutbahn gelangt oder im ZNS synthetisiert wird, ist nicht geklärt. Die EP-Moleküle können die Blut-Hirnschranke nicht passieren, doch gibt es Hinweise dafür, daß im *Organum vasculosum laminae terminalis,* das als zirkumventrikuläres Organ diese Schranke nicht besitzt, Zellen (hypothalamische Gliazellen) durch EP stimuliert werden, die ihrerseits die PGE_2-Bildung aktivieren [41].

Es gibt vermutlich endogene Mechanismen zur Begrenzung der Fieberhöhe

Perinatale Fieberunterdrückung. Seit langem ist bekannt, daß Neugeborene bei Infektionskrankheiten häufig keine Fieberreaktion zeigen [26]; experimentelles Fieber läßt sich im Tierversuch nur durch extrem hohe Dosen von Endotoxin oder EP hervorrufen [56]. Trächtige Muttertiere (Schafe, Meerschweinchen) verhalten sich innerhalb weniger Tage vor dem Werfen ähnlich [41, 64]. Dies weist auf Mechanismen der ***endogenen Fieberunterdrückung*** (*Antipyrese*) hin.

Potentielle zentrale Mediatoren. Für zwei Hormone, das *Arginin-Vasopressin* (Adiuretin) und das *melanozytenstimulierende Hormon,* wurde gezeigt, daß Mikroinjektion in bestimmte Bereiche des Hypothalamus die Fieberreaktion abschwächt [41, 63, 64]. Man nimmt an, daß sie als fiebersenkende *Mediatoren* von hypothalamischen Neuronen freigesetzt werden. Die Befunde sind von Interesse im Zusammenhang mit der unbeantworteten Frage, ob die Temperaturerhöhung im Fieber eine schädliche Begleiterscheinung von Immunreaktionen ist, oder einen günstigen Effekt bei der Infektionsbekämpfung hat [8].

! Fieber wird als Sollwertverstellung zu höherer Körpertemperatur aufgefaßt. Exogene Pyrogene, die in den Körper gelangen, stimulieren Makrophagen zur Produktion von endogenen Pyrogenen, die mit einigen Mediatoren der Immunabwehr identisch sind. Prostaglandin E_2, das unter dem Einfluß der endogenen Pyrogene verstärkt gebildet wird, ist wahrscheinlich der zentrale Mediator der nervös gesteuerten Fieberreaktion. Einige hypothalamo-hypophysäre Peptide, die als zirkulierende Hormone bekannt sind, wirken vermutlich zentral als endogene, fiebersenkende Mediatoren.

Überforderung der Temperaturregelung kann zu lebensbedrohenden Störungen führen

Hyperthermie [14]. Unabhängig von der Ursache bedeuten Kerntemperaturen über 39,5–40 °C eine schwere Belastung des Stoffwechsels und des Kreislaufs. Kurzfristig können Temperaturanstiege bis 42 °C ertragen werden; vereinzelt wurden Temperaturen über 43 °C ohne Schaden überlebt. Im Unterschied zum *Fieber* als einer *geregelten Steigerung der Kerntemperatur* beruhen andere Formen der *Hyperthermie* auf einer Störung oder Überforderung der Wärmeabgabemechanismen.

Als ***Hitzschlag*** bezeichnet man ein lebensbedrohendes Krankheitsbild, das bei anhaltender Hyperthermie mit Rektaltemperaturen über 40 °C auftreten kann. Kennzeichnend sind schwere Funktionsstörungen des Gehirns mit Gehirnödem und zunächst funktionellen und dann strukturellen Schäden, die zu Desorientiertheit, Delirium, Bewußtlosigkeit und Krämpfen führen [7, 10]. Primäre Ursache ist oft eine Störung der Wärmeabgabe durch Kreislaufschädigung oder -belastung und Wasser- und Elektrolytverlust. Damit verbunden sind Stoffwechselstörungen (metabolische Azidose). Die Gehirnschädigung führt zur Beeinträchtigung der zentralen Mechanismen der Thermoregulation, insbesondere zum Aufhören der Schweißsekretion, wodurch der fatale Verlauf noch beschleunigt wird [7].

Eine als ***Sonnenstich*** bezeichnete Störung, die bei direkter Einwirkung langwelliger Sonnenstrahlung auf den ungeschützten Kopf und Nacken auftreten kann, wird auf Hitzestau und Reizung der Hirnhäute (Meningismus) zurückgeführt. Gefährdet sind vor allem Säuglinge und Kleinkinder. Symptome sind heißer Kopf bei meist kühler Körperhaut, Übelkeit und Nackensteifigkeit.

Von diesen schweren Störungen zu unterscheiden ist der ***Hitzekollaps***, der schon bei relativ geringfügigen Hitzebelastungen auftreten kann. Er beruht auf einer orthostatischen Überforderung der Kreislaufregulation. Periphere Vasodilatation mit Blutdruckabfall führen zur Ohnmacht. Die Körpertemperatur ist meist nur wenig erhöht; bei vorausgegangener körperlicher Belastung kann sie zwischen 38 und 39 °C liegen [10].

Zur ***Hitzeerschöpfung*** kann es bei längerer Hitzebelastung kommen, besonders in Verbindung mit körperlicher Belastung, wenn der durch die Schweißverdunstung entstehende Flüssigkeits- bzw. Salzverlust nicht ausgeglichen wird. Der extrazelluläre Volumenmangel reduziert die Kreislauffüllung bis hin zu den Symptomen des Volumenmangelschocks mit peripherer Vasokonstriktion (blasse Haut). Solange die Körpertemperatur infolge der behinderten Wärmeabgabe nur mäßig ansteigt, kann durch die Zufuhr von Elektrolyten und Wasser (ggf. als Infusionen) eine rasche Normalisierung (in 1–2 Std.) erreicht werden [7].

Hitzekrämpfe können bei körperlicher Schwerstarbeit in heißer Umgebung auftreten, wenn der durch exzessive Schweißsekretion auftretende Wasserverlust, nicht aber der NaCl-Verlust, durch Trinken ausgeglichen wird [10]. Betroffen ist vor allem die arbeitende Muskulatur.

Die ***maligne Hyperthermie*** [24] ist eine Komplikation bei Allgemeinnarkosen, vorwiegend bei Anwendung von Inhalationsanästhetika, und beruht auf einer exzessiven Wärmebildung in der Muskulatur, die stark erhöhten Tonus aufweist. Ursache ist ein Anstieg der Ca^{2+}-Konzentration im Zytoplasma der Muskelzellen. Es besteht eine erbliche Disposition.

Hypothermie [14]. Wird die Kälteabwehr überbeansprucht (niedrige Außentemperatur, kaltes Wasser), so sind die Kälteabwehrvorgänge zunächst stark aktiviert, werden aber mit sinkender Körpertemperatur zunehmend gehemmt (s. Abb. 30-1). Als *akzidentelle Hypothermie* [47] bezeichnet man Unterkühlung bei Unglücksfällen, denen auch eine zentrale Störung der Kälteabwehr (Alkoholintoxikation) zugrunde liegen kann. Bei Kerntemperaturen um 26–28 °C kann es zum Tod durch *Herzflimmern* kommen. Respiratorische und metabolische Azidose sind weitere typische Störungen.

Die ***induzierte Hypothermie*** [57], von der vor allem in der Herz- und Gefäßchirurgie Gebrauch gemacht wird, besteht in der Senkung der Körpertemperatur bei durch die Narkose und zusätzliche Pharmaka ausgeschalteter regulativer Wärmebildung. Die damit nach der RGT-Regel verbundene Senkung des Energieumsatzes und des Sauerstoffverbrauchs bedeutet bei Kreislaufstillstand eine entsprechende Verlängerung der Strukturerhaltungszeit (s. S. 636). Temperatursenkung auf 30 °C reduziert z. B. den Ruheumsatz um ca. 50 %. Auch Organkonservierung bei niedrigen Temperaturen nützt die RGT-Regel aus.

Milde ***Hypothermie bei älteren Menschen*** ist nicht selten bei kühlen, für Jüngere unproblematischen Raumtemperaturen zu beobachten. Die Kerntemperatur kann auf 35 °C sinken, ohne daß Kältezittern einsetzt. Auch die Hautvasokonstriktion kann reduziert sein [3]. Die Kälteabwehr funktioniert auf einem niedrigeren Temperaturniveau.

Bei ***Querschnittslähmung*** sind die Leistungen der Temperaturregulation eingeschränkt. Die Leitungsunterbrechung im Rückenmark erfaßt deszendierende Bahnen, die die periphere vegetative und somatomotorische Innervation von thermoregulatorischen Stellgliedern kontrollieren, und aszendierende Bahnen, in denen thermische Afferenzen geleitet werden. Unterhalb der Unterbrechung kommt es zum Ausfall des Kältezitterns, der Hautvasomotorik und des Schwitzens. Reflektorische, auf spinaler Ebene vermittelte thermoregulatorische Vasomotorik und Schwitzen werden nur bei sehr starker thermischer Belastung beobachtet; reflektorisches Kältezittern unterhalb der Läsion ist beim Menschen nicht nachgewiesen worden. Folge dieser Störungen können größere Abweichungen der Kerntemperatur bei thermischer Belastung sein [2, 5].

Maßnahmen zum Wärmetransfer. Wärmezufuhr zur Beseitigung einer Hypothermie kann nach Narkosen angezeigt sein, um Beeinträchtigungen des Befindens in der Aufwachphase infolge Kältezittern und die damit verbundene metabolische Belastung zu reduzieren. In der Regel genügt milde Wärmezufuhr über die Haut, u. U. in Kombination mit medikamentöser Abschwächung der Kälteabwehr. Stärkere Hypothermien bei Operationen am Herz-Kreislaufsystem oder am Gehirn werden durch Abkühlung von außen (Eiswasser) und/oder über die extrakorporale Zirkulation induziert, über die auch die Wiedererwärmung effektiv erfolgen kann.

Bei schweren akzidentellen Hypothermien ist die Wiedererwärmung über die Haut oft zu wenig effizient und u. U. gefährlich, weil der damit verbundene intensive Temperaturreiz kreislaufgefährdende Reflexe auslösen und der thermisch induzierte Anstieg der Durchblutung in der kalten Körperschale zu einem weiteren Abfall der Kerntemperatur („afterdrop“) führen kann, was eine zusätzliche Kreislaufbelastung darstellt. Effizientere Methoden sind Wärmezufuhr durch extrakorporale Zirkulation oder die Perfusion des Peritonealraumes mit warmen Lösungen.

Bei der Radio- oder Chemotherapie von Tumorerkrankungen kann Übererwärmung als Adjuvans eingesetzt werden. Zur Erzeugung lokaler Hyperthermie ohne wesentliche Belastung der Temperaturregulation gibt es etablierte Methoden. Bei Ganzkörper-Hyperthermie besteht Unsicherheit in bezug auf den effektiven Hyperthermiegrad. Außerdem sind die damit verbundenen Kreislauf- und Stoffwechselbelastungen sowie mögliche zentralnervöse Störungen eingreifend und können oft nur mit den Mitteln der Intensivmedizin beherrscht werden.

Gelegentlich wird diskutiert, ob beim Menschen wesentliche Wärmemengen mit der Atemluft ab- oder zugeführt werden können. Wärmezufuhr über die Inspiration ist prinzipiell mit warmer, wasserdampfgesättigter Luft möglich, doch müßte wegen der Verbrennungsgefahr die Temperatur unter ca. 43 °C gehalten werden, was den Wärmetransfer erheblich begrenzt. Wärmeverluste über die Atmung (Zitat [25] in Kap. 31) sind u.a. eine Funktion des Atemzeitvolumens. Weil dieses unter Arbeitsbelastung über den Sauerstoffbedarf an die metabolische Wärmebildung gekoppelt ist, überschreitet der Anteil des respiratorischen Wärmeverlusts an der Gesamt-Wärmeabgabe selbst bei hohen Ventilationsraten in starker Kälte kaum 20 % (circa-Wert bei –15 °C).

! Im Unterschied zum Fieber entstehen Hyperthermien durch Überforderung der Wärmeabwehr; der Hitzschlag ist eine lebensgefährliche Form der Hyperthermie. Zur Hypothermie kommt es bei Überforderung oder Hemmung der Kälteabwehr. Bei Körpertemperaturen unterhalb von 28 °C besteht die Gefahr des Herzflimmerns.

30.13 Literatur

Weiterführende Lehr- und Handbücher

1. Aschoff J, Günther B, Kramer K (1971) Energiehaushalt und Temperaturregulation. Urban und Schwarzenberg, München
2. Bligh J (1973) Temperature regulation in mammals and other vertebrates. North Holland, Amsterdam / Elsevier, New York
3. Clark RP, Edholm OG (1985) Man and his thermal environment. Arnold, London
4. Hardy JD, Gagge PA, Stolwijk JAJ (eds) (1970) Physiological and behavioral temperature regulation. Thomas, Springfield
5. Hensel H, Brück K, Raths P (1973) Homeothermic organisms. In: Precht H, Christophersen J, Hensel H, Larcher W (eds) Temperature and life. Springer, Berlin Heidelberg New York, pp 503–761
6. Hensel H (1981) Thermoreception and temperature regulation. Academic, London
7. Khogali M, Hales JRS (eds) (1983) Heat stroke and temperature regulation. Academic, Sidney
8. Kluger MJ (1979) Fever, its biology, evolution and function. Princeton University Press, New Jersey
9. LeBlanc J (1975) Man in the cold. Thomas, Springfield
10. Leithead CS, Lind AR (1964) Heat stress and heat disorders. Cassell, London
11. Milton AS (ed) (1982) Pyretics and antipyretics. Springer, Berlin Heidelberg New York
12. Rowell LB (1986) Human circulation – regulation during physical stress. Oxford University Press, New York
13. Schönbaum E, Lomax P (eds) (1990) Thermoregulation: physiology and biochemistry. Pergamon, New York
14. Schönbaum E, Lomax P (eds) (1991) Thermoregulation: pathology, pharmacology and therapy. Pergamon, New York
15. Sinclair JS (ed) (1978) Temperature regulation and energy metabolism in the newborn. Grune and Stratton, New-York
16. Trayhurn P, Nicholls DG (1986) Brown adipose tissue. Arnold, London
17. Werner J (1984) Regelung der menschlichen Körpertemperatur. De Gruyter, Berlin

Einzel- und Übersichtsarbeiten

18. Aschoff H (1970) Circadian rhythm of activity and of body temperature. In: Hardy JD, Gagge PA, Stolwijk JAJ (eds) Physiological and behavioral temperature regulation. Thomas, Springfield, pp 905–919
19. Baldino F, Geller HM (1982) Electrophysiological analysis of neuronal thermosensitivity in rat preoptic and hypothalamic tissue cultures. J Physiol (Lond) 327:173–184
20. Behmann FW, Bontke E (1958) Die Regelung der Wärmebildung bei künstlicher Hypothermie. I. Experimentelle Untersuchungen über den Einfluß der Narkosetiefe. Pflugers Arch Gesamte Physiol 266:408–421
21. Bleichert A, Behling K, Kitzing J, Scarperi M, Scarperi S (1972) Antriebe und effektorische Maßnahmen der Thermoregulation bei Ruhe und während körperlicher Arbeit. IV. Ein analoges Modell der Thermorgulation bei Ruhe und Arbeit. Int Z Angew Physiol 30:193–206
22. Boulant JA, Dean JB (1986) Temperature receptors in the central nervous system. Annu Rev Physiol 48:639–654
23. Brengelmann GL, Freund PR, Rowell LB, Olerud JE, Kraning KK (1981) Absence of active cutaneous vasodilatation associated with congenital absence of sweat glands in humans. Am J Physiol 240:H571-H575
24. Britt BA (1991) Malignant hyperthermia – a review. In: Schönbaum E, Lomax P (eds) Thermoregulation: pathology, pharmacology and therapy. Pergamon, New York, pp 179–292
25. Brown AC, Brengelmann GL (1970) The temperature regulation control system. In: Hardy JD, Gagge PA, Stolwijk JAJ (eds) Physiological and behavioral temperature regulation. Thomas, Springfield, pp 684–702
26. Brück K (1978) Heat production and temperature regulation. In: Stave U (ed) Perinatal physiology. Plenum, New York, pp 455–498
27. Brück K, Hinckel P (1982) Thermoafferent systems and their adaptive modifications. Pharmacol Ther 17:357–381
28. Brück K, Wünnenberg W (1970) „Meshed“ control of two effector systems: Non-shivering and shivering thermogenesis. In: Hardy JD, Gagge PA, Stolwijk JAJ (eds) Physio-

logical and behavioral temperature regulation. Thomas, Springfield, pp 562–580

29. Brück K, Zeisberger E (1990) Adaptive changes in thermoregulation and their neuropharmacological basis. In: Schönbaum E, Lomax P (eds) Thermoregulation: physiology and biochemistry. Pergamon, New York, pp 255–307
30. Fortney SM, Wenger CB, Bove JR, Nadel ER (1984) Effect of hyperosmolality on control of blood flow and sweating. J Appl Physiol 57:1688–1695
31. Gagge AP, Nishi Y (1976) Physical indices of the thermal environment. ASHRAE J (January): 47–51
32. Gilbert TM, Blatteis CM (1977) Hypothalamic thermoregulatory pathways in the rat. J Appl Physiol 43:770–777
33. Hammel HT (1964) Terrestrial animals in cold: recent studies of primitive man. In: Handbook of physiology, section 4: adaptation to the environment. American Physiological Society, Washington DC, pp 413–434
34. Hellon R, Townsend Y, Laburn HP, Mitchell D (1991) Mechanisms of fever. In: Schönbaum E, Lomax P (eds) Thermoregulation: pathology, pharmacology and therapy. Pergamon, New York, pp 19–54
35. IUPS Thermal Commission (1987) Glossary of terms for thermal physiology, 2nd edn. Pflugers Arch Eur J Physiol 410:567–587
36. Ivanov K, Konstantinov V, Danilova N (1982) Thermoreceptor localization in the deep and surface skin layers. J Therm Biol 7:75–78
37. Jessen C (1985) Thermal afferents in the control of body temperature. Pharmacol Ther 28:107–134
38. Kelso SR, Boulant JA (1982) Effect of synaptic blockade on thermosensitive neurons in hypothalamic tissue slices. Am J Physiol 243:R480-R490
39. Kitzing J, Behling K, Bleichert A, Scarperi M, Scarperi S (1972) Antriebe und effektorische Maßnahmen der Thermoregulation bei Ruhe und während körperlicher Arbeit. I. Experimentelle Ergebnisse am Menschen. Int Z Angew Physiol 30:119–131
40. Kleiber M (1947) Body size and metabolic rate. Physiol Rev 27:511–541
41. Kluger MJ (1991) Fever: role of pyrogens and cryogens. Physiol Rev 71:93–127
42. McIntyre DA (1981) Design requirements for a comfortable environment. In: Cena K, Clark JA (eds) Bioengineering, thermal physiology and comfort. Elsevier, Amsterdam, pp 195–220
43. Nadel ER, Bullard RW, Stolwijk JAJ (1971) Importance of skin temperature in the regulation of sweating. J Appl Physiol 31:80–87
44. Nadel ER, Stolwijk JAJ (1973) Effect of skin wettedness on sweat gland response. J Appl Physiol 35:689–694
45. Nakayama T, Hammel HT, Hardy JD, Eisenman JS (1963) Thermal stimulation of electrical activity of single units of the preoptic region. Am J Physiol 204:1122–1126
46. Nielsen M (1970) Heat production and body temperature during rest and work. In: Hardy JD, Gagge PA, Stolwijk JAJ (eds) Physiological and behavioral temperature regulation. Thomas, Springfield, pp 205–214
47. Paton BC (1991) Accidental hypothermia. In: Schönbaum E, Lomax P (eds) Thermoregulation: pathology, pharmacology and therapy. Pergamon, New York, pp 397–454
48. Raynaud J, Matineaud JP, Durand J (1982) Heat adaptation in the tropics. In: Hildebrandt G, Hensel H (eds) Biological adaptation. Thieme, Stuttgart, pp 148–165
49. Roddie IC (1983) Circulation to skin and adipose tissue. In: Handbook of physiology, section 2: the cardiovascular system, vol 3: peripheral circulation, part 1. American Physiological Society, Bethesda, pp 285–318
50. Scarperi M, Scarperi S, Behling K, Bleichert A, Kitzing J (1972) Antriebe und effektorische Maßnahmen der Thermoregulation bei Ruhe und während körperlicher Arbeit. III. Über den Einfluß des Wasserhaushalts auf die Thermoregulation bei Ruhe und Arbeit. Int Z Angew Physiol 30:186–192
51. Schmidt TH (1972) Thermoregulatorische Größe in Abhängigkeit von Tageszeit und Menstruationszyklus. Inaugural-Dissertation (MPI für Verhaltensforschung Erling-Andechs), Universität München
52. Senay LC, Mitchell D, Wyndham CH (1976) Acclimatization in a hot humid environment: body fluid adjustments. J Appl Physiol 40:786–796
53. Simon E (1974) Temperature regulation: the spinal cord as a site of extrahypothalamic thermoregulatory functions. Rev Physiol Biochem Pharmacol 71:1–76
54. Simon E, Pierau F-K, Taylor DCM (1986) Central and peripheral thermal control of effectors in homeothermic temperature regulation. Physiol Rev 66:235–300
55. Smith RM, Hanna JM (1975) Skinfolds and resting heat loss in cold air and water: temperature equivalence. J Appl Physiol 39:93–102
56. Szekely M, Szelenyi Z (1982) The pathophysiology of fever in the neonate. In: Milton AS (ed) Pyretics and antipyretics. Springer, Berlin Heidelberg New York, pp 479–528
57. Taylor CA (1991) Surgical hypothermia. In: Schönbaum E, Lomax P (eds) Thermoregulation: pathology, pharmacology and therapy. Pergamon, New York, pp 363–396
58. Thauer R, Simon E (1972) Spinal cord and temperature regulation. In: Itoh S, Ogata K, Yoshimura H (eds) Advances in climatic physiology. Igaku Shoin, Tokyo / Springer, Berlin Heidelberg New York, pp 22–49
59. Wang LCH (1985) Life at low temperature: mammalian hibernation. Cryo Lett 6:257–274
60. Wenger CB, Roberts MF, Nadel ER, Stolwijk JAJ (1975) Thermoregulatory control of finger blood flow. J Appl Physiol 38:1078–1082
61. Wünnenberg W, Brück K (1970) Studies on the ascending pathways from the thermosensitive region of the spinal cord. Pflugers Arch Eur J Physiol 321:233–241
62. Wünnenberg W, Hardy JD (1972) Response of single units of the posterior hypothalamus to thermal stimulation. J Appl Physiol 33:547–552
63. Zeisberger E (1990) The role of septal peptides in thermoregulation and fever. In: Bligh J, Voigt K (eds) Thermoreception and temperature regulation. Springer, Berlin Heidelberg New York, pp 271–283
64. Zeisberger E, Merker G, Blähser S (1981) Fever response in the guinea pig before and after parturition. Brain Res 212:379–392

31 Arbeits- und Sportphysiologie

H.-V. Ulmer

EINLEITUNG Die Arbeitsphysiologie und ihr Teilgebiet Sportphysiologie sind Bereiche der Angewandten Physiologie mit engem Bezug zur Umweltphysiologie. Der Arbeitsphysiologe befaßt sich zunächst mit dem Einfluß körperlicher Arbeit auf den Menschen und seine Regulationssysteme. Dabei hat der energetische Aspekt körperlicher Arbeit jahrzehntelang im Blickpunkt der Arbeitsphysiologie gestanden. Es zeigt sich jedoch immer deutlicher, daß ein hoher Energieumsatz nicht die körperlichen Beschwerden des Schwerarbeiters verursacht; vielmehr lösen große Kräfte, Fehlmotorik und Zwangshaltungen am Arbeitsplatz die typischen Skelett- und Muskelbeschwerden aus.

Die stoffwechselabhängigen physiologischen Reaktionen auf körperliche Arbeit, so von Atmung, Herz, Kreislauf und Muskulatur, sind als typische Beanspruchungsparameter mit zahlreichen, methodisch ausgereiften Verfahren relativ einfach zu erfassen. Meßverfahren und Datenverarbeitung für den motorischen Aspekt körperlicher Arbeit sind dagegen rarer und wesentlich komplizierter. – An vielen modernen Arbeitsplätzen steht nicht mehr die körperliche, sondern die mentale Arbeit im Vordergrund. Diese ist im wesentlichen der Psychologie zuzuordnen, jedoch gibt es über die Sinnesphysiologie und die Psychophysiologie zahlreiche Berührungspunkte zwischen Arbeitspsychologie und Arbeitsphysiologie. Enge Beziehungen bestehen auch zur Ergonomie als Wissenschaft von der menschengerechten Arbeitsgestaltung. Hierbei geht es auch darum, die Wechselwirkungen zwischen Mensch und Arbeitsplatz (einschließlich Sportplatz) zu ermitteln, wobei fast alle Bereiche der Physiologie zu berücksichtigen sind.

31.1 Leistung und Leistungsfähigkeit

Leistung, Belastung und Beanspruchung sind Merkmale jeder menschlichen Aktivität

Definitionen. *Leistung* ist physikalisch definiert als Arbeit : Zeit bzw. Kraft · Weg : Zeit (Maßeinheit Watt). Unter *menschlicher Leistung* wird mehr verstanden, auch wenn diese bei körperlichen (physischen), geistigen (mentalen) oder künstlerisch-kreativen Leistungen stets an eine Aktivität der Skelettmuskeln gekoppelt ist: Ebenso wie der Künstler, der sein Werk mit den Händen erschafft, bedarf auch der Philosoph einer *muskulären Aktivität,* um seine Gedanken durch Sprechen oder Schreiben mitzuteilen. Die Kommunikation des Menschen hat in den letzten Jahren einen tiefgreifenden Wandel durch Computer erfahren, ähnlich dem nach Erfindung des Buchdrucks mit beweglichen Lettern durch Johannes Gutenberg. Maßgebliche Konsequenzen dieses Wandels ergeben sich auch für zahlreiche Arbeitsabläufe und Arbeitsplätze.

Die ***Leistung*** ist das Ergebnis einer *Aktivität zur Erfüllung einer Anforderung* selbst- oder fremdbestimmter Art. Sie ist daher *zielbezogen,* z. B. hinsichtlich ökonomischer, ökologischer oder emotionaler (Lustgewinn) Ziele. Gemäß dem Belastungs- Beanspruchungskonzept (Abb. 31–1) sind davon abzugrenzen:

- ***Belastung*** als vorgegebene, fremd- oder selbstbestimmte Anforderung (Aufgabe), die als solche wertfrei ist. Ob der Mensch sich einer Belastung stellt, hängt wesentlich von seinem Willen,

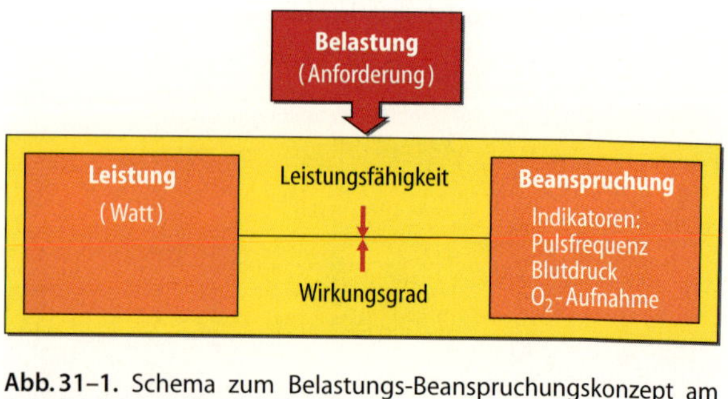

Abb. 31–1. Schema zum Belastungs-Beanspruchungskonzept am Beispiel dynamischer Arbeit. Belastung = vorgegebene Anforderung (Aufgabe); folgt ihr der Mensch, erbringt er eine Leistung, wobei er gleichzeitig in Abhängigkeit von Leistungsfähigkeit und Wirkungsgrad mehr oder weniger beansprucht wird

seiner Motivation und seiner Fähigkeit ab, die geforderte Leistung überhaupt zu erbringen.

- ***Beanspruchung*** als *individuelle Reaktion* des Organismus beim Erbringen einer Leistung, erkennbar an Veränderungen verschiedener Kenngrößen (z. B. Herzfrequenz, Atemzeitvolumen usw.) als Zeichen der physiologischen Beanspruchung. Da das Ausmaß einer Beanspruchung wesentlich von der *Leistungsfähigkeit* (s. u.) des Leistenden bestimmt wird, ist die Beanspruchung bei gleicher Leistung interindividuell sehr unterschiedlich.

Man unterscheidet *physische* und *psychische Belastungen* (Anforderungen) und sich daraus ergebende *physische* und *psychische Leistungen.* Die meisten Belastungen bzw. Leistungen beinhalten allerdings eine Kombination beider Komponenten, die sich nur mehr oder weniger willkürlich trennen lassen. ***Physische (körperliche) Arbeit*** wird unterteilt in ***dynamische Arbeit*** (auxotonische oder isotonische Muskelaktivität, Bewegungsarbeit) und ***statische Arbeit*** (isometrische Muskelaktivität, Halte- und Haltungsarbeit für die Körperhaltung). Weiterhin unterscheidet man zwischen *positiv-dynamischer Arbeit* (Muskel als „Motor") und *negativ-dynamischer* Arbeit (Muskel als „Bremse", z. B. beim Bergabgehen). Sind bei dynamischer Arbeit Kraft, Weg und Zeit bekannt, läßt sich daraus die *physikalische Leistung* berechnen; bei *isometrischer Haltearbeit* gilt das Produkt aus *Kraft·Zeit* als Maß der erbrachten Leistung.

Psychische Belastungen bzw. die entsprechenden Leistungen können von einer mehr *mentalen* oder mehr *emotionalen* Komponente bestimmt sein. Bei psychischen Leistungen mit überwiegend *mentaler* Komponente steht der Einsatz intellektueller Fähigkeiten im Vordergrund, u. a. bei Denk- und Konzentrationsaufgaben oder bei Überwachungstätigkeiten (so bei Fahrzeugführern oder auf Prüfständen). Psychische Leistungen mit überwiegend *emotionaler Komponente* gehen mit deutlichen Reaktionen des autonomen Nervensystems einher und wirken sich bevorzugt im Bereich der Stimmungslage aus (z. B. Verarbeiten von Freude, Ärger, Trauer).

Als ***sonstige Belastungen*** kommen in Frage: *Sensomotorische Anforderungen* (z. B. mikrochirurgische Eingriffe, Feinmontage); sie erfordern keine schwere Muskelarbeit, aber eine besondere Geschicklichkeit. *Kombinierte Anforderungen* und entsprechende Leistungen finden sich insbesondere im beruflichen Alltag, wobei die hier vorgestellte Einteilung eine differenzierte Betrachtung ermöglicht. Zu den physikalischen Umweltbelastungen s. S. 697 ff.

Die Leistungsfähigkeit ist ein individuelles Persönlichkeitsmerkmal; mit Leistungstests erfaßt man nur die aufgabenspezifische Leistungsfähigkeit

Leistungsfähigkeit. Darunter versteht man die *Fähigkeit zur Erfüllung einer bestimmten Aufgabe.* Diese Fähigkeit muß durch *Trainieren* (Üben) oder *Lernen* (auch motorisches Lernen) erworben und gefestigt werden. Lernen und Trainieren vermitteln nicht nur entsprechende Erfahrung, sondern führen auch zu jeweils spezifischen Anpassungen des Organismus; daher ist die in Beruf, Sport und Freizeit erworbene Leistungsfähigkeit stets eine *aufgabenspezifische.* Das Erbringen einer Leistung ist ein ausgesprochen komplexes Geschehen; die aktuelle Leistungsfähigkeit hängt von zahlreichen leistungsbestimmenden Einflußgrößen ab. Außer von den in Abb. 31–2 exemplarisch genannten Faktoren wird die *aktuelle Leistungsfähigkeit* auch von Alter, Geschlecht, Gesundheitszustand, Trainingszustand, Begabung und Umwelteinflüssen beeinflußt. Zu den leistungsrelevanten Umwelteinflüssen gehören u. a. Klima, Tageszeit, Umgebungsdruck und Lärm.

Messung der Leistungsfähigkeit (Ergometrie). An Ergometern werden definierte Belastungen vorgegeben und die erbrachten Leistungen (in Watt) gemessen [14, 22]. Trotz des Einsatzes verschiedenster Ergometerarten, wie Fahrrad-, Laufband-, Ruder- oder Schwimmergometer, kann aus der gemessenen Leistung letztlich nur auf die aufgabenspezifische, also *ergometrische Leistungsfähigkeit* geschlossen werden; diese ist nur bedingt auf Leistungen am Arbeitsplatz oder auf dem Sportplatz übertragbar. Häufig werden bei ergometrischen Untersuchungen auch physiologische Beanspruchungsreaktionen miterfaßt (z. B. Herzfrequenz, Blutdruck, O_2-Aufnahme, Ventilation oder Laktatkonzentration, S. 677 ff), die Rückschlüsse 1. auf die Leistungsfähigkeit und damit den Anpassungsgrad der entsprechenden Funktionssysteme und 2. auch auf Krankheiten (z. B. Ergo-EKG [7]) ermöglichen.

Leistungsfähigkeit von Erkrankten. Kranke können im Vergleich zum Durchschnitt normale, erhöhte oder verminderte Leistungsfähigkeiten aufweisen. Insofern sollte Kranken nicht pauschal von körperlicher Arbeit oder Sport abgeraten werden. Allerdings ist im Einzelfall das Risiko abzuwägen, so hinsichtlich des Herzens oder einer zu erwartenden Verschlimmerung von Wirbelsäulen- oder Gelenkbeschwerden durch falsche körperliche Aktivitäten. Leistungsfähigkeit ist nicht mit Belastbarkeit gleichzusetzen; unter ***Belastbarkeit*** versteht man *diejenige Leistung, bis zu der ein Mensch ohne gesundheitliches Risiko belastet werden kann.*

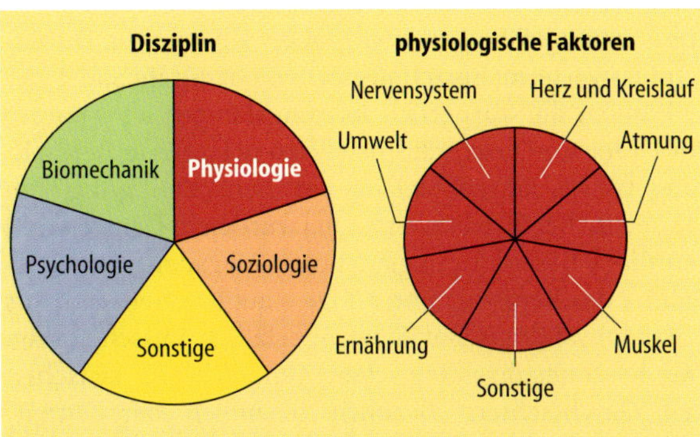

Abb. 31–2. Zum „Mosaik" leistungsrelevanter Disziplinen und Faktoren nur exemplarisch

Häufig wird der Eindruck erweckt, daß gezielte sportliche Aktivität generell gesund sei. Dies trifft meistens nur solange zu, wie eine Steigerung des Wohlbefindens nicht durch Unfälle oder chronische Sportschäden beeinträchtigt wird. Gesundheit hat nämlich mehrere, potentiell durchaus auch konkurrierende Aspekte, die u.a. in die Definition der Weltgesundheitsorganisation (WHO) eingeflossen sind: *„Gesundheit ist ein Zustand des vollständigen körperlichen, geistig-seelischen und sozialen Wohlbefindens, der nicht lediglich durch Abwesenheit von Krankheit und Schwäche zu erreichen ist."* Sport ist daher keineswegs pauschal die „beste Medizin"; das zeigen schon die zahlreichen Sportunfälle, in Deutschland jährlich insgesamt schon mehr Sport- als Arbeitsunfälle und ca. 500 kardial bedingte Todesfälle durch Sport (Bundesrepublik, 1988, [56]). In der ***Rehabilitation*** von Patienten mit motorischen Störungen infolge von Läsionen des Nerven-, Skelett- und Muskelsystems wird gezielte körperliche Aktivität allerdings mit großem Erfolg eingesetzt, ebenso bei der ***Therapie*** bestimmter Erkrankungen (z.B. Claudicatio intermittens). Häufig ist der Effekt sportlicher Aktivitäten auch durch positive Auswirkungen auf die Psyche des Patienten bedingt, z.B. nach Herzinfarkt oder in der Krebsnachsorge. Das gilt insbesondere für Menschen mit dem Bedürfnis nach körperlicher Bewegung, ähnlich dem Bedürfnis anderer Menschen, ein Buch zu lesen oder ein Konzert zu besuchen. Was jedoch an sportlicher Aktivität für Therapie und Rehabilitation im Einzelfall sehr sinnvoll sein kann, muß deshalb noch lange nicht vorbeugend (präventiv) wirksam sein.

Der ***Bewegungsmangel*** führt zwar zu einer Abnahme der Leistungsfähigkeit für körperliche Arbeiten, macht aber deshalb noch lange nicht krank. Leistungsfähigkeit und Gesundheit korrelieren nämlich nur bedingt miteinander; dies gilt für die Folgen von Bewegungsmangel genauso wie für diejenigen vermehrter körperlicher Aktivität. Die weitgehende Reduzierung körperlicher Schwerarbeit im beruflichen Alltag ist aus Sicht von Arbeitnehmern *und* Arbeitgebern ein Segen, erkennbar auch an einem deutlichen Rückgang entsprechender Berufskrankheiten. Körperliche Schwerarbeit mit hohem Kraftaufwand findet man u.a. noch in der Krankenpflege sowie im Bau- und Transportgewerbe; typische Folgen sind Verschleißkrankheiten von Wirbelsäule und Gelenken. *Präventivmedizinische* Aufgabe von Werk- und Sportärzten ist es somit, solchen Schäden durch Beratung und weitere Maßnahmen der Schaden- und Unfallverhütung entgegenzuwirken.

Leistungsfähigkeit und Geschlecht. Die damit zusammenhängenden Fragen sind von enormer sozialpolitischer Bedeutung, z.B. hinsichtlich Verboten bestimmter Tätigkeiten für Frauen. Die angeblich geringere körperliche Leistungsfähigkeit von Frauen gilt nur für Durchschnittswerte; im Einzelfall gibt es nicht nur im Sport viele Frauen, die körperlich leistungsfähiger als Männer sind. Eine an Durchschnittswerten orientierte Betrachtung führte jahrzehntelang zur Benachteiligung von Frauen im Berufsleben. Erst 1994 wurden in Deutschland sämtliche Beschäftigungsverbote für Frauen – mit Ausnahme des Bergbaus unter Tage – aufgehoben, eine aus arbeitsphysiologischer Sicht überfällige Entscheidung. Die leistungsphysiologischen Unterschiede zwischen den Geschlechtern beruhen bezüglich der Durchschnittswerte beispielsweise auf der geringeren Körperhöhe von Frauen und somit einer geringeren absoluten Muskelmasse im Vergleich zu Männern. Aber auch die relative (körpergewichtsbezogene) Muskelmasse ist bei Frauen aufgrund ihres höheren Körperfettanteils erniedrigt. Pauschales Handhaben solcher Durchschnittswerte bei berufsbezogenen *Einzelfallentscheidungen* läßt sich damit jedoch nicht rechtfertigen. Hinsichtlich der *Belastbarkeit* (s. S. 673), also der gesundheitlichen Zuträglichkeit bestimmter beruflicher Tätigkeiten, könnte es allerdings geschlechtsspezifische, relevante Unterschiede – speziell hinsichtlich der Beckenorgane – geben.

Hinsichtlich des ***Menstruationszyklus*** besteht entgegen immer noch vertretener Meinung kein systematischer Einfluß auf die Leistungsfähigkeit. In Sport und Beruf hat sich gezeigt, daß im Einzelfall auftretende Änderungen der Leistungsfähigkeit keinen bestimmten Zyklusphasen zuzuordnen sind. Sportliche Höchstleistungen hat es während jeder Zyklusphase gegeben. Auch bei Aufmerksamkeitsleistungen, wie beim Führen von Fahrzeugen, sind pauschale Bedenken wegen des Menstruationszyklus unbegründet.

!

Menschliche Leistung, immer mit Aktivitäten der Skelettmuskulatur verknüpft, ist mehr als physikalische Leistung. Dabei unterscheidet man u.a. zwischen physischer Arbeit (positiv bzw. negativ dynamisch, statisch) und psychischer Arbeit (mental, emotional). Die individuelle Beanspruchung hängt nicht nur von der Belastung (Anforderung), sondern auch von der individuellen Leistungsfähigkeit ab.

Die Leistungsfähigkeit zur Erfüllung einer bestimmten Aufgabe wird von zahlreichen Einflußgrößen bestimmt. Mit Ergometern mißt man die *ergometrische* Leistungsfähigkeit, die nur bedingt auf die Situation am Arbeitsplatz und auf dem Sportplatz übertragbar ist. Kranken sollte pauschal weder von körperlichen Aktivitäten abgeraten, noch zugeraten werden; sinnvoll ist der gezielte Einsatz spezieller Aktivitäten in der Rehabilitation und in der Therapie. Bewegungsmangel führt zwar zur Abnahme körperlicher Leistungsfähigkeiten, macht aber deshalb nicht krank: Leistungsfähigkeit und Gesundheit korrelieren nur bedingt miteinander. Auch wenn im Durchschnitt die körperliche Leistungsfähigkeit von Frauen geringer als die von Männern ist, rechtfertigt dies im Einzelfall kein Verbot bestimmter Tätigkeiten für Frauen; dies gilt auch hinsichtlich des Menstruationszyklus.

31.2 Koordination bei dynamischer und statischer Arbeit

Koordination beruht auf einem harmonischen zeitlich-räumlichen Zusammenwirken („Zusammenordnen") des Nerv-Muskelsystems

Motorische Steuerung. Diese betrifft den efferenten Teil der Motorik; innerhalb des ZNS werden zielgerechte Nervenimpulse generiert und dann zu den Muskeln weitergeleitet, so daß biomechanisch die richtigen Muskeln mit der richtigen Intensität zum richtigen Zeitpunkt und in der richtigen zeitlichen Abfolge aktiviert werden. Nur dadurch entsteht eine Motorik als *Gesamtheit aller Muskelaktivitäten.* Koordinierte (d.h. „zusammengeordnete") Bewegungen sind zielgerecht, flüssig, harmonisch und ökonomisch hinsichtlich des Ausschlusses nichtbenötigter Muskelaktivitäten, also von Mitbewegungen. Dieser motorische Ablauf muß erlernt werden (*motorisches Lernen* s. S. 692), wobei mit fortschreitendem Lernprozeß eine zunehmende Automation erreicht wird.

Sensomotorik. Erst die *sensorisch rückgekoppelte* Motorik ermöglicht das Generieren optimal koordinierter Programme für die motorische *Steuerung* [11, 48]. Störungen der Motorik, z. B. durch Krankheiten, betreffen nicht nur den efferenten Teil des motorischen Regelsystems, also die motorische Steuerung, sondern auch den afferenten Teil, also den Bereich der Wahrnehmungen aus der Körperperipherie und der Umwelt. Diese *sensorischen Rückmeldungen* signalisieren einmal die *Innensicht* des Körpers, z. B. die räumliche Zuordnung der Extremitäten: auch mit geschlossenen Augen weiß ein Mensch, wo sich seine Hände gerade befinden. Zum anderen signalisieren sie aber auch die *Außensicht,* die für das richtige „Im-Raum-Bewegen" nötig ist. Diese Rückmeldungen werden nicht nur für das *Erstellen* von Bewegungsprogrammen benötigt, sondern auch für den rechtzeitigen Abruf bereits bekannter Bewegungsprogramme aus dem Bewegungsgedächtnis, für notwendige *Korrekturen* während der Bewegungsausführung sowie für die Gleichgewichtsmotorik.

Haltung und Bewegung. Beide bedingen sich gegenseitig bei der Ausführung koordinierter Bewegungen [3, 11]. Die *Haltungsmotorik* mit isometrischer Muskelaktivität beinhaltet zunächst das ständige Ringen des zweibeinigen Menschen mit der Schwerkraft. Die Körperhaltung bildet aber auch die Basis für jede Bewegungs-Zielmotorik; insofern muß sie stabil und bei Körperbewegungen zumindest kalkulierbar sein. Beim Bewegen des Arms nach vorn wird der Körperschwerpunkt verlagert: Würde man dann eine schwere Last in die vorgestreckte Hand legen, fiele der Mensch wie eine Schaufensterpuppe um, wenn die Haltungsmotorik nicht *rechtzeitig* darauf abgestimmt wird.

Kontrollierte und ballistische Bewegungsprogramme. Kontrollierte Bewegungsprogramme können während der Ausführung noch *korrigiert* werden, ballistische dagegen nicht, sie laufen zu schnell ab [11]. Eine Korrektur durch sensomotorische Rückkopplung setzt nämlich voraus, daß die Bewegung nicht zu schnell ausgeführt wird. Je schneller die Bewegungsausführung, desto mehr wird die rückgekoppelte sensomotorische Regelung zeitlich überfordert; die Bewegungsprogramme müssen dann fast perfekt ausgearbeitet und „abgeschossen" werden; sie nehmen dann ihren Lauf nach biomechanischen Gesetzen, ähnlich dem ballistischen Flug einer ausgebrannten Rakete. Bedenkt man die Abfluggeschwindigkeit eines Speers oder Handballs von über 100 km/h, dann wird deutlich, daß während einer Wurfbewegung mit Zeitspannen unter 200 ms kaum noch Korrekturen möglich sind.

Intra- und intermuskuläre Koordination. Die intramuskuläre Koordination der motorischen Einheiten eines Muskels bezieht sich zunächst auf die Abstufung der Kontraktionsintensität bei explosionsartigen, kurzzeitigen Bewegungen, aber auch auf den zeitlich präzisen Beginn bei Aktivierung der motorischen Einheiten. Bei der *intermuskulären* Koordination geht es einmal um die zeitgleiche Aktivierung der Synergisten bei gleichzeitiger Hemmung der Antagonisten, dann aber auch um die zeitliche Abfolge der Aktivierung verschiedener Muskeln während eines Bewegungsablaufs. Werden für eine Bewegung biomechanisch nicht benötigte Muskeln aktiviert, entstehen überflüssige *Mitbewegungen.* Werden die Antagonisten in ihrem Grundtonus nicht adäquat gehemmt, müssen sie vom Synergisten noch zusätzlich zur äußeren Arbeit aktiv gedehnt werden. Unnötige Mitbewegungen und mangelnde Hemmung der Antagonisten sind typisch für die Motorik von Anfängern; sie stören nicht nur den Bewegungsablauf, sondern bewirken auch eine schlechte *Bewegungsökonomie.*

Die Antizipation ist neben der Rückmeldung Voraussetzung für koordinierte Bewegungen; bei ermüdender Arbeit wird auch der Erschöpfungszeitpunkt antizipiert

Zielmotorik (s. S. 105). Beim Ergreifen eines Gegenstands oder bei Ausführen eines Zielwurfs liegt eine einmalige Aktion vor. *Bewegungszyklen* entstehen durch repetitive Wiederholungen. Das rasche, zielgerechte Ausführen bedarf in beiden Fällen der sensorischen Rückmeldung über die Ausgangslage der Körperstellung und einer *Vorerfahrung.* Hierzu gehört auch die Vorwegnahme ***(Antizipation)*** von zu erwartenden Schwerpunktverlagerungen oder von Rückstoß- bzw. Gegenkräften sowohl hinsichtlich Größenordnung und Richtung, als auch hinsichtlich des Zeitpunkts. Beim Treppabgehen antizipiert man aus der Höhe der zurückgelegten Stufen die Höhe der nachfolgenden. Weist eine nachfolgende Stufe eine andere Höhe auf, *vertritt* man sich. Das *Verhebetrauma* ist eine typische Folge falscher Antizipation, so bei Ladearbeitern auf Flugplätzen. Deshalb wird versucht, durch große Aufkleber mit Gewichtsangaben eine adäquate Antizipation zu erreichen. Unter dem Aspekt der Vorerfahrung gelingt es z. B. auch einem Springer, den Landezeitpunkt zu antizipieren. Dadurch kann die Bremsmuskulatur vor dem Bodenkontakt und somit rechtzeitig für eine weiche Landung aktiviert werden (Abb. 31-3). Die Antizipation ist also wesentlicher Bestandteil des motorischen Lernens (s. S. 692) und damit Grundlage jeder erfolgreichen Zielmotorik.

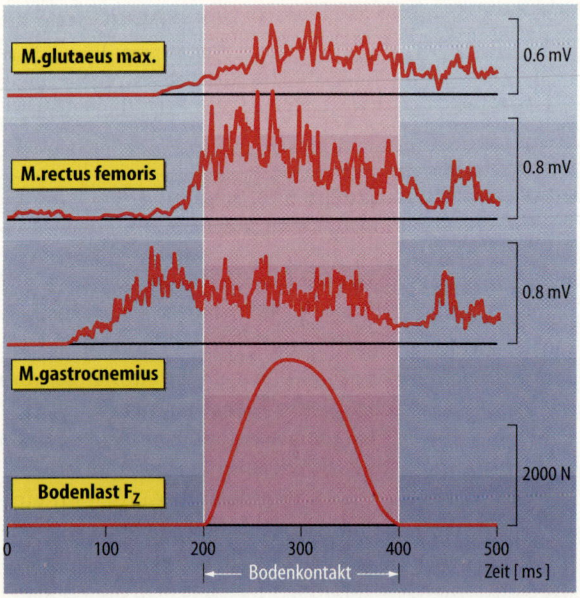

Abb. 31–3. Zur Antizipation der Muskelaktivierung *vor* einer Landung (Bodenkontakt mit den Füßen). Das registrierte integrierte EMG zeigt, daß der M. gastrocnemius bereits um mehr als 100 ms vor der Landung (zum Zeitpunkt 200 ms) stark aktiviert wird, etwas später und nicht so stark folgt der M. rectus femoris und schließlich erst kurz vor Bodenkontakt der M. glutaeus maximus. Die vertikale Bodenbelastung F_Z steigt bei der Landung auf 3400 N an und geht nach erneutem Hochspringen auf 0 zurück, die Beinmuskulatur arbeitet dabei in einem Dehnungs-Verkürzungs-Zyklus. Nach [8]

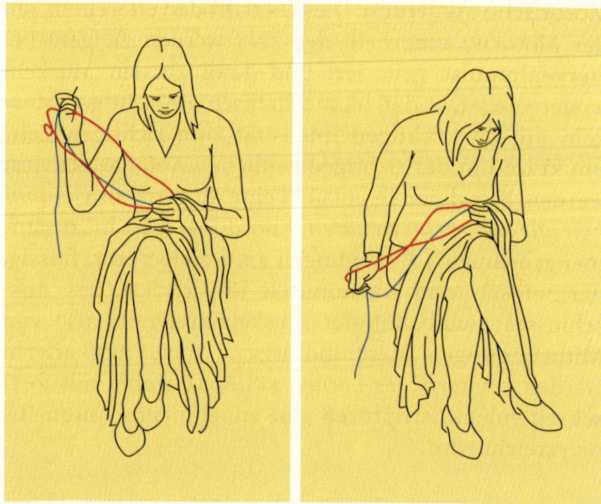

Abb. 31–4. Typische Körperhaltung bei Ermüdung (rechts): Kopf und Rumpf fallen nach vorn, die Arme sinken herab. Die Bewegung des rechten Kleinfingers ist an einer Lichtspurkurve (Zyklophotogramm) zu erkennen. Nach [27]

Zielantizipation. Bei körperlichen und sportlichen Schwerarbeiten mit hohem Kraftaufwand oder hohem Energieumsatz verfügt der Erfahrene über eine besondere Fähigkeit zur Antizipation von zeitlichen oder räumlichen Zielen, so beim 5000-m-Lauf. Je nach geforderter Leistung und aktueller Leistungsfähigkeit kann dabei der Leistungseinsatz zielgerecht auf den Erschöpfungszeitpunkt abgestimmt werden: Durch eine Balance zwischen Anstrengung, Zielvorgaben und Leistungsreserven tritt Erschöpfung meist erst mit Erreichen des Ziels ein. Ähnliches gilt für Saisonarbeit (z. B. Erntearbeit) und andere termingebundene Arbeiten [58]. Viele berufliche Tätigkeiten beinhalten einen Wechsel zwischen ermüdender und nichtermüdender körperlicher Arbeit, wobei der Leistungseinsatz meist so gut eingeteilt wird, daß Erschöpfungszustände nur selten auftreten. Normalerweise gelingt es also dem Menschen, seine Leistungsreserven optimal auszunutzen. Über die efferenten Nervenbahnen wird den Muskeln dabei nicht nur das zeitlich-räumliche Bewegungs- und Haltungsprogramm vorgegeben, sondern auch das Ausmaß ihrer metabolischen Aktivität. Offensichtlich ist der Mensch aufgrund von Erfahrung – auch Alltagserfahrung – in der Lage, über eine *rückgekoppelte Verhaltensregulation* das Ausmaß seiner metabolischen Muskelaktivität im Sinne einer *Zielantizipation* [59] sinnvoll auf ein räumliches oder zeitliches Ziel abzustimmen. Betrachtungen dieser Art führten zu der Hypothese, daß der Mensch über einen *Regelmechanismus zur Einteilung des Leistungseinsatzes* verfügt, wobei auch das *Anstrengungsempfinden*, z. B. auf der Basis von Rückmeldungen aus der arbeitenden Muskulatur, sinnvoll verrechnet wird.

Ermüdung ist nicht nur metabolisch bedingt, sondern äußert sich auch in Koordinationsstörungen, Tremor und Haltungsverfall

Ermüdung. Anhaltende Schwerarbeit führt nicht nur zu metabolisch bedingter Ermüdung (s. S. 687 ff), sondern auch zu typischen Ermüdungserscheinungen im Bereich der Motorik. Gegen Ende einer erschöpfenden dynamischen Arbeit treten Koordinationsstörungen auf: die Präzision zyklisch wiederkehrender Bewegungen nimmt deutlich ab, der Bewegungsablauf ähnelt demjenigen von Anfängern (Abb. 31–21, S. 692). Gegen Ende einer erschöpfenden statischen Arbeit tritt ***Tremor*** (Muskelzittern) auf. Ermüdung der Haltungsmotorik äußert sich u. a. in einem Nachvornefallen des Rumpfes und dem Hängenlassen der Schultern (Abb. 31–4). Im Anschluß an ermüdende bzw. erschöpfende Arbeit ist die Feinmotorik oft über Stunden beeinträchtigt, was sich auf verschiedenste Tätigkeiten besonders nachteilig auswirken kann (so bei Musikern, Mikrochirurgen oder Zahnärzten).

!

Die Motorik für Haltung und Bewegung beruht auf Programmen, mit denen die Skelettmuskulatur angesteuert wird. Durch sensorische Rückmeldungen wird diese motorische Steuerung zum sensomotorischen Regelkreis, speziell für statische und langsame dynamische Muskelaktivitäten. Kontrollierte Bewegungsprogramme für langsame Tätigkeiten können noch während der Ausführung auf der Basis von Rückmeldungen korrigiert werden; dies gelingt nicht bei der Ausführung schneller, ballistischer Bewegungsprogramme. Inter- und intramuskuläre Koordination sind maßgeblich für einen Bewegungserfolg; je besser die Koordination, desto besser ist auch die Bewegungsökonomie. Die Koordination wird auch durch die Antizipation – also die Vorwegnahme von für die Motorik relevanten Ereignissen in Kombination mit Vorerfahrungen – verbessert. Zur optimalen Einteilung der Leistungsreserven trägt auch die Fähigkeit bei, den Leistungseinsatz im Hinblick auf ein Ziel optimal einzuteilen (Zielantizipation). Muskuläre Ermüdung beeinträchtigt die Koordination bei dynamischer und statischer Arbeit erheblich; dies ist besonders für Präzisionsarbeiten nachteilig.

31.3 Dynamische Arbeit

Während dynamischer Arbeit ändern sich zahlreiche physiologische Parameter

Beanspruchungskriterien. Während dynamischer Arbeit ändern sich verschiedene physiologische Parameter, die mit physiologischen Meßverfahren objektiv erfaßt werden können und die häufig als typische physiologische Beanspruchungskriterien auch die Leistungsfähigkeit des jeweiligen Funktionssystems charakterisieren. Die maximale Sauerstoffaufnahme (s. S. 694) und definierte Blutlaktatkonzentrationen (s. S. 694) wurden daher als Bruttokriterium der Ausdauer-Leistungsfähigkeit [13, 14] bezeichnet. Beide Beanspruchungsparameter hängen funktionell mit einem gesteigerten muskulären *Energieumsatz* zusammen, der zwar für das Leisten bei beruflichen und sportlichen Aktivitäten *notwendig*, aber allein *nicht hinreichend* ist: Optimale Leistungen erfordern neben einem adäquaten Metabolismus auch eine optimale *Motorik*, so hinsichtlich der intra- und intermuskulären Koordination (s. S. 675).

Dynamische Arbeit mit hohem Energieumsatz wird seit Jahrzehnten als ***Schwerarbeit*** bezeichnet. Da aus ärztlicher Sicht der motorisch-biomechanische Aspekt hinsichtlich arbeitsbedingter Störungen bzw. Erkrankungen viel wichtiger ist, sollte man zwischen Schwerarbeit aus *energetischer* und Schwerarbeit aus *motorisch-biomechanischer* Sicht unterscheiden (s. S. 689). Der motorisch-biomechanische Anteil ist allerdings häufig nur durch Beobachten zu erfassen und damit meßtechnisch viel schwieriger zugänglich als physiologische Kenngrößen wie Herzfrequenz, Sauerstoffaufnahme und Laktatkonzentration.

Die Umstellungsreaktionen von Herz und Kreislauf gestatten eine Unterteilung in nicht-ermüdende und ermüdende Arbeit

Herz und Kreislauf. Während dynamischer Arbeit wird in Abhängigkeit von der Arbeitsintensität der Sympathikus aktiviert (s. S. 548). Daraus ergeben sich insbesondere deutliche Umstellungsreaktionen von Herz und Kreislauf. Aus energetischer Sicht leichte dynamische Arbeit mit konstanter Leistung führt innerhalb der ersten 5 min zum Anstieg der ***Herzfrequenz*** bis auf einen *Plateauwert* (Steady state), der dann, auch über mehrere Stunden, bis zum Arbeitsende beibehalten wird (Abb. 31–5). Bei aus energetischer Sicht schwerer Arbeit mit konstanter Leistung zeigt die Herzfrequenz kein Steady-state-Verhalten, sondern einen *Ermüdungsanstieg;* sie nimmt bis zu einem individuellen Höchstwert zu und kann dann bei entsprechender Anstrengung für wenige Minuten in ein Plateau („leveling off") übergehen, bis schließlich der erschöpfungsbedingte Arbeitsabbruch eintritt. Dieses typische Verhalten der Herzfrequenz wurde in Versuchen mit einer Dauer bis zu 8 h nachgewiesen [54]. Somit lassen sich, u. a. in Abhängigkeit von der Herzfrequenz, *zwei* Formen der Arbeit unterscheiden:

- ***nichtermüdende Arbeit:*** Steady state; Herzfrequenz bis ca. 130 /min;
- ***ermüdende Arbeit:*** Ermüdungsanstieg bis zur maximalen Herzfrequenz (min^{-1}) von ca. 220 minus Lebensalter.

Die ***Herzfrequenz*** kehrt nach *nichtermüdender Arbeit* innerhalb von 3–5 Minuten auf den Ausgangswert zurück; nach *ermüdender Arbeit* ist die ***Erholungszeit*** (Zeit bis zum Erreichen des Ausgangswerts) erheblich verlängert, nach erschöpfender Arbeit bis zu mehreren Stunden. Die Anzahl derjenigen Pulse, die in der Erholungsphase über dem Ausgangswert liegen, wird als ***Erholungspulssumme*** bezeichnet; sie ist ein Maß für die *muskuläre* Ermüdung.

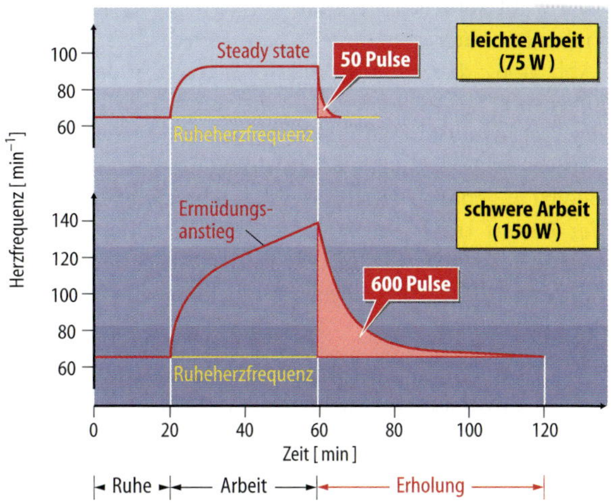

Abb. 31–5. Verhalten der Herzfrequenz bei Probanden durchschnittlicher Leistungsfähigkeit während leichter und schwerer dynamischer Arbeit mit konstanter Leistung. *Rot:* Erholungspulssumme. In Anlehnung an [54]

Während dynamischer Arbeit verhalten sich *Herzfrequenz* und *Sauerstoffaufnahme* weitgehend *proportional* zueinander. Dieser enge Zusammenhang läßt sich mit folgender Hypothese erklären [33]: *Muskelrezeptoren,* die nicht mit den Muskelspindeln identisch sind, informieren das Kreislaufzentrum über die jeweilige *Stoffwechselaktivität* in der arbeitenden Muskulatur. Dadurch kann neben der multifaktoriellen Anpassung der lokalen Muskeldurchblutung (S. 533) auch das Herzzeitvolumen an den jeweiligen Bedarf *angepaßt* werden, wobei sich Herzzeitvolumen und Herzfrequenz weitgehend proportional zueinander verhalten. Die postulierten Muskelrezeptoren konnten zwar bis heute morphologisch noch nicht nachgewiesen werden, jedoch gibt es zahlreiche funktionelle Hinweise auf ihr Vorhandensein. Die Steilheit der Sauerstoffverbrauch-Herzfrequenz-Kennlinie ist von Mensch zu Mensch sehr verschieden; sie wird zudem von statischer Arbeit, mentalen und emotionalen Aktivitäten sowie vom Klima beeinflußt.

Das ***Schlagvolumen*** des Herzens steigt zu Beginn einer dynamischen Arbeit lediglich um 20–30 % an und bleibt dann ab einer Sauerstoffaufnahme von ca. 1 l/min weitgehend *konstant;* daher verhalten sich Herzzeitvolumen und Herzfrequenz während Arbeit beim gesunden Nichtsportler und beim Sportler mit Sportlerherz (s. S. 691) fast proportional zueinander.

Der ***arterielle Blutdruck*** ändert sich bei dynamischer Arbeit in Abhängigkeit von der Leistung. Der *systolische* Blutdruck nimmt fast proportional zur Leistung zu; bei 200 W wird im Durchschnitt ein Wert von etwa 220 mm Hg (29 kPa) erreicht. Der *diastolische* Blutdruck ändert sich nur geringfügig; oft fällt er ab. Als obere Grenzwerte für einen normalen Blutdruck gelten bei der Fahrradergometrie (100 W) im Sitzen 200/100 mm Hg, im Liegen 210/105 mm Hg (RR-Methode, s. S. 557, [7]). Im *Niederdrucksystem* (z. B. im rechten Vorhof) erhöht sich der Blutdruck bei Arbeit nur wenig; nimmt er deutlich zu, ist dies pathologisch (so bei der Herzinsuffizienz).

Die ***Muskeldurchblutung*** beträgt in Ruhe 20–40 ml · kg^{-1} · min^{-1}; bei intensiver dynamischer Arbeit steigt sie deutlich an. Untrainierte erreichen Höchstwerte von 1,3 l · kg^{-1} ·min^{-1}, Ausdauertrainierte sogar von 1,8 l · kg^{-1} · min^{-1}. Diese Mehrdurchblutung stellt sich nicht sofort mit Beginn der Arbeit ein. Es bedarf vielmehr einer Anlaufzeit von mindestens 20–30 s (Abb. 31–6); dabei nimmt die Kontaktzeit in den Kapillaren von etwa 1 s auf etwa 200 ms ab, ohne daß dadurch der Gasaustausch beeinträchtigt wird. Bei nichtermüdender Arbeit ist nach 20–30 s die Durchblutung dem Bedarf angepaßt; bei ermüdender Arbeit hingegen wird der Bedarf trotz Umverteilung der Durchblutung zugunsten der arbeitenden Muskeln nicht gedeckt, weshalb ein Teil der Energiegewinnung anaerob erfolgt.

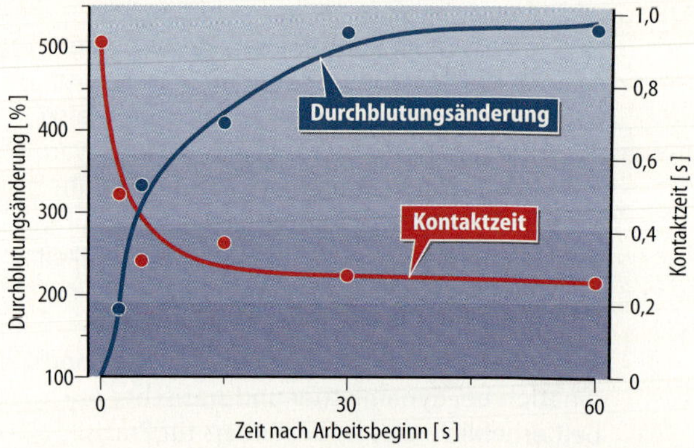

Abb. 31–6. Zunahme der Durchblutung und Abnahme der Kontaktzeit in den Muskelkapillaren zu Beginn einer ermüdenden Muskelaktivität mit ca. 70 % der maximalen Sauerstoffaufnahme (M. gracilis des Hundes). Am Ende der 3., nicht eingezeichneten, Minute war die Muskeldurchblutung weiter auf 685 % angestiegen und die Kontaktzeit geringfügig auf 216 ms abgefallen. Nach [46]

Bei dynamischer Arbeit treten deutliche Umstellungen im Stoffwechsel auf

Energieumsatz. Bei dynamischer Arbeit steigt mit zunehmender Intensität der *Arbeitsumsatz* (Gesamt-Energieumsatz während Arbeit) annähernd *proportional* zur abgegebenen Leistung an. Dies gilt jedoch nur, solange Art und Ablauf der Bewegung gleichbleiben; anderenfalls ändert sich der *Wirkungsgrad* (s. S. 641) und damit der Energieumsatz pro abgegebener physikalischer Leistungseinheit. Für den isolierten Muskel beträgt der Wirkungsgrad bis zu 35 % und für den Gesamtorganismus im günstigsten Fall 25 %, so beim Treppensteigen oder Radfahren. Bei den meisten Arbeitsformen liegt der Wirkungsgrad unter 10 %.

Mit der indirekten Energieumsatzbestimmung (s. S. 644 f) wird nur der *aerobe* Stoffwechsel erfaßt. Zu Beginn einer Arbeit bedarf die aerobe Energiebereitstellung einer Anlaufzeit, die zunächst für etwa 20 s durch anaerobe Energiereserven (Kreatinphosphat) überbrückt wird (*alaktazid – anaerob*). Nach deutlicher Abnahme der Kreatinphosphat-Vorräte wird die Energie durch anaeroben Abbau der *Glukose* (*laktazid-anaerob*) bereitgestellt, bis nach etwa 1–2 min die Anlaufzeit für den aeroben Glukoseabbau (*alaktazid – aerob*) weitgehend abgeschlossen ist (Abb. 31–7). Bei aus energetischer Sicht leichter Arbeit befinden sich dann Sauerstoffbedarf und -zufuhr im Gleichgewicht, wobei der Muskel *Glukose* und *Fettsäuren* utilisiert. Bei aus energetischer Sicht schwerer Arbeit wird infolge einer den Bedarf nicht ganz deckenden Sauerstoffzufuhr ein mehr oder weniger geringer Anteil der Nutzenergie weiterhin anaerob unter Milchsäurebildung gewonnen (aerob *und* laktazid). Zu den Energiereserven s. Tabelle 31–1.

Häufig wird Arbeit hoher Intensität *mit Laktatproduktion* als sog. „anaerobe Arbeit“ bezeichnet. Eine weitgehend anaerobe Energiebereitstellung findet jedoch nur bei kurzzeitigen Muskelaktivitäten von *wenigen Sekunden* Dauer statt (Abb. 31–7). Schon nach 20 s kann der Sauerstoffverbrauch des Muskels auf das 10 fache anstei-

Tabelle 31–1. Energiereserven eines 75 kg schweren Menschen in KJ. Nach [1]

ATP	4	Glykogen	4 600
KrP	15	Fette	300 000

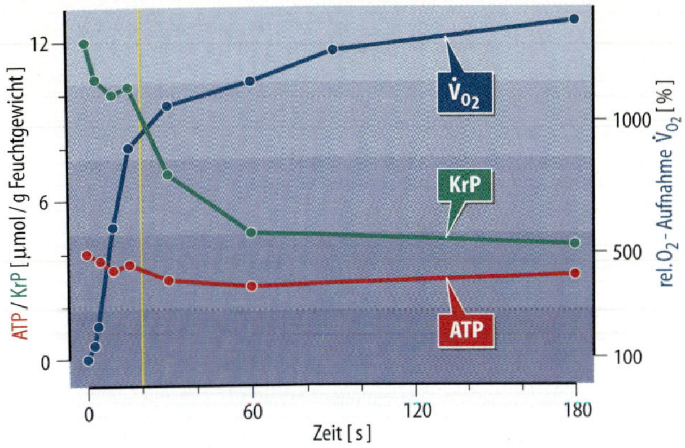

Abb. 31–7. Einstellverhalten der energieliefernden Prozesse bei ermüdender Muskeltätigkeit mit ca. 70 % der maximalen Sauerstoffaufnahme (M. gracilis des Hundes). Zu Beginn wird das verbrauchte ATP sofort über den Vorrat an Kreatinphosphat regeneriert, so daß der ATP-Gehalt weitgehend konstant bleibt. Die anschließende anaerobe Glykolyse mit Laktatproduktion (nicht eingezeichnet) erreicht nach ca. 45 s ihr Maximum, während die aerobe Energiebereitstellung bis zur 3. Minute weiter ansteigt. Nach Werten von [41]

gen; *auch bei hoher Arbeitsintensität liegt somit ein beträchtlicher Anteil aerober Energiebereitstellung vor.* Bei einer kurzen Fahrradergometrie-Arbeit (2,6 min, 400 W) verteilte sich die Energiebereitstellung wie folgt [1]: aerob 160 kJ, anaerob 135 kJ (≈ 46 % des Gesamtumsatzes). Je länger die Arbeitszeit, desto geringer wird selbst bei erschöpfender Arbeit der anaerobe Anteil an der ATP-Regenerierung; bei mehr als 6minütiger Arbeit liegt er unter 10 %.

Sauerstoffaufnahme. Bei dynamischer Arbeit steigt die ***Sauerstoffaufnahme*** (Gl. 4, s. S. 646) des Organismus ($\dot{V}_{O_2}$) in Abhängigkeit von der Beanspruchung, also je nach Leistungsintensität und Wirkungsgrad, an. Bei *nichtermüdender Arbeit* wird ein Gleichgewichtszustand *(Steady state)* zwischen Sauerstoffbedarf und Sauerstoffaufnahme erreicht, allerdings erst nach 3–5 min, da Muskelstoffwechsel und -durchblutung nicht sofort dem erhöhten Bedarf angepaßt sind. Während *ermüdender Arbeit* stellt sich auch bei konstanter Leistung *kein Gleichgewicht* ein; die Sauerstoffaufnahme über die Lunge steigt ähnlich der Herzfrequenz (Abb. 31–5) fortlaufend bis zu einem Höchstwert an, bei Untrainierten auf etwa das Zehnfache des Ruhewerts [14]. Das Erreichen dieser maximalen Sauerstoffaufnahme ist Zeichen einer nahen Erschöpfung.

Wegen des Nachhinkens des aeroben Stoffwechsels (Abb. 31–7) gegenüber dem Bedarf hinkt zu Beginn einer jeden Muskelarbeit auch die Sauerstoffaufnahme nach: Demzufolge wird eine ***Sauerstoffschuld*** eingegangen, bei nichtermüdender Arbeit bis zu etwa 4 l, bei ermüdender Arbeit bis zu etwa 20 l. Gemessen wird die Sauerstoffschuld allerdings nur selten, wobei dann über die nach Arbeit *getilgte* Sauerstoffschuld, erkennbar an einer gegenüber dem Ruhewert erhöhten O_2-Aufnahme, auf die zuvor *eingegangene* Sauerstoffschuld geschlossen wird.

Leichte Arbeit führt zu bedarfsgerechter Mehrventilation, schwere Arbeit zu Mehr- *und* Hyperventilation

Das ***Atemzeitvolumen*** steigt während nichtermüdender Arbeit, ähnlich wie das Herzzeitvolumen, proportional, während ermüdender Arbeit überproportional zur Sauerstoffaufnahme an. Die Zunahme beruht auf einem Anstieg von Atemzugvolumen und/oder Atemfrequenz. Bei nichtermüdender Arbeit führt dies zu einer bedarfsgerechten Mehrventilation (s. S. 585), ausgelöst durch einen metabolischen Antrieb aus der arbeitenden Muskulatur *(Muskelrezeptoren)* sowie durch eine *kortikale Mitinnervation.* Der bei ermüdender Arbeit überproportionale Anstieg des Atemzeitvolumens infolge Hyperventilation wird durch eine *metabolische Azidose* des Blutes ausgelöst, deren Ursache eine vermehrte Milchsäurebildung im arbeitenden Muskel ist. Während nichtermüdender Arbeit erreicht die Ventilation Werte bis zu 30 l/min, während ermüdender Arbeit werden bei Nichtsportlern Atemzeitvolumina von 85–120 l/min, also 70–80 % des Atemgrenzwerts (s. S. 582), erreicht. Im Vorstartzustand (s. S. 685) kommt es häufig zur *psychogenen Hyperventilation* aufgrund eines zentralen Atmungsantriebs.

Bei nichtermüdender Arbeit ändern sich die Blutparameter nur geringfügig; bei ermüdender Arbeit kommt es zur Laktat-Azidose

Blutparameter. Während und nach dynamischer Arbeit lassen sich im Blut zahlreiche Veränderungen nachweisen, die zu Fehlinterpretationen labordiagnostischer Werte führen können. Die ***Blutgaswerte*** (arterielle CO_2- und O_2-Partialdrücke) ändern sich beim Gesunden während *nichtermüdender* körperlicher Arbeit nur wenig. Während *ermüdender* Arbeit treten etwas deutlichere Änderungen auf; die größte Abnahme des arteriellen P_{O_2} beträgt 8 %, die des P_{CO_2} 10 % vom Ruhewert (Abb. 31–8). Im *venösen Mischblut* nimmt die O_2-Sättigung mit steigender körperlicher Beanspruchung deutlich ab; die arteriovenöse Differenz (avD_{O_2}, s. S. 610) steigt dementsprechend von ca. 0,05 (Ruhewert) bei Untrainierten bis auf 0,14 und bei Ausdauertrainierten bis auf 0,17 an (Abb. 31–8). Dies beruht auf einer vermehrten Sauerstoffausschöpfung des Blutes durch den arbeitenden Muskel. Bezüglich der ***Blutzellen*** findet man während körperlicher Arbeit einen Anstieg des *Hämatokritwerts,* im wesentlichen verursacht durch eine Abnahme des Plasmavolumens infolge vermehrter Kapillarfiltration [13]. Ferner kann die Leukozytenkonzentration zunehmen (*Arbeitsleukozytose*); sie steigt bei Langläufern mit zunehmender Laufzeit um 5000–15000 /µl Blut [52] an. Schließlich ist in Abhängigkeit von der Arbeitsintensität auch ein Anstieg der Thrombozytenkonzentration zu beobachten.

Der arterielle ***Säure-Basen-Status*** bleibt während nichtermüdender Arbeit unverändert, zusätzlich anfallende Kohlensäure wird vollständig über die Lunge abgegeben. Während *ermüdender dynamischer* Arbeit tritt aufgrund der Laktatproduktion eine metabolische Azidose mit Blut-pH-Werten bis zu 6,8 auf, die teilweise respiratorisch kompensiert wird (S. 620).

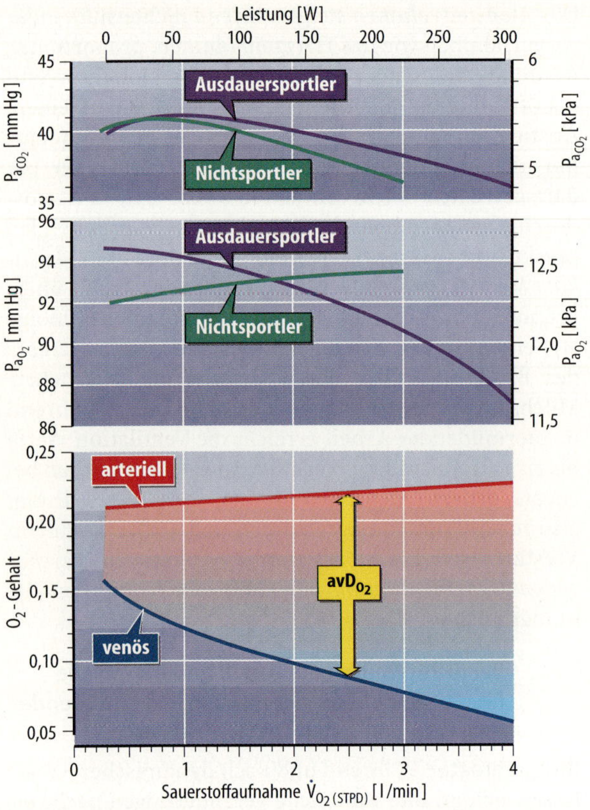

Abb. 31–8. O_2-Gehalt, O_2-Partialdruck und CO_2-Partialdruck im Blut während körperlicher Arbeit verschiedener Intensität. Nach [34]

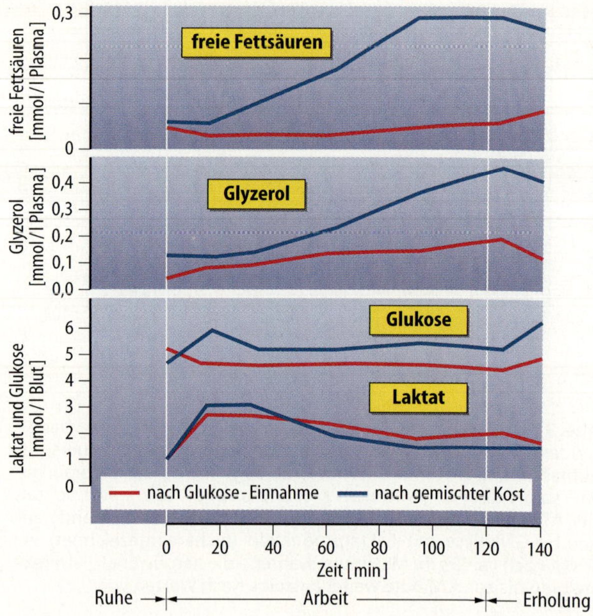

Abb. 31–9. Konzentrationsänderungen von Laktat, Glukose, Glyzerol und freien Fettsäuren im arteriellen Blut während 2stündiger Ergometriearbeit nach Einnahme von gemischter Kost bzw. von 200 g Glukose unmittelbar vor Arbeitsbeginn (durchschnittliche Herzfrequenz: 150 min^{-1}). Man erkennt deutlich die Hemmung der Lipolyse nach Kohlenhydrataufnahme. In Anlehnung an [51]

Der ***Nährstoffgehalt des Blutes*** ändert sich beim Gesunden während dynamischer Arbeit kaum. Sinkt der arterielle ***Glukosespiegel*** während Arbeit ab, ist dies Folge langdauernder ermüdender Arbeit und ein Zeichen nahender Erschöpfung. Bei kohlenhydratreicher Ernährung werden auch die arteriellen Konzentrationen der ***freien Fettsäuren*** und des ***Glyzerols*** durch Arbeit nur gering beeinflußt, da die Insulinausschüttung nach Kohlenhydrataufnahme die Lipolyse hemmt [51]. Wird hingegen Durchschnittskost eingenommen, steigen während länger andauernder dynamischer Arbeit höherer Intensität die Konzentrationen von freien Fettsäuren und Glyzerol im Blut um mehr als das 4fache an (Abb. 31–9). – Die ***Laktat***konzentration im Blut hängt einmal von der Produktion im anaerob arbeitenden Muskel ab, deren Ausmaß je nach Ausgangsbedingungen (u. a. Ernährung, Muskelfasertypen der arbeitenden Muskulatur), Beanspruchung und Arbeitsdauer beträchtlich variiert (Abb. 31–9); zum anderen wird sie durch die Eliminationsrate bestimmt [5]. Zum Abbau und Umbau des Laktats tragen neben dem nicht arbeitenden Skelettmuskel bei: Leber, Fettgewebe, Niere und Herz. Unter Ruhebedingungen beträgt die *arterielle Laktatkonzentration* ca. 1 mmol/l; bei schwerer, rund halbstündiger Arbeit oder erschöpfender Intervallarbeit mit Pausen von 1 min werden Höchstwerte von über 15 mmol/l erreicht. Bei anhaltender ermüdender Arbeit fällt die Laktatkonzentration nach einem anfänglichen Anstieg wieder ab.

Auch die Konzentrationen einiger ***Elektrolyte*** (z. B. Kalium) und ***organischer Substanzen*** (z. B. Transaminasen) im Blut steigen während dynamischer Arbeit an. Diese Änderungen werden mit einem „Undichtwerden" der Muskelzellmembran erklärt, wodurch intrazelluläre Bestandteile ins Blut gelangen. Die Rückkehr zu den Ausgangswerten zieht sich teilweise über mehrere Tage hin. Insgesamt können die arbeitsbedingten Änderungen im Blut durchaus zu Abgrenzungsschwierigkeiten gegenüber krankheitsbedingten Änderungen führen, so bei der *Serumdiagnostik.*

Die Abfallwärme bei dynamischer Arbeit (> 75 % des Energieumsatzes) stellt eine erhebliche Belastung des Organismus dar

Thermoregulation. Dynamische Arbeit führt zu *vermehrter Wärmeproduktion.* Da der Wirkungsgrad η bei dynamischer Arbeit günstigstenfalls 25 % beträgt, fallen mindestens 75 % des Energieumsatzes als Wärme an. Dies führt im Rahmen der Thermoregulation zum Anstieg der *Kerntemperatur* (s. S. 652): Bei Hitzearbeit wird ein Anstieg um mehr als 1,0° C als kritisch angesehen; von Marathonläufern werden allerdings Kerntemperaturen von 41° C noch vertragen. Beim Ansteigen um > 1,0° C (Arbeit) bzw. oberhalb von 41° C (Sport) droht ein ***Hitzschlag*** (s. S. 669).

Das ***Schwitzen*** wird allgemein als Zeichen körperlicher Schwerarbeit mit hohem Energieumsatz angesehen. Das Einsetzen des sichtbaren Schwitzens (*Perspi-*

ratio sensibilis) hängt jedoch nicht nur von der Stoffwechselintensität, sondern auch von den Umgebungsbedingungen ab [37]. Die Schweißsekretion setzt ein, wenn die Umgebungstemperatur höher als die ***Indifferenztemperatur*** (s. S. 656) ist; typische Anlässe dafür sind *vermehrte Wärmeproduktion* bei körperlicher Arbeit, zu hohe Umgebungstemperatur, zu hohe Luftfeuchtigkeit, unzweckmäßige Bekleidung oder zu starke Wärmeeinstrahlung (so bei Gießereiarbeit). Unter sonst gleichen Bedingungen nehmen mit steigender Leistung *Schweißabgabe* und *Kerntemperatur* annähernd proportional zu. Wegen des kühlenden Effekts der Verdunstung ist die *Hauttemperatur* bei glandulärer Wasserabgabe erniedrigt. Während längerer, schwerer Hitzebelastung nimmt die Schweißmenge nach etwa 10 h infolge einer Erschöpfung der Schweißdrüsen und eines Zuquellens der sog. Poren (Öffnungen der Drüsenausführungsgänge) ab. Die bei intensiver körperlicher oder sportlicher Aktivität längerer Dauer abgegebene Schweißmenge beträgt unter normalen Klimabedingungen rund 1 l/h. Bei ermüdender Arbeit wird neben den Elektrolyten mit dem Schweiß auch *Milchsäure* (bis zu 2 g/l) ausgeschieden, die aus den Schweißdrüsen selbst stammt.

Für die ***Kreislaufregulation bei Hitzebelastung*** gilt: In *Ruhe* steigt die ***Hautdurchblutung*** an [25]; der *Blutdruck* sinkt ab und das *Herzzeitvolumen* kann durch Zunahme der Herzfrequenz auf das Doppelte des Ruhewerts ansteigen. Weiterhin nimmt der Tonus der kapazitiven Hautgefäße ab. Die damit verbundene Blutvolumenverschiebung zu ungunsten des intrathorakalen Niederdrucksystems führt zu einem Absinken des Schlagvolumens, woraus eine *orthostatische Intoleranz* (z. B. in der Sauna) bis zum Hitze*kollaps* resultiert. Bei dynamischer Arbeit ist die Hautdurchblutung geringer als unter vergleichbaren Ruhebedingungen [49]. Dies liegt an einer Aktivierung des Sympathikus, die zu einer generellen Vasokonstriktion einschließlich der Hautarteriolen führt. Daher ist die Kollapsneigung während Hitze*arbeit* geringer, obgleich auch hierbei die o. g. Blutvolumenverschiebung stattfindet. Das dadurch verminderte Schlagvolumen bedingt eine Abnahme des maximalen Herzzeitvolumens und somit auch der Leistungsfähigkeit für körperliche Ausdauerleistungen.

Dynamische Arbeit löst im Hormonsystem sowohl für dynamische Arbeit spezifische als auch unspezifische Reaktionen aus

Hormonale Regulationen. Während und nach dynamischer Arbeit weisen viele Hormone veränderte Blutkonzentrationen auf [9]. In den meisten Fällen handelt es sich jedoch um unspezifische oder noch nicht näher bekannte Effekte. Das ***sympathikoadrenerge System*** (s. S. 548) reagiert auf Arbeit mit einer vermehrten Ausschüttung von Adrenalin aus dem Nebennierenrindenmark ins Blut; *Noradrenalin* wird nur in geringem Umfang freigesetzt. Das Adrenalin mobilisiert u. a. die Glykogen- und Fettreserven, regt die vermehrte Bildung von zyklischem AMP an und stimuliert Herztätigkeit und Bewußtseinshelligkeit. Häufig setzt die Adrenalinsekretion schon vor Beginn (*Vorstartzustand*, s. S. 685), spätestens aber mit Beginn der Arbeit ein.

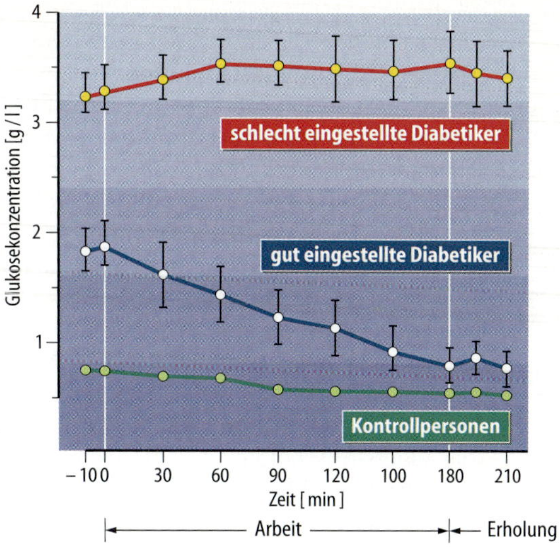

Abb. 31–10. Einfluß körperlicher Arbeit auf die Glukosekonzentration im Blut bei Diabetikern (Mittelwerte mit Standardabweichung) und bei Kontrollpersonen; Fahrradergometriearbeit mit Herzfrequenzen von etwa 110 min^{-1}. Nach [38]

Dynamische Arbeit stimuliert auch das ***Hypophysen-Nebennierenrinden-System:*** Nach Arbeitsbeginn wird mit einer Latenz von rund 2 min vermehrt ACTH aus dem Hypophysenvorderlappen ausgeschüttet und damit die Abgabe der Kortikosteroide aus der Nebennierenrinde angeregt (s. S. 392 ff). Die Bedeutung der *Kortikosteroide* im Zusammenhang mit körperlicher Arbeit ist weitgehend unklar; bekannt ist ihr fördernder Einfluß auf die Glykogenmobilisierung.

Die Konzentrationsänderungen von ***Insulin*** und ***Glukagon*** sind sehr uneinheitlich. Während die Insulinkonzentration im Verlauf dynamischer Arbeit leicht abfällt, werden für Glukagon Zu- wie Abnahmen beobachtet. Dies hängt einmal mit dem Einfluß zahlreicher Hormone auf den Kohlenhydrat- und Fettstoffwechsel zusammen, zum anderen mit dem Einfluß von Ernährungs- und Ausdauertrainingszustand. Die Wechselwirkungen zwischen Insulin- und Glukosekonzentrationen im Blut während dynamischer Arbeit veranschaulicht Abb. 31–10. Man erkennt deutlich den blutzuckersenkenden Effekt dynamischer Arbeit am Beispiel des gut eingestellten Diabetikers.

!

Berufliche (körperliche) und sportliche Höchstleistungen erfordern neben einem hohen Energieumsatz auch ein Höchstmaß an aufgabenspezifischen motorischen Fertigkeiten. In Abhängigkeit vom Muskelstoffwechsel wird zwischen ermüdender und nichtermüdender Arbeit unterschieden. Die Energiebereitstellung im Muskel ist zeitlich gestaffelt: zuerst alaktazid-anaerob, dann laktazid-anaerob und schließlich alaktazid-aerob (nichtermüdende Arbeit) bzw. laktazid-aerob (ermüdende Arbeit). Der Blutdruck soll bei 100 W Ergometrieleistung (im Sitzen) nicht über 200/100 mmHg ansteigen. Während erschöpfender dynamischer Arbeit steigt die Herzfrequenz (min^{-1}) auf 220 minus Lebensalter an, die Muskeldurchblutung erreicht nach 20–30 s mehr als das 30fache, die Sauerstoffaufnahme das 10fache des Ruhewerts. Die Ventilation kann bis auf 120 l/min, die Sauerstoffschuld bis auf 20 l ansteigen. Die Blutgaswerte ändern sich dagegen beim Gesunden nur wenig. Bei ermüdender dynamischer Arbeit kommt es zu einem Anstieg der Laktatkonzentration im Blut, d. h. zu einer metabolischen Azidose, die z. T. respiratorisch kompensiert wird. Intensive dynamische Arbeit bedingt den Anfall großer Wärmemengen im Muskel (η maximal 25 %): Ein Anstieg der Körperkerntemperatur um mehr als 1° C kann zum Hitzschlag führen. Während und nach dynamischer Arbeit weisen viele Hormone veränderte Blutspiegel auf; der Adrenalinspiegel ist – gelegentlich schon im Vorstartzustand – erhöht.

31.4 Statische Arbeit

Statische Arbeit kommt als Haltungs- und Haltearbeit vor

Haltungs- und Haltearbeit. Beide gehen mit isometrischer Muskelaktivität einher. ***Haltearbeit*** liegt vor, wenn Gegenstände über bestimmte Zeitspannen gehalten werden, so beim Halten und Tragen von Lasten. Dadurch bedingte Schwerpunktverlagerungen, z. B. beim Koffertragen, müssen von der Haltungsmotorik *rechtzeitig* kompensiert werden. ***Haltungsarbeit*** sichert die Körperhaltung. Dies gilt zunächst für die Gleichgewichtsmotorik eines unbewegten Menschen, dann aber auch bei Bewegungen für seine gesamte Tonusregulation mit ihren Anpassungen an Lageveränderungen im Schwerefeld sowie der adäquaten Antizipation von Gegen- und Rückstoßkräften (s. S. 675). Meistens bemerkt man die Bedeutung der Haltungsmotorik für die Bewegungsmotorik erst dann, wenn eine Störung vorliegt.

Bei statischer Arbeit mit großen Muskelkräften wird die Muskeldurchblutung blockiert

Maximalkraft. Darunter versteht man diejenige Kraft, die bei *isometrischer* Muskelaktivität mit maximalem Willenseinsatz erzeugt und für etwa 2–3 s gehalten werden kann. Sie hängt maßgeblich vom Querschnitt des Muskels und seiner Zusammensetzung hinsichtlich der Muskelfasertypen ab, aber auch von der Motivation und der Koordination. Insofern findet man Werte zwischen 40 und 100 N/cm^2. Bei gebeugtem Ellbogengelenk (90°) erreichen Frauen mit der ziehenden Hand ca. 250 N, Männer ca. 350 N. Krafttraining, z. B. Bodybuilding, führt zu einer Vergrößerung des Muskelquerschnitts, ebenso die Einnahme von ***Anabolika*** (Doping, [4, 13]). *Anabolika* sind dem männlichen Sexualhormon ähnliche Pharmaka, die sich besonders auf den *Muskeleiweiß-Anabolismus* fördernd auswirken. Die Risiken der Anabolika-Einnahme, besonders für Frauen, beruhen auf dem Hormoncharakter dieser Präparate.

Die ***Energiebereitstellung*** bei statischer Arbeit verläuft zeitlich ähnlich der bei dynamischer Arbeit. Hinzu kommt allerdings, daß der *Muskelinnendruck* nicht wie bei dynamischer Arbeit rhythmisch wechselt, sondern über die gesamte Arbeitszeit erhöht ist: Je größer der Kraftaufwand, desto höher ist der Muskelinnendruck. Dies wirkt sich hemmend auf die *Durchblutung* aus. Die ***Muskeldurchblutung*** steigt bei statischer Arbeit nur bis zu Intensitäten von etwa 30 % der Maximalkraft an, bei größeren Intensitäten beeinträchtigt der erhöhte Muskelinnendruck die Durchblutung, die ab 60 % der Maximalkraft schließlich ganz unterbrochen ist. Bereits bei etwa 10 % der Maximalkraft (MK) kann die Durchblutung den Sauerstoffbedarf des Muskels nicht mehr vollständig decken. Oberhalb von 50 % der MK (Haltezeiten von < 1 min) bleibt eine externe Blockierung der Durchblutung mit einer Blutdruckmanschette ohne wesentlichen Einfluß auf die Halteleistung (Abb. 31–11).

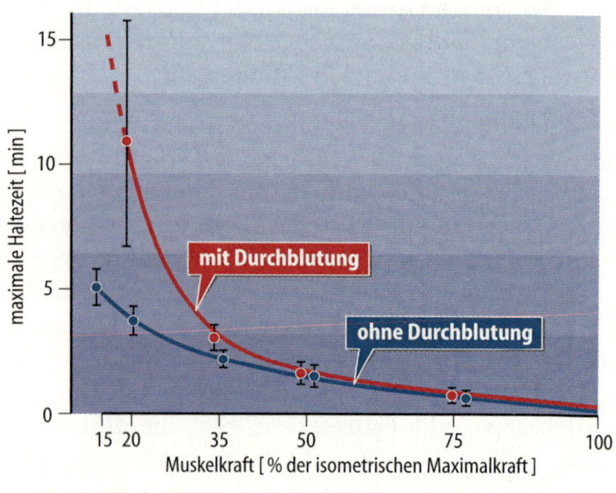

Abb. 31–11. Maximale Haltezeiten bei durchbluteter und nicht durchbluteter Muskulatur (Blockierung mit einer aufgeblasenen Blutdruckmanschette) in Abhängigkeit vom Prozentsatz der isometrischen Maximalkraft. Nach [43]

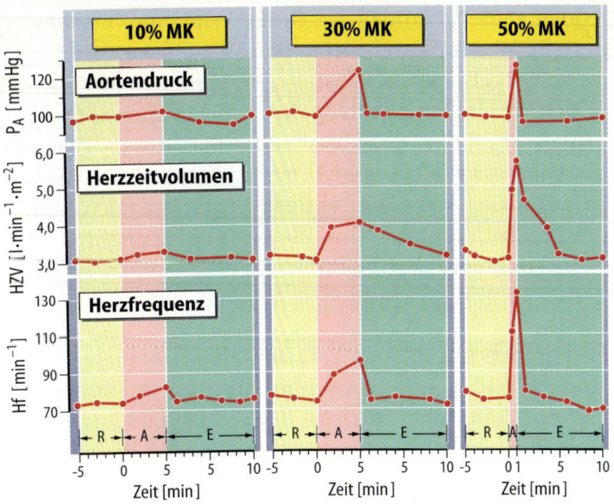

Abb. 31–12. Kreislaufreaktionen während statischer Arbeit verschiedener Intensität (R=Ruhe, A=Arbeit, E=Erholung, MK=Maximalkraft). Nach [42]

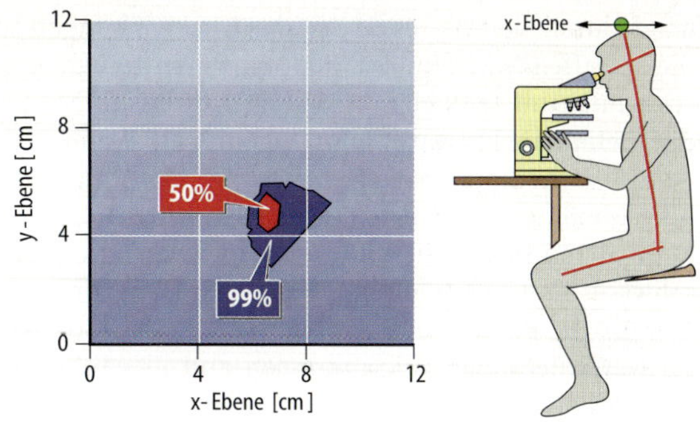

Abb. 31–13. Zwangshaltung am Mikroskopier-Arbeitsplatz. Die Fläche im Gitternetz entspricht nur 4×4 cm. Die im Verlauf einer Stunde in der Horizontalebene registrierten Kopfbewegungen (Meßpunkt: *grün*) befanden sich zu 50 % (rot) aller registrierten Positionen in einem Feld von etwa 1×1,5 cm und in 99 % (blau) aller Positionen in einem Feld von etwa 3×4 cm. Nach [6]

Während intensiver Haltearbeit wird häufig die Bauchpresse mit entsprechenden Auswirkungen auf Atmung und Kreislauf ausgelöst

Atmung. Es ist typisch für intensive Haltearbeit, daß reflektorisch die Stimmritze geschlossen und eine Bauchpresse ausgelöst wird. Der Rumpf wird dadurch zwar in einer gewissen Weise stabilisiert, der Gasaustausch jedoch infolge der aufgehobenen äußeren Atmung stark beeinträchtigt; dies bewirkt einen zunehmenden Atmungsantrieb. Beim Pressen steigt der intrathorakale Druck bis auf 100 mmHg mit entsprechenden Auswirkungen auf das *intrathorakale Niederdrucksystem* an. Bei statischer Arbeit mittlerer Intensität und ohne Einsatz der Bauchpresse führt die Laktatanhäufung im Muskel (metabolische Laktatazidose) zu einem deutlichen Atmungsantrieb.

Kreislauf. Die Kreislaufreaktionen hängen bei statischer Arbeit sehr davon ab, ob die Bauchpresse reflektorisch aktiviert wird oder nicht. *Ohne* Einsatz der Bauchpresse nimmt die Herzfrequenz mit zunehmender Haltezeit und je nach Kraftaufwand zu (Abb. 31–12); entsprechendes gilt für systolischen und diastolischen Blutdruck. Beträchtliche Änderungen von Herzfrequenz, Blutdruck, Herzzeitvolumen und Schlagvolumen bis hin zum Kreislaufkollaps können eintreten, wenn die reflektorisch ausgelöste *Bauchpresse* länger anhält.

Zwangshaltungen, auch mit geringer Muskelaktivität, können zu gesundheitlichen Beschwerden führen

Zwangshaltungen am Arbeitsplatz. Viele moderne Arbeitsplätze gehen mit Zwangshaltungen einher. Bei Bildschirmarbeit muß der Kopf häufig im Leseabstand fixiert gehalten werden; auch Schulter- und Oberarmmuskulatur müssen dabei relativ gleichbleibende *Haltungsarbeit* verrichten. An Lupen- oder Mikroskop-Arbeitsplätzen, so in der Mikrochip-Industrie, ist der Bewegungsspielraum des Kopfes noch mehr eingeschränkt (Abb. 31–13). Auch Fahrzeugführer sind oft stundenlang an ihren Sitz „gefesselt". Solche Zwangshaltungen führen zu einer Vielzahl von Beschwerden. Diese sog. *Verspannungsbeschwerden* betreffen das Skelett- und Muskelsystem besonders der Wirbelsäule oder des Schulter-Arm-Bereichs. Da sie oft durch *energetisch belanglose Muskelaktivitäten* ausgelöst werden, korrelieren diese arbeitsbedingten Beschwerden nur gering oder gar nicht mit der Höhe des Arbeitsumsatzes (s. S. 677). Vielmehr sind diese Beschwerden überwie-

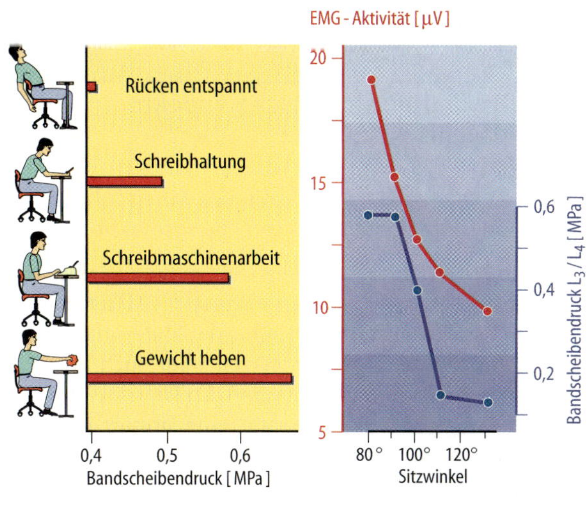

Abb. 31–14. Zum Einfluß verschiedener Sitzhaltungen *(links)* und Sitzwinkel (Rückenlehne/Sitzfläche, *rechts*) auf den Bandscheibendruck in der Lendenwirbelsäule (L_3/L_4) und die elektromyographische Aktivität (EMG) der Rückenmuskulatur in Höhe des 8. Brustwirbelkörpers. Nach Werten von Nachemson sowie Andersson, in Anlehnung an [10]

gend durch nervös-reflektorische Rückwirkungen auf die betreffende Muskulatur bedingt, deren genaue Ursachen nur zum Teil bekannt sind. Daraus resultiert auch die Vielfalt an Therapiemaßnahmen: Aktive und passive Physiotherapie sowie Behandlung mit Akupunktur oder Medikamenten. ***Fehlhaltungen*** am Arbeitsplatz, so beim Sitzen, oder ***Fehlmotorik*** beim Heben bzw. Tragen schwerer Lasten gehen mit erheblichen Druckbelastungen für die Bandscheiben einher (Abb. 31–14). Degenerative Wirbelsäulen-Erkrankungen sind allerdings multifaktoriell und nicht nur durch den erhöhten Bandscheiben-Druck bedingt.

> **!**
>
> Statische Arbeit mit isometrischer Muskelaktivität sichert die Körperhaltung (Haltungsarbeit) und das Halten von Lasten (Haltearbeit). Eine gezielt regulierte Körperhaltung ist Basis einer jeden erfolgreichen Bewegungsmotorik, was meistens erst bei Störungen der Haltungsmotorik deutlich wird. Die isometrische Maximalkraft beträgt 40–100 N/cm^2 Muskelquerschnitt. Die Muskeldurchblutung reicht bereits ab etwa 10 % der Maximalkraft nicht mehr für eine vollständige Sauerstoffversorgung aus, ab 50–60 % der Maximalkraft ist sie blockiert. Die bei schwerer Haltearbeit reflektorisch ausgelöste Bauchpresse wirkt sich nicht nur auf die Atmung, sondern auch auf den Kreislauf (Niederdrucksystem) nachteilig aus. Viele moderne Arbeitsplätze führen zu Zwangshaltungen, wodurch typische körperliche Beschwerden, besonders im Bereich der Wirbelsäule, ausgelöst werden.

31.5 Psychophysiologische Aspekte psychischer Arbeit

Auch mentale und emotionale Arbeit führt zu physiologischen Beanspruchungsreaktionen

Mentale Arbeit. Im Berufsleben stellt *mentale Arbeit* vor allem Anforderungen an die Intelligenz des Menschen, so bei Fahr- und Steuertätigkeiten, bei der Materialkontrolle und an Bildschirmarbeitsplätzen, aber auch bei Leistungen in Kunst und Wissenschaft. Im Dienstleistungsbereich kommt mentaler Arbeit eine immer größere Bedeutung zu. Auch im Sport sind sehr hohe mentale Anforderungen typisch, so beim Skiabfahrtslauf. Wegen vieler Überschneidungen mit der Arbeits- [16] und Sportpsychologie soll die mentale Arbeit hier nur kurz behandelt werden: Mentale Arbeit löst zahlreiche physiologische Reaktionen aus [30]. Diese ähneln den Beanspruchungsreaktionen bei körperlicher Arbeit, wobei jedoch keine so eindeutige Dosis-Wirkungs-Beziehung besteht. Wegen dieses viel lockereren Zusammenhangs zwischen geistiger Arbeit und physiologischen Reaktionen ist z. B. das auf diesen Reaktionen beruhende Grundprinzip des „Lügendetektors" sehr umstritten. – *Typische physiologische Reaktionen während mentaler Arbeit* sind: Anstieg von Herzfrequenz und Atemzeitvolumen (Hyperventilation), Schweißausbruch, Zunahme der Hautdurchblutung, Abnahme des elektrischen Hautwiderstands und eine vermehrte Adrenalinausschüttung.

Emotionale Arbeit. Das Verarbeiten emotionaler Belastungen tritt häufig in Kombination mit mentaler Arbeit auf, kann aber auch weitgehend unabhängig von anderen Belastungsarten vorkommen. Bei vielen Freizeit-Sportarten machen hohe emotionale Anforderungen gerade den Reiz solcher Aktivitäten aus, so beim Drachenfliegen oder Bungee-Springen. Oft sind die physischen Begleitreaktionen ausgeprägter als bei mentaler Arbeit, so kommt es zu Herzfrequenzen um 170/min bei Fallschirmspringern oder bei Prüflingen. Tauchschüler wiesen während Sucharbeit im Dunkeln, also unter hohen mentalen und emotionalen Anforderungen, eine den Stoffwechselbedarf übersteigende Ventilation um 40 l/min auf (*psychogene Hyperventilation*). Angstzustände führen infolge einer starken Sympathikusaktivierung zum Ausbruch von „kaltem Schweiß", kombiniert mit einer Vasokonstriktion der Hautgefäße. Die *ergotrope Reaktion* des Sympathikus erreicht im Notfall (*Notfallreaktion)* beträchtliche Ausmaße, wodurch die autonom mobilisierbaren Leistungsreserven zugänglich werden (s. S. 687).

Notfallreaktion und Adaptationssyndrom. Beide gehen mit starken Reaktionen von vegetativem Nervensystem und endokrinem System einher. Zuerst werden die Katecholamine *Adrenalin* und *Noradrenalin* ausgeschüttet, dann wird über eine vermehrte ACTH-Ausschüttung die Glukokortikoidsekretion stimuliert. Ist diese Reaktion besonders stark ausgeprägt, spricht man von *Notfallreaktion:* Der Organismus befindet sich im extremen ***Streß***(zustand) [31].

Stressoren sind streßauslösende Reize, die *starke physische oder psychische Beanspruchungen* auslösen. Als Stressoren wirken u. a. körperliche Schwerstarbeit, Kälte und Hitze, inspiratorischer Sauerstoffmangel, Hypoglykämie, Krankheiten, Operationen, Verletzungen, Lärm, Schreck, Angst, Schmerz und Wut. Bei der Ratte führt langdauerndes oder häufiges Einwirken von Stressoren zu einem ***Adaptationssyndrom*** (nach Selye, [31]) mit Hypertrophie der Nebennierenrinde. Beim Menschen erweisen sich die streßauslösenden und -kompensierenden Mechanismen als weitaus komplizierter. Dies zeigt sich u. a. in einer Fülle von Streßdefinitionen und -theorien. Eine Definition aus arbeitsphysiologischer und persönlichkeitspsychologischer Sicht lautet: Streß ist ein Zustand, der beim Menschen durch *Nichtbefriedigung biologischer und sozialer Bedürfnisse* ausgelöst werden kann [30].

Tagesrhythmische Einflüsse auf leistungsrelevante Kenngrößen sind häufig maskiert; dies gilt auch bei Schichtarbeit

Tagesrhythmus. Zahlreiche für körperliche und geistige Leistungsfähigkeiten maßgebliche Kenngrößen unterliegen tagesrhythmischen Schwankungen; gleiches gilt für etliche berufliche Leistungen [12, 58]. Diese Rhythmen sind durch äußere *Zeitgeber* auf den Rhythmus eines 24 h-Tages synchronisiert (s. S. 150). In Versuchen mit partieller oder totaler Isolation von der Umwelt ließen sich *terrestrische* (von der Erddrehung abhängige), *kognitive* und *soziale* Zeitgeber nachweisen. Systematische Untersuchungen über den Tagesgang beruflicher Leistungen lassen erkennen, daß der Tagesrhythmus für körperliche und geistige Leistungen nicht nur von Mensch zu Mensch, sondern auch in Abhängigkeit von Art und Intensität der Anforderung stark variiert. Die häufig wiedergegebene, problematische Kurve für den sog. „Tagesgang der physiologischen Leistungsbereitschaft" (Abb. 31–15) beruht auf Mittelwerten von Fehlablesungen (mentale Arbeit) einer kleinen Gruppe bei niedrigem Anforderungsniveau unter Monotoniebedingungen. Angesichts der *Aufgabenspezifität menschlichen Leistens* (s. S. 673) gilt diese Kurve keineswegs für alle beruflichen Anforderungen. Sie darf auch nicht auf alle Menschen übertragen werden; dies gilt nicht nur hinsichtlich offenkundiger Unterschiede zwischen Abend- und Morgentypen [58]. Viele biologische Rhythmen ließen sich nämlich nur bei völliger Isolierung von der Umwelt nachweisen. Im Alltag sind sie „maskiert", ihre Bedeutung für das Tagesgeschehen ist deshalb gering.

Schichtarbeit. Die geläufigste Form der Schichtarbeit [10, 29] ist das Dreischichten-(Wechselschicht-)System. Drei *8stündige* Arbeitsschichten folgen aufeinander, die meist um 6, 14 und 22 Uhr beginnen. Das Dreischichten-System geht oft mit einer *Desynchronisation der äußeren Zeitgeber* (s. S. 150 f) einher: Die *terrestrischen* Zeitgeber bleiben konstant, die *kognitiven* (z. B. das Wissen um die Uhrzeit) divergieren dazu und ein Teil der *sozialen* Zeitgeber variiert je nach den sozialen Randbedingungen [10]. Dies kann zu Anpassungsschwierigkeiten führen, besonders in den ersten Tagen nach einem Schichtwechsel. Die Anpassung an Nachtarbeit gelingt besonders schnell und gut, wenn nachts für große Helligkeit im Arbeitsraum (Beleuchtungsstärke über 5000 Lux) gesorgt wird. Die wesentlichen Probleme für Schichtarbeiter ergeben sich aber weniger aus der *Desynchronisation endogener Rhythmen*, sondern aus den unbefriedigenden Ernährungsbedingungen bzw. -gewohnheiten, der sozialen Entfremdung in bezug auf Familie und Freizeitgestaltung sowie aus einem qualitativ wie quantitativ unzureichenden Schlaf, obgleich die Auswirkungen von partiellem Schlafentzug auf den Menschen große interindividuelle Unterschiede aufweisen [17].

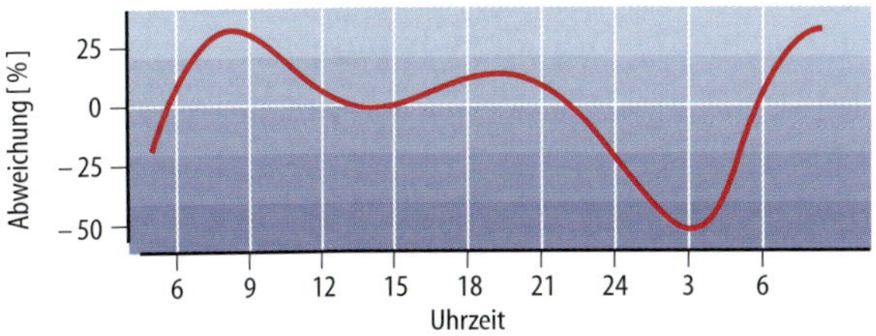

Abb. 31–15. Abhängigkeit der mittleren sog. „physiologischen Leistungsbereitschaft" von der Tageszeit. *Ordinate:* Prozent der Abweichung vom Tagesdurchschnitt. Nach [44]

Die ***Gewöhnung*** an dauernde Nacht- oder Schichtarbeit ist interindividuell verschieden. Während manche Menschen dauernde Schichtarbeit (so in Krankenhäusern, Verkehrsbetrieben und chemischer Industrie) und andere sogar dauernde Spät- bzw. Nachtarbeit (so in Gaststätten- und Zeitungsbetrieben) ohne größere Beschwerden vertragen, gelingt dies anderen nicht. Insofern muß man davon ausgehen, daß es, je nach Disposition und aktueller Situation – sei es die Art des Schichtdienstes oder der private Bereich – für Schichtarbeit bzw. Dauer-Nachtarbeit mehr oder weniger geeignete Menschen gibt. Die entsprechende Eignung stellt sich oft erst während der ersten Monate einer solchen Tätigkeit heraus, z. B. durch das Auftreten von *Erkrankungen*. Bei Ungeeigneten sollte man daher rechtzeitig für einen angemessenen Arbeitsplatzwechsel sorgen.

Wenn Schichtarbeit unvermeidbar ist, so in der Industrie oder im Dienstleistungsbereich, sollte bei Arbeitsgestaltung und Lebensführung das *erhöhte Bedürfnis* der Betroffenen nach ungestörtem Tagschlaf und Erholung berücksichtigt werden. Ein ideales Schichtwechselschema gibt es jedoch nicht, was auch die Vielzahl gewachsener Schichtsysteme zeigt.

Im Vorstartzustand wird der Sympathikus aktiviert; ähnliches gilt für etliche Doping-Präparate

Vorstartzustand. Schon vor Beginn einer Arbeit tritt häufig ein Zustand auf, der durch die Aktivierung des Sympathikus gekennzeichnet ist. Dieser Vorstartzustand geht mit einem Anstieg von Herzfrequenz, Blutdruck und Ventilation sowie einer psychischen Erregung einher; die Erhebung von „Ruhewerten" kann dadurch erheblich gestört sein.

Klassisches Doping. Darunter versteht man den *Versuch*, die Leistungsfähigkeit durch Pharmaka zu steigern [13]. Mit bestimmten Substanzen sollen die *autonom mobilisierbaren Leistungsreserven zugänglich* werden, z. B. mit Präparaten, die den Adrenalineffekt nachahmen (künstliche Notfallreaktion), oder mit Stoffen, die einen *hemmenden Einfluß auf die Leistungsrückmeldung* und damit auf die Rückmeldung der Erschöpfungssymptome bzw. deren Verrechnung ausüben (Psychopharmaka). Ob diese klassischen Dopingmittel bei hochmotivierten, erfahrenen Spitzensportlern überhaupt den gewünschten Effekt bewirken, ist strittig [4]. Für die meisten Dopingpräparate dieses Typs fehlt ein entsprechender, empirischer Beweis. Unstrittig ist jedoch, daß bei höherer Dosierung eine *falsche Zielantizipation* (s. S. 676) während des Wettkampfs erfolgt, die zu vorzeitiger bzw. übermäßiger Erschöpfung oder zum tödlichen Zusammenbruch führen kann.

! Die physiologischen Reaktionen auf mentale Arbeit ähneln denjenigen auf körperliche Arbeit, allerdings mit einer nur sehr lockeren Dosis-Wirkungs-Beziehung. Starke emotionale Belastungen lösen ausgeprägtere Reaktionen aus, speziell im Streßzustand oder bei der Notfallreaktion mit Aktivierung der autonom mobilisierbaren Reserven durch Ausschüttung größerer Katecholaminmengen. Beim Menschen kann Streß durch Nichtbefriedigung biologischer und sozialer Bedürfnisse entstehen.

Bei tagesrhythmischen Schwankungen beruflicher Leistungen sind keine allgemeingültigen, zeitlichen Zuordnungen möglich. Die Verträglichkeit von Nacht- und Schichtarbeit ist von Mensch zu Mensch sehr verschieden; daher gibt es kein ideales Schichtsystem. Die Anpassung an Nachtarbeit läßt sich insbesondere durch helle Ausleuchtung der Arbeitsräume verbessern. Bereits im Vorstartzustand, also kurz vor einem Aktivitätsbeginn, werden einige physiologische Regelsysteme umgestellt. Ob die klassischen Dopingpräparate die Leistungsfähigkeit tatsächlich steigern, ist strittig; in höheren Dosen tragen sie zu tödlichen Zusammenbrüchen bei.

31.6 Leistungsgrenzen, Ermüdung und Erholung

Während Arbeit unterhalb der Dauerleistungsgrenze tritt keine muskuläre Ermüdung ein

Dauerleistungsgrenze. Atmungs- und Herzmuskulatur arbeiten dauernd, *ohne zu ermüden*, da die in jedem Aktionszyklus enthaltene Pause für eine völlige muskuläre Erholung ausreicht. Gleiches gilt u.a. für die Nackenmuskulatur beim Ausbalancieren des Kopfes und für die Muskulatur zum Hochhalten des Unterkiefers (sog. Ruheschwebe). Aus solchen Beobachtungen wurde auf eine muskuläre Dauerleistungsfähigkeit geschlossen und die Dauerleistungsgrenze als diejenige Grenze definiert, *bis zu der statische oder dynamische Arbeit ohne zunehmende muskuläre Ermüdung erbracht wird.* Eine kurzzeitige Ermüdung kann dennoch eintreten; sie wird durch eine *vollständige* Erholung innerhalb eines Aktionszyklus kompensiert. Daher werden während nichtermüdender Arbeit keine Ermüdungsrückstände, deren Beseitigung einer längeren Erholungsphase bedürfte, angehäuft. Muskuläre Ermüdung ist nicht zu verwechseln mit *Müdigkeit* (Bedürfnis nach Schlaf [2]). Aus Gründen der Praktikabilität wird die Dauerleistungsgrenze auf eine Schichtdauer von 8 Stunden bezogen.

Die ***Dauerleistungsgrenze für dynamische Arbeit*** mit mehr als 1/7 der Gesamtmuskelmasse liegt für *Untrainierte* etwa bei: Herzfrequenz 130/min, Atemzeitvolumen 30 l/min („Laufen, ohne zu schnaufen"), Erholungszeit für die Herzfrequenz unter 5 min, Erholungspulssumme unter 100, Blutlaktatkonzentration unter 2 mmol/l und Sauerstoffaufnahme 50% des Maximalwerts. Bei Arbeit bis zur Dauerleistungsgrenze liegt *nichtermüdende Arbeit* mit einem *Stoffwechselgleichgewicht* (Steady state) vor. Dies gilt für die meisten körperlichen Berufstätigkeiten. Kurzzeitiges Überschreiten der Dauerleistungsgrenze (z.B. Herzfrequenz > 130/min, > 2 mmol Laktat/l Blut) wird dabei in den meisten Fällen durch organisierte oder versteckte Pausen (s.S.690) unterbrochen und damit schon während der Arbeitszeit durch Erholung ausgeglichen.

Die ***Dauerleistungsgrenze für statische Arbeit*** liegt nach Ergebnissen einer älteren ergonomischen Studie bei 15% der individuellen Maximalkraft (Abb. 31-16); auf dieser Basis erstellte man sogar Formeln für zeitliche Erholungszuschläge [29]. Solche ingenieurwissenschaftlich orientierten Konzepte vernachlässigen jedoch die *biologische Variabilität,* die geradezu typisch für viele physiologische Parameter ist. Neuere Untersuchungen haben ergeben, daß im Gegensatz zu ROHMERT (Abb. 31-16) die Dauerleistungsgrenze für statische Arbeit zwischen 5 und 10% der Maximalkraft liegt und, je nach vorherrschendem Muskelfasertyp, eine erhebliche Streuung beinhaltet (Übersicht s. [58]). Wegen dieses niedrigen Prozentsatzes tritt muskuläre Ermüdung am Arbeitsplatz bei statischer Arbeit viel häufiger und rascher als bei dynamischer Arbeit auf, beispielsweise beim Tragen eines schweren Tabletts, bei Armarbeit über Kopfhöhe oder bei Montagearbeiten in Schräglage des Körpers (bezüglich der Nackenmuskeln).

Während Arbeit oberhalb der Dauerleistungsgrenze ist jede muskuläre Arbeit zeitlich limitiert

Höchstleistungsgrenze. Muskuläre Arbeit oberhalb der Dauerleistungsgrenze ist durch eine *zeitliche Begrenzung* charakterisiert: je intensiver dabei gearbeitet wird, desto früher tritt ***Erschöpfung*** (maximale Ermüdung) ein. Dies gilt für statische (Abb. 31-16) und für dynamische Arbeit. Angaben zur Höchstleistungsfähigkeit in *Newton* oder *Watt* sind daher nur mit den zugehörigen Zeitspannen bis zur Erschöpfung sinnvoll. Auch die Höchstleistungsfähigkeit weist in Abhängigkeit von Trainingszustand und leistungsrelevanten Persönlichkeitsmerkmalen (s.S.673) erhebliche interindividuelle Unterschiede auf (Abb. 31-17).

Im Sport stehen ***laktatbezogene Leistungsgrenzen*** im Vordergrund. Es zeigt sich allerdings immer deutlicher, daß der Blutlaktatwert lediglich den Pegel zwischen dem sich rasch ändernden Anfluten und dem Abbau des Laktats repräsentiert [5]. Die Laktat-

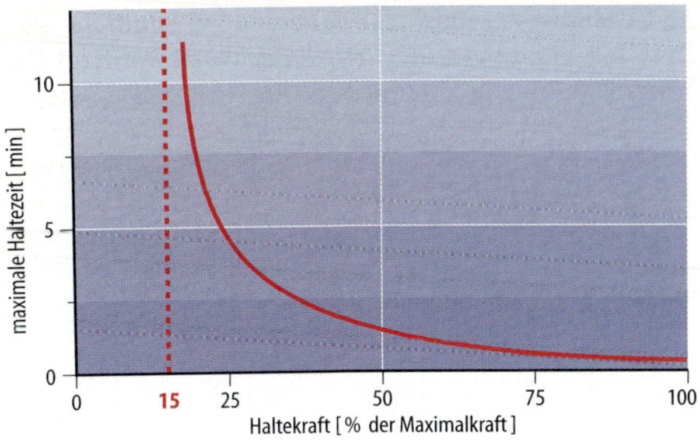

Abb. 31–16. Zur maximalen Haltezeit (nicht identisch mit ermüdungsfreier Haltearbeit) in Abhängigkeit von der Haltekraft (%-Sätze der individuellen Maximalkraft). *Rote Linie:* Dauerleistungsgrenze für statische Arbeit nach Rohmert 1962 [55]

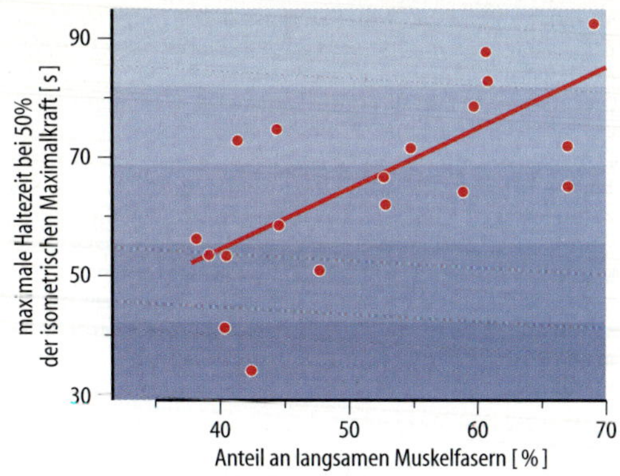

Abb. 31–17. Statische Ausdauer des Muskels bei Haltearbeit mit 50 % der isometrischen Maximalkraft in Abhängigkeit vom prozentualen Anteil an langsamen Muskelfasern. Nach [47]

konzentration im Blut hängt dabei nicht nur von der Intensität der Beanspruchung, sondern auch von der Art der Kost sowie vom Entnahmezeitpunkt der Blutprobe ab (Abb. 31–9, s. S. 680). Bei etwa 4 mmol/l Blut wird eine Schwelle für den anaeroben Anteil der Energiegewinnung erreicht (*anaerobe Schwelle*); dieser entspricht die ***Ausdauergrenze,*** die als operational mit der 4 mmol/l-Laktat-Schwelle definierte leistungsdiagnostische Größe für sportliche Ausdauerleistungen *nicht* mit der Dauerleistungsgrenze identisch ist. Bei Ausdauersportlern liegt sie etwa bei 80 % der maximalen O_2-Aufnahme und einer Herzfrequenz von 160/min.

Ein arbeitspsychologisches Konzept geht von 4 Leistungsbereichen aus; in Abhängigkeit vom *Willenseinsatz* wird unterteilt:

- Komplett ***automatisierte Leistungen,*** also eingeübte Arbeitsabläufe, die lediglich bei Start und Stop den Willenseinsatz erfordern.
- Im darüberliegenden Bereich der ***physiologischen Leistungsbereitschaft*** ist ein ständiger Willenseinsatz erforderlich, ohne daß es sich dabei um ermüdende Arbeit handelt.
- Die ***gewöhnlichen Einsatzreserven*** sind nur mit stärkerem Willenseinsatz zugänglich; Arbeit in diesem Bereich geht mit Ermüdung bzw. Erschöpfung einher.
- Die ***autonom mobilisierbaren Reserven*** sollen auch mit starkem Willenseinsatz nicht zugänglich sein und dem Organismus nur im Notfall zur Verfügung stehen (s. S. 684).

Ermüdung und Erschöpfung sind durch Vorgänge in Muskel- und Zentralnervensystem bedingt

Physische Ermüdung. Dieser Zustand tritt als Folge körperlicher Arbeit oberhalb der *Dauerleistungsgrenze* ein; er ist durch die *Abnahme der Leistungsfähigkeit* und durch *Koordinationsstörungen* gekennzeichnet. Infolge der abnehmenden Leistungsfähigkeit sind dynamische und statische Arbeit zeitlich limitiert; typische Zeichen dafür sind u. a. unzureichender aerober *Muskelstoffwechsel* und ein zunehmendes Anstrengungsempfinden (s. S. 694). Das Mobilisieren der gewöhnlichen Einsatzreserven erfordert einen immer stärkeren Willen; schließlich tritt *Erschöpfung* ein. So offenkundig motorische und sensomotorische *Koordinationsstörungen* im Ermüdungs- und erst recht im Erschöpfungsbereich sind (s. Abb. 31–4, S. 676 u. Abb. 31–21, S. 692), so wenig weiß man über deren eigentliche Ursachen; die metabolischen Aspekte physischer Ermüdung sind dagegen weitaus besser bekannt.

Über den *Zeitgang der energieliefernden Prozesse* zu Beginn einer Arbeit gibt Abb. 31–7 (S. 679) einen schematischen Überblick. Allerdings variiert dieses Einstellverhalten im Einzelfall durchaus, z. B. in Abhängigkeit von der Fasertyp-Zusammensetzung eines Muskels oder vom Trainingszustand eines Individuums. Der Zeitgang der energieliefernden Prozesse sowie die entsprechenden Energiereserven (Tabelle 31–1, s. S. 678) wirken sich bei Arbeit oberhalb der Dauerleistungsgrenze limitierend auf die Arbeitsdauer aus (Arbeitsabbruch infolge *Erschöpfung*); weiterhin begrenzen sie die Höchstleistungsfähigkeit und damit das Ausmaß jeder Höchstleistung. Unter metabolischem Aspekt lassen sich *drei Leistungsbereiche* unterscheiden (vgl. auch Abb. 31–7, S. 679):

Für ***Kurzzeitleistungen*** (bis ca. 20 s Dauer) sind im wesentlichen die intrazellulären Vorräte an ATP und *Kreatinphosphat* (KrP) entscheidend. Diese *energiereichen Phosphate* genügen bei maximaler Anstrengung für die Energieversorgung in den ersten 15–20 s einer Muskeltätigkeit.

Bei ***Mittelzeitleistungen*** *kürzerer Dauer* (bis ca. 1 min) wird nach deutlichem Rückgang der KrP-Vorräte sowie dem Anlaufen der Glykolyse die Kontraktionsenergie hauptsächlich *anaerob glykolytisch* gewonnen. Somit limitieren glykolytische Stoffwechselkapazität des Muskels und laktatbedingte Azidose die Leistungsfähigkeit. Bei Mittelzeitleistungen *längerer Dauer* (bis ca. 6 min) steigt die *aerobe Energiegewinnung* zunehmend an, so daß die Leistungsfähigkeit immer weniger von der anaeroben und immer mehr von der aeroben Stoffwechselrate begrenzt wird.

Bei ***Langzeitleistungen*** (Ausdauerleistungen, ab ca. 6 min Dauer) steht die *aerobe Energiegewinnung* im Vordergrund. Die Leistungsfähigkeit ist im wesentlichen durch aerobe Stoffwechselkapazität und Glykogendepots der Muskelzellen sowie deren Sauerstoff- und Substratversorgung über das Herz-Kreislauf-System begrenzt. Insofern sind für Ausdauerleistungen die *Pumpleistung des Herzens* und die *aerobe Stoffwechselkapazität des Muskels* entscheidend. Nur bei stundenlanger Arbeit mittlerer Intensität wird die Leistungsfähigkeit durch Verbrauch der Glykogenvorräte begrenzt.

Bei ***Hitze*** wird die Abnahme der Leistungsfähigkeit für dynamische Arbeit im wesentlichen durch eine verminderte intrathorakale Blutfüllung und damit durch ein *reduziertes Herzzeitvolumen* verursacht, weniger durch die vor allem in körperlicher Ruhe stark vermehrte Hautdurchblutung (S. 681). Leistungsbegrenzend wirken sich auch ein Anstieg der Körperkerntemperatur und Störungen des Salz-Wasser-Haushalts aus. Je nach Umgebungstemperatur und Arbeitsintensität sowie Ausmaß der Salz- und Wasserverluste werden mit steigender Kerntemperatur physische und psychische Leistungsfähigkeit zunehmend beeinträchtigt.

Der ***Muskelkater***, eine Spätfolge anstrengender Muskelaktivität, ist nicht durch das Anhäufen von Milchsäure bedingt; die Elimination der Milchsäure aus dem Muskel erfolgt mit einer Halbwertszeit von 1–2 h. Der druck- und bewegungsbedingte Muskelschmerz wird vielmehr durch *Mikroläsionen* an Myofibrillen und Sarkolemm verursacht, die bevorzugt infolge großer Muskelkräfte, schlechter intramuskulärer Koordination (typisch für Anfänger) und negativer Arbeit (Bremsarbeit) auftreten. Diese Mikroläsionen oder bei deren Heilung freiwerdende Substanzen lösen mit einer Zeitverzögerung von 1/2 bis 1 Tag Schmerzen im Muskel aus.

Psychische (zentrale) Ermüdung. Sie ist gekennzeichnet durch Minderungen der physischen und psychischen Leistungsfähigkeit infolge *zentralnervöser Störungen* [10]. Zu den typischen Symptomen zählen verlangsamte Informationsübermittlung, Beeinträchtigungen des Denkens und Entscheidens sowie Störungen von Sinneswahrnehmungen und sensomotorischen Funktionen. Neben ermüdungsbedingten Unlustgefühlen und Leistungsschwäche treten gelegentlich Neigung zu Depressionen, unmotivierte Angst, Antriebsschwäche, Reizbarkeit und emotive Labilität auf. Zu den *Ursachen psychischer Ermüdung* zählen:

- langdauernde Arbeit mit hohen Anforderungen an die Konzentration, die geistige Regsamkeit oder die Geschicklichkeit,
- schwere körperliche Arbeit,
- gleichförmige Arbeiten unter monotonen Bedingungen,
- Lärm, schlechte Beleuchtung und thermische Belastungen (Klima),
- Konflikte und Sorgen,
- Krankheiten, Schmerzen und Fehlernährung.

Im Gegensatz zur muskulären Ermüdung kann die psychische Ermüdung *schlagartig aufgehoben* werden [10], beispielsweise dann, wenn

- die ermüdende Tätigkeit durch eine andere ersetzt,
- die Umgebung geändert,
- der Organismus bei drohender Gefahr oder Angst in einen Alarmzustand versetzt,
- das Interesse durch eine neue Information wieder geweckt oder
- eine affektive Umstimmung ausgelöst wird.

Die Möglichkeit eines *schlagartigen Verschwindens* zeigt, daß die psychische Ermüdung nicht metabolisch bedingt sein kann; sie steht vielmehr im Zusammenhang mit den Funktionen der Formatio reticularis (s. ARAS, S. 144 f.), deren Aktivität sowohl durch intensive geistige Tätigkeit, als auch durch Monotonie beeinflußt wird. Monotoniebedingte Ermüdung kann durch Änderungen des Informationszuflusses vermindert, jedoch nicht auf Dauer verhindert werden; z. B. wirken bei langen Autobahnfahrten Radiosendungen der psychischen Ermüdung nur begrenzt entgegen.

Auch hinsichtlich der neuromuskulären Übertragung lassen sich am isolierten Nerv-Muskelpräparat *Ermüdungsphänomene* nachweisen, die sich auf 3 Effekte beziehen [53]:

- *Synaptische Ermüdung* durch Erschöpfung der Azetylcholinvorräte in der motorischen Endplatte.
- *Subsynaptische Ermüdung* durch abnehmende Empfindlichkeit der subsynaptischen Membran gegenüber Azetylcholin.
- *Praesynaptische Ermüdung* durch Leitungsblockade im efferenten Nerven.

Im Elektromyogramm (EMG) findet man bei Ableitungen mit Oberflächenelektroden als Kennzeichen der muskulären Ermüdung bei gleichbleibender Muskelkraft:

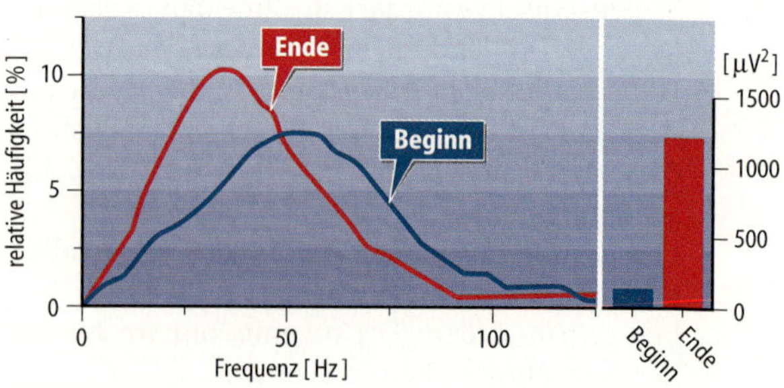

Abb. 31–18. Elektromyographische Kennzeichen der Ermüdung mittels Leistungsspektralanalyse (relative spektrale EMG-Leistung im Bereich der auf der Abszisse abgetragenen Frequenzen). Die elektrische Muskelaktivität wurde mit Hilfe des Oberflächen-EMG zu Beginn und am Ende einer bis zur Erschöpfung durchgeführten, gleichmäßigen Dauerkontraktion aufgezeichnet. Die Leistung im Frequenzspektrum (links) verschiebt sich zu niedrigeren Frequenzen, die spektrale Gesamtleistung (μV^2, rechts) nimmt um etwa das 5 fache zu. Nach [53]

- Zunahme der spektralen EMG-Leistung und
- Verschiebung des Frequenzspektrums zu niedrigeren Frequenzen (Abb. 31–18).

Erschöpfung. Wird bei physischer Arbeit oberhalb der Dauerleistungsgrenze *nicht rechtzeitig* oder nach wiederholten Höchstleistungen *nicht ausreichend* Erholung gewährt, tritt Erschöpfung ein. *Dieser Zustand maximaler Ermüdung* führt zum *Arbeitsabbruch,* da die Funktion verschiedener Regulationssysteme schwerstens beeinträchtigt wird. Dieser Arbeitsabbruch ist allerdings nicht als physiologisch-metabolischer Endpunkt zu verstehen: An der Dachrinne kann man in der Not länger hängen als an einer Reckstange. Solche Effekte sind allerdings experimentell nicht zugänglich. Obwohl der Arzt alltäglich mit Erschöpfungszuständen konfrontiert wird, ist über deren pathophysiologische und psychophysiologische Aspekte wenig bekannt.

Zu ***akuter Erschöpfung*** kommt es bei Schwerarbeit mit hoher Stoffwechselintensität: Die Leistungsfähigkeit nimmt schnell ab. Solche Erschöpfungszustände gehen mit einer massiven *metabolischen Azidose* einher (s. S. 619), Abnahmen des pH-Werts im Blut bis auf 6,8, im Muskel bis auf 6,4, wurden beobachtet. Trotzdem darf man sich den körperlichen Zusammenbruch im Erschöpfungszustand nicht als einen nur metabolisch bedingten Endpunkt vorstellen: Der Mensch bricht im Erschöpfungszustand eine Arbeit auch dann ab, wenn er glaubt, nicht mehr weitermachen zu können oder wenn der entsprechende Wille fehlt. Nach Sportaktivitäten, die ca. 1 min dauern, werden hohe Laktatkonzentrationen bis 20 mmol/l Blut häufig erreicht, ohne daß die Betroffenen Dauerschäden davontragen. In *Notsituationen* und unter dem Einfluß klassischer Dopingpräparate können noch ausgeprägtere Erschöpfungszustände auftreten; bleibende Schäden sind dann nicht auszuschließen. Langzeitige Schwerarbeit mit hohem Energieumsatz oder häufige, extreme Beanspruchungen ohne ausreichende Erholung können zur ***chronischen Erschöpfung*** führen, die durch *langanhaltende Störungen* oder lebensbedrohliche Zusammenbrüche von Regulationssystemen gekennzeichnet ist (z. B. Versagen der Nebennierenrindenfunktion).

Das ***Überlastungssyndrom*** tritt auf, wenn der *Ausgleich von Ermüdung durch Erholung* über längere Zeit nur unvollständig gewährt wird (***chronische Schäden***) oder physiologische bzw. mechanische Grenzen der Belastbarkeit (S. 673) überschritten werden (***akute Schäden***). Besonders typisch für das Überlastungssyndrom sind akute Schäden im Bereich des Skelett-Muskel-Systems (z. B. Knochenbrüche, Muskel- und Sehnenrisse, Bandscheiben- und Meniskusschäden). Überfordern bestimmte Tätigkeiten die Belastbarkeit dieses Systems über längere Zeit, treten bleibende Schäden auf, wie z. B. *Wirbelsäulenveränderungen* bei LKW- oder Traktorfahrern. Eine Vielzahl von Schäden an Gelenken, Bändern und Sehnen können auch die Folge zu intensiver sportlicher Betätigung sein.

Ein Überlastungssyndrom kann zum einen dadurch bedingt sein, daß ein Mensch *überfordert wurde,* zum anderen aber auch dadurch, daß er *sich selbst übernommen hat.* Auch Sportlern – besonders unerfahrenen Freizeitsportlern – passiert es immer wieder, daß sie sich übernehmen. Die Ursachen sind vielfältig: Übertriebener Ehrgeiz, Geltungsbedürfnis, Gewinnstreben oder gar Doping. Unter solchen Einflüssen werden typischerweise Warnsymptome nicht genügend beachtet und die *Zielantizipation* (s. S. 676) mißlingt.

Schwerarbeit: Nicht der hohe Energieumsatz, sondern Fehlbelastungen und Fehlmotorik führen zu gesundheitlichen Beschwerden

Hinsichtlich *gesundheitlicher Beschwerden* führt dynamische Arbeit mit hohem Energieumsatz lediglich zu Ermüdung oder gar Erschöpfung der beteiligten Muskulatur. Beide sind ohne gesundheitliche Schäden reversibel, falls eine ausreichende Erholung gewährt wird. Während der Erholung werden die Energiespeicher aufgefüllt, verlorengegangene Stoffe substituiert und Stoffwechselendprodukte abtransportiert. Ein kausaler Zusammenhang zwischen Energieumsatz und gesundheitlichen Beschwerden läßt sich selbst dann nicht herstellen, wenn körperliche Arbeit mit hohem Energieumsatz (z. B. im Bergbau oder in der Landwirtschaft) zu gesundheitlichen Beeinträchtigungen führt. Die arbeitsbedingten Beschwerden (bis hin zu Schäden) sind nicht metabolisch, sondern motorisch-biomechanisch bedingt: Sie werden durch *große Kräfte,* die an bestimmten Arbeitsplätzen auf das Skelett-Muskel-System einwirken, oder durch *Fehlmotorik* einschließlich *Zwangshaltungen* verursacht (s. S. 683). Daraus resultieren 2 Aspekte körperlicher ***Schwerarbeit:***

- Schwerarbeit *aus energetischer Sicht* und
- Schwerarbeit *aus motorisch-biomechanischer Sicht* (s. S. 677).

Die Pausenverteilung ist ein maßgeblicher Aspekt der Erholung

Erholung. Sie setzt ein, sobald eine Aktivität abgebrochen, reduziert oder durch eine andere ersetzt wird: Der Ermüdungsgrad nimmt ab, die Leistungsfähigkeit wieder zu. Die *Erholungszeit* endet mit Abschluß der physischen Regeneration. Diese *Regeneration* gleicht nur bedingt der Aufladung eines erschöpften Akkus; dies gilt am ehesten noch für die muskulären Energievorräte. Im motorischen Bereich ist die Regeneration weitaus komplizierter: So ist die Feinmotorik nach ermüdender Haltearbeit über einige Stunden gestört, relevant z. B. für Chirurgen und Musiker. Erholungspausen müssen insbesondere bei Arbeiten oberhalb der Dauerleistungsgrenze eingelegt werden. Da die Regeneration zu Beginn einer Erholungsphase besonders rasch verläuft, wie z. B. die Abnahme der Herzfrequenz zeigt (Abb. 31–5, S. 677), gilt für die Verteilung organisierter Pausen: *Viele, kurze Pausen sind besser als wenige, lange Pausen* [54]. Erholung von ermüdender Arbeit ist aber nicht nur in Pausen, sondern auch *während* Arbeit unterhalb der Dauerleistungsgrenze möglich. Bei mentalen Arbeiten können bereits innerhalb einer Stunde so deutliche Leistungseinbußen auftreten, daß eine Erholungspause erforderlich wird, z.B. beim Beobachten am Radarschirm.

Man unterscheidet zwischen *organisierten* und *versteckten* (kaschierten) ***Pausen.*** Zu den im Arbeitsablauf organisierten Pausen zählen Frühstücks- und Mittagspause, vorgeschriebene Pausen für Fahrzeugführer oder Arbeitende am Bildschirm. Die versteckten Pausen, beispielsweise in Form nur scheinbar nötigen Naseputzens oder Toilettengangs, können unter dem Aspekt einer zielgerechten, rückgekoppelten Verhaltensregulation (s.S.676) eine sehr sinnvolle Maßnahme gegen eine Überbeanspruchung sein, wenn sie auf einem tatsächlichen Erholungsbedarf beruhen. Spätestens im Erschöpfungsbereich befindet sich der Mensch auf einer Gratwanderung zwischen einem noch rechtzeitig vorgenommenem und einem als „Notbremse" durch Erschöpfung erzwungenen Arbeitsabbruch. Die nachfolgende Erholungspause verhindert dann eine völlige Dekompensation. Das Nichteinhalten eines Ausgleichs von Ermüdung durch ausreichende Erholung kann zu schweren gesundheitlichen Schäden führen, ausgelöst z.B. durch bestimmte Formen der Fließbandarbeit, besondere Motivation (Prämien bzw. übersteigerter Ehrgeiz) oder Pharmaka (Störungen der Leistungsrückmeldung, z.B. durch Dopingpräparate (s.S.685), auch am Arbeitsplatz).

!

Arbeit unterhalb der Dauerleistungsgrenze (nichtermüdende statische oder dynamische Arbeit) ist durch ein Stoffwechselgleichgewicht gekennzeichnet. Arbeit oberhalb der Dauerleistungsgrenze, also im Bereich der Höchstleistungsfähigkeit, geht mit zunehmender muskulärer Ermüdung bis zur Erschöpfung (maximale Ermüdung) einher, daher ist sie zeitlich limitiert. Die sportbezogene Ausdauergrenze liegt bei Blutlaktatwerten um 4 mmol/l (anaerobe Schwelle). Ausdauer-, Dauerleistungs- und Höchstleistungsgrenze unterliegen erheblichen interindividuellen Unterschieden. Physische Ermüdung tritt bei schwerer körperlicher Arbeit auf, psychische Ermüdung bei hoher psychischer Beanspruchung, aber auch infolge von Monotonie. Erschöpfung ist ein Zustand maximaler Ermüdung. Eine metabolisch verursachte Erschöpfung ist meistens vollständig reversibel, so im Leistungssport; dies gilt allerdings nicht für Notfälle oder dopingbedingte Zusammenbrüche. Ermüdung kann auch durch Störungen im Bereich von Synapsen bedingt sein. Muskelkater wird durch Mikroläsionen im Muskel verursacht. Überlastungsschäden durch körperliche Arbeit hoher Intensität betreffen überwiegend das Skelett-Muskel-System und nicht das Stoffwechselsystem. Sie werden auch nicht durch einen hohen Energieumsatz, sondern durch große Kräfte, Fehlmotorik oder Zwangshaltung verursacht. Insofern hat körperliche Schwerarbeit 2 Aspekte: Schwerarbeit aus energetischer und Schwerarbeit aus motorisch-biomechanischer Sicht.

Während der Erholung nimmt der Ermüdungsgrad wieder ab; dies ist in Pausen oder Phasen mit Arbeit unterhalb der Dauerleistungsgrenze möglich. Viele kurze Pausen sind erholsamer als wenige, lange Pausen: Dies gilt für organisierte und versteckte Pausen; letztere können bei hoher Beanspruchung als individuelle Maßnahme für den Ausgleich von Ermüdung (bzw. Erschöpfung) durch Erholung recht sinnvoll sein. Bei Störungen dieses Ausgleichs, z.B. durch Pharmaka, können schwere gesundheitliche Störungen auftreten.

31.7 Training, Übung, motorisches Lernen

Wiederholung gleichartiger Tätigkeiten führt zu spezifischen Anpassungen des Organismus mit Auswirkungen auf die spezielle Leistungsfähigkeit

Definitionen. Körperliche Aktivität löst zunächst innerhalb von Sekunden bis Minuten *Umstellungen* physiologischer Systeme aus, die nach Arbeitsabbruch schnell reversibel sind. Diesen Umstellungen stehen *Anpassungen* gegenüber, die länger über das Ende der Aktivität hinaus anhalten und die, insbesondere bei Anfängern, eine Zunahme der Leistungsfähigkeit für die wiederholte Tätigkeit bewirken. Das *Wiederholen gleichartiger Tätigkeiten löst spezifische Anpassungen* des Organismus aus und wird je nach Definition als Trainieren oder Üben bezeichnet. Da es sich aus physiologischer Sicht um den gleichen Sachverhalt handelt, soll im folgenden nur der Begriff ***Training*** benutzt werden, unabhängig davon, ob das Trainieren ungezielt im Rahmen üblicher Alltagsaktivitäten oder systematisch erfolgt. Beziehen sich die Anpassungsvorgänge auf die zentralnervöse Ansteuerung des Muskels, spricht man vom ***motorischen Lernen,*** das auf einer Optimierung von Informationsaufnahme, -verarbeitung, -speicherung und -abgabe in den motorischen Zentren des Nervensystems beruht.

Analog zu Abb.31–1 (S.672) versteht man beim Trainingsprozeß unter *Trainingsaufgabe* (bzw. -pensum oder -aufwand) eine Belastungskategorie, unter *Training* wiederholtes Leisten und unter *Trainingszustand* die durch Training mittel- bis langfristig erworbene *Anpassung des Organismus.* ***Trainingzustand** ist nicht gleichbedeutend mit Leistungsfähigkeit:* Es gibt Menschen, die trotz intensiven Trainings, also in gutem Trainingszustand, nur gerade Durchschnittliches leisten, während andere in entsprechend schlechterem Trainingszustand deutlich überdurchschnittliche Leistungen vollbringen. Ursache ist ein weiterer leistungsbestimmender Faktor, die ***Begabung (Talent).*** Dieser Begriff schließt *leistungsbestimmende Persönlichkeitsmerkmale* ein, die *nicht durch Training zu beeinflussen sind,* das Ausmaß der Leistungsfähigkeit jedoch wesentlich bestimmen. Diese Merkmale sind angeboren oder werden im Verlauf der frühkindlichen Entwicklung erworben und geprägt. Die aktuelle Leistungsfähigkeit hängt somit von Trainingszustand *und* Begabung ab.

Trainingsgewinn. Die durch Training ausgelösten spezifischen Anpassungsvorgänge wirken sich je nach Randbedingungen wie folgt auf die Leistungsfähigkeit aus:

- Zunahme der Leistungsfähigkeit bis zu einem Plateauwert (Grenzleistung) oder
- Erhalt der Leistungsfähigkeit oder
- Verlangsamung des Rückgangs der Leistungsfähigkeit im Vergleich zum *Trainingsverlust* während einer Trainingspause (Abb. 31–19).

Die durch Training erzielbare Leistungssteigerung (Trainingsgewinn) hängt vom *Trainingspensum* ab, also von Trainingsintensität und Trainingsdauer, aber auch von der *Trainierbarkeit,* also der Fähigkeit des Organismus, auf Trainingsreize zu *reagieren.* So nimmt die Trainierbarkeit der Muskelkraft mit zunehmendem Lebensalter wegen des sinkenden Testosteronspiegels ab. Allerdings kann die dann auftretende Minderung der Leistungsfähigkeit durch regelmäßiges Training deutlich verringert bzw. verzögert werden; selbst ein erst im Alter einsetzendes Training kann die Leistungsfähigkeit noch steigern. Auch die im Vergleich zu Männern schlechtere Trainierbarkeit von Frauen beruht auf deren niedrigerem Testosteronspiegel.

Spezielle Trainingsformen. Ein durch Ausdauer-, Kraft- oder Intervalltraining erreichter Trainingsgewinn bezieht sich primär nur auf die jeweils trainierte Tätigkeit. Nur ein *aufgabenspezifisches Training* führt zur optimalen Anpassung *aller* für eine spezifische Leistung maßgeblichen *Komponenten* (Abb. 31–2, S. 673). Wer seine Geschicklichkeit beim Operieren verbessern will, muß operieren; wer seine Leistungen im Rudern verbessern will, muß rudern. Der aufgabenspezifische Trainingsgewinn kann sich sekundär auch auf ähnliche Aufgaben förderlich auswirken, allerdings mit Übertragungsfehlern (Transferverlust).

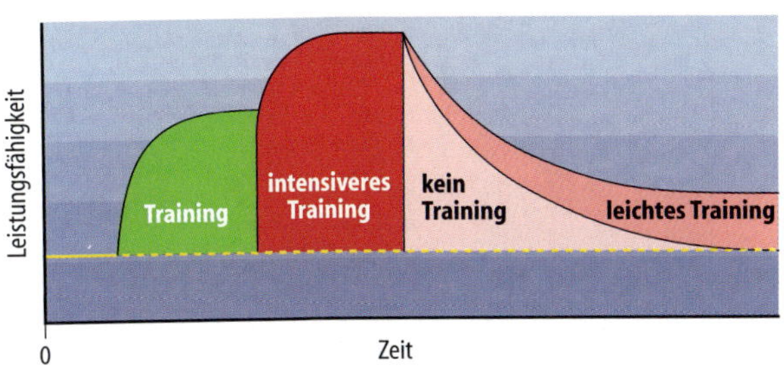

Abb. 31–19. Trainingsgewinn und Trainingsverlust (schematisch). Zu Beginn eines gleichbleibenden Trainings nimmt die Leistungsfähigkeit bis zu einem Plateau zu. Nach Erhöhung des Trainingspensums erfolgt ein neuer exponentieller Anstieg auf ein höheres Leistungsniveau. Durch ein Training niedrigerer Intensität wird der Rückgang der Leistungsfähigkeit im Vergleich zum Leistungsrückgang während einer Trainingspause verlangsamt

Zu den ***physiologischen Anpassungen*** gehören diejenigen des Muskels (Stoffwechsel, Hypertrophie), des Herzens (Sportlerherz), des Kreislaufs (maximales Herzzeitvolumen), des Atmungssystems (Zunahme des Atemgrenzwertes) und des Nervensystems (intra- und intermuskuläre Koordination). Solche Anpassungen treten sowohl beim gezielten Training (typisch im Sport oder bei handwerklicher Ausbildung), als auch bei ungezieltem Training im Rahmen von Alltagstätigkeiten auf. Der Alltag ist voll ungezielter Trainingsreize; dies merkt man vor allem an den Folgen einer *Immobilisierung,* z. B. durch Gipsverbände oder Bettlägrigkeit. Der *Trainingsverlust* verläuft dann wie derjenige in einer Trainingspause (Abb. 31–19) und geht mit typischen Symptomen, z. B. *Inaktivitätsatrophie* der Muskulatur, einher. Bei Bettlägrigkeit kommt eine Abnahme des Blutvolumens noch erschwerend hinzu.

Durch ***Ausdauertraining*** werden zahlreiche *physiologische Kenngrößen* beeinflußt (Tabelle 31–2). Besonders auffallend ist die Zunahme von Herzvolumen (Dilatation des Herzens) und Herzgewicht (Hypertrophie der Wandmuskulatur). Hierbei handelt es sich um eine trainingsbedingte physiologische Anpassung des Herzens ***(Sportlerherz)*** ohne Krankheitswert, die früher fälschlicherweise als Herzinsuffizienz gedeutet wurde. Auch die Vitalkapazität nimmt durch Ausdauertraining deutlich zu; dies ist jedoch für die Leistungsfähigkeit kaum relevant: Begrenzend für die Ausdauerleistungsfähigkeit ist im wesentlichen die Sauerstoffversorgung der Muskulatur und insofern das maximale Herzzeitvolumen, *nicht* aber die Atmung.

Motorisches Lernen fördert die Koordination als wesentliche Voraussetzung für den Erwerb spezieller motorischer Fertigkeiten

Motorisches Lernen. Mit dem Erwerb motorischer Fertigkeiten haben sich neben Physiologen besonders Psychologen und Pädagogen befaßt; entsprechend groß ist daher die Anzahl an Definitionen und Theorien. Beim motorischen Lernen geht es um *Erwerb und Optimierung zentralnervöser Fertigkeiten zur Ansteuerung der Skelettmuskulatur.* Die Verwirklichung erlernter Bewegungsmuster setzt die *Fähigkeit* des Sich-bewegen-Könnens voraus. Bei inaktivitätsbedingter Atrophie der Beinmuskeln, Schmerzen im Knie oder Bewegungseinschränkungen durch einen Gipsverband ist das Gehen als erlernte Bewegung erschwert oder gar unmöglich.

Tabelle 31–2. Gegenüberstellung physiologischer Parameter von zwei 25 jährigen, 70 kg schweren Männern (Nichtsportler und Ausdauersportler)

Meßgröße	Nichtsportler	Ausdauersportler
Herzfrequenz in Ruhe, liegend (min^{-1})	80	40
Herzfrequenz, maximal (min^{-1})	180	180
Schlagvolumen in Ruhe (ml)	70	140
Schlagvolumen, maximal (ml)	100	190
Herzzeitvolumen in Ruhe (l/min)	5,6	5,6
Herzzeitvolumen, maximal (l/min)	18	35
Herzvolumen (ml)	700	1400
Herzgewicht (g)	300	500
Atemzeitvolumen, maximal (l/min)	100	200
Sauerstoffaufnahme, maximal (l/min)	2,8	5,2
Blutvolumen (l)	5,6	5,9

Fähigkeit basiert dabei auf allgemeinen Voraussetzungen, die zur erfolgreichen Verwirklichung spezieller ***Fertigkeiten*** beitragen [32].

Typisch für ***erlernte Bewegungen*** ist, daß sie hinsichtlich ihrer räumlich-zeitlichen und dynamisch-statischen Anteile weitgehend unbewußt ablaufen. Dieser zentralnervöse Prozeß von Informationsaufnahme, -verarbeitung, -speicherung und -abgabe ist an automatisch verrechnete Rückmeldungen aus der Peripherie im Sinne von *Sensomotorik* gebunden. Bei der Ausführung geht es nicht um das Reproduzieren invarianter Bewegungsprogramme, sondern um das bedarfsgerechte Modifizieren im Sinne einer *variablen Verfügbarkeit* der gespeicherten Bewegungsprogramme.

Über den ***Erwerb des Bewegungswissens*** gibt es wiederum verschiedene Theorien, wobei folgendes unstrittig ist: Neben dem *praktisch-motorischen Training* tragen das gedankliche Verarbeiten (*mentales Training*) und das genaue Beobachten (*observatives Training)* des Bewegungsablaufs zum Erwerb des Bewegungswissens bei [15, 32]. Videogestützte visuelle Rückkopplung und verbale Instruktionen können das mentale Training unterstützen.

Der Erfolg ***motorischen Lernens*** zeigt sich zunächst darin, daß die zu lernende Bewegung in einer Grobform bezüglich ihrer räumlich-zeitlichen und dynamisch-statischen Anteile ausgeführt werden kann *(Phase der Grobkoordination)*. Mit fortschreitendem Lernprozeß verbessert sich die intra- und intermuskuläre Koordination immer mehr *(Phase der Feinkoordination);* überflüssige Mitbewegungen werden eliminiert, sensorische Rückmeldungen besser verrechnet und die Anteile willentlicher Steuerung und Regelung weiter reduziert. Schließlich kommt es zur *Phase der Stabilisierung* der Feinkoordination und der Entwicklung der variablen Verfügbarkeit [24]. Durch motorisches Lernen sind sehr große Leistungssteigerungen zu erzielen, wobei die Lernkurve häufig einen anfangs überproportionalen Anstieg aufweist (Abb. 31–20); bei sehr komplexen Bewegungsabläufen findet man jedoch diesen steilen Anstieg zu Beginn nicht. Oft weichen individuelle Lern- wie auch Trainingskurven erheblich von den als typisch dargestellten Mittelwertkurven ab. Da die Optimierung der Koordination (Abb. 31–21) den Wirkungsgrad wesentlich verbessert, verringert sich bei gleicher Leistung der Energieaufwand, oder bei gleichem Energieaufwand steigt die Leistung an. Insofern hängt die Leistungsfähigkeit für viele körperliche Aktivitäten ganz maßgeblich vom Erfolg motorischen Lernens ab. Die mit dem moto-

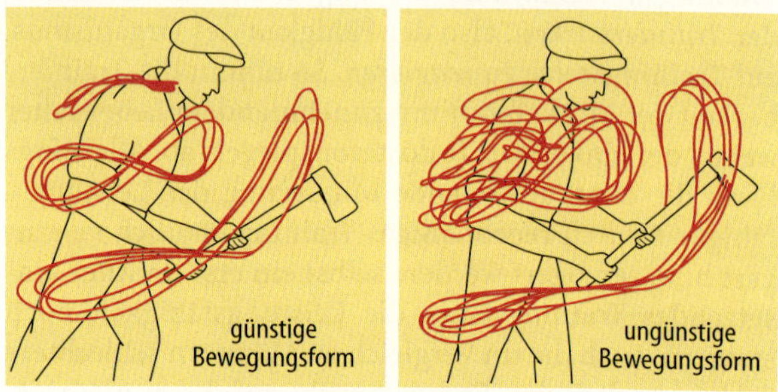

Abb. 31–21. Zyklogramme günstiger und ungünstiger Bewegungsausführungen bei repetitiven Bewegungen. Die ungünstige Bewegungsform – geringe Präzision stereotyper Bewegungszyklen – bewirkt einen geringeren Wirkungsgrad; sie ist typisch für Anfänger oder einen Ermüdungszustand. Nach [50]

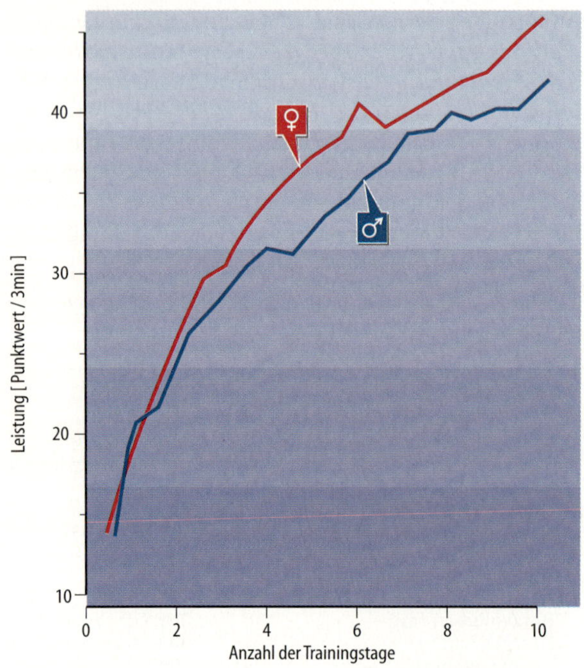

Abb. 31–20. Lernkurve bei einem systematischen Geschicklichkeitstraining (Steckbrett-Test) über 10 Tage. Durchschnittlicher Leistungszuwachs von 9 Studentinnen und 10 Studenten. Nach [58]

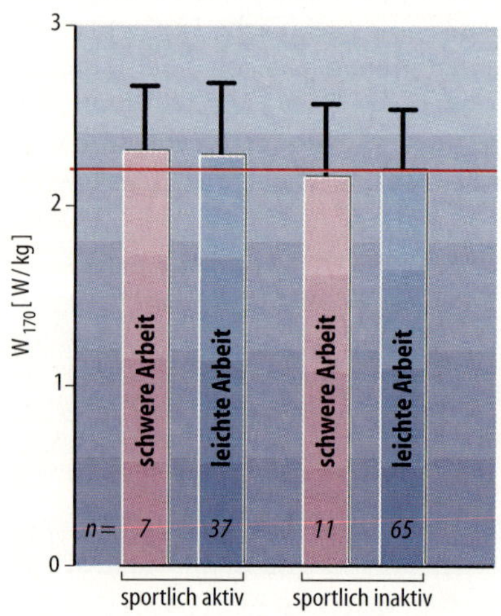

Abb. 31–22. Zur ergometrischen W_{170}-Leistungsfähigkeit bei Probanden mit leichter und schwerer beruflicher Arbeit und mit unterschiedlichen sportlichen Aktivitäten, jeweils Mittelwerte mit Standardabweichung. Der untere Grenzwert beträgt für Normalpersonen 2,2 W/kg (rote Linie); die aufgabenspezifischen Anpassungen durch berufliche oder sportliche Tätigkeiten werden demnach gar nicht erfaßt. Nach Werten von Ilmarinen, aus [57]

rischen Lernen einhergehenden Anpassungen sind stets aufgabenspezifisch, so beim Sporttreiben oder bei beruflicher Arbeit. Dies kann sogar dazu führen, daß sich sportliche oder beruflich schwere Aktivitäten nicht in der ergometrischen Leistungsfähigkeit niederschlagen (s. S. 673, Abb. 31–22).

Motorisches Verlernen. Das Verlernen bzw. Vergessen motorischer Fertigkeiten hängt sehr von der Art der Fertigkeit ab [19]. Zyklische und rhythmische Fertigkeiten werden über viele Jahre im *motorischen Langzeitgedächtnis* gespeichert; Leistungseinbußen infolge vergessener Anteile der Feinkoordination können durch Training schnell behoben werden. Azyklische Bewegungen und komplexe Bewegungen mit beträchtlichen kognitiven Anteilen, so bei Flugzeugführern, werden viel schneller vergessen und müssen daher regelmäßig trainiert und ggf. in einem Flugsimulator oder Prüfungsflug getestet werden.

!

Training (bzw. Übung) ist definiert als das Wiederholen gleichartiger Tätigkeiten; es löst aufgabenspezifische Anpassungen verschiedener Organsysteme, u. a. Muskel-, Herz-Kreislauf- und Atmungssystem, sowie das motorische Lernen (zentralnervös-koordinative Anpassung) aus. Die jeweilige Leistungsfähigkeit nimmt, besonders bei Anfängern, zu (Trainingsgewinn). Ausdauertraining führt zum Sportlerherz, Krafttraining zu Muskelhypertrophie, Geschicklichkeitstraining zur Optimierung motorischer Fertigkeiten. Mangel an Trainingsreizen bewirkt eine Abnahme der Leistungsfähigkeit bis hin zur Inaktivitätsatrophie der Muskulatur.

Motorisches Lernen (durch praktisch-motorisches Training, mentales und observatives Training) dient dem Erwerb von Bewegungswissen, das im Bewegungsgedächtnis gespeichert wird. Erst dadurch wird es dem Menschen möglich, koordinierte, flüssige und fehlerarme Bewegungsabläufe zu verwirklichen. Der Anteil des motorischen Lernens am Leistungsgewinn durch Training ist meistens größer als der Anteil metabolischer Trainingseffekte. Motorisches Verlernen betrifft vor allem azyklische Bewegungen und Fertigkeiten mit hohem kognitiven Anteil, dagegen kaum zyklische und rhythmische Bewegungsabläufe.

31.8 Tests und Leistungstests

Mit einem Test können nicht zu 100 % richtige Entscheidungen gefällt werden

Gütekriterien. Tests sind Meß- oder Prüfinstrumente, mit denen man bestimmte Persönlichkeits- oder Verhaltensmerkmale und deren Ausprägung erfaßt [21]. Sie werden in der Arbeits- und Sportphysiologie ebenso wie in der klinischen Diagnostik oder bei Examina eingesetzt. Weichen Testergebnisse verschiedener Probanden voneinander ab, spricht man von *interindividuellen* Unterschieden; *intraindividuelle* Unterschiede liegen vor, wenn der gleiche Test beim gleichen Individuum zu unterschiedlichen Testergebnissen führt (z. B. im Wiederholungstest). Es gibt *„gute"* und *„schlechte"* Tests. Die Brauchbarkeit eines Tests kann anhand seiner *Gütekriterien* beurteilt werden.

Man unterscheidet zwischen ***Hauptgütekriterien*** (Objektivität, Reliabilität, Validität) und ***Nebengütekriterien*** (Normiertheit, Vergleichbarkeit, Ökonomie, Nützlichkeit) [21]. Unter ***Objektivität*** wird angegeben, inwieweit ein Test bezüglich Durchführung und Ergebnis *unabhängig vom jeweiligen Untersucher* ist. Da viele Tests bei der Durchführung einen Prüfer erfordern, ist eine absolute Objektivität nur selten gegeben. Unter ***Reliabilität*** *(Meßgenauigkeit, Zuverlässigkeit)* versteht man den Grad der Genauigkeit, mit der ein Persönlichkeits- oder Verhaltensmerkmal erfaßt wird. Die ***Validität*** *(Gültigkeit, Aussagefähigkeit)* gibt den Grad der Genauigkeit an, mit dem ein Test dasjenige Persönlichkeits- oder Verhaltensmerkmal tatsächlich mißt, das er messen soll oder zu messen vorgibt. Die Validität stellt für viele Tests das Hauptproblem dar. Möglichkeiten und Grenzen der Validität eines Tests sollten dem Tester bekannt sein; ein Bezug allein auf die *Plausibilität* als Validitätskriterium genügt nicht. Insgesamt hängen Durchführung eines Tests und sachgerechte Interpretation eines Testergebnisses maßgeblich von der Erfahrung eines Testers ab. Die *Nebengütekriterien* sollte man nicht unterschätzen: Besonders die Ökonomie eines leistungsphysiologischen Tests kann hinsichtlich Zeitaufwand oder Kosten über seine Brauchbarkeit in der Praxis entscheiden.

Die Kriterien *Spezifität* und *Sensitivität* kennzeichnen Testergebnisse hinsichtlich ihrer *Richtigkeit.* Testergebnisse können nie zu 100 %ig richtigen Entscheidungen führen; in der Praxis kommt immer wieder ein mehr oder weniger großer Anteil falsch positiver und falsch negativer Entscheidungen vor. Unter ***Spezifität*** als Testgütekriterium versteht man das Ausmaß, mit dem ein Test zu richtig-negativen Entscheidungen führt (berechnet als Relation richtig-negativer Entscheidungen zur Gesamtzahl der ein Merkmal nicht aufweisenden Probanden). Unter ***Sensitivität*** versteht man das Ausmaß, mit dem ein Test zu richtig-positiven Entscheidungen führt (berechnet als Relation richtig-positiver Entscheidungen zur Gesamtzahl der das Merkmal aufweisenden Probanden) [45].

Mit Leistungstests wird primär nur die testspezifische Leistungsfähigkeit geprüft

Physiologische Leistungstests. Sie sind diagnostische Verfahren zur Bestimmung der körperlichen Leistungsfähigkeit für eine bestimmte Aufgabe (Übersicht [23, 35, 36]), die, wie jedes diagnostische Verfahren, ein gesundheitliches Risiko einschließen. Selbst bei ergometrischen „Vita-maxima-Tests" bis zur physischen Erschöpfung ist dieses Risiko für Gesunde nur gering. Dies gilt nicht für Patienten; ärztliche Indikationsstellung und Aufsicht sollten daher gewährleistet sein. Prinzipiell gilt: Mit Leistungstests erfaßt man nur die Leistungsfähigkeit für die jeweils geprüfte Aufgabe (vergl.

Abb. 31–22). Tests für die „allgemeine Ausdauer" liefern demnach keine repräsentativen Aussagen über alle Ausdauerleistungen (z. B. Laufen, Radfahren oder Schwimmen). Wegen der Spezifität eines Bewegungsablaufs sagt das Ergebnis eines Fahrradergometrie-Tests nur etwas über die *fahrradergometrische* Leistungsfähigkeit – die im Liegen schon anders als im Sitzen ist – aus. Will man auf die Leistungsfähigkeit für andere Ausdaueranforderungen übertragen, z. B. Forstarbeit, ist dies zwangsläufig mit mehr oder weniger großen Übertragungsfehlern verbunden [57].

Die ***maximale Sauerstoffaufnahme*** [14] ist ein pauschales Maß für die *„aerobe Leistungskapazität"* des Organismus. Man mißt sie bei *kontinuierlich oder stufenweise ansteigender Ergometerleistung:* Die Sauerstoffaufnahme steigt zunächst gleichmäßig an und geht dann mit dem Erreichen des Erschöpfungsbereichs in ein Plateau (maximale Sauerstoffaufnahme) über. Der Durchschnittswert für einen 70 kg schweren, erwachsenen Mann liegt bei rund 3,0 l/min bzw. 43 ml · min^{-1} · kg^{-1}. Bei hochtrainierten Ausdauersportlern findet man bis zu doppelt so hohe Werte.

Die ***Arbeitskapazität* – *„working capacity"* – W_{170}** oder ***PWC_{170}*** wird ebenfalls bei kontinuierlich oder stufenweise ansteigender Ergometerleistung bestimmt. Man ermittelt diejenige Leistung in Watt, bei der die Herzfrequenz den Wert von 170 min^{-1} erreicht. Da ältere Menschen eine niedrigere maximale Herzfrequenz haben, wird entweder auf den Wert von 170 min^{-1} extrapoliert oder eine andere Bezugsfrequenz, z. B. 130 min^{-1}, festgelegt und dann von W_{130} gesprochen. Die Validität ähnelt derjenigen des Tests „maximale Sauerstoffaufnahme". Allerdings ist der W_{170}-Test nicht so zuverlässig wie die Bestimmung der maximalen Sauerstoffaufnahme; er ist jedoch wegen seiner guten Ökonomie in bezug auf Zeit und Kosten für Reihenuntersuchungen besonders geeignet. – Für 20- bis 30 jährige Nichtsportler gelten folgende Richtwerte: Frauen 2,3 W/kg, Männer 2,8 W/kg. Auch hier findet man bei hochtrainierten Ausdauersportlern bis zu doppelt so hohe Werte.

Die ***Laktatkonzentration*** im Blut wird zur Ermittlung der ***aeroben*** und der ***anaeroben*** Schwelle bestimmt (Abb. 31–23). Bei ansteigender Ergometerleistung wird diejenige Leistung ermittelt, bei der die Laktatkonzentration im Blut Werte von 2 bzw. 4 mmol/l überschreitet. Die aerobe Schwelle (2 mmol/l) entspricht der Dauerleistungsgrenze (s. S. 686). Die anaerobe Schwelle (4 mmol/l, vergl. Ausdauergrenze, S. 687) läßt bessere Rückschlüsse auf die *sportliche Langzeitausdauer* im Stundenbereich zu als die maximale Sauerstoffaufnahme; sie liegt bei 20- bis 30 jährigen Männern bei etwa 2,5 W/kg. Die Lage der *anaeroben Schwelle,* bezogen auf die maximale Sauerstoffaufnahme (=100 %), erlaubt Rückschlüsse auf trainingsbedingte *Anpassungsvorgänge* in der *Muskulatur* (Trainingszustand): Bei Ausdauertrainierten liegt die anaerobe Schwelle bei etwa 80 % der maximalen Sauerstoffaufnahme.

Das ***Herzvolumen*** wird echokardiographisch (mit Ultraschall) bestimmt. Es ist kein direktes Maß für die Leistungsfähigkeit, sondern ein Maß für die trainingsbedingte Anpassung des Herzens an körperliche Ausdaueraktivitäten *(Ausdauertrainingszustand).* Bei gesunden Nichtsportlern beträgt das Herzvolumen etwa 10 ml/kg. Bei hochtrainierten Ausdauersportlern findet man bis zu doppelt so hohe Werte (vgl. Sportlerherz, s. S. 691).

Ergebnisse von Leistungstests werden häufig auf das *Körpergewicht* bezogen (***Relativwerte,*** s. S. 804). Ein pauschales Vorgehen ist jedoch im Einzelfall nicht angebracht; vielmehr sind die jeweiligen Anforderungen zu berücksichtigen, und zwar wie folgt:

- Soll nur das eigene Körpergewicht bewegt werden, sind leistungsphysiologische Meßgrößen verschiedener Individuen am besten vergleichbar, wenn man sie auf das Körpergewicht bezieht.

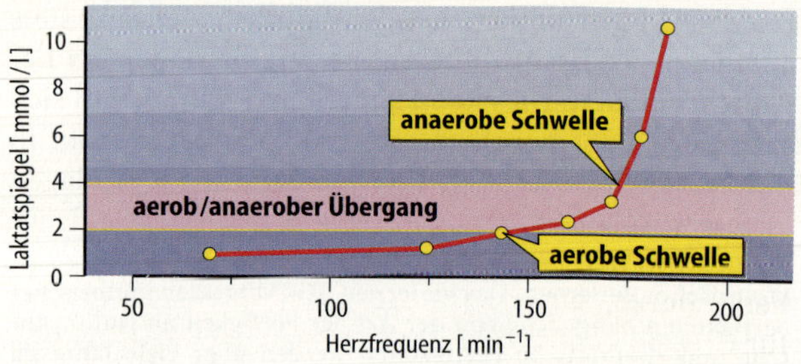

Abb. 31–23. Aerobe und anaerobe Schwelle anhand arterieller Blutlaktatkonzentrationen; Herzfrequenzwerte eines Ausdauersportlers. Modifiziert nach [26]

- Sollen schwere Lasten transportiert werden, ist es sinnvoll, die absolute Leistungsfähigkeit zugrunde zu legen oder die Meßergebnisse auf das Gesamtgewicht (Körpergewicht + Lastgewicht) zu beziehen.
- Soll die Leistungsfähigkeit der Muskulatur beurteilt werden, ist ein Bezug auf die Muskelmasse (die mit der fettfreien Körpermasse = *Lean Body Mass,* s. S. 804, korreliert) zu bevorzugen.

Psychophysiologische Tests. Diese finden zunehmend Eingang in leistungsphysiologische Testprogramme für körperliche Arbeit. Mit *psychometrischen Schätzskalen,* z. B. der BORG-Skala, wird das Anstrengungsempfinden erfaßt, indem der Proband die empfundene Anstrengung auf einer Schätzskala (Abb. 31-24) der entsprechenden Zahl zuordnet. Solche Skalen geben auf testökonomische Weise brauchbare Einblicke in das psychophysische Erleben und Rückmeldegeschehen bei Schwerarbeit, z. B. hinsichtlich der *Zielantizipation* (s. S. 676) oder drohender Überbeanspruchung. Sie liefern zwar nur subjektive Ergebnisse und erfordern daher eine adäquate Kooperationsbereitschaft des Pro-

6	
7	Sehr, sehr leicht
8	
9	Sehr leicht
10	
11	Recht leicht
12	
13	Etwas anstrengend
14	
15	Anstrengend
16	
17	Sehr anstrengend
18	
19	Sehr, sehr anstrengend
20	

Abb. 31–24. BORG-Skala zur Erfassung der erlebten Anstrengung („ratings of perceived exertion", RPE). Instruktions-Frage: Bitte geben Sie als Zahl den Wert an, der Ihrer augenblicklichen Anstrengung entspricht [39]

banden; ihre Validität ist jedoch oft sehr groß, weil die Vielzahl beanspruchender Faktoren integrativ mit eingeht.

Leistungsprognose. Wenn es schon schwierig ist, mit Tests die aktuelle Eignung für eine Aufgabe zu erfassen, so gilt dies erst recht für die zukünftige Eignung. Die Vorhersagbarkeit einer zukünftigen Leistungsfähigkeit mag für Gruppen unter gewissen Bedingungen möglich sein, im Einzelfall sind ihr jedoch prinzipielle Grenzen gesetzt. Insofern haben prognostische Verfahren für den Einzelfall nur eine sehr begrenzte Aussagekraft; dies gilt für alle Verfahren zur Talentsuche im beruflichen und sportlichen Bereich. Aussagen über die zukünftige Leistungsfähigkeit eines Menschen dürfen daher nicht zu *formalistisch* gesehen werden. Ob eine Eignungsprüfung wirklich alle leistungsrelevanten Faktoren erfaßt, ist meistens zweifelhaft, da *Leistung immer multifaktoriell* bedingt ist. Man sollte daher von einer Prognose über zukünftige Leistungen nicht zu viel erwarten, ähnlich wie von der Wetterprognose, die sich immerhin auf jahrzehntelange Erfahrungen stützen kann. Letztlich entscheidet die *Bewährung am Arbeitsplatz* (Sportplatz) über die Eignung für den geforderten Aufgabenbereich. Tests können lediglich eine Hilfestellung bieten, um bei einer Vorauswahl den Kreis der in Frage kommenden Personen einzugrenzen, ohne daß Irrtümer in der einen oder anderen Richtung ausgeschlossen sind.

!

Tests sind Prüfinstrumente, deren Brauchbarkeit von Hauptgütekriterien (Objektivität, Reliabilität, Validität) und Nebengütekriterien abhängt. Zu 100%ig richtigen Entscheidungen können Tests nicht führen; es gibt immer wieder einen mehr oder weniger großen Prozentsatz falsch-positiver und falsch-negativer Entscheidungen, der sich anhand der Testgüte-Kriterien Sensitivität und Spezifität eines Tests beschreiben läßt. Ergebnisse leistungsphysiologischer Tests beziehen sich primär nur auf die getestete Leistung. Wegen der Spezifität leistungsrelevanter Komponenten – speziell motorischer Art – geht das Übertragen auf andere körperliche Aktivitäten zwangsläufig mit Übertragungsfehlern einher. Zu den typischen leistungsphysiologischen Tests zählen maximale Sauerstoffaufnahme, Arbeitskapazität (W_{170}) und Laktatschwellen. Die prognostische Relevanz von Leistungstests sollte man nicht höher bewerten als die von Wetterprognosen.

31.9 Literatur

Weiterführende Lehr- und Handbücher

1. Åstrand P-O, Rodahl K (1986) Textbook of work physiology. McGraw-Hill, New York
2. Baust W (Hrsg.) (1971) Ermüdung, Schlaf und Traum. Fischer, Frankfurt/M.
3. Berger W, Dietz V, Hufschmidt A, Jung R, Mauritz K-H, Schmidtbleicher D (1984) Haltung und Bewegung beim Menschen: Physiologie, Pathophysiologie, Gangentwicklung und Sporttraining. Springer, Berlin Heidelberg New York
4. Clasing D (Hrsg.) (1992) Doping – verbotene Arzneimittel im Sport. Fischer, Stuttgart
5. Clasing D, Weicker H, Böning D (Hrsg.) (1994) Stellenwert der Laktatbestimmung in der Leistungsdiagnostik. Fischer, Stuttgart
6. Conradi P, Krueger H, Zülch J (1987) Untersuchung der Belastung bei Lupen- und Mikroskopierarbeiten. In: Bundesanstalt für Arbeitsschutz (Hrsg.) Schriftenreihe der Bundesanstalt für Arbeitsschutz – Forschung – Fb 516. Bundesanstalt für Arbeitsschutz (im Selbstverlag), Dortmund
7. Franz I-W (1984) Ergometrie bei Hochdruck- und Koronarkranken in der täglichen Praxis. Springer, Berlin Heidelberg New York
8. Frick U (1993) Kraftausdauerverhalten im Dehnungs-Verkürzungs-Zyklus. In: Bundesinstitut für Sportwissenschaft (Hrsg.) Sport und Buch. Strauss, Köln
9. Galbo H (1983) Hormonal and metabolic adaptation in exercise. Thieme, Stuttgart
10. Grandjean E (1991) Physiologische Arbeitsgestaltung. Ott, München
11. Haase J, Henatsch H-D, Jung R, Strata P, Thoden U (1976) Sensomotorik. In: Gauer OH, Kramer K, Jung R (Hrsg.) Physiologie des Menschen, Bd. 14. Urban und Schwarzenberg, München
12. Hildebrandt G (Hrsg.) (1976) Biologische Rhythmen und Arbeit. Springer, Wien New York
13. Hollmann W (Hrsg.) (1986) Zentrale Themen der Sportmedizin. Springer, Berlin Heidelberg New York
14. Hollmann W, Hettinger T (1990) Sportmedizin – Arbeits- und Trainingsgrundlagen. Schattauer, Stuttgart
15. Hotz A, Weineck J (1988) Optimales Bewegungslernen. Beiträge zur Sportmedizin, Bd. 23. Perimed, Erlangen
16. Hoyos C (1985) Arbeitspsychologie. In: Reichel G, Bolt HM, Hettinger T, Selenka F, Ulmer H-V, Ulmer WT (Hrsg.) Grundlagen der Arbeitsmedizin. Kohlhammer, Stuttgart
17. Koella W P (1988) Physiologie des Schlafes – Eine Einführung. Fischer, Stuttgart
18. Konietzko J, Dupuis H (Hrsg.) (1989) Handbuch der Arbeitsmedizin. Ecomed, Landsberg
19. Kuhn W (1984) Motorisches Gedächtnis: Behalten und Vergessen im motorischen Kurzzeitgedächtnis. Hofmann, Schorndorf
20. Lehmann G (Hrsg.) (1961) Arbeitsphysiologie. Urban und Schwarzenberg, Berlin (Handbuch der gesamten Arbeitsmedizin, Bd. 1)
21. Lienert GA, Raatz U (1994) Testaufbau und Testanalyse. Beltz, Weinheim
22. Löllgen H (1990) Kardiopulmonale Funktionsdiagnostik. Ciba Geigy, Wehr/Baden
23. Marées H de (1989) Sportphysiologie. Tropon, Köln-Mühlheim
24. Meinel K, Schnabel G (1987) Bewegungslehre – Sportmotorik. VEB Volk und Wissen, Berlin
25. Nadel ER (1977) Problems with temperature regulation during exercise. Academic, New York
26. Nöcker J (1980) Physiologie der Leibesübungen für Sportlehrer, Trainer, Sportstudenten, Sportärzte. Enke, Stuttgart
27. Ranke OF (1941) Arbeits- und Wehrphysiologie mit Hinweisen auf die Sportphysiologie. Quelle und Meyer, Leipzig

28. Reichel G, Bolt HM, Hettinger T, Selenka F, Ulmer H-V, Ulmer WT (Hrsg.) (1985) Grundlagen der Arbeitsmedizin. Kohlhammer, Stuttgart
29. Rohmert W, Rutenfranz J (Hrsg.) (1983) Praktische Arbeitsphysiologie. Thieme, Stuttgart
30. Scheuch K, Schröder H (1990) Mensch unter Belastung. Deutscher Verlag der Wissenschaften, Berlin
31. Selye H (1957) Streß beherrscht unser Leben. Econ, Düsseldorf
32. Singer RN (1985) Motorisches Lernen und menschliche Leistung. Limpert, Bad Homburg
33. Stegemann J (1991) Leistungsphysiologie. Thieme, Stuttgart
34. Thews G (1984) Der Atemgastransport bei körperlicher Arbeit. Steiner, Wiesbaden
35. Ulmer H-V (1975) Zur Methodik, Standardisierung und Auswertung von Tests für die Prüfung der körperlichen Leistungsfähigkeit. Deutscher Ärzteverlag, Köln-Lövenich
36. Valentin H, Holzhauser KP (1976) Funktionsprüfungen von Herz und Kreislauf. Deutscher Ärzteverlag, Köln-Lövenich
37. Wenzel HG, Piekarski C (1982) Klima und Arbeit. Bayerisches Staatsministerium für Arbeit und Sozialordnung, München

Einzel- und Übersichtsarbeiten

38. Berger M, Berchtold P, Chappers H-J, Drost H, Kley HK, Müller WA, Wiegelmann W, Zimmermann-Telschow H, Gries FA, Krüskemper L, Zimmermann H (1977) Metabolic and hormonal effects of muscular exercise in juvenile type diabetics. Diabetologia 13:355
39. Borg G (1970) Perceived exertion as an indicator of somatic stress. Scand J Med 2:92
40. Cannon WB (1928) Die Notfallsreaktionen des sympathico-adrenalen Systems. Erg Physiol 27:380
41. Connett RJ, Gayeski TEJ, Honig CR (1985) Energy sources in fully aerobic rest-work transitions: a new role for glycolysis. Am J Physiol 248:H922
42. Donald KW, Lind AR, McNicol GW, Humphreys PW, Taylor SH, Staunton HP (1967) Cardiovascular responses to sustained (static) contractions. Circulation Res 20 [Suppl 1]:I-15
43. Fukunaga T, Philippi H, Hollmann W (1976) Über die Beziehungen zwischen statischer Arbeit, Kraftleistung und Durchblutung. Sportarzt Sportmed 27:181
44. Graf O (1961) Arbeitsablauf und Arbeitsrhythmus. In: Lehmann G (Hrsg.) Arbeitsphysiologie. Urban und Schwarzenberg, Berlin (Handbuch der gesamten Arbeitsmedizin, Bd. 1)
45. Herrmann W (1991) Grenzwerte in der Labordiagnostik – Was sind denn die wert? Therapiewoche 41:2184
46. Honig CR, Odoroff CL, Frierson JL (1980) Capillary recruitment in exercise: rate, extent, uniformity, and relation to blood flow. Am J Physiol 238:H31
47. Hultén B, Thorstensson A, Sjödin B, Karlsson J (1975) Relationship between isometric endurance and fibre types in human leg muscles. Acta Physiol Scand 93:135
48. Illert M (1994) Motorisches System. In: Deetjen P, Speckmann EJ (Hrsg.) Physiologie. Urban und Schwarzenberg, München
49. Johnson JM, Rowell LB, Brengelmann GL (1974) Modification of the skin blood flow-body temperature relationship by upright exercise. J Appl Physiol 37:880
50. Kaminsky DG, Schmidtke H (1960) Arbeitsablauf- und Bewegungsstudien. In: Bramesfeld E, Euler H, Pentzlin K (Hrsg.) Grundlagen des Arbeits- und Zeitstudiums, Bd. 5. Hanser, München
51. Keul J, Haralambie G (1986) Energiestoffwechsel und körperliche Leistung. In: Hollmann W (Hrsg.) Zentrale Themen der Sportmedizin. Springer, Berlin Heidelberg, New York
52. Klein G, Hilmer W, Moser B (1978) Weißes Blutbild bei Ergometrie und Langstreckenlauf. Dt Z Sportmed 29:8
53. Küchler G (1987) Physiologie des Nerven-Muskel-Systems und der Muskelarbeit. In: Rüdiger W (Hrsg.) Lehrbuch der Physiologie, Teil 1. VEB Volk und Gesundheit, Berlin
54. Müller EA (1961) Die physische Ermüdung. In: Lehmann G (Hrsg.) Arbeitsphysiologie. Urban und Schwarzenberg, Berlin (Handbuch der gesamten Arbeitsmedizin, Bd. 1)
55. Rohmert W (1962) Untersuchung über Muskelermüdung und Arbeitsgestaltung. Beuth, Berlin
56. Rost R (1988) Der plötzliche, nicht-traumatische Tod im Sport. Fortschr Med 106/6:103
57. Ulmer H-V (1985) Kritische Überlegungen zur Ergometrie bei betriebsärztlichen Vorsorgeuntersuchungen. Zbl Arbeitsmed 35:370
58. Ulmer H-V (1985) Physiologische Grundlagen menschlicher Arbeit. In: Reichel G, Bolt HM, Hettinger T, Selenka F, Ulmer H-V, Ulmer WT (Hrsg.) Grundlagen der Arbeitsmedizin. Kohlhammer, Stuttgart
59. Ulmer H-V (1995) Zeitbezogene Zielantizipation als Teil motorischen Lernens bei 1- bis 10minütiger Haltearbeit. Universitätsverlag/Druckhaus Mayer, Jena

Umweltphysiologie 32

H.-V. ULMER

EINLEITUNG *Umwelt* ist ein Modewort geworden; allerdings haben selbst engagierte Zukunftsforscher noch Ende der 60 er Jahre die heutige Umweltproblematik nicht vorhergesehen. Umweltvergiftungen und Ozonloch sind Schlagwörter, die gelegentlich überdecken, daß der Mensch auch zahlreichen physikalischen Einwirkungen ausgesetzt ist, deren Fehleinschätzung zu gesundheitlichen bis tödlichen Konsequenzen führen kann. Dies gilt sowohl für berufliche, besonders aber auch für außerberufliche Aktivitäten – speziell in der Freizeit. Die vielfältigen physikalischen Umwelteinflüsse können im Menschen Regulationsmechanismen in Gang setzen, die innerhalb von Minuten bis Stunden zu kurzfristiger *Umstellung,* innerhalb von Tagen bis Wochen zu langfristiger *Anpassung* des Organismus führen. Daher kann sich der Mensch Lebens- und Arbeitsräume in der Höhe und unter Wasser sowie vom Polarkreis bis zum Äquator erschließen. – Einwirkungen der Umwelt, z. B. physikalischer oder chemischer Art, bezeichnet man gemäß dem Belastungs-Beanspruchungskonzept (S. 672 f) als *Umweltbelastungen.* Der Vielzahl an Belastungen entsprechen sehr verschiedene Reaktionen des Organismus mit Bezug zur Toxikologie, Traumatologie, Allergologie oder Physiologie. Reaktionen auf physikalische Einwirkungen betreffen zunächst physiologische Regulationsmechanismen, auf die im folgenden exemplarisch eingegangen wird.

32.1 Höhenphysiologie, Unterdruck

O_2-Mangelwirkungen werden durch die höhenbedingte Abnahme des inspiratorischen O_2-Partialdrucks verursacht

Akute und chronische Hypoxie. Mit zunehmender Höhe bleibt zwar die O_2-Fraktion konstant, der O_2-Partialdruck sinkt jedoch proportional zum abnehmenden Luftdruck, z. B. in 5.500 m Höhe auf die Hälfte, ab (Tabelle 32–1). Die *Reaktionen* des Menschen auf *Sauerstoffmangel* hängen nicht nur vom Ausmaß des Mangels, sondern auch von der Zeitspanne ab, in welcher dieser eintritt [11]. Man unterscheidet zwischen *akuter Hypoxie* (u. a. bei plötzlichem Druckabfall im Flugzeug oder Ausfall eines Atemgeräts), *schnell einsetzender Hypoxie* (so bei der Auffahrt mit einer Bergbahn) und *chronischer Hypoxie* (u. a. bei längerem Höhenaufenthalt). Die Höhenverträglichkeit hängt auch von der *Art des Aufstiegs* ab: Ein schneller, passiver Höhenaufstieg (Bergbahn, Flugzeug) wird schlechter als ein langsamer, aktiver Aufstieg (Bergwandern) vertragen.

Höhenkrankheit. Hierunter sind zahlreiche, durch *Sauerstoffmangel* ausgelöste Störungen zu verstehen [8]. Allgemein beobachtet man Minderungen körperlicher und geistiger Leistungsfähigkeiten sowie schnell eintretende Ermüdung und Unbehagen. *Spezielle Kennzeichen* der Höhenkrankheit sind zunächst Willensschwäche, Schlafbedürfnis, Appetitlosigkeit, Atemnot, Tachykardie, Schwindel, Erbrechen, Kopfschmerzen und Apathie, aber auch Euphorie. Diese Symptome treten je nach *Disposition* und *Situation* isoliert oder kom-

Tabelle 32–1. Luftdruck, inspiratorischer O_2-Partialdruck (*angefeuchtete Einatemluft*) und alveolärer O_2-Partialdruck in Abhängigkeit von der Höhe ü. M. In der letzten Spalte sind die O_2-Fraktionen angegeben, mit denen sich in Meereshöhe die entsprechenden O_2-Partialdrücke simulieren lassen (100 mm Hg ≈ 13,3 kPa)

Höhe ü. M. (m)	Luftdruck (mm Hg)	Inspir. O_2-Partialdruck (mm Hg)	Alveolärer O_2-Partialdruck (mm Hg)	Entsprechende inspir. O_2-Fraktion in Meereshöhe
0	760	149	105	0,2095
2000	596	115	76	0,164
3000	526	100	61	0,145
4000	462	87	50	0,127
5000	405	75	42	0,112
6000	354	64	38	0,098
7000	308	55	35	0,085
8000	267	46	32	0,074
10000	199	32		0,055
14000	106	12		0,029
19000	49	0,4		0,014

biniert auf; ihre Bedeutung als *Warnsymptome* wird oft verkannt. *Gefährlich ist ein sich langsam einschleichender Sauerstoffmangel,* besonders in körperlicher Ruhe, da er oft ohne vorangehende Warnsymptome zur Bewußtlosigkeit führt. Ab 3000 m Höhe kann es zum ***Höhenrausch*** kommen [7, 11]. Typische Kennzeichen sind Euphorie, eklatante Fehlentscheidungen und Verkennen von Gefahren, ähnlich wie im Alkoholrausch. Lebensbedrohlich kann ein Lungenoedem ab 4000 m Höhe werden.

Wirkungsschwellen. Aufgrund der Auswirkungen des Sauerstoffmangels wird zwischen *4* ***Zonen*** unterschieden, die durch *Wirkungsschwellen* [11] getrennt sind (Abb. 32–1). Das Schema darf allerdings nicht zu starr ausgelegt werden, da die Übergänge fließend sind und die Schwellenwerte, je nach *Akklimatisation* (S. 699) und *Disposition,* mehr oder weniger variieren.

Indifferenzzone: Bis zur Höhe von 2000 m werden die Funktionen des Organismus und damit u. a. die Höchstleistungsfähigkeit für dynamische Arbeit gar nicht oder nur wenig beeinträchtigt.

Zone der vollständigen Kompensation: In Höhen zwischen 2000 und 4000 m reagiert der Organismus bereits in Ruhe auf das verminderte Sauerstoffangebot mit einem geringen Anstieg von Herzfrequenz, Herzzeitvolumen und Atemzeitvolumen. Bei vergleichbarer Arbeit fallen diese Anstiege deutlicher als in Meereshöhe aus; physische und psychische Leistungsfähigkeiten sind somit spürbar vermindert.

Zone der unvollständigen Kompensation bzw. Gefahrenzone: In Höhen zwischen 4000 und 7000 m treten bei fehlender Höhenakklimatisation verschiedene Störungen auf. Überschreiten der *Störungsschwelle* ***(Sicherheitsgrenze)*** bei 4000 m führt zu erheblicher Beeinträchtigung von physischen Leistungsfähigkeiten, Reaktionsvermögen und Entscheidungsfähigkeit. Es treten Muskelzuckungen, Blutdruckabfall, Lungenödem und schließlich Bewußtseinstrübung auf.

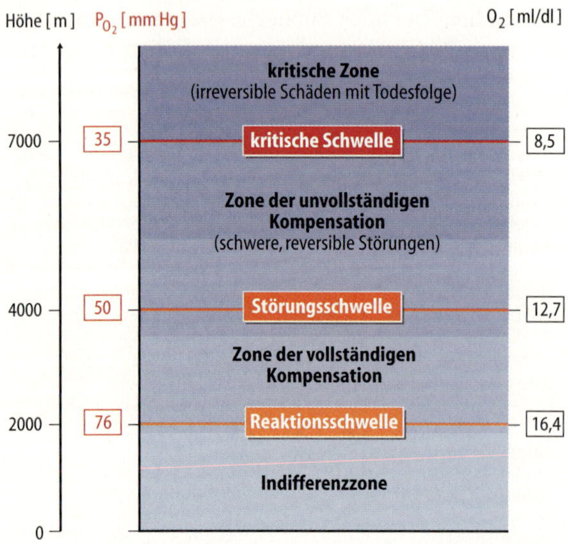

Abb. 32–1. Wirkungsschwellen des höhenbedingten Sauerstoffmangels. Die *rot* umrandeten Zahlen geben den der angegebenen Höhe entsprechenden alveolären O_2-Partialdruck an, die *schwarz* umrandeten Zahlen den Sauerstoffgehalt von in Meereshöhe entsprechend wirkenden O_2-Mangelgemischen (s. Tabelle 32–1). Die Angaben gelten nur als Richtwerte für nicht Akklimatisierte. Nach [11]

Kritische Zone: Ab 7000 m Höhe unterschreitet der O_2-Partialdruck in der Alveolarluft die ***kritische Schwelle*** von 30–35 mm Hg (4,0–4,7 kPa); es treten lebensbedrohliche zentralnervöse Störungen mit Bewußtlosigkeit und Krämpfen auf, die nach rascher Erhöhung des inspiratorischen P_{O_2} noch reversibel sind, allerdings nur innerhalb einer kurzen Zeitspanne. In der kritischen Zone ist die *Dauer des Sauerstoffmangels entscheidend.* Bei zu lange dauernder Hypoxie tritt der ***Höhentod*** infolge irreversiblen Zusammenbruchs zentralnervöser Regulationen ein.

Zeitreserve. Darunter versteht man die kurze Zeitspanne hinreichender Aktionsfähigkeit bei *plötzlichem* Sauerstoffmangel in Höhen über 7000 m (Tabelle 32–2), z. B. bei plötzlichem Druckabfall im Flugzeug. Nach Ablauf der Zeitreserve kommt es zur Bewußtseinstrübung und anschließend zu irreversiblen Schäden mit Todesfolge.

Durch ***Atmung reinen Sauerstoffs in der Höhe*** werden die Wirkungsschwellen verschoben, jedoch nicht aufgehoben. In 14 km Höhe beträgt der inspiratorische P_{O_2} bei Atmung reinen Sauerstoffs 106 mm Hg (14,1 kPa). Im Alveolarraum liegt ein P_{CO_2} von ca. 30 mm Hg (4,0 kPa) vor; bei 37° C beträgt der p_{H_2O} für die wasserdampfgesättigte Alveolarluft 47 mm Hg (6,3 kPa). So verbleibt, je nach Ausmaß der höhenbedingten Hyperventilation, ein P_{O_2} von rund 30 mm Hg (4,0 kPa); die *kritische Hypoxieschwelle* ist unterschritten. Diese wird bei Atmung reinen Sauerstoffs zwischen 13 und 14 km Höhe erreicht. Größere Höhen können demnach nur unter Verwendung von *Druckanzügen* oder *Druckkabinen* vertragen werden (S. 700).

In der Höhe kommt es zur kurzfristigen Umstellung von Kreislauf, Atmung, Sauerstofftransport und Säure-Basen-Haushalt

Kreislauf bei Höhenumstellung. Infolge des O_2-Mangels steigt ab 2000 m Höhe die *Herzfrequenz* in Ruhe an; in 6000 m Höhe erreicht sie Werte von etwa 120 min^{-1}. Bei gleicher körperlicher Arbeit nimmt sie gegenüber Werten in Meereshöhe erheblich zu. Das *Schlagvolumen* ändert sich nur geringfügig. Das *Herzzeitvolumen* ist somit in Ruhe gering, bei Arbeit deutlich erhöht. Der *arterielle Blutdruck* zeigt bei Arbeit in verschiedenen Höhen keine wesentlichen Änderungen. Hingegen kann es in der *A. pulmonalis,* besonders während Ruhe, zum Druckanstieg und ab 4000 m zum gefürchteten Lungenödem kommen, u. a. infolge hypoxischer Vasokonstriktion in der Lungenstrombahn (S. 588).

Atmung bei Höhenumstellung. Die arterielle Hypoxie löst in Ruhe nur eine geringe Atmungssteigerung aus (S. 598): Das Atemzeitvolumen steigt in 5000 m Höhe auf 110 %, in 6500 m Höhe auf das Doppelte des Vergleichswertes in Meereshöhe an. Während körperlicher Arbeit in großen Höhen nimmt es jedoch viel stärker

Tabelle 32–2. Zeitreserve (Zeitspanne hinreichender Aktionsfähigkeit) in Abhängigkeit von Höhen über 7000 m. Nach [11]

Höhe (km)	7	8	9	10	11	12	15
Zeit (min)	5	3	1,5	1	2/3	1/2	1/6

als in Meereshöhe zu. Die höhenbedingte *Hyperventilation* wirkt sich auf den Sauerstofftransport und den Säure-Basen-Haushalt aus.

Sauerstofftransport bei Höhenumstellung. Mit zunehmender Höhe nimmt der alveoläre und damit auch der arterielle P_{O_2} ab (Tabelle 32–1). In 2000 m Höhe sind unter *Ruhebedingungen* der alveoläre P_{O_2} auf 76 mm Hg (10,1 kPa) und der arterielle P_{O_2} auf 73 mm Hg (9,7 kPa) gesunken. Die dadurch bedingte *milde Hyperventilation* führt zu einer Linksverschiebung der Sauerstoffbindungskurve (Abb. 27–6, S. 611), woraus eine *arterielle Sauerstoffsättigung* des Hämoglobins von 93 % resultiert. Bei *körperlicher Arbeit* nimmt die AaD_{O_2} (S. 610, [13]) zu; der Pa_{O_2} liegt dann im steileren Bereich der O_2-Bindungskurve. Daher wirkt sich der höhenbedingte O_2-Mangel bei körperlicher Arbeit stärker als in Ruhe aus. In 2000 m Höhe beträgt bei erschöpfender Arbeit die arterielle O_2-Sättigung weniger als 90 % und der Pa_{O_2} weniger als 65 mm Hg (8,6 kPa). Körperliche Ausdauer-Höchstleistungen sind daher in 2000 m Höhe um ca. 10 % und in 3500 m Höhe um ca. 20 % vermindert.

Säure-Basen-Haushalt bei Höhenumstellung. Der arterielle CO_2-Partialdruck nimmt wegen der höhenbedingten Hyperventilation ab (*respiratorische* ***Alkalose***, S. 619); in 4000 m Höhe beträgt er rund 30 mm Hg (4,0 kPa), in 6500 m Höhe nur noch 20 mm Hg (2,7 kPa). Dadurch steigt der arterielle pH-Wert in 6500 m Höhe auf über 7,5 an. Der *Basenüberschuß* (BE) ändert sich bei kurzzeitiger Höhenbelastung nicht.

> **!**
>
> Sauerstoffmangel kann bis zu einer Höhe von etwa 4000 m kompensiert werden; darüber liegt die Gefahrenzone, in der Symptome der Höhenkrankheit auftreten. Ab 7000 m Höhe kommt es infolge des stark erniedrigten arteriellen O_2-Partialdrucks zu einer kritischen, d. h. lebensbedrohlichen, O_2-Mangelversorgung des Zentralnervensystems. In 10 000 m Höhe wird der Mensch bei plötzlich auftretendem Unterdruck nach 1 min (Zeitreserve) bewußtlos. Bis zu 2000 m Höhe sind die Kreislaufreaktionen auf den Sauerstoffmangel gering; in größeren Höhen steigt die Herzfrequenz deutlich an, besonders bei Arbeit. Gefürchtet ist ein Druckanstieg in der A. pulmonalis mit nachfolgendem Lungenödem. Mit Abnahme des inspiratorischen P_{O_2} sinken auch alveolärer und arterieller P_{O_2} ab. In 2000 m Höhe beträgt die O_2-Sättigung noch 93 %, bei erschöpfender Arbeit weniger als 90 %. Daraus resultiert eine Hyperventilation, die in noch größeren Höhen zu einer deutlichen Abnahme des P_{CO_2} und einer Zunahme des pH-Werts im Blut führt.

Die Höhenakklimatisation verbessert die Höhenverträglichkeit

Anpassung an chronische Hypoxie. Mittel- und langfristige Höhenaufenthalte oder Hypoxien anderer Genese, so bei Herzfehlern, führen langfristig zu Anpassungen des Organismus (Kreislauf, Atmung, Blut, Muskulatur, Tabelle 32–3), im wesentlichen als *Antwort auf arterielle Hypoxie und respiratorische Alkalose.* Zeitgang und Ausmaß der Anpassungen zeigen erhebliche interindividuelle Unterschiede, wobei in der Anfangsphase auch überschießende Reaktionen auftreten können (so bei der Erythropoiese). Die Zeitspanne bis zu einer vollständigen Höhenanpassung umfaßt viele Monate bis Jahre. Bei Expeditionen wurde jedoch deutlich, daß schon in wenigen Wochen ein beträchtliches Ausmaß an *Höhenakklimatisation* und damit an Höhenverträglichkeit erreicht werden kann. Insgesamt ist es dem Menschen dank der Akklimatisation möglich, ohne Hilfsmittel befristet in Höhen zu leben, die sonst todbringend wären. Akklimatisierte Bergsteiger können sich ohne Sauerstoffgerät über einen begrenzten Zeitraum in Höhen um 8000 m, im Einzelfall bis zu fast 8900 m aufhalten; die Höhengrenzen für einen Daueraufenthalt liegen allerdings erheblich darunter.

Die ***höchstgelegenen Siedlungen*** des Menschen findet man in den Anden; sie liegen etwa 5300 m hoch. Diese Höhe stellt für den Menschen wahrscheinlich die Grenze der Höhenverträglichkeit auf Dauer dar. Die am höchsten gelegenen, regelmäßig besuchten Arbeitsplätze liegen in Höhen bis zu 6200 m (Bergwerke). Offensichtlich ist regelmäßiges Arbeiten in großen Höhen eher möglich als ständiges Wohnen. Dies hängt vermutlich damit zusammen, daß die Atmungsregulation bei Arbeit (Muskelrezeptoren, S. 679), im Gegensatz zur Regulation in Ruhe, in großen Höhen noch erträgliche Bedingungen für das innere Milieu schafft [12]. – Die Einwohner hoch gelegener Siedlungen haben eine jahrhundertelange *Auslese* durchlaufen; die bei ihnen nachweisbare Akklimatisation

Tabelle 32–3. Verschiedene Blut-, Atmungs- und Kreislaufparameter von Höhenbewohnern (Morococha) und Vergleichswerte von Tieflandbewohnern (Lima); 100 mm Hg ≈ 13,3 kPa, jeweils Ruhewerte [4]

	4540 m ü. M.	Meereshöhe
Blut:		
Erythrozyten (Mio/µl)	6,44	5,11
Retikulozyten (Tausend/µl)	46	18
Thrombozyten (Tausend/µl)	419	401
Leukozyten (Tausend/µl)	7,0	6,7
Hämatokrit (%)	60	47
Hämoglobingehalt (g/l)	201	156
Blutvolumen (ml/kg)	101	80
Plasmavolumen (ml/kg)	39	42
pH-Wert, arterielles Blut	7,39	7,41
Pufferbasen (mmol/l)	45,6	49,2
Atemzeitvolumen in Ruhe, BTPS ($l \cdot min^{-1} \cdot kg^{-1}$)	0,19	0,13
P_{O_2}, alveolär (mm Hg)	51	104
P_{CO_2}, alveolär (mm Hg)	29,1	38,6
Arterielle O_2-Sättigung in Ruhe (%)	81	98
Herzfrequenz in Ruhe (min^{-1})	72	72
Blutdruck in Ruhe (mm Hg)	93/63	116/79

darf als Höchstmaß der Anpassung angesehen werden. Um Aufschluß über die Veränderungen physiologischer Größen durch Höhenakklimatisation zu erhalten, wurden die Einwohner der in den Anden 4540 m hoch gelegenen Stadt Morococha untersucht [4]; den Ergebnissen dieser Untersuchung sind in Tabelle 32–3 Ruhewerte von Tieflandbewohnern (Lima) gegenübergestellt.

Im ***Muskel*** nimmt die *Kapillardichte* während der Höhenakklimatisation zu; dies erleichtert die Diffusion zwischen Kapillaren und Muskelinnerem. Innerhalb der Muskelzelle passen sich verschiedene *Enzymsysteme,* besonders die der Mitochondrien, dem Sauerstoffmangel an, wodurch der aerobe Stoffwechsel bei erniedrigtem P_{O_2} begünstigt wird.

Die O_2-Transportsysteme Atmung und Kreislauf passen sich an die Höhe an

Atmung bei Höhenakklimatisation. Im Verlauf der Akklimatisation beobachtet man über Wochen eine zunehmende *Empfindlichkeit* der Atmungsregulation gegenüber arteriellem Sauerstoffmangel und P_{CO_2}-Anstieg. Experimentell zeigt sich dies in einer verkürzten Atemanhaltezeit sowie in einer Linksverschiebung und einem Steilerwerden der CO_2-Antwortkurve (S. 598). Bei Dauerbewohnern großer Höhen ist die Reaktion der Atmung auf den Sauerstoffmangel allerdings geringer als bei Personen mit mittelfristiger Adaptation.

Kreislauf bei Höhenakklimatisation. Die Ruheherzfrequenz steigt während der Akklimatisation zuerst an, sinkt dann wieder ab und kann in Höhen bis zu 5000 m den Ausgangswert sogar unterschreiten. Das Schlagvolumen ändert sich nicht wesentlich; das maximale Herzzeitvolumen sinkt.

Die Veränderungen im Blut sind besonders typisch für die Höhenanpassung

Sauerstofftransport bei Höhenakklimatisation. Zu Beginn eines Höhenaufenthalts sinkt gelegentlich die Erythrozytenzahl im Blut infolge vermehrter Blutmauserung ab; nach wenigen Tagen folgt jedoch eine *gesteigerte Erythropoiese* (S. 420): Die ***Erythrozytenzahl*** – speziell die *Retikulozytenzahl* – nimmt zu, während die mittlere erythrozytäre Hämoglobin-Beladung (MCH, S. 607) unter den Normwert von *30 pg/Erythrozyt* abfällt. Je größer der höhenbedingte Sauerstoffmangel, desto stärker wird die Erythropoiese stimuliert; eine vermehrte Bildung anderer Blutzellen findet nicht statt. Bereits nach 2 Tagen Aufenthalt in 4500 m Höhe ließ sich ein Anstieg der *Erythrozytenzahl* um mehr als 10 % nachweisen. Nach rund 10 Tagen ist die *schnelle* Anstiegsphase der Erythrozytenzahl abgeschlossen. Einem weiteren, langsamen Anstieg über Monate (*Höchstwerte:* Hämatokrit = 70 %; Hämoglobin = 270 g/l Blut) folgt ein leichter Rückgang auf ein erhöht bleibendes Niveau (s. Tabelle 32–3). Außerdem steigt innerhalb von 2 Tagen der 2,3-DPG-*Gehalt* der Erythrozyten von ca. 85 µg/ml Blut auf 140 µg/ml Blut an, wodurch die O_2-Bindungskurve nach *rechts* verschoben wird.

Der vermehrte Hämoglobingehalt des Blutes bewirkt, daß trotz geringerer O_2-Sättigung die ***O_2-Transportkapazität*** des Blutes bis in Höhen von 5000 m etwa gleich bleibt: 100 ml Blut mit einem Hämoglobingehalt von 15,5 g binden bei einer 97 %igen O_2-Sättigung 20 ml Sauerstoff; die gleiche Menge Sauerstoffs enthalten 100 ml Blut mit einem Hämoglobingehalt von 20 g bei einer O_2 Sättigung von nur 75 % (etwa in 5000 m Höhe). – Infolge der erheblich gesteigerten Viskosität des Blutes (erhöhter Hämatokrit) wird jedoch die Mikrozirkulation in den Kapillaren beeinträchtigt (S. 514 ff), wodurch sich bei mittelfristiger Anpassung u. a. das maximale Herzzeitvolumen verringert. Daher wird die bei erschöpfender Arbeit maximal transportierbare Sauerstoffmenge nicht größer, und dies auch dann nicht, wenn man sich nach Höhenanpassung auf Meereshöhe begibt. Höhenakklimatisation bringt somit keinen wesentlichen *physiologischen* Vorteil für Höchstleistungen in Meereshöhe. – Die als Folge der respiratorischen Alkalose auftretende *Links*verschiebung der O_2-Bindungskurve wird zunächst durch die Erhöhung des 2,3-Diphosphoglyzerats kompensiert; nach längerer Anpassung führt Überkompensation zu einer *Rechts*verschiebung der O_2-Bindungskurve, wodurch die Sauerstoffabgabe im Gewebe begünstigt wird.

Säure-Basen-Haushalt bei Höhenakklimatisation. Im Verlauf der Akklimatisation wird durch die Nieren vermehrt Bikarbonat ausgeschieden. Diese *renale Kompensation* der respiratorischen Alkalose bewirkt, daß sich der *pH-Wert* des Blutes wieder normalisiert (S. 620 f). Mit dem Anstieg der Hämoglobinkonzentration nimmt auch die Pufferkapazität des Blutes zu, diejenige des Gewebes jedoch wegen des kompensatorischen Bikarbonatverlusts ab; *Elektrolytverschiebungen* zwischen *Intra-* und *Extrazellulärraum* schließen sich an.

Luft- und Raumfahrt sind mit physiologisch relevanten Umweltbelastungen verbunden

Fliegen in großen Höhen. Im Flugzeug mit Druckkabine wird der Kabinendruck entsprechend einer Höhe von etwa 2300 m eingestellt, um einen akuten Sauerstoffmangel zu vermeiden. Gelegentliche, kurzzeitige Druckschwankungen bei Start und Landung wirken sich besonders auf die luftgefüllten Schädelhöhlen aus (s. *Barotrauma,* S. 701). Mit zunehmender Höhe werden Maßnahmen gegen erhöhte Strahlenbelastungen und niedrige Außentemperaturen notwendig.

Raumfahrt. Infolge des geringer werdenden Umgebungsdrucks wird ab 13–14 km Höhe auch bei Atmung reinen Sauerstoffs die kritische Hypoxieschwelle unterschritten (S. 698); ab 19 km Höhe würden die 37°C warmen Körperflüssigkeiten sogar kochen (*Ebullation* [8]). Daher sind Druckkabinen bzw. Druckanzüge lebensnotwendig; sie schützen ferner vor Kälte und, wenn auch unvollkommen, vor der kosmischen Strahlung [8]. Zu den Folgen der *Schwerelosigkeit* s. S. 707. Insgesamt hat sich gezeigt, daß Anpassungsfähigkeit und Technik es dem Menschen gestatten, viele Monate lang unter Weltraumbedingungen zu leben, erkauft mit erneuten Anpassungsschwierigkeiten nach der *Rückkehr* zur Erde.

Langstreckenflüge über Zeitzonen führen zu Diskrepanzen zwischen endogenen Rhythmen und äußeren *Zeitgebern*. Dadurch können Beschwerden und Minderungen speziell mentaler Leistungsfähigkeiten eintreten (*Jetlag*), die allerdings, je nach Randbedingungen und individueller Disposition, sehr unterschiedlich ausfallen. Als Tip zur Verringerung dieser Beschwerden nach *Zeitzonensprüngen* gilt, die Armbanduhr als kognitiven Zeitgeber schon nach dem Start gemäß der Zeitzonendifferenz zum Zielort umzustellen. Die *endogenen Rhythmen* passen sich verschieden schnell an. Zu den sich rasch anpassenden Rhythmen gehören der Wach-Schlaf-Rhythmus sowie derjenige der Vigilanz; je 2 h Zeitverschiebung erfordern für die Anpassung etwa 1 Tag. Allerdings bestehen auch hierbei erhebliche interindividuelle Unterschiede.

!

Die Anpassung an den Sauerstoffmangel in der Höhe gestattet dem Menschen das Siedeln bis zu Höhen von etwa 5.300 m. Akklimatisierte Bergsteiger können ohne Sauerstoffgerät befristet Höhen um 8000 m, die für Nichtangepaßte todbringend sind, vertragen. Am deutlichsten sind bei Höhenangepaßten die Zunahmen von Hämatokrit (auf bis zu 70 %) und Blutvolumen (bis zu 100 ml/kg) sowie die Abnahme der Pufferbasen bis auf 45 mmol/l infolge chronischer Hyperventilation. – Luft- und Raumfahrt sind nur mit Hilfe technischer Schutzmaßnahmen gegen O_2-Mangel, Unterdruck, Kälte und Höhenstrahlung möglich. Rasche Luftdruckänderungen können ein Barotrauma auslösen. – Durch schnelles Überfliegen von Zeitzonen entstehen Schwierigkeiten bei der Anpassung endogener Rhythmen, allerdings mit erheblichen interindividuellen Unterschieden.

32.2 Tauchphysiologie, Überdruck

Tauchen mit und ohne Gerät wirkt sich nicht nur auf die Atmung, sondern auch auf den Kreislauf (Niederdrucksystem) aus

Apnoisches Streckentauchen. Für diese einfachste Art des Tauchens *mit Atemanhalten* bedarf es keiner Hilfsmittel. Vorangehende ***Hyperventilation*** birgt allerdings eine doppelte Gefahr: 1. *Vor dem Tauchgang* Schwindelanfälle, ggf. auch Tetanie, infolge einer respiratorischen Alkalose (S. 619 f). 2. *Gegen Ende des Tauchgangs* Fehleinschätzen der Sauerstoffreserve: Aufgrund des erniedrigten CO_2-Partialdrucks und der respiratorischen Alkalose ist die Summe der Atmungsantriebe vermindert; der während des Tauchens eintretende Sauerstoffmangel allein ist nur ein schwacher Atmungsreiz. Nach vorheriger Hyperventilation kann daher das Atmen länger als sonst unterdrückt werden, allerdings mit dem Risiko, daß der zunehmende O_2-Mangel zu *plötzlicher Ohnmacht* („*black out*") führt. Die arterielle O_2-Sättigung steigt zwar durch Hyperventilation nicht an, jedoch läßt sich die alveoläre O_2-Fraktion durch wenige, tiefe Atemzüge um 0,05 und damit der Sauerstoffvorrat in der Lunge sinnvoll erhöhen.

Schnorcheltauchen. In Verbindung mit einer Tauchbrille kann beim Schnorcheln die Unterwasserregion fortlaufend beobachtet werden; *Sonnenbrand* auf Schultern und Nacken sowie *Unterkühlungen* wegen der erhöhten Wärmeabgabe im Wasser sind dabei keine Seltenheit. Der übliche, 30–35 cm lange Schnorchel *darf auf keinen Fall verlängert werden*. Der vergrößerte Totraum würde sich zwar auf die *alveoläre* Ventilation kaum auswirken, jedoch wären bei tieferem Tauchen die Folgen für den *Kreislauf* erheblich: Auch bei tieferem Abtauchen des Schnorcheltauchers entspricht der intrapulmonale Druck weiterhin dem normalen Luftdruck, während auf den übrigen Körper (einschließlich Venen und Bauchraum) der zusätzliche Wasserdruck einwirkt. Dies führt zu einem *Druckgefälle zwischen extra- und intrathorakalem Teil des Niederdrucksystems* mit der Gefahr eines Barotraumas (s. u., [22]). Gelangt ein Taucher in *kalte Wasserströmungen*, besteht, speziell in der vagotonen Phase nach dem Essen, die Gefahr, daß kutiviszerale Reflexe eine sog. *vasovagale Synkope* mit kritischem Blutdruckabfall auslösen.

In der Tiefe drohen Barotraumen und atemgasbedingte Vergiftungen

Apnoisches Tieftauchen. Hierbei sind physikalische Gasgesetze zu beachten:

- *Boyle-Mariotte*-Gesetz: Druck · Volumen = konstant;
- *Dalton*-Gesetz: Die Summe der Teildrücke ergibt den Gesamtdruck;
- *Henry-Dalton*-Gesetz (S. 608): Die gelöste Gasmenge verhält sich proportional zu Partialdruck und Löslichkeitskoeffizienten.

Diese Gesetze gelten zwar nur für ideale Gase, sie sind jedoch erfahrungsgemäß auf die Probleme beim Tieftauchen voll anwendbar.

Beim Tieftauchen kann es zum ***Barotrauma*** (Druckverletzung) in allen *luftgefüllten Organen und Körperhöhlen*, so in Lunge, Schädelhöhlen, hohlen Zähnen und Magen, kommen. Abbildung 32–2 zeigt am Beispiel der Lunge, daß gemäß dem Boyle-Mariotte-Gesetz mit zunehmender Tiefe das Volumen dieses luftgefüllten Organs abnehmen muß. Ist dies nicht oder nicht mehr möglich, entsteht eine Druckdifferenz zwischen luftgefülltem Raum und deren Umgebung, die schließlich zum Barotrauma führt. So nimmt mit Beginn eines Tauchgangs das Thoraxvolumen und damit das Lungenvolumen ab. In 30–40 m Tiefe wird ein Minimum erreicht (Abb. 32–2). Da die Lunge bei noch größer werdender Tauchtiefe nicht weiter komprimiert werden kann, bleibt trotz zunehmenden extrathorakalen Umgebungsdrucks der intrathorakale Druck gleich. Die entstehende *Druckdifferenz* löst einen beträchtlichen *Bluteinstrom in die Thoraxorgane* aus (s. Schnorcheltauchen). Das intrathorakale Luftvolumen wird zu Lasten einer zunehmenden Überdehnung der Lungengefäße und des Herzens weiter verkleinert, bis es schließlich zu Überdehnungsschäden, z. B. Reißen von

Tiefe:	0 m	10 m	40 m
P_{Umg}:	1 bar	2 bar	5 bar
LV:	5,0 l	2,5 l	1,0 l
$P_{A_{O_2}}$:	105 mmHg	210 mmHg	525 mmHg

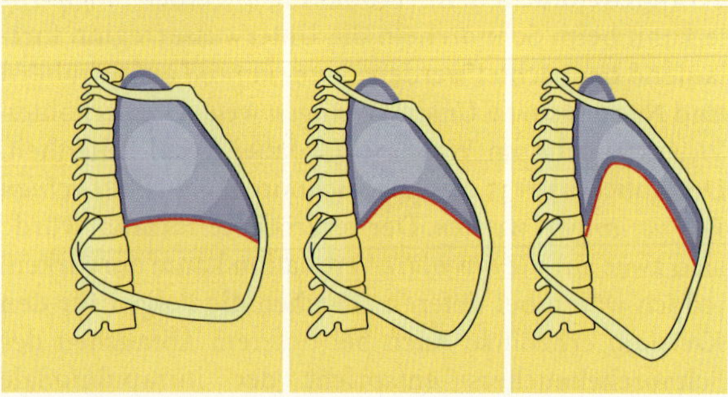

Abb. 32–2. Lungenvolumen (LV) und Sauerstoffpartialdruck beim apnoischen Tieftauchen. Thorax bei 0 m in maximaler Inspirationsstellung, bei 40 m Tiefe in maximaler Exspirationsstellung mit Zwerchfellhochstand; Angaben zum alveolären P_{O_2} unter Vernachlässigung des O_2-Verbrauchs; P_{Umg}=Umgebungsdruck, gleichzusetzen dem intrathorakalen Druck; 1 bar≈100 kPa

Blutgefäßen, kommt. In den luftgefüllten Schädelhöhlen muß der Druck über den Nasen-Rachen-Raum dem intrathorakalen Druck spontan oder mit Hilfen (z. B. *Valsalva-Versuch* mit zugehaltener Nase, S. 513 f) angeglichen werden. Dieser *Druckausgleich* ist erschwert oder unmöglich, wenn z. B. *erkältungsbedingte Schleimhautveränderungen* die Verbindungen von Pauken-, Stirn- und Kieferhöhlen zum Rachen-Nasen-Raum verlegen. In solchen Fällen wird der *Druckausgleich* durch Trommelfellauslenkung (bis zum Riß) und/oder durch vermehrte Blutfüllung der Schleimhäute mit schmerzhaftem Anschwellen und Reißen erzielt.

Sauerstoffnot beim Auftauchen entsteht, wenn ein apnoischer Taucher in der Tiefe so lange wartet, wie er es trotz zunehmenden Atmungsreizes glaubt, aushalten zu können. Wegen des beim Abstieg zunehmenden Umgebungsdrucks nimmt der alveoläre P_{O_2} zu (Abb. 32–2), was sich nur scheinbar als Vorteil erweist: Beim Auftauchen kommt es wegen des abnehmenden Umgebungsdrucks auch zu einem raschen P_{O_2}-Abfall in den Alveolen, wodurch die *kritische Hypoxieschwelle* von 30–35 mm Hg (4,0–4,7 kPa; S. 698) schnell erreicht und unterschritten wird. Dies gilt besonders beim Auftauchen an die Oberfläche (=Austauchen), da der Umgebungsdruck und damit auch der O_2-Partialdruck auf den letzten 10 m um die Hälfte abnehmen (s. Abb. 32–2).

Tauchen mit Preßluft. Beim Tauchen mit tragbaren Atemgeräten oder Schlauchgeräten und im Senkkasten (Caisson) wird auf den jeweiligen Umgebungsdruck eingestellte Preßluft inspiriert und die Ausatemluft ins Wasser abgegeben (*offenes System*). Das aktuelle Atemzeitvolumen in der Tiefe (s. BTPS, S. 583) gleicht etwa demjenigen an Land; auf STPD-Bedingungen (S. 583) umgerechnet, nimmt es jedoch mit zunehmender Tauchtiefe gemäß dem Umgebungsdruck beträchtlich zu, woraus sich ein vermehrter Preßluftbedarf ergibt. Auch die *Atmungsarbeit* (S. 580) nimmt wegen der höheren Viskosität komprimierter Luft zu.

Bei Preßluftatmung kann ab 40 m Tauchtiefe je nach Situation und Disposition ein ***Tiefenrausch*** mit Euphorie, aber auch mit Angst und eklatanten Fehlhandlungen oder Bewußtlosigkeit auftreten. Dies liegt u. a. daran, daß mit zunehmender Tauchtiefe und Tauchzeit infolge des erhöhten Umgebungsdrucks vermehrt Stickstoff im Gewebe gelöst wird. Bis zu etwa 40 m Tiefe verhält sich der in den Körpergeweben gelöste Stickstoff weitgehend inert, in größeren Tiefen wirkt er toxisch. *Mit Preßluftgeräten sollte man daher keinesfalls tiefer als 50 m tauchen.* Für größere Tiefen ist Stickstoff durch Helium zu ersetzen.

Beim Auftauchen wirkt sich die ***Dekompression*** sowohl auf die luftgefüllten Körperhöhlen, als auch auf die gelösten Inertgase aus. Deshalb ist beim Auftauchen 1. für einen Druckausgleich in den mit komprimierter Luft gefüllten Körperhöhlen zu sorgen, da sonst ***Barotraumen*** auftreten. Steigt z. B. ein Gerätetaucher mit geschlossener statt offener Stimmritze aus 50 m Tiefe bis an die Oberfläche auf, wird die Lunge bis zum Reißen überdehnt, und Luft dringt in das Gefäßsystem ein (*Luftembolie*). 2. Müssen die im Gewebe gespeicherten *Inertgase* (z. B. N_2) durch *langsames* Auftauchen wieder entspeichert und abgeatmet werden; zu schnelle Dekompression führt zu *Gasblasenbildung* in den Körperflüssigkeiten, ähnlich der Gasblasenbildung beim Öffnen einer Sprudelflasche. Das Auf- und Austauchen darf daher nur systematisch in Stufen und langsam erfolgen (s. Dekompressions- oder Austauchtabellen [3]). Nur während der sog. ***Nullzeit*** darf man sofort austauchen, d. h. während des Zeitraums, in dem noch keine kritischen Gaskonzentrationen in den Körperflüssigkeiten vorliegen; dies gilt praktisch für jede Art des apnoischen Tieftauchens sowie für Tauchgänge bis in 10 m Tiefe. Die Nullzeit ist somit abhängig von Tauchzeit und Tauchtiefe. Dekompressionsschäden können auch eintreten, wenn einem längeren Tauchgang ein rascher Höhenaufstieg folgt (z. B. im Flugzeug).

Tauchen mit Sauerstoff und Mischgas. Für Spezialzwecke werden mit reinem Sauerstoff gefüllte Atemgeräte eingesetzt. Daraus ergibt sich ab etwa 7 m Tiefe eine kritische *Hyperoxie* mit toxischen Wirkungen auf das Zentralnervensystem und die Alveolarmembran; diese Geräte sind für Sporttaucher ungeeignet. Beim Tauchen mit Preßluftgeräten treten solche Hyperoxie-Schäden ab ca. 74 m Tiefe auf. Für größere Tauchtiefen müssen deshalb O_2-Mangelgemische eingesetzt werden.

Räumliche Orientierung unter Wasser. Zusätzliche Probleme ergeben sich bei der Orientierung unter Wasser: Das ***Sehen*** ist durch abnehmende Lichtintensität und veränderte Brechungsbedingungen behindert. Ab 100 m Tiefe herrschen auch unter günstigsten Umständen Nachtbedingungen. Ohne Tauchbrille tritt an die Stelle eines Luft-Kornea-Übergangs eine Wasser-Kornea-Grenzfläche, die wie eine Zerstreuungslinse wirkt. Gegenstände werden nur noch scharf gesehen, wenn sie sich nahe vor dem Auge befinden. Eine *Tauchbrille* hebt zwar diesen Effekt auf, führt jedoch infolge mehrfacher Brechung schräg einfallender Strahlen zu einem scheinbaren Nähertreten und Größerwerden der Objekte.

Das räumliche ***Hören*** ist unter Wasser gestört, da sich der Schall im Wasser schneller als in Luft (ca. 1450 m/s statt 330 m/s) ausbreitet. Dies führt dazu, daß Unterwasserschallquellen näher erscheinen, als sie es tatsächlich sind, und daß *räumliches Hören* infolge der verkürzten Laufzeitdifferenzen (S. 273) praktisch unmöglich wird.

Die ***Lageorientierung*** ist multisensorisch strukturiert: Auge, Propriorezeptoren und Vestibularsystem (S. 251) tragen zur ***subjektiven Vertikalen***, dem inneren Abbild von oben und unten, bei. Entfällt im Wasser der schwerkraftbedingte Zug an Muskeln, Sehnen und Gelenken, können Fehlorientierungen auftreten, erst recht bei Ausfall des Sehkanals. Dringt bei Trommelfelldefekten Wasser ins Mittelohr ein, wird die Raumorientierung durch kalorische Irritation des horizontalen Bogengangs massiv gestört, bis zum Übergang in eine tödlich endende Panik.

Tauchregeln. Wegen der genannten Gefahren sollten Taucher die Risiken unter Wasser und ihre physiologischen Ursachen kennen. Darüber hinaus sei auf 2 wichtige Tauchregeln hingewiesen:

1. Tauche nie allein!
2. Tauche nie, wenn du erkältet bist (Gefahr: Barotrauma)!

> **!** Beim apnoischen Streckentauchen kann vorangehende Hyperventilation zu Schwindelanfällen vor dem Tauchen und zum Fehleinschätzen der Sauerstoffreserve während des Tauchens führen. Beim Schnorcheltauchen darf der Schnorchel nicht verlängert werden, weil es bei entsprechend tieferem Abtauchen zum Barotrauma im Niederdrucksystem kommen kann. Beim Tieftauchen sind einige physikalische Gasgesetze zu beachten, so hinsichtlich der Entstehung von Barotraumen und der toxischen Wirkung erhöhter Partialdrücke von N_2 und O_2. Hören, Sehen und Lagesinn sind unter Wasser beeinträchtigt, wodurch es zur räumlichen Fehlorientierung kommen kann.

32.3 Klima und Belüftung

Bei geringen Abweichungen von der Behaglichkeitstemperatur ist der thermische Komfort beeinträchtigt; bei größeren Abweichungen drohen Kälte- und Hitzeschäden

Thermischer Komfort. Die 4 für den Wärmehaushalt des Menschen beim Aufenthalt in Luft maßgeblichen Klimagrößen sind *Umgebungstemperatur, Luftfeuchtigkeit, Windgeschwindigkeit* und *Strahlung.* Auf sie reagiert der Mensch in Abhängigkeit von Kleidung, körperlicher Aktivität und individueller Disposition subjektiv mit dem Gefühl „behaglich" oder – mit vielen Zwischenstufen – „unbehaglich". Im Bereich der physiologisch definierten *Indifferenz-* bzw. *Neutraltemperatur* (vgl. S. 656) liegt auch die Zone der *Behaglichkeit,* eine psychologisch definierte Größe. Die Behaglichkeitsbedingungen sind je nach Umgebungsmedium recht verschieden; außerdem werden sie wesentlich von der Art der Kleidung beeinflußt (Tabelle 32–4). Zu den Vorgängen bei Hitze- und Kälteadaptation s. S. 666 f.

Kältebelastungen. Bei Kältebelastungen können zwei Arten von Schäden unabhängig voneinander, aber auch gemeinsam auftreten:

1. *Örtlicher Kälteschaden und*
2. *Allgemeine Unterkühlung.*

1. Bei Temperaturen unter +4° C ist infolge der massiven Vasokonstriktion der Hautgefäße die Nutrition periTabelle 32–4. Richtwerte der Indifferenz- bzw. Behaglichkeitstemperatur für den erwachsenen Menschen. (In Anlehnung an [14]

Aufenthalt in	Sonstige Bedingungen	Kleidung	Temperaturbereich
Luft	Windstille, 40–50 % Luftfeuchtigkeit, körperliche Ruhe, indifferente Strahlungsbedingungen	Normale Straßenkleidung	20–22°C
		Nackt bzw. in Badekleidung	28–30°C
Wasser	Ruhe (Badewanne)	Nackt bzw. in Badekleidung	35,5–36°C
	Schwimmen, 0,4 m/s	Nackt bzw. in Badekleidung	28°C

pherer Körperabschnitte, wie Nase, Ohrmuscheln, Finger und Zehen, nicht mehr gewährleistet. Das Absterben von Gewebe *(Nekrose)* verläuft schmerzfrei, da die Nervenleitung bei niedrigen Temperaturen nicht mehr intakt ist (Kälteanästhesie). Als Therapie wird beim *örtlichen Kälteschaden* rasches Aufwärmen empfohlen; gewebezerstörende Massagen oder Einreibungen sind zu unterlassen.

2. Bei der *allgemeinen Unterkühlung* kommt es infolge einer peripheren Vasokontriktion zu einer *Zentralisation des* Kreislaufs (S. 551). Trotzdem kühlen schließlich auch Gehirn und Herz aus; unterhalb einer Kerntemperatur von etwa 30° C tritt Bewußtlosigkeit, unterhalb von etwa 28° C Kammerflimmern ein.

Findet man Unterkühlte auf, sollte alles vermieden werden, was den peripheren Kreislauf durch Vasodilatation oder Muskelvenenpumpeneffekte (S. 512) zu schnell in Gang setzt: Der rasche Einstrom des kalten und infolge der Mangeldurchblutung extrem veränderten Schalenbluts in den zentralen Kreislauf würde zu Funktionsstörungen von Herz und Gehirn führen. Massagen und Einreibungen sind daher ebenso kontraindiziert wie ein Warmlaufenlassen des Verunglückten; selbst Gehen kann dann lebensgefährliche Folgen haben. Als einfachste und risikoarme Hilfsmaßnahme gilt das Einwickeln in reflektierende Wärmeschutzfolien oder Decken und damit das langsame Aufwärmen durch die körpereigene Wärmeproduktion.

Beispielhaft für die Folgen einer allgemeinen Unterkühlung ist die ***Überlebenszeit Verunglückter*** im Wasser (Abb. 32–3). Unterhalb von +20° C kommt es schnell zur Auskühlung, weil die Wärmeleitzahl des Wassers etwa 24mal größer ist als die der Luft. Ähnliche Überlebenszeiten wie in Abb. 32–3 gelten bezüglich der Lufttemperatur für bei Regen und Sturm Durchnäßte, da der Wind der nassen Kleidung und damit dem Körper große Wärmemengen durch Konvektion und Verdunstung entzieht (s. S. 654 f).

Hitzebelastungen. Bei Hitzebelastungen können Hitzekollaps (Kreislaufversagen) und Hitzschlag bzw. Sonnenstich (S. 669) auftreten. Der *Hitzekollaps* kann – v. a. während körperlicher Ruhe – infolge Vasodilatation der Hautgefäße schon beim Ansteigen der Rektaltempera-

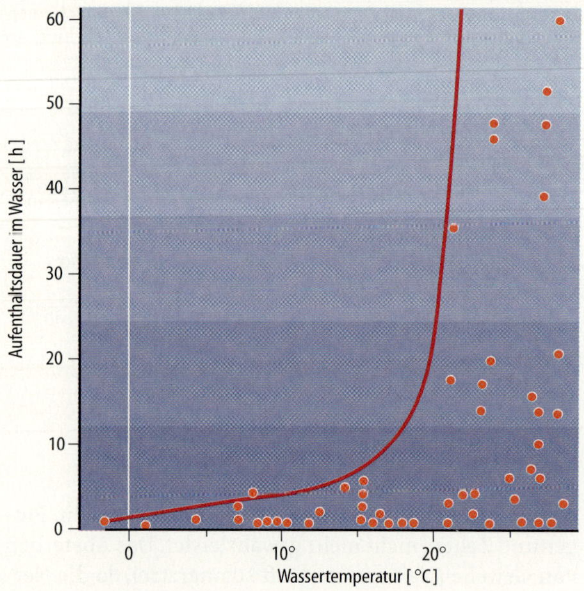

Abb. 32–3. Überlebenszeit Verunglückter beim Aufenthalt im Wasser. Die *Punkte* kennzeichnen einzelne Verunglückte, die bei entsprechenden Wassertemperaturen und Aufenthaltszeiten noch lebend geborgen wurden; die *Kurve* gibt die Grenze für die Überlebenszeit in Abhängigkeit von der Wassertemperatur an. (Nach [19])

tur auf 38,0–38,3° C eintreten. Körperliche Arbeit wirkt trotz vermehrter Wärmeproduktion der *Kollaps*neigung entgegen, und zwar aufgrund einer Vasokonstriktion der Hautgefäße (S. 681) und einer Erhöhung des Blutdrucks. Insofern droht während körperlicher Hitzearbeit eher die Gefahr des *Hitzschlags,* charakterisiert durch ein Zusammenbrechen zentralnervöser Regulationen bei Gehirntemperaturen von über 40° C. Als Gegenmaßnahmen bieten sich an: Beim Hitzekollaps die Hochlagerung von Beinen und Armen (Schocklagerung), beim Hitzschlag die *Kühlung* des Körpers von außen und das Verhindern seines weiteren Aufwärmens. Eine zu starke Kühlung der Haut nützt allerdings wenig, da die Hautdurchblutung dann so stark abnimmt, daß der Kühleffekt für den Körperkern nicht ausreicht.

Lokale Wärmeanwendung kann zu thermisch bedingten Hautschädigungen führen. Besondere Vorsicht ist bei Narkotisierten und bei Patienten mit peripheren Nervenschäden (z. B. Querschnittsgelähmten) geboten, denen bereits lokale Temperaturen von 37° C schaden können.

Klimatologie. Die *medizinische Klimatologie* [1] befaßt sich als Teil der Kurmedizin mit der Heilwirkung verschiedenster ***Klimaelemente,*** wie Luft (Reinheit, Temperatur und Feuchte), Niederschläge, Bewölkung, Wind und Sonnenstrahlung, letztere speziell wegen ihres UV-Anteils. Typisch für das *Höhenklima* sind intensive Sonnenstrahlung, Trockenheit der Luft und Sauerstoffmangel; beim *Seeklima* ist u. a. auch der Aerosolgehalt der Luft bedeutsam. Die klimatischen Auswirkungen auf die Haut werden in *thermische und aktinische* Reize unterteilt; unter aktinischen Reizen versteht man die von der Sonnenstrahlung, speziell dem UV-Anteil, gesetzten Reize.

Die *Wirkung* dieser Klimaelemente läßt sich zum einen damit erklären, daß sie als Klimareize spezifische vegetative, endokrine oder weitere Umstimmungen auslösen, zum anderen damit, daß infolge der Luftreinheit viele allergieauslösende Reize (Allergene) entfallen. Schließlich sind psychische Wirkungen zu berücksichtigen, so bei Kuraufenthalten.

Atemluft und Belüftung: Es kommt weniger auf die Sauerstoffkonzentration, als vielmehr auf Luftverunreinigungen an

Atemgasfraktionen in geschlossenen Räumen. Häufig begegnet man der Vorstellung, daß bei Menschenansammlungen in geschlossenen Räumen Sauerstoffmangel entstehe, der zu Aufmerksamkeitsstörungen und Müdigkeit führe. Diese Vorstellung ist schon wegen des spontanen Luftwechsels durch Tür- und Fensterritzen falsch, erst recht bei maschineller Belüftung. Lediglich in hermetisch abgeschlossenen Räumen können O_2-Mangelzustände auftreten, allerdings erst nach mehreren Stunden.

Hierzu ein *Beispiel:* In einem 400 m^3 großen, mit 100 Personen besetzten, luftdicht abgeschlossenen Raum beträgt der Sauerstoffvorrat anfangs rund 85 m^3, der Verbrauch aller Personen ca. 1800 l/h. Die O_2-Fraktion sinkt somit um $0{,}45 \cdot 10^{-2}$/h, und nach 9 h wäre immerhin noch eine O_2-Fraktion von rund 0,17 vorhanden. Diese Abnahme der O_2-Fraktion um 0,04 ist atmungsregulatorisch und leistungsphysiologisch unmaßgeblich; vergleichbare O_2-Partialdrücke liegen in 1700 m Höhe ü. M. vor. Bemerkbar würde sich aber der Anstieg der CO_2-Fraktion in der Raumluft machen: Bei einem RQ von 0,82 würde nach 9 h die CO_2-Fraktion $3{,}3 \cdot 10^{-2}$ betragen und sich damit die Ventilation gegenüber den Ausgangswerten verdoppeln (s. Tabelle 32–5). Eine Erhöhung der inspiratorischen CO_2-Fraktion führt aber nicht nur zur vermehrten Ventilation, sondern darüber hinaus zur Beeinträchtigung der psychischen Leistungsfähigkeit. Bei einer inspiratorischen CO_2-Fraktion um $3 \cdot 10^{-2}$ treten nur geringfügige, bei Werten über $5 \cdot 10^{-2}$ jedoch deutliche psychische Störungen auf, besonders bezüglich kognitiv-intellektueller Leistungen [21].

Luftverunreinigungen. Beimengungen zur Atemluft, wie z. B. Gase, Dämpfe und Stäube, können beim Menschen neben Befindlichkeitsstörungen pathophysiologische oder toxische Reaktionen auslösen und zu Erkrankungen führen. Im Bereich der Arbeitsmedizin hat man daher für verschiedenste Substanzen ***m****aximal zulässige* ***A****rbeitsplatz****k****onzentrationen* (sog. *MAK-Werte)* festgelegt.

Tabelle 32–5. Zunahme der Ventilation $\dot{V}_E$ bei ansteigender inspiratorischer CO_2-Fraktion $F_{I_{CO_2}}$ und resultierende alveoläre CO_2-Partialdrücke $P_{A_{CO_2}}$. (Mittelwerte nach [18])

$F_{I_{CO_2}}$	$(\cdot 10^{-2})$	0,03	2	4	6
$\dot{V}_E$	(l/min)	6,6	9,2	15,5	30,5
$P_{A_{CO_2}}$	(mm Hg)	38	41	44	50

Unter ***MAK-Wert*** versteht man die höchstzulässige Konzentration eines Arbeitsstoffes in der Luft am Arbeitsplatz, die nach dem gegenwärtigen Stand der Kenntnis auch bei wiederholter und langfristiger, in der Regel täglich 8stündiger Exposition, jedoch bei Einhaltung einer durchschnittlichen Wochenarbeitszeit von 40 h im allgemeinen die Gesundheit der Beschäftigten nicht beeinträchtigt und diese nicht unangemessen belästigt [2]. Beispielsweise beträgt der MAK-Wert für CO_2 0,5 · 10^{-2} m^3/m^3 Luft bzw. 5000 ppm (parts per million bzw. ml/m^3), für CO 30 ppm, für die Lösemittel *Tetrachlorethylen* 50 ppm und *Nitrobenzol* 1 ppm, für *Quecksilber* 0,01 ppm [2]. Für staubförmige Luftbeimengungen, die zu Erkrankungen führen können, sei als Beispiel *Quarzstaub* genannt, der zwar nur bei einer Teilchengröße von unter 7 µm die Alveolen erreicht, aber dennoch bei längerer Exposition eine schwere Lungenerkrankung auslöst (Staublunge).

Bei einer ***Rauchvergiftung*** ist der inspiratorische Sauerstoffmangel zweitrangig gegenüber den giftigen Gasen, die bei Schwelbränden – speziell von Kunststoffen – entstehen: Kohlenmonoxyd (CO), Blausäure (HCN) und Salzsäure (HCl).

Giftgas Ozon. Vor rund 150 Jahren wurden dem Ozon (O_3) schon kurz nach seiner Entdeckung gesundheitlich positive Wirkungen im Sinne eines besonders wertvollen Sauerstoffs zugeschrieben. Es entstand eine Ozon-Euphorie. Kurorte warben mit „ozonreicher, gesunder" Waldluft, und Ozon wurde gar als „Gas des Lebens" bezeichnet, obgleich es schon damals handfeste experimentelle Gegenbeweise gab. Ozon ist wegen der Abspaltung atomaren Sauerstoffs ein ernst zu nehmendes Giftgas, vor allem dort, wo es gewerblich verarbeitet wird. Der *MAK-Wert* (s. o.) beträgt 0,1 ppm oder 200 µg/m^3; die *Geruchsschwelle* liegt bei etwa 0,01 ppm. Je nach Disposition und körperlicher Aktivität treten bei Konzentrationen oberhalb des MAK-Wertes *Schleimhautreizungen* auf (Atemwege, Augen), schließlich auch Kopfschmerzen, Übelkeit und neuronale Störungen. Nach Versuchsergebnissen mit Zellkulturen wurden auch gentoxische bzw. karzinogene (krebserzeugende) Effekte diskutiert, die aber für den Menschen aufgrund der üblichen Inhalationsbedingungen ausgeschlossen werden können. Dies gilt auch für Teilnehmer an Sportveranstaltungen: *Vor Überreaktionen bei „Ozon-Alarm" sei daher gewarnt* [17, 20].

Belüftung und Klimatisierung [9]. Zahlreiche Arbeitsräume und Räume für Freizeittätigkeiten sind heute, oft mit erheblichem Energieaufwand, zwangsbelüftet und klimatisiert, wodurch auch subjektive Mißempfindungen durch „schlechte Luft" vermieden werden sollen.

„Schlechte Luft" bzw. *„Mief"* ist nicht gleichzusetzen mit sauerstoffarmer Luft. Sie ist vielmehr bedingt durch Luftbeimengungen, so durch Ausdünstungen des Menschen und seiner Kleidung sowie durch Zigarettenrauch, Maschinenabgase usw.. Umgekehrt ist „gute Luft" nicht durch eine erhöhte Sauerstofffraktion charakterisiert, sondern durch das weitgehende Fehlen der genannten Luftbeimengungen. Selbst Waldluft zeichnet sich nicht durch einen höheren O_2-Gehalt aus; die für die Photosynthese zur Verfügung stehenden CO_2-Mengen in der Luft und die Umsatzrate bei der Photosynthese sind viel zu gering, um einen merklichen Anstieg der O_2-Fraktion zu bewirken.

Nur selten werden zur Regenerierung der Luft Absorptionsfilter eingesetzt. Meist erfolgt die Regenerierung durch Frischluftzufuhr, mit der sich die Konzentration der belästigenden Raumluftbeimengungen niedrig halten läßt. Als Indikator für die notwendige *Frischluftzufuhr* hat sich die CO_2-Fraktion in der Raumluft bewährt: Werte bis 0,15 · 10^{-2} (*Pettenkofer-Zahl*) wirken sich unter den üblichen Belüftungsbedingungen weder belästigend noch schädigend auf den Menschen aus. Mit kleinen ***Klimageräten*** wird die Luft lediglich gekühlt und getrocknet (Kondenswasserbildung im Kühler); beides führt zu einem Kühleffekt und damit bei hohen Außentemperaturen zu erträglicheren Klimabedingungen. ***Klimaanlagen*** dagegen passen Lufttemperatur *und* Luftfeuchte an vorgegebene Richtwerte an. In Operationssälen und bestimmten Werkräumen wird darüber hinaus für keim- und staubarme Luft gesorgt; allerdings können Luftfilter und Befeuchteranlagen Brutstätten für Krankheitserreger sein. Der *thermische Komfort* belüfteter bzw. klimatisierter Räume hängt wesentlich davon ab, daß *Zugluft*, also eine Windgeschwindigkeit von über 0,1 m/s, vermieden wird.

! Der thermische Komfort hängt von den klimarelevanten Einflußgrößen, der Bekleidung und der Disposition ab. Kältebelastung führt zum örtlichen Kälteschaden (Nekrose) und/oder zur allgemeinen Unterkühlung mit Abfall der Kerntemperatur bis zum Kältetod bei 28°C. Hitzebelastungen können 1. kreislaufbedingten Hitzekollaps oder 2. Hitzschlag mit schweren zentralnervösen Störungen auslösen. Zu den Klimagrößen zählen neben Hitze und Kälte weitere Klimaelemente, die vor allem für die Kurmedizin relevant sind. „Schlechte Luft" hat nur selten etwas mit O_2-Mangel zu tun; sie ist vielmehr durch Ausdünstungen und Luftverschmutzungen bedingt. Rauchvergiftungen beruhen auf der toxischen Wirkung von CO, HCl und HCN. Schlecht gewartete Klimaanlagen können wie eine „Keimschleuder" wirken. Ozon ist zwar sehr giftig, vor Überreaktionen im Freizeitbereich sei jedoch gewarnt.

32.4 Lärm, Vibration und Beschleunigung

Lärmschäden sind die häufigste Berufskrankheit

Lärm. Darunter versteht man unerwünschten, störenden oder gehörschädigenden Schall, durch den aurale (ohrbezogene) und extraaurale Wirkungen verursacht werden. Zu den *auralen Wirkungen* zählen reversible *Vertaubung* (sog. temporäre Hörschwellensenkung im Audiogramm, S. 261) und bleibende *Lärmschwerhörigkeit;* zu den *extraauralen Wirkungen* zählen Behinderung der akustischen Kommunikation, Beeinträchtigung der psychischen Leistungsfähigkeit und des Schlafs mit Auswirkungen auf zahlreiche physiologische Funktionen. Lärm zählt zu den typischen Belastungen an vielen Arbeitsplätzen; seine Intensität wird mit *Schallpegelmeßgeräten* (S.260) in dB erfaßt (meist Bewertungsklasse A, also dB (A)). Seine Folgen hängen maßgeblich von der Einwirkungszeit ab. Der *Dauerschallpegel* (Mittelungspegel) wird auf eine Arbeitsschicht von 8 h, bei Umweltgeräuschen auf 16 Tagstunden oder 8 Nachtstunden, bezogen. Beispiele für die Auswirkungen von Lärm auf den Menschen sind in Tabelle 32–6 angegeben.

Die ***Auswirkungen von Lärm*** betreffen zunächst den psychischen Bereich. Je nach Situation und Art des Lärms können schon niedrige Intensitäten als lästig oder störend empfunden werden. Dies gilt besonders hinsichtlich der Nachtruhe, z.B. für Störungen durch Autos, Bahnen oder Flugzeuge. Als wünschenswerte Obergrenze für Nachtlärm werden 35 dB (A) angesehen (Tabelle 32–7).

Neben den psychischen Reaktionen führt Lärm auch zu vielfältigen Reaktionen im *physiologischen* Bereich, in Extremfällen zu manifesten Erkrankungen des Hörorgans und zu psychosomatischen Störungen. Dabei wirken sich neben der individuellen Disposition die Intensität und die Qualität des Lärms sowie die Expositionsdauer entscheidend aus. Bei Lärmintensitäten von 90 dB (A) ohne Lärmspitzen (also ohne Knall) über täglich 8 h ist bei etwa 5% der Betroffenen nach 10 Jahren eine beginnende Lärmschwerhörigkeit zu erwarten. Daher sollten exponierte Personen ab 85 dB (A) *Gehörschutzmittel* tragen; ab 90 dB (A) sind arbeitsmedizinische Vorsorgeuntersuchungen vorgeschrieben. Diese Vorschriften gelten allerdings nicht für Diskotheken.

Tabelle 32–6. Einteilung von Lärmbelastungen und deren Auswirkungen auf den Menschen, Bewertungsklasse A (In Anlehnung an [6])

Lärmstufe	Schallpegel dB (A)	Auswirkungen
I	30 – 65	Psychische Reaktionen, gelegentlich psychische Störungen
II	66 – 90	Wie Stufe I, dazu physische Reaktionen, speziell vegetativer Regulationssysteme (Anstieg von Herzfrequenz und Blutdruck, periphere Vasokonstriktion, reflektorische Zunahme des Muskeltonus, Schlafstörungen)
III	91–120	Wie Stufen I und II, dazu reversible Vertaubung, nach Jahren Lärmschwerhörigkeit
IV	>120	Wie Stufen I–III, dazu Nervenzellschädigungen

Tabelle 32–7. Richtwerte für Nachbarschaftslärm, Bewertungsklasse A, gemäß VDI-Norm 2058, Blatt 1

	Tag	Nacht
Kurgebiete, bis	45 dB (A)	35 dB (A)
Reine Wohngebiete, bis	50 dB (A)	35 dB (A)
Mischgebiete, z. B. Innenstädte, bis	60 dB (A)	45 dB (A)

Tabelle 32–8. Eigen- bzw. Resonanzfrequenzen (f_o) verschiedener Körperteile und Organe des Menschen, Schwingungsrichtung in Körperlängsachse. (Nach [16])

Körperteil (liegend)	f_0 (Hz)	Körperteil (sitzend)	f_0 (Hz)
Kopf	1 – 4	Wirbelsäule	3 – 5
Bauch	1,5 – 6	Magen	4 – 5
Fuß	1 – 3	Auge	20–25

Vibration und Beschleunigung sind pathophysiologisch relevante Umweltbelastungen

Vibration. Bei verschiedenen Berufstätigkeiten, u.a. beim Handhaben von Maschinen oder beim Sitzen auf Fahrzeugen, werden *Schwingungen* über Beine oder Gesäß bzw. über Hände und Arme auf den Körper übertragen [16]. Dadurch geraten der ganze Körper und je nach *Resonanzfrequenz* (f_o) einzelne Organe ins Schwingen. Für den gesamten Körper gilt im Sitzen f_o = 4–7 Hz; zu Resonanzfrequenzen verschiedener Organe und Körperteile s. Tabelle 32–8.

Von ***Vibrationsbelastungen*** sind besonders *Fahrzeugführer* aller Art betroffen [16]. Solche Belastungen können *akute* Leistungsminderungen und Schmerzen, Beeinträchtigungen des Wohlbefindens, der Feinmotorik sowie – bei Schwingungen der Augäpfel – der Sehschärfe verursachen; *chronische* Schäden betreffen hauptsächlich die Gelenke, besonders die des Ellenbogens und der Wirbelsäule. Erkrankungen der Wirbelsäule werden seit 1993 unter bestimmten Bedingungen als Berufskrankheit anerkannt. Bei Personen, die Motorsägen oder vergleichbare Geräte mit starken mechanischen Schwingungen oberhalb von 30 Hz handhaben, treten als typische Berufskrankheit Durchblutungsstörungen in Fingern und Händen auf (*Weißfingerkrankheit*).

Beschleunigung. Beim Betrieb moderner Verkehrsmittel entstehen positive und negative Beschleunigungskräfte mit entsprechenden Auswirkungen auf die 3 Körperachsen des Menschen. Bei Ausrichtung der Beschleunigung zum Erdmittelpunkt spricht man von *g-Belastungen.* Die in den modernen Verkehrsmitteln auftretenden niederfrequenten Beschleunigungen unter 0,5 Hz lösen Bewegungskrankheiten (*Kinetosen*, S. 258) aus, z. B. Reise-, See- oder Luftkrankheit.

Autofahren kann, besonders bei häufig wechselnden Geschwindigkeiten, eine *Kinetose* und Kreislaufstörungen auslösen. Da die Bremsbeschleunigung in der Regel größer als die Anfahrtsbeschleunigung ist, sollte bei Krankentransporten der Kopf eines liegend zu transportierenden Patienten stets nach vorn ausgerichtet sein: bei umgekehrter Lagerung würden sonst beim Bremsen größere Blutmengen innerhalb des Niederdrucksystems fußwärts verschoben werden, mit ähnlichen Folgen wie beim orthostatischen Kollaps (S. 547).

Beim ***Fliegen*** treten besonders große Beschleunigungskräfte auf: Sie wirken auf den sitzenden Menschen beim Geradeausflug infolge der wechselnden Geschwindigkeiten in frontookzipitaler Rich-

ebenfalls betroffen. Ein Nachlassen der Immunkompetenz ruft eine vermehrte Bildung von Autoantikörpern hervor. Die Folgen sind Zell- bzw. Organschäden und das vermehrte Auftreten von Malignomen [19].

Bisher unterstützen nur wenige wissenschaftliche Befunde diese systemischen Theorien. Sie vermögen auch nicht zu erklären, wodurch die Veränderungen in dem Schrittmachersystem hervorgerufen werden.

! Unter den zellulären Theorien läßt sich die Theorie der freien Radikale am besten durch wissenschaftliche Befunde untermauern. Bei den Stoffwechselprozessen in der Zelle können hochaktive Radikale entstehen, die Oxidationsprozesse einleiten und Membranproteine, Enzyme und DNA zerstören. Die Schäden akkumulieren im Laufe der Zeit und führen zu einem allgemeinen Funktionsrückgang der Zellen. Die toxischen Radikale können teilweise neutralisiert werden. Der intrazelluläre Gehalt der hierfür notwendigen Enzyme (Superoxid-Dismutase, Katalase, Glutathion-Peroxidase und andere) ist proportional zur Lebensspanne der jeweiligen Spezies. Bei den systemischen Theorien wird angenommen, daß ein übergeordnetes Organ(-system) den Alternsprozeß des gesamten Organismus steuert.

33.2 Physiologisches Altern

Die Lebenserwartung ist in diesem Jahrhundert deutlich angestiegen; die maximale Lebensspanne hat sich hingegen nicht geändert

Die ***mittlere Lebenserwartung*** hat sich sowohl für Männer als auch für Frauen in diesem Jahrhundert in den meisten Industrieländern nahezu verdoppelt [26]. Dies ist in erster Linie auf verbesserte Lebensbedingungen zurückzuführen (Ernährung, Hygiene, reduzierte Kindersterblichkeit). Die ***maximale Lebensspanne*** ist jedoch unverändert geblieben. Das höchste authentisch belegte Lebensalter eines Menschen liegt bei 114 Jahren [12]. *Eine Erhöhung des Durchschnittsalters wird dadurch erreicht, daß mehr Menschen älter werden, aber nicht durch eine Verlängerung der maximalen Lebensspanne.* Die Lebenserwartung kann innerhalb der biologisch determinierten Grenzen durch Umwelt, Lebensführung, Nahrungszufuhr usw. modifiziert werden, wie Abb. 33–2 an der Lebenserwartung in Deutschland zeigt.

Altersphysiologische Veränderungen machen sich durch die verminderte Organreserve besonders bei Belastungen bemerkbar

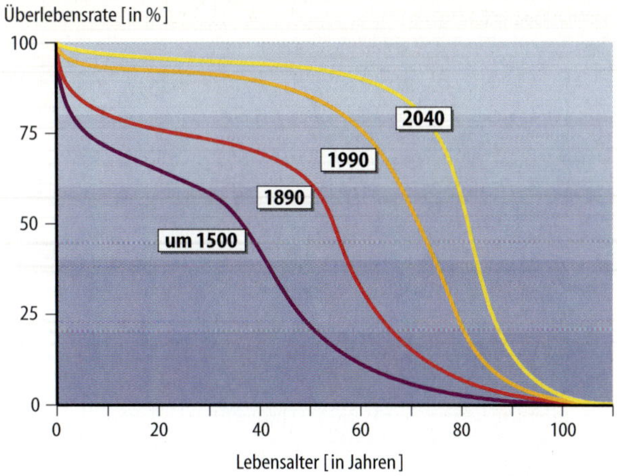

Abb. 33–2. Lebenserwartung in Deutschland . Die Verbesserung der medizinischen, sozialen und ökonomischen Verhältnisse hat in den letzten Jahrhunderten in Deutschland dazu geführt, daß die Überlebensrate bis ins hohe Alter nur langsam abnimmt. Die biologisch determinierte maximale Lebenserwartung erklärt den steilen Abfall der Überlebenskurve im sehr hohen Alter [26]

Das Leben eines Organismus kann man als innere Homöostase beschreiben. Das innere Milieu wird trotz wechselnder Einflüsse innerhalb strenger Grenzen aufrechterhalten. Dabei ist die *funktionelle Kapazität* der menschlichen Organe und Organsysteme im jungen Erwachsenenalter 2–10mal höher als zur Aufrechterhaltung der Homöostase notwendig ist. So kann z. B. das Herzzeitvolumen unter Belastung auf das 5fache des Ruhewertes ansteigen (s. S. 691). Diese ***Organreserve*** ermöglicht es dem Organismus, auch unter extremen Lebensbedingungen und Anforderungen sein inneres Gleichgewicht aufrechtzuerhalten. Ab dem 30. Lebensjahr kommt es zu einer Abnahme der Organreserve [7,32]. Die Homöostase wird labiler, die Adaptationsfähigkeit an äußeren und inneren Streß nimmt ab, es kommt zu Funktionseinbußen (s. Abb. 33–3). Ausfälle bestimmter Funktionen können im Alter schlechter kompensiert werden. Der Zusammenbruch eines der Regelkreise kann infolge der Interdependenz zum Tod des Organismus führen, auch ohne klinisch oder pathologisch faßbare Krankheit.

Von den Funktionseinschränkungen sind nicht gleichförmig alle Gewebe und Organe betroffen (*intraindividuelle Variabilität*). Es kommt ferner zu einer mit fortschreitendem Alter zunehmenden *interindividuellen Streubreite* der Befunde. Eine Unterscheidung zwischen physiologischen Altersveränderungen und krankhaften Prozessen ist nicht immer leicht, die Grenzen sind häufig fließend.

Ein Großteil der als typisch angesehenen morphologischen und funktionellen Veränderungen während des Alterns fußt auf Erkenntnissen von *Querschnittsuntersuchungen.* Gerade in höheren Altersgruppen ist damit eine positive Selektion verbunden, da Personen mit ungünstigem Risikoprofil bereits früher verstorben sind. Weitergehende Aussagen über den Alternsprozeß lassen jedoch nur *Longitudinaluntersuchungen* zu, die bisher nur vereinzelt durchgeführt wurden.

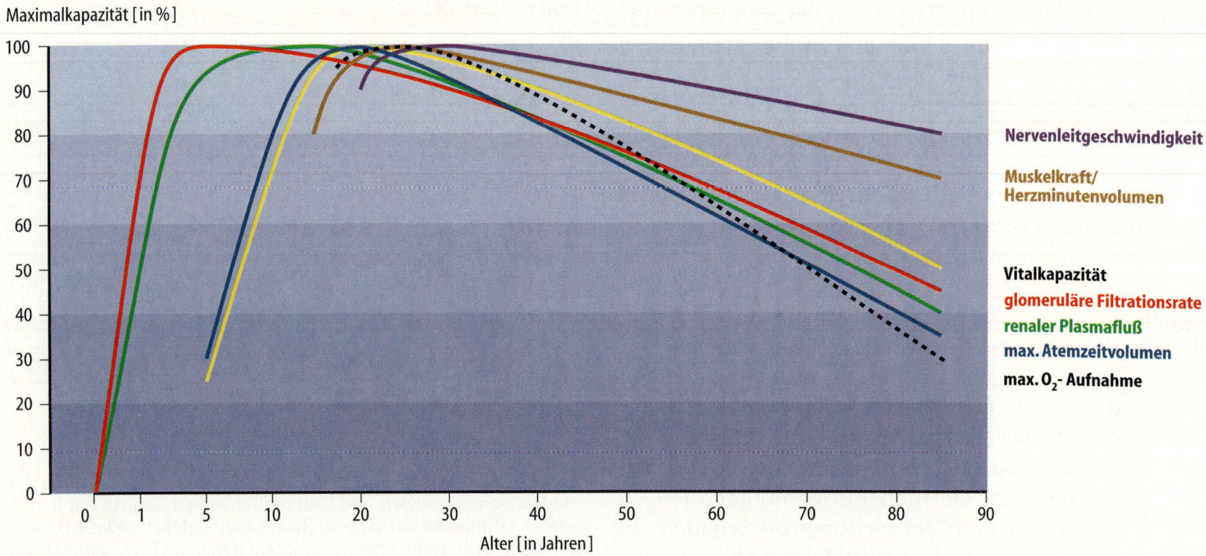

Abb. 33–3. Altersphysiologische Veränderungen verschiedener Organsysteme. (Modifiziert nach [7,20,21,31])

Häufig findet man kaum Veränderungen der Meßwerte in Ruhe, wenn man ältere mit jüngeren Menschen vergleicht [13]. Dagegen scheiden unter einer Volumenbelastung ältere Menschen pro Zeiteinheit geringere Urinmengen aus als jüngere, auch sinkt die maximal erreichbare Herzschlagrate mit zunehmendem Alter. Neurophysiologische Befunde fallen stärker pathologisch aus, wenn geschwindigkeitsbezogene Tests durchgeführt werden, im Gegensatz zu Tests, bei denen ausreichend Zeit zur Verfügung steht. Regelmäßiges *körperliches Training, geistige Regsamkeit* und *ausgewogene Ernährung* können die altersphysiologischen Veränderungen verzögern. So ist die kardiopulmonale Leistungsfähigkeit von 70 jährigen Ausdauersportlern durchaus mit der von untrainierten 30 jährigen zu vergleichen.

!

Die physiologischen Alternsvorgänge führen zu einer Abnahme der Organreserve. Die Funktionseinschränkungen machen sich zuerst bei Belastung bemerkbar, während unter Ruhebedingungen kaum Veränderungen gegenüber jüngeren Erwachsenen festzustellen sind. Die Geschwindigkeit des Alternsprozesses ist sowohl zwischen einzelnen Organsystemen als auch zwischen verschiedenen Individuen unterschiedlich. Mit steigendem Alter kommt es zu einer zunehmenden intra- und interindividuellen Variabilität.

33.3 Organveränderungen im Alter

Strukturelle und funktionelle Veränderungen sind im Alter in vielen Organen und Organsystemen nachweisbar

Erkenntnisse über altersabhängige Struktur- und Funktionsänderungen in verschiedenen Organen und Organsystemen stammen überwiegend aus Querschnittsuntersuchungen und sind daher von eingeschränkter Aussagekraft. Im folgenden sind aus der Vielzahl von morphologischen und funktionellen Einzelbefunden der Querschnittsstudien nur diejenigen aufgenommen, die von klinischer Relevanz sind sowie die Ergebnisse der bisher nur vereinzelt durchgeführten Langzeituntersuchungen [5,6,10,11, 31,37].

Kardiovaskuläres System. Eine bedeutende altersphysiologische Veränderung ist das verminderte Ansprechen des Herzens auf β-adrenerg vermittelte Reize. Die Antwort auf α-adrenerge Stimuli bleibt hingegen intakt. Während sich die Herzschlagrate in Ruhe im Alter nicht ändert, *sinkt die maximale Herzfrequenz unter Belastung deutlich ab* (etwa 1/2 Schlag pro Minute pro Jahr). Bei einem 20 jährigen liegt die maximale Herzfrequenz bei etwa 200/min. während sie bei einem 85 jährigen nur noch 170/min. erreicht. Die Abnahme der maximalen Herzschlagrate bei Belastung kann zum Teil über eine Erhöhung des Schlagvolumens kompensiert werden.

Die *Herzgröße* bleibt im Alter unverändert, obwohl die Herzwanddicke des linken Ventrikels leicht zunimmt. Die *frühdiastolische Füllungsrate* nimmt ab, wird aber durch eine verstärkte Vorhofkontraktion kompensiert. Das endsystolische und das Schlagvolumen zeigen im Alter keine Veränderung trotz einer *Zu-*

nahme der Nachlast (Afterload) infolge Erhöhung des systolischen Blutdruckes in Ruhe. Die im Alter feststellbare Abnahme der physischen Leistungsfähigkeit und der maximalen Sauerstoffaufnahme ist weniger durch kardiale Veränderungen hervorgerufen als durch periphere (z. B. Abnahme der Gesamtmuskelmasse).

Funktionelle Störungen der Herzaktion gehen oft auf *Veränderungen des Erregungsleitungssystems* zurück, das teilweise durch Kollagen ersetzt wird. Die Folge sind Überleitungsstörungen unterschiedlichen Ausmaßes. Im Alter häufig, aber als pathologisch anzusehen, sind *arteriosklerotische Veränderungen der Koronar- und anderer Arterien.* Sie führen zur Blutmangelversorgung der betroffenen Organe. Am häufigsten sind Herz (koronare Herzkrankheit), untere Extremitäten (arterielle Verschlußkrankheit) und Gehirn (zerebrale Ischämie) betroffen. Die fortschreitende Abnahme elastischer Eigenschaften der Gefäße ist Ursache für den statistischen Blutdruckanstieg mit zunehmendem Alter.

Respirationstrakt. Der Atmungsapparat weist auch bei gesunden alternden Nichtrauchern typische Veränderungen auf. Die Alveolen vergrößern sich um das Mehrfache, wobei die Alveolarsepten z. T. verschwinden. Die Zahl der Lungenkapillaren geht zurück, und die elastischen Fasern nehmen ab.

Aus diesen morphologischen Veränderungen ergeben sich bestimmte Einschränkungen der Lungenfunktion im Alter: Der Elastizitätsverlust des Lungenparenchyms und die zunehmende Starrheit des Thoraxwandskeletts führen zu einer *Abnahme der Vitalkapazität und der Compliance* (s. S. 577). Da für die Weitstellung der kleinsten Bronchiolen der Zug der elastischen Fasern erforderlich ist, geht mit dem Verlust dieser Fasern gleichzeitig eine *Zunahme der Resistance* einher (s. S. 578). Im selben Maße nimmt die relative Sekundenkapazität ab (s. S. 581). Der erhöhte Atemwegswiderstand führt dann im Laufe der Zeit zu einer *Zunahme der funktionellen Residualkapazität* (s. S. 570 f). Schließlich ist infolge der reduzierten respiratorischen Oberfläche die *Diffusionskapazität* vermindert. Ältere Menschen zeigen ein vermindertes Ansprechen auf Hypoxie und Hyperkapnie (Atemzüge, Herzfrequenz) und sind durch Krankheiten wie Pneumonie und chronisch obstruktive Lungenerkrankungen gefährdeter als Jüngere.

Die Altersveränderungen der Lungen betreffen nicht nur physiologische Funktionen des Gasaustausches sondern auch *organspezifische Abwehrmechanismen.* Die zelluläre Immunität ist herabgesetzt, ebenso die humoral vermittelte. So setzt zum Beispiel die Antikörperproduktion gegen Pneumokokken oder Influenzavakzine nur verzögert ein. Der Hustenreflex zeigt eine altersbedingte Einschränkung, ebenso der mukoziliäre Transport.

Gastrointestinales System. Im gesamten Verdauungstrakt kommt es im Alter zu einer verminderten Motilität. Die Frequenz der Peristaltikwellen nimmt ab. Es treten vermehrt *nichtpropulsive Kontraktionswellen* auf. Dies kann im Ösophagus zu Schluckstörungen führen (sog. *Presbyösophagus).* Neben dem verminderten Defäkationsreflex ist die Motilitätsminderung, eine Ursache der im Alter häufigen Obstipation. Die *Atrophie von Magen- und Darmschleimhaut* führt zu einer Abnahme der Intrinsic-Factor-, Magensäure- und Pepsinsekretion. Die Absorption von Eisen und Kalzium ist vermindert. Leber und Pankreas nehmen an Größe ab, die Durchblutung läßt nach. Es kommt zu moderaten Funktionseinbußen mit reduzierter Glukosetoleranz und Rückgang einzelner Enzymaktivitäten. Dies muß bei der Dosierung von Pharmaka, die über die Leber abgebaut und ausgeschieden werden, berücksichtigt werden.

Nervensystem. Mit zunehmendem Alter kommt es zu einem Verlust von Nervenzellen. Ihr Gehalt an *Lipofuszin* nimmt deutlich zu. Es treten auch bei gesünderen älteren Menschen senile Plaques und neurofibrilläre Veränderungen auf (sog. *Alzheimer-Fibrillen).* Ein Nachlassen der intellektuellen Fähigkeiten ist, entgegen der landläufigen Meinung, jedoch nicht alterstypisch. Durch eine *verzögerte Nervenleitgeschwindigkeit* und synaptische Übertragung läßt allerdings das Reaktionsvermögen nach.

Veränderungen des Schlafmusters (s. S. 147 ff) mit Zunahme der Einschlaflatenz und Abnahme der Tiefschlafphasen wird auf reduzierte Neurotransmitterkonzentrationen zurückgeführt.

Sinnesorgane. Die Leistungen des ***Gehörs*** nehmen mit fortschreitendem Alter ab. Die Fähigkeit, hohe Frequenzen wahrzunehmen, geht laufend zurück (*Presbyakusis,* s. S. 272) Aber auch das Sprachverständnis ist betroffen, weil sich wahrscheinlich die Tuningkurven der Hörnervenfasern verändern. Grundlagen der sensorischen Einbußen sind Versteifung der Basilarmembran, Atrophie des Corti-Organs und metabolische Defizite infolge einer Atrophie der Stria vascularis. Ein zunehmender Neuronenverlust reduziert die Leistungsfähigkeit der auditiven Informationsverarbeitung.

Der ***Gesichtssinn*** ist im Alter ebenfalls in mannigfacher Weise beeinträchtigt. Wegen der abnehmenden Linsenelastizität vermindert sich die Akkommodationsbreite stark. Mit 70 Jahren ist das Akkomodationsvermögen fast völlig erloschen (*Presbyopie,* s. S. 285). Auch die Transparenz der Linse geht zurück, woraus sich unter pathologischen Bedingungen eine *Linsentrübung (Katarakt)* entwickeln kann.

Es kommt zu einer Abnahme von ***Geruchs- und Geschmacksfähigkeit*** (besonders für salzig). Dies ist eine der Ursachen für den oft mangelhaften Appetit alter Menschen.

Die ***somatoviszerale Sensibilität*** ist im hohen Alter durch einen progressiven Verlust von Meißner- und Pacini-Tastkörperchen (s. S. 218), der bei 90-jährigen bis zu 30 % beträgt, beeinträchtigt.

Bewegungsapparat und Haut. Durch Veränderungen im Kalziumstoffwechsel kommt es mit zunehmendem Alter zur Abnahme des Kalksalzgehaltes der Knochen mit *Rarefizierung der Knochenmatrix* und erhöhter Knochenbrüchigkeit. An den Gelenken treten Knorpelauffaserungen und Knochenappositionen (Osteophyten) auf. Solche Osteophyten finden sich beispielsweise bei 1/3 aller über 50-jährigen am Femurkopf.

Die Muskelkraft nimmt im Alter kontinuierlich ab. Die Muskelmasse wird kleiner (*Atrophie*) und teilweise durch Fettgewebe ersetzt. Die Belastbarkeit der Sehnen läßt ebenfalls nach.

Die Veränderungen der Haut und ihrer Anhangsgebilde führt zu einer *Reduktion des subkutanen Gewebes* und der darin liegenden Kapillaren und Schweißdrüsen. Die Folge sind verminderte Schweiß- und Fettproduktion und eine erhöhte Infektanfälligkeit. An lichtexponierten Stellen kommt es zu fleckiger *Pigmentierung* als Folge mutierter Zellklone. Die Haare werden brüchiger, die Dichte ist herabgesetzt.

Endokrines System. Ein einschneidender Prozeß stellt bei Frauen das *Klimakterium* (s. S. 389) mit Erlöschen der Keimdrüsenfunktion dar. Zunächst werden die Menstruationsblutungen unregelmäßig und schwächer, dann bleiben Ovulation und Gelbkörperbildung aus. Mit Abfall der Östrogen- und Progesteronspiegel im Blut steigt für einige Jahre die FSH-Produktion stark und die LH-Produktion in geringerem Maße an. Als gesichert gilt ein *kontinuierlicher Abfall des Östrogen- und Wachstumhormonspiegels im Alter.*

Beim Mann kommt es nicht zu einer Menopause. Die Testosteronspiegel bleiben zwischen dem 25. Lebensjahr und dem 90. Lebensjahr konstant, ebenso das Gewicht der Hoden. Die Anzahl fertiler Spermien sinkt jedoch mit dem Alter, ebenso die Reizantwort der Leydig-Zellen auf einen Gonadotropin-Stimulus.

Weder bei Frauen noch bei Männern gibt es einen biologischen Endpunkt für sexuelles Interesse und Kompetenz. Lediglich die Häufigkeit der sexuellen Aktivität nimmt in höherem Alter ab.

Generell zeigt sich im Alter ein *verzögertes Ansprechen der Zielorgane auf hormonelle Stimuli übergeordneter Zentren* (z. B. verzögerte Reaktion von TSH auf TRH-Stimulation, verzögerte ACTH-Produktion auf CRH-Stimulation, vermindertes Ansprechen auf adrenerge Reize).

Renales System. Die Nieren erfahren im Alter eine vermehrte glomeruläre Sklerose. Die Zahl der Nephronen nimmt ab. Sie sind im 8. Lebensjahrzehnt um etwa 30 % reduziert. Die Basalmembranen verdicken sich. Es kommt zu einer deutlichen *Abnahme der glomerulären Filtrationsrate* bei ebenfalls rückläufigem renalem Plasmafluß. Die Folge ist eine reduzierte Verdünnungs- und Konzentrationsfähigkeit und eine verlangsamte Säureelimination. Die Rückresorption von Glukose und Natrium ist herabgesetzt, ebenso der Vitamin-D-Metabolismus. Mit zunehmendem Alter kommt es zu einem Absinken des Reninspiegels.

Die funktionellen Veränderungen an der Niere müssen unbedingt bei der ***Pharmakotherapie*** berücksichtigt werden, da viele Medikamente renal eliminiert werden und daher im Alter mit längeren Halbwertszeiten zu rechnen ist.

Hämatologisches System. Das *aktive Knochenmark*, dessen Gesamtvolumen bei jugendlichen Erwachsenen etwa 1500 ml beträgt, wird fortschreitend durch Fett- und Bindegewebe ersetzt. Im Sternum findet man bei 70-jährigen nur noch die Hälfte der Zelldichte, verglichen mit dem Knochenmark des Jugendlichen. Das periphere Blutbild ist davon aber nicht betroffen. Es kommt allenfalls zu einer leichten Abnahme von Hb und Hkt. Auf Stoffwechselveränderungen weist die Abnahme des ATP- und 2,3-Diphosphoglyzeratgehaltes der Erythrozyten hin.

Nach dem 40. Lebensjahr kommt es zu einer deutlichen Abnahme der Lymphozyten um 25 %. Besonders betroffen sind hiervon die T-Lymphozyten (s. S. 436), wohl im Zusammenhang mit der Involution des Thymus. Die herabgesetzte Funktionsfähigkeit der T-Lymphozyten beeinflußt auch die Funktion der B-Zellen. Dies führt insgesamt zu einem *Rückgang der immunologischen Kompetenz* mit Abwehrschwäche und Verlust der Immuntoleranz.

> **!** Funktionelle Veränderungen am Herzen führen zu verminderter körperlicher Belastbarkeit. Strukturelle Schädigungen an den glatten Gefäßmuskelzellen sind Ursache für die im Alter häufige Arteriosklerose und deren Folgen. Herabgesetzte pulmonale Abwehrmechanismen erhöhen die Infektanfälligkeit und Aspirationsgefahr (abgeschwächter Hustenreflex). Strukturelle Veränderungen behindern den Gasaustausch. Durch Funktionsverlust von B- und T-Lymphozyten kommt es zu erhöhter Anfälligkeit für Infekte, Autoimmunprozesse und Tumore. Die verminderte Stoffwechselaktivität der Leber und der Funktionsrückgang der Nieren muß unbedingt bei der Pharmakotherapie berücksichtigt werden. Veränderungen der neuronalen und hormonellen Steuerungs- und Regelprozesse kann zu Veränderungen des Schlafmusters, verzögerter Reaktionszeit, Gedächtnis- und Merkstörungen führen. Die Einschränkung der Sinnesorgane führt, zusammen mit dem Nachlassen der Muskelkraft und des Reaktionsvermögens, zu erhöhter Unfallgefahr. Veränderungen an der Knochenmatrix erhöhen die Knochenbrüchigkeit.

33.4 Funktionsbeeinträchtigung und Krankheit

Der Alterungsprozeß und die Entwicklung chronischer Krankheiten unterliegt großen individuellen Schwankungen

Altern ist keine Krankheit. Trotzdem leiden ältere Menschen häufiger an Beschwerden und sind öfter krank als jüngere. Die Ursache ist in dem vermehrten Auftreten *chronischer Erkrankungen* zu suchen. In erster Linie ist davon das *Herz-Kreislauf-System* (arterielle Hypertonie, koronare Herzkrankheit, Herzinsuffizienz) und der *Bewegungsapparat* (Wirbelsäulensyndrome, Arthrosen, rheumatische Erkrankungen) betroffen. Der Alternsprozeß und die Entwicklung von Krankheiten ist individuell sehr unterschiedlich und von vielen Faktoren (Erbanlagen, Umweltfaktoren, persönliche Lebensweise) abhängig. Ein Teil der Bevölkerung erreicht ein hohes Alter bei guter Gesundheit, während andere schon frühzeitig chronische Leiden und Behinderungen aufweisen. In Abb. 33–4 sind in stark vereinfachter Form einige Verläufe des Alterns wiedergegeben.

Ein Charakteristikum des typischen geriatrischen Patienten ist das Auftreten mehrerer Krankheiten gleichzeitig, die sich wechselseitig beeinflussen und zu Funktionsverlusten führen (***Multimorbidität***). Sie wirken sich im physischen, psychischen und sozialen Bereich aus und bedrohen die Selbständigkeit der Patienten [27].

Hilfreich in diesem Zusammenhang sind die Definitionen der WHO über die Auswirkungen von Krankheiten: International Classification of Impairments, Disabilities and Handicaps (ICIDH):

Pathology. Krankheit. Schaden oder anormale Prozesse in einem Organ(-system). Beispiel: Rheumatoide Arthritis.

Impairment. Beeinträchtigung. Symptome und Zeichen, die die betroffene Person, als unmittelbare Konsequenz einer Erkrankung auf Körperebene wahrnimmt. Beispiel: Gelenkschwellungen.

Disability: Behinderung. Nachlassen oder völliger Verlust der Fähigkeit bestimmte Handlungen durchzuführen. Beispiel: Unfähigkeit, die Hände für Aktivitäten des täglichen Lebens wie Anziehen, Essen zubereiten usw. zu benutzen.

Handicap: Verlust an Handlungsfreiheit verursacht durch eine Krankheit. Beispiel: Der Patient wird abhängig von Haushaltshilfe. Die Bewertung des Handicaps durch den Patienten bestimmt die Schwere der Erkrankung. Ein Gesichtsfeldausfall nach Schlaganfall kann zu nur geringer Behinderung im tgl. Leben führen. Wird aufgrund dessen jedoch der Führerschein entzogen, resultiert daraus ein großes Handicap. Eine rheumatoide Arthritis bedeutet für bestimmte Berufsgruppen (Feinmechaniker, Musiker) ein größeres Handicap als für andere.

Sowohl die Anzahl von Erkrankungen als auch die Schwere der Krankheit sind nur lose mit der Funktion verknüpft. Es gibt Patienten mit einer Vielzahl auch schwerer Krankheiten ohne Funktionsverlust. Andererseits kann bereits eine Einzelerkrankung (z. B. Schlaganfall) zu erheblichen Funktionseinbußen führen. *Die Funktion entscheidet über die Behandlungsbedürftigkeit, die Krankheit über die therapeutischen Möglichkeiten.*

In der Geriatrie werden daher zusätzlich zur üblichen Diagnostik *Funktionsuntersuchungen* und *-be-*

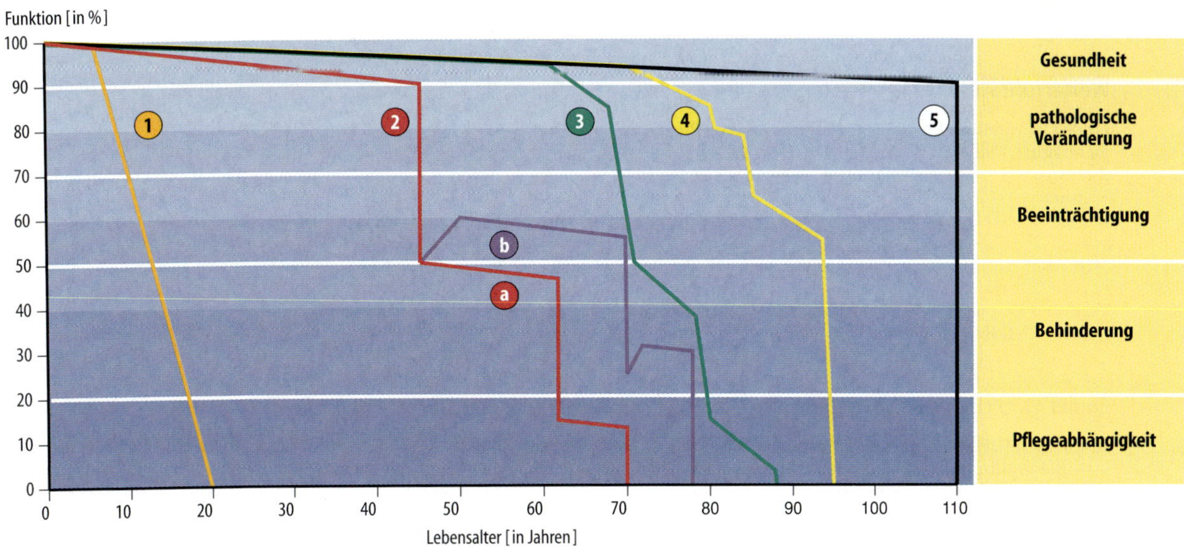

Abb. 33–4. Beispiele verschiedener Alterungsverläufe. *Linie 1:* Stark beschleunigter Alterungsprozeß ab dem 6. Lebensjahr bei der Progerie (vorzeitige Vergreisung). *Linie 2:* Risikofaktoren (Bluthochdruck, erhöhte Blutfette, Nikotin etc.) können ebenfalls zu einer schnelleren Alterung beitragen. Nach einem Akutereignis (z. B. Schlaganfall) kann durch therapeutische Intervention eine Besserung des funktionellen Status, der Lebenserwartung und damit der Lebensqualität erreicht werden (*2a* → 2b). *Linie 3:* Rasche Funktionsbeeinträchtigung, wie sie für Demenzkranke typisch ist. Zu beachten ist die lange Phase der Behinderung bei alltäglichen Verrichtungen und die Pflegeabhängigkeit. *Linie 4:* „Normales" Altern. Bis ins hohe Alter bestehen nur leichte Beeinträchtigungen. Die Phase von Behinderung und Pflegeabhänigkeit ist auf die letzten Lebensmonate beschränkt. *Linie 5:* Idealtypischer Verlauf des Alterns

fragungen durchgeführt, die sich auf die Anforderung des Alltagslebens beziehen (z. B. Test für Gedächtnis und Orientierung, Gangsicherheit, Gehgeschwindigkeit, Kraft, manuelle Geschicklichkeit, Öffnen von Medikamentenverpackungen usw.). Aus dieser Funktionsbeurteilung (sog. ***geriatrisches Assessment)*** werden wesentliche Erkenntnisse für die Therapie zur Wiedereingliederung in den häuslichen Bereich (z. B. nach Schlaganfall mit Halbseitenlähmung) gewonnen [25].

Gelingt es, die funktionellen Ressourcen gut zu nützen, können auch ältere Patienten erfolgreich rehabilitiert werden. Das Training von funktionellen Fähigkeiten hat größtmögliche Selbständigkeit des Betroffenen zum Ziel. So kann auch im Alter trotz evtl. bleibender Behinderung ein selbstbestimmtes Leben ermöglicht werden mit einem hohen Maß an Zufriedenheit und Lebensqualität: *„Dem Leben nicht Jahre, sondern den Jahren Leben hinzufügen!"*

!

Im Alter überwiegt das chronische Krankheitsspektrum. Geriatrische Patienten weisen charakteristischerweise mehrere Krankheiten gleichzeitig auf (Multimorbidität), die sich wechselseitig beeinflussen und durch Funktionsverlust die selbständige Lebenführung bedrohen. Ein wesentliches Ziel der Behandlung in der Geriatrie ist die Wiederherstellung oder Erhaltung der Selbsthilfefähigkeit des Patienten.

33.5 Literatur

Weiterführende Lehr- und Handbücher

1. Finch CE, Hayflick L (eds) (1977) Handbook of the biology of aging. Van Nostrand Reinhold, New York
2. Kanungo MS (1980) Biochemistry of ageing. Academic, London
3. Krohn PL (ed) (1966) Topics in biology of aging. Interscience, New York
4. Strehler L (1977) Time, cells and aging, 2nd edn. Academic, New York
5. Timiras PS (1994) Physiological Basis of Ageing and Geriatrics. CRC Press, BocaRaton

Einzel- und Übersichtsarbeiten

6. Assmussen E, Fruensgaard K, Norgaard S (1975) A follow-up longitudinal study of selected physiologic functions in former physical education students after forty years. J Am Geriatr Soc 23:442–450
7. Bafitis H, Sargent F (1977) Human physiological adaptability through the life sequence. J Gerontol 32:402–410
8. Cutler RG (1975) Evolution of human longevity and the genetic complexity governing aging rate. Proc Natl Acad Sci U S A 72:4664–4668
9. Cutler RG (1993) Genetic and evolutionary molecular aspects of aging. In: Dall J, Ermini M, Herrling P, Lehr U, Meier-Ruge W, Stähelin H (eds) Prospects in aging. Academic, London
10. Flynn MA, Nolph GB, Baker AS, Krause G (1992) Aging in humans: a continuous 20-year study of physiologic and dietary parameters. J Am Coll Nutr 11:660–672
11. Folkow B, Svanborg A (1993) Physiology of cardiovascular aging. Physiol Rev 73:725–762
12. Fries JF (1980) Aging, natural death, and the compression of morbidity. N Engl J Med 303:130–135
13. Gerstenblith G, Frederiksen J, Yin FC, Fortuin NJ, Lakatta EG, Weisfeldt ML (1977) Echocardiographic assessment of a normal adult aging population. Circulation 56:273–278
14. Goldstein S, Wojtyk R, Harley CB, Pollard JW, Chamberlain JW, Stanners CW (1985) Protein synthetic fidelity in aging human fibroblasts. In: Salk D, Fujiwara Y, Martin GM (eds) Werners Syndrome and human aging. Plenum, New York
15. Gilchrest BA, Bohr VA (1997) Ageing Processes DNA-Damage and Repair. FASEB J 11:322-330
16. Hayflick L (1965) The limited in vitro lifetime of human diploid cell strains. Exp Cell Res 37:614–636
17. Holmes GE, Bernstein C, Bernstein H (1992) Oxidative and other DNA damages as the basis of aging: a review. Mutat Res 275:305–315
18. Johnson TE, Lithgow GJ (1992) The search for the genetic basis of aging: the identification of gerontogenes in the nematode Caenorhabditis elegans. J Am Geriatr Soc 40:936–945
19. Kay MMB (1979) An overview of immune aging. Mech Ageing Dev 9:39–59
20. Lakatta EG (1990) Changes in cardiovascular function with aging. Eur Heart J 11 [Suppl C]:22–29
21. Larsson L, Grimby G, Karlsson J (1979) Muscle strength and speed of movement in relation to age and muscle morphology. J Appl Physiol 46:451–456
22. Makinodan T (1990) Immunologic aspects of aging. In: Geokas MC (ed) The aging process. Ann Intern Med 113:455–466
23. Mc Cay C, Crowell M, Maynard L (1935) The effects of retarded growth upon the length of life and upon the ultimate size. J Nutr 10:63–79
24. Medvedev ZA (1972) Repetition of molecular-genetic information as a possible factor in evolutionary changes in lifespan. Exp Gerontol 7:227–238
25. Nikolaus T, Specht-Leible N (1992) Das geriatrische Assessment. MMV Medizin, München
26. Nikolaus T (1992) Demographische Entwicklung. In: Kruse W, Nikolaus T (Hrsg) Geriatrie. Springer, Berlin Heidelberg New York
27. Nikolaus T (1992) Der geriatrische Patient. In: Kruse W, Nikolaus T (Hrsg) Geriatrie. Springer, Berlin Heidelberg New York
28. Olshansky SJ, Carnes BA, Cassel C (1990) In search of Methuselah: estimating the upper limits to human longevity. Science 250:634–640
29. Orgel LA (1973) Aging of clones of mammalian cells. Nature 243:441–445
30. Sharma R, Patnaik SK (1982) Properties of liver cytoplasmatic aspartate aminotransferase of rats of various ages. Biochem Int 5:561–566
31. Shock NW (1983) Aging of physiological systems. J Chron Dis 36:137–142
32. Shock NW (1979) Systems physiology and aging: Introduction. Fed Proc 38:161–162
33. Sohal RS (1993) The free radical hypothesis of aging: an appraisal of the current status. Aging Clin Exp Res 5:3–17
34. Stadtman EA (1992) Protein oxidation and aging. Science 257:1220–1224
35. Szilard L (1959) On the nature of the aging process. Proc Natl Acad Sci U S A 45:30–45
36. Tonna EA (1973) An electron microscopic study of skeletal cell aging. II. The osteocyte. Exp Gerontol 8:9–16
37. Wei FH (1992) Age and the cardiovascular system. N Engl J Med 327:1735–1739
38. Zahn RK, Reinmüller J, Beyer R, Pondeljak V (1987) Agecorrelated DNA damage in human muscle tissue. Mech Aging Dev 41:73–114

Stoffaufnahme und -ausscheidung

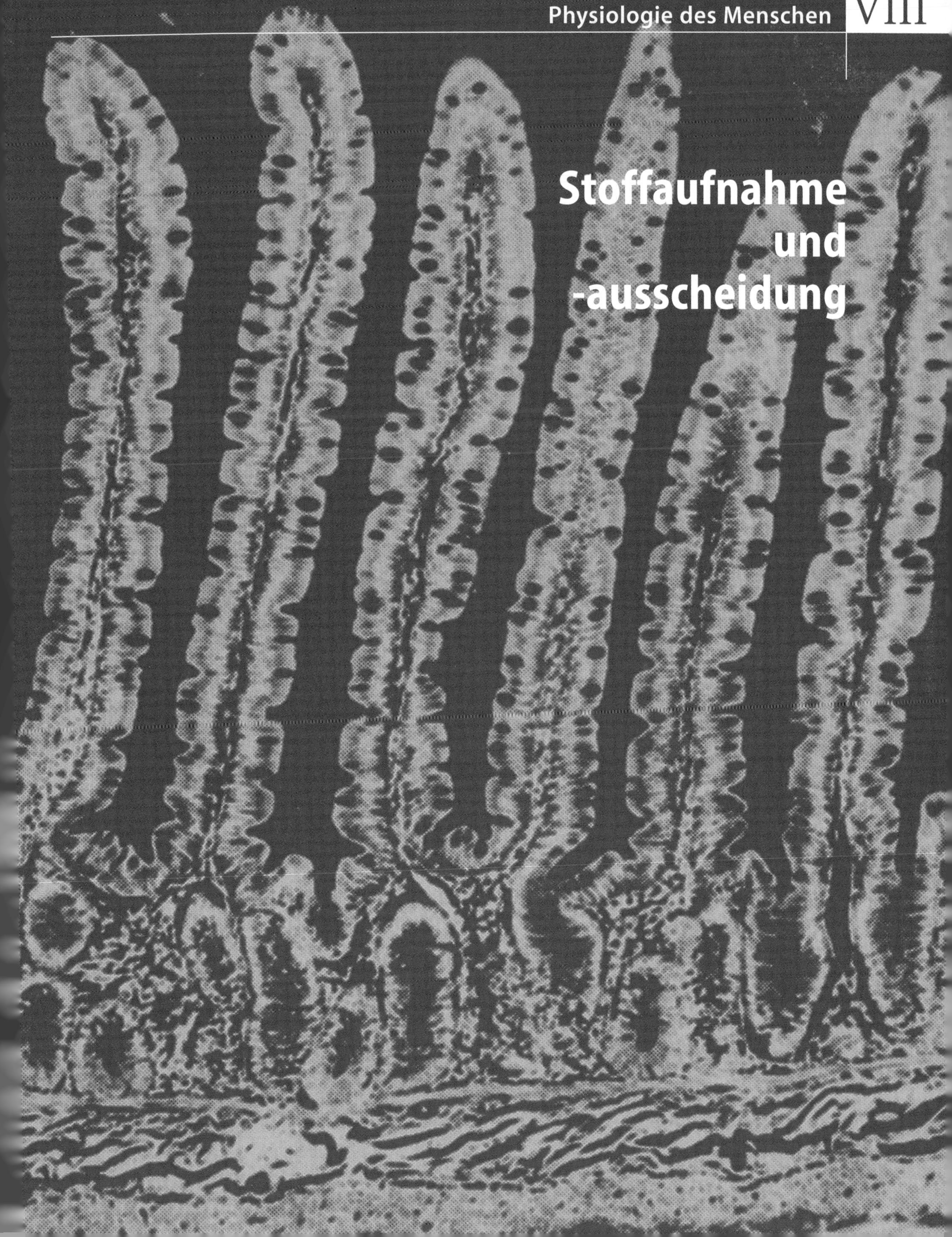

Epithelien 34

M. Fromm, K. Hierholzer

EINLEITUNG Epithelien besitzen einheitliche Struktur- und Funktionsprinzipien. Erkrankungen der Epithelien wirken sich daher oft an mehreren Organen aus. So treten zum Beispiel bei der Zystischen Fibrose (CF, Mukoviszidose), einer häufigen erblichen Erkrankung, vielfältige scheinbar zusammenhanglose klinische Störungen auf: Eine Eindickung des Pankreassekrets mit anschließendem Stau verursacht eine Pankreasinsuffizienz. Es kommt zur Zystenbildung mit anschließender Fibrose des exokrinen Pankreas (daher der Name der Erkrankung). Die daraus folgende Maldigestion verursacht eine allgemeine Dystrophie. In den Bronchiolen kommt es durch Bildung von zähem Schleim zu einer Behinderung der mukoziliären Clearance. Dies führt zu chronischem Husten, starker Atembehinderung und Infektionen. Als Folgen der generalisierten Maldigestion und der mangelnden O_2-Aufnahme entstehen Anämie, Hypoproteinämie und Verzögerung des Wachstums und der Pubertät. Die NaCl-Konzentration im Schweiß ist auf über 60 mmol/l erhöht. Diese Symptome der CF kommen im wesentlichen durch einen einzigen Defekt zustande, der in allen betroffenen Epithelien auftritt, nämlich eine fehlende Aktivierbarkeit von epithelialen Cl^--Kanälen. Folge ist u. a. eine Verringerung und Viskositätserhöhung von Sekreten in Lunge, Pankreas, Samenkanälchen, etc., so daß der Abfluß durch die Lumina erschwert oder unmöglich wird.

34.1 Struktur und Funktion der Epithelien

Der menschliche Organismus muß mit der Umgebung dauernd Stoffe austauschen, zugleich aber das „innere Milieu", d. h. die Zusammensetzung der Körperflüssigkeiten in einer von der Umgebung unterschiedlichen Zusammensetzung konstant halten. Stoffaustausch mit der Umgebung und Konstanthaltung der Körperflüssigkeiten wird auf zellulärer Ebene durch die Zellmembranen, für den Gesamtorganismus durch Epithelien gewährleistet.

Epithelien bilden Barrieren zwischen den Flüssigkeitsräumen des Körpers und transportieren Solute und Wasser durch diese Barrieren hindurch; beide Funktionen sind vielfältig geregelt

Epithelien begrenzen den Organismus nach außen sowie die verschiedenen Flüssigkeitsräume im Inneren. Mit „außen" ist keineswegs nur die durch die Haut abgegrenzte Körperaußenseite gemeint, sondern vor allem die „funktionelle Außenseite", die von den Lumina der von außen zugänglichen Körperhöhlen gebildet wird. Diese nehmen ihren Inhalt aus der Außenwelt auf oder geben ihn an die Außenwelt ab, z. B. Magen-Darmtrakt, Nierentubuli, ableitende Harnwege, Schweißdrüsen, Speicheldrüsen. Eine Übersicht gibt Abb. 34–1.

Epithelien bzw. Epithel-artige Zellschichten bilden aber auch die Grenzflächen zwischen den inneren Flüssigkeitsräumen des Körpers (den *Kompartimenten*), die keine Verbindung zur Außenwelt besitzen. Dies sind z. B. Pleura, Peritoneum, Epikard, Perikard und die Auskleidungen der inneren Organe sowie die Gefäßwände. Die inneren Auskleidungen der Gefäßwände werden als ***Endothelien*** bezeichnet, sind aber funktionell gesehen sehr durchlässige Epithelien.

Obwohl sich die Epithelien sogar innerhalb eines Organs stark unterscheiden können, besitzen sie ***einheitliche Struktur- und Funktionsprinzipien,*** die in diesem Kapitel dargestellt werden. Diese Einheitlichkeit bedingt in vielen Fällen, daß exogene Substanzen (z. B. Medikamente), endogene Überträgerstoffe oder Hormone an verschiedenen Epithelien gleichsinnig wirken und daß Erkrankungen mit Transporterdefekten die Funktionsfähigkeit mehrerer Organe beeinträchtigen können [5].

Aufbau der Epithelien. Epithelien besitzen eine typische *polare Struktur* und sind miteinander in spezialisierter Weise durch *Schlußleisten* verbunden (Abb. 34–2).

Die ***apikale Zellmembran*** (Aufbau s. Kap. 1.1) ist definitionsgemäß der ***funktionellen Außenseite*** zuge-

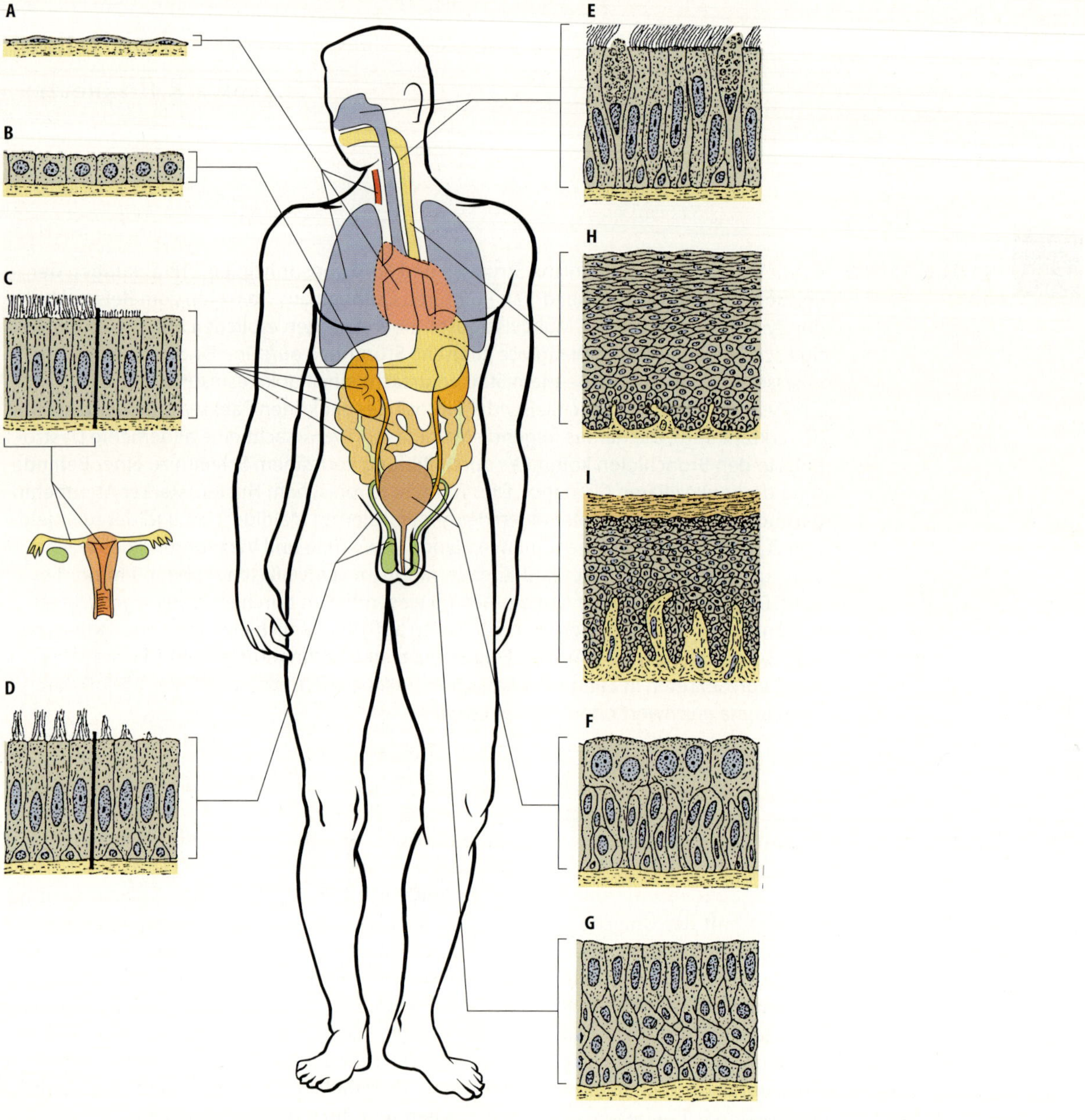

Abb. 34–1. Übersicht über verschiedene Epithelien des Menschen. Dargestellt ist die weite Verbreitung epithelialer Strukturen und ihr unterschiedlicher Aufbau in einschichtigen (A-C), mehrreihigen (D, E), Übergangs- (F) und mehrschichtigen (G-I) Epithelien. Für die Barriere- und Transportfunktion ist die jeweils äußerste (noch nicht verhornte) Zellschicht entscheidend, da nur diese ein komplettes Schlußleistennetz ausbildet. (Aus Krstic, 1978 [9])

wandt. Sie bildet in vielen Epithelien fingerartige Ausstülpungen, die *Mikrovilli,* und wird dann auch als *Bürstensaummembran* bezeichnet. Die ***basolaterale Zellmembran*** besteht aus der basalen Zellmembran, die direkt der ***Blutseite*** zugewandt ist, und den seitlich gelegenen lateralen Zellmembranen. Der zusammenfassende Begriff basolaterale Zellmembran ist dadurch gerechtfertigt, daß beide Anteile mit gleichartigen Transportern ausgestattet und ohne entscheidende weitere Barriere dem interstitiellen Raum zugewandt sind. Die *Basalmembran* dient als Wachstumsschiene und vermittelt den basalen Zusammenhalt, stellt jedoch für den transepithelialen Transport keine wesentliche Barriere dar.

Seitenbezeichnungen. Epithelien bilden eine durchgehende Oberfläche, die entweder plan (z. B. Haut), zylindrisch (Nierentubuli, Darm, Drüsenausführungsgänge) oder sphärisch (Gallenblase, Magen, Harnblase) ist. In Abb. 34–2 sind die gebräuchlichen Seitenbezeichnungen der Epithelien dargestellt; am universellsten verwendbar sind ***apikal*** und ***basolateral.***

Die Seitenzuordnung bei den Epithelien, die innere Kompartimente voneinander trennen, ist z. T.

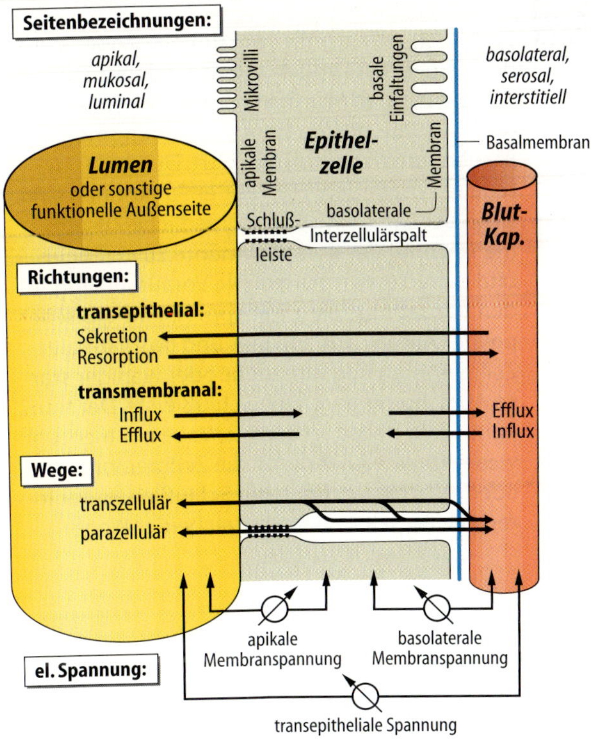

Abb. 34–2. Strukturschema und Transportwege der Epithelien. Die Bezeichnungen beziehen sich vorwiegend auf Epithelien, die an eine funktionelle Außenseite grenzen. Bei der transepithelialen Spannung wird der Wert der funktionellen Außenseite benutzt und die interstitielle Seite dient als Referenz, da sie im ganzen Körper auf praktisch gleichem Potential liegt. Bei den Membranspannungen wird stets der Wert im Zytoplasma angegeben

schwieriger. Als Anhalt dient hier die Lage der Schlußleiste nahe der apikalen Seite und der Na^+/K^+-ATPase in der basolateralen Membran.

Transmembranaler Transport findet sich in jeder Zelle, trans- und parazellulären Transport gibt es dagegen nur in Epithelien

Richtungen und Wege des epithelialen Transports. Die Terminologie ist in Abb. 34–2 dargestellt. ***Transepithelialer Transport*** von der funktionellen Außenseite ins Interstitium wird als ***Resorption*** und in umgekehrter Richtung als ***Sekretion*** bezeichnet. ***Transmembranaler Transport*** in die Zelle hinein bzw. aus ihr heraus wird als ***Influx*** bzw. ***Efflux*** bezeichnet. Transportraten werden üblicherweise pro Flächeneinheit des Epithels angegeben (z. B. $\mu mol \cdot h^{-1} \cdot cm^{-2}$) und als ***Flux*** bezeichnet. *Solute* (gelöste Teilchen, Synonym *Osmolyte*) und Wasser werden zumeist in unterschiedlichem Ausmaß in beide Richtungen zugleich transportiert. Aus der Differenz der beiden ***unidirektionalen Fluxe*** ergibt sich der für den Effekt des Epithels entscheidende ***Nettoflux.***

Der transepitheliale Transport erfolgt auf zwei möglichen Wegen (s. Abb. 34–2). Der ***transzelluläre Weg*** führt durch die apikale und basolaterale Membran der Epithelzelle und zumeist durch einen mehr oder weniger großen Anteil des Interzellularspalts.

Transzellulärer Transport besteht somit normalerweise aus einem Influx auf der einen Epithelseite und einem Efflux auf der anderen.

Der ***parazelluläre Weg*** führt durch die Schlußleiste und die gesamte Länge des Interzellularspalts.

Schlußleisten (tight junctions) verbinden die Epithelzellen und bilden je nach Epitheltyp eine mehr oder weniger dichte Barriere

Struktur der Zellverbindungen und des Interzellularspalts. Die lateralen Membranen benachbarter Zellen bilden den Interzellularspalt und sind durch insgesamt drei Arten von Zellverbindungen miteinander verknüpft (Abb. 34–3A): ***Schlußleiste, Desmosom und Konnexon.*** Während Desmosomen und Konnexone auch an anderen Zellarten vorhanden sind, ist die ***Schlußleiste*** (*Zonula occludens, tight junction*) charakteristisch für

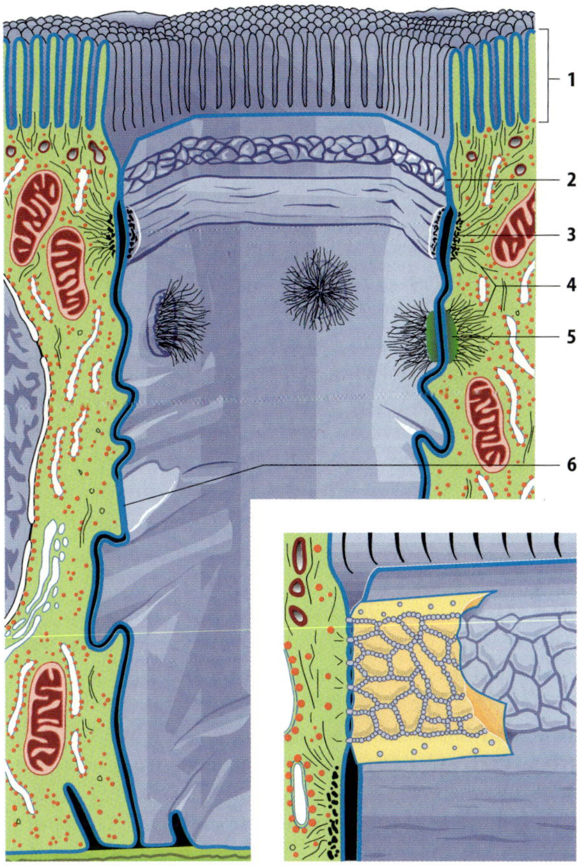

Abb. 34–3. Epitheliale Zellverbindungen. **A** Dünndarmepithel. Die mittlere Zelle ist ohne Zytoplasma dargestellt. 1: Mikrovilli, 2: Schlußleistennetz *(tight junctions)*, 3: Gürtelförmige Desmosomen *(adherens junctions)*, (2 und 3 bilden den Schlußleistenkomplex) 4: Tonofilamente, 5: Punktförmige Desmosomen, 6: Konnexone *(gap junctions)*. **B** Vergrößerte Darstellung des Schlußleistennetzes. (Nach Krstic, 1976 [8])

Epithelien und ihre Barrierefunktion [1]. Sie ist nahe der funktionellen Außenseite zu finden und grenzt somit die apikale von der lateralen Zellmembran ab. Die Schlußleiste bildet ein unterschiedlich stark ausgebildetes 0,1 bis 0,7 μm breites Netzwerk von Strängen (*strands*), die die einzelnen Epithelzellen umgürten und zugleich mit ihren Nachbarn verbinden. Die Schlußleiste der meisten Epithelien ist aufgrund negativer Fixladungen für Kationen durchlässiger als für Anionen (*Kationen-Selektivität*).

Die Schlußleisten bilden einen netzförmigen Gürtel um den apikalen Pol der Zelle. Sie sind in unterschiedlichen Epithelien verschieden stark ausgeprägt. Für viele Epithelien besteht eine Korrelation zwischen transepithelialer Permeabilität und Breite des Schlußleistennetzes [16]. Die Schlußleisten einiger zumeist sehr permeabler Epithelien weisen Unterbrechungen auf, was auf eine hohe transepitheliale Permeabiltät auch für Makromoleküle hinweist.

Die Stränge bestehen aus perlschnurartig aufgereihten Molekülen in den beiden gegenüberliegenden lateralen Zellmembranen (Abb. 34-3B). Als transmembranale Schlußleistenelemente wurden bisher 2 Moleküle identifiziert, *Occludin* und die Molekülfamilie der *Claudine* [24]. Diese Proteine sind über intrazelluläre Proteine (u.a. *ZO-1*, *ZO-2* und *ZO-3*) mit dem Zytoskelett der Zelle verbunden.

Die Schlußleiste bildet zusammen mit dem unmittelbar basalwärts benachbarten ***gürtelförmigen Desmosom*** (*Zonula adhaerens, „adherens junction"*) den ***Schlußleistenkomplex*** (*junctional complex*). Das Desmosom als zweite Art von Zellverbindungen dient dem mechanischen Zusammenhalt der Epithelzellen und kommt außer als gürtelförmiges auch als ***punktförmiges Desmosom*** (*Haftplatte, Macula adhaerens, spot desmosome*) im gesamten Bereich des Interzellularspalts und im Bereich der basalen Zellmembran vor (s. Abb. 34–3).

Das ***Konnexon*** (*Nexus, gap junction*) als dritte Sorte der Zellverbindungen ermöglicht einen Transport von Zelle zu Zelle und stellt somit eine *elektrische Synapse* dar. Es ist ebenfalls über den gesamten Bereich des Interzellularspalts verteilt. Ein starker Anstieg der intrazellulären Ca^{2+}-Konzentration z.B. bei Zerstörung der Membran einer Zelle führt zum Schließen ihrer Konnexone, so daß die noch intakten Nachbarzellen abgeschottet werden.

Der ***Interzellularspalt*** (*lateral interspace*) ist zwar apikal durch den Schlußleistenkomplex mehr oder weniger stark abgedichtet, am basalen Ausgang existieren jedoch keine vergleichbaren begrenzenden Strukturen. Zum basalen Bereich hin ist er zunehmend stark eingefaltet, etwa wie ein weiter Glockenrock mit dem Schlußleistenkomplex als Gürtel. So ist trotz der großen lateralen Membranfläche die parazelluläre Transportstrecke von apikal nach basal relativ kurz. Die Weite des Interzellularspalts kann sich in Abhängigkeit vom Flüssigkeitstransport erheblich ändern: Während er bei geringen Transportraten oder Sekretion eng bleibt, kann er sich bei starker Resorption erheblich aufweiten. Der Interzellularspalt ist, außer bei extremer Engstellung, nur ein geringes Diffusionshindernis.

!

Epithelien grenzen die funktionelle Außenseite des Körpers zur Umgebung ab und umschließen die inneren Flüssigkeitsräume (Kompartimente). Ihre beiden Hauptaufgaben sind Barrierefunktion und Transport. Durch das geregelte Zusammenspiel beider Funktionen sind sie in der Lage, eine unterschiedliche Zusammensetzung der Kompartimente zu erzeugen und aufrecht zu erhalten. Die Voraussetzung für den transepithelialen Transport ist ihr typischer polarer Aufbau aus apikaler und basolateraler Zellmembran und ihre mehr oder weniger starke Abdichtung durch die Schlußleiste. Der transepitheliale Transport kann 2 Wege nehmen, entweder transzellulär durch die Zellmembranen oder parazellulär durch die Schlußleiste; der Interzellulärspalt ist Bestandteil beider Wege.

Der Transport von hydrophilen Soluten wird durch integrale Membranproteine vermittelt, die Kanäle, die Carrier und die Pumpen

Die ***Transporter*** sind asymmetrisch in der apikalen und basolateralen Zellmembran der Epithelzellen verteilt. Im Hinblick auf ihren Mechanismus kann man die Transporter zunächst grob in ***Kanäle*** und ***Carrier*** (mit einer Sonderform, den ***Pumpen***) einteilen (Tabelle 34-1). Sie weisen einige Unterschiede auf, besitzen jedoch viele gemeinsame Merkmale:

- Beide Arten sind *integrale Membranproteine*, die die gesamte Zellmembran durchziehen,
- *Spezifität* für den Transport einzelner Substanzen oder Gruppen ähnlicher Substanzen,
- *Sättigungskinetik* und *Temperaturabhängigkeit* des Transports (beides jedoch auf verschiedene Weise bei Kanälen und Carriern, s.u.),
- Aktivierung durch *Neusynthese* oder *Einschleusung* von in intrazellulären Membranvesikeln bereit gehaltenen Transportern,
- Aktivierung durch einen einzelnen biochemischen Schritt, z.B. *Phosphorylierung*,
- *Selektive Hemmbarkeit* durch Blockersubstanzen (Diese wird in vielen Fällen zur Klassifizierung des Transporters benutzt).

Einen Überblick über die wichtigsten Transporter der epithelialen Zellmembran gibt Tabelle 34–2. Auf die typischen Eigenschaften von Kanälen und Carriern wird im Folgenden eingegangen.

Kanäle (Poren) [6,12]. Die Kanalproteine bilden Tunnel durch die Membran *(Tunnelproteine)*, und können ihre Durchlässigkeit sprunghaft variieren (*„gating"*, s. Kap. 1). Es gibt spannungsaktivierbare, direkt und indirekt ligandenaktivierbare, dehnungsaktivierbare sowie Hor-

Tabelle 34–1. Einige Eigenschaften von epithelialen Transportern

	Umsatzrate	Zahl pro Epithelzelle	Temperaturabhängigkeit	Typische Eigenschaften	Symbole
Kanäle	10^6–10^8 /s	10^2–10^4	offen: gering gating: hoch	„gating“	
					Unip. Symp. Antip.
Carrier	< 10^4 /s	vermutlich 10^4–10^{10}	hoch	feste Stöchiometrie*	
Pumpen (primär aktive Carrier)	10^2 /s	10^5–10^7	hoch	feste Stöchiometrie*, ATP-Hydrolyse	

Unip. Symp. Antip.: Uniporter, Symporter, Antiporter. *bei Symportern und Antiportern

mon- und second messenger-aktivierbare bzw. -induzierbare Kanäle. Im offenen Zustand können 10^6 bis 10^8 Ionen pro Sekunde passieren. Das ist etwa 1000–10 000 mal mehr als bei Carriern. In Epithelzellen ist ihre Zahl jedoch bis zu 100 000fach geringer als die der Carrier (s. Tabelle 34–1), so daß sie insgesamt weniger transportieren als die Carrier [12]. Dies macht verständlich, warum transepitheliale Transportwege, an denen sowohl Kanäle als auch Carrier beteiligt sind, vorwiegend durch die Permeabilität der betreffenden Kanäle geregelt werden. Kanäle zeigen keine stöchiometrich feste Flußkopplung mehrerer Teilchensorten (Symport und Antiport; s. unten) und vermitteln passiven Transport.

Einige Arten von Kanälen zeigen ***Rektifikation,*** das heißt ihre Permeabilität ist in beiden Richtungen verschieden (s. Kap. 1). Bei vielen Kanälen tritt eine *Sättigungskinetik* auf, indem z. B. bei apikalen Na^+-Kanälen unter steigender intrazellulärer Na^+-Konzentration die „offen“-Wahrscheinlichkeit der Kanäle abnimmt. Die *Temperaturabhängigkeit* eines offenen Kanals ist zwar gering (bei 10 ° Temperaturänderung (Q_{10}) um den Faktor 1,2–1,5), das „gating“ selbst ist jedoch stärker temperaturabhängig (Q_{10}=2–4) [6].

Kanäle können für einzelne bzw. einander ähnliche Ionensorten oder generell für Anionen bzw. Kationen oder aber für Wasser spezifisch sein. Kanäle für eine bestimmte Teilchensorte können u. a. hinsichtlich ihrer Permeabilität, ihres Schaltverhaltens und schließlich ihrer molekularen Struktur weiter differenziert werden. So sind z. B. mehr als 20 unterschiedliche K^+-Kanäle beschrieben worden, davon allein 4 in den Hauptzellen des Sammelrohres [12]. Im Rahmen dieses Kapitels werden epitheliale Kanäle für gleiche Solute nur dann getrennt dargestellt, wenn sie in ihren Eigenschaften wesentlich differieren.

Ein wesentlicher Unterschied zwischen den Kanälen erregbarer und epithelialer Zellen besteht in der Tatsache, daß viele Kanäle erregbarer Zellen spannungs- oder ligandenaktivierbar sind, während die in Epithelien vorkommenden Kanäle zumeist durch Hormone (Aldosteron, ADH) und second messenger (cAMP, Ca^{2+}) aktivierbar bzw. induzierbar sind.

Wasserkanäle. In fast allen Zellen finden sich wasserpermeable Kanäle, die *Aquaporine.* In Epithelien existieren derartige Kanäle in beiden Zellmembranen. Ausnahmen bilden u. a. der aufsteigende Teil der Henle-Schleife und der Speicheldrüsengang, die keine bzw. eine sehr geringe Wasserpermeabilität aufweisen. Eine besondere Art Wasserkanäle findet sich in der apikalen Membran von spätdistalem Tubulus und Sammelrohr (und in der Haut von Amphibien); diese Wasserkanäle mit der Bezeichnung *Aquaporin-2* werden nur unter Stimulation durch ADH aktiviert und in die apikale Zellmembran eingeschleust.

Carrier. Obwohl Kanäle und Carrier viele Gemeinsamkeiten aufweisen, existieren einige generelle Unterschiede (Tabelle 34–1):

- Carrier zeigen nicht das bei Kanälen auftretende *gating.*
- Carrier arbeiten *langsamer* als Kanäle.
- Viele Carrier sind zum *Symport* oder *Antiport mit fester Stöchiometrie* befähigt.
- Einige spezialisierte Carrier (die *Pumpen* oder *ATPasen*) nutzen ATP als direkten Antrieb für den Transport.

Verallgemeinernd könnte man sagen, daß der Transport in Carriern eher einer stöchiometrisch faßbaren chemischen Reaktion entspricht, während der Transport in Kanälen eine weniger intensive Interaktion darstellt. Die Existenz sehr kleiner Kanäle (z. B. apikaler Cl^--Kanal, s. Tabelle 34–2) und sehr schneller Carrier ohne Flußkopplung (z. B. Harnstoff-Uniporter, s. Tabelle 34–2) weist darauf hin, daß es vermutlich einen *fließenden Übergang zwischen Kanälen und Carriern* gibt. Trotzdem haben die beiden Modellbegriffe so lange ihre Berechtigung, bis die molekulare Arbeitsweise dieser Transporter aufgedeckt wird und neue Begriffe geprägt werden.

Viele Carrier arbeiten mit *Flußkopplung,* d. h. sie transportieren eine spezifische Kombination von 2 oder sogar 3 Teilchensorten in einem *festen Zahlenverhältnis.* Hinsichtlich der Transportrichtung unterscheidet man ***Symporter,*** die mehrere Teilchensorten in gleicher Richtung transportieren (*positive Flußkopplung*), und ***Antiporter,*** die die Teilchensorten in entgegengesetzter Richtung transportieren (*negative Flußkopplung*). „Einfache“ Carrier arbeiten ohne Flußkopplung und heißen ***Uniporter.***

Tabelle 34–2. Pumpen, Carrier und Kanäle des epithelialen Transports (Auswahl) [3–7,10–12,15,25,34,37]

Transporter	Stöchiometrie	Carriertyp S = Symporter, A = Antiporter, U = Uniporter	typische Lokalisation in Epithelien a = apikal, bl = basolateral	Beeinflussung Stimulation↑, Hemmung↓
Primär aktiv				
Na^+/K^+-ATPase	3:2 (:1 ATP)	A	bl alle Epithelien	Aldosteron↑ ⑧, Ouabain↓
Ca^{2+}-ATPase	1(:1 ATP)	U	bl alle Epithelien?	Calmodulin↑, Vanadat↓, La^{3+}↓
H^+ / K^+-ATPase	1:1 (:1 ATP)	A	a Magen, Sammelrohr, Kolon	Omeprazol↓, SCH28080↓
H^+-ATPase	1 (:1 ATP)	U	a Sammelrohr Zwischenzellen Typ A	Aldosteron↑, Bafilomycin↓
		U	bl Sammelrohr Zwischenzellen Typ B	
Medikamente-Resistenz-ATPasen		U?	z. B. Leber, Niere, Darm	Vanadat↓
Sekundär aktiv ①				
Na^+ / H^+ ②	1:1	A	a Niere, Darm	Proteinkinase C↑, Dimethylamilorid (10^{-5} mol/l)↓
Na^+ K^+ Cl^- ②	1:1:2	S	a Henle-Schleife bl alle sezernierenden Epithelien	Schleifendiuretika z. B. Furosemid↓
Na^+ Cl^-	1:1	S	a Dist. Tubulus	Thiazid-Diuretika↓
Na^+ / Ca^{2+}	3:1	A	a alle Epithelien	Amilorid (10^{-3} mol/l)↓
Na^+ $HPO_4{}^{2-}$	3:1	S	a Prox.Tubulus, Dünndarm	Phosphonokarboxylsäure↓
Na^+ $SO_4{}^{2-}$	3:1	S	a Prox.Tubulus, Dünndarm	
Na^+ Glukose (SGLT2)	1:1	S	a Frühprox.Tubulus	Phlorizin↓
Na^+ Glukose (SGLT1) ③	2:1	S	a Spätprox.Tubulus, Dünndarm	Phlorizin↓
Na^+ Aminosäuren ④	1:1	S	a Prox.Tubulus, Dünndarm	
Na^+ Dicarboxylate ④	3:1	S	a,bl Prox.Tubulus, Dünndarm	
Na^+ Gallensäuren	1:1	S	a Ileum, Prox.Tubulus, bl: Leber	
Tertiär aktiv ①				
$HCO_3{}^-/Cl^-$	1:1	A	a Sammelr., Kolon, Nebenz. Magen bl Prox.Tubulus, Parietalzelle Magen	Stilbene↓
$HCO_3{}^-$ $CO_3{}^{2-}$ Na^+	1:1:1	S	bl Prox.Tubulus, Kornea-Endothel	Stilbene↓
H^+ Peptide (PepT1, PepT2)	1:1	S	a Prox.Tubulus, Dünndarm	
Dicarboxylate / org. Anionen ⑤	1:1	A	bl Prox.Tubulus (pars recta)	Probenecid↓
H^+ / org. Kationen ⑥	1:1	A	a Prox.Tubulus (pars recta)	
Passiv				
Einfache Carrier (Uniporter)				
Fruktose (GLUT5)		U	a Dünndarm, Prox. Tubulus	
Glukose (GLUT2) ⑦		U	bl Prox.Tubulus, Dünndarm	Phloretin↓
Aminosäuren ④		U	bl Prox.Tubulus, Dünndarm	
Harnstoff		U	a Inn. medull. Sammelrohr, (Erythrozyt)	ADH↑, Osmolalität↑, Phloretin↓
Kanäle	*Leitfähigkeit*			
Na^+ (ENaC)	5 pS		a Dist.Tubulus, Dist. Kolon Alveolarepithel	Aldosteron↑, Amilorid↓
K^+ ④	20–130 pS		bl alle Epithelien	Aldosteron↑, Ba^{2+}↓, TEA↓
Ca^{2+} ④	8–25 pS		a alle Epithelien	Verapamil↓
Cl^-	< 40 pS		a sezernierende Epithelien	cAMP↑, cGMP↑, Ca^{2+}↑
	40 pS		bl resorb.Epith. z. B. Henle-Schleife	
Kationen ④	20–70 pS		a,bl viele Epithelien	
H_2O (Aquaporine) ④			a,bl fast alle Epithelien	
H_2O (Aquaporin-2)			a nur Sammelrohr	ADH↑

① treibende Kraft durch das jeweils vorn stehende Solut, ② auch $NH_4{}^+$ statt H^+ bzw. K^+, ③ auch Galaktose, ④ mehrere verschiedene Transporter, ⑤ z. B. Paraaminohippursäure (PAH), Fettsäuren, Steroide, Furosemid, Penicillin, ⑥ z. B. N-Methylnikotinamid, Histamin, Cholin, ⑦ auch Fruktose und Galaktose, ⑧ in Aldosteron-sensitiven Geweben

Der Begriff *Kotransport* wird in der Literatur teils für *Flußkopplung* und teils nur für *Symport* benutzt und daher hier nicht weiter verwendet.

„Passive“, „sekundär aktive“ und *„tertiär aktive“ Carrier* werden durch die Kräfte der Diffusion (s. 34.3) angetrieben. Eine besondere Gruppe bilden die *„primär aktiven“ Carrier,* die auch als ***Pumpen*** oder ***ATPasen*** bezeichnet werden. Sie hydrolysieren ATP zu ADP+Phosphat und nutzen die dabei freiwerdende Energie für den Transport. ATPasen sind daher sowohl Enzyme als auch Transporter. Am bekanntesten ist die in allen Zellen vorkommende ***Na^+/K^+-ATPase,*** die bei Epithelien in der basolateralen Membran lokalisiert ist und pro ATP-Molekül 3 Na^+ gegen 2 K^+ transportiert (s. Abb. 34–6). Dieses Zahlenverhältnis bedeutet, daß die Na^+/K^+-ATPase im Nettoeffekt elektrische Ladung transportiert, also Strom erzeugt und mit etwa 5–10 mV zum Membranpotential beiträgt. Weitere in tierischen Zellmembranen vorkommende Pumpen sind die *Ca^{2+}-ATPase,* die

H^+/K^+-*ATPase*, die H^+-*ATPase* sowie eine im folgenden näher beschriebene ATPase, die größere Moleküle transportiert [2].

Medikamente-Resistenz-ATPasen (*P-Glykoprotein* und *multidrug resistance protein, MRP*) [2, 25]. Sie transportieren eine Vielfalt von chemisch sehr unterschiedlichen Substanzen unter direktem ATP-Verbrauch gegebenenfalls gegen einen Konzentrationsgradienten aus der Zelle heraus. Sie fangen hineindiffundierende Substanzen bereits in der Zellmembran ab und befördern sie zurück. Diese Transporter, die physiologischerweise z. B. in der Leber, im Dünndarm und in der Niere vorkommen und der Ausscheidung von Stoffwechselgiften dienen, werden in vielen Tumorzellen fatalerweise verstärkt gebildet und verursachen dann eine Resistenz gegen zytostatische Medikamente.

!

Man unterscheidet 2 Arten von transportvermittelnden integralen Membranproteinen, Kanäle und Carrier. Kanäle interagieren weniger intensiv mit den transportierten Teilchen und transportieren wesentlich schneller als Carrier. Die Zellmembran enthält allerdings sehr viel weniger Kanäle als Carrier. Kanäle können durch „gating" aktiviert werden. Carrier transportieren entweder nur eine Teilchensorte (Uniporter) oder in Flußkopplung obligat mehrere Teilchensorten gemeinsam, wobei Symporter diese Teilchen in gleicher Richtung und Antiporter in entgegengesetzter Richtung befördern. Pumpen können ATP als Antrieb für den Transport nutzen (Beispiel: Na^+/K^+-ATPase).

34.2 Barrierefunktionen der Epithelien

Gradient. Dieser im folgenden häufig benutzte Begriff gibt den Abfall freier Energie eines Stoffes entlang einer Wegstrecke an (-dE/dx). Die Summe aus elektrischem und Konzentrationsgradient wird als ***elektrochemischer Gradient*** bezeichnet (s. Kap. 1). Aufgrund des Energieabfalls bei passivem Transport (s. Kap. 34.3) ist der Gradient in der physikalischen Definition mit einem negativen Vorzeichen versehen. In der Transportphysiologie muß jedoch zusätzlich die Richtung angegeben werden, da der Transport in biologischen Systemen nicht nur bergab „mit" (passiver Transport), sondern auch bergauf „gegen" den elektrochemischen Gradienten (aktiver Transport) ablaufen kann. In zellulären Transportschemata werden oft Pfeile eingezeichnet (Tabelle 34–1), deren Richtung und Neigung den elektrochemischen Gradienten symbolisiert.

Permeabilität und Porosität können unabhängig voneinander variieren

Permeabilität ist die Durchlässigkeit für (niedermolekulare) Solute und Wasser. Sie wird durch das Verhältnis zwischen Flux und treibender Kraft bestimmt. ***Permselektivität*** (auch ***Porosität***) ist eine spezielle Durchlässigkeit, nämlich für Makromoleküle. Die ***Grenzporosität*** gibt die Teilchengröße an, die an einer Trennschicht gerade noch durchgelassen wird. Im folgenden wird modellhaft mit dem Vorhandensein sehr vieler kleiner und dem Auftreten einer extrem geringen Zahl von sehr großen „Poren" argumentiert. Wenn sich nun die Porenzahl ändert, ändert sich die Permeabilität für niedermolekulare Solute bzw. Wasser, die Porosität für Makromoleküle kann jedoch unverändert sein. Wenn jedoch pathologischerweise einige wenige, aber stark vergrößerte Poren entstehen, wird der Durchtritt von Proteinen überhaupt erst möglich, die Durchlässigkeit für kleine Solute steigt jedoch nur wenig. Die transportierte Proteinmenge mag quantitativ unerheblich sein, kann aber ***aus immunologischen Gründen bedeutsam*** sein. Falls zugleich die Anzahl der kleinen Poren abnimmt, kann die Permeabilität insgesamt abnehmen, obwohl die Porosität zugenommen hat. Derartige Störungen treten z. B. im Darm bei Schädigung der epithelialen Schlußleisten durch *dekonjugierte Gallensäuren* oder in der Niere bei Schädigung der glomerulären Schlitzporenmembran beim *nephrotischen Syndrom* auf [21].

Intraepitheliale und auch präepitheliale Barrieren verhindern einen Konzentrationsausgleich von Soluten zwischen funktioneller Außenseite und Interstitium

Präepitheliale Barriere. Sie kommt durch eine „nicht bewegte Schicht" (***unstirred layer***) zustande, die meist aus einer Glykokalyx und aus Schleim (***Mukus***) besteht. „Nicht bewegt" bedeutet, daß Stoffe nicht konvektiv sondern durch den viel langsameren Prozeß der Diffusion an die transportierende Zelloberfläche gelangen bzw. von ihr wegdiffundieren (Abb. 34–4). Dadurch entsteht eine ***Solutpolarisation,*** die eine Verlangsamung des transepithelialen Nettotransports verursacht.

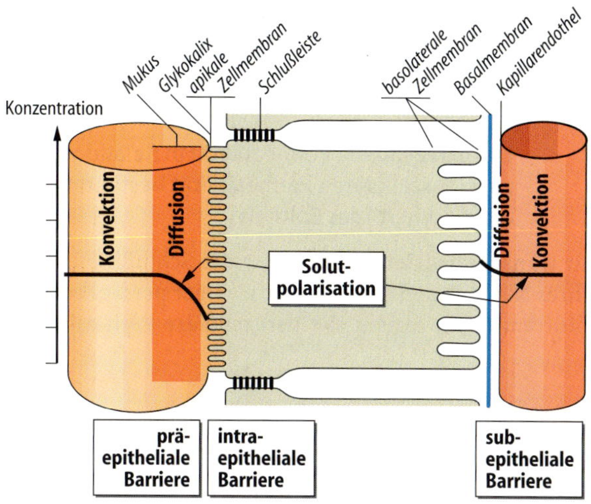

Abb. 34–4. Epitheliale Barrieren. Die präepitheliale Barriere besteht aus Mukus und Glykokalyx, die intraepitheliale Barriere aus Zellmembranen und Schlußleiste und die subepitheliale Barriere aus dem Kapillarendothel. Der hier eingezeichnete Konzentrationsverlauf bei Solutpolarisation gilt für Resorption. Bei Sekretion ist der Konzentrationsverlauf invers

Im Magen und im Duodenum trägt der Mukus erheblich dazu bei, daß der niedrige pH des freien Lumens kaum auf die Epithelzellen einwirkt und sich unter dem Mukus ein H^+-armes *Mikroklima* bildet. Eine Sonderform der präepithelialen Barriere sind die den lebenden Epithelzellen aufgelagerten verhornten Zellen der Epidermis, die zusätzlich zu ihrer ausgeprägten Barrierefunktion einen leistungsfähigen mechanischen Schutz bieten.

Intraepitheliale Barriere. Sie besteht im wesentlichen aus der ***apikalen Zellmembran*** und der die benachbarten Epithelzellen abdichtenden ***Schlußleiste*** (*tight junction*). Die basolaterale Zellmembran trägt weniger zur Barrierefunktion bei, da sie mit ihrer zumeist größeren Fläche mehr Transporter als die apikale Membran besitzt und daher permeabler ist als diese.

Subepitheliale Barriere. Sie wird hauptsächlich durch das Kapillarendothel und die Basalmembran (Abb. 34–4) gebildet, trägt jedoch nur wenig zur Gesamtbarriere bei.

Die Schlußleiste bildet 2 Barrieren, für Solute und Wasser in transepithelialer Richtung und für Membranproteine in lateraler Richtung

Ausbildung und Erhalt der apiko-basalen Polarität. Viele epitheliale Rezeptoren und Transporter werden nach ihrer zellulären Synthese zunächst in nahegelegene Membranvesikel eingebaut, die dann in die apikale oder in die basolaterale Zellmembran eingeschleust werden. So werden z.B. die Aldosteron-induzierten Na^+-Kanäle stets apikal und die Na^+/K^+-ATPase stets basolateral eingebaut. Diese zelluläre Polarisierung wird durch den Kontakt der Zellen untereinander und zwischen Zelle und Basalmembran in noch nicht näher bekannter Weise initiiert [29, 31]. Die integralen Membranproteine können innerhalb der Zellmembran in lateraler Richtung diffundieren und würden sich apikal und basolateral vermischen, wenn sie nicht durch die Barriere der Schlußleisten daran gehindert werden würden.

Die parazelluläre Permeabilität in Relation zur transzellulären Permeabilität bestimmt die „Leckheit" des Epithels

In transepithelialer Richtung ist die Schlußleiste trotz ihres Namens meist mehr oder weniger permeabel und bestimmt vorwiegend die parazelluläre Permeabilität. Die transzelluläre Permeabilität wird hauptsächlich durch die Permeabilität der apikalen Zellmembran bestimmt. Der Quotient aus Schlußleisten- und apikaler Membranpermeabilität bestimmt die ***Leckheit*** des Epithels. Man kann 3 Klassen von Leckheit unterscheiden, die den Epithelien jeweils unterschiedliche Transporteigenschaften verleihen: *praktisch undurchlässige*, *relativ dichte* und *lecke Epithelien* (Tabelle 34–3). Diese Einteilung bezieht sich auf die Relation der elektrischen Leitfähigkeiten für eine plasma-ähnliche Elektrolytlösung. Für einzelne Solute oder für Wasser kann die Leckheit von der im folgenden dargestellten Zuordnung abweichen.

Undurchlässige Epithelien. Sie sind selten, transportieren extrem wenig und dienen vor allem als Barriere. Die Schlußleiste der undurchlässigen Epithelien ist wesentlich weniger permeabel als die apikale Zellmembran. Als Grenze zwischen dichten und undurchlässigen Epithelien wurde ein Permeabilitätsquotient von 1:100 (Schlußleiste : apikale Membran) vorgeschlagen [14]. Undurchlässig im Sinne dieser Definition sind lediglich die *Epidermis* und die *Harnblase*.

Dichte Epithelien. Mengenmäßig transportieren dichte Epithelien in der Regel wenig, aber sie können dafür Gradienten aufbauen und erhalten. Zu den dichten Epithelien gehören *alle distalen Segmente von röhrenförmigen Epithelien*, z.B. distale Nierentubuli, Sammelrohre, Kolon, Rektum und distale Segmente der Ausführungsgänge von Pankreas, Speicheldrüsen und Schweißdrüsen. Bei dichten Epithelien ist definitionsgemäß die Schlußleiste weniger permeabel als die apikale Zellmembran, aber der Unterschied ist weniger groß als bei den undurchlässigen Epithelien. Somit erfolgt der transepitheliale Transport vorwiegend transzellulär und zu einem kleineren Teil parazellulär. Bei diesen Epithelien sind die Transportraten z.B. durch Hormone in einem weiten Bereich geregelt. Es kann gegen mäßige bis sehr große Gradienten transportiert werden. Da der parazelluläre Leckflux klein gegen den transzellulären Flux ist, wirkt sich das Leck mit steigender transzellulärer Transportrate immer weniger aus und es kann gegen immer steilere Gradienten transportiert werden [20]. Die absolute Permeabilität der dichten Epithelien ist meist gering. Die *Speichel-* und *Schweißdrüsengänge* sind dagegen Beispiele für dichte Epithelien mit sehr hoher absoluter Ionenpermeabiliät, die bei hohen Transportraten große Ionengradienten aufrechterhalten können.

Tabelle 34–3. Segmentale Anordnung der röhrenförmigen Epithelien nach ihrer Leckheit

	G_{TJ}/G_a	Nieren und Harnwege	Darm	exokrine Drüsen*
Leck	>1	proximaler Tubulus	Jejunum, Ileum	Azini, prox. Gangsegmente
Dicht	1 bis $^1/_{100}$	distaler Tubulus, Sammelrohr	Kolon, Rektum	distale Gangsegmente
Undurchlässig	< $^1/_{100}$	Harnblase	–	–

G_{TJ}, G_a: Leitfähigkeiten von Schlußleiste (tight junction) bzw. apikaler Membran; * Speicheldrüsen, Schweißdrüsen, Pankreas

Die Kapillarendothelien des Gehirns, die die ***Blut-Hirn-Schranke*** bilden, sind erheblich dichter als die meisten anderen Kapillaren und sind in ihren Eigenschaften daher ebenfalls den dichten Epithelien zuzurechnen. Die Hirnkapillaren sind nicht fenestriert und ihre Schlußleisten sind weniger permeabel als ihre Zellmembranen. Dies hat zur Folge, daß polare Moleküle, für die kein Transporter vorhanden ist, nicht oder kaum hindurchtreten können, während polare Moleküle, für die ein Membrantransporter existiert, sogar gegen einen elektrochemischen Gradienten transportiert werden können.

Lecke Epithelien. Für lecke Epithelien ist charakteristisch, daß sie viel transportieren, aber keine nennenswerten Gradienten aufbauen können. Definitionsgemäß ist ihre Schlußleiste permeabler als die apikale Zellmembran [22]. Die absolute Permeabilität dieser Epithelien ist zumeist hoch. Zu den lecken Epithelien gehören *alle proximalen Segmente von röhrenförmigen Epithelien,* also z. B. proximale Nierentubuli, Dünndarm, Gallenblase, Azini und proximale Segmente der Ausführungsgänge von Pankreas, Speicheldrüsen und Schweißdrüsen. Der transzelluläre Transport der lecken Epithelien ist hoch. Je nach elektrochemischem Gradienten wirkt sich das parazelluläre Leck verschieden aus:

- Kein Gradient: Das dem transzellulären Soluttransport aus osmotischen Gründen folgende Wasser läuft bei lecken Epithelien zum großen Teil parazellulär und führt aus Masseträgheitsgründen weitere Teilchen mit sich (*Solvent drag*). Als weiterer Mechanismus wirkt sich aus, daß einem transzellulär elektrogen transportierten Anion bzw. Kation ein Ion entgegengesetzter Ladung bevorzugt parazellulär folgt (*Diffusion*). Beides führt zu einer Verstärkung des Nettotransports ohne zusätzlichen Verbrauch metabolischer Energie.
- Gradient in gleicher Richtung wie der transzelluläre Transport: Dies führt zusätzlich zu einer parazellulären Diffusion in Richtung des transzellulären Transportes („*Vorwärtsleck*").
- Gradient in entgegengesetzter Richtung wie der transzelluläre Transport: Dies führt zu einer parazellulären Diffusion entgegen der transzellulären Transportrichtung („*Rückwärtsleck*"). Der Nettotransport kann vermindert, ausgelöscht, oder sogar dem transzellulären Transport entgegengesetzt sein.

Röhrenförmige Epithelien bilden ihre Ausscheidungsprodukte nach einer einheitlichen Strategie

Es ist auffällig, daß die Segmente der röhrenförmigen Epithelien Niere, Darm und Ausführungsgänge der exokrinen Drüsen im allgemeinen nach distal hin immer dichter werden [7, 10] (Tabelle 34-3). Diese ***segmentale Heterogenität*** bewirkt ein Muster der Aufbereitung der Ausscheidungsprodukte, das die genannten Epithelien in gleicher Weise verwirklichen und das in etwa der Dreiteilung in lecke, relativ dichte und praktisch undurchlässige Epithelien entspricht:

1a. ***Erzeugung eines isoosmotischen Primärinhaltes.*** Der primäre Inhalt des Lumens wird annähernd plasma-isoosmotisch produziert (glomeruläre Ultrafiltration, primäre Sekretion in den Azini der exokrinen Drüsen) und/oder durch Wassereinstrom isoosmotisch eingestellt (Magen, Anfangsteil aller röhrenförmigen Epithelien).

1b. ***Isoosmotischer Massentransport.*** Die lecken Epithelien der proximalen Segmente transportieren große Solut- und Wassermengen in nahezu isoosmotischer Weise ohne starke Beeinflussung durch Hormone.

2. ***Feineinstellung der Ausscheidungsprodukte.*** Die relativ dichten Epithelien der distalen Segmente transportieren zwar nur kleinere Mengen, dies jedoch u. U. gegen erhebliche elektrochemische Gradienten. Die Transportraten werden durch Hormone effektiv geregelt. Hier werden demnach die auszuscheidenden Stoffe in ihrer Konzentration und Ausscheidungsrate so aufbereitet, daß das innere Milieu relativ konstant gehalten wird. Innerhalb der distalen Segmente nimmt die Leckheit stetig ab und somit die Fähigkeit, gegen Gradienten zu transportieren, stetig zu.

3. ***Speicherung der Ausscheidungsprodukte.*** Das Epithel der Harnblase transportiert praktisch nicht, kann aber sehr große Gradienten zwischen Lumen und Blut über lange Zeit aufrechterhalten. Die Harnblase ist somit ausschließlich ein Speicherorgan.

Die segmentale Heterogenität der röhrenförmigen Epithelien beinhaltet auch eine ***typische Lokalisation von Transportmechanismen*** (s. Kap. 34.5). So finden sich z. B. die Glukose- und Aminosäurenresorption nur in proximalen Segmenten und die Aldosteron-induzierte elektrogene Na^+-Resorption und K^+-Sekretion vorwiegend in distalen Segmenten [19].

Variation der Schlußleistenpermeabilität. Die Permeabilität der Schlußleiste wird durch eine Reihe von Faktoren geregelt, die das Zytoskelett (s. Kap. 1.1) beeinflussen [13]. Die Mechanismen der Schlußleistenregulation sind noch weitgehend unbekannt, die Folgen sind jedoch klar, nämlich Änderung der Transporteigenschaften der lecken und auch der dichten Epithelien.

Eine ***Zunahme der Schlußleistenpermeabilität*** tritt z. B. im Dünndarm bei Besiedelung mit *Vibrio cholerae* und *Clostridium difficile* auf; im Effekt werden luminale Erreger durch den gegebenenfalls entstehenden Leckflux weggespült. Bei der chronisch entzündlichen Darmerkrankung *Colitis ulcerosa* kommt es unter Ausschüttung von *Tumornekrose-Faktor* α zu einer dramatischen Zunahme der Schlußleistenpermeabilität und als Folge zu einer *Leckflux-Diarrhoe* [32].

Eine ***Abnahme der Schlußleistenpermeabilität*** tritt z. B. bei *bakterieller Überwucherung* des Dünndarmes und damit verbundenem vermehrten Auftreten dekonjugierter Gallensäuren auf. Diese Abdichtung kann einen Schutzmechanismus gegen das Eindringen der Gallensäuren darstellen [18].

!

Die epitheliale Barriere wird vor allem durch die apikale Zellmembran und die Schlußleiste (tight junction) gebildet. Die für die Transportcharakteristik des Epithels wichtige Leckheit ist durch die Permeabilität der Schlußleiste in Relation zu der der apikalen Zellmembran definiert. Röhrenförmige Epithelien zeigen von proximal nach distal eine Abnahme der Leckheit und arbeiten nach einer einheitlichen Strategie: Die proximalen Epithelien sind leck und transportieren große Mengen in fast isoosmotischer Weise. Die distalen Epithelien sind dicht und transportieren zwar nur kleinere Mengen, dies jedoch u. U. gegen erhebliche elektrochemische Gradienten. Ihr Transport ist hormonell geregelt und bewirkt eine Feineinstellung des Ausscheidungsprodukts. Die Harnblase ist undurchlässig und transportiert praktisch nicht, kann jedoch ihren Inhalt auch bei hohem Konzentrationsunterschied unverändert gespeichert halten. Die transepitheliale Permeabilität der Schlußleiste wird durch eine Vielzahl von Faktoren, zumeist unter Vermittlung des Zytoskeletts, geregelt.

34.3 Transportmechanismen der Epithelien

Man unterscheidet ***aktive*** und ***passive*** Transportmechanismen. Beide Formen benötigen Energie; diese wird entweder durch Hydrolyse von ATP oder durch äußere Gradienten geliefert. Die aktiven epithelialen Transportvorgänge werden weiter unterteilt in primär, sekundär und tertiär aktive. Alle Formen des aktiven Transports können (aber müssen nicht) gegen äußere Gradienten „bergauf" erfolgen. Passiver Transport geschieht stets in Richtung des äußeren Gradienten, also „bergab". Eine Übersicht über die zugrundeliegenden Gleichungen gibt Tabelle 34–4.

Die Einteilung in aktiv und passiv wird hauptsächlich zur Unterscheidung des durch Transportproteine vermittelten Transports benutzt. Der direkte Durchtritt durch die Lipidphase der Zellmembran sowie der parazelluläre Transport durch die Schlußleiste und den gesamten Interzellularspalt ist dagegen stets passiv.

Grundsätzlich anderen Prinzipien ist der auf Ein- und Ausschleusung von Membranbestandteilen

Tabelle 34–4. Gleichungen des Solut- und Wassertransports (s. auch Kap. 1.2)

A Benutzte Symbole

J_i	Flux eines Solutes i (μmol $\cdot$ h^{-1} $\cdot$ cm^{-2})	σ	Reflexionskoeffizient (1)
J_{max}	oder T_m Transportmaximum (μmol $\cdot$ h^{-1} $\cdot$ cm^{-2})	π	osmotischer Druck (cm H_2O)
K_m	Konzentration, bei der $J = {}^1/_2\, J_{max}$ (mmol/l)	P_{hydr}	hydrostatischer Druck (cm H_2O)
c_i	Konzentration eines Solutes i (mmol/l)	V	Elektrische Spannung (mV)
P_i	Permeabilität eines Solutes i (cm/s)	R	allg. Gaskonstante (8.3143 Joule $\cdot$ K^{-1} $\cdot$ mol^{-1})
L_p	Wasserpermeabilität (cm/s)	T	absolute Temperatur (K = C + 273.16)
z_i	Ladungszahl der Ionensorte i	F	Faradaykonstante (96 625 Coulomb/mol)
G_i	Leitfähigkeit (mS/cm^2)	R_i	Widerstand ($\Omega \cdot cm^2$); $R_i = 1/G_i$
π_{real}	gemessener osmotischer Druck an einer Membran (cm H_2O)		
π_{ideal}	berechneter osmotischer Druck an einer ideal selektiven Membran (cm H_2O)		

B Gleichungen

Transport mit Sättigungskinetik	$J_i = \dfrac{J_{max} \cdot c_i}{K_m + c_i}$	(1)
Filtration von Wasser bzw. Volumen	$J_V = L_p \cdot \Delta P_{hydr}$	(2)
Reflexionskoeffizient	$\sigma = \pi_{real}/\pi_{ideal}$	(3)
idealer osmotischer Druck	$\pi_{ideal} = R \cdot T \cdot \Delta c_{osm}$	(4)
Filtration des Solutes i	$J_i = \bar{c}_i \cdot (1 - \sigma_i) \cdot J_V$	(5)
nicht-ionische Diffusion von i	$J_i = P_i \cdot \Delta c_i$	(6)
Diffusion des Ions i	$J_i = P_i \left(\Delta c_i + \dfrac{z_i \cdot F \cdot V}{R \cdot T} \cdot \bar{c}_i\right)$	(7)
Relation zwischen elektrischer Spannung und Konzentrationsverhältnis bei Flux 0 (Nernst-Gleichung)	$V = \dfrac{R \cdot T}{z \cdot F} \ln \dfrac{c_1}{c_2}$	(8)
daraus ergibt sich für einwertige Ionen bei 37 °C	$V_{(z=1)} = -61\ mV \cdot \log (c_1/c_2)$	(8 a)
und für zweiwertige Ionen	$V_{(z=2)} = -31\ mV \cdot \log (c_1/c_2)$	(8 b)
Permeabilität und Leitfähigkeit [33]	$P_i = \dfrac{R \cdot T}{z_i^2 \cdot F^2 \cdot \bar{c}_i} \cdot G_i$	(9)
Flux eines Solutes i aufgrund von aktiven und passiven Mechanismen [23]	$J_i = J_{aktiv} + P_i \cdot \left(\Delta c_i + \dfrac{z_i \cdot F \cdot V}{R \cdot T} \cdot \bar{c}_i\right) + \bar{c}_i \cdot (1 - \sigma_i) \cdot J_V$	(10)

beruhende ***vesikuläre Transport*** unterworfen (s. Kap. 1). Man unterscheidet hier *Phagozytose* für große Teilchen, rezeptorvermittelte *Endo-* und *Exozytose* und unspezifische *Pinozytose.* Resultiert dabei ein transzellulärer Transport, spricht man von *Transzytose* [2].

Passiver Transport wird durch Gradienten, wie hydrostatischer Druckgradient, Konzentrationsgradient und elektrische Spannung, angetrieben

Filtration und Ultrafiltration. Filtration ist der Transport von Lösungsmittel und filtrierbaren Soluten aufgrund eines hydrostatischen Druckgradienten durch einen Filter hindurch (Tabelle 34–4, Gl. 2). Die Poren dieses Filters unterscheiden zwischen ungelösten und gelösten und zwischen unterschiedlich großen gelösten Teilchen. Die Poren z. B. der Kapillarendothelien erlauben nur die Passage kleinerer gelöster Moleküle; dieser Prozeß wird ***Ultrafiltration*** genannt. Filtration und Ultrafiltration sind nicht sättigbar (s. Tabelle 34–4, Gl. 1), d. h. die Transportrate hängt ohne Limitierung linear von der treibenden Kraft ab.

Für die Filtration (und für Solvent drag, s. u.) gilt die Überlegung, daß die mitgeführten Teilchen an den Wasserdurchtrittsstellen entweder durchgelassen oder ‚reflektiert' werden können. Das Maß hierfür ist der ***Reflexionskoeffizient*** σ (s. Tabelle 34–4, Gl. 3), der Werte zwischen 1 (vollständige Reflexion der Teilchen an der Membran) und 0 (keine Reflexion) annehmen kann. Formal ist σ die Wahrscheinlichkeit, mit der eine Teilchensorte an der Membran zurückgeworfen (reflektiert) wird. Der durch Filtration bzw. Ultrafiltration verursachte Teilchentransport J_i wird außer durch J_V und c_i auch durch σ_i bestimmt (s. Tabelle 34–4, Gl. 5).

Diffusion. Diffusion ist die Nettobewegung von Teilchen vom Ort höherer Konzentration dieser Teilchen zum Ort niedrigerer Konzentration. Die treibende Kraft der Diffusion ist somit ein Konzentrationsgradient. Für die Diffusion von ungeladenen Teilchen (***Nicht-ionische Diffusion***) gilt Gl. 6 in Tabelle 34–4.

Die Temperaturabhängigkeit der Diffusion in freier Lösung ist vergleichsweise gering, da sie linear von der *absoluten* Temperatur abhängt. Sind jedoch Membrantransporter beteiligt, ist die Temperaturabhängigkeit wesentlich größer.

Im Rahmen dieses Kapitels bezeichnet der Begriff Diffusion die von einem Gradienten angetriebene „Netto"-Diffusion. Im strengen Sinn ist jedoch die zufällige und somit primär richtungslose ***Brownsche Molekularbewegung*** bereits Diffusion. Der Richtungseffekt kommt dadurch zustande, daß die Teilchen am Ort höherer Konzentration häufiger zusammenstoßen und daraufhin „gerichtet" auseinanderweichen und somit lokal ihre Konzentration verringern.

Diffusion von geladenen Teilchen wird nicht nur durch den Konzentrationsgradienten sondern auch durch elektrische Spannung angetrieben. Diese Nettobewegung von Ionen aufgrund eines elektrischen Gradienten ist eigentlich ein gesonderter Vorgang und wird daher auch als ***Elektrodiffusion*** bezeichnet. Hier wird jedoch der durch einen elektrischen Gradienten angetriebene Transport in den Begriff Diffusion einbezogen (Tabelle 34–4, Gl. 7). Konzentrations- und elektrischer Gradient werden als ***elektrochemischer Gradient*** zusammengefaßt.

Die Beziehung zwischen elektrischem und chemischem Gradienten einer einzelnen Ionensorte wird durch die ***Nernst-Gleichung*** beschrieben (Tabelle 34–4, Gl. 8, 8a, 8b) (s. auch Kap. 1). So ergibt sich z. B., daß ein einwertiges Ion mit einem Konzentrationsverhältnis über der Membran von 10:1 eine Membranspannung von 61 mV erzeugt. Wenn sich die beiden Seiten der Gleichung entsprechen, ist das Ion passiv aufgrund von Diffusion verteilt. Die Membranspannung in Gegenwart mehrerer Ionensorten wird durch die *Goldmann-* bzw. *constant field-Gleichung* beschrieben (Kap. 1.2, Gl. 7).

Einfache Diffusion und erleichterte Diffusion. *„Einfache Diffusion"* erfolgt ohne Beteiligung eines Transportproteins durch die Phospholipid-Doppelschicht der Membran oder auf dem parazellulären Weg durch die Schlußleiste und den Interzellularspalt. Sie ist nicht sättigbar. Für die einfache Diffusion durch die Lipidphase der Zellmembran gilt, daß die Permeabilität der Lipophilität des transportierten Moleküls proportional ist. Durch die Lipidphase der Zellmembran diffundieren daher vor allem Gase (z. B. O_2, CO_2, N_2), schwache Elektrolyte in ihrer ungeladenen Form und sonstige apolare Substanzen, jedoch Wasser und Ionen nicht oder kaum.

„Erleichterte Diffusion" bedeutet, daß Substanzen und Wasser um Größenordnungen schneller transportiert werden als es durch einfache Diffusion erklärbar wäre. Erleichterte Diffusion ist sättigbar und mehr oder weniger selektiv für bestimmte Solute. Der Begriff „erleichterte Diffusion" wurde geprägt, bevor die Transportproteine bekannt waren und faßt – wie man heute weiß – alle durch Transportproteine und vesikulären Transport vermittelten Formen der Diffusion zusammen.

Osmose. Osmose ist Diffusion des Lösungsmittels (Wasser). Antrieb ist auch hier ein Konzentrationsgradient, in diesem Fall für das Wasser selbst. Die ungewohnte Vorstellung einer Konzentration des Wassers entspricht dem Kehrwert der Osmolalität. In Gegenwart einer wasserselektiven, also für Wasser durchlässigen und für Teilchen mehr oder weniger undurchlässigen, Membran verursacht die Osmose einen ***osmotischen Druck.***

Der Anteil am gesamten osmotischen Druck, der durch Makromoleküle *(Kolloide)* entsteht, wird als ***kolloidosmotischer Druck*** bezeichnet. Als ***onkotischen Druck*** bezeichnet man dagegen die Summe aus kolloidosmotischem Druck und dem kleinen zusätzlichen osmotischen Druck, der durch die Donnan-Verteilung (s. u.) entsteht.

Beim Wassertransport aufgrund *lokaler Osmose* folgt Wasser passiv der Gesamtheit der transportierten Solute. Vermutlich wird das Wasser ebenso wie die Solute je nach Epitheltyp eher transzellulär (dichte und mäßig lecke Epithelien) oder eher parazellulär transportiert (lecke Epithelien). Falls die *Wasserpermeabilität* ausreichend groß ist, wird Wasser praktisch isoosmolal (1 l pro 290 mosmol/kg) transportiert.

Solvent drag. Solvent drag bedeutet, daß Teilchen aufgrund ihrer Trägheit mit einem Wassertransport mitgeführt werden. Angetrieben wird dieser Teilchentransport durch den Wassertransport, der seinerseits durch osmotische Kopplung an einen anderen Teilchentransport entstanden war. Bei den lecken Epithelien wie dem proximalen Tubulus oder dem Dünndarm führt Solvent drag zu einer erheblichen Verstärkung der Effektivität des Teilchentransports. Für die durch Solvent drag verursachte Teilchenmitführung gelten die gleichen formalen Regeln wie für die ***Konvektion und Filtration*** (Tabelle 34–4, Gl. 5).

Donnan-Effekt (Gibbs-Donnan-Effekt). Proteine liegen im Blut bei physiologischem pH vorwiegend als Anionen vor. Dadurch, daß bei der Ultrafiltration die Proteinmoleküle zurückgehalten werden, ergibt sich eine Ungleichverteilung aller beteiligten Ionensorten diesseits und jenseits der Filtermembran (Abb. 34–5). Analoge Verhältnisse gelten für alle Zellmembranen, da das Zytoplasma reich an Protein-Anionen ist, die die Zelle nicht verlassen können.

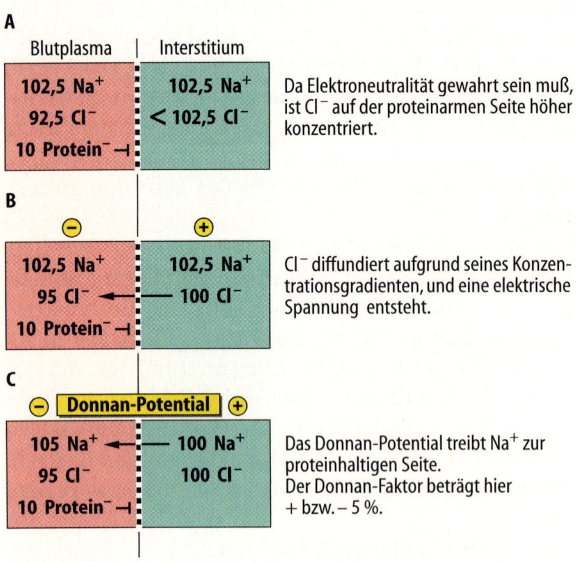

Abb. 34–5. Donnan-Effekt. Die Entstehung des Donnan-Effektes ist hier gedanklich in 3 Schritte aufgetrennt. Die Zahlenwerte sind fiktiv und sollen die 5 %ige Abweichung im Endzustand veranschaulichen

Dies hat folgende Konsequenzen: Die primäre Ungleichverteilung der permeablen Ionen erzeugt eine kleine Spannung, das *Donnan-Potential.* Dieses wiederum beeinflußt die sich endgültig einstellende *Donnan-Verteilung.* Die Donnan-Verteilung läßt sich durch den *Donnan*-Faktor beschreiben, der für alle passiv verteilten Kat- und Anionen gilt. Für einwertige Kationen bzw. Anionen ergibt sich ein Konzentrationsunterschied von + bzw. –5 %, für zweiwertige Ionen von + bzw. –10 %.

> **!**
>
> Passiver Transport wird durch äußere Gradienten getrieben und verläuft stets „bergab". Hydrostatischer Druck an einem Endothel verursacht Filtration von gelösten Teilchen. Spannungsgradient und/oder Konzentrationsgradient (zusammen: elektrochemischer Gradient) verursachen Diffusion. Erleichterte Diffusion bezeichnet alle Formen von Kanal-, Carrier- oder Vesikel-vermittelter Diffusion. Osmose ist Diffusion des Wassers. Solvent drag ist eine Teilchenmitführung im Lösungsmittel. Der Donnan-Effekt entsteht aufgrund der Impermeabilität für Proteine und führt bei einwertigen Ionen zu einer 5 %igen Ungleichverteilung.

Primär aktiver Transport erfolgt definitionsgemäß unter unmittelbarem Verbrauch von ATP

Die primär aktiven Transporter sind die bereits besprochenen ATPasen (Pumpen), die Solute entgegen ihrem elektrochemischen Gradienten „pumpen" können und hierfür metabolische Energie verbrauchen. Zwei typische Beispiele für primär aktiven Transport zeigt Abb. 34–6 A.

Sekundär aktiver Transport ist ein Carrier-vermittelter Symport oder Antiport, dessen Antrieb ein Ionengradient (z. B. für Na^+) ist. Dieser Gradient wird durch primär aktiven Transport (z. B. die Na^+/K^+-ATPase) aufrechterhalten

Für den sekundär aktiven Transport wird zwar letztlich metabolische Energie verbraucht, diese Energie wird jedoch nicht für den Transport der betreffenden Teilchensorte selbst aufgewendet, sondern für die antreibende Na^+/K^+-ATPase. Der Grundmechanismus des sekundär aktiven Transports sei am Beispiel des *Na^+Glukose-Symporters* erklärt [15]. Er gilt in entsprechender Weise für Antiporter.

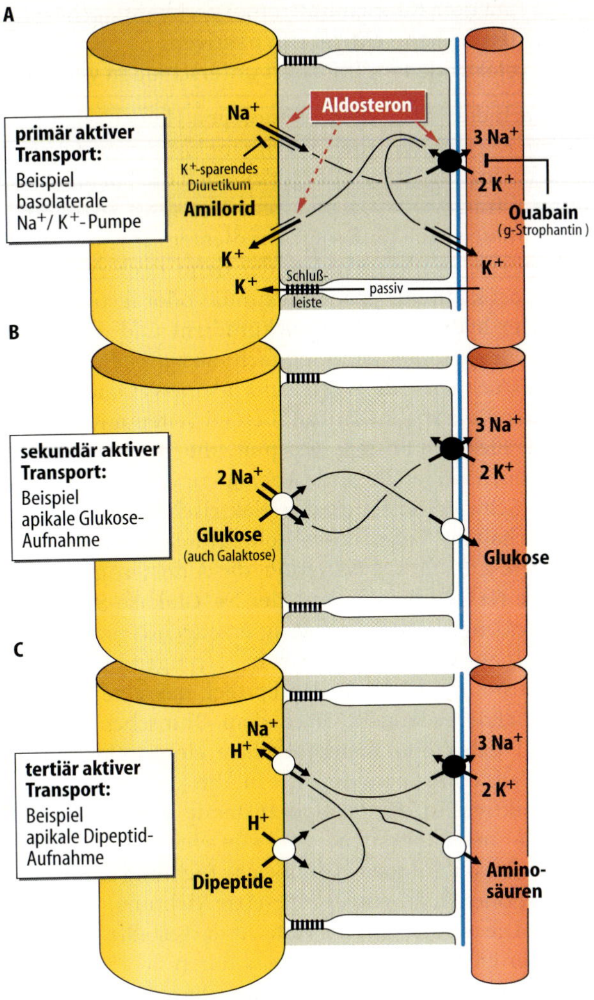

Abb. 34–6. Aktiver Transport. **A** Primär aktiv: ATP wird direkt für den basolateralen Transport der betreffenden Ionen aufgewendet. Das Zellmodell zeigt die elektrogene Na^+-Resorption und K^+-Sekretion in den distalen Segmenten der röhrenförmigen Epithelien. **B** Sekundär aktiv: Direkter Antrieb für die sekundär aktive Aufnahme von Glukose bzw. Aminosäuren (AS) ist der Na^+-Gradient, der von der Na^+/K^+-ATPase aufgebaut wird. Das Zellmodell zeigt die Resorption dieser Nährstoffe in den proximalen Segmenten der röhrenförmigen Epithelien. Es existieren unterschiedliche Symporter für verschiedene AS. **C** Tertiär aktiv: Direkter Antrieb für die tertiär aktive Dipeptid-Aufnahme ist der H^+-Gradient, der durch einen sekundär aktiven Transport aufgebaut wird. Etwa ein Drittel der AS werden als Di- und Tripeptide in die Zelle aufgenommen und erst intrazellulär in AS aufgespalten

Symporter und **Antiporter** weisen das Phänomen der ***Flußkopplung*** auf; z. B. transportiert der in der apikalen Membran vieler Epithelien vorhandene Na^+Glukose-Carrier (Abb. 34–6 B) ausschließlich, wenn er Na^+-Ionen und ein Glukosemolekül aufgenommen hat. Nun muß nicht etwa für beide Teilchensorten ein „bergab"-Gradient vorhanden sein; die Flußkopplung bewirkt vielmehr, daß der gemeinsame Transport beider Teilchen stattfindet, wenn die Summe der Gradienten aller Teilchen in die entsprechende Richtung weist. Da für Na^+ ein ausgeprägter Gradient von extrazellulär nach intrazellulär besteht, kann das Glukosemolekül auch gegen einen erheblichen Konzentrationsgradienten in die Zelle aufgenommen werden.

Für sich allein gesehen, arbeitet dieser Symporter eigentlich passiv, da die Energie für den Glukosetransport aus dem elektrochemischen Gradienten für Na^+ stammt. Der Na^+-Gradient muß jedoch von einem primär aktiven Transporter, nämlich der in der basolateralen Membran befindlichen Na^+/K^+-ATPase, ständig aufrechterhalten werden, so daß für den Glukosetransport auf indirekte Weise eben doch Stoffwechselenergie verbraucht wird. Im funktionellen Zusammenhang mit dem primär aktiven Transporter wird daher der Na^+Glukose-Carrier als sekundär aktiv bezeichnet.

Der sekundär aktive Transport einer Substanz beinhaltet also zwei Komponenten, den für sich allein gesehen passiven Symporter oder Antiporter dieser Substanz und einen diesen Transporter indirekt antreibenden primär aktiven Transporter. Die Funktion der beiden Transporter hängt eng zusammen: Einerseits führt die Hemmung des primär aktiven Transporters auf der basolateralen Seite (z. B. durch das Digitalisglykosid *Ouabain* bzw. *Strophantin*) allmählich auch zu einer Hemmung des Glukosetransports, andererseits bewirkt die Hemmung des passiven Transporters auf der apikalen Seite (z. B. durch Na^+- oder Glukoseentzug) letztlich auch eine Einschränkung der Funktion der Na^+/K^+-ATPase, da diese auf die intrazelluläre Anlieferung von Na^+ angewiesen ist.

Sekundär aktiver Transport ist weit verbreitet; die Flußkopplung ist zumeist an Na^+ gebunden. Es gibt z. B. Na^+-Symporter mit Cl^-, Sulfat, Phosphat, Glukose, verschiedenen Gruppen von Aminosäuren sowie Mono- und Dikarboxylaten, und es gibt Na^+-Antiporter z. B. mit H^+ und Ca^{2+} (s. Tabelle 34–2).

Tertiär aktiver Transport wird durch sekundär aktiven Transport angetrieben. Ein Beispiel ist der H^+Dipeptid-Symporter

In analoger Weise wie der sekundär aktive Transport von einem primär aktiven Transport angetrieben wird, wird der tertiär aktive Transport von einem sekundär aktiven Transport angetrieben. Ein einfaches Beispiel bieten die *H^+Dipeptid-Symporter* (*PepT1* und *PepT2*), die sich u. a. in der apikalen Membran des Dünndarms und der proximalen Tubuli finden (Abb. 34–6 C). Diese Transporter akzeptieren Di- und Tripeptide, die sie gegen einen elektrochemischen Gradienten in die Zelle aufnehmen können, solange ein zelleinwärts gerichteter Gradient für das gleichzeitig aufgenommene H^+ besteht. Dieser Gradient wird durch einen ebenfalls in der apikalen Membran befindlichen sekundär aktiven Na^+/H^+-Antiporter aufrechterhalten, der seinerseits von der Na^+/K^+-ATPase angetrieben wird. Tertiär aktiver Transport ist ebenfalls weit verbreitet (s. Tabelle 34–2). Besonders vielseitig sind die *Dikarboxy-*

lat/PAH-Antiporter, die eine Vielzahl von organischen Anionen akzeptieren und die *H^+/N-Methylnikotinamid-Antiporter,* die viele organische Kationen transportieren [34].

> **!**
>
> Aktiver Transport kann gegen einen Konzentrations- und/oder Spannungsgradienten „bergauf" erfolgen. Primär aktiver Transport wird definitionsgemäß direkt durch Stoffwechselenergie (ATP) angetrieben. Symporter und Antiporter weisen Flußkopplung auf, d. h. sie transportieren die für den Transporter spezifischen Teilchen (z. B. Na^+ und Glukose für den Na^+Glukose-Carrier) ausschließlich gemeinsam. In diesem Beispiel kann das Glukosemolekül – unter Ausnutzung des „bergab" führenden elektrochemischen Gradienten für Na^+ – auch „bergauf" transportiert werden. Dieser Glukosetransport ist sekundär aktiv, weil die als Antrieb dienende niedrige intrazelluläre Na^+-Konzentration von der primär aktiven Na^+/K^+-ATPase erzeugt wird. In analoger Weise dient bei tertiär aktivem Transport ein sekundär aktiver Transport als Antrieb.

34.4 Analysemethoden epithelialer Transportmechanismen

Je nach Komplexität der Fragestellung werden Analysemethoden auf den Gesamtorganismus, einzelne Organe, Epithelien, Gewebe usw. bis hin zum einzelnen Molekül angewandt. Tabelle 34–5 nennt einige Methoden und damit gemessene Parameter. Auf die Kurzschlußstromtechnik als basale, einfach durchführbare Analysemethode für Epithelien soll genauer eingegangen werden [28].

Mit dem Kurzschlußstromexperiment nach Ussing kann aktiver von passivem elektrogenem Transport unterschieden werden

Das nach dem dänischen Physiologen Hans Ussing benannte Kurzschlußstromexperiment basiert auf folgender Überlegung [35]: Um experimentell die Formen des aktiven Transports von passivem Transport abzugrenzen, müssen alle äußeren Gradienten für passiven Transport eliminiert werden; der dann noch meßbare Transport kann nur primär, sekundär oder tertiär aktiv sein. Der hydrostatische Druckgradient und der Konzentrationsgradient sind einfach auszuschalten: Ein Epithelstück wird als Trennwand in eine symmetrische Kammer eingespannt und auf beiden Seiten mit gleichartiger Elektrolytlösung umspült, die beidseits auch gleich hoch eingefüllt wird (Abb. 34–7).

Schwieriger ist es, den elektrischen Gradienten auszuschalten. Viele aktive Ionentransportmechanismen, wie z. B. die Cl^--Sekretion, die Aldosteron-stimulierbare Na^+-Resorption und der Na^+Glukose-Symport sind *elektrogen* (eine Spannung erzeugend) bzw. *rheogen* (einen elektrischen Strom erzeugend). Dieser Ionenstrom fließt durch das Epithel, das eine Widerstandsbarriere darstellt. Nach dem Ohmschen Gesetz entsteht dabei eine transepitheliale elektrische Spannung. Falls diese Spannung, wie in Abb. 34–7 dargestellt, durch aktive Na^+-Resorption zustande kam, treibt sie einen – im Experiment unerwünschten – passiven Transport von Anionen in die gleiche Richtung und/oder von Kationen in die entgegengesetzte Richtung.

Die in Abb. 34–7 vereinfacht dargestellte Ussing-Kammer enthält zwei Elektroden, durch die ein Strom von außen appliziert werden kann. Dieser wird entgegengesetzt gerichtet und gerade so geregelt, daß er gleich groß ist wie der durch den aktiven Transport erzeugte Strom. Dieser „Kurzschluß" ist genau dann erzeugt, wenn die durch zwei weitere Elektroden gemessene transepitheliale Spannung null ist. Daraus folgen zwei Konsequenzen: Die hier unerwünschte elektrische Spannung ist eliminiert und der eingestellte Kurzschlußstrom stellt den Meßwert des aktiven Ionentransports dar.

Tabelle 34–5. Analysemethoden epithelialer Transportmechanismen

Methode	gemessene Parameter
Clearance	Transporte im ganzen Körper oder in Einzelorganen in vivo (s. Kap. 35.3)
Makro- oder Mikroperfusion	Transporte in röhrenförmigen Epithelien in vivo oder in vitro
Radioaktive Marker	Unidirektionaler Transport und Nettotransport in vitro
Kurzschlußstrom	(Ussing [35]) Aktiver Ionentransport in flächigen Epithelien in vitro (s. u.)
Mikropunktion von Zellen	Verhalten einzelner Epithelabschnitte in vivo und in vitro
Patch clamp-Technik	(Nobelpreis 1991: Neher & Sakman [27]) Charakterisierung von Kanälen in Einzelzellen oder in einem abgegrenzten Membran-„Fleck" (patch) (s. Kap. 2)
Molekularbiologie	Molekulare Zusammensetzung und Regulation von Transportproteinen mittels Klonierung, Sequenzierung und Einbau in Modellepithelien

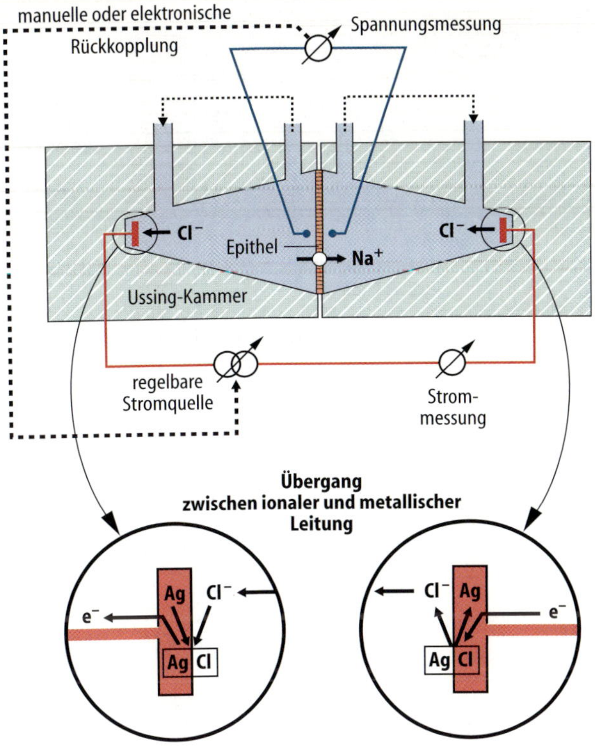

Abb. 34–7. Kurzschlußstromexperiment nach Ussing [35]. Das Epithel in diesem Beispiel zeigt elektrogene Na^+-Resorption (s. Abb. 34–6A); die gleichen Verhältnisse gelten z. B. auch bei elektrogener Cl^--Sekretion (s. Abb. 34–8A). Unten sind die Prozesse an den stromeinspeisenden Ag/AgCl-Elektroden dargestellt

Um im Kurzschlußstromexperiment die Identität der aktiv transportierten Ionen zu bestimmen oder um mehrere gleichzeitig ablaufende elektrogene Transporte voneinander zu unterscheiden, können im gleichen Experiment Isotopenfluxe der beteiligten Ionen gemessen werden. Die beteiligten Transporter können dadurch bestimmt werden, daß Stoffe mit schon bekannter agonistischer oder antagonistischer Wirkung auf diesen Transporter gegeben und die Änderung des Kurzschlußstromes gemessen wird. So kann z. B. der Aldosteron-stimulierbare apikale Na^+-Kanal durch das Diuretikum Amilorid vollständig blockiert werden, so daß der Abfall des Kurzschlußstromes den durch diesen Kanal vermittelten Na^+-Transport darstellt.

! Mit dem Kurzschlußstromexperiment nach Ussing kann aktiver von passivem elektrogenem Transport abgegrenzt werden. Hierzu müssen alle äußeren Gradienten für passiven Transport eliminiert werden; der verbleibende Transport kann nur (primär, sekundär oder tertiär) aktiv sein. Der zur Eliminierung der transepithelialen Spannung eingeregelte „Kurzschlußstrom" entspricht zugleich dem aktiven Ionentransport. Die Identität der transportierten Ionensorten wird durch Agonisten oder Antagonisten mit bekannter Wirkung oder durch gleichzeitige Messung von Isotopenfluxen bestimmt.

34.5 Typische Anordnung epithelialer Transporter

Die Zahl unterschiedlicher Transporter bzw. Anordnungen von Transportern in der apikalen und basolateralen Membran ist groß. Es existieren jedoch einige ganz charakteristische Anordnungen von Transportern, die gleichartig in mehreren Epithelien vorkommen (s. Kap. 35, 37). Der gemeinsame Nenner ist, daß die Na^+/K^+-ATPase basolateral lokalisiert ist und weitere Transporter in den Zellmembranen asymmetrisch verteilt sind. Im folgenden sind einige typische Anordnungen dargestellt.

Elektrogene Na^+-Resorption und K^+-Sekretion werden über Kanäle in der apikalen Membran distaler Epithelien geregelt

Diese Transportsysteme sind Beispiele für primär aktiven Transport und dienen der hormonell geregelten Einstellung des Ausscheidungsprodukts in den distalen Segmenten der röhrenförmigen Epithelien, also von Darm, Nierentubulus, Schweißdrüsengang und Speicheldrüsengang (Abb. 34–6 A). Na^+ wird durch den in der apikalen Membran befindlichen *epithelialen Na^+-Kanal (ENaC)* in die Zelle aufgenommen. ***Aldosteron*** wirkt vermutlich auf zweifache Weise: Innerhalb von 1–2 h wird die „offen"-Wahrscheinlichkeit vorhandener Na^+-Kanäle gesteigert (Aktivierung) und anschließend werden zusätzliche Na^+-Kanäle synthetisiert und in die Zellmembran eingebaut (Induktion). Das Diuretikum ***Amilorid*** blockiert diesen Kanal hochselektiv. Der Na^+-Einstrom depolarisiert die apikale Zellmembran, und es entsteht, da die basolaterale Membranspannung kaum beeinflußt wird, eine Lumen-negative transepitheliale Spannung, die bei starker Aldosteronwirkung z. B. −60 mV erreichen kann.

Zugleich kommt es zu einer parazellulären und transzellulären K^+-Sekretion, die jedoch insgesamt geringer bleibt als die durch Aldosteron zugleich stimulierte Na^+-Resorption. Die ***parazelluläre K^+-Sekretion*** wird durch die Lumen-negative transepitheliale Spannung angetrieben. Die ***transzelluläre K^+-Sekretion*** wird durch drei Faktoren gefördert: 1. Aufgrund des vermehrten apikalen Na^+-Einstroms sowie durch direkte Aldosteronwirkung steigt die Na^+/K^+-ATPase-Aktivität und erhöht sich dadurch die intrazelluläre K^+-Konzentration; 2. Die durch Na^+ verursachte apikale Depolarisation begünstigt den apikalen K^+-Efflux auf Kosten des ansonsten vorherrschenden Effluxes durch einen basolateralen K^+-Kanal. Diese lose Verknüpfung von Na^+- und K^+-Transport erklärt, warum *Amilorid* indirekt auch die K^+-Sekretion hemmt und daher als *K^+-sparendes Diuretikum* gilt (s. Kap. 35.8). 3. Aldosteron aktiviert die apikalen K^+-Kanäle möglicherweise über einen pH-vermittelten Effekt.

Glukose- und Aminosäuren werden durch Symporter in der apikalen Membran proximaler Epithelien aufgenommen

Diese für eine effektive Nährstoffaufnahme bzw. Rückgewinnung bereitstehenden Transportsysteme finden sich in den proximalen Segmenten von Darm und Nierentubuli sowie vieler weiterer Epithelien (Abb. 34–6 B). Sowohl der Na^+-Symport mit Glukose als auch die Na^+-Symporte mit verschiedenen Aminosäuren befinden sich in der apikalen Zellmembran und können D-Zucker bzw. L-Aminosäuren auch gegen einen elektrochemischen Gradienten in die Zelle aufnehmen. Es existieren zwei Na^+Glukose-Carrier (s. Tabelle 34–2): Ein im frühproximalen Tubulus befindlicher Carrier mit geringerer Affinität zur Glukose (SGLT2) arbeitet im Verhältnis 1:1. Im spätproximalen Tubulus (pars recta) und im Dünndarm findet sich ein Carrier mit höherer Affinität (SGLT1), der im Verhältnis 2:1 arbeitet und daher Glukose auch noch bei extrem geringer luminaler Konzentration aufnehmen kann. SGLT1 akzeptiert außer Glukose auch *Galaktose*. Für *Fruktose* existiert in der apikalen Membran lediglich ein Uniporter (GLUT5). Der Efflux von Glukose, Fruktose und Galaktose wird auf der basolateralen Seite durch einen weiteren Uniporter (GLUT2) vermittelt [37].

Kürzlich ist am Beispiel des $2Na^+$-Glukose-Carriers SGLT1 gezeigt worden, daß dieser mit jedem Transportzyklus auch mehr als 200 Wassermoleküle transportiert [30]. Möglicherweise existieren noch weitere sekundär aktive Wasser-Transporter.

Für verschiedene Gruppen von *Aminosäuren* (AS) existieren etwa 10 unterschiedliche Carrier, u. a. für saure, neutrale und basische AS. Die meisten sind Symporter mit Na^+.

Etwa ein Drittel der AS werden apikal als Di- und Tripeptide über tertiär aktive Symporter mit H^+ aufgenommen (PepT1 und PepT2, s. Abb. 34–6 C) und erst intrazellulär zu AS hydrolysiert. PepT1 findet sich im Dünndarm und im frühproximalen Tubulus, ist niedrig-affin und akzeptiert auch manche Antibiotika. PepT2 ist vor allem im spätproximalen Tubulus (pars recta) lokalisiert und ist hoch-affin, so daß er Oligopeptide auch noch bei sehr geringer luminaler Konzentrationen aufnehmen kann.

In der basolateralen Zellmembran sind Uniporter lokalisiert, die Monosaccharide bzw. AS passiv aus der Zelle heraus befördern.

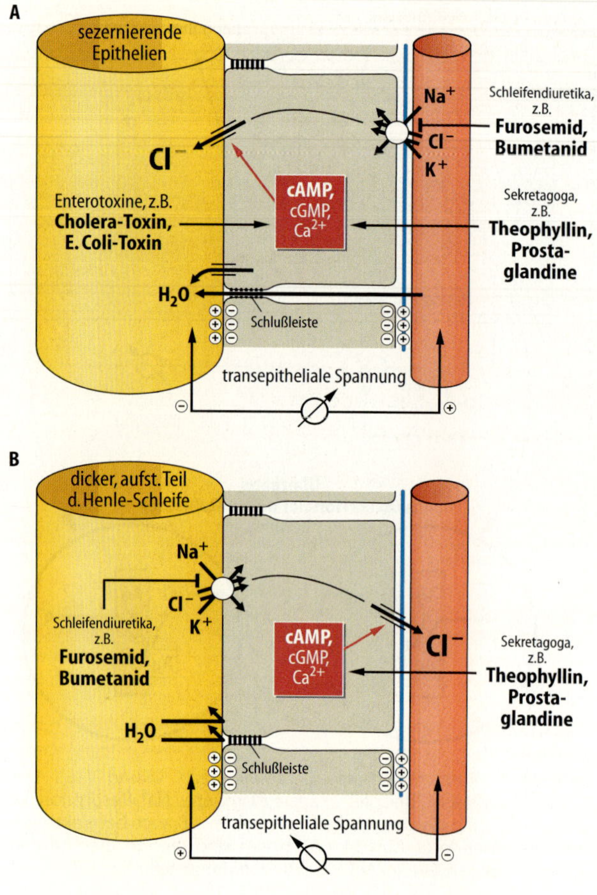

Abb. 34–8. Chloridtransport. **A** Cl^--Sekretion als antreibender Grundmechanismus in sezernierenden Epithelien, **B** Cl^--Resorption im aufsteigenden Teil der Henle-Schleife

Cl^--Sekretion erfolgt durch einen apikalen Cl^--Kanal und einen basolateralen $Na^+K^+2Cl^-$-Carrier; für die Cl^--Resorption sind diese Transporter spiegelbildlich angeordnet

Cl^--Sekretion ist der Hauptantrieb bzw. Auslöser der Sekretion von Wasser und weiteren Soluten (Abb. 34–8). Dieser fundamentale und weit verbreitete Mechanismus der sekretorischen Epithelien findet sich in allen Abschnitten des Gastrointestinaltrakts, in den Azini aller exkretorischen Drüsen, in den Atemwegen und in vielen weiteren Epithelien (nicht jedoch in der Niere). Basolateral wird Cl^- sekundär aktiv durch einen $Na^+2Cl^-K^+$-Symporter gegen einen mäßigen elektrochemischen Gradienten aufgenommen. Dieser Symporter ist durch die Diuretika *Furosemid* und *Bumetanid* blockierbar. Auf der apikalen Seite wird Cl^- durch einen Cl^--Kanal ins Lumen abgegeben. Die physiologische Regelung des Cl^--Transports erfolgt durch diesen Kanal. Er wird stimuliert durch intrazelluläre Botenstoffe wie cAMP, cGMP und Ca^{2+} (s. Kap. 1.4).

Bei der Gendefektkrankheit ***Mukoviszidose*** (***Zystische Fibrose***) ist der Cl^--Kanal sowie gegebenenfalls die Mukussekretion in allen sekretorischen Epithelien gestört (s. Einleitung dieses Kap.). Es hat sich gezeigt, daß bei dieser Krankheit das Membranprotein CFTR (Cystic Fibrosis Transmembrane Conductance Regulator) fehlerhaft angelegt ist. Der Name deutet darauf hin, daß CFTR Eigenschaften eines Cl^--Kanals hat. In Patch clamp-Studien wurde die Leitfähigkeit dieses Kanals mit etwa 8–10 pS (piko-Siemens = 10^{-12} Ω) gemessen. Zwar ist dieser Kanal bei der Mukoviszidose gestört, es muß jedoch betont werden, daß die Cl^--Sekretion nicht von CFTR selbst, sondern von einem noch kleineren Kanal getragen wird, dessen Aktivierbarkeit durch cAMP jedoch die Kooperation mit CFTR benötigt [17].

Elektrogene Cl^--Resorption findet im dicken aufsteigenden Teil der Henle-Schleife (s. Kap. 35.1) statt. In der Niere wird Cl^- ansonsten vorwiegend parazellulär sowie im HCO_3^-/Cl^--Antiport resorbiert (s. u.). Dies geschieht durch die gleichen beiden Transporter wie in den sezernierenden Epithelien, hier jedoch in genau spiegelbildlicher Anordung: Der *Furosemid-* bzw. *Bumetanid-*blockierbare $Na^+2Cl^-K^+$-Carrier befindet sich in der apikalen und der Cl^--Kanal in der basolateralen Membran [26].

HCO_3^--Resorption, HCO_3^--Sekretion und Na^+Cl^--Resorption werden nur durch unterschiedliche Anordnung der beteiligten Transporter erzielt

Die beteiligten „Bausteine" sind 1. ein Na^+/H^+-Antiporter, 2. das Enzym Carboanhydrase (CA), 3. ein HCO_3^-/Cl^--Antiporter und 4. ein $HCO_3^-CO_3^{2-}Na^+$-Symporter (Abb. 34–9). Durch ihre unterschiedliche Anordnung können drei ganz verschiedene Effekte erzielt werden:

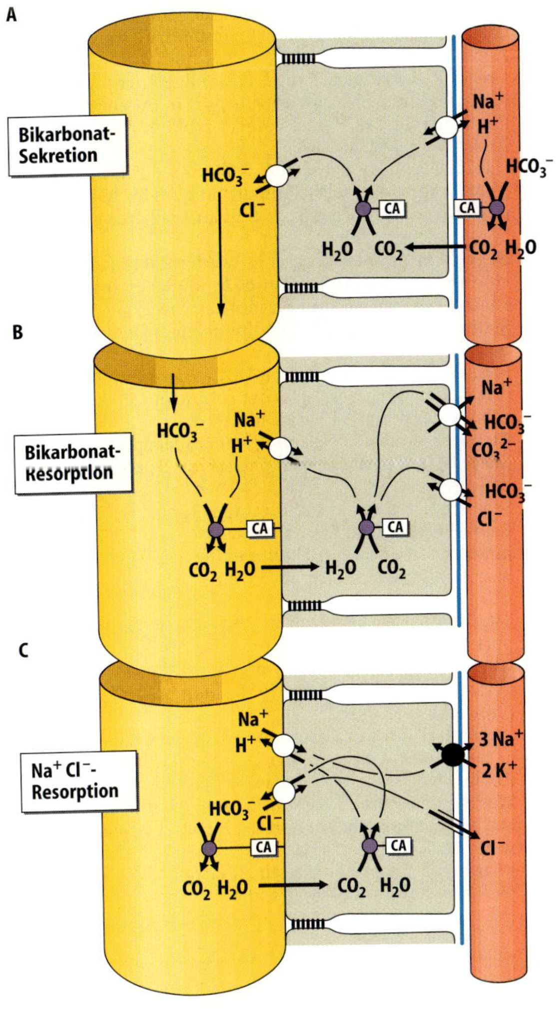

Abb. 34–9. Bikarbonattransport. **A** HCO_3^--Sekretion, **B** HCO_3^--Resorption, **C** elektroneutrale Na^+Cl^--Resorption. Durch verschiedenartige Anordnung von nur 4 verschiedenen „Bausteinen" (s. Text) werden ganz verschiedene Effekte erzielt. Die Na^+/K^+-ATPase wurde zur Vereinfachung in **A** und **B** weggelassen. *CA:* Carboanhydrase

Bikarbonatsekretion findet z. B. in den Gängen von Speicheldrüsen und Pankreas sowie in der Leber und in den Oberflächenzellen des Magens statt (Abb. 34–9 A). Die basolaterale HCO_3^--Aufnahme geschieht ohne Beteiligung eines HCO_3^--Transporters: Ein Na^+/H^+-Antiporter liefert H^+ ins Interstitium. CA katalysiert die Bruttoreaktion von $H^+ + HCO_3^-$ zu $CO_2 + H_2O$. CO_2 diffundiert über die Zellmembran in die Zelle und wird dort durch intrazelluläre CA wieder zu H^+ und HCO_3^- katalysiert. Schließlich befördert ein apikaler tertiär aktiver Cl^-/HCO_3^--Antiporter Bikarbonat ins Lumen. Zugleich wird Cl^- in die Zelle aufgenommen und kann resorbiert werden.

Bikarbonatresorption (bzw. *H^+-Sekretion*) findet u. a. im proximalen Nierentubulus und in der Parietalzelle des Magens statt (Abb. 34–9B), wobei für den Magen die zugleich stattfindende H^+-Sekretion funktionell im Vordergrund steht. Die Anordnung der beiden beteiligten Carrier ist in Relation zu den Bikarbonat-sezernierenden Epithelien genau spiegelbildlich angeordnet. H^+ wird durch einen apikalen Na^+/H^+-Antiporter ins Lumen abgegeben und (außer im Magen) unter CA-Vermittlung als $CO_2 + H_2O$ wieder in die Zelle aufgenommen. Auf der basolateralen Seite wird HCO_3^- über zwei Mechanismen transportiert, nämlich in einigen Epithelien durch einen Cl^-/HCO_3^--Antiporter und in anderen durch einen $HCO_3^-CO_3^{2-}Na^+$-Symporter, bei dem der elektrochemische Gradient für HCO_3^- und CO_3^{2-} ausgenützt wird, um Na^+ aus der Zelle heraus zu transportieren.

Na^+Cl^- Resorption (Abb. 34–9 C). Eine dritte Anordnung der beiden hauptsächlich beteiligten Transporter und des Enzyms befindet sich im Dickdarm und in der Gallenblase. Hier sind sowohl Na^+/H^+-Antiporter als auch Cl^-/HCO_3^--Antiporter in der apikalen Membran lokalisiert, so daß H^+ und HCO_3^- ins Lumen sezerniert werden. Unter CA-Einwirkung und vorübergehender Umwandlung in CO_2 und H_2O gelangen H^+ und HCO_3^- wieder in die Zelle und stehen dem Antiporter erneut zur Verfügung. Zugleich werden Na^+ und Cl^- apikal aufgenommen und können basolateral abgegeben werden. Die Resorption von Na^+ und Cl^- ist durch diesen „Doppelaustauscher" bei Wahrung eines konstanten pH-Wertes lose im Verhältnis 1:1 gekoppelt und ist daher nahezu elektroneutral.

! Einige typische Anordnungen von Transportern kommen in mehreren Epithelien in gleicher Weise vor. Die in Abb. 34–6, –8 und –9 dargestellten Beispiele sind:

- Elektrogene Na^+-Resorption und K^+-Sekretion,
- Glukose- und Aminosäurenresorption,
- Elektrogene Cl^--Sekretion und -Resorption,
- HCO_3^--Resorption, HCO_3^--Sekretion und Na^+Cl^--Resorption.

Die beiden letzten Beispiele zeigen, daß unterschiedliche Effekte oft lediglich durch eine veränderte Anordnung der Transporter zustande kommen.

34.6 Literatur

Weiterführende Lehr- und Handbücher

1. Cereijido M (1991) Tight junctions, CRC Press, Boca Raton
2. Darnell J, Lodish H, Baltimore D (1993) Molekulare Zellbiologie. De Gruyter, Berlin New York
3. Field M, Frizzell RA (1991) Handbook of Physiology, Section 6: The gastrointestinal system, Vol. 4: Intestinal Absorption and secretion. Am. Physiol. Soc., Bethesda
4. Greger R, Windhorst U (1996) Comprehensive human physiology. Springer, Berlin
5. Hierholzer K, Schmidt R (1991) Pathophysiologie des Menschen, edition medizin VCH, Weinheim.
6. Hille B (1992) Ionic channels of excitable membranes. 2. Aufl., Sinauer, Sunderland
7. Johnson LR (1994) Physiology of the gastrointestinal tract. 3. Aufl., Raven Press, New York
8. Krstic RV (1976) Ultrastruktur der Säugetierzelle. Springer, Berlin Heidelberg New York
9. Krstic RV (1978) Die Gewebe des Menschen und der Säugetiere. Springer, Berlin Heidelberg New York
10. Seldin DW, Giebisch G (1992) The kidney: physiology and pathophysiology. 2. Aufl., Raven Press, New York
11. Windhager EE (1992) Renal physiology, Oxford University Press, New York (Handbook of physiology, sect 8)

Original- und Übersichtsarbeiten

12. Benos DJ, Schorscher J (1992) Transport proteins: Ion channels. In [9], pp 587–623
13. Bentzel CJ, Palant CE, Fromm M (1991) Physiological and pathological factors affecting the tight junction. In [1], S. 151–173
14. Boulpaep El, Sackin H (1980) Electrical analysis of intraepithelial barriers. In: Current topics in membranes and transport, Bronner F, Kleinzeller A, Boulpaep EL, edts., Academic Press, New York, vol. 13: 169–197
15. Burckhardt G, Kinne R (1992) Transport proteins; cotransporters and countertransporters. In: [10], S. 537–586
16. Claude P (1978) Morphological factors influencing transepithelial permeability: a model for the resistance of the zonula occludens. J. Membr. Biol. 39: 219–232
17. Fischer H, Kreusel KM, Illek B, Machen TE, Hegel U, Clauss W (1992) The outwardly rectifying Cl^- channel is not involved in cAMP-mediated Cl^- secretion in HT-29 cells: evidence for a very-low-conductance Cl^- channel. Pflügers Arch 442: 159–167
18. Fromm M (1991) Störungen der Verdauung und des epithelialen Transports. In [5], S. 6.28 6.38
19. Fromm M, Hegel U (1978) Segmental heterogeneity of epithelial transport in rat large intestine. Pflügers Arch 378: 71–83
20. Fromm M, Hegel U (1987) Net ion fluxes and zero flux limiting concentrations in rat upper colon and rectum during anaesthesia-induced aldosterone liberation. Pflügers Arch 408: 185–193
21. Fromm M, Hegel U, Wiederholt M (1991) Epithelien. In Hierholzer K, Schmidt R (Hrsg.) Pathophysiologie des Menschen. VCH, Weinheim, S. 5.1–5.19
22. Frömter E (1972) The route of passive ion movement through the epithelium of Necturus gallbladder. J Membr Biol 8: 259–301
23. Frömter E, Sauer F (1992) In: Seldin DW, Giebisch G (Hrsg.) The kidney: physiology and pathophysiology, 2. Aufl. Raven, New York S. 215–228
24. Furuse M, Fujita K, Hiiragi T, Fujimoto K, Tsukita S (1998) Claudin-1 and -2: novel integral membrane proteins localizing at tight junctions with no sequence similarity to occludin. J Cell Biol 141: 1539–1550
25. Gottesman MM, Pastan I (1993) Biochemistry of multidrug resistance mediated by the multidrug transporter. Annu. Rev. Biochem. 62: 385–427
26. Greger R, Schlatter E, Lang F (1983) Evidence for electroneutral sodium chloride cotransport in the cortical thick ascending limb of Henle's loop of rabbit kidney. Pflügers Arch. 396: 308–314
27. Hamill OP, Marty A, Neher E, Sakmann B, Sigworth FJ (1981) Improved patch-clamp techniques for high-resolution current recording from cells and cell-free membrane patches. Pflügers Arch. 391: 85–100
28. Hegel U, Fromm M, Kreusel K, Wiederholt M (1993) Bovine and porcine large intestine as model epithelia in a student lab course. Am J Physiol 265: S10-S19
29. Matlin KS, Caplan MJ (1992) Epithelial cell structure and polarity. In [9], S. 447–473
30. Meinild AK, Klaerke DA, Loo DDf, Wright EM, Zeuthen T (1998) The human Na^+-glucose cotransporter is a molecular water pump. J Physiol 508: 15–21
31. Rodrigez-Boulan E, Nelson WJ (1989) Morphogenesis of the polarized epithelial cell phenotype. Science 245: 718–725
32. Schmitz H, Barmeyer C, Fromm M, Runkel N, Foss HD, Bentzel CJ, Riecken EO, Schulzke JD (1999) Altered tight junction structure contributes to the impaired epithelial barrier function in ulcerative colitis. Gastroenterology 116: 301–309
33. Schultz SG (1980) Basic principles of membrane transport. Cambridge University press, Cambridge
34. Ullrich KJ (1994) Specificity of transporters for organic anions and organic cations in the kidney. Biochim. Biophys. Acta 1197: 45–62
35. Ussing HH, Zerahn K (1951) Active transport of sodium as the source of electric current in the short-circuited isolated frog skin. Acta Physiol Scand 23: 110–127
36. Welling DJ, Welling LW (1976) Shape of epithelial cells and intercellular channels in the rabbit proximal nephron. Kidney Int. 9: 385–394
37. Wright EM (1993) The intestinal Na^+/glucose cotransporter. Annu Rev Physiol 55: 575–589

Niere 35

F. Lang, M. Fromm

EINLEITUNG Die 14jährige U. L. wacht eines morgens mit geschwollenen Augenlidern auf. Beim Wasserlassen fällt ihr auf, daß der Urin schäumt. Beunruhigt sucht sie den Arzt auf, der periphere Ödeme, eine massive Proteinurie und einen gesteigerten Blutdruck feststellt. Er stellt die Diagnose Glomerulonephritis.

Die Aufgabe der Nierenglomerula ist die Filtration von normalerweise etwa 150 Litern am Tag, wobei die Plasmaproteine aufgrund der Permselektivität des glomerulären Filters weitgehend im Blut zurückgehalten werden. Eine entzündliche Schädigung des Glomerulum (Glomerulonephritis) zerstört den Filter und hebt damit dessen Permselektivität auf. Die filtrierten Proteine können nur zu einem kleinen Teil von den Nierentubuli resorbiert werden und werden demnach ausgeschieden. Der proteinreiche Urin schäumt. Der Verlust der Proteine durch die Nieren senkt den onkotischen Druck im Blut und begünstigt auf diese Weise das Auftreten von Ödemen. Die Ödeme sind natürlich auch Folge gleichzeitiger Schädigung der peripheren Kapillaren. Die Entzündung der Glomerula mindert ferner die Durchblutung der Niere, und es kommt unter anderem über Ausschüttung von Renin und Bildung von Angiotensin II zum Blutdruckanstieg.

Die Niere ist das wichtigste Ausscheidungsorgan des Körpers. Sie eliminiert eine Reihe von überflüssigen oder schädlichen Substanzen (sog. harnpflichtige Substanzen). Darüberhinaus spielt die Niere eine überragende Rolle in der Kontrolle des Volumens und der Elektrolyt-Zusammensetzung des Extrazellulärraums. Über die Wasser- und Kochsalzausscheidung reguliert sie den Blutdruck [59]. Darüberhinaus ist sie an der Bildung von kreislaufaktiven Hormonen beteiligt. Über ihren Einfluß auf den Mineralhaushalt steuert sie indirekt die Mineralisierung des Knochens. Dabei bildet sie selbst Kalzitriol, ein Hormon, das in die Regulation des Mineralhaushaltes eingreift. Über die H^+- und HCO_3^--Ausscheidung wirkt sie in entscheidender Weise bei der Regulation des Säure-Basen-Haushaltes mit. Ferner scheidet sie H^+ als NH_4^+ aus, das sie aus Glutamin gewinnt. Das nach Desaminierung übrige Kohlenstoffskelett baut sie zu Glukose auf (Glukoneogenese). Schließlich bildet die Niere Erythropoietin, das die Erythropoese reguliert [1,2,12,14].

Die Aufgaben der Nieren werden von etwa 2 Mio Nephronen wahrgenommen.

Jedes Nephron besteht aus einem Glomerulum, in dem Plasmaflüssigkeit abfiltriert wird und dem Tubulussystem, dessen Transportsysteme letztlich Urin aus dem Primärfiltrat herstellen [5]. Die Glomerula liegen in der Nierenrinde, die das tiefer gelegene Nierenmark umspannt (Abb. 35–1).

Gefäße. Das Blut aus der A. renalis gelangt zunächst über die Aa. interlobares zu den Aa arcuatae, aus denen senkrecht die Aa. interlobulares entspringen (s. Abb. 35–1). Die Aa. interlobulares geben die Vasa afferentia ab, die sich in den Glomerula in viele parallele Gefäßschlingen aufteilen (Abb. 35–2). Die Kapillarschlingen münden in die Vasa efferentia, die sich nun erneut aufzweigen. Die Vasa efferentia oberflächlich gelegener Glomerula geben die peritubulären Kapillaren ab, die ein Gefäßnetz um die Tubuli in der Nierenrinde bilden. Vasa efferentia aus tiefer gelegenen Glomerula (sog. juxtamedullären Glomerula) geben die Vasa recta ab, die in langen Kapillarschleifen in das Nierenmark eintauchen. Vasa recta und peritubuläre Kapillaren münden schließlich in die Vv. interlobulares, die das Blut über die Vv. arcuatae und Vv. interlobares zur V. renalis leiten. In der Niere sind somit zwei Kapillarnetze (Glomerulumkapillaren und peritubuläre Kapillaren bzw. Vasa recta) hintereinandergeschaltet.

Glomerula. Die Endothelzellen der Glomerulumkapillaren sind von einer Basalmembran umgeben. Auf der anderen Seite der Basalmembran werden die Gefäße durch Fußfortsätze der Podozyten gestützt. Zwischen den Kapillarschlingen liegen ferner noch Mesangialzellen, die u. a. Proteine phagozytotisch aufnehmen und intrazellulär abbauen können [67,74]. Zwischen Vas afferens und Vas efferens besteht ein enger Kontakt zwischen dem Tubulusepithel und den Gefäßen. Das anliegende Tubulusepithel ist dabei besonders hoch (Macula

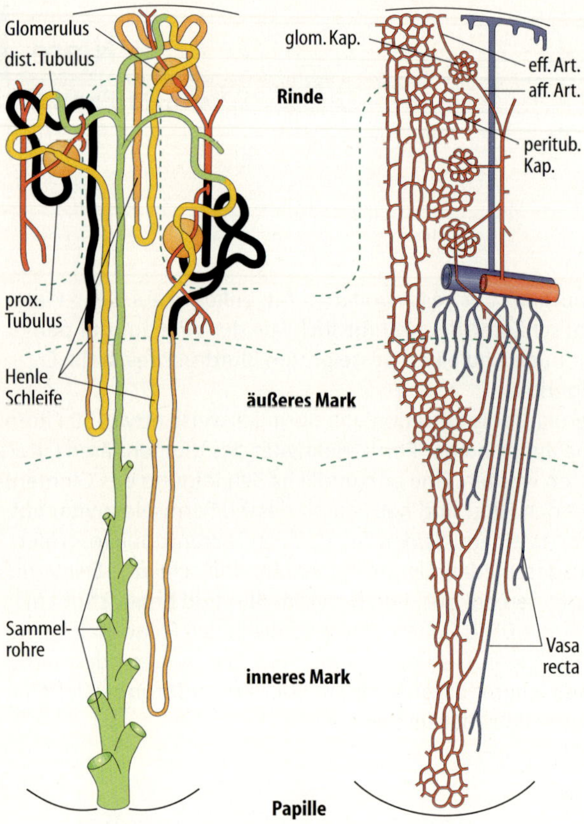

Abb. 35–1. Strukturelle Organisation der Niere. *Linker Bildteil:* Dargestellt sind 3 Nephrone und das Sammelrohrsystem. Oberflächliche Nephrone haben kurze Henle-Schleifen, tiefe (juxtamedulläre) Nephrone dagegen lange Schleifen, die bis ins innere Mark reichen. An die Glomeruli schließen sich die proximalen Tubuli, die Henle-Schleifen und die distalen Tubuli an, die über die Verbindungsstücke in das Sammelrohrsystem münden; *rechter Bildteil:* Anordnung der Gefäße in der Niere: Aus den Aa. interlobulares gehen afferente Arteriolen ab, die in das glomeruläre Kapillarknäuel münden. Von hier wird das Blut über efferente Arteriolen in das peritubuläre Kapillarnetz geleitet. Beachte, daß juxtamedulläre Glomeruli über efferente Arteriolen in markwärts ziehende Vasa recta münden (nach [8])

Abb. 35–2. A Übersicht über die Struktur eines Glomerulus mit juxtaglomerulärem Apparat. Am Gefäßpol mündet die afferente Arteriole (*AA*), die von sympatischen Nervenfasern (*N*) versorgt ist und deren glatte Muskelzellen unmittelbar vor der Einmündung deutliche Granula (*G*) aufweisen. Es handelt sich um die reninbildenden Epitheloidzellen. Die Wand der glomerulären Kapillarschlingen besteht aus 3 Schichten: den Endothelzellen (*EN*), der Basalmembran (*BM*) und den von außen angelagerten Epithelzellen (*EP*) mit Fußfortsätzen (*F*) (= Podozyten). Die rosa dargestellten Mesangiumzellen (M) befinden sich zwischen den Kapillarschlingen und als extraglomeruläres Mesangium im Winkel zwischen den Arteriolen und dem Macula densa-Segment des distalen Tubulus (*MD*). Die Glomeruluskapillaren münden schließlich in eine efferente Arteriole (*EA*) (nach [8, 10, 42]). **B** Schematische Darstellung der Anordnung von intraglomerulären Mesangiumzellen und Podozyten; *oben:* Kapillarschlinge mit einer zentralen Mesangiumzelle, die mit Fußfortsätzen an der inneren Kurvatur der kapillären Basalmembran verankert ist und die Kurvenstruktur stabilisiert; *unten:* Querschnitt mit der gleichen Anordnung der zentral verankerten Mesangiumzelle und den peripher angelagerten Fußfortsätzen der Podozyten. Auch die Podozytenanordnung stabilisiert die Kapillarschlinge und wirkt einer druckpassiven Dehnung entgegen (nach [51] und [9, 42])

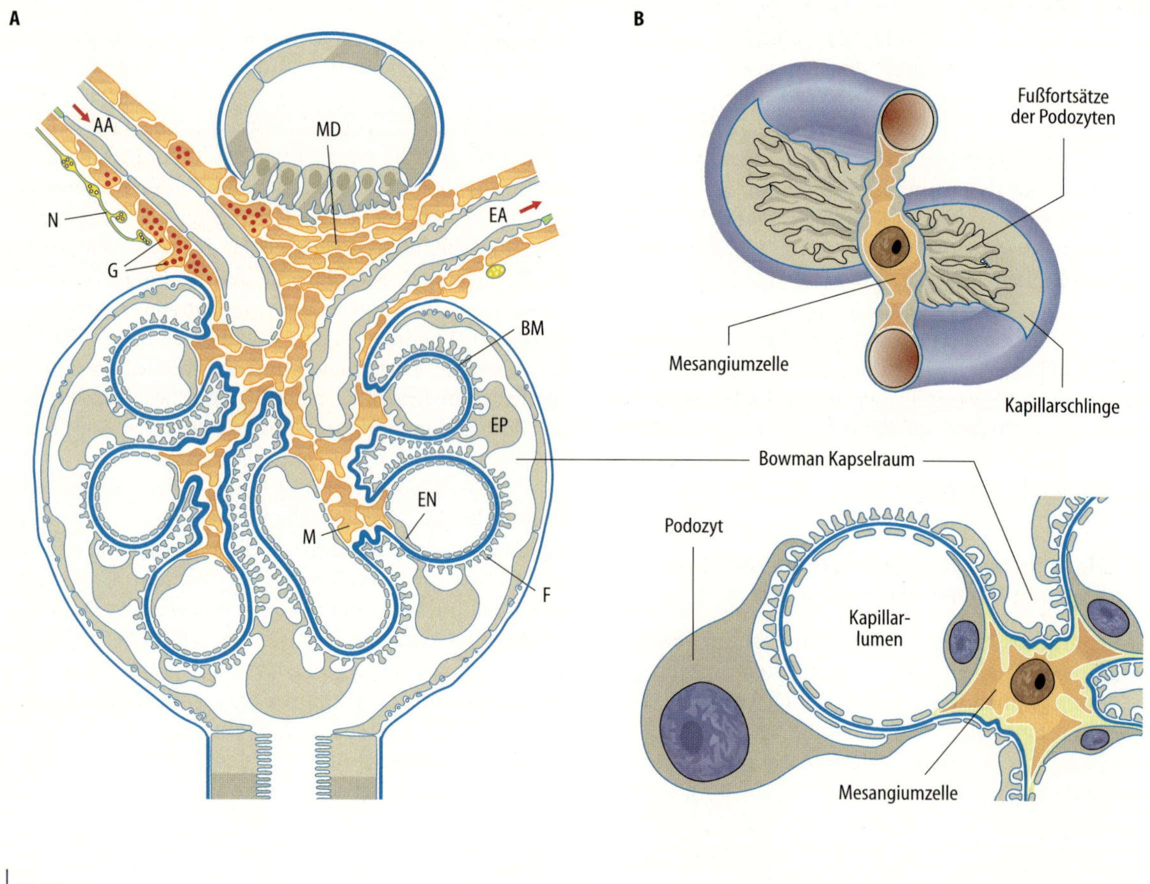

densa) und die Gefäßmuskelzellen enthalten Speichergranula, aus denen sie Renin freisetzen können (juxtaglomerulärer Apparat).

Tubulussystem. Das Tubulussystem besteht aus mehreren, morphologisch und funktionell unterschiedlichen Abschnitten (Abb. 35–3). Die filtrierte Flüssigkeit gelangt zunächst in den proximalen Tubulus, der in die Henle-Schleife mündet. Die Henle-Schleife leitet die Tubulusflüssigkeit von der Nierenrinde in das Nierenmark und wieder zurück. Die Tubulusflüssigkeit wird dann zum juxtaglomerulären Apparat (s. oben) geführt, wo ein enger Kontakt zwischen den Tubulusepithelzellen (Macula densa) und dem jeweiligen Vas afferens hergestellt wird (s. oben). Über distalen Tubulus und Verbindungsstück in der Nierenrinde erreicht die Tubulusflüssigkeit ein Sammelrohr, in das jeweils annähernd 3.000 Nephrone münden. Über 300 Sammelrohre leiten die Tubulusflüssigkeit (bzw. den Urin) in das Nierenbecken.

Feinbau der Tubuli. Keiner der Tubulusabschnitte ist in sich homogen, sondern setzt sich aus funktionell und morphologisch unterschiedlichen Zellen und Abschnitten zusammen. Im proximalen Tubulus ist die Oberfläche sowohl der luminalen als auch der basolateralen Membran massiv vergrößert, die luminale Membran enthält kurze Ausstülpungen (Mikrovilli der Bürstensaummembran), die basolaterale Membran tiefe Einfaltungen (s. Abb. 35–3). Die große Anzahl von Mitochondrien weist auf energieverbrauchende Transportprozesse in diesem Nephronsegment hin. Die Henle-Schleife besteht aus drei unterschiedlichen Abschnitten: der Pars recta des proximalen Tubulus, dem dünnen Teil der Henle-Schleife und dem wiederum mitochondrienreichen, dicken aufsteigenden Teil der Henle-Schleife. Distaler Tubulus und Sammelrohr weisen morphologisch unterschiedliche Zellen auf: Die wichtigsten sind die distalen Tubuluszellen, die mitochondrienreichen Hauptzellen und die Schaltzellen. Die Schlußleisten zwischen den jeweiligen Zellen weisen in proximalen Tubuli und Henle-Schleife nur wenige Netzwerkmaschen (Zonulae occludentes) auf; es handelt sich demnach um „lecke" Epithelien. Im Gegensatz dazu sind die Epithelien in distalem Tubulus, Verbindungsstück und Sammelrohr dicht (s. Abb. 35–3).

Ableitende Harnwege. Der in der Niere gebildete Harn sammelt sich zunächst im Nierenbecken, um dann über

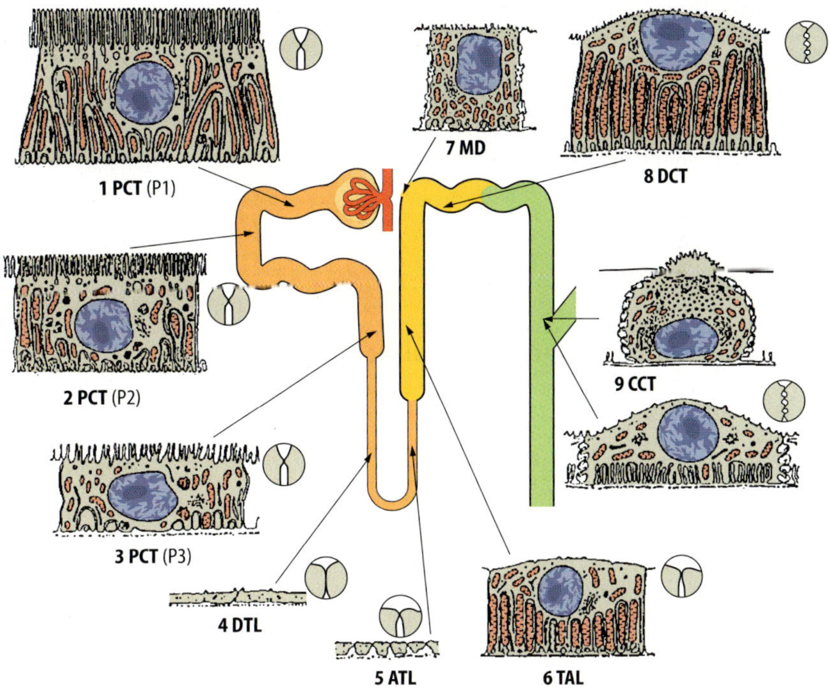

Abb. 35–3. Longitudinale Heterogenität der Tubulusepithelien. Die Epithelzellen sind mit der dem Tubuluslumen zugewandten apikalen Seite nach oben dargestellt. Die neben den Zellen angeordneten kreisförmigen Detailzeichnungen sind vergrößerte Darstellungen der Schlußleisten (Zonulae occludentes, englisch: tight junctions). **1** proximaler gewundener Tubulus (Segment S1), **2** proximaler gewundener Tubulus (Segment S2), **3** proximaler gestreckter Tubulus (Segment S3), **4** dünner absteigender Schenkel, **5** dünner aufsteigender Schenkel, **6** dicker aufsteigender Schenkel der Henle-Schleife, **7** Macula densa, **8** distaler gewundener Tubulus, **9** kortikaler Teil des Sammelrohres; *oben:* dunkle Zelle; *unten:* helle Zelle (nach [10] und nach [20]. Mitochondrienreichtum weist auf hohe aktive Transportleistung hin (1–2 und 6–8). Kleine flache Zellen weisen keinen meßbaren aktiven Transport auf (4–5). Starke Einfältelung der apikalen Membran (Oberflächenvergrößerung) sowie punktartige Zonulae occludentes sind typisch für „lecke" Epithelien mit großer Durchlässigkeit, hohen Transportraten und der Unfähigkeit, gegen nennenswerte Gefälle zu transportieren (1–2). Ausgeprägte reißverschlußartige Zonulae occludentes sind typisch für „mäßig lecke" bzw. „mitteldichte" Epithelien mit geringerer Durchlässigkeit, geringeren Transportraten und der Fähigkeit, gegen starke Gefälle zu transportieren (8–9)

den Ureter in die Harnblase transportiert zu werden [24]. Der Harn wird im Ureter durch peristaltische Kontraktionswellen (2–6/min) vorwärts getrieben, die vom Nierenkelch zur Harnblase laufen (2–6 cm/s). Dilatation des Ureters steigert die Frequenz und mechanische Reizung kann spontane Kontraktionen auslösen. Bei Füllung der Harnblase wird die Wandmuskulatur zunächst passiv gedehnt, bis schließlich der Blasenentleerungsreflex ausgelöst wird (s. Kap. 19.7) [34].

! Die Niere eliminiert als Ausscheidungsorgan des Körpers harnpflichtige Substanzen, sie kontrolliert Volumen und Elektrolytzusammensetzung des Extrazellulärraumes sowie den Säure-Basen-Haushalt. Sie beeinflußt Blutdruck und Knochenmineralisierung. Sie ist zur Glukoneogenese befähigt und reguliert über Erythropoietin die Erythropoese. Die Aufgaben werden von etwa 1 Mio. Nephrone pro Niere wahrgenommen. Sie bestehen aus den zuführenden Gefäßen, Glomerula und Tubuli (proximale Tubuli, Henle-Schleife, distaler Tubulus, Verbindungsstück und Sammelrohr). Am Tag werden etwa 150 Liter Plasmawasser in den Glomerula filtriert und damit der Kontrolle durch die Niere unterworfen. Die Tubuli nehmen dann den weitaus größten Teil filtrierter Flüssigkeit zurück. Ferner werden H^+ sowie organische Säuren und Basen sezerniert. Übrig bleibt der Urin, der über die Harnwege abgeleitet wird.

35.1 Durchblutung und glomeruläre Filtration

Normalerweise passieren etwa 20 % des Herzminutenvolumens die beiden Nieren (Tabelle 35–1). Bezogen auf 1 Gramm Gewebe sind die Nieren die bestdurchbluteten Organe des Körpers. Im folgenden soll die Physiologie der renalen Durchblutung erläutert werden.

Tabelle 35-1. Nierendurchblutung und intrarenale Blutverteilung (RBF = renaler Blutfluss). (Insgesamt werden die 300 g Nierengewebe mit 1,2 l/min durchblutet)

	Gewichtanteil %	RBF-Anteil %
Rinde	70	92,5
äußeres Mark	20	6,5
inneres Mark	10	1,0

In den Nierengefäßen weisen vor allem die Vasa afferentia und die Vasa efferentia einen hohen Widerstand auf. Die Nierenrinde ist hervorragend, das Nierenmark eher schlecht durchblutet.

Widerstände der Nierengefäße. Der Druckverlauf in den einzelnen Gefäßabschnitten der Niere ist in Abbildung 35–4 dargestellt: In Aorta und Nierenarterie findet beim Gesunden kein wesentlicher Druckabfall statt, da der Widerstand dieser Gefäßabschnitte sehr gering ist. Die Aa. interlobares weisen bereits einen deutlichen Widerstand auf. Der größte Widerstand liegt jedoch normalerweise in den Vasa afferentia; hier findet also der größte Druckabfall statt. Die Vasa afferentia stehen darüberhinaus unter dem Einfluß einer Reihe von Faktoren, welche den Widerstand dieses Gefäßabschnittes modulieren (Abb. 35–5). Jedes Vas afferens gibt eine Vielzahl paralleler Glomerulumkapillaren ab, die parallelgeschaltet und sehr kurz sind und somit einen sehr

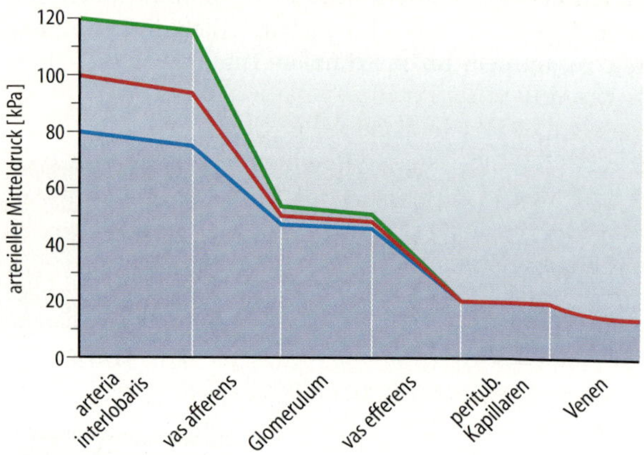

Abb. 35–4. Druckabfall in verschiedenen Gefäßabschnitten der Niere

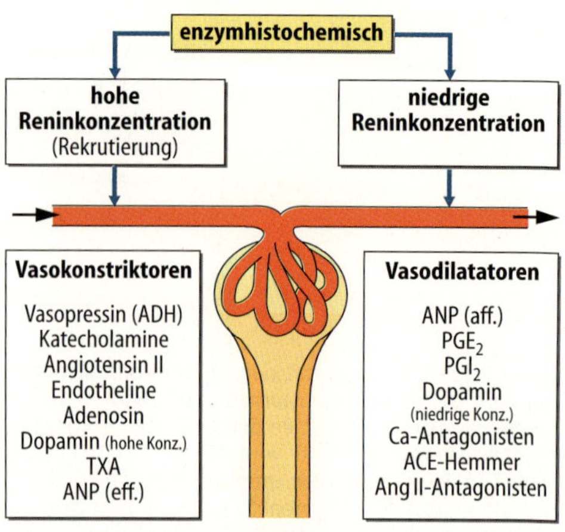

Abb. 35–5. Wirkung verschiedener humoraler und anderer Faktoren auf den Gefäßwiderstand des glomerulären Apparates. TXA = Thromboxan; ANP = Atriopeptin; PG = Prostaglandine; ACE = Angiotensin converting enzyme; Ang. II = Angiotensin II

geringen Widerstand aufweisen. Damit tritt in den Glomerulumkapillaren praktisch kein Druckabfall auf. Die Glomerulumkapillaren münden in das Vas efferens, das wiederum einen erheblichen Widerstand aufweist und einen entsprechenden Druckabfall bewirkt. Die weiteren Gefäßabschnitte, wie peritubuläre Kapillaren und Venen, bieten dem Blutfluß wiederum einen geringen Widerstand. Der relativ hohe Widerstand im Vas efferens hält den Druck in den Glomerulumkapillaren hoch und gewährleistet damit den für eine normale Filtrationsrate erforderlichen Filtrationsdruck (s. unten). Die aus den Vasa efferentia der juxtamedullären Nephrone entspringenden Vasa recta weisen trotz ihrer enormen Länge normalerweise keinen sehr hohen Widerstand auf, da eine Vielzahl von Vasa recta parallelgeschaltet sind. Allerdings ist der Blutfluß in den Vasa recta bei Beeinträchtigung der Fließeigenschaften des Blutes in hohem Maße gefährdet. So nimmt man an, daß im postischämischen Nierenversagen die Strömungsverlangsamung in den Vasa recta zum Erliegen der Durchblutung dieser Gefäßabschnitte führt, so daß die benachbarten Zellen nicht mehr hinreichend mit Blut versorgt werden.

Durchblutungsverteilung. Das die Niere durchströmende Blut verteilt sich sehr ungleich auf Nierenrinde und Nierenmark (s. Tabelle 35–1): Praktisch das gesamte Blut passiert die in der Nierenrinde liegenden Glomerula. Das von den Vasa recta durchblutete Nierenmark, das immerhin 1/3 des Nierengewichtes ausmacht, erhält weniger als 10 % der renalen Durchblutung. Die relativ schlechte Blutversorgung des Nierenmarks wird noch dadurch verschärft, daß die Anordung der Vasa recta in Form von Schleifen die Zulieferung von O_2 sowie den Abtransport von CO_2 und Stoffwechselprodukten erschwert (s. unten). Die Durchblutung von Nierenrinde und Nierenmark wird durch verschiedene Faktoren unterschiedlich beeinflußt. Zu den Substanzen, welche Vasodilatation vorwiegend im Nierenmark bewirken, gehören Prostaglandine, Azetylcholin und Bradykinin. Darüberhinaus kommt es bei mäßigem Blutdruckabfall sowie bei Steigerung des Ureterdruckes vorwiegend zu einer Vasodilatation im Nierenmark.

Der glomeruläre Filter ist permselektiv, d. h. er verhindert normalerweise die Filtration der meisten Plasmaproteine.

Eine für die Funktion der Niere wesentliche Eigenschaft des glomerulären Filters ist seine Selektivität gegenüber Inhaltstoffen des Plasmas (Soluten). Für die Passage durch den glomerulären Filter ist zum einen die Größe eines Moleküls maßgebend. Moleküle mit einem Durchmesser > 4 nm bzw. einem Molekulargewicht > 50 kDa können den Filter nicht passieren (Tabelle 35–2). Zum anderen spielt die Ladung der Moleküle eine wesentliche Rolle (Abb. 35–6): Negativ geladene Moleküle werden von negativen Fixladungen des glomerulären Filters abgestoßen und passieren erheblich schwerer als positiv geladene Moleküle. Da die meisten Plasmaproteine negativ geladen sind, wird ihre Filtration durch die Ladung zusätzlich erschwert. Bei Entzündungen des Glomerulum (Glomerulonephritis) werden die negativen Fixladungen am glomerulären Filter neutralisiert, die Permselektivität des Filters geht teilweise verloren

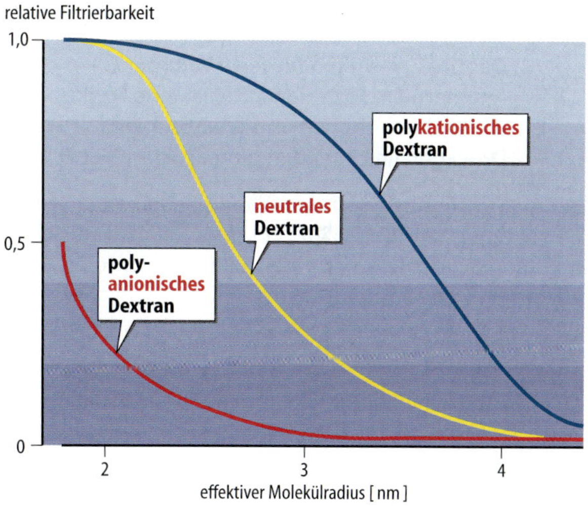

Abb. 35–6. Einfluß der elektrischen Ladung und des Molekulargewichts eines Moleküls auf die relative Filtrierbarkeit (C_{Inulin}) in Glomerula der Ratte (nach [17])

Tabelle 35-2. Beziehungen zwischen Molekulargewicht, Molekülgröße und glomerulärer Filtrierbarkeit

Substanz	Molekulargewicht (Da)	Molekülradius (nm)	Molekülmaße (nm)	Siebkoeffizient ($[X]_{Filtrat}/[X]_{Plasma}$)
Wasser	18	0,10		1,0
Harnstoff	60	0,16		1,0
Glukose	180	0,36		1,0
Rohrzucker	342	0,44		1,0
Inulin	5500	1,48		0,98
Myoglobin	17000	1,95	5,4 × 0,8	0,75
Eieralbumin	43500	2,85	8,8 × 2,2	0,22
Hämoglobin	68000	3,25	5,4 × 3,2	0,03
Serumalbumin	69000	3,55	15,0 × 3,6	< 0,01

und negativ geladene Plasmaproteine können leichter filtriert werden (s. Abb. 35–6). So kommt es auch bei mikroskopisch kaum erkennbaren Schädigungen des Glomerulum (sog. minimal change nephropathy) zur mitunter massiven Ausscheidung von Proteinen (Proteinurie).

Proteinbindung. Viele Substanzen werden an Proteine gebunden, wie etwa einige Hormone (v. a. Schilddrüsenhormone und Steroidhormone) sowie einige Fremdstoffe (Pharmaka und Gifte). Der proteingebundene Anteil wird nicht filtriert. Ca^{2+} wird zu etwa 40% an Proteine gebunden, und die filtrierte Menge an Ca^{2+} ist entsprechend geringer.

Gibbs-Donnan-Potential. Die Tatsache, daß die negativ geladenen Plasmaproteine zurückgehalten werden, führt darüberhinaus zu einer geringfügig ungleichen Verteilung von frei diffundierenden Ionen: Die Retention der negativ geladenen Proteine führt zu einem negativen Ladungsüberschuß auf der Blutseite, der ein Potential von etwa 1,5 mV über den glomerulären Filter erzeugt (sog. Gibbs-Donnan-Potential, s. Kap. 34.3). Dieses Potential hält Kationen zurück und begünstigt die Filtration von Anionen. Im Ergebnis ist die Konzentration im Filtrat an frei filtrierbaren einwertigen Kationen um etwa 5% niederer und an frei filtrierbaren einwertigen Anionen um etwa 5% höher, als im Plasmawasser.

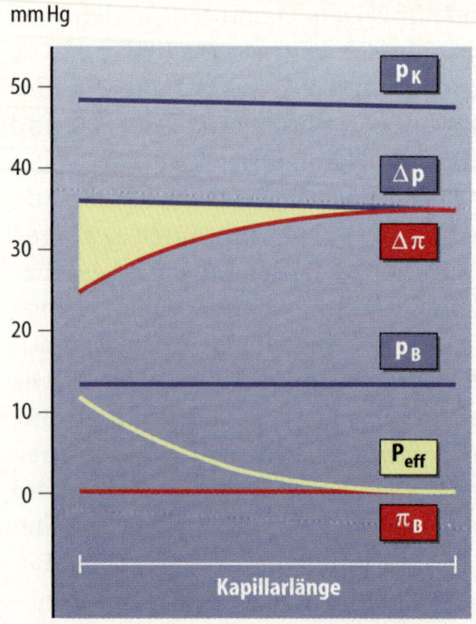

Abb. 35–7. Hydrostatischer (*p*) und onkotischer (*π*) Druck in Glomerulumkapillaren (*pK, Δπ*) und Bowman-Kapselraum (*pB, πB*) als Funktion der Länge der glomerulären Kapillarschlinge. *Δp* und *Δπ* sind die entsprechenden Druckgradienten über dem glomerulären Filter. Da *πB* praktisch null ist, ist *Δπ* identisch mit dem onkotischen Druck der Kapillare. Der Druckgradient *Δp-Δπ* (*gelbe Fläche*) ist die treibende Kraft für die glomeruläre Filtration. Sie kann gegen Ende der Kapillarschlinge gegen null gehen (Filtrationsgleichgewicht)

Das pro Zeiteinheit filtrierte Volumen (glomeruläre Filtrationsrate) ist eine Funktion des hydrostatischen und onkotischen Druckgefälles über den glomerulären Filter.

Die pro Zeiteinheit filtrierte Flüssigkeitsmenge (GFR) ist abhängig von der Fläche (F) und der hydraulischen Leitfähigkeit des glomerulären Filters (Lp), sowie vom effektiven Filtrationsdruck (Peff):

$$GFR = Lp \cdot F \cdot Peff.$$

Die hydraulische Leitfähigkeit und die Filtrationsfläche sind nicht getrennt bestimmbar und lassen sich zu einem Ultrafiltrationskoeffizienten (Kf) zusammenfassen:

$$Kf = Lp \cdot F$$

Der effektive Filtrationsdruck errechnet sich wiederum aus hydrostatischem (Δp) und kolloidosmotischem ($\Delta\pi$) Druckunterschied zwischen Glomerulumkapillare (p_K, π_K) und glomerulärem (p_G, π_G) Kapselraum:

$$Peff = \Delta p - \Delta\pi = (p_K - p_G) - (\pi_K - \pi_G)$$

p_K und p_G können beim Menschen nicht bestimmt werden. Aus Tierversuchen vermutet man Werte um 50 mmHg (p_K) und 15 mmHg (p_G). π_K liegt bei 25 mmHg, π_G ist vernachlässigbar.

Der kolloidosmotische Druck wird im wesentlichen durch die nicht filtrierbaren Proteine hervorgerufen. Durch den Filtrationsprozeß werden diese Proteine im Blut konzentriert, so daß die Proteinkonzentration und mit ihr π_K ansteigen (Abb. 35–7). Auf diese Weise wird der effektive Filtrationsdruck entlang der Glomerulumkapillare kleiner und sinkt normalerweise gegen Ende der Kapillarschlingen gegen null (Filtrationsgleichgewicht). Der durch die Filtration zunehmende kolloidosmotische Druck limitiert somit die glomeruläre Filtration. Die glomeruläre Filtrationsrate läßt sich zumindest theoretisch über Änderungen jedes der genannten Faktoren beeinflussen (Abb. 35–8):

Abnahme des Ultrafiltrationskoeffizienten (Kf). Eine Abnahme der hydraulischen Leitfähigkeit und/oder der Fläche des glomerulären Filters mindert die glomeruläre Filtrationsrate, wenn bei dem herabgesetzten Kf das Filtrationsgleichgewicht nicht mehr erreicht wird. Die Wirkung eines herabgesetzten Kf wird dadurch abgeschwächt, daß durch die Abnahme der glomerulären Filtrationsrate der kolloidosmotische Druck in den Kapillaren vermindert ansteigt und daher ein relativ hoher effektiver Filtrationsdruck bis zum Ende der Glomerulumkapillare wirksam bleibt. Umgekehrt führt eine Zunahme des Ultrafiltrationskoeffizienten nur dann zu einer Zunahme der glomerulären Filtrationsrate, wenn vorher das Filtrationsgleichgewicht noch nicht erreicht worden ist.

Zunahme des Widerstandes im Vas efferens. Eine Widerstandszunahme im Vas efferens steigert den hydrostatischen Druck in den Glomerulumkapillaren, eine Wirkung, welche eine Zunahme der Filtrationsrate begünstigt. Durch die Zunahme des Widerstandes im Vas efferens nimmt freilich gleichzeitig der renale Plasmafluß ab. Das bedeutet, daß pro filtriertem Volumen mehr Steigerung des kolloidosmotischen Druckes zu

Abb. 35–8. Die treibenden Kräfte der glomerulären Filtration unter verschiedenen Bedingungen. Hydrostatischer (Δp) und onkotischer ($\Delta\pi$) Druckgradient über die Glomerulum-Membran, sowie renaler Plasmafluß (*RPF*) und glomeruläre Filtrationsrate (*GFR*). Auswirkungen eines herabgesetzten Filtrationskoeffizienten (*Kf↓*), eines gesteigerten Widerstandes in Vas afferens (*Ra↑*) und Vas efferens (*Re↑*), sowie einer gesteigerten Proteinkonzentration (*Pr↑*). Verhältnisse bei entzündlicher Schädigung des Glomerulum (*GN*). Zum Vergleich jeweils die Normalwerte von Δp (*weiß*), $\Delta\pi$ (*schwarz, unterbrochen*) sowie von *RB* und *GFR* (*jeweils linke Säulen*)

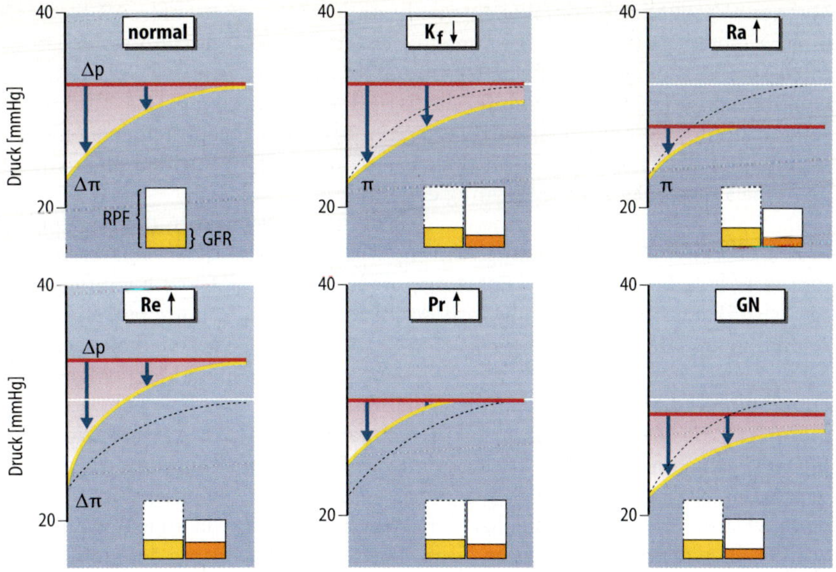

erwarten ist. Der Anstieg des kolloidosmotischen Druckes führt dann relativ schnell zu einer Limitierung der Filtration. Eine Kontraktion des Vas efferens kann also letztlich trotz Steigerung des hydrostatischen Druckes in den Glomerulumkapillaren eine Abnahme der glomerulären Filtrationsrate zur Folge haben.

Zunahme des Widerstandes im Vas afferens. Eine Widerstandszunahme im Vas afferens senkt den hydrostatischen Druck in den Glomerulumkapillaren und senkt den renalen Plasmafluß. Die Abnahme des renalen Plasmaflusses führt zu einem schnelleren Anstieg des kolloidosmotischen Druckes pro filtriertem Volumen. Somit führen beide Wirkungen zu einer Herabsetzung der glomerulären Filtrationsrate.

Zunahme der Plasmaproteinkonzentration. Sie steigert den kolloidosmotischen Druck und senkt daher die glomeruläre Filtrationsrate. Umgekehrt führt eine Abnahme der Plasmaproteinkonzentration zu einer Zunahme der glomerulären Filtrationsrate.

Glomerulonephritis. Bei entzündlicher Schädigung des Glomerulum (Glomerulonephritis) nimmt der Gefäßwiderstand durch Einengung des glomerulären Gefäßbettes zu und der Ultrafiltrationskoeffizient durch Herabsetzung von Filterfläche und -durchlässigkeit ab. Folge ist eine Abnahme des glomerulären Plasmaflusses und der GFR.

Renale Durchblutung und glomeruläre Filtration bleiben bei Änderungen des Blutdruckes weitgehend konstant.

Abbildung 35–9 zeigt, daß die Niere normalerweise in der Lage ist, innerhalb eines aortalen Blutdruckbereiches von etwa 80 mmHg bis 180 mmHg sowohl Durchblutung als auch glomeruläre Filtrationsrate annähernd konstant zu halten (Autoregulation). Die Niere erzielt die Konstanz ihrer Durchblutung durch Vasokonstriktion bei Blutdruckanstieg und durch Vasodilatation bei Blutdruckabfall. Bei plötzlichen Änderungen des Blutdruckes benötigt die Niere freilich einige Sekunden, um den Widerstand entsprechend anzupassen. Die Autoregulation der Nierendurchblutung könnte theoretisch sowohl durch das Vas afferens als auch durch das Vas efferens bewerkstelligt werden. Eine gleichzeitige Autoregulation von Nierendurchblutung und glomerulärer Filtrationsrate ist jedoch nur durch Widerstandsänderung am Vas afferens möglich, da das Vas efferens renale Durchblutung und glomeruläre Filtrationsrate unterschiedlich beeinflußt (s. oben). Wahrscheinlich sind für die Autoregulation mehrere Mechanismen verantwortlich, die möglicherweise an unterschiedlichen Segmenten des Vas afferens wirksam werden. Dabei gewährleistet das Zusammenspiel vor allem von drei Mechanismen die annähernd perfekte Autoregulation der Niere:

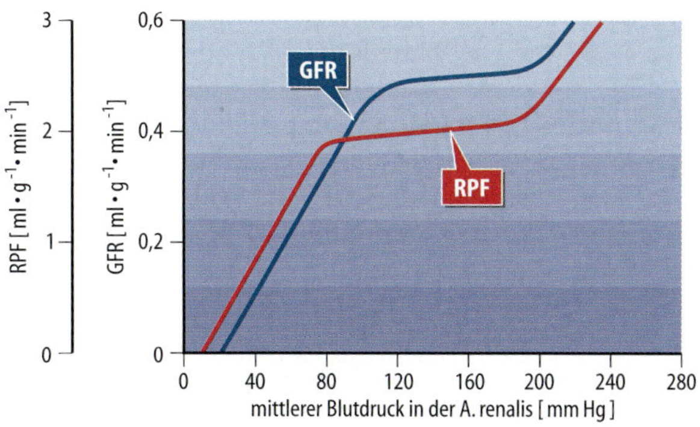

Abb. 35–9. Autoregulation des renalen Plasmaflusses (RPF) und der glomerulären Filtrationsrate (GFR) beim Hund. Modifiziert nach [54]

Myogene Vasokonstriktion. Wie eine Reihe anderer Gefäße reagieren Nierengefäße bei Zunahme des intramuralen Druckes (bei Blutdruckanstieg) mit einer myogenen Vasokonstriktion (sogenannter Bayliss-Effekt, nach seinem Entdecker benannt). Auf diese Weise wird der Widerstand dem jeweiligen Perfusionsdruck angepaßt und eine autoregulatorische Wirkung erzielt.

Prostaglandine. Eine Mangeldurchblutung v. a. des Nierenmarks löst die Bildung von Prostaglandinen aus, deren vasodilatatorische Wirkung insbesondere im Nierenmark wirksam wird.

Tubuloglomerulärer Feedback. Eine Zunahme der glomerulären Filtrationsrate führt zu einer Zunahme des filtrierten Kochsalzes. Hält die Resorption von Kochsalz in proximalem Tubulus und Henle-Schleife nicht Schritt, dann gelangt mehr Kochsalz bis zur Macula densa, Epithelzellen des distalen Tubulus, die in engem Kontakt mit dem Vas afferens des gleichen Nephrons stehen (s. Abb. 35-2). Über noch nicht vollständig aufgeklärte Mechanismen wird bei Zunahme der Kochsalzkonzentration an der Macula densa das zugehörige Vas afferens kontrahiert. Folge ist eine Drosselung der glomerulären Filtration. Die tubuloglomeruläre Rückkopplung (tubuloglomerular feedback) gewährleistet nicht nur eine Autoregulation der Nierendurchblutung, sondern vor allem eine Anpassung der Filtrationsrate an die tubuläre Transportkapazität. Ist bei Schädigung der Niere die Transportkapazität eingeschränkt, dann sinkt über das „tubuloglomerular feedback" auch die Filtrationsrate.

In Abhängigkeit von renaler Durchblutung und Kochsalzangebot an die Macula densa schüttet die Niere das Enzym Renin aus, das über Bildung von Angiotensin in die Regulation von Blutdruck und renaler Kochsalzausscheidung eingreift.

Renin-Angiotensin-Aldosteron. Ein gesteigertes Kochsalz-Angebot an die Macula densa löst nicht nur eine Konstriktion des Vas afferens aus, sondern hemmt auch die Ausschüttung von Renin aus spezialisierten Zellen im Vas afferens (sog. myoepitheliale Zellen) [19,39,43,44]. Die Ausschüttung von Renin wird ferner durch Abnahme der Gefäßdehnung im Vas afferens stimuliert, in der Regel also dann, wenn der Blutdruck abfällt oder die Gefäßabschnitte vor den Vasa afferentia konstringiert werden (etwa unter dem Einfluß des Sympathikus). Renin spaltet von dem aus der Leber stammenden Protein Angiotensinogen ein Dekapeptid (Angiotensin I) ab. Ein ubiquitär vorkommendes „angiotensin converting enzyme" (ACE) bildet daraus durch Abspaltung von zwei weiteren Aminosäuren Angiotensin II. Angiotensin II löst Vasokonstriktion aus und stimuliert die proximal-tubuläre Na^+-Resorption sowie die Ausschüttung von Aldosteron und ADH (s. Kap. 36.2). Schließlich fördert es über Auslösung von Durst die Wasseraufnahme. Aldosteron fördert die distal-tubuläre Kochsalzresorption und ADH die distal-tubuläre Wasserresorption. Der Renin-Angiotensin-Aldosteron-Mechanismus spielt eine hervorragende Rolle in der Regulation des Kochsalz/Wasser-Haushaltes (s. Kap. 36.2) und des Blutdruckes (s. Kap. 24.6). Die myoepithelialen Zellen und die Macula densa bilden gemeinsam den sogenannten ***juxtaglomerulären Apparat.***

Hormonelle Steuerung von Nierendurchblutung und glomerulärer Filtrationsrate. Eine Vielzahl von ***Mediatoren*** beeinflußt die renale Durchblutung und glomeruläre Filtration (Tabelle 35-3). Durch die Wirkung dieser Mediatoren wird die Autoregulation auf einen anderen Wert eingestellt [40,52,60].

Proteininduzierte Hyperfiltration. Besondere Beachtung fand in den letzten Jahren die Beeinflussung der glomerulären Filtrationsrate durch ***eiweißreiche Diät,*** da angenommen wird, daß diese Diät über eine Steigerung der glomerulären Filtrationsrate (Hyperfiltration) zu einer Schädigung der Glomerula führt.

!

Normalerweise passieren etwa 20 % des Herzminutenvolumens die beiden Nieren, wobei die Nierenrinde hervorragend, das Nierenmark sehr schlecht durchblutet werden. Der Blutdruck fällt v. a. an den Vasa afferentia und efferentia ab. Der glomeruläre Filter ist permselektiv, d. h. er verhindert normalerweise die Filtration der negativ geladenen größeren Plasmaproteine. Bei Entzündungen des Glomerulum (Glomerulonephritis) geht die Permselektivität des Filters verloren. Renale Durchblutung und glomeruläre Filtration sind autoreguliert. Bei Abnahme des Perfusionsdruckes oder Zunahme der Kochsalzkonzentration an der Macula densa schüttet die Niere das Enzym Renin aus. Renin spaltet aus Angiotensinogen Angiotensin I ab, das durch ein „converting enzyme" zu Angiotensin II aktiviert wird. Angiotensin II löst Durst aus, kontrahiert die Gefäße, stimuliert die Ausschüttung von ADH und Aldosteron und greift somit in die Regulation von Blutdruck und renaler Kochsalzausscheidung ein.

35.2 Tubuläre Transportprozesse

Normalerweise werden annähernd 99 % des filtrierten Wassers und über 90 % der im Filtrat gelösten Substanzen durch die Nierentubuli wieder resorbiert. Darüberhinaus werden einige Substanzen sezerniert.

Tabelle 35–3. Die wichtigsten Wirkungen von Hormonen auf die Nierenfunktion. PT = proximaler Tubulus, dHL = dicker aufsteigender Teil der Henle-Schleife, DT = distaler Tubulus, SR = Sammelrohr, RBF = renaler Blutfluß, GFR = glomeruläre Filtrationsrate. [1] bzw. Mineralokortikoide, [2] und andere Glukokortikoide

Hormon	Wirkung
Aldosteron[1] (nmol/l)	Aktivierung von Na^+-Kanälen, K^+-Kanälen, Na^+/K^+-ATPase, Energiegewinnung in DT und SR.
Kortisol[2] (µmol/l)	Steigerung GFR, Aktivierung von Na^+/H^+-Antiporter und Na^+, HPO_4^--Symport in PT, und der Na^+/K^+-ATPase in dHL, DT, SR.
Progesteron	Antimineralokortikoide Wirkung
Schilddrüsenhormone	Steigerung von RBF und GFR, Aktivierung von Na^+/K^+-ATPase, K^+-Kanälen und Na^+, HPO_4^{2-}-Symport im PT.
ADH	Aktivierung von Wasserkanälen und Na^+-Kanälen in DT und SR sowie von Cl^--Kanälen und Na^+, K^+, $2Cl^-$-Symport im dHL.
Atriopeptin	Steigerung von RBF und GFR, Hemmung des Na^+, HPO_4^{2-}–Symport im PT und der Na^+-Resorption im SR.
Ouabain	Hemmung der Na^+/K^+-ATPase in allen Nephronsegmenten
PTH	Hemmung des Na^+, HPO_4^{2-}-Symport und der HCO_3^- Resorption, Stimulation des Na^+/Ca^{2+}-Antiport im PT, Stimulation der Ca^{2+}-Resorption im DT.
Kalzitonin	Hemmung des Na^+, HPO_4^{2-}-Symport im PT.
Somatotropin	Stimulation Na^+-gekoppelter Transportprozesse im PT.
Insulin	Stimulation des Na^+, HPO_4^{2-}-Symport im PT, Stimulation von Na^+-Resorption und K^+-Sekretion im DT.
Glukagon	Steigerung von RBF und GFR, Hemmung von Na^+ und Ca^{2+}-Resorption im PT
Angiotensin (pmol/l)	Senkung von RBF und GFR, Stimulation des Na^+/H^+-Antiports im PT.
Prostaglandin E_2	Steigerung von RBF und GFR, Hemmung der Na^+-Resorption in dHL und SR
Thromboxan	Senkung von RBF und GFR
Leukotriene	Senkung von RBF und GFR
Adenosin (akut)	Senkung von RBF und GFR
Bradykinin	Steigerung von RBF und GFR, Hemmung der Na^+-Resorption in dHL und SR
Adrenalin (α)	Hemmung der Reninausschüttung, Stimulation der Na^+-Resorption im PT, Hemmung der Na^+-Resorption im SR
Adrenalin (β)	Stimulation der Reninausschüttung, Steigerung der NaCl-Resorption in dHL, DT und SR
Azetylcholin	Steigerung des RBF
Dopamin	Steigerung von RBF und GFR, Hemmung des Na^+, HPO_4^{2-}-Symport im PT.
Histamin	Steigerung von RBF und GFR, Hemmung der Na^+-Resorption im PT.
NO	Steigerung von RBF und GFR
Endothelin	Senkung von RBF und GFR

Durch tubuläre Resorption und Sekretion wird ein Urin erzeugt, dessen Zusammensetzung weit von der des Plasmawassers abweicht. Die zwei Aufgaben, Resorption großer Mengen und Feineinstellung der Urinzusammensetzung werden durch verschiedene Tubulussegmente in unterschiedlichem Ausmaß wahrgenommen. Im folgenden sollen die Transporteigenschaften von proximalem Tubulus, Henle-Schleife, distalem Tubulus und Sammelrohr beschrieben werden. Keines der genannten Segmente ist in sich homogen und es gibt Unterschiede zwischen oberflächlichen und tiefen (juxtamedullären) Nephronen. Etwa 80 % der filtrierten gelösten Substanzen sind Na^+ und Cl^-. Die Resorption von NaCl spielt daher in allen Segmenten die dominierende Rolle. Tabelle 35–4 stellt die Merkmale renaler Behandlung der wichtigsten Substanzen zusammen, Abbildung 35–10 illustriert den Anteil verschiedener Nephronsegmente an der Resorption von Kochsalz und Wasser [38].

Im proximalen Tubulus werden etwa 2/3 des filtrierten Wassers und Kochsalzes, 95 % des filtrierten Bikarbonats, und annähernd 100 % der filtrierten Glukose und Aminosäuren resorbiert. Darüberhinaus sezerniert der proximale Tubulus einige Säuren und Basen.

Ganz allgemein läßt sich sagen, daß der proximale Tubulus sehr große Transportkapazitäten aufweist, jedoch keine hohen Gradienten aufbauen kann. Die wichtigsten Transportsysteme des proximalen Tubulus sind in Abbildung 35–11 zusammengestellt. Die luminale Zellmembran der proximalen Tubuluszellen weist eine Reihe Na^+-gekoppelter Transportprozesse auf (u. a. für Glukose/Galaktose, Aminosäuren, organische Säuren, Vitamin C, Phosphat, Sulphat). Treibende Kraft dieser Transportprozesse ist der steile elektrochemische Gradient für Na^+ aus dem Extrazellulärraum in die Zelle. Er wird durch die Na^+/K^+-ATPase an der ba-

Tabelle 35–4. Transport von Wasser und Soluten in verschiedenen Tubulusabschnitten. Transport in % von der filtrierten Menge in den einzelnen Tubulusabschnitten (PT = Proximaler Tubulus exclusive pars recta, HL = Henle-Schleife inklusive Pars recta und aufsteigendem dicken Teil, DT+SR = Distaler Tubulus und Sammelrohr). Die Zahlen sind nur Anhaltswerte. Die mit einem * versehenen Urinwerte unterliegen starken Schwankungen

Substanz	Resorption bzw. Sekretion in Aussch. PT	HL	DT+SR	Urin	beteiligte Transportmechanismen
Wasser	60	20	19	1*	osmotischem Gradienten folgend (Diffusion)
Kreatinin	0	0	0	100	kein nennenswerter Transport
Natrium	60	30	10	0,5*	aktiv, Diffusion, solvent drag
Chlorid	55	35	9	1*	Diffusion, solvent drag, aktiv
Kalium	60	25	–5	20*	aktiv, Diffusion, solvent drag
Bikarbonat	90	0	10	0,1*	aktiv
Kalzium	60	30	9	1	aktiv, Diffusion
Phosphat	70	10	0	20	aktiv
Magnesium	30	60	0	10	aktiv, Diffusion
Glukose	99	1	0	0	aktiv
Glyzin, Histidin	90	5	0	5	aktiv
weitere Aminosäuren	99	0	0	1	aktiv
Harnstoff	50	–60	60	50	Diffusion, solvent drag, aktiv (?)
Harnsäure	60	30	0	10	aktiv, Diffusion
Oxalat	–20	–10	0	130	aktiv, Diffusion

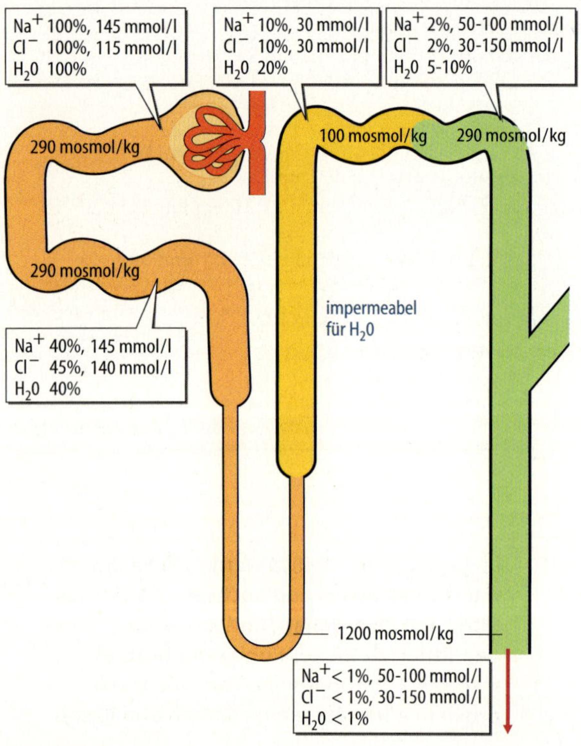

Abb. 35–10. Tubulärer Transport von Na^+, Cl^- und Wasser in Antidiurese. Die Prozentangaben beziehen sich auf die in den betreffenden Nephronabschnitten noch vorhandenen Mengen in Relation zum filtrierten ‚load' (100 %). Zusätzlich sind lokale tubuläre Konzentrationen und Osmolalitäten angegeben

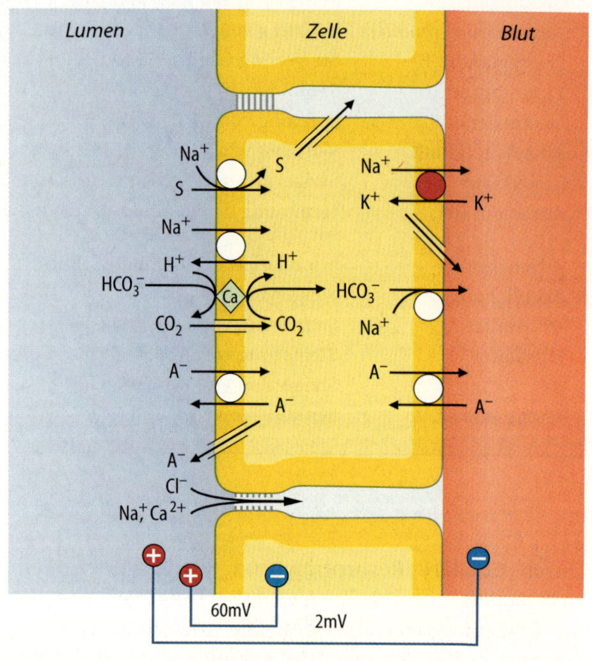

Abb. 35–11. Transportprozesse im proximalen Tubulus. *CA* = Carboanhydrase (es existiert sowohl ein intrazelluläres als auch ein extrazelluläres Enzym), *S* = Substrat (es existieren eine ganze Reihe von Symportern mit Na^+, z. B. mit Glukose, Galaktose, verschiedenen Aminosäuren, Laktat, Phosphat, Sulphat), A^- = Anionen (Cl^-, $HCO3^-$ und organische Säureanionen). Transportprozesse für organische Kationen sind nicht eingezeichnet

solateralen Zellmembran aufrecht erhalten, die Na^+ im Austausch gegen K^+ aus der Zelle pumpt (s. Kap. 34.1) [33]. Das auf diese Weise in der Zelle akkumulierte K^+ verläßt z. T. die Zelle über K^+-Kanäle und erzeugt damit das intrazellulär-negative Zellmembranpotential (s. Kap. 2.1) [78].

Bikarbonatresorption. Der quantitativ bedeutsamste Na^+-gekoppelte Transportprozeß ist der ***Na^+/H^+-Antiporter***, der H^+-Ionen im Austausch gegen Na^+ aus der Zelle transportiert [15,21,77]. Die H^+-Ionen reagieren im Tubuluslumen mit filtriertem HCO_3^- zu CO_2. Diese Reaktion läuft normalerweise sehr langsam ab, wird jedoch durch die in der luminalen Zellmembran sitzende ***Karboanhydrase*** (Typ IV) beschleunigt. Das gebildete CO_2 diffundiert (z.T. durch Wasserkanäle) in die Zelle und wird dort, unter Vermittlung von Karboanhydrase, wieder in H^+ und HCO_3^- umgewandelt. HCO_3^- verläßt die Zelle über einen ***$Na^+(HCO_3^-)_3$-Symport*** [18]. Treibende Kraft für diesen Transport ist das Zellmembranpotential, das sowohl HCO_3^- als auch Na^+ gegen einen chemischen Gradienten aus der Zelle treibt. Durch die genannten Mechanismen wird der größte Teil an filtriertem HCO_3^- resorbiert.

Na^+-gekoppelter Transport von organischen Substraten und Anionen. Weitere Transportprozesse koppeln den Transport von Na^+ über die luminale Zellmembran an die Resorption jeweils verschiedener Substrate, wie Glukose, Aminosäuren, Laktat, Phosphat, Sulphat, etc. (s. Tabelle 35–4). Die auf diese Weise zellulär akkumulierten Substrate verlassen die Zellen über verschiedene passive Transportprozesse in der basolateralen Zellmembran. Die Na^+-gekoppelten Transportprozesse entziehen dem Lumen das positiv geladene Na^+ und erzeugen somit zu Beginn des proximalen Tubulus ein Lumen-negatives Potential. In der zweiten Hälfte des proximalen Tubulus sind die meisten Substrate bereits resorbiert und das Potential wird Lumen-positiv (s. unten).

NH_4^+-Produktion und Sekretion. Der proximale Tubulus produziert NH_4^+ durch Desaminierung von Glutamin, das über einen Na^+-gekoppelten Transport aus dem Blut in die Zelle aufgenommen wird. NH_3 verläßt die Zelle vorwiegend durch die luminale Zellmembran und bindet im sauren Tubuluslumen H^+. Das bei der Desaminierung von Glutamin gebildete 2-Oxoglutarat wird z. T. zu Glukose aufgebaut (s. Kap. 35.9)

Sekretion und Resorption organischer Säuren. Na^+-gekoppelte Transportprozesse in der basolateralen Zellmembran ermöglichen die zelluläre Aufnahme von Substraten aus dem Blut. Durch einen Na^+-Dikarboxylattransporter werden Dikarboxylsäuren aufgenommen, die teilweise zur Energiegewinnung eingesetzt werden, teilweise jedoch auch für den Austausch gegen andere organische Säuren zur Verfügung stehen. Gleichermaßen steht 2-Oxoglutarat (s. oben) für den Austausch bereit. Der Gradient von Dikarboxylat und 2-Oxoglutarat über die Zellmembran liefert dabei die Triebkraft für die zelluläre Aufnahme anderer organischer Säuren (tertiär aktiver Transport). Die in der Zelle akkumulierten Säuren verlassen die Zelle über Anionenaustauscher oder Uniporter in der luminalen Zellmembran. Auf diese Weise wird u. a. Paraaminohippursäure (PAH) sezerniert, die zur Messung der Nierendurchblutung eingesetzt wird (s. Kap. 35.12). Harnsäure kann über die Anionentransporter sowohl sezerniert als auch resorbiert werden. In der Regel überwiegt die Resorption bei weitem. Über einen Anionenaustauscher werden u. a. Formiat und Oxalat im Austausch gegen Cl^- sezerniert.

Durch Bindung von H^+ reagiert Formiat im Lumen zu Ameisensäure und diffundiert als solche wieder in die Zelle zurück. Dort dissoziiert die Ameisensäure erneut zu Formiat und steht für den Austausch gegen Cl^- bereit. Auf diese Weise können erhebliche Mengen Cl^- resorbiert werden.

Transport organischer Basen. Organische Kationen können gleichfalls durch Uniporter und Antiporter resorbiert und/oder sezerniert werden.

Homeostatischer basolateraler H^+- und Ca^{2+}-Transport. An der basolateralen Zellmembran wirken ein ***Na^+/Ca^{2+}-Antiporter*** und ein ***Na^+/H^+-Antiporter,*** die in erster Linie die intrazelluläre Ca^{2+}- und H^+-Konzentration konstant halten.

Resorption durch den parazellulären Shuntweg. Die Resorption v. a. von Na^+, HCO_3^-, Glukose und Aminosäuren entzieht der Tubulusflüssigkeit osmotisch aktive Substanzen. Wasser folgt durch Wasserkanäle in der Zellmembran und durch die Tight junctions an den Zellen vorbei. Im Strom resorbierten Wassers werden gelöste Teilchen (u. a. Na^+, Cl^-) mitgerissen (***solvent drag***). Die luminale Konzentration von Substanzen, die nicht oder relativ gering resorbiert werden, steigt an (Abb. 35–12). Unter anderem nimmt die luminale Konzentration von Cl^- zu. Das Lumen-negative Potential zu Beginn des proximalen Tubulus treibt zwar das negativ geladene Cl^- durch den parazellulären Shunt, die Resorption hinkt aber dennoch hinter der Resorption anderer Substanzen und Wasser hinterher. Der Anstieg der luminalen Cl^--Konzentration fördert die Diffusion von Cl^- aus dem Tubuluslumen. Die Cl^--Diffusion hinterläßt in der zweiten Hälfte des proximalen Tubulus ein Lumen-positives Potential. Dieses Potential treibt Kationen, wie Na^+, K^+ und Ca^{2+} durch die Tight junctions aus dem Lumen. Insgesamt ist mehr als die Hälfte der proximal tubulären Resorption von Na^+ passiv, getrieben durch solvent drag und elektrisches Potential [27].

Bedeutung passiver Na^+-Resorption. Durch parazellulären Transport und Na^+, $3HCO_3^-$-Symport (s. oben) wird ein großer Teil des Na^+ passiv bzw. tertiär aktiv resorbiert. Während die Na^+/K^+-ATPase ein ATP für den Transport von 3 Na^+-Ionen verbraucht, kann der proximale Tubulus fast 10 Na^+-Ionen pro ATP resorbieren. Da die Niere in erster Linie für die Na^+-Resorption Energie verbraucht, ist die Ökonomie der Na^+-Resorptionsmechanismen bedeutsam.

Die Henle-Schleife dient in erster Linie der Harnkonzentrierung.

Die wichtigste Aufgabe der Henle-Schleife ist die Erzeugung eines hyperosmolaren Nierenmarks, eine Voraussetzung für die Konzentrierungsfähigkeit der Niere (s.

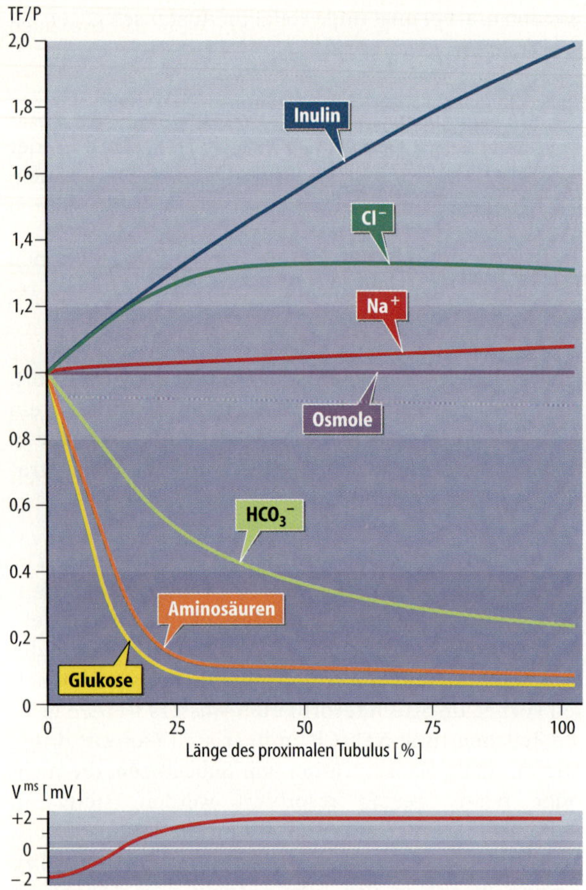

Abb. 35–12. Axiales Profil der Solutkonzentrationen und der transepithelialen Spannung im proximalen Tubulus. Die Solutkonzentrationen der tubulären Flüssigkeit (*TF*) sind als Fraktion der jeweiligen Plasmakonzentrationen (*P*) angegeben. Glukose und Aminosäuren werden schon frühproximal fast vollständig resorbiert. Die Inulinkonzentration als Indikator der Wasserresorption steigt stetig auf einen Wert von etwa 2,5 an. Die Cl^--Resorption bleibt hinter der Wasserresorption zurück und die Cl^--Konzentration steigt über die des Plasmas an (nach [61])

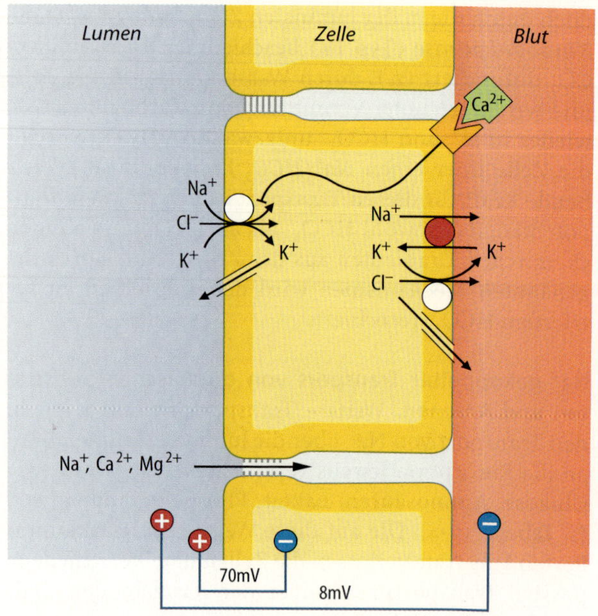

Abb. 35–13. Transportprozesse im dicken aufsteigenden Teil der Henle-Schleife. Der luminale Na^+, K^+, $2Cl^-$-Symport wird durch einen Ca^{2+}-Rezeptor gehemmt (*rot*)

Kap. 35.4). Die Henle-Schleife besteht aus drei völlig unterschiedlichen Nephronsegmenten: Der absteigende dicke Teil der Henle-Schleife gehört zum proximalen Tubulus und verfügt über die in Abbildung 35–11 gezeigten Transportsysteme. Der dünne Teil der Henle-Schleife weist praktisch keinen aktiven Transport auf, sondern erlaubt lediglich passiven Elektrolyttransport über Cl^--Kanäle in der luminalen und basolateralen Zellmembran sowie Kationen-durchlässige Tight junctions.

Dicker aufsteigender Teil der Henle-Schleife. Der wichtigste Nephronabschnitt der Henle-Schleife ist der Wasser-impermeable dicke, aufsteigende Teil. Die wichtigsten Transportsysteme dieses Nephronabschnittes sind in Abbildung 35–13 dargestellt: Na^+ wird in diesem Segment durch den Na^+, K^+, $2Cl^-$-Symport in die Zelle transportiert. Der steile elektrochemische Gradient für Na^+ wird dabei genutzt, um K^+ und Cl^- in die Zelle zu transportieren. Das so in die Zelle aufgenommene K^+ rezirkuliert zum größten Teil wieder zurück in das Lumen, das aufgenommene Cl^- verläßt die Zelle vorwiegend über Cl^--Kanäle in der basolateralen Zellmembran [62]. Na^+ wird im Austausch gegen K^+ durch die Na^+/K^+-ATPase der basolateralen Zellmembran aus der Zelle gepumpt. Das dabei aufgenommene K^+ verläßt die Zelle z. T. über einen KCl-Symport. Das in das Lumen zurückkehrende K^+ und das die Zelle basolateral verlassende Cl^- erzeugen ein Lumen-positives transepitheliales Potential, das Kationen (Na^+, Ca^{2+}, Mg^{2+}) durch die Tight junctions aus dem Lumen treibt. Neben den genannten Transportprozessen kann Na^+ in der Henle-Schleife noch durch einen Na^+/H^+-Austauscher resorbiert werden. Normalerweise spielt dieser Transport jedoch eine untergeordnete Rolle für die Na^+-Resorption in diesem Segment.

NH_4^+-Transport in der Henle-Schleife. Der Na^+, K^+, $2Cl^-$-Symport kann statt K^+ auch NH_4^+ resorbieren. Die Resorption von NH_4^+ in der dicken Henle-Schleife führt zur Akkumulierung von NH_4^+ im Nierenmark. Da das Sammelrohr für NH_3/NH_4^+ durchlässig ist, gewährleisten die hohen NH_4^+-Konzentrationen eine effiziente Ausscheidung von NH_4^+ in den Urin.

In distalem Tubulus und Sammelrohr geschieht die Feineinstellung der Urinzusammensetzung.

Das distale Nephron (distaler Tubulus und Sammelrohr) ist für die endgültige Zusammensetzung des

Harns verantwortlich. Es kann gegen hohe Gradienten transportieren, verfügt jedoch nur über eine geringe Transportkapazität. Eine herabgesetzte Transportleistung des proximalen Tubulus und der Henle-Schleife kann nur zu einem geringen Teil durch gesteigerte Resorption im distalen Nephron ausgeglichen werden. Das distale Nephron (distaler Tubulus, Verbindungsstück und Sammelrohr) besteht aus mehreren sehr heterogenen Segmenten und jedes einzelne Segment ist aus unterschiedlichen Zellen zusammengesetzt. Abbildung 35–14 und 35–15 stellen die wichtigsten Transportsysteme des distalen Nephrons zusammen.

Distale Tubuluszelle. Die meisten Zellen des frühen distalen Tubulus resorbieren Na^+ vorwiegend durch einen NaCl-Symport [36]. Cl^- verläßt die Zelle über einen KCl-Symport in der basolateralen und möglicherweise in der luminalen Zellmembran. Na^+ wird aus der Zelle durch die Na^+/K^+-ATPase transportiert, das dabei akkumulierte K^+ verläßt die Zelle z.T. durch K^+-Kanäle. Die Zellen können Ca^{2+} resorbieren, und zwar in erster Linie durch luminale Ca^{2+}-Kanäle und basolaterale Na^+/Ca^{2+}-Austauscher.

Hauptzellen. Im späten distalen Tubulus und Sammelrohr findet man vorwiegend Hauptzellen, die durch Na^+-Kanäle und K^+-Kanäle in der luminalen Zellmembran charakterisiert sind (s. Abb. 35–15) [28,29,45,58,66,72]. Na^+, das in die Zelle gelangt, wird durch die Na^+/K^+-ATPase in der basolateralen Zellmembran wieder aus der Zelle gepumpt. Die Zelle resorbiert somit Na^+ im Austausch gegen K^+, d.h. eine gesteigerte Na^+-Resorption im distalen Nephron zieht in der Regel eine gesteigerte K^+-Sekretion und K^+-Ausscheidung nach sich.

Schaltzellen. Zwischen den Hauptzellen sind im distalen Nephron sog. Schaltzellen eingestreut, die entweder H^+ (Typ A) oder HCO_3^- (Typ B) sezernieren: In den Schaltzellen des Typ A wird die H^+- Sekretion durch eine H^+-ATPase oder (bei K^+-Mangel) durch eine H^+/K^+-ATPase bewerkstelligt (s. Abb. 35–15). Das in der Zelle gebildete HCO_3^- verläßt die Zelle über einen Cl^-/HCO_3^-- Austauscher in der basolateralen Zellmembran. Das so akkumulierte Cl^- verläßt die Zelle über basolaterale Cl^--Kanäle. Die HCO_3^--Sekretion in den Schaltzellen Typ B wird vorwiegend durch einen luminalen Cl^-/HCO_3^--Austauscher, basolaterale Cl^--Kanäle und eine basolaterale H^+-ATPase bewerkstelligt. Durch luminale Cl^-/HCO_3^--Austauscher und Cl^--Kanäle an beiden Membranen resorbieren Schaltzellen Cl^-. Cl^- kann das Lumen möglicherweise auch parazellulär verlassen. Die Cl^--Resorption über Kanäle und den parazellulären Weg wird durch das von den Na^+-Kanälen der Hauptzellen erzeugte Lumen-negative Potential begünstigt.

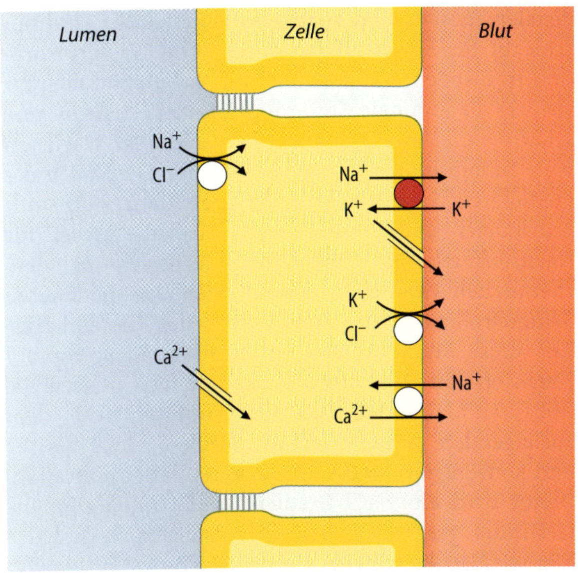

Abb. 35–14. Transportprozesse in der distalen Tubuluszelle

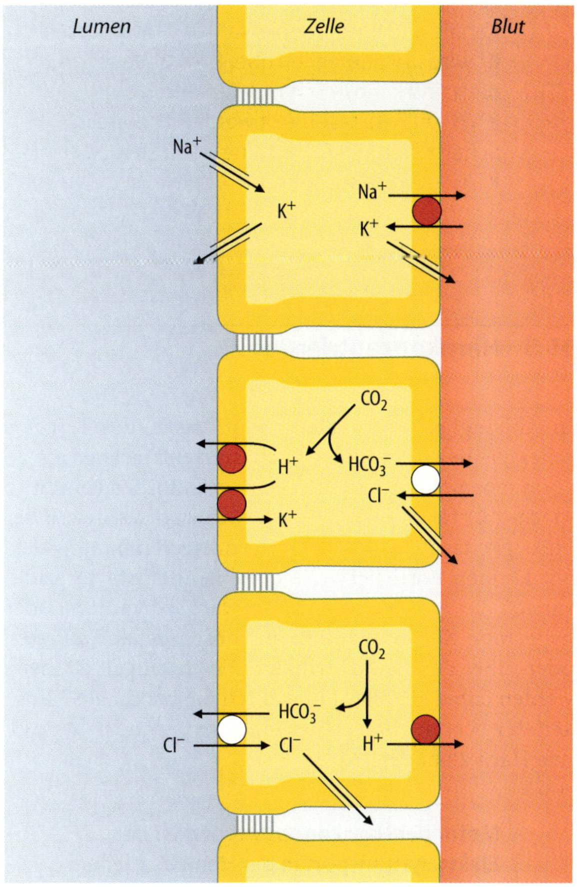

Abb. 35–15. Transportprozesse in Zellen des Sammelrohres. *Oben:* Hauptzelle, *Mitte:* Schaltzelle Typ A, *Unten:* Schaltzelle Typ B

!

In den Nierentubuli werden normalerweise ca. 99 % des filtrierten Wassers und über 90 % der im Filtrat gelösten Substanzen wieder resorbiert, und H^+, organische Säuren und Basen sezerniert. Der proximale Tubulus weist sehr große Transportkapazitäten auf, kann jedoch keine hohen Gradienten aufbauen. Die Henle-Schleife dient der Harnkonzentrierung, distaler Tubulus, Verbindungsstück und Sammelrohr ermöglichen die Feineinstellung der Urinzusammensetzung. In allen Nephronsegmenten wird die zelluläre Na^+-Konzentration durch eine Na^+/K^+-ATPase in der basolateralen Zellmembran niedrig gehalten. Wichtigste weitere Transportprozesse im proximalen Tubulus sind Na^+-gekoppelte Symporter, Na^+/H^+-Antiporter und $Na^+(HCO_3^-)_3$-Symport. Im dicken aufsteigenden Teil der Henle-Schleife nimmt der Na^+, K^+, $2Cl^-$-Symport NaCl und KCl in die Zelle auf, K^+ verläßt die Zelle vorwiegend luminal, Cl^- basolateral. Das dadurch entstehende transepitheliale Potential treibt Na^+, K^+, Mg^{2+} und Ca^{2+} aus dem Lumen. Im distalen Nephron (distaler Tubulus und Sammelrohr) wird Na^+ v. a. über frühdistalen NaCl-Symport und Na^+-Kanäle (in Hauptzellen) resorbiert, Ca^{2+} über frühdistale Ca^{2+}-Kanäle und basolaterale Na^+/Ca^{2+}-Antiporter. K^+ wird in Hauptzellen über K^+-Kanäle sezerniert und kann in Schaltzellen durch eine K^+/H^+-ATPase resorbiert werden. H^+ wird in Schaltzellen Typ A über eine H^+-ATPase oder K^+/H^+-ATPase sezerniert.

35.3 Harnkonzentrierung

In Abhängigkeit von den Bedürfnissen des Körpers scheidet die Niere einen hoch konzentrierten (bis zu 1.200 mosmol/l) oder einen stark verdünnten (bis zu 50 mosmol/l) Harn aus. Auf diese Weise sind wir von der Flüssigkeitszufuhr in weiten Grenzen unabhängig, d. h. wir können normalerweise ohne nennenswerte Änderungen der extrazellulären Osmolarität hypotone oder hypertone Nahrung zuführen, vorübergehend dursten oder „über den Durst" trinken. Die jeweiligen Grenzen werden dabei in erster Linie durch die maximale Fähigkeit der Nieren vorgegeben, einen hyper- oder hypotonen Harn zu bilden [6].

Motor der Harnkonzentrierung ist der Elektrolyttransport in der Henle-Schleife.

Die Konzentrierung bzw. Verdünnung des Harns ist eine Leistung der ***Henle-Schleife*** [31]: Der aufsteigende Teil der Henle-Schleife resorbiert NaCl, ohne daß Wasser folgen kann (s. Abb. 35–13). Der Transport in der aufsteigenden Henle-Schleife mindert somit die Osmolarität im Tubuluslumen und steigert die Osmolarität im Interstitium [22]. Durch die gesteigerte interstitielle Osmolarität wird dem absteigenden Schenkel der Henle-Schleife mehr Wasser als osmotisch aktive Solute entzogen und die luminale Osmolarität steigt bis zur Schleifenspitze an. Durch die Anordnung des Tubulus in Form einer Schleife wird bis zur Schleifenspitze das 4fache der Blutosmolarität erzielt, ohne daß große Gradienten über einzelne Tubulusepithelien aufgebaut werden müssen (***Gegenstromsystem*** bzw. ***Gegenstrommultiplikation;*** Abb. 35–16). Auf ihrem Weg zurück in Richtung Nierenrinde gibt die Henle-Schleife wieder Solute ohne Wasser ab und die Osmolarität sinkt wieder. Am Ende der Henle-Schleife ist die Tubulusflüssigkeit sogar hypoton. Im Verlauf der Henle-Schleife wurden der Tubulusflüssigkeit also insgesamt mehr Solute als Wasser entzogen. Die auf diese Weise aufgebaute hohe Osmolarität des Nierenmarks schafft den osmotischen Gradienten für die Wasserresorption im Sammelrohr. Somit kann letztlich ein Urin erzeugt werden, der die hohe Osmolarität des Nierenmarks erreicht. Im dicken Teil der Henle-Schleife ist die NaCl-Resorption aktiv und auf Energiezufuhr angewiesen. Im dünnen Teil der Henle-Schleife ist die NaCl-Resorption passiv. Das in das Interstitium gelangte NaCl entzieht der relativ NaCl-impermeablen, absteigenden dünnen Henle-Schleife Wasser und konzentriert damit gleichfalls deren luminale Flüssigkeit.

Harnstoff trägt vor allem im Bereich der dünnen Henle-Schleife zur Harnkonzentrierung bei.

Bei der Harnkonzentrierung spielt neben NaCl auch Harnstoff eine wesentliche Rolle: Dicke Henle-Schleife, distaler Tubulus und kortikales Sammelrohr sind nur schlecht für Harnstoff permeabel. Die Wasserresorption in distalem Tubulus und kortikalem Sammelrohr steigert die luminale Konzentration von Harnstoff und schafft damit einen hohen Gradienten für Harnstoff vom Tubuluslumen in das Interstitium. Die Zellen des medullären Sammelrohres verfügen über Harnstofftransporter und sind daher (bei Antidiurese) für Harnstoff sehr gut durchlässig. Harnstoff folgt dem chemischen Gradienten vom Lumen des medullären Sammelrohres in das Interstitium des Nierenmarks. Auf diese Weise können mehrere hundert mmol/l Harnstoff im Nierenmark akkumuliert werden (s. Abb. 35–16). Interstitieller Harnstoff entzieht dem absteigenden dünnen Teil der Henle-Schleife Wasser und konzentriert so die luminale NaCl-Konzentration. Damit wird ein NaCl-Gradient vom Lumen zum Interstitium geschaffen, der im aufsteigenden Teil der dünnen Henle-Schleife die NaCl-Resorption treibt. Auf diese Weise trägt Harnstoff zur Konzentrierung bei.

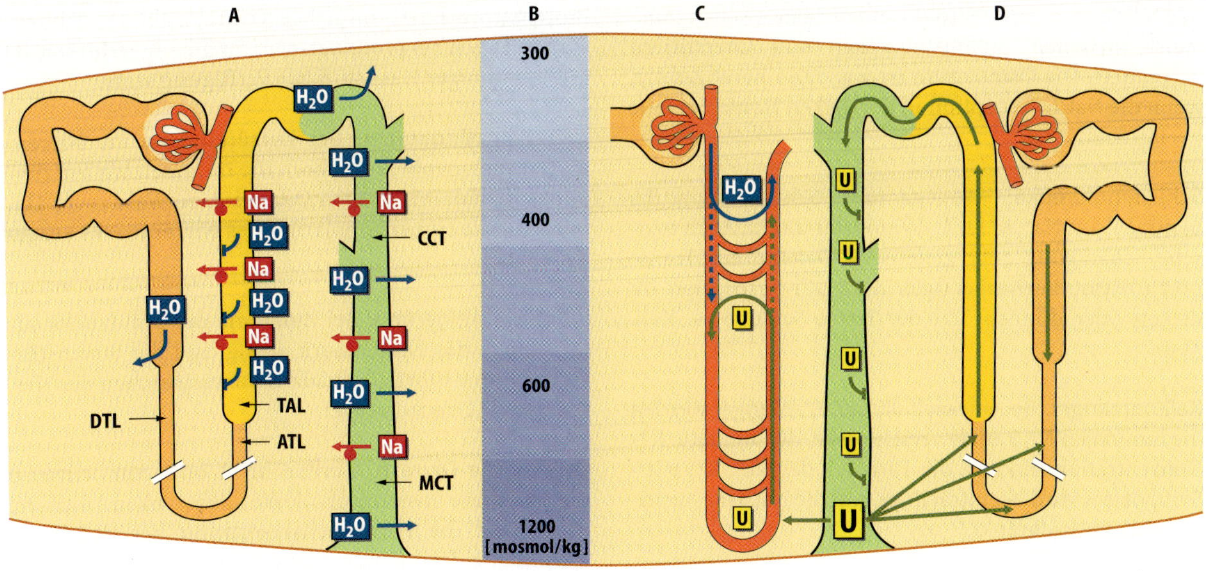

Abb. 35–16. Schematische Darstellung der Konzentrierung und Verdünnung des Urins durch das Gegenstromsystem. Getrennte Darstellung der tubulären und vaskulären Vorgänge und der resultierende kortikomedulläre osmotische Gradient im Interstitium. Erklärungen s. Text

Die Wasserresorption geschieht über Wasserkanäle, die unter dem Einfluß von antidiuretischem Hormon in die luminale Zellmembran eingebaut werden.

Das antidiuretische Hormon (ADH) stimuliert (über cAMP) den Einbau von Wasserkanälen (Aquaporin 2) in die luminale Zellmembran von distalem Tubulus und Sammelrohr und steigert damit deren Wasserpermeabilität [37,63]. Unter dem Einfluß von ADH kann Wasser, somit dem osmotischen Gradienten folgend, resorbiert werden (Antidiurese). Das Hormon stimuliert ferner den Na^+ Transport in der Henle-Schleife und fördert den Einbau von Harnstofftransportern im medullären Sammelrohr (s. oben). In Abwesenheit des Hormons werden distaler Tubulus und Sammelrohr jedoch impermeabel für Wasser und trotz hoher Osmolarität im Nierenmark wird ein hypoosmolarer Harn ausgeschieden (Wasserdiurese). Es wird also mehr Wasser ausgeschieden, als eine plasmaisotone Ausscheidung der Solute im Urin erfordern würde (sog. ***freies Wasser,*** s. Kap. 35.12).

Die Durchblutung des Nierenmarks geschieht über Gefäße, die in Schleifen angeordnet sind. Dadurch wird ein Auswaschen des Nierenmarks verhindert aber auch gleichzeitig die Versorgung der Nierenmarkzellen beeinträchtigt.

Die Hyperosmolarität des Nierenmarks würde sehr schnell ausgewaschen werden, wenn das Nierenmark normal durchblutet wäre [57]. Die Anordnung der Vasa recta in Form langer Schleifen verhindert jedoch den schnellen Abtransport von Kochsalz und Harnstoff. Die absteigenden Vasa recta nehmen, entsprechend den chemischen Gradienten, NaCl und Harnstoff von Interstitium und aufsteigenden Vasa recta auf und erreichen damit bis zur Schleifenspitze eine ähnlich hohe Osmolarität wie das Interstitium. Im Verlauf der aufsteigenden Vasa recta verlassen NaCl und Harnstoff wieder das Blut, so daß am Ende der Vasa recta eine nur geringfügig gesteigerte Osmolarität vorliegt, das Blut also nur wenig der medullären Osmolarität mitnimmt.

Versorgungsmangel im Nierenmark. Die Anordnung der Vasa recta in Schleifen bedeutet freilich, daß auch die Zulieferung von Substraten wie Glukose und O_2, sowie der Abtransport von Stoffwechselprodukten wie CO_2 und Laktat erschwert ist. Beispielsweise geben die oxygenierten Erythrozyten der absteigenden Vasa recta ihr O_2 an die desoxygenierten Erythrozyten der aufsteigenden Vasa recta ab und verarmen damit an O_2, bereits bevor sie das Nierenmarkgewebe erreichen. Das Gegenstromsystem führt demnach zum Mangel an allem, was im Nierenmark verbraucht wird und zur Anhäufung an allem, was im Nierenmark produziert wird. Aus diesem Grund sind stoffwechselenergieverbrauchende Transportprozesse im tiefer gelegenen dünnen Teil der Henle-Schleife nicht mehr möglich und die Konzentrierung muß durch passive Cl^-- und Harnstoffdiffusion getrieben werden (s. oben).

Eine Vielzahl von Störungen kann die Harnkonzentrierung einschränken.

Die Harnkonzentrierung ist eingeschränkt, wenn die Hyperosmolarität des Nierenmarks nicht aufgebaut werden kann oder wenn eine herabgesetzte Wasserpermeabilität des Sammelrohrs einen osmotischen Ausgleich zwischen Tubulusflüssigkeit und Interstitium verhindert. Die Osmolarität ist v. a. dann herabgesetzt, wenn die NaCl-Resorption in der dicken Henle-Schleife beeinträchtigt ist:

Schleifendiuretika. Sogenannte Schleifendiuretika hemmen den Na^+, K^+, $2Cl^-$-Symporter direkt. Auch toxische Schädigung oder genetische Defekte der Transportprozesse beeinträchtigen die NaCl-Resorption im dicken oder dünnen Teil der Henle-Schleife (s. Kap. 35.8).

Kaliummangel. Bei intrazellulärem K^+-Mangel werden die luminalen K^+-Kanäle verschlossen, die luminale K^+-Konzentration sinkt ab, die Tätigkeit des Na^+, K^+, $2Cl^-$-Symporters wird beeinträchtigt und die NaCl-Resorption wird eingeschränkt.

Hyperkalzämie. Bei hohen extrazellulären Konzentrationen bewirkt Ca^{2+} eine Permeabilitätsabnahme der Tight junctions und behindert damit die parazelluläre Resorption von Na^+, Ca^{2+} und Mg^{2+}. Darüberhinaus aktivieren gesteigerte extrazelluläre Ca^{2+}-Konzentrationen einen Ca^{2+}-Rezeptor in der Zellmembran, der einen hemmenden Einfluß auf die Resorption in der dicken Henle-Schleife ausübt (Abb. 35–17).

Proteinarme Ernährung. Die Osmolarität im Nierenmark ist auch bei proteinarmer Ernährung reduziert, da hierbei weniger Harnstoff zur Verfügung steht.

Nierenentzündungen. Bei Entzündungen im Nierenmark (Pyelonephritis) führen die freigesetzten Entzündungsmediatoren zu einer Dilatation der Vasa recta. Damit wird die Hyperosmolarität des Nierenmarks ausgewaschen.

Blutdrucksteigerung. Bei Zunahme des Blutdrucks autoreguliert das Nierenmark wenig und die Stromstärkenzunahme führt gleichfalls zum Auswaschen des Nierenmarks (Druckdiurese).

Osmotische Diurese. Werden nicht oder nur teilweise resorbierbare osmotisch-aktive Substanzen filtriert, dann wird die Flüssigkeitsresorption beeinträchtigt. Darunter leidet auch die Flüssigkeitsresorption aus der absteigenden Henle-Schleife und damit der Gegenstrommechanismus. Bei forcierter osmotischer Diurese werden letztlich große Mengen isotonen Harns ausgeschieden (Abb. 35–18).

Diabetes insipidus. Die Wasserpermeabilität ist bei ADH-Mangel (zentraler Diabetes insipidus) oder bei Unempfindlichkeit der Nierenepithelien gegen ADH (renaler Diabetes insipidus) herabgesetzt:

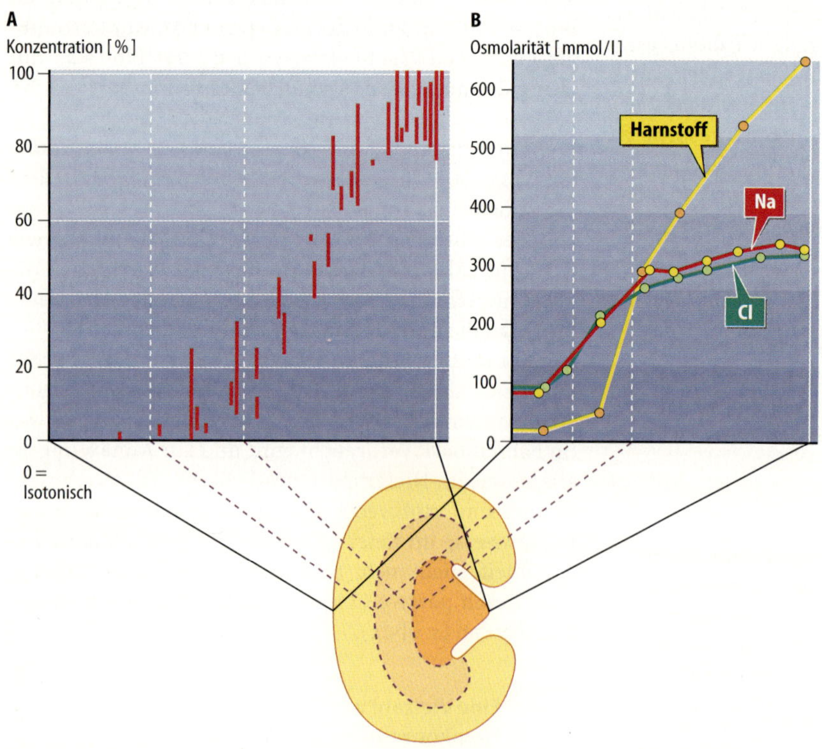

Abb. 35–17. **A** Konzentration von Harnstoff, Natrium und Chlorid in Gewebeschnitten der Nierenrinde und der äußeren und inneren Zone des Nierenmarks von einem hydropenischen Hund; **B** Osmolarität von Gewebsschnitten aus der Nierenrinde und aus der äußeren und inneren Zone des Nierenmarks (Ratte). Die kortikalen Schnitte sind isotonisch mit dem Blutplasma (≈ 290 mosmol/kg); der Schnitt von der Nierenpapille ist maximal hypertonisch (= 100 % ≈ 1200 mosmol/kg) (modifiziert nach [76])

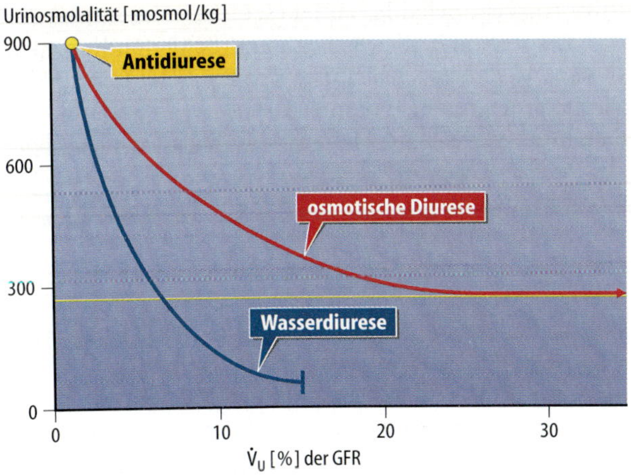

Abb. 35–18. Verhältnis von Urin-Osmolalität und Urinausscheidungsrate (in % der glomerulären Filtrationsrate) bei zunehmender osmotischer Diurese oder Wasserdiurese

- Ein zentraler Diabetes insipidus entsteht bei herabgesetzter Ausschüttung des Hormons aus der Hypophyse (s. Kap. 20.2).
- Ein renaler Diabetes insipidus entsteht bei Unfähigkeit der distalen Epithelzellen, auf Stimulation durch ADH funktionnierende Wasserkanäle in die luminale Membran einzubauen.

In beiden Fällen entsteht ein Diabetes insipidus, bei dem bis zu 20 Liter hypotonen Harns pro Tag ausgeschieden werden.

! Die Niere kann einen hoch konzentrierten (bis zu 1.200 mosmol/l) oder einen stark verdünnten (bis zu 50 mosmol/l) Harn ausscheiden. Motor ist die NaCl-Resorption in der dicken Henle-Schleife, der H_2O nicht folgen kann. NaCl entzieht dem absteigenden Teil der Henle-Schleife Wasser und steigert die Osmolalität bis zur Schleifenspitze. Durch Anordnung in Form einer Schleife entsteht ein Gegenstromsystem bzw. die Gegenstrommultiplikation, die zum Aufbau hoher Osmolaritäten im Nierenmark führen, obgleich die Epithelzellen nur mäßige Gradienten aufbauen können. Zur Osmolalität des Nierenmarks trägt auch Harnstoff bei, der aus dem medullären Sammelrohr zurück in das Nierenmarkinterstitium diffundiert. Die hohe Osmolalität des Nierenmarks schafft den osmotischen Gradienten für die Wasserresorption über Wasserkanäle, die unter dem Einfluß von antidiuretischem Hormon in die luminale Membran von distalem Tubulus und Sammelrohr eingebaut werden. Die Anordnung der Vasa recta in Form von Schleifen verhindert ein „Auswaschen" der hohen Osmolalität, führt jedoch auch zu einem Versorgungsmangel im Nierenmark. Die Harnkonzentrierung wird durch Hemmung des Na^+, K^+, $2Cl^-$-Cotransporters in der dicken Henle-Schleife (Schleifendiuretika, Kaliummangel, Hyperkalzämie, osmotische Diurese), durch Harnstoffmangel (proteinarme Ernährung), durch gesteigerte Perfusion der Vasa recta (Nierenentzündungen, Blutdruckanstieg) sowie bei ADH-Mangel oder fehlender Wirksamkeit von ADH beeinträchtigt.

35.4 Renale Ausscheidung von Elektrolyten und Mineralien

Na^+. Wie aus den Kapiteln 35.2 und 35.3 hervorgeht, wird Na^+ in allen Nephronsegmenten resorbiert. Etwa 60 % der filtrierten Na^+-Menge werden entlang des proximalen Tubulus (exclusive pars recta) und weitere 30 % in der Henle-Schleife resorbiert. Die Resorption setzt sich in distalem Tubulus und Sammelrohr fort, so daß letztlich normalerweise nur etwa 1 % des filtrierten Na^+ ausgeschieden wird. Die an der Na^+-Resorption beteiligten Transportprozesse wurden bereits in Kapitel 35.2 vorgestellt. Die Na^+-Resorption wird durch eine Vielzahl von Hormonen reguliert (s. Tabelle 35–3). Besonders wirksam ist Aldosteron, das die renale Na^+-Ausscheidung vor allem über Aktivierung der distal-tubulären Na^+-Kanale drosselt. Aldosteron wirkt über intrazelluläre Mineralokortikoidrezeptoren, deren Aktivierung einen gesteigerten Einbau von Na^+-Kanälen und Na^+/K^+-ATPase in die luminale bzw. basolaterale Zellmembran bewirkt. Wird über Wochen Aldosteron zugeführt, dann erzwingt die Volumenexpansion eine Natriurese trotz Aldosteron (sog. „mineralocorticoid-escape"). Ursache ist v. a. die Aktivierung natriuretischer Faktoren.

Cl^-. Wegen der bevorzugten HCO_3^--Resorption steigt im proximalen Tubulus die luminale Cl^--Konzentration an und liefert somit die treibende Kraft für die passive Cl^--Resorption. Darüberhinaus kann Cl^- im proximalen Tubulus durch Cl^--Formiataustausch resorbiert werden. Cl^- wird in der dicken Henle-Schleife durch Na^+, K^+, $2Cl^-$-Symport, im frühdistalen Tubulus durch NaCl-Symport resorbiert. Die Resorption im späten distalen Tubulus und Sammelrohr ist wiederum passiv. Die renale Cl^--Ausscheidung ist eine Funktion der Ausscheidung von Kationen (v. a. Na^+, K^+, H^+, NH_4^+) auf der einen und von Anionen (v. a. Phosphat, HCO_3^-) auf der anderen Seite. Eine eigenständige Regulation der Cl^--Ausscheidung ist nicht bekannt.

K^+. Kalium wird im proximalen Tubulus im wesentlichen passiv resorbiert. In der Henle-Schleife wird K^+ zwar durch den Na^+, K^+, $2Cl^-$-Symporter resorbiert, rezirkuliert jedoch zum größten Teil wieder zurück in das Tubuluslumen. Die Entscheidung über die K^+-Ausscheidung fällt im distalen Tubulus. Dort kann K^+ über luminale K^+-Kanäle in den Hauptzellen sezerniert oder über eine H^+/K^+-ATPase in den Schaltzellen resorbiert werden. Die K^+-Sekretion ist in erster Linie eine Funktion der Na^+-Resorption im distalen Tubulus und Sammelrohr. Gesteigertes Na^+-Angebot im distalen Tubulus und Stimulation der Na^+-Kanäle durch Aldosteron fördern die renale K^+-Ausscheidung; gesteigerte H^+-Sekretion wirkt hingegen antikaliuretisch.

Ca^{2+}. Kalzium wird in proximalem Tubulus und Henle-Schleife weitgehend passiv resorbiert, wobei Ca^{2+} das Tubuluslumen an den Zellen vorbei parazellulär verlassen kann. In der Henle-Schleife wird die passive Ca^{2+}-Resorption durch das Lumen-positive Potential gefördert. Hemmung der NaCl-Resorption in diesem Tubulussegment kann demnach zu renalen Ca^{2+}-Verlusten führen [26]. Für die Ca^{2+}-Ausscheidung entscheidend ist freilich die Resorption im frühdistalen Tubulus. Hier wird Ca^{2+} über spezifische Ca^{2+}-Kanäle (ECaC) in der luminalen Zellmembran in die Zellen aufgenommen und v.a. ein basolateraler Na^+/Ca^{2+}-Austauscher zur Blutseite transportiert. In der Zelle wird Ca^{2+} durch Calbindin gebunden, ein Protein, das den intrazellulären Ca^{2+}-Transport von der luminalen zur basolateralen Zellmembran beschleunigt. Die frühdistale Ca^{2+}-Resorption wird v.a. durch Parathormon und Kalzitriol gesteigert. Die frühdistale Ca^{2+}-Resorption wird bei gesteigerter Aktivität des NaCl-Cotransporters gehemmt: Eine verstärkte Resorption von Na^+ über den NaCl-Cotransport steigert die intrazelluläre Na^+-Konzentration. Die Abnahme des Na^+-Gradienten beeinträchtigt den Ca^{2+}-Transport durch den Na^+/Ca^{2+}-Austauscher und die Zunahme der intrazellulären Ca^{2+}-Konzentration hemmt dann den Ca^{2+}-Kanal. Hemmung des NaCl-Cotransporters (Thiazide, s. Kap. 35.8) steigert umgekehrt die Ca^{2+}-Resorption in diesen Zellen. Eine Zunahme der Ca^{2+}-Plasmakonzentration steigert über mindestens drei Mechanismen die renale Ca^{2+}-Ausscheidung:

1. hemmt sie die Parathormonausschüttung,
2. setzt sie die Durchlässigkeit der Schlußleisten herab und mindert damit den parazellulären Transport von Ca^{2+} (und anderen Elektrolyten) und
3. stimuliert sie den Ca^{2+}-Rezeptor in der dicken Henle-Schleife und hemmt damit den Transport auch von Ca^{2+} in diesem Segment.

Mg^{2+}. Im proximalen Tubulus wird Mg^{2+} nur mäßig resorbiert und die luminale Mg^{2+}-Konzentration steigt daher gegen Ende des proximalen Tubulus an. In der dicken Henle-Schleife wird Mg^{2+} wie Ca^{2+} vorwiegend parazellulär resorbiert, getrieben durch das Lumen-positive transepithelial Potential (s. oben). Hemmung der Na^+-Resorption in diesem Segment (Schleifendiuretika, s. Kap. 35.9, Hyperkalzämie, s. oben, Hemmung der NaCl-Resorption bei Volumenüberschuß) kann über renale Mg^{2+}-Verluste zu Mg^{2+}-Mangel führen. Im Gegensatz zu Ca^{2+} kann Mg^{2+} im distalen Tubulus nicht mehr resorbiert werden.

Phosphat. Normalerweise werden etwa 70 % des filtrierten Phosphats im proximalen Tubulus resorbiert [50]. Dabei wird Phosphat durch einen Na^+-Symporter (NaPi) in die Zelle aufgenommen. Vermutlich über einen Uniporter verläßt Phosphat die Zelle zur Blutseite. Über Inaktivierung des NaPi senkt Parathormon die renale Phosphatresorption und steigert auf diese Weise die Phosphatausscheidung.

SO_4^{2-}. Sulphat wird durch einen sättigbaren $3Na^+$, SO_4^--Symport im proximalen Tubulus resorbiert. Es verläßt die proximale Tubuluszellen wieder über einen Anionenaustauscher.

!

Normalerweise werden nur etwa 1 % des filtrierten Na^+ ausgeschieden. Die Na^+-Resorption wird v. a. durch Aldosteron stimuliert und durch verschiedene natriuretische Faktoren gehemmt. Für die K^+-Ausscheidung ist die distal-tubuläre Sekretion entscheidend, die v. a. durch gesteigerte Na^+-Resorption in diesem Segment gesteigert wird. Für die Kalziumausscheidung ist die Ca^{2+}-Resorption in der dicken Henle-Schleife und dem frühdistalen Tubulus entscheidend, die durch Hyperkalzämie gehemmt und durch Parathormon gesteigert wird. Für die Mg^{2+}-Ausscheidung ist die Resorption im dicken aufsteigenden Teil der Henle-Schleife entscheidend. Phosphat wird fast ausschließlich im proximalen Tubulus resorbiert. Die Phosphatresorption wird durch Phosphatmangel gesteigert und durch Parathormon und Kalzitonin gehemmt.

35.5 Renale Säure- und Basenausscheidung

Bei normaler Diät fallen H^+-Ionen im Stoffwechsel an, die durch die Niere ausgeschieden werden müssen (s. Kap. 27.4). Darüberhinaus muß die filtrierte Menge an HCO_3^- wieder resorbiert werden [15]. Etwa 90 % des filtrierten HCO_3^- werden normalerweise durch den proximalen Tubulus resorbiert (s. Kap. 35.3). In der Henle-Schleife werden nur wenig HCO_3^- resorbiert oder H^+ sezerniert. Die Resorption der restlichen 10 % filtrierten HCO_3^- und die Sekretion der im Urin ausgeschiedenen H^+-Ionen sind Aufgabe der Schaltzellen in distalem Tubulus und Sammelrohr (s. Kap. 35.3). Normalerweise resorbiert die Niere das filtrierte Bikarbonat vollständig und scheidet zusätzlich H^+-Ionen aus, so daß der Urin-pH Werte von pH 4,5 erreichen kann. Bei Alkalose bzw. Überschuß an HCO_3^- (s. Kap. 27.4) ist die Niere jedoch auch in der Lage, die proximal-tubuläre HCO_3^--Resorption so einzuschränken, daß letztlich HCO_3^- bzw. ein alkalischer Urin ausgeschieden wird (Bikarbonaturie).

Ohne Puffer im Harn wäre die Niere nicht in der Lage, die im Stoffwechsel anfallenden H^+-Ionen auszuscheiden.

Täglich fallen normalerweise 100 mmol H^+ an, die durch die Niere ausgeschieden werden müssen. Jedoch selbst bei einem Urin-pH von 4,5 ist die freie H^+-Konzentration nur etwa 30 µmol/l. Daher kann die Niere H^+ nur mit Hilfe von Puffern ausscheiden. Zwei Puffersysteme sind von besonderer Bedeutung: Das NH_3/NH_4^+-System, das normalerweise etwa 60 % zur täglichen H^+-Ausscheidung beiträgt, sowie das $HPO_4^{2-}/H_2PO_4^-$-System, das etwa 30 % beisteuert. Ein kleiner Teil von H^+ wird an Harnsäure gebunden ausgeschieden.

Phosphatpuffer im Harn. ***Phosphat*** ist eine trivalente Säure, die in Abhängigkeit vom herrschenden pH völlig, teilweise oder gar nicht dissoziiert ist:

$$PO_4^{3-} + H^+ \rightarrow HPO_4^{2-} + H^+ \rightarrow H_2PO_4^- + H^+ \rightarrow H_3PO_4$$

Die pKs der jeweiligen Reaktionen liegen bei 2,0, 6,8 und 12,3. Beim pH des Blutes (pH 7,4) liegt Phosphat zu 80 % als HPO_4^{2-} und zu 20 % als $H_2PO_4^-$ vor. Weit unter 1 % sind PO_4^{3-} oder H_3PO_4. Bei einem Harn-pH von 5,8 sind etwa 90 % $H_2PO_4^-$ und etwa 10 % HPO_4^{2-}. Demnach haben bei diesem Harn-pH etwa 70 % des ausgeschiedenen Phosphats zusätzlich H^+ gebunden. Bei Bildung eines noch saureren Harns können maximal weitere 10 % Phosphat zusätzlich H^+ binden. Eine Azidiffizierung des Harns unter pH 5,8 hat daher nur eine bescheidene Auswirkung auf die H^+-Ausscheidung in Form von Phosphat. Bei einem Harn-pH von 6,8 binden freilich nur 30 % des ausgeschiedenen Phosphats H^+ und bei einem Urin-pH von 7,4 wird kein H^+ als Phosphat mehr ausgeschieden. Für die Ausscheidung von H^+ als Phosphat ist daher neben der Menge an ausgeschiedenem Phosphat auch der Harn-pH maßgebend.

Titrierbare Säure. Die Menge an H^+, die mit Hilfe von Phosphat ausgeschieden wurde, läßt sich ermitteln, indem zum Harn solange NaOH pipettiert wird, bis der Blut-pH von 7,4 wieder erreicht ist. Die über Phosphat ausgeschiedene H^+-Menge läßt sich auf diese Weise titrieren; man spricht somit von einer ***titrierbaren Säure*** des Harns.

Bei Überlegungen zur Bedeutung von Phosphat für die Eliminierung von H^+ muß berücksichtigt werden, woher das Phosphat kommt. Häufig wird das Phosphat aus dem Knochen mobilisiert, wo es in extrem alkalischen Salzen als HPO_4^{2-} und PO_4^{3-} abgelagert ist. Bereits bei der Mobilisierung des Phosphats aus dem Knochen wird daher H^+ verbraucht.

NH_3/NH_4^+-Puffer im Harn. ***NH_3*** ist eine schwache Base mit einem pK von 9; beim Blut-pH von 7,4 ist das Verhältnis NH_4^+/NH_3 etwa 40: Im allgemeinen sind die Zellmembranen gut für NH_3 permeabel, während NH_4^+ die Zellmembran nur mit Hilfe von Transportsystemen passieren kann. So kann NH_4^+ durch einige K^+-Kanäle passieren, anstelle von K^+ durch den $Na^+, K^+, 2Cl^-$-Symport und anstelle von H^+ durch den Na^+/H^+-Austauscher transportiert werden. NH_4^+ wird über K^+-Kanäle aus dem Blut in die proximalen Tubuluszellen aufgenommen sowie in den Zellen aus Glutamin unter dem Einfluß einer mitochondrialen Glutaminase gebildet. Das dabei gebildete 2-Oxoglutarat wird dann zur Glukoneogenese verwendet (s. Kap. 35.8). NH_4^+ wird dann über den Na^+/H^+-Austauscher in das Lumen transportiert oder diffundiert als NH_3 in das Tubuluslumen. Darüberhinaus kann NH_4^+ auch im Lumen aus Glutamin abgespalten werden. Das saure Tubuluslumen begünstigt die Bildung von NH_4^+, das im proximalen Tubulus das Lumen nicht mehr verlassen kann. Im dicken Teil der Henle-Schleife wird es z. T. über den $Na^+, K^+, 2Cl^-$-Symport resorbiert (s. Kap. 35.3) und damit im Nierenmark akkumuliert. Dort erreicht es Konzentrationen von bis zu 10 mmol/l. NH_3 diffundiert in das Lumen des Sammelrohrs, bildet dort mit H^+ NH_4^+ und kann als solches das Tubuluslumen nicht wieder verlassen. Auf diese Weise wird es effizient ausgeschieden. Mit jedem ausgeschiedenen NH_4^+ wird ein H^+ eliminiert.

Regulation der NH_3-Bildung. Die proximal-tubuläre Bildung von NH_3 hängt in hohem Maße vom Säure-Basen-Haushalt ab: Azidose stimuliert und Alkalose hemmt die renale Glutaminase. Eine anhaltende renale Bildung von NH_3 bei Alkalose wäre schädlich, da bei Alkalose weniger H^+ sezerniert werden, das Tubuluslumen relativ alkalisch ist und damit NH_3 im Tubuluslumen in geringerem Maße zu NH_4^+ reagiert und zurückgehalten wird. Das im proximalen Tubulus gebildete NH_3 würde also zum Teil, statt ausgeschieden zu werden, in das Blut abgegeben. NH_3 bzw. NH_4^+ ist jedoch bereits in sehr geringen Konzentrationen toxisch (v. a. für das Nervensystem).

Nicht-titrierbare Säure. Bei Titrieren des Harns mit NaOH bis zum pH 7.4 bleibt H^+ an NH_4^+ gebunden (pK = 9). NH_4^+ wird demnach als ***nicht-titrierbare Säure*** des Harns bezeichnet.

Die Regulation des Säure-Basen-Haushaltes erfordert das Zusammenspiel von Lunge, Niere und Leber.

Zusammenspiel zwischen Lunge und Niere. Die Lunge und die Niere sind gleichermaßen bedeutsam für die Regulation des Säure-Basen-Haushaltes. Die Lunge beeinflußt den pH, indem sie CO_2 abatmet (s. Kap. 27.3), die Niere erfüllt ihre Funktion über die Ausscheidung von H^+ oder HCO_3^- (Abb. 35–19). Wenn die renale H^+-Ausscheidung mit der metabolischen Produktion von H^+ nicht Schritt hält, dann muß die Lunge vermehrt CO_2 abatmen, um eine Zunahme der H^+ Konzentration zu verhindern:

$$H^+ + HCO_3^- \rightarrow CO_2 + H_2O$$

Die täglich abgeatmete Menge von CO_2 ist normalerweise im Bereich von 20 mol, ein Vielfaches der von der Niere ausgeschiedenen H^+-Menge (100 mmol, s. oben). Trotzdem kann die Lunge eine anhaltend herabgesetzte renale H^+-Ausscheidung nicht kompensieren: Die Entfernung von H^+ durch Abatmung von CO_2 verbraucht HCO_3^- und mindert daher die HCO_3^--Konzentration im Blut. Andererseits ist der Blut-pH eine Funktion des Verhältnisses von $[HCO_3^-]/[CO_2]$. Bei abnehmender HCO_3^--Konzentration muß daher auch die CO_2-Konzentration im Blut gesenkt werden, um den pH konstant zu halten. Nun ist die Menge an CO_2, die abgeatmet wird ($\dot{M}_{CO_2}$), eine Funktion der CO_2-Konzentration in den Alveolen und diese ist identisch zu $[CO_2]$ im Blut:

$$M_{CO2} = \dot{V}a \cdot [CO_2]$$

wobei $\dot{V}a$ die Ventilation der Alveolen ist (s. Kap. 25.4). Um also die Menge metabolisch produzierten CO_2 abatmen zu können, muß die Lunge $\dot{V}a$ in dem Maße steigern, wie $[CO_2]$ abgesunken ist. Wird also eine vorübergehend herabgesetzte renale Säureausscheidung durch gesteigerte Abatmung von CO_2 kompensiert und auf diese Weise die HCO_3^--Konzentration im Blut halbiert, dann ist die Lunge zur Aufrechterhaltung des Blut-pHs gezwungen, auch $[CO_2]$ zu halbieren und entsprechend $\dot{V}a$ zu verdoppeln, und das solange, bis die Niere ihr Versäumnis nachgeholt und die HCO_3^--Konzentration im Blut wieder normalisiert hat. Wenn die Niere anhaltend zu wenig H^+ ausscheidet (z. B. bei Nierenversagen), dann kann die Lunge das Auftreten einer Azidose zwar verzögern, aber nicht verhindern.

Zusammenarbeit von Niere und Leber. Die renale Ausscheidung von H^+ geschieht normalerweise zu etwa 2/3 in Form von NH_4^+. Um NH_3 produzieren zu können, ist die Niere auf die Zufuhr von Glutamin angewiesen. Die Glutaminkonzentration im Blut hängt wiederum vom Glutaminstoffwechsel in der Leber ab (s. Abb. 35–19): Normalerweise verbraucht die Leber Glutamin für die Harnstoffsynthese, bei der formal zwei NH_4^+ und zwei HCO_3^- eingesetzt werden:

$$2\,NH_4^+ + 2\,HCO_3^- = CO(NH_2)_2 + 2\,H_2O$$

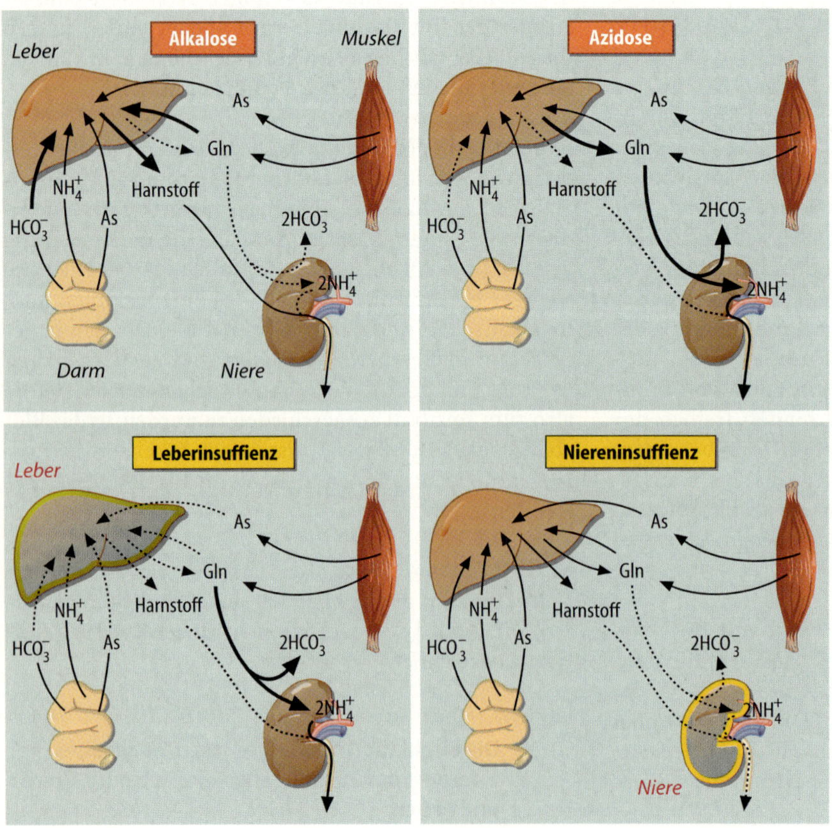

Abb. 35–19. Die Kooperation von Leber und Niere im Säure-Basen-Haushalt, Folge von Leberinsuffizienz und von Niereninsuffizienz

Die Glutaminase in den periportalen Zellen der Leber liefert dabei NH_4^+. Die perivenösen Zellen der Leber sind umgekehrt unter Vermittlung der ***Glutamin-Synthetase*** in der Lage, unter Verbrauch von NH_4^+ Glutamin zu bilden. Bei Alkalose überwiegt in der Leber die Glutaminaseaktivität und der Nettoverbrauch von NH_4^+. Bei Azidose wird die hepatische Glutaminase gehemmt und die Nettoproduktion von Glutamin überwiegt. Bei Azidose steht daher der Niere mehr Glutamin für die NH_4^+-Produktion zur Verfügung. Im Gegensatz zur hepatischen Glutaminase wird die renale Glutaminase durch Azidose stimuliert. Das in der Niere gebildete NH_4^+ wird ausgeschieden und nicht wie in der Leber unter Verbrauch von HCO_3^- zur Harnstoffsynthese herangezogen. Das beim Glutaminabbau gebildete HCO_3^- bleibt dem Körper somit erhalten. Bei Alkalose wird das NH_4^+ aus Glutamin unter Verbrauch von HCO_3^- in Harnstoff eingebaut und mit dem Harnstoff werden nicht nur NH_4^+, sondern auch HCO_3^- eliminiert.

Eingeschränkte renale H^+-Ausscheidung führt zur Azidose, eingeschränkte HCO_3^--Ausscheidung verhindert die renale Korrektur einer Alkalose.

Seltene genetische Defekte oder sehr viel häufiger Schädigung der Nieren oder funktionelle Störungen können die proximal- oder distal-tubuläre H^+-Sekretion beeinträchtigen.

Proximal-tubuläre Azidose. Bei einer Einschränkung der proximal-tubulären H^+-Sekretion (Karboanhydrasedefekt) ist die Resorptionskapazität für filtriertes HCO_3^- herabgesetzt. Bei normaler HCO_3^--Plasmakonzentration gelangt mehr HCO_3^- in den distalen Tubulus, als die relativ geringe Transportkapazität des distalen Nephrons (v. a. H^+-ATPase und K^+/H^+-ATPase) bewältigen kann. Folge ist die Ausscheidung eines HCO_3^--reichen und damit stark alkalischen Harns. Die HCO_3^--Verluste senken die Plasmabikarbonatkonzentration und mit ihr die filtrierte Menge, bis die maximale Transportkapazität des proximalen Tubulus unterschritten wird. Da distale H^+-ATPase und K^+/H^+-ATPase intakt sind, können die Patienten bei diesen erniedrigten HCO_3^--Plasmakonzentrationen einen normal-sauren Urin produzieren.

Distal-tubuläre Azidose. Bei distal-tubulärer Azidose liegt ein Defekt der H^+-ATPase oder H^+/K^+-ATPase vor, die auch bei erniedrigter HCO_3^--Plasmakonzentration keine Urinazidifizierung unter etwa 6,5 pH-Einheiten zuläßt.

Volumendepletionsalkalose. Die Fähigkeit der Niere, nennenswerte Mengen an HCO_3^- auszuscheiden, erfordert die Drosselung der proximal-tubulären HCO_3^--Resorption durch Hemmung des Na^+/H^+-Austauschers. Dabei gehen freilich nicht nur HCO_3^--, sondern auch Na^+-Ionen verloren. Bei einem Volumen- und Kochsalzmangel ist die Niere gezwungen, die proximal-tubuläre Na^+-Resorption zu steigern, wie etwa über Stimulation des Na^+/H^+-Austauschers durch Angiotensin II (s. Tabelle 35-3). Damit wird der Niere auch eine gesteigerte HCO_3^--Resorption aufgezwungen, die eine Korrektur der Alkalose durch Bikarbonaturie unterbindet (sog. Volumendepletionsalkalose).

! Normalerweise resorbiert die Niere die gesamte filtrierte Bikarbonatmenge (90 % davon im proximalen Tubulus) und scheidet zusätzlich ca. 100 mmol/Tag H^+ aus (H^+-Sekretion in proximalem und distalem Tubulus). Dazu ist die Ausscheidung von Puffern notwendig. Im proximalen Tubulus wird v. a. bei Azidose NH_4^+ aus Glutamin gebildet und als nicht-titrierbare Säure ausgeschieden. Phosphat und in geringem Ausmaß Harnsäure dienen als titrierbare Säuren. Die Regulation des Blut-pHs erfordert die Kooperation von Niere und Leber auf der einen Seite und zwischen Niere und Lunge auf der anderen. Gestörte proximal-tubuläre HCO_3^--Resorption oder der distal-tubulären H^+-Sekretion führt zur renal-tubulären Azidose. Auch bei Alkalose kann die Niere kein HCO_3^- ausscheiden, wenn ein Volumenmangel die Niere zur Na^+-(HCO_3^-)-Resorption zwingt.

35.6 Renale Behandlung organischer Substanzen

Glukose, Aminosäuren, Peptide und Proteine werden im proximalen Tubulus fast vollständig zurückresorbiert.

Glukose. Monosaccharide wie Glukose und Galaktose (nicht aber Fruktose) werden durch Na^+-gekoppelten Symport über die luminale Zellmembran im proximalen Tubulus resorbiert. Die Monosaccharide verlassen die Zelle wieder über einen Uniporter (GLUT2), ohne für die Energiegewinnung eingesetzt zu werden (s. Kap. 35.9). Der luminale Glukosetransport wird durch mindestens zwei unterschiedliche sättigbare Transportprozesse bewerkstelligt, ein Transporter mit etwas geringerer Affinität, der den Transport von Glukose an ein Na^+-Ion koppelt (SGLT2), und ein hochaffiner Transporter, der den Transport von Glukose oder Galaktose an zwei Na^+-Ionen koppelt (SGLT1). SGLT2 wird v. a. in der ersten Hälfte des proximalen Tubulus exprimiert und bewältigt mit relativ geringem Energieaufwand die Resorption des größten Teils filtrierter Glukose, SGLT1 arbeitet gegen Ende des proximalen Tubulus und ermöglicht durch seine hohe Affinität und die hohe treibende Kraft die (energieaufwendige) Resorption der restlichen Glukose auch bei geringsten luminalen Glukosekonzentrationen. SGLT1 wird auch im Dünndarm exprimiert.

Nierenschwelle für Glukose. Die maximale Transportrate der Niere wird normalerweise bei einer Plasmakonzentration von 10 mmol/l erreicht (Nierenschwelle, Abb. 35-20). Eine Zunahme der glomerulären Filtrationsrate steigert nicht nur die filtrierte Menge, sondern – über nicht sicher bekannte Mechanismen – auch die Resorptionskapazität. Die Nierenschwelle ist daher von

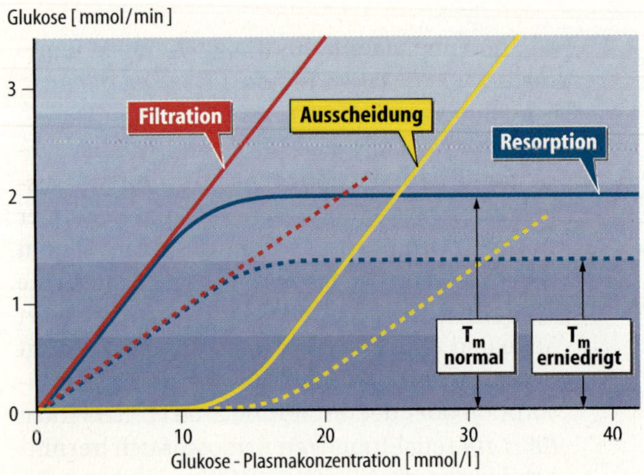

Abb. 35–20. Filtration, Resorption und Ausscheidung von Glukose in Abhängigkeit von der Glukosekonzentration im Plasma bei normaler (*durchgezogene Linien*) und bei erniedrigter GFR (*gestrichelte Linien*). Hinweis: Bei länger bestehendem Diabetes mellitus ist die GFR häufig erniedrigt

der Filtrationsrate weitgehend unabhängig. Im Nüchternzustand liegt die Glukoseplasmakonzentration im Bereich von 5 mmol/l; die Nierenschwelle wird somit erst bei Verdoppelung der Glukoseplasmakonzentration überschritten.

Glukosurie. Beim Diabetes mellitus liegt eine Verwertungsstörung für Glukose vor, die Plasmakonzentration kann über die Nierenschwelle ansteigen und Glukose wird dann ausgeschieden (Überlaufglukosurie). Der dabei süße Urin verlieh der Erkrankung den Namen. Aber auch eine Abnahme der maximalen tubulären Transportrate kann zur Glukosurie führen (sog. renale Glukosurie). Die maximale Transportrate ist häufig bei einer Schwangerschaft herabgesetzt, selten ist Glukosurie Folge eines genetischen Defektes oder einer Schädigung des Tubulusepithels. Dabei können die Glukosecarrier direkt oder indirekt betroffen sein. Indirekt wird ihre Tätigkeit u. a. bei Hemmung der Na^+/K^+-ATPase beeinträchtigt (etwa bei Energiemangel), die über Zunahme der intrazellulären Na^+-Konzentration und Depolarisation die treibende Kraft für den Na^+-gekoppelten Glukosetransport schwinden läßt. Bei Ausfall des niederaffinen Glukosetransporters fällt vor allem eine Abnahme der Transportkapazität auf (Typ A), bei Ausfall des hochaffinen Glukose-Galaktose-Transporters wird bereits weit vor Erreichen des Transportmaximums Glukose ausgeschieden (Typ B).

Weitere Zucker. Galaktose wird wie Glukose durch den SGLT1 sekundär aktiv resorbiert (s. oben), Fruktose durch einen passiven Uniporter (GLUT5). Einige Disaccharide werden durch Enzyme (Maltase, Trehalase) an der luminalen Membran gespalten und die Monosaccharide können dann resorbiert werden.

Aminosäuren. Die meisten filtrierten Aminosäuren werden praktisch vollständig resorbiert [69,70]. Die Resorption wird durch mehrere parallel arbeitende Aminosäuretransporter an der luminalen Membran bewerkstelligt [56]. Jeweils verschiedene Na^+-gekoppelte Symporter vermitteln den Transport von anionischen Aminosäuren (Glutamat, Aspartat), neutralen Aminosäuren (z. B. Alanin, Phenylalanin), Prolin und Taurin. Kationische Aminosäuren (Arginin, Lysin, Ornithin) und die schwefelhaltige Aminosäure Zystin werden u. a. durch einen Austauscher resorbiert (rBAT), der auch neutrale Aminosäuren akzeptiert. Die Aminosäuretransportsysteme sind ebenfalls sättigbar, bei Überschreiten der Nierenschwelle kommt es zur Aminoazidurie (Überlaufaminoazidurie). Wie Glukosurie (s. oben) kann auch Aminoazidurie Folge von renalen Transportdefekten sein (s. oben).

Peptide und Proteine. Bestimmte Di- und Tripeptide können im proximalen Tubulus durch Peptid, H^+- Symporter (Pept1 und Pept2) resorbiert werden (s. Abb. 34–6c). Ferner existieren an der luminalen Membran Enzyme, die Peptide und Proteine (u. a. Peptidhormone, s. Kap. 35.9) spalten können (Aminopeptidasen, Endopeptidasen, γ-Glutamylpeptidase). Die dabei gebildeten Aminosäuren werden resorbiert. Größere Proteine und Peptide mit Disulfidbrücken (z. B. Insulin, Albumine) werden durch Endozytose in die proximalen Tubuluszellen aufgenommen. In die proteinhaltigen endozytotischen Vesikel werden H^+-Ionen gepumpt (Na^+/H^+-Austauscher und H^+-ATPase) und damit das Lumen angesäuert. Schließlich werden die Vesikel mit Lysosomen fusioniert und die Proteine durch lysosomale Enzyme abgebaut. Die Aminosäuren werden dann durch jeweils spezifische Transportprozesse aus den Vesikeln in das Zytosol und von dort über die basolaterale Membran zur Blutseite transportiert. Die proximal-tubuläre Resorption verhindert normalerweise eine nennenswerte Ausscheidung von Proteinen (<30 mg Albumin/Tag), obwohl der glomeruläre Filter auch normalerweise für Proteine nicht völlig undurchlässig ist und die Filtration von einigen Gramm Plasmaproteinen zuläßt (v. a. kleinmolekulare Proteine wie Lysozym, α_1- und β_2-Mikroglobulin, aber auch Albumin). Bei defektem glomerulärem Filter (s. Kap. 35.2) werden jedoch solche Mengen an Proteinen filtriert, daß die sehr beschränkte tubuläre Resorption nicht Schritt halten kann und Proteine ausgeschieden werden. Ursache von Proteinurie kann aber auch ein tubulärer Defekt sein, der die Resorption normalerweise filtrierter Proteine beeinträchtigt.

Harnstoff. Wie bereits in Kapitel 35.4 ausgeführt wurde, spielt Harnstoff eine besondere Rolle bei der Harnkonzentrierung. Das proximale Tubulusepithel ist für Harnstoff über Transportproteine gut passierbar. Demnach wird etwas mehr als die Hälfte des filtrierten Harnstoffs proximal-tubulär resorbiert. Im Nierenmark diffundiert Harnstoff aus dem Sammelrohr in das Nierenmark und von dort in die dünnen Henle-Schleifen (Rezirkulation von Harnstoff, s. Kap. 35.4). Etwa die Hälfte des filtrierten Harnstoffs wird schließlich ausgeschieden.

Organische Säuren und Basen können im proximalen Tubulus resorbiert und sezerniert werden.

Organische Säuren werden teilweise über Na^+-gekoppelte Symporter in die proximalen Tubuluszellen aufgenommen [75]. Es existieren mehrere parallele Transportprozesse, die u. a. Laktat, Azetat, Zitrat und Azetazetat resorbieren. In der Zelle werden die Säuren entweder zur Energiegewinnung eingesetzt (v. a. Fettsäuren), zu Glukose umgebaut (Laktat) oder über Anionenaustauscher in das Blut abgegeben. Der Zitrattransport ist ausgesprochen pH-empfindlich; Zitrat wird bei Alkalose vermehrt ausgeschieden. Da Zitrat mit Ca^{2+} gut lösliche Komplexe bildet, wirkt es einem Ausfallen von Ca^{2+} im Urin entgegen (s. Kap. 35.6). Wahrscheinlich deshalb nimmt der Körper den Verlust des energetisch wertvollen Zitrats bei Alkalose in Kauf (s. Kap. 35.7).

Harnsäure. Harnsäure ist ein Endprodukt des Purinstoffwechsels, das durch die Niere ausgeschieden werden muß. Beim Menschen werden im proximalen Tubulus normalerweise über 90 % der filtrierten Harnsäure resorbiert. Vor allem gegen Ende des proximalen Tubulus wird Harnsäure auch sezerniert. Letztlich werden etwa 10 % ausgeschieden. Die Harnsäureresorption wird durch gesteigerte proximal-tubuläre Na^+- und Flüssigkeitsresorption gefördert. Kochsalzmangel mindert über Stimulation der proximalen Resorption die Harnsäureresorption und steigert somit die Plasma-Harnsäure-Konzentration (Hyperurikämie). Auch gesteigerte Bildung von Harnsäure kann zur Hyperurikämie führen, wie bei gesteigerter diätetischer Purinzufuhr (v. a. Innereien) und bei verstärktem Zellabbau (z. B. bei Tumortherapie). Harnsäure ist nur begrenzt löslich und kann bei Hyperurikämie (> 0,4 mmol/l) vor allem in Gelenken ausfallen. Die Harnsäurekristalle erzeugen dann eine äußerst schmerzhafte Entzündung, die letztlich zur Zerstörung der Gelenke führen kann (Gicht). Harnsäure kann darüberhinaus in der Niere und im Harn ausfallen. Da die dissoziierte Harnsäure (Urat) etwas besser löslich ist als die undissoziierte Harnsäure, wird bei Harnsäuresteinträgern versucht, durch Alkalinisierung des Harns die Dissoziation der Harnsäure zu fördern.

Oxalat. Die Dikarboxylsäure Oxalat wird im proximalen Tubulus sowohl resorbiert als auch sezerniert. Dabei überwiegt die Oxalatsekretion, so daß 30 % mehr Oxalat ausgeschieden als filtriert werden. Oxalat ist wie Harnsäure schlecht löslich und fällt bisweilen im Urin aus.

Organische Basen. Eine Reihe von Transportprozessen im proximalen Tubulus sezernieren und resorbieren organische Kationen, wie Cholin, Azetylcholin, Adrenalin, Dopamin, Histamin, Serotonin, etc. [41]. Im allgemeinen überwiegt die tubuläre Sekretion gegen Ende des proximalen Tubulus, so daß die Kationen effizient ausgeschieden werden. Die Kationentransporter sind insbesondere für die Ausscheidung von Pharmaka von praktischer Bedeutung (s. unten).

Eine wichtige Aufgabe der Niere ist die Ausscheidung von Pharmaka, Giften und weiteren Fremdstoffen (sogenannte Xenobiotika).

Fremdstoffe werden zum Teil in der Leber durch Biotransformation so vorbereitet, daß sie durch die Transportprozesse der Niere erfaßt werden können. Unter anderem werden sie an Glukuronat, Glutathion, Sulphat oder Azetat gekoppelt und können somit durch die Transportprozesse für organische Säuren transportiert werden (s. oben). Die proximale Tubuluszelle verfügt über eine Vielzahl von Transportprozessen für organische Kationen und Anionen, deren Zusammenwirken eine Sekretion oder Resorption der Fremdstoffe vermitteln. Beteiligt sind dabei Na^+- und H^+-Symporter, Antiporter und Uniporter. Die beteiligten Transportprozesse weisen zum Teil sehr geringe Substratspezifität auf, so daß ganz unterschiedliche Substanzen transportiert werden [73,80].

Gegenseitige Substratbeeinflussung. Die Tätigkeit mehrerer Transportsysteme mit überlappender Substratspezifität führt dazu, daß endogene und exogene Substrate sich vielfältig gegenseitig beeinflussen. So transportiert ein Anionenaustauscher in der basolateralen Zellmembran sowohl das endogen produzierte Anion 2-Oxoglutarat als auch die körperfremde Paraaminohippursäure (PAH). Da 2-Oxoglutarat in der Zelle durch Synthese und Na^+-gekoppelten Transport akkumuliert wird, treibt der Gradient 2-Oxoglutarat aus der Zelle und fördert damit die PAH-Aufnahme in die Zelle (tertiär aktiver Transport). PAH verläßt die Zelle über einen Anionenaustauscher in der luminalen Membran und wird auf diese Weise effizient sezerniert.

Nephrotoxizität. Durch die zelluläre Aufnahme erreichen Fremdstoffe in proximalen Tubuluszellen mitunter sehr hohe Konzentrationen. Handelt es sich dabei um giftige Substanzen, dann sind die proximalen Tubuluszellen besonders gefährdet (***Nephrotoxizität***).

> **!** Die Niere resorbiert über jeweils verschiedene sättigbare Na^+-gekoppelte Transportprozesse Glukose und Galaktose, anionische Aminosäuren (Glutamat, Aspartat), neutrale Aminosäuren (z. B. Alanin, Phenylalanin), Prolin und Taurin. Kationische Aminosäuren (Arginin, Lysin, Ornithin) und die schwefelhaltige Aminosäure Zystin werden u. a. durch einen Antiporter resorbiert, der auch neutrale Aminosäuren akzeptiert. Zur Glukosurie oder Aminoazidurie kommt es entweder bei Sättigung der Transporter durch Anstieg der Plasmakonzentrationen über die Nierenschwelle (z. B. Überlaufglukosurie) oder durch Hemmung oder Defekte der Transport-

prozesse. Peptide und Proteine können z. T. durch H^+-Symporter direkt resorbiert, an der luminalen Membran in resorbierbare Aminosäuren gespalten, oder durch Endozytose aufgenommen und intrazellulär in Lysosomen abgebaut werden. Organische Säuren und Basen können im proximalen Tubulus resorbiert und sezerniert werden, wobei mehrere parallele Transportprozesse eine große Zahl unterschiedlicher Substrate transportieren können. Über diese Transportsysteme werden u. a. Harnsäure, Oxalat und eine Vielzahl von Fremdstoffen (Xenobiotika) ausgeschieden.

35.7 Transportdefekte, Wirkung von Diuretika

Transportdefekte. Eine gesteigerte oder – häufiger – herabgesetzte Aktivität der renalen Transportprozesse führt zu inadäquater Ausscheidung der betroffenen Substanz. Die Transportmechanismen können durch genetische Defekte oder durch Schädigung der Niere (z. B. Schwermetallvergiftung) beeinträchtigt werden. In Tabelle 35–5 sind einige genetische Transportdefekte erwähnt. Über Änderungen der Plasmakonzentration oder Zunahme der Harnkonzentrationen können dann negative Auswirkungen auftreten. Störungen der proximalen HCO_3^--Resorption oder der distal-tubulären H^+-Sekretion führen zu proximal-tubulärer oder distal-tubulärer Azidose. Eine Überaktivität des epithelialen Na^+-Kanals führt über Kochsalzüberschuß zu Blutdrucksteigerungen (Liddle-Syndrom). Genetische Defekte der Kochsalzresorption in der Henle-Schleife

Tabelle 35–5. Genetische Transportdefekte [64]: ↓ = herabgesetzte Funktion, ↑ = gesteigerte Funktion (* = gleichzeitiger Defekt enteraler Absorption) In Klammern die jeweils defekten Gene (NKCC-2 = Na^+, K^+, 2 Cl^-- Cotransport, ROMK = K^+-Kanal, ClC-5 und ClCKb = Cl^--Kanäle, PHEX = Phosphattransportregulator, NaPi-II = Phosphattransporter)

Krankheit	Transportdefekt	Wichtigste Wirkungen
Glukose-Galaktose-Malabsorption*	↓ Glukose-Transport (SGLT-1)	Glukoseverlust, osmotische
Isolierte renale Glukosurie	↓ Glukosetransport (SGLT-2?)	Diurese mit Dehydation
Fanconi-Syndrom	↓ Resorption von Glukose, Aminosäuren Phosphat, Bikarbonat, etc. durch Schädigung des prox. Tubulus	Osteomalazie, Hypokaliämie, Hypovolämie (s. 36.4)
Zystinurie*	↓ Resorption von Lysin, Arginin, Ornithin, Zystin (u. a. rBAT)	Nierensteine
Hartnup-Syndrom*	↓ Resorption neutraler Aminosäuren	Schädigung Nervensystem Nikotinsäuremangel
Iminoglyzinurie	↓ Resorption von Glyzin, Prolin, Hydoxyprolin	Keine Symptome
Familiäre Proteinintoleranz*	↓ Resorption basischer Aminosäuren (LAT)	Erbrechen, Durchfall
Lowe-Syndrom*	↓ Resorption neutraler und basischer Aminosäuren	Schwachsinn, Katarakt, Azidose
Hypophosphatämische Rachitis* + Hyperkalziurie + tubuläre Proteinurie	↓ Phosphatresorption (PHEX) ↓ Phosphatresorption (NaPi-II?) ↓ Vesikelazidifizierung (ClC-5)	Vitamin-D-resistente Rachitis + Hyperkaliziurie, Nierensteine + Proteinurie
Pseudohypoparathyreoidismus	↑ Phosphatresorption durch defektes G-Protein	Hypokalzämie
Hyperkalziurie	↓ Ca^{2+}-Kanal (ECAC), ↑ Ca^{2+}-Rezeptor	Kalziumsteine
Hypokalziurische Hyperkalziämie	↓ Ca^{2+}-Rezeptor	Hyperparathyroidismus
proximal-tubuläre Azidose	↓ Karboanhydrase II	Azidose, Hyperkaliämie
distal-tubuläre Azidose	↓ H^+-ATPase, $Cl^-/HCO3^-$-Austauscher	Azidose, Hyperkaliämie, Nierensteine, Rachitis, Osteomalazie
Bartter-Syndrom	↓ NaCl-Resorption in Pars ascendens (NKCC-2, ROMK oder CLCKb)	Volumenmangel, Hypokaliämie, Alkalose Reninismus, massive Prostaglandinbildung
Gitelman-Syndrom	↓ NaCl-Transport in frühdistalem Tubulus (NCCT)	wie Bartter, aber wesentlich milder
Pseudohypoaldosteronismus	↓ Na^+-Kanal (ENaC) ↓ Mineralokortikoidrezepor	Dehydration, Hyperkaliämie, Azidose
Liddle-Syndrom	↑ Na^+-Kanal (ENaC)	Hypertonie, Hypokaliämie
Diabetes insipidus renalis	↓ Wasserkanal (Aquaporin-2), ADH-Rezeptor	hypertone Dehydration

(Bartter-Syndrom) oder dem frühdistalen Tubulus (Gitelman-Syndrom) führen zu massiven Kochsalzverlusten. Beim renalen Diabetes mellitus ist die Affinität oder maximale Transportrate der tubulären Glukosetransporter eingeschränkt. Verschiedene Transportdefekte beeinträchtigen die Resorption von Aminosäuren. Neben dem Verlust der Substrate kann die gesteigerte Konzentration im Urin pathophysiologische Relevanz erlangen. Insbesondere kann die gesteigerte Ausscheidung schwer löslicher Substanzen Urolithiasis erzeugen. Genetische Transportdefekte betreffen häufig mehrere Organe, wie z. B. Niere und Darm. Die klinischen Störungen werden dann meist durch den Funktionsausfall beider Organe hervorgerufen.

Eine gestörte Ausscheidung von Wasser und/oder schlecht löslichen Substanzen kann zum Ausfallen dieser Substanzen (Urolithiasis) führen.

Einige Ionen oder organische Substanzen erreichen bisweilen im Harn Konzentrationen, die nicht mehr löslich sind (Übersättigung). Wird der sogenannte metastabile Bereich (s. unten) überschritten, dann fallen diese Substanzen aus (Tabelle 35–6).

Konkrementbildende Substanzen. Besonders häufig bilden Kalziumoxalat und Kalziumphosphat Nierensteine, wobei sekundär weitere Ionen, wie Mg^{2+} und NH_4^+ beteiligt sein können. Seltener ist Harnsäure-, Zystin- oder Xanthin-Urolithiasis. Primäre Ursache der Urolithiasis kann ein genetischer oder erworbener Transportdefekt sein. So sind Zystinsteine in der Regel Folge eines Transportdefektes in der Niere (Zystinurie). Die Ausscheidung ist bei normalem tubulärem Transport gesteigert, wenn aufgrund prärenaler Faktoren die Plasmakonzentration gesteigert ist und damit mehr filtriert wird. So begünstigt gesteigerte intestinale Absorption von Oxalat, Purinen oder Kalzium gleichermaßen Urolithiasis wie gesteigerte Mobilisierung von Kalzium aus dem Knochen oder vermehrte Bildung von Harnsäure bei gesteigertem Zelluntergang.

Urolithiasisbegünstigende Eigenschaften des Urins. Für das Auftreten von Urolithiasis ist freilich nicht nur die Ausscheidung der konkrementbildenden Substanzen maßgebend. Die Konzentration wird auch durch das Harnvolumen diktiert. Starke Antidiurese fördert demnach die Bildung von Harnsteinen. Der Ca^{2+}-Rezeptor in der Henle-Schleife hemmt bei Hyperkalzämie die NaCl-Resorption in diesem Segment und setzt die Fähigkeit zur Urinkonzentrierung herab. Damit wird ein Zusammentreffen von gesteigerter Kalziumausscheidung und Antidiurese normalerweise unterbunden. Die Steinbildung wird ferner vom Urin-pH beeinflußt. Saurer pH führt das mäßig lösliche Urat vermehrt in die sehr schlecht lösliche Harnsäure über und begünstigt damit die Entwicklung von Harnsäuresteinen. Kalziumphosphatsteine sind wiederum in alkalischem Milieu sehr viel schlechter löslich als im sauren Milieu, und ein alkalischer Urin fördert die Bildung von $CaHPO_4$-Steinen (s. Kap. 36.4). Allerdings hemmt Alkalose die proximal-tubuläre Zitratresorption und damit wird bei Alkalose Zitrat ausgeschieden, das mit Ca^{2+} sehr gut lösliche Komplexe bildet. Auf diese Weise wird normalerweise einer Ausfällung von $CaHPO_4$ vorgebeugt, wenn eine Alkalose die Ausscheidung von Bikarbonat erfordert.

Metastabiler Bereich. Eine Übersättigung führt nicht sofort zum Ausfallen der gelösten Substanzen, sondern im sogenannten metastabilen Bereich bleiben die Substanzen zunächst gelöst. Lange Verweildauer (inkomplette Entleerung der ableitenden Harnwege) und das Auftreten von Kristallisationskernen fördert das Ausfallen. Steigen die Konzentrationen über den metastabilen Bereich, dann bilden sich auf jeden Fall Kristalle.

Durch Diuretika kann eine gesteigerte Ausscheidung von Wasser und Elektrolyten erzwungen werden.

Einige Transportprozesse können durch Pharmaka gehemmt, und damit eine Diurese (Diuretika) bzw. Natri-

Tabelle 35–6. Häufigste Ursachen von Nierensteinen. Die meisten Nierensteine (ca. 80 %) enthalten Kalziumoxalat, ca. 30 % Kalzium-Magnesium-Phosphat. 10 % Harnsäure, nur wenige Zystin oder Xanthin. (* Produktion im Stoffwechsel, Absorption im Darm oder Mobilisierung aus dem Knochen)

Steine	Ursachen*	begünstigte Faktoren (außer geringem Harnvolumen)
Ca-Oxalat	Gesteigerte Produktion oder Absorption von Oxalat gesteigerte Absorption oder Mobilisierung von Ca^{2+}	verminderte Ausscheidung von Phosphat oder Zitrat (Kalziumbinder) oder Pyrophosphat
$Ca\text{-}CO_3\text{-}PO_4$ $Mg\text{-}NH_4\text{-}PO_4$	gesteigerte Absorption oder Mobilisierung von Kalziumphosphat	alkalischer Urin (Harnwegsinfekte), Zitratmangel
Harnsäure	Überproduktion von Harnsäure	saurer Urin
Natrium-Urat	Überproduktion von Harnsäure	alkalischer Urin, hohe Konzentration
Zystin	renaler Resorptionsdefekt	saurer Urin
Xanthin	gestörter Abbau	

Tabelle 35–7. Diuretika

Diuretikagruppe	Zielmolekül	Wirkung*
Proximale Diuretika	Karboanhydrase Na+/H+-Antiporter	Na^+↑, K^+↑, HCO_3^-↑↑
Osmo-Diuretika	keine vorhanden	Na^+↑, Cl^-↑, HCO_3^-↑
Schleifendiuretika	Na^+, K^+2Cl^--Symport	Na^+↑↑↑, K^+↑↑, Cl^-↑↑↑
Frühdistale Diuretika (Thiazide)	NaCl-Symport	Na^+↑↑, Cl^-↑↑, K^+↑↑, HCO_3^-↑
K+-sparende Diuretika	Na^+-Kanäle Mineralokortikoidrezeptoren	Na^+↑, Cl^-↑, K^+↓ Na^+↑, Cl^-↑, K^+↓

* Wirkung auf die Ausscheidung der genannten Elektrolyte (↓ Abnahme, ↑ Zunahme der Ausscheidung)

urese (Saluretika) ausgelöst werden. Tabelle 35–7 stellt die wichtigsten Gruppen von Diuretika zusammen, Abbildung 35–21 illustriert ihre Wirkorte [3].

Proximale Diuretika. Die proximale NaCl-Resorption kann durch Hemmung des luminalen Na^+/H^+-Antiporters oder der Karboanhydrase eingeschränkt werden. Dabei kommt es gleichzeitig zu gesteigerter Ausscheidung von Bikarbonat. Proximale Diuretika werden daher zur Steigerung der Kochsalzausscheidung allein derzeit nicht eingesetzt.

Schleifendiuretika. Am stärksten wirksam sind Diuretika, die den Na^+, K^+, $2Cl^-$-Symport in der Henle-Schleife hemmen (Schleifendiuretika). Das gesteigerte Angebot von Na^+ an den distalen Tubulus fördert dort die Na^+-Resorption über die Na^+-Kanäle, wodurch die distal-tubuläre K^+-Sekretion gesteigert wird. Die Schleifendiuretika führen daher auch zu K^+-Verlusten. Die Dosis der Schleifendiuretika kann nicht beliebig gesteigert werden, da die Substanzen auch Na^+, K^+, $2Cl^-$-Symporter in anderen Epithelien (u. a. Stria vascularis des Innenohrs) hemmen können. Normalerweise erreichen die Schleifendiuretika jedoch durch proximal-tubuläre Sekretion im Lumen der Henle-Schleife Konzentrationen, die weit über den Blutkonzentrationen liegen. Nur so ist es möglich, eine Diurese ohne gleichzeitiges Auftreten von Taubheit (durch Hemmung des Na^+, K^+, $2Cl^-$-Symporters im Innenohr) zu erzielen.

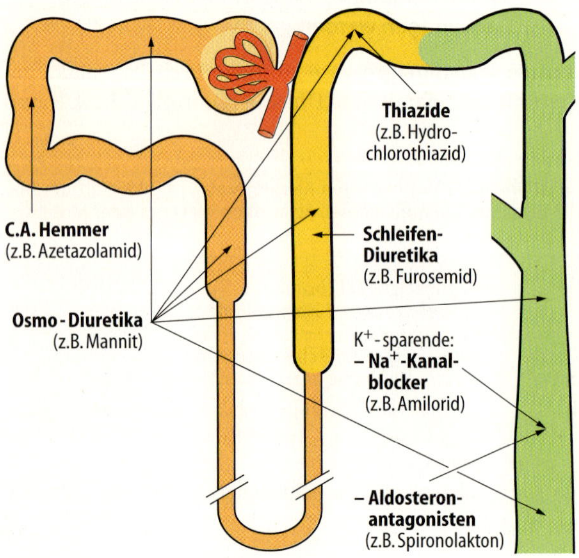

Abb. 35–21. Wirkorte verschiedener Diuretika

Frühdistale Diuretika. Thiazide hemmen den NaCl-Symport im frühdistalen Tubulus. Auch Thiazide sind stark wirkende Diuretika. Wie die Schleifendiuretika erzeugen sie K^+-Verluste.

K^+-sparende Diuretika. Hemmung der distal-tubulären Na^+-Kanäle durch Na^+-Kanalblocker oder Aldosteronantagonisten mindert nicht nur die Na^+-Resorption, sondern auch die K^+-Sekretion (sogenannte K^+-sparende Diuretika). Auch die Na^+-Kanalblocker erreichen luminal hohe Konzentrationen und erlauben eine selektive Hemmung der distal-tubulären Na^+-Resorption ohne gleichzeitige Hemmung von Na^+-Kanälen in anderen Geweben (z. B. in den Alveolen).

Osmotische Diurese. Eine Diurese kann auch durch Infusion von Substanzen erzielt werden, die in der Niere nicht oder nur schlecht resorbiert werden können. Therapeutisch wird beispielsweise der Polyalkohol Mannitol eingesetzt. Mannitol wird filtriert und durch die Flüssigkeitsresorption im Nephron zunehmend konzentriert. Die hohe luminale Mannitolkonzentration hält osmotisch Wasser zurück und behindert damit die Wasserresorption. Die Resorption von NaCl senkt bei eingeschränkter Wasserresorption die luminale NaCl-Konzentration ab und muß daher zunehmende Gradienten überwinden. Auf diese Weise wird auch die NaCl-Resorption behindert und es kommt zur Natriurese. Osmotische Diurese kann auch durch endogene Substanzen wie Glukose oder Bikarbonat ausgelöst werden, wenn die Resorption mit der Filtration nicht Schritt hält.

!

Genetische Defekte oder Schädigung der Niere z. B. durch Schwermetalle können die Resorption einzelner Substanzen (Glukose, Aminosäuren, Proteine, Na^+, HCO_3^-) oder die Resorptionstätigkeit ganzer Nephronabschnitte (z. B. des proximalen Tubulus) in Mitleidenschaft ziehen. Umgekehrt führt gesteigerte Aktivität (gain of function) des distal-tubulären Na^+-Kanals zu renaler Na^+-Retention und Hypertonie. Eine gestörte Ausscheidung kann zu Ausfällungen von Kalziumoxalat, Kalziumphosphat oder seltener zu Zystin-, Harnsäure- oder Xanthinsteinen führen. Hemmung der Na^+-Resorption durch Diuretika wird therapeutisch eingesetzt, um die renale Ausscheidung von Kochsalz und Wasser zu steigern. Unterschiedliche Pharmaka hemmen den Na^+, K^+, $2Cl^-$-Symport in der Henle-Schleife, den NaCl-Cotransport im frühdistalen Tubulus und den Na^+-Kanal im distalen Tubulus. Ferner wird primär die Wasserresorption durch Einsatz osmotischer Diuretika eingeschränkt.

35.8 Stoffwechsel und biochemische Leistungen der Niere

O_2-Verbrauch. Normalerweise wird ein Fünftel des Herzminutenvolumens durch die Glomerula geschleust (s. Kap. 35.2). Die Durchblutung der Nieren ist damit sehr viel größer, als für die O_2-Versorgung der kleinen Organe erforderlich wäre. Die Niere benötigt normalerweise nur etwa 7 % des angebotenen O_2 (Sauerstoffausschöpfung). O_2 wird in erster Linie für die Energetisierung des Na^+-Transportes benötigt und korreliert mit der tubulären Na^+-Resorption. Eine Steigerung der Nierendurchblutung geht in aller Regel mit einer Steigerung der GFR einher (s. Kap. 35.2) und bedeutet für die Niere mehr Arbeit, da nun auch mehr Na^+ resorbiert werden muß.

Fettsäureabbau. Der proximale Tubulus verwendet für die Energiegewinnung überwiegend Fettsäuren, Azetazetat und β-Hydroxybutyrat. Glukose wird vom proximalen Tubulus nicht verbraucht [79].

Glukoneogenese. Eine weitere wichtige biochemische Leistung der Niere ist die Glukoneogenese. Glutamin wird von beiden Membranen der proximalen Tubuluszelle aufgenommen und durch die mitochondriale Glutaminase zu Glutamat desaminiert. Glutamat wird im Zytosol zu 2-Oxoglutarat desaminiert, das schließlich zu Glukose aufgebaut wird. Glukose wird in das Blut abgegeben und die beiden NH_4^+ zur Säureeliminierung verwendet (s. Kap. 35.6). Bei Azidose ist die Niere gezwungen, vermehrt H^+ auszuscheiden. Dabei werden im proximalen Tubulus Glutaminabbau und Glukoneogenese gesteigert. Die Niere kann im übrigen auch aus Laktat Glukose aufbauen. Im Gegensatz zum proximalen Tubulus verbrauchen medulläre Henle-Schleife, distaler Tubulus und Sammelrohr Glukose für die Energiegewinnung [4].

Aminosäurestoffwechsel. Die Niere baut Glutamin unter Bildung von Glukose und NH_4^+ ab (s. oben) Umgekehrt bildet die Niere Arginin aus Aspartat und Zitrullin. Schließlich kann sie β-Alanin und Serin produzieren.

Die Niere verfügt zwar über alle Enzyme für die Harnstoffsynthese, bildet jedoch keine relevanten Mengen an Harnstoff.

Inaktivierung von Hormonen. Die Niere spielt eine wesentliche Rolle in der Inaktivierung von Hormonen, vor allem von Peptidhormonen (u. a. Glukagon, Insulin, Parathormon). Oligopeptide und kleinere Proteine werden filtiert (s. Kap. 35.2) und werden durch Peptidasen im proximalen Tubuluslumen teilweise abgebaut. Die einzelnen Aminosäuren werden dann über die entsprechenden Transportsysteme in die Zellen aufgenommen. Darüberhinaus werden filtrierte Proteine über Pinozytose in proximale Tubuluszellen aufgenommen und intrazellulär abgebaut (Abb. 35–22). Auch im Stoffwechsel von Steroidhormonen spielt die Niere eine wichtige Rolle. Steroidhormone können die Zellmembranen leicht passieren und werden in den Tubuluszellen durch

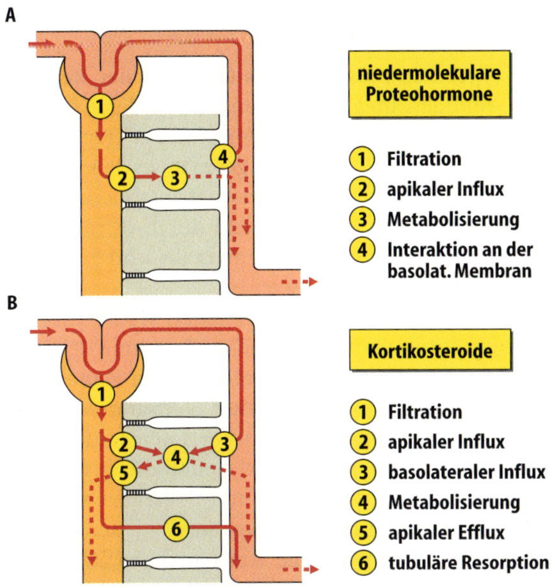

Abb. 35–22. A renaler Metabolismus der niedermolekularen Proteohormone, **B** renaler Metabolismus der Kortikosteroide. Die durchgezogenen Linien bezeichnen den Weg der betreffenden Hormone an den Abbauort, die gestrichelten Linien bezeichnen den Weg metabolisierter Produkte

Oxidoreduktasen und Hydroxylasen metabolisiert. Zellen, welche Mineralokortikoidrezeptoren (Typ I-Kortikosteroidrezeptoren) aufweisen, exprimieren gleichzeitig eine 11β-Hydroxysteroiddehydrogenase, die Kortisol in Kortison umwandelt [32]. Im Gegensatz zu Kortisol und Aldosteron kann Kortison an den Typ I-Rezeptor nicht binden und die typischen Aldosteron-Wirkungen auslösen. Die 11β-Hydroxysteroiddehydrogenase verhindert somit die Auslösung von mineralokortikoiden Wirkungen durch Kortisol (s. Tabelle 35–3), das im Blut eine etwa 1.000 fach höhere Konzentration als Aldosteron aufweist (s. Kap. 22.5).

Entgiftung von Fremdstoffen. Die Niere kann Xenobiotika selbst umwandeln, wie etwa die Kopplung an Azetylzystein unter Bildung von Merkaptursäure.

> **!** Aufgrund ihrer weit überdurchschnittlichen Durchblutung verbraucht die Niere nur einen Bruchteil des angebotenen O_2. Der größte Teil davon wird für die tubuläre Na^+-Resorption eingesetzt. Der proximale Tubulus verbrennt vorwiegend Fettsäuren. Aminosäuren und Laktat werden für die Glukoneogenese verwendet. Die Niere baut filtrierte Proteine ab. Sie spielt bei der Inaktivierung von Peptidhormonen und Steroidhormonen eine wichtige Rolle und kann auch Xenobiotika unschädlich machen.

35.9 Regulation der Nierenfunktion

Die Niere kann als zentrales Organ in der Regulation von Volumen und Zusammensetzung der Körperflüssigkeiten (s. Kap. 36) sowie der Blutdruckregulation (s. Kap. 24.6) ihrer Aufgabe nur gerecht werden, wenn ihre Partialfunktionen einer präzisen Kontrolle unterzogen werden. Die Kontrolle geschieht durch intrarenale homeostatische Mechanismen, nervale und hormonelle Einflüsse.

Glomerulotubuläre Balance. Eine Zunahme der GFR ist in aller Regel mit einer proportionalen Zunahme der proximal-tubulären Resorption verbunden. Na^+-Resorption und maximale Transportraten (etwa für Glukose) steigen mit der GFR an, so daß die zusätzlich filtrierten Mengen an Wasser und Substanzen am Ende des proximalen Tubulus weitgehend wieder resorbiert sind. Auf welche Weise die Transportkapazität der GFR angeglichen wird, ist derzeit weitgehend unbekannt. Ein wahrscheinlich geringer Teil dieses Zusammenhanges könnte über den interstitiellen Druck hergestellt werden. Eine Zunahme des interstitiellen Drucks behindert die passive, parazelluläre Resorption von Wasser und Kochsalz, die durch nur sehr geringe Kräfte getrieben wird. Die Aufnahme von filtrierter Flüssigkeit in die peritubulären Gefäße mindert den interstitiellen Druck und fördert damit die proximal-tubuläre Resorption. Eine Zunahme der Filtration steigert den onkotischen Druck in den peritubulären Kapillaren und stimuliert damit indirekt auch die tubuläre Resorption.

Tubuloglomeruläres Feedback. Der enge Kontakt von Tubulusepithel und Vas afferens am juxtaglomerulären Apparat dient unter anderem der Anpassung der glomerulären Filtration an die Transportkapazität von proximalem Tubulus und Henle-Schleife. Hält der Transport in den beiden Segmenten mit der Filtration nicht Schritt, dann steigt die Kochsalzkonzentration an der Macula densa und die GFR wird durch Kontraktion des Vas afferens gesenkt. Auf diese Weise wird verhindert, daß bei eingeschränkter Transportkapazität von proximalem Tubulus und Henle-Schleife Kochsalz- und Wasserverluste auftreten, die sonst angesichts der geringen Transportkapazität des distalen Tubulus und Sammelrohrs unvermeidlich wären [55].

Nierenschwelle. Die meisten Transportprozesse der Niere sind sättigbar. Insbesondere die Resorption der organischen Substanzen (u. a. Glukose, Aminosäuren), aber auch die von Phosphat und Sulphat wird durch ein Transportmaximum charakterisiert. Wird das Transportmaximum dieser Substanzen überschritten, dann wird die zusätzlich filtrierte Menge ausgeschieden. Die Niere verhindert somit einen übermäßigen Anstieg der Plasmakonzentrationen der betroffenen Substanzen durch automatische Zunahme der Ausscheidung.

Autoregulation von Ca^{2+}. Hohe Ca^{2+}-Konzentrationen bewirken eine Permeabilitätsabnahme der Tight junctions and unterbinden auf diese Weise den parazellulären Transport u. a. von Ca^{2+}. Darüberhinaus hemmt Ca^{2+} über den Ca^{2+}-Rezeptor die Resorption in der dicken aufsteigenden Henle-Schleife, eines der wichtigsten Segmente der tubulären Ca^{2+}-Resorption. Auf diese Weise führt Hyperkalzämie auch ohne Vermittlung von Hormonen zur Hyperkalziurie.

Intrazelluläre Konzentrationen. Die Tätigkeit von Transportproteinen ist häufig eine Funktion intrazellulärer Konzentrationen der transportierten Substanzen. Eine Abnahme der intrazellulären K^+-Konzentration inaktiviert luminale K^+-Kanäle und senkt auf diese Weise die renale K^+-Ausscheidung. Proximal-tubulärer Na^+/H^+-Austauscher und distal-tubuläre H^+-ATPase werden bei intrazellulärer Azidose stimuliert und bei intrazellulärer Alkalose abgeschaltet. Darüberhinaus bilden die proximalen Tubuluszellen bei intrazellulärer Azidose vermehrt NH_4^+ (s. Kap. 35.6). So wird bei zellulärer Azidose vermehrt H^+ renal ausgeschieden. Der Phosphatcarrier wird bei intrazellulärem Phosphatmangel vermehrt in die Zellmembran eingebaut. Auf diese Weise wird die renale Phosphatresorption gesteigert und die renale Phosphatausscheidung gedrosselt. Intrazellulärer Phosphatmangel fördert ferner die proximal-tubuläre Bildung von Kalzitriol, das in die Regulation des Kalzium-Phosphat-Stoffwechsels eingreift (s. Kap. 35.11).

Nervale Kontrolle. Die Nieren stehen unter der Kontrolle von sympathischen Nerven, die normalerweise jedoch eine geringe Aktivität aufweisen [11]. Bei Volumenmangel oder sonstiger Aktivierung des Sympathikus senken die Nerven über Kontraktion von Aa. interlobulares sowie von Vasa afferentia und efferentia die glomeruläre Filtrationsrate. Darüberhinaus stimulieren sie die tubuläre Resorption u. a. von Na^+, HCO_3^-, Cl^- und Wasser. Schließlich stimulieren die Nerven vorwiegend über β1-Rezeptoren die Ausschüttung von Renin (s. Kap. 35.11). Die Reninausschüttung wird umgekehrt über α_1-Rezeptoren gedrosselt.

Blutdruck. Die Niere hält Durchblutung und Filtration bei Änderungen des arteriellen Mitteldruckes zwischen 80 und 180 mmHg weitgehend konstant (s. Kap. 35.2). Die Nierenmarkdurchblutung autoreguliert freilich bei Zunahme des Blutdruckes nur wenig und Blutdruckanstieg mindert die Harnkonzentrierung und Na^+-Resorption. Darüberhinaus wird die Aktivität der Nierennerven durch den Blutdruck beeinflußt. Die renale Na^+-Ausscheidung ist somit eine steile Funktion des systemischen Blutdruckes, wie in Kap. 24.6 näher ausgeführt wird.

Hormonelle Kontrolle. Nierendurchblutung, glomeruläre Filtrationsrate und tubuläre Transportprozesse werden durch eine Vielzahl von Hormonen kontrolliert, die in Tabelle 35–3 zusammengestellt sind [16,23,30,32,47 49,53,65,71]. Die Bedeutung der renalen Wirkung dieser Hormone wird im Zusammenhang mit der Regulation des Blutdruckes (s. Kap. 14.6), sowie des Salz-Wasser- und Mineral-Haushaltes (s. Kap. 36) sowie bei der Beschreibung der Wirkungen der Hormone (s. Kap. 20) näher erläutert.

!

Glomeruläre Filtration und tubulärer Transport werden durch intrarenale Mechanismen reguliert, wie die glomerulotubuläre Balance und die tubuloglomeruläre Rückkopplung. Bei sättigbarer Resorption werden die Substanzen bei Anstieg der Plasmakonzentration über die Nierenschwelle automatisch ausgeschieden, die Niere begrenzt also als „Überlaufventil" eine weitere Zunahme der Plasmakonzentration. Die renale Ca^{2+}-Ausscheidung wird über den Ca^{2+}-Rezeptor, Hemmung der parazellulären Resorption durch Ca^{2+} und durch Parathormonausschüttung geregelt. Die Ausscheidung von H^+, K^+ und Phosphat werden durch die jeweiligen intrazellulären Konzentrationen reguliert. Die Na^+-Ausscheidung ist eine Funktion des Blutdrucks. Die Nieren stehen ferner unter der Kontrolle von sympathischen Nerven und einer Vielzahl von Hormonen und Mediatoren.

35.10 Renale Hormone

Die Niere ist nicht nur Zielorgan von Hormonen, sondern bildet selbst mehrere Hormone, die für den übrigen Körper bedeutsam sind.

Erythropoetin. In der Niere wird Erythropoietin gebildet, ein Peptidhormon, das die Erythropoese stimuliert (s. Kap. 21.3). Die Bildung und Ausschüttung des Hormons wird durch Anämie und Hypoxie stimuliert (vgl. Kap. 2.2). Bei Niereninsuffizienz führt die herabgesetzte Bildung des Hormons zur Anämie [25,35].

Thrombopoietin. Die Niere bildet ferner Trombopoetin, ein Peptidhormon, das die Bildung von Megakaryozyten und damit von Thrombozyten stimuliert [46].

Kalzitriol. Durch eine mitochondriale 1α-Hydroxylase des proximalen Tubulus wird das Hormon Kalzitriol ($1{,}25(OH)_2D_3$) aus 25(OH)-Cholekalziferol ($25(OH)D_3$) gebildet. Die 1α-Hydroxylase wird durch das Nebenschilddrüsenhormon Parathyrin, durch Ca^{2+}- und Phosphatmangel stimuliert. Kalzitriol steigert die enterale und renale Ca^{2+}- und Phosphatresorption und fördert auf diese Weise die Mineralisierung des Knochens (s. Kap. 36.4).

Urodilatin. Die Niere bildet Urodilatin, ein dem Atriopeptin sehr ähnliches Peptid, das gleichfalls die GFR steigert und Natriurese auslöst.

Gewebshormone. Die Niere bildet wie andere Gewebe eine Reihe von Mediatoren, wie u. a. Prostaglandine, Endothelin und Kinine (Abb. 35–23), die ihre Wirkungen vor allem in der Niere selbst ausüben (s. Tabelle 35.3).

Renin-Angiotensin. Wie bereits in Kapitel 35.2 ausgeführt, wird das Enzym Renin in juxtaglomerulären Zellen gebildet und bei Drosselung der Nierendurchblutung ausgeschüttet. Es spaltet aus dem hepatischen Plasmaprotein Angiotensinogen das Peptid Angiotensin I ab, aus dem unter dem Einfluß von Angiotensin converting enzyme (ACE) das stark vasokonstriktorisch und antinatriuretisch wirksame Angiotensin II entsteht (Abb. 35–24). Die Wirkungen von Angiotensin II sind vor allem bei der Blutdruckregulation von hervorragender Bedeutung (s. Kap. 24.6).

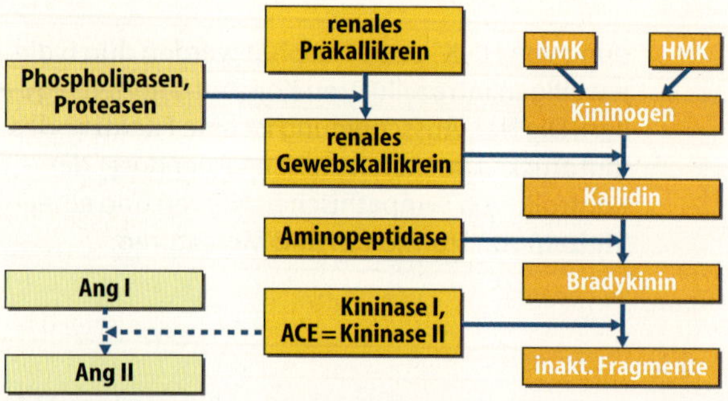

Abb. 35–23. Renales Kallikrein-Kinin-System. *NMK:* niedermolekulares Kininogen; *HMK:* hochmolekulares Kininogen. Kallidin, nicht jedoch Bradykinin, ist das Haupthormon im Nierengewebe. Kininase II (=ACE) konvertiert auch Ang. I → Ang. II

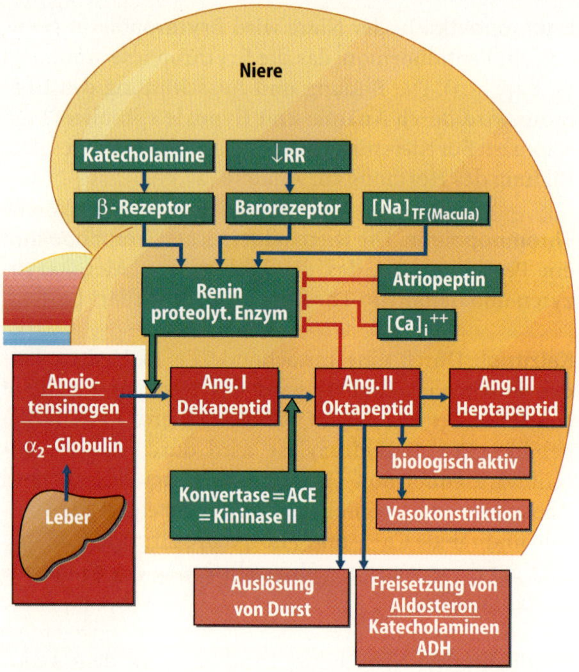

Abb. 35–24. Schematische Übersicht über das renale Renin-Angiotensin-System

!

Die Niere bildet Erythropoietin (zur Stimulation der Erythropoese), Thrombopoietin (zur Stimulation der Thrombopoese), Kalzitriol (zur Retention von Ca^{2+} und Phosphat), Urodilatin (zur Steigerung der Na^+-Ausscheidung) sowie lokal wirksame Mediatoren, wie Prostaglandine, Endothelin und Kinine. Über Freisetzung des Enzyms Renin stimuliert sie die Bildung von Angiotensin und greift damit in die Blutdruckregulation ein.

35.11 Nierenversagen, Dialyse

Ischämisches akutes Nierenversagen. Eine der Mechanismen zur Aufrechterhaltung des Blutdruckes, z. B. bei schweren Blutverlusten, ist die durch den Sympathikus ausgelöste Konstriktion von Nierengefäßen (s. Kap. 24.6). Dabei kann es zu einer Ischämie des Nierengewebes kommen, die ein ischämisches akutes Nierenversagen auslöst. Selbst nach Wiederherstellung von Blutvolumen und Blutdruck (z. B. durch Transfusionen) bleibt die GFR massiv erniedrigt und die Niere scheidet keinen (Anurie) oder wenig (Oligurie) Urin aus. Die Mechanismen, welche die GFR erniedrigt halten, sind immer noch nicht voll verstanden, es wird allerdings angenommen, daß die ischämischen Tubuluszellen Adenosin bilden, das in der Niere im Gegensatz zu anderen Organen eine starke vasokonstriktorische Wirkung ausübt. Die Drosselung der GFR verhindert, daß die ischämischen Tubuluszellen zu energetisch aufwendiger Na^+-Resorption gezwungen werden. Wenn sich die Tubuluszellen teilweise erholen, dann setzt die GFR wieder ein. Allerdings bleibt die Transportkapazität der Tubuluszellen häufig für einige Wochen eingeschränkt und es kommt trotz herabgesetzter GFR zu massiver Ausscheidung von Wasser und Elektrolyten (polyurische Phase des aktuten Nierenversagens). Bisweilen erholt sich die Niere nicht mehr und es bleibt eine dauerhafte (chronische) Niereninsuffizienz zurück.

Weitere Ursachen von Nierenversagen. Die Nieren können durch eine Reihe weiterer Erkrankungen in Mitleidenschaft gezogen werden. Anhaltend hoher Blutdruck (Hypertonie), Entzündungen (Glomerulonephritis und Pyelonephritis), Diabetes mellitus und Vergiftungen können zur vollständigen Zerstörung der Nieren führen. Auch der Rückstau von Urin bei Verlegung des Harnleiters durch Harnsteine kann über direkte Schädigung der Tubuli oder folgende Besiedlung mit Erregern die betroffene Niere zerstören.

Folgen eingeschränkter Nierenfunktion. Äußerlich erkennbar ist die eingeschränkte Nierenfunktion zunächst an einer herabgesetzten (Oligurie) oder völlig eingestellten (Anurie) Harnproduktion. In aller Regel täuscht das Urinvolumen jedoch über das wirkliche Ausmaß der Störung hinweg, denn die mitunter massiv eingeschränkte GFR läuft parallel mit einer herabgesetzten tubulären Resorption, so daß die Minderung des Harnzeitvolumens zunächst nur mäßig ausfällt. Der Urin ist jedoch wenig konzentriert und die Ausscheidung wesentlicher Bestandteile des Urins ist herabgesetzt. Eine der wichtigsten Konsequenzen der eingeschränkten Ausscheidungsfähigkeit der Niere ist eine Retention von Phosphat, das im Blut Kalzium komplexiert und dadurch eine massive Störung des Mineralhaushaltes auslöst (s. Kap. 36.4). Die herabgesetzte renale Eliminierung von H^+ führt zur Azidose (s. Kap. 27.4), die Retention von Kochsalz und Wasser zur Hyperhydratation (s. Kap. 36.2) und die Retention von K^+ zur Hyperkaliämie (s. Kap. 36.3). Durch die renale Retention der schlecht löslichen Harnsäure kann es (in seltenen Fällen) zu Hyperurikämie und schmerzhaften Harnsäureausfällungen v. a. in Gelenken kommen (Gicht). Schließlich zieht die verminderte Ausschüttung von Erythropoietin regelmäßig eine Anämie nach sich (s. Kap. 21.3).

Dialyse. Die im Körper akkumulierten Elektrolyte und organischen Substanzen können durch Dialyse aus dem Körper eliminiert werden. Dabei wird Blut durch semipermeable Schläuche geleitet, welche die Diffusion der Substanzen in eine externe Elektrolytlösung erlauben (Hämodialyse). Als Alternative kann der Peritonealraum mit künstlichen Lösungen durchspült werden. Aus dem Blut diffundieren dabei die „harnpflichtigen Substanzen" in den Peritonealraum und werden auf diese Weise entfernt. Wasser wird dabei durch Verwendung hypertoner Lösungen eliminiert.

!

Im kardiovaskulären Schock kommt es bisweilen zum ischämischen akuten Nierenversagen mit massiv herabgesetzter GFR und fehlender (Anurie) oder geringer (Oligurie) Harnausscheidung. Ursache ist u. a. die Bildung von Adenosin, das in der Niere vasokonstriktorisch wirkt. Im späteren Verlauf kann die GFR wieder ansteigen, und bei anhaltend herabgesetzter tubulärer Resorption eine Polyurie einsetzen. Die Nieren können ferner durch hohen Blutdruck, Entzündungen, Diabetes mellitus, Vergiftungen und Urolithiasis geschädigt werden. Bei chronischer Niereninsuffizienz kommt es zur Retention von Phosphat, das im Blut Kalzium komplexiert und dadurch eine massive Störung des Mineralhaushaltes auslöst. Ferner kommt es u. a. zu Azidose, Hyperhydratation, Hyperkaliämie und Anämie. Durch Dialyse kann Blut von harnpflichtigen Substanzen befreit und in seiner Elektrolytzusammensetzung normalisiert werden.

35.12 Meßgrößen der Nierenfunktion

Glomeruläre Filtrationsrate (GFR). Substanzen, die frei filtriert werden, weisen im Filtrat praktisch die gleiche Konzentration auf wie im Plasma (P). Ihre filtrierte Menge ist demnach P · GFR. Werden sie weder resorbiert noch sezerniert, dann ist ihre Ausscheidung ($\dot{M}_e$) gleich der filtrierten Menge, d. h.:

$$\dot{M}_e = \dot{M}_f \text{ oder } U \cdot \dot{V}_U = GFR \cdot P$$

Dabei ist U die Konzentration der Substanz im Urin, $\dot{V}_U$ die Urinstromstärke. Bestimmt man U, $\dot{V}$ und P, dann kann man aus diesen Werten die GFR errechnen:

$$GFR = U \cdot \dot{V}_U / P$$

Das Polysaccharid Inulin ist praktisch frei filtrierbar und wird weder resorbiert noch sezerniert. Es wird daher zur GFR-Bestimmung eingesetzt (Abb. 35–25). Dazu muß Inulin allerdings infundiert werden. Einfacher ist die Bestimmung der GFR mit Hilfe von Kreatinin, dem Anhydrit von Kreatin. Kreatinin wird ständig von der Muskulatur abgegeben und muß also nicht von außen zugeführt werden. Da es tubulär nur geringfügig transportiert wird, erlaubt es ebenfalls eine Abschätzung der GFR.

Die Kreatininkonzentration im Plasma (P) eines Patienten sei 0,1 mmol/l, die Konzentration im Urin (U) 5 mmol/l, die Urinstromstärke 2 ml/min. Dann beträgt die GFR = 5 [mmol/l] · 2 [ml/min] / 0,1 [mmol/l] = 100 ml/min.

Im klinischen Alltag wird häufig die Kreatininplasmakonzentration als erstes Maß für die Nierenfunktion herangezogen. Da Kreatinin praktisch ausschließlich über die Niere ausgeschieden wird, muß die pro Zeiteinheit gebildete Kreatininmenge auch renal ausgeschieden werden. Bei Abnahme der GFR sinkt die renale Ausscheidung von Kreatinin ($\dot{M}_e$) zunächst unter die pro Zeiteinheit produzierte Kreatininmenge ($\dot{M}_P$). Da weniger ausgeschieden als produziert wird, steigt die Plasmakonzentration solange an, bis die pro Zeiteinheit filtrierte Menge wieder die produzierte Menge erreicht hat. Im Gleichgewicht ist $\dot{M}_e = \dot{M}_P$. Bei konstanter Kreatininproduktion ist somit das Produkt von GFR und Plasmakonzentration konstant ($GFR \cdot P = \dot{M}_e = \dot{M}_P$), und die Plasmakonzentration steigt umgekehrt proportional zur GFR (Abb. 35–26). Allerdings ist die Kreatininproduktion u. a. eine Funktion der Muskelmasse und keineswegs konstant. Eine gesteigerte Kreatininproduktion erfordert eine gesteigerte renale Ausscheidung, d. h. bei gleicher GFR eine erhöhte Plasmakreatininkonzentration. Eine mäßige Abnahme der GFR kann daher leicht übersehen werden, wenn gleichzeitig weniger Kreatinin produziert wird.

Clearance und fraktionelle Ausscheidung. Die filtrierte Menge von Inulin und Kreatinin wird zur Gänze ausgeschieden. Das Plasmavolumen, das von Inulin und Kreatinin „geklärt" wurde (Clearance), entspricht somit der GFR. Bei Substanzen, die teilweise resorbiert werden, ist die renale Clearance

$$C = U \cdot \dot{V} / P$$

kleiner als die GFR. Bei Substanzen, die sezerniert werden, ist die Clearance größer als die GFR. Das Verhältnis

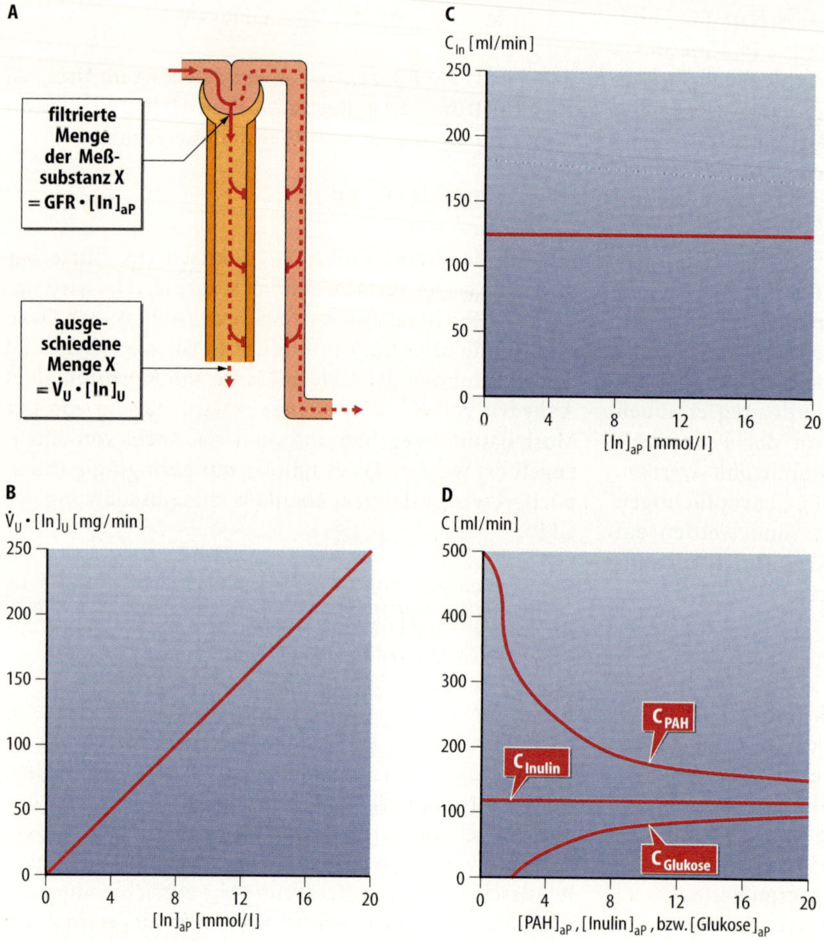

Abb. 35–25. Verhalten der GFR-Meßsubstanz Inulin (In). **A** Filtration und fehlender tubulärer Transport, **B** Ausscheidungsrate in Abhängigkeit von der Plasmakonzentration, **C** Clearance in Abhängigkeit von der Plasmakonzentration, **D** Konvergenz der Clearances verschiedener Substanzen bei zunehmenden Plasmakonzentrationen (nach [13])

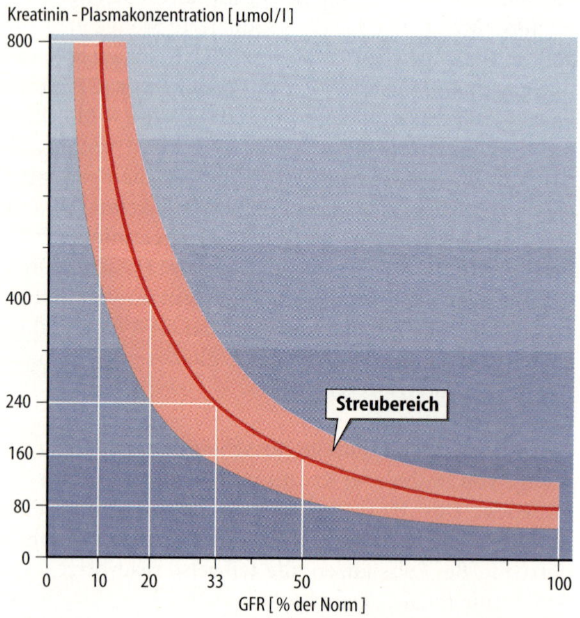

Abb. 35–26. Abhängigkeit der Kreatinin-Plasmakonzentration von der Kreatinin-Clearance. Diese Beziehung gilt unter der Voraussetzung, daß Kreatinin konstant gebildet wird, nicht verstoffwechselt wird und in der Niere unbehindert filtriert, jedoch nicht sezerniert oder resorbiert wird. Der Streubereich entsteht vor allem durch unterschiedliche Produktionsraten von Kreatinin

der Clearance einer Substanz zur GFR wird fraktionelle Ausscheidung genannt. Die fraktionelle Ausscheidung von Kreatinin ist 1.

Bei einem Patienten wird eine Harnstoffkonzentration von 5 mmol/l im Plasma, und eine Harnstoffkonzentration von 80 mmol/l im Urin gemessen. Die Urinstromstärke sei 3 ml/min. Die Harnstoff-Clearance beträgt somit

$$C = 80\ [\text{mmol/l}] \cdot 3\ [\text{ml/min}]\ /\ 5\ [\text{mmol/l}] = 48\ \text{ml/min.}$$

Ist die GFR des Patienten 100 ml/l, dann ist seine fraktionelle Harnstoffausscheidung 0.48. Das heißt, der Patient scheidet etwa die Hälfte des filtrierten Harnstoffs aus.

Osmotische Clearance, freie Wasser-Clearance. Die Clearance der Gesamtheit an osmotisch aktiven Substanzen ist osmotische Clearance:

$$C_{osm} = \dot{V}_U \cdot U_{osm}/P_{osm}$$

Zieht man vom Urinvolumen die osmotische Clearance ab, dann erhält man die freie Wasser-Clearance:

$$C_{H2O} = \dot{V}_U\ (1 - U_{osm}/P_{osm})$$

Bei einem hyoosmolalen Urin wird mehr Wasser ausgeschieden, als zur plasmaisotonen (P_{osm}) Ausscheidung der im Urin ausgeschiedenen osmotisch aktiven Substanzen erforderlich wäre. Die freie Wasser-Clearance erzielt dann einen positiven Wert. Ist die Urinosmolarität höher als im Plasma, dann resultiert eine negative freie Wasser-Clearance.

Ein Patient scheidet 6 ml/min eines Harns mit 145 mosmol/kg Wasser aus. Zur plasmaisotonen (P_{osm} = 290 mosmol/kg H_2O) Lösung der ausgeschiedenen osmotisch aktiven Substanzen wären 6 [ml/min] · 145 [mosmol/kg Wasser] / 290 [mosmol/kg Wasser] = 3 ml/min erforderlich. Die freie Wasser-Clearance beträgt demnach 6 ml/min – 3 ml/min = 3 ml/min. Beträgt die Urinosmolalität 580 mosmol/kgH_2O, dann wären (bei einer Urinstromstärke von 6 ml/min) 12 ml/min zur plasmaisotonen Lösung der Urinbestandteile erforderlich. Es resultiert somit eine negative Wasser-Clearance von 6–12 = – 6 ml/min.

Transportmaximum und Affinität sättigbarer Transportprozesse. Eine Reihe von renalen Transportprozessen weist eine maximale Transportrate auf, die im Bereich bzw. nicht weit über der filtrierten Menge ($\dot{M}_f$) liegt (s. Abb. 35–17). Für die Ausscheidung der betroffenen Substanzen ($\dot{M}_e$) sind die kinetischen Parameter des Transportsystems, wie maximale Transportrate (T_m) und Affinität entscheidend. Bei Vorliegen einer einfachen Kinetik gilt für die Transportrate ($\dot{M}_t$):

$$\dot{M}_t = C \cdot T_m / (C + C_{1/2})$$

wobei C die aktuelle Substratkonzentration, und $C_{1/2}$ diejenige Substratkonzentration ist, bei welcher halbmaximal transportiert wird. Für die Ausscheidung der Substanz gilt:

$$\dot{M}_e = \dot{M}_f - \dot{M}_t$$

Bei Nettoresorption ist $\dot{M}_t$ positiv, bei Nettosekretion ist $\dot{M}_t$ negativ. Mit zunehmender Plasmakonzentration (P) steigt einerseits die filtrierte Menge: ($\dot{M}_f = P \cdot GFR$) und andererseits die Konzentration am Transporter (C) und damit die Transportrate.

Resorptionsprozesse mit hoher Affinität. Bei hoher Affinität bzw. kleinem $C_{1/2}$ sind nur geringe Substratkonzentrationen erforderlich, um die maximale Transportrate zu erreichen, und die Substanz wird fast vollständig resorbiert, solange die filtrierte Menge nicht die maximale Transportrate übersteigt (Abb. 35–27). Sobald die maximale Transportrate überschritten ist, wird die zusätzlich filtrierte Menge vollständig ausgeschieden. Der Übergang zwischen vollständiger Resorption und Ausscheidung (Nierenschwelle) ist scharf (s. Abb. 35–27). Für Phosphat ist die Nierenschwelle normalerweise etwa 20 % niederer als die Plasmakonzentration, es werden also etwa 20 % der filtrierten Menge ausgeschieden. Für Glukose ist die Nierenschwelle (10 mmol/l) etwa doppelt so hoch wie die Plasmakonzentration im Nüchternzustand (ca 5 mmol/l). Glukose wird daher nur bei massiv gesteigerten Plasmakonzentrationen (> 10 mmol/l) ausgeschieden, wie sie Diabetes mellitus auslösen können (s. Kap. 20.11). Weitere Substrate von Transportprozessen mit hoher Affinität sind einige Aminosäuren (s. Abb. 35–27).

Ein Patient mit schlecht kontrolliertem Diabetes mellitus weist eine Plasmaglukosekonzentration von 15 mmol/l auf. Seine GFR beträgt 100 ml/min (0,1 l/min), sein Transportmaximum für Glukose 1 mmol/min. Seine Glukoseausscheidung beträgt demnach:

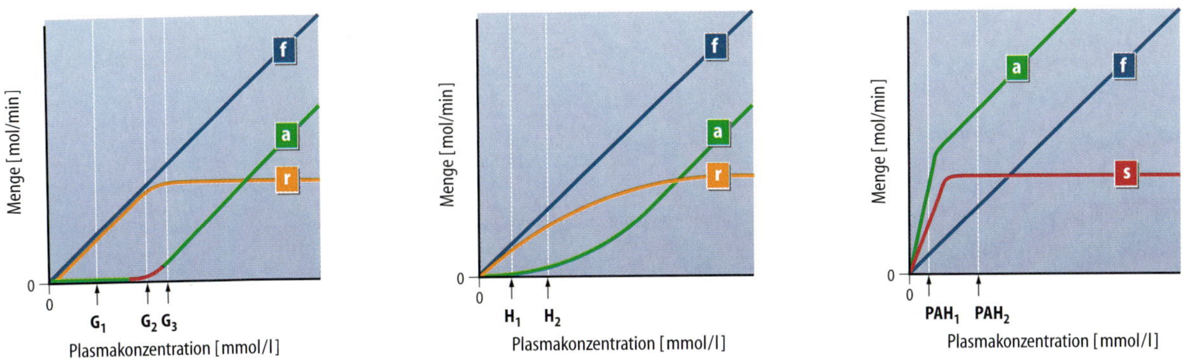

Abb. 35–27. Filtration, Resorption und Ausscheidung von Substanzen, die in der Niere sättigbar transportiert werden. Die jeweils filtrierte (*f, blau*), resorbierte (*r, braun*), sezernierte (*s, orange*) und ausgeschiedene (*a, grün*) Menge pro Zeit in Abhängigkeit von der Plasmakonzentration. **A** Resorption mit hoher Affinität (Beispiel: Glukose, Phosphat). Im *roten* Bereich wird die maximale Transportrate erreicht (Nierenschwelle). Die gesamte, zusätzlich filtrierte Menge wird dann ausgeschieden. Die Glukosekonzentration ist normalerweise (5 mmol/l, *G1*) weit unter der Nierenschwelle. Erst bei einem Anstieg auf das Doppelte (10 mmol/l, *G2*) wird die Nierenschwelle erreicht. Eine nur mäßige zusätzliche Steigerung der Glukoseplasmakonzentration (auf 12 mmol/l, *G3*) führt zur massiven Glukosurie. **B** Resorption mit niederer Affinität (Beispiel: Harnsäure). Harnsäure wird bereits bei Plasmakonzentrationen ausgeschieden, bei denen der Resorptionsmechanismus noch nicht gesättigt ist (0,3 mmol/l, *H1*). Bei Steigerung der Plasmakonzentration nehmen Resorption und Ausscheidung zu. **C** Sekretion (Beispiel: Paraaminohippursäure, PAH). Bei niederen Plasmakonzentrationen (*PAH1*) ist der Sekretionsmechanismus noch nicht gesättigt und die gesamte, in die Niere gelangende PAH-Menge wird ausgeschieden. Die PAH-Clearance ist dabei gleich dem renalen Plasmafluß RPF (ca. das 5 fache der GFR). Bei hohen Plasmakonzentration ist der Sekretionsmechanismus gesättigt und die Ausscheidung ist nicht mehr proportional dem RPF

0,1 [l/min] · 15 [mmol/l] – 1 [mmol/min] = 0,5 mmol/min.

Er scheidet demnach ein Drittel der filtrierten Glukosemenge aus.

Resorptionsprozesse mit niederer Affinität (großes $C_{1/2}$). Niederaffine Transportprozesse arbeiten bei niedrigen Substatkonzentrationen weit unter dem Transportmaximum und es wird Substanz ausgeschieden, bevor die filtrierte Menge die maximale Transportrate übersteigt. Eine weitere Zunahme der Plasmakonzentration steigert nicht nur die filtrierte Menge, sondern auch die Resorptionsrate, die Ausscheidung steigt also weniger steil an als die filtrierte Menge (s. Abb. 35–27). Beispiele sind Harnsäure und Glyzin.

Sekretionsprozesse, Bestimmung des renalen Plasmaflusses. Wird eine Substanz sezerniert, dann addieren sich filtrierte und transportierte Menge. Bei Sekretionsprozessen mit hoher Affinität (z. B. Paraaminohippursäure, PAH) wird die gesamte, die Niere passierende Substanz, ausgeschieden, solange der Transportprozeß noch nicht gesättigt ist (s. Abb. 35–27):

$$\dot{M}_e = P \cdot RPF$$

Dabei ist RPF das pro Zeiteinheit die Niere passierende Volumen (renaler Plasmafluß, RPF). Für die vollständig sezernierten Substanzen ist die renale Clearance somit identisch mit dem RPF. Übersteigt die im renalen Plasma antransportierte Substanz die maximale Sekretionsrate, dann ist die renale Clearance geringer als der RPF. Aus dem RPF und dem Hämatokrit (Hkt) kann der renale Blutfluß (RBF) errechnet werden: RBF = RPF / (1-Hkt)

Ist die PAH-Konzentration im Plasma eines Probanden 0,2 mmol/l (nichtsättigende Konzentration) und im Urin 20 mmol/l und beträgt die Urinstromstärke 6 ml/min, dann ergibt sich ein renaler Plasmafluß von:

RPF = 20 [mmol/l] · 6 [ml/min] / 0,2 [mmol/l] = 600 ml/min.

Bei einem Hämatokrit von 0,40 ist der renale Blutfluß dann:

RBF = 600 [ml/min] / 0,6 = 1 [liter/min].

!

Wichtige Meßparameter der Nierenfunktion sind glomeruläre Filtrationsrate, renaler Plasmafluß und die fraktionelle Ausscheidung einzelner Substanzen. Viele Substanzen werden durch sättigbare Transportprozesse resorbiert oder sezerniert, die durch Affinität und Transportmaximum (bzw. Nierenschwelle) charakterisiert werden.

35.13 Literatur

Weiterführende Lehr- und Handbücher

1. Brenner BM, Rector FC (1991) The kidney, 4th edn. Saunders, Philadelphia
2. Greger R, Windhorst U (eds) (1996) Comprehensive Human Physiology: From cellular mechanisms to integration. Springer, Berlin Heidelberg New York
3. Greger RF, Knauf H, Mutschler E (eds) (1995) Diuretics. IN: Handbook of Experimental Pharmacology. Springer, Berlin Heidelberg New York
4. Guder W, Lang H (1991) Pathobiochemie und Funktionsdiagnostik der Niere. Springer, Berlin Heidelberg New York
5. Kinne RKH, Kinne-Saffran E, Beyenbach KW (1990) Structure and function of the kidney. Karger, Basel
6. Kinne RKH, Kinne-Saffran E, Beyenbach KW (1990) Urinary concentrating mechanisms. Karger, Basel
7. Kinne RKH, Kinne-Saffran E, Beyenbach KW (1990) Basis principles in transport. Karger, Basel
8. Koushanpour E, Kriz W (1986) Renal physiology, Structure and function, 2nd edn. Springer, Berlin Heidelberg New York
9. Kriz W (1994) Nieren und harnableitende Organe. In: Drenckhahn D, Zenker W (Hrsg) Benninghoff, Makroskopische Anatomie, Embryologie und Histologie des Menschen, Bd. 2, 15. Aufl. Urban und Schwarzenberg, München, pp. 25–68
10. Kriz W, Kaissling B (1992) Structural organisation of the mammalin kidney. IN: Seldin DW, Giebisch G (eds) the Kidney: physiology and pathophysiology, 2nd edn. Raven, New York, pp 707–778
11. Maggi CA (ed) (1993) Nervous control of the urogenital system, vol.2: the autonomic nervous system. Harwood Academic, Chur, Switzerland
12. Massry SG, Glassock RJ (eds) (1999) Text Book of Nephrology, 4th edn. Williams and Wilkins, Lippincott
13. Pitts RF (1972) Physiologie der Niere und der Körperflüssigkeiten. Schattauer, Stuttgart
14. Seldin DW, Giebisch G (eds) (1992) The Kidney. Physiology and Pathopysiology, 2nd edn. Raven New York

Einzel- und Übersichtsarbeiten

15. Alpern RJ (1990) Cell mechanisms of proximal tubule acidification. Physiol. Rev. 70: 79–114
16. Blaustein MP (1993) Physiological effects of endogenous ouabain: control of intracellular Ca stores and cell responsiveness. Am. J. Physiol. 264: C1367-C1387
17. Bohrer MP, Baylis C, Humes HD, Glassock RJ, Robertson CR, Brenner BM (1978) Permselectivity of the glomerular capillary wall: facilitated filtration of circulating polycations. J. Clin. Invest. 61: 72–78
18. Boron WF, Boulpaep EL (1989) The electrogenic Na/HCO_3 cotransporter. Kidney Int 36:392–402
19. Briggs JP, Schnermann J (1986) Macula densa control of renin secretion and glomerular vascular tone: evidence for common cellular mechanisms. Renal Physiol. 9: 193–203
20. Bulger RE, Dobyan DC (1982) Recent advances in renal morphology. Annu. Rev. Physiol. 44: 147–179
21. Burckhardt G, Warnock DG (1990) Mechanism of H+ secretion in the proximal convoluted tubule. Semin Nephrol. 10(2): 93–103
22. Burg MB, Kwon ED, Kültz D (1997) Regulation of gene expression by hypertonicity. Annu. Rev. Physiol. 59: 437–455
23. Cogan MG (1990) Renal effects of atrial natriuretic factor. Annu. Rev. Physiol. 52: 699–708
24. De Groat WC (1993) Anatomy and physiology of the lower urinary tract. Urol. Clin. North. Am. 20: 384–301

25. Eckardt KU, Kurtz A (1992) The biological role, site, and regulation of erythropoietin production. Adv Nephrol Necker Hosp. 21: 203–233
26. Friedman PA (1998) Codepencence of renal calcium and sodium transport. Annu. Rev. Physiol. 60: 179–197
27. Frömter E (1984) Viewing the kidney through microelectrodes. Am J Physiol 247:F695-F705
28. Garty H, Palmer LG (1997) Epithelial sodium channels: Function, structure, and regulation. Physiol. Rev. 77(2): 359–396
29. Gögelein H (1990) Ion channels in mammalian proximal renal tubule. Renal Physiol Biochem 13:8–25
30. Goto A, Yamada K, Yagi N, Yoshioka M, Sugimoto T (1992) Physiology and pharmacology of endogenous digitalis-like factors. Pharmacol Rev 44: 377–399
31. Greger R (1985) Ion transport mechanisms in thick ascending limb of Henle's loop of mammalian nephron. Physiol Rev 65:760–797
32. Hierholzer K, Siebe H, Fromm M (1990) Inhibition of 11ß-hydroxysteroid dehydrogenase and its effect on epithelial sodium transport. Kidney Int 38:673–678
33. Horisberger JD, Lemas V, Kraehenbrühl JP, Rossier BC (1991) Structure-function relationship of the Na, K-ATPase. Annu. Rev. Physiol. 53: 565–584
34. Jänig W, Koltzenburg M (1990) The function of spinal primary afferents supplying colon and urinary bladder. J. Auton. Nerv. Syst. 30: S89-S96
35. Jelkmann W (1992) Erythropoietin: structure, control of production, and function. Physiol. Rev. 72: 449–489
36. Kaplan MR, Mount DB, Delpire E, Gamba G, Hebert SC (1996) Molecular mechanisms of NaCl cotransport. Annu. Rev. Physiol. 58: 649–668
37. King LS, Agre P (1996) Pathophysiology of the aquaporin water channels. Annu. Rev. Physiol. 58: 619–648
38. Kinne R (1991) Selectivity and direction: plasma membranes in renal transport. Am J Physiol 260: F153-F162
39. Kirchheim H, Ehmke H, Persson P (1990) Role of blood pressure in the control of renin release. Acta Physiol Scand Suppl. 591: 40–47
40. Kirchheim HR, Ehmke H (1994) Vasoactive hormones: modulators of renal function. Clin Investig. 72(9): 685–687
41. Koepsell H (1998) Organic cation transporters in intestine, kidney, liver, and brain. Annu. Rev. Physiol. 60: 243–266
42. Kriz W, Hackenthal E, Nobiling R, Sakai T, Elger M (1994) A role for podocytes to counteract capillary wall distension. Kidney Int. 45: 369–376
43. Kurtz A (1989) Cellular control of renin secretion. Rev Physiol Biochem Pharmacol. 113: 1–40
44. Kurtz A (1995) Renin and hypertension. Nephrol Dial Transplant. 10(9): 1521–1523
45. Lang F, Rehwald W (1992) Potassium channels in renal epithelial transport regulation. Physiol Rev 72:1–32
46. Lok S, Kaushansky K, Holly RD, Foster DC et aL (1994) Cloning and expression of murine thrombopoietin cDNA and stimulation of platelet production in vivo. Nature 369: 565–568
47. Maack T (1992) Receptors of atrial natriuretic factor. Annu Rev Physiol 54: 11–27
48. Matsusaka T, Ichikawa I (1997) Biological Functions of Angiotensin and its Receptors. Annu. Rev. Physiol. 59: 395–412
49. Muff R, Fischer JA, Biber J, Murer H (1992) Parathyroid hormone receptors in control of proximal tubule function. Annu Rev Physiol 54:67–79
50. Murer H, Biber J (1996) Molecular mechanisms of renal apical Na/Phosphate cotransport. Annu. Rev. Physiol. 58: 607–618
51. Nagata M, Schärer K, Kriz W (1992) Glomerular damage after uninephrectomy in young rats. I. Hypertrophy and distortion of capillary architecture. Kidney Int. 42: 136–147
52. Navar LG, Inscho EW, Majid DSA, Imig JD, Harrison-Bernard LM, Mitchell KD (1996) Paracrine regulation of the renal microcirculation. Physiol. Rev. 76(2): 425–536
53. Oberleithner H (1991) Acute aldosterone action in renal target cells. Cell Physiol Biochem l:2–12
54. Ochwadt B (1961) Relation of renal blood supply to diuresis. Prog. Cardiovasc. Dis. 3: 501
55. Osswald H, Hermes HH, Nabakowski G (1982) Role of adenosine in signal transmission of tubuloglomerular feedback. Kidney Int. 22 Suppl 12:S136-S142
56. Palacin M, Estevez R, Bertran J, Zorzano A (1998) Molecular biology of mammalian plasma membrane amino acid transporters. Physiol. Rev. 78(4): 969–1054
57. Pallone TL, Robertson CR, Jamison RL (1990) Renal medullary microcirculation. Physiol Rev 70:885–920
58. Palmer LG (1992) Epithelial Na channels: function and diversity. Annu Rev Physiol 54:51–66
59. Persson PB (1996) Modulation of cardiovascular control mechanisms and their interaction. Physiol. Rev. 76(1): 193–244
60. Pfeilschifter J (1989) Cross-talk between transmembrane signalling systems: a prerequisite for the delicate regulation of glomerular haemodynamics by mesangial cells. Eur J Clin Invest 19:347 – 361
61. Rector FC (1983) Sodium, bicarbonate, and chloride absorption by the proximal tubule. Am. J. Physiol. 244: F461-F471
62. Reeves WB, Andreoli TE (1992) Renal epithelial chloride channels. Annu Rev Physiol 54:29–50
63. Sasaki S, Ishibashi K, Marumo F (1998) Aquaporin-2 and -3: Representatives of two subgroups of the aquaporin family colocalized in the kidney collecting duct. Annu. Rev. Physiol. 60: 199–220
64. Scheinman SJ, Guay-Woodford LM, Thakker RV, Warnock DG (1999) Genetic disorders of renal electrolyte transport. New. Engl. J. Med., vol. 340(15): 1177–1187
65. Schlatter E (1993) Regulation of ion channels in the cortical collecting duct. Renal Physiol. Biochem. 16: 21–36
66. Schlatter E, Bleich M, Hirsch J, Greger R (1993) pH-sensitive K^+ channels in the distal nephron. Nephrol Dial Transplant 8:488–490
67. Schlöndorff D (1987) The glomerular mesangial cell: an expanding role for a specialized pericyte. FASEB J l:272–281
68. Schuster VL (1998) Molecular mechanisms of prostaglandin transport. Annu. Rev. Physiol. 60: 221–242
69. Silbernagl S (1986) Tubular reabsorption of amino acids in the kidney. NIPS l:167–171
70. Silbernagl S (1988) The renal handling of amino acids and oligopeptides. Physiol Rev 68: 911–1007
71. Simonson MS (1993) Endothelins: multifunctional renal peptides. Physiol. Rev. 73: 375–411
72. Smith PR, Benos DJ (1991) Epithelial Na^+ channels. Annu. Rev. Physiol. 53: 509–530
73. Stein WD (1997) Kinetics of the multidrug transporter (P-Glycoprotein) and its reversal. Physiol. Rev. 77(2): 545–590
74. Stockand JD, Sansom SC (1998) Glomerular mesangial cells: electrophysiology and regulation of contraction. Physiol. Rev. 78(3): 723–744
75. Ullrich KJ (1994) Specificity of transporters for organic anions and organic cations in the kidney. Biochim. Biophys. Acta 1197: 45–62
76. Ullrich KJ, Kramer K, Boylan JW (1961) Present knowledge of the counter-current system in the mammalian kidney. Prog. Cardiovasc. Dis. 3: 395–431
77. Wakabayashi S, Shigekawa M, Pouyssegur J (1997) Molecular Physiology of Vertebrate Na^+/H^+ Exchangers. Physiol. Rev. 77(1): 51–74
78. Wang W, Hebert SC, Giebisch G (1997) Renal K^+ channels: Structure and function. Annu. Rev. Physiol. 59: 413–436
79. Wirthenson G, Guder WG (1986) Renal substrate metabolism. Physiol. Rev. 66: 469–520
80. Zhang L, Brett CM, Giacomini KM (1998) Role of organic cation transporters in drug absorption and elimination. Annu. Rev. Pharmacol. Toxicol. 38: 431–460

36 Wasser- und Elektrolythaushalt

F. LANG

EINLEITUNG Patient H. J. wird im Coma diabeticum durch Insulinmangel in das Krankenhaus eingeliefert. Der diensthabende Arzt diagnostiziert den Zustand des Patienten richtig und verabreicht ihm die adäquate Dosis Insulin, er achtet genau darauf, daß keine Hypoglykämie auftritt. Am nächsten Morgen ist der Patient H. J. verstorben. Der Arzt hatte die Wirkung von Insulin auf den K^+-Haushalt nicht berücksichtigt.

Die Zellen des Körpers sind darauf angewiesen, daß ihr Volumen, ihre Elektrolytzusammensetzung und die Elektrolytkonzentrationen der sie umgebenden Flüssigkeiten in engen Grenzen konstant gehalten werden. Eine Änderung des Zellvolumens um nur wenige % oder Konzentrationsänderungen von Elektrolyten wie K^+ um nur wenige mmol/l haben massive Auswirkungen auf die Zellfunktionen. Orale Wasseraufnahme und fein geregelte Ausscheidung von Wasser und Elektrolyten v. a. durch die Nieren regulieren normalerweise präzise die Wasser- und Elektrolytbilanz. Doch selbst bei ausgeglichener Bilanz nach außen kommt es zur Katastrophe, wenn pathologische Verschiebungen von Wasser und/oder Elektrolyten zwischen verschiedenen Flüssigkeitsräumen auftreten.

36.1 Die Flüssigkeitsräume des Körpers

Der Anteil des Wassers am Körpergewicht variiert in Abhängigkeit von Alter und Geschlecht zwischen 53 und 75 % (Abb. 36–1). Die Abnahme v. a. des Intrazellulärvolumens im höheren Alter ist vorwiegend Folge einer Verringerung der Muskelmasse. Da Fettgewebe sehr wenig Wasser enthält, ist der Anteil von Wasser am Körpergewicht bei fettleibigen Personen geringer als bei schlanken Personen [3].

Das Körperwasser ist auf zwei gegeneinander abgegrenzte Flüssigkeitsräume verteilt, den Intra- und den Extrazellulärraum.

Intrazellulärraum. Das größte Kompartiment ist mit etwa 30–40 % vom Körpergewicht der Intrazellulärraum, die Summe der Volumina einzelner Zellen. (s. Abb. 36–1). Er wird vom Extrazellulärraum durch die Plasmamembranen der Zellen getrennt. Etwa die Hälfte des Intrazellulärraums ist Zytosol. Die Zelle enthält darüberhinaus mehrere, durch Membranen vom Zytosol abgetrennte Organellen, wie Mitochondrien, Lysosomen, Endosomen und Zellkerne (s. Kap. 1).

Extrazellulärraum. Den größten Anteil des Extrazellulärraums (normalerweise etwa 25 % des Körpergewichtes) nimmt der ***interstitielle Raum*** ein (etwa 18 % des Körpergewichtes). Er wird vom ***Plasmaraum*** (ca. 5 %) durch eine Endothelzellschicht getrennt. Der sogenannte ***Transzellulärraum*** (ca 2 %) umfaßt Pleura-, Peritoneal- und Perikardhöhlen, Liquorraum, Augenhöhlen und die Lumina von Urogenitaltrakt, Gastrointestinaltrakt und Drüsen. Er wird vom Interstitium durch eine Epithelzellschicht getrennt.

Die Flüssigkeitsräume weisen unterschiedliche Elektrolytzusammensetzungen auf.

Unterschiede von Intra- und Extrazellulärraum. Im Extrazellulärraum dominiert NaCl, während im Zytosol vorwiegend K^+ sowie anionische Proteine und Phosphatverbindungen akkumuliert werden (Tabelle 36–1). Wie in Kap. 1 ausgeführt wird, ist die ungleiche Kationenverteilung über die Zellmembran Voraussetzung für die Schaffung des Zellmembranpotentials. Das zellseitig-negative Potential treibt das negativ geladene Cl^- aus der Zelle. Die intrazelluläre Cl^--Konzentration ist daher nur ein Bruchteil der extrazellulären Cl^--Konzentration. Die intrazellulären Anionen sind vorwiegend negativ geladene Phosphatverbindungen und Proteine. Die intrazelluläre Ca^{2+}-Konzentration ist nur etwa 0,01 % der extrazellulären Ca^{2+}-Konzentration. Öffnung von Ca^{2+}-Kanälen in der Zellmembran führt daher zu einem massiven Einstrom von Ca^{2+}, ein wichtiger Mechanismus in der Regulation von Zellfunktionen (s. Kap. 1). Normalerweise ist die intrazelluläre Konzentration für H^+ mäßig, die für Phosphat und Magnesium wesentlich höher als im Extrazellulärraum.

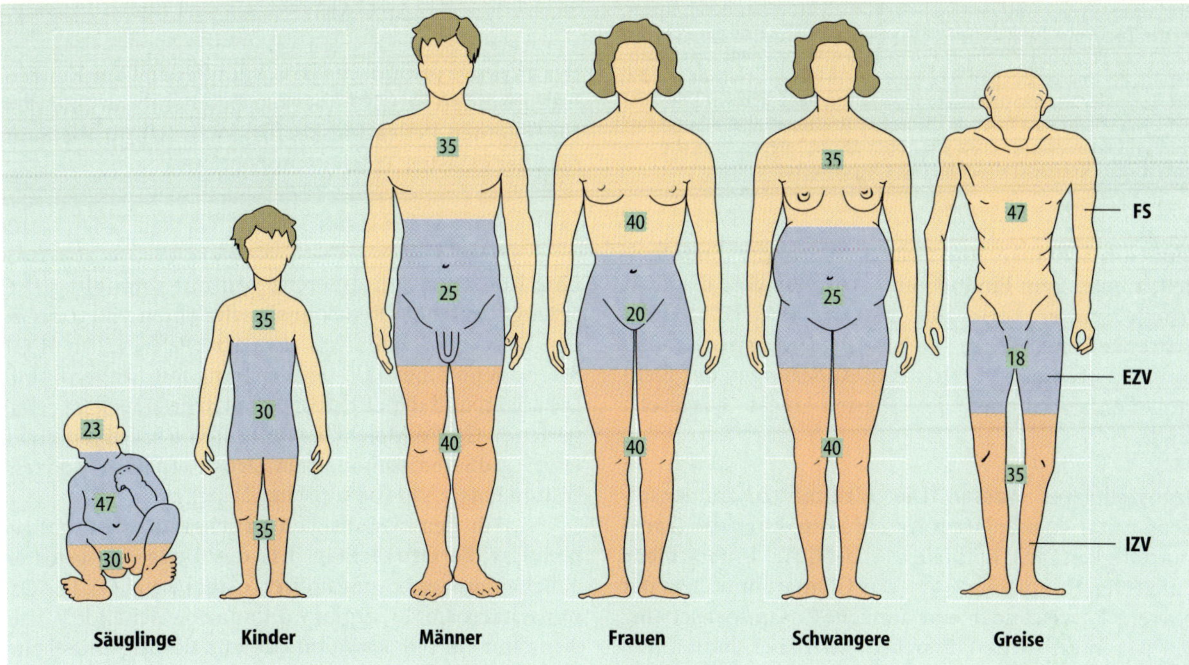

Abb. 36–1. Anteil von intra- und extrazellulärem Wasser am Körpergewicht. Einfluß von Geschlecht und Alter. *EZV* = Extrazellulärvolumen, *IZV* = Intrazellulärvolumen, *FS* = feste Substanzen (Knochen, Fett, etc.). Anhaltswerte, die große Variabilität aufweisen (insbes. bei Fettleibigkeit)

Tabelle 36–1. Elektrolytkonzentrationen in den Flüssigkeitsräumen des Körpers

	Plasma[a]		Interstitielle Flüssigkeit		Intrazelluläre Flüssigkeit	
	mval/l	*mmol/l*	*mval/l*	*mmol/l*	*mval/l*	*mmol/l*
Na^+	141	141	143	143	15	15
K^+	4	4	4	4	140	140
Ca^{2+}	5	2,5	2,6	1,3	0,0002[b]	0,0001[b]
Mg^{++}	2	1	1,4	0,7	30	15
Summe	152		151		185	
Cl^-	103	103	115	115	8	8
HCO_3^-	25	25	28	28	15	15
HPO_4^{2-}	2	1	2	1	85[c]	60[c]
SO_4^{2-}	1	0,5	1	0,5	20	10
org. Säuren	4	4	5	5	2	2
Proteine	17	2	< 1	< < 5	60	6
Summen	152		151		185	
pH	7,4		7,4		7,1	
Volumen (l)	3[a]		10		20	

[a] davon sind nur 94 % Wasser, 6 % sind Proteinvolumen, d. h. die Konzentrationen der Elektrolyte im Plasmawasser sind um etwa 6 % größer als im Plasma

[b] freies Kalzium im Zytosol

[c] davon der größte Teil organisch (Hexose-, Kreatin-, Adenosinphosphat etc.)

Unterschiede zwischen Interstitium und Plasma. Ein kleiner Teil des Volumens im Plasma (ca. 6 %) wird durch Proteine eingenommen. Das Plasmavolumen ist also größer als das Volumen des Plasmawassers. Bezieht man die Menge an gelösten Teilchen auf das Gesamtvolumen des Plasmas (mmol/l), dann resultieren um etwa 6 % geringere Konzentrationen als die Konzentration der Teilchen pro Plasmawasser (mmol/kg H_2O). Die Endothelzellschicht ist in fast allen Geweben für Elektrolyte frei permeabel, nicht jedoch für die meisten Plasmaproteine. Ca^{2+} wird im Plasma zu 40 % an Proteine gebunden. Der proteingebundene Anteil an Ca^{2+} fehlt in der proteinarmen interstitiellen Flüssgkeit und die Ca^{2+}-Konzentration ist entsprechend niedriger.

Ein geringfügiger Unterschied besteht auch für die anderen Ionen, da die Zurückhaltung der negativ geladenen Proteine ein Plasma-negatives Potential (Gibbs-Donnan-Potential) erzeugt, das Kationen im Plasma zurückhält und Anionen in das Interstitium treibt. Bei normaler Plasmaproteinkonzentration baut sich ein Potential von etwas mehr als 1 mV auf, die Konzentrationen von K^+ und Na^+ sind im Plasmawasser etwa 5 % höher als im Interstitium, die Cl^-- und HCO_3^--Konzentrationen etwa 5 % geringer.

Blut-Hirn-Schranke. Im Gehirn bilden die Endothelzellen unter dem Einfluß von Astrozyten eine für Elektrolyte schwer permeable Barriere (sog. Blut-Hirn-Schranke). Auf diese Weise ist gewährleistet, daß Neurone etwaigen kurzfristigen Änderungen der Elektrolytkonzentrationen im Plasma nicht ausgesetzt sind.

Transzelluläres Wasser. Die Elektrolytzusammensetzung von transzellulärem Wasser kann durch die Transporttätigkeit der Epithelien erhebliche Unterschiede zum Interstitium aufweisen. Das Glomerulumfiltrat der Niere, z. B., weist noch eine ähnliche Zusammensetzung auf wie interstitielle Flüssigkeit, wird aber dann durch die Transportprozesse in den Nierentubuli letztlich zu Urin umgewandelt (s. Kap. 35). Gleichermaßen wird das Primärsekret von Drüsen (z. B. Parotis) durch die Epithelien der Drüsenausführungsgänge letztlich zum Drüsensekret umgewandelt (s. Kap. 38).

Knochen. Elektrolyte liegen im Körper nicht nur gelöst vor, sondern werden z. T. im Knochen abgelagert (Tabelle 36–2) und verleihen ihm dadurch seine Festigkeit. Die Knochenmineralien bestehen insbesondere aus Kalziumphosphat und Kalziumkarbonat. Die im Knochen abgelagerten Elektrolyte werden nur äußerst langsam ausgetauscht.

Wasser kann Zellmembranen leicht passieren; treibende Kraft ist ein osmotisches Gefälle.

Mit wenigen Ausnahmen (wie die luminale Zellmembran der dicken Henle-Schleife, s. Kap. 35.2) sind Zellmembranen und Epithelien für Wasser gut durchlässig. Treibende Kraft für den Wassertransport (Jv) ist im Prinzip ein hydrostatisches (Δp) und effektives osmotisches ($\Delta\pi$) Druckgefälle:

Tabelle 36–2. Verteilung von Elektrolyten in verschiedenen Kompartimenten (in %; die Zahlen sind gerundet, die Summe ist daher z. T. > 100). IZR = Intrazellulärraum, EZR = Extrazellulärraum

	IZR	EZR	Knochen
K^+	88	3	9
Na^+	7	50	43
Ca^{2+}	< 0,1	0,1	100
Mg^{2+}	60	0,1	40
PO4	12	0,1	88
Cl^-	5	95	0

$$Jv = Lp\,(\Delta p - \Delta\pi) \qquad (1)$$

Der effektive osmotische Druckgradient ist der Konzentrationsdifferenz (Δc) über die Zellmembran und dem sogenannten Reflektionskoeffizienten (σ) für die Summe aller gelösten Teilchen proportional:

$$\Delta\pi = R\,T\,E\,\sigma\,\Delta ci \qquad (2)$$

Eine Konzentrationsdifferenz von nur 1 mmol/kg H_2O erzeugt bei einem Reflexionskoeffizienten von $\sigma = 1$ einen Druckgradienten von etwa 2.2 kPa ($\approx$ 22 cm H_2O). Streng genommen gilt die Gleichung nur für verdünnte Lösungen und der effektive osmotische Druck ist etwas geringer. Große Moleküle wie Proteine erzeugen einen etwas größeren osmotischen Druck als ihrer Konzentration entspricht (onkotischer Druck).

Für den osmotischen Druckgradienten maßgebend ist die Osmolalität, d. h. die Menge an gelösten Teilchen pro kg Lösungsmittel (osmol/kg H_2O). Die Osmolarität (osmol/l) ergibt v. a. dann abweichende Werte, wenn nur ein Teil des Volumens vom Lösungsmittel eingenommen wird. Im Plasma (s. oben) und vor allem im Intrazellulärraum wird ein Teil des Volumens u. a. durch Proteine und Fette eingenommen. Das Wasservolumen ist somit entsprechend geringer und die Osmolalität höher als die aus dem gesamten Volumen errechnete Osmolarität.

Über die Kapillarwand ist der hydrostatische Druckgradient erheblich, die Permeabilität für die Ionen äußerst hoch ($\sigma \approx 0$). Die Wasserbewegung zwischen Plasmaraum und Interstitium wird daher durch den onkotischen und hydrostatischen Druckgradienten bestimmt (s. Kap. 24). Die Zellmembranen sind für die meisten Solute wenig permeabel ($\sigma \approx 1$) und andererseits zu fragil, um den Aufbau nennenswerter hydrostatischer Druckgradienten zuzulassen. Wasserbewegungen über die Zellmembran werden daher (fast) ausschließlich durch osmotische Druckgradienten diktiert.

Zellen regulieren ihr Volumen durch Elektrolyttransport über die Zellmembran sowie Bildung und Transport organischer Osmolyte.

Um ihr Volumen konstant zu halten, müssen Zellen ein osmotisches Gleichgewicht über ihrer Membran aufrecht erhalten. Dies ist keine triviale Aufgabe. Die Zellen müssen nämlich zur Ausübung ihrer Funktionen eine Vielzahl von organischen Substanzen akkumulieren, wie Aminosäuren, Substrate der Glykolyse etc. Um ein osmotisches Gegengewicht zum Gradienten an organischen Substanzen zu schaffen, treiben sie mit dem Membranpotential Cl^- aus der Zelle und erzeugen so eine geringe intrazelluläre Cl^--Konzentration [1,14,15].

Bedrohung der Zellvolumenkonstanz. Die Aufrechterhaltung der Ionengradienten und damit des Zellmembranpotentials erfordert die Tätigkeit der Na^+/K^+-ATPase und damit den ständigen Einsatz von Energie [18]. Energiemangel führt daher über Depolarisation und Zunahme der intrazellulären Cl^--Konzentration letztlich zur Zellschwellung (s. Kap. 1). Auch eine Zunahme der extrazellulären K^+-Konzentration hat Depolarisation und Zellschwellung zur Folge. Die intrazelluläre Osmolarität kann auch durch den Stoffwechsel verändert werden. So werden beim Proteinabbau Aminosäuren frei, die in der Summe eine sehr viel größere osmotische Aktivität entfalten wie die Proteine. Beim Aufbau von Makromolekülen (Proteine und Glykogen) und beim Abbau von Substraten zu CO_2 und Wasser verschwindet Osmolarität. Die Zellvolumenkonstanz wird schließlich durch Transport osmotisch aktiver Substanzen über die Zellmembran und durch Änderungen der extrazellulären Osmolarität bedoht.

Zellvolumenregulatorischer Ionentransport. Bei Änderungen ihres Volumens versuchen die Zellen zunächst durch Elektrolyttransport gegenzusteuern. Bei Zellschwellung geben sie u. a. KCl über K^+- und Cl^--Kanäle oder einen KCl-Symport ab. Auf diese Weise verlieren sie Osmolarität und damit Wasser (Abb. 36–2). Bei Zellschrumpfung nehmen die Zellen über Aktivierung von Na^+, K^+, $2Cl^-$-Cotransport oder Na^+/H^+-Austausch und Cl^-/HCO_3^--Austausch Ionen auf und gewinnen damit auch Wasser (s. Abb. 36–2).

Organische Osmolyte. Zellvolumenregulation ausschließlich über Ionen hat den Nachteil, daß Änderungen der intrazellulären Ionenkonzentration die Stabilität und Funktion der intrazellulären Proteine beeinträchtigt. Daher nutzen Zellen zusätzlich organische Osmolyte. Bei Zellschrumpfung bauen sie zelluläre Proteine ab und schaffen damit osmotisch-aktive Aminosäuren. Sie nehmen Glukose auf und erzeugen daraus durch eine Aldosereduktase Sorbitol. Durch Hemmung des Abbaus akkumulieren sie Glyzerophosphorylcholin. Über Na^+-gekoppelte Transportprozesse nehmen sie Inositol, Betain und Taurin auf. Die organischen Osmolyte sind besonders bei den exzessiven Osmolaritäten im Nierenmark erforderlich. Organische Osmolyte werden sonst v. a. im Gehirn benötigt, wo der Regulation des Zellvolumens über Elektrolyte wegen deren Einfluß auf das Membranpotential enge Grenzen gesetzt sind.

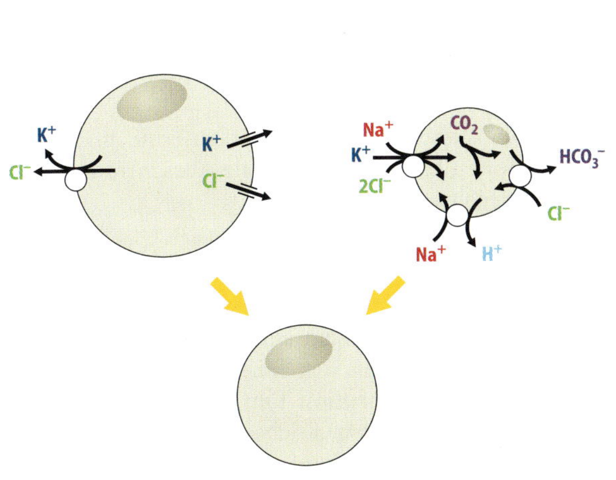

Abb. 36–2. Wichtigste Elektrolyttransporter bei der Zellvolumenregulation

! Der Körper besteht im Mittel zu etwa 60 % aus H_2O. Das intrazelluläre Wasser (ca. 40 %) ist vorwiegend Zytosol. Extrazelluläres Wasser (ca. 25 %) verteilt sich auf Interstitium (ca. 18 %), Plasmavolumen (ca. 5 %), und transzelluläre Räume (ca. 2 %). Der Intrazellulärraum enthält als wichtigste Ionen K^+, negativ geladene Phosphatverbindungen und Proteine, der Extrazellulärraum v. a. NaCl. Die ungleiche Ionenverteilung über die Zellmembran ist Voraussetzung für die Schaffung des Zellmembranpotentials und die Regulation des Zellvolumens. Das Interstitium wird vom Plasmawasser durch Endothelien getrennt, die – außer im Gehirn – für anorganische Ionen und kleinmolekulare Substanzen permeabel sind. Epithelzellschichten trennen Interstitium und transzelluläre Räume. Wasser kann zwischen allen Kompartimenten nahezu frei diffundieren. Treibende Kraft ist ein osmotischer und (in den Kapillaren) ein hydrostatischer Druckgradient.

Flüssigkeitsräume und Elektrolytpools können durch Indikatorverdünnung bestimmt werden.

Das Verdünnungsprinzip. Die Konzentration einer beliebigen Substanz (c) ist als Menge (M) pro Volumen (V) definiert:

$$c = M / V \quad (3)$$

Diese einfache Beziehung erlaubt die Berechnung einer der drei Variablen, wenn die beiden anderen bekannt sind. Bei der Bestimmung von Flüssigkeitsvolumina wird eine bekannte Menge einer Indikatorsubstanz (M_{add}) dem zu bestimmenden Volumen (V) zugesetzt und nach hinreichender Mischung die Konzentration (c) bestimmt ($V = M_{add} / c$). Die Indikatorsubstanz muß zur Zeit der Konzentrationsbestimmung gleichmäßig und ausschließlich im fraglichen Volumen verteilt sein und darf das zu bestimmende Volumen nicht verändern. Die Anwendung am Menschen erfordert zudem, daß die Substanz nicht toxisch ist.

Korrekturen bei Verschwinden des Indikators. Die verfügbaren Indikatorsubstanzen bleiben häufig nicht in dem zu bestimmenden Kompartment, sondern entweichen allmählich in andere Flüssigkeitskompartimente oder werden ausgeschieden, abgebaut etc. Bis eine gleichmäßige Verteilung des Indikators im fraglichen Volumen erzielt ist, hat bereits ein Teil der Indikatorsubstanz das Volumen wieder verlassen. Um dennoch eine richtige Abschätzung des Volumens zu erreichen, wird die Indikatorkonzentration mehrfach gemessen. Die gemessenen Indikatorkonzentrationen werden dann logarithmisch gegen die Zeit aufgetragen. Nach der Mischzeit fällt der Logarithmus der jeweiligen Indikatorkonzentrationen dann linear ab. Extrapolation der Geraden auf den Zeitpunkt der Indikatorapplikation ergibt diejenige Konzentration, die bei vollständiger Mischung des gesamten injizierten Farbstoffes erreicht worden wäre.

Bestimmung von Plasmavolumen oder Blutvolumen. Das Plasmavolumen kann durch Evansblau bestimmt werden, das fest an Plasmaproteine gebunden wird und daher den Plasmaraum (praktisch) nicht verläßt. Alternativ werden radioaktiv markierte Proteine eingesetzt. Das Blutvolumen kann durch ^{51}Cr-markierte Erythrozyten ermittelt werden. Blut besteht aus zwei Kompartimenten, dem Plasma und dem Erythrozytenvolumen. Die beiden Kompartimente können durch Zentrifugation voneinander getrennt werden (Hämatokrit, vgl. Kap. 21). Zwischen Plasmavolumen (V_P), Blutvolumen (V_B) und Hämatokrit (Hkt in%) besteht folgende Beziehung:

$$V_P = V_B \cdot (1-0.0087\ \mathrm{Hkt}) \qquad (4)$$

Der Umrechnungsfaktor berücksichtigt, daß die Trennung nicht perfekt ist und etwa 10 % des Plasmas in der Erythrozytensäule verbleiben. Da Erythrozyten im Zentrum der Gefäße fließen (vgl. Kap. 27), ist der Hämatokrit ferner in großen Gefäßen größer als in kleinen Gefäßen. Der Hämatokrit von Blut aus großen Venen ist demnach höher als der mittlere Hämatokrit des gesamten Körpers.

Bestimmung von Extrazellulärraum und interstitiellem Raum. Für die Bestimmung des Extrazellulärvolumens werden radioaktive Na^+, Cl^-, Thiocyanat, Inulin oder Sukrose eingesetzt. Keiner der Indikatoren erreicht den gesamten Extrazellulärraum in vertretbarem Zeitraum und alle genannten Indikatoren gelangen zu einem kleinen Teil in den Intrazellulärraum. Daher erlauben die Indikatoren nur eine ungefähre Abschätzung des Extrazellulärraums. Der Verteilungsraum von Na^+ ist etwas größer und der von Inulin etwas kleiner als der wirkliche Extrazellulärraum.

Das Volumen des Interstitiums wird aus der Differenz von Extrazellulärraum und Plasmavolumen ermittelt. Dabei wird das transzelluläre Wasser vernachlässigt.

Bestimmung von Gesamtkörperwasser und Intrazellulärvolumen. Das Gesamtkörperwasser wird duch titriertes Wasser oder durch Antipyrin ermittelt, die in alle Flüssigkeitsräume des Körpers eindringen. Das Intrazellulärvolumen wird aus der Differenz von Gesamtkörperwasser und Extrazellulärvolumen ermittelt.

Bestimmung von Elektrolytpools. Die Menge eines bestimmten Elektrolyten im Körper (Elektrolytpool) wird durch die Verdünnung der entsprechenden radioaktiven Elektrolyte ermittelt. Der Na^+-Pool wird beispielsweise mit Hilfe von $^{22}Na^+$ bestimmt. Wenn sich $^{22}Na^+$ gleichmäßig verteilt hat, kann der Na^+-Pool (M_{Na}) aus folgender Beziehung errechnet werden:

$$M_{Na} = M_{22Na} \cdot [Na^+] / [^{22}Na^+] \qquad (5)$$

wobei M_{22Na} die Menge an injiziertem $^{22}Na^+$ ist, $[Na^+]$ und $[^{22}Na^+]$ die jeweiligen Konzentrationen im Plasma. Wiederum müssen Korrekturen durchgeführt werden, die inzwischen ausgeschiedenes $^{22}Na^+$ berücksichtigen (s. oben). Die ermittelte Poolgröße hängt von der Zeit ab, die zur Mischung gewährt wurde. Elektrolyte passieren beispielsweise nur langsam die Blut-Hirn-Schranke, die jeweiligen Halbwertszeiten für Na^+, Ca^{2+}, K^+ und Mg^{2+} sind etwa 3, 8, 16 und 24 h. Die Equilibrierung mit Knochenmineralien erfordert einen sehr viel längeren Zeitraum und Elektrolyte im Knochen werden bei Bestimmung der Elektrolytpools nicht erfaßt.

Tabelle 36–3. Täglicher Wasserumsatz des Körpers bei Erwachsenen (Säuglinge tauschen täglich ca. 10 % des Körpergewichts an Wasser aus)

Aufnahme (l/24 h)		Abgabe (l/24 h)	
Nahrungsmittel	0,7	Verdunstung	
Oxidationswasser	0,3	(Haut und Lunge)	0,8
Trinkmenge	>0,6	Kot	0,1
		Harn	>0,7
		Schweiß	0–10

Die Konstanz von Volumen und Zusammensetzung einzelner Kompartimente erfordert eine ausgeglichene Wasser- und Elektrolytbilanz nach außen.

Wasserbilanz. Die Aufnahme von Wasser wird durch orale Zufuhr und intestinale Absorption bestimmt (Tabelle 36–3). Neben oral zugeführtem Wasser gelangen 8 Liter Flüssigkeit pro Tag durch intestinale Sekretion in das Darmlumen. Normalerweise wird fast alles absorbiert und nur etwa 200 ml über den Darm ausgeschieden. Versagt die intestinale Absorption von Flüssigkeit, dann führt die anhaltende Sekretion von Flüssigkeit in das Darmlumen schnell zu lebensbedrohlichen Flüssigkeitsverlusten.

Ist der Körper auf Wärmeabgabe über Schwitzen angewiesen, können erhebliche Mengen (bis zu 10 Liter/Tag) an Flüssigkeit über den Schweiß verloren gehen. Aber auch ohne Schwitzen geht Flüssigkeit durch Verdunstung an der Hautoberfläche und durch Abatmung wasserdampfgesättigter Luft verloren (perspiratio insensibilis). Bei einer Temperatur von 37 °C ist Luft bei 47 mmHg (6 kPa) wasserdampfgesättigt. Wenn die Inspirationsluft völlig trocken ist und die Ventilation 6 l/min beträgt, gehen etwa 500 ml am Tag über die Atmung verloren.

Im Stoffwechsel entsteht durch die Verbrennung von Substraten Oxidationswasser, wie folgende Beispiele zeigen:

Fettsäuren: $CH_3\text{-}(CH_2)_n\text{-}COOH + (3n/2 + 2)\ O_2 \rightarrow (n+2)\ CO_2 + (n+2)\ H_2O$
Kohlehydrate: $C_6H_{12}O_6 + 6\ O_6 \rightarrow 6\ CO_2 + 6\ H_2O$
Alanin: $2\ CH_3\text{-}CHNH_2\text{-}COOH + 6O_2 \rightarrow 5\ CO_2 + 1\ CO(NH_2)_2 + 5\ H_2O$

Insgesamt werden normalerweise etwa 300 ml Oxidationswasser gebildet (s. Tabelle 36–3).

Die Wasserbilanz wird in erster Linie durch orale Aufnahme (Trinken) und renale Ausscheidung (Diurese) geregelt (s. unten).

Elektrolytbilanz. Elektrolyte werden oral aufgenommen und intestinal absorbiert (Tabelle 36–4). Über die intestinalen Sekrete gelangen auch entsprechende Mengen an Elektrolyten in das Darmlumen. Eine Beeinträchtigung der Absorption führt daher zu bedrohlichen Elektrolytverlusten. Kochsalz kann ferner in erheblichen Mengen über den Schweiß verloren gehen.

Die Elektrolytaufnahme wird teilweise durch Salzappetit geregelt. Die enterale Absorption und Aus-

Tabelle 36–4. Täglicher Elektrolytumsatz des Körpers bei Erwachsenen

	Gesamtumsatz (mmol/24 h)	Ausscheidung in % der Gesamtausscheidung		
		Urin	Kot	Schweiß
Natrium:	150	95	4	1
Kalium:	100	90	10	–
Chlorid:	100	98	1	1
Kalzium:	20	30	70	–
Magnesium:	15	30	70	–

scheidung von Elektrolyten wird dem jeweiligen Elektrolytbedarf angepaßt. Die entscheidende Rolle in der Regulation der Elektrolytbilanz spielt jedoch die Ausscheidung durch die Niere.

! Die Konstanz von Volumen und Zusammensetzung einzelner Kompartimente erfordert eine ausgeglichene Wasser- und Elektrolytbilanz nach außen. Die Wasserbilanz wird normalerweise durch orale Zufuhr und intestinale Absorption, renale Ausscheidung, Schweißsekretion, perspiratio insensibilis und Bildung von Oxidationswasser bestimmt. Auch die Elektrolytbilanz wird durch intestinale Absorption, renale Ausscheidung und Verluste über den Schweiß diktiert.

36.2 Wasser- und Kochsalzhaushalt

Der Kochsalzgehalt des Körpers entscheidet über die Verteilung von Wasser zwischen Intra- und Extrazellulärvolumen.

Bei Gesunden sind Na^+ und Cl^- für etwa 80 % der extrazellulären Osmolalität verantwortlich. Der Anteil von Wasser, der sich im Extrazellulärraum aufhält, wird im wesentlichen durch den Kochsalzgehalt des Körpers diktiert. Damit ist die Größe des Extrazellulärvolumens und mit ihm des Plasmavolumens eine Funktion des Kochsalzgehaltes des Körpers. Unter anderem wegen der Wirkung von Kochsalz auf das Plasmavolumen kann kochsalzreiche Diät bei entsprechend empfindlichen Personen die Entwicklung eines Bluthochdrucks begünstigen [13]. Die extrazelluläre NaCl-Konzentration bestimmt jedoch auch das Intrazellulärvolumen. Eine hohe extrazelluläre NaCl-Konzentration bedingt auch eine hohe extrazelluläre Osmolalität, die den Zellen Wasser entzieht und zur Zellschrumpfung führen kann. Umgekehrt kann Kochsalzmangel über Abnahme der extrazellulären Osmolalität Zellschwellung auslösen.

Weitere Na^+-abhängige Funktionen. Die Depolarisation erregbarer Zellen durch Öffnung von Na^+-Kanälen erfordert den hohen elektrochemischen Gradienten von Na^+ über die Zellmembran. Der chemische Gradient für Na^+ wird ferner als Triebkraft für eine Vielzahl von sekundär aktiven Transportprozessen genutzt (s. Tabelle 34–2). Der (elektro)chemische Na^+-Gradient ist sehr steil und die meisten Na^+-Transportprozesse werden erst durch Änderungen der Na^+-Konzentration beeinträchtigt, die wegen Störungen des Intra- und Extrazellulärvolumens nicht mehr mit dem Leben vereinbar sind. Ausnahmen sind der Na^+/Ca^{2+}-Antiporter und der $Na^+, (HCO_3^-)_3$-Symport. Beide Carrier arbeiten dicht am elektrochemischen Gleichgewicht, d.h. auch mäßige Änderungen der intra- oder extrazellulären Na^+-Konzentration können den elektrochemischen Gradienten aufheben oder sogar umdrehen. Insbesondere der Na^+/Ca^{2+}-Antiporter ist ausgesprochen empfindlich gegenüber Änderungen des Na^+-Gradienten, da drei Na^+-Ionen gegen ein Ca^{2+}-Ion ausgetauscht werden. Eine Verdoppelung der zytosolischen Na^+-Konzentration, z.B., steigert die zytosolische Ca^{2+}-Konzentration im Gleichgewicht um den Faktor 8 (2^3).

Weitere Cl^--abhängige Funktionen. Neben seiner Funktion als osmotisch aktives Teilchen im Extrazellulärraum ist Cl^- noch Substrat mehrerer Transportprozesse. Cl^- kann über die Zellmembran durch Cl^--Kanäle oder elektroneutrale Transportsysteme (Na^+, K^+, $2Cl^-$-Symport, NaCl-Symport, Cl^-/HCO_3^--Antiport, KCl-Symport, etc.) transportiert werden. Die Cl^--Kanäle spielen bei der Repolarisation erregbarer Zellen (v. a. Muskelzellen) eine entscheidende Rolle. Cl^--Kanal und Transporter sind zudem für den epithelialen Transport und die Zellvolumenregulation von Bedeutung. Keine der Funktionen ist jedoch bei Cl^--Konzentrationen beeinträchtigt, die noch mit dem Leben vereinbar wären.

Die Wasseraufnahme ist vom Verhalten abhängig und wird durch den Durst geregelt, die Salzaufnahme durch Salzappetit.

Wasseraufnahme. Die Wasseraufnahme wird normalerweise durch das Verhalten diktiert. So trinkt man auch ohne Durst während des Essens und bei sozialen Ereignissen. Durch das sogenannte „behavioural drinking" wird normalerweise mehr Flüssigkeit zugeführt als erforderlich ist. Durst tritt auf, wenn die Osmolalität um hypothalamische Osmorezeptoren zunimmt, wobei bereits eine Zunahme um 1–2 % Durst erzeugt. Herabgesetzte Füllung der zentralen Gefäße und der Vorhöfe stimulieren gleichermaßen Durst. Eine herabgesetzte Füllung der Gefäße stimuliert die Ausschüttung von Renin (s. unten) und das in der Folge gebildete Angiotensin II löst gleichfalls Durst aus. Die Trinkmenge ist u. a. wegen gesteigerter Angiotensin-II-Bildung während der Schwangerschaft gesteigert [11].

Salzappetit. Auch die Salzaufnahme übersteigt normalerweise die erforderlichen Mengen. Bei Na^+-Mangel und Hypovolämie kann Salzappetit auftreten, der die Zufuhr von Kochsalz fördert. Die Salzaufnahme wird ferner durch Mineralokortikoide, Angiotensin II, Östrogene, Prolaktin, adrenokortikotropes Hormon (ACTH) und wahrscheinlich Glukokortikosteroide stimuliert.

Die Regulation der Kochsalz- und Wasserbilanz ist in erster Linie Aufgabe der Niere.

Ein Wasserüberschuß steigert die renale Ausscheidung von Wasser (Diurese) und Kochsalzüberschuß steigert die renale Ausscheidung von Kochsalz (Natriurese). In der Wahrnehmung dieser beiden Aufgaben kann die Niere die Urinosmolalität zwischen 50 und 1.400 mosmol/kg H_2O und die Harnmenge zwischen weniger als einem halben Liter bis zu über 20 Liter am Tag variieren (s. Kap. 35.4).

Hemmung der ADH-Ausschüttung nach Wasserzufuhr. Zugeführtes Wasser verteilt sich gleichermaßen in Intra- und Extrazellulärraum. Die Zunahme des Intrazellulärvolumens wird v. a. von Osmorezeptoren im Hypothalamus und Pfortadersystem registriert (Abb. 36–3). Folge ist eine Hemmung der Ausschüttung von antidiuretischem Hormon, das normalerweise die Wasserresorption im distalen Nephron ermöglicht (s. Kap. 35). Die Hemmung der ADH-Ausschüttung führt zur Diurese und ermöglicht damit die Ausscheidung des überschüssigen Wassers. Die Zunahme des Extrazellulärvolumens steigert auch das Plasmavolumen. Folge ist eine Zunahme des Druckes in den Vorhöfen. Die Vorhofdehnung hemmt über vagale Afferenzen und den Nucleus solitarius wiederum die Ausschüttung von ADH (Gauer-Henry-Reflex) und trägt damit zur Diuresesteigerung bei.

ADH-Ausschüttung nach Salzzufuhr. Die ausschließliche Zufuhr von Kochsalz steigert die extrazelluläre Osmolarität, die den Zellen Wasser entzieht. Die Zellschrumpfung hemmt die Ausschüttung von ADH und es kommt damit zunächst zur Antidiurese. Die Verschiebung von Wasser aus den Zellen und die Antidiurese vergrößern den Extrazellulärraum und die Zunahme des Blutvolumens führt zur Dehnung des rechten Vorhofes. Folge ist neben einer Hemmung der ADH-Ausschüttung eine gesteigerte Füllung der rechten Herzkammer, des Schlagvolumens und letztlich des Herzzeitvolumens (s. Abb. 36–3).

Renin-Angiotensin-Aldosteron nach Salzzufuhr. Über Aktivierung von Druckrezeptoren in Lunge und Aorta sowie über die vagalen Afferenzen aus den Vorhöfen wird die Aktivität des Sympathikus gehemmt. Damit werden unter anderem die präglomerulären Arteriolen dilatiert. Die Autoregulation steuert einer Zunahme der renalen Durchblutung entgegen. Dabei wird jedoch die Reninausschüttung in den myoepithelialen Zellen des juxtaglomerulären Apparates unterdrückt. In der Folge werden weniger Angiotensin I und damit weniger Angiotensin II gebildet und die Stimulation der Aldosteronausschüttung durch Angiotensin II nimmt ab. Die stimulierende Wirkung von Angiotensin II und Aldosteron auf die renale Na^+-Resorption wird abgeschwächt (s. Kap. 35) und die folgende Natriurese gewährleistet dann die renale Ausscheidung des überflüssigen Kochsalzes. Weitere Folgen herabgesetzter Angiotensin-II-Bildung sind periphere Vasodilatation sowie Abnahme von Durst und ADH-Ausschüttung.

Natriuretische Faktoren nach Salzzufuhr. Die Dehnung des Herzens stimuliert ferner die Ausschüttung des sogenannten atrialen natriuretischen Faktors (Atriopeptin, ANF), Peptide, die periphere Vasodilatation auslösen, die renale Durchblutung steigern, die Reninausschüttung hemmen und die Natriumausscheidung fördern. ANF und ein in Struktur und Eigenschaften sehr ähnliches Peptid (Urodilatin) werden auch in der Niere selbst gebildet. Die Zunahme der extrazellulären Na^+-Konzentration und die Hypervolämie stimulieren ferner die Ausschüttung von Ouabain v. a. aus der Neben-

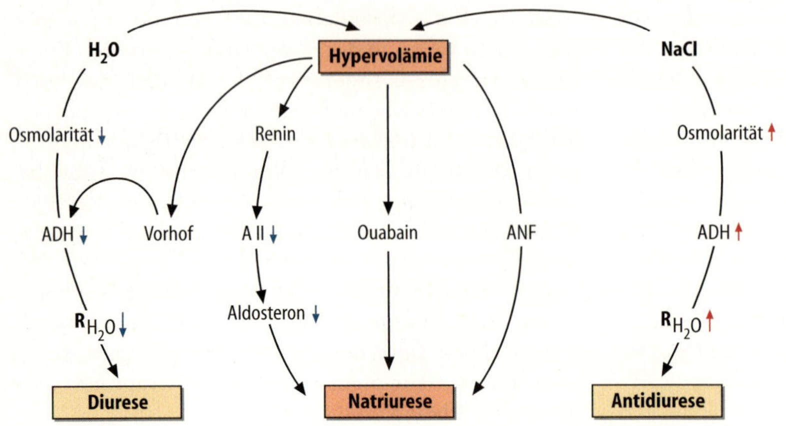

Abb. 36–3. Regulation renaler Wasser- und NaCl-Ausscheidung nach Wasser- und/oder NaCl-Zufuhr. *RH_2O* = renale Wasserresorption. *ANF* = atrialer natriuretischer Faktor (Atriopeptin), *ADH* = antidiuretisches Hormon, *AII* = Angiotensin II

niere. Ouabain hemmt die Na^+/K^+-ATPase in verschiedenen Geweben und steigert über eine Zunahme der intrazellulären Na^+-Konzentration und somit Beeinträchtigung des Na^+/Ca^{2+}-Austauschers auch die intrazelluläre Ca^{2+}-Konzentration. In der Niere führt es über Hemmung der Na^+/K^+-ATPase zur Natriurese. Die physiologische Bedeutung von Ouabain ist freilich noch umstritten. Eine Reihe von weiteren Hormonen ist an der Regulation der renalen Na^+-Ausscheidung beteiligt (s. Tabelle 35–3). Darüberhinaus werden intrarenale Mechanismen diskutiert, die zur gesteigerten Natriurese nach Kochsalzzufuhr beitragen sollen.

Im Gegensatz zur Diurese nach Wasserzufuhr setzt die Natriurese nach Kochsalzzufuhr nur langsam ein, da die beteiligten Mechanismen teilweise lange Halbwertszeiten aufweisen.

Auch der Na^+-Gehalt von Schweiß und die Na^+-Ausscheidung durch den Darm wird in Abhängigkeit von der Kochsalzbilanz geregelt.

Obgleich die Niere das weitaus wichtigste Organ in der Regulation des Wasser- und Kochsalzhaushaltes ist, trägt auch eine veränderte Kochsalzausscheidung durch Schweißdrüsen und Darm zur Regulation bei. Aldosteron stimuliert die Na^+-Kanäle vor allem im Dickdarm und in den Schweißdrüsenausführungsgängen. Bei Kochsalzmangel werden somit Verluste durch Schweiß und Darm gemindert. Eine massiv gesteigerte Schweißsekretion oder intestinale Wasser- und Kochsalzverluste können umgekehrt die Regulationsmechanismen überfordern.

!

Die Größe des Extrazellulärvolumens und mit ihm des Plasmavolumens steigt mit dem Kochsalzgehalt des Körpers. Kochsalzreiche Diät kann daher Hypervolämie und Bluthochdruck erzeugen. Hohe extrazelluläre Kochsalzkonzentrationen entziehen den Zellen Wasser (Zellschrumpfung), niedere extrazelluläre Kochsalzkonzentrationen führen umgekehrt zur Zellschwellung. Wasser- und Kochsalzbilanz werden vorwiegend durch orale Zufuhr und renale Ausscheidung reguliert. Die Wasseraufnahme wird durch Verhalten (behavioural drinking) und Durst (Zellschrumpfung und Angiotensin II) stimuliert, die renale Wasserausscheidung durch ADH gehemmt. Die Salzaufnahme wird durch Salzappetit und durch Mineralokortikoide, Angiotensin II, Östrogene, Prolaktin, adrenokortikotropes Hormon (ACTH) und wahrscheinlich Glukokortikosteroide stimuliert. Die renale Kochsalzausscheidung wird durch Aldosteron gehemmt und über natriuretische Faktoren aus dem kardialen Vorhof, der Niere und der Nebenniere stimuliert.

Viele Ursachen führen zu Mangel (Dehydratation) oder Überschuß (Hyperhydratation) an Wasser mit oder ohne gleichzeitigem Mangel oder Überschuß an Kochsalz.

Die verschiedenen Störungen des Wasser- und Kochsalzhaushaltes sind in Abbildung 36–4 dargestellt. Dehydratation ist ein Mangel an Wasser mit oder ohne Mangel an Kochsalz, Hyperhydratation ein Überschuß an Wasser mit oder ohne Überschuß an Kochsalz. Bei der jeweiligen Störung kann die extrazelluläre und intrazelluläre Osmolalität normal (isoton), gesteigert (hyperton) oder erniedrigt (hypoton) sein. Die Einteilung ist rein phänomenologisch und korreliert nur teilweise mit den Ursachen der Störung [2].

Isotone Dehydratation. Sie entsteht durch einen Mangel an Wasser und Kochsalz in etwa gleichem Ausmaß. Ursachen sind u. a. Erbrechen, Durchfälle, massives Schwitzen, Verbrennungen und renale Flüssigkeitsverluste, wie bei Aldosteronmangel, Diuretika-Einfluß, osmotischer Diurese (z. B. bei Glukosurie) etc. Bei isotoner Dehydratation ist ausschließlich der Extrazellulärraum eingeschränkt.

Hypotone Dehydratation. Sie ist Folge von überwiegenden Kochsalzverlusten. Mögliche Ursachen sind die gleichen wie bei der isotonen Dehydratation, wobei ein Flüssigkeitsersatz durch Trinken hypotoner Flüssigkeit, eine gesteigerte ADH-Ausschüttung oder ein Aldosteronmangel die Entwicklung einer hypotonen Dehydratation besonders fördern. Bei hypotoner Dehydratation nehmen der Extrazellulärraum ab und der Intrazellulärraum zu.

Hypertone Dehydratation. Sie wird durch Verluste an Wasser ohne gleichzeitige Verluste von Kochsalz hervorgerufen. Ursachen sind herabgesetzte Zufuhr oder intestinale Absorption (Durchfälle) von Wasser, Verluste hypotoner Flüssigkeit über Schweißsekretion, gesteigerte Perspiratio insensibilis (Fieber, Hyperthermie, Hyperventilation) und über die Niere (bei ADH-Mangel oder Unempfindlichkeit der Niere gegenüber ADH). Hypertone Hyperhydratation führt zur massiven Einschränkung des Intrazellulärvolumens.

Isotone Hyperhydratation. Sie ist Folge eines Überschusses an Wasser und Kochsalz. Zu den möglichen Ursachen zählt Infusion von Kochsalzlösungen bei eingeschränkter renaler Ausscheidung, wie bei Niereninsuffizienz oder Aldosteronüberschuß. Folge ist eine Zunahme des Extrazellulärraums inklusive des Plasmaraums. Eine massive Zunahme des interstitiellen Raums in Form von Ödemen wird bei gestörtem Filtrationsgleichgewicht in den Kapillaren beobachtet, wie bei Leberinsuffizienz, Herzinsuffizienz und nephrotischem Syndrom (s. Kap. 24). Die Ödeme entstehen dabei auf Kosten des Plasmavolumens und die Regulation des

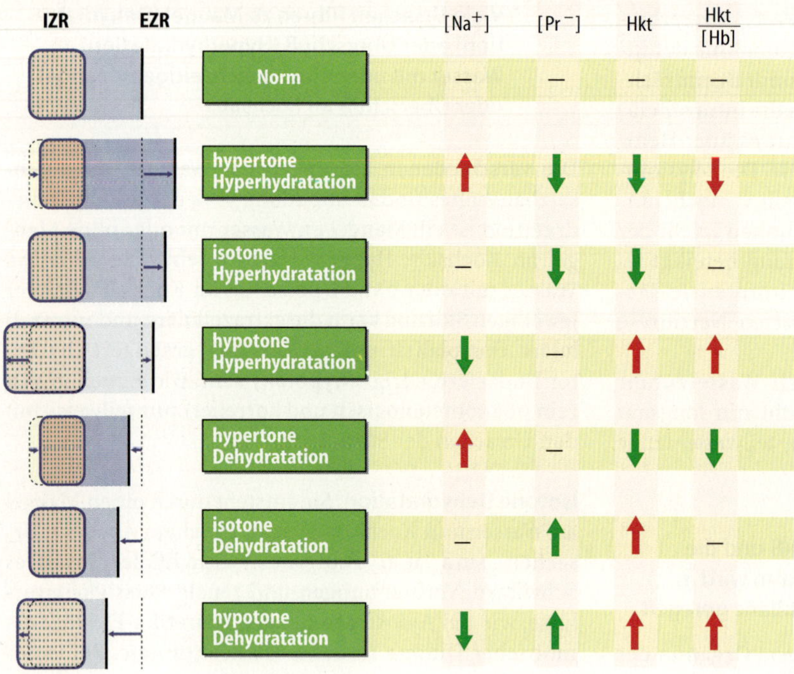

Abb. 36–4. Störungen des Wasser- und NaCl-Haushaltes. *Links* die jeweiligen Änderungen von Intrazellulärraum (*IZR, rötlich*) und Extrazellulärraum (*EZR, blau*). *Rechts* die jeweiligen Änderungen der extrazellulären Na^+-Konzentration (*[Na^+]*), der Plasmaproteinkonzentration (*[Pr^-]*), des Hämatokrit (*Hkt*) und des Verhältnisses von Hämatokrit und Hämoglobinkonzentration (*Hkt/[Hb]*)

Salz-Wasser-Haushaltes verhält sich wie bei einer isotonen Dehydratation, d. h. es wird versucht, trotz der Hyperhydratation über Durst und gesteigerte renale Retention von Wasser und Kochsalz (Renin-Angiotensin II, Aldosteron und ADH) das Plasmavolumen zu steigern.

Hypotone Hyperhydratation. Sie entsteht durch vorwiegenden Überschuß an Wasser. Ursachen sind in erster Linie exzessive Wasseraufnahme oder gesteigerte renale Retention von Wasser durch ADH-Überschuß. Die Infusion isotoner Glukoselösungen bei eingeschränkter renaler Wasserausscheidung führt letztlich zu hypotoner Hyperhydratation, da nach Verstoffwechselung der Glukose nur noch Wasser zurückbleibt. Bei hypotoner Hyperhydratation droht vor allem eine Zunahme des Intrazellulärvolumens.

Hypertone Hyperhydratation. Sie ist das Ergebnis eines überwiegenden Überschusses an Kochsalz. Ursachen sind exzessive Aufnahme von NaCl oder $NaHCO_3$ durch Diät oder Infusion, wenn die renale Ausscheidung nicht Schritt hält. Die renale Ausscheidung ist bei Aldosteronüberschuß beeinträchtigt. Hypertone NaCl-Lösungen werden z. T. zur Auslösung von Erbrechen eingesetzt, eine gefährliche Maßnahme. Das Trinken von Meerwasser (Schiffbrüchige!) führt zwangsläufig zu hypertoner Hyperhydratation, da die Osmolalität von Meerwasser die maximale Konzentration von Urin übersteigt. Bei hypertoner Hyperhydratation ist das Zellvolumen geschrumpft und das Extrazellulärvolumen expandiert.

Dehydratationen und Hyperhydratationen können durch entsprechende Veränderungen des Intrazellulärraums und/oder Extrazellulärraums lebensbedrohlich werden.

Zunahme des Intrazellulärvolumens. Die gefährlichste Komplikation von Zellschwellung ist das Auftreten von Hirnödem. Das Gehirn ist von einer unnachgiebigen knöchernen Hülle umgeben, die keine Ausdehnung zuläßt. Etwa zwei Drittel des intrakraniellen Raums ist Intrazellulärraum. Bei Ausdehnung der Zellen wird zunächst der Liquorraum komprimiert (ca. 15 % des intrakraniellen Volumens), wobei der Liquor durch das Foramen magnum entweichen kann. Dann steigt der Druck und komprimiert die Gefäße. Die folgende Mangeldurchblutung beeinträchtigt die Tätigkeit der Na^+/K^+-ATPase und die Depolarisation der Zellen führt letztlich zu weiterer Zellschwellung. Der intrakranielle Überdruck kann schließlich Teile des Kleinhirns durch das Foramen magnum pressen, wobei die Kompression des Hirnstamms den Tod des Patienten bewirkt. Hirnödem kann auch bei zu schneller Korrektur einer hypertonen Störung auftreten: Das Hirn ist zur Zellvolumenregulation auf organische Osmolyte angewiesen, die nur langsam gebildet oder eliminiert werden können. Bei anhaltender hypertoner Störung hat das Gehirn hohe Konzentrationen an organischen Osmolyten aufgebaut, die es bei schneller („therapeutischer") Senkung der extrazellulären Osmolalität nicht schnell genug eliminieren kann. Die Folge ist Zellschwellung.

Abnahme des Intrazellulärvolumens. Bei Abnahme des Zellvolumens versuchen die Zellen, durch Abbau von

Proteinen zu Aminosäuren intrazelluläre Osmolarität zu schaffen. Die Folge ist Hyperkatabolismus. Besonders gefährdet durch eine Abnahme des Intrazellulärvolumens ist wiederum des Gehirn. Die Druckabnahme im intrakraniellen Raum kann zerebrale Gefäße schädigen und damit Blutungen hervorrufen. Die zu schnelle Korrektur einer hypotonen Störung überfordert die zerebrale Regulation durch organische Osmolyte. Folge ist Zellschrumpfung, die u.a. einen Abbau der Markscheiden v.a. im Bereich der Pons bewirkt (pontine Myolinolyse).

Änderungen des Extrazellulärvolumens. Eine Zunahme des Extrazellulärvolumens führt zur Entwicklung von Ödemen. Besonders gefährlich ist das Auftreten von Lungenödem (s. Kap. 26). Eine Abnahme des Extrazellulärvolumens kann über eine Abnahme des Blutvolumens zum Kreislaufversagen führen. Über ADH, Angiotensin II und Aldosteron erzwingt eine Hypovolämie die renale Retention von Kochsalz und Wasser, wobei unter dem Einfluß von Aldosteron vermehrt K^+ ausgeschieden wird. Folge ist Hypokaliämie. Die Oligurie begünstigt die Entwicklung von Harnsteinen. Die Stimulation der proximal-tubulären Na^+-Resorption über Aktivierung des Na^+/H^+-Austauschers erzwingt auch die Resorption von Bikarbonat, die Niere ist also bei Volumenmangel nicht fähig, eine Alkalose durch gesteigerte Bikarbonatausscheidung auszugleichen. Folge ist eine sogenannte Volumendepletionsalkalose.

Meßgrößen von Störungen des Wasser- und Kochsalzhaushaltes. Da die Osmolalitäten in Intra- und Extrazellulärraum in etwa gleich sind, erlaubt die Messung der Osmolalität im Plasma auch eine Aussage über die anderen Kompartimente. Da die extrazelluläre NaCl-Konzentration etwa 80 % der extrazellulären Osmolalität ausmacht, führt Hypernatriämie immer auch zu einer hypertonen Störung des Wasser-Elektrolyt-Haushaltes. Allerdings kann die Plasmaosmolalität durch Glukose, Harnstoff oder Ketonkörper gesteigert sein, ohne daß eine Hypernatriämie vorliegt. Häufig stimuliert die Hyperosmolalität die Ausschüttung von ADH und die renale Wasserretention führt dann zur Hyponatriämie.

Eine Zunahme des Plasmavolumens ist an einer Abnahme der Plasmaproteinkonzentration erkennbar. Allerdings kann eine herabgesetzte Bildung oder ein Verlust von Plasmaproteinen die Proteinkonzentration senken, ohne daß eine Hypervolämie vorliegt. Gleichermaßen ist der Hämatokrit nur ein unzuverlässiger Indikator für das Intrazellulärvolumen, da eine herabgesetzte Erythropoese oder Hämoglobinbildung den Hämokriten senkt und eine Zellschrumpfung vortäuschen kann. Ein relativ verläßlicher Indikator für das Zellvolumen ist das Verhältnis von Hämatokrit und Hämoglobin, das den freien Lösungsraum im Erythrozyten widerspiegelt.

!

Mangel (Dehydratation) oder Überschuß (Hyperhydratation) an Wasser mit oder ohne gleichzeitigen Mangel oder Überschuß an Kochsalz können u. a. über Zellschwellung (v. a. Hirnödem) und Zellschrumpfung (v. a. Gehirn), über Abnahme des Blutvolumens (Folge: Blutdruckabfall) und Zunahme des interstitiellen Volumens (v. a. Lungenödem) lebensbedrohliche Störungen hervorrufen.

36.3 Kaliumhaushalt

Die Verteilung von K^+ über die Zellmembran ist entscheidend für die Erzeugung des Zellmembranpotentials.

K^+-Gleichgewichtspotential. K^+ wird in Zellen akkumuliert und der chemische Gradient für K^+ über die Zellmembran treibt K^+ aus der Zelle in den Extrazellulärraum. Bei Öffnung von K^+-Kanälen in der Zellmembran verläßt das positiv geladene K^+ die Zelle, bis das außen positive Potential ein Gleichgewicht zwischen chemischem und elektrischem Gradienten herstellt. (K^+-Gleichgewichtspotential, s. Kap. 1). Das K^+-Gleichgewichtspotential ist eine Funktion vom Verhältnis der intra- und extrazellulären K^+-Konzentration (Nernst-Gleichung, s. Kap. 1). Für die Beurteilung der Auswirkungen von Störungen des K^+-Haushaltes ist wichtig, daß eine Halbierung der extrazellulären K^+-Konzentration (von 5 auf 2,5 mmol/l) die gleiche Auswirkung auf das K^+-Gleichgewichtspotential (eine Hyperpolarisation um etwa 18 mV) ausübt, wie eine Verdoppelung der intrazellulären K^+-Konzentration (von 150 mmol/l auf 300 mmol/l). Während eine Verdoppelung der intrazellulären K^+-Konzentration nicht vorkommt, tritt eine Senkung der extrazellulären K^+-Konzentration auf 2,5 mmol/l beispielsweise auf, wenn die Zellen ihren K^+-Bestand nur um etwa 1 % (!) durch Aufnahme aus dem Extrazellulärraum steigern.

K^+-Leitfähigkeit. Nicht nur das Gleichgewichtspotential, sondern auch die Leitfähigkeit der K^+-Kanäle ist eine Funktion von K^+. Zunehmende K^+-Konzentrationen v. a. im Extrazellulärraum steigern die Leitfähigkeit der K^+-Kanäle und damit deren Einfluß auf das Membranpotential.

Zellmembranpotential. Eine Abnahme der extrazellulären K^+-Konzentration hyperpolarisiert zwar das K^+-Gleichgewichtspotential, mindert jedoch gleichzeitig den Einfluß von K^+-Kanälen auf das Zellmembranpotential. Das Zellmembranpotential kann damit hyperpolarisieren oder depolarisieren, je nachdem, welchen Einfluß die K^+-Kanäle auf das Membranpotential hatten (Abb. 36–5). Im allgemeinen überwiegt der Einfluß auf das K^+-Gleichgewichtspotential in Zellen, die eine hohe K^+-Leitfähigkeit aufweisen, deren Membranpotential also in der Nähe des K^+-Gleichgewichtspotentials ist. Bei geringer K^+-Leitfähigkeit überwiegt hingegen der mindernde Einfluß auf die K^+-Leitfähigkeit.

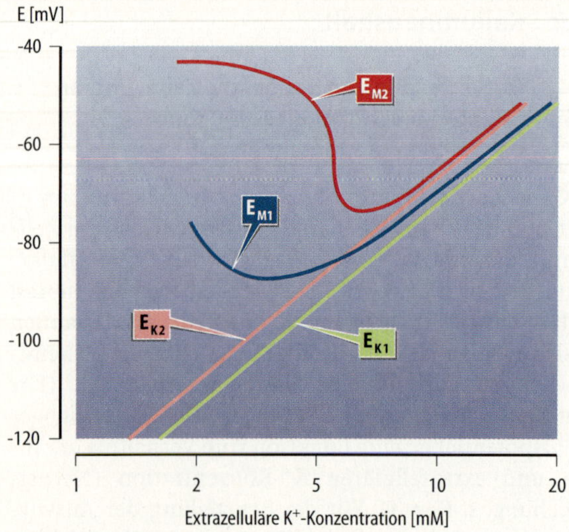

Abb. 36–5. Abhängigkeit des Zellmembranpotentials von der extrazellulären K^+-Konzentration. E_K = Kaliumgleichgewichtspotential einer Zelle mit 150 mmol/l (*grün*) bzw. 120 mmol/l (*orange*) intrazellulärer K^+-Konzentration ($E_K = -61 \lg [Ki]/[Ka]$ mV). E_{M1} = Zellmembranpotential einer Zelle mit hoher K^+-Leitfähigkeit und intrazellulären K^+-Konzentrationen (z. B. gesunde Myokardzelle); E_{M2} = Zellmembranpotential einer Zelle mit geringer K^+-Leitfähigkeit und intrazellulären K^+-Konzentrationen (z. B. ischämische Myokardzelle). Bei zellulärem K^+-Verlust wird die Kurve für E_K parallel nach links verschoben [25]

Über das Zellmembranpotential beeinflußt der K^+-Haushalt neuromuskuläre Erregbarkeit, Hormonausschüttung und epithelialen Transport. Ferner wirkt K^+ auf den Säure-Basen-Haushalt und das Zellvolumen.

Regulation des Zellmembranpotentials. Die Erregbarkeit von Neuronen, Muskeln, Herz und glatter Muskulatur ist eine Funktion des Zellmembranpotentials und damit des K^+-Haushaltes. Die Neurone des zentralen Nervensystems sind durch die Blut-Hirn-Schranke vom Blutplasma getrennt und Störungen der Plasmakaliumkonzentration übertragen sich nicht ohne weiteres auf das zentrale Nervensystem. Periphere Neurone, Skelettmuskel und v. a. Herz und glatte Muskulatur sind hingegen den Änderungen der Plasmakonzentration ausgeliefert und ihre Funktion wird bei Hyper- oder Hypokaliämie empfindlich gestört. Auch die Ausschüttung einiger Hormone ist von der K^+-Konzentration abhängig. So stimuliert Hyperkaliämie über Depolarisation der Zellmembran die Ausschüttung von Insulin, Aldosteron und Glukokortikosteroiden. K^+ ist ferner für den Transport in einer Vielzahl von Epithelien erforderlich. Über das Membranpotential halten K^+-Kanäle die treibende Kraft für elektrogene Transportprozesse aufrecht. Ferner ist die Verfügbarkeit von K^+ für den Na^+, K^+, $2Cl^-$-Symport in der dicken Henle-Schleife limitierend.

Säure-Basen-Haushalt. Der Na^+, $(HCO_3^-)_3$-Symport ist in hohem Maße vom Zellmembranpotential abhängig, da beide Ionen durch ein chemisches Gefälle in die Zelle getrieben werden und nur das Membranpotential den negativ geladenen Komplex nach außen treibt. Bei Depolarisation wird Na^+, $(HCO_3^-)_3$ in die Zelle getrieben und erzeugt eine intrazelluläre Alkalose. Umgekehrt treibt Hyperpolarisation Na^+, $(HCO_3^-)_3$ aus der Zelle und erzeugt demnach eine intrazelluläre Azidose. Im proximalen Tubulus reguliert der intrazelluläre pH den Na^+/H^+-Austauscher und damit die H^+-Sekretion und HCO_3^--Resorption (s. Kap. 35). Bei Hypokaliämie führt die Hyperpolarisation der Zelle zu einer intrazellulären Azidose und in der Folge zu gesteigerter H^+-Sekretion und HCO_3^--Resorption. Folge ist eine (extrazelluläre) Azidose. Hyperkaliämie bewirkt umgekehrt über Depolarisation, intrazelluläre Alkalose, herabgesetzte H^+-Sekretion und HCO_3^--Resorption eine (extrazelluläre) Azidose.

Zellvolumen. Bei Hyperkaliämie nimmt der chemische Gradient für K^+ über die Zellmembran ab, weniger K^+ verläßt die Zellen und über die Depolarisation der Zellmembran werden Cl^- und HCO_3^- in die Zellen aufgenommen. Eine Folge ist Zellschwellung. Dadurch wird u. a. die ADH-Ausschüttung gehemmt. Umgekehrt begünstigt K^+-Mangel Zellschrumpfung und ADH-Ausschüttung.

Insulin und Alkalose stimulieren die zelluläre Aufnahme von K^+ und können damit mitunter bedrohliche Hypokaliämien auslösen. Aber auch Katecholamine und weitere Hormone, Magnesium, schwere Muskelarbeit und Energiemangel beeinflussen die K^+-Verteilung über die Zellmembran.

Da etwa 98 % des austauschbaren K^+ im Körper intrazellulär und nur etwa 2 % extrazellulär vorliegen, muß die Freisetzung auch geringster intrazellulärer K^+-Mengen massive Hyperkaliämie und zelluläre K^+-Aufnahme zu Hypokaliämie führen.

Alkalose. Bei extrazellulärer Alkalose geben die Zellen über den Na^+/H^+-Austauscher H^+-Ionen ab. Das im Austausch gegen die H^+-Ionen aufgenommene Na^+ wird durch die Na^+/K^+-ATPase wieder aus der Zelle transportiert, wobei K^+ aufgenommen wird. Auf diese Weise führt Alkalose zur Hypokaliämie. Bei Azidose geben die Zellen umgekehrt K^+ ab und es kommt zur Hyperkaliämie.

Insulin. Insulin stimuliert in mehreren Geweben (v. a. Leber) die zelluläre Aufnahme von K^+. Durch Aktivierung des Na^+, K^+, $2Cl^-$-Symporters und des Na^+/H^+-Antiporters steigert es die Aufnahme von Na^+ und liefert damit Substrat für die Na^+/K^+-ATPase (Abb. 36–6). Über die zelluläre Aufnahme von K^+ (und Cl^-) erzeugt Insulin eine Zellschwellung, ein wichtiges Element in der hemmenden Wirkung von Insulin auf Proteolyse und Glykogenolyse. Folge ist jedoch auch eine Hypokaliämie. Die Wirkung von Insulin auf die zelluläre K^+-Aufnahme ist umso stärker, je länger der Körper vor der Insulinzufuhr unter Insulinmangel stand, je stärker die Zellen

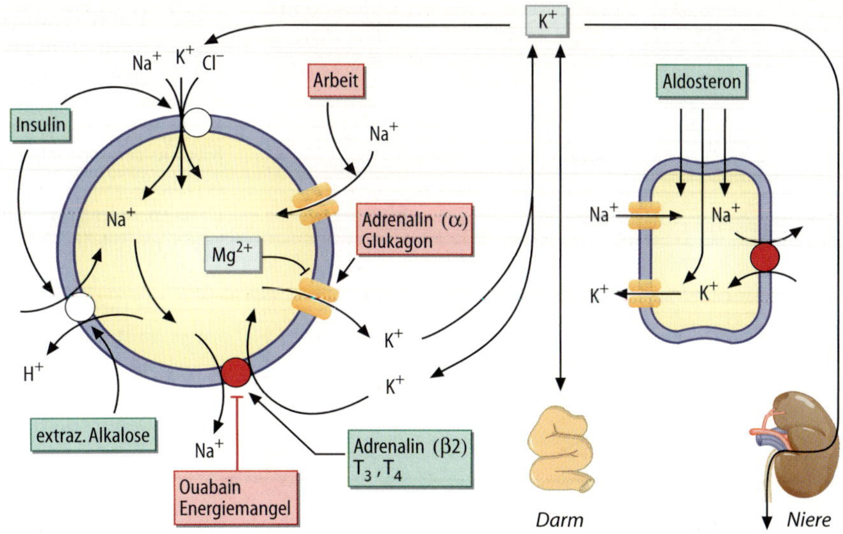

Abb. 36–6. K⁺-Haushalt. *Rot:* Faktoren, welche die extrazelluläre K⁺-Konzentration steigern, *grün:* Faktoren, welche die extrazelluläre K⁺-Konzentration senken

also an K⁺ verarmt sind. Bei fehlender Nahrungszufuhr wird kein Insulin ausgeschüttet. Nahrungszufuhr bei ausgehungerten Patienten führt daher zu massiver zellulärer K⁺-Aufnahme und Hypokaliämie (Realimentationshypokaliämie). Die Insulinausschüttung wird durch Hypokaliämie gehemmt, wodurch einer weiteren insulinvermittelten Abnahme der extrazellulären K⁺-Konzentration entgegengewirkt wird. Dieser negative Rückkopplungsmechanismus schützt freilich nicht vor der hypokaliämischen Wirkung therapeutisch zugeführten Insulins (s. einleitende Fallgeschichte).

Weitere Hormone. Im Gegensatz zu Insulin stimuliert Glukagon die K⁺-Abgabe durch die Leber und führt somit zu einer vorübergehenden Zunahme der extrazellulären K⁺-Konzentration (s. Abb. 36–6). Über α-Rezeptoren fördern Katecholamine wie Noradrenalin die zelluläre K⁺-Abgabe durch Aktivierung von K⁺-Kanälen und Hemmung der Na⁺/K⁺-ATPase. Über β-Rezeptoren fördern Katecholamine die zelluläre K⁺-Aufnahme durch Stimulation der Na⁺/K⁺-ATPase. Hypokaliämie stimuliert den α-adrenergen Tonus und mindert damit die Tätigkeit der muskulären Na⁺/K⁺-ATPase, wodurch einem weiteren Abfall der extrazellulären K⁺-Konzentration entgegengewirkt wird. Die Na⁺/K⁺-ATPase wird ferner durch Ouabain, einem Hormon aus der Nebenniere gehemmt. Schilddrüsenhormone stimulieren umgekehrt die Na⁺/K⁺-ATPase und können so Hypokaliämie auslösen.

Magnesium. Einige K⁺-Kanäle werden durch Magnesium gehemmt und Magnesiumüberschuß begünstigt die zelluläre Nettoaufnahme von K⁺.

Arbeit, Energiemangel. Bei schwerer körperlicher Arbeit führt die Depolarisation der Muskelzellen und die Aktivierung von K⁺-Kanälen bei der Repolarisation zu zellulären K⁺-Verlusten, die bei Einbeziehung großer Muskelgruppen bedrohliche Hyperkaliämie auslösen können. Auch zellulärer Energiemangel und Hypothermie beeinträchtigen die Na⁺/K⁺-ATPase und begünstigen somit die Entwicklung einer Hyperkaliämie. Umgekehrt kann die Aktivierung der Na⁺/K⁺-ATPase bei Erhohlung von schwerer Arbeit oder Energiemangel und bei Wiedererwärmung des Körpers Hypokaliämie auslösen (s. Abb. 36–6).

Die Regulation der K⁺-Bilanz ist in erster Linie Aufgabe der Nieren. Dabei spielt die distaltubuläre K⁺-Sekretion die entscheidende Rolle.

Die K⁺-Bilanz des Körpers ist vorwiegend das Ergebnis von diätetischer Aufnahme und renaler Ausscheidung.

K⁺-Transport in der Niere. Im proximalen Tubulus wird K⁺ in ähnlichem Ausmaß resorbiert wie Na⁺ und Wasser, in der dicken Henle-Schleife wird K⁺ über den Na⁺, K⁺, 2Cl⁻-Symport resorbiert, rezirkuliert jedoch über die luminalen K⁺-Kanäle. Für die renale Ausscheidung entscheidend ist jedoch der K⁺-Transport im distalen Nephron. Dort kann bei K⁺-Mangel K⁺ resorbiert werden (K⁺/H⁺-ATPase in Schaltzellen). Meist überwiegt jedoch die K⁺-Sekretion über luminale K⁺-Kanäle in den Hauptzellen von distalem Tubulus und Sammelrohr. Sie entscheidet letztlich über die renale K⁺-Ausscheidung (Abb. 36–7).

Einfluß distal-tubulärer Stromstärke und Na⁺-Resorption. Die Sekretion wird durch Zunahme der luminalen K⁺-Konzentration herabgesetzt, da sie das chemische Gefälle für K⁺ von der Zelle in das Lumen mindert. Hohe luminale Stromstärke senkt die luminale K⁺-Konzentration und fördert damit die K⁺-Sekretion. Gesteigerte Na⁺-Resorption über die luminalen Na⁺-Kanäle depolarisiert die luminale Zellmembran und steigert damit das elektrochemische Gefälle und damit

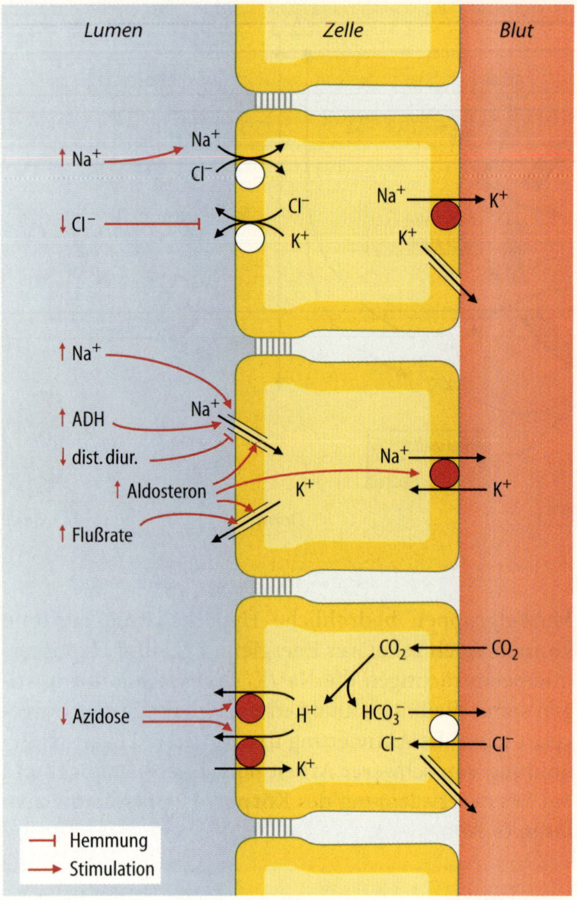

Abb. 36–7. Faktoren, welche die renale K^+-Ausscheidung beeinflussen (↑ = Steigerung der K^+-Ausscheidung, ↓ = Minderung der K^+-Ausscheidung). *Dist. diur.* = spät distal wirkende (kaliumsparende) Diuretika

die K^+-Sekretion. Ein gesteigertes Angebot an Na^+ (z.B. durch Hemmung der Na^+-Resorption in proximalem Tubulus oder Henle-Schleife) stimuliert gleichermaßen Na^+-Resorption und K^+-Sekretion im distalen Nephron.

Wirkung von Hormonen und Diuretika. Aldosteron stimuliert die K^+-Sekretion über Stimulation von Na^+-Kanälen, Na^+/K^+-ATPase und K^+-Kanälen. Auch ADH stimuliert über Na^+-Kanäle indirekt die K^+-Sekretion, während Katecholamine eine geringfügige hemmende Wirkung entfalten. Hemmung der Na^+-Kanäle durch Na^+-Kanalblocker oder Hemmer der Aldosteronrezeptoren unterbinden auch die K^+-Sekretion.

Einfluß des Säure-Basen-Haushaltes. Bei Azidose wird vermehrt H^+ in das Lumen des distalen Nephrons sezerniert und durch die Positivierung des Lumens wird die K^+-Sekretion gebremst. Darüberhinaus werden die K^+-Kanäle durch Azidose verschlossen. Alkalose fördert umgekehrt die renale K^+-Ausscheidung.

Der K^+-Transport in anderen Epithelien spielt normalerweise eine untergeordnete Rolle für den K^+-Haushalt.

Im Kolon wird wie im distalen Nephron Na^+ über Na^+-Kanäle resorbiert und K^+ über parallele K^+-Kanäle sezerniert. Auch die Ausführungsgänge verschiedener Drüsen, wie Schweißdrüsen, Speicheldrüsen und Pankreas resorbieren Na^+ teilweise im Austausch gegen K^+. Auch in diesen Geweben werden Na^+-Resorption und K^+-Sekretion durch Aldosteron stimuliert. Normalerweise fällt die durch diese Epithelien ausgeschiedene K^+-Menge nicht ins Gewicht. Durchfall kann jedoch insbesondere bei Säuglingen und Kleinkindern sehr schnell lebensbedrohliche K^+-Verluste auslösen.

Hyper- und Hypokaliämie sind Folge von Störungen der K^+-Bilanz oder von Verschiebungen von K^+ zwischen Intra- und Extrazellulärraum.

Hypokaliämie. Ein Abfall der extrazellulären K^+-Konzentration ist Ergebnis eines Ungleichgewichtes zwischen K^+-Aufnahme und Ausscheidung oder einer Verschiebung von K^+ in die Zellen. Eine herabgesetzte diätetische Zufuhr spielt nur in extremen Fällen eine Rolle (z.B. Alkoholismus), da die Nieren normalerweise die Ausscheidung bis auf 2 % der filtrierten Menge reduzieren können. Die distal-tubuläre K^+-Sekretion und renale K^+-Ausscheidung sind freilich gesteigert, wenn die distale Na^+-Resorption stimuliert ist, wie z.B. bei Aldosteronüberschuß oder bei gesteigertem distalem Na^+-Angebot (durch Hemmung der Na^+-Resorption in Segmenten vor dem distalen Nephron). Magnesiummangel führt über Enthemmung luminaler K^+-Kanäle zu renalen K^+-Verlusten. Extrarenale K^+-Verluste entstehen bei Durchfällen. Insulin, Alkalose und in geringerem Ausmaß β_2-Agonisten, Hyperthyreoidismus und Erholung von Hypoxie, Hypothermie oder schwerer körperlicher Arbeit führen zu einer Verschiebung von K^+ in die Zellen. Auswirkungen einer Hypokaliämie sind herabgesetzte neuromuskuläre Erregbarkeit und verminderte Aktivität von Blasen- und Darmmuskulatur durch Hyperpolarisation des K^+-Gleichgewichtspotentials. Die Abnahme der K^+-Leitfähigkeit führt umgekehrt im Herzen u.a. zu Störungen der Erregungsbildung mit gehäuftem Auftreten von Extrasystolen (s. Kap. 23). In der Niere beeinträchtigt die herabgesetzte Verfügbarkeit von K^+ für den Na^+, K^+, $2Cl^-$-Symporter die Kochsalzresorption in der dicken Henle-Schleife und damit die Harnkonzentrierung. Indirekt kommt es dabei auch zu gesteigerter Mg^{2+}-Ausscheidung (s. unten). Die Hyperpolarisation führt über eine intrazelluläre Azidose zur gesteigerten Ammoniakproduktion und Säureausscheidung (s. Kap. 35.4). Folge ist eine extrazelluläre Alkalose.

Hyperkaliämie. Eine Zunahme der extrazellulären K^+-Konzentration ist entweder das Ergebnis eines Ungleichgewichtes von Zufuhr und Ausscheidung oder Folge zellulärer K^+-Abgabe. Bei normaler Nierenfunktion kann diätetische Zufuhr von K^+ kaum Hyperkaliämie erzeugen, freilich kann zu schnelle parenterale Zufuhr von K^+ selbst bei K^+-Mangel Hyperkaliämie hervorrufen. Die renale Fähigkeit zur K^+-Ausscheidung ist bei Niereninsuffizienz, Aldosteronmangel, herabgesetztem Na^+-Angebot an das distale Nephron, Schädigung des distalen Nephrons und Hemmung der distal-tubulären Na^+-Resorption durch Na^+-Kanalblocker, Aldosteronantagonisten oder Ouabain eingeschränkt. Ursachen zellulärer K^+-Verluste sind Azidose, Insulinmangel, α-adrenerge Agonisten, β-adrenerge Antagonisten, massive körperliche Arbeit, Hemmung der Na^+/K^+-ATPase und Zelluntergang (z. B. unter zytotoxischer Therapie, Hämolyse, Verbrennungen, Quetschungen). Hyperkaliämie führt zu gesteigerter neuromuskulärer Erregbarkeit, die anhaltende Depolarisation kann jedoch letztlich zur Muskellähmung führen. Im Herzen führt Hyperkaliämie zu massiven Störungen der Erregungsbildung, -weiterleitung und -rückbildung (s. Kap. 23) bis zum Herzstillstand.

! Die Verteilung von K^+ über die Zellmembran beeinflußt über die Höhe des Zellmembranpotentials neuromuskuläre Erregbarkeit, Hormonausschüttung, epithelialen Transport und Säure-Basen-Haushalt. Insulin und Alkalose stimulieren die zelluläre Aufnahme von K^+ und können damit mitunter bedrohliche Hypokaliämien auslösen. Aktivierung von α-Rezeptoren durch Katecholamine, Magnesiummangel, schwere Muskelarbeit und Energiemangel führen zu zellulären K^+-Verlusten. Für die K^+-Bilanz sind orale Aufnahme und renale Ausscheidung entscheidend. Die renale Ausscheidung wird durch Aldosteron und Alkalose gesteigert. Sowohl Hypokaliämie als auch Hyperkaliämie stören v. a. die Erregungsbildung und -Fortleitung im Herzen.

36.4 Kalzium- und Phosphathaushalt

Kalzium- und Phosphathaushalt sind wegen der eingeschränkten Löslichkeit von Kalziumphosphatsalzen untrennbar miteinander verknüpft. Die Löslichkeitsgrenze einiger dieser Salze liegt nur wenig über den normalen Plasmakonzentrationen und eine Zunahme der Ca^{2+}-Konzentration kann zum Ausfallen von Kalziumphosphat führen, wenn nicht gleichzeitig die Phosphatkonzentration gesenkt wird. Gleichermaßen fällt Kalziumphosphat bei Zunahme der Phosphatkonzentration ohne gleichzeitige Senkung der Ca^{2+}-Konzentration aus.

Kalziumphosphat ist Bestandteil des Knochens, Ca^{2+} wirkt als intrazellulärer Transmitter, ist für die Blutgerinnung erforderlich, dichtet Endothelien und Epithelien ab und mindert die neuromuskuläre Erregbarkeit. Phosphat ist Bestandteil einer Vielzahl unverzichtbarer zellulärer organischer Substanzen.

Knochenmineralisierung. Die begrenzte Löslichkeit der Kalziumphosphatsalze ist Voraussetzung für die Mineralisierung der Knochen. Da insbesondere die alkalischen Kalziumphosphatsalze schwer löslich sind, liegen im Knochen vorwiegend diese alkalischen Salze vor, wie v. a. Hydroxyapatit ($[Ca_{10}(PO_4)_6(OH)_2]$). Die Mineralisierung des Knochens kann nur bei hinreichend hohen Konzentrationen von Kalzium und Phosphat aufrecht erhalten bleiben.

Regulation zellulärer Funktionen durch intrazelluläres Ca^{2+}. Eine Zunahme der intrazellulären Ca^{2+}-Konzentration stimuliert u. a. Muskelkontraktion, Hormon- und Transmitterausschüttung, Sekretion und Stoffwechselaktivitäten wie die Glykogenolyse. Die Aktivität einer Reihe von Ionenkanälen (K^+-Kanäle, Cl^--Kanäle, interzelluläre Kanäle) und Enzymen (z. B. Phosphorylasekinase, Adenylatzyklase, Phospholipase A_2) wird durch die intrazelluläre Ca^{2+}-Aktivität reguliert. Auch komplexe zelluläre Programme wie Zellproliferation und apoptotischer Zelltod werden von Änderungen der intrazellulären Ca^{2+}-Konzentration begleitet. In unstimulierten Zellen ist die zytosolische Ca^{2+}-Aktivität nur etwa 0.1 μmol/l, d. h. nur etwa $1/10^4$ der extrazellulären Ca^{2+}-Aktivität. Sie wird durch eine Ca^{2+}-ATPase und einen Na^+/Ca^{2+}-Austauscher niedrig gehalten [9,16]. Freisetzung von Ca^{2+} aus intrazellulären Speichern und Einstrom von Ca^{2+} aus dem Extrazellulärraum über Ionenkanäle in der Zellmembran setzen dann die jeweiligen Zellfunktionen in gang [8,21,22,24].

Wirkungen von extrazellulärem Ca^{2+}. Extrazelluläres Ca^{2+} mindert die Durchlässigkeit von Tight junctions in Endothelien und Epithelien und Ca^{2+} ist für die Blutgerinnung erforderlich. Kalzium verschiebt die Schwelle von Na^+-Kanälen erregbarer Zellen zu mehr negativen Werten. Eine Abnahme der extrazellulären Ca^{2+}-Konzentration steigert daher die neuromuskuläre Erregbarkeit. Über Bindung an spezifische Rezeptoren (Ca^{2+}-Rezeptoren) kann extrazelluläres Ca^{2+} die H^+-Sekretion im Magen steigern sowie die Ausschüttung von Parathormon, den Transport im dicken Teil der Henle-Schleife (s. Kap. 35.3) und die HCO_3^- im Pankreas hemmen.

Bindung von extrazellulärem Ca^{2+}. Nur das freie Ca^{2+} ist biologisch relevant. Kalzium wird im Plasma an Proteine (ca. 40 %) sowie an Phosphat und Bikarbonat (zusammen ca. 13 %) gebunden bzw. komplexiert. Die jeweils gebundene Form ist biologisch unwirksam, da das gebundene Kalzium bei Öffnung von Ca^{2+}-Kanälen nicht in die Zelle gelangen und auch an keine Rezeptoren binden kann.

Phosphatabhängige Funktionen. Phosphatverbindungen, wie ATP, cAMP, Phospholipide der Zellmembran, Nukleinsäuren, Substrate des Intermediärstoffwechsels sind für das Überleben der Zelle unverzichtbar. Insbesondere erfordert der Abbau von Glukose über die Glykolyse die Kopplung der Glukose an Phosphat. Die meisten Enzyme und Transportproteine können durch Phosphorylierung aktiviert oder inaktiviert werden. Sowohl intrazellulär als auch extrazellulär wirken Phosphat und seine Verbindungen als Puffer.

> **!** Kalzium- und Phosphathaushalt sind wegen der eingeschränkten Löslichkeit von Kalziumphosphatsalzen untrennbar miteinander verknüpft. Die begrenzte Löslichkeit der Kalziumphosphatsalze ist Voraussetzung für die Mineralisierung der Knochen. Kalzium dient ferner als intrazellulärer Transmitter, ist für die Blutgerinnung erforderlich, dichtet Endothelien und Epithelien ab und mindert die neuromuskuläre Erregbarkeit. Phosphat ist u. a. für den Membranaufbau, den zellulären Energiestoffwechsel und die Regulation von Proteinfunktionen erforderlich. Darüberhinaus wirken Phosphat und seine Verbindungen als Puffer.

Die Konstanthaltung der extrazellulären Ca^{2+}-Konzentration hat absoluten Vorrang bei der Regulation des Kalziumphosphathaushaltes. Sie ist Aufgabe von Parathormon. Der Kalziumphosphathaushalt wird ferner durch Kalzitriol und Kalzitonin geregelt.

Beide, Ca^{2+} und Phosphat sind für das Überleben von Zellen unentbehrlich (s. oben). Allerdings sind die Ca^{2+}-abhängigen Funktionen sehr viel stärker von der extrazellulären Ca^{2+}-Konzentration abhängig als die phosphatabhängigen Funktionen. Ca^{2+} ist ein Transmitter, der bei Aktivierung von Ca^{2+}-Kanälen in die Zelle einströmt. Die Präzision des Signals hängt nicht zuletzt von der Konstanz der extrazellulären Ca^{2+}-Konzentration ab. Daher muß die Regulation des Kalziumphosphathaushaltes zuallererst die Konstanz extrazellulärer Ca^{2+}-Konzentrationen sicherstellen.

Parathormon. Parathormon wird bei Absinken der extrazellulären Ca^{2+}-Konzentration aus der Nebenschilddrüse ausgeschüttet und seine Wirkungen zielen auf eine Zunahme der extrazellulären Ca^{2+}-Konzentration ab (Abb. 36–8). Dazu mobilisiert es Kalziumphosphat und Kalziumkarbonat aus dem Knochen. Die parallele Zunahme der Ca^{2+}-Konzentration und der Konzentration der Anionen würde die Gefahr einer Überschreitung der Löslichkeit der Kalziumsalze im Blut nach sich ziehen. Daher hemmt Parathormon in der Niere die Phosphat- und Bikarbonatresorption, während es die distaltubuläre Resorption von Ca^{2+} stimuliert. Auf diese Weise steuert Parathormon wirkungsvoll einer Hypokalzämie entgegen [6,7].

Kalzitriol. Die wiederholte Wirkung von Parathormon würde langfristig zu einer Demineralisierung der Knochen führen, wenn Parathormon nicht die Voraussetzungen für eine Remineralisierung schaffen würde. Parathormon stimuliert die Bildung von 1,25$(OH)_2$-Cholekalziferol (Kalzitriol, D-Hormon) in der Niere, das die enterale Ca^{2+}- und Phosphat-Absorption stimuliert (Abb. 36–9) [17,23]. Durch Zunahme sowohl der Ca^{2+}- als auch der Phosphatkonzentration im Blut wird die Mineralisierung der Knochen gefördert. Kalzitriol fördert ferner die renale Ca^{2+}- und Phosphatresorption, eine Wirkung, die freilich in der Regel durch die gesteigerte Kalziumphosphatabsorption im Darm und den daraus folgenden Kalziumphosphatüberschuß umgekehrt wird. Die renale 1α-Hydroxylase, die Kalzitriol aus 25(OH)-Cholekalziferol ($25(OH)D_3$) bildet, wird nicht nur durch Parathormon, sondern auch durch Ca^{2+}- und Phosphatmangel direkt stimuliert. Die Bildung von $25(OH)D_3$ aus Cholekalziferol in der Leber wird wiederum durch Östrogene gefördert. Cho-

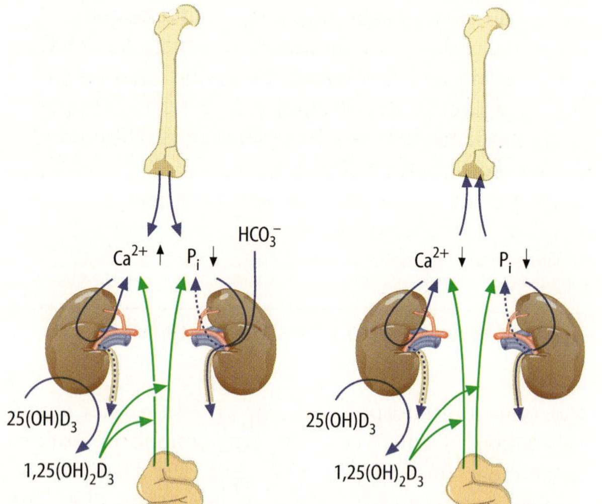

Abb. 36–8. Die Wirkungen von Parathormon (*links*) und von Kalzitonin (*rechts*). Direkte Wirkungen *blau*, Wirkungen über Bildung von Kalzitriol ($1,25(OH)_2D_3$) *grün*

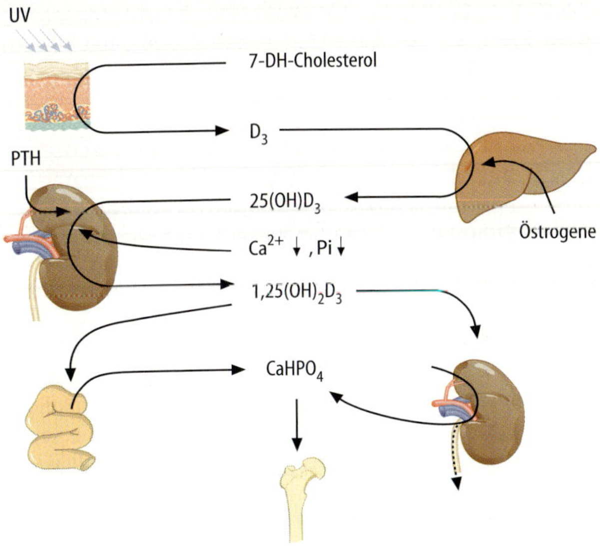

Abb. 36–9. Bildung und Wirkungen von Kalzitriol ($1{,}25(OH)_2D_3$)

lekalziferol kann entweder diätetisch aufgenommen (Vitamin D) oder unter dem Einfluß von UV-Strahlung in der Haut aus 7-Dehydrocholesterin gebildet werden. Vitamin D ist also streng genommen kein Vitamin, da es im Körper selbst synthetisiert wird. Nur wenn geringe Lichtexposition und unzureichende diätetische Zufuhr von Cholekalziferol zusammentreffen, kommt es zum Mangel an Cholekalziferol und damit von Kalzitriol.

Kalzitonin. Das dritte Hormon in der Regulation des Kalziumphoshathaushaltes ist das Peptidhormon Kalzitonin aus der Schilddrüse [19]. Das Hormon wird bei Hyperkalzämie ausgeschüttet, es fördert den Einbau von Kalziumphosphat in die Knochen, stimuliert die Bildung von Kalzitriol und damit die enterale Kalziumphosphatabsorption, hemmt jedoch die renale Kalzium- und Phosphatresorption (s. Abb. 36–9). Das Hormon spielt wahrscheinlich bei der Mineralisierung des Skeletts von Kindern und bei der Erhaltung der Mineralisierung des mütterlichen Skeletts während des Stillens eine Rolle. Seine pathophysiologische Bedeutung bleibt jedoch weit hinter der von Parathormon und Kalzitriol zurück.

Weitere Hormone beeinflussen die Kalzium- und Phosphatausscheidung. Darüberhinaus reagiert die Niere auch ohne Hormone auf Störungen der Ca^{2+}- und Phosphatkonzentration im Plasma.

Renale Kalziumausscheidung. Die renale Ca^{2+}-Ausscheidung steigt mit zunehmender Ca^{2+}-Plasmakonzentration. Verantwortlich ist einerseits eine Abdichtung der Tight junctions durch Ca^{2+} und damit eine Abnahme der parazellulären Ca^{2+}-Resorption. Darüberhinaus wird bei Zunahme der extrazellulären Ca^{2+}-Konzentration ein Ca^{2+}-Rezeptor an der dicken Henle-Schleife aktiviert, der die Resorption in diesem Segment hemmt (s. Kap. 35.4). In der Folge wird nicht nur die Resorption von Ca^{2+}, sondern auch von Mg^{2+} und Na^+ beeinträchtigt. Die Ca^{2+}-Resorption im frühdistalen Tubulus wird durch die intrazelluläre Na^+-Konzentration reguliert. Thiaziddiuretika hemmen die luminale Aufnahme von Na^+ über den NaCl-Cotransporter, die Abnahme der intrazellulären Na^+-Konzentration steigert dann die Ca^{2+}-Resorption (s. Kap. 35.4). Die renale Ca^{2+}-Resorption wird ferner durch Alkalose stimuliert und Azidose, Somatotropin, Schilddrüsenhormone, Nebennierenrindenhormone, Insulin und Glukose gehemmt.

Renale Phosphatausscheidung. Schon aufgrund der Sättigbarkeit der renalen Phosphatresorption (s. Kap. 35.12) wird bei Zunahme der Phosphatkonzentration im Blut das überschüssige Phosphat ausgeschieden. Darüberhinaus steigert die Niere bei Phosphatmangel die Resorptionsrate und senkt sie bei Phosphatüberschuß. Die renale Phosphatresorption wird ferner durch Schilddrüsenhormone, Somatotropin, Mg^{2+} und metabolische Azidose stimuliert sowie durch Ca^{2+}-Überschuß, Mg^{2+}-Mangel, metabolische Alkalose und eine Reihe von Diuretika gehemmt.

Enterale Ca^{2+}- und Phosphatabsorption. Normalerweise wird nur ein Teil des oral zugeführten Ca^{2+} und Phosphat absorbiert, womit den Transportprozessen im Darm eine wichtige regulatorische Rolle in der Ca^{2+}-Bilanz zukommt. Der absorbierte Anteil sinkt mit steigender Zufuhr. Wichtigster Regulator der enteralen Ca^{2+}-Absorption ist Kalzitriol. Eine Reihe von Hormonen, wie Parathormon, Somatotropin, Prolaktin, Östrogene und Insulin stimulieren die intestinale Ca^{2+}- und Phosphatabsorption zumindestens teilweise über Kalzitriol. Pathophysiologisch bedeutsam ist, daß die Ca^{2+}-Absorption durch Komplexierung an Oxalat und Fettsäuren unterbunden wird.

Die Mineralisierung der Knochen wird durch Kalziumphosphat- und H^+-Konzentrationen, durch Hormone und durch mechanische Beanspruchung reguliert.

Zusammensetzung des Knochens. Knochen besteht aus Knochemmatrix und Mineralien. Die Proteine der Knochenmatrix sind zu annähernd 90% Kollagen, weitere Komponenten sind Osteokalzin, Sialoproteine, Proteoglykane und Osteonektin. Die Knochenmineralien, die etwa zwei Drittel des Knochengewichtes ausmachen, bestehen vorwiegend aus Hydroxyapatit ($[Ca_{10}(PO_4)_6(OH)_2]$), Bruschit ($[CaHPO_4 \cdot 2H_2O]$), Oktokalziumphosphat ($[Ca_8H_2(PO_4)_6 \cdot 5H_2O]$) und Komplexe mit weiteren Anionen (F^-, CO_3^-) oder Kationen (Na^+, K^+, Mg^{2+}).

Bildung und Abbau von Knochen. Der Knochenaufbau ist Aufgabe der Osteoblasten, welche die organischen Komponenten synthetisieren und sezernieren, sowie deren Mineralisierung vermitteln. Mit Hilfe einer alkalischen Phosphatase spalten sie Pyrophosphat, das relativ gut löslich ist und die Mineralisierung stören würde. Knochen wird durch Osteoklasten abgebaut, die über eine lokale Azidose (H^+-ATPase) die Knochenmineralien auflösen und die Proteine mit Hilfe von lysosomalen Proteasen abbauen [5].

Rolle von Kalziumphosphat und pH. Die Mineralisierung der Knochen hängt von der Verfügbarkeit von Ca^{2+} und Phosphat ab und ist damit eine Funktion der Ca^{2+}- und Phosphatkonzentration im Plasma. Darüberhinaus erfordert die Mineralisierung einen alkalischen pH, da die Kalziumphosphatsalze im sauren Milieu löslich sind.

Parathormon und Kalzitriol. Beide Hormone haben eine direkte stimulierende Wirkung auf die Knochenresorption. Sie fördern Bildung und Aktivität der Osteoklasten. Ferner hemmen sie die Aktivität der Osteoblasten. Kalzitriol stimuliert andererseits die Bildung von Kollagen und fördert die Mineralisierung des Knochens durch Steigerung der Konzentrationen an Ca^{2+} und Phosphat. Der kalzitriolvermittelte Anstieg der Ca^{2+}-Konzentration unterdrückt ferner die Ausschüttung von Parathormon. Letztlich überwiegt die mineralisierende Wirkung von Kalzitriol.

Kalzitonin. Der Knochenabbau wird durch Kalzitonin gehemmt, das die Osteoklasten dezimiert und deren Aktivität hemmt. Das Hormon stimuliert ferner den Knochenaufbau.

Weitere Hormone und Mediatoren. Auch Östrogene stimulieren den Knochenaufbau, der Östrogenmangel in der Postmenopause begünstigt die Entmineralisierung des Knochens. Der Knochenumsatz wird ferner durch Schilddrüsenhormone und Glukokortikosteroide gesteigert. Ein Überschuß an Glukokortikosteroiden führt über gesteigerte Osteoklastenaktivität zur Entmineralisierung des Knochens. Schließlich werden Knochenaufbau und/oder Knochenumbau durch eine Reihe lokaler Faktoren stimuliert, wie den sogenannten „bone morphogenetic factor“ (BMP), den „transforming growth factor“ (TGF-β), β-Mikroglobulin, den „insulin like growth factor“ (IGF I, IGF II), den „platelet derived growth factor“ (PDGF), den „tumor necrosis factor“ (TNF-α, TNF-β), und die Prostaglandine PGE_1 und PGE_2.

Mechanische Beanspruchung. Der Knochen wird durch ständigen Umbau den mechanischen Erfordernissen angepaßt. Mechanische Belastung aktiviert die Tätigkeit der Osteoblasten und damit Knochenaufbau und -mineralisierung. Bei fehlender mechanischer Belastung (Bettruhe, Gipsverband, Schwerelosigkeit) wird Knochen abgebaut und Kalziumphosphat freigesetzt.

Störungen des Kalziumphosphatstoffwechsels beeinträchtigen v. a. Knochenmineralisierung, neuromuskuläre Erregbarkeit, zellulären Energiehaushalt und Nierenfunktion.

Hypokalzämie. Das freie, biologisch wirksame Ca^{2+} wird vor allem durch verstärkte Bindung von Ca^{2+} im Blut, gesteigerte Einlagerung in die Knochen oder Verluste von Ca^{2+} durch die Nieren gesenkt. Ursachen gesteigerter Bindung an Phosphat ist Hyperphosphatämie (s. unten). Die Bindung an Plasmaproteine wird bei Alkalose gesteigert. Bei metabolischer Alkalose wird das Absinken des freien Ca^{2+} noch durch Bindung an Bikarbonat verstärkt. Bei Entzündungen des Pankreas (akute Pankreatitis) wird u. a. das pankreatische Verdauungsenzym Lipase freigesetzt. Die Lipase baut retroperitoneales Fettgewebe ab und die dabei freiwerdenden Fettsäuren binden gleichfalls Ca^{2+}. Wichtigste Ursache von Hypokalzämie ist jedoch Mangel an Parathormon (Hypoparathyreoidismus) oder fehlende Wirksamkeit des Hormons (Pseudohypoparathyreoidismus). Sie führt zu Komplexierung von Ca^{2+} durch steigende Phosphatkonzentrationen, zu renalen Ca^{2+}-Verlusten durch herabgesetzte Resorption, zu Umverteilung in die Knochen durch eingeschränkte Mobilisierung und zu verminderter intestinaler Absorption wegen reduzierter Bildung von Kalzitriol. Mg^{2+}-Mangel kann über Hemmung der Parathormonausschüttung und -wirkung Hypokalzämie hervorrufen. Auch ohne Parathormonmangel können überstürzte Mineralisierung des Knochens („hungry bone syndrome“) oder renale Verluste (z. B. Wirkung von Diuretika) Hypokalzämie auslösen. Wichtigste Auswirkung von Hypokalzämie ist gesteigerte neuromuskuläre Erregbarkeit (Tetanie). Im Herzen wird das Aktionspotential durch verzögerte Aktivierung von Ca^{2+}-sensitiven K^+-Kanälen verlängert. Über Stimulation der Parathormonausschüttung führt Hypokalzämie zur Entmineralisierung des Knochens.

Hyperkalzämie. Eine Zunahme des freien Ca^{2+} ist häufig das Ergebnis von Hyperparathyreoidismus, der die Mobilisierung aus dem Knochen, die renale Resorption und über Kalzitriol die intestinale Absorption steigert. Phosphodiesterasehemmer wirken hyperkalzämisch durch Steigern der zellulären Konzentration an cAMP, das einige der Parathormonwirkungen vermittelt. Mg^{2+}-Intoxikation erzeugt Hyperkalzämie zumindestens teilweise über Stimulation der Parathormonausschüttung. Auch Kalzitriolüberschuß führt zur Hyperkalzämie. Bei einigen entzündlichen Erkrankungen wird vermehrt Kalzitriol in Lymphozyten gebildet. Tumore können durch lokale Entmineralisierung von Knochen bei Knochenmetastasen sowie durch Bildung von knochenmobilisierenden Hormonen (z. B. PTH-related protein, Kalzitriol) Hyperkalzämie auslösen. Der Knochenabbau ist ferner bei herabgesetzter Beanspruchung (Gipsverband, Bettruhe, Schwerelosigkeit) und bei Vitamin-A-Intoxikation gesteigert. Eine herabgesetzte renale Ausscheidung liegt bei Nierenversagen oder gesteigerter Ca^{2+}-Resorption z. B. unter dem Einfluß von Thiaziddiuretika vor. Auch exzessive parenterale Zufuhr oder gesteigerte intestinale Absorption können Hyperkalzämie hervorrufen. Hyperkalzämie stört die Erregungsbildung im Herzen und löst über Stimulation von Ca^{2+}-Rezeptoren in Henle-Schleife, Magen und Pankreas Polyurie und Störungen des Gastrointestinaltraktes aus. Ferner drohen bei Hyperkalzämie Ausfällungen von Kalzium v. a. im Urin (Nephrolithiasis).

Hypophosphatämie. Die Plasmakonzentration von Phosphat ist bei Phosphatmangel oder Verschiebung von Phosphat in die Zellen erniedrigt. Die zelluläre Aufnahme von Phosphat ist immer dann gesteigert, wenn die Glykolyse stimuliert wird, wie bei Alkalose und unter dem Einfluß von Insulin. Aber auch Glukagon, Adrenalin, Sexualhormone, Glukokortikosteroide sowie Phosphodiesterasehemmer (wirken über cAMP) können Hypophosphatämie erzeugen. Auch Tumorzellen nehmen vermehrt Phosphat auf. Renale Phosphatverluste treten u. a. bei Hyperparathyreoidismus auf. Auch verminderte diätetische Zufuhr (z. B. Alkoholiker) oder gestörte intestinale Absorption (Malabsorption, Vitamin-D-Mangel) sowie gesteigerte Mineralisierung des Knochens („hungry bone syndrome") können Hypophosphatämie auslösen. Hypophosphatämie begünstigt die Entmineralisierung des Knochens. Schwerer Phosphatmangel steigert das Phosphorylierungspotential von ATP/(ADP·P) und schränkt damit die Bildung von ATP ein. Der gestörte Energiestoffwechsel beeinträchtigt die Funktion der Muskulatur, des Herzens, des Nervensystems, der Blutzellen und der Niere. Eine Abnahme des erythrozytären 2,3 BPG steigert die O_2-Affinität von Hämoglobin und behindert damit die O_2-Abgabe im Gewebe (s. Kap. 21.3). Da im Urin Phosphat nicht mehr ausreichend als Puffer zur Verfügung steht, kann sich eine metabolische Azidose entwickeln.

Hyperphosphatämie. Phosphatüberschuß ist meist Folge gestörter renaler Ausscheidung, wie bei Niereninsuffizienz, Mangel an Parathormon (Hypoparathyreoidismus) oder fehlender Wirkung von Parathormon (Pseudohypoparathyreoidismus). Darüberhinaus können exzessive diätetische Aufnahme, gesteigerte intestinale Absorption bei Kalzitriolüberschuß, zelluläre Phosphatverluste und Demineralisierung des Knochens Hyperphosphatämie hervorrufen. Auswirkungen von Phosphatüberschuß entstehen durch Komplexierung von Ca^{2+} mit Kristallbildung in Gelenken und Haut. Die Komplexierung führt ferner zu Hypokalzämie, Stimulation der Parathormonausschüttung, weiterer Mobilisierung von Kalziumphosphat aus dem Knochen und zu weiterer Zunahme der Plasmaphosphatkonzentration (usw.).

!

Hypokalzämie stimuliert die Ausschüttung von Parathormon, das die Mobilisierung von Kalziumsalzen aus dem Knochen, die renale Retention von Ca^{2+} und die Ausscheidung der Anionen stimuliert. Parathormon fördert ferner die renale Bildung von Kalzitriol, das die renale Resorption und (v. a.) intestinale Absorption von Kalzium und Phosphat stimuliert. Kalzitonin aus der Schilddrüse fördert die Mineralisierung des Knochens und die renale Ausscheidung von Phosphat. Eine Reihe weiterer Hormone (u. a. Östrogene) sowie mechanische Beanspruchung stimulieren den Knochenaufbau. Störungen des Kalziumphosphatstoffwechsels beeinträchtigen v. a. Knochenmineralisierung, neuromuskuläre Erregbarkeit, zellulären Energiehaushalt und Nierenfunktion.

36.5 Magnesiumstoffwechsel

Magnesium reguliert die Aktivität von Ionenkanälen und Enzymen.

Magnesium hemmt K^+-Kanäle, Ca^{2+}-Kanäle und NMDA-Kanäle [4,20]. Unter anderem durch seine Wirkung auf Ionenkanäle mindert Mg^{2+}-Überschuß und steigert Mg^{2+}-Mangel die neuromuskuläre Erregbarkeit. Darüberhinaus hemmt Mg^{2+} die Ausschüttung von Neurotransmittern. Mg^{2+} beeinflußt eine Vielzahl von Enzymen (z. B. Kinasen, Phosphatasen, Adenylatzyklase, Phosphodiesterasen, Myosin-ATPase) und Pumpen (z. B. Na^+/K^+-ATPase, Ca^{2+}-ATPase, H^+-ATPase). Unter anderem über seine Wirkung auf Adenylatzyklase und Phosphodiesterasen beeinflußt es Hormonwirkungen, über seine Wirkung auf die Myosin-ATPase die Muskelkontraktion. Sowohl Mg^{2+}-Mangel als auch Mg^{2+}-Überschuß mindern die Kontraktilität des Herzens. Die Wirkung von Mg^{2+} auf Na^+/K^+-ATPase und K^+-Kanäle fördert die zelluläre Aufnahme von K^+.

Die zelluläre Mg^{2+}-Aufnahme wird durch intrazelluläre Alkalose, Insulin und Schilddrüsenhormone stimuliert.

Obgleich die intrazelluläre Mg^{2+}-Konzentration mehr als das 10 fache der extrazellulären Mg^{2+}-Konzentration beträgt, kann Mg^{2+} passiv in die Zellen aufgenommen werden, getrieben durch das außen positive Membranpotential. Aus der Zelle muß Mg^{2+} unter Einsatz von Energie über eine Mg^{2+}-ATPase transportiert werden.

Die zelluläre Aufnahme von Mg^{2+} wird durch intrazelluläre Alkalose gesteigert, die durch Dissoziation intrazellulärer Proteine Bindungsstellen für Mg^{2+} freimacht. Insulin und Schilddrüsenhormone erzeugen eine intrazelluläre Alkalose durch Aktivierung des Na^+/H^+-Austauschers und fördern damit die Aufnahme von Mg^{2+} in die Zellen [12].

Die Mg^{2+}-Bilanz wird durch intestinale Absorption und renale Ausscheidung reguliert.

Oral zugeführtes Mg^{2+} wird normalerweise unvollständig aus dem Darm absorbiert. Die intestinale Absorption wird durch Kalzitriol, Parathormon und Somatotropin stimuliert und durch Aldosteron und Kalzitonin gehemmt. Ca^{2+} und die Komplexierung von Mg^{2+} an verschiedene Anionen (Phosphat, Oxalat und Fettsäuren) beeinträchtigen die intestinale Mg^{2+}-Absorption. Die renale Mg^{2+}-Ausscheidung hängt in besonderem Maße von der Resorption in der Henle-Schleife ab. Sie wird durch hohe Konzentrationen an Mg^{2+} (Hypermagnesiämie) und Ca^{2+} (Hyperkalzämie), durch Hypokaliämie sowie durch Diuretika gehemmt, die an der Henle-Schleife wirken. Die Resorption wird umgekehrt durch Parathormon, Glukagon und Kalzitonin stimuliert [10].

Störungen des Mg^{2+}-Haushaltes beeinflussen v. a. die neuromuskuläre Erregbarkeit.

Mg^{2+}-Mangel. Ursachen von Mg^{2+}-Mangel sind unzureichende diätetische Zufuhr, intestinale Malabsorption oder renale Mg^{2+}-Verluste. Die renale Ausscheidung wird durch Aldosteronüberschuß, Hemmung der Resorption in der Henle-Schleife (sog. Schleifendiuretika), Phosphatmangel (Energiemangel?) und Ketoazidose (Komplexierung des luminalen Mg^{2+}?) gesteigert. Erhebliche Mg^{2+}-Mengen können auch über die Brustdrüse beim Stillen und über die Haut bei Verbrennungen verloren gehen. Hypomagnesiämie kann ferner durch gesteigerte zelluläre Aufnahme von Mg^{2+} (Wirkung von Schilddrüsenhormonen und Insulin) auftreten. Folgen von Mg^{2+}-Mangel sind vor allem gesteigerte neuromuskuläre und kardiale Erregbarkeit. Bei Mg^{2+}-Mangel sind K^+-Kanäle enthemmt und die Zellen verlieren K^+.

Mg^{2+}-Überschuß. Ursachen eines Mg^{2+}-Überschusses sind eingeschränkte renale Ausscheidung und/oder exzessive Aufnahme. Die renale Ausscheidung ist bei Nierenversagen und bei Mangel an Aldosteron herabgesetzt. Hypermagnesiämie kann auch Folge einer zellulären Mg^{2+}-Freisetzung sein, wie etwa bei Hypothermie. Folge des Mg^{2+}-Überschusses ist vor allem eine herabgesetzte neuromuskuläre, kardiale und glattmuskuläre Erregbarkeit.

!

Magnesium hemmt K^+-Kanäle, Ca^{2+}-Kanäle und NMDA-Kanäle, beeinflußt eine Vielzahl von Enzymen (v. a. Kinasen, ATPasen) und hemmt die Ausschüttung von Neurotransmittern. Insulin, Schilddrüsenhormone und Alkalose stimulieren die zelluläre Mg^{2+}-Aufnahme. Die Mg^{2+}-Bilanz wird durch intestinale Absorption und renale Ausscheidung reguliert. Die intestinale Absorption wird durch Kalzitriol, Parathormon und Somatotropin stimuliert und durch Aldosteron, Kalzitonin, Ca^{2+} und Komplexierung an verschiedene Anionen gehemmt. Die renale Ausscheidung wird durch Hypermagnesiämie, Hyperkalzämie, Hypokaliämie und Schleifendiuretika gehemmt und durch Parathormon, Glukagon und Kalzitonin stimuliert. Mg^{2+}-Mangel steigert, Mg^{2+}-Überschuß mindert die neuromuskuläre Erregbarkeit.

36.6 Literatur

Weiterführende Lehr- und Handbücher

1. Lang F (ed) (1998) Cell volume Regulation. Contrib. Nephrol. vo. 123, Karger, Basel
2. Seldin DW, Giebisch G (1993) Clinical disturbances of water metabolism. Raven New York
3. Seldin DW, Giebisch G (eds) (1992) The Kidney. Physiology and Pathopysiology, 2nd edn, vol. 1. Raven New York

Einzel- und Übersichtsarbeiten

4. Agus ZS, Morad M (1991) Modulation of cardiac ion channels by magnesium. Annu. Rev. Physiol. 53: 299–308
5. Baron R (1989) Molecular mechanisms of bone resorption by the osteoclast. Anat. Rec. 224: 317–324
6. Biber J, Caderas G, Werner A, Moore M, Murer H (1993) Cellular and molecular aspects of renal phosphate transport. Renal Physiol. Biochem 16: 37–47
7. Boden SD, Kaplan FS (1990) Calcium homeostasis. Orthop. Clin. North. Am. 21: 31–42
8. Brostrom CO, Brostrom MA (1990) Calcium-dependent regulation of protein synthesis in intact mammalian cells. Annu. Rev. Physiol. 52: 577–590
9. Carafoli E (1991) Calcium pump of the plasma membrane. Physiol. Rev. 1: 129–154
10. De Rouffignac C, Mandon B, Wittner M, Di Stefano A (1993) Hormonal control of renal magnesium handling. Miner. Electrolyte. Metab. 19: 226–231
11. Fitzsimons JT (1998) Angiotensin, thirst, and sodium appetite. Physiol. Rev. 78(3): 583–686
12. Flatman PW (1991) Mechanisms of magnesium transport. Annu. Rev. Physiol. 53: 259–272
13. Folkow B (1990) Salt and hypertension. NIPS 5: 220–224
14. Grinstein S, Foskett JK (1990) Ionic mechanisms of cell volume regulation in leukocytes. Annu. Rev. Physiol. 52: 399–414
15. Haeussinger D, Lang F (1991) Cell volume – a „second messenger" in the regulation of metabolism by amino acids and hormones. Cell. Physiol. Biochem. 1: 121–130

16. Inesi G, Sumbilla C, Kirtley ME (1990) Relationship of molecular structure and function in Ca^{2+}-transport ATPase. Physiol. Rev. 3: 749–760
17. Jones G, Strugnell SA, DeLuca HF (1998) Current understanding of the molecualr actions of vitamin D. Physiol. Rev. 78(4): 1193–1232
18. Lang F, Busch GL, Ritter M, Voelkl H, Waldegger S, Gulbins E, Haeussinger D (1998) Functional significance of cell volume regulatory mechanisms. 78(1): 247–306
19. MacIntyre I, Alevizaki M, Bevis PJR, Zaidi M (1987) Calcitonin and peptides from the calcitonin gene. Clin. Orthop. 217: 45–55
20. Matsuda H (1991) Magnesium gating of the inwardly rectifiying K^+ channel. Annu. Rev. Physiol. 53: 289–298
21. McCormack JG, Denton RM (1990) Ca^{2+} as a second messenger within mitochondria of the heart and other tissues. Annu. Rev. Physiol. 52: 451–466
22. McCormack JG, Halestrap AP, Denton RM (1990) Role of calcium ions in regulation of mammalian intramitochondrial metabolism. Physiol. Rev. 2: 391–426
23. Muff R, Fischer JA, Biber J, Murer H (1992) Parathyroid hormone receptors in control of proximal tubule function. Annu. Rev. Physiol. 54: 67–80
24. Rink TJ, Sage SO (1990) Calcium signaling in human platelets. Annu. Rev. Physiol. 52: 431–450
25. Ten Eik, R. E., D. W. Whalley, H. H. Rasmussen (1992) Connections: heart disease, cellular electrophysiology, and ion channels. FASEB J. 6:2568–2580

37 Ernährung

H.-V. Ulmer

Einleitung Die Ernährung ist Voraussetzung für Bau und Funktion des Organismus. Übermäßige Ernährung führt zu Fettsucht. Diese gehört, im Gegensatz zur Unterernährung in großen Teilen der Welt, zu den typischen Problemen vieler Industrieländer.

Eßgewohnheiten werden nur selten rational entschieden. Erwerb und Verzehr von Nahrung sind von alters her mit Kult und Ritus verbunden. Dieser soziokulturelle Aspekt zeigt sich im religiösen Abendmahl oder in Fastenregeln, ferner in Festessen zu besonderen Anlässen oder in der Tatsache, daß der „Wohlstandsspeck" lange Zeit als Statussymbol galt. Insofern ist es nicht verwunderlich, daß sich einer Diätetik auf ernährungsphysiologischer Basis „Lehren" von Sektierern, Fanatikern und Geschäftemachern in den Weg stellen.

Die Nahrungsmittel bestehen aus Nährstoffen, Vitaminen, Salzen, Spurenelementen, Geschmacks- und Ballaststoffen sowie Wasser. Ihre Aufnahme wird hauptsächlich durch die Allgemeingefühle Hunger und Durst reguliert (s. S. 168 ff). Die Tatsache, daß heute vollsynthetische Nahrungsmittel auch langfristig Gesundheit und Leistungsfähigkeit sicherstellen können, spricht für die Richtigkeit des derzeitigen ernährungsphysiologischen Wissens. Entsprechendes gilt für die Infusionstherapie, die zur Routine einer jeden Klinik zählt.

37.1 Bestandteile der Nahrungsmittel und ihre Funktionen

Nährstoffe, also Fette, Eiweiße und Kohlenhydrate, sind die Grundlage für Bau- und Betriebsstoffwechsel; ihre essentiellen Anteile sind lebensnotwendig

Nährstoffe im engeren Sinne. Hierzu zählen die in der Nahrung vorkommenden energiereichen Stoffgruppen der ***Eiweiße, Fette*** und ***Kohlenhydrate;*** ungenügende Zufuhr führt zu Unterernährung, übermäßige Zufuhr zu Überernährung. Beispiele für den Nährstoff- und damit für den Energiegehalt einiger Nahrungsmittel sind in Tabelle 37–1 zu finden. Dieser Energiegehalt dient beim ***Betriebsstoffwechsel*** der Gewinnung von Nutzenergie (ATP). Die pro Gramm Nährstoff freiwerdende Energie (***biologischer Brennwert)*** ist bei Fetten mit 39 kJ/g mehr als doppelt so groß wie bei Eiweißen und Kohlenhydraten mit 17 kJ/g (Tabelle 37–2, 1 kJ ~ 0,24 kcal). Weiterhin werden die Nährstoffe für den ***Baustoffwechsel*** benötigt, wobei man zwischen *Anabolismus = Aufbau von Körpersubstanz* und *Katabolismus = Abbau von Körpersubstanz* unterscheidet.

Isodynamie. Darunter versteht man die *gegenseitige Austauschbarkeit* der Nährstoffe entsprechend ihrem Brennwert. Diese Austauschbarkeit wird jedoch dadurch eingeschränkt, daß die Nährstoffe auch für den *Baustoffwechsel* benötigt werden und damit Mindestmengen aller 3 Nährstoffe zugeführt werden müssen.

Postprandiale Energieumsatzzunahme. *Nach Nahrungsaufnahme steigt der Energieumsatz an.* Dies wird auf eine spezifische Wirkung der Nährstoffe zurückgeführt und als postprandiale Energieumsatzzunahme oder auch als

Tabelle 37–1. Energiegehalt und Zusammensetzung einiger Nahrungsmittel. Im Einzelfall können je nach Art und Zubereitung erhebliche Abweichungen vorkommen, besonders durch verborgene Fette; Stand: 1980. 1 kJ ~ 0,24 kcal; KH=Kohlenhydrate. (Nach Polensky, aus [3])

Nahrungsmittel	Energie (kJ/100 g)	Eiweiße (%)	Fette (%)	KH (%)	Wasser (%)	Ballaststoffe (%)
Obst	190	0,7	0,3	10,5	86	2,3
Gemüse	85	1,6	0,2	3,0	93	2,0
Kartoffeln	330	2,1	0,1	16,8	79	2,0
Nüsse	2680	16,9	57	8,2	7	10,1
Fleisch	860	19	13	0	68	0
Brot	1020	7,3	1,4	47	40	4,3
Butter	3220	0,6	82,6	0,6	16	0
Käse	1340	23,7	22,3	2,8	51	0
Wurst	1500	12,9	30,4	1,1	55	0
Konsummilch	256	3,3	3,1	4,7	89	0
Fruchtsäfte	186	0,3	0,1	10,9	89	0
Bier	200	0,5	0	4,8	95	0

Tabelle 37–2. Biologischer Brennwert (kJ/g) der Nährstoffe. Die Werte von Fetten, Eiweißen und Kohlenhydraten gelten für eine gemischte mitteleuropäische Kost; 1 kJ ~ 0,24 kcal

Nährstoff	Fette	Eiweiße	Kohlenhydrate	Glukose	Äthylalkohol
kJ/g	38,9	17,2	17,2	15,7	29,7

kostinduzierte bzw. *diätinduzierte Thermogenese* bezeichnet. Der Anstieg des Energieumsatzes beträgt nach Aufnahme gemischter Kost *rund 6 %*. Er ist nach *Eiweißzufuhr* viel ausgeprägter als nach Aufnahme von Kohlenhydraten oder Fetten. Eine der Ursachen dafür könnte sein, daß zur Resynthese von 1 mol ATP mehr Eiweiß- als Fett- bzw. Kohlenhydratenergie benötigt wird.

Zusammensetzung und Vorkommen der Nährstoffe. Die ***Eiweiße*** bestehen aus Aminosäuren; sie werden hauptsächlich für den Baustoffwechsel benötigt. Bestimmte Aminosäuren kann der Körper *nicht oder nicht in ausreichender Menge synthetisieren;* die Zufuhr dieser ***essentiellen Aminosäuren*** ist daher lebensnotwendig. Das aufgenommene Eiweiß dient größtenteils dem Aufbau und Umbau von Zellen, Enzymen und Plasmaeiweißen; es ist somit nicht durch Fette oder Kohlenhydrate zu ersetzen. Je nach Herkunft unterscheidet man zwischen ***tierischem*** und ***pflanzlichem Eiweiß.*** Tierisches Eiweiß findet sich hauptsächlich in *Fleisch, Fisch, Milch* und *Milchprodukten* sowie *Eiern.* Pflanzliches Eiweiß wird in nennenswerten Mengen mit *Brot, Hülsenfrüchten* und *Kartoffeln* aufgenommen, in geringen Mengen mit fast allen Obst- und Gemüsesorten (s. Tabelle 37–1).

Die ***Fette*** bestehen hauptsächlich aus einem Gemisch verschiedener *Triazylglyzerole* (Triglyzeride), also Triestern aus Glyzerin und Fettsäuren. Man unterscheidet zwischen *gesättigten* und einfach bzw. mehrfach *ungesättigten Fettsäuren.* Die mehrfach ungesättigten Fettsäuren Linol- und Linolensäure können vom Organismus nicht synthetisiert werden (*essentielle Fettsäuren*); ihre Zufuhr ist lebensnotwendig. Sie werden u. a. zur Synthese von *Phospholipiden* – also von Bestandteilen der Zellmembran und der Mitochondrien – und von Prostaglandinen benötigt. Die für den Menschen wichtigste essentielle Fettsäure ist die mehrfach ungesättigte ***Linolsäure.***

Die aufgenommenen Fette werden entweder verbrannt *(im Betriebsstoffwechsel)* oder in Form von Depotfett im Gewebe gespeichert *(als Energiespeicher).* Im Gegensatz zum Fett kann der Organismus Eiweiße und Kohlenhydrate nur in geringem Umfang speichern; überschüssige Mengen werden abgebaut, ausgeschieden oder zu Fett umgebaut und gespeichert.

Fette kommen als unvermeidliche *Begleitsubstanzen in fast allen Nahrungsmitteln tierischer Herkunft* vor, so in den wichtigen Eiweißquellen Fleisch, Fisch, Milch und Milchprodukten sowie in Eiern. Sie finden sich ferner in Pflanzensamen, z. B. in Nüssen. Im Gegensatz zu den meisten tierischen sind pflanzliche Fette reich an ungesättigten Fettsäuren, die in hydrierten, d. h. künstlich gehärteten, Fetten jedoch fehlen.

Etwa die Hälfte des mit der Nahrung aufgenommenen Fetts wird als ***sichtbares Fett*** (Reinfette wie Öle, Streich- und Speisefette, Speck), der Rest als ***verborgenes Fett*** verzehrt. Unter verborgenem Fett versteht man das feintropfig verteilte, mit bloßem Auge nicht sichbare Fett, besonders in Fleisch, Wurst und Käse. Daher enthält die sehr eiweißreiche mitteleuropäische Durchschnittskost einen zu großen Fettanteil. Eine hinsichtlich der Fette energetisch ausgewogene und qualitativ richtige Ernährung ist deshalb nicht einfach zu erreichen, nicht zuletzt auch aufgrund der Tatsache, daß Geschmacks- und Geruchsstoffe hauptsächlich in Fetten vorkommen.

Cholesterol und Lipoproteide. Ein erhöhter Cholesterolspiegel im Blut *(Hypercholesterolämie)* wird zu den *Risikoindikatoren* (bzw. Risikofaktoren) gezählt. Darunter versteht man Kenngrößen, die aus statistischer Sicht auf eine besondere Gesundheitsgefährdung hinweisen, speziell hinsichtlich der Arteriosklerose und ihrer Folgekrankheiten (s. auch metabolisches Syndrom, S. 804). Als Richtwerte für das Cholesterol gelten: Warnbereich 200–250 mg/dl, behandlungsbedürftiges Risiko ab 250 mg/dl Serum. Allerdings sind diese Richtwerte strittig, da bei 250 mg/dl ein großer Prozentsatz der Normalbevölkerung behandlungsbedürftig wäre [14]. Immerhin hat die durchschnittliche Lebenserwartung der Deutschen in den letzten Jahren weiter zugenommen; sie stieg für Neugeborene in nur 5 Jahren bis 1994 in Ostdeutschland bei Frauen um 2,0 auf 78,2 und Männern um 0,7 auf 70,7 Jahre an, in Westdeutschland um 0,8 auf 79,8 (♀) bzw. um 0,9 auf 73,5 (♂) Jahre an [12].

Die häufig beklagten Zivilisationskrankheiten Herzinfarkt, Schlaganfall und Nierenversagen hängen als typische Alterskrankheiten ganz wesentlich mit dem hohen Durchschnittsalter der deutschen Bevölkerung zusammen. Hinzu kommt, daß diese drei Folgeerkrankungen der Arteriosklerose auch erblich bedingt sind; sie können daher weder ernährungsmäßig (alimentär) oder durch „gesunde Lebensweise“, noch medikamentös gänzlich verhindert werden [9]. Übermäßige Nahrungszufuhr führt allerdings aus statistischer Sicht gehäuft zu Fettstoffwechselstörungen, Gicht und Diabetes mellitus; in solchen Fällen ist eine maßvolle Ernährung angebracht, wobei die Cholesterolzufuhr 300 mg/Tag nicht übersteigen sollte [15].

Bei den ***Kohlenhydraten*** unterscheidet man zwischen *Monosacchariden* (Einfachzuckern), *Di-, Oligo-* und *Polysacchariden,* je nach Anzahl der Monosaccharidbausteine. Die Kohlenhydrate werden vom Menschen zum größten Teil in Form *pflanzlicher Stärke* (Polysaccharid) aufgenommen; überschüssig aufgenommene Kohlenhydrate werden im Organismus, besonders in Muskulatur und Leber, als *Glykogen* (tierische Stärke) gespeichert, zumeist allerdings in Fett umgebaut. Das Monosaccharid *Glukose* (Traubenzucker) ist Baustein der Stärke und ein Bestandteil des im Haushalt üblichen Zuckers *(Saccharose),* der als Disaccharid aus je einem Molekül Glukose und Fruktose besteht. *Laktose,* das typische Disaccharid der Muttermilch, besteht aus je einem Molekül Glukose und Galaktose. Kohlenhydrate sind wichtige *Energielieferanten* für die Zellen. Das Gehirn deckt seinen Energiebedarf fast ausschließlich über Glukose, während die Skelettmuskulatur bei Kohlenhydratmangel auf Fettsäureverbrennung ausweicht. Glukose dient aber nicht nur als Brennstoff, sondern auch als Baustein für viele wichtige Verbindungen.

Die für den Menschen wichtigen Kohlenhydrate sind fast ausschließlich *pflanzlicher Herkunft.* Obst, Gemüse, Kartoffeln, Getreide und Hülsenfrüchte enthalten jedoch neben verdaulichen auch für den Menschen unverdauliche Kohlenhydrate, beispielsweise *Zellulosefaserstoffe.*

! Die Nährstoffe Eiweiße, Fette und Kohlenhydrate werden für den Bau- und Betriebsstoffwechsel benötigt; sie sind nur im Rahmen des Betriebsstoffwechsels gemäß ihrem Energiegehalt austauschbar (Isodynamie). Zu den lebensnotwendigen Nährstoffbestandteilen gehören die essentiellen Aminosäuren und die essentiellen Fettsäuren. Übermäßige Nährstoffzufuhr kann zu Fettsucht und Stoffwechselstörungen führen.

Vitamine sind lebenswichtig; der Organismus kann sie nicht oder nicht in ausreichender Menge synthetisieren

Vitamine. Sie sind *lebenswichtige organische Substanzen, die der Organismus nicht oder nicht in genügender Menge synthetisieren kann und deren Energiegehalt ohne Bedeutung ist.* ***Antivitamine*** wirken antagonistisch gegenüber bestimmten Vitaminen, indem sie deren Resorption oder Metabolismus behindern. ***Provitamine*** sind in der Nahrung vorkommende Vorstufen der Vitamine. Die chemische Struktur der Vitamine ist sehr uneinheitlich [7]. Man unterscheidet zwischen ***fettlöslichen und wasserlöslichen Vitaminen.*** Die weitere Unterscheidung erfolgt nach historisch bedingten Buch-

Tabelle 37–3. Fettlösliche Vitamine. Systematik, wichtige Quellen und biologische Funktionen [2, 6, 7]. (Empfohlene Zufuhr und Mangelerscheinungen, s. Tabelle 37–7, S. 798)

Bezeichnung und Synonyma	Wichtige Quellen	Typische biologische Funktionen
Vitamin A Retinol	Leber und Lebertran, Milchfett	Wesentlich für alle Epithelzellen und das Skelettwachstum
Provitamine: β-Karotin, Karotinoide	β-Karotin in Karotten und vielen Pflanzen	Vitamin A-Aldehyd (Retinal) ist Bestandteil des Rhodopsins (Sehpurpur)
Vitamin-D-Gruppe (antirachitische Vitamine): Vitamin D_2, Vitamin D_3, Vitamin D_4	Leber, Lebertran, Fische, Milchfett, Eigelb	Ca^{2+}-Homöostase, Knochenverkalkung
Vitamin E Tokopherole	In fast allen Lebensmitteln, besonders in Pflanzenölen	Antioxidans, speziell beim Stoffwechsel der ungesättigten Fettsäuren
Vitamin K Vitamin K_1, Vitamin K_2	Grüngemüse, Leber (wird auch von der Darmflora gebildet)	Beteiligt an der Synthese von Blutgerinnungsfaktoren, insbesondere von Prothrombin

Tabelle 37–4. Wasserlösliche Vitamine. Systematik, wichtige Quellen und biologische Funktionen [2, 6, 7]. (Empfohlene Zufuhr und Mangelerscheinungen s. Tabelle 37–8, S. 798)

Bezeichnung und Synonyma	Wichtige Quellen	Typische biologische Funktionen
Vitamin B_1 Thiamin	Schweinefleisch, Vollkornprodukte	Bestandteil der Pyruvatoxidase
Vitamin B_2 Riboflavin	Milch, Fleisch, Eier, Fisch, Vollkornprodukte	Bestandteil der Flavinenzyme (gelbe Atmungsfermente)
Vitamin-B_6-Gruppe Pyridoxingruppe (Pyridoxol, Pyridoxal, Pyridoxamin)	In fast allen Nahrungsmitteln, besonders in Fleisch, Fisch, Hülsenfrüchten, Vollkornprodukten, Salaten	Koenzym verschiedener Enzymsysteme (z. B. Aminosäuren-Dekarboxylasen, Transaminasen, Dehydratasen, Desulfhydrasen)
Vitamin B_{12} Kobalamine	Leber, andere *tierische* Nahrungsmittel	Bestandteil von Enzymen (Methylierung, Nukleinsäurestoffwechsel)
Weitere Vitamine der B-Gruppe		
Biotin	Leber, Niere, Eigelb, Soja (wird auch von der Darmflora gebildet)	Bestandteil von Enzymen (Karboxylasen)
Folsäuregruppe Folsäure und Folate	Gemüse, Vollkornerzeugnisse, Fleisch, Milch, Soja	Umsetzung der Einkohlenstoff-Fragmente, Purin- und Methioninsynthese
Niacin Nikotinsäure, Nikotinsäureamid	Fleisch, Fisch, Milch, Kaffee	Koenzym vieler Dehydrogenasen, z. B. NAD
Pantothensäure	In fast allen Nahrungsmitteln	Bestandteil des Koenzym A
Vitamin C Askorbinsäure	Frisches Obst und Gemüse, besonders Kartoffeln, Zitrusfrüchte, Tomaten, Paprika	Wichtig bei der Bildung von Interzellularsubstanzen, Mitwirkung bei Hydroxylierungen, Bestandteil von Ferritin

staben und bei den später entdeckten Vitaminen nach der chemischen Bezeichnung. Vitamine erfüllen *spezifische Funktionen im Zellstoffwechsel*. Sie sind häufig Bestandteile von Enzymsystemen oder entfalten komplexe Systemwirkungen, z. B. das Vitamin C auf das Bindegewebe.

Zu den ***fettlöslichen Vitaminen*** gehören die *Vitamine A, D, E und K* (Tabelle 37–3). Vitamin A kann im Körper aus mit der Nahrung aufgenommenen *Karotinoiden* (Provitaminen) gebildet werden. Die wirksamen Vitamine D_2 und D_3 entstehen in der Haut unter dem Einfluß von UV-Licht durch eine photochemische Reaktion aus Provitaminen der D-Gruppe.

Zu den ***wasserlöslichen Vitaminen*** gehören die Vitamine der B-Gruppe (B_1, B_2, B_6, B_{12}) und der *Folsäuregruppe*, ferner *Biotin, Niacin, Pantothensäure* und *Vitamin C* (Tabelle 37–4). Zahlreiche B-Vitamine kommen in Hefe, Kleie und Leber vor. Vitamin B_{12} ist in pflanzlichen Lebensmitteln nur enthalten, wenn diese vergoren sind.

Vorkommen. Vitamine kommen in Nahrungsmitteln *pflanzlicher* und *tierischer Herkunft* vor. Der *Vitamingehalt* von Nahrungsmitteln ist je nach Produktionsbedingungen, Lagerung und Zubereitung sehr variabel, da bestimmte Vitamine gegenüber Hitze, Licht oder pH-Änderungen empfindlich sind, wie z. B. die Vitamine A und C. Einige Nahrungsmittel sind besonders reich an bestimmten Vitaminen (Tabellen 37–3 und 37–4 sowie [6, 13]).

Nicht jedes Vitamin muß mit der Nahrung zugeführt werden. Vitamin K wird von der normalen Darmflora hergestellt. Vitamin D kann unter dem Einfluß von UV-Licht in der Haut synthetisiert werden. Vor allem im Winter und bei geringer Sonneneinstrahlung (England) ist die Eigensynthese jedoch unzureichend und der Körper ist auf die Zufuhr von Vitamin D angewiesen.

Antivitamine findet man in verschiedenen Nahrungsmitteln, z. B. das Biotin bindende Avidin im Eiklar oder eine Thiamin spaltende Thiaminase in vielen rohen Fischen. – *Künstliche Antivitamine* werden therapeutisch zur Beeinflussung biologischer Prozesse eingesetzt. Mit Cumarinderivaten (Antivitamin K) kann die Gerinnungsfähigkeit des Blutes herabgesetzt werden. Isonikotinsäurehydrazid (INH) hemmt als Antagonist des Pyridoxalphosphats (wirksames Derivat des Vitamin B_6) das Wachstum des Tuberkuloseerregers.

> **!** Vitamine sind lebensnotwendige organische Substanzen mit spezifischen teils komplexen Stoffwechselfunktionen. Man unterscheidet zwischen fettlöslichen (A, D, E, K) und wasserlöslichen Vitaminen; sie kommen in pflanzlichen und tierischen Nahrungsmitteln vor. Provitamine (besonders A und D) sind Vorstufen der Vitamine, Antivitamine Antagonisten der Vitamine.

Wasser ist auch in der festen Nahrung enthalten. Wasser sowie bestimmte Salze und Spurenelemente sind lebenswichtig

Wasser. Die meisten Lebensmittel enthalten mehr als 50 % Wasser; weniger als 50 % findet man u. a. in Brot, Butter und Käse. Der Wassergehalt ist für den Energiegehalt pro Gewicht vieler Nahrungsmittel maßgeblich (Tabelle 37–1). Bei genau geführten Flüssigkeitsbilanzen muß jedoch nicht nur das mit der Nahrung zugeführte, sondern auch das während der biologischen Verbrennung entstehende Wasser berücksichtigt werden; unter Ruhebedingungen sind das ca. 350 ml Wasser pro Tag. Die meisten Getränke weisen einen beachtlichen Energiegehalt auf (ca 2 MJ/l, Tabelle 37–1). So decken etwa 3,5 l Milch den täglichen Energiebedarf eines Büroarbeiters.

Salze. Bestimmte Salze sind wie das Wasser Grundlage des inneren Milieus. Die Ausgewogenheit der ionalen Zusammensetzung (Isoionie) und des pH-Wertes der Körperflüssigkeiten gehört zu den wesentlichen Voraussetzungen einer ungestörten Zelltätigkeit. Dabei sind die Kationen Natrium, Kalium, Kalzium und Magnesium sowie die Anionen Chlorid und Phosphat besonders wichtig.

Spurenelemente. Man versteht darunter Elemente, die nur in geringen Mengen in der Nahrung und im Organismus vorkommen. Folgende drei Gruppen werden unterschieden:

- Elemente, deren physiologische Funktion bekannt ist oder vermutet wird und für die ein Bedarf besteht. Hierzu gehören u. a. *Eisen* (Baustein des Häm), *Jod* (Baustein der Schilddrüsenhormone) und *Fluor*, ferner *Kupfer, Mangan, Molybdän* und *Zink* als Bausteine intrazellulärer und exkretorischer Enzyme.
- Elemente, deren toxische Wirkung bewiesen ist. Dazu gehören Antimon, Arsen, Blei, Kadmium, Quecksilber und Thallium. Die meisten dieser Elemente haben ihre besondere Bedeutung in der Gewerbetoxikologie.
- Elemente ohne physiologische Bedeutung, wie z. B. Aluminium, Bor, Silber und Tellur.

Gewürze erhöhen den Genuß, Ballaststoffe fördern die Peristaltik

Gewürzstoffe. Hierzu gehören verschiedene Duft- und Aromasubstanzen, die Geruch und Geschmack der Nahrungsmittel bestimmen. Diese Stoffe sind nicht lebensnotwendig; ihre Bedeutung für das allgemeine *Wohlbefinden* und die *Sekretion der Verdauungssäfte* (s. S. 813) sollte jedoch nicht unterschätzt werden.

Ballaststoffe. Einige Polysaccharide, so die Zellulose pflanzlicher Zellwände, können nicht durch Amylasen, partiell jedoch durch Darmbakterien des Menschen gespalten werden. Diese Ballaststoffe regen mechanisch die Darmperistaltik an.

Die Wirkungsschwellen vieler Rückstände in Lebensmitteln liegen deutlich über deren Nachweisschwelle

Rückstände. Im Verlauf von Produktion und Lagerung gelangen absichtlich oder unabsichtlich Zusatzstoffe in die Nahrungsmittel, für die beim Menschen kein direkter Bedarf vorliegt. Diese Rückstände können unerwünschte pharmakologische und toxische Wirkungen entfalten, allerdings erst *beim Überschreiten von Wirkungsschwellen.* Diese liegen deutlich über den vorgeschriebenen Grenzwerten und meistens auch weit über der jeweiligen Nachweisschwelle.

Bei der Produktion tierischer Nahrungsmittel werden häufig erlaubte und unerlaubte ***Arzneimittel*** eingesetzt, einmal aus hygienischen Gründen, zum anderen zur Beschleunigung der Mast. Da Medikamente in Leber, Fettgewebe und Muskulatur gespeichert werden können, sind Auswirkungen auf den Menschen möglich, so im Hinblick auf Allergien, Antibiotikaresistenz oder hormonelle Störungen.

Einige ***Metalle*** gehören ebenfalls zu den Rückständen, neben toxischen Spurenelementen auch Radionuklide, wie z. B. Caesium[137] und Strontium[90].

Als ***Nahrungsmittel-Additive*** bezeichnet man Zusätze wie *Geschmacks-* und *Farbstoffe* sowie *Konservierungsmittel,* die während der Produktion den Nahrungsmitteln zugefügt werden. Auch diese Stoffe sollte man nicht vorbehaltlos verwenden. So wurde die krebserzeugende Wirkung von „Buttergelb" erst nach jahrzehntelangem Gebrauch zum Anfärben von Lebensmitteln nachgewiesen. – Die Zahl der Geschmacks- und Farbstoffadditive ist sehr groß, sie geht in die Tausende. Einen pharmakologischen Effekt haben die meisten dieser Substanzen nicht; jedoch können sie bei Disposition Allergien auslösen.

Die ***Pestizide*** gehören zu den Pflanzenschutz- und Vorratsschutzmitteln. Man unterscheidet 4 Gruppen: Insektizide (gegen Insekten), Herbizide (gegen Unkräuter), Akarizide (gegen Milben) und Fungizide (gegen Pilze). Die für den Menschen zum Teil nachgewiesene Schädlichkeit der Pestizide hat dazu geführt, daß für Lebensmittel zulässige Höchstkonzentrationen festgelegt wurden. Einige Pestizide, besonders die fettlöslichen, können im Fett des tierischen Organismus gespeichert werden; sie verlassen den Organismus nur langsam und entfalten damit eine Langzeitwirkung. Hauptquellen für die Pestizidbelastung des Menschen sind bei pflanzlichen Produkten Obst, Gemüse und Mehlerzeugnisse, bei tierischen Produkten v. a. das Milchfett.

!

Die meisten Lebensmittel enthalten mehr als 50 % Wasser, die meisten Getränke viel Energie (ca. 2 MJ/l). Wasser, Salze und Spurenelemente werden zum Aufrechterhalten des ionalen Milieus im Organismus, teilweise auch als wichtige Bausteine benötigt. Einige Spurenelemente wirken toxisch. Gewürze fördern die Sekretion der Verdauungssäfte. Ballaststoffe regen die Motilität des Dickdarms an und beugen damit einer Obstipation vor. Für die als giftig klassifizierten Rückstände der Nahrung gilt: Die Dosis, und nicht der Nachweis an sich, entscheidet über toxische und allergieauslösende Wirkungen.

37.2 Bedarf an Nahrungsbestandteilen, Mangel- und Überdosierungserscheinungen

Bedarfsangaben sind nur Richtwerte; sie sollten nicht zu schematisch gehandhabt werden

Bedarfsangaben in den verschiedensten Tabellenwerken verwirren häufig dadurch, daß nicht zwischen *Bedarf* und *empfohlener Zufuhr* unterschieden wird und die jeweils einbezogenen Sicherheitszuschläge beträchtlich variieren. Ferner liegen, wie bei fast allen physiologischen Größen, deutliche interindividuelle Unterschiede vor, die auch *situativ* – so durch körperliche Aktivität, Streß oder Schwangerschaft – oder *konstitutiv* – durch Alter, Geschlecht und Körperform – bedingt sein können. Die *Richtwerte* der Deutschen Gesellschaft für Ernährung [6] beziehen sich auf die empfohlene Zufuhr (s. Tabellen 37–5, 37–7, 37–8, 37–11, 37–12 und 37–13).

In der Alltagspraxis des Arztes werden Kenntnisse über den Mindestbedarf für bestimmte Patientengruppen und Therapieformen benötigt, so für Patienten mit chronischen Verdauungsstörungen (besonders Säuglinge), Menschen mit einseitiger Ernährung (u. a. Vegetarier) und Schwangere, für Therapieformen wie Reduktionskost und künstliche Ernährung (einschl. Infusionstherapie). Bedarfstabellen geben auch wichtige Hinweise für Regionen, in denen Unterernährung häufig vorkommt. Interindividuelle Unterschiede sind aber auch dabei zu berücksichtigen.

Bedarfsdeckung. Die *Fehlernährung* ist ein quantitatives und qualitatives Problem. *Mangelzustände* sind entweder Folge *unzureichender Zufuhr* oder *erhöhten Bedarfs* und meist eine Kombination von Nährstoff- (Eiweiße, Fette, Kohlenhydrate) und Wirkstoffmangel (Vitamine, Salze, Spurenelemente), z. B. beim *Hungern* oder bei *Resorptionsstörungen.* Typische *Mangelkrankheiten* (Tabellen 37–7 und 37–8) treten bei überwiegendem Fehlen nur einer Substanz auf. Während sich die Ernährungslehre früher hauptsächlich mit den Erscheinungsbildern von Mangelzuständen beschäftigte, muß sie heute auch Überdosierungsprobleme in Betracht ziehen. Die Folgen von Überdosierung zeigen sich im wesentlichen als *Fettsucht, Gicht, Hypervitaminosen* sowie *Wasser-* und *Elektrolytintoxikationen.*

Der Mindestbedarf an Nährstoffen hängt im wesentlichen vom Bedarf für den Baustoffwechsel ab

Baustoffwechsel. Im Rahmen des *Baustoffwechsels* werden fast alle Gewebe durch Abbau und Umbau ständig erneuert; hiervon ist besonders die Eiweißbilanz betroffen. Die freiwerdenden Baustoffe reichen nämlich nicht für den vollständigen Ersatz aus, unter anderem wegen eines Verlusts nach außen, z. B. durch abschilfernde Epithelzellen (Darm, Haut).

Die ***Eiweißbilanz*** des Menschen ist zunächst durch einen täglichen Verlust von 13 bis 17 g bei eiweißreicher, aber energetisch ausreichender Ernährung gekennzeichnet. Führt man diese Eiweißmenge (***absolutes Eiweißminimum***) zu, tritt aus zwei Gründen trotzdem kein Gleichgewicht zwischen Zufuhr und Verlust ein: 1. Nach Eiweißzufuhr steigt die Stickstoffausscheidung (ein Maß für den Eiweißverlust) an. 2. Die Nahrungseiweiße besitzen je nach Gehalt an essentiellen Aminosäuren eine unterschiedliche Wertigkeit, da je nach ihrer Aminosäurenzusammensetzung nur ein mehr oder weniger großer Teil des aufgenommenen Eiweißes in Körpereiweiß umgebaut werden kann. Als ***biologische Wertigkeit*** bezeichnet man diejenige Menge an körpereigenem Eiweiß, die durch 100 g Nahrungseiweiß ersetzt werden kann. Die Wertigkeit tierischer Eiweiße beträgt 80–100 g, d. h., aus 100 g aufgenommenen tierischen Eiweißen können 80–100 g Körpereiweiße gebildet werden. Dagegen beträgt die Wertigkeit pflanzlicher Eiweiße meistens nur 60–70 g, da sie die für den Menschen essentiellen Aminosäuren nicht im richtigen Mengenverhältnis enthalten. Um eine ausgeglichene Eiweißbilanz zu erreichen, muß eine gemischte Kost täglich 30–40 g Eiweiß enthalten (***Bilanzminimum***). Eine ausgeglichene Eiweißbilanz zeigt sich in einem Gleichgewicht zwischen aufgenommener und ausgeschiedener Stickstoffmenge (N_2-Gehalt des Eiweißes: ca. 16 % des Eiweißgewichts). Mit dem Bilanzminimum wird zwar ein Überleben, jedoch keine normale körperliche Leistungsfähigkeit gewährleistet. Für eine *optimale Versorgung des Organismus* wird eine tägliche Zufuhr von 0,8 g Eiweiß pro kg Körpergewicht empfohlen (***funktionelles Eiweißminimum***). Eine ausschließlich auf pflanzlichen Eiweißen aufgebaute Ernährung bedarf einer besonders sorgfältigen Zusammenstellung. Bei körperlicher Arbeit, während der Schwangerschaft und bei schweren Erkrankungen besteht ein erhöhter *täglicher* Eiweißbedarf bis zu 2 g/kg, bei Kindern und Alten von 1,2–1,5 g/kg KG.

Der Mindestbedarf an ***Fetten*** beruht auf dem Bedarf an essentiellen Fettsäuren und an den in den Nahrungsfetten enthaltenen fettlöslichen Vitaminen. Bei isolierter Zufuhr fettlöslicher Vitamine können diese auch bei alleiniger Anwesenheit von Gallensäuren resorbiert werden. Der Mindestbedarf an ***Kohlenhydraten*** ist im wesentlichen durch den Betriebsstoffwechsel des Gehirns bedingt, das fast ausschließlich auf Glukose (ca. 140 g/Tag) angewiesen ist.

Die Nährstoffzufuhr muß den Bedarf für Bau- und Betriebsstoffwechsel decken

Nährstoffbedarf. Für eine ausgewogene Ernähung (s. auch *Kostmaß*, S. 801) gelten die Richtwerte gemäß Tabelle 37–5. Ein erhöhter Nährstoffbedarf besteht bei körperlicher Arbeit, während der Schwangerschaft und bei verschiedenen Krankheiten, ferner bei einer allgemeinen Erhöhung des Muskeltonus (so beim Kältezittern oder bei Krämpfen). Der Energiebedarf Schwerkranker ist deutlich erhöht (vgl. Tabelle 29–4, S. 644), bei Schädel-Hirn-Verletzten bis zu Werten von Schwerarbeitern. Dies ist bei der künstlichen Ernährung solcher Patienten zu berücksichtigen. Bezogen auf das Körpergewicht liegt auch bei Kindern bis zum Abschluß des Wachstums ein erhöhter Bedarf vor. Weiteres siehe Kostmaß (S. 801).

Speicherung. Kohlenhydrate und Eiweiße werden nur in geringen Mengen reversibel gespeichert. Die kurzfristig verfügbaren Eiweißreserven betragen rund 45 g, die Glykogenreserven 300–400 g. Lediglich in Form der Fettdepots liegen größere Energiespeicher (Tabelle 37–5) vor.

Mangel- und Überdosierungserscheinungen. Zu den typischen Mangelerscheinungen gehören verminderte körperliche oder geistige Leistungsfähigkeit, Anfälligkeit gegenüber Krankheiten sowie Untergewicht. Eiweißmangel führt u. a. zu Ödemen und bei Kindern zu Entwicklungsstörungen (Tabelle 37–5). Zu den Überdosierungserscheinungen durch übermäßige Nährstoffaufnahme zählt v. a. die Fettsucht (Adipositas, S. 803f.).

Energiebilanzen. Diese müssen die unvollständige Resorption der Nährstoffe, bei gemischter mitteleuropäischer Kost rund 6 % Energieverlust, einbeziehen. Wei-

Tabelle 37–5. Nährstoffe. Empfohlene Zufuhr für Erwachsene sowie Mangel- und Überdosierungserscheinungen, KG = Körpergewicht

	Empfohlene Zufuhr/Tag [6]	Erhöhter Bedarf	Depots	Mangelerscheinungen	Überdosierungserscheinungen
Eiweiße	0,8 g/kg KG bei üblicher Mischkost bezüglich tierischer und pflanzlicher Eiweiße und deren essentiellen Aminosäuren	Bei Alten und Kindern 1,2–1,5 g/kg KG; bei Schwerarbeit, Muskelaufbautraining, Schwangeren und Schwerkranken bis zu 2 g/kg KG	Kurzfristig verfügbarer Pool: ca. 45 g (Muskel 40 g, Blut und Leber 5 g)	Hungerödeme, Infektanfälligkeit, Apathie, Muskelatrophie, bei Kindern Entwicklungsstörungen	Überwiegen der Fäulnis im Darm, bei Disposition: Gicht durch gesteigerte Purinzufuhr bei Verzehr von Fleisch und Innereien
Kohlenhydrate	> 50 % der Energiezufuhr, mindestens 140 g fürs Gehirn, alternativ: 300 g Eiweiß (Gluconeogenese)	Bei körperlicher Arbeit	300–400 g Glykogen	Untergewicht, verminderte Leistungsfähigkeit, Stoffwechselstörungen, Hypoglykämie, Ketose	Überwiegen der Gärung im Darm, Kohlenhydratmast, Fettsucht
Fette gesättigte und einfach ungesättigte Fettsäuren	25–30 % der Energiezufuhr, etwa zu gleichen Teilen Speisefett und verborgenes Fett	Bei körperlicher Arbeit, Schwangerschaft und Stillzeit	Sehr variabel	Untergewicht, verminderte Leistungsfähigkeit, Mangelerscheinungen durch Fehlen fettlöslicher Vitamine	Hypertriglyzeridämie und Hypercholesterolämie mit nachfolgender Arteriosklerose, Fettsucht
davon essentielle Fettsäuren	ca. 3,5 % der Energiezufuhr	Bei körperlicher Arbeit, Schwangerschaft und Stillzeit	Sehr variabel	Hämaturie, Veränderungen an Haut und Mitochondrien, Stoffwechselstörungen	Erhöhter Tokopherolbedarf (Vitamin E)

terhin ist beim Aufstellen von Energiebilanzen die postprandiale Energieumsatzzunahme (S. 792) zu berücksichtigen, im Mittel ebenfalls 6 % (Tabelle 37–6).

> **!** Richtwerte für die empfohlene Zufuhr an Nahrungsbestandteilen liegen wegen eines Sicherheitszuschlags höher als der im Einzelfall interindividuell unterschiedliche Bedarf. Der Arzt benötigt solche Richtwerte für Patienten mit chronischen Verdauungsstörungen oder einseitiger Ernährung, ferner für Schwangere und Säuglinge oder in Fällen von künstlicher Ernährung und Reduktionskost. Fehlernährung tritt heute als Mangel- und Überernährung in Erscheinung, in beiden Fällen mit gesundheitlichen Konsequenzen (z. B. Mangelkrankheiten, Fettsucht). Der Nährstoffbedarf für Bau- und Betriebsstoffwechsel muß durch Mindestmengen aller 3 Nährstoffe gedeckt werden. Er ist u. a. bei körperlicher Arbeit, gesteigertem Muskeltonus, verschiedenen Erkrankungen und in der Schwangerschaft erhöht. Nährstoffe werden im wesentlichen nur als Fett gespeichert. Bei Energiebilanzen ist zu berücksichtigen, daß 12 % der zugeführten Energie auf unvollständige Resorption und postprandiale Energieumsatzzunahme entfallen.

Vitamine sind lebensnotwendig; bei Mangel treten Hypovitaminosen, bei übermäßiger Zufuhr Hypervitaminosen auf

Vitaminbedarf. Richtwerte für die tägliche Zufuhr sind in den Tabellen 37–7 und 37–8 beschrieben. Ein erhöhter Bedarf besteht während und nach körperlicher Arbeit, während Schwangerschaft und Stillzeit sowie bei vielen Erkrankungen. Da körperliche Arbeit einen im Verhältnis zum erhöhten Vitaminbedarf noch größeren Energiebedarf bedingt, wird mit einer entsprechend vermehrten Nahrungsaufnahme meistens auch eine genügende Vitaminzufuhr erreicht. Gehen Krankheiten

Tabelle 37–6. Energiebilanz am Beispiel eines mittelschwer arbeitenden Mannes (Werkzeugmacher; Alter: 56 Jahre, Körpergewicht: 77 kg, Körperhöhe: 172 cm)

Grundumsatz 6740 kJ/Tag		
Zuschläge für	a) Bewegungen in der Freizeit	1 670 kJ/Tag
	b) berufliche Arbeit	3 770 kJ/Tag
	c) unvollständige Resorption (6 % der gesamten Energie)	830 kJ/Tag
	d) postprandiale Energieumsatzzunahme (6 % der gesamten Energie)	830 kJ/Tag
	Insgesamt	13 820 kJ/Tag

Tabelle 37–7. Fettlösliche Vitamine. Mangelerscheinungen, Depots und empfohlene Zufuhr für Erwachsene

Vitamin	Mangelerscheinungen	Depots	Empfohlene Zufuhr/Tag
A	*Nachtblindheit*, atypische Epithelverhornung, Wachstumsstörungen	Große Mengen in der Leber	0,8–1,1 mg Vitamin A ~ 1,6–2,2 mg β-Karotin. Höchstdosis: 15 mg Vitamin A
D	*Rachitis*, Störungen von Knochenwachstum, speziell Knochenerweichung	Geringe Mengen in Leber, Nieren, Darm, Knochen, Nebennieren	5,0 µg; Kinder und Schwangere 10 µg, Höchstdosis: 25 µg
E	evtl. Störungen von Muskelstoffwechsel und Gefäßpermeabilität	Mehrere Gramm in Leber, Fettgewebe, Uterus, Hypophyse, Nebennieren	12 mg α-Tokopherol
K	Verzögerte Blutgerinnung, Spontanblutungen bes. bei gestillten Säuglingen	Sehr geringe Mengen in Leber und Milz	60–80 µg, zur Prophylaxe bei Neugeborenen einmalig ca. 1 mg

Tabelle 37–8. Wasserlösliche Vitamine. Mangelerscheinungen, Depotmengen, Depots und empfohlene Zufuhr für Erwachsene

Vitamin	Mangelerscheinungen	Depotmengen und Depots	Empfohlene Zufuhr/Tag
B_1	*Beriberipolyneuritis*, ZNS-Störungen, Oedeme Muskelatrophie, Herzinsuffizienz	ca. 10 mg; Leber, Herzmuskel, Gehirn	1,1–1,6 mg oder 0,12 mg/MJ, bei Alkoholikern stark erhöht
B_2	Wachstumsstillstand, Hauterkrankungen	ca. 10 mg; Leber, Skelettmuskel	1,5–1,8 mg oder 0,14 mg/MJ
B_6	Dermatitis, Polyneuritis, Krämpfe	ca. 100 mg; Muskel, Leber, Gehirn	1,6–2,1 mg oder 0,02 mg/g Nahrungseiweiß
B_{12}	*Perniziöse Anämie, funikuläre Myelose*	2,5–5 mg; besonders in der Leber	3 µg!
Biotin	Dermatitis (nur selten)	ca. 0,4 mg; Leber, Nieren	30–100 µg
Folsäure	Anämie	12–15 mg; Leber	0,3 mg
Niacin	*Pellagra*, Photodermatitis, Schleimhautveränderungen	ca. 150 mg; Leber	15–20 mg, ersatzweise das 60fache an Tryptophan
Pantothensäure	Mangelsymptome unbekannt	ca. 50 mg; Nebennieren, Nieren, Leber, Gehirn, Herz	6 mg
C	*Skorbut*, Bindegewebsstörungen, Zahnfleischblutungen, Infektanfälligkeit, Psychosen	1,5 g; Gehirn, Nieren, Nebennieren, Pankreas, Leber, Herz	75 mg, Raucher: + 40 mg

mit Appetitlosigkeit und gleichzeitig gesteigertem Vitaminbedarf einher, können Vitaminmangelerscheinungen auftreten; dann sind *prophylaktische* Vitamingaben ratsam.

Eine ***ungenügende Bedarfsdeckung*** kann auftreten, wenn bei einer energetisch ausreichenden Ernährung die Kost einseitig zusammengestellt wird, so bei strengen Vegetariern. Weiterhin spielt die Zubereitung der Nahrung eine Rolle: Der Vitamingehalt von Nahrungsmitteln wird durch Lagern, Konservieren oder Kochen reduziert; lagerungs- und jahreszeitbedingte Abnahmen sollen zur Frühjahrsmüdigkeit führen. Die Resorption fettlöslicher Vitamine ist nur zusammen mit Fetten oder Gallensäuren möglich: dies gilt speziell für das in fettlosen Pflanzen vorkommende β-Karotin. Eine Langzeittherapie mit Medikamenten kann ebenfalls Vitaminmangelzustände verursachen, so bei Schlafmitteln und Antiepileptika bezüglich Vitamin B_2, B_6 und D oder bei Antibiotika bezüglich Vitamin K.

Auf folgende Besonderheiten einiger Vitamine sei hingewiesen: Zwischen Niacin und der essentiellen Aminosäure *Tryptophan* bestehen Wechselwirkungen; ein vermindertes Angebot an Niacin führt dann nicht zu Mangelerscheinungen, wenn die Nahrung genügend Tryptophan enthält. – Der Tokopherolbedarf (Vitamin E) steigt mit vermehrter Zufuhr von essentiellen Fettsäuren. – Mangel an *Vitamin-K* und *Biotin* kann bei gestörter Darmflora auftreten, z. B. nach Antibiotikatherapie. – Der *Thiaminbedarf* (Vitamin B_1) wird größtenteils über Getreideprodukte gedeckt. Da deren Konsum abgenommen hat und die üblichen Mehle nur wenig Thiamin enthalten, ist man teilweise zur Anreicherung des Mehls mit Vitamin B_1 und anderen B-Vitaminen übergegangen. Bei Alkoholabusus ist der Bedarf an Niacin, Folsäure sowie Vitamin B_2 und B_{12} deutlich erhöht.

Speicherung. Einige Vitamine werden in Mengen gespeichert, die den Bedarf von Jahren decken (z. B. die Vitamine A und B_{12}; Tabelle 37–9). Die Reservekapazität der meisten Vitamine reicht jedoch nur für 2–6 Wochen aus; regelmäßige Substitution ist daher meistens notwendig.

Mangelerscheinungen. Die klassischen ***Hypovitaminosen*** treten in Europa nur noch selten auf. Hier sind Mangelzustände (Tabellen 37–7 und 37–8) zum einen die Folge von *Alkoholismus, Fehlernährung, einseitigen Kostformen* (z. B. beim Fasten), zum anderen die Folge von *Resorptionsstörungen.* Die Rachitis als Vitamin-D-Mangelkrankheit findet man auch heute noch infolge unzureichend durchgeführter Vitamin-D-*Prophylaxe* bei *Säuglingen und Kleinkindern.*

Tabelle 37-9. Reservekapazität des Erwachsenen für verschiedene Vitamine. (Nach [7])

Vitamin B_{12}	3–5 Jahre	Riboflavin	2–6 Wochen
Vitamin A	1–2 Jahre	Niacin	2–6 Wochen
Folsäure	3–4 Monate	Vitamin B_1	2–6 Wochen
Vitamin C	2–6 Wochen	Thiamin	4–10 Tage

Da die meisten Vitamine nur in geringen Mengen gespeichert werden, treten *Hypovitaminosen* durch Fehlernährung oder Fehlresorption oft *kombiniert* als Mangel an mehreren Vitaminen auf. Hypovitaminosen führen fast immer zu *Einschränkungen* von körperlicher und geistiger *Leistungsfähigkeit,* die durch Vitamingaben wieder reversibel sind. Jedoch gibt es *keine Hinweise darauf, daß zusätzliche Vitamingaben beim richtig ernährten Menschen die Leistungsfähigkeit steigern.*

Überdosierungserscheinungen. Unter der Annahme, daß Vitamine nicht schaden könnten, werden sie oft kritiklos in größeren Mengen eingenommen. Dabei wird übersehen, daß es auch ***Hypervitaminosen*** gibt; allerdings liegen die bisher für einige Vitamine bekannten toxischen Dosen recht hoch. Weiterhin wurden nach intravenöser Injektion einiger Vitamine Zwischenfälle beschrieben (z. B. Kreislaufkollaps; s. Tabelle 37–10). – Für *Vitamin D* besteht bei den meisten Erwachsenen, im Gegensatz zu Heranwachsenden und Schwangeren, kein eigentlicher *Bedarf,* da genügend Provitamine in der Nahrung enthalten sind. Trotzdem werden viele Nahrungsmittel, wie Nährpräparate, Margarine und Milch, mit Vitamin D angereichert; daher erhält der Erwachsene oft Mengen, die selbst über den Bedarf des Heranwachsenden hinausgehen.

! Der tägliche Bedarf an Vitaminen liegt zwischen wenigen μg (B_{12}) und 75 mg (C). Der individuelle Bedarf kann je nach Situation erheblich schwan-

Tabelle 37–10. Vitamine mit bekannten Überdosierungserscheinungen; empfohlene Zufuhr für Erwachsene, toxische Dosis und Symptome der Überdosierung beim Menschen. Zufuhr gemäß Tabellen 37–7 u. 37–8

Vitamin	Empfohlene Zufuhr/Tag	Toxische Dosis/Tag	Symptome bei Überdosierung
A	0,8–1,1 mg	> 15 mg (Einzeldosis: 600 mg)	Haut-, Schleimhaut- und Knochenveränderungen, Kopfschmerz, Euphorie, Anämie
D	5 μg	> 500 μg, bei Säuglingen: > 25 μg	Ca^{2+}-Mobilisierung im Knochen, Kalkeinlagerungen, Störungen in ZNS und Nieren
K	60–80 μg	?	Anämien bei Frühgeborenen, ggf. Kollaps bei i. v.-Injektion
B_1	1,1–1,6 mg	?	Gegebenenfalls Kollaps bei i. v.-Injektion
Niacin	15–20 mg	> 3 g	Magen-Darm-Störungen, Hautveränderungen, Leberschäden
C	75 mg	> 5 g	Durchfälle, bei Disposition: Harnsteine

ken, so in Abhängigkeit von Alter, Schwangerschaft oder Krankheiten. Vitaminmangel beeinträchtigt zunächst die psychische und physische Leistungsfähigkeit, führt dann aber auch zu spezifischen Mangelkrankheiten, z.B Rachitis. Bei einigen Vitaminen wurden relevante Überdosierungserscheinungen beobachtet. Nur wenige Vitamine können für mehr als 1 Jahr gespeichert werden (Vitamine A und B_{12}).

Ein „Durststreik" führt in wenigen Tagen zu schweren Dehydratationszuständen

Wasser. Der Wasserbedarf des Menschen ist sehr variabel. Vermehrtes Schwitzen (z. B. bei Hitze, Schwerarbeit) oder übermäßige Salzaufnahme beeinflussen ihn wesentlich. Der Tagesbedarf des Erwachsenen beträgt, je nach Schweißabgabe, 20–45 ml/kg Körpergewicht. Für die ***Wasserbilanz*** werden folgende *Durchschnittswerte* angegeben [13]: Ein 70 kg schwerer Mensch benötigt mindestens 1750 ml Wasser pro Tag, die sich auf einen Wasseranteil von ca. 650 ml in der flüssigen und ca. 750 ml in der festen Nahrung sowie auf ca. 350 ml *Oxidationswasser* verteilen. Der Richtwert für die Zufuhr liegt bei 2 l/Tag; er ist erhöht bei dynamischer Arbeit, bei Hitze und in großen Höhen (trockene Luft). Darüber hinausgehende Mengen werden vom Gesunden über die Nieren ausgeschieden. Bei Störungen der renalen Kochsalz- und Wasserausscheidung (s. Kap 35) kommt es dagegen zur Wasser-Retention (Ödeme; S. 519 f).

Akute ***Wasserverluste*** von 5% des Körpergewichts führen zu einer deutlichen Minderung der Leistungsfähigkeit: Verluste von 10% bedeuten bereits eine schwere ***Dehydratation*** und bei Verlusten von 15 bis 20% tritt der Tod ein.

Der Ca^{2+}- und Na^{+}-Bedarf ist besonders zu beachten

Salze. Die empfohlene Zufuhr für einige wichtige Elektrolyte ist in Tabelle 37–11 zusammengestellt. Zu Ursachen und Symptomen von Störungen des Salz-Wasserhaushalts s. S. 789 f. Der *Kalziumbedarf* ist bei gesteigertem *Knochenwachstum* erhöht, so bei Schwangeren und Säuglingen sowie in der Pubertät. – Kalziummangelzustände können besonders dann auftreten, wenn Nahrungsmittel mit hohem *Oxalsäuregehalt* (z. B. Spinat, Rhabarber) verzehrt werden, da dann ein erheblicher Teil des Nahrungskalziums als *unlösliches*, nicht resorbierbares Kalziumoxalat gebunden wird. Zu den wegen ihres Kalziumgehalts besonders wertvollen Nahrungsmitteln zählen Milch und Milchprodukte.

Der geschätzte Mindestbedarf an *Kochsalz* liegt bei 1,4 g/Tag; 5 g/Tag reichen auf jeden Fall aus. Eine

Tabelle 37–11. Wichtige Elektrolyte und empfohlene Zufuhr für Erwachsene in g/Tag. Nach [6]

Na^{+}	K^{+}	Ca^{2+}	Mg^{2+}	Cl^{-}	P
0,55	2,0	0,8–1,0	0,30–0,35	0,83	1,2–1,6

Kost mit weniger als 1 g NaCl/Tag gilt als streng natriumarm. Von einer Zufuhr über 10 g/Tag ist abzuraten, da übermäßige Kochsalzzufuhr zur Blutdruckerhöhung führen kann [6].

3 Spurenelemente sind präventivmedizinisch relevant: Eisen, Jod und Fluor

Spurenelemente. Tabelle 37–12 gibt eine Übersicht über empfohlene Zufuhr, Depotmengen und Mangelerscheinungen von Spurenelementen mit bekannter physiologischer Funktion; zum Vorkommen siehe [6]. Überdosierungen führen bei vielen Spurenelementen zu Störungen. Der Bedarf an Eisen und Jod ist besonders während der Schwangerschaft und bei Kindern erhöht.

Chronischer ***Eisenmangel*** ist Ursache für die *einzige in Mitteleuropa häufiger vorkommende Mangelkrankheit,* da die übliche Kost oft nur gerade den normalen Bedarf an Eisen deckt. Dies liegt u. a. auch daran, daß in Pflanzen vorkommendes Eisen nur zu etwa 3–8%, in Tieren vorkommendes Eisen nur zu etwa 23% resorbiert wird. Mangelsymptome sind v. a. Müdigkeit, Kopfschmerzen, verminderte Leistungsfähigkeit sowie Wachstumsstörungen der Haut und Hautanhangsgebilde (Nägel, Haare); stärkerer Mangel führt zur typischen *Eisenmangelanämie* (S. 421).

Bei chronischen *Blutverlusten* (z. B. verstärkte Menstruation, häufiges Blutspenden, Magen-Darmblutungen) reicht das Eisenangebot in der mitteleuropäischen Durchschnittskost und besonders bei Vegetariern oft nicht aus, um den Verlust auszugleichen. Daher besitzen viele menstruierende Frauen keine mobilisierbaren Eisenreserven. Schon geringe zusätzliche Blutverluste, z. B. bei einer Operation, oder erhöhter Bedarf während einer Schwangerschaft führen dann zu einer Eisenmangelanämie. In Mitteleuropa wurde bei 30–40% aller menstruierenden Frauen ein Eisenmangel festgestellt, allerdings mit fallender Tendenz in Ländern mit reichlichem Fleischverzehr. ***Jodmangel*** führt regional zu einem gehäuften Auftreten von Schilddrüsenvergrößerungen (endemische *Struma* = ***Kropf***), gelegentlich mit gleichzeitiger Un-

Tabelle 37–12. Spurenelemente mit bekannter physiologischer Funktion. Mangelerscheinungen, Depotmenge und empfohlene Zufuhr für Erwachsene

Spuren-element	Mangel-erscheinungen	Depot-menge	Empfohlene Zufuhr/Tag
Eisen	Eisenmangel-anämie	2–4 g, davon 800 mg mobilisierbar	Menstruierende Frauen 15 mg, sonst 12 mg Fe^{2+}
Fluor		0,1 mg pro kg KG	Zur Kariesprophylaxe: 1 mg, ab 5 mg toxisch! (Osteosklerose)
Jod	Struma, Hypothyreose	10 mg	180–200 μg
Kupfer	Eisenresorptionsstörungen, Anämie, gestörte Kollagensynthese	80–100 mg	1,5–3mg

terfunktion. Diese Erkrankung ließ sich durch systematische Jodzufuhr zurückdrängen (prophylaktische Kochsalzjodierung). Allerdings gehört Deutschland auch heute noch zu den Jodmangelgebieten. Daher wird der Gebrauch jodierten Kochsalzes im Haushalt und in der Lebensmittelproduktion ausdrücklich empfohlen [6]. ***Fluor*** wird zur Prophylaxe gegen Karies (Zahnfäule) dem Trinkwasser zugesetzt; angesichts der geringen Spanne zwischen empfohlener Zufuhr und toxischer Dosis (Tabelle 37–12) eine umstrittene Maßnahme.

!

Wasser ist lebensnotwendig. Bei akutem Wasserverlust von 10 % des Körpergewichts liegt bereits eine schwere Dehydratation vor. Daher ist die Wasserbilanzierung ein wichtiger Teil der Infusionstherapie. Salze sind nur selten ein Nahrungsengpaß. Kochsalz sowie die Spurenelemente Jod und Eisen sind präventivmedizinisch relevant. Kochsalzüberschuß kann zu Bluthochdruck, Jodmangel zu einem Kropf und Eisenmangel zu einer Anämie führen.

37.3 Ausgewogene Kost, Ausnutzung

Das Kostmaß beinhaltet quantitative und qualitative Empfehlungen für die Ernährung

Ausgewogene Kost. Die Verfechter bestimmter Kostformen lassen meistens außer acht, daß aus gesundheitlicher Sicht die Quantität der aktuellen Ernährung in Mitteleuropa problematischer ist als deren Qualität. Folgende 4 physiologische Gesichtspunkte sind zu berücksichtigen:

- Der ***Brennwert*** muß dem Energiebedarf entsprechen.
- Die ***Mindestmengen*** an Eiweißen, Fetten und Kohlenhydraten müssen enthalten sein (Tabelle 37–5, S. 797).
- Die ***Mindestmengen*** an Vitaminen, Salzen und Spurenelementen müssen enthalten sein (Tabellen 37–7, 37–8, 37–11, 37–12).
- Die ***toxischen Grenzwerte*** einiger Vitamine, Salze und Spurenelemente dürfen nicht überschritten werden.

Mit dem sogenannten ***Kostmaß*** beschreibt man Ernährungsformen hinsichtlich ihrer *Nährstoffanteile* und ihres *Energiegehalts* [10]. Für gesunde Erwachsene wird als tägliche Zufuhr empfohlen (vgl. auch Tabellen 37–5 und 37–13, [6]): *Eiweiße:* 0,8 g/kg Körpergewicht (davon möglichst die Hälfte tierischer Herkunft); *Fette:* 25–30 % des gesamten Energiebedarfs (davon 12–14 % der Fette als essentielle Fettsäuren), Schwerstarbeiter bis zu 40 % des Energiebedarfs; *Kohlenhydrate:* Rest des Energiebedarfs (ca. 55–65 %), mindestens jedoch 10 % des Energiebedarfs. Erfahrungen aus Zeiten der Mangel- und Fehlernährung während und nach den Weltkriegen sowie neuere Untersuchungen haben diese Nährstoffanteile als für europäische Verhältnisse sinnvoll bestätigt. Der mittlere *Energiebedarf* Erwachsener beträgt in Deutschland für Frauen ca. 8000 und für Männer ca. 9500 kJ/Tag [6]. Betrachtet man den *tatsächlichen Verzehr* zwischen 1985 und 1988, zeigt sich das für eine hochindustrialisierte Gesellschaft typische Bild (Tabelle 37–13): Die durchschnittliche Kost ist zu *energiereich:* mehr als 25 % der Bevölkerung (also oberhalb des 75. Perzentils) nehmen > 20 % zuviel an Energie auf und dabei außerdem zu *viele Fette und zu wenige Kohlenhydrate.* Für den Alkoholkonsum beträgt der Medianwert 5 bzw. 18 g/Tag.

Tabelle 37–13. Sollwerte für die Nährstoffzufuhr über 18jähriger [6] und Ist-Werte (Mediane) anhand von 7-Tage-Ernährungsprotokollen (1138 Frauen und 856 Männer, Bundesrepublik Deutschland, 1985–1988) [8]

	Ist ♀	Soll	Ist ♂	Soll
Energie (kJ/d)	8200	8000	10 700	9500
25.–75. Perzentil	*6670–9670*	–	*8980–12 760*	–
Eiweiße (g/d)	66	48	82	58
Fette (g/d)	80	51–62	102	61–73
Kohlenhydrate (g/d)	197	> 230	252	> 275
Alkohol pro Tag	5 g ~ 150 kJ		18g ~ 530 kJ	
25.–75. Perzentil	*0–14 g*		*6–34 g*	
in % der Energiezufuhr:	1,9 %		5,0 %	

Abweichungen vom Kostmaß müssen nicht gleich gesundheitsschädlich sein

Die ***Verbrauchsangaben*** für Nahrungsmittel in der Literatur schwanken z. T. erheblich. Dies liegt nicht nur an Stichprobeneffekten, sondern vor allem an der oft sehr unterschiedlichen Ausgangsbasis für die einzelnen Erhebungen: 1. auf der Basis von *Verkaufsanalysen,* 2. auf der Basis des *Konsums* repräsentativer Haushalte und 3. auf der Basis des *tatsächlichen Verzehrs.* Daher darf auch die Soll-Ist-Differenz in Tabelle 37–13 nicht so interpretiert werden, als ob die männlichen Bundesbürger im Durchschnitt den Überschuß von 1200 kJ an Nahrungsenergie pro Tag speichern; das entspräche immerhin einer Zunahme um 31 g Fett pro Tag! Die Auswirkungen überschüssig aufgenommener Nährstoffe auf die Fettdepots sind sehr komplex und nicht mit einfachen Überschußbilanzen zu beschreiben.

Die *verfügbare Menge* (d. h. auf der Basis von nationalen Versorgungsbilanzen) an *Alkohol* wurde für die bundesdeutsche Bevölkerung 1980/81 mit 52 g, 1985/86 mit 26 g und 1989 mit 21 g/Tag angegeben [4, 5]. Die *protokollierten Verzehrsmengen* liegen darunter (Tabelle 37–13). Angesichts der großen Streubreite des Alkoholkonsums müssen neben dem Energiegehalt auch die gesundheitlichen Konsequenzen bedacht werden: Chronischer Alkoholabusus geht mit Mangelernährung (infolge Appetitmangels) und, im Hinblick auf Nähr- und Wirkstoffe, mit der Notwendigkeit einher, besonders Vitamine und Mineralstoffe zu substituieren [18]. Ferner treten bei einer regelmäßigen Alkoholaufnahme von mehr als 60 g/Tag bei Männern und 30 g/Tag bei Frauen Leberschäden auf; toxische Wirkungen werden ab etwa 160 g/Tag beobachtet.

Geringe ***Abweichungen vom empfohlenen Kostmaß*** führen zu keinen wesentlichen Störungen. Fette und Kohlenhydrate sind in bezug auf den Energiegehalt weitgehend austauschbar (Isodynamie; S. 792). Weiterhin kann bei ***Kohlenhydratmangel*** Glukose aus *glukoplastischen Aminosäuren* gebildet werden (Glukoneogenese). – Ein Absinken des Blutzuckerspiegels (Hypoglykämie) führt zunächst zum Gefühl des Heißhungers sowie zu Minderungen der physischen und psychischen Leistungsfähigkeit. Wird schließlich der Mindestbedarf des Gehirns an Glukose nicht mehr gedeckt, treten Bewußtlosigkeit und Krämpfe auf (*hypoglykämischer Schock*). – Eine vermehrte Kohlenhydrataufnahme führt dagegen zu einer ***Kohlenhydratmast,*** da überschüssige Kohlenhydrate in Fette umgewandelt und gespeichert werden. Außerdem können bei Kohlenhydratüberschuß Verdauungsstörungen durch Überwiegen von Gärungsvorgängen im Dickdarm auftreten. Mono- und Disaccharide (besonders Süßigkeiten) begünstigen das Auftreten der Karies.

Bei ***Verminderung des Fettanteils*** in der Nahrung nimmt die *Zufuhr fettlöslicher Vitamine* ab; dies löst entsprechende Mangelsymptome aus. Mangelerscheinungen anderer Art treten auf, wenn die Mindestmengen an essentiellen Fettsäuren (S. 797) fehlen. Die ***Zunahme des Fettanteils*** in der Nahrung führt zu einer fettbedingten Mast, die vermehrte Aufnahme gesättigter Fettsäuren zu einer Hypercholesterolämie (S. 793). Hingegen bewirkt eine vermehrte Aufnahme ungesättigter Fettsäuren ein Absinken des Cholesterolspiegels im Blut.

Bei ***Abnahme des Eiweißanteils*** in der Nahrung treten Minderungen der körperlichen und geistigen Leistungsfähigkeit auf; schließlich kommt es zu Hungerödemen und Muskelatrophie. Die Abwehrbereitschaft gegenüber Infektionen ist vermindert. ***Zunahme des Eiweißanteils*** bewirkt eine Stoffwechselsteigerung (postprandiale Energieumsatzzunahme; S. 792 f), die wegen der dabei vermehrten Wärmeproduktion in kalten Klimazonen durchaus erwünscht sein kann. Andererseits werden bei eiweißreicher Kost infolge vermehrter Fäulnisvorgänge im Dickdarm Verdauungsstörungen beobachtet. Bei Disposition treten nach reichlichem Verzehr von Fleisch und Innereien Gichtanfälle auf, da diese Nahrungsmittel reich an Purinkörpern sind.

Herkunft der Nahrungsmittel und Art der Zubereitung sind auch physiologisch relevant

Herkunft der Nahrungsmittel. *Tierische Produkte* decken mehr den Bedarf an essentiellen Aminosäuren, *pflanzliche Produkte* mehr den Bedarf an wasserlöslichen Vitaminen, Salzen und Spurenelementen. Eine *streng* vegetarische Diät führt fast immer zu Eiweiß- und häufig auch zu Eisenmangelerscheinungen, bedingt durch die unzureichende Zufuhr von Eisen (Vorkommen in Hämo- und Myoglobin) und von essentiellen Aminosäuren. Weiterhin beeinflussen tierische und pflanzliche Nahrungsmittel den Säure-Basen-Haushalt auf unterschiedliche Weise: Tierische Produkte wirken als schwache Säuren (H^+-Donatoren), pflanzliche als schwache Basen (H^+-Akzeptoren). Diese Einflüsse auf den Säure-Basen-Haushalt werden in der Regel durch die Niere kompensiert. Schließlich ist für eine ausgewogene Kost auch die Art der ***Zubereitung*** maßgeblich. So kann durch die Zubereitung der Wirkstoffgehalt abnehmen (z. B. Hitzeempfindlichkeit von Vitaminen), ferner löst die Art des Anrichtens und Würzens physiologische Effekte aus, da sie über die *kephale Phase der Magensaftsekretion* (S. 822 f) die Verdauung der aufgenommenen Nahrung beeinflußt. Gewürze und Getränke (Alkohol) führen bei entsprechender Disposition als *„Saftlocker"* sogar zu einer Übersäuerung des Mageninhalts.

Das Kostmaß enthält wegen der unvollständigen Ausnutzung der Nahrung einen Zuschlag

Unter ***Ausnutzung*** versteht man denjenigen Prozentsatz an Nähr- und Wirkstoffen, der aus der aufgenommenen Nahrung *resorbiert* wird. Der größte Teil unserer Nahrung muß erst durch die Verdauung aufgeschlossen werden, um die Resorption der darin enthaltenen Stoffe zu ermöglichen. Selbst bei regelrechter Verdauung werden nicht alle Nährstoffe bzw. deren Abbauprodukte resorbiert. *Von einer mitteleuropäischen gemischten Kost werden nur 90–95 % des Brennwerts genutzt,* da *Zellulose*, ein typisch pflanzliches Kohlenhydrat, im Verdauungstrakt des Menschen nur teilweise abgebaut werden kann. Wird die Zellulosewand nicht durch Aufbereitung der Speisen, z. B. durch Kochen und Kauen, zerstört, resultiert daraus eine nur unvollständige Ausnutzung. Auch bei Darmkrankheiten wie Ruhr und Cholera oder nach Darmresektionen nimmt die Ausnutzung erheblich ab; begrenzte Transportkapazitäten des resorbierenden Epithels führen dagegen nur selten zu verminderter Ausnutzung.

!

Mit dem Kostmaß werden die Nährstoffanteile und der Energiegehalt der Nahrung beschrieben. Täglich sollten 0,8 g/kg KG Eiweiß, 25–30 % des Energiebedarfs als Fette und der Rest des Energiebedarfs als Kohlenhydrate zugeführt werden. Eine tierisch-pflanzliche Mischkost gewährleistet am ehesten die notwendige Energie- und Wirkstoffzufuhr. Für Richtwerte in der Literatur gilt: Nicht alle Lebensmittel, die gekauft werden, werden auch verbraucht. Nicht alles, was verbraucht wird, wird auch verzehrt. Nicht alles, was verzehrt wird, wird auch ausgenutzt.

Auch für spezielle Kostformen und Diäten gibt es keine „Patentrezepte"

Spezielle Kostformen müssen unter verschiedenen Gesichtspunkten erstellt werden, so hinsichtlich beruflicher Tätigkeit, Lebensalter oder therapeutischem Zweck. Schematische Spezialdiäten für bestimmte Krankheiten, beispielsweise „Magendiät" oder „Gallendiät", waren ein jahrzehntelanger Brauch, von dem man heute weitgehend abgekommen ist [15, 16]. Die Vielzahl angepriesener ***Schlankheitskuren*** zeigt, daß es keine Ideallösung gibt. Beim strengen Fasten, das nur unter ärztlicher Aufsicht durchgeführt werden sollte, ist, wie bei anderen energiearmen Diäten, dafür zu sorgen, daß letztlich der Mindestbedarf an allen Nahrungsbestandteilen gedeckt wird. Innerhalb dieses Rahmens kann eine energiearme Diät relativ eiweißreich, fettreich oder kohlenhydratreich sein, wobei Vor- und Nachteile gegeneinander abzuwägen sind.

Eine ***eiweißreiche, energiearme Kost*** weist als Vorteil auf, daß der Appetit ausreichend gedämpft wird und die Eiweißaufnahme zu einer relevanten postprandialen Energieumsatzzunahme (S. 792), führt. Von Nachteil ist, daß eiweißreiche Nahrungsmittel zu den teuersten zählen und meist viel Fett (verborgene Fette, S. 793) enthalten. Eine ***fettreiche, energiearme Kost*** stillt zwar anhaltend den Hunger, kann aber durch den meist hohen Gehalt an gesättigten Fettsäuren zu einer Hypercholesterolämie führen. Außerdem wird eine fettreiche Kost oft schlecht vertragen. Eine ***kohlenhydratreiche, energiearme Kost*** hat den Vorteil einer reichlichen Magenfüllung; jedoch hält die Sättigung nicht lange an. Ferner treten kurz nach Aufnahme niedermolekularer Kohlenhydrate öfters hypoglykämische Nachschwankungen mit erneutem Hungergefühl auf.

Bei den sogenannten ***energiearmen Lebensmitteln*** sollte der Brennwert bei unverändertem Volumen um 40–50 % vermindert sein. Solche Minderungen des Brennwerts erreicht man durch Entfernen des Fetts, durch Austausch des Zuckers gegen energiearme Süßstoffe sowie durch Anreichern mit Wasser und zellulosehaltigen Produkten.

Bei der ***Ernährung alter Menschen*** sollte von folgenden Richtlinien ausgegangen werden:

- Der ***Energiebedarf*** ist vermindert.
- Der tägliche ***Eiweißbedarf*** ist auf 1,2–1,5 g/kg Körpergewicht erhöht.
- Die tägliche ***Fettzufuhr*** soll höchstens 30 % des Energiebedarfs betragen (rund 70 g/Tag).
- Die tägliche ***Kohlenhydratzufuhr*** soll etwa 300 g betragen, wobei Mono- und Disaccharide zu vermeiden sind.
- ***Ca^{2+}-Mangel*** ist angesichts der altersbedingten Neigung zur Osteoporose (Abnahme der Knochendichte) zu vermeiden. Zu den an Kalzium reichen Nahrungsmitteln gehören Milch und Milchprodukte.

Der absolute ***Vitaminbedarf*** ist im Alter unverändert. Da jedoch der Energiebedarf vermindert ist und somit weniger Nährstoffe aufgenommen werden sollten, kann im Alter ein *Vitaminmangel* auftreten. Auch die bei alten Menschen oft einseitige Zufuhr hauptsächlich leicht verdaulicher Nahrung, wie Kartoffelbrei und Weißbrot, kann zu Vitaminmangel führen.

Für die ***Ernährung des Freizeitsportlers*** wird eine Fülle von Spezial- und Zusatznahrung sowie Sportlergetränken angeboten, für die bei der üblichen mitteleuropäischen Mischkost allerdings kein Bedarf besteht [5]. Lediglich der Flüssigkeitsverlust durch Schwitzen sollte in kleinen Portionen mit Trinkmengen von etwa 1/2 bis 1 l/h substituiert werden. Dabei ist der Geschmack des Getränks wichtiger als die Zusammensetzung.

Als Vorteile ***ballaststoffreicher Diäten*** werden einerseits die Anregung der Peristaltik und damit eine raschere Darmpassage sowie die weiche Konsistenz des Kots angeführt, also Faktoren, die einer Obstipation entgegenwirken. Insofern haben ballaststoffarme Diäten bei Obstipation einen ungünstigen Effekt. Der Richtwert für die wünschenswerte Ballaststoffzufuhr beträgt mindestens 30 g/Tag. Allerdings ist mit einer vollsynthetischen ballaststofffreien Diät („bilanzierte, synthetische Diät", BSD; sog. *Elementardiät*) auf lange Zeit ein gesundes Leben möglich.

! Hinsichtlich spezieller Kostformen für Schlankheitskuren, für alte Menschen oder für Sportler besteht ein großer Spielraum. Patentrezepte gibt es nicht. Physiologisch vorgegebene Mindestmengen werden in Mitteleuropa am ehesten bei energiearmen Diäten und bei der Ernährung alter Menschen unterschritten.

37.4 Fettsucht, Übergewicht, Muskelmasse und Körperoberfläche

Fettsucht ist nicht gleich Übergewicht

Zusammensetzung des Organismus. Das Gewicht eines Menschen wird wesentlich von 3 Anteilen bestimmt: *Wasser, Fett* und *Muskulatur.* Der mittlere extrazelluläre Wassergehalt beträgt rund 15 %, der mittlere Fettgehalt 20 % und die mittlere Muskelmasse 40 % des Körpergewichts. Besonders der Fettanteil kann erheblich vom Durchschnittswert abweichen.

Fettsucht und Übergewicht. Häufig werden *Fettsucht* und *Übergewicht* gleichgesetzt, obwohl Übergewicht prinzipiell *4 verschiedene Ursachen* haben kann:

- Vermehrter Fettgehalt (***Adipositas***),
- vermehrte Muskelmasse (z. B. durch Bodybuilding),
- vermehrter Wassergehalt (Ödem) und
- breiter Körperbau (Becken- und Schulterbreite betreffend).

Während die Adipositas als möglicher *Risikoindikator* gesundheitlich relevant sein kann, gilt dies für eine vermehrte Muskelmasse nur dann, wenn sie mit Anabolika im Zusammenhang steht oder zu einer mechanischen Überlastung des Skelett- und Muskelsystems führt. Übergewicht durch Ödeme ist klinisch sehr relevant. Hingegen führt der breite Körperbau – vor allem in Kombination mit vermehrter Muskelmasse – immer wieder zur grundlosen Indoktrination Übergewichtiger, wenn diese zur Gewichtsreduktion angehalten werden.

Fettsucht (Adipositas); sie – und *nicht* das Übergewicht an sich – gehört zu den *kardiovaskulären Risikoindikatoren,* geht also statistisch gesehen gehäuft mit *Arteriosklerose* und ihren Folgekrankheiten Herzinfarkt, Schlaganfall und Nierenversagen einher [11]. Adipositas allein stellt aber nur einen schwachen *Risikoindikator* dar, wobei speziell der intraabdominale Fettanteil maßgeblich ist. Daher wird bei der Adipositas zwischen einem *androiden* Apfel-(Bauchfett-)Typ und einem *gynoiden* Birnen-(Gesäßfett-)Typ unterschieden (Abb. 37-1); lediglich die *androide Adipositas* ist kardiovaskulär relevant [17,19].

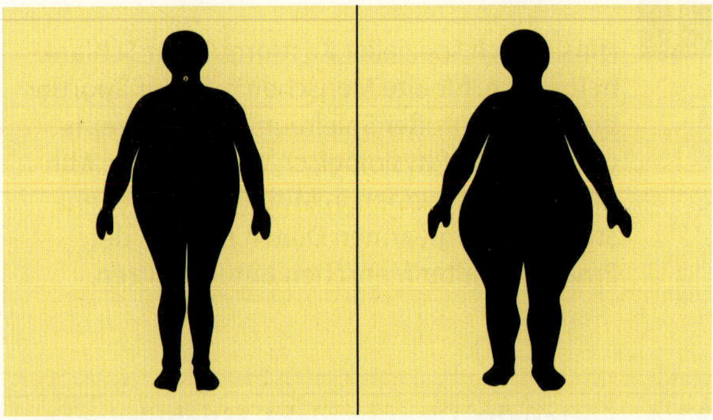

Abb. 37–1. Zur androiden Adipositas (Apfeltyp, links) und gynoiden Adipositas (Birnentyp, rechts)

Für den *ursächlichen Zusammenhang* zwischen *androider* Adipositas und Arteriosklerose gibt es neuerdings einen Erklärungsansatz: Durch eine genetisch determinierte Insulinresistenz kommt es zu einer kompensatorischen Hyperinsulinämie, die nach Jahren oder Jahrzehnten in einen Typ-II-Diabetes übergeht. Begleitet wird dieser Zustand von mehreren typischen, stoffwechselbedingten Störungen, wie Glukoseintoleranz, Gefäßwanderkrankungen, Hypertonie, Hyperlipoproteinämie (speziell deren VLDL-Fraktion betreffend), androide Adipositas und Appetitsteigerung ***(metabolisches Syndrom*** [17,19]). In solchen Fällen ist die *androide* Adipositas *Symptom* des metabolischen Syndroms und damit auch Zeichen eines erhöhten gesundheitlichen Risikos.

Die ***androide Adipositas*** ist im Prinzip sehr einfach zu diagnostizieren: Man benötigt lediglich ein Maßband, um *Taillen-* und *Hüftumfang* zu messen. Der Quotient aus beiden Größen, auch *waist-to-hip-ratio* genannt, sollte bei Frauen unter 0,8 und bei Männern unter 1,0 liegen [19].

Körpergewicht. Die Bewertung des eigenen Körpergewichts richtet sich oft nach *kosmetisch-ästhetischen Normvorgaben* der Gesellschaft. Insofern bemühen sich heute viele Menschen um eine Gewichtsreduktion, ohne Vorliegen einer medizinischen Indikation [5]; ***Schlankheitskuren*** können allerdings das Selbstwertgefühl aufgrund gesellschaftlicher Vorgaben heben. – Die meistens psychosomatisch bedingten ***Eßstörungen*** äußern sich einmal in übermäßigem Essen bis zur *Bulimie* (gesteigertes Hungergefühl, Eßanfälle), zum anderen in Eßverweigerung und Verlust des Appetits bei der *Anorexie* (Magersucht). Dazwischen liegen verschiedene Ausprägungen von der androiden Adipositas bis zur Unterernährung infolge Schlankheitskuren.

Zu den *Richtwerten für das Körpergewicht*, denen man im Einzelfall aus den o.g. Gründen keine zu große gesundheitliche Bedeutung beimessen sollte, gehören unter anderem der *Broca-Index* (Körperhöhe in cm minus 100=Sollgewicht in kg) und der *Quetelet-Index*. Der *Quetelet-Index*, auch Körpermasse- bzw. *Body Mass Index* (BMI) genannt, wird wie folgt berechnet: Körpergewicht [kg]/Quadrat der Körperhöhe [m]; als Richtwert für das erstrebenswerte Körpergewicht gilt ein Indexwert von 22 (Frauen) bzw. 24 (Männer) [6].

Muskelmasse und Körperoberfläche sind weitere anthropometrische Bezugsgrößen

Muskelmasse. Ihre grobe Abschätzung ist über die Kreatininausscheidung oder radiologisch mit Hilfe von injiziertem radioaktivem Kalium möglich, das sich u.a. in die Muskelzellen verteilt; die Bestimmung des radioaktiven Kaliums erfolgt mit einem Ganzkörperzähler (*Body Counter)*. Als Maß für die *Muskelmasse* wird häufig die *Lean Body Mass* verwandt, definiert als Gesamtkörpermasse minus Fettanteil.

Körperoberfläche. Die *Neunerregel nach* Wallace wird eingesetzt, um bei Verbrennungen die betroffene Körperoberfläche grob abzuschätzen. Danach sind beim Erwachsenen für jeden Arm 9 %, für jedes Bein 18 %, für den Rumpf 36 % sowie für Kopf und Hals 9 % der Körperoberfläche zu veranschlagen.

Eine direkte Messung der Körperoberfläche ist schwierig; sie kann jedoch mit der Näherungsformel von *Dubois* und *Dubois* abgeschätzt werden: $O=71{,}84 \cdot G^{0{,}425} \cdot H^{0{,}725}$ (nach [13]; O=Körperoberfläche in cm², G=Körpergewicht in kg, H=Körperhöhe in cm). Vereinfacht wird die Bestimmung der Körperoberfläche durch Nomogramme; jedoch lassen sich auch ihnen nur Näherungswerte entnehmen.

Viele biologische Meßgrößen variieren mit der Körpergestalt, z. B. Grundumsatz, Herzzeitvolumen in Ruhe, Gesamtblutvolumen und Herzvolumen. Man bezieht daher diese Größen häufig auf die Körperoberfläche oder das Körpergewicht (KG) und spricht von *Relativwerten* (z. B. relatives Herzvolumen). Aufgrund theoretischer Überlegungen ist ein Bezug auf die Körperoberfläche richtiger als ein Bezug auf das Körpergewicht. In der Praxis wird jedoch meistens auf das Körpergewicht bezogen, da es mit einfachen Verfahren direkt und weitaus genauer als die Körperoberfläche bestimmt werden kann; zudem geht es bei der Schätzung der Körperoberfläche nach der o.g. Formel sowieso als wesentliche Meßgröße mit ein.

!

Die gesundheitlich relevante androide Adipositas (Apfeltyp) sollte nicht mit der Waage als Übergewicht, sondern mit dem Maßband als Taillien/ Hüftumfang – Relation bestimmt werden (Grenzwert: für Frauen < 0,8, für Männer < 1,0). Vorstellungen über das optimale Körpergewicht orientieren sich häufig an kosmetisch-ästhetischen Normen der Gesellschaft und weniger an gesicherter, medizinischer Erkenntnis. Dies begünstigt das Auftreten einer Anorexie, die – wie die Bulimie – meistens psychosomatisch bedingt ist. Muskelmasse, fettfreie Körpermasse und Körperoberfläche sind Merkmale, die einen Körperbau aufschlußreicher beschreiben als Körpergewicht und Körperhöhe allein. Dies gilt besonders für den Vergleich physiologischer Meßgrößen von Menschen unterschiedlichen Körperbaus.

37.5 Literatur

Weiterführende Lehr- und Handbücher

1. Bäßler K-H (1989) Vitamine. Steinkopff, Darmstadt
2. Bäßler K-H, Fekl W, Lang K (1987) Grundbegriffe der Ernährungslehre. Basistext Medizin. Springer, Berlin Heidelberg New York (Heidelberger Taschenbuch, Nr 119)
3. Deutsche Gesellschaft für Ernährung (Hrsg) (1980) Material zum Ernährungsbericht 1980. Deutsche Gesellschaft für Ernährung, Frankfurt a M
4. Deutsche Gesellschaft für Ernährung (Hrsg) (1984) Ernährungsbericht 1984. Deutsche Gesellschaft für Ernährung, Frankfurt a M
5. Deutsche Gesellschaft für Ernährung (Hrsg) (1992) Ernährungsbericht 1992. Deutsche Gesellschaft für Ernährung, Frankfurt a M
6. Deutsche Gesellschaft für Ernährung (Hrsg) (1992) Empfehlungen für die Nährstoffzufuhr. (5. Überarbeitung, 1. korr. Nachdruck). Umschau-Verlag, Frankfurt a M
7. Friedrich W (1987) Handbuch der Vitamine. Urban und Schwarzenberg, München
8. Heseker H, Adolf T, Eberhardt W, Hartmann S, Kübler W, Matlaske B, Moch KJ, Schneider R, Zipp A (1992) Lebensmittel und Nährstoffaufnahme Erwachsener in der Bundesrepublik Deutschland. Wissenschaftlicher Fachverlag Fleck, Niederkleen (VERA-Schriftenreihe, Bd III)
9. Immich H (1991) Paradigma Epidemiologie. St Peter-Ording (im Selbstverlag)
10. Rubner M (1928) Physiologische Verbrennungswerte, Ausnutzung, Isodynamie, Calorienbedarf, Kostmaße. In: Bethe A, von Bergmann G, Embden G, Ellinger A (Hrsg) Handbuch der normalen und pathologischen Physiologie, Bd 5: Stoffwechsel und Energiebedarf. Springer, Berlin, S 134
11. Schaefer H, Schipperges H, Wagner G (Hrsg) (1987) Präventive Medizin. Springer, Berlin Heidelberg New York
12. Statistisches Bundesamt (Hrsg) (1993 bzw. 1997) Statistisches Jahrbuch 1993 bzw. 1997 für die Bundesrepublik Deutschland. Metzler-Poeschel, Kusterdingen
13. Wissenschaftliche Tabellen Geigy (1985) Teilband Körperflüssigkeiten, 8. Aufl, 4. Nachdr. Ciba-Geigy, Basel
14. Worm N (1992) Ratgeber Ernährung: über Glaube, Hoffnung und Wahrheit moderner Ernährungslehren, 2. Aufl. TR-Verlagsunion, München

Einzel- und Übersichtsarbeiten

15. Canzler H, Kasper H, Kluthe R, Petzoldt R, Quirin H, Rottka H, Schlierf G, Wolfram GL (1990) Rationalisierungsschema 1990 der Deutschen Arbeitsgemeinschaft für klinische Ernährung und Diätetik e V für die Ernährung und Diätetik in Klinik und Praxis. Aktuelle Ernähr Med 15:97
16. Grundy SM, Bilheimer D, Blackburn H, Brown WV, Kwiterovich PO, Matison F, Schonfeld G, Weidman WH (1982) AHA committee report – rationale of the diet-heart statement of the American Heart Association. Circulation 65:839A
17. Reichle B (1993) Metabolisches Syndrom. Herz Kreisl Prax Dial 1:8
18. Seitz HK, Kommerell B (1990) Alkoholismus als häufigste Ursache für Mangelernährung. Dtsch Arztebl 87(9):C-440
19. Wolfram G (1990) Fettsucht: Neubewertung des Risikos. Ernähr Umsch 37:347

38 Funktionen des Magen-Darm-Trakts

P. Vaupel

EINLEITUNG Wenn das physiologische Zusammenspiel von protektiven und aggressiven Faktoren im Magen gestört ist, kann daraus ein Geschwür (Ulkus) entstehen. Erhält die aggressive Seite ein starkes Übergewicht, resultiert ein schweres Krankheitsbild. Dies wurde besonders bei zwei Patienten deutlich, die Zollinger und Ellison 1955 beschrieben: die Patienten litten an exzessiven Geschwüren, die sich vom Magen teilweise bis in das Jejunum erstreckten, zahlreiche operative Eingriffe erforderlich machten und schließlich zu einer Magenentfernung führten. Bei den Operationen entdeckte man einen Tumor des Pankreas, der das Hormon Gastrin produzierte. Die unregulierte, überschießende Produktion dieses Hormons, das die Magensekretion (mit-)steuert, führte bei den Patienten zu einer massiven Überproduktion von saurem Magensaft, welche die Ulzera verursachte.

Das „Zollinger-Ellison-Syndrom" ist jedem Arzt bekannt, obwohl es außerordentlich selten ist. Es kann als klassisches Beispiel dafür dienen, wie ein pathophysiologischer Vorgang in die Funktionen des Magen-Darm-Trakts eingreift. Es liest sich fast wie ein Kompendium der Physiologie, wenn man alle Funktionen einbezieht, die beim Zollinger-Ellison-Syndrom betroffen sind. Ausgangspunkt ist die exzessive, ungehemmte Überproduktion von Gastrin, die ihrerseits eine verstärkte Salzsäure- und Pepsinsekretion der Magenschleimhaut zur Folge hat. Im Duodenum und Jejunum bewirkt die hohe Säurekonzentration, daß der pH-Wert so stark abfällt, daß Pankreasfermente blockiert und denaturiert werden. Auch die Mizellenbildung der Gallensäuren ist beeinträchtigt. Dies hat zur Folge, daß die Nahrung nicht richtig verdaut werden kann: es resultiert eine Maldigestion. Da unverdaute Nahrung nicht absorbiert wird, kommt es zur Malabsorption mit entsprechenden Mangelzuständen. Darüber hinaus bindet die nicht absorbierte Nahrung osmotisch Wasser, was – zusammen mit dem hohen Sekretvolumen des Magensaftes – zu Durchfällen führt. Der niedrigere pH-Wert im Duodenum stimuliert ferner die HCO_3^--Sekretion im Pankreas, so daß gesteigerte Sekretion und gestörte Absorption zusammentreffen. Zusätzlich treten vermehrt Blähungen auf, da ein Teil der nicht absorbierten Kohlenhydrate bis in den Dickdarm gelangt und dort bakteriell gespalten wird, wobei Gase gebildet werden. Der niedrige pH-Wert beeinträchtigt außerdem die Bindung von Vitamin B_{12} an den Intrinsic-Faktor und dadurch die Absorption des Vitamins im unteren Ileum. Aus den dieser Symptomenkette zugrunde liegenden (patho-)physiologischen Vorgängen läßt sich aber auch eine wirksame Therapie ableiten: Wenn es gelingt, den Angriffspunkt des Gastrins an den Belegzellen der Magenschleimhaut zu blockieren, müßte das Zollinger-Ellison-Syndrom symptomatisch zu bessern sein. Dies ist in der Tat seit 1989 durch den Einsatz von H^+-K^+-ATPase-Hemmern möglich.

Das Zollinger-Ellison-Syndrom ist ein besonders instruktives Beispiel für die Verknüpfung von Physiologie und klinischer Medizin. Im nachfolgenden Kapitel werden die Voraussetzungen geschaffen, den physiologischen Bezug zu einer großen Zahl weiterer Erkrankungen des Magen-Darm-Trakts herzustellen.

38.1 Allgemeine Grundlagen der gastrointestinalen Funktionen

Die Funktionen des Gastrointestinaltrakts gliedern sich in folgende Teilprozesse: Transport des Speisebreis, Reservoirfunktionen, Verdauung und Absorption (syn. Resorption)

Aufgaben des Gastrointestinaltrakts. Die Hauptaufgabe des Gastrointestinaltrakts besteht in der Überführung der aufgenommenen Nahrung in absorbierbare Bestandteile und deren anschließende Aufnahme in den Körper. Diese Vorgänge werden durch *mechanische Prozesse* (Zerkleinerung, Durchmischung, Transport) eingeleitet und mit der Zumischung von *Verdauungssäften* mit ihren Enzymen fortgesetzt. Durch diese Enzyme werden Kohlenhydrate, Fette und Eiweiße hydrolytisch gespalten und in absorbierbare Bruchstücke zerlegt ***(Verdauung)***. Die Endprodukte der Verdauung werden – ebenso wie Wasser, Elektrolyte, Spurenelemente und Vitamine – aus dem Darmlumen über die Darmschleimhaut in das Blut oder die Lymphe aufgenommen (***Absorption***, syn. ***Resorption***).

Bei der Erfüllung dieser Aufgaben stellt der Gastrointestinaltrakt eine ***funktionelle Einheit*** dar, weil nur alle Teilfunktionen gemeinsam die Aufgabe der Absorption erfüllen können. Hierfür sorgt eine geordnete Abfolge der verschiedenen Teilprozesse (Transport, Reservoirfunktion, Verdauung, Absorption) in unterschiedlichen Abschnitten des Gastrointestinaltrakts (wie bei einer Produktionsstraße in einer Industrieanlage) und eine lokale Abstimmung des intraluminalen pH-Wertes.

Die Vielfalt der für die verschiedenen Abschnitte des Gastrointestinaltrakts typischen Bewegungsabläufe und Sekretionsvorgänge beruht auf jeweils ähnlichen

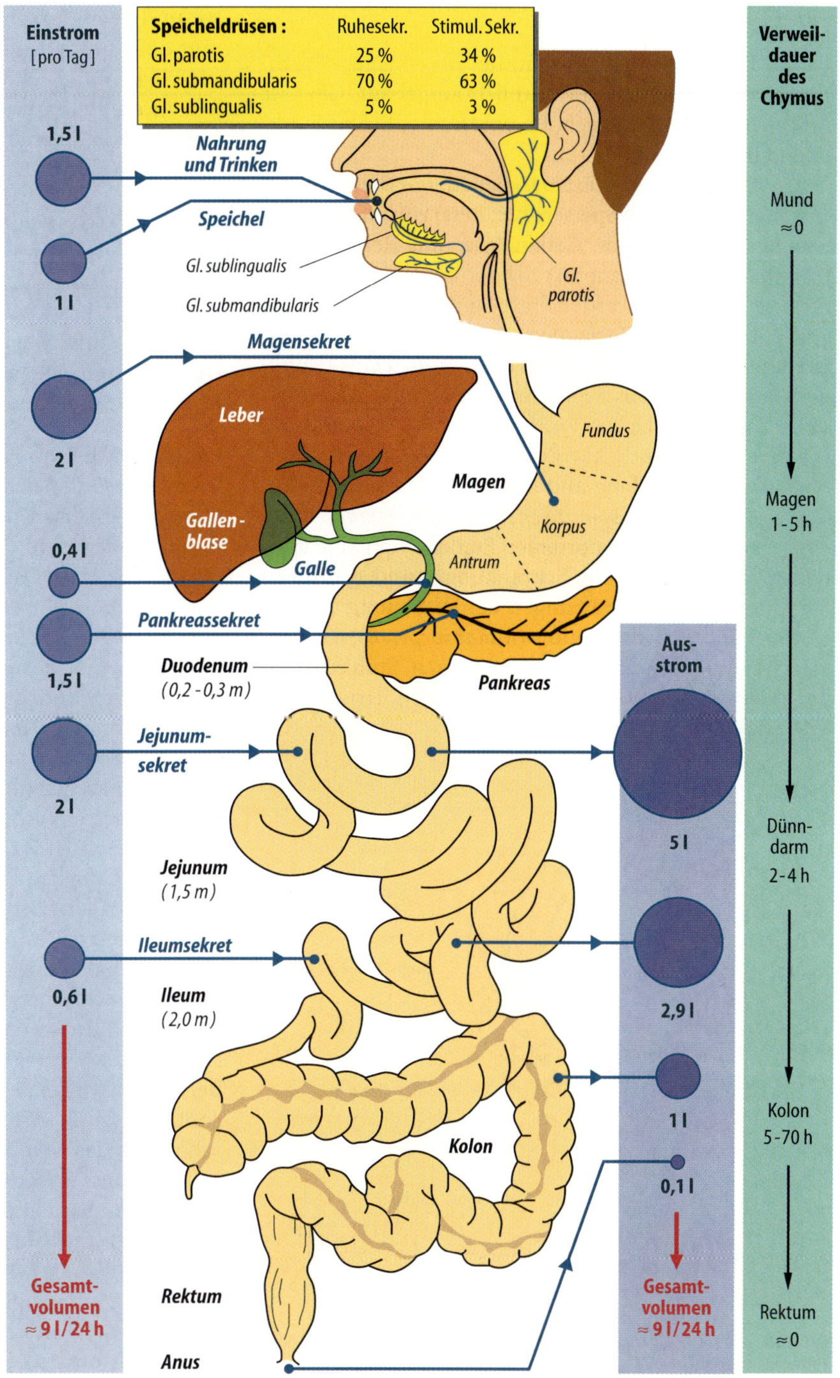

Abb. 38–1. Übersicht über die an Verdauung und Absorption beteiligten Organe, die gastrointestinale Flüssigkeitsbilanz sowie die Passagezeiten bzw. Verweildauern des Inhalts, nach R. F. Schmidt

Grundmechanismen. Darüber hinaus sind die Funktionseinheiten in so mannigfacher Weise aufeinander abgestimmt und untereinander verknüpft, daß Primärerkrankungen eines Abschnitts häufig sekundär Funktionsstörungen anderer Organe bzw. Darmabschnitte auslösen können (Übersichten bei [1–12, 12 a]).

Funktionseinheiten des Gastrointestinaltrakts. Der Magen-Darm-Trakt besteht aus einem durchlaufenden Rohr vom Mund bis zum Anus, mit den Abschnitten *Oropharynx, Ösophagus, Magen, Dünn-* und *Dickdarm,* in welche die Ausführungsgänge der exkretorischen Drüsen einmünden: *Mundspeicheldrüsen, Pankreas* und *Leber* (Abb. 38–1).

Die einzelnen Abschnitte des Magen-Darm-Trakts sind einander sehr ähnlich aufgebaut. Gewisse Abweichungen sind durch die unterschiedlichen Funktionen bedingt (Abb. 38–2).

Dem *Weitertransport* dienen vorwiegend der Oropharynx und die Speiseröhre, *Reservoirfunktion* haben vor allem Magen, Gallenblase und Rektum. Der Dünndarm ist der Hauptort für die *Verdauung* und *Absorption.* Gesteuert werden diese Funktionen durch eine große Anzahl von *Hormonen, gastrointestinalen Peptiden* und *Neuropeptiden,* durch die *intrinsische Aktivität der Cajal-Zellen,* das *vegetative (autonome) Nervensystem,* einschließlich der *viszeralen Afferenzen,* und das *Darmnervensystem.* Aktivitäten der quergestreiften Muskulatur am Anfang und Ende des Trakts stehen unter der Kontrolle des *somatischen Nervensystems.*

Störungen der normalen Funktionsabläufe können zu einer Vielzahl von Erkrankungen und klinischen Symptomen führen: Störungen der Verdauung (*Maldigestion*) und der Absorption (*Malabsorption*), der Motorik (Durchfall, Verstopfung, Erbrechen, Stuhlinkontinenz) sowie Symptomen wie Sodbrennen, Druck- und Völlegefühl, Koliken und Übelkeit.

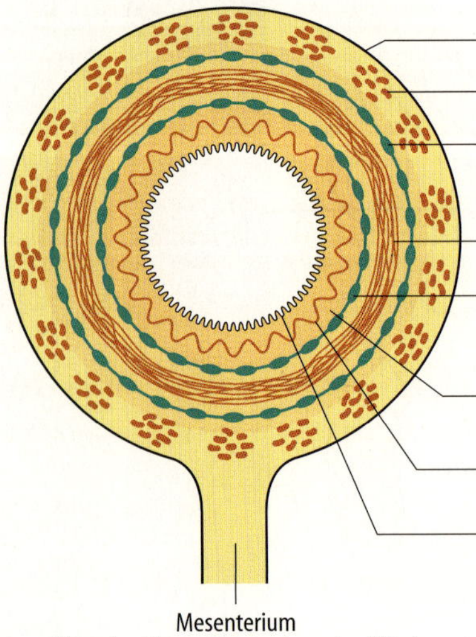

Abb. 38–2. Wandschichten des Magen-Darm-Kanals in schematischer Darstellung

Der Gastrointestinaltrakt verfügt über ein eigenes enterisches Nervensystem, das die elementaren motorischen und sekretorischen Funktionen von Magen und Darm steuert. Seine Aktivitäten werden durch das vegetative Nervensystem moduliert

Enterisches Nervensystem. Die Zellkörper der ein Netzwerk bildenden $\approx 10^8$ Neurone des Darmnervensystems („enterischen Gehirns") liegen im ***Plexus myentericus*** (*Auerbach*) und im ***Plexus submucosus*** (*Meißner*). Die efferenten Fasern des Plexus myentericus enden an den glatten Muskelzellen der Längs- und Ringmuskulatur und beeinflussen den Muskeltonus und den Rhythmus der Kontraktionen. Der Plexus submucosus steuert vorwiegend die sekretorische Funktion der Epithelzellen. Afferente Fasern beider Plexus leiten sensorische Impulse von Mechano-, Schmerz- und Chemosensoren zum ZNS (s. S. 350 f, [3, 27, 36 a, 79]).

Vegetatives Nervensystem. Sympathikus und Parasympathikus wirken modulierend auf das Darmnervensystem. Grundsätzlich fördert der *Parasympathikus* Motilität und Sekretion, der *Sympathikus* übt einen hemmenden Einfluß aus, führt zu einer Abnahme der Durchblutung, steigert jedoch den Tonus der gastrointestinalen Sphinkteren.

Parasympathische Fasern aus dem Hirnstamm innervieren die Ohrspeicheldrüse (*N. glossopharyngeus*), die Unterkiefer- und Unterzungendrüse (*N. facialis*) sowie den Ösophagus, Magen, Dünndarm, proximalen Dickdarm, die Leber, Gallenblase und das Pankreas (*N. vagus*). Die parasympathischen Fasern aus dem Sakralabschnitt des Rückenmarks (*Nn. splanchnici pelvini*) versorgen den absteigenden Dickdarm, das Sigmoid, das Rektum und die Analregion. Die einige hundert präganglionären Neurone enden an den Ganglien der intramuralen Plexus des Magen-Darm-Kanals bzw. den intraparenchymalen Ganglien der Speicheldrüsen und der Leber. Neurotransmitter dieser präganglionären Fasern ist ***Azetylcholin,*** das mit *Nikotin-Rezeptoren* der Ganglienzellen reagiert. Azetylcholin ist auch die Überträgersubstanz an den postganglionären Nervenendigungen; es interagiert dort mit den *Muskarin-Rezeptoren* der Effektorzellen.

Die cholinergen postganglionären Fasern in den Plexus vermitteln vor allem exzitatorische Wirkungen. Neben diesen erregenden Neuronen finden sich auch hemmend wirkende Fasern, die ***n****icht-****a****drenerg-****n****icht-****c****holinerg* sind (***NANC-Neurone***). Sie benutzen wahrscheinlich das ***Neuropeptid VIP*** (s. S. 810 f), ***ATP, Somatostatin*** und ***Stickoxid*** (NO) als Transmitter. NANC-Neurone können andererseits auch erregend wirken. In diesem Fall sind ***Substanz P, endogene Opioide*** und andere Peptide möglicherweise die Transmitter [3,27,79].

Die präganglionären Fasern des ***Sympathikus*** für den Gastrointestinaltrakt stammen aus dem 5. bis 12. Thorakal- sowie 1. bis 3. Lumbalsegment und werden in den prävertebralen Ganglien umgeschaltet. Viele postganglionäre sympathische Neurone projizieren auf Blutgefäße des Gastrointestinaltrakts. Postganglionäre Überträgersubstanz an den Effektorzellen ist ***Noradrenalin***. Die direkte Wirkung sympathischer Neurone auf die glatte Muskulatur des Darms ist schwach; lediglich die *glatte Sphinktermuskulatur* (unterer Ösophagussphinkter, Pylorus, innerer Schließmuskel) wird über ***α_1-Rezeptoren*** direkt aktiviert, wodurch eine funktionelle Trennung verschiedener Abschnitte des Magen-Darm-Kanals erreicht wird. Ansonsten besteht die Wirkung des Sympathikus vor allem in einer Hemmung erregender Neurone der Plexus.

Viszerale Afferenzen. Die Sensoren (Sinnesrezeptoren) dieser Afferenzen liegen in den Organen und messen den Füllungszustand des Darmes (*Mechanosensoren*) oder registrieren chemische Reize, u.a. den intraluminalen pH-Wert (*Chemosensoren*). Schließlich vermitteln sie Schmerzreize (*Nozizeptoren*, s. S. 240 ff) aus dem Eingeweidebereich. Die von den jeweiligen Sensoren ausgehenden Nervenimpulse werden in afferenten Nervenfasern zum Zentralnervensystem geleitet, wo sie zur bewußten Wahrnehmung oder zur Auslösung vegetativer Reflexe führen (s. S. 353 ff).

!

Die Kontrolle und Koordination der elementaren motorischen und sekretorischen Funktionen des Magen-Darm-Kanals unterliegen vorrangig den Neuronen des enterischen Nervensystems. Sympathikus und Parasympathikus wirken lediglich modulierend auf das Darmnervensystem, wobei der Parasympathikus vor allem einen fördernden, der Sympathikus einen hemmenden Einfluß ausübt. Viszerale Afferenzen leiten Informationen von Mechano- und Chemosensoren sowie von Nozizeptoren zum Zentralnervensystem, wo sie zur Wahrnehmung oder zur Auslösung vegetativer Reflexe führen.

Gastrointestinale Hormone und Peptide steuern und koordinieren die Motilität, die Sekretion und das Schleimhautwachstum. Darüber hinaus sind sie an der Regulation der Absorption und der lokalen Durchblutung der Mukosa beteiligt und erlauben dadurch dem Magen-Darm-Kanal ein „endokrines Eigenleben"

Funktionen und Freisetzung gastrointestinaler Hormone. Um eine optimale Verdauung und Absorption der Nahrungsstoffe zu gewährleisten, müssen die Funktionen der einzelnen Abschnitte bzw. Organe des Gastrointestinaltrakts aufeinander abgestimmt werden. Hierzu trägt eine Vielzahl von endo-, para-, auto- und neurokrinen Substanzen bei. Neben den gastrointestinalen Hormonen *Gastrin*, *Cholezystokinin* (CCK), *Sekretin* und dem *gastrischen inhibitorischen Peptid* (GIP), die auf dem Blutweg ihre Zielzellen erreichen, sind eine Reihe gastrointestinaler Peptide (sog. Hormonkandidaten) und Neuropeptide an der Steuerung der Sekretion, Motilität und des Schleimhautwachstums beteiligt (vgl. Tabelle 38–1, [16, 28, 56 a, 71, 76, 77]).

Der Magen-Darm-Trakt zählt zu den hormonreichsten und -aktivsten Organen. Es sind bisher über 20 Zellarten in der Magen-Darm-Schleimhaut und im Pankreas beschrieben, in denen gastrointestinal wirksame Hormone oder Polypeptide nachgewiesen wurden. Die meisten werden in Einzelzellen oder Zellgruppen der Schleimhaut des oberen Dünndarms gebildet (CCK, Sekretin, GIP, Motilin), Gastrin hauptsächlich im Magen, andere im gesamten Magen-Darm-Trakt einschließlich Pankreas (vasoaktives intestinales Peptid VIP, Somatostatin) und das pankreatische Polypeptid nur im Pankreas. Die klassischen ***gastrointestinalen Hormone*** sind ***Gastrin, Sekretin, Cholezystokinin*** und ***GIP***, die auf spezifische Reize in das Blut abgegeben werden und auf bestimmte Effektorzellen wirken. Daneben wurde in den letzten Jahren eine große Anzahl ***biologisch aktiver Polypeptide*** nachgewiesen, die nicht alle Kriterien eines Hormons erfüllen, aber eine hormonähnliche Wirkung auf den Magen-Darm-Trakt ausüben (Tabelle 38–1). Einige von ihnen diffundieren von ihrer Bildungszelle direkt zur benachbarten Effektorzelle ohne Beteiligung des Blutkreislaufs (*Parakrinie*). Wieder andere Peptide werden an Nervenendigungen bzw. Varikositäten (s. S. 347 f) freigesetzt und wirken auch auf direktem Wege (*Neurokrinie*, s. S. 372 f). Für manche Neuropeptide, die bislang nur im Gehirn bekannt waren, wie *Enkephaline* und *Endorphine*, wurden Opioidrezeptoren auch im Darm identifiziert. Eine Reihe „gastrointestinaler" Hormone kommt umgekehrt auch im zentralen und peripheren Nervensystem vor, was auf eine „Achse" zwischen Magen-Darm-Trakt und Gehirn schließen läßt. Zu diesen als Neurotransmitter wirkenden Hormonen zählen *Substanz P*, *Somatostatin*, *VIP* und *Neurotensin*.

Freisetzungsreize für die gastrointestinalen Hormone und Peptide sind zum einen eine Vagusaktivierung, zum andern verfügen die gastrointestinalen endokrinen Zellen über Rezeptoren, die auf bestimmte Substanzen im Darmlumen reagieren und die Freisetzung der Hormone aus den Zellen bewirken. Aus diesem Grund erfolgt die Regulation der Hormonproduktion hier – anders als bei anderen endokrinen Systemen – weniger über die Blutspiegel der Hormone (oder Peptide), als vielmehr durch den direkten Kontakt der Nahrungsbestandteile mit endokrin aktiven Zellen im jeweiligen Darmabschnitt.

Gastrin-Gruppe. Die gastrointestinalen Hormone und eine Reihe der genannten Peptide können entspre-

Tabelle 38–1. Hormone, Hormonkandidaten und Neuropeptide des Magen-Darm-Trakts (Auswahl)

Hormon bzw. Peptid	Syntheseorte	Freisetzungsreize	Hauptwirkungen (Auswahl)	Intrazelluläre Wirkungsvermittlung
Gastrin	G-Zellen (Antrum, Duodenum)	Proteinabbauprodukte im Magen, Magenwanddehnung, Vagusaktivierung	HCl-Sekretion↑ Pepsinogensekretion↑ Schleimhautwachstum↑ Magenmotilität↑	Phospholipase C-Aktivierung
Cholezystokinin (CCK)	I-Zellen (Duodenum, Jejunum) Nervenendigungen Interneurontransmitter	Proteinabbauprodukte und langkettige Fettsäuren im Duodenum	Sekretion von Pankreasenzymen↑ Gallenblasenkontraktion↑ Relaxation des Sphincter Oddi verstärkt Sekretinwirkung HCl-Sekretion↓ Pepsinogensekretion↑ Magenentleerung verzögert „Sättigungshormon" (im ZNS)	Phospholipase C-Aktivierung
Sekretin	S-Zellen (Duodenum, Jejunum)	pH < 4 im Duodenum, Gallensalze im Duodenum↑	HCO_3^--Sekretion im Pankreas und in den Gallengängen↑ HCl-Sekretion↓ Pepsinogensekretion↑ Magenentleerung verzögert	Adenylatzyklase-Aktivierung
GIP (gastric inhibitory peptide)	K-Zellen (Duodenum, Jejunum)	Glukose, Fett- und Aminosäuren im Duodenum↑	Insulin-Sekretion↑ („glucose-dependent insulin-releasing peptide") HCl-Sekretion↓ Magenmotilität↓	Adenylatzyklase-Aktivierung
VIP (vasoactive intestinal peptide)	Nervenendigungen	Aktivierung enterischer Nerven	gastrointestinale Motilität↓ HCl-Sekretion↓ intestinale Sekretion↑ erregender Transmitter an Drüsenzellen und an vasodilatatorischen Neuronen, hemmender Transmitter in Motoneuronen	Adenylatzyklase-Aktivierung
Enteroglukagon	L-Zellen (Ileum, Kolon)	Glukose, Fettsäuren im Ileum↑	Schleimhautwachstum↑ HCl-Sekretion↓ Pankreassekretion↓ Darmmotilität↓	Adenylatzyklase-Aktivierung
Somatostatin	D-Zellen (Pankreas, Dünndarm, Magen) Nervenendigungen	Fettsäuren, Peptide und Gallensalze im Dünndarm↑	Magensaftsekretion↓ interdigestive Motilität↓ Freisetzung von Gastrin, VIP, Motilin, CCK und Sekretin↓ („General-Hemmung")	Adenylatzyklase-Hemmung
Motilin	M-Zellen (Duodenum, Jejunum)	pH↓ und Fettsäuren↑ im Duodenum	interdigestive Motilität↑ Magenentleerung beschleunigt	(unbekannt)
Neurotensin	N-Zellen (Ileum)	Fettsäuren im Dünndarm↑	Magensaftsekretion↓ Pankreassekretion↑	Adenylatzyklase-Hemmung Phospholipase C-Aktivierung
Pankreatisches Polypeptid	F-Zellen (Pankreas)	Proteinabbauprodukte im Dünndarm↑ Vagusaktivierung	Pankreassekretion↓(?)	(unbekannt)
Neuropeptid Y	Nervenendigungen (Kotransmitter zu Noradrenalin)	Aktivierung enterischer Nerven	Durchblutungsminderung im Splanchnikusbereich	Phospholipase C-Aktivierung
Substanz P	Nervenendigungen	Aktivierung enterischer Nerven	gastrointestinale Motilität↑	Phospholipase C-Aktivierung
Gastrin releasing peptide (GRP, Bombesin)	Nervenendigungen	Aktivierung enterischer Nerven	Gastrinfreisetzung↑	Phospholipase C-Aktivierung
Opioidpeptide (β-Endorphin, Enkephaline, Dynorphine)	Nervenendigungen	Aktivierung enterischer Nerven (Hemmung der Azetylcholin-Freisetzung)	Darmmotilität↓ Darmsekretion↓ Sphinktertonus↑	Adenylatzyklase-Hemmung

chend ihrer Aminosäurensequenzen in mehrere Gruppen eingeteilt werden (vgl. Tabelle 38–1). Die sog. *Gastrin-Gruppe* wird gebildet aus *Gastrin* und *Cholezystokinin,* welche dieselben 5 endständigen Aminosäuren besitzen. Sie wirken teilweise am gleichen Zellrezeptor und haben ähnliche Wirkung, die allerdings je nach Spezifität des Rezeptors unterschiedlich stark sein kann. So wirkt Gastrin stärker auf die Belegzellen des Magens als Cholezystokinin. Umgekehrt bewirkt Cholezystokinin eine stärkere Gallenblasenkontraktion als Gastrin.

Sekretin-Gruppe. Eine weitere Gruppe wirkungsverwandter Hormone und Peptide stellt die sog. *Sekretin-Gruppe* dar. Zu ihr zählen *Sekretin, vasoaktives intestinales Peptid (VIP), (Entero-)Glukagon* und *GIP,* wobei die Gemeinsamkeit in einer identischen Aminosäurensequenz innerhalb ihrer Peptidketten besteht.

Hormone einer Gruppe können, abhängig von der Art der Zielzellen bzw. der Rezeptoraffinität, antagonistisch, aber auch synergistisch wirken. So wirken Gastrin und CCK antagonistisch bezüglich der HCl-Sekretion im Magen, synergistisch dagegen bei der Stimulation der Pepsinogensekretion.

!

Eine Vielzahl von endo-, para-, auto- und neurokrinen Substanzen, die in der Magen-Darm-Schleimhaut und im Pankreas gebildet werden, ist an der Steuerung und Koordination der Sekretion, der Motilität, des Schleimhautwachstums, der Absorption und der lokalen Durchblutung der Mukosa beteiligt. Zu diesen zählt, neben den „klassischen" gastrointestinalen Hormonen (Gastrin, Sekretin, Cholezystokinin und GIP), eine Reihe gastrointestinaler Peptide („Hormonkandidaten") und Neuropeptide. Die meisten Substanzen weisen ein breites Wirkungsspektrum auf.

Die gastrointestinale Motilität wird durch langsame Potentialwellen gesteuert, die von Schrittmacherzellen ausgehen. Sie weist im Nüchternzustand und nach der Nahrungsaufnahme unterschiedliche Aktivitätsmuster auf

Automatie. Schrittmacherzellen des Magen-Darm-Trakts weisen ein Ruhepotential auf, das ***rhythmischen Spontandepolarisationen*** unterliegt. Letztere sind jeweils von einer Repolarisation gefolgt, so daß ***langsame Potentialwellen*** (*slow waves*) im Sekunden- oder Minutenrhythmus entstehen („*basaler elektrischer Rhythmus*"). Die Grundfrequenz der Wellen beträgt 3/min im Magen, 12/min im Duodenum und fällt auf 8/min im Ileum ab. Auf der Höhe der Depolarisation wird mit Überschreiten der Schwelle eine Salve von Ca^{2+}-getragenen Aktionspotentialen (sog. ***Spike-Potentiale***) ausgelöst, die sich den langsamen Potentialschwankungen überlagern. Für die Auslösung solcher Erregungsfolgen sind wahrscheinlich die *interstitiellen Cajal-Zellen* verantwortlich, die eine besonders niedrige Erregungsschwelle besitzen [45a, 60a]. Von einer Gruppe dieser sog. ***Schrittmacherzellen*** ausgehend, werden die Erregungen jeweils auf benachbarte Muskelzellen weitergeleitet, wobei die niederohmigen Kontaktstellen zwischen den einzelnen Zellen (*gap junctions* oder *Nexus*) eine elektrotonische Überleitung ermöglichen. Auf diese Weise erfaßt die Erregung schnell die gesamte Umgebung der Schrittmacherzellen und führt zu einer synchronen Muskelkontraktion, die sich wellenförmig ausbreitet. Die Stärke der Kontraktion ist von der Frequenz der Aktionspotentiale abhängig. Letztere kann durch *Noradrenalin* oder *Adrenalin* aufgrund einer Hyperpolarisation gesenkt, durch *Azetylcholin* infolge einer Depolarisation erhöht werden (s. S. 85 f).

Postprandiale Motilitätsmuster. Nach der Nahrungsaufnahme treten in der digestiven Phase typische Bewegungsmuster auf. Die wichtigsten sind in Abb. 38–3 wiedergegeben [20,48,78].

Ein *oral-aboraler Transport* erfolgt durch ***propulsive Peristaltik*** aufgrund lokaler Reflexe. Die Reizung von Dehnungssensoren führt in oraler Richtung auf einer Strecke von etwa 2 mm zu einer Kontraktion der Ringmuskulatur und Erschlaffung der Längsmuskulatur. In aboraler Richtung kommt es zuvor auf einer Strecke von 20–30 mm zu einer Erschlaffung der Ringmuskulatur und zu einer Kontraktion der Längsmuskulatur. Die Kontraktion der Ringmuskulatur und die ihr vorauslaufende Erschlaffung setzen sich wellenförmig über den Magen und das Darmrohr fort.

Die *Durchmischung* des Speisebreis mit Verdauungssäften geschieht durch *nichtpropulsive Peristaltik,* durch *Segmentationen* und *Pendelbewegungen.* Die ***nichtpropulsive Peristaltik*** beruht auf lokalen, ringförmigen Kontraktionen und pflanzt sich nur über kurze Strecken fort. Da die Frequenz der Kontraktionen im Dünndarm von oben nach unten abnimmt, wird der Darminhalt auch durch die nichtpropulsive Peristaltik langsam analwärts verschoben. Die ***Segmentation*** besteht in der gleichzeitigen Kontraktion der *Ringmuskulatur* eng benachbarter Bereiche. Eine Durchmischung des Inhalts wird auch durch ***Pendelbewegungen*** erreicht, die durch rhythmische Kontraktionen der Längsmuskulatur ausgelöst werden.

Durch ***tonische Dauerkontraktion*** besonderer spezialisierter Bereiche (*Sphinkteren*) werden funktionell verschiedene Räume voneinander getrennt, z. B. der Ösophagus vom Magen durch den *unteren Ösophagussphinkter* und der Magen vom Duodenum durch den *Pylorus.* Gleichzeitig ist dadurch ein gerichteter Transport ohne Rückfluß gewährleistet. Das Rektum wird durch den *M. Sphincter ani internus* verschlossen.

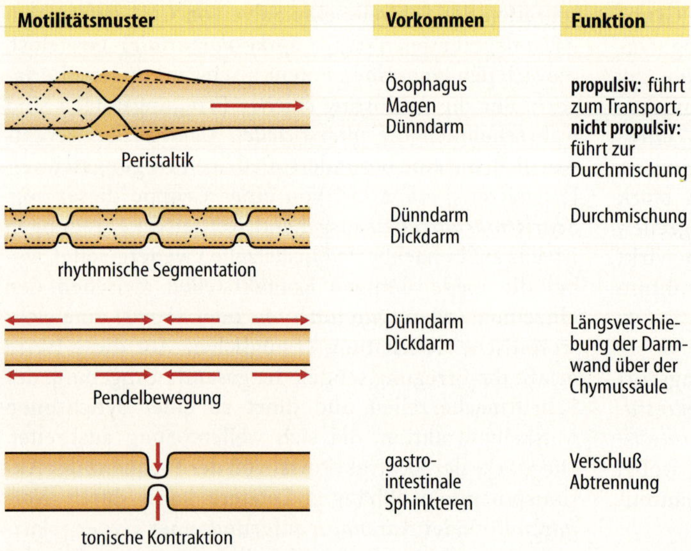

Abb. 38–3. Motilitätsmuster im Gastrointestinaltrakt und ihre funktionelle Bedeutung in schematischer Darstellung

Interdigestiver wandernder myoelektrischer Motorkomplex. Ein besonderes elektromechanisches Phänomen im Gastrointestinaltrakt stellt die *periodisch wiederkehrende Motoraktivität in den Verdauungspausen* dar [20,48,78]. In der interdigestiven Pause, d. h. wenn Magen und Dünndarm keine nennenswerten Nahrungsreste mehr enthalten, setzen nach einer längeren Ruhephase (*Phase I:* Dauer ca. 60 min) und einer ungerichteten Motorik (*Phase II:* Dauer ca. 30 min) analwärts gerichtete elektrische und motorische Aktivitäten ein (*Phase III:* Dauer ca. 15 min; Abb. 38–4). Der wandernde myoelektrische Motorkomplex (*MMK*) beginnt im Antrum des Magens mit einer Frequenz von 10–12/min bzw. im Duodenum mit Salven von Aktionspotentialen („*Aktivitätssturm*") und einer intensiven, durch starke Einschnürungen gekennzeichneten propulsiven Peristaltik („*interdigestive Front*"). Dieser Bewegungsablauf setzt sich durch den gesamten Dünndarm bis zum Ileum hinunter fort. Auch der Sphincter Oddi und die extrahepatischen Gallenwege sind mit einbezogen. Gleichzeitig kommt es zu einer verstärkten Sekretion in Magen und Pankreas. Nach Erreichen des Ileum wiederholt sich dieser Vorgang in gleicher Weise. Bei einer Wanderungsgeschwindigkeit von 6–8 cm/min im oberen und ca. 2 cm/min im unteren Dünndarm beginnt somit ein neuer Zyklus jeweils nach ca. 100 min. Vor der Aktivitätsfront werden Nahrungsreste, Bakterienansammlungen und auch Fremdkörper nach distal getrieben; dieser wandernde Motorkomplex ist deshalb bildlich als *„house keeper"* bezeichnet worden, der den Magen-Darm-Trakt reinigt und einer bakteriellen Besiedlung des Dünndarms entgegenwirkt. Bei gestörtem MMK treten gehäuft pathologische Bakterienbesiedlungen des Dünndarms auf.

Der myoelektrische Motorkomplex bzw. die interdigestive Motoraktivität werden durch das *enterische Nervensystem* gesteuert. Er kann allerdings durch das vegetative Nervensystem oder durch gastrointestinale Hormone und Peptide modifiziert werden. Das Auftreten der MMK-Zyklen fällt zeitlich mit einem *Anstieg der Motilinkonzentration* im Plasma zusammen. Intravenös gegebenes Motilin kann einen MMK vorzeitig auslösen. Bei Nahrungsaufnahme wird die MMK-Aktivität im Dünndarm unterbrochen.

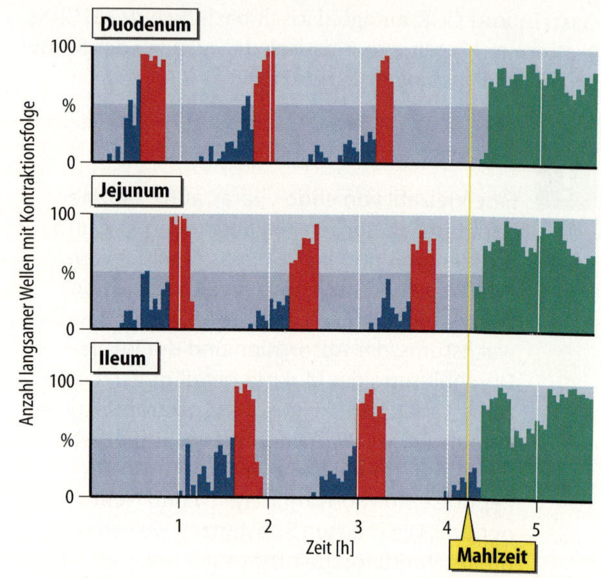

Abb. 38–4. Interdigestiver myoelektrischer Motorkomplex. Anteil von langsamen Wellen (slow waves) in der Verdauungsphase, die von einer Muskelkontraktion gefolgt sind. In Phase I herrscht motorische Ruhe, in Phase II (*dunkelblau*) erreicht der Kontraktionsanteil bis zu 50 % und in Phase III (*rot*) fast 100 % der Maximalaktivität. Die Aktivitätsfront wandert innerhalb von 1–1,5 h vom Duodenum (*oben*) zum Ileum (*unten*) und beginnt dann wieder von neuem. Mit einer Mahlzeit (*Pfeil*) wird der Komplex unterbrochen (*grün*) [5]

!

Die gastrointestinale Motilität wird durch langsame Potentialwellen gesteuert, die von Schrittmacherzellen ausgehen, deren Ruhepotential rhythmischen Spontandepolarisationen unterliegt. Hierdurch entstehen langsame Potentialwellen (slow waves) im Sekunden- oder Minutenrhythmus. Nach der Nahrungsaufnahme treten in der digestiven Phase (postprandialen Phase) lokale, ringförmige Kontraktionswellen (nichtpropulsive Peristaltik), lokale Einschnürungen in eng benachbarten Bereichen (Segmentationen) und Pendelbewegungen der Längsmuskulatur zur Durchmischung des Speisebreis auf. Der oral-aborale Transport erfolgt durch propulsive Peristaltik. Interdigestive wandernde myoelektrische Motorkomplexe treten in größeren Abständen zwischen den Mahlzeiten auf und dienen wahrscheinlich der „Generalreinigung" des Magen-Darm-Trakts.

Sekrete, die in den Magen-Darm-Trakt abgegeben werden, enthalten vor allem die für die Verdauung erforderlichen Enzyme

Bildung der Verdauungssekrete. Für die Verdauung der Nahrung werden im Magen-Darm-Trakt von Mukosazellen und exokrinen Drüsen Sekrete abgegeben, die Enzyme (Ohrspeicheldrüse, Magen, Darm, Pankreas), Muzine (im gesamten Verdauungstrakt), HCl (Magen), Emulgatoren (Galle) und Elektrolyte enthalten. Der Sekretion von Elektrolyten folgt ein passiver, osmotisch bedingter Wasserfluß, der den Lösungsraum für die Nahrungsbestandteile schafft. Die Muzinabgabe erfolgt durch Exozytose.

Verdauungsenzyme. Die *Bildung der Verdauungsenzyme* bzw. noch inaktiver Vorstufen erfolgt nach den Prinzipien der Proteinsynthese: Sie beginnt mit der gezielten Aufnahme der notwendigen Aminosäuren an der basolateralen Membran und der Translation an den *Ribosomen* des rauhen endoplasmatischen Retikulums. Das Translationsprodukt gelangt anschließend in das zisternenartige Lumen des endoplasmatischen Retikulums und wird dann in sog. *Transfervesikeln* zum *Golgi-Komplex* transportiert. Hier erfolgt die als *posttranslationale Prozessierung* bezeichnete strukturelle oder funktionelle Fertigstellung des Enzyms (Proteins). Die sekretorischen Proteine gelangen von hier aus durch *vesikulären Transport* in die apikalen Zellabschnitte und werden durch spezielle Signale (Anstieg der zytosolischen Ca^{2+}-Konzentration) nach Fusion der Vesikelmembran mit der Zellmembran nach außen abgegeben *(Exozytose)*. Das die Verdauungsenzyme enthaltende *Primärsekret* kann auf seinem Weg durch die nachgeschalteten Drüsengänge vor allem in Bezug auf seine Elektrolytkonzentration und -zusammensetzung noch wesentlich verändert werden.

Einige Verdauungsenzyme werden nicht in das Darmlumen sezerniert, sondern im Golgi-Komplex in Vesikel verpackt, zur apikalen Bürstensaummembran des Dünndarms gelenkt, verbleiben dort und können als sog. *membranständige Enzyme* ihre Substrate hydrolytisch spalten.

Die Exozytose von Verdauungssekreten erfolgt wahrscheinlich kontinuierlich, d.h. auch bei Verdauungsruhe. Die Sekretmengen sind hierbei jedoch gering. Bei Aktivierung der Verdauungsdrüsen durch Parasympathikus, gastrointestinale Hormone und Peptide in den Verdauungsphasen wird die Sekretion um ein Vielfaches gesteigert.

Flüssigkeitssekretion. Eine intestinale Sekretion von Flüssigkeit liegt vor, wenn der Wassertransport von der Serosaseite zur luminalen Seite größer ist als in umgekehrter Richtung. Der Hauptantrieb für die Wassersekretion in allen Abschnitten des Dünndarms stellt die ***Cl^--Sekretion*** an der luminalen Membran der Hauptzellen in den Krypten dar. Über eine Erhöhung der Konzentrationen intrazellulärer Botenstoffe (cAMP, IP_3, DAG, s. S. 734) wird ein luminal (apikal) gelegener ***Chloridkanal*** aktiviert und dadurch Cl^- vermehrt in das Lumen abgegeben. Wasser und Na^+-Ionen folgen aus osmotischen Gründen bzw. aufgrund des elektrochemischen Potentials, passiv auf parazellulärem Weg.

Gewisse Bakterientoxine (Cholerabakterien, E. coli), Prostaglandine und gastrointestinale Peptide (z.B. VIP) steigern die cAMP-Konzentration im Enterozyten und führen damit zu einer derart vermehrten Cl^--Sekretion, daß eine Durchfallerkrankung (*Diarrhoe*) auftritt.

!

Für die Verdauung der Nahrung werden im Magen-Darm-Trakt von Mukosazellen und exokrinen Drüsen Sekrete abgegeben, die – je nach Herkunft – Enzyme, Muzine, HCl, Emulgatoren und Elektrolyte enthalten. Die Verdauungsenzyme bzw. deren inaktive Vorstufen sind Proteine und werden entweder durch Exozytose in die Drüsengänge abgegeben oder in die Bürstensaummembran eingebaut und verbleiben dort als membranständige Enzyme. Der Hauptantrieb für die Wassersekretion im Magen-Darm-Trakt ist die transzelluläre Cl^--Sekretion durch einen luminal gelegenen Kanal. Wasser und Na^+ folgen passiv auf parazellulärem Weg.

38.2 Mundhöhle, Pharynx und Ösophagus

In der Mundhöhle wird die aufgenommene feste Nahrung durch Kauen und Einspeicheln in einen gleitfähigen Zustand überführt. Der Speichel enthält vor allem Elektrolyte, α-Amylase und Muzine

Kauen. Beim *Kauen* wird die feste Nahrung zerschnitten, zerrissen und zermahlen. Obwohl diese Zerkleinerung keine zwingende Voraussetzung für die Verdauung und Absorption ist, erleichtert sie diese Vorgänge jedoch erheblich (z. B. Verbesserung des enzymatischen Aufschlusses durch Oberflächenvergrößerung). Die Strukturen, die am Kauvorgang beteiligt sind, umfassen Ober- und Unterkiefer mit den Zähnen, die Kaumuskulatur, Zunge und Wangen sowie den Mundboden und den Gaumen.

Die rhythmische Aktion des Kauvorgangs erfolgt primär willkürlich, dann auch weitgehend unbewußt. Der Berührungsreiz der Speisepartikel an Gaumen und Zähnen steuert reflektorisch die *Kaubewegung:* seitwärts, vor- und rückwärts, auf und ab. Der Ablauf eines solchen Kauzyklus nimmt ca. 0,6–0,8 s in Anspruch. Die *Kräfte,* die dabei aufgewandt werden, betragen im Bereich der Schneidezähne 100–250 N, im Bereich der Molaren 300–700 N mit einem Maximum bis zu 1900 N. Mit zunehmendem Abstand der Zähne voneinander nimmt die Kraft ab: Bei 1 cm Abstand wurden z. B. 400 N, bei 2 cm nur noch 120 N gemessen [72]. Die Effizienz der Zerkleinerung eines Bissens ist demnach wesentlich vom Zustand des Gebisses abhängig.

Zunge und Wangen schieben die Bissen zwischen die Kauflächen. Feste Nahrung wird zu Partikeln bis zu einer Größe von wenigen mm^3 zermahlen. Der durch den Kauvorgang stimulierte *Speichelfluß* bereitet die Konsistenz des Bissens (***Bolus***) zum Schlucken vor. Beim Kauen wird durch Freisetzung flüchtiger Komponenten aus der Nahrung sowie durch Auflösung oder Aufschwemmung fester Bestandteile im Speichel die *Geschmackswahrnehmung* gefördert. Dies führt reflektorisch zur weiteren Anregung des Speichelflusses und der Magensekretion (s. S. 819 ff).

Saugreflex. Dieser nutritive Reflex wird durch Berührungsreize von den Lippen oder von der Mundschleimhaut des Säuglings her ausgelöst. Bei luftdichtem Abschluß zwischen Lippen und Warzenhof der mütterlichen Brust sowie nach Abdichtung der nasalen und trachealen Luftwege erfolgt zunächst eine Senkung des Mundbodens. Der dadurch im Mundraum entstehende Unterdruck saugt die Muttermilch an. Anschließend werden die Kiefer zusammengedrückt und damit die Milchgänge der Brustdrüse ausgepreßt. Der gesamte komplexe Vorgang, der mit einer rhythmischen Freigabe der Nasenatmung koordiniert ist, steht unter der Kontrolle von Neuronen in der Medulla oblongata.

Speicheldrüsen. Die zahlreichen kleinen schleimbildenden Drüsen in der Wangen- und in der Zungenschleimhaut reichen für die Befeuchtung des Mundes nicht aus. Dies bewirken 3 große paarige Drüsen; die *Glandula parotis* (Ohrspeicheldrüse), *Glandula submandibularis* (Unterkieferdrüse) und *Glandula sublingualis* (Unterzungendrüse). Sie setzen sich aus den Azini (Drüsenendstücken) und einem System intra-, inter- und extralobulärer Gänge zusammen. Entsprechend ihrem histologischen Aufbau und dem produzierten Speichel unterscheidet man *seröse Drüsen,* die neben Wasser und Elektrolyten Glykoproteine sezernieren (Glandula parotis) und *gemischte Drüsen,* die zusätzlich Saccharid-reiche Glykoproteine (Muzine) produzieren (Glandula submandibularis und sublingualis).

Speichelsekretion. Täglich werden 0,6–1,5 l *Mundspeichel* gebildet. Er hält den Mund feucht und erleichtert das Sprechen, macht die gekaute Nahrung gleitfähig und fördert die Geschmacksentwicklung. Er ist essentiell für die Gesundheit der Zähne, die ohne Speichel kariös werden. Der Speichel hat eine reinigende und durch seinen Gehalt an *Lysozym, sekretorischem IgA* und *Rhodanidionen* eine *antibakterielle* bzw. *antivirale Wirkung.* Mangelnder Speichelfluß bzw. Mundtrockenheit wirken über das Durstgefühl (s. S. 168 ff) an der Regulation der Flüssigkeitsbilanz im Körper mit.

Regulation der Speichelsekretion. Auch ohne Nahrungsaufnahme findet immer eine geringe *Basalsekretion* (Ruhesekretion) von Mundspeichel (ca. 0,5 l/Tag) statt. Kommt es zu einer Berührung der Mundschleimhaut mit aufgenommenen Speisen und/oder zu Geschmacksempfindungen, so wird die Speichelsekretion reflektorisch gesteigert. Aber auch der Anblick, der Geruch oder die bloße Vorstellung von Speisen „lassen das Wasser im Munde zusammenlaufen" (*„bedingte Reflexe", kephale Sekretionsphase,* s. S. 822 f). Dabei wird die Zusammensetzung des Speichels durch die differenzierte Innervation der Speicheldrüsen über das vegetative Nervensystem variiert. Eine Aktivierung des ***Parasympathikus*** bewirkt in allen Drüsen eine erhebliche Steigerung der Sekretion eines dünnflüssigen, glykoproteinarmen Speichels, die mit einer Durchblutungszunahme der Drüsen einhergeht. Letztere wird durch die gefäßerweiternde Wirkung von VIP vermittelt. Eine Erregung des ***Sympathikus*** liefert durch Stimulation der Unterkieferdrüse geringe Mengen eines viskösen, Glykoprotein-, K^+- und HCO_3^--reichen Speichels.

Im *nicht stimulierten Zustand* haben die einzelnen Drüsen an der Gesamtspeichelproduktion folgende Anteile: Glandula submandibularis 70 %, Glandula parotis 25 % und Glandula sublingualis 5 %; *nach Stimulation* 63 %, 34 % und 3 %.

Zusammensetzung des Speichels. Der Speichel besteht zu 99 % aus ***Wasser,*** seine Dichte beträgt 1,01–1,02 g/ml. Die wichtigsten darin enthaltenen ***Elektrolyte*** sind Na^+, K^+, Cl^- und HCO_3^-. Der *Primärspeichel,* der von den Azini sezerniert wird, ist *plasmaisoton.* In den Azini der meisten Speicheldrüsen wird Cl^- durch einen ***Na^+-K^+-2 Cl^--Kotransporter*** in der basolateralen Membran ge-

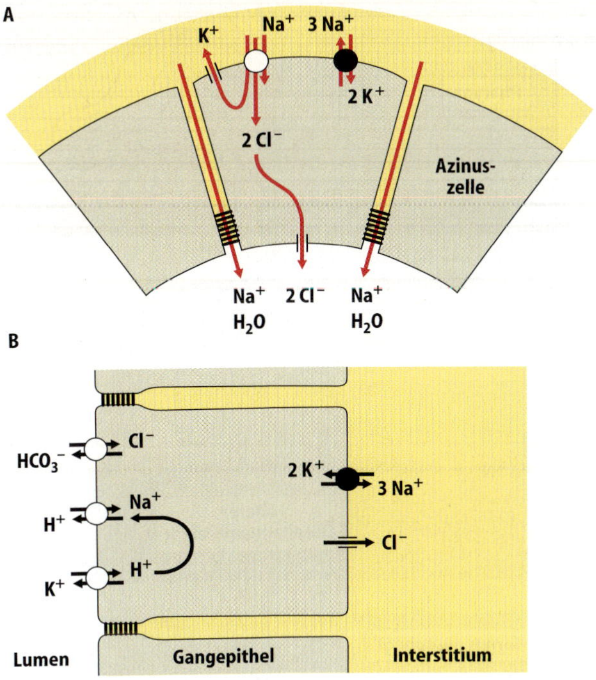

Abb. 38–5. Elektrolyttransporte in den Endstücken der Gl. submandibularis und Gl. parotis (*Primärsekretbildung*, **A**) sowie in den Ausführungsgängen (**B**). In den Azinuszellen wird Cl^- über einen luminal gelegenen Chloridkanal sezerniert; Na^+ und Wasser folgen passiv auf parazellulärem Weg. In den Ausführungsgängen werden Na^+ und Cl^- aus dem Lumen resorbiert und kleinere Mengen an K^+ und HCO_3^- sezerniert [24]

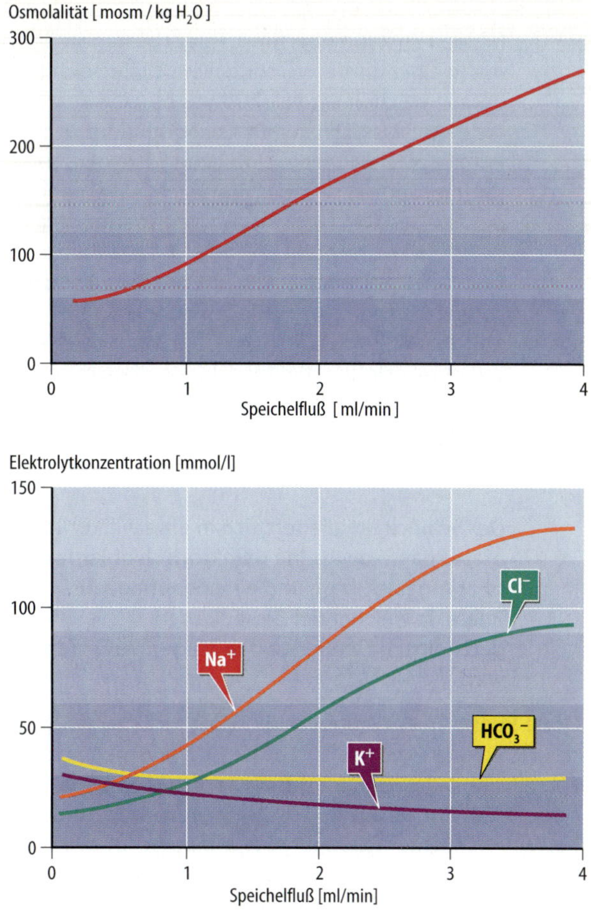

Abb. 38–6. Osmolalität (*oben*) und Elektrolytzusammensetzung (*unten*) des Mundspeichels als Funktion der Sekretionsrate [12]

gen einen elektrochemischen Gradienten in die Zelle aufgenommen und anschließend über einen luminal gelegenen ***Cl⁻-Kanal*** sezerniert (Abb. 38–5). Na^+ und Wasser folgen passiv parazellulär. Die ebenfalls basolateral gelegene $3Na^+$-$2K^+$-ATPase und der Kaliumkanal sind für die Erhaltung eines gleichbleibenden elektrochemischen Gradienten verantwortlich [24].

In den Ausführungsgängen werden, bei relativ geringer Wasserpermeabilität, Na^+ (Aldosteron-abhängig) und Cl^- aus dem Lumen absorbiert und kleinere Mengen an K^+ und HCO_3^- sezerniert, wodurch der Mundspeichel *hypoton* wird ([12], Abb. 38–6).

Die Elektrolytzusammensetzung des Speichels ändert sich mit der Sekretionsrate: mit zunehmendem Sekretionsvolumen steigen die Na^+- und Cl^--Konzentrationen an, während die K^+- und HCO_3^--Konzentrationen leicht abfallen (Abb. 38–6), da die zur Verfügung stehende Zeit zur Absorption von Na^+ bzw. Sekretion von K^+ mit steigender Durchflußrate verkürzt bzw. die maximale Kapazität der Transportsysteme erreicht ist. Der ***pH-Wert*** des Mundspeichels liegt bei Ruhesekretion zwischen 5,5 und 6,5 und steigt nach Stimulation auf 7,7 an.

Die Speicheldrüsen sezernieren zusätzlich verschiedene *Makromoleküle:* Amylase, Glykoproteine, Muzine, Lysozym, Immunglobulin A und häufig auch Blutgruppenantigene. Die funktionell wichtigsten Substanzen sind die ***α-Amylase,*** die vorwiegend von der Parotis ausgeschieden wird, und die ***Schleimsubstanzen*** (aus Gl. submandibularis und Gl. sublingualis). Die α-Amylase (*Ptyalin*) ist zwischen pH 4 und 11 stabil und hat ihr Wirkungsoptimum bei pH 6,7–6,9. Dieses Enzym leitet die Verdauung der Stärke ein, indem es im Inneren des Makromoleküls α-1,4-glykosidische Bindungen unter Bildung von Oligosacchariden (mit 6–7 Glucoseeinheiten) spaltet.

Störungen der Speichelsekretion (z. B. bei Gabe bestimmter Psychopharmaka) führen zur *Xerostomie*, zur Mundtrockenheit mit Neigung zur Geschwürbildung und Schwierigkeiten beim Kauen, Schlucken und Sprechen. Die fehlende HCO_3^--Sekretion hat eine Senkung des lokalen pH-Werts zur Folge. Durch Wegfall der bakteriziden Wirkung des Speichels wachsen vermehrt Bakterien, die Milchsäure produzieren. Letztere verstärkt den Abfall des pH-Werts. Die H^+-Ionen demineralisieren den Zahnschmelz. Hierdurch tritt, bei gleichzeitig reduziertem Proteinschutzfilm, gehäuft *Karies* der Zähne auf.

!

Aufgenommene feste Nahrung wird in der Mundhöhle durch Kauen zerkleinert und durch Einspeicheln des Bissens (Bolus) in einen gleitfähigen Zustand überführt. Hauptbestandteil des in einer mittleren Menge von 1 l/Tag gebildeten Speichels sind Elektrolyte, Muzine und die α-Amylase. Der in den Azini gebildete Primärspeichel hat eine ähnliche Elektrolytzusammensetzung wie das Blutplasma. Während der Passage durch die Ausführungsgänge werden durch Absorption Na^+ und Cl^- entzogen, K^+ und HCO_3^- dagegen in kleineren Mengen sezerniert, wodurch der Mundspeichel hypoton und alkalisch wird. Die Regulation der Speichelsekretion erfolgt reflektorisch, vor allem durch eine Aktivierung des Parasympathikus.

Der Schluckakt gliedert sich in eine willkürliche orale Phase sowie eine reflektorisch ablaufende pharyngeale Phase und eine ösophageale Phase, in welcher der Bissen durch peristaltische Wellen in den Magen befördert wird

Orale Phase. In der ersten, willkürlich gesteuerten Phase des Schluckaktes hebt sich die Zungenspitze, trennt eine Portion des gekauten Bissens im Munde ab und schiebt ihn in die Mitte des Zungengrundes und des harten Gaumens (Abb. 38–7 A). Lippen und Kiefer schließen sich, der weiche Gaumen (*Palatum molle*) hebt sich, während der vordere Teil der Zunge den Bolus nach hinten in den oberen Teil des Rachens (*Pharynx*) preßt (Abb. 38–7 B). Der weiche Gaumen und die kontrahierten palatopharyngealen Muskeln bilden eine Trennwand zwischen der Mundhöhle und dem Nasen-Rachen-Raum und verschließen ihn.

Bei selektiver Störung dieses Verschlusses, wie sie bei der Kinderlähmung (*Poliomyelitis*) vorkommen kann, wird der Bissen in den Nasopharynx gepreßt, wodurch Teile des Speisebreis über die Nasenöffnung austreten können.

Während die Zunge den Bissen weiter nach hinten drückt, wird *die Stimmritze kurz verschlossen und die Atmung reflektorisch unterbrochen.* Der Kehlkopf hebt sich und verlegt so den Atemweg (Abb. 38–7 C). Der ankommende Bissen biegt dabei den Kehlkopfdeckel (*Epiglottis*) über den Eingang der Luftröhre (*Trachea*) und verhindert so die Aspiration von Nahrungspartikeln in die Trachea. Versagt dieser Mechanismus, resultiert ein „Verschlucken" (s. S. 601 f, Hustenreflex). Durch die Pharynxmuskulatur und die Zunge mit einem Druck von 4–10 mm Hg geschoben (Abb. 38–7 D), gleitet der Bissen nun über die Epiglottis in die Speiseröhre, nachdem sich der obere Schließmuskel (*oberer Ösophagussphinkter*) geöffnet hat, an dem auch untere Abschnitte des *M. constrictor pharyngis* beteiligt sind (Abb. 38–7 E). An dem gesamten reflektorischen Vorgang wirken mehr als 20 Muskeln mit, deren relativ kleine motorische Einheiten (s. S. 75 f) feinste Bewegungsabläufe ermöglichen [2,5].

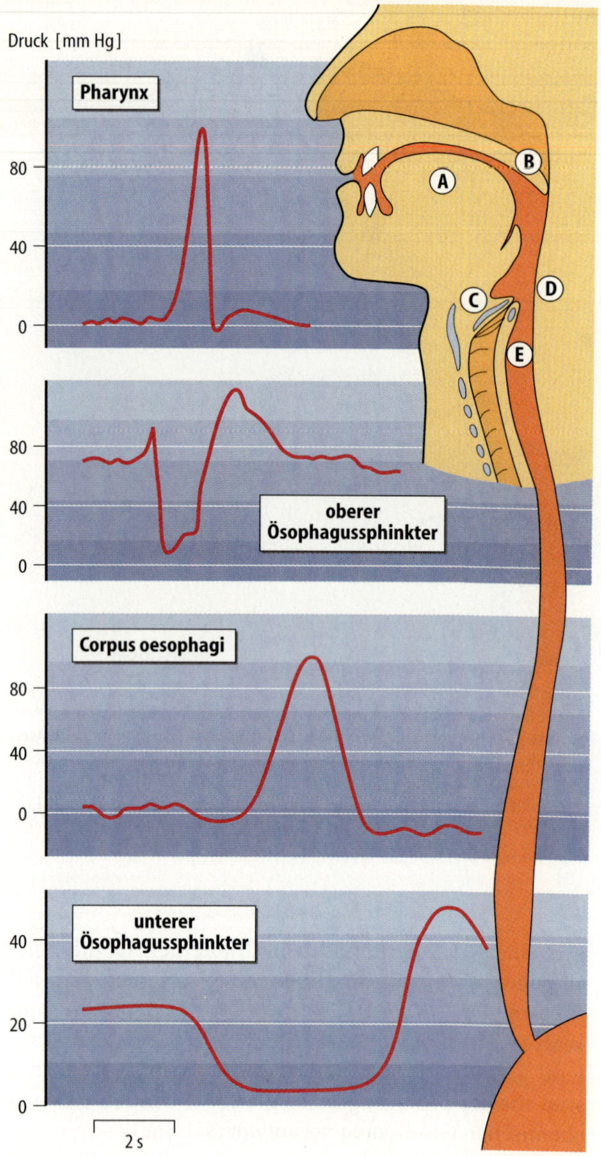

Abb. 38–7. Oropharyngeale und ösophageale Phasen des Schluckaktes. **A** Pressen der Zunge nach oben gegen den harten Gaumen, **B** Verschluß des Nasopharynx durch den weichen Gaumen, **C** Anheben des Larynx und Umbiegen der Epiglottis über den Eingang der Luftröhre, **D** Peristaltik der Pharynxmuskulatur, **E** Reflektorisches Öffnen des oberen Ösophagussphinkters. Die Druckänderungen beim Schlucken sind für den Pharynx, den oberen Ösophagussphinkter, das Corpus oesophagi und den unteren Ösophagussphinkter als Kurven dargestellt

Pharyngeale Phase. Wenn der Bissen den Pharynx erreicht hat, setzt ein *unwillkürlicher Reflexablauf* (***Schluckreflex***) ein. Die afferenten Impulse von Mechanosensoren laufen u. a. über den *N. glossopharyngeus* und den oberen laryngealen Ast des *N. vagus.* Die motorischen Neurone, die den Pharynx versorgen, sind in 6 Hauptgruppen angeordnet. Sie entstammen den motorischen Kernen der Nn. trigeminus, facialis, glossopharyngeus, hypoglossus, dem Nucleus ambiguus des N. vagus sowie den spinalen Segmenten C1-C3.

Nach Umschaltung der afferenten Impulse in einem nicht klar abgrenzbaren Gebiet in der Medulla oblongata („Schluckzentrum") läuft der komplexe Schluckvorgang eigengesetzlich und unwillkürlich weiter ab [2,5,8].

Ösophageale Phase. In dieser Phase passiert der Bissen den *oberen Ösophagussphinkter* und erreicht die Speiseröhre, einen muskulären Schlauch von 25–30 cm Länge mit einer äußeren längsverlaufenden und einer inneren zirkulären Muskelschicht, die in 3 spezialisierte Zonen gegliedert ist:

- den *oberen Ösophagussphinkter* (oÖS), eine 2–4 cm lange Zone mit erhöhtem Muskeltonus, der beim Schlucken kurzfristig (1–2 s) deutlich abnimmt (Abb. 38–7),
- den *Speiseröhrenkörper* (Korpus) und
- den *unteren Ösophagussphinkter* (uÖS), eine weitere Zone mit erhöhtem Muskeltonus, der den Verschluß zum Magen gewährleistet.

Der größte Teil des Ösophagus verläuft im Brustraum, die Binnendrücke liegen daher bei Ruheatmung um 4–6 mm Hg unter dem Atmosphärendruck. Der Abschluß nach oben durch den oÖS mit einem Verschlußdruck von 50–90 mm Hg verhindert ein ständiges Eindringen von Luft in den Ösophagus, während der uÖS mit einer Druckdifferenz von 15–25 mm Hg gegenüber dem Magenfundus den Rückfluß (*Reflux*) von Mageninhalt in den Ösophagus verhindert.

Die Muskulatur im oberen Drittel des Ösophagus ist quergestreift, das untere Drittel besteht aus glatter Muskulatur. Das mittlere Drittel zeigt ein Übergangsbild. Der Ösophagus ist von einem Plattenepithel ausgekleidet. Die Schleimhaut enthält Schleimdrüsen und setzt sich in einer scharfen, gezahnten Linie (*linea dentata*) vom Zylinderepithel des Magens ab.

Die nervale Versorgung des Ösophagus erfolgt im wesentlichen über den *N. vagus.* Die obere quergestreifte Muskulatur wird von somatomotorischen Efferenzen versorgt, während die vegetative Innervation der glatten Muskulatur dem für den Magen-Darm-Trakt typischen Schema (Abb. 38–2) entspricht.

Als ***primäre Peristaltik*** wird der vagal gesteuerte Bewegungsablauf bezeichnet, der die Fortsetzung des begonnenen Schluckaktes darstellt (Abb. 38–7). Eine ***sekundäre Peristaltik*** entsteht durch afferente Impulse vom Ösophagus selbst (z. B. durch lokale mechanische Reizung). Sie wird durch Reste eines Bissens verursacht, die durch die primäre Peristaltik nicht den Magen erreicht haben. Die sekundäre Peristaltik wird durch das enterische Nervensystem koordiniert.

Die *peristaltische Welle* im Ösophagus erfaßt jeweils ein Kontraktionsareal von 2–4 cm Länge, schreitet mit einer Geschwindigkeit von 2–4 cm/s nach unten fort und erreicht den uÖS nach ca. 9 s (Abb. 38–7). Die *Passagegeschwindigkeit* hängt allerdings wesentlich von der Konsistenz des Bissens und der Körperlage ab. In aufrechter Körperhaltung erreichen Flüssigkeiten den Magen nach 1 s, breiiger Inhalt nach 5 s und feste Partikel nach 9–10 s. Der Druck der peristaltischen Welle steigt nach distal an und erreicht im unteren Ösophagus 30–120 mm Hg. Die *Druckamplitude* nimmt mit der Größe des Bissens zu. Der uÖS öffnet sich für 5–8 s, bevor der Bissen in den Magen eintritt und schließt sich danach wieder. Dabei nimmt er nach einer kurzen Phase erhöhten Drucks erneut den Ruhetonus an, wenn der Bissen in den Magen übergetreten ist. Die *Relaxation* des uÖS erfolgt reflektorisch unter dem Einfluß von NANC-Neuronen (s. S. 808) des N. vagus; als Neurotransmitter werden das vasoaktive intestinale Polypeptid (VIP) und/oder Stickoxid (NO) angenommen [23, 26, 37].

Der Tonus des uÖS wird durch verschiedene Faktoren beeinflußt. Er steigt mit zunehmendem intraabdominellen Druck (z. B. bei Aktivierung der Bauchpresse), leicht alkalischem Magen-pH und proteinreicher Mahlzeit an. Verschiedene Nahrungsbestandteile oder Genußmittel setzen ihn herab: Fett, Schokolade, Pfefferminzöl, Alkohol, Kaffee und Nikotin. Auch gastrointestinale Hormone bzw. Peptide beeinflussen den Tonus des uÖS. Gastrin, Motilin und Substanz P steigern den Sphinkterdruck, während ihn Cholezystokinin (CCK), Glukagon, GIP, VIP sowie Progesteron herabsetzen. Der letztgenannte Einfluß erklärt das häufig beobachtete *Sodbrennen* (durch Rückfluß von saurem Mageninhalt in den Ösophagus) während der Schwangerschaft infolge des *hohen Progesteronspiegels* [5].

Pathophysiologische Aspekte. Zu den Störungen der normalen Ösophagusmotilität und der Sphinkterfunktion gehört die ***Achalasie.*** Hierbei ist die Peristaltik unkoordiniert, und der Öffnungsreflex des uÖS beim Schlucken bleibt aus. Die Nahrung staut sich im Ösophagus und erweitert ihn (*Megaösophagus*). Diesem Krankheitsbild liegt eine Störung im Bereich des Auerbach-Plexus zugrunde, die in Südamerika als *Chagas-Krankheit* bekannt ist. Sie wird durch eine Trypanosomeninfektion verursacht, während in unseren Breiten die Ursache der Schädigung nicht völlig geklärt ist. Fließt umgekehrt bei Insuffizienz des Verschlußmechanismus des Sphinkters saurer Mageninhalt in den Ösophagus zurück (Reflux), kann die Schleimhaut so geschädigt werden, daß eine Entzündung (***Refluxösophagitis***) entsteht. Ungeordnete, heftige Kontraktionen des Ösophagus, sog. tertiäre Kontraktionen, können starke Schmerzen hinter dem Brustbein hervorrufen und zu dem Krankheitsbild des ***diffusen Ösophagusspasmus*** führen, das vom Schmerzcharakter her mitunter schwierig von einer Angina pectoris bei der koronaren Herzkrankheit abzugrenzen ist. Eine Passagestörung der geschluckten Nahrung bezeichnet man als ***Dysphagie.***

Die wichtigsten Methoden, um eine Störung der Ösophagusmotilität beim Menschen zu erfassen, sind röntgenologische Kontrastmitteldarstellungen und andere bildgebende Verfahren, die Druckmessung (*Manometrie*) mit Kathetern und die *Langzeit-pH-Metrie* mit einer pH-empfindlichen Sonde zur Erfassung eines Refluxes im unteren Ösophagusdrittel.

> **!**
>
> Das Schlucken des Bissens wird durch eine willkürliche Zungenbewegung, die den Bolus in den Rachen befördert, eingeleitet (orale Phase). Wenn der Bissen den Pharynx erreicht hat, setzt ein unwillkürlicher Reflexablauf ein (pharyngeale Phase). Die Funktion des Ösophagus besteht im Transport des Bissens aus dem Pharynx in den Magen (ösophageale Phase des Schluckaktes). Der Schluckakt löst eine kurzzeitige Erschlaffung des oberen Ösophagussphinkters aus, die von einer peristaltischen Welle und einer vorübergehenden Erschlaffung des unteren Ösophagus gefolgt ist. Durch den unteren Verschlußmechanismus wird ein Rückfluß (Reflux) von Mageninhalt in den Ösophagus verhindert.

38.3 Magen

Im Magen werden die geschluckten Speisen gespeichert, zerkleinert und homogenisiert. Nach einer Verweildauer von 1–5 Stunden erfolgt die portionsweise Entleerung des Speisebreis (Chymus) in das Duodenum

Reservoirfunktion des Magens. Die *proximalen Magenabschnitte* (Fundus und oberster Korpusabschnitt) weisen weder eine Automatie noch peristaltische Wellen auf. In dieser Region wird lediglich durch Vagusimpulse eine *Wandspannung* aufgebaut, die sich dem jeweiligen Füllungszustand anpaßt. Dieser Muskeltonus reicht aus, um Flüssigkeiten bei geöffnetem Pylorus in das Duodenum zu pressen (s. S. 819).

Bereits während des Schluckaktes, d. h. bevor der Bissen aus dem Ösophagus in den Magen übertritt, sinkt der Mageninnendruck aufgrund einer Erschlaffung der Magenmuskulatur. Diese als ***rezeptive Relaxation*** bezeichnete Anpassung der Wandspannung wird auf einen *vagovagalen* Reflex zurückgeführt. Die afferenten Impulse gehen hierbei von Dehnungssensoren des Pharynx und Ösophagus aus, die Efferenzen projizieren auf hemmende NANC-Neurone (s. S. 808) mit dem Neurotransmitter VIP. Führt die Nahrungsaufnahme im Magen zur Erregung von Dehnungssensoren in der Magenwand, tritt eine zusätzliche Erschlaffung der Magenmuskulatur auf. Dieser als ***adaptive Relaxation*** (oder ***Akkommodation***) bezeichnete Vorgang beruht ebenfalls auf einem vagovagalen Reflex. Beide Mechanismen erlauben – auch bei voluminösen Mahlzeiten – eine Magenfüllung, ohne daß der Mageninnendruck erheblich ansteigt und verhindern auf diese Weise u. a. eine beschleunigte Entleerung [13,53,54].

Die Dehnbarkeit des proximalen Magens wird weitgehend vom ***N. vagus*** gesteuert. Modulierend wirken der *Plexus myentericus* sowie *gastrointestinale Hormone:* Gastrin, CCK, Sekretin, GIP und Glukagon bewirken eine Erschlaffung des proximalen Magens, wohingegen Motilin eine Tonussteigerung hervorruft (s. Tabelle 38–1).

Nach der Aufnahme *fester Speisen* weist der Mageninhalt eine Schichtung auf, wobei die zuletzt aufgenommenen Nahrungsbestandteile an der kleinen Kurvatur, die am längsten im Magen befindlichen im Pylorusbereich liegen. Aufgenommene *Flüssigkeiten* fließen an der Innenwand in distale Magenabschnitte ab. Der anhaltende Muskeltonus im proximalen Magen schiebt den Mageninhalt langsam in untere Korpusabschnitte weiter.

Durchmischung und Homogenisierung. Im oberen Korpusdrittel liegen an der großen Kurvatur *Schrittmacherzellen* mit langsamen Potentialwellen im 20-s-Rhythmus („slow waves", s. S. 811, Abb. 38–8), deren Amplitude vom Dehnungszustand der Magenwand abhängt. Erreicht bei Füllung des Magens das Membranpotential die Schwelle, treten Ca^{2+}-getragene Spike-Aktivitäten auf, die im Korpus ***peristaltische Kontraktionen*** auslösen.

Die kräftigen, zirkulären *peristaltischen Wellen* mit einer Frequenz von ca. 3/min wandern pyloruswärts und schieben den Inhalt in Richtung Magenausgang. Wenn sich die nach distal immer kräftiger werdende Kontraktionswelle dem mittleren Antrum nähert, schließt sich der vorher relaxierte Pylorus. Dadurch wird der eingezwängte Inhalt mit großer Kraft wieder

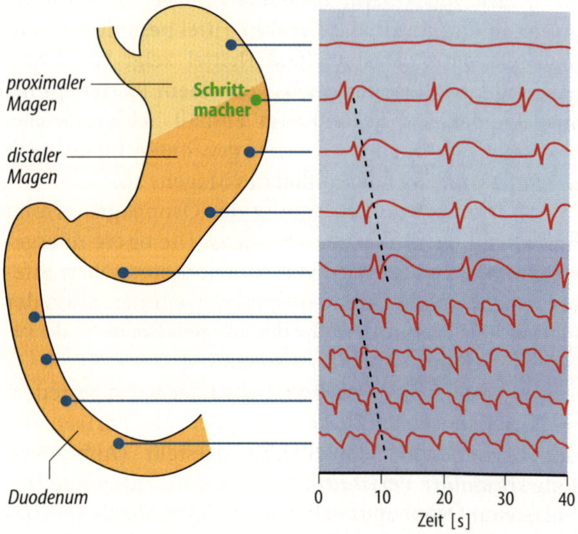

Abb. 38–8. Potentialwellen (slow waves) im Magen und Duodenum. Der proximale Magen ist ohne Potentialwellen anhaltend-tonisch kontrahiert. Von der Schrittmacherregion aus wandern slow waves mit einer Frequenz von 3/min nach unten und sind daher nach distal phasenverschoben. Im Duodenum haben die slow waves eine Frequenz von ca. 12/min, auch sie zeigen eine Phasenverschiebung nach distal. Muskelkontraktionen erfolgen, wenn durch die Potentialwellen Aktionspotentiale ausgelöst werden [62]

zurück in den Magen geworfen (*Retropulsion*). Hierbei reiben sich feste Nahrungsbestandteile aneinander und werden zerdrückt, zermahlen und intensiv durchmischt („Antrummühle"). Fette werden dabei auch mechanisch emulgiert. Unter dem Einfluß *parasympathischer Nervenimpulse* (N. vagus) tritt – vermittelt durch erregende Neurone des Plexus myentericus – eine erhebliche Steigerung der Motilität ein. Motilitätssteigernd wirken weiterhin *Gastrin, Cholezystokinin* und *Motilin*. Hemmend wirken dagegen *GIP* und *Enteroglukagon* [13,53,54].

Magenentleerung. Die *Flüssigkeitsentleerung* aus dem Magen ist wegen des niedrigen Pylorustonus vor allem vom Druckgradienten zwischen proximalem Magen und Duodenum abhängig. Die *Entleerung von festen Bestandteilen* wird hauptsächlich vom Pyloruswiderstand und damit letztlich auch von der Größe der Partikel beeinflußt. Flüssigkeiten verlassen den Magen relativ schnell, feste Bestandteile dagegen erst, wenn sie auf eine Partikelgröße < 2 mm zerkleinert sind. 90 % der Partikel haben bereits eine Größe $\leq$ 0,25 mm, wenn sie den Magen verlassen.

Die *Entleerung* des Magens erfolgt, vermittelt durch den ***N. vagus***, *reflektorisch* und zwar durch synchrone Erschlaffung der Pylorusmuskulatur beim Eintreffen peristaltischer Wellen im Antrum. Allerdings hängt der zeitliche Ablauf des Entleerungsvorgangs von einer Vielzahl von Faktoren ab.

Eine Unterbrechung des N. vagus, wie z. B. bei einer operativen Vagotomie, führt zu Entleerungsstörungen des Magens mit Retention des Inhalts. Auch ***gastrointestinale Hormone*** sind an der Regulation der Magenentleerung beteiligt, wobei deren Rolle im einzelnen noch unklar ist. *Gastrin* und *Motilin* sollen den Tonus des Pylorus herabsetzen, *CCK, Sekretin, GIP* und *Enteroglukagon* dagegen steigern. Mitbestimmend für die Entleerungsgeschwindigkeit ist außerdem das *Füllungsvolumen*.

Die Entleerungsrate wird zusätzlich von Chemosensoren im Dünndarm gesteuert. *Saurer Chymus wird langsamer entleert als neutraler, hyperosmolarer langsamer als hypoosmolarer, Fette (besonders mit langkettigen Fettsäuren mit einem Optimum bei 14 C-Atomen) langsamer als Eiweißabbauprodukte* (mit Ausnahme von Tryptophan, einem CCK-Rezeptorantagonist mit motilitätshemmender Wirkung), *Eiweißprodukte wiederum langsamer als Kohlenhydrate*, so daß – je nach Zusammensetzung der Speisen – die *Verweildauer im Magen* zwischen 1 und 5 h beträgt. Die entsprechende Zeit für isotone Elektrolytlösungen ist etwa 1 h und für nährstoffhaltige Flüssigkeiten 1–2 h. Die Steuerung der Entleerungsrate erfolgt über den N. vagus und humorale Faktoren, wobei für den Hemmeffekt *Sekretin* wahrscheinlich von besonderer Bedeutung ist.

Große, feste Bestandteile können den Magen während dieser Entleerungsphase nicht verlassen. Solche Partikel können aber in der Verdauungsruhe durch den speziellen Mechanismus des interdigestiven wandernden myoelektrischen Motorkomplexes (s. S. 812) entleert werden. In dessen Phase III kommt es zu kräftigen Antrumkontraktionen, so daß jetzt auch große unverdauliche Nahrungspartikel (zusammen mit Magensaft) durch den Pylorus in das Duodenum getrieben werden [13,53,54].

Erbrechen. Das Erbrechen (*Vomitus, Emesis*) stellt einen komplexen Schutzreflex dar, der von Neuronenverbänden („Brechzentrum") im Nucl. tractus solitarii bzw. von der Area postrema gesteuert wird. Er ist von vegetativen Symptomen (Übelkeit, Blässe, Schweiß- und Speichelsekretion, Blutdruckabfall und Tachykardie) begleitet. Das Erbrechen wird durch eine tiefe Inspiration mit nachfolgendem Verschluß der Glottis und des Nasopharynx eingeleitet. Anschließend erschlaffen die Magenmuskulatur und die Ösophagussphinkter; das Zwerchfell und die Bauchdeckenmuskulatur kontrahieren sich dann ruckartig. Letzteres bewirkt eine Erhöhung des intraabdominalen Druckes, und der Mageninhalt wird (teilweise) retrograd entleert. Aufgrund einer „Antiperistaltik" im Duodenum und/oder Pyloruserschlaffung kann dabei auch Galle erbrochen werden [38,50].

Erbrechen kann durch eine Vielzahl von Ursachen ausgelöst werden: mechanische Reizung des Oropharynx, mechanische und chemische Alteration von Magen und Darm, Entzündungen im Bauchraum, starke Schmerzzustände (Koliken, Herzinfarkt), hormonelle Umstellungen in der Schwangerschaft, Stoffwechselkrankheiten (z. B. nichtrespiratorische Azidose bei entgleistem Diabetes mellitus), Reisekrankheit und Schwerelosigkeit im All, Hirndrucksteigerung, Gabe von bestimmten Medikamenten (z. B. Apomorphin), Intoxikationen und nicht zuletzt psychische Einflüsse (z. B. ekelerregender Geruch oder Anblick, Verwesungsgeruch). Chronisches Erbrechen führt zum Verlust von H^+-, K^+- und Cl^--Ionen sowie von Wasser, gefolgt von einer *Hypovolämie* und einer *nichtrespiratorischen Alkalose* (s. S. 619).

!

Die proximalen Magenabschnitte nehmen die Nahrung auf. Aufgrund von Relaxationsmechanismen können größere Volumina über Stunden hinweg gespeichert werden, ohne daß der Mageninnendruck merklich ansteigt. Von einer Schrittmacherzone im oberen Korpusbereich gehen peristaltische Wellen aus, die den Chymus bei geschlossenem Pylorus durchmischen und homogenisieren. Die Entleerung des Magens erfolgt portionsweise durch synchrone Erschlaffung des Pylorus beim Eintreffen peristaltischer Wellen im Antrum. Sie erfolgt reflektorisch, wird aber durch gastrointestinale Hormone und Peptide sowie die Zusammensetzung und Beschaffenheit der Nahrung bzw. des Chymus im Magen und im Duodenum beeinflußt.

Die Magenmukosa sezerniert täglich 2–3 l Magensaft, dessen wesentliche Bestandteile Salzsäure, Intrinsic-Faktor, Pepsinogene, Muzine und Bikarbonat sind

Magenmukosa. Der Magen ist von einer Schleimhaut mit einem Zylinderepithel ausgekleidet. Die im pylorusnahen Abschnitt und im Kardiabereich liegenden Drüsenzellen sezernieren, wie die ***Nebenzellen*** der tubulären Drüsen im Fundus- und Korpusabschnitt, wahrscheinlich nur Schleim (Muzin); das ***Oberflächenepithel*** bildet Schleim und Bikarbonat (Hydrogenkarbonat). Die in den mittleren Abschnitten der Fundus- und Korpusdrüsen liegenden ***Belegzellen*** („Parietalzellen") sezernieren HCl sowie den Intrinsic-Faktor und die vor allem in basalen Regionen lokalisierten ***Hauptzellen*** Pepsinogene. Das Epithel des Antrum enthält ***G-Zellen,*** die Gastrin in das Blut abgeben.

Die Bikarbonat- und Muzinsekretion im Magen erfolgt kontinuierlich. Die HCl- und Pepsinogenabgabe dagegen unterliegen einer Regulation im Zusammenhang mit der Verdauung. Im *Nüchternzustand* (interdigestive Phase) werden nur geringe Mengen (45–70 ml/h) eines zähflüssigen, neutralen bis leicht alkalischen Sekrets abgegeben, dagegen kommt es im Zusammenhang mit der Nahrungsaufnahme zur Bildung eines stark sauren (pH = 0,8–1,5), nahezu blutisotonen, enzymreichen Sekrets.

Die *absorptive Fähigkeit* der Magenschleimhaut ist gering; sie beschränkt sich im wesentlichen auf gut *lipidlösliche Stoffe,* wie Ethylalkohol, der schnell und in größeren Mengen bereits im Magen absorbiert werden kann.

HCl-Sekretion. Die Belegzellen sind einzigartig in ihrer Eigenschaft, HCl in hoher Konzentration zu produzieren, wobei eine H^+-Konzentrierung etwa um den Faktor 10^6 gegenüber dem Blut erzielt wird. Sie sind charakterisiert durch *Tubulovesikel,* deren Membran die protonentransportierende H^+-K^+-ATPase („Protonenpumpe") enthält, und durch intrazelluläre *Canaliculi,* die an der apikalen, dem Drüsenlumen zugewandten Seite der Zelle münden (Abb. 38–9). Sie besitzen zahlreiche große Mitochondrien zur Bereitstellung von ATP. Nach Stimulation treten innerhalb von 10 min deutliche morphologische Veränderungen in der Zelle ein: Die Tubulovesikel im Zytoplasma, die in Ruhe vorherrschen, fusionieren mit den Membranen der intrazellulären Canaliculi, wodurch die Protonenpumpe und die Ionen-Kanäle in die Canaliculus-Membran eingebaut werden. In Verdauungsruhe werden die Protonenpumpen und Kanäle wieder in die Tubulovesikel zurückverlagert.

ATP ist die Energiequelle für den *aktiven Transport von Protonen* aus den Belegzellen in den Magensaft. Durch die Aktivität der ***H^+-K^+-ATPase*** wird im gleichen Verhältnis H^+ gegen K^+ ausgetauscht (vgl. Abb. 38–10). H^+ entstammt der Dissoziationsreaktion der Kohlensäure, wobei äquivalente HCO_3^--Mengen entstehen. Die Dissoziation von Wasser spielt dem gegenüber nur eine geringe Rolle. HCO_3^- tritt entlang einem Konzentrationsgradienten im Austausch gegen Cl^- in das Blut über. Auf dem Höhepunkt dieses Vorgangs kommt es zur „Alkaliflut" im venösen Blut des Magens. Mit den H^+-Ionen werden auch Cl^-- und K^+-Ionen über spezielle Kanäle in das Lumen abgegeben.

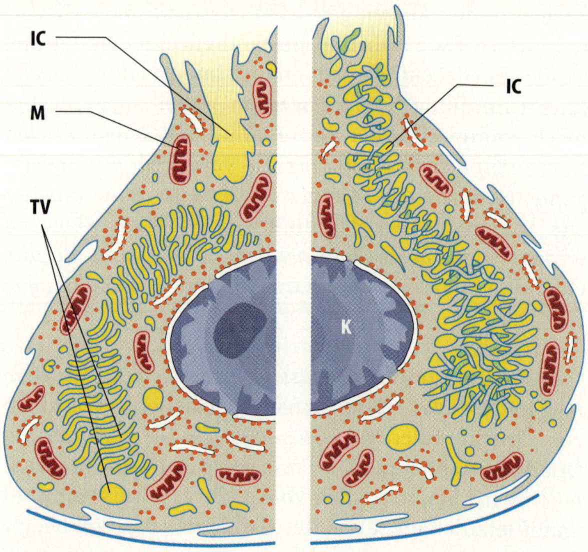

Abb. 38–9. Belegzelle im Ruhezustand (*linke Bildhälfte*) und nach Stimulation (*rechte Bildhälfte*). *K* = Kern, *IC* = intrazelluläre Canaliculi, *M* = Mitochondrium, *TV* = Tubulovesikel. (Modifiziert nach [47])

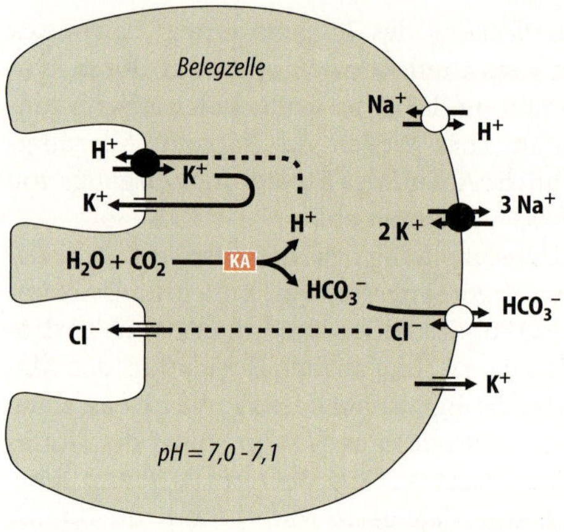

Abb. 38–10. HCl-Sekretion durch die Belegzellen. H^+-Ionen werden durch die Aktivität der H^+-K^+-ATPase in die intrazellulären Canaliculi gepumpt. Mit den Protonen werden auch Cl^-- und K^+-Ionen über spezielle Kanäle in das Lumen abgegeben [31,39]. *KA* = Karboanhydratase

Dem Transport der Ionen folgt ein osmotisch bedingter Wasserstrom in den Magen. *Die Salzsäure des Magensaftes aktiviert die Pepsinogene, tötet Mikroorganismen ab, setzt Nahrungseisen frei und denaturiert noch native Nahrungsproteine,* die dann von Proteinasen leichter gespalten werden können [32,36,59,60].

Die $3Na^+$-$2K^+$-ATPase und der Na^+-H^+-Austauscher in der basolateralen Membran der Belegzelle sind für die Aufrechterhaltung der ionalen Homöostase des Zytosols verantwortlich. Erstere sorgt auch noch dafür, daß mit dem Magensaft verlorengegangene K^+-Ionen wieder ersetzt werden.

Benzimidazol-Derivate können die H^+-K^+-ATPase und damit die HCl-Sekretion vollständig hemmen. Der Protonenpumpen-Blocker *Omeprazol* unterdrückt daher nachhaltig die Säurebildung und wird deshalb therapeutisch beim Magengeschwürleiden eingesetzt. Diese Substanz blockiert die Säuresekretion auch dann noch, wenn Rezeptorenblocker (s. S. 824) keinen Effekt haben. Dies weist darauf hin, daß die Aktivierung der Protonenpumpe der letzte Schritt in der Kette der Säureproduktion ist.

Sekretion des Intrinsic-Faktors. Der Intrinsic-Faktor, ein Glykoprotein mit einer molaren Masse von ≈48 kD, wird ebenfalls von den Belegzellen sezerniert. Er ist – zusammen mit einem anderen Vitamin-B_{12}-bindenden Protein des Mundspeichels, dem sog. *R-Protein* (= *Haptocorrin*, ein Glykoprotein mit der molaren Masse von 65 kD) – entscheidend für die *Absorption von Vitamin* B_{12} im Ileum (s. S. 838). Im Magen wird ***Vitamin*** $\boldsymbol{B_{12}}$ zunächst an das R-Protein gebunden und bildet dadurch einen magensaftresistenten Komplex. Nach Spaltung dieser Verbindung durch Pankreasenzyme im oberen Dünndarm erfolgt die Bindung von Vitamin B_{12} an den Intrinsic-Faktor. Dieser Komplex ist resistent gegenüber Proteolyse und Absorption im oberen Dünndarm und wird schließlich durch rezeptorvermittelte Endozytose im Ileum aufgenommen. Von dort gelangt Vitamin B_{12}, gebunden an das Transportprotein *Transcobalamin,* in das Pfortaderblut, wird z. T. in der Leber gespeichert oder mit dem Blutstrom weitertransportiert [36,63].

Sekretion von Pepsinogenen. Die Hauptzellen des Magens sezernieren ein Gemisch aus Proteasenvorstufen, die ***Pepsinogene.*** Die Stimulation der Pepsinogensekretion erfolgt auf dieselbe Weise wie die der Salzsäure. Es lassen sich Vorstufen von mindestens 8 verschiedenen proteolytischen Isoenzymen (Endopeptidasen) elektrophoretisch nachweisen. Die ersten 5 schnellwandernden Pepsinogene werden als *Gruppe I* zusammengefaßt und kommen nur in der Haupt- und Belegzellregion vor. *Gruppe II-Pepsinogene* sind ubiquitär in der Magenmukosa und ferner auch in den Brunner-Drüsen des Dünndarms nachweisbar. Die Pepsinogene werden durch die Magensalzsäure zu den wirksamen eiweißspaltenden Enzymen, den ***Pepsinen,*** durch Abspaltung eines blockierenden Peptids aktiviert, ein Vorgang, der sich anschließend autokatalytisch fortsetzt. Die Pepsine aus beiden Gruppen wirken nur bei sauren pH-Werten mit Optima zwischen 1,8 und 3,5; sie werden im alkalischen Milieu irreversibel geschädigt [36,41].

Ein weiteres Sekretprodukt der Hauptzellen ist eine säurestabile *Triacylglycerol-Lipase.* Beim Erwachsenen spielt sie bei der Fettverdauung praktisch keine Rolle, beim Säugling dient sie zur Hydrolyse des Milchfettes [39].

Sekretion von Schleim und Bikarbonat. In den Oberflächenzellen, den Nebenzellen sowie in den Kardia- und Pylorusdrüsen wird ***Schleim*** (***Muzin***) produziert, der den gesamten Magen in einer ca. 0,6 mm dicken Schicht als visköses Gel überzieht. Er erzeugt einen Gleitfilm und schützt die Schleimhaut vor mechanischen und chemischen Schäden. Die Schleimschicht muß ständig intakt gehalten bzw. erneuert werden, da sie dauernden mechanischen und enzymatischen Angriffen ausgesetzt ist. Hauptbestandteile des Schleims sind unterschiedliche Saccharid-reiche *Glykoproteine* (Muzine), darunter eines mit einer molaren Masse von ca. 2000 kD. In seinem Kohlenhydratanteil bestehen individuelle genetische Unterschiede hinsichtlich der terminalen Monosaccharidsequenzen, die immunologisch den Blutgruppenantigenen des AB0-Systems ähnlich sind [29,31,36].

Neben Schleim wird vom Oberflächenepithel auch ***Bikarbonat*** sezerniert. Der Transport ist elektroneutral und verläuft im Austausch gegen Cl^- (luminaler HCO_3^--Cl^--Austauscher).

Bikarbonat hat zusammen mit dem Magenschleim eine wichtige *Schutzfunktion* gegenüber dem aggressiven Magensaft. Das gebildete HCO_3^- wird in der dem Magenepithel aufliegenden, strömungsfreien Flüssigkeits- bzw. Schleimschicht (*unstirred layer*) festgehalten und erzeugt dadurch einen pH-Gradienten von pH 7 an der Zelloberfläche bis zu pH 2 im Magenlumen. Damit kommt der für die gebildete Salzsäure charakteristische pH-Wert nicht schon an der Epitheloberfläche, sondern erst im Mageninnern zur Wirkung. Darüber hinaus gelangt Bikarbonat, das in den Belegzellen während der Sekretionsphase vermehrt gebildet und in das Blut abgegeben wird (Abb. 38–10), durch senkrecht in der Schleimhaut verlaufende Kapillarschlingen zur Epitheloberfläche. Die Durchblutung dieser Kapillaren wird wesentlich durch *Prostaglandin* E_2 (PGE_2) gesteuert, dem somit im Zusammenspiel mit Bikarbonat und der strömungsfreien Schicht eine wichtige protektive Funktion für die Magenschleimhaut zukommt.

Mukosabarriere. Zu den *protektiven Mechanismen* der sog. Mukosabarriere zählt neben der bikarbonathaltigen, strömungsfreien Muzinschicht die Unversehrtheit der Membranen aller Oberflächenzellen. Diese wird durch eine gute Schleimhautdurchblutung, eine ungestörte PGE_2-Wirkung (Steigerung der Durchblutung, der Schleim- und HCO_3^--Sekretion), die Intaktheit der interzellulären Schlußleisten und die Fähigkeit zur Epithelregeneration gewährleistet [2,5,8,42,70].

Die Schlußleisten der Magenschleimhaut sind relativ dicht, ihre elektrische Leitfähigkeit entsprechend gering. Dies führt zu einer elektrischen Potentialdifferenz (35–60 mV) zwischen Magenlumen (negativ) und der Serosaseite der Schleimhaut (positiv). Diese Potentialdifferenz (*transmukosales Magenwandpotential*) ist Ausdruck der Intaktheit der Mukosabarriere.

Zu den *aggressiven Faktoren,* die den Schutz der Magenschleimhaut gegen die von ihren Drüsen produzierten Pepsine und HCl vermindern („Barrierenbrecher"), werden biologische Detergenzien (Gallensalze und Lysolezithin der Galle), Glukokortikoide, nicht-steroidale entzündungshemmende Arzneimittel wie die Azetylsalizylsäure (Hemmer der Prostaglandinsynthese), Ethylalkohol und eine Minderdurchblutung der Schleimhaut sowie Helicobacter-pylori-Infektion gerechnet.

Elektrolyte des Magensaftes. Die Zusammensetzung der Elektrolyte im Magensaft ist abhängig von der Sekretionsrate. Die *Belegzellen* sezernieren nach Stimulation H^+, K^+ und Cl^-, die *Schleimzellen* andauernd Na^+, K^+ und HCO_3^-. Mit zunehmender Sekretionsrate nimmt der Anteil des Sekrets der Belegzellen zu und in gleichem Verhältnis das Sekret der Oberflächenzellen und damit die Konzentration von Na^+ ab; HCO_3^- verschwindet ganz (Abb. 38–11), da es im Magensaft mit Protonen unter Bildung von CO_2 und H_2O reagiert [5].

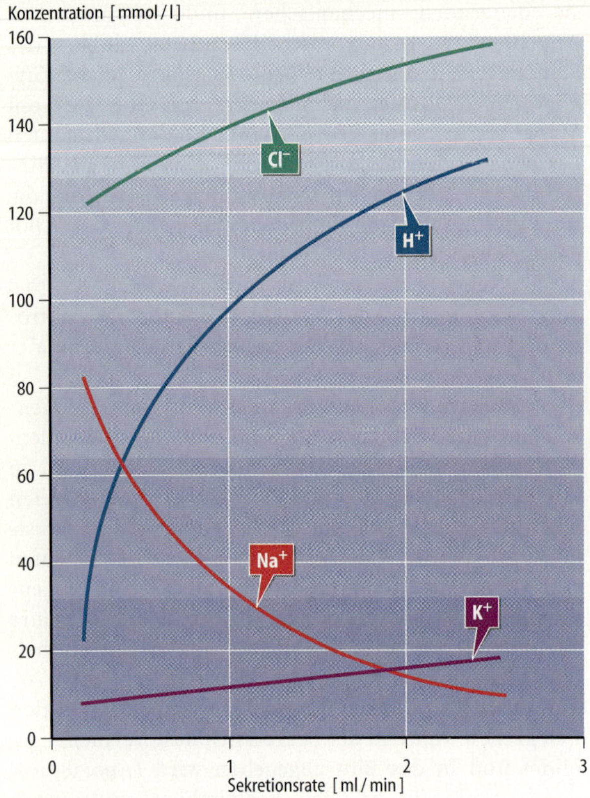

Abb. 38–11. Elektrolytzusammensetzung des Magensaftes in Abhängigkeit von der Sekretionsrate. Mit zunehmender Sekretionsrate nimmt im Magensaft die Konzentration der Protonen zu und die der Na^+-Ionen (aus dem Sekret der Oberflächenzellen) ab [5]

Die Magensaftsekretion wird im Zusammenhang mit der Nahrungsaufnahme nerval und hormonal gesteuert. Dabei unterscheidet man eine kephale, eine gastrale und eine intestinale Phase der fördernden und hemmenden Einflüsse auf die Sekretion

In der *Nüchternperiode* (interdigestiven Phase) sezerniert die Magenschleimhaut nur 10–15 % des Sekretvolumens, das nach maximaler Stimulation gebildet wird. Nach Vagusdurchtrennung (Vagotomie) und nach Entfernen des Antrums (Sitz der G-Zellen) sistiert die Basalsekretion, weshalb eine Grundaktivität des Vagus für eine basale gastrinabhängige Magensaftsekretion verantwortlich gemacht wird. Die *Nahrungsaufnahme* ist der adäquate Reiz für die Stimulation der Magensaftsekretion. Ihre Beeinflussung setzt bereits vor dem Essen ein und dauert nach Beendigung der Mahlzeit noch an. Man unterscheidet eine kephale, gastrale und intestinale Phase (vgl. Abb. 38–12), die sich zeitlich überschneiden.

Kephale Phase. Diese Phase wird ausgelöst durch den Anblick, Geruch und schließlich durch den Geschmack der Speise. Aber auch die Erwartung des Essens und die bloße Vorstellung stimulieren die Magensaftsekretion. Der russische Physiologe Pavlov (Nobelpreis 1904) hat diese Reaktion benutzt, um das klassische Konditionieren als einen Weg des Lernens nachzuweisen (s. S. 157). Die Sekretion während der kephalen Phase ist *zentralnervös* gesteuert. Die Nervenimpulse werden, von verschiedenen Strukturen des ZNS ausgehend, über den N.

> **!** Die von den Belegzellen unter Mitwirkung der Karboanhydratase gebildeten H^+-Ionen werden mit Hilfe einer H^+-K^+-ATPase in die intrazellulären Canaliculi gepumpt, wodurch im Lumen eine H^+-Konzentrierung etwa um den Faktor 10^6 gegenüber dem Blut erzielt wird. Mit den Protonen werden auch Cl^-- und K^+-Ionen über spezielle Kanäle in das Lumen abgegeben. Der ebenfalls von den Belegzellen sezernierte Intrinsic-Faktor ist essentiell für die Bindung von Vitamin B_{12} im Dünndarm und dessen Absorption im Ileum. Die Hauptzellen der Magenmukosa geben ein Gemisch von Proteasenvorstufen (Pepsinogenen) ab, deren Aktivierung zu Pepsinen durch HCl eingeleitet und autokatalytisch fortgesetzt wird. Die Muzine des Magensaftes machen den Chymus gleitfähig und haben – im Zusammenwirken mit Bikarbonat in der strömungsfreien Schleimschicht – protektive Eigenschaften für die Magenschleimhaut.

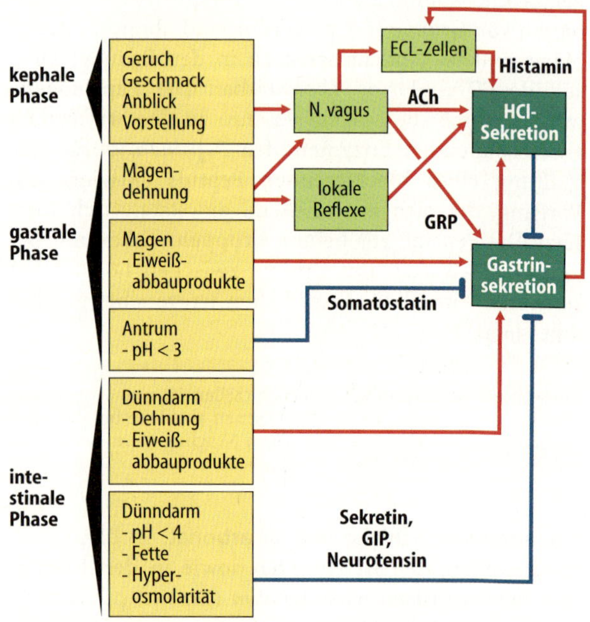

Abb. 38–12. Schematische Darstellung der an der HCl-Sekretion beteiligten fördernden und hemmenden Mechanismen. *ACh* = Azetylcholin, *GRP* = gastrin releasing peptide, *GIP* = gastric inhibitory peptide; ⊣ hemmende Einflüsse *(blau)*, → fördernde Mechanismen *(rot)*

vagus zum Magen geleitet. Eine Vagotomie unterbricht die kephale Phase. Es wird angenommen, daß die Sekretion vor allem durch eine *Vagus-induzierte Gastrinfreisetzung* vermittelt wird, da eine Denervierung des Antrums die Sekretion praktisch verhindert. Die kephale Phase bewirkt beim Menschen ca. 45 % der maximalen Sekretion [36,69].

Auch ***Emotionen*** haben Einfluß auf die Magensaftsekretion: Schmerz, Angst und Trauer können sekretionshemmend, Aggressionen, Wut und Streß sekretionssteigernd wirken. Auch ***hypoglykämische Zustände*** (Blut-Glukosekonzentration < 45 mg/dl) wirken sekretionsfördernd.

Gastrale Phase. Diese Phase wird ausgelöst durch die Dehnung des Magens infolge Nahrungsaufnahme und durch chemische Einflüsse bestimmter Nahrungsbestandteile. Der *Dehnungsstimulus* wird vorwiegend ***reflektorisch*** über afferente wie efferente Signale im *N. vagus* sowie durch lokale, kurze *intramurale Reflexwege* vermittelt [36,49].

Die *chemischen Reize* wirken vorwiegend über die Freisetzung von ***Gastrin*** aus den G-Zellen des Antrum. Von den bekannten Gastrinen sind G 17 I und II (mit je 17 Aminosäuren) die wirksamsten, während das G 34 (mit 34 Aminosäuren) zwar eine längere Halbwertszeit hat, aber nur etwa 15 % der biologischen Wirkung von G 17 besitzt. Chemische Stimulantien der gastralen Phase sind besonders *Eiweißabbauprodukte*, wie Peptide verschiedener Kettenlänge und Aminosäuren, hier wiederum besonders Phenylalanin und Tryptophan, ferner auch *Ca^{2+}-Ionen* sowie *Alkohol* (Aperitif-Effekt) und *Kaffee* (Koffein und/oder Röststoffe). Die gastrale Phase ist beim Menschen für ca. 50 % der maximalen Sekretion verantwortlich.

Bei pH-Werten < 3 im Antrum wird über eine erhöhte *Somatostatinaktivität* parakrin die Gastrinfreisetzung und damit auch die HCl und Pepsinogensekretion gehemmt („negative Rückkopplung“).

Intestinale Phase. Vom Dünndarm aus *stimulieren* sowohl die Dehnung der Darmwand als auch die Anwesenheit von Eiweiß und Eiweißabbauprodukten die Magensekretion, vor allem über (noch nicht identifizierte) humorale Faktoren. Diese Stimulation in der intestinalen Phase trägt nur wenig (ca. 5 %) zur maximalen Magensaftsekretion bei.

Bei der Regulation der Magensaftsekretion in dieser Phase spielt neben der Stimulation vor allem eine *Hemmung* eine wichtige Rolle. Tritt *saurer* (pH < 4), stark *fetthaltiger* (Fettsäuren mit mehr als 10 C-Atomen) oder *hyperosmolarer Chymus* in das Duodenum über, erfolgt dort eine Freisetzung von ***Sekretin,*** das die HCl-Sekretion hemmt und damit eine weitere Säurebelastung verhindert, die Pepsinogensekretion dagegen stimuliert. Bei stark fetthaltigem Darminhalt wird die Säuresekretion zusätzlich durch die Peptide *Neurotensin, Peptid YY* und *GIP* (früher als Enterogastrone bezeichnet) gehemmt [36,49].

! Ausgelöst durch Sinneseindrücke und Vorstellungen wird die Magensaftsekretion durch Vagusimpulse stimuliert (kephale Phase). Unterhalten wird sie durch eine Dehnung von Magen und Duodenum sowie durch Eiweißabbauprodukte im Magen (Gastrin-vermittelt) und Duodenum (gastrale und intestinale Phase). Die Säuresekretion im Magen wird durch sauren, hyperosmolaren und stark fetthaltigen Chymus im oberen Dünndarm über einen Rückkopplungsmechanismus gehemmt.

Azetylcholin, Histamin und Gastrin lösen durch Reaktion mit Rezeptoren der Belegzellen die HCl-Sekretion aus. Eine übersteigerte HCl-Produktion kann bei Schädigung der Mukosabarriere zum Ulkus führen

Rezeptoren der Belegzellen. Mediatoren, die als first messenger die HCl-Sekretion auslösen, sind ***Histamin*** aus den ECL-Zellen (*e*ntero*c*hromaffin-*l*ike cells) der Magendrüsen und den Mastzellen der Fundusschleimhaut, ***Azetylcholin*** sowie ***Gastrin.*** Diese Substanzen reagieren mit spezifischen Rezeptoren in der Zellmembran und bewirken über second messenger (cAMP bei Histamin bzw. IP_3 bei Azetylcholin und Gastrin) die HCl-Bildung. Belegzellen weisen demnach 3 Rezeptortypen auf, über welche die HCl-Sekretion aktiviert bzw. aufrechterhalten wird: für Azetylcholin ***muskarinerge (m_3)-Rezeptoren,*** für Histamin ***H_2-Rezeptoren*** und für Gastrin ***Gastrinrezeptoren*** (Abb. 38–13, [36,67]). ***Pro-***

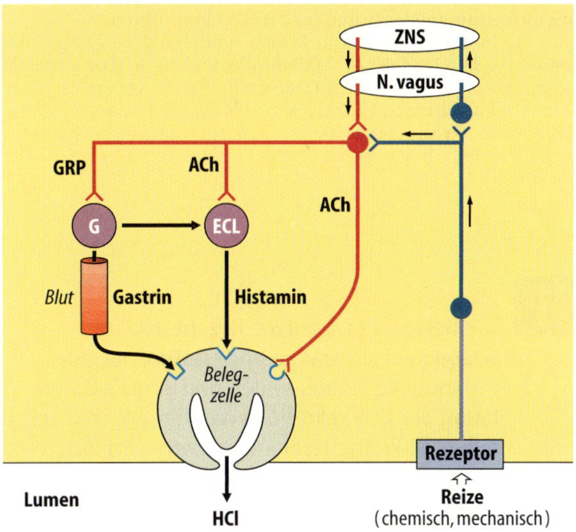

Abb. 38–13. Stimulation der Belegzellen über 3 Rezeptortypen. *ECL* = ECL-Zelle, *G* = G-Zelle, *ACh* = Azetylcholin, *GRP* = gastrin releasing peptide. Efferente cholinerge Vagusneurone sind *rot,* viszerale Afferenzen *blau* dargestellt

staglandin E₂ und ***Somatostatin*** hemmen rezeptorvermittelt die HCl-Bildung.

Histamin spielt eine zentrale, dominierende Rolle bei der Regulation der HCl-Sekretion. Da die ECL-Zellen sowohl durch Gastrin als auch durch Vagusaktivierung stimuliert werden, kann bei einer Blockade der H_2-Rezeptoren sowohl die Gastrin- als auch die Azetylcholin-vermittelte Sekretion herabgesetzt werden.

Neben der *direkten* Aktivierung der Belegzellen über einen muskarinergen Rezeptor wirkt der N. vagus auch *indirekt* stimulierend auf die Belegzellen, in dem er die Gastrinfreisetzung aus den G-Zellen fördert. Als postganglionäre Überträgersubstanz wird hierbei *gastrin releasing peptide* (GRP, Bombesin) diskutiert.

Sekretionskapazität des Magens. Durch eine in den unteren Magenabschnitt eingelegte Sonde kann der Magensaft abgesaugt und die Säureproduktion als Funktionsparameter der Magensaftsekretion bestimmt werden. Die *Basalsekretion* liegt – gemessen als H^+-Sekretionsrate – bei 2–3 mmol/h. Der Säureausstoß bei der sog. *Gipfelsekretion* (z. B. nach subkutaner Injektion von 6 mg/kg Pentagastrin, einem synthetischen Gastrinanalog) liegt zwischen 15–30 mmol/h. Die Werte sind bei Frauen etwas niedriger als bei Männern.

Pathophysiologische Aspekte. Störungen der Magenfunktion betreffen vor allem die Sekretion. Dabei ist die Verminderung oder das Fehlen von Magensäure von untergeordneter Bedeutung. Mit steigendem Lebensalter kommt es zu einer zunehmenden *Schleimhautatrophie* und damit zur *Sekretionsminderung*, die jenseits des 60. Lebensjahres bei über 50 % der Menschen nachweisbar ist. Die Sekretionskapazität der Bauchspeicheldrüse ist jedoch so groß, daß eine ausreichende Eiweißverdauung gewährleistet bleibt. Lediglich beim völligen *Fehlen des Intrinsic-Faktors* kann Vitamin B_{12} nicht mehr absorbiert werden. Es resultieren u. a. eine Störung der Erythropoiese, die zur ***perniziösen Anämie*** (s. S. 421) führt, und neurologische Veränderungen.

Bei einer *Hypersekretion von Magensäure* oder *Störung der beschriebenen Schutzmechanismen* kommt es zu einem umschriebenen Wanddefekt im Magen oder Zwölffingerdarm, dem ***Ulkus*** („ohne HCl kein Geschwür“). Eine Hypersekretion von Gastrin kann u. a. durch Gastrin-produzierende Tumoren des Pankreas (*Zollinger-Ellison-Syndrom*) oder durch eine *Hyperplasie der G-Zellen* im Antrum entstehen und zur Ulkusbildung führen.

In der Therapie von Magen- und Duodenalgeschwüren werden neben den H^+-K^+-ATPase-Blockern (s. S. 820) folgende Arzneistoffe eingesetzt: säureneutralisierende Antazida (z. B. Aluminiumhydroxid), H_2-Rezeptorenblocker (z. B. Cimetidin, Ranitidin), m_3-Rezeptorenblocker (z. B. Pirenzepin), Prostaglandin-E_2-Präparate (z. B. Misoprostol) und Antibiotika gegen Helicobacter pylori.

! Die Belegzellen besitzen Rezeptoren für Azetylcholin, Histamin und Gastrin, die eine funktionelle Einheit bilden und eine Feinregulation der HCl-Sekretion erlauben. Die intrazelluläre Wirkung dieser Mediatoren wird durch cAMP (Histamin) oder IP_3 (Azetylcholin, Gastrin) vermittelt. Bei maximaler Sekretion können die Protonensekretion und das Sekretvolumen bis um das Zehnfache gesteigert werden.

38.4 Pankreas

Das Pankreas produziert täglich etwa 2 l eines alkalischen Sekrets, das als wichtige Funktionsbestandteile eine Reihe hydrolytischer Enzyme enthält

Enzyme des Pankreassekrets. Neben endokrin tätigen Zellverbänden (s. S. 400 ff) besitzt das Pankreas exokrine Anteile, die bei Stimulation eine Vielzahl *hydrolytischer Enzyme* für die Verdauung sezernieren. Die Zellen der den Schaltstücken aufsitzenden Azini weisen im apikalen Teil eine große Zahl an *Zymogengranula* auf, in denen die Proenzyme bzw. Enzyme gespeichert sind und aus denen sie durch Exozytose freigesetzt werden. Die Granula der Azinuszellen enthalten alle Enzyme in einem *konstanten Verhältnis*, das auch im fertigen Sekret erhalten bleibt. Eine Adaptation an einen besonders vorherrschenden Nahrungsbestandteil, z. B. Fett, ist möglich. Eine solche Anpassung mit einem relativen Anstieg der Lipasekonzentration nimmt aber mehrere Wochen in Anspruch.

Etwa 90 % der Proteine des Pankreassaftes sind Verdauungsenzyme, wobei die proteolytischen Enzyme (*Endo- und Exopeptidasen*) überwiegen (vgl. Tabelle 38–2). Letztere sowie die *Kolipase* (Kofaktor für die Lipase) und die *Phospholipase A* müssen erst aus Vorstufen aktiviert werden. Die Aktivierung erfolgt durch ein Enzym der Duodenalschleimhaut, die *Enteropeptidase* („Enterokinase“), eine Endopeptidase. Das hierdurch aus Trypsinogen aktivierte *Trypsin* wirkt autokatalytisch und aktiviert auch die anderen Proteasen. Umgekehrt hemmt ein *Trypsininhibitor* des Pankreassaftes als zusätzliche Sicherung die Wirkung von Trypsin, insbesondere von vorzeitig aktiviertem Trypsin während der Passage durch die Ausführungsgänge und wirkt so einer Selbstverdauung des Organs entgegen. *Lipase*, *Amylase* und die *Ribonukleasen* werden bereits in aktiver Form sezerniert [34,35,55].

Eine Selbstverdauung durch organeigene Enzyme tritt unter pathologischen Bedingungen klinisch als *akute Pankreatitis* in Erscheinung und kann im schwersten Falle mit der vollständigen Zerstörung des Pankreas tödlich enden.

Elektrolyte des Pankreassekrets. Der Pankreassaft enthält eine Reihe von Elektrolyten. Die Hauptanionen sind Cl^- und HCO_3^-, die Hauptkationen Na^+ und K^+. Im Gegensatz zum Mundspeichel ist der Bauchspeichel isoton zum Blutplasma und bleibt es, unabhängig von der Sekretionsrate. Während die Kationenkonzentrationen bei Stimulation konstant bleiben, ändern sich die Konzentrationen von HCO_3^- und Cl^- gegenläufig zueinander derart, daß die Summe der Konzentrationen der beiden Anionen stets konstant bleibt und der Summe der Kationenkonzentrationen entspricht (≈150 mmol/l; Abb. 38–14). Bei maximaler Sekretion betragen die Bi-

Tabelle 38–2. Hydrolytische Enzyme des Pankreassaftes (Auswahl)

Proenzym	Enzym	Substrate	Funktion	Spaltprodukte
A. **Endopeptidasen**				
Trypsinogen	Trypsin	Proteine, Polypeptide	Spaltung von Arg- und Lys-Bindungen	Poly-, Oligopeptide
Chymotrypsinogen	Chymotrypsin	Proteine, Polypeptide	Spaltung von Phe-, Tyr- und Trp-Bindungen	Poly-, Oligopeptide
Proelastase	Elastase	Proteine, Elastin	Spaltung von Gly-, Ala-, Val- und Ile-Bindungen	Poly-, Oligopeptide
B. **Exopeptidasen**				
Prokarboxypeptidase A	Karboxypeptidase A	Poly-, Oligopeptide	Spaltung C-terminaler Peptid-Bindungen	Aminosäuren
Prokarboxypeptidase B	Karboxypeptidase B	Poly-, Oligopeptide	Spaltung C-terminaler Arg- und Lys-Bindungen	Aminosäuren
Proaminopeptidasen	Aminopeptidasen	Poly-, Oligopeptide	Spaltung N-terminaler Aminosäuren	Aminosäuren
C. **Lipidspaltende Enzyme**				
	Lipase	Triacylglycerole	Spaltung von Fettsäureestern in Position 1 u. 3	Fettsäuren, 2-Monoacylglycerole
Prophospholipase A	Phospholipase A	Phospholipide	Spaltung von Fettsäureestern in Position 2	Fettsäuren, Lysolezithin
D. **Kohlenhydratspaltende Enzyme**				
	α-Amylase	Stärke, Glykogen	Spaltung von α-1,4-Glykosid-Bindungen	Oligosaccharide, Maltose
	Maltase	Maltose	Spaltung von α-1,4-Glykosid-Bindungen	Glukose
E. **Ribonukleasen**				
	Ribonuklease Desoxyribonuklease	RNA DNA	Spaltung von Phosphodiesterbindungen	Nukleotide Nukleotide

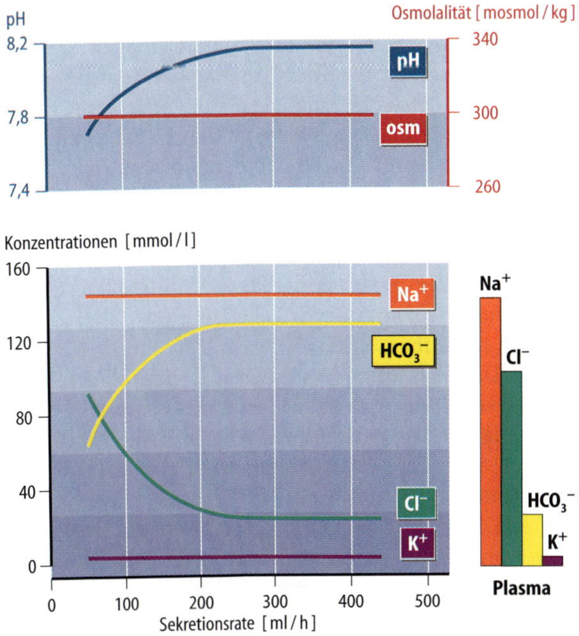

Abb. 38–14. Osmolalität, pH-Wert und Elektrolytzusammensetzung des Pankreassekrets in Abhängigkeit von der Sekretionsrate

karbonatkonzentration 130–140 mmol/l und der pH-Wert 8,2.

Das Cl^--reiche *Primärsekret* der Azinuszellen wird wie in den Mundspeicheldrüsen durch basolateralen Na^+-K^+-$2Cl^-$-Kotransport und luminale Cl^--Kanäle vermittelt (Abb. 38-5). In der digestiven Phase wird unter dem Einfluß von ***Sekretin*** auf die Epithelien der Ausführungsgänge ein großes Volumen eines HCO_3^--reichen, alkalischen Sekrets sezerniert, dessen Anionenzusammensetzung flußabhängig ist (Abb. 38–14).

Unter dem Einfluß von *Sekretin* bzw. dessen second messenger *cAMP* wird wahrscheinlich an der basolateralen Membran zunächst ein H^+-Na^+-Austauscher aktiviert, der seinerseits einen luminalen *Cl^--HCO_3^--Antiport* antreibt, welcher die Sekretin-abhängige Anreicherung von HCO_3^- im Gangsekret erklärt. Na^+-Ionen und eine entsprechende Menge an Wasser folgen passiv auf parazellulärem Weg, wodurch das in das Duodenum abgegebene Sekret isotonisch bleibt. Die auf der basolateralen Zellseite lokalisierte $3Na^+$-$2K^+$-ATPase ist für die Konstanz der transmembranären K^+- und Na^+-Gradienten verantwortlich (Abb. 38–15). Die Wertigkeit der verschiedenen Transportsysteme bzw. deren Interaktionen bei der Bildung des alkalischen

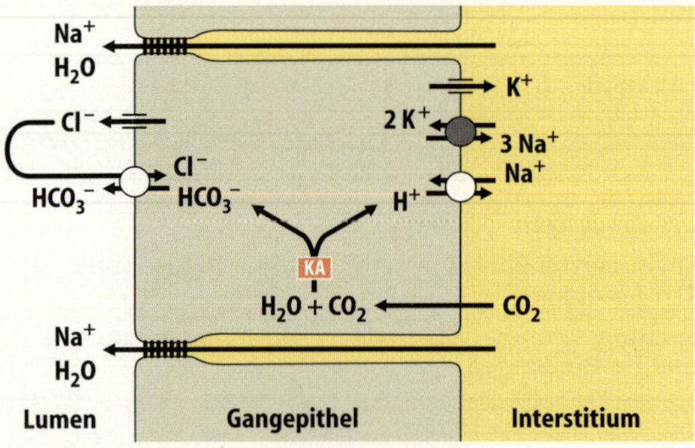

Abb. 38–15. Modell der Elektrolyttransporte in den Ausführungsgängen des Pankreas [15]. *KA* = Karboanhydratase

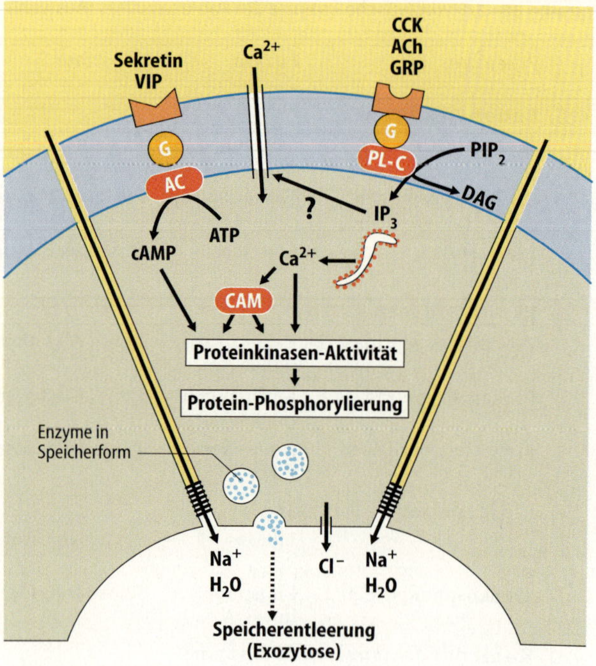

Abb. 38–16. Stimulations-Sekretions-Kopplung in der Azinuszelle des Pankreas. Sekretin und VIP stimulieren die Adenylatzyklase (*AC*), Azetylcholin, Cholezystokinin und GRP die Phospholipase C (*PL–C*). *PIP_2* = Phosphatidyl-Inositol-4,6-bisphosphat, *DAG* = Diacylglycerol, *IP_3* = Inositol-1,4,5-trisphosphat, *CAM* = Calmodulin, *G* = G-Protein [82]

Pankreassekrets können derzeit noch nicht abschließend beurteilt werden [15,34,35,55].

Der *zystischen Pankreasfibrose (Mukoviszidose)*, der häufigsten autosomal rezessiv vererbten Stoffwechselkrankheit, liegt eine *Störung der Cl^-*-Kanäle in den Azinuszellen und Ausführungsgängen zugrunde. Es kann hierbei nur noch ein hochvisköses Sekret abgesondert werden, das einen Sekretstau verursacht.

Die Stimulation der Pankreassekretion erfolgt in 3 Phasen. Hierbei fördern eine Vagusaktivierung und Cholezystokinin die Produktion eines enzymreichen, Sekretin dagegen die Bildung eines bikarbonatreichen Sekrets

Stimulations-Sekretions-Kopplung in der Azinuszelle. Die Sekretion von Enzymen in der digestiven Phase wird vor allem durch den ***N. vagus*** und durch ***Cholezystokinin*** (CCK) stimuliert. Sekretin hat an den Azinuszellen nur eine untergeordnete stimulierende Wirkung. In der basolateralen Membran der Azinuszellen sind Rezeptoren für Azetylcholin und CCK lokalisiert. Beide benutzen *Inositoltrisphosphat* (IP_3) und *Diacylglycerol* (DAG) als second messenger. Diese Botenstoffe stimulieren *Proteinphosphorylierungsreaktionen* und bewirken hierdurch die Exozytose der Proenzyme bzw. Enzyme (Abb. 38–16). Die Exozytose ist meist begleitet von einer Aktivierung von Ca^{2+}-Kanälen in der basolateralen Membran, gefolgt von einem Ca^{2+}-Einstrom in die Azinuszellen [46,82].

Phasen der Pankreassekretion. In *Verdauungsruhe* findet lediglich eine geringe ***Basalsekretion*** (≈5 ml/h) statt, deren HCO_3^--Ausstoß 2–3% und Enzymsekretion 10–15% der maximal stimulierbaren Menge ausmachen. In der interdigestiven Phase steigt die Pankreassekretion lediglich in den Phasen II und III des wandernden myoelektrischen Motorkomplexes (MMK, s. S. 812) an. Die physiologische Bedeutung dieses Phänomens wird mit der „house keeper-Funktion“ des MMK in Verbindung gebracht.

Ein reichlicher Fluß von Pankreassaft (max. 8 ml/min) setzt meist wenige Minuten nach Einnahme einer Mahlzeit ein und hält etwa 3 h lang an. Wie bereits bei der Sekretion des Magensaftes dargestellt (s. S. 822 f), unterscheidet man auch hier 3 Aktivierungsphasen [55,57,68].

Die ***kephale Phase*** wird durch Vorstellung, Geruch, Geschmack, Kauen und Schlucken der Speisen ausgelöst und führt zu einem Anstieg der Bikarbonatsekretion um 10–15% und des Enzymausstoßes um 20–30%. Diese Phase wird durch den *N. vagus* vermittelt. Neurotransmitter der postganglionären parasympathischen Neurone, welche die Bikarbonatsekretion in den Gangepithelien anregen, sind wahrscheinlich *VIP* und/oder *GRP* (s. S. 810), wohingegen die Sekretionssteigerung der Enzyme in den Azinuszellen durch *Azetylcholin* vermittelt wird. Letztere ist daher durch Atropin hemmbar.

Durch Eintritt von Speisen in den Magen wird die ***gastrale Phase*** der Pankreassekretion ausgelöst. Die Dehnung der Magenwand, vagovagale Reflexe und vermutlich auch eine Gastrinfreisetzung sind hier für die Sekretionssteigerung verantwortlich.

Die wichtigste Aktivierungsphase der Pankreassekretion beginnt mit dem Eintritt des Chymus in das Duodenum. In der ***intestinalen Phase*** vermitteln vor allem gastrointestinale Hormone, weniger der N. vagus, die Sekretionsantwort [55,68]. ***Sekretin*** wird bei *Ansäuerung* (pH < 4,5) des proximalen Duodenums durch den Chymus von den S-Zellen der Schleimhaut sezerniert. Die durch Sekretin, in geringem Maße auch durch CCK und Vagusimpulse, stimulierte HCO_3^--Sekretion in den Gangepithelien ist in der Lage – im Verein mit HCO_3^--Ionen aus der Duodenalschleimhaut, den Brunner-Drüsen und der Galle – die für die Dünndarmmukosa potentiell schädliche Säure schnell zu *neutralisieren* und den für die Wirkung der Pankreasenzyme notwendigen pH-Wert von 6–8 einzustellen. Hierbei müssen 20–40 mmol H^+ neutralisiert werden, die der stimulierte Magen stündlich sezerniert.

Die ***Cholezystokinin-Freisetzung*** aus endokrinen Zellen der Dünndarmmukosa wird stimuliert durch *Ca^{2+}-Ionen, Abbauprodukte von Eiweißen* (Peptide, Aminosäuren) und *Fetten* (langkettige Fettsäuren mit mehr als 10 C-Atomen, 2-Monoacylglycerole). Kohlenhydrate haben diese Wirkung nicht. Diese humorale Stimulation wird durch vagovagale Reflexe und Sekretin unterstützt.

Einige gastrointestinale Peptide können die Pankreassekretion hemmen. Zu ihnen zählen Somatostatin, Enteroglukagon und das pankreatische Polypeptid. Diese inhibitorischen Peptide sind dafür verantwortlich, daß in der intestinalen Phase nur etwa 70 % der maximal möglichen, d. h. durch intravenöse Injektion von Sekretin bzw. CCK zu erzielenden, Sekretionssteigerung (max. 15 mmol HCO_3^-/h) erreicht werden.

Das Pankreas weist eine große ***Funktionsreserve*** auf. Es produziert etwa 10 fach höhere Enzymmengen als für eine ausreichende Hydrolyse der höhermolekularen Nahrungsbestandteile erforderlich wären. Ein völliges Fehlen der Mundspeichel- bzw. Magensaftenzyme hat daher keinerlei Folgen für die Verdauung. Selbst bei einer Entfernung von 90 % des Pankreas reicht die Restfunktion der belassenen 10 % aus, um eine Verdauungsinsuffizienz (Maldigestion) zu vermeiden.

Die exkretorische Pankreasfunktion kann durch den aufwendigen *Sekretin-CCK-Test* geprüft werden. Hierbei wird mittels Sonde das Sekret nach maximaler hormonaler Stimulation gesammelt und analysiert. Bei den *Suchtests* werden Substanzen oral verabreicht, die durch die Pankreasenzyme gespalten und anschließend absorbiert werden. Charakteristische Spaltprodukte, die über die Niere ausgeschieden werden, wie z. B. *Fluorescein* beim *Pankreolauryltest*, lassen sich im Urin quantitativ bestimmen.

Pathophysiologische Aspekte. Erkrankungen des Pankreas führen erst relativ spät zu einer klinisch relevanten *Maldigestion*. Diese manifestiert sich durch Gewichtsabnahme, fetthaltige Stühle und Diarrhoe. Beispielsweise können die *chronische Pankreatitis*, die häufig durch einen langjährigen Alkoholismus verursacht wird, und das *Pankreaskarzinom* in ihrer Spätphase zu einer solchen Maldigestion führen. Der dadurch verursachte Enzymmangel kann durch orale Verabreichung von Pankreasenzymen teilweise ausgeglichen werden.

!

Das exokrine Pankreas sezerniert im Mittel täglich 2 l einer plasmaisotonen Flüssigkeit. In Verdauungsruhe produzieren die Azinuszellen ein chloridreiches Primärsekret. In der digestiven Phase wird die Abgabe des Cl^--haltigen Primärsekrets unter dem Einfluß von Cholezystokinin und vagalen Efferenzen erheblich gesteigert und der Ausstoß hydrolytischer Enzyme deutlich vermehrt. Sekretin-vermittelt werden im Gangepithel Cl^-- gegen HCO_3^--Ionen stöchiometrisch ausgetauscht, so daß größere Volumina eines alkalischen Sekrets in das Duodenum abgegeben werden. Hierdurch wird eine Neutralisierung des sauren Chymus erreicht und ein pH-Optimum für die Pankreasenzyme geschaffen.

38.5 Leber und Gallenwege

Die Galle enthält als wichtige Funktionsbestandteile Gallensäuren, Cholesterol, Phospholipide und Bilirubin. Bei der Bildung der Galle durch die Leberzellen wirken zwei Mechanismen zusammen, die Gallensäuren-abhängige und die Gallensäuren-unabhängige Sekretion

Bauelemente der Leber. Die Bauelemente der Leber (Leberläppchen bzw. Azini) bestehen aus einer Vielzahl von radiär verlaufenden, in Balken und Platten angeordneten Zellsträngen. Jede Platte ist in der Regel aus zwei Zellagen aufgebaut. Zwischen dem Balkenwerk der Leberzellplatten verläuft ein radiäres, anastomosierendes Kapillarnetz. Diese Kapillaren, die *Lebersinusoide*, deren Wand fenestriert ist und die aus Endothelzellen und den von-Kupffer-Sternzellen besteht, sind von den Leberzellen durch den *Disse-Raum* getrennt. Durch Aussparungen (Rinnen) in der Wand einander gegenüberliegender Leberzellen werden die *Gallenkanälchen* gebildet. Letztere beginnen im Läppchenzentrum und leiten die von den Hepatozyten gebildete Galle zur Läppchenperipherie, entgegen der Flußrichtung des Blutes in den Sinusoiden. Die Gallenkanälchen münden in intrahepatische, mit Epithel ausgekleidete *Gallengänge* ein, die sich kurz vor der Leberpforte zum Lebergang (*Ductus hepaticus*) vereinigen. Im Nebenschluß zweigt der Gallenblasengang (*Ductus cysticus*) ab, der in der *Gallenblase* endet. Der Endabschnitt der Gallenwege, der *Ductus choledochus*, mündet zumeist mit dem *Ductus pancreaticus* an der *Papilla Vateri* in das Duodenum.

Sekretion der Lebergalle. *Die tägliche Gallenproduktion beträgt 600–700 ml*, von denen etwa 80 % aus den Hepatozyten und ca. 20 % aus dem Gallengangsepithel stammen. Bei der Bildung der Galle durch die Leberzellen wirken zwei Mechanismen zusammen, die *Gallensäuren-abhängige* und *-unabhängige Sekretion*, die zu je 40 % zum Gesamtvolumen beitragen.

Es besteht eine enge Korrelation zwischen der Menge der ausgeschiedenen Gallensäuren und dem Gallenfluß. Bei der ***Gallensäuren-abhängigen Sekretion*** (ca. 250 ml/Tag) werden die in den Hepatozyten aus Cholesterol synthetisierten *primären Gallensäuren* (Cholsäure, Chenodesoxycholsäure) und die durch „Rezirkulation" über den enterohepatischen Kreislauf (s. S. 830) in die Leber gelangten *sekundären Gallensäuren* (Desoxycholsäure, Lithocholsäure) zunächst mit Taurin oder Glycin säureamidartig verknüpft (Konjugation). Anschließend werden sie vor allem durch aktiven, ATP-verbrauchenden Transport in die Gallenkanälchen sezerniert. Wasser folgt aus osmotischen Gründen solange nach, bis das Primärsekret plasmaisoton wird.

Die sekundären Gallensäuren werden aus dem Pfortaderblut vorrangig über einen *Na^+-abhängigen Symporter* in die periportalen Hepatozyten aufgenommen, der durch einen Ionengradienten angetrieben wird, welcher wiederum durch die Aktivität der $3Na^+$-$2K^+$-ATPase aufrechterhalten wird (s. Abb. 38–17). Je höher die Gallensäurenkonzentration im Pfortaderblut ist, desto intensiver ist ihre Aufnahme in die Hepatozyten und ihre anschließende Sekretion in die Gallenkanälchen. Dies erklärt die *choleretische* (= gallensekretionssteigernde) *Wirkung der Gallensäuren* [43, 45, 75].

Außer den Gallensäuren werden auch *Bilirubin, Cholesterol* und *Phospholipide* ATP-abhängig in die Gallenkanälchen sezerniert (Abb. 38–17). Das wasserunlösliche *„indirekte" Bilirubin*, das im wesentlichen aus dem Hämoglobinabbau stammt, erreicht, an Albumin gebunden, die Leberzellen. Es fallen ca. 4 mg/kg Körpergewicht, also 200–300 mg/Tag an. Das Bilirubin wird in den Hepatozyten zu 80 % glukuronidiert, ein geringer Teil sulfatiert und in diesen wasserlöslichen Formen als *„direktes" Bilirubin* in die Galle ausgeschieden (s. S. 830). Nach dem gleichen Prinzip werden auch viele Medikamente, Schadstoffe, jodhaltige Röntgenkontrastmittel zur Darstellung der Gallenwege und Gallenblase (Cholangio- und Cholezystographie) sowie Bromsulfalein (Substanz zum Testen der Exkretionsfunktion der Leberzellen) eliminiert.

Die treibende Kraft für die ***Gallensäuren-unabhängige Sekretion*** (ca. 250 ml/Tag) ist u. a. die *sekundär-aktive HCO_3^--* sowie *aktive Glutathion-* und *Bilirubin-Sekretion* in die Gallenkanälchen. Erstere gleicht dem bei der Pankreassekretion beschriebenen Mechanismus (s. S. 825). Auch hier führt ein osmotisch bedingter Wasserstrom zur Bildung eines isotonen Primärsekrets.

Auf dem weiteren Weg durch die ***intrahepatischen Gallengänge*** werden Menge und Zusammensetzung der primär gebildeten Galle verändert. Unter dem Einfluß von ***Sekretin*** wird eine HCO_3^--reiche Flüssigkeit duktulär sezerniert. Der Mechanismus ist vergleichbar mit dem in den Pankreasgangepithelien. Das von den Gangepithelien produzierte Gallenvolumen beträgt 125–150 ml/Tag.

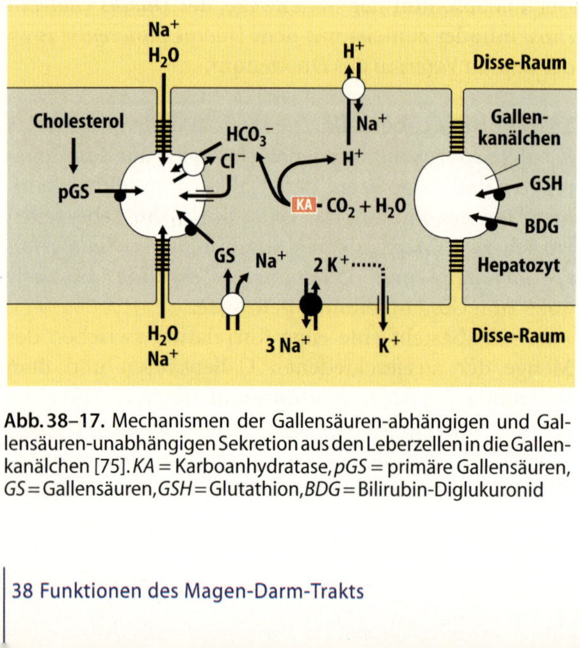

Abb. 38–17. Mechanismen der Gallensäuren-abhängigen und Gallensäuren-unabhängigen Sekretion aus den Leberzellen in die Gallenkanälchen [75]. *KA* = Karboanhydratase, *pGS* = primäre Gallensäuren, *GS* = Gallensäuren, *GSH* = Glutathion, *BDG* = Bilirubin-Diglukuronid

In der Gallenblase wird die Lebergalle eingedickt; in der Verdauungsphase erfolgt – vermittelt durch Cholezystokinin und Vagusaktivierung – die Gallenblasenentleerung

Leber- und Blasengalle. Die isotone ***Lebergalle*** ist durch den Gallenfarbstoff Bilirubin goldgelb gefärbt und wird mit einer Rate von etwa 0,40 ml/min gebildet (mittlere Zusammensetzung s. Tabelle 38–3). In den Verdauungsphasen fließt die Lebergalle direkt in das Duodenum ab.

In den interdigestiven Phasen ist der Sphincter Oddi geschlossen, und die Lebergalle gelangt über den Ductus cysticus in ein Reservoir, die *Gallenblase,* wo die Galle zur ***Blasengalle*** konzentriert wird. Das Fassungsvermögen der Gallenblase beträgt im Mittel 60 ml. Da etwa 50 % der täglich gebildeten Lebergalle in die Gallenblase fließen, muß das Volumen der Gallenflüssigkeit erheblich reduziert werden. Die große *Resorptionskapazität* der Gallenblase ermöglicht innerhalb von 4 Stunden eine Reduzierung des Gallenvolumens auf 10 % des Ausgangsvolumens. Entsprechend werden Gallensäuren, Bilirubin, Cholesterol und die Phospholipide bis auf das 10fache konzentriert. Die grünbraune Blasengalle bleibt dabei plasmaisoton.

Treibende Kraft für die Gallenkonzentrierung ist eine elektroneutrale Na^+- und Cl^--Resorption, die durch die Aktivität eines Na^+-H^+- und eines HCO_3^--Cl^--

Tabelle 38–3. Zusammensetzung der Leber- und Blasengalle

Bestandteile	Lebergalle (mmol/l)	Blasengalle (mmol/l)
Na^+	146	209*
K^+	5	13
Ca^{2+}	2,5	11
Cl^-	105	66
HCO_3^-	30	19
Gallensäuren	20	80
Lezithin	3	30
Gallenfarbstoffe	1	5
Cholesterol	4	10
pH	7,2	6,95

* Die Na^+-Konzentration in der Blasengalle unterliegt – abhängig von der Konzentration der polyanionischen Mizellen – erheblichen Schwankungen.

Austauschers in der luminalen Membran vermittelt sowie die $3Na^+$-$2K^+$-ATPase in der basolateralen Membran aufrechterhalten wird (vgl. Abb. 34–9 C, s. S. 735). Die Na^+- und Cl^--Resorption ist von einem osmotischen Wasserstrom gefolgt.

Trotz der Resorption ist die Na^+-Konzentration in der Blasengalle wesentlich höher als in der Lebergalle (vgl. Tabelle 38–3). Der Grund hierfür liegt in der Bildung von polyanionischen Mizellen in der Galle (s. u.).

Gallenblasenmotilität. Die in der interdigestiven Phase in die Gallenblase geflossene und dort eingedickte Galle wird während der Verdauungsphase ***Cholezystokinin***-vermittelt durch Kontraktion der Gallenblase (bei gleichzeitiger Relaxierung des Sphincter Oddi) entleert. CCK wird vor allem durch fetthaltigen Chymus im Duodenum aus den I-Zellen freigesetzt. Der *N. vagus* bzw. *Parasympathomimetika* steigern ebenfalls die Motilität der Gallenblase, jedoch wesentlich schwächer als CCK [22,58].

Die Kontraktion der Gallenblase setzt bereits 2 min nach Kontakt der Dünndarmmukosa mit Fettprodukten ein, die vollständige Entleerung ist nach 15–90 min erreicht. Dabei kommt es einerseits zu einer anhaltend-tonischen Kontraktion, die zu einer Verkleinerung des Durchmessers der Gallenblase führt, und andererseits zu rhythmischen Kontraktionen mit einer Frequenz von 2–6/min. Hierbei werden Drücke von 25–30 mm Hg erreicht. Pankreatisches Polypeptid, VIP und Somatostatin bewirken eine Relaxation der Gallenblase.

! In der Leber werden täglich 600–700 ml Galle produziert. Davon entfallen etwa je 40 % auf die Gallensäuren-abhängige und -unabhängige Sekretion durch die Hepatozyten; 20 % der täglich von der Leber abgegebenen Galle entstammen dem Epithel der intrahepatischen Gallengänge. Gesteuert wird die Sekretion der plasmaisotonen Galle vor allem durch die Gallensäuren und Sekretin. In der interdigestiven Phase wird die Lebergalle in der Gallenblase konzentriert und als Blasengalle gespeichert. Treibende Kraft hierfür ist eine sekundär-aktive Resorption von Na^+ und Cl^-, die von einem osmotisch bedingten Wasserstrom gefolgt ist. Dies kann zu einer 10fachen Konzentrierung von organischen Gallenbestandteilen führen. In der Verdauungsphase wird die Gallenblasenkontraktion – bei gleichzeitig relaxiertem Sphincter Oddi – durch Cholezystokinin und den N. vagus ausgelöst.

Gallensäuren, die als gemischte Mizellen in das Duodenum gelangen, dienen als Emulgatoren bei der Fettverdauung; sie werden zu 95 % im terminalen Ileum resorbiert und über die Pfortader wieder der Leber zugeführt

Bildung von Mizellen. Gallensäurenmoleküle sind *amphiphile Moleküle*, d. h. sie verfügen über einen *hydrophilen* (mit Carboxyl- und OH-Gruppen) und einen *hydrophoben* Molekülabschnitt (Steroidkern mit Methylgruppen) und haben somit Detergenswirkung. Aufgrund dieser Struktur bilden Gallensäurenmoleküle (wie andere *Detergenzien*) an der Phasengrenze zwischen Öl und Wasser einen nahezu monomolekularen Film mit Ausrichtung ihrer hydrophilen Gruppen zum Wasser und der lipophilen Gruppen zur Fettphase. In wäßriger Lösung bilden Gallensäuren ***Mizellen,*** d. h. strukturierte Molekülaggregate mit einem Durchmesser von 3–10 nm. Voraussetzung dafür ist, daß die Konzentration der Gallensäuren einen bestimmten Wert, die sog. *kritische mizellare Konzentration* von 1–2 mmol/l überschreitet. In den inneren lipophilen Kern können *Lipide*, wie Cholesterol und Phospholipide inkorporiert werden. Es entstehen *„gemischte Mizellen“* (Abb. 38–18), die für die Fettverdauung und -absorption im Darm von großer Bedeutung sind. Das unlösliche Cholesterol wird auf diese Weise in Lösung gebracht. Es fällt erst kristallin aus, wenn seine Konzentration das Fassungsvermögen der Mizellen übersteigt, ein wesentlicher Vorgang bei der Entstehung von Cholesterolgallensteinen (s. S. 830 f).

Gallensäuren gelangen in gemischten Mizellen in das Duodenum. Trotz der Verdünnung durch den Mageninhalt auf ca. 10 mmol/l bleibt ihre Konzentrati-

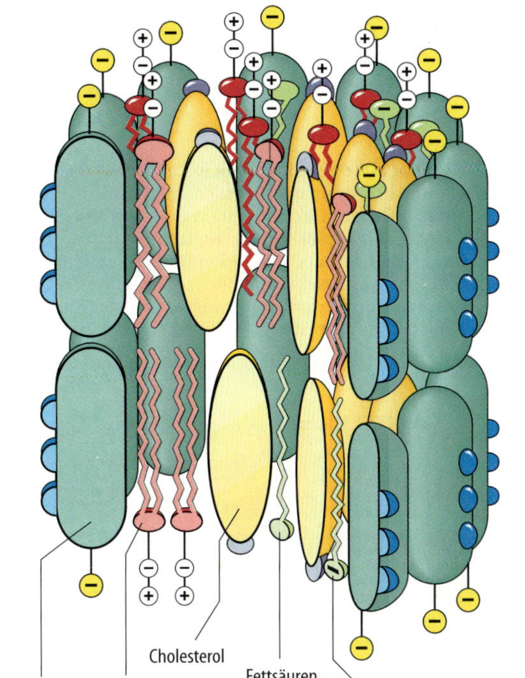

Abb. 38–18. Schematischer Aufbau einer gemischten Mizelle. Cholesterol, Lezithin, Fettsäuren und Monoacylglycerole befinden sich im Zentrum der gemischten Mizelle, umgeben von Gallensäuren, deren hydrophile Gruppen zur Oberfläche orientiert sind

on noch sicher über der kritischen mizellaren Konzentration. Bei physiologischem pH-Wert des Dünndarms (s. S. 835) sind die Gallensalze gut löslich, bei pH < 4 werden sie zunehmend unlöslich.

Enterohepatischer Kreislauf der Gallensäuren. Der Gesamtvorrat des Körpers an Gallensäuren (*Gallensäuren-Pool*) beträgt nur 2–4 g und reicht für die tägliche Fettverdauung nicht aus. Bei einer fettreichen Mahlzeit ist bis zum 5 fachen dieser Menge erforderlich (für 100 g Fett werden etwa 20 g Gallensäuren benötigt). Deshalb rezirkulieren die vorhandenen Gallensäuren täglich mehrfach durch den Darm und die Leber (*enterohepatischer Kreislauf*). Die Frequenz dieser Rezirkulation ist abhängig von der Nahrungsaufnahme und schwankt zwischen 4–12 Umläufen/Tag (Abb. 38–19, [44,45,61]).

Die in den Dünndarm abgegebenen primären und sekundären Gallensäuren werden im *terminalen Ileum* zu 95 % über einen *Na⁺-Kotransport* sekundär-aktiv resorbiert. Etwa 1–2 % der Gallensäuren werden im Dünndarm passiv durch ionische bzw. nichtionische Diffusion (s. S. 729) aus dem Lumen aufgenommen. Aufgrund dieser Resorptionsmechanismen treten nur 3–4 % der ursprünglich in das Duodenum abgegebenen Gallensäuren in den Dickdarm über.

Nach ihrer Resorption gelangen die Gallensäuren in das Pfortaderblut und erreichen somit wieder die Leber, wo sie – nach Konjugierung in den Hepatozyten – erneut für die kanalikuläre Sekretion zur Verfügung stehen. Der über den Stuhl verlorengegangene Anteil von 0,2–0,6 g/Tag wird in der Leber aus Cholesterol neu synthetisiert. Die Ausscheidung ist aber insofern bedeutsam, als sie die einzige Möglichkeit zur Ausscheidung von Cholesterol und Cholesterolderivaten darstellt.

Pathophysiologische Aspekte. Neben der Bedeutung bei der Verdauung und Absorption von Lipiden (und fettlöslichen Vitaminen) scheinen Gallensäuren im Kolon eine wichtige Rolle bei der Stuhlregulierung zu spielen. Eine Konzentration der Dihydroxygallensäuren über 3 mmol/l im Kolon führt zu einer wesentlichen Elektrolyt- und Wassersekretion in das Darmlumen und damit zu einer *Diarrhoe.* Bei Erkrankungen oder operativer Entfernung des terminalen Ileum kann diese Form der *„chologenen Diarrhoe"* sehr ausgeprägt sein. Ihre Behandlung kann durch Bindung der Gallensäuren an ein Austauscherharz (Cholestyramin) erfolgen.

Andererseits erhöhen die Gallensäuren in physiologischer Konzentration wahrscheinlich die Wasserpermeabilität im Kolonepithel. Fehlen Gallensäuren (z. B. bei einem Gallengangsverschluß) treten ebenfalls Durchfälle auf.

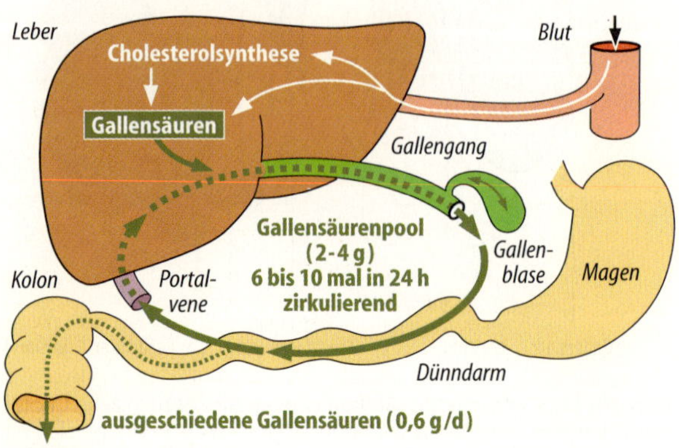

Abb. 38–19. Enterohepatischer Kreislauf der Gallensäuren

Bilirubin und dessen Abbauprodukte werden im unteren Ileum und im Kolon teilweise resorbiert und gelangen über die Pfortader wieder in die Leber

Enterohepatischer Kreislauf des Bilirubins. Beim Abbau des Hämoglobins und anderer Hämoproteine (z. B. Zytochrome, Myoglobin) entstehen Porphyrine, die nicht weiter verwertet werden können. Der dabei zuerst auftretende Gallenfarbstoff ist das ***Biliverdin,*** das durch Hydrierung zu ***Bilirubin,*** dem wichtigsten Gallenfarbstoff, reduziert wird. Letzteres ist in Wasser praktisch unlöslich und wird daher im Blut an Albumin gebunden transportiert und von den Leberzellen – nach Abspaltung von Albumin – aufgenommen. In der Leber wird der überwiegende Teil mit Glukuronsäure konjugiert und größtenteils als wasserlösliches *Bilirubin-Diglukuronid* primär-aktiv in die Gallenkanälchen sezerniert.

Im Darm, insbesondere im Dickdarm, werden die Bilirubin-Konjugate unter der Einwirkung von anaeroben Bakterien teilweise gespalten; das freie Bilirubin wird dann schrittweise zu ***Urobilinogen*** und ***Sterkobilinogen*** reduziert. Diese werden durch Dehydrierung in ***Urobilin*** und ***Sterkobilin*** überführt. Letzteres wird mit dem Kot ausgeschieden.

Bilirubin und seine Metabolite werden im unteren Ileum und im Dickdarm zu 15–20 % resorbiert, über die Pfortader der Leber zugeleitet und dort erneut in die Gallenkanälchen ausgeschieden (*Rezirkulation in einem enterohepatischen Kreislauf*). Der Rest wird mit dem Stuhl eliminiert und ist für dessen gelbbraune Farbe verantwortlich. Ein kleinerer Anteil (≈ 10 %) gelangt über den Körperkreislauf in den Nieren zur Ausscheidung und führt zur Gelbfärbung des Urins.

Pathophysiologische Aspekte. Klinisches Symptom einer Störung des Bilirubinstoffwechsels ist die ***Gelbsucht*** (Ikterus), eine Gelbfärbung von Haut, Sklera und Schleimhäuten. Eine Gelbsucht als Ausdruck erhöhter Bilirubinspiegel im Plasma (> 2 mg/dl bzw. 35 μmol/l) kann entstehen, wenn die Bilirubinbildung stark erhöht ist, wie beim gesteigerten Zerfall von Erythrozyten (*prähepatischer Ikterus*), bei einer Störung der Konjugation, des Transports in der Leberzelle oder der Exkretion in die Gallenkanälchen, z. B. bei Hepatitis, Intoxikationen oder genetischen Defekten (*intrahepatischer Ikterus*), und bei Behinderung des Gallenabflusses, z. B. durch Gallensteine oder Tumoren im Bereich der ableitenden Gallenwege (*posthepatischer oder Verschlußikterus*).

Eine Erhöhung des Urobilinogens im Urin – und eine damit verbundene Dunkelfärbung – kann auf eine *Erkrankung der Leber* mit Störung der Bilirubinexkretion hinweisen. Ein völliges Fehlen im Urin und ein entfärbter Stuhl bei einer gleichzeitig bestehenden Gelbsucht ist auf einen *vollständigen Verschluß der ableitenden Gallenwege* zurückzuführen, da kein Bilirubin mehr in den Darm gelangt und somit auch nicht in Urobilinogen umgewandelt wird.

Die bekannteste Störung der ableitenden Gallenwege ist die Ausfällung von Cholesterol und die Bildung von ***Cholesterol-***

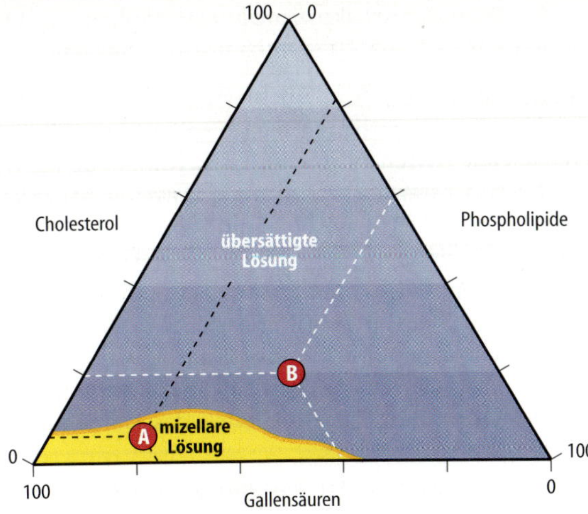

Abb. 38–20. Löslichkeit von Cholesterol in der Galle in Abhängigkeit vom Verhältnis der Konzentrationen (rel.) von Gallensäuren, Phospholipiden und Cholesterol. Im *gelben* Bereich *(A)* liegt Cholesterol in mizellarer Lösung vor. Bei Abnahme der Konzentrationen von Gallensäuren und/oder Phospholipiden (im *blauen* Bereich, *B*) fällt Cholesterol aus

gallensteinen. Sie machen über 80 % der Gallensteine aus. Cholesterol wird in den gemischten Mizellen mit Lezithin in Lösung gehalten. *Steigt die Cholesterolkonzentration oder sinkt der Gallensäuren- bzw. Lezithinanteil* unter einen kritischen Wert, kristallisiert Cholesterol aus (s. Abb. 38–20). Diese Abhängigkeit läßt sich mit einem triangulären Koordinatensystem beschreiben, dessen 3 Seiten die Relativkonzentrationen von Gallensäuren, Cholesterol und Phospholipiden repräsentieren. Jedes Konzentrationsverhältnis der drei Substanzgruppen zueinander läßt sich durch einen Schnittpunkt in dem Koordinatensystem angeben. Fällt dieser Punkt in den Bereich A, dann liegt das gesamte Cholesterol in mizellarer Lösung vor. Alle Mischungsverhältnisse, die durch einen Schnittpunkt außerhalb dieses Bereichs charakterisiert sind (B), sprechen für eine Cholesterolübersättigung der Galle. Cholesterolgallensteine können einerseits durch einen relativen Konzentrationsanstieg des Cholesterols (z. B. durch Verringerung der Gallensäurenkonzentration), andererseits bei einer absoluten Vermehrung des Cholesterols in der Galle (z. B. bei Steigerung der Cholesterolsynthese und/oder -zufuhr) entstehen.

Verschiedene Faktoren prädisponieren zur Erhöhung des Cholesterolspiegels: Östrogene, hoher Kohlenhydratanteil in der Nahrung, Übergewicht, ferner Prozesse, die zur Erniedrigung der Gallensäurenkonzentration führen, wie Entzündung des Ileum (*Morbus Crohn*) oder seine operative Entfernung. Die lithogene Galle kann in geeigneten Fällen durch die orale Substitution von Gallensäuren wieder in nicht-lithogene Galle umgewandelt werden, in der sich Cholesterolgallensteine wieder auflösen können. Hierfür eignet sich Chenodesoxycholsäure oder wegen ihrer fehlenden Durchfallwirkung die Ursodesoxycholsäure.

! Die wichtigste Funktion der Gallensäuren ist die Lösungsvermittlung von wasserunlöslichen Verbindungen durch Ausbildung von Mizellen, die auf ihrer Detergenswirkung beruht. Gallensäuren rezirkulieren zwischen der Leber und dem Resorptionsort, dem terminalen Ileum, so daß nur ein geringer Anteil (< 5 %) der täglich sezernierten Menge mit dem Kot ausgeschieden wird. Bilirubin, ein Abbauprodukt der Hämoproteine, ist ein Exkret der Leber. Bilirubin und seine Metaboliten unterliegen ebenfalls einem enterohepatischen Kreislauf.

38.6 Dünndarm

Die Dünndarmmotilität dient der Durchmischung des Chymus mit den Verdauungssekreten (rhythmische Segmentationen, Pendelbewegungen), dem Weitertransport des Darminhalts (peristaltische Wellen) und der Absorptionsförderung (Zottenbewegungen)

Der Dünndarm gliedert sich in 3 Abschnitte: das ***Duodenum*** (20–30 cm lang), das am Treitz-Band beginnende ***Jejunum*** (1,5 m lang) und das ***Ileum,*** das sich ohne definierte Grenze anschließt (2 m lang). Die Gesamtlänge des Dünndarms beträgt im tonisierten Zustand (*in vivo*) etwa 3,75 m, im relaxierten (*post mortem*) etwa 6 m.

Dünndarmmotilität. Durch die Bewegungen des Dünndarms wird der Chymus in der digestiven Phase mit den Verdauungssäften, insbesondere mit dem Pankreassekret und der Galle, intensiv *durchmischt.* Dabei unterscheidet man verschiedene Bewegungsformen, die durch Kontraktionen der Ring- und Längsmuskulatur zustande kommen. Die wichtigsten Bewegungsabläufe im Dünndarm sind ***rhythmische Segmentationen*** und ***Pendelbewegungen*** (s. S. 811). Letztere werden durch segmentale Kontraktionen der Längsmuskulatur hervorgerufen. Die Segmentationen entstehen durch stationäre, zirkuläre Einschnürungen in Abständen von 10–20 cm, mit einer Breite von etwa 1 cm und einer Dauer von 2–3 s.

Die Durchmischungsbewegungen im Dünndarm werden bevorzugt durch einen ***myogenen Rhythmus*** gesteuert, dem langsame Wellen (slow waves, s. S. 811) mit überlagerten Aktionspotentialen zugrunde liegen. Die Schrittmacher der langsamen Wellen haben im Duodenum eine intrinsische Frequenz von ca. 12/min; diese nimmt stufenweise auf 8/min im Ileum ab. Durch diesen *Frequenzgradienten* von oben nach unten wird eine langsame Verschiebung des Darminhalts auch bei den nichtpropulsiven Segmentationen nach distal gewährleistet, da mit dem Frequenzgefälle ein gleichgerichteter Druckgradient im Darm verbunden ist [20,52].

Für das Auftreten ***peristaltischer Wellen*** (s. S. 811), welche die Durchmischungsvorgänge überlagern und den Chymus – abhängig von der Nahrungszusammensetzung – in 2–4 h zum Zäkum verlagern, sind bevorzugt motorische Aktivitäten des ***enterischen Nervensystems*** verantwortlich. Sie werden vor allem durch Dehnung der Darmwand ausgelöst und unterhalten. Sie sind an Erregungsimpulse aus dem *Plexus myentericus* gebunden.

Das enterische Nervensystem stellt ein in sich geschlossenes, unabhängiges System dar, in das der ***Parasympathikus*** und der ***Sympathikus*** lediglich modulierend eingreifen. Die Fasern des vegetativen Nervensystems sind vor allem efferente Schenkel von ***viszero-viszeralen Reflexen*** (s. S. 354 f).

Der *Plexus submucosus* erhält Signale von Mechano- und Chemosensoren, die über viszerale Afferenzen entweder die Medulla oblongata oder das Rückenmark erreichen. Die *sympathischen Efferenzen* hemmen im allgemeinen erregende Darmneurone, wodurch der Tonus der Darmmuskulatur herabgesetzt wird. Die glatte Sphinktermuskulatur wird dagegen aktiviert, wodurch deren Tonus ansteigt. Eine Aktivierung der *parasympathischen Efferenzen* (N. vagus) hat in der Regel eine Tonussteigerung und eine gesteigerte Sekretion zur Folge. Entsprechend wirken Hemmer der muskarinergen Erregungsübertragung (z. B. Atropin) krampflösend und sekretionshemmend, Parasympathomimetika (z. B. Carbachol) dagegen tonisierend, weshalb sie bei (postoperativen) Darmatonien eingesetzt werden.

Der Einfluß *gastrointestinaler Hormone* und Peptide auf die Dünndarmmotilität ist gering bzw. unklar. Gesichert ist lediglich die motilitätssteigernde Wirkung von *CCK*.

In der *interdigestiven Phase* treten nach aboral gerichtete propulsive Darmbewegungen nach dem Muster des *wandernden myoelektrischen Motorkomplexes* (MMK, s. S. 812) auf, die nach distal langsamer werden und den Dünndarm „leerfegen". Durch Nahrungsaufnahme wird der Ablauf des MMK unterbrochen und die oben geschilderten Bewegungsformen setzen ein.

Zottenbewegungen. Die Bewegungen der Zotten dienen der besseren Durchmischung der Nahrung und wirbeln die ruhende, der Schleimhaut aufliegende Schicht (*unstirred layer*) auf. Durch die Aktivität der *Muscularis mucosae* bewegen sich die Zotten stempelartig. Auch hier besteht ein deutlicher Frequenzgradient zwischen proximal und distal mit der höchsten Aktivität im Duodenum. Die Kontraktion fördert auch die Entleerung der zentral in der Zotte verlaufenden Lymphkapillare (*Chylusgefäß*) in größere Lymphgefäße tieferer Darmwandschichten. Die Zottenbewegung wird durch das in der Dünndarmmukosa lokalisierte Peptid *Villikinin* aktiviert.

Ileozäkaler Übergang. Am Ende des Dünndarms kontrolliert ein ca. 4 cm langes Segment den Übertritt von Chymus in den Dickdarm. Dieser *Sphinkter* ist tonisch kontrahiert und erzeugt eine Zone erhöhten Druckes von ca. 20 mm Hg. Bei Dehnung des terminalen Ileum erschlafft der Sphinkter, bei Druckerhöhung im Zäkum steigt sein Tonus. Darüber hinaus bildet der als *Bauhin-Klappe* in das Zäkum hineinragende Endteil des Ileum ein Ventil, das einem Druck im Zäkum von bis zu 40 mm Hg widersteht. Aufgrund dieser anatomischen Barriere ist die Bakterienbesiedlung im Ileum um einen Faktor 10^5 niedriger als im Zäkum.

Die Dünndarmmukosa produziert täglich 2,5–3 l eines bikarbonat- und muzinreichen Sekrets

Dünndarmsekretion. Im Nüchternzustand ist das Darmsekret im wesentlichen das Resultat eines Fließgleichgewichts zwischen ein- und ausströmender Flüssigkeit. *Im Mittel werden täglich 2,5–3,0 l Darmsaft gebildet.* Die *Becherzellen* der Zotten und der *Lieberkühn-Krypten* produzieren – wie die Brunner-Drüsen des Duodenum (s. unten) – ***Muzine,*** die das Epithel als *unstirred layer* (s. S. 821) gelartig überziehen. Die Muzine schützen das Darmepithel vor Proteasen sowie im Duodenum vor dem sauren Mageninhalt und ermöglichen ein weitgehend reibungsfreies Gleiten des Darminhaltes.

Die *Hauptzellen* der Dünndarmkrypten sezernieren eine plasmaisotone NaCl-Lösung. Cl^- wird dabei zunächst sekundär-aktiv über einen Na^+-K^+-$2Cl^-$-Kotransporter in der basolateralen Membran aufgenommen und dann luminal durch einen Cl^--Kanal abgegeben, der durch *VIP* und *Azetylcholin* über deren intrazelluläre Botenstoffe *cAMP* bzw. IP_3 und *DAG* aktiviert wird (Abb. 34–8A, s. S. 734 und s. S. 813). Wasser und Na^+ folgen passiv auf parazellulärem Weg.

Bakterielle Gifte können über eine Aktivierung des Cl^--Kanals die Chloridsekretion so stark steigern, daß z. T. lebensbedrohliche Durchfälle (*sekretorische Diarrhoen*) auftreten. Zu den bekanntesten Giften zählen die *Toxine* der *Cholera-Vibrionen,* der *Salmonellen* (Wirkung cAMP-vermittelt) und pathogener *Coli-Bakterien* (cAMP- oder cGMP-vermittelt). *Nichtkonjugierte Dihydroxygallensäuren* und *VIP* können ebenfalls über eine cAMP-vermittelte Aktivierung des Cl^--Kanals zu einer gesteigerten Flüssigkeitssekretion und damit zu einer beschleunigten Darmpassage führen.

Die *Brunner-Drüsen* des Duodenum produzieren ein *muzin- und bikarbonatreiches, alkalisches Sekret.* Die *HCO_3^--Sekretion* in das Lumen erfolgt – wie im Pankreasgangepithel und den Gallenwegen – über einen HCO_3^--Cl^--Austauscher, der über einen Na^+-H^+-Austauscher von der $3Na^+$-$2K^+$-ATPase in der basolateralen Membran angetrieben wird (s. S. 825).

Der Darmsaft enthält praktisch keine Enzyme. Durch Abschilferung von Mukosazellen können allerdings sekundär Enzyme, die im Bürstensaum dieser Zellen lokalisiert sind, in das Darmlumen gelangen.

Regulation der Dünndarm-Sekretion. Die Sekretions- und Absorptionsvorgänge im Dünndarm werden sowohl *neuronal* als auch *humoral* reguliert. Die Submukosa enthält reichlich *Chemo- und Mechanosensoren,* die auf Änderungen der Zusammensetzung des Darminhalts (u. a. pH, Aminosäurenkonzentration) bzw. Berührung reagieren. Über lokale Reflexe werden Efferenzen zu den Drüsenzellen aktiviert (s. Abb. 38–21). Diese Fasern sind entweder *cholinerg* oder *NANC*-Neurone mit *VIP* als Neurotransmitter. Sie stimulieren – neben den Epithelzellen – glatte Muskelzellen, Immun- und Abwehrzellen, endokrine und parakrine Zellen sowie kleine Blutgefäße. Diese Vielzahl an Zielzellen erklärt die verschiedenartigen Regulationsmöglichkeiten

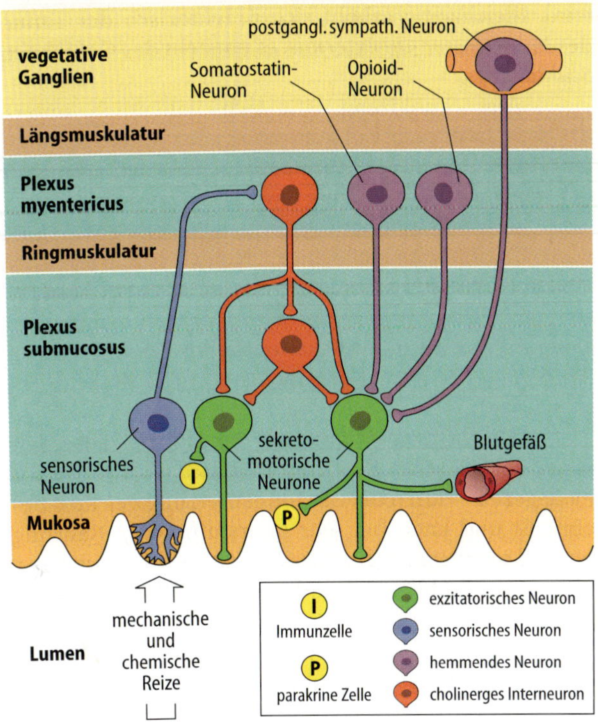

Abb. 38–21. Modell der neuronalen Regulation der Dünndarmsekretion [64]. Die sekreto-motorischen Neurone des Plexus submucosus aktivieren neben Drüsenzellen, glatte Muskelzellen kleiner Gefäße, Immun- und Abwehrzellen sowie endokrine und parakrine Zellen. Efferente Neurone des Plexus myentericus mit Somatostatin oder Opioiden als Neurotransmitter und der Sympathikus hemmen, der N. vagus aktiviert die exzitatorischen Neurone des Plexus submucosus

der Darmsekretion. *Entzündungsmediatoren* (Zytokine, Prostaglandin E_2, Histamin, Serotonin, Leukotriene, Bradykinin u.a.), *gastrointestinale Hormone* (Sekretin, Gastrin und CCK) und *Neurotransmitter* (VIP, Neurotensin) steigern die Sekretionsleistung der Darmdrüsen. Der *N. vagus* bzw. *Azetylcholin* wirken ebenfalls sekretionssteigernd [25,64]. Efferente Neurone des Plexus myentericus mit *Somatostatin* oder *Opioiden* als Neurotransmitter und *postganglionäre sympathische Fasern* bzw. *Noradrenalin* üben einen hemmenden Einfluß auf die exzitatorischen Neurone des Plexus submucosus aus.

!

Im Dünndarm erfolgt eine Durchmischung des Chymus mit den Verdauungssekreten durch rhythmische Segmentationen, Pendelbewegungen und stempelartige Zottenkontraktionen. Propulsive Peristaltik verlagert den Darminhalt in aboraler Richtung. Gesteuert werden diese Aktivitäten vor allem durch die Schrittmacher-Automatie und durch das enterische Nervensystem. Parasympathikus und Sympathikus greifen nur modifizierend ein. Die von den Becherzellen und Brunner-Drüsen gebildeten Muzine haben vor allem Schutzfunktionen. Die Brunner-Drüsen produzieren ein bikarbonatreiches alkalisches Sekret; die Hauptzellen der Dünndarmkrypten sezernieren eine enzymfreie, plasmaisotone NaCl-Lösung. Die Sekretion wird durch lokale Reflexe über Efferenzen des enterischen Nervensystems zu den Drüsenzellen aktiviert. An der Sekretionssteuerung sind gastrointestinale Hormone, Neurotransmitter und das vegetative Nervensystem beteiligt.

38.7 Kolon und Rektum

Im Kolon wird der Darminhalt durchmischt, eingedickt und gespeichert; 3–4 mal täglich auftretende, propulsive Massenbewegungen können mit Stuhldrang und Stuhlentleerung verbunden sein

Kolonmotilität. Die Hauptkomponenten der Motilität des 1,2–1,5 m langen Kolon sind *nichtpropulsiv.* Hieraus ergeben sich lange Transitzeiten, die erhebliche intra- und interindividuelle Unterschiede aufweisen. Je nach Nahrungszusammensetzung oder psychischem Zustand beträgt die durchschnittliche Passagezeit bei gesunden Erwachsenen etwa 20–30 h (mit Schwankungen zwischen 5 und 70 h, s. S. 807). Dabei ist es durchaus möglich, daß ein Marker, der für die Messung verwandt wurde, oder unverdaute Nahrungspartikel, die im Zentralstrom des Kolon weitertransportiert werden, schon wenige Stunden nach Aufnahme im Stuhl erscheinen, während andere in Haustren (s. u.) liegenbleiben und erst nach einer Woche oder noch später ausgeschieden werden.

Die häufigsten Bewegungsformen im Kolon sind ***Segmentationen,*** die den Darminhalt *durchmischen.* Sie beruhen auf der *Schrittmacher-Automatie* (*slow waves,* s. S. 811). Im Gegensatz zum Dünndarm haben letztere ihre niedrigste Frequenz am Beginn des Kolons (ca. 4/min) und erreichen ihr Maximum im Colon transversum (ca. 6/min). Die *Schrittmacherzone* liegt demnach im mittleren Abschnitt des Dickdarms, von dem aus Kontraktionswellen der Ringmuskulatur sowohl rückwärts („Antiperistaltik") als auch in aboraler Richtung verlaufen. Hierdurch wird der Darminhalt im Zäkum und im Colon ascendens längere Zeit zurückgehalten (*Reservoirfunktion*). Die Segmentationen führen zu ringförmigen Einschnürungen und, zusammen mit dem ständig erhöhten Tonus der drei bandartigen Längsmuskelstreifen (*Taenien*), zu Aussackungen der Dickdarmwand (*Haustren*). Motilitätssteigernd wirken cholinerge parasympathische Efferenzen, hemmend dagegen NANC-Neurone mit den Transmittern VIP, NO und ATP. In den ***Haustren*** bleibt der Dickdarminhalt über einen längeren Zeitraum liegen, so daß eine ausreichende Absorption von Elektrolyten, Wasser und kurzkettigen Fettsäuren aus bakteriellen Abbauvorgängen (s. S. 835) sowie ein bakterieller Aufschluß nicht absorbierbarer oder nicht absorbierter Nahrungsbestandteile gewährleistet wird. Die Ringmuskelkontraktionen bleiben lange Zeit an derselben Stelle bestehen, so daß der Eindruck entsteht, es handele sich um präformierte Strukturen. Sie setzen dem Koloninhalt einen Widerstand entgegen, der eine zu schnelle Passage in das Rektum verhindert. Verschwinden sie und treten in benachbarten Bereichen wieder auf, wird dadurch der Inhalt kräftig durchmischt [20,21,56].

Peristaltische Wellen sind im Kolon selten. Dafür treten, insbesondere nach den Mahlzeiten, ***propulsive Massenbewegungen*** auf, die für den Transport des Darminhalts vom Colon transversum bis in das Rektosigmoid verantwortlich sind. Die Massenbewegungen beginnen mit dem Sistieren der Segmentationen und einer Taenien-Erschlaffung. Anschließend startet die Kontraktionswelle proximal und setzt sich analwärts fort, wobei beträchtliche Stuhlmengen durch die aboral relaxierten Abschnitte verschoben werden. Solche Bewegungen treten durchschnittlich 3–4 mal täglich auf und können mit Stuhldrang und ggf. nachfolgender Stuhlentleerung verbunden sein. Sie treten nachts nicht auf, wohl aber morgens nach dem Aufstehen und häufig nach dem Essen. Dies hat zur Bezeichnung „gastrokolischer Reflex" geführt, eine Beschreibung, die irreführend ist, da diese Bewegungsform nicht vom Magen aus gesteuert wird. Die Massenbewegungen starten bevorzugt im Querkolon nach Aufnahme energiereicher Nahrungsmittel (vor allem Fett) und treten bei erhöhter Plasmakonzentration von CCK auf.

Die propulsiven Massenbewegungen stehen wahrscheinlich unter der Kontrolle des ***autonomen Nervensystems.*** Cholinerge parasympathische Efferenzen des N. vagus bzw. aus dem Plexus sacralis sind möglicherweise für das Auslösen der Massenbewegungen verantwortlich. Für die vorauslaufende Erschlaffungswelle sind – unter Vermittlung des *enterischen Nervensystems* – NANC-Neurone bzw. deren Transmitter (VIP, NO, ATP) zuständig.

Im Gegensatz zum Dünndarm gibt es im Kolon keinen wandernden myoelektrischen Motorkomplex in der interdigestiven Phase.

Darmkontinenz und Defäkation. Tritt im Rahmen einer Massenbewegung Stuhl in das von zwei Sphinkteren nach außen verschlossene Rektum ein, werden Dehnungssensoren in der anorektalen Darmwand erregt, welche – über einen lokalen Reflex – efferente NANC-Neurone des enterischen Nervensystems aktivieren. Letztere bewirken eine Relaxierung des *M. sphincter ani internus,* dessen hoher Ruhetonus durch sympathische α_1-adrenerge Einflüsse aufrechterhalten wird. Gleichzeitig erhöht sich reflektorisch der Tonus des *M. sphincter ani externus,* es entsteht das Gefühl des ***Stuhldrangs.***

Der Stuhldrang läßt sich willentlich unterdrücken. In diesem Fall kontrahiert der innere Sphinkter wieder und das Rektum paßt sich an den vermehrten Inhalt an (max. Füllung etwa 2 l, s. S. 359).

Der Sphincter ani externus wird erst entspannt, wenn bewußt eine Defäkation erfolgen soll. Diese tritt ein bei Erschlaffung beider Schließmuskeln und gleichzeitiger reflektorischer Kontraktion des Rektosigmoids. Unterstützt wird die Defäkation durch die willentliche Steigerung des intraabdominellen Drucks (Bauchpresse, s. S. 359).

Die *tägliche Stuhlmenge* beträgt bei ausgewogener europäischer Kost 100–150 g. Sie wird – wie die Passagezeit – durch die Zusammensetzung der Kost beeinflußt und kann bei sehr faserstoffreicher Nahrung bis auf 500 g ansteigen. Die *Defäkationsfrequenz* kann zwischen 3 Stühlen/Tag und 3 Stühlen/Woche schwanken.

Pathophysiologische Aspekte. Bei Störung der normalen Kolonmotilität kann ***Verstopfung*** (*Obstipation*) oder ***Durchfall*** (*Diarrhoe*) resultieren: Eine *Steigerung der nichtpropulsiven Kontraktionen* (Segmentationen) führt zur *Obstipation,* ein Befund, der – wechselnd mit herabgesetzten segmentalen Kontraktionen – beim sog. *irritablen Kolon* (s. S. 845) auftritt.

Bei (pathologisch) herabgesetzter segmentaler Kontraktion, d. h. beim Fehlen des Widerstandes der ringförmigen Kontraktionen, läuft der flüssige Inhalt vom Zäkum bis zum Rektum und verursacht Durchfälle (sog. *vegetativ-funktionelle Diarrhoe* durch gesteigerten Sympathikustonus bei Angst, Furcht oder Streß).

Beim *M. Hirschsprung* sind in einem kurzen Segment im untersten Mastdarmbereich die Ganglienzellen des enterischen Nervensystems nicht angelegt. Durch das Fehlen VIPerger Neurone kommt es zu einer Dauerkontraktion dieses Abschnittes mit Aufstau des Darminhaltes, der zur Ausbildung eines *Megarektum* und später eines *Megakolon* führt.

Das Kolon, dessen Mukosa nur geringe Sekretmengen bildet, ist mit Bakterien, hauptsächlich Anaerobiern, besiedelt, die unverdauliche Faserstoffe aufspalten und u. a. Vitamin K produzieren

Dickdarmsekretion. Die in dem Oberflächenepithel des Dickdarms stattfindende Absorption übersteigt die in den Krypten lokalisierte Sekretion bei weitem. Die Kolonmukosa produziert normalerweise nur kleinere Volumina einer plasmaisotonen, Muzin-, HCO_3^-- und K^+-reichen, alkalischen Flüssigkeit. Sekretionssteigernd wirken aus dem Dünndarm in das Kolon gelangte Dihydroxygallensäuren.

Die HCO_3^--Sekretion in das Lumen erfolgt – wie in den Brunner-Drüsen (s. S. 832), im Pankreasgangepithel (s. S. 825) und den Gallenwegen (s. S. 828) – über einen HCO_3^--Cl^--Austauscher. Das von den Epithelzellen der Krypten sezernierte K^+ gelangt z. T. über einen luminalen K^+-Kanal, vor allem aber auf parazellulärem Weg, in das Dickdarmlumen [17,56].

Bakterielle Besiedlung des Dickdarms. Während der Magen und der obere Dünndarm keimarm sind, nimmt die Zahl der Bakterien nach distal hin zu. Die Zahl der Bakterien pro ml Chymus steigt von 10^5–10^6 im Ileum an der Bauhin-Klappe sprunghaft auf 10^{11}–10^{12} im Kolon an. Die Mehrzahl der Kolonbakterien, die ein mikrobielles Ökosystem ausbilden, sind obligate *Anaerobier*, in erster Linie Bacteroides (gramnegative, nicht-sporenbildende Stäbchen). Aerobe Stämme wie E. coli, Enterokokken und Laktobakterien machen nur 1% der Kolonbakterien aus. Es gibt über 400 Bakterienarten im Kolon, die Gesamtstuhltrockenmasse wird zu 30–50%, bisweilen sogar zu 75% aus Bakterien gebildet [56,66].

Die Anaerobier spalten die unverdaulichen pflanzlichen Faserstoffe (z.B. Zellulose) teilweise auf, wobei u.a. *kurzkettige Fettsäuren* entstehen. Diese werden von der Kolonschleimhaut absorbiert und energetisch verwertet, wobei sie etwa 70% des lokalen Energiebedarfs decken. Durch die Absorption der Fettsäuren steigt der im Zäkum leicht abgefallene pH-Wert wieder an, so daß der Rektuminhalt eine neutrale Reaktion aufweist (s.u.). Wird ein Kolonabschnitt durch eine Operation mit künstlichem Darmausgang von der Stuhlpassage ausgeschlossen, ist eine ausreichende Ernährung der Schleimhaut nicht mehr gewährleistet, und es kann zu einer *„Diversions-Kolitis"* kommen.

Aus den pflanzlichen Faserstoffen entstehen weiterhin CH_4 und H_2 (s.S.846). Die Bakterien produzieren zudem *Ammoniak, toxische Merkaptane* und *Phenole* sowie *Vitamin K*, die von der Schleimhaut absorbiert werden. Ammoniak bzw. Ammoniumionen werden normalerweise in der Leber aufgenommen und zur Harnstoffsynthese verwendet. Die Konzentration von Ammoniak im Blut kann bei schweren Leberfunktionsstörungen so stark ansteigen, daß zentralnervöse Störungen auftreten. Vitamin K wird bei der Biosynthese bestimmter Blutgerinnungsfaktoren benötigt (s.S.794).

pH-Profil im Magen-Darm-Trakt. Das pH-Profil des Gastrointestinaltrakts unterliegt großen Schwankungen und ist den jeweiligen Funktionen der einzelnen Abschnitte angepaßt.

Der meist neutrale Bissen gelangt in den Magen, wo er eine Ansäuerung auf etwa pH 2 erfährt (vgl. Abb.38–22). Dadurch werden eine Denaturierung von Eiweißen (u.a. Abtötung von Bakterien) und das für die Pepsinwirkung erforderliche pH-Optimum erreicht. Beim Eintritt in das Duodenum erfolgt ein pH-Sprung auf fast neutrale Werte (im Mittel 6,6) durch eine Vermischung mit dem alkalischen Pankreassekret (pH 8,2) und der neutralen bis schwach alkalischen Galle. Dies ist gleichzeitig die Voraussetzung für die Wirkung der Pankreasenzyme, deren pH-Optima bei 7–8 liegen. Im Verlauf der weiteren Dünndarmpassage steigt der pH-Wert langsam an, um im Ileum einen mittleren Wert von 7,5 zu erreichen, verursacht durch die HCO_3^--Sekretion der Enterozyten im Austausch gegen Cl^- (s.S.832). Der Eintritt in das Zäkum ist von einem pH-Abfall auf pH 6,4 begleitet. Im Kolon steigt der pH-Wert wieder an. Der Rektuminhalt und die ausgeschiedenen Fäzes sind im Mittel neutral [81].

> **!** Die Hauptkomponenten der Kolonmotilität sind nichtpropulsiv. Hieraus ergeben sich relativ lange (5–70 h) Passagezeiten. Die Segmentationen beruhen auf der Schrittmacher-Automatie. Sie sind für die Durchmischung und indirekt auch für die Eindickung des Darminhalts verantwortlich. Nach Mahlzeiten treten propulsive Massenbewegungen auf, die den Darminhalt vom Colon transversum in das Rektosigmoid verlagern. Sie stehen unter der Kontrolle des autonomen Nervensystems. Als Schaltstelle dient das enterische Nervensystem. Stuhldrang und Defäkation werden über die Aktivitäten des enterischen Nervensystems, vegetative und somatische Efferenzen gesteuert. Anaerobe Bakterien des Dickdarms spalten unverdaute und unverdauliche Nahrungsstoffe und produzieren Vitamin K, Ammoniak, Methan, H_2, neurotoxische Merkaptane und Phenole sowie kurzkettige organische Säuren.

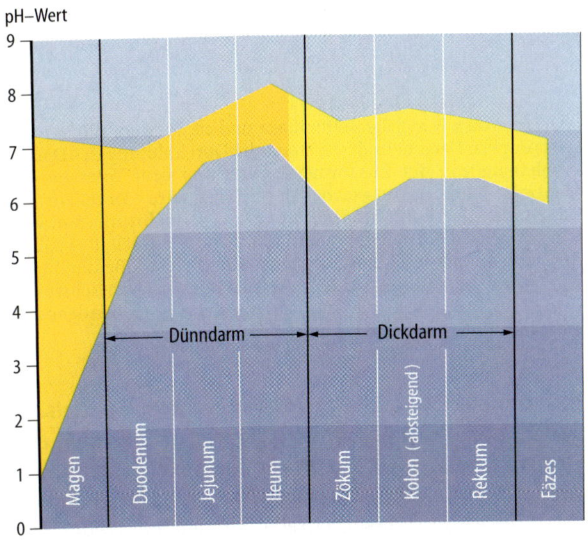

Abb. 38–22. pH-Profil des Magen- und Darminhalts (Messung mit einer Radiotelemetrie-Kapsel, Extrembereich von 9 Personen) [81]

38.8 Absorption von Elektrolyten und Wasser

Der Dünndarm ist der Hauptort für die Absorption von Elektrolyten, Wasser, Vitaminen und den Endprodukten der Verdauung. Die durch Falten, Zotten und Mikrovilli vergrößerte Oberfläche und eine hohe passive (parazelluläre) Permeabilität des Epithels im proximalen Dünndarm bieten hierfür eine günstige Voraussetzung

Aufbau und Durchblutung der Dünndarmmukosa. Die für den Absorptionsprozeß erforderliche ***große Oberfläche*** ist im Dünndarm durch die Ausbildung von *Falten* und *Zotten* gewährleistet. Abbildung 38–23 zeigt, wie sich die absorbierende Oberfläche vom zylindrischen Rohr über die zirkulären *Kerckring-Falten*, die *Zotten* (*Villi*)

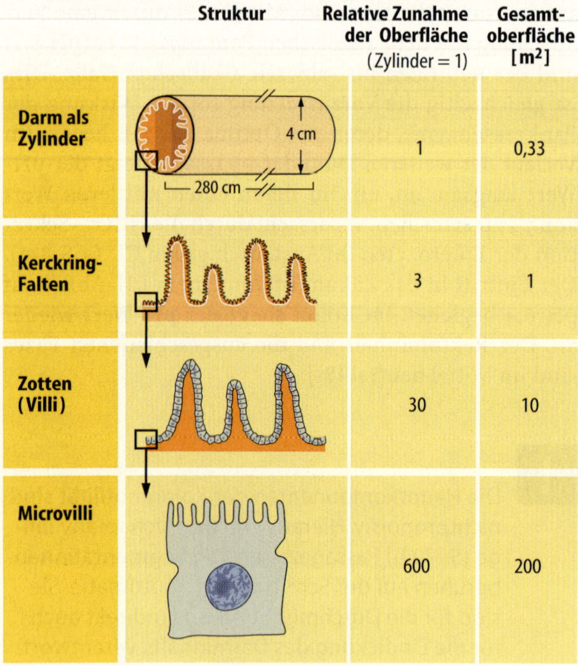

Abb. 38–23. Vergrößerung der Schleimhautoberfläche durch spezielle morphologische Strukturen

bis zu den *Mikrovilli* um den Faktor 600 vergrößert, so daß die Oberfläche schließlich etwa 200 m² beträgt.

Die funktionelle Einheit, bestehend aus Zotte und Krypte mit den begleitenden und angrenzenden Strukturen, ist in Abb. 38–24 wiedergegeben. Das Dünndarmepithel gehört zu den Geweben mit der höchsten Teilungs- und Umsatzrate im Körper. Die noch undifferenzierten Zylinderzellen wandern von dem Regenerationszentrum in den Krypten in 24–36 h zur Zottenspitze. Sie reifen auf diesem Wege, entwickeln dabei die für die Verdauung und Absorption spezifischen Enzyme und Transportsysteme (Carrier) und werden so zu den absorbierenden ***Enterozyten*** des Dünndarms. Die Absorption der Nahrungsbestandteile findet vorwiegend in der Zottenspitze statt, während die sekretorischen Aktivitäten in den Krypten lokalisiert sind. Nach 3–5 Tagen werden die Zellen an der Zottenspitze abgestoßen und durch neue ersetzt [40]. In diesem Zeitraum erneuert sich somit die gesamte Darmoberfläche. Außer den Enterozyten enthält die Dünndarmschleimhaut noch schleimbildende *Becherzellen* und verschiedene endokrine Zellen (z. B. ***a***mine ***p***recursor ***u***ptake and ***d***ecarboxylation cells, sog. *APUD-Zellen,* die u. a. *Serotonin* bilden). Die *M-Zellen* gehören zum Darm-assoziierten Lymphgewebe (s. S. 845). An der Abwehr sind wahrscheinlich auch die *Paneth-Zellen* an der Kryptenbasis beteiligt [51].

Eine weitere Voraussetzung für eine effiziente Absorption im Dünndarm ist ein adäquater Abtransport der absorbierten Substanzen mit dem Blutstrom. Erforderlich hierfür ist eine relativ hohe ***Durchblutung*** und deren Regulation in der digestiven Phase. In Verdauungsruhe beträgt die Durchblutung 0,3–0,5 ml $\cdot$ g^{-1} $\cdot$ min^{-1}. In der Darmwand verteilt sich das Blut zu ca. 75 % auf die Schleimhaut, zu etwa 5 % auf die Submukosa und ca. 20 % auf die Muscularis propria. Nach dem Essen steigt die Durchblutung des Darms – abhängig von der Zusammensetzung und dem Volumen der Mahlzeit – um das 3–5fache an. Hierbei wird vor allem die Schleimhautdurchblutung jenes Segments vermehrt mit Blut versorgt, das gerade den Hauptanteil des Chymus enthält. Der Anteil der Schleimhautdurchblutung steigt unter diesen Bedingungen von 75 auf 90 % an. An dieser Regulation sind wahrscheinlich CCK, VIP, NANC-Neurone und lokale Metabolite (z. B. Adenosin) beteiligt.

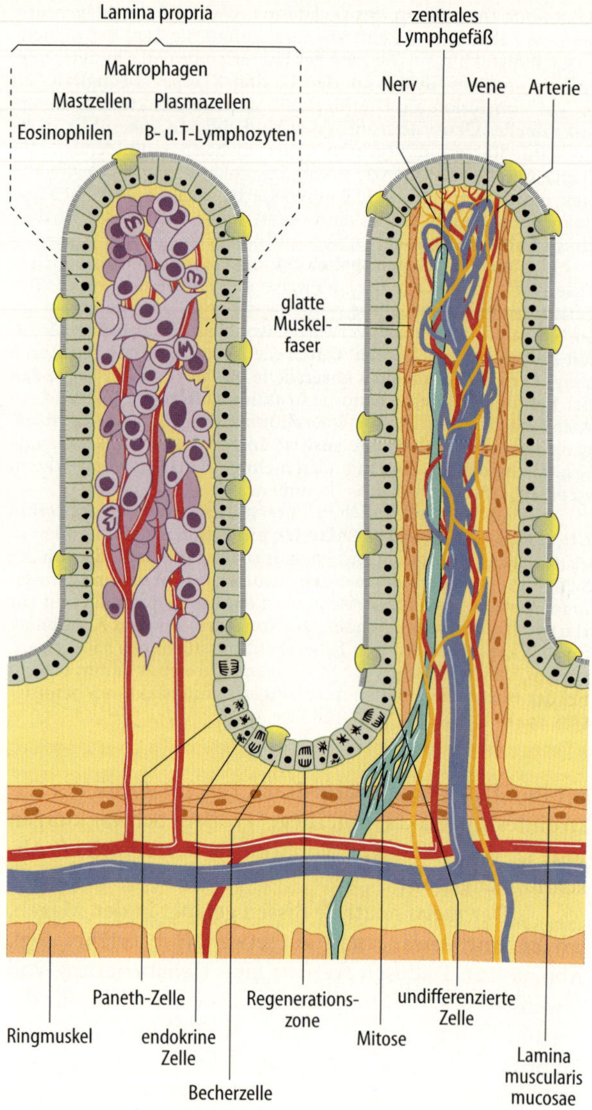

Abb. 38–24. Querschnitt durch 2 Dünndarmzotten und eine Krypte. Dargestellt sind die verschiedenen Zellformen der Mukosa und die Strukturen im Inneren der Zotten

Funktionelle Eigenschaften des intestinalen Epithels. In bestimmten Darmabschnitten verlaufen bis zu 90 % des Stofftransports nicht durch die Enterozyten hindurch, sondern über den *parazellulären Weg.* Die Fähigkeit von Substanzen, das Epithel über den parazellulären Weg infolge osmotischer, hydrostatischer oder elektrochemischer Gradienten zu passieren, wird als ***passive***

Permeabilität bezeichnet. Die *tight junctions* sind frei durchgängig für Moleküle bis zu einem Durchmesser von maximal 0,8 nm, jedoch weniger durchlässig oder undurchlässig für hochmolekulare Stoffe. Das Epithel besitzt demnach für solche Substanzen die Eigenschaft einer *semipermeablen Membran*. Es verhält sich wie ein Sieb, das zwischen Substanzen verschiedener Größe unterscheiden kann.

Der ***Durchmesser der Poren*** der tight junctions nimmt im Intestinaltrakt von proximal nach distal hin ab (Abb. 38–25). Das Jejunum des Menschen ist permeabel für Teilchen mit einem Durchmesser von maximal 0,8 nm, die Werte für das Ileum betragen ca. 0,4 nm und für das Kolon 0,22–0,25 nm. Aufgrund des relativ großen Porendurchmessers im Dünndarm ist mit einem effizienten Wassereinstrom aus dem Darmlumen in den Interzellularspalt zwischen den Enterozyten zu rechnen. So kann den aktiv transportierten Substanzen stets soviel Wasser osmotisch folgen, daß eine plasmaisotone Absorption resultiert. Dagegen ist der Wassereinstrom in die Schleimhaut des Kolons bedeutend geringer. Im Kolon wird deshalb eine im Vergleich zum Blutplasma hypertone Lösung absorbiert, da Wasser nur eingeschränkt den aktiv transportierten Elektrolyten folgen kann.

Die *Dichtigkeit der tight junctions* bestimmt auch den transepithelialen ***elektrischen Widerstand.*** Dieser nimmt im Darmtrakt von proximal nach distal zu. Er beträgt im Jejunum ca. 25 Ωcm^2 und im Kolon 100–200 Ωcm^2. Der Enterozyt selbst hat einen sehr hohen elektrischen Widerstand, und es ist inzwischen experimentell eindeutig belegt, daß der Epithelwiderstand ausschließlich durch den parazellulären Kurzschlußweg (*paracellular shunt*) determiniert ist. Folglich ist die Höhe des Epithelwiderstandes umgekehrt proportional zur Porengröße der tight junctions (Abb. 38–25).

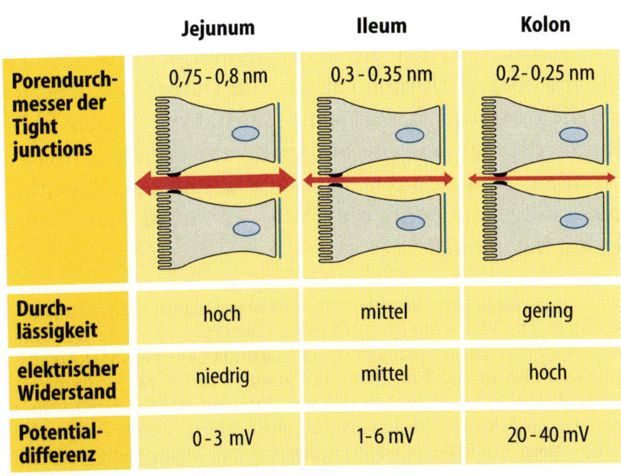

Abb. 38–25. Passive Durchlässigkeit des Epithels in Abhängigkeit von der Porengröße der tight junctions. Die Porengröße nimmt im Darm von proximal nach distal ab; die transepitheliale Potentialdifferenz und der elektrische Widerstand des Epithels nehmen von proximal nach distal dagegen zu [19]

Transepitheliale Potentialdifferenz. Im Dünn- und Dickdarm ist eine transepitheliale Potentialdifferenz, die an beiden Seiten des Epithels abgegriffen werden kann, auch dann noch nachweisbar, wenn diffusive und osmotische Kräfte ausgeschaltet sind. Voraussetzung dafür ist eine *aktive, energieabhängige Transportleistung der Epithelzelle* (***Transportpotential***). Das Potential wird hauptsächlich durch den ***aktiven*** Na^+***-Transport*** von ***der Lumen- zur Serosaseite*** aufrechterhalten. Entsprechend der Richtung des Na^+-Transports ist die *Serosaseite, bezogen auf* die *luminale Seite des Epithels, positiv* geladen. Die transepitheliale Potentialdifferenz nimmt von oral (*Duodenum: 3 mV*) nach aboral hin – wegen der abnehmenden parazellulären Leitfähigkeit (*shunt conductance*) – zu (*Rektosigmoid: 40 mV;* [64]).

> **!** Hauptaufgabe des Dünndarms ist die Absorption von Wasser, Elektrolyten, Nährstoffen, Vitaminen und Spurenelementen. Die hierfür erforderliche große Oberfläche ist durch die Ausbildung von Falten, Zotten und Mikrovilli gewährleistet. Erleichtert wird die Stoffaufnahme weiterhin durch eine relativ hohe Permeabilität des Dünndarmepithels. Sein elektrischer Widerstand und die transepitheliale Potentialdifferenz sind entsprechend niedrig. Im Gegensatz hierzu ist das Kolonepithel relativ undurchlässig, sein elektrischer Widerstand und das transepitheliale Potential sind vergleichsweise hoch.

Die treibende Kraft für die meisten intestinalen Absorptionsprozesse ist der transzelluläre Na^+-Transport. Die Absorption von K^+, Cl^- und HCO_3^- erfolgt hauptsächlich durch passiven Transport

Die Transportmechanismen der intestinalen Mukosa unterscheiden sich nicht wesentlich von denen anderer Epithelien. Aus diesem Grund wird auf die ausführliche Darstellung dieser Mechanismen in Kap. 34 (s. S. 719 ff) verwiesen.

Na^+-Absorption. Der Na^+-Transport ist für die Funktion des Dünndarms von zentraler Bedeutung. Na^+ ist hauptsächlich verantwortlich für die Ausbildung von Potential- und osmotischen Gradienten und ist am gekoppelten Transport anderer Substanzen beteiligt. Die Na^+-Absorption ist sehr effizient. Von den täglich mit der Nahrung aufgenommenen 100–200 mmol Na^+ und den mit den Sekreten sezernierten weiteren 600 mmol verlassen nur 5 mmol den Körper im Stuhl. Der größte Teil wird im Dünndarm absorbiert (ca. 85 %), der Rest (etwa 15 %) im Kolon.

Bei den verschiedenen Mechanismen des Na^+-Transports in den Enterozyten ist stets die basolaterale

$3Na^+$-$2K^+$-ATPase die primär-aktive, d.h. antreibende Pumpe, da sie einen in die Zelle gerichteten Na^+-Gradienten aufrechterhält. Die Aufnahme von Na^+ in die Enterozyten des Dünndarms über die Bürstensaummembran erfolgt [19,64]:

- *elektroneutral* (Nettoaufnahme von Na^+ und Cl^-) durch ***Na^+-H^+-Antiport*** (im Jejunum) bzw. unter Mitwirkung sowohl eines ***Na^+-H^+-Antiporters*** als auch eines ***HCO_3^--Cl^--Antiporters*** (im Ileum) vgl. Abb. 34–9 C, s. S. 735) und
- im *elektrogenen Kotransport;* in der Bürstensaummembran sind verschiedene ***Na^+-Substrat-Symporter*** lokalisiert. Von diesen wird die Energie des Na^+-Gradienten (≈140 mmol/l luminal vs. 15 mmol/l intrazellulär) in Form eines *sekundär-aktiven Flußkopplungsmechanismus* für die Anreicherung eines Substrats in der Zelle genutzt (vgl. Abb. 34–6 B, s. S. 731).
  Die aufgenommenen Substrate gelangen an der basolateralen Membran durch erleichterte Diffusion in das Interstitium. Außer Glukose, Galaktose, verschiedenen Aminosäuren, Phosphat, Sulfat, kurzkettigen Fettsäuren und Gallensäuren nutzen auch einige wasserlösliche Vitamine diesen Transportmechanismus.

Aufgrund der hohen Permeabilität der Schlußleisten im *oberen Dünndarm* (s. S. 836 f) erfolgen in der interdigestiven Phase 85 % der Na^+-Absorption ***passiv*** und zwar parazellulär durch *solvent drag* (s. S. 727); nur 15 % werden durch die oben geschilderten Mechanismen transportiert. Nach einer Mahlzeit werden nur noch ca. 40 % passiv, der Rest aktiv absorbiert.

Im *Kolon* sind die Schlußleisten etwa 3–4 mal dichter, so daß der transzellulären Aufnahme eine große Bedeutung zukommt. Na^+ gelangt hier durch gekoppelten Na^+/Cl^--Transport (wie im Ileum, s. o.) und entlang eines Gradienten durch ***Na^+-Kanäle*** in die Zelle. Der Einstrom durch die Kanäle ist elektrogen, d.h. er baut ein Lumen-negatives transepitheliales Potential auf, durch das Cl^- parazellulär absorbiert werden kann. *Aldosteron* stimuliert die Na^+-Absorption im Kolon, da es die Zahl der (durch Amilorid hemmbaren) Na^+-Kanäle erhöht und die Aktivität der basolateralen $3Na^+$-$2K^+$-ATPase steigert [17,56].

Absorption von K^+, Cl^- und HCO_3^-. Die ***K^+-Absorption*** im *Jejunum* und *Ileum* erfolgt im wesentlichen durch *Diffusion* auf parazellulärem Weg aus dem Lumen in das Interstitium. Im *Kolon* wird das von den Epithelzellen der Krypten sezernierte K^+ teilweise von den Oberflächenepithelien wieder absorbiert, vor allem bei K^+-Mangelzuständen. Angetrieben wird diese Absorption durch eine primär-aktive luminale *H^+-K^+-ATPase* (vgl. Protonenpumpe in den Belegzellen des Magens, s. S. 820).

Die ***Cl^--Absorption*** im *Dünndarm* erfolgt überwiegend passiv über die tight junctions durch *solvent drag* und aufgrund der *transepithelialen Potentialdifferenz* (Serosaseite der Enterozyten ist elektropositiv gegenüber dem Lumen). Im *Kolon* mit seinen dichteren Schlußleisten wird Cl^- nur noch teilweise parazellulär aufgenommen. Es wird hier bevorzugt über einen sekundär-aktiven *HCO_3^--Cl^--Antiporter* transportiert. Das gleichzeitig sezernierte HCO_3^- dient der Pufferung von H^+ aus kurzkettigen organischen Säuren (vor allem Fettsäuren), die beim bakteriellen Abbau unverdaulicher Kohlenhydrate entstehen [64].

Bikarbonationen werden im Duodenum, Ileum und Kolon in das Darmlumen sezerniert. Im *Jejunum* findet dagegen eine ***HCO_3^--Absorption*** statt. Das aus der Nahrung stammende und das in das Dünndarmlumen sezernierte Bikarbonat (Sekrete des Pankreas und der Brunner-Drüsen, Galle) kann unter Einwirkung der in den Mikrovilli lokalisierten Karboanhydratase z. T. in CO_2 umgesetzt werden (vgl. Abb. 34–9 B). Dadurch steigt der CO_2-Partialdruck im Lumen bis auf 300 mm Hg an, so daß CO_2 in die Zelle diffundiert. Im Enterozyten entsteht unter Einwirkung der Karboanhydratase erneut HCO_3^-, das anschließend im Austausch gegen Cl^- an die interstitielle Flüssigkeit abgegeben wird (Abb. 34–9 B).

Wasserabsorption. Durchschnittlich *9 l Flüssigkeit* passieren täglich den Dünndarm. Davon stammen etwa 1,5 l aus der Nahrung und ca. 7,5 l aus den Sekreten der Drüsen und des Darmes (Abb. 38–1). Über 85 % davon werden im Dünndarm absorbiert, etwa 55 % im Duodenum und Jejunum und 30 % im Ileum. Der Rest wird vom Dickdarm aufgenommen, so daß nur ca. 1 % (d.h. ca. 100 ml) den Darm mit dem Stuhl verläßt.

Die *Wasserbewegung durch die Schleimhaut* erfolgt nur im Zusammenhang mit dem Transport löslicher Substanzen, von Elektrolyten wie Nichtelektrolyten. Die Durchlässigkeit der Schleimhaut für Wasser und gelöste Substanzen ist im oberen Dünndarm relativ groß (s. S. 836 f). Abweichungen der Osmolarität des Chymus von der des Plasmas werden daher im Duodenum in wenigen Minuten ausgeglichen (Abb. 38–26). Dabei strömt Wasser bei *hyperosmolarem Inhalt* in das Darmlumen, bei *hypoosmolarem Chymus* wird es schnell absorbiert.

Im *Kolon* ist die Permeabilität deutlich kleiner als im oberen Dünndarm. Da die Darmbakterien zusätzlich osmotisch wirksame Substanzen bilden (z. B. kurzkettige organische Säuren), wird ein osmotischer Gradient zwischen der Schleimhaut und dem Darmlumen aufgebaut, und die *Fäzes werden hyperosmolar* (≈360 mosmol/l).

Die ***wasserlöslichen Vitamine*** werden ebenfalls im Dünndarm absorbiert. Die *Vitamine B_1, B_2, C, Pantothensäure, Folsäure* und *Biotin* werden (wahrscheinlich) durch sekundär-aktive Na^+-Kotransportsysteme in die Enterozyten aufgenommen [74]. *Vitamin B_6* wird durch freie Diffusion, *Nikotinsäure* und *Nikotinamid* über bislang ungeklärte Mechanismen absorbiert. *Vitamin B_{12}* wird über einen hochspezialisierten Prozess zur Absorption gebracht (s. S. 821).

Die Kalziumabsorption wird durch das D_3-Hormon (Kalzitriol) gefördert. Eisen wird in zweiwertiger Form absorbiert.

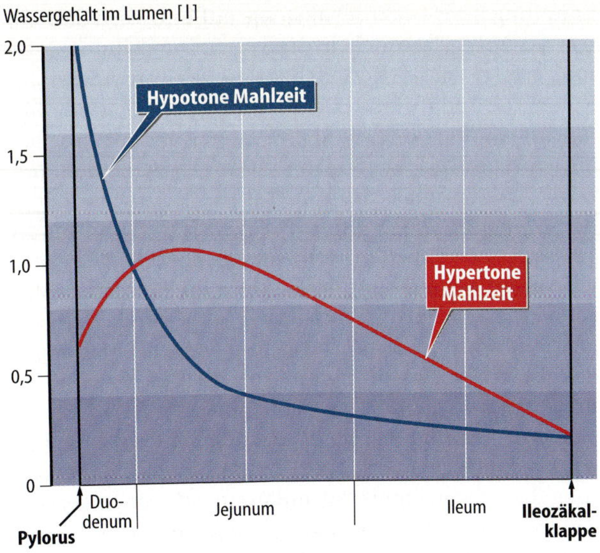

Abb. 38–26. Wassergehalt im Dünndarm in Abhängigkeit von der Osmolalität der Nahrung. Aus hypotonem Chymus wird Wasser schnell resorbiert, nach einer hypertonen Mahlzeit tritt Wasser zum osmotischen Ausgleich in das Darmlumen über [30]

Absorption von Kalzium und Phosphat. Etwa 1 g ***Kalzium*** wird täglich vor allem in Form von Milch und Milchprodukten (z. B. Kasein im Käse) aufgenommen. Aus solchen Ca-Proteinaten werden bei saurem pH im Magen Ca^{2+}-Ionen freigesetzt, die lediglich zu etwa 30 % im oberen Dünndarm absorbiert werden; der Rest wird mit den Fäzes ausgeschieden.

Bei *niedrigen Ca^{2+}-Konzentrationen im Chymus* erfolgt die Absorption durch die Bürstensaummembran über *Ca^{2+}-Kanäle* in das Zytosol der Enterozyten des oberen Dünndarms. Im Zytosol wird Ca^{2+} an ein spezifisches Protein (*Kalbindin*) gebunden, damit die zytosolische Konzentration freier Ca^{2+}-Ionen nicht ansteigt, und anschließend an die basolaterale Membran transportiert [74]. Dort wird Ca^{2+} durch eine *Ca^{2+}-ATPase* oder einen *$3Na^+$-Ca^{2+}-Austauscher* in das Interstitium gepumpt. *D_3-Hormon* (*Kalzitriol*, s. S. 405) stimuliert die luminalen Ca^{2+}-Kanäle und die Synthese von Kalbindin. *Parathormon* fördert die D_3-Hormonbildung in der Niere und somit *indirekt* die Ca^{2+}-Absorption im Darm.

Bei *hohen Ca^{2+}-Konzentrationen im Chymus* wird Ca^{2+} auch passiv (wie Mg^{2+}) auf parazellulärem Weg aufgenommen. Die passive Absorption ist nicht auf den oberen Dünndarm beschränkt, sondern kann im gesamten Dünndarm stattfinden.

Etwa 1 g anorganisches ***Phosphat*** wird täglich im Dünndarm über ein *$2Na^+$-Phosphat-Kotransportsystem* in der luminalen Membran (s. S. 731) absorbiert. *D_3-Hormon* steigert die Aktivität dieses Transportsystems und fördert somit die Phosphataufnahme.

Eisenabsorption. In der täglichen Nahrung sind 10–20 mg Eisen enthalten, wovon etwa 5 % (beim Mann) bzw. 10 % (bei der Frau) absorbiert werden. Bei Eisenmangel (z. B. nach Blutverlust) können bis zu 25 % des Nahrungseisens aufgenommen werden. Eisen aus Hämoglobin und Myoglobin des Fleisches wird leichter absorbiert als aus vegetarischer Kost, da es in Pflanzen oft komplex gebunden ist (z. B. an Phytinsäure in Getreideprodukten, Oxalsäure oder Tannine).

Häm wird im gesamten Dünndarm vermutlich durch Endozytose absorbiert und deckt bei mitteleuropäischer Mischkost 20–35 % des Eisenbedarfs. Die Freisetzung des Eisens aus dem Porphyringerüst erfolgt durch eine *Hämoxigenase* in den Enterozyten.

Nicht-Hämeisen wird ausschließlich in der Ferro (Fe^{2+})-Form absorbiert. Da ein Großteil des Nahrungseisens in der Ferri (Fe^{3+})-Form vorliegt, muß es durch die Magensalzsäure erst aus der Nahrung freigesetzt und anschließend zur zweiwertigen Form reduziert werden. Hierzu dienen reduzierende Substanzen in der Nahrung (z. B. Vitamin C, Citrat, SH-Gruppen in Proteinen). Im sauren Milieu des Magens lagert sich Fe^{2+} an Muzin an, wodurch es für die Absorption im Duodenum leicht verfügbar bleibt. Nicht-Hämeisen wird vermutlich durch einen *Protonen-gekoppelten Fe^{2+}-Transporter* der luminalen Zellmembran in die Enterozyten des Duodenum aufgenommen. Die Expression dieses Transporters, der neben Fe^{2+} auch andere essentielle Spurenelemente (z. B. Zn^{2+}, Co^{2+}, Cu^{2+}, Mn^{2+}) befördert [38 a], wird durch Vermittlung von sog. *Eisen-Regulationsproteinen* an den Eisenstatus der Enterozyten bzw. des Gesamtorganismus angepasst [62 a]. Der weitere Transport von Fe^{2+} durch das Zytosol und die basolaterale Membran der Enterozyten scheint nicht reguliert zu sein, obwohl Carrier in der basolateralen Membran vermutet werden.

Im Interstitium bindet Fe^{2+} dann an *Plasma-Transferrin* und gelangt auf dem Blutweg zu den Zielzellen.

!

Die Na^+-Absorption stellt für die meisten intestinalen Transportprozesse die treibende Kraft dar. Primär angetrieben von der basolateralen $3Na^+$-$2K^+$-ATPase wird ein in die Zelle gerichteter Na^+-Gradient aufrechterhalten, der sekundär eine elektroneutrale Nettoaufnahme von Na^+ oder einen elektrogenen Kotransport durch die Bürstensaummembran unterhält. Daneben werden erhebliche Na^+-Mengen passiv auf parazellulärem Weg durch solvent drag aufgenommen. Die Absorption von K^+, Cl^- und HCO_3^- im Dünndarm erfolgt vor allem passiv. Treibende Kraft für den Wassertransport ist der osmotische Gradient zwischen Darmlumen und Interstitium. Ca^{2+} gelangt über D_3-hormonabhängige Ca^{2+}-Kanäle durch die luminale Zellmembran, wird – gebunden an ein spezifisches Protein – an die basolaterale Membran transportiert und gelangt durch eine Ca^{2+}-ATPase oder einen $3Na^{+}$-Ca^{2+}-Austauscher in das Interstitium. Phosphat wird über ein Na^{+}-Phosphat-Kotransportsystem absorbiert. Die Absorption von Nicht-Hämeisen erfolgt vermutlich über einen Protonen-gekoppelten Fe^{2+}-Transporter, diejenige von Häm wahrscheinlich durch Endozytose.

38.9 Verdauung und Absorption von Nährstoffen

Kohlenhydrate werden durch α-Amylase und Oligosaccharidasen hydrolytisch gespalten. Im oberen Dünndarm erfolgt die Absorption von Glukose und Galaktose im Na^{+}-Kotransport, von Fruktose durch erleichterte Diffusion

Verdauung der Kohlenhydrate. Der tägliche Kohlenhydratkonsum in den westlichen Industrieländern liegt bei durchschnittlich *300–400 g;* dies entspricht einem Energiegehalt von 5,1–6,8 MJ (1,23–1,64 Mcal). Kohlenhydrate bestreiten somit etwa die Hälfte des Energiebedarfs bei leichter Arbeit. Der größte Anteil von ca. 60 % besteht aus *Stärke,* einem Polysaccharid mit einem Molekulargewicht von 100–1000 kD (Stärke besteht zu ca. 80 % aus *Amylopektin* und etwa 20 % *Amylose*). Etwa 30 % entfallen auf die *Saccharose* (Sucrose), die in Form des Rüben- oder Rohrzuckers zum Süßen verwendet wird, und ca. 10 % auf die *Laktose* (Milchzucker). Neben diesen beiden Disacchariden werden geringe Mengen von Monosacchariden als *Glukose* und *Fruktose* verzehrt. Einen weiteren Kohlenhydratbestandteil der Nahrung bildet das tierische *Glykogen* (<1 %), das strukturell mit dem Amylopektin verwandt ist.

Die ***α-Amylase*** des Speichels und Pankreassekrets spaltet im Innern des Stärkemoleküls die α-1,4-Bindung, Zellulose weist eine β-1,4-glykosidische Verknüpfung ihrer Glukosebausteine auf und wird deshalb von der α-Amylase nicht hydrolysiert. Die Zellulosespaltung erfolgt teilweise durch bakterielle Glykosidasen im Kolon. Die Endprodukte der Amylosespaltung sind *Maltose und Maltotriose.* Die verzweigten Amylopektine liefern vorzugsweise die sog. *α-Grenzdextrine* und *Maltotriose.* Der optimale pH-Wert für die α-Amylasen liegt bei 6,7–6,9 (s. S. 815). Die *Speichelamylase* kann bis zu 50 % der Stärke spalten, wenn ausreichend lange gekaut wird und die Schichtung des Chymus im Fundus des Magens eine rasche Enzyminaktivierung durch die Magensäure verhindert. Im Duodenum läuft die Stärkeverdauung außerordentlich schnell ab, da *Pankreasamylase* im Überschuß gebildet wird. Ein geringer Teil dieser α-Amylase bindet an die Glykokalyx der Enterozyten und wird von hier aus wirksam. Die physiologische Bedeutung dieser sog. Membranverdauung ist jedoch gering, gemessen an der im 10fachen Überschuß vorhandenen Amylase im Darmlumen [14,74].

Da Kohlenhydrate nur in Form von Monosacchariden absorbiert werden können, müssen die Spaltprodukte der Amylaseverdauung noch weiter zerlegt werden. Dies erfolgt durch in der *Bürstensaummembran* lokalisierte ***Oligosaccharidasen,*** deren aktive hydrolytische Gruppen dem Darmlumen zugewandt sind. Ihre Konzentration ist am höchsten im Jejunum, geringer im Duodenum und Ileum. Die Spaltung der α-1,6-Bindung der verzweigten Kohlenhydrate (Amylopektin, Glykogen) erfolgt durch die ***Isomaltase*** (Oligo-α-1,6-Glukosidase), die ebenfalls im Bürstensaum lokalisiert ist. Bei anhaltend reichlichem Verzehr eines Oligosaccharids kann innerhalb von 2–5 Tagen eine Adaptation durch Zunahme der Enzymkonzentrationen eintreten. Die Aktivität der membrangebundenen Enzyme ist ebenfalls so groß, daß nicht die Spaltung der Kohlenhydrate deren Aufnahme begrenzt, sondern die Absorption der Monosaccharide. Eine Ausnahme bildet lediglich die *Laktose.* Die Hydrolyserate der Laktose ist langsamer als die Absorption ihres Spaltproduktes Galaktose. Darüber hinaus ist ein genetischer Enzymdefekt relativ häufig, der zum *Laktaseman-*

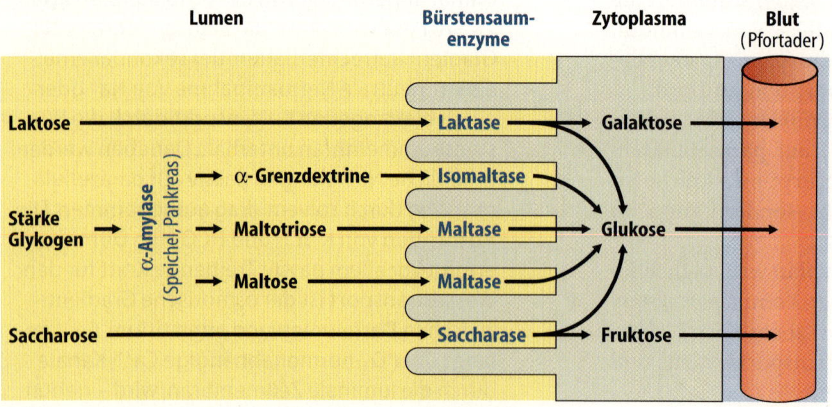

Abb. 38–27. Hydrolytische Spaltung und Absorption der Kohlenhydrate. Die Endprodukte der pankreatischen Kohlenhydratverdauung und die beiden Nahrungsdisaccharide werden an der Bürstensaummembran in ihre monosaccharidischen Bestandteile gespalten, welche bei den 3 mittleren der dargestellten Zucker ausschließlich aus Glukose bestehen

gel führt. Er manifestiert sich als *Diarrhoe* wegen der osmotischen Wirkung der nichtabsorbierten Laktose (*Laktoseintoleranz* gegenüber Milch und Milchprodukten).

Absorption der Monosaccharide. Die Endprodukte der hydrolytischen Spaltung der Kohlenhydrate sind Glukose, Galaktose und Fruktose (Abb. 38–27). Die Aldohexosen *Glukose* und *Galaktose* werden (miteinander konkurrierend) *sekundär-aktiv im Kotransport mit* Na^+ absorbiert (s. S. 838). Diese Absorption erfolgt relativ schnell und ist im oberen Dünndarm weitgehend abgeschlossen. Das Absorptionsmaximum liegt bei 120 g/h. Da im Vergleich zu Stärke die Monosaccharide osmotisch wirksamer sind, wird durch die schnelle Absorption auch das Entstehen eines hyperosmolaren Darminhalts verhindert. Beide Monosaccharide verlassen die Enterozyten über die basolaterale Membran durch *erleichterte Diffusion* über einen Glukosetransporter. Die Absorption der *Fruktose* erfolgt *transepithelial* in Form der *erleichterten Diffusion* durch Glukosetransporter [74,80], die der Pentosen *Ribose* und *Desoxyribose* (Spaltprodukte des Nukleinsäureabbaus, s. S. 842) und der *Mannose* durch *Diffusion*.

!

Stärke und Saccharose sind die wichtigsten Kohlenhydrate in der Nahrung. Stärke wird durch die α-Amylase des Speichels und des Pankreassekrets in Oligosaccharide gespalten, die zusammen mit den Disacchariden aus der Nahrung (Saccharose, Laktose) von den Oligosaccharidasen der Bürstensaummembran weiter zu Monosacchariden hydrolysiert werden. Die Endprodukte der hydrolytischen Spaltung sind Glukose und Galaktose, die im Kotransport mit Na^+ absorbiert werden, sowie Fruktose, die durch erleichterte Diffusion in die Enterozyten aufgenommen wird.

Proteine werden durch Endo- und Exopeptidasen sowie Amino- und Oligopeptidasen hydrolytisch gespalten. Im Dünndarm erfolgt die Absorption von Di- und Tripeptiden im H^+-Kotransport, von L-Aminosäuren durch mindestens 6 verschiedene Transportsysteme

Verdauung der Proteine. Die *tägliche Proteinzufuhr* bei Erwachsenen soll 0,8–1,0 g/kg Körpergewicht betragen. Das Nahrungseiweiß dient in erster Linie zur Bereitstellung der für die Biosynthese von körpereigenem Protein benötigten Aminosäuren. Es deckt lediglich 10–15 % des Energiebedarfs bei leichter Arbeit. Etwa die gleiche Eiweißmenge wie mit der Nahrung gelangt durch die Verdauungssekrete und abgeschilferte Enterozyten in das Darmlumen. Im *Magen* werden Proteine durch die Salzsäure denaturiert, sofern eine Denaturierung nicht bereits bei der Speisenzubereitung erfolgt ist, und die ***enzymatische Spaltung der Eiweiße*** wird eingeleitet. Sie ist hier jedoch von untergeordneter Bedeutung, da nur bis zu 15 % des Nahrungseiweißes durch ***Pepsine*** hydrolysiert werden. Patienten ohne Pepsinproduktion im Magen haben eine weitgehend normale Proteinverdauung, da die proteolytische Aktivität im Dünndarm außerordentlich hoch ist. Die Bildung der ***Pankreaspeptidasen*** setzt 10–20 min nach dem Essen ein und bleibt bestehen, solange sich Proteine im Darm befinden. Ein Teil der Enzyme wird mit dem Stuhl ausgeschieden. Auf der Bestimmung der *Chymotrypsinkonzentration* im Stuhl beruht eine Labormethode zur Beurteilung der exokrinen Pankreasfunktion.

Die im Pankreassekret enthaltenen ***Endo- und Exopeptidasen*** (s. S. 825) spalten die Nahrungseiweiße vor allem zu Oligopeptiden mit maximal 8 Aminosäuren. In weiteren Schritten werden die Oligopeptide durch Enzyme des Bürstensaums, ***Aminopeptidasen*** und ***Oligopeptidasen,*** zu etwa 35 % in Aminosäuren und zu ca. 65 % in Di- und Tripeptide zerlegt (Abb. 38–28, [14,74].

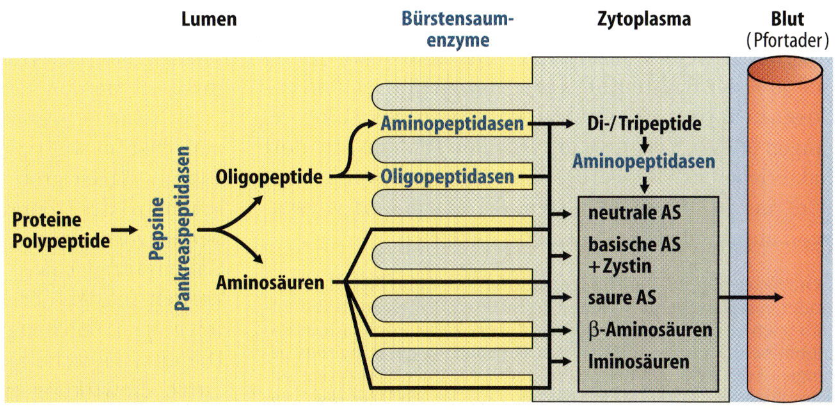

Abb. 38–28. Proteinverdauung und -absorption. Darmlumen: Spaltung der Proteine und Polypeptide in Oligopeptide und Aminosäuren. Bürstensaummembran: Weitere Spaltung durch spezifische Peptidasen und Aufnahme der Aminosäuren und Di-/Tripeptide. Zytoplasma: Spaltung von Di- und Tripeptiden durch Zytosolpeptidasen in Aminosäuren. Kontraluminale Membran: Ausschleusung der Aminosäuren aus der Zelle in das Pfortaderblut

Absorption von Tripeptiden, Dipeptiden und Aminosäuren. Im Gegensatz zu den Kohlenhydraten, die nur als Monosaccharide in die Enterozyten aufgenommen werden können, werden bei der Hydrolyse von Proteinen und Peptiden bevorzugt *Di- und Tripeptide* rasch aufgenommen. Die Absorption erfolgt in Form eines *H^+-Kotransportes*. In den Epithelzellen werden Di- und Tripeptide durch *zytoplasmatische Aminopeptidasen* zu L-Aminosäuren hydrolysiert, die durch *erleichterte Diffusion* über die basolaterale Membran in das Interstitium gelangen. Aminosäuren erscheinen letztendlich als Endprodukt der Proteinverdauung im Pfortaderblut [33,74].

Die *Absorption von L-Aminosäuren* in die Enterozyten erfolgt durch mindestens 6 verschiedene Transportsysteme in der luminalen Membran. Ähnlich wie im proximalen Tubulus der Nieren existieren in der Bürstensaummembran *5 gruppeneigene, sekundär-aktive Na^+-Kotransportsysteme* mit teils überlappender Spezifität für (a) die meisten neutralen Aminosäuren (z. B. L-Alanin, L-Leuzin), (b) saure (anionische) Aminosäuren (L-Asparaginsäure, L-Glutaminsäure), (c) Iminosäuren (L-Prolin, L-Hydroxyprolin), (d) β-Aminosäuren (z. B. β-Alanin, Taurin) und (e) basische (kationische) Aminosäuren (L-Lysin, L-Arginin, L-Ornithin) sowie Zystin. Daneben gibt es auch noch einen *Aminosäurenaustauscher*, der basische und neutrale Aminosäuren inklusive Zystin transportiert. Alle Transportsysteme zeichnen sich dadurch aus, daß sich einzelne Aminosäuren einer Gruppe bei der Absorption kompetitiv hemmen. Für den Transport durch die basolaterale Membran existieren Na^+-unabhängige Carrierproteine (für verschiedene kurzkettige polare, für langkettige und für basische Aminosäuren) sowie Na^+-Kotransportsysteme für neutrale und basische Aminosäuren [33].

Aufgrund genetischer Defekte können einzelne Transportsysteme in der luminalen Membran der Enterozyten (und im Tubulusepithel der Niere) fehlen. Bei der *Hartnup-Erkrankung* ist das Na^+-Kotransportsystem für neutrale, bei der „klassischen" *Zystinurie* das gemeinsame Transportsystem für basische Aminosäuren und Zystin defekt.

Im *Duodenum* werden 50–60 % der Spaltprodukte des Nahrungseiweißes absorbiert. Bis zum *Ileum* sind 80–90 % der Bausteine des exogen zugeführten und endogenen Proteins absorbiert worden. In das *Kolon* gelangen lediglich ca. 10 % unverdauten Proteins, die dort bakteriell abgebaut werden. Eine geringe Eiweißmenge wird im Stuhl ausgeschieden. Sie entstammt vorwiegend abgeschilferten Zellen und Bakterien.

Beim Neugeborenen (und eingeschränkt auch beim Erwachsenen) findet eine geringe Aufnahme von intakten Proteinen in die Enterozyten durch *Pinozytose* statt. Auf diese Weise können Immunglobuline der Muttermilch in den Organismus des Säuglings gelangen. Auch beim Erwachsenen hat diese Art der Absorption immunologische Bedeutung, da sie zu Sensibilisierung und Überempfindlichkeitsreaktionen führen kann.

Verdauung und Absorption der Nukleoproteine. Die Kernproteine werden wie andere Proteine gespalten und absorbiert. Die Nukleinsäuren, ***DNA*** und ***RNA***, werden durch spezifische Enzyme aus dem Pankreas, *Desoxyribonukleasen* und *Ribonukleasen*, zu Nukleotiden hydrolysiert. Durch *Nukleotidasen und Nukleosidasen* in der Bürstensaummembran erfolgt der weitere Abbau in *Nukleoside*, und dann in die jeweilige *Base* und *Pentose*, die im Jejunum, zusammen mit *Phosphat*, absorbiert werden.

!

Die hydrolytische Spaltung der Nahrungsproteine wird durch die Pepsine (Endopeptidasen) des Magensaftes eingeleitet und durch die Endo- und Exopeptidasen des Pankreassaftes fortgesetzt. Die hierdurch freigesetzten Oligopeptide werden durch Oligopeptidasen und Aminopeptidasen des Bürstensaums in Aminosäuren, Di- und Tripeptide zerlegt. Die Aminosäuren werden durch verschiedene Na^+-Kotransportsysteme und durch erleichterte Diffusion aufgenommen. Die Absorption der Di- und Tripeptide erfolgt in Form eines H^+-Kotransports.

Fette werden im Dünndarm emulgiert, durch Pankreaslipasen hydrolytisch gespalten und die Spaltprodukte in wasserlösliche gemischte Mizellen eingebaut

Emulgierung und Hydrolyse der Fette. Die tägliche Fettaufnahme beträgt in der Bevölkerung der Industrieländer derzeit etwa 60–100 g. Dies macht rund 40 % des täglichen Energiebedarfs bei leichter körperlicher Arbeit aus. Etwa 90 % der Nahrungsfette sind *Triacylglycerole* (Triglyzeride), von denen wiederum die überwiegende Mehrzahl *langkettige Fettsäuren* mit 16 (Palmitinsäure) und 18 (Stearin-, Öl- und Linolsäure) C-Atomen enthält. Nur ein geringer Anteil entfällt auf die *kurzkettigen* (2–4 C-Atome) und *mittelkettigen* (6–10 C-Atome) Triacylglycerole. Die restlichen 10 % des Nahrungsfettes setzen sich aus *Phospholipiden* (insbesondere Lezithin), *Cholesterolestern* und *fettlöslichen Vitaminen* zusammen. Mehrfach ungesättigte Fettsäuren, wie Linol- und Linolensäure, stammen aus Phospholipiden pflanzlichen Ursprungs. Sie können nicht *de novo* synthetisiert werden („essentielle Fettsäuren").

Zur ***Fettverdauung*** müssen die Nahrungslipide zunächst im wäßrigen Chymus fein emulgiert werden. Die im Magen grob verteilten Fette werden bei alkalischem pH des Dünndarms in Gegenwart von Proteinen, bereits vorhandenen Fettabbauprodukten, Lezithin und Gallensäuren sowie durch das Einwirken von Scherkräften infolge der Darmmotilität zu einer *Emulsion* mit einer Tröpfchengröße von 0,5–1,5 μm umgewandelt. Die enzymatische Spaltung beginnt bereits im Magen durch Einwirkung einer säurestabilen *Lipase* aus den Zungengrunddrüsen und den Hauptzellen der Magenmukosa (s. S. 821). Langkettige Fettsäuren (>12 C-Atome) im oberen Dünndarm sind der adäquate Reiz für die *Cholezystokininfreisetzung* aus den I-Zellen der

Schleimhaut mit nachfolgender Stimulation der Pankreasenzymsekretion und Gallenblasenkontraktion.

Die ***Pankreaslipase*** besteht aus 2 Komponenten: einer Kolipase, die aus einer Pro-Kolipase durch Trypsin aktiviert und an der Lipid-Wasser-Grenze fixiert wird, sowie der *Lipase*, die sich mit der Kolipase zu einem Komplex verbindet. Bei der nun einsetzenden Hydrolyse der Triacylglycerole werden die *Fettsäurenreste* an den Positionen C1 und C3 abgespalten, so daß *2-Monoacylglycerole* entstehen. Eine vollständige Hydrolyse unter Freisetzung des dritten Fettsäuremoleküls und *Glycerol* findet nur in geringem Maße statt. Die vom Pankreas sezernierte Lipase wird in großem Überschuß gebildet, so daß ca. 80 % des Fettes bereits gespalten sind, wenn es den mittleren Abschnitt des Duodenum erreicht hat. Aus diesem Grund tritt eine Störung der Fettverdauung wegen Lipasemangels erst bei fast vollständigem Ausfall der Pankreassekretion ein.

Außer der Lipase sind noch andere lipidspaltende Pankreasenzyme wirksam, die ebenfalls durch Trypsin aktiviert werden. Die ***Phospholipase A*** spaltet in Anwesenheit von Ca^{2+} und Gallensäuren eine *Fettsäure* aus dem Phospholipid *Lezithin* ab, wodurch *Lysolezithin* entsteht. Die in der Nahrung vorhandenen *Cholesterolester* werden durch eine ***Cholesterolesterase*** in *Cholesterol* und freie *Fettsäuren* gespalten.

Gemischte Mizellen. Die Produkte der Lipolyse sind überwiegend schlecht wasserlöslich. Sie werden daher zum weiteren Transport im wäßrigen Milieu des Darminhalts in Mizellen eingebaut, deren Grundgerüst aus Gallensäuremolekülen besteht. Im Innern dieser Mizellen sind die hydrophoben Moleküle, wie langkettige Fettsäuren und Cholesterol, konzentriert, während die hydrophileren Bestandteile, wie 2-Monoacylglycerole und Phospholipide, nach der Peripherie hin orientiert sind. Diese ***gemischten Mizellen*** (Durchmesser: 3–10 nm), ermöglichen durch die hydrophile Verpackung hydrophober Substanzen eine Steigerung der Konzentration der Fettabbauprodukte im Darmlumen um den Faktor 1000.

Während der Lipolyse nimmt die Tropfengröße der Fettemulsion ab. Es bilden sich kleine uni- oder multilamellare Tropfen, welche von der Bürstensaummembran aufgenommen werden können. Dies würde Beobachtungen erklären, daß ca. 30 % der Nahrungsfette auch in Abwesenheit von Gallensäuren absorbiert werden können.

Kurz- und mittelkettige Fettsäuren diffundieren in die Enterozyten und von dort direkt in die Blutkapillaren. Langkettige Fettsäuren und Monoacylglycerole werden in den Enterozyten zu Triacylglycerolen resynthetisiert und in die Lymphgefäße aufgenommen

Barrieren der Lipidabsorption. Die Absorption von Lipiden ist so effizient, daß über 95 % der Spaltprodukte (allerdings nur 20–50 % des Cholesterols) im Duodenum und im Anfangsteil des Jejunum aufgenommen werden. Die Fettausscheidung im Stuhl beträgt bei durchschnittlicher Fettzufuhr 5–7 g/d. Bei fettfreier Diät beläuft sie sich auf etwa 3 g/d. Dieses Fett stammt aus abgeschilferten Epithelien und Bakterien.
Die Bestandteile der gemischten Mizellen müssen 3 Barrieren überwinden, bevor sie in das Zellinnere gelangen:

- die *unbewegte Muzinschicht*, die der Zelloberfläche aufliegt. Sie stellt ein großes Hindernis für die langkettigen Fettsäuren, Monoacylglycerole und die Mizellen dar;
- die *Glykokalyx* der Bürstensaummembran (Dicke ca. 2–4 μm);
- die *Lipidmembran der Enterozyten*. In dieser werden die Bestandteile aufgrund einer Labilisierung der Mizellen freigesetzt. *Freie Fettsäuren* und *Monoacylglycerole* gelangen vor allem durch einfache Diffusion, *Cholesterol* bevorzugt

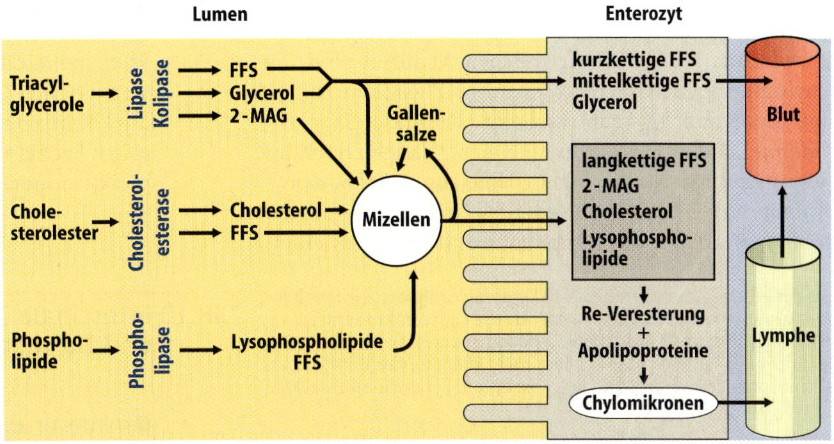

Abb. 38-29. Fettverdauung und -absorption. Triacylglycerole werden im Darmlumen durch Kolipase und Lipase in Fettsäuren und 2-Monoacylglycerole (*2-MAG*) gespalten, mizellar gelöst und aus den Mizellen in die Enterozyten aufgenommen. Die in der Zelle aus langkettigen Fettsäuren und 2-Monoacylglycerolen resynthetisierten Triacylglycerole gelangen, mit einer Eiweißhülle versehen, als Chylomikronen in die Lymphe. Kurz- und mittelkettige freie Fettsäuren (*FFS*) werden nach Absorption direkt an das Blut abgegeben

durch Carrier-vermittelten Transport, in die Enterozyten (Abb. 38–29). Die Gallensäuren werden dabei in das Darmlumen freigesetzt, wo sie zur erneuten Mizellenbildung zur Verfügung stehen oder im terminalen Ileum absorbiert werden (s. S. 830).

Absorption der Lipolyseprodukte. Die Produkte des Fettabbaus werden nach Passage durch die Zellmembran im Enterozyten von *Fettsäuren-bindenden Proteinen* zum glatten endoplasmatischen Retikulum transportiert. Hier erfolgt die *Resynthese zu Triacylglycerolen und anderen Lipiden* nach einer Aktivierung der Fettsäuren mit Coenzym A. Ähnlich wie bei den Triacylglycerolen findet auch die *Veresterung zu Phospholipiden* statt (z. B. Bildung von Lezithin aus Lysolezithin). Die Reesterifizierung von Cholesterol erfolgt durch eine Cholesterolesterase. Das Ileum ist darüber hinaus in der Lage, Cholesterol neu zu synthetisieren, so daß der Dünndarm eine besondere Rolle im Cholesterolmetabolismus spielt [73,74].

Die resynthetisierten Triacylglycerole, Phospholipide und Cholesterolester können die Enterozyten nicht verlassen, bevor sie mit einer besonderen „Hülle" umgeben sind, die neben Cholesterol und Phospholipiden spezielle, im rauhen endoplasmatischen Retikulum gebildete *Apoproteine* enthält. Diese ***Chylomikronen*** setzen sich zu etwa 85 % aus Triacylglycerolen, 9 % aus Phospholipiden, 4 % aus Cholesterol bzw. Cholesterolestern, fettlöslichen Vitaminen (A, D, E, K) und 1–2 % aus Protein zusammen. Ihr Durchmesser schwankt zwischen 100–800 nm in Abhängigkeit von der Höhe der Fettabsorption und Resyntheserate.

Die Chylomikronen werden im Golgi-Komplex in *sekretorische Vesikel* verpackt, die mit der basolateralen Zellmembran fusionieren, und anschließend durch Exozytose in den Extrazellularraum ausgestoßen. Von dort führt ihr weiterer Transportweg über den *zentralen Lymphgang* und letztendlich den *Ductus thoracicus* in das Blut. Die Chylomikronen sind die größten Lipoproteinpartikel mit der kleinsten Dichte (< 0,95 g/ml) im Blutplasma. Nach einer fettreichen Mahlzeit sind die Chylomikronen in solchen Mengen im Plasma enthalten, daß dieses milchig-trüb erscheint (*Verdauungshyperlipidämie*). Außer den Chylomikronen gelangen noch Lipoproteine mit sehr niedriger Dichte, sog. *very low density lipoproteins* (VLDL), die ebenfalls in den Enterozyten gebildet werden, in die Lymphbahn und dann in das Blut.

Bei der seltenen, angeborenen *A-β-Lipoproteinämie* ist die Synthese des Apolipoproteins B gestört, das für die Chylomikronenbildung erforderlich ist. Aufgrund dieses autosomal-rezessiv vererbten Defekts können Fette zwar absorbiert, nicht aber aus den Enterozyten abtransportiert werden. Die Folge ist eine Hypochylomikronämie bzw. Hypolipidämie.

Kurz- und *mittelkettige Fettsäuren* sowie *Glycerol* und daraus gebildete Fette sind noch so weit hydrophil, daß sie auch ohne Vermittlung der Mizellen in die Enterozyten diffundieren können. Von dort gelangen sie direkt in das Pfortaderblut. Dieser im Vergleich zu dem der langkettigen Triacylglycerole sehr viel einfachere Transport wird bei der Behandlung von Patienten mit Störungen der Fettverdauung und -absorption therapeutisch dadurch ausgenutzt, daß man in der Nahrung Triacylglycerole mit kurz- und mittelkettigen Fettsäuren bevorzugt einsetzt.

Absorption der fettlöslichen Vitamine. Die Absorption der fettlöslichen Vitamine A, D, E und K bzw. deren Vorstufen bedarf der *Mizellenbildung* und verläuft in der bereits dargestellten Weise. In den Enterozyten werden sie in *Chylomikronen* verpackt und an die Darmlymphe abgegeben.

Pathophysiologische Aspekte. Die Absorption im Dünndarm kann grundsätzlich auf zweifache Weise beeinträchtigt sein: Durch Störung der Verdauung (***Maldigestion***) und der Absorption (***Malabsorption***). Als Oberbegriff für beide Störungen wird die Bezeichnung ***Malassimilation*** gebraucht. Typisches Beispiel für eine Maldigestion ist die *Insuffizienz des exokrinen Pankreas* und für eine Malabsorption die *einheimische Sprue* (*Zöliakie*) mit Zerstörung der Dünndarmzotten als Folge einer *Glutenüberempfindlichkeit* (s. S. 845). Die klinischen Auswirkungen sind bei beiden Störungen dieselben: Gewichtsabnahme, Mangelerscheinungen, Durchfälle und Steatorrhoe (Fettstuhlausscheidung).

!

Nahrungsfette bestehen im wesentlichen aus Triacylglycerolen mit langkettigen Fettsäuren. Ihre Verdauung beginnt im Magen durch Einwirkung einer säurestabilen Lipase und wird im Duodenum durch lipidspaltende Pankreasenzyme fortgesetzt. Gallensäuren fördern die Fettemulgierung und bilden mit den Produkten der Lipolyse wasserlösliche, gemischte Mizellen, die nach Labilisierung in der Enterozytenmembran ihre Bestandteile freisetzen. Kurz- und mittelkettige Fettsäuren sowie Glycerol diffundieren in die Enterozyten und gelangen von dort aus direkt in das Pfortaderblut. Langkettige Fettsäuren und Monoacylglycerole werden in den Enterozyten zu Triacylglycerolen resynthetisiert und zusammen mit verestertem Cholesterol, Phospholipiden, Apoproteinen und fettlöslichen Vitaminen in Chylomikronen verpackt, welche die Enterozyten über die basolaterale Membran durch Exozytose verlassen und in die Darmlymphe gelangen.

38.10 Intestinale Schutzmechanismen und Darmgase

Der Intestinaltrakt verfügt über ein eigenes Immunsystem, das die Mukosa vor dem Eindringen potentiell schädigender Substanzen, Viren, Bakterien und parasitärer Mikroorganismen schützt

Darm-assoziiertes Immunsystem. Dieses Immunsystem (*g*ut-*a*ssociated *l*ymphoid *t*issue, GALT) stellt sowohl quantitativ als auch funktionell einen wesentlichen Anteil am Immunsystem des Organismus dar. Es umfaßt 20–25 % der Darmschleimhaut und enthält ca. 50 % aller lymphatischen Zellen. Zum GALT gehören (a) Lymphfollikel der Mukosa und die Peyer-Plaques sowie (b) Lymphozyten, Plasmazellen und Makrophagen, die in der Lamina propria und zwischen den Epithelzellen diffus verteilt sind [18,65].

Antigene werden über spezielle Zellen des über den Peyer-Plaques liegenden Darmepithels, die sog. *Microfold-Zellen (M-Zellen)*, aufgenommen und von diesen mit *Makrophagen* und/oder *dendritischen Zellen* in Kontakt gebracht. Letztere präsentieren in den ***Peyer-Plaques*** und ***solitären Lymphfollikeln*** die Antigene CD4-T-Lymphozyten, die hierdurch aktiviert werden. Aktivierte Lymphozyten verlassen die Lymphfollikel über die mesenterialen Lymphgefäße, proliferieren und reifen in den mesenterialen Lymphknoten, gelangen anschließend in den Ductus thoracicus und von dort über den Blutkreislauf zur Lamina propria und zum gesamten Darmepithel zurück („Homing"). Hier üben sie ihre verschiedenen Effektorfunktionen aus, nachdem sie den Blutstrom verlassen haben.

IgM-tragende B-Lymphozyten reifen unter dem Einfluß von T-Helferzellen (CD4-T-Lymphozyten) bzw. von T-Helferzellen produzierten Zytokinen (z. B. IL 4 und IL 5) zu ***IgA-bildenden Plasmazellen*** in der ***Lamina propria*** heran. Mukosaständige Plasmazellen produzieren sowohl IgA als auch J-Ketten, so daß 2 IgA-Moleküle zu einem IgA-Dimer zusammengefügt werden. Letzteres bindet sich an eine sog. *Sekretionskomponente* in der basolateralen Membran der Enterozyten. Der so entstandene Komplex wird durch Endozytose aufgenommen, dann vesikulär durch den Enterozyten transportiert und anschließend in das Darmlumen sezerniert.

Das sezernierte *IgA* schützt aufgrund seiner *neutralisierenden bzw. blockierenden Wirkung* (s. S. 439) die Schleimhaut, indem es das Eindringen von Antigenen in die Mukosa verhindert. Sekretorisches IgA ist (wie auch die Blutgruppenantigene des AB0-Systems) relativ resistent gegenüber proteolytischen Enzymen, wodurch es seine Funktion behält.

Die zwischen den Epithelzellen gelegenen Lymphozyten sind vor allem CD8-*T-Zellen (zytotoxische T-Zellen)*. Neben der klassischen T-Zell-Zytotoxizität und der antikörpervermittelten Zytotoxizität tragen auch *natürliche Killerzellen* zur *„oralen Immunität"* bei. Die Suppressorzellen des GALT sind für die sog. *orale Immuntoleranz* verantwortlich. Letztere bewirkt, daß nicht jedes Antigen in der Nahrung eine Immunantwort auslöst bzw. durch wiederholte Antigenkontakte Überempfindlichkeitsreaktionen auftreten.

Eine fein abgestimmte Regulation der immunologischen Vorgänge im GALT hält die Homöostase der gastrointestinalen Abwehr aufrecht. Störungen in diesem System können zu lokalen Reaktionen (akuten infektiösen Enteritiden, chronisch-entzündlichen Darmerkrankungen) oder systemischen Reaktionen (enteralen Infekten, Nahrungsmittelallergien) führen. Eine Störung der Immunantwort des GALT liegt der *Zöliakie* zugrunde. Sie wird ausgelöst durch eine Überempfindlichkeit gegen Gliadin in der Glutenfraktion des Weizens und anderer Getreidearten und führt zu starken Entzündungsprozessen in der Dünndarmschleimhaut, Durchfällen und zur Malabsorption (s. S. 844).

Weitere Schutzmechanismen. Neben dem Darm-assoziierten Immunsytem sorgen noch unspezifische Mechanismen für die wirksame Protektion des Gastrointestinaltrakts vor potentiell schädlichen Substanzen: Schleimbelag der Epithelien, Abtötung von Erregern durch die Salzsäure des Magens, enzymatischer Abbau und die reinigende Wirkung des wandernden myoelektrischen Motorkomplexes (s. S. 812)

!

Neben unspezifischen Schutzmechanismen verfügt der Intestinaltrakt über ein eigenes Immunsystem (GALT), das etwa die Hälfte aller lymphatischen Zellen des Organismus enthält. Es stellt die erste Hürde gegen Antigene aus dem Darm dar und besteht aus 2 Komponenten, den Lymphfollikeln in der Mukosa und diffus verteilten Lymphozyten zwischen den Enterozyten. Antigene werden bereits an der Schleimhautoberfläche von IgA gebunden und neutralisiert. Zytotoxische T-Lymphozyten und natürliche Killerzellen töten durch Freisetzung zytotoxischer Substanzen Bakterien und Viren.

Die Gase im Gastrointestinaltrakt (N_2, H_2, CO_2, O_2, CH_4 und flüchtige Eiweißabbauprodukte) haben normalerweise ein Volumen von 50–200 ml

Gasvolumen und -zusammensetzung. Das *Gasvolumen*, das durch das Rektum ausgeschieden wird, beläuft sich im Mittel auf etwa 600 ml/Tag mit erheblichen individuellen Schwankungen zwischen 200 und 2000 ml/Tag. Die Gasmenge kann bei zellulosehaltiger Nahrung, welche im Kolon bakteriell abgebaut wird, erheblich zunehmen. Bohnen- oder kohlhaltige Speisen steigern den stündlichen Gasausstoß auf das 10fache. Das im Darm enthaltene Gasvolumen beträgt normalerweise 50–200 ml. Eine vermehrte Gasansammlung infolge gesteigerter Bildung und/oder verminderter Resorption oder Abgang als *Flatus* bezeichnet man als *Meteorismus* (Geblähtsein).

Das Gefühl des Geblähtseins korreliert nicht immer mit einem erhöhten intestinalen Gasvolumen. Insuffliert man Patienten mit Reizdarmsyndrom (*„irritables Kolon"*, s. S. 834) ein inertes Gas oder bläst man einen eingebrachten Ballon auf, spüren sie viel früher einen Druck als Kontrollpersonen. Die Schwelle gegenüber intraluminalen Dehnungsreizen ist bei diesen Patienten herabgesetzt.

Die *Zusammensetzung* des intestinalen Gasgemisches wird zu 99 % von folgenden Gasen bestimmt: N_2, O_2, CO_2, H_2 und CH_4, von denen wiederum N_2, H_2 und CO_2

den größten Anteil ausmachen. Diese Gase sind geruchlos. Der unangenehme Geruch des Flatus stammt von Spuren flüchtiger bakterieller Eiweißabbauprodukte (z.B. Schwefelverbindungen wie H_2S oder Methylsulfide).

Ursprung der Gase. Die intestinalen Gase können im wesentlichen 3 Quellen zugeordnet werden: verschluckte Luft, intraluminale Bildung beim enzymatischen Abbau der Nahrungsbestandteile und Diffusion aus dem Blut.

Die gasgefüllte „Magenblase" ist die Folge ***verschluckter Luft.*** Mit jedem Bissen oder Schlucken werden individuell unterschiedliche Mengen Luft verschluckt, durchschnittlich 2–3 ml. Ein großer Teil der Luft wird durch Aufstoßen aus dem Magen wieder entleert.

CO_2, H_2 und CH_4 werden im ***Darmlumen gebildet.*** ***CO_2*** entsteht aus der Reaktion von HCO_3^-, welches aus Sekreten des Pankreas, des Darms und der Leber stammt, mit H^+ aus der Salzsäure des Magensaftes sowie aus Fett- und Aminosäuren. Dabei entstehen große Mengen von CO_2, die jedoch zum großen Teil im Dünndarm wieder resorbiert werden. Das CO_2 im Flatus stammt aus dem bakteriellen Abbau von unverdaulichen Kohlenhydraten (z.B. Zellulose) im Kolon. ***H_2*** und ***CH_4*** werden ausschließlich aus nichtabsorbierbaren Kohlenhydraten durch bakterielle Gärungsvorgänge im Kolon freigesetzt.

Eine weitere Quelle von Gasen im Darmlumen ist die ***Diffusion aus dem Blutplasma.*** Die Richtung der Diffusion ist bestimmt durch den jeweiligen Partialdruck des Gases im Plasma und im Darmlumen. Das durch Diffusion in den Darm gelangte Volumen von N_2 beträgt ca. 1–2 ml/min. Die O_2- und CO_2-Volumina sind wegen der niedrigen Partialdrücke dieser Gase im Plasma nur sehr gering.

H_2 und CH_4 bilden mit O_2 ein *explosibles Gemisch.* Es sind intraluminale Explosionen mit z.T. tödlichem Ausgang beschrieben worden, die während einer koloskopischen Polypenabtragung mittels Hochfrequenzdiathermie bei Patienten eintraten, deren Darmreinigung unvollständig oder durch Lösungen mit Mannitol vorgenommen worden war, das bakteriell gespalten wurde.

!

Die intestinalen Gase (50–200 ml) entstammen 3 unterschiedlichen Quellen: N_2, O_2 gelangen durch verschluckte Luft und durch Diffusion aus dem Blutplasma in das Darmlumen, während H_2 und CH_4 im Darmlumen durch bakterielle Gärungsvorgänge im Kolon freigesetzt werden. CO_2 entsteht in größeren Mengen aus der Reaktion von HCO_3^- mit H^+ aus der Salzsäure, aus Fett- und Aminosäuren im Darmlumen. Der Flatusgeruch ist auf flüchtige Schwefelverbindungen aus dem bakteriellen Eiweißabbau zurückzuführen.

38.11 Literatur

Weiterführende Lehr- und Handbücher

1. Bongiovanni GL (Hrsg.) (1988) Essentials of clinical gastroenterology, 2. Aufl. McGraw-Hill, New York
2. Davenport HW (1982) Physiology of the digestive tract, 5. Aufl. Year Book Medical Publisher, Chicago
3. Furness JB, Costa M (1987) The enteric nervous system. Churchill Livingstone, Edinburgh
4. Goebell H (Hrsg.) (1992) Gastroenterologie. Teil A. Urban und Schwarzenberg, München
5. Granger DN, Barrowman JA, Kvietys PR (1985) Clinical gastrointestinal physiology. Saunders, Philadelphia
6. Grundy D (1985) Gastrointestinal motility. The integration of physiological mechanisms. MTP Press, Lancaster
7. Johnson LR (Hrsg.) (1994) Physiology of the gastrointestinal tract, 3. Aufl., Bd. 1 und 2. Raven, New York
8. Sanford PA (1992) Digestive system physiology, 2. Aufl. Arnold, London
9. Schultz SG (Hrsg.) (1989–1991) The gastrointestinal system, Bd. I-IV. American Physiological Society, Bethesda (Handbook of physiology, Sekt. 6)
10. Sleisenger MH, Fordtran JS (Hrsg.) (1993) Gastrointestinal disease, 5. Aufl., Bd. 1 und 2. Saunders, Philadelphia
11. Yamada T (Hrsg.) (1991) Textbook of gastroenterology, Bd. 1 und 2. Lippincott, Philadelphia
12. Young JA, Cook DI, Conigrave AD, Murphy CR (1991) Gastrointestinal physiology. Rainforest, Sydney

12a Hahn EG, Riemann JF (Hrsg.) (1996) Klinische Gastroenterologie, 3. Aufl., Thieme, Stuttgart, New York

Einzel- und Übersichtsarbeiten

13. Akkermanns LMA, Johnson AG, Read NW (Hrsg.) (1985) Gastric and gastroduodenal motility. Praeger, New York
14. Alpers DH (1994) Digestion and absorption of carbohydrates and proteins. In: Johnson LR (Hrsg.) Physiology of the gastrointestinal tract, 3. Aufl. Raven, New York, S. 1723–1749
15. Argent BE, Case RM (1994) Pancreatic ducts. In: Johnson LR (Hrsg.) Physiology of the gastrointestinal tract, 3. Aufl. Raven, New York, S. 1473–1497
16. Bender H, Schusdziarra V (1988) Klinische Bedeutung gastrointestinaler Hormone. Inn Med 15:55
17. Binder HJ, Sandle GI (1994) Electrolyte transport in the mammalian colon. In: Johnson LR (Hrsg.) Physiology of the gastrointestinal tract, 3. Aufl. Raven, New York, S. 2133–2171
18. Castro GA, Powell DW (1994) The physiology of the mucosal immune system and immune-mediated responses in the gastrointestinal tract. In: Johnson LR (Hrsg.) Physiology of the gastrointestinal tract, 3. Aufl. Raven, New York, S. 709–750
19. Chang EB, Rao MC (1994) Intestinal water and electrolyte transport. In: Johnson LR (Hrsg.) Physiology of the gastrointestinal tract, 3. Aufl. Raven, New York, S. 2027–2081
20. Christensen J (1993) Motility of the intestine. In: Sleisenger MH, Fordtran JS (Hrsg.) Gastrointestinal disease, 5. Aufl. Saunders, Philadelphia, S. 822–837
21. Christensen J (1994) The motility of the colon. In: Johnson LR (Hrsg.) Physiology of the gastrointestinal tract, 3. Aufl. Raven, New York, S. 991–1024
22. Chuttani R, Carr-Locke DL (1993) Motility and dysmotility of the biliary tract and sphincter of Oddi. In: Sleisenger MH, Fordtran JS (Hrsg.) Gastrointestinal disease, 5. Aufl. Saunders, Philadelphia S. 1777–1788
23. Conklin JL, Christensen J (1994) Motor functions of the pharynx and esophagus. In: Johnson LR (Hrsg.) Physiology of the gastrointestinal tract, 3. Aufl. Raven, New York, S. 903–928

24. Cook DI, van Lennep EW, Roberts ML, Young JA (1994) Secretion by the major salivary glands. In: Johnson LR (Hrsg.) Physiology of the gastrointestinal tract, 3. Aufl. Raven, New York, S. 1061–1117
25. Cooke HJ, Reddix RA (1994) Neural regulation of intestinal electrolyte transport. In: Johnson LR (Hrsg.) Physiology of the gastrointestinal tract, 3. Aufl. Raven, New York, S. 2083–2132
26. Diamant NE (1993) Physiology of the esophagus. In: Sleisenger MH, Fordtran JS (Hrsg.) Gastrointestinal disease, 5. Aufl. Saunders, Philadelphia, S. 319–330
27. Dockray GJ (1994) Physiology of enteric neuropeptides. In: Johnson LR (Hrsg.) Physiology of the gastrointestinal tract, 3. Aufl. Raven, New York, S. 169–209
28. Eysselein VE (1992) Der Darm als endokrines Organ. In: Goebell H (Hrsg.) Gastroenterologie. Teil A. Urban und Schwarzenberg, München, S. 25–34
29. Flemström G (1994) Gastric and duodenal mucosal secretion of bicarbonate. In: Johnson LR (Hrsg.) Physiology of the gastrointestinal tract, 3. Aufl. Raven, New York, S. 1285–1309
30. Fordtran JS, Locklear TW (1966) Ionic constituents and osmolality of gastric and small intestinal fluids after eating. Am J Dig Dis 11:503–521
31. Forstner JF, Forstner GG (1994) Gastrointestinal mucus. In: Johnson LR (Hrsg.) Physiology of the gastrointestinal tract, 3. Aufl. Raven, New York, S. 1255–1283
32. Forte JG, Soll A (1989) Cell biology of hydrochloric acid secretion. In: Schultz SG (Hrsg.) The gastrointestinal system, Bd. III. American Physiological Society, Bethesda, S. 207–228 (Handbook of physiology, Sekt. 6)
33. Ganapathy V, Brandsch M, Leibach FH (1994) Intestinal transport of amino acids and peptides. In: Johnson LR (Hrsg.) Physiology of the gastrointestinal tract, 3. Aufl. Raven, New York, S. 1773–1794
34. Go VL, Gardner JD, Brooks FP, Lebenthal E, DiMagno EP, Scheele GA (Hrsg.) (1986) The exocrine pancreas. Biology, pathobiology and diseases. Raven, New York
35. Goebell H (1992) Bauchspeicheldrüse. In: Goebell H (Hrsg.) Gastroenterologie. Teil A. Urban und Schwarzenberg, München, S. 11–16
36. Goldschmiedt M, Feldman M (1993) Gastric secretion in health and disease. In: Sleisenger MH, Fordtran JS (Hrsg.) Gastrointestinal disease, 5. Aufl. Saunders, Philadelphia, S. 524–544
36 a. Goyal RK, Hirano I (1996) The enteric nervous system. N E J Med 334: 1106–1115
37. Goyal RK, Paterson WG (1989) Esophageal motility. In: Schultz SG (Hrsg.) The gastrointestinal system Bd. I/2. American Physiological Society, Bethesda, S. 865–908 (Handbook of physiology, Sekt. 6)
38. Grundy D, Reid K (1994) The physiology of nausea and vomiting. In: Johnson LR (Hrsg.) Physiology of the gastrointestinal tract, 3. Aufl. Raven, New York, S. 879–901
38 a. Gunshin H, Mackenzie B, Berger UV, Gunshin Y, Romero MF, Boron WF, Nussberger S, Gollan JL, Hediger MA (1997) Cloning and characterization of a mammalian proton-coupled metal-ion transporter. Nature 388: 482–488
39. Hamosh M (1994) Gastric and lingual lipases. In: Johnson LR (Hrsg.) Physiology of the gastrointestinal tract, 3. Aufl. Raven, New York, S. 1239–1253
40. Hermiston ML, Simon TS, Crossman MW, Gordon JI (1994) Model systems for studying cell fate specification and differentiation in the gut epithelium. In: Johnson LR (Hrsg.) Physiology of the gastrointestinal tract, 3. Aufl. Raven, New York, S. 521–569
41. Hersey SJ (1994) Gastric secretion of pepsins. In: Johnson LR (Hrsg.) Physiology of the gastrointestinal tract, 3. Aufl. Raven, New York, S. 1227–1238
42. Hirst BH (1989) The gastric mucosal barrier. In: Schultz SG (Hrsg.) The gastrointestinal system, Bd. III. American Physiological Society, Bethesda, S. 279–308 (Handbook of physiology, Sekt. 6)
43. Hofmann AF (1989) Overview of bile secretion. In: Schultz SG (Hrsg.) The gastrointestinal system, Bd. III. American Physiological Society, Bethesda, S. 549–566 (Handbook of physiology, Sekt. 6)
44. Hofmann AF (1989) Enterohepatic circulation of bile acids. In: Schultz SG (Hrsg.) The gastrointestinal system, Bd. III. American Physiological Society, Bethesda, S. 567–596 (Handbook of physiology, Sekt. 6)
45. Hofmann AF (1994) Biliary secretion and excretion. In: Johnson LR (Hrsg.) Physiology of the gastrointestinal tract, 3. Aufl. Raven, New York, S. 1555–1576
45 a. Horowitz B, Ward SM, Sanders KM (1999) Cellular and molecular basis for electrical rhythmicity in gastrointestinal muscles. Annu Rev Physiol 61: 19–43
46. Jensen RT (1994) Receptors on pancreatic acinar cells. In: Johnson LR (Hrsg.) Physiology of the gastrointestinal tract, 3. Aufl. Raven, New York, S. 1377–1446
47. Junqueira LC, Carneiro J, Kelley RO (1989) Basic histology, 6. Aufl. Appleton and Lange, East Norwalk
48. Layer P, Kölbel CBM (1992) Magen-Darm-Motilität. In: Goebell H (Hrsg.) Gastroenterologie. Teil A. Urban und Schwarzenberg, München, S. 49–52
49. Lloyd KCK, Debas HT (1994) Peripheral regulation of gastric acid secretion. In: Johnson LR (Hrsg.) Physiology of the gastrointestinal tract, 3. Aufl. Raven, New York, S. 1185–1226
50. Lumsden K, Holden WS (1969) The act of vomiting in man. Gut 10:173–179
51. Madara JL, Trier JS (1994) The functional morphology of the mucosa of the small intestine. In: Johnson LR (Hrsg.) Physiology of the gastrointestinal tract, 3. Aufl. Raven, New York, S. 1577–1622
52. Makhlouf GM (1994) Neuromuscular function of the small intestine. In: Johnson LR (Hrsg.) Physiology of the gastrointestinal tract, 3. Aufl. Raven, New York, S. 977–990
53. Malagelada J-R, Azpiroz F, Mearin F (1993) Gastroduodenal motor function in health and disease. In: Sleisenger MH, Fordtran JS (Hrsg.) Gastrointestinal disease, 5. Aufl. Saunders, Philadelphia, S. 486–544
54. Mayer EA (1994) The physiology of gastric storage and emptying. In: Johnson LR (Hrsg.) Physiology of the gastrointestinal tract, 3. Aufl. Raven, New York, S. 929–976
55. Pandol SJ (1993) Pancreatic physiology. In: Sleisenger MH, Fordtran JS (Hrsg.) Gastrointestinal disease, 5. Aufl. Saunders, Philadelphia, S. 1585–1600
56. Phillips SE, Pemberton JH, Shorter RG (1991) The large intestine. Raven, New York
56 a. Rehfeld JF (1998) The new biology of gastrointestinal hormones. Physiol Rev 78: 1087–1108
57. Rothmann SS (1989) Regulation of digestive reactions by the pancreas. In: Schultz SG (Hrsg.) The gastrointestinal system, Bd. III. American Physiological Society, Bethesda, S. 465–476 (Handbook of physiology, Sekt. 6)
58. Ryan JP (1987) Motility of the gallbladder and biliary tree. In: Johnson LR (Hrsg.) Physiology of the gastrointestinal tract, 2. Aufl. Raven, New York, S. 695–721
59. Sachs G (1994) The gastric H,K ATPase. In: Johnson LR (Hrsg.) Physiology of the gastrointestinal tract, 3. Aufl. Raven, New York, S. 1119–1138
60. Sachs G, Kaunitz J, Mendlein J, Wallmark B (1989) Biochemistry of gastric acid secretion: H^+-K^+-ATPase. In: Schultz SG (Hrsg.) The gastrointestinal system, Bd. III. American Physiological Society, Bethesda, S. 229–253 (Handbook of physiology, Sekt. 6)
60 a. Sanders KM (1996) A case for interstitial cells of Cajal as pacemakers and mediators of neurotransmission in the gastrointestinal tract. Gastroenterol 111: 492–515
61. Scharschmidt BF (1993) Bilirubin metabolism, bile formation, and gallbladder and bile duct function. In: Sleisenger MH, Fordtran JS (Hrsg.) Gastrointestinal disease, 5. Aufl. Saunders, Philadelphia, S. 1730–1746
62. Schiller LR (1983) Motor function of the stomach. In: Sleisenger MH, Fordtran JS (Hrsg.) Gastrointestinal disease, 4. Aufl. Saunders, Philadelphia, S. 521–541
62 a. Schümann K, Moret R, Künzle H, Kühn LC (1999) Iron regulatory protein as an endogenous sensor of iron in rat intestinal mucosa. Eur J Biochem 260: 362–372
63. Seetharam B (1994) Gastrointestinal absorption and transport of cobalamin (vitamin B_{12}). In: Johnson LR

(Hrsg.) Physiology of the gastrointestinal tract, 3. Aufl. Raven, New York, S. 1997–2026
64. Sellin JH (1993) Intestinal electrolyte absorption and secretion. In: Sleisenger MH, Fordtran JS (Hrsg.) Gastrointestinal disease, 5. Aufl. Saunders, Philadelphia, S. 954–976
65. Shanahan F (1994) The intestinal immune system. In: Johnson LR (Hrsg.) Physiology of the gastrointestinal tract, 3. Aufl. Raven, New York, S. 643–684
66. Simon GL, Gorbach SL (1987) Intestinal flora and gastrointestinal function. In: Johnson LR (Hrsg.) Physiology of the gastrointestinal tract, 2. Aufl. Raven, New York, S. 1729–1747
67. Soll AH, Berglindh T (1994) Receptors that regulate gastric acid – secretory function. In: Johnson LR (Hrsg.) Physiology of the gastrointestinal tract, 3. Aufl. Raven, New York, S. 1139–1169
68. Solomon TE (1994) Control of exokrine pancreatic secretion. In: Johnson LR (Hrsg.) Physiology of the gastrointestinal tract, 3. Aufl. Raven, New York, S. 1499–1529
69. Taché Y (1987) Central nervous system regulation of gastric acid secretion. In: Johnson LR (Hrsg.) Physiology of the gastrointestinal tract, 2. Aufl. Raven, New York, S. 911–930
70. Tepperman BL, Jacobson ED (1994) Circulatory factors in gastric mucosal defense and repair. In: Johnson LR (Hrsg.) Physiology of the gastrointestinal tract, 3. Aufl. Raven, New York, S. 1331–1351
71. Thompson RC et al (Hrsg.) (1987) Gastrointestinal endocrinology. McGraw-Hill, New York
72. Tiedt N (1990) Pathophysiologie für Stomatologen. Barth, Leipzig
73. Tso P (1994) Intestinal lipid absorption. In: Johnson LR (Hrsg.) Physiology of the gastrointestinal tract, 3. Aufl. Raven, New York, S. 1867–1907
74. Turnberg LA, Riley SA (1993) Digestion and absorption of nutrients and vitamins. In: Sleisenger MH, Fordtran JS (Hrsg.) Gastrointestinal disease, 5. Aufl. Saunders, Philadelphia, S. 977–1008
75. Van Dyke RA, Lake JR, Scharschmidt BF (1989) Cellular mechanisms of hepatic fluid and electrolyte transport. In: Schultz SG (Hrsg.) The gastrointestinal system, Bd. III. American Physiological Society, Bethesda, S. 597–619 (Handbook of physiology, Sekt. 6)
76. Walsh JH (1994) Gastrointestinal hormones. In: Johnson LR (Hrsg.) Physiology of the gastrointestinal tract, 3. Aufl. Raven, New York, S. 1–128
77. Walsh JH, Mayer EA (1993) Gastrointestinal hormones. In: Sleisenger MH, Fordtran JS (Hrsg.) Gastrointestinal disease, 5. Aufl. Saunders, Philadelphia, S. 18–44
78. Weisbrodt NW (1981) Patterns of intestinal motility. Annu Rev Physiol 43:21–31
79. Wood JD (1994) Physiology of the enteric nervous system. In: Johnson LR (Hrsg.) Physiology of the gastrointestinal tract, 3. Aufl. Raven, New York, S. 423–482
80. Wright EM, Hirayama BA, Loo DDF, Turk E, Hager K (1994) Intestinal sugar transport. In: Johnson LR (Hrsg.) Physiology of the gastrointestinal tract, 3. Aufl. Raven, New York, S. 1751–1772
81. Ciba Geigy (1977) Wissenschaftliche Tabellen, 8. Aufl. Ciba Geigy, Basel
82. Yule DI, Williams JA (1994) Stimulus-secretion coupling in the pancreatic acinus. In: Johnson LR (Hrsg.) Physiology of the gastrointestinal tract, 3. Aufl. Raven, New York, S. 1447–1472

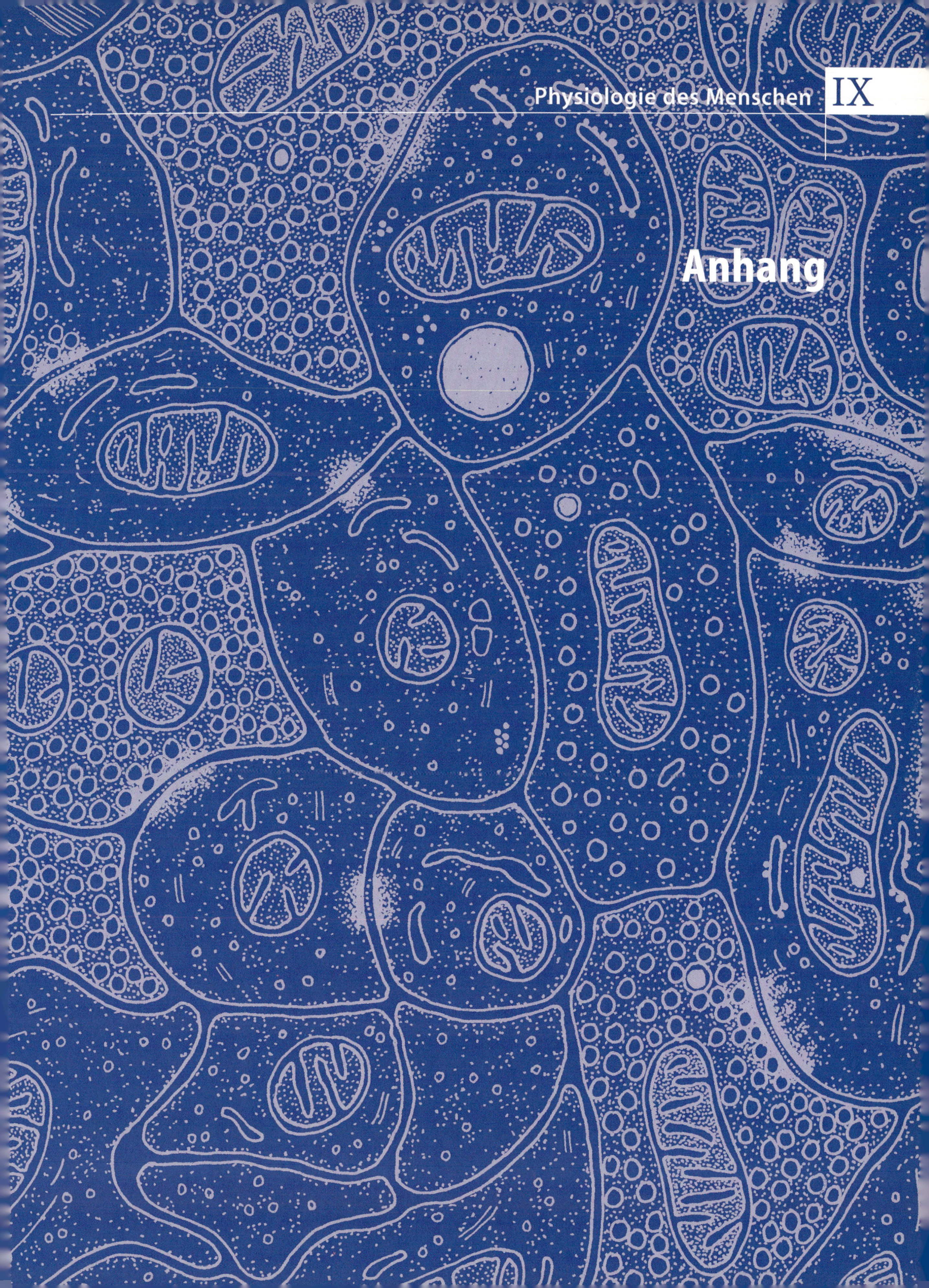

Anhang

Maßeinheiten der Physiologie

G. Thews

Internationales System der Einheiten. Für die physikalischen und chemischen Größen, die im Rahmen der Physiologie verwendet werden, ist von der International Organisation for Standardization die Einführung eines neuen Maßsystems empfohlen worden. Viele Staaten, u.a. auch die Bundesrepublik Deutschland, sind der Empfehlung gefolgt und haben dieses System für den geschäftlichen und amtlichen Verkehr gesetzlich vorgeschrieben [3, 4]. Die Basis des neuen *Internationalen Systems der Einheiten (SI = Système International d'Unités)* bilden 7 Größen, die in Tabelle 1 angegeben sind.

Tabelle 1. Namen und Symbole der SI-Basiseinheiten

Größe	Name der Einheit	Symbol
Länge	Meter	m
Masse	Kilogramm	kg
Zeit	Sekunde	s
Elektrische Stromstärke	Ampere	A
Thermodynamische Temperatur	Kelvin	K
Substanzmenge	Mol	mol
Lichtstärke	Candela	cd

Diese Basiseinheiten sind folgendermaßen definiert:

Meter
Das Meter ist die Länge der Strecke, die Licht im Vakuum während der Dauer von (1/299 792 458) Sekunden durchläuft.

Kilogramm
Das Kilogramm ist die Einheit der Masse; es ist gleich der Masse des Internationalen Kilogrammprototyps.

Sekunde
Die Sekunde ist das 9 192 631 770fache der Periodendauer der dem Übergang zwischen den beiden Hyperfeinstrukturniveaus des Grundzustandes von Atomen des Nuklids ^{133}Cs entsprechenden Strahlung.

Ampere
Das Ampere ist die Stärke eines konstanten elektrischen Stromes, der, durch zwei parallele, geradlinige, unendlich lange und im Vakuum im Abstand von einem Meter voneinander angeordnete Leiter von vernachlässigbar kleinem, kreisförmigem Querschnitt fließend, zwischen diesen Leitern je einem Meter Leiterlänge die Kraft $2 \cdot 10^{-7}$ Newton hervorrufen würde.

Kelvin
Das Kelvin, die Einheit der thermodynamischen Temperatur, ist der 273,16te Teil der thermodynamischen Temperatur des Tripelpunktes des Wassers.

Mol
Das Mol ist die Stoffmenge eines Systems, das aus ebensoviel Einzelteilchen besteht, wie Atome in 0,012 Kilogramm des Kohlenstoffnuklids ^{12}C enthalten sind. Bei Benutzung des Mol müssen die Einzelteilchen spezifiziert sein und können Atome, Moleküle, Ionen, Elektronen sowie andere Teilchen oder Gruppen solcher Teilchen genau angegebener Zusammensetzung sein.

Candela
Die Candela ist die Lichtstärke in einer bestimmten Richtung einer Strahlungsquelle, die monochromatische Strahlung der Frequenz $540 \cdot 10^{12}$ Hertz aussendet und deren Strahlstärke in dieser Richtung (1/683) Watt durch Steradiant[a] beträgt.

Von den Einheiten dieses Basissystems lassen sich die Einheiten sämtlicher Meßgrößen ableiten. Eine Auswahl hiervon ist in Tabelle 2 zusammengestellt.

Die numerischen Werte der in den Tabellen 1 und 2 genannten Größen enthalten vielfach Zehnerpotenzen als Faktoren. Zur Vereinfachung der Angaben

Tabelle 2. Namen und Symbole einiger abgeleiteter SI-Einheiten

Größe	Name der Einheit	Symbol	Definition
Frequenz	Hertz	Hz	s^{-1}
Kraft	Newton	N	$m \cdot kg \cdot s^{-2}$
Druck	Pascal	Pa	$m^{-1} \cdot kg \cdot s^{-2}$ $(N \cdot m^{-2})$
Energie	Joule	J	$m^2 \cdot kg \cdot s^{-2}$ $(N \cdot m)$
Leistung	Watt	W	$m^2 \cdot kg \cdot s^{-3}$ $(J \cdot s^{-1})$
Elektrische Ladung	Coulomb	C	$s \cdot A$
Elektrische Potentialdifferenz (Spannung)	Volt	V	$m^2 \cdot kg \cdot s^{-3} \cdot A^{-1}$ $(W \cdot A^{-1})$
Elektrischer Widerstand	Ohm	Ω	$m^2 \cdot kg \cdot s^{-3} \cdot A^{-2}$ $(V \cdot A^{-1})$
Elektrischer Leitwert	Siemens	S	$m^{-2} \cdot kg^{-1} \cdot s^3 \cdot A^2$ (Ω^{-1})
Elektrische Kapazität	Farad	F	$m^{-2} \cdot kg^{-1} \cdot s^4 \cdot A^2$ $(C \cdot V^{-1})$
Magnetischer Fluß	Weber	Wb	$m^2 \cdot kg \cdot s^{-2} \cdot A^{-1}$ $(V \cdot s)$
Magnetische Flußdichte	Tesla	T	$kg \cdot s^{-2} \cdot A^{-1}$ $(Wb \cdot m^{-2})$
Induktivität (magnetischer Leitwert)	Henry	H	$m^2 \cdot kg \cdot s^{-2} \cdot A^{-2}$ $(V \cdot s \cdot A^{-1})$
Lichtstrom	Lumen	lm	$cd \cdot sr^a$
Beleuchtungsstärke	Lux	lx	$cd \cdot sr \cdot m^{-2}$ $(lm \cdot m^{-2})$
Aktivität einer radioaktiven Substanz	Becquerel	Bq	s^{-1}

[a] sr (Steradiant) = SI-Einheit des räumlichen Winkels.

hat man häufig gebrauchten Zehnerpotenzen bestimmte Vorsilben zugeordnet (Tabelle 3), die mit dem Namen der betreffenden Einheiten verbunden werden.

Tabelle 3. Präfixa und Symbole häufig gebrauchter Zehnerpotenzfaktoren

Faktor	Präfixum	Symbol	Faktor	Präfixum	Symbol
10^{-1}	Dezi	d	10	Deka	da
10^{-2}	Centi	c	10^{2}	Hekto	h
10^{-3}	Milli	m	10^{3}	Kilo	k
10^{-6}	Mikro	μ	10^{6}	Mega	M
10^{-9}	Nano	n	10^{9}	Giga	G
10^{-12}	Pico	p	10^{12}	Tera	T
10^{-15}	Femto	f	10^{15}	Peta	P

Neben den SI-Einheiten dürfen die in Tabelle 4 aufgeführten konventionellen Einheiten auch weiterhin benutzt werden.

Tabelle 4. Einheiten, die nicht zum SI-System gehören, jedoch weiterhin benutzt werden dürfen

Name der Einheiten	Symbol	Wert in SI-Einheiten
Gramm	g	$1\ g = 10^{-3}\ kg$
Liter	l	$1\ l = 1\ dm^3$
Minute	min	1 min = 60 s
Stunde	h	1 h = 3,6 ks
Tag	d	1 d = 86,4 ks
Grad Celsius	°C	t °C = T − 273,15 K

Umrechnungsbeziehungen. Konzentrationen können im Rahmen des SI-Systems als Stoffmenge pro Volumen (mol/l, mmol/l, μmol/l) oder als Masse pro Volumen (g/l, mg/l) angegeben werden. Es wird empfohlen, die *Stoffmengenkonzentration* immer dann anzuwenden, wenn bei chemisch einheitlichen Substanzen die Molekulargewichte (relative Molekülmassen) bekannt sind [5]. Dagegen stellt die *Massenkonzentration* eine zweckmäßige Form der Konzentrationsangabe für Gemische gelöster Substanzen, wie z. B. für die Gesamtplasmaproteine, dar. Angaben in konventionellen Konzentrationseinheiten g-% = g/dl, mg-% =mg/dl und mval/l = mäq/l (s. [2]) können mit Hilfe der in Tabelle 5 zusammengestellten Beziehungen auf solche in SI-Einheiten umgerechnet werden.

Die konsequente Einführung des neuen Systems wird wahrscheinlich im Bereich der Medizin eine längere Übergangszeit erfordern. Diese Feststellung bezieht sich nicht nur auf die gerätetechnische Umstellung, sondern auch auf die Notwendigkeit, daß die von den Einheiten abhängigen Normwerte in das neue System übertragen werden müssen. Erst wenn die wichtigsten Normwerte in neuen Einheiten zum Allgemeingut ärztlichen Wissens geworden sind, darf die Praktikabilität des vorgeschlagenen neuen Systems als gesichert gelten. Einwendungen sind insbesondere gegen die Umstellung der eingeführten Druckeinheit mm Hg auf die weniger anschauliche Einheit Pascal erhoben worden.

Dagegen findet im Zusammenhang mit dem Energieumsatz die Einheit Joule anstelle der konventionellen Einheit Kalorie in zunehmenden Maße Verwendung. Um die Umstellung zu erleichtern, werden in diesem Buch die konventionellen und die neuen Einheiten in weitem Umfang nebeneinander benutzt.

Einige oft benötigte Umrechnungsbeziehungen zwischen SI-Einheiten und früher eingeführten Einheiten sind in Tabelle 6 zusammengestellt.

Tabelle 5. Umrechnungsbeziehungen von konventionellen Konzentrationseinheiten (g-%, mg-%, mval/l) auf SI-Einheiten der Massenkonzentration (g/l) und der Stoffmengenkonzentration (mmol/l bzw. μmol/l)

	1 g-% =	1 g-% =
Plasmaeiweiß	10 g/l	
Hämoglobin	10 g/l	0,621 mmol/l[a]
	1 mg-% =	**1 mval/l =**
Natrium	0,4350 mmol/l	1,0 mmol/l
Kalium	0,2558 mmol/l	1,0 mmol/l
Kalzium	0,2495 mmol/l	0,5 mmol/l
Magnesium	0,4114 mmol/l	0,5 mmol/l
Chlorid	0,2821 mmol/l	1,0 mmol/l
Glukose	0,0555 mmol/l	
Cholesterol	0,0259 mmol/l	
Bilirubin	17,10 μmol/l	
Kreatinin	88,40 μmol/l	
Harnsäure	59,48 μmol/l	

[a] Bei der Angabe der molaren Hämoglobinkonzentration wird die relative Molekülmasse des Hämoglobinmonomeren (s. S. 604 f) zugrunde gelegt.

Tabelle 6. Umrechnungsbeziehungen zwischen SI-Einheiten und konventionellen Einheiten

Größe	Umrechnungsbeziehungen	
Kraft	$1\ dyn = 10^{-5}\ N$	$1\ N = 10^{5}\ dyn$
	1 kp = 9,81 N	1 N = 0,102 kp
Druck	$1\ cm\ H_2O = 98{,}1\ Pa$	$1\ Pa = 0{,}0102\ cmH_2O$
	1 mm Hg = 133 Pa	1 Pa = 0,0075 mm Hg
	1 atm = 101 kPa	1 kPa = 0,0099 atm
	1 bar = 100 kPa	1 kPa = 0,01 bar
Energie (Arbeit) (Wärmemenge)	$1\ erg = 10^{-7}\ J$	$1\ J = 10^{7}\ erg$
	1 mkp = 9,81 J	1 J = 0,102 mkp
	1 cal = 4,19 J	1 J = 0,239 cal
Leistung	1 mkp/s = 9,81 W	1 W = 0,102 mkp/s
	1 PS = 736 W	1 W = 0,00136 PS
(Wärmestrom)	1 kcal/h = 1,16 W	1 W = 0,860 kcal/h
(Energieumsatz)	1 kJ/d = 0,0116 W	1 W = 86,4 kJ/d
	1 kcal/d = 0,0485 W	1 W = 20,6 kcal/d
Viskosität	1 Poise = 0,1 Pa · s	1 Pa · s = 10 Poise

Literatur

1. Van Assendelft OW, Mook GA, Zijlstra WG (1973) International system of units (SI) in Physiology. Pflügers Arch. ges. Physiol *339*, 265
2. Koblet H (1964) Physikalische Begriffe in der klinischen Biochemie. Thieme, Stuttgart
3. Gesetz über Einheiten im Meßwesen vom 2. 7. 1969. Bundesgesetzblatt 1969, Teil I, Nr. 55, S. 709
4. Ausführungsverordnung zum Gesetz über Einheiten im Meßwesen vom 26. 6. 1970. Bundesgesetzblatt 1970, Teil I. Nr. 62, S. 981
5. Stamm D (1975) Meßgrößen und SI-Einheiten in der Klinischen Chemie. Deutsche Ges. f. Klin. Chem. Mitteilungen, Heft 1

Sachverzeichnis

A

B

C

D

E

F

G

H

I

J

K

L

N

O

P

Q

R

S

T

U

V

W

X

Y

Z

Liebe Leserin, lieber Leser,

Autoren und Verlag haben sich Mühe gegeben, dieses Lehrbuch für Sie so zu schreiben und gestalten, daß Sie optimal damit lernen und repetieren können.
Ist uns dies gelungen?

Wir freuen uns, wenn Sie uns über Ihre Erfahrungen berichten. Bitte schreiben Sie uns oder besuchen Sie uns im Internet!